HANDBUCH
DER
LEBENSMITTEL-CHEMIE

BEGRÜNDET VON

A. BÖMER A. JUCKENACK J. TILLMANS

HERAUSGEGEBEN VON

A. JUCKENACK BERLIN E. BAMES BERLIN B. BLEYER MÜNCHEN J. GROSSFEL BERLIN

FÜNFTER BAND

GETREIDEMEHLE · HONIG
ZUCKER · FRÜCHTE · GEMÜS

BERLIN
VERLAG VON JULIUS SPR
1938

GETREIDEMEHLE
HONIG · ZUCKER · FRÜCHTE
GEMÜSE

BEARBEITET VON

E. BAMES · W. BARTELS · A. BEYTHIEN · C. GRIEBEL
J. GROSSFELD · H. HOLTHÖFER · R. STROHECKER
K. TÄUFEL · R. VAUBEL · O. WINDHAUSEN

SCHRIFTLEITUNG:
E. BAMES

MIT 332 ABBILDUNGEN

BERLIN
VERLAG VON JULIUS SPRINGER
1938

ISBN-13: 978-3-642-88760-4 e-ISBN-13: 978-3-642-90615-2
DOI:10.1007/978-3-642-90615-2

Softcover reprint of the hardcover 1st edition 1938

Inhaltsverzeichnis.

Getreide, Hülsenfrüchte und Mühlenerzeugnisse.

Von

Professor **Dr. K. Täufel**-Karlsruhe.

Mit 9 Abbildungen.

I. Getreide.

A. Erzeugung und Bedeutung.

Das Getreide (Cerealien) bzw. die daraus gewonnenen Erzeugnisse stellen einen Grundpfeiler der Ernährung des Menschen dar. Soweit Schätzungen[1] möglich sind, führen sie zu dem Ergebnis, daß in Europa, bei den einzelnen Völkern recht unterschiedlich, 30—60% der insgesamt erforderlichen Nährstoffmengen auf diese Gruppe von Lebensmitteln entfallen. Dabei gilt als Regel, daß der Verbrauch bei der ländlichen Bevölkerung etwas höher ist als bei der städtischen; man kann annehmen, daß bei letzterer etwa 28—29% der Gesamtnahrung, als Calorien berechnet, auf Brot (Roggen-, Weizen- und Mischbrot) entfallen, bei ersterer im Durchschnitt vielleicht 32%. Die Sicherung der Ernährung eines Volkes steht und fällt daher mit der Deckung des Bedarfes an Getreide (Brotgetreide).

Die Geschichte des Anbaues der Halmfrüchte ist ein wesentlicher Teil der Kulturgeschichte des Menschen überhaupt. Denn die Cerealien waren es, die den unstet umherschweifenden Nomaden oder Jäger seßhaft werden ließen und den Zusammenschluß zur Siedlung, zur Gemeinde, zum Staat ermöglichten. Daneben haben diese Ackerfrüchte vielfach und vielgestaltig die Lebensgewohnheiten des Menschen beeinflußt. Es sei hier nur daran erinnert, daß dort, wo Weizen und Roggen angebaut wurden bzw. zur Verfügung standen, sich die ursprüngliche Zubereitungsform als Brei allmählich zu derjenigen als besser haltbares, leichter transportierbares und wesentlich schmackhafteres Brot entwickelt hat. Etwa $^2/_5$ der Erdbevölkerung sind damit zu Brotessern geworden, während die andern $^3/_5$ seit Jahrhunderten unverändert den Brei aus Reis, Mais, Hirse usw. als tägliche Nahrung genießen.

Den überkommenen Quellen[2] zufolge verlegt man die Heimat der Gerste und des Weizens (samt ihrer Arten und Unterarten), zweier wohl sehr früh in Kultur genommener Feldfrüchte, in die westasiatischen Steppengebiete (Zweistromland), von wo aus sie vom Menschen unter sorgfältiger Züchtung über die zum Anbau geeigneten Teile der Erde verbreitet worden sind. In China taucht der Weizen um 3000 v. Chr. auf. Führend im Anbau desselben war das alte Ägypten. Es stellte zur Römerzeit neben Sizilien die Kornkammer

[1] Vgl. hierzu A. Scheunert: Die Stellung des Brotes in der menschlichen Ernährung. Mehl u. Brot 1936, **36**, Nr. 47.

[2] A. Beythien: Zeitschr. ges. Getreide-, Mühlen- u. Bäckereiwesen 1936, **23**, 136.

Roms dar. Aber auch in Europa, z. B. in Mitteleuropa, war ein kleinkörniger Weizen (Pfahlbauweizen) frühzeitig bekannt; man fand davon Reste in den neolithischen Pfahlbau-Siedlungen. Der ägyptische Weizen scheint erst zur Bronzezeit (etwa 1700 v. Chr.) in unsere Breiten gelangt zu sein; auf Laaland wurden zusammen mit einem Hängegefäß aus der jüngeren Bronzezeit Weizenkörner gefunden. TACITUS stellt den Weizen als eine in Germanien angebaute Feldfrucht hin.

Was die Gerste anlangt, so kann man ihren Ursprung in Nordwestasien und Europa etwa bis zur Steinzeit zurückverfolgen; sie stellt vielleicht das älteste Getreide überhaupt dar.

Die wichtigste Kulturpflanze des ost- und südasiatischen Kulturkreises ist der Reis, der nach E. BAMES[1] schon 2356 v. Chr. von den Chinesen am Jangtsekiang angebaut worden ist, also viel älter sein muß; heute kommt dieser Frucht Weltbedeutung zu.

Für Afrika ist die Sorghumhirse (Mohren- oder Kaffernhirse) charakteristisch. Man nimmt an, daß sie ebenfalls dem südasiatischen Landteil (Indien vielleicht) entstammt. In ihren Spielarten wird die Hirse über die ganze Erde angebaut (Hackbau); sie war den nordischen Pfahlbauern bekannt.

Die Hauptgetreideart Amerikas stellt der Mais dar. In Mittelamerika beheimatet, war er bei den Inkas und Azteken schon Kulturpflanze. FERDINAND CORTEZ brachte ihn aus Mexiko mit nach Spanien. Heute wird Mais überall auf der Erde angebaut, wo die klimatischen Bedingungen es ermöglichen (Weinregion).

Für Europa, besonders für die mittleren bis nördlicheren Breiten dieses Erdteiles, sind Hafer und Roggen seit jeher von großer Bedeutung. Beide entstammen wohl dem Raume zwischen Alpen und Schwarzem Meer.

Hafer, am Mittelmeer ursprünglich nicht bekannt, aber zur Römerzeit in Griechenland, Nord-Italien und Kleinasien in Kultur stehend, wurde, soweit ersichtlich, schon vor Jahrtausenden von Germanen und Kelten angebaut; als eigentliches Nahrungsmittel ist er, abgesehen von einigen Sondererzeugnissen, weitgehend vom Speisezettel des Menschen verschwunden.

Der Roggen schließlich, wahrscheinlich um die Grenze der vor- und frühgeschichtlichen Zeit erstmals in Südrußland bzw. Turkestan kultiviert, in Italien erst zur Kaiserzeit eingeführt, stellt die Hauptbrotfrucht der germanisch-slavischen Völker dar und hat sich über diesen Kreis hinaus kaum durchsetzen können.

Den Abbaubedingungen entsprechend, haben sich gewisse Haupterzeugungsgebiete für die einzelnen Brotgetreidearten herausgebildet. Mais wird vorzugsweise in den Südstaaten der Vereinigten Staaten von Nordamerika, in Mittelamerika und in Brasilien in sehr großen Mengen erzeugt. Reis ist Wirtschaftsmittelpunkt in Südostasien, Japan, auf den Philippinischen und Malayischen Inseln. Sorghumhirse ist die wichtigste Kulturpflanze Afrikas. Das Haupterzeugungsgebiet für Roggen erstreckt sich etwa in der Breite Deutschlands nach dem Osten quer durch Europa und ganz Asien bis an die Küsten des Stillen Ozeans; in der Neuen Welt wird dieses Getreide kaum angebaut. Nördlich an die Roggenzone schließt sich der Gerstengürtel an, der auch nach Amerika übergreift und an gewissen Stellen den Anbau des Hafers mit umfaßt. Südlich geht der Roggenbau in den Weizenbau über. Diese Zone erstreckt sich über die südlicheren Breiten von Asien und Europa sowie über Mittelamerika und Argentinien.

---

[1] E. BAMES: Lebensmittellexikon. Berlin: Carl Heymann 1933.

In Deutschland liegen die Boden- und klimatischen Verhältnisse derart, daß der Anbau von Weizen, von Ausnahmen abgesehen, sich von Süd nach Nord und von West nach Ost ungünstiger gestaltet.

Im europäischen Lebenskreis stellen Roggen und Weizen die Hauptbrotgetreidearten dar. Die Frage der bevorzugten Verwendung ist im wesentlichen eine Frage der klimatischen Anbaubedingungen. Wo Weizen gedeiht bzw. zur Verfügung steht, hat er sich dem Roggen gegenüber im Wettbewerb vielfach als überlegen erwiesen und letzteren zurückgedrängt. 200 Millionen der Brot essenden Menschen genießen ausschließlich Weizenbrot.

Zur Unterrichtung über die Welt-Ernte-Erträge der wichtigsten Getreidearten sind in der beigefügten Tabelle 1 die diesbezüglichen Zahlen für das Jahr 1934 zusammengestellt. Die vorstehend erörterte Verteilung der Cerealien über die Haupterzeugungsgebiete der Erde findet darin einen zahlenmäßigen Ausdruck. Weizen, Mais und Reis beherrschen das Feld, wobei der Weizen sehr stark überwiegt. Roggen, Hafer und Gerste erreichen größenordnungsmäßig ähnliche Erträge. Zum Vergleich sei erwähnt, daß im Jahre 1934 die Welternte an Sojabohnen 48,8 Millionen Doppelzentner betragen hat.

Tabelle 1. Welternte-Erträge der wichtigsten Getreidearten[1] für das Jahr 1934. (Angaben in 1000 dz.)

Erdteil	Weizen	Roggen	Gerste	Hafer	Mais	Reis
Europa (mit Rußland)	752671	430911	240956	436807	228540	9660 (Teil)
Asien	124103	—	58782	2671	63050	829671
Afrika	41379	277	29243	3432	53200	10912
Amerika	292350	9612	51185	136720	557000	20028
Australien	37919	—	110	3410	2210	—
Welt (mit Rußland)	1248434	440821	382067	583010	904429	891320

Der Anteil des Umsatzes an Getreide am Gesamtwelthandel[1] (Weltausfuhr) betrug im Jahre 1935:

Weizen:	13902000 t	mit einem Wert von	935 Mill. Mark	= 2,0%	des Welthandels (Ausfuhr)
Weizenmehl:	2609000 t	,, ,, ,, ,,	247 ,, ,,	= 0,53%	des Welthandels
Roggen:	1009000 t	,, ,, ,, ,,	48 ,, ,,	= 0,10%	des Welthandels (keine große Ausfuhr)
Gerste:	2522000 t	,, ,, ,, ,,	134 ,, ,,	= 0,29%	des Welthandels
Hafer:	1024000 t	,, ,, ,, ,,	55 ,, ,,	= 0,12%	,, ,,
Mais:	9373000 t	,, ,, ,, ,,	385 ,, ,,	= 0,82%	,, ,,
Reis:	7565000 t	,, ,, ,, ,,	616 ,, ,,	= 1,34%	,, ,, (1934)
Leguminosen: (getrocknet)	1126000 t	,, ,, ,, ,,	122 ,, ,,	= 0,26%	des Welthandels

Über die Entwicklung des Getreidebaues in Deutschland vermittelt die beifolgende Tabelle 2 nähere Anhaltspunkte. Die sich mehr und mehr durchsetzende Verschiebung von der Roggen- zur Weizenerzeugung tritt deutlich in Erscheinung.

Tabelle 2. Ernte-Erträge der wichtigsten Getreidearten in Deutschland[1]. (Angaben in Tonnen.)

Jahr	Roggen	Weizen	Gerste	Hafer	Spelz und Emmer	Menggetreide
1935	7478167	4667179	3387518	5385688	122772	945261
1934	7609618	4532715	3203881	5452328	143464	675753
1911—1913 (Durchschnitt)	9585029	3765045	2870132	7680348	—	645540

[1] Aus dem Statistischen Jahrbuch für das Deutsche Reich für das Jahr 1936.

Auf Grund eingehender Schätzungen beziffert man den Gesamtbedarf an Brotgetreide in Deutschland gegenwärtig auf etwa 8,9 Mill. t, wobei 4,7 Mill. t vom Roggen und 4,2 Mill. t vom Weizen gestellt werden. Auf den Kopf der Bevölkerung treffen somit für das Jahr rund 135 kg. Mit diesem Verbrauch steht unser Vaterland — der Hauptteil dieser Getreidemenge wird als Brot verzehrt — in mittlerer Linie, etwa auf gleicher Höhe mit Australien, Schweiz, Holland, Dänemark, Norwegen, Griechenland, Nordamerika und Ungarn; höher ist der Verbrauch in Bulgarien, Frankreich, Belgien, Polen und Spanien, geringer in Rumänien, England, Jugoslavien, Schweden, Portugal und Finnland.

Im Jahre 1935 hat sich die gesamte deutsche Getreideernte[1] auf rund 21,5 Mill. t belaufen; eigentliches Brotgetreide war darunter mit etwa 12,4 Mill. t vertreten. Die Verwertung dieses Ertrages ist erfolgt zu etwa 8,9 Mill. t für die Ernährung (hierzu noch 70000 t Roggen und Weizen sowie 160000 t Gerste und Hafer, die zu Getreideerzeugnissen für Ernährungszwecke verarbeitet worden sind), zu 1,7 Mill. t für die Saat, zu 9,2 Mill. t für Viehfütterung, zu 0,9 Mill. t für Brauerei und Brennerei sowie zu 0,23 Mill. t für Industriezwecke; hierzu tritt ein Schwund von rund 0,6 Mill. t.

Ernährungsphysiologisch ist festzustellen, daß die Cerealien infolge des Baues der Körner unmittelbar als Lebensmittel praktisch nicht in Betracht kommen. Im Hinblick auf Genießbarkeit, Schmackhaftigkeit, Ausnutzbarkeit und Bekömmlichkeit ist stets eine zweckmäßige Zubereitung erforderlich.

Die Hauptbedeutung der Getreidearten als Lebensmittel bzw. der Zubereitungen daraus liegt in ihrem hohen Gehalt an Kohlenhydraten, die vorwiegend durch den Reservestoff Stärke dargestellt werden[2]. Der für den erwachsenen Menschen auf rund 500 g für den Tag zu bemessende Bedarf an diesem Körperbetriebsstoff wird zu wesentlichen Anteilen von dieser Seite her gedeckt, in gleicher Weise die Quelle für die Körperenergie wie den Ausgangsstoff für die Synthese von Fett und, soweit in Betracht kommend, von Eiweiß darstellend. Von großer Bedeutung für die Ausnutzung im Organismus ist die Art der Vor- und Zubereitung. Diesen Gesichtspunkten ist seit jeher besondere Aufmerksamkeit geschenkt worden, da durch den Gehalt des Getreidekornes an unverdaulicher Zellmembran bei unsachgemäßer Behandlung erhebliche Verluste eintreten können[3].

Neben den Kohlenhydraten tritt bei den Halmfrüchten die Lieferung von Eiweiß etwas in den Hintergrund, wenngleich sie nicht unterschätzt werden darf. Denn bei guter Ausnutzung wird immerhin ein gewisser Teil des täglichen Eiweißbedarfes auf diese Weise gedeckt. Trotzdem ist die Cerealiennahrung in bezug auf das Eiweiß nicht ausreichend, und seit altersher hat der Mensch rein gefühlsmäßig beim Genuß von Brot Eiweißspender in Form von Milch, Käse, Quark, Fleisch, Wurst usw. als Zukost herangezogen.

Als Quelle für Fett und für fettähnliche Stoffe (Lipoide) kommen die Getreidearten praktisch nicht in Betracht. Der an und für sich geringe Fettgehalt der Halmfrüchte wird noch dadurch wesentlich vermindert, daß man bei ihrer Verarbeitung zum Mehl zur Steigerung der Haltbarkeit den fett- und eiweißreichen Keimling entfernt.

---

[1] Nach H. A. SCHWEIGART (Der Ernährungshaushalt des deutschen Volkes. Deutscher Verlag für Politik und Wirtschaft, Berlin 1937) ist die gesamte deutsche Getreide-Ernte für 1936 auf 22288000 t zu veranschlagen. Davon entfallen auf Roggen 7410000 t, auf Weizen 4723000 t, auf Gerste 344600 t, auf Hafer 5633000 t, auf Gemenge, Spelz usw. 1076000 t.

[2] Nach H. COLIN und H. BELVAL (Chem. Zentralbl. 1935, I, 1077) enthalten die Keime von Weizen, Roggen, Gerste und Hafer etwas Raffinose, die von Reis, Mais und Hirse (Sorgho) nur Saccharose.

[3] Vgl. M. RUBNER: Ernährung. Dieses Handbuch, Bd. I, S. 1145.

Nicht außer acht zu lassen ist die Rolle, die die Cerealien als Lieferanten für lebensnotwendige Mineralstoffe spielen. Allerdings werden die zur Verfügung stehenden Mengen mit der Herabsetzung des Ausmahlungsgrades des Mehles entsprechend vermindert.

Ähnliches gilt für die Belieferung des Körpers mit Vitaminen durch diese Lebensmittel. Am reichsten an Vitaminen ist der Keimling; er enthält insbesondere Vitamine der B-Gruppe sowie in sehr kleinen Anteilen Vitamin A und Vitamin E. Die geringen Mengen von Vitamin A dürften allerdings ohne Belang sein; über das Vitamin E läßt sich mangels ausreichender Kenntnisse ein abschließendes Urteil nicht abgeben.

Von erheblicher Wichtigkeit ist die Anwesenheit des Vitamins B_1 (Aneurin), das in der Natur zwar verhältnismäßig weit verbreitet ist, sich aber immer nur in sehr kleinen, meist unzureichenden Mengen vorfindet. Man vertritt heute vielfach die Meinung, daß sich bei der Ernährung in dieser Beziehung öfter als bisher angenommen Fehlbeträge einstellen. An deren Deckung können das Getreide bzw. das Brot, besonders das Vollkornbrot, in recht beachtlicher Weise mitwirken.

Neben der Verwendung zur Herstellung von Lebensmitteln, insbesondere Mehl, Brot und Backwaren, spielen die Getreidearten bekanntlich weiterhin mittelbar eine Rolle für die menschliche Ernährung und zwar auf dem Umweg über die landwirtschaftlichen Nutztiere. Sind doch hierbei die kohlenhydrathaltigen Halmfrüchte grundsätzlich wichtige Futtermittel, die eine reich fließende Quelle vor allem zur Fettbildung darstellen.

Nicht unerwähnt darf ferner bleiben, wobei die industrielle Verwendung zur Herstellung von Textilhilfsmitteln, Klebstoffen, in der Papierfabrikation usw. außer Betracht gelassen werden soll, daß die Cerealien als Rohstoffe bei der Bier- und Branntweinbereitung, bei der Erzeugung von Kaffee-Ersatzstoffen, bei der Herstellung von Pudding- und Suppenmehlen usw. weiterhin unerläßlich sind.

Man kann sagen, daß die Getreidearten einen Eckpfeiler in der Wirtschaft der Völker und der ganzen Erde darstellen.

B. Getreidearten, Anbau, Gewinnung und Lagerung.

Unter „Getreide“ (Cerealien) schlechthin versteht man die ausgedroschenen oder gerebelten reifen Früchte von Weizen, Roggen, Gerste, Hafer, Mais, Reis und Hirse, die zu den Gräsern (Gramineen) gehören. Als Handelsware findet man sie entweder von Spelzen umschlossen, wie z. B. Spelt- (bespelzter) Weizen, bespelzte Gerste, Hafer usw., oder in entspelzter Form, wie Nacktweizen, Roggen, Nacktgerste, Mais und Reis. Der meist zu den Getreidearten gerechnete Buchweizen gehört in die Gruppe der Knöterichgewächse (Polygoneae).

1. Weizen (Triticum).

Der Anbau, der einen ton- und humusreichen kalkhaltigen Boden ausreichender Feuchtigkeit verlangt, kann noch zwischen dem 58. bis 60.° nördlicher Breite (Kanada) erfolgreich sein, wenn die Wintertemperatur nicht zu tief (bis etwa —27° C) herabsinkt. Unter 45° Breite gedeiht dieses Getreide noch bis zu etwa 1500 m Meereshöhe hinauf.

Die heute in Kultur stehenden 8 Arten von Weizen gliedern sich in augenfälliger Weise nach dem Grad der Leichtigkeit, mit der das Korn aus den Spelzen gelöst werden kann, in 2 Gruppen:

1. Nacktweizen mit den Unterarten: Gemeiner Weizen (Trit. vulgare oder sativum [VILL.] HACKEL); bauchiger oder englischer Weizen (Trit. turgidum); Hart- oder Glas-

weizen (Trit. durum); polnischer Weizen (Trit. polonicum L.); Zwerg-, Binkel- oder Igelweizen (Trit. compactum).

2. Spelzweizen mit den Unterarten: Spelz oder Dinkel (Trit. Spelta Lam.); Zweikorn oder Emmer (Trit. dicoccum [Schrenk] Hackel); Triticum monococcum L., Einkorn.

Die vorgenannten Unterarten spalten sich wieder in neue Spielarten mit unterschiedlichen Eigenschaften auf, je nachdem ob eine begrannte oder unbegrannte Form vorliegt, ob ein weißes, gelbes oder rotes Korn vorhanden ist oder ob der Anbau als Sommer- oder Winterfrucht erfolgt. Dadurch kommt eine fast unübersehbare Mannigfaltigkeit zustande.

Unsere heute angebauten Weizensorten — in Deutschland unterscheidet man allein mehrere Hundert — stellen durchweg Kulturformen der Stammpflanze dar, teils durch Anpassung an die natürlichen Bedingungen entstanden, teils durch zielbewußte Züchtung erzeugt. Aus einer Art bildeten sich auf diese Weise verschiedene Rassen heraus, die ihre Zugehörigkeit zur Art aber noch deutlich erkennen lassen. Die erste, rein erfahrungsgemäß durchgeführte Zuchtwahl führte im Laufe der Jahrhunderte zu den sog. „Landrassen" oder „Landsorten". Die neueren Kenntnisse über Erblichkeit gewisser Pflanzeneigenschaften lieferten die Grundlage für die moderne, sehr erfolgreiche Veredelungsauslese, indem man die biologischen Merkmale (Standfestigkeit, Winterfestigkeit, Festigkeit gegen Krankheiten, Ertrag usw.) mit den technologischen Erfordernissen bei der Müllerei, Bäckerei, Teigwarenherstellung usw. in den möglichst günstigen Ausgleich bringt.

Für den Anbau haben praktische Bedeutung erlangt:

a) Triticum vulgare. Der gemeine Weizen stellt einen sehr großen Anteil des zur Brotbereitung benutzten Getreides dar. Man unterscheidet hierbei den begrannten Grannen- oder Bartweizen sowie den unbegrannten Kolbenweizen. Letzterer herrscht in Deutschland (teils Winter-, teils Sommerfrucht) sowie im mittleren Europa überhaupt vor. Von den Kolbenweizen, deren es zahlreiche Arten gibt, haben allgemeinere Bedeutung die sog. Square-head- oder Dickkopfweizen (kolbenartige, breite, dick besetzte Ähre; großes bauchiges Korn von gelbroter Farbe). Solche Zuchten finden sich im Handel vielfach unter den Namen der Züchter (Strube, Krafft, Rimpau usw.).

Zu den Kolbenweizen gehören ferner die lang- oder lockerährigen Weizen (spitze, lange Ähre, weniger dicht besetzt, großes, dunkelgelbes Korn); Bezeichnungen dafür sind Criewener 104, Buhlendorfer, Frankensteiner, Eppweizen (Anbau Ostpreußen), Sandomirweizen (Anbau Polen, Posen), Kujawischer Weizen (rotbunter polnischer Weizen) usw.; bekannte Züchter sind Ackermann, Caron, Janetzki, Krafft usw.).

In Rußland wird der unbegrannte Kolbenweizen als: Ulka, Polkawa, Sandomirka usw. angebaut.

Aus der Gruppe der Bartweizen besitzen Bedeutung: Banater- oder Theissweizen (Ungarn), Strubes Sommer-Bartweizen, Fuchsweizen (Süddeutschland). Weit verbreitet ist die Kultur der Bartweizen in Rußland als Russak, Saxonka (Sommerweizen, rotes Korn), Krimka (Winterweizen, rotes Korn), Donka (Tagaurog; rotährig, rotes Korn).

b) Triticum turgidum, der Bauchweizen, auch „strotzender" Englischer, meist Rivet- oder Rauchweizen genannt, besitzt große hellgelbrote, breite Körner, die Ähre ist fast quadratisch. Er ist als Brotgetreide wenig geeignet, dient aber zur Grießmüllerei. Diese Art ist in Italien verbreitet; in Sachsen, Anhalt und Braunschweig wird er zuweilen nach Zuckerrüben angebaut.

c) Triticum durum, der Hart- oder Glasweizen, ist weit verbreitet in Südeuropa, Türkei und Südrußland, wo er $^1/_4$ bis $^1/_5$ der Gesamtweizenerzeugung ausmacht. In Rußland baut man ihn meist nur als Sommerfrucht an.

d) **Triticum Spelta** (Spelzweizen), Trit. dicoccum (Emmer) und Trit. monococcum (Einkorn) werden in Südwestdeutschland kultiviert. Man nennt sie Spelzweizen, Dinkel oder Vesen. Von Trit. Spelta sind begrannte und unbegrannte sowie Winter- und Sommerformen bekannt. Der Emmer tritt als gemeiner Emmer, dichtähriger Emmer oder ästiger Emmer auf. Das Einkorn (Blicken, Peterskorn) kommt nur ganz vereinzelt vor; als Brotgetreide ist es ohne Bedeutung.

Der unreife Spelz liefert im gedörrten Zustand das sog. Grünkorn, auch Grünkern genannt, das in Form von Graupen, Schrot oder Mehl vorzugsweise zur Suppenbereitung dient.

Weitaus die Hauptmenge des Weizens findet zur Herstellung von Backwaren Verwendung. Seine Beurteilung muß sich deshalb in erster Linie auf die Backfähigkeit gründen, d. h. auf jene Summe von Eigenschaften, die das Mehl zur Bereitung eines den Anforderungen entsprechenden Gebäckes geeignet machen. Dabei spielen, worüber Näheres später auszuführen ist, die grundsätzliche Rolle zum ersten der für den Trieb wichtige Gehalt des Mehles an vergärbaren Zuckerarten (Maltose, Glykose, Saccharose usw.), zum zweiten die Klebermenge und zum dritten die Kleberqualität. Klebermenge und Zuckergehalt sind vornehmlich durch die Bedingungen des Wachstums und der Umwelt bedingt, die Kleberqualität aber stellt weitgehend eine Sorten-Eigentümlichkeit dar.

Mit dieser Erkenntnis ist das Ziel der Weizenzüchtung herausgestellt. In erster Linie gilt es, Weizensorten mit guter Kleberqualität zu erlangen. Dies trifft ganz besonders für die deutschen Verhältnisse zu. Denn die letzte Ursache für die bis vor wenigen Jahren erhebliche Einfuhr an hochwertigem Auslandsweizen war die vielfach unzulängliche Beschaffenheit der deutschen Erzeugnisse, die einer Aufbesserung durch Zumischung bedurften.

Um Klarheit in die obwaltenden Verhältnisse zu bringen, unterscheidet man die Weizen hinsichtlich ihrer Backfähigkeit in die drei Eigenschaftsgruppen A, B und C. A umfaßt Erzeugnisse sehr guter, B solche mittlerer, meist ausreichender Backfähigkeit; bei der Gruppe C ist die Backfähigkeit so gering, daß zur Erzielung eines guten Gebäckes die Zumischung einer Sorte der Qualität A erforderlich ist.

Zur Unterrichtung über die Qualitätslage der deutschen Weizen ist nachfolgend eine kleine Übersicht angeführt. Dazu sei nochmals bemerkt, daß die Backfähigkeit in Abhängigkeit von den Umweltbedingungen innerhalb recht weiter Grenzen schwankt.

Sorten der Eigenschaftsgruppe A.

Winterweizen	Sommerweizen
	Janetzki früher Weizen
Kadolzer	Adlungs Hohenheimer, alte Zucht
Langs Tassilo	Svalöfs Extra Kolben
	Vogtländer brauner Weizen

Sorten der Eigenschaftsgruppe B.

Rimpaus früher Bastard	
Kraffts Siegerländer	
Heine I und II	Peragis
Ackermanns Bayernkönig	Heines Kolben
Nordost-Samland (Ostpreußen)	Lichtis (Bayern)
Holzapfels Darwin (Bayern)	
Berkner 55 (Schlesien)	

Sorten der Eigenschaftsgruppe C.

Langs Trubilo	
Strubes Dickkopf	Rimpaus roter Schlanstedter
General von Stocken	Strubes roter Schlanstedter
Crüwener 104	von Rümkers früher Sommerdickkopf
Kraffts Dickkopf	

Die Aussaat des Winterweizens erfolgt in Deutschland gegen Ende September, die des Sommerweizens Mitte bis Ende April; man rechnet auf 1 ha 120 bis 170 kg Saatgut, bei Sommerfrucht um 10—15% mehr. Zur Bekämpfung der gefährlichsten Krankheit, des Steinbrandes, beizt man das Saatgut meist mit Kupfervitriollösung.

Die Vegetationszeit der Pflanze — Winterweizen braucht etwa 300 Tage, Sommerweizen etwa 140 Tage bis zur Reife — findet ihren Abschluß in der Ausbildung des Kornes, wobei den Menschen weniger die Entwicklung des Keimlings als vielmehr die Ablagerung der Speicherstoffe im Endosperm (Mehlkern) interessiert. Beim Reifen des Kornes, was sich allmählich vollzieht, unterscheidet man vier hauptsächliche Entwicklungsstufen, die durch äußere und innere Veränderungen gekennzeichnet sind, nämlich Milchreife, Gelbreife, Vollreife und Totreife.

Zur Zeit der Milchreife ist der Keimling bereits entwickelt, die Körner aber sind noch grün und von milchiger Beschaffenheit; es wird intensiv Stärke gebildet. Bald setzt mit dem allmählichen Wasserverlust und dem Gelb- bis Braunwerden eine Verfestigung der Körner ein, die nunmehr über den Fingernagel gebrochen werden können. Die Ablagerung der Reservestoffe ist beendet. Der Zustand der Gelbreife ist erreicht. Der Same ist jetzt physiologisch reif, d. h. er kann von der Mutterpflanze gelöst und zum Anfang einer neuen Pflanze werden. Weitere Verringerung des Wassergehaltes und die damit Hand in Hand gehenden physikalischen und chemischen Veränderungen der Inhaltsstoffe führen zur Vollreife. In der Entwicklung schließt sich hieran die Totreife, ein Zustand, bei dem das Korn spröde sowie leicht zerbrechlich wird und von selbst aus der Ähre herausfällt.

Man schreitet zur Ernte — in Deutschland meist ab Mitte Juli — wenn die Körner der Ährenmitte gelbreif sind. Zu dieser Zeit sind diejenigen der Ährenspitze bereits vollreif. Nach dem Schnitt (Hand- oder Maschinenschnitt) verbleibt die Frucht zur Trocknung auf dem Felde, meist in eigenartig zusammengestellten Haufen (Puppen, Mandeln, Stiegen). Dieser Austrocknungsprozeß ist für die Haltbarkeit, Lagerfähigkeit und Beschaffenheit des Weizens von grundsätzlicher Bedeutung. Es spielen sich dabei nämlich gewisse stoffliche Umsetzungen ab. Man spricht von einer sog. Nachreife. Bei sehr nasser Erntezeit, wodurch die Einbringung verzögert wird, kann das Korn in der Ähre zu keimen beginnen: Es wächst aus. Dadurch werden Veränderungen ausgelöst, die den Wert des Getreides tiefgehend vermindern.

Aus der Ähre gewinnt man die Körner durch Ausdreschen (Hand-, heute meist Maschinenbetrieb). Die erste gröbere Reinigung der Körner nach dem Drusch von dem Besatz mit Ährenstückchen, Spelzen, Halmteilchen, Fremdsamen, Steinen, Erdstückchen usw. erfolgt in sog. Getreidefegern.

Was die Erträge anlangt, so sind diese nach Sorte, Anbau, Düngung, Klima usw. sehr unterschiedlich; als mittleren Ertrag rechnet man eine Ausbeute von 20—21 Doppelzentner auf 1 Hektar, wobei die Grenzen nach oben und unten sehr weit zu stecken sind.

Ein Weizenkorn wiegt im Mittel 30—40 mg; das Spez. Gewicht schwankt zwischen 1,377—1,440. Das Hektolitergewicht bewegt sich zwischen 71—82 kg, im Mittel zwischen 75—77 kg.

Die Verbreitung des Weizenanbaues über Länder sehr unterschiedlicher klimatischer Bedingungen sowohl der nördlichen wie auch der südlichen Halbkugel bringt es mit sich, daß fast zur ganzen Zeit des Jahres gemäß nachstehender Aufstellung irgendwo auf der Erde die Weizenernte stattfindet:

Januar	Australien, Chile, Argentinien
Februar/März . . .	Indien, Ägypten
April	Indien, Ägypten, Kleinasien, Mittelamerika
Mai	Mittelasien, Nordafrika, südliches Nordamerika
Juni	Südeuropa, mittleres Nordamerika
Juli	Balkan, Mitteleuropa, nördliches Nordamerika, Kanada
August	Belgien, Holland, England, Dänemark, Kanada, Nordamerika
September/Oktober .	Schottland, Schweden, Norwegen, Nordrußland
November/Dezember	Südamerika, Südafrika

Lagerung des Weizens. Das Weizenkorn ist ein lebendiges, umsatzbereites Gebilde, in dem sich fortlaufend chemische Vorgänge abspielen. In erster Linie sind daran die Enzyme beteiligt. Ihre Wirksamkeit ist von Natur aus zur Zeit des „ruhenden Lebens" auf einen geringsten Betrag, nicht aber ganz eingestellt. Die stattfindenden Umsetzungen werden z. B. dadurch offensichtlich, daß das Keimungsvermögen des Kornes erst nach einer gewissen Lagerungszeit den Höhepunkt erreicht, daß weiterhin der frische Weizen bei seiner Verarbeitung in Mühle und Bäckerei weniger gut geeignet ist als das sachgemäß gelagerte Erzeugnis.

Die enzymatische Tätigkeit im reifen Korn erstreckt sich in erster Linie nach der Richtung des Abbaues der gespeicherten hochmolekularen Inhaltsstoffe, insbesondere der Eiweißstoffe und der Kohlenhydrate. Dadurch erleidet, wie Erfahrung und wissenschaftlicher Versuch bewiesen haben, die Backfähigkeit eine unerwünschte Einbuße. Bei der Aufbewahrung des Weizens sind daher alle jene Möglichkeiten tunlichst auszuschließen, die dieser abbauenden Tätigkeit der Enzyme Vorschub leisten.

Einfluß des Wassers. Das schnittreife Getreide hat im allgemeinen einen Feuchtigkeitsgehalt von 30%, der bei der Feldtrocknung rasch auf 12—18% sinkt, gutes Wetter vorausgesetzt. Bei nasser Witterung aber bleibt der Wasserwert bei 19—24% stehen. Die Folge davon ist eine relativ starke Enzymtätigkeit. Der Keimling regt sich, das Korn „wächst aus". Neue Enzymmengen werden gebildet, und der Abbau schreitet rasch voran. Ein solcher Weizen ist nicht mehr oder nur mehr schlecht backfähig.

Bei der Einlagerung des Weizens ist daher dem Feuchtigkeitsgrad größte Aufmerksamkeit zu schenken.

Einfluß der Atmung. Ein anderer, für die Vorratshaltung wichtiger Gesichtspunkt ist der Umstand, daß das Weizenkorn als lebendiges Gebilde dauernd atmet und dadurch wertvolle Speichersubstanz unter Verbrennung verbraucht. Die Intensität der Atmung steht in Abhängigkeit von der Lagertemperatur und dem Wassergehalt. Nach J. F. HOFFMANN liegen die Verhältnisse wie nachstehend angegeben:

1 kg Getreide mit 14—15% Wassergehalt entwickelt in 24 Stunden

bei 18° C	insgesamt	1,4 mg	Kohlendioxyd
„ 30° C	„	7,5 mg	„
„ 40° C	„	20—40 mg	„
„ 52° C	„	249 mg	„

1 kg Getreide entwickelt bei 18° C in 24 Stunden bei einem Wassergehalt von

11,0%	insgesamt	0,35 mg	Kohlendioxyd
14—15 %	„	1,40 mg	„
19,6%	„	123,0 mg	„
20,5%	„	359,0 mg	„
30,0%	„	2000,0 mg	„

Rechnet man die nach der Zusammenstellung der Tabelle innerhalb 24 Stunden gebildeten 2000 mg Kohlendioxyd auf Glykose um, so ergibt sich für diese Zeit ein Verbrauch von 1,4 g Traubenzucker für 1 kg Getreide.

Um die Atmungsverluste einzuschränken, ist also wiederum niedriger Wassergehalt erforderlich und außerdem genügend tiefe Temperatur.

Einfluß des Befalls durch Schädlinge. Mancherlei Gefahren von seiten tierischer und pflanzlicher Schädlinge bedrohen den lagernden Weizen.

Von tierischen Lebenwesen ist insbesondere der Kornwurm oder Kornkrebs, die Larve des Kornkäfers, zu nennen, die den Mehlkern ausfrißt und verheerenden Schaden anrichten kann.

Von pflanzlichen Lebewesen sind es Hefen, Bakterien und vor allem Schimmelpilze, die bei ausreichender Feuchtigkeit zur Entwicklung kommen. Fehlerhafte geruchliche und geschmackliche Veränderungen setzen sich durch (dumpfer, muffiger, verstockter Geruch und Geschmack), die das Getreide für den menschlichen Genuß unbrauchbar machen können[1].

Die vorstehenden Ausführungen lassen als für die Lagerung des Weizens bzw. des Getreides überhaupt von grundsätzlicher Wichtigkeit erkennen zum ersten die Einbringung einer genügend getrockneten Frucht sowie deren trockene Aufbewahrung und zum zweiten eine entsprechend kühle Lagerung.

Man kann rechnen, daß in Deutschland in besonders trockenen Jahren der Weizen mit etwa 12—14% Wasser, in normalen Erntejahren mit etwa 15%, in feuchteren Jahren mit 16—17%, bei sehr ungünstiger feuchter Erntezeit sogar mit 18—20% Wasser eingebracht wird. Einigermaßen lagerfest ist das Getreide im Sinne der vorstehenden Erörterungen nur bei höchstens 15—16% Wasser, d. h. bei einem Wert, der dem Müller entspricht; denn Getreide mit weniger Wasser pflegt man vor dem Mahlen zu netzen. Weizen, dessen Wassergehalt über diesem Wert liegt, sollte vor der Einlagerung getrocknet werden. Bei wenig feuchten Erzeugnissen kann schon durch wiederholte Rieselung oder durch Ausbreitung in niedriger Schüttung und wiederholtes Umwerfen unter kräftiger Lüftung der gewünschte Erfolg erzielt werden. Stärker wasserhaltige Frucht macht eine Trocknung bei erhöhter Temperatur erforderlich. Hierbei dürfen im Interesse der Erhaltung der Backfähigkeit Wärmegrade von 40—50° C nicht überschritten werden, d. h. die Trocknung muß unter guter Lüftung langsam erfolgen und ist bei 14—15% Wasser als ausreichend anzusehen. Hernach ist das Gut vor der Lagerung auf Tennen usw. auszukühlen. Die Getreidetrocknung stellt in ungünstigen Erntejahren einen grundsätzlichen Beitrag zum Kampf gegen den Verderb dar.

Die eigentliche Einlagerung des Weizens erfolgt im Kleinbetrieb auf trockenen Kornböden oder sonstigen kühlen Bodenräumen. Im Großbetrieb verfügt man über besondere Lagerhäuser: Getreidespeicher, Kornhäuser, Silos[2].

Bei Sackstapelung ist die Höhe zu beachten (nicht mehr als 4 Sack übereinander) und regelmäßiges Umschichten erforderlich; für ausreichende Lüftung ist zu sorgen. Auf den sog. Schüttböden, die durch Holzwände unterteilt sind, wird das Getreide bis zu etwa $1^1/_2$ m hoch gelagert. Überwachung und rechtzeitiges Umschaufeln sind durchzuführen. Am wirksamsten ist die Durchlüftung in den sog. Rieselböden. Es sind dies in Stockwerken übereinander liegende Lagerzellen, deren Böden mit Reihen von Löchern versehen sind, durch die sich die Frucht selbsttätig auf die darunter liegende Zelle entleert und dort wieder verteilt wird. Ein Elevator hebt das Getreide schließlich wieder auf den obersten Rieselboden, und das Rieseln beginnt von neuem. In letzter Zeit haben sich die Silos sehr eingebürgert; das sind hohe eckige oder runde Behälter aus Holz, Eisen, Beton oder Mauerwerk mit oft

---

[1] G. Brückner u. E. Jung: Von der Kornanfälligkeit verschiedener Weizensorten. Zeitschr. ges. Getreide-, Mühlen- u. Bäckereiwesen 1936, **23**, 177.

[2] Vgl. hierzu H. Kühl: Brotgetreide und Mehl auf dem Transport. Chem.-Ztg. 1936, **60**, 1003.

sehr großem Fassungsvermögen von Tausenden von Doppelzentnern. Zur Siloaufbewahrung kommt nur trockener Weizen in Betracht; in entsprechenden Zeitabständen muß die Frucht umgelagert werden.

2. Roggen (Secale cereale L.).

Der in Kultur stehende Roggen kommt im Gegensatz zum Weizen, botanisch gesprochen, nur in einer Art vor; bei der bei ihm üblichen Fremdbestäubung ist es nicht zur Ausbildung konstanter, ausdauernder Arten gekommen. Je nach Größe und Farbe des Kornes sowie nach Art des Anbaues als Winter- oder Sommerfrucht — in Deutschland letztere überwiegend — treten jedoch verschiedene Spielarten auf. Die Roggenpflanze ist hinsichtlich Boden, Düngung und Klima viel anspruchsloser als der Weizen; sie wird bis 70° nördliche Breite und bei 47° nördliche Breite noch bis zu 1600 m Meereshöhe angebaut. Als Winterfrucht braucht der Roggen etwa 270—290, als Sommerfrucht etwa 140—150 Tage bis zur Reife. Sein Samen, der dem des Weizens in der äußeren Beschaffenheit recht ähnelt, ist etwa 8—10 mm lang, 3 mm breit, von gelbgrauer bis blaugrauer (grünlich-blauer) Farbe und zwischen 13 und 48 mg schwer; das Spez. Gewicht liegt bei 1,33—1,58. Das Hektolitergewicht des deutschen Roggens schwankt zwischen 66 und 80 kg; als mittlere Werte gelten 69—71 kg.

Man unterscheidet als wichtige Sorten: Petkuser Roggen (sehr verbreitet, mittellange, volle, graugrüne Körner), Probsteier Roggen (kurzes, gedrungenes Korn), Pirnaer Roggen (langes, schmales, grünlich-graues Korn), Schlanstedter Roggen (großes, volles Korn, auf reichem Boden), Göttinger Roggen, Buhlendorfer Roggen usw. Als Saatmenge rechnet man auf 1 ha bei Winterroggen 100—150 kg, bei Sommersaat 10—15% mehr; als mittlere Erträge werden in Deutschland von 1 ha etwa 17—18 dz Winterroggen oder 13 dz Sommerroggen geerntet. Hinsichtlich der Ernte, Gewinnung des Kornes sowie dessen Lagerung liegen die Verhältnisse ähnlich wie bei Weizen.

Aus Roggen werden im Gegensatz zum Weizen nur ganz wenige Sorten Mehl zur Brotbereitung hergestellt, Grieß wohl nur ganz selten. Roggenstärke wird kaum gewonnen. Es wandert seit alters her sehr viel dieser Feldfrucht in die Kornbrennerei. Hinsichtlich der Backfähigkeit kann man an den Roggen nicht die gleichen Anforderungen stellen wie an Weizen, da ersterer keinen Kleber enthält.

3. Gerste (Hordeum).

Die Gerste wird für Ernährungszwecke hauptsächlich als Gerstengraupen (Rollgerste, Perlgerste), als Gerstengrütze, als Gerstengrieß, als Gerstenflocken (geschälte und gequetschte Frucht) sowie gelegentlich als Gerstenmehl (Schleimmehl) verwendet. Ein größerer Teil findet umfangreiche Verwendung als Darrmalz bei der Bierbrauerei und als Grünmalz bei der Brennerei. Auch zur Erzeugung von Kaffee-Ersatz wird sie herangezogen: Geröstete Gerste, Gerstenkaffee, Malzkaffee. Erhebliche Mengen werden als Futtergerste verbraucht.

Wie bei Weizen unterscheidet man die Gerste nach 2 Hauptarten als bespelzte und als nackte Gerste.

Bei der nackten Gerste, auch Weiz-, Himmels-, Jerusalem- oder polnische Gerste genannt (Hordeum distichum nudum L.), sitzen die Früchte nur locker in den Spelzen und fallen beim Dreschen heraus. Diese Frucht wird in Deutschland kaum angebaut; in Galizien kultiviert man sie zur Brotmehlgewinnung.

Die bespelzte Gerste tritt in 3 Arten auf, durch die Zahl der Reihen unterschieden, in denen die Samen um die Ährenspindel stehen. Man spricht von der zweizeiligen Gerste (Hord. distichum), von der vierzeiligen

Gerste (Hord. tetrastichum) und von der sechszeiligen Gerste (Hord. hexastichum L.). Hiervon gibt es wieder Winter- und Sommerfrucht. Die zweizeilige Frucht bezeichnet man im Handel als große Gerste, die beiden anderen Arten als kleine Gerste[1].

Die große Gerste ist reicher an Stärke und gibt eine größere Extraktausbeute als die kleinere Gerste, die ihrerseits mehr Stickstoffsubstanz enthält und bei der Keimung mehr Diastase bildet. Infolgedessen dient die zweizeilige Gerste (meist als Sommerfrucht) vorwiegend zur Malz- und Bierbereitung, während die eiweißreiche sechszeilige Gerste als Brennereigerste Bedeutung hat. Nackte Gerste — daher wohl auch der Name „Kaffeegerste“ — soll zur Malzkaffeegewinnung geeignet sein; es werden hierzu aber mehr die bespelzten Arten verwendet.

Die Gerste ist im Anbau recht genügsam; sie gedeiht noch bis 71° nördliche Breite. Als Winterfrucht braucht sie 270—300, als Sommerfrucht etwa 100 Tage bis zur Reife. Ein Gerstenkorn wiegt zwischen 31 und 53 mg; das Hektolitergewicht beträgt zwischen 66—68 kg, bei Futtergerste 59—60 kg; das Spez. Gewicht bewegt sich zwischen 1,29—1,49.

Beim Gerstenbau machen sich die üblichen Einflüsse, wie Sorte, Klima, Düngung usw., sehr stark geltend. Die je nach der Verwendung zur Malz- und Bierbereitung, zur Brennerei bzw. für Futterzwecke unterschiedlichen Anforderungen an die Frucht — viel Stärke und möglichst wenig Eiweiß bei der Bierbereitung, viel Eiweiß und gute Diastasebildung für die Brennerei — lassen das Zuchtziel klar erkennen. Hinzu kommt, daß die Bewertung sehr verschieden ist; am höchsten eingeschätzt wird die Brauereigerste.

4. Hafer (Avena).

Die Haferpflanze ist anspruchslos, gedeiht auf fast jedem Boden und liefert sogar bei schlechter Düngung noch einigen Ertrag. In Europa wird sie bis etwa 67° nördlicher Breite angebaut; in den Alpen steigt sie bis etwa 1700 m Höhe an. Die Vegetationsperiode umfaßt rund 150—160 Tage.

Für den Anbau kommt fast ausschließlich der gemeine oder Rispenhafer (Avena sativa L.) in Betracht mit seinen Spielarten als Kamm-, Stangen- oder Fahnenhafer (Avena orientalis SCHWEB.). Es gibt auch nackten Hafer, der aber keine praktische Bedeutung besitzt.

Die Haferkörner sind von Spelzen umschlossen, aber nicht mit ihnen verwachsen. Je nach ihrem Spelzengehalt schwankt das Spez. Gewicht innerhalb sehr weiter Grenzen von 1,29—1,42, das Hektolitergewicht zwischen 35—60 kg.

Hafer findet in Form von Flocken, Grütze oder Mehl für Ernährungszwecke Verwendung. Die Haferflocken erhält man durch Zerquetschen der entspelzten Körner zwischen Glattwalzen. Die Hafergrütze wird, wie der Weizengrieß, in breitgestellten Walzenstühlen hergestellt. Neben unbehandeltem Hafermehl kommen auch präparierte Erzeugnisse in den Handel, die durch einen Aufschluß mit Wasserdampf, säurehaltigem Wasser oder Diastaselösungen im Stärketeil leichter verdaulich gemacht sind. Haferbrei und Haferschleim erfreuen sich ausgedehnter diätetischer Verwendung bei Störungen im Verdauungsapparat. Als Frühstücksbrei ist der Haferbrei (Porridge) in allen anglikanischen Ländern mit Recht eine geschätzte Speise.

5. Mais (Zea Mays L.).

Von den vielen Sorten und Spielarten des Maises, auch Welschkorn, türkischer Weizen, Kukuruz genannt, sind die folgenden von Wichtigkeit:

[1] Man spricht wohl auch von vollbauchiger, bauchiger und flacher Gerste.

a) Gemeiner Mais, mit rundlichen, an der Basis plattgedrückten und keilförmigen Körnern von weißer, gelber bis rötlicher Farbe.

b) Pferdezahnmais, dessen Körner eine der Rinde (Kunde) in der Krone des Pferdeschneidezahnes ähnliche Vertiefung besitzen,

c) Kleinkörniger Mais mit kleinen, scharfkantigen Körnern von roter bis gelber Farbe,

d) Zuckermais (Sweet Corn, Sugar Corn), mit im Reifezustand geschrumpften Körnern.

Der Maiskolben besteht aus einer dicken Spindel, auf der die von den Spelzen umhüllten Körner sitzen. Das Spez. Gewicht beträgt etwa 1,26—1,29, das Hektolitergewicht 70—80 kg.

Aus Amerika stammend, wird der Mais auch in Mitteleuropa (Süddeutchland) zur Körnergewinnung angebaut. Man stellt daraus vorzugsweise Maisgrieß und Maisgrütze her, die zur Bereitung von Puddings, Polenta der Italiener (Grieß und Milch), Mameliga der Serben (Grieß und Milch), Proja der Serben (Maisbrot) dienen; aus dem gequetschten Korn erzeugt man wohl auch Nudeln. Von Wichtigkeit ist ferner die Maisstärke-Gewinnung (Mondamin, Maizena, Sirona, Panin usw.), die Verwendung des Maises in der Brauerei (Bosa-Bier) und Brennerei sowie bei der Erzeugung von Kaffee-Ersatz. Maismehl kann als Zusatz zu Weizenmehl dienen. Ferner ist der Mais ein begehrtes Futtermittel.

6. Reis (Oryza).

Der in Kultur stehende Reis — daneben gibt es wildwachsende Arten, z. B. den Wasserreis (Zizania aquatica), den getüpfelten Reis (Oryza punctata) usw., die ebenfalls geerntet werden — ist die Hauptnährfrucht Ost- und Südasiens. Er wird aber auch in Westindien, im tropischen Amerika, in Afrika und im südlichen Europa (Italien, Spanien, Portugal) angebaut. Man unterscheidet 4 Hauptsorten: 1. Oryza sativa L., die edelste Sorte (Anbau im natürlichen oder künstlichen Sumpf; Entwicklungszeit etwa $^1/_2$ Jahr), 2. Oryza praecox (frühreifender Reis, in etwa 5 Monaten reif; Sumpfreis), 3. Oryza montana (Bergreis; reift auf trockenem Boden bei der normalen Regenbewässerung in 4 Monaten (kleine Körner, geringerer Ertrag), 4. Oryza glutinosa (Klebreis; wächst naß und trocken; Körner werden beim Kochen klebrig; Verwendung zu Backwerk, Klebmittel usw., weniger zu Reisspeisen).

Je nach der Herkunft unterscheidet man: Ostindische Sorten (Rangoonreis, Berina-, Bengal-, Siam-, Saigoonreis usw.), Javareis, Japanreis, Italienischen Reis. Letzterer gilt, da er beim Kochen hart bleibt, neben dem Karolinenreis, als bestes Erzeugnis. Bruchreis besteht aus Abfällen, d. h. den zerbrochenen Körnern, die bei der Aufarbeitung und Zurichtung der Körner anfallen; ihm steht der Vollreis gegenüber.

Der Reis, der von allen Cerealien die kleinsten Stärkekörner besitzt und als rohe Frucht „Paddy" heißt, wird zunächst entspelzt; man „schält" ihn. Hierbei bleibt im allgemeinen der Keim zurück, der bei der späteren Schleifung, Polierung genannt, zusammen mit dem sog. Silberhäutchen erst in den Reismühlen des Verbraucherlandes entfernt wird. Bei einseitigem Genuß von poliertem Reis tritt bekanntlich als Avitaminose (Mangel an Vitamin B_1 (Aneurin), das im Silberhäutchen vorhanden ist) die Beri-Beri- oder Kakke-Krankheit auf.

Das Spez. Gewicht des entspelzten Reiskornes beträgt 1,37—1,44. Reis wird in mancherlei Zubereitung im geschälten und gargemachten Zustand unmittelbar genossen. Daneben werden Reismehl und Reisstärke hergestellt. Auch bei der Bierbereitung (obergäriges Bier) wird er benutzt. In der Brennerei und Brauerei werden daraus Branntwein (Arak), Reisbier und Reiswein (Sake oder Saki) gewonnen.

7. Hirse.

Die Hirse umfaßt eine ganze Gruppe von Getreidegräsern der Panizeen, Andropogoneen und Chlorideen. Für den Anbau sind wichtig:

1. Rispen- oder echte Hirse (Panicum miliaceum L.), je nach der Art des Fruchtstandes wohl auch als Flatterhirse (lockerer Fruchtstand) und als Klumphirse (zusammengezogene Rispe) bezeichnet.

2. Kolben- oder Borstenhirse (Gattung Setaria; Panicum italicum L.). Diese beiden Feldfrüchte, in Mitteleuropa seit alters her viel angebaut, durch die Einführung der Kartoffel aber zurückgedrängt, werden als Hirsebrei genossen; in Rumänien braut man daraus ein säuerliches Bier. Ferner ist die Hirse ein gesuchtes Vogelfutter.

Der Mehlkörper der Hirse besteht aus kleinen, vieleckigen Stärkekörnern, die häufig Risse aufweisen und ungeschichtet sind. Das Spez. Gewicht von Panicum miliaceum beträgt 1,23—1,25; ein Korn wiegt im Mittel 5 mg.

Das wichtigste hirseartige Getreide ist die zur Gattung Andropogon (Bartgras) gehörige:

3. Sorghohirse (Andropogon Sorghum Brot., Sorghum vulgare), auch Besen-, Mohren-, Negerhirse, Durrha genannt. Sie stellt die Hauptbrotfrucht des tropischen Afrikas dar, wird aber auch in Arabien, Ostindien, Italien, Ungarn, Rumänien und Südfrankreich angebaut. Zur vollen Entwicklung braucht diese Hirse rund 5 Monate.

Ferner werden noch kultiviert die Zuckermohrenhirse[1] (Sorghum saccharatum Pers.), in China als „Kauliang" zur Zuckergewinnung benutzt, sowie der Dari (Sorghum tartaricum), auch Guineakorn genannt.

Die Mohrenhirse kommt meist ohne Spelzen in den Handel; sie ist verkehrt eiförmig, an der Spitze abgerundet, mit den etwas seitlich stehenden Griffelresten gekrönt; bei gewissen Sorten ist das Korn breitlanzettlich, bei anderen oval usw. Das Korn ist stets matt. Ein Korn der Mohrenhirse wiegt etwa 17 mg, der Zuckerhirse 22 mg; das Spez. Gewicht stellt sich auf etwa 1,25—1,32.

8. Buchweizen (Polygonum).

Der Buchweizen, auch Haidekorn oder Haidegrütze genannt, gehört, wie schon erwähnt, nicht zu den Gräsern oder Halmfrüchten, sondern zu den Knöterichgewächsen. Seine Besprechung erscheint aber hier gerechtfertigt, da er vielfach zu Mehl, Grütze oder Grieß verarbeitet und in dieser Form bei der Zubereitung von Suppen, Pfannkuchen usw. Verwendung findet. Es kommt hinzu, daß der Buchweizen gewissermaßen das Getreide der leichten Sand- oder abgebrannten Moorböden darstellt.

In Deutschland baut man fast ausschließlich den gemeinen Buchweizen (Polygonum fagopyrum L.) an, seltener den tartarischen oder sibirischen Buchweizen (Polygonum tartaricum, türkisches Heidekorn); letzterer ist an den ausgeschweift-gezähnten Kanten der Frucht zu erkennen und findet sich viel in den russischen Buchweizensorten des Handels.

Der Samen des Buchweizens hat die Form einer dreikantigen Pyramide und ist von einer dünnen Samenschale und einer braunen, holzigen Fruchtschale umgeben. Die Stärkekörner sind aus sehr kleinen, vieleckig rundlichen Teilstücken zusammengesetzt und gleichen der Hafer- bzw. Reisstärke; mitunter haben sie eine Kernhöhle.

Das Korn des gemeinen Buchweizens wiegt im Durchschnitt 24 mg, das des tartarischen Buchweizens 19 mg.

---

[1] Vgl. V. Cuculescu: Chem. Zentralbl. 1935, I, 3487.

C. Zusammensetzung.

Der anatomische Bau der Getreidekörner, worüber im mikroskopischen Teil Näheres ausgeführt wird, ist bei den verschiedenen Halmfrüchten in den Grundzügen der gleiche. Es handelt sich dabei um typische Grasfrüchte (Karyopse, Schalfrucht) mit je nur einem Samen, der entweder von Spelzen umschlossen (bespelzt) oder davon frei (unbespelzt, nackt) ist. Der Inhalt der Frucht: Mehlkörper (Endosperm) und Keimling (Embryo), ist von einer je mehrschichtigen Frucht- und Samenschale umschlossen, die miteinander verwachsen sind.

Frucht- und Samenschale, die charakteristische Bauelemente enthalten, nach denen die verschiedenen Getreidearten gegebenenfalls mikroskopisch unterschieden werden können, sind aus widerstandsfähigem Material aufgebaut, unter dem die Cellulose und verwandte Stoffe, teilweise verholzt, die Hauptbedeutung haben. Charakteristisch ist jeweils die äußerste Schicht des Mehlkörpers. Sie besteht aus gleichmäßig gestalteten und regelmäßig angeordneten Zellen (Wabenschicht), die, im Gegensatz zum Endosperm, keine Stärke, sondern ein feinkörniges Eiweiß (Aleuron) und ein in feineren oder gröberen Tropfen verteiltes fettes Öl enthalten; daher auch der Name Aleuron- oder Ölschicht. Aus der Zeit, da man die Natur des Aleuron-Eiweißes noch nicht erkannt hatte, verlegte man fälschlicherweise hierher den Sitz des Klebers und sprach beim Weizen von der Kleberschicht. Diese Bezeichnung ist nicht zutreffend. Klebereiweiß ist in der Aleuronschicht nicht enthalten, sondern nur im Endosperm. Den Hauptinhalt des letzteren stellt die Stärke dar, deren verschiedenartige Ausbildung und Größe die mikroskopische Unterscheidung der Mehle ermöglicht (vgl. mikroskopischer Teil). Das Endosperm ist der Nährstoffspeicher für den Keimling, der seinerseits reich an Eiweiß und Fett sowie an Fermenten ist, aber keine Stärke führt. Schematisch gliedert sich das Weizenkorn, in Durchschnittszahlen auf das ganze Korn bezogen, etwa folgendermaßen:

Weizenkorn			
Frucht- und Samenschale 5%	Keimling 2—3%	Aleuronschicht 7—9%	Mehlkörper 83—85%
Kleie = 17%			Mehl[1] = 76%

Wie früher schon ausgeführt und allgemein bekannt, sind die Getreidefrüchte hinsichtlich ihrer Bedeutung für die Ernährung des Menschen durch ihren Gehalt an Kohlenhydraten gekennzeichnet. Der Gehalt an Stickstoffsubstanz (Eiweiß) ist wesentlich geringer; Fett pflegt nur in recht kleiner Menge anwesend zu sein. Daneben finden sich als Asche gewisse Mineralstoffe vor. Auch die Cellulose (Rohfaser) ist hier zu erwähnen. Die große Ähnlichkeit der verschiedenen Getreidefrüchte hinsichtlich ihrer mengenmäßig wichtigen Baustoffe tritt in der folgenden Tabelle 3 deutlich hervor.

Auf einen für den Vergleich erforderlichen gleichen Wassergehalt (hier 15% zugrunde gelegt) bezogen, bringt die Tabelle 3 augenfällig den stofflich-chemisch weitgehend übereinstimmenden Aufbau der Cerealien zum Ausdruck. $^2/_3$ bis $^3/_4$ der Frucht — sofern nicht der Gehalt an Spelzen die analytischen Werte beeinflußt — bestehen aus Kohlenhydraten aus der Gruppe der Stärke und Zuckerarten. Die Stickstoffsubstanz liegt um den Wert von 8—12% herum.

[1] Der zu 100% fehlende Rest bei der Addition von Kleie und Mehl umfaßt den Verlust, Schälstaub und Fußmehl.

Tabelle 3. Mittlere Zusammensetzung[1] der Getreidearten, bezogen auf den mittleren Wassergehalt von 15%.

Art des Getreides	Wasser %	Stickstoff-substanz %	Äther-extrakt (Fett) %	Kohlen-hydrate (Zucker und Stärke) %	Rohfaser %	Mineral-bestand-teile %
Weizen	15	12	1,5—2	67	2—2,5	1,5—2
Roggen	15	11	1,5—2	68	2—2,5	2—2,5
Spelz mit Spelzen	15	10,6	1,5—2	52	17	3—4
„ ohne Spelzen	15	13	1,6—2	67	2	1,5—2
Gerste mit Spelzen	15	10	2	67	4	2—3
„ ohne Spelzen	15	8	1	73	1,5	1—2
Hafer mit Spelzen	15	10	5	56	10	3
„ ohne Spelzen	15	13	7	61	1—2	2
Mais	15	10	4	67	2—3	1—2
Reis (geschält)	15	7	1	75	0,5—1	1
Hirse (geschält)	15	11	4	65	2—3	2—3
Buchweizen (geschält)	15	9	1,5—2	71	2—3	1,7

Der Fettgehalt von 1,5—2% wird nur bei Hafer, Mais und Hirse beachtlich überschritten, bleibt aber auch hier noch recht niedrig. Der Gehalt an Rohfaser ist, je nachdem ob die Frucht mit oder ohne Spelzen vorliegt, sehr schwankend, desgleichen der Mineralstoffwert.

Die in Tabelle 3 angegebenen Zahlenwerte unterliegen in Abhängigkeit von Sorte, Klima, Ort des Anbaues, Düngung, Ernteverhältnissen, Sommer- oder Winterfrucht, Größe des geernteten Korns usw. sehr starken Schwankungen, die bei den Bausteinen von zahlenmäßig geringerer Menge das Mehrfache des mittleren Wertes nach oben oder unten ausmachen können, bei der Stickstoffsubstanz sowie bei Stärke und Zuckerarten eine Schwankungsbreite bis zu etwa 10% erreichen.

1. Weizen.

Die Weizenfrucht stellt ein rundliches, volles, ausgesprochen ovales Korn ohne Abplattung dar, dessen Farbe in allen Tönungen zwischen hell-weißgelb bis gelbrot-braunrot erscheinen kann. Die Aleuronschicht enthält, im Gegensatz zum Roggen, kein Chlorophyll; die farbgebende Schicht ist vielmehr die mehr oder weniger stark braungefärbte Samenhaut. Die Schnittfläche kann glasig-durchscheinend oder mehligweiß sein. Die Glasigkeit kommt in erster Linie dann zustande, wenn die Stärkekörnchen in den Zellen durch die Eiweißsubstanz miteinander verkittet sind, so daß das Licht teilweise durchdringen kann. Bestehen aber zwischen den einzelnen Stärkekörnchen mikroskopisch kleine Lufträume, so tritt durch die diffuse Lichtbrechung die weißmehlige Farbe auf.

Tabelle 4. Mittlere Zusammensetzung verschiedener Weizensorten[1]. (Angaben in %.)

Bestandteil	Weizen vollkörnig	Weizen mittelkörnig	Weizen flachkörnig	Weizen Sommerfrucht
Wasser	15	15	15	15
Mineralbestandteile	1,7	1,7	2,6	1,9
Stickstoffsubstanz (Eiweiß)	10	11	13—14	13
Ätherextrakt (Fett)	1,7	1,9	2,2	2
Kohlenhydrate (Stärke und Zucker)	70	69	64	66
Rohfaser	1,6	1,9	2,7	1,8

[1] Nach M. P. NEUMANN: Brotgetreide und Brot, 3. Aufl., S. 175. Berlin: Paul Parey 1929.

Eine Vorstellung über Veränderung des Aufbaues des Weizenkorns in Abhängigkeit von der Art vermittelt die Tabelle 4.

a) Der Wasserwert des Weizens unterliegt, wie schon erwähnt, in Abhängigkeit vom Erntewetter starken Schwankungen. Übersteigt er 15—16%, dann ist die Frucht bei der Einlagerung gefährdet; sie muß vorher getrocknet werden.

b) Kohlenhydrate. Wie bei allen Getreidearten steht auch beim Weizen die Stärke als Baubestandteil an erster Stelle. Sie tritt in kleinen Körnchen in einer Größe von etwa 28—40 μ auf; die einzelnen Körnchen verlieren bei einer Temperatur ab 50—55° C ihre scharf begrenzte Gestalt und sind bei etwa 70—80° C vollständig[1] verkleistert; bei Roggenstärke setzt die Verkleisterung bei 45—50° ein und ist nach E. LIPPMANN bei 55°, nach J. C. LINTNER bei 70 bis 75° beendet [Unterscheidung von Roggen- und Weizenmehl (Verkleisterungsprobe nach WITTMACK)][2]. Ganz ähnliche Unterschiede bestehen nach BARNSTEIN zwischen Weizen- und Roggenstärke hinsichtlich des Angriffes durch eine Diastaselösung bei 56° C. Roggenstärke ist hierbei weniger widerstandsfähig als Weizenstärke.

Das Spez. Gewicht der Weizenstärke bewegt sich zwischen 1,5072—1,4860, die Spez. Wärme der trockenen Substanz beträgt 0,2697, bei einem Wassergehalt von 33,7% aber 0,3054. Mit Wasser quillt die Weizenstärke, wie Stärke überhaupt, und nimmt rund ein Drittel ihres Eigengewichtes davon auf. Sie ist hygroskopisch. Daher enthält sie stets mehr Feuchtigkeit als das Mehl; bei 14—15% Wasser im Mehl liegt der entsprechende Wert für Stärke bei 20—22%. Das Wasseraufnahmevermögen der Stärke ist, wenn auch eingehendere Vorstellungen darüber noch nicht vorliegen, für die Backfähigkeit des Weizenmehles eine sehr wichtige Eigenschaft.

An wasserlöslichen Kohlenhydraten finden sich im Weizenkorn verschiedene Vertreter in einer Menge, die auf 8—10% der stickstoffreien Substanz überhaupt zu veranschlagen ist. Es handelt sich dabei um Zuckerarten (Glykose, Maltose, Saccharose usw.) und um Dextrine, also Produkte, die vermutlich von der Einwirkung der Getreideenzyme auf die Stärke herrühren. Dies geht insbesondere daraus hervor, daß sich beim Ausziehen des Weizenkorns mit Wasser die Menge der genannten Stoffe proportional der Extraktionszeit erhöht; man findet nach J. KÖNIG (Mittel aus 61 Versuchen) z. B. 3,3% Zuckerarten und 2,5% Dextrin und Gummi. Schließt man aber die Tätigkeit der Fermente durch Ausziehen mit wäßrigem Alkohol aus, dann findet man durchweg nur 0,1—0,3% fertig gebildete und etwa 1% durch Hydrolyse mit schwacher Säure nachträglich gebildete Zuckerarten.

Man hat im Weizen, vor allem im Keimling, der 15—18% Zucker, davon mehr als $^4/_5$ Saccharose, enthält, auch andere Ketozucker nachgewiesen. Ob es sich dabei, wie im Schrifttum[3] angegeben, auch um Raffinose handelt, bedarf der Nachprüfung, dies um so mehr, als J. TILLMANS, H. HOLL und L. JARIWALA[4] u. a. gezeigt haben, daß in allerdings nur sehr kleiner Menge (weit unter 1%) im Weizen ein Trifruktoseanhydrid (Trifruktosan $C_{18}H_{30}O_{15}$) vorhanden ist. Es erweckt den Anschein, als ob die Ketozucker, in Sonderheit die Saccharose, mit der Lebenstätigkeit des Kornes in Zusammenhang stehen; so wird auch die Anhäufung dieses Zuckers im Keimling verständlich. Ein weiterer Hinweis

[1] E. LIPPMANN: Journ. prakt. Chem. 1861, **83**, 51. — J. C. LINTNER: Brenner- und Brauereikalender. München 1888/89.

[2] Über ein sehr genaues Verfahren der Ermittlung der Verkleisterungstemperatur von Stärke vgl. F. FISCHLER u. J. SCHWAIBOLLD: Biochem. Zeitschr. 1936, **283**, 322.

[3] Vgl. z. B. H. COLIN u. H. BELVAL: Raffinose, nachgewiesen in Weizen, Roggen, Gerste und Hafer. Chem. Zentralbl. 1935, I, 1077.

[4] J. TILLMANS, H. HOLL u. L. JARIWALA: **Z.** 1928, **56**, 26; vgl. hierzu auch H. COLIN u. H. BELVAL: Chem. Zentralbl. 1936, II, 3733.

für die Berechtigung dieser Anschauung liegt darin, daß z. B. das Gerstenkorn im ursprünglichen Zustand nur wenig Saccharose enthält, daß sich aber aus dem Grünmalz dieser Zucker in beachtlicher Menge kristallisiert gewinnen läßt[1].

An Pentosanen, als Phloroglucid bestimmt[2], finden sich 6—9% vor, davon die Hauptmenge in der Schale, nur ein kleiner Teil im Mehlkern.

Über den Gehalt an Cellulose, Hemicellulose sowie an eingelagerten Substanzen (Lignin, Cutin usw.) sind im wesentlichen nur allgemeinere Anhaltspunkte vorhanden, wie man sie durch die Ermittlung des Stoffgemisches der „Rohfaser" erhält; letztere macht etwa 2,5% des Kornes aus. In diese Gruppe gehörige Bestandteile finden sich im Mehlkern (Zellmembranen), in stark angereichertem Maße aber in der Frucht- und Samenschale. Es beträgt z. B. der Rohfasergehalt der Schalenkleie rund 10%, der des Schälabfalles sogar 18—20%. Der Keimling ist mit etwa 2,5% arm an Rohfaser. Inwieweit Xylan, Araban[3], Galaktan und Pektin am Aufbau des Weizenkorns beteiligt sind, darüber liegen meines Wissens nähere Angaben kaum vor; zu erwarten sind diese Stoffe vor allem in den Schalenbestandteilen.

c) Fett und Lipoide. Das Weizenfett[4] (rund 2% des Kornes) ist im wesentlichen im Keimling (10—18%) und in der Aleuronschicht (Fettgehalt der Aleuronzellen auf 40—50% geschätzt, bezogen auf die Trockensubstanz ihrer Inhaltsstoffe) gespeichert. Entstammt es letzterer, dann enthält es als Begleitstoff Xanthophyll; entstammt es dem Keimling, dann überwiegt Carotin. Im Endosperm beläuft sich der Fettgehalt auf etwa 0,8—1,6%.

Das Weizenfett, bei Zimmertemperatur ein hellgelbes bis hellbraunes Öl, besteht aus den gemischten Glyceriden der Palmitin-, Stearin-, Öl- und Linolsäure neben denen von wenig Arachin- und Lignocerinsäure. Die Ölsäure ist im Keimöl zu 45%, die Linolsäure zu 41% anwesend. Während für Weizenmehlöl die Verseifungszahl zu 165—183, die Jodzahl zu 96—113 angegeben werden, belaufen sich die entsprechenden Kennzahlen bei dem Fett des Keimes auf 183—190 bzw. 115—127. Der Gehalt an Unverseifbarem stellt sich auf 2—5%; es besteht zu fast Zweidrittel aus Sterinen (Sitosterin bzw. Sitosterinester). Im Keimöl sind nach neueren Untersuchungen von B. BLEYER und W. DIEMAIR[5] rund 0,3% Phosphatide enthalten. Es handelt sich dabei um ein Gemisch aus Lecithin und Kephalin, an deren Aufbau vor allem Palmitin- und Linolsäure beteiligt sind. P. KARRER und H. SALOMON[6] isolierten aus dem Unverseifbaren des Keimöles drei krystallisierte einwertige Alkohole, deren zwei α- und β-Tritisterin darstellen.

Keimöl gibt nach einigen Wochen beim Stehen einen geringen Niederschlag von Phytosterin vom Schmelzpunkt 132°, das Mehlöl aber sofort eine starke Abscheidung vom Schmelzpunkt 97°.

d) Proteine. Der Proteingehalt nimmt beim Weizenkorn in der Richtung von außen nach innen ab; dies gilt insbesondere auch für den Mehlkörper[7].

---

[1] K. TÄUFEL, H. THALER u. G. KOPP: Z. 1936, **71**, 390.

[2] Die im Schrifttum angegebenen Werte dürften etwas überhöht sein, da die Phloroglucidmethode auch das bei der Umsetzung gebildete Oxymethylfurfurol teilweise miterfaßt; vgl. B. PETER, H. THALER u. K. TÄUFEL: Z. 1933, **66**, 143.

[3] F. W. NORRIS u. J. H. PREECE: Biochem. Journ. 1930, **24**, 59.

[4] Vgl. W. HALDEN u. A. GRÜN: Analyse der Fette und Wachse, Bd. 2, S. 27—28. Berlin: Julius Springer 1929. — CH. D. BALL jr.: Cereal Chem. 1926, **3**, 19. — B. SULLIVAN u. C. H. BAILEY: Journ. Amer. Chem. Soc. 1936, **58**, 383. — S. BALBONI: Ann. chim. appl. 1936, **26**, 49.

[5] B. BLEYER u. W. DIEMAIR: Biochem. Zeitschr. 1935, **275**, 242; vgl. auch H. CHANNON u. C. M. FORSTER: Biochem. Journ. 1934, **28**, 853.

[6] P. KARRER u. H. SALOMON: Helv. chim. Acta 1937, **20**, 424.

[7] E. BERLINER: Das Mühlenlaboratorium 1937, **7**, Heft 6, Spalte 81f.

Der Keimling enthält davon etwa 40—45% seiner Masse, und auch die Aleuronzellen führen viel Eiweiß. Der mittlere Gehalt[1] des ganzen Kornes bewegt sich zwischen 10 und 14%. Weizen mit mehr als 13% Protein pflegt man als kleberreich, solchen mit unter 11% als kleberarm zu bezeichnen. Kleinkörniger Weizen ist reicher an Stickstoffsubstanz als großkörnige Erzeugnisse; dasselbe gilt für die Weizensorten aus südlicheren Ländern sowie für Sommerweizen. Auch die Glasigkeit des Kornes steht mit dem Proteingehalt in Zusammenhang; glasiger Weizen ist in dieser Beziehung dem mehligen gegenüber begünstigt.

Im Weizenkorn finden sich:

α) Albumin, als sog. Leukosin, in einer Menge von etwa 0,3—0,5%, d. h. rund 2—3% des Gesamteiweißes. Es ist vor allem im Mehlkern und im Keimling vorhanden.

β) Globuline, darunter Edestin, über Aleuronschicht, Endosperm und Keimling verteilt und 10—20% der gesamten Eiweißsubstanz ausmachend.

γ) Alkohollösliches Prolamin (auch Gliadin genannt); es ist in einer Menge von rund der Hälfte des Gesamtproteins vorhanden.

δ) Alkohol- und salzunlösliches Glutenin, in einer Menge von etwa einem Viertel des Gesamtproteins.

Die letzteren beiden Proteine verteilen sich ausschließlich über den Mehlkörper; Aleuronzellen und Keimling sind davon frei.

ε) Zusammengesetzte Proteine (Proteide), vor allem im Keimling und in der Aleuronschicht vorhanden (Nucleoproteide).

ζ) Amide und Eiweißabbauprodukte; die letzteren vielleicht von der Enzymtätigkeit im Korn herrührend.

Die wichtigsten der genannten Eiweißarten, sowohl der Menge als auch der Bedeutung nach, sind Prolamin und Glutenin. Sie bilden zusammen, ersteres mit rund $^2/_3$, letzteres mit rund $^1/_3$ beteiligt, den sog. Kleber. Durch diesen Bestandteil, der zum guten Teil die Backfähigkeit ausmacht, zeichnet sich der Weizen vor allen andern Getreidearten aus. Man kann 6—11% des Kornes, also 70—80% des Gesamteiweißes, auf den Kleber rechnen. Seine wertgebende Eigenschaft besteht darin, daß er mit Wasser — hierbei spielen die Milieubedingungen eine sehr wesentliche Rolle — stark aufquillt. Soweit ein Urteil abgegeben werden kann, sind daran beide Kleberkomponenten beteiligt, wobei das Prolamin als stark hydrophil das Wasser bis zur leimartigen Konsistenz, d. h. bis zum Zerfließen aufnimmt, während das Glutenin praktisch kaum quillt und dadurch festere Gestalt bewahrt. Durch das Glutenin wird also die Quellung des Klebers gleichsam begrenzt.

Tabelle 5. Aufbau der Kleberproteine des Weizens. (Nach E. ABDERHALDEN.)

	Weizenprolamin (Gliadin) %	Weizenglutenin %
Glykokoll	0,7	0,4
Alanin	2,7	0,3
Valin	0,3	—
Leucin	6,0	4,1
Prolin	2,4	4,0
Phenylalanin	2,6	1,0
Asparaginsäure	1,2	0,6
Glutaminsäure	36,5	24,0
Serin	0,1	—
Tyrosin	2,4	1,9
Cystin	—	—
Lysin	—	2,2
Histidin	1,7	1,2
Arginin	3,4	4,4
Ammoniak	—	2,6

[1] Als Faktor für die Umrechnung von Stickstoff auf Stickstoffsubstanz (Eiweiß) wird meist die Zahl 6,25 zugrunde gelegt, wiewohl man, entsprechend dem mittleren Stickstoffgehalt des Weizeneiweißes mit 17,5%, besser den Faktor 5,7 heranziehen sollte. Auf Grund eingehender Untersuchungen gibt man neuerdings für das ganze Weizenkorn den Faktor 5,83 an; vgl. Factors for Converting percentages of nitrogen in foods and feeds into percentages of proteins. Circular Nr. 183 United States Dep. of Agriculture. Washington, August 1931.

Mit dieser Vorstellung läßt sich die sehr unterschiedliche Konsistenz des Klebers, der weich, kraftlos, schmierig oder fest, elastisch und widerstandsfähig oder kurz oder lang sein kann, befriedigend verstehen. N. P. KOSMIN und A. J. POPZOWA[1] haben indessen erwiesen, daß das quantitative Mischungsverhältnis von Gliadin und Glutenin zur Erklärung nicht ausreichend ist.

Hinsichtlich der am Aufbau beteiligten Aminosäuren u. dgl. bestehen zwischen dem Weizenprolamin und -glutenin charakteristische Unterschiede (Tabelle 5).

e) Mineralbestandteile. Der beim Veraschen des Weizenkorns hinterbleibende anorganische Rest, der bei etwa 2% liegt und Schwankungen unterworfen ist, besteht im wesentlichen aus den Phosphaten des Kaliums und des Magnesiums; Calcium tritt dem Magnesium gegenüber, wie bei allen Pflanzensamen, stark zurück. Ein gut Teil der Phosphorsäure findet sich in Form des Phytins (Inositphosphorsäuren) vor, also in organischer Bindung.

In den innersten Schichten des Endosperms macht der Mineralanteil etwa 0,3% aus. Er steigt nach den äußeren Schichten hin allmählich an und erreicht in der Aleuronschicht mit 7% seinen höchsten Wert. Die Frucht- und Samenschale enthalten wieder weniger Asche, nämlich rund 3%.

In 100 Teilen Asche[2] sind etwa vorhanden:

Kalium als K_2O	32,1%	Magnesium als MgO..	11,3%	Schwefelsäure als SO_3	1,3%
Natrium als Na_2O	1,5%	Eisen als Fe_2O_3	1,2%	Kieselsäure[3] als SiO_2	1,4%
Calcium als CaO	2,9%	Phosphorsäure als P_2O_5	47,8%	Chlor als Cl	0,5%

Hinsichtlich der Verteilung des Jodes gilt, daß die Kornspitze am reichsten, das Mittelstück am ärmsten daran ist; der Keimling nimmt eine Mittelstellung ein[4]. Über den Gehalt des Weizens an Schwefel — 21 Sorten, die auf schwefelhaltigem Boden gewachsen waren — berichten J. E. GREAVES und A. F. BRACKEN; es wurde ein durchschnittlicher Schwefelgehalt von 0,18% festgestellt[5].

f) Säuren. Der wäßrige Auszug des Weizenkorns reagiert sauer. In erster Linie sind daran die präformierten sauren Phosphate beteiligt. Deren Menge wird durch Enzymtätigkeit erhöht (Phytase). Aber auch sonstige Umsetzungen, die zum guten Teil wohl fermentativer Natur sind und bei denen sich entweder hydrolytische oder desmolytische Vorgänge abspielen, können freie Säure bilden. Das Ansteigen des Säuregrades mit zunehmendem Alter der Frucht dürfte derart zu erklären sein.

g) Enzyme. Als selbständiges Lebewesen muß das Weizenkorn mit allen zur Erhaltung des Lebens erforderlichen Stoffwechselenzymen ausgestattet sein. Es sind also sowohl die Hydrolasen als auch gewisse Desmolasen zu erwarten.

Von den Hydrolasen[6] ist an erster Stelle die Diastase oder Amylase zu nennen, deren eine Komponente die Stärke zu dextrinieren vermag (Dextrinogenamylase), worauf anschließend die Verzuckerung einsetzt (Saccharogenamylase). Für die Brotbereitung ist dieser amylolytische Komplex von großer Bedeutung. Erwähnt sei, daß im reifen Weizenkorn die Anwesenheit der Dextrinogenamylase fast kaum in Erscheinung tritt, dagegen um so mehr beim „auswachsenden" Korn.

---

[1] N. P. KOSMIN u. A. J. POPZOWA: Das Mühlenlaboratorium 1934, **4**, Heft 11, Spalte 153f.

[2] Man hat im Weizen bis zu 15,6 γ Arsen in 100 g der Körner nachgewiesen.

[3] Vgl. R. STROHECKER, R. VAUBEL u. K. BREITWIESER: Zeitschr. ges. Getreide-, Mühlen- u. Bäckereiwesen 1935, **22**, 131. Die Menge an Siliciumdioxyd nimmt mit sinkendem Ausmahlungsgrad des Getreides nicht ab, sondern zu, da die Stärke kieselsäurereich ist.

[4] Chem. Zentralbl. 1932, I, 1255; Biochem. Zeitschr. 1932, **243**, 88.

[5] J. E. GREAVES u. A. F. BRACKEN: Cereal Chem. 1937, **14**, 4.

[6] Vgl. hierzu A. HESSE: Über die Verwendung von Enzymen in der Industrie. II. Neuere Arbeiten über die Wirkung von Enzymen in der Bäckerei. Ergebnisse der Enzymforschung, Bd. 4, S. 147. 1935.

Auch der proteolytisch wirksame Fermentkomplex ist zwangsläufig vertreten, wenn auch bis jetzt recht wenig erforscht. Bei gesunder reifer Frucht tritt die Proteolyse kaum in Erscheinung, dagegen bei Auswuchsschäden und bei Befall durch Weizenwanzen [1].

Als fettarmes Gebilde zeigt das Endosperm, soweit bekannt, nur eine geringe lipatische Fähigkeit [2]. Im Keimling dagegen ist die Konzentration an Lipasen erhöht und daher die Fetthydrolyse unter entsprechenden Bedingungen (beim Keimen) begünstigt. Solche Vorgänge sind wenigstens teilweise am relativ raschen Verderben (Ranzigwerden der Keime und des Keimmehles) beteiligt; daher müssen zur Steigerung der Haltbarkeit des Mehles der Keimling und auch die ölreiche Aleuronschicht vor dem Vermahlen abgetrennt werden.

Auch Phosphatasen (Phytase) sowie Tyrosinase (Bedeutung für die Farbe der Brotkrume) sind vorhanden.

Von den Desmolasen finden sich im Weizen sicher ein oxydatisch sowie ein katalatisch[3] wirksamer Komplex; derselbe ist in den äußeren Schichten des Kornes sowie im Keimling stärker angereichert als im Innern.

h) Vitamine. Als Vitaminträger kommen in erster Linie der Keimling sowie die Oberflächenschichten des Kornes, die mit ersterem in die Kleie wandern, in Betracht; der Mehlkörper ist sehr arm bzw. frei von Vitaminen.

Im Weizenkorn sind in geringer Menge vorhanden die Vitamine A und E[4], letzteres vor allem im Keimling; Vitamin D ist nicht anwesend; ebenso fehlt Vitamin C, das sich aber bei der Keimung neu bildet. Von größerer Bedeutung ist die Anwesenheit der Vitamine des B-Komplexes, insbesondere des Vitamins B_1 (Aneurin). Da dasselbe in der Natur zwar weit verbreitet, aber immer nur in sehr kleiner Konzentration vorhanden ist, besteht bei der Ernährung in vielen Ländern ein Fehlbetrag, der zu Avitaminosen Anlaß geben kann. Wenn nun auch von seiten des Weizens her kein großer Betrag an Vitamin B_1 geliefert wird, so ist dieser, vor allem wenn kleiehaltigere Mehle Verwendung finden, nicht ganz ohne Belang.

2. Roggen.

Die Roggenfrucht besteht aus langgestreckten, oben abgeplatteten, unten spitz zulaufenden Körnern, die meist an der Oberfläche geschrumpft sind und graugelbe, graugrüne bis blaugrüne oder dunkelgelbe Farbe haben. Dies rührt von dem Gehalt der Aleuronschicht an Chlorophyll und Xanthophyll her. Das Korn ist etwa 8 mm lang und 3 mm breit (dickste Stelle). Eine Vorstellung über die mittlere Zusammensetzung des Roggens verschiedener Sorten gibt die Tabelle 6.

Tabelle 6. Mittlere Zusammensetzung verschiedener Roggensorten[5].

Bestandteil	Roggen vollkörnig %	mittelkörnig %	flachkörnig %
Wasser	15	15	15
Mineralbestandteile	1,5	1,7	2,0
Stickstoffsubstanz (Eiweiß)	7	9	12
Ätherextrakt (Fett)	1,5	1,7	2,3
Kohlenhydrate (Stärke und Zucker)	73	71	67
Rohfaser	1,6	1,9	2,7

[1] G. Klemm u. W. Altermann: Das Mühlenlaboratorium 1937, **7**, Heft 5, 65f. — R. Schnick: Zeitschr. ges. Getreide-, Mühlen- u. Bäckereiwesen 1937, **24**, 146.
[2] B. Sullivan u. A. Howe: Journ. Amer. Chem. Soc. 1933, **55**, 320.
[3] Th. Merl u. J. Daimer: Zeitschr. Unters. Nahrungs- u. Genußmittel 1921, **11**, 273.
[4] G. Balboni: Ann. chim. appl. 1936, **26**, 49; Chem. Zentralbl. 1936, I, 4832. — A. Scheunert: Mehl u. Brot 1936, **36**, Nr. 47. Vgl. Evans, Emerson u. Emerson: Chem. Zentralbl. 1936, II, 999.
[5] Nach M. P. Neumann, S. 175, siehe S. 16.

Hinsichtlich der chemischen Zusammensetzung ist der Roggen dem Weizen sehr ähnlich, so daß sich hier weitere Ausführungen über den Wasserwert, die Mineralbestandteile, Säuren, Enzyme und Vitamine erübrigen. Zur weiteren Charakterisierung sei kurz nur folgendes angeführt:

a) Kohlenhydrate. Mengenmäßig steht die Stärke an erster Stelle. Die Stärkekörner haben eine Größe von 40—52 μ und sind damit im Durchschnitt etwas größer als die des Weizens. Über die Verkleisterungstemperaturen und den Angriff durch Diastase wurde bei Weizen schon das Nähere erwähnt.

Neben der Stärke enthält der Roggen lösliche Zuckerarten in einer Menge, die etwas größer als beim Weizen ist. Analytisch von Bedeutung ist das von J. TILLMANS, H. HOLL und L. JARIWALA[1] aufgefundene Trifructosan, das, in 60%igem Roggenmehl in einer Menge von etwa 2,4% vorhanden (auf Fructose berechnet), die Anwesenheit von Roggenmehl in Weizenmehl noch in Verschnitten bis zu 10% herab erkennen läßt.

An Pentosanen wurden Werte zwischen 10—13% (Phloroglucidmethode nach TOLLENS) ermittelt.

b) Fett und Lipoide. Nach Untersuchungen von A. W. STOUT und H. A. SCHUETTE[2] sind am Aufbau des Roggenkeimöles, das sich im Keimling in einer Menge von 11% vorfand und einen Lecithingehalt von 1,33% zeigte, Öl-, Linol- und Linolensäure sowie Myristin-, Palmitin- und Stearinsäure beteiligt. Das Unverseifbare bewegte sich zwischen den Grenzen von 8—10%, die Verseifungszahl lag bei 177, die Jodzahl bei 140. Die im Schrifttum sonst angegebenen Kennzahlen sind nicht ohne Widerspruch.

c) Proteine. Wie beim Weizen finden sich auch im Roggen Albumin, Globulin, Prolamin (Gliadin) und Glutenin. Man hat das Gliadin des Roggens als identisch mit dem des Weizens hingestellt; nach Arbeiten von J. TILLMANS und Mitarbeitern besteht aber hinsichtlich des Gehaltes an Tyrosin und Tryptophan bei diesen beiden Eiweißarten je nach der Herkunft ein deutlicher Unterschied[3]. Dies gilt auch für das Glutenin, Albumin und Globulin. Die Proteine des Roggens unterscheiden sich also von denen des Weizens. Hinsichtlich der Menge an Gesamtstickstoffsubstanz liegt der Roggen um 3—4% unter dem Weizen; Roggen mit weniger als 7% Eiweiß gilt als proteinarm.

Der Roggen ist im Gegensatz zum Weizen mit seiner dadurch bedingten Sonderstellung nicht imstande, einen Kleber zu bilden. Zwar sind auch hier, wie eben erwähnt, ein Prolamin (Gliadin) und Glutenin vorhanden, aber die Mengenverteilung und das ganze Verhalten sind grundsätzlich anders. Dieser Umstand, im Verein mit sonstigen, noch unbekannten Faktoren, ist die Ursache für das Ausbleiben der Kleberbildung.

3. Gerste.

Die Zusammensetzung des Gerstenkornes schwankt bei den verschiedenen im Anbau stehenden Arten innerhalb sehr weiter Grenzen. Dies wurde zur Ursache einer scharfen Unterscheidung zwischen Brauerei-, Brennerei- und Futtergerste. Als Mittel aus sehr zahlreichen Untersuchungen ergibt sich etwa der folgende Aufbau:

Wasser	13 %	Zucker	2,2%	Pentosane	7,5%
Protein	10 %	Dextrin	3,5%	Rohfaser	4,6%
Fett	2,1%	Stärke	55 %	Mineralbestandteile	2,2%

[1] J. TILLMANS, H. HOLL u. L. JARIWALA: Z. 1928, **56**, 26; vgl. R. STROHECKER: Z. 1932, **63**, 514.

[2] A. W. STOUT u. H. A. SCHUETTE: Journ. Amer. Chem. Soc. 1932, **54**, 3298; 1934, **56**, 210.

[3] Vgl. auch H. KÜHL: Roggen- und Weizengliadin. Das Mühlenlaboratorium 1933, **3**, Heft 8, 143.

Die Beziehung zwischen Protein- und Kohlenhydratgehalt möge die folgende Zusammenstellung veranschaulichen. Es geht daraus augenfällig hervor, daß die proteinarmen, aber stärkereichen Sorten mit ihrer gleichzeitig höheren Extraktausbeute für die Brauerei am günstigsten sind, während der Brenner im Hinblick auf die Hefetätigkeit proteinreiche Erzeugnisse bevorzugt.

Protein in %	8—10	10—11	11—12	12—13	13—14	14—16
Stärke in %	64	63	62	61	60	59
Extraktausbeute in % . .	78,4	77,4	76,5	75,4	74,5	73,4

Hinsichtlich der allgemeinen Bausteine erübrigen sich eingehendere Betrachtungen, da sich die Gerste in vielen Beziehungen dem Weizen und Roggen angleicht. Ergänzend sei folgendes angeführt:

Bei der Stärke der Gerste herrschen große (21—28 μ Durchmesser) und kleine Körner (fast punktförmig, 1—3 μ) vor; Stärkekörner mittlerer Größe fehlen beinahe ganz. Die löslichen Kohlenhydrate umfassen Zuckerarten, Dextrine usw. Hervorhebenswert ist, daß beim Auskeimen der Gerste, im Grünmalz, im Gegensatz zum normalen Korn, Saccharose[1] in erheblicher Menge neu gebildet wird.

Über die Hemicellulose der Gerste hat J. A. PREECE[2] ausführlich berichtet; es finden sich Uronsäure, Xylose und Arabinose darin vor. Der Aufbau der Gerstenspelzen (Testinsäure, Protein; Gerbstoff von der Art des Quebrachogerbstoffs) wurde von H. LÜERS[3] und Mitarbeitern teilweise aufgeklärt.

Über das Fett der Gerste sowie des Malzes, das in einer Menge von etwa 2% anwesend ist, liegen im Schrifttum[4] verschiedene Arbeiten vor. Danach sind am Aufbau Palmitin- und Stearinsäure sowie Öl-, Linol- und Linolensäure beteiligt. Das Unverseifbare beläuft sich im Gerstenfett auf rund 5—6% und steigt in den Keimen bis auf 20—26% an; der Lecithingehalt im Fett wird zu 3—4% angegeben. Der beim Auskeimen der Gerste einsetzende Verbrauch an Trockensubstanz (Veratmung) wird nur zu etwa 12% von der Fettkomponente, im wesentlichen durch die Kohlenhydrate gedeckt.

Die Verseifungszahl des Gerstenfettes liegt bei 188, die Jodzahl bei etwa 117; für Malzfett sind die entsprechenden Zahlen 177 bzw. 117, für Putzerei-Keimfett 142 bzw. 99.

Was die Gerstenproteine anlangt — zum Unterschied gegen Weizen und Roggen ist die Aleuronzellenschicht bei der Gerste mehrreihig (2 bis 6 Reihen) — so sind auch hier wieder vier verschiedene Arten vorhanden. Neben Albumin (Leukosin) und Globulin (Edestin) ist ein alkohollöslicher Eiweißstoff anwesend, der nach TH. B. OSBORNE als Hordein bezeichnet wird; er ähnelt in seinem Aufbau sehr dem Gliadin, unterscheidet sich davon aber durch einen abweichenden Gehalt an Tryptophan. Außerdem finden sich in einer etwa dem Hordein entsprechenden Menge noch unlösliche Proteine vom Typ der Glutenine.

Was den Enzymkomplex[5] anlangt, so ist bekanntlich die Diastase stark ausgebildet; hierauf beruht die weitgehende Verwendung des Grünmalzes bei der Brennerei, Preßhefeherstellung usw. Auch die Proteasen sind erwähnenswert.

---

[1] K. TÄUFEL, H. THALER u. G. KOPP: **Z.** 1936, **71**, 390.

[2] J. A. PREECE: Chem. Zentralbl. 1931, II, 316.

[3] H. LÜERS u. J. STAUBER: Wochenschr. Brauerei 1931, **48**, 93, 103, 117. — H. LÜERS u. W. HÜTTINGER: Wochenschr. Brauerei 1933, **50**, 97.

[4] K. TÄUFEL u. M. RUSCH: **Z.** 1929, **57**, 422; Biochem. Zeitschr. 1929, **209**, 55. Hier auch weitere Literatur.

[5] H. LÜERS u. L. MALSCH: Wochenschr. Brauerei 23./24. Juni 1927. — K. MYRBÄCK u. H. LARSSON: Chem. Zentralbl. 1935, II, 1459. — K. MYRBÄCK u. S. MYRBÄCK: Chem. Zentralbl. 1931, II, 3168, 3169.

Verschiedene Untersuchungen liegen weiterhin über die Phytase von Gerste und Malz vor; nach Untersuchungen von Y. JONO[1] ist Gerste frei von Urease.

Hervorzuheben ist schließlich, daß beim Keimen der Gerste sich Vitamin D neu bildet und in den Würzelchen anreichert.

4. Hafer.

Über die mittlere Zusammensetzung unterrichtet die frühere Tabelle 3. Die beobachteten Schwankungen haben, wie bei allen Getreidearten, ihre Ursache in Sorte, Anbau, Klima, Düngung usw. Kleine Körner pflegen proteinreicher zu sein als großer Körner.

Die in den zartwandigen Zellen des Endosperms enthaltene Stärke tritt vielfach in größeren runden oder ovalen, zusammengesetzten Körnern auf, die aus 10 und mehr scharfkantigen Teilkörnchen von 5—7 μ Durchmesser bestehen; daneben findet sich sog. Füllstärke in citronen- oder spindelförmigen Körnern von 5—15 μ Größe.

Bezüglich der Kohlenhydrate gilt das bei Weizen Ausgeführte; Phytin ist nachgewiesen worden.

Neben Mais stellt der Hafer das fettreichste Getreide dar; der Ätherextrakt des geschälten Kornes ist auf etwa 5% zu veranschlagen. Am Aufbau des bei Zimmertemperatur flüssigen Haferfettes[2] sind Palmitinsäure zu 10%, Ölsäure zu 55% und Linolsäure zu 35% beteiligt. Als Glyceride sind Triolein und Palmitodiolein nachgewiesen worden. Der Gehalt an Unverseifbarem wird zu etwa 1,4%, der an Phosphatiden zu 1% angegeben; die Verseifungszahl liegt bei 190—195, die Jodzahl bei 104—105.

Hinsichtlich der Proteine des Hafers besteht noch nicht die wünschenswerte Klarheit. Soweit bekannt, finden sich nach TH. B. OSBORNE vor ein wasserlösliches Eiweiß (Albumin, Edestin), ein salzlösliches Eiweiß (darunter Avenalin, ein für Hafer charakteristisches Protein, das eine Mittelstellung zwischen dem Edestin und dem echten Globulin einnimmt), ein alkohollösliches Eiweiß (Avenin, durch sehr hohen Cystingehalt von Gliadin und Hordein unterschieden) sowie ein zur Gruppe Glutenin gehöriges Eiweiß[3].

5. Mais.

Über die mittlere Zusammensetzung unterrichtet die frühere Tabelle 3. Hierzu sei bemerkt, daß man an löslichen Zuckerarten im Durchschnitt etwa 2—3%, an Dextrin ebenso viel und an Pentosan rund 4—5% vorfindet.

Die Verteilung der Bausteine auf Schale, Keim und Mehlkörper möge die folgende Zusammenstellung[4] zeigen:

	Anteil am Korn %	Stickstoffsubstanz %	Ätherextrakt %	Stickstofffreie Extraktstoffe %	Rohfaser %	Mineralbestandteile[5] %
Ganzes Korn. .	100	12,6	4,3	79,4	2,0	1,7
Schale.	6	6,6	1,6	74,1	16,4	1,3
Keim	10	21,7	29,6	34,7	2,9	11,1
Mehlkörper . .	84	12,2	1,5	85,0	0,6	0,7

[1] Y. JONO: Chem. Zentralbl. 1932, I, 1103.
[2] C. AMBERGER u. A. WHEELER-HILL: Z. 1927, 54, 417.
[3] H. LÜERS u. M. SIEGERT: Biochem. Zeitschr. 1924, 144, 467. Vgl. auch dieses Handbuch, Bd. I, Abschnitt „Proteine und andere Stickstoffverbindungen".
[4] Nach WAGNER: Journ. Soc. chem. Ind. 1909, 28, 344.
[5] Im Mais sind auf 100 g bis zu 2,9 γ Arsen nachgewiesen worden.

Die das Maiskorn umhüllende Frucht- und Samenschale ist sehr widerstandsfähig. Der Mehlkern selbst besteht aus einem äußeren hornartigen, proteinreicheren (bis 12% Protein) und einem inneren weicheren, mehligen, proteinärmeren Teil (etwa 8% Protein). Die Stärke ist von charakteristisch rundlich-eckiger Gestalt und besteht aus Körnern von 8—35 μ (im Durchschnitt 16—22 μ) Durchmesser; Schichtung ist meist nicht zu erkennen. Mitunter findet sich eine vom Mittelpunkt ausgehende Höhlung. Die Aleuronschicht ist einzellig.

Durch seinen relativ hohen Fettgehalt von rund 5%, auf das ganze Korn bezogen, unterscheidet sich der Mais (mit dem Hafer) von den andern Getreidearten. Im Keimling steigt der Lipoidgehalt bis auf 40% und mehr an. Er dient deshalb, zumal er bei der Maisstärkegewinnung in großen Mengen anfällt, zur Herstellung von Maisöl oder Kukuruzöl, das als Speiseöl oder bei der Margarinefabrikation Verwendung findet.

Am Aufbau des entweder gepreßten oder mit Fettlösungsmitteln extrahierten Erzeugnisses sind vorzugsweise Palmitin- und Stearinsäure sowie Öl- und Linolsäure beteiligt. Die Verseifungszahl wird zu 188—193, die Jodzahl zu 117—123 angegeben. Das Unverseifbare (1,3—2,5%) besteht etwa zur Hälfte aus Sterinen (Sitosterin, Dihydrositosterin, sehr wenig Stigmasterin); der Gehalt an Phosphatiden schwankt je nach der Gewinnungsart.

Die Proteine sind vertreten durch das wasserlösliche Albumin (Leukosin) und das salzlösliche Globulin (Edestin). Als alkohollösliche Komponente findet sich das sog. Zein vor, das nach J. TILLMANS und Mitarbeitern kein Tryptophan, kein Lysin und kein Glykokoll enthält. Schließlich ist wieder Glutenin vorhanden, an dessen Aufbau die eben genannten Aminosäuren beteiligt sind. Mais enthält mehr Zein als Weizen und Roggen Gliadin, das den dem Zein entsprechenden Eiweißstoff darstellt. Die Maisproteine sind biologisch nicht vollwertig; die bei einseitiger Maisernährung auftretende Pellagra dürfte, abgesehen von dem Vitaminmangel, auch dadurch mit verursacht sein.

Im Mais ist Vitamin A vorhanden, vor allem im gelben Endosperm und im Keimling; im letzteren finden sich, wie bei allen Getreidearten, auch Vitamin E und der Vitaminkomplex B. Vitamin D und C sind nicht vorhanden.

6. Reis.

Wie die vorangehende Tabelle 3 ausweist, unterscheidet sich der Reis von den andern Getreidearten durch den niedrigen Prozentgehalt an Stickstoffsubstanz und an Asche[1] bei gleichzeitig erhöhtem Kohlenhydratgehalt (bis etwa 80%). Hinsichtlich des Fettes ähnelt er dem Roggen und Weizen.

Korn und Spelzen stehen zueinander im Verhältnis von 4:1; die Spelzen enthalten bis zu 18% Asche, davon $^4/_5$ Kieselsäure. Die zarte gelbe Samenhaut, die Silberhaut, die den Mehlkern umschließt und die beim Polieren entfernt wird, enthält selbst bzw. in den unmittelbar benachbarten Schichten den Vitaminkomplex B, vor allem Vitamin B_1 (Auftreten der Beri-Beri-Krankheit bei einseitiger Ernährung mit geschältem und poliertem Reis).

Die Reisstärke, für lebensmitteltechnologische und kosmetische Zwecke und in der Textilindustrie (Appretur) verwendet, findet sich, ähnlich wie beim Hafer, teils in zusammengesetzten Körperchen, teils in Einzelkörnchen vor; erstere zerfallen in die genannten 2—10 μ großen, vieleckigen Teilkörnchen.

Über die Lipoide des Reises — der Ätherextrakt stellt sich auf 1—2% — ist anzuführen, daß etwa $^1/_3$ feste und $^2/_3$ flüssige Fettsäuren am Aufbau beteiligt

[1] Reis enthält auf 100 g etwa 18,4 γ Arsen.

sind und zwar vor allem Palmitin- und Stearinsäure sowie Öl- und Linolsäure[1]. Das Unverseifbare des Öles (bis 4%) enthält Myricylalkohol[2], Stigmasterin und Sitosterin.

Im Reisöl ist gemäß den Angaben des Schrifttums eine Lipase vorhanden, die schon nach kurzer Zeit zum Sauerwerden desselben führt.

Als Protein findet sich neben kleinen Mengen von Albumin und Globulin insbesondere ein alkalilösliches Glutenin, das als Oryzonin bezeichnet wird. Ein alkohollöslicher Eiweißstoff vom Typ des Gliadins usw. ist nicht vorhanden.

7. Hirse.

Über den Aufbau der zwei Hauptarten der Hirse möge die nachstehende Zusammenstellung unterrichten:

	Wasser %	Stickstoffsubstanz %	Ätherextrakt %	Zucker %	Dextrin %	Stärke %	Rohfaser %	Mineralbestandteile %
Rispen- und Kolbenhirse.	11,4	11,8	3,4		60,0		10,3	3,2
Sorghohirse	12,7	9,4	3,7	1,8	2,5	65,6	2,3	2,1

Hierzu sei ergänzend hinzugefügt, daß ein gewisser Teil (5%) der Gesamtstickstoffsubstanz aus Amiden besteht. Der Anteil an Albumin wird zu 0,2—0,9% angegeben. Eingehendere Untersuchungen liegen in dieser Richtung meines Wissens nicht vor[3].

Am Aufbau des Sorghohirseöles sind Palmitin-, Stearin-, Öl- und Linolsäure beteiligt, nicht aber die Linolensäure[4]. Als Verseifungszahl wird 187, als Jodzahl 121 angegeben. Der Gehalt an Unverseifbarem liegt bei etwa 8%; es sind darin Sterine (Sitosterin) sowie höhere Alkohole enthalten (Korianylalkohol $C_{28}H_{58}O$, Takakibylalkohol $C_{44}H_{90}O$).

Eine Untersuchung des Öles von Rispenhirse[5] ergab 3,3% Unverseifbares; als Fettsäuren waren Öl-, Linol- und Linolensäure neben rund 10% festen Fettsäuren anwesend. Die früher als Isomeres der Ölsäure angegebene Hirseölsäure[6] ist gewöhnliche Ölsäure und daher als besondere Verbindung zu streichen.

Die Kennzahlen des ziemlich dickflüssigen, hell- bis braungelben Öles der Rispenhirse liegen für die Verseifungszahl bei etwa 182—184, für die Jodzahl bei 95—130 (!).

8. Buchweizen.

Die Zusammensetzung der beiden angebauten Arten erhellt aus der folgenden Aufstellung.

Die Buchweizenstärke tritt teils in zusammengesetzten Körperchen, teils in 4—10 μ großen Teilkörperchen von vieleckiger Gestalt auf.

Über die Lipoide der Körner — das Fett, zu etwa 2% vorhanden, verteilt sich ziemlich gleichmäßig über das ganze Korn, so daß die Kleie keinen

---

[1] Vgl. auch S. Ueno: Reisöl. Journ. Soc. chem. Ind. Japan 1937, **39**, 200 B. Vgl. auch V. Cuculescu: Chem. Zentralbl. 1935, I, 3487. Sei-ichi Ueno u. Mickio Aso: Untersuchungen über Reisöl und seine Verwertung. Chem. Zentralbl. 1938, I, 2811.

[2] C. Antoniani: Chem. Zentralbl. 1933, I, 2957. [3] Vgl. auch Z. 1937, **74**, 351.

[4] S. Ueno u. R. Yamasaki: Journ. Soc. chem. Ind. Japan 1935, **38**, 113 B; Chem. Zentralbl. 1936, I, 5006. — T. Inaba u. K. Kitagawa: Journ. Soc. chem. Ind. Japan 1934, **37**, 434 B; Chem. Zentralbl. 1935, I, 3069.

[5] A. Steger u. J. van Loon: Rec. Trav. chim. Pays-Bas 1934, **53**, 28.

[6] Kassner: Arch. Pharmaz. 1887, **225**, 395.

erhöhten Fettgehalt besitzt — ist etwas Näheres nicht bekannt; im Fett sollen bis zu 10% Sterine und 2,5% Phosphatide vorkommen.

	Wasser %	Stickstoff-substanz %	Äther-extrakt %	Zucker %	Dextrin %	Stärke %	Roh-faser %	Mineral-bestandteile %
Gemeiner Buchweizen (Polygonum fagopyrum)	13,3	11,4	2,7	2,1	3,5	53,3	11,4	2,4
Tatarischer Buchweizen (Polygonum tartaricum)	12,4	9,8	2,6		52,2		19,7	3,3

Aus der Gruppe der Eiweißstoffe findet sich etwa 0,5% an Albumin. In Alkohol lösliche Proteine sind nicht oder nur in sehr geringer Menge anwesend; dagegen wurden Amide nachgewiesen. Eine Untersuchung des alkalilöslichen Eiweißes aus Buchweizen verdankt man T. UKAI und S. MORIKAWA[1], die Art und Menge der beteiligten Aminosäuren ermittelten.

D. Untersuchung.

Die chemische Untersuchung des Getreides auf seine Bausteine und ihren Zustand, also auf die inneren, chemischen und physikalisch-chemischen Merkmale, kann im Hinblick auf die erforderliche Gleichmäßigkeit der Probe und ihrer Behandlung nur im fein gemahlenen Zustand durchgeführt werden. Die Arbeitsverfahren sind dann diejenigen des Mehles und werden dort eingehender besprochen. Hier soll unter Beschränkung auf die für den Lebensmittelchemiker wichtigeren Untersuchungsmethoden nur eine Reihe von Proben angeführt werden, die vorzugsweise gewisse äußere, meist physikalische Wertmerkmale (physikalische Wertkonstanten des Getreides) betreffen; dazu soll auch die Ermittlung des Wassers gerechnet werden.

Von grundsätzlicher Bedeutung ist die fehlerfreie Probe-Entnahme. Unter allen Umständen ist für ein richtiges Durchschnittsmuster Sorge zu tragen. Bei offener Lagerung des Getreides muß man an verschiedenen Stellen und in verschiedener Höhe (oben, in der Mitte und unten) Muster ziehen, dieselben sorgfältig mischen und davon nach den üblichen Regeln die Probe für die eigentliche Untersuchung in einer Mindestmenge von 250 g abnehmen. Ist das Getreide abgesackt, dann sind die Proben von oben, der Mitte und unten aus einer nach gewissen Regeln (10% der Säcke; bei 11—50 Säcken aus mindestens 5 Säcken; bei kleinerer Menge aus jedem Sack) ausgewählten Reihe von Säcken zu nehmen und unter sich zu mischen; daraus wird dann das in Arbeit zu nehmende Muster gezogen. Für die Probeentnahme benutzt man zweckmäßig die sog. Probestecher bekannter Ausführung.

a) Aussehen. Das Aussehen des Getreidekornes gibt vor allem dem Sachkenner wertvolle Bewertungsmerkmale an die Hand. Aus der Schalenfarbe läßt sich auf die Schalendicke und auch auf die Beschaffenheit des Mehlkernes schließen. Beim Roggen sind z. B. die blaugrünen Sorten die mehr geschätzten, während von den reingelben hin zu den gelbbraunen Spielarten die Güte abnimmt. Erfahrungsmäßig sind beim Weizen die hornartigen, schwach durchscheinenden Sorten etwas höherwertig als die strohgelben Erzeugnisse. Gerste soll hellgelbe Farbe und glänzendes Aussehen haben. Weiße Gerste ist oft glasig und der Schwefelung verdächtig.

b) Geruch. Man verlangt von einem Getreide einen vollständig einwandfreien Geruch, der auf keinen Fall dumpf, muffig oder schimmelig sein darf.

[1] T. UKAI u. S. MORIKAWA: Chem. Zentralbl. 1925, II, 192.

c) Geschmack. Beim Zerkauen der Getreidekörner soll ein milder, rein mehliger Geschmack auftreten, der keinesfalls modrig, muffig oder gar säuerlich sein darf (Vorsicht beim Zerkauen, Strahlenpilz!).

d) Reinheit. Die Gesamtheit der Fremdkörper in einem Getreide bezeichnet man als Besatz; hierzu gehören Unkrautsamen, Stroh, Spelzen, Steine, Erdklümpchen, Auswuchs[1], angefressene und geschrumpfte Körner. Auf Grund langjähriger Erfahrungen liegt die Höhe des Besatzes bei deutschem Getreide meist unter 1%. Als marktgängig ist festgelegt für Roggen höchstens 2% an Auswuchs, Besatz, Bruch und Schmachtkorn, für Weizen höchstens 3% an Auswuchs, Besatz, Bruch, Schmachtkorn und Rost[2].

Arbeitsweise. Man wägt mindestens 100 g ab, verteilt diese Menge Korn neben Korn auf einer sauberen Glasplatte, unter die man zweckmäßig ein gelbes Papier gelegt hat, und sucht nun mittels Pinzette und Lupe den vorgenannten Besatz heraus. Derselbe wird gewogen und in Prozenten angegeben.

Durch den Besatz wird das Getreide in stark unterschiedlicher Weise in seinem Wert beeinträchtigt. Daher kommt es bei der Untersuchung nicht nur auf die gesamte Menge der Verunreinigungen an, sondern auch auf deren Art. Es sind deshalb hinsichtlich des Besatzes noch differenzierende Untersuchungen erforderlich. Diese betreffen im besonderen:

α) Unkrautsamen. Es kommen für Weizen und Roggen etwa 50 verschiedene Unkrautsamen in Betracht, die morphologisch bzw. mikroskopisch zu identifizieren sind (vgl. im mikroskopischen Teil). Der Codex alim. austr. teilt dieselben je nach ihrer Wirkung auf das Mehl in 4 Gruppen ein:

1. Unkrautsamen[3] mit giftiger bzw. gesundheitsschädlicher Wirkung: Kornrade, Taumellolch, Adonisröschen, Wachtelweizen, Klappertopfarten, Ackerwinde, Hederich usw.

2. Unkrautsamen, die die Farbe des Mehles beeinflussen. Ackerhahnenfuß, Klappertopfarten, Kornrade, Platterbsen und Wicken, Ackertrespe usw.

3. Unkrautsamen, die den Geruch und Geschmack beeinträchtigen: Ackersenf, Hohldotter, Feldpfennigkraut, Feldrittersporn, Feldspörgel, Wachtelweizen, Syrische Scarbiose, Koriander usw.

4. Unkrautsamen ohne besondere Wirkung: Kornblume, Knöterich, Windenknöterich, Feldkamille, Haftdolde, Rainkohl usw.

β) Bruch. Zerbrochene oder gequetschte Getreidekörner entwerten das Erzeugnis, weil sie erstens bei der Reinigung in den Abfall gehen, also einen Mehrverlust darstellen, und weil sie zweitens zu einem Herd für Infektionen aller Art werden können und damit die Haltbarkeit beeinträchtigen (Dumpfwerden, Ranzigwerden). Gegebenenfalls ist der Bruch gesondert zu bestimmen.

γ) Auswuchs. Der Auswuchs setzt den Wert der Frucht ganz wesentlich herab; hiermit ist vielfach veränderter, muffiger Geruch verbunden.

Beim Brotgetreide erfolgt durch das Auskeimen infolge der gesteigerten Enzymtätigkeit eine stoffliche Veränderung der Korninhaltssubstanzen in der Richtung des Abbaues. Dieser betrifft insbesondere auch den Kleber. Infolgedessen ist die Backfähigkeit des Mehles aus ausgewachsenem Getreide mehr oder weniger weitgehend verschlechtert. Bis 5% Auswuchs bei Weizen und 10% bei Roggen lassen das Getreide noch brauchbar erscheinen. Überschreitung dieser Grenzen macht beim Mahlgut eine Verbesserung unbedingt erforderlich, da sonst nur ganz unzulängliche Backfähigkeit vorhanden ist. Als geringe Auswuchsmengen betrachtet man bei Weizen 2—3%, bei Roggen 3—5%.

---

[1] Der Auswuchs wird vielfach nicht zum Besatz gerechnet, sondern gesondert geführt.

[2] Anordnung der Hauptvereinigung der deutschen Getreide- und Futtermittelwirtschaft, betreffend Bestimmungen für das Getreidewirtschaftsjahr 1937/38. Vom 1. Juli 1937. Verkündigungsblatt des Reichsnährstandes 1937, S. 273—293.

[3] Über Mutterkorn vgl. auf S. 30.

Der Auswuchs[1] wird bestimmt, indem man, wie oben beschrieben, aus einer abgewogenen Getreidemenge die durch die Wurzelkeime kenntlichen ausgewachsenen Körner aussondert und wägt. Fehlen die Wurzelkeime, dann kann man nach Art der Untersuchung bei Malzkaffee den Zustand der Keimung gegebenenfalls ermitteln[2]. Bemerkt sei ferner, daß ausgekeimte Getreidekörner bei der Schwimmprobe vielfach schwimmen und daß sie, infolge der Diastasewirkung, mitunter durch süßen Geschmack auffallen; der Diastasewert pflegt erheblich erhöht zu sein.

δ) Spelzengehalt. Bei den bespelzten Getreidesorten ist Menge und Ausbildung der Spelzen für die Bewertung sehr wichtig. Bei Hafer kann man dieselben mit der sog. Haferzange nach NEERGAARD aus einer abgewogenen Menge (20 g) unmittelbar abziehen und zur Wägung bringen.

Bei Gerste wendet man das Ammoniakverfahren nach LUFF[3] an. Man wägt 50 Körner ab, übergießt sie in einem Becherglas mit 10 ccm eines 5%igen wäßrigen Ammoniaks, verschließt und stellt 30 Minuten in ein Wasserbad von 75—80° C. Man zieht dann die Spelzen mit einer Pinzette verlustlos von den Körnern ab, trocknet bei 95° C 4 Stunden lang und wägt nach dem Erkalten. Bei der Berechnung des Spelzengehaltes auf die Trockensubstanz der Körner wird zum Spelzengewicht ein Zwölftel addiert.

e) Kornbeschaffenheit. Abgesehen von den unter a) bis d) genannten Eigenschaften sind für die Beurteilung noch folgende äußere Merkmale von Belang:

α) Ausgeglichenheit (Gleichmäßigkeit). Für eine gute handelsfähige Ware ist möglichste Gleichartigkeit des Kornes nach Größe und Form zu fordern. Ungleichmäßigkeit würde auf Verschiedenheit des Verhaltens, z. B. des Mahlgutes, schließen lassen. Bei Gerste ist die sich in Größe und Form der Körner auswirkende Sortenreinheit für die Brauerei von erheblicher Bedeutung. Die Vollkörnigkeit — vorwiegend bei Gerste bestimmt — wird in der Weise ermittelt, daß man 100 g des Gutes 5 Minuten lang auf dem VOGELschen Siebsatz schüttelt und den auf dem 2,2 mm-Sieb zurückgebliebenen Teil der Körner wägt. Das Gewicht gibt unmittelbar die Prozente der Vollkörnigkeit an, d. h. der mehr als 2,2 mm großen Körner.

β) Glasigkeit, Mehligkeit. Die Ermittlung dieses Zustandes ist von Wichtigkeit bei Weizen und Gerste. Glasigkeit zeigt im allgemeinen die eiweißreicheren Erzeugnisse an; trockene Reife- und Erntezeit wirkt sich ebenfalls dahingehend aus. Durch Einweichen in Wasser werden glasige Weizenkörner in ihrem Mehlkörper ausgesprochen mehlig.

Man durchschneidet bei Weizen dreimal je 50 oder 100 Körner im sog. Farinotom — gebräuchlich sind die Apparate nach POHL, nach PRINTZ und GROBECKER sowie nach KICKELHAYN — entfernt das gegebenenfalls beim Schneiden durch den Druck auf die Körner (daher sehr scharfe Messer!) entstandene Mehl mit einem Haarpinsel und zählt nach glasigen, halbglasigen (halbmehligen) und mehligen Körnern aus. Man bildet das Mittel aus mindestens 3 Schnittproben, wobei man zu den glasigen die Hälfte der halbglasigen Körner hinzuzählt.

Bei Gerste wird wohl auch das Verfahren nach PRIOR[4] benutzt. 500 bis 1000 Körner werden in der PRIORschen Vakuumweiche in Kalkwasser von 10° deutscher Härte 24 Stunden lang eingeweicht und 24—28 Stunden in dem PRIORschen Vakuumtrockenapparat getrocknet. Hierauf ermittelt man im

---

[1] C. BERLINER: Über die Erkennung und Beurteilung von Auswuchsschäden am Weizenkorn. Chem. Zentralbl. 1936, II, 3737.
[2] Vgl. dieses Handbuch, Bd. VI, S. 63f. Berlin: Julius Springer 1934.
[3] W. WINDISCH: Das chemische Laboratorium des Brauers, S. 201. Vom Jahre 1907.
[4] PRIOR: Allg. Zeitschr. Bierbrauerei Malzfabr. 1906, 11.

Farinotom die Anzahl der mehligen Körner und aus diesem Ergebnis die Glasigkeit.

γ) Kochprobe bei Reis. Er soll unter den Bedingungen der haushaltüblichen Zubereitung bei mittlerer Kochdauer gleichmäßig weich werden; es sollen zu keiner Zeit des Kochens harte und weiche Körner nebeneinander vorhanden sein (dies gilt auch für die Leguminosen).

f) Gesundheitszustand. Für das Verhalten des Getreides bei der Lagerung sowie für die daraus hergestellten Erzeugnisse ist der Gesundheitszustand der Frucht von ausschlaggebender Bedeutung. Hierbei sind folgende Gesichtspunkte in den Vordergrund zu stellen:

α) Pilzbefall. Während seiner Entwicklung kann das Getreidekorn heimgesucht werden von Brandpilzen, von Rost, von Mutterkorn usw.; nach der Ernte treten vielfach Schimmel und Schwärze auf. Sowohl unmittelbare Verluste an Getreidesubstanz[1] und schwierige Abscheidung wie insbesondere auch die Gesundheitsschädlichkeit (Kriebelkrankheit bei Mutterkorn) machen diese Art der Verunreinigung gefährlich.

β) Getreidewanzen. Vor etwa 6 Jahren wurde in Deutschland erstmals ein Weizenschaden beobachtet, der sich in einer eigentümlichen Veränderung des Klebers ausprägte. Man spricht von „Leimkleber". Die Backfähigkeit ist deutlich verschlechtert. Es ließ sich zeigen, daß die „Leimklebrigkeit" auf den Stich von Wanzenarten zurückzuführen ist, die in den süddeutschen Weizenbaugebieten heimisch sind. Der „Wanzenstichigkeit" des Weizens ist also Aufmerksamkeit zu schenken[2]; die von den Weizenwanzen angestochenen Körner sind bei Lupenvergrößerung leicht zu ermitteln.

γ) Käferbefall. Ein gefürchteter Schädling des Getreidekornes ist der Kornkäfer (Calandra granaria L.). Der Käfer ist gegen Licht empfindlich. Zum Erkennen kann man folgendermaßen vorgehen:

Man breitet z. B. Gerste auf weißem Papier in dünner Schicht am Fenster aus und läßt die Sonne darauf scheinen. Die Kornkäfer sammeln sich auf der dem Licht entgegengesetzten Seite an.

Körner mit Larven sind schwer erkennbar; bei der Schwimmprobe schwimmen solche Körner zumeist obenauf. Man kann eine Probe des zu untersuchenden Getreides in einem trockenen Glas verschlossen 8—10 Tage an einem warmen Ort aufbewahren. Nach dieser Zeit erscheinen dann die Käfer.

Auch der Getreideschmalkäfer (Apion fermentarius) ist hier zu nennen; er lebt im Weizen, Roggen, Gerste, Mais, Reis und in den verschiedenen Kleien.

δ) Keimversuch (Keimfähigkeit, Keimenergie[3]). Unter „Keimfähigkeit" versteht man die Anzahl der Körner, in Prozenten ausgedrückt, die unter entsprechenden Bedingungen innerhalb von 10 Tagen zur Auskeimung gelangen. Unter „Keimenergie" ist die Zahl der nach 2 bzw. 3 Tagen (bei Gerste) zur Keimung gelangten Körner zu verstehen, prozentisch ausgedrückt. Überjährige Saat gibt sich meist durch geringe Keimfähigkeit zu erkennen.

---

[1] Man schätzt in Deutschland den jährlichen Verlust durch

Stinkbrand bei Weizen . .	auf	10 Mill. RM
Rost bei Getreide	„	200 Mill. RM
Flugbrand bei Hafer . . .	„	9 Mill. RM
Kornkäfer	„	100 Mill. RM

[2] G. AUFHAMMER: Wanzenschäden an Getreide. Prakt. Blätter für Pflanzenbau u. Pflanzenschutz 1936, **14**, 253. — CHR. HOFFMANN: Prakt. Blätter für Pflanzenbau u. Pflanzenschutz 1936, **14**, 262. — G. KLEMT u. W. ALTERMANN: Zeitschr. ges. Getreide-, Mühlen- u. Bäckereiwesen 1937, **24**, 28. — Vgl. auch R. SCHNICK: Zeitschr. ges. Getreide-, Mühlen- u. Bäckereiwesen 1937, **24**, 146.

[3] Vgl. auch K. MOHS: Methodik zur Erkennung des inneren Gesundheitszustandes von Getreide. Vorratspflege u. Lebensmittelforschung 1938, **1**, 204.

Es wird eine bestimmte Anzahl von Körnern (200 bis 1000 Stück) abgezählt und 6 Stunden in Wasser eingeweicht. Dann verteilt man sie (Furchenseite nach unten, Keimlingsende bei allen Körnern in der gleichen Richtung) in einem befeuchteten Keimbett aus doppelt gefaltetem Filtrierpapier und überläßt sie im Keimschrank (z. B. nach AUBRY oder SCHÖNJAHN) bei 18° C der Keimung. Man zählt die ausgekeimten Körner nach 2 bzw. 3 Tagen (Keimenergie) und verfolgt die Nachkeimung bis zum 10. Tag (Keimfähigkeit). Man kann den Versuch auch auf steril gemachtem Sand ausführen. Möglichst steriles Arbeiten ist angezeigt.

Gutes, rasches Keimen ist ein Hinweis für das Vorhandensein von wirksamen Enzymen. Dies ist wichtig für die Backfähigkeit des Weizens, für die Verzuckerungsfähigkeit der Gerste usw.

ε) Kulturversuch[1]. Das Ziel ist, unter Ausschluß einer nachträglichen Infektion das Getreidekorn und die daran haftenden Keime zur Entwicklung zu bringen. Man erhält durch diesen Versuch wertvolle Anhaltspunkte für den Gesundheitszustand des Getreides. Es ist dabei steriles Arbeiten erforderlich. Man benutzt sterilisierte PETRI-Schalen oder sterile Keimkasetten nach K. MOHS[2]. Die mit Filtrierpapier ausgekleideten PETRI-Schalen werden unter Wahrung der üblichen Vorsichtsmaßregeln mit sterilem Wasser befeuchtet. Bei den Keimkasetten gießt man in die untere Schale etwa 75 ccm steriles Wasser und zwar so hoch, daß die obere, aus porösem Ton angefertigte, mit 100 Vertiefungen zur Aufnahme der Körner ausgestatteten Zähltafel nicht auf der Oberfläche benetzt wird.

Die Getreidekörner werden entweder in die Zählplatte eingelegt oder, falls PETRI-Schalen verwendet werden, auf dem Filtrierpapier in Entfernung von je 0,5 cm ausgelegt. Jede Untersuchung wird doppelt angesetzt. Eine Schale wird bei Zimmertemperatur, eine bei 35—38° C belassen. Letztere Prüfung ist sehr wichtig, um zu ermitteln, ob Keime vorhanden sind, die erst bei höherer Temperatur zur Entwicklung gelangen, z. B. Buttersäuregärer, Kartoffelbacillus (fadenziehendes Brot). Man beobachtet nach 24 und nach 48 Stunden und stellt fest:

1. Wie viele Körner sind vollständig gesund ausgekeimt?
2. Wie viele Körner sind nicht ausgekeimt, aber noch vollständig gesund?
3. Wie viele Körner sind ausgekeimt, aber verschimmelt?
4. Wie viele Körner sind nicht ausgekeimt, aber verschimmelt?
5. Wie viele Körner zeigen auf bakterielle Zersetzung deutende schleimige Beschaffenheit?
6. Wie viele Körner sind verschimmelt und schleimig zersetzt?
7. Welche Gerüche treten auf?

Durch Auszählen der Körner der verschiedenen Beschaffenheit und Prozentangabe erhält man einen zahlenmäßigen Ausdruck für den Gesundheitszustand. Ein gutes Mahlkorn von Weizen oder Roggen zeigt höchstens 3% verschimmelte Körner.

g) Spez. Gewicht. Bei Brotgetreide schwankt es zwischen 1,28 bis 1,48; die Unterschiede sind durch die innere Struktur bedingt. Je mehr Inhaltsstoffe vorhanden sind, um so schwerer ist das Korn.

---

[1] H. KÜHN: Die Mühle 1934, Heft 24. — G. BRÜCKNER: Zeitschr. ges. Getreidewesen 1933, **20**, 233. — K. MOHS: Zeitschr. ges. Getreidewesen 1928, **15**, 85. Vgl. auch W. A. MOL: Die Schimmelprobe. Z. 1937, **74**, 189. — K. MOHS: Methodik zur Erkennung des inneren Gesundheitszustandes von Getreide. Vorratspflege u. Lebensmittelforschung 1938, **1**, 204.

[2] H. KÜHN: Die Mühle 1934, Heft 24. — G. BRÜCKNER: Zeitschr. ges. Getreidewesen 1933, **20**, 233. — K. MOHS: Zeitschr. ges. Getreidewesen 1928, **15**, 86. Vgl. auch W. A. MOL: Die Schimmelprobe. Z. 1937, **74**, 189.

Die Bestimmung wird meist nach dem Verfahren von M. P. Neumann[1] ausgeführt, indem man in dem vorgeschriebenen Arbeitsgerät von 10 g des Getreides durch allmähliche Zugabe einer spezifisch leichteren (eingestelltes Ligroin; s = 0,800; das Getreide sinkt unter) zu einer spezifisch schwereren Flüssigkeit (eingestellter Tetrachlorkohlenstoff s = 1,600; das Getreide schwimmt) die Hälfte davon zum Absetzen bringt. Das Spez. Gewicht des Flüssigkeitsgemisches stellt das mittlere Spez. Gewicht des Untersuchungsmaterials dar.

Tabelle 7.
Spezifisches Gewicht bei deutschem Getreide.

Jahr	Roggen			Weizen		
	Höchstwert	Niedrigstwert	Mittelwert	Höchstwert	Niedrigstwert	Mittelwert
1926	1,3946	1,3041	1,3446	1,3946	1,3196	1,3520
1927	—	—	—	1,3785	1,3064	1,3404
1928	1,3992	1,3391	1,3665	1,3921	1,3047	1,3531

h) Hektolitergewicht[2]. Der Handel erfolgt heute in erster Linie auf Grund des Hektolitergewichtes. Die Bestimmung wird ausgeführt, indem man ein genau abgemessenes Volumen zur Wägung bringt. Man benutzt hierzu den Reichsgetreideprober von $^1/_4$ Liter, 1 Liter oder 20 Liter Inhalt.

Das Maßgefäß wird auf den Tisch gestellt und das Messer durch den Schlitz eingeschoben. Hernach legt man den Vorlaufkörper auf das Messer und setzt das Füllrohr mit seinen Ausschnitten auf die entsprechenden Vorsprünge des Maßgefäßes. Man füllt den Schüttzylinder mit Getreide und läßt es aus 4 ccm Abstand in das Füllrohr fließen, wobei der Getreidestrahl möglichst in die Mitte treffen soll. Beim $^1/_4$-Liter-Prober sollen hierzu 8 Sekunden, beim 1-Liter-Prober 12 Sekunden benötigt werden. Man zieht rasch das Messer heraus; das Getreide fällt in den Maßzylinder. Dann werden das Messer wieder eingeführt und das oberhalb befindliche Getreide sowie das Füllrohr entfernt. Man zieht das Messer heraus, beseitigt etwa vorhandene zerschnittene Körner und wägt.

Das Hektolitergewicht ermöglicht, ähnlich wie das Spez. Gewicht, Aussagen über Wassergehalt des Getreides, Dicke der Schalen, Dichte des Mehlkernes mit dem Stärkegehalt, Lagerfähigkeit, Mehlausbeute usw.[3].

i) Tausendkorngewicht. Es werden zweimal je 500 oder auch mehr Körner ohne Auswahl abgezählt und gewogen. Das für 1000 Körner berechnete und auf Trockenmasse bezogene Gewicht ist das Tausendkorn- oder absolute Gewicht des Getreides. Zum Abzählen der Körner bedient man sich am besten einer Zählplatte, z. B. des Apparates nach Kickelhayn für Gerste.

Diese Ermittlung zeigt die Beschaffenheit des Getreides zahlenmäßig recht gut an. Man erhält eine Vorstellung über die Korngröße und meist auch über die Mehlergiebigkeit.

k) Wassergehalt. Anfeuchtung des Getreides. Der Wassergehalt schwankt bei normalen Erzeugnissen zwischen 10—17%; bei Mais und Reis liegt er im allgemeinen bei etwa 10%. Erhöhte Werte deuten auf fehlerhafte Ernte, unsachgemäße Lagerung oder künstliche Anfeuchtung hin.

Zur Ermittlung des Gehaltes an Wasser benutzt man die üblichen Methoden der Trocknung, der Destillation sowie gewisse elektrische Verfahren.

[1] Vgl. M. P. Neumann: Brotgetreide und Brot, 3. Aufl., S. 166. 1929. Bei Gerste benutzt man vielfach die Apparatur nach Barczewski (Überlaufverfahren mit Alkohol).

[2] Neuerdings zieht man zur Bewertung auch die sog. Hektolitergewichte heran, d. h. das auf das Hektoliter bezogene Spez. Gewicht der Trockenmasse des Getreides.

[3] Vgl. A. Schmorl: Mehlchemischer Lehrkurs, 3. Aufl. S. 10, 1936. Ferner: Wertanlagen und ihre Schwankungsbreite bei deutschen Getreidesorten (Weizen). Pflanzenbau 1937, 13, 405.

α) Trocknung. Etwa 5 g Getreide (genau gewogen), am besten geschrotet, werden in üblicher Weise im Trockenschrank (bei der Gerstenuntersuchung vielfach der Trockenschrank nach ULSCH gebraucht) bei 105° in einem Wägegläschen mit eingeschliffenem Stopfen bis zur Gewichtskonstanz getrocknet. Die Trockenzeit ist auf 4 Stunden zu bemessen. Der Gewichtsverlust wird als Wasser in Rechnung gestellt.

Für die Zwecke der Praxis ist das Verfahren der Trocknung zu Schnellmethoden verschiedener Ausführungsweise entwickelt worden. Man hat durch Erhöhung der Trockentemperatur auf 155—160° die Trockenzeit für Getreideschrot auf 10—15 Minuten herabsetzen können. An Arbeitsgeräten seien genannt: Der elektrisch heizbare Wasserbestimmer nach CARTER (Mühlenchemie G.m.b.H.), der Schnellwasserbestimmer nach Dr. FORNET, Modell D 1936, der halb- oder der vollautomatische Feuchtigkeitsmesser von BRABENDER (Arbeitstemperatur 130°, Trockenzeit 1 Stunde).

β) Destillation. Es kommen die üblichen Methoden mit Xylol, Perchloräthylen, Tetrachloräthan usw. in Betracht (Arbeitsgeräte nach H. LUNDIN, nach H. PRITZKER und R. JUNGKUNZ usw.).

γ) Elektrische Methoden. Die bei der Getreide- und Mehluntersuchung eingeführten Untersuchungsverfahren, auf deren ausführliche Beschreibung hier verzichtet werden muß[1], arbeiten nach 3 verschiedenen Grundsätzen.

Auf der Messung der Dielektrizitätskonstanten beruht der sog. DK-Apparat (BERLINER, RÜTER, HARTMANN), bei dem aus der Größe dieser Konstanten bzw. einer damit zusammenhängenden Maßgröße in empirischer Weise der Wassergehalt gefunden wird. Die Untersuchung kann in 1 Minute vorgenommen werden.

Aus der Größe der elektrischen Leitfähigkeit des Getreides wird ein Rückschluß auf den Wassergehalt gezogen mittels der MC-Schnellwasserbestimmung der Mühlenchemie G.m.b.H. (ähnliche ausländische Apparate sind unter dem Namen „Limbrickmesser“ (Kansas), Hepenstal-, Amme-, Davis-Feuchtigkeitsmesser usw. bekannt) sowie des Hygrophons der gleichen Firma.

Durch Messung der Dämpfung von Hochfrequenzwellen wird die Feuchtigkeit empirisch mittels der sog. FK-Anlage der Brabender G.m.b.H. in Duisburg automatisch im Durchlaufapparat ermittelt; das Verfahren ist im besonderen für die Einkaufskontrolle des Getreides entwickelt worden.

l) Extrakt. Für die Bewertung der Braugerste ist die Ermittlung des sog. Extraktes von Bedeutung. Man versteht darunter die bei Gegenwart von Diastase unter gewissen Bedingungen sich lösenden Bestandteile des Gerstenkornes. Wenn auch das Ergebnis begreiflicherweise sehr stark von den obwaltenden Bedingungen abhängt, also zur Gewinnung vergleichbarer Ergebnisse die strenge Einhaltung der vorgeschriebenen Arbeitsweise erforderlich ist, so erhält man trotzdem Anhaltspunkte für die Beschaffenheit des zu erzeugenden Malzes.

Zur Ermittlung des Gerstenextraktes sind verschiedene Methoden, die unterschiedliche Ergebnisse liefern, empfohlen worden; wegen ihrer Durchführung im einzelnen sei auf das Fachschrifttum verwiesen[2].

m) Ölung. Dieses Verfahren wurde bei Weizen und Reis bisweilen geübt, um das Hektolitergewicht zu erhöhen — geölte Körner fügen sich leichter aneinander als trockene Körner, also gehen mehr Körner auf das Hektoliter —

---

[1] Vgl. K. SCHMORL: Mehlchemischer Lehrkurs, 3. Aufl., S. 19. 1936; Mehlphysik. Duisburg: Brabender G. m. b. H. 1935.

[2] PAWLOWSKI-DOEMENS: Die brautechnischen Untersuchungsmethoden, 5. Aufl. Bearbeitet von Dr. A. DOEMENS. München-Berlin: R. Oldenbourg 1938.

und eine bessere. Beschaffenheit vorzutäuschen; Reis wird durch Öl z. B. glänzend und durchscheinend.

Der schlüssige Nachweis der Ölung ist nicht einfach zu erbringen. Da nur sehr wenig Öl benutzt wird — man wirft das Getreide meist nur mit in Öl getauchten Schaufeln mehrmals um — führt die Extraktion mit Äther nicht oder nur selten zum Ziel. Nach H. WEIGMANN enthielt z. B. ein geölter Weizen 0,99—1,17% Fett, eine nicht geölte Ware 0,90—1,02%. Bei Gerste reicht 0,1% Öl zur Verbesserung in betrügerischer Absicht bereits aus.

Ein anderes Verfahren besteht darin, das zu prüfende Erzeugnis 1 Stunde lang in Wasser einzulegen. Geölte Ware soll dabei wegen schwerer Benetzbarkeit weniger quellen als ungeölte.

Man hat ferner vorgeschlagen (HIMLEY, WOLFF, G. JACOB), das Getreide z. B. zwischen 2 PETRI-Schalen mit Bronzepulver kräftig zu schütteln. Bringt man dann die Körner auf trockenes Papier und reibt etwas damit ab, dann wird das geölte Getreide dabei gleichsam vergoldet, während bei der nicht geölten Frucht die Bronze abfällt und höchstens in der Kerbe und an den Haaren, dem Bart, teilweise hängen bleibt. Auch mit Curcumapulver sollen ähnliche Unterschiede hervortreten.

Wenn man ein vollständig fettfreies Glas mit fettfreiem Wasser füllt und feines Campherpulver in sehr kleiner Menge aufstreut, geraten die Campherteilchen in lebhafte Bewegung (Oberflächenaktivität!). Diese hört auf, wenn man geöltes Getreide in das Glas dazu gibt, bleibt aber bestehen, wenn das Erzeugnis nicht geölt war.

n) Färbung. Gelber Reis, Graupen usw. können zur Erhöhung des weißen Aussehens mit blauen unlöslichen Verbindungen gefärbt sein, z. B. mit Berlinerblau, Ultramarin, Indigo, Smalte usw. Hirse kann gelb gefärbt werden (Goldhirse). Die Farbstoffe sind bisweilen dem beim Polieren verwendeten Talkum zugesetzt.

Zum Nachweis schüttelt man das Gut mit Wasser oder Chloroform und erhält dabei einen Bodensatz, der mikroskopisch und chemisch auf die in Betracht kommenden färbenden Verbindungen in bekannter Weise geprüft wird. Berlinerblau wird durch Zusatz von Kalilauge, Ultramarin durch Zugabe von Mineralsäure, Indigo durch verdünnte Salpetersäure entfärbt. Smalte ist säure- und hitzefest usw.

Gelber Reis ist gelegentlich mit Kalkwasser behandelt worden. Der Nachweis ist sehr einfach zu erbringen. Normaler Reis gibt an sehr schwach salzsaures Wasser nur Spuren von Calcium ab, ein gekalktes Produkt aber in entsprechend größerer Menge. Liegen organische Farbstoffe[1] vor, so behandelt man das Gut mit 50%igem Alkohol und stellt die übliche Aus- und Umfärbung auf Wolle her.

Von Bedeutung kann der Nachweis von Eosin z. B. bei zollamtlich gekennzeichneter, nicht zu Brauzwecken zu verwendender Gerste sein. Hierfür ist in der Gerstenzollverordnung folgendes Arbeitsverfahren angegeben.

100 g Malz in ganzen Körnern oder der beim Absieben der mehligen Anteile durch ein geeignetes Sieb verbleibende Rückstand von 100 g Malzschrot werden in einem Kolben mit 150 ccm eines Gemisches gleicher Raumteile Alkohol und Wasser, dem 2 ccm konzentrierte Salzsäure zugesetzt sind, übergossen und mehrmals durchgeschüttelt. Nach 1 Stunde wird die Flüssigkeit abgegossen. Die im Kolben verbleibenden festen Teile werden mit 50 ccm des Alkoholwassergemisches nachgewaschen. Die vereinigten Flüssigkeitsmengen, welche

[1] Vgl. H. JESSER u. E. THOMAE: Nachweis von Malachitgrün. Deutsch. Lebensm.-Rundschau 1936, 238.

beim Ausziehen von Malzschrot stets zu filtrieren sind, werden auf dem Wasserbad in einer Porzellanschale auf etwa 20 ccm eingeengt. Die so erhaltene Lösung wird mit 5 ccm Ammoniakflüssigkeit versetzt, in einen Scheidetrichter filtriert und durch Ausschütteln mit Äther wiederholt gereinigt, bis der Äther nicht mehr gefärbt erscheint.

Die Anwesenheit von Eosin gibt sich schon jetzt durch deutlich grüne Fluorescenz der ammoniakalischen Lösung zu erkennen.

Das Eosin wird nunmehr nach dem Ansäuern der Flüssigkeit mit verdünnter Salzsäure durch dreimaliges Ausschütteln mit je 10 ccm Äther ausgezogen.

Die vereinigten sauren ätherischen Auszüge werden durch dreimaliges Ausschütteln mit geringen Mengen Wasser gereinigt.

Liegen Malz oder Malzschrot aus mit Eosin gekennzeichneter Gerste vor, so färbt sich die dem freiwilligen Verdunsten überlassene ätherische Lösung rosenrot, wenn man die aus einer mit Ammoniakflüssigkeit gefüllten Flasche entweichenden Dämpfe über die ätherische Lösung bläst.

Auch der Rückstand, welcher nach dem vollständigen Verdunsten des Äthers verbleibt, wird bei der Einwirkung von Ammoniakdampf rot gefärbt. Die rote Färbung kann jedoch durch noch vorhandene Extraktivstoffe verdeckt werden. Daher ist der Nachweis des Eosins auf die Fluorescenz der ammoniakalischen Lösung und auf die rosenrote Färbung des ätherischen Auszugs zu gründen.

o) Bleichung. Schwefelung. Mißfarbenem oder havariertem Getreide [Gerste (Graupen), Hirse, Reis, mitunter auch Weizen] kann man durch Bleichung ein besseres Aussehen erteilen. Man erreicht die erstrebte Aufhellung der Erzeugnisse durch Behandeln mit Schwefliger Säure (Schwefeln)[1].

Qualitativ erkennt man die Anwesenheit der Schwefligen Säure, indem man 10 g des Gutes mit einigen Kubikzentimetern einer 25%igen Phosphorsäure übergießt und dann mit Kaliumjodatstärkepapier prüft.

Quantitativ wird die Schweflige Säure in üblicher Weise durch Destillation der mit phosphorsaurem Wasser versetzten Körner im Kohlendioxydstrom wie bei Fleisch ermittelt.

p) Polierung. Man hat diese Art der Schönung bei Reis und bei Graupen beobachtet. Als Poliermittel kommen Talk (Speckstein) und sonstige Silikate in Betracht. Man muß damit rechnen, daß weiterhin ein Kleb- bzw. Fixiermittel anwesend ist, z. B. Sirup. Schließlich kann auch noch Farbe (vgl. unter **n**) vorhanden sein. Je nach der Art der zu erwartenden Stoffe hat man bei der Untersuchung verschieden vorzugehen.

α) A n w e s e n h e i t v o n n u r T a l k u m. Man schüttelt 20—50 g des Gutes mit Chloroform oder 10%igem Alkohol kräftig durch, trennt die Ausschüttelungsflüssigkeit samt Bodensatz ab, verdunstet das Lösungsmittel, verascht den Rückstand und wägt; gegebenenfalls kann sich eine qualitative Analyse anschließen.

β) M i t v e r w e n d u n g v o n S i r u p. Dies ist meist durch den süßen Geschmack des Reises oder der Graupen ohne weiteres erkennbar. Ein wäßriger Auszug wird fernerhin FEHLINGsche Lösung in der Wärme reduzieren.

Um zu einem Urteil zu gelangen, werden einige Gramm des Gutes verascht. Die Asche zieht man mit 0,5%iger Salzsäure aus. Der hierbei verbleibende Rückstand wird geglüht und gewogen. Graupen und Reis enthalten normalerweise nur Spuren einer in salzsaurem Wasser unlöslichen Asche.

---

[1] H. SIMONS: Sterilisation und Bleichung des ganzen Kornes. Das Mühlenlaboratorium 1932, Nr. 8, 49 (Heft 30 der „Mühle").

Man kann das Material aber auch wiederholt mit Wasser ausschütteln, bis dasselbe klar bleibt, rasch mit der Trübung abgießen, letztere absitzen lassen und den Bodensatz nach dem Glühen zur Wägung bringen.

Über die Natur des Poliermittels entscheidet die qualitative und quantitative Analyse.

Buch-Literatur.

A. FORNET: Vom Mehl zum Brot, 6. Aufl. Berlin: F. A. Günther und Sohn A.-G. 1936. — R. FRITZWEILER: Getreide und Hülsenfrüchte. Leipzig: Akademische Verlagsgesellschaft 1920. — N. P. KOSMIN: Das Problem der Backfähigkeit. Leipzig: Moritz Schäfer. — A. MAURIZIO: Die Nahrungsmittel aus Getreide, 2. Aufl. Berlin: Paul Parey 1924. — Mehlphysik. Duisburg: Brabender G. m. b. H. 1935. — M. P. NEUMANN: Brotgetreide und Brot, 3. Aufl. Berlin: Paul Parey 1929. — K. SCHMORL: Mehlchemischer Lehrkurs, 3. Aufl. Leipzig: Moritz Schäfer 1936. — H. A. SCHWEIGART: Der Ernährungshaushalt des deutschen Volkes. Berlin: Deutscher Verlag für Politik und Wirtschaft 1937.

II. Hülsenfrüchte.

A. Arten, Anbau, Gewinnung und Lagerung.

Unter „Hülsenfrüchten" versteht man in der Lebensmittelchemie die reifen bzw. halbreifen Samen[1] der „Leguminosen", die in die Familie der Schmetterlingsblütler (Papilionaceen) gehören. Von Bedeutung für die menschliche Ernährung sind Bohnen, Erbsen, Linsen, Sojabohnen, Lupinen, Erdnuß; als Futtermittel finden Verwendung die Peluschken und Wicken.

Tabelle 8. Anbauflächen und Ernteerträge für Hülsenfrüchte in Deutschland (Jahr 1935)[2].

Erbsen		Speisebohnen		Ackerbohnen	
Fläche ha	Ertrag t	Fläche ha	Ertrag t	Fläche ha	Ertrag t
48613	82647	4850	6949	43752	79996

Über die wirtschaftliche Rolle dieser Erzeugnisse unterrichtet die nebenstehende Zusammenstellung.

Zum Vergleich sei weiter angeführt, daß die Weltausfuhr an getrockneten Hülsenfrüchten im Jahre 1935 insgesamt 1126000 t im Gesamtwert von 122 Mill. RM betrug, das ist 0,26% des Welthandels. Die Anbauflächenentwicklung in Deutschland hat sich wie folgt gestaltet:

1935 . . . . . 387270 ha
1933 . . . . . 480680 ha
1913 . . . . . 500319 ha

1. Bohne.

Mit dem Namen „Bohnen" werden 2 botanisch scharf zu unterscheidende Hülsenfruchtarten bezeichnet. Einmal zählt man hierzu die wirklichen Bohnen aus der Gattung Phaseolus, die zumeist in 2 Arten als Phaseolus vulgaris L. und als Phaseolus multiflorus WILLD. angebaut werden. Die meisten Unterarten (über 120) besitzt Phaseolus vulgaris, z. B. Garten-, Schneide-, Stangen-, Zucker-, Speck-, Vits-, Schmink,- Brech-, Busch-, Kriech-, Stock-, Zwergbohne usw. Phaseolus multiflorus wird als Feuer-, Pracht-, Strahl-, Kapuziner- und türkische bzw. arabische Bohne kultiviert.

---

[1] Die unreifen, grünen Hülsen (fälschlich Schoten genannt) von Bohnen und Erbsen (Zuckererbsen) zählt man zu den frischen Gemüsen.

[2] Aus dem Statistischen Jahrbuch für das Deutsche Reich für das Jahr 1936.

Zu den echten Bohnen gehört auch die in Japan als Speisebohne gezogene Phaseolus radiatus L[1]. Die Mondbohne von Java (Phaseolus lunatus L.), die indischen Rundbohnen sowie die roten Rangoonbohnen enthalten blausäurelieferndes Glykosid.

Zum anderen zählt man gemeinhin zu den Bohnen auch die Vertreter aus der Gattung Vicia Faba L., die botanisch zu den Wicken[2] gehört. Es werden gepflanzt die Sau-, Futter-, Feld-, Pferde-, Esels-, Puff- oder Ackerbohne.

Der Anbau der Bohnen, der garten- oder feldmäßig erfolgt, verlangt guten, kalkreichen Boden; gegen Frost sind diese Hülsenfrüchte meist sehr empfindlich.

2. Erbse.

Von den vielen Arten kommt als Nahrungsmittel nur die gemeine Saaterbse (Pisum sativum L.) mit ihren zahlreichen Abarten, Varietäten, Formen und Rassen in Betracht. Die Farbe der glattkugeligen bis runzeligen Samen wechselt von gelblich über rötlichweiß bis dunkelgrün. Auch die Größe schwankt innerhalb weiter Grenzen. Gegen Frost ist die Erbse nicht sehr empfindlich. Sie gedeiht bis etwa 68° nördlicher Breite und braucht zur Reife etwa 110—140 Tage.

Die Erbse stellt unter den Hülsenfrüchten das wichtigste Erzeugnis dar, das grün als Gemüse, grün, ausgereift, geschält oder ungeschält als Samen zur Herstellung von Suppen und Brei, auch als Dauerware, vielfache Verwendung findet[3].

3. Linse.

Als Saat-, gemeine oder gute Linse (Ervum Lens L.) angebaut, ist diese Feldfrucht mit der Wicke nahe verwandt. In Deutschland wird sie kaum kultiviert; Lieferant sind Rußland und die Balkanstaaten. Sie kommt nur als reife Frucht in den Handel. Die Samen sind einfarbig gelblich- bis dunkelbraun und von flacher, mindestens doppelt so langer als dicker Form („linsenförmig"). Die Linse ist unempfindlich gegen Frost und gedeiht bis etwa 60° nördlicher Breite; sie benötigt bis zur Reife 140—150 Tage.

4. Sojabohne.

Die Heimat dieser Leguminose ist zweifellos Ostasien, besonders China und Japan, wo die Kultur Jahrtausende alt ist. Auch in Transkaukasien und in Indien sowie in den Vereinigten Staaten von Nordamerika wird sie angebaut. Seit 1873 hat die Kultur dieser Pflanze auch in Süd- und Südosteuropa Eingang gefunden. Etwa von den 70er Jahren des vergangenen Jahrhunderts ab bemüht man sich (Botaniker HABERLANDT) auch in Deutschland um ihre Einführung, Bestrebungen, die in den letzten Jahren[4] durch systematische Forschungen sehr erfolgreich verlaufen sind.

Die Sojabohnen sind die Samen von Soja oder Soya hispida MOENCH, Glycine hispida MAXIM (chinesisch = Ta-ton, japanisch = Daidsu). Es handelt sich hierbei um einen einjährigen, buschbohnenartig wachsenden, zottig behaarten Schmetterlingsblütler, der in ziemlich gedrungenen, stumpfen Hülsen 1 bis 4 Samen entwickelt. Letztere sind von weißer, gelber, brauner bis fast schwarzer

---

[1] E. MIYAMICHI u. S. ONISHI: Chem. Zentralbl. 1932, I, 3185. Es finden sich darin (Adzukibohne) Saponinglykoside mit hämolytischer Wirkung.

[2] Die Wicken enthalten Blausäure; in der Futterwicke wurden 0,05 g auf 1 kg Samen gefunden; die Anwesenheit von Saponinen aber ist zweifelhaft. S. SCHWARZ u. H. FINZENHAGEN: Tierernährung 1937, **9**, 115.

[3] Erwähnt sei hier ferner die Kichererbse (Cicer arietium L.), die zur Herstellung eines nicht unbeliebten Kaffee-Zusatzstoffes verwendet wird (Leblebii in Südbulgarien; vgl. **Z.** 1917, **33**, 107).

[4] G. SESSOUS: Angew. Chem. 1934, **47**, 789.

Farbe und von mehr eiförmiger als von bohnenförmiger Gestalt. Über die wirtschaftliche Bedeutung der Sojabohne, die als Träger von Öl (19—22%) und von hochwertigem Eiweiß (38—41%) sehr wichtig ist, unterrichtet die folgende Tabelle 9.

Tabelle 9. Anbau und Ernte von Sojabohnen[1].

Länder	Anbauflächen (in 1000 ha)					Anbauerträge (in 1000 dz)				
	1934	1933	1932	1931	1926/30	1934	1933	1932	1931	1926/30
Rußland	113	164	300	468	120	682	1056	1191	2826	550
Vereinigte Staaten von Nordamerika	480	343	335	399	291	4914	3176	3571	4208	2360
Japan	336	324	342	350	365	2791	3622	3112	3205	3851
Korea (Chosen)	788	797	803	786	788	4918	5877	5644	5288	5475
China (ohne Mandschurei)	5215	5296	5367	5285	—	56445	72714	65504	57163	—
Mandschurei	3272	4001	3838	4201	3745	33468	52052	42679	52270	49148
Niederländisch-Indien	271	280	238	194	192	1754	1815	1490	1285	1115
Welt (ohne China)	5320	5970	5920	6440	5540	48800	67800	57930	69290	62780

1909:	2	1927:	576096
1913:	106066	1928:	847724
1920:	22765	1929:	1023858
1924:	137331	1931:	1014573
1926:	370038	1932:	1187000

Die Einfuhr nach Deutschland nahm nebenstehende Entwicklung (Angaben in Tonnen). Der Ertrag schwankt in der ostasiatischen Heimat der Sojabohne je nach den Anbaubedingungen sehr wechselnd zwischen 4 und 22 dz/ha; als zufriedenstellenden Ertrag für unsere Anbauverhältnisse stellt man 24 dz/ha hin. Die Beziehung der in Deutschland gezogenen Erzeugnisse hinsichtlich Fett- und Eiweißgehalt veranschaulicht nebenstehende Zusammenstellung.

Jahr	Fett %	Protein %
1929	16,5	41,8
1930	17,5	41,9
1931	20,0	38,0
1932	21,3	37,2
1933	21,0	35,1

5. Lupine,

auch Wolfs- oder Feigbohne genannt, ist im Gebiet des Mittelmeers und im nordwestlichen Nordamerika zuhause. Sie wird sowohl zur Gründüngung (Stickstoffsammler) als auch zur Samengewinnung angebaut. Die Samen dienen mehr als Futter- denn als Nahrungsmittel und stehen hinsichtlich ihrer Zusammensetzung der Sojabohne näher als den Erbsen, Bohnen und Linsen.

Die Lupinen enthalten bitter schmeckende Stoffe, die man früher durch geeignete Verfahren (Wässern und Dämpfen; hierbei Substanzverlust) zu entfernen versuchte. Neuerdings gewinnen die durch Züchtung erzeugten alkaloidarmen Lupinen steigende Bedeutung (E. BAUER und v. SENGBUSCH). In Deutschland baut man meist die schmalblätterige Lupine (Lupinus angustifolius L.) und die gelbe Lupine (L. luteus L.) an.

Die Süßlupine (bitterstofffreie Lupine als gelbe und als blaue Spielart angebaut), deren landwirtschaftliche Bedeutung als Grün-, Gär- oder Körnerfuttermittel in eingehenden Versuchen[2] erwiesen worden ist, kommt in Form von Mehl neuerdings auch für die menschliche Ernährung in Betracht. Es handelt sich dabei um eiweißreiche Mehle (rund 40% Eiweißsubstanz), die sich als Zusatz (5—7%) zu eifreien Teigwaren bewährt haben.

6. Erdnuß,

auch Erdmandel, Erdeichel, Erdbohne, Erdpistazie, Mandubibohne oder Aschantinuß[3] genannt, ist die Frucht einer amerikanischen Gattung eines

[1] Aus dem Statistischen Jahrbuch für das Deutsche Reich für das Jahr 1936.
[2] Schrifttum siehe bei H. BRÜGGEMANN: Der Forschungsdienst 1936, 2, 527—528.
[3] Die „Erdnuß“ ist botanisch keine „Nuß“, sondern eine Hülse.

krautartigen Schmetterlingsblütlers (Arachis hypogaea L.). Sie dürfte in Brasilien beheimatet sein. Nach dem Verblühen krümmen sich die Blütenstiele zum Boden, wodurch die Früchte in die Erde gelangen und dort reifen. Die Pflanze wird wegen ihres Öl- und Proteingehaltes in fast allen tropischen und auch in gewissen geeigneten subtropischen Ländern angebaut. Als Hektarerträge wurden 800 bis 4000 kg angegeben; zumeist dürften etwa 800 kg gewonnen werden. Die Handelsmarken werden nach der Herkunft (Provenienz) bezeichnet und unterscheiden sich durch Größe und Gewicht der Früchte, deren Öl- und Eiweißgehalt und das Verhältnis von Schalen zum Samen.

Im Jahre 1929 wurden nach Deutschland 645000 t, im Jahre 1930 rund 640000 t Erdnüsse eingeführt.

Zur Gewinnung handelsüblicher Ware werden die reifen, auf dem Felde getrockneten Hülsenfrüchte von den harten Schalen in sog. Auslöchtemaschinen abgetrennt, dann in besonderen Gesämeauslesern (Trieure) von Erde, Sand, Unkrautsamen, Getreidekörnern usw. befreit und nach der Größe sortiert. Bei Erbsen erntet man auch halbreife, grüne Früchte. Man trocknet dieselben an der Luft, in besonderen Vakuumapparaten oder durch Überleiten von heißer Luft: Grüne Erbsen.

Bohnen und Linsen kommen als ganze Samen in den Handel; Erbsen werden teilweise geschält und gespalten. Die Sojabohnen dienen bei uns kaum unmittelbar zur Ernährung; sie sind meist Ölquelle, der Rückstand (Sojaschrot entfettet) dient als Viehfutter. Neuerdings gewinnt bei uns das Sojamehl zur Speisebereitung zunehmende Bedeutung. Für die Ernte der Erdnüsse hat man in Nordamerika besondere Maschinen entwickelt (Underwood-Peanutpicker).

Die Aufbewahrung der Leguminosen muß, wie bei Getreide, in luftigen und trockenen Räumen erfolgen. Von Zeit zu Zeit ist bei dickerer, offener Schüttung ein Umwerfen erforderlich, damit sich nicht, was bei nicht ganz ausgereifter Frucht gegebenenfalls zu befürchten ist, ein dumpfer oder modriger Geruch und Geschmack einstellt (Schimmelbildung). Meist lagert man in Säcken. Nicht selten werden die Leguminosen, besonders die Erbsen und Linsen, von Käfern bzw. ihren Larven befallen; darunter leiden vor allem die Linsen aus den Balkanländern. Man findet an den äußerlich unveränderten Samen ein kleines Loch; das Innere ist vom Käfer oder der Larve mitunter ganz ausgefressen. Im Kot des Schmarotzers findet sich Tyrosin im krystallisierten Zustand (Tyrosinsphärite). Zur Bekämpfung von tierischen Schädlingen wird mitunter die Vergasung der Lager mit Blausäure herangezogen. Dabei ist aber Vorsicht am Platze, da hierbei diese giftige Säure in beachtlichen Mengen auch nach der Lüftung hinterbleiben kann. Man hat bei gelben Erbsen bis 23 mg, bei grünen Erbsen bis 32 mg Blausäure auf 1 kg Samen gefunden. Bis höchstens 20 mg, die beim Kochen entweichen, dürften zulässig sein[1].

Abgesehen vom wirtschaftlichen Wert der Samen, kommt dem Anbau der Leguminosen noch eine besondere agrikulturchemische Bedeutung zu. Wie schon sehr lange bekannt, sind diese Feldfrüchte nicht auf Stickstoffdüngung angewiesen. Sie sind vielmehr befähigt, im Gegensatz zu allen anderen Kulturpflanzen, den Luftstickstoff zu assimilieren. Nach den bekannten Untersuchungen von H. HELLRIEGEL und H. WILFAHRT erfolgt dies mit Hilfe von Bakterien, die in die Zellen der Wurzeln einwandern, kleine Knöllchen bilden und den aus der Bodenluft aufgenommenen Stickstoff zu Eiweiß umsetzen. 1 ha Anbaufläche liefert an Eiweiß bei Winterweizen rund 279 kg, bei Winterroggen rund 200 kg, bei Mais rund 229 kg, aber bei Erbsen rund 295 kg, bei Sojabohnen rund 663 kg. Dabei ist bei den Cerealien die Stickstoffgabe durch Düngung unbedingte Voraussetzung, während bei den Hülsenfrüchten der Stickstoff zum großen Teil der Luft entnommen wird.

---

[1] M. MANSFELD: Z. 1934, 67, 337.

B. Zusammensetzung.

Die Hülsenfrüchte unterscheiden sich in ihrer Zusammensetzung erheblich von den Getreidefrüchten (und auch von anderen pflanzlichen Lebensmitteln). Dies geht aus der Tabelle 10 zahlenmäßig hervor. Eine Erklärung ist vielleicht in der Tatsache enthalten, daß die Hülsenfruchtsamen botanisch-anatomisch ein eigentliches Nährgewebe, das den wertvollen und Hauptbestandteil der Cerealien darstellt, nicht aufweisen, sondern nur aus dem Embryo (mit 2 dicken, fleischigen Keimblättern = Kotyledonen) und der Samenhaut bestehen.

Gemäß Tabelle 10 enthalten die Leguminosen erheblich mehr Eiweiß als die Cerealien; die Menge beträgt bis zum dreifachen Wert. Auch die Art der Proteine ist grundsätzlich vom Getreideeiweiß verschieden. Alkohollösliche Vertreter sind nicht vorhanden. Dagegen treten die salzlöslichen Globuline sehr in den Vordergrund, die bei den Cerealien zwar auch vorhanden, in ihrer Menge aber ohne Bedeutung sind.

Tabelle 10. Zusammensetzung von Hülsenfrüchten[1] (bezogen auf Trockenmasse).

Fruchtart	Eiweiß %	Fett %	Kohlenhydrate %	Asche %	Phosphatide %
Erbse	27	2—3	62—68	2—3	1—1,4
Linse	30	2—3	61—66	2—3	1—1,4
Bohne (Phaseolus)	28	2	67	4	—
Lupine	32	5—6	56	5	1,8—2,3
Soja	38—41	19—22	29—32	4—7	1,8—2,8
Erdnuß (schalenfrei)	27—34	40—52	10—21	2—4	—
Zum Vergleich: Weizen	14	2—3	79	1—2	0,6
Mais	10	5—6	79	1—2	0,3

Hinsichtlich des Fettgehaltes besteht Ähnlichkeit mit den Getreidefrüchten; durch hohe Fettwerte sind aber Soja und Erdnuß ausgezeichnet. Charakteristisch für Leguminosen ist der hohe Gehalt des Fettes an Phosphatiden.

Die Kohlenhydrate sind vorwiegend durch Stärke vertreten, die in ihrer Form so eigentümlich ist, daß die Unterscheidung von den Cerealien sehr leicht fällt (s. mikroskopischer Teil). Die gesamte Stärkemenge ist etwas geringer als bei den Getreidefrüchten. Stark erniedrigt ist in dieser Beziehung der Gehalt bei den fett- und eiweißreichen Vertretern der Soja und Erdnuß.

Allgemein ist festzustellen, daß der Gehalt an Rohfaser mit 2—7% wesentlich über den Werten von Weizen, Roggen, Mais u. dgl. liegt.

Der Gehalt an Mineralstoffen ist größer als beim Getreide; in der Asche finden sich, mit letzterem verglichen, mehr Kalium und Calcium, aber weniger Phosphate. Hiervon ist die Sojabohne auszunehmen, die reich an Phosphor ist. In den Erbsen wurden auf 100 g bis zu 15,7 γ Arsen nachgewiesen.

Für die Enzyme gilt das gleiche wie für diejenigen des Getreides. Es sind, entsprechend dem Aufbau des Samens, proteolytische (in der Sojabohne sowie in der Erbse[2] ist Urease nachgewiesen worden), lipatische und carbohydratische Vertreter zu erwarten; auch die für das Leben erforderlichen desmolytischen Enzyme müssen anwesend sein. Von den Vitaminen findet sich Vitamin A in grünen Bohnen und in grünen Erbsen, auch in den entsprechenden Konserven. Die getrockneten Samen führen im allgemeinen weniger von diesem Vitamin. Dies gilt auch für die Sojabohne[3]. Als Vitamin D-Quelle scheiden die Leguminosen

[1] Nach G. SESSOUS: Angew. Chem. 1934, 47, 789.
[2] Y. JONES: Chem. Zentralbl. 1932, I, 1103. [3] A. SCHEUNERT: Z. 1927, 54, 302.

aus. Das Vitamin E, typischer Bestandteil der Keimlinge, tritt in unterschiedlichen Mengen auf.

Der Vitaminkomplex B, vor allem das Vitamin B_1, ist in allen Hülsenfrüchten in allerdings recht schwankender Menge anwesend; Vitamin B_2 ist in getrockneten Erbsen sowie in Sojabohnen nachgewiesen worden.

Das Vitamin C ist in den getrockneten Hülsenfrüchten, bei Bohnen, Erbsen, Linsen und Sojabohnen, nicht vorhanden. Bekannt ist, daß beim Keimen der Samen Vitamin C neu gebildet wird.

1. Bohne.

Unter den Kohlenhydraten steht bei den Vertretern aus der Familie Vicia die in charakteristischer Gestalt auftretende Stärke im Vordergrund; Zucker ist nur in unbedeutenden Mengen, Pentosan in etwas größerer Menge vorhanden.

Als Protein tritt das Legumin mengenmäßig stark in den Vordergrund. Es stellt ein phosphorsäurefreies Globulin dar. In geringerer Menge ist Vicillin vorhanden, ebenfalls ein Globulin, das in der Saubohne nachgewiesen worden ist. Vicillin ist etwas leichter löslich als Legumin. Die Gruppe der Albumine ist durch das Legumellin vertreten. Ein kleiner Teil der Stickstoffsubstanz liegt als Nichtprotein vor (Aminosäuren, Basen usw.).

Bei den Samen der Familie Phaseolus fehlt das Legumin; an seine Stelle tritt das Phaseolin, ein Globulin, das sich von Legumin deutlich unterscheidet. Vicillin und Legumellin sind ebenfalls in kleiner Menge vorhanden[1].

Die genannten Proteine der Vicia- und Phaseolus-Samen zeigen nichts besonders Charakteristisches; hoch ist ihr Gehalt an Arginin.

Die Samen von Phaseolus vulgaris enthalten einen zur Gruppe der Hämagglutinine gehörigen, wasserlöslichen, durch Alkohol fällbaren, giftig wirkenden Stoff, das Phasin, das beim Genuß roher Bohnen Giftwirkung entfalten kann, beim üblichen Abkochen aber zerstört wird[2].

Die eine Abart der Phaseolusbohnen darstellende Lima-, Peru-, Birma- oder Rangoonbohne (Phaseolus lunatus L. = Mondbohne) enthält das Glucosid Phaseolunatin (wenige Milligramm bis 400 mg Blausäure auf 1 kg Bohnen), das bei Gegenwart von Wasser durch Emulsin in Glykose, Aceton und Blausäure aufgespalten wird. Beim Kochen entweicht, sofern die Gefäße nicht fest verschlossen sind, die gesamte Blausäure bis auf unschädliche Reste. Wenn das Einweichwasser nicht entfernt wird und die Bohnen in dicht verschlossenen Gefäßen gargemacht werden, kann soviel Blausäure hinterbleiben, daß Vergiftungsgefahr besteht; Fälle dieser Art sind bekannt geworden.

Das Fett der Bohne ist in seiner Zusammensetzung und seinem Aufbau nur sehr wenig bekannt. Sowohl bei den Vicia- wie bei den Phaseolusarten enthalten die Samen etwa 2% Öl, dessen Jodzahl in Werten zwischen 86 und 135 angegeben wird; der Gehalt an Unverseifbarem dürfte zwischen 1—3% schwanken. Soweit ein Urteil möglich (Verseifungszahl 185—189), sind am Aufbau die üblichen Fettsäuren beteiligt. Die Phosphatide von Vicia Faba sind von H. Magistris und P. Schäfer[3] näher untersucht worden.

2. Erbse.

An Proteinen sind die Globuline Legumin und Vicillin sowie das Albumin Legumellin vorhanden. Nach Untersuchungen von J. Tillmans und

[1] In der Jackbohne (Canavalia ensiformis D. C.) sind nach D. B. Jones und C. O. John rund 23% Rohprotein vorhanden, darunter die beiden Proteine Canavalin und Concanavalin (Chem. Zentralbl. 1917, I, 878).

[2] O. Lüning u. W. Bartels: Z. 1926, 51, 220.

[3] H. Magistris u. P. Schäfer: Biochem. Zeitschr. 1929, 214, 401.

Mitarbeitern scheinen diese Eiweißarten aber, je nach Herkunft, in der Zusammensetzung etwas zu schwanken. In der Kuherbse sind nach W. H. ADOLPH und H.-CH. CHIANG[1] 5 Proteine enthalten, nämlich 3 Globuline (Vignin, Globulin B und Globulin C), 1 Albumin und 1 Glutelin. In der Taubenerbse (Cajarius Indius) finden sich neben 1 Albumin die 2 Globuline Cajanin und Concajanin[2].

Die Kohlenhydrate sind vorzugsweise durch Stärke vertreten; daneben finden sich auch geringe Mengen von Zucker (Saccharose), Dextrin usw.; auch Pentosane sind vorhanden.

Das Fett der Erbse, zu etwa 1% im Samen enthalten, ist in seinem Aufbau nicht näher bekannt. Die Verseifungszahl liegt bei 184, die Jodzahl (Wijs) bei 106; an Unverseifbarem werden 1,3% angegeben. Der Gehalt des Fettes an festen Fettsäuren beträgt etwa 7%; von ungesättigten Fettsäuren ist vorzugsweise die Ölsäure vertreten.

3. Linse.

Für die Inhaltsstoffe der Linse gilt das gleiche wie für Bohnen und Erbsen. Dies trifft insbesondere für die Eiweißstoffe zu, wobei aber dahingestellt bleiben muß, ob die Vertreter aus den verschiedenen Hülsenfrüchten untereinander ähnlich oder miteinander identisch sind.

Über das Fett der Linse, zu etwa 0,8% im Samen vorhanden, liegen eingehendere Arbeiten nicht vor. Aus der Verseifungszahl von etwa 182 und der Jodzahl von 100 (Wijs) ist zu schließen, daß es sich dabei um ein Pflanzenöl des üblichen Aufbaues handelt; verhältnismäßig hoch liegt der Gehalt an Unverseifbarem (1,8%).

4. Sojabohne.

Als wertvoller Inhaltsstoff tritt das Protein in einer Menge von 35—45% auf, bezogen auf die Trockenmasse. Von der Gesamtmenge des Rohproteins sind etwa 50% Reinprotein, 34% kaltwasserlösliches und 36% heißwasserlösliches Eiweiß. Nach B. BLEYER und K. MAYER verteilt sich der Gesamtstickstoff[3] wie folgt; der Gehalt an Lycin- und Argininstickstoff ist beträchtlich.

Ammoniakstickstoff	8,8%	Histidinstickstoff	4,6%
Melaninstickstoff	6,4%	Argininstickstoff	15,6%
Cystinstickstoff	1,3%	Aminostickstoff	48,8%
Lysinstickstoff	6,5%	Nichtaminostickstoff	10,0%

Das Protein besteht zum größten Teil aus dem Globulin Glycinin[4], das sich seiner Zusammensetzung und seinem Verhalten nach deutlich von dem Legumin und dem Phaseolin unterscheidet. Daneben findet sich Glutelin[4] und ein lösliches Protein in kleiner Menge. Das Glycinin ist, ebenso wie Milchcasein, in phosphathaltigem Wasser löslich und durch Ansäuern aus der Lösung wieder ausfällbar. Man hat es daher wohl auch Pflanzencasein genannt, muß sich aber bewußt bleiben, daß zwischen dem Casein und dem Glycinin grundsätzliche Unterschiede bestehen: Das phosphorhaltige Casein gehört zu den Nucleoverbindungen, das phosphorfreie Glycinin aber zu den Globulinen.

---

[1] W. H. ADOLPH u. H.-CH. CHIANG: Chem. Zentralbl. 1936, I, 3851.
[2] P. S. SUNDARAM, R. V. NORRIS u. V. SUBRAHMANYAN: Chem. Zentralbl. 1930, I, 845.
[3] Vgl. auch F. A. CSONKA u. D. BREESE JONES: Chem. Zentralbl. 1934, II, 3392.
[4] Elementare Zusammensetzung vgl. K. NAKAJIMA: Chem. Zentralbl. 1933, I, 2188.

Erwähnt sei ferner, daß nach K. OKANO und J. OHARA[1] in der Sojabohne 2 Saponine enthalten sind. Sie finden sich im alkoholischen Extrakt und entfalten keine hämolytische Wirkung.

Über die Zusammensetzung der in einer Menge von 27—32% vorhandenen Kohlenhydrate liegen endgültige Angaben nicht vor. Es dürften etwa 10—12% als Zucker vorhanden sein, darunter vor allen Saccharose, ferner etwa 2—4% als Pentosane. Über die Anwesenheit von Stärke gehen die Meinungen auseinander. Gewöhnlich sollen die reifen Samen keine Stärke enthalten; es wird aber auch in gewissen Spielarten die Anwesenheit von viel kleinkörniger Stärke behauptet.

In der Asche der Sojabohne ist neben viel Kalium vor allem Phosphat (im wesentlichen wohl dem Phosphatid entstammend) enthalten.

Das Fett[2] der Sojabohne, rund 19—22%, bezogen auf die Trockensubstanz, früher oft durch Pressung, heute meist durch Extraktion gewonnen, stellt ein Öl dar, dessen Verseifungszahl bei 188—195, dessen Jodzahl bei 124—133 und dessen Rhodanzahl bei 78—82 liegen. Am Aufbau sind zu etwa 10% feste gesättigte Fettsäuren (Palmitin-, Stearin- und Arachinsäure) und zu etwa 90% ungesättigte flüssige Fettsäuren (30% Ölsäure, 50% Linolsäure, 6—10% Linolensäure) beteiligt. Das Unverseifbare macht 0,5—1,5%, der Gehalt an Phosphatiden[3] etwa 0,2% aus. Beim extrahierten Öl scheiden sich die mitgelösten Phosphatide während des Stehens als „Sojaschlamm" aus, der heute als sehr wertvolles Nebenerzeugnis zur wichtigen Quelle für die Gewinnung der Soja-Phosphatide (pflanzliches Lecithin) geworden ist.

Da sich das Sojaöl von anderen Speiseölen, auch vom Olivenöl, grundsätzlich nicht unterscheidet, ist dieses Erzeugnis in Verschnitten analytisch meist schwer nachweisbar.

5. Lupine.

Die Lupine stellt, wie die Sojabohne, einen eiweißreichen Samen dar (32%). Das Protein wird im wesentlichen von dem Globulin Conglutin dargestellt, das sich nach TH. B. OSBORNE in einen schwer (Hauptteil) und einen weniger schwer löslichen Anteil trennen läßt. An Albumin sind nur etwa 1,5% vorhanden. 10—20% des Gesamtstickstoffes finden sich als Nichtprotein vor. Hierzu gehören die Lupinenalkaloide, die in einer Menge von 0,2—0,8% bzw. bis zu 2,5% anwesend sind. Es treten auf in Lupinus luteus das Lupinidin ($C_{15}H_{26}N_2$) und das Lupinin ($C_{10}H_{19}NO$), in Lupinus albus und angustifolius das Lupanin ($C_{15}H_{24}N_2O$). Außerdem sind Bitterstoffe vorhanden, nämlich das Glykoid Lupinid ($C_{26}H_{32}O_{16} + 7\,H_2O$), das durch Hydrolyse in Glykose und Lupigenin ($C_{17}H_{12}O_6$) zerlegt wird.

Die Kohlenhydrate (rund 56%) werden zum überwiegenden Anteil durch Stärke dargestellt; daneben sind Zucker vorhanden, darunter 2—3% Saccharose; auf Dextrin, Gummi, Pektine und Pentosane rechnet man etwa 15—20%.

Das Fett der Lupine, zu 4—10% im Samen vorhanden, bisher nicht eingehend untersucht, läßt aus Verseifungszahl (180—193) und Jodzahl (65—100) schließen, daß am Aufbau die üblichen Fettsäuren beteiligt sind. Das Unverseifbare beträgt 1—2%. Es ist darin neben Sterin (Phytosterin) ein cyclischer Alkohol von der Formel $C_{31}H_{50}O$ enthalten, das Lupeol.

[1] K. OKANO u. J. OHARA: Chem. Zentralbl. 1934, II, 2537; vgl. auch R. C. BURRELL u. E. D. WALTER: Journ. Biol. Chem. 1935, 108, 55. — K. TSUDA u. S. KITAGAWA: Über Sojabohnen-Saponin. Ber. Deutsch. Chem. Ges. 1937, 70, 2083; 1938, 71, 790.

[2] UBBELOHDES Handbuch der Chemie und Technologie der Fette und Öle, herausgeg. von H. HELLER, Bd. II, 1. Abt., S. 235. Leipzig: S. Hirzel 1932.

[3] Nach B. SUZUKI u. U. NISHIMOTO (Chem. Zentralbl. 1930, II, 2390) bestehen dieselben aus Cholinphosphatiden (Lecithin) und Colaminphosphatiden (Cephalin). Vgl. auch F. E. NOTTBOHM u. F. MAYER: Z. 1933, 66, 21, 585; 1934, 67, 369.

6. Erdnuß.

Zum überwiegenden Anteil bestehen die Erdnußproteine (27—34%) nach TH. B. OSBORNE aus den 2 Globulinen Arachin und Conarachin. Aus dem Auszug des Samenmehles mit einer 10%igen Lösung von Natriumchlorid wurden nach D. B. JONES und M. J. HORN[1] 40,5% Rohprotein erhalten; davon sind 25% Arachin und 8% Conarachin. Daneben findet sich etwas Albumin und Aminostickstoff; Glutelin scheint nicht vorhanden zu sein.

Die Kohlenhydrate (10—21%) sind wenig untersucht; sie umfassen Stärke, Zucker und Pentosane.

Am wichtigsten ist das Fett des Samens, das sich auf 40—52%, auf Trockenmasse bezogen, stellt. Es ist ein sehr geschätzes Öl, das als Speiseöl sowie bei der Margarineherstellung im gehärteten oder nicht gehärteten Zustand Verwendung findet. Die durch Härtung erzeugten „Erdnußweichfette" werden auch unmittelbar im Lebensmittelgewerbe benutzt (Bäckerei usw.).

Das Erdnußöl ist in seiner Zusammensetzung aufgeklärt, wenn auch die analytischen Werte innerhalb weiter Grenzen schwanken. Am Aufbau sind beteiligt: Gesättigte Säuren[2] zu 13—22% (Palmitinsäure 4,0—8,5%; Stearinsäure 4,5—6,2%; Arachinsäure 2,3—4,9%; Behensäure; Lignocerinsäure 1,9 bis 3,1%; Hexacosansäure 0,04%) und ungesättigte Säuren[3] zu 78—87% (Ölsäure 51,6—79,9%; Linolsäure 7,4—26,0%). Das Unverseifbare beläuft sich auf 0,3—1,0%. Die Kennzahlen liegen für die Verseifungszahl bei 188—197, die Jodzahl bei 89—98. Für den Nachweis des Erdnußöles zieht man die vorhandene Arachinsäure ($C_{20}H_{40}O_2$) heran, die in den anderen Speiseölen praktisch fehlt. Man arbeitet meist nach dem Verfahren von S. FACHINI und G. DORTA[4].

C. Untersuchung.

Für die Untersuchung der ganzen Hülsenfrüchte gelten die nämlichen Gesichtspunkte wie bei den Getreidearten. Es erübrigt sich deshalb, die weiter vorn (S. 27f.) erwähnten Arbeitsverfahren, die sinngemäß anzuwenden sind, nochmals anzuführen. Verkehrsübliche Handelsware soll folgenden Anforderungen entsprechen:

a) Farbe. Einfarbige Hülsenfrüchte sollen von gleichmäßiger Farbe sein. Künstliche Färbung ist abzulehnen; Nachweis künstlicher Färbung, Behandlung mit Poliermitteln (z. B. Speckstein), Nachweis der Bleichung (z. B. mit Schwefliger Säure) sowie der Ölung usw. vgl. S. 27.

b) Größe. Die einzelnen Samen sollen von übereinstimmender Größe sein. Diese Gleichmäßigkeit ist küchentechnisch von grundsätzlicher Bedeutung, da Samen ungleicher Größe beim Garmachen sich auch verschieden verhalten können.

c) Geruch. Die Hülsenfrüchte müssen unbedingt frei von jedem dumpfen, muffigen oder schimmeligen Geruch sein; Befall mit Rost soll nicht vorliegen.

d) Alter. Es sollen, im Hinblick auf das Garkochen, nur Hülsenfrüchte einer Ernte in den Verkehr kommen; Prüfung darauf kann mittels des Keimversuches angestellt werden (vgl. S. 30—31).

---

[1] D. B. JONES u. M. J. HORN: Chem. Zentralbl. 1930, II, 1998; Journ. agricult. Res. 1930, **40**, 673.

[2] Es finden sich in sehr unterschiedlichen Mengen alle gesättigten Fettsäuren von C_{10} bis C_{26}; vgl. E. JANTZEN u. C. TIEDCKE: Journ. prakt. Chem. 1930, **127**, 277.

[3] Die im Erdnußöl gemäß älteren Angaben zu findende einfach ungesättigte „Hypogaeasäure" ($C_{16}H_{30}O_2$) ist zu streichen; sie ist nicht vorhanden; vgl. T. P. HILDITCH u. N. L. VIDYARTHI: Journ. Soc. chem. Ind. 1927, **46**, 172 T.

[4] Vgl. A. GRÜN: Analyse der Fette und Wachse, S. 236. Berlin: Julius Springer 1925.

e) Verunreinigungen, Ungeziefer. Handelsübliche Leguminosen dürfen nur geringe Mengen an Besatz enthalten. Man läßt bei Bohnen und bei Linsen 1,5% Fremdstoffe zu; geschälte Erbsen sollen frei von Beimengungen sein.

Ausgewachsene sowie ausgewachsene und wieder getrocknete Hülsenfrüchte gelten als verdorben; desgleichen Erzeugnisse, die muffig, schimmelig oder fremdartig riechen oder sonst eine Beschädigung erlitten haben. Übersteigt die Zahl der käfer- oder larvenbesetzten Samen 5 Zählprozente, dann ist die Ware ebenfalls als verdorben zu bezeichnen.

f) Kochprobe. Etwa 250 g des zu prüfenden Erzeugnisses werden in üblicher Weise mit Leitungswasser zum Sieden erhitzt. Man ermittelt die Zeit, innerhalb der die Gare eingetreten ist, bzw. stellt die Zahl der hartgebliebenen Samen fest (vgl. S. 30).

g) Wassergehalt. Etwa 5 g der grob zermahlenen Hülsenfrüchte werden zunächst 2 Stunden bei 50—60° C vorgetrocknet und dann bei 105° C bis zur Gewichtskonstanz (2 Stunden) getrocknet. Gewichtsverlust gilt als Wassergehalt.

h) Abspaltbarer Cyanwasserstoff (Blausäure) bei Bohnen[1]. 50 g feingemahlene Bohnen werden in einem geschlossenen 2 Liter-Kolben mit einer Mischung von 244 ccm „Citrat"-Lösung und 156 ccm Natriumhydroxydlösung nach SÖRENSEN, um Klumpenbildung zu vermeiden, kräftig verschüttelt und 3 Stunden stehen gelassen, damit das Emulsin die Blausäure in Freiheit setzt. Darauf destilliert man 250 ccm in einem kräftigen Wasserdampfstrom unter gleichzeitigem Einstellen des Kolbens in ein kochendes Wasserbad ab, wobei das Abflußrohr des Kühlers in 50 ccm Wasser eintaucht, das 1—2 ccm 2 n/1-Natronlauge enthält. Zum Destillate setzt man 1 g gepulvertes Kaliumjodid und titriert dann in üblicher Weise mit 0,5 n-Silbernitratlösung. Zweckmäßig wird das Destillat auf zwei gleiche Teile in gleichen Kolben verteilt, wodurch man beim Titrieren die eine Hälfte zum Vergleich heranziehen kann. 1 ccm 0,05 n-Silbernitratlösung entspricht 2,70 mg Cyanwasserstoff. Die Unsicherheit der einzelnen Bestimmungen beträgt etwa 0,1 mg Cyanwasserstoff.

Besteht die Möglichkeit, daß die zu untersuchenden Bohnen eine vorherige Wärmebehandlung oder sonst eine Behandlung (z. B. Säurebehandlung) erfahren haben, die zerstörend auf das Ferment Emulsin gewirkt haben, dann muß man vor der Auslaugung frisches Ferment zusetzen, z. B. in Form von aktivem Mehl der gleichen oder einer nahe verwandten Bohnenart.

D. Verarbeitung, Zubereitung, Bedeutung für die Ernährung.

Über die Verarbeitung der Leguminosen zu Mehlen und den daraus herstellbaren Erzeugnissen ist im folgenden Abschnitt „Mühlenerzeugnisse" Näheres ausgeführt. Hier sei kurz auf die Zubereitung und auf einige Sondererzeugnisse eingegangen.

Auf Grund des hohen Gehaltes an hochwertigem Protein ist die Sojabohne in den Ländern ihrer Heimat zum Ausgangspunkt verschiedener charakteristischer Lebensmittel geworden. So stellt man in China und in Japan unter Anwendung eines Reifevorganges, wie ihn der Käse durchmacht, einen Sojabohnenkäse[2] zweifacher Art her:

[1] S. K. HAGEN: Z. 1928, 55, 284; 1930, 59, 211. Der qualitative Nachweis erfolgt zweckmäßig mit Guajakharz-Kupfersulfatpapier und mit Pikratpapier; vgl. G. SCHWARZ u. H. FINZENHAGEN: Tierernährung 1937, 9, 115.

[2] J. KÖNIG: Chemie der Nahrungs- und Genußmittel sowie der Gebrauchsgegenstände, 5. Aufl., Bd. 2, S. 234. Berlin: Julius Springer 1920.

a) Natto, Hamananatto (Japan). Man kocht die Sojabohnen etwa 5 Stunden bis zum völligen Erweichen in Kochsalzlösung und schlägt dann die heißen Masse in Anteilen von je 500 g in Stroh ein; sie verbleibt einen bis mehrere Tage im Keller.

Beim Hamananatto setzt man dem Sojabohnenbrei noch Weizenmehl zu.

b) Tofu (Japan), Tao-fu oder Teon-fu (China). Man läßt weiße oder gelbe Sojabohnen in Wasser quellen, vermahlt sie mit Wasser zwischen Steinen zu einem Brei, kocht denselben, seiht durch ein grobes Tuch und setzt Salzlösung oder Milchsäure zu. Das ausfallende Gerinnsel wird abgepreßt und in Stücke von etwa 150 g zerschnitten, die vor dem Verzehr meist in einem Auszug aus Curcuma-Rhizom gekocht werden. Im frischen Zustand enthält das Gerinnsel bis 90% Wasser, im ausgefrorenen Zustand (Kori-Tofu genannt) nur bis 20% Wasser.

In Japan und China stellt man ferner aus Sojabohnen Speisewürzen her, die sich überall im Weltverkehr befinden; es sind dies Soya, Shoya oder Schoyu und Miso. Ausgangspunkt hierfür ist der Koji, der durch 2—4tägiges Einwirken des Schimmelpilzes Aspergillus Oryzae auf verkleisterten geschälten Reis bei 20° C gewonnen wird.

a) Japanische Soja[1]. Der Koji wird mit gedämpftem und geröstetem Weizen und weiter mit halbweichen Sojabohnen vermischt und bei 20—25° mehrere Tage zum Wachstum sich selbst überlassen. Darauf setzt man Kochsalz und Wasser zu und verbringt ihn in einen Gärbottich, bis die Masse dünnflüssig ist; dies dauert Monate, oft mehr als ein Jahr. Man seiht dann ab und erhält eine dunkelbraune Flüssigkeit von eigenartig scharfem Geschmack und feinem lieblichem Geruch.

b) Chinesische Shoya. Sojabohnen (meist schwarze) werden gekocht, auf Tellern aus geflochtenem Bambus an der Sonne getrocknet und dann mit Blättern von Hibiscus tiliaceus bedeckt. Es stellt sich hierbei ein Aspergillus ein, der kräftig hydrolysierend wirkt. Wenn er sport, verbringt man die Masse in Salzlösung und kocht sie schließlich. Die abgesetzte Flüssigkeit wird mit Palmenzucker und Sternanis eingedickt, bis sich Salzkrystalle an der Oberfläche abscheiden.

Die chinesische Shoya stellt eine schwarzbraune, klare Flüssigkeit dar, die beim Verdünnen mit Wasser trübe, auf Zugabe von Kochsalz aber wieder klar wird.

c) Japanischer und chinesischer Miso. Beim japanischen Erzeugnis verwendet man 5 Tle. Sojabohnen, 3—6 Tle. Reis- oder Gerstenkoji, 1—2 Tle. Kochsalz und 1 Tl. Wasser. Die Sojabohnen werden gedämpft, zu Brei zerkleinert und mit Wasser sowie Kochsalz versetzt. Verwendet man viel Koji und wenig Salz und läßt nur auf 70—90° C abkühlen, dann ist der Miso schon in 4 Tagen genußfertig. Läßt man aber die Bohnen ganz erkalten und setzt nur wenig Koji und viel Kochsalz zu, dann wird das Erzeugnis erst nach Monaten genußreif. Der fertige Miso stellt einen steifen, zumeist rötlich gefärbten Brei dar.

d) Chinesischer Miso. Man läßt weiße Sojabohnen in Wasser 2 Tage quellen, befreit von den Hülsen, kocht und kühlt dann die Masse auf Bambustellern ab. Dann wird ein Gemisch aus Reis und Klebreis leicht geröstet und nach dem Erkalten mit den Bohnen vermischt. Das Gemenge gibt man in Körbe, die mit Hibiscusblättern ausgekleidet und bedeckt sind; innerhalb zweier Tage wird dasselbe durch die Tätigkeit eines Aspergillus klebrig und süßlich. Man trocknet und bringt in Salzlösung. Das Gericht ist genußfähig, wenn es die Konsistenz eines steifen Breies angenommen hat und die Bohnen von orangener Farbe sind.

Erwähnt sei, daß man auf Java die Preßrückstände von der Erdnußölgewinnung mit dem Pilz Rhizopus Oryzae und einer Oosporaart behandelt; auch hierbei erfolgt unter Erzeugung von Geschmacksstoffen ein Aufschluß des rohen Samens, vor allem seines Eiweißanteils.

Die vorgenannten Erzeugnisse enthalten meist etwas Alkohol (0,15—1,92%), daneben freie organische Säuren und unvergorenen Zucker, infolge des Gehaltes an Kochsalz, das die Gärung verlangsamt. Der Proteinteil ist weitgehend hydrolysiert; 30—50% liegen als Aminosäuren vor; nachgewiesen sind im Miso Tyrosin, Leucin, Asparaginsäure usw.

Die übliche Zubereitung der ganzen oder gespaltenen Hülsenfrüchte ist das Garmachen[2] durch Erhitzen mit Wasser. Hierbei ergeben sich vielfach insofern Schwierigkeiten, als gewisse Erzeugnisse beim Kochen nur

[1] J. KÖNIG: Chemie der Nahrungs- und Genußmittel sowie der Gebrauchsgegenstände, 5. Aufl., Bd. 2, S. 234. Berlin: Julius Springer 1920.

[2] Vgl. auch dieses Handbuch, Bd. I, S. 1274.

sehr mangelhaft weich werden. Dieses Verhalten ist einerseits eine Sorteneigentümlichkeit (besonders festgestellt bei den spanischen Kichererbsen), zum andern spielt dabei die Härte des Wassers eine bedeutsame Rolle, wobei der Einfluß der bleibenden Härte größer ist als derjenige der vorübergehenden; die Calciumhärte wirkt ungünstiger als die des Magnesiums.

Nach A. MÜLLER[1] ist dieses Verhalten der Leguminosen, entgegen der seither üblichen Meinung, nicht auf die Bildung von unlöslichen Calcium- bzw. Magnesium-Leguminverbindungen zurückzuführen, sondern auf das Entstehen von unlöslichen Umsetzungsprodukten der Pektinstoffe mit den genannten Metallen. Dadurch entziehen sich die Pektine der Hydrolyse; sie verbleiben in der die Zellen verknüpfenden Mittellamelle und verhindern das erwünschte Garwerden innerhalb der für den Küchenbetrieb in Betracht kommenden Zeit.

Macht man sich diese Anschauung zueigen, dann versteht man auch das unterschiedliche Verhalten von Hülsenfrüchten verschiedener Sorte; es kommt im wesentlichen auf die Beschaffenheit der Pektinstoffe der Mitellamelle an.

Was die Ausnutzbarkeit der Hülsenfrüchte[2], insbesondere ihres Proteinanteils anlangt, so hängt dieselbe aufs engste mit der Art der Darreichung zusammen. Während die feineren Leguminosenmehle in ihrer physiologischen Auswertbarkeit sowohl hinsichtlich der Gesamtnährstoffe als auch der Stickstoffsubstanz den Cerealien an die Seite zu stellen sind, treten bei Genuß eines Erbsenbreies mit Schalen z. B. größere Verluste[3] ein; man rechnet mit einer Ausnützung von 70—80%.

Dies gilt auch für die in bezug auf ihren Eiweißanteil hochwertige Sojabohne. Bei entsprechender Zubereitung aber ist die Ausnutzung recht gut; sie liegt für ein Sojamehl (entfettet), das mit Roggenmehl zu Brot verbacken war, bei über 90%, übertrifft also die des Proteins des Roggens (65—75%) und des Weizens (75—88%)[4].

Buch-Literatur.

R. FRITZWEILER: Getreide und Hülsenfrüchte. Leipzig: Akademische Verlagsgesellschaft 1920. — R. STROHECKER: Chemische Technologie der Nahrungs- und Genußmittel. Leipzig: Otto Spamer 1926. — UBBELOHDES Handbuch der Chemie und Technologie der Öle und Fette, Bd. 2. Leipzig: S. Hirzel 1932.

III. Mühlenerzeugnisse.

A. Getreidemehle.

Wie die meisten pflanzlichen Lebensmittel stellen auch die Getreide- und die Hülsenfrüchte im nicht zubereiteten Zustand eine nur sehr wenig gut ausnutzbare Nahrung dar. Dies liegt in erster Linie daran, daß die wertvollen Inhaltsstoffe in den von einer Cellulosemembran umhüllten Zellen enthalten sind, die ihrerseits wieder zu einem sehr festen Verband im Samen vereinigt und noch dazu von einer derben, sehr widerstandsfähigen Frucht- und Samenschale umschlossen werden. Den Verdauungssäften ist damit der Zutritt zu den verwertbaren Inhaltsstoffen stark beschränkt, und als natürliche Folge davon stellt sich die bekannte, recht unzulängliche Ausnutzbarkeit ein. Hinzu kommt, daß der hohe Gehalt an „Rohfaser“ infolge der davon ausgehenden Darmreizung eine vermehrte Peristaltik, also auch rascheren Stofftransport,

[1] A. MÜLLER: Z. 1929, 58, 608.
[2] Vgl. auch M. RUBNER: Dieses Handbuch, Bd. I, S. 1177.
[3] SCHALL-HEISLER: Nahrungsmitteltabellen, 8. Aufl. Leipzig: Curt Kabitzsch 1927.
[4] R. O. NEUMANN: Arb. Reichsgesundheitsamt 57. Berlin: Julius Springer 1926.

auslöst, was wiederum zur Beeinträchtigung der Verdaulichkeit und Bekömmlichkeit führt. Das Streben nach einer zweckmäßigen Zubereitung ist deshalb sehr alt und reicht weit in die Geschichte der Menschheit zurück.

Die eine Möglichkeit der Zubereitung des Getreides wird durch das Garmachen dieser Lebensmittel mit heißem Wasser bzw. durch die Breiherstellung verwirklicht. Die zweite hier interessierende Möglichkeit wird durch die Erzeugung von Mehl dargestellt. Wenn es sich im letzteren Fall auch nur um die offensichtlich rein äußerlichen Verfahren der Zerkleinerung und Sichtung handelt, so werden dadurch trotzdem ernährungsphysiologisch und lebensmitteltechnologisch grundsätzlich wichtige Eigenschaftsveränderungen ausgelöst.

Das Erzeugnis der Müllerei ist das Mehl. Im lebensmittelchemischen Sinn ist darunter schlechthin das auf Mühlen von den Gewebselementen der Frucht- und Samenschale sowie dem Keimling — vielfach auch verschieden weitgehend von der Aleuronschicht — befreite und zu einem mehr oder minder feinen Pulver zerkleinerte Erzeugnis aus dem Getreidesamen[1] zu verstehen. Es besteht also im wesentlichen aus dem Mehlkörper (Endosperm). Bei den Leguminosen stellen die Mehle die vermahlenen Keimlappen dar. Getreide- und Hülsenfruchtmehle sind damit grundsätzlich verschieden; dies prägt sich auch bei dem anzuwendenden Mahlverfahren aus.

Das bei der Vermahlung abgetrennte Gut nennt man Kleie; sie enthält Frucht- und Samenschale, Keimling sowie Teile der Aleuronschicht.

1. Vermahlung des Getreides.

Es ist das Ziel der Müllerei, durch geeignete Maßnahmen einmal die Lockerung („Auflösung") des innigen Verbandes der Bausteine herbeizuführen sowie zum andern die Scheidung der wertvollen von den Ballast-Stoffen zu erreichen. Der Weg hierzu ist durch den Bau des Getreidekorns vorgezeichnet (vgl. das Schema auf S. 15 des Abschnittes Getreide), das sich aus Frucht- und Samenschale, Aleuronschicht, Keimling und Mehlkörper (Endosperm) zusammensetzt.

Die Frucht- und Samenschale kommen, da sie vorwiegend aus verholzten, unverdaulichen polymeren Kohlenhydraten bestehen und entsprechend ihrer natürlichen Bestimmung (Schutzschicht) sehr widerstandsfähig sind, für die Ernährung nicht in Betracht; außerdem lassen sie sich infolge ihrer zähen Beschaffenheit nicht in gleichmäßig kleine Bruchstücke zerteilen. Der fett- und eiweißreiche Keimling, von gleichfalls zäher Konsistenz, setzt der Zerkleinerung ebenfalls Widerstand entgegen; weiterhin macht er das Mehl durch seinen Gehalt an leicht verderbendem Fett wenig gut haltbar. Diese beiden Bauelemente müssen also bei der Mehlherstellung abgetrennt werden.

Die proteinreiche Aleuronschicht, botanisch zum Endosperm gehörig, erteilt dem Mahlprodukt in Farbe und Aussehen gewisse Nachteile. Im Zuge der Entwicklung, die man heute aus triftigen Erwägungen rückläufig führt, bemühte man sich, auch diese an und für sich wertvolle Schicht abzuscheiden. Was man schließlich erhielt, war der fast reine zerkleinerte Mehlkörper.

Es leuchtet ein, daß eine vollständige Trennung der genannten Schichten nicht möglich ist. Wenn man nur Bestandteile des Endosperms gewinnen will, muß man auf die äußeren Teile des Mehlkörpers verzichten, d. h. niedrig ausmahlen und Verluste an Substanz an die Kleie in Kauf nehmen. Hohe Ausbeute an Mehl verringert den Kleieanfall und umgekehrt. Die Mehlausbeuten selbst

[1] Auf den Gehalt an Rohfaser abgestellt, also unter Berücksichtigung der Verdaulichkeit, kann man unter Mehl ein Vermahlungsprodukt aus Weizen oder Roggen verstehen, das bei Weizen höchstens 0,3%, bei Roggen höchstens 0,5% Rohfaser enthält.

sind festgelegt durch den Gewichtsanteil des Endosperms am gesamten Korn; dieses macht bei Weizen etwa 83%, bei Roggen rund 76% aus.

Die Technik der Mehlbereitung ist ein sehr umfangreiches Sondergebiet, auf das hier im einzelnen nicht eingegangen werden kann; es sollen nur einige grundsätzliche Ausführungen gemacht werden, wobei der Stoff, entsprechend den beiden Hauptarbeiten der Mühle, der Reinigung des Getreides und der eigentlichen Vermahlung, abgehandelt werden wird.

a) Reinigung.

Man unterscheidet die Vor- sowie die Hauptreinigung. Erstere erstreckt sich auf die Beseitigung der Fremdbestandteile, letztere auf die Reinigung des Kornes selbst.

Als Fremdbestandteile kommen Spreu, Sackfasern, Unkrautsamen, Erde, Steine, Sand, Metallstückchen usw. in Betracht. Zu ihrer Entfernung bedient man sich besonderer Maschinen. Durch den Stauber (Aspirateur oder Tarar) werden mittels Luftstromes die leichten Bestandteile (Staub, Stroh, Fasern usw.) weggeblasen und auf Rüttelsieben verschiedener Maschenweite (enge Siebe für feine, grobe Siebe für größere Fremdbestandteile) z. B. Sand, Steine, Erbsen usw. entfernt. Die für den Mahlvorgang eine Gefahr darstellenden Metallteilchen (Brandausbruch!) beseitigt man durch einen Magnetapparat. Unkrautsämereien schließlich werden durch den Gesämeausleser (Trieur) abgetrennt. Gegebenenfalls läßt man den Abgang aus dem Trieur, der meist einen gewissen Anteil an Getreidekörnern hat, durch einen sog. Nachlesetrieur gehen. Zweckmäßig ist es, das Getreide überhaupt nach der Korngröße zu sortieren; die hierfür erforderlichen Sortiermaschinen sind vielfach mit dem Trieur vereinigt.

Bei der Hauptreinigung handelt es sich um die Entfernung der Haare (des Bartes) des Kornes, ferner um die des Keimes, der holzfaserigen Spitze sowie der äußeren spröden Schalen. Hierfür gibt es mannigfache Sondermaschinen. Die Spitz- oder Schälmaschinen bzw. der ältere Spitzgang entfernen den Keimling und die den Bart tragende Samenspitze. Die durch einen rotierenden Schmirgelzylinder abgelösten Teile werden durch einen Luftstrom weggeblasen. Man wendet hierfür auch die Bürstmaschine an.

Vielfach wird die Naßreinigung des Getreides empfohlen. Diese besteht darin, daß man die Körner in besonderen Maschinen wäscht (Entfernung des Schmutzes, der tauben Körner, der Brandsporen usw.), in Zentrifugen abschleudert und dann in Trockenkolonnen trocknet. Diese Art der Behandlung ist sehr vorteilhaft; einmal wird dadurch eine weitgehende Reinigung erzielt, zum andern das Getreide auf den für die Vermahlung günstigsten Wassergehalt von 15,5% gebracht. Dieses „Konditionieren“ der Frucht kann auch erreicht werden, wenn man das trocken gereinigte Gut vor der Vermahlung „netzt“.

Die Naßreinigung des Getreides ist auch mit der Naßschälung verknüpft worden; auf diese Weise werden Sondererzeugnisse hergestellt (Steinmetz-Verfahren, mit kaltem Wasser, Gross-Verfahren mit heißem Wasser, Verfahren nach Bartmann).

b) Vermahlung.

Die einfachste Art der Vermahlung ist das Schroten des Kornes, wobei dasselbe ohne weitere Sichtung unmittelbar zerkleinert wird. Will man aber eine Trennung durchführen, d. h. Kleie aussondern, dann muß man das Vermahlen in einzelnen Stufen („Passagen“) vornehmen: Je mehr Passagen, desto weitergehend die Sichtung. Bei der Roggenmüllerei begnügt man sich meist mit weniger Passagen, bei der Weizenverarbeitung wird die Zerkleinerung in vielen

Stufen ausgeführt. Diesen unterschiedlichen Bedürfnissen entsprechend, haben sich 2 Arbeitsverfahren ausgebildet, nämlich das der Flachmüllerei und das der Hochmüllerei. Ersteres wird meist bei der Vermahlung von Roggen, letzteres bei der von Weizen benutzt. Zwischen beiden Arbeitsweisen bestehen Übergänge.

Die Zerkleinerung wird entweder in Mahlgängen, d. h. übereinanderliegenden Mühlsteinen (festliegender Bodenstein und sich drehender Läufer), oder in Walzenstühlen mit neben- oder übereinanderstehenden Walzen aus Gußstahl, Grünstein oder Porzellan bewerkstelligt. Für bestimmte Zwecke benutzt man auch Schleudermühlen, bei denen die Zertrümmerung des Gutes durch heftigen Stoß oder Schlag erfolgt (z. B. bei der Herstellung des KLOPFER-Brotmehles).

Tabelle 11.

Reinigung	
Vorreinigung	0,47%
Aspirateur (davon leichte Körner 0,45%)	0,51%
Trieur	0,44%
Schälmaschine	2,15%
Bürstmaschine	0,32%
Schlauchfilter	1,48%
Gesamtreinigungsabfall	5,37%
Gereinigter Weizen	94,25%
Reinigungsschwund	0,38%

Vermahlung		
1. Grießauflösungsmehl	10,98%	0—30 Auszugsmehl
3. „	3,75%	
2. „	14,75%	
6. „	1,00%	
5. „	1,44%	31—70 Semmelmehl
4. „	2,11%	
1. Dunstmehl	9,21%	
2. „	7,94%	
4. Schrotmehl	2,06%	
1. „	3,61%	
5. „	1,63%	
2. „	2,54%	
3. „	1,91%	
3. Dunstmehl	5,68%	
4. „	0,65%	
6. Schrotmehl	0,82%	
1. Nachmehl	2,72%	70—75 Nachmehl
2. „	2,35%	
Blaumehl	0,12%	
Feine Kleie	15,17%	
Grobe Kleie	3,37%	
Summe	93,81%	
Gereinigter Weizen	94,25%	
Vermahlungsschwund	0,44%	

Zur Sichtung des Mahlgutes wurde früher das Beutelwerk mit dem Beuteltuch aus Wollstoff benutzt; heute zieht man zur Bespannung der Siebe eine Seidengaze verschiedener Maschenweite heran. Als Siebmaschinen werden verwendet die Sichtzylinder, die Zentrifugalsichtmaschinen und die Plansichter.

α) Flach- oder Mehlmüllerei. Das gereinigte Korn (Roggen) wird im Quetschstuhl gequetscht, wobei etwas unreines Mehl (Blaumehl) abfällt. Von hier gelangt das Gut auf die Schrotwalzen, die, da es sich um eine Mehlgewinnung handelt, ziemlich eng (Flachmüllerei) gestellt sind. Das entstehende Mehl der ersten Walze (25 bis 30%) wird abgezogen. Der verbleibende „Überschlag" geht auf die 2. Schrotwalze, der entstandene Grieß wird auf glatten oder geriffelten Walzen zu Mehl gemahlen (Grießmehl). Bei den folgenden Schrotungen wiederholt sich der geschilderte Vorgang.

β) Hoch- oder Grießmüllerei (Weizen). Man geht in erster Linie auf Grieße grober, feiner und feinster Zerteilung aus. Deshalb macht sich eine große Anzahl von Passagen erforderlich, wozu die jeweils notwendigen Sichtungen gehören. Das Korn bzw. die Zwischenprodukte durchlaufen nacheinander die Mahlgänge immer enger werdender Stellung. Man erzeugt also Schrote, Grieße, Dunste und Mehl.

Zuerst wird der Weizen auf dem Brechstuhl gespalten oder gebrochen. Quetschung wie beim Roggen darf nicht erfolgen. Es fallen etwas Blaumehl und Brechgrieß an. Der gebrochene Weizen geht dann auf den ersten Schrotstuhl mit grob geriffelten und weit gestellten Walzen. Das erste Schrot wird auf dem Plansichter in Mehl (etwa 3%), feinsten Grieß oder Dunst, Grieß und Überschlag gesondert. Der Überschlag geht zum 2. Schrotstuhl mit enger gestellten Walzen. Diese Verarbeitung setzt sich durch 6 und mehr Schrotungen fort.

Die bei jeder Schrotung anfallenden Mehle nennt man erstes, zweites, drittes Schrotmehl usw. Die erhaltenen Grieße und Dunste werden nicht wie beim Roggen auf Mehl unmittelbar verarbeitet, sondern (in größeren Mühlen) in besonderen Grießsortierern nach der Kornfeinheit vereinigt. Die auf der Grießputzmaschine erhaltenen reinen Grieße „löst" man dann auf glatt- oder fein geriffelten Walzen auf. Die verbleibenden Überschläge werden meist auf besonderen Stühlen, den Koppenstühlen, zu den Koppenmehlen verarbeitet.

Die auf den Glattwalzen vermahlenen Grieße gehen unmittelbar oder über die Detacheure (Auflockerung des Mahlgutes) zu den Sichtern. Man erhält Mehl (Grießauflösemehl); die gröberen Rückstände von den Sichtern werden wiederum in Grieß, Dunste und Überschläge getrennt usw.

Die Hochmüllerei ist demnach ein außerordentlich verwickeltes und kritisch durchzudenkendes Arbeitsverfahren. Die Erzielung guter, gleichbleibender Mahlerzeugnisse setzt die klare Erkenntnis voraus, welche Zwischenprodukte beim Mahlen in ihrer Beschaffenheit zusammengehören bzw. sich im Werte gegenseitig ergänzen oder steigern.

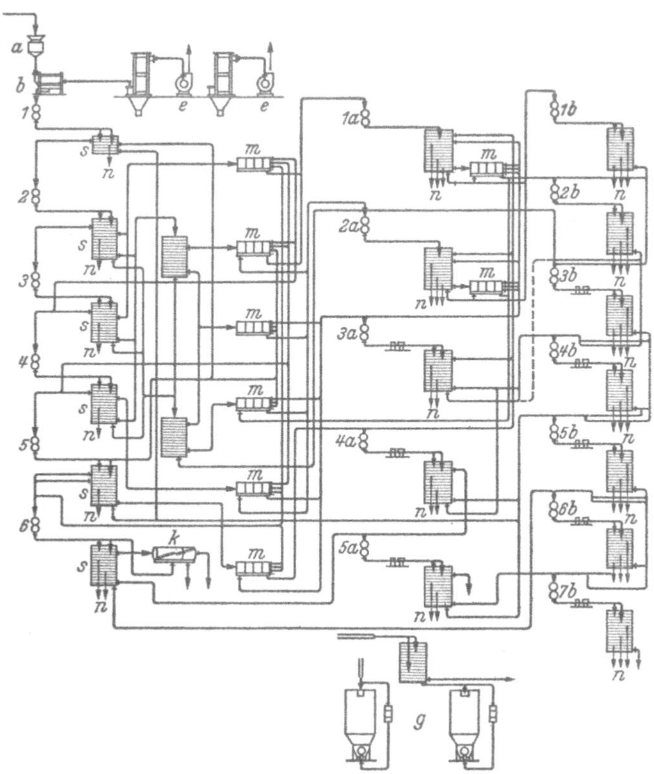

Abb. 1. Schema einer Weizenvermahlung. (Aus M. P. Neumann, Brotgetreide und Brot; 3. Aufl., Berlin 1929.)
a Automatische Waage; *b* Sortiermaschine; *e* Exhaustoren; *1* Erster Schrot- bzw. Brech- oder Spaltstuhl; *2* bis *6* Schrotungen; *s* Sichter; *n* Mehlabläufe; *m* Grießputzmaschinen; *1a* bis *5a* Grießauflösungen; *1b* bis *7b* Dunstvermahlungen; *g* Schalenbürste.

Nach M. P. Neumann[1] stellt sich die Reinigung und Vermahlung bei Weizen zahlenmäßig etwa folgendermaßen dar (siehe Tabelle 11).

c) Besondere Mahlverfahren.

α) Dekortikationsverfahren. Im Hinblick auf eine möglichst weitgehende Ausnutzung des Roggenkornes[2], ohne gleichzeitig die die Verdaulichkeit beeinträchtigenden Bestandteile der Frucht- und Samenschale in Kauf nehmen zu müssen, hat man Verfahren entwickelt, die nach einer Schälung

[1] M. P. Neumann, S. 237: Zit. S. 16.

[2] K. Mohs: Schälung und Ausnutzung des Getreides. Zeitschr. ges. Getreide-, Mühlen- u. Bäckereiwesen 1936, 23, 141.

(Dekortikation) den Samen ganz verwenden. Es sind bekannt die Arbeitsweisen nach WEISS (Befeuchtung des Getreides mit verdünnter Natronlauge), nach GIROND-DARGON (Kalkmilch), nach LEMOINE (Schwefelsäure) sowie die Benutzung besonderer Schälmaschinen (nach HENKEL und SAK, nach GLAS, nach NOLDEN usw.), alle diese Vorschläge haben sich aber nicht durchsetzen können. Dagegen wird die Behandlungsweise nach ST. STEINMETZ (Schälung des befeuchteten Roggens durch Reibung der Körner untereinander) praktisch benutzt (STEINMETZ-Brot).

Eine noch weitergehende Ausnutzung des Roggenkornes wird durch folgende Verfahren erstrebt:

Verfahren nach GELINCK[1]: Einweichen des gewaschenen Getreides; Quetschung desselben und Sichtung des Teiges durch ein 2 mm-Sieb; Verarbeitung des Teiges durch Schneckengänge; Sichtung durch 1,5 mm-Sieb (Kleie dabei entfernt); der erhaltene Teig wird mit Sauerteig unmittelbar verbacken.

Verfahren nach E. KLOPFER: Diese Arbeitsweise erstrebt einen für die Verdaulichkeit hinreichenden Aufschluß der Kornsubstanz auf trockenem Wege durch weitgehende Zerkleinerung in Schleudermaschinen (Kernmark- oder Karabrot).

Verfahren nach H. FINKLER. Die anfallende Kleie wird mit 1%iger Lösung von Natriumchlorid in kalkhaltigem Wasser (1:5) vermischt, vermahlen und dann dem Mehl wieder zugesetzt. Das erhaltene Kleiemehl nennt man Final- oder Finklanmehl.

Verfahren nach TH. SCHLÜTER. Die übliche Kleie wird mit Wasser zu einem Teig verknetet, im Autoklaven erst auf 60°, dann auf 110° C erhitzt, anschließend getrocknet, vermahlen und dem Mehl wieder zugesetzt. Die Mischung heißt SCHLÜTER-Mehl.

β) Vermahlung von Spelz und Grünkorn. Spelz oder Dinkel wird meist in Kleinmühlen verarbeitet. Zunächst werden die fest anhaftenden Schalen im mit hochgestellten Steinen arbeitenden Spelz- oder Gerbgang entfernt. Man schickt das Gut dann durch den Gesämeausleser, quetscht und schrotet es; die Grieße werden zu Mehl aufgelöst wie bei der Weizenmüllerei.

Auch Grünkorn (Grünkern) wird in besonderen Schälgängen zuerst geschält; dies stößt auf gewisse Schwierigkeiten, da die unreifen kleinen Körner nur schwer schälbar sind. Hiernach schrotet man und sichtet nach Mehl und Schrot. Das Grünkern liefert etwa 68—69% geschälte Kerne, die 60—62% Schrot bzw. 55—56% Mehl ergeben.

γ) Vermahlung von Gerste. Im allgemeinen erstrebt man nur eine Schälung: Gewinnung von Grütze (geschälte und grob gebrochene Gerste) und von Graupen (geschälte, gebrochene und gerundete Gerste), nicht aber eine Mehlerzeugung. Zuerst reinigt man in üblicher Weise. Sodann werden die Körner meist der Größe nach in 3 Fraktionen geschieden. Die Schälung und Entspitzung erfolgt in den sog. Graupengängen. Es sind dies Sandsteine, die sich in einer in entgegengesetzter Richtung sich drehenden Bütte bewegen. Bei schneller Drehung der Bütte wird das Korn entspitzt, bei geringerer Geschwindigkeit geschält. Man erhält so die grobe oder holländische Graupe; bei längerer Bearbeitung erfolgt außerdem Rundung der Körner. Das anfallende Mehl dient zu Futterzwecken.

Eine andere Art der Verarbeitung besteht darin, die Gerstenkörner in einem sog. Walzenspalter oder Reißspalter in gleich große, viereckige Stücke zu zerschneiden; im Rollgang werden die Teilstücke gerundet.

Man rechnet bei der Gerstenverarbeitung auf Graupen allein mit einer Ausbeute bis zu rund 36%, an Graupen und Mehl aber zusammen von 45—50%;

[1] Diesem Verfahren ähnelt dasjenige von SIMON (Simons- oder Sanitätsbrot).

außerdem fallen etwa 50% Futtermehl (Gerstenkleie) an. Bei der Herstellung von Graupen und Grütze ist die Ausnützung größer; man kann 26—30% Grütze, 23—27% Graupen und 10—15% Mehl erwarten; der Kleieanfall stellt sich auf 26—32%.

δ) Vermahlung von Hafer. Man stellt in der Hauptsache Kraft- und Kindermehle her; meist wird der Hafer in Form von Flocken, Grütze und Grieß verbraucht.

Nach der üblichen Reinigung müssen die fest anhaftenden Deckspelzen entfernt werden. Man behandelt zu diesem Zweck mit siedendem Wasser bzw. mit Wasserdampf. Dann wird die Frucht in Wasser oder Dampf gekocht und geröstet (deutsches Verfahren) oder auch ohne vorherige Kochung unmittelbar geröstet (amerikanisches Verfahren). Der so vorbereitete Hafer wird entweder zu Haferflocken gequetscht oder gewalzt (Quäker Oats), oder er wird auf Schälmaschinen von der Vorspelze und der Fruchtschale befreit, gespitzt und gebrochen; es ergeben sich durch Sichtung Hafergrütze (Graupen) und Hafermehl. Die Ausbeute an Mahlerzeugnissen bewegt sich zwischen 66—76%.

ε) Vermahlung von Mais. Das entsprechend gereinigte Getreide wird zunächst in einer Trommel bearbeitet, deren Welle und Inneres mit Stahlmessern besetzt sind. Der Mais wird hierdurch geschält, insbesondere aber vom Keimling befreit. Letzteres ist unbedingt erforderlich, da sonst das Mehl fettreich werden und durch Ranzigwerden sehr rasch verderben würde.

Anschließend werden die Maiskörner auf glatten Walzen gebrochen und geschrotet. Nach Abtrennung des Mehles hinterbleiben Grieße, die unmittelbar zur Ernährung verwendet oder zu Mehlen aufgelöst werden.

Bei einer anderen Verarbeitung wird das Korn zunächst geweicht und nach grober Vermahlung kurze Zeit gedämpft; auf diese Weise werden Keime und Schale leicht ablösbar.

Als Ausbeute erhält man in runden Zahlen 40% groben Grieß, 23% feinen Grieß und Mehl, 5% Futterrückstände; 25% fallen beim Brechen und Entkeimen ab.

ζ) Vermahlung von Reis. Die Verarbeitung zum geschälten Reis erfolgt ähnlich wie die der Gerste zu Graupen; man muß aber vorsichtig vorgehen, da das Reiskorn sehr spröde ist und leicht viel Bruchreis entsteht. Nach der Reinigung wird in besonderen Schälgängen geschält; ein Runden der Körner ist nicht üblich, aber ein Polieren mit glatten Steinen wie bei der Rollgerste. Reis-Grieß und -Mehl werden nach der bei Weizen angewandten Arbeitsweise hergestellt; als Ausgangsmaterial nimmt man meist Bruchreis.

η) Vermahlung von Hirse. Sowohl die Rispen- wie die Sorghumhirse werden wie Reis behandelt und kommen fast ausschließlich im geschälten und polierten Zustand in den Handel. Hirsegrieß und Hirsegrütze sind selten, noch seltener Hirsemehl.

ϑ) Vermahlung von Buchweizen. Nach der Reinigung wird die Frucht gedarrt und dann „gebasselt", d. h. zwischen weitgestellten Mühlsteinen von den noch vorhandenen erdigen Verunreinigungen befreit, ohne daß das Korn selbst angegriffen wird. Dann entfernt man die Schalen („Doppen"), oder man bereitet Grütze, bei deren Sichtung Mehle verschiedener Feinheit anfallen. Man rechnet mit Ausbeuten von etwa 60% an Grütze und Mehl zusammen.

2. Mehlarten.

a) Weizenmehl.

Von allen Getreidearten erfährt der Weizen, wie schon erwähnt, beim Vermahlen die weitestgehende Aufspaltung in Erzeugnisse, die sich in ihrer Zusammensetzung und Beschaffenheit und damit in ihrer Verwendbarkeit voneinander deutlich unterscheiden. Eine Vorstellung darüber vermittelt die folgende Tabelle 12 nach M. P. NEUMANN[1].

Tabelle 12. Zusammensetzung der Vermahlungsanteile des Weizens, bezogen auf Trockenmasse.

Vermahlungsanteil	Kohlenhydrate: Zucker %	Stärke %	Rohfaser %	Pentosane[2] %	Eiweiß Stickstoffgehalt × 6,25) %	Ätherextrakt (Fett) %	Asche %	Von 100 Tln. Substanz sind analytisch ermittelt %
Weizen, ganzes Korn	5,19	66,3	2,51	7,9	15,5	2,3	1,92	101,6
Feinstes Mehl (0—30)	2,14	79,3	0,12	2,6	13,2	1,1	0,49	99,0
Zweites Mehl (30—70)	4,67	74,7	0,20	3,4	15,1	1,9	0,88	100,1
Drittes Mehl (70—75)	8,50	61,1	1,05	5,5	19,4	4,0	2,36	101,9
Nachmehl (75—80)	9,97	47,2	3,09	11,6	20,4	4,6	3,32	100,2
Feine Kleie (80—89)	9,02	15,7	9,75	22,5	18,3	5,4	5,82	86,4
Grobe Kleie (89—93)	8,56	8,7	11,33	30,5	17,4	5,2	7,59	89,3
Schalenkleie (93—98,5)	8,67	14,1	9,69	29,3	17,4	5,2	7,54	91,9
Schälabfall I	6,30	24,4	18,45	25,0	14,6	3,5	4,44	96,7
Keime	20,75	—	2,50	11,6	40,8	12,0	5,50	93,1

Bei den in Tabelle 12 aufgeführten Vermahlungsanteilen handelt es sich schon um Mischungen. Einen besseren Einblick in die Kornverteilung erhält man, wenn man an Hand des Vermahlungsschemas die einzelnen Fraktionen verfolgt, wie dies in Tabelle 13 nach M. P. NEUMANN[1] dargestellt ist.

Aus den Tabellen 12 und 13 läßt sich eine Reihe von Schlüssen ziehen, die für die Beurteilung des Mehles wichtig sind; es seien hervorgehoben:

1. Mit zunehmender Ausmahlung — die Kleie und die Keime nehmen eine Sonderstellung ein — steigen etwa gleichsinnig an, wenn auch nicht parallel, sondern verschiedentlich recht unregelmäßig, die Gehalte an Zuckerarten, an Rohfaser, an Pentosanen, an Eiweißsubstanz, an Fett und insbesondere an Asche (Mineralbestandteilen).

2. Mit zunehmender Ausmahlung sinkt der Gehalt an Stärke allmählich ab.

3. Hinsichtlich der Art der Eiweißsubstanz[3] tritt mit zunehmender Ausmahlung eine deutliche Änderung insofern ein, als das Gesamtprotein zunimmt, der alkohollösliche Teil (Gliadin) aber abnimmt. Dies bedeutet, daß derselbe vor allem dem Mehlkern entstammt; auch die Wasserlöslichkeit der Eiweißstoffe erleidet trotz Zunahme des Gehaltes mit steigender Ausmahlung einen Rückgang.

4. Die enzymatische Kraft nimmt, was in Tabellen 12 und 13 nicht angeführt ist, mit zunehmender Ausmahlung zu, d. h. die enzymreichsten Kornteile sind die äußeren Schichten.

In der folgenden Tabelle 14 ist schließlich ein Überblick über die Zusammensetzung von Handelsweizenmehlen gegeben.

Die Unterscheidung der verschiedenen Mahlerzeugnisse des Weizens erfolgte früher nach Bezeichnungen wie Kaiserauszug, Weizenauszug, Bäckermehl, Semmelmehl, Spezial 0, Auszug 000, 00, 0 usw.[4] In Österreich und Ungarn wird bzw. wurde das Weizenmehl sogar nach 12 Typen gehandelt.

[1] M. P. NEUMANN: Brotgetreide und Brot, 3. Aufl., S. 239.

[2] Da nach der Phloroglucidmethode bestimmt, voraussichtlich etwas zu hoch.

[3] M. J. BLISH: Die Weizenmehlproteine. Chem. Zentralbl. 1937, I, 220. Weizenkleie enthält nach F. E. NOTTBOHM und F. MAYER (Z. 1935, 69, 289) Betain. — K. FELIX u. H. REINDL: Zeitschr. physiol. Chem. 1932, 205, 11. — M. DAMODARAN: Biochem. Journ. 1931, 25, 190.

[4] Von der Anführung der Fabrikmarken zur Mehlbezeichnung sei hier Abstand genommen; nach K. MOHS bestand in Deutschland ein Mehlmarkenregister, das 2186 Wort- und Bildzeichen enthielt.

Tabelle 13. Zusammensetzung der verschiedenen Weizenmehle, bezogen auf Trockenmasse.

Vermahlungserzeugnis	Ausmahlung %	Ausbeute, bezogen auf ganzes Korn %	Asche %	Fett %	Rohfaser %	Stärke %	Eiweiß Gesamt %	davon löslich in Alkohol %	davon löslich in Wasser %
1. Grießmehl, griffig	0 — 8,4	8,4	0,38	1,2	0,20	83,1	10,9	51,4	27,1
1. Grießmehl, glatt	8,4—13,2	4,8	0,41	1,1	0,18	85,5	8,1	53,4	32,5
2. und 3. Grießmehl, halbgriffig	13,2—17,4	4,2	0,41	1,5	0,21	81,0	11,7	53,3	25,8
1. Grießmehl, halbgriffig	17,4—21,7	4,3	0,43	1,2	0,23	83,9	10,3	55,8	31,9
2. und 3. Grießmehl, glatt	21,7—28,9	7,2	0,44	1,3	0,16	83,5	9,3	52,0	27,4
2. Schrotmehl	28,9—33,3	4,4	0,47	1,1	0,18	85,5	7,5	55,7	26,2
4. und 5. Grießmehl	33,3—41,1	7,8	0,49	1,2	0,27	82,0	11,3	54,0	22,6
3. Schrotmehl	41,1—45,9	4,8	0,50	1,1	0,17	84,2	9,2	53,0	23,0
1. Grießsortierer	45,9—48,2	2,3	0,52	1,5	0,15	81,4	11,0	52,5	21,3
1. Koppenmehl	48,2—49,5	1,3	0,54	1,8	0,27	83,5	8,2	52,8	23,4
2. und 3. Grießmehl, griffig	49,5—53,1	3,6	0,57	1,5	0,26	77,4	11,9	47,9	21,6
2. Koppenmehl	53,1—54,0	0,9	0,60	2,1	0,25	82,3	9,2	46,0	23,2
4. Schrotmehl	54,0—56,3	2,3	0,68	1,9	0,18	82,0	11,4	52,8	18,6
6. und 7. Grießmehl	56,3—61,4	5,1	0,67	1,4	0,18	76,5	11,4	49,4	18,5
2. Grießsortierer	61,4—61,9	0,5	0,80	2,6	0,17	78,1	12,2	49,8	16,1
1. Schrotmehl	61,9—62,1	0,2	0,86	1,5	0,20	81,4	10,0	49,9	18,3
7. „	62,1—64,9	2,8	1,05	2,4	0,23	82,1	9,7	47,8	19,9
5. „	64,9—66,2	1,3	1,14	2,3	0,37	77,0	13,1	49,0	17,2
6. „	66,2—67,1	0,9	1,18	2,2	0,27	76,1	13,0	47,6	17,5
8. und 9. Grießmehl	67,1—71,5	4,4	1,21	2,1	0,61	74,5	13,1	41,4	20,4
10. Grießmehl	71,5—72,3	0,8	1,83	3,3	0,98	67,0	14,5	35,0	22,8
11. Grießmehl	72,3—73,0	0,7	2,30	3,7	1,37	61,5	16,5	31,4	25,1

Tabelle 14. Zusammensetzung von Handelsweizenmehlen, bezogen auf Trockenmasse[1].

	Auszugsmehl, bis 30% Ausmahlung	Semmelmehl, hell	Semmelmehl, dunkel	Graubrotmehl, 80% Ausmahlung	Schrot, 90% Ausmahlung
Asche . . . . . . %	0,46	0,62	0,80	1,15	1,87
Fett . . . . . . %	1,1	1,6	1,8	1,9	2,3
Eiweiß . . . . . %	10,7	12,2	13,0	13,0	13,5
Zuckerarten[2] . . %	2,1	3,7	4,6	4,9	5,2
Stärke . . . . . %	81,9	77,7	75,9	74,0	67,5
Rohfaser . . . . %	0,1	0,2	0,5	0,5	2,1
Pentosane . . . . %	2,6	3,2	3,4	4,0	7,3
Rest . . . . . . %	1,0	0,9	0,4	0,6	0,4

Man war gewohnt, daß die Weizenmehle oft trotz gleicher Bezeichnung und gleichem Ausmahlungsgrad je nach Herkunft und Gegend in ihrer Zusammensetzung und Beschaffenheit ziemlich stark schwankten. Dies zog eine gewisse Unsicherheit im Mehlhandel nach sich. Man versteht deshalb das Streben nach einer zuverlässigen Normung (Typisierung) der Mehle. Der Ausmahlungsgrad konnte hierfür nicht herangezogen werden, da diese Zahlenangabe, vom Müller auf das rohe Getreide bezogen, durch die schwankenden Gehalte an Besatz, an Wasser usw. ziemlich tiefgehend beeinflußt wird. Auf Grund lang-

[1] Nach M. P. Neumann: Brotgetreide und Brot, S. 265.
[2] L. Genevois u. M. Pavloff: Chem. Zentralbl. 1936, II, 3733.

jähriger experimenteller Erfahrungen entschloß man sich[1] daher im Jahre 1934, eine Typisierung der Weizenmehle nach ihrem Aschegehalt, bezogen auf Trockenmasse, durchzuführen, der, wie aus den auf Grund von Durchschnittswerten der letzten 25 Jahre aufgestellten Ascheskalen und auch aus Tabelle 13 andeutungsweise hervorgeht, den Betrag an mitvermahlenen mineralstoffreicheren Schalenbestandteilen zuverlässig zum Ausdruck bringt und damit den richtigen Maßstab für die müllerei- und backtechnische Bewertung an die Hand gibt[2]. Für Weizenmehl sind bestimmte Typen festgelegt, nach denen der Handel mit Mehl vor sich gehen muß. Unter Mehltypen ist dabei eine Zahl zu verstehen, die man erhält, wenn man den Prozentgehalt des Erzeugnisses an mineralischen, d. h. unverbrennbaren Anteilen, mit dem Faktor 1000 multipliziert. Um allen Möglichkeiten Rechnung zu tragen, hat man für den Aschegehalt eine aus der Natur der Sache heraus berechtigte Schwankungsbreite, durch Mindest- und Höchstaschewert begrenzt, festgelegt. Für Weizenmehle gilt zur Zeit das Typenverzeichnis nach Tabelle 15. Hierzu sei bemerkt, daß die Hauptvereinigung der deutschen Getreide- und Futtermittelwirtschaft in Anpassung an die gegebenen Verhältnisse die Nummer und Zahl der herzustellenden Mehltypen vorschreibt bzw. ändert. Analoges gilt für die Roggenmehltypen (vgl. S. 58, Tabelle 17).

Tabelle 15.

	Vorgeschriebener Aschegehalt[3] %	Zulässiger Mindest-aschegehalt %	Zulässiger Höchst-aschegehalt %
Type 405 (Weizenmehl)	0,405	0,380	0,460
„ 405 (Weichweizengrieß)	0,405	0,380	0,460
„ 405 (Weizendunst)[4]	0,405	0,380	0,460
„ 450 (Weizengrieß)	0,450	0,420	0,480
„ 450 (Weizendunst)	0,450	0,420	0,480
„ 502 (Weizenmehl)	0,502	0,480	0,540
„ 563 (Weizenmehl)	0,563	0,550	0,600
„ 630 (Weizenmehl)	0,630	0,610	0,720
„ 790 (Weizenmehl)	0,790	0,730	0,890
„ 812 (Weizenmehl)	0,812	0,780 bzw. 0,812	0,900
„ 1050 (Weizenmehl)	1,050	1,000 bzw. 1,050	1,150
„ 1100 (Weizenmehl)	1,100	0,900	1,290
„ 1600 (Weizenmehl)	1,600	1,300	1,890
„ 2000 (Weizenmehl)	2,000	1,900	2,350
„ 1700 (Weizenbackschrot)	1,700	1,440	1,900
Für Menggetreide ist festgelegt:			
Type 563 (Weizengemengemehl)	0,563	0,540	0,600
„ 790 (Weizengemengemehl)	0,790	0,730	0,890
„ 850 (Weizengemengemehl)	0,850	0,800	0,950
Für ausländischen Hartweizen gilt:			
Type 1100 (Hartweizenmehl)	1,100	—	1,290
„ 1600 (Hartweizenmehl)	1,600	1,300	1,890
„ 2000 (Hartweizenmehl)	2,000	1,900	2,350

[1] Bekanntmachung des Vorsitzenden des Verwaltungsrates der Wirtschaftlichen Vereinigung der Roggen- und Weizenmühlen und des Beauftragten des Reichsministers für Ernährung und Landwirtschaft bei der Vereinigung der Roggen- und Weizenmühlen vom 1. Mai 1934 (Reichsanzeiger Nr. 104 vom 5. Mai 1934).

[2] Eingehendere Ausführungen darüber vgl. bei K. Mohs: Grundlagen und Ziele der Typisierung der Mehle nach Asche. Berlin-Leipzig: Th. Weicher, Inh. K. Kaehler (ohne Jahresangabe). [3] Alle Werte auf Trockenmasse bezogen.

[4] Als Weizendunst gilt nur ein Erzeugnis der Type 405, das als gröbste Körnung voll durch die Grießgaze 50 und als feinste Körnung voll oder zum Teil durch die Grießgaze 58, jedoch mit höchstens 10% der Gesamtmenge durch die Mehlgaze 8 fällt.

Hartweizengrieß darf nur in der bisher üblichen Körnung (grob, mittel, fein oder GG, G, MG, SSSE, SSS, SS, S) hergestellt werden.

Durch vorstehende Regelungen[1] ist der Markt in Weizenmehl geordnet worden, und an die Stelle eines Durcheinanders von Bezeichnungen ist die gebotene Einheitlichkeit und Durchsichtigkeit getreten. Ergänzt werden die Vorschriften durch genaue Anweisungen über die Handelskennzeichnung, Anpreisung von Mühlenerzeugnissen usw.

Weizenmehle reagieren gegen Methylorange alkalisch, gegen Lackmus meist schwach sauer, gegen Phenolphthalein sauer. Der Säuregehalt im Filtrat der Mehlaufschwemmung schwankt normalerweise etwa zwischen den Grenzen 1,1—2,5 ccm n/1 Alkali für 100 g Mehl; er ist in erster Linie auf saure Phosphate zurückzuführen, die zum Teil durch Phytase aus dem Phytin abgespalten werden[2].

Über die Auswirkungen der Ausmahlung auf den Vitamingehalt haben A. SCHEUNERT und M. SCHIEBLICH[3] biologische Versuche mit Ratten angestellt. Während 100 g Weizen 150 internationale Einheiten (i. E.) Vitamin B_1 und 50 i. E. Vitamin B_2, 100 g Weizenkeime 600 i. E. Vitamin B_1 und 250 i. E. Vitamin B_2 enthielten, sinkt der Gehalt an Vitamin B_1 bei 82%iger Ausmahlung um 30%; bei geringerer Ausmahlung geht er vergleichsweise noch stärker zurück. So enthält ein 0—60%iges Weizenmehl nur noch 24 i. E. Vitamin B_1. Dieses Vitamin wird übrigens beim Backen nicht beeinträchtigt.

Vorstehende Angaben lehren, daß Vitamin B_1 in beachtlicher Menge nur im Vollkornbrot mit Keimling vorhanden sein kann; bei Weizenbrot von Mehl aus etwa 0—82%iger Ausmahlung waren vom Vitamin B_1 rund 67 i. E. vorhanden.

Vitamin A sowie Vitamin B_6 sind im Weizenmehl praktisch nicht vertreten.

Über die Zusammensetzung des Grünkerns unterrichtet die folgende Aufstellung[4] (in Prozent):

Wasser	9,2	Stickstofffreie Stoffe (Kohlenhydrate)	72,0
Rohprotein	11,8	Gesamtphosphorsäure	0,11
Ätherextrakt	3,1	Lecithinphosphor	0,02
Mineralstoffe	1,73	Inositphosphor	0,08
Rohfaser	2,2	Restlicher Phosphor	0,01

Gegenüber anderen Suppenfrüchten, wie Reis, Sago, Tapioka usw., zeigt der Grünkern einen beträchtlich höheren Gehalt an Eiweißsubstanz.

b) Roggenmehl.

Während beim Weizen etwa 83% auf den Mehlkern und 17% auf Schalenbestandteile entfallen, liegen die entsprechenden Zahlen für Roggen bei etwa 80 und 20%. Man rechnet, daß etwa 75% der gezogenen Mahlerzeugnisse des Roggens für die menschliche Ernährung üblicherweise Verwendung finden.

Beim Roggen werden meist nur wenige Arten von Mehl hergestellt; die Aufteilung des Kornes geht daher nicht so weit wie beim Weizen. Über die Zusammensetzung gewöhnlicher Handelsmehle unterrichtet die Tabelle 16 (nach M. P. NEUMANN).

[1] Verordnung zur Änderung der Verordnung zur Ordnung der Getreidewirtschaft. Vom 10. Juli 1936 (RGBl. I S. 544); Anordnung der HV. der deutschen Getreide- und Futtermittelwirtschaft, betreffend Bestimmungen für das Getreidewirtschaftsjahr 1937/38. Vom 1. Juli 1937 (RNVbl. 1937 Nr. 43 S. 273). Vgl. ferner Anordnung der HV. der deutschen Getreide- und Futtermittelwirtschaft, betreffend Bestimmungen für das Getreidewirtschaftsjahr 1938/39. Vom 1. Juli 1938 (RNVbl. 1938 Nr. 36/37 S. 215 und Nr. 42 S. 320).

[2] H. LÜERS u. ADLER: Z. 1915, **29**, 281. Über die Phosphatide des Weizenmehles vergl. Z. 1934, **67**, 369.

[3] A. SCHEUNERT u. M. SCHIEBLICH: Biochem. Zeitschr. 1937, **290**, 398.

[4] F. FISCHLER: Münch. med. Wochenschr. 1936, Nr. 29, 1157. Vgl. auch Sonderbeilage des „Führer“, Karlsruhe, vom 21. Juli 1936: Grünkern in der Erzeugungsschlacht.

Tabelle 16. Zusammensetzung von Handelsroggenmehlen, bezogen auf Trockenmasse.

	Vordermehl, Ausmahlung 50%	Brotmehl, Ausmahlung 70%	Graubrotmehl, Ausmahlung 82%	Schrot, Ausmahlung 94%	Ganzes Roggenkorn
Asche . . . . . . %	0,60	0,95	1,30	1,9	1,95
Fett . . . . . . %	0,9	1,3	1,7	1,8	1,9
Eiweiß . . . . . %	6,8	8,1	9,3	10,2	11,6
Zucker . . . . . %	5,0	6,5	7,3	8,8	8,8
Stärke . . . . . %	78,1	72,5	66,5	61,2	60,3
Rohfaser . . . . %	0,3	0,5	1,1	1,9	2,0
Pentosane . . . . %	4,0	5,2	7,4	8,5	8,5
Rest . . . . . . %	4,4	5,0	5,5	5,9	5,0

Hinsichtlich der Verteilung der Kornbestandteile auf die einzelnen Mahlerzeugnisse gelten sinngemäß ähnliche Ausführungen, wie sie beim Weizen gemacht worden sind. Mit steigender Ausmahlung verringert sich der Gehalt an Stärke, während Asche, Fett, Eiweiß, Zucker, Rohfaser und Pentosane sich vermehren. Dem Weizen gegenüber fällt der wesentlich erhöhte Gehalt an Zucker auf, der sich außerdem noch in der Art charakteristisch unterscheidet. Weizen enthält in der Hauptsache als wasserlösliche Zuckerarten Glykose sowie dextrinähnliche Stoffe, aber sehr wenig Ketosen; beim Roggen aber treten Ketosen als Disaccharid (Saccharose) und als Trisaccharide (Trifruktosan, Raffinose) in den Vordergrund. Die diastatische Kraft ist bei Roggenmehl geringer als bei Weizenmehl.

Hinsichtlich des Vitamingehaltes ist zu sagen[1], daß Vitamin A praktisch nicht, Vitamin B_6 nur in sehr kleinen Mengen vertreten sind. 100 g Roggenkeime enthalten nach A. SCHEUNERT und M. SCHIEBLICH 300 i. E. Vitamin B_1 und 250 i. E. Vitamin B_2, 100 g Roggen 100 i. E. Vitamin B_1 und 57 i. E. Vitamin B_2. Bei der Mehlherstellung tritt in Abhängigkeit vom Ausmahlungsgrad ein Abfall ein derart, daß erhebliche Mengen an Vitamin B_1 nur in Vollkornbroten vorhanden sind; ein derartiges Roggenbrot enthält noch 59 i. E. auf 100 g; im Gegensatz zum Weizen führt das hellere Roggenmehl noch Vitamin B_2.

Tabelle 17.

	Vorgeschriebener Aschegehalt[2] %	Zulässiger Mindestaschegehalt %	Zulässiger Höchstaschegehalt %
Type 610 (Roggenmehl)	0,610	0,590	0,650
„ 700 (Roggenmehl)	0,700	0,660	0,750
„ 815 (Roggenmehl)	0,815	0,760	0,900
„ 997 (Roggenmehl)	0,997	0,910[3]	1,070
„ 1150 (Roggenmehl) . . .	1,150	1,080	1,300
„ 1370 (Kommißmehl) . . .	1,370	1,200	1,500
„ 1800 (Roggenbackschrot) .	1,800	1,530	2,000
„ 950 (Roggengemengemehl)	0,950	0,900	1,070

Auch beim Roggen ist man zum Zwecke der eindeutigen Kennzeichnung zur Angabe der auf den Aschegehalt gegründeten Typen übergegangen. Gemäß der auf S. 56 angegebenen Anordnung der HV. der deutschen Getreidewirtschaft gelten die Bezeichnungen[4] nach Tabelle 17.

[1] A. SCHEUNERT u. M. SCHIEBLICH: Biochem. Zeitschr. 1937, **290**, 398.

[2] Alle Werte auf Trockenmasse bezogen.

[3] Je nach dem Roggenkontingent einer Mühle ist der zulässige Mindestaschegehalt auf 0,910 (bis 750 t), auf 0,960 (bis 2000 t) und auf 0,997 (über 2000 t) festgelegt. Analoges gilt für die Type 1150 (Roggenmehl), deren Mindestaschegehalt auf 1,080 bzw. 1,120 bzw. 1,150 begrenzt ist.

[4] Die in Tabelle 17 an der Spitze stehenden Typen 610, 700 und 815 werden zur Zeit nicht hergestellt. Der Vollständigkeit halber sind sie mit angeführt, da bei Änderung der Verhältnisse vielleicht auf diese Typen wieder zurückgegriffen werden kann.

c) Gerstenmehl.

Das Verhältnis von Mehl und Kleie liegt beim Gerstenkorn ähnlich wie bei Roggen und Weizen, nämlich 69—73% an Mehl und 17—19% an Kleie. Die Gerste wird nur selten auf Mehl verarbeitet; man stellt für unmittelbare Ernährungszwecke vielmehr nur hauptsächlich Gerstengrieß und Gerstengraupen her. Hierbei fällt ein feines Mehl an, das als Gerstenschleimmehl Verwendung findet (Krankenkost)!

Nur selten dient das Gerstenmehl zur Brotbereitung. Dies beruht vor allem darauf, daß es, für sich allein verbacken, einen leicht fließenden, wenig gut zusammenhängenden Teig und damit ein dichtes Brot liefert. Auch beim Zusatz zu Weizen- und Roggenmehl teilt es, in größerer Menge verwendet, diese nachteilige Eigenschaft den anderen Mehlen mit. Kleine Mengen von Gerstenmehlen (3%) aber werden einem zähen Roggenteig gern zugegeben, um ihn kürzer zu halten. In Schweden und Norwegen wird das Gerstenmehl bei der Brotbereitung etwas ausgedehnter als bei uns herangezogen.

Hinsichtlich der Zusammensetzung ähneln die Gerstenmahlerzeugnisse denjenigen von Weizen und Roggen, enthalten aber keinen Kleber wie Weizen. Wie bei letzteren ist die Asche des Mehles reich an Kalium; Magnesium und Phosphorsäure sind in den mineralischen Bestandteilen des Mehles in geringerer Menge vorhanden als in der Asche der Kleie. Es sind ferner lösliche Kohlenhydrate anwesend, darunter Glykose und wenig Saccharose. In der gekeimten Gerste[1] tritt Saccharose in stark vermehrter Menge auf.

Über die Zusammensetzung der wichtigsten Mühlenerzeugnisse der Gerste unterrichtet die Tabelle 18.

Tabelle 18. Zusammensetzung von Gerstenmahlerzeugnissen.

	Wasser %	Stickstoff-substanz %	Ätherextrakt (Fett) %	Kohlen-hydrate %	Rohfaser %	Asche %
Ganzes Korn	13,0	9,7	2,0	68,5	4,4	2,50
Geschälte Gerste . . .	10,5	10,3	2,3	73,2	1,6	2,15
Gerstengrieß	12,5	11,8	2,3	70,9	0,9	1,70
Gerstenschleimmehl. .	12,5	9,5	1,4	74,3	0,8	1,50

d) Hafermehl.

Hafer ist kein eigentliches Brotgetreide. Er wird im entspelzten und gebrochenen Zustand als Hafergrütze, seltener als Hafergrieß, für die menschliche Ernährung herangezogen. Mehl wird nur in geringerem Umfang, teilweise für Sonderzwecke (Kindermehl, Haferkonserven), hergestellt; es wird wohl auch bei der Brotbereitung im Gemisch mit anderen Mehlen verwendet. Das Hafermehl selbst hat einen graugelblichen bis graurötlichen Schein, wird vergleichsweise rasch bitterlich, sauer und ranzig; am Verderben ist das in nicht geringer Menge vorhandene Fett beteiligt.

Tabelle 19. Zusammensetzung von Hafermahlerzeugnissen.

	Wasser %	Stickstoff-substanz %	Ätherextrakt (Fett) %	Kohlen-hydrate %	Roh-faser %	Asche %
Ganzes Korn.	12,8	10,3	5,3	59,7	10,0	3,02
Geschälter Hafer	12,8	13,2	7,5	63,2	1,4	2,02
Hafergrütze	9,7	13,4	5,9	67,0	1,9	2,10
Hafermehl (auch Flocken, Oats) .	9,8	14,4	6,8	66,5	1,0	1,65

[1] K. Täufel, H. Thaler u. G. Kopp: Z. 1936, 71, 390.

Einer gewissen Bedeutung erfreuen sich die Haferflocken oder gequetschten und entschälten Haferkerne (Quäker Oats). Als Spezialerzeugnis ist hier noch das mit Diastase oder durch Dämpfen teilweise aufgeschlossene Hafermehlerzeugnis zu nennen, die sog. Hafermaltose.

Über die Zusammensetzung der Hafermehlerzeugnisse unterrichtet die Tabelle 19.

Wie Tabelle 19 zum Ausdruck bringt, unterscheiden sich die Hafererzeugnisse von den anderen Getreidearten durch höheren Gehalt an Eiweiß und insbesondere an Fett; auch die Rohfaser tritt in erhöhter Menge auf. Alles dies wirkt sich in einer Verringerung des Kohlenhydratanteiles aus. Hafermehl enthält keinen Kleber.

e) Maismehl.

Die Mahlerzeugnisse des Maises werden unterschieden als geschroteter Mais, Zea genannt, als Polentagrieß, Polentamehl, Kukuruzschrot und Maismehl[1]. Der fettreiche Keim muß dabei, wie früher schon erwähnt, abgetrennt werden und liefert das Maisöl. Ein guter Teil dieser Frucht wird auf Stärke verarbeitet: Maizena, Mondamin; durch Hydrolyse stellt man aus der Maisstärke auch Glykose her (Maiszucker, Dextropur, Argomaiszucker, Cerelosezucker).

Für die Brotbereitung ist das Maismehl nach deutschem Geschmack nur im Verschnitt mit Roggen- oder Weizenmehl geeignet; es liefert dann ein zusagendes Gebäck. In Serbien bereitet man aus Maismehl mit Wasser einen Teig, der dann gebacken wird; mit oder ohne Zusatz von Butter stellt man dort auch Kuchen her usw.

Die Zusammensetzung der wichtigsten Maismehlerzeugnisse ist in Tabelle 20 zusammengestellt.

Im gelben Mais tritt Carotin nur in Spuren auf; dagegen finden sich in erheblich größerer Menge das orangegelbe Zeaxanthin[2] sowie das ebenso gefärbte Kryptoxanthin[3]; beide sind an der gelben Farbe des Maismehles und Grießes beteiligt. Das Kryptoxanthin entfaltet nach R. KUHN und CHR. GRUNDMANN Wachstumswirkungen nach Art des Vitamins A. Eine vorwiegend von gelbem Mais lebende Bevölkerung deckt ihr Vitamin A-Bedürfnis wohl vorzugsweise aus dieser Quelle.

Tabelle 20.
Zusammensetzung von Maismahlerzeugnissen.

	Wasser %	Stickstoffsubstanz %	Ätherextrakt (Fett) %	Kohlenhydrate %	Rohfaser %	Asche %
Ganzer Mais	13,3	9,9	4,6	68,6	2,2	1,51
Maismehl . .	13,0	9,6	3,1	71,7	1,4	1,14
Maisgrieß . .	11,0	8,4	1,1	78,0	0,4	0,68

Die Mühlenerzeugnisse ähneln gemäß Tabelle 20 sehr denjenigen des Roggens; allerdings ist der Gehalt an Fett auf Kosten des Gehaltes an Kohlenhydrat etwa doppelt so hoch. Der Maisgrieß ist etwa dem Weizengrieß vergleichbar; Kleber ist aber nicht vorhanden.

f) Reismehl.

Eine eigentliche Reismühlenindustrie besteht in den Erzeugungsländern dieser Frucht vielfach nicht. Es erfolgt dort zumeist nur eine Enthülsung; in vielen Fällen gelangt der Reis sogar ganz roh zur Ausfuhr und zwar deshalb, weil er in dieser Form auch auf dem Transport den angenehm süßlichen

[1] Früher vielfach unter amerikanischer Markenbezeichnung wie „Best“, „Topeka“, „Dekatur“ usw. im Handel, da Amerika Haupterzeugungsland ist.

[2] P. KARRER, H. SALOMON u. H. WEHRLI: Helv. chim. Acta 1929, 12, 790.

[3] R. KUHN u. CHR. GRUNDMANN: Ber. Deutsch. Chem. Ges. 1934, 67, 593.

Geschmack beibehält. Die Aufarbeitung des Reises wird in den Verbrauchsländern durchgeführt. Sie besteht in der Entfernung der Hülsen sowie des sog. Silberhäutchens; dann erfolgt Polierung. Mitunter werden diese geputzten blanken Körner auch zu feinem weißem Mehl vermahlen.

Der bei der Zurichtung anfallende Bruchreis kommt unmittelbar in den Handel oder wird, soweit er nicht bei der Bier- oder bei der Reisstärkefabrikation Verwendung findet, auf Reisgrieß oder Reismehl verarbeitet.

Beim Polieren fällt ein Reismehl an, das zu Futterzwecken dient; da das Fett vorzugsweise in den Außenschichten des Kornes enthalten ist, tritt in diesen Futtermehlen der Fettgehalt mit bis 16% in den Vordergrund; auch die Eiweißsubstanz ist hier angereichert.

Tabelle 21. Zusammensetzung von Reismahlerzeugnissen.

	Wasser %	Stickstoffsubstanz %	Ätherextrakt (Fett) %	Kohlenhydrate %	Rohfaser %	Asche %
Kochreis, poliert	12,6	7,9	0,5	77,8	0,5	0,78
Klebreis, geschält	14,1	9,1	1,3	74,0	0,8	0,76
Klebreismehl	13,8	8,0	1,0	75,6	0,6	1,12
Reismehl, feinst, zu Speisezwecken	12,3	7,4	0,7	79,0	0,1	0,58

g) Hirsemehl.

Die Mahlerzeugnisse der Rispenhirse wie der Sorghohirse haben sehr geringe Bedeutung; beide werden meist in Form der geschälten Frucht verwendet.

Als Zusammensetzung eines Mehles aus Rispenhirse wird angegeben: 20,3% Wasser, 9,8% Stickstoffsubstanz, 8,8% Ätherextrakt (Fett), 1,3% Zucker, 10,6% Dextrin und Gummi; die Zahl für Stärke fehlt. Über den Aufbau der Sorghohirse-Mühlenprodukte unterrichtet die folgende Tabelle 22. Darimehl wird fast ausschließlich bei der Branntweinherstellung verwendet.

Tabelle 22. Zusammensetzung von Hirse- (Sorgho-) Mahlerzeugnissen.

	Wasser %	Stickstoffsubstanz %	Ätherextrakt (Fett) %	Kohlenhydrate %	Rohfaser %	Asche %
Sorghohirse, geschält	15,0	11,2	4,5	65,3	2,5	1,81
Sorghohirsemehl	12,6	8,8	3,7	71,8	1,3	1,87
Darimehl	13,2	8,0	3,0	69,0	4,6	2,27

h) Buchweizenmehl.

Die Fabrikate des Buchweizens haben, obwohl sie eine etwas graue, unansehnliche Farbe besitzen, in ihrer Form als geschälte Frucht, als Grieß oder als Mehl für manche Gegenden (wo Anbau stattfindet) eine nicht unerhebliche Bedeutung (Bereitung von Suppen, Pfannkuchen, Zusatz zu Würsten usw.). „Grützmehl“ ist ein mitunter mit Reis- oder einem anderen Getreidemehl gemischtes Buchweizenmehl.

Tabelle 23. Zusammensetzung von Buchweizen-Mahlerzeugnissen.

	Wasser %	Stickstoffsubstanz %	Ätherextrakt (Fett) %	Kohlenhydrate %	Rohfaser %	Asche %
Buchweizen, geschält	12,7	10,2	1,9	71,7[1]	1,7	1,86
Buchweizengrieß	14,0	10,6	1,5	70,1	1,0	1,91
Buchweizenmehl, fein	13,8	8,3	2,1	74,6[2]	0,7	1,11

[1] Davon 3,2% Zucker, Dextrin und Gummi.
[2] Davon 1,1% Zucker, 3,0% Gummi und Dextrin.

Diese Erzeugnisse gleichen in der Zusammensetzung dem Roggen; nur ist in den feinen Mehlen der Gehalt an Stickstoffsubstanz etwas erniedrigt.

3. Backfähigkeit der Mehle. Mehlverbesserung[1].

Unter Backfähigkeit[2] — die Ausführungen betreffen zunächst das Weizenmehl — versteht man die Summe aller Eigenschaften, die ein Mehl zur Herstellung eines den Anforderungen entsprechend gelockerten, porigen Gebäckes mit einwandfreier Krume und Kruste sowie in zufriedenstellender Ausbeute haben muß. Die Backfähigkeit, die somit ein technologisches Wertmerkmal ist und durch die engere lebensmittelchemische Untersuchung (Reinheit, Unverdorbenheit, Unverfälschtheit) nicht bzw. nur sehr lückenhaft erfaßt wird, muß der vorstehenden Umschreibung gemäß eine ganze Reihe von mitunter in Wechselwirkung stehenden Faktoren umfassen. Die eine Gruppe derselben beruht auf den naturgegebenen Eigenschaften von Korn und Mehl, die andere geht auf die müllerei- und bäckereitechnische Behandlung zurück. Es leuchtet ein, daß die Gewinnung eines klaren Überblickes über den ganzen Fragenbereich auf Schwierigkeiten stoßen muß, an deren Behebung erst die Gegenwart erfolgreich tätig ist[3].

Der grundsätzlich aufklärende Versuch, ein Urteil über die Backfähigkeit eines Mehles zu gewinnen, ist der Backversuch. Die Auswertung desselben erstreckt sich auf: 1. Teigausbeute (Teigmenge für eine Einheitsmenge [100 Teile] Mehl bei Erzielung eines Teiges richtiger Konsistenz), 2. Brotausbeute (Brotmenge nach dem Ausbacken). 3. Brotvolumen (100 g Mehl liefern durchschnittlich 500 ccm Gebäck), 4. Form des Brotes (ausgedrückt nach SAUNDERS durch das Verhältnis von Höhe zum Durchmesser des Gebäckes), 5. Beschaffenheit der Kruste (geschmacklich und Augenprüfung) und 6. Porung der Krume. Um zu einem wiederherstellbaren Ergebnis des Backversuches zu gelangen, müssen die Versuchsbedingungen genau umschrieben sein; dies ist vielfach nicht der Fall. Es kommt hinzu, daß die Durchführung des Versuches mit den Bedingungen des Betriebes (Bäckerei) mitunter nicht in Übereinstimmung steht. Anderseits muß hinsichtlich der Versuchsausführung eine gewisse Bewegungsfreiheit zugebilligt werden, da durch ein starres Backrezept unter Umständen die Bedingungen für die beste Backfähigkeit eines Mehles gar nicht getroffen werden.

Diese und ähnliche Erwägungen zeigen die Schwierigkeiten des Backversuches zur Ermittlung der Backfähigkeit auf. Man versteht, daß recht verschiedene, im Ergebnis untereinander nicht vergleichbare Versuchsausführungen entwickelt worden sind, z. B. die Methoden nach A. HUMPHRIES, nach SAUNDERS (zahlenmäßig empirische Auswertung des Backversuches), nach den Vorschriften des Laboratoriums für Getreideforschung beim Departement für Landwirtschaft (USA.), nach denjenigen der Amerikanischen Assoziation der Getreidechemiker, nach M. P. NEUMANN, nach A. FORNET, nach SCHMELLE, nach H. JOERGENSEN usw.

Neuerdings wenden P. PELSHENKE[4] sowie G. H. CUTLER und W. W. WORZELLA[5] zur schnellen Prüfung der Backfähigkeit von neu gezüchteten Weizensorten ein vereinfachtes Verfahren an, die sog. Schrotgärmethode.

---

[1] Es sind Bestrebungen im Gange, in Deutschland die Behandlung von Mehlen mit Chemikalien usw. (vgl. S. 67—68) zu verbieten.

[2] In England und Amerika spricht man von „strength“ oder „baking strength“, in Frankreich von „valeur boulangère“.

[3] Vgl. hierzu die eingehende Untersuchung von G. MUELLER: Mechanische Methoden zur Bestimmung der Backfähigkeit von Mehl. Diss. Techn. Hochschule Breslau 1937. — R. FISCHER: Beitrag zur kolloidchemischen Betrachtung von Mehl und Backfähigkeit. Diss. Techn. Hochschule Dresden 1933.

[4] P. PELSHENKE: Mühle 1931, **68**, Nr. 21, Suppl. 1/3.

[5] G. H. CUTLER u. W. W. WORZELLA: Cereal Chem. 1933, **10**, 250.

Wenn man die Langwierigkeit und Umständlichkeit des Backversuches erwägt, versteht man das Streben nach einfacheren und rascher durchführbaren Prüfungsverfahren, auf deren Ausarbeitung in den letzten Dezennien viel Mühe und Arbeit verwendet worden ist. Insbesondere hat man einen tieferen Einblick in die Art und Wirkungsweise der einflußnehmenden verschiedenen chemischen und physikalischen Faktoren gewonnen, die in ihrer Gesamtheit die „Backfähigkeit" ausmachen. Man kann heute sagen, daß die beiden Tatsachenbereiche, nämlich Entwicklung der Teigstruktur (Gashaltung) und Entwicklung der Triebfähigkeit (Gaserzeugung), mit den darauf Einfluß nehmenden physikalischen und chemischen Umständen den Wesensinhalt der „Backfähigkeit" ausmachen. Bei der Fülle der vorliegenden Arbeiten kann auf Einzelheiten nicht näher eingegangen werden.

Das Mehl ist, kolloidchemisch gesprochen, eine grobe Dispersion mehrerer wasserarmer, eingetrockneter Hydrogele, unter denen das Eiweiß- und das Kohlenhydratgel — ersteres ohne besondere Gestalt, letzteres in Form der Stärkekörnchen mit deutlicher Struktur — am wichtigsten sind. Dazwischen sind molekulardisperse Anteile vorhanden: Salze, Zucker, Säuren usw. Der Teig stellt also ein Polydispersoid dar, das molekular-, kolloid- und grobdisperse Teilchen enthält. Der Backprozeß schließlich wirkt sich kolloidchemisch vor allem dahingehend aus, daß das Stärkegel stärker hydratisiert wird; im Gegensatz dazu wird das Eiweiß koaguliert. Die Backfähigkeit als die Summe der Eigenschaften bei der Teigbereitung und dem Backen ist daher weitgehend ein kolloidchemisches Problem[1].

Die differenzierende Betrachtung der in der „Backfähigkeit" zusammenfließenden Faktoren wird sich mit allen Einzelbestandteilen des Mehles und ihrem Verhalten zu befassen haben. Hierzu sei kurz folgendes ausgeführt:

1. Kleber. Die Eiweißstoffe des Weizens, der Kleber, spielen zweifellos die Hauptrolle; denn nur kleberhaltiges Weizenmehl zeigt den höchsten Grad an Backfähigkeit. Es kommt, wie man erwarten wird, zunächst einmal auf die Klebermenge an. Man muß sich aber von der verallgemeinernden Vermutung frei machen, daß die kleberreichsten Mehle immer die beste Backfähigkeit besitzen. Wenn auch diese Grundregel gilt, so kann sie doch von den anderen Faktoren so stark überdeckt werden, daß der Erwartung widersprechende Ergebnisse erhalten werden: Weder Teigausbeute, noch Gebäckvolumen müssen zwangsläufig der Klebermenge streng parallel laufen, trotzdem die Erfahrung lehrt, daß die kleberreichen Mehle meist besser backen als die kleberarmen Erzeugnisse.

Kleberbeschaffenheit. Hier tritt der kolloidchemische Inhalt des Problems der Backfähigkeit scharf hervor. Sind es doch in erster Linie Quellungserscheinungen, die in einer gewissen Zeit aus dem Kleber im Teig jene elastisch-plastische Masse entstehen lassen, die das ausgeformte Teigstück in ihrer Gestalt halten und dem lockernden Gas (Kohlendioxyd) den Austritt innerhalb der zu fordernden Grenzen verwehren.

Aus der Kolloidchemie ist bekannt, daß die Quellung abhängt einmal von der chemischen Art, dem Aufbau des quellenden Stoffes, zum andern von den chemischen und physikalisch-chemischen Bedingungen, unter denen die Quellung vor sich geht, und zum dritten von der Art der physikalischen (mechanischen) Beanspruchung des gequollenen Stoffes. In dieser dreifachen Richtung muß sich die Betrachtung der Kleberbeschaffenheit erstrecken.

---

[1] Vgl. Wo. Ostwald u. H. Lüers: Beiträge zur Kolloidchemie des Brotes. Kolloid-Zeitschr. 1919, **25**, 26, 82, 177; 1920, **26**, 66; **27**, 34.

Die Farbe des Klebers ist für die Backfähigkeit unwichtig, wenn sie auch diejenige des Teiges und des Gebäckes beeinflußt. Dagegen ist die Konsistenz des Klebers[1] das Grundproblem. Er soll zusammenhängend, von ausreichender Festigkeit und Elastizität und gegen Einflüsse von innen und außen von genügender Widerstandsfähigkeit sein. Durch Auswaschen des Klebers kann man sich von dessen Beschaffenheit ein Bild machen, ihn backen usw. Durch Messung der Dehnbarkeit, Widerstandsfähigkeit usw. erhält man Vorstellungen in derselben Richtung. Alle Schlüsse daraus aber auf die eigentliche Backfähigkeit sind sehr vorsichtig zu ziehen.

Sieht man von der durch den chemischen Bau bedingten Eigenschaft des Klebers ab, wie sie in Abhängigkeit von Weizensorte, Anbauverhältnissen, Klima, müllerischer Behandlung usw. gegeben ist und im Mischungsverhältnis Gliadin-Glutenin sowie den anderen anwesenden Eiweißmolekülen einen Ausdruck findet, so nehmen auf die Kleberquellung und damit auf die Backfähigkeit vor allem folgende Faktoren Einfluß[2]:

α) Wasserstoffion-Konzentration und Elektrolyte. Seit T. B. WOOD und W. B. HARDY[3] sowie H. JESSEN-HANSEN[4] ist bekannt, daß die Backfähigkeit bei einem Teig vom $p_H \sim 5$ im allgemeinen sehr gut ist; dieser Wasserstoffexponent fällt, wobei bei den Mehlen verschiedener Herkunft Unterschiede bestehen, mehr oder weniger gut mit dem Optimum der Beeinflussung der Kleberquellung zusammen. Da das p_H des Teiges in erster Linie von den löslichen Mineralbestandteilen des Mehles beeinflußt wird und außerdem ein spezifischer Quellungseinfluß von gewissen Kationen und Anionen ausgeht, hängt die Backfähigkeit ganz allgemein von dem Mineralstoffgehalt ab[5].

β) Fette, Lipoide, Fettsäuren. Der Einfluß von Fett und Lipoiden ist noch umstritten. Man kennt Fälle der Begünstigung der Backfähigkeit durch Fettzusatz, vor allem bei Zugabe von beschränkten Mengen (Vollmilch, Schmalz); umgekehrt hat man aber auch Beeinträchtigungen festgestellt. Eine Auswirkung auf die Backfähigkeit dürfte bestehen, wenn auch andere Momente das klare Erkennen bisher verhindert haben.

Eine tiefgehende Wirkung entfalten nach N. P. KOSMIN die freien ungesättigten Fettsäuren insofern, als sie in höherer Konzentration die Kleberbeschaffenheit verschlechtern, in geringerer Menge dagegen ein kleberschwaches Mehl verbessern. Man bringt damit die beim „Reifen" des Mehles durch Lagerung sich einstellende Verbesserung der Backfähigkeit in Zusammenhang, aber auch die Beeinträchtigung der Eignung beim Altern des Mehles (Bildung freier Fettsäuren)[6].

γ) Wirkung oxydierender Stoffe. Gewisse Vertreter solcher Stoffe, vor allem die Bromate, wirken in sehr kleiner Konzentration deutlich mehlverbessernd. Nach H. JOERGENSEN[7] dürfte dies vor allem darauf beruhen, daß durch diese Salze die proteolytischen Enzyme gehemmt werden, daß also der Kleberabbau, was gleichbedeutend mit Kleber-Erweichung ist, verzögert wird. N. P. KOSMIN spricht von einer durch geeignete oxydierende Substanzen ausgeübten Verdichtung des Klebergels durch Verminderung des Quellvermögens mit Wasser.

---

[1] G. MUELLER: Zeitschr. ges. Getreide-, Mühlen- u. Bäckereiwesen 1936, **23**, Nr. 42.
[2] N. P. KOSMIN: Das Mühlenlaboratorium 1934, **4**, Heft 8.
[3] T. B. WOOD u. W. B. HARDY: Proc. Roy. Soc. London B 1909, **81**, 38.
[4] H. JESSEN-HANSEN: Cont. rend. Trav. Labor. Carlsberg 1911, **10**, 170.
[5] H. L. BUNGENBERG DE JONG: Das Mühlenlaboratorium 1936, **6**, Heft 2.
[6] M. S. ROSNITSCHENKO u. A. J. POPZOWA: Das Mühlenlaboratorium 1934, **4**, Heft 5.
[7] H. JOERGENSEN: Das Mühlenlaboratorium 1933, **3**, Heft 11; Biochem. Zeitschr. 1935, **283**, 134.

δ) Wirkung der Enzyme[1]. Was die proteolytischen Enzyme[2] anlangt, so können sie im Teig in Wirksamkeit treten. Ist die proteolytische Fähigkeit groß, der Kleber aber schwach, dann erfolgt durch rasches Erweichen desselben eine Beeinträchtigung der Backfähigkeit. Die Zeit des Stehens des Teiges („Abstehzeit") ist hierbei von Bedeutung: Abstehzeit und proteolytische Wirkung müssen im ausgeglichenen Verhältnis zueinander stehen.

Über die amylolytischen Fermente[3] ist folgendes zu sagen: Die teiglockernde Wirkung von Hefe und Sauerteig beruht auf der Erzeugung von Kohlendioxyd aus dem vorhandenen vergärbaren Zucker und in zweiter Linie aus dem aus der Stärke durch Hydrolyse nachgebildeten Zucker. Mehl von zu geringer zuckerbildender Kraft besitzt infolgedessen, da der vorhandene Zucker, zumal wenn davon wenig vorhanden ist, rasch verbraucht ist, unbefriedigende Backfähigkeit; denn der Trieb reicht nicht aus oder kommt verspätet. Ist aber die diastatische Wirkung (z. B. bei Auswuchsmehl) gesteigert und damit auch die dextrinierende Wirkung, dann wird vergleichsweise viel Stärke in Dextrin übergeführt, welch letzteres weniger Wasser beim Ausbacken bindet als Stärke. Deshalb gibt ein solches Mehl laufende, klebrige Teige sowie Gebäck von feuchter und klebriger Krume. Die Backfähigkeit ist unbefriedigend.

Damit steht im Zusammenhang, daß auch die Griffigkeit des Mehles (Feinheit) sich in der Backfähigkeit auswirkt, weil mit der Zunahme der Feinheit die diastatische Wirkung besser freigelegt wird und somit anzusteigen pflegt[4]; außerdem nehmen zu grobe Mehlteilchen das Wasser schlecht auf (vgl. unter ζ).

ε) Wirkung der Temperatur. Wie alle Eiweißstoffe, so gerinnt auch der feuchte Kleber beim Erhitzen auf 80—100° und verliert dadurch seine Elastizität. Vorsichtiges Erwärmen des Mehles wird also bei schwachem Kleber das Gel verdichten und damit die Backfähigkeit verbessern (K. Dienst, Kent-Jones-Verfahren).

ζ) Wirkung gesteigerter Vermahlung. Übersteigerte Vermahlung schwächt den Kleber mechanisch; mitunter ist damit eine Schädigung durch Reibungswärme verbunden.

η) Wirkung der mechanischen Teigbeanspruchung[5]. Mit der Dauer des Knetens ändert sich die Kleberbeschaffenheit. Nach einer je nach der Art des Mehles verschiedenen Zeit wird der Höhepunkt der Elastizität und Widerstandsfähigkeit erreicht. Nunmehr erfolgt bei weiterer mechanischer Beanspruchung (Kneten, Durchstoßen, Aufmachen, Formen, Auswirken des Teiges usw.) ein Rückgang der vorgenannten, für die Backfähigkeit wichtigen Eigenschaften. Dauer und Intensität der mechanischen Bearbeitung des Teiges ist deshalb von tiefgehendem Einfluß auf die Güte des Gebäckes.

ϑ) Einfluß der Mehllagerung. Dauer und Art der Lagerung des Mehles sind von Einfluß auf die Backfähigkeit. Vielfach „reifen" die Mehle, d. h. ihre Qualität verbessert sich. Nach einer gewissen Zeit wird aber der Höhepunkt überschritten, und die Backfähigkeit nimmt ab. Die Ursachen dieser Erscheinung sind noch nicht aufgeklärt. Nach N. P. Kosmin sind freie ungesättigte Fettsäuren daran beteiligt (s. unter β).

ι) Einfluß des Vermahlens. Vorbereitung des Weizens durch Wärme und Feuchtigkeit (Konditionieren) vor dem Vermahlen sowie eine besondere Leitung des Mahlvorganges sprechen sich ebenfalls in der Backfähigkeit aus.

[1] A. Hesse: Erg. Enzymforschung 1935, 4, 147. Hier ausführlich die neuere Literatur.
[2] G. Klemt u. W. Altermann: Zeitschr. ges. Getreide-, Mühlen- u. Bäckereiwesen 1937, 24, 28. — E. Berliner: Das Mühlenlaboratorium 1937, 7, Heft 4.
[3] E. Berliner: Das Mühlenlaboratorium 1936, 6, Heft 11.
[4] W. Kranz: Das Mühlenlaboratorium 1934, 4, Heft 12.
[5] P. Pelshenke u. G. Kunisch: Vorratspflege u. Lebensmittelforschung 1938, 1, 271.

2. Kohlenhydrate. Diese 70—80% der Trockensubstanz der Mehle ausmachenden Stoffe dürften während der Teigbereitung unmittelbar an der Backfähigkeit weniger beteiligt sein. Man kann dies, wenn auch bislang ein aufschlußgebendes Material noch nicht zur Verfügung steht, daraus schließen, daß die Stärke bei gewöhnlicher Temperatur nur wenig quellfähig ist und erst bei 50—70° C diese Eigenschaft annimmt. Bei der Teigführung tritt daher der Einfluß der Stärke zurück. Aber beim Backprozeß wirkt sie sich in der Backfähigkeit aus. Der Vorgang der Verkleisterung bedarf in dieser Richtung weiterer Aufklärung (Altbackenwerden des Gebäckes).

Über die Rolle des im Mehl vorgebildeten gärfähigen Zuckers sowie der Dextrinierung und Verzuckerung der Stärke für das Zustandekommen des richtigen „Triebes" wurde kurz das Wichtigste schon erwähnt (vgl. unter δ).

Was das Roggenmehl anlangt, so liegen Untersuchungen über seine Backfähigkeit nur in geringer Zahl vor. Die Roggenteige sind recht labil, und schon geringe Änderungen in der Temperatur, Säuerung und Festigkeit rufen sehr große Unterschiede hervor, so daß es sogar beim Backversuch schwierig ist, einigermaßen reproduzierbare Ergebnisse zu erzielen. Erst neuerdings ist man an das Roggenmehl mit chemisch-physikalischen Meßmethoden wie beim Weizen herangegangen, wiewohl der Roggenteig infolge des Fehlens eines festen Klebergerüstes anderer Art ist. Roggenteige halten mittels ihres starken Klebvermögens die lockernden Gase fest. Die Backfähigkeit des Roggenmehles liegt daher weniger bei der Teigführung als vielmehr bei den Veränderungen beim Ausbacken; es treten also die Veränderungen an der Stärke in den Vordergrund, und damit gewinnen hier die Fragen der diastatischen und dextrinierenden Wirkung bei erhöhter Temperatur sowie der Verkleisterung gesteigertes Interesse[1].

Verbesserung der Backfähigkeit. In den vorangehenden Erörterungen sind die Tatsachen der Beeinflussung der Kleberbeschaffenheit aufgezeigt worden. Aus dieser Grundlage lassen sich die Möglichkeiten der Verbesserung der Backfähigkeit ableiten. Hierzu sei folgendes kurz ausgeführt, wobei die Mittel zur Mehlbleichung, d. h. zu einer mehr äußerlichen Schönung, nicht zur Behandlung stehen sollen.

α) Verschnitte von Mehlen. Die natürlichste Art der Mehlverbesserung ist das Vermischen von kleberschwachen und kleberstarken Erzeugnissen miteinander. Auch geringe Zusätze von Gerstenmehl (3%) zu einem einen sehr zähen Teig bildenden Roggenmehl, von 5—10% Weizenmehl zu einem Roggenmehl mit kurzem Teig, von 3—4% Bohnenmehl (Kastormehl) oder 5—6% Roggenmehl zu einem Weizenmehl, das einen überzähen Teig liefert, wirken sich verbessernd aus.

β) Erwärmung des Mehles. Durch vorsichtiges Erwärmen kann eine gewisse Verfestigung des Klebers (beginnende Koagulation) herbeigeführt werden. Setzt man solche Mehle kleberschwachen Erzeugnissen zu, dann ist, wie leicht verständlich, eine Verbesserung der Backfähigkeit möglich (Verfahren nach KENT-JONES, nach K. DIENST).

γ) Malz und Malzextrakt[2]. Die Verwendung dieser Stoffe, die unter den verschiedensten Phantasienamen in den Handel kommen, erstrebt einmal die Zugabe von vergärbarem Zucker zum Mehl, wodurch der „Trieb" verbessert wird; gleichzeitig wirken sich die diastatischen Enzyme des Malzes in einer Verstärkung

[1] A. SCHULERUD: Das Mühlenlaboratorium 1936, 6, Heft 12; 1937, 7, Heft 8. — A. FORNET u. F. IHLE: Zeitschr. ges. Getreide-, Mühlen- u. Bäckereiwesen 1936, 23, 191, 228. — C. W. BRABENDER: Das Mühlenlaboratorium 1937, 7, Heft 9.

[2] Über Mehlverbesserung mit Ascorbinsäure vgl. bei J. MELVILLE und H. T. SHATTOCK, Chem. Zentralbl. 1938, I, 1246.

der Zuckerbildung aus, was wiederum den Trieb erhöht. Die außerdem im Malz vorhandenen Proteasen treten auch in Tätigkeit und greifen den Kleber an. War dieser sehr fest, dann tritt Lockerung ein; war der Kleber aber an und für sich weich, dann greift eine Verschlechterung der Backfähigkeit Platz.

δ) Aufgeschlossene Mehle. Es handelt sich dabei um verkleisterte Reisstärke, Kartoffelstärke usw. (Reisbackmehl Risofarin, Panifarin, Millifarin, Zeafarin, Oryzafarin, Orfa, Überfarin usw.). Diese Erzeugnisse verfolgen das Ziel, die Quell- und Verkleisterungsvorgänge in Teig und Brot zu regulieren; dies geschieht durch die der dextrinierten Stärke innewohnende gesteigerte Wasseraufnahmefähigkeit.

ε) Milchsäure, Alkohol und Gewürze. Es ist alte Erfahrung, daß der Alkohol die Hefe reizt, also den Trieb verbessert, und außerdem im Teig desinfizierend wirkt; fremde Gärungen werden dadurch hintangehalten.

Milchsäure ist bei der Roggenbrotbäckerei ein fast unentbehrliches Backhilfsmittel. Sie unterdrückt unerwünschte biologische Vorgänge und verbessert die Teigquellung in sehr guter Weise. Auch Gewürze (Kümmel, Zimt usw.) wirken etwas verbessernd; wahrscheinlich beruht dies auf der von den ätherischen Ölen dieser Stoffe ausgehenden Reizung der Hefe.

ζ) Chemikalien. Ausreichende und befriedigende Erklärungen für die Beeinflussung der Backfähigkeit durch bestimmte chemische Verbindungen können bis jetzt noch nicht gegeben werden. Es sind nur erste Anfänge einer theoretischen Betrachtung vorhanden. Nach H. JOERGENSEN soll die Wirkung von Kaliumbromat, Kaliumjodat und Ammoniumpersulfat darin bestehen, daß die Tätigkeit der Mehlproteasen gehemmt und damit der schädlichen Erweichung des Klebers vorgebeugt wird. Unerklärlich ist es nur, daß gewisse Weizenmehle auf die genannten Stoffe überhaupt nicht ansprechen und daß bei Überdosierung die Backfähigkeit herabgesetzt wird.

Teig- und Brotausbeute[1] werden durch die angewandten Chemikalien praktisch nicht beeinflußt. Abgesehen von der gelegentlich beobachteten Beschleunigung der Gärung, erfahren also Teigbeschaffenheit und Stand der Gare keine Änderung. Dagegen sind die Lockerung der Krume (bis rund 10%) und Feinheit der Porung deutlich verbessert.

Bei den angewandten Chemikalien kann man 2 Gruppen unterscheiden.

1. Oxydierend wirkende Mittel[2]. Hierher gehören Ammoniumpersulfat, Kaliumbromat, Kaliumjodat, Natriumperborat, Stickstofftrichlorid, Natriumperborat, Natriumpercarbonat.

2. Phosphate. Freie Phosphorsäure ist unwirksam und scheidet als Verbesserungsmittel aus. Die primären sowie sekundären Alkaliphosphate nehmen infolge ihrer sauren bzw. alkalischen Reaktion Einfluß auf die Kleberbeschaffenheit und die Quellung der Stärke. Die sekundären Phosphate begrenzen die Verkleisterung; die primären Salze aber fördern sie und führen leicht zu einem „Nachlassen" des Teiges. Fest steht ferner, daß lösliche Phosphate als wichtiger Nährstoff die Hefe in ihrer Tätigkeit und damit den „Trieb" anregen. Stark gesteigert wird die Plastizität des Teiges durch die primären Erdalkaliphosphate, etwas weniger gut durch das entsprechende Ammoniumsalz. Von spezifischer Wirkung ist das Monocalciumphosphat.

Unter Berücksichtigung der vorstehenden Erörterungen werden die Phosphate als besonders zusammengestellte Gemische für Backzwecke in den Handel gebracht. Es werden Mengen von 0,1 bis etwa 0,4% von Calciummagnesium- und Ammoniumphosphat sowie von ihren Gemischen angewendet.

---

[1] P. PELSHENKE: Die Ernährung 1936, 1, 57.
[2] Eine gewisse Bleichwirkung ist gleichzeitig vorhanden.

3. Sonstige Mineralstoffe[1]. In dieser Beziehung ist das Calciumsulfat, der Gips, zu nennen, der eine deutliche Wirkung durch Steigerung der Feinporigkeit der Krume herbeiführt. Auch dem Kochsalz kommt wohl eine Verbesserung der Backfähigkeit zu insofern, als gesalzene Teige mitunter einen besseren „Stand" haben. Die verbotenen Zusätze Alaun (0,06% Zusatz), und Kupfervitriol (0,025% Zusatz) haben ebenfalls deutlich gute Wirkung.

Einen Überblick über die wichtigsten chemischen Mittel zur Verbesserung der Backfähigkeit vermittelt die Tabelle 24, die von R. MÜLLER[2] zusammengestellt worden ist.

Tabelle 24. Mittel zur Verbesserung der Backfähigkeit der Mehle.

Bezeichnung	Zusammensetzung	Ungefähre Zusatzmenge für 100 kg Mehl g
Elco I	99% Natriumperborat	0,2— 0,8
Elco II	85% Kaliumbromat 15% Magnesiumcarbonat	0,5— 5,0
Porit für Trockenbehandlung	70% Ammoniumpersulfat 30% Calciumphosphat	1,0—10
Porit für Feuchtbehandlung	100% Ammoniumpersulfat	1,0—10
Glutin W.	10% Kaliumpersulfat 20% Kaliumbromat 2% Natriumborat 68% Magnesiumcarbonat	10 —25
Secalit	50% Ammoniumbilsulfat 50% kolloid gefällte Kieselsäure	15 —25
Multaglut	50% Ammoniumpersulfat 50% Calciumphosphat	10 —20
Glutabar	10% Kaliumbromat 20% Kaliumpersulfat 70% Calciumphosphat	10 —20
Chefaro	75% Ammoniumpersulfat 25% Kaliumphosphat	1 —10
Kadrei	Kaliumbromat	1 — 5
Glutafors	Kaliumbromat Ammoniumpersulfat	10 —20

Nach vorliegenden Schätzungen werden gegenwärtig in Deutschland mehr als 70% aller Weizenmehle in der Mühle chemisch behandelt. Die Zusätze erfolgen in Mengen von 7—14 g auf 100 kg Mehl. Die wirksame Substanz ist dabei meist mit 25—75% Verdünnungsmittel (Magnesium- und Calciumcarbonat, Calciumphosphat, Stärke usw.) vermischt im Handel und wird unter Phantasiebezeichnungen, z. B. Arkady usw., vertrieben.

B. Leguminosenmehle.

Zur Herstellung der Leguminosenmehle schickt man der Vermahlung meist eine Vorbehandlung voraus, um einmal die Zerkleinerung zu erleichtern und zum andern einen gewissen Aufschluß zur Steigerung der Verdaulichkeit zu

[1] Verbesserung mit Vanadiumverbindungen, vgl. Chem. Zentralbl. 1938, I, 767.
[2] R. MÜLLER: Österreich. Chem.-Ztg. 1937, 40, 517.

erzielen. Man weicht die Samen in Wasser ein oder dämpft sie, trennt die Schalen ab, soweit dies nicht schon vorher geschehen ist, und darrt nunmehr. Daran schließt sich die Vermahlung an. Bei fettreichen Leguminosen, z. B. Sojabohnen, wird zur Steigerung der Haltbarkeit des Mehles (Fettverderben) eine Entfettung vorgenommen. Über die Zusammensetzung der Leguminosenmehle unterrichtet die Tabelle 25.

Gegenüber den ganzen Hülsenfrüchten ist bei den Mehlen der Gehalt an Kohlenhydraten erhöht, der an Rohfaser erniedrigt. Durch die Abtrennung der cellulosehaltigen Hüllen wird die Ausnutzbarkeit, die bei der ganzen Frucht etwa 78% hinsichtlich der Gesamtnährstoffe und etwa 60% hinsichtlich des Eiweißes beträgt, auf 90% bzw. 80% verbessert.

Tabelle 25. Zusammensetzung einiger Leguminosenmehle.

	Wasser %	Stickstoff-substanz %	Ätherextrakt (Fett) %	Kohlen-hydrate %	Roh-faser %	Asche %
Bohnenmehl	10,6	23,2	2,1	58,9	1,8	3,36
Erbsenmehl	11,3	25,7	1,8	57,2	1,3	2,78
Linsenmehl	11,0	25,7	1,9	56,8	2,1	2,58
Sojabohnenmehl	10,3	25,7	18,8	38,1	2,8	4,36
Sojabohnenmehl, entfettet	7,6	52,2	1,2	29,9	3,1	6,00
Erdnußmehl, teilweise entfettet	6,7	48,9	14,6	23,0	3,9	4,90

Die Hülsenfruchtmehle sind Träger von vergleichsweise viel Eiweiß, wodurch sie trotz der biologischen Unvollständigkeit desselben recht wertvoll sind. Sie lassen sich leicht und rasch zu schmackhaften Speisen zubereiten. Unter Zusatz von Salz, Gewürzen, Getreidemehlen, Malzmehlen, Fett, Fleischextrakt, Schinken oder Speck usw. stellt man daraus eine ganze Reihe von Dauerwaren her, die als Erbswurst, Suppenwürfel, Suppentafeln, Kraftsuppenmehle, Leguminosenfleischtafeln usw. in den Handel kommen. Die Zusammensetzung dieser Erzeugnisse schwankt je nach den Bestandteilen und dem Mischungsverhältnis in sehr weiten Grenzen. Nachstehend sind in Tabelle 26 einige Beispiele angeführt.

Tabelle 26. Zusammensetzung einiger Leguminosen-Dauerwaren.

	Wasser %	Stickstoff-substanz %	Ätherextrakt (Fett) %	Kohlen-hydrate %	Roh-faser %	Asche %
Bohnensuppe mit Fleischextrakt	10,8	18,9	18,6	37,8	1,7	12,28
Erbsensuppe mit Fleischextrakt	9,1	19,6	17,9	39,7	1,5	12,26
Linsensuppe mit Fleischextrakt	10,9	19,9	17,6	38,7	1,2	11,64
Kraftsuppenmehl	9,0	20,6	2,5	60,3		7,63
Maltoleguminose	11,6	22,0	1,5	59,7	1,3	3,86

C. Stärkemehle, Präparierte Mehle.

1. Stärkemehle.

Unter „Stärkemehl" versteht man die nicht nur von den Spelzen, Schalen und sonstigen Zellelementen, sondern auch von der Stickstoffsubstanz (Eiweiß), dem Fett und den mineralischen Bestandteilen tunlichst befreiten, praktisch aus fast reiner Stärke bestehenden Erzeugnise. Diese finden sowohl für Ernährungs- als auch für technische Zwecke Verwendung. Solche Stärkemehle können grundsätzlich aus allen Cerealien und Leguminosen hergestellt werden; in der Praxis findet man im wesentlichen aber nur die Produkte aus Weizen,

Reis und Mais; seltener stößt man auf Roggen-, Hafer-, Gersten- oder gar Hülsenfruchtstärkemehle[1]. Über die Herstellung ist kurz folgendes zu sagen:

a) Herstellung der Stärkemehle.

Grundsätzlich geht man so vor, daß man ohne Mühle die stärkeführenden Pflanzenteile, also hier die Samen, soweit zerkleinert, daß die Zellmembranen zerrissen oder gelöst werden und die dadurch freigelegte Stärke mit Wasser ausgeschwemmt werden kann. Wenn die Stärke sehr innig mit den Eiweißstoffen im Zusammenhang steht, muß diese Verknüpfung im Hinblick auf Reinheit und Einheitlichkeit des Stärkemehles noch durch eine besondere Behandlung gelöst werden.

α) **Weizenstärke.** Wie früher wiederholt hervorgehoben, durchsetzt das Klebereiweiß das ganze Weizenkorn und erschwert dadurch die Abtrennung der reinen Stärke. Um dieser Schwierigkeit von vornherein so weit wie möglich zu entgehen, bevorzugt man bei der Verarbeitung den sog. weichen, also kleberarmen und damit mehligeren Weizen.

Für Gewinnung der Stärke stehen 2 Arbeitsverfahren zur Verfügung: 1. Das sog. saure oder HALLEsche Verfahren (Gärungsverfahren), 2. Das sog. Ungarische oder süße Verfahren (ohne Gärung); letzteres wird jetzt fast ausschließlich angewendet.

Beim sauren Verfahren wird der Weizen in Wasser eingequollen, bis sich die Körner zwischen den Fingern zerdrücken lassen, dann zerquetscht und zum dünnen Brei angerührt. Man überläßt nun, gegebenenfalls unter Zusatz von Sauerwasser einer vorherigen Charge, der Gärung, die im Sommer 10—14 Tage, im Winter bis zu 20 Tagen dauert und in einem Nebeneinander und Nacheinander von alkoholischer, Essigsäure-, Milchsäure- und Buttersäuregärung besteht; Fäulnis darf, da die Stärke sonst verdirbt, nicht eintreten. Durch die Säure und proteolytischen Enzyme setzt am Kleber beginnende Hydrolyse und Wasserlöslichkeit ein; er verliert seine gummiartige Beschaffenheit, und die Stärke wird abschwemmbar. Die erhaltene Mischung gelangt in eine sich langsam drehende Trommel mit fein gelochtem Mantel und wird hier mit Wasser ausgewaschen. Die Rohstärke, noch Eiweiß enthaltend, wird mit Wasser aufgeschlemmt und absitzen gelassen; die spezifisch schwere Stärke bildet die unteren Schichten des Bodenkörpers. Man schleudert sie ab.

Aus dem anfallenden Kleber trennt man eine zweite Qualität Stärke (meist für technologische Verwendung) ab; der Kleber selbst dient als Viehfutter.

Dieses Gärverfahren entwertet den Kleber. Es liefert fernerhin übelriechende Abwässer, die schwer zu beseitigen sind. Aus diesen beiden Gründen hat man es fast vollständig verlassen.

Bei dem gärungslosen Verfahren wird der ganze Weizen eingeweicht, zerquetscht und unmittelbar verarbeitet (Elsässische Arbeitsweise), oder man stellt aus Weizenmehl mit Wasser einen zähen Teig her, läßt denselben zur Kleberquellung etwa 1 Stunde lang stehen (MARTIN-Verfahren). Die in etwa 1 kg schwere Stücke geteilte Teigmasse wird im Mehlextrakteur behandelt, welcher auf einer mit Riefen versehenen Walze, die sich auf einer ebenfalls gerieften Unterlage hin und her bewegt, den Teig zu einer dünnen Schicht ausbreitet und dauernd wendet, wobei Wasser in feinem Strahl die Stärke auswäscht. Die abfließende Stärkemilch wird weiter aufgearbeitet.

Bei der elsässischen Arbeitsweise gelangt der wie oben hergestellte Weizenbrei in einen durchlochten Zylinder. Durch fließendes Wasser wird die Stärke mit Anteilen von Schalen, Kleber und Keimen ausgewaschen und zur Filtration

---

[1] Auf die Kartoffelstärke als sehr wichtiges Erzeugnis ist hier nicht näher einzugehen.

durch ein mit Gaze bespanntes Sieb geschickt. Beim Absitzen setzt sich zuerst die grobkörnige Stärke ab, die man durch Ausschleudern von Wasser befreit. Man bricht die Masse in Stücke und trocknet vorsichtig auf Horden; auf diese Weise erhält man die übliche Weizenstärke des Handels.

Die meist durch etwas Kleber verunreinigte kleinkörnige Stärke, ebenfalls durch Absitzen gewonnen, wird ausgeschleudert. Dabei setzt sich das reine Erzeugnis an der Wandung der Zentrifuge ab, während sich das kleberhaltige Gut obenauf lagert und abgeschabt werden kann. Diese Masse wird eventuell durch nochmaliges Aufschwemmen in Wasser weiter auf Stärke verarbeitet.

Es gibt eine ganze Reihe von Vorschlägen, die die vorgenannten Arbeitsweisen an der einen oder anderen Stelle verändern. Nach KLOPFER z. B. setzt man dem Weizenmehl beim Anteigen 1% Natriumchlorid zu und schleudert zuerst die großkörnige Stärke vom Kleber und von der Kleberstärke ab. Man erhält durch Auswaschen einen zähen weißen Kleber, der noch gut backfähig ist. J. KEIL hat vorgeschlagen, das Weizenmehl mit alkalischem Wasser durchzurühren und aus der erhaltenen zähflüssigen Masse die Stärke durch Abschleudern zu gewinnen.

Der bei den gärungslosen Verfahren gewonnene Kleber wird als Aleuronat, Roborat usw. für die menschliche Ernährung verwendet (Zusatz zu Brot, Kraftsuppen usw.).

Die Ausbeuten an Stärke und an Kleber schwanken in Abhängigkeit vom Ausgangsweizen innerhalb weiter Grenzen. Ein guter ungarischer Weizen liefert z. B. bei der Verarbeitung des ganzen Kornes 40—45% Stärke erster Wahl, 10—15% Stärke zweiter Wahl und Hinterstärke sowie 5—6% Kleber. Weizenmehl dagegen gibt 50—55% Stärke erster Sorte, 15—20% zweiter Sorte und Hinterstärke sowie 10—15% Kleber.

Im Handel trifft man die Weizenstärke an in verschieden großen Tafeln, in runden oder prismatischen Stengelchen (Zettelstärke), als Krystall- bzw. Strahlenstärke, als Brocken oder als Mehl. Man unterscheidet feinste, mittlere und gewöhnliche Weizenstärke, Patentstärke, Tüllanglaisstärke, Lazulastärke (gebläute Ware) u. a. m. Glanzstärke ist eine Weizenstärke mit Zusatz von Borax oder Stearin, Feuersicherheitsstärke eine solche mit Zusatz von Ammoniumsulfat oder ähnlichen Salzen.

Als mittlere Zusammensetzung für die verschiedenen Sorten von Weizenstärke gilt etwa folgendes, wobei die Werte (außer Wasser) auf 100 g wasserfreie Stärke bezogen sind:

Wasser . . .	10 —15 %	Säuregehalt. .	0 —3,2 ccm 10 N.-Alkali
Eiweiß . . .	0,2 — 0,6 %	Asche	0,10—0,24 %
Fett	0,05— 0,13%	Rohfaser. . .	0,2 %
Stärke . . .	80 —85 %		

Für die menschliche Ernährung kommt die Weizenstärke in Betracht bei der Bereitung von Speisen (Mehlspeisen, Puddings, Puddingmehlen, Gemüse, Brot, Konditoreiwaren usw., insbesondere auch als Bindemittel (Zusatz zu Wurst!) zur Erzeugung von „Körper“ usw.).

β) **Roggen- und Gerstenstärke** spielen kaum eine Rolle; ihre Gewinnung erfolgt nach den bei Weizen angegebenen Verfahren; das gleiche gilt für Haferstärke.

γ) **Maisstärke.** Zur Lösung der Vergesellschaftung von Stärke und Protein wendet man bei Mais, dessen Verarbeitung auf Stärke im wesentlichen in Nordamerika entwickelt worden ist, das Aufschlußverfahren mit Schwefliger Säure oder mit Natronlauge an. Legt man Wert auf die Gewinnung des für Ernährungszwecke geschätzten Maiskeimöles, so spaltet man das ganze Maiskorn vor der chemischen Behandlung und trennt anschließend den Keimling mechanisch ab.

Der wie eben beschrieben entkeimte Mais oder auch das ganze Korn werden etwa 60 Stunden lang in Wasser von 50—60° C mit einem Gehalt von 0,2—0,3% Schwefliger Säure eingequollen. Im weichen Zustand wird dann gequetscht, wobei Schalen und gegebenenfalls der noch vorhandene Keim tunlichst unverletzt erhalten werden müssen. Die mit Wasser abgeschwemmte Stärke wandert als Rohstärkemilch über Zylindersiebe, auf denen die groben Begleitstoffe zurückbleiben, nicht aber das Maisprotein, da es, im Gegensatz zum Kleber des Weizens, eine zusammenhängende Masse nicht bildet. Zur Befreiung von diesem Eiweiß wird die filtrierte Stärkemilch erneut mit Schwefliger Säure, sofern das Einquellen damit vorgenommen worden war, behandelt.

Man schickt sie dann durch feine Siebe, flutet mit Wasser, läßt absitzen usw. Durch Abschleudern und Trocknen erhält man auf diese Weise die sog. saure Stärke.

War das Einquellen des Maises ohne Schweflige Säure, nur mit Wasser vorgenommen worden, so wird die Rohstärkemilch zur Abtrennung des Proteins mit Natronlauge (Konzentration etwa 0,1%) behandelt. Man gewinnt die sog. alkalische Stärke.

Das anfallende Eiweiß dient als Viehfutter. Vielfach vermengt man es mit den Schalen (Maiskleie) oder mit den entfetteten Keimen.

Maisstärke fällt bei der Verarbeitung in schwankender Ausbeute an. Man rechnet bei gutem Rohstoff mit einer Ausbeute von 50—60% Stärke erster Wahl. In den Handel kommt sie, auch Maispuder oder Maiskernpuder genannt, als Maizena, Mondamin, Maismon, Pannin, Siron usw. und findet Verwendung zur Bereitung von Puddings, Puddingmehlen, als Zusatz zum Mehl beim Backen (z. B. zu Weizenmehl), zu Soßen usw. Mittelbar wird diese Stärke für die Ernährung benutzt zur Herstellung von Stärkezucker (Glykose, Maiszucker, Argomaiszucker), Dextropur, Stärkesirup, Dextrin usw. Auf die technische Verwendung der Maisstärke für die Klebstoff- sowie Textilindustrie sei nur hingewiesen.

Die mittlere Zusammensetzung sei durch folgende Zahlen veranschaulicht, wobei die Werte auf wasserfreie Substanz bezogen sind.

Wasser	13 —16 %	Rohfaser	Spur
Eiweiß	0,2 — 0,8 %	Asche	0,1—0,5%
Fett	0,02— 0,05%		
Stärke	80 —85 %		

Je nach der Gewinnung reagiert die Maisstärke ganz schwach sauer (Aufschluß mit Schwefliger Säure) oder ganz schwach alkalisch (Aufschluß mit Natronlauge).

d) **Reisstärke.** Auch im Reiskorn sind Stärke und Protein innig miteinander verkittet. Es kommt hinzu, daß die Reisstärke in sehr kleinen Körnern auftritt. Diese Umstände erschweren die Gewinnung. Es müssen deshalb auch hier chemische Mittel benutzt werden, und zwar sind es Natronlauge, Ammoniak oder Salzsäure; erstere wird zumeist herangezogen.

Als Ausgangsmaterial verwendet man durchgehends den von der Herstellung des Tafelreises herrührenden Bruchreis. Er wird 18—24 Stunden lang in einer 0,3—0,5%igen Natronlauge (bzw. in einer entsprechend starken Sodalösung) unter wiederholtem Umrühren eingeweicht, anschließend in Mahlgängen oder Walzenstühlen zerkleinert und nun nochmals in Alkali zur Lösung des Proteins verteilt.

Nach einem anderen Verfahren (nach STOLTENHOFF) behandelt man den Reis mit fließender Lauge im luftverdünnten Raum — besseres Eindringen der Lauge in das Korninnere. Auf diese Weise soll die Stickstoffsubstanz nach 6—8 Stunden entfernt sein.

Aus der abgezogenen Natronlauge fällt man das Protein mit Säure, trennt es durch Filtration ab, wäscht aus und verwendet es für Ernährungszwecke (Präparat „Energin").

Die in der eben beschriebenen Weise vorbereitete Masse wird gegebenenfalls nochmals zerkleinert und mit Wasser versetzt. Beim Stehenlassen trennen sich die gröberen Bestandteile von der Rohstärkemilch ab. Letztere wird wieder aufgeschwemmt und gefiltert. Schließlich wird durch Absitzenlassen oder Ausschleudern die eigentliche Stärke abgeschieden. Man trocknet vor, entfernt die sich meist gelbfärbende Oberflächenschicht (Gemisch von Eiweiß und Dextrin mit Stärke: Reisschlempe) und trocknet nun zu Ende. Hierbei zerfallen die großen Stücke strahlenförmig (Strahlenstärke). Man rechnet mit einer Ausbeute von 70—80% Stärke erster Sorte. Unter Silberglanzstärke versteht man eine Reisstärke mit 10—15% Borax, unter Cremestärke eine solche, die mit Goldocker oder Anilinfarbe gelb gefärbt ist.

Reisstärke enthält etwa 10—14% Wasser, etwa 0,8% Stickstoffsubstanz, rund 80—85% Stärke, etwa 0,30% Asche, ferner Fett und Rohfaser in Spuren.

ε) Sonstige Stärkemehle. Die Stärkemehle von Hirse, Buchweizen und den Leguminosen spielen praktisch keine Rolle; auf die Kartoffelstärke sowie die für die Ernährung wichtigen tropischen Stärkesorten (Maranta, Manihot, Cassava, Tapioka, Curcuma, Bananenstärke, Sago usw.) ist hier nicht näher einzugehen.

b) Eigenschaften.

Das Spez. Gewicht der Stärke schwankt zwischen 1,620—1,648 (in Wasser) und zwischen 1,499—1,513 (in Toluol). Die Reaktion bewegt sich zwischen schwach sauer über neutral bis schwach alkalisch hin, je nach der Herkunft und der Herstellung des Erzeugnisses. Dies erklärt sich daraus, daß die Stärke infolge ihres ausgeprägten Adsorptionsvermögens durch Waschen von den Begleitstoffen nicht restlos befreit werden kann.

Beim Erwärmen mit Wasser quillt die Stärke bekanntlich auf und verliert ihre ursprüngliche Struktur; sie verkleistert (dextriniert). Es ist dies eine teilweise Hydrolyse. Wie zuerst von L. MAQUENNE erkannt und später wiederholt bestätigt wurde, baut sich die Stärkemolekel aus 2 sich deutlich voneinander unterscheidenden Bausteinen auf, der Amylose (Inhaltssubstanz des Stärkekornes) und dem Amylopektin (Hüllsubstanz). Letzteres bildet mit warmem Wasser einen steifen, mit Jod sich violett färbenden Kleister, ersteres gibt mit Wasser eine dünnflüssige Lösung, die auf Zusatz von Jod blau wird (Nachweis von Stärke und stärkehaltigem Material). Der Gehalt der verschiedenen Stärkearten an Phosphor schwankt; er beträgt bei Weizenstärke 0,105%, bei Mais 0,034%, bei Reis 0,039%. Über die Unterschiede in der Verkleisterung unterrichtet die vorstehende Tabelle 27; weiteres zur Chemie der Stärke vgl. Bd. I dieses Handbuches, S. 435.

Tabelle 27. Verkleisterungstemperaturen der Stärkearten. (Nach F. LIPPMANN.)

	Deutliche Aufquellung °C	Beginnende Verkleisterung °C	Beendete Verkleisterung °C
Weizenstärke	50	65	67,5
Roggenstärke	45	50	55
Gerstenstärke	37,5	57,5	62,5
Maisstärke	50	55	62,5
Reisstärke	53,7	58,7	61,2
Buchweizenstärke	55	68,7	71,2

2. Präparierte Mehle.

Die natürlichen Mehle oder Stärkemehle erfahren vielfach eine weitere Verarbeitung (Aufschließung, Mischung usw.), um sie für besondere Zwecke nutzbar zu machen oder die Arbeit der Zubereitung zu erleichtern bzw. die Zubereitungszeit zu verkürzen. Hierher gehören die Erzeugnisse wie Kindermehle, Suppenmehle (Suppentafeln), Puddingmehle (Cremepulver), Backmehle, Paniermehle, Dextrinmehle, Mehlextrakte, ferner aufgeschlossene Mehle als Backhilfsmittel usw.

α) **Kindermehle.** Man versteht darunter allgemein Gemische aus aufgeschlossenem, d. h. teilweise dextriniertem oder verzuckertem Mehl und eingedickter und gezuckerter Milch. Der Aufschluß erfolgt durch Erhitzen des eingeteigten Mehles (mitunter unter Druck) oder durch Verwendung von Malz; auch durch Ausbacken eines Teiges, wobei unter den gewählten Bedingungen weitgehende Dextrinierung einsetzt, kann die erforderliche Präparierung erfolgen. Man hat es auch unternommen, die zu verwendende Milch vor der Zugabe zu peptonisieren, um auf diese Weise die Verdaulichkeit zu erhöhen (Löfflunds Kindernahrung).

Als Rohstoffe kommen Weizen- und Leguminosenmehle in Betracht; besonders häufig wird Hafermehl[1] herangezogen.

Wenngleich die Kindermehle in neuerer Zeit an Bedeutung verloren haben, so spielen sie trotzdem noch als Zusatzmittel bzw. Nebennahrung zu Mutter- oder Kuhmilch eine beachtliche Rolle. Da das Kind in den ersten Monaten Mehle nicht oder nur sehr unvollständig verdauen kann, muß auf die Forderung des genügenden Aufschlusses unbedingt Wert gelegt werden. Die wiederholt gemachte Beobachtung, daß auch nicht vorbehandelte, d. h. rohe Mehle herangezogen werden bzw. daß auf den Milchzusatz verzichtet wird, lehrt, daß der Begriff „Kindermehl" eine unzulässige, abwegige Erweiterung erfahren hat.

Ein gutes Kindermehl soll 12—14% Protein, 5% Fett und 50% lösliche Kohlenhydrate enthalten. 20% der letzteren können unlöslich sein; Rohfaser soll nicht mehr als $^1/_2$% vorhanden sein. Auch der Prozentgehalt an Kalk und Phosphorsäure (je $^1/_2$%) ist von Bedeutung. Außer den festen, pulverförmigen Erzeugnissen gibt es auch solche von Sirupkonsistenz, z. B. die Extrakte aus diastasierten Mehlen (Mehlextrakte, Malzextrakte), denen Phosphatide (Lecithin usw.) zugesetzt sein können.

Die Zusammensetzung der Kindermehle schwankt, je nach der Herstellung und Mischung, innerhalb sehr weiter Grenzen. Analysenwerte von Handelserzeugnissen, die zum guten Teil schon nicht mehr im Verkehr sind, finden sich in Tabelle II, Nr. 657—692 bei J. KÖNIG[2]; es sei darauf verwiesen.

β) **Suppenmehle** (Suppentafeln, Suppenwürfel, Suppen in Wurstform (Erbswurst), kochfertige Suppen, Kraftsuppenmehle). Es handelt sich hierbei um Zubereitungen zur Suppenherstellung, die teils mit, teils ohne fremde Zusätze aus Mehl oder Mehlgemischen hergestellt sind. Erfahren sie eine Vermischung mit Fleisch, Fleischextrakt, Fett, Gewürz usw. und werden sie gepreßt, so spricht man von Suppentafeln. Dem stehen die rein pflanzlichen Erzeugnisse aus Mehl, Mehlgemischen und Suppenkräutern sowie Gewürzen gegenüber; der Fettgehalt ist gering, der Gehalt an Protein in Abhängigkeit von der Menge des verwendeten Hülsenfruchtmehles recht

---

[1] Geschälter Hafer wird mit Wasser genetzt, gequollen und dann gedämpft. Man trocknet hierauf und vermahlt. Mit mindestens 50% Kakao vermischt, kommt dieses Mehl als Haferkakao in den Handel (Verordnung über Kakao und Kakaoerzeugnisse vom 15. Juli 1933; RGBl. I S. 504).

[2] J. KÖNIG: Chemie der Nahrungs- und Genußmittel, Bd. II, 5. Aufl., S. 833—834. Berlin: Julius Springer 1920.

schwankend. Bei diesen Zubereitungen ist durch Vorbehandlung der Mehle mitunter eine gewisse Dextrinierung der Stärke und damit Steigerung der Löslichkeit herbeigeführt.

Bei den Kraft- oder Eiweißsuppenmehlen kann dem Getreidemehl ein Zusatz von Aleuronat (Weizenkleber), Roborat (Reisprotein) oder Glutenmehl (Maisprotein) — von der Stärkefabrikation herrührend — beigegeben sein[1]. In vielseitiger Art werden die Leguminosenmehle bei der Herstellung solcher Suppenmehle herangezogen; im Handel fanden und finden sich solche Erzeugnisse in sehr verschiedener Art.

Die Zusammensetzung der hier behandelten Erzeugnisse bewegt sich je nach den Rohstoffen und deren Mischungsverhältnissen in sehr weiten Grenzen; Analysenwerte finden sich im vorgenannten Werk von J. König[2].

γ) **Puddingmehle.** Puddingpulver sind Gemische aus Mehl oder Stärkemehl, meist Mais- oder Kartoffelstärkemehl, mit Gewürzen [Vanille, Vanillin, Gewürznelken, Zimt, gebranntem Zucker (Caramel) usw.]; als weitere Zutaten verwendet man gehackte Mandeln, Nüsse, Rosinen, Kakao, Schokolade usw. Die Erzeugnisse sind vielfach künstlich gefärbt, auch künstlich aromatisiert. Sie kommen abgepackt in den Handel, werden mit Milch oder Wasser verrührt und aufgekocht. Beim Erkalten entsteht der steife Pudding.

δ) **Backmehle.** Man versteht darunter Mehle, die mit Teiglockerungsmitteln versetzt sind und deshalb ohne Zusatz von Hefe oder Backpulver unmittelbar eingeteigt und verbacken werden können. Bei den zugesetzten Lockerungsmitteln handelt es sich meist um Gemische aus Alkalicarbonat oder -bicarbonat mit sauren Stoffen nach Art der bekannten Backpulver. Die Menge des Teiglockerungsmittels muß so bemessen sein, daß eine genügende Porung des Gebäckes zustande kommt. Ein von J. König untersuchtes Backmehl enthielt 13,8% Wasser, 8,8% Stickstoffsubstanz, 0,4% Fett, 74,6% Kohlenhydrate, 0,5% Rohfaser, 1,9% Asche.

ε) **Paniermehl.** Nach dem deutschen Nahrungsmittelbuch[3] von V. Gerlach ist Paniermehl ein durch Einteigen, Backen, Rösten (Trocknen) und Mahlen aus Getreidemehl (Weizen) hergestelltes Erzeugnis. Die Verwendung anderer Rohstoffe sowie Zusatz von Farbe sind zu kennzeichnen. Zum Wesen des Paniermehles gehört der Backprozeß.

Neuerdings wird mehr und mehr auch ein gefärbter Grieß als Austauschstoff in den Verkehr gebracht; dies ist bei entsprechender Deklaration zulässig.

Über die Zusammensetzung einiger Paniermehle berichtet E. Dinslage:

	Wasser %	Protein %	Fett %	Zucker (Maltose) %	Dextrin %	Sonstige Kohlenhydrate %	Rohfaser %	Asche %
Paniermehl aus Weizen	9,5	15,6	0,6	6,4	5,7	58,9	1,0	2,34
Paniermehl aus Kartoffelstärke	9,8	9,6	0,7	8,0	6,5	63,9	0,6	1,02
Paniermehl aus Maisgrieß	9,2	10,2	2,1	1,1	0,8	74,8	0,9	0,80

ζ) **Dextrinmehle.** Hierbei handelt es sich meist um dextrinierte Stärkemehle. Die Verkleisterung erfolgt entweder durch Darren der mit Wasser angefeuchteten Stärke bei Temperaturen bis 275° C oder durch Darren der mit angesäuertem Wasser befeuchteten Stärke bei 100—125° C. Die Dextrinmehle sind bei der

[1] Tapioka und Julienne sind Mischungen aus Tapioka oder anderen Stärkemehlen mit Suppenkräutern.

[2] J. König: Chemie der Nahrungs- und Genußmittel, 5. Aufl., Bd. II, S. 835.

[3] V. Gerlach: Deutsches Nahrungsmittelbuch, 3. Aufl., S. 123. Heidelberg 1922.

ersteren Behandlung meistens braungefärbt, bei der letzteren noch weiß bis hellgelb. Sie enthalten 1—9% Zucker und 50—75% Dextrine; der Gehalt an nicht aufgeschlossener Stärke liegt bei 15—30%. Man stellt auch dextrinierte Getreidemehle her, bei denen unter den Bestandteilen noch Protein vertreten ist.

Den Dextrinmehlen sind die als Backhilfsmittel benutzten aufgeschlossenen Mehle an die Seite zu stellen, über deren verbessernde Wirkung auf die Backfähigkeit schon früher (S. 67) berichtet wurde. Außer den hier nicht näher zu behandelnden Erzeugnissen aus Kartoffeln kommt für die Praxis insbesondere der Reis in Betracht, dessen verkleisterte Stärke das Wasser beim Backprozeß zäh festhält und auf diese Weise die erforderliche Verkleisterung der Teigmasse begünstigt. Man gewinnt solche Reisbackmehle (Risofarin, Panifarin usw.), indem man den geschälten Reis garkocht, den Brei zwischen heißen Walzen trocknet und das getrocknete Gut zu einem feinen, etwas grießigen Mehl zerkleinert.

η) **Mehlextrakte.** Diese Erzeugnisse gewinnt man durch Ausziehen verzuckerter Mehle mit Wasser und Eindampfen der Auszüge im Vakuum. Die Verzuckerung vollzieht man durch die anwesende Diastase oder durch Zusatz von Malzmehl oder Malzaufguß. Solche diastasierte Mehle werden bisweilen unmittelbar in den Handel gebracht; sie unterscheiden sich von den rohen Mehlen durch den hohen Gehalt an löslichen Kohlenhydraten. Eine sog. Hafermaltose setzte sich z. B. zusammen aus 10,5% Wasser, 12,2% Stickstoffsubstanz, 5,8% Fett, 28,4% Zucker, 12,9% Dextrin, 27,1% unlöslichen Kohlenhydraten, 1,5% Rohfaser und 1,66% Asche[1]. Diese Erzeugnisse — auch Leguminosenmehle können diastasiert werden — werden meist zur Herstellung der Kindermehle benutzt.

Eine besondere Rolle spielen die Malzextrakte, d. h. die hierher gehörigen Zubereitungen aus Gerste. Einmal werden sie, mit verschiedenen Zusätzen versehen (Ei, Lecithin, Eisen usw.), als Kindernahrung und allgemeines Diätetikum benutzt, zum andern stellen sie bei der Bäckerei auf Grund ihres Gehaltes an Zucker und diastatischen Fermenten ein wichtiges Backhilfsmittel dar.

D. Untersuchung der Mehle und Stärkemehle.

Für die Beurteilung von Herkunft und Art (Ausmahlung, Type), Reinheit (Unverfälschtheit), Beschaffenheit, Verdaulichkeit und technologischer Eignung der Mehle und der daraus hergestellten Erzeugnisse (vor allem Backfähigkeit) kommen chemische sowie physiologisch-chemische, physikalische, technologische, mikroskopische und bakteriologische Untersuchungsverfahren in Betracht. Bei der grundsätzlichen Bedeutung dieser Lebensmittel für die menschliche Ernährung nimmt es nicht wunder, daß auf den Ausbau der analytischen Methodik sehr viel Zeit und Mühe verwendet und eine ganze Anzahl von Sonderprüfungsmöglichkeiten entwickelt worden ist, die von Land zu Land recht beachtlich schwanken. Es würde den Rahmen der vorliegenden Darstellung überschreiten, wenn im einzelnen darauf eingegangen werden sollte. Daher werden nur die grundsätzlichen Arbeitsverfahren dargestellt; wegen sonstiger Einzelheiten wird auf das Spezialschrifttum verwiesen.

1. Sinnenprüfung.

Sie erstreckt sich auf die Ermittlung von Farbe, Griffigkeit, Geruch und Geschmack, woraus der Fachmann schon recht gut gestützte, bewertende Schlüsse ziehen kann.

[1] Weitere Analysen bei J. KÖNIG: Bd. II, 5. Aufl., S. 835, Nr. 732—740. 1920.

a) Die Farbe eines Mahlerzeugnisses hängt, abgesehen von der Art der zugrundeliegenden Rohfrucht, weitgehend vom Ausmahlungsgrad ab, da die äußeren Schichten des Kornes meist von dunklerer Farbe sind als das Korninnere. Gute Weizenmehle[1] weisen einen gelblichweißen Farbton (Carotin) auf, der sich mit zunehmender Ausmahlung vertieft und ins Graue hinüberwechselt; von erheblich stärker gelber Farbe sind die Mahlprodukte des Maises (wenig Carotin, mehr Zeaxanthin und Kryptoxanthin). Die Vordermehle des Roggenmehles haben eine bläulichweiße Farbe, während die Vollmehle einen grauen Mischton annehmen, der mit zunehmendem Kleiegehalt immer stärker hervortritt. Mit dem Alter verlieren Weizen- und Roggenmehl ihren lebhaften Glanz.

So gibt die Farbe des Erzeugnisses dem Sachkenner bereits wichtige Anhaltspunkte an die Hand. Die Höhe der Ausmahlung (Mehltype) weist sich z. B. annähernd aus; man gewinnt Vorstellungen, ob eine Bleichung zur Aufhellung der Farbe erfolgt sein, ob eine Mehlmischung (Weizen- und Maismehl) vorliegen kann usw. (Untersuchung vgl. später).

Bietet der Farbvergleich von Erzeugnissen wenig Schwierigkeiten, wenn die Tönungen erheblich voneinander abweichen, so ist für die Unterscheidung feinerer Nüancen ein geübtes Auge nötig. Man kann die Beurteilung durch die seit langem bekannte, aber erst von PEKAR methodisch bearbeitete und nach ihm benannte PEKAR-Probe wesentlich erleichtern.

b) PEKAR-Probe. Das einfachste „Pekarisieren" besteht darin, daß man das zu prüfende und das zum Vergleich herangezogene Mehl auf einer ebenen Unterlage eng nebeneinander mit der Messerbreite, einem Spatel, einem Brettchen usw. flach drückt und nun im auffallenden Lichte betrachtet, wobei man sich bald dem Fenster zu-, bald davon abwendet. Noch schärfer treten die Farbunterschiede hervor, wenn man die plattgepreßten Mehlproben samt Unterlage vorsichtig in Wasser taucht und darin beläßt, bis die durch das Eindringen von Wasser aus dem Mehl austretenden Luftbläschen entwichen sind. Man zieht die Probe aus dem Wasser, läßt abtropfen und vergleicht nun, wobei die Liegezeit der feuchten Mehlmuster höchstens bis zu 2 Stunden betragen darf, da sich sonst Farbunterschiede gegenüber den frischen Proben einstellen.

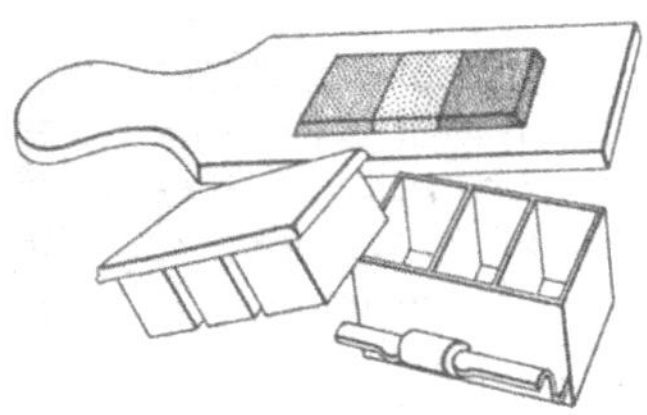

Abb. 2. Pekarisierautomat oder Farbtyper nach A. FORNET.

Wenn man dem Eintauchwasser etwas Säure zusetzt, treten in den befeuchteten Mehlproben die Holzfaserteilchen, die „Strippen", noch besser hervor.

Zur gleichmäßigen Durchführung der PEKAR-Probe hat A. FORNET[2] einen sog. Pekarisierautomat oder Farbtyper entwickelt.

Dieses Gerät stellt einen mit herausziehbarem Boden versehenen Kasten aus 3 bis 8 querliegenden Abteilungen dar, in die die zu prüfenden Mehle eingefüllt werden. Mittels eines Holzstempels preßt man die Proben zu festen Säulen zusammen. Nun stellt man den Apparat auf das dazugehörige Brettchen, zieht den gleichzeitig als Messer dienenden Boden des Kastens heraus, preßt nochmals mit dem Holzstempel und schiebt den Boden wieder in der Führung ein. Durch vorsichtiges Umkippen um die Längsachse wird der Kasten leicht und behutsam von der Unterlage abgehoben. Es hinterbleiben die in gleicher Dicke von den Mehlsäulen abgeschnittenen Mehlmuster, die ohne Zwischenraum und mit scharfer, den Vergleich erleichternder Trennungslinie auf dem Unterlagsbrettchen

[1] Zusatz von Mais- zu Weizenmehl verleiht dem Mehl und auch dem Gebäck eine deutlich gelbe Farbe.

[2] A. FORNET: Vom Mehl zum Brot, 6. Aufl. S. 25.

liegen. Man untersucht nun im trockenen oder feuchten Zustand, wie oben angegeben. Zur zahlenmäßigen Festlegung der Mehlfarbe bedient man sich wohl noch besonderer Photometer, insbesondere des Stufenphotometers; näheres hierüber vgl. im Spezialschrifttum[1].

Für den Farbvergleich sind die entsprechenden Standardmuster, die „Typen", erforderlich, die für die Zwecke der Mehlausfuhr wegen der Zollrückvergütung amtlich von der Deutschen Versuchs- und Forschungsanstalt für Getreideverarbeitung jährlich neu festgelegt wurden. Für Handelsmehle bestanden solche amtliche Typen nicht.

Da heute die Mehle nach ihrem Aschegehalt bewertet werden, erübrigt sich die vorgenannte Farbbeurteilung mit der PEKAR-Probe für die zolltechnische Prüfung des Mehles.

c) Griffigkeit. Der als „Griff" bezeichnete Zustand eines Mehles ist ein Ausdruck für die Mahlfeinheit (Körnung), für die Herkunft aus kleberweichem oder kleberhartem Getreide, für den Gehalt an Feuchtigkeit usw. Da sich diese Umstände bei der Verwendung (Backfähigkeit) auswirken, indem griffige Mehle fast durchweg ein großes Nachquellvermögen entwickeln, grifflose, schliffige oder gar „totgemahlene" Mehle aber nachlassende und fließende Teige sowie eine unfeine Gebäckkrume liefern, gehört zur Beurteilung eines Mehles durch den Praktiker immer die Feststellung der Griffigkeit. Man kann etwa folgende Anforderungen aufstellen:

Weizenmehl soll sich nicht als staubig erweisen, nicht weich, feucht bzw. „schliffig" sein. Man erwartet, daß die beim Drücken mit der Hand entstehenden Klumpen hernach wieder leicht zerfallen. Hinsichtlich des Griffes unterscheidet man „stark griffige" und „schwach griffige" Erzeugnisse; in erster Linie ist dies auf die Körnung zurückzuführen. Man begnügt sich nicht mit dem „Griff", sondern ergänzt diese Prüfung durch den zahlenmäßigen Ausdruck der „Siebprobe" (vgl. weiter unten). Besonders wichtig ist diese Probe für die Beurteilung von Kindermehlen, für die sehr große Kornfeinheit zu fordern ist.

Mehle gleicher Sichtung können im Griff sehr unterschiedlich sein; in erster Linie geht dies auf den Aufbau des Kornes zurück. Kleberreicher harter Weizen ist bei gleicher Körnung im Mehl griffiger als das Erzeugnis aus kleberarmem Weichweizen. Roggenmehle sind griffweicher als Weizenmehle.

d) Siebanalyse[2]. Auf das oberste Sieb eines geeigneten Siebsatzes bringt man eine abgewogene Menge des Sichtgutes und siebt durch rüttelnde kreisförmige Bewegung. Die einzelnen Fraktionen werden gewogen und in ihrem Anteil zur gesamten Mehlmenge prozentual berechnet[3].

Zur Vereinheitlichung dieser technologischen Prüfmethode hat man Vorschriften bezüglich Sichtungsfläche (300 qcm) und Sichtzeit (30 Minuten) gegeben. Zum Sieben werden mechanisch betriebene Laboratoriumssichter mit einer Umlaufzeit von 200 Umdrehungen je Minute herangezogen.

Von der Festlegung bestimmter Siebe, deren Zahl bei der großen Menge von Mahlfraktionen recht erheblich sein müßte, kann man nach O. HALTMEIER absehen, wenn man mit einwandfreiem Siebgewebe von bekannter lichter Maschenweite (auf μ genau bekannt) arbeitet und die Ergebnisse graphisch darstellt, auf der Abszisse die Maschenweite, auf der Ordinate die in Prozenten der Gesamtmenge des Sichtgutes angegebenen einzelnen Sichtfraktionen. Eine

---

[1] Das Mühlenlaboratorium 1931, 1, Nr. 2 u. 4.

[2] O. HALTMEIER u. C. FÖRDERREUTHER: Zeitschr. ges. Mühlenwesen 1928, Heft 1; Zeitschr. ges. Getreidewesen 1928, Heft 4.

[3] Dr. A. FORNET hat für die Siebanalyse ein „Prozentsieb" (2 Mehlsiebe, 2 Dunstsiebe, 2 Grießsiebe) mit „Prozentwaage" entwickelt; vgl. sein Buch: Vom Mehl zum Brot, S. 65.

vollständige Ausrüstung zur Mehlsiebanalyse liefert die Heilan G.m.b.H., Frankfurt a. M.

e) Geruch. Gute Mehle zeigen einen frischen, angenehmen Geruch. Jede dumpfe Nuance ist verdächtig. Sie rührt gewöhnlich von fehlerhafter Lagerung bei zu hoher Feuchtigkeit her. Tritt diese Veränderung stärker auf, dann wird meist eine mikrobiologische Infektion (Schimmelpilze, Bakterien usw.) vorliegen. Man erhält Anhaltspunkte für die weitere Untersuchung zwecks Aufklärung der Ursachen durch Prüfung des Gesundheitszustandes des Mehles, des Wassergehaltes, der Enzymtätigkeit usw. (vgl. weiter unten).

Mehl ist infolge seiner großen Oberfläche adsorptiv wirksam. Bei fehlerhafter Aufbewahrung nimmt es Fremdgerüche auf, die unter Umständen auch nach dem Verbacken hinterbleiben. Derartige Gerüche treten deutlicher hervor, wenn man das Mehl vorsichtig erwärmt.

f) Geschmack. Bei guten Mehlen ist er meist wenig ausgeprägt (neutral), etwas süßlich und erfrischend; bei Mehlzubereitungen liegen selbstverständlich andere Umstände vor. Ein fader, kleisteriger Geschmack ist kein gutes Zeichen für den Zustand des Mehles (Anzeichen für überalterte oder „totgemahlene" Mehle bzw. solche aus ausgewachsenem Getreide). Mitunter tritt bei Roggen- und Weizenerzeugnissen eine bittere Komponente auf. Die Ursache dieser gefürchteten Veränderung ist noch nicht näher bekannt; nach O. Lüning und St. Kovacz[1] ist das Mehlfett daran beteiligt.

g) Verdorbenheit. Die sinnesphysiologische Verdorbenheit eines Mehles wird in erster Linie durch Geruch und Geschmack wahrnehmbar. Erzeugnisse von modrigem, mulstrigem, muffigem Geruch sowie kratzendem und bitterem Geschmack sind lebensmittelchemisch, wobei die technologischen Eigenschaften zunächst keine Rolle spielen, als verdorben zu bezeichnen. Verdorbenheit liegt auch vor bei Anwesenheit von Mikroorganismen, von Mäusekot, von stark verquollenen Stärkekörnern sowie insbesondere bei nachteiligen Veränderungen am Mehlfett (ranziges Mehl); hierüber vgl. weiter unten an entsprechender Stelle.

2. Mikroskopische Prüfung.

Über die mikroskopische Prüfung der Mehle zwecks Feststellung von Herkunft, Reinheit, Bestandteilen einer Mischung, Anwesenheit von mitvermahlenen Unkrautsamen, Mikroorganismen usw. ist im mikroskopischen Abschnitt näher berichtet; über den chemischen Nachweis von Mehlverschnitten vgl. weiter unten.

3. Gesundheitszustand eines Mehles.

Mehl bietet unter entsprechenden Lagerbedingungen tierischen und pflanzlichen Lebewesen gute Entwicklungsmöglichkeiten. Die beobachteten Veränderungen sind meist vom Aufkommen solcher Schädlinge begleitet, bzw. von letzteren geht durch Anregung der Enzymtätigkeit oder durch ihre Stoffwechselprodukte das Verderben überhaupt aus.

a) Pilzbefall. Es kommen in erster Linie Schimmelpilze, Hefen, Säure-, Fäulnis- und Schleimpilze in Betracht. Der Nachweis erfolgt mikroskopisch; es können hierzu auch Kulturversuche angestellt werden (vgl. weiter unten).

b) Tierische Schädlinge. Ihre Stoffwechselprodukte sind vielfach Ursache der Verdorbenheit; z. B. kommt es bei Anwesenheit von Milben zu einem widerlichen Geruch; Eier, Gespinste und Larven solcher Lebewesen zersetzen das Mehl und machen es ekelerregend und unbrauchbar. In erster Linie sind hierzu zu nennen:

[1] O. Lüning u. St. Kovacz: Das Mühlenlaboratorium 1933, **3**, Heft 2.

Die Milbe (Acarus farinae Koch), etwa 1 mm groß, ein Spinnentier von charakteristischem Bau, vermehrt sich sehr rasch im Mehl. Mikroskopisch sind sie sowie ihre Eier und der Kot leicht feststellbar. Zum Nachweis stellt man die Milbenprobe an.

Milbenprobe. Man streicht ein Mehlhäufchen glatt, bedeckt es zum Schutz mit einer Petri-Schale und läßt es eine Zeitlang stehen; die Oberfläche erhält durch die von den Milben hervorgerufenen Furchen und Häufelungen (Milbengänge) ein eigenartig krauses Aussehen.

Eine andere Ausführung besteht darin, daß man 300—500 g Mehl in eine farblose Pulverglasflasche durch Aufstoßen dicht zusammenschüttelt, die Oberfläche ebnet und das Ganze ruhig stehen läßt. Nach 24 Stunden sieht man hinter der Glaswandung die Milbengänge.

Der Mehlwurm, die Larve des Mehlkäfers (Tenebrio molitor L.), sowie der Käfer selbst finden sich auf Mehlböden, in Mehlkisten und ähnlichen Verstecken. Sie verunreinigen das Mehl durch Kot, Larvenbälge usw.

Der Kornkäfer (Calandra granaria), zwar ein eigentlicher Schädling des ganzen Getreides, wird aber auch in Bäckereien angetroffen. Eine Abart ist der Reiskäfer.

Die Schabe (Kakerlake), ein Gradflügler von etwa 20 mm Länge, tritt vor allem in Bäckereien auf, wo sie sich bei feuchter Wärme rasch vermehrt und die Sauberkeit des Betriebes erheblich gefährdet.

Die Mehlmotte (Ephestia Kühniella) ist ein kleiner Schmetterling von 10—14 mm Länge. Ihre 20 mm langen, rötlich-weißen oder grünlich-weißen Raupen leben von Mehl und Backwerk und richten großen Schaden an, vor allem dadurch, daß sie alles mit ihrem Gespinst durchziehen. Sie finden sich besonders in Grießen und griffigen Mehlen.

Zur Bekämpfung der tierischen Schädlinge, insbesondere der Mehlmotten, die unhygienisch sind, Betriebsstörungen (durch Gespinste) verursachen und kostbare Mehlsubstanz fressen, sind in den letzten Jahren verschiedene Vorschläge gemacht und besondere Gerätschaften entwickelt worden. So wendet man in Mühlen mit bestem Erfolg die Blausäure an, muß aber wegen der Giftigkeit dieser farb-, geruch- und geschmacklosen Säure für Mensch und Tier besondere Vorsicht walten lassen; in Bäckereien ist diese Vergasung, da es sich meist um bewohnte Gebäude handelt, kaum anwendbar. Gleiches gilt für das Zyklongas (Zyklon B, Zyklon C), eine Mischung von Blausäure mit zugesetzten Reizstoffen[1] für Nase und Augen, wodurch die Anwesenheit dieses Giftgases für die Sinne sofort erkennbar ist. Soweit die Erfahrungen reichen, verschwindet die Blausäure bei guter Lüftung praktisch vollständig wieder aus dem Mehl[2].

Andere Verfahren verwenden für Mensch und Tier weniger giftige Stoffe, so z. B. das Äthylenoxyd in Mischung mit Kohlendioxyd (T-Gas); nach Th. Sudendorf und E. Kröger[3] adsorbiert Weizenmehl 0,44 mg T-Gas auf 100 g.

Die mit weniger giftigen Gasen arbeitenden Verfahren sind so ausgebaut, daß sie mehrmals im Jahre vom Mühlenpersonal selbst angewendet werden können und keine radikale Stillegung des Betriebes erforderlich machen. Es sei in dieser Beziehung auf das Brabender-Vapogenverfahren[4] hingewiesen.

Für die Prüfung von Mehlen auf Anwesenheit solcher Schädlingsbekämpfungsmittel gelten die üblichen Nachweisverfahren für die oben erwähnten Stoffe.

---

[1] 3—5% Bromessigsäuremethylester oder Chlorpikrin.
[2] B. Butterberg u. G. Gahrtz: Z. 1927, 54, 376.
[3] Th. Sudendorf u. E. Kröger: Chem.-Ztg. 1931, 55, 549, 570.
[4] Mehlphysik, S. 73. Duisburg: Brabender G.m.b.H. 1935.

c) Weizenwanze (Leimkleber). Auf S. 30 des Abschnittes Getreide wurde darauf hingewiesen, daß es eine Weizenwanze gibt, die das Korn ansticht. Hierdurch erleidet der Kleber eine sehr starke Beeinträchtigung; er wird leimig-zerfließend.

Weizenmehle mit einem sog. „Leimkleber" entstammen einer von diesen Wanzen befallenen Frucht. Es dürfte damit eine Verstärkung der proteolytischen Wirksamkeit meist verbunden sein; über die Ermittlung derselben vgl. weiter unten.

d) Kulturversuch. Wie bei Getreide (vgl. S. 30—31 des Abschnittes Getreide) können auch bei Mehl durch die mikrobiologische Prüfung wertvolle Anhaltspunkte für den Gesundheitszustand gewonnen werden. Unter Vermeidung jeder nachträglichen Infektion geht man dabei nach H. KÜHL[1] etwa folgendermaßen vor:

Sterilisierte PETRI-Schalen werden mit 10—20 g Mehl beschickt. Man durchfeuchtet unter sterilem Arbeiten mit sterilem Wasser derart, daß die Randschicht dünnteigig, die darauf folgende Zone dickteigig und die mittlere Schicht noch trocken ist. Man läßt eine Schale bei Zimmertemperatur, die andere bei 37° C stehen und beobachtet etwa 48 Stunden lang. Durch vorstehende Anordnung erhält man Aufschluß über die Art der anwesenden Keime. Die in bezug auf Wasserbedarf anspruchsvollsten Vertreter kommen in der dünnteigigen Außenschicht zur Entwicklung, während die mit weniger Wasser vorlieb nehmenden Kleinlebewesen, z. B. die Schimmelpilze, in den etwas trockeneren Partien gedeihen.

Die Identifizierung der anwesenden Lebewelt, die normalerweise kaum für Beurteilungszwecke in Betracht kommt, setzt die entsprechenden Kulturversuche voraus. Zur Erkennung der Erreger des Schleimigwerdens oder Fadenziehens des Brotes (Heu- und Kartoffelbacillen) haben z. B. WATKINS[2] bzw. H. KÜHL[3] Arbeitsverfahren angegeben.

Bei dem Kulturversuch riechen gute und einwandfreie Mehle noch nach 48 Stunden frisch und mehr oder weniger stark säuerlich (Milchsäure), nie aber nach Buttersäure. Die gekröseartig gefalteten Mykodermahäute[4] des Erregers des Fadenziehendwerdens dürfen nicht anwesend sein. Wenn auch die dafür verantwortlich zu machenden Heu- und Kartoffelbacillen in fast jedem Mehl vorhanden sind, so sollen sie doch durch die Tätigkeit der anwesenden Milchsäuregärer unterdrückt werden.

e) Ranzigwerden der Mehle. Von allen Mehlbestandteilen fällt am leichtesten einem rein chemisch (Autoxydation) oder biochemisch bedingten Verderben das Fett anheim. Fetthaltige Mehle sind deshalb nicht lagerfähig; man weiß dies sehr gut z. B. von den Weizenmehlen, dem Hafermehl, dem Mehl aus ganzem Mais usw. Auch bei den fetthaltigen Zubereitungen aus Mehl (Kindermehl, Suppenmehl usw.) ist bei beobachtetem Verderben die Frage der Zersetzung des Fettes in erster Linie zu erörtern.

Über die Chemie der von dieser Seite ausgehenden Lagerschäden sind bisher nur sehr lückenhafte Kenntnisse vorhanden. Infolgedessen ist die analytische Behandlung ebenfalls noch sehr unbefriedigend. Ob ein Mehl z. B. ketonig werden kann, darüber liegen Erfahrungen überhaupt nicht vor. Lediglich die in erster Linie auf oxydative Einflüsse zurückgehende „Ranzigkeit" der Mehle ist von H. KÜHL und G. KLEMT[5] analytisch bearbeitet worden:

---

[1] Vgl. hierzu auch G. BRÜCKNER: Zeitschr. ges. Getreidewesen 1933, **20**, 233.

[2] WATKINS: Journ. Soc. chem. Ind. 1906, **25**, 350.

[3] H. KÜHL: Chem.-Ztg. 1911, **35**, 1321.

[4] In der Mikrobiologie versteht man unter Mycoderma die Kahmhefe, daher ist die Bezeichnung „Mycodermahäute" von KÜHL nicht eindeutig.

[5] H. KÜHL u. G. KLEMT: Zeitschr. ges. Getreidewesen 1930, **17**, 51.

50 g Mehl bzw. fein geschrotetes Untersuchungsmaterial werden in einem KJELDAHL-Kolben von 800 ccm mit 200 ccm Wasser vermischt und zur Vermeidung der Verkleisterung mit 10 ccm Phosphorsäure versetzt. Im Dampfstrom destilliert man zweimal je 50 ccm ab und setzt zum Destillat jeweils 1 ccm farblose Fuchsinschweflige Säure[1] zu. Je nach der Tiefe der auftretenden roten Farbe und der dazu erforderlichen Zeitdauer kann man auf den Grad der Zersetzung des Mehlfettes schließen. Hierbei ist aber Kritik erforderlich, da die primär gebildeten Aldehyde recht wohl zu Säuren weiter oxydiert sein können, also nicht mehr erfaßt werden, und da anderseits das beobachtete Verderben recht wohl auch auf anderen Zersetzungsprodukten beruhen kann.

Diese Reaktion fußt auf der Tatsache, daß beim autoxydativen Fettabbau Aldehyde entstehen, die mittels der genannten Reaktion, die für diese Zwecke von TH. V. FELLENBERG eingeführt worden ist, nachgewiesen werden. Die Anwendung der Verdorbenheitsreaktion nach H. KREIS stößt bei der Untersuchung von „ranzigen" Mehlen noch auf Schwierigkeiten.

4. Mehl und chemische Kampfstoffe[2].

Die Frage, wie Kampfstoffe auf Lebensmittel, besonders auf die zur Vorratshaltung gespeicherten Mehle, einwirken, ist von erheblicher volkswirtschaftlicher Bedeutung. Gerade die letzteren Lebensmittel sind hier zu erwähnen, da sie infolge ihrer großen Oberflächenentwicklung eine gewisse Adsorptionswirkung entfalten und gasförmige Stoffe festhalten. Es muß durch besondere Versuche ermittelt werden, wie sich Mehl und Mehlerzeugnisse den üblichen Kampfgasen gegenüber (Phosgen, Perstoff, Klop, Lost, Clark I und II, Methyldick usw.) verhalten sowie ob und auf welche Weise vergaste Vorräte wieder genußfähig gemacht werden können.

Was die Untersuchung von Mehl u. dgl. auf Kampfstoffe anlangt, so sind die dafür bekannten Prüfverfahren anzuwenden; in dieser Beziehung sei auf das einschlägige Schrifttum verwiesen, im besonderen auf eine Veröffentlichung von W. PLÜCKER[3].

5. Verfälschung der Mehle[4].

Alle Zusätze zum Mehl, die für die Ernährung wertlos sind, gegebenenfalls sogar die Gesundheit nachteilig beeinflussen können und eigentlich nur eine Beschwerung darstellen, sind als Verfälschung zu betrachten. Hier sind zu erwähnen: Kreide, Gips, Schwerspat, Magnesit, Magnesiumsilicat (holländisches Kunstmehl), Ton, Infusorienerde usw.; auch ein übermäßig hoher Gehalt an Sand gehört hierher. Wenn solche Beimischungen zum Mehl für menschlichen Genuß auch nur selten vorkommen, so hat man sie mitunter bei Futtermehlen beobachtet. Es ist eventuell auch einmal damit zu rechnen, daß mit Talkum u. dgl. polierte Graupen und Grieße vermahlen werden, wodurch diese anorganischen Stoffe ins Mehl gelangen.

Der quantitative und qualitative Nachweis erfolgt am exaktesten durch Ermittlung und Analyse der Asche nach den üblichen Verfahren; der „Sand" hinterbleibt als Rückstand bei Behandlung der Asche mit Salzsäure. Als Vor- und meist ausreichende Probe benutzt man die Chloroformprobe nach F. BENEKE.

2—4 g Mehl werden im Prüfglas oder dem von H. KÜHL angegebenen Sandbestimmungsapparat bzw. dem von A. SPAETH vorgeschlagenen Sedimentierglas

[1] Herstellung siehe J. PRITZKER u. R. JUNGKUNZ: Z. 1926, 52, 195.
[2] Siehe auch C. E. RICHTERS: Die Tiere im chemischen Krieg, 3. Aufl. Berlin: Richard Schoetz 1937. — C. E. RICHTERS: Kampfstoffe und Lebensmittel. Med. Welt 1937, 1561.
[3] W. PLÜCKER: Z. 1934, 68, 313.
[4] Über den Nachweis von Mehlverschnitten, der Auffärbung und der Bleichung wird später an entsprechender Stelle näher berichtet.

mit 30 ccm Chloroform[1] geschüttelt, dann 40—50 g Tropfen Wasser zugesetzt und nun stehen gelassen. Mineralische Beimischungen fallen infolge ihres höheren Spez. Gewichtes zu Boden, während die organischen Mehlbestandteile obenauf schwimmen. Gegebenenfalls kann der Bodenkörper abgetrennt und untersucht werden (z. B. Prüfung auf Carbonate [kohlensaurer Kalk, Mörtel, Maurerputz] mit etwas Säure).

Nach A. STUTZER werden 10 g Mehl mit Alkohol durchfeuchtet, im Becherglas mit 3—400 ccm Salzsäure (1%ig) übergossen und zum Sieden erhitzt. Beim Umrühren setzen sich die unlöslichen mineralischen Beimengungen ab. Von A. EMMERLING wird zur Sedimentation eine gesättigte wäßrige Lösung von Zinksulfat benutzt.

Für den Nachweis von Zusätzen, die zur Aufbesserung der Backfähigkeit, Farbe usw. dienen — es handelt sich um Kupfer- und Zinksulfat, um Tonerdesalze (Alaun) usw. — kommen besondere analytische Verfahren in Betracht.

Bei der vermuteten Anwesenheit von Kupfer- und Zinkverbindungen zerstört man das Mehl am besten nach KJELDAHL und prüft dann den schwefelsauren Aufschluß in bekannter Weise auf die gesuchten Metalle. Bei der Beurteilung ist Vorsicht am Platze, da Getreidemehle — Beizen mit Kupfersalzen — von Haus aus Kupfer und Zinksalze[2] enthalten können und zur Aufbesserung der Backfähigkeit nur Zusätze von 10—20 mg auf 1 kg Mehl ausreichend sein sollen.

Auch ein gelegentliches Vorkommen von Blei — von bleihaltigen Gerätschaften herrührend — und von Arsen wäre nach dem vorgenannten Verfahren nachweisbar. Für die Bestimmung des Arsens kommt die sonst übliche Mikromethode in Betracht.

Alaun wirkt als Verbesserungsmittel erst in Mengen von 3 g auf 1 kg; es muß also in größerer Menge zugesetzt werden. Trotzdem ist der Nachweis vorsichtig zu führen, da in der Mehlasche, aus den Silicaten stammend, Aluminium immer vorhanden ist. Als qualitative Probe benutzt man die Reaktion mit Kampecheholztinktur[3]. Man füllt ein Becherglas zu einem Drittel mit Mehl und gibt zur Durchfeuchtung etwas Wasser hinzu. Dann setzt man einige Tropfen der frisch bereiteten Tinktur zu, schüttelt durch und füllt mit gesättigter Natriumchloridlösung ohne Umschütteln auf. 0,05—0,1% verrät sich durch Rotfärbung der Mehlprobe.

Statt Kampecheholztinktur ist auch die Verwendung von Alizarin bzw. die von COCHENILLE vorgeschlagen worden[4]. FR. GOPPELSROEDER empfiehlt den Nachweis mittels der Capillaranalyse, wobei Morinlösung als Indicator verwendet wird.

6. Korngröße von Mehlen.

In erster Linie ist dafür die Siebanalyse heranzuziehen, worüber schon berichtet worden ist (vgl. S. 78). Ein mittelbares Verfahren ist von M. WITTE[5] entwickelt worden. Es beruht auf der Messung der bei Zugabe eines Kontrastfarbstoffes eintretenden Änderung der Farbe. Man mischt dem Weizenmehl schwarzen Kohlenstaub zu und wertet die entstandenen Grautöne nach WI. OSTWALD aus. Wegen der Einzelheiten sei auf die angeführte Schrifttumsstelle verwiesen.

---

[1] Nach J. GRAM ist auch Tetrachlorkohlenstoff geeignet (Chem.-Ztg. 1907, **31**, 350).
[2] Nach K. B. LEHMANN enthielt 1 kg Getreide 1,5—12,5 mg Kupfer.
[3] Herstellung: 5 g Blauholz werden einige Zeit mit 100 ccm 96%igem Alkohol behandelt; das Filtrat dient als Reagens.
[4] G. BORGHESI: Zeitschr. Unters. Nahrungs- u. Genußm. 1912, **23**, 698.
[5] M. WITTE: Das Mühlenlaboratorium 1936, **6**, Heft 3. Vgl. DRP. 577896.

7. Spezifisches Gewicht.

Diese Bestimmung kann gegebenenfalls für Stärkemehluntersuchungen einmal erforderlich sein. Man wird dazu am einfachsten ein Schwimmverfahren nach Art der von M. P. NEUMANN[1] für die Getreideprüfung angegebenen Arbeitsweise anwenden.

8. Wasser[2].

Für die Ermittlung des Wassergehaltes von Mehlen und Mehlzubereitungen kommen meist die mittelbaren Verfahren in Betracht; die unmittelbare Bestimmung, z. B. durch Übersieden des Wassers mit einem damit nicht mischbaren Übertreibmittel (Xylol, Toluol, Perchloräthylen usw.), ist nur mit Vorsicht und Kritik verwendbar, da wegen der leichten Zersetzlichkeit der Kohlenhydrate bei erhöhter Temperatur Zerfall eintritt und auf diese Weise Wasser neu gebildet wird.

Die wichtigsten Arbeitsverfahren sind die folgenden:

a) Trocknung. 5—10 g Mehl[3] werden, gegebenenfalls unter Zuwaage von ausgeglühtem Seesand, bei 105° C bis zur Konstanz getrocknet; man verwendet hierzu, da das getrocknete Gut sehr hygroskopisch ist, am besten weite Wägegläschen mit eingeschliffenem Deckel. Die Trockenzeit bemißt man mindestens auf 4 Stunden; sie muß so lang sein, da gerade die Mehle die letzten Reste von Feuchtigkeit nur sehr schwer abgeben.

Diese Trockenmethode ist, wie früher schon bei Getreide (S. 32—33) ausgeführt wurde, für die Zwecke der Praxis zu Schnellverfahren umgebildet worden, vor allem seit man bei der Aschebestimmung zur Ermittlung der Mehltypen vor die Notwendigkeit zahlreicher Wassergehaltsanalysen gestellt ist. Es sei hingewiesen z. B. auf den Schnellwasserbestimmer mit automatischer Temperaturregelung nach A. FORNET[4] (Trocknen bei 135° während 50 Minuten), an die Brabender-Feuchtigkeitsbestimmer in halb- und in ganzautomatischer Ausführung[5].

b) Chemische Methoden[6]. Für die Zwecke der Mehluntersuchung können sowohl das Verfahren mit Calciumcarbid[7] [Vermischen des Mehles mit gepulvertem Calciumcarbid und volumetrische Ermittlung des gebildeten Acetylens: $CaC_2 + 2\,H_2O \rightarrow C_2H_2 + Ca(OH)_2$] als auch dasjenige mit Calciumhydrid[8] [Umsatz des Wassers des Mehles unter Entbindung von Wasserstoff: $CaH_2 + 2\,H_2O \rightarrow Ca(OH)_2 + 2\,H_2$] benutzt werden. Wegen der Einzelheiten dieser Methoden sowie hinsichtlich der Ermittlung des Wassergehaltes mit Jod und Schwefeldioxyd in absolutem Methylalkohol[9] sei auf das Originalschrifttum verwiesen.

c) Elektrische Methoden. Im besonderen für die Wasserbestimmung im Mehl sind ausgearbeitet das Verfahren der Messung der Dielektrizitätskonstante (DK-Apparatur) sowie dasjenige der Ermittlung der Leitfähigkeit (MC-Schnellwasserbestimmung). Diese Arbeitsweisen sind vor allem als Methoden für die Mühlen gedacht; vgl. hierzu auch die Ausführungen

---

[1] Vgl. S. 31—32 des Abschnittes „Getreide".
[2] Vgl. T. MASLING: Das Mühlenlaboratorium 1932, **2**, Nr. 4.
[3] Nach der Vorschrift der Mehlveraschung für Typenermittlung wägt man genau 5,000 g ab.
[4] Neues Modell 1936; vgl. Mehl und Brot, 6. Aufl., S. 37.
[5] Mehlphysik, S. 40. Duisburg: Brabender G. m. b. H. 1935.
[6] Vgl. dieses Handbuch, Bd. II, 2, S. 557.
[7] Vgl. B. BLEYER u. W. BRAUN: Zeitschr. analyt. Chem. 1931, **83**, 241.
[8] O. NOTEVARP: Zeitschr. analyt. Chem. 1930, **80**, 21.
[9] K. FISCHER: Angew. Chem. 1935, **48**, 394. — RICHTER: Angew. Chem. 1935, **48**, 770. — H. P. KAUFMANN u. S. FUNKE: Fette u. Seifen 1937, **44**, 345.

auf S. 33 des Abschnittes Getreide sowie in Bd. II, 2 dieses Handbuches auf S. 562.

9. Mineralbestandteile (Asche[1]). Alkalität der Asche. Bestandteile der Asche.

Mehle lassen sich meist schwer veraschen; die letzten Reste von Kohle haften dem mineralischen Rückstand zäh an. Längeres Glühen aber führt durch die wenn auch geringe Flüchtigkeit der Alkalichloride zu gewissen Verlusten. Man wägt 5—10 g ab, trocknet vor, erhitzt mit nicht voller Flamme bis zur Verkohlung und zieht die Kohle in bekannter Weise mit Wasser aus. Hernach verascht man zu Ende und setzt das Filtrat wieder zu, dampft zur Trockne ein, trocknet durch kurzes Glühen und wägt[2].

Bei ganz schwer veraschbaren Mehlen bzw. Mehlzubereitungen kann man den Fortgang der Analyse durch Zugabe von etwas Ammoniumnitrat beschleunigen.

Man löst die kohlefreie Asche in verdünnter Salzsäure (10%ig) in der Wärme und filtriert gegebenenfalls von dem verbleibenden Rückstand ab. Er wird mit Wasser ausgewaschen; dann erwärmt man ihn in einer Platinschale mit einer 5%igen Lösung von Natriumcarbonat, filtriert durch das gleiche Filter, wäscht aus, verascht und wägt; das Gewicht stellt die vorhandene Menge Sand, Ton usw. dar.

Zur Ermittlung der Alkalität der Asche, die bei Getreidemehlen sehr gering, bei Kartoffelerzeugnissen z. B. aber groß ist — Erkennung von Verschnitten — verfährt man in der üblichen Weise, indem man die Asche in einer abgemessenen Menge Salzsäure in der Wärme löst und den Säureüberschuß zurücktitriert.

Gegebenenfalls ist die Frage nach den Bestandteilen der Asche[3] gestellt. Man untersucht nach den Regeln der anorganischen Analyse. Handelt es sich um die Prüfung auf Arsen oder Quecksilber (Beizmittel für Getreide), dann muß das Mehl auf nassem Wege aufgeschlossen werden.

Für die Zwecke der Typisierung der Mehle nach ihrem Aschengehalt mußte man im Hinblick auf die Erzielung streng reproduzierbarer Ergebnisse eine Arbeitsweise genau umschriebener Bedingungen festlegen:

Die Probe wird sorgfältig (man siebt etwa 12 g) durchgemischt und in einer Menge von 5 g in einem Porzellan- oder Quarzschälchen von 5,5 cm Durchmesser und 2 cm Höhe abgewogen (Doppelbestimmung). Man verascht bei 900 bis 920° C (Temperatur einhalten; Thermoelement) in einem Gasmuffel- oder elektrischen Ofen. Je nach der Art des Untersuchungsgegenstandes ist die Veraschung (weiße Asche) bei Mehl nach 50—60, bei kleiehaltigen Produkten nach 70—90 Minuten beendet. Reste von Kohle kann man durch Zugabe von etwas Ammoniumnitrat vollständig verbrennen. Nach dem Abkühlen (1 Stunde im Exsiccator) wird rasch (!) gewogen und die Asche prozentual auf Trockenmasse berechnet[4].

Über die Höhe der zu erwartenden Aschegehalte ist man bei normalen Mehlen durch die Typenzahl von vornherein unterrichtet. Bei Mehlzubereitungen hängt der Aschenwert sehr von der vorliegenden Mischung ab. Handelt es sich

---

[1] Vgl. auch T. Masling: Das Mühlenlaboratorium 1932, Nr. 4.

[2] Vgl. auch W. Kranz: Vereinfachte Schnellaschegehaltsbestimmung. Das Mühlenlaboratorium 1932, 2, Nr. 6.

[3] Z. B. Ermittlung des Gehaltes an Calcium bei Kindermehlen, um die Verwendung von Milch zu erkennen. Über die Bestimmung der Phosphorsäure in Stärke vgl. G. Steinhoff: Z. 1938, 75, 39.

[4] Über eine verbesserte Exsiccatorform für Mehlveraschung siehe W. Kranz: Das Mühlenlaboratorium 1937, 7, Heft 1.

um kochsalzhaltige Zubereitungen, dann ist bei der Veraschung, um Alkalichloridverluste zu vermeiden, besondere Vorsicht geboten. Über den Nachweis der Phosphate ist bei den Mehlverbesserungsmitteln Näheres ausgeführt.

10. Säuregrad.

Unter dem Säuregrad eines Mehles versteht man die Anzahl Kubikzentimeter einer N.-Lauge, die zur Neutralisation der in 100 g Mehl enthaltenen Säure erforderlich ist.

Normalerweise ist die saure Reaktion der Mehle auf die anwesenden sauren Phosphate zurückzuführen, die unter enzymatischem Einfluß zum Teil aus dem Phytin abgespalten werden. Gelegentlich werden auch Milch-, Essigsäure usw.[1] bei veränderten Erzeugnissen gefunden. Schließlich vollzieht sich bei der Lagerung eine Hydrolyse des Neutralfettes, wodurch Fettsäuren in Freiheit gesetzt werden.

Zur Ermittlung des Säuregrades geht man folgendermaßen vor:

10 g Mehl werden in einem Meßkolben von 100 ccm unter allmählichem Zusatz von Wasser gleichmäßig (keine Knollenbildung!) verteilt; man füllt mit Wasser bis zur Marke auf, läßt 1 Stunde lang stehen, filtriert in ein trockenes Becherglas durch ein trockenes Filter und titriert vom Filtrat 50 ccm, d. h. die Hälfte des eingewogenen Mehles, mit $^1/_{10}$ N.-Alkalilauge (Phenolphthalein als Indicator).

Man kann auch die wäßrige Aufschlämmung von 10 g Mehl ohne Filtration unmittelbar titrieren.

In etwas anderer Weise gehen KREIS und ARRAGON[2] vor. Sie lassen 10 g Mehl im Becherglas mit 100 ccm destilliertem Wasser anrühren und bedeckt 30 Minuten auf ein siedendes Wasserbad stellen. Die Aufschwemmung wird unmittelbar titriert. Nach TH. v. FELLENBERG[3] werden 10 g Mehl mit 20 ccm Wasser verrührt und dann mit weiteren 80 ccm Wasser verdünnt, mit 1 ccm Chlorcalciumlösung (neutral; 10%ig), Phenolphthalein und 5 ccm (eventuell mehr) $^1/_{10}$ N.-Lauge (Überführung der Phosphate in Tricalciumphosphat) versetzt und sofort mit $^1/_{10}$ N.-Salzsäure zurücktitriert.

Der Säuregrad in der wäßrigen Aufschlämmung des Mehles ist meist etwa doppelt so groß wie der im Filtrat gefundene; bei jeder Angabe der „Titrationssäure“ ist also die nähere Kennzeichnung der Arbeitsweise erforderlich; Beispiele nach M. P. NEUMANN:

Roggen	Säuregrad		Weizen	Säuregrad	
	im Filtrat	in der Aufschlämmung		im Filtrat	in der Aufschlämmung
Vordermehl	1,5—2,0	3,0—3,5	Auszugsmehl	1,0—1,7	2,5—3,0
Brotmehl	2,0—3,5	3,5—5,0	Semmelmehl, hell . .	2,0—3,5	3,5—4,0
Graubrotmehl . . .	3,5—5,0	4,6—6,0	Semmelmehl, dunkel	3,5—4,0	5,0—6,0

Das vorgenannte analytische Verfahren entbehrt einer besonderen Genauigkeit. Die Hauptfehlerquelle liegt darin, daß kein scharfer Farbumschlag des Phenolphthaleins eintritt, so daß die Erkennung des Endpunktes der Titration erschwert ist[4]. Man titriert deshalb auf kräftiges Rosa.

[1] Vgl. auch E. K. NELSON: Rec. Trav. chim. Pays-Bas 1931, **50**, 153. Nachweis von Oxal-, Aconit-, Äpfel-, Citronen- und Malonsäure in Weizen und Roggen. — A. JOHNSON u. JESSE GREEN: Journ. Amer. Chem. Soc. 1931, **53**, 1040, 3046.

[2] KREIS u. ARRAGON: Schweiz. Wochenschr. Chem. u. Pharm. 1900, **37**, 64; **38**, 304.

[3] TH. v. FELLENBERG: Mitt. Lebensmittelunters. Hygiene 1915, **6**, 145.

[4] Bekanntlich reagiert schon das sekundäre Alkaliphosphat gegen Phenolphthalein alkalisch.

Systematisch ausgestaltet wurde das Verfahren durch H. LÜERS[1], der die Titration unter Benutzung einer Vergleichslösung bestimmter roter Farbe und eines Komparators nach dem Prinzip von WALPOLE ausführen läßt. Wenn man bei der Titration erst auf den Umschlag des Neutralrotes ($p_H = 7,07$) und dann weiterhin auf den des Phenolphthaleins ($p_H = 9,18$; kräftig rot) titriert (Stadientitration), eröffnet sich die Möglichkeit der Differenzierung nach stärkeren Säuren (Mineralsäuren, starke organische Säuren, Aminodicarbonsäuren, die Hälfte der sauren Phosphate) und schwächeren Säuren (Aminosäuren, sekundäre Phosphate usw.).

Als Richtzahlen für den Säuregrad (Mehlaufschlämmung) können nach M. P. NEUMANN gelten.

	Säuregrad					
	Roggen			Weizen		
	normal	erhöht	zu hoch	normal	erhöht	zu hoch
Vordermehl (Auszug) . .	2,2—2,6	2,7—3,5	3,5—4,0	2,3—2,6	2,7—3,0	3,1—4,0
Brotmehl (Semmelmehl) .	2,3—3,5	3,6—4,5	4,6—5,0	2,3—3,2	3,3—4,2	4,3—4,5
Graubrotmehl (dunkles Semmelmehl)	3,5—4,5	4,5—5,0	5,0—6,0	3,1—3,8	3,9—4,2	4,3—5,0

Zum raschen Erkennen saurer Mehle kann die „Tüpfelmethode“ dienen. Man stellt sich ein PEKAR-Präparat her und beträufelt mit einigen Tropfen einer 0,007%igen Lösung von Methylrot in 30%igem Alkohol. Normale Mehle werden dabei lachsfarben; schwach saure Mehle nehmen eine rote Tönung an, saure Mehle färben sich blutrot[2].

11. Wasserstoffexponent. Leitfähigkeit.

Die Wasserstoffion-Konzentration[3] sagt in vielen Fällen etwas über den Zustand des Mehles aus; sie läßt also gleichsam zahlenmäßig Alter, Sauersein, Lagerfähigkeit usw. erkennen; ihre Bedeutung für die Kleberquellung und damit für die Backfähigkeit wurde schon aufgezeigt.

Für die Ermittlung des Wasserstoffexponenten kommen die üblichen Verfahren in Betracht, die Indicatormethode (z. B. nach L. MICHAELIS, nach BJERRUM-ARRHENIUS, nach WULFF mit Indicatorfolien usw.) sowie die elektrometrische Methode.

Man stellt sich zur Messung einen wäßrigen Mehlauszug her, indem man 50 g Mehl mit 250 ccm destilliertem Wasser gleichmäßig verrührt, unter wiederholtem Umschütteln 1 Stunde stehen läßt und filtert. Ist das Filtrat nicht klar, dann wird es durch das gleiche Filter nochmals durchgegossen.

Bei den Indicatorfolien entfällt die Herstellung eines Filtrates. Man rührt das Mehl mit einer bestimmten Menge Wasser an, läßt 1 Stunde stehen und taucht die passende Folie in die Aufschwemmung ein. Nach dem Herausnehmen spült man sie mit destilliertem Wasser ab und vergleicht mit dem Farbenstandard.

Die Zahlenwerte des Säuregrades und des Wasserstoffexponenten lassen sich bei reinen Mehlen wie folgt zu allgemeinen Regeln zusammenfassen:

[1] H. LÜERS: Biochem. Zeitschr. 1920, 104, 30.

[2] Vgl. auch R. HERTWIG u. J. S. HICK: Cereal Chem. 1929, 6, 3.

[3] Vgl. auch O. ECKARDT: Zeitschr. ges. Getreide-, Mühlen- u. Bäckereiwesen 1931, 18, 57; ferner Cereal Chem. 1934, 11, 101. — Über Theorie und Arbeitsverfahren vgl. dieses Handbuch, Bd. II, 1, S. 136, 233.

Erhöhter Säuregrad (Titriersäure) und normaler Wasserstoffexponent deuten auf Phosphatspaltung hin, wie sie sich üblicherweise bei der Lagerung des Mehles einstellt.

Wenig erhöhter Säuregrad, aber stark verkleinerter Wasserstoffexponent zeigen das Vorhandensein freier Säure an, bei verdorbenem Mehl z. B. aus dem Pilzstoffwechsel stammend usw. Es kann sich darin auch eine besondere Behandlung der Mehle (Zusatz von anderen Stoffen) ausprägen.

Elektrische Leitfähigkeit. Die elektrische Leitfähigkeit ist ein zahlenmäßiger Ausdruck für den Gehalt einer Lösung an Elektrolyten. Auf einen Mehlauszug angewendet, bedeutet dies, daß man dadurch in erster Linie etwas über den Gehalt an Mineralstoffen erfährt, also über den Grad der Ausmahlung. Bei Mehlen der gleichen Herkunft sind die erhaltenen Werte diskutierbar, bei Mehlen verschiedener Rohstoffe wirken sich die naturgegebenen Unterschiede so stark aus, daß bündige Schlüsse kaum gezogen werden können[1].

12. Ätherextrakt (Fett).

Man zieht eine bestimmte Menge Mehl — gegebenenfalls nach Verreiben mit Seesand — im Soxhletapparat mit Äther oder Petroläther erschöpfend aus; das Vortrocknen der Probe ist zweckmäßig.

Bei Kindermehlen, Dextrinmehlen usw., die erhebliche Mengen an wasserlöslichen Kohlenhydraten enthalten (Gefahr von Fetteinschlüssen), extrahiert man zuerst mit Wasser, trocknet und zieht dann im Soxhlet aus. Bei Zubereitungen in Extraktform, gebackenen Mehlen usw. schließt man mit Vorteil erst durch Behandeln mit Salzsäure auf.

Für die Fettbestimmung in Mehlen sind ferner geeignet die Verfahren der Ausschüttelung nach J. GROSSFELD[2] mit Trichloräthylen sowie gegebenenfalls nach W. LEITHE[3] mit Benzin bzw. α-Bromnaphthalin (Ermittlung des Fettgehaltes durch Messung des Brechungsexponenten der Fettlösung).

13. Stickstoffsubstanz.

Zur Erlangung eines Einblickes in die Beschaffenheit und Zusammensetzung eines Mehles bzw. einer Mehlzubereitung kommen sowohl die summarische Bestimmung des Stickstoffes wie auch diejenige gewisser Sonderfraktionen in Betracht. Allgemein anwendbares Arbeitsverfahren ist in allen Fällen die Mineralisierung der Mehlsubstanz nach KJELDAHL, wobei als aufschlußbeschleunigende Hilfsmittel die verschiedenartigsten[4] Stoffe herangezogen werden; Näheres dazu vgl. in Bd. II, 2, S. 575f. dieses Handbuches beim Kapitel „Bestimmung des Stickstoffes“[5].

Im Mühlenlaboratorium wendet man gern das Schnellverfahren nach H. KÜHL und P. G. GOTTSCHALK[6] an:

1 g Mehl wird im KJELDAHL-Kolben mit 10 ccm 30%igem Hydroperoxyd vermischt. Man umgibt den Kolbenhals mit einem Tuch (sehr starke Erwärmung)

---

[1] Vgl. hierzu R. STROHECKER: Zeitschr. ges. Mühlenwesen 1927, **4**, 27. — E. BERLINER u. R. RÜTER: Zeitschr. ges. Mühlenwesen 1927, **4**, 29, 171. — K. SCHMORL: Zeitschr. ges. Mühlenwesen 1928, **5**, Heft 5, 6 u. 7.

[2] J. GROSSFELD: Zeitschr. Unters. Nahrungs- u. Genußm. 1925, **49**, 287.

[3] W. LEITHE: Z. 1936, **71**, 33; **72**, 414.

[4] Die Firma E. Merck bringt in den Handel ein „Selenreaktionsgemisch zur Schnellstickstoffbestimmung nach WIENINGER“.

[5] K. TÄUFEL, H. THALER u. K. STARKE: Angew. Chem. 1935, **48**, 191; 1936, **49**, 265.

[6] H. KÜHL u. P. G. GOTTSCHALK: Zeitschr. ges. Getreidewesen 1929, 114. — H. KÜHL: Das Mühlenlaboratorium 1937, **7**, Heft 4. Das Verfahren bietet bei Mehlen usw. große zeitliche Vorteile, bei eiweiß- und fettreichen Produkten aber nicht, da der Aufschluß ähnlich lange Zeit braucht wie bei den anderen Arbeitsverfahren.

und läßt nun 8 ccm eines Gemisches aus konzentrierter Schwefelsäure (200 ccm) und Phosphorpentoxyd (100 g) zufließen. Es tritt sehr starke Reaktion ein, und die Mehlaufschlämmung verwandelt sich in eine klare Flüssigkeit. Man setzt etwas Quecksilberoxyd zu und erhitzt mit starker Flamme. Die sich einstellende Bräunung verschwindet nach kurzer Zeit. Der Aufschluß ist in 4 Minuten beendet. Man läßt abkühlen, verdünnt mit Wasser, fällt das Quecksilber in üblicher Weise mit Natriumsulfid aus und bestimmt das vorhandene Ammoniak.

Bei der Umrechnung des Stickstoffwertes auf Eiweiß hat man seither den Faktor 6,25 benutzt; die im Schrifttum angegebenen Analysenzahlen beruhen fast ausschließlich darauf. Es hat sich aber gezeigt[1], daß dieser Wert bei Weizen nicht ganz zutrifft. Richtig wendet man an für Weizenmehl 5,7, für Kleieweizen 6,31, für Keimlingseiweiß 5,8.

Kleber. Über die Ermittlung des Klebers und seine Prüfung ist im Abschnitt s) über Backfähigkeit Näheres berichtet.

Wasserlösliche Proteine. Man behandelt 10—20 g Mehl mit 1000 ccm kaltem destilliertem Wasser, schüttelt öfter um und filtriert nach einigen Stunden. Im Filtrat wird der Stickstoff nach KJELDAHL bestimmt und auf Eiweiß umgerechnet. Man erhält auf diese Weise eine Vorstellung über den Gehalt an Albuminen und Aminosäuren; auch ein Teil der Globuline geht dabei in Lösung.

Will man die Albumine und Globuline trennen, dann zieht man nach TH. B. OSBORNE zunächst mit einer 10%igen Lösung von Natriumchlorid aus und fällt aus der Lösung durch Sättigen mit Ammoniumsulfat die Gesamtheit der Albumine und Globuline. Der Niederschlag wird wieder in 10%iger Kochsalzlösung gelöst und filtriert. Nun entfernt man durch Dialyse die Salze. Mit diesen gehen die Albumine in die Dialysierflüssigkeit, die Globuline fallen aus. Aus dem Dialysat werden die Albumine durch Erwärmen auf 50—80° ausgeschieden. Auch die vorher erwähnten Globuline werden nochmals aus 10%iger Kochsalzlösung zur Reinigung umgefällt.

Alkohollösliche Proteine. Zur Abtrennung aus dem Mehl und Differenzierung auf die einzelnen Bestandteile haben J. KÖNIG und P. RINTELEN[2] ein Arbeitsverfahren beschrieben.

Was den Nachweis und die Bestimmung einzelner Aminosäuren anlangt, so muß auf die Spezialliteratur verwiesen werden[3].

14. Kohlenhydrate.

Für die übliche Untersuchung ist es ausreichend, die Gesamtkohlenhydrate durch Rechnung zu ermitteln; sie werden als Unterschied 100 minus Gehalt an Wasser, Fett, Protein, Asche und Rohfaser gefunden. Für die experimentelle Bestimmung kommen folgende Verfahren in Betracht[4].

a) Verzuckerung. 3 g Mehl werden, eventuell nach Entfettung (Kindermehle, sonstige fetthaltige Zubereitungen), mit Wasser gleichmäßig vermengt und unter 3 Atmosphären Druck (Dampftopf nach SOXHLET) oder im Druckfläschchen nach REISCHAUER-LINTNER 8 Stunden auf 108—110° erhitzt. Man filtriert heiß durch Asbest und wäscht den Rückstand, der keine Stärkereaktion

---

[1] D. B. JONES: United States Departm. of Agriculture, Washington, D. C. Circular Nr 183 vom August 1931.

[2] J. KÖNIG u. P. RINTELEN: Zeitschr. Unters. Nahrungs- u. Genußm. 1904, 8, 401, 721.

[3] J. TILLMANS u. A. ALT: Biochem. Zeitschr. 1925, **164**, 135; 1926, **178**, 243. — J. TILLMANS, P. HIRSCH u. F. STOPPEL: Biochem. Zeitschr. 1928, **198**, 379. — J. TILLMANS u. K. PHILIPPI: Biochem. Zeitschr. 1929, **215**, 36. — H. BAUER u. E. STRAUSS: Biochem. Zeitschr. 1929, **211**, 191. — W. ZIMMERMANN: Zeitschr. physiol. Chem. 1930, **189**, 4.

[4] Ausführliche Darstellung siehe dieses Handbuch, Bd. II, 2, S. 835.

mehr geben darf, mit Wasser aus. Das Filtrat wird auf 200 ccm aufgefüllt und mit 20 ccm Salzsäure (Spez. Gewicht = 1,125) 3 Stunden am Rückflußkühler hydrolysiert. Man kühlt ab, neutralisiert mit Natronlauge, filtriert nötigenfalls durch Watte, füllt auf 500 ccm auf und bestimmt die gebildete Glykose mit FEHLINGscher Lösung nach einem der bekannten Verfahren. Durch Multiplizieren mit dem Faktor 0,9 rechnet man auf Stärke um.

Die Verzuckerung der Stärke kann auch nach M. MÄRKER und A. MORGEN[1] durch Malzauszug und Druckerhitzung oder durch Diastase[2] nach Verkleisterung bei 60—65° durchgeführt werden.

Nach den vorstehenden Verfahren bestimmt man Stärke, Dextrin und Zuckerarten. Um die Einzelanteile zu erfahren, schüttelt man 5—10 g Mehl mit 1 l Wasser kräftig durch, läßt absitzen, saugt ab und bestimmt im Filtrat den direkt reduzierenden Zucker[3] sowie den Zucker nach der Inversion mit Salzsäure (Zucker und Dextrin). Durch Differenzbildung gegen die Gesamtkohlenhydrate erfährt man die 3 Einzelbestandteile.

b) Gewichtsanalytische Stärkebestimmung nach G. BAUMERT und H. BODE[4]. 3 g des feinst gepulverten Materials werden mit 2—5 ccm Wasser gleichmäßig verrieben und unter Rühren und Kühlen mit 10 ccm Salzsäure (1,19) versetzt. Nach längstens 10 Minuten ist die Masse dünnflüssig; man fügt 20%ige Natronlauge im Überschuß zu und füllt auf 250 ccm auf. 25 ccm des Filtrates werden nach Zugabe von etwas feinflockigem, ausgeglühtem Asbest mit 50—60 ccm Alkohol (96%ig) gefällt. Man sammelt den Niederschlag in einem vorher ausgeglühten Asbestfilterröhrchen (Absaugen), wäscht erst mit Alkohol, der mit Salzsäure angesäuert ist (Zersetzung der Natriumstärkeverbindung), dann mit absolutem Alkohol und Äther aus. Das getrocknete Röhrchen wird gewogen, dann der Inhalt im Sauerstoffstrom verbrannt und nun wieder gewogen. Die Gewichtsdifferenz stellt die Stärke dar.

c) Polarimetrische Stärkebestimmung. Sie trägt dem chemischen Begriff Stärke am besten Rechnung. Für die Durchführung der Analyse sind verschiedene Arbeitsweisen angegeben worden.

Verfahren nach E. EWERS[5] (Ausführung nach K. VON SCHEELE und G. SVENSSON[6]) 4,745 g Substanz werden mit 25 ccm Salzsäure (1,124 Gew.-% Salzsäure) im 100 ccm-Kolben gleichmäßig verschüttelt. Mit weiteren 25 ccm Salzsäure spült man den Kolbenhals sauber, schüttelt um und setzt das Gemisch 15 Minuten ins siedende Wasserbad, wobei wiederholt umgeschüttelt wird. Mit kaltem Wasser füllt man auf etwa 90 ccm auf, setzt zur Klärung die erforderliche Menge einer 4%igen Phosphorwolframsäure zu (für reine Stärke reichen 2—3 Tropfen, für Mehle 5—8 ccm, für Kleie 5—20 ccm (!!), füllt zur Marke auf, filtriert und polarimetriert.

Durch Multiplizieren der gefundenen Grade Drehung nach VENTZKE mit dem Faktor 2 erhält man den Stärkegehalt; man korrigiert diesen durch folgende Abzüge: Bei Weizen und Gerste 1,0; bei Mais und Gerstenkleie 2,0; bei Weizenkleie und Reisfuttermehl 3,0; bei Roggenkleie 0,5.

Verfahren nach E. EWERS. 5 g des feinst verteilten Materials befreit man im Goochtiegel durch dreimaliges Übergießen mit Wasser und nachfolgendes 1—2maliges Übergießen mit Alkohol und Äther von Zucker, Fett,

[1] M. MÄRKER: Handbuch der Spiritusfabrikation. Berlin 1898.
[2] Vgl. T. CHRZASZCZ: Zeitschr. Unters. Nahrungs- u. Genußm. 1924, **48**, 306.
[3] Bei zuckerreicheren Substanzen nimmt man zur Extraktion 75—85%igen Alkohol, wodurch Verkleisterung usw. vermieden werden.
[4] G. BAUMERT u. H. BODE: Zeitschr. Unters. Nahrungs- u. Genußm. 1909, **18**, 167.
[5] E. EWERS: Zeitschr. öffentl. Chem. 1908, **14**, 150.
[6] K. v. SCHEELE u. G. SVENSSON: Zeitschr. ges. Getreidewesen 1928, **15**, 229, 268; 1929, **16**, 15.

Wachs usw. Man vertreibt den Alkohol und Äther durch kurzes Erwärmen. Die trockene Masse füllt man verlustlos in einen 100 ccm-Meßkolben und spült mit 75 ccm Salzsäure (1,124 Gew.-% Salzsäure) nach. Die weitere Behandlung erfolgt, wie obenstehend angegeben. Bei Verwendung von 5 g Substanz auf 100 ccm erhält man den Stärkegehalt durch Multiplizieren der ermittelten Grade Ventzke-Soleil mit 1,898 bei Weizen, 1,885 bei Roggen, 1,912 bei Gerste, 1,914 bei Hafer, 1,866 bei Reis und 1,879 bei Mais. Das Verfahren ist von C. PAROW und FR. NEUMANN[1] etwas anders ausgestaltet worden.

Verfahren nach C. J. LINTNER[2]. 2,5 g des feinst gepulverten Materials werden mit 10 ccm Wasser ganz gleichmäßig verrieben. Man setzt 15—20 ccm Salzsäure (Spez. Gewicht 1,19) zu und vermischt. Nach 30 Minuten wird der dünnflüssige Brei mit Salzsäure (Spez. Gewicht 1,125) in ein 100 ccm-Kölbchen verlustlos gespült. Mit 4 ccm Phosphorwolframsäure klärt man und füllt zur Marke mit verdünnter Salzsäure auf. Es wird gefiltert und polarimetriert. Der Gehalt an Stärke (c) wird gefunden:

$$c = \frac{100 \cdot \alpha}{1 \cdot \alpha_D},$$

wobei α = abgelesener Drehungswinkel, 1 = Rohrlänge in dcm, α_D = Spez. Drehung der Stärke[3].

Durch Multiplikation mit 40 erhält man den Prozentgehalt an Stärke.

Verfahren zur Bestimmung der nicht aufgeschlossenen Stärke. Diese Bestimmung kommt vor allem für Kindermehle in Betracht. C. BAUMANN und J. GROSSFELD[4] haben dafür ein Verfahren ausgearbeitet, das von den Dextrinen wenig beeinflußt wird.

d) Colorimetrische Stärkebestimmung in Kleie und Futtermehlen. Von W. KRANZ[5] wurde mit Hilfe der Jodstärkereaktion eine rasch durchführbare Methode ausgearbeitet. Man kocht 0,1 g Substanz in Chlorcalciumlösung auf, säuert an, filtert, verdünnt, setzt Jodjodkaliumlösung zu und bestimmt die Farbtiefe im Photometer.

e) Lösliche Kohlenhydrate bei Kindermehlen usw. Man geht nach N. GERBER und RADENHAUSEN[6] folgendermaßen vor:

Diastasierte Kindermehle. 3—5 g werden entfettet, mit 30—50 ccm Wasser angerührt, 3 Stunden bei 70—75° C digeriert, mit 100 ccm 50 Vol.-%igem Alkohol versetzt und bis zur Klärung stehen gelassen. Man saugt an der Wasserstrahlpumpe ab, wäscht mit mindestens 100 ccm des 50%igen Alkohols nach, bringt auf ein bestimmtes Volumen und dampft einen bestimmten Teil auf $^1/_4$ des ursprünglichen Volumens ein (Entfernung des Alkohols); eine eventuelle Trübung von Eiweiß usw. wird abfiltriert. Man dampft in einer Platinschale zur Trockne ein, trocknet bei 105° C und wägt. Dann wird der Rückstand verascht; es wird wieder gewogen. Die Differenz zwischen der 1. und 2. Wägung stellt die Menge der löslichen Kohlenhydrate dar.

---

[1] C. PAROW u. FR. NEUMANN: Zeitschr. Spiritusind. 1907, **30**, 561.

[2] C. J. LINTNER: Zeitschr. Unters. Nahrungs- u. Genußm. 1907, **14**, 205. Vgl. hierzu G. BELSCHNER: Bestimmung der Stärke in Cerealien durch Polarisation. Inaug.-Diss. Techn. Hochschule München 1907.

[3] α_D beträgt bei

Gerstenstärke	200,3
Roggenstärke	201,6
Weizenstärke	202,4
Maisstärke	201,5
Reisstärke	202,5

[4] C. BAUMANN u. J. GROSSFELD: Zeitschr. Unters. Nahrungs- u. Genußm. 1917, **33**, 97.

[5] W. KRANZ: Das Mühlenlaboratorium 1937, **7**, Heft 7.

[6] N. GERBER u. RADENHAUSEN: Forsch. auf dem Gebiete der Viehhaltung 1879, Heft 7.

Gewöhnliche Kindermehle. 3—5 g der entfetteten Substanz werden wie oben mit der zehnfachen Menge Wasser vermischt, 5 Minuten unter Umrühren gekocht und nach dem Erkalten mit 100 ccm 50%igem Weingeist versetzt. Man rührt um, läßt absitzen, filtert, wäscht den Filterrückstand aus, bringt auf ein bestimmtes Volumen und verfährt weiter, wie vorstehend angegeben.

Den verbleibenden Rückstand kann man zur Bestimmung der unlöslichen Kohlenhydrate benutzen, indem man mit Salzsäure vollständig hydrolysiert und den Zucker reduktometrisch ermittelt.

f) Bestimmung der Dextrine. Man stellt sich einen wäßrigen Mehlauszug (vgl. auch unter e) her und trennt die Dextrine von den vorhandenen Zuckerarten durch Ausfällung mit Alkohol ab. Zu diesem Zweck dampft man die Lösung zum dicken Sirup ein, löst diesen in 10—20 ccm Wasser und fällt unter Rühren mit 100—200 ccm 96%igem Alkohol. Man läßt absitzen, filtriert die Lösung in eine Porzellanschale ab und wäscht den Rückstand unter Zerreiben mit einem Pistill mehrmals mit kleinen Mengen Alkohol (1 Teil Wasser und 10 Teile 96%iger Alkohol) aus. Die vereinigten Filtrate werden eingedampft; der Rückstand wird in 10 ccm Wasser gelöst und die Lösung wiederum mit Alkohol gefällt, wie vorangehend angegeben. Auch die gesammelten Dextrine werden wieder in heißem Wasser gelöst, auf 10—20 ccm eingedampft und wie oben mit Alkohol gefällt.

Die reinen Dextrine löst man in 200 ccm Wasser auf, setzt 20 ccm Salzsäure (25%ig) zu und erhitzt zur vollständigen Hydrolyse 3 Stunden auf dem siedenden Wasserbad am Rückflußkühler. Man kühlt ab, neutralisiert mit Natronlauge, verdünnt auf die vorgeschriebene Konzentration und bestimmt den Zucker reduktometrisch nach einem der bekannten Verfahren.

g) Klebfähigkeit, Ausgiebigkeit, Viscosität der Stärke bzw. Stärkelösungen. In dieser Beziehung sei auf das Fachschrifttum verwiesen.

h) Verkleisterung der Stärke. Eine bewährte Methode in Mikroausführung haben F. FISCHLER und J. SCHWAIBOLD[1] angegeben.

i) Trifruktosan. Über die Ermittlung dieser von J. TILLMANS und Mitarbeitern aufgefundenen Verbindung vgl. die Ausführungen unter 23, Nachweis von einzelnen Mehlen und Mehlverschnitten.

15. Pentosane.

Die Bestimmung erfolgt in bekannter Weise durch Destillation von 5 g (eventuell mehr) der Substanz mit Salzsäure vom Spez. Gewicht = 1,06; das entstandene Furfurol fällt man am besten mit Barbitursäure. Das übliche Phloroglucinverfahren führt zu fehlerhaften Ergebnissen, weil dabei auch das meist anwesende Oxymethylfurfurol (aus den Hexosen stammend) mit gefällt wird. Über Einzelheiten der Arbeitsweise vgl. Bd. VI des vorliegenden Handbuches[2], S. 34/35.

Die Angaben der Literatur über den Pentosangehalt der Mehle gründen sich fast ausschließlich auf die Fällung mit Phloroglucin nach B. TOLLENS; sie dürften allesamt etwas zu hoch sein.

16. Rohfaser[3].

Man wendet meist das Verfahren nach J. KÖNIG an. 3 g der Substanz werden im fein gemahlenen Zustand in 200 ccm Glycerinschwefelsäure (20 g

[1] F. FISCHLER u. J. SCHWAIBOLD: Biochem. Zeitschr. 1936, **283**, 322.
[2] P. PETER, K. TÄUFEL, H. THALER: **Z.** 1933, **66**, 143.
[3] K. TÄUFEL u. H. THALER: **Z.** 1934, **68**, 631. Bei hellen Mehlen schlägt H. KÜHL (Das Mühlenlaboratorium 1933, **3**, Heft 9) zur Rohfaserermittlung die ausschließliche

konz. Schwefelsäure mit Glycerin vom Spez. Gewicht = 1,23 zum Liter aufgefüllt) verteilt und 1 Stunde am Rückflußkühler erhitzt. Nach dem Erkalten verdünnt man mit Wasser auf 800 ccm und filtert heiß durch einen Filtertiegel. Der Rückstand wird mit 400 ccm heißem Wasser, darauf mit warmem Alkohol und zuletzt mit Äther ausgewaschen, bis letzterer farblos abfließt. Man trocknet bei 105—110° zum konstanten Gewicht, wägt, verascht und wägt zurück. Der Unterschied zwischen beiden Wägungen wird gemäß Übereinkunft als sog. „Rohfaser" oder „Holzfaser" in Rechnung gestellt.

17. Fermente der Mehle[1].

a) Diastatische Fermente. Unter „diastatischer Kraft" versteht man die Fähigkeit eines Mehles, aus gelöster Stärke Zucker zu bilden. Man drückt dies durch die Zuckermenge aus, die unter bestimmten Bedingungen in einer bestimmten Zeit gebildet wird. Zur Durchführung dieser Messung sind mannigfache Verfahren ausgearbeitet worden, die sich voneinander unterscheiden und deshalb auch keine übereinstimmenden, vergleichbaren Ergebnisse liefern.

Am bekanntesten ist das Verfahren nach J. C. LINTNER, das verschiedentlich für spezielle Zwecke zugeschnitten worden ist, z. B. bei der Diastase-Ermittlung im Gerstenmalz. Man geht so vor, daß man einen unter bestimmten Bedingungen (Wassermenge, Zeit, p_H usw.) aus dem Mehl hergestellten Auszug auf eine Lösung von löslicher Stärke einwirken läßt[2].

Es ist insbesondere L. A. RUMSEY[3] gewesen, der darauf hingewiesen hat, daß der Versuch mit sog. löslicher Stärke von einem sehr wenig gut definierten und zudem von einem dem Mehl gegenüber artfremden Substrat ausgeht — denn dies gilt für lösliche Stärke — und somit für die Zwecke der backtechnischen Bewertung der Mehle von geringerer Bedeutung ist; in der Bäckerei wirkt ja die Diastase auf Mehl (im Teig) ein, nicht aber auf lösliche Stärke. Man ist deshalb dazu übergegangen, die diastatische Wirksamkeit an der beim Selbstabbau des in Wasser suspendierten Mehles erfolgenden Zuckerbildung zu messen. Der Nachteil dieser autolytischen Methode — Hemmung der Enzymtätigkeit durch die Anreicherung an gebildeter Maltose — fällt bei einheitlicher Arbeit nicht oder nur wenig ins Gewicht.

Bei brautechnischen Untersuchungen verwendet man allgemein das abgeänderte und verbesserte Verfahren nach C. J. LINTNER[4]. Auf der Grundlage der Arbeiten von L. A. RUMSEY[5] ist in Nordamerika von der Association of official Agricultural Chemists das Verfahren nach M. J. BLISH und R. M. SANDSTEDT[6] eingeführt worden. In England untersucht man meist nach den Angaben von D. W. KENT-JONES[7]. In Deutschland gilt die Arbeitsweise nach K. RITTER[8] als zuverlässig und einwandfrei.

Abkochung mit 1 N.-Salzsäure vor. Es sei ferner auf die Verfahren der Rohfaserermittlung nach K. KÜRSCHNER und A. HANAK (Z. 1930, **59**, 484) sowie nach K. SCHARRER und K. KÜRSCHNER (Zeitschr. ges. Fütterungslehre u. Futtermittelkunde 1932, **3**, 302) hingewiesen.

[1] Vgl. die ausführliche Darstellung bei E. WALDSCHMIDT-LEITZ u. A. K. BALLS: Dieses Handbuch, Bd. II, 2, S. 726; ferner bei A. HESSE: Erg. Enzymforsch. 1935, **4**, 147f.; N. P. KOSMIN: Das Mühlenlaboratorium 1933, **3**, Heft 7.

[2] Vgl. PAWLOWSKI-DOEMENS: Die brauereitechnischen Untersuchungsmethoden, 4. Aufl., S. 148. München u. Berlin: R. Oldenbourg 1932.

[3] L. A. RUMSEY: Amer. Inst. of Baking (Chicago) Bull. Nr. 8 (Aug. 1922).

[4] Vgl. PAWLOWSKI-DOEMENS: Die brauereitechnischen Untersuchungsmethoden, 4. Aufl., S. 148. München u. Berlin: R. Oldenbourg 1932.

[5] Vgl. auch J. C. MALLOCK: Cereal Chem. 1929, **6**, 175.

[6] Vgl. J. A. LE CLERC: Cereal Chem. 1934, **11**, 99.

[7] D. W. KENT-JONES: Zeitschr. ges. Getreidewesen 1929, **16**, 171.

[8] K. RITTER: Zeitschr. ges. Getreidewesen 1928, **15**, 13.

Verfahren nach K. Ritter. 20 g Mehl werden in einem 200 ccm-Meßkolben im Thermostaten auf 27° C erwärmt; man setzt dann genau 100 ccm Wasser von 27° zu und stellt eine gleichmäßige Suspension her. Dieselbe wird 1 Stunde bei dieser Temperatur gehalten, wobei alle 15 Minuten geschüttelt wird. Nach Ablauf dieser Zeit unterbricht man die Verzuckerung durch Zugabe von 8 Tropfen konz. Schwefelsäure und fügt zur Klärung 6 ccm einer 15%igen Natriumwolframatlösung hinzu. Es wird zur 200 ccm-Marke aufgefüllt und klar filtriert.

Für die Bestimmung der gebildeten reduzierenden Zuckerarten, die man als Maltose berechnet, nimmt man 25 ccm obiger Lösung, gibt im Erlenmeyer 10 ccm Wasser und je 20 ccm der Fehlingschen Lösungen I und II hinzu, erhitzt und erhält genau 4 Minuten im Sieden. Man läßt das ausgeschiedene Kupfer-(1)-oxyd absitzen, wäscht es unter Dekantieren mit Wasser vom gelösten Kupfersalz restlos frei, wobei man durch ein Allihnröhrchen mit Asbestfilterschicht filtriert, den Niederschlag aber im Erlenmeyer-Kolben zurückläßt. Nun löst man denselben mit 20 ccm (nötigenfalls mehr) einer schwefelsauren Eisen-(3)-sulfatlösung. Die entstandene grünliche Lösung gießt man unter vorsichtigem Saugen durch das Allihnröhrchen, wobei sich die dort vorhandenen kleinen Mengen von Kupfer-(1)-oxyd lösen. Man wäscht mit destilliertem Wasser nach und titriert das gebildete Eisen-(2)-salz in bekannter Weise mit $^1/_{10}$ N.-Kaliumpermanganatlösung (1 ccm $^1/_{10}$ N.-$KMnO_4$ = 0,006357 Cu). Die der gefundenen Kupfermenge entsprechende Menge an Maltose entnimmt man der Tabelle nach E. Wein[1]. Die Anzahl Milligramm Maltose, auf 10 g Mehl umgerechnet, stellt die diastatische Kraft dar.

In 70%igen Mehlen fand K. Ritter nach seiner Arbeitsweise folgende Werte, die zum Verlauf der Gare in Beziehung gesetzt sind (Tabelle 28).

Tabelle 28. Diastatische Kraft von Weizenmehlen und Verlauf der Gare.

Art des Weizenmehles	Diastatische Kraft	Verlauf der Gare	p_H
Redwinter	248,0	etwas schleppend	6,1
Plataweizen	272,5	normal	6,2
Norddeutscher Landweizen	278,9	,,	6,3
Rheinweizen.	331,2	,,	6,3
Donauweizen	344,2	flott	6,3
Manitobaweizen	387,9	,,	6,3
Südrussischer Weizen . .	667,2	sehr flott	6,4

Ein Leerversuch zur Ermittlung der im Mehl vorgebildeten Menge an reduzierendem Zucker wird üblicherweise, da wenig von Belang, nicht ausgeführt. Es kann dies aber in sinngemäßer Abwandlung der Versuchsvorschrift geschehen.

Von P. Pelshenke[2] ist — insbesondere für die Benutzung bei Züchtungsversuchen mit Getreide — eine Schnellmethode angegeben worden, bei der an Stelle des Reduktionswertes der Zuckerarten die Gesamtheit der abgebauten Stärkeprodukte polarimetrisch ermittelt wird.

4 g Mehl werden mit 30 ccm Wasser von 32° C $^1/_2$ Stunde bei 32° C gehalten, die Reaktion durch Zugabe von 4 Tropfen konz. Schwefelsäure beendet und zur Klärung 2 ccm Natriumwolframatlösung (15%ig) zugesetzt. Man filtriert

[1] Merkwürdigerweise ist bisher bei der Mehluntersuchung die Bestimmung der reduzierenden Zuckerarten nach R. Willstätter und G. Schudel (Ber. Deutsch. Chem. Ges. 1918, 51, 780) nicht angewendet worden, abgesehen von der Prüfung bei Gerste und Malz.

[2] P. Pelshenke: Das Mühlenlaboratorium 1931, 1, 37. Vgl. auch die Methoden unter Benutzung der Jodfärbungen der diastatischen Abbauprodukte, z. B. nach M. P. Neumann: Zeitschr. ges. Getreidewesen 1928, 15, 190. — A. Mühlhaus: Zeitschr. ges. Getreidewesen 1930, 17, 224. — E. Berliner u. R. Rüter: Zeitschr. ges. Mühlenwesen 1928/29, 5, 134, 156.

und polarimetriert im 200-mm-Rohr. Nach P. PELSHENKE bedeuten die Ablesungen am Polarisationsapparat:

bis 0,3	eine	niedrige	diastatische Kraft
0,3—1,0	„	mittlere	„ „
1,0—2,0	„	starke	„ „
über 2,0	„	sehr starke	„ „

Bei diastasehaltigen Extrakten und Backmalzen wendet man meist die Methode POLLAK-EGLOFFSTEIN[1] an; auch nach dem Verfahren nach DUCHAČET-ZILA wird z. B. in der Textilindustrie gearbeitet.

Die Abhängigkeit der diastatischen Kraft vom p_H — höchste Wirkung bei $p_H \sim 5$; Endpunkt der Wirkung im sauren Gebiet bei $p_H \sim 3$, im alkalischen Gebiet bei $p_H \sim 8{,}5$ — wird bei der Mehlprüfung, im Gegensatz zur Untersuchung des Malzes[2], nicht durch Anwendung von Pufferlösungen berücksichtigt, da man, im Hinblick auf das Verhalten des Teiges, die diastatische Kraft unter den von Natur gegebenen Bedingungen kennen lernen will. Hohe diastatische Kraft weist nach einer von K. SCHMORL[3] geäußerten, von A. HESSE aber bezweifelten Meinung in der Mehrzahl der Fälle auch auf starke proteinabbauende Kraft hin. Solche Mehle führen, wenn nicht ein außerordentlich starker Kleber vorliegt, leicht zu fließenden Teigen.

Stärkeverflüssigungsvermögen. Die Einwirkung der Diastase auf Stärke ist bekanntlich zweifacher Art. Zunächst wird die Stärke verflüssigt und gelöst und dann erst verzuckert. Es kann daher — dies gilt für die Malze und Malzpräparate (z. B. als Bäckereihilfsmittel) — mitunter erforderlich sein, die Fähigkeit der Stärkeverflüssigung neben der verzuckernden Wirkung zahlenmäßig festzulegen. Man bedient sich hierbei am besten der von J. C. LINTNER und SOLLIED[4] ausgearbeiteten und von DOESSEL verbesserten Arbeitsweise.

Man versteht unter Stärkeverflüssigungsvermögen einer Substanz die Zahl, die angibt, wieviel Stärke von 1 g derselben (z. B. 1 g Malz) verflüssigt wird.

b) Proteolytische Fermente[5]. Die Meinungen über den Einfluß der Proteolyse gehen im allgemeinen dahin, daß während der üblichen Dauer der Teiggärung von dieser Seite her nur eine unwesentliche Einwirkung auf den Kleber zu gewärtigen ist. Andere Faktoren, wie Wasserstoffexponent, Kleberbeschaffenheit (Leimkleber) usw., sind von größerer Bedeutung.

Die proteolytische Enzymtätigkeit der Mehle — nach H. LÜERS und SPINDLER liegt die beste Wirkung zwischen $p_H = 3{,}95$ bis $5{,}54$ — ist bisher nur wenig erforscht. Versuche, auf chemischem Wege die Einwirkung der Proteasen durch Ermittlung der gebildeten Aminosäuren und löslichen Stickstoffverbindungen zu verfolgen, hatten bisher nicht den gewünschten Erfolg[6]. Dies mag in erster Linie daran liegen, daß die proteolytische Wirkung zu gering ist, um in der Menge der freigelegten Aminogruppen deutlich in Erscheinung treten zu können, und daß der Weizenkleber seine Eigenschaften schon geändert hat, ehe Polypeptide und freie Aminosäuren auftreten. Man muß deshalb bei der Untersuchung kolloidchemischen Untersuchungsverfahren den Vorzug geben[7].

[1] J. WEICHHERZ: Die Malzextrakte. Berlin 1928.

[2] Vgl. PAWLOWSKI-DOEMENS: Die brauereitechnischen Untersuchungsmethoden, S. 71, 148.

[3] K. SCHMORL: Zeitschr. ges. Getreide-, Mühlen- u. Bäckereiwesen 1935, **22**, 101.

[4] Vgl. hierzu PAWLOWSKI-DOEMENS: Die brautechnischen Untersuchungsmethoden, S. 152—153.

[5] Vgl. die zusammenfassende Darstellung bei E. WALDSCHMIDT-LEITZ u. A. K. BALLS: Dieses Handbuch, Bd. II, 2, S. 746f.; ferner bei A. HESSE: Erg. Enzymforsch. 1935, **4**, 159f. G. KLEMT u. W. ALTMANN: Das Mühlenlaboratorium 1937, **7**, Heft 5.

[6] Bull. Soc. Chim. Biol. **16**, 1625.

[7] E. BERLINER: Das Mühlenlaboratorium 1933, Sonderheft, S. 33.

Zur Bestimmung der proteolytischen Kraft bei Malz wurde seither das von SCHIDROWITZ[1] angegebene Verfahren benutzt, das auf der Verflüssigung von Gelatine beruht. Wegen seiner geringen Zuverlässigkeit wird es heute kaum mehr angewendet. Von der ins einzelne gehenden Anführung der Methode, den Abbau der Mehlproteine titrimetrisch nach der Arbeitsweise der Formoltitration zu verfolgen — vgl. die Methodik bei K. SCHMORL[2] — kann aus den vorgenannten Gründen Abstand genommen werden.

Sonstige Verfahren zur Ermittlung der proteolytischen Wirksamkeit versuchen, das Ziel mittelbar zu erreichen. Nach einem Vorschlag von E. A. SCHMIDT bestimmen G. KLEMT und W. ALTERMANN[3] die „Quellzahldifferenz".

Man teigt 10 g Mehl in üblicher Weise ein und läßt bedeckt 1 Stunde lang bei Zimmertemperatur bzw. bei 27° C stehen. Außerdem werden weitere 10 g Mehl eingeteigt; der letztere Teig wird sofort mit 2%iger Kochsalzlösung stärkefrei gewaschen. In gleicher Weise stellt man den Kleber aus dem Stehversuch her. Man ermittelt in beiden Fällen die Klebermenge und weiterhin die „Quellzahl" durch 2,5stündiges Stehenlassen des Klebers in $^1/_{50}$ N.-Milchsäurelösung (vgl. die späteren Ausführungen). Die erhaltene „Quellzahldifferenz" der Kleber beider Versuche ist ein Ausdruck für die proteolytische Kraft[4]. Durch Vermischen eines Mehles mit einem Mehlzusatzstoff, z. B. mit Malzmehl, kann auf diese Weise die kleberbeeinflussende Wirkung des letzteren ermittelt werden.

Eine weitere Möglichkeit zur angenäherten quantitativen Bestimmung der proteolytischen Kraft eines Zusatzstoffes zum Mehl besteht in der Festlegung des Einflusses desselben auf den Teig, den man im Farinographen behandelt[5].

c) Lipatische Fermente. Sie setzen während der Lagerung des Mehles aus den Glyceriden Fettsäuren in Freiheit, die ihrerseits (vgl. die früheren Erörterungen) die Beschaffenheit des Klebers beeinflussen. Besondere Verfahren zum Nachweis der lipatischen Kraft sind für die Zwecke der Mehluntersuchung noch nicht ausgearbeitet worden. Es muß deshalb auf die allgemein enzymchemischen Untersuchungsverfahren verwiesen werden[6].

d) Phosphatasen hydrolysieren die organischen Phosphorverbindungen des Mehles und sind infolgedessen an der Acidität beteiligt; bezüglich ihrer Ermittlung gilt das gleiche wie bei den Lipasen.

e) Oxydasen[7] sind im Mehl vorhanden, aber bisher noch sehr wenig erforscht, mit Ausnahme der Tyrosinase, die an der Farbe der Brotkrume beteiligt ist[8].

f) Katalase. Dieses im Mehl vorhandene Enzym bestimmt man auf Grund seiner Wirkung auf den Zerfall von Hydroperoxyd. Man ermittelt entweder das beim Versuch unzersetzt hinterbleibende Hydroperoxyd, oder man mißt die Menge des abgespaltenen gasförmigen Sauerstoffes[9]. TH. MERL und J. DAIMER haben dabei den von J. TILLMANS und O. HEUBLEIN[10] für Back-

[1] Vgl. M. P. NEUMANN: Brotgetreide und Brot, 3. Aufl., S. 91.
[2] K. SCHMORL: Mehlchemischer Lehrkurs, S. 70, 3. Aufl. Leipzig 1936.
[3] G. KLEMT u. W. ALTERMANN: Das Mühlenlaboratorium 1937, **7**, Heft 5.
[4] Eine etwas andere Arbeitsweise ist angegeben bei H. HAEVECKER: Zeitschr. ges. Getreide-, Mühlen- u. Bäckereiweisen 1936, **23**, 47.
[5] Cereal Chem. 1935, **12**, 25.
[6] Vgl. E. WALDSCHMIDT-LEITZ u. A. K. BALLS: Dieses Handbuch, Bd. II, 2, S. 714f. — A. BERTHO u. W. GRASSMANN: Biochem. Praktikum. Berlin u. Leipzig: W. de Gruyter & Co. 1936.
[7] Vgl. Mühle **71**, 1413. Vgl. auch dieses Handbuch, Bd. II, 2, S. 815.
[8] Dieses Handbuch, Bd. II, 2, S. 815.
[9] TH. MERL u. J. DAIMER: Zeitschr. Unters. Nahrungs- u. Genußm. 1921, **42**, 273. — E. WALDSCHMIDT-LEITZ u. A. K. BALLS: Dieses Handbuch, Bd. II, 2, S. 818f.
[10] J. TILLMANS u. O. HEUBLEIN: Zeitschr. Unters. Nahrungs- u. Genußm. 1917, **34**, 357.

pulveruntersuchung angegebenen Apparat benutzt. Für den Backprozeß selbst ist die Katalase anscheinend nur von nebensächlicher Bedeutung.

18. Backversuch.

Durch den Backversuch erstrebt man in erster Linie Aufschluß über die Eignung des Mehles zur Herstellung von Gebäck. Es handelt sich also um die Erfassung eines rein technologischen Wertmerkmales für den Müller, Bäcker, die Hausfrau usw. Etwas andere Gesichtspunkte treten in den Vordergrund, wenn man z. B. bei Züchtungsversuchen mit Weizen sich durch den Backversuch über die Beschaffenheit einer neuen Varietät ein Urteil verschaffen will.

Das Ergebnis des Backversuchs wird von den näheren Umständen bei der Teigherstellung und beim Ausbacken tiefgehend beeinflußt. Genaues Arbeiten nach bestimmter Vorschrift ist daher unerläßliche Voraussetzung für die Erzielung vergleichbarer Ergebnisse.

Beim wissenschaftlichen Backversuch werden alle Einzelheiten zahlenmäßig festgelegt.

Versuchsvorschrift für Weizenmehl[1]. Man nimmt 180 ccm Wasser von 40° C und verteilt darin 7 g Hefe und 5 g Kochsalz. Aus einem tarierten Gefäß mit etwa 400 g Mehl setzt man allmählich unter Durchkneten mit der Hand so lange vom Mehl zu, bis ein Teig richtiger Konsistenz vorliegt. Dieser bleibt bei 33—35° C $^1/_2$ Stunde stehen. Dann wird er zur Lüftung der Hefe mit einem mit Mehl beriebenen Spatel oder mit dem in das Versuchsmehl getauchten Finger „durchstoßen". Man läßt bei der gleichen Temperatur wieder $^1/_2$ Stunde stehen und stößt dann nochmals kräftig durch. Nach dem 2. Durchstoßen ermittelt man das Teiggewicht.

Vom gewogenen Teig nimmt man 400 g, wirkt mit anderem Mehl auf und gibt das Ganze in eine mit etwas Fett ausgestrichene Kastenform, die man auf „Gare" stellt. Den Verlauf der Gare überwacht man. Nach 40—50 Minuten (Kastengebäck) wird der Teig „reif" sein. Er wird nach Befeuchtung mittels eines genäßten weichen Pinsels in den Backofen geschoben und ausgebacken (etwa 45 Minuten). Nach dem Erkalten werden das Gewicht des Gebäckes sowie seine Eigenschaften ermittelt (Farbe, Porung usw.).

Versuchsvorschrift für Roggenmehl[1]. Es werden 50 g Anstellsauer mit 50 ccm Wasser von 25° C um 13 Uhr zum „Frischsauer", um 17 Uhr mit 200 ccm Wasser von 25° C zum „Grundsauer" verarbeitet. Um 7 Uhr am nächsten Morgen wird mit 600 ccm Wasser (40° C) der „Vollsauer" und um 11 Uhr mit 800 ccm Wasser (40° C) unter Zusatz von 1% Kochsalz der Teig bereitet. Man stellt wie vorher das Gewicht an Mehl (beim vorliegenden Versuch werden etwa 3 kg Roggenmehl verbraucht) und die Ausbeute an Teig fest und errechnet daraus die Teigausbeute. Man formt 300 g Teigstücke, bäckt dieselben aus und ermittelt die erforderlichen Wertzahlen.

Versuchsvorschrift für Roggenmehl mit Trockensauer[2]. Mit Sauerteig nimmt der Versuch 24 Stunden in Anspruch; eine Abkürzung erzielt man durch die Verwendung von Trockensauer (vgl. darüber später bei Brot und Backwaren).

Man nimmt 1,6 kg Roggenmehl (20° C) sowie 48 g Trocken- oder Fertigsauer und vermischt beides innig. Unter Zusatz von 16 g Hefe und 32 g Salz stellt man mit etwa 1 Liter Wasser (27—28° C) einen Teig her, der bei 30° C etwa 1,5 Stunden liegen bleibt. Man formt 500 g-Teigstücke und bäckt aus.

[1] Nach K. Schmorl: Mehlchemischer Lehrkurs, S. 26.
[2] Vgl. A. Fornet: Vom Mehl zum Brot, 6. Aufl., S. 239.

Backversuch mit Backpulver[1]. Man stellt aus 125 g Mehl, 4,5 g Backpulver und 87,5 ccm Wasser einen Teig her und bäckt ihn aus.

Zum Backen der Versuchsteige kann jeder normale Backofen benutzt werden. Für Laboratoriumsversuche hat man besondere Backöfen gebaut. Es sei hingewiesen auf den sog. USA.-Ofen nach A. Fornet[2] sowie auf das Mehlometer vom gleichen Autor (vgl. Abb. 3). Letzterer Apparat vereinigt in sich Gär- und Backraum, Backformen, Thermometer und Gebäckvolumenschnellbestimmer; hinsichtlich seiner Handhabung vgl. bei K. Schmorl[3]. Auch der Fornetograph von A. Fornet stellt einen Versuchsbackofen dar, der in erster Phase den Vor-, Mittel-, Nach- und Ofentrieb graphisch aufzeichnet und durch Umschaltung auf „Ausbacken" zum Backofen wird (vgl. später bei Backfähigkeit).

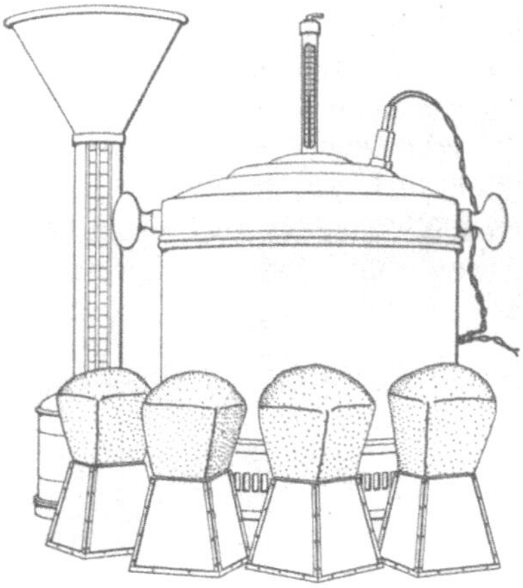

Abb. 3. Mehlometer für vier Proben nach A. Fornet.

Größere Mühlenbetriebe verfügen über Versuchsbacköfen entsprechender Ausmaße, bei denen die Anpassung an die Verhältnisse in der Praxis weitgehend erfüllt ist.

Auswertung des Backversuches. Zur erschöpfenden Auswertung hat man ausführliche Schemata entwickelt, auf die hier verwiesen sei[4]. Abgesehen von der Kenntnis der Zusammensetzung des Mehles (Wasser, Asche, Feucht- und Trockenklebergehalt, Säuregrad usw.) sind festzulegen:

1. Mehlmenge
2. Flüssigkeitsmenge
3. Menge Hefe
4. Menge Salz, Zutaten usw.
5. Teiggewicht
6. Teigbeschaffenheit
7. Teigausbeute
8. Gärzeit des Teiges
9. Teigeinlage
10. Gärzeit der Teigeinlage
11. Temperatur von Teig, Gärraum und Ofen
12. Backzeit
13. Gebäckgewicht
14. Brotausbeute
15. Ausbackverlust
16. Volum der 400 g-Gebäcke (Weizen), der 300 g-Gebäcke (Roggen)
17. Farbe und Beschaffenheit von Krume und Kruste
18. Porenbildung
19. Backzahl (Weizen)

Hierzu sei, da die meisten der vorerwähnten Punkte ohne weiteres verständlich sind, nur folgendes kurz ausgeführt:

Unter Teigausbeute versteht man die Menge Teig aus 100 Teilen Mehl; sie wird also gefunden durch die Beziehung von Teiggewicht × 100: Mehlmenge.

Für die Zwecke der raschen Ermittlung der Teigausbeute mit kleinen Mehlmengen kann man auch den von A. Fornet[5] angegebenen einfachen „Einteigprüfer" benutzen. Man arbeitet gleichbleibend mit 100 g Mehl und stellt mit der Hand Teige der richtigen Konsistenz her. Der Verbrauch an Wasser, mit einer Bürette gemessen, ergibt, zur Mehlmenge von 100 g addiert, sofort die Teigausbeute[6].

[1] Vor allem zur Wertprüfung des Backpulvers.
[2] A. Fornet: Vom Mehl zum Brot, S. 241.
[3] K. Schmorl: Mehlchemischer Lehrkurs, S. 27.
[4] M. P. Neumann: Brotgetreide und Brot, S. 462—463.
[5] A. Fornet: Vom Mehl zum Brot, S. 83.
[6] Durch die Ermittlung des Wasserbindungsvermögens ist die den Bäcker interessierende „Verarbeitungsfähigkeit" festgestellt.

Die Brot- oder Backausbeute steht in unmittelbarer Beziehung zur Teigausbeute und hängt von dem je nach Gebäckart, -Größe und -Herstellung beeinflußten Ausbackverlust ab. Die Eigenschaft der Teige, das Wasser beim Ausbacken mehr oder minder leicht abzugeben, kommt deshalb in der Brotausbeute oft nicht klar und überzeugend zum Ausdruck. Man berechnet deshalb die Brotausbeute vielfach aus Teigausbeute minus mittleren Ausbackverlust.

Gebäckvolumen. Man bezieht sich auf Stücke bestimmten Gewichtes und ermittelt das Volumen durch Messen eines von dem Gebäck verdrängten Mediums. Hierzu benutzt man meist Rübsensamen. Beim Arbeiten mit Wasser muß das Gebäckstück erst mit einer dünnen, wasserundurchlässigen Lack- oder Paraffinschicht überzogen werden, damit kein Wasser aufgesaugt wird.

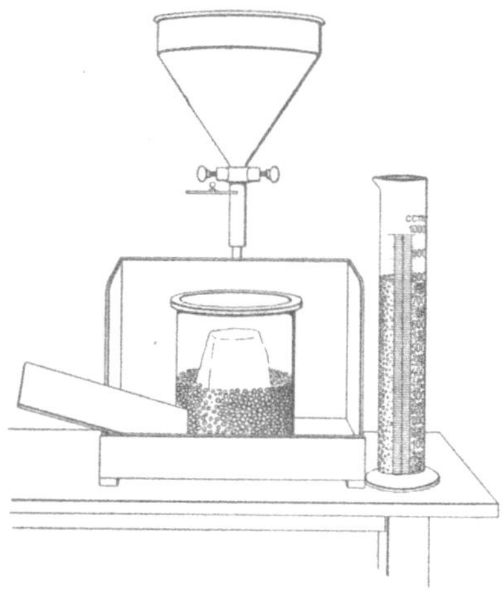

Abb. 4. Apparat zur Volumenbestimmung nach M. P. NEUMANN.

Der Apparat wird geeicht, indem man den Trichter, der unten einen Schiebeverschluß besitzt, mit Rübsen füllt und dann das unterstehende Gefäß vollfließen läßt. Mit einem Stäbchen streicht man das volle Gefäß glatt. Die darin enthaltene Menge Rübsen gibt man in den leeren geschlossenen Trichter zurück, läßt etwas davon in das leere Gefäß fließen, legt das zu prüfende Gebäckstück ein, läßt den abgemessenen Rübsensamen aus dem Vorratstrichter zu und streicht glatt. Die gesamte überschüssige Samenmenge, die das Volumen des Gebäckstückes darstellt, wird in einem Meßzylinder gemessen.

A. FORNET[1] hat einen auf dem gleichen Prinzip beruhenden, verbesserten Schnellvolumenbestimmer angegeben, der geschlossen ist und nur gelegentlich eine Nacheichung erforderlich macht.

Die Volumina eines Versuchsgebäckes aus 400 g Teig (entsprechend rund 250 g Mehl) erreichen etwa (siehe Tabelle 29) folgende Werte.

Tabelle 29.

Mehlart	Weizengebäck ccm	Roggengebäck ccm
Schrot	700	580
0—94%iges Mehl	780	580
0—75%iges „	995	625
30—70%iges „	925	640
0—30%iges „	1105	705

Zur Brotbewertung schneidet man das Gebäck, am besten nach 24 Stunden, mit einem scharfen Messer durch und ermittelt Farbe, Geruch, Geschmack, Stand (Fehler, Wasserstreifen), Elastizität der Krume. Auch die Kruste (rissig, glatt usw.) wird beurteilt. Zur Ermittlung der Porung zieht man die von K. MOHS angegebene Porenskala heran, indem man letztere an der Schnittfläche des Gebäckes vorbeiführt und auf diese Weise einen Zahlenwert (1—10) für die Porung festlegt[2].

Backzahl nach M. P. NEUMANN. Die 2 wichtigen Faktoren des Backversuches: Volumen und Porung, hat M. P. NEUMANN zu einer „Backzahl" vereinigt. Bei der Volumenausbeute stellen 400 ccm Gebäck (Weizen) auf 100 g lufttrockenes Mehl eine normale Lockerung dar. Dieses Volumen setzt man gleich 100. Ein Mehr über 400 wird nur zur Hälfte gewertet (also bei 440 ccm = 100 + 20 = 120), das Weniger aber ganz (also bei 380 ccm = 100—20 = 80). Man erhält so den Volumenfaktor.

[1] A. FORNET: Vom Mehl zum Brot, S. 217.
[2] Nr. 1 der Skala ist die gröbste, Nr. 10 die feinste Porung.

Die Porung wird nach K. MOHS festgelegt; Normalwert ist die Porung 8 (= 100). Man setzt als Porenfaktor ein (siehe die Tabelle 30):

Tabelle 30.

Bei Porung	Porenfaktor	Bei Porung	Porenfaktor
7—8	95	6	80
7	90	5—6	75
6—7	85	5	70

Volumenfaktor mal Porenfaktor, dividiert durch 100, gibt die Backzahl. Sie muß, um zu genügen, mindestens 75 sein; sie ist gut mit 100, kann aber auf 150 und mehr ansteigen.

Mit der Backzahl ist die Möglichkeit des Vergleiches eigener Werte mit denen fremder Versuchsansteller gegeben.

19. Backfähigkeit.

Zwei Tatsachenbereiche machen, wie früher schon erwähnt, die Backfähigkeit aus: die Gasbildungsfähigkeit und die Gashaltungsfähigkeit, die aufeinander abgestimmt sein müssen. Die Gasbildungsfähigkeit hängt

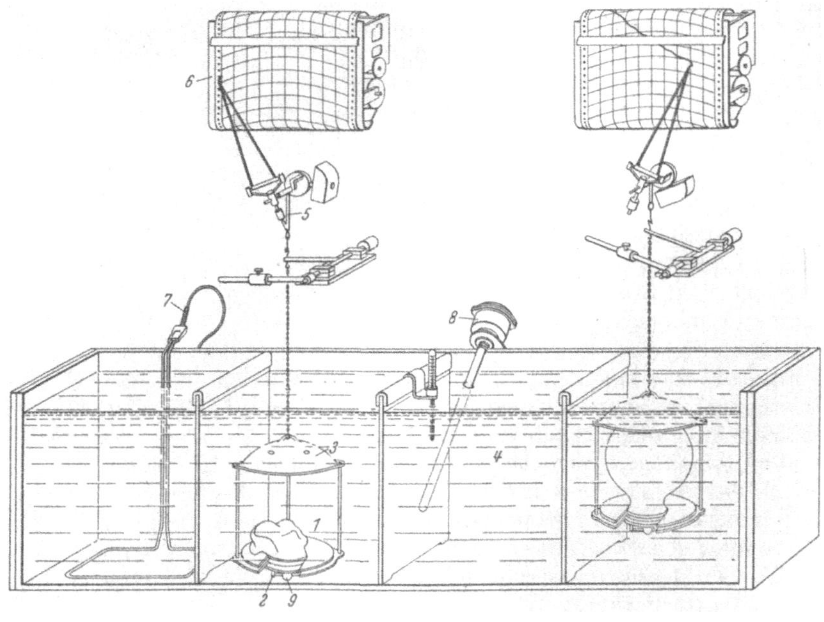

Abb. 5. Schema des Fermentographen nach BRABENDER zum Messen der Triebkraft eines Teiges.

ab von der Menge des verfügbaren gärfähigen Zuckers sowie von der Arbeitsleistung der Hefe (bzw. des Sauerteiges oder des Backpulvers). Die Gashaltungsfähigkeit ist in erster Linie (bei den Weizenmehlen) durch Menge uud Qualität der kleberbildenden Proteine bedingt; aber auch die Stärke ist (beim Roggen) in ihrem Verhalten sehr wichtig.

In diesen beiden Summenbegriffen, die zum wesentlichsten Teile in den inneren Eigenschaften des Getreidekornes begründet sind, findet die Backfähigkeit ihren Ausdruck. Es leuchtet daher ein, daß nicht die einzelnen Faktoren der Gaserzeugung und Gashaltung, wie man sie analytisch faßt, ein zuverlässiges Urteil abzugeben ermöglichen, sondern nur ihre Gesamtheit kann zur Grundlage der Bewertung gemacht werden.

Nachstehend sind die wichtigsten der üblichen Untersuchungsverfahren zusammengestellt.

a) Gasbildungsfähigkeit.

Diastatische Kraft (vgl. S. 93—95). Ausgangspunkt für die Kohlendioxydbildung ist der vorhandene Zucker (Saccharose, Glykose, Maltose); je größer deren Menge bzw. je größer die durch Diastase nachgebildete Menge ist, um so größer wird, richtige Tätigkeit der Hefe vorausgesetzt, auch die Menge des gebildeten Kohlendioxyds sein. Es führt praktisch zum gleichen Ergebnis, ganz gleich ob man, wie bisher meist üblich, die „Maltosezahl" eines Mehles oder die Menge an „Kohlendioxyd" oder die „diastatische Kraft" erfaßt. Letzterer analytischer Wert, über dessen Bestimmung auf S. 94 berichtet worden ist, wird der Beurteilung des Gashaltungsvermögens heute meist zugrunde gelegt[1].

Für die Messung der Gasbildung im Teig selbst sind zwei automatisch arbeitende Apparate entwickelt worden, die den Verhältnissen der Praxis weitgehend angepaßt sind.

α) **Fermentograph nach Brabender.** Er beruht auf folgender Grundlage (Abb. 5). Ein ordnungsgemäß hergestellter Teig (400 g Teig, hergestellt aus 200 g Mehl, 5 g Kochsalz, 8 g Hefe und der erforderlichen Wassermenge) wird in eine Gummiblase eingeschlossen und in ein Wasserbad von 30° C untergetaucht. Das sich bildende Kohlendioxyd vergrößert das Volumen des Teiges mit der Gummiblase, die dadurch allmählich im Wasser hochsteigt. Der Aufstieg wird automatisch auf einem Diagrammstreifen — Fermentogramm — aufgeschrieben. Nach einer gewissen Zeit unterbricht man den Versuch, nimmt die Gummiblase mit dem Teig aus dem Wasser, „stößt" gut durch, senkt sie wieder ins Wasserbad ein und beobachtet erneut. Man erhält eine Kurvenreihe, die veranschaulicht, wieviel Kohlendioxyd gebildet wird und ob dies rascher oder langsamer erfolgt. Damit ist die grundsätzlich wichtige Entscheidung möglich, ob Optimum der Gashaltung und Optimum des „Triebes", wie erforderlich, zusammenfallen.

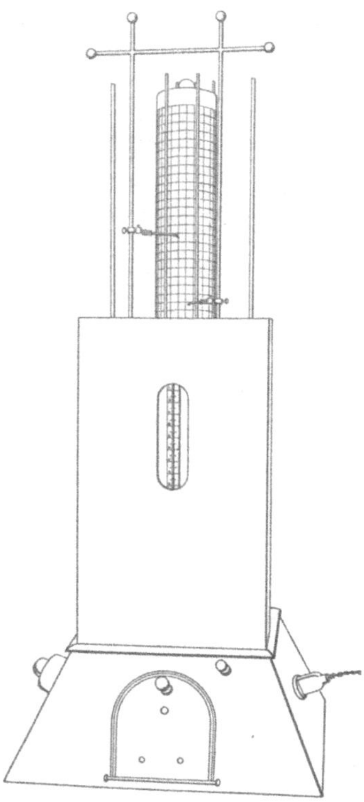

Abb. 6. Fornetograph[2].

β) Der **Fornetograph** (Abb. 6) ermöglicht die Verfolgung der Gaserzeugung und in zweiter Phase die der Gashaltung; er bezieht also die Kleberprüfung ein. In der 3. Phase dient er als Backofen.

Man setzt z. B. zwei zu untersuchende Mehle zum Teig an und legt sie in die Apparatur ein, die auf bestimmte Temperatur eingestellt ist. Der Verlauf des Gärens (Kohlendioxydbildung) zeichnet sich im Diagrammblatt auf. Nach entsprechender Zeit ($^1/_2$ Stunde, ganze Stunden usw.) „stößt" man den Teig durch und setzt dann den Versuch fort. Man erhält die Gasbildungskurven, die geradlinig verlaufen, sich aber je nach dem Zuckergehalt bzw. der diastatischen Kraft des Mehles in Höhe und Steilheit unterscheiden. Nach einer gewissen Zeit erscheint im Kurvenzug ein Knick, der anzeigt, daß der Kleber das gebildete Kohlendioxyd nicht mehr zu halten vermag. Man erfährt also das Grundsätzliche über die Kleberstärke des Mehles. Durch Umschalten des Fornetographen auf

[1] E. Berliner: Das Mühlenlaboratorium 1936, **6**, Heft 11.
[2] Aus A. Fornet: Vom Mehl zum Brot, S. 248.

„Ausbacken“ wird nun der Teig im gleichen Apparat ausgebacken. Die nicht unterbrochenen Kurven veranschaulichen in der ersten Zeit der höheren Erwärmung auch noch den „Nach-“ und „Ofentrieb“.

b) Gashaltungsfähigkeit.

Eine ganze Reihe von Einzeluntersuchungsverfahren ist bekannt; sie seien kurz behandelt:

α) **Wasserbindende Kraft eines Mehles**[1]. Man gibt nach G. RUPP in eine Porzellanschale eine beliebige Menge Mehl (2—3 cm hoch), formt eine kleine Mulde, gießt in diese genau 10 ccm Wasser und verrührt mit einem Glasstab, bis eine daran hängenbleibende Masse entsteht. Letztere verknetet man mit der Hand mit weiterem Mehl und wägt den hergestellten steifen, aber noch knetbaren Teig. Die wasserbindende Kraft W, bezogen auf 100 g Mehl, findet man aus dem Gewicht G des Teiges nach der Beziehung: $(G—10):10 = 100:W$.

β) **Klebermenge (Feuchtkleber, Trockenkleber).** Man geht von 20—25 g, gegebenenfalls auch weniger Mehl oder Schrot aus, teigt mit 10—15 ccm 2%iger Kochsalzlösung[2] ein und beginnt, entgegen den früheren Vorschriften, um Fehler zu vermeiden, sofort mit dem Auswaschen. Um Verluste an Kleber hintanzuhalten, wäscht man über einem Siebrahmen aus, der mit feiner Seidengaze bepannt ist. Die Stärke sowie die löslichen Proteine werden abgeschwemmt, der Kleber hinterbleibt. Man drückt das anhaftende Wasser ab, wägt als Feuchtkleber und rechnet auf 100 g Mehl um. Durch Division durch 3 erfährt man angenähert den Gehalt an Trockenkleber. Letzterer kann aber auch durch 3- und mehrstündiges Trocknen bei 135—145° bis zur Gewichtskonstanz unmittelbar ermittelt werden[3].

Da das Kleberauswaschen mit der Hand eine Reihe von Fehlerquellen einschließt (Menge des Waschwassers, Zeit des Waschens, Art des Waschens usw.), hat man eine ganze Anzahl von Kleberauswaschapparaten gebaut, z. B. diejenigen nach M. P. NEUMANN, nach A. FORNET, Mikroapparat nach CZADEK, Apparat „Mieg“, Apparat „Rotor“, Apparat „Theby“ usw.[4].

γ) **Mikroskopische Kleberprüfung.** Nach E. BERLINER und J. KOOPMANN[5] erhält man einen guten Überblick über die Menge an Kleber und seine Beschaffenheit, wenn man sich ein mikroskopisches Mehl-Wasserpräparat herstellt, indem man das Deckglas auf dem Objektträger auf dem Mehl unter Zugabe von Wasser hin- und herbewegt. Es lassen sich dabei die sog. Kleberwürste oder Klebernudeln auswaschen. Sie sind bei Mehlen mit weichem, dehnbarem Kleber lang und dünn, bei Mehlen mit kräftigem Kleber kurz und dick. Die Menge der Kleberwürste im Vergleich zur Menge der ausgewaschenen Stärke ist für den Erfahrenen eine vergleichsweise gute Grundlage zur Abschätzung des Gesamtklebergehaltes.

δ) **Prüfung des Klebers mit der Hand.** Durch Ziehen und Dehnen des Naßklebers erhält der Fachmann einen guten Einblick in die Kleberbeschaffenheit. Zur Bestimmung der Elastizität geht K. KRTINSKY[6] so vor, daß er den frischen, gut abgetrockneten Naßkleber mehrfach übereinander legt und eine kleine Kugel formt. Man hält diese in der einen Hand, zieht möglichst rasch

---

1 Hierfür ist auch der „Einteigprüfer“ nach A. FORNET verwendbar (vgl. S. 98).

2 Bei wissenschaftlichen Versuchen setzt man der Kochsalzlösung noch 0,1% Phosphatpuffer vom $p_H = 6,8$ zu.

3 Vgl. hierzu auch das „Aleurometer“ nach A. FORNET in „Vom Mehl zum Brot“, S. 45.

4 Vgl. K. SCHMORL: Mehlchemischer Lehrkurs, S. 56. Siehe auch H. STETTER: Das Mühlenlaboratorium 1933, **3**, Heft 4.

5 E. BERLINER u. J. KOOPMANN: Zeitschr. ges. Mühlenwesen 1927, **4**, 43.

6 K. KRTINSKY: Das Mühlenlaboratorium 1933, **3**, Heft 6.

mit 3 Fingern der anderen Hand das Kügelchen etwa 1 cm weit und läßt sofort wieder los. Der Kleber geht entweder in die ursprüngliche Form zurück (Wertzahl 1), oder er bleibt ganz gedehnt (Wertzahl 5); das zwischen diesen Grenzfällen liegende Verhalten wird abstufend mit den Wertzahlen 2, 3 und 4 bezeichnet.

Zur Bestimmung der Dehnbarkeit formt man aus dem Naßkleber ein Ellipsoid, das man an den Enden je mit 3 Fingern der linken und der rechten Hand faßt. Man zieht so lange, bis man Spannung oder Widerstand verspürt und wiederholt diesen Vorgang, bis der Kleber zerreißt. Die Dehnlänge in Zentimetern ist eine näherungsweise Bewertungszahl; bei Wertzahl 1 reißt der Kleber bei 5 cm Dehnlänge, bei Wertzahl 5 reißt er bei 25 cm und mehr; Abstufung dazwischen mit je 5 cm Dehnung.

Elastizität 1	sehr elastisch	Dehnbarkeit 1	sehr kurz
2	elastisch	2	kurz
3	mittel elastisch	3	mittel dehnbar
4	wenig elastisch	4	dehnbar
5	nicht elastisch	5	sehr dehnbar

Zur Bestimmung von Elastizität und Dehnbarkeit kann man Spezialapparaturen[1] benutzen; es sei besonders auf die neuere Arbeit von H. Sauer[2] verwiesen.

ε) **Abstehprobe.** Man legt den Naßkleber nach E. Berliner in eine 2%ige Kochsalzlösung und läßt über Nacht stehen. Die sich abspielenden chemisch-physikalischen Prozesse äußern sich je nach der Beschaffenheit des Klebers in einer auf Kosten von Festigkeit und Elastizität erfolgenden Zunahme der Dehnbarkeit.

Bei dieser Behandlung wird der Leimkleber (Wanzenweizen) oft tropfbarflüssig.

ζ) **Kleberprüfung nach der Quellmethode**[3]. 1 g des frischen Naßklebers wird $2^1/_2$ Stunden bei 27° C (Thermostat) in 100 ccm $^1/_{50}$ N-Milchsäure eingelegt. Der Kleber quillt und geht teilweise in Lösung. Je besser er ist, desto weniger löst sich auf. Die „Quellzahl" stellt den Raum dar, den der gequollene Kleber nach $2^1/_2$ Stunden noch einnimmt. Zur raschen Volumenmessung bedient man sich einer Spezialapparatur. Für mitteleuropäisches Getreide ist die Quellzahl 0—5 ein Ausdruck für geringwertigen, die Quellzahl 10 für mittelguten, die Quellzahl 15 und mehr für guten Kleber.

η) **Schrotgärmethode nach P. Pelshenke**[4]. 20 g Schrot (nicht zu fein) werden mit 10 ccm Wasser, worin 1 g Bäckerhefe verteilt ist, zum Teig verknetet. Man formt daraus Kugeln im Gewicht von je 5 g und legt dieselben in Gläser mit Wasser von 32° C. Man bewahrt im Wärmeschrank bei 32° C auf. Bei der einsetzenden Gärung vergrößert das gebildete Kohlendioxyd die Teigkugeln, bis dieselben schließlich dem Druck nachgeben und zerplatzen. Die Zeit vom Einlegen der Teigkugeln in das Becherglas bis zum Zerplatzen, ausgedrückt in Minuten, wird als „Testzahl" bezeichnet.

Bei sehr festen Klebern, backtechnisch bisweilen gar nicht erwünscht, kann die Testzahl 100 und mehr betragen. Bei sog. Kleberweizen soll sich diese Wertzahl auf mindestens 25 stellen.

---

[1] Vgl. z. B. A. Fornet: Vom Mehl zum Brot, 6. Aufl., S. 84. — M. P. Neumann: Brotgetreide und Brot, 3. Aufl., S. 281f.

[2] H. Sauer: Zeitschr. ges. Getreide-, Mühlen- u. Bäckereiwesen 1937, **24**, 5; Zeitschr. ges. Getreidewesen 1936, **23**, 235.

[3] Quellprüfungsmethode nach E. Berliner (patentiert P.-Nr. 525594; Lizenzgenehmigung erforderlich); siehe auch Das Mühlenlaboratorium 1931, **1**, Heft 2; vgl. auch die Untersuchungen von Th. Ruemele: **Z.** 1935, **69**, 453.

[4] P. Pelshenke: Das Mühlenlaboratorium 1931, **1**.

ϑ) **Kleberbewertung** (Gesamtgütezahl). Kleberweizen. Zur Bewertung der Weizenmehle hat man eine Gesamtgütezahl festgelegt; diese stellt die Summe dar aus den 3 Einzelsummanden:

Feuchtklebergehalt (%) × 25 + Quellzahl × 100 + Testzahl × 50.

Ein Weizen, der die Gütezahl von 3250 übersteigt, erhält die Bezeichnung „Kleberweizen"[1]; als Mindestanforderung sind festgesetzt ein Feuchtklebergehalt von 20%, eine Quellzahl von 15 und eine Testzahl von 25. Die Versuchsvorschrift für die Praxis ist die folgende:

1. Kleber. Der Weizen wird geschrotet und durch Gaze Nr. 8 gesichtet; der Mehlanfall muß mindestens 50% betragen. Das Mehl (10 g) wird mit destilliertem Wasser angeteigt und sofort mit 2%iger Kochsalzlösung ausgewaschen. Man trocknet den Kleber zwischen den Händen gut und wägt; Gewicht × 10 = Prozentgehalt an Naßkleber.

2. Kleberquellzahl. Je 1 g frischer Naßkleber wird in $^1/_{50}$ N-Milchsäurelösung zur Quellung sich selbst überlassen und nach $2^1/_2$ Stunden, wie schon angegeben, das Volumen bestimmt.

3. Testzahl. 10 g mittelfeines Schrot, 0,5 g Hefe und 5 g Wasser werden zum Teig verarbeitet; daraus wird eine Kugel geformt und in Wasser von 32° eingelegt, bis sie zerplatzt (vgl. oben).

ι) **Viscosimetrie von Mehlaufschlämmungen.** Auf diesem Gebiete besteht eine ganze Reihe von Untersuchungsverfahren, z. B. nach Fr. Sharp und R. A. Gortner[2], Wo. Ostwald und H. Lüers[3], O. S. Rask und C. L. Alsberg[4], H. Lüers und M. Schwarz[5] usw.[6]. Alle diese Arbeitsweisen haben wohl erheblichen Wert für die Verfolgung der Eigenschaften systematisch abgestufter Vermahlungsprodukte, weniger aber für die eigentliche Backfähigkeitsprüfung, vor allem seit andere Prüfmethoden bekannt geworden sind.

ϰ) **Mechanische Teiguntersuchung.** Es liegen verschiedene Arbeitsgeräte vor, die die Ermittlung der Mehl-Teigbeschaffenheit mechanisieren; sie laufen im wesentlichen darauf hinaus, Konsistenz (Quellfähigkeit), Elastizität, Dehnbarkeit, Zusammenhalt, Widerstandsfähigkeit, Ausdauer des Teiges usw. unter den Bedingungen der Backpraxis in wiederherstellbarer Weise zahlenmäßig zu ermitteln. Es seien angeführt der Komparator nach Bühler, das Extensimeter nach Chopin, die Apparatur nach R. K. Schofield und S. W. Scott Blair[7] (vgl. hierzu auch P. Halton und G. W. Scott Blair[8]), das Ergometer nach Dr. Issoglio[9], der Aleurograph nach Barbade, der schon erwähnte Fornetograph (vgl. S. 101) und der Farinograph[10]. Letzterer Apparat sei hier kurz behandelt.

Farinograph nach Brabender, beruhend auf ersten Arbeiten von E. von Hankoczy (vgl. Abb. 7). Ein Teigkneter (1) wird durch ein Dynamometer (2, 3) angetrieben. Dasselbe ist frei pendelnd gelagert. Jeder Widerstand im Teig überträgt sich auf das Dynamometer, dessen Gehäuse dadurch in umgekehrter

---

1 Anordnung der Hauptvereinigung der Deutschen Getreidewirtschaft vom 11. September 1935.

2 Fr. Sharp u. R. A. Gortner: Univers. Minnesota Agr. Exp. Station, Bulletin 19.

3 Wo. Ostwald u. H. Lüers: Kolloid-Zeitschr. 1920, **27**, 34 und frühere Veröffentlichungen.

4 O. S. Rask u. C. L. Alsberg: Cereal Chem. 1924, **1**, 7.

5 H. Lüers u. M. Schwarz: Zeitschr. Unters. Nahrungs- u. Genußm. 1925, **49**, 75.

6 Vgl. auch den Viskograph 3000 nach W. C. Brabender für Viscositätsdiagramme dickflüssiger Substanzen.

7 R. K. Schofield u. S. W. Scott Blair: Das Mühlenlaboratotium 1934, **4**, Heft 4.

8 P. Halton u. G. W. Scott Blair: Journ. physic. Chem. 1936, **40**, 561.

9 Vgl. Das Mühlenlaboratorium 1932, **2**, Heft 10.

10 Ausführliche Behandlung dieser Apparate bei G. Mueller: Mechanische Methoden zur Bestimmung der Backfähigkeit von Mehl. Diss. Techn. Hochschule Breslau 1937.

Richtung sich zu drehen bestrebt ist. Diese Drehschwankungen werden mittels eines ölgedämpften Hebelsystems (4, 5) auf eine mit einer Schreibvorrichtung (7) verbundenen Waage (6) mit Skala übertragen. Der Widerstand des Teiges gegen mechanische Beanspruchung (Kneten), gegen die Tätigkeit der proteolytischen Enzyme usw. wird auf einem Kurvenblatt als „Farinogramm" aufgeschrieben.

Zur Vermeidung von Temperatureinflüssen werden Kneter (1) und Öldämpfer (5) durch Wasser aus einem Umlaufthermostaten (8, 9, 10) auf gleichbleibender Temperatur gehalten; die Zugabe des Wassers zur Teigbereitung erfolgt mittels der Bürette (11).

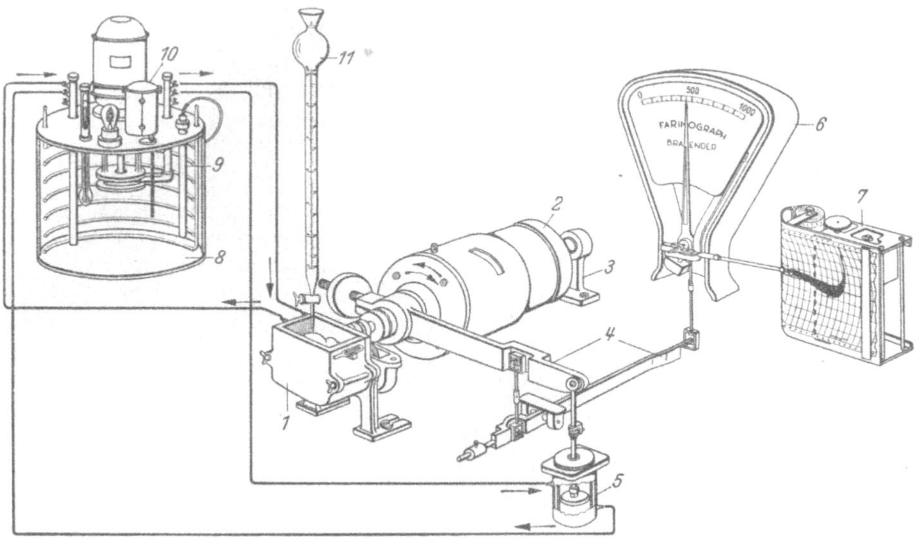

Abb. 7. Schema des Farinographen.

Arbeitsweise. Man gibt in den Kneter (1) 300 g des zu prüfenden Mehles und setzt aus der Bürette (11) solange Wasser unter Kneten zu, bis der Teig eine bestimmte Konsistenz hat; als Norm werden 500 Konsistenzgrade (Kurvenblatt) zugrunde gelegt. Man erhält auf diese Weise die sog. „Titrierkurve" des Mehles. Dieselbe stellt, immer auf gleiche Teigkonsistenz bezogen, den Zahlenwert der Wasserbindungsfähigkeit bzw. der Teigausbeute dar.

Nun nimmt man wieder 300 g des Mehles in den Kneter und setzt auf einmal die bei der Titrierkurve ermittelte Wassermenge zu und knetet 10 Minuten. Man erhält die Normalkurve, d. h. den graphischen Ausdruck der Teigstruktur beim Kneten (vgl. Abb. 8).

Das Farinogramm veranschaulicht die wichtigen Faktoren der Festigkeit, der Entwicklung, der Stabilität, der Elastizität und Dehnbarkeit sowie der Erweichung des Teiges. Je kürzer die Entwicklungszeit, desto kürzer die Knetzeit in der Bäckerei; je breiter die Kurve, desto größer sind Elastizität und Dehnbarkeit; desto größere Volumenmöglichkeit ist vorhanden. Je größer der Erweichungsgrad, desto geringere mechanische Beanspruchung ist zulässig und desto kürzere Gare ist anzuwenden.

In der Abb. 8 sind zwei charakteristische Farinogramme für verschiedenartige Mehle angegeben.

Die Prüfung des Verhaltens eines Mehles kann aber im Farinographen noch weiter fortgesetzt werden. Man stellt z. B. aus 300 g Mehl, der erforderlichen

Wassermenge, 5 g Kochsalz und 8 g Hefe einen Teig her. Man erhält die „Anknetkurve". Nun läßt man den Teig 1 Stunde im Kneter stehen; dann wird wieder geknetet. Dieses Verfahren kann noch ein- bis zweimal wiederholt werden. Auf diese Weise erhält man einen Gesamtüberblick über das Verhalten eines Mehles bei der Teigbereitung und Teiggärung (Gärkurven, Abstehkurven, Quellkurven usw.). Durch Heranziehung des schon beschriebenen Fermentographen, d. h. der Messung der Kohlendioxydbildung, gestaltet man das Urteil über das Mehl noch vollständiger.

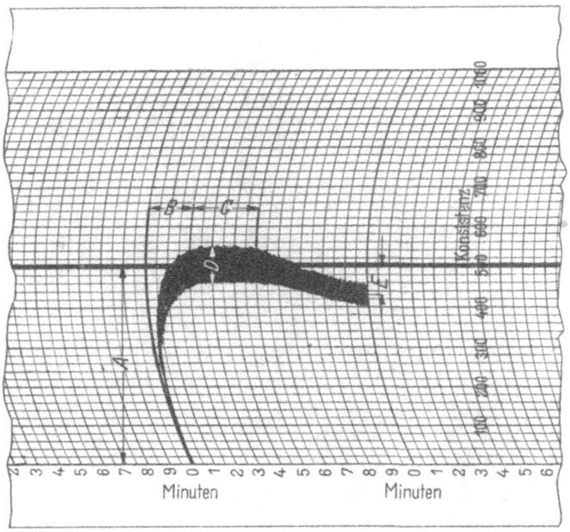

Abb. 8. Farinogramm eines Weizenmehles. *A* Festigkeit des Teiges. Je mehr Wasser bis zur Erreichung der Standardkonsistenz aufgenommen wird (Standard = 500 Konsistenzgrade), desto größer ist die Teigausbeute. *B* Entwicklungszeit des Teiges, d. h. Zeit bis zur Erreichung der Standardkonsistenz. *C* Stabilität des Teiges, d. h. Zeit, während der die Konsistenz praktisch gleich bleibt. *D* Elastizität und Dehnbarkeit, in der Breite des Kurvenbandes zum Ausdruck kommend. *E* Erweichung des Teiges. Je größer der Abfall ist, um so mehr läßt die Konsistenz des Teiges nach.

Die Ausdeutung der Farinogramme — sie sind wichtig für die Mehlbewertung, die Art der Verarbeitung der Mehle in der Bäckerei, die Herstellung technologisch guter Mehlverschnitte usw. — ist eine Wissenschaft für sich geworden. In dieser Beziehung muß auf das Spezialschrifttum verwiesen werden[1].

Extensograph nach BRABENDER. Er dient im besonderen zur Messung der Dehnbarkeit und des Dehnwiderstandes eines Teiges[2]. Diese beiden Eigenschaften führen, graphisch gegeneinander aufgezeichnet, zu charakteristischen Kurven (Extensogramme).

λ) Backfähigkeit von Roggenmehl. Es wurde früher schon darauf hingewiesen, daß bei der Ermittlung der Backfähigkeit der Roggenmehle, welche keinen Kleber enthalten, die Verhältnisse anders liegen als bei Weizen. Als ein wertbestimmender Faktor tritt hier die Stärke in den Vordergrund[3]. Sie muß leicht verkleisterbar sein, einen festen, geschmeidigen und dehnbaren Kleister liefern und nicht zu stark

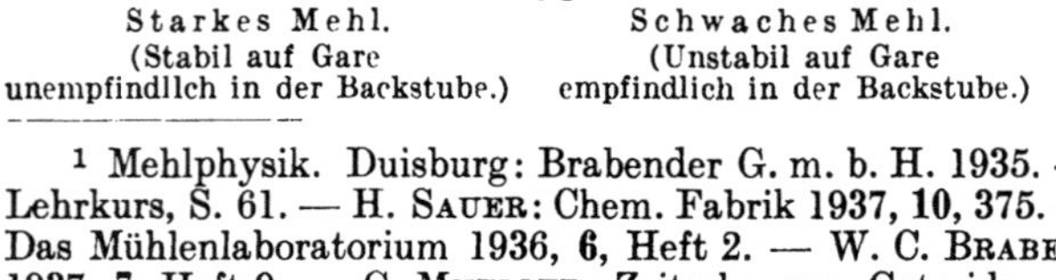

Abb. 9. Farinogramme zweier Weizenmehle.
Mehltypen.

Starkes Mehl.	Schwaches Mehl.
(Stabil auf Gare unempfindlich in der Backstube.)	(Unstabil auf Gare empfindlich in der Backstube.)

[1] Mehlphysik. Duisburg: Brabender G. m. b. H. 1935. — K. SCHMORL: Mehlchemischer Lehrkurs, S. 61. — H. SAUER: Chem. Fabrik 1937, **10**, 375. — H. L. BUNGENBERG DE JONG: Das Mühlenlaboratorium 1936, **6**, Heft 2. — W. C. BRABENDER: Das Mühlenlaboratorium 1937, **7**, Heft 9. — G. MUELLER: Zeitschr. ges. Getreide-, Mühlen- u. Bäckereiwesen 1936, **23**, 104. — G. MUELLER: Mechanische Methoden zur Bestimmung der Backfähigkeit von Mehl. Diss. Techn. Hochschule Breslau 1937.

[2] Vgl. die theoretischen Grundlagen bei G. MUELLER: Zeitschr. ges. Getreide-, Mühlen- u. Bäckereiwesen 1936, **23**, 104.

[3] A. SCHULERUD: Das Mühlenlaboratorium 1936, **6**, Heft 12. — C. W. BRABENDER: Das Mühlenlaboratorium 1937, **7**, Heft 9. — TH. BIECHY: Das Mühlenlaboratorium 1935, **7**.

durch die diastatischen Fermente abbaubar sein. Durch das viscosimetrische Verfolgen des Verhaltens einer Roggenmehlsuspension bei den für das Verbacken in Betracht kommenden Temperaturen erhält man einen guten Einblick in die Backfähigkeit der geprüften Mehle.

Auf der eben entwickelten Grundlage hat W. C. BRABENDER einen Apparat — Amylograph — konstruiert, der das Verhalten der Mehlaufschwemmung graphisch aufzeichnet. Die erhaltenen ,,Amylogramme" (Zeit/Viscositätskurven) stehen in gutem Einklang mit dem Backergebnis. Hinsichtlich der Einzelheiten sei auf die Fachliteratur verwiesen[1].

20. Nachweis chemischer Mehlbehandlungsmittel[2].

Zwei Gründe sind Veranlassung, die Mehle mit chemischen Mitteln zu behandeln; die Bleichung einerseits sowie die Verbesserung der Backfähigkeit anderseits. Während gegen das letztere Verfahren, sofern es mit gesundheitsunschädlichen Stoffen durchgeführt wird, nichts einzuwenden ist, da auf diese Weise Mehle mangelhafter Beschaffenheit wirklich veredelt und aufgebessert werden, bedeutet die Bleichung eine Unsitte, die gegen das Lebensmittelgesetz verstößt. Denn durch diese Aufhellung der Farbe wird eine niedrigere Ausmahlung, also ein höher zu bewertendes Erzeugnis vorgetäuscht, das in Wirklichkeit gar nicht vorliegt.

Die Grenze zwischen den Mehlbehandlungsmitteln, ob Bleich- oder Verbesserungsmittel, ist nicht scharf zu ziehen. Es werden die hierher gehörigen Stoffe deshalb gemeinsam abgehandelt, wobei mit typischen Bleichmitteln begonnen wird.

a) Ermittlung der Farbe eines Mehles. Sie erfolgt am einfachsten mittels der PEKAR-Probe, gegebenenfalls unter Benutzung des Stufenphotometers[3]. Zur Bestimmung der vom Carotin des Weizenmehles ausgehenden Färbung zieht man den sog. Gasolin-Farbwert heran[4].

40 g Mehl werden mit 200 ccm Gasolin (farblos, Siedepunkt unter 70° C) in einer Glasstöpselflasche kräftig geschüttelt und 16 Stunden beiseite gestellt. Dann schüttelt man nochmals um, läßt 1 Stunde absitzen und filtriert durch ein SCHLEICHER- und SCHÜLL-Filter Nr. 589 (Blauband) von 11 cm Durchmesser. Das Filtrat wird durch ein zweites gleiches Filter gegossen; Trichter zur Vermeidung von Gasolinverlusten bedecken. Im Colorimeter, z. B. nach DUBOSQ (F. Hellige & Co. in Freiburg i. Br.), bestimmt man nun die Farbtiefe durch Vergleich mit einer 0,005%igen Lösung von Kaliumchromat (5 g Kaliumchromat zu 2 Liter Wasser gelöst, davon 20 ccm mit einer Pufferlösung von $p_H = 5{,}6$ aus primärem und sekundärem Phosphat nach SOERENSEN zum Liter aufgefüllt). Bei Beginn der Messung stellt man beide Taucher des Colorimeters auf Teilstrich 100 der Skala. Ist nun die Gasolinlösung stärker gefärbt, so schiebt man den Taucher bis zur Farbgleichheit in die Lösung hinein, z. B. bis zur Stellung a. Die Farbzahl beträgt nun 10000, dividiert durch a; ist die Gasolinlösung aber schwächer gefärbt als die Vergleichslösung, dann senkt man den Taucher der Kaliumchromatlösung bis zur Farbgleichheit ein; der Farbwert beträgt nun, wenn der Taucher bei b steht, gleich b.

[1] C. W. BRABENDER: Das Mühlenlaboratorium 1937, **7**, Heft 9.

[2] H. JÖRGENSEN: Die analytische Bestimmung der Bleichung von Weizenmehl; vgl. Z. 1928, **55**, 487. Über die eigentlichen Backhilfsmittel wird im Abschnitt Brot und Backwaren berichtet.

[3] R. RÜTER: Das Mühlenlaboratorium 1931, **1**, Heft 2 u. 4.

[4] D. H. COLEMAN u. H. CHRISTIE: Cereal Chem. 1926, **3**, 84, 188.

Als normale Gasolinfarbwerte gelten für Weizenmehle nach H. JÖRGENSEN Zahlen von 125—155; in Ausnahmefällen wurden solche bis 235 beobachtet. Gasolinwerte unter 90 deuten auf Bleichung hin[1].

b) Nachweis von Schwefliger Säure (Ganzkorn-Verfahren)[2]. Der Nachweis gelingt in frischen Mehlerzeugnissen, indem man im Prüfglas etwas Mehl mit wäßriger Phosphorsäure versetzt, schwach erwärmt und durch Geruch oder besser durch die Bläuung von Kaliumjodatstärkepapier die in Freiheit gesetzte Schweflige Säure bestimmt.

Gegebenenfalls kann man das Mehl auch pekarisieren und auf die glatte Oberfläche eine Lösung von Kaliumjodat mit etwas Phosphorsäure (eventuell auch etwas lösliche Stärke der Lösung zugesetzt) aufträufeln. Blauschwarze Färbung zeigt die Anwesenheit von Schwefliger Säure an.

Ältere Mahlprodukte, bei denen die Schweflige Säure zu Sulfat oxydiert ist, untersucht man am besten, indem man das Mehl unter Zusatz von etwas Magnesiumnitrat verascht, die Asche mit verdünnter Salzsäure auszieht und die Lösung nun mit Bariumchloridlösung fällt. Aus der Menge des Bariumsulfates läßt sich schließen, ob eine Sulfitbehandlung stattgefunden hat.

c) Chlorbleiche. [Golo-Betachlorverfahren = Chlor mit einem Zusatz von 0,5 bis 1% Nitrosylchlorid; 10—20 g/100 kg Mehl; Ageneverfahren[3] (von age = altern) = Stickstofftrichlorid im Gemisch mit Luft; begründet 1920 von J. C. BAKER]. Durch das Golo- und das Ageneverfahren soll die Backfähigkeit verbessert werden[4].

Man schüttelt das zu prüfende Mehl mit Äther oder Petroläther aus, dampft das Lösungsmittel ab und untersucht den hinterbleibenden Fettrückstand nach der Beilsteinprobe mit einem Kupferdraht in bekannter Weise auf die Anwesenheit von Chlor. Gegebenenfalls ist das Chlor in üblicher Weise quantitativ zu bestimmen. Der Fettauszug aus 1 kg ungebleichtem Mehl ist entweder chlorfrei oder erreicht Mengen bis zu etwa 6 mg; wenn das Mehl mit Chloriden (HUMPHRIES-Verfahren)[5] behandelt ist oder Seewasserschaden erlitten hat, kann der Chlorgehalt etwas erhöht sein. Mehle, die nach dem Goloverfahren behandelt sind, erreichen im Fettextrakt aus 1 kg Mehl Chlorwerte von 23—53 mg.

Bei der Anwendung von Stickstofftrichlorid (Ageneverfahren) ist die Erkennung des Verbesserungsmittels nicht einfach, da hierbei der Gehalt an Chlor nur wenig ansteigt (etwa 10 mg Chlor im Fettextrakt von 1 kg Mehl).

Bestimmung des Chlorgehaltes. Aus 80 g des fraglichen Mehles wird mit 150 ccm Gasolin in einer Glasstöpselflasche in derselben Weise, wie es bei der Ermittlung des Gasolin-Farbwertes beschrieben worden ist, ein doppelt filtrierter Extrakt hergestellt. 75 ccm davon = 40 g Mehl werden in einer Platinschale eingedampft. Zum Rückstand setzt man 10 ccm alkoholische Natronlauge[6] (40 g Natronlauge + 65 ccm Wasser, mit 96%igem Alkohol zu 1 Liter aufgefüllt), erwärmt und dampft den Alkohol ab. Die Seife wird bei etwa 650° C während $2^1/_2$ Stunden verascht, der kohlefreie Rückstand in 30 ccm verdünnter Salpetersäure (1:15) unter Erwärmen gelöst und mit der gleichen Säure verlustlos in einen ERLENMEYER-Kolben gespült. Man setzt 10 ccm einer 0,02 N-Silbernitratlösung zu, läßt das Chlorsilber absitzen, filtriert, wäscht das

[1] Bei der Lagerung der Mehle geht der Gasolinfarbwert etwas zurück.
[2] Vgl. H. SIMONS: Das Mühlenlaboratorium 1932, **2**, Heft 8.
[3] Mühle 1929, **66**, 847.
[4] S. GÖMÖRY: Chem. Zentralbl. 1936, I, 4511.
[5] Man versteht darunter ein Verfahren, das bezweckt, dem Mehl in ganz gleichmäßiger Form Feuchtigkeit bzw. mit der zerstäubten Flüssigkeit gewisse gelöste Stoffe einzuverleiben.
[6] Es erscheint besser, der vollständigen Verseifung wegen Kalilauge zu verwenden.

Filter mit verdünnter Salpetersäure nach und titriert das überschüssige Silbernitrat (5 ccm Eisenammoniakalaunlösung als Indikator) mit 0,02 N-Rhodanammoniumlösung zurück. Werden hierzu *a* Kubikzentimeter dieser letzteren Lösung verbraucht, dann enthält das Fett aus 1 kg Mehl $(10-a) \times 17{,}7$ mg Chlor.

d) Elektrische Mehlbehandlung. Man führt nach bestimmten Verfahren (ALSOP-Verfahren, Verfahren nach DOLLINGER-BRABENDER, Verfahren nach GREFFENIUS) Luft durch den elektrischen Flammenbogen. Hierbei bilden sich, wobei die Luftfeuchtigkeit einen wichtigen Einfluß nimmt, Stickoxyde, darunter auch Stickstoffdioxyd. Letzteres zerfällt mit Wasser bekanntlich in Salpetrige und Salpetersäure. Erstere findet sich von Haus aus nicht im Mehl. Ihre Anwesenheit zeigt also die Behandlung mit Stickoxyden an.

Bestimmung der Salpetrigen Säure. 5 g des zu prüfenden Mehles werden im 100 ccm-Kolben mit 70 ccm nitritfreiem Wasser versetzt. Man richtet weitere 7 Kolben mit je 5 g nitritfreiem Mehl her und gibt folgende Mengen einer frisch bereiteten Nitritlösung[1] (1 Liter = 0,1 mg Nitritstickstoff) zu (Tabelle 31).

Die sieben Kolben werden mit nitritfreiem Wasser bis zur Marke 70 ccm aufgefüllt, zusammen mit dem Kolben Nr. 8 (zu prüfendes Mehl) 1 Stunde lang in ein Wasserbad von 40° gestellt und öfter umgeschüttelt. Hernach setzt man je 2 ccm Sulfanilsäure[2] und α-Naphthylaminlösung[3] zu und füllt mit Wasser auf 100 ccm auf. Man läßt 1 Stunde zum Klären stehen und vergleicht die klaren Flüssigkeiten der Kolben 1—7 auf weißen Unterlagen mit dem Extrakt aus dem Untersuchungsmehl (Kolben 8); auf diese Weise erfährt man den Gehalt an Salpetriger Säure.

Tabelle 31.

Kolben	Nitritlösung ccm	Nitritstickstoff je kg Mehl
1	50	100×10^{-5} g
2	25	50×10^{-5} g
3	15	30×10^{-5} g
4	10	20×10^{-5} g
5	5	10×10^{-5} g
6	2,5	5×10^{-5} g
7	—	Blindversuch

Vorstehend beschriebene quantitative Probe kann in sinngemäßer Vereinfachung auch zur qualitativen Prüfung verwendet werden.

e) Nachweis von Benzoylperoxyd (Benzoylperoxyd = Lucidol; Novadelox-Verfahren; Gemisch aus 75—85% primärem Calciumphosphat und 15—25% Benzoylperoxyd; auf 100 kg Mehl etwa 13 g des Gemisches). Der Zusatzstoff ist fettlöslich, wirkt bleichend und ist nach einigen Tagen unter Bildung von Benzoesäure gespalten. Der qualitative Nachweis ist deshalb unsicher.

Man geht dabei so vor, daß man das Mehl pekarisiert und die Oberfläche mit dem Reagens nach ROTHENFUSSER betupft (methylalkoholische Lösung von Di-p-Diaminodiphenylamin). Bei Anwesenheit von Benzoylperoxyd tritt Grünfärbung auf. Bleibt letztere aus, dann kann gegebenenfalls aus der Höhe des Calciumphosphatwertes des Mehles ein gewisser Anhaltspunkt gewonnen werden, sofern nicht Phosphate zur Verbesserung zugesetzt worden sind[4].

Ist das Mehl nach der Gasolinprobe als gebleicht anzusehen und sind die Proben auf Nitrit und Chlor negativ ausgegangen, dann kann man eine Behandlung nach dem Ageneverfahren vermuten.

[1] 0,110 g reines, umkrystallisiertes Silbernitrit werden in 20 ccm Wasser gelöst; man setzt 0,1 g reines Natriumchlorid zu und füllt auf 1 Liter auf. Enthielt das Silbernitrit 9,1% Stickstoff, dann besitzt die hergestellte Lösung in 1 Liter gerade 0,01 g Nitritstickstoff. Man läßt das Silberchlorid absitzen, entnimmt 10 ccm Lösung und füllt auf 1 Liter auf; die Lösung enthält in 1 Liter 0,1 mg Nitritstickstoff. Sie muß immer frisch hergestellt werden.

[2] Lösung von 0,5 g Sulfanilsäure in 150 ccm 20%iger Essigsäure.

[3] 0,16 g α-Naphthylamin, gelöst in einem Gemisch aus 11 ccm 0,1 N.-Salzsäure und 20 ccm Eisessig, mit Wasser zu 150 ccm aufgefüllt.

[4] Die Prüfung auf Benzoesäure ist analytisch langwierig und umständlich.

f) Nachweis von Sauerstoffsalzen[1] (Persalze, Kaliumbromat, Kaliumjodat). Es kommen hierbei in erster Linie in Betracht: Ammonium- und Kaliumpersulfat (Porit I bzw. Porit II; 0,01—0,02%), Percarbonate (ohne Bedeutung), Natriumperborat (Elco I), Kaliumbromat (Elco II; 1—5 g/100 kg Mehl). Multaglut ist ein Gemisch aus 50% primärem Calciumphosphat und 30% Porit; bekannt sind ferner die Arkadysalze, die Gemische aus Calciumsulfat (25%), Ammoniumchlorid (10%), Kaliumbromat 0,3%, Natriumchlorid (25%) und Mehl (40%) darstellen.

Zum Nachweis von Persulfaten geht man so vor, daß man das Mehl auf der glatten Oberfläche mit einer alkoholischen Benzidinlösung (0,5%ig) behandelt. Beim Befeuchten mit Wasser auftretende blaue Pünktchen zeigen Persalze an.

Die allgemeine Prüfung auf oxydierend wirkende Stoffe nimmt man mit einer frisch hergestellten angesäuerten Lösung von Jodkalium vor. Behandelt man ein Mehl im trockenen Zustand, dann treten die vereinzelten Partikelchen des oxydierend wirkenden Stoffes als blauschwarze Punkte, bei der Prüfung des angefeuchteten Mehles vielfach als braunschwarzer Schleier hervor. Wenn man die Jodkaliumlösung erst bei neutraler Reaktion und dann nach dem Ansäuern mit Schwefelsäure anwendet, soll eine gewisse Unterscheidung zwischen Persulfaten und Bromaten bzw. Jodaten möglich sein.

Wenn Bromate[2] oder Jodate dem Mehl im festen Zustand beigemischt worden sind, kann man dieselben durch Ausschütteln mit Tetrachlorkohlenstoff, wobei sie als Bodenkörper erscheinen, abtrennen. Setzt man zu diesem Bodensatz im trockenen Zustand etwas konz. Schwefelsäure, dann treten die entsprechend gefärbten Dämpfe von Brom bzw. Jod auf.

Ein anderes Nachweisverfahren von H. Simons[3] gründet sich auf die Überführung des Fluoresceins durch das Brom aus dem Bromat in das Eosin. Die Prüfung auf Jodate erfolgt meist mittelbar; man schließt Bromate, Perborat und Persulfate aus und kann nun aus dem positiven Verlauf der Reaktion mit saurer Jodkaliumlösung die Anwesenheit von Jodaten folgern. Gegebenenfalls sind zur quantitativen Bestimmung die Methoden der Jodbestimmung in sinngemäßer Abwandlung anwendbar.

Prüfung auf Perborate[4]. Analytisch eindeutig ist nur der Nachweis des Bors.

50 g Mehl werden mit 50 ccm alkoholischer Natronlauge (2 g Natriumhydroxyd auf 100 ccm 90%igen Alkohol) in einer großen Abdampfschale innig verrührt. Man zündet die Masse an und verkohlt sie weiter durch vorsichtiges Erhitzen (nicht Glühen!). Nach dem Erkalten zieht man 2—3mal mit möglichst wenig heißem Wasser aus, dekantiert und verdampft zur Trockne. Den kalten Rückstand versetzt man in bekannter Weise mit etwas Methylalkohol und reiner konz. Schwefelsäure, rührt kräftig durch und entzündet. Es tritt die grün gesäumte Flamme vom Borsäuretrimethylester auf.

g) Prüfung auf Phosphate. Man schüttelt das Mehl in üblicher Weise mit Chloroform oder Tetrachlorkohlenstoff aus und trennt den mineralischen Bodensatz ab. Darin wird der Gehalt an Phosphorsäure in salpetersaurer Lösung mit Ammoniummolybdat qualitativ oder quantitativ ermittelt.

[1] Vgl. H. Simons: Das Mühlenlaboratorium 1932, **2**, Heft 7. — L. Pap: Das Mühlenlaboratorium 1932, **2**, Heft 5.

[2] Nach P. Ibanez enthält argentinischer Weizen von Natur aus 0,45 g Brom in 100 kg; vgl. Zeitschr. ges. Getreide-, Mühlen- u. Bäckereiwesen 1937, **24**, 133.

[3] H. Simons: Mühle 1929, Nr. 26.

[4] H. Simons: Das Mühlenlaboratorium 1932, **2**, Heft 7. Glutin W ist ein borhaltiges Verbesserungsmittel von der Zusammensetzung: Magnesiumcarbonat (68%), Kaliumpersulfat (10%), Kaliumbromat (20%), Natriumperborat (mit 2 Molekülen Krystallwasser; 2%).

Werden die Phosphate in gelöster Form zugesetzt, dann muß man entweder im wäßrigen Extrakt des Mehles oder in der Asche auf Phosphorsäure prüfen; im letzteren Fall ist die von Natur aus vorhandene Phosphorsäure entsprechend zu berücksichtigen.

h) Prüfung auf Sulfate. Gips nimmt auf die Quellung des Teiges Einfluß, indem die Feinporigkeit der Krume wesentlich erhöht wird. Der Nachweis gründet sich — Zusatz 0,06 bis 0,1% ist üblich — auf erhöhte Asche, insbesondere auf erhöhten Sulfatgehalt derselben. Man untersucht in der üblichen Weise. Gegebenenfalls muß man bei erhöhtem Sulfatgehalt an die Verwendung von primärem Ammoniumsulfat oder von Persulfat (s. vorangehend) denken.

i) Prüfung auf organische Säuren. Während einbasische Säuren — über Milchsäure wird später berichtet — kaum als Mehlbehandlungsmittel eine Rolle spielen, hat man wiederholt von den mehrbasischen Säuren und ihren Derivaten die Weinsäure sowie die Malonsäure (Matagen) und die Adipinsäure herangezogen[1]. Für den Nachweis solcher Stoffe sind die speziellen analytischen Verfahren zu benutzen.

21. Künstliche Färbung.

Es kann sich um eine absichtliche oder zufällige Färbung handeln; gegebenenfalls könnte auch einmal der Fall vorliegen, daß ein aus zolltechnischen Gründen gefärbtes Getreide widerrechtlich vermahlen worden ist. Für den Nachweis von Teerfarbstoffen geht man nach G. Rupp[2] folgendermaßen vor:

Man gibt auf einen Teller eine 2 cm hohe Wasserschicht und breitet darauf ein Blatt Filtrierpapier aus, auf das man das zu untersuchende Mehl streut. Die vorhandenen Farbstoffe treten dabei als gefärbte Punkte hervor, das Anilinblau z. B. als blaue Kolonien.

Auf Eosin (eosingefärbte Gerste) prüft man nach F. Schwarz und O. Weber[3] folgendermaßen (Gerstenzollordnung):

50 g Mehl werden mit 150 ccm einer Mischung aus gleichen Teilen Alkohol und Wasser mit einem Zusatz von 2 ccm konz. Salzsäure 1 Stunde ausgezogen. Man filtriert ab, wäscht mit dem oben angegebenen Wasser-Alkoholgemisch nach und dampft das Filtrat auf ein kleines Volumen ein. Man versetzt mit absolutem Alkohol (Abscheidung organischer Stoffe), filtriert wieder und dampft nun auf 10—20 ccm ein. Auf Zusatz von Ammoniak im Überschuß tritt bei Gegenwart von Eosin starke grüne Fluorescenz auf. Man säuert mit Salzsäure wieder an, äthert aus und bläst über den ätherischen Auszug Ammoniakdämpfe. Färbt sich der Äther rot und wird auch der Ätherrückstand rot, dann ist Eosin zugegen.

Die gleichen Erscheinungen beobachtet man bei der Untersuchung von roten Stellen im Brot.

Über einen Fall von Malachitgrün in Roggenmehl haben H. Jesser und E. Thomae[4] berichtet; Roggen wird für Brennzwecke mit Malachitgrün gekennzeichnet. Der Nachweis wurde folgendermaßen geführt:

Das Mehl wird mit Chloroform geschüttelt. Es bildet sich an der Oberfläche der Mischung eine grün gefärbte Stärkeschicht. Durch fortgesetztes Wiederholen mit neuen Mehlportionen im gleichen Chloroform und Abtrennen des ausgeschüttelten Mehles erhält man ohne großen Aufwand an Ausschüttelungsmittel eine Fraktion des mit dem Farbstoff angereicherten Untersuchungsgutes.

---

[1] Matagen findet Verwendung als Backpulver für Blätterteig, Plunder usw.
[2] S. Rupp: Zeitschr. Unters. Nahrungs- u. Genußm. 1906, **12**, 141.
[3] F. Schwarz u. O. Weber: Zeitschr. Unters. Nahrungs- u. Genußm. 1910, **19**, 441.
[4] H. Jesser u. E. Thomae: Deutsch. Lebensm.-Rundschau 1936, S. 238.

Man zieht es in der Wärme mit Alkohol aus, der auf 100 ccm 10 ccm konz. Salzsäure enthält, kühlt ab, neutralisiert mit Natriumcarbonat und filtriert. Das Filtrat wird aufs 10fache Volumen mit Wasser verdünnt, angesäuert und 3mal ausgeäthert. Die verbleibende salzsaure gelbe Lösung färbt den Wollfaden gelb; auf Zugabe von Ammoniak schlägt die Farbe in tiefgrün um; bei Zugabe von größeren Mengen von Ammoniak wird der Faden gelblich. Malachitgrün verhält sich, wie vorstehend angegeben.

In Paniermehl, vor allem bei dem Ersatzstoff dafür, dem gefärbten Grieß, führt man den Nachweis der künstlichen Färbung — es handelt sich um orangene bis rote Farbstoffe — in bekannter Weise.

22. Chemischer Nachweis von Mutterkorn.

Am sichersten ist der mikroskopische Nachweis (s. dort). Für die chemische Prüfung kann man nach HOFMANN-KANDEL[1] folgendermaßen vorgehen:

10 g Mehl werden mit 20 ccm (bei Kleie 30 ccm) Äther und 1,2 ccm 5%iger Schwefelsäure versetzt und im verschlossenen Kolben 6 Stunden stehen gelassen. Man filtriert durch ein doppeltes, mit Äther angefeuchtetes Filter in einen farblosen Zylinder mit einer Marke bei 40 ccm und wäscht den Rückstand mit Äther aus, bis man 40 ccm Filtrat erhalten hat. Man versetzt dasselbe zur Neutralisation mit 1,8 ccm einer gesättigten Lösung von primärem Natriumcarbonat und schüttelt durch. Der sich am Boden absondernde Teil der Flüssigkeit ist bei Gegenwart von Mutterkorn je nach dessen Menge schwach hell- bis stark dunkelviolett gefärbt.

Man soll auf diese Weise bis herab zu 0,005% Mutterkorn im Mehl erkennen können. Nach L. MEDICUS und H. KOBER zeigt diese Reaktion aber nicht nur Mutterkorn, sondern auch die Anwesenheit von Kornrade (Sklererythrin) an. Weitere chemische Nachweisverfahren für Mutterkorn, die auf den Nachweis von Ergosterin bzw. der Mutterkornalkaloide hinauslaufen, sowie für andere Unkrautsamen siehe im Schrifttum[2].

23. Chemischer Nachweis von einzelnen Mehlen und Mehlverschnitten.

Hierfür ist im allgemeinen die mikroskopische Untersuchung (s. dort) heranzuziehen, die sich zur Identifizierung noch besonderer chemischer Umwandlungsreaktionen bedient. Es gibt aber auch einige chemische Verfahren, die unter Umständen wertvoll werden können.

a) Erkennung von Roggen- oder Weizenmehl[3] nach der Filtrierprobe[4] von M. P. NEUMANN. Man bereitet eine Aufschlämmung von 10 g Mehl in 100 ccm Wasser, läßt 20 Minuten bei Zimmertemperatur stehen und filtriert durch ein Faltenfilter mit 10—12 cm oberem Durchmesser. Das Filtrat fließt bei Weizenmehl ungleich rascher (2—3mal) durch das Filter als bei Roggenmehl. Bei Weizenmehl erhält man z. B. bei 30—70%iger Ausmahlung nach 5 Minuten insgesamt 30 ccm, nach 30 Minuten 65 ccm Filtrat, bei Roggen bei 30—60%iger Ausmahlung nach 5 Minuten 8 ccm, nach 30 Minuten 20 ccm Filtrat.

---

[1] Vgl. H. LAUCK: Landw. Vers.-Stationen 1904, **43**, 303.

[2] C. C. KELLER: Schweiz. Wochenschr. Chem. u. Pharmaz. 1904, **44**, 121. — F. KRAFT: Arch. Pharmaz. 1906, **244**, 336. — G. BARGER u. H. H. DALE: Arch. Pharmaz. 1906, **244**, 550. — C. SORMANI: Zeitschr. Unters. Nahrungs- u. Genußm. 1912, **23**, 561 (Nachweis von Saponin aus saponinhaltigen Unkrautsamen).

[3] Eine Übersicht über die älteren Verfahren zur Unterscheidung von Weizen- und Roggenmehl siehe bei SCHWEIZER u. GEILINGER: Mitt. Lebensmittelunters. Hygiene 1925, **16**, 95. — SCHWEIZER: Mitt. Lebensmittelunters. Hygiene 1929, **20**.

[4] Das Sedimentierverfahren hat man ebenfalls zur Mehlunterscheidung herangezogen; vgl. K. SEIDEL, Zeitschr. ges. Getreidewesen 1928, **15**, Heft 6.

b) Unterscheidung von Roggen- und Weizenmehl mit Salzsäure[1]. 5 g des zu prüfenden Mehles werden mit etwas Salzsäure vom Spez. Gewicht s = 1,124 befeuchtet und zu einer breiigen, zähen Masse verrührt. Nach kurzer Zeit rötet sich Roggenmehl, während Weizenmahlprodukte innerhalb dieser Frist unverändert bleiben. Man soll auf diese Weise bis zu 10% Roggenmehl im Verschnitt erkennen können.

c) Nachweis von Gerstenmehl im Roggen- und Weizenmehl. 5 g Mehl werden 10 Minuten lang unter Umschwenken mit 50 ccm Wasser kalt digeriert; man filtert klar. 5 ccm des Filtrates versetzt man mit 10 ccm 96%igem Alkohol. Gerstenmehl gibt hierbei sofort eine Trübung, die sich allmählich zur Ausflockung verdichtet; Roggen- und Weizenmehl bleiben klar. Bis 20% Gerste sind auf diese Weise angeblich erkennbar.

Beim Anrühren von Mehl mit Ammoniak und Essigester verfärbt sich Gerstenmehl braun, während Roggen- und Weizenmehl einen schwach grünlichen Farbton liefern.

d) Nachweis von Roggenmehl in Weizenmehl bzw. in anderen Mahlprodukten. J. TILLMANS, H. HOLL und L. JARIWALA[2] stellten zuerst fest, daß im Roggenmehl Trifruktosan zu finden ist, während Weizenmehl davon nur geringe Mengen enthält. Später wurde ermittelt, daß Weizenmehl höchstens 0,3%, Roggenmehl aber bis zu 2% Trifruktosan mit sich führt.

Für den qualitativen Nachweis geht man folgendermaßen vor: 5 g Mehl werden in einem Zentrifugierröhrchen in 20 ccm 70%igem Alkohol verteilt und dann 15 Minuten kräftig geschüttelt. Man kühlt 10 Minuten lang auf —3° ab, wobei die Masse öfter umgerührt wird. Dann zentrifugiert man. Von der klar abgegossenen (nötigenfalls filtrierten) Flüssigkeit werden 10 ccm mit 0,5 ccm 70%iger alkoholischer N-Natronlauge versetzt. Bei reinen Weizenmehlauszügen treten höchstens Trübungen auf; mitunter bleibt die Prüflösung ganz klar. Bei Anwesenheit von Roggen (bis herab zu 10%) erfolgt eine erhebliche Trübung; reines Roggenmehl liefert Fällungen.

Das Verfahren ist verschiedentlich quantitativ ausgestaltet worden[3]. Nach J. TILLMANS und W. REHSE verfährt man z. B. gemäß folgender Vorschrift:

Im Weithalskolben von 200 ccm werden 20 g Mehl mit 80 ccm 70%igem Alkohol 15 Minuten geschüttelt (Schüttelmaschine). Nachdem die Masse auf 2 Zentrifugierrohre (18 cm lang, 2 cm lichte Weite) verteilt und 15 Minuten bei —8° abgekühlt worden ist, wird sie 10 Minuten zentrifugiert (1500 Umdrehungen). Man gießt durch ein Wattefilter ab und pipettiert vom Filtrat je 30 ccm wiederum in ein Zentrifugierrohr, kühlt 5 Minuten auf —8° C ab und setzt nun je 10 ccm einer 70%igen alkoholischen N-Natronlauge zu. Man schüttelt kräftig um. Es scheidet sich Trifruktosan ab. Nach 5 Minuten langem Stehen zentrifugiert man 5 Minuten und gießt die blanke Flüssigkeit ab. Man läßt die Röhrchen zum restlosen Abtropfen einige Zeit mit der Öffnung nach unten stehen. Verluste sind hierbei nicht zu befürchten. Zu jedem Röhrchen setzt man 9 ccm Wasser und erwärmt im Wasserbad auf 55° C; es erfolgt Lösung. Nunmehr werden je 21 ccm 96%iger Alkohol zugegeben; man kühlt wieder auf —8° ab. Hierauf fügt man je 3,3 ccm 70%ige alkoholische N-Natronlauge zu, schüttelt um und erwärmt 5 Minuten im Wasserbad auf 55°, indem man die Röhrchen senkrecht einsetzt. Dann schleudert man wieder 5 Minuten aus, gießt vom Bodenkörper ab und läßt, wie oben angegeben, abtropfen. Den Niederschlag löst man bei 55° in 10 ccm Wasser, kühlt auf Zimmertemperatur ab, gibt 2 Tropfen

[1] Vgl. P. RUDOLPH u. H. BARSCH: Chem.-Ztg. 1931, **31**, 104.
[2] J. TILLMANS, H. HOLL u. L. JARIWALA: **Z.** 1928, **56**, 26.
[3] Verfahren und Literatur vgl. bei R. STROHECKER: **Z.** 1932, **63**, 514.

2%ige Phenolphthaleinlösung zu und titriert mit 0,1 N.-Salzsäure auf farblos. Hat man im Mittel von mehreren Versuchen *a* ccm 0,1 N.-Salzsäure verbraucht, dann wird der Gehalt *R* der Mehlmischung an Trifruktosan in Prozent nach folgender Gleichung gefunden:

$$R = \frac{a - 1{,}0}{9{,}0} \cdot 100.$$

Über andere Arbeitsweisen zur Ermittlung der Menge des abgetrennten Trifruktosans vgl. bei J. TILLMANS und H. MATTHAEI[1], bei BERLINER und RÜTER[2] sowie bei C. I. KRUISHEER[3].

Zugleich für die Anwendung auf Gebäck aus Roggen-Weizenmehlgemischen bestimmt, hat R. STROHECKER[4] ein Verfahren ausgearbeitet:

10 g Mehl oder Brotkrume werden mit 100 ccm Wasser innig verrührt (keine Klümpchen); gegebenenfalls ist im Mörser mit dem Pistill zu verreiben. Man setzt 5 ccm dialysierte kolloide Eisenhydroxydlösung zu und verteilt gleichmäßig (Fällung der Proteine). Nach 10 Minuten filtert man durch ein Faltenfilter in einen 100 ccm-Meßzylinder[5]. 25 ccm Filtrat werden mit 96%igem Alkohol auf 90 ccm aufgefüllt (Volumenkontraktion beachten!). Die Dextrine fallen aus. Bei Weizenerzeugnissen tritt hierbei nur schwache Trübung auf, die allmählich ausflockt; bei Roggen sind stärkere Ausfällungen zu beobachten. Man läßt 10 Minuten stehen und filtert durch ein Faltenfilter in einen 50 ccm-Meßzylinder. 45 ccm Filtrat werden mit 5 ccm alkoholischer 0,5 N.-Kalilauge versetzt. Bei Weizenerzeugnissen treten nur schwache, bei Roggenerzeugnissen kräftige Trübungen auf; letztere bestehen im wesentlichen aus Trifruktosan. Nach etwa 30 Minuten filtert man an der Saugpumpe durch einen Asbestgoochtiegel ab und wäscht zweimal mit je 5 ccm 96%igem Alkohol nach. Unter den Saugaufsatz stellt man nun ein Reagenzrohr und löst das Trifruktosan durch Zugabe kleiner Anteile von heißem Wasser auf in der Weise, daß die Lösung in das Reagenzrohr gesaugt wird. Man ergänzt mit Wasser auf 50 ccm und gibt die Lösung in einen 100 ccm-Meßkolben. Nach Zusatz von 25 ccm rauchender Salzsäure und 5 Minuten langem Erwärmen (Zollvorschrift; Spaltung des Trifruktosans) neutralisiert man, kühlt ab, füllt auf 100 ccm auf und bestimmt in 50 ccm in bekannter Weise den Reduktionswert mittels FEHLINGscher Lösung (2 Minuten Sieden, 50 ccm FEHLINGsche Lösung). Das Kupfer-(1)-oxyd wird als Kupfer-(2)-oxyd gewogen. Das Gewicht, das einer Einwaage von 0,6 g Mehl bzw. Brotkrume entspricht, rechnet man auf 1 g Untersuchungssubstanz um. Wenn die gewogene Menge Kupfer-(2)-oxyd gleich *a* und *w* der Trockenmassegehalt in Prozent sind, dann berechnet sich der Reduktionswert für 1 g Mehl- bzw. Brottrockenmasse *t* nach der Gleichung:

$$t = \frac{a \cdot 100}{w \cdot 0{,}6}.$$

Diesen Wert legt man am einfachsten, da die Umrechnung auf Trifruktosan nichts Neues bringt, dem Urteil zugrunde. Bei Roggenmehlen findet man je nach Art und Ausmahlung Kupfer-(2)-oxydwerte von 63—76 mg, auf 1 g Trockenmasse bezogen, bei Weizenmehlen von 3—12 mg.

R. STROHECKER hat unter Zugrundelegung von Mittelwerten eine Tabelle berechnet, aus der bei Mehlgemischen (bzw. bei Broten aus Roggen-Weizenmehl-

[1] J. TILLMANS u. H. MATTHAEI: **Z.** 1932, **63**, 514. — H. RIFFART u. C. PYRIKI: **Z.** 1924, **48**, 197.
[2] E. BERLINER u. R. RÜTER: Zeitschr. ges. Mühlenwesen 1930, 7, 21.
[3] C. I. KRUISHEER: Rec. Trav. chim. Pays-Bas 1931, **50**, 153.
[4] R. STROHECKER: **Z.** 1932, **63**, 514.
[5] Bei Roggen- und Roggenmischmehlen geht das Filtrieren im Gegensatz zu Weizenprodukten oft sehr langsam vonstatten; es sind dann mehrere Filter angezeigt.

verschnitten) die Anteile der 2 Bestandteile angenähert entnommen werden können.

e) Nachweis von Mais in Weizenmahlprodukten nach K. Bolz[1]. 25 g Mehl werden mit 15 g Wasser angeteigt und genau wie bei der Kleberbestimmung mit fließendem Wasser ausgewaschen. Das Waschwasser mit der abgeschwemmten Stärke sammelt man in einer Porzellanschale und gießt es jeweils vorsichtig ab. Schon nach der zweiten bis dritten Auswaschung tritt beim Dekantieren in der Porzellanschale ein gelber Bodensatz auf. Daraus hergestellte mikroskopische Präparate zeigen die typischen, kantigen, polyedrischen Körner der Maisstärke des Horn-Endosperms, die auch dem Ungeübten sofort auffallen.

f) Nachweis von Maisgrieß in Weizengrießen nach W. S. Smirnow[2]. Der Nachweis beruht auf der Tatsache, daß das im Mais vorhandene Zein in 96%igem Alkohol löslich und mittels der Biuretreaktion nachweisbar ist.

20 g des zu untersuchenden Mehles werden bei 75° C mit 50 ccm eines 96%igen Alkohols 1/2 Stunde lang ausgezogen. Die klare, noch heiße Lösung gießt man ab, gegebenenfalls durch ein weitporiges Filter. Der klare Auszug trübt sich mitunter beim Stehen; diese Trübung bleibt unberücksichtigt. 10 ccm des Filtrates versetzt man mit 2 ccm N.-Natronlauge und 10 Tropfen Kupfersulfatlösung (2%ig). Bei Anwesenheit bis zu etwa 5% Mais- im Weizengrieß tritt, wenn auch schwach, so doch deutlich feststellbar, die Biuretreaktion mit ihrer violetten Farbe ein.

g) Nachweis von Maismehl in Mehl sowie Back- und Teigwaren aus Weizen oder Roggen nach K. Fricke und O. Lüning[3]. 50 g der nötigenfalls getrockneten Probe werden mit 100 ccm alkoholischer Kalilauge (0,3% Kaliumhydroxyd, 80%iger Alkohol) 1 Stunde auf dem Wasserbad am Rückflußkühler erhitzt und siedend heiß in einen 250 ccm Rundkolben filtriert. Man destilliert den Alkohol bis zur beginnenden Trübung ab und gießt dann sofort in 1 l kaltes Wasser, dem man 20 g Alaun zusetzt. Die Mischung bleibt 24 Stunden stehen. Man dekantiert und sammelt den entstandenen Niederschlag der Proteine auf einem Faltenfilter. Derselbe wird feucht mit Seesand (dreifache Menge) verrieben und im Porzellanschälchen auf dem Wasserbad eingetrocknet. Die trockene, fein zerriebene Masse extrahiert man 1 Stunde lang mit 10 ccm Amylalkohol in der Siedehitze am Rückflußkühler, filtert den Auszug siedend heiß, setzt nach dem Erkalten die drei- bis vierfache Menge Benzol und eine Messerspitze Kieselgur hinzu, läßt einige Stunden absitzen, sammelt den Niederschlag auf einem kleinen Filter und wäscht mit Benzol vom Amylalkohol frei. Nachdem das Benzol verdunstet ist, digeriert man das samt Niederschlag in Stücke zerrupfte Filter unter häufigem Umschwenken 1 Stunde lang mit 10 ccm wäßriger, 0,3%iger Kalilauge und filtert wiederum. Fügt man zum klaren Filtrat etwas Reagens nach Esbach, so zeigt die sofort auftretende Trübung Maismehl an.

h) Nachweis von Reis- in Weizenmehl[4]. Man feuchtet das Sediment oder die Mehlaufschlämmung nach dem Eintrocknen auf dem Objektträger mit etwas Methylalkohol an und trocknet wieder. Nun setzt man 4—5 Tropfen einer frisch

---

[1] K. Bolz: Deutsch. Lebensm.-Rundschau 1938, 30. Vgl. auch G. Brückner u. B. Thomas: Zeitschr. ges. Getreide-, Mühlen- u. Bäckereiwesen 1938, **25**, 34.

[2] W. S. Smirnow: Zeitschr. ges. Getreide- u. Mühlenwesen 1932, **19**, 141. Vgl. auch H. Kühl: Das Mühlenlaboratorium 1933, **3**, Heft 1, 2 u. 3, der die Arbeitsweise von W. S. Smirnow verbessert hat.

[3] K. Fricke u. O. Lüning: Zeitschr. Unters. Nahrungs- u. Genußm. 1923, **45**, 69. Der Nachweis gründet sich darauf, daß die Proteine von Weizen und Roggen unter den gewählten Bedingungen in Amylalkohol unlöslich, während die Maisproteine (Zein) wenigstens in ihrem einen Bestandteil (Maisin) löslich sind.

[4] R. Tuffi u. E. Borghetti: Ann. Chim. analyt. appl. 1935, **25**, 351; **Z.** 1938, **75**, 394.

hergestellten wäßrigen Mischung aus gleichen Teilen einer 0,2%igen Lösung von Methylenblau und 0,1%igen Lösung von Eosin A. Nach 5 Minuten spült man den Farbüberschuß behutsam ab. Reismehl hat sich blaugrün gefärbt, während Weizenmehl bei dieser Behandlung farblos bleibt bzw. sich höchstens gelblich anfärbt.

24. Nachweis der Vitamine.

Über den Nachweis der Vitamine durch den biologischen Versuch, der noch immer die letzte Entscheidung bei der Beurteilung bildet, ist in diesem Handbuch von A. SCHEUNERT und M. SCHIEBLICH[1] ausführlich berichtet worden, so daß sich in dieser Beziehung hier weitere Ausführungen erübrigen.

Was den chemischen Nachweis der Vitamine anlangt, so ist das vorliegende analytische Material ebenfalls bei A. SCHEUNERT und M. SCHIEBLICH zusammengestellt worden; es sei hier auf die dortigen Ausführungen verwiesen. Eine zusammenfassende Darstellung der Methoden der Erfassung der Vitamine auf chemischem sowie auf spektrophotometrischem Wege ist ferner von W. STEPP, J. KÜHNAU und H. SCHROEDER[2] gegeben worden; es sind dort auch die neuesten Arbeiten berücksichtigt worden.

25. Prüfung der Verdaulichkeit.

Die Methodik des Verdauungsversuches am Menschen ist von A. BÖMER, soweit sie die Lebensmittelchemiker interessiert, im vorliegenden Handbuch[3] ausführlich beschrieben worden. Man findet dort auch alle Hinweise, die für die Durchführung der künstlichen Verdauung, d. h. der Verdauung außerhalb des Organismus, mit Hilfe der Verdauungsenzyme zu wissen und zu beachten notwendig sind. Als zur Zeit beste Arbeitsweise dürfte die von H. STEUDEL[4] beschriebene zu gelten haben.

Buch-Literatur.

W. CLAYTON: Colloid aspects of food chemistry and technology. London: J. und A. Churchill 1932. — A. FORNET: Vom Mehl zum Brot, 6. Aufl. Berlin: F. A. Günther und Sohn A.-G. 1936. — R. FRITZWEILER: Getreide und Hülsenfrüchte. Leipzig: Akademische Verlagsgesellschaft 1920. — J. GROSSFELD: Anleitung zur chemischen Untersuchung der Lebensmittel. Berlin: Julius Springer 1927. — J. KÖNIG: Chemie der menschlichen Nahrungs- und Genußmittel, 4. Aufl., Bd. III, 2, S. 496f. (1914); 5. Aufl., Bd. II, S. 365 (1920). Berlin: Julius Springer. — N. P. KOSMIN: Das Problem der Backfähigkeit. Leipzig: M. Schäfer. — Mehlphysik. Duisburg: Brabender G. m. b. H. 1935. — K. MOHS: Grundlagen und Ziel der Typisierung der Mehle nach Asche. Berlin-Leipzig: Th. Weicher, Inh. K. Kaehler. — M. P. NEUMANN: Brotgetreide und Brot, 3. Aufl. Berlin: Paul Parey 1929. — PAROW: Handbuch der Stärkefabrikation, 2. Aufl. Berlin: Paul Parey 1928. — K. SCHMORL: Mehlchemischer Lehrkurs, 3. Aufl. Leipzig: M. Schäfer 1936.

---

[1] A. SCHEUNERT u. M. SCHIEBLICH: Dieses Handbuch, Bd. II, 2, S. 1469f.

[2] W. STEPP, J. KÜHNAU u. H. SCHROEDER: Die Vitamine und ihre Anwendung. Stuttgart: Ferdinand Enke 1937.

[3] A. BÖMER: Dieses Handbuch, Bd. II, 2, S. 1457.

[4] H. STEUDEL: Zeitschr. ges. exper. Med. 1935, **95**, 580.

Mikroskopische Untersuchung der Stärkemehle und Müllereierzeugnisse einschließlich der mykologischen und biologischen Prüfung.

Von

Professor Dr. C. Griebel-Berlin.

Mit 169 Abbildungen.

Eine zuverlässige Entscheidung über die Art eines vorliegenden Mehles oder Stärkemehles läßt sich in der Regel nur durch die mikroskopische Untersuchung treffen. Auch das Vorhandensein von Verunreinigungen oder Verfälschungen durch pflanzliche Beimengungen sowie das Vorkommen von pflanzlichen, auch tierischen Schädlingen, kann häufig nur auf diese Weise festgestellt werden. Erforderlich ist für solche Untersuchungen allerdings eine gründliche Kenntnis des Baues der zur Mehlbereitung dienenden Pflanzenteile, insbesondere der Gramineenfrüchte und Leguminosensamen sowie der häufiger vorkommenden Unkrautsamen. Deshalb müssen im folgenden Abschnitt die hierbei in Betracht kommenden Arten in mikroskopischer Hinsicht eingehender behandelt werden.

Die mikroskopische Unterscheidung der Mehlarten stützt sich einerseits auf die Form der Stärkekörner und andererseits auf die Zellelemente der Schalenteilchen, die auch in den feinsten Mehlen noch in geringer Menge vorhanden sind und durch geeignete Anreicherungsverfahren sichtbar gemacht werden können.

I. Die mikroskopische Unterscheidung der Stärkearten.

1. Untersuchung im Wasserpräparat.

Die Herstellung der Präparate erfolgt in der üblichen Weise durch Verteilen einer kleinen Probe in Wasser. Bei gröberen Mehlen kann man zuvor durch Anwendung geeigneter Siebe von verschiedener Maschenweite die feineren und gröberen Anteile trennen. Bei der Prüfung der Stärke hat man sein Augenmerk auf die Form, Größe, Struktur und Anordnung der Körner zu richten. Man unterscheidet einfache und zusammengesetzte, nach der Form runde, elliptische, linsenförmige, nierenförmige, polyedrische usw. Körner, in bezug auf die Struktur solche mit konzentrischer oder exzentrischer Schichtung, mit oder ohne Kernhöhle oder Kernspalte verschiedener Form und Ausdehnung. Bei den Mehlen des Handels liegt ausschließlich sog. Reservestärke vor, die in den betreffenden Pflanzenteilen als Reservestoff abgelagert wird. Hierzu gehören einerseits Früchte und Samen, andererseits Wurzelknollen und Rhizome, auch im Stamm findet sich bei manchen Arten Stärke in großer Menge (z. B. Sago-

---

[1] Bearbeitet unter Benutzung des von Dr. A. Scholl bearbeiteten Abschnittes „Mikroskopische Untersuchung der Mehle und Stärkemehle“ in J. König: Chemie der menschlichen Nahrungs- und Genußmittel, Bd. III, 2. 1914.

palme). In den Samen kommt Stärke sowohl im Endosperm (Cerealien) wie auch in den Kotyledonen (Leguminosen) als Reservestärke vor, die zum Unterschied von der Assimilationsstärke oft eine beträchtliche Größe erreicht.

In einigen Fällen bietet schon die Form der Stärkekörner ein hinreichendes Kennzeichen für die Art, in anderen muß daneben auch die Größe der Körner ermittelt werden, um einen sicheren Schluß zu ermöglichen. In der Regel sind bei einer Stärkeart nicht alle Körner gleich groß, sondern es finden sich zwischen den größten und kleinsten Übergänge in verschiedenem Grade, worauf bei der Untersuchung besonders zu achten ist. Bei der Mehrzahl der Stärkearten findet man eine Hauptform und einen bestimmten für die Art kennzeichnenden Größenunterschied zwischen den größten und den kleinsten Körnern. Daneben kommen bei einzelnen Stärkesorten auch Formen vor, die zwar nur in verhältnismäßig geringer Menge vorhanden, aber für die betreffende Art typisch sind und daher als wichtiges Erkennungsmerkmal dienen können (Leitformen und Nebenformen). Um die Form der einzelnen Körner genau feststellen zu können, ist es oft notwendig, sie in verschiedener Lage zu betrachten. Dies läßt sich leicht dadurch erreichen, daß man zu dem unter dem Mikroskop liegenden Präparat an einer Seite des Deckglases einen Tropfen Wasser zugibt und an der entgegengesetzten Seite Flüssigkeit mit Hilfe von Filtrierpapier absaugt, wodurch die Körner in eine rollende Bewegung geraten. Noch einfacher gelingt dies häufig dadurch, daß man mit Hilfe einer Präpariernadel das Deckglas auf der einen Seite etwas niederdrückt und dann den Druck nach Bedarf wieder aufhebt, wobei namentlich die Getreidestärkekörner durch rollende Bewegung bald ihre Schmal-, bald ihre Breitseite zeigen.

Die Stärke der Getreidearten weist zum Teil eine sehr charakteristische Form auf, so daß, wenn nur eine einzige Art vorliegt, diese meist leicht bestimmt werden kann. Bei Gemischen von Getreidestärke ist dagegen die Unterscheidung der Arten ohne weiteres oft kaum möglich. Nach der Ähnlichkeit der Formen lassen sich 2 Gruppen von Getreidestärken unterscheiden, nämlich einerseits Weizen-, Roggen- und Gerstenstärke, andererseits Mais-, Hirse-, Hafer-, Reis- und Buchweizenstärke.

Neben den einheimischen Stärkearten finden bei uns auch tropische Sorten Verwendung. Sie stammen vorwiegend von Wurzelknollen und Rhizomen, seltener von Früchten, Samen oder aus dem Mark von Stämmen und führen vielfach die Sammelbezeichnung „Arrowroot", worunter in der Regel allerdings bei uns nur Marantastärke verstanden wird.

Die nachstehende von A. SCHOLL herrührende Tabelle bringt eine Zusammenstellung der Form- und Größenverhältnisse der als Lebensmittel hauptsächlich in Betracht kommenden Stärkearten, die im Anschluß hieran einzeln noch näher beschrieben werden.

Tabelle 1. Vergleichende Übersicht zur Bestimmung der Stärkearten. (Nach A. SCHOLL.)

Stärkeart	Formen	Größe der Körner in μ			Kern oder Kernspalten	Schichtung
		kleinste	mittlere	größte		
Weizen	Großkörner linsenförmig, Kleinkörner kugelig. Nebenform: polyedrische oder schüsselförmige Teilkörner von zusammengesetzten	2—9	30—40	45	zentral, Spalten selten	selten
Spelzweizen	Ähnlich wie Weizen, auch gerundet vierseitig	2—9	20—30	—	strahliger Spalt häufiger	nicht sehr selten

Tabelle 1. (Fortsetzung.)

Stärkeart	Formen	Größe der Körner in μ			Kern oder Kernspalten	Schichtung
		kleinste	mittlere	größte		
Roggen	Unregelmäßig rundlich, linsenförmig. Nebenformen: wulstige, bohnenartige, bucklige und zusammengesetzte Groß- und Kleinkörner	3—10	25—35	45—60	zentral, drei- bis vierstrahlig, Spalt häufig	nicht sehr selten
Gerste	Großkörner rundlich, knollen-, bohnenförmig, gerundet mehrseitig. Kleinkörner rundlich oder eckig	2—10	20—25	30—42	zentral, längliche Spalte nicht selten	häufig
Hafer	Füllstärke rundlich oder eckig Zusammengesetzte Körner oval oder rundlich, Teilkörner scharfkantig oder gerundet. Nebenform: zitronen-, keulenförmige. Leiter: spindelförmige, gerade oder gebogen	2—5	5—15 5—8	28 12	nicht sichtbar	nicht sichtbar
Mais	Hornendospermkörner scharfkantig Mehlendospermkörner gerundet oder gestreckt, unregelmäßig, bucklig. Übergangsformen: gestreckte oder gebogene Zwillinge und Drillinge	10 2	15—25 10—30	30 35	zentral, Spalte oft mehr strahlig, ausgedehnte Höhle häufig	nicht sichtbar
Reis	Zusammengesetzte Körner mit kantigem Umriß, Teilkörner krystallartig. Füllstärke scharfkantig. Rundliche Körner sehr selten	2	4—6	10	selten sichtbar	nicht sichtbar
Buchweizen	Einfache Körner im Hornendosperm polyedrisch gerundet, im Mehlendosperm rundlich. Leiter: stäbchenförmige, oft gebogene, zusammengesetzte Körner, zuweilen ohne Trennungslinien	—	6—12	15	Kern häufig sichtbar	nicht sichtbar
Panicum und Setaria	Nur einfache Körner, scharfkantig, krystallartig oder kugelig; Übergangsformen	—	4—12	18	Kern meist deutlich	nicht sichtbar
Sorghum	Hornendospermkörner scharfkantig Mehlendospermkörner rundlich; Übergangsformen	— —	15—20 15—30	— 35	meist deutliche Spalte oft strahlig	nicht sichtbar
Leguminosen	Bohnen-, nierenförmig, gerundet mehrseitig, wulstig, buchtig, oval, rund, vielfache Risse und Spalten	3	20—50	70	meist längliche Spalte, oft stark verzweigt	deutlich
Kastanie	Einfache Körner gerundetmehrseitig, birnförmig, unregelmäßig. Zwillinge und Drillinge. Leiter: Körner mit warziger Oberfläche	15	15—25	30	exzentrisch, Spalte einfach oder mehrstrahlig	undeutlich
Taumellolch	Ähnlich wie Hafer	—	2—5	8	nicht sichtbar	nicht sichtbar
Trespe	Elliptisch, nierenförmig usw., vorgezogene Spitze nicht selten	—	5—9	—	strichförmige Spalte häufig	nicht sichtbar

Tabelle 1. (Fortsetzung.)

Stärkeart	Formen	Größe der Körner in μ			Kern oder Kernspalten	Schichtung
		kleinste	mittlere	größte		
Kornrade	Stärkekörner, mit sehr vielen und kleinen Teilkörnern	—	—	—	—	—
Eichel	Bohnen-, nieren-, länglich-eiförmig usw.	3	15—20	25	meist deutlich, auch weite Kernhöhle	oft deutlich
Roß-kastanie	Birn-, eiförmig, gerundet-mehrseitig, rundlich; Zwillinge und Drillinge	6	15—25	30	zentral oder exzentrisch, auch Spalten	meist undeutlich
Kartoffel	Einfache Körner unregelmäßig, mehrseitig gerundet, beil-, keil-, muschelförmig, eirund usw. Zwillinge und Drillinge, halbzusammengesetzte Körner	2	45—65	110	exzentrisch, Spalte selten	sehr deutlich, teilweise kräftig hervortretend
Canna	Sackartig, beutelförmig, oval usw. halbzusammengesetzte Körner	18	60—95	130	exzentrisch, Spalte fehlt	deutlich, oft grob
Maranta	Rundlich, oval, keulen-, birn-, spindelförmig, gerundet mehrseitig	5	25—40	75	meist exzentrisch, Spalt gebogen oder strahlig	deutlich, aber zart
Alocasia	Zusammengesetzte Körner, mit pauken-, tonnenförmigen Teilkörnern	—	5—40	—	zentral, Spalte oft strahlig	nicht sichtbar
	Einfache rundliche	—	9—40	45		
	Füllstärke kantig gerundet	—	2—10	—		
Curcuma	Flach scheibenförmig, sackartig, mit Vorsprung	15	35—60	85	exzentrisch	zart
Manihot	Zusammengesetzt, Zwillinge, selten Drillinge, Teilkörner paukenähnlich, oft verschieden groß	4	15—20	35	zentral, Spalt oft sternförmig	undeutlich
Dioscorea	Eiförmig, elliptisch, oft gekrümmt	10	30—50	80	exzentrisch, Spalte selten	deutlich
Arum	Zusammengesetzte Körner, Teilkörner gerundet kantig; einfache rundliche Körner	3	7—15	21	zentral, Spalte vorhanden oft strahlig	nicht sichtbar
Batate	Zusammengesetzt, Zwillinge und Drillinge, Teilkörner konisch, kegel-, glockenförmig, Stoßflächen oft gewölbt	3	25—35	55	exzentrisch, Spalte zwei- bis mehrstrahlig	häufig sichtbar
Tacca	Unregelmäßig, rundlich-eiförmig, keulen-, schinkenförmig, halbzusammengesetzte Körner	15	38—50	85	meist exzentrisch, Spalte oft mehrstrahlig	deutlich
Conophallus (Amorphophallus)	Einfache rundliche und zusammengesetzte Körner	—	2—9	—	—	—
Banane	Ei-, flaschen-, keulen-, wurst-sackförmig, auch gebogen. Zusammengesetzte sichelartige Körner	4—12	20—40	100	exzentrisch, Spalte selten	deutlich

Tabelle 1. (Fortsetzung.)

Stärkeart	Formen	Größe der Körner in μ			Kern oder Kernspalten	Schichtung
		kleinste	mittlere	größte		
Artocarpus	Zusammengesetzte Körner, oval, unregelmäßig, Teilkörner kantig-gerundet	—	2—13	—	nicht sichtbar	nicht sichtbar
Inocarpus	Einfache rundliche	—	9—27	—	zentral, Spalte oft mehrstrahlig	nicht sichtbar
	Zusammengesetzte (Zwillinge und Drillinge, selten höher), Teilkörner halbkugelig, pauken-, glockenförmig	—	6—27	—		
	Füllstärke	—	2—9	—		
Caryota	Gestreckt, walzen-, birn-, keulenförmig, schief-dreiseitig, unregelmäßig. Elliptisch, rundlich	8	—	140	exzentrisch, Spalte einfach oder strahlig, starke Kernhöhle nicht selten	deutlich
Metroxylon	Zusammengesetzt aus großem Hauptkorn, oft mit astartigen Ausstülpungen und kleinen Nebenkörnern. Hauptkorn elliptisch, zuckerhut-, glockenförmig	30	50—70	80	exzentrisch, Spalt oft mehrstrahlig	häufig
	Nebenkörner schüssel-, paukenförmig	—	10—20	—		
	Einfache runde oder ovale	—	50—65	—		

Beschreibung der einzelnen Stärkearten.

1. Weizenstärke (Triticum sativum var. vulgare) besteht aus zwei verschiedenen Formen (Abb. 1). Die Großkörner sind linsenförmig; sie erscheinen daher in der Flächenansicht rundlich, häufig etwas oval, auf der Kante liegend länglichoval. Der Kern ist zentral gelegen, tritt aber meist nicht deutlich hervor, auch zentrale Schichtung ist selten deutlich sichtbar. Eine Kernspalte ist in der Flächenansicht nur ausnahmsweise zu sehen. In der Seitenansicht zeigt sich in der Regel eine dunkle Längslinie, die als Spalt gedeutet wird. Durchmesser der Großkörner 30—40 μ (selten bis 45 μ). Die Kleinkörner sind einfach, kugelig oder eiförmig, auch spitz eiförmig, spindelförmig oder abgerundet eckig, polyedrisch. Im letzteren Fall handelt es sich um die Teilkörner von zusammengesetzten Formen, die als solche nur selten zu beobachten sind, weil sie leicht zerfallen. Durchmesser der Kleinkörner 2—9 μ, gewöhnlich 6 μ. Zwischenformen kommen nur in geringer Menge vor. — Abb. 1 zeigt bei *a* Stärkekörner aus gekeimtem Weizen, durch Einwirkung von Diastase korrodiert. Zum Unterschied von solchen zeigen durch Aufdrücken des Deckgläschens gequetschte Körner strahlige Sprünge. — Die Stärkekörner des Spelzweizens (Triticum sativum var. Spelta) sind denen des Weizens ähnlich, die Großkörner aber durchschnittlich kleiner (20—30 μ). Häufig vertreten ist eine gerundet vierseitige

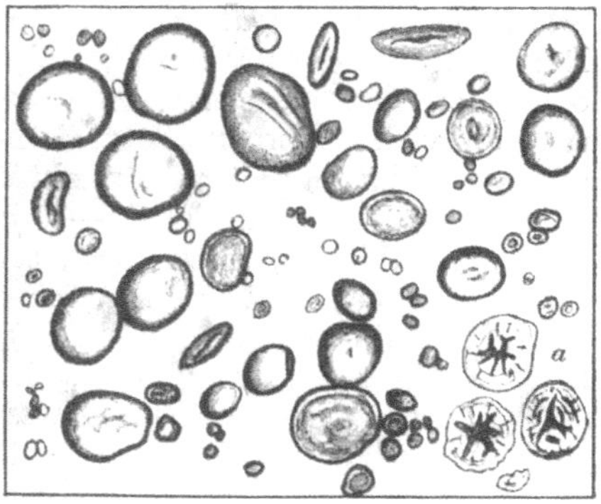

Abb. 1. Weizenstärke (Triticum vulgare). Vergr. 1 : 270. (Nach A. SCHOLL.)

Form. Konzentrische Schichtung und strahlige Kernhöhle, wie beim Roggen, kommen zuweilen vor.

2. **Roggenstärke** (Secale cereale L.). Sie ist in der Form (Abb. 2) der Weizenstärke sehr ähnlich. Konzentrische Schichtung ist an Großkörnern häufiger als bei Weizen sichtbar, desgleichen eine drei- oder mehrstrahlige Kernspalte. Letztere ist ein besonderes Merkmal der Roggenstärke, das jedoch nicht so regelmäßig auftritt, daß sich Roggen- und Weizenstärke hierdurch mit Sicherheit unterscheiden ließen, da auch Großkörner der Weizenstärke ausnahmsweise eine solche Kernspalte aufweisen können und andererseits in manchen Roggensorten Großkörner mit deutlicher Kernspalte fast gar nicht vorkommen. Durchmesser der Großkörner 25—35 μ, ziemlich häufig sogar 45—50 μ, selten bis 60 μ. Kleinkörner fast immer rundlich oder gerundet-eckig oder unregelmäßig; zusammengesetzte Körner selten, Größe 3—10 μ; Zwischenformen

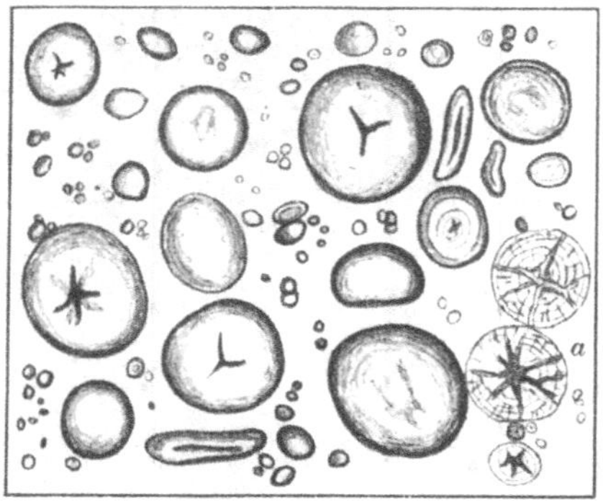

Abb. 2. Roggenstärke (Secale cereale). Vergr. 1: 270. (Nach A. SCHOLL.)

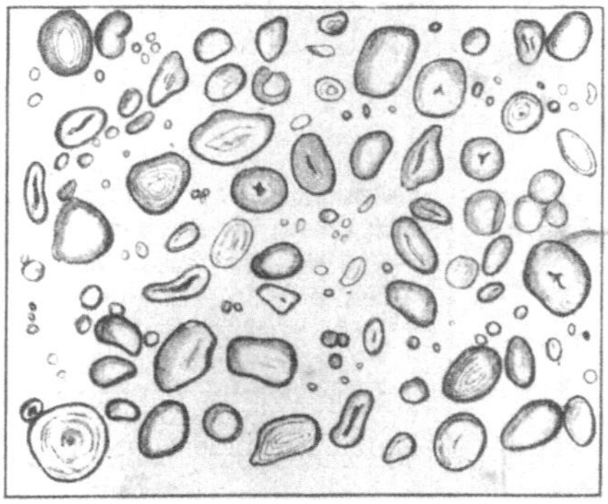

Abb. 3. Gerstenstärke (Hordeum distichum). Vergr. 1: 270. (Nach A. SCHOLL.)

verhältnismäßig zahlreich. Abb. 2 zeigt bei *a* Stärke aus gekeimtem Roggen. Über die Quellung von Weizen- und Roggenstärke bei 62,5° vgl. S. 136.

3. **Gerstenstärke** (Hordeum distichum L.) ist in der Form der Weizen- und Roggenstärke sehr ähnlich (Abb. 3) Großkörner: Rundlich, aber oft knollen- oder nierenförmig, mehr unregelmäßig gestaltet. Konzentrische Schichtung tritt an vielen Körnern deutlich hervor, zuweilen auch ein meist länglicher, selten strahliger Spalt oder punktförmiger Kern. Der Durchmesser der Großkörner beträgt gewöhnlich 15—30 μ, meist um 25 μ, selten 35—42 μ. Kleinkörner: Zahlreich, meist rund, selten eckig und zusammengesetzt, 2—10 μ; Zwischenformen sind nur spärlich vorhanden.

4. **Haferstärke** (Avena sativa L.) besteht aus 2 Formen (Abb. 4), nämlich aus hoch zusammengesetzten, rundlich ovalen Stärkekörpern, eingelagert in Füllstärke, die aus kleinen Körnern gebildet wird. Die zusammengesetzten Körner sind oval oder rundlich und bestehen aus 60—100 oder mehr Teilkörnern, in die sie leicht zerfallen. Die Form der Teilkörner ist entweder unregelmäßig scharfkantig, eckig, wenn sie aus dem Inneren, oder an einer Seite abgerundet, wenn sie vom Rand der zusammengesetzten Körner stammen. Größe 5—8 μ, teilweise bis 12 μ. Eine Kernhöhle ist meist nicht sichtbar. Die Füllstärke besteht aus rundlichen, eckigen oder unregelmäßigen Formen; dazwischen kommen als Leitelement ziemlich zahlreich spindelförmige, auch citronen- oder keulenförmige Körner vor. Größe der Füllstärkekörner meist 5—15 oder bei den länglichen Formen 15—28 μ.

5. **Maisstärke** (Zea Mais L.). Das Endosperm des Mais besteht aus einer äußeren dunkleren hornartigen Schicht (Hornendosperm) und einem lockeren weißen

Kern (Mehlendosperm). Hornendosperm: Die Stärkekörner sind infolge der dichten Füllung der Zellen mehr oder weniger scharfkantig, polyedrisch, von fast kristallartigem Aussehen (Abb. 5). Eine Schichtung ist nicht zu erkennen, dagegen meist ein zentraler Kern oder eine strahlige Kernspalte. Mehlendosperm: Die Körner zeigen abgerundete, auch kugelige oder gestreckte, unregelmäßige Formen. Meist ist eine Kernspalte sichtbar. Mehl- und

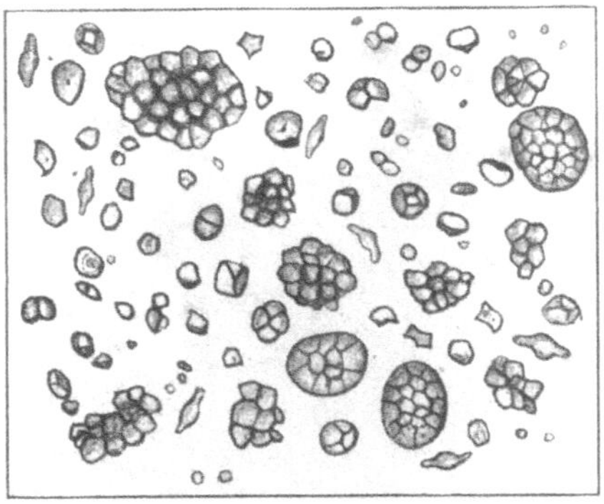

Abb. 4. Haferstärke (Avena sativa). Vergr. 1:270. (Nach A. SCHOLL.)

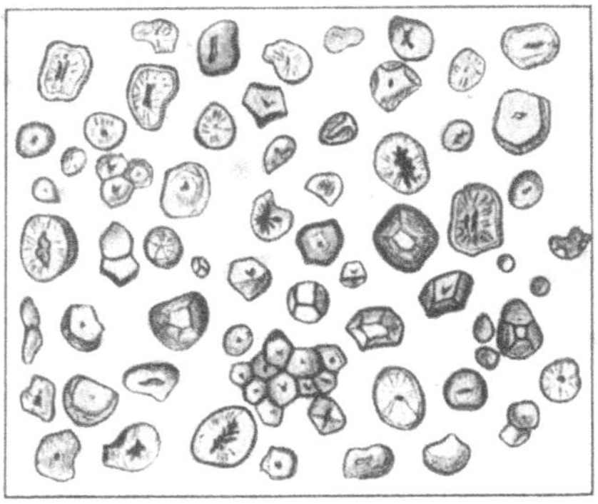

Abb. 5. Maisstärke (Zea Mais). Vergr. 1:270. (Nach A. SCHOLL.)

Hornendosperm sind nicht scharf gegeneinander abgegrenzt, daher finden sich in der schmalen Übergangszone auch Übergänge zwischen den Formen der Stärkekörner. Die Größe liegt meist zwischen 10 und 25 μ.

Nach T. F. HANAUSEK ist die Form der Mehlendospermkörner bei verschiedenen Maisarten verschieden. Als Nebenform finden sich noch zusammengesetzte Körner (Zwillinge, seltener Drillinge oder hoher zusammengesetzte

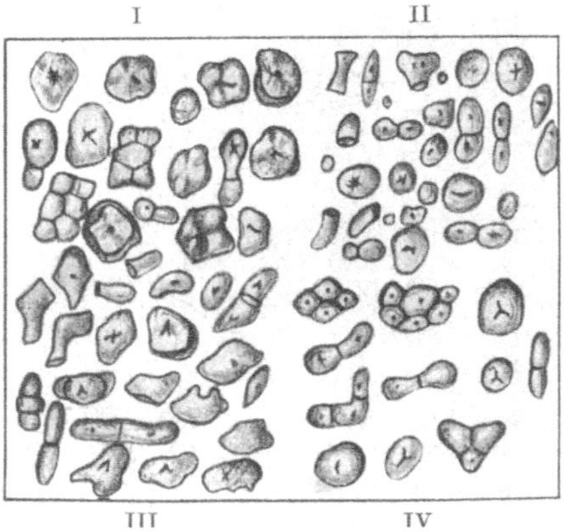

Abb. 6. Maisstärke Mehlendosperm. Vergr. 1:270. (Nach T. F. HANAUSEK.)

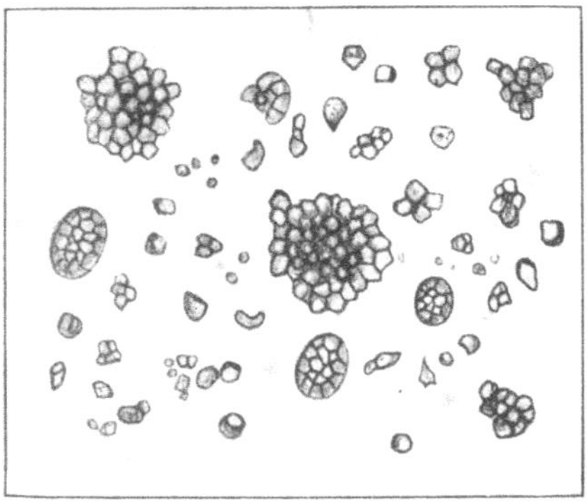

Abb. 7. Reisstärke (Oryza sativa). Vergr. 1:270. (Nach A. SCHOLL.)

Körner). Abb. 6 (nach T. F. HANAUSEK) zeigt bei I Körner des Mehlendosperms vom kleinen gelben Perlmais, bei II vom schmalen roten, bei III vom breiten gelben Hornmais, bei IV vom ungarischen gemeinen Mais.

6. Reisstärke (Oryza sativa L.). Wie beim Hafer sind 2 Formen vorhanden (Abb. 7), rundliche bis ovale zusammengesetzte Stärkekörper (unregelmäßiger als bei Hafer) und Füllstärke. Die Form der Einzelkörner ist scharfkantig, polyedrisch, 3—6 eckig, krystallartig, oft spitzwinklig, selten rund. Ein Kern ist selten sichtbar. In der Handelsware sind die zusammengesetzten Körner meist zerfallen. Spindelkörner fehlen (Unterschied von Hafer). Größe der Einzelkörnchen 2—10, meist 4—6 μ.

7. Buchweizenstärke (Polygonum fagopyrum L.). Beim Buchweizen ist Horn- und Mehlendosperm vorhanden. Die Körner des ersteren sind polyedrisch, meist gerundet, die des Mehlendosperms rundlich. Kennzeichnend sind stäbchenförmige, oft verdrehte Aggregate aus 2 oder mehr Körnchen (Abb. 8), zwischen

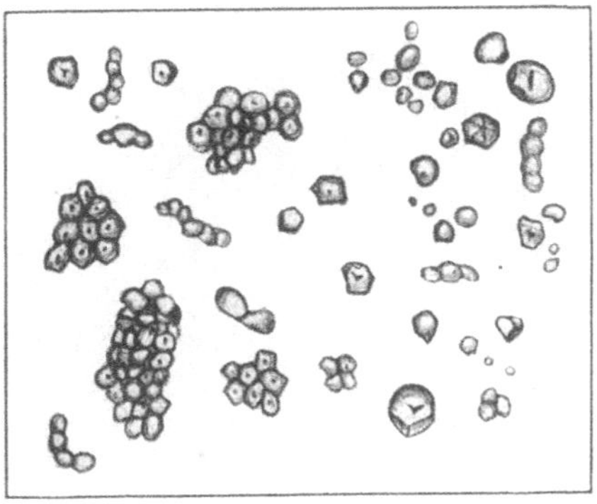

Abb. 8. Buchweizenstärke (Polygonum fagopyrum). Vergr. 1:270. (Nach A. SCHOLL.)

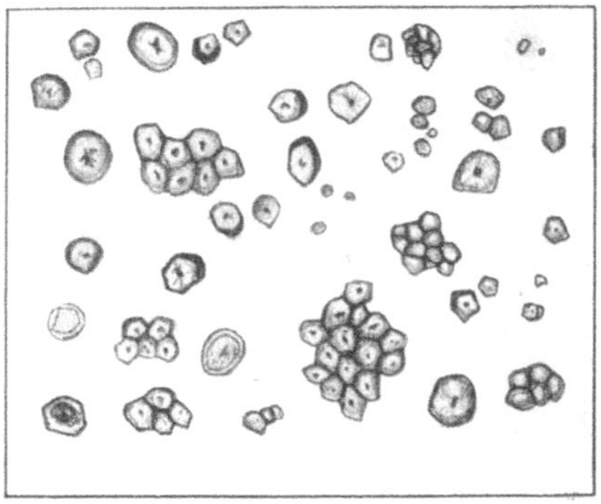

Abb. 9. Hirsestärke (Panicum miliaceum). Vergr. 1:270. (Nach A. SCHOLL.)

denen Trennungslinien oft nicht sichtbar sind. Nach Behandlung mit verdünnter kalter Lauge bleibt in den Endospermzellen ein Netz aus homogenen, nicht geperlten Fäden übrig. Zusammengesetzte runde Körner, wie bei Hafer und Reis, fehlen.

8. Hirsestärke. Die Stärke der Hirsearten ist verschieden; bei allen findet sich ein Horn- und Mehlendosperm. Bei der R i s p e n - und K o l b e n h i r s e (Panicum- und Setariaarten) überwiegt ersteres, daher sind die meisten Stärkekörner scharfkantig-eckig, krystallartig (Abb. 9) oft in Klumpen zusammenhängend; zusammengesetzte Körner fehlen. Die Körner des Mehlendosperms sind kugelig oder rundlich. Zwischen beiden finden sich auch Übergänge. Kern meist deutlich sichtbar.— M o h r e n h i r s e (Sorghumarten): Stärkekörner (Abb. 10) in der Form denen der Kolben- und Rispenhirse ähnlich, aber erheblich größer (ähnlich wie beim Mais), Kernspalte meist deutlich. — Bei Behandlung der Endospermzellen mit kalter Lauge hinterbleibt bei allen Hirsearten ein Eiweißnetz aus geperlten Fäden (Unterschied von Buchweizen).

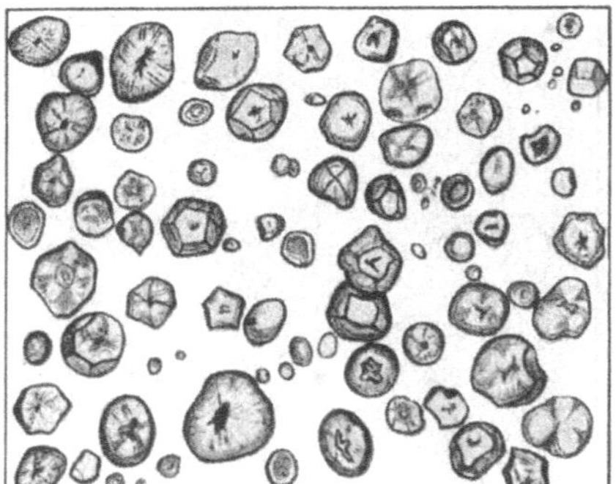

Abb. 10. Hirsestärke (Sorghum). Vergr. 1:270. (Nach A. SCHOLL.)

U n t e r s c h e i d u n g s m e r k m a l e von Hafer, Reis, Mais, Hirse und Buchweizen. H a f e r: Eirunde zusammengesetzte Körner, daneben als Leitelement spindelförmige Körner, runde und rundlich-eckige Einzelkörner, Kern meist nicht sichtbar. — R e i s: Mehr oder weniger eirunde zusammengesetzte Körper und eckige Einzelkörner, runde Einzelkörner und Spindeln fehlen. Kern nicht sichtbar. — M a i s: Von zusammengesetzten Körnern kommen nur Zwillinge und Drillinge vor, Einzelkörner kantig, runde und unregelmäßige Formen häufig, Kern deutlich. — B u c h w e i z e n: Zusammengesetzte Körner von besonderer

Form (Stäbchen). Einzelkörner rundlich und eckig, Kern oft sichtbar. — Hirse: Zusammengesetzte Körner fehlen, eckige, runde und gerundete Formen vorhanden. Kern deutlich. Geperltes Eiweißnetz in den Endospermzellen (Laugepräparat).

9. Eleusine. Kurrakan oder Kurokan (Eleusine coracana GÄRTN.) gilt als Kulturform der indischen Fingerhirse (Eleusine indica) und wird in tropischen Gegenden vielfach als Getreide angebaut. Die Stärkekörner sind meist zusammengesetzt (Abb. 11). Neben hoch zusammengesetzten Stärkekörpern (15—25 μ) finden sich auch aus 2, 3 und mehr Teilkörnern bestehende Gebilde. Die Teilkörner (3—10 μ) weisen erhebliche Größenunterschiede auf. Sie sind meist scharfkantig; nur die aus niedrig zusammengesetzten Körnern stammenden haben stärker gerundete Außenflächen. Die Teilkörner der Zwillinge sind kappenförmig oder halbkugelig. Eine Kernhöhle ist vorhanden. Spalten fehlen.

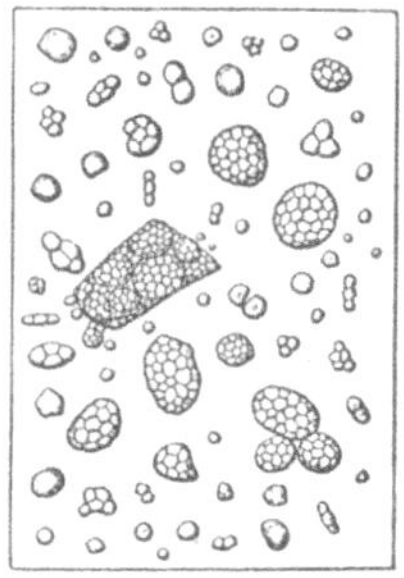

Abb. 11. Kurrakanstärke (Eleusine coracana). Vergr. 200fach. (Nach G. GASSNER.)

10. Leguminosenstärke. Die Stärke der Hülsenfrüchte ist zwar als solche leicht zu erkennen, aber die Unterscheidung der einzelnen Arten ist oft schwierig oder gar unmöglich. Eine zuverlässige Diagnose ist daher gewöhnlich nur unter Berücksichtigung der Zellelemente der Samenschale und Keimblätter möglich. Die Stärkekörner der Hülsenfrüchte sind einfach, in der Regel von bohnenförmiger, nierenförmiger, ovaler oder auch rundlicher Gestalt. Gewöhnlich besitzen sie eine große, meist längliche, oft stark zerklüftete Kernspalte, die allerdings häufig nur bei bestimmter Lage des Kornes zu sehen ist. Sie kann daher durch Drehung sichtbar gemacht werden. Eine deutliche konzentrische Schichtung ist fast immer erkennbar. Manche Körner zeigen auch Risse, die ein stark zerklüftetes Aussehen bewirken können.

a) Bohne (Phaseolus vulgaris L.). Die Körner sind von verschiedener Gestalt und Größe. Neben bohnenförmigen, elliptischen oder nierenförmigen finden sich in geringerer Menge rundliche, dreieckig gerundete oder ausgebuchtete Formen. Länge der großen Körner 30—50, einzelne gegen 60 μ, kleine Körner bis herunter zu 8 μ. Der Querdurchmesser beträgt meist 8—30 μ. Die Kernhöhle ist stark ausgeprägt, spaltenförmig, rissig (Abb. 12).

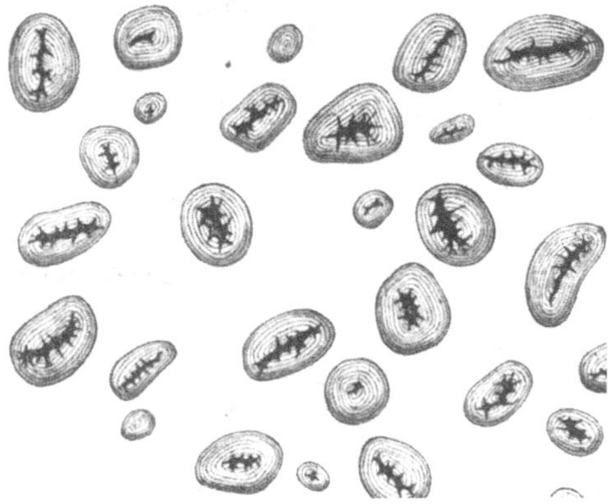

Abb. 12. Bohnenstärke (Phaseolus vulgaris). Vergr. 1:300. (Nach TSCHIRCH-OESTERLE.)

b) Ackerbohne (Vicia faba L.), Puff-, Pferde- oder Saubohne. Die Form und Größe der Stärkekörner ist bei den einzelnen Kulturformen etwas verschieden. Stets findet man aber die typische Gestalt der Leguminosenstärke. Die Körner werden bis 70 μ lang. Die Kernspalte ist in der Regel nicht stark zerklüftet.

c) Erbse (Pisum sativum L.). Neben bohnen-, nieren- oder herzförmigen, auch regelmäßig elliptischen und rundlichen Formen kommen in größerer Anzahl unregelmäßig buckelige, wulstige oder buchtige Körner vor. Die Kernspalte ist bei den verschiedenen Kulturformen verschieden stark ausgeprägt, manchmal fehlt sie bei bestimmter Lage der Körner oder erscheint nur undeutlich. Nicht selten finden sich auch Querspalten und Risse. Die konzentrische Schichtung ist zart, aber meist deutlich erkennbar. Längsdurchmesser vorwiegend 25—45 μ, auch kleinere rundliche Körner von 5—10 μ sind vorhanden.

d) Linse (Ervum Lens L.). Die Form der Linsenstärke steht zwischen der der Erbsen- und Bohnenstärke, nähert sich aber mehr der ersteren. Neben rundlichen und bohnenförmigen finden sich zahlreiche wulstige Körner. Die Schichtung ist deutlich, häufig ist auch eine meist verzweigte Kernspalte zu sehen. Die Länge der Körner beträgt selten über 40 μ.

e) Wicke (Vicia sativa L.). Die Stärkekörner der Wicke nähern sich in der Form mehr dem Typus der Bohnenstärke als der Erbsenstärke. Sie sind teils gestreckt-oval, bohnenförmig, teils gerundet drei- oder vierseitig oder rundlich. Ein Längsspalt ist meist deutlich sichtbar, oft stark verzweigt. Die Schichtung ist in der Regel deutlich. Der größte Durchmesser beträgt meist 25—40 μ.

f) Kichererbse (Cicer arietinum L.). In der Form nähert sich die Stärke der Bohnenstärke. Vorwiegend sind vierseitig gerundete, breit-eiförmige, bohnen- oder nierenförmige, mitunter fast kugelige Körner vorhanden mit deutlicher Schichtung und meist schmaler unverzweigter Kernspalte. Länge der Körner meist 20 bis 35 μ.

Abb. 13. Reismeldenstärke (Chenopodium quinoa). Vergr. 1:350. (Nach T. F. Hanausek.)

g) Platterbse (Lathyrus sativus L.). Die Stärkekörner sind in der Form im allgemeinen der Erbsenstärke ähnlich. Eine Kernspalte ist jedoch meist nicht sichtbar. Die Größe der Körner schwankt erheblich, sie beträgt bis zu 55 μ (nach Tschirch sogar 70 μ).

h) Mondbohne (Phaseolus lunatus L.). Die Stärkekörner gleichen denen der Gartenbohne. Die Größe beträgt bis 40 μ. Vereinzelt kommen Zwillingskörner und solche mit 3—4 Teilkörnern vor.

i) Mungobohne (Phaseolus radiatus L.). Die Stärkekörner sind selten über 30 μ groß, im allgemeinen länglich-rund. Sie zeigen nur schwache Schichtung, aber deutliche, meist verzweigte Kernspalten.

k) Adzuki- oder rote Mungobohne (Phaseolus angularis [Willd.] W. F. Wright) hat bedeutend größere Stärkekörner (bis 90 μ), die neben ellipsoidischen und rundlichen auch dreieckige und gelappte Formen aufweisen.

l) Chinabohne (Dolichos sinensis L.) hat Stärkekörner, die denen der Gartenbohne ähnlich sind. Größe jedoch nur bis 35 μ, das gleiche gilt für die Lablab-Bohne (Dolichos Lablab L.).

m) Canavaliabohne (Canavalia ensiformis DC. und andere Arten). Die Stärkekörner ähneln denen der Gartenbohne und messen bis 55 μ.

Die Angaben in der Literatur über die Größenverhältnisse der Stärkekörner bei den vorstehend berücksichtigten ausländischen Leguminosen schwanken übrigens erheblich. Dies hängt damit zusammen, daß diese Größenverhältnisse bei den oft zahlreichen Kulturrassen einer bestimmten Art recht verschieden sind. Das gleiche gilt mitunter für die Ausbildung der Kernspalte.

11. Reismelde (Chenopodium quinoa Willd.). Die Perispermzellen enthalten, in winzige Füllstärkekörner eingebettet, rundliche, ovale, keulen- oder spindelförmige Stärkekörper (Abb. 13) von 20—40, selten bis 60 μ Größe, die in Wasser allmählich in ihre Einzelkörnchen zerfallen.

12. Kastanienstärke (Castanea vesca Gärtn.) besteht vorwiegend aus einfachen Körnern (Abb. 14), selten finden sich auch Zwillinge und Drillinge mit gleich- oder ungleichgroßen Teilkörnern. Die einfachen Körner zeigen sehr verschiedene Gestalt. Die großen sind in der Fläche häufig drei- oder vierseitig gerundet, zuweilen an einer oder mehreren Seiten eingezogen, auch rundlich, nieren- oder keulenförmig, auch höckerig. Typisch ist das Vorkommen einzelner Körner mit warziger oder buckeliger Oberfläche. Die größeren Körner zeigen manchmal einen zuweilen mehrstrahligen Kernspalt, einige auch einen exzentrischen Kern und undeutliche Schichtung. Die Länge beträgt gewöhnlich 15—25 μ, selten bis 30 μ.

13. Roßkastanie (Aesculus hippocastanum L.). Die Gestalt dieser vorwiegend einfachen Körner (Abb. 15) ist meist birn- oder eiförmig, daneben auch gerundet drei- bis fünfseitig oder nierenförmig; oft sind warzenförmige Auswüchse vorhanden. Kleine Körner sind

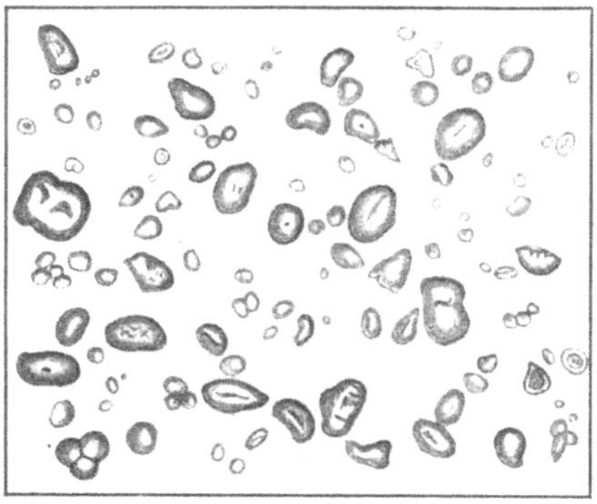

Abb. 14. Kastanienstärke (Castanea vesca). Vergr. 1:270. (Nach A. SCHOLL.)

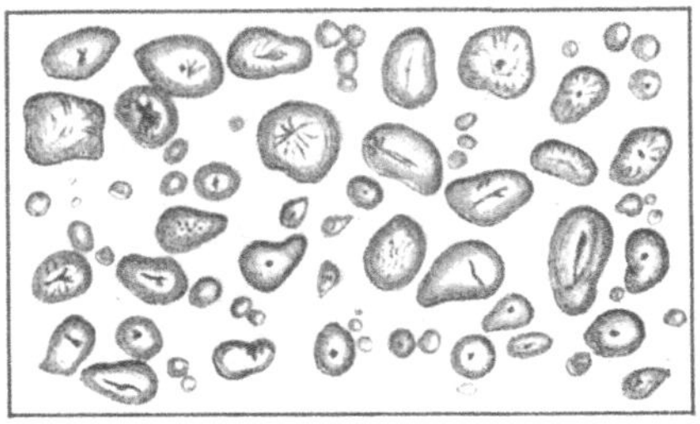

Abb. 15. Roßkastanienstärke (Aesculus hippocastanum). Vergr. 1:270. (Nach A. SCHOLL.)

auch oval oder rundlich. Ein Kern oder eine Kernspalte ist bei den meisten Körnern deutlich zu erkennen. Letztere kann auch mehrstrahlig sein. Die Schichtung ist gewöhnlich nicht deutlich. Vereinzelt kommen kleine Zwillinge und Drillinge vor.

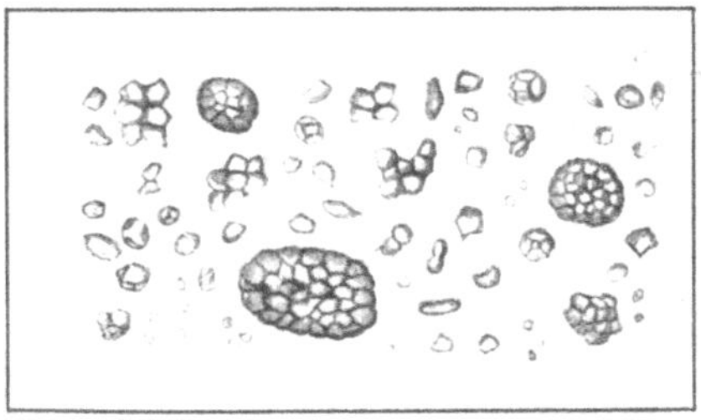

Abb. 16. Taumellolchstärke (Lolium temulentum). Vergr. 1:270. (Nach A. SCHOLL.)

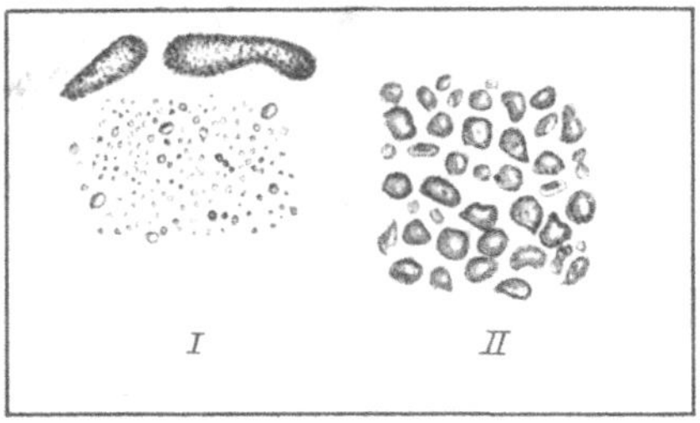

Abb. 17. *I* Kornradenstärke (Agrostemma Githago). *II* Trespenstärke (Bromus secalinus). Vergr. 1:270. (Nach A. SCHOLL.)

Die Größe der typisch birnförmigen Körner beträgt 15—25, selten 30 μ. Im ganzen ist die Roßkastanien- der Kastanienstärke ähnlich, aber weniger zierlich.

14. Taumellolch (Lolium temulentum L.). Die Stärke (Abb. 16) ist der Haferstärke in Form und Größe sehr ähnlich. In eine Grundmasse kleiner Füllstärkekörner sind zahlreiche rundliche oder ovale, hoch zusammengesetzte Körner eingelagert, deren Längendurchmesser bis zu 65 μ beträgt. Die Teilkörner und die Füllstärkekörner messen gewöhnlich 2—5, die größten 8 μ. Die beim Hafer vorkommenden spindelförmigen Körner fehlen.

15. Trespe (Bromus secalinus L.) zeigt einfache, 5—9 μ lange, flachgedrückte Körner (Abb. 17 *II*), die von der Seite fast lineal mit linienförmigem Spalt, in der Fläche elliptisch, seltener ei- oder nierenförmig, gerundet drei- oder mehrseitig aussehen, auch eine vorgezogene Spitze zeigen. Kern und Schichtung sind in der Flächenansicht meist nicht deutlich.

16. Eichel (Quercus robur L.). Meist einfache Körner ohne Schichtung (Abb. 18), stets mit einer Kernspalte oder Kernhöhle, länglich eiförmig, häufig einseitig abgeflacht oder eingedrückt; typisch sind die gerundet dreieckigen Formen. Der Kern ist meist deutlich sichtbar, die größeren Körner zeigen eine gestreckte weite Kernhöhle. Länge meist 15—20 (zuweilen 25 μ), bei kleinen Körnern 3—15 μ.

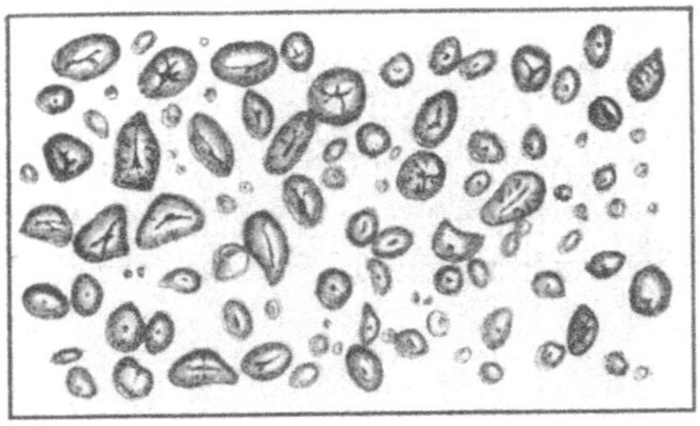

Abb. 18. Eichelstärke (Quercus robur). Vergr. 1:270. (Nach A. SCHOLL.)

17. Kornrade (Agrostemma githago L.). Die Endospermzellen enthalten, in kleinkörnige Füllstärke gebettet, spindel-, birn- oder keulenförmige Stärkekörper (Abb. 17 *I*) von 20—100 μ Länge, die aus winzigen Stärkekörnchen zusammengesetzt sind, in die sie bei Einwirkung von Wasser allmählich zerfallen. Ähnlich sind die Stärkekörper anderer Caryophyllaceensamen.

18. Kartoffelstärke (Solanum tuberosum L.). Die Stärkekörner sind sehr charakteristisch (Abb. 19). Typisch sind einfache große Körner mit sehr deutlicher Schichtung und exzentrischem Kern, der am schmaleren Ende liegt. Ein Spalt fehlt meist, wenn vorhanden, ist er in der Regel mehrstrahlig. Die Form der größeren Körner ist unregelmäßig, drei- oder vierseitig gerundet, muschelförmig oder eirund, die der kleinsten mitunter fast kugelig. Daneben findet man kleine, rundliche und mittelgroße, auch zu 2 oder 3 zusammengesetzte Körner mit weniger deutlicher Schichtung. Auch halbzusammengesetzte Körner kommen vor, bei denen jeder Kern von einer Anzahl eigener Schichten umhüllt ist, während die äußeren Schichten gemeinschaftlich sind. Die Schichtung ist bei den größeren Körnern so deutlich wie kaum bei einer anderen Stärkeart. Besonders bemerkenswert ist, daß neben zahlreichen sehr feinen Schichten stets einige kräftiger hervortreten. Radiale Spalten beobachtet man nur an Großkörnern, die durch Druck verletzt worden sind. Die größten Körner messen etwa 100 μ, die kleinsten 5 μ.

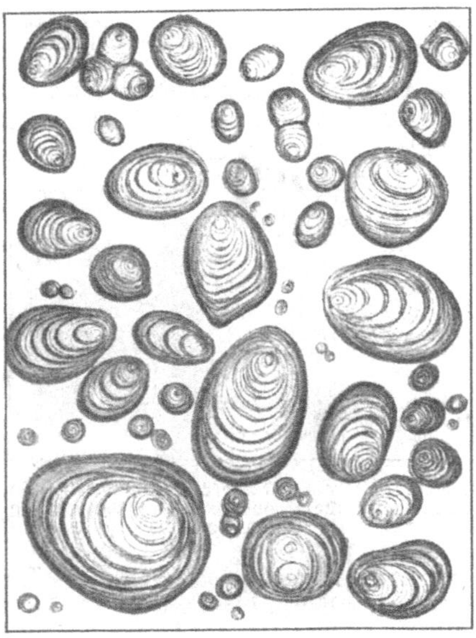

Abb. 19. Kartoffelstärke (Solanum tuberosum). Vergr. 1:270. (Nach A. SCHOLL.)

An Stelle der ausländischen Sago- und Tapiokasorten findet bei uns seit einer Reihe von Jahren Kartoffelsago und Kartoffeltapioka Verwendung. Die Stärkekörner sind in diesen Erzeugnissen mehr oder weniger verquollen, in der Form aber noch deutlich erkennbar.

Bei stark verquollener Kartoffelstärke, wie man sie z. B. im Brot oder in mit Stärke verfälschter Wurst beobachtet, sind die Körner von unregelmäßigen, zum Teil an Hirnwindungen erinnernden Falten durchzogen (vgl. Abb. 2 S. 255). Über Kartoffelflocken vgl. unter Brot S. 252—255.

Arrowroot. Unter dieser Bezeichnung kommen verschiedene tropische Stärkearten in den Handel, die vorwiegend aus unterirdischen Pflanzenteilen stammen. Nicht berücksichtigt wurde im folgenden z. B. Florida-Arrowroot, von Zamia floridana DC. stammend, über das J. C. TH. UPHOF[1] berichtet.

19. Marantastärke (westindisches, Jamaika-, Bermudas-, St. Vincent-, Natal-Arrowroot) wird aus den Rhizomen mehrerer Pfeilwurzelarten (Maranta arundinacea, M. indica, M. nobilis) gewonnen. Die Körner (Abb. 20) sind sehr verschieden gestaltet, ei-, birn- oder spindelförmig, seltener kugelig. Fast alle zeigen einen deutlichen exzentrischen, seltener fast zentral gelegenen Spalt, der eine eigentümlich gebogene, an einen schwebenden Vogel erinnernde Linie bildet; der Spalt kann auch mehrstrahlig sein. Die Schichtung ist bei den meisten Körnern deutlich, aber viel zarter als bei der Kartoffelstärke, mit der die Marantastärke eine gewisse Ähnlichkeit hat. Die Körner sind meist 30—40 μ, selten über 50 μ groß.

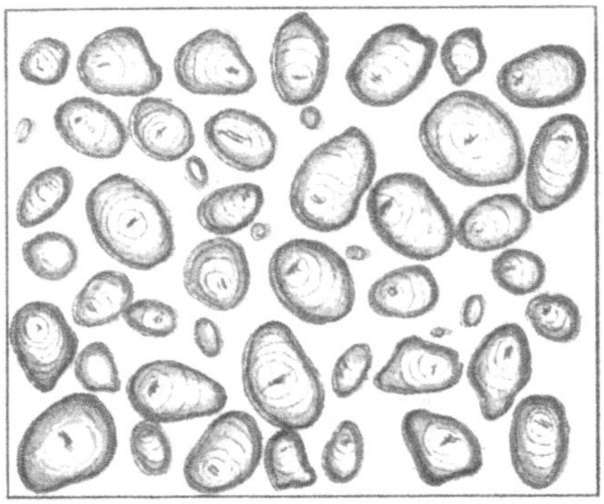

Abb. 20. Marantastärke. Vergr. 1:270. (Nach A. SCHOLL.)

20. Cannastärke (Queensland- oder Neusüdwales-Arrowroot) stammt aus den Rhizomen von Canna edulis und anderen Arten. Die Form der Körner (Abb. 21) ist häufig sackartig, und da sie abgeflacht sind, so bieten sie in der Seitenansicht ein etwas abweichendes, nämlich elliptisches, keulen- oder birnförmiges Aussehen. In der Flächenansicht erscheinen sie breit-elliptisch, ei-, herz- oder nierenförmig, mehrseitig gerundet, am schmaleren Ende ausgerandet oder ausgestülpt. Der Kern liegt stets exzentrisch, und zwar am schmaleren Ende. Die Schichtung ist in der Regel gut erkennbar, oft scharf und grob. Die Körner sind einfach, einzelne mehrkernig. Eine Kernspalte fehlt. Bis 70 μ lange Körner sind sehr reichlich, solche von 70—130 μ nicht selten vorhanden.

Als Queensland-Arrowroot kommt auch die Stärke von Zamiaarten in den Handel.

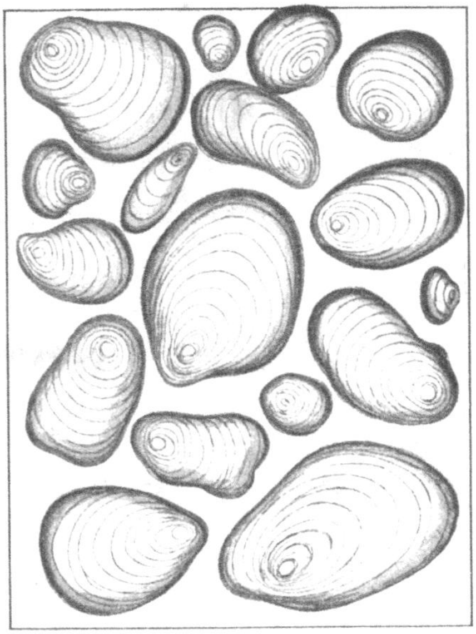

Abb. 21. Stärke von Canna edulis. Vergr. 1:270. (Nach A. SCHOLL.)

21. Curcumastärke (Abb. 22). Unter ostindischem, Bombay-, Malabar-, Tellichery-Arrowroot, Tikmehl, Tikur, Travankora versteht man die Stärke aus den Rhizomen verschiedener Curcumaarten (C. angustifolia, C. leucorhiza, C. rubescens u. a.). Die stets einfachen Körner sind flach scheibenförmig, daher in der Seitenansicht wurstartig. Ihr Umriß erinnert in der Flächenansicht an einen zugebundenen Sack und zeigt elliptische, spatel- oder eiförmige, gerundet rechteckige, in einen kurzen Fortsatz ausgezogene sackähnliche Formen. In dem an der Schmalseite befindlichen Vorsprung liegt der exzentrische Kern, um den sich eine zarte, nicht immer

[1] J. C. TH. UPHOF: **Z. 1928, 56**, 367.

deutliche Schichtung legt. Spalten fehlen. Die Größe der typischen Körner beträgt bei Curcuma angustifolia 35—60 μ (Breite 25—35 μ, Dicke 7—8 μ). Vereinzelte Körner werden bis 70 oder 85 μ lang. Bei Curcuma leucorhiza kommen bisweilen Körner von 100 oder sogar 140 μ Länge vor.

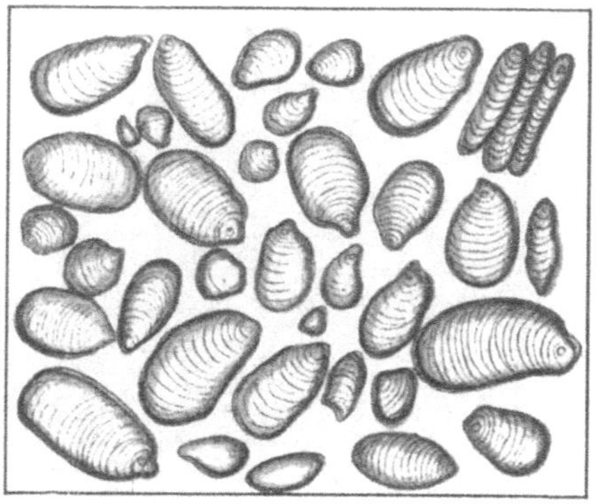

Abb. 22. Stärke von Curcuma angustifolia. Vergr. 1:270. (Nach A. SCHOLL.)

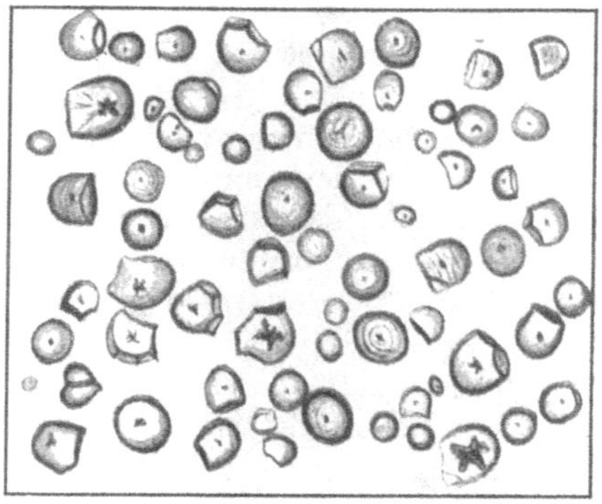

Abb. 23. Stärke von Manihot utilissima. Vergr. 1:270. (Nach A. SCHOLL.)

22. Manihotstärke (Maniokstärke, Brasilianisches, Bahia-, Rio-, Para-Arrowroot, Mandioka, Cassava, Tapiokastärke) wird aus den mächtigen Wurzelknollen von Manihot utilissima POHL (Euphorbiaceae) und anderen Arten gewonnen. Der giftige Milchsaft der Knollen wird vor dem Vermahlen ausgepreßt. Das Mehl ist eines der wichtigsten Nahrungsmittel der Tropen. Die Stärkekörner (Abb. 23) sind ganz überwiegend zusammengesetzt, in der Handelsware aber gewöhnlich in die Teilkörner zerfallen. Zuweilen findet man noch Zwillinge, seltener Drillinge. Die Teilkörner sind gleich oder verschieden groß, von der Seite kesselpaukenähnlich, oder wenn die Stoßfläche auf der abgekehrten Seite liegt, fast genau rund. Nur die kleinsten Körner sind einfach kugelig. Die meisten Körner besitzen einen zentralen Kern oder eine sternförmige Spalte. Schichtung ist gewöhnlich nicht erkennbar. Größe der Teilkörner in der Regel 15—20, selten bis 35 μ, Kleinkörner 4—15 μ.

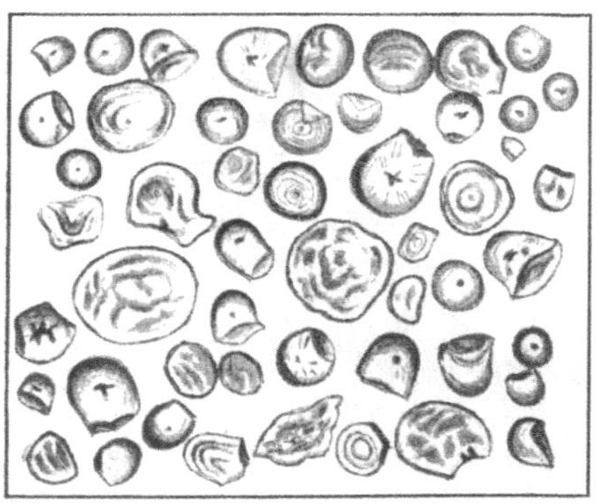

Abb. 24. Tapiokastärke. Vergr. 1:270. (Nach A. SCHOLL.)

Aus dem Cassavamehl wird die echte Tapioka, eine Art Sago, bereitet, indem man das feuchte Mehl durch Siebe preßt (körnt) und die Körner in flachen Schalen über freiem Feuer erhitzt. Die Stärkekörner sind daher zum Teil vollständig verquollen (Abb. 24). Auch aus Kartoffel- und anderen Stärkemehlen werden ähnliche Erzeugnisse hergestellt.

23. Dioscorea-(Yam-)stärke (Guayana-Arrowroot) wird aus den Wurzelknollen mehrerer Yamarten (Disoscorea alata L. usw.) gewonnen. Die Körner (Abb. 25) sind einfach, eiförmig, elliptisch, häufig etwas gekrümmt; im schmaleren Ende liegt der stark exzentrische Kern; Spalten sind selten, die Schichtung sehr dicht, aber deutlich. Die Größe der Körner beträgt 30—50, selten bis 80 μ, kleinere messen 10—20 μ. — TSCHIRCH beschreibt 2 Muster von Guayana-

Arrowroot, die sehr verschieden geformte Stärkekörner aufwiesen. Die eine Sorte zeigte kleine (15—19, selten 22—30 μ lange) Körner von unregelmäßiger, bald gestreckter, bald rundlicher Form, die häufig einen Längsspalt besaßen. Die andere Sorte hatte neben sehr vielen kleinen rundlichen oder eckigen Körnern (7,5—15 μ) größere, die 30—42 μ lang waren.

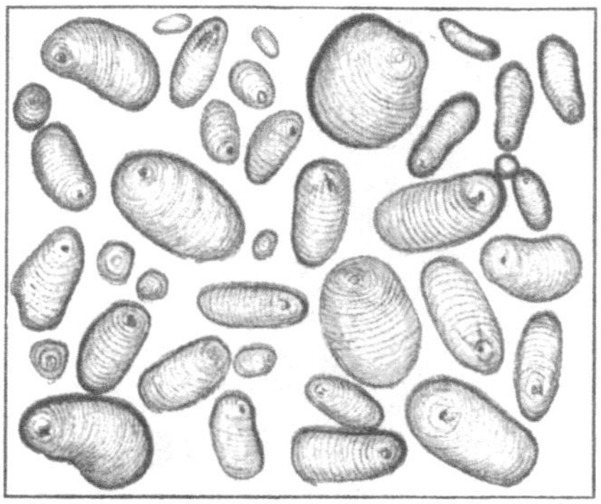

Abb. 25. Stärke von Dioscorea alata. Vergr. 1:270. (Nach A. SCHOLL.)

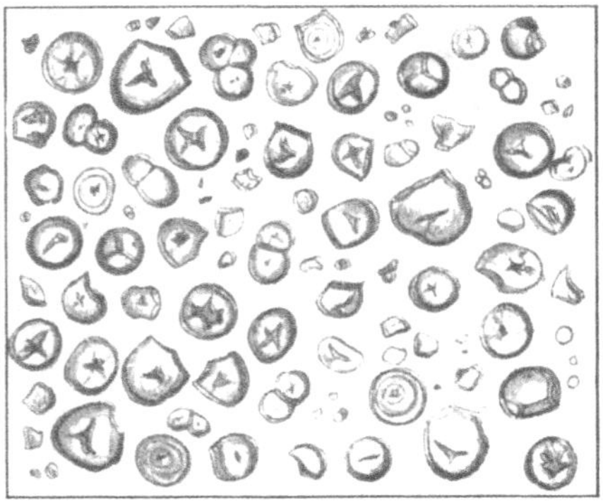

Abb. 26. Stärke von Alocasia macrorhiza. Vergr. 1:270. (Nach A. SCHOLL.)

24. Alocasiastärke wird aus dem Rhizom von Alocasia macrorhiza (Araceae) gewonnen und besteht aus einfachen und zusammengesetzten Körnern (Abb. 26). Die großen einfachen rundlichen Körner zeigen eine zentrale, oft strahlige Kernspalte, die kleineren einen zentralen Kern. Die zusammengesetzten Körner sind meist Zwillinge und Drillinge. Teilkörner pauken-, tonnen-, luftballonförmig, oft mit mehreren Stoßflächen. Eine Schichtung fehlt im allgemeinen, hin und wieder sind Quellungserscheinungen wahrzunehmen. Außer diesen Stärkeformen ist noch Füllstärke von mehr oder weniger scharfkantig-polyedrischer oder rundlicher Gestalt vorhanden. Größe der einfachen Körner nach E. HESS 9—40 μ, der Teilkörner 5—40 μ, der Füllstärke 2—10 μ.

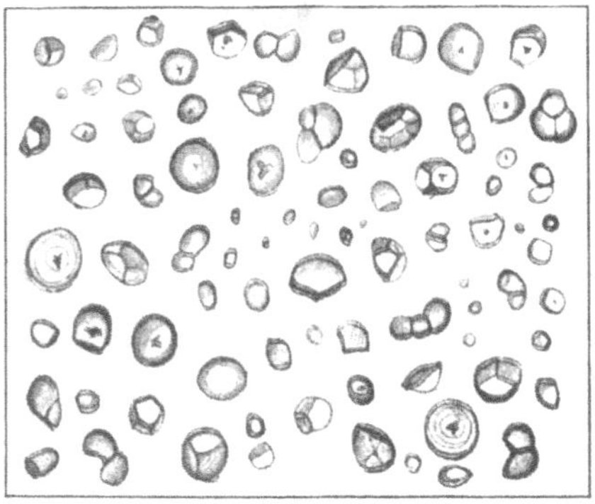

Abb. 27. Stärke von Arum maculatum. Vergr. 1:270. (Nach A. SCHOLL.)

25. Arumstärke (Portland-Arrowroot), aus den Knollen verschiedener Araceen stammend, wie Arum maculatum L., A. italicum LAM., A. esculentum L. (= Colocasia antiquorum SCHOTT.). Die letztere wird daher auch Colocasiastärke genannt. Die ursprünglich aus 2—8 Teilkörnern zusammengesetzten Stärkekörner sind in der Handelsware fast stets zerfallen (Abb. 27). Die außen abgerundeten Teilkörner zeigen gewöhnlich mehrere gerade Flächen. Ihre Größe beträgt meist 7—15 (21) μ. Außer den Teilkörnern finden sich noch kleine, einfache rundliche Körner. Ein zentraler, oft mehrstrahliger Spalt ist fast immer vorhanden.

26. Batatenstärke (brasilianisches Arrowroot) wird aus den Knollen von Batatas edulis CHOIS (Convolvulaceae) hergestellt. Sie hat Ähnlichkeit mit der Manihotstärke, die ebenfalls als „Brasilianisches Arrowroot" bezeichnet wird, und besteht aus 2—6fach zusammengesetzten Körnern (meist Zwillingen und

Drillingen), die in der Handelsware meist zerfallen sind (Abb. 28). Die Form der Körner ist sehr mannigfaltig je nach der Anzahl der Teilkörner eines zusammengesetzten Kornes. Viele sind kegel-, glocken- oder zuckerhutförmig, bei den höher zusammengesetzten polyedrisch mit einer gerundeten Außenfläche. Die meisten Körner zeigen eine mehrstrahlige Kernspalte. Schichtung ist häufig sichtbar. Die Größe der Teilkörner beträgt meist 25—35 μ.

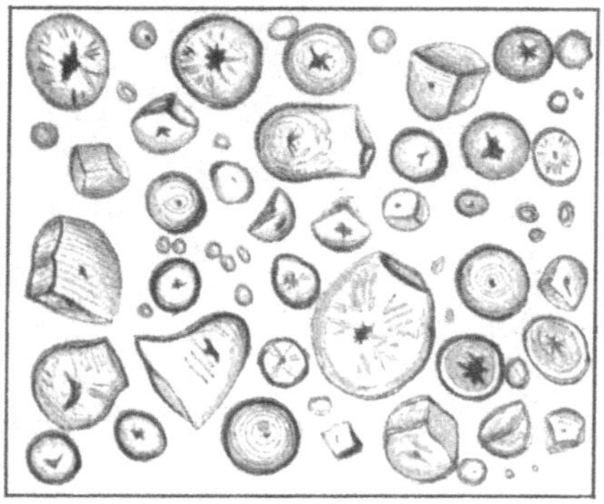

Abb. 28. Stärke von Batatas edulis. Vergr. 1:270. (Nach A. Scholl.)

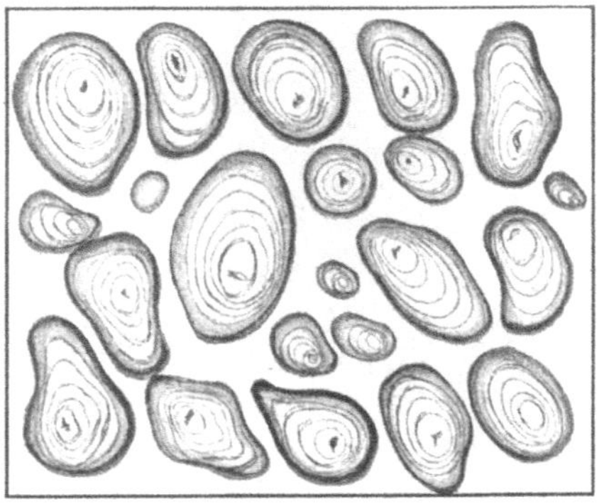

Abb. 29. Stärke von Tacca pinnatifida. Vergr. 1:270. (Nach A. Scholl.)

27. Taccastärke (Tahiti- oder Williams-Arrowroot) wird aus den Knollen von Tacca pinnatifida Forst. (Liliaceae) gewonnen. Die Körner (Abb. 29) ähneln der Marantastärke, doch zeigen sie ziemlich unregelmäßige Gestalt; die meisten sind rundlich, eiförmig, gerundet rhombisch, schinken- oder keulenförmig, kleinere Körner auch oval. Der Kern oder die mehrstrahlige Kernspalte liegt in der Regel exzentrisch dem breiteren oder schmaleren Ende genähert, seltener fast in der Mitte. Schichtung ist bei fast allen Körnern schön zu sehen. Die Großkörner messen 38—50, einige bis 85 μ, die kleineren meist 15—25 μ.

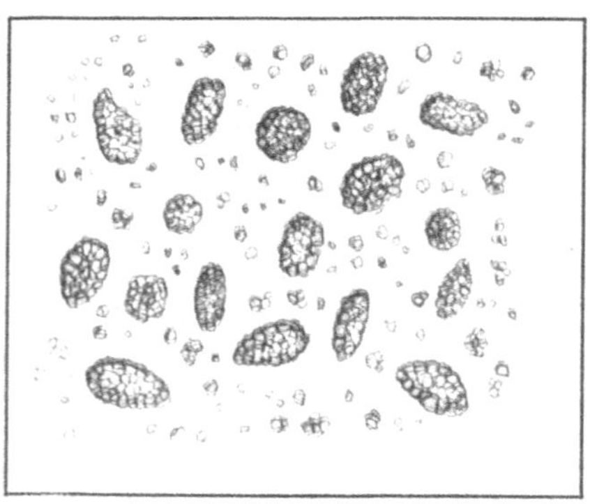

Abb. 30. Stärke von Amorphophallus Rivieri. Vergr. 1:270. (Nach A. Scholl.)

28. Amorphophallus- (Conophallus-) stärke stammt von den Knollen der in Japan vielfach angebauten Aracee Amorphophallus Rivieri Dur. (Hydrosme Rivieri Engl.). Das Stärkemehl kommt als Konjakou flour neuerdings häufiger nach Europa und besteht aus hoch zusammengesetzten Körpern von unregelmäßig rundlicher, elliptischer oder eiförmiger Gestalt (Abb. 30). Diese zerfallen in meist sehr kleine, polyedrische scharfkantige und abgerundete Teilkörner, deren Größe 2—6 μ beträgt. Nach Gassner enthält die Handelsware auch reichlich Gewebefragmente, insbesondere Schleimzellen, außerdem Bruchstücke von Raphiden.

29. Bananenstärke wird aus den Früchten bestimmter Kulturformen der Banane oder Pisangpflanze (Musa paradisiaca L.-Musaceae) gewonnen und kommt auch unter der Bezeichnung Guayana-Arrowroot in den Handel. Sie ist rein weiß oder durch Fruchtfleischteilchen rötlich gefärbt. Die Stärkekörner (Abb. 31) sind abgeflacht, ei-, keulen-, wurst- oder sackförmig, auch gebogen.

Von der Seite betrachtet sehen sie oft stabförmig aus. Die Schichtung ist meist deutlich; der stark exzentrische Kern liegt am breiteren oder schmaleren Ende. Spalten sind selten. Die Größe der Körner schwankt meist zwischen 20 und 40 μ, bei einzelnen Kulturformen kommen solche bis 100 μ vor. — Das durch Mahlen des gesamten Fruchtfleisches gewonnene Mehl enthält neben der Stärke auch reichlich zellige Elemente, wie dünnwandiges Parenchym und zartwandige

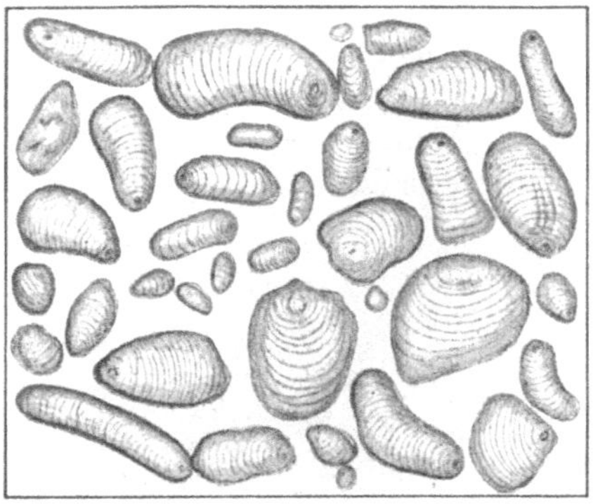

Abb. 31. Bananenstärke (Musa paradisiaca). Vergr. 1:270. (Nach A. SCHOLL.)

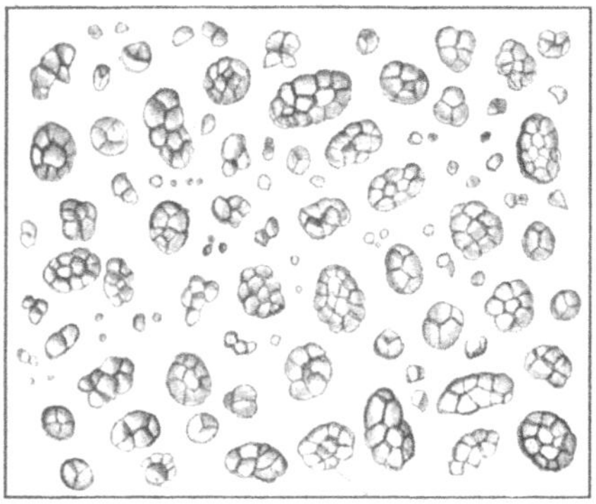

Abb. 32. Stärke von Artocarpus incisa. Vergr. 1:270. (Nach A. SCHOLL.)

Gefäße, außerdem die besonders charakteristischen rotbraunen Bruchstücke des Inhalts der Gerbstoffzellen. In geringer Menge finden sich auch Raphidennadeln.

30. Artocarpusstärke (Abb. 32) wird aus dem Fruchtfleisch des Brotfruchtbaumes (Artocarpus incisa L.-Artocarpeae) gewonnen. Sie besteht ausschließlich aus zusammengesetzten Körnern von unregelmäßig rundlicher, eiförmiger oder elliptischer Gestalt. Die Anzahl der Teilkörner beträgt 6—20, die Länge der zusammengesetzten Körner 9 μ bis 31,5 μ, der Durchmesser der Teilkörner 2,5—13,5 μ. Die Form der letzteren ist abgerundet-polyedrisch oder scharfkantig (nach E. HESS).

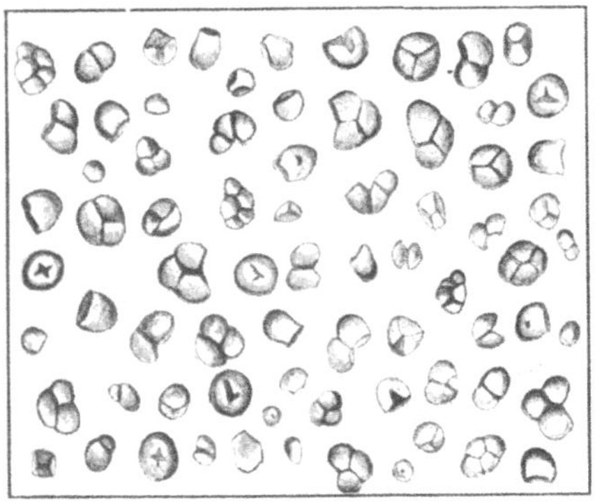

Abb. 33. Stärke von Inocarpus edulis. Vergr. 1:270. (Nach A. SCHOLL.)

31. Inocarpusstärke (Mappé Tahiti) aus den Samen von Inocarpus edulis (Leguminosae) besteht aus zusammengesetzten und einfachen rundlichen Körnern (Abb. 33). Die ersteren sind meist Zwillinge oder Drillinge, aber auch höher zusammengesetzt. Die Teilkörner sind halbkugelig, stumpf kegelig, pauken- bis glockenförmig. Schichtung fehlt. Einzelne Teilkörner zeigen eine zarte Kernspalte. Länge der Teilkörner 6—20 μ. Die einfachen rundlichen Körner messen 9—27 μ und zeigen eine zentrale, oft mehrstrahlige Kernspalte. Außerdem ist Füllstärke in Form von meist kantigen polyedrischen Körnchen von 2,5—9 μ Größe vorhanden (nach E. HESS).

32. Caryotstärke. Das Mehl des Markes der Kitul- oder Bastardsagopalme (Caryota urens L.) dient zur Herstellung von Sago, der aber dem von Sagusarten gewonnenen Erzeugnis an Güte nachsteht. Die Stärkekörner (Abb. 34) sind meist einfach, selten zusammengesetzt. Ihre Form ist langgestreckt, walzen-, ei-, birn- oder keulenförmig, auch rundlich, bisweilen unregelmäßig und buckelig. Am schmäleren Ende befindet sich der exzentrische Kern, häufig auch eine querliegende, einfache oder sternförmige Spalte; nicht selten ist eine rissige, fast durch das ganze Korn durchgehende Kernhöhle vorhanden. Die deutliche Schichtung ist exzentrisch. Länge der Körner 8—139,5 μ Breite 4,5—63 μ. Außerdem kommen kleine rundliche oder elliptische Körnchen (4,5—8,5 μ) vor (nach E. HESS).

33. Sagostärke stammt aus dem Mark verschiedener Sagopalmen, hauptsächlich Metroxylon Rumphii MARTIUS (Abb. 35) und M. laeve. Sie besteht aus einfachen und zusammengesetzten Körnern. Erstere, die Nebenform, sind meist sehr groß (50—65 μ) eirund oder nahezu eirund, auch gestreckt-oval.

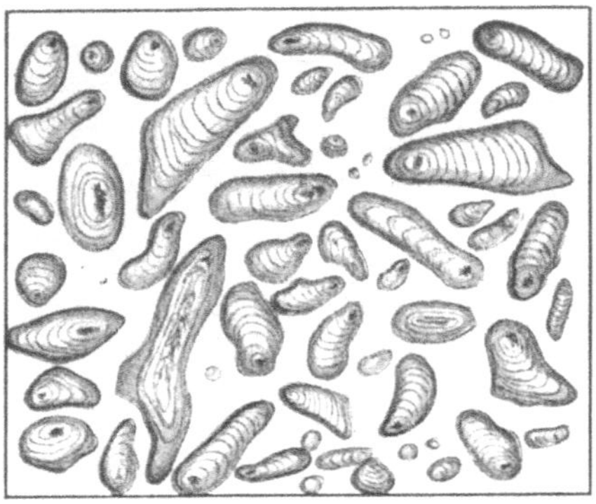

Abb. 34. Stärke von Caryota urens. Vergr. 1 : 270. (Nach A. SCHOLL.)

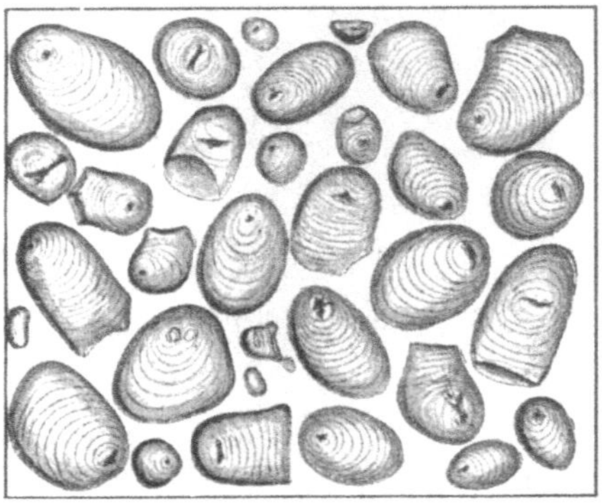

Abb. 35. Sagostärke (Metroxylon Rumphii). Vergr. 1 : 270. (Nach A. SCHOLL.)

Am breiteren Ende haben sie einen exzentrischen Kern oder eine zwei- bis mehrstrahlige Spalte. Die zusammengesetzten Körner zeigen an einem Hauptkorn von meist 30—70 μ Größe ein oder mehrere kleine bis 20 μ messende Nebenkörner, die häufig an einer Ausstülpung des Hauptkornes sitzen. Meist sind die Nebenkörner abgefallen und im Mehl als pauken- oder schüsselförmige Gebilde zu sehen. Die Hauptkörner sind elliptisch, von der Seite gesehen zuckerhutförmig. Der Kern liegt exzentrisch und ist meist durch einen ein- oder mehrstrahligen Spalt kenntlich. Schichtung ist häufig vorhanden. — Zellbruchstücke, Haare u. dgl. kommen zuweilen im Sagomehl vor, bilden aber keinen regelmäßigen Bestandteil. Im ostindischen Sago findet man neben unveränderten auch mehr oder weniger verkleisterte Körner.

Als Ersatz für Palmsago wird unter der Bezeichnung brasilianischer Sago häufig eine geperlte Tapioka gehandelt, die leicht an den charakteristischen Manihotstärkekörnern zu erkennen ist (Abb. 24). Deutscher Sago wird aus einheimischen Stärkearten (meist Kartoffelstärke) hergestellt.

2. Verhalten der Stärke bei Einwirkung von Reagenzien und beim Erhitzen.

a) Jodreaktion.

Werden Stärkekörner mit Jod enthaltenden Lösungen in Berührung gebracht, so färben sie sich je nach der Konzentration dieser Lösung unter Bildung von Jodstärke hell- bis dunkelblau oder fast schwarz. Jodtinktur (alkoholische Jodlösung) färbt ebenso wie wäßrige Jodjodkaliumlösung in der Regel schwarzblau, nur bei Reisstärke und manchen Maisstärkearten tritt eine violettblaue

Färbung ein. In stark verdünnter Jodlösung tritt nur eine Anfärbung der Körner ein, wodurch sich die Oberflächenstruktur der Stärkekörner schön sichtbar machen läßt. In manchen Fällen ist es zweckmäßig, mit Chloraljod (vgl. Bd. II, 1, 512) zu arbeiten, nämlich wenn es sich um den Nachweis sehr geringer Mengen kleinkörniger Stärke handelt, was allerdings bei der Mehluntersuchung nur ausnahmsweise in Betracht kommt, wie z. B. bei Sojabohnen.

b) Färbung durch organische Farbstoffe.

GASTINE[1] fand, daß bei dem von ihm angewendeten Färbeverfahren mit bestimmten Teerfarbstoffen bei Reis-, Mais- und Buchweizenstärke, auch bei Lolchstärke der Kern in Form eines roten Punktes deutlich sichtbar wird, nicht dagegen bei den übrigen Getreidearten. Kartoffel-, Arrowroot- und Batatenstärke zeigen einen wenig deutlichen Kern und färben sich im Gegensatz zu den meisten Stärkesorten selbst.

Zum Nachweis von Kartoffelstärke im Backmehl und im Brot sind eine Anzahl Färbemethoden angegeben worden. So haben HERTER, SCHAEFFER und POSNER[2] etwa gleichzeitig auf die Verwendung von Farbstoffen für die Untersuchung von Stärkemehlen hingewiesen. SCHAEFFER[3] beschreibt eine Methylgrün-Kresyl-Echtviolettfärbung. Nach G. SCHÜTZ und L. WEIN[4] färbt sich verquollene Kartoffelstärke im Brot besonders schön mit Thionin, wenn man eine mit 2 Teilen Wasser verdünnte konzentrierte wäßrige Lösung $2^1/_2$ bis 3 Minuten einwirken läßt. Während Roggen und Weizen farblos bleiben, färbt sich Kartoffelstärke lila, das zarte Parenchym der Kartoffel, das Nährgewebeparenchym von Roggen und Weizen tief rotviolett, die Schalenbestandteile des Getreides blau, desgleichen Kork, Gefäße und verdickte Zellen der Kartoffel.

BLUNK[5] hält für besonders brauchbar das Metachromrot G (Agfa), das bei geeigneter Anwendung Kartoffelstärke und Kleisterzellen intensiv goldgelb, Getreidestärke dagegen nicht färbt. Die Gewebselemente werden ebenfalls gefärbt. Die in kochendem 30%igem Alkohol gesättigte Farbstofflösung wird nach dem Erkalten filtriert und mit 25% Wasser verdünnt. Gefärbt wird im Färbebecher 8 Minuten, dann mit Wasser abgespült und getrocknet. Bei Brot muß zunächst die vorhandene Säure neutralisiert werden, weil bei Gegenwart von Säuren auch Getreidestärke gefärbt wird.

HERTER empfiehlt ein „Schwarz-weiß-rot" genanntes Färbemittel ohne Angabe der Zusammensetzung, bei dessen Anwendung die Roggenkörner schwärzlich, die Kartoffelstärke weiß, die Kleisterzellen aus Kartoffelwalzmehl rosa bis rot erscheinen (vgl. S. 255).

Während die bisher mitgeteilten Methoden bezweckten, eine Unterscheidung der Kartoffelstärke von Getreidestärke herbeizuführen, gibt E. UNNA[6] ein Verfahren an, das die Unterscheidung von Weizen-, Roggen- und Kartoffelstärke nebeneinander gestatten soll. Die Methode gründet sich auf die Epithelfasermethode von P. G. UNNA, die im wesentlichen in einer Kombination von 3 sauren Farben (Orcein, Wasserblau, Eosin), einer basischen Farbe (Safranin) und einer sauren Beize (Kaliumdichromat) besteht. Das Verfahren scheint sich jedoch nicht bewährt zu haben.

---

[1] GASTINE: Ann. Chim. analyt. appl. 1906, **11**, 281; **Z.** 1907, **14**, 716.
[2] POSNER: **Z.** 1915, **29**, 329.
[3] SCHAEFFER: Techn. Rundschau 1914, **51**, 426.
[4] G. SCHÜTZ u. L. WEIN: Chem.-Ztg. 1915, **39**, 143.
[5] BLUNK: **Z.** 1915, **29**, 246. [6] E. UNNA: **Z.** 1918, **36**, 49.

c) Quellung und Verkleisterung der Stärke.

α) In Wasser durch Temperaturerhöhung. Die Eigentümlichkeit der Stärke, beim Erwärmen in Wasser zu verquellen, ist schon von WITTMACK für die Unterscheidung von Roggen- und Weizenstärke herangezogen worden. Er bestimmte dabei die Verkleisterungstemperatur, d. h. die Temperatur, bei der die Mehrzahl der Körner deformiert ist und fand diese für Roggenstärke zu 62,5° und für Weizenstärke zu 65°.

Zur Ausführung der Untersuchung werden 2 g Mehl oder Stärke mit 500 ccm Wasser in einem kleinen Becherglas gemischt, letzteres in ein mit Wasser gefülltes größeres Becherglas gestellt und dieses dann allmählich erhitzt, indem die Mehlaufschwemmung mit einem genauen in Zehntelgrade geteilten Thermometer beständig gerührt wird. Sobald das Thermometer 62,5° zeigt, wird das kleine Becherglas herausgenommen und in kaltes Wasser gestellt und nach dem Erkalten 1 Tropfen der Mischung unter dem Mikroskop geprüft. Hierbei

Abb. 36. Roggenstärke mit Wasser auf 62,5° erhitzt. Vergr. 1 : 270. (Nach A. SCHOLL.)

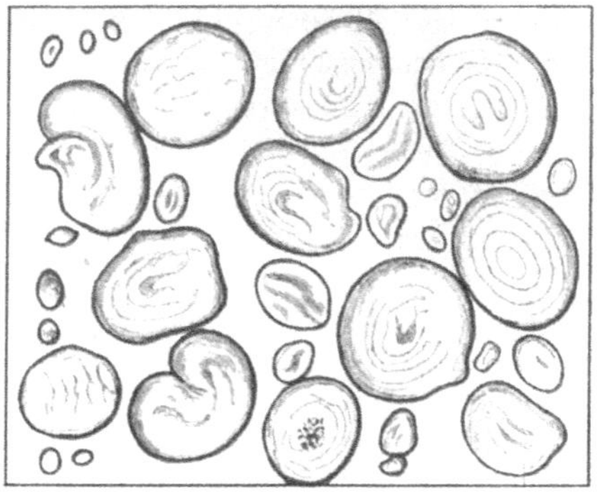

Abb. 37. Weizenstärke mit Wasser auf 62,5° erhitzt. Vergr. 1 : 270. (Nach A. SCHOLL.)

verhalten sich jedoch nicht alle Körner der beiden Stärkearten gleichmäßig. S. WEINWURM[1] schlägt deshalb vor, 2 g Mehl mit 200 ccm Wasser 1 Stunde bei 62,5—63° zu digerieren. Alsdann sind von der Roggenstärke fast alle Körner stark verändert (verquollen oder gelöst) und die wenigen unter dem Mikroskop noch in ihrer ursprünglichen Form sichtbaren Körner zeigen größtenteils keinen dunklen Rand mehr (Abb. 36). Weizenstärke dagegen ist zwar verquollen, erscheint also stark vergrößert, die Körner haben aber fast alle noch den dunklen scharfen Rand (Abb. 37), so daß WEINWURM vorschlägt, dieses Verhalten zur quantitativen Bestimmung der beiden Stärkearten durch Auszählung unter Verwendung von Vergleichspräparaten aus Mischungen von bekanntem Gehalt zu benutzen. Zu berücksichtigen ist hierbei jedoch, daß die noch in Zellen eingeschlossenen Stärkekörner nach dem Digerieren nicht verquollen sind, sondern nur Risse zeigen.

Im übrigen werden die Quelltemperaturen für die einzelnen Stärkearten von den Autoren etwas verschieden angegeben, was mit der verschiedenen Arbeitsweise zusammenhängt.

BUCHWALD[2] benutzt die auf die oben angegebene Weise ermittelte Verkleisterungstemperatur zum Nachweis von Bohnen-(Kastor-)mehl in Weizenmehl, indem er die Mischung auf 65° erhitzt. Die Weizenstärke ist dann verquollen, die Bohnenstärke nicht; der Unterschied soll besonders nach mehrtägigem Stehen der erhitzten Mischung hervortreten.

Da aber bei dieser Bestimmungsweise dem subjektiven Ermessen des Analytikers hinsichtlich des Eintritts der Verkleisterung ein weiter Spielraum gewährt wird, so hat M. NYMAN[3] als Kennzeichen für die Verkleisterung nicht die mikroskopische Formänderung der Stärkekörner, sondern den Verlust der Polarisationserscheinungen (der Doppelbrechung, vgl. S. 138) gewählt. Er bezeichnet

[1] S. WEINWURM: Z. 1898, 1, 98—101.
[2] BUCHWALD: Die Mühle 1904; Z. 1904, 8, 436.
[3] M. NYMAN: Z. 1912, 24, 673—76.

also als Verkleisterungstemperatur diejenige, bei der die Doppelbrechung eben vollständig verschwunden ist (Abb. 38). Diese Temperatur ist bei Roggenstärke 57°, bei Gerstenstärke 58°, bei Weizenstärke 59°.

Für die Unterscheidung der Stärkearten in Gemischen zieht NYMAN die Reaktionsgeschwindigkeit bei niedrigeren Temperaturen heran, wobei zu beachten ist, daß die größeren Körner schneller verkleistert sind als die kleineren. Beispielsweise ergaben sich für die größeren Körner (Durchmesser nach dem Verkleistern über 32 μ) von Roggen- und Weizenstärke bei Behandlung mit der 10fachen Menge Wasser nebenstehende Werte (s. Tabelle 2).

Tabelle 2.

Versuchstemperatur	Verkleistert nach Minuten	
	Roggenstärke	Weizenstärke
57°	0	1½
56°	½	3
55°	1½	5
54°	2	9
53°	6	24
52°	12	36

Wenn also eine Mischung von Roggen- und Weizenstärke etwa bei 53° 7 Minuten lang behandelt wird, so ist die Roggenstärke verkleistert, die Weizenstärke dagegen noch doppelbrechend. Für Kartoffelstärke ergab sich die Verkleisterungstemperatur bei frischem Material zu 59°, dagegen bei getrockneter Stärke zu 65°.

F. FISCHLER und J. SCHWAIBOLD[1], die noch weitere einschlägige Literatur angeben, verwenden zur Bestimmung der Verkleisterungstemperatur von Stärkekörnern den Mikroschmelzpunktapparat nach DEININGER. Sie bezeichnen als Verkleisterungstemperatur einer Stärkeart, die Temperatur, bei der praktisch 100% der Körner verkleistert sind. Der für jede Stärkeart charakteristische Temperaturbereich vom Beginn bis zur Beendigung der Verkleisterung soll neben der Verkleisterungstemperatur angegeben werden.

β) **In Kalilauge.** Namentlich zur Unterscheidung von großkörniger Getreidestärke (Weizen) und kleinkörniger Stärke (Reis, Mais) ist die Behandlung mit Kalilauge vorgeschlagen worden. K. BAUMANN[2] hat empfohlen, etwa 0,1 g Mehl in einem Reagensglas zu 10 ccm 1,8%iger Kalilauge zuzufügen, umzuschütteln, genau 2 Minuten unter mehrmaligem Umschütteln die Lauge einwirken zu lassen, dann 4—5 Tropfen 25%ige Salzsäure zur Aufhebung der Wirkung der Lauge zuzusetzen und einen Tropfen der nur noch ganz schwach alkalischen aber nichtsauren Aufschwemmung mikroskopisch zu untersuchen. Da die Weizenstärke nunmehr — abgesehen von den kleinsten Körnern —ganz verquollen, die Maisstärke aber noch fast unverändert ist, läßt sich auf diese Weise noch eine geringe Menge (1—2%) Maismehl nachweisen. Roggenstärke verhält sich wie Weizenstärke. BAUMANN hält eine quantitative Bestimmung unter Verwendung von Vergleichsmustern bekannter Zusammensetzung nach diesem Verfahren für möglich.

J. BELLIER[3] verwendet zum Nachweis von Reis- oder Leguminosenstärke neben Weizenstärke ebenfalls Kalilauge, und zwar in 3 Lösungen. 1. Lösung von 5 g Kalihydrat, 15 ccm Glycerin (30°) und 85 ccm Wasser; 2. 100 ccm der ersten Lösung und 5 ccm Glycerin; 3. 100 ccm des ersten Reagenzes und 3 ccm Wasser. Die erste Lösung greift den allergrößten Teil der Reisstärke nicht an, während die übrigen Stärkearten (ausgenommen Lolchstärke) nach 1—2 Stunden verquollen sind. Reagens Nr. 2 greift die Stärkekörner von Mais, Buchweizen und Hafer weniger leicht an als die übrigen, während Reagens Nr. 3 die Schichtung bzw. die Spalten der Bohnen-, Roggen- und Weizenstärke deutlich hervortreten läßt. Lösung 1 dient daher zum Nachweis von Reisstärke, Lösung 2 von Mais-, Buchweizen- und Haferstärke und Lösung 3 von Bohnenmehl. Die Prüfung geschieht durch Eintragen des trockenen Mehles bzw. der Stärke in einen auf dem Objektträger befindlichen Tropfen der Lösung. Eine Abänderung dieses Verfahrens, die zur quantitativen Bestimmung von Reismehl in Weizenmehl geeignet sein soll, hat L. SURRE[4] angegeben.

---

[1] F. FISCHLER u. J. SCHWAIBOLD: Biochem. Zeitschr. 1936, **283**, 322.
[2] K. BAUMANN: **Z.** 1899, **2**, 27—29.
[3] J. BELLIER: Ann. Chim. analyt. appl. 1907, **12**, 224; **Z.** 1908, **16**, 305.
[4] L. SURRE: Ann. Falsif. 1911, **4**, 569; **Z.** 1913, **25**, 71.

COLLIN und PERRIER[1] behandeln 0,5 g Mehl mit einer Mischung von 80 g Wasser, 15 g Glycerin und 5 g Kalihydrat unter Kneten mit den Fingern. Wenn man nach halbstündigem Stehenlassen bei 300facher Vergrößerung untersucht, so findet man nur noch Reis- und Lolchstärke. Übt man nun unter Reiben einen Druck auf das Deckglas aus, so zerfallen die Lolchstärkekörner und verschwinden, die Reisstärke bleibt dagegen unverändert.

Über das Verhalten der Stärkezellen der Hirse, des Maises und der Polygonumarten bei Einwirkung von Lauge vgl. S. 124.

γ) In Salzlösungen. W. LENZ[2] hat festgestellt, daß Stärke in einer Lösung von 1 g Natriumsalicylat in 11 g Wasser langsam quillt, und zwar je nach der Art mit verschiedener Geschwindigkeit. Die Beobachtung geschieht im hängenden Tropfen.

Auch Lösungen anderer Salze, wie z. B. Kaliumjodid[3], wirken verkleisternd auf die Stärkekörner, jedoch liegen systematische Untersuchungen hierüber, die eine Unterscheidung gestatten würden, nicht vor.

δ) Verhalten gegen Diastase. Nach K. AMBERGER[4] verschwinden Roggen-, Weizen-, Gersten- und Haferstärke zum großen Teil, wenn man eine Lösung reiner Diastase eine Stunde bei 58—59° einwirken läßt, während Mais-, Kartoffel- und Bohnenstärke, auch Reis kaum verändert werden, so daß sie sich durch die hierbei erfolgende Anreicherung mikroskopisch leicht nachweisen lassen.

3. Lichtbrechung, Untersuchung im Dunkelfeld und im polarisierten Licht.

Über das Lichtbrechungsvermögen der verschiedenen unveränderten Stärkearten ist wenig bekannt. Im verquollenen Zustande lassen sich aber Kartoffelstärkekörner neben Getreidestärke an der stärkeren Lichtbrechnung leicht erkennen (vgl. unter Backwaren S. 255).

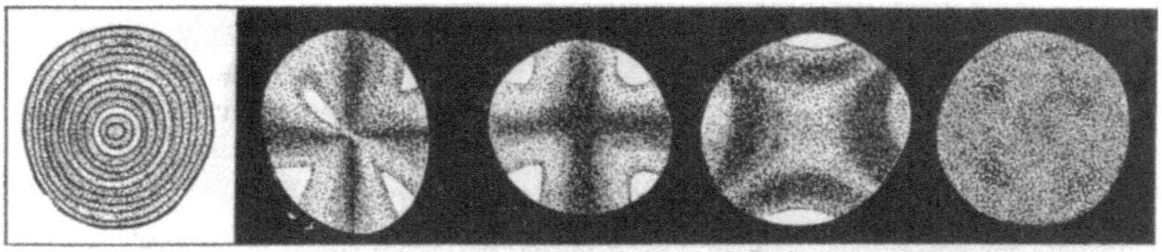

Abb. 38. Weizenstärke im polarisierten Licht, 2—5 zwischen gekreuzten Nikols. 1 und 2 vor dem Erwärmen; 3 Beginn der Verkleisterung; 4 Fortschreitende Verkleisterung; 5 Vollständig verkleistertes Korn.

POSNER[5] empfiehlt bei der mikroskopischen Untersuchung des Brotes die Anwendung der Dunkelfeldbeleuchtung. Im Mehl erscheinen die Stärkekörner im Dunkelfeld als dunkle Scheibchen mit stark reflektierenden Rändern, im übrigen aber optisch leer. Dagegen sind verquollene Stärkekörner im Brot nicht annähernd so scharf konturiert; das Innere erscheint leicht gekörnt grau, und zwar um so heller, je weiter die Veränderung vorgeschritten ist. Halbverquollene Kartoffelstärke, wie sie sich im Kuchen befindet, ergibt überaus charakteristische Bilder.

Wenn man Stärke unter dem Mikroskop im polarisierten Licht betrachtet, so sieht man bei gekreuzten Nikols 4 dunkle vom Kern ausgehende Arme (Abb.38), ein Zeichen dafür, daß die Substanz des Stärkekornes doppelbrechend ist.

G. GASTINE[6] verwendet polarisiertes Licht unmittelbar wie auch nach dem Durchgang durch ein Gipsblättchen zum Nachweis von Reis-, Mais- und anderer Stärke in Weizenmehl und beschreibt die hierbei auftretenden Erscheinungen.

[1] COLLIN u. PERRIER: Ann. Falsif. 1911, **4**, 569; **Z.** 1913, **25**, 71.
[2] W. LENZ: Zeitschr. öffentl. Chem. 1909, **15**, 224.
[3] Vgl. F. FISCHLER u. J. SCHWAIBOLD: Biochem. Zeitschr. 1936, **283**, 332.
[4] K. AMBERGER: **Z.** 1921, **42**, 181. — [5] POSNER: **Z.** 1915, **29**, 329.
[6] G. GASTINE: Ann. Chim. analyt. appl. 1907, **12**, 85; **Z.** 1909, **17**, 329.

Die Intensität der Doppelbrechung ist bei den einzelnen Stärkearten verschieden. v. LINGELSHEIM[1] fand (s. Tabelle 3).

Tabelle 3.

Sehr stark leuchtend	Hell leuchtend	Schwach leuchtend
Kartoffelstärke	Cycadeensago Bohnenstärke Westindisches Arrowroot Manihotstärke	Roggenstärke Weizenstärke Gerstenstärke Cassavestärke

Bei vollkommener Verkleisterung verschwindet bei allen Stärkekörnern die Doppelbrechung restlos, desgleichen bei stärkerer Diastaseeinwirkung. Im halb verkleisterten Zustande, in dem die meisten Stärkekörner aus Kartoffelmehl oder zerriebener roher Kartoffel im Brot vorliegen, leuchten sie noch mehr oder minder stark auf, während die Cerealienstärke das Doppelbrechungsvermögen fast ganz verloren hat. Den zwischen gekreuzten Nikols aufleuchtenden verkleisterten Kartoffelstärkekörnern fehlt aber meist das schwarze Kreuz in seiner regelmäßigen Gestalt. Statt dessen sieht man dunkle, gerade und gewundene Linien, die teilweise den Faltenbildungen entsprechen, teilweise auch Reste der Arme des schwarzen Kreuzes darstellen können. Die Anwendung des polarisierten Lichtes ermöglicht daher das schnelle Auffinden von Kartoffelmehl in Brot (vgl. auch unter Brot).

Zu erwähnen ist noch das Verhalten der Kornradenstärke, die im polarisierten Licht nach GASSNER[2] vollständig verschwindet, während die Körnchen im auffallenden Licht (bei Dunkelstellung des Spiegels) als gleichmäßig hellleuchtende Gebilde erscheinen, zum Unterschied von den Getreidestärkekörnern, die als dunkle Kreise mit hellem Rand hervortreten.

4. Quantitative Bestimmung in Gemengen verschiedener Stärkearten.

Da die chemische Analyse nur in verhältnismäßig seltenen Fällen gestattet, in einem Gemenge verschiedener pflanzlicher Produkte die einzelnen Bestandteile mengenmäßig zu ermitteln, hat man versucht, das Mikroskop zur Lösung dieser Aufgabe heranzuziehen, ohne aber bisher einen allgemein verwendbaren und befriedigenden Weg gefunden zu haben. Alle diese Verfahren laufen in letzter Linie auf eine Zählung der in mikroskopischen Bildern sichtbaren Teilchen des Präparates hinaus. Hierbei ergibt sich aber sofort eine große Schwierigkeit. In der Regel gelingt es nämlich nicht, sämtliche Teilchen eines Präparates sicher zu identifizieren, also einer der Komponenten des Gemenges zuzuweisen. Auch für die Untersuchung von Stärkearten trifft dies zu, soweit nicht eine Differenzierung durch Färbung möglich ist (vgl. S. 135), die aber nur bei einigen Arten gelingt. Denn die Größen- und Formverhältnisse genügen zumeist nicht, um die Herkunft jedes einzelnen Stärkekornes festzustellen; ja in manchen Fällen ist diese nur bei einem kleinen Bruchteil aller Körner mit Sicherheit zu ermitteln. Dazu kommt, daß zur mengenmäßigen Bestimmung der einzelnen Bestandteile die Zählung allein nicht immer ausreicht, vielmehr oft auch eine Größenbestimmung vorgenommen werden müßte, was jedenfalls sehr zeitraubend oder gar undurchführbar ist.

Zur Ausführung mikroskopischer Zählungen bedient man sich in der Regel eines Kreuztisches (vgl. Bd. II, 1, S. 473), der mit Noniuseinteilung für beide Bewegungsrichtungen versehen ist und hierdurch die willkürliche und gleichmäßige Verschiebung des Präparates um bestimmte Strecken gestattet. Noch bequmer ist ein von A. MEYER[3] angegebener Suchtisch, der von SEIBERT in Wetzlar angefertigt wird und eine Einrichtung trägt, die gestattet, das Objekt fast genau um eine Sehfeldbreite seitlich fortzubewegen.

---

[1] v. LINGELSHEIM: Z. 1915, 29, 361f.

[2] GASSNER: Mikroskopische Untersuchung pflanzlicher Nahrungs- und Genußmittel, S. 50. [3] A. MEYER: Z. 1909, 17, 497f.

A. MEYER[1] sucht die Schwierigkeiten, die darin bestehen, daß es unmöglich ist, alle Teilchen eines mikroskopischen Präparates sicher zu identifizieren, dadurch zu umgehen, daß er für jeden zu bestimmenden Bestandteil eines Gemenges ein „Meßelement" auswählt, also nicht jedes einzelne Teilchen des Gemenges, sondern nur die vorhandenen Meßelemente jeder einzelnen Komponente des Gemenges zählt. Jedes Meßelement muß einwandfrei erkennbar, von stets annähernd gleicher Größe und in dem betreffenden Pflanzenpulver stets in annähernd gleicher Menge vorhanden sein. Bei dieser Untersuchung ist also nicht nur die Zahl, sondern oft auch die Größe der Teilchen (mittels Okularmikrometers) festzustellen. Als Meßelement können z. B. für Maisstärke in einem Gemenge mit Reisstärke die Großkörner des Maises, d. h. die über 9 μ messenden Körner dienen. Für jedes Meßelement bestimmt man zunächst die Normalzahl. Die hierfür anfangs von A. MEYER angegebene Methode zur Bestimmung der Normalzahl war folgende:

Eine Zählkammer von 0,2 mm Tiefe, auf deren Boden eine quadratische Netzeinteilung von 0,05 mm Seitenlänge angebracht ist, füllt man mit einem Gemisch von 50 ccm Glycerin und 1 g des im Exsiccator getrockneten Pulvers, in dem die Normalzahl für ein bestimmtes Meßelement ermittelt werden soll. Die Normalzahl sagt bei dieser Methode aus, wieviel Meßelemente auf 16 Quadrate der Kammer entfallen. Nach A. MEYER beträgt die Normalzahl für die in der Maisstärke enthaltenen Großkörner 115,7. Will man nun z. B. in einem Gemenge von Reis- und Maisstärke die letztere quantitativ bestimmen, so verteilt man eine kleine gewogene Menge Stärkepulver in 50 ccm Glycerin und stellt fest, wieviel Meßelemente (Großkörner) des Mais auf 16 Quadrate entfallen. Der Prozentgehalt an Mais ergibt sich dann nach der Formel $\frac{100\,n}{g \cdot w}$, wenn g die Normalzahl, n die gefundene Anzahl Meßelemente, w das Gewicht der angewandten Substanz bedeutet.

In einer späteren Abhandlung[2] hat A. MEYER als Normalzahl aus Zweckmäßigkeitsgründen die Anzahl der in 1 g des zu bestimmenden Stoffes enthaltenen Meßelemente bezeichnet. Sowohl bei der Bestimmung der Normalzahl, wie auch bei der Untersuchung eines Gemenges ist es vorteilhaft, das betreffende Pulver durch Verreiben mit feinstem Zuckerpulver so weit zu verdünnen (1 : 10, 1 : 50 oder 1 : 100), daß bei Anwendung von 5 mg des verdünnten Pulvers auf jeden Zählstreifen der Kammer 8—10 Meßelemente entfallen. Die Zählung wird an 5—10 Präparaten aus je 5 mg Pulver wiederholt. Der Gehalt des Gemenges an dem zu ermittelnden Bestandteil errechnet sich dann nach der Formel $\frac{g \cdot 100}{n}$, wenn g die Zahl der in 1 mg Pulver enthaltenen Meßelemente und n die Normalzahl für 1 mg bedeutet.

Daß auch dieses Verfahren die der mikroskopischen Zählung anhaftenden Schwierigkeiten nicht völlig beseitigt, hat A. EZENDAM[3] gezeigt. Schon die Bestimmung der Normalzahlen bleibt nämlich unsicher, weil es nur wenige pflanzliche Stoffe gibt, bei denen die Anzahl der Meßelemente in allen Fällen auch nur annähernd gleich groß ist. Hinzu kommt bei Stärkekörnern, daß die Größe allein kaum ein geeignetes Kennzeichen für die Meßelemente abgeben kann, weil die Schwankungen viel zu groß sind. Namentlich bei Handelsstärke ist das Verhältnis zwischen Körnern verschiedener Größe fast stets wechselnd, weil es weitgehend durch die Herstellungsweise beeinflußt wird.

Weiter ist zu bemerken, daß die Ausführung des Verfahrens gestört wird, sobald sich die Stärkekörner nicht durchweg einzeln, sondern teilweise auch in größeren Gruppen im Präparat vorfinden. Wenn also schon für reine Stärkesorten das Verfahren im allgemeinen nur annähernde Werte ergeben kann, so trifft dies erst recht zu für Mehle, die einen mehr oder minder hohen Gehalt an zelligen Bestandteilen enthalten. EZENDAM hat denn auch gefunden, daß das Verfahren bei Futtermehlen gänzlich versagte.

Über die Bestimmung von Roggen- und Weizenmehl in Gemengen, Reismehl in Buchweizenmehl, Hafermehl oder Weizenmehl vgl. S. 195.

---

[1] A. MEYER: Die Grundlagen und Methoden für die mikroskopische Untersuchung der Pflanzenpulver, S. 125. 1901. **Z.** 1909, **17**, 497f.

[2] A. MEYER: **Z.** 1909, **17**, 497f.

[3] A. EZENDAM: **Z.** 1909, **18**, 462.

II. Mikroskopische Untersuchung der in Mehlen und anderen Müllereierzeugnissen vorkommenden Gewebeteile.

1. Allgemeine Methodik.

Durch die Unterscheidungsmerkmale der Stärkekörner läßt sich die Herkunft eines unvermischten Mehles meist leicht erkennen. Immer reichen jedoch diese Merkmale nicht aus, insbesondere wenn Gemenge von Mehlen mit ähnlichen Stärkeformen vorliegen. Alle Mehle[1], selbst die feinsten Sorten, enthalten aber, soweit sie von Früchten und Samen stammen, noch geringe Mengen von Schalenteilen oder die sonstigen zelligen Elemente des betreffenden vermahlenen Pflanzenteiles. Diese Zellbestandteile sind für die einzelnen Mehlarten so kennzeichnend, daß sie die besten und sichersten Erkennungsmittel darstellen. Allerdings ist die Menge dieser Gewebeteile oft so gering, daß die erste Aufgabe in ihrer Anreicherung besteht, weil sie sonst unter der großen Menge der Stärkekörner leicht zu übersehen oder überhaupt kaum aufzufinden sind.

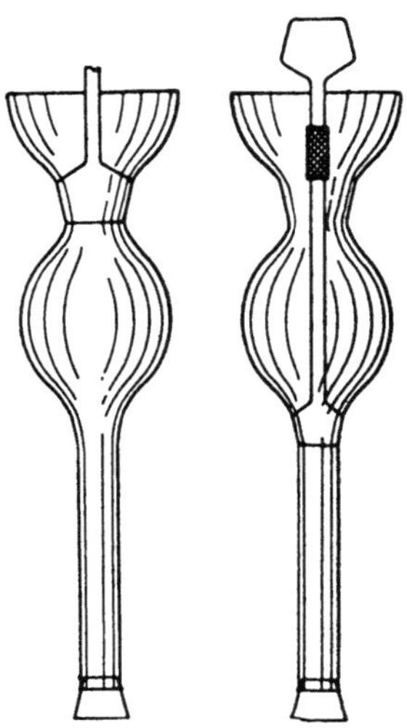

Abb. 39. Absetztrichter nach E. SCHAFFNIT.

Will man sich zunächst einen vorläufigen Überblick über die Menge und Art der vorhandenen Gewebeteile verschaffen, so kann man eine kleine Probe des Mehles auf dem Objektträger in einem Tropfen Wasser oder besser Chloralhydratlösung bis zur Verkleisterung der Stärke erwärmen. Man kann auch durch Zusatz von etwas salzsaurem Anilin und Salzsäure oder Phloroglucin und Salzsäure die verholzten Teile der Gewebe gelb bzw. rot färben.

Eine Isolierung von gröberen Gewebeteilchen gelingt leicht in der Weise, daß man die plattgedrückte Oberfläche einer Probe des Mehles mit der Lupe durchmustert und die dunkleren Teilchen mittels einer befeuchteten Präpariernadel herausholt, in ein Tröpfchen Wasser überführt und nach Aufhellung durch Chloral für sich untersucht. Auch beim Anschütteln einer Probe mit Chloroform treten die Kleieteilchen als dunklere Partikelchen hervor und lassen sich unter der Lupe mit Hilfe der Präpariernadel leicht auslesen.

Um schneller eine größere Anzahl der Gewebeteile zu sammeln, kann man sich eines Schlämmverfahrens bedienen.

C. HARTWICH[2] verwendet hierzu Sedimentiergefäße, die aus mehreren aneinander geschliffenen Glasröhrchen bestehen, an deren unterstes ein kleines Glasbecherchen angeschliffen ist. Man schüttelt die Mehlprobe mit Wasser oder 10%igem Glycerin in einer Flasche an, bis alle Luft beseitigt ist und füllt dann die Mischung in die Rohre ein. Beim Absetzen läßt sich das Mehl oder Pulver leicht in mehrere Fraktionen zerlegen; so soll bei Stärkegemengen die Trennung in groß- und kleinkörnige Stärke gut gelingen.

E. SCHAFFNIT[3] hat für diese Zwecke als Absetzgefäß eine Trichterform mit birnförmigem Mittelteil angegeben (Abb. 39), der oben oder unten mittels der eingeschliffenen Enden eines Glasstabes verschlossen werden kann.

---

[1] Gröbere Müllereierzeugnisse wie Schrot, Grütze u. dgl. zerkleinert man vor der Untersuchung zweckmäßig zunächst in der Reibschale, wenn nicht etwa Schabe- oder Schnittpräparate eine einfachere Feststellung der Art gestatten.

[2] C. HARTWICH: Handbuch der Nahrungsmitteluntersuchung von BEYTHIEN, HARTWICH, KLIMMER, Bd. 2, S. 33.

[3] E. SCHAFFNIT: Z. 1909, 17, 86.

Etwa 30 g Mehl werden nach dem Schließen der unteren Öffnung des Apparates mit einem Korkstopfen in den zur Hälfte bis $^3/_4$ mit Chloroform gefüllten Apparat gebracht. Hierauf wird die obere Öffnung des Mittelteiles geschlossen und der Inhalt durchgeschüttelt Dann wird das Gefäß oben geöffnet und Chloroform bis fast zum Rand des oberen Trichters nachgefüllt. Nachdem die Aufschüttelung einige Zeit mit einer Glasplatte bedeckt gestanden hat, haben sich die gröberen Bestandteile wie Schalenteile, Haare, Verunreinigungen usw. an der Oberfläche gesammelt und können nach abermaligem Verschließen der oberen Schliffföffnung abgegossen und durch Filtrieren oder Abdunsten vom Chloroform getrennt werden. Der im Trichter verbleibende Teil hat sich nach 24 Stunden in zwei Schichten getrennt; in der Birne hat sich eine dicke Mehldecke gebildet, während sich am Boden des Trichters die Kleberzellen angesammelt haben. Auch diese beiden Schichten können durch Verschließen der unteren Schliffföffnung voneinander getrennt werden.

Die Auffindung der feinen Gewebetrümmer, die oft sehr charakteristische Bilder liefern, gelingt aber am besten bei einer Anreicherung der zelligen Elemente durch Beseitigung der Stärke. Die Lösung der Stärke kann auf verschiedene Weise erfolgen. Eine Behandlung mit Malzaufguß[1] oder Diastaselösung wirkt nur verhältnismäßig langsam. Rascher kommt man zum Ziel, wenn man die Stärke durch Kochen mit Säure verzuckert. Auf dieser Grundlage beruhen eine Reihe von Arbeitsvorschriften, bei denen zum Teil auch Lauge oder andere Aufhellungsmittel Verwendung finden, wie das Verfahren von A. F. W. SCHIMPER[2]. MÖLLER[3], W. THÖRNER[4], A. STUTZER[5], die WEENDER-Methode[6] u. a. Am meisten gebräuchlich ist die „Bodensatzprobe" in folgender Ausführung.

Man verreibt 2—3 g Mehl mit 100 ccm Wasser, fügt 3 ccm starke Salzsäure hinzu und kocht im Becherglas oder in einer Porzellanschale etwa 10 Minuten. Nach dem Erkalten wird die überstehende Flüssigkeit vorsichtig abgegossen und der Bodensatz nach dem Aufhellen in Glycerin oder 1%iger Lauge untersucht.

Für Mehluntersuchungen sehr geeignet ist auch die auf dem gleichen Prinzip beruhende Arbeitsweise nach HERTER, die unter „Backwaren" beschrieben ist (S. 256) und eine Kombination verschiedener Verfahren darstellt.

„SCHIMPERS Schaumprobe" besteht darin, daß man etwa 3 g Mehl mit 100 ccm Wasser anrührt und bis zum Sieden erhitzt. Der an der Oberfläche angesammelte Schaum enthält dann die lufthaltigen Gewebeteilchen, insbesondere aber eine Anreicherung der Haare. Den in dünner Schicht auf dem Objektträger ausgebreiteten Schaum untersucht man am besten in Chloralhydratlösung.

FR. WIEDMANN[7] verwendet zur Anreicherung der Kleiebestandteile in Mehl ebenso wie BENGEN beim Brot (vgl. S. 253) Natronlauge und Bromwasser.

1 g Mehl wird mit Wasser zu einem feinen Brei angerieben und mit soviel Wasser in ein Becherglas von 100 ccm Fassungsraum gespült, daß insgesamt 25 ccm verbraucht werden. Dann setzt man unter Umschütteln 25 ccm N.-Natronlauge zu und weiter 25 ccm gesättigtes Bromwasser, wodurch eine dünnflüssige, schwach gelb gefärbte Flüssigkeit entsteht, in der sich die Kleiebestandteile rasch zu Boden setzen. Man zentrifugiert, um auch die leichteren Teilchen zu erfassen. Durch Vergleichen des Volumens des durch Zentrifugieren erhaltenen Bodensatzes mit Mustern aus Mehlen bekannten Ausmahlungsgrades läßt sich auf den Kleiegehalt schließen.

Zu berücksichtigen ist, daß Lauge zwar die Stärke und Eiweißstoffe schnell löst, aber bei längerer Einwirkung zugleich eine Quellung der Zellwände bewirkt. Daher sind die so erhaltenen Präparate zum Messen ungeeignet. Für solche

---

[1] CHR. STEENBUCH: Ber. Deutsch. Chem. Ges. 1881, **14**, 2449.

[2] SCHIMPER: Anleitung zur mikroskopischen Untersuchung der Nahrungs- und Genußmittel, S. 15. Jena 1886.

[3] MÖLLER: Mikroskopie der Nahrungs- und Genußmittel, 2. Aufl., S. 156. 1905.

[4] W. THÖRNER: Chem.-Ztg. 1892, **16**, 1103.

[5] A. STUTZER: Handbuch der Hygiene, 1. Aufl., Bd. 3, 1. Leipzig 1894.

[6] Vereinbarungen zur einheitlichen Untersuchung und Beurteilung von Nahrungs- und Genußmitteln für das Deutsche Reich. Berlin: Julius Springer 1899.

[7] FR. WIEDMANN: **Z.** 1921, **41**, 237.

Zwecke beschränkt man sich also besser auf die Verzuckerung der Stärke durch Säure. Auch die Anwendung von Wasserstoffsuperoxyd und Ammoniak nach LEBBIN[1] ist hierfür geeignet.

In der mikroskopischen Technik wird als Aufhellungsmittel bei stärker gefärbten Stoffen außerdem JAVELLEsche Lauge oder gasförmiges Chlor verwendet (vgl. Bd. IV unter Ölsamen), auch Wasserstoffsuperoxyd in Verbindung mit Ammoniak[1].

2. Beschreibung der verschiedenen Gewebsformen.

a) Getreidearten aus der Familie der Gramineen.

Aus der Familie der Gräser werden als Brotfruchtgewächse angebaut: Roggen Weizen, Gerste, Reis, Hafer, Mais und Hirsearten; auch Eleusine coracana GÄRTN., die seltener verwendete Zizania palustris L. und Glyceria fluitans R. Br. sind zu nennen. Bei allen diesen Pflanzen werden die in Rispen, Ähren oder Trauben angeordneten Blütenstände von Ährchen gebildet, die von 2 Hüllspelzen umgeben sind; innerhalb der Hüllspelzen befinden sich eine oder mehrere Blüten, deren jede ebenfalls von 2 Spelzen, einer Vorspelze und einer Deckspelze umschlossen wird. Jede Blüte enthält in dem Fruchtknoten nur eine Samenanlage. Bei der Reife verwächst die Samenhaut mit der Fruchtknotenwand, so daß eine Schließfrucht (Caryopse) entsteht, deren äußere Zellschichten von denen der Frucht- und Samenhaut gebildet sind.

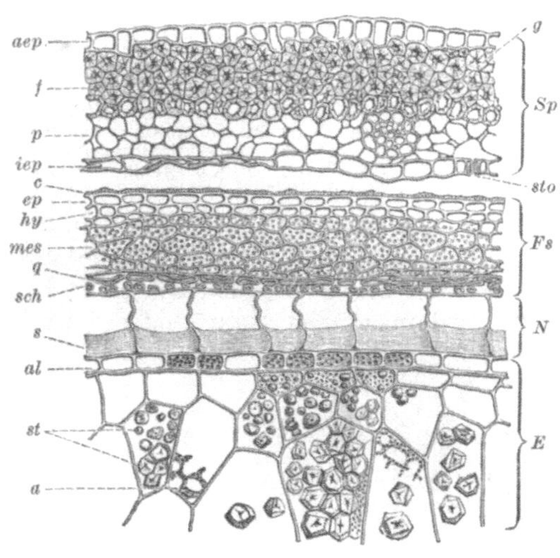

Abb. 40. Querschnitt der bespelzten Besenhirse *Sp* Spelze mit den Oberhäuten *aep* und *iep*, dem Hypoderm *f*, dem Parenchym *p*, dem Leitbündel *g*, einer Spaltöffnung *sto*; *Fs* Fruchtschale mit der Oberhaut *ep*, der Cuticula *c*, dem Hypoderm *hy*, der Mittelschicht *mes*, den Querzellen *q*, den Schlauchzellen *sch*; *N* Perisperm mit der gequollenen Schicht *s*; *E* Endosperm mit der Aleuronschicht *al*, der Stärke *st* und dem Proteinnetz *a*. Vergr. 160. (A. L. WINTON.)

Diese Frucht ist nach der Reife entweder nackt, oder sie bleibt von den Spelzen umgeben. Das erstere ist der Fall bei Roggen, mehreren Weizenarten (Triticum vulgare, T. durum, T. polonicum, T. turgidum), Mais (Zea Mays) und den nackten Varietäten von Hafer und Gerste (Avena nuda und Hordeum nudum). Bei den übrigen Gersten- und Haferarten, beim Spelzweizen, beim Reis und bei den Hirsearten bleibt die Frucht von den Spelzen eingeschlossen.

Aus dem Gesagten ergibt sich, daß Teile von Spelzen in den Mehlen von Weizen und Roggen äußerst selten vorkommen, während ihr Vorhandensein in Mahlprodukten von Spelzweizen, Gerste und Hafer häufiger, jedoch nicht immer zu beobachten ist. Zur mikroskopischen Unterscheidung müssen daher, namentlich bei den ersteren, noch andere Gewebsteile herangezogen werden, nämlich die Zellschichten der Frucht- und Samenschale (*F* und *S*, Abb. 41), sowie die äußerste Schicht des Endosperms (*E*), die sog. Aleuronschicht (*K*). Die Fruchtschale besteht im allgemeinen aus 4 Schichten,

[1] LEBBIN: Arch. Hygiene 1897, 28, 212.

nämlich der die Haare tragenden, aus längsgestreckten Zellen gebildeten Epidermis (Epikarp), der Mittelschicht (Hypoderm), den Querzellen und den Schlauchzellen, während die Samenschale aus zartwandigen, meist zusammengedrückten braunen Zellen gebildet wird. Von diesen Gewebsformen sind für die mikroskopische Unterscheidung geeignet die Haare, die Längszellen (Epidermis und Mittelschicht), die Querzellen, zum Teil auch die Samenschale und die Aleuronzellen.

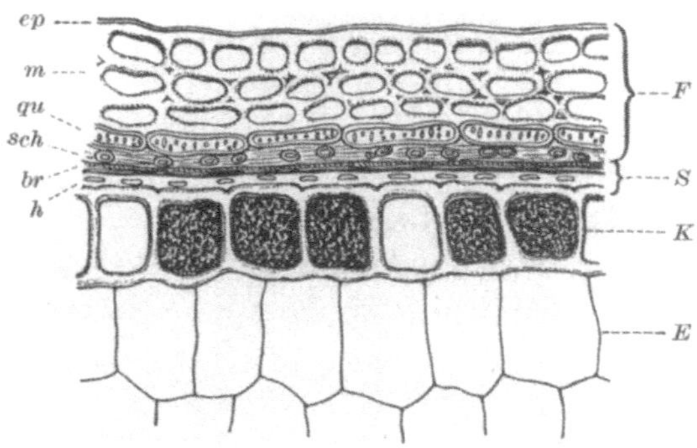

Abb. 41. Randschicht des Weizens im Querschnitt. *ep* Oberhaut, *m* Mittelschicht, *qu* Querzellen, *sch* Schlauchzellen, *br* Samenhaut, *h* Perisperm, *F* Fruchtschale, *S* Samenschale, *K* Kleberschicht, *E* Mehlkern. (Nach J. Moeller.)

Die Lage der einzelnen Schichten im Durchschnitt läßt sich an den Beispielen, nämlich Besenmohrenhirse (Abb. 40) für bespelzte und Weizen (Abb. 41) für nackte Getreidekörner erkennen.

I. Spelzen.

Als Blattgebilde bestehen alle Spelzen aus der äußeren und inneren Oberhaut und dem dazwischen liegenden Mesophyll. Die äußere Oberhaut wird von welligen, in Längsreihen angeordneten Zellen gebildet, die meist langgestreckt sind und zwischen sich häufig isodiametrische Haar- oder Kieselzellen und Zwillingskurzzellen einschließen. Die innere Oberhaut besteht gewöhnlich aus zartwandigen, oft Haare tragenden Zellen, während sich das Mesophyll meist aus 2 Schichten, dem Faserhypoderm und einem dünnwandigen Parenchym (Schwammparenchym) zusammensetzt. Die Ausbildung dieser Zellen ist aber nicht an allen Stellen der Spelze gleichmäßig. Während die Zellwände in der Mitte der Spelzen meist starke Verdickungen aufweisen, werden sie nach den Spelzenrändern zu allmählich dünner und weniger stark gewellt, zuletzt fast gerade.

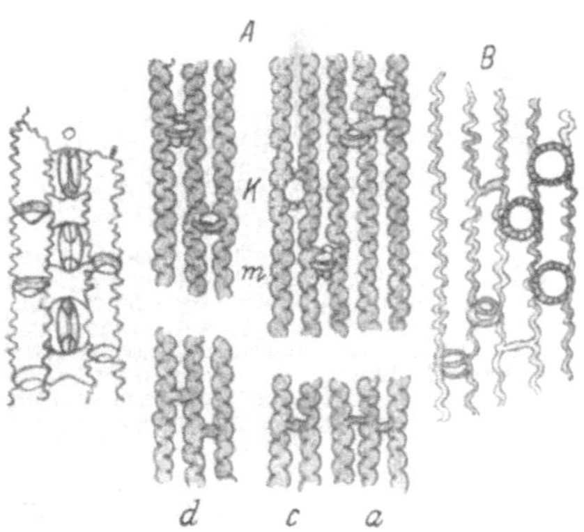

Abb. 42. Gerste, Spelzenoberhaut. *A* Deckspelze, *B* Vorspelze, *K* Kurzzellen, *m* Zwillingskurzzellen, *o* Spaltöffnungen. Vergr. 120. (Nach J. Formánek.)

1. Äußere Epidermis.

1. Gerste (Hordeum distichum). Die Epidermiszellen der Gerstenspelze (Abb. 42) sind gleichmäßig buchtig gewellt, in der Mitte der Deckspelze sehr dick, an ihren Rändern und bei der Vorspelze (*B*) dünner. Zur näheren Kennzeichnung der Spelzen dienen nach J. Formánek[1] nicht nur die Form, sondern auch die Maße der Zellwände und des Zellumens. Im Vorstehenden bedeutet a die Breite der ganzen dickwandigen Zelle, c die Breite der Einbuchtungen und d das Lumen der Zelle (Abstand der gegenüberstehenden Vorsprünge der Zellwände). Bei der Gerste ist (bei den dickwandigen Zellen der Deckspelze) $a = 23$—$28\ \mu$, $c = 10$—$12\ \mu$ und $d = 3$—$4\ \mu$. Die Querwand der Zellen ist gleichmäßig verdickt, zuweilen gewellt. An den dünnwandigen Seitenteilen der Spelzen sieht man reichliche Spaltöffnungen. Die Langzellen

[1] J. Formánek: Z. 1899, 2, 833—842.

wechseln ab mit Kurzzellen (*k*), halbmondförmigen Zellen und Zwillingskurzzellen (*m*). Die Kurzzellen sind rundlich und ohne kennzeichnende Unterscheidungsmerkmale. Die Zwillingskurzzellen sind derart gebaut, daß die größere

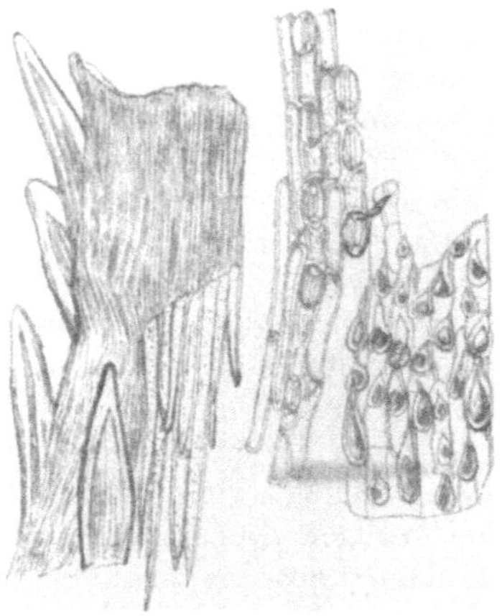

Abb. 43. Gerstengranne. Vergr. 100. (Nach A. SCHOLL.)

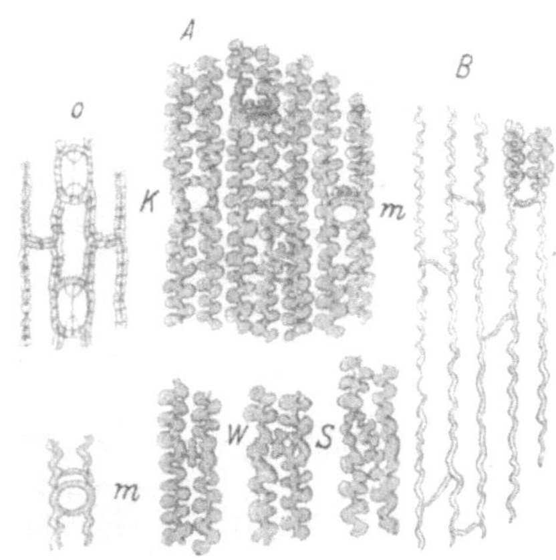

Abb. 44. Hafer, Spelzenoberhaut. *A* Deckspelze, *B* Vorspelze, *K* Kurzzellen, *m* Zwillingskurzzellen, *o* Spaltöffnungen, *W* und *S* Querwände. Vergr. 120. (Nach J. FORMÁNEK.)

halbmondförmige Zelle eine kleinere umfaßt. Zur Feststellung der Größenverhältnisse empfiehlt FORMÁNEK die Anwendung von 5%iger Salzsäure sowie ganz schwacher (1%iger) Kalilauge. Länge der Langzellen 80—100 μ (vereinzelt 150 μ). In der Granne (Abb. 43) setzt sich die Gewebsform der Spelze zunächst fort; nach der Spitze zu werden die Zellen allmählich dünnwandiger und es treten sowohl kleine zwiebelförmige wie auch derbe kegelförmige Haare zahlreich auf. Auch Spaltöffnungen sind in großer Zahl vorhanden.

2. Hafer (Avena sativa). Die Zellwände der Oberhaut (Abb. 44) der Deckspelze sind in der Flächenansicht ungleich verdickt; die Verdickungen erscheinen zickzackförmig mit rundlich ausgestülpten Zacken (nach HAUPTFLEISCH trommelschlägelartig). In der Mitte der Spelzen ist die Verdickung stark, sie verschwindet allmählich nach den Rändern zu sowie an der Vorspelze, so daß die Zellwände hier dünn und wellenförmig sind. Die Querwände (*W*) der Zellen haben knotenartige Anschwellungen, sie stehen zuweilen schief zur Längsrichtung der Zellen (*S*). Wie bei Gerste wechseln die Langzellen mit runden Kurzzellen (*K*) oder Zwillingskurzzellen (*m*) ab. Letztere sind aber umgekehrt wie bei der Gerste gebaut, indem die rundliche Zelle die halbmondförmige an Größe übertrifft. An den Rändern finden sich Spaltöffnungen. Breite der dickwandigen Zellen (*a*) 32—40 μ, Breite der Einbuchtungen (*c*) 14—16 μ, Lumen (*d*) 4—8 μ. Besonders eigentümlich für Hafer sind zwei an der Vorspelze befindliche Leisten (Abb. 45), die dicht mit mehreren Reihen von kurzen derben Haaren besetzt sind. Die Hafergranne (Abb. 46) ist ähnlich gebaut wie die Gerstengranne.

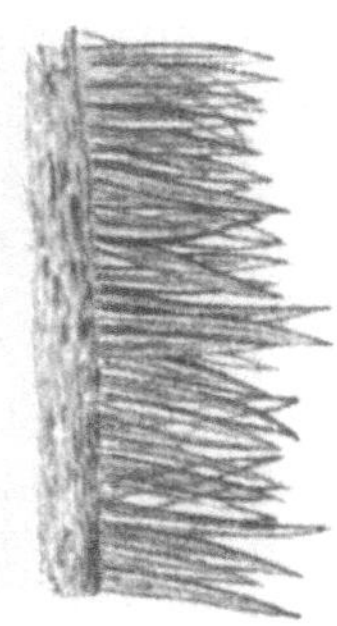

Abb. 45. Haarleiste der Haferspelze. Vergr. 60. (Nach A. SCHOLL.)

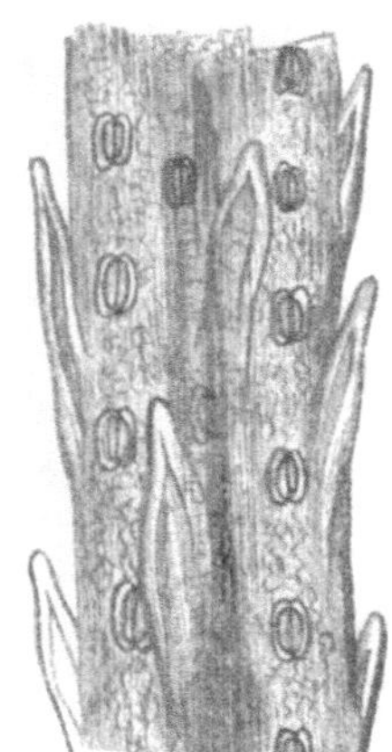

Abb. 46. Hafergranne. Vergr. 100. (Nach A. SCHOLL.)

3. Spelzweizen, Spelt oder Dinkel, Emmer, Einkorn (Triticum Spelta, T. dicoccum, T. monococcum). Nach P. HAUPTFLEISCH[1] haben die Zellen der äußeren Epidermis der Vorspelze des Dinkels (Abb. 47) die am meisten kennzeichnende Form. Die Epidermis besteht wie bei der Gerste aus Lang- und Kurzzellen, die in Längsreihen parallel der Fruchtachse angeordnet sind. Die Wände dieser Zellen sind stark verdickt, buchtig hin und her gebogen und zeigen bei starker Vergrößerung in der Flächenansicht ein an Darmwindungen erinnerndes Aussehen (daher als Gekrösezellen bezeichnet). In Lauge verquellen die Zellwände stark, so daß die Windungen nicht mehr deutlich zu erkennen sind. Die Kurzzellen sind entweder rundlich und tragen bisweilen ein kurzes, stumpfkegelförmiges Haar oder sie sind zu Zwillingszellen vereinigt, von denen die eine halbmondförmige die kleinere mit flach segmentförmigem Lumen umfaßt.

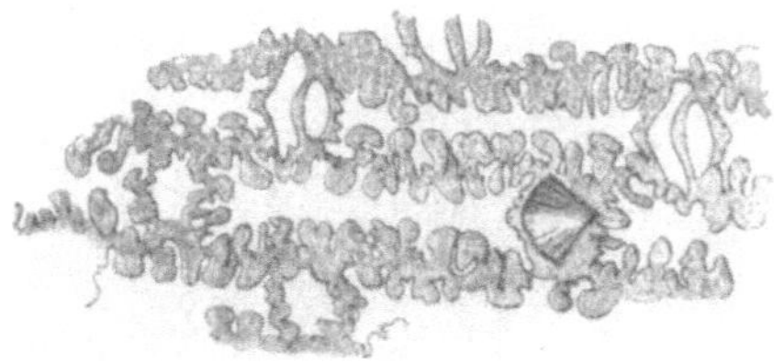

Abb. 47. Oberhaut der Vorspelze des Dinkels. Vergr. 260. (Nach HAUPTFLEISCH.)

4. Mais (Zea Mays). Die Fruchthüllen des Maiskornes bestehen aus zwei hornigen, mit der Maiskolbenspindel verwachsenen äußeren Hüllspelzen, der seidenpapierähnlichen Deck- und Vorspelze und zwei ebensolchen, einer rudimentären Blüte angehörenden Spelzen. Auch die äußeren Hüllspelzen sind im oberen Teil papierdünn und den anderen Spelzen ähnlich. Die Oberhaut des hornigen Teiles der Hüllspelzen (Abb. 48) besteht aus zweierlei Zellformen, nämlich unregelmäßig geformten, dickwandigen, reich getüpfelten und aus gerundet rechteckigen, dünnwandigen, porenfreien Zellen; letztere liegen oft in regelmäßigen Abständen zu mehreren zusammen. Die dünnen Teile der Hüllspelzen und die übrigen Spelzen (Abb. 49) bestehen nur aus 2 Zellagen, weil das Mesophyll nicht ausgebildet ist. Es bleibt also nur die aus ungleich wellig-buchtigen Zellen mit geschlängelten Längsseiten bestehende Oberhaut und das darunter liegende Parenchym mit zartwandigen Tüpfelzellen. Auf der Oberhaut sitzen einzellige, ziemlich dickwandige, bis 1 mm lange Haare, deren Lumen bis in die Spitze geht, sowie auch kurz dünnwandige, 1—3zellige Haare.

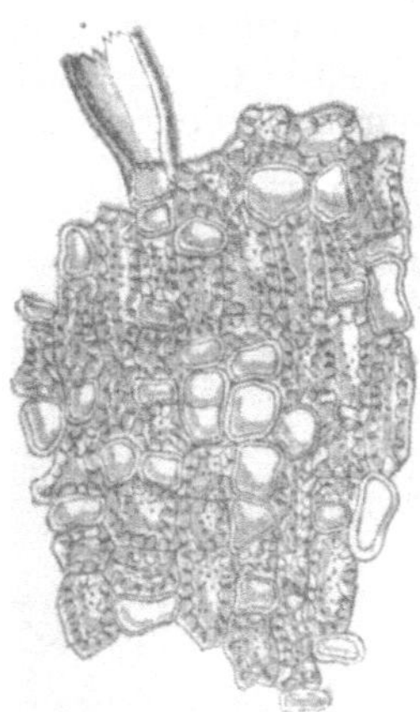

Abb. 48. Mais. Oberhaut der oberen Hüllspelze. Vergr. 200. (Nach A. L. WINTON.)

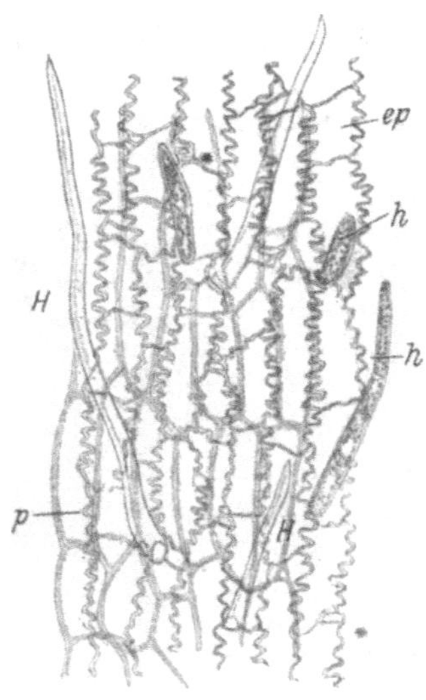

Abb. 49. Mais, Deckspelze. *p* Grundgewebe, *ep* Oberhaut, *H* und *h* 1—3zellige Haare, * Haarspuren. (Nach J. MOELLER.)

5. Reis (Oryza sativa). Die Zellen der Außenoberhaut der Reisspelze zeichnen sich durch ihre Größe und die starke Wandverdickung aus. Sie sind kurz (Längswände in der Regel mit 2—4 Windungen) und tragen auf den Querwänden häufig dicke, kurze Haare; wo diese abgefallen sind, sieht man eine runde Spur zwischen den Zellen. In Wasser oder Chloralhydrat zeigen die

[1] P. HAUPTFLEISCH: Landw. Vers.-Stationen 1903, 58, 57.

Faltungen der Längswände glattrandige, runde Form (Abb. 50 *B*), während die Wände nach Behandlung mit Lauge zerklüftet oder knotig aussehen. Infolge der Zerstörung der Mittellamelle zwischen den Zellen treten dann die äußeren Umrißlinien der letzteren scharf zahnartig hervor (Abb. 50 *A*). Die Ansatzstellen der Haare erscheinen im Laugenpräparat als dickwandige Kurzzellen. Breite der dickwandigen Zellen nach SCHOLL 110 μ bis 185 μ, Breite der Einbuchtungen 40—85 μ, Lumen 8—15 μ.

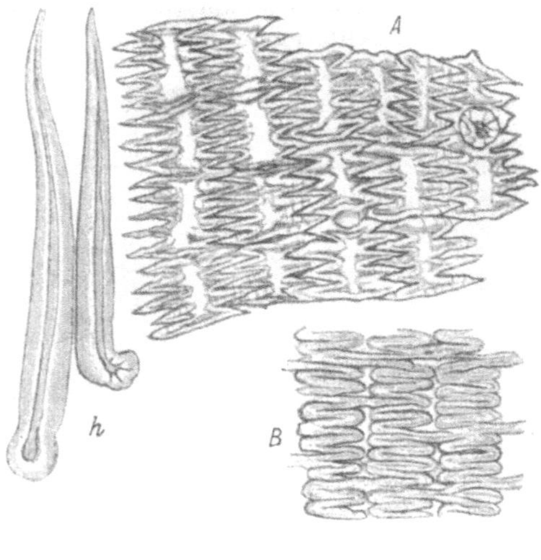

Abb. 50. Reisspelze, Oberhaut. *A* mit Säure und Lauge, *B* mit Chloralhydrat behandelt, *h* Haare. Vergr. 120. (Nach A. SCHOLL.)

6. Rispenhirse (Panicum). Die Frucht der Rispenhirse ist von der kahlen, glänzenden Hüllspelze und der Vorspelze umschlossen. Die äußeren Epidermiszellen dieser Spelzen (Abb. 51) gleichen denjenigen der Gerstenspelze, jedoch fehlen die Kurzzellen. Die langgestreckten Zellen besitzen stark verdickte, gleichmäßig wellig-buchtige Längswände, auch die Querwände sind teilweise gewellt. Nach dem Spelzenrand zu wird die Wandverdickung geringer und der Verlauf der Zellwand deutlicher wellenförmig.

7. Kolbenhirse (Setaria). Die Spelzen ähneln denen des Borstengrases (Nr. 8). Die äußeren Epidermiszellen sind sehr verschieden groß, die Zähne ihrer Seiten in der Flächenansicht viel mannigfaltiger gestaltet als bei der Rispenhirse, bald spitz oder zugespitzt und scharf vorgezogen, bald stumpf, oft gelappt.

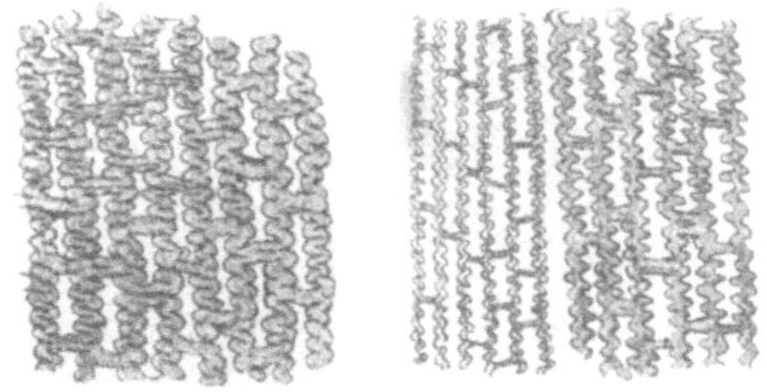

Abb. 51. Oberhaut der Hirsespelze (links von der Mitte, rechts vom Rande). Vergr. 120. (Nach A. SCHOLL.)

8. Borstengras (Setaria). Die die reife Frucht umschließenden Spelzen, namentlich die Deck- und Vorspelze sind lederig, verkieselt und mit zahlreichen Querfalten versehen. Die äußere Oberhaut der Deckspelze und des mittleren Teiles der Vorspelze (Abb. 52) besteht aus mäßig gestreckten Zellen, die nicht nur in Längsreihen, sondern auch in unregelmäßigen Querreihen angeordnet sind, wodurch die Querfalten hervorgerufen werden. An der einen Seite tragen die Zellen häufig Cuticularwarzen mit einer Gruppe von Grübchen. An den Seiten der Vorspelze (Abb. 53) sind die Zellen länger, schmaler und einfacher gebaut.

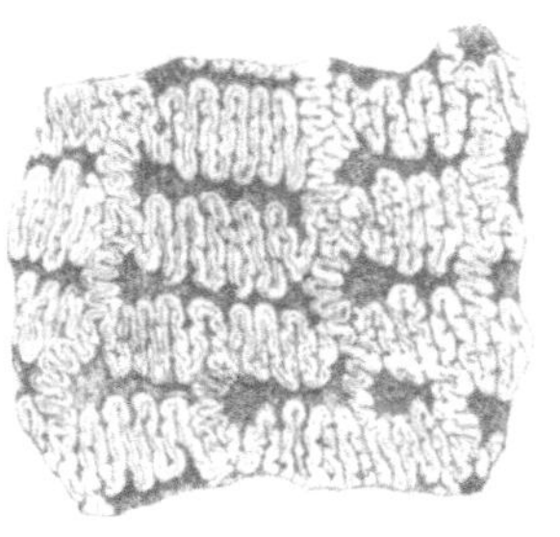

Abb. 52. Setaria. Oberhaut der Mitte der Vorspelze. Vergr. 200. (Nach A. L. WINTON.)

9. Mohrenhirse (Andropogon Sorghum). Das Korn der Mohrhirse wird umschlossen von 2 glänzenden, dicken Hüllspelzen und 3 häutigen behaarten Spelzen, nämlich der Deckspelze, der Vorspelze und der Spelze einer unvollständigen Blüte. Die Deckspelze ist begrannt, die Granne fällt aber beim Dreschen ab. Die Hüllspelzen sind von weichen Haaren bedeckt, die jedoch beim Dreschen und Reinigen meist abfallen, so daß die Spelzen glatt und glänzend erscheinen. Die äußere Oberhaut der Hüllspelzen (Abb. 54) besteht aus Langzellen mit wellenförmigen, stark verdickten Längswänden. Zwischen diesen Langzellen erkennt man die Ansatzstellen der abgefallenen Haare als isodiametrische Kurzzellen, die stets von einer halbmondförmigen Zelle mit korkartigem Inhalt begleitet sind. Die Haare sind oft 1 mm lang, in der Mitte 12 μ breit, beiderseits verjüngt. Das Lumen ist stets viel breiter als

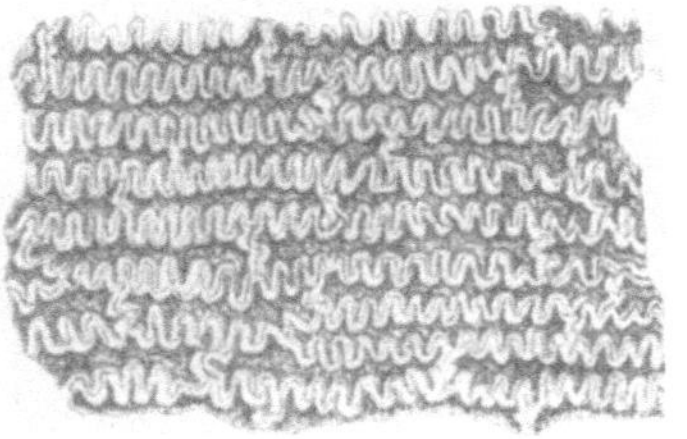

Abb. 53. Setaria. Oberhaut am Rande der Vorspelze. Vergr. 200. (Nach A. L. WINTON.)

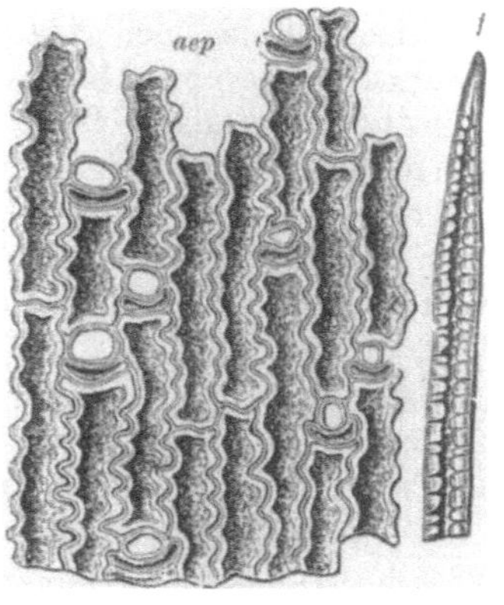

Abb. 54. Hüllspelze der Besenhirse in der Flächenansicht. *aep* Oberhaut, *f* Bruchstück einer Faser. (Nach A. L. WINTON.)

die Wand. Die Deck- und Vorspelzen (Abb. 55) zeigen in der äußeren Oberhaut Zellen, die denen der Hüllspelzen in der Form ähnlich, jedoch enger und dünnwandiger sind. Die Haare sind sehr dünnwandig, einzellig, bis 500 μ lang oder 2—3zellig, kurz und stumpf.

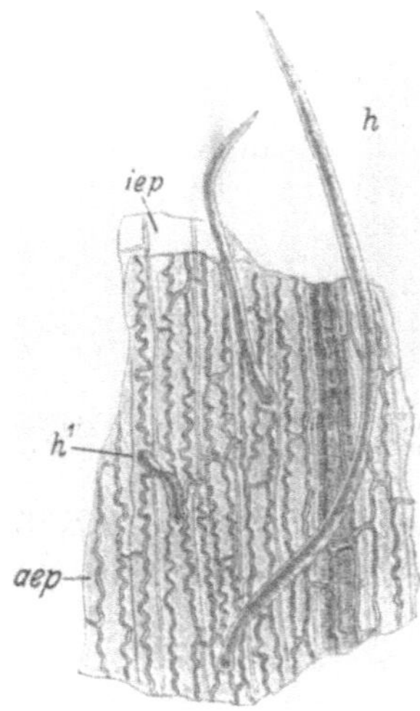

Abb. 55. Besenmohrhirse, dünne Spelze. *aep* äußere, *iep* innere Oberhaut, *h* und h^1 Haare. Vergr. 160. (Nach J. MOELLER.)

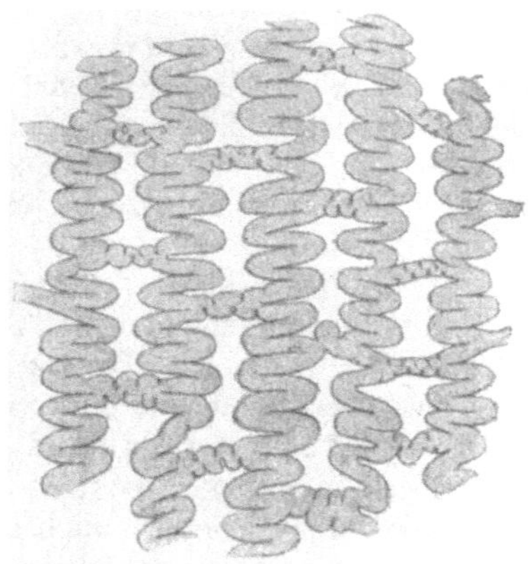

Abb. 56. Hühnerfennich, Deckspelze. Vergr. 120. (Nach J. FORMÁNEK.)

10. Hühnerfennich (Panicum crus galli). Die Oberhautzellen der Spelzen (Abb. 56) sind denen der Rispenhirsen- und Reisspelze teilweise ähnlich. Von den ersteren unterscheiden sie sich durch ihre Breite und durch sehr dichte, tiefgefaltete Biegungen. An den Rändern der Spelze sind die Zellwände schwächer verdickt, die Querwände deutlich gewellt. Die Breite der Zellen (*a*) beträgt nach FORMÁNEK 56—96 μ, die Länge (*b*) 40—88 μ, die Breite der Einbuchtungen (*c*) 24—44 μ und die innere Entfernung der Einbuchtungen (*d*) durchschnittlich 8 μ. Es gibt aber auch Zellen, bei denen *a* 88—128 μ, *b* 56—88 μ, *c* 40—56 μ und *d* 8—16 μ beträgt; diese Zellen sind also breiter als lang. Von der Reisspelze ist die Hühnerfennichspelze durch die angegebenen Maße zu unterscheiden; auch fehlen Ansatzstellen von Haaren.

11. Quecke (Triticum repens). Die Oberhautzellen der Spelze (Abb. 57) gleichen denen der Gerstenspelze. Die Zellwände sind gleichmäßig buchtig gewellt, jedoch dünner als bei Gerste, auch ist das Zellumen breiter. Die Breite der ganzen dickwandigen Zelle beträgt nach FORMÁNEK 22—24 μ, die Breite der Einbuchtungen 7—8 μ, die

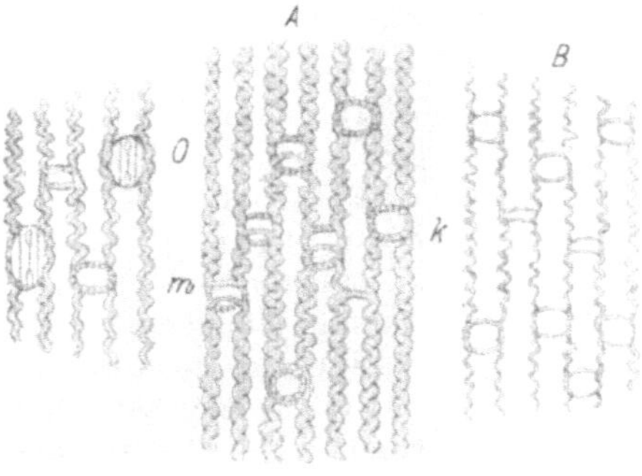

Abb. 57. Quecke. *A* Deckspelze, *B* Vorspelze, *k* Kurzzellen, *m* Zwillingskurzzellen, *o* Spaltöffnungen. Vergr. 120. (Nach J. FORMÁNEK.)

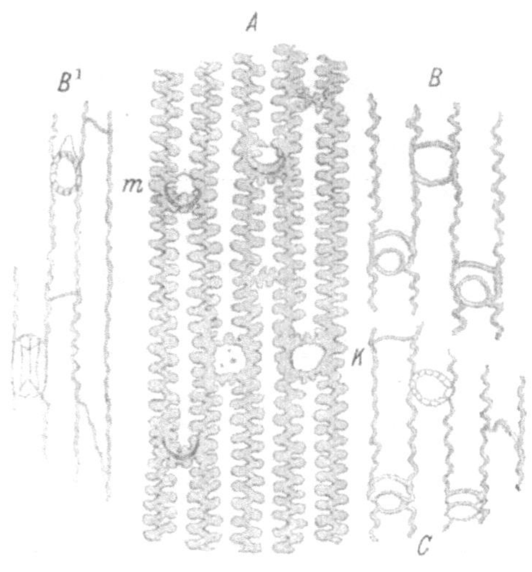

Abb. 58. Flughafer. *A* Deckspelze, *B* Vorspelze, *B*¹ Seitenteil, *C* Hüllspelze, *K* Kurzzellen, *m* Zwillingskurzzellen. Vergr. 120. (Nach J. FORMÁNEK.)

Entfernung der Einbuchtungen 8 μ. Die Zellenquerwände, die Kurzzellen und die Zwillingskurzzellen sind denen der Gerstenspelze ähnlich, doch ist der Unterschied in der Größe bei den zu Zwillingen vereinigten Kurzzellen geringer

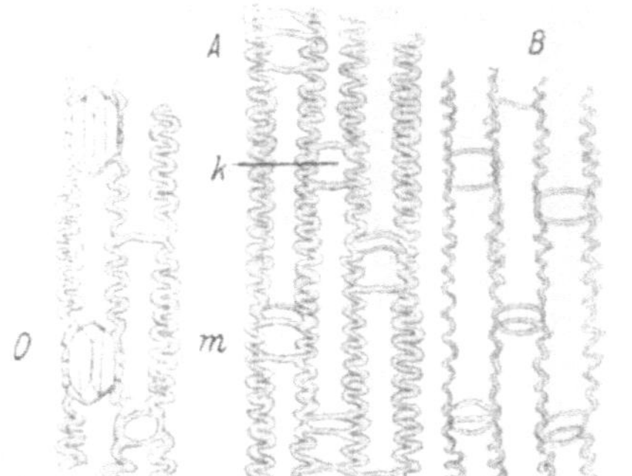

Abb. 59. Trespe. *A* Deckspelze, *B* Vorspelze, *k* Kurzzellen, *m* Zwillingskurzzellen, *o* Spaltöffnungen. Vergr. 120. (Nach J. FORMÁNEK.)

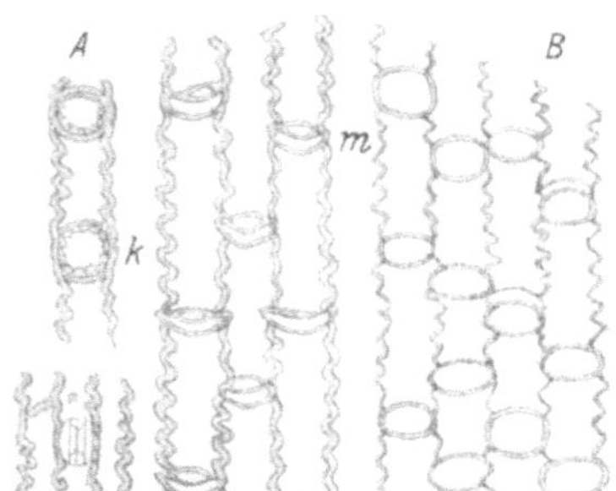

Abb. 60. Lolch. *A* Deckspelze, *B* Vorspelze, *k* Kurzzellen, *m* Zwillingskurzzellen. Vergr. 120. (Nach J. FORMÁNEK.)

als bei Gerste und die umfassenden Zellen sind nicht konisch, sondern mehr viereckig.

12. Flughafer (Avena fatua). Die Form der Zellen der äußeren Epidermis (Abb. 58) gleicht im allgemeinen derjenigen beim Hafer, insbesondere auch hinsichtlich der Verdickung. Einen geringen Unterschied beobachtet man bei den halbmondförmigen Kurzzellen, die eine hufeisenartige Gestalt annehmen.

Der wichtigste Unterschied zwischen Flughafer- und Haferspelze scheint in den Größenverhältnissen der dickwandigen Zellen zu liegen. Diese sind beim Flughafer breiter als beim Hafer, und zwar beträgt die Breite der ganzen Zelle beim Flughafer nach FORMÁNEK 40—60 μ, die Breite der Einbuchtungen 5—8 μ. An den Seiten der Spelze finden sich auch Spaltöffnungen und kurze, konische Haare.

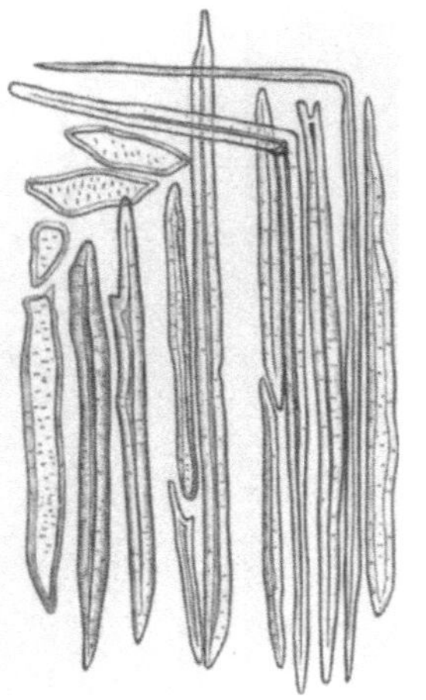

Abb. 61. Hypodermfasern der Gerstenspelze. Vergr. 200. (Nach A. SCHOLL.)

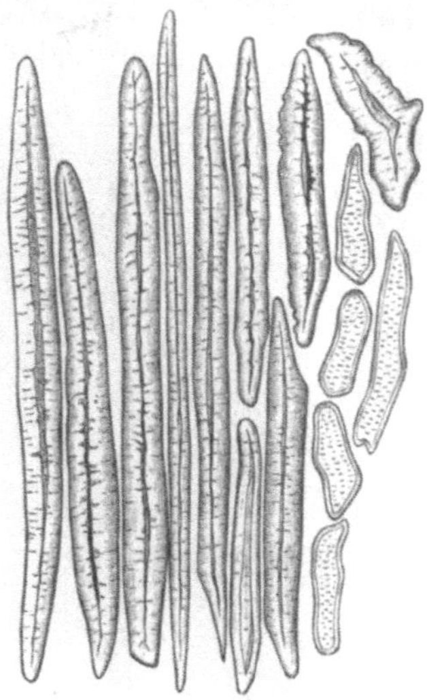

Abb. 62. Hypodermfasern der Haferspelze. Vergr. 200. (Nach A. SCHOLL.)

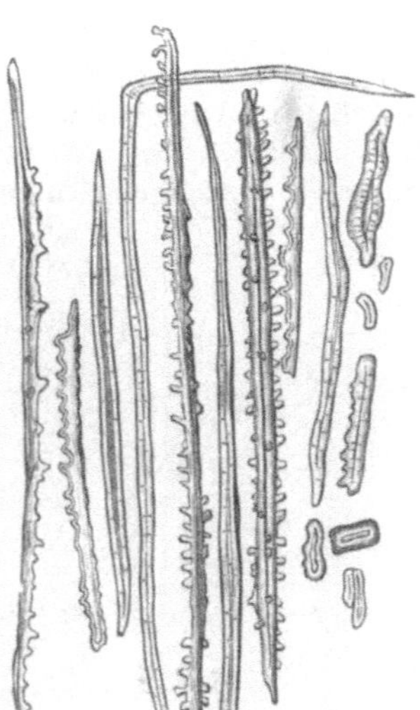

Abb. 63. Hypodermfasern der Reisspelze. Vergr. 200. (Nach A. SCHOLL.)

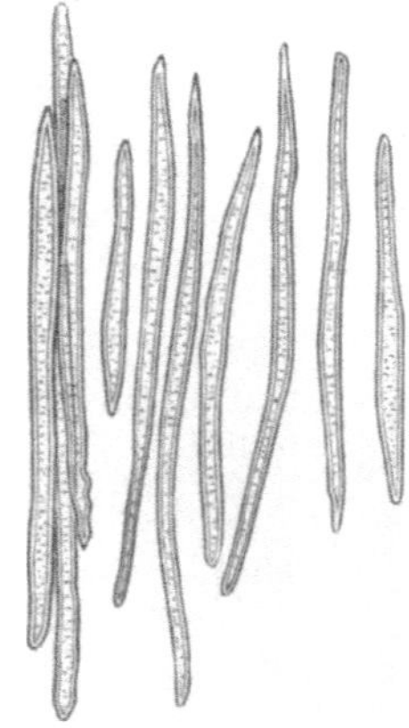

Abb. 64. Hypodermfasern der Hirse. Vergr. 200. (Nach A. SCHOLL.)

13. Trespe (Bromus secalinus). Die Zellen der Außenoberhaut der Spelzen (Abb. 59) zeigen gleichmäßig wellige, dickwandige Längsseiten, die Einbuchtungen sind scharf ausgeprägt und rund. Die Breite der dickwandigen Zellen beträgt nach FORMÁNEK durchschnittlich 32—44 μ, die der Einbuchtungen 14—16 μ, die innere Entfernung der Einbuchtungen 3—12 μ. Wie bei anderen Gräserarten liegen zwischen den Langzellen einzelne Kurzzellen und Zwillingskurzzellen. Die Kurzzellen sind oval und zum Unterschied von denen des Lolches, an den Seiten gezähnt, indem die Wellenlinie der Langzellen in den Kurzzellen fortläuft. Die Zahl der Kurzzellen beträgt 8—12 auf 1 mm Länge. Die kleinere Zelle der Zwillingskurzzellen ist größer als beim Lolch.

14. Lolch (Lolium temulentum). Die äußere Epidermis der Deckspelze des Lolches (Abb. 60) wird von gestreckten, an den verschiedenen Teilen der Spelze und der Vorspelze ungleich dickwandigen Zellen mit unregelmäßig gewellten Längswänden gebildet. Bei den dünnwandigen Zellen sind die Biegungen mehr zackig. Nach FORMÁNEK beträgt die Breite der dickwandigen Zellen 40—56 μ, die Breite der Einbuchtungen

12—20 μ und der innere Abstand zwischen den gegenüberliegenden Einbuchtungen im Durchschnitt 16 μ. Zwischen den Langzellen finden sich rundliche, am inneren Teil der Wand gezähnte Kurzzellen und Zwillingszellen, deren größere konisch gebogen ist und die kleinere umfaßt. Auf 1 mm Länge sind 12—17 Kurzzellen vorhanden. Auch Spaltöffnungen und kurze, konisch-dickwandige Haare kommen vor.

2. *Hypodermfasern.*

Mit der Oberhaut der Spelzen verbunden sind die meist in 2—3facher Lage vorhandenen gewissermaßen ineinander verkeilten langgestreckten Faserzellen. Diese Zellen zeigen sowohl in den Größenverhältnissen wie auch in der Stärke der Wandverdickung und der Tüpfelung bei den verschiedenen Cerealien teilweise bemerkenswerte Unterschiede (vgl. Abb. 61—64). Auch die Form selbst ist zum Teil zur Kennzeichnung geeignet, namentlich sind die höckerigen und schlauchartigen Ansätze beim Reis charakteristisch. Am Grunde der Spelzen finden sich vielfach an Stelle der langgestreckten Fasern kurze, steinzellartige Formen.

3. *Parenchym und innere Epidermis der Spelzen.*

Das Parenchym (Mesophyll) der Spelzen weist in einigen Fällen Merkmale auf, die besonders für die Unterscheidung der Spelzenfragmente geeignet sind. Wenn größere Bruchstücke der Spelzen zur Verfügung stehen, kann man diese nach dem Einweichen in Wasser mit der Außenseite nach unten auf einen Objektträger legen und die Innenseite mit dem Messer abschaben, um diese Zellschichten zu erhalten. In der Regel findet man aber auch in spelzenhaltigem Mehl bereits abgelöste Teile der inneren Zellagen, namentlich wenn man die gröberen Anteile durch Sieben abtrennt und die feineren untersucht.

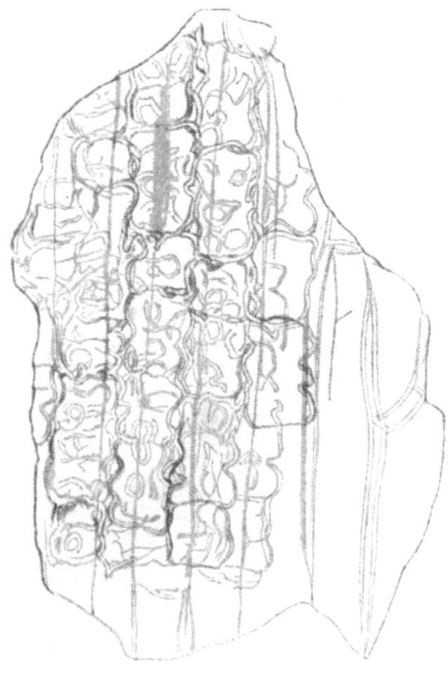

Abb. 65. Gerstenspelze. Schwammparenchym und innere Oberhaut. Vergr. 200. (Nach A. SCHOLL.)

Bei der Gerste (Abb. 65) bildet das Mesophyll ein Schwammparenchym aus 2—3 Lagen gerundet vierseitiger, buchtig-faltiger Zellen mit auffallenden Faltungen der Membran, also welligem Verlauf der Zellwand, wodurch kleinere und größere Intercellularräume entstehen. Die verhältnismäßig regelmäßige Form und Lagerung der Zellen verursacht in der Flächenansicht den Eindruck einer leiterartigen Anordnung. Auf dem Grund der Zellen erscheinen die Einbuchtungen der Wände unregelmäßig rundlich oder eiförmig, oft paarweise. Unter dem Schwammparenchym tritt die Innenepidermis, auf der sich zuweilen Haare und Spaltöffnungen finden, in Form langgestreckter, ziemlich dünnwandiger Zellen hervor.

Beim Hafer (Abb. 66) ist das Schwammparenchym ebenfalls mehrreihig ausgebildet. Die Zellen sind aber viel regelmäßiger als bei der Gerste geformt und angeordnet, mehr sternförmig, so daß zahlreiche Lücken zwischen ihnen entstehen, die in der Flächenansicht häufig paarweise nebeneinander (brillenartig) erscheinen. Unter dem Parenchym sind die langgestreckten Zellen der inneren Oberhaut zu erkennen.

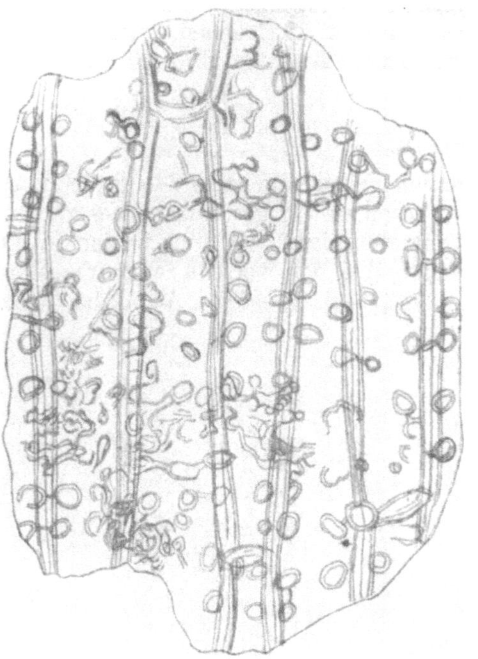

Abb. 66. Haferspelze. Schwammparenchym und innere Oberhaut. Vergr. 200. (Nach A. Scholl.)

Beim Mais ist das Mesophyll im hornigen Teil der Spelzen größtenteils sklerosiert, im häutigen Teil fehlt es vollständig. Die innere Oberhaut ist dünnwandig (Abb. 49*p*).

Beim Reis (Abb. 67) tritt das Schwammparenchym nur wenig deutlich in die Erscheinung, es besteht aus zwei, stellenweise mehr Lagen rechteckiger dünnwandiger Zellen. Dagegen ist die innere Oberhaut kennzeichnend. In der Flächenansicht sind die Zellen annähernd isodiametrisch, meist 6seitig, zuweilen etwas gestreckt. Die dünnen radialen Membranen sind faltig zusammengedrückt und erscheinen infolgedessen zart gestreift.

Bei der Rispenhirse (Panicum) besteht das Parenchym aus regelmäßigen fast prismatischen, dünnwandigen, feingetüpfelten Zellen, deren Wände meist geschweift sind.

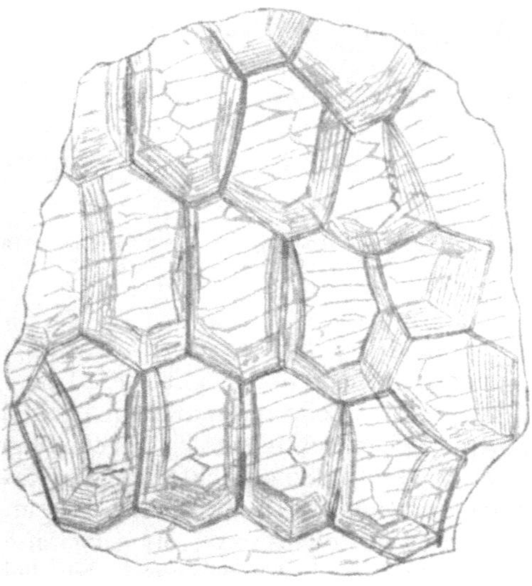

Abb. 67. Reisspelze. Schwammparenchym und innere Oberhaut. Vergr. 200. (Nach A. Scholl.)

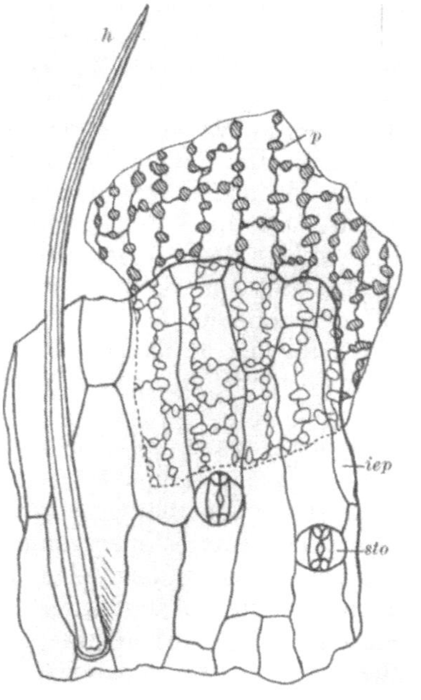

Abb. 68. Hüllspelze der Besenhirse in der Flächenansicht (A. L. Winton). *iep* innere Oberhaut mit Spaltöffnungen *sto* und Haaren *h*. *p* Schwammparenchym.

Ähnlich ist die Ausbildung des Parenchyms und der inneren Oberhaut bei der Kolbenhirse (Setaria), während bei der Mohrenhirse (Andropogon) die rechteckigen Parenchymzellen mehr oder weniger runde Intercellularräume (Abb. 68) erkennen lassen.

II. Frucht- und Samenschale.

1. Haare.

Die bei Weizen, Roggen, Gerste und Hafer auf der Fruchtoberhaut vorhandenen Haare bilden eines der wichtigsten Unterscheidungsmerkmale, weil sie selbst in den feinsten Mehlen aufzufinden sind. Da die Wandungen der Haare in Lauge leicht quellen, müssen sie stets auch in Wasser oder Chloralhydratpräparaten untersucht werden.

1. Weizen. Die Anzahl der an der Spitze eines Weizenkornes sitzenden Haare ist so groß, daß sie einen mit bloßem Auge wahrnehmbaren Schopf bilden. Die Haare (Abb. 69) sind immer einzellig, gerade oder etwas säbelförmig gebogen,

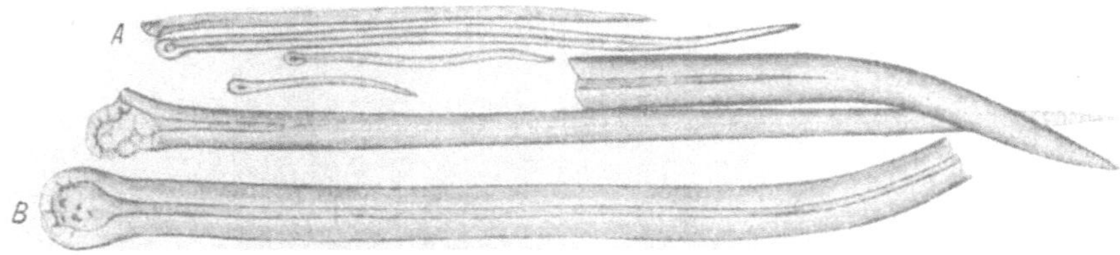

Abb. 69. Weizen. (Nach A. SCHOLL.)

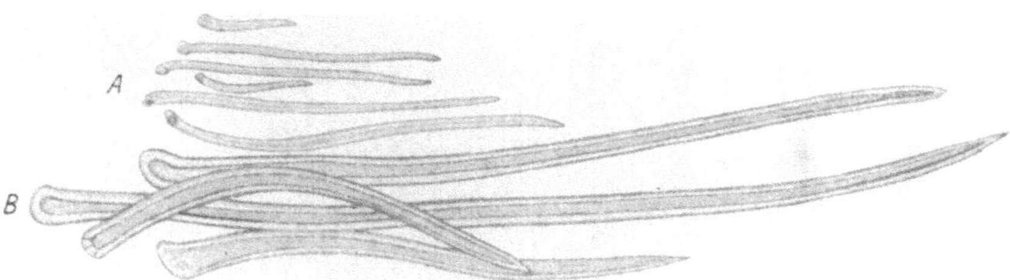

Abb. 70. Roggen. (Nach A. SCHOLL.)
Abb. 69 und 70. Getreide, Haare der Fruchtoberhaut. *A* Vergr. 60, *B* Vergr. 200.

allmählich von der Basis zur Spitze verjüngt oder an dieser plötzlich scharf zugespitzt. Der Fuß ist abgerundet oder abgestutzt, oft etwas schief, fersen- oder hakenförmig abgebogen, zuweilen fast kolbig aufgetrieben, grob getüpfelt. Die Länge der Haare ist sehr verschieden; die größten messen bis 1 mm. Die Breite des ganzen Haares beträgt in der Mitte bis zu 25 μ, meist 15—18 μ, an der Basis sogar bis 35 μ. Die Wanddicke ist im Verhältnis zum Lumen sehr beträchtlich. Dieses ist nur im basalen Teil weit, im übrigen erreicht es im allgemeinen höchstens die Wanddicke, größtenteils ist es enger und verliert sich allmählich nach der Spitze.

Die Haare der Spelzweizenarten sind verschieden; diejenigen des Emmers gleichen, was Länge und Dickenverhältnisse anlangt, am meisten denen des Roggens, die Haare des Einkorns denen des Weizens, während die Haare des Dinkels die Mitte zwischen beiden halten.

2. Roggen. Die Anzahl der Haare ist beim Roggenkorn in der Regel erheblich geringer als beim Weizen. Ihre Form (Abb. 70) weicht von der der Weizenhaare etwas ab. Die größeren Haare sind zuweilen über dem Fußteil etwas eingedrückt und von der Mitte zur Spitze sehr allmählich verschmälert. Die Länge beträgt bis etwa 700 μ, die Breite bis etwa 22 μ. Der wichtigste Unterschied gegenüber dem Weizenhaar ist das Verhältnis der Wanddicke zum Lumen;

dieses mißt 6—15 μ (oder noch mehr), die Wandstärke dagegen nur 2—6 μ. Das Lumen ist bis in die Spitze deutlich zu verfolgen. Neben diesen dünnwandigen weitlumigen Haaren kommen am gleichen Roggenkorn fast stets einzelne Haare mit dicker Wand und engem Lumen vor, das aber auch bei diesen Haaren am Fußteil und darüber breiter ist als die Wanddicke.

3. Gerste. Die an der Spitze des Kornes auf der Fruchtoberhaupt befindlichen Haare (Abb. 71) sind scharf zugespitzt, am Grunde in der Regel bauchig erweitert, so daß die kürzeren kegelförmig aussehen, während die längeren oft säbelförmig oder S-förmig gebogen sind. Die Länge ist sehr schwankend.

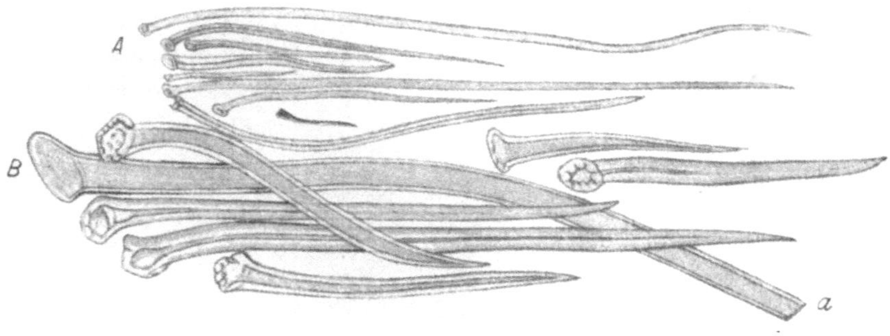

Abb. 71. Gerste. *a* Haar von einer Lodicula. (Nach A. SCHOLL.)

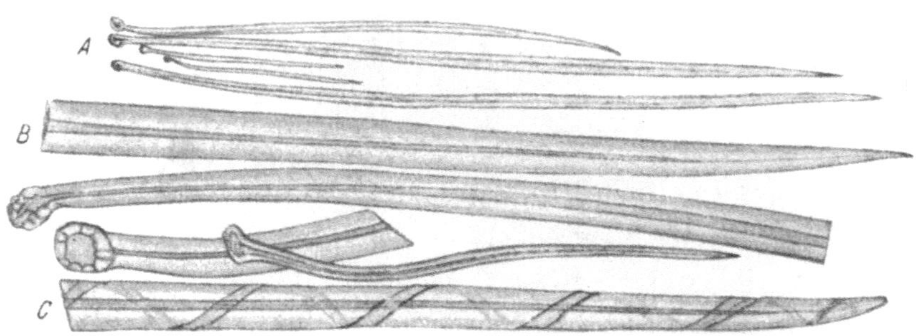

Abb. 72. Hafer. *C* nach Behandlung mit Säure. (Nach A. SCHOLL.)
Abb. 71 und 72. Getreide, Haare der Fruchtoberhaut. *A* Vergr. 60, *B* Vergr. 200.

Zwischen ganz kurzen (30 μ) und bis zu 500 μ langen finden sich alle Zwischenstufen; die Mehrzahl mißt um 200 μ. Die Breite beträgt 10—20 (25) μ, an der Basis bis 40 μ. Die meisten dieser Haare sind derbwandig (Wanddicke 4—8 μ), daneben finden sich aber auch dünnwandige Haare mit weitem Lumen.

4. Hafer. Die Haferhaare (Abb. 72) sind über dem meist in stumpfem Winkel abgebogenen Fußteil etwas eingezogen, allmählich nach der Mitte zu breiter werdend und dann allmählich lang zugespitzt. Die Länge ist sehr verschieden, meist ist ein langes Haar (bis über 2 mm) mit einem oder mehreren kurzen (bis etwa 200 μ) vereinigt. Die Breite beträgt bei den langen in der Mitte bis 35 μ, die Wanddicke bis 15 μ, das Lumen bis 10 μ; im allgemeinen sind Wanddicke und Lumen in der Mitte annähernd gleich.

2. Epidermis und Mittelschicht (Hypoderm).

Die obersten Schichten der Fruchtschale können in einigen Fällen zur Unterscheidung der Getreidearten verwendet werden, namentlich bei Weizen und Roggen.

1. Weizen (Abb. 73). Die Oberhautzellen sind in der Längsachse der Frucht gestreckt, 4—6 eckig, in der Flächenansicht nahezu geradwandig. Nur am Scheitel und am Grunde der Frucht sind die Zellen wenig oder nicht gestreckt. Die Längswände, teilweise auch die Querwände sind mäßig verdickt und getüpfelt.

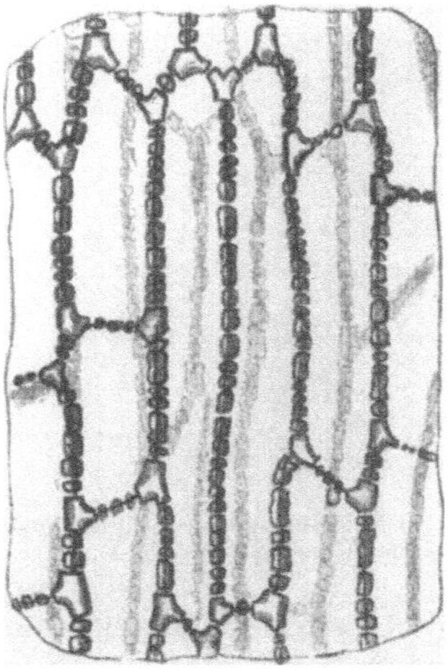

Abb. 73. Weizen. Vergr. 200. (Nach A. SCHOLL.)

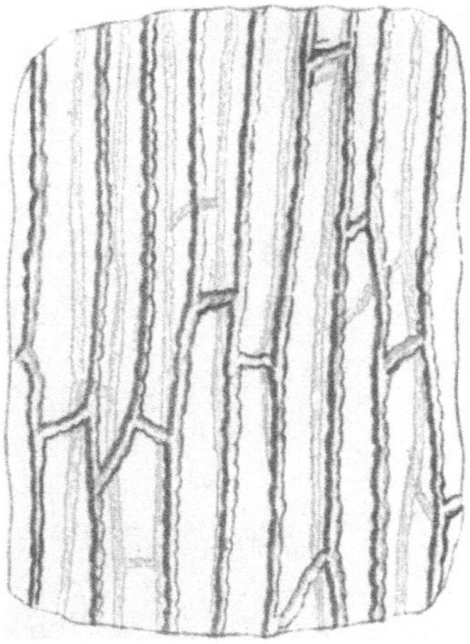

Abb. 74. Roggen. Vergr. 200. (Nach A. SCHOLL.)

Abb. 75. Gerste. Vergr. 200. (Nach A. SCHOLL.)

Abb. 76. Hafer. Vergr. 200. (Nach A. SCHOLL.)

Abb. 73—76. Getreidefruchtschale: Epidermis und Hypodermis.

Durch die gleichmäßige Tüpfelung und die rundlich gewölbte Form der Verdickungen erscheinen die Zellwände stellenweise rosenkranzförmig. Das Hypoderm, aus 2—3 Lagen bestehend, gleicht in der Zellform der Epidermis. Diese Zellschichten werden gewöhnlich als „Längszellen" bezeichnet zum Unterschied von der folgenden, als „Querzellen" bezeichneten Schicht.

2. Roggen (Abb. 74). In der Form und Größe gleichen die Oberhaut- und Mittelschichtzellen des Roggens denen des Weizens; sie unterscheiden sich von ihnen aber erheblich durch die Art ihrer Wandverdickung. Die Tüpfelung ist beim Roggen ungleichmäßig und undeutlich, so daß die Zellwände knotig verdickt erscheinen. Ein weiterer Unterschied zwischen Weizen und Roggen ergibt sich bei der Behandlung dieser Zellschichten mit Lauge; beim Weizen quellen die Wände gleichmäßig, die Anschwellungen sind gewölbt, rosenkranzartig;

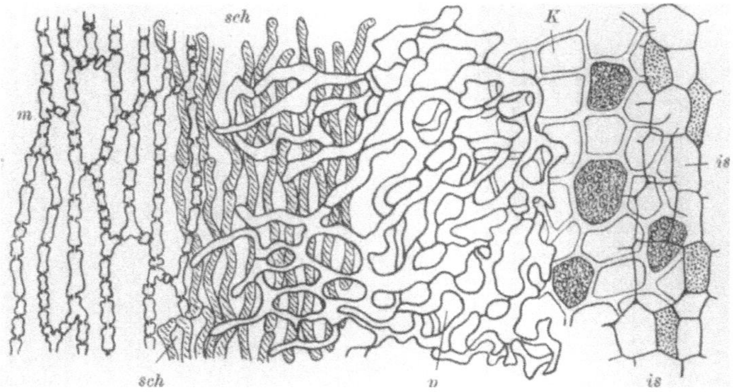

Abb. 77. Die Schichten der Maisschale in der Flächenansicht. *m* Mittelschicht, *p* Schwammparenchym, *sch* Schlauchzellen, *K* Aleuronschicht, *is* Perisperm. (Nach J. MOELLER.)

beim Roggen quellen die Wände ungleichmäßig, stellenweise, besonders an den Schmalseiten, sehr stark (auf die 4—5fache Dicke).

3. Gerste (Abb. 75). Die Oberhautzellen sind ziemlich dünnwandig, die Seitenwände fast gerade. In der Scheitelregion finden sich zwischen den Zellen Haare. Die hypodermatischen Schichten sind in der Zellform der Epidermis ähnlich, zeigen aber häufig Andeutungen von knotigen Verdickungen. Eine ausgeprägte Tüpfelung, wie bei Weizen und Roggen, ist nicht vorhanden.

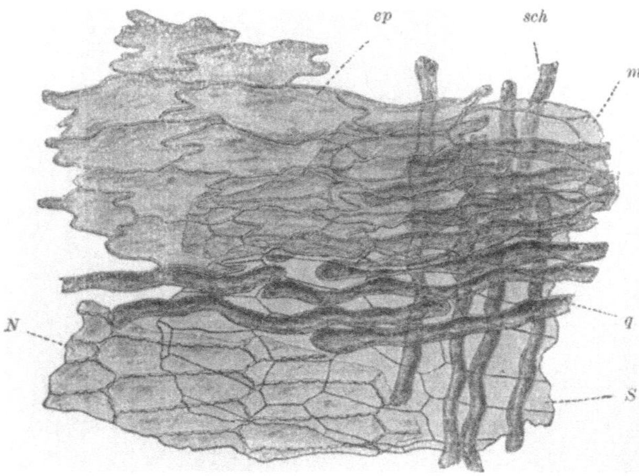

Abb. 78. Frucht- und Samenhaut (das sog. „Silberhäutchen") des Reis in der Flächenansicht. *ep* Oberhaut, *mes* Mittelschicht, *q* Querzellen, *sch* Schlauchzellen, *S* Samenhaut, *N* Perisperm. (A. L. WINTON.)

4. Hafer (Abb. 76). Die gesamte Fruchthaut des Hafers besteht nur aus wenigen, stark zusammengedrückten Zellschichten. Deutlich erkennbar sind in der Regel nur die Oberhautzellen, nämlich langgestreckte 4—6seitige Tafelzellen mit oft geschweiften Seitenwänden; diese zeigen feine Tüpfelung. Die Mittelschicht erscheint unter der Oberhaut meist nur als Gewirr zarter Fäden.

5. Mais (Abb. 77). Die Oberhaut besteht aus gestreckten Zellen, die denen des Weizens ähnlich, aber dickwandiger sind. Die Mittelschicht ist in 6 oder mehr Zellagen vorhanden, ihre Zellen sind denen der Oberhaut ähnlich, jedoch stärker verdickt. Unter der Mittelschicht liegt ein Schwammparenchym, das die Stelle der Querzellen vertritt.

6. Reis. Die Oberhaut (Abb. 78*ep*) besteht, zum Unterschied von anderen Cerealien, aus quergestreckten, an den Kurzseiten gewellten Zellen. Die

Mittelschicht wird aus zusammengedrückten Zellen gebildet, die in den äußeren Lagen (*mes*) den Querzellen der Gerste (vgl. Abb. 84) ähnlich sind.

7. Rispenhirse (Panicum, Abb. 79). Die Oberhaut wird von vorwiegend gestreckten Tafelzellen gebildet, deren Seitenwände in der Flächenansicht tief gebuchtet, ungleichmäßig gewellt erscheinen, während die Schmalseitenwände fast gerade oder nur etwas gebogen sind. Unter der Oberhaut bemerkt man im größten Teil der Frucht Reste eines Gewebes aus dünnwandigen, schlauchartigen Zellen, die größtenteils schräg zur Längsachse verlaufen, sowie rundliche Parenchymzellen.

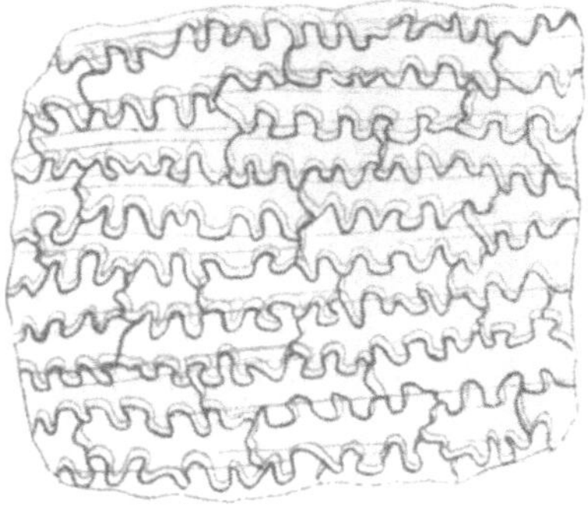

Abb. 79. Rispenhirse. Vergr. 200. (Nach A. SCHOLL.)

8. Kolbenhirse (Setaria). Die Fruchtschale der Setariaarten zeigt einen ähnlichen Bau (vgl. Abb. 80).

9. Besen-Mohrenhirse (Sorghum, Abb. 81). Die Oberhaut (*ep*) wird aus gestreckten, dickwandigen, gewellten, mehr oder weniger getüpfelten Zellen gebildet. Unter ihr liegt ein Hypoderm aus mehreren Lagen dünnwandiger Zellen, dann folgt das Mesokarp, das meist, jedoch nicht immer, kleine runde Stärkekörner enthält.

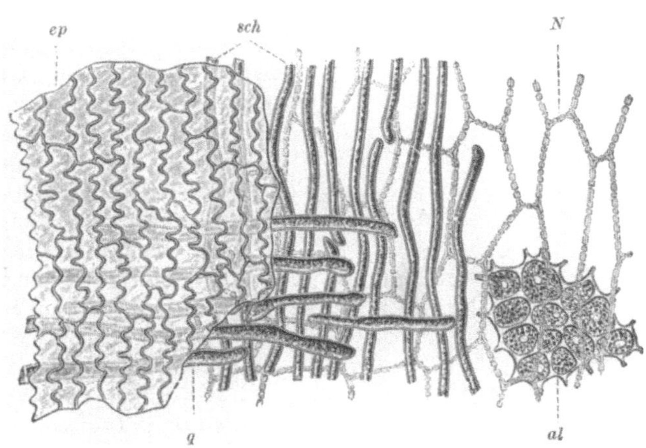

Abb. 80. Fruchtschale von Setaria. *ep* Oberhaut, *q* Querzellen, *sch* Schlauchzellen, *N* Perisperm, *al* Aleuronschicht. (Nach A. L. WINTON.)

3. *Querzellen.*

Diese Zellschicht, die die darüber und darunter liegende Schicht rechtwinklig kreuzt — deshalb „Querzellen" — ist meist leicht aufzufinden und daher für die Unterscheidung der Getreidearten besonders wichtig.

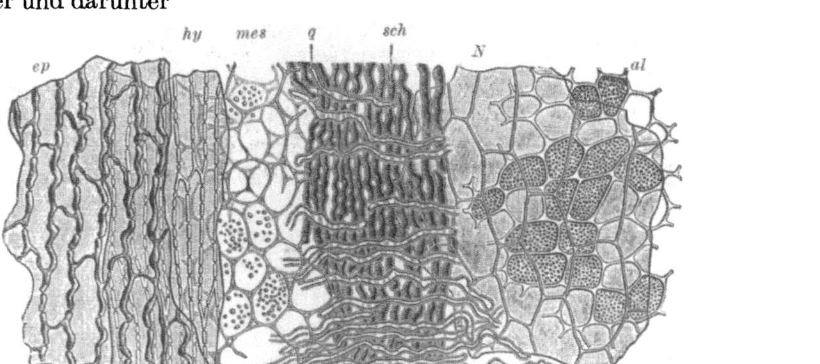

Abb. 81. Fruchtschale der Besenmohrhirse in der Flächenansicht. *ep* Oberhaut, *hy* Hypoderm, *mes* Mesokarp, *q* Querzellen, *sch* Schlauchzellen, *N* Perisperm, *al* Aleuronschicht. (Nach A. L. WINTON.)

1. Weizen (Abb. 82). In der Flächenansicht sind die Zellen vorwiegend gestreckt, 5—6seitig oder fast rechteckig, ihre Längsseiten gerade oder schwach gebogen, die Kurzseiten stumpf dachförmig oder seltener abgerundet. An letzteren schließen die Zellen meist dicht zusammen, hier und da finden sich aber auch kleine Zwischenräume. Die Längsseiten zeigen gleichmäßige, knoten- oder polsterförmige Verdickungen und erscheinen daher rosenkranzförmig; die Mittellamelle ist deutlich zu erkennen. In Lauge quellen die Wände gleichmäßig auf die doppelte Dicke. Stellenweise, oft inselartig, finden sich Querzellen, die in der Art der Verdickung an den Kurzseiten denen des Roggens gleichen.

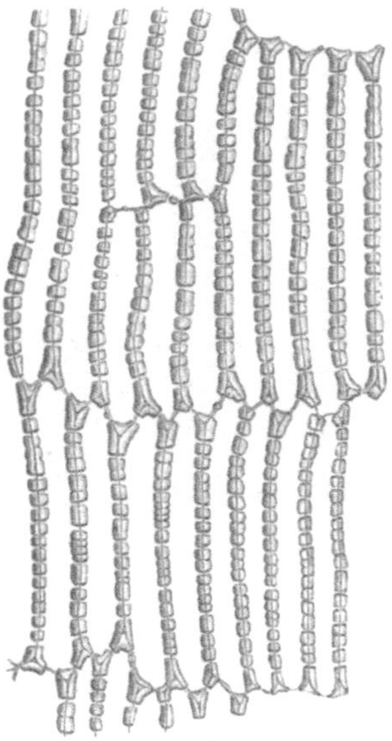

Abb. 82. Querzellen des Weizens. Vergr. 200. (Nach A. SCHOLL.)

2. Roggen (Abb. 83). Die Zellen besitzen verschiedene Form und Größe, vorwiegend sind sie gestreckt und gerundet 4seitig. Daneben kommen auch kurze, fast isodiametrische, rundliche bis gerundet polygonale Zellen, streckenweise in inselartigen Komplexen, zwischen den typischen Zellen vor. Durch die Form der Verdickungen unterscheiden sie sich scharf von den Querzellen des Weizens. Die Schmalseiten sind auffallend stärker verdickt, nicht getüpfelt und abgerundet, so daß zwischen den Nachbarzellen 3—4seitige Intercellularräume entstehen. Die Längsseiten sind ungleichmäßig, oft undeutlich knotig verdickt; Lauge bewirkt eine sehr starke Quellung der Verdickung. Zu bemerken ist, daß beim Roggen ganze Gruppen von Querzellen vorkommen, deren Schmalseiten nicht die typische Form zeigen, die vielmehr den Weizenquerzellen ähnlich sind, also ohne Intercellularen und ohne stärkere Verdickung aneinander schließen.

M. WAGENAAR[1] hat zur Unterscheidung der Querzellen, auch der Haare von Roggen und Weizen, die Verwendung von polarisiertem Licht vorgeschlagen.

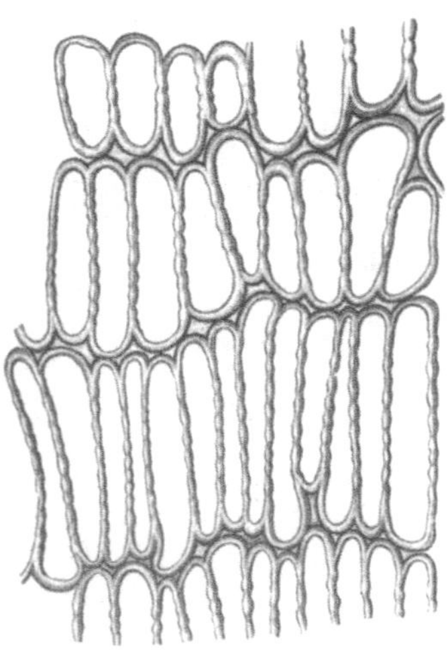

Abb. 83. Querzellen des Roggens. Vergr. 200. (Nach A. SCHOLL.)

3. Gerste (Abb. 84). Die Querzellenschicht ist bei Gerste im Gegensatz zu Weizen und Roggen mehrreihig (2—3 Reihen). Die Zellen sind dünnwandig und ungetüpfelt, nur in der äußersten Schicht schließen sie lückenlos aneinander, während sie im übrigen zahlreiche Intercellularen bilden.

Die Querzellen des Hafers sind wenig widerstandsfähig, daher selten aufzufinden. Beim Mais findet sich an Stelle typischer Querzellen ein Schwammparenchym (Abb. 77). Beim Reis geht die Mittelschicht allmählich in die Querzellen über (vgl. Abb. 78), die in den inneren Lagen denen von Mais, Mohrenhirse und Rispenhirse ähneln. Bei der Mohrenhirse (Abb. 81) sind die Querzellen lang und schmal und

[1] M. WAGENAAR: Z. 1929, 57, 37.

nur durch die Querlagerung von den Schlauchzellen zu unterscheiden. Auch bei der Kolbenhirse, desgleichen bei der Rispenhirse sind die Querzellen den Schlauchzellen sehr ähnlich (vgl. Abb. 80, Borstengras).

4. Schlauchzellen, Samenhaut und Perisperm.

Außer den beschriebenen Zellschichten findet man in den Mehlen noch die auf die Querzellen folgenden, oft aber nur schwer sichtbaren Schlauchzellen, die Samenhaut nebst dem Perisperm (vgl. die Querschnitte, Abb. 40 und 41), auch Teile des Keimlings. Im allgemeinen bieten aber diese Zellelemente keine sichtbaren Unterscheidungsmerkmale.

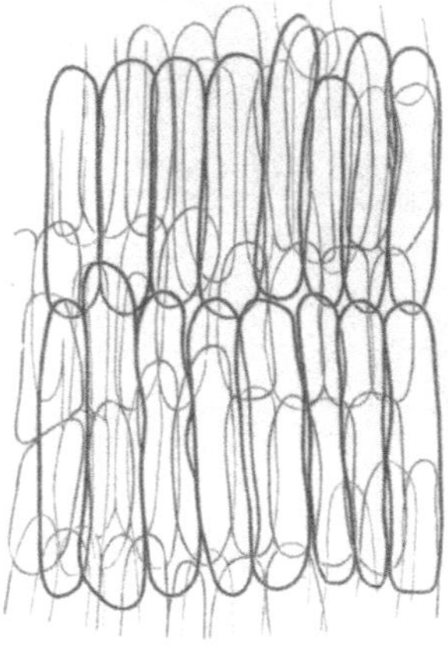

Abb. 84. Querzellen der Gerste. Vergr. 200. (Nach A. SCHOLL.)

Beim **Weizen** bilden die Schlauchzellen in der Richtung der Achse gestreckte wurm- oder knüttelförmige Gebilde, die stellenweise einander berühren. Die Samenhaut (Abb. 85) besteht aus zwei sich kreuzenden Lagen zarter gestreckter Zellen, während das Perisperm eine farblose, strukturlose, mit der Samenhaut verwachsene, nur selten sichtbare Membran darstellt.

Die entsprechenden Zellschichten des Roggens sind von denen des Weizens nicht zu unterscheiden. Bei Gerste kreuzen sich die beiden Zellschichten der Samenhaut. Das Perisperm der Gerste ist, ebenso wie Schlauchzellen, Samenschale und Perisperm des Hafers, meist nicht erkennbar. Beim Reis (Abb. 78) bilden die schmalen (3—5 μ) Schlauchzellen (*sch*) die einzige nicht quergestreckte Schicht der Frucht- und Samenschale. Die Samenhaut besteht aus nur einer Schicht dünnwandiger Zellen, während das Perisperm leicht erkennbar ist an den geperlten Radialwänden.

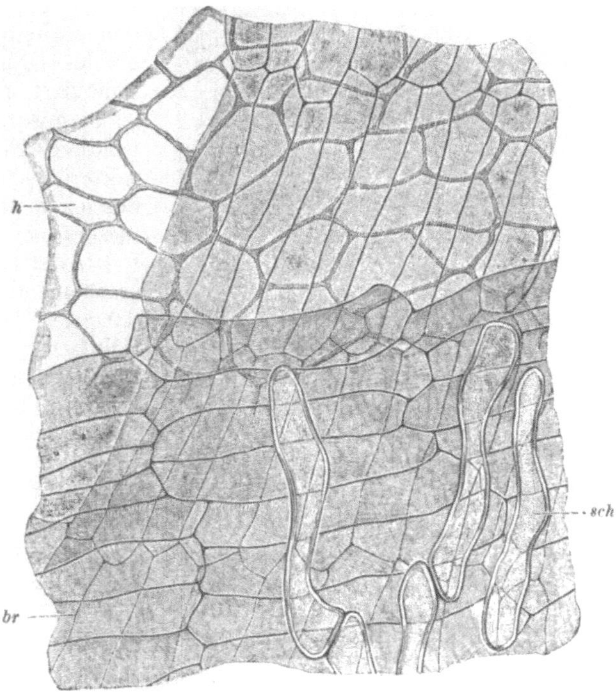

Abb. 85. Die inneren Schichten der Weizenschale in der Flächenansicht. *sch* Schlauchzellen, *br* Samenschale, *h* hyaline Schicht (Perisperm). (Nach J. MOELLER.)

Beim **Mais** (Abb. 77) sind die Schlauchzellen (*sch*) länger und dünner als beim Weizen. Sie erscheinen mycelartig, hin und her gebogen. Die Samenschale des Maises zeigt wieder zwei sich kreuzende Lagen zarter, gestreckter Zellen, unter denen sich das Perisperm (*is*) befindet, dessen Zellen denen der Kleberschicht ähneln, aber viel dünnwandiger und oft gestreckt sind. Bei den Hirsearten ist die Anordnung und das Aussehen der Zellschichten teilweise verschieden. Die

Schlauchzellen (*sch*) sind bei Mohren-, Kolben- und Rispenhirse sehr ähnlich, rechtwinklig zu den Querzellen verlaufend (Abb. 80 und 81). Das Perisperm der Besenhirse (Abb. 81, *N*) besteht aus großen, durch ihre gelbe oder braune Färbung auffallenden Zellen, deren Wände glatt sind. Zum Unterschied hiervon haben die Perispermzellen der Setariaarten (Abb. 80, *N*) getüpfelte Wände.

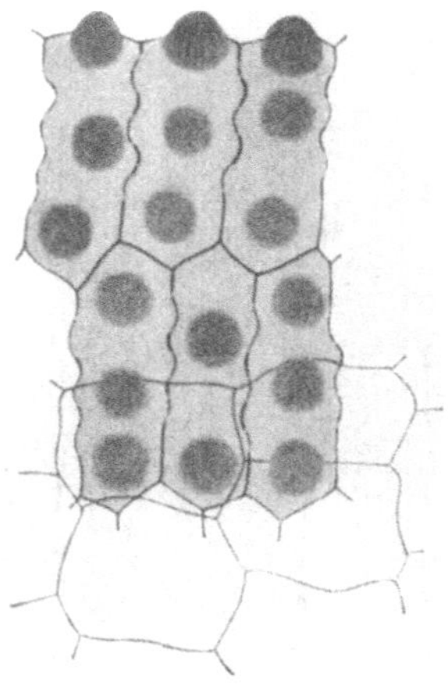

Abb. 86. Eleusine coracana. Samenschale in der Flächenansicht. Vergr. 200. (G. GASSNER.)

Bruchstücke von hyalinen Häutchen ohne zellige Struktur, die aus der Gegend von Samenhaut und Perisperm stammen, hat HÄRDTL[1] im Mehl von Weizen, Roggen, Gerste, Hafer und Mais aufgefunden und näher beschrieben.

Anschließend ist hier noch eine Kulturform der indischen Fingerhirse — in Ceylon Kurrakan genannt — (Eleusine coracana GÄRTN.) zu erwähnen, die in vielen tropischen Ländern ein wichtiges Nahrungsmittel bildet und zur Brotbereitung dient. Außerdem finden sich die grauen, annähernd kugeligen, 1—2 mm großen Früchte gelegentlich auch als Verunreinigung in anderen tropischen Erzeugnissen.

Bei Eleusine ist zum Unterschied von den vorstehend behandelten Gramineen die Fruchtwand nicht mit der Samenschale verwachsen, sondern sie umgibt den rötlichgelben bis rotbraunen Samen als lose dünne Hülle. — Die aus stark kollabierten Zellen gebildete Fruchtwand ist diagnostisch ohne Bedeutung. Dagegen ist die Samenschale (Abb. 86) sehr charakteristisch. Die äußere Schicht wird aus leicht gestreckten, wellig konturierten, hellbraunen Zellen gebildet, die von stumpfen, in der Flächenansicht als dunkle Kreise erscheinenden Papillen besetzt sind. Die darunter liegende innere Schicht zeigt ebenfalls braune, etwas wellig konturierte, aber nicht gestreckte Zellen ohne Papillen. Die Aleuronschicht bietet keine besonderen Merkmale. Über die Stärkezellen vgl. S. 125.

I

II

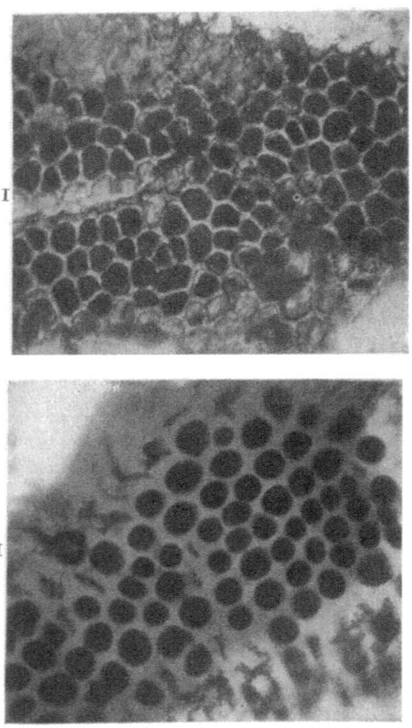

Abb. 87. Aleuronschicht des Weizens. I in Wasser, II nach Einwirkung von Lauge. 1 : 100. (Phot. C. GRIEBEL.)

III. Aleuronschicht; Keimling.

Die Aleuronschicht ist bei Weizen, Roggen, Hirse, Reis, Mais und Hafer einreihig; bei Gerste 2—3 reihig. Die Form der Aleuronzellen ist im allgemeinen gerundet polyedrisch, die Wände sind derb, farblos (Abb. 87 I), stark lichtbrechend, in Lauge stark quellend (Abb. 87 II), bei Hirse, Reis und Mais sind sie verhältnismäßig dünn. Bei gewissen Roggensorten sind die Aleuronkörner in einzelnen Zellen in eine feinkörnige blaugrüne Grundmasse eingebettet; die Aleuron-

[1] HÄRDTL: Z. 1935, **69**, 113.

schicht erscheint dadurch mosaikartig gefärbt. — Über den Nachweis der der Aleuronschicht entstammenden Proteinkörner vgl. S. 197.

In allen Getreidemehlen kommen schließlich Teilchen des **Keimlings** vor. Während diese im **Vollkornmehl** ziemlich zahlreich sind, finden sie sich in den üblichen Backmehlen nur in relativ geringer Menge, weil der Keimling mit der Kleie so weit als möglich entfernt wird. Das Mehl aus entfetteten Getreide-, besonders Weizenkeimlingen, findet als solches (Materna) zur Herstellung von diätetischen Mitteln Verwendung (Vitamin B-Gehalt). Charakteristisch ist die mauersteinartige Anordnung (Abb. 88) der zarten Zellen des völlig stärkefreien embryonalen Gewebes. Über den Nachweis und die Bestimmung des Gehaltes an Keimlingsbestandteilen vgl. S. 197. Die Keimlinge der verschiedenen Getreidearten — ausgenommen die des Mais — sind im zerkleinerten Zustand nicht zu unterscheiden. Beim Mais setzt sich der schildförmige Teil des Keimlings, das Scutellum, aus feinporigen Zellen zusammen, die denen der Erdnuß ähnlich sind.

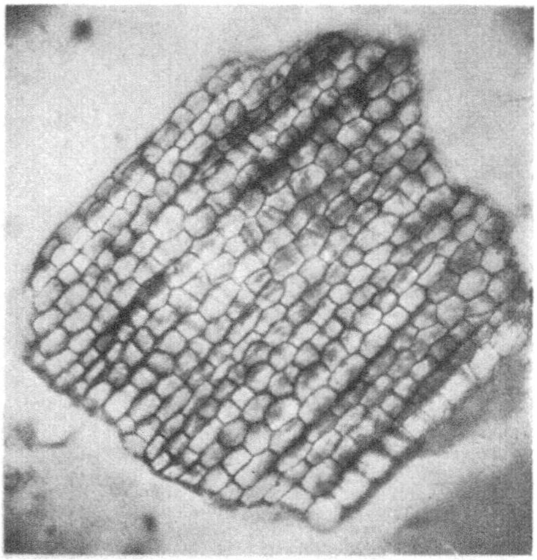

Abb. 88. Getreidekeimlingsmehl. 1 : 270. (Phot. C. GRIEBEL.)

b) Getreidearten aus anderen Pflanzenfamilien.

1. Buchweizen (Fagopyrum esculentum MOENCH. — Polygonaceae). Für den Genuß bestimmte Mahlprodukte des Buchweizens (Grütze und Mehl) sind

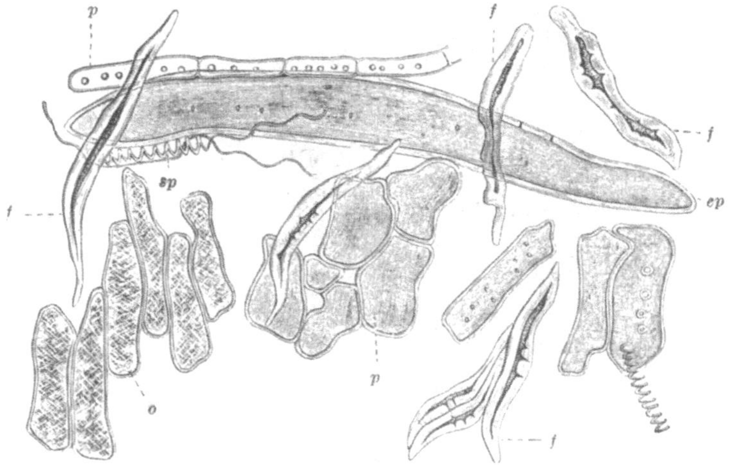

Abb. 89. Elemente der Fruchtschale des Buchweizens. *o* Oberhaut, *f* Hypodermfasern, *p* Parenchym, *sp* Spiralgefäße, *ep* innere Epidermis. (Nach J. MOELLER.)

in der Regel aus vollständig von der harten Fruchtschale befreiten Samen hergestellt. Die bei der Schälung abfallende Fruchtwand wird aber nach der Zerkleinerung gelegentlich als Füllmittel anderen Zubereitungen zugesetzt. Ihre Zellelemente sind aus Abb. 89 ersichtlich. Die Oberhaut (*o*) besteht aus gestreckten, derbwandigen Zellen, deren diagonal gerichtete Außenwandporen die Poren der Innenwand fast rechtwinklig kreuzen, wodurch ein gitterartiges Aussehen entsteht. Das Hypoderm setzt sich aus kurzen, spindelförmigen, stellenweise knotigen, stark verdickten Fasern (*f*) zusammen, die nur spärliche Poren aufweisen. Braunes Parenchym (*p*) aus derbwandigen Zellen findet sich in mehrfacher Lage an den Kanten der Samenschale, sonst nur in einfacher Schicht. Die Zellen der inneren Epidermis (*ep*) sind vorwiegend gestreckt (bis 700 μ lang), die schwach verdickten Wände spärlich getüpfelt.

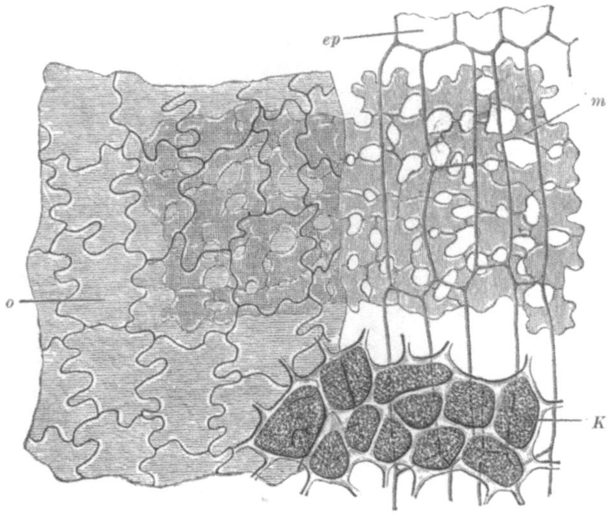

Abb. 90. Samenhaut des Buchweizens in der Flächenansicht. *o* äußere, *ep* innere Oberhaut, *m* Schwammparenchym, *K* Aleuronschicht. (J. MOELLER.)

Die Samenschale des Buchweizens (Abb. 90), deren Elemente sich regelmäßig im Mehl vorfinden, da sie beim Mahlprozeß nicht vollständig beseitigt werden können, bildet eine dünne Membran, an der 3 Schichten zu unterscheiden sind. Deutlich erkennbar ist die äußere Oberhaut (*o*) aus größtenteils wellig- oder unregelmäßig buchtigen, gestreckten oder isodiametrischen Zellen und das Schwammparenchym (*m*), das sich aus dünnwandigen, sternförmigen oder unregelmäßig buchtigen Zellen mit grünlich- oder bräunlichgelbem Inhalt und zahlreichen rundlichen Intercellularen zusammensetzt. Am unteren Teil des Samens geht das Schwammparenchym allmählich in eine einfache Lage glattwandiger, quergestreifter Zellen über. Die weniger deutliche innere Oberhaut (*ep*) besteht aus langgestreckten, dünnwandigen Zellen. Das Endosperm zeigt außen eine einreihige Aleuronschicht (*k*). Über den Inhalt des Stärkeparenchyms vgl. S. 124.

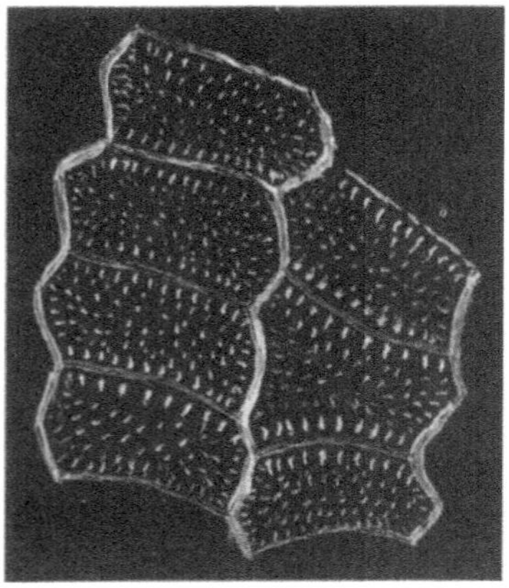
Abb. 91. Reismelde. Epidermis der Samenschale im polarisierten Licht. 1 : 200. (C. GRIEBEL.)

2. Reismelde (Chenopodium Quinoa WILD. — Chenopodiaceae) wird namentlich in Chile und Peru als Brotfrucht angebaut. Die bei uns angestellten Kulturversuche hatten nur zum Teil Erfolg. Die gelblichweißen, etwa mohnkorngroßen Früchtchen sind scheibenförmig, die Samen ungefärbt. Zwischen den Samen finden sich stets noch Teilchen der leicht abschilfernden, häutigen Fruchtschale, die eine großzellige Epidermis und ein Schwammparenchym aus verzweigten schlauchförmigen Zellen erkennen läßt. Die Samenschale ist farblos, und der von Chenopodium album (S. 183) im übrigen sehr ähnlich. Die dicke Außenwand der im Umriß polygonalen Epidermiszellen zeigt dichtstehende, zapfenartige Cuticulareinlagerungen, die in der Flächenansicht nur undeutlich sichtbar sind und zuweilen den Eindruck von Poren machen. Man findet die Epidermisteilchen am besten im polarisierten Licht auf, wobei sie das in Abb. 91 wiedergegebeneBild zeigen. Die Einlagerungen selbst erscheinen hierbei dunkel, während die Grundmasse der Zellwände in zahlreichen hellen, kurzen Strichen und Punkten aufleuchtet. Über die Stärke des Perisperms vgl. S. 126. Für den Nachweis der Reismelde in Mehlen sind die Testaepidermiszellen von besonderer Bedeutung.

c) Leguminosensamen (Hülsenfrüchte).

Unter der Bezeichnung „Hülsenfrüchte" werden die Samen der als Lebensmittel Verwendung findenden Leguminosen zusammengefaßt, die in einfächerigen, zweiklappigen Hülsen (fälschlich Schoten genannt) zur Entwicklung gelangen. Zur Mehlbereitung finden von den einheimischen Sorten in erster Linie Erbsen, Bohnen und Linsen Verwendung, während Wicken und Lupinen — mit Ausnahme der Süßlupine — nur in Notstandszeiten gebraucht werden, sonst aber nur zu Futterzwecken dienen. Außerdem gibt es noch zahlreiche ausländische, namentlich in Ostasien angebaute Leguminosensorten, die auch für uns von Interesse sind, weil sie zuweilen nach Europa gelangen. Während die meisten hierher gehörigen Arten stärkehaltig sind, gibt es auch stärkefreie, zu denen die Lupinen und die meisten Sorten der Sojabohne gehören. Zu berücksichtigen ist hierbei aber, daß nicht genügend gereifte Samen dieser Arten und gewisse Sojabohnensorten stets mehr oder weniger kleinkörnige Stärke enthalten. Wie bei den Getreidearten die Aleuronschicht den Mehlkern umschließt, so findet sich auch bei den Leguminosensamen eine proteinhaltige Schicht, die den Stärkekörper umgibt. Sie ist aber mit den Stärkezellen so fest verwachsen, daß sie beim Schälen mit ihnen in Verbindung bleibt und daher restlos in das Mehl übergeht. Das Nährgewebe ist bei den Leguminosen in den meisten Fällen auf kaum merkbare Reste reduziert.

Die Samenschale ist eine im trockenen Zustande spröde, nach dem Einweichen in Wasser oder verdünnter Lauge zähe, lederartige Hülle, die sich leicht vom Samen ablösen läßt. Sie bietet die besten Merkmale für die mikroskopische Unterscheidung der Leguminosenmehle. Sie besteht aus der Epidermis (Palisadenschicht), dem Hypoderm (Trägerzellenschicht) und einer verschieden starken Parenchymschicht, von denen namentlich die beiden ersteren die Unterscheidung ermöglichen, sofern sie nicht nur in der Flächenansicht, sondern auch in Querschnittlage zur Beobachtung gelangen, was bei Mehlen in der Regel der Fall ist. Die Oberhaut wird von einer einfachen, am Nabel doppelten Lage von radial gestreckten palisadenförmigen, dickwandigen Zellen (Sklereiden) gebildet, deren Radialwände leistenförmig verdickt sind, und zwar derart, daß das am inneren Ende weite Lumen allmählich nach außen bis auf einen engen Kanal verschwindet; daher ist in der Flächenansicht das Bild je nach der Einstellung verschieden. In manchen Fällen sind die einzelnen Palisadenzellen nach außen vorgewölbt, so daß die Oberhaut mit rundlichen Höckern besetzt erscheint. An Querschnitten der Schale kann man an den Palisadenzellen gewöhnlich eine der Cuticula genäherte und mit ihr parallele Zone, die sog. Lichtlinie erkennen, deren Breite und Abstand von der Oberfläche einen gewissen Unterscheidungswert hat. In der Flächenansicht erscheinen die Epidermiszellen polygonal, oft mit einer netzartigen Zeichnung versehen, verursacht durch die leistenförmige Verdickung der Palisaden. Das Hypoderm besteht aus einer einfachen Lage von auffallend gestalteten Zellen, die wegen ihrer Form als Träger- oder Sanduhrzellen bezeichnet werden. An Querschnitten erscheinen sie entweder prismatisch ohne Intercellularen aneinander schließend, wobei aber die Radialwände meist im mittleren Teil verdickt und in das Zellinnere vorgewölbt sind, oder die Radialwände sind eingebogen und im mittleren Teil durch weite elliptische oder spindelförmige Intercellularräume voneinander getrennt, wobei die Wände spaltenförmige Tüpfelung oder leistenförmige Verdickung aufweisen können. In der Fläche erscheinen die Umrisse der Zellen als Polygone mit eingeschlossenem Ring, der häufig allein deutlich erkennbar ist. Zuweilen enthalten die Zellen einen oder wenige Calciumoxalatkrystalle. In der Nähe des Nabels sind die Hypodermzellen viel größer ausgebildet. Am Nabel selbst fehlen sie. Unter der Hypodermschicht folgt ein mehrschichtiges Schwammparenchym, das am Nabel auch die Trägerzellenschicht ersetzt. In ihm verlaufen die Gefäßbündel. Das Gewebe der Kotyledonen enthält neben Fett und kleinen Aleuronkörnern meist reichlich Stärke, deren

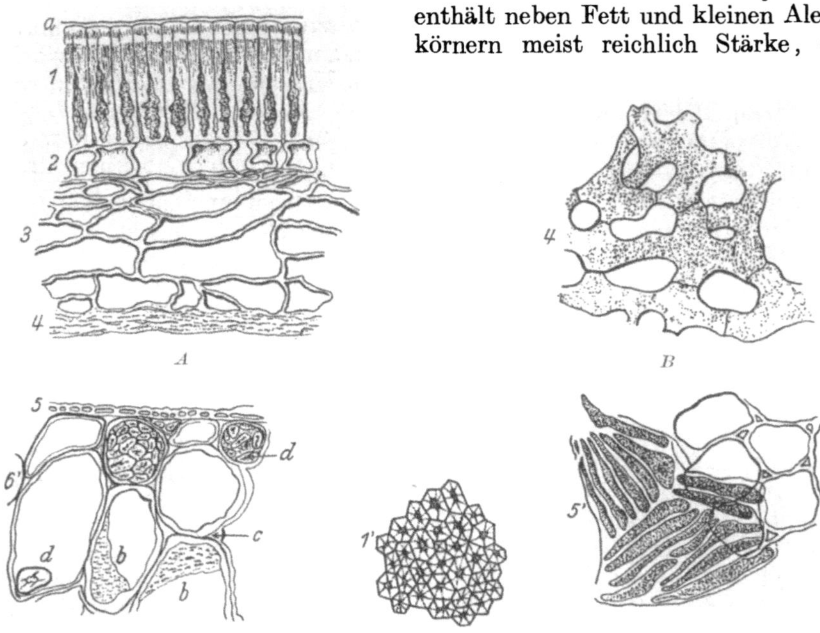

Abb. 92. Erbse. Vergr. 1 : 200. *A* Querschnitt, *B* Tangentialansichten zu den entsprechenden Nummern des Querschnittes. *1* Palisadenzellen, a Cuticula; *2* Trägerzellen; *3* Parenchymzellen; *4* Innenoberhaut; *5* Oberhaut des Keimblattes; *6* Kotyledonargewebe; *b* getüpfelte Membranen; *c* Verdickung der Intercellularräume, *d* Stärkekörner. (Nach C. BÖHMER.)

Körner am Rande in der Regel geschichtet und im Inneren gewöhnlich strahlig zerklüftet sind (vgl. S. 125). Nur die abweichend gebaute Epidermis der Keimblätter ist stärkefrei.

In pulverförmigen Zubereitungen aus Leguminosensamen gelangen die Bruchstücke der Samenschale, sofern nicht geschälte Samen verwendet wurden, sowohl in der Aufsicht wie in der Querschnittlage zur Beobachtung. Für Messungen ist der letztere Fall besonders dann geeignet, wenn sich die Palisadensklereiden noch im Zusammenhang mit den Hypoderm-(Träger-)zellen befinden.

1. Erbse. Die Gartenerbse (Pisum sativum L., Abb. 92) und die Ackererbse oder Peluschke (Pisum arvense L.) stimmen im anatomischen Bau überein, die letztere hat aber eine dunkle Samenschale.

Die Palisadenzellen sind 70—100 μ hoch, etwa 15 μ breit, außen flach. Die Lichtlinie liegt unmittelbar unter der Cuticula. Das Lumen ist im basalen oft gebogenen Teil weit, darüber verengert; bei der Peluschke ist der Inhalt der Zellen dunkel. Die Hypodermzellen sind sanduhrförmig, ziemlich derbwandig, in der Fläche 5—6seitig gerundet, meist mit strahlig gestellten Spaltentüpfeln versehen, bei der Ackererbse gewöhnlich etwas gerippt (Abb. 93), bei der Gartenerbse erst nach Laugebehandlung gerippt erscheinend (Abb. 94),

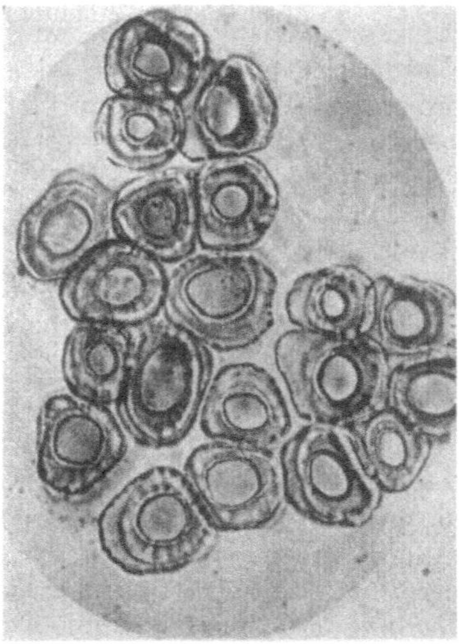

Abb. 93. Trägerzellen der Ackererbse. Vergr. 325. (Phot. D. STRILCIUC.)

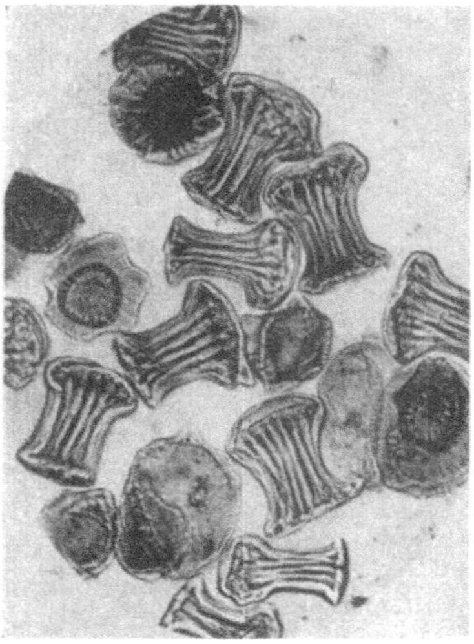

Abb. 94. Trägerzellen der Gartenerbse (gekochtes Laugepräparat). Vergr. 325. (Phot. D. STRILCIUC.)

20—30 μ hoch, 30 bis 40 μ breit. Das außen großzellige Schwammparenchym wird nach innen kleinzellig. — Die zartwandigen Oberhautzellen der **Keimblätter** sind tangential gestreckt und gruppenweise nach verschiedenen Richtungen angeordnet. Sie enthalten keine Stärke. Das großzellige Mesophyll ist stärkereich. Die Zellen sind ziemlich derbwandig, aber nur ganz zart porös. Stärkekörner (vgl. S. 125) bis 45 μ.

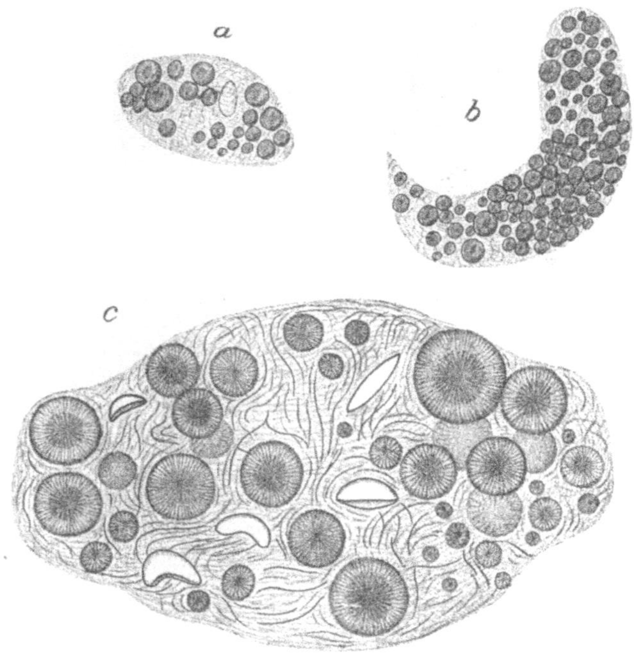

Abb. 95a—c. Insektenexkremente aus Erbsenmehl mit Tyrosinsphäriten. Bei c sind noch Reste von Stärkekörnern erkennbar. a und b 85fach, c 525fach vergrößert. (C. GRIEBEL.)

Charakteristisch für **Erbsenmehl** sind die unregelmäßig knolligen Formen der Stärke und sofern nicht geschälte Samen verwendet wurden, die Elemente der Samenschale. — Im Erbsenmehl findet man außer den normalen Ballen des Zellinhaltes, bestehend aus Plasma, Aleuron und Stärkekörnern, gelegentlich auch ähnlich geformte Ballen, die mehr oder weniger stark von dunklen, kugelförmigen Gebilden mit radial strahliger Struktur durchsetzt sind. Es handelt sich hierbei um die Exkremente des Erbsenkäfers (Bruchus pisi L.), die sich von dem normalen Inhalt der Kotyledonarzellen außerdem durch das Fehlen der Proteinkörner unterscheiden. Das Legumin ist nämlich durch den Verdauungsprozeß des Insektes zu Tyrosin abgebaut worden, das sich in Form von Sphärokrystallen, dunkel erscheinenden Kugeln von meist 15—20 μ Durchmesser, abgeschieden hat (Abb. 95). Stärkekörner sind in solchen Exkrementen oft nur noch in kleinen Resten vorhanden. — Übrigens enthalten auch die Exkremente anderer Samenkäfer (Larideae) die Bohne, Saubohne, Linse usw. befallen, ebenfalls Tyrosinsphärite[1].

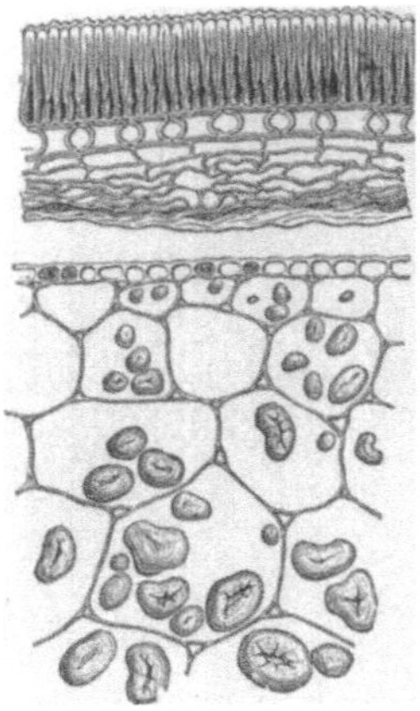

Abb. 96. Querschnitt der Linse. (A. L. WINTON.)

2. Linse (Abb. 96). Die Samen der Linse (Lens esculenta MOENCH) sind flach, biconvex, gelblich-grünlich bis rotbraun oder sogar schwarz, 4—7 mm breit. Die Palisaden sind nur selten über 45 μ hoch, 8 μ breit, an der Außenseite etwas vorgewölbt, so daß jede Zelle kurz bespitzt erscheint. Die durch Plasmareste verursachte Färbung ist meist gelblichbraun. Unmittelbar unter der Cuticula liegt eine fast 10 μ breite Lichtlinie. Hypoderm: Die Trägerzellen sind sanduhrförmig, meist breiter als hoch (18—35 μ breit, 12—22 μ hoch), die Seitenwände verdickt. Wie die Palisaden sind sie durch Plasmareste braun gefärbt. Die Oberhautzellen des Keimblattgewebes sind zum Unterschied von der Erbse in gleicher Richtung gestreckt; das innere Gewebe besteht aus schwach verdickten, nur wenig und fein porösen Zellen. Die Größe der Stärkekörner beträgt bis 40 μ. — Linsenmehl unterscheidet sich von den übrigen Leguminosenmehlen durch die schmalen, höchstens 8 μ breiten Palisadenzellen.

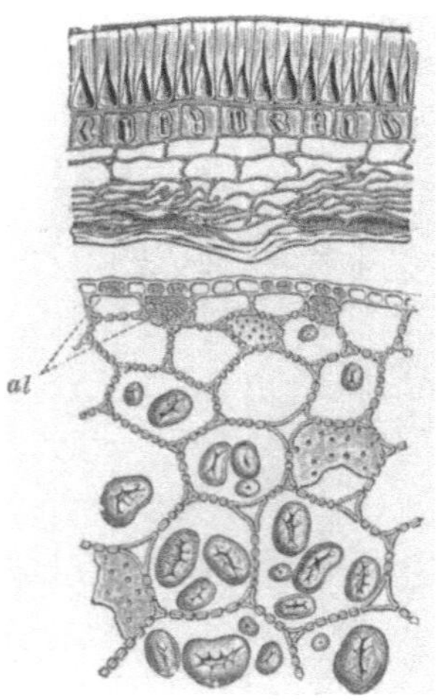

Abb. 97. Querschnitt der Bohne. *al* Randzellen des Keimblattes mit Aleuron. (A. L. WINTON.)

3. Gartenbohne (Phaseolus vulgaris L., Abb. 97). Größe und Farbe der etwa nierenförmigen Samen sind bei den einzelnen Kulturformen sehr verschieden. Die Färbung ist hauptsächlich durch den Zellinhalt der Palisaden verursacht.

Palisaden 30—60 μ lang mit schmaler Lichtlinie in der Nähe der Cuticula. Lumen an der Basis weit, nach außen kegelförmig verengt. Hypoderm: Zellen nicht sanduhrförmig, sondern kurz prismatisch ohne Intercellularen aneinander schließend, mäßig verdickt, in Wasser und namentlich Alkalien stark quellend, so daß das Lumen dann eingeschnürt wird. Jede Zelle enthält einen, selten zwei das Lumen fast ausfüllende monokline Oxalatkrystalle (Unterschied von anderen Leguminosensamen). Das Schwammparenchym hat nach innen zu Sternparenchymcharakter. Keimblattgewebe: Oberhautzellen an der Außenseite polygonal, an der Innenseite etwas gestreckt mit zart perlschnurartig verdickten Wänden. Die Zellen des Mesophylls sind groß (oft 100 μ), durch dicke, deutlich poröse Wände ausgezeichnet. Stärkekörner (vgl. S. 125) meist 30—50 μ, aus-

[1] C. GRIEBEL: **Z. 1923, 45,** 237. — GRIEBEL u. SONNTAG: **Z. 1918, 35,** 277.

nahmsweise gegen 60 μ. — Bohnenmehl, das man in Nährmitteln und ähnlichen Zubereitungen öfter antrifft, ist durch die dickwandigen, porösen Zellen der Kotyledonen gekennzeichnet. Schalenbestandteile werden nur selten gefunden, da es meist aus geschälten Samen bereitet wird.

4. Feuerbohne (Phaseolus multiflorus WILLD.). Am bekanntesten sind die Formen mit scharlachroten Blüten und gefleckten Samen, sowie mit weißen Blüten und weißen Samen. Im Bau sind sie der Gartenbohne sehr ähnlich. Die Palisadenzellen sind länger (bis 75 μ), die prismatischen Trägerzellen in der Mitte der Seitenwände stark verdickt, das Zellumen daher dort verengt und im Umriß sanduhrförmig oder nur spaltenförmig. Meist sind 1—2 sehr kleine Krystalle vorhanden, zuweilen fehlen sie vollständig.

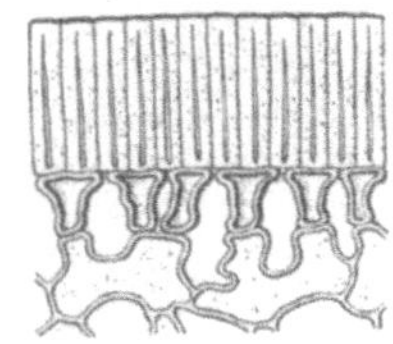
Abb. 98. Äußere Samenschale der Mondbohne im Querschnitt. Vergr. 200. (G. GASSNER.)

5. Mondbohne (Phaseolus lunatus L.), auch Rangoon-, Lima- oder Indische Bohne genannt, wird in fast allen tropischen Ländern kultiviert und auch nach Europa ausgeführt. Je nach der Kulturform variieren die Samen in Gestalt, Größe und Färbung sehr stark. Sie sind 0,8—2,5 cm lang, im allgemeinen sehr flach; aber gerade die bei uns in der Nachkriegszeit in großen Mengen eingeführten kleinen weißen Sorten waren nicht abgeflacht und in der Form von unseren kleinen weißen Bohnen nicht verschieden. Als makroskopisches Unterscheidungsmerkmal ist die zarte Streifung zu nennen, die vom Nabel radial nach dem Rücken zu verläuft, sowie die gelblichen durchscheinenden Zwillingshöckerchen (bei der weißen Gartenbohne sind diese weiß). Der Nabel der weißen Mondbohne färbt sich beim Übergießen der Samen mit verdünnter Lauge nach kurzer Zeit citronengelb[1]. Mikroskopisch ist die Unterscheidung leicht möglich. Die Palisaden sind 50—80 μ hoch, die etwa halb so hohen Hypodermzellen nicht prismatisch, sondern trichterförmig oder kelchförmig. Mit ihrem oberen breiteren Ende liegen sie der Palisadenschicht an und verschmälern sich nach dem Fußteil zu (Abb. 98). Krystalleinschlüsse fehlen. Die Kotyledonarzellen und ebenso die Stärkekörner sind denen der Gartenbohne ähnlich. Zusammengesetzte Körner aus 2 oder 3—4 Teilkörnern kommen vereinzelt vor. Nach T. F. HANAUSEK[2] sind solche mit einem aufgesetzten Körnchen besonders charakteristisch. — Bei mehlartigen Erzeugnissen müssen in erster Linie die Trägerzellen für die Diagnose herangezogen werden.

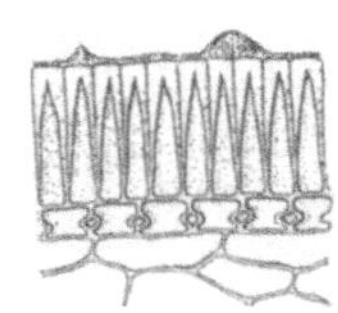
Abb. 99. Äußere Samenschale von Phaseolus mungo var. radiatus L. im Querschnitt. Vergr. 200. (G. GASSNER.)

6. Mungobohne. Unter der Bezeichnung Mungobohne werden verschiedene in Ostasien gebaute Formen zusammengefaßt. Die Samen der eigentlichen Mungobohne (Phaseolus mungo var. radiatus L.) sind 4—5 mm groß, tonnen- oder walzenförmig, matt graugrün bis bräunlichgrün. Der Nabel ist weiß. Die Palisaden (Abb. 99) sind 40—50 μ hoch, nur nach außen hin verdickt. GASSNER beobachtete eine vielfach gefaltete Cuticula, die in der Flächenansicht als grobes, dunkles, fein gekörntes Maschennetz in Erscheinung trat. GRIEBEL konnte an chinesischen Mungobohnen aus der Provinz Shensi solche Cuticularfaltungen nur an einzelnen Exemplaren feststellen. Die niedrigen Trägerzellen sind etwa 12 μ hoch und gegen 20 μ breit, zartwandig. Die Stärkekörner (etwa 30 μ) weisen den Typus der Leguminosenstärke auf (vgl. S. 125).

7. Adzukibohne (Phaseolus angularis W. F. WRIGHT) oder rote Mungobohne hat gewöhnlich größere Samen (etwa 8 mm) mit rötlichbrauner bis wein-

[1] Vgl. COHN: Zeitschr. öffentl. Chem. 1920, **26**, 73.
[2] T. F. HANAUSEK: Arch. Chem. u. Mikrosk. 1912, **5**, 194.

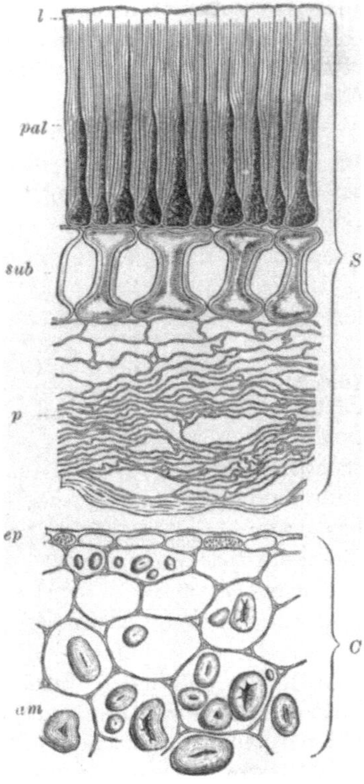

Abb. 100. Querschnitt der Saubohne. *S* Samenschale, bestehend aus den Palisaden *pal* mit der Lichtlinie *l*, den Trägerzellen *sub*, dem Parenchym *p*; *C* Keimblatt mit der Oberhaut *ep* und dem stärkereichen Parenchym *am*. (A. L. WINTON.)

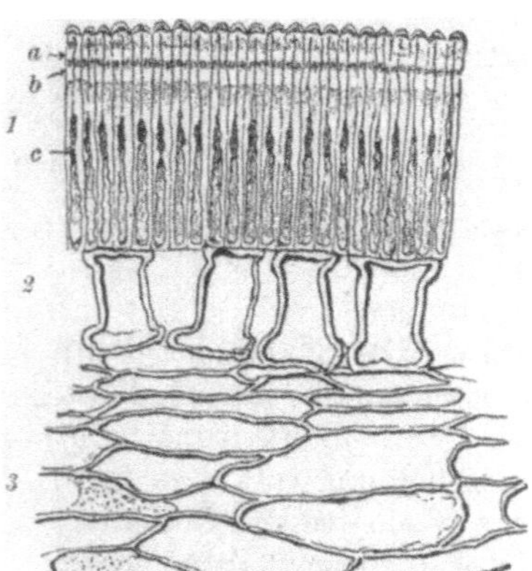

Abb. 101. Querschnitt der Wickenschale (Vicia villosa). *1* Palisaden mit Lichtlinien *a*, *b* und Farbstoffband *c*; *2* Trägerzellen, *3* Schwammparenchym. (C. BÖHMER.)

roter, glänzender Oberfläche. Die Samenschale weist den gleichen Bau auf. Nur sind die Palisaden etwas höher (bis 60 μ), die Stärkekörner größer.

8. Ackerbohne (Vicia faba L., Abb. 100), auch Feld-, Sau- oder Puffbohne genannt. Die Samen variieren in Form, Farbe und Größe erheblich. Meist sind sie etwas abgeflacht, 8—12 mm lang. Der Nabel ist endständig. Die Palisadenzellen sind 150—175 μ lang, 12—25 μ breit, mit etwa 20 μ breiter Lichtlinie in der Nähe der Cuticula. Das Lumen ist innen weit, nach außen spitz verengt. Hypodermzellen: Hantelförmig, derbwandig, 35 bis 60 μ hoch und etwa ebenso breit. Die Kotyledonarzellen sind denen der Erbse ähnlich; Stärkekörner bis 70 μ (vgl. S. 125). — Das Mehl der Ackerbohne (Castormehl) ist an den auffallend großen Palisaden mit breiter Lichtlinie und den großen spulenförmigen Trägerzellen kenntlich.

9. Wicke. Verschiedene Formen der Futterwicke (Vicia sativa L.) — insbesondere subsp. angustifolia, die sog. Trieurwicke — finden sich im Getreideausputz. Die Samen sind dunkelbraun bis schwarz, bei der Trieurwicke kibitzeiartig gefleckt. Außerdem kommen hauptsächlich in Betracht Vicia villosa ROTH., die Winterwicke und Vicia hirsuta KOCH, die weichhaarige Wicke, deren 2,5 mm große Samen ebenfalls schwarzfleckig auf lichterem Grunde sind. In mikroskopischer Hinsicht zeigen diese Arten weitgehende Übereinstimmungen. Die Palisadenzellen (Abb. 101) sind wie bei der Linse stumpf bespitzt, etwa 50 μ lang, 6—8 μ breit. Die 10—15 μ breite Lichtlinie ist oft doppelt. Die Zellen weisen im unteren erweiterten Teil dunklen Inhalt auf. Die etwa 15—25 μ hohen Hypodermzellen sind spulenförmig und führen zum Teil braune Inhaltsstoffe. Das Keimblattgewebe ist ähnlich wie bei der Linse. Die Stärkekörner sind denen anderer Leguminosensamen sehr ähnlich (vgl. S. 126).

Einige Wickenarten (z. B. Vicia angustifolia) enthalten übrigens ein Blausäure abspaltendes Glykosid, worauf bei Futtermitteluntersuchungen zu achten ist. Vicia Ervilia (L.) WILLD., die Linsenwicke, die keine Blausäure enthält, wird von Rindern, Schafen und Tauben ohne Schädigung gefressen, soll aber für Menschen, Pferde und Schweine gefährlich sein[1]. Nach

[1] Vgl. HEGI: Flora Bd. IV, 3, S. 1513.

WILCZEK und TSCHUMI[1] sollen schon geringe Beimengungen unter Linsen oder Weizen Störungen verursacht haben. Die 35—40 μ hohen Palisadenzellen haben infolge eigentümlicher Verdickungen ein sanduhrförmiges Lumen, wogegen die nur 7 μ hohen Trägerzellen ganz flach und nur oberwärts durch Intercellularen getrennt sind.

10. Platterbse. Die Gemüse- oder Saatplatterbse (Lathyrus sativus L.) wird in Deutschland nur selten, häufiger

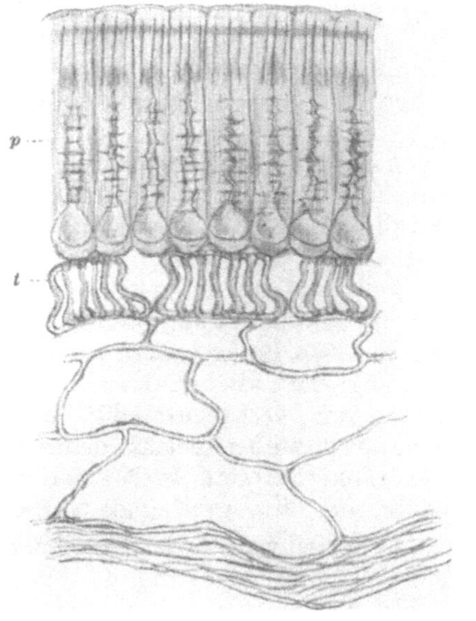

Abb. 102. Querschnitt der Samenschale der Platterbse. p Palisaden, t Trägerzellen. 1 : 350. (C. GRIEBEL.)

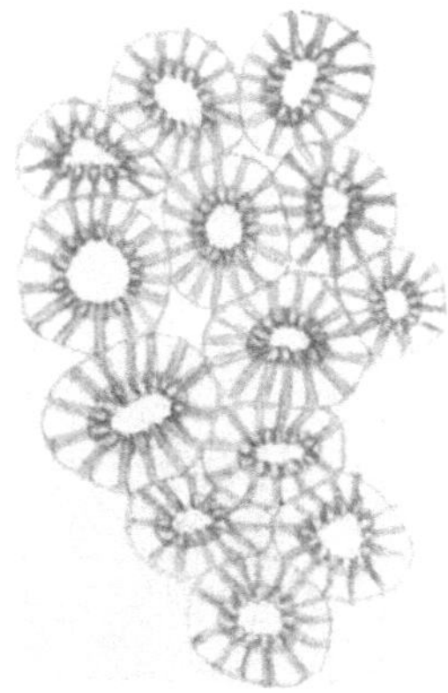

Abb. 103. Trägerzellen der Platterbse in der Flächenansicht. 1 : 250. (C. GRIEBEL.)

in Südeuropa, überwiegend als Futtermittel gebaut. Die gerundet vierseitigen Samen sind auf einer Schmalseite keilartig zugeschärft und daher mehr oder weniger beilförmig. Die Färbung variiert stark. Die Palisaden (Abb. 102) sind 70—100 μ hoch, 12—18 μ breit. Im mittleren, weniger verdickten Teil zeigt die Wand quergestellte Spaltentüpfel. Der unterste Teil ist weitlumig. Die Trägerzellen sind meist an der Basis breiter als an der Oberseite, bis 26 μ hoch und bis 45 μ breit. Ihre Radialwände sind rippenförmig verdickt, was an Flächenansichten besonders schön in Erscheinung tritt (Abb. 103). Doch sind die Verdickungsleisten nicht bei allen Formen so deutlich ausgeprägt. Das Keimblattgewebe ist wenig kennzeichnend. Die bis 55 μ großen, ovalen oder rundlichen Stärkekörner sind häufig unregelmäßig wulstig aufgetrieben, am Rande oft geschichtet, aber selten mit einem Spalt versehen.

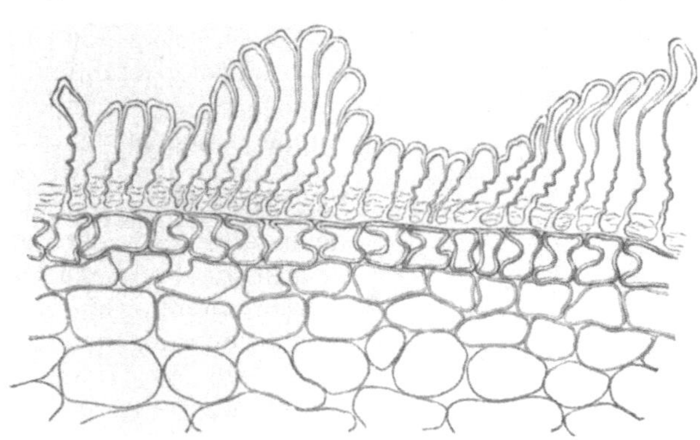

Abb. 104. Äußere Samenschale der Kichererbse im Querschnitt. (J. MOELLER.)

11. Kichererbse. Die hellfrüchtige Kichererbse (Cicer arietinum L., Abb. 104) und eine braune Abart (Cicer arietinum fuscum L.) dient im

[1] WILCZEK u. TSCHUMI: Journ. Suisse Pharm. 1919, 57, 435—437, 448—452.

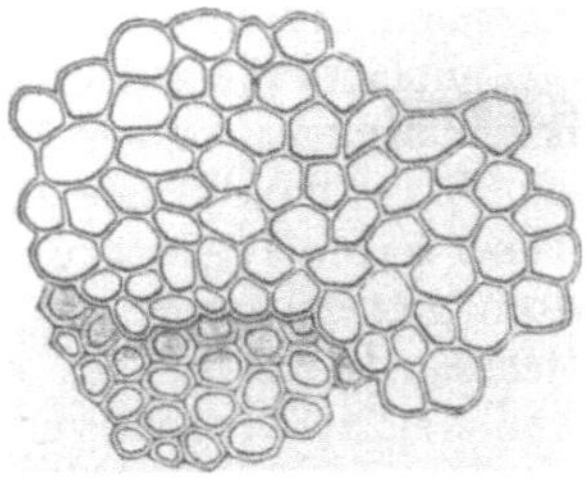

Abb. 105. Palisaden der Kichererbse in der Aufsicht. (J. MOELLER.)

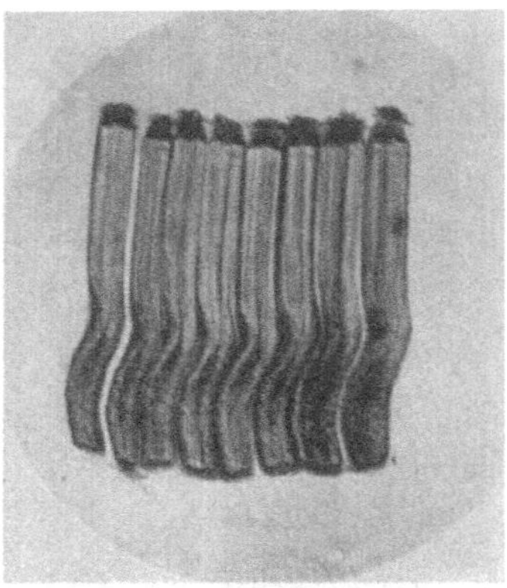

Abb. 106. Palisadenzellen der gelben Lupine. Vergr. 325. (Phot. D. STRILCIUC.)

südlichen Europa als Nahrungsmittel. Die unregelmäßig rundlichen bis 12 mm großen Samen erinnern in der Form an einen Widderkopf. Die Palisaden sind gruppenweise ungleich lang (35—125 μ), im übrigen aber bei der hell- und dunkelsamigen Form verschieden ausgebildet. Bei der gewöhnlichen Kichererbse sind sie nur außen mäßig verdickt, ihre zarten Seitenwände wellig gebogen. In der Flächenansicht bieten sie daher ein von den anderen Leguminosen abweichendes Bild (Abb. 105). Bei der braunen Indischen Kichererbse[1] ähneln die Palisaden mehr denen der Platterbse. Sie sind nämlich im äußeren Teil dickwandig, im mittleren Teil querporös und im unteren dünnwandig. Die Hypodermzellen sind unregelmäßig sanduhrförmig, dünnwandig, die zwischen ihnen befindlichen Intercellularen verhältnismäßig klein. Das Kotyledonargewebe gleicht dem der Erbse. Die Stärkekörner sind breit eiförmig, mitunter kugelig, bis 35 μ groß (vgl. S. 126).

12. Lupine. Die Samen verschiedener Lupinenarten (besonders Lupinus angustifolius, luteus usw.) finden als Kaffee-Ersatzmittel Verwendung und werden nach der Entbitterung zuweilen auch gegessen; unmittelbar genießbar, wenigstens in Form von Zubereitungen, sind die Samen der neuerdings gezogenen süßen Lupine. Die Samen der meisten Lupinen sind etwa 5—7 mm lang, rundlich nierenförmig, dunkel gefleckt (Lupinus albus hat helle Samen). Die Palisadenzellen sind sehr hoch (etwa 150 μ) und weisen im unteren Teil eine doppelte Krümmung auf (Abb. 106), an der die Lupinensamen leicht kenntlich sind. Bei der blauen Lupine (Lupinus angustifolius L.) zeigen die Palisaden ungefähr in der Mitte einen dunklen bandförmigen Streifen. Das Lumen ist im äußeren Teil strichförmig, innen erweitert; der die Fleckigkeit der Samen verursachende dunkle Farbstoff befindet sich hauptsächlich im unteren Teil des Lumens. Die Trägerzellen sind derbwandig spulenförmig, in der Mitte stark verengt (Abb. 107); Höhe bis 75, Breite bis 50 μ. Das Kotyledonargewebe ist dickwandig und getüpfelt, stark durchlüftet. Der Inhalt der Zellen besteht aus ziemlich großen Aleuronkörnern. Wenn man den Zellinhalt, der aus einem durch Plasma zusammengehaltenen Aleuronkörnerballen besteht, mit Chloralhydrat durchsichtig macht, zeigt sich, daß fast jeder Ballen, also jeder Zellinhalt, einen sehr kleinen tafelförmigen Oxalatkrystall (Abb. 108) enthält, der in einem besonders großen Aleuronkorn (Solitär) liegt. Stärke

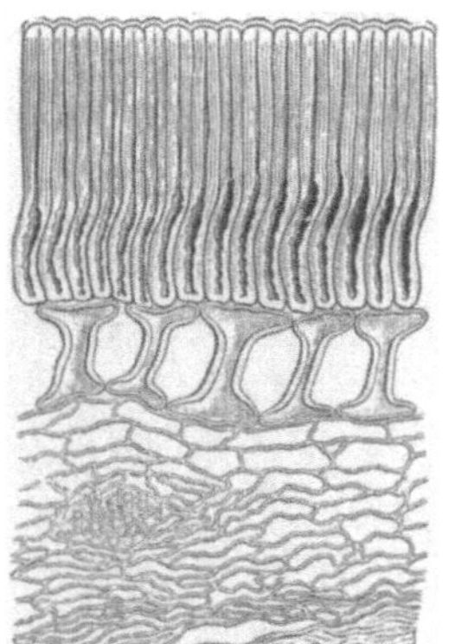

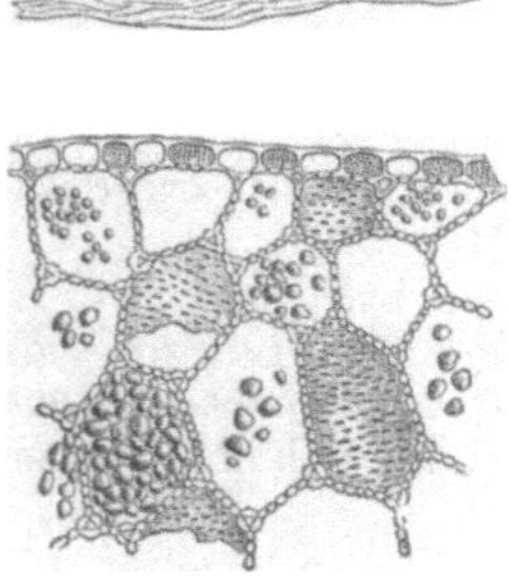

Abb. 107. Querschnitt der gelben Lupine. (A. L. WINTON.)

[1] KONDO: Z. 1913, 25, 1f.

fehlt, nur nicht ganz reife Samen enthalten unter Umständen geringe Mengen kleinkörniger Stärke.

Da Lupinenmehl, namentlich solches aus süßen Lupinen, jetzt zumeist aus geschälten Samen hergestellt wird, findet man die charakteristischen geknieten Palisaden, desgleichen die kräftigen Trägerzellen, nur ganz vereinzelt auf. Als Erkennungsmerkmal kommen daher in erster Linie die dickwandigen porösen Kotyledonarzellen in Betracht. Bei genauer Untersuchung findet man auch den fast in jeder Zelle enthaltenen Oxalatkrystall, der oft schmal prismatisch oder wetzsteinförmig erscheint, weil man ihn häufig von der Kante sieht; seltener sind Zwillingskrystalle. Bemerkenswert ist auch die starke Durchlüftung des Gewebes. Die großen Intercellularen erscheinen daher, solange die Luft nicht durch Erwärmen mit Alkohol verdrängt ist, bei der Untersuchung schwarz. Wo die Zellwände an Intercellularen stoßen, sind sie stark verdickt, an den gegenseitigen Berührungsflächen porös (Abb. 108).

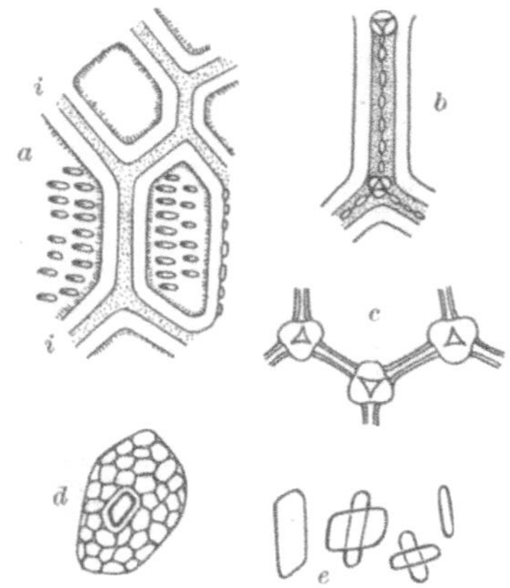

Abb. 108. Lupinenmehl. *a* dickwandige getüpfelte Kotyledonarzellen mit weiten Intercellularen *i*; *b* Tüpfelfeld im Querschnitt bei hoher Einstellung, auf die Intercellulare projiziert; *c* kollenchymatisch verdickte Zellwand; *d* Zellinhalt nach der Aufhellung mit Chloralhydrat, in einem großen Aleuronkorn (Solitär) einen Oxalatkrystall zeigend; *e* verschiedene Formen der Oxalatkrystalle. 1 : 350. (C. GRIEBEL.)

13. Sojabohne (Abb. 109 u. 110). Die in China heimische und bisher in großen Mengen eingeführte Sojabohne (Glycine hispida MAXIM.; Soja hispida MÖNCH.) wird jetzt in den klimatisch bevorzugten Gegenden Deutschlands bereits in beschränktem Maße angebaut[1]. Die Samen der verschiedenen Spielarten sind 5—10 mm groß, etwas abgeflacht oder oval bis fast kreisrund, in der Farbe gelblich bis braun oder schwarz. Im reifen Zustande enthalten sie gewöhnlich keine Stärke, doch scheint bei schwarzen japanischen Sojabohnen verhältnismäßig viel kleinkörnige Stärke vorzukommen. Die Palisadenzellen sind 40—60 μ hoch, bis 15 μ breit, farblos oder mit einem der Farbe der Bohnen entsprechenden Farbstoff versehen. Der bei den schwarzen Bohnen vorhandene Farbstoff wird mit Säure oder Chloralhydrat schön kirschrot. Die Lichtlinie liegt in der Nähe der Cuticula. In der Flächenansicht sind die Palisaden elliptisch. Die Trägerzellen sind ebenso hoch, teilweise noch höher als die Palisaden, gewöhnlich 35—50 μ, in der Nähe des Nabels dagegen oft 150 μ, sanduhrförmig. Da sie sich leicht voneinander trennen, findet man sie im zerkleinerten Material

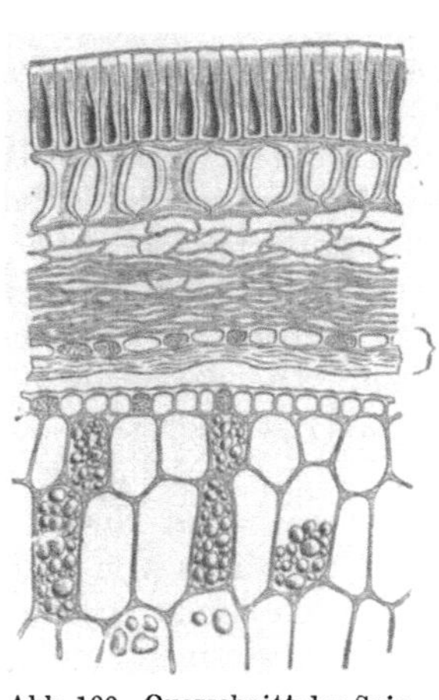

Abb. 109. Querschnitt der Sojabohne. *E* Nährgewebe. (A. L. WINTON.)

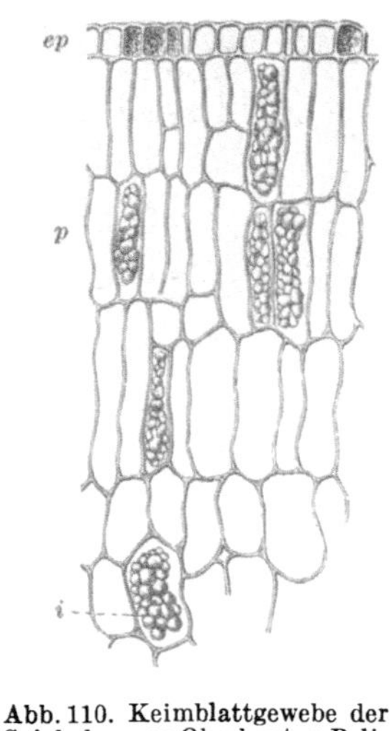

Abb. 110. Keimblattgewebe der Sojabohne. *ep* Oberhaut, *p* Palisaden, *i* Aleuron. (J. MOELLER.)

[1] G. LESSONS: Fette u. Seifen 1937, Heft 5, S. 175.

oft isoliert. Das Kotyledonargewebe besteht aus dünnwandigen, in den äußeren Reihen radial gestreckten Zellen, die fettes Öl und Aleuron, im inneren Teil mitunter auch etwas kleinkörnige Stärke enthalten (Abb. 111). — Sojabohnenmehl aus ungeschälten Samen ist an den großen Trägerzellen, dem dünnwandigen, eiweißreichen Kotyledonargewebe und dem Fehlen der Stärke oder wenigstens größerer Stärkekörner erkennbar. Aus geschälten Samen bereitetes Mehl enthält nur sehr spärliche Schalenbestandteile.

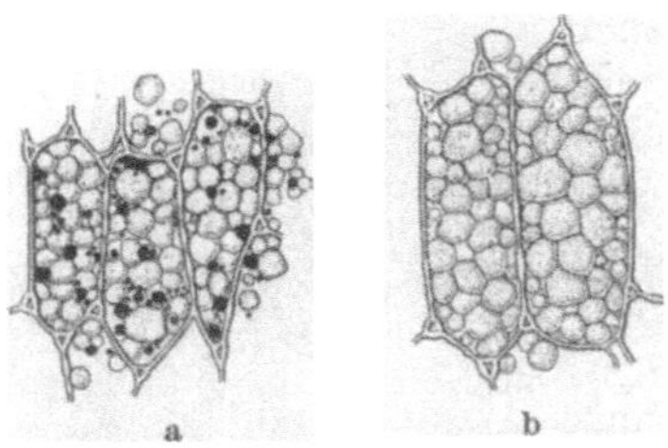

Abb. 111a und b. Kotyledonarzellen einer stärkeführenden (a) und einer stärkefreien (b) Sojabohne nach Jodzusatz. Vergr. 200. (G. GASSNER.)

14. Chinabohne (Abb. 112). Die Samen der chinesischen Langbohne oder Katjangbohne (Vigna Catjang ENDL. = V. sinensis = Dolichos sinensis L.) variieren in der Farbe sehr erheblich. Sie sind etwa 8 mm lang, etwas abgeflacht. Der keilförmige Nabel liegt in der Nähe der einen Schmalseite. Die Palisaden sind bis 75 μ hoch und bis 18 μ breit, in der Flächenansicht elliptisch, die Trägerzellen 10—25 μ hoch und etwa ebenso breit, sanduhrförmig, dünnwandig. Die Kotyledonarzellen sind wenig verdickt, die Stärkekörner (bis 35 μ) ähneln denen der Bohne.

15. Schwarzäugige Langbohne. Die Samen von Dolichos melanophthalmus DC. sind denen der Chinabohne in der Form sehr ähnlich. Der keilförmige Nabel ist schwarz oder rötlichbraun umrandet. Nach KONDO[2] sind die Palisadenzellen 35—40 μ hoch, 12—16 μ breit, die Verdickungsleisten der Außenseite erscheinen teilweise zapfenförmig. Die Trägerzellen sind wie bei der vorigen Art niedrig, 14 μ hoch und 19—24 μ breit. Das Kotyledonargewebe ist derbwandig und getüpfelt, die Stärkekörner sind bis 35 μ groß.

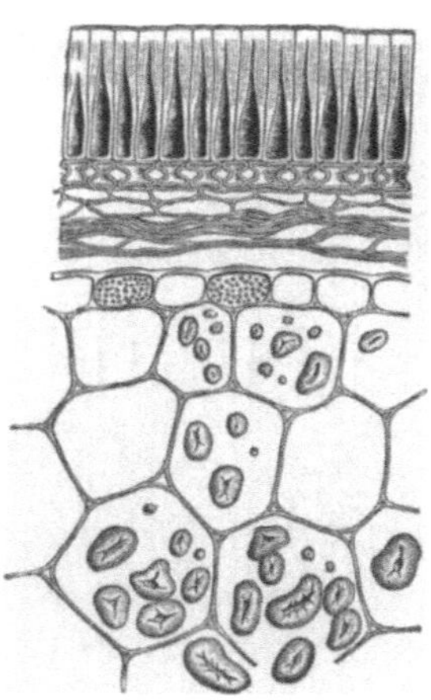

Abb. 112. Querschnitt der Chinabohne. (A. L. WINTON.)

16. Die Lablabbohne oder Ägyptische Bohne (Dolichos lablab L.)[1] hat etwa 1 cm große, meist dunkle, oval gerundete, mit einem großen Nabelpolster versehene Samen. Die Palisaden sind bis über 150 μ hoch, 10—20 μ breit, nach außen nur wenig verengt, von einer derben Cuticula bedeckt. Die Lichtlinie liegt 19—24 μ unter der Oberfläche. Die Trägerzellen sind sanduhrförmig, meist breiter als hoch, in der Nabelgegend bis zu 6 Reihen übereinander stehend. Die Kotyledonarzellen sind dünnwandig, sehr fein getüpfelt. Die Stärkekörner sind der Bohnenstärke ähnlich, aber kleiner (20—40 μ).

17. Canavaliabohne (Abb. 113)[1]. Die Samen mancher Canavaliaarten werden genossen und finden auch als Kaffeesurrogat Verwendung. Canavalia unterscheidet sich von anderen Bohnen durch die mehrreihige Trägerzellenschicht. Nach innen zu findet man gewöhnlich alle möglichen Übergänge zu verzweigten Formen und zum gewöhnlichen Parenchym.

Die Samen der Jackbohne (Canavalia ensiformis DC.) sind oval, bis 2 cm lang, durch einen langen, braun bis rotbraun gefärbten Nabel ausgezeichnet. In der Nachkriegszeit kamen sie auch bei uns gelegentlich auf den Markt. Die Palisadenzellen sind gegen 150 μ hoch, 12—24 μ (nach WEESE bis 32 μ) breit. Die Trägerzellen sind 2—3reihig, in der obersten Reihe bis 60 μ hoch,

[1] KONDO: Der anatomische Bau einiger ausländischer Hülsenfrüchte. Z. 1913, 25, 1f.

sanduhrförmig, die inneren oft unregelmäßig gestaltet. Unter dem Nabel sind sie bis 6reihig und enthalten dort braunen Farbstoff. Das Schwammparenchym ist stark entwickelt und getüpfelt. Die Kotyledonarzellen sind dickwandig und stark porös. Die Stärkekörner (bis 55 μ) sind denen der gewöhnlichen Bohne ähnlich, doch fehlen die nierenförmigen Körner.

Nach I. WEESE bezieht sich die Abbildung KONDOs (Abb. 113), die angeblich Canavalia ensiformis darstellt, auf die rotsamige Schwertbohne (C. gladiata), bei der die inneren Kotyledonarzellen infolge größerer Intercellularräume mehr sternförmig ausgebildet sind. Bei dieser Art werden die Palisaden über 200 μ, die Trägerzellen, die in 3—4, unter dem Nabel bis 6 Reihen vorhanden sind, in der äußersten Lage 60—100 μ hoch.

Weitere ausländische Leguminosensamen (verschiedene Stizolobiumarten und die Erderbse, Voandzeia subterranea) hat I. WEESE[1] eingehend beschrieben.

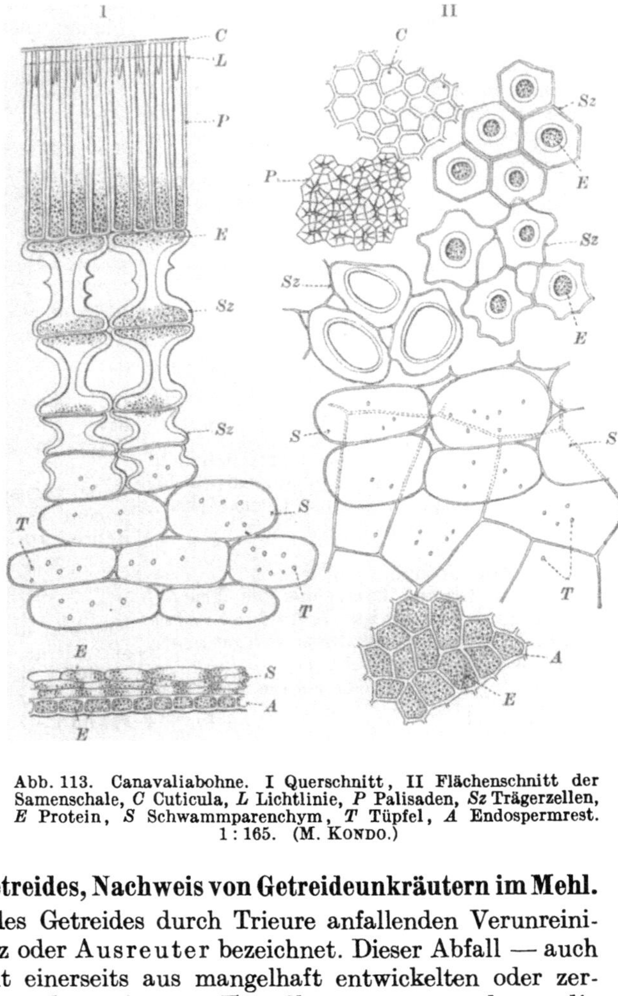

Abb. 113. Canavaliabohne. I Querschnitt, II Flächenschnitt der Samenschale, C Cuticula, L Lichtlinie, P Palisaden, Sz Trägerzellen, E Protein, S Schwammparenchym, T Tüpfel, A Endospermrest. 1 : 165. (M. KONDO.)

3. Verunreinigungen des Getreides, Nachweis von Getreideunkräutern im Mehl.

Die bei der Reinigung des Getreides durch Trieure anfallenden Verunreinigungen werden als Ausputz oder Ausreuter bezeichnet. Dieser Abfall — auch Besatz genannt — besteht einerseits aus mangelhaft entwickelten oder zerbrochenen Getreidekörnern, andererseits aus Fremdkörpern, unter denen die Samen oder Früchte der Ackerunkräuter weitaus überwiegen. Je nach der Getreideart, dem Anbaugebiet, den Boden- und Kulturverhältnissen sind die Getreideunkräuter verschieden, so daß sie unter Umständen bestimmte Schlüsse auf die Herkunft eines Getreides zulassen. Die Anzahl der hierbei in Betracht kommenden Arten ist ziemlich groß. Von Wichtigkeit sind für uns hauptsächlich diejenigen Arten, die die Beschaffenheit der Mehle oder anderer Müllereiprodukte in irgendeiner Weise (Geruch, Geschmack, Färbung oder Giftwirkung) ungünstig beeinflussen. Da aber der Trieurabfall nicht selten als Tierfutter Verwendung findet und daher gelegentlich auf seine Zusammensetzung hin — hauptsächlich auf schädliche Bestandteile — geprüft werden muß, interessieren hier auch noch andere im Ausputz vorkommende Arten. Im folgenden wird deshalb ein von G. BRÜCKNER[2] bearbeiteter Bestimmungsschlüssel mit Abbildungen wiedergegeben,

[1] I. WEESE: Arch. Chem. u. Mikrosk. 1917, 10, 65f.
[2] G. BRÜCKNER: Zeitschr. ges. Getreide- u. Mühlenwesen 1931, 18, 83.

Bestimmungstabelle nach G. BRÜCKNER.

A. Gestreckte Körner, d. h. weder Breite nock Dicke der Körner mehr als die Hälfte der Länge ausmachend.

a) Oberfläche stachelig, grün bis gelbbraun, 7—10 mm.

α) **Stacheln in 4 Reihen,** fast gleichbreit, Stacheln in jeder Reihe einzeilig: 1. Caucalis daucoides, Haftdolde (M.-, S.-, SO.-Eur., Or.)[1].

β) **Stacheln in 7 Reihen,** länglich eiförmig, am oberen Ende kurz geschnäbelt, Stacheln in jeder Reihe meist mehrzeilig, Furche fein gezähnelt: 2. Turgenia latifolia, Klettendolde (W.-, M.-Eur., Mittgeb.).

b) Oberfläche nicht stachelig, glatt, runzelig usw.

α) **Bespelzte Grasfrüchte.**

I. Ca. 1 cm und länger.

1. Braun; am Grunde, zum Teil auch die Spelzen behaart, meist 1,5 cm: 3. Avena fatua, Flughafer (Eur., N.-Afr., W.-, N.-, O.-As., Abess., Cap., N.-, S.-Am.).

2. Graugrün; unbehaart, zuweilen mehrere in Ährchen zusammenhängend; 9 bis 11 mm; 4. Triticum repens, Quecke (Eur., As., N.-Am., N.-Afr.).

II. Kürzer als 1 cm.

1. Mit Granne.

× Granne kürzer als die Frucht; schmal, grün bis gelbbraun; 6—8 mm (ohne Granne): 5. Bromus secalinus, Roggentrespe (Eur., As., N.-Afr., N.-Am.).

× × Granne länger als die Frucht.

+ Etwa viermal so lang wie breit; schmutziggelb, etwa 6 mm (ohne Granne): 6. Lolium perenne, Englisches Raigras (Eur., N.-Afr., gem. As., N.-A., Austr.).

+ + Höchstens $2^1/_2$mal so lang wie breit; schmutziggrün bis -braun, entspelztes Korn dunkelbraun, in der Größe einem kleinen Weizenkorn entsprechend, 5—7 mm (ohne Granne): 7. Lolium temulentum, Taumellolch (Kosm.).

2. Ohne Granne.

× Der einen Spelze zwei ungleiche Stielchen anliegend, gelbbraun, aber meist gänzlich rot angelaufen, 4—5 mm: 8. Sorghum halepense, Alepohirse (Mittgeb., Or., O.-Ind., China, N.-, M.-Am.).

× × Kurz gestielt, am Grunde zuweilen noch zwei winzige Blättchen, gelb bis braun, etwa 4 mm: 9. Phalaris canariensis, Spitzsame (Mittgeb.).

β) **Andere Früchte und Samen.**

I. Mit Borstenkrone; am Grunde abgestutzt, graugelb, Borsten braun, 3—4 mm (ohne Borsten): 10. Centaurea cyanus, Kornblume (Kosm., jedoch N.-Am., S.-Am. seltener).

II. Ohne Borstenkrone.

1. Gegliederte Körner.

× Zwei ungleich gestaltete Glieder, das untere gestreckt, das obere kugelig zugespitzt, gelb, gelbbraun, 7—8 mm: 11. Rapistrum perenne, Rapsdotter (S.-, O.-, M.-Eur.).

× × Meist mehr als zwei gleich gestaltete Glieder, jedes etwa 6 mm lang, 3 bis 4 mm breit, strohgelb: 12. Raphanus Raphanistrum, Hederich (Kosm.).

2. Nicht gegliederte Körner.

× Mehr als 2—3 mm breit.

+ Glatt, walzenförmig; glasigbraun bis schwarz, mit geschrumpftem Anhang, 4—6 mm: 13. Melampyrum arvense, Wachtelweizen (Eur., W.-As.).

+ + Runzelig, kantig, an einem Ende zugespitzt, am anderen mit ringförmigem Wulst, etwa 6 mm: 14. Anchusa italica, Italienische Ochsenzunge (S.-Eur.).

× × Höchstens 2 mm breit.

+ Ohne deutliche Furchen.

o An beiden Enden abgestumpft; in der Mitte der einen Längsseite eine kleine Vertiefung (Nabel), dunkelbraun, glänzend (unreif grün), 3—4 mm: 15. Coronilla varia, Kronenwicke (M.-, S.-Eur., W.-As.).

oo An einem Ende wenig zugespitzt, am anderen ein Zäpfchen, gelbbraun, schwach glänzend, Federkrone meist abgefallen, etwa 3 mm: 16. Cirsium arvense, Ackerdistel (Eur., As., N.-Am.).

+ + Mit einer oder mehreren deutlichen Furchen.

o Mit einer Furche; 2—3 mm.

§ Im Querschnitt rundlich, rotbraun, matt (zuweilen oval): 17. Camelina sativa, Leindotter (M.-Eur., Mittgeb. bis Z.-As.).

§§ Zusammengedrückt, glänzend, braun, kaffeebohnenähnlich: 18. Plantago lanceolata, Spitzwegerich (Kosm.).

oo Mit mehreren Furchen.

§ 3—4 Furchen, Körner an einem Ende breiter, gelbbraun, etwa 2 mm: 19. Chrysanthemum segetum, Saatwucherblume (Eur., Mittgeb., N.-Am.).

§§ Mit vielen Furchen, Körner an beiden Enden gleichbreit, dunkelrotbraun, etwa 3 mm: 20. Sonchus arvensis, Ackergänsedistel (Kosm.).

+ + + Kantig; mit 4 Kanten, zuweilen noch einige Glieder zusammenhängend, mitunter etwas gebogen, 4—6 mm, gelblichgrün: 15. Coronilla varia, Kronenwicke (M.-, S.-Eur., W.-As.).

[1] Die Abkürzungen bedeuten: Abess.: Abessinien, Afr.: Afrika, Am.: Amerika, As.: Asien, Austr.: Australien, Cap.: Capland, Eur.: Europa, gem.: gemäßigt, d. h. mäßig warm, Ind.: Indien, Kosm.: Kosmopolitisch, d. h. über die ganze Erde verbreitet, M.-: Mittel-, Mittgeb.: Mittelmeergebiet, N.-: Nord-, O.-: Ost-, Or.: Orient, Russ.: Rußland, S.-: Süd-, SO.-: Südost-, SW.-: Südwest, W.-: West-, Z.-: Zentral-.

B. Nicht gestreckte Körner.

a) Zusammengedrückte flache Körner.

α) **Oberfläche dornig,** halbkreisförmig, kaum geschnäbelt, braun, 4—6 mm lang, 3—4 mm breit: 21. Ranunculus arvensis, Ackerhahnenfuß (Eur., gem. As., N.-Afr.).

β) **Oberfläche ohne Dornen.**

I. Oberfläche glatt.

1. Oberfläche glänzend.

× Rundlich; schwarz, geschält schmutzig gelb, 1,5 mm und weniger, meist beiderseits konvex, oft noch von den 5 matten, grünlichen oder braunen Kelchblättern eingehüllt: 22. Chenopodium album, Gänsefuß (Kosm.). Sehr ähnlich, meist mehr als 1,5 mm im Durchmesser, meist beiderseits wenig vertieft, fast immer von 2 spießförmigen Kelchblättern eingehüllt: 23. Atriplex hastatum, Spießblättrige Melde (Eur., N.-Am.).

× × Eiförmig; 4—5 mm lang, 2 bis 3 mm breit, braun, scharfrandig: 24. Linum usitatissimum, Lein (Kosm.).

× × × Herzförmig; 2—3 mm.

+ Dunkelbraun; Oberfläche beiderseits eingedrückt, am Grunde Reste des Blütenstieles und der mattbraunen Kelchblätter, oft von diesen noch vollständig eingehüllt: 25. Polygonum lapathifolium, Ampferblättriger Knöterich (Kosm.).

+ + Schwarz; Oberflächen nicht eingedrückt: 26. Polygonum Persicaria, Pfirsichblättriger Knöterich (Kosm.).

2. Oberfläche matt.

× Spiralig gewunden, 2—4 mal; Durchmesser etwa 4 mm, grün bis braun: 27. Medicago sativa, Luzerne (Eur., gem. As., N.-Afr., N.-Am.).

× × Nicht spiralig gewunden.

+ Rundlich.

o Geschnäbelt; Schnabel gebogen, braungelb: 28. Ranunculus acer, Scharfer Hahnenfuß (Eur., N.-, S.-As., N.-Afr., Abess., Cap., N.-Am.).

oo Nicht geschnäbelt.

§ Bis zu 2,5 mm.

□ Bohnenförmig; gelb bis gelboliv: 27. Medicago sativa, Luzerne (Eur., gem. As., N.-Afr., N.-Am.); oder andere Kleearten.

□□ Mehr oder weniger abgerundet viereckig; gelbbraun: 29. Eruca sativa, Raukensenf (SO.-Eur., Mittgeb., Ind.).

§§ Über 2,5 mm; ohrmuschelförmig.

□ Samen fast vollständig von einem helleren (gelbbraunen) Flügelsaum umgeben, dunkelgrün: 30. Fistularia maior, Großer Klappertopf (Eur., Klein-As., N.-Am.).

□□ Samen ohne Flügelsaum, blaugrün, oft mehrere zusammenhängend: 31. Fistularia Alectorolophus, Hahnenkamm (M.-Eur.).

+ + Eiförmig zugespitzt; braungrau, schwärzlich gescheckt, etwa 5 mm lang, 2,5 mm breit: 32. Arctium, Klette.

+ + + Spießförmig-viereckig; schmutzigbraun oder -grün, 2—4 mm, von den Kelchblättern eingehüllte Körner von: 23. Atriplex hastatum, Spießblättrige Melde (Eur., N.-Am.).

II. Oberfläche mit Furchen oder Riefen.

1. Kreisrund, teller- bzw. scheibenförmig.

× Durchmesser 5 mm und mehr: Sammelfrüchte von 33. und 34. (siehe × × !).

× × Durchmesser höchstens 3 mm, grubig-runzelig.

+ Scharfberandet, gelbbraun: 33. Malva rotundifolia, Rundblättrige Malve (fast Kosm.).

+ + Abgerundet, schwarzbraun: 34. Malva neglecta, Käsepappel (Eur., N.-Am.).

2. Nicht kreisrund.

× Herzförmig; meist gestielt, mit 2 rundlichen rotbraunen Samen, gelblich; etwa 4 mm: 35. Lepidium Draba, Pfeilkresse (fast Kosm.).

× × Tonnenförmig; mit einem weitmaschigen Netz feiner Leisten bedeckt, graubraun, 3—4 mm, zuweilen mehrere zusammenhängend (Gliederhülse): 36. Ornithopus sativus, Seradella (Eur., N.-Afr., N.-Am.).

× × × Mehr oder weniger oval.

+ Querrunzelig.

o Mindestens 4 mm; eiförmig zugespitzt, graubraun bis schwarz, häufig dunkler gefleckt: 37. Onopordon Acanthium, Eselsdistel (Eur., Or. bis Persien).

oo Höchstens 3 mm; an beiden Enden wenig geschnäbelt, gelbbraun bis schmutziggrün: 38. Melilotus officinalis, Honigklee (Eur., gem. As., N.-Am.).

+ + Nicht querrunzelig.

o Höchstens 2 mm; hufeisenförmig gefurcht, mit 2 kleinen Zähnchen, schwarz-violett: 39. Thlaspi arvense, Pfennigkraut (Eur., As., N.-Am.).

oo Meist 4 mm; Gestalt fast bohnenförmig, schwarzgrün: 40. Medicago lupulina, Hopfenklee (Eur., gem. As., N.-Afr., N.-Am.).

b) Körner nicht zusammengedrückt.

α) **Körner scharfkantig,** d. h. mit mindestens einer ausgesprochen scharfen Kante.

I. Oberfläche glatt oder nur mit feinen Runzeln.

1. Höchstens 1 mm; dreikantig, glänzend braun: 41. Rumex acetosella, Kleiner Ampfer (Kosm.).

2. Über 1 mm.

× Mit drei Kanten.

+ Körner regelmäßig gestaltet, d. h. die von den Kanten eingeschlossenen Flächen unter sich gleich oder fast gleich.

o Glänzend; braun, etwa 2,5 mm, häufig von der doppelt so großen, matt rotbraunen schwielentragenden Fruchthülle umgeben: 42. Rumex crispus, Krauser Ampfer (Kosm.).

oo Matt.

§ Schwarz; etwa 3 mm, schmutzig-braun, wenn noch von den Kelchblättern eingehüllt; etwa 2,5 mm, rosa bis hellbraun, wenn von der Fruchtschale befreit: **43.** Polygonum convolvulus, Windenknöterich (Kosm.).

§§ Braunschwarz; 2—3 mm, häufig von grünen, rotgeränderten Kelchblättern eingehüllt: 44. Polygonum aviculare, Vogelknöterich (Kosm.).

++ Körner unregelmäßig, die Flächen verschiedenartig, zwei schmal und eben, eine breiter und gewölbt; schwarz bis schwarzbraun von ovalem Umriß, etwa 2,5 mm: 45. Dracocephalum, Drachenkopf.

×× Nicht dreikantig.

+ Zweikantig.

o Beiderseits gewölbt.

§ Körner an beiden Enden zugespitzt; braunschwarz bis schwarz, häufig von den graugrünen, schwarzpunktierten Kelchblättern eingehüllt, 3—4 mm: 46. Polygonum Hydropiper, Wasserpfeffer (Eur., Vorderas., N.-Afr., N.-Am.).

§§ Körner oval, nur an einem Ende in eine stumpfe Spitze auslaufend; graubraun bis braun, dunkler punktiert, 2—3 mm: 47. Galeopsis tetrahit, Hanfnessel (Eur., As., N.-Am.).

oo Eine Seite flach, die andere stark gewölbt.

§ Ca. 1 mm breit; auf der gewölbten Seite schwach punktiert, gelbgrün bis braun; etwa 2 mm: 48. Setaria viridis, Grünes Borstengras (Kosm.).

§§ Ca. 2 mm breit; auf der gewölbten Seite fein querrunzelig, gelbgrün bis -braun; etwa 3 mm: 49. Setaria glauca, Blaugrünes oder gelbes Borstengras (Kosm.).

++ Nicht zweikantig.

o Form ähnlich einem Kugelsegment.

§ Schwärzlich, matt, schwach runzelig oder punktiert.

□ Pechschwarz, Querschnitt aschgrau, etwa 3 mm: 50. Nigella arvensis, Schwarzkümmel (S.-, M.-Eur., Vorderas., N.-Afr.).

□□ Grauschwarz, Querschnitt gelblich; 3—4 mm: 51. Convolvulus arvensis, Ackerwinde (Kosm.).

§§ Braun, schwach glänzend, meist etwa 4 mm: 52. Rosa arcansana (N.-Am.).

oo Breit keilförmig; die der Schneide des Keiles gegenüberliegende Seite gewölbt, die übrigen meist flach oder eingedrückt, grau bis braun, dunkler marmoriert, der kurze breite Nabel von 2 schwarzen Streifen begleitet: 53. Lathyrus sativus, Platterbse (Eur., W.-, M.-As., N.-Afr.).

II. Oberfläche stark gefurcht, schrumpelig oder mit Auswüchsen.

1. Schwarz.

× Etwa 2 mm; querrunzelig, dreieckig zugespitzt, oft etwas gebogen: 54. Delphinium consolida, Feldrittersporn (Eur., W.-As., N.-Am. [?]).

×× 3 mm und mehr; schrumpelig, verschiedenartig geformt, die Kanten oft heller gefärbt erscheinend: 55. Ornithogalum, Vogelmilch (S.-Eur.).

2. Schmutzigbraun bis gelbgrün.

× Unregelmäßig dreieckig; Ecken spitzig, runzelig, etwa 4 mm: 56. Adonis aestivalis, Adonisröschen (Eur.).

×× Kapuzenförmig; mit ringförmigem Wulst an der Ansatzstelle, netzförmig verdickt, etwa 4 mm: 57. Anchusa officinalis Echte Ochsenzunge (Eur., Mittgeb.).

××× Birnenförmig.

+ Mit einzelnen warzigen Hökkern bedeckt; mehr oder weniger rundlich mit einer Kante, Spitze nach dieser hin etwas umgebogen, Basis eben, scharf berandet, fast dreieckig, 2—3 mm: 58. Echium vulgare, Natterkopf (M.-, W.-, S.-Eur.).

++ Am Rande mit zahlreichen Stacheln bedeckt; mehr oder weniger flachgedrückt mit einer Kante, 2—3 mm: 59. Lappula Myosotis, Klettenigelsame (M.-, S.-Eur., As., N.-Afr., N.-Am.).

β) Körner rundlich, nicht scharfkantig.

I. Körner kugelig, bzw. zuweilen leicht zusammengedrückt.

1. Oberfläche glatt.

× Durchmesser bis 1,5 mm.

+ Schwarz bis rotbraun: 60. Sinapis arvensis, Ackersenf (Kosm.).

++ Graugrün; Nabel heller, etwa $^1/_6$ des Umfanges ausmachend: 61. Vicia tetrasperma, viersamige Wicke (Eur., As., N.-Afr.).

×× Durchmesser über 2 mm.

+ Geschälte (bzw. durchschnittene) Körner zitronengelb.

o Einfarbig; glänzend.

§ Tiefschwarz; schwach linsenförmig, etwa 4 mm, Nabel sehr kurz, matt: 62. Lathyrus aphaca, Rankenplatterbse (S.-Eur., As., N.-Afr.).

§§ Olivgrün, braun oder weinrot; 2—3 mm, Nabel rotbraun, hervortretend, etwa $^1/_5$—$^1/_4$ des Kornumfanges ausmachend: 63. Vicia hirsuta, Zitterlinse (Eur., W.-As. bis O.-Ind., N.-Afr. bis Abess., N.-Am.).

oo Gefleckt.

§ Matt.

□ Nabel dunkelbraun bis schwarz; häufig etwas kantig, graugelb bis dunkelbraun mit dunkleren Flecken, 4 bis 6 mm: 64. Vicia pannonica, Ungarische Wicke (S.-Eur., S.-Russ., Klein-As., N.-Afr.).

□□ Nabel hellgelb; häufig etwas zusammengedrückt, graugrün oder braun bis braunschwarz mit dunkleren Flecken, etwa 4 mm: 65a. Vicia sativa (var.?), Futterwicke (Eur., W.-As., N.-Afr., Am.).

§§ Glänzend.

□ Etwa 4 mm; schwach linsenförmig, Nabel sehr kurz, matt, grün bis gelb bis braun bis weinrot mit schwarzen Flecken: 62. Lathyrus aphaca, Rankenplatterbse (S.-Eur., As., N.-Afr.).

□□ Etwa 2—3 mm; Nabel rotbraun, hervortretend, etwa $^1/_5$—$^1/_4$ des Kornumfanges ausmachend, graugrün, braun oder rot mit schwarzen Flecken: 63. Vicia hirsuta, Zitterlinse (Eur., W.-As. bis O.-Ind., N.-Afr. bis Abess., N.-Am.).

++ Geschälte Körner orangegelb.

o Einfarbig; matt.

§ Blauschwarz; 3—4 mm, Nabel meist gleichfarbig, etwa 2 mm lang: 66. Vicia villosa, Zottelwicke (Eur., S.-Russ., W.-As. bis Persien, N.-Afr., N.-Am.).

§§ Schokoladenbraun; 4 bis 5 mm, Nabel hell: 67. Vicia dasycarpa, (Eur., Klein-As., Syrien, N.-Afr.).

oo Gefleckt.

§ Braun mit schwarzen Flecken bald heller, bald dunkler.

□ 2—3 mm; Nabel etwa $^1/_4$ des Umfanges ausmachend: 68. Vicia cracca, Vogelwicke (Eur.).

□□ 3—4 mm; Nabel etwa $^1/_6$ des Umfanges ausmachend: 65b. Vicia sativa (var.?), Futterwicke (Eur., W.-As., N.-Afr., Am.).

§§ Schwarz mit braunen Flecken (selten ganz schwarz); etwa 2 mm, Nabel braun, etwa $^1/_5$ des Umfanges ausmachend: 69. Vicia angustifolia, Schmalblättrige Wicke (Eur., W.-As., N.-Afr.).

2. Oberfläche rauh.

× Körner mit einem schmalen, helleren Hautrande umgeben (geflügelt); braunschwarz, fein punktiert, etwa 1 mm: 70. Spergula arvensis, Ackerspörgel (Kosm.).

×× Körner nicht geflügelt.

+ Oberfläche netziggrubig.

o Grün bis schmutzigbraun; zuweilen mit kleiner Spitze, 2—3 mm: 71. Neslea paniculata, Finkensame (Eur., O.-Mittgeb., N.-Am.).

oo Rotbraun.

§ Bis 1,5 mm: 72. Brassica rapa, Rübsen (Kosm.) oder 73. Brassica napus Raps (Kosm.), 74. Brassica juncea, Braunsenf (As., S.-Russ., selten Eur., N.-Am.)[1].

§§ Über 2,5 mm; zuweilen etwas flachgedrückt oder oval: 12. Raphanus Raphanistrum, Hederich (Kosm.).

++ Oberfläche nicht netziggrubig.

o Körner hellfarbig; hellgelbbraun, hohl mit herzförmiger Öffnung, undeutlich gerippt; 2—3 mm: 75. Bifora radians, Hohlsame (S.-Eur., Mittgeb.).

oo Körner dunkelfarbig.

§ Körner mit mehr oder weniger tiefer lochförmiger Vertiefung; dunkelgrün bis schmutzigbraun, 2—4 mm.

□ Oberfläche warzig: 76. Galium tricorne, Dreihörniges Labkraut (Eur., V.-As., N.-Afr.).

□□ Oberfläche blasighöckerig: 77. Galium saccharatum, Überzuckertes Labkraut (S.-, M.-Eur., Syrien).

□□□ Oberfläche mit hakigen Borsten: 78. Galium aparine, Klebkraut (Eur., N.-, W.-, Z.-As., N.-, S.-Am.).

§§ Körner ohne Vertiefung.

□ Graubraun, 3—4 mm, im Querschnitt gelb; etwas eckig, Nabel heller gefärbt: 79. Lathyrus hirsutus, haarige Platterbse (S.-Eur., S.-Russ., Klein-As., N.-Afr.).

□□ Schwarz, etwa 2 mm, im Querschnitt weiß; mit einer breiten Furche: 80. Vaccaria parviflora, Kuhkraut (vorwiegend SO.-Eur., S.-, M.-Eur., Or., gem. As., Ind., N.-Am., Austr.).

II. Körner nicht kugelig, sondern von anderer Gestalt.

1. Oberfläche glatt.

× 4 mm und darüber; eiförmig zugespitzt, nach Knoblauch riechend, gelb bis gelbgrün: 81. Allium vineale, Weinbergslauch (Eur., N.-Am.).

×× 3 mm und weniger.

+ Glänzend.

o Unter 1 mm; fast rechteckig, gelb bis gelbbraun: 82. Capsella bursa pastoris, Hirtentäschelkraut (Kosm.).

oo Über 1 mm.

§ Im Querschnitt kreisförmig oder fast kreisförmig.

□ Kaum 1 mm breit; etwa 1,5 mm lang, oval, braun: 83. Viola tricolor, Stiefmütterchen (Eur.).

□□ 2—3 mm breit; etwa 3 mm lang.

△ Rundlich oval; graugrün: 85. Cannabis sativa, Hanf (Kosm.).

△△ Eiförmig zugespitzt; am breiten Ende mit kurzem Dorn, dunkelbraun, zuweilen von einer etwas helleren, schwachgeaderten Hülle umgeben, die am breiten Ende des Korns einzelne Zähnchen trägt: 84. Ambrosia artemisiifolia, Wermutblättrige Ambrosia (N.-Am.).

§§ Im Querschnitt halbkreisförmig (bespelzte Grasfrüchte).

□ Grau bis oliv; an beiden Enden deutlich zugespitzt, etwa 2 mm: 86. Panicum crus galli, Hühnerhirse (Kosm.).

□□ Gelb bis Orange; an beiden Enden stumpflich, schwach punktiert, etwa 2 mm: 87. Setaria italica, Kolbenhirse (Kosm.).

§§§ Im Querschnitt oval; kommaförmig gebogen, olivgrün oder schwarz; kaum 2 mm: 88. Reseda, Wau (M.-Eur.).

++ Matt.

o Im Umriß rundlich oval.

§ Rot.

□ Kaum 1 mm: 89. Diplotaxis, Mauerrampe.

[1] Diese drei Arten lassen sich nur anatomisch unterscheiden.

□□ Etwa 1,5 mm: 35. Lepidium Draba, Pfeilkresse (fast Kosm.).

§§ Olivgrün bis gelb; etwa 2,5 mm: 90. Melilotus sulcatus, gefurchter Steinklee (Mittgeb.).

oo Im Umriß länglich zugespitzt.

§ Schwarzgrün; mitunter auch glänzend, birnenförmig, etwa 1 mm breit: 91. Myosotis, Vergißmeinnicht.

§§ Hellgelbbraun; an beiden Enden zugespitzt, etwa 0,5 mm breit: 92. Phleum pratense, Timotheegras (Eur., N.-As., N.-Afr., N.-Am.).

2. Oberfläche mit Riefen, Furchen oder Grübchen oder mit kleinen Höckern bedeckt.

× Groß, etwa 6 mm lang; mit 5 bis 8 Zähnen oder dornigen Spitzen (die mittelste am längsten), von der Gestalt eines zusammengeklappten Regenschirmes.

+ Mit Zähnen; Mittelspitze 8teilig, gelbbraun: 93. Cephalaria syriaca, Syrische Skabiose (Or., N.-Afr., W.-As., SW.-Eur.).

++ Mit Dornen; Mittelspitze einfach, gelb bis dunkelbraun: 94. Ambrosia trifida, Ambrosia (N.-Am.: Kingweed).

×× Klein, 4 mm und darunter.

+ Gestalt nierenförmig.

o Oberfläche netzartig verdickt.

§ Höchstens 1mm; schwarz, dunkelbraun oder grau: Papaver, Mohn und zwar: 95. P. argemone, Sandmohn (M.-Eur., Mittgeb.), 96. P. dubium, Zweifelhafter Mohn (M.-Eur., Mittgeb.), 97. P. Rhoeas, Klatschmohn (Eur., gem. As., N.-Afr., N.-Am., Austr.). (Die 3 Arten sind zweifelsfrei nur durch die Form der Kapseln oder durch den Kapseldeckel zu unterscheiden; letzterer ist 4—5strahlig bei 95, 6—9strahlig bei 96, 8—12strahlig bei 97.)

§§ Etwa 1,5 mm; gelbbraun bis braun, mitunter fast kugelig, mit buckelartiger Ansatzstelle: 98. Teucrium canadense, Kanadischer Gamander (N.-Am.).

oo Oberfläche mit regelmäßig in Reihen angeordneten Wärzchen.

§ 1—2 mm.

□ Aschgrau, etwas flach: 99. Silene, Leimkraut.

□□ Rotbraun bis schwarzbraun, fast ebenso dick wie breit: 100. Melandryum rubrum, Rote Lichtnelke (Eur., N.-Afr., W.-As., N.-Am.).

§§ 2,5—4 mm; schwarzbraun bis schwarz, rundlich: 101. Agrostemma Githago, Kornrade (Eur., gem. As., N.-, S.-Afr., N.-Am., Austr.).

ooo Oberfläche mit konzentrischen Nerven; gelblich, etwa 3 mm: 90. Melilotus sulcatus, gefurchter Steinklee (Mittgeb.).

++ Gestalt eiförmig oder länglich oval bis walzenförmig.

o Oberfläche mit Längsriefen: 3—5 mm: 11. Rapistrum perenne, Rapsdotter (S.-, O.-, M.-Eur.).

oo Oberfläche netzförmig verdickt; etwa 2 mm, graubraun, am spitzen Ende mit gelbbraunem Anhängsel: 102. Euphorbia helioscopia, Sonnenwendige Wolfsmilch (Kosm.).

ooo Oberfläche mit feinen Grübchen; etwa 2 mm lang, etwa 1 mm breit.

§ Schwarzbraun.

□ An einem Ende zugespitzt; im Querschnitt gelb (?): 103. Lepidium campestre, Feldkresse (Eur., N.-Am.).

□□ An beiden Enden rundlich, an dem einen seitwärts zugespitzt, dadurch fast zweiteilig erscheinend, im Querschnitt grünlichgelb (?): 104. Conringia orientalis, Morgenländische Conringie (Or., M.-Eur., N.-Am.).

§§ Rotbraun: 105. Lepidium sativum, Gartenkresse (Kosm.).

§§§ Orangebraun: 17. Camelina sativa, Leindotter (M.-Eur., Mittgeb., bis Z.-As.).

+++ Andersartig gestaltet.

o Körner ausgehöhlt; im Umriß halbkugelig, 2—3 mm, hellgelb, in der Höhlung mit dunklem strichförmigen Fleck (Nabel): 106. Veronica hederaefolia, Epheublättriger Ehrenpreis (Eur., V.-As., Mittgeb.).

oo Körner nicht ausgehöhlt.

§ Mit (5) Zipfelchen; becherförmig, am Grunde zugespitzt; 2—3 mm, schmutzig grünlich oder gelb: 107. Scleranthus annuus, Einjähriger Knäuel (Eur., N.-Afr., gem. As., N.-Am.).

§§ Ohne Zipfelchen.

□ An beiden Enden stumpf; einem Pyramidenstumpf ähnelnd, gefurcht, 2—3 mm, schmutziggelb: 108. Anthemis arvensis, Ackerhundskamille (Kosm.).

□□ An einem Ende mehr oder weniger zugespitzt.

△ Birnenförmig; meist mit vielen kleinen Höckern bedeckt; etwa 3 mm, graubraun, am breiten Ende meist dunkler gefärbt: 109. Lithospermum arvense, Ackersteinsame (M.-Eur., Mittgeb., O.-As., N.-Am.).

△△ Kreiselförmig; mit schneckenartiger Furchung, am breiten Ende etwas vertieft, etwa 2 mm, dunkelbraun: 110. Salsola Kali, Salzkraut (Küsten von Eur., Russ., Or., N.-Am.).

der auch die wichtigsten Verunreinigungen des Auslandsgetreides berücksichtigt. Dieser Bestimmungsschlüssel beschränkt sich auf solche Merkmale, die auch für den Nichtbotaniker leicht erkennbar sind und nimmt daher von einer Unterteilung in Früchte und Samen Abstand, sondern spricht nur allgemein von

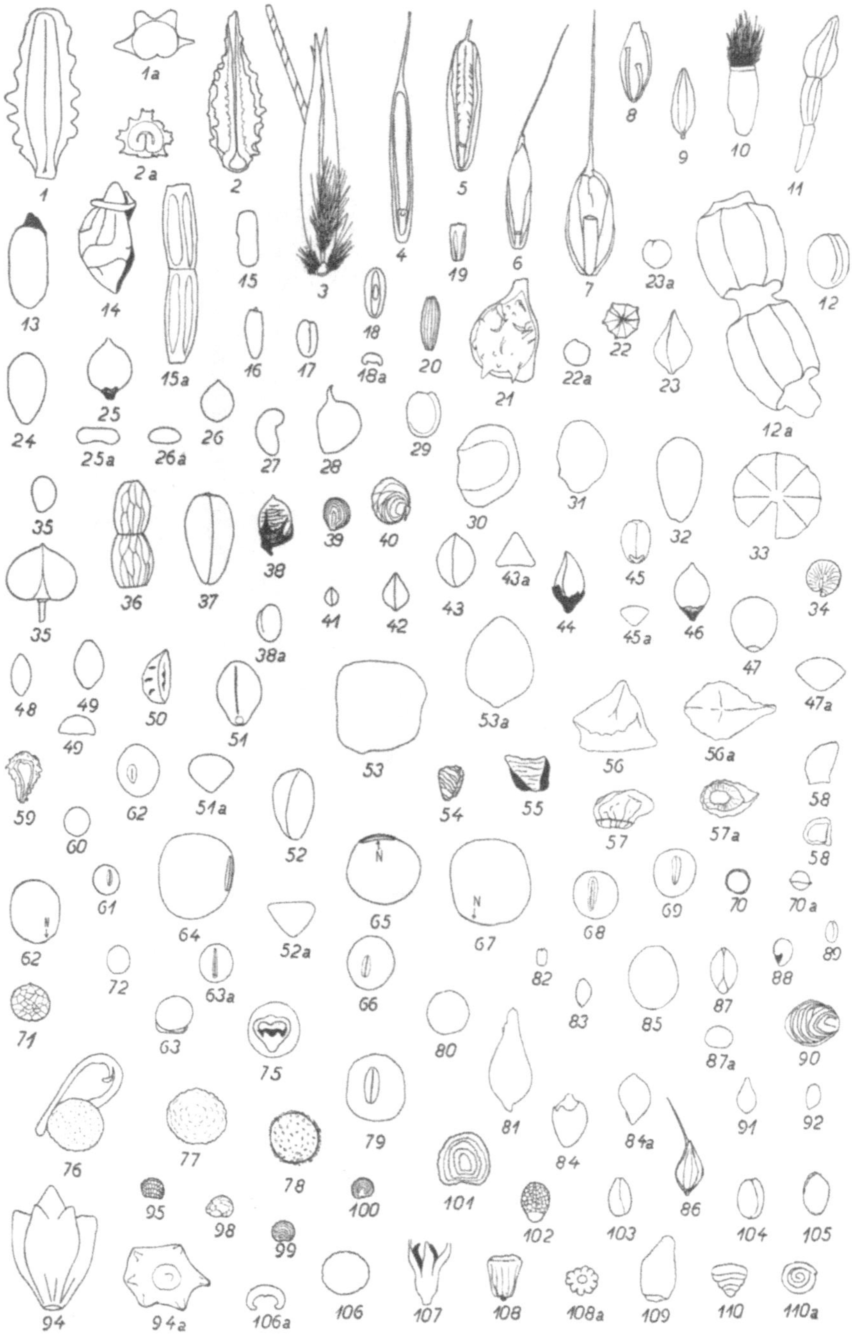

Abb. 114. Getreideunkräuter. Vergr. etwa $2^{1}/_{2}$fach. (Nach G. BRÜCKNER.)

„Körnern". Die Benutzung einer Lupe ist aber für die Bestimmung der Objekte gleichwohl erforderlich.

Die Numerierung der in etwa 2,5facher Vergrößerung wiedergegebenen Samen und Früchte (Abb. 114) ist die gleiche wie in der Bestimmungstabelle. Die Teil-Abb. 1a, 2a, 18a, 25a, 26a, 43a, 45a, 47a, 51a, 52a, 53a, 58a, 70a, 87a, 106a, 108a zeigen die Objekte im Querschnitt, 12a, 15a von der Fruchthülle umgeben, 22a, 23a ohne Kelchblätter, 56a, 57a, 63a, 84a, 94a, 110a von oben gesehen.

G. BRÜCKNER bezeichnet folgende Getreide-Unkrautsämereien als giftig: Flohknöterich (Polygonum persicaria), Kornrade (Agrostemma githago), Kuhkraut (Vaccaria parviflora), Schwarzkümmel (Nigella arvensis), Taumellolch (Lolium temulentum), Wicken (Vicia angustifolia und Vicia hirsuta), Wolfsmilch (Euphorbia helioscopia). Als gesundheitsschädlich für das Vieh gelten

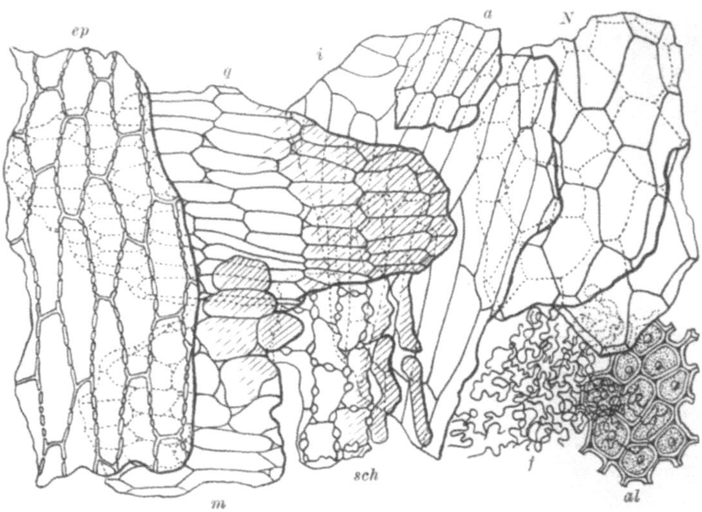

Abb. 115. Schale des Taumellolchs in der Flächenansicht. *ep* Oberhaut, *m* Mittelschicht, *q* Querzellen. *sch* Schlauchzellen, *a* und *i* Schichten der Samenschale, *N* Perisperm, *f* Pilzschicht, *al* Aleuronschicht. (Nach A. L. WINTON.)

weiter Hahnenfuß (Ranunculus arvensis und Ranunculus acer), Mohn (Papaver), Rankenplatterbse (Lathyrus aphaca); zu denken ist auch an Senföl enthaltende Samen, wie Ackersenf (Sinapis arvensis) und verwandte Cruciferen.

Einen unangenehmen Geruch oder Geschmack (meist bitter) verursachen im Mehl folgende Arten: Ackersenf (Sinapis arvensis), Ackerspörgel (Spergula arvensis), Rittersporn (Delphinium consolida), Weinbergslauch (Allium vineale), Kuhkraut (Vaccaria parviflora), Pfennigkraut (Thlaspi arvense), Schwarzkümmel (Nigella arvensis), Scabiose (Cephalaria syriaca), Wachtelweizen (Melampyrum arvense).

Eine schmutzigblaue oder violette Färbung im Brot bewirken Klappertopf (Rhinanthus minor und major), Kuhkraut (Vaccaria parviflora), Scabiose (Cephalaria syriaca), Wachtelweizen (Melampyrum arvense).

Wie weit sich die Unkrautsämereien zur Herkunftsbestimmung des Getreides eignen, ist zum Teil schon aus dem vorstehenden Bestimmungsschlüssel von G. BRÜCKNER ersichtlich, da die geographische Verbreitung der Unkräuter kurz angegeben ist. Im übrigen muß hier jedoch auf das Original verwiesen werden, in dem zum Ausdruck kommt, daß eine Beurteilung nach dieser Richtung nur mit Vorsicht erfolgen soll. Bemerkt sei noch, daß nach BRÜCKNER Taumellolch ein ausgesprochenes Kennzeichen für Sommergetreide ist; ebenso kommen Ackersenf, Gänsefuß, Hundskamille und die Saatwucherblume vorzugsweise im Sommergetreide vor, während die Vogelwicke und die Zottelwicke meist für Wintergetreide charakteristisch sind.

Die häufigeren Arten[1] sollen im folgenden noch genauer beschrieben werden, weil bei der Mehluntersuchung stets mit ihrer gelegentlichen Beobachtung gerechnet werden muß und weil eine restlose Beseitigung des Getreidebesatzes technisch bisher nicht möglich ist.

1. Grasarten. In Betracht kommen hauptsächlich der Taumellolch und die Roggentrespe, in geringerem Maße die Quecke, der Flughafer und andere Arten.

Taumellolch (Lolium temulentum L.) kommt als Verunreinigung sehr häufig vor. Da die Früchte giftig sind, ist der Nachweis von besonderer Wichtigkeit. Die Spelzen waren bereits S. 150 beschrieben worden. Die Anordnung der Zellschichten der Fruchtschale ist der der Getreidearten ähnlich, jedoch findet sich fast immer zwischen Perisperm und Aleuronschicht eine etwa 20 μ dicke Mycelschicht eines Pilzes, auf die die Giftigkeit zurückgeführt wird.

In der Flächenansicht (Abb. 115) sind bemerkenswert die undeutlich geperlten Oberhautzellen der Fruchtwand (*ep*) und die Querzellen (*q*), die denen der Gerste ähneln, sowie die Pilzschicht (*f*). Außerdem ist die Stärke diagnostisch von Bedeutung (vgl. S. 127).

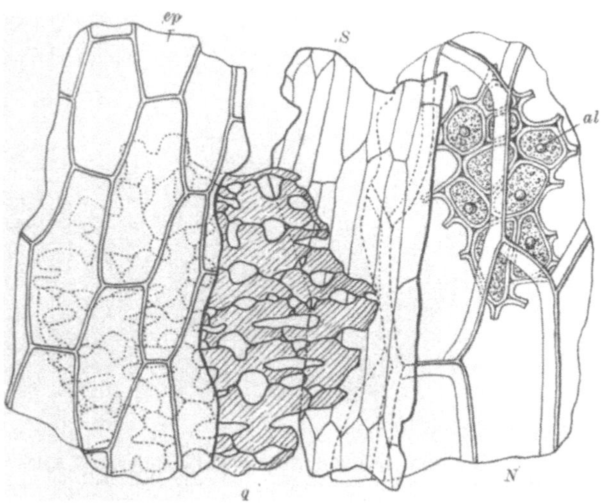

Abb. 116. Schalenbestandteile der Trespenfrucht in der Flächenansicht. *ep* Fruchtoberhaut, *q* Querzellen, *S* Samenhaut, *N* Perisperm, *al* Kleberschicht. (Nach A. L. WINTON.)

Die Früchte der Roggentrespe (Bromus secalinus L.) werden im Ausputz häufig angetroffen. Der Bau der Schale ist aus Abb. 116 ersichtlich. Die großen, dünnwandigen, gestreckt polygonalen Epidermiszellen der Fruchtwand sind porenfrei. Die Querzellen (*q*) gleichen einem Schwammparenchym. Die Samenschale (*S*) besteht aus einer einzigen Lage langer, brauner Zellen. Das Perisperm (*N*) wird aus ungewöhnlich großen polygonalen Zellen mit gequollener Wand gebildet. Die Spelzen waren bereits S. 150 beschrieben worden. Im zerkleinerten Zustand ist das Stärkeparenchym mit oft 10 μ dicken Zellwänden kennzeichnend, auch die Querzellen sind von diagnostischem Wert.

Windenknöterich (Polygonum convolvulus L. — Polygonaceae). Die mattschwarzen, dreieckigen Früchte sind etwa 3 mm lang, im Aussehen dem Buchweizen ähnlich. Für die Erkennung aller Knöterícharten kommt in erster Linie das Epikarp in Betracht. Die Fruchtoberhaut (Abb. 117 *F*, *epi*) besteht beim Windenknöterich aus etwa 80 μ, an den Kanten bis 120 μ hohen Zellen, deren Außen- und Seitenwände unregelmäßig gekröseartig verdickt sind. An Querschnitten erkennt man nach der Behandlung mit Lauge, daß die

[1] Die große Mehrzahl aller in Betracht kommenden Arten ist behandelt in J. GREGER: Mikroskopie der landwirtschaftlichen Unkrautsamen. Berlin 1927.

wellenförmigen Verdickungen der Seitenwände nach innen zu schwächer werden und schließlich in eine Spitze verlaufen, wodurch ein keulenförmiges Aussehen

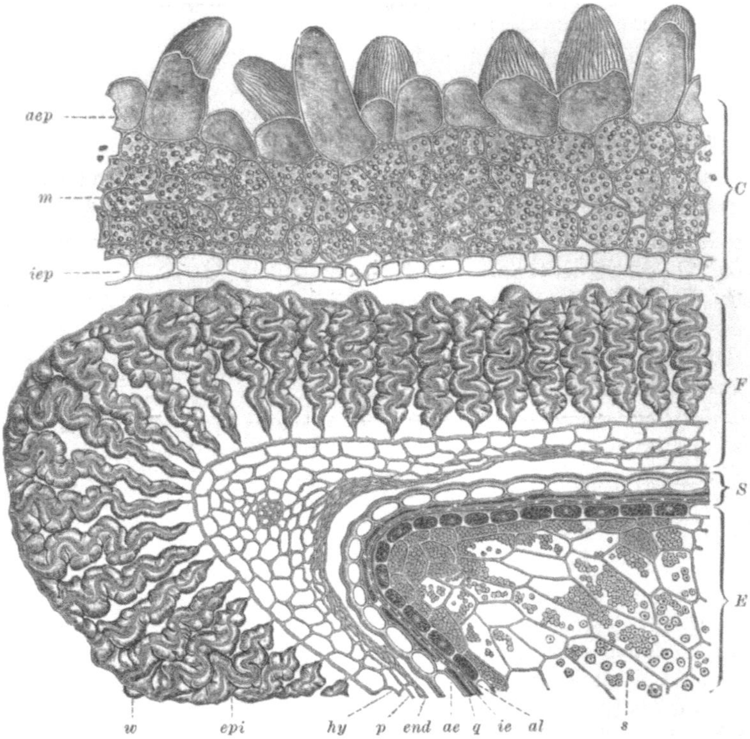

Abb. 117. Querschnitt einer Kante des Windenknöterichs. *C* Kelch mit der äußeren (*aep*), der inneren Oberhaut (*iep*) und der Mittelschicht (*m*); *F* Fruchtschale mit der äußeren (*epi*), der inneren Oberhaut (*end*), dem Hypoderm *hy* und der Mittelschicht *p*; *S* Samenhaut mit der äußeren (*ae*), der inneren Oberhaut (*ie*) und den Querzellen (*q*); *E* Nährgewebe mit der Aleuronschicht *al* und dem Stärkeparenchym *s*. (A. L. WINTON.)

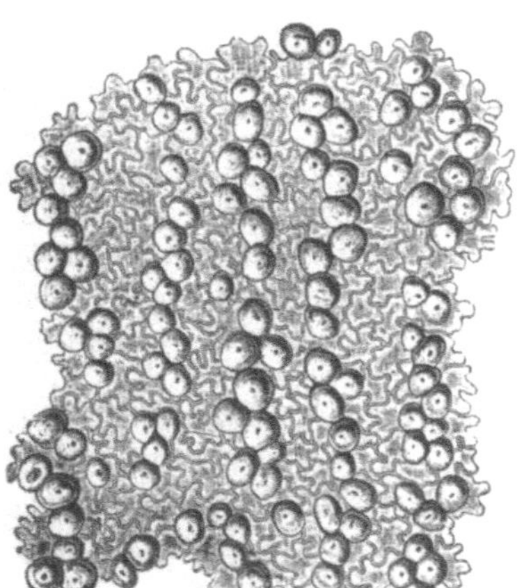

Abb. 118. Epikarp des Windenknöterichs in der Flächenansicht. (A. L. WINTON.)

entsteht. Die Innenwände sind unverdickt. Ein Teil der Zellen trägt Warzen. An mit Alkali aufgehellten Flächenpräparaten zeigt sich, daß die zahlreichen Warzen (15—31 μ) in unregelmäßigen Längsreihen angeordnet sind (Abb. 118). Unter der Oberhaut folgen mehrere Schichten eines dünnwandigen Parenchyms mit Gefäßbündeln. Die Oberhaut der Samenschale (Abb. 119) besteht aus langgestreckten, welligen Zellen (*ae*), die gewöhnlich länger sind als beim verwandten Buchweizen. Die darunter liegenden Querzellen (*q*) sind meist gestreckt und den Schlauchzellen der Cerealien ähnlich. Zum Unterschied vom Buchweizen bilden sie nirgends ein Schwammparenchym. Die innere Oberhaut (*ie*) besteht aus dünnwandigen, gestreckten Zellen. Am Endosperm erkennt man eine Aleuronschicht (*al*) aus unregelmäßigen, verschieden großen Zellen. Die Stärkekörner sind polyedrisch oder rundlich, 3—12 μ groß und von denen des Buchweizens nicht zu unterscheiden.

Die Früchte anderer Knötericharten[1] sind ähnlich gebaut. Bei Polygonum dumetorum L., dessen Früchte sich von denen der vorigen Art äußerlich durch die glänzende Oberfläche unterscheiden, fehlen die Warzen der Epikarpzellen

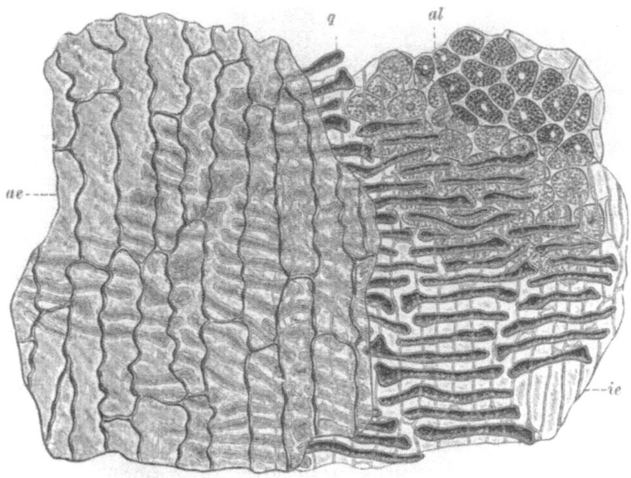

Abb. 119. Die Schichten der Samenschale des Windenknöterichs in Flächenansicht. *ae* äußere Oberhaut, *q* Querzellen, *ie* innere Oberhaut, *al* Aleuronschicht. (A. L. WINTON.)

stets. Bei Polygonum persicaria L. und bei Polygonum lapathifolium erscheinen die sklerosierten Epikarpzellen, im Aufsichtsbild etwa kreisförmig, nicht dicht aneinander schließend, an Querschnitten nicht keulenförmig, sondern mehr prismatisch, 60—80 μ hoch. Bei Polygonum aviculare L. sind die sklerosierten Epidermiszellen, die wie bei P. convolvulus zahlreiche Warzen von etwa 10 μ Durchmesser tragen, nur 50—70 μ hoch, aber bis 60 μ breit.

Beim Sauerampfer (Rumex acetosa L. - Polygonaceae) und anderen Ampferarten sind die Oberhautzellen der Fruchtwand an den Außen- und Seitenwänden ebenfalls mächtig verdickt. Die Verdickungen sind farblos, geschichtet, das Lumen sehr klein. Das darunter liegende Parenchym enthält dunkelbraunen Farbstoff. Die dünnwandige Testaepidermis zeigt in der Aufsicht wellige bis fast geradwandige Zellen mit gelbem Inhalt. Die Stärkekörner sind polyedrisch, mit Kernhöhle versehen, denen des Buchweizens ähnlich.

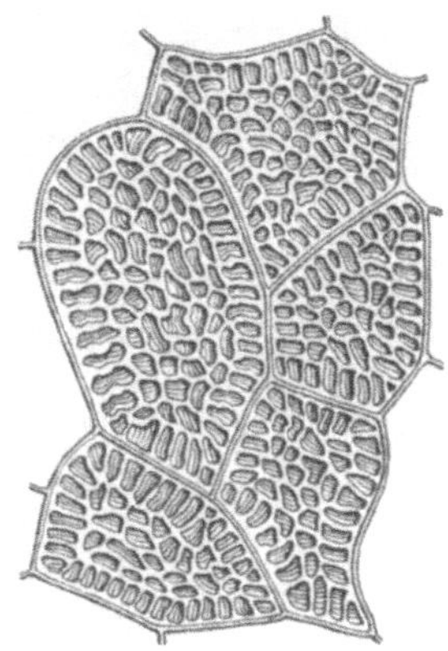

Abb. 120. Testaepidermis des Gänsefußsamens, Flächenansicht. (T. F. HANAUSEK.)

Melde. Verschiedene Melden (Chenopodium- und Atriplexarten — Chenopodiaceae) kommen als gemeine Unkräuter des bebauten Landes auch im Getreide nicht selten vor. Im Aussehen und mikroskopischen Bau sind ihre Samen sehr ähnlich. Zu nennen ist hauptsächlich der Gänsefuß (Chenopodium album L.), dessen Samen in Zeiten der Not mit Roggen zusammen auch zur Brotbereitung verwendet werden (russisches Hungerbrot). Die etwa linsenförmigen Samen sind 1—1,5 mm groß, glänzend schwarz. Sehr charakteristisch ist die Oberhaut der Samenschale (Abb. 120). Die im Umriß polygonalen dunkelrotbraunen Zellen sind durch eine mächtig entwickelte Außenwand (50 bis

[1] P. GREGER: Z. 1923, 45, 358. Vgl. auch E. SCHMIDT: Landw. Vers.-Stationen 1930, 111, 192.

60 μ) ausgezeichnet, die radial verlaufende, aber nur an unreifen Samen oder gebleichten Präparaten gut erkennbare zapfenartige, in der Flächenansicht als dunklere Stellen erscheinende Cuticulareinlagerungen aufweist. Da die dünnen Seitenwände häufig zusammengedrückt sind, ist das Zellumen oft geschwunden. Bemerkenswert ist auch die zweite dunkelbraun gefärbte Schicht der Testa, deren Zellen eine starke Cuticularstreifung aufweisen (Abb. 121). Das mehlige Nährgewebe enthält, in winzige Füllstärkekörner eingebettet, hoch zusammengesetzte Stärkekörper, die denen der Reismelde (S. 126) entsprechen.

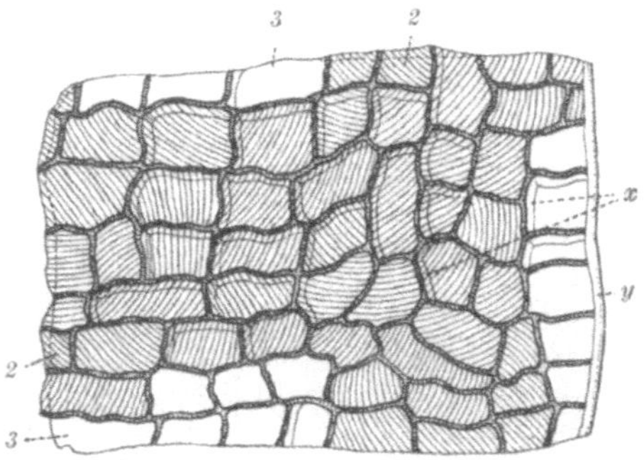

Abb. 121. Samenschale des Gänsefußes. *2* zweite, gestreifte Schicht in der Flächenschicht. (T. F. Hanausek.)

Die **Kornrade** (Agrostemma githago L. — Caryophyllaceae) ist eine der häufigsten Verunreinigungen des europäischen Getreides (hauptsächlich in Roggen und Weizen). Wegen der im Samen (Keimling) enthaltenen giftigen Saponinsubstanz (Sapotoxin) ist ihr Nachweis im Mehl besonders wichtig. — Die etwa 3 mm großen, schwarzen oder braunen Samen lassen unter der Lupe in Reihen angeordnete warzenförmige Papillen erkennen. Die **Samenschale** ist durch die Oberhaut sehr gut gekennzeichnet. Diese besteht aus sehr großen (100–500 μ), dunkelbraunen, stark gebuchteten Zellen, die mit ihren Fortsätzen untereinander dicht verzahnt sind (Abb. 122). Die meisten Zellen sind zu einer stumpfen, dickwandigen Papille emporgewölbt. Die Cuticula ist in ihrer ganzen Ausdehnung von zahlreichen Wärzchen bedeckt. Das Zellumen enthält ein dunkelrotbraunes, in heißer Lauge unlösliches Pigment, das auch die stark verdickten geschichteten Zellwände dunkel färbt und erst durch Bleichmittel zerstört wird. Das unter der Epidermis liegende, aus mehreren Lagen bestehende Parenchym ist diagnostisch ohne Bedeutung. Der grünlichgelbe Keimling, der das weiße, mehlige Endosperm ringförmig umgibt, ist frei von Stärke, enthält dagegen das giftige Saponin. In den Endospermzellen finden sich, in kleinkörnige Füllstärke eingebettet, etwa spindel- oder keulenförmige 20 μ bis über 100 μ große Stärkeballen (vgl. S. 127), die aus winzigen Stärkekörnern zusammengesetzt sind und in Wasser allmählich zerfallen. Nach Gassner verschwinden diese Teilkörnchen im polarisierten Licht vollständig.

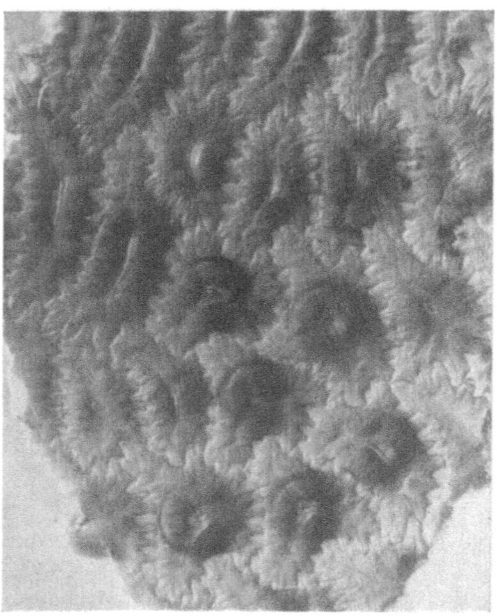
Abb. 122. Kornrade. Oberhaut der Samenschale. (Phot. C. Griebel.)

Für den Nachweis der Kornrade in Mahlprodukten kommen in erster Linie die charakteristischen Epidermiszellen in Betracht (in der Kleie erkennt man die schwarzen Teilchen der Samenschale oft schon makroskopisch). Die eigenartigen Stärkekörper sind nur dann beweisend, wenn sie über 70 μ messen, da gleichartige Gebilde auch bei anderen Arten (z. B. Spergula) vorkommen. Man beobachtet sie am besten in verdünntem Glycerin, weil sie in Wasser bald zerfallen. Sind Schalenteilchen und unzerfallene Stärkekörper nicht auffindbar, so bleibt bei Verdacht auf Kornrade noch der sehr empfindliche Saponinnachweis mit Hilfe des hämolytischen Versuches.

Kuhkraut (Vaccaria parviflora MOENCH — Caryophyllaceae). Die etwa 2 mm großen, schwarzen Samen sind mehr oder weniger kugelig. Ihre Oberfläche zeigt flache Höcker mit knopfartigen Verdickungen in Längsreihen. Sie wirken ebenfalls giftig.

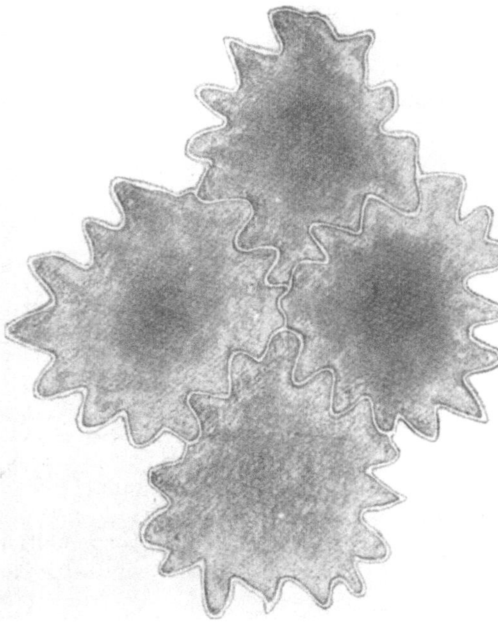

Abb. 123. Oberhaut des Kuhkrautsamens. (J. MOELLER.)

Die Epidermiszellen sind fast regelmäßig sternförmig (Abb. 123). Die Verzahnung ist nicht sehr tief, die Spitzen der Zähne sind abgerundet und erscheinen bei tiefer Einstellung knopfig verdickt. Die Außenwand der Epidermiszellen ist stark verdickt, ihre Länge beträgt nach SCHAPER[1] 100—170 μ, ihre Breite 85—120 μ. Die Farbe ist in der Durchsicht gleichmäßig hellbraun. Die Warzen sind sehr klein und dicht. Die innerste Schicht des Parenchyms ist netzartig verdickt, Stärke zusammengesetzt; Bruchkörner bis 2 μ.

Vogelmiere (Stellaria media L.). Die Samen sind rundlich, seitlich stark abgeplattet, bis 1,2 mm groß, hell- bis dunkelbraun. Die Oberfläche ist mit großen, nicht sehr erhabenen Höckern besetzt, die ziemlich regelmäßig in Längsreihen angeordnet sind. Die Testaepidermiszellen sind hellbraun, buchtig emporgewölbt. Der dichte Besatz von feinen Warzen wird von papillenartigen Ausstülpungen der Außenwand unterbrochen, die in der Flächenansicht als helle, kreisförmige Stellen erscheinen. In Abb. 124 sind sie dunkel dargestellt. Bemerkenswert ist die tiefgehende Verzahnung der Zellen; ihre Länge beträgt nach SCHAPER[1] bis 280 μ, die Breite bis 140 μ. Das unter der Epidermis liegende Parenchym, das zuweilen Oxalat führt, besteht aus mehreren, nicht charakteristischen Zellreihen. Das Nährgewebe enthält zusammengesetzte Stärkekörper, deren Teilkörnchen bis 5 μ groß sind.

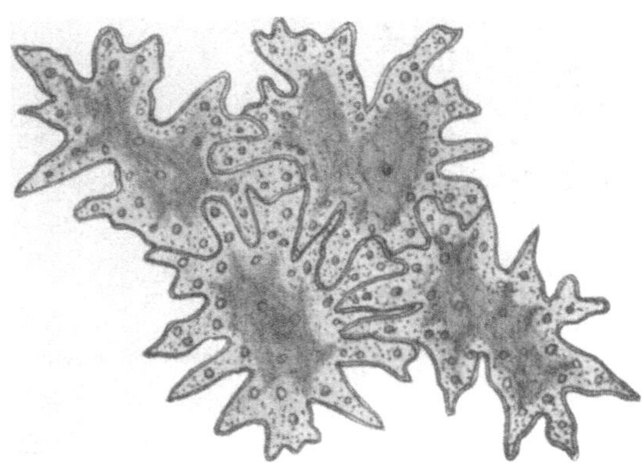

Abb. 124. Stellaria media. Testaepidermiszellen in der Aufsicht. (I. GREGER.)

[1] SCHAPER: Diss. Hamburg 1936.

Der Feldrittersporn (Delphinium consolida L. — Ranunculaceae) hat 2 mm lange schwarzbraune, kantige, häutig geschuppte Samen, die ein giftiges Alkaloid enthalten. Die Oberhautzellen sind stellenweise zu fächerförmigen bis 150 μ langen Platten ausgewachsen, wodurch die Schuppenbildung entsteht

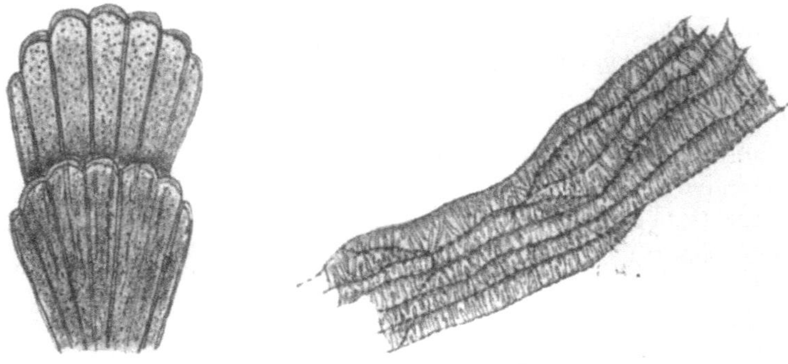

Abb. 125 a und b. Delphinium consolida. a Testaepidermiszellen, b innerste Schicht in der Aufsicht. (I. Greger.)

(Abb. 125a). Die innerste braune Schicht der Samenschale ist netzartig verdickt (Abb. 125b).

Ackerhahnenfuß. Die bestachelten braunen Früchtchen von Ranunculus arvensis L. (Ranunculaceae) sind abgeflacht, an beiden Enden zugespitzt, etwa 6 mm lang; sie enthalten giftige Stoffe. Der Bau der Fruchtwand ist aus Abb. 126 ersichtlich. Unter den etwas vorgewölbten gelbbraunen Oberhautzellen (E) liegt eine braune Parenchymschicht (P), auf die eine Reihe Krystallzellen (K) folgt. Der innere Teil der Fruchtwand wird durch eine mächtige Faserschicht gebildet, deren Elemente in verschiedener Richtung verlaufen. Von der Samenschale ist nur die innerste Schicht (J) bemerkenswert, deren Zellen netzartig verdickt sind.

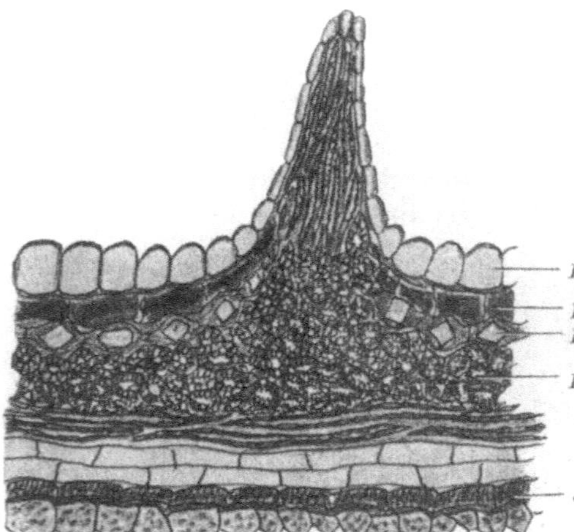

Abb. 126. Ranunculus arvensis. Fruchtquerschnitt. (I. Greger.)

Schwarzkümmel. Die Samen von Nigella arvensis L. (Ranunculaceae) enthalten ebenfalls ein giftiges Alkaloid. Sie sind unregelmäßig dreikantig, tiefschwarz, 2—3 mm lang, 1—2 mm breit, fein gekörnt. Charakteristisch sind die bis 100 μ breiten, papillös vorgewölbten schwarzbraunen Oberhautzellen (Abb. 127) und die etwa tafelförmigen, braunen, dicht gestreiften Zellen (Abb. 128) der innersten Schicht.

Wachtelweizen. Die 5—6 mm langen, braunen Samen von Melampyrum arvense L. (Scrophulariaceae) zeigen an ihrer Ansatzstelle einen kleinen Auswuchs. Sie enthalten das anscheinend nicht giftige Glykosid Rhinanthin, das ein das Brot violett färbendes Spaltprodukt liefert (s. auch Klappertopf). Die Samenschale besteht aus einem dünnen, erst nach der Behandlung mit Lauge wahrnehmbaren Häutchen. Das Endosperm wird aus dickwandigen, reich getüpfelten Zellen gebildet, die in den Außenschichten radial gestreckt, sonst isodiametrisch sind (Abb. 129 u. 130). Ihr Inhalt besteht aus Fett und körnigen Massen.

Klappertopf oder Ackerrodel (Alectorolophus hirsutus ALL. — Scrophulariaceae) hat scheibenförmige, 2,5—5 mm große, dunkelblaugrüne oder

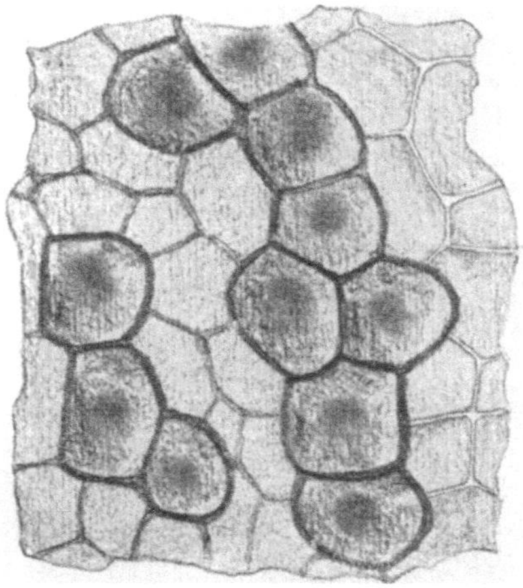

Abb. 127. Oberhaut des Ackerkümmels in der Flächenansicht. (J. MOELLER.)

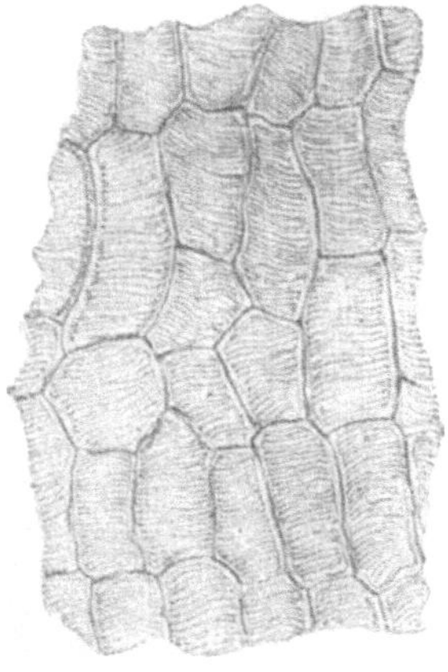

Abb. 128. Spiralfaserzellen des Ackerkümmels. (J. MOELLER.)

schwarzbraune Samen, die mit einem schwielig verdickten Flügel umsäumt sind. Sie enthalten, wie die Samen von Melampyrum, das Glykosid Rhinanthin, das dem Brot eine violette oder schwärzliche Farbe und widerlichen Geschmack verleiht. — Die Oberhautzellen der dünnen Samenschale sind nach außen

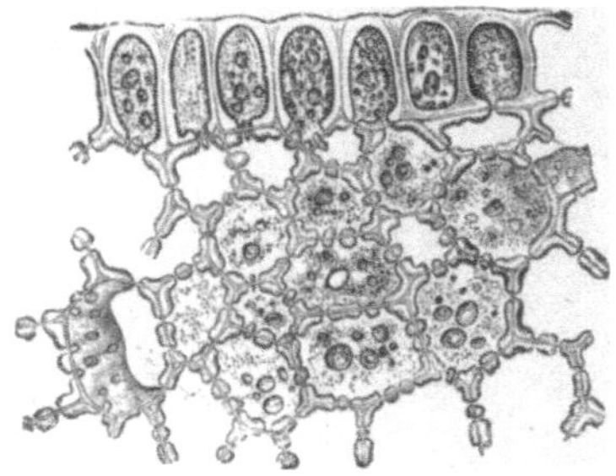

Abb. 129. Samenhaut und Nährgewebe des Wachtelweizens im Querschnitt. (J. MOELLER.)

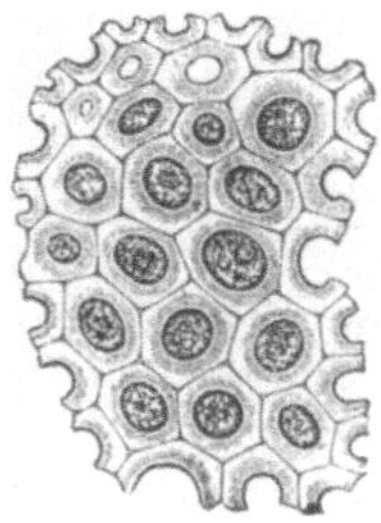

Abb. 130. Außenschicht des Wachtelweizens in der Flächenschicht. (J. MOELLER.)

stärker verdickt. An den Flügeln werden die Epidermiszellen bis 180 μ groß. Ihre Zellwände sind stellenweise knotig verdickt, während das Grundgewebe von derbwandigem, porösem Parenchym (Abb. 131) gebildet wird. Das Endosperm ist großzellig, derbwandig; die Wand der Endospermzellen quillt in Lauge stark. Der Inhalt besteht aus braunen geballten Körnern, deren Vorhandensein im Mehl zuerst auffällt.

Die Ackerwinde (Convolvulus arvensis L. — Convolvulaceae) hat schwarzbraune kantige, fein warzige, 3 mm lange, etwa 2 mm breite Samen, die auf dem Rücken gewölbt, an den Seitenflächen gerade sind. Die Samenschale (Abb. 132) zeigt ungleich hohe, braune Epidermiszellen, unter denen eine einfache Schicht aus farblosem, derbwandigem, kleinzelligem Parenchym liegt.

Hierauf folgt eine Palisadenschicht aus 75 μ hohen, gelblichbraunen bis farblosen, mit einer Lichtlinie versehenen, oft schwach bogenförmig gekrümmten, englumigen Zellen. Die inneren Zellagen sind wenig charakteristisch. Die Wände der Endospermzellen sind, von den äußeren Lagen abgesehen, verschleimt.

Erdrauch. Die Frucht von Fumaria officinalis L. (Fumariaceae) ist ein graugrünes, etwa herzförmiges, seitlich zusammengedrücktes Nüßchen von 2,5 mm Breite, dessen Oberfläche unter der Lupe fein warzig erscheint. Der Same ist dunkelrotbraun. Die Oberhaut der Fruchtwand besteht aus polyedrisch-tafel-

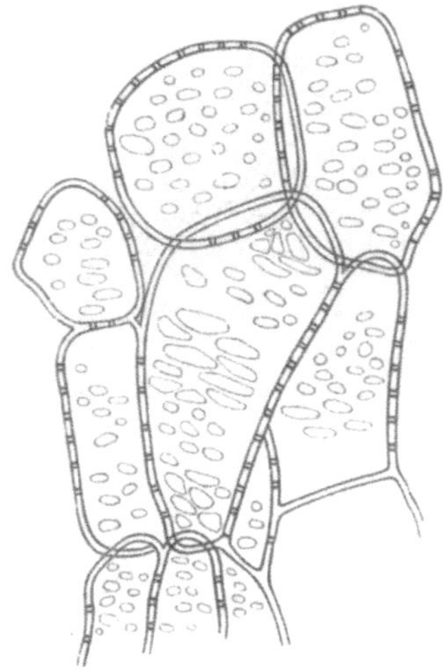

Abb. 131. Rhinanthus. Zellen aus dem Samenflügel. (Vergr. 1 : 300.)

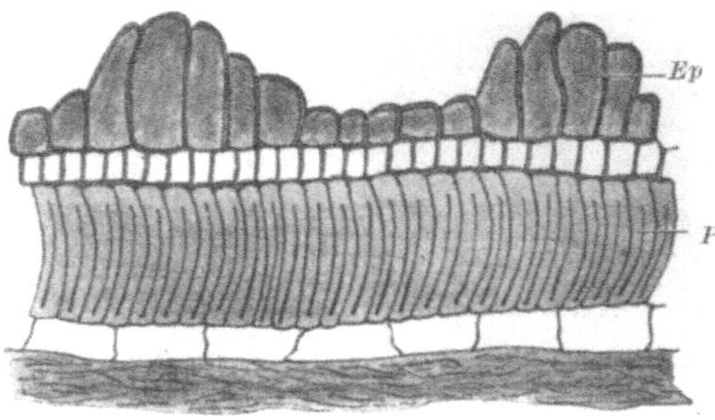

Abb. 132. Convolvulus arvensis. Querschnitt durch die Samenschale. (J. GREGER.)

förmigen Zellen, deren verdickte Außenwand zahlreiche, sehr feine Cuticularwärzchen trägt (Abb. 133a). Auf das darunterliegende, zum Teil kollabierte Parenchym folgt eine breite Hartschicht aus stark verdickten, getüpfelten Steinzellen, denen sich 1—2 Reihen dickwandiger Fasern anschließen. Das Endokarp besteht aus unregelmäßig gebuchteten, verdickten Zellen, deren Wände oft

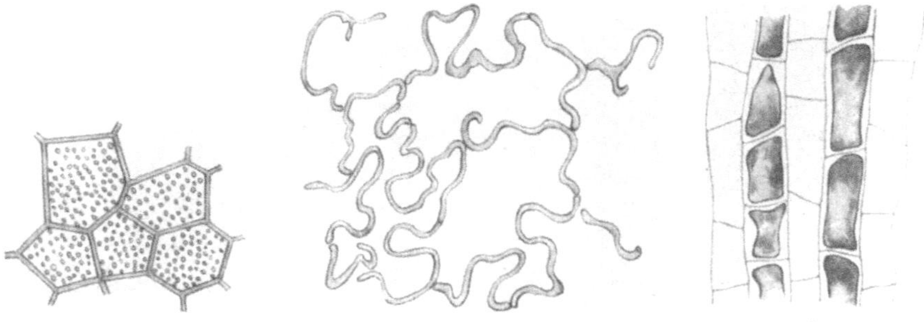

Abb. 133 a—c. Fumaria officinalis. a Epikarp in der Aufsicht, b Endokarp in der Aufsicht, c Pigmentzellen der Testa. (J. GREGER.)

zapfen- oder hakenförmig in das Lumen hineinragende Gebilde zeigen (Abb. 133b). An der dünnen Samenschale ist die unter der Epidermis liegende Schicht bemerkenswert, deren Zellen zum Teil rotbraune Inhaltskörper aufweisen, und zwar häufig in reihenweiser Anordnung (Abb. 133c). Im zerkleinerten Zustande sind die Teilchen der Fruchtwandepidermis, die Endokarpzellen und Elemente der Pigmentschicht kennzeichnend.

Wegerich. Die Samen verschiedener Wegericharten (Plantago — Plantaginaceae) finden sich in geringer Menge als Verunreinigung von Saaten. Die

Samenschale besteht aus einer Schleimepidermis, zusammengepreßtem Parenchym und einer Schicht tafelförmiger, brauner Zellen. Die letzteren und das aus kleinen, dickwandigen, getüpfelten Zellen gebildete Endosperm sind für den Nachweis wichtig (Abb. 134).

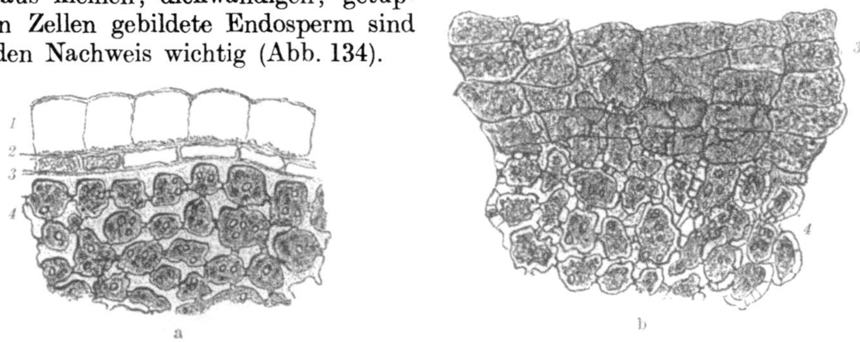

Abb. 134 a und b. Wegerich. a Querschnitt, b Flächenansichten. Vergr. 1 : 200. *1* Epidermis, *2* Parenchym, *3* Farbstoffschicht, *4* Endosperm. (Nach C. Böhmer.)

Kornblume. Die länglichen Früchtchen von Centaurea cyanus L. (Compositae) sind hellgrau, etwa 4 mm lang, am oberen Ende mit einem Kranz von ebenso langen Pappushaaren besetzt. Letztere bestehen aus schmalen, faserigen Zellen, von denen einige zu kleinen Seitenhaaren verlängert sind. Querschnitte durch die mit feinen einzelligen Haaren versehene Fruchtwand (Abb. 135) zeigen unter der Epidermis eine mehrreihige Sklerenchymschicht, deren innerste Zellreihen schön ausgebildete Krystalle enthalten. Hieran schließt sich eine Schicht aus 75 μ hohen, braunen Palisaden. Der innerste, mit der Samenschale verwachsene Teil der Fruchtwand ist komprimiert. In der Flächenansicht erscheinen die Epidermiszellen langgestreckt und deutlich getüpfelt, desgleichen die darunter liegenden, aber schmaleren Fasern. Charakteristisch ist die Krystallschicht.

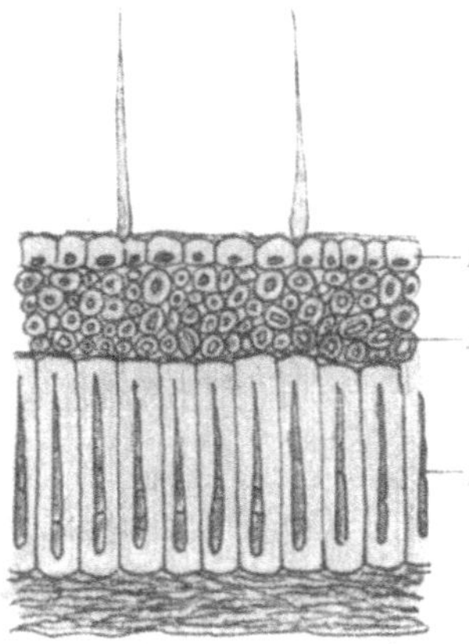

Abb. 135. Centaurea cyanus, Querschnitt durch die Fruchtwand. *Ep* Epikarp, *K* Krystallschicht, *Ps* Palisaden. (J. Greger.)

Klebkraut. Die Früchte des Klebkrautes (Galium aparine L. — Rubiaceae) sind etwa 3 mm groß, graugrün, abgeflacht-kugelig, auf der abgeflachten Seite schalenförmig ausgehöhlt und auf der Oberfläche von kleinen hakenförmigen Härchen besetzt. Die Oberhaut der Fruchtwand besteht aus großen, in der Fläche polygonalen Zellen, die in der Mitte eine einfache Papille tragen (Abb. 136) oder zu Trichomen verschiedener Größe ausgewachsen sind (Abb. 137 a). Charakteristisch sind außerdem die meist langen, starren, einzelligen Haare mit breit kegelförmiger Basis und hakiger Spitze (Abb. 137 b). Einzelne Zellen des Mesokarps, das aus zartwandigem Parenchym besteht, enthalten große Raphidenbündel. Endokarp und Samenschale sind wenig bemerkenswert. Das hornige Endosperm besteht aus dickwandigen Zellen mit dunklem Inhalt, die unmittelbar unter der Samenschale ungetüpfelt, in den inneren Schichten aber deutlich getüpfelt sind. Für den Nachweis sind die papillösen Epikarp-

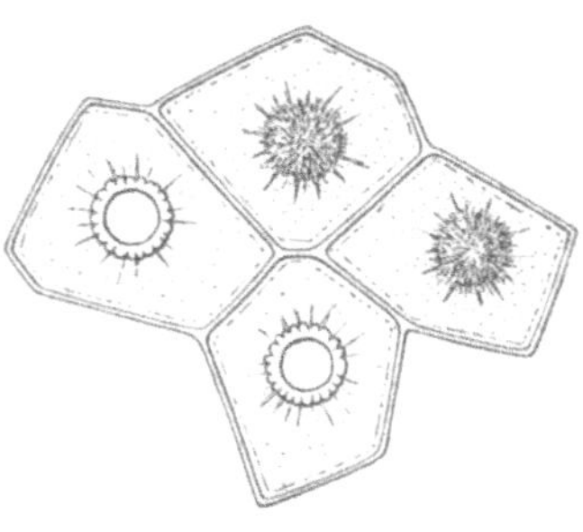

Abb. 136. Galium aparine, Oberhaut der Fruchtwand in der Aufsicht. Vergr. 200. (G. Gassner.)

zellen mit radiärer Streifung, die einzelligen Trichome, die Mesokarpzellen mit Raphiden und die Endospermzellen von Wichtigkeit.

Hohlsame (Bifora radians — Umbelliferae) ist in Südeuropa ein häufiges Ackerunkraut. Die fast kugeligen, 3 mm großen Früchte sind an der Fugen-

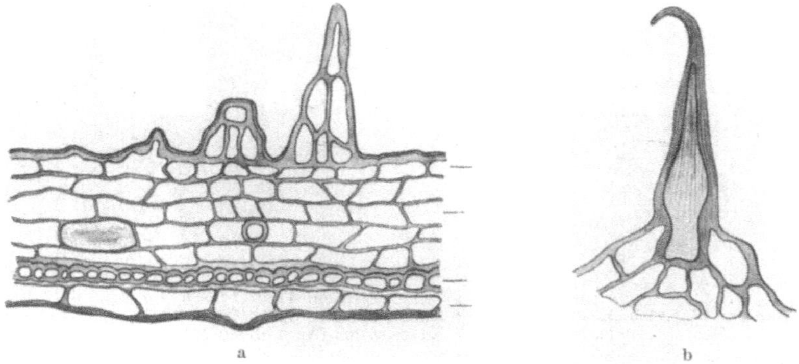

Abb. 137 a und b. Galium aparine. a Querschnitt durch die Fruchtwand, b Trichom. (J. GREGER.)

seite hohl. Sie sind undeutlich gerippt und haben keine Ölgänge (daher geschmack- und geruchlos). Fruchtteilchen von Bifora sind durch folgende Merkmale gekennzeichnet. Die Epikarpzellen (Abb. 138 I *Ep*) sind in der Fläche polygonal, derbwandig, von braunem Inhalt erfüllt. Zerstreut finden sich zwischen ihnen Stomata. Im Mesokarp befindet sich eine dichte Sklerenchymzone aus vielgestaltigen, knorrigen, englumigen, getüpfelten Faser- und Steinzellen, deren eigenartige Verzweigungen erst an den durch Maceration isolierten Exemplaren erkennbar sind (Abb. 138 II). Das innerhalb dieser Hartschicht befindliche Parenchym wird durch eine einfache Lage großer Netzfaserzellen (I *p*) mit dicker verholzter Wand abgeschlossen. Das Endokarp (I *q*) ist aus schmalen, parkettartig gruppierten Zellen gebildet, die die Netzfaserzellen kreuzen. Die derbwandigen Endospermzellen enthalten Aleuronkörner mit Oxalatrosetten (III und IV).

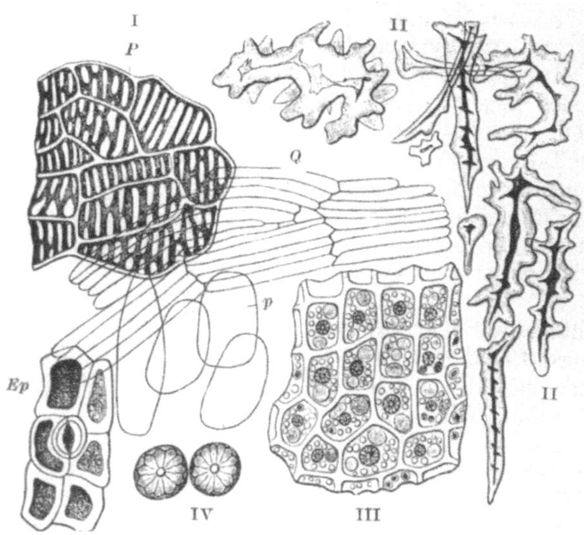

Abb. 138. Gewebe der Hohlsamenfrucht. I Fruchtschale: *Ep* Oberhaut, *p* Parenchym, *Q* Querzellen, *P* Netzfaserzellen. II Steinzellen aus der Hartschicht der Fruchtschale. III Nährgewebe. IV Aleuronkörner mit Oxalatrosetten, stärker vergrößert. (A. E. v. VOGL.)

Verschiedene andere Samen. Außer den vorstehend beschriebenen können auch noch die Samen oder Früchte vieler anderer Unkräuter im Getreide (vgl. S. 174—179) und damit auch in den Mahlprodukten vorkommen. Ihre Bestimmung wird im zerkleinerten Zustand meist sehr große Schwierigkeiten bereiten, sofern es sich nicht um Arten handelt, die den oben beschriebenen verwandt und daher im Bau ähnlich sind. Es empfiehlt sich hierbei jedenfalls, ein Spezialwerk[1] zu Hilfe zu nehmen. Unkräuter ausländischer Herkunft, die in Auslandsgetreide vorkommen, sind im allgemeinen nur zu bestimmen, wenn ausreichendes Vergleichsmaterial zur Verfügung steht[2].

Unkrautsamen aus der Familie der Cruciferen und Leguminosen sind bei den vorstehenden Beschreibungen unberücksichtigt geblieben, weil diese an anderer Stelle behandelt werden. Zu den ersteren gehören besonders Ackersenf (Bd. VI, S. 509) und Hederich (Bd. IV), zu den letzteren die Wicken (S. 168).

4. Fremdartige pflanzliche Zusätze zu Brotmehlen.

1. Kartoffelwalzmehl. Zur Erhöhung der Backfähigkeit von Weizen- und Roggenmehl erfolgt nicht selten ein Zusatz von sog. Patentwalzmehl, das durch

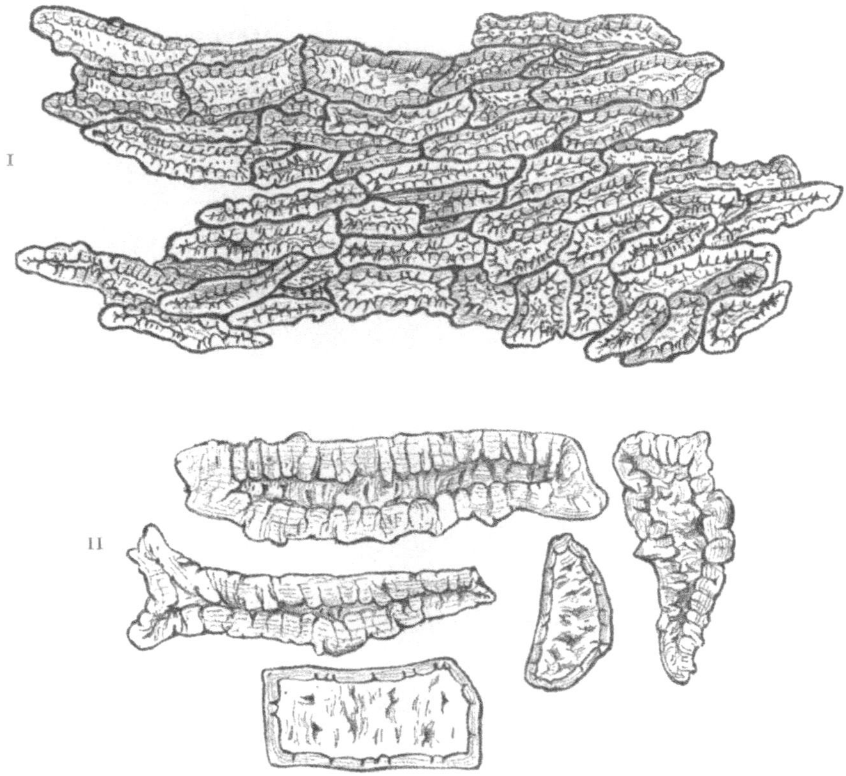

Abb. 139. Holziges Gewebe der Maisspindel. I Zellverband (1 : 100), II einzelne Elemente (1 : 200). (A. SCHOLL.)

Mahlen von Kartoffelflocken gewonnen wird, die man aus gedämpften, ungeschälten Kartoffeln mit Hilfe von Walzentrocknern erhält. Der sichere Nachweis geringer Mengen ist nur auf mikroskopischem Wege möglich.

Die hierfür in Betracht kommenden Elemente (Korkgewebe der Schale, Spiral-, Ring- und Netzgefäße bzw. Tracheiden sowie verdickte, poröse Zellen aus der Rindenschicht der Kartoffel) sind an anderer Stelle genauer beschrieben (vgl. S. 253).

[1] J. GREGER: Mikroskopie der landwirtschaftlichen Unkrautsamen. Berlin 1927.

[2] G. BREDEMANN u. O. NIESER: Samensammlung des Staatsinstitutes für angewandte Botanik, Hamburg (16 Bände zu je RM 50.—).

2. Steinnußmehl. Die bei der Knopfherstellung aus sog. vegetabilischem Elfenbein (den Samen von Phytelephas macrocarpa) abfallenden Drehspäne werden zuweilen unter den Fälschungsmitteln für Mehle erwähnt. In der Regel findet das Steinnußmehl aber nur als Streumehl in der Bäckerei Verwendung. Der Nachweis ist leicht, weil die außerordentlich stark verdickten Endospermzellen, aus denen das Steinnußmehl der Hauptsache nach besteht, sehr charakteristisch sind (vgl. Bd. VI, S. 426).

3. Maiskolbenspindelmehl. Infolge seiner fast weißen Farbe kann dieses Mehl als Fälschungsmittel für gröbere Mehle, andererseits aber auch als Streumittel verwendet werden. Die Spindel des Maiskolbens stellt eine aus holzigem Gewebe bestehende, einen inneren Markzylinder umschließende Röhre dar, auf deren Oberseite in Vertiefungen die von den Spelzen umschlossenen schmalen Enden der Maiskörner sitzen. Beim Entkernen bleiben die Spelzen (vgl. S. 146) in den Vertiefungen haften, so daß sie einen kennzeichnenden Bestandteil der zerkleinerten Spindel bilden. Der holzige Teil der Spindel besteht aus unregelmäßig geformten, dickwandigen, meist gestreckten, reich getüpfelten, sowie aus dünnwandigeren, weniger getüpfelten Zellen von regelmäßigerer Form (Abb. 139). Den kennzeichnendsten Bestandteil der hornigen Hüllspelzen bilden im aufgeschlossenen Maisspindelpulver die sklerenchymatisch verdickten, meist langgestreckten, getüpfelten Zellen von welliger oder buchtiger Oberfläche, neben denen sich auch regelmäßigere und isodiametrische Formen finden (Abb. 140).

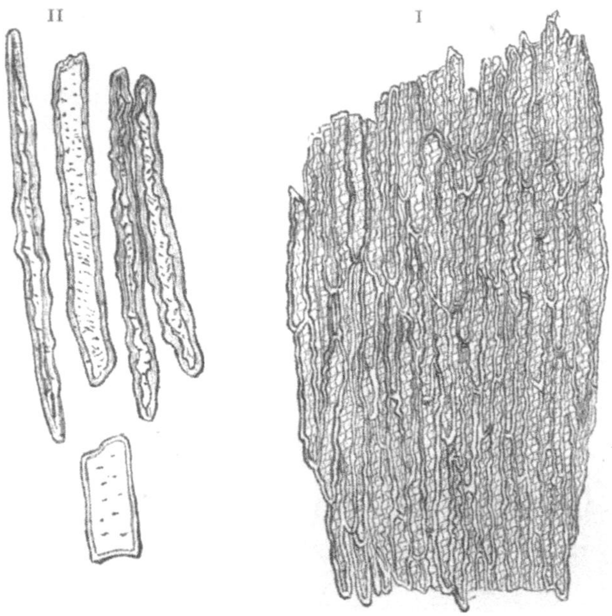

Abb. 140. Horniger Teil der Hüllspelzen des Maises. I Flächenansicht (1 : 100), II einzelne Elemente (1 : 200). (A. Scholl.)

4. Spelzspreumehl. Man versteht hierunter die ausgedroschenen, vorwiegend aus Spelzen bestehenden Anteile der Ähren, die durch Mahlen mehr oder weniger fein zerkleinert worden sind. Derartige Produkte können als Streumehl beim Backen Verwendung finden. Sie haben aber während des Krieges auch zur Verfälschung des Brotes gedient. In anatomischer Hinsicht sei hier auf S. 144 verwiesen.

Die auffälligsten Elemente im Spelzspreumehl sind die ausnahmslos in der Flächenansicht zur Beobachtung gelangenden Teile der äußeren Epidermis und die oft noch im Zusammenhang mit den ersteren auftretenden Hypodermtrümmer der verschiedenen Spelzen. Im mittleren Teil der Spelzen sind die Epidermiszellen dickwandig (Abb. 141 *A*), an der Seite werden sie allmählich dünnwandig (*B*). Der häutige Spelzenrand besteht nur aus einer Lage zartwandiger Zellen und trägt kleine Haare (*C*). Die Trümmer des

Hypoderms stellen sich als unregelmäßige Bündel mehr oder weniger stark verdickter Faserstücke dar, deren Struktur erst nach dem Aufhellen mit Glycerin oder Chloralhydrat deutlich wird. Man beobachtet dann, daß sie gewöhnlich noch Teile der übrigen Schichten enthalten; insbesondere finden sich

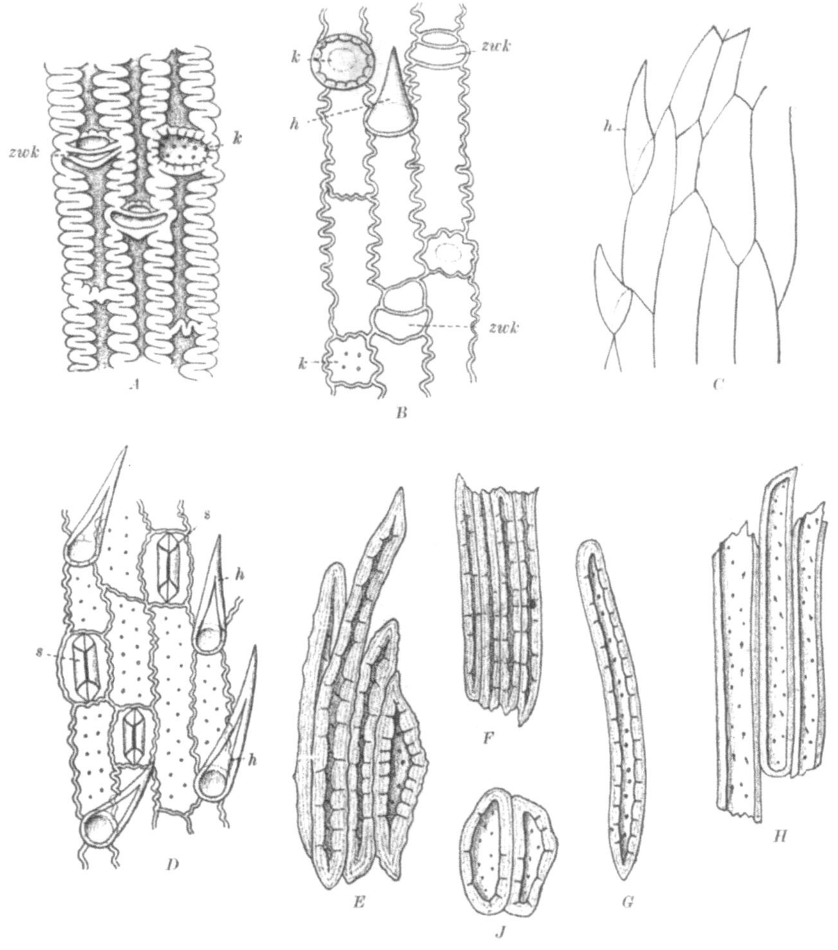

Abb. 141. Spelzspreumehl. *A* äußere Epidermis aus dem mittleren Teil der Spelze, *k* Kurzzelle, *zwk* Zwillingskurzzellen; *B* äußere Epidermis aus dem seitlichen Teil der Spelze, *k* Kurzzellen, *zwk* Zwillingskurzzellen, *h* Haar; *C* häutiger Spelzenrand, *h* Haar. *D* innere Epidermis der Vorspelze (Weizen). *h* Haare, *s* Spaltöffnungen; *E*, *F*, *G*, *H* Zellen aus dem Faserhypoderm; *J* verdickte Zellen aus der Basis der Spelze. Vergr. 1:200. (C. GRIEBEL.)

auch oft Spiral- und Netzgefäße. Einige Formen von Hypodermfasern sind in Abb. 141 *E* bis *J* wiedergegeben. Teilen der inneren Epidermis begegnet man nur hin und wieder (*D*), während das Schwammparenchym im Pulver vollständig zurücktritt.

5. Strohmehl. Einige Ähnlichkeit mit dem Spelzspreumehl hat das Strohmehl (Abb. 142), das zu den gleichen Zwecken wie das erstere gedient hat. Die wellig konturierten Epidermiszellen sind aber fast durchweg dünnwandig oder nur wenig verdickt. Typische Kurzzellen fehlen. Auch hier treten faserige Zellverbände besonders stark hervor, zu denen sich aber auch noch die Trümmer des aus dünnwandigen, langgestreckten Zellen bestehenden Stengelparenchyms gesellen. Teile von Ring- und Spiralgefäßen sind häufig, auch Netzgefäße kommen vor.

6. Holzmehl. Wie die beiden zuvor genannten Stoffe hat wiederholt auch Holzmehl als Verfälschungsmittel Verwendung gefunden. Besonders leicht zu erkennen ist das Nadelholzmehl (Abb. 143), das größtenteils aus Tracheiden besteht, die durch die großen Hoftüpfel (eine, seltener zwei Reihen) auffallen. Die Tracheiden sind langgestreckte, an den Enden schräg auslaufende Zellen mit mäßig verdickter Wand, die an zwei gegenüberliegenden, und zwar den Markstrahlen zugekehrten, also Radialschnitten entsprechenden Seiten Hoftüpfel tragen. In der Tangentialansicht haben die Tracheiden Ähnlichkeit mit Fasern, von denen sie sich aber durch die in der Zellwand gelegenen linsenförmig erscheinenden Tüpfeldurchschnitte unterscheiden. Die Markstrahlen sind daran zu erkennen, daß ihr Gewebe die großen Tracheiden rechtwinklig kreuzt. Die Markstrahlzellen sind bei unseren Nadelholzarten verschieden, so daß ihre Ausbildung zur Erkennung der Art dienen kann. Bei der Tanne sind sie einfach getüpfelt, bei der Fichte in der Mitte einfach, am Rand gehöft getüpfelt. Bei der Kiefer sind sie am Rand des Markstrahles gezackt, in seiner Mitte breit gelocht.

Abb. 142. Strohmehl. 1 : 120. (Phot. C. GRIEBEL.)

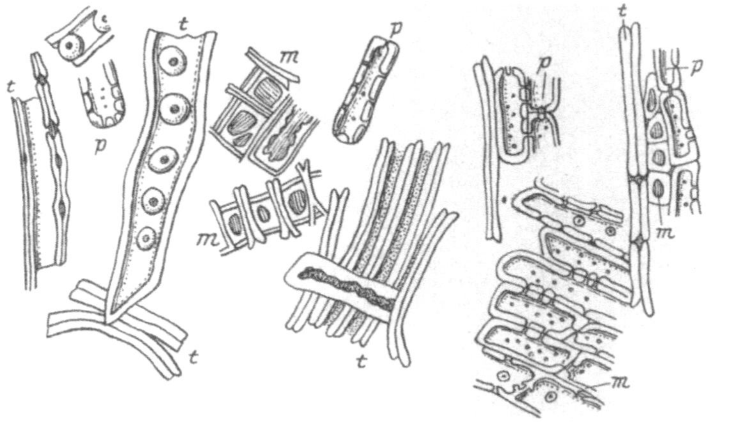

Abb. 143. Sägemehl eines Nadelholzes. *t* Tracheiden, *m* Markstrahlzellen, *p* Parenchymzellen. (Nach J. MOELLER.)

Laubholzmehl (Abb. 144) ist an den dicht mit kleinen Spalt- oder Hoftüpfeln besetzten Gefäßbruchstücken erkennbar; daneben kommen Spiral- und Ringgefäße vor. In viel größerer Menge finden sich Bruchstücke von Holzfasern (*e*), die meist zu Bündeln vereinigt und von anhaftendem Holzparenchym (*p*) begleitet, oft auch mit Markstrahlparenchym (*m*) gekreuzt sind. Auch Krystallzellen kommen bei manchen Holzarten vor. Die Erkennung der zahlreichen Laubholzarten im gepulverten Zustand ist sehr schwierig.

Bei der Mehl- und Brotuntersuchung findet man größere Partikelchen gewöhnlich schon in Quetschpräparaten, die mit Lauge hergestellt sind. Kleinere Teilchen sind in Präparaten aus dem nach einem Anreicherungsverfahren erhaltenen Rückstand (vgl. S. 142) leicht erkennbar. Wegen des hohen

Ligningehaltes färben sich die Holzteilchen mit Phloroglucinsalzsäure rot, jedoch ist diese Reaktion allein nicht beweisend für Holzmehl, weil auch Spelzspreumehl und Strohmehl Elemente enthalten, die mit Phloroglucinsalzsäure reagieren (Bruchstücke von Fasern und Leitbündeln).

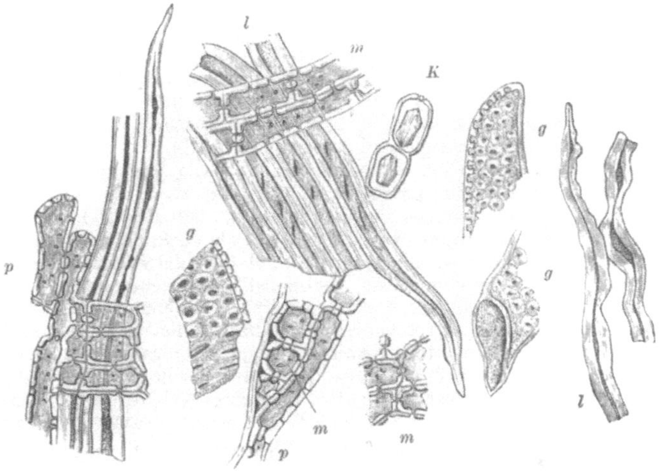

Abb. 144. Sägemehl eines Laubholzes. *p* Holzparenchym, *l* Holzfasern, *g* Gefäßfragmente, *m* Markstrahlen in radialer und tangentialer Ansicht, *K* Krystallzellen. (J. MOELLER.)

7. Kaffeeschalen (vgl. Bd. VI, S. 49) haben EVANS und WALLIS[1] als Mehlverfälschung beobachtet.

5. Besondere Verfahren zur Erkennung und Bestimmung von Mehlarten in Gemengen, Nachweis von Aleuron- und Keimlingteilchen.

1. Bestimmung von Roggen- und Weizenmehl in Gemengen nach E. BERLINER und J. KOOPMANN[2]. Durch die mikroskopische Untersuchung der Kleiebestandteile läßt sich Weizen neben Roggen sicher nachweisen. Man kann auch bis zu einem gewissen Grade aus der Anzahl der vorhandenen Roggen- und Weizenschalenteile auf das Mischungsverhältnis beider Mehle schließen. Dieses Verfahren kann jedoch nur dann zu annähernd richtigen Ergebnissen führen, wenn die beiden vermengten Mehle den gleichen Ausmahlungsgrad hatten, was aber nur selten zutreffen dürfte. BERLINER und KOOPMANN fanden nun in dem Verhalten der Zwischenzellsubstanz des Roggenmehlkörpers im Wasserpräparat ein geeignetes Mittel zur Unterscheidung von Roggen- und Weizenmehlteilchen. Während die Intercellularsubstanz beim Weizen aus einem in Wasser praktisch unlöslichen Stoff besteht, quillt sie beim Roggen augenblicklich stark auf und geht langsam in Lösung, ein Vorgang, der übrigens reversibel ist und z. B. durch Alkoholzusatz wieder zurückgeht. Dieses unterschiedliche Verhalten wird besonders deutlich bei Zusatz von Tuschelösung.

Verdünnt man flüssige Tusche mit dem gleichen Volumen destilliertem Wasser und verrührt in 1 Tropfen der Mischung wenig Mehl, so daß die Teilchen sich nicht berühren, so heben sich die Weizenteilchen von dem Tuscheuntergrund scharf in ihrer ursprünglichen Form ab, während sich die Roggenmehlteilchen sogleich mit einer Schleimhülle umgeben, die die Tuscheteilchen zurückdrängt und als heller, undeutlich begrenzter Hof erscheint.

---

[1] EVANS u. WALLIS: Analyst 1928, **53**, 432; **Z.** 1932, **63**, 349.
[2] E. BERLINER u. J. KOOPMANN: Zeitschr. ges. Mühlenwesen 1928, **5**, 21.

Durch Auszählen bei 50—80facher Vergrößerung läßt sich unter Verwendung eines Kreuztisches auf diese Weise rasch das Mischungsverhältnis von Roggen- und Weizenmehl bestimmen, während das Verfahren bei Gebäck versagt.

Die Flüssigkeitsschicht zwischen Objektträger und Deckglas soll möglichst dünn sein. Etwaiger Überschuß wird an den Rändern mit Filtrierpapier abgesaugt. Bei der Zählung, die nur an frisch hergestellten Präparaten erfolgen kann und rasch durchgeführt werden muß, werden nur die mit typischen Schleimhüllen versehenen Teilchen als Roggen in Rechnung gesetzt.

K. SEIDEL[1] glaubt allerdings, man werde bei diesem Verfahren immer weniger Roggen finden als tatsächlich vorhanden ist, weil bei der Vermahlung von Roggen eine ungleich geringere Menge von Grießteilchen anfalle als bei Weizen und weil bei Herstellung des mikroskopischen Präparates eine unkontrollierbare Menge dieser Teilchen zerfalle und daher der Zählung entgehe. Die Richtigkeit dieser Annahme SEIDELs wird aber von BERLINER und KOOPMANN[2] mit der Begründung bestritten, daß alle Roggenteilchen, die einen Zellwandrest enthalten, deutlich die Tuschereaktion geben, was eher auf eine Überschätzung der vorhandenen Roggenmehlteilchen schließen lasse. Die Praxis habe aber gezeigt, daß bald mehr, bald weniger Roggenmehl gezählt werde als wirklich vorhanden ist. BERLINER weist in einer weiteren Abhandlung[3] darauf hin, daß 1. destilliertes Wasser bei der Herstellung der Präparate zu verwenden ist, weil sonst die Tuscheteilchen koagulieren, 2. die Präparate sich nur etwa 5 Minuten halten, weil die Schleimsubstanz des Roggenmehles sich allmählich auflöst und in Form von „Kometenschweifen" abschwimmt, 3. schwache „Schleimhöfe" und kleine „Kometenschweife" sich nach einigen Minuten auch an Weizenmehlteilchen bilden, daß aber eine einwandfreie Unterscheidung zwischen Weizen und Roggen stets möglich sei. Zur Feststellung des Mischungsverhältnisses soll die Durchzählung von etwa 4 Präparaten genügen, die in einer Viertelstunde ausführbar ist.

2. Nachweis und Bestimmung von Reismehl in anderen Mehlen nach M. WAGENAAR[4].

a) In Buchweizenmehl. Die Methode beruht auf der Beobachtung, daß die Stärkezellen des Reises von einem feinen Netzwerk der Zellwand durchsetzt sind, das von Eiweiß begleitet ist und sich durch Teerfarbstoff leicht färben läßt.

Als Farbmittel dient eine aus 0,5 g Fuchsin *S*, 25 g Eisessig und 25 g Methylalkohol hergestellte Flüssigkeit, die nach einigen Stunden, wenn Sättigung der Farblösung eingetreten ist, filtriert wird.

Etwa 50 mg Mehl werden in einem konischen Zentrifugenglas mit 0,5 ccm Farbstofflösung gemischt und 2 Minuten leicht geschüttelt, dann wird mit Wasser aufgefüllt und zentrifugiert. Nach dem Abgießen der überstehenden Flüssigkeit wird der Bodensatz erneut mit Wasser durchgeschüttelt, wieder abgeschleudert und dieses Auswaschen siebenmal wiederholt. Bei der Untersuchung erscheinen jetzt die Reismehlteilchen eigentümlich gefleckt (marmoriert), während die aus dem Mehlendosperm des Buchweizens stammenden Teilchen völlig ungefärbt oder nur sehr schwach gefärbt sind. Stark gefärbt sind dagegen die Teilchen der Aleuronschicht und des Keimlings, jedoch an ihrer Struktur leicht zu erkennen. WAGENAAR konnte auf diese Weise noch 0,5% Reismehl in Buchweizenmehl mit Sicherheit nachweisen, während sich Reisstärke auf diese Weise nicht erkennen läßt, weil sie keine Eiweißstoffe enthält, die den Farbstoff aufnehmen.

Auch für die quantitative Bestimmung ist dieses Verfahren geeignet. Erforderlich ist hierbei ein Kreuztisch, ein Mikrometerokular und in Quadratmillimeter eingeteilte Deckgläser nach FROST, wie sie für bakteriologische Zählungen Verwendung finden (2,8 × 2,3 cm groß, 0,5 mm dick). Beobachtet wird bei 50facher Vergrößerung.

Genau 100 mg Mehl werden nach dem Färben und siebenmaligem Auswaschen durch Zentrifugieren in 15 g Glycerin (Spez. Gewicht etwa 1,26) mit Hilfe eines Glasstäbchens gleichmäßig verteilt. Von diesem Gemisch werden etwa 50 mg auf einem Objektträger abgewogen und mit dem kalibrierten Deckgläschen nach FROST bedeckt. Man wartet, bis der Tropfen sich durch die Schwere des Deckgläschens verbreitet hat und wendet keinen Druck an, da sonst die Gefahr besteht, daß die Reisteilchen abgeplattet werden. Hierauf wird der ganze Tropfen unter dem Mikroskop abgesucht, wobei nur die merkbar marmoriert gefärbten oder gestreiften Reisteilchen gezählt und gemessen oder geschätzt werden. Da der kubische Inhalt der Teilchen berücksichtigt werden muß, teilt man sie

[1] K. SEIDEL: Zeitschr. ges. Getreidewesen 1928, **15**, 6.
[2] BERLINER u. KOOPMANN: Zeitschr. ges. Mühlenwesen 1928, **5**, 92.
[3] BERLINER: **Z.** 1934, **68**, 643. [4] M. WAGENAAR: **Z.** 1927, **54**, 357.

in 4 Größen, solche von 100, 150, 200 und 250 μ Länge, Breite und Dicke, weil das Handelsreismehl fast immer aus Teilchen dieser Größen besteht. Von der Größe I haben etwa 1000 Teilchen ein Gesamtvolumen von 1 cmm, von der Größe II 325, von der Größe III 125 und von Größe IV 70 Teilchen. Auf diese Weise wird das Gesamtvolumen der Reisteilchen in tausendstel Kubikmillimeter geschätzt. Der erhaltene Wert wird auf 15 g der Glycerinverteilung und dann auf 100 g Mehl berechnet. Man erhält dann den prozentualen Gehalt an Reismehl nach der Formel $x = \frac{15 \cdot b}{a}$. Hierbei bedeutet a die zur Zählung auf den Objektträger gebrachte Menge Mehl in Milligramm, b das Gesamtvolumen der Reisteilchen in $^1/_{1000}$ cmm.

b) In Hafermehl und Weizenmehl. Dasselbe Verfahren wie bei Buchweizenmehl kann auch hier Anwendung finden.

3. Zum Nachweis von Reismehl in Weizenmehl verfahren R. TUFFI und E. BORGHETTI[1] folgendermaßen:

10 g Mehl werden im Becherglas mit 300 ccm Wasser verrührt und 5 Minuten stehen gelassen. Die überstehende Flüssigkeit wird in ein zweites Becherglas abgegossen, nach 5 Minuten in ein drittes Becherglas und nach weiteren 5 Minuten abermals abgegossen. Einige Tropfen des Sedimentes läßt man auf einem Objektträger eintrocknen, feuchtet dann mit einigen Tropfen Methylalkohol an und läßt wieder trocken werden. Hierauf gibt man 4—5 Tropfen einer frisch bereiteten Mischung gleicher Teile 0,2%iger Methylenblaulösung und 0,1%iger Eosin-A-Lösung in Wasser zu. Nach 5 Minuten wird der Farbüberschuß vorsichtigt abgespült und das Präparat unter dem Mikroskop betrachtet. Reis färbt sich bei dieser Behandlung blaugrün, während Weizen farblos bleibt oder höchstens gelblich angefärbt ist.

4. Bestimmung von Maisbackmehl im Weizenmehl durch Auszählung[2]

5. Erkennung und Auszählung von Keimlingsteilen in Getreidemehlen nach E. BERLINER und R. RÜTER[3]. Mucicarmin färbt in kurzer Zeit alle Zellkerne des Keimlingsgewebes in Getreidemehlen so intensiv, daß sie stark rot hervortreten.

Wenn man daher einen Tropfen „Mucicarmin Grübler" mit einem Tropfen Chloralhydrat auf dem Objektträger gut durchmischt und eine Spur Mehl darin verrührt, so treten alle Keimlingsteile, selbst die zwischen den Walzen völlig zerriebenen, als lichtrot punktierte Teilchen auffallend hervor, namentlich bei weit geöffneter Blende, weil hierbei die übrigen Zellbestandteile (Zellmembran, Eiweiß und Stärkekörner) beinahe unsichtbar werden. Bei dieser Färbung zeigt sich übrigens, daß selbst in den hellsten Auszugsmehlen genügend Keimlingsteilchen enthalten sind, um die durch Extraktion feststellbare Fettmenge zu erklären.

6. Nachweis von Aleuronteilchen im Mehl nach B. BRODA[4]. Hierbei findet die Feststellung Verwendung, daß die Globoide der Aleuronkörner Magnesium enthalten und daß Magnesiumverbindungen mit bestimmten organischen Farbstoffen wie Chinalizarin, Titangelb und Azoblau in alkalischer Lösung charakteristische Färbungen liefern.

Die Reagenzien werden wie folgt hergestellt: 1 Tl. Chinalizarin + 5 Tle. Natriumacetat verreibt man in der Reibschale und bereitet aus diesem Gemenge eine 0,5%ige Lösung in wäßriger 5%iger Natronlauge. Das Reagens hält sich einen Tag. Aus Titangelb oder Azoblau bereitet man eine 0,2 bzw. 0,1%ige wäßrige Lösung. Zur Prüfung mit Chinalizarin bringt man eine Mehlprobe auf den Objektträger, fügt 1—2 Tropfen des Reagenzes hinzu, verrührt mit einem Glasstab und bedeckt mit einem Deckglas. Von Titangelb oder Azoblau gibt man zur Mehlprobe 1—2 Tropfen der Lösung und dann 1 Tropfen 10%ige Natronlauge. Durch das alkalische Reagens werden die Stärkekörner gelöst, desgleichen die Bestandteile der Aleuronkörner bis auf die Globoide, die ungelöst bleiben und sich mit Chinalizarin kornblumenblau, mit Titangelb rosa, mit Azoblau violett färben. Schon bei schwacher Vergrößerung sind die gefärbten Globoide in den Zellen als zusammengeflossene Massen, außerhalb der Zellen in Form von verstreuten Kügelchen sichtbar, die bei starker Vergrößerung wie hohl erscheinen.

Von Interesse ist auch die Beobachtung von E. BERLINER und R. RÜTER[5], die feststellten, daß kolloide Eisenhydroxydlösung (Ferr. oxyd. dialys. liquid.) in

[1] R. TUFFI u. E. BORGHETTI: Ann. Chim. appl. analyt. 1935, 25, 351—354; C. 1936, I, 2854.
[2] G. CLAUS: Vorratspflege und Lebensmittelforschung 1938 1, 430.
[3] E. BERLINER u. R. RÜTER: Zeitschr. ges. Mühlenwesen 1930, 7, 36.
[4] B. BRODA: Z. 1935, 70, 470.
[5] E. BERLINER u. R. RÜTER: Zeitschr. ges. Mühlenwesen 1930, 6, 160.

wenigen Sekunden ringförmige Niederschlagszonen um Aleuronzellbestandteile in Deckglaspräparaten einer Mehlsuspension gibt (Vergrößerung etwa 250fach). Während bei Getreidemehlen nur die Bestandteile der Aleuronzellen reagieren, wirkt bei Leguminosen auch der Mehlkörper in dieser Weise.

III. Biologische Untersuchung der Körnerfrüchte und Mehle[1].

1. Die Flora der Körnerfrüchte und Mehle.

Die in den Mehlen vorkommenden pflanzlichen Mikroorganismen entstammen zum größeren Teil den Rohstoffen selbst, zum geringeren Teil sind sie auf Verunreinigungen bei der Gewinnung zurückzuführen. Diese Flora setzt sich zusammen aus parasitischen Pilzen, Saprophyten und aus Keimen der Bodenflora. Von Interesse sind hierbei besonders die gesundheitsschädlichen Arten, die entweder toxisch (wie Mutterkorn) oder infektiös auf den menschlichen Organismus wirken. Als infektiöse Getreidepilze kommen verschiedene Arten der zu den Bakterien (oder Hyphomyceten) gezählten Gattung Actinomyces HARZ (vgl. Bd. II, 2, S. 1623) in Betracht, die die Strahlenpilzkrankheit erzeugen, aber wohl nur durch Spelzen oder Grannen übertragen werden, wenn diese sich in die Mundschleimhaut einbohren. Unter besonderen Umständen[2] können auch die in Mahlprodukten vorkommenden Sporen von Aspergillusarten (A. flavus und A. fumigatus) gefährlich werden und bei Leuten, die viel mit Mehl arbeiten, Mykosen der Lunge hervorrufen.

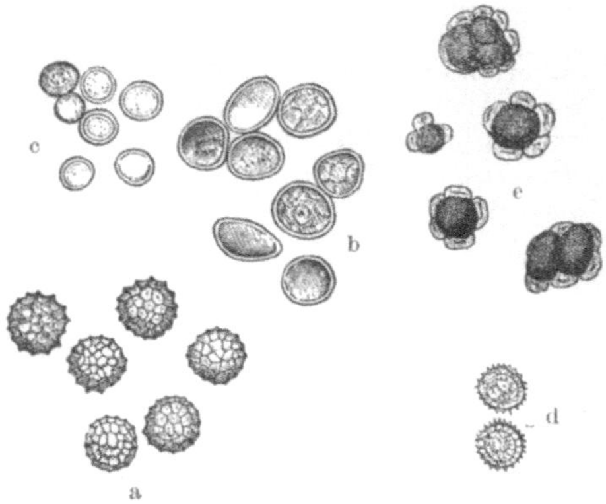

Abb. 145 a—e. Brandsporen. 1 : 300. a Tilletia tritici, b T. levis, c Ustilago hordei, d U. maydis, e Sporenknäuel von Urocystis occulta, in denen nur die dunkleren Sporen keimfähig sind.

a) Die parasitären Pilze auf Cerealien.

α) **Brandpilze (Ustilagineae).** Von den Brandpilzen kommen in Mahlprodukten der Cerealien vorwiegend die Sporen der sog. „gedeckten“ Brandarten des Weizens (Tilletia tritici und T. laevis), der Gerste (Ustilago hordei) und des Hafers (Ustilago levis), seltener die der Flugbrandarten (Ustilago tritici, U. nuda und U. avenae), des Maisbrandes (Ustilago maydis) und des Roggenstengelbrandes (Urocystis occulta) vor. Das seltenere Vorkommen der Sporen der Flugbrandarten hängt damit zusammen, daß diese schon im Sommer verstäuben oder vom Regen abgespült werden, während die Sporen der gedeckten Brandarten erst beim Dreschen über die Körner verbreitet werden. Eine innere Infektion durch Brandsporen kommt bei der Gerste vor, bei der solche gelegentlich unter den Spelzen gefunden worden sind. Die Brandsporen sind kugelige Zellen mit derber, glatter oder stellenweise verdickter, brauner, seltener farbloser Membran (Abb. 145). Nach ihrer Größe und dem Bau der Membran, auch nach der Art der Keimung, lassen sich die einzelnen Arten unterscheiden. Aus der

[1] Bearbeitet unter Benutzung des gleichnamigen von Professor Dr. A. SPIECKERMANN bearbeiteten Abschnittes in J. KÖNIGS Chemie der menschlichen Nahrungs- und Genußmittel, Bd. III, 2. 1914.

[2] Vgl. LODE: Arch. Hygiene 1902, 42, 107.

nachfolgenden Zusammenstellung, die auf eine Tabelle von APPEL zurückgeht, sind die Eigenschaften der auf Weizen, Gerste und Hafer vorkommenden Brandarten ersichtlich. Bemerkt sei ergänzend, daß die Sporen des Maisbrandes (Ustilago maydis TUL.) rund, dunkelbraun, feinstachelig, 9—12 μ groß sind und daß beim Roggenstengelbrand (Abb. 145e) mehrere Sporen zu Knäueln von etwa 24 μ Dicke vereinigt sind, von denen aber nur wenige größere keimen. Auf Rispen-, Kolben- und Mohrenhirse kommen Ustilagoarten mit dunkelbraunen, kugeligen, glatten Sporen vor.

Tabelle 4. Eigenschaften der Sporen der Getreidebrandarten.

Getreideart	Art des Brandes	Name des Erregers	Beschaffenheit der Sporen	Größe der Sporen	Keimung der Sporen
Weizen	Flugbrand	Ustilago tritici JENS.	kugelig, fein bewarzt, hellbraun	5— 9 μ	direkt mit Mycel (ohne Conidien)
	Steinbrand	a) Tilletia tritici WTR. b) Tilletia levis KÜHN	a) kugelig, durch erhabene Leisten gefeldert, gelbbraun b) unregelmäßig kugelig, glatt, hellgelb	16—22 μ	mit Promycel und Conidien (Kranzkörperchen)
Gerste	Flugbrand	Ustilago nuda KELL. u. Sw.	kugelig, fein bewarzt, hellbraun	5— 9 μ	direkt mit Mycel (ohne Conidien)
	Hart- oder Schwarzbrand	Ustilago hordei BREF.	unregelmäßig kugelig, glatt, hellbraun	6—10 μ	mit Promycel und Conidien
Hafer	Flugbrand	Ustilago avenae JENS.	kugelig, fein bewarzt, hellbraun	6—11 μ	mit Promycel und Conidien
	Gedeckter Haferbrand	Ustilago levis MAGN.	unregelmäßig kugelig, glatt, hellbraun	5—11 μ	mit Promycel und Conidien

Zur Feststellung von Brandsporen im unzerkleinerten Getreide schüttelt man 100 g Körner in einem Rundkolben mit Wasser und zentrifugiert dann nach APPEL[1] das abgegossene Wasser. Auf diese Weise lassen sich noch 0,1 mg Brandsporen in 1000 g Getreide nachweisen.

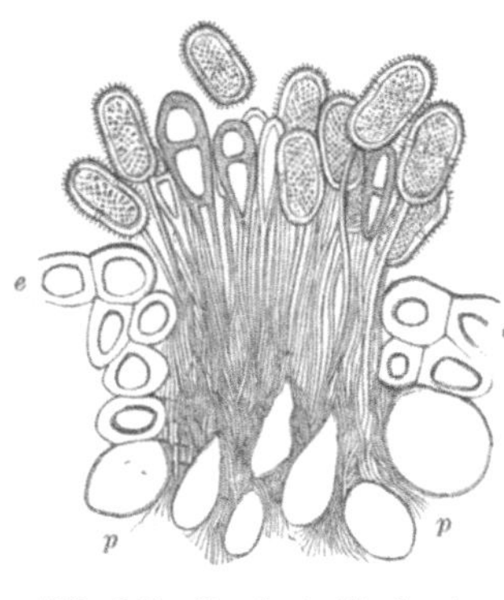

Abb. 146. Durchschnitt durch ein Rosthäufchen von Puccinia graminis mit Uredo- und einigen Teleutosporen. 200fach. *e* Epidermiszellen des Halmes, *p* zwischen den Zellen vegetierendes Pilzmycel. (Nach FRANK.)

Der Nachweis der Brandsporen im Mehl läßt sich leicht führen, wenn man dünne Präparate auf dem Objektträger mit Natronlauge aufhellt. Bei Anwesenheit einer größeren Zahl von Sporen findet man diese auch ohne eine solche Vorbereitung in dünnen Präparaten leicht auf. Bei gröberen Mehlen empfiehlt es sich, die Mehlprobe zunächst durch ein 0,25—0,5 mm Sieb zu treiben und das Durchfallende für die Herstellung der Präparate zu benutzen.

Für die quantitative Bestimmung der Brandsporen in Mahlprodukten und Getreide hat BREDEMANN[2] ein Verfahren angegeben.

β) Rostpilze (Uredineae). Von Rostpilzen finden sich auf den Spelzen und Körnern des Getreides mehrere Arten. Puccinia glumarum ERIKS. u. HENN. (Gelbrost) erzeugt auf den Körnern des Weizens und der nackten Gerste durch die Oberhaut schimmernde Conidienlager. Die Sporenlager des Schwarzrostes (Puccinia graminis PERS.) kommen nach RIEHM bei starkem Befall in den

[1] APPEL: Jahresbericht der Vereinigung für angewandte Botanik für 1906, S. 201.
[2] BREDEMANN: Landw. Vers.-Stationen 1911, 75, 135.

Spelzen und Körnern sämtlicher Getreidearten vor, die des Zwergrostes (Puccinia simplex ERIKS. u. HENN.) auf Gerstenkörnern. Die Spelzen werden zuweilen von Puccinia glumarum und P. graminis stark befallen, so daß Sporen dieser Pilze, wenn nur die Spelzen befallen sind, auch durch den Drusch in das Getreide gelangen.

Die Rostpilze bilden Uredosporen (Abb. 146), die in gelben Lagern auftreten und in erster Linie der Verbreitung im Sommer dienen und Teleutosporen, die schwarze Lager bilden und für die Überwinterung des Pilzes Sorge tragen. Die Uredosporen sind einzellig, rundlich und zeigen im mikroskopischen Bild eine gelbe Färbung. Die Teleutosporen sind meist zweizellig, keulenförmig und dunkelbraun gefärbt (Abb. 147 und 146).

γ) Getreidemehltau. Der Getreidemehltau (Erysiphe graminis D. C.) aus der Gruppe der Perisporiineae (Bd. II, 2, S. 1650) wuchert außer auf Blättern und Stengeln zuweilen auch auf den Spelzen der Getreidearten und kann beim Drusch mit in die Körner gelangen. An Fruchtformen kommen in Betracht farblose, eiförmige Conidien, die auf dünnen, kurzen Hyphen in Reihen abgeschnürt werden (Abb. 148 *A*) und kugelige, dunkelbraune, bis schwarze, mit zahlreichen braunen Anhängseln versehene Perithecien (Abb. 148 *B*). Während die Conidien der Verbreitung des Pilzes im Sommer dienen, sind die Perithecien die Überwinterungsform des Mehltaues. Sie zeigen bei der Reife zahlreiche, als Stützfäden bezeichnete Anhängsel und enthalten mehrere Schläuche mit je 4—8 länglich-runden, einzelligen, farblosen Sporen. Solche Conidien und Perithecien sind in Mehlen und Kleien nicht gerade häufig.

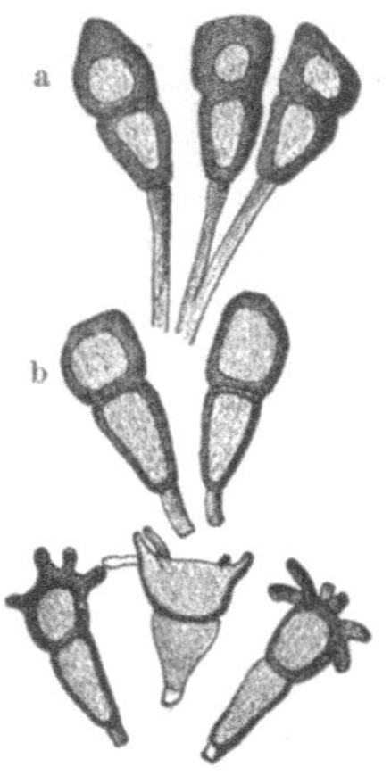

Abb. 147. Teleutosporen von Puccinia graminis (a), Puccinia dispersa (b), Puccinia coronifera (c). 320 fach. (Nach FRANK.)

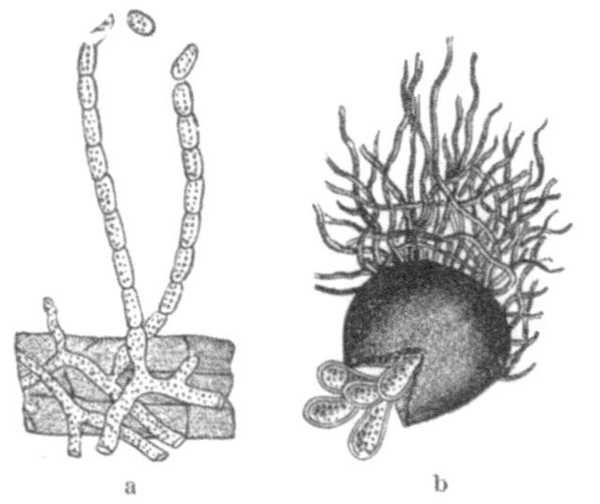

Abb. 148 a und b. Erisyphe graminis D. C. a Mycel mit Conidienträgern auf einem Weizenblatt (60 fach); b aufgedrücktes Perithecium mit unreifen Schläuchen (100 fach). (Nach FRANK.)

Abb. 149. Mutterkorn, Sklerotium.

δ) Mutterkorn (Claviceps purpurea Tul.). Das Mutterkorn des Getreides ist das Sclerotium des oben genannten Pilzes aus der Gruppe der Hypocreineae (Bd. II, 2, S. 1650). Es ist ein schwarzvioletter, etwas bereifter, bis über 3 cm langer, keulenförmiger, harter Körper (Abb. 149), der aus einem weißen, aus verflochtenen Pilzhyphen (3—12 μ) gebildeten ölreichen pseudoparenchymatischen Markgewebe (Abb. 150) und einer schwarzvioletten Rindenzone (Abb. 151) besteht. Mutterkorn kommt vorwiegend auf Roggen, seltener auf Weizen und Gerste vor. Es ist der einzige parasitäre Pilz der Getreidearten, der für den Menschen stark giftig wirkende Stoffe enthält. Wenn wesentliche Mengen davon im Getreide enthalten sind, ruft das daraus erbackene Brot die sog. Kriebelkrankheit hervor. Das Mutterkorn bildet ein wichtiges Heilmittel.

In dem Getreide selbst ist das Mutterkorn an seiner Gestalt und Farbe leicht zu erkennen. Schwieriger ist der Nachweis im Mehl und Brot. Dieser Nachweis stützt sich zum Teil auf chemische Reaktionen, zum Teil auf die mikroskopische Untersuchung. Die letztere ist zuverlässiger.

Bei der mikroskopischen Untersuchung lassen sich die Mutterkornfragmente meist an den am Rand hervorragenden Hyphenstücken erkennen. Vom Gewebe der Getreidekeimlinge (Abb. 151*B*) unterscheiden sich die Mutterkornteilchen durch die unregelmäßige Anordnung der durch die Hyphen gebildeten Zellen (Abb. 151*A*). Beim Auffinden größerer Bruchstücke lassen sich Schnitte zwischen Holundermark herstellen. Kleinere undurchsichtige Stücke liefern nach vorsichtigem Quetschen zwischen zwei Objektträgern klarere Bilder. Der in der äußeren Rindenschicht des Mutterkorns enthaltene Farbstoff löst sich in Lauge oder Chloralhydratlösung mit rotvioletter Farbe.

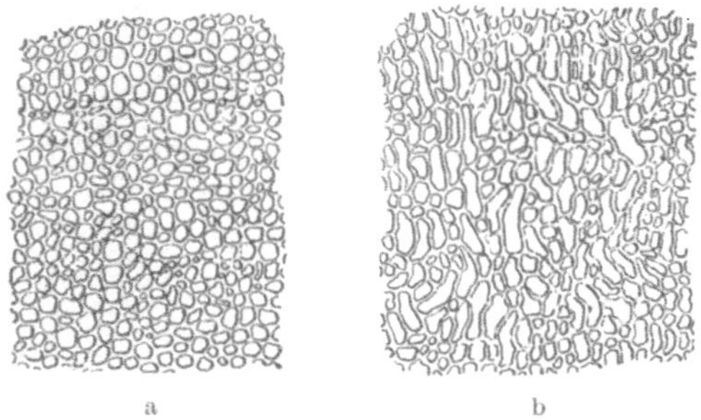

Abb. 150 a und b. Mutterkorn. Inneres Gewebe, a im Querschnitt, b im Längsschnitt, durch Äther entfettet.

N a c h w e i s i m M e h l u n d B r o t.

Nach Hartwich kocht man 5 g Mehl, 200 ccm Wasser und 10 ccm Salzsäure $^1/_4$ Stunde und läßt die Flüssigkeit in einem Spitzglas absetzen. Den Satz untersucht man in Glycerin oder 1%iger Lauge.

Nach dem Weender-Verfahren, geändert von Lauk[1], kocht man den Satz, den man nach der Methode Hartwich gewonnen und durch ein Tuch filtriert hat, 5 Minuten in $2^1/_2$%iger Natronlauge und entfernt dadurch etwa noch zurückgebliebenes Fett oder Eiweiß. Dann untersucht man in Chloralhydrat.

P. Thieme[2] fand nach diesem Verfahren bei einem Gehalt von 0,01% fast in jedem Präparat 1—3 Partikelchen, bei 0,005% noch in mehreren Präparaten 1 Partikelchen.

Nach dem Verfahren von Wittmack und Späth[3], in der Ausführung von P. Thieme, werden 3 g Mehl in etwa 15 ccm Chloroform 2 Minuten zentrifugiert. Mutterkorn und Schalenteilchen setzen sich dann oben ab und können in Chloralhydrat mikroskopiert werden. Thieme fand so bei 0,005% noch in jedem Präparat mindestens 1, bei 0,002% in mehreren Präparaten 1 Partikelchen.

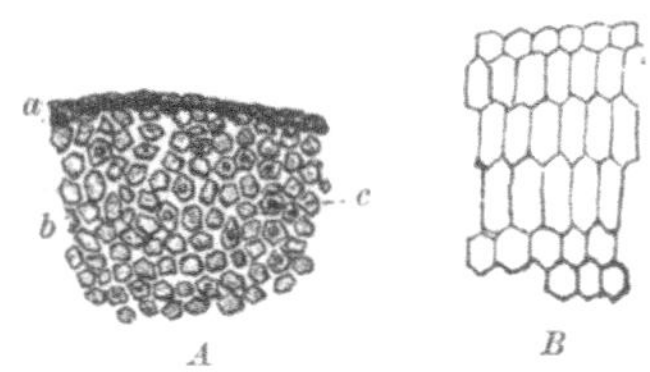

Abb. 151. *A* Mutterkorn im Querschnitt. *a* Rinde mit Farbstoff, *b* Inneres, *c* Fetttropfen; *B* Parenchym aus dem Gewebe eines Getreidekeimes. (Nach C. Böhmer.)

Nach den angegebenen Verfahren lassen sich also 0,01% Mutterkorn im Mehl sicher nachweisen, eine Empfindlichkeit, die vollauf genügt, da die Grenze der gesundheitlich unbedenklichen Menge nach den geltenden Anschauungen mit 0,1% anzunehmen ist[4].

Erheblich schwieriger ist nach Thieme der Nachweis des Mutterkorns im B r o t. Das Verfahren von Hartwich liefert nur dann einen guten Erfolg, wenn das Brot zunächst 24 Stunden lang in Wasser aufgeweicht wird. Auch muß sehr lange gekocht und das salzsaure Wasser oft abgeschüttet und erneuert werden. Bei 0,05% wurden von Thieme in jedem Präparat mehrere, bei 0,02% in 3 Präparaten 1 Partikelchen gefunden.

Zur Zentrifugierung nach Wittmack und Späth wurde das Brot 24 Stunden angefeuchtet und längere Zeit in salzsäurehaltigem Wasser gekocht, das Wasser auf dem Filter mit

[1] Lauk: Vereinbarungen zur Untersuchung und Beurteilung von Nahrungs- und Genußmitteln, Heft 2. Berlin 1897.
[2] P. Thieme: Veröff. Med.verw. 1930, **33**, 44.
[3] Wittmack u. Späth: Pharm. Zentralh. 1896, **17**, 542.
[4] Vgl. Thieme: l. c. S. 38.

absolutem Alkohol entfernt und dann der Rückstand mit Chloroform zentrifugiert. Bei 0,05% fanden sich in jedem Präparat mehrere, bei 0,02% in 4 Präparaten 3 Partikelchen Mutterkorn. Auch diese Empfindlichkeit reicht durchweg aus, zumal wenn man berücksichtigt, daß die toxische Wirkung durch den Backprozeß verringert wird (THIEME).

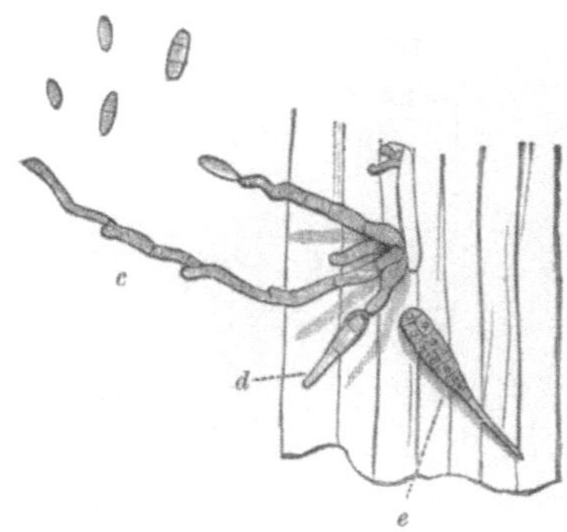

Abb. 152. Conidienträger von Cladosporium (*c*), links oben reife Sporen, *d* und *e* Alternariasporen. 1 : 195. (Nach FRANK.)

ε) Schwärzepilze. Als Schwärzepilze werden hauptsächlich Arten der Gattung Cladosporium LINK. bezeichnet, die auf Getreide, auch auf Hülsenfrüchten gelegentlich parasitär, meist aber als Saprophyten auftreten; auch Vertreter der Gattungen Sporidesmium LINK. und Alternaria NEES kommen in Betracht. Von Cladosporium gehört eine Art zum Ascomyceten Mycosphaerella Tulasnei JANCZ. (vgl. Bd. II, 2, S. 1651), während die anderen zur Gruppe der Hyphomyceten der Fungi imperfecti (Bd. II, 2, S. 1658) gestellt werden. Das Luftmycel dieser Pilze ist braun oder olivgrün. Cladosporium bildet kleine, meist einzellige olivgrüne Sporen, die an der Spitze von Trägerhyphen in Reihen abgeschnürt werden (Abb. 152). Die Sporen der Gattungen Alternaria (Abb. 153 und 152*e*) und Sporodesmium sind keulen- oder flaschenförmig, mauerartig geteilt und oft durch schmale Zwischenstücke zu Ketten verbunden.

Abb. 153. Alternariasporen aus geschwärztem Getreide. Etwa 300fach.

In feuchten Jahren treten die Pilze an Blättern, Halmen und Spelzen, aber auch an den Körnern der Cerealien auf, teils als oberflächlicher Anflug, teils bei bespelzten Cerealien zwischen Fruchthaut und Spelze, zum Teil auch parasitär innerhalb der ersten Zellreihen des Kornes oder in seiner ganzen Masse. Die befallenen Körner zeigen schwärzliche Punkte, Streifen oder bräunliche Verfärbungen. Letztere treten besonders bei der Gerste auf, die dann als „braunspitzig“ bezeichnet wird. Auch auf sog. Taumelroggen, der in Südrußland und in Schweden wiederholt nervöse Erkrankungen bei Menschen und Tieren hervorgerufen hat, sind diese Schwärzepilze gefunden worden[1]. In Mehlen werden in feuchten Jahren nicht selten Sporen und zuweilen auch Mycelstücke von Schwärzepilzen aufgefunden. Für ihren Nachweis gelten die bei den Brandpilzen angegebenen Verfahren.

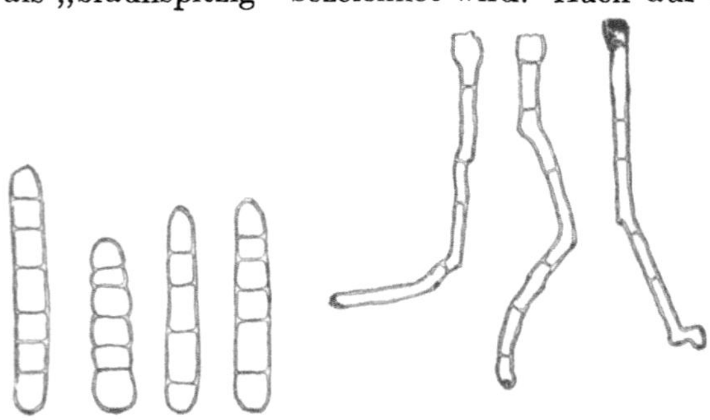
Abb. 154. Helminthosporium teres. Sporen und Conidienträger. 1 : 200. (Nach RAVN.)

ζ) Helminthosporium Link. Von dieser Gattung parasitieren einige Arten (Helminthosporium teres Sacc. und H. gramineum Rbh.) auf Hafer und Gerste, bei letzteren auch im Korn. Die infizierten Gerstenkörner sind häufig an der Spitze dunkel gefärbt. Diese sog. „Blauspitzigkeit“ wird durch Helmintho-

[1] WORONIN: Botan. Ztg. 1891, **49**, 80. — SOROKIN: Justs botan. Jahresber. 1891, **19**, 1. Abt., 198. — GABRILOWITSCH: Biochem. Zentralbl. 1907, **6**, 43.

sporium gramineum RBH., die Conidienform des Kernpilzes Pleospora trichostoma WTR. hervorgerufen. Auch auf usurischem Taumelroggen sind Pilze dieser Gattung gefunden worden[1]. Die braunen, sympodial verzweigten Conidienträger und die nur schwach gefärbten wurmförmigen, meist 5—6zelligen Conidien von 15—19 μ Dicke und bis 160 μ Länge (Abb. 154) werden daher gelegentlich in Mahlprodukten gefunden.

b) Die parasitären Pilze auf Leguminosen.

Neben Cladosporium und Cephalothecium roseum kommen hauptsächlich Ascochyta Pisi LIB. und Gloeosporium (Colletotrichum) Lindemuthianum SACC. in Betracht, die in die Gruppen der Sphaeropsideae bzw. Melanconieae der Fungi imperfecti (Bd. II, 2, S. 1658) gehören. Diese Pilze befallen neben anderen Teilen der Pflanze auch die Hülsen und Samen der Erbsen bzw. Bohnen und erzeugen in der Haut derselben braun verfärbte Flecke, an denen die Sporenlager (Abb. 155) bzw. Pykniden (Abb. 156) entstehen.

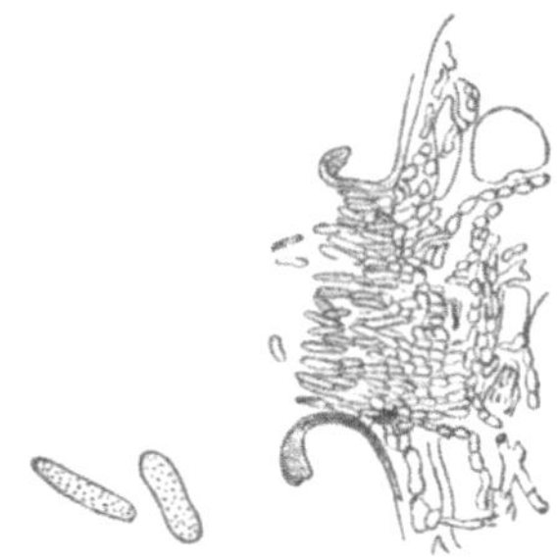

Abb. 155. Sporenlager von Colletotrichum Lindemuthianum auf einem Bohnenfleck (65fach). Darüber zwei Sporen (200fach). (Nach FRANK.)

c) Die Saprophyten der Körnerfrüchte und Mehle.

Die häufigsten Vertreter der Bakterienflora der Körneroberfläche sind nach den Untersuchungen von BURRI und DÜGGELI Bacterium fluorescens liquefaciens und Bact. herbicola aureum (Bacill. mesentericus aureus WINKLER), ein lebhaft bewegliches Stäbchen, das auf Agar scharfrandige, tröpfchenartige, allmählich goldgelb werdende Kolonien bildet. Außerdem werden öfter Bact. putidum (Bact. fluorescens non liquefaciens), Bact. coli, Bac. mesentericus vulgatus, Bac. megatherium u. a. gefunden. Fast immer beobachtet man auch Milchsäurebakterien, Buttersäurebakterien und Fäulniserreger, weiter Streptothrixarten sowie verschiedene Eumyceten. Alle diese Arten können sich daher auch in den Mehlen vorfinden. Über die coliartigen Bakterien der Mehle hat H. GELLINGER[2] eingehende Untersuchungen angestellt.

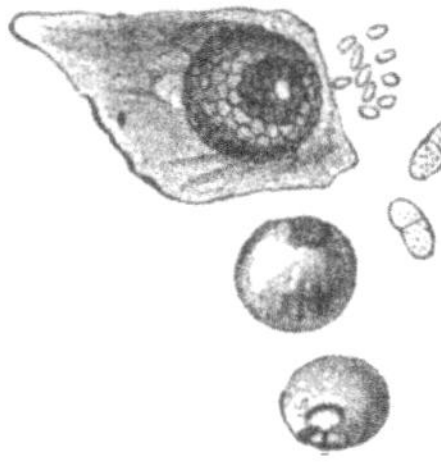

Abb. 156. Pyknide von Ascochyta Pisi (200fach). Daneben Sporen (500fach). Darunter zwei Erbsen mit Infektionsherden. (Nach FRANK.)

Von Eumyceten kommen auf Samen und in Mehlen die gewöhnlichen Schimmelpilze (verschiedene Arten der Gattungen Penicillium, Aspergillus, Mucor, Rhizopus, Monilia, Dematium) und Sproßpilze verschiedener Art (Saccharomyces, Torula, Mycoderma) vor. Nach BUCHWALD[3] ist der primäre Erreger des Schimmelns bei gesundem Getreide Aspergillus glaucus. HERTER[4] fand häufig auch Penicillium crustaceum, in einem Fall Asperg. candidus (PERS.) LINK bei Weizen.

Von den Fadenpilzen sind besonders noch die Vertreter der Hyphomycetengattung Fusarium zu erwähnen. Diese Gattung ist durch sichelförmige, mehrzellige Sporen charakterisiert. Die Fusariumpilze sind in feuchten Jahren,

[1] Vgl. WORONIN u. SOROKIN: a. a. O.
[2] H. GEILINGER: Mikrobiologie der Getreidemehle. Mitt. Lebensmittelunters. Hygiene 1921, 12, 49, 105, 231; 1922, 13, 153, 223.
[3] BUCHWALD: Zeitschr. ges. Getreidewesen 1916, 8, 57.
[4] HERTER: Zeitschr. ges. Getreidewesen 1917, 9, 286.

namentlich auf Roggen sehr häufig, dem sie einen rosenroten Anflug verleihen. Auch auf Maiskörnern, Hafer- und Weizenspelzen finden sie sich ein. Sie werden von russischen Beobachtern zur Taumelkrankheit in Beziehung gebracht[1].

Hierbei kommt besonders Fusarium roseum (F. rostratum APPEL u. WOLLENW.), die Conidienform des Schleimpilzes Gibberrella Saubinetii SACC., in Betracht. In neuerer Zeit sind namentlich durch amerikanische Gerste, die zur Fütterung der Schweine diente, Erkrankungen vorgekommen. D. STRILCIUC[2] hat über die Beschaffenheit derartiger amerikanischer Futtergerste eingehend berichtet. Das conidientragende Mycel von Fusarium roseum bildet danach auf der Spelzenoberfläche der befallenen Körner weißliche bis rosarote polsterförmige Auflagerungen. Einzelne Körner zeigen auf der Spelzenoberfläche kleine schwarze Auflagerungen. Hierbei handelt es sich um die Perithecien von Gibberella Saubinetii, die Ascosporen enthalten. Das Mycel dringt in der Regel in der Nähe des Keimlings in das Korninnere ein und verursacht eine atypische Korrodierung der Stärkekörner. Diese zeigen bei mittelstarker Vergrößerung (etwa 300fach) auf ihrer Oberfläche punktförmige Substanzverluste, wodurch sie in der Aufsicht ein siebartig durchlöchertes Aussehen erhalten. Der Rand erscheint zerfressen, so daß die Körner ihre rundliche Form verlieren. Ringbildung, Spalten oder Risse, die bei der normalen Korrodierung durch Diastaseeinwirkung infolge Keimung oder starkem Schimmelbesatz auftreten, sind dagegen nicht zu beobachten. Diese Veränderung der Stärke kann zur Diagnose des Pilzes im Schrot und Mehl herangezogen werden. Abb. 157 zeigt eine sechszellige Conidie mit der für Fusarium charakteristischen Sichelform.

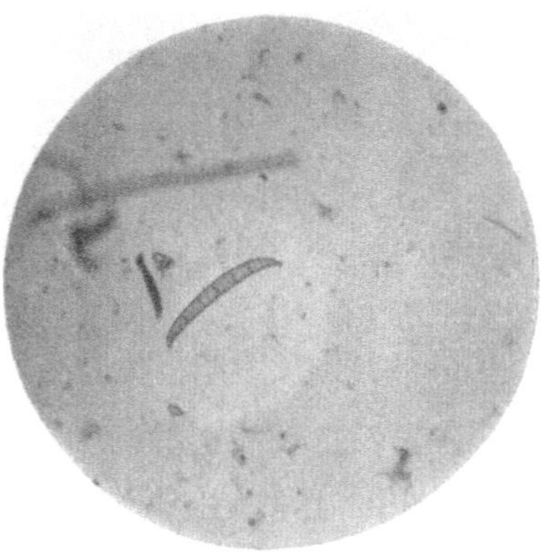

Abb. 157. Sporen von Fusarium roseum.

α) Mykologische Untersuchung von Körnern und Mehlen. Für die mykologische Untersuchung kommt das Plattenverfahren nur in begrenztem Maße in Betracht. Für den Nachweis von Bakterienarten, die nur in geringerer Zahl vorhanden sind, oder auf den Fleischwassernährböden schwer wachsen, müssen entsprechende Anreicherungsverfahren benutzt werden. Die angereicherten Kulturen werden dann in üblicher Weise nach dem Plattenverfahren weiter verarbeitet.

Ob Mehle, auch wenn sie verschiedenen Ausmahlungsgrad aufweisen, aus demselben Weizen ermahlen sind, läßt sich nach H. KÜHL[3] in erster Linie durch das Studium der in PETRI-Schalenkulturen wachsenden Bakterien und Pilze feststelllen, die in Mehlen der gleichen Herkunft übereinstimmen.

β) Bestimmung der Keimzahl auf Körnern und im Mehl. Von Körnern wiegt man eine bestimmte Menge ab, schüttelt sie längere Zeit mit etwas sterilisiertem Wasser in einem Reagensröhrchen und gießt Platten mit abgemessenen Mengen der Flüssigkeit. Da die Bakterien der Körnerfrüchte vielfach schleimige Zooglöen bilden, ist die Bestimmung ziemlich ungenau. Als Nährböden kommen sowohl neutraler Fleischwasserpeptonagar für die Bakterien, wie auch saure Medien für Eumyceten in Betracht (z. B. Würzeagar).

Von Mehl verteilt man eine gewogene Menge so fein wie möglich in einer bestimmten Menge sterilisiertem Wasser und stellt mit abgemessenen Mengen der Aufschwemmung Platten her.

Die von EMMERLING zuerst angegebene[4] und von anderen verbesserte Schimmelprobe liefert keine einwandfreien Ergebnisse. W. A. MOHL[5] verfährt deshalb folgendermaßen:

In einen sterilen Mörser bringt man 1 g des Materials und zerreibt es mit 10 ccm sterilem Wasser zu einer homogenen Suspension. Mit einer sterilen Pipette entnimmt man 1 ccm dieser Suspension, die man in einer PETRI-Schale mit 10 ccm geschmolzenem und

---

[1] Vgl. WORONIN, SOROKIN, GABRILOWITSCH: a. a. O.
[2] D. STRILCIUC: Z. 1930, 59, 258. [3] H. KÜHL: Mühlenlaboratorium 1936, 6, 73.
[4] EMMERLING: Vereinbarungen 1897, Heft 1, 20. [5] W. A. MOHL: Z. 1937, 74, 189.

hierauf auf 45° abgekühltem Pflaumenagar vermischt. Man stellt die PETRI-Schale 3 Tage in den Kulturschrank bei 25° C und zählt hierauf die Kolonien.

Der Agar wird in folgender Weise hergestellt: 200 g von den Steinen befreite, getrocknete Pflaumen werden mit 500 ccm Wasser $^1/_2$ Stunde lang gekocht. Nach dem Kolieren wird die Flüssigkeit eine Stunde lang auf 120° im Autoklaven erhitzt, filtriert und 20 Minuten bei 120° sterilisiert. Daneben werden 25 g Agar in 500 ccm Wasser gelöst und 5 Minuten auf 120° erhitzt, filtriert und 20 Minuten bei 120° sterilisiert. Pflaumenabkochung und Agar werden dann steril zusammengebracht und in sterilen ERLENMEYER-Kolben aufbewahrt.

Wenn sich in der zu untersuchenden Substanz Sporen von Mucor stolonifer befinden, sind die hierbei entstehenden Kolonien oft nicht zu zählen, weil sich aus diesen Sporen ein grauweißes Mycel bildet, das in einigen Tagen die ganze Oberfläche bedeckt. Für solche Fälle wird ein Zusatz von 1 g Kupfersulfat auf 1500 ccm Pflaumenagar gemacht. Hierdurch wird das Wachstum von Mucor stolonifer etwas gehemmt, so daß dann Einzelkolonien entstehen.

γ) **Nachweis und Bestimmung der Erreger des Schleimigwerdens des Brotes im Mehl.** Von besonderer Bedeutung für die Haltbarkeit der Backwaren ist der Gehalt des Mehles an Sporen der das Schleimig- oder Fadenziehendwerden des Brotes verursachenden Bakterien aus der Gruppe der Kartoffelbacillen (Bacillus mesentericus und verwandte Arten). Die Sporen dieser Bakterien überstehen größtenteils die Backhitze. Man kann ihre Zahl in der Weise bestimmen, daß man eine bestimmte Menge Mehl mit sterilisiertem Wasser fein anrührt, das Gemisch $^1/_2$ Stunde in einem Wasserbad auf 85° erwärmt und dann Agarplatten hiervon gießt.

Nach KOSSOWICZ[1] gelingt der Nachweis der Schleimbildner im Mehl einfach und schnell durch einen Backversuch mit 450 g Mehl, 240 ccm Wasser von 40—42° und 1 g Hefe. Umständlicher ist die WATKINSsche von H. KÜHL[2] abgeänderte Methode.

δ) **Untersuchung verdorbener Mehle.** Mehl, das über 14% Wasser enthält, beginnt zu schimmeln. Bei einem Wassergehalt von 30% tritt Bakterienentwicklung ein. Mehle mit solchen Veränderungen sind meist schon äußerlich durch Klumpenbildung erkennbar. Durch ein gefärbtes Präparat kann man die Bakterien leicht nachweisen. Auch Schimmelbildung läßt sich am einfachsten mikroskopisch erkennen, wenn man die Stärke durch Erwärmen mit stark verdünnter Kalilauge — am besten direkt auf dem Objektträger — nach Möglichkeit beseitigt. Oft kann die Art des Schimmelpilzes an der Form der Conidienträger unmittelbar festgestellt werden. Nötigenfalls sind Plattenkulturen anzulegen, was für die Artbestimmung der Bakterien stets erforderlich ist.

Abb. 158. Älchengallen des Weizens. Am Querdurchschnitt die Älchen sichtbar.

2. Die Fauna der Körnerfrüchte und Mehle.

a) Nematoden. Tylenchus scandens SCHNEID. Das Weizenälchen erzeugt die sog. Radekrankheit des Weizens, wobei die Fruchtknoten in rundliche, dunkel gefärbte Gallen verwandelt werden, deren Inhalt aus 0,8—0,9 mm langen Nematoden besteht. Aus radigem Weizen hergestelltes Mehl enthält lebende Weizenälchen. In Deutschland sind radige Körner (Abb. 158) ziemlich selten.

b) Milben (Abb. 159). Die Mehlmilbe (Aleurobius farinae L.) befällt in erster Linie das Mehl, auch andere Mahlprodukte, wie Grieß, Graupen, Grütze, Kleie, Haferflocken, greift aber auch die Getreidekörner selbst an. Sind die

[1] KOSSOWICZ: Handbuch der Nahrungsmitteluntersuchung von BEYTHIEN-HARTWICH-KLIMMER, Bd. 3, S. 439. Leipzig 1920.

[2] H. KÜHL: Hilfsbuch der Bakteriologie, S. 193. Wien u. Leipzig 1920. Chem.-Ztg. 1911, **35**, 1321.

Milben in größerer Zahl vorhanden, so wird das Mehl durch die abgestreiften Bälge und den kugeligen Kot (Durchmesser nach A. Maurizio[1] 12 μ, häufig auch 30—60 μ) allmählich dunkel gefärbt. In den Kotkügelchen (Abb. 160) läßt sich mit Jod Stärke nachweisen. Nach Maurizio schüttelt man zweckmäßig etwas Mehl im Reagensglas mit viel Wasser durch und läßt einen Augenblick ruhig stehen. Hierbei sammeln sich die Milben und die lufthaltigen Bälge auf der Oberfläche des Wassers an und können mit einem Messer od. dgl. zwecks mikroskopischer Untersuchung abgehoben werden. Kleinere Mengen verraten sich hierbei durch die Gegenwart von Kotkügelchen.

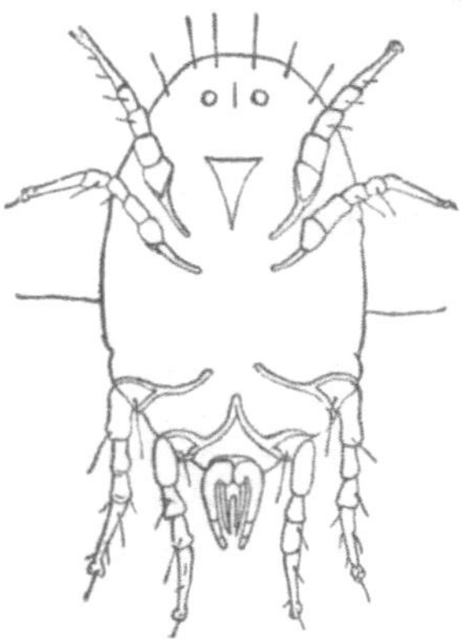

Abb. 159. Mehlmilbe.

c) Käfer. Die in Cerealien vorkommenden Käferarten finden sich zum Teil nur in Mahlprodukten, zum Teil auch im unzerkleinerten Getreide.

An den Körnern tritt besonders der zu den Rüsselkäfern gehörende schwarze Kornwurm, Calandra (Sitophilus) granaria L., häufig auf (Abb. 161). Er ist kaum 4 mm lang, 1 mm breit, einfarbig, dunkelbraun. Der sehr große Halsschild zeigt in Reihen angeordnet eine große Anzahl länglicher vertiefter Punkte. Auch die Flügeldecken sind tiefpunktiert, gestreift. Die Larven fressen die Körner aus und verpuppen sich in der leeren Hülle. Der Käfer greift auch Nudeln u. dgl. an und ist neuerdings auch im Mehl festgestellt worden.

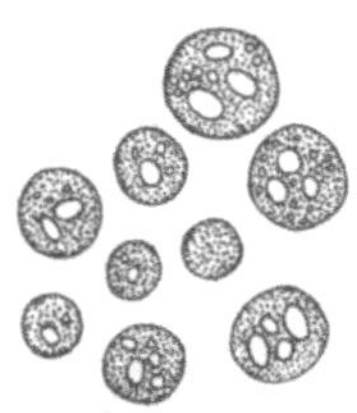

Abb. 160. Milbenkot, in den Klümpchen Stärkekörner erkennbar. 1 : 250. (A. Maurizio.)

Mit Reis und La Platamais häufiger eingeschleppt wird in neuerer Zeit der Reiskäfer, Calandra oryzae L.[2] und der La Platamaiskäfer, Calandra Zea Mais Motsch.

Der erstere ist etwas kleiner als Calandra granaria (2,3 bis 3,5 mm) und hat auf den schwarzen Flügeldecken je zwei rote, manchmal wenig deutliche Flecke. Außerdem ist der Halsschild bei Calandra oryzae mit kreisrunden, tiefen Einsenkungen dicht besetzt, während diese bei Calandra granaria länglich sind. Der La Platamaiskäfer ist der vorigen Art sehr ähnlich, jedoch größer (3,3—4,5 mm). Die roten Flecke auf den Flügeldecken sind schärfer begrenzt und die Punktierung ist schärfer.

Nicht selten in Kleie und Mehl ist der Mehlkäfer (Tenebrio molitor L., Abb. 162). Er ist 13—17 mm lang, schwarzbraun, unbehaart. Die bis 28 mm

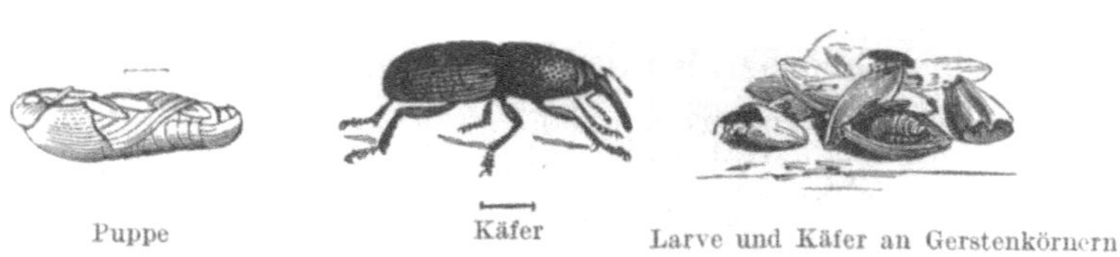

Abb. 161. Schwarzer Kornwurm an Gerstenkörnern (kaum vergrößert).

lange und bis 4 mm breite Larve, der sog. Mehlwurm, ist drehrund, glänzend gelbbraun, an den Segmentgrenzen dunkler.

Verwandt mit Tenebrio molitor und ihm in der Lebensart gleichend sind einige mit Reis und La Platamais eingeschleppte Arten, die in Getreide, Mehl und

[1] A. Maurizio: Die Nahrungsmittel aus Getreide, S. 110. Berlin 1917.
[2] Vgl. Wahl: Zeitschr. landw. Versuchswesen Österr. 1907, **10**, 87.

Brot leben, nämlich Tribolium ferrugineum, Tr. confusum Duv. und Gnathocerus cornutus Fabr. Weiter kommen häufiger noch vor Silvanus gemellatus Duv., Laemophloeus ferrugineus Steph., auch Sitodrepa panicea L. (Anobium paniceum F.).

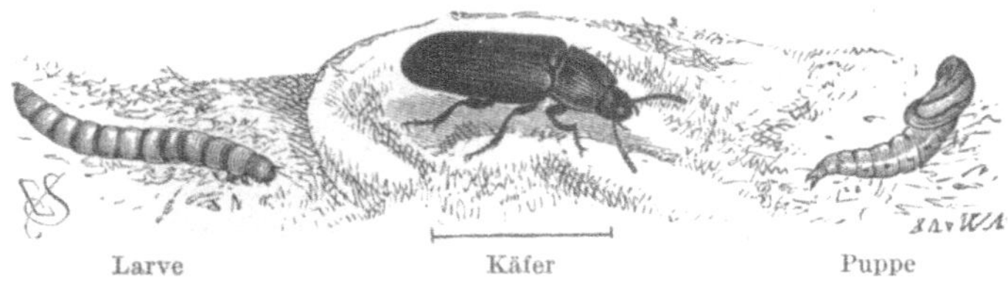

Abb. 162. Mehlkäfer, Tenebrio molitor L. (Nach Taschenberg.)

Der Vierhornkäfer (Gnathocerus cornutus Fabr., Abb. 163 und 164) ist 3—4 mm lang, rotbraun, punktiert, die Flügeldecken punktiert gestreift. Kopf des Männchens am Vorderrand mit eigentümlicher Hornbildung (zwei hornartige Vorsprünge und weit vorspringende Beißzangen).

Der rotbraune Reismehlkäfer (Tripolium ferrugineum, Abb. 165) und der amerikanische Reismehlkäfer (Tripolium confusum Duv.) unterscheiden sich von der vorhergehenden Art durch das Fehlen der Hornbildung am Kopf des Männchens. Beide sind kastanienbraun und zeigen fein gestreifte Flügeldecken, die zwischen den Streifen fein punktiert sind. Die erstgenannte Art ist 3—3,5 mm lang, Fühler mit dreigliedriger, scharf abgesetzter Keule. Bei Tripolium confusum Duv. beträgt die Länge 3,5—4,5 mm; die Fühler sind allmählich verbreitert, ohne abgesetzte Keule. Der Kopfschild springt vor den Augen seitlich vor.

Abb. 163 a und b. a Kopf und Brustschild von Gnathocerus cornutus, Männchen; b dasselbe von Tribolium ferrugineum.

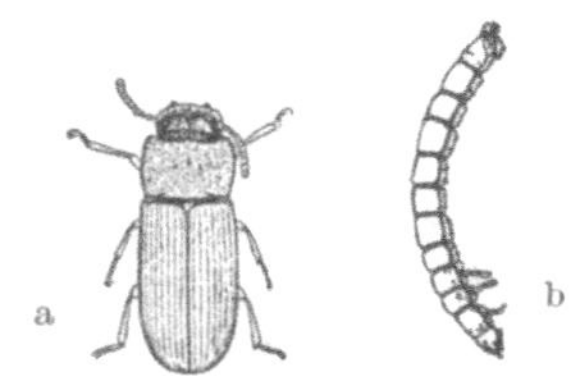

Abb. 164 a und b. a Gnathocerus cornutus, Weibchen, b Larve.

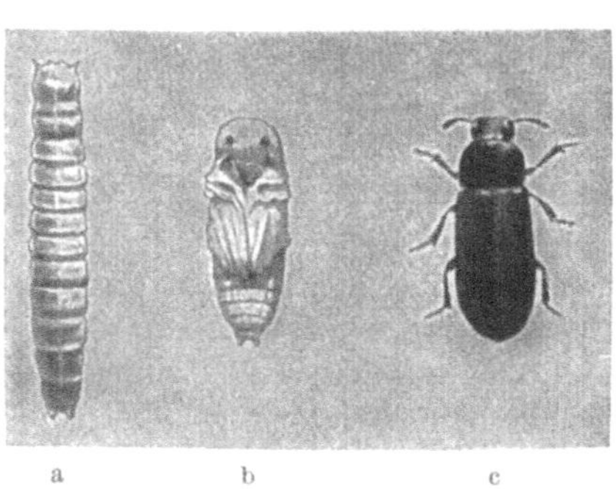

Abb. 165 a—c. Tribolium ferrugineum. a Larve, b Puppe, c Käfer (5fach vergrößert). (Nach Schaffnit.)

Abb. 166. Silvanus frumentarius.

Die Reismehlkäfer gehören zu denjenigen Speicherschädlingen, die unverletztes Getreide im allgemeinen nicht angreifen, wohl aber zerbrochene oder von anderen Insekten bereits verletzte Körner weiter zerstören; insbesondere finden sie sich in allen aus Getreide hergestellten Mahlprodukten.

Getreideschmalkäfer (Silvanus frumentarius FABR., Abb. 166). Die Käfer sind 3 mm lang, 0,75—1 mm breit, braun, dicht gelblichgrau behaart. Der Halsschild ist am Rande ausgezackt und zeigt zwei tiefe Längsfurchen. Die Flügeldecken sind punktiert gestreift.

Leistenkopfplattkäfer (Laemophloeus ferrugineus STEPH.). Die Käfer sind bis 2,5 mm lang, 0,6 mm breit, rotgelb, von gelben Haaren bedeckt. Halsschild und Kopf sind flachgedrückt, die Fühler so lang wie Kopf und Halsschild. Die Flügeldecken zeigen 8 vertiefte Streifen.

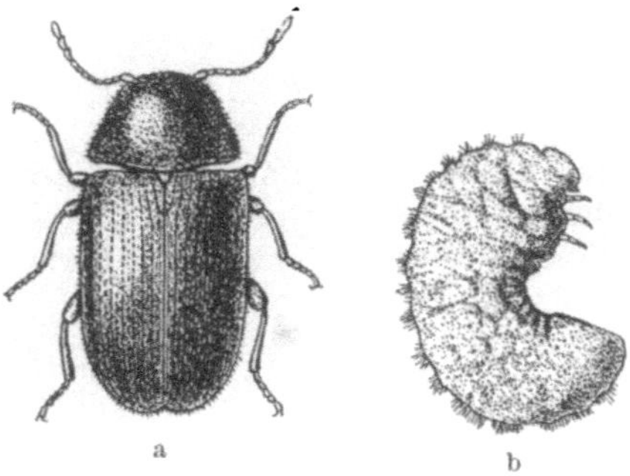

Abb. 167 a und b. Brotkäfer. a Käfer, b Larve. Vergrößerung etwa 12fach. (Aus GREIMER-MICHAEL: Handbuch des praktischen Desinfektors.)

Der Brotkäfer (Sitodrepa panicea L., Abb. 167) gehört zu den schlimmsten Speicher- und Haushaltungsschädlingen. Er befällt harte Backwaren aller Art, auch Mehl, Grieß, Graupen, Nudeln, Erbswürste usw. Selbst in Paprika vermag er sich zu vermehren.

Die Käfer sind 2—3 mm lang, rostbraun, abgerundet walzenförmig, sehr fein doppelt behaart (teils anliegend, teils abstehend), Halsschild scharfrandig, flach gewölbt, Flügeldecken fein punktiert gestreift.

d) Kleinschmetterlinge. Die Raupen mehrerer Arten von Kleinschmetterlingen kommen in Getreide und Mehlen vor. Am häufigsten war früher in unseren Breiten die Kornmotte (Tinea granella L.), deren Raupe als weißer Kornwurm bezeichnet wird (Abb. 168). Seit einigen Jahrzehnten ist aber der schlimmste Schädling für das Mühlengewerbe und die Bäckereien die aus Amerika eingeschleppte Mehlmotte (Ephestia Kühniella ZELLER), deren Gespinste große Verluste an Mehl verursachen.

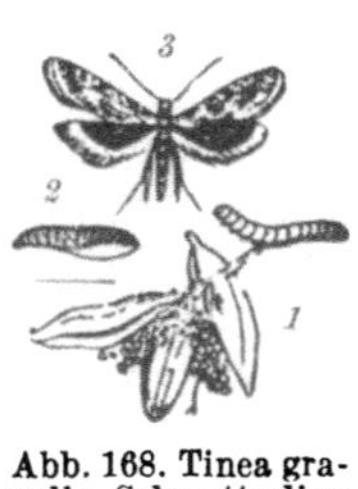

Abb. 168. Tinea granella. Schmetterling (vergrößert) und Raupe mit Nest. (Nach TASCHENBERG.)

Die Vorderflügel der Kornmotte sind weißlich, gelblich oder dunkelgrau bestäubt und punktiert. Vorderrand mit drei schwarzen Flecken, einigen schwarzen Punkten vor der Spitze und graubraunem Fransensaum. Die Hinterflügel sind schmal und spitz, Körperlänge bis 6 mm, Flügelspannung 10—15 mm. Die Raupe ist 16füßig, beinfarben, hat rotbraunen Kopf und zwei braune Streifen auf dem Brustschild; Länge 7—10 mm. Sie spinnt mehrere Körner zusammen, an denen sie gleichzeitig frißt.

Die Mehlmotte (Ephestia Kühniella ZELLER) ist 10 bis 14 mm lang, ihre Flügelspannweite beträgt 22—25 mm. Die Flügel sind zart gefranst, die Vorderflügel bleigrau und zeigen einige dunkel gesäumte zickzackförmige Querlinien. Die kleineren Hinterflügel sind gelblichweiß, mit langen Fransen versehen. Die bis 17 mm lange helle bis fleischfarbene, leicht behaarte Raupe hat dunkelgelben Kopf und 4 Reihen dunkler Punkte.

Verwandte Arten sind die öfter mit Reisfuttermehl eingeschleppte Feigenmotte (Ephestia figuliella GREGS.) und die Heu- oder Kakaomotte (Ephestia elutella HB.), die in Vegetabilien aller Art vorkommt. Zu erwähnen ist weiter die Dörrobstmotte (Plodia interpunctella HB.). Sie ist meist kleiner als die Mehlmotte. Die Vorderflügel sind zu $^2/_3$ rotbraun kupferfarben, ebenso Kopf und Brust, im übrigen hellgrau. Die Dörrobstmotte befällt Mehl und Mehlwaren, auch Getreide und andere trockene Vegetabilien.

e) Samenkäfer. Schließlich sind die Samenkäfer (Abb. 169) zu nennen, deren Larven an Leguminosensamen (Erbsen, Bohnen, Linsen) Schaden anrichten. Am häufigsten ist bei uns der Erbsenkäfer (Bruchus pisi L.). Die jungen Larven fressen sich in der jungen Hülse in einen Samen ein, in dem sich dann die weitere Entwicklung bis zum Käfer abspielt. Dieser kriecht im Winter oder früher aus den befallenen Samen aus. Ehe er den Samen verläßt, ist der das Schlupfloch überdeckende Teil der Samenschale durch die dunklere Färbung deutlich zu erkennen. Ähnlich sind Bruchus rufimanus SCHÖNB., der vorzugsweise in Pferdebohnen, aber auch in anderen Bohnen und Erbsen vorkommt und der Linsenkäfer (Bruchus lentis FRÖL.), sowie der Saubohnenkäfer (Br. atomarius L.), der verschiedene Leguminosen befällt.

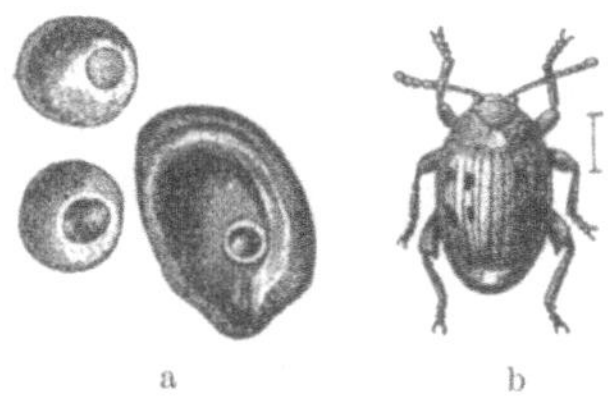

Abb. 169 a und b. Erbsen- und Bohnenkäfer. Samen der Ackerbohne und Erbse mit Löchern von Samenkäfern (Bruchus) gefressen. An der unteren Erbse ist das Loch noch verschlossen und der Käfer noch darin. Daneben der Käfer (vergrößert). (Nach FRANK.)

Über die im Mehl vorkommenden Exkremente dieser Käfer vgl. S. 165—166.

Backwaren.

Von

Professor Dr. K. Täufel-Karlsruhe.

Mit 3 Abbildungen.

A. Brot.

Das Brot stellt in Europa und bei den anderen Völkern[1], die dieses Nahrungsmittel verwenden, einen bzw. den Grundpfeiler der Ernährung überhaupt dar. Man kann damit rechnen, daß in Deutschland rund ein Drittel der erforderlichen Kalorien auf Brot entfällt. Der Verbrauch bewegt sich bei uns, wenn man die Nachbarstaaten zum Vergleich heranzieht, in mittlerer Höhe; er beträgt insgesamt rund 90—100 kg je Kopf und Jahr; je Kopf und Tag kommen 250—280 g in Betracht[2]. Ähnliche Mengen werden in Holland, Dänemark, Norwegen, Schweiz, Tschechoslowakei, Griechenland und Ungarn verzehrt; Frankreich, Belgien, Polen, Italien, Spanien und Bulgarien (bis 170 kg je Kopf und Jahr) haben demgegenüber einen höheren, England, Jugoslawien, Rumänien, Schweden, Portugal und Finnland einen geringeren Verbrauch.

200 Millionen der brotessenden Menschen — die romanischen und angelsächsischen Völker verstehen unter Brot schlechthin nur Weizenbrot — verbrauchen ausschließlich Gebäck aus Weizenmehl; die anderen 200—300 Millionen der Brotesser ziehen Roggen und Weizen heran. Nach den neuesten Schätzungen[3] werden in Deutschland jährlich 4,7 Mill. t Roggenbrot, rund 1,0 Mill. t Weizen- und Weizenkleinbrot und etwa 0,3 Mill. t feineres Gebäck verzehrt. Der Gesamtbrotverbrauch dürfte sich zu 23% auf Weizenkleingebäck, zu 15% auf Roggen- und Weizenmischbrot[4] und zu 60% auf Roggenbrot verteilen; an Teigwaren werden 2% umgesetzt.

Den vorgenannten Zahlen für den Verbrauch entspricht die volkswirtschaftliche Bedeutung. Man schätzt den jährlichen Gesamtumsatz des deutschen Backgewerbes auf 2,3 Milliarden RM; davon entfällt mindestens 1 Milliarde auf Brot.

Seine bevorzugte Stellung in der Ernährung verdankt das Brot grundsätzlichen Vorzügen. Es ist schmackhaft, bekömmlich, gut ausnutzbar, vergleichsweise lange haltbar, ohne besondere Hilfsmittel versendbar und wird dem Menschen auch bei dauerndem Genuß nicht überdrüssig. Eine lange Entwicklungsgeschichte[5], die bis in sehr frühe

[1] Nach Schätzungen, die allerdings einen weiten Spielraum lassen, rechnet man, daß 400—500 Millionen Menschen auf der Erde Brot in unserem Sinne essen und daß die verbleibende Mehrheit von rund 1,5 Milliarden, soweit sie Getreide überhaupt verwenden, dasselbe in Brei- oder Fladenform genießen.

[2] Nach vorliegenden Schätzungen ist der Brotverbrauch in Deutschland gegenüber früheren Jahrzehnten gesunken; vgl. hierzu H. von der Decken: Die Ernährung 1937, 2, 113.

[3] Nur als orientierend hinzunehmen. Vgl. hierzu die neueren Ausführungen für das Jahr 1936 von H. A. Schweigart: Der Ernährungshaushalt des deutschen Volkes, S. 71f. Berlin: Deutscher Verlag für Politik und Wirtschaft 1937.

[4] Der Verbrauch an Roggen-Weizenmischbrot ist in Deutschland (Südwestdeutschland, Großstädte allgemein) im Zunehmen begriffen.

[5] Vgl. hierzu A. Maurizio: Die Getreidenahrung im Wandel der Zeit. Zürich 1916.

Abschnitte der Menschheit zurückreicht, führt vom ersten primitiven, noch sehr wenig brotähnlichen Fladen aus einem an der Luft, an der Sonne oder bei künstlicher Wärme getrockneten, nicht gelockerten Mehl-Wasserteig — die Periode der Zubereitung der Getreidefrucht zum Brei sei hier übersprungen — zu unserem heutigen Brot. Man geht wohl in der Annahme nicht fehl, wenn man mit HEYNE vermutet, daß die Völker das Brot teilweise unabhängig voneinander erfunden haben. Aus der ursprünglich beobachteten Selbstlockerung des Teiges — vor allem beim Stehen desselben — hat sich die Sauerteigführung entwickelt, aus der sich dann die bewußte Hefelockerung herausgebildet haben dürfte.

Hinsichtlich der Art der verwendeten Mehle nach Herkunft, Vorbereitung und Ausmahlung, der Teigbereitung, der Formgebung sowie des Ausbackens bestehen beim Brot sehr weitgehende Unterschiede. In der Bevorzugung der einen oder anderen Sorte sprechen sich Gewohnheit und Überlieferung so stark und national-regional gefärbt aus, daß mitunter ein Brot, dessen Beschaffenheit im einen Land Anlaß zu Aussetzungen ist, in anderer Gegend gerade gesucht wird.

Im Sinne der Lebensmittelchemie versteht man unter Brot ein aus Mehl, Wasser und Salz, oft unter Zusatz von Fett, Milch, Magermilch und Gewürzen, meist unter Verwendung von Lockerungsmitteln (Hefe, Sauerteig, Backpulver) hergestelltes Gebäck. Als Mehl kommen im wesentlichen Roggen- oder Weizenmehle — oft im Gemisch — in Betracht. Zwiebacke sind die nachträglich gerösteten Scheiben eines laibförmigen Weizenbrotes. Biskuit oder Cakes bzw. Keks (von biscotta = zweimal gebacken) stellen Zwiebacke aus eier-, butter- und zuckerhaltigem Weizengebäck dar[1].

Die Mannigfaltigkeit der Brotsorten läßt es nicht zu, bei der Besprechung der Herstellung auf alle Einzelheiten einzugehen. Man muß sich deshalb auf die grundsätzlichen Ausführungen über das ortsübliche Brot (Roggenschrotbrot, Roggenbrot, Roggenmischbrot, Weizenmischbrot und Weiß- oder Weizenbrot) und gewisse wichtige Spezialbrote beschränken.

Bei der Brotbereitung ergibt sich hinsichtlich der einzelnen Arbeitsabschnitte eine scharfe Dreiteilung nach 1. Bereitung des Teiges, 2. Lockerung des Teiges und 3. Backen des gelockerten Teiges.

1. Bereitung des Teiges.

Der Teig stellt, kolloidchemisch gesprochen, ein Polydispersoid dar, das im gleichen Dispersionsmittel (Wasser) molekulardisperse (Zuckerarten, Dextrine, Salze, Säuren, Gase usw.), kolloide (Eiweißstoffe, Dextrine usw.) und grobdisperse (Stärke, Cellulosebestandteile, unlösliche Salze usw.) Anteile enthält[2]. Um ihm die technologisch erforderliche Festigkeit (Konsistenz) zu erteilen, muß die richtige Menge Mehl mit der richtigen Menge Flüssigkeit vermischt werden. Der Teig ist also nicht ein beliebiges Gemisch von Mehl und Wasser, sondern ein innerhalb enger Grenzen bestimmtes System. Ist die Flüssigkeitsmenge zu gering, so findet beim Backen nicht die notwendige Verkleisterung der Stärke statt; die Krume trocknet infolgedessen leicht aus, wird schnell krümelig sowie altbacken und zeigt wohl auch (besonders bei knapper Gare) Rißbildung. Bei zu reichlicher Verwendung wird das Wasser bei der Verkleisterung nicht vollständig gebunden; es bleibt frei und erteilt der Krume eine feuchte und klitschige Beschaffenheit oder erzeugt gar Wasserstreifen.

In erster Linie hängt die „Wasseraufnahmefähigkeit" eines Mehles von seiner Art, Herkunft und Beschaffenheit ab. Ein gut abgelagertes Mehl besitzt eine bessere Quellfähigkeit und damit eine weitergehende Wasseraufnahmefähigkeit als frisch gemahlene Erzeugnisse; bei ersterem beobachtet man vielfach sogar ein

[1] Sie gehören zu den Feinbackwaren; vgl. dort (S. 249—250).
[2] Vgl. WO. OSTWALD: Kolloid-Zeitschr. 1919, **25**, 26.

„Nachquellen", d. h. ein Festerwerden des Teiges bei der Bearbeitung. Diese Eigenschaft ist den Mehlen sehr unterschiedlich eigen. In feuchten Jahren fehlt sie; bei den sog. „weichen" Mehlen ist sie nur wenig entwickelt.

Aber auch die Beschaffenheit der Flüssigkeit (Wasser, Vollmilch, Magermilch usw.) und der sonstigen Zutaten spricht sich bei der Wasseraufnahme des Mehles aus. Insbesondere sei daran erinnert, daß z. B. die Mineralsalze die Quellung des Klebers[1] stark beeinflussen können. Hartes Wasser vermag auf Grund seines Gehaltes an Erdalkalisalzen bei „weichem" Kleber günstig (Hemmung der Quellung), bei starkem, wenig zusammenhängendem Kleber aber ungünstig zu wirken. Dies gilt auch für das Kochsalz, das dem Teig meist zu etwa 1% zugesetzt wird: Gesalzene Teige haben „besseren Stand" als ungesalzene.

Schließlich muß auch auf den Einfluß der Art der Vermengung von Mehl und Wasser hingewiesen werden. Es ist die richtige Temperatur einzuhalten und die Vermengung rasch und gleichmäßig durchzuführen.

Die „Quellfähigkeit" oder „Wasseraufnahmefähigkeit" eines Mehles findet ihren zahlenmäßigen Ausdruck in der „Teigausbeute", d. h. dem Gewicht des aus 100 Teilen Mehl erhaltenen Teiges von der „richtigen" Festigkeit. Diese normale Teigkonsistenz hängt stark von der subjektiven Einstellung des Bäckers ab; denn er beurteilt den Teig nach der handwerksmäßig anerzogenen Erfahrung. Man versteht daher, daß sich beim gleichen Mehl je nach der Gewohnheit des Verarbeitens nicht unbeträchtliche Schwankungen einstellen können. Als mittlere Teigausbeute können die folgenden gelten (Tabelle 1). Hierzu sei bemerkt, daß bei Verwendung von Milch dieselbe etwas erhöht ist; Milchteige sind schwerer, aber etwas formbarer und dehnbarer.

Tabelle 1.

Art des Mehles	Teigausbeute	
	Roggen	Weizen
Helles Mehl (70%ige Ausmahlung)	150—154	160—165
Graubrotmehl (80%ige Ausmahlung)	160—165	163—166
Schwarzbrotmehl (94%ige Ausmahlung)	165—170	165—167

Bei der Ermittlung der günstigsten, d. h. der richtigen Teigausbeute (Teigfestigkeit), geht man in der Praxis in der Weise vor, daß man eine bestimmte Menge Wasser, z. B. 10 Liter, unter Wägung des zu verwendenden Mehles zum Teig richtiger, d. h. der üblichen Festigkeit, verarbeitet. Werden dabei 16,74 kg Mehl verbraucht, so entspricht dies einer Teigausbeute von 159,7. Nun stellt man zwei weitere Teige her, indem man auf je 1 Liter Wasser 100 g Mehl mehr bzw. weniger als beim Hauptversuch anwendet, also mit Teigausbeuten von 163,9 bzw. 155,9 arbeitet. Man formt die Teige, bäckt sie aus und erfährt bei der Beurteilung des Fertigerzeugnisses die günstigste Teigausbeute.

Die Festlegung der richtigen Teigfestigkeit erfolgt, wie schon erwähnt, meist rein erfahrungsmäßig. Deshalb ist mit einer ziemlichen Schwankungsbreite zu rechnen. Aus diesem Grunde hat es nicht an Versuchen gefehlt, zu einer einfachen, rasch durchführbaren analytischen bzw. mechanisch-technischen Laboratoriumsprüfmethode zu gelangen. Dies stößt aber insofern auf Schwierigkeiten, als die günstigste Teigausbeute durch das Zusammenwirken einer Vielheit von Faktoren bestimmt wird, die nicht bloß auf der allgemeinen und besonderen Beschaffenheit des Teiges selbst beruhen, sondern auch das Verhalten bei der Lockerung (Art der Hefetätigkeit, des Sauerteiges) sowie beim Ausbacken betreffen. Man kann mit sinngemäßer Auswahl als Prüfmethoden alle jene Verfahren heranziehen, wie sie früher (s. Getreide, Hülsenfrüchte und Mühlenerzeugnisse, S. 100—107) bei den Erörterungen über die Ermittlung der Backfähigkeit näher besprochen worden sind. Immer aber muß das bei solchen

[1] Vgl. bei Getreide, Hülsenfrüchten und Mühlenerzeugnissen, S. 64.

Prüfungen erzielte Ergebnis durch den Backversuch ergänzt und sichergestellt werden.

Was die eigentliche Bereitung des Teiges anlangt, so gilt als Regel, daß die Mischung des Mehles mit der Flüssigkeit und den übrigen Zusatzstoffen innig und gleichmäßig ist und daß diese Homogenisierung möglichst rasch erzielt wird. Sonst besteht die Gefahr einer fehlerhaften Quellung; auch leidet der Teig selbst durch zu langes Kneten.

Zum Zwecke der Auflockerung und Befreiung von Klümpchen u. dgl. sowie von möglichen Fremdstoffen (Sackfasern, Sackbändern, Metallplomben usw.) wird das Mehl zunächst gesiebt (Hand- oder mechanische Siebe). In größeren Betrieben ist die Siebanlage meist mit einer Mischapparatur verbunden, um die für gewisse Erzeugnisse (z. B. Mischbrot) erforderlichen Mehlmischungen rasch und gleichmäßig herstellen zu können. Eine weitere Bedingung für fehlerfreies Arbeiten ist die, das Mehl richtig temperiert zum Teig zu verarbeiten. Wenngleich zur Erzielung der erforderlichen Temperatur in erster Linie die Teigflüssigkeit geeignet ist, so muß doch auch dem Ausgangsmehl — es soll etwa 23° C warm sein — in dieser Hinsicht Aufmerksamkeit geschenkt werden.

Eine allgemein gültige Vorschrift für den Wärmegrad der Teigflüssigkeit läßt sich nicht geben[1]. Zu beachten aber ist, daß die Temperatur nicht über 40° C liegt, weil sonst die Gefahr einer Schädigung der Gärungsorganismen besteht. In der Teigflüssigkeit löst man das erforderliche Salz auf; es ist ein Fehler, dieses etwa trocken auf den Teig zu streuen und die Verteilung der Knetarbeit zu überlassen. In der Flüssigkeit wird ferner das Lockerungsmittel so fein und gleichmäßig wie möglich verteilt. Klümpchen von Hefe oder Sauerteig sollen auf keinen Fall vorhanden sein. Es bedarf keines besonderen Hinweises, daß bei der Lockerung mit Backpulver dasselbe nicht im gelösten Zustand angewendet wird, da sonst das Kohlendioxyd vorzeitig entweicht und seine lockernde Wirkung im Teig nicht entfalten kann. Backpulver muß also im trockenen, fein gepulverten Zustand gleichmäßig in den Teig hineingearbeitet werden.

In der Praxis geht man meist in der Weise vor, daß man — der Backversuch oder die Erfahrung sind hierbei wegleitend — jene Menge Flüssigkeit zugrunde legt, die die Größe des Teiges bestimmt, und dann durch allmähliche Zugabe von Mehl auf die richtige Festigkeit hinarbeitet. Das umgekehrte Verfahren, den zunächst zu festen Teig durch Wasserzugabe auf die erforderliche Konsistenz zu bringen, stößt auf Schwierigkeiten.

Durch Kneten wird der Teig bearbeitet. In kleineren Betrieben erfolgt dies noch heute im Handbetrieb; sonst zieht man ganz allgemein besondere Knetmaschinen heran, für deren Ausführung eine ganze Reihe von Systemen entwickelt worden ist[2].

Beim Kneten steht als Forderung obenan, den Teig gut zu durchlüften, damit die biologische Lockerung zufriedenstellend verlaufen kann; denn die beteiligten Kleinlebewesen sind aerob. Die Dauer des Knetens hängt von dessen Intensität und von der Mehlbeschaffenheit ab. Ein Teig von 100 kg wird bei Handarbeit kaum vor 20—30 Minuten „glatt“ sein; bei Maschinenknetung sind vielleicht 5—7 Minuten erforderlich. Zu langes Kneten schädigt den Kleber durch Überbeanspruchung (vgl. die Ausführungen bei Getreide, Hülsenfrüchten und Mühlenerzeugnissen auf S. 65); er wird „tot“ gearbeitet.

[1] Der Bäcker hat einige Faustregeln, um aus der für den Teig zu fordernden Temperatur unter Berücksichtigung derjenigen des Mehles die der Teigflüssigkeit zu berechnen.

[2] Vgl. M. P. Neumann: Brotgetreide und Brot. — A. Zimmermann: Die Bäckereimaschinen und Backöfen. Wilhelmshaven: A. Strecker.

„Harte“ Mehle, d. h. solche mit sehr widerstandsfähigem Kleber, sowie solche mit stärkerem Griff müssen intensiver behandelt werden als weiche oder glatte Erzeugnisse.

Die weitere Bearbeitung des Teiges, nämlich ein- oder mehrmaliges Durchstoßen (Lüften), Abteilen und Formen der Stücke, Aufgarestellen oder Reifen des Teiges, ist zeitlich und sachlich so eng mit der Teiglockerung verknüpft, daß die Besprechung zweckmäßig dahin verlegt wird.

Hier sei noch kurz bemerkt, daß bei der Herstellung von Spezialgebäcken das zu verwendende Mehl vor dem Einteigen einer besonderen Vorbehandlung unterworfen wird. Es ist dabei z. B. an das Brühen der Mehlsubstanz sowie an den enzymatischen Aufschluß zu denken. Wegleitend ist hierbei der Gedanke, die Ausnutzung zu steigern (vgl. Näheres bei Brotsorten auf S. 229).

2. Lockerung des Teiges.

Zur Lockerung des Teiges bedient man sich verschiedener Verfahren, nämlich der Teiggärung, der Sauerteiggärung, der Hefegärung, des Backpulvers sowie einiger anderer Mittel (Eiweiß, Fett, Kohlendioxyd, Luft usw.). Als wirksames Prinzip treten in Erscheinung das Kohlendioxyd und die Luft; bisweilen ist das Ammoniak etwas mitbeteiligt. Nicht vergessen werden darf, daß auch das bei der erhöhten Temperatur des Backens sich verflüchtigende Wasser eine gewisse, allerdings sehr unvollkommene Lockerung verursacht.

a) Teiggärung (spontane Gärung).

In einem nur aus Wasser und Mehl hergestellten Teig tritt beim Stehen alsbald eine Gärung (Spontangärung) ein, die fast ausschließlich von Bakterien (vorherrschend Vertreter aus der Coli-Aerogenesgruppe[1]) herrührt; letztere entstammen dem Mehl, dem Wasser und der Luft. Hefen spielen keine oder nur eine sehr untergeordnete Rolle. Vorwiegend und beherrschend ist anwesend der Bacillus levans (LEHMANN, WOLFFIN); HOLLIGER erteilt dem Bact. Coli commune eine sehr wichtige Rolle zu. Man hat weiterhin aus dem gärenden Teig abgetrennt den Bac. panificans sowie gewisse andere nicht näher festgelegte Mikroorganismen. Hinsichtlich der beteiligten Lebewelt aus einem von selbst in Gärung geratenen Teig besteht noch ein gewisser Wirrwarr in den Bezeichnungen.

Als Erzeugnisse der Selbstgärung treten im Teig vor allem Essig- und Milchsäure auf; an Gasen finden sich nach A. MAURIZIO Kohlendioxyd (23—66%), Wasserstoff (28—74%) und Stickstoff (3—6%).

Überläßt man einen in Selbstgärung befindlichen Teig sich selbst, so kommt dieselbe, wenn er ausgetrocknet, bald zum Stillstand. Wird er aber feucht gehalten, so ist mit dem Aufkommen und Überhandnehmen von Schimmel und von Fäulnisbakterien zu rechnen; es setzt „Verderben“ ein.

Anders gestalten sich die Umstände, wenn man dem ursprünglichen Teig nach etwa 12—24stündiger Stehzeit wiederholt frisches Mehl und Wasser zumischt. Die Selbstgärung nimmt dadurch zu. Man beobachtet ein Zurückdrängen der Bakterien aus der Coligruppe und das Aufkommen anderer Kleinlebewesen. Insbesondere treten Hefen in Erscheinung. Die spontane Gärung, die in ihrer ersten Phase sehr schwach und zögernd verläuft und zu einer ausreichenden Teiglockerung nicht führt, wandelt sich allmählich in eine kräftige Hefegärung um, die durch ein entsprechendes „Auffrischen“, wie ein Versuch von A. MÜHLHAUS gezeigt hat, die Herstellung eines brauchbaren Gebäckes sicherstellt. Aus der spontanen Gärung ist auf diese Weise die bewußt geleitete Sauerteiggärung entstanden.

Nach dem Verfahren der Selbstgärung wird das sog. ungesäuerte Brot hergestellt; es sei verwiesen auf das Wasserbrot in Posen, das Fastenbrot in Galizien und die Mazzen der Juden.

[1] Diese Gruppe ist in der Natur sehr weit verbreitet; ihre Anwesenheit im Mehl ist daher nicht verwunderlich; die hierhergehörigen Vertreter sind Gas- und Säurebildner und stehen den wilden Milchsäurebakterien nahe.

b) Sauerteiggärung.

Gemäß den vorangehenden Ausführungen stellt der „Sauerteig" eine natürliche Reinzucht der für die Teiglockerung geeigneten Kleinlebewesen dar. Durch bewußte Schaffung der besten Bedingungen werden die weniger brauchbaren Mikroorganismen unterdrückt, die wertvollen Vertreter aber begünstigt zur Entwicklung gebracht. In einem einwandfreien „Sauerteig" ist also erwartungsgemäß die Anpassung der Bakterien und Hefen an die Mehlsubstanz so weitgehend erfolgt und die Abstimmung ihrer Tätigkeit aufeinander so harmonisch vollzogen, daß die rasche und fehlerlose Einleitung der erstrebten Vorgänge im frischen Teig sichergestellt wird. Ist der Sauerteig „entartet", dann verschafft sich der Bäcker meist einen „neuen" Sauer, oder er bezieht eine Reinkultur in flüssiger oder fester Form.

Über die Organismen des Sauerteiges besteht noch keine endgültige Klarheit. Sicher ist, daß das für die Lockerung des Teiges erforderliche Kohlendioxyd in erster Linie als Erzeugnis der durch die Hefen ausgelösten alkoholischen Gärung — die Gasbildung durch Bakterien tritt demgegenüber zurück — zu betrachten ist. Diese Lebewesen müssen deshalb immer in kräftiger Entwicklung vorhanden sein. Von mittelbarer Bedeutung erst sind die säurebildenden Bakterien. Es ist bekannt, daß Säure für die Hefe ein Schutzstoff (Unterdrückung störender Mikroorganismen) sowie ein Anregungs- und Reizmittel darstellt. Damit die Hefen richtig arbeiten können, muß also eine dafür günstige Säuremenge vorhanden sein.

Was die Hefen des Sauerteiges anlangt, so sind die Verhältnisse nicht klar. Nach M. P. NEUMANN spielen mindestens zwei verschiedene Rassen eine Rolle und zwar eine auffallend kleinzellige Art (Sacch. minor) mit sparrigem Sproßverband, die Rohrzucker, Traubenzucker und Raffinose vergärt, nicht aber Malz- und Milchzucker, und eine großzellige ovale Gattung mit baumartig verzweigtem Sproßverband, die Rohr-, Trauben- und Malzzucker, nicht aber Milchzucker und Raffinose umzusetzen vermag. Von anderer Seite sind darüber hinaus noch eine oder mehrere andere Hefearten aus dem Sauerteig abgetrennt worden.

Über die Bakteriologie des Sauerteiges gehen die Meinungen ebenfalls auseinander. Man hat vor allem zu erwarten die Milchsäurebildner, daneben regelmäßig — jeder Sauerteig enthält etwas flüchtige Säure — Essigsäurebildner und schließlich von untergeordneterer Bedeutung gewisse Gasbildner. In erster Linie trifft man das Bact. lactis acidi und seine nächsten Verwandten an. Charakteristisch für den Sauerteig ist eine langstäbchenförmige Art der Milchsäurebakterien, die dem Bac. acidificans longissimus LAFAR, dem Bac. Delbrücki und dem Bac. lact. acidi (LEICHM.) nahestehen. Der von HENNEBERG aufgefundene Bac. panisfermentati, der biologisch und morphologisch mit dem Bac. levans eine gewisse Ähnlichkeit besitzt, bildet Milchsäure und daneben zu etwa 20% auch flüchtige Säure. E. BECCARD[1] hat im Sauerteig außer Hefe regelmäßig zwei meist aerobe, stäbchenförmige Säurebildner angetroffen, die er schlechthin als „Sauerteigbakterien" bezeichnet. Eine sehr eingehende Untersuchung über die Säurebakterien verdankt man ferner SÖNCKE KUNDSEN[2].

Die praktische Verwirklichung der Herstellung von Sauerteig-Reinkulturen, die sehr naheliegt, stieß zunächst auf Schwierigkeiten. Dies ist bei der Unterschiedlichkeit der günstigsten Lebensbedingungen für die Hefen einerseits und für die geforderten Bakterien anderseits durchaus verständlich. Erst E. BECCARD ist es gelungen, durch geeignete Führung der beteiligten Mikroorganismen einen Reinsauer, sog. „Edelsauer", mit guter Teiglockerung und -säuerung herzustellen. Auch andere Reinkulturen werden in fester oder flüssiger Form in den Handel gebracht. Man setzt sie von Zeit zu Zeit dem Sauerteig zur Unterstützung zu.

Die Sauerteigführung beansprucht, was mit den Verhältnissen der Bäckerei mitunter schwer in Einklang zu bringen ist, vergleichsweise viel Zeit. Ferner ist hierbei optimale Hefewirkung (also Lockerung) bei optimaler Säure-Erzeugung

---

[1] E. BECCARD: Zentralbl. Bakteriol. II 1921, 54, 465.
[2] SÖNCKE KUNDSEN: Ber. landwirtsch. Schule Saertryk vom Jahre 1924.

(Geschmack und Aroma) zu verlangen. Damit sind zwei Forderungen aufgestellt, deren Verwirklichung sehr viel Sachkenntnis und Erfahrung voraussetzt; denn die Hefen verlangen zu ihrer besten Wirksamkeit andere Bedingungen als die säure- und aromabildenden Bakterien. Man versteht, daß die Sauersteiglockerung in der Praxis nicht selten zu unbefriedigenden Ergebnissen geführt hat.

Hier bedeuten die sog. Trockensauer, Teigsäuerungsmittel oder sauren Quellmehle — nach der Anordnung der Hauptvereinigung der deutschen Kartoffelwirtschaft, betr. Herstellung und Verkehr mit Backhilfsmitteln, vom 21. Februar 1938[1] ist der Ausdruck „Teigsäuerungsmittel" festgelegt worden — eine grundsätzliche Neuerung[2]. Ihnen liegt der Gedanke zugrunde, dem Bäcker in leicht handhabbarer, also fester Form die Säure- und Geschmacksstoffe des üblichen Sauerteiges zur Verfügung zu stellen, ihm die Lockerung des Teiges aber durch Verwendung entsprechender Mengen der rasch gärenden Preßhefe zu überlassen. Zeitersparnis und Vereinfachung der Gärführung sind die unmittelbaren Vorteile dieser Trockensauer. Sie finden sich im Handel als „Fertigsauer" bzw. „Hellasauer" der Ireks A.-G. Kulmbach, als „Protosauer" (für reines Sauerteiggebäck) oder „Brotfix" (für Gebäck mit Hefe- oder gemischter Führung) der Diamalt A.-G. München, als „Rapidsauer" der Firma Th. Schlüter[3] in Dresden, als „Lecisauer" (lecithinhaltig) der Firma C. H. Boehringer Sohn in Niederingelheim a. Rh. usw. Es sollen auch Erzeugnisse im Verkehr sein, die lediglich durch Aufsaugen von Milchsäure und Essigsäure in Quellmehlen hergestellt sind; bei ihnen müssen zwangsläufig die Aromastoffe fehlen.

Zur Herstellung der vorgenannten Erzeugnisse geht man wohl so vor, daß man Reinkulturen der Sauerteigbakterien in keimfrei gemachten Mehl-Wassermischungen unter günstigsten Bedingungen zur Entwicklung bringt und das erhaltene saure und aromahaltige Substrat mit sog. aufgeschlossenen Quellmehlen (vgl. Getreide, Hülsenfrüchte und Mühlenerzeugnisse, S. 67 und 75) vermischt und behutsam trocknet. Auf 100 kg Mehl rechnet man etwa 4—7 kg Trockensauer; Hefe wird als Preßhefe in erforderlicher Menge zugesetzt. Über die Zusammensetzung verschiedener Trockensauer des Handels macht E. A. SCHMIDT nebenstehende Angaben (Tabelle 2).

Tabelle 2. Zusammensetzung von Teigsäuerungsmitteln des Handels[4].

Präparat Nr.	Wasser %	Gesamte Asche %	Gesamte Säure (als Milchsäure) %	Flüchtige Säure (als Essigsäure) %	Gesamtstickstoff %	Wasserbindende Kraft %
1	5,90	32,39	46,1	0,45	1,82	35
3	9,96	11,23	14,7	0,66	0,75	72
4	11,40	1,12	14,3	2,09	0,74	88
5	8,71	2,43	12,4	0,51	1,67	53
8	8,64	2,65	11,2	0,49	1,96	92
10	8,70	2,37	10,9	0,49	1,62	65
13	11,34	3,19	6,1	0,47	0,17	—
15	10,97	0,77	0,6	0,54	1,32	67

Was die Sauerteiggärung im einzelnen in der Praxis anlangt, so muß auf das entsprechende Schrifttum verwiesen[5] werden. Zur allgemeinen Unterrichtung sei kurz folgendes Schema angeführt. Man geht vom Teig (Sauerteig) der vorherigen Teigbereitung aus und kommt unter Zumischung der entsprechenden Mehl- und Wassermenge bei Einhaltung der gebotenen Temperaturen zum fertigen, reifen Teig:

[1] Verkündgsbl. Reichsnährstd. 1938, 59; Z. 1938, 75, 67.

[2] Vgl. hierzu E. A. SCHMIDT: Zeitschr. ges. Getreide-, Mühlen- u. Bäckereiwesen 1936, 23, 102, 123, 162.

[3] Th. Schlüter bringt ferner in den Handel ein konzentriertes Teigsäuerungsmittel, „Calmil" genannt, sowie neuerdings ein Präparat „Dreier Rapid", das in einer Menge von 3%, bezogen auf das Mehl, angewendet wird.

[4] Die Werte sind auf die Trockenmasse bezogen.

[5] M. P. NEUMANN: Brotgetreide und Brot. — A. FORNET: Vom Mehl zum Brot.

Tabelle 3.

	300 g	Anstellsauer	
Wasser . . .	300 g	Anfrischsauer; steht 4 Stunden bei	
Mehl	400 g	25° C	1 kg
Wasser . . .	6 kg	Grundsauer; steht 6 Stunden bei 28° C	19 kg
Mehl	12 kg		
Wasser . . .	15 kg	Vollsauer; steht 4 Stunden bei 30° C	59 kg
Mehl	25 kg		
Wasser . . .	15 kg	Teig: 30—32° C; sogleich bis spätestens	
Mehl	26 kg	nach 10 Minuten aufarbeiten	100 kg

Man braucht also rund 15 Stunden bis zum fertigen Teig. Diese Zeit kann man auf etwa 4 Stunden verkürzen, wenn man vom Vollsauer gleich den Grundsauer in erforderlicher Menge abnimmt und denselben wiederum zum Vollsauer auffrischt. Mannigfache andere Führungen sind unter Anpassung an die Bedürfnisse der Praxis entwickelt worden, z. B. für die Herstellung von Mischbrot aus Roggen- und Weizenmehl, für die gemischte Führung mit Sauerteig und Hefe usw.

Der fertige Teig — er bleibt meist $^1/_4$ Stunde stehen — wird mit der Hand oder maschinell in Stücke, der Teigeinlage des Gebäckes entsprechend, abgeteilt und nochmals zur Homogenisierung „aufgewirkt". Die abgeteilten und geformten Stücke werden dann „bis zur Reife" auf „Gare" gestellt. Hierbei erfolgt bei 32—35° C nochmals eine rasche und kräftige Gärung, die die Lockerung vollendet; bei Großbrot ist die „Gare" normalerweise nach 45—50 Minuten, bei Kleingebäck nach 25—30 Minuten erreicht. Man unterscheidet eine „feuchte Gare" und eine „trockene Gare"; bei ersterer wird sie in feucht gehaltenen Räumen vollzogen, bei letzterer läßt man den Teig gegen Ende sogar etwas abtrocknen („absteifen").

c) Hefegärung. Gewinnung der Backhefe.

Wesentlich einfacher, rascher sowie im Ergebnis sicherer und gleichmäßiger als mit Sauerteig gestaltet sich die Teiglockerung mit Hefe, die man in erforderlicher Menge anwenden muß; erfahrungsgemäß bilden 30—35 g einer gesunden, triebkräftigen Hefe soviel Kohlendioxyd, daß ein aus 1 Liter Flüssigkeit hergestellter Teig den Anforderungen entsprechend gelockert wird. Im einfachsten Fall zerteilt man die genannte Hefemenge gleichmäßig in 1 Liter Wasser und stellt damit den Teig her, der bis zur richtigen Entwicklung des Kohlendioxyds, d. h. bis er genügend aufgetrieben ist, stehen bleibt und dann gebacken wird. Die beste Temperatur für die Gärung liegt bei 30—35° C; die Dauer ertreckt sich auf etwa 1 Stunde. Diese Wartezeit ist einzuhalten, weil die Hefe, heute fast ausschließlich Preßhefe, erst allmählich auf den Höhepunkt ihrer Tätigkeit kommt.

Die vorgenannte Art der Verwendung der Hefe bezeichnet man als direkte Teiggärung. Ihr steht die sog. indirekte Teiggärung gegenüber.

Die Erfahrung hat gelehrt, daß man einen Teig auch mit einer unzulänglichen Menge Hefe lockern kann, wenn man nur entsprechend länger wartet. Die Erklärung hierfür liegt darin, daß sich während der längeren Stehzeit die Hefe durch Sprossung vermehrt, wodurch allmählich die Bildung von Kohlendioxyd gesteigert wird. Im Hinblick auf die dadurch mögliche Hefe-Ersparnis hat man diese Arbeitsweise, die „indirekte Teigführung", bewußt ausgestaltet.

Zwei Aufgaben stellt man hierbei der Hefe. Sie soll sich zunächst vermehren und hernach genügend Kohlendioxyd erzeugen. Ersterer Vorgang ist luftbedürftig; er wird durch die Gärungsprodukte Alkohol und Kohlendioxyd gehemmt und vollzieht sich am besten bei etwa 25—27° C. Letzterer Vorgang findet seinen besten Verlauf bei 30—35° C.

Um den geforderten Bedingungen gerecht werden zu können, hat man das Verfahren der sog. „Vorteige" entwickelt. Dieselben stellen gewissermaßen eine Hefekultur dar. Sie sind infolge ihrer Kleinheit leicht bearbeitbar („Ausstoßen"); durch allmähliches Zumischen von frischem Mehl und Wasser werden die Gärprodukte verteilt oder beseitigt; gleichzeitig wird eine weitgehende Durchlüftung erzielt. Ist die Hefesprossung erwartungsgemäß vorangeschritten, so stellt man den eigentlichen Teig her.

Es leuchtet ein, daß die Größe und Zahl der „Vorteige" sowie die Dauer ihrer Führung in erster Linie von der Ausgangshefemenge abhängen. Je weiter man sich von der bei der direkten Teiggärung erforderlichen Einwaage entfernt, je mehr Hefe also gespart werden soll, um so mehr Vorteige sind einzuschalten, und um so länger sind sie zu führen. Bei 2—4stündigen Vorteigen kann die Hefemenge von normalerweise 30—35 g auf 15 bis 25 g herabgesetzt werden; den Vorteig bemißt man hierbei auf $^1/_4$—$^1/_2$ des Hauptteiges. Man hat den Hefeeinsatz auch bis auf 5 g/1 Liter Flüssigkeit herabgesetzt, muß aber dann die Vorteige entsprechend lang (12 Stunden und mehr) führen.

Eine immer gültige Entscheidung, welche der beiden vorgenannten Teiggärungen technologisch und wirtschaftlich von Vorteil ist, kann nicht getroffen werden. Neben sonstigen Umständen steht dies in erster Linie in Abhängigkeit von der Art und dem Verhalten des verwendeten Mehles.

Bei der Teiglockerung durch Hefe handelt es sich, wie bekannt, um eine alkoholische Gärung. Der gebildete Alkohol ist im Teig, insbesondere aber auch in den Abdämpfen aus dem Backofen, leicht nachweisbar. Über den Mechanismus der Hefegärung ist an anderer Stelle dieses Handbuches (Bd. VII) Näheres ausgeführt.

Damit die Hefe den gestellten Aufgaben entsprechen kann, muß sie gesund und lebenskräftig und haltbar sein, gute Gärkraft (d. h. hohen Zymasegehalt) sowie Verzuckerungsfähigkeit und zusagenden bzw. neutralen Geschmack besitzen. Zum andern ist es erforderlich, daß sie geeignete Lebensbedingungen vorfindet. Sie benötigt in erster Linie gärfähige Zucker. Letztere sind von Haus aus in kleinen Mengen im Mehl vorgebildet (Saccharose, Maltose, Glykose), bzw. sie werden nach dem Einteigen aus der Stärke durch die Diastase des Mehles erzeugt. Besteht unmittelbar oder mittelbar (unzulängliche Leistung der Diastase des Mehles; mangelnde diastatische Wirkung der Hefe) Mangel an solchen Zuckern, womit verzögerte Kohlendioxydbildung, also unzulängliche Lockerung, verknüpft ist, so hilft man sich in erster Linie durch Zusatz der zucker- und diastasehaltigen Backhilfsmittel aus der Gruppe der Malzerzeugnisse (vgl. die Ausführungen bei Getreide, Hülsenfrüchten und Mühlenerzeugnissen, Abschnitt Backfähigkeit auf S. 66—67).

Gewinnung der Hefe[1]. Es ist bekannt, daß die sog. „untergärige" Bierhefe den an Bäckerhefe zu stellenden Anforderungen nicht entspricht. Man braucht rascher und kräftiger wirkende Stämme, die unter den obergärigen Bierhefen bzw. den Brennereihefen zu finden sind. Aus ihnen haben sich im Laufe der Zeit, seit man zur Herstellung von Preßhefe übergegangen ist, einige wenige, ganz bestimmte Rassen als die best geeigneten herausentwickelt. Im Großbetrieb zieht man heute entweder einen einzelnen Stamm oder ein Gemisch weniger Stämme heran. Bei der Massenzüchtung dieses Pilzes — in Deutschland arbeiten Großbetriebe, die täglich 50, 100, ja 200 Zentner und mehr erzeugen — müssen zwingend die günstigsten Wachstumsbedingungen geschaffen und zur Hintanhaltung jedweder unerwünschten Infektion die Maßnahmen des sterilen Arbeitens im Rahmen des Möglichen verwirklicht werden.

Als Rohstoffe zur Herstellung der Nährflüssigkeit für die Hefe verwendete man früher durchweg landwirtschaftlich wertvolle Erzeugnisse, wie Getreide aller Art, Malz, Kartoffeln, Lupinen usw. Die Stärke dieser Produkte wurde in einem Maischverfahren zunächst verkleistert und dann verzuckert, wobei man meist auf die Diastase des Malzes zurückgriff. Zum Schutze gegen unerwünschte Kleinlebewesen, vor allem gegen die Essigsäurebakterien, impfte man mit Milchsäurebakterien und erzeugte auf diese Weise die für das Hefewachstum günstige Säurekonzentration.

---

[1] Bei der Abfassung dieses Abschnittes erfreute ich mich der Unterstützung durch Herrn Dr. KAUZMANN von der Sinner A.-G. in Karlsruhe; ich möchte dafür auch an dieser Stelle bestens danken.

Ursprünglich setzte man diese Maische unmittelbar mit einer sog. Mutter- oder Stellhefe an, die besonders kultiviert war. Das gewachsene, ausgereifte Produkt mußte, wegen der Anwesenheit der Treber, im Abschöpfverfahren gewonnen werden.

Es bedeutete einen grundsätzlichen Fortschritt, als man dazu überging, die Maische von den Trebern abzuläutern und die Hefezüchtung in der klaren Würze vorzunehmen. Eine weitere Verbesserung bestand darin, das Wachstum der Hefe durch Zuführung ausreichender Mengen von Luft zu begünstigen[1]. Das fertige Produkt konnte nunmehr durch Zentrifugieren von der Flüssigkeit abgeschleudert werden (Luft-Hefeverfahren).

Die moderne Preßhefegewinnung gründet sich auf das Lufthefeverfahren. Die vorgenannten Rohstoffe aber werden entweder nicht oder nur mehr in beschränktem Umfang beim Heranziehen der Stellhefen verwendet. Hauptquelle für die erforderlichen Kohlenhydrate ist heute fast ausschließlich die bei der Rübenzuckerfabrikation anfallende Melasse, die etwa 50% Saccharose enthält. Was die Hefe an Stickstoff- und Phosphorverbindungen braucht, wird praktisch vollständig durch Chemikalien gedeckt, nämlich durch Superphosphat, Diammoniumphosphat, Ammoniumsulfat, Ammoniakwasser usw. Zusatz von anderen, für die Hefe lebenswichtigen Stoffen, wie Kalium, Magnesium usw., erübrigt sich meist, da dieselben in der Melasse in ausreichender Menge vorhanden sind.

Aus dem geeigneten Hefestamm bzw. einer Mischung mehrerer Stämme wird die Hefe, ausgehend von der Agarkultur, in einer ganzen Anzahl von allmählich größer werdenden Ansätzen von sterilen Nährlösungen mittels des sog. Reinzuchtverfahrens in geschlossenen Gärkesseln (Reinzuchtapparaten) so weit vermehrt, bis die erhaltene Menge zum Ansatz eines Bottichs von betriebstechnischer Größe ausreicht. Aus der Reinzuchthefe erzeugt man dann in einer oder mehreren Stufen die eigentliche Backhefe.

An Stelle des vorgenannten Reinzuchtverfahrens benutzt man in anderen Fabriken auch die sog. „natürliche Reinzucht". Sie besteht darin, daß man die verwendeten Stellhefen in Zwischenstufen immer wieder solchen Bedingungen aussetzt, die für die Entwicklung der Hefe günstig, für Infektionen aber ungünstig sind.

Bei der Fabrikation der Backhefe unterscheidet man — dies gilt sowohl für die Stellhefe- wie für die Backhefezüchtung — drei Hauptarbeitsstufen.

1. Stufe: Herstellung der Nährlösung. Die Melasse wird durch Erhitzen sterilisiert und dann mittels Zentrifugen von den ungelösten Stoffen abgetrennt. Mitunter klärt man den Rohstoff auch in saurer oder alkalischer Lösung durch Zugabe von Superphosphat. Die erforderlichen Stickstoffverbindungen und phosphorsauren Salze sowie eigens hergestellte Auszüge aus Malzkeimen und Malz werden als zusätzliche Hefenährstoffe zu der gereinigten und auf passende Zuckerkonzentration verdünnten Melasse zugegeben.

2. Stufe: Vermehrung der Hefe. Die Gärbottiche stellen große Gefäße aus Eisen, Kupfer oder nichtrostendem Stahl dar, die 60000—150000 Liter Flüssigkeit aufnehmen. Man geht in der Weise vor, daß man zu der in Wasser aufgeschlämmten Anstellhefe, die einem Teil der Nährlösung zugesetzt worden ist, allmählich die restliche Nährlösung zufließen läßt. Dieses Verfahren ist unter dem Namen „Zulaufverfahren" bekannt. Von großer Bedeutung für den Erfolg ist das Einhalten der günstigen Temperaturen, die zwischen 25 und 30^0 liegen, und das ausreichende Belüften der Gärflüssigkeit. Um letzteres zu verwirklichen, ist jeder Bottich entweder mit einem starren Strahlrohrsystem oder einer rotierenden Belüftungsanlage ausgerüstet. Die Luftmengen, deren Größe durch die Arbeitsweise bestimmt wird, sind oft recht beträchtlich; sie bewegen sich je Bottich zwischen 2000 und 6000 cbm in 1 Stunde.

Der Vorgang der Hefevermehrung ist in den meisten Fällen mit der Gärung verknüpft. Man beherrscht aber heute dieses doppelte Geschehen sehr weitgehend, so daß es in den gegebenen Grenzen möglich ist, jede gewünschte Ausbeute zu erzielen. Die durch Gärung gebildete Alkoholmenge steht im umgekehrten Verhältnis zur Hefeausbeute. Die auf höchste Erzeugung abgestellte Arbeitsweise (Ausbeute 80% Hefe, bezogen auf die Einwaage an Melasse) nutzt die Nährstoffe so weitgehend zum Aufbau der Hefekörpermasse aus, daß hierbei praktisch kein Alkohol mehr anfällt.

---

[1] Das Wachstum der Hefe ist an die Anwesenheit von Luft gebunden, während sich die Gärung anaerob vollzieht.

Es ist Aufgabe der auf wissenschaftlicher Grundlage aufgebauten Betriebsüberwachung, daß die hergestellte Hefe in physiologisch-einwandfreiem Zustand geerntet wird.

3. Stufe: Aufarbeitung der Ansätze. Nach 10—14 Stunden ist die vorstehend in Umrissen aufgezeigte Züchtung im Gärbottich beendet. Es liegt nunmehr eine Hefeaufschwemmung in der „Endwürze" vor. Die Hefe wird durch Hochleistungszentrifugen abgetrennt, die bis zu 20000 Liter Flüssigkeit in der Stunde verarbeiten. Das Erzeugnis fällt dabei als dickflüssige Masse an, wird einmal oder mehrere Male mit Wasser gewaschen und wiederum ausgeschleudert. Das Reinprodukt kühlt man auf etwa 4^0 ab und befreit es in Kammer- oder Filterpressen von weiteren Anteilen an Wasser[1].

Die Lagerung der fertigen Preßhefe erfolgt in Kühlräumen. Sie wird nach Bedarf in automatischen Auspfund- und Einwickelmaschinen in handelsübliche Form gebracht.

Die alkoholhaltige „Endwürze", die einen Gehalt von 0,5—2% Alkohol besitzt, wird in Destillierkolonnen aufgearbeitet.

Zusammensetzung der Backhefe (Preßhefe). Die Backhefe stellt eine gelblich-weiße, leicht knetbare Masse von aromatischem Geruch dar. Beim Lagern an der Luft trocknet sie rasch aus und wird dadurch bröcklig. Infolge ihres hohen Gehaltes an proteolytischen Enzymen geht sie bei der Lagerung bei Zimmertemperatur und bei beschränktem Luftzutritt vergleichsweise rasch in Zersetzung über; es tritt Autolyse ein. Für die Zusammensetzung gelten im großen etwa folgende Zahlenwerte; was ihre sonstigen Bausteine anlangt, so sei auf die Ausführungen bei J. SCHÜLEIN verwiesen[2].

Wasser	70—75%
Stickstofffreie Extraktivstoffe	etwa 10%
Aschebestandteile	etwa 2%
Rohprotein (Stickstoff mal 6,25; auf die Trockenmasse bezogen)	42—50%

(Über die Wertprüfung der Hefe vgl. unter Abschnitt 7e der vorliegenden Abhandlung.)

d) Teiglockerung mit Backpulver.

Die Teiglockerung durch das im Teig auf biologischem Wege erzeugte Kohlendioxyd bedeutet eine Einbuße an Mehl- bzw. Zuckersubstanz; es tritt durch die Verflüchtigung der gebildeten Zerfallsprodukte, Alkohol und Kohlendioxyd, ein Verbrauch von 1,5—2% des Mehles ein. Auf Deutschland umgerechnet, bedeutet dies nach M. P. NEUMANN einen Verlust von rund 2 Millionen Doppelzentnern Brottrockenmasse. Das Bestreben, diese Werte der Volkswirtschaft zu erhalten, ist schon sehr alt und hat zu den Verfahren der Teiglockerung mit Hilfe von chemisch Kohlendioxyd erzeugenden Mitteln geführt. Auf diesen Erwägungen beruhen die Backpulver, die sich geschichtlich in ihren Anfängen bis ins erste Drittel des vergangenen Jahrhunderts zurückverfolgen lassen.

Backtechnisch ist hierzu etwa folgendes zu sagen. Die Teiggärung führt zweifelsohne zur besten Ausgestaltung des Gebäckes hinsichtlich Lockerungsgrad, Beschaffenheit der Krume, Ausbildung der Kruste, des Geschmackes usw. Es gibt aber „schwere", d. h. sehr fett- und zuckerreiche Teige, bei denen die Hefe infolge der nicht zusagenden Bedingungen der Umgebung versagt. Dies ist der gegebene Anwendungsbereich der Backpulver.

Die Backpulver (Vorschlag von HENRY, Ende des 18. Jahrhunderts) stellen im Prinzip Chemikalien bzw. Gemische daraus dar, die gesundheitsunbedenklich sind und bei der Teigbereitung bzw. dem Backprozeß Kohlendioxyd entwickeln.

Als Quelle für das Kohlendioxyd benutzt man meistens das wohlfeile Natriumbicarbonat, seltener die Pottasche (Kaliumcarbonat), bei der mitunter geschmackliche Beeinträchtigungen beobachtet worden sind. Hierzu setzt man einen geeigneten festen, in Wasser löslichen sauren Bestandteil.

[1] Eine Vorstellung über das Ausmaß der durch die Massenzüchtung der Hefe herbeigeführten Vermehrung möge die Angabe vermitteln, daß einerseits auf 1 g Hefe etwa 10 Milliarden Einzelzellen kommen und daß anderseits in Deutschland in etwa 45 Fabrikbetrieben jährlich rund 59 Millionen Kilogramm Backhefe hergestellt werden.

[2] J. SCHÜLEIN: Bierhefe als Heil-, Nähr- und Futtermittel. Dresden: Theodor Steinkopff 1935; vgl. auch B. BLEYER und W. DIEMAIR: Dieses Handbuch, Bd. 7, S. 15.

Natriumbicarbonat allein ist nicht verwendbar. Es entbindet zwar in der Hitze das erforderliche Gas, geht dabei aber selbst in Natriumcarbonat (Soda) über, das im fertigen Gebäck hinterbleibt, den Geschmack desselben nach der laugenhaft-unangenehmen Seite beeinträchtigt und zu unerwünschten Verfärbungen der Krume Anlaß gibt.

Im trockenen Zustand wirken Natriumbicarbonat und saurer Stoff nicht bzw. nur sehr langsam aufeinander ein. Das Gemisch ist, was zu fordern ist, meist recht gut haltbar. Man steigert die Haltbarkeit, indem man noch eine indifferente Substanz als sog. Trennmittel in einer Menge von 25—40% zusetzt, z. B. Stärke, Mehl u. dgl.

Verteilt man das Backpulver im feuchten Teig, so lösen sich die Bestandteile im Wasser und treten miteinander in Wechselwirkung.

Der Engländer Whiting (im Jahre 1838) und J. v. Liebig empfahlen, Natriumbicarbonat zu verwenden und als Gasentbindungsmittel Salzsäure zuzusetzen; dabei entsteht das zum Salzen des Teiges an und für sich notwendige Kochsalz. Dieser Vorschlag vermochte sich aber aus begreiflichen Gründen nicht durchzusetzen. Puscher versuchte, die Salzsäure durch Ammoniumchlorid zu ersetzen. Aus Natriumbicarbonat und diesem Chlorid entsteht primär Ammoniumbicarbonat, das beim Erwärmen in Ammoniak, Wasser und Kohlendioxyd zerfällt (vgl. weiter unten bei Hirschhornsalz). Als Nachteil ist aber zu werten, daß das ursprüngliche Substanzgemisch wenig gut haltbar ist und daß das Ammoniak beim Backen aus der Krume nicht restlos ausgetrieben wird und seinen charakteristischen Geruch unangenehm zur Geltung bringt.

Nach den heutigen Erfahrungen wird ein sehr gutes Backpulver durch die Mischung aus Natriumbicarbonat und Weinstein dargestellt. Als saure Bestandteile verwendet man auch Weinsäure, Zitronensäure, Adipinsäure (Deutsche Hydrierwerke), Fumarsäure (I. G. Farbenindustrie A.-G.), Malonsäure (A.-G. für medizinische Produkte), primäres Calciumphosphat[1].

Erwähnt sei noch der Vorschlag (Diamalt A.-G.), Percarbonat mit Salzsäure zu verwenden; praktische Bedeutung hat dieses Mittel, bei dem noch bleichender Sauerstoff frei wird, nicht gefunden.

$$Na_2C_2O_6 + 2\,HCl \rightarrow 2\,NaCl + H_2O + 2\,CO_2 + {}^1/_2\,O_2.$$

Ein Backpulver besonderer Art ist das seit langem verwendete **Hirschhornsalz**, das chemisch ein Gemisch aus Ammoniumbicarbonat und Ammoniumcarbaminat darstellt. Beim Erhitzen erfolgt Zerfall in Ammoniak, Kohlendioxyd und Wasser; es entsteht also kein fester Rückstand. Diese an und für sich vorteilhafte Tatsache — es gelangt kein fremder Stoff in die Backware — wird dadurch beeinträchtigt, daß das Ammoniak in der Krume teilweise verbleibt und sich geschmacklich nachteilig auswirkt. Deshalb kann Hirschhornsalz — das gleiche gilt sinngemäß für das rein in den Handel gelangende primäre Ammoniumcarbonat[2] — nur für dünne, scharf auszubackende Teige verwendet werden.

Die Backpulver kommen fast ausschließlich abgepackt in den Handel und zwar in Mengen, die auf $^1/_2$ kg Mehl abgestellt sind; sie müssen der Kennzeichnungsverordnung entsprechend bezeichnet sein. Nach den einheitlichen Richtlinien für Ersatzmittel sollen in der für $^1/_2$ kg Mehl bestimmten Menge Backpulver insgesamt 2,35—2,85 g wirksames, d. h. teiglockernd in Erscheinung tretendes Kohlendioxyd enthalten sein. Dies entspricht etwa 1100—1400 ccm Kohlendioxyd. Der verbleibende Überschuß an Natriumbicarbonat darf 0,8 g (wegen des Geschmackes) nicht überschreiten. Als saure Mittel sind Sulfate, Bisulfate, Bisulfite, Aluminiumsalze (Alaun) und Milchsäure in mineralischen Aufsaugungsmitteln verboten. Der Gehalt an reinem gefälltem Calciumcarbonat ist nur bis höchstens 20% zulässig. Tricalciumphosphat und Calciumsulfat (letzteres bis 10%, berechnet als $CaSO_4 \cdot 2\,H_2O$) sind als Nebenbestandteile

[1] J. Tillmans, R. Strohecker u. O. Heublein: Zeitschr. Unters. Nahrungs- u. Genußmittel 1919, **37**, 377.

[2] Th. Paul, M. Landauer u. F. Krüger: Zeitschr. angew. Chem. 1927, **40**, 1539.

bei phosphathaltigen Backpulvern zulässig. Mineralische Trenn- oder Füllmittel sind nicht statthaft. Das Gesamtgewicht eines phosphathaltigen Backpulvers soll in der Regel 18 g, bei Gegenwart von mehr als 0,45 g Ammoniak 13 g nicht übersteigen. Ammoniumsalze sind zulässig, wenn der Hauptteil des Ammoniaks beim Backen freigemacht wird.

Sehr wichtig für das Gelingen des Gebäckes ist die Tatsache, daß bei der Hefegärung nach dem Einschieben der Teigstücke in den Backofen die Kohlendioxydbildung zunächst noch eine gewisse Zeit bis zur Abtötung der Hefe anhält und die Lockerung vollendet („Ofengärung"). Ähnliches erwartet man von den Backpulvern. Ihre schon im Teig einsetzende Gasentbindung bezeichnet man als „Vortrieb", diejenige beim Erhitzen als „Nachtrieb". Letzteren könnte man dem „Ofentrieb" an die Seite stellen.

Sowohl beim Vortrieb wie beim Nachtrieb muß man hinsichtlich des Ablaufes einen guten und einen schlechten Trieb unterscheiden. Erfolgt der Vortrieb sehr rasch und sehr energisch, so entfaltet er sich schon, wenn der Teig noch nicht richtig entwickelt ist, und das Kohlendioxyd entweicht in großen Anteilen wirkungslos. Dieser Gefahr ist begegnet, wenn der Vortrieb sich nur allmählich durchsetzt, weil dann die Teigentwicklung damit Schritt halten kann.

Ein Nachtrieb, der sich erst bei Temperaturen von nahe 100° C geltend macht, verfehlt seine Wirkung. Bei diesen Wärmegraden hat der Teig von seiner Dehnungsfähigkeit bereits viel eingebüßt; er ist im Begriff fest zu werden, bevor das treibende Gas kommt. Die Auflockerung läßt deshalb zu wünschen übrig. Darüber hinaus besteht die Gefahr, daß das entweichende Kohlendioxyd Löcher in das Gebäck reißt. Der Nachtrieb muß also schon bei niedrigerer Temperatur wirksam werden.

Auf Grund solcher Überlegungen und experimenteller Ergebnisse stellten J. TILLMANS und A. GUETTLER[1] fest, daß die Mischung aus Natriumbicarbonat und Weinstein das beste Backpulver ist. Es entbindet das Kohlendioxyd zu $^3/_4$ in den ersten 5 Minuten, den Rest nach weiteren 15 Minuten. Auch das Erzeugnis mit primärem Calciumphosphat verhält sich sehr günstig; bei ihm werden $^2/_3$ des Gases bei 60° C innerhalb 25 Minuten, der Rest erst später bei höherer Temperatur entwickelt. Backpulver mit typisch schlechtem Vortrieb stellen die Mischungen mit Weinsäure, Kaliumbisulfat und Aluminiumsulfat dar. Sehr mangelhafter, d. h. zu spät kommender Nachtrieb wird bei Natriumbicarbonat bzw. Ammoniumbicarbonat allein sowie bei Verreibungen aus Natriumbicarbonat und Ammoniumchlorid bzw. sekundärem Calciumphosphat beobachtet.

e) Sonstige Lockerungsmittel.

Von weiteren Verfahren der Teiglockerung seien hier kurz jene genannt, die meist nur einen beschränkten Anwendungsbereich besitzen bzw. im wesentlichen als Vorschläge zu werten sind.

α) Lockerung mit Kohlendioxyd. Dieser Vorschlag geht auf DAUGLISH (in England, 1856) zurück. In einer luftdicht abgeschlossenen Knetmaschine werden Mehl, Wasser und Kochsalz in den erforderlichen Mengen zum Teig verknetet, wobei aus einer Bombe gleichzeitig Kohlendioxyd unter hohem Druck (7—10 Atmosphären) zugeleitet wird. Letzteres verteilt sich im Teig. Nach Absperrung der Gaszufuhr läßt man den Teig aus der Knetmaschine in Form eines Stranges (etwa 6 cm Durchmesser) austreten, teilt in entsprechend lange Stücke ab und schiebt dieselben sofort in den Backofen. Man bäckt unter langsamer Erwärmung aus; dies ist erforderlich, da der Teig kühl hergestellt werden muß.

Diese Art der Brotbereitung — sie ist nur bei Weizenbrot mit seinem anfänglich sehr zähen Teig benutzbar — hat in England Anwendung gefunden; die sog. „Aerated Bread Compagnie" (A B C genannt) befaßte sich damit. Heute ist das Verfahren aber wieder zugunsten der Hefegärung aufgegeben worden, insbesondere weil der Geschmack der

[1] J. TILLMANS u. A. GUETTLER: Zeitschr. Unters. Nahrungs- u. Genußm. 1923, 45, 102.

Erzeugnisse nicht befriedigt hat. Die „Aerated Bread Compagnie" vertreibt heute wohl ausschließlich das in üblicher Weise gelockerte Gebäck.

β) Lockerung mit Luft. Bei gewissen Kuchenteigen zieht man Luft als Lockerungsmittel heran. Unter reichlicher Verwendung von geschlagenem Eiereiweiß (Eiweißschnee) oder sonstigen geeigneten Eiweißstoffen stellt man den Teig her; dadurch gelangt viel Luft hinein und wird dort festgehalten. Beim Ausbacken dehnt sich dieselbe aus und führt die gewünschte Lockerung herbei.

γ) Lockerung durch den beim Backen entstehenden Wasserdampf. Bei der Herstellung des Blätterteiges (Butterteig, spanischer Teig) wird das Mehl zunächst mit Fett innig zu Krümeln vermischt, dann mit Wasser zum Teig angerührt und wiederholt durchgeknetet. Beim Ausbacken einer solchen Zubereitung, die durch das Fett („Ziehfett") zusammengehalten wird, können die bei der Ofenhitze entstehenden Wasserdämpfe nicht entweichen. Auf diese Weise kommt die für Blätterteig typische Lockerung zustande.

δ) Lockerung bei Lebkuchen. Hierzu verwendet man meistens Pottasche. Dieses Backwerk besteht zu wesentlichen Anteilen aus Honig, Kunsthonig oder Sirup und Mehl. Es kann wegen des hohen Zuckergehaltes nicht durch Hefe gelockert werden. Wird der mit Pottasche hergestellte Teig aber über längere Zeit (Wochen bis Monate) aufbewahrt, so tritt allmählich unter dem Einfluß der aus der Luft hinzutretenden Kleinlebewesen eine leichte Säuerung ein, die zum Anlaß der Entbindung von Kohlendioxyd aus der Pottasche und damit der Teiglockerung wird.

ε) Lockerung mit Alkohol[1] (Rum, Arrak usw.). Die Hauptwirkung geht nicht, wie in der Literatur verschiedentlich vertreten wird, in erster Linie auf die Verflüchtigung des Alkohols zurück, sondern vielmehr auf die von ihm auf die Lebenstätigkeit der Hefe ausgeübte Anregung.

f) Backhilfsmittel[2].

Im Abschnitt über die Verbesserung der Backfähigkeit (Getreide, Hülsenfrüchte und Mühlenerzeugnisse, S. 66—68) wurden die einschlägigen Tatsachen bereits dargestellt. Es handelte sich dabei in erster Linie um jene Möglichkeiten, die sich in der Richtung der günstigsten Beeinflussung der Kleberbeschaffenheit sowie der Quellung überhaupt erstrecken und für die man verschiedenerseits den Ausdruck „Mehlverbesserungsmittel" geprägt hat.

Aber auch von einer zweiten Seite her ist eine Verbesserung der Backfähigkeit erreichbar, nämlich durch die richtige, auf das Mehl bzw. den Teig abgestimmte Lockerung. Von den hier zu nennenden Faktoren seien noch einmal kurz die folgenden genannt.

α) Hefereizstoffe. Ihre Wirkung besteht darin, die Hefe in ihrer Tätigkeit anzuregen, d. h. die Erzeugung des Kohlendioxyds nach Menge und Geschwindigkeit zu verbessern. Hierher gehören der Alkohol sowie die in der Bäckerei schon seit langem angewendeten Gewürze (Kümmel, Anis, Fenchel, Zimt, Ingwer, Zitronenschale usw.); bei letzteren sind es die ätherischen Öle,

---

[1] Bei Rum, Arrak usw. wird noch die geschmackliche Beeinflussung erstrebt.

[2] Die Anordnung der Hauptvereinigung der deutschen Kartoffelwirtschaft, betr. Herstellung und Verkehr mit Backhilfsmitteln, vom 21. Februar 1938 (Verkündgsbl. Reichsnährstd. 1938, 59; Z. 1938, 75, 67) faßt unter „Backhilfsmitteln" folgende Stoffe zusammen:
a) Diastasehaltige Mittel und sonstige Enzymträger,
b) Quellmehle,
c) Teigsäuerungsmittel,
d) Stärkeabbauerzeugnisse (Monosen, Maltose),
e) backtechnische Milcherzeugnisse,
f) Zubereitungen aus den vorerwähnten Backhilfsmitteln, auch unter Verwendung von anderen Stoffen.

denen die Reizwirkung zukommt. Man hat mit den üblichen Zusätzen die Bildung von Kohlendioxyd bis zu 70—80% steigern können.

β) Milchsäure. Sie stellt eines der ältesten Hilfsmittel bei der Roggenbrotbäckerei dar. Im Sauerteig erzeugt man sie bewußt. Da sie die Tätigkeit unerwünschter Kleinlebewesen unterdrückt, also für den „Gesundheitszustand" des Sauerteiges geradezu verantwortlich ist, setzt man sie auch als Säure unmittelbar zu. In zweiter Linie verbessert die Milchsäure die Quellung; ausserdem regt sie die Hefe zu vermehrter Tätigkeit an.

γ) Malz, Malzmehl, Malzextrakt. Ihre Wirkung besteht in der Verbesserung des „Triebes", indem dem Teig unmittelbar gärfähiger Zucker zugeführt wird bzw. durch den Diastasezusatz die Bildung desselben und damit die Gärung begünstigt werden.

δ) Chemikalien. Ihnen teilt man in erster Linie die Aufgabe zu, die Quellungsverhältnisse des Klebers zu regulieren. Daneben ergibt sich aber verschiedentlich auch die Tatsache einer mittelbaren Beeinflussung der Teiglockerung, indem die Hefe in ihren Lebensäußerungen gesteigert wird. Dies trifft z. B. zu auf den Zusatz an Phosphaten sowie auf denjenigen der früher ausführlich erwähnten Sauerstoff abgebenden Mittel (Hefe ist sauerstoffbedürftig!).

3. Backen des Teiges.

Der Backprozeß hat die Aufgabe, die rohe, für den Genuß ungeeignete, praktisch nicht haltbare Teigmasse in ein wohlschmeckendes, gut ausnutzbares und haltbares Lebensmittel zu überführen. Hierbei ist das Augenmerk besonders darauf zu richten, daß die Lockerung des Teiges vervollständigt, die Form des Gebäckstückes ausgestaltet und die Krustenbildung begünstigt werden. Technologisch sind die genannten Forderungen zu verwirklichen durch die sinnvolle Leitung der Erhitzung im Backofen nach Art, Schnelligkeit und Dauer des Erwärmens, durch entsprechende Regelung der Luftfeuchtigkeit (Wasser), durch Wahl von Größe und Form der Teigeinlage, durch Art des Einschiebens usw. Alle diese Umstände erheischen wirklich gute handwerkliche Schulung und Erfahrung.

Der Grundgedanke des Backofens ist uralt. Im Laufe der Jahrtausende haben sich aber sehr viele Wandlungen ergeben. Von den früheren Formen abgesehen, kann der „Steinofen", später durch Einbau von Zügen verbessert (deutscher Ofen, Holzofen), als der Urtyp unserer heutigen Anlagen angesehen werden. Im steingemauerten Backraum wurde ein Holzfeuer entzündet, bis das Mauerwerk genügend durchwärmt war. Dann entfernte man die glühenden Aschenreste, säuberte den Raum mit einem nassen Tuch und schob nun das Backgut ein. Durch die gleichmäßige, allseitig einwirkende Wärme ergab sich ein vorzügliches Gebäck; das Verfahren ist aber, da langwierig und umständlich und auf Holzheizung angewiesen, wenig wirtschaftlich und wird nur wenig benutzt[1].

Mit dem Übergang zur Kohlenheizung mußte man aus leicht ersichtlichen Gründen Backofensohle und Heizsohle trennen. Die Kohle wird auf Rosten sehr mannigfaltiger Anordnung unter der Backsohle verbrannt und das heiße Flammengas durch den Backraum geleitet. Es handelt sich auch hierbei um eine Direktheizung. Der nächste Schritt der Entwicklung war die Verlegung des Feuerraumes aus dem Backraum heraus (Kanal- oder Unterzugsöfen). Die Heizgase wurden in Zügen oder Kanälen um den Backraum herumgeführt (mittelbare Heizung).

Eine weitere Verbesserung der indirekten Heizung bestand darin, im Ofen ein System von Heizröhren für Wasserdampf anzuordnen (Vorschlag von Perkin). Dieses Verfahren fand später seine Verwirklichung im Backofen der Ausgestaltung nach Wieghorst. Oberhalb und unterhalb des Backraumes sind beiderseits verschlossene, mit Wasser gefüllte Einzelröhren eingebaut, die an dem Ende desselben frei in eine Feuerung hineinragen, unmittelbar erhitzt werden und die Wärme übertragen. Nach diesem Prinzip sind die

---

[1] Die Vorzüge des sog. „Landbrotes" dürften wenigstens zum Teil auf den langsamen Ausbackungsvorgang zurückzuführen sein.

neuzeitlichen Backöfen als „Einschießöfen" (feste, unbewegliche Backsohle) oder als „Auszugsöfen" (fahrbare Backsohle) gebaut[1].

Mehr und mehr ist man neuerdings wegen der Einfachheit, Bequemlichkeit, Sauberkeit, raschen Regulierbarkeit usw. auch zu Heizgas und Elektrizität als Wärmequelle übergegangen, wobei die unmittelbare Heizung wieder zunehmend in den Vordergrund tritt. In Großbetrieben verwendet man sog. „Tunnel- oder Mammutbacköfen", bei denen das Backgut auf einem etwa 3 m breiten und 15—30 m langen Lattenband allmählich durch den Backraum, dessen Temperatur in den einzelnen Abschnitten verschieden hoch eingestellt ist, hindurchwandert.

Nach der Form der Teigstücke und der Art des Einschiebens in den Backofen unterscheidet man etwa folgende Gebäckarten:

1. Freigeschobene Brote. Dieselben werden ohne seitlichen Halt auf die Herdsohle gelegt. Bei Kleingebäck ist dies die Regel. Man unterscheidet dabei das auf einer Blech-Unterlage geschobene (Blechgebäck) und das auf einer Schamotte-Unterlage geschobene Gebäck.

2. Angeschobene Brote, z. B. die Kommißbrote. Sie werden im Ofen eng aneinander gesetzt. Damit sie seitlich nicht verkleben, bestreicht man sie mit einem „Trennöl" bzw. einer Trenn-Emulsion. Die Teigstücke gären vielfach freistehend.

3. Schüsselbrote. Die Gare erfolgt in sog. Backschüsseln (Papiermaschee, Holzschliff, Strohgeflecht usw.); das Teigstück wird umgekehrt frei in den Ofen geschoben.

4. Kastenbrote. Die Gare vollzieht sich, für jedes Teigstück einzeln oder zu mehreren Stücken, durch hölzerne Querbretter getrennt, in einer Backform aus Schwarzblech, die eingefettet werden muß. Das Ausbacken erfolgt in der gleichen Backform.

Die feucht gegarten Teigstücke werden auf ihrer Unterlage in derselben Lage, in der sie auf Gare waren, in den Ofen gebracht; um das Anhaften darauf hintanzuhalten, streut man eine dünne Schicht von „Streumehl" auf. Feuchte Teige können bis zu 1% ihres Teiggewichtes an Streumehl brauchen; bei trocken gegartem Gebäck sind hierzu etwa 0,03% erforderlich. Man verwendet bei Weißgebäck billigere Grieße oder Dunste, bei Großbrot einwandfreies Spelzmehl, Holzmehl usw.

Zum Zwecke der Einsparung von Fett oder Öl[2] ist man in letzter Zeit zur Verwendung von sog. Trenn-Emulsionen bei der Einfettung von Gebäckstücken (zur Trennwirkung bei angeschobenem Brot usw.), bei der Fettung von Backformen, Backblechen usw. (zur Verhinderung des Anklebens) übergegangen. Bei der Herstellung dieser Präparate verfährt man nach den üblichen Methoden der Emulsionsbereitung und -stabilisierung, indem man Speiseöle mit Wasser unter Zugabe geeigneter Emulgatoren und Stabilisatoren sowie eines zulässigen Konservierungsmittels zu einer haltbaren Emulsion zerteilt[3]. Richtig hergestellt, soll ein solches Produkt bei kühler Lagerung mindestens 8 Monate lang haltbar sein.

Die Trenn-Emulsionen kommen, den Anforderungen der Praxis entsprechend, in milch- bis sahneähnlich-flüssiger bzw. dick-pastenförmiger Konsistenz in den Handel. Zur Regelung des Verkehrs mit diesen Erzeugnissen sind bindende

[1] Zur Erzeugung der richtigen Feuchtigkeit („Wrasen") im Backraum sind besondere Wrasenapparate angebracht.

[2] Der Verbrauch an Fett und Öl für den genannten Zweck beläuft sich nach P. PELSHENKE (Günters Bäcker- u. Konditor-Ztg. 1937, **64**, Nr. 122) in Deutschland auf 3 bis 4 Millionen Kilogramm jährlich; je Kilogramm Brot braucht man 2—2,5 g Öl. Durch Heranziehung der Trenn-Emulsionen ist eine Ersparnis von etwa 2 Millionen Kilogramm Öl möglich.

[3] J. LEMMERZAHL: Weckruf. Rhein.-Westf. Bäcker-Ztg. 1937, Nr. 25. — Deutsch. Lebensm.-Rundschau 1937, Nr. 4. — Trenn-Emulsionen, Trennfette, Trennwachse. Seifensieder-Ztg. 1937, **64**, 50; Beilage der chem.-techn. Fabrikant. — A. HÄUSSLER: Trenn-Emulsionen für Backzwecke; im Druck.

Vorschriften erlassen worden[1], wonach die Herstellungsbetriebe einer ausdrücklichen Zulassungserlaubnis bedürfen. Hinsichtlich der Zusammensetzung gelten die folgenden Hauptgesichtspunkte:

Der Fettgehalt der Trenn-Emulsionen beträgt mindestens 25%, höchstens 35%. Mineralöle, Mineralfette, mineralhaltige Seifen als Emulgatoren, mineralische Zusätze aller Art, Farbstoffe oder Diacetyl sind nicht zulässig. Als Emulgatoren sind genehmigt: Tylose (Firma Kalle & Co. in Wiesbaden-Biebrich) bis zu 5%, Tegin und Tegin PA (Firma Th. Goldschmid in Essen), Lanette-Wachs SX (Deutsche Hydrierwerke in Berlin), Palsgaard-Emulsionsöl (Emulsions-G. m. b. H. in Hamburg), Cetafin (Chemische Fabrik Tempelhof in Berlin-Tempelhof). Die Benutzung von Gummi arabicum ist verboten. Gegen die Verwendung von Bienenwachs (Cera alba, Cera flava des Deutschen Arzneibuches, 6. Aufl.) ist nichts einzuwenden. Als Haltbarmachungsmittel dürfen unter Kennzeichnung („chemisch konserviert" oder „mit einem Konservierungsmittel hergestellt") verwendet werden: 0,1% Benzoepräparat II C (Firma E. Merck in Darmstadt), 0,1% Fettabacterin HH (Gesellschaft für Sterilisation), 0,2% benzoesaures Natrium; Nipagin M sowie Agipan dürfen nicht herangezogen werden.

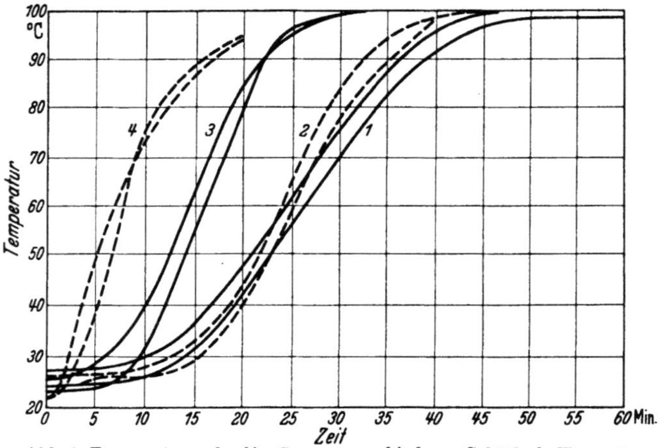

Abb. 1. Temperaturverlauf im Innern verschiedener Gebäcke[2]. Kurve 1: Roggenbrot von 2 kg Teigeinlage; Kurve 2: Weizenbrot von 2 kg Teigeinlage; Kurve 3: Roggenbrot von 1 kg Teigeinlage; Kurve 4: Weizenbrot von 60 g Teigeinlage.

Bei der Wertprüfung der Trenn-Emulsionen sind die den Bestandteilen entsprechenden Untersuchungsverfahren anzuwenden. Darüber hinaus ist die Sinnenprüfung von großer Wichtigkeit. Die Fabrikate müssen geschmacklich, geruchlich und gesundheitlich einwandfrei sein; es ist festzustellen, ob ausreichende Beständigkeit der Emulsion (Entmischung), ausreichende Haltbarkeit (kein Verderben) und sichere Trenn- und Einfettwirkung vorhanden sind.

Zur Chemie des Backvorganges. Unter der Wirkung der feuchten Hitze des Backofens vollzieht sich eine bunte Vielheit von Vorgängen, deren Weg und Ergebnis von der Art der Wärmeanwendung stark abhängen, deren Gesamtheit aus dem rohen geformten und gelockerten Teigstück das Brot entstehen lassen. Wenn es bisher auch noch nicht möglich ist, die Chemie des Backvorganges bis in die Einzelheiten zu verfolgen, so läßt sich doch das grundsätzliche Geschehen überblicken.

Die Temperaturen im Backofen sollen sich bei Großgebäck, insbesondere bei Roggenbrot, zwischen 230 und 250° C bewegen, bei Kleingebäck zwischen 200 und 230° C. Die Backdauer hängt von Form und Größe des Teigstückes sowie der Geschmacksrichtung (helle oder dunkle Kruste) der Verbraucher ab; ein 2 kg-Roggenbrot braucht etwa 1 Stunde, ein Weizenhefebrot der gleichen Größe etwa 50 Minuten, Weizenkleingebäck nur 20—25 Minuten. Unmittelbar vor dem Einschieben werden die Teigstücke zwecks Begünstigung der Ausbildung einer glatten und glänzenden Kruste mit einer wasserfeuchten Bürste (Verwendung von verdünntem Stärkekleister!) gestrichen; beim Verlassen des

[1] Anordnung 7 der Reichsstelle für Milcherzeugnisse, Öle und Fette vom 17. Februar 1937, betreffend die Verwendung von Trennölen im Brot- und Backgewerbe; ergänzt durch Erlaß der gleichen Reichsstelle vom 1. Februar 1938.

[2] Entnommen aus M. P. NEUMANN: Brotgetreide und Brot, 3. Aufl., S. 383.

Ofens wiederholt sich das Streichen der fertigen Brote mit Wasser, um den Glanz der Kruste zu erhalten. Das Brot muß allmählich abkühlen[1].

Trotz der hohen Temperatur des Backofens steigt dieselbe im Innern des Teigstückes in Abhängigkeit von dessen Größe nur mehr oder minder langsam an und geht nicht über 100° C hinaus, ja erreicht diesen Wert vielfach gar nicht. Es wirkt sich die latente Verdampfungswärme des Wassers stark aus. Hohe Temperaturgrade kommen also nur in den Außenschichten zur Wirkung. Über den Temperaturverlauf im Innern verschiedener Gebäcke unterrichtet die nebenstehende Abb. 1.

Die erste Wirkung der Wärme des Backofens ist die Ausdehnung der im Teigstück enthaltenen Gärgase. Es erfolgt dadurch eine letzte Lockerung. Gleichzeitig setzt an der Oberfläche, später ins Innere sich erstreckend, eine rasche Verdunstung von Wasser ein (vgl. auch bei Backausbeute), wodurch sich zunächst eine dehnbare Hautschicht bildet, die bei weitergehender Austrocknung fester wird und Temperaturgrade von mehr als 100° erreicht. Stärke und Eiweiß erleiden dabei die bekannten Hitze-Umsetzungen. Es kommt zur Ausbildung der Kruste, für die etwa folgendes zu sagen ist:

Die Stärke wird zunächst verkleistert (Beginn der Krustenbildung) und teilweise zu Zucker abgebaut, wobei die vorhandene Milchsäure (Sauerteig) begünstigend wirkt; es bildet sich eine die glatte Oberfläche verursachende Dextrinschicht. Bei fortgesetzter Hitze-Einwirkung — üblicherweise werden Temperaturen von 180—200° C erreicht; der Wassergehalt sinkt auf 10—20% ab — kommt dann der pyrogene Abbau in Gang, der in bisher nur wenig bekannten Umsetzungen[2] schließlich zum Caramel führt. Letzteres, ein Sammelausdruck für sehr verschiedenartige Abbau- bzw. Umwandlungsstoffe der Kohlenhydrate, ist Anlaß zur Färbung der Kruste (Zuckercouleur, Caramel), zum andern wertvoll für den Geschmack (Anwesenheit des Röstbitters, des sog. Assamars, und anderer Geschmacksstoffe).

Über das Aroma[3] des Brotes ist sehr wenig bekannt. In sehr kleiner Menge findet sich Furfurol[4] vor. Diacetyl, das sonst bei der Caramelisierung auftritt, konnte von H. SCHMALFUSS und H. BARTHMEYER[5] nicht nachgewiesen werden. Dagegen stellten F. VISSER'T HOOFT und F. J. G. DE LEEUW[3] im Teig und im Brot zwar nicht Diacetyl, aber Acetylmethylcarbinol fest, aus dem durch Oxydation Diacetyl entsteht. Das Carbinol findet sich vorzugsweise in der Krume; es ist während der Teiggärung entstanden. Es bleibt zu kleinen Anteilen im Brot enthalten und liefert durch Oxydation sehr kleine Mengen von Diacetyl nach, die jeweils wieder flüchtig gehen.

Die in der Kruste vorhandenen Eiweißstoffe werden in erster Stufe koaguliert und bei höheren Wärmegraden sicher in gewissem Ausmaß zersetzt. Es ist nicht unwahrscheinlich, daß dabei Spuren der sog. pyrogenen Amine, z. B. Histamin, aus den entsprechenden Aminosäuren gebildet werden, die ihrerseits nachhaltig auf die Verdauungstätigkeit einwirken[6].

---

[1] Mancherorts (in nördlichen Ländern Europas) ist es üblich, den Brotlaib kurze Zeit zunächst hohen Temperaturen auszusetzen, um dann später das Ausbacken in üblicher Weise fortzusetzen. Durch diese Behandlung, eine Art Röstung, Gersteln des Brotes genannt, wird eine besonders schmackhafte Kruste erzeugt.

[2] Vgl. die Ausführungen bei Kaffee; dieses Handbuch, Bd. VI, S. 15.

[3] Vgl. H. DEUTSCH-RENNER: Das Mühlenlaboratorium 1936, **6**, 87; 1937, **7**, 71. — T. MASLING: Das Mühlenlaboratorium 1936, **6**, 90. — F. VISSER'T HOOFT u. F. J. G. DE LEEUW: Cereal Chem. 1935, **12**, 213.

[4] Entstanden durch Ringschluß aus Pentosen.

[5] H. SCHMALFUSS u. H. BARTHMEYER: **Z.** 1931, **63**, 288. — H. SCHMALFUSS u. H. WERNER: Fette u. Seifen 1937, **44**, 509.

[6] A. BICKEL: Zeitschr. Volksernährung 1934, **9**, 1. Vgl. auch die Ausführungen, dieses Handbuch, Bd. VI, S. 107.

Den vorgenannten Röststoffen aus Kohlenhydraten und Proteinen kommt somit eine erhebliche ernährungsphysiologische Bedeutung zu. Es ist damit der Brotkruste eine besondere Rolle zuerteilt; man versteht, daß sie im Magen zu einer reichlicheren Ausscheidung von Magensaft führt als die entsprechende Menge von Brotkrume.

Die Veränderungen in der Brotkrume beim Ausbacken sind demgegenüber infolge der niedrigeren Temperaturen weniger tiefgehend. Im wesentlichen kommt es zu einer Verkleisterung der Stärkekörner. Bei gesäuertem Brot tritt durch die Säurewirkung ein teilweiser hydrolytischer Abbau hinzu, der zu löslichen Dextrinen und Zucker führt.

Die Verkleisterung ist im Innern des Brotes übrigens recht unvollständig; mikroskopisch lassen sich noch erhebliche Anteile von nur wenig oder fast nicht angegriffenen Stärkekörnchen nachweisen.

Der Kleber des Teiges wird koaguliert, entquollen. Er verliert dadurch seine zähe, gummiähnliche Beschaffenheit. Es ist zu erwarten, daß sich nebenher am Protein auch noch andere, durch die Wärme veranlaßte Abbauprozesse abspielen; Näheres darüber ist nicht bekannt.

Bemerkenswert ist, daß im fertigen Brot die Summe an wasserlöslichen Kohlenhydraten, dem Teig gegenüber, trotz des Verbrauches durch die Hefe und Bakterien praktisch unverändert ist. Dies liegt daran, daß die fraglichen Kleinlebewesen erst bei etwa 50^0 ihre Tätigkeit und damit auch ihre Enzymwirkung einstellen. Bis diese Temperatur aber in den inneren Schichten erreicht wird, vergeht eine gewisse Frist, während der durch die steigende Erwärmung die Fermenttätigkeit zunächst vermehrt und damit rasch Stärke hydrolysiert wird.

Eine Bilanz über einen Backversuch verdankt man H. MOHORCIE[1].

Der Gewichtsverlust beim Ausbacken, praktisch nur durch das verdampfende Wasser verursacht, hängt von der Art des Gebäckes, seiner Größe und Form sowie der Art des Backens ab; er schwankt zwischen etwa 8—24%. Am größten ist er bei Kleingebäck (vergleichsweise große Oberfläche); man rechnet hier mit 16—24%. Angeschobene Brote von $1^1/_4$ kg zeigen Einbußen von 9—13%.

Die Größe des Ausbackverlustes — Brot- oder Backausbeute — muß der Bäcker unbedingt wissen, damit er die Teigeinlagen für die gewichtsmäßig festgelegten fertigen Brote richtig bemessen kann[2]. Hierfür bestehen aus der Betriebspraxis abgeleitete Regeln und Tabellen.

Kurz sei noch bemerkt, daß die Gebäckausbeute, d. h. die Ausbeute an fertigem Gebäck aus 100 kg Mehl, beträgt bei Zwieback 100—105, bei Kleingebäck 120—128, bei größerem Weißgebäck 128—133, bei Schwarzbrot im Mittel 135.

---

[1] H. MOHORCIE: Arch. Hygiene 1916, **86**, 241. Vgl. dieses Handbuch, Bd. I, S. 1279; dort nähere Ausführungen.

[2] Feststehende Zahlen für die zulässigen Mindergewichte lassen sich nur schwer angeben. Nach den Richtlinien des Preuß. Min. für Landwirtschaft, Domänen und Forsten — I 41706 II — vom 3. August 1931 können Abweichungen vom vorgeschriebenen Gewicht in der Größe von 3—4% nach oben und unten vorkommen; größere Schwankungen sind durch zufällige Fehlerquellen möglich. Diese Schwankungen gleichen sich bei einer größeren Anzahl von Broten aus; zur Prüfung werden daher 10 Brote der gleichen Art gemeinsam gewogen, deren Durchschnittsgewicht maßgebend ist.

Als Gewichtsschwund am Herstellungstag durch Austrocknung ist ein Betrag bis zu 1,5% als normal anzunehmen. Wird bei einem einzelnen frischen Brot ein Mindergewicht von mehr als 3,5% festgestellt, so ist eine eingehendere Prüfung am Platze. Wenn beim Nachwiegen später als am Herstellungstage Fehlbeträge beim einzelnen Brot von mehr als 3,5% oder beim Durchschnittsgewicht von mehreren Broten von mehr als 1,5% beobachtet werden, ist ebenfalls Prüfung der frischen Brote erforderlich. Hinsichtlich der Gewichtsverluste beim Ausbacken vgl. auch A. FORNET: Vom Mehl zum Brot, S. 188f.

4. Brotsorten.

In sehr verschiedenartiger Form, Benennung und Beschaffenheit, wobei sich Geschmacksrichtung, Gewohnheit und Überlieferung der Verbraucher nach Nation und Region mitunter scharf ausprägen, gelangt das Brot auf den Tisch des Menschen. Die Unterschiede sind in erster Linie durch die Herkunft und den Ausmahlungsgrad der Mehle, durch die Bereitung des Teiges und seine Formgebung sowie durch die Art des Ausbackens bedingt.

Die Grundlage des Brotes stellen Roggen- und Weizenmehl dar; mitunter werden beide in Mischungen verwendet. Auch ist, von Land zu Land verschieden und vielfach gesetzlich geregelt, z. B. in Deutschland, mit gewissen Zusätzen zu rechnen (Mais-, Gersten-, Bohnen-, Soja-, Kartoffelmehl usw.).

I. Weizengebäck. Je nach der Ausmahlung unterscheidet man Feingebäck, helles Semmelgebäck, einfaches Semmelgebäck und Weizengebäck als Graubrot (in Deutschland nicht üblich). Im Hinblick auf die Einteigflüssigkeit unterscheidet man Weizen-Wassergebäck und Weizen-Milchgebäck. Grahambrot[1] ist ein Wassergebäck aus Weizenschrot (Vollkornbrot). Für Milchgebäck darf nur Vollmilch verwendet werden; ein Wasserzusatz ist unstatthaft, da sonst die vorstehende Bezeichnung nicht mehr zutrifft.

II. Roggengebäck wird wohl ausschließlich mit Wasser hergestellt; Kleingebäck aus Roggenmehl hat praktisch kaum eine Bedeutung. Je nach der Ausmahlung unterscheidet man Roggenfeinbrot (Mehl von 40—50%iger Ausmahlung), Roggenkernbrot[2] (Roggenbrot, Bäckerbrot, Hausbrot, helles Brot, Landbrot, Graubrot, Kassler, Paderborner, Beutelbrot), Mischbrot (aus Roggen- und Weizenmehlgemischen), Grau- und Schwarzbrot[3] (hoch ausgemahlene Mehle), Schrotbrot (z. B. westfälischer Pumpernickel, Knäkebrot[4] und andere Spezialbrote.

Über das Brotgesetz[5] vom 3. Mai 1935 und die dazu erlassenen Verordnungen sowie über die Brotmarktordnung[6] vom 9. Mai 1935 vgl. den gesetzlichen Teil (Beitrag HOLTHÖFER).

5. Zusammensetzung und Eigenschaften.

Die Zusammensetzung des Brotes schwankt in Abhängigkeit von der Art des Mehles, der verwendeten Zusatzstoffe und der Zubereitung innerhalb weiter Grenzen. Zur allgemeinen Unterrichtung sind in der folgenden Tabelle einige statistische Werte zusammengestellt.

Für den Wassergehalt des Brotes ist das Verhältnis von Kruste und Krume bestimmend. Bei Broten von 2 kg macht der Krustenanteil etwa 20 bis 25% aus, bei Kleingebäck (30—50 g schwer) etwa 35—42%. Die frische Krume[7] enthält im Mittel 42—47%, die Kruste, je nach Art und Dauer des Ausbackens, 10—20% Wasser. Den Wassergehalt des ganzen Brotes — zwischen 35—45% schwankend — kann man aus demjenigen von Krume und Kruste sowie den Anteilen der beiden letzteren am Gebäckstück berechnen. Er liegt bei schwach

---

[1] Gewöhnliches Grahambrot hat eine Hefelockerung durchgemacht; gewisse Verbraucher verlangen aber auch ein Brot mit natürlicher Lockerung.

[2] Roggenkernbrot, weil die Ausmahlung so weit geht, daß der Mehlkern ganz erfaßt ist.

[3] Z. B. das Kommißbrot.

[4] Zusatz von Hafer- oder Gerstenmehl ist keineswegs gebräuchlich, wie mitunter angenommen wird; die Lockerung erfolgt durch Hefe; dieses Brot stammt aus Schweden; neuere Untersuchungen siehe E. G. DRESSEL und H. D. HETTCHE: Arch. Hygiene 1932, **108**, 1.

[5] RGBl. 1935, I, 566.

[6] Verkündigungsblatt des Reichsnährstandes 1935, S. 255.

[7] Der Kern der Krume enthält bis zu 2% mehr Wasser als die weiter außen liegenden Schichten.

ausgebackenem Brot meist rund 6% unter demjenigen des Krumenkernes, bei stark ausgebackener Ware etwa 9% darunter, der Mittelwert ist also 7,5%.

Beim Lagern sinkt der Wassergehalt des Brotes, ursprünglich 35—45% betragend, allmählich auf 12—14% ab und hält sich auf dieser Höhe jahrelang.

Tabelle 4. Zusammensetzung von verschiedenen Brotarten[1], auf die natürliche Substanz bezogen.

Art des Brotes	Wasser %	Stickstoffsubstanz %	Fett (Ätherextrakt) %	Zucker %	Stärke u. dgl. %	Rohfaser %	Asche %
Feineres Weizenbrot	34	7	0,5	2	56	0,3	0,9
Gröberes Weizenbrot	37	8	1	3	48	1,1	1,3
Feineres Roggenbrot	40	6	1	2	48	0,8	1,4
Gröberes Roggenbrot (Kommißbrot)	39	6	0,4	3	49	1,6	1,6
Pumpernickel	42	7	1,3	3	43	1,5	1,4
Grahambrot	41	8	0,7	48		1,0	1,5
Mischbrot aus Weizen und Roggen	38	7	0,3	52		0,6	1,4
Schiffszwieback	10	10	2,6	2,2	73	0,9	1,7
Feinstes Weizenhartbrot (Kakes, Bisquits)	7	9	9	18	56	0,4	0,8
Aleuronatbrot	40	17	0,3	41		0,6	1,6
Diabetikerbrot	9	12	6	70		—	2,3
Zwieback für Zuckerkranke	9	21	17	51		—	2,2

Was den Fettgehalt des Brotes[2] anlangt, so ist derselbe, verglichen mit dem des Ausgangsmehles — von Fettzusatz natürlich abgesehen — praktisch unverändert. Höchstens in der scharf gebackenen Kruste können durch Hitzezersetzung sehr geringe Verluste eintreten. Das Rösten des Zwiebacks hat keinen Einfluß.

In den Kohlenhydraten unterscheidet sich das Brot vom Mehl ziemlich deutlich. 2—3% der ersteren werden in flüchtige, also zu Verlust gehende Stoffe (Alkohol und Kohlendioxyd) verwandelt. Im übrigen verschiebt sich der Kohlenhydratanteil von den unlöslichen nach den löslichen Vertretern. Vermehrt finden sich insbesondere die Dextrine; bei den Zuckerarten (Glykose, Invertzucker) wird bald eine kleine Zunahme, bald eine kleine Abnahme festgestellt.

Krume und Kruste des Roggenbrotes enthalten je etwa 9—11% lösliche Kohlenhydrate. Dem Mehl gegenüber steigt der Gehalt an Dextrin durchschnittlich um 5% an. Bei Pumpernickel (12—16 Stunden Backzeit) kann der Prozentsatz an Dextrin auf 35% erhöht sein.

Die Eiweißstoffe sind im Brot durch den Verlust an Kohlenhydraten etwas angereichert (etwa 0,3%). Mit der Hitzegerinnung beim Ausbacken läuft ein Rückgang der Löslichkeit parallel, wie die obenstehende Aufstellung zeigt (Werte auf 100 Teile Gesamtprotein bezogen).

Tabelle 5.

	Mehl	Weizengebäck		
		Krume	Kruste, hell	Kruste, dunkel
	%	%	%	%
Wasserlösliches Eiweiß	25,7	4,8	5,2	6,9
Alkohollösliches Eiweiß	54,9	3,5	3,4	3,8

[1] Vgl. J. König: Chemie der menschlichen Nahrungs- und Genußmittel, Bd. 2, S. 878f. 1904. — E. Sell: Arb. Kaiserl. Gesundh.-Amt 1893, 8, 608. — J. Stoklasa: Chem.-Ztg. 1915, **39**, 274, 297. — A. Beythien: Zeitschr. Unters. Nahrungs- u. Genußm. 1915, **30**, 418.

[2] Gelegentlich wird in Hefebrot, vor allem bei Vorteigführung, eine sehr geringe Vermehrung des Fettes festgestellt, die auf die Fettbildung durch die Hefe zurückzuführen ist.

Der Gehalt an Mineralstoffen ist im Brot — abgesehen vom Zusatz an Kochsalz, mineralischen Backhilfsmitteln, mineralstoffreicheren Mehlen[1] usw. — dem Mehl gegenüber etwas erhöht; hieran ist in erster Linie das zum Teigmachen benutzte Wasser mit seinen gelösten Stoffen beteiligt sowie ferner der durch Gärung bedingte Verlust an organischer Trockenmasse.

Im Brot treten neu die Produkte der Gärung auf. Kohlendioxyd und Alkohol gehen im wesentlichen im Backofen, ihre Reste bei der Lagerung allmählich verloren. Frisches Brot enthält 0,2—0,4% Alkohol, nach 1 Woche noch 0,1%. Glycerin und Bernsteinsäure, die Nebenstoffe der alkoholischen Gärung, finden sich höchstens in Spuren vor. Diacetyl ist bisher noch nicht nachgewiesen worden, dafür aber Acetylmethylcarbinol in sehr kleiner Menge.

Weizenbrot hat dem Ausgangsmehl gegenüber kaum einen erhöhten Säuregrad. Dieser erfährt aber bei Sauerteig eine wesentliche Steigerung. Es sind vorzugsweise Milch- und Essigsäure[2] anwesend; gelegentlich werden auch Spuren von Ameisen- und Buttersäure beobachtet. Für die Säuerung gelten nach M. P. Neumann nebenstehende Richtzahlen (Tabelle 6).

Tabelle 6. Säuregrade bei Sauerteig-Brot (ccm n/I Alkali für 100 g Brot).

Verwendetes Mehl	Säuregrad des Brotes		
	richtig gesäuert	erhöht	zu hoch
Vordermehl	5,0—6,0	6,0— 7,0	7,5
Brotmehl	6,0—8,0	8,0— 9,0	9,5
Graubrotmehl (Kommiß)	8,0—9,0	9,0—11,0	11,5

Das frischbackene, ausgekühlte Brot besitzt eine Kruste von ziemlicher Festigkeit und doch von gewisser Elastizität. Die Krume ist gut gelockert und elastisch-weich. Beim Aufbewahren setzen sich bald Veränderungen durch; das Gebäck wird, wie man sagt, altbacken. Hierbei verliert die Kruste ihre spröde Elastizität und ihren Glanz; sie wird weich, lederartig-zäh und runzlich. Gleichlaufend damit wird die Krume trocken, fest, ja hart. Es tritt allgemeine Schrumpfung ein; das Gesamtporenvolumen des altwerdenden Brotes aber nimmt zu, weil sich beim Eintrocknen neue Lufträume bilden. Die Wasseraufnahmefähigkeit erleidet tiefgehende Änderungen; betrug sie z. B. bei einem frischen Weizen- bzw. Roggenbrot 289% bzw. 219%, so sank sie bei der alten Ware auf 153% bzw. 170% ab. Durch kurzes Erwärmen wird die vorherige Wasseraufnahmefähigkeit praktisch wiederhergestellt.

Das Altbackenwerden beruht nicht, wie man vermuten könnte, auf einem einfachen Austrocknen. Dies geht daraus hervor, daß die eintretenden Veränderungen bei manchem Gebäck schon nach 2 Stunden, spätestens aber nach 2 Tagen vollzogen sind. Während dieser Zeit beläuft sich der gesamte Wasserverdunstungsverlust meist erst auf etwa 1—2%.

Umfangreiche Untersuchungen zur Erklärung des Altbackenwerdens hat J. R. Katz[3] seit dem Jahre 1912 durchgeführt. Er stellte fest, daß beim Lagern des frischen Brotes die Stärke allmählich härter wird, ihr Gehalt an löslichen Anteilen (nach vorgeschriebener Arbeitsweise bestimmt) zurückgeht und ebenso das Quellvermögen in Wasser (gemessen durch das Absitzvolumen einer Standardaufschwemmung in Wasser). Die gleichen Beobachtungen wurden bei Gemischen aus Stärke und wenig Wasser gemacht, die unter Verhinderung der Wasserverdunstung erhitzt worden sind. Die „Retrogradierung" eines solchen

[1] Es enthält z. B. Kartoffelmehl mit 2,27% viel mehr Kali in der Asche als Weizen- (0,2%) und Roggenmehl (0,8%).

[2] Essigsäure macht $^1/_4$—$^1/_3$ der gesamten Säure aus; bei fehlerhafter Säuerung kann der Anteil bis auf $^2/_3$ ansteigen.

[3] Vgl. J. R. Katz: Bericht über die Diskussionstagung Weizen- und Weizenmehlqualität. Sonderheft des Mühlenlaboratoriums 1933. Ferner: Das Mühlenlaboratorium 1932, Nr. 9, 53. — J. R. Katz: Das Altbackenwerden des Brotes im Zusammenhang mit der Nachtarbeit der Bäcker. Haag: Gebr. J. en H. van Langenhuysen 1917. Ferner J. R. Katz: Veröffentlichungen in Zeitschr. physik. Chem. A; beginnend 1930, 150, 37f.

Stärkekleisters — alternder Kleister ist nach Maquenne (1904) bestrebt, die Eigenschaften der ursprünglichen Stärke wieder anzunehmen — ist damit ein Vorgang, der dem „Altbackenwerden" unmittelbar an die Seite zu stellen ist.

Und noch in einer weiteren Richtung wurde dies von J. R. Katz bestätigt. Die röntgenspektroskopische Untersuchung lehrte, daß die native Stärke zwar übereinstimmend Krystallspektra gibt, daß sich dieselben aber je nach Herkunft unterscheiden (es sind 3 Typen, A, B und C zu beobachten). Unverändertes Weizenmehl sowie ein Teig daraus zeigen praktisch dasselbe Spektrum wie reine Weizenstärke[1], nämlich das Spektrum A.

Anders liegen die Verhältnisse bei frisch erhitztem Stärkekleister und bei frischbackener Brotkrume. Bei ihnen tritt ein neues Spektrum auf, das sog. Verkleisterungsspektrum. Dasselbe ist nicht haltbar. Beim Lagern verliert es seine Intensität, und es tritt ein anderes Spektrum auf, aber nicht das der ursprünglichen Weizenstärke, sondern der Typ B der nativen Stärke (z. B. für Kartoffelstärke gültig).

Alle vorgenannten Beobachtungen lassen sich dahin zusammenfassen, daß das Altbackenwerden — die Eiweißstoffe spielen dabei eine untergeordnete Rolle — in einem Übergang der durch das Backen veränderten Stärke in eine andere Modifikation besteht. Es handelt sich hierbei um ein heterogenes Gleichgewicht; bei Temperaturen oberhalb 60° — die Wasserverdunstung muß verhindert werden — ist jene Form stabil, die dem frischbackenen Brot zukommt, unterhalb dieser Temperatur diejenige der Stärkemodifikation des altbackenen Brotes. Letzteres kann durch Erwärmen auf 60—70° wieder „aufgebacken" werden. Bei + 20° C liegt das Maximum der Geschwindigkeit des Altbackenwerdens; bei — 20° C wird dieser Vorgang verzögert; bei — 185° C[2] ist nach dem Wiederauftauen nach 8 Tagen der Zustand des Frischbackenseins noch unverändert vorhanden. Aldehyde und Basen hemmen das Altbackenwerden; das gleiche gilt für einen Überschuß an Wasser.

Was die Veränderungen der Kruste bei der Lagerung anlangt, so liegen die Verhältnisse viel einfacher als bei der Krume. Die durch das Backen ausgetrocknete Krustenschicht nimmt Wasser auf, teils aus der Luft, teils aus der benachbarten Krume, und wird durch die Quellung weich und lederartig. Beweis für die Richtigkeit dieser Auffassung ist die Tatsache, daß eine von der Krume gelöste Kruste bei trockener Aufbewahrung praktisch unbegrenzt frisch bleibt.

Beim Aufbewahren des Gebäckes können sich, abgesehen vom eben besprochenen Altbackenwerden, das ein zwangsläufig auftretender Vorgang ist, auch andersartige chemische und biochemische Umsetzungen einstellen, die u. U. zum Verderben führen. Hier seien folgende Möglichkeiten erörtert.

a) Geruchliche Änderungen. Bei Broten aus dunkleren Mehlen mit Anteilen an Keimling, Aleuron und Schale tritt mitunter ein dumpfer Geruch auf, verbunden mit dumpf-bitterlichem Geschmack. Die Ursache hierfür ist noch unbekannt; möglicherweise aber ist das Fett beteiligt[3]. Beim Aufkommen derartig veränderter Eigenschaften muß vielleicht mehr als seither an das Verderben des im Gebäck enthaltenen Fettes gedacht werden.

Weiterhin hat man im frischen Gebäck mitunter Zimt-, Kumarin- (Heu-) oder Vanillingeruch beobachtet. Es ist nicht klar entscheidbar, ob diese Geruchsnüancen von der Mehlbehandlung herrühren oder aus irgendwelchen Zersetzungsvorgängen stammen; immerhin sprechen für letztere Möglichkeit einige Umstände.

b) Schimmeln des Brotes[4]. Brot ist ein guter Nährboden für Schimmelpilze. Die trockene Kruste bietet diesen wasserliebenden Kleinlebewesen weniger Entwicklungsmöglichkeiten als die wasserreiche Krume. Die unverletzte Kruste bildet daher einen natürlichen Schutz gegen Infektion.

Das Eindringen der Schimmelpilze — die Keime aus dem Mehl werden bei der Backtemperatur praktisch allesamt abgetötet — erfolgt von der Luft aus durch Risse und Sprünge der Brotoberfläche. Längs der Porenkanäle dringt der Pilz dann rasch ins Innere der Krume vor und verursacht hier durch die enzymatischen Vorgänge seiner Stoffwechselfermente sehr mannigfache chemische Umsetzungen, bei denen Abbauprodukte entstehen, die dem Brot einen eigenartig unangenehmen Geruch und Geschmack erteilen. Das sich

---

[1] Das Spektrum der Eiweißstoffe und des Wassers tritt nicht hervor.

[2] Die I. G. Farbenindustrie A.-G. hat ein Patent zur Erhaltung des Gebäckes im Zustand des Frischbackenseins angemeldet, bei dem mit Trockeneis gekühlt wird.

[3] Vgl. O. Lüning u. St. Kovacz: Das Mühlenlaboratorium 1933, 3, Heft 2.

[4] Vgl. die ausführliche Darstellung bei Herter: Zeitschr. ges. Getreidewesen 1917, 287; Zentralbl. Bakteriol. II 49, Heft 7/9.

entwickelnde Mycel und noch mehr die Sporenträger mit ihren gefärbten Sporen machen das Gebäck unansehnlich. Nach der Farbe der letzteren unterscheidet man:

Weißliches Brot: Mucor mucedo, Botrytis grisea[1], gelegentlich auch Monilia variabilis (auf Weißbrot).

Bläulich-grünliches Brot: Penicillium glaucum, Aspergillus glaucus.

Gelb-rötliches Brot: Thamnidium (Entwicklungsform des Mucor mucedo).

Schwarzes Brot: Rhizopus nigricans (Mucor stolonifer)[2].

Die von den gewöhnlichen Schimmelpilzen ausgelösten chemischen Vorgänge sind meist hydrolytischer Natur. Hierbei entstehen Abbauprodukte, die Geruch, Geschmack, Aussehen usw. so nachteilig beeinflussen können, daß das Brot ungenießbar ist, ohne daß beim Genuß eine eigentliche Gesundheitsschädigung zu befürchten ist.

Zur Hintanhaltung frühzeitigen Verschimmelns sind folgende Gesichtspunkte zu beachten: Verarbeitung trockener Mehle, scharfes Ausbacken, Vermeidung jeglicher Rißbildung der Kruste, Lagerung des Brotes ohne dichtes An- oder Aufeinanderreihen, gelegentliche Desinfektion des Lagerraumes, der auf 10—15° C gehalten und gut gelüftet sein soll[3].

c) Blutigwerden des Brotes (blutendes Brot, blutende Hostie). Diese Erscheinung ist durch den Micrococcus prodigiosus COHN verursacht, der einen roten Farbstoff, das Prodigiosin, erzeugt. Die roten Flecken finden sich im Innern des Brotes; von außen ist nichts feststellbar. Dieser Micrococcus ist, wenn er sich in einer Bäckerei eingenistet hat, nur durch peinlichste Desinfektion aller Gerätschaften, des Fußbodens, der Wände und der Decke des Backraumes zu beseitigen.

Rotes Brot kann gelegentlich einmal auch durch Infektion mit roten Hefen entstehen; Ursache der Verfärbung ist dann das von der Hefe gebildete Carotin.

d) Fadenziehen des Brotes[4] (braunes Brot). Diese Krankheit äußert sich darin, daß die Brotkrume klebrig sowie meist etwas verfärbt wird (unter Umständen in eine braune Masse verwandelt wird). Sie läßt sich zu langen Fäden ausziehen. Anfänglich ist der Geruch fremdartig, an Obst erinnernd, später durchdringend scharf, widerlich, ekelerregend. Trocknet man das Brot aus, dann kommt die Entwicklung zum Stillstand; in feuchter Umgebung tritt sie aber in kurzer Zeit wieder auf.

Alle diese Umsetzungen gehen auf die Fähigkeit einiger, einander nahestehender Bakterienarten zurück, die man zu der Gruppe der Heu- oder Kartoffelbakterien zusammenfaßt. Ihre vegetativen Formen werden bei der Hitze des Backens abgetötet, nicht aber die hitzebeständigen Sporen, die nach dem Abkühlen auf 40°, der besten Entwicklungstemperatur, auskeimen und sich rasch vermehren. Das Fadenziehen tritt allgemein nur in der heißen Jahreszeit auf; die Bakterien selbst sind in jedem Mehl[5] vorhanden. Daß diese Krankheit nicht öfter beobachtet wird, liegt daran, daß die Keime meist ungünstige Lebensbedingungen vorfinden. Sie sind vor allem gegen Säuren empfindlich; man setzt deshalb dem Teig Milchsäure, saure Milch, Essigsäure usw. zu.

Chemisch besteht die Wirkung des Heubacillus vor allem in hydrolytischen Vorgängen. Das Protein wird bis herab zu Ammoniak abgebaut; die Kohlenhydrate liefern Dextrin, Zucker und Säuren. Das Fadenziehen geht auf eine schleimige Verquellung der äußeren Schichten der Membran der Bakterien zurück.

e) Kreidekrankheit des Brotes. Das Brot zeigt weiße Flecken, die nach P. LINDNER auf einem Pilz, der der Gattung Endomyces und Wallia nahesteht und von ihm als Endomyces fibuliger n. sp. bezeichnet wird, zurückzuführen sind.

6. Ernährungsphysiologische Bedeutung des Brotes.

Einleitend wurde bereits erwähnt, daß das Brot bei den brotessenden Völkern Europas einen Grundpfeiler der Ernährung darstellt; rund ein Drittel der Gesamtnahrung entfällt in Deutschland auf das Brot.

Es ist in erster Linie Kohlenhydratspender. Die Lieferung an Fett ist geringfügig; man genießt zum Brot deshalb meist eine fettreiche Beilage. Was

[1] Der auf Sauerteig, Hefe usw. mitunter auftretende weiße Rasen geht auf Oidium lactis, den Milchschimmel, zurück.

[2] Eine dunkelgraue Verfärbung mit bläulichem Unterton kann auch durch die Anwesenheit von Skabiosensamen und von Steinbrand verursacht sein.

[3] Zusatz von Konservierungsmitteln zum Brotteig ist verboten.

[4] G. W. KIRBY, L. ATKIN u. CH. N. FRED: Food Industr. 1936, 8, 450. — CH. HOFFMANN, T. R. SCHWEITZER u. G. DALBY: Ind. engin. Chem. 1937, **29**, 464.

[5] Entgegen der herrschenden Meinung, daß als Erregerherd für das Fadenziehen nur das infizierte Mehl in Betracht zu ziehen ist, weisen CH. HOFFMANN, T. R. SCHWEITZER und G. DALBY (The Bakers Techn. Digest. 1937, **11**, Nr. 10) darauf hin, daß die Mesentericuskeime auch in der Hefe und im Malz in erheblichen Mengen vorkommen können.

das Protein anlangt [vorwiegend Gliadin und Glutenin neben wenig Albumin (Leukosin) und Globulin (Edestin)], so schwankt der Gehalt des Brotes in Abhängigkeit von der Ausmahlung des Mehles (Weizenmehl Type 405 enthält etwa 10—11%, Weizenvollkornmehl 12—13% Eiweiß, Roggenbackschrot (Type 1800) 8—9%, 50%iges Roggenauszugsmehl 4—5% Eiweiß). Weiterhin ist das Brot wichtig als Lieferant von Mineralstoffen; bei niedriger Ausmahlung (0—65%) können sich, sofern die Kost auch sonst mineralstoffarm ist, gegebenenfalls Fehlbeträge einstellen. Schließlich hat sich gezeigt, daß das Brot von großer Bedeutung ist für die Versorgung des Körpers mit Vitamin B_1 (vor allem im Keimling vorhanden), das nach neuerer Feststellung in der Kost des Menschen vielfach in kaum ausreichender Menge vorhanden ist. Über das Vitamin B_2 ist in dieser Richtung noch nichts Endgültiges bekannt. Als Vitaminspender — Weizen übertrifft im B_1-Gehalt den Roggen — kommen allerdings nur Brote aus 82—94%iger Ausmahlung in Betracht; schon bei 75%iger Ausmahlung geht die Hälfte des Vitamins B_1 in die Kleie[1]; wenn der Keimling mitvermahlen wird, sind auch kleine Mengen von Vitamin A und D im Brot vorhanden.

Was die Ausnutzbarkeit der Brotnährstoffe anlangt, so schwanken die Angaben im Schrifttum. Dies liegt in erster Linie daran, daß sich hierbei Ausmahlungsgrad des Mehles, Herstellungsweise des Brotes, das Kauen[2] desselben, seine Beschaffenheit[3], die Zusammenstellung der übrigen Kost usw. sehr stark auswirken[4].

Hinsichtlich der Eiweißausnützung gilt, daß bei Weizenbroten mit einer solchen von etwa 80—85%, bei Roggenbroten von 60—65% zu rechnen ist; die Einzelwerte schwanken zwischen 55—94% bzw. 43—82%. Die biologische Wertigkeit des Proteins aber, das in dieser Beziehung ziemlich hochwertig ist — 100 g Eiweiß aus ganzem Weizenkorn können 67—68 g Körpereiweiß ersetzen — ist für Roggen und Weizen praktisch gleich anzunehmen.

Betrachtet man das Brot in seinem Gesamtgehalt an Nährstoffen, so wird das Weizenbrot vom menschlichen Körper zu 80—90%, das Roggenbrot zu 78—90% ausgenützt; letzteres ist also nur sehr wenig schlechter gestellt als ersteres.

Die ernährungsphysiologische Betrachtung des Brotes führt zwangsläufig zur Frage der Bevorzugung des Gebäckes aus niedrig oder hoch ausgemahlenem Mehl und zur Frage der Bevorzugung von Weizen- oder Roggenbrot. Zur ersteren ist auf Grund der vorliegenden experimentellen Untersuchungen zu sagen, daß ein Vollkornbrot, wie vorangehend ausgeführt, ernährungsphysiologisch höherwertig ist als ein solches aus Auszugsmehl. Daß Menschen mit empfindlichem bzw. erkranktem Verdauungstractus bei einem Brot aus hoch ausgemahlenem Mehl, von den Kleiebestandteilen ausgehend, mitunter gewisse Beschwerden haben, ist ein Einwand, der, da sonst abwegige Schlußfolgerungen sich ergeben, nicht verallgemeinert werden darf[5].

Was die Fragestellung „Roggen- oder Weizenbrot" betrifft, so ist festzustellen, daß jedes Erzeugnis nach Art und Herstellung bestimmte charakteristische, in Geschmack, Geruch, Konsistenz, Haltbarkeit, Ausnutzbarkeit, Bekömmlichkeit usw. zum Ausdruck kommende Eigenschaften besitzt. Daraus

---

[1] A. SCHEUNERT: Die Ernährung 1936, 1, 53. Ferner Die Brotindustrie, S. 41. Berlin: Verlag Mehl und Brot 1936.

[2] H. DEUTSCH-RENNER: Das Mühlenlaboratorium 1937, 7, 99, 117.

[3] Ganz frisches Brot klumpt und ist daher unzuträglich.

[4] O. BRUNS: Die Ernährung 1937, 2, 201. — G. LEMMEL: Die Ernährung 1937, 2, 206.

[5] Vgl. hierzu G. LEMMEL: Über die Verträglichkeit des groben Roggenbrotes bei Magenkranken. Die Ernährung 1938, 3, 36.

auf eine Überlegenheit des einen über das andere Brot schließen zu wollen, würde zu einem Widerspruch mit der Jahrhunderte alten Erfahrung führen, die lehrt, daß die auf Weizenbrot eingestellten Völker sich ebenso richtig und ausreichend ernährt haben wie die vom Roggenbrot lebenden Menschen.

7. Untersuchung von Brot, Hefe und Backpulvern.

a) Sinnenprüfung und physikalische Untersuchung.

Bei der Bewertung eines Brotes als Lebensmittel ist der Sinnenbefund von ausschlaggebender Bedeutung. Im Hinblick auf eine in dieser Richtung möglichst unbeeinflußte Beurteilung wurde vom Institut für Bäckerei in Berlin ein Prüfschema aufgestellt, das in erster Linie für Brotwettbewerbe gedacht ist. Es umfaßt folgende Punkte:

Tabelle 7.

		Mögliche Höchstpunktezahl
1. Form:	Stückung und Volumen	3
2. Kruste:	Dicke und Gleichmäßigkeit	2
	Bräunung	2
	Ausbildung der Oberfläche	2
3. Krume:	Porung	5
	Elastizität	4
	Gleichmäßigkeit	3
4. Geschmacksprüfung:	Geschmack	5
	Säuregrad[1]	4
5. Strafpunkte bei Brotfehlern		bis zu 20 Punkten, die abgezogen werden.

Vorstehende Zusammenstellung vermittelt Anhaltspunkte, wie der Fachmann das Gebäck bewertet. Die Prüfung wird mit einem etwa 24 Stunden alten, mit scharfem Messer durchschnittenen Brot angestellt. Auf dieser Grundlage ergibt sich auch der Maßstab für die Bewertung im Verkehr. Zu den oben ausgeführten Punkten sei kurz folgendes erörtert:

Äußere Form, Stückung und Volumen geben schon von außen Anhaltspunkte für die vermutliche innere Beschaffenheit des Brotes (breites, niedriges Gebäck usw.).

Von der Kruste verlangt man, daß sie die richtige, gleichmäßige Farbe (nicht zu blaß, nicht zu braun) mit Glanz hat, daß sie bei der Lagerung nicht zu rasch weich und unansehnlich wird, daß sie sich nicht von der Krume löst, keine Blasen hat, nicht aufgerissen ist (abgesehen von gewissem Spezialgebäck) usw.

Die Krume soll eine gleichmäßige Porung haben, trocken-elastisch sein, einen guten Lockerungsgrad aufweisen, richtig ausgebacken, aber nicht gerissen sein und sich nicht von der Kruste gelöst haben. Bei gesäuertem Brot muß der Säuregrad die gewünschte Höhe haben.

Was die Ursachen für die vorgenannten Brotfehler anlangt, so können dieselben sehr verschiedener Art sein (Mehl, Gärführung, Backvorgang); in dieser Beziehung sei auf das Fachschrifttum[2] verwiesen; es ist dort auch Näheres über die Wasserstreifenbildung ausgeführt.

---

[1] Säuregrad

bis 5 = 0 Punkte		9—10 = 3 Punkte	
5—6 = 2	„	10—11 = 2	„
6—7 = 3	„	über 11 = 0	„
7—9 = 4	„		

[2] M. P. NEUMANN: Brotgetreide und Brot, S. 386. — A. FORNET: Vom Mehl zum Brot. S. 225. — E. FRITSCH: Brotfehler und ihre Behebung. Berlin: Verlag Mehl und Brot 1935,

α) Spezifisches Gewicht des porenhaltigen Brotes. Nach K. B. LEHMANN[1] stanzt man mit Hilfe einer Messingröhre bekannter Abmessung aus einer genau 5 cm hohen Brotscheibe 3mal einen Zylinder von bekanntem Inhalt aus und wägt. Aus dem Mittel der 3 Wägungen in Gramm, geteilt durch die Anzahl Kubikzentimeter des Zylinderinhaltes, erfährt man das gesuchte Spez. Gewicht des porenhaltigen Brotes.

β) Spezifisches Gewicht des porenfreien Brotes. In eine Messingdose von bekanntem Inhalt (durch Auswägen mit Wasser ermittelt) knetet man die Brotkrume fest und glatt ein und wägt. Aus dem Mittel mehrerer Versuche errechnet man wie vorher das Spez. Gewicht.

γ) Spezifisches Gewicht der porenfreien Trockenmasse. Man bestimmt die Trockenmasse der nach β eingekneteten Krume. Ist dieselbe gleich t, das Gewicht der frischen Krume gleich f, das Volumen der Messingdose gleich m, dann ist das Spez. Gewicht (St) der porenfreien Trockenmasse:

$$St = \frac{t}{m - (f - t)}.$$

Das Spez. Gewicht des Brotes hängt stark von der Lockerung (Porenvolumen) ab; es schwankt zwischen den Grenzen 0,24 (Semmel) bis 1,00 (Pumpernickel). Für porenfreies frisches Brot ist es zu 1,37—1,42 einzusetzen, für die porenfreie Trockenmasse zu 1,93—2,17.

δ) Porenvolumen. Man bestimmt es, indem man ein genau gemessenes Stück Krume durch Kneten so vollständig wie möglich von der Luft befreit und nun den Raum mißt, den es noch einnimmt. Nach K. B. LEHMANN kann man dieses Volumen auch aus dem Spez. Gewicht des porenhaltigen (S) und dem des porenfreien Brotes (S_1) berechnen. Das Porenvolumen Pv, d. h. die im Brot enthaltene Luftmenge in % des Brotvolumens, beträgt:

$$Pv = \frac{(S_1 - S) \cdot 100}{S_1}.$$

Je gröber die Mehle sind, desto kleiner ist das Porenvolumen. Es beträgt bei Roggenschrotbrot 29—49%, bei Roggenmehlbrot 56—71%, bei Weizenschrotbrot 64%, bei Weizenmehlbrot 73—83%.

ε) Trockenvolumen. Zieht man von 100 ccm des frischen Brotes das Porenvolumen und das Gewicht des vorhandenen Wassers in Gramm ab, so erhält man nach K. B. LEHMANN das Volumen der Trockensubstanz. Es betrug z. B. bei einem westfälischen Pumpernickel 30,5 ccm, bei Würzburger Semmel 7,1 ccm. Daraus geht hervor, daß die Mehlmasse bei Pumpernickel um das 3,3fache, bei der Semmel aber um das 14fache im frischen Gebäck gelockert ist.

ζ) Porengröße. Man mißt die Größe der Poren in einem Kreisausschnitt, der auf einer Brotscheibe abgegrenzt ist und stellt außerdem ihre Zahl fest.

η) Zusammenhang der Poren. Die Poren eines Brotes, wenigstens die größeren Vertreter, hängen vielfach untereinander zusammen; sie bilden also keine voneinander unabhängige, abgeschlossene Hohlräume. Man stellt dies meist schon durch den Augenschein fest, kann es aber auch durch Messung der Durchlässigkeit für Luft und Wasser besonders ermitteln[2].

ϑ) Wasseraufnahmefähigkeit. Man stanzt aus Broten Zylinder von 3 cm Höhe und 5 ccm Durchmesser aus, bringt dieselben jedesmal gleiche Zeit in ein Bad aus 10%iger Schwefelsäure, spült nach dem Herausnehmen $^1/_2$ Minute lang mit Wasser ab, verreibt den Brotzylinder und mißt die vorhandene Säure (Phenolphthalein als Anzeiger) durch Titration mit Alkalilauge. Aus der Anzahl

[1] K. B. LEHMANN: Arch. Hygiene 1894, **21**, 215. Eine andere Bestimmungsart (Wägung des Brotes unter Wasser) siehe bei PRAUSNITZ u. MEINCANTI: Zeitschr. Biol. 1894, **30**, 328.

[2] Vgl. J. KÖNIG: Chemie der menschlichen Nahrungs- und Genußmittel, Bd. III, 2. S. 686. Berlin: Julius Springer 1914.

der verbrauchten Kubikzentimeter Lauge schließt man auf die Menge der aufgenommenen Flüssigkeit. Die Aufnahmefähigkeit ist (vgl. die Ausführungen beim Altbackenwerden, S. 241) bei frischem Brot wesentlich größer als bei älteren Erzeugnissen; Beispiel: frisches Graubrot = 219%, altes Graubrot 170%, frisches Weißbrot 289%, altes Weißbrot 183%.

ι) Gase im Brot. Im frischen Brot, unmittelbar nach dem Verlassen des Backofens, finden sich Wasserdampf, Kohlendioxyd, wenig Alkohol und Spuren von anderen flüchtigen Stoffen. Schon nach kurzer Zeit ($^1/_4$ Stunde) sind Sauerstoff und Stickstoff der Luft eingedrungen; letztere Gase sind nach rund 2 Stunden im Brot im gleichen Verhältnis wie in der Luft vorhanden.

κ) Verhältnis von Kruste und Krume. Man zerlegt am besten ein ganzes Brot vorsichtig in Kruste (Rinde) und Krume und wägt beide Anteile. Je nach der Größe des Brotes schwankt dieses Verhältnis für den Krustenanteil zwischen 20—42%, für den Krumenanteil also zwischen 58—80%.

b) Mikroskopische Untersuchung.

Durch diese Prüfung, worüber an anderer Stelle ausführlicher berichtet wird (vgl. S. 252), werden nachgewiesen die Arten der verbackenen Mehle, gegebenenfalls vorhandene Fremdmehle, Unkrautsamen, Hefezellen, Holzmehl, mineralische Beimengungen, Chitinpanzer der Mehlmilben (aus verdorbenen Mehlen), Anwesenheit von Schimmel usw.

c) Mikrobiologische Untersuchung.

Gegebenenfalls kann es für die Beurteilung eines Brotes wertvoll sein, Kulturversuche bei Zimmertemperatur und bei 37° C anzusetzen, indem man in analoger Weise vorgeht, wie es früher bei Getreide, Hülsenfrüchten und Mühlenerzeugnissen (vgl. S. 30—31) ausführlich beschrieben worden ist.

Der Nachweis des verschimmelten Brotes bedarf hier keiner näheren Erörterung; auch die Kreidekrankheit sowie das Rotfleckig- bzw. Blutigwerden sind wohl ohne Schwierigkeit zu erkennen. Was insbesondere das Fadenziehen anlangt, so weist es sich durch Geruch (esterartig), Geschmack und Fadenbildung meist ohne weiteres aus; zur näheren Erkennung des Erregers dieses Schleimigwerdens des Brotes haben z. B. WATKINS[1] bzw. H. KÜHL[2] besondere Arbeitsverfahren angegeben.

M. P. NEUMANN prüft die Infektion eines Mehles mit dem Heubacillus, indem er aus einem Hefeteig (also ungesäuert) 3 gleiche Kastengebäcke herstellt. Dieselben werden unmittelbar nach dem Ausbacken (nach dem Weggang der flüchtigen Wärme) in luftdurchlässiges, gut dichtes Papier (Packpapier) eingeschlagen und bei 35° im Brutschrank aufbewahrt. Nach 24 Stunden schneidet man das Gebäck an und prüft. Ist das Fadenziehen schon vorhanden, dann lag ein stark infiziertes Mehl vor; tritt die Krankheit erst nach 3mal 24 Stunden auf, dann ist es als normal anzusehen.

Verdächtiges Brot wird man bei 35° im Brutschrank aufbewahren und seine Beschaffenheit von Zeit zu Zeit feststellen.

d) Chemische Untersuchung.

Ehe man an die Untersuchung herantritt, ist es erforderlich zu entscheiden, ob sich die Prüfung auf das ganze Brot bzw. nur auf die Kruste oder die Krume erstrecken soll. Gegebenenfalls führt man eine Trennung der beiden Bestandteile

[1] WATKINS: Journ. Soc. chem. Ind. 1906, 25, 350.
[2] H. KÜHL: Chem.-Ztg. 1911, 35, 1321.

durch, oder man untersucht eine wirkliche Durchschnittsprobe; zur zuverlässigen Gewinnung der letzteren sind einige Gesichtspunkte zu beachten.

Bestimmung des Wassers. Man verfährt hierbei im allgemeinen so, daß man gute Durchschnittsmuster unter Ermittlung der erforderlichen Gewichte solange bei 50—60° C vortrocknet, bis sie sich hinlänglich zerkleinern bzw. vermahlen lassen. Von dem erhaltenen Gut stellt man eine Mischung her, aus der man etwa 10 g als Probe zieht, die ihrerseits bei 100—105° C bis zum gleichbleibenden Gewicht getrocknet wird.

Handelt es sich um die Wasserbestimmung im ganzen Brot, bei dem die einzelnen Schichten sehr unterschiedlich sind, so geht man gemäß den Angaben des Reichsgesundheitsamtes[1] so vor, daß man das Brot durch einen Längs- und Querschnitt viertelt; ein Viertel dient zur Untersuchung. Man schneidet es nach Feststellen des Gewichtes in Scheiben und trocknet vor; dann zerkleinert man und trocknet eine Durchschnittsprobe zu Ende. Zur Abkürzung der Arbeit kann man auch eine Scheibe aus der Brotmitte untersuchen; der hierbei gefundene Wasserwert liegt meist etwa 1% höher als derjenige eines Brotviertels.

Soll nur der Krumenkern geprüft werden, so sticht man mittels eines Messingzylinders von 3 cm Durchmesser entsprechende Proben aus der Mitte des Gebäckstückes aus. Bei der Untersuchung der ganzen Krume verschafft man sich entsprechende Brotscheiben, die von der Kruste befreit werden; hierbei ist mit einer gewissen Willkür zu rechnen, die sich im Ergebnis auswirken kann.

Von Thörner[2] ist der Vorschlag gemacht worden, bei der Wasserbestimmung im Brot das volumetrische Verfahren der Destillation mit einem wasserunlöslichen Übertreibmittel zu verwenden[3] (vgl. die Ausführungen bei Getreide, Hülsenfrüchten und Mühlenerzeugnissen, S. 33 und 84).

Stickstoff und Stickstoffsubstanz. Man verfährt in üblicher Weise nach der Vorschrift von Kjeldahl; Näheres vergleiche dieses Handbuch Bd. II, S. 575; Schnellverfahren für Mehl nach H. Kühl und P. G. Gottschalk[4], vgl. S. 88—89 im Abschnitt Getreide, Hülsenfrüchte und Mühlenerzeugnisse.

Die Umrechnung des Stickstoffgehaltes auf Stickstoffsubstanz erfolgt entweder mit dem konventionellen Faktor 6,25 oder, sofern bekannt, mit dem für das jeweilige Ausgangsmehl geltenden Faktor (zwischen 5,7—6,3 liegend).

Eine Differenzierung der Eiweißstoffe dürfte sich meist erübrigen; dieselben sind übrigens, was beachtet werden muß, durch die Backhitze in ihren Eigenschaften erheblich verändert worden.

Fett. Bei der unmittelbaren Behandlung des gepulverten Brotes mit Fettlösungsmitteln treten infolge Einschlusses in die Stärke und Dextrine Fehlbeträge an Fett[5] auf. Man muß das Fett daher erst durch eine Säurebehandlung freilegen.

10 g des gepulverten Gebäckes versetzt man im 300-ccm-Rundkolben mit 100 ccm Wasser sowie mit 5 ccm 25%iger Salzsäure und erhitzt vorsichtig zum Sieden. Wenn das Schäumen nachläßt, wird 10 Minuten lang kräftiger erhitzt. Man kühlt ab, neutralisiert mit Alkalilauge (Kongorot als Anzeiger), filtriert durch ein angefeuchtetes Papierfilter, wäscht 2mal nach und trocknet

---

[1] Arb. Kaiserl. Gesundh.-Amt 1915, **48**, 595. Andere Vorschläge zur Probenahme bei F. Schaffer: Mitt. Lebensmittelunters. Hygiene 1915, **6**, 276. Vgl. auch Zeitschr. Unters. Nahrungs- u. Genußm., Gesetze u. Verordn. 1915, **7**, 145.

[2] Thörner: Zeitschr. angew. Chem. 1908, **21**, 148.

[3] J. Pritzker u. R. Jungkunz: **Z.** 1929, **57**, 520. — Gisiger: Mitt. Lebensmittelunters. Hygiene 1927, **18**, 249.

[4] H. Kühl u. P. G. Gottschalk: Zeitschr. ges. Getreidewesen 1929, 114.

[5] Vgl. J. Grossfeld: **Z.** 1937, **74**, 284.

Kolben und Filter; letzteres wird samt Inhalt zerkleinert und im Kolben mit 100 ccm Trichloräthylen nach J. GROSSFELD[1] extrahiert. Man kann das Filter samt Inhalt aber auch trocknen, in bekannter Weise im Soxhletapparat mit Äther oder Petroläther ausziehen[2] und das Fett als getrockneten Abdampfrückstand wägen.

Prüfung auf Milchfett (Butter) sowie Cocosfett. Zum Nachweis, ob bei Gebäck, das als Butter- oder Milchgebäck bezeichnet ist, zur Herstellung wirklich nur Milchfett verwendet worden ist, gewinnt man in der vorstehend beschriebenen Weise — wenn das Gebäck ausreichend fetthaltig ist, verzichtet man auf den Aufschluß mit Salzsäure — eine größere Menge des Fettes und ermittelt in Halbmikro-Arbeitsweise Buttersäurezahl, Gesamtzahl der niederen Fettsäuren und Restzahl. Aus diesen 3 analytischen Werten berechnet man den Gehalt an Butterfett und Cocosfett[3].

Prüfung auf Mineralöl. Es wird in bekannter Weise das Unverseifbare ermittelt; sein Wert und seine Beschaffenheit sind die Grundlage für die zu ziehenden Schlüsse.

Für die Untersuchung der Trennöle (Trenn-Emulsionen) sind die üblichen analytischen Verfahren heranzuziehen (vgl. hierzu S. 226).

Säuregehalt des Brotes. Man verwendet nur die Krume. Das Verrühren derselben stößt vielfach auf gewisse Schwierigkeiten. Man umgeht dieselben, wenn man die abgewogene und zerkleinerte Krumenmenge nach M. P. NEUMANN zunächst mit etwa 5 ccm Aceton (säurefrei) verrührt. Dadurch löst sich der Zusammenhang der verquollenen und verkleisterten Masse, und das Gebäck ist im zugesetzten Wasser wie Mehl verteilbar. Die Titration erfolgt in der Aufschwemmung oder im Filtrat (beim Ergebnis bemerken); Angabe des Ergebnisses in Säuregraden = ccm n/1 Alkali für 100 g Krume oder Berechnung als Milchsäure.

Nach dem Schweiz. Lebensmittelbuch[4] verreibt man 10 g rindenfreie Krume mit 20 ccm Wasser zu einem Brei, verdünnt mit 80 ccm Wasser und titriert nach Zusatz von Calciumchloridlösung (1 ccm gesättigte Lösung; Phenolphthalein als Anzeiger) mit Alkalilauge.

Zur Bestimmung der flüchtigen Säure (Essigsäure, Ameisensäure usw.) im gesäuerten Brot verreibt man 10 g mit säurefreiem Aceton (30 ccm), gießt den Brei in eine Soxhlethülse, spült mit 20 ccm Aceton nach und extrahiert 15—17 Stunden mit 100 ccm Aceton. Die Acetonextrakte versetzt man mit 100 ccm Wasser und unterwirft die Lösung der Wasserdampfdestillation (zuerst vorsichtig erwärmen, da Schäumen auftritt!), bis etwa 500 ccm Destillat übergegangen sind. Darin ermittelt man durch Titration die gesamte flüchtige Säure.

Mineralstoffe[5]. Die Veraschung erfolgt wie bei Mehl (vgl. Getreide, Hülsenfrüchte und Mühlenerzeugnisse, S. 85). Hierbei ist aber wegen der Flüchtigkeit der Alkalichloride bei höherer Temperatur auf das Kochsalz besondere Rücksicht zu nehmen.

Das Natriumchlorid bestimmt man gesondert. Man verascht 5—10 g Krume sehr vorsichtig. Dann setzt man 30 ccm Wasser, 2 g Soda und 1 g Kalisalpeter hinzu, dampft zur Trockne ein und verascht nochmals. Nun wird die Asche

[1] J. GROSSFELD: Anleitung zur Untersuchung der Lebensmittel, S. 16 u. 223.
[2] Vgl. auch TH. v. FELLENBERG: Mitt. Lebensmittelunters. Hygiene 1934, **25**, 316.
[3] J. GROSSFELD: Z. 1937, **74**, 284.
[4] 4. Aufl. Bern: Zimmermann und Cie. A.-G. 1937. Vgl. P. PELSHENKE: Mehl und Brot 1937, Nr. 39.
[5] WALTERS (Cereal Chem. 1930, **7**, 83; vgl. TH. v. FELLENBERG: Mitt. Lebensmittelunters. Hygiene 1930, **21**, 382) benutzt zur Beschleunigung der Veraschung bei Mehl und Brot einen Zusatz einer 0,1 N.-Lanthan-Nitratlösung in 40%igem Alkohol.

mit schwach salpetersaurem Wasser aufgenommen; man filtert und ermittelt den Chlorion- bzw. Natriumchloridgehalt titrimetrisch oder gravimetrisch[1].

Die kochsalzfreie Asche des Brotes gibt Anhaltspunkte für den Ausmahlungsgrad des verwendeten Mehles. Es ist auf den Zusatz von mineralischen Mehlverbesserungsmitteln sowie von Backpulver Rücksicht zu nehmen. Was den Nachweis der Verwendung von Milch anlangt, so vergleiche die späteren Ausführungen.

Alkalität der Asche. Bestimmung in üblicher Weise.

Nachweis von Alaun, Kupfer- und Zinksulfat (verbotene Mehlverbesserungsmittel). Etwa 10 g Brot (oder mehr) werden nach Zusatz von 10 ccm 0,1 n Natronlauge verascht. Man löst die Asche in konzentrierter Salzsäure, verdünnt mit Wasser und filtert. Das Filtrat wird mit Ammoniak im Überschuß versetzt; man beobachtet, ob eine flockige Ausscheidung von Aluminiumhydroxyd entsteht. Gegebenenfalls ist der Niederschlag noch besonders zu kennzeichen.

Der Nachweis von Kupfer- und Zinkion in der Asche erfolgt in der üblichen analytischen Art.

Kohlenhydrate[2]. Ermittlung der Zuckerarten[3]. Man verfährt hierbei wie bei der Untersuchung der Kindermehle (vgl. Getreide, Hülsenfrüchte und Mühlenerzeugnisse, S. 91), indem man sich am besten einen wäßrig-alkoholischen Auszug herstellt und darin nach Vertreiben des Alkohols den Zucker reduktometrisch ermittelt. Gegebenenfalls ist eine Differenzierung der Zucker nach ihrer besonderen Art erforderlich; über Trifruktosan vgl. im Abschnitt Getreide, Hülsenfrüchte und Mühlenerzeugnisse, S. 113—115.

Ermittlung der Stärke. Am einfachsten bestimmt man dieselbe polarimetrisch nach dem Verfahren von J. GROSSFELD und C. BAUMANN[4].

Ermittlung der Dextrine; vgl. die Ausführungen bei Getreide, Hülsenfrüchten und Mühlenerzeugnissen, S. 92.

Ermittlung der Rohfaser; siehe bei Getreide, Hülsenfrüchten und Mühlenerzeugnissen, S. 92—93.

Ermittlung der Pentosane; siehe bei Getreide, Hülsenfrüchten und Mühlenerzeugnissen, S. 92.

Rohfaser- und Pentosangehalt lassen Schlüsse auf den Ausmahlungsgrad des verwendeten Mehles zu.

Milchzusatz[5]. Als Anzeichen hierfür ist der erhöhte Gehalt der Asche an Calciumoxyd zu werten. Milchfreies Weizengebäck enthält in der Asche rund 0,04% Calciumoxyd; in der Milch sind je Liter davon etwa 1,6 g vorhanden, so daß auf die fett- und zuckerfreie Trockensubstanz des Milchgebäckes mindestens 0,1% zu rechnen sind. Werden diese Mengen unterschritten, dann ist die geforderte Milchquantität nicht zugesetzt worden; anderseits ist, wie ohne weiteres verständlich, das Vorhandensein ausreichender Mengen von Calciumoxyd noch kein Beweis für die zu fordernde Milchzugabe.

---

[1] Man hat auch vorgeschlagen, zur Kochsalzermittlung das Brot unmittelbar mit Wasser auszuziehen oder es nur zu verkohlen und die Kohle mit Wasser zu behandeln.

[2] Vgl. die ausführliche Darstellung bei J. GROSSFELD: dieses Handbuch, Bd. II, 2.

[3] Da beim Gären und Backen durch biologische und chemische Umsetzungen etwas Zucker verloren geht, anderseits aber auch Neubildung in geringem Ausmaß erfolgt, ist es zulässig, aus dem Gehalt des Gebäckes an Zucker unter Berücksichtigung des Zuckergehaltes des Mehles auf den Zuckerzusatz zu schließen.

[4] J. GROSSFELD: Anleitung zur Untersuchung der Lebensmittel, S. 56.

[5] Bei Milchgebäck rechnet man auf 100 kg Mehl mindestens 50 Liter Vollmilch, bei Milchdauerbackwaren (Keks usw.) auf 100 kg Mehl mindestens 25 Liter Vollmilch. Vgl. auch H. MÜLLER: Z. 1938, 75, 150.

Eine Unterscheidung, ob Voll- oder Magermilch verwendet worden ist, kann nur durch die Untersuchung von Menge und Art des Fettes getroffen werden.

Eine sichere Art der quantitativen Feststellung der Milch beruht auf der Ermittlung des Milchzuckers (Lactose), der im Gegensatz zu anderen Zuckerarten durch Preßhefe nicht vergoren wird[1].

25 g Brotkrume von bekanntem Wassergehalt werden im 500 ccm-Kolben mit 250 ccm Wasser verschüttelt. Man läßt einige Stunden bei Zimmertemperatur stehen, gießt dekantierend die Flüssigkeit ab und filtriert durch Papier. Von der klaren Flüssigkeit werden 100 ccm im ERLENMEYER-Kolben (200 ccm) mit einigen Stückchen Bimsstein und 5 ccm Peptonwasser vorsichtig zum Sieden erhitzt und auf 10—12 ccm eingedampft[2]. Man verschließt den Kolben mit einem Wattepfropfen, läßt abkühlen, impft steril mit Preßhefe und läßt bei 30° C vergären.

Nach 30 Stunden wird das Reduktionsvermögen bestimmt. Dazu kocht man auf, überführt nach dem Abkühlen in einen Meßkolben von 50 ccm, füllt zur Marke auf und filtriert. In einer geeigneten Menge des Filtrates ermittelt man (z. B. nach SCHOORL) das Reduktionsvermögen und rechnet auf Lactose auf.

Bei Wassergebäck werden Werte von 0,13—0,19% Lactose, bei Milchbrot von 2,25—2,60% gefunden.

Eizusatz. Zur Ermittlung eines Eizusatzes bestimmt man am besten die Menge der vorhandenen Lecithin-Phosphorsäure; Näheres dazu vergleiche im Abschnitt Teigwaren (S. 282) sowie bei O. NOETZEL[3]. Auf die Verwendung von phosphathaltigen Zusatzstoffen (Backhilfsmittel, Backpulver) ist entsprechende Rücksicht zu nehmen.

Künstliche Färbung. Als geeignet sind hierbei die gleichen Methoden heranzuziehen, wie man sie bei der Teigwarenprüfung (vgl. dort S. 293) benutzt.

Alter des Brotes[4]. Von der Probe (warmes Brot auf 35° C abkühlen lassen) werden 4mal je 20 g Krume abgewogen und in verschlossenen Gläschen aufbewahrt. Die erste Probe wird sofort — die anderen Proben nach 12, 24 und nach 36 Stunden Stehzeit — in einem feinmaschigen Gazetuch (Nr. B 30; 20mal 20 cm) eingeschlagen und mit Wasser in einer Reibschale, wie bei der Kleberbestimmung, ausgeknetet. Die erhaltene Aufschwemmung überführt man in einen hohen Meßzylinder (250 ccm), spült nach und füllt bis zur Marke auf, nachdem 0,5 ccm Toluol zur Haltbarmachung und 0,5 ccm Acetaldehyd als Kolloiderhaltungsmittel für die Stärke zugesetzt worden sind. Man mischt, läßt stehen und liest jeweils nach 24 Stunden das Volumen des Sedimentes ab.

Eine Sedimenthöhe über 96 ccm zeigt frisches Brot an, eine solche unter 85 ccm altbackene Ware (12 Stunden und darüber alt). Bei einer Sedimenthöhe zwischen 85—96 ccm beweist ein Unterschied zwischen Probe 1 und 2 von mehr als 15 ccm, daß das Gebäck frisch, von weniger als 15 ccm, daß das Brot altbacken war.

Diacetyl bzw. Acetylmethylcarbinol. Die Menge an Diacetyl im Gebäck ist meist so gering, daß der Nachweis kaum zu führen ist. Dagegen ist mit vergleichsweise größeren Mengen des bei der Gärung entstandenen Acetylmethylcarbinols zu rechnen; man findet davon im Brot, abhängig von der Zuckermenge im Teig, der Hefeart, der Diastase, der Gärtemperatur, der

---

[1] M. W. FUHRI-SNETHLAGE: Chem. Weekbl. 1926, **23**, 578.

[2] Zur Abtötung etwa vorhandener Sporen muß man das Konzentrat 20 Minuten bei 115° erhitzen.

[3] O. NOETZEL: Zeitschr. Unters. Nahrungs- u. Genußm. 1921, **42**, 299.

[4] Nach J. R. KATZ: vgl. bei P. JH. PEPER: Chem. Weekbl. 1926, **23**, 163.

Teigführung, der Anwesenheit von oxydierenden Substanzen, dem Wasserstoffexponenten usw., Mengen zwischen 0—12 mg-%.

Für die Ermittlung haben F. VISSER'T HOOFT und F. J. G. DE LEEUW[1] eine komplizierte Apparatur angegeben. Einfacher und auf die Bedürfnisse der Praxis eingestellt, ist diejenige (Abb. 2) von H. SCHMALFUSS und H. WERNER[2].

Geräte und Stoffe. 1 ERLENMEYER-Kolben von 150 ccm Inhalt nebst grauem Kautschukstopfen mit Ableitrohr von 0,6 cm lichter Weite, dessen aufsteigender Schenkel 5 cm, dessen scharfwinklig absteigender 35 cm lang ist. Beide Enden des Rohres sind abgeschrägt.

1 Überziehkühler von 20 cm Kühllänge und 1,2 cm lichter Weite; farblose Prüfgläser von 10 cm Länge und 1,4 cm lichter Weite mit gleichmäßig verblasenem Boden ohne linsenförmige Verdickung; gesättigte Kochsalzlösung, 50%ige Eisen-(3)-chlorid-Lösung[3]; 22,5%ige Hydroxylamin-hydrochlorid-Lösung (aus reinster Handelsware); 1,25%ige Nickelsulfatlösung ($NiSO_4 \cdot 7\,H_2O$); 20%ige Ammoniaklösung; Diacetyl; Methyl-acetyl-carbinol.

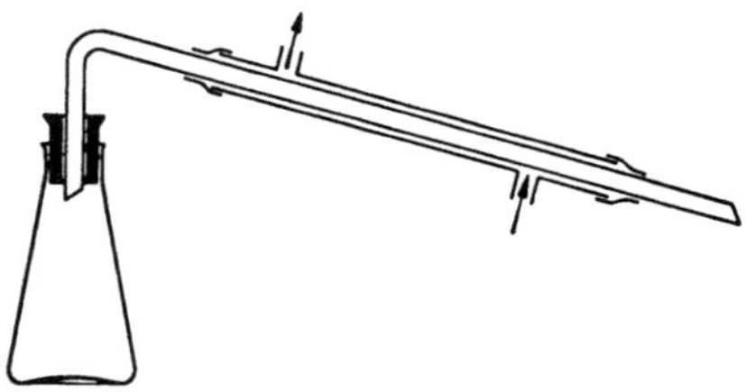

Abb. 2. Gerät zum Nachweis von Diacetyl und Acetylmethylcarbinol im Brot. (Nach H. SCHMALFUSS und H. WERNER.)

Blindversuch. Man füllt in ein Prüfrohr 1,20 ccm Wasser (Vergleichsrohr 1), in ein zweites Prüfrohr 0,15 ccm Wasser (Vergleichsrohr 2) und verschließt die Rohre luftdicht. In ein drittes und viertes Prüfrohr bringt man je 0,05 ccm Hydroxylamin-hydrochlorid- und Nickelsulfatlösung sowie 0,10 ccm Ammoniaklösung.

Man gibt in den ERLENMEYER-Kolben 20 ccm Kochsalzlösung. Den Kolben verbindet man durch den Kautschukstopfen mit dem Ableitrohr nebst Kühler, treibt auf dem Drahtnetz bei mäßig großer Flamme je 1,0 ccm in das vorgenannte dritte und vierte Prüfrohr über. Hierbei dient Vergleichsrohr 1 als Maß für die aufzufangende Flüssigkeitsmenge. Nach gutem Umschütteln muß ein Tröpfchen der Mischung gegen Lackmuspapier stark basisch sein; sonst setzt man so oft 0,10 ccm Ammoniaklösung zu, bis dies der Fall ist. Nun verdampft man aus den Prüfrohren 3 und 4 in 8 cm hoher, eben entleuchteter Bunsenflamme schüttelnd je 1,05 ccm. Hierbei dient Vergleichsrohr 2 als Maß für die zurückzubehaltende Flüssigkeitsmenge. Dann kühlt man sofort schüttelnd $^1/_2$ Minute lang unter kräftigem Wasserstrahl. Wendet man den Rücken gegen das gedämpfte Tageslicht und hält man die Flüssigkeit in Augenhöhe vor weißes Filtrierpapier, so muß die Lösung in beiden Rohren farblos bis schwach veil erscheinen.

Vor dem nächsten Versuch trocknet man das Ende des Ableitrohres mit Filterpapier.

Nachweis des Diacetyls. Der Versuch wird genau so ausgeführt wie der Blindversuch; nur werden der Kochsalzlösung noch 10 g des zu prüfenden Gebäcks, Teiges od. dgl. zugesetzt. Das Gebäck zerbröckelt man möglichst fein; Teige streicht man tunlichst dünn auf Filterpapier aus und bringt dieses als lockere Rolle in den Kolben unter die Flüssigkeit.

Ist Diacetyl (mehr als 0,2 mg-%) zugegen, so zeigt die Endlösung mindestens im dritten Prüfrohr einen deutlichen rein roten Schimmer oder rote Krystalle, die über der Flüssigkeit am Glase haften können. Fehlt Diacetyl, so ist die Endlösung farblos bis schwach veil.

Gegenversuch. Trat beim Nachweis kein Rot auf, so setzt man einer neuen Probe 0,50 ccm einer 0,004%igen wäßrigen Diacetyllösung (= 0,02 mg Diacetyl) zu und wiederholt den Hauptversuch; jetzt muß die Endlösung rötlich werden.

Nachweis des Methyl-acetyl-carbinols bei Abwesenheit von Diacetyl. Der Nachweis wird genau so ausgeführt und beurteilt wie der Nachweis des Diacetyls, nur wird statt der Kochsalzlösung die 50%ige Eisen-(3)-chloridlösung verwendet. Im Blindversuch mit Eisen-(3)-chloridlösung wird die schwach entleuchtete Bunsenflamme ein für allemal so eingeregelt (etwa 8 cm hoch), daß der erste Tropfen des Destillates nach 2 Minuten fällt. Es darf das Prüfgemisch nicht gelb färben; insbesondere dürfen sich nach dem

[1] F. VISSER'T HOOFT u. F. J. G. DE LEEUW: Cereal Chem. 1935, **12**, 213. Vgl. auch T. MASLING: Das Mühlenlaboratorium 1936, **6**, Heft 6.

[2] H. SCHMALFUSS u. H. WERNER: Fette u. Seifen 1937, **44**, 509. Eine Arbeitsweise speziell für die Untersuchung von Gebäck usw. siehe bei H. SCHMALFUSS u. H. WERNER: Z. 1938, **76**, 113; obige Versuchsvorschrift dort entnommen.

[3] Hergestellt aus „Eisenchlorid, rein krystallisiert" (Schering-Kahlbaum); die Lösung muß frei von wasserdampfflüchtigen Eisenverbindungen sein; 1 ccm Destillat daraus darf mit 1 ccm salzsaurer Ammoniumrhodanidlösung nicht gerötet werden. Die Lösung ist 12 Stunden haltbar; nach dieser Zeit muß sie durch Destillation gereinigt werden; übergetriebenes Wasser wird ersetzt.

Einengen keine braunen Flocken von Eisen-(3)-oxydhydrat abscheiden; sonst ist das Eisenchlorid zersetzt und unbrauchbar.

Gegenversuch. Der Gegenversuch wird genau so ausgeführt wie beim Nachweis des Diacetyls, nur werden statt des Diacetyls 0,50 ccm einer 0,004%igen Methyl-acetylcarbinollösung zugesetzt. Diese Lösung erhält man aus dem Dimeren des Methyl-acetylcarbinols (F. 127°), indem man 0,02 g in 2 ccm Wasser im Bad von 99° löst und dann mit kaltem Wasser zu 500 ccm auffüllt.

Bestimmung des Diacetyls. a) Erfassungsgrenze. Als Erfassungsgrenze ist die Menge Diacetyl zu betrachten, die (im Zweifelsfall bei dreifacher Wiederholung) im Vergleich zum Blindversuch gerade noch eine rötliche Endlösung ergibt. Die Erfassungsgrenze ist keine ganz feststehende Größe, weil verschiedene Untersucher für Rot verschieden empfindlich sind, die Rotempfindlichkeit mit der Übung wachsen kann und schließlich, weil Begleitstoffe die Grenze etwas verschieben können. In Gegenwart von Gebäcken legten wir für Diacetyl als Erfassungsgrenze 0,020 mg fest.

b) Bestimmung. Man bestimmt die kleinste Menge Gebäck, die im dritten Prüfrohr dieselbe Rötung ergibt wie die Erfassungsgrenze. Hierzu beginnt man zweckmäßig mit kleinen Mengen (0,1 g) und steigt zu größeren auf.

$$\text{mg-\% Diacetyl} = \frac{\text{Erfassungsgrenze} \times 100}{\text{Einwaage}}.$$

Das vierte Prüfrohr soll bei der Erfassungsgrenze den unmittelbaren Nullvergleich liefern und zeigen, daß Gebäck oder Teig völlig durchdrungen und benetzt waren und alles Diacetyl aus dem Gerät vertrieben wurde. Ist das vierte Prüfrohr auch gerötet worden, so wird das Kühlrohr (mit dem abfließenden Kühlwasser) sauber gespült.

Bestimmung des Methyl-acetyl-carbinols. Man verwendet für die Bestimmung des Methyl-acetyl-carbinols statt der Natriumchloridlösung die Eisen-(3)-chloridlösung. Als Erfassungsgrenze empfiehlt sich 0,020 mg Methyl-acetyl-carbinol zugrunde zu legen. Die Bestimmung verläuft entsprechend der des Diacetyls. Ist auch Diacetyl zugegen, so findet man die Summe von Diacetyl und Methyl-acetyl-carbinol. Von ihr zieht man den Diacetylwert ab, um den Methyl-acetyl-carbinol-Wert zu bekommen. Den Unterschied der Molgewichte kann man vernachlässigen.

$$\text{mg-\% Methyl-acetyl-carbinol} = \frac{\text{Erfassungsgrenze} \times 100}{\text{Einwaage}} - \text{mg-\% Diacetyl}.$$

Nachweis von Fremdmehlen. Hierfür kommen insbesondere die mikroskopischen Untersuchungsverfahren (vgl. dort S. 252) in Betracht. Durch Auskneten mit Wasser lassen sich aus der Krume trübe Flüssigkeiten bzw. Bodensätze aus letzteren gewinnen, in denen die Stärke von Kartoffeln, Mais usw. erkennbar ist; im Aufschluß des Brotes mit Säure oder Lauge werden Holzmehl, Kartoffelzellen usw. sichtbar.

Daneben hat man auch einige chemische Arbeitsweisen entwickelt. Es seien genannt:

Roggenmehl in Backwaren. Man zieht das von J. Tillmans begründete Verfahren des Nachweises von Trifruktosan[1] heran, das im Weizenmehl bis zu etwa 0,3%, im Roggenmehl aber bis zu 2% enthalten ist. Für die Zwecke der Brotuntersuchung wurde die Arbeitsweise von R. Strohecker[2] besonders ausgestaltet; sie ist im Abschnitt Mühlenerzeugnisse (vgl. S. 114) näher beschrieben.

Maismehl in Back- und Teigwaren[3]. Das Verfahren gründet sich auf die Tatsache, daß die eine Komponente des Mais-Eiweißes (Maisin) in schwacher Alkalilauge sowie Amylalkohol, nicht aber in Benzol löslich ist. Wie im Abschnitt Mühlenerzeugnisse (S. 115) ausführlich erörtert, stellt man sich entsprechende Auszüge aus dem Gebäck her, die man schließlich mit dem Reagens nach Esbach prüft.

Kartoffelmehl in Backwaren. Während Getreidemehle, insbesondere Weizenmehle, eine Asche mit einer Alkalität von etwa 1 ccm 1 N.-Säure auf 100 g

---

[1] Vgl. die Ausführungen bei Mühlenerzeugnissen, S. 113—115.

[2] R. Strohecker: **Z.** 1932, **63**, 514.

[3] D. Ottolenghi: Zeitschr. Unters. Nahrungs- u. Genußm. 1904, **8**, 189. — K. Fricke u. O. Lüning: Zeitschr. Unters. Nahrungs- u. Genußm. 1923, **45**, 69.

Trockenmasse besitzen, beträgt dieser Wert bei Kartoffeln und Kartoffelwalzmehl rund 30 ccm 1 N.-Säure. Nach J. RÖZSENYI[1] sind also aus der Aschenalkalität — man verascht, um die Störungen durch das Kochsalz des Brotes hintanzuhalten, unter Zusatz von einer zu berücksichtigenden Menge von Magnesiumoxyd — Rückschlüsse in der aufgezeigten Richtung möglich[2].

D. SCHENK und H. BURMEISTER[3] haben vorgeschlagen, den Nachweis von Kartoffelbestandteilen (Walzmehl, gekochte Kartoffeln) serologisch mit einem präzipitierenden Kartoffelserum zu führen.

Malzmehl. Man prüft an Hand des gegenüber der Norm erhöhten Gehaltes an Zucker (Maltose).

Nachweis von Hefe- bzw. Backpulvergebäck. Man untersucht mikroskopisch auf Hefezellen, chemisch auf Alkohol sowie auf reduzierenden Zucker. Nach E. SPRECKELS und A. BEYTHIEN[4] ist ein frisches Gebäck ohne Alkohol, mit nur vereinzelten Hefezellen und nur geringen Mengen von reduzierendem Zucker, d. h. weniger als 1%, auf die natürliche Substanz bezogen, und weniger als 10%, auf den Gesamtzucker bezogen, als nicht mit Hefe hergestellt zu betrachten.

Alkohol des Brotes. Der bei der Teiglockerung durch Gärung entstandene Alkohol wird beim Backen zum guten Teil verflüchtigt. Es hinterbleibt nur ein Rest. Für frische Brote hat TH. BALAS[5] Mengen von 0,2—0,4% angegeben (wohl etwas hoch!). F. O. POHL[6] ermittelt für Hefegebäck Werte von etwa 0,05%. Hinsichtlich des Nachweises vergleiche die angegebenen Schrifttumsstellen.

Paniermehl[7]. Zur Feststellung, ob ein wirkliches Paniermehl, d. h. ein aus Gebäck hergestelltes Erzeugnis, oder ein gefärbter Grieß vorliegt, werden herangezogen:

α) Prüfung auf verquollene Stärke: Mikroskopische Prüfung.

β) Prüfung auf Zucker und Dextrin: Durchführung wie üblich. Wirkliche Paniermehle enthalten mehr Zucker und Dextrin als gefärbte Grieße.

γ) Prüfung auf Gehalt an Kochsalz: Wenn nicht gesondert gesalzen, enthalten gefärbte Grieße wesentlich weniger Kochsalz als die mit Salz gewürzten Gebäcke, aus denen das Paniermehl hergestellt wird.

δ) Prüfung auf künstliche Färbung: Durchführung wie bei Teigwaren (vgl. dort S. 293).

Verdorbenheit von Gebäck durch Zersetzung des Fettes[8]. Wirklich zuverlässige Untersuchungsverfahren sind noch nicht ausgearbeitet. Die von H. KÜHL und G. KLEMT[9] für Mehl angegebene Arbeitsweise (siehe Abschnitt Mühlenerzeugnisse, S. 81—82), beruhend auf dem Nachweis der durch Fettzersetzung gebildeten und im Wasserdampfstrom abdestillierbaren Aldehyde ist kaum oder nur mit Kritik anwendbar, da durch den Gär- und Backvorgang sowie durch den Zusatz der Backzutaten gewisse, die Fuchsinschweflige Säure rötende Stoffe (Aldehyde) von Haus aus anwesend sein können.

---

[1] J. RÖZSENYI: Chem.-Ztg. 1907, **31**, 559. Vgl. auch J. ABEL: Zeitschr. Unters. Nahrungs- u. Genußm. 1915, **30**, 129.
[2] Vgl. aber A. BEYTHIEN: Zeitschr. Unters. Nahrungs- u. Genußm. 1915, **30**, 410.
[3] D. SCHENK u. H. BURMEISTER: Zeitschr. Unters. Nahrungs- u. Genußm. 1915, **30**, 325.
[4] E. SPRECKELS u. A. BEYTHIEN: Zeitschr. Unters. Nahrungs- u. Genußm. 1918, **32**, 80.
[5] TH. BALAS: Dinglers Polytechn. Journ. **209**, 399.
[6] F. O. POHL: Zeitschr. analyt. Chem. 1906, **19**, 668.
[7] Vgl. E. DINSLAGE: Zeitschr. Unters. Nahrungs- u. Genußm. 1914, **27**, 173.
[8] Vgl. z. B. H. O. TRIEBOLD u. C. H. BAILEY: Cereal Chem. 1932, **9**, 91. — H. O. TRIEBOLD, R. E. WEBB u. W. RUDY: Cereal Chem. 1933, **10**, 263.
[9] H. KÜHL u. G. KLEMT: Zeitschr. ges. Getreidewesen 1930, **17**, 51.

Man kann sich auch durch Ausziehen mit einem Fettlösungsmittel das Fett des zu prüfenden Backwerkes verschaffen und damit die Proben nach H. KREIS, nach TH. VON FELLENBERG sowie nach C. H. LEA ausführen[1].

Bei der Untersuchung des Verderbens von Fettgebäck (z. B. Waffeln usw.) ist es angezeigt, neben der Ermittlung des Säuregrades des Fettes („Seifigkeit“) auch auf vorhandene Methylketone („Parfümranzigkeit“) zu prüfen. Zu diesem Zweck stellt man sich aus einer entsprechend großen Menge des Untersuchungsmaterials nach Zusatz von Wasser ein Destillat her und prüft nach K. TÄUFEL und H. THALER[2] mit Salicylaldehyd in der Ausführungsweise nach H. SCHMALFUSS, H. WERNER und A. GEHRKE[3].

Vitamine. Vgl. die Ausführungen bei Mühlenerzeugnissen auf S. 116.

e) Untersuchung der Backhefe[4].

Man verwendet in der Bäckerei ausschließlich sog. Oberhefe (Preßhefe); als Preßhefe geformte Bierhefe ist besonders zu kennzeichnen. Zu untersuchende Hefe soll möglichst sofort in Arbeit genommen und kühl gelagert werden.

Sinnenprüfung. Normale Hefe ist von gelblich-weißer bis hellgrau-weißer Farbe; sie besitzt einen angenehmen, schwach aromatischen, mitunter leicht säuerlichen Geruch und eigentümlichen Geschmack. Sie darf nicht sauer, verpilzt oder verdorben sein.

Mikroskopische Prüfung (s. dort S. 252). Sie erstreckt sich auf den Nachweis von wilden oder Kahmhefen, von Essigsäure- und Fäulnisbakterien, von Schimmelpilzen usw. Auch gegebenenfalls vorhandene Stärke weist man mikroskopisch mit der Jodreaktion nach.

Prüfung der Haltbarkeit. Man verwendet hierzu die sog. Schachtel- und die Gläserprobe. Schachtelprobe. Man bewahrt 1 oder 2 eingewickelte Pfundstücke Hefe bei Zimmertemperatur, verschnürt in einer kleinen Pappschachtel, auf. Täglich wird das Aussehen der Ware geprüft. Eine gute, gesunde Hefe soll sich 6 Tage halten, ohne schmierig geworden zu sein.

Gläser- oder Eierbecherprobe. Die Hefe wird in ein längliches, durchsichtiges Glas gepreßt und dann bis zum Weichwerden aufbewahrt. Es soll eine Zeit von mindestens 96 Stunden vergehen.

Frischhaltungsmittel. Die Prüfung erfolgt in üblicher Weise.

Wasser. Eine abgewogene Menge Hefe wird mit Bimssteinpulver verrührt, bei 50—60° vorgetrocknet und dann bei 105° zu Ende getrocknet. Der Wassergehalt schwankt zwischen 69—76%; er liegt meist bei 72—73%.

Säuregehalt. Man verteilt 10 g Hefe in 40 ccm Wasser und läßt bedeckt 30 Minuten stehen. Mit 0,1 N.-Alkalilauge stellt man unter Tüpfeln auf Azolitminpapier den Gehalt an Säure fest. Ein Verbrauch von mehr als 1,5 ccm 0,1 N.-Lauge für 10 g Hefe weist oft auf Infektion durch säurebildende Bakterien hin.

Stickstoff und Stickstoffsubstanz werden in üblicher Weise nach KJELDAHL bestimmt; gegebenenfalls verbindet man damit die Ermittlung der Phosphate (s. weiter unten).

Fett. Ausführung wie bei Käse nach entsprechendem Aufschluß.

---

[1] Vgl. K. TÄUFEL: **Z.** 1936, **72**, 287; daselbst weitere Literaturangaben. Vgl. auch H. SCHMALFUSS , H. WERNER u. A. GEHRKE: Margarine-Ind. 1935, **29**, 4.

[2] K. TÄUFEL u. H. THALER: Chem.-Ztg. 1932, **56**, 265; Zeitschr. physiol. Chem. 1932, **212**, 256.

[3] H. SCHMALFUSS, H. WERNER u. A. GEHRKE: Fette u. Seifen 1936, **43**, 211.

[4] Vgl. E. ROSENBAUM: **Z.** 1935, **70**, 366, 378. Vgl. auch: Die Preßhefe und ihre Bedeutung. Mehl u. Brot 1935, Nr. 21. Über die Zusammensetzung der Hefe vgl. auch B. BLEYER u. W. DIEMAIR: Dieses Handbuch, Bd. 7, S. 15.

Stärke. Ausführung wie bei Wurst[1].

Mineralstoffe. Ausführung wie üblich.

Phosphate. Nach J. KURZWEIL[2] werden 2 g Hefe mit 10 ccm konz. Schwefelsäure im KJELDAHL-Kolben aufgeschlossen, sodann mit einigen Tropfen Hydroperoxyd oxydiert und auf 200 ccm aufgefüllt. 50 ccm dieser Lösung neutralisiert man erst mit starker, dann mit schwacher Natronlauge (Phenolphthalein), gibt 20 ccm Ammoniumnitratlösung (340 g/l Liter) und 10 ccm Salpetersäure zu (392 ccm Säure von der Dichte-1,4/1 Liter) und erhitzt zum Sieden. Nun werden 45 ccm siedende Ammoniummolybdatlösung (30 g/l Liter) langsam zugegossen. Man kocht 2 Minuten, läßt 15 Minuten stehen und filtert dekantierend durch ein Papierfilter. Der im Kolben verbleibende Niederschlag wird mit 50 ccm siedendem Waschwasser (50 g Ammoniumnitrat und 40 ccm Salpetersäure/l Liter) kräftig geschüttelt und aufs Filter gebracht; die Rückstände im Kolben werden mit Natriumsulfat (15 g/l Liter) auf das Filter geschwemmt und der gesamte Filterrückstand 5—7mal mit der Natriumsulfatlösung bis zur Säurefreiheit ausgewaschen. Nunmehr bringt man Filter samt Niederschlag in einen Kolben und setzt genau 30 ccm 10 N.-Natronlauge zu.

Unter Umschwenken löst sich der Niederschlag auf. Man setzt 50 ccm kohlendioxydfreies Wasser sowie etwas Phenolphthalein zu und titriert die überschüssige Lauge mit 1/10 N.-Schwefelsäure zurück. 1 ccm 1/10 N.-Lauge = 0,308 mg Phosphorpentoxyd.

Hefegummi. Ausführung vgl. J. KÖNIG[3].

Nachweis von untergäriger Bierhefe[4]. Er gründet sich auf die Tatsache, daß Raffinose durch untergärige Bierhefe vollständig, durch obergärige Preßhefe aber nur im Fructoseanteil vergoren wird, daß also das aus Melibiose bestehende Spaltstück der Raffinose im letzteren Fall unverändert zurückbleibt.

0,4 g Hefe werden mit 10 ccm 1%iger Lösung von Raffinose aufgeschlämmt und im Gärröhrchen nach EINHORN 24 Stunden lang bei 32^0 bebrütet. Bei Gegenwart von untergäriger Bierhefe werden mindestens 2,3 ccm Kohlendioxyd entwickelt.

Einen neuen aussichtsreichen Weg zur Unterscheidung von Bier- und Backhefen beschreitet H. FINK[5]. Er sucht die Unterschiede in den Cytrochromspektren zur Klassifizierung heranzuziehen.

Wertprüfung für die Bäckerei. Die Gärkraft der Hefen bestimmte man früher[3], ohne einen Backversuch heranzuziehen, durch Gärversuche, z. B. nach E. MEISSL, nach R. KUSSEROW und M. HAYDUCK. Das aus einem geeigneten Substrat entbundene Kohlendioxyd wurde volumetrisch ermittelt. Diese Verfahren tragen aber nach E. und L. ELION[6], wie ohne weiteres einzusehen ist, den Bedürfnissen der Bäckerei nicht Rechnung. Man ist deshalb für die Messung der Triebkraft der Hefe auf den Teiglockerungsversuch übergegangen und bestimmt die in gegebener Zeit erfolgende Volumenzunahme eines Standardteiges.

Triebkraft (Triebzahl)[7]. Der Trieb (Triebzahl) gibt die Zeit in Minuten an, die von Beginn des Teigknetens an bis zur Erreichung eines vorgegebenen Volumens verstreicht.

---

[1] Vgl. auch NEUMANN-WENDER: Österr. Brennerei-Ztg. 1903, 49.

[2] J. KURZWEIL: Chem.-Ztg. 1938, **62**, 74.

[3] Vgl. J. KÖNIG: Chemie der menschlichen Nahrungs- und Genußmittel, Bd. III, 2, S. 693. Berlin 1914.

[4] HERZFELD: Zeitschr. öffentl. Chem. 1901, 7, 219. — BOAS: Mitt. Lebensmittelunters. Hygiene 1934, **25**, 22.

[5] H. FINK: Wochenschr. Brauerei 1932, **49**, Nr. 40/41.

[6] E. u. L. ELION: Zeitschr. ges. Getreidewesen 1930, Nr. 9.

[7] Vgl. auch G. STAIGER im Kalender für Kornbrenner und Preßhefefabrikanten. Berlin 1930.

280 g Mehl 0 werden auf 35° C im Thermostaten vorgewärmt. Man mischt mit 160 ccm einer 2,5%igen Kochsalzlösung von 35° C und 5 g der zu untersuchenden Hefe. Mehl, Salzlösung und Hefe werden in einer Knetmaschine, die 115—120 Umdrehungen in der Minute macht, 5 Minuten lang geknetet. Den Teig drückt man alsdann gleichmäßig auf den Boden, verteilt ihn in eine genormte Form und bestreut ihn mit etwas Mehl. Die Form besteht aus Schwarzblech und ist 8,5 cm hoch. Ihre Bodenfläche beträgt 13,9 × 8,8 cm; die oberen Ausmaße belaufen sich auf 16 × 11 cm. Auf die Form wird ein Stäbchen gelegt, dessen Unterkante 7 cm über dem Boden der Form liegt. Die Form mit dem Teig stellt man in einen Thermostaten von 35° C und beobachtet den Zeitpunkt, an dem der Teig die Unterkante des aufgelegten Stäbchens berührt.

Um eine erweiterte Prüfung der Hefe durchzuführen, wird der gegangene Teig (Antrieb) mit einem Messer einige Male quer durchschnitten, von der Wandung gelöst und glatt in die Form zurückgestrichen („Durchstoßen"). Man läßt ihn wiederum bis zum Stäbchen gären. In dieser Weise verfährt man insgesamt viermal. Man erfährt dadurch I., II. und III. Trieb sowie den Endtrieb.

Von W. KUHLMANN und FRITZ[1] wird zur Wertbestimmung der Hefe der Farinograph nach BRABENDER herangezogen.

f) Untersuchung der Backpulver[2].

Zur Prüfung auf verbotene Zusätze [Aluminiumsalze, größere Mengen von Calciumcarbonat (Kreide), Schwermetalle usw.] verfährt man in der üblichen Weise. Man wird ferner eine mikroskopische Prüfung anstellen (Füllmittel). Die Sinnenprüfung ist ebenfalls auszuführen.

Zur Untersuchung auf Seife werden 10 g Backpulver mit heißem Alkohol erschöpfend ausgezogen; der Extrakt wird zur Trockne verdampft. Den Rückstand prüft man in bekannter Weise auf Seife bzw. Fettsäuren.

Für die Beurteilung der Triebkraft geht man nach J. TILLMANS, R. STROHECKER und O. HEUBLEIN[3] folgendermaßen vor:

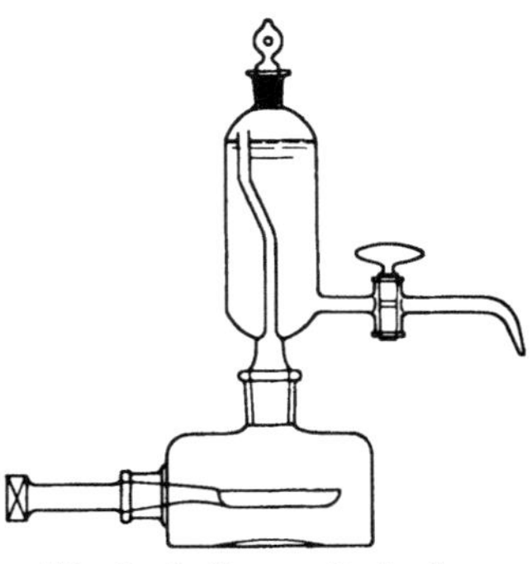

Abb. 3. Gerät zur Backpulverprüfung nach J. TILLMANS, R. STROHECKER und O. HEUBLEIN.

Gesamtes Kohlendioxyd. 0,5 g Backpulver bringt man in das trockne, dicht eingesetzte Schiffchen des Prüfgerätes (Abb. 3), das im unteren Teile 20 ccm 25%ige Salzsäure enthält; alle Schliffe sind gut eingefettet. Das obere Behältnis enthält bis zur angedeuteten Höhe gesättigte Kochsalzlösung. Nachdem das Schiffchen eingesetzt ist, öffnet man den Hahn (Druckausgleich; es fließt meist etwas Kochsalzlösung aus), schließt ihn wieder, setzt unter den Ablaufhahn ein frisches Becherglas, dreht das Schiffchen um 180° herum (das Pulver fällt restlos in die Salzsäure) und öffnet den Ablaufhahn. Es fließt soviel Flüssigkeit ab, als Kohlendioxyd gebildet worden ist[4]. Nachdem das Tropfen aufgehört hat, schließt man den Hahn, bewegt das Gerät zum Schütteln auf dem Tisch wiederholt hin und her (nicht am Gasraum anfassen, (Wärme der Hand!), sondern nur an der Schliffstelle zwischen Ober- und Unterteil), läßt wieder abtropfen und fährt so fort, bis die Gasentbindung beendet ist. Die ausgeflossene Flüssigkeit mißt man in einem geeichten Meßzylinder. 1 ccm Flüssigkeit = 1 ccm Kohlendioxyd = 1,977 mg.

---

[1] W. KUHLMANN u. H. FRITZ: Zeitschr. ges. Getreide-, Mühlen- u. Bäckereiwesen 1936, Nr. 7.

[2] Vgl. J. GROSSFELD: Anleitung zur Untersuchung der Lebensmittel, S. 228/229.

[3] Vgl. J. TILLMANS, R. STROHECKER u. O. HEUBLEIN: Zeitschr. Unters. Nahrungs- u. Genußm. 1917, **34**, 353; 1919, **37**, 377.

[4] Streng darauf achten, daß alle Schliffe dicht sind.

Unwirksames Kohlendioxyd. 0,5 g Backpulver werden in einem mittelgroßen Becherglas mit 50 ccm destilliertem Wasser übergossen; es entweicht Kohlendioxyd. Man setzt auf ein Drahtnetz, erhitzt zum Sieden und erhält $^1/_4$ Stunde lang im Sieden. Nun wird die Flüssigkeit verlustlos in eine Porzellanschale gegeben; man verdampft auf dem Wasserbad zur Trockne. Den Rückstand befeuchtet man mit 5 ccm 10%igem Ammoniak, dampft wiederum ein und trocknet $^1/_2$ Stunde bei 120°. Den nunmehr erhaltenen Rückstand gibt man mit 20—25 ccm Wasser in den unteren Teil des Backpulverprüfgerätes, füllt das Schiffchen mit 25%iger Salzsäure, kippt um und ermittelt wie vorher die im Rückstand verbliebene Kohlensäure, die beim Backen nicht in Freiheit gesetzt wird, also das unwirksame Kohlendioxyd darstellt.

Der Unterschied zwischen den Mengen an Gesamtkohlendioxyd und unwirksamem Kohlendioxyd veranschaulicht den Gesamttrieb.

Vor- und Nachtrieb. Zur Ermittlung des Vortriebes beschickt man den unteren Teil des Gerätes mit 20 ccm Wasser, das Schiffchen mit 0,5 g Backpulver und ermittelt, wie vorher beschrieben, die in der Kälte entbundene Menge Kohlendioxyd (Vortrieb)[1].

Hernach zieht man das Schiffchen heraus, füllt es mit Salzsäure, setzt es wieder dicht ein, stellt Druckausgleich her, läßt die Salzsäure zufließen und bestimmt neuerdings die entwickelte Gasmenge (Restkohlendioxyd). Restkohlendioxyd + Vortrieb müssen das gesamte Kohlendioxyd ergeben. Der Unterschied zwischen Gesamttrieb und Vortrieb ist der Nachtrieb.

Unwirksames Bicarbonat[2]. Mit 100—200 ccm Wasser wird der Inhalt eines ganzen Päckchens Backpulver aufgeschwemmt und wie bei der Ermittlung des unwirksamen Kohlendioxydes behandelt. Den Rückstand nach der Trocknung bei 120° C spült man mit Wasser verlustlos in ein 100 ccm-Kölbchen, mischt und filtriert. Vom Filtrat, mit 1 Tropfen Methylorange versetzt, bringt man 25 ccm in das Prüfgerät und gibt nach Druckausgleich aus dem Schiffchen Salzsäure in ausreichender Menge zu (das Reaktionsgemisch muß rot werden; ist dies nicht der Fall, so muß mehr Salzsäure zugesetzt werden) und bestimmt die Menge an Kohlendioxyd. Multipliziert man die gefundenen Kubikzentimeter mit 0,03 und rechnet auf den Päckcheninhalt um, so erfährt man das überschüssige Natriumbicarbonat.

Bei Abwesenheit von Phosphaten und Ammoniumsalzen kann man auch in der Weise verfahren, daß man 2 g Backpulver mit 100 ccm Wasser (kalt) aufrührt. Man dekantiert und wäscht den Rückstand mit kaltem Wasser aus; gegebenenfalls wird zur Klärung ausgeschleudert. Die erhaltene Gesamtlösung wird heiß mit 0,5 N.-Säure (Phenolphthalein als Anzeiger) titriert. 1 cm 0,5 N.-Säure = 0,042 g Natriumbicarbonat.

Ermittlung des Ammoniaks. 1 g Backpulver wird nach Zusatz von 0,5 g Magnesiumoxyd und 150 ccm Wasser destilliert; man fängt das Destillat in einer bekannten überschüssigen Menge von 0,25 N.-Schwefelsäure auf und titriert mit 0,25 N.-Lauge (Kongorot oder Methylrot als Indicator) zurück.

1 ccm 0,25 N.-Säure = 0,00425 g Ammoniak = 0,012 g Ammoniumcarbonat.

Bestimmung des Calciumcarbonates bei Gegenwart von Phosphaten. Man durchfeuchtet 1 g Backpulver mit etwas Petroläther und übergießt mit überschüssiger N.-Natronlauge. Vom Rückstand wird abgefiltert;

[1] Wie leicht erklärlich, ist hierbei der Abschluß der Gasentwicklung etwas unscharf; beim Umschütteln des Apparates setzt meist immer wieder Nachtropfen ein. Man beendet den Versuch, wenn nach wiederholtem Schütteln nur mehr 2—3 Tropfen ausfließen.

[2] Man kann diese Bestimmung auch mit der Ermittlung des unwirksamen Kohlendioxyds verbinden und durch Bezug auf den Inhalt eines ganzen Päckchens das unwirksame Natriumbicarbonat berechnen.

er enthält das gesamte Calciumcarbonat. Man wäscht mit 100 ccm kaltem Wasser aus, bestimmt im Filterrückstand das Kohlendioxyd (Backpulverprüfgerät) und rechnet auf Calciumcarbonat um.

Die Untersuchung des Backpulvers wird gegebenenfalls durch einen Backversuch vervollständigt.

Über die Anforderungen an Backpulver ist auf S. 220—222 dieses Abschnittes das Erforderliche angegeben worden.

B. Feinbackwaren.

Unter Feinbackwaren wird eine Gruppe recht unterschiedlich zusammengesetzter, durch einen Backvorgang hergestellter Erzeugnisse verstanden, bei denen neben dem Mehl insbesondere Zucker (Honig, Kunsthonig, Stärkesirup usw.), Fette (Butter, Margarine, Schmelzmargarine, Cocosfett usw.), Eier, Milch, Gewürze aller Art, Aromastoffe (Citrone, Vanille usw.), Früchte sowie Fruchterzeugnisse, Mandeln, Nüsse usw., Farbstoffe usw. verwendet werden. Die Lockerung erfolgt, sofern insbesondere im Hinblick auf den Fettgehalt des Teiges noch angängig, mittels Hefe; sonst wird Backpulver benutzt. Gewisse Spezialgebäcke werden mit Luft (Eiweißschnee) oder auch durch den beim Backen entwickelten und im Gebäck (z. B. durch das Fett) zurückgehaltenen Wasserdampf (Blätterteig) gelockert. Einige Erzeugnisse erhalten Glasuren aus Zucker-Fettmischungen, die künstlich gefärbt, aromatisiert, mit Kakao oder Schokolade versetzt sind usw. Durch die genannte, nicht vollständige Mannigfaltigkeit der verwendeten Ausgangsstoffe wird die Gruppe der hierher gehörigen Erzeugnisse, wozu Kuchen, Torten, Zwiebäcke, Biskuits, Waffeln, Teegebäck, Dauergebäcke usw. zu zählen sind, außerordentlich vielgestaltig. Dies prägt sich auch in der Namengebung aus. Man unterscheidet nach J. König[1] etwa folgende Gebäckgattungen:

1. Blätterteigwaren, vorzugsweise aus Mehl und Butter (Margarine usw.) bestehend; der Zucker dient zum Bestreuen oder zur Bereitung von Füllungen.
2. Hefe-(Germ-)Teigwaren, aus Mehl, Butter (Margarine usw.), Eiern, Milch und Zucker hergestellt; Lockerung mit Hefe oder Backpulver.
3. Weiche Backwaren, aus Mehl, Butter (Margarine usw.), Eiern, Milch und Zucker bereitet; Verwendung von Früchten, Samen, Gewürzen usw.
4. Teegebäck, aus Mehl, Zucker, Eiern, Butter, Margarine und anderem Fett, Gewürzen und Triebmitteln hergestellt; auch Mandeln, Nüsse, Füllungen usw. werden verwendet. Man rechnet in diese Gruppe Waffeln, Keks, Biskuits, Spekulatius usw.
5. Mandel- und Nußbackwaren (hart), vorzugsweise Verwendung von Mandeln, Haselnüssen, Zucker, Eiweiß, Mehl und Gewürzen; hierher gehören Mandelbrot, Makronen, Haselnußbiskuits usw.; über Marzipan und Persipan vgl. bei Zuckerwaren.
6. Patiencebackwaren, aus Mehl, Zucker, Eiweiß und Gewürzen hergestellt.
7. Windbackwaren (Baisers), bestehend aus Eiweißschnee und Zucker.
8. Schaum- und Rahmbackwaren, aus Mehl, Zucker, Eiern, mit oder ohne Verwendung von Gewürzen hergestellt; sie dienen vorzugsweise zum Einhüllen von Creme, von zuckerhaltigem Eiweißschaum usw.
9. Kuchen und Torten: Hauptbestandteile Mehl, Zucker, Eier; ferner Mandeln, Nüsse, Rosinen, Korinthen, Früchte, Fruchtmassen, Quark, Schokolade, Kakao, Gewürze, Aromastoffe usw.; Anwendung von gefärbten Glasuren.
10. Früchtebrot, hergestellt aus zuckerreichen getrockneten Früchten (Birnen, Äpfeln, Feigen, Datteln, Korinthen), Mehl und Zucker.
11. Zuckerreiche Feinbackwaren. Es werden sehr zuckerreiche Teige hergestellt, die mitunter einem langen Gärprozeß unterworfen werden. Man macht von der Würzung vielfachen und ausgiebigen Gebrauch; das Gebäck wird meist verziert. Hierher gehören Honigkuchen, Lebkuchen, Frühstückskuchen, Aachener Printen, Pfeffernüsse usw.

---

[1] J. König: Chemie der menschlichen Nahrungs- und Genußmittel, Bd. II, 5. Aufl., S. 404. 1920.

Zur Normung der Verkehrsbezeichnungen hat die Fachgruppe Süßwaren-Industrie der Wirtschaftsgruppe Lebensmittelindustrie im Jahre 1936 folgende Begriffsbestimmungen getroffen:

1. Buttergebäck: nur mit Butter (mindestens 10 kg Butter/100 kg Mehl) hergestellt; bei Verwendung von anderem Fett entfällt die Bezeichnung Buttergebäck.

2. Milchgebäck[1]: als Einteigflüssigkeit darf ausschließlich Vollmilch (mindestens 20 Liter/100 kg Mehl) verwendet werden; gleichgestellt sind Vollmilchpulver oder kondensierte Vollmilch nach entsprechender Verdünnung mit Wasser. Bei Verwendung von Magermilch ist das fehlende Fett durch Butter zu ersetzen. Wird zum Einteigen nur Vollmilch verwendet, dann ist gegen die Zugabe von sonstigem Fett nichts einzuwenden.

3. Milch-Buttergebäck (Zwieback): muß den Anforderungen an Butter- und Milchgebäck entsprechen; Verwendung von Seife oder seifenhaltigen Zubereitungen verboten.

4. Nährzwieback[2]: Auf 100 kg Mehl mindestens 5 kg Butter und 5 Eier. Verwendung von Farbstoffen, Seife, Backhilfsmitteln ist nicht statthaft.

5. Milchkremfüllungen für Waffeln: Grundstoffe sind Cocosfett und Zucker. Milch (Vollmilch) muß in einer Menge vorhanden sein, daß sie sich geschmacklich auswirkt; bei Magermilchverwendung ist das fehlende Fett durch geeignete andere Fette zu ersetzen. Analoge Bestimmungen gelten für Sahne- und Sahnekremgebäck.

6. Waffeln, gefüllt und ungefüllt: mit Triebmitteln hergestellt. Füllung aus Zucker, Fett, Geschmacksstoffen und Bindemitteln; künstliche Färbung ist zulässig. Man unterscheidet Milch- und Sahnewaffeln, Milchkrem- bzw. Sahnekremwaffeln [d. h. solche mit einer Kremfüllung mit Sahne (mindestens 4% Milchfett) bzw. mit Milch (mindestens 2,5% Milchfett) in ausreichender Menge], Schokoladewaffeln, Schokoladekremwaffeln; erstere mit Schokolade (Cuvertüre) überzogen oder gefüllt, letztere mit einer schokoladehaltigen Krem gefüllt.

7. Keks[3] werden mit einem Triebmittel hergestellt. Bezeichnungen, wie Milchkeks, Butterkeks, Milchbutterkeks, setzen die Verwendung der genannten Rohstoffe in einer Menge voraus, wie sie bei den entsprechenden Gebäcksorten verlangt werden. Albertkeks: Erzeugnisse mit mindestens 12 kg Fett/100 kg Mehl.

8. Elisenlebkuchen: auf Oblaten oder Waffelblättern gebackene Lebkuchen, die in der Teigmasse mindestens 25% (zulässiger Fehlbetrag bis 3%) Mandeln oder Haselnuß und höchstens 10% Mehl oder mehlartige Bestandteile enthalten. Bei Bezeichnungen, wie „Marzipanlebkuchen", „Makronenlebkuchen", „Mandellebkuchen", liegen die gleichen Lebkuchen vor, aber unter der Voraussetzung, daß die genannten Stoffe überwiegen; künstliche Färbung ist statthaft.

9. Honigkuchen sind lebkuchenartige Gebäcke mit mindestens 50% Honig, bezogen auf die gesamte Masse der Süßungsstoffe (Zucker, Kandis, Sirup usw.).

10. Makronen sind Zubereitungen aus Mandeln, Zucker und Eiweiß. Ersatzstoffe wie Persipan (Backmasse aus Aprikosen- und Pfirsichkernen) oder Cocosnußraspeln usw. sowie Mehl u. dgl. dürfen nicht verwendet werden; sonst Deklaration erforderlich, wie Cocosmakronen (bis 3% Mehl zulässig), Persipanmakronen usw.

11. Friedrichsdorfer Zwieback ist Herkunftsbezeichnung; das Erzeugnis muß also aus Friedrichsdorf im Taunus oder unmittelbarer Umgebung (z. B. Homburg v. d. H.) stammen.

Bei der Mannigfaltigkeit der Rohstoffe, der Zubereitungsart, der Lockerung, der Würzung, der Verzierung usw. ist es, wie leicht einzusehen, nicht möglich, für die Zusammensetzung der fraglichen Erzeugnisse schlüssige Zahlenwerte und für die Untersuchung allgemein gültige Vorschriften anzugeben. Die Prüfung muß von Fall zu Fall dem vorliegenden Erzeugnis angepaßt werden; insbesondere ist dabei immer den gegebenen Verhältnissen sinngemäß Rechnung zu tragen; z. B. ist bei der Ermittlung des Wassers die Anwesenheit von flüchtigen Stoffen (Geruchsstoffe, ätherische Öle usw.) zu berücksichtigen.

Eine nicht unerhebliche Bedeutung kommt der Bestimmung von Art und Menge des Fettes zu; hierbei werden die entsprechenden Verfahren herangezogen. Aufmerksamkeit ist der durch Fettumsetzung verursachten Verdorbenheit (Parfümranzigkeit, Seifigkeit bei Waffeln) zu schenken; über die Untersuchungsverfahren wurde vorangehend berichtet. Der Nachweis von Seife erfolgt in üblicher Weise.

---

[1] Bei Milchbrötchen werden mindestens 50 Liter Vollmilch/100 kg Mehl gefordert.
[2] Von anderer Seite verlangt man mindestens 10 kg Butter und 10 Eier auf 100 kg Mehl.
[3] Das Färben der Keks gilt aus technologischen Gründen als zulässig.

Zur Ermittlung des Eigehaltes zieht man das Lecithinphosphorsäureverfahren heran. Über die Bestimmung der Kohlenhydrate und ihre Trennung, der künstlichen Süßstoffe, der ätherischen Öle, Fruchtessenzen usw. vgl. bei J. KÖNIG[1]. Der Säuregehalt wird in üblicher Weise durch Titration einer Aufschwemmung ermittelt; auch hinsichtlich der Ermittlung des Gehaltes an Mineralstoffen ist nichts Besonderes zu sagen. Gegebenenfalls ist es erforderlich auf Frischhaltungsmittel, auf Blausäure (Mandeln), auf Nitrobenzol, auf Saponine, auf Glycerin[2] usw. zu prüfen. Der Nachweis der künstlichen Färbung wird wie bei Backwaren oder Teigwaren durchgeführt.

Schädliche Metalle sucht man am besten im Aufschluß von 10—20 g der Substanz mit Salpeter-Schwefelsäure; die Prüfung erfolgt nach den Regeln der analytischen Chemie.

Blausäure. Man verreibt 20—30 g Untersuchungsmaterial mit 50 ccm ganz schwach natronalkalischem Wasser, läßt $^1/_2$ Stunde stehen, säuert mit Schwefelsäure an und destilliert. Die ersten 3 ccm des Destillates prüft man durch den Geruch sowie die Berlinerblau-Reaktion auf Blausäure.

Nitrobenzol. Es werden 10 g Substanz in der Reibschale mit 10 ccm absolutem Alkohol angerieben, 30 Minuten stehen gelassen und filtriert. Das Filtrat verdünnt man mit Wasser auf das Doppelte, reduziert mit Zinn und Salzsäure, macht alkalisch und destilliert. Einige Kubikzentimeter des Destillates werden nach dem Verschütteln mit etwas filtrierter Chlorkalklösung versetzt; Violettfärbung zeigt Anilin, d. h. ursprüngliches Nitrobenzol an.

Buch-Literatur.

A. FORNET: Vom Mehl zum Brot, 6. Aufl. Berlin SW 11: F. A. Günther und Sohn A.-G. 1936. — R. FRITZWEILER: Getreide und Hülsenfrüchte. Leipzig: Akademische Verlagsgesellschaft 1920. — J. GROSSFELD: Anleitung zur Untersuchung der Lebensmittel. Berlin: Julius Springer 1927. — J. KÖNIG: Chemie der menschlichen Nahrungs- und Genußmittel, Bd. III, 4. Aufl., S. 675 (1914); Bd. II, 5. Aufl., S. 388. 1920. Berlin: Julius Springer. — M. P. NEUMANN: Brotgetreide und Brot, 3. Aufl. Berlin: Paul Parey 1929. — Schweizerisches Lebensmittelbuch, 4. Aufl. Bern: Zimmermann und Cie. 1937. — J. TILLMANS: Lehrbuch der Lebensmittelchemie. München: J. F. Bergmann 1927.

[1] J. KÖNIG: Chemie der menschlichen Nahrungs- und Genußmittel, 4. Aufl., Bd. III, 2, S. 716f. 1914.

[2] K. TÄUFEL u. H. THALER: Zeitschr. analyt. Chem. 1933, **95**, 235. — Pharmaz. Ztg. 1934, **79**, 341. — H. MOHLER u. H. BENZ: Mitt. Lebensmittelunters. Hygiene 1934, **25**, 47.

Mikroskopische und mykologische Untersuchung der Backwaren einschließlich der Bäckereihefe.

Von

Professor Dr. C. Griebel-Berlin.

Mit 6 Abbildungen.

I. Die mikroskopische Prüfung der Backwaren.

Für die mikroskopische Untersuchung der Backwaren sind in erster Linie die betreffenden Ausführungen unter Mehl maßgebend (S. 117f.). Außer Mehlbestandteilen enthalten die Backwaren vielfach auch noch andere pflanzliche Teile, insbesondere Gewürze, wie Anis und Kümmel (Bd. VI), fettreiche Samen, wie Mohn, Nüsse, Mandeln und deren Ersatzstoffe (Bd. IV), Obstfrüchte in mehr oder weniger zerkleinerter Form (S. 700f.), schließlich getrocknete Früchte, wie Rosinen, Birnen, Feigen usw. (Früchtebrot). Erhebliche Schwierigkeiten kann die Identifizierung zerkleinerter fettreicher Samen bieten. Eine Bestimmungstabelle, die alle hierbei in Betracht kommenden Samen berücksichtigt, findet sich in Bd. IV. Mehr oder weniger angekohlte Kümmelkörner werden von den Verbrauchern zuweilen für Mäuseexkremente gehalten. Ihre zellige Struktur läßt sich aber auch im verkohlten Zustand an Schnitten leicht nachweisen, während Mäuseexkremente aus unzusammenhängenden, größtenteils amorphen, zum Teil von Fetttropfen durchsetzten Massen bestehen, die stets auch vereinzelte Mäusehaare enthalten.

Von den als Backhilfsmittel Verwendung findenden pflanzlichen Zusätzen zum Mehl ist besonders das durch Mahlen von Kartoffelflocken gewonnene Kartoffelwalzmehl (Patentwalzmehl) zu nennen, das auf mikroskopischem Wege nachgewiesen werden kann.

1. Nachweis von Patentwalzmehl im Brot nach C. Griebel[1].

5 g Brotkrume werden in einer Reibschale mit Wasser durchfeuchtet und zu einem dünnen Brei zerrieben. Die möglichst klumpenfreie Mischung wird mit 20 ccm Kalilauge (10%ig) und 40 ccm Wasser versetzt, 15 Minuten auf dem siedenden Wasserbade erwärmt und dann mit heißem Wasser auf etwa 500 ccm verdünnt. Nach dem Absetzenlassen der schwereren Teilchen (etwa nach 30 Minuten) gießt man die trübe überstehende Flüssigkeit ab und füllt nochmals mit heißem Wasser auf. Dies wird nötigenfalls so lange wiederholt, bis die Flüssigkeit klar erscheint. Das Sediment wird in Wasser oder Chloralhydrat untersucht. Es empfiehlt sich, mehrere aus verschiedenen Teilen des Brotes entnommene Proben in dieser Weise zu behandeln.

Da die nur spärlich vorhandenen Elemente der Kartoffel in der Masse der Getreidekleieteilchen vollständig verschwinden, ist man gezwungen, eine ganze Reihe von Präparaten — am besten mit Hilfe eines Kreuztisches — genau abzusuchen. Es gelingt auf diese Weise, im Brot noch ganz geringe Mengen

[1] C. Griebel: Z. 1909, 17, 657.

Walzmehl (1% des verwendeten Mehles) durch die charakteristischen Elemente der Kartoffel nachzuweisen. Dies sind

a) das Korkgewebe der Schale,

b) Gefäßelemente (Spiral-, Ring- und Netzgefäße bzw. Tracheiden),

c) eigentümliche, verhältnismäßig wenig verdickte poröse Zellen, die aus der Rindenschicht der Kartoffel stammen.

Die letzteren findet man jedoch nur, wenn etwas größere Mengen von Walzmehl verwendet wurden.

Der großzellige Kork besteht aus dünnwandigen, in der Flächenansicht polygonalen Zellen, die durch die braune Farbe der Zellwand auffallen (Abb. 1a). Die Weite der Gefäßelemente (1b u. 1c) schwankt etwa zwischen 15 und 80 μ (meist 25—50 μ), während die im Roggen- und Weizenmehl vorkommenden Spiroiden kaum einen Durchmesser von 10 μ erreichen. Besonders charakteristisch sind die Netztracheiden, die oft einen beträchtlichen Durchmesser aufweisen (1c). Die oben unter c erwähnten Zellen der Rindenschicht (1d) unterscheiden sich durch ihre Größe und die verdickten porösen Wände, die beim Behandeln mit Lauge oder Chloralhydrat rasch quellen und deutliche Schichtung zeigen, vom übrigen Kartoffelparenchym.

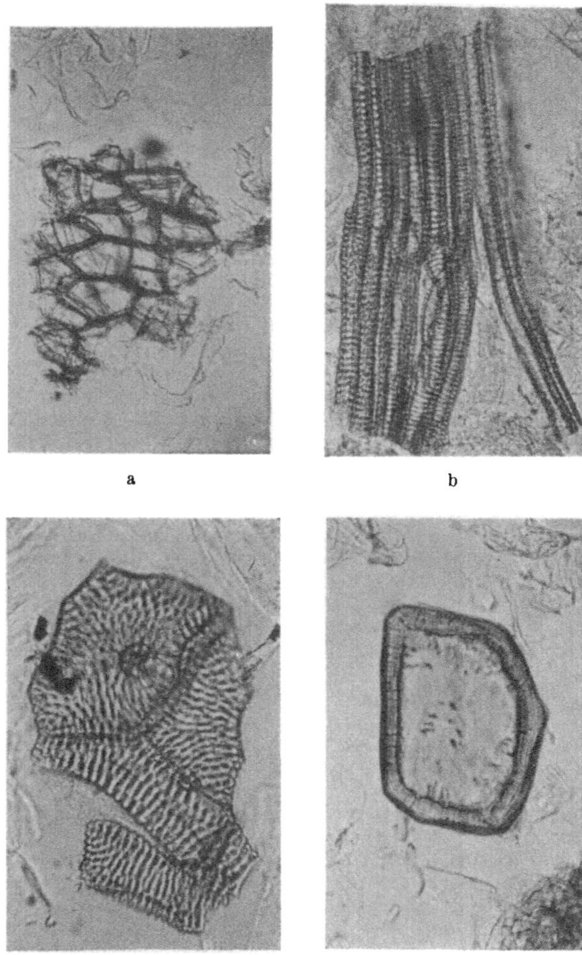

a b c d

Abb. 1a—d. Zellelemente des **Patentwalzmehles**. (Phot. C. Griebel.)
a Korkgewebe (1 : 100); b Leitbündelbruchstück (1 : 100); c Netztrachieden (1 : 200); d verdickte Zelle aus der Rindenschicht der Kartoffel (die Wand ist durch Einwirkung von Lauge gequollen), 1 : 150.

2. Nachweis von Kartoffelbestandteilen jeder Art.

a) Nach Bengen. Bengen[1] hat das vorstehende Verfahren für die Bedürfnisse der Untersuchung der Kriegsbrote abgeändert und erweitert. Er schlägt folgende Arbeitsweise vor:

Ein etwa walnußgroßes Stück Brotkrume wird in einer kleinen Reibschale mit Wasser durchfeuchtet und zu einem gleichmäßigen Brei verrieben. Man fügt etwa 30 ccm Wasser hinzu, verrührt nochmals, läßt einige Sekunden absitzen und gießt die überstehende Flüssigkeit in ein Becherglas ab. Den Rückstand verreibt man noch zweimal in gleicher Weise

[1] Bengen: Z. 1915, **29**, 247.

und bringt so die ganze Masse in völlig fein zerriebenem Zustande in das Becherglas. Einige Tropfen des dünnen Breies gibt man in ein Zentrifugengläschen, mischt 2 Tropfen Löfflers Methylenblaulösung hinzu und schleudert nur ganz kurze Zeit (etwa 2 Sekunden), so daß sich am Boden des Röhrchens eine nur etwa 2 mm dicke Schicht abgesetzt hat. Diese wird nach dem Abgießen der überstehenden Flüssigkeit mikroskopisch untersucht. Während Roggen- und Weizenstärke ungefärbt bleiben, erscheinen die Körner des Kartoffelstärkemehles blau und sind dadurch sofort kenntlich. Die ebenfalls blau gefärbten Gewebselemente sind nicht damit zu verwechseln. Der verkleisterte Inhalt, der dem Kartoffelwalzmehl oder den gekochten Kartoffeln entstammenden Zellen färbt sich dagegen nicht mehr blau.

Von dem im Becherglas zurückgebliebenen Bodensatz gießt man die überstehende Flüssigkeit möglichst ab und vermengt ersteren unter kräftigem Rühren mit etwa 25 ccm 15%iger Natronlauge, wobei die Masse zu einer gelben, zähen Gallerte erstarrt. Hierauf fügt man gesättigtes Bromwasser in kleinen Anteilen hinzu. Nach einigem Rühren beginnt die Gallerte sich zu verflüssigen, so daß im allgemeinen mit 30 ccm Bromwasser das Brot in eine dünnflüssige Lösung gebracht werden kann, in der sich die Gewebsteile leicht absetzen. Man dekantiert noch zweimal mit Wasser und mikroskopiert dann das Sediment, das man auch durch Zentrifugieren noch von den amorphen flockigen Anteilen befreien kann. Die von GRIEBEL beschriebenen charakteristischen Zellelemente der Kartoffel sind nunmehr leicht aufzufinden, namentlich, wenn man die Präparate mit Hilfe eines Kreuztisches absucht. Fehlt unter den Zellelementen der Kork, so ergibt sich daraus, daß gekochte und geschälte Kartoffeln Verwendung gefunden haben. Die nachstehende Übersicht ermöglicht die Feststellung, in welcher Form der Kartoffelzusatz zum Brot erfolgt ist.

1. Kartoffelstärkemehl. Stärkekörner durch Methylenblau fast immer färbbar, aber auch ungefärbt von Roggen- und Weizenstärke zu unterscheiden.

2. Kartoffelflocken oder Kartoffelwalzmehl. Kork-, Spiral-, Ring- und Netzgefäße, insbesondere weite Netztracheiden, große Zellen mit verdickter Wand. Stärkekörner nicht mehr erkennbar. Der verkleisterte Inhalt der Parenchymzellen wird durch Methylenblau nicht gefärbt.

3. Gekochte geschälte Kartoffeln. Gefäßelemente und dickwandige Zellen wie bei 2. Kork fehlt ganz oder ist nur in vereinzelten Teilchen vorhanden. Stärkekörner sind nicht mehr erkennbar. Parenchymzellen mit verquollenem Inhalt durch Methylenblau nicht mehr färbbar.

b) Nach A. LINGELSHEIM[1]. Aus verschiedenen Stellen der Krume werden 5 etwa erbsengroße Proben in getrennten Uhrschälchen mit kaltem Wasser aufgeweicht (bei trockenem Brot $^1/_4$—$^1/_2$ Stunde) und dann von jeder Probe etwa 1 cmm große Teilchen mit 1 Tropfen Wasser auf Objektträger gebracht. Zur Prüfung auf Kartoffelstärke verreibt man das Präparat mit einem Glasstab sehr fein, breitet durch Druck auf das Deckglas die gröberen Teilchen hauchartig dünn aus und beobachtet unter Verwendung einer möglichst hellen Lichtquelle im polarisierten Licht bei schwacher Vergrößerung (etwa 70—80fach). Die Kartoffelstärkekörner treten hierbei hell als unregelmäßig muschelförmige oder ovale Körperchen mit dunklen Linien und Flecken hervor. Zur Prüfung auf gekochte Kartoffeln oder Walzmehl wird eine Probe mit einem Tropfen etwa 7,5%iger Natronlauge mit dem Glasstab verrührt (nicht zerrieben), bis die gröberen Teilchen gelatinös durchscheinend geworden sind. Dann wird das Deckglas unter sanftem, aber zur möglichst flachen Ausbreitung hinreichendem Druck aufgelegt. Bei gekreuzten Nikols erscheinen nun etwa vorhandene einzelne oder in Gruppen vorkommende Kleisterzellen (80—300 μ) infolge der Doppelbrechung ihrer Zellwände hell umsäumt (die Doppelbrechung der Stärke ist durch die Verkleisterung aufgehoben). Die Kleisterzellen nehmen nach der Einwirkung des Alkalis rundliche Form an. Neben solchen findet man oft auch Gefäßbruchstücke der Kartoffel, die ebenfalls hell erscheinen. Die im übrigen noch doppelbrechend wirkenden Gewebsteile der Getreidekleie können wegen ihrer abweichenden Form nicht mit Kleisterzellen verwechselt werden.

LINGELSHEIM hält die annähernd quantitative Bestimmung des Kartoffelzusatzes bei Zuhilfenahme von Vergleichsproben mit genau bekanntem Kartoffelzusatz für möglich, weist aber darauf hin, daß hierbei die ungleichmäßige Mischung des Teiges, namentlich bei der Prüfung von Proben aus Kleinbäckereien zu berücksichtigen ist.

3. Untersuchung von Kriegsbroten nach HERTER[2].

Zur Prüfung auf Kartoffelbestandteile wird das Brot für die mikroskopische Untersuchung in folgender Weise vorbereitet:

[1] A. LINGELSHEIM: **Z.** 1915, **29**, 361f.
[2] HERTER: Zeitschr. ges. Getreidewesen 1914, **6**, 205—210.

Etwa 1 g Krume wird in Wasser aufgeweicht und zerkleinert. Ein kleines Körnchen der aufgeweichten Masse wird auf dem Objektträger in einem Tropfen Wasser mit einer Lanzettnadel oder mit Hilfe des Deckgläschens, aber ohne Anwendung von Gewalt zerrieben und möglichst gleichmäßig verteilt. Die Roggenstärke zeigt dann folgendes Aussehen: Die Körner sind stark verquollen, nicht mehr scheiben- oder linsenförmig, ihre Oberfläche ist runzelig geworden, die Ränder sind in mannigfacher Weise verbogen, mehr oder weniger eingerollt oder umgeklappt, so daß zum Teil schüssel-, sattel- oder halbmondförmige Gebilde von halbkreisförmigem oder drei- bis viereckigem, vielfach eingebuchtetem Umriß entstanden sind. Der Zentralspalt ist stark vergrößert. Die größeren Roggenstärkekörner messen im verquollenen Zustand durchschnittlich 70 μ.

Noch mehr verändert ist die Kartoffelstärke. Die Körner lassen weder Schichtung noch Kern erkennen. Sie sind tief gefurcht und erscheinen als stark lichtbrechende verquollene Gebilde von länglichem, aber unregelmäßigem Umriß, deren Struktur oft an Hirnwindungen erinnert (Abb. 2). Die durchschnittliche Größe der größeren Körner liegt wesentlich über 100 μ (oft 120, auch 150 μ).

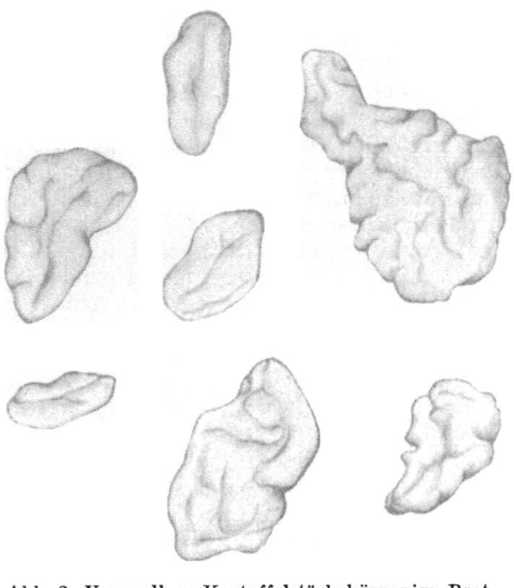

Abb. 2. Verquollene Kartoffelstärkekörner im Brot. Vergr. etwa 250fach. (W. HERTER.)

In gekochten Kartoffeln, Kartoffelflocken und dem daraus hergestellten Kartoffelwalzmehl sind Stärkekörner nicht mehr erkennbar. Die Stärke ist vielmehr im Innern der Zellen in Kleister umgewandelt. Die Zellen selbst sind ellipsoidisch bis stumpfkantig-polyedrisch, seltener kugelig oder unregelmäßig. Sie sind nicht stark lichtbrechend, schwach gelblich, von zahlreichen kurzen, feinen Aderungen durchsetzt (Abb. 3). Die Größe der „Kleisterzellen" im Brot schwankt zwischen 100 und 300 μ.

Die aus gekochten Kartoffeln, Kartoffelflocken oder Kartoffelwalzmehl stammenden Kleisterzellen bleiben im Gegensatz zu den Stärkekörnern in Gebäcken unverändert. Man sieht große Stärkeballen von unregelmäßig rundlicher Gestalt, die den Parenchymzellen des Grundgewebes der Kartoffel entsprechen und häufig von Gefäßbündelbruchstücken und Schalenteilchen begleitet sind.

Bei späteren Untersuchungen hat HERTER[1] ein von ihm hergestelltes Farbengemisch „Schwarz-Weiß-Rot" zu Hilfe genommen und empfiehlt folgende Arbeitsweise, bei der eine Untersuchung der Probe selbst sowie der daraus hergestellten Anreicherung erforderlich ist.

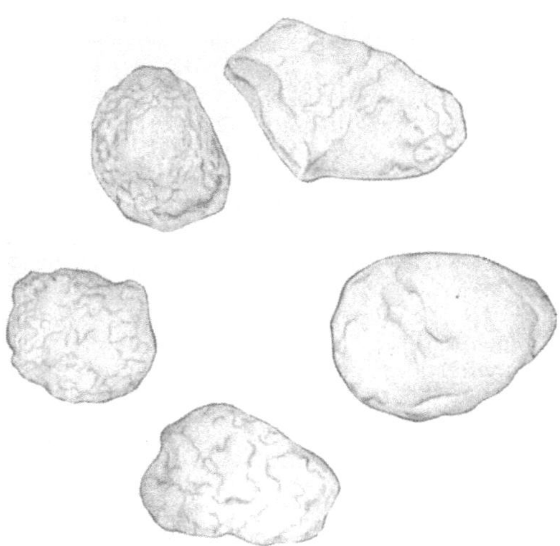

Abb. 3. Kartoffelzellen mit verkleisterter Stärke (Kleisterzellen). Vergr. etwa 100fach. (W. HERTER.)

a) Untersuchung der Probe selbst. Fetthaltige Produkte werden zunächst durch Äther oder Chloroform entfettet. Man verreibt dann eine geringe Menge des aufgeweichten Gebäckes möglichst fein auf dem Objektträger in einem Tropfen des Farbengemisches „Schwarz-Weiß-Rot"[2], indem man das Deckgläschen mit gelindem Druck darauf hin

[1] HERTER: Z. 1919, **38**, 65.

[2] Über die Zusammensetzung der damals in der Versuchsanstalt für Getreideverarbeitung in Berlin erhältlichen Farbenmischung hat HERTER nichts bekanntgegeben. Über die Herstellung eines gleichartig wirkenden Gemisches hat aber späterhin VOGT (Z. 1921, **42**, 152) Mitteilung gemacht.

und her bewegt, bis eine schwach milchig getrübte Flüssigkeit entstanden ist und alle Elemente isoliert liegen. Durch Fortnehmen oder Hinzufügen von etwas Farbmischung wird die Höhe der Farbstoffschicht dann so eingestellt (etwa 50 μ), daß die dünnen scheibenförmigen Stärkekörner dunkel, die dicken kugeligen oder eiförmigen dagegen hell erscheinen. Es erscheinen dann schwärzlichgrau: die Stärkekörner von Roggen, Weizen, Gerste, Hafer, Reis, Hirse, Mais, Buchweizen. Weiß, stark lichtbrechend: Palmstärke (Sago), Kartoffel, Maranta, in etwas geringerem Grade Leguminosen, Kastanien, Maniok. Mehr oder weniger rot: Aus reiner Cellulose bestehende Zellmembranen (vor allem die Kleisterzellen) und eiweißhaltige Zellen (Gewebe des Keimlings, Aleuronzellen).

Bei einem Weizengebäck, das unter Zusatz von Kartoffelstärkemehl und Kartoffelwalzmehl oder gekochten Kartoffeln hergestellt ist, ergibt sich z. B. folgendes Bild: Die schwärzlichgrau erscheinenden Weizenstärkekörner sind durch den Backprozeß zum großen Teil verquollen, so daß schüssel-, sattel-, hufeisen- oder halbmondförmige Gebilde entstanden sind mit viereckigem, dreieckigem oder halbkreisförmigem Umriß (Durchmesser im Mittel 70 μ). Die weiß erscheinenden Körner des Kartoffelstärkemehles sind infolge der Quellung oft von tiefen Längsfurchen durchzogen, zuweilen gehirnförmig gewunden (durchschnittlich 100 μ). Die von gekochten Kartoffeln oder Walzmehl herrührenden Teilchen lassen dagegen keine Stärkekörner mehr erkennen, sondern nur mit Kleister angefüllte Zellen, die als ellipsoide oder fast runde, von zarten Aderungen durchzogene Gebilde von geringem Lichtbrechungsvermögen in Erscheinung treten (Durchmesser 100 bis 300 μ). Im ungefärbten Präparat sind sie schwach gelblich, in Schwarz-Weiß-Rot mehr oder weniger purpurrot.

Um zu bestimmen, wieviel Gewichtsteile Kartoffeln das Gebäck enthält, durchsucht man 10 Gesichtsfelder und schätzt in jedem Gesichtsfeld das Verhältnis von Weizenstärke zu Kartoffelstärke und zu den Kleisterzellen unter Berücksichtigung des verschiedenen Volumens. Zur Ermittlung der relativen Raumgröße verschiedener ungleichgeformter Körper (z. B. Verhältnis des linsenförmigen Roggenstärkekorns zur ellipsoiden Kleisterzelle usw.) hat Herter auf Grund geometrischer Berechnungen eine ganze Reihe Tabellen aufgestellt, die eine Schätzung der Gewichtsverhältnisse gestatten sollen. Die Ausführung solcher Bestimmungen macht daher die Benutzung der Originalarbeit erforderlich und zugleich eine Einübung des Verfahrens an Mehlgemengen und Gebäcken bekannter Zusammensetzung.

Zu beachten ist noch, daß bei einer Ware, die wesentliche Mengen Fett, Zucker oder andere Stoffe enthält, die bei der mikroskopischen Untersuchung nicht gefunden werden, diese Stoffe in die Rechnung mit einzustellen sind.

Die vorstehend geschilderte Untersuchung ist dann unbedingt notwendig, wenn die Ware Rohstoffe enthält, die nur aus Stärkemehl bestehen, die also völlig säure-laugelöslich sind, für deren Anwesenheit in der Anreicherung also auch keine Anhaltspunkte gefunden werden, wie z. B. Kartoffelmehl, Reisstärke u. dgl. Der gefundene Anteil an solchen Substanzen wird dann vermerkt und nach Abschluß der Anreicherungsuntersuchung in die Rechnung aufgenommen.

b) Untersuchung der angereicherten Probe. Der bei a) unberücksichtigt gebliebene größere oder geringere Schalengehalt der einzelnen Mehle wird durch die folgende Arbeitsweise erfaßt:

Eine geringe Menge der erforderlichenfalls entfetteten und fein vermahlenen Probe (höchstens 5 g) wird mit verdünnter (etwa 1%iger) Salz- oder Schwefelsäure zu einem dünnflüssigen, gleichmäßigen Brei verrührt. Der Brei wird in ein Becherglas übergeführt, mit der Säure bis auf etwa 100 ccm verdünnt und einige Minuten gekocht. Dann wird der Brei auf ein ausgespanntes Nesseltuch gegossen, der Rückstand mit einem Teelöffel in ein Gläschen gebracht und dort mit verdünnter (etwa 1%iger) Lauge zu einem dünnflüssigen Brei verrührt. Enthält der Säurerückstand undurchsichtige Schalenteile, so kann man zur Aufhellung statt der verdünnten Lauge Chloralhydrat verwenden.

Der so erhaltene Rückstand wird mikroskopisch untersucht und das Verhältnis der einzelnen Bestandteile notiert. Um aber aus diesem Befund richtige Schlüsse ziehen zu können, muß zunächst festgestellt werden, wieviel Rückstand (Anreicherung) die einzelnen Bestandteile des Gemenges nach der oben angegebenen Methode ergeben.

Herter hat eine Untersuchung der hauptsächlich in Betracht kommenden Stoffe nach dieser Richtung durchgeführt und die Ergebnisse in der Originalarbeit tabellarisch zusammengestellt.

Beispiel einer Berechnung: Angenommen, es seien in der Anreicherung eines Kriegsgebäckes Gersten- und Rübenbestandteile im Verhältnis 90 : 10 gefunden und außerdem festgestellt worden, daß eine Anreicherung von Gerstenmehl 3%, eine solche von Rübenmehl 8% Rückstand ergibt. Da 3 Tle. Gerstenrückstand 100 Tln. Gerstenmehl entsprechen, so entsprechen 90 Tle. Gerstenrückstand $\frac{100 \cdot 90}{3} = 3000$ Tln. Gerstenmehl, und da 18 Tle.

Rübenrückstand 100 Tln. Rübenmehl entsprechen, so entsprechen 10 Tle. Rübenrückstand $\frac{100 \cdot 10}{18} = 56$ Tln. Rübenmehl. Das Muster enthält daher 98,2% Gerstenmehl und 1,8% Rübenmehl. Sind frische Rüben verwendet worden, so ergibt sich bei Annahme von 88% Trockensubstanz der Trockenrübe und 15% Trockensubstanz der frischen Rübe das Verhältnis: Gerstenmehl zu frischer Rübe wie $98{,}2 : 1{,}8 \frac{88}{15} = 10{,}6$ oder wie $90{,}2 : 9{,}8$.

Man kann also ganz allgemein die Zusammensetzung der Probe ermitteln, wenn man das Verhältnis der Zellelemente zueinander in der Anreicherung der Probe mikroskopisch bestimmt hat und wenn zugleich bekannt ist, wieviel Anreicherungsrückstand die einzelnen Stoffe gewöhnlich ergeben.

Zur Berechnung des Gehaltes einer Probe an mehreren Stoffen aus den Anreicherungszahlen hat HERTER entsprechende Formeln aufgestellt, die im Bedarfsfall im Original nachzusehen sind.

Bemerkt sei noch, daß die Ergebnisse der Untersuchung der angereicherten Probe und der Probe selbst einigermaßen übereinstimmen müssen. Brauchbare Ergebnisse können aber nur bei besonderer Übung erzielt werden, die man nur durch Analysierung selbsthergestellter Gebäcke bekannter Zusammensetzung erlangen kann.

VOGT[1] bestreitet die Möglichkeit einer quantitativen Bestimmung der Kleisterzellen im Brot. Er stellte nämlich fest, daß das Kartoffelwalzmehl neben unverletzten Kleisterzellen auch eine formlose, in Wasser sehr leicht lösliche Grundmasse enthält (etwa 30%), bestehend aus dem zusammengeflossenen und eingetrockneten Inhalt solcher Kleisterzellen. Dieser Teil des Walzmehles löst sich schon beim Einteigen auf und wird für die mikroskopische Untersuchung unsichtbar. Sichtbar bleiben allein die unversehrten Speicherzellen. Ein erheblicher Teil von diesen wird aber offenbar bei der Brotherstellung selbst noch zerstört. Denn VOGT konnte in Versuchsbroten bekannter Zusammensetzung in vielen Fällen keine einzige Kleisterzelle mehr auffinden, sondern nur hin und wieder Zellhautfragmente von solchen, während Kartoffelstärke als solche gut zu erkennen war. Er empfiehlt für die qualitative Mehl- und Brotuntersuchung folgende Arbeitsweise:

Eine feine Verreibung chinesischer Tusche von der Konzentration der käuflichen Zeichentusche wird mit der fünffachen Menge einer 0,5%igen wäßrigen Lösung von Kongorot vermischt und durch Zugabe einiger Tropfen Ammoniakflüssigkeit alkalisch gemacht. Eine geringe Menge Mehl wird mit Wasser angefeuchtet und ein Tropfen dieses Breies auf dem Objektträger in einem großen Tropfen Farblösung gut verteilt.

Bei Untersuchungen von Brot entnimmt man der Krume an möglichst verschiedenen Stellen erbsengroße Stücke, weicht sie in wenig Wasser auf und verrührt sorgfältig mit einem Glasstab — aber möglichst ohne Druck — zu einem homogenen Brei. Eine kleine Menge hiervon wird wie beim Mehl mit der Farbflüssigkeit gemischt.

Die wichtigsten Merkmale zur Unterscheidung der Getreidemehle und Streckungsmittel in Backmehlen und im fertigen Brot hat VOGT in zwei Tabellen zusammengestellt, deren Inhalt mit den bisherigen Angaben der Literatur übereinstimmt und auf die deshalb hier nur hingewiesen sei.

4. Nachweis von Holzmehl, Strohmehl, Spelzspreumehl, Maisspindelmehl, Steinnußmehl

im Brot vgl. unter Mehl (S. 192—194).

II. Mykologische Untersuchung der Backwaren und der Bäckereihefe[2].

1. Die Flora der Backwaren.

Von der mannigfaltigen Flora der Mehle einschließlich der durch die Art der Zubereitung hineingelangenden Keime überleben den Backvorgang nur

[1] VOGT: Z. 1921, 42, 152.

[2] Bearbeitet unter Benutzung des von A. SPIECKERMANN bearbeiteten gleichnamigen Abschnittes in J. KÖNIG: Chemie der menschlichen Nahrungs- und Genußmittel, Bd. III, 2, S. 696. 1914.

Arten mit hitzebeständigen Sporen. Das Innere normal ausgebackener Backwaren ist daher, abgesehen von einer mehr oder minder großen Zahl entwicklungsfähiger Sporen der sog. Heu- und Kartoffelbacillen keimfrei. Die Zahl dieser Sporen hängt in hohem Maße von der Feinheit des Mehles[1], auch von der Art der Brotgärung ab. In stark gesäuerten Broten ist sie geringer als in Hefebroten, in kleiehaltigen Backwaren größer als in feinen Broten. Neben dieser inneren Flora enthalten frische Backwaren noch von äußerlicher Verunreinigung herrührende Keime, von denen besonders die Sporen der gewöhnlichen Schimmelpilze eine Rolle spielen. Durch diese Keime kommt beim Aufbewahren des Brotes, namentlich im angeschnittenen Zustande häufig eine sekundäre Infektion der Krume zustande.

a) Bestimmung der Keimzahl. Aus der Mitte des mit sterilisiertem Messer aufgeschnittenen Brotes wird etwa 1 g der Krume entnommen, in einem durch zweistündiges Erhitzen auf 160—200° sterilisierten Mörser mit soviel sterilisiertem Wasser zerrieben, daß eine dünne Flüssigkeit entsteht. Diese wird in der üblichen Weise auf Nähragar verteilt und zu Platten verarbeitet (vgl. Bd. II, 2, S. 1578). Die entstehenden Kolonien werden nach mehreren Tagen gezählt.

b) Untersuchung von verschimmeltem Brot. Verschimmeln tritt besonders bei wasserreichen sauren Broten, gewöhnlich auf der Oberfläche, seltener im Innern des Brotes ein. Im letzteren Fall handelt es sich zumeist um eine durch Verletzungen der Rinde erfolgte nachträgliche Infektion.

Bei Versuchen über das Schimmeln des Brotes konnte Herter[2], nach der Häufigkeit des Vorkommens geordnet, folgende Schimmelpilzarten feststellen: Aspergillus glaucus Link, Rhizopus nigricans Ehrenb., Penicillium crustaceum (L.) Fries., Monilia variabilis Lindner, Pen. olivaceum Wehner, Aspergillus fumigatus Fresen., Asp. niger van Tiegh., Asp. flavus Link, Asp. nidulans Winter, Asp. candidus (Pers.) Link.

Der häufigste ist also Aspergillus glaucus. Die Pilze dringen nach Herter stets von außen her durch Risse in das Brot ein. Bei niederen Temperaturen, etwa bis 25° C, kommt meist nur Asp. glaucus zur Entwicklung, der sich hauptsächlich auf Sauerteiggebäcken einstellt, während auf Hefegebäcken vornehmlich Rhizopus nigricans und Monilia variabilis auftreten. Je nach der Art des Schimmelpilzes sind die Flecke weiß, grau, grün, gelb oder rot.

Weiße Flecke, die sog. Kreidekrankheit, verursachen Monilia variabilis Lindn. (vgl. Bd. II, 2, S. 1660) und Endomyces fibuliger Lindn.[3]. Die letztgenannte Art ist durch vier hutartige Sporen in den Ascis gekennzeichnet.

Graue, grüne und gelbe Rasen werden durch Penicillium- und Aspergillusarten verursacht (vgl. Bd. II, 2, S. 1644f.).

Gelbrote Flecke sind in der Regel auf Oidium aurantiacum zurückzuführen[4]; bei blutroter Färbung handelt es sich gewöhnlich um den sog. Hostienpilz (Bacterium prodigiosum, vgl. unter c).

Soll die Art des Pilzes genau ermittelt werden, so ist häufig eine Reinkultur in sauren Nährböden erforderlich (vgl. Bd. II, 2, S. 1567f.).

c) Untersuchung durch Bakterien veränderter Backwaren. In Betracht kommen hauptsächlich das Schleimig- oder Fadenziehendwerden des Brotes oder Kuchens sowie die Bildung von Farbflecken.

Das Schleimigwerden wird durch Arten aus der Gruppe der Heu- und Kartoffelbacillen verursacht. Um die Bakterien auf mikroskopischem Wege nachzuweisen, schwemmt man eine kleine Probe der schleimig oder fadenziehend

---

[1] Vgl. König, Spieckermann u. Tillmans: Z. 1902, 5, 737.
[2] Herter: Zeitschr. Getreidewesen 1917, 9, 286.
[3] Zeitschr. Spiritusind. 1908, 31, 162.
[4] Vgl. Murtfeld: Z. 1917, 34, 407.

gewordenen Krume in sterilisiertem Wasser durch Schütteln auf. Sind Bakterien vorhanden, so wird die Flüssigkeit sogleich milchig. In Ausstrichpräparaten, die man am besten mit alkalischem Methylenblau färbt, beobachtet man dann zahlreiche große Stäbchen und gewöhnlich auch zahlreiche ovale Sporen. Für die Reinkultur kommt das übliche Plattenverfahren in Betracht.

Über den Nachweis der Erreger des Schleimigwerdens im Mehl vgl. S. 205.

Krankhafte Farbenveränderungen (blutrote Flecke) des Brotes werden durch den Hostienpilz (Bacterium prodigiosum) verursacht. Durch Ausstrichpräparate lassen sich diese Bakterien leicht nachweisen. Auch hier ist für die etwaige Reinkultur das Plattenverfahren anzuwenden.

Ob blaue Flecke an Backwaren auf Bakterientätigkeit zurückzuführen sind oder auf Unkrautsamen enthaltendes Mehl, läßt sich durch mikroskopische und biologische Untersuchung entscheiden. Zuweilen kommt auch Verfärbung durch eingebackene Tintenstiftteilchen vor.

d) Krankheitserreger. Für den Menschen schädliche Bakterien können nur durch nachträgliche Infektion in oder an das Brot gelangen. Zu berücksichtigen ist, daß Aspergillus flavus und Asp. fumigatus, die als Brotschimmel gelegentlich auftreten, unter Umständen pathogen wirken können.

e) Prüfung auf **Mutterkorn.** Vgl. die Ausführungen bei Mehl S. 201.

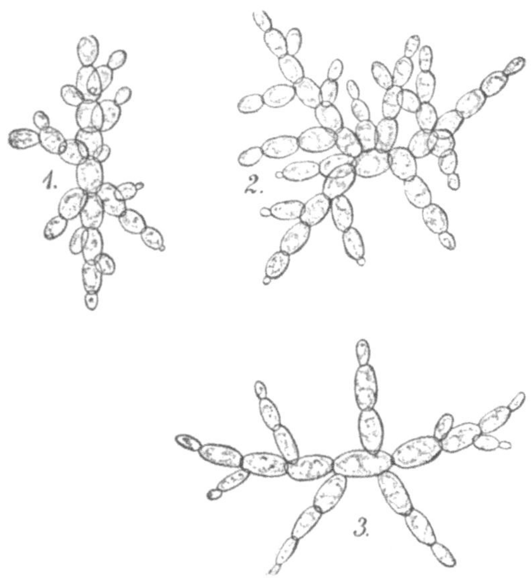

Abb. 4. Keimungsbilder von Preßhefen in der Tröpfchenkultur. Typen sparriger Sproßverbände. *1* und *2* gehören der Rasse XII, *3* einer Wiener Preßhefe an.

2. Die mikroskopische und biologische Untersuchung der Preßhefe.

a) Nachweis von Stärke. Bei der Prüfung auf Stärke, die in der üblichen Weise mit Jodlösung erfolgt, wobei sich die Hefezellen gelb bis gelbbraun, die Stärkekörner blauschwarz färben, ist zu berücksichtigen, daß aus der Zuchtmaische stammende Stärkekörner (Roggen, Reis u. dgl.) in geringer Menge mit in die Preßhefe gelangen können. Diese sind aber stets verquollen oder sonst angegriffen und daher mit etwa zugesetzten Stärkekörnern — in Betracht kommt hauptsächlich Kartoffelstärke — nicht zu verwechseln.

b) Nachweis von untergäriger Bierhefe in Preßhefe. Die in der Bäckerei Verwendung findende Preßhefe ist eine obergärige Hefe. Da die billigere untergärige Bierhefe für Backzwecke ungeeignet ist — die damit hergestellten Backwaren gehen zunächst auf, fallen aber im Ofen wieder zusammen —, muß die Preßhefe unter Umständen auf einen Zusatz von Bierhefe geprüft werden, weil eine solche Verfälschung gelegentlich vorgekommen ist. Der Nachweis von Bierhefe erfolgt entweder auf biologisch-chemischem Wege nach dem Verfahren von Bau[1] oder auf morphologischem Wege nach Lindner. Dieses Verfahren beruht darauf, daß die Zellen der untergärigen Hefen durch eine schleimige Hülle zusammenbacken und sich daher flockig in einer Flüssigkeit abscheiden, während sich die Oberhefen in Flüssigkeiten leicht aufwirbeln lassen. Außerdem wachsen die gebräuchlichsten Preßhefen in sparrigen, festen Sproßverbänden mit monopodialer Verzweigung (Abb. 4), während die Unterhefen unregelmäßige, winklige, lockere Verbände mit mehr sympodialer Verzweigung zeigen (Abb. 5). Lindner[2] legt daher Tröpfchenkulturen (vgl. Bd. II, 2,

[1] Bau: Wochenschr. Brauerei 1898, **15**, 389; Rohn: Z. 1900, **3**, 756.
[2] Lindner: Zeitschr. Spiritusind. 1904, **27**, 156, 225.

S. 1598) in Würze an, wobei auf jedes Tröpfchen höchstens 2—3 Zellen kommen sollen und Tropfenkulturen, bei denen auf jeden Tropfen höchstens eine Zelle kommen darf. Die Tröpfchenkulturen müssen nach 24 Stunden untersucht werden, weil später auch die Verbände der obergärigen Hefen in ihre einzelnen Glieder zerfallen. Die Tropfenkulturen nach LINDNER (vgl. a. a. O.) werden, sobald Hefeflecke entstanden sind, vorsichtig hin und her geschüttelt. In den Tropfen mit Unterhefe bleibt die Hefe als flockige Masse liegen, in denen mit Oberhefe wird sie staubförmig aufgewirbelt und trübt die Flüssigkeit.

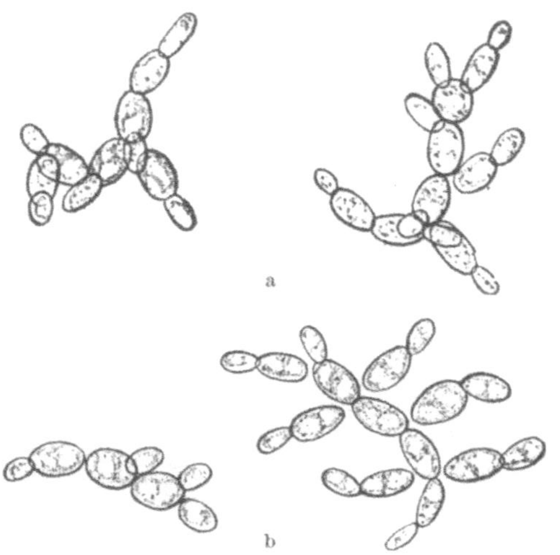

Abb. 5 a und b. Keimungsbilder von untergärigen Bierhefen in der Tröpfchenkultur. Typen lockerer Sproßverbände. a Die einzelnen Glieder sind nur noch in lockerem Zusammenhang. Kultur nach 24 Stunden. b Der Verband ist rechts schon sehr gelockert. Die abgefallenen Glieder können später aber wieder miteinander verkleben (Flockenbildung).

c) Nachweis von Kahmhefe in Preßhefe. Nach HENNEBERG[1] wird die zu untersuchende Hefe in die Unterschale einer PETRI-Schale in etwa 0,5—1 cm dicker Schicht ausgestrichen, dann mit der Oberschale bedeckt und 48 Stunden bei 38° in den Brutschrank gestellt. Enthält die Preßhefe Kahmhefen, so beobachtet man auf der braun verfärbten angetrockneten Hefe halbkugelförmige Kahmhefekolonien von etwa 2 mm Durchmesser (Abb. 6). Bei der Untersuchung im hängenden Tropfen erkennt man leicht die durch langgestreckte helle Zellen ausgezeichneten Kahmhefeverbände.

Man kann auch in der Weise verfahren, daß man ein erbsengroßes Stück der zu untersuchenden Preßhefe in ein kleines Fläschchen mit sterilisiertem Bier bringt und mit Wattebausch verschließt. Nach 1—2tägigem Stehen bei 30° bildet die Kahmhefe auf der Flüssigkeit eine Kahmhaut, die im mikroskopischen Präparat die typischen langgestreckten Zellen der Kahmhefe zeigt.

d) Nachweis von Essigbakterien. Man reichert die etwa vorhandenen Keime zunächst an, indem man sterile ungehopfte Würze mit der Preßhefe impft und die Kultur in den Brutschrank bringt. Es entsteht dann wie bei der Kahmhefe eine Kahmhaut, die aber aus den viel kleineren Essigbakterien gebildet ist.

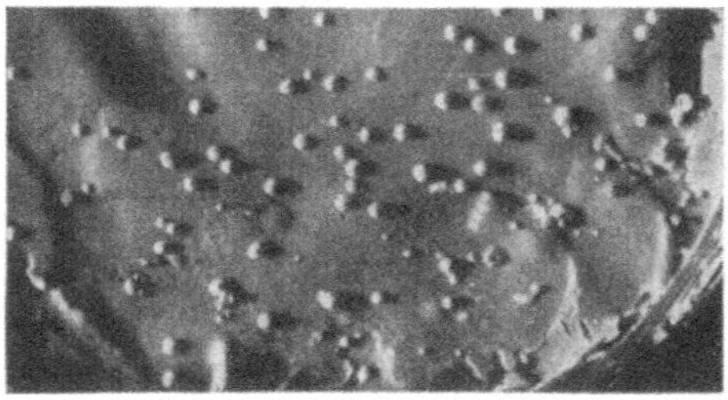

Abb. 6. Nachweis von Kahmhefe in Preßhefe (nach HENNEBERG). Nach zwei Tagen bei 38° C haben sich auf der abgepreßten Brennereihefe die weißen Kolonien der Kahmhefe entwickelt. Natürl. Größe.

e) Prüfung auf tote Zellen. Durch Färbung mit einer Methylenblaulösung 1:10 000 werden nur die toten Zellen blau gefärbt, so daß man eine Auszählung vornehmen kann. Es hat sich jedoch gezeigt, daß auf diese Weise nur unter bestimmten Voraussetzungen brauchbare Ergebnisse erzielt werden. So stellten H. FINK und WEINFURTNER[2] fest, daß bei Mangel an Salz Methylenblau auch in die lebende Hefezelle einzudringen vermag. H. FINK und R. KÜHLES[3] verwenden deshalb eine Methylenblaulösung 1:10000 ($p_H = 4{,}6$). Zu ihrer Herstellung werden gleiche Volumina Methylenblaulösung 1:5000 (Methylenblau Grübler med. pur.) und Phosphatgemisch aus 0,25 ccm m/5 Dinatriumphosphat und 99,75 ccm m/5 Monokaliumphosphat gemischt. Während der einige Minuten dauernden Auszählung mehrerer 100 Zellen ändern sich die Verhältnisse in der Färbung nicht.

[1] Vgl. auch H. KÜHL: Hilfsbuch der Bakteriologie 1920.
[2] H. FINK u. WEINFURTNER: Wochenschr. Brauerei 1930, 89, 110, 124; 1931, 259.
[3] H. FINK u. R. KÜHLES: Zeitschr. physiol. Chem. 1933, **218**, 65.

Teigwaren.

Von

DR. HABIL. R. STROHECKER und DR. R. VAUBEL-Frankfurt a. M.

Mit 1 Abbildung.

A. Begriffsbestimmungen.

Unter Teigwaren versteht man kochfertige Erzeugnisse, die in erster Linie aus kleberreichem Weizen mit oder ohne Zusatz von Eiern, anderen Nährstoffen (Kleber, Eiweiß, Milch usw.), Salz und unter Umständen Wasser, im Verlaufe eines Trockenprozesses in verschiedenen Formen hergestellt werden, ohne daß die Masse einen Gär- oder Backprozeß durchmacht.

Im einzelnen gibt die Verordnung der Reichsminister des Innern und für Ernährung und Landwirtschaft über Teigwaren vom 12. November 1934 (RGBl. I S. 1181) für derartige Erzeugnisse folgende Begriffsbestimmungen:

§ 1. (1) Teigwaren sind kochfertige Erzeugnisse, die aus Weizengrieß oder Weizenmehl von nicht höherer Ausmahlung als 70 Hundertteile, mit oder ohne Verwendung von Ei, durch Einteigen ohne Anwendung eines Gärungs- oder Backverfahrens sowie durch Formen und Trocknen bei gewöhnlicher Temperatur oder bei mäßiger Wärme hergestellt werden. Den Teigen wird bisweilen auch Speisesalz (Steinsalz, Siedesalz) zugesetzt.

(2) Es werden unterschieden:

1. je nach der Verwendung von Ei

a) Eierteigwaren: Erzeugnisse, zu deren Herstellung auf 1 kg Weizengrieß oder Weizenmehl mindestens 3 Hühnereier — frisch oder konserviert — im Gewicht von durchschnittlich nicht weniger als je 45 g oder 3 Hühnereidotter im Gewicht von durchschnittlich nicht weniger als je 16 g oder entsprechende Gewichtsmengen von Eidauerwaren verwendet worden sind; an Stelle von Hühnereiern werden auch entsprechende Mengen Enten- oder Gänseeiern verwendet[1];

b) eifreie Teigwaren: Erzeugnisse, zu deren Herstellung Ei nicht verwendet worden ist; als eifreie Teigwaren gelten auch Teigwaren, zu deren Herstellung Ei in geringerer als der für Eierteigwaren vorgeschriebenen Menge verwendet worden ist;

2. nach der Art des verwendeten Weizenrohstoffes

a) Grießteigwaren: Erzeugnisse, bei denen zur Herstellung des Teiges als Weizenrohstoff ausschließlich Weizengrieß (Weizendunst) verwendet worden ist;

Hartgrießteigwaren: Grießteigwaren, bei denen zur Herstellung des Teiges als Weizenrohstoff ausschließlich Hartweizengrieß (Grieß aus Triticum durum) verwendet worden ist;

b) Mehlteigwaren: Erzeugnisse, bei denen zur Herstellung des Teiges als Weizenrohstoff Mehl oder Mischungen von Mehl und Grieß verwendet worden sind;

3. nach der äußeren Form, z. B. Nudeln (Bandnudeln, Schnittnudeln, Fadennudeln), Spätzle, Makkaroni, (Röhrennudeln), Spaghetti.

§ 2. Zu den Teigwaren gehören auch folgende Teigwaren besonderer Art:

1. Milchteigwaren: Erzeugnisse, zu deren Herstellung auf 1 kg Weizenrohstoff eine mindestens 20 g Milchtrockenmasse entsprechende Menge Milch oder Milchpulver verwendet worden ist;

2. Gemüse- und Kräuterteigwaren: Erzeugnisse, die Gemüse oder Küchenkräuter in solcher Menge enthalten, daß sie den Geschmack bestimmen;

3. Kleberteigwaren: Erzeugnisse, bei deren Herstellung Weizenkleber in einer Menge zugesetzt worden ist, daß der Gesamtgehalt des Erzeugnisses an Stickstoffsubstanz mindestens 25 Hundertteile beträgt;

4. Lecithinteigwaren: eifreie Erzeugnisse, zu deren Herstellung auf 1 kg Weizenrohstoff mindestens 4,5 g Lecithin, auch in einer Mischung mit Fett, verwendet worden sind;

[1] Zur Zeit wird nur ein Zusatz von $2^1/_2$ Ei auf 1 kg Mehl gefordert.

5. Vollkornteigwaren: Erzeugnisse, bei denen zur Herstellung des Teiges als Weizenrohstoff ausschließlich Weizenvollkornmehl verwendet worden ist;

6. Graumehlteigwaren: Erzeugnisse, bei denen zur Herstellung des Teiges als Weizenrohstoff ausschließlich Weizenmahlerzeugnisse von einem Ausmahlungsgrad von 80 bis 85 Hundertteilen verwendet worden sind;

7. Roggenteigwaren: Erzeugnisse, zu deren Herstellung als Mahlerzeugnis ausschließlich Roggenmehl von einer 75 Hundertteile nicht übersteigenden Ausmahlung verwendet worden ist.

Milcheiweißteigwaren siehe S. 264.

B. Herstellung.

a) Wasserware oder Grießware.

Als Rohmaterialien für die Bereitung von Teigwaren sind folgende Stoffe anzusehen: Mehl, Dunst, Grieß, Wasser, Farbstoff und Kochsalz. Am geeignetsten für die Teigwarenfabrikation sind die eiweißreichen, d. h. kleberreichen Mehle, Dunste oder Grieße, die vor allem aus dem sog. Hartweizen (Durumweizen) gewonnen werden. Bei den Ausgangsmehlen, -dunsten oder grießen kommt es nicht auf weitgehende Ausmahlung, sondern vor allem auf gute Bindefähigkeit und Dehnbarkeit des Klebers an.

Andererseits sind natürlich dunkle Teilchen (Kleieteilchen) im Grieß nicht erwünscht. Bevorzugt wird für die Fabrikation der Teigwaren nicht ein blendend weißes, sondern ein hellgelbliches Mehl. Der Ausmahlungsgrad der Mehle bzw. Grieße für die Teigwarenfabrikation wird in Deutschland durch die Anordnungen des Getreidewirtschaftsverbandes geregelt.

Das zur Teigwarenherstellung verwendete Wasser soll möglichst nicht zu hart sein. Es hat im übrigen selbstverständlich den Anforderungen zu entsprechen, die man an ein gutes Trinkwasser stellt.

Als Farbstoffe, die, wenn sie überhaupt verwendet werden, dem Käufer gegenüber kenntlich zu machen sind, werden verwendet: Safran, Curcuma und Teerfarbstoffe.

Eierteigwaren dürfen nicht gefärbt werden. S. S. 264.

Der eigentliche Fabrikationsprozeß zerfällt in die Teigbereitung oder den Knetprozeß und in den Walz- und Formprozeß. Hierzu wird das zu verarbeitende vorher gesiebte Mehl, der Dunst oder der Grieß mit einer bestimmten Menge Wasser, die vom Klebergehalt, der Kleberqualität und vom Wassergehalt des Mehles abhängig ist, gemischt. Im allgemeinen schwankt der Wasserzusatz zwischen 20—30%. Beim Mehl ist die Wassermenge etwas geringer als bei Grieß. Das Wasser soll vor Verwendung abgekocht werden und kann dann sowohl in der Siedehitze (Warmverfahren) als auch 30—60^0 warm (Kaltverfahren) dem Mehl zugesetzt werden. Bei Verwendung kochend heißen Wassers wird die Knetarbeit und die äußere Beschaffenheit der Nudeln begünstigt. Der Nachteil dieser Methode beruht darauf, daß nach diesem Verfahren hergestellte Teigwaren nicht so lange haltbar sind als die nach dem Kaltverfahren hergestellten.

Werden verschiedene Mehl-, Dunst- und Grießsorten gemischt, so geschieht dies zweckmäßig in der Mehlsiebmaschine. Das Wasser soll bei der Teigbereitung möglichst nicht auf einmal, sondern in kleinen Anteilen zugesetzt werden.

Das Kneten des Teiges wird mittels besonderer Misch- und Knetmaschinen durchgeführt. Derartige Misch- und Knetmaschinen werden in den verschiedensten Formen in den Handel gebracht; eines der bekanntesten Systeme ist die Universal-Knet- und Mischmaschine von Werner & Pfleiderer.

Wird die Teigware gefärbt, so kann man bei dem „Kalt"-Verfahren den in Wasser gelösten Farbstoff in der Knetmaschine zusetzen; Kochsalz, etwa 0,4%, wird gleichfalls zugesetzt. Bei dem „Warm"-Verfahren gibt man jedoch den Farbstoff dem Teigwasser vorher zu. Der Knetprozeß dauert etwa 5 bis 10 Minuten, keinesfalls über 25 Minuten, da andernfalls der Teig zu zähe wird.

An den Knetprozeß schließt sich der Walzprozeß in besonderen Teigwalzmaschinen und Kollergängen an. Man walzt in diesen Maschinen so lange, bis der Teig gleichmäßig in Farbe und Zähigkeit geworden ist.

Kollergänge werden insbesondere bei der Herstellung der Makkaroni verwendet.

Nachdem der Teig fertig gewalzt ist, wird zum Formen desselben geschritten. Bei Schnittnudeln werden die ausgewalzten Fladen in Nudelschneidmaschinen geschnitten, bei denen durch verschiedene Breiten von Längsschneidewalzen oder aber durch Abänderung der Messergeschwindigkeit verschieden breite Sorten erhalten werden. Diese Apparate enthalten neben den Zuführungswalzen zunächst Längsschneide- und dann Querschneidewalzen, die den Nudeln die bekannte Form erteilen. Die in bestimmter Größe geschnittenen Nudeln werden dann auf ein Förderband gebracht, über Exhaustoren geleitet und schließlich zum Trocknen auf Horden gebracht (s. weiter unten).

Bei Makkaroni, Fadennudeln, Suppensternchen, Preßbandnudeln u. dgl. bedient man sich zum Formen der hydraulischen Presse. Der fertig geknetete und gewalzte Teig wird hierzu in besondere Pressen gebracht, deren wesentlichster Teil ein Druckzylinder ist, aus dem durch einen Kolben die Teigmasse durch bestimmte Formen (Modelle) herausgepreßt wird.

Die Modelle werden aus Bronze hergestellt, sie sollen möglichst scharf gestochen sein. Unmittelbar hinter den Pressen befinden sich die Schneideapparate, die den durch den Preßkolben herausgepreßten Strang quer schneiden.

An den Formprozeß schließt sich der Trockenprozeß, der für die Erzeugnisse von großer Bedeutung ist, an. Das Trocknen soll der Gärung des Teiges entgegenarbeiten und damit die Haltbarkeit der Ware erhöhen. Man trocknet im allgemeinen zunächst so weit, daß außen sich eine feste Kruste gebildet hat, und daraufhin langsam weiter, bis genügend trockene Erzeugnisse vorliegen. In Italien findet der Trockenprozeß vielfach im Freien statt. In nördlichen Gegenden bedient man sich der Trocknung in Trockensälen oder in Trockenapparaten. In den Sälen werden die auf Horden ausgebreiteten Teigwaren bei möglichst konstanter Temperatur (nicht unter 23°) getrocknet. In den Trockenapparaten werden die feuchten Erzeugnisse auf hordenartigen Gestellen ausgebreitet. Die Horden werden zu Schränken oder Kästen derart vereinigt, daß laufend ein trockener, möglicherweise angewärmter Luftstrom die einzelnen Horden in bestimmter Richtung durchstreichen kann. Bei Makkaroni wird die feuchte Ware auf Rahmengestelle gehängt, die wiederum in Rollschränke geschoben und gleichfalls einem Luftstrom ausgesetzt werden.

b) Eierteigware.

Zur Herstellung der Eierware geht man gleichfalls von Mehl, Dunst oder Grieß aus. Als sonstige Rohstoffe werden Eier, und zwar sowohl Frischei als Eikonserve (Kühlhausei, konservierte Eier, konserviertes Eigelb, Trockeneigelb, Gefrierei), Wasser und Salz verwendet. Entsprechend der Begriffsbestimmung werden auf 1 kg Weizenmehl, Grieß oder Dunst 3 Hühnereier von einem mittleren Gewicht von 45 g oder 3 Dottern im Einzelgewicht von nicht weniger als 16 g zugesetzt. Von Trockenei verwendet man auf 1 kg 40 g und von Trockeneigelb 25 g[1].

Sofern es sich um Hausmachernudeln handelt, wird außer Ei (Vollei) und Kochsalz dem Mehl auch noch Wasser zugesetzt, und zwar verwendet man

---

[1] Zur Zeit wird ein Zusatz von $2^1/_2$ Ei auf 1 kg Mehl gefordert.

die bei der Wasserware angegebene Wassermenge abzüglich 1—1½ Liter für 50 Eier. Im Haushalt ist ein Wasserzusatz nicht üblich. Im übrigen wird die Eierwarenherstellung in derselben Weise vorgenommen wir bei der Wasserware. Farbstoffzusätze bei Eierwaren sind verboten. Auf 1 kg Weizengrieß bzw. -mehl sind bei Hausmacherware nach der Teigwarenverordnung mindestens 5 Eier zu verwenden.

c) Sonstige Teigwaren.

Von sonstigen Teigwaren sei die Herstellung der Milchteigwaren, Kräuter-, Kleber- und Lezithinteigwaren erwähnt. Auch Roggenteigwaren wurden zeitweise hergestellt. Als Rohprodukte für diese kommen neben Mehl, Dunst oder Grieß Frischmilch, Trockenmilch, Küchenkräuter, Kleber, Lecithin, in Sonderheit Sojalecithin, in Frage. Die Roggenteigwaren wurden mitunter unter Verwendung von Wasserstoffsuperoxyd hergestellt, um durch diesen Zusatz die etwas graue Farbe des Roggenmehles aufzuhellen. Die Herstellung von Roggennudeln hat jedoch anscheinend keinen größeren Umfang angenommen.

Ein Runderlaß[1] ermöglicht neuerdings auch die Herstellung von Milcheiweißteigware (Milcheiweißnudeln, Milcheiweißmakkaroni). Diese müssen auf 1 kg Weizenrohstoff mindestens 40 g Nährcasein oder 80 g Trockenmagermilch enthalten.

C. Zusammensetzung.

Die Zusammensetzung der Teigwaren richtet sich in erster Linie nach der Zusammensetzung der verwendeten Mehle, Dunste oder Grieße, in zweiter Linie nach den Zusätzen, wie Eiern, Milch u. dgl. Man unterscheidet bei den Ausgangsmehlen zwischen Weichweizen- und Hartweizenerzeugnissen. Beide Erzeugnisse unterscheiden sich in ihrem Stickstoffsubstanz-, ihrem Asche- und Fettgehalt. Nach H. POPP[2] weisen Weichweizen- und Hartweizenerzeugnisse etwa folgende Zusammensetzungen auf:

Tabelle 1.

	Aschengehalt %	Fettgehalt %	Eiweißgehalt (N × 6,25) %
Weichweizengrieß und Dunste	bis 0,42	0,5—1,5	8—12
Hartweizengrieß	0,7—1,0	1,4—1,9	16—18
Hartweizendunst	mindestens 1,15	etwa 2	19
Hartweizenmehl (eine Art Nachmehl)	2,0	3,8	20,5

Die Aschezahlen der Teigwaren sind aufgebaut auf der Veraschung von 5 g Mehl im elektrischen Veraschungsofen bei einer Veraschungstemperatur von 930—950°. Es handelt sich überall um kochsalzfreie Asche, da bei diesen Temperaturen Kochsalz flüchtig ist.

Bei eifreien Teigwaren ist also nach der genannten Tabelle eine Differenzierung zwischen Hartweizenware und Weichweizenware möglich. Nach der Teigwarenverordnung vom 12. November 1934 dürfen zu Teigwaren höchstens 70%ig ausgemahlene Mehle verwendet werden[3]. 70%ig ausgemahlene Mehle entsprechen dem Mehltyp 563, der seinerseits wiederum einem Höchstaschegehalt von 0,6% entspricht.

[1] Runderlaß des R.u.Pr.M.d.I. vom 7. Oktober 1937. R.M.Bl.i.V. 1937, S. 1637.
[2] H. POPP: Deutsch. Nahrungsm.-Rundschau 1934, **24**, 196.
[3] Neuerdings ist für „Mehlteigwaren" auch die Verwendung der Weizenmehltype 812 gestattet worden (R.M.Bl.i.V. 1937, S. 900).

A. BEYTHIEN und E. WRAMPELMEYER[1] und weiterhin H. LÜHRIG[2] fanden für die zur Nudelherstellung verwendeten Weizenmehle und Grieße (je 12 Proben) folgende Zusammensetzung.

Tabelle 2.

Gehalt	Wasser %	In der Trockensubstanz: Stickstoff-substanz %	Fett (Äther-auszug) %	Jodzahl des Fettes %	Phosphorsäure Gesamt- %	Phosphorsäure Lecithin- %	Asche %
		BEYTHIEN und WRAMPELMEYER.					
Niedrigstgehalt .	12,40	10,71	0,54	110,5	0,2044	0,0145	0,46
Höchstgehalt . .	14,98	15,86	1,29	121,1	0,4896	0,0199	1,01
Mittelgehalt . .	13,57	13,46	0,84	115,3	0,3165	0,0165	0,71
		LÜHRIG.					
Niedrigstgehalt .	11,94	11,84	0,46	—	0,2103	0,0168	0,47
Höchstgehalt . .	16,99	15,55	1,42	—	0,3529	0,0262	0,94
Mittelgehalt . .	14,39	14,17	1,06	—	0,2817	0,0229	0,63

Durch Zusatz von Eiern, die ja vorwiegend nur aus Proteinen und Fett neben Wasser und Asche bestehen, außerdem reich an Lecithinphosphorsäure sind, nehmen naturgemäß diese Bestandteile in der Teigware zu. Bekanntlich dient ja auch besonders die Zunahme an Lecithinphosphorsäure dazu, festzustellen, ob die Nudeln einen Eizusatz erfahren haben oder nicht. So fanden H. LÜHRIG[2] und W. LUDWIG[3] u. a.

Tabelle 3.

Zusatz von Eiern für 1 kg Mehl	Wasser %	In der Trockensubstanz: Stickstoff-substanz %	Fett (Äther-auszug) %	Phosphorsäure Gesamt- %	Phosphorsäure Lecithin- %	Asche %
			H. LÜHRIG.			
0	13,91	14,93	0,94	0,2472	0,0200	0,52
4	14,59	15,66	2,54	0,2998	0,0602	0,69
8	14,88	17,48	3,55	0,3315	0,0944	0,81
			W. LUDWIG[3]. Fett			
0	13,41	12,63	1,13	0,3790	0,0248	—
2	13,12	13,69	2,40	0,4167	0,0454	—
4	13,08	14,39	3,43	0,4509	0,0784	—
8	10,96	17,44	5,67	0,5433	0,1504	—

CH. ARRAGON[4] berücksichtigte auch noch die Jod- und die Refraktometerzahl mit folgendem Ergebnis, wobei die Zahlen jeweils das Mittel von 3 Proben angeben (Tabelle 4).

W. PLÜCKER[5] prüfte, welchen Einfluß die Einteigung mit Milch statt mit Wasser ausübt, und fand im Mittel von je 5 Proben die nachfolgend angegebenen Werte (Tabelle 5).

[1] A. BEYTHIEN u. E. WRAMPELMEYER: Z. 1901, **4**, 148.
[2] H. LÜHRIG: Z. 1904, **7**, 141.
[3] W. LUDWIG: Z. 1908, **15**, 668.
[4] CH. ARRAGON: Z. 1906, **12**, 455.
[5] W. PLÜCKER: Z. 1907, **14**, 748.

Tabelle 4.

Zusatz von Eiern für 1 kg Mehl	Wasser	In der Trockensubstanz					Jodzahl	Refraktometerzahl
		Stickstoffsubstanz	Fett (Ätherauszug)	Phosphorsäure Gesamt-	Phosphorsäure Lecithin-	Asche		
	%	%	%	%	%	%		Grade
0	11,74	14,39	0,81	0,347	0,0323	0,71	97,3	61,4
2	9,73	15,27	1,81	0,403	0,0517	0,81	88,1	56,6
4	9,90	16,53	2,57	0,440	0,0743	0,87	83,7	55,9
6	9,03	18,80	3,37	0,473	0,1013	0,97	74,3	55,1

Tabelle 5.

Einteigung mit	Zusatz von Eiern für 1 kg Mehl	Wasser	In der Trockensubstanz				Jodzahl des Fettes	REICHERT-MEISSL-Zahl
			Ätherauszug	Phosphorsäure Gesamt-	Phosphorsäure Lecithin-	Asche		
		%	%	%	%	%		
Wasser	0	13,03	1,29	0,277	0,028	0,60	104,7	3,79
,,	2	12,37	2,09	0,375	0,051	0,78	85,0	3,81
,,	4	11,84	3,52	0,355	0,078	0,73	81,1	3,68
Milch	0	11,22	3,04	0,473	0,028	1,06	62,3	18,53
,,	2	12,30	3,13	0,448	0,048	0,87	65,0	12,53
,,	4	10,48	4,19	0,483	0,071	1,07	69,7	12,20

A. JUCKENACK[1], der zuerst auf die Bedeutung des Gehaltes der Teigwaren an Lecithinphosphorsäure für die Beurteilung hingewiesen hatte, erhielt für selbsthergestellte Eiernudeln und für die entsprechende Wasserteigware folgende Werte:

Tabelle 6.

Nudeln aus	Wasser	In der Trockensubstanz		
		Ätherauszug	Phosphorsäure Gesamt-	Phosphorsäure Lecithin-
	%	%	%	%
Mehl ohne Zusatz	10,10	1,61	—	0,0499
Desgl. mit 4 Eiern für 1 kg.	8,11	3,28	0,665	0,1008

Die Lecithinphosphorsäure schwankte in 10 zur Nudelherstellung verwendeten Mehlen zwischen 0,0372 und 0,053% und betrug im Mittel 0,0435%.

A. BEYTHIEN und E. WRAMPELMEYER (zit. S. 265) fanden in 10 guten Eiernudeln des Handels folgende Gehalte: Wasser 10,30—11,65%; Stickstoffsubstanz 14,44—16,01%; Fett (Petrolätherauszug) 2,07—3,55%; Gesamtphosphorsäure 0,2852—0,4411%; Lecithinphosphorsäure 0,0790—0,1073%; Asche 1,32—4,18%, alle Zahlen sind auf Trockensubstanz bezogen. Die Jodzahlen des Fettes schwankten zwischen 78,2—93,3.

D. Veränderungen der Teigware bei der Lagerung.

Bei feuchter Lagerung zeigen Teigwaren mitunter Schimmelbildung, die naturgemäß schon bei geringem Befall moderigen Geruch und Geschmack der Erzeugnisse nach sich zieht.

Bei der Aufbewahrung der Teigwaren ist deshalb auf trockene Lagerung Rücksicht zu nehmen.

[1] A. JUCKENACK: Z. 1904, 8, 94.

Eine wichtigere Veränderung können Teigwaren erleiden durch den Rückgang an Lecithinphosphorsäure.

H. JAECKLE[1] hat zuerst hierauf aufmerksam gemacht. Er stellt Verluste an Lecithinphosphorsäure bis zu einer Höhe von 60% fest. Diese Tatsache des Lecithinrückganges ist von zahlreichen anderen Autoren[2] bestätigt worden, doch waren die von ihnen gefundenen Verluste meist nicht so hoch wie bei H. JAECKLE. Gleichzeitig wurde von ihm bei gleichbleibendem Gesamtfettgehalt eine Zunahme der Jodzahl beobachtet, während A. BEYTHIEN und P. ATENSTÄDT das Gegenteil feststellten.

Als Ursache des Lecithinrückganges wurden teils Wärme und Feuchtigkeit, teils biologische Zersetzungsvorgänge angesehen. Mit diesen Fragen haben sich besonders W. LUDWIG und ELSE NOCKMANN befaßt. W. LUDWIG hat neben dem Rückgang an Lecithinphosphorsäure auch einen Rückgang an Ätherextrakt (um 16,2—50,8%) beobachtet. Er macht in erster Linie biologische Vorgänge für diese Tatsache verantwortlich, in zweiter Linie glaubt er, daß die beobachteten Abnahmen eine Wirkung der Wärme sind. Seine Versuche zeigen, daß selbst hergestellte frische Eiernudeln, die vor der Bestimmung der Lecithinphosphorsäure einer Erwärmung auf 102° unterworfen wurden, keinen Rückgang an Lecithinphosphorsäure und Ätherextrakt zeigten, während Handelsprodukte, die offenbar während der Lagerung einer biologischen Zersetzung ausgesetzt waren, starke Rückgänge an Lecithinphosphorsäure und Ätherextrakt aufwiesen. Auch G. POPP hat einen erheblichen Rückgang des Ätherextraktgehaltes bei der Lagerung von Eierteigwaren festgestellt. H. WITTE hat ebenfalls diesen Rückgang des Fettgehaltes in verschiedenen Fällen beobachtet. Dagegen konnte er einen Lecithinrückgang bei der Lagerung nicht nachweisen. A. HEIDUSCHKA und E. SCHELLER fanden, daß der Lecithinrückgang um so größer war, je höher der Eigehalt der Teigware. Sie vermuten, daß der Wassergehalt der Teigware von größtem Einfluß auf die Haltbarkeit ist. Nach JAECKLE soll besonders in der warmen Jahreszeit der Rückgang an Lecithinphosphorsäure erheblich sein. ELSE NOCKMANN neigt zu der Annahme, daß biologische Vorgänge die Zersetzung einleiten und chemische Zersetzungsvorgänge einhergehen. A. JUCKENACK ist der Meinung, daß es in den Eiernudeln bei dem Lecithinrückgang zu einer Aufspaltung des Lecithins in Cholin, freie Fettsäuren und Glycerinphosphorsäure komme. Die Glycerinphosphorsäure ist nach LÖBISCH[3] in Äther und Alkohol unlöslich, woraus sich der Lecithinrückgang ohne weiteres erklären würde. Da Glycerinphosphorsäure leicht verseifbar ist, kommt als bleibendes Abbauprodukt o-Phosphorsäure in Frage. Ein einmal eingetretener Lecithinrückgang schreitet nach A. BEYTHIEN und P. ATENSTÄDT nicht weiter voran, vermutlich wegen der Bildung von Stoffen, die die Entwicklung der biologischen Vorgänge hindern. Eine Beobachtung LÜHRIGS[4], nach der beim gefaulten Eidotter ein Verlust an Gesamtphosphorsäure festgestellt wurde,

---

[1] H. JAECKLE: Z. 1904, **7**, 513; 1905, **9**, 204.

[2] A. JUCKENACK: Z. 1904, **8**, 94. — R. SENDTNER: Z. 1904, **8**, 101. — H. LÜHRIG: Z. 1904, **8**, 337; 1905, **10**, 153. — E. BAIER: Z. 1904, **8**, 109. — A. RÖHRIG, W. LUDWIG u. H. HAUPT: Z. 1906, **11**, 35. — A. BEYTHIEN u. P. ATENSTÄDT: Z. 1907, **13**, 681. — E. LEPÈRE: Zeitschr. öffentl. Chem. 1905, **11**, 250, 462; 1906, **12**, 226. — H. MATTHES u. O. HÜBNER: Chem.-Ztg. 1906, **30**, 250; 1908, **32**, 186. — G. POPP: Zeitschr. öffentl. Chem. 1908, **14**, 453. — W. LUDWIG: Z. 1908, **15**, 673. — H. WITTE: Z. 1909, **17**, 687. — A. HEIDUSCHKA u. E. SCHELLER: Z. 1910, **19**, 22. — H. KREIS: Z. 1912, **24**, 419; 1915, **29**, 451. — R. COHN: Chem.-Ztg. 1913, **37**, 581. — E. NOCKMANN: Z. 1913, **25**, 717. — J. TILLMANS, H. RIFFART u. A. KÜHN: Z. 1930, **60**, 361. — B. ALBERTI: Chem.-Ztg. 1933, **57**, 454. — W. DIEMAIR, F. MAYR u. K. TÄUFEL: Z. 1935, **69**, 1.

[3] LÖBISCH: Realenzyklopädie ges. Pharmazie **6**, 256.

[4] H. LÜHRIG: Zit. S. 265.

findet durch die Versuche von BEYTHIEN und ATENSTÄDT[1] keine Stütze. Die Verfasser konnten an 18 Teigwaren bei 5—10 Monate langer Lagerung keine Abnahme an Gesamtphosphorsäure feststellen.

Zur Frage des Lecithinrückganges nimmt auch eine neuere Arbeit von J. TILLMANS, H. RIFFART und A. KÜHN[2] Stellung. Die Verfasser fanden, daß Eierteigwaren des Handels mit einem Wassergehalt von 10,4—11,3% keinen Rückgang an Lecithinphosphorsäure aufwiesen, dagegen wurden bei Eierwaren, die hohe Wassergehalte, und zwar solche von 13—13,4% aufwiesen, Rückgänge an Lecithinphosphorsäure bei gleichzeitiger Abnahme des Wassers von 4—4,5% beobachtet.

Parallel mit der Abnahme der Lecithinphosphorsäure in Teigwaren mit hohem Wassergehalt findet eine Zunahme der wasserlöslichen Phosphorsäure statt, die annähernd identisch ist mit der Abnahme der Lecithinphosphorsäure. Nur in einem Falle konnten die oben genannten Verfasser einen noch höheren Gehalt an wasserlöslicher Phosphorsäure feststellen. Es handelte sich dabei jedoch offenbar um eine weitergehende Zersetzung, bei der Nucleoverbindungen angegriffen worden waren. J. TILLMANS, H. RIFFART und A. KÜHN[2] haben sich auch mit dem Cholesteringehalt der Eiernudeln befaßt. Ihre Untersuchungen zeigen, daß eine Abnahme der Cholesteringehalte bei den gleichen Erzeugnissen, bei denen ein Lecithinrückgang festgestellt worden ist, nicht zu beobachten war. Die beobachteten Abweichungen lagen innerhalb der Fehlergrenze. Diese Feststellung hat für die Untersuchung von Eierwaren besonderes Interesse, worauf auch die Verfasser hinweisen. Schon H. MATTHES und O. HÜBNER[3] haben auf die Schwierigkeit hingewiesen, die die Bestimmung der alkohollöslichen Phosphorsäure als Grundlage für die Beurteilung des Eigehaltes von Teigwaren mit sich bringt. Da der Lecithinrückgang eine nicht zu bestreitende Tatsache ist, so erkennen sie der alkohollöslichen Phosphorsäure bei der Feststellung des Eigehaltes einen erheblichen Wert nicht zu. J. TILLMANS, H. RIFFART und A. KÜHN[2] schlagen deshalb vor, in den Fällen, in denen mit einer erheblichen Auswirkung des Lecithinrückganges gerechnet werden muß, zweckmäßig den Eigehalt einer Teigware nicht durch Bestimmung der alkohollöslichen Phosphorsäure, sondern mit Hilfe der Bestimmung des Cholesteringehaltes zu ermitteln, der ja, wie soeben angeführt, einem Rückgang bei der Lagerung nicht unterliegt.

W. DIEMAIR, F. MAYR und K. TÄUFEL[4] lehnen die Möglichkeit einer bakteriellen, chemischen oder biochemischen Einwirkung ab. Sie vermuten, aufbauend auf Arbeiten von R. COHN[5] und B. ALBERTI[6], daß für den Lecithinrückgang Absorptionserscheinungen verantwortlich zu machen seien. Diese Behauptung gründen sie darauf, daß bei ihren Untersuchungen Stärke und Eiweiß in der Lage waren, bei der Extraktion große Mengen Lecithin zurückzuhalten.

[1] A. BEYTHIEN und P. ATENSTÄDT: Zit. S. 267.
[2] J. TILLMANS, H. RIFFART und A. KÜHN: Zit. S. 267.
[3] H. MATTHES und O. HÜBNER: Zit. S. 267.
[4] W. DIEMAIR, F. MAYR u. K. TÄUFEL: Z. 1935, **69**, 1.
[5] R. COHN: Chem.-Ztg. 1913, **37**, 581.
[6] B. ALBERTI: Chem.-Ztg. 1933, **57**, 454.

E. Untersuchung und Überwachung des Verkehrs mit Teigwaren.

Die wichtigsten gesetzlichen Bestimmungen, die die Grundlagen für die Überwachung des Verkehrs mit Teigwaren bilden, sind das Lebensmittelgesetz und die Teigwarenverordnung (RGBl. 1934, I, 1181). Sie werden an anderer Stelle abgehandelt (siehe Beitrag HOLTHÖFER in diesem Band). Ausführliche Erläuterungen zu der Verordnung geben F. SCHRÖDER und F. LAMPRECHT[1] und weiterhin A. BEYTHIEN[2].

I. Sinnesprüfung.

Die Sinnesprüfung erstreckt sich auf die Feststellung der äußeren Beschaffenheit, nämlich der Farbe, des Geruchs und Geschmacks, und zwar sowohl im rohen wie gekochten Zustand.

Die Kochprobe wird durch 15—20 Minuten langes Kochen der Teigware in Wasser angestellt. Hierbei macht sich, wenn faule Eier oder schlechtes Mehl verwendet wurden, ein fauliger oder muffiger Geruch sowie ein entsprechender Geschmack der Brühe bemerkbar. Auch über die Anwesenheit von Raupen gewinnt man beim Kochen am ehesten ein Urteil, da diese hierbei an die Oberfläche der Flüssigkeit steigen. Ferner ist es von großer Wichtigkeit, auf die Volumvermehrung, die beim Kochen eintritt, zu achten; sie beträgt bei guten Teigwaren das Zwei- bis Dreifache. Mit fremden Mehlen (Reis-, Mais-, Kartoffelmehl) versetzte Nudeln zeigen diese Eigenschaft nicht, sie zerfallen vielmehr bei längerem Kochen und liefern eine milchige (stärkehaltige) Brühe. Für das Quellen gibt es aber keinen sicheren Maßstab, weil es nicht allein von der Teigware als solcher, sondern auch von ihrer Form abhängt, so kann man hiernach nur ganz geringwertige von besserer Ware unterscheiden, feine Qualitätsunterschiede sind aber auf diese Weise nicht festzustellen.

Bei einiger Übung vermag man oft schon auf Grund des Geruches und Geschmackes der Kochprobe festzustellen, ob die Ware mit nennenswerten Mengen von Ei oder ohne Verwendung von Ei hergestellt wurde.

II. Chemische Untersuchung.

Für die hier aufgeführten Untersuchungen wird eine größere Durchschnittsprobe der Teigware in einer Mühle zu einem feinen Pulver gemahlen und gut durchgemischt.

Bei allen Bestimmungen, bei denen die Probe unmittelbar mit einem organischen Lösungsmittel ausgezogen wird (z. B. Rohfett-, Fett-, Lecithinphosphorsäure-, Cholesterinbestimmung usw.) muß das erhaltene Pulver vollständig durch ein Sieb von der Maschenweite 0,30 mm (Sieb V des DAB.) hindurchgehen. Rückstände sind erneut zu vermahlen. Das gesiebte Pulver wird, ehe die Einzelbestimmungen begonnen werden, nochmals gut gemischt.

1. Wasser.

Der Wassergehalt soll nach der Teigwarenverordnung 13% nicht übersteigen, da mit zunehmendem Wassergehalt zweifellos die Möglichkeit einer Zersetzung der Ware zunimmt.

---

[1] Verordnung über Teigwaren und Begründung zum Entwurf der Verordnung. Mit Erläuterungen von F. SCHRÖDER und F. LAMPRECHT. Berlin: R. v. Deckers Verlag, G. Schenck.

[2] A. BEYTHIEN: Deutsch. Nahrungsm.-Rundschau 1935, 22, 88.

Zur Bestimmung werden 5—10 g des Pulvers am besten im Wägegläschen bei 104—106° bis zur Gewichtsbeständigkeit getrocknet. Im übrigen gilt sinngemäß das bei der Wasserbestimmung im Mehl Gesagte.

2. Mineralstoffe.

Zur Bestimmung der Asche wird das Nudelpulver in üblicher Weise über kleiner Flamme völlig verkohlt, mit Wasser ausgezogen, der Rückstand wird weiß geglüht, anschließend dann mit dem wäßrigen Extrakt zusammen eingedampft, im Trockenschrank getrocknet und nun ganz schwach bis zur dunklen Rotglut geglüht.

Die Veraschung von 5 g Nudelpulver im elektrischen Veraschungsofen bei 930—950° ist von H. POPP (s. S. 264) für den Nachweis von Weichweizen- und Hartweizenerzeugnissen herangezogen worden. Die Bestimmung der Typ-Asche kann auch zur Feststellung des Ausmahlungsgrades der verwendeten Getreidemahlerzeugnisse (s. auch Abschnitt „Mehl") dienen, da diese Asche kochsalzfrei ist.

Den Chlorgehalt bestimmt man in dem wäßrigen Auszug der Asche nach Ansäuern mit Salpetersäure durch Titration nach VOLHARD (Bd. II, Teil 2, S. 1240). Rechnet man den gefundenen Wert auf Kochsalz um, und zieht ihn von der Gesamtasche ab, dann erhält man die kochsalzfreie Asche.

Bei einem Kochsalzgehalt von über 1% ist nach der Teigwarenverordnung die Ware als verfälscht zu beanstanden.

Die Gesamtphosphorsäure wird allgemein in einer alkalisch hergestellten Asche bestimmt. Die Gründe dazu sind folgende: Bei Teigwaren, die ohne Ei oder unter Verwendung von Ganzei hergestellt wurden, besteht keine Gefahr eines Verlustes von Phosphorsäure. Das wird aber anders, wenn vom Hersteller Eigelb verwendet wurde. In diesem Fall reichen die vorhandenen Alkalien nicht mehr zur Bindung der großen Phosphorsäuremenge des Eigelbs aus, und es besteht die Gefahr eines Verlustes von Phosphorsäure bei der Veraschung. Da man meist nicht voraussehen kann, ob es sich um Eigelbteigwaren handelt, wird man deshalb bei der Bestimmung der Gesamtphosphorsäure stets alkalisch veraschen.

Nach dem Vorschlag von ARRAGON[1] mischt man 10 g der gepulverten Nudeln sorgfältig mit 10 g Natriumcarbonat und 8 g Salpeter, erhitzt vorsichtig in einer bedeckten Platinschale und glüht nach Beendigung der heftigen Zersetzung rein weiß. Mit 20 ccm Wasser wird die Asche auf dem Wasserbad erwärmt, in einem Becherglas mit konzentrierter Salpetersäure neutralisiert und nach dem Verjagen der Kohlensäure und weiterem Zusatz von 25 ccm konzentrierter Salpetersäure in üblicher Weise mit Ammonmolybdat gefällt.

JUCKENACK[2] empfiehlt lediglich Natriumcarbonat zu verwenden, dieses aber in gelöstem Zustand mit der Substanz zu vermischen. Der Zusatz von Salpeter ist nach seinen Feststellungen nicht erforderlich.

Für den Nachweis von Borsäure, Fluorwasserstoffsäure und anderen anorganischen Konservierungsmitteln eignet sich am besten ebenfalls die nach der Vorschrift für die Bestimmung der Gesamtphosphorsäure hergestellte Asche.

3. Stickstoffsubstanz.

Nach der Vorschrift von KJELDAHL (Bd. 2, Teil 2, S. 575) werden 1—2 g der Durchschnittsprobe zerstört. Die gefundene Stickstoffmenge multipliziert man nach dem Vorschlag von JUCKENACK mit dem Faktor 6,25. Dem reinen Weizenkleber würde der Faktor 6,37, dem reinen Vitellin der Faktor 6,67 entsprechen.

[1] ARRAGON: Z. 1906, 12, 456. [2] JUCKENACK: Z. 1900, 3, 15.

4. Stärke.

Für die Stärkebestimmung werden sowohl die polarimetrischen Verfahren als auch die von TH. V. FELLENBERG[1] beschriebene Jodstärkefällung angewandt. Die notwendigen Vorschriften befinden sich in Bd. II, Teil 2 dieses Handbuches.

5. Fett (Ätherextrakt).

Zur Fettbestimmung wird einmal die direkte Extraktion mit Äther, Petroläther und mit gechlorten Kohlenwasserstoffen angewandt, zum anderen stehen Verfahren zur Verfügung, die erst eine mehr oder minder gründliche Inversion der Stärke voraussetzen. Eine Beurteilung der verschiedenen Verfahren nach der mit ihnen zu erzielenden Genauigkeit ist fast unmöglich, da sich die Aussagen der einzelnen Untersucher oft direkt widersprechen. Immerhin erscheint es verständlich, daß eines der Verfahren, die vor der Extraktion des Fettes erst die Stärke mit Salzsäure auflösen, größere Aussicht bietet, daß man den gesamten Fettgehalt ermittelt, als dies bei manchen der direkten Extraktionsverfahren der Fall ist. So ist es denn auch bemerkenswert, daß das österreichische Lebensmittelbuch[2] das Verfahren von POLENSKE[3] für die quantitative Fettbestimmung nennt. In den Erläuterungen (zit. S. 269) zur deutschen Verordnung über Teigwaren wird gefordert, daß zur Beurteilung von Eierteigwaren „die Ermittlung des Ätherextraktes sowie dessen Jodzahl und Refraktion“ heranzuziehen sind. Auch hierfür wird man wohl am besten ein anderes Verfahren anwenden als gerade die einfache 6stündige Extraktion mit Äther, da sie nach allen Untersuchern die schwankendsten Werte liefert. Die Art des gewählten Verfahrens der Fettbestimmung muß jedenfalls beim Untersuchungsbefund angegeben werden.

Die Anwendung des ermittelten Fettgehaltes zur Berechnung der auf 1 kg Mehl verwendeten Eier setzt eigentlich voraus, daß man den Fettgehalt des zur Herstellung der betreffenden Teigwaren verwendeten Mehles bzw. Grießes kennt, da dieser ziemlich stark schwankt. Vor allem nimmt der Fettgehalt mit steigendem Ausmahlungsgrad stark zu (s. Abschnitt Mehl). Es sei hier nur auf die schon oben (s. Zusammensetzung) angegebenen Werte von H. POPP hingewiesen. Die dort genannten Zahlen sind durch direkte Trichloräthylenextraktion gewonnen. In der Praxis wird, wenn der Fettgehalt des Ausgangsmaterials unbekannt ist, meist noch mit dem von A. JUCKENACK und R. PASTERNACK[4] angegebenen mittleren Ätherextraktwert von 1,39% gerechnet. Legt man weiterhin einen mittleren Trockensubstanzgehalt des Mehles von 86,95% zugrunde und nimmt man mit J. KÖNIG an, daß ein Ei mittlerer Größe 5,69 g Fett enthält, dann kann man aus der Formel:

$$x = \frac{10 \cdot 86{,}95 \cdot (y - 1{,}39)}{100 \cdot 5{,}69 - (t \cdot y)}$$

die Anzahl Eier x berechnen, die auf 1 kg Mehl verwendet wurden. t bedeutet den durchschnittlichen Trockensubstanzgehalt des Ganzeies von 12,375 g bzw. des Eigelbs von 7,835 g, die je nachdem eingesetzt werden müssen, ob es sich um eine Eierteigware aus Ganzei oder Eigelb handelt. An Stelle von y sind die Prozent Fett, berechnet auf die Trockensubstanz, einzusetzen, die bei der Bestimmung gefunden wurden. Unter Verwendung aller hier angegebenen Grundzahlen ist dann umgekehrt wieder die untenstehende Tabelle errechnet

[1] TH. V. FELLENBERG: Mitt. Lebensmittelunters. Hygiene 1916, 7, 369; vgl. auch Mitt. Lebensmittelunters. Hygiene 1937, 28, 111.
[2] Das Österreichische Lebensmittelbuch, Heft 1: Teigwaren, S. 8. Wien: Julius Springer.
[3] POLENSKE: Arb. kaiserl. Gesundh.-Amt 1910, 563.
[4] A. JUCKENACK u. R. PASTERNACK: Z. 1904, 8, 97.

worden[1], aus der man die Anzahl Eier auf 1 kg Mehl entnehmen kann, wenn die Prozente Fett in der Trockensubstanz der untersuchten Ware bekannt sind.

% Fett in der Trockensubstanz von Ganzeiware	2,62	3,80	4,90	5,95	6,95	7,89	8,80	9,66	10,48	11,27
% Fett in der Trockensubstanz von Eigelbware	2,65	3,87	5,04	6,18	7,28	8,34	9,37	10,37	11,33	12,27
Anzahl der Eier auf 1 kg Mehl	2	4	6	8	10	12	14	16	18	20

Eine nennenswerte Beeinflussung des Fettgehaltes der Teigwaren ist durch die Verwendung des zeitweise geforderten Zusatzes von bis zu 10% Maisbackmehl nicht zu befürchten.

Bezüglich des Trocknens des Fettes vor der Wägung sei darauf hingewiesen, daß dieses keinesfalls so stark erhitzt werden darf, daß es sich womöglich bräunt, da hierdurch Verluste bis zu 20% entstehen können. Am besten arbeitet man im Trockenschrank bei 105°.

a) Verfahren der direkten Extraktion.

Hierfür muß das Teigwarenpulver durch ein Sieb mit 0,30 mm Maschenweite (Sieb V des DAB.) gesiebt werden. Eine noch weitergehende Zerkleinerung vorzunehmen, wie sie von H. KÜHL[2] verlangt wird, wobei er das Mehlsieb Nr. 10 (43 Fäden je cm Seidengaze) vorschlägt, dürfte doch zu zeitraubend sein, denn man muß ja doch verlangen, daß die Teigware rückstandslos gesiebt und gut gemischt zur Untersuchung gelangt.

Über das Trocknen der Probe vor der Extraktion gehen die Ansichten noch völlig auseinander. Während H. KÜHL unbedingt dafür eintritt, die Probe 3 Stunden bei 105° zu trocknen und damit höhere Extraktwerte erhält als bei der Extraktion lufttrockener Ware, kommt K. BRAUNSDORF[3] zu entgegengesetzten Ergebnissen.

Zur Bestimmung des Ätherextrakts werden 20 g der lufttrockenen gesiebten Teigware im SOXLETHschen Extraktionsapparat (s. Bd. II, Teil 2, S. 826) 6 Stunden mit Äther ausgezogen. Das Lösungsmittel wird abdestilliert und der Rückstand nach kurzem Aufenthalt im Trockenschrank gewogen. Will man den so gefundenen Ätherextrakt zur Errechnung des Eigehaltes heranziehen, so muß man, worauf ausdrücklich hingewiesen sei, nach den Erfahrungen der Praxis die nachstehend wiedergegebenen von A. JUCKENACK (zit. S. 266) veröffentlichten Ätherextraktwerte zugrunde legen.

% Ätherextrakt, bezogen auf Trockensubstanz von Ganzeiware	1,56	2,42	3,24	4,01	4,75	5,45	6,11	6,75
% Ätherextrakt, bezogen auf Trockensubstanz von Eigelbware	1,57	2,47	3,33	4,17	4,98	5,75	6,51	7,26
Anzahl der Eier auf 1 kg Mehl	2	4	6	8	10	12	14	16

K. BRAUNSDORF mischt 10 g der gesiebten lufttrockenen Teigware mit ausgeglühtem Seesand und extrahiert 12 Stunden mit Äther.

Erheblich schneller arbeitet das von CH. ARRAGON[4] ausgearbeitete Ausschüttelungsverfahren. 30 g Substanz werden nach einstündigem Trocknen in einen mit Glasstöpsel versehenen, 200 ccm fassenden Meßzylinder, der genau 150 ccm Äther enthält, eingeführt. Nachdem man während einer Stunde von Zeit zu Zeit kräftig umgeschüttelt hat, läßt man den Zylinder bis zur vollständigen Abklärung der Flüssigkeit ruhig stehen, ersetzt dann den Glasstöpsel

[1] Siehe auch A. BEYTHIEN: Zeitschr. ges. Getreide- u. Mühlenwesen 1935, **22**, 91.
[2] H. KÜHL: Zeitschr. ges. Getreide- u. Mühlenwesen 1929, **16**, 225.
[3] K. BRAUNSDORF: **Z.** 1934, **67**, 432. [4] CH. ARRAGON: **Z.** 1906, **12**, 457.

durch einen doppelt durchbohrten Korkstopfen, der mit einem langen Heberohre von sehr engem Lumen und mit einem kurzen Glasrohre, durch welches Luft eingeblasen werden kann, versehen ist. Das enge Lumen des Rohres, etwa 2,5 mm, läßt nur einen sehr langsamen Abfluß zu und verhindert somit alles Mitreißen von festen Stoffen. Es werden nun in einen tarierten Maßkolben 100 ccm Ätherlösung abgehebert, der Äther wird abdestilliert und der Rückstand nach zweistündigem Trocknen gewogen.

Der Petrolätherextrakt, den man ebenfalls nach dem beschriebenen Verfahren von ARRAGON herstellen kann, ist besonders für die Bestimmung der Jodzahl und sonstiger Fettkonstanten geeignet, da hierfür der Ätherextrakt nach den Untersuchungen von SPAETH[1] infolge der darin enthaltenen störenden Stoffe unbrauchbar ist.

Das Trichloräthylenverfahren von J. GROSSFELD[2] ist von K. BRAUNSDORF etwas abgeändert worden. Hierbei werden 10 g des Pulvers 30 Minuten mit genau 100 ccm Trichloräthylen am Rückflußkühler lebhaft gekocht. Dann wird auf Zimmertemperatur abgekühlt und durch einen mit Uhrglas bedeckten Trichter, in dem sich ein Faltenfilter befindet, abfiltriert. Von genau 50 ccm des Filtrats wird dann das Trichloräthylen abdestilliert und nach einstündigem Trocknen bei 105—110° der Rückstand gewogen.

H. KÜHL[3] hat ein Verfahren zur Extraktion mit Tetrachlorkohlenstoff angegeben.

b) Fettbestimmung nach Aufschluß mit Salzsäure.

G. POPP[4] hat wohl als erster empfohlen, an Stelle der Bestimmung des Ätherextraktes das Fett nach Verzuckerung der Stärke mit Chloroform zu extrahieren. Das österreichische Lebensmittelbuch schreibt das Verfahren von POLENSKE[5] vor. Hiernach werden von der feinst gemahlenen, lufttrockenen Substanz 3—4 g in einem mit Glasstopfen verschließbaren ERLENMEYER-Kolben von Jenaer Glas (von etwa 220—250 ccm Rauminhalt, einem unteren Durchmesser von etwa 7 cm, einer Höhe bis zum Halsansatz von etwa 15 cm und etwa 55 g Gewicht mit Stopfen) mit etwa 25 ccm 0,5 n-Salzsäure gemischt und mit aufgesetztem Kühlrohr 20 Minuten lang unter mehrmaligem Umschwenken in einem kochenden Wasserbade erhitzt. Zu der erkalteten Flüssigkeit fügt man unter Kühlen des Kolbens 5 ccm Ammoniak (Spez. Gewicht 0,96) und dann 20 ccm 90volumprozentigen Alkohol. Hierauf läßt man aus einer Pipette 50 ccm Äther, bei 18° gemessen, zulaufen und schüttelt den Inhalt des Kolbens 2 Minuten lang kräftig durch. Nach weiterem Zusatz von 50 ccm Petroläther (bei 18° gem.) vom Siedepunkt 50—55° wird die Durchschüttelung 1 Minute lang wiederholt, worauf man den Kolben zum Absetzenlassen der Schichten in ein Wasserbad von 18° stellt. Nach Verlauf von 15—20 Minuten entnimmt man sogleich nach dem Öffnen des Kolbens mittels der vorher verwendeten 50 ccm-Pipette, die bei 52 ccm eine zweite Marke trägt, 52 ccm von dem klar abgeschiedenen Petroläther-Äthergemisch. Die Abmessung des Äthers und des Petroläthers sowie die Entnahme der Äther-Fettlösung mittels der Pipette erfolgt in der Weise, daß man das betreffende Gefäß mit einem doppelt durchbohrten Stopfen verschließt. In der einen Öffnung des Stopfens befindet sich die hinreichend tief in die ätherische Flüssigkeit eintauchende Pipette, in der

[1] SPAETH: Forschungsberichte 1896, **3**, 49, 251. Vgl. A. BEYTHIEN u. E. WRAMPELMEYER: Z. 1901, **4**, 152.
[2] J. GROSSFELD: Anleitung zur Untersuchung der Lebensmittel. Berlin: Julius Springer.
[3] H. KÜHL: Zit. S. 272.
[4] G. POPP: Zeitschr. öffentl. Chem. 1907, **14**, 455.
[5] POLENSKE: Zit. S. 271.

anderen ein Glasröhrchen mit Schlauchansatz. Bei vorsichtigem Einblasen von Luft in den Schlauch wird die Flüssigkeit in die Pipette gedrückt und kann dann leicht in der gewünschten Menge abpipettiert werden. Die 52 ccm des Äther-Petroläthergemisches läßt man durch einen geräumigen Trichter, in dessen Ansatzrohr sich ein fest zusammengepreßter, entfetteter, etwa 2 cm langer Wattestopfen befindet, mit solcher Geschwindigkeit in ein tariertes Destillierkölbchen fließen, daß die Flüssigkeit in etwa 10 Minuten vollständig durchgeflossen ist. Zum Nachwaschen der Trichterwandung und des Wattestopfens werden 3mal je 2 ccm einer Mischung gleicher Teile Äther und Petroläther verwendet. In das gesammelte Filtrat bringt man zur Verhütung von Siedeverzögerung einige unwägbare Bimssteinstäubchen und destilliert dann den Äther ab. Hierauf wird das an seiner Außenseite gereinigte Kölbchen etwa drei Viertelstunden im Wassertrockenschrank getrocknet, worauf man es zuerst etwa 30 Minuten im Exsiccator, dann 5 Minuten im Waagenkasten erkalten läßt und hierauf wiegt. Für die Berechnung ist zu beachten, daß das Volumen der gesamten Äther-Petroläther-(Wasser)phase 104 ccm beträgt.

Bei der Fettbestimmung nach Th. v. Fellenberg[1] werden 10 g gemahlene Teigware in einem 200er Becherglas mit 100 ccm einer ungefähr N.-Salzsäure versetzt. Unter Umrühren kocht man vorsichtig auf, hält 5 Minuten im Sieden und filtriert nach dem Erkalten durch eine Porzellanfilterplatte (Durchmesser 5 cm), die mit etwas aufgeschwemmter Cellulose bedeckt ist. Nachdem alles abgesaugt ist, wird, um die Säure zu entfernen, 3mal mit geringen Mengen 20%iger Kochsalzlösung ausgewaschen. Der Rückstand, der das Fett und Protein enthält, wird mit dem Filter in eine Reibschale gegeben und mit dem doppelten Volumen wasserfreiem Natriumsulfat und etwas Sand gründlich verrieben. Das erhaltene Pulver läßt man etwa 10 Minuten stehen, und gibt es dann auf eine mit Filtrierpapier bedeckte trockene Siebplatte, alsdann wird mit 20 ccm Äther übergossen, abgesaugt und noch 6—8mal mit kleinen Äthermengen nachgewaschen. Der Rückstand wird nochmals, gegebenenfalls unter erneuter Zugabe von Natriumsulfat, verrieben und wieder in gleicher Weise extrahiert. Nachdem der Äther aus der Lösung abdestilliert ist, wird das Fett in Petroläther aufgenommen, die Lösung gründlich auszentrifugiert und in einem gewogenen Kölbchen abdestilliert. Der Rückstand wird bei 102—105° bis zum konstanten Gewicht getrocknet.

Zur eingehenden Untersuchung des Fettes gehört noch die Bestimmung der Refraktion (Bd. IV) und der Jodzahl (Bd. IV). Man verwendet hierfür das durch Petrolätherextraktion in der Kälte, z. B. nach Arragon (s. S. 270), gewonnene Fett. Der Petroläther wird in einem Wasserstoffstrom auf dem Wasserbad (60—70°) abdestilliert, dann das Fett 10 Minuten bei 100° getrocknet und eine Stunde im Schwefelsäureexsiccator erkalten lassen. Beim Zusatz von Eiern zum Mehlteig werden die Jod- und Refraktionszahlen des Fettes kleiner, bei Verwendung von Milch statt Wasser läßt sich deutlich eine Zunahme der Reichert-Meissl-Zahl (Bd. IV) erkennen. Diese Verhältnisse gehen deutlich aus der auf S. 266 wiedergegebenen Tabelle 5 von W. Plücker hervor.

Neuerdings hat H. Jesser[2] darauf hingewiesen, daß vor allem die Bestimmung der Refraktion im kalt gewonnenen Ätherextrakt zur Erkennung eines Zusatzes von Sojalecithin geeignet sei (s. S. 291).

---

[1] Th. v. Fellenberg: Mitt. Lebensmittelunters. Hygiene 1934, **25**, 316.
[2] H. Jesser: Deutsch. Lebensm.-Rundschau 1938, **5**.

6. Nachweis und Bestimmung des Eigehaltes; Nachweis von Eiersatzmitteln.

a) Prüfung auf Eigelb.

Der qualitative Nachweis des Eigehaltes, insbesondere des Eigelbs, wird heute verhältnismäßig selten ausgeführt. Es handelt sich bei den bekannten Reaktionen um solche des Cholesterins und des Luteins, die beide Bestandteile des Eigelbs sind.

Das Lutein wird in einem ätherischen Auszug nachgewiesen. Diesen erhält man durch Ausschütteln der gemahlenen Teigware mit dem gleichen Teil Äther; die bei Anwesenheit von Eigelb deutlich gelb gefärbte Lösung entfärbt sich auf Zusatz von wäßriger salpetriger Säure (WEYLsche Reaktion). Tritt keine Entfärbung auf, so ist auf die Verwendung von künstlichem Farbstoff zu prüfen. Zu berücksichtigen ist auch, daß manche stärker gelb gefärbte Grieße und Mehle (auch Maisgrieß) ein nach neuen Forschungen (s. Bd. I, S. 575 u. 578) mit dem Lutein identisches Xanthophyll in größerer Menge enthalten, das die gleiche Reaktion liefert.

Beim Nachweis des Cholesterins ist in dieser Hinsicht zu beachten, daß Mehle und Grieße das nahe verwandte Phytosterin, allerdings nur in geringen Mengen, enthalten. Immerhin muß darauf hingewiesen werden, daß die nachstehend beschriebenen Farbreaktionen des Cholesterins auch vom Phytosterin gegeben werden.

Um das Cholesterin aus der Teigware zu gewinnen, wird diese in gut zerkleinertem Zustand mit Äther übergossen (15 g + 30 ccm) und mehrere Stunden unter öfterem Umschwenken ausgezogen. Der Äther wird abfiltriert, der Rückstand nochmals mit Äther (20 ccm) ausgeschüttelt und die vereinigten ätherischen Filtrate eingedunstet. Der verbleibende Trockenrückstand wird mit 2 ccm alkoholischer MEISSLscher Kalilauge bis zur völligen Verseifung des Fettes erhitzt. Nach Aufnahme der Seife in etwa 5 ccm Wasser wird das Cholesterin mit Äther ausgeschüttelt und nach Abtrennung des Auszugs der Äther wieder abgedampft. Der Rückstand ist das Rohcholesterin, es kann nötigenfalls nochmals gereinigt werden. Die Lösung des Rohcholesterins in Chloroform (12 ccm) kann nun nach einem oder mehreren der nachstehend beschriebenen Verfahren auf Cholesterin geprüft werden.

Nach Verdunsten des Chloroforms krystallisiert man den Rückstand aus absolutem Alkohol um. Bei Anwesenheit von Cholesterin bildet dieses charakteristische Krystalle[1]. Läßt man dann zu den Krystallen vom Rand des Deckgläschens her 80%ige Schwefelsäure zufließen, so schmelzen die Tafeln vom Rande her und färben sich karminrot, bei nachträglichem Zusatz von Jodjodkaliumlösung violett.

Zu 3 ccm der Chloroformlösung gibt man etwa 3 ccm konz. Schwefelsäure (SALKOWSKIsche Reaktion) und läßt 3 Stunden stehen. Bei Gegenwart von 2 Eigelb in 1 kg Mehl färbt sich die Chloroformschicht nach Ablauf dieser Zeit stark rot, und die untenstehende Schwefelsäure fluoresciert grüngelb. Bei Abwesenheit von Eigelb färbt sich das Chloroform von der Berührungszone an aufwärts höchstens schwach rosa.

Den Rückstand von 3 ccm der Chloroformlösung löst man in etwa 3 ccm Essigsäureanhydrid, setzt einige Tropfen konz. Schwefelsäure hinzu und schüttelt alsdann um (LIEBERMANNsche Reaktion). 2 Eier auf 1 kg Mehl geben alsdann eine vorübergehende stark rosenrote, dann tiefblaue bis blaugrüne Färbung. Tritt nur eine rötliche, ins blaßgrüne übergehende Färbung auf, so enthält die Teigware kein Ei.

[1] Dieses Handbuch, Bd. I, S. 288. Vgl. auch A. BÖMER: Z. 1898, 1, 42.

Die Bestimmung des Schmelzpunktes kann ebenfalls herangezogen werden. Das reine Cholesterin schmilzt nach A. BÖMER bei 150,5°, das Acetat bei 114,3—114,8°.

Eine ätherische Lösung, die in 10 ccm das Cholesterin von 50—100 g Eierteigware enthält, gibt bei Zusatz einiger Tropfen Bromlösung (1 g Brom in 10 ccm Eisessig) eine deutliche Fällung büschelförmig angeordneter Nadeln von Dibromcholesterin. G. POPP[1] konnte bei Verwendung von 1 Ei auf 1 kg Mehl noch deutliche Fällungen erhalten.

b) Bestimmung der wasserlöslichen Eibestandteile; Nachweis des Zusatzes von Ganzei, Eiweiß oder Eigelb.

Bei der Auswertung der Untersuchungsergebnisse, die mit einem der nachstehend beschriebenen Verfahren erhalten werden, ist immer zu bedenken, daß bei den überall angewendeten wäßrigen Auszügen aus dem Untersuchungsmaterial dann leicht ein falsches Bild erhalten wird, wenn bei der Herstellung der Teigwaren Trockenganzei verwendet wurde. Ist nämlich dieses Trockenei bei der Herstellung zu hoch erhitzt worden, dann sind die wasserlöslichen Eiweißstoffe stark vermindert, und die Reaktionen verlaufen ganz oder teilweise negativ.

Der Nachweis von Eiern in Teigwaren mit Hilfe des biologischen Verfahrens wurde schon frühzeitig entwickelt. So wurde, nachdem UHLENHUTH[2] schon auf den außerordentlich scharfen serologischen Nachweis von Hühnerei hingewiesen hatte, im Jahre 1903 von D. OTTOLENGHI[3] eine Arbeitsweise angegeben, mit der er den Nachweis von Hühnereigelb in Teigwaren mit dem entsprechenden von Kaninchen gewonnenen Antiserum durchführte.

Eine halbquantitative Methode für den Nachweis von Ganzei beschrieben dann CH. ARRAGON und M. BORNAND[4]. Sie schließen aus der Geschwindigkeit, mit der bei der Präcipitation die Trübung auftritt, und aus der Stärke der Trübung auf den Eigehalt der betreffenden Teigware.

F. GOTHE[5] hat die Fällungsreaktion dann weitgehend quantitativ gestaltet, indem er die erhaltenen Niederschläge nach dem Zentrifugieren mißt. Weiterhin verwendet er mit gutem Erfolg spezifische Sera zum Nachweis von Eigelb und Eiweiß.

Zur Gewinnung der Immunsera werden den Kaninchen gemäß der UHLENHUTHschen Injektionstechnik[6] in Zwischenräumen von 5—7 Tagen je 5 ccm der betreffenden 1 : 20 verdünnten Lösung bzw. Aufschwemmung von Eiweiß, Eigelb oder Ganzei intravenös eingespritzt. Für den Nachweis von Ganzei wird das Impfmaterial in der Weise konserviert, daß der gesamte Inhalt eines frischen Hühnereies gequirlt im sterilen Zylinder abgemessen und mit dem gleichen Volumenteil Glycerin versetzt wird. Im Eisschrank aufbewahrt, hält sich diese Lösung unbegrenzt lange. Für die Einspritzung werden von letzterer einige Kubikzentimeter mit physiologischer Kochsalzlösung im Verhältnis 1 : 10 verdünnt. Das Arbeiten mit Eiklar geschieht sinngemäß. Zur Reingewinnung des für die Injektion bestimmten Eigelbs wird nach UHLENHUTHs Angabe das Eiweiß abgegossen und der Dotter in verflüssigte Gelatine gebracht. Nach dem Erstarren wird die über dem Eigelb befindliche Gelatine entfernt und der Dotter nun mittels Pipette rein gewonnen.

---

[1] G. POPP: Zeitschr. öffentl. Chem. 1908, **14**, 459.
[2] UHLENHUTH: Deutsch. med. Wochenschr. 1900, **46**, 734.
[3] D. OTTOLENGHI: Arch. Science Mediche 1903, **27**; **Z.** 1904, 8, 438.
[4] CH. ARRAGON u. M. BORNAND: Chem.-Ztg. 1913, **37**, 1345.
[5] F. GOTHE: **Z.** 1915, **30**, 389.
[6] Vgl. UHLENHUTH u. WEIDANZ: Praktische Anleitung zur Ausführung des biologischen Eiweißdifferenzierungsverfahrens. Jena 1909.

Zur Prüfung auf Brauchbarkeit des Serums werden von der dritten Injektion ab Probeblutentnahmen vorgenommen. Nach 4—5 Einspritzungen zeigt im allgemeinen das Serum einen brauchbaren Titer, d. h. das Immunserum erzeugt in der homologen Antigenverdünnung 1 : 10000 bis 1 : 20000 eine deutliche Präcipitation. Die Tiere werden 8—10 Tage nach der letzten Injektion aus der Carotis entblutet, das Serum durch ein halbstündiges Erwärmen auf 56° inaktiviert und zur Konservierung mit 0,1% Diaphtherin[1] versetzt.

Zur Bestimmung von Ganzei in Teigwaren geht man nun folgendermaßen vor: 4 g der gesiebten, gepulverten Teigware werden im 100 ccm-Kolben mit steriler physiologischer Kochsalzlösung gleichmäßig verteilt und über Nacht im Eisschrank stehen gelassen. Nach Auffüllung zur Marke bei 15° C und nach guter Durchmischung wird der Kolbeninhalt durch ein Faltenfilter in einen 100 ccm-Zylinder filtriert; die ersten 30 ccm werden verworfen und vom Restfiltrat 4 ccm in ein Zentrifugenröhrchen (s. u.) pipettiert. Ein leichtes Opaleszieren des Filtrates stört nicht. Nach dem Zufügen von 1 ccm eines im Verhältnis 1 : 5 verdünnten Hühnerei-Antiserum, Titer ungefähr 1 : 10000 bis 20000, werden die Röhrchen mit Gummistopfen verschlossen, vorsichtig durchmischt, 60 Minuten im Brutschrank bei 37° belassen und 5 Minuten lang bei einer Tourenzahl von 3000 zentrifugiert. Von der Spezifität der Fällungen hat man sich stets durch Kontrollversuche zu überzeugen.

Der Form nach entsprechen die benutzten Röhrchen den Zentrifugengläsern nach TROMMSDORFF. Es muß aber darauf geachtet werden, daß der Übergang von dem weiten Teil zur Capillare trichterförmig ausgeführt wird, da das Sediment andernfalls nur teilweise in die Capillare gelangt. Der untere graduierte Teil, die Capillare, ist genau in tausendstel Kubikzentimeter eingeteilt und faßt einen Gesamtinhalt von 40 cmm. Die Röhrchen werden mit destilliertem Wasser unter Zuhilfenahme eines zur Capillare ausgezogenen Glasröhrchens oder eines abgerundeten Metalldrahtes gereinigt und vor dem Gebrauch mit Alkohol und Äther getrocknet. Eine besondere Sterilisation ist dann nicht erforderlich.

Bei Innehaltung dieser Arbeitsweise fand GOTHE bei einem Eigehalt von 100 g auf 1 Pfund Mehl eine Präcipitathöhe von 32,5 cmm und stellte weiterhin fest, daß die Schichthöhen entsprechend dem Eigehalt zu- bzw. abnehmen. Diese Zahl von 32,5 cmm bei 100 g Ei auf 500 g Mehl kann jedoch nicht als feststehend angesehen werden, sondern wird je nach dem Präcipitationstiter der einzelnen Sera etwas höher oder niedriger liegen. Es ist daher erforderlich, daß sich jeder Versuchsansteller die Vergleichsware selbst herstellt, die Schichthöhen mit seinem Serum ermittelt und diese von Zeit zu Zeit nachprüft.

Die Untersuchung auf Eiweiß bzw. Eigelb in Teigwaren wird, wenn die Ware ungefähr den vorgeschriebenen Eigehalt hat, in der Weise vorgenommen, daß 1 ccm der für die quantitative Bestimmung des Eigehaltes verwendeten Stammlösung (4 g auf 100 ccm) 10fach verdünnt wird (1 ccm filtrierter Nudelextrakt + 9 ccm physiologische Kochsalzlösung). Je 1 ccm dieser Lösung wird in 2 Präcipitationsröhrchen pipettiert (Röhrchen 1 und 2) und im einen Glas mit 0,1 ccm Eiklar- und im anderen mit 0,1 ccm Eigelb-Immunserum unterschichtet. Als Kontrolle dienen die in gleicher Weise hergestellten Auszüge aus:

1. Teigwaren mit bekanntem Eigehalt (Röhrchen 3 und 4),
2. Wasserteigwaren ohne Eimasse (Röhrchen 5 und 6) und
3. je 1 ccm Physiologische Kochsalzlösung (Röhrchen 7 und 8). Bei Zusatz des Antiserums 1 : 10000 muß, falls die Probe Ganzei enthält, in Röhrchen 1—4 eine Präcipitation eintreten, während die Röhrchen 5—8 klar bleiben.

[1] Verbindung von 1 Mol o-Phenolsulfosäure mit 2 Mol o-Oxychinolin.

Von A. SCHMID[1] wird ein Verfahren beschrieben, das zum Nachweis der Verwendung von Ganzei oder von Eigelb dienen kann, wenn der Eigehalt als solcher feststeht. Grundlage des Verfahrens ist die Löslichkeit des Albumins in Wasser. Von der gepulverten und durch ein Sieb von etwa 0,6 mm Maschenweite gesiebten Teigware werden 30 g mit 150 ccm Wasser eine halbe Stunde lang im Schüttelapparat ausgeschüttelt. Ist nach einigem Stehen die Klärung erfolgt, was meist binnen einer Stunde erreicht ist, dann wird die Flüssigkeit durch ein Wattebäuschchen filtriert. Bei ungenügender Klärung empfiehlt es sich, vorher zu zentrifugieren. Von dem geklärten Auszug bringt man nun 20 ccm in ein Zentrifugengläschen, dessen unterer Teil in $^1/_{10}$ ccm eingeteilt ist, erhitzt das im Wasserbad stehende Gläschen, beginnend bei 50°, allmählich bis auf 80—85°, beläßt 10 Minuten bei dieser Temperatur, setzt 2 ccm 10%ige Salpetersäure hinzu und zentrifugiert schließlich. Der Eizusatz wird nun durch Vergleich des Volumens der Albuminfällung mit dem einer Teigware von bekanntem Eigehalt ermittelt.

H. KREIS[2], der das Verfahren als gut bezeichnet, empfiehlt jedoch, da das Volumen der erhaltenen Niederschläge außer vom Eigehalt auch ganz erheblich von der Zeit des Zentrifugierens abhängig sei, die gefundenen Werte besser nicht als solche anzugeben, sondern in Form des Eiweißquotienten

$$= \frac{\text{Eiweißvolumen der untersuchten Ware}}{\text{Eiweißvolumen der Normalware.}}$$

Bei Teigwaren, die mit der vorschriftsmäßigen Menge Ganzei auf 1 kg Grieß hergestellt worden sind, wird der Quotient nahezu 1 betragen, während Teigwaren, die nur Eigelb enthalten, einen Quotienten von 0,1—0,3 ergeben. In Anlehnung an das Verfahren von A. SCHMID stellt A. SCHWICKER[3] ebenfalls einen wäßrigen Auszug her, indem er 2 g Teigwarenpulver mit 50 ccm Wasser in einem 100 ccm-ERLENMEYER-Kolben von 10 zu 10 Minuten kräftig umschüttelt und dann 20 Minuten absitzen läßt. Danach wird durch ein Faltenfilter filtriert. Das Filtrat opalesziert schwach. Der Verfasser gibt nun zwei verschiedene Methoden an. Einmal werden je 10 ccm des wäßrigen Auszugs mit je 5 ccm einer Lösung von 5 g β-Naphthalinsulfosäure in 100 ccm Wasser gut durchgemischt, wobei zunächst nur eine weiße Trübung auftritt. Die Reagensröhrchen werden in ein Wasserbad von 80° gesetzt und die Zeit bis zum Beginn der Ausflockung gemessen. Bei dem anderen Verfahren werden wiederum 10 ccm Auszug mit 5 ccm einer Lösung von 10 g Citronensäure und 5 g Pikrinsäure in 500 ccm Wasser (ESBACHs Reagens) vermischt und 24 Stunden stehen gelassen. In diesem Fall wird die Menge des Niederschlags gemessen. Bei beiden Verfahren muß man zum Vergleich Teigwaren von bekanntem Eigehalt heranziehen.

Zur Bestimmung des Eiweißes (Albumin und Globulin) geht E. VAUTIER[4] folgendermaßen vor: Mit 250 ccm Wasser werden 25 g fein zerkleinerte Nudeln bei gewöhnlicher Temperatur 30 Minuten auf der Schüttelmaschine geschüttelt. Alsdann wird durch ein trockenes Filter filtriert, 200 ccm des klaren Filtrates mit 220 g krystallisiertem Magnesiumsulfat versetzt, 1 Stunde auf ein siedendes Wasserbad gestellt und dann auf kleiner Flamme 5 Minuten im Kochen gehalten. Man filtriert durch ein Papierfilter, auf dem sich Infusorienerde befindet, wäscht mit 350—400 ccm kochendem Wasser aus und trocknet bei 100°. Der Inhalt

[1] A. SCHMID: Mitt. Lebensmittelunters. Hygiene 1902, **3**, 193—199; siehe auch Chem.-Ztg. 1912, **36**, 796.

[2] H. KREIS: Bericht über die Lebensmittelkontrolle im Kanton Basel-Stadt 1917, S. 43—45; **Z.** 1918, **35**, 455.

[3] A. SCHWICKER: **Z.** 1937, **73**, 33.

[4] E. VAUTIER: Mitt. Lebensmittelunters. Hygiene 1922, **13**, 63.

wird nun aus dem trockenen Filter in eine Platinschale gebracht, gewogen, verascht und wiederum gewogen. Der Gewichtsverlust gibt den Gehalt an Albumin an. Nudeln, die ohne Eizusatz hergestellt waren, ergaben im Durchschnitt nach diesem Verfahren 0,8—1,2% Albumin, Handelsware mit Eizusatz 1,3—2,0%. Bei Nudeln, die vom Verfasser hergestellt waren, fand dieser ohne Ei 1,1%, mit 1 Ei 1,3%, mit 2 Eiern 1,7% und bei Teigwaren mit 3 Eiern 2,1% Albumin.

P. LEONE[1] weist das Albumin nach, indem er in gut verschlossenem Kolben 70 g der gepulverten Teigware eine Stunde lang mit 100 ccm Wasser stehen läßt. Von dem klaren Filtrat werden 5 ccm mit der gleichen Menge einer Lösung von 2% Citronensäure und 1% Pikrinsäure versetzt. Ein gelber Niederschlag zeigt das Vorhandensein von Hühnerei an. Der Kolbeninhalt wird nun bis zum Ausbleiben der Pikrinsäurereaktion mit Wasser ausgewaschen und nun mit 25 ccm einer 10%igen Kochsalzlösung behandelt. Kocht man alsdann das Filtrat auf, so zeigt eine Koagulation die Anwesenheit von Hühnereigelb an. Bei Ausführung der oben beschriebenen Pikrinsäurereaktion im ESBACHschen Albuminometer erhält man bei Teigwaren, die 2 Eier auf 1 kg Mehl enthalten, einen Niederschlag, der ungefähr die Hälfte der Skala einnimmt. Diese Reaktion wird auch von M. SETTIMJ[2] empfohlen.

In ganz anderer Richtung arbeiten F. SCHAFFER und E. GURY[3]. Sie beschreiben ein Verfahren zum Nachweis von Eiern in Teigwaren, das darauf beruht, daß Eieralbumin die Reduktion von alkalischer Kupfersulfatlösung, die durch die in Teigwaren vorhandenen reduzierenden Zucker (und auch Glucosamin) hervorgerufen wird, merklich hemmt. Die Bestandteile des Eigelbs üben zwar auch eine hemmende Wirkung aus, jedoch in viel geringerem Maße als das Eialbumin. Dem Glutin und auch den Albuminaten der Milch kommt diese hemmende Wirkung nicht zu.

In einem Kölbchen werden 5 g kleingemahlene Teigware bei Zimmertemperatur mit 50 ccm destilliertem Wasser angeschüttelt, und nach 2 Stunden Wartezeit, während derer man öfters durchschüttelt, wird die Lösung abfiltriert. In einem weiten Reagensrohr setzt man zu 10 ccm Filtrat 1 ccm N.-Natronlauge und 2 ccm einer 1%igen Kupfersulfatlösung zu und mischt. Das Reagensglas wird in ein Gefäß mit Wasser von 50° gebracht (Temperatur genau einhalten). Bei durchfallendem Licht wird nun beobachtet, wie lange es dauert, bis die blaue bzw. blauviolette Färbung der Flüssigkeit durch Reduktion des Kupfersulfats völlig verschwunden ist. Bei Wasserteigwaren ohne Eigehalt ist die vollständige Reduktion nach 21—23 Minuten beendigt. Bei Verwendung von 1 Ei auf 1 kg Grieß betrug die Zeit 32—34 Minuten, bei 2 Eiern 39—41 Minuten, bei 3 Eiern 49—50 Minuten. Teigwaren, die 3 Eigelb auf 1 kg Grieß enthielten, erforderten 31—36 Minuten, solche die ohne Eier, jedoch mit Magermilch hergestellt waren, 22—24 Minuten. Das Alter der Teigwaren scheint keinen Einfluß auf das Ergebnis zu haben. Zu beachten ist nur, daß künstliche Färbung je nach Art und Stärke des Farbstoffes unter Umständen die Reduktionsdauer herabmindert. Eine Schwierigkeit des Verfahrens besteht darin, daß der Zeitpunkt der vollständigen Reduktion des Kupfers nur schwer ganz genau festgestellt werden kann, doch wird man bei einiger Übung wohl keine allzu großen Abweichungen erhalten.

L. FARCY[4] bestimmt bei seinem Verfahren den Stickstoffgehalt von wäßrigen Auszügen nach KJELDAHL. In zwei 200 ccm-Meßkolben werden je 10 g der

---

[1] P. LEONE: Annali Chim. appl. 1925, **15**, 156.
[2] M. SETTIMJ: Annali Chim. appl. 1929, **19**, 182.
[3] F. SCHAFFER u. E. GURY: Mitt. Lebensmittelunters. Hygiene 1916, **7**, 217.
[4] L. FARCY: Ann. Falsif. 1914, **7**, 183—187.

gepulverten Teigware mit 150 ccm Wasser gut verteilt. Der eine Kolben wird nun 2 Stunden in ein kochendes Wasserbad gesetzt, der andere unter öfterem Umschütteln mehrere Stunden kalt stehen gelassen. Schließlich werden beide Extrakte bei Zimmertemperatur auf 200 ccm aufgefüllt und abfiltriert. Um die Filtration zu erleichtern, empfiehlt es sich, vorher zu zentrifugieren. In je 50 ccm der beiden Filtrate wird dann der Stickstoff nach KJELDAHL bestimmt.

TH. V. FELLENBERG[1] hat das SCHMIDsche Verfahren (s. S. 278) abgeändert. Von der feingepulverten und gesiebten Teigware werden 10 g in einem Kölbchen mit 50 ccm Wasser angeschüttelt. Nachdem man 2 Minuten kräftig geschüttelt hat, wartet man noch 10—15 Minuten und filtriert die Mischung ab. Die ersten 15 ccm des Filtrates werden wieder auf das Filter zurückgegeben, die Filtration der Gesamtmenge dauert ungefähr 2 Stunden. Die Eiweißfällung wird nun in 25 ccm des Filtrates vorgenommen. Diese werden mit 25 g krystallisiertem Magnesiumsulfat ($MgSO_4 + 7\,H_2O$) versetzt und unter ständigem Umschwenken 1 Minute in Wasser von 30° erwärmt. Nachdem die entstandene Fällung sorgfältig durch ein Faltenfilter abfiltriert ist, werden wieder 25 ccm des vollkommen klaren Filtrates in einem Reagensglas von 50 ccm Inhalt 5 Minuten im siedenden Wasserbad erhitzt. Hierbei ergibt Eierteigware eine reichliche Fällung, während eifreie Ware nur eine leichte Trübung zeigt. Jetzt werden 2,5 ccm 5%ige Kupfersulfatlösung zugesetzt, gut umgerührt, und weiterhin einige Minuten erhitzt. Hier tritt auch bei eifreier Ware eine leichte Fällung auf. Das koagulierte Eiweiß wird nun restlos auf ein 8 cm Filter gebracht und 4mal mit heißem Wasser ausgewaschen. Mit 3 ccm konz. Schwefelsäure, 1 g Kupfersulfat und 1 g Kaliumsulfat wird in einem Mikro-KJELDAHL-Kolben verbrannt und daneben mit einem gleichen Filter ein Blindversuch angestellt. Nach dem Erkalten fügt man je 25 ccm Wasser zu und neutralisiert — nach abermaligem Erkalten — mit so viel Natronlauge, wie den 2 ccm konz. Schwefelsäure entspricht. Vorgelegt werden bei Eierteigware 5 ccm, bei eifreier Ware 2 ccm 0,1 N.-Schwefelsäure. Der Verbrauch des Blindversuchs (ungefähr 0,08 ccm) wird abgezogen. Die Titrationen werden mit einer Feinbürette ausgeführt.

Unter Berücksichtigung der Volumverhältnisse und der Tatsache, daß nach dem beschriebenen Verfahren das Eiklareiweiß zu 64% wiedergefunden wird, stellt v. FELLENBERG folgende Formeln auf:

$$\text{Stickstoffsbstz. } P \text{ in } \% = \frac{100 \cdot \text{Verbrauch an ccm 0,1 N.-Schwefelsäure}}{3{,}22} \cdot 0{,}014 \cdot 6{,}25$$

$$\text{Eierklareiweiß } E \text{ in } \% = P - 0{,}1;$$

$$\text{die Gramme Eiinhalt je kg Teigware} = E \cdot \frac{0{,}866}{150};$$

$$\text{die Anzahl Eier je kg Teigware} = E \cdot \frac{3}{0{,}866}.$$

Die Brauchbarkeit des Verfahrens wird von E. MÜLLER[2] bestätigt, wobei allerdings auf die Tatsache hingewiesen wird, daß bei Verwendung von Eikonserven zu niedrige Werte gefunden werden können, die aber auf das teilweise Unlöslichwerden des Eiproteins zurückzuführen sind. Zur Vereinfachung der Berechnung schlägt MÜLLER die nachstehenden Formeln vor:

$$P \text{ in } \% = \text{Verbrauch an ccm 0,1 N.-Schwefelsäure} \cdot 0{,}272;$$

$$E \text{ in } \% = P - 0{,}1;$$

$$\text{Gramme Eiinhalt je kg Teigware} = E \cdot 173.$$

---

[1] TH. V. FELLENBERG: Mitt. Lebensmittelunters. Hygiene 1930, **21**, 205.
[2] E. MÜLLER: Mitt. Lebensmittelunters. Hygiene 1934, **25**, 313.

Die Einwirkung von salzsaurer Pepsinlösung auf die Eierteigware wird von G. BRAGAGNOLO[1] dem Nachweis von Eiern in Teigware zugrunde gelegt. Bei Gegenwart von Ei geht der titrierbare Gehalt an freier Säure in der salzsauren Pepsinlösung zurück. Die Pepsinlösung wird in der Weise hergestellt, daß man 25 g Pepsin in so viel 0,05 N.-Salzsäure löst, bis die Lösung einen p_H-Wert von 1,4—1,7 besitzt. Nunmehr stellt man von einem bestimmten Anteil den Laugeverbrauch fest, wobei auf Phenolphthaleinumschlag titriert wird. 10 g der feinst zerkleinerten Teigware werden mit 50 ccm der salzsauren Pepsinlösung angeschüttelt und langsam auf 37° erwärmt, 10 Minuten bei 37° gehalten, durch Kältemischung abgekühlt, um die Einwirkung des Pepsins zu beenden, und endlich durch ein weiches Filter filtriert. Einen bestimmten Anteil des Filtrates titriert man dann wie oben. Bei Anwesenheit von Ei nimmt der Säuregehalt gegenüber dem Ausgangswert ab, bei eifreier Ware findet man dagegen eine Zunahme.

c) Bestimmung des Eigehaltes durch acidimetrische Titration.

Von R. STROHECKER, R. VAUBEL und O. HEUSER[2] ist ein Verfahren geschaffen worden, dem die Einwirkung von alkoholischer Sulfosalicylsäurelösung auf das Teigwarenpulver zugrunde liegt. Die Absorption der Sulfosalicylsäure durch die Teigware nimmt mit steigendem Eigehalt zu, so daß sich das Verfahren zum Nachweis und zur annähernden Bestimmung des Eigehaltes einer Teigware eignet. Das Titrationsverfahren wurde bei der Lebensmittelkontrolle laufend als orientierende Bestimmung angewendet, wobei selbstverständlich im Beanstandungsfall der Eigehalt auch noch nach einem der üblichen Verfahren bestimmt wurde; es hat sich immer gute Übereinstimmung ergeben.

Die Absorption der Sulfosalicylsäure ist, wie Untersuchungen lehrten, fast ausschließlich auf Bestandteile des Eigelbs zurückzuführen. Teigwaren, die kein Ei, sondern nur pflanzliches Lecithin enthalten, verhalten sich wie Wasserwaren.

Arbeitsvorschrift: 5,0 g des feingemahlenen und gesiebten (Sieb V des DAB.) Teigwarenpulvers werden in einem kleinen Kölbchen mit 50 ccm einer 0,1 molaren alkoholischen Lösung von Sulfosalicylsäure (MERCK pro analysi) versetzt. Zur Bereitung der Lösung werden 25,4137 g in 96%igem Alkohol zu einem Liter aufgelöst. Das mit der alkoholischen Sulfosalicylsäurelösung versetzte Teigwarenpulver läßt man im verschlossenen Kölbchen unter häufigem Umschütteln 30 Minuten stehen und filtriert dann durch ein Faltenfilter (Trichter mit Uhrglas bedecken). 20 ccm des Filtrates, das völlig klar sein muß, werden aus einer Feinbürette ohne Verwendung eines Indicators mit wäßriger 0,1 N.-Natronlauge zurücktitriert, wobei der Endpunkt der Titration allein durch das Auftreten einer ganz schwachen Opalescenz angezeigt wird.

Wasserwaren zeigen einen Verbrauch von 2,8—3,8 ccm 0,1 N.-Natronlauge. Teigwaren, die weniger als 1,5 ccm 0,1 N.-Natronlauge verbrauchen, sind bezüglich des Eigehaltes nicht zu beanstanden, sofern sie 2,5 Ei auf 1 kg Mehl enthalten sollen. „Eierteigwaren", die über 1,8 ccm Lauge verbrauchen, besitzen nicht den vorgeschriebenen Eigehalt.

Die untersuchten Handelseiwaren zeigten einen Verbrauch von 0,9 bis höchstens 1,5 ccm 0,1 N.-Natronlauge, wobei 1,5 ccm Lauge in Übereinstimmung mit der Lecithinphosphorsäurebestimmung einem Eigehalt von 2 Eiern auf 1 kg Mehl entsprach.

---

[1] G. BRAGAGNOLO: Giorn. Chim. ind. appl. 1933, 15, 177.

[2] R. STROHECKER, R. VAUBEL u. O. HEUSER: Ztschr. f. Vorratspflege und Lebensmittelforschg. 1938, 1, 248.

Bei selbsthergestellten Nudeln wurden unter Anwendung der oben geschilderten Sulfosalicylsäuremethode die nachstehend zusammengestellten Natronlaugemengen zur Rücktitration verbraucht:

2 Ganzei	auf	1 kg	Mehl . . .	1,5 ccm 0,1 N.-NaOH
4 „	„	1 kg	„ . . .	1,0 ccm 0,1 N.-NaOH
6 „	„	1 kg	„ . . .	0,7 ccm 0,1 N.-NaOH
2 Eigelb	„	1 kg	„ . . .	2,1 ccm 0,1 N.-NaOH
4 „	„	1 kg	„ . . .	1,4 ccm 0,1 N.-NaOH
6 „	„	1 kg	„ . . .	0,7 ccm 0,1 N.-NaOH

d) Bestimmung der Lecithinphosphorsäure (alkohollösliche Phosphorsäure).

Die im folgenden Abschnitt zusammengestellten Verfahren bemühen sich, das Lecithin zu bestimmen, indem sie den Phosphorsäuregehalt des Lecithins zugrunde legen.

A. JUCKENACK[1] hat als Erster ein geeignetes Verfahren geschaffen und gleichzeitig Zahlen über den Gehalt der Eier an Lecithinphosphorsäure bzw. an alkohollöslicher Phosphorsäure veröffentlicht. Ein Ei von 47 g enthält danach im Durchschnitt 0,1316 g Lecithinphosphorsäure. Diese Menge ist bei Verwendung des Ganzeies in 12,375 g Trockensubstanz, bei Verwendung des Eigelbs in 7,835 g Trockensubstanz enthalten. Für das zur Herstellung verwendete Mehl wird von JUCKENACK zugrunde gelegt, daß 100 g Mehltrockensubstanz 0,0225 g alkohollösliche Phosphorsäure enthalten. — Es sei hier daran erinnert, daß die heutzutage häufig verwendeten Hartweizengrieße und Mehle einen höheren Gehalt an alkohollöslicher Phosphorsäure aufweisen (ungefähr 0,008 g mehr). — Der mittlere Trockensubstanzgehalt der Mehle wurde von JUCKENACK mit 86,95% angenommen. Aus den genannten Zahlen wurde dann von ihm für bestimmte Eigehalte die zu erwartende Menge Lecithinphosphorsäure errechnet.

Tabelle 7.

Anzahl der Eier bzw. Eigelbe auf 1 kg Mehl	Lecithinphosphorsäure in der Trockensubstanz bei der Verwendung von Ganzei %	Lecithinphosphorsäure in der Trockensubstanz bei Verwendung von Eigelb %
2	0,0513	0,0518
4	0,0786	0,0801
6	0,1044	0,1075
8	0,1289	0,1339
10	0,1522	0,1595
12	0,1743	0,1842
14	0,1955	0,2081
16	0,2156	0,2313
18	0,2348	0,2538
20	0,2531	0,2755

Eigehalte unter 2 Eiern in 1 kg Mehl berechnet man nach folgender Formel, die auch bei höheren Eigehalten zugrunde gelegt werden kann.

$$x = \frac{10 \cdot 86{,}95 \cdot (y - 0{,}0225)}{100 \cdot 0{,}1316 - (t \cdot y)}.$$

Hierin bedeutet t den durchschnittlichen Trockensubstanzgehalt des Ganzeies bzw. des Eigelbs (s. o.), die je nachdem eingesetzt werden müssen, ob es sich um eine Eierteigware mit Ganzei oder Eigelb handelt. An Stelle von y sind die Prozent Phosphorsäure, berechnet auf Trockensubstanz, einzusetzen, die bei der Bestimmung gefunden wurden.

Sollte es sich in besonderen Fällen darum handeln, aus bekannten Rohstoffen den theoretisch zu erwartenden Prozentgehalt an Lecithinphosphorsäure zu errechnen, dann verwendet man folgende Formeln:

$$\text{Prozent Lecithinphosphorsäure in der Trockensubstanz} = \frac{(z + a \cdot L) \cdot 100}{(10 \cdot t) + a \cdot T)};$$

$$z = \frac{10 \cdot l \cdot t}{100}.$$

[1] A. JUCKENACK: Z. 1900, **3**, 13.

Hierin bedeutet:

a die Anzahl der ganzen Eier bzw. Eigelbe auf 1 kg Mehl.

L die Gramme Lecithinphosphorsäure in einem Ganzei bzw. Eigelb.

l die Gramme Lecithinphosphorsäure in 100 g der Mehl- bzw. Grießtrockensubstanz.

T die Gramme Trockensubstanz eines ganzen Eies bzw. Eigelbes.

t die Gramme Trockensubstanz von 100 g des verwendeten Mehles bzw. Grießes.

Zur Bestimmung der Lecithinphosphorsäure wendet A. JUCKENACK[1] 35 g der fein zerkleinerten und durch Sieb V des DAB. gesiebten Probe an; diese werden mit kleinen Flocken Asbest oder entfetteter Watte gemischt in eine Papierpatrone gebracht, deren Boden von innen mit Watte ausgelegt ist, um ein Mitreißen von Mehl zu vermeiden. Auf das Nudelpulver wird wiederum eine Watteschicht aufgebracht und schließlich die Patrone zugefaltet. Die übliche SOXHLETHsche Extraktionshülse ist nochmals mit einem Glasmantel umgeben, in dem die Alkoholdämpfe vom Kolben her in den Kühler steigen können. Dieser Dampfmantel ist notwendig, um die Extraktion bei möglichst hoher Temperatur vor sich gehen zu lassen. Vor Beginn der Extraktion ist die fertig gefüllte Patrone mehrere Stunden über Phosphorschwefelsäure zu trocknen. Als Extraktionsmittel wird absoluter Alkohol verwendet. Der Kolben wird auf einem Asbestdrahtnetz auf freier Flamme erhitzt und 12 Stunden lang extrahiert. Alsdann wird der Alkohol abgedampft, der Rückstand mit 5 ccm 20%iger alkoholischer Kalilauge (nach MEISSL) verseift und die in Wasser gelöste Seife in eine Platinschale gespült. Nach vorsichtigem Eindampfen und Trocknen wird über kleiner Flamme verkohlt, die Kohle mit verdünnter Salpetersäure ausgezogen, abfiltriert, das Filter für sich verascht und schließlich die salpetersaure Lösung zur Asche hinzugegeben und eingedampft. Der Trockenrückstand wird in verdünnter Salpetersäure gelöst und die Phosphorsäure mit Ammonmolybdat bestimmt.

Es ist noch darauf hinzuweisen, daß ein Zutritt von Wasser während der Extraktion unbedingt vermieden werden muß, da sonst zu hohe Phosphorsäurewerte gefunden werden. Unter Umständen ist der Kühler mit einem Chlorcalciumrohr zu verschließen.

Die Bestimmung der Lecithinphosphorsäure nach der Vorschrift von J. TILLMANS, H. RIFFART und A. KÜHN[2] hat den Vorzug besonderer Genauigkeit, da die Phosphorsäure als Strychninmolybdänphosphat bestimmt wird, wobei der Niederschlag das 39fache des zu ermittelnden P_2O_5-Gehaltes wiegt.

Folgende Reagenzien werden benötigt:

1. 1,5%ige Lösung von Strychninnitrat in Wasser.

2. Molybdän-Salpetersäure, bereitet durch Auflösen von 33,33 g Ammonmolybdat mit Wasser auf 100 ccm und Eingießen dieser Lösung in 300 ccm einer Salpetersäure, die aus einer Mischung von 200 ccm Salpetersäure von der Dichte 1,40 und 100 ccm Wasser besteht. Diese Lösung ist, solange keine Ausfällung von Molybdat entstanden ist, brauchbar. Das Fällungsreagens wird erst vor dem Gebrauch durch Hinzufügen von 5 ccm Strychninlösung zu 15 ccm Molybdänsalpetersäure bereitet.

3. „Perhydrol"-MERCK. Das Fällungsreagens darf mit dem zu verwendenden Perhydrol keinen Niederschlag geben.

Methode. Von einer größeren Menge feinst gepulverter und gesiebter Teigware wird eine Durchschnittsprobe von 10 g in eine Extraktionshülse gebracht, die man sich passend aus Filtrierpapier herstellt. Dann wird eine

[1] A. JUCKENACK: Z. 1900, **3**, 13.

[2] J. TILLMANS, H. RIFFART u. A. KÜHN: Z. 1930, **60**, 361.

Stunde im Trockenschrank bei 105° getrocknet und schließlich im Extraktionsapparat nach BESSON (Kolben aus Jenaer Glas) 3 Stunden mit lebhaft siedendem absolutem Alkohol extrahiert. Man erhitzt hierzu auf einem Drahtnetz. Nach 3 Stunden lebhafter Extraktion wird die Patrone aus dem Apparat entfernt und der Alkohol auf dem Wasserbad abdestilliert. Der Rückstand wird im Extraktionskolben mit 15 ccm Perhydrol und 5—10 ccm konz. Schwefelsäure versetzt, der Kolben mit einem abgesprengten Trichter verschlossen und das Gemisch unter dem Abzug auf dem Drahtnetz zuerst langsam bis zur beginnenden Braunfärbung erhitzt. Nach kurzem Stehen läßt man aus einem Tropftrichter mit angepaßtem stufenförmig gebogenem Ablaufrohr langsam Perhydrol zulaufen. Von Zeit zu Zeit unterbricht man die Perhydrolzugabe und prüft, ob sich bei kräftigem Erhitzen der Kolbeninhalt noch bräunt. Ist das nicht mehr der Fall, dann läßt man erkalten und bringt die Lösung durch Verdünnen mit Wasser (wieder abkühlen lassen) im Meßkolben auf ein Gesamtvolum von 100 ccm; 25 ccm dieser Lösung werden alsdann in einem Becherglase unter Zusatz von einem Tropfen Methylorange mit Ammoniak neutralisiert; das Volum wird auf 60 ccm gebracht und die kalte Lösung (ungefähr 15°) unter Umschütteln mit 20 ccm des Fällungsreagens versetzt. Der augenblicklich entstehende Niederschlag setzt sich sehr rasch ab und kann bereits nach 15—20 Minuten langem Stehen, während welcher Zeit man öfters umschwenkt, durch einen gewogenen Porzellanfiltertiegel filtriert werden. Das Überspülen und Auswaschen des Niederschlags erfolgt zunächst mit 25 ccm eisgekühltem, auf das 5fache mit Wasser verdünntem Fällungsreagens, hierauf noch so lange mit eisgekühltem Wasser, bis das Waschwasser Lackmus nicht mehr rötet. Schließlich wird der Tiegel im Trockenschrank bei etwa 100° bis zur Gewichtskonstanz getrocknet und gewogen.

Zur Berechnung der Prozente Lecithinphosphorsäure in der trockenen Teigware muß man noch den Wassergehalt wissen. Man setzt dann in die folgende Formel ein:

$$\%\ P_2O_5 \text{ in der Trockenmasse} = \frac{100 \cdot 40 \cdot \text{Auswaage}}{(100 - \%\ \text{Wassergehalt}) \cdot 39}.$$

In den „Erläuterungen zur Verordnung über Teigwaren" von F. SCHRÖDER und F. LAMPRECHT (zit. S. 269) wird zur Bestimmung der Lecithinphosphorsäure das Verfahren von G. POPP und NEUMANN in der nachfolgend mitgeteilten Abänderung durch K. WREDE und W. KLING[1] empfohlen. Danach werden 10 g der fein gemahlenen Teigware (Sieb 400 Maschen je Quadratzentimeter) mit 10 g Natr. sulfuric. sicc. und 40 g feinem Seesand gemischt und in einer selbstgefertigten Filtrierpapierpatrone 2 Stunden bei 105° getrocknet. Hierauf wird die Patrone 8 Stunden lang mit absolutem Alkohol im BESSON-Kolben aus schwer schmelzbarem Glas mit aufgesetztem Nickelkühler ausgezogen. Der Inhalt des Kolbens wird nach Herausnahme der Patrone unter dem Abzug bis beinahe zur Trockne eingedampft (zuletzt kleine Flamme). Man gibt nach und nach in kleinen Anteilen 20 ccm eines Gemischs von konz. Salpetersäure (1,4) und konz. Schwefelsäure 1 : 1 hinzu und erhitzt bis zum völligen Aufschluß, d. h. bis zur Farblosigkeit der Lösung (Trichter aufsetzen). Nach dem Erkalten versetzt man mit 150 ccm destilliertem Wasser und spült in einen Kantkolben von 500 ccm, gibt 70 ccm 50%iger Ammoniumnitratlösung hinzu und erhitzt bis zum beginnenden Sieden. Man fällt dann die Phosphorsäure mit 60 ccm 10%iger Ammonmolybdatlösung, läßt 2 Minuten unter Umschütteln stehen und kühlt ab. Nach dem Erkalten wird sofort durch ein quantitatives Filter abfiltriert. Der Niederschlag wird mit destilliertem Wasser ausgewaschen,

[1] K. WREDE u. W. KLING: Mitt. Ver. Deutsch. Lebensm.-Chem. 1933, Nr. 4, S. 9.

bis das Filtrat Lackmuspapier nicht mehr rötet. Das Filter wird mit dem Niederschlag in den Kantkolben zurückgegeben, der Niederschlag mit 0,25 N.-Lauge (je nach dem Phosphorsäuregehalt 20—40 ccm) unter Zugabe von etwas mit 0,1 N.-Natronlauge neutralisiertem destilliertem Wasser (20 ccm) und einigen Tropfen Phenolphthaleinlösung unter Kochen gelöst. Kochdauer ungefähr 10 Minuten bis zur vollständigen Vertreibung des freiwerdenden Ammoniaks. Dann wird mit neutralisiertem Wasser wieder ungefähr auf das alte Volumen aufgefüllt, abgekühlt und der Laugenüberschuß mit 0,25 N.-Schwefelsäure zurücktitriert. Es empfiehlt sich, in einem blinden Versuch die nicht verbrauchte Laugenmenge nach 10 Minuten langem Kochen mit Schwefelsäure zur Ermittlung einer notwendigen Korrektur zu titrieren. Für 10 ccm Überschuß an 0,25 N.-Lauge beträgt die Korrektur ungefähr 0,5 ccm, die von der verbrauchten Laugemenge abgezogen werden müssen, da ihre Bindung nicht durch Schwefelsäure, sondern durch die Kohlensäure der Luft erfolgte. 1 ccm 0,25 N.-Natronlauge entspricht 0,000634 g P_2O_5.

Nach P. Stadler[1] extrahiert man 2 g gemahlene und gesiebte Teigware nach vorheriger Trocknung in einem entsprechend kleinen Besson-Kolben mit 20—30 ccm absolutem Alkohol etwa 5 Stunden lang oder kocht 2 Stunden in einem gewöhnlichen Erlenmeyer nach Arragon (s. u.). Bei dem letzteren Verfahren ist allerdings zu beachten, daß der Ansatz ziemlich stark stößt. Die Extraktlösung wird dann auf weniger als 20 ccm eingedampft, eventuell filtriert und in einen Meßzylinder unter Nachwaschen mit absolutem Alkohol übergeführt, wo sie wieder auf 20 ccm gebracht wird. Von dieser Lösung pipettiert man 5 ccm in einen 100er Meßkolben, gibt 1 ccm Molybdänblaulösung zu, schüttelt und füllt 70 ccm kaltes Wasser zu. Man verwendet die in Band 2, Teil 2, S. 1262 angegebene, gegen Permanganat eingestellte Blaulösung. Das Kölbchen wird dann in ein Wasserbad von 55° gestellt und genau eine halbe Stunde darin belassen. Nach dem Abkühlen läßt man zu der blauen Lösung, in der, falls es sich überhaupt um Eiware handelt, einige tiefblaue feste Teilchen zu beobachten sind, aus einer Bürette 20 ccm Tetrachlorkohlenstoff zufließen und mischt alsdann gut. Das Wasser wird nunmehr auf 100 ccm aufgefüllt und der Inhalt des Meßkölbchens möglichst vollständig in einen Scheidetrichter übergeführt. Man schüttelt kräftig 10 Minuten lang, was sehr wichtig ist, da dann erst die Reaktion beendet ist. Die mehr oder minder blau gewordene Tetrachlorkohlenstofflösung klärt sich nach dem Absitzen, sie wird abgelassen und colorimetriert, indem man als Vergleichslösung den alkoholischen Extrakt von Teigwaren mit bekanntem Eigehalt benutzt, den man in der vorstehend genannten Weise hergestellt und weiterverarbeitet hat.

Schon sehr bald nach dem Bekanntwerden des Verfahrens von A. Juckenack (s. o.) hat Ch. Arragon[2] die Extraktion dahingehend abgeändert, daß er 45 g der gepulverten und gesiebten Probe in einen 500 ccm-Kolben bringt und mit 150 ccm Alkohol versetzt. Der Ansatz wird gewogen und eine halbe Stunde unter häufigem Umschütteln bei Zimmertemperatur stehen gelassen. Hierauf bringt man den Alkohol eine weitere halbe Stunde auf dem Wasserbad unter Verwendung eines Rückflußkühlers zum Sieden. Nach dem Erkalten wird der Kolben wieder gewogen, mit Alkohol auf das frühere Gewicht ergänzt, tüchtig geschüttelt und in einen Erlenmeyer abfiltriert. Sollte das Filtrat getrübt sein, so genügt es, die Flüssigkeit ruhig stehen zu lassen. Die Schwebestoffe setzen sich alsdann von selbst an der Kolbenwand fest. 100 ccm der alkoholischen Lösung werden in einer Platinschale zusammen mit 2 g Kaliumnitrat, 3 g wasserfreiem Natriumcarbonat und etwa 20 ccm Wasser eingedampft und

[1] P. Stadler: Zeitschr. analyt. Chem. 1937, **109**, 168.
[2] Ch. Arragon: Z. 1906, **11**, 520; **12**, 456.

der Rückstand verascht. In der Asche wird die Phosphorsäure als Molybdat bestimmt.

Nach den Versuchen von J. GROSSFELD[1] ist es möglich, von weit geringeren Stoffmengen als ARRAGON auszugehen, wenn man, wie folgt, verfährt. 10 g der feingemahlenen Teigware übergießt man in einem Rundkölbchen mit 100 ccm Alkohol, läßt nach Verschluß des Kölbchens eine halbe Stunde unter öfterem Umschütteln stehen und kocht dann eine weitere halbe Stunde am Rückflußkühler, indem man das Kölbchen durch Eintauchen in siedendes Wasser, jedoch so, daß der Boden des Wassergefäßes nicht berührt wird, im Sieden hält. Nach dem Erkalten filtriert man durch ein feinporiges, mit einem Uhrglase bedecktes Filter, verdampft 50 ccm des Filtrates (= 5 g Teigware) unter Zusatz von 1 ccm 8%iger alkoholischer Kalilauge zur Trockne, glüht unter Zusatz einiger Tropfen Magnesiumacetatlösung, nimmt die Asche in Salpetersäure auf, erwärmt nach Zusatz von 5 ccm 10%iger Ammonnitratlösung in einem Becherglas bis zum Sieden, entfernt die Flamme, fällt die heiße Lösung mit einem Überschuß von Molybdänlösung und läßt nach dem Abkühlen wenigstens 3 Stunden, besser noch bis zum nächsten Tage stehen. Alsdann saugt man durch einen mit Asbest und Kieselgur oder einem Scheibchen von feinporigem Filtrierpapier beschickten GOOCH-Tiegel, wäscht Becherglas und Tiegel mit möglichst wenig kaltem Wasser aus und spült darauf den Niederschlag nebst Asbestfilter in das Becherglas zurück. Dann setzt man 50 ccm 0,1 N.-Lauge hinzu, kocht 10 Minuten und titriert den Laugenüberschuß mit 0,1 N.-Salzsäure gegen Phenolphthalein zurück. 1 ccm der zur Neutralisation des Niederschlags verbrauchten 0,1 N.-Lauge entspricht 0,2536 mg P_2O_5.

TH. V. FELLENBERG[2] hält sich bei der Extraktion ebenfalls genau an die Angaben von ARRAGON, nur verwendet er 22,5 g Teigwarenpulver und 75 ccm 95%igen Alkohol in einem 300 ccm-Kolben. 50 ccm des auf Zimmertemperatur abgekühlten Filtrates, das auch etwas trüb sein kann, werden in einem Kolben im Wasserbad unter Zugabe eines Filtrierpapierschnitzels eingedampft. Der Rückstand wird mit 2 ccm konz. Schwefelsäure und 1—2 ccm konz. Salpetersäure (Dichte 1,40) versetzt. Nachdem sich die Reaktion beruhigt hat, erhitzt man und gibt weiter kleine Mengen Salpetersäure zu bis die Lösung gelb wird. Alsdann wird abgekühlt, 3—4 ccm Perhydrol zugegeben und nach Beendigung des Schäumens so lange erwärmt, bis weiße Dämpfe auftreten. Die Zerstörung der organischen Substanz kann in 5—10 Minuten beendet sein. Nach dem Erkalten wird der Rückstand in ein 150 ccm-Becherglas, das bei 50 ccm eine Marke trägt, gebracht, mit 5 ccm Salpetersäure (Dichte 1,40) versetzt und mit Wasser auf 50 ccm aufgefüllt.

Das Fällungsreagens nach LORENZ, das v. FELLENBERG verwendet, wird, wie folgt, hergestellt: 100 g Ammonsulfat werden unter Umrühren in 1 Liter Salpetersäure (Spez. Gewicht 1,35—1,36) in einem 2—3 Liter fassenden Kolben gelöst. Des weiteren werden 300 g Ammonmolybdat in heißem Wasser gelöst nnd nach dem Erkalten auf einen Liter aufgefüllt. Diese Lösung wird in dünnem Strahl unter Umschwenken in die Ammonsulfatlösung gegeben. Die Lösung wird nach 48 Stunden filtriert und gut verschlossen im Dunkeln aufgehoben.

Mit 50 ccm Reagens werden nun die 50 ccm der Phosphorsäurelösung versetzt, und zwar derart, daß das Reagens mitten in die Lösung einläuft. Man läßt den Niederschlag 5 Minuten absitzen, rührt dann 30 Sekunden mit einem Glasstab um und läßt bis zum nächsten Tage stehen. Nach dem Abfiltrieren mit einem Glasfiltertiegel wird 2—3mal mit 2%iger Ammonnitratlösung, 2mal mit

[1] J. GROSSFELD: Anleitung zur Untersuchung der Lebensmittel. Berlin: Julius Springer 1927.

[2] TH. V. FELLENBERG: Mitt. Lebensmittelunters. Hygiene 1930, 21, 205.

95%igem Alkohol und einmal mit Äther ausgewaschen. Der Tiegel wird eine halbe Stunde im Vakuumexsiccator getrocknet und dann gewogen. Multipliziert man den Niederschlag in Gramm mit 0,03314, so ergibt sich die Phosphorsäure (P_2O_5).

Es besteht auch die Möglichkeit, wie von L. SOBEL[1] empfohlen wird, einen bestimmten Anteil des nach der Vorschrift von JUCKENACK oder von ARRAGON (s. o.) hergestellten alkoholischen Auszugs nach Zugabe von 2—3 g Magnesiumchlorid und 3 g Salpeter, nach Abdampfen des Alkohols in einer Platinschale bei aufgelegtem Deckel vorsichtig zu veraschen. Die Asche wird in verdünnter Salzsäure aufgenommen, von unlöslichen Anteilen abfiltriert und schließlich aus dem warmen Filtrat mit Ammoniak das Magnesiumammoniumphosphat ausgefällt. Der Niederschlag kann nach einigen Minuten abfiltriert werden. Er wird mit ammoniakhaltigem Wasser ausgewaschen, getrocknet, geglüht und gewogen.

SOBEL hat auch zur vereinfachten Extraktion der alkohollöslichen Phosphorsäure 25 g der getrockneten und fein zermahlenen Probe je 3mal mit 100 ccm 96%igem Alkohol in der Reibschale gründlich verrieben, filtriert und schließlich ein viertes Mal mit so viel Alkohol nachgewaschen, als noch zum Auffüllen auf 300 ccm notwendig war.

G. BUOGO[2] bestimmt die Phosphorsäure durch colorimetrische Messung des aus dem Phosphormolybdänkomplex durch Reduktion mit Hydrochinon und Natriumsulfit gebildeten Molybdänblaues.

Von G. NADAI[3] wird neuerdings die Fällung eines Eisenmolybdänphosphorsäurekomplexes zur halbquantitativen und zur quantitativen Eigehaltsbestimmung herangezogen.

e) Bestimmung des Cholesterins.

Das erste Verfahren zur gewichtsanalytischen Bestimmung des Cholesterins wurde von H. CAPPENBERG[4] vorgeschlagen. Es dürfte heute wegen der notwendigen großen Menge Untersuchungsmaterial (400—500 g) kaum noch in Anwendung sein. In neuerer Zeit hat die Bestimmung des Cholesterins erheblich an Bedeutung gewonnen, nachdem entsprechend einfachere Verfahren zur Verfügung standen. Vor allem die weiter unten beschriebene stufenphotometrische Methode von H. RIFFART und H. KELLER[5] eignet sich gut zur laufenden Untersuchung von Teigwaren. Um Zusätze von pflanzlichem Lecithin (s. Abschn. 7) aufzudecken, muß neben der Bestimmung der Lecithinphosphorsäure zum Vergleich die Cholesterinbestimmung herangezogen werden.

J. TILLMANS, H. RIFFART und A. KÜHN[6] haben zuerst ein Verfahren angegeben, das in der Praxis öfters angewandt wurde. Nachstehend ist eine Vorschrift angegeben, in der die Verbesserungsvorschläge von YUSADA[7] berücksichtigt sind. Diese Vorschrift ist von H. RIFFART und H. KELLER veröffentlicht worden.

An Lösungen und Chemikalien werden benötigt:

1. 0,5%ige Lösung von Digitonin MERCK in 80%igem Alkohol;

2. Chromschwefelsäure, die durch Auflösen von 10 g Kaliumbichromat in 1 Liter konz. Schwefelsäure hergestellt und vom unlöslichen Rest durch Dekantieren getrennt wird;

---

[1] L. SOBEL: Schweiz. Wochenschr. Chem. u. Pharm. 1913, **51**, 677.
[2] G. BUOGO: Ind. chimica 1934, **9**, 1634.
[3] G. NADAI: **Z.** 1936, **72**, 157.
[4] H. CAPPENBERG: Chem.-Ztg. 1909, **33**, 985.
[5] H. RIFFART u. H. KELLER: **Z.** 1934, **68**, 113.
[6] J. TILLMANS, H. RIFFART u. A. KÜHN: **Z.** 1930, **60**, 361.
[7] YUSADA: Journ. biol. Chem. 1931, **92**, 303.

3. 0,1 N.-Natriumthiosulfatlösung, 10%ige Jodkaliumlösung und 1%ige Stärkelösung;

4. Äther, Aceton, Chloroform, absoluter Alkohol und doppelt destilliertes Wasser, sämtlich vollkommen rein und filtriert.

Die für die Bestimmung erforderliche Apparatur zeigt die Abb. 1. Sie besteht aus dem auf einen Saugkolben von 500 ccm aufgesetzten Filterröhrchen, das von einem Dampfmantel luftdicht umgeben ist. Die beiden seitlichen Ansatzröhrchen am Dampfmantel dienen zum Durchleiten von Wasserdampf, der in einem Stehkolben von 1 Liter erzeugt wird. Der Saugkolben steht zur besseren Regulierung der Druckverhältnisse mit einem T-Stück in Verbindung; über seinen freien Schenkel wird ein kurzer Gummischlauch geschoben, dessen Lumen mittels Klemmschraube regulierbar ist und der zur Fernhaltung von Staub in einem kurzen mit Watte gefüllten Glasrohr endet. Das Filterröhrchen besteht aus schwer schmelzbarem Glas und ist ungefähr von der Mitte ab zu einer engen Röhre ausgezogen. Diese verjüngte Stelle wird mit einer kleinen Siebplatte aus Platin verschlossen und mit einer etwa 1 cm hohen Schicht von Asbest beschickt; der Asbest ist zuvor bis zur schwachen Rotglut erhitzt. Sehr gut eignet sich auch das von SCHOTT herausgebrachte Filterrohr nach PREGL. Bei Nichtbenutzung der Apparatur ist das Filterröhrchen mittels Glasbirne vor dem Verstauben zu schützen, auch ist vor jeder Bestimmung das Röhrchen samt Asbest mit heißer Chromschwefelsäure zu behandeln und anschließend durch gründliches Auswaschen mit Wasser zu reinigen. Die zur Bestimmung erforderlichen Kolben werden zum Schutz gegen Staub mit Chromschwefelsäure gefüllt aufbewahrt.

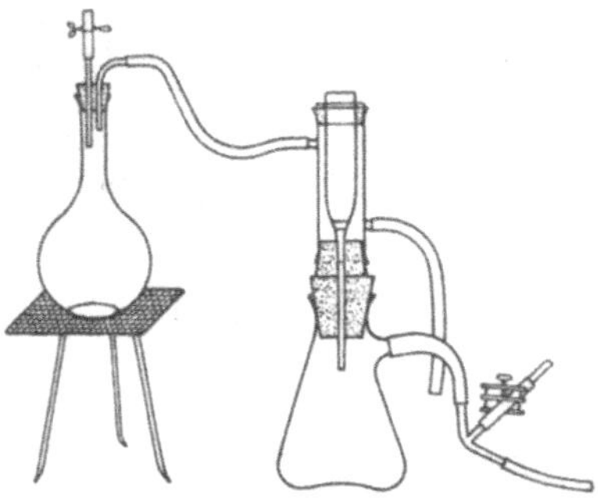

Abb. 1. Apparatur zur Bestimmung des Cholesterins.

Ausführung der Bestimmung: 20 g der fein gemahlenen, gut gemischten und bei 105° getrockneten Teigware werden 6 Stunden nach SOXHLET mit Äther extrahiert, der Ätherrückstand unter Erwärmen in Aceton gelöst und die Lösung unter Nachspülen mit neuen Acetonmengen quantitativ durch einen ausgeglühten Porzellanfiltertiegel filtriert. Das Filtrat wird mit Aceton auf 20 ccm aufgefüllt. Ein bestimmter Anteil der Lösung, der nicht mehr als 2 mg Cholesterin enthalten soll (bis zu 4 Eiern auf 1 kg Mehl 2 ccm der Lösung), wird in einem 100 ccm-Becherglas mit 4 ccm der Digitoninlösung versetzt und auf dem Wasserbad zur Trockene eingedampft, wobei das Cholesterin als Digitonid ausfällt. Nach dem Durchblasen von Luft wird der Rückstand mit 10 ccm Wasser aufgenommen, vorsichtig zum Sieden erhitzt und einige Minuten bei dieser Temperatur gehalten, um das überschüssige Digitonin in dem heißen Wasser vollkommen zu lösen. Hierbei bilden etwa vorhandene Lipoide mit dem Digitoninüberschuß eine kolloidale Flüssigkeit, die nur mit Schwierigkeit filtriert werden könnte. Dieser kolloidale Zustand wird durch Zufügen von 20 ccm Aceton aufgehoben, in dem die Lipoide sich sofort lösen, wonach die Filtration ausgezeichnet gelingt. Der Niederschlag wird quantitativ durch 5malige Behandlung mit je 1,5 ccm Aceton auf das Glasfilter gebracht und nacheinander mit je 1,5 ccm folgender Flüssigkeiten ausgewaschen: 2mal mit Äther, 2mal mit Chloroform und wieder 3mal mit Äther, wobei durch langsames Absaugen auch die an den Wänden haftenden Niederschlagsteilchen auf das Filter gespült werden. Nach diesen Waschungen wird das Filter von dem Filtrationskolben auf den Oxydationskolben gesetzt und durch den Dampfmantel Wasserdampf geleitet. Einige Minuten darauf gibt man im ganzen 20 ccm absoluten Alkohol in kleinen

Portionen in das erwärmte Filterröhrchen, wodurch der Niederschlag gelöst wird und in den Kolben gelangt. Ein zu starkes Sieden wird dabei durch schnelleres Saugen vermieden. Durch Einstellen des Kolbens in ein siedendes Wasserbad verjagt man darauf den Alkohol, wobei man zweckmäßig die letzten Anteile durch Einleiten von Kohlensäure vertreibt. Den Rückstand versetzt man mit 10—20 ccm der Chromschwefelsäure und beendet die Oxydation durch einstündiges Erhitzen im siedenden Wasserbad. Nach dem Abkühlen werden für je 10 ccm der angewandten Chromschwefelsäure 100 ccm doppeltdestilliertes Wasser und nach dem nochmaligen Erkalten 5 ccm 10%ige Jodkaliumlösung zugefügt. Das ausgeschiedene Jod wird mit 0,1 N.-Thiosulfatlösung titriert, wobei man erst gegen Ende der Titration 2 ccm der 1%igen Stärkelösung als Indicator zusetzt. Im blinden Versuch stellt man dann den Jodverbrauch von 10 ccm der angewandten Chromschwefelsäure fest. Die Differenz der beiden Werte ergibt die dem Chromsäureverbrauch entsprechende Anzahl Kubikzentimeter 0,1 N.-Thiosulfatlösung.

Von den Autoren wurde festgestellt, daß 1 mg Cholesterin 8,7 ccm 0,1 N.-Chromsäure, ausgedrückt in Kubikzentimeter 0,1 N.-Thiosulfat, verbraucht. Unter Zugrundelegung dieser Zahl errechnet man die Milligramm Cholesterin, die in 100 g der getrockneten Teigware enthalten sind. Für die Berechnung des Eizusatzes wurde gemäß einer vorsichtigen Beurteilung der niedrigste für ein Ei bzw. Eigelb gefundene Wert von 203 mg Cholesterin zugrunde gelegt. Der Steringehalt des Weichweizengrießes bzw. Mehles wurde, wie sich aus den Untersuchungen ergeben hatte, mit 12,3 mg-%, der des Hartweizengrießes mit 25 mg-% eingesetzt. Im übrigen ist bei der Errechnung der nachstehenden Tabelle ein mittlerer Wassergehalt des Mehles von 13% und eine Trockensubstanz des Ganzeies von 12,375 g, des Eigelbs von 7,835 g angenommen worden. Die auf S. 282 aufgeführte Formel wurde sinngemäß angewendet.

Tabelle 8.

Anzahl Ganzei bzw. Eigelb auf 1 kg Mehl	Milligramm Cholesterin in 100 g Trockensubstanz			
	Weichweizengrieß		Hartweizengrieß	
	Ganzei	Eigelb	Ganzei	Eigelb
1	35,1	35,3	47,7	47,9
2	57,3	57,9	69,7	70,4
3	78,9	80,1	91,1	92,5
4	99,9	102,0	112,0	114,2
5	120,4	123,4	132,3	135,6
6	140,3	144,5	152,0	156,5

Zu der Tabelle ist zu bemerken, daß sie nur anwendbar ist, wenn die zur Herstellung der betreffenden Teigware verwendeten Weizenmahlerzeugnisse nicht höher als 70% ausgemahlen sind. Der Grund für diese Einschränkung ist darin zu suchen, daß mit höherem Ausmahlungsgrad der Steringehalt der Mehle stark ansteigt.

Für die stufenphotometrische Bestimmung des Cholesterins haben H. Riffart und H. Keller (zit. S. 287) ein Verfahren geschaffen, das sich, wie schon oben erwähnt wurde, vielfach bewährt hat. 30 g Nudeln, gemahlen, gesiebt, gut durchgemischt und getrocknet, werden 6 Stunden mit Äther im Soxhlet extrahiert. Der Äther wird abdestilliert. Man hat hierbei nach dem Trocknen im Trockenschrank die Möglichkeit, den Ätherextrakt zu bestimmen und für die Beurteilung zu verwerten (s. S. 272). Das mit Äther ausgezogene Teigwarenpulver kann gegebenenfalls nach einem der weiter unten beschriebenen Verfahren (s. S. 293) auf künstliche Färbung untersucht werden.

Der Trockenrückstand des ätherischen Auszugs wird unter Erwärmen in 10 ccm Essigäther gelöst, in ein graduiertes Röhrchen gespült und so lange mit Essigäther nachgewaschen, bis das Volumen 20 ccm beträgt. Sollte die Lösung trübe sein, so läßt man über Nacht stehen. Es setzt sich ein geringer Niederschlag ab, und die überstehende klare Lösung kann weiter verwendet werden. In einem mit Glasstopfen versehenen Reagensglase mischt man 9 ccm Essigäther mit 4 ccm Essigsäureanhydrid (MERCK, pro analysi), gibt 0,8 ccm konz. Schwefelsäure zu und kühlt nach dem Umschütteln 10 Minuten durch Einstellen in Wasser von 20°. Gleichzeitig werden in einem zweiten Glas 13 ccm Essigäther mit 0,8 ccm konz. Schwefelsäure gemischt und ebenfalls gekühlt. In beide Gläser gibt man darauf je 1 ccm der Cholesterinlösung, schüttelt gut durch und kühlt wieder 5 Minuten bei 20°. Die beiden Lösungen werden nun in die Glasküvetten eingefüllt und in den Strahlengang des Stufenphotometers eingeschaltet. Man verwendet das Farbfilter S 61. Die Farbstärke erreicht nicht sofort ihren Höhepunkt. Aus diesem Grund ermittelt man den der Berechnung zugrunde zu legenden Höchstwert der Lichtabsorption durch wiederholte Messungen in Zeitabständen von 10 Minuten. Hat man z. B. in Abständen von 10 zu 10 Minuten die Durchlässigkeitswerte von 56, 53, 50, 51, 52% abgelesen, dann wird der Eigehalt aus dem Wert 50% berechnet. Für die weitere Rechnung benötigt man die in der folgenden Tabelle aufgeführten Werte, die an reinen Cholesterinlösungen gewonnen wurden, bzw. den daraus errechneten Mittelwert.

Tabelle 9.

Milligramme Cholesterin in 1 ccm der Ausgangslösung	Schichtdicke in cm	Lichtdurchlässigkeit des Filters S 61 in %	Extinktionskoeffizient, bezogen auf die Schichtdicke 1 cm
0,25	2	79,0	0,051
0,25	3	72,0	0,048
0,50	2	64,5	0,095
0,50	3	50,0	0,100
0,75	1	70,0	0,155
0,75	2	51,0	0,146
0,75	3	35,5	0,150
1,00	1	64,0	0,194
1,00	2	39,5	0,201

Daraus berechnet sich der Extinktionskoeffizient (für eine Schichtdicke von 1 cm) für 1 mg Cholesterin in 1 ccm Ausgangslösung mit 0,198.

Die weitere Ausrechnung sei nun an einem Beispiel gezeigt: abgelesen wurde an der Meßtrommel des Stufenphotometers eine geringste Lichtdurchlässigkeit D von 50%. Verwendet wurde hierbei eine Küvette von 2 cm Länge. Man berechnet zunächst aus $D = 50\%$ die Extinktion E indem man vom log 100% = 2,0000 den log 50 = 1,6990 abzieht. $E = 0{,}3010$. Zur Berechnung der Milligramme Cholesterin in 100 g der trockenen Ausgangsteigware setzt man den errechneten Wert für E in die folgende Gleichung ein:

$$\text{mg Cholesterin in 100 g der trockenen Teigw.} = \frac{E \cdot 100 \cdot 20}{\text{Schichtdicke in cm} \cdot 0{,}198 \cdot 30}$$

$$\text{(eingesetzt)} = \frac{0{,}301 \cdot 100 \cdot 20}{2 \cdot 0{,}198 \cdot 30} = 50{,}6 \text{ mg Cholesterin in 100 g der trockenen}$$

Teigware. Aus der bei dem vorhergehenden Verfahren aufgeführten Tabelle (s. S. 289) errechnet sich dann, die Verwendung von Ganzei und Weichweizengrieß vorausgesetzt, ein Eigehalt von 1,8 Ei auf 1 kg Mehl.

Von A. SOLDI und S. TESTORI[1] wird ein Verfahren zur colorimetrischen Cholesterinbestimmung in Eierteigwaren angegeben, bei dem zum Vergleich Teigwaren von bekanntem Eigehalt herangezogen werden. 10 g des feinen Teigwarenpulvers werden 3 Stunden unter Rückfluß mit 50 ccm Xylol ausgezogen. Der Auszug wird abfiltriert, das Filter mit Xylol ausgewaschen und endlich das Xylol abdestilliert. Der Rückstand wird in 20 ccm Chloroform gelöst, mit 2 ccm Essigsäureanhydrid und 10 Tropfen konz. Schwefelsäure versetzt und gut gemischt. Bei Anwesenheit von Ei färbt sich die Lösung grünblau, während sich bei sterinfreien Waren höchstens eine schwache Grünfärbung zeigt.

[1] A. SOLDI u. S. TESTORI: Ann. Chim. appl. 1931, 21, 338.

f) Nachweis von Eiersatzmitteln.

Die Teigwarenverordnung denkt hier insbesondere an die Verwendung von Gelatine. Der Zusatz von Lecithin wird nicht hierunter gerechnet, dementsprechend ist auch dem Nachweis von pflanzlichem Lecithin ein besonderer Abschnitt für sich gewidmet (s. u.).

Bezüglich der Eiersatzmittel muß man daran denken, daß fortlaufend neue Erzeugnisse auf den Markt kommen können, deren Nachweis den Analytiker vor neue, manchmal sogar vor unlösbare Aufgaben stellt. Es sei hier nur an die Verwendung von Fischeiweiß gedacht. Bei Verwendung von Eiersatzmitteln, wie z. B. von Gelatine und Fischeiweiß, wird unter Umständen eine Bestimmung des Gesamtstickstoffs Aufklärung schaffen können, vor allem, wenn die dabei gefundenen Werte zu dem „Eigehalt“ der fraglichen Teigware in Beziehung gesetzt werden, wie er sich aus der Bestimmung der Lecithinphosphorsäure bzw. des Cholesterins ergibt. Auch eine vergleichende Bestimmung des Fettgehaltes kann wertvolle Hinweise geben. Auf den Nachweis der Eiersatzmittel, wie sie im Kriege auftauchten, braucht nicht näher eingegangen zu werden, da sie im Handel keine Rolle mehr spielen.

7. Nachweis von fremdem pflanzlichem Lecithin.

Die von F. E. NOTTBOHM und F. MAYER[1] hierfür vorgeschlagene Bestimmung der PL.-Zahl, d. h. des Verhältnisses von Gesamtphosphatid zu Cholinlecithin, scheint für die Untersuchung an Teigwaren nicht geeignet zu sein, da der hohe und schwankende Gehalt der Mehle an Cholinlecithin sich störend bemerkbar macht.

O. MEZGER, H. JESSER und M. VOLKMANN[2] weisen besonders darauf hin, daß bei Verwendung von pflanzlichem Lecithin das Verhältnis von Ätherextrakt zu Lecithinphosphorsäure anormal sei, weiterhin sei die Refraktion des mit Äther kalt ausgezogenen Fettes erhöht, die WEYLsche Reaktion auf Lutein (s. S. 275) werde nicht gegeben, auch werde bei der Jodzahlbestimmung nach v. HÜBL eine rotbraune Ausscheidung erhalten, die in überschüssigem Jodkali unlöslich sei. H. JESSER (zit. S. 274) hat erst neuerdings darauf hingewiesen, daß er diese Reaktion für sehr eindeutig hält. In der gleichen Veröffentlichung betont er bezüglich der Bestimmung der Refraktion des Ätherextraktes nochmals ausdrücklich, daß der Extrakt nur mit Äther und nur auf kaltem Wege hergestellt werden darf. Der Rückstand soll im Trockenschrank nicht länger als eine Stunde auf 103° C erhitzt werden, die Refraktion muß sofort nach dem Abkühlen gemessen werden. Der Ätherextrakt darf also keinesfalls bis zur Messung unnötig der Luft ausgesetzt werden, da sonst zu hohe Werte erhalten werden. Refraktionen, die, bei 40° C gemessen, mehr als 63° betragen, deuten, wie die nachstehende Aufstellung zeigt, darauf hin, daß entweder eine reine Lecithinteigware vorliegt, oder, daß neben Ei auch Pflanzenlecithin verwendet wurde. Reine Wasserteigwaren zeigen ebenfalls höhere Refraktionswerte.

Von H. JESSER bei 40° C gemessene Refraktionen der Ätherextrakte:

In Eierteigwaren: 60,5; 62,9; 62,8; 61,4; 61,1; 61,7; 61,5; 61,7°.

In Lecithinteigwaren: 70,0; 71,9; 80,5; 69,2; 70,0; 71,9; 78,0°.

In Eierteigwaren mit Pflanzenlecithin: 64,3; 69,7; 69,2°.

H. KLUGE[3] bestätigt diese Angaben zum Teil. Er empfiehlt aber vor allem die vergleichende Bestimmung des Eigehaltes einmal mit Hilfe der Lecithin-

[1] F. E. NOTTBOHM u. F. MAYER: Chem.-Ztg. 1932, **56**, 881; **Z.** 1933, **66**, 21; 1934, **67**, 369.
[2] O. MEZGER, H. JESSER u. M. VOLKMANN: Chem.-Ztg. 1933, **57**, 413.
[3] H. KLUGE: **Z.** 1935, **69**, 9.

phosphorsäure, zum anderen unter Zugrundelegung der Cholesterinbestimmung. Pflanzliche Lecithinpräparate enthalten diese beiden Stoffe in ganz anderem Verhältnis, als sie im Ei vorhanden sind, und zwar bedeutend weniger Phytosterin (als Cholesterin bestimmt). Kluge fand beispielsweise auf Grund der Lecithinphosphorsäure auf 1 kg Mehl $1^1/_2$ oder aber 4 Eier; aus dem Cholesteringehalt ergab sich $^2/_3$ bzw. 1 Ei. Diese starke Differenz wird auch von D. Costa[1] angegeben. Auch Kluge erhielt übrigens bei Nudeln mit Zusatz von pflanzlichem Lecithin negative Weylsche Reaktionen.

In den Erläuterungen zur Teigwarenverordnung (zit. S. 269) wird zur Unterscheidung von tierischem und pflanzlichem Lecithin die Bestimmung des Schmelzpunktes der Sterinacetate nach H. Matthes und G. Brause[2] empfohlen. Sind diese Sterinacetate mehrmals umkrystallisiert worden, so beträgt der korrigierte Schmelzpunkt des Cholesterinacetates höchstens 116°. Höhere Schmelzpunkte zeigen die Anwesenheit von Phytosterinen an. Reine Phytosterinacetate schmelzen bei 130—135°. Erhält man also Schmelzpunkte, die in dieser Gegend liegen, so wird man annehmen dürfen, daß überhaupt nur pflanzliches Lecithin vorhanden ist. Liegen die Schmelzpunkte dagegen mehr in der Nähe von 116°, so besteht die Möglichkeit, daß die geringen aus dem Mehl stammenden Phytosterinmengen einen Zusatz von Pflanzenlecithin zu einer Eierteigware vortäuschen. In diesem Zusammenhang sei auch darauf hingewiesen, daß der Phytosteringehalt der Mehle bzw. Grieße mit steigendem Ausmahlungsgrad stark ansteigt.

Zweckmäßig stellt man sich aus ungefähr 200 g feingepulverter Teigware durch 6stündige Extraktion mit Äther nach Soxhlet einen Extrakt her, dessen Trockenrückstand in 15 ccm 96%igem Alkohol unter Erwärmen gelöst, dann mit einer Lösung von 1 g Kaliumhydroxyd in 10 ccm 96%igem Alkohol versetzt und auf kleiner Flamme eingekocht wird. Der Trockenrückstand wird nochmals in 10 ccm Alkohol gelöst und wieder eingedampft. Der Rückstand wird mit 50 ccm Wasser in einen Scheidetrichter gebracht, 10 ccm Alkohol hinzugegeben und die Seifenlösung nach vollständigem Erkalten mit 50 ccm und dann noch zweimal mit je 25 ccm Äther ausgeschüttelt. Die gesammelten Ätherauszüge werden erst mit einer Mischung aus 10 ccm Wasser und 3 ccm N.-Salzsäure und dann noch mit einer Mischung aus 7 ccm Wasser und 1 ccm N.-Kalilauge, 2 ccm Alkohol und einigen Tropfen Phenolphthaleinlösung geschüttelt. Mit der alkalischen Flüssigkeit wird über Nacht stehen gelassen, dann die ätherische Lösung abgetrennt und der Äther abdestilliert. Der getrocknete Rückstand wird in 5 ccm 96%igem Alkohol gelöst, mit einer warmen Lösung von 0,2 g Digitonin in 20 ccm Alkohol versetzt und mindestens 15 Minuten im Wasserbad von 60—70° erwärmt. Die Lösung, in der inzwischen das Sterindigitonid ausgefallen ist, wird mit 25 ccm Chloroform versetzt und noch warm unter schwachem Saugen durch einen Glas-Gooch-Tiegel filtriert. Der Niederschlag wird je 3mal mit Chloroform und Äther ausgewaschen, dann bei 100° getrocknet, nochmals mit Äther ausgewaschen und wieder getrocknet. In einem Reagensglas wird nunmehr das Sterindigitonid (weiß) mit 4 ccm Essigsäureanhydrid am Steigrohr gekocht, hierauf heiß mit der vierfachen Menge 50%igem Alkohol versetzt und eine Viertelstunde abgekühlt. Das ausgeschiedene Sterinacetat wird auf einem Filterchen gesammelt und mit 50%igem Alkohol ausgewaschen. Durch Aufträufeln von Äther wird der Filterinhalt gelöst, die ätherische Lösung in einem Schälchen aufgefangen und der Äther im Wasserbad abgedunstet. Sowohl von dem rohen Sterinacetat als auch von dem nach mehrmaligem Umkrystallisieren aus 1 ccm absolutem Alkohol (Tonplatte verwenden) erhaltenen Produkt

[1] D. Costa: Ann. Chim. appl. 1935, **25**, 355.
[2] H. Matthes u. G. Brause: Arch. Pharm. 1927, **265**, 708.

wird der Schmelzpunkt bestimmt. Das Wichtigste über die Bewertung des erhaltenen Schmelzpunktes wurde schon oben gesagt.

8. Nachweis von fremden Farbstoffen.

Hierbei handelt es sich fast immer nur darum, festzustellen, ob überhaupt eine wesensfremde Färbung vorliegt. Hierfür kommen natürliche und in erster Linie künstliche Farbstoffe in Frage. Als natürliche Farbstoffe werden Safran oder Curcuma verwendet, aber auch an die Anwendung carotinhaltiger Zusätze, wie z. B. von Pflanzenlecithin, sei hier erinnert, dessen Nachweis nur nach den im vorhergehenden Abschnitt beschriebenen Verfahren zu erbringen ist. Die künstlichen Farbstoffe sind wohl durchweg Teerfarbstoffe.

Das nachstehend beschriebene Verfahren von A. JUCKENACK[1] baut sich auf der Unslöslichkeit der meisten künstlichen Farbstoffe in Äther auf. Man beschickt zwei Reagensgläser von ungefähr 25—30 ccm Inhalt mit etwa 10 g möglichst fein gemahlener Teigware und schüttelt das eine mit 15 ccm Äther, das andere mit der gleichen Menge 70%igem Alkohol mehrmals kräftig durch, verschließt und läßt 12 Stunden stehen.

a) Bleibt jetzt der Äther ungefärbt bzw. wird derselbe nur schwach gefärbt, während sich der Alkohol deutlich gelb färbt, so liegt unter allen Umständen ein fremder Farbstoff vor. Man erkennt dies auch noch daran, daß sich die mit Alkohol ausgezogene Teigware entfärbt, also weiß wird, während die mit Äther behandelte ihre ursprüngliche gelbe Farbe wegen der Unlöslichkeit des Farbstoffes in Äther behalten hat.

b) Färbt sich sowohl der Alkohol wie der Äther, so kann entweder nur Lutein oder aber Lutein zusammen mit fremden ätherlöslichen Farbstoffen vorliegen. In diesem Fall verfährt man wie folgt:

1. Man prüft eine Probe der ätherischen Lösung nach TH. WEYL (s. S. 275), auf Lutein. Falls keine sofortige vollständige Entfärbung eintreten sollte, liegt ein fremder ätherlöslicher Farbstoff vor.

2. Man vergleicht die Farben des unter den Flüssigkeitsschichten befindlichen Teigwarenpulvers. Ist dasselbe durch Alkohol entfärbt worden, durch Äther jedoch nicht, so liegt neben dem Lutein noch ein fremder Farbstoff vor, dessen Nachweis folgendermaßen gelingt. Die mit Äther behandelte Teigware schüttelt man wiederholt mit neuem Äther (etwa dreimal) aus, bis der Äther farblos, also aller Eifarbstoff entfernt ist. Alsdann schüttelt man das so behandelte Nudelpulver, wie oben angegeben, mit 70%igem Alkohol mehrmals um und läßt wieder 12 Stunden stehen. Der fremde in Äther unlösliche Farbstoff geht jetzt in den Alkohol und verrät so die künstliche Färbung.

Der nähere Nachweis durch Ausfärben auf Wolle usw. kann dann nötigenfalls noch nach den üblichen Verfahren geschehen.

Gegen das Verfahren von JUCKENACK sind verschiedene Einwände erhoben worden. So hat K. DANNENBERG[2] gefunden, daß sich zwar das Lutein mit Äther entfernen läßt, nicht aber die Farbstoffe des Grießes, welche zum Teil erst durch heißen Alkohol gelöst werden. Die Teigwaren können daher nach dem Ausschütteln mit Äther noch gelb erscheinen, auch wenn kein fremder Farbstoff zugesetzt ist. DANNENBERG schüttelt aus diesem Grund die Substanz mit 25%igem Alkohol in der Kälte, wodurch nur die Teerfarbstoffe gelöst werden. Zum Nachweis der in Alkohol unlöslichen, aber in Äther löslichen Farbstoffe extrahiert er zuerst mit heißem Alkohol und prüft den Rückstand mit Äther.

---

[1] A. JUCKENACK: Z. 1900, **3**, 4. [2] K. DANNENBERG: Z. 1904, **8**, 535.

Riechelmann und Leuscher[1] verwenden zur Extraktion 70%iges Aceton, filtrieren nach Zusatz von etwas kaltem Wasser von dem erstarrten Fett, das den Eifarbstoff zurückhält, ab und färben einen unpräparierten Wollfaden aus.

Das nachstehend beschriebene Verfahren von F. Fresenius[2] ist zwar in der Ausführung zeitraubender, liefert aber auch, besonders bei Berücksichtigung der Vorschläge von A. Heiduschka und H. Murschhauser[3] bessere Ergebnisse. Nach F. Fresenius lösen sich die meisten in der Teigwarenherstellung benutzten Farbstoffe sowohl in Alkohol als auch in Wasser, nur Orleans ist in Wasser unlöslich. In Äther lösen sich Küchengelb, Goldgelb, Pikrinsäure, Aurantia, Martiusgelb, Azogelb, Tropäolin, Curcuma, Safran und Orleans, hingegen nicht Nudelgelb, Tartrazin und Chinolingelb. Von diesen Farben ist Pikrinsäure verboten. A. Beythien und Hempel[4] bezeichnen außerdem noch Martiusgelb, Goldgelb, Aurantia und Tropäolin als gesundheitsschädlich. Da jedoch auch die an sich ätherlöslichen Farbstoffe aus den Nudeln nicht mehr mit Äther zu extrahieren sind, so bezeichnet Fresenius den zweiten Teil der Juckenackschen und Dannenbergschen Vorschrift als überflüssig und empfiehlt statt dessen folgendes Verfahren.

I. Vorprobe auf die Stärke der Färbung. 10 g der gepulverten Teigware werden mit Äther im Reagensglas geschüttelt; nach dem Absitzen wird der Äther abgegossen. Dieses Ausziehen mit Äther wird so lange wiederholt, bis der Äther farblos bleibt. Das Teigwarenpulver wird auf Filtrierpapier getrocknet, in das Reagensglas zurückgegeben und mit 15 ccm 60%igem Aceton oder 70%igem Alkohol kräftig geschüttelt. Nachdem sich das Lösungsmittel geklärt hat, können aus der Färbung annähernde Schlüsse auf die Art und Stärke der Teigwarenfärbung gezogen werden (s. auch oben; Verfahren von Juckenack).

II. Vorprobe auf Azo- und ähnliche Farbstoffe. Geringe Mengen zerbröckelter Teigware werden in einem Porzellanschälchen mit einigen Tropfen verdünnter Salzsäure befeuchtet. Azo- und ähnliche Farbstoffe werden, wie auch von W. Schmitz-Dumont[5] angegeben, nach längstens 15 Minuten rot bis violett, während eihaltige Teigwaren 12 Stunden unverändert bleiben.

III. Hauptprobe. Je nach der Stärke der Färbung werden 20—40 g möglichst fein gepulverter Teigware mit Äther so lange ausgezogen, bis der Äther farblos bleibt (nach Soxhlet). Nach ungefähr 6 Stunden ist die Extraktion beendet. Hierdurch werden die Fette, der ätherlösliche Teil der Grießfarbstoffe und etwa vorhandener Eigelbfarbstoff entfernt. Die so behandelte Teigware wird auf Filtrierpapier getrocknet und danach in einem Erlenmeyer mit 120 ccm 60%igem Aceton ungefähr 15 Minuten kräftig geschüttelt. Nach etwa 12 bis 14 Stunden hat sich die Teigmasse fest zusammengeballt, und die überstehende Flüssigkeit kann gut filtriert werden. Von dem Filtrat werden 10—15 ccm getrennt weiter behandelt. Sowohl die Hauptmenge als auch dieser abgetrennte kleinere Teil des Filtrates dienen dazu, zu entscheiden, ob die Gelbfärbung von dem natürlichen Grießfarbstoff herrührt oder nicht. Beide Teile werden auf dem Wasserbad erhitzt und so von Aceton befreit. Es hinterbleibt in beiden Fällen eine wäßrige Flüssigkeit mit ausgeschiedenen zähen Bestandteilen, die den gelben Farbstoff niederschlagen.

1. Die größere Menge wird mit einem Überschuß verdünnter Essigsäure versetzt und verdünnt, wodurch die zähen Bestandteile sich fast klar lösen.

[1] Riechelmann u. Leuscher: Zeitschr. öffentl. Chem. 1902, **8**, 204; **Z.** 1903, **6**, 175.
[2] F. Fresenius: **Z.** 1907, **13**, 132.
[3] A. Heiduschka u. H. Murschhauser: Pharm. Zentralh. 1908, **49**, 177; **Z.** 1909, **17**, 687.
[4] A. Beythien u. Hempel: Farben-Ztg. 1910, **15**, Nr. 8.
[5] W. Schmitz-Dumont: **Z.** 1903, **6**, 665.

Diese Lösung kann durch einige Tropfen Eisessig unterstützt werden. Die Flüssigkeit wird in einem Kölbchen mit einem entfetteten Wollfaden im kochenden Wasserbade erhitzt. Der natürliche Farbstoff des Grießes bzw. sein in Äther unlöslicher Anteil, der hier ja allein noch in Betracht kommt, färbt den Wollfaden nicht echt. Es empfiehlt sich, jeden Wollfaden nach der Ausfärbung noch in reiner verdünnter Essigsäure zu erhitzen, um sich so in jedem Fall der etwa vorhandenen echten Färbung zu vergewissern.

2. Zu der kleineren Menge des ursprünglichen Filtrates wird, nachdem auch hier das Aceton abgedampft ist, eine dem vorhandenen Wasser etwa gleiche Menge 95%igen Alkohols gegeben. Nach dem Umrühren und schwachen Erwärmen lösen sich die zähen Bestandteile in diesem ungefähr 50%igen Alkohol auf. Die Lösung wird zu 4 gleichen Teilen in Reagensgläser gegeben; ein Teil dient als Vergleichsprobe, die anderen 3 Teile werden der Reihe nach mit 2 bis 4 Tropfen verdünnter Salzsäure, Ammoniak und Zinnchlorürlösung versetzt, die letzte Probe wird darauf erhitzt. Der natürliche Farbstoff des Grießes bzw. sein in Äther unlöslicher Teil wird durch verdünnte Salzsäure entfärbt, durch Ammoniak bedeutend verstärkt und durch Zinnchlorürlösung auch beim Erhitzen nicht verändert. Diese Reaktionen wurden an 10 verschiedenen Mehlen und Grießen, deutschen, französischen und englischen Ursprungs in gleichem Sinne beobachtet.

A. Heiduschka und H. Murschhauser (Zit. S. 294) stellen bei negativem Ausfall den Auszug mit 60%igem Aceton unter Zugabe von je 5 Tropfen Natronlauge her. Sie behandeln dann weiter nach den Angaben von Fresenius, verwenden aber zum Ausfärben einen mit essigsaurer Tonerde gebeizten Wollfaden. Oder es wird der von Aceton befreite wasserhaltige Rückstand mit möglichst wenig Natronlauge gelöst und etwa 1 Stunde mit einem reinen Baumwollfaden erhitzt. Vor allem soll es sich um die Farbstoffe Chloraminorange G und Direktgelb R handeln, die man erst mit alkalischem Aceton in Lösung bringt.

Von E. Arbenz[1] wird darauf hingewiesen, daß eine künstliche Färbung erst dann nachgewiesen ist, wenn es gelingt, mit der im alkoholischen Auszug enthaltenen gelben Farbe unter Zusatz von Weinsäure einen Wollfaden zu färben. Ist das nicht der Fall, dann kann es sich um den natürlichen Farbstoff des Grießes handeln.

Nach F. Schaffer[2] bleiben mit 50—60%igem Alkohol hergestellte Auszüge von Teigwaren, die mit Safran gefärbt sind, auf Zusatz von Salzsäure unverändert. Bei Anwesenheit von Martiusgelb tritt Entfärbung ein, Metanilgelb schlägt nach rot um.

H. Schlegel[3] entfernt zunächst den Eifarbstoff mit Äther und schüttelt danach zur Prüfung auf Martiusgelb und Ponceau mit einem Gemisch von 140 ccm Alkohol, 5 ccm Ammoniak und 105 ccm Wasser aus. In der Lösung wird ein Wollfaden ausgefärbt. Auch G. Posetto[4] benutzt ammoniakalischen Alkohol, während A. L. Winton und A. W. Ogden[5] die zunächst mit 95%igem Alkohol behandelte Substanz nachher noch mit einem Gemisch von 10 Teilen 95%igem Alkohol und 1 Teil konzentrierter Salzsäure ausschütteln.

Zum Nachweis der in Italien verbotenen Farbstoffe: Martiusgelb, Metanilgelb, Viktoriagelb und Pikrinsäure haben A. Piutti und G. Bentivoglio[6]

[1] E. Arbenz: Mitt. Lebensmittelunters. Hygiene 1922, **13**, 201; **Z.** 1923, **46**, 317.
[2] F. Schaffer: Schweizer. Wochenschr. Chem. u. Pharm. 1897, **33**, 251.
[3] H. Schlegel: **Z.** 1907, **14**, 421.
[4] G. Posetto: Giorn. Farmac. Chim. 1905, **54**, 200; **Z.** 1906, **12**, 298.
[5] A. L. Winton u. A. W. Ogden: **Z.** 1902, **5**, 671; 1906, **11**, 36.
[6] A. Piutti u. G. Bentivoglio: Gazz. chim. Ital. 1906, **36**, II, 385; **Z.** 1907, **14**, 719.

ein Verfahren ausgearbeitet, das aber von V. VETERE[1] als unzuverlässig bezeichnet worden ist.

C. F. MUTTELET[2] empfiehlt, je nach der Stärke der Färbung 10—20 g des möglichst fein gemahlenen Teigwarenpulvers $^1/_2$ Stunde mit 50 ccm Äther und nach dem Abfiltrieren und Trocknen des Pulvers nochmals mit 25 ccm Äther auszuziehen. Das so vorbereitete Pulver wird im Mörser mit Wasser angerieben und unter beständigem Rühren in 200 ccm kochendes Wasser eingetragen. Hierauf gibt man 1 ccm konzentrierte Schwefelsäure mit 20 ccm Wasser verdünnt hinzu, hält nach Zugabe von einigen Bimssteinstückchen bis zur Verflüssigung im gelinden Sieden und färbt mit der sauren Lösung Wollfäden (ungefähr 0,5 g schwer) aus. Die Fäden werden mit Wasser ausgewaschen und die Farbe wieder mit 50%igem, schwach ammoniakalischem, Alkohol in Lösung gebracht. Die Lösung wird eingedampft, mit Wasser aufgenommen, filtriert, schwach mit Schwefelsäure angesäuert und auf einen Wollfaden ausgefärbt. P. BALAVOINE[3] schlägt jedoch vor, nach der Ätherextraktion das Teigwarenpulver mit 40 ccm 50%igem Alkohol auszuziehen und dies nötigenfalls 2—3mal zu wiederholen. Die alkoholischen Auszüge gibt er tropfenweise in 100 ccm siedendes Wasser. Anschließend werden 5 ccm 10%iger Schwefelsäure zugegeben und 15 Minuten im Sieden gehalten. Die so erhaltene Lösung dient dann zum Färben der Wolle.

TH. v. FELLENBERG u. J. RUFFY[4] machen darauf aufmerksam, daß Grieße und die daraus bereiteten Teigwaren durch Zusatz von Natronlauge gelb gefärbt werden können. Der Schwellenwert liegt bei 3 ccm N.-Lauge für 100 g Grieß. Unter der Ultralampe zeigen unbehandelte Grieße eine unauffällige bläuliche Fluorescenz; mit Lauge behandelte Ware fluoresciert intensiv grüngelb.

9. Prüfung auf Verdorbenheit.

Für die Beurteilung der Verdorbenheit können einmal rein sinnlich wahrnehmbare Merkmale wie Geruch und Geschmack maßgebend sein. Auf ihre Erkennungsmöglichkeit ist schon im Abschnitt über die Sinnesprüfung (s. S. 269) hingewiesen worden. Für die Tatsache der Verdorbenheit ist es gleichgültig, ob die Anstände auf das Ausgangsmaterial als solches oder aber auf Fehler bei der Herstellung bzw. bei der Lagerung zurückzuführen sind. So konnten z. B. größere Mengen Unkrautsamen oder tierische Schädlinge (Milben) schon in dem zur Herstellung verwendeten Rohstoff enthalten sein, oder aber der Befall durch tierische Schädlinge ist erst infolge unsachgemäßer Lagerung auf dem Wege vom Hersteller zum Verbraucher eingetreten. Auch durch starken Schimmelbefall kann die Teigware verdorben sein. Bei geringer Verunreinigung durch Schimmelpilze oder tierische Schädlinge ist nach den „Erläuterungen zur Teigwarenverordnung" (Zit. S. 269) die Ware noch nicht als verdorben anzusehen. Stärker befallene Ware ist dagegen als verdorben zu beanstanden und ohne Einschränkung vom Verkehr ausgeschlossen.

Von chemischen Verfahren zum Nachweis der Verdorbenheit ist die Bestimmung des Säuregrades von Wichtigkeit, da Teigwaren, die einen Säuregrad über 8 aufweisen, in der Teigwarenverordnung als verdorben bezeichnet werden. Der Beurteilung muß nach den „Erläuterungen" das nachstehend beschriebene Verfahren von KREIS-ARRAGON[5] zugrunde gelegt werden.

[1] V. VETERE: Giorn. Farmac. Chim. 1907, **56**, 97; **Z.** 1909, **17**, 331.
[2] C. F. MUTTELET: Ann. Falsif. 1917, **7**; Bull. internat. de la Répr. d. Fraudes No 68, 188.
[3] P. BALAVOINE: **Z.** 1922, **44**, 222; Schweizer. Apoth.-Ztg. 1917, **55**, 141.
[4] TH. v. FELLENBERG u. J. RUFFY: Mitt. Lebensmittelunters. Hygiene 1929, **20**, 34.
[5] KREIS-ARRAGON: Schweizer. Wochenschr. Chem. u. Pharm. 1900, 64; 1901, 304.

Hierzu werden 10 g der sehr fein gemahlenen Probe in einem Becherglas mit 100 ccm destilliertem Wasser angerührt, mit einem Uhrglas bedeckt und während 30 Minuten auf ein kochendes Wasserbad gestellt. Man fügt alsdann 0,5 ccm einer 2%igen Phenolphthaleinlösung hinzu und titriert mit 0,1 N.-Natronlauge bis zur bleibenden Rotfärbung. UTZ[1] empfiehlt, vor der Titration 100 ccm kaltes destilliertes Wasser zuzugeben. Der Säuregehalt wird durch die Anzahl Kubikzentimeter N.-Natronlauge ausgedrückt (Säuregrade), die sich unter Zugrundelegung des nach obiger Vorschrift ermittelten Verbrauchs für 100 g Mehl errechnen.

TH. V. FELLENBERG[2] empfiehlt, 10 g der feingemahlenen Teigware 2 bis 3 Minuten lang mit 20 ccm Wasser zu verreiben, dann die Anreibung mit 80 ccm siedendem Wasser in ein Becherglas zu spülen und rasch abzukühlen. Hierzu werden 1 ccm einer gegen Phenolphthalein neutralisierten 10%igen Calciumchloridlösung und 0,5 ccm 2%ige Phenolphthaleinlösung gegeben. Man fügt nun einen Überschuß von 0,1 N.-Natronlauge hinzu und titriert mit 0,1 N.-Salzsäure zurück. Den Wirkungswert der Salzsäure gegenüber der Natronlauge bestimmt man in Gegenwart von 100 ccm Wasser und 1 ccm der neutralisierten Chlorcalciumlösung.

III. Mikroskopische Untersuchung.

Die mikroskopische Untersuchung der Teigwaren wird in gleicher Weise ausgeführt, wie dies schon in dem Abschnitt „Mehl" beschrieben wurde. Es handelt sich bei den Teigwaren einmal um den Nachweis fremder pflanzlicher Beimengungen, wie z. B. fremder Stärke, Unkrautsamen usw., oder aber um den Befall durch Schimmel, Milben und ähnliche Verunreinigungen (s. o. Abschn. 9).

[1] UTZ: Arch. Chem. u. Mikrosk. 1912, 5, 31.
[2] TH. V. FELLENBERG: Mitt. Lebensmittelunters. Hygiene 1916, 7, 122.

Honig und Kunsthonig.

Von

DR. W. BARTELS-Solingen.

Mit 16 Abbildungen.

A. Rohstoffe, Honigbereitung, Honiggewinnung.

Was ist Honig? Honig ist der süße Stoff, den die Bienen erzeugen, indem sie Nektariensäfte oder auch andere, an lebenden Pflanzenteilen sich vorfindende süße Säfte (Honigtau, süße Säfte von Früchten) aufnehmen, durch körpereigene Säfte bereichern (Eiweißstoffe, Fermente u. a.), in ihrem Körper verändern (beginnende Spaltung des Rohrzuckers), in Waben aufspeichern und dort reifen lassen[1].

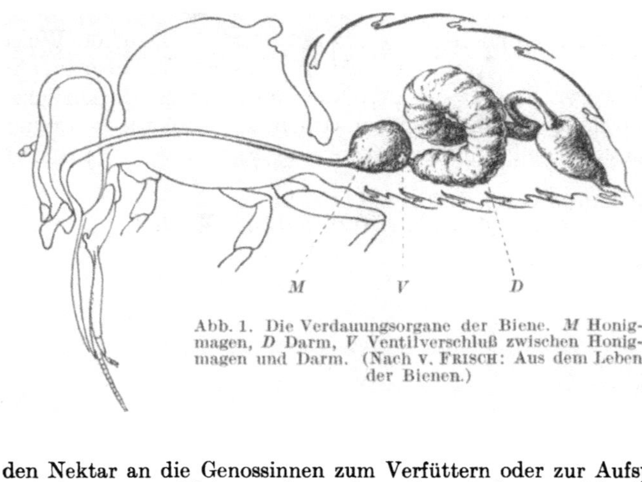

Abb. 1. Die Verdauungsorgane der Biene. *M* Honigmagen, *D* Darm, *V* Ventilverschluß zwischen Honigmagen und Darm. (Nach v. FRISCH: Aus dem Leben der Bienen.)

Die Sammeltätigkeit der Biene[2]. Etwa vom 20. Lebenstage ab bis zum Tode — nach etwa 5 Wochen — fliegt die Biene aus, um Honig oder Blütenstaub oder beides zu sammeln. Angelockt durch Blütenfarbe und Blütenduft findet die suchende Biene alsbald eine ergiebige Nektarquelle. Mit reicher Beute in der Honigblase kehrt sie in den Stock zurück und gibt den Nektar an die Genossinnen zum Verfüttern oder zur Aufspeicherung ab. Dann tanzt sie in bestimmter Weise vor den anderen Sammlerinnen auf der Wabe hin und her und macht diese so durch den ihr noch anhaftenden Duft der gefundenen Nektarquelle auf die Fundgrube aufmerksam. Die Erinnerung an diesen Duft, Farbe, Form, Saftmale der Blüten, führen die Biene immer wieder zu derselben Nahrungsquelle zurück, an der sie Stunden, ja Tage sammelt. Auch die benachrichtigten Bienen suchen nach dem wahrgenommenen Duft. Ist die Tracht sehr reich und brauchen die Sammlerinnen Hilfe, so lassen sie aus einem besonderen Organ am Ende des Hinterleibs einen für Bienen weithin wahrnehmbaren Riechstoff austreten, der suchende Bienen desselben Volkes an den Futterplatz lockt. Bei spärlicher Tracht, wenn keine Hilfe notwendig ist, oder wenn die Schar bereits groß genug ist, den Nektar schnell heimzuschaffen, bleibt dieser Duft eingeschlossen, und auch die Tänze der in den Stock zurückgekehrten Sammlerinnen unterbleiben.

Die „Blumenstetigkeit" der Biene, d. h. das Sammeln an ein und derselben Blütensorte, gilt, wenn nicht umfangreiche Trachtfelder einer Pflanze zur Verfügung stehen, nur für das Einzeltier bzw. für kleinere Gruppen, nicht für das ganze Volk. Es ist leicht einzusehen, daß eine suchende Biene z. B. Obstblüten mit reicher Tracht, eine andere Kleeblüten und

[1] Verordnung über Honig vom 21. März 1930 (RGBl. 1930, I, 102).

[2] ARMBRUSTER: Handbuch der Ernährung und des Stoffwechsels der landwirtschaftlichen Nutztiere, Bd. 3. Berlin: Julius Springer 1931. — K. v. FRISCH: Naturwiss. 1924, **12**, 981. — Aus dem Leben der Bienen. Berlin: Julius Springer 1927. — ZANDER: Das Leben der Biene, 2. Aufl. Stuttgart: Eugen Ulmer.

andere Sucherinnen noch andere, die Ausbeute lohnende Blüten entdecken, nach denen sie Hilfe herbeiholen. Können die Bienen bei zahlreichen Blüten einer Pflanzenart sammeln, also z. B. auf einem Kleefelde, in einem Obstgarten, in einem Lindenbestande, auf der Heide, so tragen sie einen vornehmlich von einer Pflanzenart stammenden Nektar ein. Haben die Bienen diese Möglichkeit nicht, wie es in natürlich bewachsenen Gebieten der Fall ist, so wird Nektar von den verschiedensten Pflanzen eingetragen.

Der gesammelte Nektar wird in der Honigblase, einem Teil des Verdauungskanals, heimgeschafft. Von den Mundteilen aus durchzieht der Verdauungskanal zunächst als Schlund, dann als Speiseröhre Kopf und Brust. Bald nach Eintritt in den Hinterleib erweitert sich der Verdauungskanal zur Honigblase (Honigkropf), die etwa 50 cmm Nektar faßt. Ein kleines Ventil verbindet die Honigblase mit dem folgenden geschlängelten Mitteldarm und dem anschließenden Enddarm (Abb. 1). Dieses Ventil läßt wohl Futter aus der Honigblase heraus in den Mitteldarm, verhindert aber, daß der Darminhalt zurücktritt.

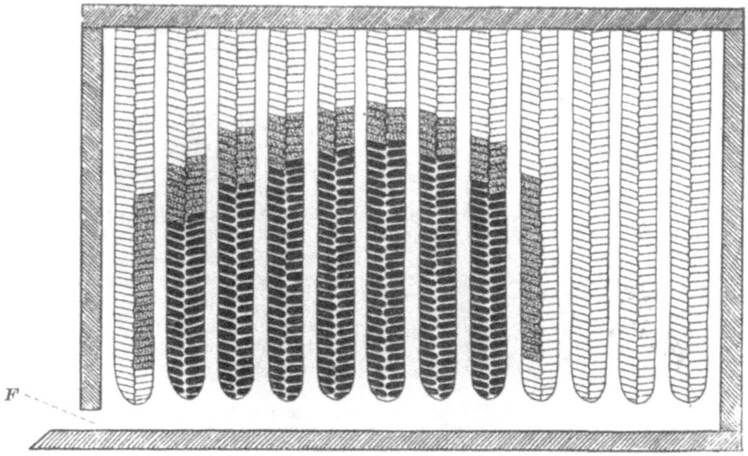

Abb. 2. Längsschnitt durch einen Bienenkasten samt Waben, um die Anordnung und Ausdehnung des Brutnestes zu zeigen; schwarz die Zellen, welche die Brut enthalten; punktiert die Zellen, die mit Blütenstaub angefüllt sind; weiß die Honigzellen. *F* Flugspalt. (Nach v. FRISCH: Aus dem Leben der Bienen.)

Mit dem Verdauungswege sind die im Kopfe und in der Brust liegenden Speicheldrüsen verbunden.

Die mit Nektar in den Bau zurückgekehrte Biene würgt denselben aus der Honigblase wieder hervor. Der Nektar wird dann von jungen Arbeitsbienen aufgesogen und entweder verfüttert oder als Vorrat in Zellen abgelagert, die sich entweder in den Randteilen der Brutwaben oder in ganzen Waben vor, hinter oder über dem Brutnest befinden. Der von den Pollensammlerinnen eingebrachte Blütenstaub wird in den dem Brutnest benachbarten Zellen oder auch in benachbarten Waben aufgespeichert. Honig und Pollenvorräte werden immer getrennt gehalten (Abb. 2, 3).

Rohstoffe. Der Nektar[1]. Vom Beginn des Aufblühens ab bis zur vollzogenen Befruchtung, besonders aber in der Zeit, in welcher die Staubbeutel reifen, scheidet die Pflanze in der Blüte einen zuckerhaltigen Saft, den Nektar, aus, um die Insekten zur Blütenstaubübertragung anzulocken. Die Abscheidung des Nektars erfolgt durch die Nektarien, die als Drüsenflächen oder Drüsenhaare, sehr häufig mit Wasserspalten ähnlichen Spalten an allen Teilen der Blüte vorkommen. Sie liegen in den meisten Fällen so, daß das Haarkleid der Insekten an bestimmten Stellen Blütenstaub aufnehmen muß.

Im allgemeinen bleibt der Nektar dort, wo er ausgeschieden wurde. Nur bei einigen Pflanzen wird er entfernt von der Ausscheidungsstelle in besonderen Saftbehältern aufbewahrt.

---

[1] KERNER-HANSEN: Pflanzenleben. Bibliographisches Institut Leipzig 1921. — ZANDER: Zit. S. 298.

Nektarien finden sich nicht nur im Bereich der Blüte, sondern auch, allerdings seltener, außerhalb derselben, und zwar meistens an den Blattstielen, so z. B. bei Süßkirschen (Prunus), Holunder (Sambucus), Zitterpappel (Populus), Schneeball (Viburnum). Nektarien außerhalb der Blüten kommen ferner in Betracht bei Baumwolle (Gossypium), Cassia chamaechrista, Vigua sinensis, Vicia villosa. Bei den drei letztgenannten Pflanzen stammen die Rohstoffe für die Honigbereitung ausschließlich aus diesen Nektarien.

Die von den einzelnen Pflanzen gebildete Nektarmenge ist sehr verschieden. Manche Pflanzen bilden nur sehr kleine Tröpfchen, andere nur einen dünnen Überzug. Meistens fließen die kleinen Tropfen zu größeren zusammen. Nur bei sehr wenigen Pflanzen wird Nektar in größerer Menge abgeschieden (Corianthes, Protea mellifera).

Abb. 3. Bienenwabe mit Honig (der helle obere Teil) und Brut (die dunklen Zellen). Orig. Prof. ZANDER.

In Deutschland erfolgt die Nektarabscheidung bei den weitaus meisten Pflanzen vormittags; so beim Buchweizen nur bis etwa 10 Uhr.

Beschaffenheit, Lage und Sicherung des Nektars gestatten nun nicht allen Insekten ohne Auswahl die Ausbeutung. So kann bei einigen Pflanzen mit einem firnisartigen Nektar dieser nur von Käfern, Fliegen u. dgl. aufgenommen werden. Bei anderen Pflanzen wiederum: Bienensaug (Lamium), Eisenhut (Aconitum), Rittersporn (Delphinium), Leinkraut (Linaria), Kapuzinerkresse (Tropaeolum) ist der Nektar in so langen und engen Röhren verborgen, daß er nur langrüsseligen Insekten, Schmetterlingen, Hummeln, zugänglich ist. Von den Bienen wird im allgemeinen nur der verhältnismäßig leicht zugängliche, d. h. entweder offen liegende oder in nur kurzen Röhren verborgene Nektar ausgebeutet. Sehr wesentlich für die Ausnutzbarkeit einer Nektarquelle durch die Biene ist die Länge ihres Rüssels, die etwa 6 mm beträgt. So kann z. B. der Nektar des Rotklees nicht in allen Fällen erbeutet werden, da die Röhre der Rotkleeblüte nach EWERT[1] 7—9 mm, nach anderen Feststellungen[2] sogar 10 mm lang ist (die Röhrenlänge des Weißklees beträgt nur etwa 2,3 mm). In manchen Jahren wird allerdings auch der Rotklee zu einer ausgezeichneten Trachtpflanze, sei es, daß die Blütenröhre bei trockenem Wetter nach dem ersten Schnitt kürzer wird, oder daß infolge günstiger Witterung mehr und folglich höher in der Blütenröhre stehender Nektar erzeugt wird.

Neben der Länge des Bienenrüssels sind noch andere Umstände für die Ausnutzbarkeit einer Nektarquelle von Bedeutung, wie Beweglichkeit des Rüssels, schmale oder breite Kopfform, Weite der Blütenröhre. Ferner ist die Findigkeit der Biene nicht zu unterschätzen, die Wege findet, auch an verborgene Nektarschätze heranzukommen. So sucht sie oft die von Hummeln oder anderen Insekten durchbissenen Blüten ab und „stiehlt“ auf diese Weise Nektar.

Zum Einsammeln ihrer Nahrung steht den Bienen eine große Anzahl Pflanzen zur Verfügung. Nachfolgend sind die wichtigsten der in unserem Klima besuchten „Trachtpflanzen“ zusammengestellt[3].

a) Frühtracht: bis Ende Mai. Winterraps (Brassica napus L.), Winterrübsen (Brassica rapa L.), Goldlack (Cheiranthus cheiri L.), Stachelbeere (Ribes

[1] EWERT: Märk. Bienenztg. 1926, 233. — Blühen und Fruchten. Neudamm: J. Neumann 1929.

[2] GUBIN: Arch. Bienenk. 1936, **17**, 209.

[3] ALFONSUS: Die Bienenweide. Stuttgart: Eugen Ulmer 1923. — KOCH: Bienenweide, Leipzig: Verlag Bienenzeitung 1930. — ZANDER: Die Bienenweide. Stuttgart: Eugen Ulmer 1923.

grossularia L.), Apfel (Pirus malus L.), Himbeere (Rubus idaeus L.), Kirsche (Prunus avium L.), Bergahorn (Acer pseudoplatanus L.), Spitzahorn (Acer platanoides L.), Kornelkirsche (Cornus mas L.), Preisselbeere (Vaccinium vitis idaea L.), Heidelbeere (Vaccinium myrtillus L.), Frühjahrsheide (Erica carnea L.), Vergißmeinnicht (Myosotis), Löwenzahn (Taraxacum officinalis WIGG.).

b) Haupttracht: Juni, Juli: Laucharten (Allium), Kornrade (Agrostemma githago L.), Weißer Senf (Sinapis alba L.), Ackersenf (Sinapis arvensis L.), Hederich (Raphanus raphanistrum L.), Reseda (Reseda odorata L.), Fetthennearten (Sedum), Riesenhonigklee (Melilotus albus altissimus DESR.), Rotklee (Trifolium pratense L.), Weißklee (Trifolium repens L.), Bastardklee (Trifolium hybridum L.), Inkarnatklee (Trifolium incarnatum L.), Hornklee (Lotus corniculatus L.), Robinie (Robinia pseudacacia L.), Esparsette (Onobrychis viciaefolia SCOP.), Pferdebohne (Vicia faba L.), Faulbaum (Frangula alnus MILL.), Bärenklau (Heracleum), Himmelsleiter (Polemonium caeruleum L.), Phacelia (Phacelia tanacetifolia BENTH.), Schneebeere (Symphoricarpus racemosus MICH.), Sonnenblume (Helianthus annuus L.), Kugeldistel (Echinops sphaerocephalus L.), Kratzdistel (Cirsium oleraceum SCOP.), Flockenblume (Centaurea), Kornblume (Centaurea cyanus L.), Spitzahorn (Acer platanoides L.; Blatthonig), Tanne (Abies; Nadelhonig), Fichte (Picea; Nadelhonig).

c) Spättracht: August, September: Buchweizen (Fagopyrum esculentum MNCH.), Reseda (Reseda odorata L.), Bergfetthenne (Sedum fabaria KOCH), Luzerne (Medicago sativa L.), Inkarnatklee (Trifolium incarnatum L.), Serradella (Ornithopus sativus BROF.), Weidenröschen (Epilobium angustifolium L.), Bärenklau (Heracleum), Preisselbeere (Vaccinium vitis idaea L.), Besenheide (Calluna vulgaris SALISB.), Glockenheide (Erica tetralix L.), Phacelia (Phacelia tanacetifolia BENTH.), Boretsch (Borrago officinalis L.), Drachenkopf (Dracocephalum), Thymian (Thymus), Schneebeere (Symphoricarpus racemosus MICH.), Sonnenblume (Helianthus annuus L.), Kratzdistel (Cirsium oleraceum SCOP.), Herbstlöwenzahn (Leontodon autumnalis L.), Eschenakazie (Sophora japonica L.).

Der Nektar ist vorwiegend eine wässerige Zuckerlösung, enthält aber daneben verschiedene andere gelöste Stoffe. Konsistenz, Farbe, Geruch und Geschmack hängen zum Teil von den gelösten Stoffen ab und sind vielfach durch die Herkunft des Nektars bedingt. Einige Nektararten sind wässerig, andere dickflüssig wie Sirup, manche farblos, andere braun. Der Geruch erinnert fast immer an die Stammpflanze. Neben angenehm aromatisch duftendem Nektar findet sich auch solcher mit widerlichem Geruch, z. B. von Melianthus.

Über die chemische Zusammensetzung von Nektar geben Untersuchungen von BEUTLER[1] Auskunft (Tabelle 1).

An Zuckerarten konnte BEUTLER nur Glucose, Fructose und Saccharose feststellen. Diese Befunde stimmen mit den Feststellungen v. FRISCHS[2] überein, daß für Bienen nur verhältnismäßig wenige Zuckerarten — Glucose, Fructose, Saccharose, Trehalose, Maltose und Melezitose — süß schmecken. Der Gehalt an Saccharose ist in manchen Fällen sehr hoch und überwiegt bei weitem den Gehalt an Invertzucker. Der Roßkastaniennektar besteht fast ausschließlich aus Saccharose und Wasser. Schon BONNIER[3] konnte Saccharose in den Nektarien von Mirabilis, Fuchsia, Helleborus und Agave nachweisen. KÜSTENMACHER[4] fand ihn im Nektar von Syringa vulgaris. v. LIPPMANN[5] stellte

[1] BEUTLER: Zeitschr. vgl. Physiol. 1930, **12**, 72; 1936, **23**, 301 (Trockenmasse und Zucker wurden in getrennten Einwaagen bestimmt).
[2] v. FRISCH: Nach ARMBRUSTER: Zit. S. 298.
[3] BONNIER: Nach v. PLANTA: Zeitschr. physiol. Chem. 1886, **10**, 227.
[4] KÜSTENMACHER: Biochem. Zeitschr. 1911, **30**, 237.
[5] v. LIPPMANN: Ber. Deutsch. Chem. Ges. 1922, **55**, 3038; 1927, **60**, 163.

Saccharose im Nektar von Fingerhutblüten fest. Nach ihm kommt Rohrzucker in höchst konzentrierter Lösung, ja unter Umständen sogar in ansehnlichen Krystallen in dem Nektar verschiedener, nicht nur tropischer Pflanzen vor.

Tabelle 1.

Nektar von	p_H-Wert	Trockenmasse %	Invertzucker %	Saccharose %	Gesamtzucker %
Pflaume 1929	(1927: 9,0)	14,7	4,5	8,4	12,9
Apfel 1928	6,0—6,4 (1929: 5,8—6,2)	19,7	12,8	8,5	21,3
Kirsche 1928		33,6	16,2	18,9	35,1
Fritillaria 1927		8,3	9,8	0	9,8
„ 1928	5,1	8,2	8,5	0	8,5
„ 1929		8,1	8,0	0	8,0
Roßkastanie 1927		70,7	1,2	73,3	74,5
„ 1928	6,2—6,4	64,8	0	66,6	66,6
„ 1929	6,2—6,4	65,0	0	65,0	65,0
Linde 1928		33,3	11,6	17,8	29,4
„ 1929		25,8	15,3	14,1	29,4
„ 1934		—	8,1	19,3	27,4
Thermopsis 1927		53,4	20,4	29,8	50,2
Asclepias 1927	2,75—4,32	27,2	1,3	26,7	28,0
„ 1928		31,4	4,0	27,2	31,2
Raps 1928		44,6	45,1	0	45,1
Boretsch 1928		54,6	18,5	34,5	53,0
Lamium 1929	5,6	38,4	9,6	32,8	42,4
Raute 1929	3,2—5,8	66,0	51,3	4,4	55,7
Kapuzinerkresse 1928		43,7	9,4	38,4	47,8
Geißblatt	5,8—6,0	26,3	8,2	18,0	26,2

Über andere Bestandteile des Nektars liegen nur spärliche Angaben vor. Es ist nicht bekannt, ob Nektar noch andere Kohlenhydrate oder Eiweißstoffe enthält, welcher Art die die alkalische oder saure Reaktion bedingenden Stoffe sind. LANGER[1] hält es auf Grund seiner biologischen Eiweißuntersuchungen für möglich, daß der Nektar kein Pflanzeneiweiß enthält. Von einigen Nektararten ist durch die Untersuchungen von v. PLANTA[2] bekannt, daß sie Mineralbestandteile enthalten: Protea mellifera 0,25, Hoya cranosa 0,10, Bignonia radicans 0,45% Asche. Nähere Angaben hat v. PLANTA nur für die Asche des Nektars von Protea mellifera gemacht, in der er 1,04% Phosphorsäure, 4,64% Schwefelsäure, 8,81% Chlor und 15,00% Kali festgestellt hat. Ein invertierendes Ferment wurde von BONNIER festgestellt.

Von großem Einfluß auf Bildung, Beschaffenheit und Zusammensetzung des Nektars sind, neben den durch die Pflanze selbst bedingten Ursachen, die Standortverhältnisse der Pflanzen, insbesondere Sonnenlicht, Bodenbeschaffenheit und vor allem Luftfeuchtigkeit und Temperatur.

Wie OSTASCHTSCHENKO-KUDRJAWZEW[3] feststellte, reagieren alle Pflanzen mehr oder weniger auf die Luftfeuchtigkeit, d. h. sie scheiden bei höherer Luftfeuchtigkeit mehr Nektar ab. Trockenheit liebende Pflanzen erzeugen aber noch bei großer Trockenheit Nektar im Gegensatz zu den Feuchtigkeit liebenden Pflanzen. Hohe Luftfeuchtigkeit mindert aber die Güte des Nektars. Die Nektarmenge wird zwar größer, der Zuckergehalt jedoch geringer. Den Einfluß von Regentagen auf Menge und Zuckergehalt des Nektars läßt die folgende Tabelle 2 (BEUTLER)[4] sehr gut erkennen.

Bei länger anhaltenden, niedrigen Temperaturen scheiden manche Pflanzen überhaupt keinen Nektar ab, vor allem dann nicht, wenn eine Pflanze von Haus aus an eine gewisse Wärme gewöhnt ist. Andererseits sind nicht selten und vor allem bei Pflanzen mit offen liegendem Nektar große Hitze und insbesondere trockene, heiße Winde Ursachen einer

[1] LANGER: Arch. Hygiene 1909, **71**, 308; Münch. Bienenztg. 1912, **25**, 271; Biochem. Zeitschr. 1915, **69**, 141; Der deutsche Imker 1926, **39**, Heft 10.
[2] v. PLANTA: Zit. S. 301.
[3] OSTASCHTSCHENKO-KUDRJAWZEW: Arch. Bienenkunde 1931, **12**, 366.
[4] BEUTLER: Zit. S. 301.

Tabelle 2.

	Normal			Bei Regen		
	Nektar aus 1 Blüte mg	Trockenmasse %	Zucker %	Nektar aus 1 Blüte mg	Trockenmasse %	Zucker %
Pflaume 1927 . . .	1,2	36,6	32,5	5,2	15,3	15,6
Kirsche 1928 . . .	2,0	33,6	34,6	13,4	6,4	7,8
Kastanie 1928 . .	1,7	64,8	60,2	2,5	35,4	34,1
„ 1929 . .	1,0	64,8	65,4	5,5	26,1	27,1
Asclepias 1927. . .	—	27,2	28,0	—	8,8	7,9
Linde 1928	2,4	33,3	30,4	2,3	12,5	14,7
„ 1929	2,6	25,8	29,5	9,1	11,1	16,5
Geißblatt 1928 . .	2,3	27,3	24,0	2,6	10,3	15,4
Raute 1929	1,5	63,2	68,3	0,9	26,5	16,7

schlechten Tracht. Der Nektar trocknet dann rasch ein — nicht allein durch den Wind, sondern auch infolge ungenügender Wasserzufuhr durch die Wurzeln —, so daß er von den Bienen nicht mehr aufgenommen werden kann, die Blüten vertrocknen schnell und fallen ab. Vorübergehende Kälte oder Hitze sind nach BEUTLER nicht nachteilig für die Nektarbildung. Nach LOVELL[1] sind kalte oder kühle Nächte, auf die warme Tage folgen, besser für die Nektarabsonderung als gleichmäßige Wärme. Er führt aus, daß der Zucker zwar bei hohen Temperaturen sehr schnell gebildet wird, daß aber niedrige Temperaturen die Aufnahme durch die Pflanze begünstigen.

Feuchtwarme Witterung ist das beste Honigwetter.

Mit Luftfeuchtigkeit und Temperatur mag es auch zusammenhängen, daß viele Pflanzen nur in den frühen Morgenstunden Nektar abscheiden. Die Nektarabsonderung wird nämlich zu der Guttation der Pflanze, d. h. der Abscheidung von Wassertropfen, die häufig mineralische oder organische Stoffe enthalten, aus unverletzten Pflanzen, in Beziehung gebracht werden können. Die Guttation findet in der Regel nur dann statt, wenn die Pflanze wassergesättigt, die Luft dunstgesättigt ist, also vor allem am frühen Morgen nach einer regenlosen, aber feuchtwarmen Nacht. Steigt im Laufe des Tages die Temperatur, so hört die Guttation auf, da die Pflanze dann infolge der Transpiration nicht mehr wassergesättigt ist.

Von Einfluß auf die Nektarabscheidung sind noch andere Umstände, die nicht ohne weiteres zu erklären sind. So berichtet ALFONSUS[2], daß Buchweizen keinen Nektar bildete, wenn sich ein Gewitter entlud. Nach ihm hat GRAVENHORST dieselbe Beobachtung bei der Heide gemacht.

Giftiger Nektar. Schon im Altertum war bekannt, daß es im nördlichen Kleinasien giftige Honige gibt. Nach KRAUSE[3] ist der giftige Honig nicht nur hier, sondern auch auf der europäischen Seite des Bosporus, im Strandjagebirge und in Anatolien festgestellt worden. Neuere Forschungen haben ergeben, daß dieser Honig von den im ganzen nördlichen Kleinasien wachsenden Alpenrosen Rhododendron flavum und Rhododendron ponticum stammt, von denen erstere auch auf der europäischen Seite des Bosporus im Belgrader Wald und im angrenzenden Strandjagebirge vorkommt.

Der giftige Stoff ist das stickstofffreie, bitter schmeckende Glucosid Andromedotoxin, das auch in anderen Ericaceen (Andromeda-Arten), in Azalea indica u. a. Pflanzen nachgewiesen wurde. In den bei uns vorkommenden Alpenrosen (Rhododendron ferrugineum und hirsutum) fehlt dieses Gift (FÜHNER[4]).

Auch andere Pflanzen können giftigen Nektar liefern. So berichtet KÜHN[5] über Vergiftungsfälle mit wildem Honig aus Neuseeland, der von den gelben Blüten einer Kresseart gesammelt werden soll. Nach KLUMPAR[6] soll die Herbstzeitlose (Colchicum autumnale) giftigen Nektar enthalten, der bei Bienen Betäubungserscheinungen verursacht. In einzelnen Berggegenden Mittel- und Nordjapans wird, wie TOKUDA und SUMITA[7] berichten, im Hochsommer und Frühherbst ein heller, scharf und stechend schmeckender Honig geerntet, nach dessen Genuß Vergiftungserscheinungen auftreten. Als Quelle dieses Gifthonigs wird der Nektar der Ericacee Tripetaleia paniculata vermutet. LOVELL[8] gibt an, daß Kalmia

[1] LOVELL: Honey Plants of North America. The A. J. Root Company Medina Ohia 1926.
[2] ALFONSUS: Zit. S. 300. [3] KRAUSE: Naturwiss. 1926, **14**, 976.
[4] FÜHNER: Naturwiss. 1926, **14**, 1283. [5] KÜHN: Pharm. Ztg. 1908, **60**, 642.
[6] KLUMPAR: Bienenvater 1921, **53**, 154.
[7] TOKUDA u. SUMITA: Jap. Journ. of Zootechn. Science 1924, 1; Arch. Bienenkunde 1924/25, **6**, 189; Erlanger Jahrb. f. Bienenkunde 1926, **4**, 154.
[8] LOVELL: Zit. s. o.

latifolia giftigen Honig liefert. Vielleicht handelt es sich auch hier um eine Andromedotoxinwirkung, denn dieser Giftstoff wurde in den Blättern einiger Kalmiaarten festgestellt[1].

Nicht giftig ist anscheinend der Nektar vieler Giftpflanzen: Tabak (Nicotiana tabacum L.), Oleander (Nerium oleander L.), Bilsenkraut (Hyoscyamus niger L.), Schierling (Conium maculatum L.).

Der Honigtau. Neben dem Nektar werden von den Bienen andere süße, auf Pflanzen befindliche Säfte gesammelt. Diese zuckerhaltigen, natürlichen Säfte, die nicht aus besonderen Nektarien abgeschieden werden, bezeichnet man als Honigtau.

Der Honigtau findet sich vor allem an trockenen heißen Tagen auf der Oberfläche junger Blätter, auch wohl an Stengeln und Zweigen, insbesondere von Ahorn, Birke, Eiche, Esche, Kirsche, Linde, Pappel, Pflaume, Rose, Ulme und an den Nadeln der Nadelhölzer, vorzugsweise von Fichte, Tanne und Lärche. Gewöhnlich sitzt der Honigtau in kleinen Tröpfchen oder als zusammenhängender Überzug auf den Blättern. Oft ist die Abscheidung so reichlich, daß er von den Blättern heruntertropft. Zu Zeiten (LOVELL[2]) fällt er wie feiner Regen. ZANDER[3] berichtet, daß im August 1919 die Honigtauabscheidung auf Ahorn in Erlangen so stark war, „daß die süßen Massen in Strömen von den Blättern flossen und große Pfützen unter den Bäumen bildeten".

Die Ansichten über die Entstehung des Honigtaus sind geteilt.

Einige Forscher (nach ZANDER vor allem NEGER, SORAUER, HEINZ) nehmen an, daß es Honigtau gebe, der unmittelbar von den Pflanzen ausgeschieden wird. Auch ARMBRUSTER[4] glaubt, rein pflanzlichen Blatthonig bei Centaurea montana L. beobachtet zu haben. Die Frage, ob und inwieweit hier die Guttation der Pflanzen eine Rolle spielt bzw. spielen kann, ist noch zu klären. Bekannt ist, daß der Pilz des Mutterkorns, Claviceps purpurea, wenn er die Konidien bildet, einen süßen Saft ausscheidet, der von Bienen und anderen Insekten gesammelt wird. Auch Bakterien können Honigtauausscheidung verursachen. Von den zuletzt genannten Fällen — Entstehung des Honigtaus durch Pilze oder Bakterien — abgesehen, ist bisher eine rein pflanzliche Honigtaubildung nicht sicher nachgewiesen worden.

Tabelle 3.

%	Tannensaft	Honigtau
Wasser	98,63	48,34
Trockenmasse	1,37	51,66
Invertzucker	0,72	18,80
Saccharose	0,06	13,09
Dextrin	0,01	7,38
Gesamtkohlenhydrate	0,79	39,27
Eiweiß	0,06	0
Säuregrad (ccm 1 N.-NaOH/100 g)	2,75	1,04
Diastase	0	vorhanden
Invertase	vorhanden	reichlich vorhanden

Die Mehrzahl der Fachwissenschaftler vertritt die Ansicht, daß der Honigtau tierischen Ursprungs ist. Er entsteht dadurch, daß Insekten aus der Ordnung der Gleichflügler: Buckelzirpen, Fühlerzikaden, Blattflöhe, Mottenblattläuse, Blattläuse, Schildläuse aus den tieferen Teilen der Blätter, die eiweiß- und kohlenhydrathaltigen Säfte aufsaugen, in ihrem Körper verarbeiten und wieder zuckerhaltige Säfte ausscheiden. In vielen Fällen konnte der Zusammenhang zwischen Insekten und Honigtau zweifelsfrei festgestellt werden.

Hinsichtlich der Entstehung des Tannenhonigtaus aus dem Tannensaft ist GEINITZ[5] zu der Überzeugung gelangt, daß der Honigtau nicht durch einfaches Ausschwitzen von Tannensaft entstehen kann, sondern daß die gefundenen erheblichen Unterschiede (s. Tabelle 3) nur dann verständlich sind, wenn die Mitwirkung eines tierischen Organismus angenommen wird.

Außer den angegebenen Insekten können auch Käfer und Schmetterlinge Honigtaubildung dadurch verursachen, daß sie Pflanzenteile durchbeißen. An diesen durchbissenen Stellen treten süße Pflanzensäfte aus, die somit einen Honigtau darstellen, der nicht durch Tierkörper gegangen ist.

[1] E. SCHMIDT: Lehrb. Pharm. Chem., Bd. 2, 2. Abtlg., 6. Aufl. Braunschweig: Fr. Vieweg.
[2] LOVELL: Zit. S. 303. [3] ZANDER: Zit. S. 298.
[4] ARMBRUSTER: Arch. Bienenkunde 1926, 7, 263.
[5] GEINITZ: Arch. Bienenkunde 1930, 11, 308. — Festschrift zum 60. Geburtstage von E. ZANDER. Verlag Leipziger Bienenzeitung.

Beschaffenheit und Zusammensetzung des Honigtaus hängen sowohl von den Pflanzen ab, auf denen er erzeugt wird, als auch von den Insekten, die ihn abscheiden. Wird er in frischem Zustande gesammelt, so ist er klar, süß und von nicht unangenehmem Geruch. Bleibt der Honigtau längere Zeit auf den Blättern sitzen, so wird er infolge seiner klebrigen Eigenschaft leicht verunreinigt und unansehnlich.

Über die chemische Zusammensetzung liegen nur wenige, fast durchweg ältere Arbeiten vor, die wegen der nicht immer völlig einwandfreien Gewinnung des Ausgangsmaterials und besonders hinsichtlich der Angabe der Kohlenhydrate vorsichtig zu bewerten sind. Sie sollen deshalb hier nicht weiter berücksichtigt werden.

Erwähnt sei, daß fast alle Untersuchungen einen hohen Gehalt an Dextrin bzw. dextrinähnlichen Stoffen ergeben haben, der in auffälliger Weise den Honigtau vom Nektar scheidet. Von anderen, nach den bisherigen Feststellungen nur im Honigtau, nicht aber im Nektar vorkommenden Stoffen sind Melezitose, Dulcit und Mannit zu erwähnen. Melezitose wurde von TANRET[1] im Honigtau der Pappel, von MAQUENNE[2] im Honigtau der Linde in erheblicher Menge — etwa 40% der Trockenmasse — ermittelt. Dulcit wurde durch MAQUENNE[3] im Honigtau von Evonymus japonica THBG. festgestellt. Das Vorhandensein von Mannit im Honigtau von Juglans regia L. und Acer nehmen UNGER[4] und KREIS[5] an.

Die Ausnutzung des Honigtaus ist den Bienen wegen der firnisartigen Beschaffenheit nur möglich, wenn die klebrige Masse durch Luftfeuchtigkeit (Tau) verdünnt worden ist. Die Haupteintragezeit für Honigtau (Blatt- und Nadelhonig) sind die Monate Juni und Juli.

Andere süße Säfte. Die süßen Säfte von Früchten, welche durch andere Tiere (Vögel, Wespen usw.), oder infolge anderer Ursachen (Regen) beschädigt wurden, werden von den Bienen nur ausnahmsweise aufgesucht und nach ZANDER nur dann, wenn andere Nahrung nicht zur Verfügung steht. Deshalb werden diese Säfte in der Regel auch sofort verzehrt und nicht aufgespeichert. SAJÓ[6] beobachtete z. B., daß im Herbst Tausende von Bienen eifrig beschäftigt waren, den Saft der durch Regen geplatzten Weinbeeren auszuschlürfen. In außerdeutschen, vor allem tropischen Ländern, scheinen Fruchtsäfte eine etwas größere Bedeutung für die Bienen zu haben. Wenigstens deutet das häufigere Vorkommen von Fruchtfleischgewebe in ausländischen Honigen auf einen stärkeren Besuch von Früchten u. dgl. hin. Ein näheres Eingehen auf diese Säfte ist unnötig, zumal über die Zusammensetzung der Fruchtsäfte an anderer Stelle nachgelesen werden kann.

Die Honigbereitung. Die von den Bienen in der Honigblase heimgebrachten Rohstoffe können wegen ihres hohen Wassergehaltes, der sie leicht verderblich macht, nicht ohne weiteres in die Zelle abgelagert, sondern müssen zu einer Dauerware verarbeitet werden. Der wichtigste Teil der Honigbereitung besteht also in einem Eindicken des Nektars.

Darüber, wie dieses Eindicken erfolgt, herrscht noch keine völlige Klarheit. Einige Forscher, wie z. B. BRÜNNICH[7], nehmen an, daß der Hauptteil des Wassers von den Schleimhäuten der Honigblase aufgenommen wird und in die Blutbahn gelangt, ein anderer Anteil ausgeatmet und nur ein sehr kleiner Teil durch Verdunsten entfernt wird. Nach anderen Beobachtern überwiegen physikalische Vorgänge. Das Eindicken erfolgt hauptsächlich durch die im Stock herrschende Wärme und die dauernde, von den Bienen durch Schlagen mit den Flügeln hervorgerufene Lufterneuerung. Fördernd wirkt das häufige Umtragen. Würde die Zuckerlösung in den Zellen unberührt gelassen, so würde sehr bald die Oberfläche auskrystallisieren, wodurch eine weitere Wasserabgabe der Lösung im Innern unmöglich gemacht wäre. Durch das häufige Umtragen wird die Bildung einer Krystalldecke verhindert, so daß Wasser ständig entweichen kann (ARMBRUSTER). Rein physiologische Vorgänge,

[1] TANRET: Compt. rend. Paris 1919, **169**, 873.
[2] MAQUENNE: Compt. rend. Paris **117**, 127.
[3] MAQUENNE: Bull. Soc. Chim. 1899, **21**, 1082.
[4] UNGER: Ber. k. Akad. Wiss. Wien 1857, **25**, 449.
[5] KREIS: Chem.-Ztg. 1906, **30**, 1061.
[6] SAJÓ: Unsere Honigbiene. Stuttgart: Frankhsche Verlagsbuchhandlung 1909.
[7] BRÜNNICH: Zeitschr. angew. Entom. 1924, **10**, 448.

z. B. bei bzw. unmittelbar nach dem Abnehmen der Rohstoffe von den heimgekehrten Sammlerinnen durch jüngere Genossinnen, beim Umtragen, sind von untergeordneter Bedeutung.

Das Eindicken des Nektars geht zuerst verhältnismäßig schnell vor sich. Sarin[1] stellte bei Fütterungsversuchen mit Zuckersirup nach 48stündigem Verweilen im Stock einen Wasserverlust in einem Falle von 7, in einem anderen von 11% fest. Nach Armbruster[2] ist das Eindicken bis auf etwa 70% Zucker sehr leicht, über diese 70% hinaus aber schwieriger und erfolgt deshalb langsamer.

Hand in Hand mit dem Eindicken der Rohstoffe geht eine Reihe anderer Vorgänge, durch die aus den Rohstoffen das Erzeugnis wird, welches wir als reifen Honig bezeichnen.

Erinnern wir uns der bereits oben gestreiften Tatsache, daß die mit gefüllter Honigblase zurückgekehrte Biene den Inhalt derselben erbricht, und daß dieser dann von jüngeren Arbeitsbienen aufgenommen wird. Diese bringen den Nektar oder den Honigtau nun nicht sofort in die dafür bestimmten Zellen, sondern lassen ihn nach Park[3], wenn die Tracht nicht reich ist, etwa 20 Minuten hindurch aus den Mundteilen hervortreten und wieder verschwinden. Erst dann, bei reicher Tracht allerdings sofort, wird der Rohstoff in Zellen gebracht. In den Zellen, in welche die Rohstoffe zuerst gebracht wurden, bleiben sie nicht liegen, sondern sie werden wiederholt aufgenommen und umgetragen. Hierdurch kommen die Rohstoffe in innige Berührung mit den Körpersäften der Bienen und werden dadurch in erheblichem Maße verändert. Über die Umwandlungen, die bei dieser Behandlung erfolgen, geben die eingehenden Untersuchungen Sarins, die in Tabelle 4 auszugsweise wiedergegeben sind, gute Aufschlüsse.

Sarin verfütterte an zwei Völker Rohrzuckersirup. Zwei Tage nach dem Ablegen des Futters wurde der „Honig" herausgenommen, ein Teil davon untersucht, der Rest an dieselben Völker verfüttert. Der zum zweiten Male abgelegte Honig blieb im Stock, bis die Bienen begannen, die Zellen zu verdeckeln. Dann wurde der Honig herausgenommen, zum Teil untersucht, der Rest wieder verfüttert. Dieser Honig wurde nach dreitägigem Verweilen im Stock untersucht.

Tabelle 4.

%	Sirup 1. Verfüttert: 19. 6.	„Honig" 1 aus Sirup 1, herausgenommen: 21. 6.	„Honig" 2 aus Honig 1, herausgenommen: 3. 7.	Honig 3 aus Honig 2, herausgenommen: 7. 7.
Wasser	32,08	25,03	17,32	18,86
Trockenmasse	67,92	74,97	82,68	81,14
Invertzucker	0	43,11	69,60	73,59
Saccharose	67,92	28,05	9,53	3,96
Gesamtzucker	67,92	71,16	79,13	77,55
Nichtzucker	0	3,81	3,55	3,59
Mineralbestandteile	—	0,04	0,07	0,06
Säure als Ameisensäure	0	0,03	0,05	0,06
Fällung nach Lund mit Phosphorwolframsäure ccm	0	0	0,2	0,2
Polarisation 1 : 10 vor Inversion	—	+ 3,04°	+ 0,60°	— 1,05°
Polarisation 1 : 10 nach Inversion	—	— 2,23°	— 1,86°	— 1,99°
Katalase	0	0	0	0
Diastase[4]	0	2,2	9,0	14,0
Invertase	0	vorhanden	vorhanden	vorhanden

[1] Sarin: Biochem. Zeitschr. 1921, **120**, 250.
[2] Armbruster: Arch. Bienenkunde 1928, **9**, 19.
[3] Park: Amer. Bee Journ. 1927, **67**, 519.
[4] Die Diastase ist in Kubikzentimeter einer 2%igen Lösung von löslicher Stärke ausgedrückt, wobei 5 ccm einer Honiglösung 1 : 2 mit der Stärke 1 Stunde bei 45° gehalten wurden.

Zuckerfütterungsversuche von WEISHAAR[1] ergaben, daß die Bienen in drei Tagen aus einer 50%igen Zuckerlösung vom p_H-Wert 7,5 einen Honig mit einem Wassergehalt von 20,89%, einem p_H-Wert 3,9 und einer diastatischen Kraft = 47 Minuten Stärkeabbauzeit nach KOCH bereitet hatten.

Über die Bereitung eines Tannenhonigs geben Untersuchungen von GEINITZ[2] Auskunft (Tabelle 5).

Tabelle 5.

%	Tannenhonigtau	Tannenhonig
Wasser	48,34	18,89
Trockenmasse	51,66	81,11
Invertzucker	18,80	65,10
Saccharose	13,09	3,51
Dextrin	7,38	9,70
Gesamtkohlenhydrate	39,27	78,31
Eiweiß	0	2,46
Säuregrad 1 N.-NaOH/100 g	1,04	0,56
Diastase	vorhanden	vorhanden
Invertase	reichlich vorhanden	sehr reichlich vorhanden

Neben dem starken Wasserverlust fällt sofort das Absinken des Rohrzuckergehaltes und die dadurch bedingte Zunahme des Invertzuckers auf. Die Inversion der Saccharose erfolgt nach SARIN zuerst verhältnismäßig schnell, später langsamer. Sie ist bedingt einmal durch die Säuren, die sich bereits in den Rohstoffen und ferner in den Verdauungswegen des Bienenkörpers finden. Nach HUNKELER[3], EVENIUS[4] und PETERSEN[5] reagiert der Anfang des Verdauungsweges: Kopfauszug und Honigblaseninhalt sauer. Zweitens ist die Spaltung des Rohrzuckers eine Folge der Tätigkeit invertierender Fermente, die zum Teil aus den Rohstoffen, zum größten Teil aber sicherlich, wie noch gezeigt werden wird, aus der Biene stammen.

Die Versuche SARINs zeigen weiter, daß die Saccharose außer der Inversion noch anderen chemischen Vorgängen unterliegt, denn sonst wäre die Entstehung von zuckerfreiem Trockenrückstand, bei dem es sich im wesentlichen um dextrinähnliche Körper handeln dürfte, nicht zu erklären. Ein solcher zuckerfreier Trockenrückstand fehlt, wie sich aus dem Schrifttum ergibt, nur ausnahmsweise in Zuckerfütterungshonigen. In derartigen Erzeugnissen ermittelten ELSER[6], KOCH und WEISHAAR[7] 8,17 bzw. 1,04 und 1,50% Dextrine; jedoch fanden die letzteren in anderen Zuckerfütterungshonigen Dextrine nicht. Es scheinen also im Hinblick auf den Rohrzucker im Honigmagen der Biene und im Stock zwei entgegengesetzte Umwandlungen vor sich zu gehen: die Inversion und der Aufbau dextrinartiger Stoffe. SARIN nimmt, wie auch ELSER, an, daß diese Stoffe durch Fermente gebildet werden.

Was die Eiweißstoffe anbetrifft, so konnte SARIN nicht mit Bestimmtheit feststellen, daß diese trotz ihrer allmählichen Vermehrung nur von den Bienen und nicht etwa aus Blütenstaub stammen. Als sehr wahrscheinlich aber kann man annehmen, daß neben geringen Mengen Eiweißstoffen aus den Rohstoffen Eiweißstoffe aus dem Bienenkörper in den Honig gelangen.

Die Säure stammt, wie bereits angegeben wurde, zum Teil aus dem Bienenkörper. Diese aus dem Bienenkörper kommende Säure wird bei jedem Hindurchleiten des Honigs durch den Bienenkörper vermehrt, zuerst ziemlich schnell, später, wenn ein gewisser Säuregehalt vorhanden ist, langsamer. SARIN nimmt

[1] WEISHAAR: Z. 1933, 65, 369. [2] GEINITZ: Zit. S. 304.
[3] HUNKELER: Zur Physiologie des Bienendarms. Diss. Zürich 1925.
[4] EVENIUS: Arch. Bienenkunde 1926, 7, 229.
[5] PETERSEN: Arch. ges. Physiol. 1912, 145.
[6] ELSER: Nach ARMBRUSTER; zit. S. 298.
[7] KOCH u. WEISHAAR: Festschrift zum 60. Geburtstag von E. ZANDER. Verlag Leipziger Bienenzeitung.

an, daß die Biene um so weniger Säure zusetzt, je mehr davon in den Rohstoffen enthalten ist. Er hält es ferner für nicht ausgeschlossen, daß ähnlich wie beim Wein neben Säurebildung ein Säureabbau einhergeht.

Die in keinem Honige fehlenden anorganischen Bestandteile kommen aus den Rohstoffen. Ihre Menge steht oft, es sei nur auf die Schmetterlingsblütenhonige hingewiesen, in gewisser Beziehung zur Trachtquelle. Dieser Umstand spricht gegen die im Schrifttum vertretene Ansicht, daß die Mineralbestandteile aus dem Bienenkörper aufgenommen werden. Die Untersuchungen SARINS klären uns in dieser Beziehung nicht auf; der geringe von ihm gefundene Aschegehalt stammt nach seinen Angaben aus dem Rohrzucker.

Ferner sei auf die Fermente eingegangen. Nach den Feststellungen von EVENIUS, PAWLOWSKY und ZARIN [1] finden sich in den für die Honigbereitung in Frage kommenden Organen der Biene (Speicheldrüse, Honigblase) Stärke abbauende und Rohrzucker spaltende Fermente in reichlichen Mengen, so daß hauptsächlich hier die Quellen für den Gehalt des Honigs an diesen Fermenten liegen. Auch die Untersuchungen von SARIN, WEISHAAR und GEINITZ bestätigen diese Annahme. Ein kleiner Teil der genannten Fermente stammt wohl auch aus den Rohstoffen. So wurde von BONNIER im Nektar, von GEINITZ in Tannensaft und Tannenhonigtau Invertase nachgewiesen. Ebenfalls ist das Vorkommen von diastatischen Fermenten im Nektar nicht ausgeschlossen, wenn auch bis jetzt noch nicht erwiesen. Im Nektar von Cobaea scandens CAV. wurden vom Verfasser keine diastatischen Fermente ermittelt.

Endlich müssen noch die Aromastoffe erwähnt werden. Nach KÜSTENMACHER [2] werden dieselben vom Bienenkörper aufgenommen. Dieser Annahme steht jedoch die Tatsache entgegen, daß die fertigen Honige ein charakteristisches Blütenaroma aufweisen; in reinen Honigen von einer Blütenart, z. B. von Linde, Klee, Heide, Orange, Salbei, Eukalyptus ist deutlich das Aroma dieser Blüte wahrzunehmen. Danach gehen die vor allem im Nektar vorhandenen Aromastoffe unverändert oder nach nur unwesentlichen Umwandlungen in den Honig über und bleiben nicht im Bienenkörper zurück.

Kurz ist die Tätigkeit von Bakterien bei der Honigbereitung zu streifen. Nach den bis jetzt darüber vorliegenden Untersuchungen ist es nicht wahrscheinlich, daß unter normalen Verhältnissen Bakterien oder andere Kleinlebewesen irgendwelchen Einfluß haben. So konnte HUNKELER in der Honigblase Bakterienwachstum nur in 2 von 27 Fällen feststellen.

Zusammengefaßt stellt sich die Umwandlung des Nektars oder des Honigtaus in das Erzeugnis, welches wir als Honig bezeichnen, als ein Eindickungsvorgang, verbunden mit Umwandlung der Saccharose in Glucose und Fructose und dextrinähnliche Stoffe dar, bei dem Eiweißstoffe, Säuren und Fermente aus dem Bienenkörper dem Honig beigemischt werden. Die Honigbereitung beginnt bereits in der Honigblase der Sammelbiene, wird dann von den die Rohstoffe übernehmenden Arbeitsbienen fortgesetzt und geht in den Zellen des Stocks zu Ende. Je länger sich die Bienen mit der Honigbereitung befassen, desto einheitlicher, vor allem in bezug auf Wasser- und Rohrzuckergehalt, werden die Erzeugnisse.

Ist das Wasser bis auf 20% entfernt, was je nach dem Wassergehalt der Rohstoffe verschieden lange Zeit dauert, so werden die Zellen, in denen der Honig nach öfterem Umtragen endgültig aufgespeichert wird, mit einem Wachsdeckel verschlossen (Abb. 4), wobei nach ZANDER [3] unsere heimischen Bienen zwischen Deckel und Honig eine niedrige Luftschicht lassen. Der Honig ist dann reif, die Tätigkeit der Bienen beendet. Die chemischen Umwandlungen gehen

[1] EVENIUS, PAWLOWSKY u. ZARIN: Zit. S. 307. [2] KÜSTENMACHER: Zit. S. 301.
[3] ZANDER: Zit. S. 298.

auch in den verdeckelten Zellen weiter, insbesondere die Spaltung des Rohrzuckers, die in der Regel bei der Verdeckelung noch nicht vollständig ist. Wenn eine Tracht vorzeitig aufhört, so bleibt ein Teil der Zellen unverdeckelt. Dieser Honig kann trotzdem nach einiger Zeit — etwa nach 8 Tagen — als reif angesehen werden.

Gewinnung und Behandlung des Honigs. Den Zeitpunkt der Ernte zeigen die Bienen durch die fast vollständig bedeckelten Honigwaben in den meisten Fällen selbst an. Besonders sollen Honige, die in feuchten Monaten bereitet werden, erst geerntet werden, wenn die Waben vollständig bedeckelt sind. Eine Ausnahme von dieser Regel wird für die Honige von Raps und Hederich empfohlen, welche auch in den Zellen sehr rasch fest werden sollen. Auf eine weitere Ausnahme ist schon in dem vorigen Abschnitt hingewiesen worden, daß nämlich das Verdeckeln der Zellen unterbleibt, wenn eine Tracht vorzeitig beendet ist. In diesen Fällen muß einige Zeit gewartet werden, bis der Honig reif ist.

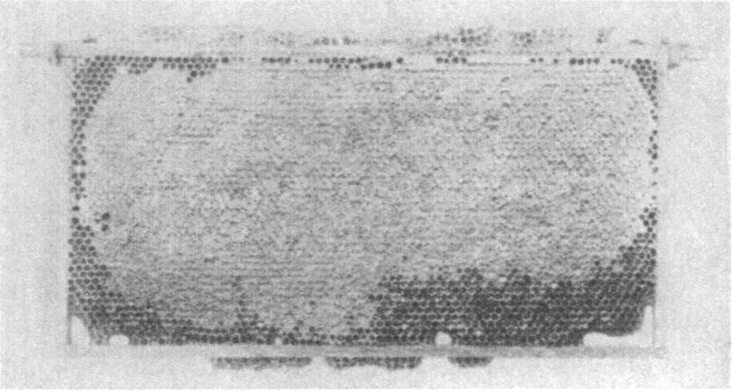

Abb. 4. Fast gedeckelte, schleuderreife Honigwabe. (Nach ZANDER: Die Zucht der Biene.)

Die Rohstoffe, die in der trockeneren Jahreszeit eingetragen werden, reifen schneller, und solcher Honig kann deshalb schon geerntet werden, wenn noch nicht alle Honigzellen verdeckelt worden sind. Vor allem die Honigtau- und Heidehonige werden bald geerntet, da sie sich wegen ihrer zähen Beschaffenheit nur sehr schwer aus den Zellen herausbringen lassen.

Die in den Honigräumen auf den Waben sitzenden Bienen werden mit Abkehrbesen abgefegt, oder aber zweckmäßiger durch sogenannte „Bienenfluchten" (Abb. 5) entfernt. Diese Vorrichtungen gestatten den Bienen, aus dem Honigraum in den Brutraum zu gelangen, verwehren ihnen aber die Rückkehr.

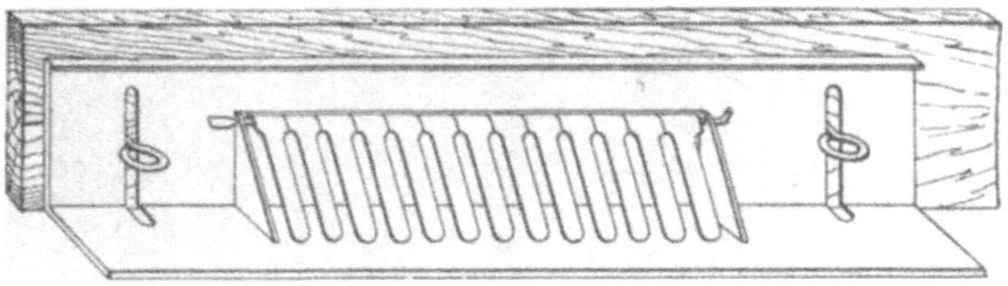

Abb. 5. Bienenflucht.

Bei der Honiggewinnung ist vor allem darauf zu achten, daß die ursprüngliche Beschaffenheit und Zusammensetzung des Honigs (Aromastoffe, Fermentgehalt!) nicht leiden, und daß der Honig möglichst frei von Fremdkörpern ist.

Die Vorbedingung für die Gewinnung von Scheibenhonig[1] ist eine sehr gute Tracht. Da mit einer solchen in Deutschland nicht häufig zu rechnen ist und eigentlich nur in den Jahren, in denen die Heide viel Nektar anbietet, so wird bei uns wenig Scheibenhonig gewonnen. In außerdeutschen Ländern, vor allem in den Vereinigten Staaten, ist Scheibenhonig weit verbreitet. Er wird dadurch gewonnen, daß die Bienen den Honig in frisch erbauten weißen Waben bereiten und sämtliche Zellen verdeckeln.

In Deutschland gelangt Scheibenhonig vielfach als ganze Wabe oder in kleineren Anteilen der ganzen Wabe in den Verkehr. Mitunter jedoch gibt man den Bienen kleinere, mit einem Streifen Wachs als Vorbau versehene Rähmchen in den Stock, die nach fertigem Wabenbau und nach dem Füllen mit Honig etwa ein Pfund wiegen (Abb. 6). In geeigneter Verpackung, mit Glas oder Cellophan bedeckt, kommen diese Pfundwaben in den Handel.

Leck- oder Tropfhonig wird auf einfache Weise dadurch gewonnen, daß man den Honig aus den entdeckelten Waben ohne Anwendung irgend-

[1] Vgl. die amtliche Begründung zur Honigverordnung.

welcher Hilfsmittel auslaufen läßt. Bei zähen Honigen wie Honigtau- und Heidehonigen ist diese Art der Gewinnung nicht möglich.

Wird der Honig durch Auspressen der Waben, aber ohne Anwendung von Wärme gewonnen, wie häufig im Stabilbau Honigtau- und Heidehonig, so erhält man den Preßhonig.

Abb. 6. Rähmchen mit drei gefüllten Pfundwabenkästchen. (Nach ZANDER: Die Zucht der Biene.)

Durch Erwärmen und anschließendes Auspressen wird der Seimhonig gewonnen.

Von besonderer Wichtigkeit ist die Gewinnung von Schleuderhonig, da sie fast allgemein in Deutschland und anderen Ländern üblich ist. Während die vorstehend geschilderten Gewinnungsarten bei fest eingebauten, unbeweglichen Waben möglich sind und angewendet werden, tritt im „Stabilbau" die Gewinnung von Schleuderhonig zurück, sie ist nur vorteilhaft, wenn den Körben zur Erntezeit Kästen mit beweglichen Waben auf- oder untergesetzt werden (Abb. 7). Schleuderhonig kommt vorwiegend aus den Betrieben mit beweglichen Waben, die diese Gewinnungsweise ohne jede Schwierigkeiten ermöglichen. Die Arbeitsweise ist kurz folgende:

Abb. 7. Honigaufsatzkasten nach DATHE.

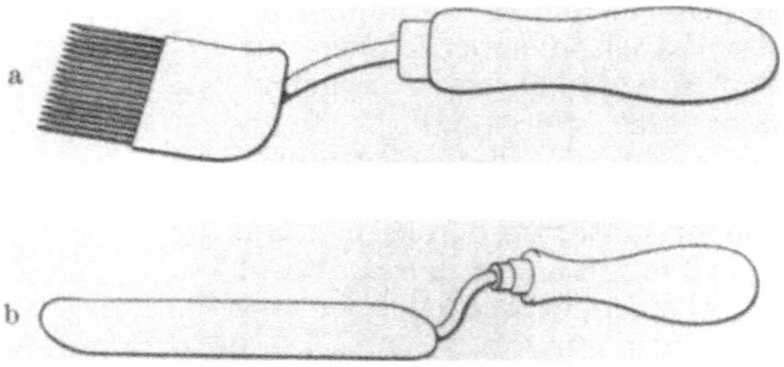

Abb. 8a und b. a Entdeckelungsgabel, b Entdeckelungsmesser.

Zuerst werden die Wachsdeckel, mit denen die Bienen die Zellen verschlossen haben, entfernt; die Waben werden entdeckelt. Dies geschieht mit Hilfe von Entdeckelungsgabeln, -hobeln oder -messern (Abb. 8a und b), die vor dem Gebrauch erwärmt werden. Es ist dabei darauf zu achten, daß möglichst wenig Wachs in den Honig gelangt.

Nach dem Entdeckeln können die Honigwaben sofort geschleudert werden, bis auf die zähen Honigtau- und Heidehonige. Diese müssen erst in den Zellen aufgelockert werden.

Das Auflockern kann mit Hilfe der sogenannten „Honiglösmaschinen" (Abb. 9) erfolgen. Bei diesen wird durch eine Kurbelvorrichtung die Wabe gegen etwa Zellendurchmesser weit auseinanderstehende Nadeln gedrückt, die in den Honig einsinken und seine Adhäsion an der Zellwand herabsetzen, so daß das Ausschleudern möglich wird. Durch weiteres Kurbeln wird Zellreihe nach Zellreihe an die Nadeln herangedrückt.

Das Schleudern (Abb. 10—12), bei welchem der Honig durch die Zentrifugalkraft aus den Waben herausgeschleudert wird, erfolgt am zweckmäßigsten an warmen Tagen. Die Waben müssen stockwarm sein. Unter diesen Bedingungen ist der Honig dünnflüssiger und läßt sich schnell und restlos gewinnen.

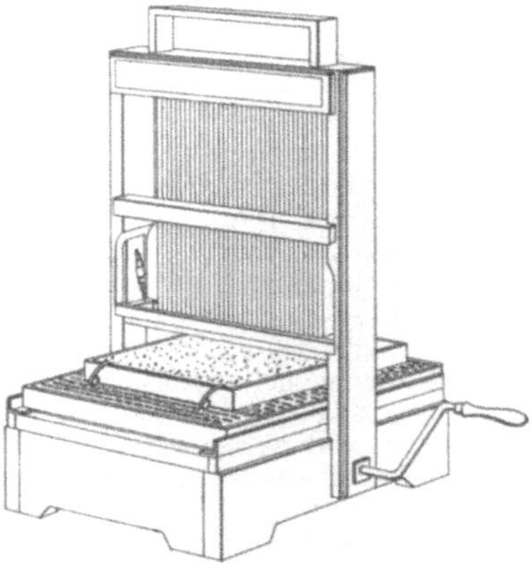

Abb. 9. Honiglösmaschine „Triumph“.

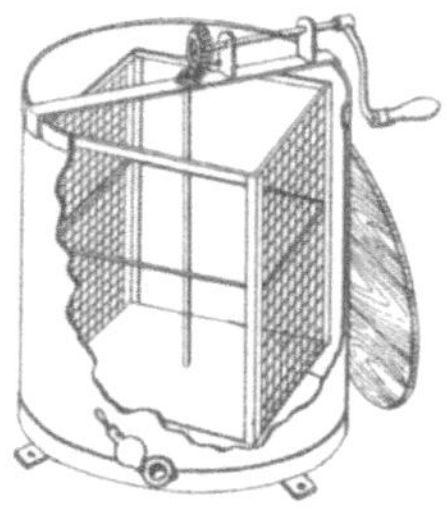

Abb. 10. Honigschleuder „Klein-Modell“.

Außer den bisher besprochenen Gewinnungsarten, bei denen Honig aus den unbebrüteten bzw. brutfreien Waben gewonnen wird, ist eine weitere Gewinnungsart zu erwähnen, bei welcher man Honig durch Einstampfen nicht brutfreier Waben gewinnt. Dieser Stampfhonig entspricht aber wegen seines erheblichen Gehaltes an Wachs, Bienenbrut und Rückständen vom Bienenbrutgeschäft nicht der Begriffsbestimmung für Honig und darf nur als Futterhonig für Bienen verwendet werden.

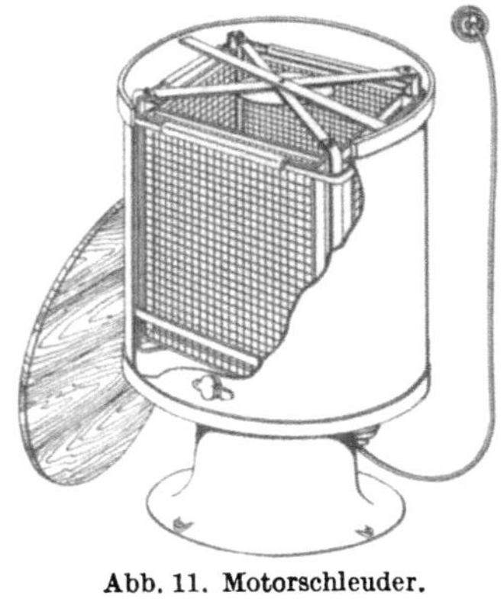

Abb. 11. Motorschleuder.

Abb. 12. Freischwungschleuder.

Es wird nie vollkommen verhindert werden können, daß kleine Wachsteilchen oder auch andere kleine Fremdkörper in den Honig gelangen. Diese können durch Absieben (Abb. 13) des unter Umständen etwas erwärmten Honigs entfernt werden, sinken aber bei dünnflüssigen Honigen von selbst zu Boden oder steigen, wie die Wachsteilchen, in die Höhe und werden dann mit der Schaumschicht, die sich nach einigen Tagen auf dem Honig gebildet hat, abgenommen. Diese Schaumschicht entsteht durch kleine Luftblasen, die in den Schleudern, vor allem in den Freischwungschleudern, in den Honig gelangen und beim ruhigen Stehen an einem warmen Ort nach oben steigen (Abb. 14). Die Entfernung der Luftblasen aus zähflüssigen Honigen ist nicht selten überhaupt unmöglich.

Mitunter wird der Honig nach dem Klären und vor dem Abfüllen täglich mehrere Male gründlich durchgerührt (Abb. 15). Hierdurch soll er feinkörnig werden und eine schmalzartige Beschaffenheit annehmen. Einige Honige erhalten diese Konsistenz ohne diese Behandlung.

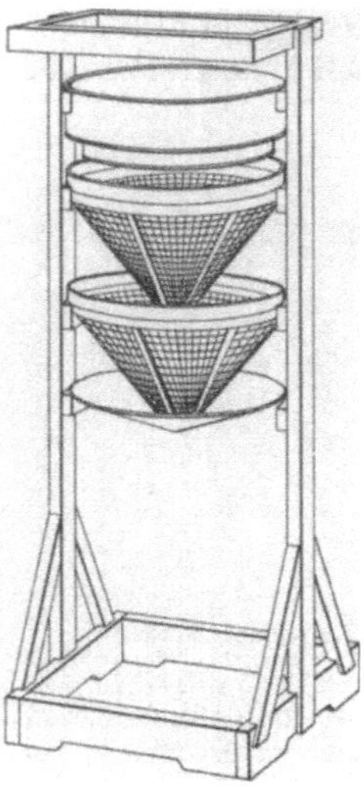

Abb. 13. Honigsiebapparat.

Ein kurzes Wort ist über das Erhitzen zu sagen:

Ein etwaiges Erhitzen muß sehr vorsichtig vorgenommen werden, da bei zu starkem Erwärmen die das Aroma bedingenden ätherischen Öle sich verflüchtigen, die Fermente geschädigt werden und die Farbe, unter Umständen auch der Geschmack des Honigs leiden. Der Imker, der seine Honige, so wie er sie gewinnt, in den Verkehr bringt, wird im allgemeinen ohne oder beim Abfüllen zäher oder bereits fest gewordener Honige mit einer geringen Erwärmung auskommen. Der Großhandel aber ist zu einer stärkeren Erhitzung gezwungen, um Honige verflüssigen und verschneiden zu können.

In einigen Gegenden ist die Verbraucherschaft an flüssigen Honig gewöhnt und lehnt festen Honig ab. Das Festwerden des Honigs ist aber wesentlich durch Grad und Dauer der Erhitzung zu beeinflussen. Bei niedrigen Wärmegraden geschmolzene Honige krystallisieren rasch aus und werden fest. Einmaliges oder öfteres Erhitzen auf 50° und darüber hält Honig nach ACHERT außerordentlich lange flüssig. Diese Temperatur von 50° muß also mindestens eingehalten werden, um flüssigen Honig zu erhalten. Die Dauer der Erhitzung hängt auch wesentlich ab von der Konsistenz der Honige. Bei manchen von einer sehr festen, oft fast steinharten Beschaffenheit beträgt die Erhitzungsdauer nach FIEHE[1] 1—2 Stunden.

Zweckmäßig erfolgt die Erhitzung des Honigs bei einer Temperatur von 50 bis höchstens 60° in großen, doppelwandigen Kesseln. Als Heizquelle dient Dampf, der in die Doppelwandung der Kessel eingelassen wird. Durch eine Rührvorrichtung wird der Honig in ständiger Bewegung gehalten und so eine Überhitzung vor allem an der Kesselwand vermieden.

Abb. 14. Honigreifzylinder.

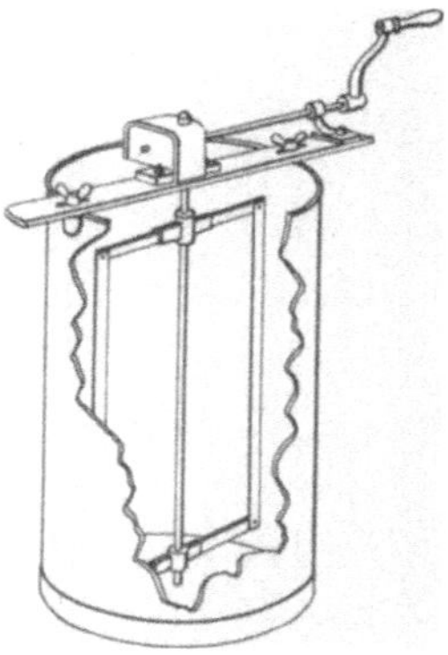

Abb. 15. Honigrührwerk.

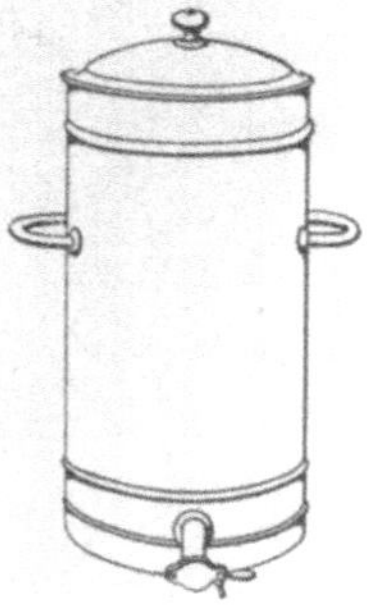

Abb. 16. Honigabfüllkübel.

Honig wird vor dem Festwerden, bereits festgewordener Honig nach geringer Erwärmung in vollkommen saubere und geruchlose Aufbewahrungs- und Verkaufsgefäße abgefüllt (Abb. 16).

Zur Aufbewahrung des Honigs sind Gefäße aus Kupfer, Eisen, Zink und Aluminium ungeeignet, da die Säure des Honigs die Metalle angreift und dadurch Aussehen und Geschmack des Honigs sehr leicht beeinträchtigt werden können. Hinsichtlich des Kupfers

[1] FIEHE: Z. 1931, 61, 420.

und des Zinks kommt unter Umständen noch eine gesundheitsschädliche Wirkung in Frage. Brauchbar sind Gefäße aus verzinntem Metall, Emaille, Steingut, Porzellan, Glas u. a., von denen allerdings einige wegen ihres hohen Preises kaum in Frage kommen. Im Kleinhandel finden sich auch sehr häufig Becher aus paraffiniertem Papier.

Honig zieht leicht Feuchtigkeit und fremde Gerüche an, ist in Gläsern auch empfindlich gegen starke Sonnenbestrahlung. Er muß deshalb gut verschlossen, vor starkem Sonnenlicht geschützt in kühlen, trockenen und geruchfreien Räumen aufbewahrt werden.

Unterscheidung der Honige. Man kann die Honige nach der Art der Gewinnung, der pflanzlichen oder geographischen Herkunft, der Erntezeit und nach dem Verwendungszweck unterscheiden.

Nach der im Verkehr herrschenden Auffassung von Güte und Genußwert der einzelnen Honigsorten steht Scheibenhonig an erster Stelle. Der in den Zellen eingeschlossene Honig wird von Menschenhänden und Gerätschaften nicht berührt, ist frei von Verunreinigungen, wird niemals erwärmt und ist deshalb auch nicht in Gefahr, an Aroma und fermentativen Eigenschaften einzubüßen.

An zweiter Stelle ist der Schleuderhonig zu nennen. Wird derselbe in einem guten Imkereibetrieb mit größter Sorgfalt gewonnen, so steht er an Güte dem Scheibenhonig nicht nach. Dasselbe gilt für den Leckhonig.

Geringwertiger ist der Preßhonig, der durch die Art seiner Gewinnung in größerem Maße der Gefahr einer Verunreinigung ausgesetzt ist. In Deutschland kommt Preßhonig noch vielfach aus der Korbimkerei der norddeutschen Heidegebiete. Von ausländischen Gebieten führen heute Mexiko, Kuba, Domingo, Jamaika und Chile Preßhonig aus, der zu Fabrikationszwecken verwendet wird.

Sehr geringwertig ist der Seimhonig. Dieser enthält fast immer sehr große Mengen Blütenstaub und ist auch nicht selten überhitzt.

Scheibenhonig muß aus unbebrüteten, die anderen Honigarten müssen aus brutfreien Waben gewonnen sein und dürfen weder Bienenbrut noch Rückstände davon enthalten.

Nach der pflanzlichen Herkunft lassen sich drei große Gruppen unterscheiden: Blütenhonig, Honigtauhonig, Gemische aus Blüten- und Honigtauhonig.

1. Blütenhonige. Wir haben bereits früher gesehen, daß die Bienen, wenn sie Gelegenheit haben, große Blütenfelder einer Pflanzenart zu besuchen, einheitlichen Nektar dieser Pflanzenart eintragen, aus dem sie dann einen einheitlichen Honig bereiten. So entstehen die Raps-, Obstblüten-, Robinien-, Linden-, Klee-, Heide- und sonstigen Honige. Bei der großen Zahl der sammelnden Bienen gelangen einige auch an andere Honigpflanzen, aus denen sie Nektar heimbringen. Der aus diesem Nektar bereitete Honig wird dann nicht selten, entweder schon von den Bienen selbst oder besonders bei der Gewinnung mit dem ersterwähnten reinen Honig vermischt. Es wird also nicht immer ein vollkommen einheitlicher, nur von einer Pflanzenart gesammelter Honig zu erwarten sein. Fast immer ist aber in den hier gedachten Fällen das Überwiegen einer Blütentracht festzustellen. Nach diesem überwiegenden Anteil, der den Charakter des Honigs bestimmt, richtet sich dann die Bezeichnung eines Honigs nach der Blütenart. Es kann also z. B. ein „Lindenhonig" Robinienhonig oder Robinienhonig und Kleehonig, ein „Kleehonig" Kornblumenhonig, ein „Heidehonig" Kleehonig, Buchweizenhonig in geringen Mengen enthalten.

Ungleich schwieriger, häufig sogar unmöglich ist die Bezeichnung nach der Blütenart, wenn die Bienen in natürlich bewachsenen Gebieten sammeln, also in Gegenden, die keine großen Trachtfelder einer Pflanzenart zur Verfügung stellen. Hier wird der von den einzelnen Blütenquellen rein gesammelte Nektar schon im Stock, vor allem beim Umtragen des Honigs usw. miteinander vermischt, so daß keine Blütenart den Charakter des Honigs bestimmt. Solche Honige sind schlechthin „Blütenhonige".

Werden Bienen vorwiegend mit Blütenhonig gefüttert, so ist der so erzeugte Honig nicht etwa wieder Blütenhonig, sondern lediglich „Honig".

2. Honigtauhonige. Bei den Honigtauhonigen begnügt man sich im allgemeinen mit der Unterscheidung von Blatthonig und Nadel- oder Tannenhonig. Genauere Angaben werden mitunter bei dem letzteren gemacht, und es werden dann Fichten-, Tannen- und Lärchenhonig unterschieden.

Honigtau-, insbesondere Nadelhonig kommt in Deutschland vor allem in Süddeutschland (Schwarzwald, Bayrischer Wald) vor. Von außerdeutschen Ländern sind vor allem die Schweiz und Hawai zu erwähnen. Die Schweiz liefert viel Nadelhonig. Der aus Hawai ausgeführte Honig besteht nach Dodge[1] zu etwa $^1/_2$ bis $^2/_3$ aus Honigtau, von welchem der größte Teil eine Ausscheidung des Zuckerrohrblatthüpfers (Perkinsiella saccharidica) ist, während ein kleiner Teil von der Zuckerrohrblattlaus (Aphis sacchari) stammt.

3. Gemische aus Blüten- und Honigtauhonigen finden sich besonders dann, wenn die Bienen gezwungen sind, zur Deckung ihres Nahrungsbedarfes alle erreichbaren Süßstoffe zu sammeln.

Es wird ferner unterschieden zwischen deutschem und ausländischem Honig und bei beiden Gruppen häufig noch nach den einzelnen Ländern oder Landesteilen. So gibt es ostpreußischen Honig, Schwarzwaldhonig, ungarischen Honig, Bordeauxhonig, Kubahonig, Havannahonig usw.

Deutscher Honig ist Honig, der innerhalb des Deutschen Reiches gewonnen worden ist. Honig, welcher in Deutschland durch Verfüttern von ausländischem Honig an die Bienen gewonnen wird, gilt nicht als deutscher Honig. Die Hauptimkereigebiete Deutschlands mit mehr als 100000 Bienenstöcken finden sich in Ostpreußen, Brandenburg, Pommern, Niederschlesien, Hannover, im Rheinland, in Bayern und im Schwarzwald[2].

Die Honige können ferner unterschieden werden nach der Eintragszeit, nach Früh- oder Frühjahrstracht, Haupt- oder Sommertracht und Spät- oder Herbsttracht.

Die Unterscheidung nach dem Verwendungszweck ist besonders für den Handel von Bedeutung, da sie hinsichtlich des Genuß- und Gebrauchswertes den vollwertigen, zum unmittelbaren Genuß bestimmten und geeigneten Honig von dem geringwertigen, nur zur küchenmäßigen Verwendung und als Zusatz zu Backwaren bestimmten Honig trennt. Man unterscheidet: Speisehonig (vollwertiger Honig) und Backhonig (nicht vollwertiger Honig).

B. Eigenschaften und Zusammensetzung.

1. Allgemeine Eigenschaften.

In Tabelle 6 ist nach Angaben im Schrifttum und eigenen Untersuchungen eine Anzahl in- und ausländischer Honige zusammengestellt.

a) Farbe.

Die Farbe des Honigs ist nach Herkunft und Erntezeit der Rohstoffe, Verarbeitung derselben durch die Bienen, Gewinnungsart und Beschaffenheit des Honigs sehr verschieden und wechselt zwischen weiß, hell- bis dunkelgelb, grünlichgelb, braun und fast schwarz. Auch klimatische Einflüsse sind von Bedeutung.

Der Handel allerdings ist vielfach bemüht, Honig von möglichst gleichmäßiger Farbe anzubieten und erreicht dieses Ziel durch Mischen geeigneter Honige. In manchen Gegenden, vor allem in den Vereinigten Staaten, werden helle Honige bevorzugt, ohne daß aber diese Vorliebe durch eine bessere Beschaffenheit der hellen Honige gegenüber den dunkleren gestützt würde.

Die Honige der Frühtracht sind fast stets heller als die Honige der Haupt- und Spättracht, was besonders darauf zurückzuführen ist, daß die Bienen im Frühjahr oder Frühsommer keine Gelegenheit haben, den erst später auftretenden dunkleren Honigtau einzutragen. Giersbergen[3] schreibt der Witterung während der Tracht einen gewissen Einfluß zu. Zander[4] gibt an, daß in den Alpenländern der Honig mit zunehmender Höhenlage lichter wird; es soll in den Berglagen um 2000 m ganz helle Honigtauhonige geben.

Zander teilt auch Beobachtungen an heimischen und kaukasischen Bienen mit, die Nektar gleicher Herkunft in ganz verschiedener Weise verarbeiteten. Die heimischen Bienen bereiteten einen goldigen, grünlich schillernden, die kaukasischen Völker aus der gleichen Trachtquelle einen farblosen, wasserhellen Honig. Honig, der längere Zeit in alten Waben aufgespeichert ist, ist vielfach dunkler als der aus Jungfernwaben gewonnene. Scheiben-,

[1] Dodge: Amer. Bee Journ. 1932, **110**, 154. [2] Reichsgesundh.-Bl. 1938, **13**, 171.
[3] Giersbergen: Zeitschr. öffentl. Chem. 1910, **14**, 369.
[4] Zander u. Koch: Der Honig. Stuttgart: Eugen Ulmer 1927.

Schleuder- und Leckhonige sind immer heller als Preß- und Seimhonige. Durch Erhitzen werden fast alle Honige dunkler. Auskrystallisierter Honig ist, wahrscheinlich als Folge der Krystallbildung, im allgemeinen heller als frischer, flüssiger Honig. Entmischt sich der Honig, so steht über einer glucosehaltigen, krystallisierten, helleren Schicht eine fructosehaltige, flüssige, dunklere. Nach PAINE, GERTLER und LOTHROP[1] ist die Reaktion der Aminosäuren oder ihnen nahe verwandter Verbindungen mit Glucose und Fructose durch Bildung der stark gefärbten Melanoidine von großer Bedeutung beim Dunkelwerden des Honigs. Auch LYNN, ENGLIS und MILUM[2] führen das Dunkelwerden in erster Linie auf die Empfindlichkeit der Fructose zurück. Die Farbe wird nach STITZ[3] durch den Dextrin- und Eiweißgehalt, nach SARIN[4], SCHUETTE und REMY[5] durch den Gehalt an Eisen, Mangan und Kupfer beeinflußt. Die letzteren, sowie SCHUETTE und HUENINK[6] und GIRI[7] stellten eine qualitative Beziehung zwischen Farbe und Mineralgehalt fest.

Über die Natur der Honigfarbstoffe ist wenig bekannt. SCHUETTE und BOTT[8] konnten im Buchweizenhonig Carotin feststellen. PHILLIPS[9] berichtet über Untersuchungen eines amerikanischen Chemikers, der fünf Honigfarbstoffe feststellte: Chlorophyllderivat, Carotin, Xanthophyll, dunkelgelben und dunkelgrünen Farbstoff.

b) Geruch und Geschmack.

Kennzeichnender für einen Honig als seine Farbe sind häufig Geruch und Geschmack, die auch für den Verbraucher die wichtigsten Eigenschaften sind.

Die Aromastoffe stammen vorwiegend aus den Pflanzen und zwar aus den Aromastoffen der Blüten an sich oder denen des Nektars, die verschieden von denen der Blüte sein können. Reine, einwandfrei gewonnene, unverdorbene und unverfälschte Blütenhonige haben ein an die Stammpflanzen erinnerndes Aroma, das kräftiger ist als das der Blatthonige.

Ein großer Teil der deutschen Honige hat ein feines Aroma, „dessen Verschiedenheit nur feine Zungen und Nasen ermitteln können" (ZANDER). Ein kräftiges Blütenaroma haben Löwenzahn-, Kornblumen-, Linden-, Fenchel-, Buchweizen- und Heidehonige. Lindenhonig hat ein deutliches Lindenblütenaroma, das aber in deutschen Lindenhonigen häufig nicht so stark wie z. B. in russischen hervortritt, da in Deutschland den Bienen nur verhältnismäßig selten Gelegenheit geboten ist, von größeren Lindenbeständen einen fast reinen Lindenhonig zu bereiten. Fenchelhonig riecht und schmeckt kräftig nach Fenchel. Buchweizenhonig hat ein starkes, eigentümliches Aroma, welches mitunter an Melasse erinnert, mitunter aber auch unangenehm empfunden wird. Heidehonig hat das stärkste Aroma unserer einheimischen, wenn nicht überhaupt aller Honige. Nach ZANDER besitzen Alpenhonige „im allgemeinen mehr Aroma als Honige aus der Ebene, weil die stärkere Sonnenbestrahlung in höheren Lagen die Pflanzen auch mit diesen Stoffen mehr anreichert als im Flachlande".

Die aus wärmeren Gebieten stammenden Honige zeichnen sich, soweit die Trachtquellen von den deutschen abweichen, durch kräftigeres Aroma aus. Dies zeigt sich schon bei europäischen, nichtdeutschen Honigen. Der österreichische und ungarische Götterbaumhonig, der berühmte griechische Rosenhonig, der Honig von Hymettos, der italienische Orangenhonig, die spanischen Orangen-, Rosmarin-, Lavendel- und Thymianhonige u. a. sind kräftig aromatische Honigsorten. Überseeische Honige, wenn sie nicht von landwirtschaftlichen Kulturpflanzen gewonnen sind, haben noch stärkeren Geruch und Geschmack. Dies gilt vor allem für die in den Tropen von Wildpflanzen gewonnenen Honige. Zuweilen haben diese ein der deutschen Zunge und Nase fremdartiges Honigaroma. Mittelamerikanische Honige riechen und schmecken mitunter nach Erdbeeren, Cumarin, Anis, Vanille u. a. Zu erwähnen ist auch der schwach salzige Geschmack einiger Hawaihonige. Australischer Honig riecht und schmeckt häufig stark nach Eukalyptus.

Ein würziges und angenehmes Aroma haben die Nadelhonige. Tannenhonig hat nicht selten einen harzigen Beigeschmack. Durch Beimischungen von Honigtauhonig zu Blütenhonig wird das Aroma des letzteren beeinträchtigt.

[1] PAINE, GERTLER u. LOTHROP: Ind. Engin. chem. 1934, **26**, 73.
[2] LYNN, ENGLIS u. MILUM: Food. Res. 1936, **1**, 255. [3] STITZ: **Z.** 1928, **55**, 608.
[4] SARIN: Zeitschr. Unters. Nahrungs- u. Genußm. 1913, **25**, 131.
[5] SCHUETTE u. REMY: Journ. Amer. Chem. Soc. 1932, **54**, 2909.
[6] SCHUETTE u. HUENINK: Food. Res. 1937, **2**, 529.
[7] GIRI: Madras agricult. Journ. 1938, **26**, 68.
[8] SCHUETTE u. BOTT: Journ. Amer. Chem. Soc. 1928, **50**, 1998.
[9] PHILLIPS: Gleanings in Bee. Cult. 1929, **57**, 288, 362.

Tabelle 6.

Pflanzliche Herkunft	Geographische Herkunft	Trachtzeit	Farbe	Wasser %	Säure	
					pH	Säuregrad
Palmen	Vereinigte Staaten	Haupttracht	—	18,71	—	—
Buchweizen	„ „	Spättracht	dunkelbraun	18,54	—	—
Wilder Buchweizen	„ „	—	gelb bis dunkelgelb	17,94	—	—
Hahnenfuß	Neuseeland	—	—	17,20	4,3	3,0
Raps	Deutschland	Frühtracht	weiß bis dunkelgelb	11,20—19,18	—	0,95—1,97
Raps, Rübsen	„	desgl.	—	16,00	—	—
Hederich	„	Haupttracht	weiß bis gelbbraun	15,30—18,85	—	—
Obst	„	Frühtracht	„ „ „	15,05—17,60	3,9	1,80—2,30
Apfel	Vereinigte Staaten	desgl.	„ „ „	—	—	—
Himbeere	Deutschland	„	„ „ „	15,05	—	—
„	Vereinigte Staaten	„	„ „ „	—	—	—
Rose	Griechenland	„	weiß bis hellgelb	16,00	—	—
Kirsche	Mitteldeutschland	„	gelb bis dunkelgelb	—	—	—
Akazie	Vereinigte Staaten	Haupttracht	weiß bis hellgelb	16,33	—	—
Steinklee	„ „	desgl.	„ „ „	17,49—17,60	—	—
Luzerne	„ „	Spättracht	weiß bis dunkelgelb	16,56	—	—
„	Kalifornien	desgl.	desgl.	11,50—18,01	3,8	0,84—3,00
„	Neuseeland	„	„	18,0	3,48	1,20
Klee	Deutschland	Haupttracht	„	15,30—20,89	—	1,10—3,25
„	Niederlande	desgl.	„	17,35—20,55	3,58—3,85	1,40—2,15
„	Vereinigte Staaten	„	„	13,05—17,64	3,8	1,36
„	Neuseeland	„	„	16,60—17,00	3,4 —3,58	1,35—1,70
Klee, Ferkelkraut	„	„	—	16,20—18,90	3,37—3,68	1,40—2,00
Klee, Robinie	Deutschland	„	—	14,55	—	—
Robinie	„	„	weiß bis hellgelb, auch grünlichgelb	15,85—21,20	—	—
„	Ungarn	„	desgl.	8,03—26,68	3,57—4,03	0,78
Robinie, Linde	„	„	—	19,76—19,94	—	—
Mesquite	Kalifornien	„	weiß bis hellgelb	15,89—16,35	—	—
Esparsette	Deutschland	„	weiß bis dunkelgelb	16,00—18,35	3,9	—
Orange	Kalifornien	—	weiß bis hellgelb	16,21—16,99	—	1,20—1,55
Sumach	Vereinigte Staaten	—	—	17,31—18,85	—	2,70
Linde	Deutschland	Haupttracht	grünlichgelb bis grün	14,11—20,65	3,8 —4,2	2,15—4,00
„	Vereinigte Staaten	desgl.	desgl.	16,35—17,42	—	0,69
Linde, Kornblume	Ostdeutschland	„	—	17,95	—	—
Baumwolle	Vereinigte Staaten	—	weiß bis hellgelb	16,10—18,75	—	—
Mangrove (Avicennia)	„ „	—	gelb bis dunkelgelb	19,18	—	—
Metrosideros	Neuseeland	—	—	16,80	4,07	0,90
Eukalyptus	„	—	gelb bis dunkelgelb	19,10	3,95	1,70
Leptospermum	„	—	—	18,40	4,05	1,40
Fenchel, Luzerne	Mitteldeutschland	Haupttracht	gelb bis gelbbraun	15,60—20,15	—	—
Nyssa	Vereinigte Staaten	—	weiß bis hellgelb	17,34	—	—

Tabelle 6. (Fortsetzung.)

Asche %	Stickstoffverbindungen %	Formoltitration nach TILLMANS und KIESGEN	Glucose %	Fructose %	Saccharose %	Dextrin %	Diastasezahl nach GOTHE
0,40	—	—	34,15	41,73	0,72	1,90	—
0,07—0,16	—	—	36,75	40,29	0,03	1,22	17,9—38,5
0,10	—	—	35,39	41,36	0,30	1,13	29,4
0,37	0,48	1,3	33,6	40,2	2,80	5,70	—
0,06—0,35	—	—	32,15—41,90	32,61—39,50	0,34—2,66	9,52	—
0,10	—	—	41,88	36,12	2,29	—	—
0,04—0,26	—	—	33,31—41,90	31,98—34,00	2,98—3,10	—	—
0,10—0,35	—	—	35,88—36,15	37,90—40,26	1,12—2,86	—	23,8
0,08	—	—	31,67	42,00	3,69	0,39	—
0,30	—	—	31,51	38,54	1,15	—	—
0,05	—	—	33,57	41,34	1,42	0,56	17,9
0,04	0,04	—	29,70	39,46	1,54	—	—
0,15	—	—	30,38—39,60	31,35—32,16	0	13,07	—
—	—	—	38,21	40,81	2,27	0,33	10,9—23,8
0,11—0,12	—	—	35,52—36,87	38,72—39,59	1,36—2,24	0,45—1,55	10,9—23,8
0,04—0,07	0,11	—	36,85—37,92	40,24—40,92	4,42—10,79	0,34	5,0—23,8
0,05	—	—	38,08	37,95	3,90	—	1,0—17,9
0,05	0,23	0,8	37,60	38,80	4,80	0,80	—
0,04—0,31	—	—	37,40—40,10	35,56—40,90	0,09—3,44	—	10,9—17,9
—	—	—	33,30—36,41	37,17—41,05	1,34—1,54	—	23,8—29,4
0,03—0,17	0,11—0,23	0,25-0,52	34,97—36,63	39,18—40,23	0,84—4,01	0,82	8,3—38,5
0,05—0,11	0,18—0,24	1,2—1,5	35,30—38,40	39,70—41,10	1,90—3,50	3,30—4,00	—
0,04—0,19	0,24—0,29	1,5—1,9	35,00—38,50	39,30—41,80	2,40—3,40	0,80—4,20	—
0,15	—	—	37,40	35,56	3,32	—	—
0,06—0,27	—	—	30,20—37,63	30,53—46,00	1,14—5,73	—	38,5
0,01—0,16	0,05—0,43	—	27,45—34,28	35,32—45,98	0,38—12,63	0,88—11,42	—
0,08	0,07—0,22	—	29,70—30,15	33,85—37,67	0,90—0,93	8,76—12,32	—
0,19	—	—	38,04	41,03	2,02	0,29	6,5—29,1
0,03—0,10	0,25—0,33	—	28,75—39,62	27,25—38,50	0—3,90	—	—
0,04—0,23	0,11	0,26	35,65—36,63	37,17—37,19	0,60—7,49	0,45—1,55	1,0—23,8
0,08—0,21	0,42	—	33,72	37,61	0,92—1,22	3,57	13,9—17,9
0,03—0,66	0,33—0,44	—	31,34—38,50	31,60—37,70	0—1,96	13,75	17,9—38,5
0,15—0,20	0,28	—	36,05	39,27	0,68—3,19	30,7	—
0,22	—	—	38,26	32,88	2,06	—	—
0,21—0,32	0,26—0,28	—	36,19	39,42	0,53—2,39	1,10	13,9—23,8
0,44	—	—	35,33	41,47	1,73	0,56	8,3—10,9
0,35	0,14	0,8	40,2	39,1	2,60	0,90	—
0,12	0,23	1,0	32,4	40,7	2,80	4,90	—
0,15	0,24	1,2	34,5	42,0	2,80	2,10	—
0,13—0,20	—	—	34,66, 34,66	29,37, 42,84	3,80—6,87	—	—
0,20	—	—	24,73	48,61	3,01	2,08	6,5—29,1

Tabelle 6. (Fortsetzung.)

Pflanzliche Herkunft	Geographische Herkunft	Trachtzeit	Farbe	Wasser %	Säure	
					pH	Säuregrad
Heide	Norddeutschland	Spättracht	hellbraun bis rotbraun	13,25—23,65	4,0—4,4	2,25—3,95
Heide, Klee	„	desgl.	—	18,60—23,86	—	2,10—4,05
Quendel	Sizilien	—	—	15,6	—	—
Thymian	Griechenland	Spättracht	weiß bis dunkelgelb	16,38—21,12	—	—
Minze	Vereinigte Staaten	—	—	16,44	—	—
„	Neuseeland	—	—	18,00	3,70	2,30
Weinmannia	„	—	—	18,60—18,90	4,50—4,87	0,65—1,20
Goldrute	Vereinigte Staaten	Spättracht	gelb bis dunkelgelb	19,88	—	—
Zweizahn	„ „	—	—	16,69—19,18	—	—
Kreuzkraut	Neuseeland	—	—	16,70—17,00	3,68—3,80	2,30—2,45
Löwenzahn	Süddeutschland	Frühtracht	gelb bis dunkelgelb	13,35	—	—
„	Schweiz	desgl.	„ „ „	13,34	—	—
„	Vereinigte Staaten	„	„ „ „	14,54	—	—
Blatthonig	Deutschland	Haupttracht	hellbraun bis fast schwarz	14,50—22,45	4,2	4,50
Nadelhonig	Süddeutschland	desgl.	gelb bis fast schwarz, auch dunkelgrün	14,00—17,59	—	—
„	Schweiz	„	desgl.	14,19—18,00	—	—
„	Österreich	„	„	13,55—18,10	—	2,42
Zuckerfütterungshonig	Deutschland	—	hellgrüngelb bis bräunlichgelb	14,98—21,09	3,8—4,3	0,40—2,40
Kunsthonig	„	—	—	16,00—21,22	3,0—4,0	0,35—3,40

Wie die Farbe leiden auch Geruch und Geschmack durch unsachgemäße Gewinnung und Behandlung. Der auf kaltem Wege ordnungsgemäß gewonnene Honig behält sein volles Aroma, während bei Anwendung von Wärme häufig ein großer Teil der Aromastoffe verloren geht. Wird Honig längere Zeit in der Nähe stark riechender Stoffe aufbewahrt, so nimmt er leicht den Geruch derselben an.

Auch das Alter des Honigs ist nach Giersbergen[1] nicht ohne Einfluß auf das Aroma. Frischer Honig riecht und schmeckt am stärksten. Mit zunehmender Krystallisation wird das Aroma schwächer und verschwindet mitunter fast ganz. Giersbergen erklärt diese Beobachtung damit, daß die sich bildenden Zuckerkrystalle die ätherischen Öle einschließen.

Nicht jeder Honig schmeckt angenehm. So berichtet Sanna[2] über eine bitter schmeckende Honigart aus Gallura auf Sardinien. Der Honig von Helenium tenuifolium Nutt. ist nach Lovell[3] so bitter wie Galle und nicht zu genießen, ebenso der Honig von Castanea nana und der giftige Honig von Kalmia latifolia L. Auch in Brasilien kommt, wie Angaben von Fiehe und Stegmüller[4] zu entnehmen ist, ein gallenbitterer Honig vor, welcher während der Blüte einer besonderen, „Bracatinga" genannten Pflanze eingetragen wird. Der in Südafrika aus gewissen Euphorbiaarten, „Noors" genannt, gesammelte Honig hat, wie Juritz[5] angibt, einen brennenden, noch nach mehreren Tagen wahrnehmbaren Geschmack.

Als Geschmacks- und Geruchsstoffe wurden bisher nachgewiesen: Aldehyde (Marpmann[6]), Diacetyl und Methylacetylcarbinol (Schmalfuss und Barthmeyer[7]), Anthranilsäuremethylester, ein charakteristischer Bestandteil des Orangenblütenöles, in Orangen-

[1] Giersbergen: Zit. S. 314.
[2] Sanna: Ann. Chim. analyt. appl. 1931, **21**, 397; Bull. Soc. ital. Biol. sper. 1934, **7**, 166.
[3] Lovell: Zit. S. 303.
[4] Fiehe u. Stegmüller: Beiträge zur Neubearbeitung der Vereinbarungen. Herausgegeben vom Kaiserlichen Gesundheitsamt, Bd. II. Berlin: Julius Springer 1914.
[5] Juritz: Chem. News **130**, 310.
[6] Marpmann: Pharmaz. Ztg. 1903, **48**, 1010.
[7] Schmalfuss u. Barthmeyer: Biochem. Zeitschr. 1929, **216**, 330; **Z.** 1932, **63**, 283.

Tabelle 6. (Fortsetzung.)

Asche %	Stickstoffverbindungen %	Formoltitration nach TILLMANS und KIESGEN	Glucose %	Fructose %	Saccharose %	Dextrin %	Diastasezahl nach GOTHE
0,32—0,52	0,76—1,62	1,85	24,31—31,06	40,38—43,13	0—4,70	6,68	17,9—62,5
0,34—0,83	—	—	31,96	34,00	0,17—2,80	—	13,9—50,0
0,32	0,63	—	46,30	34,50	0	1,1	—
0,09—0,20	0,32—0,46	—	31,60—34,21	37,19—37,72	1,92—2,69	—	—
0,14—0,29	—	—	23,35	46,40	0,61	6,02	—
0,37	0,35	1,8	37,10	38,90	2,30	3,20	—
0,29—0,39	0,16—0,19	0,3—0,7	35,30—36,50	38,40—39,10	2,00—3,60	2,60—4,30	—
0,16	—	—	34,45	37,85	1,68	2,18	23,8—38,5
0,05—0,17	0,33	1,33	31,33	38,20	0,57—1,23	1,55—3,45	50,0
0,12—0,19	0,33—0,39	1,6—2,0	34,30—35,30	39,30—41,50	2,50—3,20	4,50—5,20	—
0,29	0,25	—	40,06	31,30	4,58	—	—
0,27	—	—	35,64	36,31	2,19	6,14	—
0,16	—	—	35,64	41,50	3,12	1,23	6,5—10,9
0,55—0,95	—	—	24,42—38,00	18,36—33,80	—	24,49	8,3—38,5
0,34—0,99	0,25—0,36	1,0—1,2	28,40—37,40	29,33—33,00	—	—	10,9
0,45—0,91	—	—	27,45	32,90	—	11,27	—
0,67	2,06	—	30,92	17,04	1,03—4,52	—	—
0,01—0,26	0,12—0,55	—	30,90—34,82	32,28—33,71	1,82—20,10	0—8,17	0—17,9
0,01—0,23	—	0	36,10—42,50	20,7 —34,60	0,28—10,60	—	0

honigen (NELSON[1], LOTHROP[2]), Arbutin aus Arbutus unedo L. in einem bitteren, sardinischen Honig (SANNA).

c) Konsistenz.

Die meisten frischen, noch stockwarmen Honige sind verhältnismäßig leichtflüssig und werden erst beim Abkühlen dickflüssiger. Einige dieser Honige, Robinien-, Obstblüten-, Kleehonige, bleiben auch im abgekühlten Zustande ziemlich lange flüssig. Von zähflüssiger Beschaffenheit, auch im warmen Stock, sind besonders die dextrinreichen Honigtauhonige und der schleimige Heidehonig.

Der in frischem Zustande flüssige Honig beginnt nach Tagen, Wochen oder Monaten zu krystallisieren und wird fest. Einige Honige krystallisieren sehr rasch, so sollen Raps und Hederichhonig schon in den Zellen auskrystallisieren. Andere Honige (Robinienhonig, Honigtauhonige) bleiben sehr lange flüssig. Unreifer Honig krystallisiert nicht.

Die Art der Krystallisation ist verschieden:

Schmalzartig: Raps, Hederich, Götterbaum, Rosmarin, Wusperkraut.

Feinkörnig: Löwenzahn, Linde, Orange, Klee, Esparsette, Alpenrosen, Mesquite, Luzerne, Fenchel, Heide.

Grobkörnig: Kirsche, Kastanie, Tanne, Lärche, Buchweizen, Heide.

Flockig: Blatthonig.

Das Krystallisationsvermögen hängt ab von der Zusammensetzung des Honigs, insbesondere von dem Gehalt an Glucose und Fructose, von Temperatur, unter Umständen auch anderen klimatischen Einflüssen und von der

[1] NELSON: Ind. Engin. chem. 1930, **22**, 448.
[2] LOTHROP: Analyt. Ed. 1932, **4**, 395.

Behandlung. Von den Honigbestandteilen krystallisiert die Glucose am leichtesten, während die Fructose lange flüssig bleibt. Honige, die viel Glucose enthalten, werden somit leichter fest als solche mit weniger Glucose und höherem Gehalt an Fructose. Auch andere Bestandteile des Honigs sind für das Krystallisationsvermögen von Bedeutung. De Boer[1] schreibt den Nichtzuckerstoffen einen Einfluß zu und zwar dahingehend, daß ein höherer Gehalt an Nichtzuckerstoffen die Krystallisation verzögert oder verhindert.

De Boer gelangte bei der Untersuchung von rasch krystallisierendem Rapshonig, weniger rasch krystallisierendem Kleehonig, langsam krystallisierendem Heidehonig und zwei nichtkrystallisierenden Honigen zu folgenden Ergebnissen (Tabelle 7).

Tabelle 7.

	Saccharose %	Glucose %	Fructose %	$100 \times \frac{\text{Fructose}}{\text{Glucose}}$	Nichtzucker %	$KV = \frac{\text{Glucose}}{\text{Nichtzucker}}$
Rapshonig	3,5	36,78	38,78	105,4	1,64	22,4
Weißkleehonig	1,2	35,97	40,66	113,0	3,38	10,6
Heidehonig	1,7	30,83	41,17	133,5	5,18	5,9
Nichtkystallisierender Honig 1	3,8	33,25	39,80	119,7	6,68	4,9
Nichtkystallisierender Honig 2	2,6	26,19	44,94	171,6	6,77	3,9

In der letzten Spalte hat de Boer eine neue Größe, das Verhältnis Glucose : Nichtzucker = Krystallisationsvermögen KV eingeführt. Dieses läßt erkennen, daß Honige mit KV = 22 sehr schnell krystallisieren, Honige mit KV = 5 und darunter nicht oder nur sehr langsam.

Für das Krystallisationsvermögen und vor allem für die Art der Krystallisation sind nach Gubin[2] die sog. „Primakrystalle" verantwortlich. Sind diese in großer Zahl vorhanden, so krystallisiert der Honig feinkörnig, bei wenigen Primakrystallen grobkörnig. De Boer hat festgestellt, daß in allen ausgelassenen Honigen nicht allein die Gubinschen Primakrystalle die Krystallisation verursachen, sondern daß neben denselben andere Krystallkerne vorkommen. Die Bildung der Krystallkerne erfolgt am schnellsten bei Temperaturen von 5—7° C, nimmt bei steigenden Temperaturen ab und erfolgt bei 30° etwa so schnell wie bei — 12° C. Das Maximum der Krystallisationsgeschwindigkeit von nicht erhitztem Honig liegt bei etwa 15° C. Das Bildungsmaximum der Krystallkerne und das Maximum der Krystallisationsgeschwindigkeit liegen also um etwa 10° auseinander. Dieser Unterschied und die starke Abhängigkeit der Krystallkernbildung und Krystallisationsgeschwindigkeit von der Temperatur erklären nach de Boer einmal die Tatsache, daß Honig bei starken Temperaturschwankungen schneller krystallisiert als bei gleichmäßigen Temperaturen, zweitens die sich widersprechenden Beobachtungen über das bald beschleunigte, bald verzögerte Krystallisieren des Honigs in direktem Sonnenlicht. Auch für den Umstand, daß in manchen Jahren alle Honige sehr rasch krystallisieren, in anderen Jahren langsamer, könnten die Feststellungen de Boers eine Erklärung bieten.

Von Einfluß auf die Krystallisation ist ferner die Behandlung des Honigs. Honig, der viel bewegt wird, krystallisiert langsamer, und es wurde bereits darauf hingewiesen, daß man versucht, durch tägliches, mehrmaliges, gründliches Durchrühren einen feinkörnigen, schmalzartigen Honig zu erhalten.

Die Wiederverflüssigung festen Honigs ist möglich durch Erwärmen. Nach Fiehe[3] muß bei 35—36° der Honig bis zu 100 Stunden erwärmt werden. De Boer hat gefunden, daß ein Erhitzen auf weniger als 60°, selbst während 24 Stunden, nicht ausreicht, Honig 3—4 Monate flüssig zu erhalten. Am geeignetsten ist eine Erhitzungsdauer von 4 bis 6 Stunden bei 60° oder von 2—4 Stunden bei 65°. Beim Erhitzen auf 60° und darüber werden nicht nur die Glucosekrystalle, welche an die Stelle der Krystallisationskerne treten könnten, aufgelöst, sondern auch die Krystallisationsgeschwindigkeit des Honigs ist verringert, selbst nach Abkühlung und absichtlichem Impfen.

Eng mit der Krystallisation zusammen hängt die Entmischung. Die Glucosekrystalle sinken mitunter zu Boden, so daß über einer festen, glucosehaltigen

[1] De Boer: Chem. Weekbl. 1931, 28, 682.
[2] Gubin: Arch. Bienenkunde 1926, 7, 145. [3] Fiehe: Z. 1926, 52, 244.

Schicht eine flüssige, fructosereiche steht. Doch ist auch eine Glucoseanreicherung in den oberen Teilen möglich, nämlich dann, wie FIEHE[1] festgestellt hat, wenn es sich um „treibende" Honige handelt. Beim Treiben, das ja im wesentlichen nichts anderes ist als das blasen- und schaumbildende Entweichen von Luft aus Honig, der sehr viel Luft aufgenommen hat (Schleuderhonig), können krystallisierte Glucoseteilchen sich mit Luft beladen und nach oben steigen.

d) Kolloidstoffe.

LOTHROP und PAINE[2] fanden bei der Ultrafiltration von Honig durch Kollodiummembranen, daß einige dunkle Honige wie Buchweizenhonig mehr als 1% kolloidale Stoffe enthalten, während der Kolloidgehalt der hellen Honige gewöhnlich etwa 0,2% beträgt. Die kolloidalen Bestandteile beeinflussen wesentlich Klarheit, Farbe, Geschmack und Krystallisation des Honigs. Auch der im Vergleich zu wässerigen, Glucose und Fructose in demselben Verhältnis wie Honig enthaltenden Lösungen niedrige Karamelisationspunkt ist auf die Kolloide zurückzuführen. Es zeigte sich ferner, daß in den meisten Honigen die kolloidalen Teilchen positiv geladen sind, daß aber in einigen Honigen, vor allem in solchen von der Art des Honigtauhonigs, die Kolloide negative elektrische Ladung haben. Beim isoelektrischen Punkt sind die Teilchen nicht mehr elektrisch geladen und flocken vollständig aus, so daß der Honig vollkommen klar erscheint. Bei den meisten Honigen liegt dieser Punkt bei p_H 4,3. Die Menge der ausgeflockten Kolloide vermindert sich sehr schnell, bzw. die Kolloide bleiben überhaupt in kolloidaler Lösung, wenn und in dem Maße wie die Acidität des Honigs höher oder niedriger als p_H 4,3 wird. Bei der Fortführung der Untersuchungen ermittelten PAINE, GERTLER und LOTHROP[3] den Kolloidgehalt verschiedener Honige zwischen 0,80% (Buchweizen) und 0,07% (Mangrove), wobei wiederum ein Zusammenhang mit der Honigfarbe festgestellt werden konnte. Die Honigkolloide bestehen nach ihnen zu 41,44—72,75% aus Stickstoffsubstanzen, ferner aus hochemulgierten Wachsteilchen und anorganischen Bestandteilen. In Ergänzung der früheren Befunde wurde festgestellt, daß die Kolloide die Oberflächenspannung erniedrigen und die Viscosität erhöhen. Schäumen und Karamelisieren von Honig beim Erhitzen werden wesentlich vermindert, wenn die Kolloide abgeschieden sind.

DE BOER und KNIPHORST[4] und BLAIR[5] befaßten sich mit der Thixotropie des Heidehonigs. Der von den Bienen zum größten Teil von Calluna vulgaris und vielleicht zum Teil auch von Erica tetralix gesammelte Heidehonig ist ein thixotropes Sol, dessen Erstarrungsgeschwindigkeit mit zunehmender Temperatur zunimmt bis auf Temperaturen zwischen 6 und 15°, bei denen eine Abnahme festgestellt wurde. Vorerhitzung beschleunigt in hohem, Rühren in dem Heidehonigsol vor dem Erhitzen in geringerem Maße die Erstarrungsgeschwindigkeit. Im Gegensatz zur Erstarrungsgeschwindigkeit wird die Viscosität eines Heidehonigsols bei steigender Temperatur allmählich immer kleiner. Alle Eigentümlichkeiten, die sich bei Bereitung und Weiterbehandlung von Heidehonig ergeben, sind auf die Erscheinung der Thixotropie zurückzuführen.

2. Physikalische Eigenschaften.

Spezifisches Gewicht. Das spez. Gewicht des Honigs hängt ab von Wassergehalt, Art und Menge der sonstigen Bestandteile. Es schwankt im allgemeinen von 1,40—1,43, entsprechend einer Trockensubstanz von etwa 78—82%.

In der Praxis wird aber nicht das spez. Gewicht des Honigs selbst bestimmt, sondern von Honiglösungen und zwar entweder von Lösungen 1 Tl. Honig + 2 Tle. Wasser oder von 20 g Honig in 100 ccm Wasser. Das spez. Gewicht der Lösungen 1 + 2 schwankt zwischen 1,110 und 1,117, das der Lösungen 20 g in 100 ccm zwischen 1,0605 und 1,0634. Es kommen aber bei normalen Honigen Abweichungen sowohl nach oben als auch nach unten vor.

Oberflächenspannung. ELSER[6] bestimmte im TRAUBschen Stalagmometer die Tropfzahl einiger Tessiner Honige und fand die Werte 43,4, 48,1, 49,7, 50,2. PAINE, GERTLER

[1] FIEHE: Z. 1926, **52**, 242; 1928, **55**, 64.
[2] LOTHROP and PAINE: Ind. Engin. chem. 1931, **23**, 328; Amer. Bee Journ. 1931, 280.
[3] PAINE, GERTLER u. LOTHROP: Zit. S. 315.
[4] DE BOER and KNIPHORST: Chem. Weekbl. 1932, **29**, 526.
[5] BLAIR: Journ. physical. Chem. 1935, **39**, 213.
[6] ELSER: Arch. Bienenkunde 1924/25, **6**, 70.

und LOTHROP[1] stellten fest, daß die Oberflächenspannung durch die Kolloidstoffe herabgesetzt ist.

Viscosität. v. FELLENBERG[2] fand im Viscosimeter von OSTWALD bei 38 Honigen:

	Trockenmasse	Relative Viscosität
Niedrigst	81,1%	2,652
Höchst	86,4%	2,914

Von den Hauptbestandteilen des Honigs hat das Honigdextrin die größte Viscosität. Die Dextrine verschiedener Honige unterscheiden sich trotz großer Unterschiede in der Polarisation nur wenig in der Viscosität. Nach PAINE, GERTLER und LOTHROP erhöhen die Kolloidstoffe die Viscosität.

Gefrierpunktserniedrigung. Der Gefrierpunkt von Honig hängt von der Menge der gelösten Stoffe ab und, da Eiweiß-, Säure- und Aschegehalt gering sind, vorwiegend von dem Gehalt an Zucker. Nach STITZ und SZIGVÁRT[3] ist der Gehalt an Glucose und Fructose und das Verhältnis dieser beiden Zucker zueinander von Bedeutung. Ferner beeinflußt auch der Saccharosegehalt und in geringerem Maße der Dextringehalt die Gefrierpunktserniedrigung.

STITZ und SZIGVÁRT ermittelten in 10 Honigproben in 15%iger Lösung eine Gefrierpunktserniedrigung von 1,42—1,53, in 25%iger Lösung von 2,75—3,15.

Lichtbrechung. Die Brechungszahl des unverdünnten Honigs bestimmten AUERBACH und BORRIES[4] im ABBEschen Refraktometer bei 40°. Sie fanden für Blütenhonige Brechungszahlen von 1,4811—1,4938, für Honigtauhonige von 1,4882—1,5017. Zwischen der Brechungszahl n echter Honige bei 40° und der Dichte d_4^{20} ihrer wässerigen Lösungen (20 g in 100 ccm) besteht die einfache Beziehung

$$d = 0{,}61517 + 0{,}29993\,n.$$

Verhalten im polarisierten Licht. Normale, ausgereifte Blütenhonige drehen die Ebene des polarisierten Lichtes nach links. Saccharosehaltige (unreife oder verfälschte) und dextrinreiche (Honigtau-) Honige drehen rechts.

Frisch bereitete Honiglösungen drehen, wie FRÜHLING[5], BROWNE[6], ROSENTHALER[7] und MIHAÉLOFF[8] feststellten, stärker als ältere oder gekochte oder mit geringen Mengen Ammoniak versetzte Lösungen. Diese Mutarotation beträgt nach ROSENTHALER 0,12—2,93°. Die großen Unterschiede werden hauptsächlich dadurch hervorgerufen, daß in den Honigen krystallisierte Glucose in verschieden großen Mengen vorkommt. Alle Honige, die reichlich Krystalle aufweisen, haben eine hohe Mutarotation. ROSENTHALER schließt daraus, daß die Glucose beim Erstarren des Honigs aus der schwach drehenden α-Form in die stark drehende β-Form übergeht.

Verhalten im ultravioletten Licht. Nach ORBAN und STITZ[9] fluorescierten alle untersuchten ungarischen Honige lebhaft, auch die ganz frisch geschleuderten. Die Farbe der Luminescenz war ein etwas grünes Hellgelb. Bei Honigen, die in sichtbarem Licht durchsichtig und leichtflüssig waren, trat zu dieser Farbe ein blauer Ton. Die Stärke der Luminescenz war bei den einzelnen Honigen (Robinien-, Linden-, Heide- und andere Blütenhonige), auch bei denen der gleichen pflanzlichen Herkunft sehr verschieden. Bei Vergleichen zwischen Honigfarbe und Luminescenz ergab sich, daß bis zu einem gewissen Farbton (etwa Stufe 8—9 der ARMBRUSTERschen Farbreihen) mit dem Dunklerwerden der Honigfarbe die Stärke der Luminescenz zunahm. Bei braunen Farbtönen (über Stufe 9 nach ARMBRUSTER) wurde die Luminescenz allmählich schwächer. Die Luminescenz erhitzter Honige war, wenn die Honige wieder auf etwa 30° abgekühlt waren, die gleiche wie die nicht erhitzter Honige, im warmen Zustande war die Luminescenz schwächer. Karamelisierte Honige verhielten sich abweichend. POPP[10] hat gefunden, daß erhitzter Honig gegenüber dem matten, unveränderten Honig ein wenig leuchtet.

Unter den Bestandteilen des Honigs zeigte die Fructose die lebhafteste Luminescenz, die jedoch durch die Fluorescenz der anderen Bestandteile und durch die Ungleichmäßigkeit des Honigs beeinflußt wird. Wechselnde Zusammensetzung und Ungleichmäßigkeit sind die Ursachen für die verschiedene Fluorescenz der einzelnen Honige.

---

[1] PAINE, GERTLER u. LOTHROP: Zit. S. 315.
[2] v. FELLENBERG: Mitt. Lebensmittelunters. Hygiene 1911, **2**, 161.
[3] STITZ u. SZIGVÁRT: Z. 1931, **62**, 506; Magyar. Chem. Folyóirat 1931, **37**, 113.
[4] AUERBACH u. BORRIES: Z. 1924, **48**, 272.
[5] FRÜHLING: Zeitschr. öffentl. Chem. 1898, **4**, 410.
[6] BROWNE: Zeitschr. Ver. Deutsch. Zuckerind. **58**, 751.
[7] ROSENTHALER: Zeitschr. Unters. Nahrungs- u. Genußm. 1911, **22**, 644.
[8] MIHAÉLOFF: Ann. Chim. analyt. appl. 1938, **20**, 145; C. 1938, II, 1696.
[9] ORBAN u. STITZ: Z. 1928, **56**, 467. [10] POPP: Z. 1926, **52**, 165.

Über die Ultraviolettabsorption des Honigs stellten STITZ und KOCZKÁS[1] bei 6 Honigen fest, daß die Absorptionskurven trotz verschiedener Zusammensetzung sehr nahe beieinander lagen. Das Maximum der Absorption lag nahezu bei derselben Wellenlänge. Die Ultraviolettabsorption zeigte sich gegen jeden künstlichen Eingriff empfindlich. Dies gilt besonders für hohe Wassergehalte und Rohrzuckerzusätze, welche die Absorption erheblich herabsetzen. Die Absorption der Glucose ist wesentlich geringer als die der Fructose, so daß das Mengenverhältnis der beiden Zucker die Absorption in hohem Maße beeinflußt. Dextrin hat eine im Vergleich zu Honig recht große Absorption. SCHOU und ABILGAARD[2] untersuchten das ultraviolette Absorptionsspektrum von Honig und fanden, daß die Absorptionskurve regelmäßig mit einer Neigung von etwa 45° ansteigt.

Leitfähigkeit. Die elektrische Leitfähigkeit 50%iger Honiglösungen bei 25° C schwankte nach STITZ und SZIGVÁRT[3] zwischen 0,868 und 3,645. Ungarische Robinienhonige hatten, mit einer Ausnahme, eine geringere Leitfähigkeit als andere Blütenhonige.

Die Leitfähigkeit ist hauptsächlich vom Wasser-, Asche- und Dextringehalt abhängig. Dextrin hat schon in sehr großen Verdünnungen eine sehr hohe Leitfähigkeit. Bei der Fructose ist sie etwa 6mal größer als bei der Glucose. Nach ELSER[4] hängt die Leitfähigkeit eng mit der Wasserstoffionenkonzentration zusammen.

3. Chemische Zusammensetzung.

Wasser. Der Wassergehalt des Honigs hängt weder von den Nektarquellen noch von den Trachtzeiten, sondern hauptsächlich vom Reifezustand ab und schwankt in verhältnismäßig weiten Grenzen. Einen größeren Einfluß hat auch die Witterung. Ein geringerer oder höherer Feuchtigkeitsgehalt der Luft begünstigt oder hemmt zweifellos die Eindickungsarbeit der Bienen.

Im allgemeinen enthält völlig ausgereifter Honig nicht mehr als 22 Hundertteile Wasser, die auch in der Verordnung über Honig vom 21. März 1930 als höchstzulässiger Gehalt festgesetzt worden sind; nur bei Heidehonig läßt die Verordnung 25 Hundertteile Wasser zu. Einen so hohen Wassergehalt, der eine Gärung und damit das Verderben des Honigs begünstigt, haben aber keineswegs alle Heidehonige. Es kommen vielmehr, und nicht selten, echte und reine Heidehonige vor, die nicht mehr Wasser als andere Blütenhonige enthalten; ja, es gibt Heidehonige mit verhältnismäßig geringem Wassergehalt.

Die Ursache für den höheren Wassergehalt des Heidehonigs kann einmal darin gesucht werden, daß Imker ihn nicht völlig reifen lassen, da er sich mit höherem Wassergehalt und dadurch verminderter Viscosität leichter und vollständiger ausschleudern läßt als in reifem, wasserärmerem Zustande. Zweitens ist es möglich, daß es für die Bienen in regenreichen Spätsommern besonders schwierig ist, Heidehonig regelrecht einzudicken, was durch die eigenartige, schleimige Beschaffenheit dieses Honigs schon an sich erschwert ist.

Reaktion, Säuregrad, p_H-Wert. Jeder Honig reagiert durch die in ihm enthaltenen organischen Säuren und sauren Salze sauer. Säuregrad und p_H-Wert sind unabhängig von der pflanzlichen und geographischen Herkunft und von der Erntezeit der Honige. Der erstere ist im allgemeinen nicht höher als 4 (ccm 1 N.-Lauge für 100 g Honig), kann aber durch Essigsäure-, Milchsäuregärung oder ähnliches erheblich ansteigen. Unreife Honige haben häufig einen niedrigen Säuregrad. Der p_H-Wert schwankt nach Untersuchungen von FIEHE und KORDATZKY[5], ELSER[6], STITZ und SZONNTAG[7], THOMSON[8], CANNERI und SALANI[9] und eigenen Feststellungen zwischen 3,29 und 4,87.

---

[1] STITZ u. KOCZKÁS: Z. 1930, **60**, 420.
[2] SCHOU u. ABILGAARD: Dansk. Tidsskr. Farmaci 1931, **5**, 89; Z. 1934, **68**, 502.
[3] STITZ u. SZIGVÁRT: Z. 1931, **63**, 211. [4] ELSER: Zit. S. 321.
[5] FIEHE u. KORDATZKY: Z. 1928, **55**, 59.
[6] ELSER: Landw. Jahrb. Schweiz 1929, 478.
[7] STITZ u. SZONNTAG: Z. 1932, **63**, 215.
[8] THOMSON: The N. Z. Journ. of Science and Techn. 1936, **18**, 124.
[9] CANNERI u. SALANI: Ann. Chim. analyt. appl. 1935, **25**, 397.

Tabelle 8.

Pflanzliche Herkunft	Geographische Herkunft	In 100 g Asche: K_2O	Na_2O	CaO	MgO
Tulpenbaum	Vereinigte Staaten	—	—	—	—
Buchweizen	„ „	—	—	—	—
Luzerne	„ „	—	—	—	—
Klee	Schweden	43,03—50,97	2,51—9,89	4,05—6,41	1,46—2,05
„	Vereinigte Staaten	—	—	—	—
Klee, Honigtau	Schweden	49,84	5,17	2,18	2,04
Klee, Heide	„	—	—	4,57	0,61
Mesquite	Hawai	50,78—57,85	5,54	2,91—2,98	0,86—2,04
Heide	Deutschland	48,70	6,97	3,45	1,81
„	Schweden	55,35—56,10	2,41—3,58	2,46—3,25	1,11—1,32
Zweizahn	Vereinigte Staaten	—	—	—	—
Blütenhonig	Deutschland	38,19	10,03	8,00	2,17
„	Ungarn	38,75	9,00	2,12	1,50
„	Italien	30,50	7,08	4,33	1,67
„	Hawai	57,85	—	2,91	0,86
„	—	39,13	12,00—21,20	1,70—6,90	—
Waldhonig	Deutschland	57,16	3,16	0,70	2,31
„	Schweiz	54,7—60,08	4,02	0,47—1,30	—
Honigtau	Deutschland	48,23	2,79	—	—
„	Türkei	52,59	4,31	1,30	1,44
„	Vereinigte Staaten	—	—	—	—
„	Hawai	56,30—70,31	4,07—4,59	0,52—0,71	0,71

Von organischen Säuren wurden bis jetzt im Honig festgestellt: Ameisensäure[1], Essigsäure[2], Milchsäure[3], Oxalsäure[4], Bernsteinsäure[5], Apfelsäure[6], Weinsäure[7] und Citronensäure[8]. Die Acidität wird ferner nach HEIDUSCHKA und KAUFMANN[3], STITZ und SZONNTAG beeinflußt durch Kohlensäure — deren Menge sehr von Alter und Aufbewahrung des Honigs abhängt —, durch Phosphate und Albuminate. Zu erwähnen ist auch die Borsäure, die von BÜTTNER[9] in Honigen gefunden wurde. Freie Säuren des Wachses oder höhere Fettsäuren fanden HEIDUSCHKA und KAUFMANN nur in Spuren. In einem schimmelbefallenen Honig stellte ANGELETTI[10] d-Gluconsäure fest.

Mineralbestandteile. Blütenhonige liefern im allgemeinen 0,10—0,35 Hundertteile Asche. Durch geringen Aschegehalt, der in den meisten Fällen sogar weniger als 0,1 Hundertteile beträgt, zeichnen sich vor allem Luzerne-, Klee-, Esparsette-, Orange-, Salbei- und Rosmarinhonige aus, also Honige, die von Leguminosen, Citrusarten und Labiaten stammen. Auch Buchweizen-, Raps-, Obstblüten-, Robinien- und Lindenhonige liefern häufig weniger oder nicht wesentlich mehr als 0,1 Hundertteile Asche, was aber bei einigen dieser Honige wahrscheinlich auf natürliche Beimischung von Honigen mit geringerem Mineralstoffgehalt, in erster Linie von Kleehonig, zurückzuführen ist. Heide- und besonders Honigtauhonige fallen durch hohen Gehalt an Mineralbestandteilen auf. Die

[1] v. PLANTA: Jahresber. Naturforsch. Ges. Graubündens 1892, **35**, 141; 1893, **36**, 66; 1894, **37**, 3. — FARNSTEINER: **Z.** 1908, **15**, 598. — HEIDUSCHKA u. KAUFMANN: **Z.** 1911, **21**, 375. — HEIDUSCHKA: Pharm. Zentralh. 1911, **52**, 1051. — FINCKE: **Z.** 1912, **23**, 255. — THEOPOLD u. BARTSCHAT: **Z.** 1913, **26**, 427. — REESE: **Z.** 1913, **26**, 427. — SCHWARZ u. WEBER: **Z.** 1913, **26**, 428. — HEIDUSCHKA u. KAUFMANN: Süddeutsch. Apoth.-Ztg. 1913, **53**, 118. — MERL: **Z.** 1921, **42**, 280. — AUERBACH u. BECK: Arb. Reichsgesundh.-Amt 1926, **57**, 24. — NELSON u. MOTTERN: Ind. Engin. chem. 1931, **23**, 335 u. a.

[2] NELSON u. MOTTERN: Zit. s. o.

[3] HEIDUSCHKA: Zit. s. o. — HEIDUSCHKA u. KAUFMANN: Zit. s. o.

[4] HEIDUSCHKA: Chem.-Ztg. 1911, **35**, 1004; Pharm. Zentralh. 1911, **52**, 1051.

[5] NELSON u. MOTTERN: Zit. s. o.

[6] HILGER: **Z.** 1904, **8**, 110. — HEIDUSCHKA: Zit. s. o. — NELSON u. MOTTERN: Zit. s. o.

[7] HEIDUSCHKA u. KAUFMANN: Zit. s. o.

[8] NELSON u. MOTTERN: Zit. s. o. [9] BÜTTNER: **Z.** 1912, **23**, 139.

[10] ANGELETTI: G. Farmac. Chim. Sci. affini 1932, **81**, 533.

Tabelle 8 (Fortsetzung).

Hundertteile						
Fe	Mn	Cu	P_2O_5	SiO_2	SO_3	Cl
0,50	0,38	0,58	—	0,83	—	—
0,33—2,59	0,06—1,00	0,05—0,06	—	0,66—1,73	—	—
0,29—0,36	0,04	0,05—0,08	16,52—22,10	1,67—1,71	—	—
0,22—0,36	0—Spur	—	10,40—12,36	0,56—0,92	—	9,22—21,35
0,23—0,68	0,03—0,10	0,02—0,08	14,05—18,80	0,58—2,23	—	—
0,37	0,12	—	7,96	2,01	—	5,17
0,08	0,56	—	2,68	5,19	—	2,93
0,11	Spur	—	1,34—1,79	0,20	0,59	17,37
0,05	0,19	—	1,90	5,13	3,58	4,52
0,08—0,15	0,31—0,52	—	2,75—4,02	3,04—5,11	—	2,51—4,61
0,04—0,06	0,03—0,05	0,02	—	1,15—1,79	—	—
—	—	—	9,94	0,42	2,26	4,44
—	—	—	10,62—15,10	3,00	2,00	0,88
—	—	—	4,26—19,28	4,67	2,50	1,16
—	—	—	—	—	—	—
—	0,01—0,24	—	3,00—26,54	0,52—4,57	0,59—4,48	0,32—9,61
—	—	—	6,81	1,76	3,01	5,33
—	—	—	—	—	—	—
—	—	—	6,3 —7,3	—	—	—
—	—	—	6,64	2,70	1,67	7,88
—	0,03	—	—	0,61	—	—
0,67	0,03	0,01	6,05—12,44	1,41—1,97	1,33	14,37

Honigtauhonige liefern fast durchweg nicht weniger als 0,40 Hundertteile Asche, während der Höchstwert 1% übersteigen kann. Blütenhonige, die Honigtauhonig enthalten, weisen infolgedessen mehr Mineralstoffe als reine Blütenhonige auf. Dies ist vor allem in heißen Sommern, in denen erheblich mehr Honigtau als in kühleren erzeugt wird, zu berücksichtigen. Daß einige Forscher Beziehungen zwischen Mineralstoffgehalt und Farbe feststellten, wurde bereits erwähnt.

Über die einzelnen Mineralbestandteile gibt Tabelle 8 Auskunft[1]. Der Hauptbestandteil der Asche ist Kali, von dem die Asche der Honigtauhonige im allgemeinen mehr als die der Blütenhonige enthält, während bei Natron das Verhältnis umgekehrt ist. Weiterhin enthält die Asche der Blütenhonige mehr Kalk als die der Honigtauhonige. Der Gehalt an Kali, Natron und Kalk ermöglicht also, worauf NOTTBOHM hinweist, unter Umständen eine Abgrenzung von Blüten- und Honigtauhonig. Erwähnenswert ist, daß nach den Feststellungen von WITTE[2] und BUCHNER[3] ein Teil des Calciums als Calciumoxalat vorliegen kann. Der Eisen- und Mangangehalt ist in dunklen Honigen — aber nicht immer — höher als in hellen. Nach ELSER[4] enthalten Waldhonige, also überwiegend Honigtauhonige, mehr Eisen als Blütenhonige. Der Eisengehalt steigt beträchtlich, wenn Honig längere Zeit in eisernen Gefäßen aufbewahrt wird. Mangan findet sich nach FEHLMANN und GOTTFRIED in größeren Mengen vor allem in Heidehonigen. Der Phosphorsäuregehalt unterliegt großen Schwankungen, er ist besonders hoch in spanischen Orangen- und Rosmarinhonigen. Durch hohen Chlorgehalt sind die Hawaihonige ausgezeichnet. Ausführliche Untersuchungen von LENDRICH und NOTTBOHM[5] ergaben, daß Honige aus

[1] DINE u. THOMPSON: Hawai Agricult. Exp. Stat. Bull. 1908, Nr. 17. — FEHLMANN: Schweiz. Bienenztg. 1912, **35**, Nr. 3 u. 4. — GOTTFRIED: Pharm. Zentralh. 1911, **52**, 787; 1912, **53**, 1440. — ELSER: Mitt. Lebensmitteluntersr. Hygiene 1925, **16**, 38; Arch. Bienenkunde 1926, **7**, 276. — NOTTBOHM: Arch. Bienenkunde 1927, **8**, 207. — NOTTBOHM u. WEINHAUSEN: Z. 1914, **27**, 581. — SCHUETTE u. REMY: Journ. Amer. Chem. Soc. 1932, **54**, 2909. — SCHUETTE und HUENINK: Food Res. 1937, **2**, 529. — SUNDBERG u. LUNDGREN: Arch. Bienenkunde 1930, **11**, 324.

[2] WITTE: Zeitschr. öffentl. Chem. 1912, **18**, 362, 390.

[3] BUCHNER: Zeitschr. öffentl. Chem. 1913, **19**, 132.

[4] ELSER: Arch. Bienenkunde 1926, **7**, 276.

[5] LENDRICH u. NOTTBOHM: Zeitschr. Unters. Nahrungs- u. Genußm. 1911, **22**, 633; 1913, **26**, 1.

Italien, Kalifornien, Jamaika, Domingo und Peru nur in einzelnen Fällen 0,02—0,25 Hundertteile Natriumchlorid enthielten, Hawai-Blütenhonige (Algaroba = Mesquite) aber stets 0,35—0,42 Hundertteile und Hawai-Honigtauhonige etwa ebensoviel wie die Blütenhonige. Neuere Untersuchungen machen es wahrscheinlich, daß es sich nicht um Natrium-, sondern um Kaliumchlorid handelt. Auch SVOBODA[1] gibt an, daß Hawaihonige neben Natriumchlorid Kaliumchlorid in beträchtlichen Mengen enthalten. BÜTTNER[2], PLAHL und FÜRSTENAU-OBADALEK[3] fanden in Honig Borverbindungen. In Honig, den die Bienen von mit einem arsenhaltigen Schädlingsbekämpfungsmittel bestäubtem Raps gesammelt hatten, ermittelte LOCKEMANN[4] 1—2 γ Arsen je 10 g Honig.

Die Alkalität der Asche, ausgedrückt in Kubikzentimeter Normalsäure und bezogen auf 100 g Honig, ist etwa 10mal so groß wie der Aschegehalt. Die Alkalität, ausgedrückt in Kubikzentimeter Normalsäure für 1 g Asche, ist im allgemeinen nicht wesentlich geringer als 10.

Stickstoffverbindungen. Die Stickstoffverbindungen des Honigs stammen vorwiegend aus dem Bienenkörper, wie LANGER[5] durch serodiagnostische Untersuchungen feststellte. Der Nektar tritt als Stickstoffquelle stark zurück. Dasselbe gilt für die Pollenkörner, soweit es sich nicht um Preß- oder Seimhonig handelt, die meistens stark durch Pollenkörner aus Pollenzellen verunreinigt sind. Der Gehalt des Honigs an Stickstoffverbindungen ist gering; er beträgt etwa 0,2 bis 0,4 Hundertteile, unterliegt aber nicht unbeträchtlichen Schwankungen. So wurden in griechischem Rosenhonig, in ungarischem Robinienhonig 0,04 bzw. 0,05% Stickstoffverbindungen ermittelt, in deutschem Heidehonig bis 1,62%, in österreichischem Nadelhonig 2,06% und in belgischem Blatthonig 2,98%. Der hohe Stickstoffgehalt mancher Heidehonige kann wahrscheinlich auf einen höheren Pollengehalt, der bei Heidehonigen des öfteren festzustellen ist, zurückgeführt werden.

Über die Natur der Stickstoffverbindungen ist fast nichts bekannt. MOREAU[6] wies Serin und Globulin nach, LOTHROP und GERTLER[7] fanden 2,4—6,6 mg-% Aminosäuren.

Nach ihnen bestehen Beziehungen zwischen dem Aminosäurengehalt und der Neigung zur Karamelisation beim Erhitzen. PAINE, GERTLER und LOTHROP[8] beobachteten, daß dunkle Honige im allgemeinen mehr Aminosäurenstickstoff als helle enthalten. Auch STITZ[9] und LOTHROP[10] glauben, Beziehungen zwischen Honigfarbe und Eiweißgehalt festgestellt zu haben: je geringer der Eiweißgehalt, desto heller die Farbe.

Kohlenhydrate. Pentosen. v. FELLENBERG und RUFFY[11] fanden in einem Schweizer Blütenhonig 0, in einem Schweizer Waldhonig 0,37 Hundertteile Pentosen.

Invertzucker. Der überwiegende Teil der Trockenmasse des Honigs besteht aus einem Gemisch von Traubenzucker (Glucose, Dextrose) und Fruchtzucker (Fructose, Lävulose). Die Menge dieses Gemisches beträgt bei reinen Blütenhonigen 70—80 Hundertteile. Von Einfluß auf die Menge sind Wasser und Rohrzuckergehalt, also vor allem der Reifezustand des Honigs, und der Gehalt an Honigtauhonig. Dieser enthält nämlich wesentlich weniger Invertzucker als Blütenhonig, und zwar im allgemeinen etwa 50—65 Hundertteile. Beimischungen von Honigtauhonig, mit denen im Sommer zu rechnen ist, drücken entsprechend ihrer Menge den Trauben- und Fruchtzuckergehalt der reifen, unverfälschten Blütenhonige herab. Man kann daher annehmen, daß ein reifer, unverfälschter Blütenhonig mit erheblich weniger als 70% Invertzucker Honigtauhonig enthält.

---

[1] SVOBODA: Chemické Listy 1930, **24**, 462. [2] BÜTTNER: Zit. S. 324.
[3] PLAHL u. FÜRSTENAU-OBADALEK: **Z.** 1937, **73**, 148.
[4] LOCKEMANN: **Z.** 1935, **69**, 80.
[5] LANGER: Zit. S. 302. [6] MOREAU: Ann. Falsif. 1911, **4**, 36.
[7] LOTHROP u. GERTLER: Ind. Engin. chem. 1933, **5**, 103.
[8] PAINE, GERTLER u. LOTHROP: Zit. S. 315.
[9] STITZ: Mezögazd. Kut. 1930, **3**, Heft 1.
[10] LOTHROP: Journ. Assoc. official. agricult. Chemists 1936, Mai.
[11] v. FELLENBERG u. RUFFY: Mitt. Lebensmittelunters. Hygiene 1933, **24**, 367.

Wichtiger als der Invertzuckergehalt als solcher sind die Mengen seiner Einzelbestandteile, der Glucose und der Fructose.

Als Erster hat SIEBEN[1] darauf hingewiesen, daß Honig mehr Fructose als Glucose enthält. Er fand als Mittel aus 60 Proben einen Fructosegehalt von 39,24% und einen Glucosegehalt von 34,71%. Später haben sich mit dieser Frage vor allem BROWNE[2], EMANUEL[3], AUERBACH und BODLÄNDER[4], GRONOVER und WOHNLICH[5], LUCIUS[6], MÜLLER[7], FIEHE[8], STITZ[9], SCHUETTE[10], KRUISHEER[11], VON FELLENBERG und RUFFY[12], LOTHROP und HOLMES[13], DE BOER[14], CANNERI und SALANI[15], THOMSON[16], GIRI[17] und MARSHALL und NORMAN[18] befaßt.

Aus dem Schrifttum ergibt sich, daß bei mehr als $^2/_3$ der untersuchten Honige die Fructose überwiegt. Das Verhältnis Fructose: Glucose schwankt bei echten Honigen im allgemeinen von 1,03—1,30 und ändert sich beim Erhitzen nur unwesentlich. Bei etwa 20% der Honige liegt die Verhältniszahl unter 1, und KRUISHEER hält es für wahrscheinlich, daß der Wert 0,9 als unterste Grenze angesehen werden kann.

Die Schwankungen des Fructose-Glucoseverhältnisses, auf welche bereits KÖNIG und KARSCH[19] hingewiesen haben, können einmal durch verschiedenes Arbeiten der Bienen, weiterhin, wie FIEHE angibt, durch Entmischung des Honigs bedingt sein. Es wurde auf Grund der FIEHEschen Untersuchungen bereits gezeigt, daß bei der Krystallisation des Honigs die Glucose hauptsächlich am Boden des Gefäßes auskrystallisiert, daß aber unter gewissen Bedingungen auch in den oberen Anteilen eine Glucoseanreicherung möglich ist. Mischt nun der Imker den Honig in den großen Vorratsgefäßen vor dem Abfüllen in kleinere Gefäße nicht gründlich durch, so können die einzelnen Gefäße sehr verschiedene Glucose-Fructosemischungen enthalten. Endlich sei noch auf eine dritte Möglichkeit hingewiesen: Untersuchungen von NOTTBOHM haben ergeben, daß Honigtauhonige zuweilen einen erheblichen Überschuß an Glucose aufweisen, der in einem Falle sogar mehr als das Doppelte des Fructosegehaltes betragen hat. Werden solche Honigtauhonige dem Blütenhonig beigemischt, so muß sich das Verhältnis Fructose: Glucose zuungunsten der Fructose verschieben.

Saccharose. Der Rohrzucker- (Saccharose-) Gehalt des Honigs hängt im wesentlichen ab von dem Reifezustand desselben. Zu früh geernteter, unreifer Honig enthält mitunter noch beträchtliche Mengen Saccharose, die sich allerdings bei längerem Lagern unter der Einwirkung der im Honig weiter arbeitenden Fermente und der Säuren vermindern. Unter Umständen enthält somit auch ein unreif geernteter Honig beim Inverkehrbringen nicht oder nicht wesentlich mehr Saccharose als ein reif geernteter Honig. Reifer, unverfälschter Blütenhonig enthält nicht mehr als 5 Hundertteile Saccharose. BERCÓ und KARDOS[20] berichten, daß im Jahre 1936 der im Komitate Békés aus Nektar von Stachysarten bereitete Honig, ohne verfälscht zu sein, einen überaus hohen Saccharosegehalt von 9,3—14,5% aufwies. Für Honigtauhonig gibt die Honigverordnung einen Saccharosegehalt von 5—10 Hundertteilen an, der sich auf die im

---

[1] SIEBEN: Analyt. Chem. 1885, **24**, 136. [2] BROWNE: Zit. S. 322.
[3] EMANUEL: Ber. Deutsch. Pharm. Ges. 1913, **23**, 395.
[4] AUERBACH u. BODLÄNDER: Zeitschr. Unters. Nahrungs- u. Genußm. 1924, **47**, 233.
[5] GRONOVER u. WOHNLICH: Zeitschr. Unters. Nahrungs- u. Genußm. 1924, **48**, 405.
[6] LUCIUS: Zeitschr. Unters. Nahrungs- u. Genußm. 1919, **38**, 177; 1923, **46**, 94; 1926, **51**, 351; 1927, **53**, 376.
[7] MÜLLER: Mitt. Lebensmittelunters. Hygiene 1925, **16**, 198.
[8] FIEHE: **Z.** 1926, **52**, 244. [9] STITZ: **Z.** 1928, **55**, 608.
[10] SCHUETTE: Ass. Off. agric. Chem. 1929, **12**, 151.
[11] KRUISHEER: **Z.** 1929, **58**, 261, 282.
[12] VON FELLENBERG u. RUFFY: Zit. S. 326.
[13] LOTHROP u. HOLMES: Ind. Engin. chem. 1931, **3**, 334.
[14] DE BOER: Chem. Weekbl. 1933, **30**, 401.
[15] CANNERI u. SALANI: Ann. Chim. appl. 1935, **25**, 397.
[16] THOMSON: The N. Z. Journ. of Science and Techn. 1936, **18**, 124.
[17] GIRI: The Madras Agric. Journ. 1938, **26**, 68.
[18] MARSHALL und NORMAN: Analyst 1938, **63**, 315.
[19] KÖNIG u. KARSCH: Analyt. Chem. 1895, **34**, 12.
[20] BERKÓ und KARDOS: Mezögazdasági-Kutatások 1937, **10**, 177.

Schrifttum weitverbreitete Annahme eines hohen Saccharosegehaltes des Honigtauhonigs stützt. Neuere Untersuchungen haben aber ergeben, daß in Honigtauhonigen die bei den früheren Untersuchungen nicht beachtete Melezitose vorkommt und daß bei Außerachtlassen derselben die Saccharose falsch bestimmt wird (s. S. 329).

Maltose. In seinem Handbuch der Kohlenhydrate gibt TOLLENS an, daß Maltose vielleicht im Honig vorkomme. Auch KÜNNEMANN und HILGER[1] nehmen an, daß Honig Maltose enthält. ELSER[2] konnte in Honig das Ferment Maltase nachweisen und schloß daraus, daß auch Maltose vorhanden sei. Er stellte auch tatsächlich in 4 Honigen Maltose fest. Weitere Angaben über das Vorkommen dieses Zuckers im Honig wurden im Schrifttum nicht gefunden.

Andere Disaccharide. PARISI[3] berichtet über die Gegenwart eines neuen Zuckers in rechtsdrehenden Honigen. Er fand in Nadelhonigen nach Vergärung einen rechtsdrehenden amorphen Zucker, der als Glucobiose identifiziert werden konnte.

Dieser Zucker schmeckte schwach süß. Der Schmelzpunkt lag zwischen 180 und 203°. Die spezifische Drehung α_D betrug + 110°. Unter der Einwirkung von Emulsin ging die Drehung des Zuckers zurück. Das Reduktionsvermögen war nicht halb so groß wie das der Glucose. Der Schmelzpunkt des Osazons betrug 198—200°, die spezifische Drehung α_D desselben + 27,6°. Das p-Nitroosazon schmolz bei 135°.

Melezitose. Dieser Zucker wurde zuerst von BONASTRE (1834) und BERTHELOT (1858) in der von Pinus larix abgesonderten „Manna von Briançon" gefunden, später von VILLIERS[4] in einer von Alhagi Maurorum ausgeschiedenen indischen Manna, von ALËKHIN[5] in der Manna aus Turkestan, von HUDSON und SHERWOOD[6] in einer Manna der Douglastanne, von MAQUENNE[7] im Honigtau der Linde, von TANRET[8] im Honigtau der Pappel, von HUDSON und SHERWOOD[9], HARDING[10], ELSER[11], NOTTBOHM und LUCIUS[12], v. FELLENBERG[13] im Honig.

Der Zucker von der Formel $C_{18}H_{32}O_{16} + 2\,H_2O$ bildet harte, farblose, glänzende Nadeln von schwachem, aber rein süßem Geschmack und löst sich leicht in Wasser ($1 + 2^1/_2$), wenig in kaltem, besser in heißem Alkohol, nicht in Äther. Er enthält zwei Moleküle Krystallwasser — nach LIPPMANN[14] 6,55% —, die bei sehr allmählichem Trocknen entweichen, ohne daß der Zucker sich zersetzt. Der wasserfreie Stoff enthält 42,66% Kohlenstoff, 6,52% Wasserstoff und 50,82% Sauerstoff (LIPPMANN) und schmilzt bei 153—156°. Die wässerige Lösung dreht die Ebene des polarisierten Lichts nach rechts, α_D des wasserfreien Zuckers = + 88,75° (LIPPMANN). FEHLINGsche Lösung wird durch Melezitose nicht reduziert. Durch Natronlauge wird der Zucker nicht angegriffen, durch Säure hydrolysiert. Durch schwache Hydrolyse mit verdünnter Schwefelsäure oder 20%iger Essigsäure wird zunächst Turanose und Glucose gebildet:

$$C_{18}H_{32}O_{16} + H_2O = C_{12}H_{22}O_{11} + C_6H_{12}O_6.$$

Bei vollständiger Hydrolyse zerfällt auch die Turanose, und es entstehen zwei Moleküle Glucose und ein Molekül Fructose. Aus der invertierten Lösung wird demgemäß nur Glucosazon vom Schmelzpunkt 210° (LIPPMANN) erhalten. Salpetersäure erzeugt Oxalsäure.

Gegen Fermente ist die Melezitose sehr unempfindlich. NOTTBOHM und LUCIUS konnten selbst bei tagelanger Einwirkung von Hefe, Invertase oder Diastase eine Aufspaltung nicht erzielen. Auch durch Colibakterien wurde der Zucker nicht angegriffen.

Die Menge der Melezitose in Honig aus Gebieten, in denen Nadelwald überwiegt, schwankt zwischen 5 und 28 Hundertteilen. NOTTBOHM und LUCIUS gelangten zu den in Tabelle 9 aufgeführten Ergebnissen, bei denen besonders

---

1 KÜNNEMANN u. HILGER: Forsch.-Ber. 1896, **3**, 211.
2 ELSER: Mitt. Lebensmittelunters. Hygiene 1924, **15**, 92.
3 PARISI: Atti R. Accad. Lincei (Roma), Rend. 1931, **14**, 125.
4 VILLIERS: Compt. rend. Paris **88**, 292.
5 ALËKHIN: Ann. Chim. et Phys. 1889, **18**, 532.
6 HUDSON u. SHERWOOD: Journ. Amer. Chem. Soc. 1918, **40**, 1456.
7 MAQUENNE: Compt. rend. Paris **117**, 127; Bull. Soc. Chim. 1899, **21**, 1082.
8 TANRET: Compt. rend. Paris 1919, **169**, 873.
9 HUDSON u. SHERWOOD: Journ. Amer. Chem. Soc. 1920, **42**, 116.
10 HARDING: Sugar **25**, 240. 11 ELSER: **Z.** 1930, **60**, 332.
12 NOTTBOHM u. LUCIUS: **Z.** 1929, **57**, 549; 1931, **61**, 195.
13 v. FELLENBERG: Mitt. Lebensmittelunters. Hygiene 1937, **28**, 139.
14 LIPPMANN: Ber. Deutsch. Chem. Ges. 1927, **60**, 161.

der Einfluß der Melezitose auf die Saccharosebestimmungen von Interesse ist. v. FELLENBERG fand folgende Werte für Melezitose:

Löwenzahn	0,27; 1,76%	Klee, Waldhonig	0,90%
Vergißmeinnicht	1,62%	Klee, Bärenklau, Waldhonig	1,36%
Kastanien	4,55%	Lindenhonigtau	44,20%

Wenn auch die Verhältnisse noch nicht einwandfrei geklärt sind, so zeigen die Untersuchungen von NOTTBOHM und LUCIUS doch, daß Honigtauhonige, „die nach der üblichen Untersuchungsmethode einen verhältnismäßig hohen Saccharosegehalt aufwiesen, Melezitose enthielten“. Wurde durch eine besondere Arbeitsweise der Einfluß der Melezitose ausgeschaltet, so ergab sich, daß der wirkliche Rohrzuckergehalt in allen Fällen verhältnismäßig gering war und die für Blütenhonig angenommene Höchstgrenze nicht überstieg.

Bezüglich der Streitfrage, ob die Melezitose schädlich auf die Bienen wirkt oder nicht, sei auf die Arbeiten von NOTTBOHM und LUCIUS[1], ELSER[2], PHILLIPS[3] und GORBACH und SCHNEITER[4] verwiesen.

Pentosane. BROWNE[5] ermittelte in einem reinen Blütenhonig (Algaroba, Prosopis) und in 5 Proben, die mehr oder weniger Honigtauhonig enthielten, folgende Mengen Pentosane:

Tabelle 9.

Herkunft des Honigs	Melezitose %	Saccharose % schein-bar	Saccharose % wirk-lich
Linde (Lübeck)	3—4	17,86	—
Lärche (Steiermark)	12—14	17,90	1,37
„ (Kärnten)	22—25	21,43	1,03
Latsche (Steiermark)	nicht sicher nachweisbar	11,70	1,94
„ „	4—5	12,65	4,52
Honigtauhonig 1	1,5—2	6,80	1,60
„ 2	nicht nachweisbar	3,80	2,44
„ 3	desgl.	3,23	1,75
Hawaihonig	„	2,81	2,09
Ostindischer Honig	„	5,93	—

Honig von Algaroba:	Pentosangehalt	0,98%
„ „ Hawai:	„	1,00%
„ „ Linde:	„	0,83%
„ „ Hyckory:	„	1,01%
„ „ Pappel:	„	0,99%
„ „ Weißeiche:	„	0,96%

Da nach TOLLENS, KRIBER und RIMBACH[6] reiner Zucker bei der Destillation mit Salzsäure so viel Furfurol gibt, als 1,15% Pentosan entspricht, so zieht BROWNE den Schluß, daß Pentosane im Honig nicht oder nur in Spuren vorhanden sind.

Dextrinartige Stoffe. Ein Teil des zuckerfreien Trockenrückstandes, der bei Blütenhonigen 3 und mehr Hundertteile beträgt, sind dextrinartige Stoffe, die in allen Honigen regelmäßig und in Honigtauhonigen in größeren Mengen als in Blütenhonigen vorkommen. Die Menge dieser Stoffe (s. Tabelle 6) schwankt sehr, sie ist, soweit es sich um Blütenhonige handelt, unabhängig von der pflanzlichen und geographischen Herkunft; die Trachtzeit hat insofern einen Einfluß, als im Sommer mit Beimischung von Honigtauhonig zu rechnen ist, wodurch der Gehalt an dextrinartigen Stoffen höher wird.

Nach BROWNE stammen die dextrinartigen Stoffe wahrscheinlich nicht aus dem Blütennektar, sondern aus anderen Quellen, wie z. B. den gummiartigen Ausscheidungen junger Knospen, den Rindenwunden der Bäume und Sträucher und aus dem Honigtau. Die beiden ersten, von BROWNE angenommenen Quellen scheinen mir nicht von großer Bedeutung zu sein. Abgesehen davon, daß es überhaupt fraglich ist, ob die Bienen diese gummiartigen Ausscheidungen aufnehmen, würden sie diese doch sicherlich nur in Notzeiten ausbeuten, wenn andere Nahrung nicht oder in nicht ausreichender Menge zur Verfügung steht. Das regelmäßige Vorkommen von Dextrinen in Honig ist aber dann nicht zu erklären. Eine wichtige Quelle ist zweifellos der Honigtau, der aber in manchen Gegenden wahrscheinlich auch nur als Notfutter eingetragen wird und ferner nicht in allen Trachtzeiten zur Verfügung steht. Das Vorkommen von Dextrinen in Frühtrachthonigen, wie z. B. Löwenzahnhonigen,

[1] NOTTBOHM u. LUCIUS: Arch. Bienenkunde 1929, **10**, 102; **Z.** 1931, **61**, 314.
[2] ELSER: Zit. S. 328. [3] PHILLIPS: **Z.** 1932, **64**, 383
[4] GORBACH und SCHNEITER: Biochem. Ztschr. 1938, **296**, 367.
[5] BROWNE: Zit. S. 322. [6] TOLLENS, KRIBER u. RIMBACH: Nach BROWNE.

Rapshonigen, wird durch Beimischung von Honigtauhonig nicht erklärt werden können. Die dextrinartigen Stoffe müssen also noch auf eine andere Weise in den Honig gelangen. Es liegt nahe anzunehmen, daß diese Stoffe bei der Honigbereitung im Bienenstock, sei es bei der Aufspaltung des Rohrzuckers, sei es auf andere Weise, gebildet werden. Diese Annahme wird gestützt durch die bereits angeführten Untersuchungen SARINS.

Über die Natur dieser Stoffe besteht keine Klarheit. Es handelt sich um sehr labile, selbst durch Weinhefen assimilierbare Verbindungen mit hoher spezifischer Drehung ($\alpha_D = + 119{,}9^0$ bis $+ 163{,}5^0$), welche den Achroodextrinen (KÜNNEMANN und HILGER[1], BECKMANN[2], HILGER[3]) oder, wie FIEHE und KORDATZKY[4] für die dextrinartigen Stoffe der Blütenhonige annehmen, den Fructosinen nahe stehen. FIEHE und KORDATZKY konnten dextrinartige Stoffe mit Fructosemolekülen nachweisen, wodurch die alte Auffassung, daß die Honigdextrine nur aus Glucosemolekülen aufgebaut sind, widerlegt wird. PAINE, GERTLER und LOTHROP[5] fanden, daß die Dextrine leicht durch die Poren einer Kollodiumhaut gingen, und schließen daraus, daß es sich um verhältnismäßig einfache Körper handelt. FEHLINGsche Lösung wird nicht oder in nur sehr geringem Maße reduziert. Gegen Gärungsorganismen verhalten sich die Honigdextrine nach Feststellungen von HILGER und WOLF verschieden. Die Auffassung HILGERS[6], daß jeder Honig sein eigenes spezifisches Dextrin besitze, wird von v. FELLENBERG und RUFFY[7] nicht geteilt, da sie aus Nadel- und Blütenhonig sich recht ähnlich verhaltende Dextrine erhielten.

Sonstige Bestandteile. Auf einige Farb-, Geruchs- und Geschmacksstoffe wurde bereits hingewiesen. BROWNE fand in den meisten der von ihm untersuchten amerikanischen Honige Tannin. Zu erwähnen ist ferner der Gehalt an unbestimmbaren Stoffen, der nach BROWNE in amerikanischen Honigen 0,04—7,01%, nach v. FELLENBERG und RUFFY in Schweizer Honigen 1,48—13,84% beträgt und in Blüten- und Honigtauhonigen vorhanden ist. v. FELLENBERG und RUFFY weisen darauf hin, daß es sich weder um Kohlenhydrate, noch Säuren, noch um stickstoffhaltige Körper handelt, und daß in der Hauptsache wahrscheinlich mehrwertige, wohl am ehesten sechswertige Alkohole (Mannit) in Frage kommen können.

Fermente. Die wichtigsten im Honig vorkommenden Fermente sind: Invertasen, Diastasen und Katalasen.

Invertierende Fermente wurden von LANGER[8], AXENFELD[9], AUZINGER[10], v. FELLENBERG[11], KÜSTENMACHER[12], MOREAU[13], GOTHE[14], SARIN[15], CAILLAS[16], NELSON und COHN[17], um nur einige zu nennen, im Honig nachgewiesen. Die Fermente stammen aus der Pflanze, aus Nektar und Pollen, und aus den Speicheldrüsen und der Honigblase der Biene. Reiner, nicht erhitzter Honig enthält reichliche Mengen dieser Fermente.

Die günstigste Wirkung der Honiginvertase liegt nach GOTHE bei 40° C. Über 45° tritt starke Hemmung ein, bei 60° ist das Ferment nur noch sehr wenig wirksam. Von Interesse ist ferner die Mitteilung LANGERS, daß die Honiginvertase das Bienengift zerstört.

Die diastatischen Fermente sind seit den Arbeiten AUZINGERS Gegenstand zahlreicher Untersuchungen gewesen. Besonders von GOTHE[18] und

---

1 KÜNNEMANN u. HILGER: Forsch.-Ber. 1896, **3**, 211.
2 BECKMANN: Zeitschr. Unters. Nahrungs- u. Genußm. 1901, **4**, 1065.
3 HILGER: Zeitsch. Unters. Nahrungs- u. Genußm. 1904, **8**, 110.
4 FIEHE u. KORDATZKY: Zeitschr. Unters. Nahrungs- u. Genußm. 1928, **55**, 602.
5 PAINE, GERTLER u. LOTHROP: Zit. S. 315.
6 HILGER: Zeitschr. Unters. Nahrungs- u. Genußm. 1901, **4**, 1142.
7 v. FELLENBERG u. RUFFY: Mitt. Lebensmittelunters. Hygiene 1933, **24**, 367.
8 LANGER: Zeitschr. Unters. Nahrungs- u. Genußm. 1902, **1**, 1204; Schweiz. Wochenschr. Chem. Pharm. 1903, **41**, 17.
9 AXENFELD: Zentralbl. Physiol. 1903, **17**, 268.
10 AUZINGER: Zeitschr. Unters. Nahrungs- u. Genußm. 1910, **19**, 65, 353.
11 v. FELLENBERG: Mitt. Lebensmittelunters. Hygiene 1911, **2**, 369.
12 KÜSTENMACHER: Zit. S. 301.
13 MOREAU: Ann. Falsif. 1911, **4**, 65, 145.
14 GOTHE: Zeitschr. Unters. Nahrungs- u. Genußm. 1914, **28**, 273.
15 SARIN: Biochem. Zeitschr. 1923, **135**, 59, 75.
16 CAILLAS: Compt. rend. Paris **170**, 589.
17 NELSON u. COHN: Journ. Biol. Chem. **61**, 193.
18 GOTHE: Zeitschr. Unters. Nahrungs- u. Genußm. 1914, **28**, 286.

GORBACH und BARLE[1] wurde die Wirkungsweise der Honigdiastase eingehend untersucht.

GOTHE stellte fest, daß Kochsalz in nicht zu starken Konzentrationen ($^1/_{10}$ N., $^1/_5$ N.) die Fermentwirkung begünstigt, in größerer Menge hemmt oder aufhebt. Sehr schwache anorganische und organische Säuren ($^1/_{1000}$ N.) üben keinerlei Wirkung aus, stärkere Säuren ($^1/_{100}$ N.) haben einen günstigen Einfluß und zwar besonders Salzsäure und Essigsäure. Alkalien in derselben Konzentration setzen die Fermentwirkung herab. Alkohol schädigt die Honigdiastase. Die Fermentwirkung wird ferner herabgesetzt durch Filtrieren, Dialysieren und besonders durch Erhitzen.

Einstündiges Erhitzen des Honigs bis 60° hemmt die diastatische Kraft nicht, von 65° ab wird sie geschwächt, und bei 85—90° ist die Honigdiastase zerstört. In Honiglösungen ist das Ferment gegen Erhitzen sehr viel weniger widerstandsfähig. In Übereinstimmung mit den Befunden GOTHEs und DE BOERs[2] konnte FIEHE[3] zeigen, daß bei der im Großhandel üblichen Behandlung, wenn die Temperatur von 60° nicht überschritten wird, eine Schwächung der diastatischen Fermente nicht oder nur in sehr geringem Umfange stattfindet.

Das Temperaturoptimum für die Diastasewirkung ist nach ARMBRUSTER[4] nicht bei allen Honigen dasselbe. Bei einigen Honigen liegt es bei 40° C, bei manchen bei 50° C, ja auch erst bei 60° C.

Mit Untersuchungen über die Abbaugeschwindigkeit der Stärke durch die Honigdiastase haben sich KOCH[5] und WEISHAAR[6] befaßt. Alle untersuchten normalen Honige bauten, unabhängig von der pflanzlichen Herkunft, bis zum „achromischen" Punkt, d. i. bis zum erstmaligen Bestehenbleiben der Eigenfarbe des Jods, in längstens 60 Minuten Versuchsdauer ab.

LAMPITT, HUGHES und ROOKE[7] unterscheiden zwischen der Dextrinogenamylase und der Saccharogenamylase. Das Optimum für die Dextrinogenamylase liegt bei p_H 4,7—5,3. Die größte Dextrinbildung erfolgt bei 38—45°. Das p_H-Optimum für die Saccharogenamylase liegt bei p_H 5,3. Die Menge des erzeugten Zuckers steigt mit der Zeit, nach 16 Stunden nur noch sehr langsam. Beide Fermente werden rasch zersetzt, wenn p_H unter 4,0 und über 9,0 ist.

Über den Einfluß des Alterns auf die Wirksamkeit der diastatischen Fermente liegen Angaben von KOCH und ARMBRUSTER vor, die aber noch kein endgültiges Urteil zulassen.

Hinsichtlich der Herkunft der diastatischen Fermente wird heute wohl allgemein die Ansicht vertreten, daß der überwiegende Teil aus dem Bienenkörper und nur ein kleiner Teil aus den Pflanzen, aus Pollen und Nektar, stammt.

Die aus den Pollen stammende Fermentmenge wird wahrscheinlich nur sehr gering sein, da normale Honige in den meisten Fällen nur wenig Pollen enthalten und somit die Fermente des Pollens gegenüber den aus anderen Quellen stammenden Fermenten stark zurücktreten. Einen Zusammenhang zwischen Pollenmenge und Diastasegehalt konnten weder EVENIUS[8] noch BARTELS und FAUTH[9] nachweisen. Über den Gehalt des Nektars und der anderen für die Honigbereitung in Frage kommenden Rohstoffe an diastatischen Fermenten ist im Schrifttum bis auf eine Angabe von GEINITZ[10] nichts zu finden. GEINITZ prüfte Tannenhonigtau und daraus bereiteten Tannenhonig auf Diastasegehalt und fand, daß Rohstoff und fertiger Honig gleiche Mengen diastatische Fermente enthielten. Verfasser konnte im Nektar von Cobaea scandens, die allerdings keine Bienenpflanze ist, diastatische Fermente nicht feststellen.

Der Gehalt des Honigs an diastatischen Fermenten schwankt in weiten Grenzen, auch bei gleicher Tracht, Trachtzeit und geographischer Herkunft (vgl. Tabelle 6). Wodurch diese Schwankungen bedingt sind, ist bis jetzt nicht einwandfrei geklärt.

Wechselnder Pollengehalt und pflanzliche Herkunft der Honige sind wahrscheinlich nicht die Ursachen des verschiedenen Fermentgehaltes, da, wie bereits erwähnt wurde,

---

[1] GORBACH u. BARLE: **Z.** 1937, **73**, 530.
[2] DE BOER: Chem. Weekbl. 1930, **27**, 646. [3] FIEHE: **Z.** 1931, **61**, 420.
[4] ARMBRUSTER: Arch. Bienenkunde 1926, **7**, 285; 1928, **9**, 1; 1933, **14**, 304.
[5] KOCH: Leipz. Bienenztg. 1926, Heft 9. [6] WEISHAAR: **Z.** 1933, **65**, 369.
[7] LAMPITT, HUGHES u. ROOKE: Analyst **54**, 381; **55**, 666.
[8] EVENIUS: Festschrift zum 60. Geburtstage von E. ZANDER. Verlag Leipziger Bienenzeitung.
[9] BARTELS u. FAUTH: **Z.** 1933, **66**, 396. [10] GEINITZ: Zit. S. 304.

der Hauptteil der diastatischen Fermente aus dem Bienenkörper stammen wird, die aus den Pflanzen kommende Fermentmenge also an sich verhältnismäßig gering und in ihren Schwankungen von untergeordneter Bedeutung ist. Auch vom Hefen- und Bakteriengehalt ist nach Evenius die diastatische Kraft unabhängig. Wichtiger sind deshalb die Beziehungen zwischen Fermentgehalt und Biene. Koch[1] und Zander[2] vermuten, daß die wechselnde Ergiebigkeit der Trachtquelle von Einfluß auf den Diastasegehalt des Honigs ist, insofern als bei spärlicher Tracht den geringen Mengen der Nahrungsstoffe mehr Speichelsäfte als größeren Rohstoffmengen bei reicher Tracht beigemischt werden. Hiernach müßten in trachtarmen Zeiten die Honige fermentreicher als in trachtreicheren sein. Diese Annahme wird gestützt durch die Beobachtungen von Park[3], daß das bereits beschriebene wiederholte Ausstoßen und Einsaugen der Nektartropfen, durch welches zweifellos eine Bereicherung des Nektars mit Speichel-, also fermentreichen Säften erfolgt, bei reicher Tracht unterbleibt, der Nektar vielmehr sofort in Zellen abgelegt wird. Ist diese Beobachtung von Park richtig und zu verallgemeinern, so muß der Honig bei reicher Tracht fermentärmer als bei spärlicher sein. Endlich finden sich im Schrifttum die von Laband, Bartels und Fauth[4] ausgesprochene Vermutung, daß bei den Bienen wohlschmeckender oder angenehm duftender Nektar einen vermehrten Speichelfluß gegenüber weniger wohlschmeckendem oder aromatischem auslöst und der Hinweis auf Rasse, Gesundheitszustand usw. der Bienenvölker von Braunsdorf[5]. Die besonders von amerikanischen Forschern vertretene Ansicht, daß gärender Honig besonders diastasereich sei, wurde bis jetzt von deutscher Seite nicht bestätigt.

Katalase fehlt, wie Evenius, Pawlowsky und Zarin[6] feststellten, in den Speicheldrüsen und in der Honigblase der Bienen. Die in normalem Honig zuerst von Auzinger[7], später auch von anderen festgestellte Katalase muß also aus den pflanzlichen Rohstoffen, aus Nektar oder Honigtau, und aus den Pollen stammen. Für die Herkunft des Fermentes aus den Pollen spricht die von Gothe[8] und auch vom Verfasser beobachtete Tatsache, daß unfiltrierte Honiglösungen erheblich mehr Wasserstoffsuperoxyd spalten als filtrierte Lösungen. Auch haben durchweg pollenarme Honige, also besonders reine Schleuderhonige, einen geringen Katalasegehalt. In gärendem Honig kommen als weitere Fermentquelle die Kleinlebewesen hinzu. Während in gärendem Honig der Diastasegehalt nicht oder nicht wesentlich erhöht ist, ist seine Fähigkeit, Wasserstoffsuperoxyd zu spalten, sehr viel größer als die des nichtgärenden Honigs. Einstündiges Erhitzen bei 60° schwächt die Katalase nur dann erheblich, wenn eine wässerige Lösung des Honigs vorliegt. Bei 70° wird das Ferment jedoch auch im unverdünnten Honig geschwächt (Gothe).

Was weitere Fermente anbetrifft, so wurde auf das Vorkommen von Maltase bereits hingewiesen. Lenz[9] glaubt, ein fleischlösendes Enzym in Honig beobachtet zu haben. Gothe konnte Lactase, Proteasen (peptische und tryptische Fermente) und Lipasen nicht nachweisen. Die Anwesenheit von Inulase ist wahrscheinlich. Fraglich ist, ob Oxydasen, Peroxydasen und Reduktasen vorhanden sind. Grüss[10] stellte die Anwesenheit einer Oxydase und einer Hydrogenase fest. Erstere stammt nach ihm sicherlich zum größten Teil aus den Drüsenzellen der Nektarien, aber auch aus den Pollenkörnern, letztere von Pilzkeimen. Das Vorkommen einer Polysaccharase ist nach v. Fellenberg möglich. Giri[11] wies Phosphatase nach.

Vitamine. Mit dem Vorkommen von Vitaminen haben sich Dutcher[12], Caillas[13], Hawk, Smith und Bergein[14], Nelson und Paddock[15], Faber[16],

---

[1] Koch: Zit. S. 331. [2] Zander: Bayer. Biene 1933, **55**, Heft 12.
[3] Park: Zit. S. 306. [4] Laband, Bartels u. Fauth: **Z.** 1931, **61**, 56.
[5] Braunsdorf: **Z.** 1930, **60**, 575; 1931, **61**, 411.
[6] Evenius, Pawlowsky u. Zarin: Zit. S. 307.
[7] Auzinger: Zeitschr. Unters. Nahrungs- u. Genußm. 1910, **19**, 65, 353.
[8] Gothe: Zit. S. 330. [9] Lenz: Apoth.-Ztg. 1910, **25**, 678.
[10] Grüss: **Z.** 1932, **64**, 382. [11] Giri: Zit. S. 315.
[12] Dutcher: Journ. Biol. Chim. 1918, **36**, 551.
[13] Caillas: Nach Armbruster: Zit. S. 298.
[14] Hawk, Smith u. Bergein: Amer. Journ. Physiol. 1921, **55**, 339.
[15] Nelson u. Paddock: Durch Phillips: Gleanings in Bee Culture 1929, **57**, 12.
[16] Faber: Journ. Biol. Chem. **43**, 113.

Scheunert, Schieblich und Schwanebeck[1], Bachmann[2], Hoyle[3], Kifer, Black und Munsell[4], Taylor und Nelson[5], Markuze[6], Evans, Emerson und Eckert[7] und Griebel[8] befaßt. Aus ihren Untersuchungen ergibt sich, daß Honig gelegentlich Spuren von fettlöslichem Vitamin A und wasserlöslichem Vitamin B, auch wohl, wie z. B. Griebel von Menthahonig aus dem Spreewald berichtet, Vitamin C enthält, im allgemeinen aber praktisch vitaminfrei ist und als Vitaminquelle keine Rolle spielt. Hoyle stellt ausdrücklich fest, daß der Mangel an Vitaminen nicht auf ungeeignete Behandlung oder Lagerung zurückzuführen ist.

4. Fremdkörper im Honig.

Fremdkörper können aus Nektar und Honigtau, bei der Honigbereitung durch die Bienen, bei der Honiggewinnung durch den Imker oder bei späterer Behandlung in den Honig geraten. Die Menge der im Honig vorhandenen Fremdkörper ist sehr verschieden und hängt vor allem von der Gewinnung und Behandlung des Honigs ab. Die meisten der im Honig gefundenen Fremdkörper kommen nur hin und wieder vor und sind nicht wichtig. Regelmäßig sind aber in Blütenhonigen Pollenkörner anzutreffen, die in neuester Zeit durch die Versuche, die Herkunft der Honige zu bestimmen, große Bedeutung gewonnen haben.

Pollenkörner können auf verschiedene Weise in den Honig geraten und zwar erstens dadurch, daß sie durch Erschütterungen der Blüten (Wind, Insekten) bereits in den Nektar und mit diesem in die Honigblase und in den Honig gelangen. Zweitens bleiben in dem Haarkleid der Nektar sammelnden Bienen immer einige Pollenkörner hängen, die im Stock verstreut werden und entweder in noch nicht bedeckelte Honigzellen oder bei der Gewinnung des Honigs in denselben geraten können. Das Hineingeraten von im Stock verstreuten Pollenkörnern in Honigzellen wird begünstigt durch die ständige Luftbewegung im Stock, welche die Bienen durch Schlagen mit den Flügeln hervorrufen, und durch welche die Pollenkörner aufgewirbelt und verbreitet werden.

Die von den Pollensammlerinnen eingetragenen Pollenkörner werden getrennt von den Honigvorräten aufbewahrt. Es kann aber vorkommen, daß die für die Ablagerung des Blütenstaubes vorgesehenen Zellen nicht ausreichen und Blütenstaub auch in Zellen von Honigwaben abgelegt wird. Aus diesen Zellen können Pollenkörner in den Honig gelangen. Diese Möglichkeit ist um so geringer, je sorgfältiger der Honig gewonnen wird, wenn es sich nicht um Preß- oder gar Seimhonig handelt, die durch die Art ihrer Gewinnung einer größeren Verunreinigung durch Pollenkörner ausgesetzt sind.

In praktischer Hinsicht ist der Umstand, daß Pollenkörner bereits in den Nektar gelangen, von großer Bedeutung, denn diese Pollen geben Hinweise, von welchen Pflanzen die Bienen gesammelt haben. Beachtenswerte Untersuchungen in dieser Beziehung verdanken wir Koch[9], der Nektarsammlerinnen auf Blüten abfing und feststellte, daß der Honigblaseninhalt jedesmal Blütenstaub der beflogenen Trachtpflanzen enthielt und zwar, wie aus Tabelle 10 ersichtlich, bei den verschiedenen Pflanzen, in mehreren Fällen auch bei

[1] Scheunert, Schieblich u. Schwanebeck: Biochem. Zeitschr. 1923, **139**, 47.
[2] Bachmann: Durch Phillips: Gleanings in Bee Culture 1929, **57**, 12.
[3] Hoyle: Biochem. Journ. 1929, **23**, 54.
[4] Kifer, Black u. Munsell: Journ. Agricult. Res. 1929, **39**, 355.
[5] Taylor u. Nelson: Proc. Soc. exper. Biol. Med. **26**, 521.
[6] Markuze: Arch. Chemji Farmacji 1935, **2**, 175.
[7] Evans, Emerson u. Eckert: J. econ. Entomol. 1937, **30**, 642.
[8] Griebel: Z. 1938, **75**, 417.
[9] Koch: Arbeitsberichte des Hann. Landesinstituts für Bienenforschung in Celle 1932; 1933.

denselben Pflanzen in einzelnen Jahren, in verschiedenen Mengen. Koch weist mit Recht darauf hin, daß Blütenbau, Lage der Staubgefäße zu den Nektarien und Reifegrad der Blüten maßgeblich dafür sind, ob mehr oder weniger Pollenkörner dem Nektar beigemischt werden.

Tabelle 10.

Beflogene Blüten	Durchschnittliche Zahl der Pollenkörner der beflogenen Blüten in der Honigblasenflüssigkeit	
	1932	1933
Natternkopf	15	30
Riesenhonigklee	27	27
Schwedenklee	—	24
Heide	12	20
Kirsche	—	20
Apfel	—	19
Beinwell	—	19
Weiße Phazelie	15	16
Blaue Phazelie	15	14
Himbeere	—	13
Kornblume	—	13
Kuckucks-Lichtnelke	13	13
Linde	9	13
Esparsette	12	12
Raps	13	12
Erdbeere	20	11
Weißdorn	—	9
Ochsenzunge	—	8
Boretsch	7	7
Bergkornblume	4	7
Löwenschwanz	—	7
Glockenblume	4	5
Senf	6	5
Schneebeere	18	4
Whitlavie	—	4
Buchweizen	8	3
Luzerne	5	—
Katzenminze	4	—
Ziest	2	—
Klarkie	1	—

Wachs ist nicht selten im Honig zu finden und zwar in um so größerer Menge, je weniger sorgfältig der Honig gewonnen und vor allem gereinigt wurde.

Selbst in reinen, unverfälschten Honigen finden sich hin und wieder Stärkekörner in geringer Menge. Das Vorkommen von Stärke kann darauf zurückzuführen sein, daß die Bienen im Frühjahr mit Mehl als Pollenersatz gefüttert wurden, oder daß sie sonst Gelegenheit hatten, an stärkehaltigen Stoffen zu naschen. Pfister[1] gibt auch an, daß Bestäuben mit Mehl als Beruhigungsmittel für aufgeregte Bienenvölker gilt.

Häufig sind im Honig Pilzfäden, Hefezellen, Bakterien und Sporen von Pilzen und Flechten zu finden. Auch Algenzellen kommen vor, besonders in Honigtauhonigen.

Von tierischen Fremdkörpern sind vor allem die Milben zu nennen, die auf den Trachtpflanzen oder bei den Bienen leben. Nach Zander[2] handelt es sich hauptsächlich um Milben der Gattung Tyroglyphus siro und Farinae. Ferner finden sich Insektenhaare, Schmetterlingsschuppen, kleine Lebewesen wie Fliegen, Nematoden u. a.

An sonstigen fremden Bestandteilen wurden beobachtet: Haare und Fasern von Pflanzen, Pflanzengewebe — Fruchtparenchym besonders in Honigen wärmerer Gebiete —, Staubbeutel, Holzteilchen und Ruß.

Von den genannten Fremdkörpern sind Pollenkörner und Honigtaubestandteile von Blättern, Nadeln und Zweigen wie Algen, Pilzfäden, Sporen, Hefezellen beim Sammeln und Verarbeiten der Rohstoffe durch die Bienen eingebrachte Bestandteile und in geringer Menge unvermeidbar. Auch das Auffinden von Ruß läßt keine Schlüsse auf unsaubere Gewinnung zu. Ruß findet sich in fast sämtlichen Honigtauhonigen und kann in Gegenden mit größeren industriellen Anlagen oder Bahnhöfen sehr leicht auch in größeren Mengen in den Honig geraten. Die übrigen Fremdkörper lassen auf mehr oder weniger sorgfältige Gewinnung und Reinigung des Honigs durch den Imker schließen. Durch umfangreiche Untersuchungen hat Zander festgestellt, daß die Bodensatzmenge an unvermeidbaren fremden Bestandteilen von 100 g Honig etwa 2 cmm beträgt, bei Bärenklauhonig und Heidehonig häufig etwas höher ist. Doch ist auch eine größere Menge zentrifugierbarer Bestandteile nicht immer auf eine mangelhafte Gewinnungsweise zurückzuführen. Ein geringer Bodensatz ist aber nur unter der Bedingung zu erwarten, daß bereits die Honigwaben vor dem Schleudern peinlichst sauber und schonend behandelt werden.

Die Bienen müssen durch „Bienenfluchten“ aus den Honigräumen abgeleitet, die Waben mit flachen Messern entdeckelt werden. Durch das Abfegen der Bienen von den Waben mit Besen oder Federn, das Aufreißen der Honigzellen mit Entdeckelungsgabeln wird der Gehalt des Honigs an Bienenhaaren, Fasern, Wachsteilchen, Milben usw. erhöht.

[1] Pfister: Forsch.-Ber. 1895, **2**, 8.

[2] Zander: Z. 1932, **63**, 313; Bayr. Biene 1934, Heft 2.

Besteht ein über 5 cmm erheblich hinausgehender Bodensatz ausschließlich aus Pollen, Schmutzteilchen, Haaren, Fasern usw., dann ist der betreffende Honig nicht durch einwandfreies Schleudern gewonnen worden. Bei der Gewinnung als Leck-, Preß- und Seimhonig, bei der mehr oder weniger das Wabenwerk zertrümmert und — beim Seimhonig — auch erwärmt wird, steigt der Gehalt des Honigs an fremden Bestandteilen.

5. Bakteriologie, Mykologie.

Nach ARMBRUSTER[1] ist der normale Honig bakterienfrei. Er übt, wie aus Versuchen von SACKETT[2], HUNKELER[3], LOCHHEAD und FARRELL[4] hervorgeht, eine das Bakterien- und Hefenwachstum hemmende Wirkung aus, die nicht allein auf den hohen Zuckergehalt, sondern auch auf einen bactericid wirkenden, durch Erhitzen zerstörbaren Bestandteil zurückzuführen ist, und die sich bei nicht erhitztem Honig bei einer Konzentration von 40—50% deutlich bemerkbar macht. In geringer Konzentration — 1 bis 5% — begünstigt unerhitzter Honig das Bakterienwachstum. Die Bakterienfreiheit trifft aber sehr wahrscheinlich nicht zu hinsichtlich der Bakteriensporen.

Hiermit und mit der Möglichkeit, daß gewisse Bakterien und sonstige Kleinlebewesen widerstandsfähig gegen die bactericide Kraft des Honigs sind, könnte die in vielen Fällen im Honig festgestellte große Zahl von Bakterien und Pilzen erklärt werden. Vielfach handelt es sich auch wahrscheinlich nicht um nachträgliche Infektionen infolge unsauberer oder unzweckmäßiger Gewinnung oder Behandlung, denn es wurden z. B. von GRÜSS[5] die Nektarhefe Anthomyces Reukaufii, ein echter und allgemein vorkommender Blütenbewohner, und in einem Lindenhonig eine neue Art der Blumenhefe (Anthomyces ruber n. spec.) festgestellt. Ferner weist LAFAR[6] auf Grund der Untersuchungen von NUSSBAUMER[7] darauf hin, daß die Mikroflora des Honigs häufig auffallend viel Zygosaccharomyceten enthält, deren Auftreten im Honig wahrscheinlich im Zusammenhang steht mit dem Vorkommen ähnlicher Hefearten im Körper der Bienen. Er erinnert dabei daran, daß KLÖCKER[8] den Zygosaccharomyces Priorianus im Leibe von Honigbienen entdeckt hat.

Im Honig wurden bis jetzt folgende Arten gefunden:

Bakterien: Bac. subtilis, B. megaterium, B. aerophilus, Sarcina lutea, Micrococcus radiatus, Staphylococcus pyogenes, Pneumobacillus FRIEDLÄNDER, ein unbekannter Bacillus, verschiedene gefärbte und farblose Kokken.

Hefen: Anthomyces Reukaufii, Apiculatus-Hefen, Torulaarten, im Lindenhonig neue Art der Blumenhefe (Anthomyces ruber n. spec., rote Hefe), Zygosaccharomyceten, Saccharomyces cerevisiae.

Pilze: Penicillium glaucum, Rhizopus nigricans, Mucor racemosus, Aspergillus gracilis, Sterigmatocystis nigra, Cephalosporium candidum n. sp., Myxotrichium clartarum, Dematiumart in Robinienhonig, Penicilliumart in Obsthonig und Heidehonig, Sporotrichium virescens in Heidehonig.

6. Über den Wert des Honigs als Lebensmittel und seine Bedeutung.

Zweifellos ist der Honig ein hochwertiges Lebensmittel. Einmal wegen seines hohen Kohlenhydratgehaltes an sich und weiterhin besonders deswegen, weil die Honigbestandteile Glucose und Fructose unverändert vom Körper aufgenommen werden können.

---

[1] ARMBRUSTER: Zit. S. 298.
[2] SACKETT: Colorado Agric. Exp. Stat. Bull. 1919, 252 (durch ARMBRUSTER).
[3] HUNKELER: Diss. Zürich 1925 (durch ARMBRUSTER).
[4] LOCHHEAD u. FARRELL: Cand. Journ. Res. 1930, **3**, 51, 95; 1931, **5**, 529, 539.
[5] GRÜSS: Ber. Deutsch. botan. Ges. 1917, 746; Z. 1932, **64**, 376.
[6] LAFAR: Handbuch der technischen Mykologie, Bd. 5. Jena 1905—1914.
[7] NUSSBAUMER: Zeitschr. Unters. Nahrungs- u. Genußm. 1910, **20**, 272.
[8] KLÖCKER: Compt. rend. Paris 1900, **5**, 59.

„Um die Glucose und Lävulose des Bienenhonigs nach der Aufnahme in die Körperzirkulation zu bringen, brauchen weder Salzsäure des Magens noch Hefepilze des Darms, noch spaltende Körperfermente in Funktion zu treten; unverändert von den Verdauungssäften strömt fast der ganze Zucker des Bienenhonigs durch die Pfortader der Leber zu, um hier einstweilen in Gestalt von Glykogen liegen zu bleiben und dann nach Bedarf durch ein Leberferment in den vom bedürftigen Muskel ohne weiteres aufnehmbaren Traubenzucker zurückgespalten zu werden“ (Theobald[1]).

Der Honig ist also leicht verdaulich, was auch Versuche von Hawk, Smith und Bergein bestätigen.

Armbruster[2] berichtet über diese Versuche folgendes: „Ein normaler Mann erhielt zuerst 40 g trockenes Weißbrot. Nach einer Viertelstunde wurde der Mageninhalt auf Säure und Pepsin untersucht. Beim anderen Versuch erhielt er 40 g Weißbrot zusammen mit 20 g Honig. Das Ergebnis war, daß diese Kombination 40 + 20 genau so rasch verdaut wird, wie die Komponente trockenes Brot allein. Dabei enthielt diese Kombination den doppelten Nährwert.“

Dazu erleichtert nach Theobald der geringe Anteil an unverdaulichen Bestandteilen die Magen- und Darmarbeit, die somit in reichlicherem Maße anderen, neben dem Honig zugeführten Nahrungstoffen zugewendet werden kann und deren Aufnahmemöglichkeit erhöht.

Neben den Kohlenhydraten und den geringen Mengen Stickstoffkörpern sind die mineralischen Bestandteile zu erwähnen, die ebenfalls als wertvolle Bausteine für den menschlichen Körper zu gelten haben, und die besonders in den Honigtauhonigen in größeren Mengen vorkommen.

Endlich sei noch auf die verschiedenen im Honig vorkommenden Fermente und die Aromastoffe hingewiesen, die einen hohen diätetischen Wert des Honigs bedingen.

Diese Vorzüge des Honigs lassen den Mangel an Vitaminen zurücktreten, die ja in anderen Lebensmitteln in genügenden Mengen zur Verfügung stehen.

Außer durch unmittelbaren Genuß wird der Honig mehr oder weniger verändert auch mittelbar dem menschlichen Körper zugeführt. Er dient z. B. zum Süßen von Speisen und Getränken für Kinder und wird zur Herstellung von Honigkuchen, Zuckerwaren (Honigbonbons) und Honiggetränken (Honigwein) benutzt. Ferner findet der Honig entweder allein oder in Mischung mit anderen Stoffen als Vorbeugungs-, Heil- und Arzneimittel weitgehende Verwendung.

C. Veränderungen, Verfälschungen, Nachmachungen.

Veränderungen beim Altern. Von den normalen Veränderungen, die Honig bei längerem Aufbewahren erfährt, ist das Auskrystallisieren der Glucose am augenfälligsten. Ferner geben Auerbach und Bodländer[3] an, daß der Fructosegehalt zunehmen soll; doch ist diese Angabe mit Vorsicht zu bewerten. Der Gehalt an diastatischen Fermenten kann zurückgehen, besonders wenn der Honig in ungeeigneter Weise, etwa in unmittelbarem Sonnenlicht, aufbewahrt wurde. Armbruster[4] und de Boer[5] berichten über derartige Feststellungen. Ähnliche Erwägungen lassen Bartels und Fauth[6] vermuten, daß der geringe Gehalt gewisser kalifornischer Honige an diastatischen Fermenten darauf zurückzuführen ist, daß diese Honige unter Umständen allzu lange Zeit den in bestimmten Gebieten Kaliforniens herrschenden hohen Temperaturen ausgesetzt sind. Auch Giri[7] vertritt diese Ansicht für die von ihm untersuchten diastase-

[1] Theobald: Arch. Bienenkunde 1924/25, **6**, 161. [2] Armbruster: Zit. S. 298.
[3] Auerbach u. Bodländer: Zit. S. 327.
[4] Armbruster: Arch. Bienenkunde 1933, **14**, 304.
[5] De Boer: Chem. Weekbl. 1934, **31**, 482.
[6] Bartels u. Fauth: Z. 1933, **66**, 396. [7] Giri: Zit. S. 315.

armen indischen Honige. Endlich ist noch zu erwähnen, daß in lange Zeit aufbewahrten Honigen reichliche Mengen Oxymethylfurfurol entstehen können, so daß die Reaktion nach FIEHE positiv ausfällt. Man kann im allgemeinen sagen, daß die Alterserscheinungen dieselben sind wie die Veränderungen, die beim Erhitzen von Honig auftreten.

Verdorbener Honig. Die Honigverordnung sieht als verdorben an insbesondere:

1. Honig, der durch Essigsäuregärung, Milchsäuregärung oder auf ähnliche Weise sauer geworden ist, so daß der Säuregrad die Grenze von 4^0 erheblich übersteigt.

2. Honig, der Brut enthält, verschimmelt oder stark verunreinigt ist oder ekelerregend riecht oder schmeckt.

Verunreinigungen durch einzelne Bienenteilchen, z. B. Chitinhaare und ähnliche unvermeidbare Fremdstoffe, gelten nicht als starke Verunreinigungen. Ekelerregend ist z. B. starker Schimmelgeruch oder fauliger Geruch und Geschmack oder Petroleumgeruch und -geschmack, nicht aber ein Geruch oder Geschmack, der dem Honig etwa durch eine natürliche, aber nach Auffassung des Verbrauchers honigfremde Blütentracht erteilt wird[1]. Ein solcher Fall kann z. B. bei Buchweizenhonig eintreten. Es sind Fälle bekannt geworden, in denen dieser Honig, ohne irgendwie verdorben zu sein, lediglich durch sein eigenartiges Aroma Anstoß erregt hat.

3. Durch Einstampfen der nicht brutfreien Waben gewonnene Erzeugnisse, auch ausgeschmolzen oder mit Honig gemischt.

Stampfhonig ist also nicht Honig im Sinne der Honigverordnung[1].

4. Honig, der in starke Gärung übergegangen ist, unbeschadet seiner Verwendung als Backhonig, sofern er als solcher gekennzeichnet ist.

Derartiger Honig darf nur unter Kennzeichnung als „Backhonig“ in den Verkehr gebracht werden. Ein als Backhonig bezeichneter Honig braucht Fermente nicht mehr zu enthalten[1].

5. Treibenden Honig, der einen dem Honig nicht eigenen Geruch oder Geschmack angenommen hat, unbeschadet seiner Verwendung als Backhonig, sofern er als solcher gekennzeichnet ist.

„Treiben“ ist eine unter Blasen- und Schaumbildung vor sich gehende Erscheinung, die mit einer im Verhältnis zur Honigmenge und im Vergleich zur Gärung geringen Gasentwicklung ohne nachweisbare Veränderung der Honigbestandteile verbunden und deshalb nicht als alkoholische Gärung aufzufassen ist[1, 2].

6. Honig, der so stark erhitzt ist, daß die diastatischen Fermente stark geschwächt oder zerstört sind, oder der angebrannt (karamelisiert) ist, auch mit Honig gemischt, unbeschadet seiner Verwendung als Backhonig, sofern er als solcher gekennzeichnet ist.

Die im Honig vorhandenen diastatischen Fermente werden erst bei längerer Erhitzung des Honigs auf höhere Temperaturen wesentlich geschwächt oder zerstört, wie sie bei der Gewinnung, Reinigung, Vermischung oder Verpackung des Honigs nicht erforderlich ist. Ist Honig, um z. B. eine starke Gärung zu unterdrücken, so stark erhitzt worden, daß er angebrannt ist, also einen Karamelgeschmack angenommen hat, so darf er, auch im Verschnitt mit Honig, nur unter Kennzeichnung als Backhonig in den Verkehr gebracht werden[1].

7. Aus verdorbenem Honig zubereiteten Honig, unbeschadet der Unterdrückung einer leichten Gärung durch Erhitzen.

Hierdurch soll verhindert werden, daß verdorbener Honig mit gutem Honig verschnitten oder durch Abseimen oder auf andere Weise zu scheinbar einwandfreiem Honig gemacht wird. Da zur Unterdrückung einer leichten Gärung nur eine Erhitzung von kurzer Dauer vorgenommen zu werden braucht, werden die diastatischen Fermente, die für den Honig mit wertbestimmend sind, dabei nicht wesentlich geschwächt. Um eine starke Gärung zu beseitigen, bedarf es dagegen einer länger dauernden Erhitzung auf höhere Temperatur, wodurch meist eine Abtötung der Fermente herbeigeführt wird. Eine durch kurzes Erhitzen beseitigte leichte Gärung des Honigs schließt seine Verwendung als Honig zum unmittelbaren Genuß nicht aus. Der Honig darf jedoch nicht unter Bezeichnungen in den Verkehr gelangen, die auf eine besonders gute Beschaffenheit oder auf eine besonders sorgfältige Art der Gewinnung hindeuten[1].

---

[1] Amtliche Begründung zur Honigverordnung. [2] Vgl. BORRIES: Z. 1934, **67**, 65.

Zuckerfütterungshonig. Zuckerfütterungshonig ist das Erzeugnis, das die Bienen aus Zucker, der ihnen vielfach als Winternahrung zugeführt wird, oder aus zuckerhaltigen Zubereitungen (Zuckersäfte, Stärkesirup, Bonbons, Fruchtsäfte, Marmeladen u. a.) erzeugen und in den Waben ablagern. Dieses Erzeugnis darf weder unverschnitten noch mit Honig gemischt, auch nicht unter Kennzeichnung als Kunsthonig in den Verkehr gelangen[1].

Das Hauptmerkmal eines Zuckerfütterungshonigs ist das Fehlen von Aromastoffen. Zuckerfütterungshonige schmecken fade, häufig sehr süß, sirupartig und haben kein Blütenaroma. Die Angabe FIEHEs[2], daß Zuckerfütterungshonige auch bei längerer Aufbewahrung flüssig bleiben, wurde durch Untersuchungen von KOCH und WEISHAAR[3] nicht bestätigt.

In chemischer Hinsicht unterscheiden sich Zuckerfütterungshonige häufig nicht oder nicht wesentlich von Blütenhonigen. Der Saccharosegehalt schwankt sehr und ist hauptsächlich von dem Alter der Zuckerfütterungshonige abhängig, wobei auch die Lagerzeit in den Waben in Betracht zu ziehen ist. Frische Zuckerfütterungshonige enthalten mehr Saccharose als ältere, da eine, wenn auch im Vergleich mit echten Honigen langsame Spaltung stattfindet. Von einiger Bedeutung kann der Aschegehalt sein, der nicht selten unter 0,10% liegt. Es kommen zwar, wie an anderer Stelle hervorgehoben wurde, auch Blütenhonige von bestimmten Pflanzen vor, die weniger als 0,10 Hundertteile Asche liefern. Ob es sich bei einem verdächtigen Honige um einen solchen Blütenhonig handeln kann, wird in manchen Fällen durch eine mikroskopische Untersuchung entschieden werden können. Ferner kann auch der Säuregrad Anhaltspunkte geben, denn Zuckerfütterungshonige haben häufig einen unter 1 liegenden Säuregrad. Weiterhin gibt unter Umständen die Polarisation Hinweise. Manche Zuckerfütterungshonige drehen in 10%iger Lösung die Ebene des polarisierten Lichtes entweder schwach nach rechts oder schwach nach links. Der Fermentgehalt ist durchweg nicht hoch, ist aber wegen der beim Blütenhonig vorkommenden Schwankungen nicht zu einer sicheren Unterscheidung geeignet.

Auf die Frage, weshalb die Bienen zum Fütterungszucker weniger von ihren Säften zusetzen als zur Tracht, antwortet KOCH[4]:

„Vielleicht deshalb, weil die Natur den Nektar in Form kleinster Tröpfchen, der Imker den Zucker in verhältnismäßig riesengroßen Portionen den Bienen zur Verfügung stellt, und weil das Nektartröpfchen auf dem Wege von der Blüte bis zur Zelle normalerweise bedeutend länger in der Honigblase verweilt als der Zucker beim Eintragen aus dem Futternapf. Es besteht ferner die Möglichkeit, daß die aromatischen Nektare die Speicheldrüsen stärker zur Fermentabscheidung reizen als das gänzlich geruchlose Zuckerwasser."

Kunsthonig. „Kunsthonig sind aus mehr oder weniger stark invertierter Saccharose (Rüben- oder Rohrzucker) mit oder ohne Verwendung von Stärkezucker oder Stärkesirup hergestellte aromatisierte, meist künstlich gefärbte, in Aussehen, Geruch und Geschmack dem Honig ähnliche Erzeugnisse, die von ihrer Herstellung her organische Nichtzuckerstoffe, Mineralstoffe und Saccharose sowie stets Oxymethylfurfurol enthalten. Kunsthonig, der unter Verwendung von Stärkezucker oder Stärkesirup hergestellt ist, enthält auch die hieraus stammenden Dextrine. Kunsthonig bildet je nach der Art seiner Herstellung eine feste oder dickflüssige Masse, deren Farbe zwischen weiß, hell- bis dunkelgelb oder braungelb wechselt. Flüssiger Kunsthonig wird bei längerem Stehen häufig ganz oder teilweise krystallisiert[5]."

---

[1] Amtliche Begründung zur Honigverordnung. [2] FIEHE: Z. 1928, 55, 169.
[3] KOCH u. WEISHAAR: Festschrift zum 60. Geburtstag von E. ZANDER. Verlag Leipziger Bienenzeitung.
[4] KOCH: Leipz. Bienenztg. 1926, Heft 9.
[5] Verordnung über Kunsthonig vom 21. März 1930 (RGBl. I S. 102).

Als Kunsthonig gelten auch die honigähnlichen, d. h. in Aussehen, Geruch und Geschmack dem Honig ähnlichen Zubereitungen, deren Zuckergehalt nicht oder nur zum Teil dem Honig entstammt, also auch Verschnitte von Honig und Kunsthonig sowie Honig mit künstlichen Zusätzen[1].

Die Inversion der Saccharose darf nur mit chemisch reiner Salzsäure, Schwefelsäure, Phosphorsäure, Kohlensäure, Ameisensäure, Milchsäure, Weinsäure oder Zitronensäure erfolgen. Nach der Inversion, die in Kesseln mit Dampfheizung und Rührwerk erfolgt, wird die Lösung mit Soda, Calciumcarbonat, Ätzkalk oder anderen Stoffen neutralisiert.

Nach BIEGLER[2] tritt bei Verwendung von Ätzkalk eine leichte Gelbfärbung auf, die darauf zurückzuführen ist, daß die Glucose durch Ätzkalk oder auch durch Ätznatron unter Bildung gefärbter Zersetzungsprodukte, die aber keinen üblen Geschmack haben, zerstört wird.

Die Verwendung zu großer Säuremengen bei der Inversion der Saccharose ist zu vermeiden. Deshalb sind in der Kunsthonigverordnung Aschegehalt und Säuregrad begrenzt worden.

Die Konsistenz des Kunsthonigs ist von seinem Gehalt an Saccharose sowie an Stärkesirup abhängig. Je höher der Gehalt hieran ist, um so weniger fest ist die Masse. Ist hinreichend invertiert, so wird der Kunsthonig sicher fest. Das Hartwerden beruht auf dem Auskrystallisieren der Glucose. Ist die Inversion unvollständig, so bleibt mehr oder weniger Saccharose ungespalten. Diese verhindert die Krystallisation der Glucose. Umgekehrt hält Fructose zum Teil auch Glucose und Saccharose in Lösung. Die Fructose allein krystallisiert nicht, wohl aber in Verbindung mit Glucose und Saccharose. Die Krystallisation des Kunsthonigs kann dadurch beschleunigt werden, daß in die sehr kalte Masse etwa 3—5% fester, krystallisierter, alter Kunsthonig eingetragen werden (BIEGLER). Soll flüssiger Kunsthonig hergestellt werden, der zur Zeit besonders beliebt ist, so darf, wie sich aus dem Vorstehenden ergibt, nicht zu weit invertiert werden. BRUHNS[3] hält das Verhältnis $^2/_3$ Invertzucker zu $^1/_3$ Saccharose für das günstigste. Es ist jedoch zu beachten, daß hierbei kein oder nur wenig Oxymethylfurfurol gebildet wird. Ein so hergestelltes Erzeugnis muß also, um den gesetzlichen Anforderungen zu genügen, mit oxymethylfurfurolhaltigem Kunsthonig verschnitten werden.

Kunsthonig muß als Hauptbestandteil Invertzucker enthalten.

Nach Untersuchungen von AUERBACH und BODLÄNDER[4] enthält Kunsthonig im Gegensatz zu Bienen-(Blüten-)Honig weniger Fructose als Glucose. Es sollen auf 100 Teile Glucose nur 49—91 Teile Fructose kommen, wobei der Gehalt an Stärkezucker oder Stärkesirup eine Rolle spielt. Das Verhältnis Fructose : Glucose ist also im Kunsthonig kleiner als 1.

Neben Invertzucker sind immer mehr oder weniger große Mengen Saccharose, sowie unter Umständen Stärkezucker oder Stärkesirup vorhanden.

Wie BRUHNS[5] angibt, enthalten die Kunsthonige fast ohne Ausnahme mehr oder weniger bedeutende Mengen dextrinartige Stoffe, in erster Linie das aus der am leichtesten zu verändernden Fructose entstehende Lävulosin, daneben wahrscheinlich noch Glucosin und Isomaltose. Auch FIEHE und KORDATZKI[6] fanden, daß in Kunsthonigen dextrinartige Körper mit Fructosemolekülen vorkommen.

Die dextrinartigen Stoffe entstehen nach BRUHNS aus den einfachen Zuckern durch chemische Wasserentziehung (Kondensation) beim Erhitzen ihrer warmgesättigten Lösungen mit geringen Mengen starker Säuren. Bereits WOHL[7] berichtete, daß die hydrolytische Spaltung der Di- und Polysaccharide nicht etwa nur die einfachen Bausteine ergibt, sondern daß neben die spaltende Wirkung der Säure stets eine rückbildende tritt, durch welche die einfachen Zucker in höhere Komplexe dextrinartiger Natur verwandelt bzw. zurückverwandelt werden. Er erbrachte den Beweis, daß die Fructose in konzentrierter Lösung unter der Einwirkung sehr geringer Säuremengen in dextrinartige (lävulinartige) Stoffe verwandelt wird.

[1] Amtliche Begründung zur Kunsthonigverordnung.
[2] BIEGLER: Zeitschr. öffentl. Chem. 1918, **26**, 241.
[3] BRUHNS: Zbl. Zuckerind. 1934, **42**, 842, 933.
[4] AUERBACH u. BODLÄNDER: Z. 1924, **47**, 233.
[5] BRUHNS: Chem.-Ztg. 1921, **45**, 661, 681, 685, 711; Zeitschr. angew. Chem. 1922, **35**, 9, 61, 70, 77.
[6] FIEHE u. KORDATZKI: Zit. S. 330.
[7] WOHL: Ber. Deutsch. Chem. Ges. 1890, **23**, 2084.

Die „Nichtzuckerstoffe“, deren Menge nach BORRIES[1] 2,4—6,2% beträgt, sind, wenn man den Darlegungen von BRUHNS folgt, vorwiegend dextrinartiger Natur.

Eine wichtige Anforderung an Kunsthonig ist die, daß er stets Oxymethylfurfurol enthalten muß.

AUERBACH und BORRIES[2] stellten für Kunsthonig Brechungszahlen von 1,4738—1,4919 fest. Die Dichte einer wässerigen Lösung von 20 g Kunsthonig in 100 ccm bei 20°, bezogen auf Wasser von 4° und korrigiert für den Luftauftrieb, ist mit der wahren Trockenmasse T des Kunsthonigs und seinem Brechungsvermögen n bei 40° durch die Gleichungen verknüpft:

$$T = \frac{d_4^{20} - 0{,}99823}{0{,}0007629},$$

$$d_4^{20} = 0{,}99823 + 0{,}0007629 \times T,$$

$$d_4^{20} = 0{,}63222 + 0{,}28837 \times n.$$

SCHOU und ABILDGAARD[3] untersuchten das ultraviolette Absorptionsspektrum von Kunsthonig und fanden, daß im Gegensatz zu Honig, dessen Absorptionskurve in einem Winkel von 45° ansteigt, die Kunsthonigkurve bei 2825 Å (= ANGSTRÖM-Einheiten) ein deutliches Maximum besitzt. Dieses Maximum ist bedingt durch Oxymethylfurfurol.

FIEHE und KORDATZKI[4] ermittelten in Kunsthonigen Säuregrade von 0,38—0,90. Die p_H-Werte derselben Honige lagen zwischen 3 und 4. Der Titrationsacidität stand also eine wesentlich höhere aktuelle Acidität gegenüber, was nur auf einen stärkeren Dissoziationsgrad der vorliegenden Säure zurückgeführt werden kann, der Mineralsäuren eigen ist. Bei Mischungen von Honig und Kunsthonig tritt nach FIEHE und KORDATZKI die Mineralsäure des letzteren mit den Salzen der organischen Säuren des ersteren in Reaktion, so daß die Mineralsäuren an Alkali gebunden, die organischen Säuren aber frei werden. Für die p_H-Werte der Mischungen kommen also in erster Linie nur organische Säuren in Frage. Die p_H-Werte ähneln somit denen der Honige. Je nach dem Gehalt des Honigs an solchen Salzen und dem Gehalt des Kunsthonigs an Mineralsäure erfolgt die Umsetzung in verschiedenen Graden. Die p_H-Werte von Mischungen von Honig und Kunsthonig können innerhalb wie außerhalb der Grenzen für die p_H-Werte des Honigs liegen.

LUND[5], WITTE[6] u. a. fanden in Kunsthonigen geringe Mengen von stickstoffhaltigen Körpern.

Kunsthonig ist verdorben, wenn er:

1. Durch Essigsäuregärung, Milchsäuregärung oder auf ähnliche Weise sauer geworden ist, so daß der Säuregrad die Grenze von 4° erheblich übersteigt.

2. Verschimmelt oder stark verunreinigt ist oder ekelerregend riecht oder schmeckt.

Geringe Mengen von Verunreinigungen genügen nicht, um Kunsthonig als verdorben vom Verkehr auszuschließen. „Ekelerregend“ ist z. B. starker Schimmelgeruch oder fauliger Geruch oder Geschmack. Der Geruch oder Geschmack eines Kunsthonigs, der ein Gemisch von Honig und Kunsthonig darstellt, ist nicht schon deshalb ohne weiteres ekelerregend, weil der Honig aus einer dem Verbraucher fremden Blütentracht gewonnen und das Gemisch deshalb von einer ihm fremden Beschaffenheit ist[7].

3. Aus verdorbenem Honig oder verdorbenem Kunsthonig zubereitet wurde, unbeschadet der Unterdrückung einer leichten Gärung durch Erhitzen.

Hierdurch soll insbesondere verhindert werden, daß verdorbener Honig oder verdorbener Kunsthonig mit gutem Kunsthonig oder guter Honig mit verdorbenem Kunsthonig verschnitten wird, wodurch sich die Verdorbenheit nicht beseitigen läßt. Durch eine leichte Gärung, zu deren Unterdrückung eine Erhitzung von kurzer Dauer genügt, wird die Beschaffenheit des Kunsthonigs nicht wesentlich beeinträchtigt[7].

---

[1] BORRIES: Arb. Reichsgesundh.-Amt 1920, **52**, 650; Z. 1921, **42**, 189.
[2] AUERBACH u. BORRIES: Z. 1922, **43**, 297; 1924, **47**, 177.
[3] SCHOU u. ABILDGAARD: Zit. S. 323; s. auch LAMPITT u. BILHAM: J. Soc. chem. Ind. 1936, **55**, 71.
[4] FIEHE: u. KORDATZKI: Z. 1928, **55**, 59.
[5] LUND: Zeitschr. Unters. Nahrungs- u. Genußm. 1909, **17**, 128.
[6] WITTE: Zeitschr. Unters. Nahrungs- u. Genußm. 1911, **21**, 318, 322, 327.
[7] Amtl. Begründung zur Kunsthonigverordnung.

4. In starke Gärung übergegangen ist.

Durch eine starke Gärung wird die Zusammensetzung des Kunsthonigs weitgehend verändert[1].

Verfälschung durch Wasserzusatz. Wasser kann dem Honig unmittelbar oder mittelbar zugesetzt werden. Mittelbar durch Handlungen, „durch die der Honig Wasser aufnimmt, indem er z. B. in nicht völlig getrockneten Gefäßen behandelt oder in besonders feuchten Räumen gelagert wird[2]."

Honige, die mehr als 22, Heidehonige, die über 25% Wasser enthalten, ohne daß ihnen Wasser unmittelbar oder mittelbar zugesetzt ist, sind als unreife Honige vom Verkehr ausgeschlossen.

Verfälschung durch Zusatz anderer Stoffe. Solche Stoffe sind: Invertzucker, Rüben- oder Rohrzucker, Melasse, Stärkesirup, Säure, Alkalien, Farbstoffe, Aromastoffe und andere. „Jeder Zusatz zum Honig, ob unmittelbar oder mittelbar auf dem Wege der Fütterung der Bienen, führt eine Verfälschung herbei und ergibt ein Kunstprodukt[2]." Derartige Erzeugnisse dürfen lediglich als Kunsthonig bezeichnet werden und müssen Oxymethylfurfurol enthalten.

D. Die Untersuchung von Honig und Kunsthonig.

1. Probeentnahme.

Wie nach den Ausführungen über das Entmischen des Honigs selbstverständlich ist, muß der Vorrat vor der Probeentnahme, unter Umständen nach gelindem Erwärmen, gründlich durchgemischt werden. Ist ein regelrechtes Durchmischen nur schwer durchzuführen, z. B. bei sehr festem Honig, Probeentnahme aus mehreren Behältnissen, so müssen an verschiedenen Stellen und aus verschiedenen Schichten möglichst zahlreiche kleinere Proben entnommen werden, die dann zu mischen sind. Bei der Probeentnahme aus mehreren, verschieden großen Behältnissen einer Sendung ist darauf zu achten, daß die den einzelnen Behältnissen entnommenen Proben ihrer Menge nach der Warenmenge in den betreffenden Behältnissen entsprechen. Von einer Durchmischung des gesamten Vorrats muß abgesehen werden, wenn bestimmte Fragen zu beantworten sind, z. B. ob die an den Gefäßwandungen befindlichen Honiganteile überhitzt worden sind, ob das Metall des Behältnisses die Beschaffenheit der Ware ungünstig beeinflußt hat, ob die untere Schicht infolge ungenügender Reinigung des Behältnisses oder die obere nachträglich von außen stark verunreinigt ist usw. Die zur Untersuchung gelangende Probemenge beträgt zweckmäßig nicht weniger als 250 g.

Farbe. Da die Bestimmung der Farbe keinen sehr großen Wert hat, erscheint ein einfaches Verfahren, wie es Zander[3] angegeben hat, ausreichend.

Zander benutzt zum Vergleich Honige. Von jedem Honig wird eine Probe in ein etwa 1 cm weites und 5 cm langes Röhrchen mit flachem Boden gebracht, durch Erhitzen im Wasserbad verflüssigt, geklärt und möglichst luftleer verschlossen. Durch Vergleiche im durchfallenden Licht wird eine Farbenreihe herausgesucht und auf einem Holzblock befestigt. Mit Hilfe dieser Farbenreihe läßt sich der Farbenwert neuer Proben leicht feststellen.

Geruch und Geschmack. Wichtiger als die Farbe sind Geruch und Geschmack, die oft genug die einzigen Hilfsmittel sind, um festzustellen, ob die Bezeichnung eines Honigs nach einer Blütenart zutrifft, ob Zuckerfütterungshonig vorliegt u. dgl. m.

Nach Fiehe[4] kann die Geruchsempfindung dadurch gesteigert werden, daß man Honig mit reinem Gips zu einem trockenen Pulver verreibt, dieses in einem Glase wiederholt umschüttelt und dann in das Glas hineinriecht.

2. Physikalische Untersuchung.

Spezifisches Gewicht. 10 g Honig oder Kunsthonig werden in 25 ccm destilliertem Wasser gelöst. Die Lösung wird quantitativ in ein Pyknometer von 50 ccm Inhalt gefüllt und ihre Dichte bei 15° oder 20° bestimmt. Auch eine andere Konzentration ist möglich.

---

[1] Amtl. Begründung zur Kunsthonigverordnung.
[2] Amtl. Begründung zur Honigverordnung.
[3] Zander: Bayerische Biene 1933, 55, Heft 11.
[4] Fiehe: Zeitschr. Unters. Nahrungs- u. Genußm. 1926, 52, 244.

Nach AUERBACH und BORRIES[1] sind dieDichte einer wässerigen Lösung von 20 g Kunsthonig in 100 ccm bei 20°, bezogen auf Wasser von 4° und korrigiert für den Luftauftrieb, und die wahre Trockenmasse T durch die Gleichung

$$d_4^{20} = 0{,}99823 + 0{,}0007629 \times T$$

verknüpft.

ARMBRUSTER[2] spindelt eine auf genau 15° eingestellte Lösung von 1 Gewichtsteil Honig und 2 Gewichtsteilen Wasser und liest das spez. Gewicht in einer graphischen Darstellung ab (Meßbereich der Senkwaage 1,105—1,125).

Das spez. Gewicht ist wertvoll zur Berechnung des Wassergehalts bzw. der Trockenmasse.

Oberflächenspannung. Die Messung erfolgt mit dem Stalagmometer (Bd. II, Teil 1, S. 63).

Viscosität. Die Bestimmung kann in einem der üblichen Apparate (Bd. II, Teil 1, S. 20f.) oder nach CHATAWAY[3] vorgenommen werden.

Gefrierpunkt. Bestimmung im BECKMANNschen Apparat (Bd. II, Teil 1, S. 114f.). Bestimmungen der Oberflächenspannung, der Viscosität und des Gefrierpunktes sind bisher nur vereinzelt ausgeführt worden, so daß Erfahrungen über die Brauchbarkeit dieser Verfahren fehlen.

Lichtbrechung. Das Lichtbrechungsvermögen wird am zweckmäßigsten im unverdünnten Honig oder Kunsthonig bestimmt und zwar, nachdem die Probe sehr vorsichtig bei 50° bis höchstens 55° geschmolzen ist, mehrmals bei 40° im ABBEschen Refraktometer (Bd. II, Teil 1, S. 278f.).

AUERBACH und BORRIES[4] stellten zwischen den Brechungszahlen n bei 40° und den Dichten d_4^{20} der wäßrigen Lösungen 20 g in 100 ccm folgende Beziehungen fest:

bei echten Honigen. . . . $d_4^{20} = 0{,}61517 + 0{,}29993 \times n$
bei Kunsthonigen . . . . $d_4^{20} = 0{,}63222 + 0{,}28837 \times n$.

Für die Bestimmung des Lichtbrechungsvermögens von Honig- oder Kunsthoniglösungen wird das Eintauchrefraktometer von ZEISS verwendet (Bd. II, Teil 1, S. 274). Aus dem Lichtbrechungsvermögen läßt sich der Wassergehalt bzw. die Trockenmasse berechnen.

Polarisation. 10 g Honig werden in einem 100-ccm-Meßkolben in 50 ccm Wasser gelöst. Die Lösung wird mit gefälltem, feucht aufbewahrtem Aluminiumhydroxyd geklärt, aufgefüllt und filtriert. Nach 24stündigem Stehen, nach Zugabe eines Tropfens Ammoniaklösung oder Aufkochen der Honiglösung sofort, wird die Drehung polarisierten Natriumlichtes durch diese Lösung bei 20° ermittelt (Bd. II, Teil 1, S. 377). In der gleichen Weise wird die invertierte Honiglösung gemessen. Die Drehung wird für das 200 mm-Rohr in Kreisgraden angegeben.

Luminescenz. Die Feststellung der Fluorescenz im ultravioletten Licht (Bd. II, Teil 1, S. 439f.) erfolgt nach ORBAN und STITZ[5] am besten in einer 1 mm, bei dunklen Honigen 0,2—0,5 mm dicken Schicht auf weißem Grunde.

Leitfähigkeit. Die Leitfähigkeit wird mit der WHEATSTONEschen Brücke gemessen (Bd. II, Teil 1, S. 237f.) und zwar nach STITZ und SZIGVÁRT[6] am besten in 20—25%igen Lösungen.

Nach ELSER, STITZ und SZIGVÁRT liefert die Leitfähigkeitsbestimmung zur Kennzeichnung der Honige, nach den letzteren auch zum Nachweis von Verfälschungen, wichtige Anhaltspunkte, doch fehlen ausreichende Erfahrungen.

3. Chemische Untersuchung.

Trockenmasse bzw. Wasser[7]. 10 ccm einer 20%igen Honiglösung, die zur Bestimmung des spez. Gewichts dienen kann, werden in einer Glasschale von etwa 6 cm Durchmesser und 3 cm Höhe mit eingeschliffenem Deckel, die mit

[1] AUERBACH u. BORRIES: Zit. S. 340.
[2] ARMBRUSTER: Imkerische Honigprüfung. Neumünster: Karl Wachholtz.
[3] CHATAWAY: Canad. Journ. Research 1932, **6**, 532; Zeitschr. analyt. Chem. 1933, **95**, 96.
[4] AUERBACH u. BORRIES: Zit. S. 322, 340. [5] ORBAN u. STITZ: Zit. S. 322.
[6] STITZ u. SZIGVÁRT: Zit. S. 323.
[7] FIEHE u. STEGMÜLLER: Arb. kaiserl. Gesundh.-Amt 1912, **40**, 305.

Tabelle 11. Berechnung der Trockenmasse von Bienenhonig aus der Dichte der wäßrigen Lösung 1:5 bei 20°.

Dichte (20 g in 100 ccm)	Trockenmasse %	Dichte (20 g in 100 ccm)	Trockenmasse %	Dichte (20 g in 100 ccm)	Trockenmasse %	Dichte (20 g in 100 ccm)	Trockenmasse %
1,0550	73,95	6	77,34	2	80,73	8	84,12
1	74,08	7	47	3	86	9	25
2	21	8	69	4	99	630	38
3	34	9	73	5	81,12	1	51
4	47	580	86	6	25	2	64
5	61	1	99	7	38	3	77
6	74	2	78,12	8	51	4	90
7	87	3	25	9	64	5	85,03
8	75,00	4	38	610	77	6	16
9	13	5	51	1	90	7	29
560	26	6	64	2	82,03	8	42
1	39	7	77	3	16	9	55
2	52	8	90	4	29	640	68
3	65	9	79,03	5	43	1	81
4	78	590	16	6	56	2	94
5	91	1	29	7	69	3	86,07
6	76,04	2	42	8	82	4	20
7	17	3	55	9	95	5	33
8	30	4	68	620	83,08	6	46
9	43	5	82	1	21	7	59
570	56	6	95	2	34	8	72
1	69	7	80,08	3	47	9	85
2	82	8	21	4	60	650	98
3	95	9	34	5	73		
4	77,08	1,0600	47	6	86		
5	21	1	60	7	99		

Quarzsand oder Bimssteinstückchen beschickt ist, auf dem Wasserbade eingedampft und dann 5 Stunden in einem Vakuumtrockenapparat bei 65—70° und 30 mm Druck, zweckmäßig unter gleichzeitigem Durchleiten von trockener Luft getrocknet.

Annähernd kann die Trockenmasse aus der Dichte einer 20%igen Honiglösung bei 15° aus der Zuckertabelle von WINDISCH errechnet, aus der Dichte einer 20%igen Honiglösung bei 20° aus den Tabellen von GROSSFELD[1] (Nr. 11, 12) abgelesen werden.

Hingewiesen sei auf die Arbeitsweise ARMBRUSTERS[2], der die Trockenmasse unmittelbar aus einer graphischen Darstellung abliest, ferner darauf, daß sowohl aus dem Lichtbrechungsvermögen[3] als auch aus der Viscosität[4] der Wassergehalt ermittelt werden kann.

Säuregrad. Die Lösung von 10 g Honig in 50 ccm Wasser wird mit $^1/_{10}$ N.-Kalilauge titriert, bis ein Tropfen der Lösung empfindliches Lackmuspapier nicht mehr rötet. Der Gehalt an freier Säure wird in Milligrammäquivalenten (= Kubikzentimeter Normallauge) für 100 g Honig angegeben.

Der vielfach vorgeschlagene Indicator Phenolphthalein ist ungeeignet.

Einzelne Säuren. Die Bestimmung einzelner organischer Säuren erfolgt am zweckmäßigsten nach Verfahren, die für andere zuckerhaltige Stoffe, insbesondere für Wein, Fruchtsäfte und Marmeladen ausgearbeitet wurden. Ameisensäure wird nach WOHAK[5] ermittelt.

---

[1] GROSSHELD: Anleitung zur Untersuchung der Lebensmittel, S. 356, 357. Berlin: Julius Springer 1927.

[2] ARMBRUSTER: Imkerische Honigprüfung.

[3] UTZ: Zeitschr. angew. Chem. 1908, **21**, 1319. — AUERBACH u. BORRIES: Zit. S. 342. — MÜLLER: Mitt. Lebensmittelunters. Hygiene 1925, **16**, 261; **Z.** 1926, **51**, 244. — STITZ: Magyar. Chim. Folyóirat **35**, 10; **Z.** 1934, **67**, 550. — MARVIN u. WILSON: Journ. econ. Entom. 1931, **24**, 603. — CHATAWAY: Zit. S. 342.

[4] CHATAWAY: Zit. S. 342.

[5] WOHAK: Zeitschr. Unters. Nahrungs- u. Genußm. 1921, **42**, 294.

Tabelle 12. Berechnung der Trockenmasse von Kunsthonig aus der Dichte der Lösung 1:5 bei 20°.

Dichte (20 g in 100 ccm)	Trockenmasse %	Dichte (20 g in 100 ccm)	Trockenmasse %	Dichte (20 g in 100 ccm)	Trockenmasse %	Dichte (20 g in 100 ccm)	Trockenmasse %
1,0525	71,14	3	76,12	1	81,10	9	86,07
6	27	4	25	2	23	640	21
7	40	5	38	3	36	1	34
8	53	6	51	4	49	2	47
9	66	7	64	5	62	3	60
530	80	8	77	6	75	4	73
1	93	9	90	7	88	5	86
2	72,06	570	77,04	8	82,01	6	99
3	19	1	17	9	14	7	87,12
4	32	2	30	610	28	8	25
5	45	3	42	1	41	9	38
6	58	4	56	2	54	650	52
7	71	5	69	3	67	1	65
8	84	6	82	4	80	2	78
9	97	7	95	5	93	3	91
540	73,11	8	78,08	6	83,06	4	88,04
1	24	9	21	7	19	5	18
2	37	580	35	8	32	6	31
3	50	1	48	9	45	7	44
4	63	2	61	620	59	8	57
5	76	3	74	1	72	9	70
6	89	4	87	2	85	660	83
7	74,02	5	79,00	3	98	1	96
8	15	6	13	4	84,11	2	89,09
9	28	7	26	5	24	3	22
550	41	8	39	6	37	4	35
1	55	9	52	7	50	5	49
2	68	590	66	8	63	6	62
3	81	1	79	9	76	7	75
4	94	2	92	630	90	8	88
5	75,07	3	80,05	1	85,03	9	90,01
6	20	4	18	2	16	670	14
7	33	5	31	3	29	1	27
8	46	6	44	4	42	2	40
9	59	7	57	5	55	3	53
560	73	8	70	6	68	4	66
1	86	9	83	7	81	5	80
2	99	600	97	8	94		

Wasserstoffionenkonzentration. Der p_H-Wert kann nach den bekannten elektrometrischen oder colorimetrischen Verfahren (vgl. Bd. II, Teil 1, S. 136f.) bestimmt werden.

Asche und Alkalität. 10 g Honig werden in einer Platinschale mit kleiner Flamme verkohlt. Die Kohle wird wiederholt mit kleinen Mengen heißem Wasser ausgezogen, der wässerige Auszug filtriert und das Filter mit der Kohle in der Schale mit möglichst kleiner Flamme verascht. Zu dem Rückstand gibt man das Filtrat, dampft zur Trockne, glüht schwach und wägt.

Zu der Asche wird überschüssige $^1/_{10}$ N.-Schwefelsäure gegeben, die Masse in ein Kölbchen gespült und etwa 10 Minuten schwach erhitzt. In der erkalteten Lösung wird die nicht verbrauchte Säure zurücktitriert (Methylorange oder Methylrot). Die zur Neutralisation gegen Methylorange oder Methylrot verbrauchten Milligrammäquivalente Säure (= Kubikzentimeter Normalsäure) ergeben die Alkalität der Asche. Weitere Verfahren zur Bestimmung der Alkalität siehe Bd. II, Teil 2, S. 1215f.

Einzelne Aschenbestandteile. Die Bestimmung der einzelnen Mineralstoffe erfolgt nach den üblichen analytischen Verfahren (s. Bd. II, Teil 2, S. 1223f.). Besonders hinzuweisen ist auf folgende Arbeitsweisen:

Für die Bestimmung der Alkalien empfiehlt NOTTBOHM[1], 100—150 g Honig in Anteilen von je 10 g nach Zusatz von je 1 ccm 10%iger Calciumnitratlösung zunächst möglichst weit einzudampfen und dann über kleiner Flamme zu veraschen. Die Asche wird mit heißem Wasser aufgenommen; im Filtrat werden nach Behandlung mit Baryt und Ammoncarbonat die Alkalien bestimmt.

Eisen und Mangan bestimmt NOTTBOHM auf folgende Weise: Die Asche von 50 g Honig wird dreimal mit Salzsäure abgeraucht und mit etwa 40 ccm $^1/_2$ N.-Salzsäure aufgenommen. Nach Erkalten wird die Lösung in einen Scheidetrichter gespült, mit 2 ccm 5%iger Cupferronlösung versetzt, durchgemischt, $^1/_4$ Stunde stehen gelassen und danach zweimal mit 25 ccm Chloroform ausgeschüttelt. Die gelb bis grünlich gefärbte Chloroformschicht läßt man in ein Quarzkölbchen ab, destilliert zur Trockne und verascht den Rückstand über freier Flamme. Das jetzt deutlich wahrnehmbare Eisenoxyd wird durch Erwärmen mit Salzsäure und etwas Salpetersäure gelöst und die Lösung zweimal mit Salzsäure abgeraucht. Das Eisen wird dann colorimetrisch bestimmt.

Die mit Chloroform ausgeschüttelte, schwach salzsaure Lösung wird eingedampft und verascht. Den Rückstand nimmt man mit etwas Salzsäure auf und erhitzt nach Zusatz von Natriumacetat und Bromwasser längere Zeit auf dem Wasserbade, bis die Flüssigkeit farblos ist. Das ausgeschiedene Mangansuperoxyd wird abfiltriert, mit heißem Wasser bis zum Verschwinden der Bromreaktion ausgewaschen, in wenig Salzsäure gelöst und nach Zusatz von Wasser, Jodkalium und Stärke mit $^1/_{100}$ N.-Natriumthiosulfatlösung titriert.

Chlorid wird nach ELSER[2] in folgender Weise ermittelt: Zu einer in einem 300 ccm-ERLENMEYER-Kolben befindlichen Lösung von 2—3 g Honig in 20 ccm heißem Wasser fügt man 10 ccm konzentrierte Salpetersäure, 5 ccm $^1/_{100}$ N.-Silbernitratlösung und 1 ccm Perhydrol. Dann wird zum Sieden erhitzt. Wird die Lösung nach 2 Minuten langem Kochen nicht farblos, so gibt man nochmals 1 ccm Perhydrol hinzu und fährt mit dem Zusatz so lange fort, bis man eine farblose oder schwach gelbe Lösung erhalten hat. Man verdünnt mit 100 ccm Wasser und titriert den Überschuß des Silbernitrats mit $^1/_{100}$ N.-Rhodanammonium nach Zusatz von 2 ccm einer kalt gesättigten Eisenalaunlösung zurück.

Zur Bestimmung des Schwefels versetzen NOTTBOHM und WEINHAUSEN[3] 20 g Honig in einem KJELDAHL-Kolben mit 0,2 g Magnesiumcarbonat und 50 ccm Salpetersäure 1,4. Wenn die erste lebhafte Reaktion vorüber ist, wird der Kolben auf einem Sandbade durch eine Spiritusflamme zunächst gelinde, dann stärker erhitzt, bis die Flüssigkeit auf nahezu 10 ccm abgeraucht ist. Man wiederholt den Zusatz von Salpetersäure in Mengen von etwa 25 ccm, bis auf erneutes Zufügen keine nitrosen Dämpfe mehr entweichen, was im allgemeinen nach Zugabe von 100—125 ccm eintritt. Nach dem Erkalten wird die Flüssigkeit in einer Porzellanschale eingedampft, die noch vorhandene Salpetersäure durch wiederholtes Abrauchen mit Salzsäure entfernt, der Rückstand mit heißem Wasser und wenig Salzsäure aufgenommen und im Filtrat die Schwefelsäure bestimmt.

Zu erwähnen ist endlich noch die Arbeitsweise ELSERS[4], der durch Behandeln mit Perhydrol und Schwefelsäure die organischen Bestandteile des Honigs zerstört und in der erhaltenen klaren und fast farblosen Lösung Kalium als Cobaltnitritdoppelverbindung fällt und durch Titration mit Kaliumpermanganat bestimmt, Calcium als Oxalat fällt und durch Titration mit Kaliumpermanganat bestimmt, Eisen als Rhodaneisen und Mangan nach Behandlung mit Kaliumpersulfat colorimetrisch und Phosphorsäure als Strychnin-Molybdän-Phosphorsäure-Verbindung nephelometrisch ermittelt.

Stickstoffverbindungen. In 5—10 g Honig wird der Gesamtstickstoffgehalt in üblicher Weise nach KJELDAHL ermittelt.

Zweckmäßig ist es, dem Vorschlage von ELSER zu folgen, der in einer wässerigen Honiglösung die organischen Stoffe durch Erhitzen mit Perhydrol und Schwefelsäure zerstört, bis auch nach längerem Erhitzen keine Braunfärbung mehr auftritt. Nach dem Erkalten wird wie üblich destilliert und auf Eiweiß berechnet.

Aminosäuren können nach LOTHROP und GERTLER[5] wie folgt bestimmt werden:

In einer mit 200 ccm 95%igem Alkohol versetzten Lösung von 25 g proteinfreiem Honig in 25 ccm Wasser werden die Aminosäuren und ähnlichen Verbindungen durch abwechselnden Zusatz von 1 ccm N-Natriumcarbonatlösung und 1 ccm N.-Mercuriacetatlösung (NEUBERGS Reagens) bis zur Gelb- oder Orangefärbung des Niederschlags ausgefällt.

[1] NOTTBOHM: Zit. S. 325. [2] ELSER: Arch. Bienenkunde 1924/25, **6**, 118; **Z.** 1928, **55**, 246.
[3] NOTTBOHM u. WEINHAUSEN: Zeitschr. Unters. Nahrungs- und Genußm. 1914, **27**, 581.
[4] ELSER: Zit. s. o.
[5] LOTHROP u. GERTLER: Ind. engin. Chem. analyt. Ed. 1933, **5**, 103; Zeitschr. analyt. Chem. 1935, **102**, 56.

Die Lösung soll schwach alkalisch reagieren (Bromthymolblaupapier). Der Niederschlag wird abzentrifugiert, mit 80%igem Alkohol gewaschen, in Wasser verteilt und in Gegenwart von Salzsäure unter Erwärmen durch Schwefelwasserstoff zersetzt. (Wiederholte Behandlung.) Man dampft die filtrierte Lösung und das Waschwasser im Vakuum auf 15 ccm ein, neutralisiert (Bromthymolblaupapier), füllt auf 25 ccm auf und bestimmt in 2 ccm (= 2 g Honig) den Aminosäurenstickstoff nach dem Ninhydrinverfahren unter Verwendung von Asparaginsäure als Standardlösung.

Kohlenhydrate. Hinsichtlich der Bestimmung dieser Stoffe ist es wohl kaum noch zweifelhaft, daß die bislang üblichen Verfahren, wie sie etwa in den „Festsetzungen“[1] niedergelegt sind, für eine wissenschaftliche Honiguntersuchung nicht mehr ausreichen. Ich kann diese Feststellung an dieser Stelle nicht eingehend begründen, sondern mich nur auf einige kurze Andeutungen beschränken. So wissen wir durch die Arbeiten Hilgers[2], daß das Honigdextrin Fehlingsche Lösung vor der Inversion in geringem, nach Inversion in stärkerem Maße reduziert, wodurch z. B. bei der Saccharosebestimmung mehr oder weniger große Fehler auftreten. Ähnliche Mängel haften auch der polarimetrischen Saccharosebestimmung an. Ferner ist aus der Arbeit von Nottbohm und Lucius[3] der große Einfluß der Melezitose bekannt. Mit diesem Zucker ist nicht nur in Honigtauhonigen, sondern auch in Blütenhonigen zu rechnen, besonders wenn sie aus Zeiten und Gegenden stammen, in denen Honigtau gebildet wird. Endlich ist noch darauf hinzuweisen, daß neben den bekannten Zuckerarten noch unbekannte im Honig vorkommen können. Hier sei daran erinnert, daß Parisi[4] eine Glucobiose fand, Elser[5] das Vorhandensein von Maltose annimmt. Die Bestimmung der einzelnen Kohlenhydrate ist folglich heute nur unvollkommen möglich. Eine einigermaßen sichere Beurteilung ist nach meinem Dafürhalten nur auf Grund der nachstehend angegebenen Verfahren möglich, wenn auch diese noch nicht alle Wünsche restlos erfüllen.

Invertzucker. In 50 ccm einer 0,4%igen Honiglösung wird der direkt reduzierende Zucker nach Meissl bestimmt und als Invertzucker berechnet.

Glucose. Nach Auerbach und Bodländer[6] wird die Probe Honig oder Kunsthonig in einem verschlossenen Gefäß bei einer 50° nicht übersteigenden Temperatur so lange erwärmt, bis eine klare Lösung oder wenigstens eine gleichmäßige Mischung vorliegt. Hiervon werden etwa 2 g genau abgewogen, in Wasser gelöst und auf 250 ccm gebracht. In je 25 ccm dieser Lösung (etwa 0,2 g Honig) werden der direkt reduzierende Zucker nach Meissl wie oben und die Glucose wie folgt bestimmt: Zu den 25 ccm wird so viel $^1/_{10}$ N.-Jod-Jodkaliumlösung gegeben, daß mindestens ein Drittel oder die Hälfte davon unverbraucht bleibt. Dann fügt man 100 ccm eines Gemisches aus gleichen Raumteilen 0,2 molarer Natriumcarbonat- und 0,2 molarer Natriumbicarbonatlösung hinzu und läßt $1^1/_2$ bis höchstens 2 Stunden im Dunkeln stehen. Nach dieser Zeit wird mit 12 ccm 25%iger Schwefelsäure angesäuert und das freie Jod mit $^1/_{10}$ N.-Natriumthiosulfatlösung unter ständigem Umschütteln zurücktitriert (Stärke als Indicator). Der Verbrauch an Natriumthiosulfat wird von demjenigen abgezogen, der am gleichen Tage im Blindversuch für die gleichen Mengen der Jodlösung, des Carbonatgemisches und der Schwefelsäure ermittelt wurde. Von der Differenz entspricht 1 ccm $^1/_{10}$ N.-Natriumthiosulfatlösung 9,005 mg Glucose.

Fructose. Der Mittelwert für Glucose aus mindestens zwei Parallelbestimmungen wird von dem Mittelwert für reduzierenden Zucker abgezogen; die Differenz wird als Fructose angesprochen.

Auf das von Marshall und Norman[7] angegebene Verfahren zur Bestimmung der Fructose und Glucose sei verwiesen.

Saccharose (Nottbohm und Lucius[8]). 10 g Honig werden in Wasser gelöst, neutralisiert und auf 500 ccm gebracht. In 50 ccm dieser Lösung wird der Zucker nach Allihn bestimmt. 50 ccm werden mit 30 mg Invertin versetzt, das wohl den Rohrzucker, nicht aber die Melezitose spaltet, und bei 47—50° unter öfterem

[1] Entwürfe zu Festsetzungen über Lebensmittel. Herausgeg. vom kaiserl. Gesundh.-Amt. Heft 1, Honig. Berlin: Julius Springer 1912.
[2] Hilger: Zit. S. 330. [3] Nottbohm u. Lucius: Zit. S. 328.
[4] Parisi: Zit. S. 328. [5] Elser: Zit. S. 328.
[6] Auerbach u. Bodländer: Zeitschr. Unters. Nahrungs- u. Genußm. 1924, 47, 234.
[7] Marshall u. Norman: Zit. S. 327. [8] Nottbohm u. Lucius: Zit. S. 328.

Umschütteln 1 Stunde invertiert. In dieser Lösung wird wieder der Zucker nach ALLIHN bestimmt. Der Unterschied zwischen beiden Bestimmungen, mit 0,95 multipliziert, ergibt den Saccharosegehalt.

Zur Vorprüfung bei der Lebensmittelkontrolle kann der Gehalt an Saccharose nach LEHMANN und STADLINGER[1] aus dem Drehungsunterschied vor und nach der Inversion nach der Formel $g = \Delta \,.\, 5{,}725$ für 10%ige Honiglösungen berechnet werden.

Melezitose, Saccharose. Empfehlenswert ist das nachstehende, von v. FELLENBERG[2] angegebene Verfahren, bei dem der direkt reduzierende Zucker durch Kochen mit Kupfersulfat und Natronlauge zerstört und die unverändert bleibenden Zucker Saccharose und Melezitose durch Inversion bestimmt werden. Durch Saccharase wird die Saccharose, durch Salzsäure werden Saccharose und Melezitose invertiert, die Differenz, mit 1,43 multipliziert, ergibt die Melezitose.

2 g Honig werden mit etwa 10 ccm siedendem Wasser übergossen und sofort unter Aufkochen gelöst, um die Enzyme zu zerstören. Die erkaltete Lösung wird in einen 200 ccm Meßkolben überführt, aufgefüllt, mit etwas Kieselgur geschüttelt und filtriert. In einem Teil dieser Lösung wird der direkt reduzierende Zucker bestimmt und als Invertzucker berechnet (p%).

50 ccm der Honiglösung werden zur Zerstörung des direkt reduzierenden Zuckers mit 1 ccm Glycerin ($s = 1{,}23$), $p \times 0{,}35$ ccm einer 10%igen Kupfersulfatlösung und $p \times 0{,}1$ ccm 5 N.-Natronlauge, ferner mit etwas grobkörnigem Bimssteinpulver versetzt und 15 Minuten lebhaft gekocht. Zu der abgekühlten Flüssigkeit setzt man unter kräftigem Umschwenken zuerst $p \times 0{,}09$ ccm 2 N.-Schwefelsäure, um den größten Teil der Lauge zu neutralisieren (saure Reaktion [gegen Azolithmin] vermeiden!), dann $p \times 0{,}02$ ccm Bleiessig zu, führt die Flüssigkeit in einem 100-ccm-Meßkolben über, füllt auf und filtriert durch ein Faltenfilter. Zu dem Filtrat, dessen Menge gemessen wird, fügt man Methylorange und neutralisiert mit 2 N.-Schwefelsäure auf Orange, d. h. auf den Farbton, den man erhält, wenn 100 ccm Wasser mit 0,5 ccm 10%iger Essigsäure angesäuert und mit Methylorange versetzt werden. Die verbrauchte Schwefelsäure wird gemessen. Beim Neutralisieren trübt sich meist die Flüssigkeit durch Ausscheiden von Bleisulfat. Man setzt etwas Kieselgur zu und filtriert.

Direkte Reduktion: 10 ccm des Filtrats werden in einem 50 ccm fassenden Reagensglas mit 10 ccm Wasser verdünnt und mit 5 ccm FEHLINGscher Lösung in Reaktion gebracht.

Reduktion nach Saccharaseinversion: Weitere 10 ccm des Filtrats versetzt man in einem 50-ccm-Reagensglas mit 3 Tropfen Saccharaselösung und erwärmt 30 Minuten bei 40°. Man verdünnt mit Wasser auf 20 ccm, setzt 5 ccm FEHLINGsche Lösung zu und behandelt wie unten angegeben.

Reduktion nach Salzsäureinversion. Weitere 10 ccm des Filtrats werden in einem 50-ccm-Reagensglas mit 2 ccm N.-Salzsäure und 7,6 ccm Wasser versetzt und in ein siedendes Wasserbad gestellt. Nach Wiederbeginn des Siedens erhitzt man 30 Minuten, kühlt ab, versetzt mit 5,4 ccm einer FEHLINGschen Lösung, welcher man auf je 5 ccm 0,4 ccm 5 N.-Natronlauge zugesetzt hat und verfährt wie folgt:

Erhitzen mit FEHLING-Lösung. Die mit FEHLINGscher Lösung versetzte Zuckerlösung wird in ein siedendes Wasserbad gestellt und vom Wiederbeginn des Siedens an 5 Minuten erhitzt. Die abgekühlte Flüssigkeit wird in einer GERBER-Zentrifuge (1200 Umdrehungen je Minute) 5 Minuten zentrifugiert. Die Flüssigkeit wird abgegossen und das zurückbleibende Cuprooxyd in 1 ccm Kochsalz-Salzsäurelösung (800 ccm gesättigte Kochsalzlösung, 70 ccm konz. Salzsäure auf 1 Liter aufgefüllt) gelöst, sogleich mit 2 ccm Bicarbonat-Seignettesalzlösung (80 g Bicarbonat, 50 g Seignettesalz zu 1 Liter gelöst) versetzt und mit $^{1}/_{50}$ N.-Jodlösung titriert. Bei sehr hohen Zuckergehalten entsteht bei Zusatz der Bicarbonat-Seignettesalzlösung eine Trübung, die durch weiteren Zusatz von 1—1,5 ccm Kochsalz-Salzsäurelösung und der doppelten Menge Bicarbonat-Seignettesalzlösung gelöst wird.

Bei der Jodtitration gibt man zunächst soviel Jodlösung zu, daß die Flüssigkeit ausgesprochen grün wird. Bei höheren Gehalten entsteht bei Beginn des Zusatzes eine weißliche, bei weiterem Zusatz lösliche Fällung von Cuprojodid. Die grüne Färbung soll der einer FEHLINGschen Kupferlösung entsprechen, welcher auf 20 ccm 0,5 ccm $^{1}/_{50}$ N.-Jodlösung zugesetzt wurden. Man fügt nun einen Tropfen Stärkelösung zu und nimmt die entstehende Dunkelblaufärbung durch einen geringen Überschuß von Natriumthiosulfatlösung wieder weg. Nun titriert man mit der Jodlösung wieder auf Dunkelblau, und zwar

[1] LEHMANN u. STADLINGER: Zeitschr. Unters. Nahrungs- u. Genußm. 1916, **31**, 160.
[2] v. FELLENBERG: Mitt. Lebensmittelunters. Hygiene 1937, **27**, 139.

ist nach dem ersten Schimmer von Dunkelblau in der Regel noch 0,01 ccm Jodlösung zuzufügen, damit die Farbe einige Zeit bestehen bleibt.

Durch einen Blindversuch, der von Zeit zu Zeit wiederholt werden muß, ist die Selbstreduktion der FEHLINGschen Lösung festzustellen. Außer dem Blindversuch mit Wasser allein wird ein solcher mit Zusatz von 3 Tropfen Saccharaselösung vorgenommen, um festzustellen, ob und wieviel FEHLINGsche Lösung das Enzym selbst verbraucht.

Berechnung: Man zieht zunächst vom Jodverbrauch vor der Inversion und nach Salzsäureinversion den Wert des Blindversuchs ab, vom Jodverbrauch nach der Saccharaseinversion den mit Saccharasezusatz erhaltenen Blindwert. Aus der Differenz wird nach Tabelle 13 der Zuckergehalt als Milligramm Saccharose berechnet.

Tabelle 13.

$^1/_{50}$ N.-J ccm	Saccharose mg	$^1/_{50}$ N.-J ccm	Saccharose mg	$^1/_{50}$ N.-J ccm	Saccharose mg	$^1/_{50}$ N.-J ccm	Saccharose mg
0,1	0,12	1,4	1,07	3,6	2,49	24,0	16,67
0,2	0,23	1,6	1,18	3,8	2,63	24,5	17,07
0,3	0,32	1,8	1,30	4,0	2,76	25,0	17,50
0,4	0,40	2,0	1,41	4,2	2,89	25,5	17,89
0,5	0,48	2,2	1,55	4,4	3,03	26,0	18,31
0,6	0,55	2,4	1,68	21,0	14,50	26,5	18,76
0,7	0,62	2,6	1,82	21,5	14,83	27,0	19,25
0,8	0,69	2,8	1,95	22,0	15,20	27,5	19,74
0,9	0,76	3,0	2,08	22,5	15,55	28,0	20,25
1,0	0,82	3,2	2,22	23,0	15,92		
1,2	0,95	3,4	2,36	23,5	16,29		

Liegt der Jodverbrauch zwischen 4,4 und 21 ccm, so wird der Saccharosegehalt daraus durch Multiplikation mit 0,69 berechnet.

Es sei a = Zucker bei der direkten Reduktion,
b = Zucker nach der Salzsäureinversion,
c = Zucker nach der Saccharaseinversion.

Es ist dann: Saccharose $= b - a$,

Melezitose $= 1{,}43\,(c - b)$.

Die verwendeten 10 ccm Filtrat entsprechen etwas weniger als 0,05 g Honig, da das erste Filtrat bei der Neutralisation mit Schwefelsäure etwas verdünnt worden ist. Die Werte müssen daher mit $\frac{F+s}{F}$ multipliziert werden, wobei F = Anzahl Kubikzentimeter des 1. Filtrates, s = Kubikzentimeter zugesetzte Schwefelsäure bedeuten. Durch Verdoppelung des Wertes erhalten wir dann die beiden Zuckerarten in Prozenten.

Die Saccharase wird wie folgt geprüft: 100 mg Saccharose werden in 200 ccm Wasser gelöst und mit 10 Tropfen des Präparates versetzt. Man läßt bei gewöhnlicher Temperatur stehen und bestimmt von Zeit zu Zeit die Reduktion. Nach höchstens 30 Minuten muß der volle Wert erreicht sein; sonst müßte die vorgeschriebene Menge entsprechend vermehrt werden.

Dextrin. Nach FIEHE und KORDATZKI[1] werden 10 g Honig in 20 ccm Methylalkohol in der Wärme gelöst und die ausgeschiedenen Stoffe nach 24stündigem Stehen abfiltriert. Die Honigdextrine bleiben gelöst. Das neutralisierte Filtrat wird mit 200 ccm 96%igem Alkohol versetzt und unter ständigem Umschütteln mit 80 ccm Äther gefällt. Die an den Gefäßwandungen anhaftenden Dextrinniederschläge werden nach Abgießen der darüber stehenden Flüssigkeit und Nachwaschen mit Alkohol-Äther in wenig Wasser gelöst. Die Lösung wird mit Methylalkohol verdünnt und wiederum mit Alkohol-Äther (2 ccm Wasser, 20 ccm Methylalkohol, 100 ccm Äthylalkohol, 80 ccm Äther) gefällt. Der lose, flockige Niederschlag wird abgesaugt, mit Alkohol-Äther nachgewaschen, zunächst im Vakuumexsikkator und dann bis zur Gewichtskonstanz in einer Trockenröhre bei erhöhter Temperatur unter Durchleiten von getrockneter Luft getrocknet und gewogen.

Eine andere Arbeitsweise wird von v. FELLENBERG[2] angegeben.

---

[1] FIEHE u. KORDATZKI: Z. 1928, 55, 602.

[2] v. FELLENBERG: Mitt. Lebensmittelunters. Hygiene 1933, 24, 367.

Fermente. Invertase (nach ELSER[1]). Drei kleine Reagensgläser werden mit je 2 ccm einer 2,5%igen Rohrzuckerlösung beschickt und zu jedem 0,1 ccm einer 10%igen Honiglösung gegeben. In einer dieser Lösungen wird sofort der Invertzucker nach v. FELLENBERG[2] bestimmt. Die zwei übrigen Röhrchen, von denen eines als Reserve dient, werden 5 Stunden bei 37° gehalten. Nach dieser Zeit wird wieder der direkt reduzierende Zucker bestimmt. Aus dem Unterschied der ersten und letzten Zuckerbestimmung ergeben sich die Milligramm Rohrzucker, die in 5 Stunden invertiert worden sind.

Diastatische Fermente. Qualitativ prüft man wie folgt[3]: 5 ccm einer frisch bereiteten 20%igen Honiglösung werden mit 1 ccm einer 1%igen Lösung von löslicher Stärke versetzt und 1 Stunde bei 40° erwärmt. Sodann werden einige Tropfen einer Jod-Jodkaliumlösung (1 g Jod + 2 g Jodkalium in 300 ccm Wasser) hinzugefügt. Sind diastatische Fermente abwesend, zerstört oder geschwächt, so ist noch unveränderte Stärke vorhanden, die durch Jod gebläut wird. Bei ungeschwächten diastatischen Fermenten tritt eine gelbe bis gelbgrüne oder hellbraune Färbung auf. Nur die sofort nach Zugabe der Jodlösung auftretenden Färbungen sind als kennzeichnend anzusehen.

Der Wirkungswert der Honigdiastase kann festgestellt werden nach den Verfahren von GOTHE in der Ausführung von FIEHE und KORDATZKI[4], KOCH[5], ARMBRUSTER[6] und vor allem nach dem nachstehenden von TÄUFEL, DE MINGO und THALER[7].

Diese definieren als Diastasewert eines Honigs die Milligramm Glucose, die bei bestimmten Versuchsbedingungen unter der Einwirkung der in 1 g Honig enthaltenen Diastasemenge aus einer festgelegten überschüssigen Stärkemenge gebildet werden.

In einer 20%igen Honiglösung wird jodometrisch die Glucose nach KOLTHOFF ermittelt: 1 ccm der Honigstammlösung wird im SENDTNER-Kolben mit 10 ccm Wasser verdünnt und mit 25 ccm $^1/_{10}$ N.-Jodlösung sowie anschließend mit 30 ccm $^1/_{10}$ N.-Natronlauge versetzt. Man läßt das Ganze gut verschlossen 15 Minuten stehen und gibt dann 30 ccm 20%ige Schwefelsäure hinzu. Das in Freiheit gesetzte Jod wird mit $^1/_{10}$ N.-Natriumthiosulfatlösung titriert. Der Verbrauch an $^1/_{10}$ N.-Jodlösung in Kubikzentimeter, multipliziert mit 9,00, liefert die Menge Glucose in Milligramm, die in 1 ccm der 20%igen Honiglösung enthalten ist. Man rechnet auf 1 g Honig um und drückt in Milligramm Glucose aus[8].

Nun wird in einem zweiten Versuch die diastatische Wirkung des Honigs bestimmt. Man nimmt wieder 1 ccm der 20%igen Lösung und setzt einen Überschuß einer 1%igen wässerigen Lösung von Stärke zu. Im allgemeinen reichen hierfür 13 ccm aus. Bei diastasereichen Honigen aber muß gegebenenfalls etwas mehr genommen werden; das dadurch geänderte Gesamtvolumen ist entsprechend zu berücksichtigen. Die Stärke ist, damit richtige Werte für die Diastasewirkung erhalten werden, im Überschuß anzuwenden.

Die Reaktionsmischung wird im Wasserbade auf 40° erwärmt und 1 Stunde lang bei dieser Temperatur erhalten. Dann kühlt man ab, pipettiert 5 ccm in einen SENDTNER-Kolben und ermittelt den Glucosegehalt in der vorangehend beschriebenen Weise. Der auf 1 g Honig bezogene Glucosewert, vermindert

---

[1] ELSER: Zit. S. 345.

[2] v. FELLENBERG: Mitt. Lebensmittelunters. Hygiene 1920, **11**, 121; siehe auch ELSER.

[3] Festsetzungen: Zit. S. 346. [4] FIEHE u. KORDATZKI: **Z.** 1928, **55**, 162.

[5] ZANDER u. KOCH: Der Honig. Stuttgart: Eugen Ulmer 1927. Vgl. auch WEISHAAR: **Z.** 1933, **65**, 369.

[6] ARMBRUSTER: Zit. S. 342. [7] TÄUFEL, DE MINGO u. THALER: **Z.** 1936, **71**, 190.

[8] Bei dieser Arbeitsweise werden auch die im Honig in geringer Menge anwesenden sonstigen jodometrisch wirksamen Stoffe mit erfaßt. Dies ist aber auf den „Diastasewert“ ohne Einfluß.

um den Glucosewert des Honigs allein, stellt jene Menge Glucose in Milligramm dar, die durch den diastatischen Abbau aus Stärke gebildet worden ist.

Die 1%ige wässerige Lösung der Stärke ist wenig haltbar und muß regelmäßig frisch hergestellt werden. Man überzeugt sich durch einen besonderen Versuch davon, daß sie jodometrisch keine Reduktion zeigt. Die lösliche Stärke nach ZULKOWSKY erwies sich immer als einwandfrei.

Eine gesonderte Bestimmung der Dextrinamylase und der Saccharogenamylase geben LAMPITT, HUGHES und ROOKE[1] an.

Katalasen. Man verfährt nach eigenen Erfahrungen unter Benutzung der von AUZINGER[2] gegebenen Vorschrift am zweckmäßigsten wie folgt:

Eine wässerige Lösung von 25 g Honig wird mit $^1/_4$ N.-Natronlauge neutralisiert, in einen 50 ccm-Meßkolben überführt und bis zur Marke aufgefüllt. 15 ccm dieser Honiglösung werden mit 5 ccm einer frisch bereiteten 1%igen Wasserstoffsuperoxydlösung, welche die gleiche Temperatur wie die Honiglösung hat, gemischt. Die Mischung wird möglichst schnell in ein EINHORNsches Gärröhrchen oder besser in einen Katalaser nach HACKMANN überführt und 2 Stunden bei Zimmertemperatur, geschützt von stärkeren Temperaturschwankungen (Sonne, Heizung) stehen gelassen. Nach dieser Zeit liest man die gebildete Sauerstoffmenge ab.

Phosphatase. GIRI[3] fügt 5 ccm einer wässerigen Honiglösung (1 + 1) zu einem Gemisch aus 10 ccm $^1/_5$ N.-Essigsäure-Acetat-Puffer (p_H 5,2) und 5 ccm einer 2%igen Lösung von Natriumglycerophosphat und füllt auf 25 ccm auf. Nach 24stündigem Stehen bei 35° gibt er 10 ccm der Flüssigkeit zu 10 ccm 10%iger Trichloressigsäure, filtriert und bestimmt den anorganischen Phosphor. Als Maß für die Phosphatasewirkung nimmt GIRI die Milligramme Phosphor, die durch 5 ccm Honiglösung aus dem Gesamtvolumen des Reaktionsgemisches (25 ccm) gebildet wurden. Ein Zusatz von Magnesium begünstigt die Fermentwirkung.

Nachweis von künstlichem Invertzucker bzw. Kunsthonig und Unterscheidung von Honig und Kunsthonig. Eine Anzahl von Verfahren beruht auf dem Nachweis des β-Oxy-δ-methylfurfurols 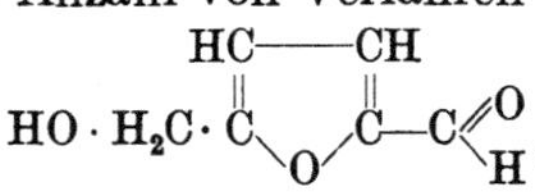, das durch Zerstörung der Honigfructose durch Erhitzen, vor allem aber durch Zusatz von künstlichem Invertzucker in den Honig gelangen kann. Die wichtigste Reaktion ist die von FIEHE[4] mit Resorcin-Salzsäure:

5 g Honig werden mit Äther pro narcosi verrieben; der ätherische Auszug wird in ein Porzellanschälchen abgegossen. Nach dem Verdunsten des Äthers bei gewöhnlicher Temperatur wird der Rückstand mit einigen Tropfen einer frisch bereiteten oder dunkel aufbewahrten Lösung von 1 g Resorcin in 100 g Salzsäure 1,19 befeuchtet. Eine auftretende starke, mindestens eine Stunde beständige, kirschrote Färbung läßt auf die Gegenwart von künstlichem Invertzucker schließen, während schwache, rasch verschwindende Orange- bis Rosafärbungen von einer Erhitzung des Honigs herrühren können.

Es ist zweckmäßig, für jede Probe die gleiche Menge Äther anzuwenden. Man verfährt am besten so, daß man den Honig mit 2—3 ccm Äther verreibt, diesen abgießt und dieses Verfahren zweimal wiederholt.

Der Wert dieser Prüfung wurde von manchen Seiten hauptsächlich deswegen bestritten, weil man beobachtete, daß auch erhitzte Honige rote Farbtöne liefern. Diese Farbtöne können aber mit den durch künstlichen Invertzucker hervorgerufenen in den meisten Fällen nicht verwechselt werden, sondern nur dann, wenn der Honig sehr stark oder sehr lange erhitzt worden ist. Solche Honige sind aber an ihrem karamelartigen Geschmack zu erkennen und mahnen schon von sich aus zur Vorsicht. Von Interesse ist ferner, daß sich in einwandfreien Honigen bei mehrjähriger Lagerung Oxymethylfurfurol bilden kann.

---

[1] LAMPITT, HUGHES u. ROOKE: Analyst **54**, 381; **55**, 666; C. 1929, II, 1985; 1931, I, 375.
[2] AUZINGER: Zeitschr. Unters. Nahrungs- u. Genußm. 1910, **19**, 65, 353.
[3] GIRI: Zit. S. 315.
[4] FIEHE: Zeitschr. Unters. Nahrungs- u. Genußm. 1908, **15**, 492.

Weiterhin kann Oxymethylfurfurol mit Phloroglucin-Salzsäure nach FIEHE und KORDATZKI[1] in folgender Weise nachgewiesen werden:

5 g Honig werden zweimal mit je 10 ccm Äther (pro narcosi) gründlich verrieben. Den abgegossenen Äther läßt man unter gelindem Erwärmen abdunsten; der Rückstand wird in 0,5 ccm Wasser gelöst und die Lösung in ein kleines Reagensglas überführt. Nach Zugabe des gleichen Volumens 32%iger Salzsäure wird das doppelte Volumen an Fällungsreagens (6,25 g diresorcinfreies Phloroglucin in 1000 ccm 16%iger Salzsäure gelöst) zugefügt. Ist Oxymethylfurfurol zugegen, so tritt sofort eine rötliche Verfärbung, Trübung und eine rotbraune Fällung auf.

Zur quantitativen Bestimmung des Oxymethylfurfurols eignet sich das Verfahren von WEISS[2].

Bei diesem Verfahren wird der zu untersuchende Kunsthonig, Honig oder ein Gemisch aus Honig und Kunsthonig mit Essigäther ausgezogen, der Rückstand dieses Auszuges mit Wasser behandelt und das Oxymethylfurfurol aus der wässerigen Lösung mit p-Nitrobenzhydrazid als Hydrazon gefällt.

Das Reagens — p-Nitrobenzhydrazid — wird nach den Angaben von CURTIUS und TRACHMANN[3] dargestellt, indem man äquimolekulare Mengen p-Nitrobenzoesäureester und Hydrazinhydrat — auf 1 Teil Hydrazinhydrat etwa 3,3 Tle. des Esters — am Rückflußkühler 2—3 Stunden auf dem Wasserbade erhitzt. Den erhaltenen Körper krystallisiert man 1—2mal aus Wasser um. Zur Reaktion wird eine gesättigte Lösung des p-Nitrobenzhydrazids in 30%iger Essigsäure verwendet.

10 (bzw. 50 oder 100) g der Probe werden sorgfältig dreimal mit je 5 (bzw. 20 oder 40) ccm Essigäther durchgeknetet. Die Essigätherauszüge werden in einer Glasschale gesammelt und auf einem siedenden und mit etwa 1 cm starken Tonplatten bedeckten Wasserbade erwärmt, bis der Essigäther fast restlos entfernt ist. Die letzten Reste des Essigäthers werden mit Hilfe eines Handgebläses beseitigt. Nun verrührt man den Rückstand sofort mit 0,5 ccm Wasser auf das sorgfältigste, indem darauf geachtet wird, daß alle Teile der Innenfläche der Schale mit dem Wasser in Berührung kommen. Die wässerige Lösung wird dann durch ein möglichst kleines Filter (0,5—1 cm) in ein kleines Reagensglas oder Kölbchen filtriert. Alsdann wiederholt man die Behandlung mit der gleichen Menge Wasser. Schließlich fügt man unter Umschwenken etwa 5 ccm Reagenslösung zu dem wäßrigen Auszug; mit Anteilen dieser Lösung werden Glasschale und Filter nachgewaschen. Bei Gegenwart von Oxymethylfurfurol scheiden sich sofort oder nach wenigen Minuten zitronengelbe Kryställchen aus. Nach einigen Stunden gibt man die über der Fällung stehende Flüssigkeit in einen bei 105° getrockneten und gewogenen Filtertiegel, saugt kräftig und bringt mit Hilfe von Wasser den Niederschlag quantitativ in den Filtertiegel, wäscht reichlich mit Wasser nach, trocknet 2—3 Stunden bei 105° und errechnet durch Multiplikation mit 0,435 aus dem gewogenen Hydrazon die gefundene Menge Oxymethylfurfurol.

Zum Nachweis des Oxymethylfurfurols kann man in entsprechender Weise verfahren. Hierbei ist zu berücksichtigen, daß noch 1 mg Oxymethylfurfurol eine deutlich wahrnehmbare Menge Hydrazonkrystalle liefert. Wahrscheinlich lassen sich noch geringere Mengen auf diese Weise erkennen.

Werden größere Mengen Honig bzw. Kunsthonig, als oben angegeben, verarbeitet, so sind entsprechend größere Mengen Essigäther und Reagenslösung zu verwenden. Dagegen empfiehlt es sich, den Extrakt mit möglichst wenig Wasser auszuziehen. Bei Verarbeitung von 100 g Kunsthonig sind etwa 10 ccm Wasser nötig, um das Oxymethylfurfurol vollständig in Lösung zu bringen.

Eine andere Arbeitsweise haben FIEHE und KORDATZKI[4] angegeben. Sie bestimmen das Oxymethylfurfurol sowohl jodometrisch als auch gewichtsanalytisch durch Fällung mit Phloroglucin.

Diese Verbindung der beiden Verfahren kann Anhaltspunkte ergeben, ob in einer Probe Honig enthalten ist oder nicht. Bei reinen Kunsthonigen erhielten nämlich FIEHE und KORDATZKI aus der Jodtitration und der Phloroglucinfällung annähernd übereinstimmende Werte. Bei Gemischen aus Kunsthonig und Honig wurde aber bei der Jodtitration erheblich mehr scheinbares Oxymethylfurfurol gefunden, weil mit Jod auch noch andere Stoffe des

[1] FIEHE u. KORDATZKI: Z. 1929, **57**, 468; **58**, 69. [2] WEISS: Z. 1929, **58**, 320.
[3] CURTIUS u. TRACHMANN: Journ. prakt. Chem. 1895, **51**, 165.
[4] FIEHE u. KORDATZKI: Zit. s. o.

Honigs mittitriert werden. Der Unterschied zwischen beiden Bestimmungen kommt auf echten Honig. Erzeugnisse, die bei der Jodtitration und der Phloroglucinfällung annähernd gleiche Oxymethylfurfurolmengen aufweisen, enthalten hiernach keinen Honig.

Auf die Anwesenheit des von WOHL (1890) entdeckten Lävulosins stützt sich das Verfahren von KRUISHEER[1]:

10 g Honig werden mit 75 ccm Wasser aufgekocht, nach dem Abkühlen mit einer Aufschwemmung von 5 g frischer Preßhefe in 10 ccm sterilem Wasser versetzt und 48 Stunden bei 22—30° vergoren. Eine vollständige Vergärung ist nicht nötig. Die Flüssigkeit wird dann aufgekocht, auf 100 ccm gebracht und filtriert. Vom Filtrat wird ein Teil (75 oder 85 ccm) neutralisiert (Neutralrot), auf dem Wasserbade auf die Hälfte eingedampft und auf 110 ccm aufgefüllt. Von dieser nötigenfalls filtrierten Lösung versetzt man in Meßkölbchen je 50 ccm mit 5 ccm 30%iger Salzsäure und invertiert die eine Lösung 10 Minuten, die andere 3 Stunden bei 68—70°. Nach diesen Zeiten wird in beiden Lösungen die Fructose nach dem Hypojodidverfahren bestimmt. Die Differenz beider Fructosewerte ergibt den Lävulosingehalt, der bei drei Honigen 0,02—0,14%, bei drei Kunsthonigen 2,08—3,16% und bei Stärkezucker bis 0,20% betrug.

Neben dem Nachweis bzw. der Bestimmung des Oxymethylfurfurols sind noch einige andere Verfahren von Bedeutung.

Zunächst ist die Feststellung von AUERBACH und BODLÄNDER[2] zu erwähnen, daß Honig immer mehr Fructose als Glucose enthält, also das Verhältnis Fructose: Glucose größer als 1, bei Kunsthonig aber umgekehrt ist. Diese Feststellung wird von vielen Seiten bestätigt, von manchen aber bestritten. Das Untersuchungsergebnis wird auch durch eine Entmischung des Honigs beeinflußt. Es ist daher angebracht, bei unwesentlichen Unterschreitungen der Verhältniszahl 1 Vorsicht walten zu lassen.

Weitere Verfahren gründen sich auf die Stickstoffverbindungen.

So mißt LUND[3] die Menge der durch Phosphorwolframsäure ausgefällten Eiweißstoffe. Zur Messung des Niederschlages dienen Röhren von 35 cm Länge, 16 mm Weite im oberen und 8 mm Weite im unteren Teil. Der Übergang vom oberen zum unteren Teil soll sich auf etwa 4 cm Länge verteilen. Der untere Teil, der etwa 4 ccm faßt, ist in $^1/_{10}$ ccm eingeteilt, der obere trägt Marken bei 20, 25 und 40 ccm. In eine solche Röhre werden 10 ccm einer 20%igen filtrierten Honiglösung, 25 ccm Wasser und unter vorsichtigem Umschwenken 5 ccm Phosphorwolframsäurereagens (2 g Phosphorwolframsäure, 20 ccm Schwefelsäure 1+4, 80 ccm Wasser) gegeben. Nach 24stündigem Stehen wird das Niederschlagsvolumen abgelesen. Falls sich der Niederschlag nicht im unteren Teil der Röhre sammelt, wird durch Drehen der Röhre um ihre Längsachse nachgeholfen. Reine Honige liefern nach LUND bei dieser Arbeitsweise 0,6—2,7, Kunsthonige 0—0,3 ccm Niederschlag. Das Verfahren kann aber lediglich als Vorprüfung dienen.

Größere Bedeutung als das LUNDsche Verfahren hat die Formoltitration nach TILLMANS und KIESGEN[4].

40 g Honig werden mit etwa 100 ccm Wasser verdünnt. Man setzt 0,2 ccm einer 2%igen Phenolphthaleinlösung hinzu und titriert mit $^1/_{10}$ N.-Natronlauge auf Rosa. Darauf wird mit destilliertem Wasser auf 200 ccm aufgefüllt. Diese Lösung teilt man in zwei Teile zu je 100 ccm. Die Lösungen werden in Glaszylinder aus farblosem Glas gebracht, wie sie zum Beispiel bei dem Colorimeter nach GRÜNHUT verwandt werden. Für das nun folgende Vergleichen ist ein etwas größeres GRÜNHUT-Colorimeterkästchen zu empfehlen. Man gibt in den Zylinder, der die ersten 100 ccm enthält, 10 ccm neutralisierte Formollösung, in den Zylinder, der die zweiten 100 ccm der neutralisierten Honiglösung enthält, 10 ccm ausgekochtes destilliertes Wasser. Bei Naturhonig verschwindet auf Formolzusatz die Farbe sofort. Man gibt so lange $^1/_{10}$ N.-Natronlauge in die Flüssigkeit, bis die Färbungen wieder gleich sind. Bei Kunsthonig bleiben die Färbungen auf Formolzusatz dieselben; bzw. es werden nur ganz geringe

---

[1] KRUISHEER: Rec. Trav. chim. Pays. Bas 1930, **49**, 841; Z. 1936, **71**, 475; 1932, **63**, 413.

[2] AUERBACH u. BODLÄNDER: Zit. S. 327.

[3] LUND: Zeitschr. Unters. Nahrungs- u. Genußm. 1909, **17**, 128; 1911, **21**, 300; Mitt. Lebensmittelunters. Hygiene 1910, **1**, 38.

[4] TILLMANS u. KIESGEN: Zeitschr. Unters. Nahrungs- u. Genußm. 1927, **53**, 133.

Mengen $^1/_{10}$ N.-Natronlauge (1—2 Tropfen) gebraucht, um die Färbungen wieder gleich zu machen.

Echte Bienenhonige verbrauchen 0,3—5,0 ccm $^1/_{10}$ N.-Natronlauge; die häufigsten Werte liegen zwischen 1 und 2 ccm.

Eine weitere Unterscheidungsmöglichkeit ist durch das verschiedene Reduktionsvermögen von Honig und Kunsthonig gegeben, worauf zuerst TILLMANS und HOLLATZ[1] hingewiesen haben. Sie arbeiten wie folgt:

10 g Honig werden zu 100 ccm gelöst. Je 10 ccm (1 g Honig) werden mit 20 ccm $^1/_{100}$ N.-Chloraminlösung und 3 ccm N.-Essigsäure versetzt. Nach 10 Minuten werden Jodkalium und verdünnte Schwefelsäure hinzugefügt, und es wird mit $^1/_{100}$ N.-Natriumthiosulfatlösung (Stärke als Indicator) zurücktitriert.

Bei dieser Arbeitsweise verbrauchten Kunsthonige je Gramm etwa 1 ccm $^1/_{100}$ N.-Chloraminlösung, echte Honige je Gramm 3,0—4,9 ccm. Die Werte waren nach dem Kochen unverändert.

Wenn bei der Herstellung von Kunsthonig Schwefelsäure zur Inversion benutzt wurde, kann nach einer Mitteilung von BÜTTNER[2] der Nachweis von Kunsthonig durch Bestimmung des Sulfats erbracht werden. Honig ist frei von Sulfaten oder enthält höchstens geringe, durch Verunreinigungen bedingte Mengen bis zu etwa 13 mg-% (berechnet als Schwefelsäure), während der Sulfatgehalt der wie angegeben hergestellten Kunsthonige wesentlich höher ist. Nach einer weiteren Angabe BÜTTNERs ist zu beachten, daß ausnahmsweise Honigtauhonige mit außergewöhnlich hohem Sulfatgehalt vorkommen können und zwar in Industriegebieten, in denen die Pflanzen längere Zeit schwefelhaltigen Rauchgasen ausgesetzt sind.

Das Sulfat wird nach der von BÜTTNER benutzten, von GROSSFELD angegebenen Arbeitsweise bestimmt: Eine Lösung von 50 g Honig in etwa 200 ccm Wasser wird mit 1 ccm Ferrocyankaliumlösung (150 g/Liter) und 1 ccm Zinkacetatlösung (300 g/Liter) geklärt, auf 250 ccm aufgefüllt und filtriert. 200 ccm des Filtrats werden mit 5 ccm 96%iger Essigsäure zum Sieden erhitzt und, zunächst tropfenweise, mit 5 ccm 10%iger Bariumchloridlösung versetzt. Ein entstandener Niederschlag wird am nächsten Tage in einem Porzellanfiltertiegel gesammelt und schwach geglüht. Das gewogene Bariumsulfat, multipliziert mit 1,05, entspricht der Menge des vorhandenen Sulfats in Milligrammprozent, berechnet als H_2SO_4.

Zum Schluß ist noch auf die biologischen Unterscheidungsverfahren hinzuweisen, und zwar auf

1. die Präcipitinreaktion[3] (s. Bd. II, Teil 2, S. 696),

2. die Komplementbindung. Hierüber berichtete MANTEUFEL[4]: CARL[5], der mit einem durch Einspritzung von Naturhonig gewonnenen Antiserum nur zweifelhafte Präcipitation in 100—10000fachen Verdünnungen von Honig beobachtete, bekam mit dem gleichen Antiserum eine einwandfreie Differenzierung von Natur- und Kunsthonig durch Komplementbindung, während ein mit den gleichen Mengen Kunsthonig hergestelltes Antiserum weder mit Natur- noch mit Kunsthonig Bindung ergab. Die Antisera wurden durch subcutane Einspritzung von 20 und 40%igen Honiglösungen gewonnen, und zwar erhielten die Tiere in vier- bis sechstägigen Zeitabständen 2, 4, 4, 4 und 10 g Honig, die gut vertragen wurden. Das Antiserum gegen Naturhonig ergab in der Menge 0,1 mit 0,1—0,001 Naturhonig komplette Hemmung. Als hämolytischer Amboceptor wurde ein Hammelblutimmunserum mit dem hohen Titer 1 : 18000 verwendet. Bei diesen Versuchen wurde außerdem die praktisch wichtige Beobachtung gemacht, daß 4%ige und geringere

---

[1] TILLMANS u. HOLLATZ: Z. 1929, **57**, 498. [2] BÜTTNER: Z. 1935, **70**, 475; vgl. Z. 1938, **76**, 351.

[3] v. RIEGLER: Österr. Chem.-Ztg. 1902, **5**, 97; Zeitschr. Unters. Nahrungs- u. Genußm. 1902, **5**, 983. — LANGER: Arch. Hygiene 1909 **71**, 308; Biochem. Zeitschr. 1915, **69**, 141. — THÖNI: Mitt. Lebensmittelunters. Hygiene 1911, **2**, 80; 1912, **3**, 74; Zeitschr. Unters. Nahrungs- u. Genußm. 1911, **22**, 669; 1912, **24**, 354; 1913, **25**, 490. — KREIS: Mitt. Lebensmittelunters. Hygiene 1915, **6**, 53; Zeitschr. Unters. Nahrungs- u. Genußm. 1916, **32**, 473. — GADAMER u. LASKE: Arch. Pharm. 1916, **254**, 309; Zeitschr. Unters. Nahrungs- u. Genußm. 1918, **35**, 245.

[4] MANTEUFEL: In ABDERHALDENs Handbuch der biologischen Arbeitsmethoden, Abs. IV, Teil 8, Heft 7, S. 1911. Berlin u. Wien: Urban & Schwarzenberg 1926.

[5] CARL: Zeitschr. Immunitätsforsch. exp. Therapie 1910, **4**, 700; Zeitschr. Unters. Nahrungs- u. Genußm. 1912, **23**, 110.

Verdünnungen von Naturhonig das Hämoglobin von 5%iger Hammelblutaufschwemmung in 2 Stunden zu Methämoglobin oxydieren, was 20%ige Verdünnungen von Kunsthonig nicht tun.

Prüfung auf Dextrine des Stärkezuckers und Stärkesirups. Nach BECKMANN[1] werden 5 ccm einer 20%igen Honiglösung mit 3 ccm frisch bereiteter 2%iger Bariumhydroxydlösung und 17 ccm Methylalkohol versetzt. Eine sofort auftretende, starke, flockige Trübung weist auf Gegenwart von Stärkesirup hin, während geringe Trübungen unberücksichtigt zu lassen sind.

Das Verfahren hat sich im allgemeinen bewährt, doch können in stark eiweißhaltigen Honigen auch bei Abwesenheit von Stärkedextrinen Trübungen auftreten.

Die Abscheidungen können in einem gewogenen GOOCHschen Tiegel gesammelt, mit 10 ccm Methylalkohol und 10 ccm Äther gewaschen, bei 55—60° getrocknet und gewogen werden. Durchschnittlich ergeben sich aus 1 g Stärkesirup 0,455 g, aus 1 g Stärkezucker 0,158 g Fällung.

Ein Verfahren von FIEHE[2] beruht darauf, daß Honigdextrine bei Gegenwart von Salzsäure durch Alkohol nicht gefällt werden, wohl aber die Stärkedextrine. Die Lösung von 5 g Honig in 10 ccm Wasser wird mit 0,5 ccm einer 5%igen Gerbsäurelösung geklärt und filtriert. Ein Teil des Filtrats wird nach Zugabe von je zwei Tropfen Salzsäure 1,19 auf jedes Kubikzentimeter Lösung mit der zehnfachen Menge absoluten Alkohols gemischt. Durch das Auftreten einer milchigen Trübung wird die Gegenwart von Dextrinen des Stärkezuckers oder Stärkesirups angezeigt.

Zur Bestätigung der Gegenwart von Dextrinen des Stärkezuckers oder Stärkesirups kann die Bestimmung des spezifischen Drehungsvermögens der Dextrine dienen, welches größer als das der Honigdextrine ist. Zu diesem Zweck werden die Dextrine mit Alkohol gefällt, durch wiederholtes Auflösen in Wasser und Fällen mit Alkohol gereinigt und bei 105° getrocknet. In einem Teil der getrockneten Dextrine wird die Aschemenge bestimmt (a%), ein anderer Teil (b g) wird nach Lösen im Wasser (zu v ccm) polarisiert. Aus dem Drehungswinkel (α_D) und der Länge des Rohres (1 dm) wird die spezifische Drehung der wasser- und aschefreien Dextrine berechnet nach der Formel

$$(\alpha)_D = \frac{\alpha_D \cdot v \cdot 100}{1 \cdot b(100 - a)}$$

Eien spezifische Drehung von + 170° oder darüber läßt auf die Gegenwart von Dextrinen des Stärkezuckers oder Stärkesirups schließen.

Ein weiteres Verfahren zur quantitativen Bestimmung von honigfremden Dextrinen wurde von GROSSFELD und HOLLATZ[3] angegeben (s. Bd. II, Teil 2, S. 910).

Prüfung auf Melasse (nach BECKMANN[4]). 5 ccm einer 20%igen Honiglösung werden mit 2,5 g Bleiessig und 22,5 ccm Methylalkohol versetzt. Bei Anwesenheit von Melasse entsteht ein reichlicher weißer oder weißlichgelber Niederschlag.

Prüfung auf künstliche Farbstoffe und Konservierungsmittel. Für den Bedarfsfall sei auf die einschlägigen Verfahren verwiesen. Hinsichtlich künstlicher Farbstoffe ist die Angabe DUMARTHERAYS[5] zu beachten, daß es natürliche Honige gibt, die Wolle färben, und zwar mit Weinsäure als Beizmittel stärker als mit Kaliumbisulfat.

Nachweis von überhitztem Honig. Der Nachweis von überhitztem Honig, d. h. solchem, dessen diastatische Fermente stark geschwächt oder zerstört sind, ist, abgesehen von so starken Erhitzungen, durch welche der Honig bereits in seinem Geruch und Geschmack (angebrannt, karamelisiert) beeinflußt wurde, nicht einfach. Am geeignetsten erscheinen neben den Fermentreaktionen,

---

[1] BECKMANN: Forsch.Ber. 1896, **3**, 329; Zeitschr. analyt. Chem. 1896, **35**, 263.

[2] FIEHE: Zeitschr. Unters. Nahrungs- u. Genußm. 1909, **18**, 30. — Beiträge zur Neubearbeitung der Vereinbarungen, Bd. I, S. 262. Berlin: Julius Springer 1911.

[3] GROSSFELD u. HOLLATZ: Z. 1930, **59**, 216. [4] BECKMANN: Zit. s. o.

[5] DUMARTHERAY: Mitt. Lebensmittelunters. Hygiene 1923, **14**, 145; Zeitschr. Unters. Nahrungs- u. Genußm. 1924, **48**, 248.

insbesondere dem Nachweis der diastatischen Fermente, die Reaktionen nach FIEHE mit Resorcin- bzw. Phloroglucin-Salzsäure bzw. die Bestimmung des Oxymethylfurfurols. Bei stärkerem Erhitzen von Honig entstehen mehr oder weniger große Mengen Oxymethylfurfurol, die sich bei der Resorcinprobe durch schwach rote oder gelbrote, bei sehr hohem oder sehr langem Erhitzen auch durch kräftig rote Färbungen äußern und sich mitunter auch quantitativ bestimmen lassen.

So erhielt DE BOER[1] eine FIEHEsche Reaktion

nach 24stündigem Erhitzen bei 60° C
„ 12 „ „ „ 70° C
„ 6 „ „ „ 80° C
„ 3 „ „ „ 90° C
nach etwa 1 „ „ „ 100° C

und fand nach dem gravimetrischen Phloroglucinverfahren von FIEHE und KORDATZKI[2] folgende Mengen Oxymethylfurfurol (Tabelle 14).

Bei der Phloroglucinprobe treten aber nicht immer Niederschläge von Oxymethylfurfurol auf, sondern mitunter starke zitronengelbe, allmählich verblassende Färbungen, die nicht von Oxymethylfurfurol herrühren, die aber nach FIEHE und KORDATZKI für erhitzte Honige charakteristisch sind.

Tabelle 14.

Temp. °C	Erhitzungsdauer in Stunden				
	1	3	6	12	24
	mg Oxymethylfurfurol in 100 g				
60	0	0	0	0	6,0
70	0	0	0	7,2	8,4
80	0	0	6,0	10,0	23,6
90	6,0	7,8	11,6	33,6	58,8
100	11,2	13,2	35,0	101,2	253,0

Prüfung auf Orangeblütenhonig nach LOTHROP[3]. Das Verfahren gründet sich auf die Tatsache, daß Orangenblütenhonig als Aromabestandteil Anthranilsäuremethylester enthält, das in anderen Honigen nicht festgestellt werden konnte.

1 kg Honig wird in 600—800 ccm Wasser gelöst. Von der Lösung destilliert man mit Wasserdampf 700 ccm über. Das Destillat wird dreimal mit je 35 ccm Chloroform ausgezogen. Die vereinigten Chloroformauszüge werden filtriert und auf dem Wasserbade eingedampft. Zu dem Verdunstungsrückstand gibt man sofort 2 ccm 10%ige Schwefelsäure und führt die Lösung in ein Reagensglas über. Nach Erkalten setzt man zu der Lösung einen Tropfen 5%ige Natriumnitritlösung und zur Beseitigung nitroser Gase einige Harnstoffkrystalle. Die diazotierte Flüssigkeit wird zu einer Mischung aus 1 ccm 0,5%iger β-Naphthollösung (0,5 g β-Naphthol in 2 ccm 10%iger Natronlauge gelöst und auf 100 ccm verdünnt), 1 ccm 10%ige Natronlauge und 1 ccm 10%ige Natriumbicarbonatlösung gegeben. Bei Anwesenheit von mindestens 0,1 mg Anthranilsäuremethylester entsteht ein gelblichroter Niederschlag.

4. Bestimmung des Fremdkörpergehalts.

Diese Bestimmung erfolgt nach ZANDER[4] durch Ausschleudern einer 50%igen Honiglösung in „Trommsdorffröhrchen".

E. Beurteilung.

Für die Beurteilung gibt Tabelle 15 Anhaltspunkte, in der die für Blütenhonig, Honigtauhonig, Zuckerfütterungshonig, erhitzten Honig, verdorbenen Honig und Kunsthonig vorliegenden Befunde und Erfahrungen zusammengestellt sind.

---

[1] DE BOER: Chem. Weekbl. 1932, **29**, 254. [2] FIEHE u. KORDATZKI: Zit. S. 351.
[3] LOTHROP: Analyt. Ed. 1932, **4**, 395. [4] ZANDER: Zit. S. 334.

Tabelle 15.

	Blütenhonig	Honigtauhonig	Zuckerfütterungshonig
Farbe	Nach der Herkunft verschieden: weiß bis rotbraun	In der Regel dunkler als Blütenhonig, häufig grünlich bis schwarz	Meistens farblos bis hellgelb
Geruch und Geschmack	Mehr oder weniger starkes, aber immer wahrnehmbares Blütenaroma	Würzig oder harzig	Meistens fade, sehr süß, sehr selten schwaches Blütenaroma
Konsistenz	Flüssig bis fest, verschieden nach Art, Alter und Behandlung	Meistens sehr zähflüssig	Flüssig bis dickflüssig, im allgemeinen geringes Bestreben zum Festwerden
Viscosität (v. FELLENBERG)	2,652—2,914	—	2,678
Lichtbrechung bei 40^0 (AUERBACH und BORRIES)	1,4811—1,4938	1,4882—1,5017	—
Polarisation	Vor und nach Inversion Linksdrehung	Vor Inversion Rechtsdrehung, nach Inversion noch Rechts- oder Linksdrehung, sehr selten vor und nach Inversion Linksdrehung	Vor Inversion schwach rechts oder schwach links, nach Inversion links
Verhalten unter der Quarzlampe	Nicht kennzeichnend	Nicht kennzeichnend	Nicht kennzeichnend
Wasser	Nicht über 22%, Heidehonig nicht über 25%, über 22 bzw. 25%: unreifer Honig, unmittelbarer oder mittelbarer Wasserzusatz	Nicht über 22%, über 22%: unreifer Honig, unmittelbarer oder mittelbarer Wasserzusatz	Bis 22%; darüber: unreifer Honig, unmittelbarer oder mittelbarer Wasserzusatz
Säuregrad	Im allgemeinen 1—4	Um 4	0,4—2,4
p_H	3,6—4,6	4,2—4,6	3,8—4,3
Mineralbestandteile	Im allgemeinen 0,10 bis 0,35%, Papilionaceen-, Cruciferen-, Orangeblütenhonige unter 0,10%	0,40—1,00%	0,04—0,22
Kaligehalt der Asche (K_2O) (NOTTBOHM)	30,50—50,78%	48,23—57,16%	—
Natrongehalt der Asche (Na_2O) (NOTTBOHM)	5,54—10,03%	2,79—4,31%	—
Kalkgehalt der Asche (CaO) (NOTTBOHM)	2,12—8,00%	0,52—1,30%	—
Chlorgehalt der Asche (Cl)	Hawaihonige enthalten viel Cl	Hawaihonige enthalten viel Cl	—

Tabelle 15. (Fortsetzung.)

Erhitzter Honig	Verdorbener Honig	Kunsthonig
Nach schwacher Erhitzung ursprüngliche Honigfarbe nicht wesentlich verändert; nach starker Erhitzung dunkler	—	Weiß bis braungelb, oft künstlich gefärbt
Nach schwacher Erhitzung ursprüngliches Honigaroma nicht wesentlich beeinträchtigt, nach langer Erhitzung häufig Karamelgeschmack	Karamelgeschmack: Darf noch als Backhonig in den Verkehr kommen. Starker Schimmelgeruch, faulig, fremdartiger, nicht durch Blütentracht erteilter Geruch und Geschmack	Bonbonartig; meistens aromatisiert
Bleibt häufig sehr lange flüssig	—	Dickflüssig bis fest, verschieden nach Alter und Behandlung
—	—	2,482—2,671, mit Stärkesirup: 3,075—3,147
—	—	1,4738—1,4919
—	—	Sehr abhängig von Zusammensetzung, vor allem vom Gehalt an Rohrzucker, Stärkezucker, Stärkesirup
Nicht kennzeichnend	Nicht kennzeichnend	Nicht kennzeichnend
—	—	Nicht über 22%; über 22%: unmittelbarer oder mittelbarer Wasserzusatz
—	Erheblich über 4	Bis 4; über 4 verfälscht, erheblich darüber: verdorben
—	—	3,0—4,0
—	—	Nicht über 0,4%
—	—	—
—	—	—
—	—	—
—	—	—

Tabelle 15. (Fortsetzung.)

	Blütenhonig	Honigtauhonig	Zuckerfütterungshonig
Phosphorsäuregehalt der Asche (P_2O_5)	1,90—20,00%	Innerhalb der Grenzen für Blütenhonig	7,52—51,77% (KOCH und WEISHAAR)
Alkalitätszahl der Asche	Selten unter 10	—	10,3—37,03 (KOCH und WEISHAAR)
Stickstoffkörper	0,20% und mehr	0,20% und mehr	0,12—0,55%
LUNDsche Probe (mit Phosphorwolframsäure)	0,3—5,0 ccm	Innerhalb der Grenzen für Blütenhonig	0,10—2,75 ccm
Invertzucker	Im allgemeinen 70—80%	Im allgemeinen 60—70%	Im allgemeinen 65—75%
Verhältnis Fructose: Glucose	In vielen Fällen größer als 1	Wie bei Blütenhonig	—
Saccharose	Nicht mehr als 5%	Nach der Honigverordnung 5—10%. Wahrscheinlich ist der Rohrzuckergehalt aber nicht so hoch	Mitunter höher als in Blütenhonigen, aber sehr schwankend
Melezitose	Bisher nur in geringen Mengen nachgewiesen	Bis 25% gefunden	—
Dextrinartige Stoffe	—	—	—
Spezifische Drehung der dextrinartigen Stoffe	Unter + 170°	Unter + 170°	—
Invertasen: 1 g Honig invertiert in 5 Stunden	Über 240 mg Rohrzucker	Über 240 mg Rohrzucker	32—350 mg Rohrzucker (KOCH und WEISHAAR)
Diastasen: Diastasezahl nach GOTHE	Im allgemeinen 13,9 bis 50,0; es kommen aber auch niedrigere Werte vor	Innerhalb der Grenzen für Blütenhonig	5,0—17,9
Diastasen: Minuten Abbauzeit nach KOCH	Bis 60 Minuten	Bis 60 Minuten	28—150 Minuten (KOCH und WEISHAAR)
Katalasen	In geringer Menge vorhanden; größere Mengen in gärenden Honigen und Honigen mit hohem Pollengehalt	Wie bei Blütenhonig	—
Resorcinreaktion	Keine Färbung	Keine Färbung	Keine Färbung
Phloroglucinreaktion	Keine Färbung, kein Niederschlag	Keine Färbung, kein Niederschlag	Keine Färbung, kein Niederschlag
Oxymethylfurfurol (WEISS)	0	0	0

Tabelle 15. (Fortsetzung.)

Erhitzter Honig	Verdorbener Honig	Kunsthonig
—	—	—
—	—	—
—	—	—
—	—	0—0,3 ccm
—	—	70—80%, abhängig vom Gehalt an Rohrzucker, Stärkezucker, Stärkesirup
—	—	Kleiner als 1
—	—	Nicht mehr als 30%
—	—	—
—	—	Dextrine des Stärkezuckers oder Stärkesirups
—	—	über + 170°
Unterlagen fehlen. Bei stärkerer Erhitzung Fermente stark geschwächt oder zerstört	—	0
Im allgemeinen 6,5 und darunter	Im allgemeinen 6,5 und darunter	0
Im allgemeinen über 60 Minuten	Im allgemeinen über 60 Minuten	0
—	Gärende und reichlich Kleinlebewesen enthaltende Honige reich an Katalasen	In gärenden oder kurz vor der Gärung befindlichen Kunsthonigen vorhanden
Schwach rote, gelbrote, rote Farbtöne, nach schwacher Erhitzung unbeständig, nach starker Erhitzung beständig. Farbtöne abhängig vom Säuregrad des Honigs, Dauer und Höhe der Erhitzung	Wie bei erhitztem Honig, bei angebranntem Honig unter Umständen kräftig rote beständige Farbtöne	Kirschrote beständige Farbtöne (in den meisten Fällen über 1 Stunde beständig)
Starke citronengelbe, allmählich verblassende Färbung	starke citronengelbe, allmählich verblassende Färbung	Rötliche Färbung, Trübung, rotbraune Fällung
Nach Erhitzung auf 90—100° geringe Mengen: 0,0012—0,0234%	Ähnlich wie bei erhitztem Honig	0,032—0,226%

Tabelle 15. (Fortsetzung.)

	Blütenhonig	Honigtauhonig	Zuckerfütterungshonig
Lävulosin (KRUISHEER)	0—0,14%	0	0
Formoltitration (TILLMANS und KIESGEN)	Über 0,6 ccm, ausländische Honige verbrauchen mitunter weniger	Über 0,6 ccm, ausländische Honige verbrauchen mitunter weniger	—
Reduktionsvermögen (TILLMANS und HOLLATZ)	je g 3,0—4,9 ccm	je g 3,0—4,9 ccm	Ausreichende Erfahrungen fehlen
Präcipitinreaktion	Präcipitat	Präcipitat	Im allgemeinen kleineres Präcipitat als Honige
Komplementbindung	Bindung	Bindung	—
Bodensatz von 10 g Honig (ZANDER)	Natürlicher Gehalt: um 2 cmm. Über 5 cmm: mangelhaftes Schleuderverfahren. Über 10 cmm: Hinweis auf Anwendung von Pressen ohne oder mit Erwärmen der Honigwaben, wenn nicht Heide- oder Bärenklauhonig oder gärender Honig vorliegt	—	—
Mikroskopie	Immer Pollenkörner, einzelne Hefen	Neben Pollenkörnern vor allem Algen, Pilzfäden, Sporen, Hefen, Ruß	Pollenkörner, einzelne Hefen

F. Gerichtsentscheidungen.

(Auswahl aus Entscheidungen der Nachkriegszeit.)

1. Honig, der infolge von ekelerregender Aufbewahrung als verdorben anzusehen war. Urteil des Amtsgerichts Bielefeld vom 5. September 1933 — 8. D. 96. 33[1].

2. Nachmachen von Honig durch Invertieren von Zucker mit Ameisensäure und Aromatisieren des so gewonnenen Invertzuckersirups mit Honig. Urteil des Landgerichts I Berlin vom 1. Juli 1924 — 15. N. 14. 23[2].

3. Verkauf von nachgemachtem Honig als Honig in Gläsern und unter Etiketten einer anderen Firma. Urteil des Amtsgericht Spandau vom 15. September 1926 — 2 D. 237. 26[3].

4. Zuckerfütterungshonig ist als nachgemacht anzusehen. Urteil des Amtsgerichts Landsberg (Warthe) vom 14. Dezember 1926 — 5 C 388/26; Urteil des Kammergerichts vom 4. April 1927 — 3. S. 55. 27/15[4].

5. Honigverschnitt. Urteil des Landgerichts I Berlin vom 27. April 1923 — 21. N. 116. 22; Urteil des Kammergerichts vom 20. Juli 1923 — 1. S. 374. 23[5].

6. Honigersatzpulver. Urteil des Oberlandesgerichts Dresden vom 24. Juli 1918 — O.L.G.III 89/18[6].

7. Herstellung von Fenchelhonig aus verschmutztem Zucker. Ist Fenchelhonig ein Nahrungsmittel? Kommt Betrug in Frage? Urteil des Landgerichts II Berlin vom 12. Januar 1923 — 4b. N. 99. 22; Urteil des Kammergerichts vom 16. März 1923 — 1. S. 100. 23; Urteil des Landgerichts II Berlin vom 15. Juni 1923. — 4b. N. 99. 22[7].

[1] Z. Beil. 1936, 30. [2] Z. Beil. 1924, 134. [3] Z. Beil. 1926, 156.
[4] Z. Beil. 1928, 152. [5] Z. Beil. 1924, 108. [6] Z. Beil. 1922, 159.
[7] Z. Beil. 1924, 210.

Tabelle 15. (Fortsetzung.)

Erhitzter Honig	Verdorbener Honig	Kunsthonig
In stark erhitzten Honigen 0,03—0,27%	Ähnlich wie bei erhitztem Honig	1,30—3,16%
—	—	1—2 Tropfen
Wie in unerhitztem Honig	—	Je g etwa 1 ccm
—	—	Kein Präcipitat
—	—	Keine Bindung
—	In gärendem und stark verunreinigtem Honig über 10 cmm	—
—	In gärendem Honig sprossende Hefen in großer Menge oder andere Gärungserreger	Keine Pollenkörner

8. Verkauf von Kunsthonig als Honig im Hausierhandel. Urteil des Amtsgerichts Bielefeld vom 5. März 1935 — 8. Ds. 17. 35[8].

9. Vertrieb von Kunsthonig als reinen Honig. Urteil des Schöffengerichts Hameln vom 27. August 1935 — 4. Ms. 35. 35; Urteil des Landgerichts Hannover vom 19. Dezember 1935 — 4. Ms. 35. 35[9].

10. Irreführender Vertrieb von ausländischem Honig als Erzeugnis einer deutschen Imkerei. Urteil des Amtsgerichts Bremen vom 29. Juli 1926 — VII T 2. 1925; Urteil des Landgerichts Bremen vom 16. Dezember 1926 — Ber. Reg. 117. I. 226 VII F. 2. 25; Urteil des Reichsgerichts vom 28. April 1927 — 3. D. 158. 27/IX 244. 27[10].

11. Irreführende Bezeichnung eines Gemisches aus in- und ausländischem Honig. Urteil des Amtsgerichts Eberswalde vom 21. August 1928 — 3. J. 226. 28; Urteil des Landgerichts Prenzlau vom 9. Oktober 1928 — 3 J. 226. 28[11].

12. Vertrieb von ausländischem Honig unter irreführenden Angaben. Urteil des Amtsgerichts Lüneburg vom 18. Juli 1929 — 4 J. 609, 29; Urteil des Landgerichts Lüneburg vom 4. Oktober 1929 — 4. J. N. 609. 29; Urteil des Reichsgerichts vom 20. Februar 1930 — 3 D, 1305, 29/XI. 1559. 29[12].

13. Ist die Angabe „N.'s Bienen-Honig, garantiert rein — ist Medizin" irreführend? Urteil des Kammergerichts vom 9. März 1932 — 1. S. 242. 32[13].

14. Bezeichnung von Kunsthonig als „Heidestern" in Verbindung mit einem Landschaftsbild. Urteil des Amtsgerichts Rotenburg (Hannover) vom 8. Mai 1931. Urteil des Landgerichts Verden (Aller) vom 1. August 1931.

[8] Z. Beil. 1936, 31. [9] Z. Beil. 1936, 171. [10] Z. Beil. 1928, 143.
[11] Z. Beil. 1928, 176. [12] Z. Beil. 1930, 112. [13] Z. Beil. 1936, 15.

Die mikroskopische Untersuchung des Honigs.

Von

Professor Dr. C. Griebel-Berlin.

Mit 68 Abbildungen.

Der Gehalt des Honigs an festen wasserunlöslichen Bestandteilen ist je nach der Herkunft der Ware sehr verschieden, aber der Menge nach stets nur gering. Mengenmäßige Bestimmungen des durch Zentrifugieren einer Honiglösung erhaltenen Bodensatzes lassen sich nach E. Zander[1] durch Messung des Volumens ausführen. Diese Festkörper des Honigs bestehen der Hauptsache nach aus Pollenkörnern, die aus den von den Bienen beflogenen Blüten stammen. Daneben können sich vereinzelt verschiedene andere pflanzliche Elemente finden, wie verholzte und unverholzte Zellen verschiedener Art, auch charakteristische Haare. So hat z. B. Thaler[2] Schuppenhaare einer Bromeliacee in einem Fall festgestellt. Solche Befunde lassen zuweilen Rückschlüsse auf die Herkunft des Honigs zu. Nicht selten finden sich Sporen verschiedener Form, darunter auch Keulensporen, Hefezellen, in Tauhonigen[3] häufig einzellige grüne Algen (Pleurococcus vulgaris). Sehr oft enthält das Zentrifugat einzelne Stärkekörner, selten Stärkezellen von Cerealien, die bei reichlicherem Vorkommen auf Mehlfütterung schließen lassen. Zu erwähnen sind weiter Rußteilchen, Oxalatkryställchen von meist kurzprismatischer Form, die in Einzelfällen in solcher Menge auftreten können, daß sie das Sediment grauweißlich färben und endlich eine von Zander als „feinkörnige Masse" bezeichnete Substanz noch unbekannter Zusammensetzung, die stets in Heidehonigen, aber auch in Bärenklau- und anderen Honigen vorkommt. Von tierischen Elementen kommen hauptsächlich Insektenteilchen in Betracht, die in der Regel aber fehlen oder jedenfalls sehr zurücktreten.

Für die Herkunftsbestimmung des Honigs sind in erster Linie die vorhandenen Pollenformen von Bedeutung. Allein durch die eingehende Pollenuntersuchung ist es in vielen Fällen möglich, Auslandshonig von deutschen Erzeugnissen zu unterscheiden oder in diesen nachzuweisen. Voraussetzung ist hierbei allerdings, daß dem Mikroskopiker die in deutschem Honig vorkommenden Pollenarten genau bekannt sind. Da das neuere Schrifttum[4] eine große Anzahl brauchbarer, zum Teil sehr guter Abbildungen enthält, wird es dem Analytiker ermöglicht, sich rasch in dieses Gebiet einzuarbeiten. Immerhin sind in zweifelhaften Fällen vergleichende Untersuchungen mit selbst gesammelten Pollen unerläßlich.

---

[1] E. Zander: Z. 1932, **63**, 313. [2] Thaler: Z. 1935, **69**, 405.

[3] Blatt- und Nadel-(Tannen-)Honige werden zusammenfassend als Tau- oder Waldhonige bezeichnet. Sie sind in der Regel sehr arm an Pollenkörnern, da sie ja überwiegend dem „Honigtau" und nur zum kleinsten Teil Blüten entstammen.

[4] H. Fehlmann: Mitt. Lebensmittelunters. Hygiene 1911, **2**, 179. — L. Armbruster u. G. Oenike: Die Pollenkörner als Mittel zur Honigherkunftsbestimmung. Neumünster 1929. — C. Griebel: Zur Pollenanalyse des Honigs, I Z. 1930, **59**, 63; II Z. 1930, **59**, 197; III Z. 1930, **59**, 441; IV Z. 1931, **61**, 241. — E. Zander: Beiträge zur Herkunftsbestimmung bei Honig. I Leipzig 1935. II Leipzig 1937.

Aus dem im Zentrifugenröhrchen erhaltenen Bodensatz — bei reichlichem Pollengehalt genügt auch Absitzenlassen im Becherglas — werden Präparate hergestellt, indem man nach dem Abgießen der überstehenden Flüssigkeit die letzten Tropfen der Honiglösung nach dem Aufrühren des Sediments mit einem Platindraht auf 1—2 Objektträger bringt und jeden Flüssigkeitstropfen mit einem Deckglas bedeckt. Sofern die Untersuchung nicht sofort durchgeführt werden kann, umzieht man den Rand des Deckgläschens — nach vorsichtiger Beseitigung etwaiger überschüssiger Flüssigkeit — mit geschmolzenem Paraffin (Pinsel), wodurch sich die Präparate einige Zeit unverändert halten. Will man Dauerpräparate herstellen, so verfährt man zweckmäßig nach ZANDER[1] und schließt in Glyceringelatine ein.

Für die Herkunftsbestimmung des Honigs sind die nur vereinzelt vorkommenden Pollenformen (Einzelpollen) bei Inlandshonigen bedeutungslos, während sie bei Auslandshonigen unter Umständen wichtige Anhaltspunkte liefern können. Die etwas häufiger vorkommenden Pollenformen, von ZANDER „Begleitpollen" genannt, stehen den Einzelpollen in der Bedeutung etwa gleich. Für die Herkunftsbestimmung wichtig und für den Charakter des Honigs entscheidend sind stets die mindestens zu 50% im mikroskopischen Bild auftretenden Arten (Leitpollen). Das Auszählen wird erleichtert durch Verwendung eines Okularnetzmikrometers. ZANDER trägt das Ergebnis der mikroskopischen Untersuchung in Befundskarten ein, die einen guten Überblick über die mikroskopische Beschaffenheit des Honigs gestatten. Aus dem Befund läßt sich z. B. erkennen, ob Heide-, Obst-, Linden-, Wald- (Tau-) oder sonstiger Honig vorliegt. Auch die Feststellung, ob es sich um Inlandshonig oder Auslandshonig europäischer oder überseeischer Herkunft handelt, ist zumeist möglich. Das mikroskopische Bild gestattet häufig auch die geographische Herkunft eines Auslandshonigs genauer festzulegen. So lassen die zusammengesetzten Pollenkörner der Akazienarten auf Mittelamerika (einschließlich Mexiko), das Vorhandensein zahlreicher einfaltiger Pollenkörner auf Cuba und benachbarte Gegenden, kleine Myrtaceenformen auf Westindien, Eukalyptus auf Australien schließen usw. Nach ZANDER weisen zahlreiche stachelige Korbblütlerpollen verschiedener Art auf nord- und südamerikanische Steppengebiete hin, während grobstachelige Distelpollen in reichlicher Menge in südeuropäischen und südamerikanischen Honigen vorkommen, Distelarten zusammen mit zahlreichen kleinen, sechsfaltigen Labiatenpollen dagegen für südeuropäische Honige kennzeichnend sind und zahlreiche Lindenpollen in Verbindung mit Commelina auf Sibirien oder Nordamerika schließen lassen.

Da aus den angegebenen Gründen die genaue Kenntnis des Pollens der wichtigsten einheimischen Bienentrachtpflanzen erforderlich ist, legt man sich zweckmäßig eine Sammlung von Pollenpräparaten oder von Blüten an, die man in noch nicht ganz geöffnetem Zustande in kleine genau bezeichnete Papierbeutel bringt, wo sie von selbst trocknen, so daß sie dann stets zur Herstellung von Vergleichspräparaten dienen können. Zu dem Zweck werden die Staubbeutel im Bedarfsfall auf einem Objektträger vorsichtig mit Äther behandelt. Hierdurch werden die Pollenkörner aus den Antheren herausgeschwemmt und zugleich von den farblosen bis rotbraunen Öltröpfchen befreit, die sich bei vielen Arten auf der Oberfläche der Körner vorfinden und bei der mikroskopischen Untersuchung sonst sehr störend wirken. Nach Verteilung des Materials in einigen Tropfen mehrmals filtrierter und mit etwas Formaldehydlösung haltbar gemachter Honiglösung 1 + 2 legt man ein Deckglas auf, umzieht es mit geschmolzenem Paraffin und läßt die Honiglösung zunächst etwa einen Tag

[1] E. ZANDER, S. 85.

einwirken, wobei die Pollenkörner quellen und die gleiche Form annehmen, die uns bei der Untersuchung in einer Honiglösung 1 + 2 entgegentritt.

Man unterscheidet am Pollenkorn eine äußere (Exine) und eine innere Haut (Intine). Die Exine stellt nur selten eine glatte Membran dar. Gewöhnlich ist sie feiner oder gröber gekörnt, grubig punktiert, mit Runzeln oder Warzen, oft sogar mit einer recht komplizierten Skulptur versehen. Bei manchen Arten besitzt die Exine echte Poren (gewöhnlich als Keimporen bezeichnet), bei den meisten jedoch nur verdünnte Stellen. Beide sind für den austretenden Keimschlauch bestimmt. Die Austrittsstellen sind entweder rundlich oder langgestreckt. Im letzteren Fall treten sie am trockenen Korn als scharfe Längsfalten auf, was für die Mehrzahl der Arten zutrifft, und zwar finden wir bei den Monokotyledonen gewöhnlich eine Längsfalte, bei den Dikotyledonen zumeist drei parallele, in gleichen Abständen um das Korn verteilte Falten. Eine größere Anzahl Falten kommt nur bei verhältnismäßig wenig Arten vor.

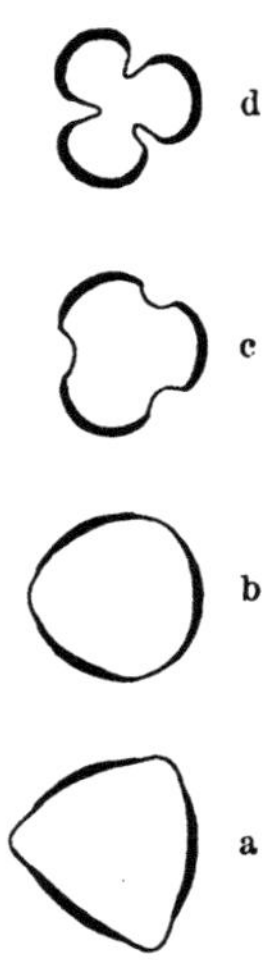

Abb. 1a—d. Dreifaltiges Pollenkorn im Querschnitt. a vor der Quellung, b—d in den verschiedenen Quellungsstadien.

Bei der Berührung der Pollenkörner mit wäßrigen Flüssigkeiten (also auch mit Honiglösung) vergrößern sie schnell ihr Volumen, wobei die etwa vorhandenen Falten zum größten Teil oder vollständig ausgeglichen werden, so daß die ursprüngliche Lage der Falten oft nur noch an den dünneren und daher häufig als hellere Streifen erscheinenden Stellen der Exine erkennbar ist. Die im trockenen Zustand dreifaltigen Körner werden hierbei zumeist mehr oder weniger kugelig, ja sogar gerundet dreieckig, indem die ursprünglichen Falten, also die verdünnten Stellen der Exine jetzt zu ebenso vielen stumpfen Ecken ausgestülpt sind. In Abb. 1 sind die wichtigsten Quellungsstadien eines dreifaltigen Pollenkornes im optischen Querschnitt dargestellt.

In Honiglösung 1 + 2 ist die Quellung der Pollenkörner nicht ganz so stark wie in Wasser. Das in Wasser häufige Platzen kommt aber bei manchen Arten auch in Honiglösung vor. Oft sind es Formen mit wenig nachgiebiger Exine, wobei sich dann die Intine aus den Keimporen oder Austrittsstellen zunächst blasenförmig hervorwölbt, bis auch sie schließlich — aber keineswegs immer — reißt und einen Teil des Plasmas austreten läßt.

Zu berücksichtigen ist bei der Untersuchung außerdem, daß diejenigen Pollenarten, die nicht wesentlich nach einer Richtung gestreckt sind, dem Beobachter zum Teil in Polstellung, zum Teil in der Seitenlage oder einer Zwischenlage zu Gesicht kommen, was ein verschiedenes Aussehen bei der gleichen Art zur Folge hat.

I. Einheimische Honigpollenarten.

Im Nachstehenden können nur die Pollenformen der wichtigsten einheimischen honigliefernden Pflanzen berücksichtigt werden. Weiteren Aufschluß gibt die oben angeführte neuere Literatur.

1. Papilionaceen. Eine besonders große Zahl stark honigliefernder Arten findet sich unter den Schmetterlingsblütlern, die daher zu den bevorzugten Futterpflanzen der Bienen gehören. Die fast farblosen oder gelblichen Pollenkörner von Papilionaceen beobachtet man infolgedessen auch in sehr vielen Honigen in größerer oder geringerer Anzahl. Die Pollenkörner sind sämtlich dreifaltig und zeigen zum Teil große Übereinstimmung. In Honiglösungen nehmen die meisten Arten kurzwalzenförmige Gestalt an, an der oft 3 Höcker erkennbar sind, die der Mitte der Falten entsprechen. Es handelt sich hierbei um eine Vorwölbung der Intine an den Austrittsstellen. Doch sind sämtliche 3 Ausstülpungen nur in der Pollage, seltener bei Seitenlage der Körner erkennbar (Abb. 2).

Als wichtigste Trachtpflanzen aus dieser Familie sind zunächst die Kleearten (Trifolium) zu nennen, die unter den Bienenpflanzen wohl überhaupt an erster Stelle

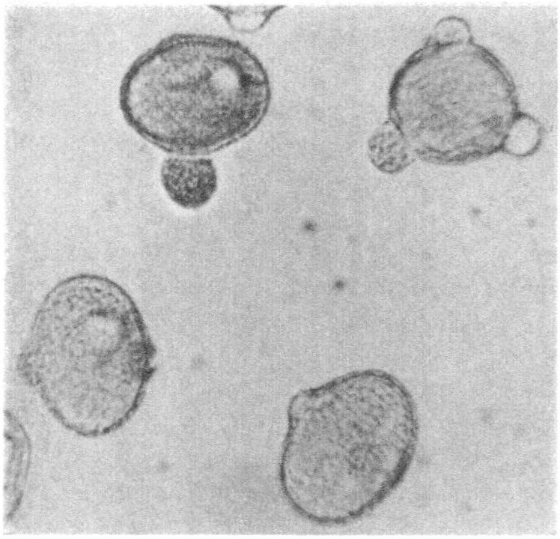

Abb. 2. Trifolium incarnatum. 1:350. (Phot. C. GRIEBEL.)

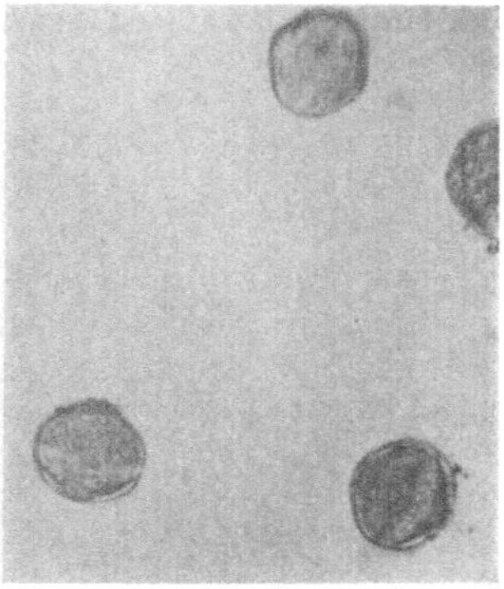

Abb. 3. Trifolium repens. 1:350. (Phot. C. GRIEBEL.)

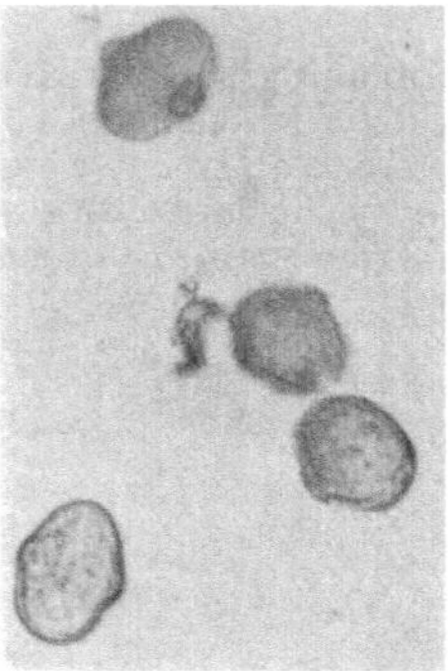

Abb. 4. Melilotus officinalis. 1:350. (Phot. C. GRIEBEL.)

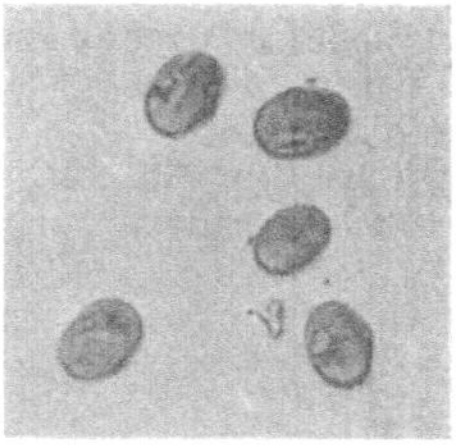

Abb. 5. Lotus corniculatus. 1:350. (Phot. C. GRIEBEL.)

Abb. 6. Onobrychis sativa. 1:350. (Phot. C. GRIEBEL.)

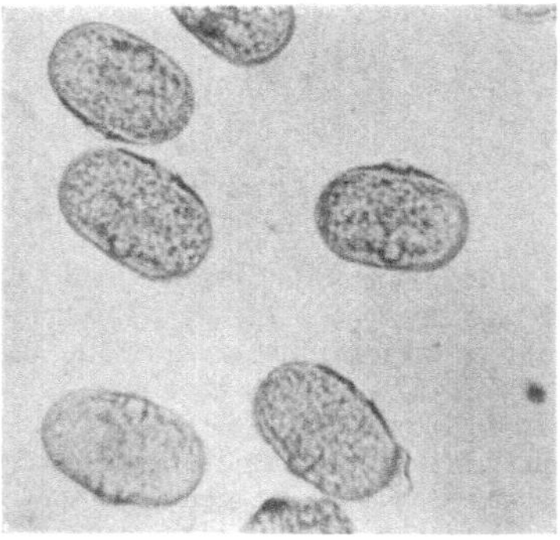

Abb. 7. Vicia cracca. 1:350. (Phot. C. GRIEBEL.)

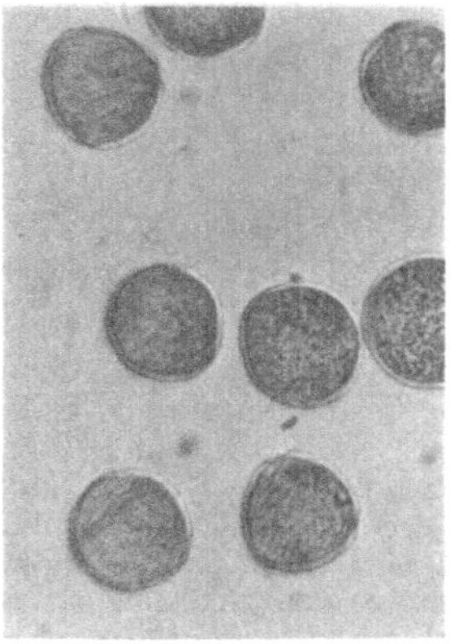

Abb. 8. Robinia pseudacacia. 1:350. (Phot. C. GRIEBEL.)

stehen. Man findet sie daher fast in allen Honigen. Es gibt Trifoliumarten mit größeren und solche mit kleineren Pollenkörnern. Zu den großen Formen gehört T. incarnatum

(Abb. 2), eine Art, die allerdings nur selten im Honig beobachtet wird, und der Rotklee (T. pratense) mit etwas kleineren Körnern, die man oft als Leitpollen findet. Beiden gemeinsam ist eine zart netzförmig gezeichnete Exine, die beim Inkarnatklee und bei südamerikanischen Kulturformen des Rotklees etwas deutlicher in Erscheinung tritt. Zu den kleineren Formen gehören der Weißklee, T. repens (Abb. 3) sowie T. hybridum L. und T. montanum L., die eine feinkörnige Exine besitzen. Bei allen diesen Arten sind die

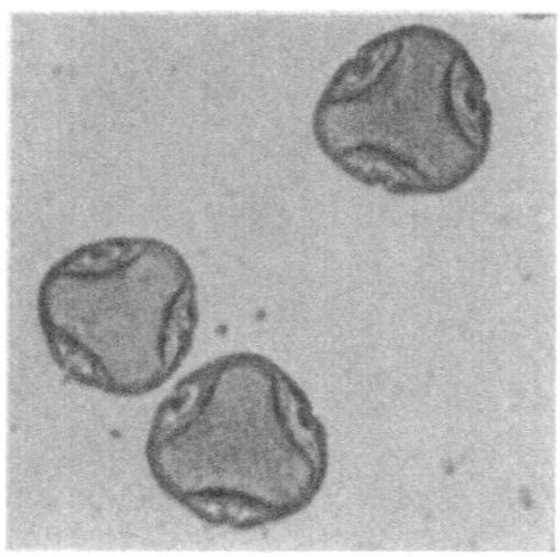

Abb. 9. Tilia parvifolia. 1:350. (Phot. C. GRIEBEL.)

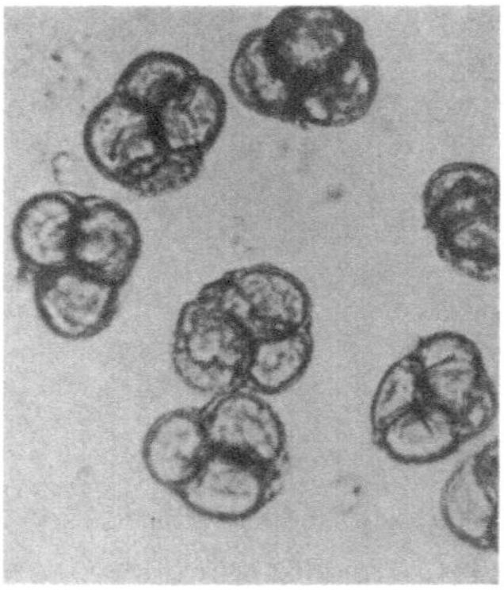

Abb. 10. Calluna vulgaris. 1:350. (Phot. C. GRIEBEL.)

Körner gelblichgrau bis fast ungefärbt. Der kleineren Trifoliumform ähnlich ist der Steinklee (Melilotus officinalis, Abb. 4), bei dem die Exine glatt erscheint. Noch kleinere Körner zeigt Lotus corniculatus, der Schotenklee (Abb. 5). Außer den Kleearten im weiteren Sinne sind als Bienenpflanzen noch von größerer Bedeutung Onobrychis sativa LINK, die Esparsette (Abb. 6), die ausgesprochen walzenförmige Pollenkörner besitzt, an denen Keimstellen nicht erkennbar sind. Durch Platzen der Körner und Austritt der Intine an der Längsseite erscheinen sie nicht selten wie verdoppelt. Deutlich walzenförmig sind auch die Körner der

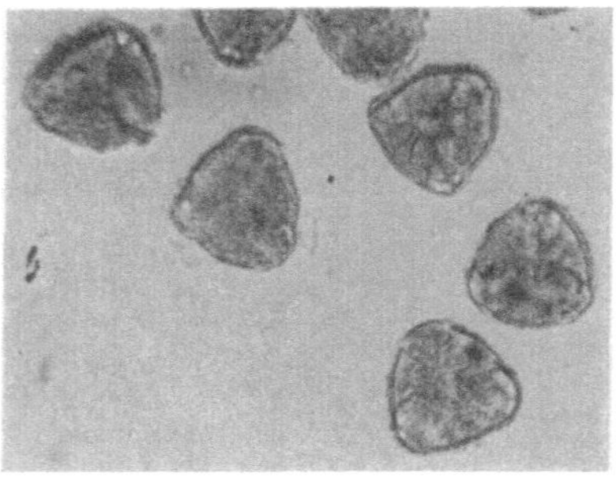

Abb. 11. Pirus malus. 1:350. (Phot. C. GRIEBEL.)

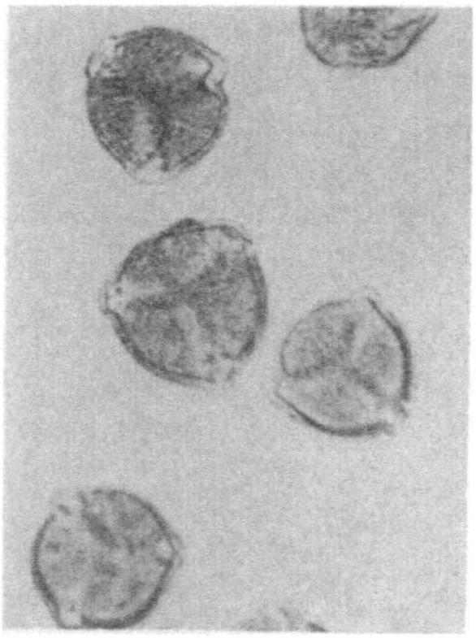

Abb. 12. Prunus spinosa. 1:350. (Phot. C. GRIEBEL.)

Vicia-Arten (Abb. 7), bei denen die Keimstellen aber deutlich erkennbar sind. Gerundet dreiseitig sind die Formen bei der Luzerne (Medicago sativa L.), die als „Alfalfa" namentlich für Kalifornien und Nordamerika eine wichtige Trachtpflanze darstellt, auch bei Robinia pseudacacia, der Robinie oder falschen Akazie (Abb. 8). Bemerkt sei, daß Papilionaceenhonige meist hell und wenig aromatisch sind.

2. Linde. Die Tiliaarten haben außerordentlich charakteristische Pollenkörner (Abb. 9), die infolge ihrer Abflachung fast stets in Pollage zur Beobachtung gelangen und die drei tief eingesenkten Keimporen sehr schön zeigen. Deutsche Honige sind zumeist arm an Lindenpollen. Über sibirische und amerikanische Lindenhonige vgl. S. 378.

3. Heide. Bei der Besenheide (Calluna vulgaris) sind wie bei allen Ericaceen die Pollenkörner noch zu Tetraden vereinigt (Abb. 10), woran sie leicht zu erkennen sind. Heidehonige enthalten stets die schon erwähnte in Wasser unlösliche „feinkörnige Masse". Ausgepreßter Heidehonig ist außerordentlich reich an Pollenkörnern sehr verschiedener Art.

4. Obst. Honige aus Obstbaugebieten enthalten in mehr oder minder großer Menge den Pollen dieser Obstarten. In Betracht kommen hauptsächlich die Gattungen Pirus und Prunus, auch Rubus, die sämtlich zu den Rosaceen gehören und meist gelbliche Pollenkörner aufweisen. Die ursprünglich dreifaltigen Körner erscheinen in Honiglösungen in der Pollage gerundet dreieckig, wobei die früheren Falten über die Ecken laufen und oft als Streifen erscheinen (Abb. 12). Fast glatt oder schwach runzelig ist die Exine beim Apfel (Abb. 11), zuweilen leicht gestreift bei der Birne. Etwas stärkere Streifung (Abb. 12) findet sich bei Prunus (Kirsche, Pflaume, Schlehe). Kleiner als bei

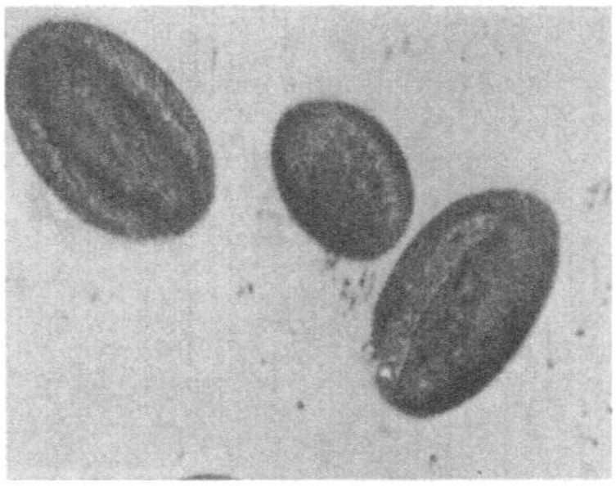

Abb. 13. Fagopyrum esculentum. 1:350. (Phot. C. GRIEBEL.)

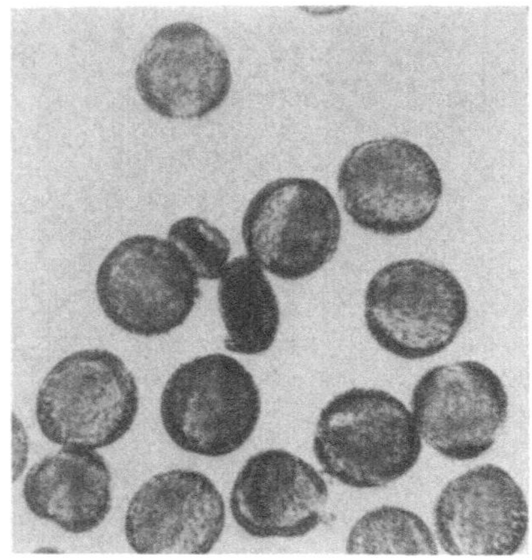

Abb. 14. Brassica Napus oleifera. 1:350. (Phot. C. GRIEBEL.)

diesen sind die farblosen Pollenkörner bei der Himbeere (Rubus idaeus), die fast glatt und bei der Erdbeere (Fragaria), die gestreift sind.

5. Buchweizen (Fagopyrum esculentum-Polygonaceae) hat gelbbraune, undurchsichtige, ovale, dreifaltige Körner (Abb. 13). Die Exine erscheint durch eine feine Stäbchenschicht fein genetzt[1]. Die in der Mitte jeder Falte befindliche Keimpore ist auf der Abbildung nicht erkennbar.

6. Cruciferen. Die Kreuzblütler, von denen eine ganze Anzahl Honigpollen liefern, sind durch sehr gleichartig gebaute Pollenkörner ausgezeichnet, deren Größe bei den einzelnen Arten etwas verschieden ist. Die

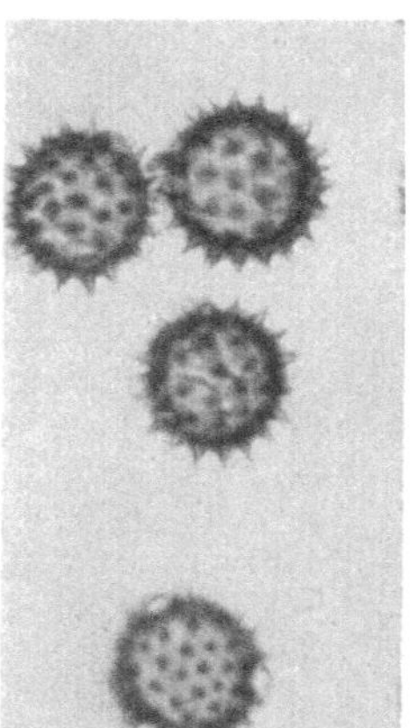

Abb. 15. Helianthus annuus. 1:350. (Phot. C. GRIEBEL.)

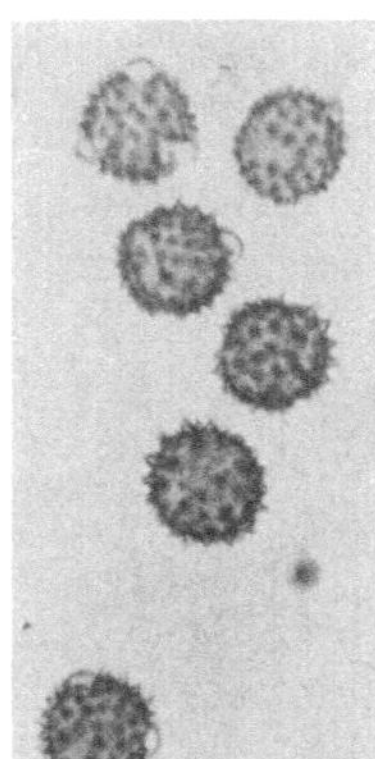

Abb. 16. Solidago virgaurea. 1:350. (Phot. C. GRIEBEL.)

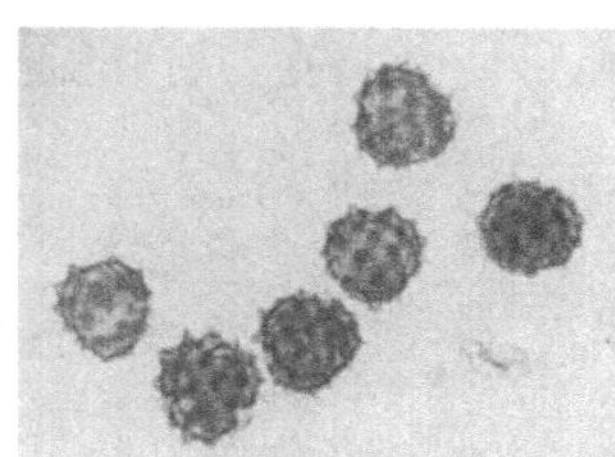

Abb. 17. Matricaria chamomilla. 1:350. (Phot. C. GRIEBEL.)

Körner sind gelb bis gelbbraun, undurchsichtig dreifaltig, in Honiglösung gerundet. Die Lage der Falten ist in der Pollage deutlich erkennbar. Bei starker Vergrößerung zeigt sich im optischen Querschnitt, daß die Exine aus einer Stäbchenschicht aufgebaut ist, die die Oberfläche fein genetzt erscheinen läßt. Von Frühjahrstrachtpflanzen sind besonders die Brassicaarten zu nennen, nämlich Raps, B. napus oleifera (Abb. 14), Rübsen (B. rapa oleifera), Wiesenschaumkraut (Cardamine pratensis) und Arabis-Arten. Im Sommer und Herbst spielen hauptsächlich Ackersenf (B. sinapistrum Boss.,) Hederich (Raphanus raphanistrum) und weißer Senf (Sinapis alba) für die Honiggewinnung eine Rolle.

[1] Eine ähnliche Pollenform zeigt der kalifornische Wildbuchweizen (Eriogonum fasciculatum).

7. Kompositen. Zahlreiche Kompositen werden von der Honigbiene besucht. Daher findet sich Kompositenpollen in sehr vielen deutschen Honigen, wenn auch zumeist nur vereinzelt. Alle Arten haben dreifaltige Körner, die in der Mitte jeder Falte eine kreisrunde Austrittsstelle erkennen lassen. Die Körner nehmen in Honiglösung 1 + 2 eine kugelige oder ovale Form an, wobei die Austrittsstellen in der Pollage gewöhnlich papillenartig (Abb. 18), zuweilen blasenartig hervortreten. Bemerkenswert ist die komplizierte Struktur der Exine, die eine einfache oder doppelte Stäbchenschicht enthält und zumeist mit Stacheln besetzt ist. Zwischen den Stacheln finden sich häufig gelbe Öltröpfchen, die den Kompositenpollen eine klebrige Beschaffenheit verleihen. Bei manchen Arten sind die Stacheln zu Warzen reduziert oder sie fehlen ganz. Daher ergeben sich durch die Art der Ausbildung der Exine eine Reihe verschiedener Typen. Die spitzesten Stacheln finden sich beim Sonnenblumentypus (Abb. 15), wozu unter anderem auch die Astern und Goldruten (Solidago, Abb. 16) mit etwas kleineren, desgleichen das Gänseblümchen (Bellis perennis) mit noch kleineren Körnern gehören. Eine ziemlich breite Basis haben die Stacheln bei der Gruppe der Anthemideen, bei der sie auch weniger dicht stehen. Hierher gehört die Kamille (Matricaria chamomilla, Abb. 17) und die Wucherblume (Chrysanthemum leucanthemum) mit im ganzen etwas größeren Pollenkörnern als sie die erstgenannte Art aufweist. Auch bei den Distelarten, Carduus (Abb. 18) und Cirsium, entspringen die scharf zugespitzten Stacheln aus breiter Basis, während bei einigen anderen Gattungen, bei Carthamus und Lappa, die Erhebungen der Exine nur als mehr oder weniger zugespitzte Warzen bezeichnet werden können. Ebenso bei den Flockenblumen (Centaurea) ist die Skulptur der Exine auf warzenförmige Erhöhungen reduziert. Kaum noch erkennbar sind solche bei Centaurea cyanus, der Kornblume (Abb. 19), deren Pollenkörner in der Seitenlage abgerundet walzenförmig, in der Pollage gerundet dreiseitig erscheinen. Kornblumenpollen kommt in vielen deutschen Honigen vor, allerdings meist nur in geringerer Menge als Begleitpollen.

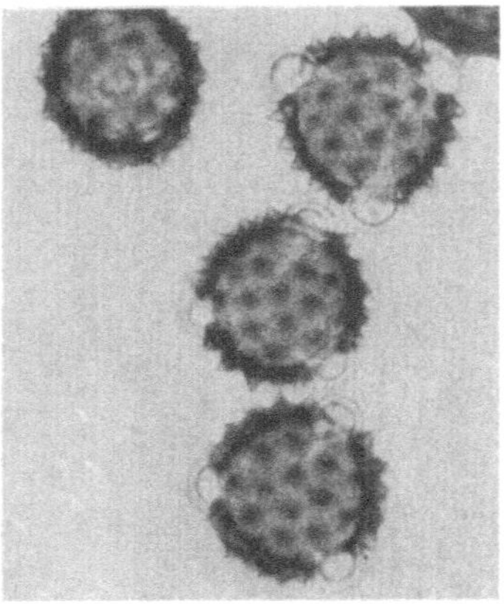

Abb. 18. Carduus nutans.
1 : 350. (Phot. C. Griebel.)

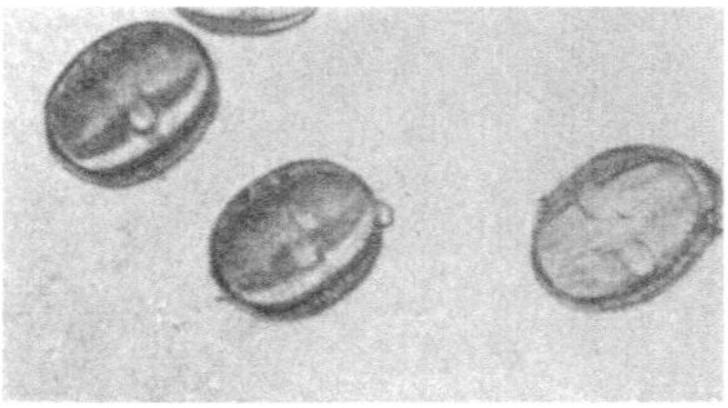

Abb. 19. Centaurea cyanus.
1 : 350. (Phot. C. Griebel.)

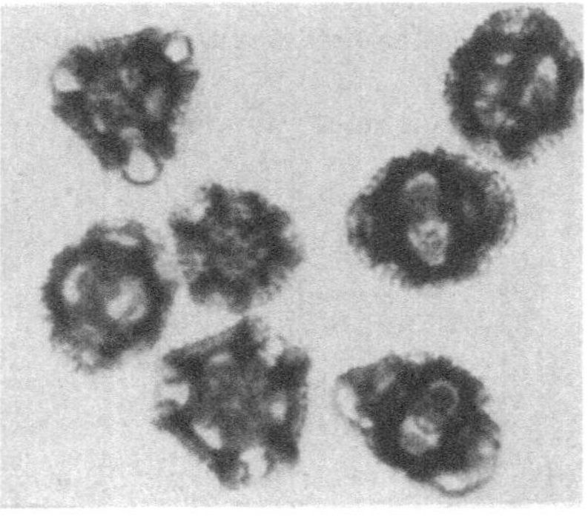

Abb. 20. Tragopogon pratensis.
1 : 350. (Phot. C. Griebel.)

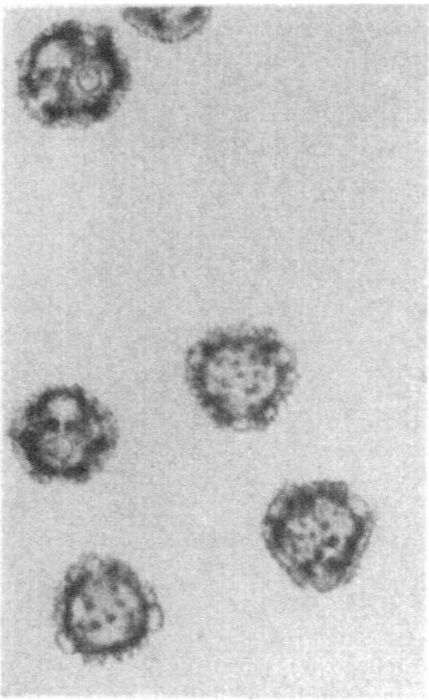

Abb. 21. Hieracium umbellatum.
1 : 150. (Phot. C. Griebel.)

Ganz anders gearteten Pollen weist die Unterabteilung der Zichorieae auf. Die oft den Eindruck von polyedrischen Hohlkörpern erweckenden Körner sind zwar ebenfalls

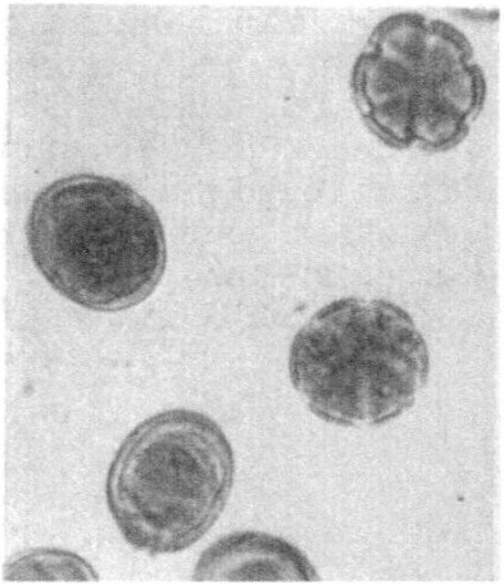

Abb. 22. Mentha piperita. 1:350. (Phot. C. GRIEBEL.)

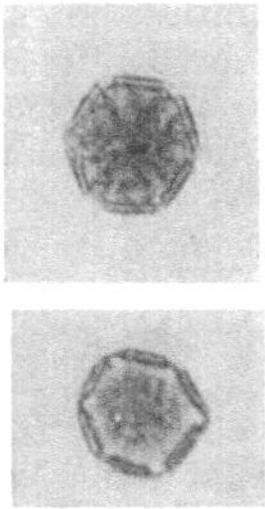

Abb. 23. Mentha silvestris. 1:350. (Phot. C. GRIEBEL.)

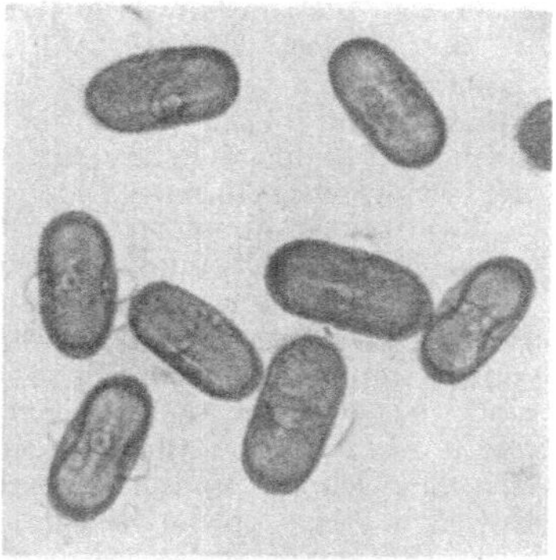

Abb. 24. Heracleum pyrenaicum. 1:350. (Phot. C. GRIEBEL.)

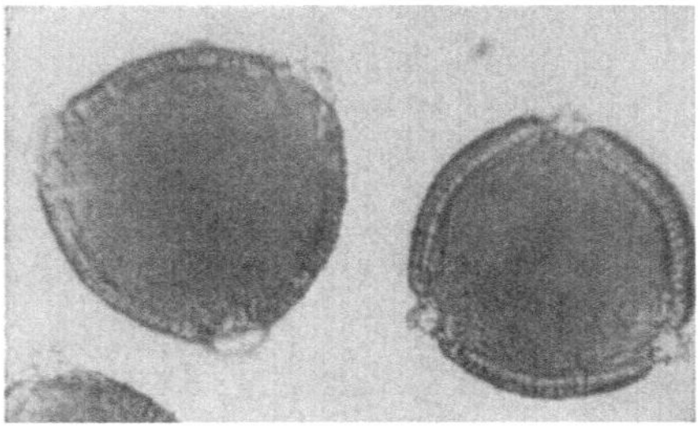

Abb. 25. Succisa pratensis. 1:350. (Phot. C. GRIEBEL.)

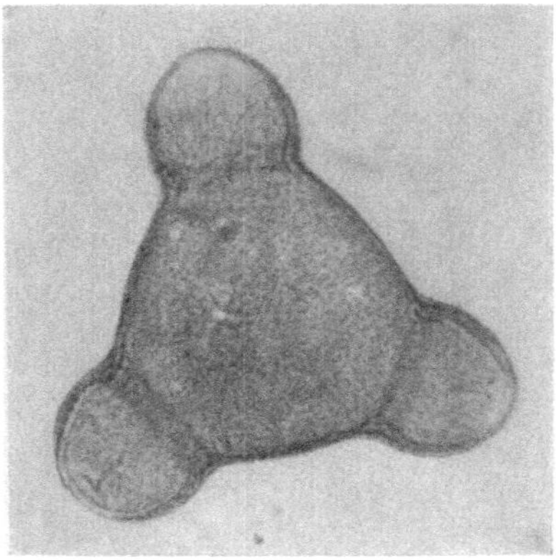

Abb. 27. Oenothera biennis. 1:350. (Phot. C. GRIEBEL.)

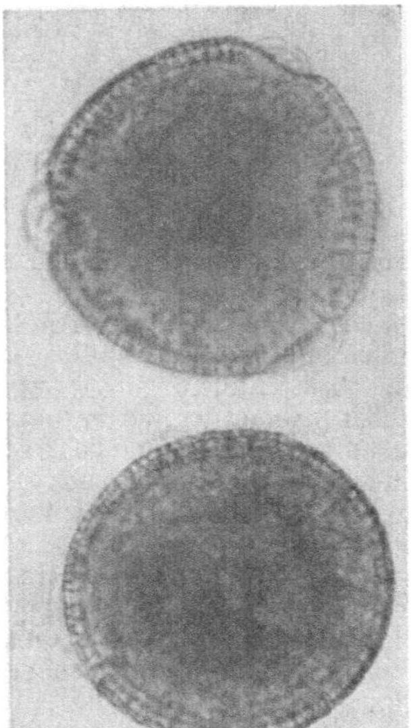

Abb. 26. Geranium pratense. 1:350. (Phot. C. GRIEBEL.)

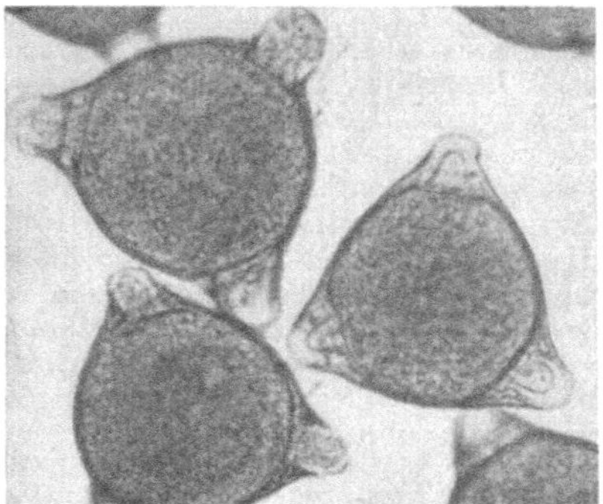

Abb. 28. Epilobium angustifolium. 1:350. (Phot. C. GRIEBEL.)

stachelig, aber die Stacheln sind meist auf polygonale Felder und Leisten beschränkt. Hierher gehört neben der Zichorie der Wiesenbocksbart (Tragopogon pratensis, Abb. 20). Ähnlich gebaut, aber weniger derb, sind die in manchen Frühlingshonigen reichlich vorhandenen Körner der Kuhblume (Taraxacum officinale), denen die der Habichtskräuter (Abb. 21) in der Größe etwa gleich sind.

Über Auslandshonige mit reichlichem Gehalt an Kompositenpollen vgl. unter II.

8. Labiaten. Obwohl zahlreiche Arten dieser Familie Bienenbesuch erhalten, kommt Labiatenpollen in deutschen Honigen doch nicht gerade häufig vor. Man kann hauptsächlich zwei Typen unterscheiden, nämlich dreifaltige und sechsfaltige Körner, während solche mit 4 und 8 Falten für die Honiguntersuchung bedeutungslos sind. Dreifaltpollen, die wenig charakteristisch sind, haben z. B. die Gattungen Stachys und Teucrium. E. ZANDER erwähnt einen Gamanderhonig aus Westfalen, der reichlich Pollen von Teucrium scorodonia enthielt. Ähnlich ist der früher nicht selten nach Deutschland gelangte ungarische Vusperkrauthonig, der von Stachys recta stammt, deren Pollen bei uns nur gelegentlich im Honig vorkommen dürfte, weil Stachys recta in Deutschland nicht in größeren Mengen aufzutreten pflegt. Außerordentlich kennzeichnend sind dagegen die sechsfaltigen Labiatenpollen, durch die z. B. die Gattungen Mentha, Majorana, Thymus, Ocimum und Salvia ausgezeichnet sind. Zuweilen bilden solche Sechsfaltpollen sogar die Leitpollen. So beobachtete E. ZANDER einen mitteldeutschen Majoranhonig und einen ostpreußischen Thymianhonig. Im Spreewald werden aber zuweilen auch ausgesprochene Menthahonige geerntet. Abb. 22 und 23 zeigen das charakteristische Aussehen der sechsfaltigen Labiatenpollenkörner.

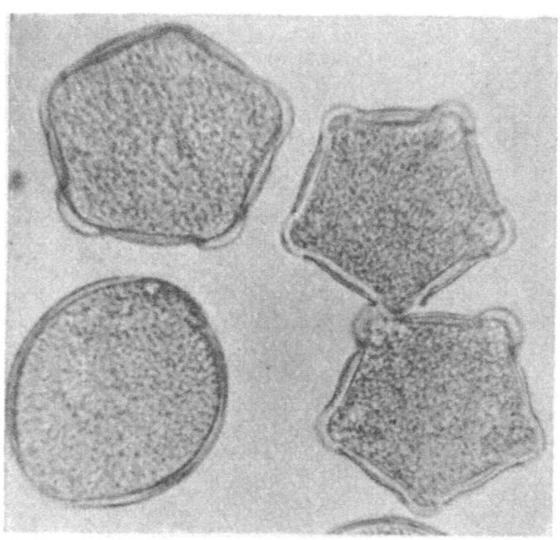

Abb. 29. Viola tricolor. 1:350. (Phot. C. GRIEBEL.)

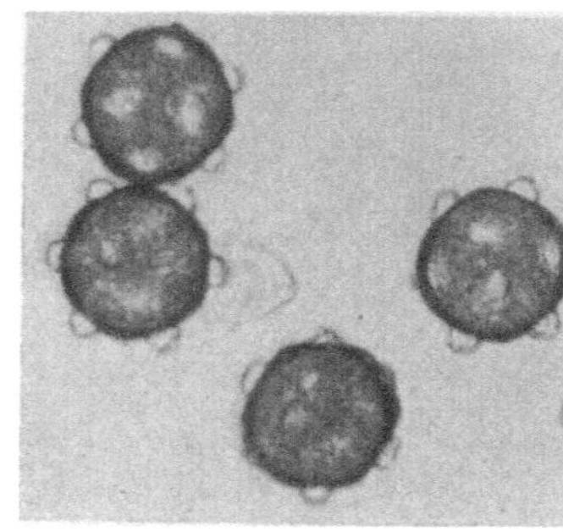

Abb. 30. Stellaria holostea. 1:350. (Phot. C. GRIEBEL.)

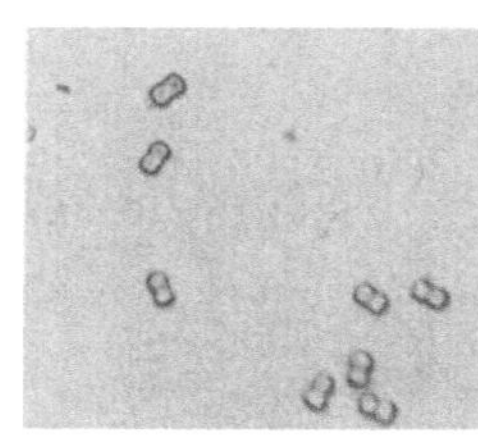

Abb. 31. Myosotis spec. 1:350. (Phot. C. GRIEBEL.)

9. Umbelliferen. Bei den Doldenblütlern findet sich wieder nur ein einziger Pollentypus. Beim Quellen der im trockenen Zustand fast zylindrischen, mit drei Längsfalten versehenen Körner tritt die in der Mitte jeder Falte vorhandene Austrittsstelle meist papillenartig hervor. Von den in den Wiesen verbreiteten Arten stellen namentlich der Wiesenkerbel (Anthriscus silvestris HFM.), die wilde Möhre (Daucus carota L.) und die Bärenklau (Heracleum sphondylium) wertvolle Bienennährpflanzen dar. Die letztere ist nach E. ZANDER namentlich für süddeutsche Gebiete eine außerordentlich wichtige Trachtpflanze. Die Gestalt des Umbelliferenpollens ist aus Abb. 24 ersichtlich.

10. Verschiedene Pflanzenfamilien. Aus räumlichen Gründen ist es nicht möglich, die als Einzelpollen und Begleitpollen vorkommenden Arten sämtlich zu erwähnen. Über sie gibt die oben zitierte Literatur, insbesondere das Werk von E. ZANDER, nähere Auskunft. Kurz erwähnt werden sollen lediglich noch einige durch ihre Größenverhältnisse auffallende Arten, die bei dem in solchen Untersuchungen weniger Bewanderten den Verdacht auf Auslandspollenformen aufkommen lassen könnten. Hierzu gehören die Pollenkörner der Dipsaceen, deren Form aus Abb. 25 ersichtlich ist und die nicht minder auffälligen der Geraniaceen (Abb. 26), weiter aus der Familie der Onagraceen die Gattungen Önothera (Abb. 27) und Epilobium (Abb. 28), aus der Familie der Violaceen das Stiefmütterchen, Viola tricolor (Abb. 29). Weiter müssen die Caryophyllaceen erwähnt werden, die eine größere Anzahl gleichmäßig über das Pollenkorn verteilte Keimstellen

aufweisen (Abb. 30). In deutschen Honigen findet sich hauptsächlich Lychnis flos cuculi[1]. Als kleinste deutsche Pollenform ist schließlich Myosotis, das Vergißmeinnicht (Abb. 31) zu nennen, dessen Körner etwa an eine kleine 8 erinnern, aber zuweilen sogar als Leitpollen in deutschen Honigen auftreten.

II. Ausländische Honigpollenarten.

Die in außerdeutschen — europäischen wie überseeischen — Ländern als Bienenfutter in Betracht kommenden Pflanzen sind vielfach die gleichen wie bei uns. Aber auch soweit es sich um fremde Arten handelt, stimmen sie in der Pollenform häufig weitgehend mit unseren einheimischen honigliefernden Pflanzen überein, so daß die Unterscheidung oft nicht sicher möglich ist. Derartige Honige lassen sich daher nur dann als Auslandshonige erkennen, wenn sie zugleich Begleitpollen oder Einzelpollen enthalten, die von unseren einheimischen Arten so verschieden sind, daß sie sicher als Auslandsformen erkannt werden können, oder wenn sie bei uns vorkommende Pollenformen in solcher Menge oder Zusammenstellung enthalten, wie dies bei deutschen Honigen aus floristischen Gründen nicht möglich ist. Wenn auch die von unseren heimischen Arten stark abweichenden Pollenformen oft nur spärlich oder vereinzelt in einem Honig auffindbar sind, so sind sie für den Analytiker doch als Leitelemente sehr wichtig, weil durch sie das Vorhandensein von Auslandshonig nachgewiesen ist.

Die folgende Übersicht enthält nur die wichtigsten in Auslandshonigen beobachteten Formen. Im übrigen muß auf die oben angegebene Literatur verwiesen werden[2].

a) Zusammengesetzte Formen.

In bestimmten Auslandshonigen (z. B. Mexiko, Cuba, Haiti, Domingo, Peru) finden sich gewöhnlich vereinzelt, zuweilen auch häufiger, zusammengesetzte Pollenkörner, die von unseren einheimischen Arten völlig verschieden und deshalb als Leitformen besonders wertvoll sind. Es handelt sich hierbei um Acacia- und verwandte Arten aus der Unterfamilie der Mimosoideen. Die aus kantigen Teil-

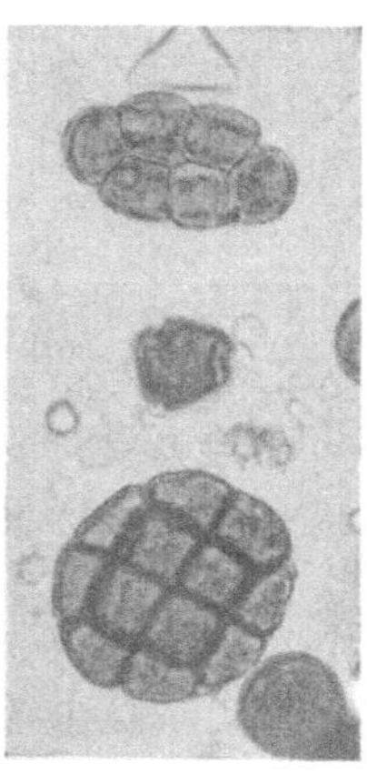

Abb. 32. (Mexiko, Cuba, Haiti, Domingo.) 1:333. (Phot. C. GRIEBEL.)

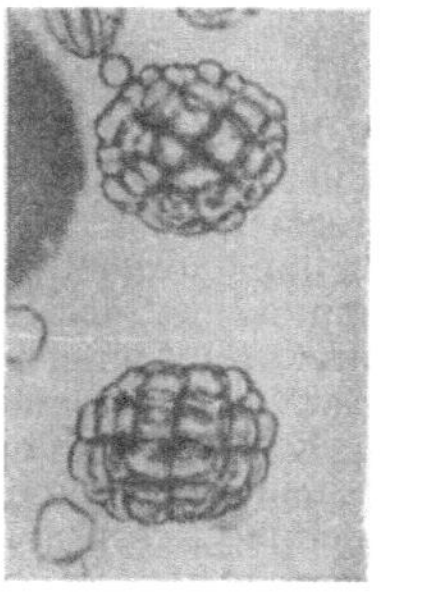

Abb. 33. (Mexiko, Domingo.) 1:333. (Phot. C. GRIEBEL.)

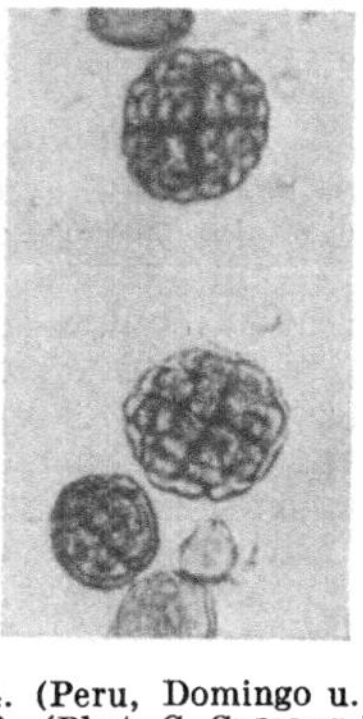

Abb. 34. (Peru, Domingo u. a. 1:333. (Phot. C. GRIEBEL.)

körnern zusammengesetzten Gebilde sind linsenförmig (Abb. 32, oben), in der Färbung hellgelb bis dunkelgelb. Die in Abb. 33 und 34 wiedergegebenen Arten sind zierlicher und zum Teil komplizierter zusammengesetzt. Oft noch zu Tetraden vereinigt sind die in

[1] Ein Caryophyllaceenhonig unbekannter Herkunft enthielt massenhaft kleine Brandpilzsporen und nur verhältnismäßig wenig Pollenkörner, ein Beweis, daß die Staubblätter der von den Bienen beflogenen Caryophyllaceenblüten von Ustilago violacea befallen waren, die auf zahlreichen Caryophyllaceen vorkommt.

[2] Vgl. insbesondere C. GRIEBEL: Zur Pollenanalyse des Honigs, IV. **Z. 1931, 61, 241.**

Mexiko- und Chilehonigen vorkommenden Körner von Citrullus (Abb. 35). Die dunkelbraunen, fein genetzten Einzelpollen trennen sich aber verhältnismäßig leicht und finden sich daher auch isoliert im Honig vor. Man erkennt dann deutlich drei Austrittsstellen.

b) Einfache Formen.

1. Austrittsöffnung nicht oder nicht deutlich sichtbar. Von kugeligen Formen sind hier zwei als besonders auffällig hervorzuheben. Die in Abb. 36 dargestellte Pollenart, die anscheinend nur in Mexikohonigen vorkommt, ist gelbgrau, bis 80 μ groß und hat eine warzige, scheinbar dicke Exine. Der sehr dichte Inhalt ist feinkörnig. Zuweilen platzt die Exine und läßt ihren von einer gequollenen farblosen Membran (Intine) umgebenen Inhalt in Form einer Kugel heraustreten.

Im Aussehen wesentlich verschieden hiervon ist die in Abb. 37 wiedergegebene, bis 55 μ große Art, die in Boniglösung zunächst undurchsichtig grau, später bei stärkerer

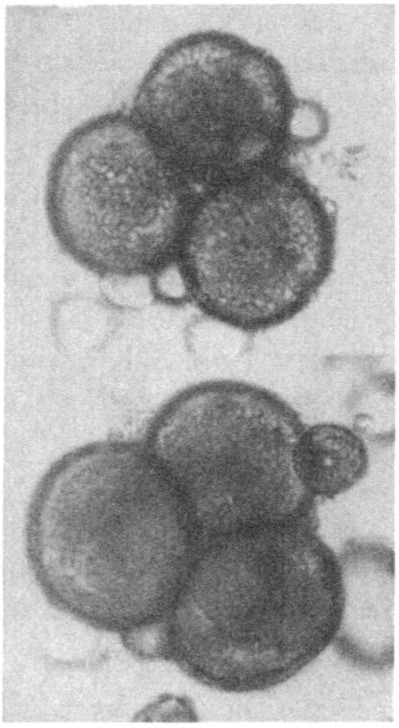

Abb. 35. Citrullus (Mexiko, Chile). 1:333 (Phot. C. GRIEBEL.)

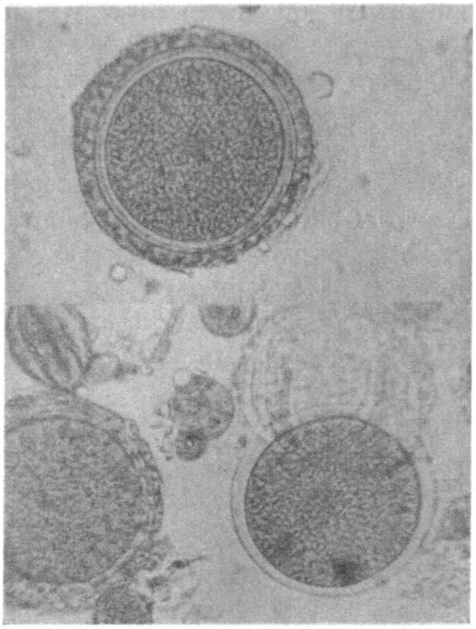

Abb. 36. (Mexiko.) 1:333. (Phot. C. GRIEBEL.)

Aufhellung grünlich erscheint und ebenfalls in Mexikohonigen vorkommt. Die Exine ist dicht mit kurzen, außen gerundeten Prismen besetzt und macht daher einen geperlten Eindruck. Bei dieser Art platzt die Exine sehr häufig, wobei der Inhalt in Form einer Schleimkugel mit großem, feinkörnigem Kern heraustritt. In Abb. 38 ist dieses Stadium oben bei hoher, unten bei tieferer Einstellung festgehalten.

Sehr leicht zu erkennen sind die in der Seitenlage etwa bohnenförmigen, in der Rückenlage etwa bisquitförmigen Pollenkörner von Commelina (Abb. 39), deren Exine mit kurzen, wenig dicht stehenden Stacheln besetzt ist. Sie sind bis 56 μ lang, gelblich bis bräunlichgrau und von GRIEBEL bisher in Mexiko-, Chile- und sibirischem Honig beobachtet worden. E. ZANDER fand sie stets in sibirischem Lindenhonig.

Abb. 40 stellt die dicht mit Stacheln besetzten Pollenkörner von Gossypium, der Baumwolle (Malvaceae) dar. Sie sind bräunlich, 70—80 μ groß und finden sich vereinzelt in vielen amerikanischen Honigen. Während unsere einheimischen Malvaceenpollen zahlreiche kreisförmige Austrittsstellen zeigen, sind solche bei Gossypium nicht deutlich erkennbar.

2. Pollenkörner mit einer Austrittsstelle. Die größte hier in Betracht kommende Form (Abb. 41) ist der Maispollen (Zea Mais-Gramineae), dessen Körner (bis 85 μ) sich in sehr vielen Auslandshonigen vereinzelt, zuweilen auch zahlreicher, vorfinden. Da Mais in zunehmendem Maße auch in Deutschland angebaut wird, besteht allerdings die Möglichkeit, daß Maispollenkörner gelegentlich auch in deutschen Honigen auftreten können, obwohl solche Befunde bisher noch nicht vorzuliegen scheinen. Die Farbe der Körner ist gelblich bis bräunlich.

Von besonderer diagnostischer Bedeutung ist die in Abb. 42 dargestellte Form, die höchstwahrscheinlich einer monokotylen Art angehört und in mittelamerikanischem, hauptsächlich in Cuba-, aber auch in Haiti- und Mexikohonig beobachtet wird und in manchen

Havannahonigen alle anderen Pollenarten der Menge nach weit übertrifft, so daß $^2/_3$ und mehr der vorhandenen Pollenkörner dieser Art entstammen. Die Farbe der Körner schwankt zwischen gelblich bis bräunlichgrau, die Größe zwischen 30 und 50 μ. Charakteristisch ist das Platzen an einer Längsseite, wobei der Inhalt als glasig durchsichtige Masse heraustritt, die gewöhnlich mehrere Konturen und außerhalb der Konturen oft auch

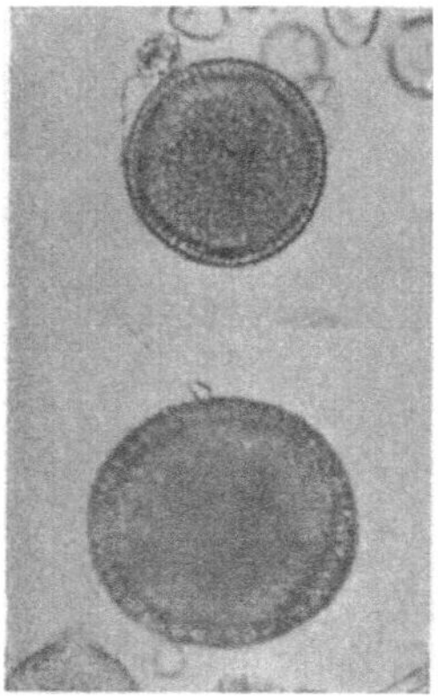

Abb. 37. Croton (Mexiko.) 1: 333. (Phot. C. GRIEBEL.)

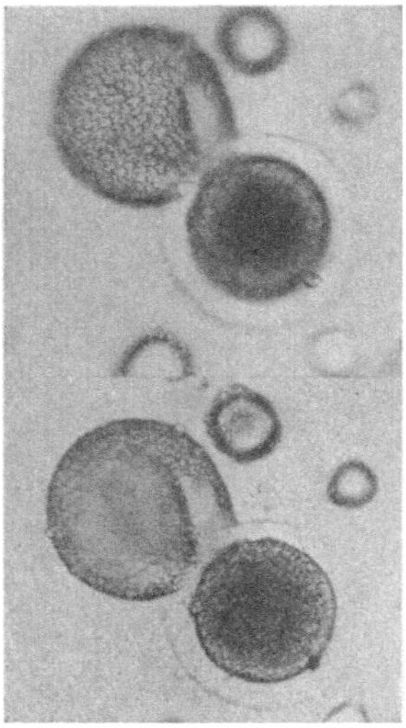

Abb. 38. Croton (Mexiko). 1: 333. (Phot. C. GRIEBEL.)

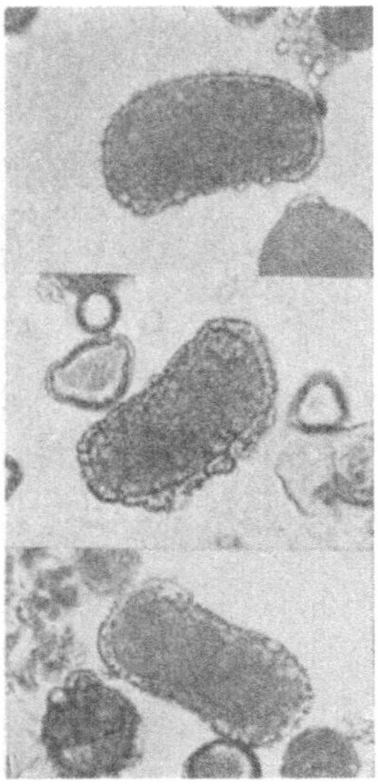

Abb. 39. Commelina (Mexiko, Chile, Sibirien). 1: 333. (Phot. C. GRIEBEL.)

noch eine Zone feinkörniger Substanz zeigt. Andere einfaltige Pollenarten treten in Überseehonigen nur verhältnismäßig spärlich auf, wie solche auch in deutschen Honigen im allgemeinen zu den Seltenheiten gehören. Die oben beschriebene Art ist daher ein vorzügliches Leitelement für den Nachweis von Cuba- oder anderen mittelamerikanischen Honigen.

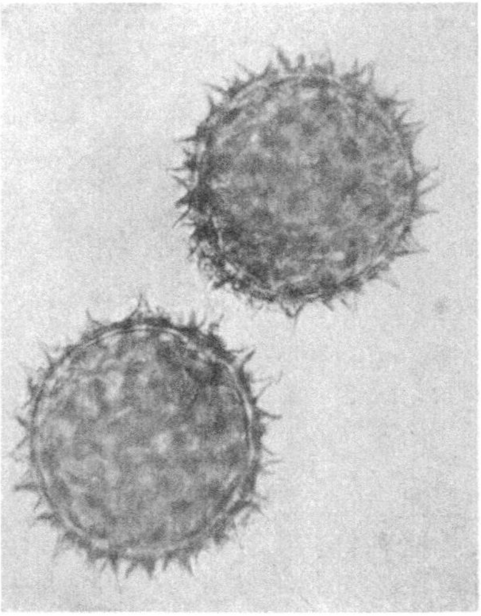

Abb. 40. Gossypium. 1: 333. (Phot. C. GRIEBEL.)

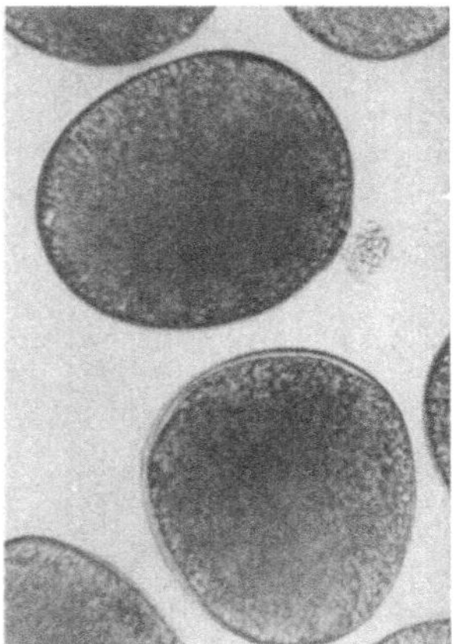

Abb. 41. Zea mais. 1: 333. (Phot. C. GRIEBEL.)

3. Pollenkörner mit drei Austrittsstellen. Bei der großen Mehrzahl der Pollenarten finden sich drei Austrittsstellen für den Pollenschlauch, die beim gequollenen Korn häufig an Ecken oder Vorsprüngen liegen. Größere in dieser Weise ausgebildete Formen kommen z. B. bei den Onagraceen vor, von denen Epilobium, seltener Önothera, vereinzelt auch in deutschen Honigen beobachtet wird. Abb. 43 zeigt eine Onagraceenart mit einer Seitenlänge von 90 μ in verschiedenen Lagen. Die Färbung dieser in einem Chilehonig ziemlich

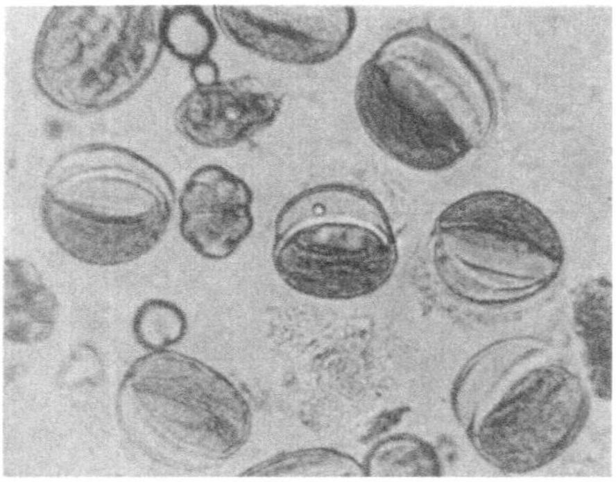

Abb. 42. (Cuba.)
1:333. (Phot. C. GRIEBEL.)

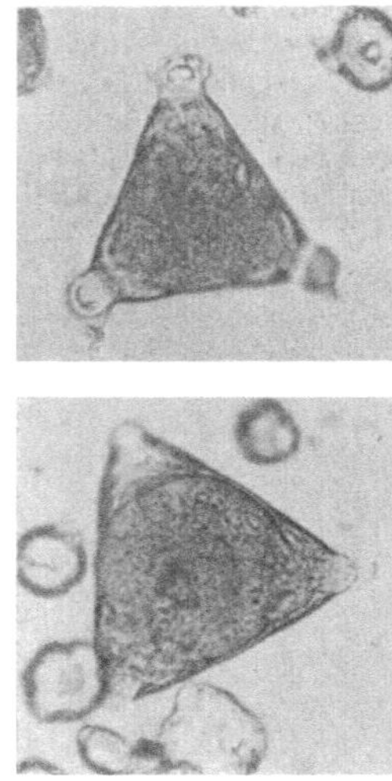

Abb. 44. Epilobium spec. aus amerikanischem Honig.
1:333. (Phot. C. GRIEBEL.)

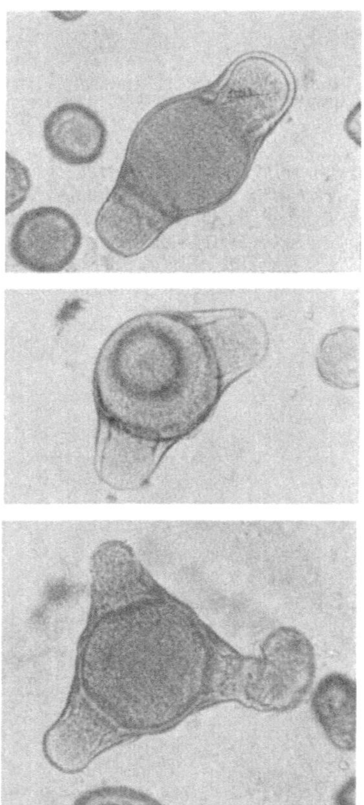

Abb. 43. (Chile.)
1:333. (Phot. C. GRIEBEL.)

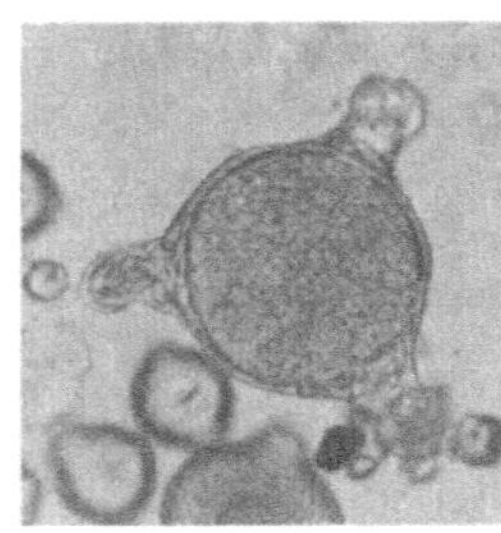

Abb. 45. Onagracee (Mexiko, Valparaiso, Havanna).
1:333. (Phot. C. GRIEBEL.)

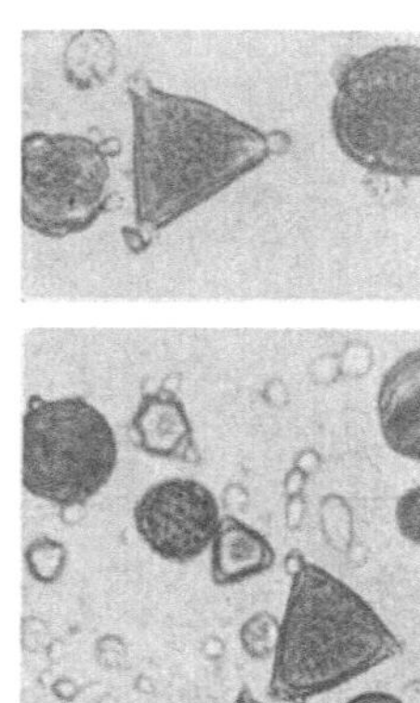

Abb. 46. (Mexiko.)
1:333. (Phot. C. GRIEBEL.)

reichlich vorhandenen Pollenkörner war rötlich bis blaßviolett. Önothera (Abb. 27) ist in amerikanischen Honigen keine Seltenheit. Verdacht auf Auslandshonig besteht stets, wenn man mehrere Körner dieser Gattung in jedem Präparat beobachtet, denn in deutschen Honigen kommen solche stets nur vereinzelt vor.

Sehr charakteristisch ist auch Abb. 44 aus amerikanischem Honig mit einer Seitenlänge von 70 μ, wahrscheinlich eine Epilobiumart, die aber eine viel schärfer dreieckige Form zeigt als unsere einheimischen Epilobiumarten. Die in Abb. 45 wiedergegebene Form, die in Mexiko-, Valparaiso- und Havannahonigen vorkommt, dürfte ebenfalls von

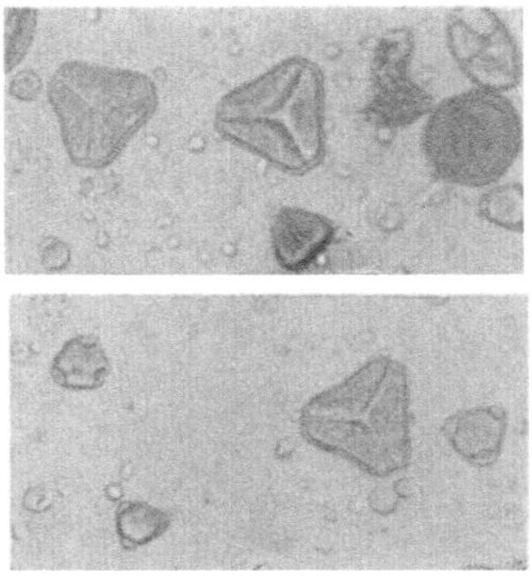

Abb. 47. (Mexiko.) 1:333. (Phot. C. GRIEBEL.)

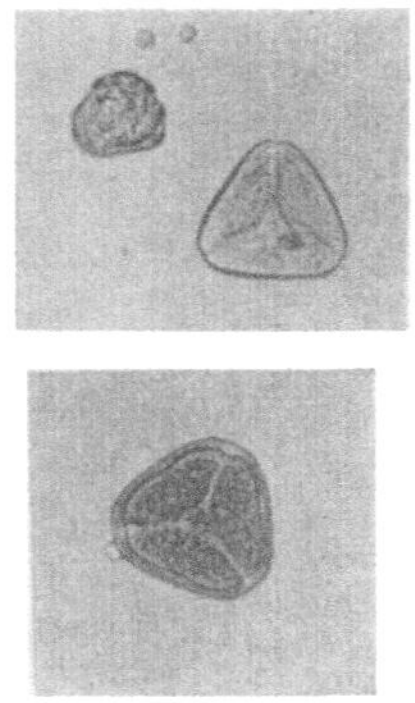

Abb. 48. (Mexiko.) 1:333. (Phot. C. GRIEBEL.)

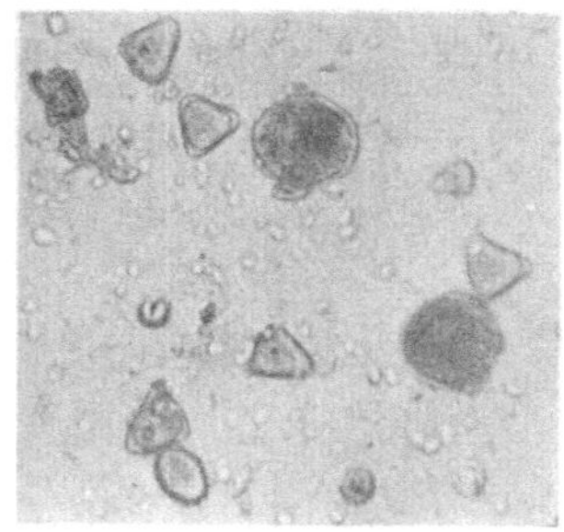

Abb. 49. (Westindien.) 1:333. (Phot. C. GRIEBEL.)

einer Onagracee stammen. Sie ist in der Färbung gelblichgrau; ihr Durchmesser beträgt etwa 55 μ. Die in Abb. 46—48 dargestellten viel kleineren Formen kommen in Mexikohonigen vor. Abb. 46 ist bräunlichgelb, mitunter grünlich, in der Seitenlänge etwa 30 μ groß. Abb. 47 zeigt eine sehr charakteristische flache, durchsichtige, kaum gefärbte Form, die nur scheinbar dreiteilig ist; Größe 26 μ. Abb. 48 gibt eine ziemlich stark gewölbte, gelblichgraue Form mit feinkörnigem Inhalt wieder. Habituell von diesen dreiseitigen Formen verschieden sind die Myrtaceenpollen, die als solche leicht erkennbar sind und meist fast ungefärbt, zum Teil grünlich erscheinen. Sie zeichnen

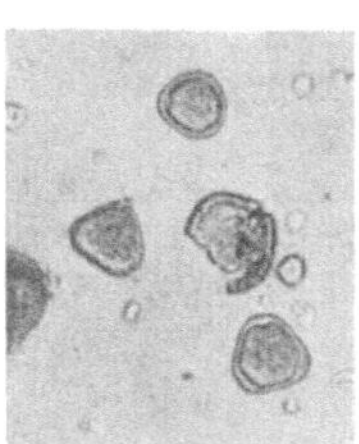

Abb. 50. (Mexiko.) 1:333. (Phot. C. GRIEBEL.)

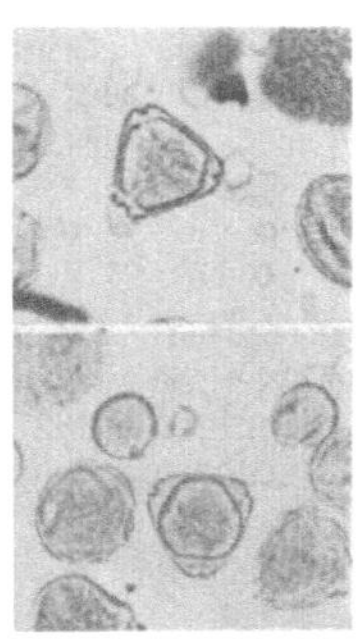

Abb. 51. (Valparaiso.) 1:333. (Phot. C. GRIEBEL.)

a b d c

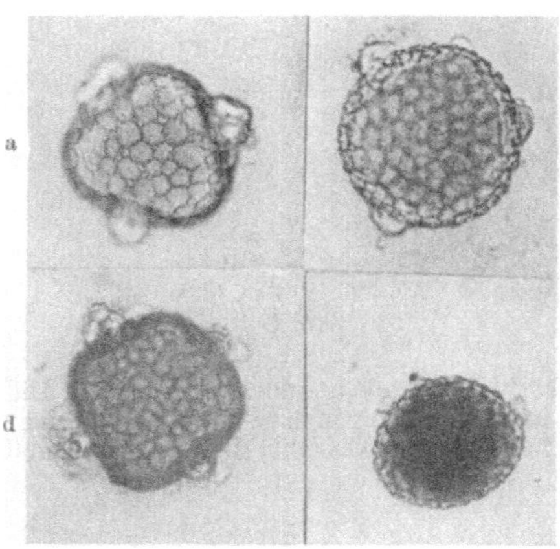

Abb. 52a—d. (Guatemala, Costarica.) a hohe, b tiefe Einstellung, c Seitenlage, d Korn mit 4 Austrittsstellen. 1:333. (Phot. C. GRIEBEL.)

sich durch geringe Größe der Körner aus. Abb. 49 zeigt kleine, dreiseitige Formen aus westindischem Honig, Abb. 50 aus Mexikohonig. Die beiden charakteristischen Körner in Abb. 51 aus Valparaisohonig stammen wahrscheinlich von einer Eukalyptusart. E. ZANDER fand Eukalyptuspollen massenhaft in australischen und brasilianischen Honigen; auch in kalifornischen Honigen muß mit ihrem Vorkommen gerechnet werden, denn unter den Bienenpflanzen Kaliforniens werden zahlreiche Eukalyptusarten genannt.

In der Mitte der Seiten liegend erscheinen die Austrittsstellen bei der in Abb. 52 in der Pollage bei hoher Einstellung abgebildeten Art, die in den meisten Guatemalahonigen, auch in Costaricahonigen, vorkommt, und daher als Erkennungsmerkmal für diese Honigsorten gelten kann. Die Exine der nur wenig gefärbten Körner ist von einem weiten, aber niedrigen Leistennetz bedeckt, dessen Leisten bei hoher Einstellung geperlt erscheinen. Wie die Seitenaufnahme (c) zeigt, setzen sich die Leisten aus ganz niedrigen Stäbchen

(Knöpfen) zusammen; b zeigt das nämliche Korn bei tiefer Einstellung, d ein Exemplar mit vier Austrittsstellen.

Von größeren, im ungequollenen Zustand dreifaltigen Formen sei eine in Mexiko-, aber auch in Chilehonigen vorkommende Art wiedergegeben (Abb. 53), die beim Hervortreten der Intine in Form glasklarer Flügel (Mitte und unten) ein sehr charakteristisches Bild liefert.

Eine besonders auffällige Form ist die in Abb. 54 wiedergegebene, die von einer Centaureaart stammt und in manchen Chilehonigen ziemlich häufig vorkommt. Die Färbung der Körner ist gelb, die Länge beträgt bis 75 μ.

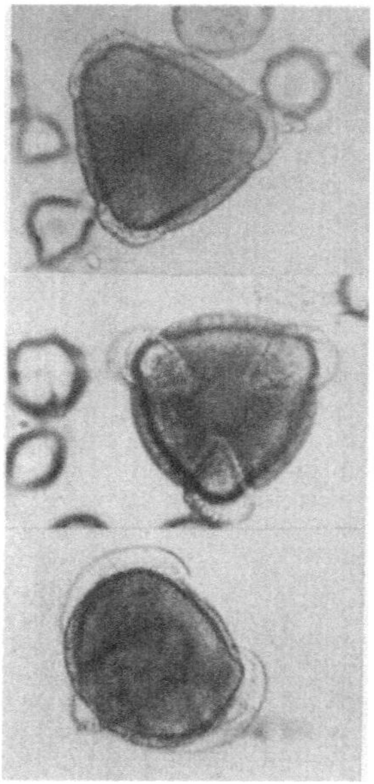

Abb. 53. (Mexiko, Chile.)
1:333. (Phot. C. Griebel.)

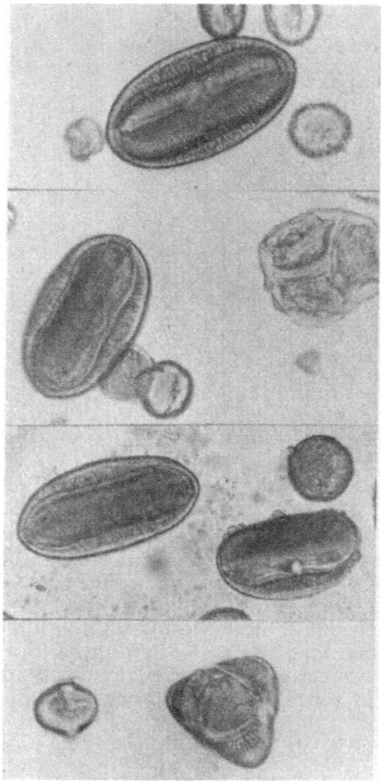

Abb. 54. (Chile.)
1:333. (Phot. C. Griebel.)

Mittelgroße und kleinere Formen: Die Körner Abb. 55 sind etwa 30 μ groß und kommen in Mexikohonigen und anderen amerikanischen Honigen vor. Die Exine zeigt eine sehr feine Stäbchenschicht; die Farbe ist gelblichgrau. Auch die kleine Form in Abb. 56 kommt in Mexikohonigen vor und ist an ihren vorgezogenen Austrittsstellen und der tiefgelben Farbe leicht kenntlich. Größe 20 μ.

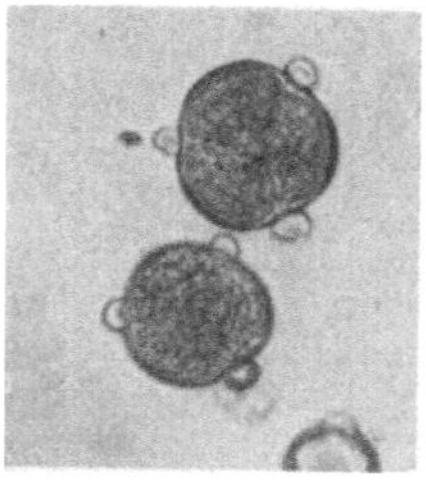

Abb. 55. Mexiko und andere amerikanische Honige.
1:333. (Phot. C. Griebel.)

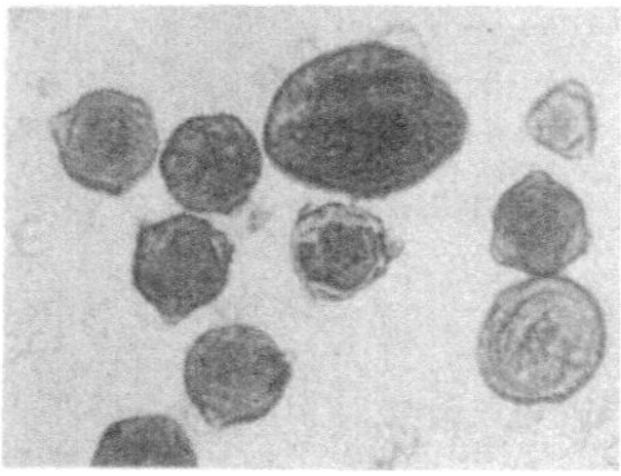

Abb. 56. (Mexiko.)
1:333. (Phot. C. Griebel.)

Nach einer Richtung stärker gestreckt sind die in Abb. 57 und 58 wiedergegebenen Formen. Fast zitronenförmig erscheint die in manchen Chilehonigen vorkommende gelbe, etwa 40 μ lange Art (Abb. 57). Eine ausgesprochene Zitronenform findet sich bei Abb. 58, einer hellgelben, in manchen Mexikohonigen in erheblicher Menge beobachteten Art von etwa 40 μ Länge.

Zu erwähnen ist noch der kalifornische Wildbuchweizen (Eriogonum fasciculatum), der eine unserem Buchweizen (Abb. 13) ähnliche aber weniger gestreckte Pollenform aufweist.

4. Pollenkörner mit mehr als drei Austrittsstellen. Als Norm ist die Vierzahl der Austrittsstellen nicht sehr häufig. In Betracht kommen für Auslandshonige hauptsächlich Citrusarten mit fein punktierter Exine (Abb. 59), die sich spärlich in amerikanischen, viel häufiger aber in spanischen Orangenblütenhonigen vorfinden. Eine fast glatte Exine weisen die ähnlich gestalteten Pollenkörner von Coffea auf, die nur vereinzelt in mittelamerikanischen Honigen vorzukommen scheinen.

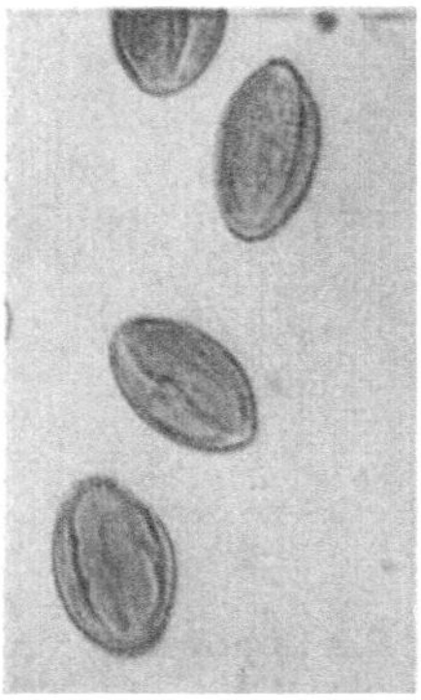

Abb. 57. (Chile.) 1:333. (Phot. C. GRIEBEL.)

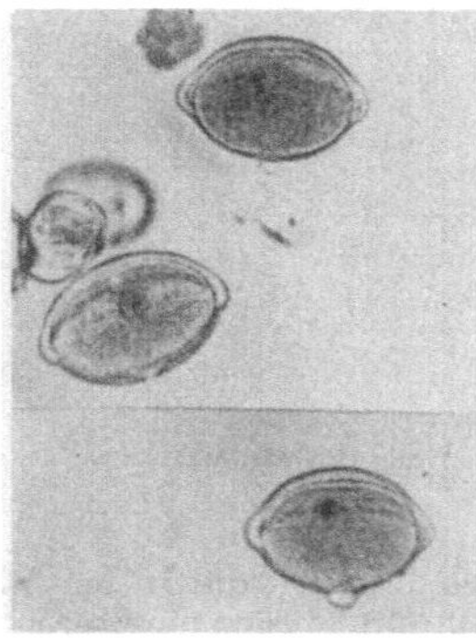

Abb. 58. (Mexiko.) 1:333. (Phot. C. GRIEBEL.)

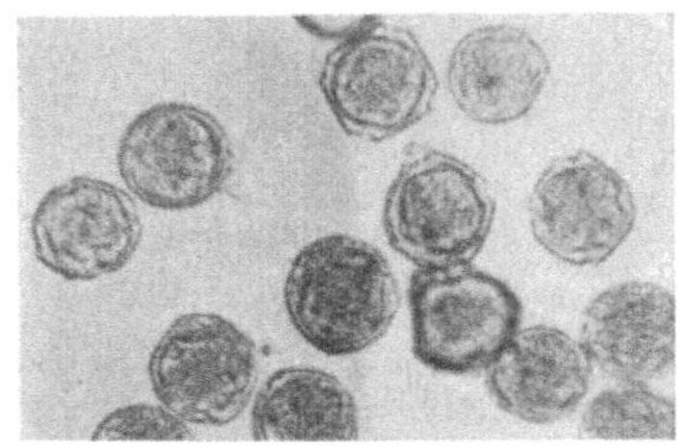

Abb. 59. Citrus vulgaris. 1:333. (Phot. C. GRIEBEL.)

Sechsfaltige Pollenkörner aus der Familie der Labiaten, die in Größe und Gestalt von unseren einheimischen Arten abweichen, finden sich in Auslandshonigen hin und wieder. Abb. 60 zeigt eine in Mexikohonigen beobachtete Form (Ocimum basilicum), die aber z. B. auch in Thüringer Honigen vorkommen kann, weil dort in einigen Gegenden Basilienkraut — ebenso wie Majoran — als Gewürz angebaut wird. Größere Mengen von sechsfaltigen

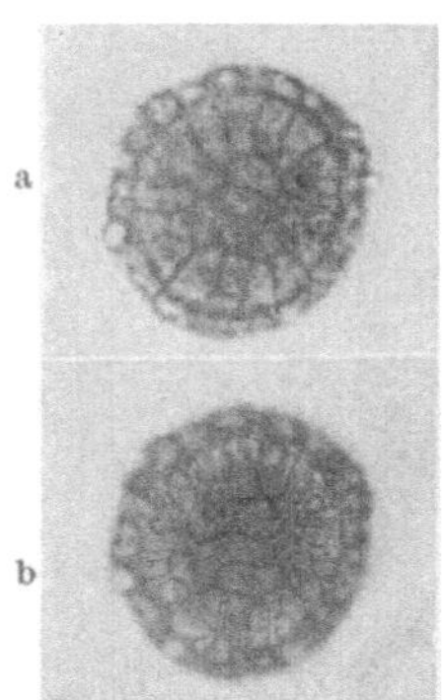

Abb. 60 a und b. Ocimum basilicum aus Mexikohonig. a tiefere, b höhere Einstellung. 1:333. (Phot. C. GRIEBEL.)

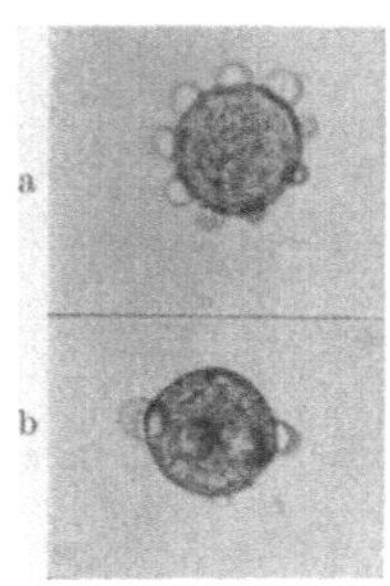

Abb. 61 a und b. (Haiti.) 1:333. (Phot. C. GRIEBEL.)

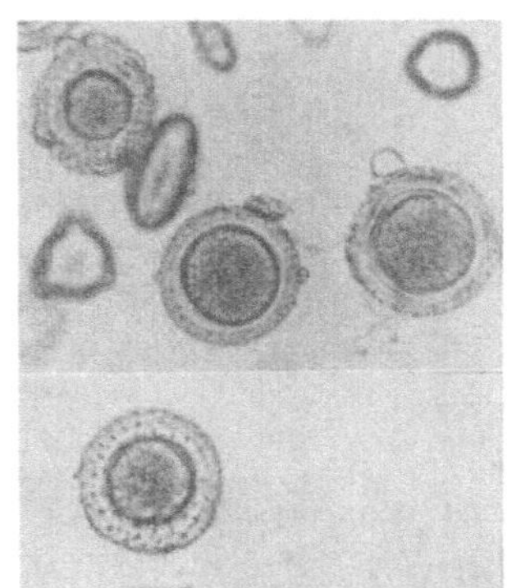

Abb. 62. (Mexiko.) 1:333. (Phot. C. GRIEBEL.)

Labiatenpollenkörnern von gewöhnlicher Beschaffenheit kommen z. B. in Honigen aus Südrußland und Griechenland sowie anderen Mittelmeergegenden vor.

Für Haitihonig charakteristisch ist die in Abb. 61 dargestellte Art, die sich immer nur spärlich findet und 9—10 Austrittsstellen aufweist. Das gleiche Korn ist bei a in Pollage, bei b in Seitenlage aufgenommen.

Pollenkörner mit zahlreichen, über das kugelige Korn verteilten Austrittsstellen finden sich in vielen Auslandshonigen, zumeist aber nur spärlich. Abb. 62 aus Mexikohonig wurde in einer Probe auch reichlich angetroffen. Aus den Austrittsstellen wölbt sich die Intine nicht selten bläschenartig hervor. Zumeist trägt die Exine solcher Formen ein Leistennetz, in dessen Maschen die Ausstrittsstellen liegen, wie bei den Arten Abb. 63, 64, 65, die sämtlich in Mexikohonigen beobachtet wurden.

Endlich sind noch die großen, mit stacheliger Exine versehenen Pollenkörner vom Malvaceentypus zu erwähnen, die allerdings von den bei uns vorkommenden Arten nur schwer zu unterscheiden sind, ausgenommen Gossypium (Abb. 40), bei dem die Austrittsöffnungen nicht ohne weiteres sichtbar sind und Hibiscus, dessen Pollenkörner durch sehr große, stumpfe, ziemlich weitläufig stehende Stacheln ausgezeichnet sind. Sehr ähnlich sind gewisse Convolvulaceenpollen, von denen die Ipomoeaarten (Abb. 66) für die Pollenanalyse von Bedeutung sind, weil die in Cubahonigen häufig vorkommenden Formen (67) jedenfalls

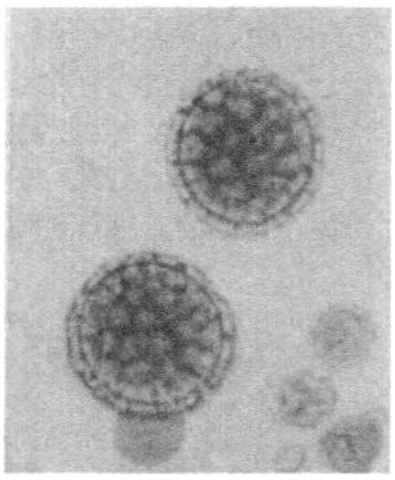

Abb. 63. (Mexiko.) 1:333. (Phot. C. GRIEBEL.)

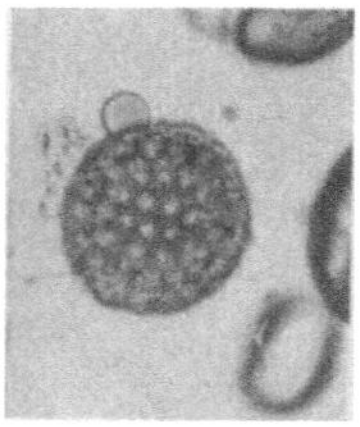

Abb. 64. (Mexiko.) 1:333. (Phot. C. GRIEBEL.)

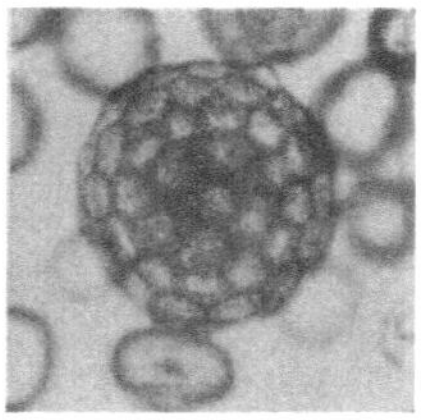

Abb. 65. (Mexiko.) 1:333. (Phot. C. GRIEBEL.)

in diese Gruppe gehören. Da bei solchen Körnern die Intine häufig aus sämtlichen Austrittsstellen blasenförmig hervorgewölbt ist (68), werden die Stacheln der Exine fast verdeckt.

Auch beim Fehlen besonders charakteristischer Pollenformen sind Auslandshonige nicht selten als solche erkennbar, nämlich wenn die Zusammensetzung des Pollenbildes ein derartiges ist, wie es bei uns aus floristischen Gründen nicht vorkommen kann, worauf bereits hingewiesen wurde. So lassen z. B., wie schon erwähnt, zahlreiche Kompositenpollenkörner (Distel und Sonnenblumenformen) auf amerikanische Steppengebiete schließen, während viele

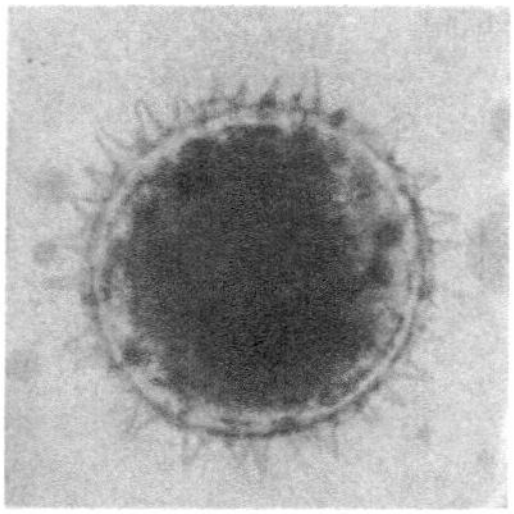

Abb. 66. Ipomoea. 1:333. (Phot. C. GRIEBEL.)

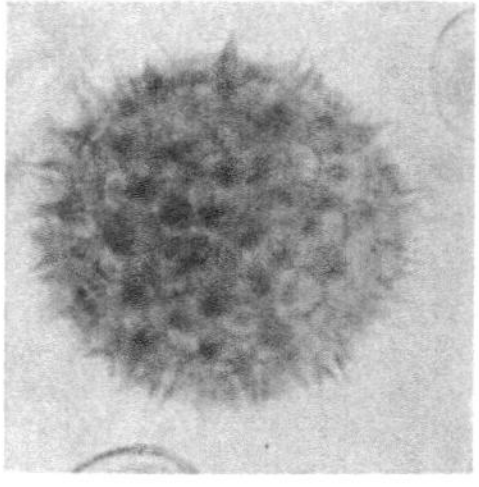

Abb. 67. (Cuba.) 1:333. (Phot. C. GRIEBEL.)

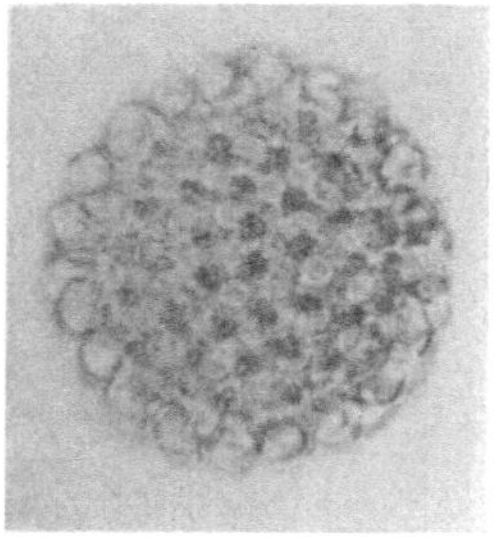

Abb. 68. (Cuba.) 1:333. (Phot. C. GRIEBEL.)

kleine Labiatenpollenkörner im allgemeinen auf Mittelmeerländer (Griechenland, Kreta) und in Verbindung mit reichlichem Distelpollen auf Südrußland und das Kaukasusgebiet hinweisen. Auch das Auftreten zahlreicher Körner des Lindenpollens läßt nicht auf deutschen Honig schließen — deutscher Lindenhonig zeigt nur spärliche Pollenkörner von Tilia —, sondern auf Honig aus Kanada oder aus Sibirien.

Die Literaturangaben über die Bienenpflanzen der einzelnen für Honiglieferung in Betracht kommenden überseeischen Länder sind übrigens zum Teil sehr mangelhaft. Eine Zusammenstellung der für Cuba in Betracht kommenden Arten nach JULIO DECARDENAS und EDUARDO MORENA gibt C. GRIEBEL[1].

---

[1] C. GRIEBEL: Zit. S. 371.

Offensichtlich ist diese Übersicht jedoch unvollständig, denn sie enthält nicht einmal die die Haupttracht dieser Gegend bildende Art (vgl. den in Abb. 42 wiedergegebenen Einfaltpollen). Die von M. C. RICHTER stammende Zusammenstellung der kalifornischen Bienenfutter liefernden Pflanzen findet sich ebenfalls bei C. GRIEBEL. Eine regionale Übersicht der in Kalifornien hauptsächlich in Betracht kommenden honigliefernden Pflanzen nach LOVELL geben W. BARTELS und A. FAUTH[1]. Die Genannten haben auch pollenanalytische Untersuchungen von kalifornischen Klee-, Alfalfa-, Melilotus-, Orangen-, Buchweizen-, Goldruten- und Salbeihonigen bekanntgegeben. Hierzu ist zu bemerken, daß es nach ZANDER Salbeihonige überhaupt nicht zu geben scheint, da der hierbei in Betracht kommende Labiatenpollen vielmehr von der Gattung Ramona stammen dürfte. Im übrigen kann die Pollenanalyse bei diastasearmen kalifornischen Honigen unter Umständen bestätigen, daß die betreffenden Honige aus den warmen südlichen Gegenden Kaliforniens stammen, was nach BARTELS und FAUTH einen geringeren Diastasegehalt zu bedingen scheint.

[1] W. BARTELS u. A. FAUTH: Z. 1933, **66**, 405.

Zucker und Zuckerwaren.

Von

Professor **Dr. J. Grossfeld**-Berlin.

Mit 18 Abbildungen.

A. Zuckerarten und Handelszucker.

Von den in der Natur vorkommenden Zuckerarten werden vom Menschen als Süßungsmittel Rohrzucker oder Rübenzucker (Saccharose), Stärkezucker oder Traubenzucker (Glucose), Fruchtzucker (Fructose), meistens zusammen mit der gleichen Menge Glucose als Invertzucker, Malzzucker (Maltose) und Milchzucker (Lactose) fabrikmäßig im großen gewonnen und zur Herstellung süß schmeckender Lebensmittel verschiedenster Art verwendet.

Diese natürlichen Süßstoffe sind gleichzeitig Nahrungs- und Genußmittel, wertvoll als Nahrungsmittel, weil sie leicht gelöst und schnell resorbiert werden und damit die am raschesten wirkenden Wärmequellen für den Energiehaushalt unseres Organismus bilden, geschätzt als Genußmittel wegen ihres rein süßen Geschmacks.

Süßungsgrad. Die Süßkraft von Zuckerarten wird durch den Süßungsgrad, ein von Th. Paul[1] eingeführtes Wertmerkmal, ausgedrückt. Die Bestimmung dieses Süßungsgrades erfolgt auf biologischem Wege durch die Geschmacksprobe. Die mit einer solchen Probe naturgemäß verbundenen Unsicherheiten werden durch Ausführung zahlreicher Einzelversuche und dann durch Berechnung des wahrscheinlichsten Ergebnisses auf mathematischem Wege nach der Konstanzmethode auf ein Mindestmaß gebracht.

Eine ausführliche Beschreibung der Methode gibt R. Pauli[2]. Die Formelgleichungen stammen von Spearman und sind von W. Wirth[3] mathematisch näher begründet worden.

Die Ausführung der Bestimmung des Süßungsgrades erfolgt in der Weise, daß man von dem zu prüfenden Süßstoff zwei Lösungen herstellt, deren eine für sämtliche Versuchspersonen deutlich süßer, die andere weniger süß schmeckt als eine zum Vergleich herangezogene Zuckerlösung (z. B. 20 oder 30 g Saccharose in 1 Liter). Zwischen diese beiden äußersten Süßstofflösungen schaltet man eine Reihe weiterer Lösungen ein, die untereinander stets denselben Konzentrationsunterschied aufweisen. Dann wird unter bestimmten Versuchsbedingungen jedes Paar von Lösungen (Süßstofflösung und Vergleichslösung) zweimal unter Umkehrung der Reihenfolge von vielen (etwa 20—30) Versuchspersonen geprüft. Die so erhaltenen „Süßer"-, „Gleich"- sowie „Schwächer"-Urteile werden in ein Kurvensystem eingetragen und nach der Methode von Spearman und Wirth variationsstatistisch ausgewertet.

Ein Beispiel für die Ausführung eines solchen Versuchs[4] zeigen die folgenden Versuche, in denen die Ermittlung des Süßungsgrades von Saccharin beschrieben ist.

---

[1] Th. Paul: **Z.** 1922, **43,** 137. [2] R. Pauli: Biochem. Zeitschr. 1921, **125,** 97.

[3] W. Wirth: Psychophysik, Leipzig 1912. Vgl. auch Wundts Psychologische Studien, Bd. 6; R. Pauli: Psychologisches Praktikum, Jena 1920.

[4] Ein ausführliches Berechnungsbeispiel findet sich in der Abhandlung von Paul: Zeitschr. Elektrochem. 1921, **27,** 539.

Formel zur Berechnung des Süßungsgrades von Süßstoffen nach der Konstanzmethode von Spearman und Wirth (mit Zahlenbeispiel von Abb. 1).

$$S_o = {}^1/_2(D_o + D_{o+1}) - \frac{\Sigma st \cdot i}{n}; \quad S_o = {}^1/_2(80 + 89) - \frac{183{,}9}{36} = 38{,}75 \qquad (1)$$

$$S_u = {}^1/_2(D_u + D_{u-1}) + \frac{\Sigma sch \cdot i}{n}; \quad S_u = {}^1/_2(8 - 1) + \frac{92{,}9}{36} = 26{,}50 \qquad (2)$$

Ergebnis des Versuchs auf Abb. 1: Süßungsgrad des Saccharins = 636.

Zeichenerklärung:

S_o = obere Schwelle,
D_o = Wert der größten Reizstufe,
S_u = untere Schwelle,
D_u = Wert der kleinsten Reizstufe,
Σst = Summe der „Stärker“-Urteile,
Σsch = Summe der „Schwächer“-Urteile,
Σgl = Summe der „Gleich“-Urteile,
i = Wert einer Reizstufe,
n = Anzahl der auf eine Stufe entfallenden Urteile.

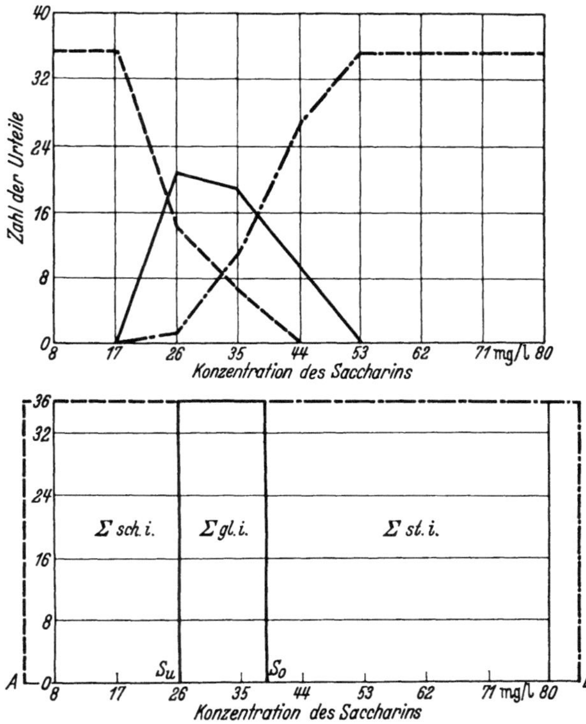

Abb. 1. Ermittlung des Süßungsgrades von Saccharin (Krystallose v. Heyden) im Vergleich mit 2%iger wäßriger Lösung von Zucker (Saccharose).
Zahl der Urteile 36 (Zahl der Versuchspersonen 18).
– – – – Urteile: Süßstofflösung ist weniger süß als Zuckerlösung.
– · – · – Urteile: Süßstofflösung ist süßer als Zuckerlösung.
——— Urteile: Süßstofflösung ist gleich süß mit Zuckerlösung bzw. das Urteil ist unentschieden.
Ergebnis: Süßungsgrad des Saccharins = 636; d. h. 1 g Saccharin entspricht 636 g Zucker.
Idealgebiete der obigen drei Kurven.

An Begriffen und Maßeinheiten hat Paul folgende eingeführt:

1. Süßungsgrad, das Süßungsvermögen der Süßungseinheit (g) eines Süßstoffes, bezogen auf Saccharose. — Unter Süßungsgrad (SG.) versteht man also die Zahl, die angibt, wieviel Gramm Saccharose in einem Volumen Wasser gelöst werden müssen, damit die Lösung gerade so süß schmeckt wie die Lösung von 1 g des zu prüfenden Süßstoffes in dem gleichen Volumen Wasser. Der Süßungsgrad der Saccharose ist hier also gleich 1 gesetzt.

Unter molekularem Süßungsgrad (MSG.) versteht man die Zahl, die angibt, wieviel Mol (Grammoleküle) Saccharose in einem bestimmten Volumen Wasser gelöst werden müssen, damit die Lösung gerade so süß schmeckt wie die Lösung von 1 Mol des zu prüfenden Süßstoffes in dem gleichen Volumen Wasser. Der molekulare Süßungsgrad wird also berechnet, indem man den Süßungsgrad mit dem Molekulargewicht des zu prüfenden Süßstoffes multipliziert und durch das der Saccharose (= 342,2) dividiert.

2. Süßungseinheit (SE.), das Süßungsvermögen eines Süßstoffes, bezogen auf 1 kg Zucker.

Unter Süßungseinheit versteht man also die Zahl, die angibt, wieviel Gramm eines Süßstoffes in einem bestimmten Volumen Wasser gelöst werden müssen, damit die Lösung gerade so süß schmeckt wie die Lösung von 1 kg Zucker in dem gleichen Volumen Wasser. Die Süßungseinheit entspricht also dem reziproken Werte des Süßungsgrades, sie wird aus praktischen Gründen auf 1 kg Zucker bezogen.

Im Gegensatz zu den künstlichen Süßstoffen (vgl. S. 486) wird der Süßungsgrad von Zuckerarten und natürlichen Süßstoffen durch die Konzentration der Lösung im allgemeinen nicht verändert, er ist also eine konstante Größe. PAUL berechnet die Süßungsgrade für verschiedene andere süßschmeckende Naturstoffe (Nr. 1—10), denen wir von A. HEIDUSCHKA und E. KOMM[1] ermittelte Werte für einige Aminosäuren (Nr. 11—14) anschließen:

Tabelle 1. Süßungsgrad von verschiedenen Naturstoffen.

Nr.	Bezeichnung des Süßstoffes	Formel	Molekulargewicht[2]	Süßungsgrad (SG.)	Molekularer Süßungsgrad (MSG.)	Süßungseinheit (SE.)
1	Glucose (Traubenzucker)	$C_6H_{12}O_6$	180,1	0,35	0,28	1,89
2	Fructose (Fruchtzucker)	$C_6H_{12}O_6$	180,1	1,05	0,55	0,95
3	Saccharose (Rohrzucker)	$C_{12}H_{22}O_{11}$	342,2	1,00	1,00	1,00
4	Lactose (Milchzucker)	$C_{12}H_{22}O_{11}$	342,2	0,27	0,27	3,70
5	Glykol	$C_2H_6O_2$	62,0	0,49	0,09[1]	2,04
6	Glycerin	$C_3H_8O_3$	92,1	0,48	0,13[1]	2,08
7	Dulcit	$C_6H_{14}O_6$	182,1	0,41	0,22	2,44
8	Mannit	$C_6H_{14}O_6$	182,1	0,45	0,24	2,22
9	Sorbit	$C_6H_{14}O_6$	182,1	0,48	0,26	2,08
10	Stärkesirup (mit etwa 78% Trockenmasse)	—	—	0,26	—	3,85
11	Glykokoll	$C_2H_5NO_2$	75	0,64	0,14	1,56
12	Sarkosin	$C_3H_7NO_2$	89	0,62	0,16	1,61
13	d, l-Alanin	$C_3H_7NO_2$	89	0,92	0,24	1,09
14	d-Alanin	$C_3H_7NO_2$	89	0,73	0,19	1,37

In einer weiteren Untersuchung zeigen aber HEIDUSCHKA und KOMM[3], daß mit steigender Konzentration auch der Süßungsgrad von Glykokoll und d,l-Alanin stark abnimmt:

Konzentration in 100 ccm		2,5	5,0	7,5	10,0	15,0	20,0	25,0 g
Glykokoll	Süßungsgrad	1,19	1,03	0,85	0,78	0,64	0,55	0,46
	Mol. Süßungsgrad	0,26	0,22	0,18	0,17	0,14	0,12	0,10
d,l-Alanin	Süßungsgrad	1,70	1,28	1,06	0,93	—	—	—
	Mol. Süßungsgrad	0,44	0,33	0,27	0,24			

In Gemischen scheinen sich die Süßungsgrade dieser Komponenten nicht zu addieren. Nach Untersuchungen von C. J. CARR, F. F. BECK und J. C. KRANTZ[4] über Zuckeralkohole wurde der Süßungsgrad von Glycerin und Dulcit wesentlich höher als von PAUL, der von Mannit und Sorbit etwas höher gefunden. Die Ergebnisse (Saccharose = 100), auch für Äthylenglykol, inakt. Erythrit, Pentaerythrit, l-Arabit und Inosit waren folgende:

Äthylenglykol	130	d-Mannit	57
Glycerin	108	d,l-Sorbit	54
Inakt. Erythrit	238	Dulcit	74
Pentaerythrit	110	Inosit	50
l-Arabit	100		

Von den Anhydriden der Zuckeralkohole schmecken nach den gleichen Untersuchern Äthylenoxyd, Glycid, Mannitan, Mannid, Isomannid und Dulcitan nicht süß, sondern ausgesprochen bitter. Erythritan schmeckt in hohen Konzentrationen bitter, in der Nähe des Schwellenwertes aber süß. Polygalit hat bei hohen Konzentrationen einen süßen, in starker Verdünnung einen adstringierenden Geschmack.

[1] A. HEIDUSCHKA u. E. KOMM: Zeitschr. angew. Chem. 1925, 28, 291; C. 1925, I, 2303.
[2] Nach eigener Umrechnung.
[3] A. HEIDUSCHKA u. E. KOMM: Zeitschr. angew. Chem. 1925, 38, 941; C. 1926, I, 880.
[4] C. J. CARR, F. F. BECK u. J. C. KRANTZ JR.: Journ. Amer. Chem. Soc. 1936, 58, 1394; C. 1937, I, 3310.

Die geringste Konzentration an Saccharose, die im Geschmack noch erkannt wurde (Geschmacksschwelle), lag bei Versuchen von F. B. KLING[1] an 64 Personen zwischen 0,0004 bis 0,1024 molar, entsprechend 0,2—34 g in 1 Liter.

Von den genannten süßschmeckenden Naturstoffen wird Sorbit unter der Bezeichnung Sionon als Süßungsmittel für Zuckerkranke verwendet, da es nicht in den Stoffwechsel gelangt (W. W. PAYNE, R. D. LAWRENCE und R. A. MCCANCE[2]). Ein weiteres Süßungsmittel für Zuckerkranke Sirupon von sirupähnlicher Beschaffenheit und etwa doppelt so starker Süßkraft wie Rohrzucker ist nach Angabe der Hersteller ebenfalls ein mehrwertiger, dem Mannit nahestehender Alkohol, enthält aber noch Phenetolcarbamid (R. PEPERKORN[3]). Dagegen ist nach Untersuchung von MCCANCE und R. D. LAWRENCE[4] Quebrachitol, l-Methylinosit, als Süßungsmittel ungeeignet, weil es in größerer Menge Koliken oder Diarrhöen hervorruft. Auch beträgt seine Süßkraft nur $^1/_3$—$^1/_2$ der des Rohrzuckers.

I. Rohrzucker und Rübenzucker.

Von den Zuckerarten ist bei weitem am wichtigsten der aus Zuckerrohr und Zuckerrüben in technischen Großbetrieben, je nach dem Rohstoff, aus dem er erhalten wurde, Rohrzucker oder Rübenzucker genannte Handelszucker, auch als Zucker schlechthin bezeichnet.

Daß gerade der Rohrzucker oder Rübenzucker als Süßungsmittel bevorzugt wird, ist zunächst durch den Umstand bedingt, daß bei ihm nach H. FINCKE[5] eine ganze Anzahl besonders günstiger Eigenschaften zusammentreffen.

So ist der Geschmack der Saccharose rein süß ohne Nebengeschmack schon in 2%iger Lösung hervortretend, aber auch selbst bei reinem Zucker noch erträglich bleibend. Dieser süße Geschmack ergänzt viele andere Geschmacksempfindungen in angenehmer Weise, den sauren Geschmack bei Früchten, den bitteren bei Schokolade und Likören, den herben bei Teegetränken, den Brotgeschmack bei Zuckerbackwaren. Da Zucker geruchlos und farblos ist, läßt er sich mit den verschiedensten Aromastoffen verwenden und mit Farbstoffen beliebig auffärben. Seine Leichtlöslichkeit in Wasser und verdünntem Alkohol ohne Bildung von unerwünschten Gallerten verbindet sich mit guter Haltbarkeit reinen Zuckers an der Luft ohne Neigung zum Zerfließen. Andererseits ist bei Fruchtgelees zur Bildung von Pektingallerten gerade die Zuckerkonzentration neben Pektin und Säure für das Gelingen ausschlaggebend. Hieraus ergibt sich eine Fülle von Möglichkeiten zur Bereitung verschiedenster Lebensmittel und Speisen aus Zucker, noch dadurch vermehrt, daß auch die Kornfeinheit und Form einzelner Zuckerarten wie Kandiszucker, Krystallzucker, Würfelzucker, Hagelzucker, Streuzucker und Puderzucker den jeweiligen Verwendungszwecken besonders angepaßt sind.

Chemisch ist Rohrzucker haltbar und selbst gegen Parasitenbefall wenig empfänglich. Zucker wirkt in starker Konzentration sogar keimhemmend und ist damit als Konservierungsmittel zur Herstellung von Fruchtkonserven in größtem Maßstabe in Gebrauch. Dabei ist er für die menschliche Gesundheit (von besonderen krankhaften Zuständen, wie Diabetes, abgesehen) völlig harmlos. Auch die vielfach behauptete Begünstigung der Zahnfäule durch erhöhten Genuß von Zucker und Zuckerwaren ist bisher nicht erwiesen (H. FINCKE[6]). Rohrzucker wird durch den Darmsaft invertiert und dann in Form von Glucose und Fructose resorbiert.

[1] F. B. KLING: Food Res. 1937, **2**, 207.

[2] W. W. PAYNE, R. D. LAWRENCE u. R. A. MCCANCE: Lancet 1933, **225**, 1257; **Z.** 1937, **73**, 382.

[3] R. PEPERKORN: Münch. med. Wochenschr. 1936, I, 139; **Z.** 1937, **74**, 447.

[4] R. A. MC CANCE u. R. D. LAWRENCE: Biochem. Journ. 1933, **27**, 986; **Z.** 1937, **74**, 250.

[5] H. FINCKE: Gordian 1933, Heft 933 vom 12. März. — Sonderabdruck.

[6] H. FINCKE: Kazett 1937, Nr. 6 und Nr. 7. Sonderdruck.

Durch chemische Behandlung läßt sich die Saccharose leicht in weitere Produkte umwandeln, so durch Säuren und Enzyme in ein Gemisch gleicher Teile Glucose und Fructose (Invertzucker) (vgl. S. 435), durch Erhitzen in den zur Auffärbung von Lebensmitteln dienenden Farbstoff Zuckercouleur oder Caramel (vgl. S. 453).

1. Vorkommen des Rohrzuckers.

Die Saccharose findet sich im Pflanzenreiche außerordentlich weit verbreitet im Safte der meisten Pflanzen, wo sie wahrscheinlich aus der durch die Tätigkeit des Chlorophylls als erstem Umwandlungsstoff gebildeten Glucose gebildet worden ist. Die Saccharose ist dabei neben der aus Glucosemolekülen aufgebauten Stärke und dem aus Fructosemolekülen bestehenden Inulin als Speicherstoff von besonders leichter Löslichkeit anzusehen. Damit hängt offenbar auch zusammen, daß wir die Saccharose vor allem in solchen Teilen der Pflanze finden, die kein Chlorophyll enthalten (JODIN[1]). Der größte Teil des in den Früchten vorhandenen Invertzuckers dürfte ursprünglich als Saccharose abgeschieden und dann durch Enzyme und Fruchtsäuren in Glucose und Fructose gespalten sein.

So viele Pflanzen und Pflanzenteile aber auch Rohrzucker enthalten, so gibt es doch nur eine beschränkte Anzahl Arten, bei denen die Saccharosekonzentration im Saft eine solche Höhe erreicht, daß sich die Gewinnung des Zuckers daraus lohnt. Wenn wir hierbei eine ältere Zusammenstellung von E. O. VON LIPPMANN[2] aus dem Jahre 1904 durch einige neuere Angaben ergänzen, erhalten wir über das Vorkommen größerer Zuckermengen etwa folgendes Bild:

a) Grüne Pflanzen, Blätter und Stengel. Von Gräsern enthalten die wilden Saccharumarten wie Saccharum spontaneum 2—4, reifes Zuckerrohr 14—26, reife Zuckerhirse 10—18, Süßmais 8—11, unter Umständen 12—17% Saccharose.

Bei Mais hat nach E. HECKEL[3] die vollständige Entfernung aller männlichen und weiblichen Blüten (Kastrierung) günstigen Einfluß auf die Zuckerbildung. Besonders unter ungünstigen klimatischen Bedingungen finden PH. DE VILMORIN und F. LEVALLOIS[4] im Safte von kastriertem Mais 10% Saccharose, in Mais mit süßen Samen stets höheren Saccharosegehalt als in gewöhnlichem. Die Schwankungen betrugen bei reifem Mais für Saccharose 3,22—8,40, für reduzierenden Zucker 3,90—4,75%.

Ebenfalls bei Hirse erhielt HECKEL durch Entfernung der Blüten eine Erhöhung der Zuckerausbeute von 10,94 auf 13,70%; andererseits war dabei aber der relativ hohe Stärkegehalt des Preßsaftes der kastrierten Hirse für die technische Zuckerdarstellung ungünstig.

Auch in sonstigen grünen Grasstengeln, so von Roggen, Hafer und Wiesengräsern ist Rohrzucker enthalten und gelangt damit in das Wiesenheu, in dem man bis zu 2,53% Zucker gefunden hat.

Der Saft vieler Palmenarten, so von Arenga saccharifera, Phoenix silvestris, Caryota urens, Borassus flabelliformis, Cocos nucifera u. a. enthält bedeutende Mengen (3—6%) Rohrzucker, der Saft des amerikanischen Butternußbaumes 4—5, des Zuckerahorns 3 (vgl. S. 444), der Birke und des Johannisbrotbaumes 2—4% Zucker. Überaus zuckerreich ist nach L. CAVEL[5] und A. H. WELS und G. A. PERKINS[6] der Saft der Nipapalme mit 14—15% Saccharose, von Invertzucker nur in Spuren begleitet.

---

[1] JODIN: Bull. Soc. chim. II, **31**, 137. (Nach v. LIPPMANN.)
[2] E. O. VON LIPPMANN: Die Chemie der Zuckerarten. Braunschweig 1904.
[3] E. HECKEL: Compt. rend. Acad. Sciences 1912, **155**, 686; **C.** 1912, II, 2116.
[4] PH. DE VILMORIN u. F. LEVALLOIS: Bull. Soc. chim. France 1913 [4], **13**, 294; **C.** 1913, I, 1699.
[5] L. CAVEL: Rév. gén. Chim. pures appl. 1913, **16**, 17; **C.** 1913, I, 1149.
[6] A. H. WELS u. G. A. PERKINS: Philippine Journ. Science 1922, **20**, 45; **C.** 1922, IV, 801.

Weiterhin findet man Rohrzucker in den Blättern zahlreicher Gewächse. in erhöhter Menge kurz vor der Reife der betreffenden Früchte, aber immer nur in geringer Konzentration.

b) Früchte und Samen. In vielen Früchten wird der abgelagerte Rohrzucker durch Enzyme und vorhandene Fruchtsäuren bald und zum größten Teil zu Glucose und Fructose gespalten. Doch sind von einheimischen Früchten besonders einige Steinfrüchte, unter diesen Pflaumenarten (Mirabellen, Zwetschgen. Reineclauden), Pfirsiche, Aprikosen, ferner Süßäpfel und Mispeln rohrzuckerreich. Auch reife Orangen enthalten noch viel Saccharose.

Der Kürbis wurde nach M. SPETER[1] vor 100 Jahren ernstlich als Zuckerquelle vorgeschlagen. Aus der besten Sorte, dem Seidenkürbis, wurde mit Spindelpressen ein Saft mit der Dichte von 8—10° Bé erhalten; 26,5 Zentner Kürbis lieferten 1 Zentner Zuckermehl.

Von den tropischen Früchten fällt nach C. GRIEBEL[2] die Röhrenmanna (Cassia fistula) durch ihren hohen Saccharosegehalt auf. GRIEBEL fand in dem daraus bereiteten Fruchtmus. bezogen auf die Trockensubstanz, neben 6,79—16,42% Invertzucker 53,12—66,31% Saccharose und stellte diese auch durch Krystallisation aus Alkohol in Krystallen dar.

Eine weitere saccharosereiche Frucht ist das Johannisbrot oder die Karobe, von Ceratonia siliqua[3], deren Zuckergehalt der absoluten Menge nach den von Zuckerrohr und Zuckerrübe noch übersteigt, wobei allerdings der sehr verschiedene Wassergehalt zu beachten ist. So fand ROTHÉA[4] darin neben 12,00—19,50% Wasser und 8,50—11,00% reduzierenden Zucker 29,4—34,67% Saccharose. Ähnlich enthielten peruanische Algarroben (Prosopis horrida, inermis, pallida usw.) nach G. ODDO und A. ALGERINO[5] 20,5% Saccharose neben geringen Mengen reduzierendem Zucker, der sich mit dem aus Rohr- und Rübenzucker sowie Johannisbrot als völlig identisch erwies.

In der Flüssigkeit von drei reifen Cocosnüssen ermittelten C. G. MATTHEWS[6] etwa 7%. K. C. BROWNING und C. T. SYMONS[7] 12,3—17,4% Saccharose. Sehr viel Rohrzucker enthält auch die Ananas. Von anderen tropischen Früchten enthalten die des Kaffeebaumes, des Brotbaumes und des Muskatnußbaumes bedeutende Mengen Rohrzucker, auch die Kaffeenuß und die Dattel, so lange sie völlig frisch ist. Nach R. LECOQ[8] bestehen die Datteln von Phoenix dactylifera L. zu $^2/_3$ aus Zuckerarten, von dem etwa 40% Saccharose und 60% reduzierender Zucker sind. Über den Zuckergehalt weiterer tropischer Früchte vgl. H. C. PRINSEN-GEERLIGS[9].

Reife und unreife Erbsen, Bohnen, Ölsamen enthalten bis zu 6, Kaffeebohnen 5—8 (vgl. auch K. TÄUFEL, H. THALER und G. KOPP[10]), reife Roßkastanien 10—11% Rohrzucker. In halbreifen Bananen befindet sich viel Invertzucker, in gerade reifen überwiegend Rohrzucker, der dann später durch ein Enzym wieder zu Invertzucker gespalten wird. Von Getreidesorten enthalten nach A. SCHEIBE und U. STAFFELD[11] Hafer 1–2, Gerste 2–3. Weizen 2—3, Roggen 6—7% Saccharose, die sich beim Keimen der Samen auch neu zu bilden scheint (vgl. auch K. TÄUFEL, H. THALER und G. KOPP[12]). So hat man in Gerstendarrmalz 4% und mehr Saccharose gefunden, die daraus bei der Bierbereitung in die Bierwürze übergeht.

c) Wurzeln und Rhizome. In diesen ist die Saccharose sehr verbreitet. So hat man für Wurzeln von Süßkartoffeln oder Bataten 2—3, von Erdnüssen 4—12, Zwiebeln 10—11% gefunden. Der Zucker der Mohrrübe sowie der unreifen oder wieder süß gewordenen Kartoffel ist größtenteils, oft ausschließlich Saccharose. Das Vorkommen der Saccharose in der Runkelrübe und ihren Abarten wurde zuerst 1747 von MARGGRAF entdeckt.

E. SAILLARD[13] findet den Zuckergehalt wildwachsender Zuckerrüben von Primel-Trégastel (Finistère) ebenso hoch (14—20%) oder höher als bei gezüchteten, allerdings nur

[1] M. SPETTER: Deutsch. Zuckerind. 1934, **59**, 908; **C.** 1935, I, 1494.
[2] C. GRIEBEL: **Z.** 1911, **21**, 283. [3] Vgl. S. 449.
[4] ROTHÉA: Bull. Sciences pharmacol. 1922, **29**, 369; **C.** 1922, III, 1303.
[5] G. ODDO u. A. ALGERINO: Ann. Chim. analyt. appl. 1936, **26**, 89; **C.** 1936, II, 1076.
[6] C. G. MATTHEWS: Analyst 1924, **49**, 223; **C.** 1924, II, 1596.
[7] K. C. BROWNING u. C. T. SYMONS: Journ. Soc. chem. Ind. 1916, **35**, 1138; **C.** 1917, I, 660.
[8] R. LECOQ: Bull. Soc. botan. France 1933, **80**, 338; **C.** 1933, II, 3354.
[9] H. C. PRINSEN-GEERLIGS: Chem.-Ztg. 1897, **21**, 719.
[10] K. TÄUFEL, H. THALER u. G. KOPP: **Z.** 1936, **71**, 390.
[11] A. SCHEIBE u. U. STAFFELD: Fortschr. Landwirtsch. 1931, **6**, 364; **C.** 1931, II, 1153.
[12] K. TÄUFEL, H. THALER u. G. KOPP: **Z.** 1936, **71**, 390.
[13] E. SAILLARD: Compt. rend. Acad. Sciences 1922, **174**, 411; **C.** 1922, III, 57.

einen sehr niedrigen Reinheitsquotienten des Saftes von 69 gegenüber 86—88 bei gezüchteten Rüben.

Wurzelstöcke unseres einheimischen Schilfrohres (Phragmites communis) enthielten nach TH. SABALITSCHKA[1] Ende November neben 5,31% Wasser 5,08%, im Februar neben 4,30% Wasser 5,19% Saccharose. Dagegen fand E. O. v. LIPPMANN[2] darin meist 1—3%, in wenigen Fällen 3—3,5% Rohrzucker, keinen in Pflanzen, die bereits geblüht und Kolben angesetzt hatten. Eine Pflanze, die neben etwa 18% Saccharose gleichzeitig etwa 20% Öl (vgl. Bd. IV) und 27% Stärke enthält, ist nach L'LHEUREUX[3] die Cypergraswurzel.

d) Sonstiges Vorkommen. In Pollenkörnern verschiedener Blüten wurde Saccharose gefunden, so nach älteren Versuchen in denen der Kiefer 11—13, der Haselnuß etwa 15%. A. KIESEL[4] stellte in reifen Kiefernpollen 10,05% Rohrzucker fest. Auch die Nektarien vieler Blüten enthalten Saccharose. Aus diesen und aus den Blütenpollen gelangt dann auch Rohrzucker in den Bienenhonig, der fast immer kleine Mengen davon enthält.

Die aus Blättern und Stengeln mancher Pflanzen ausquellenden Mannaarten bestehen großenteils aus Saccharose. So enthielten Mannaausscheidungen an Eucalyptusbäumen, hervorgerufen durch Stiche einer Parasitenart, nach E. H. DUCLOUX[5] neben 54,0% Raffinose, 15,5% Glucose und 2,9% Arabinose, 25,3% Saccharose. Vgl. auch S. 451.

2. Geschichte der Zuckergewinnung[6].

In den ältesten Zeiten scheint nur Honig als Süßungsmittel gedient zu haben. Auch in der Zuckerrohrheimat Indien war zur Zeit BUDDHAS (um 500 v. Chr.) von einer Verwertung des Zuckerrohres kaum etwas bekannt. Seine Verbreitung erfolgte erst im Anschluß an den indischen Feldzug Alexanders um 327 v. Chr. Um Christi Geburt scheint das Zuckerrohr nach Java, Sumatra und den übrigen Sundainseln gekommen zu sein. Während anfangs das Zuckerrohr wohl nur als solches oder in Form seines ausgepreßten Saftes verwendet wurde, ist die Darstellung von festem Zucker daraus zuerst in Indien erfolgt, woher auch das Wort Zucker (aus çarkarâ im Sanskrit, sakkara im Prakrit, das Kies oder Steinchen bedeutet) stammt. Am Ende des 5. Jahrhunderts n. Chr. gelangte die Kunst der Zuckerherstellung von Indien nach Persien, wo der Zucker „Fanid" genannt wurde.

Die Einführung der Zuckergewinnung in Europa verdanken wir den Arabern, die von Persien her auf ihren Eroberungszügen die Kenntnis des Zuckers und den Anbau des Zuckerrohres weithin verbreiteten.

Schon bei der Eroberung Ägyptens (640—646) hatte der arabische Feldherr AMRU den Ägyptern das Zuckerrohr mitgebracht und hier eine Zuckerindustrie ins Leben gerufen. Ägyptische Chemiker verstanden es bereits, Zuckerrohrsäfte zu klären, ihre Dichte zu messen, auch den Zucker zu raffinieren und zu decken. Dem weiteren siegreichen Vordringen der Araber in Europa folgte die Verbreitung des Zuckerrohres nach, das dann wahrscheinlich um das Jahr 800 nach Spanien und Sizilien gelangte[7]. Nach den Kreuzzügen entstand ein bedeutender Handel mit Zucker über Cypern als Mittelpunkt nach Venedig, Regensburg, Augsburg und Nürnberg bis nach Mitteleuropa. Dieser Handel blühte, bis die Entdeckung Amerikas in Cuba, Mexiko, Peru und Brasilien große Zuckergewinnungszentren erstehen ließ, aus denen der Kolonialzucker hauptsächlich über Holland, wo die Zuckerraffinerie in hoher Blüte stand, nach Europa gelangte. Diese Verhältnisse blieben, bis in der ersten Hälfte des vorigen Jahrhunderts die einheimische Rübenzuckerindustrie ihren Aufschwung nahm.

Als Entdecker des Zuckers in der Rübe ist A. S. MARGGRAF (1747) anzusehen. Aber erst sein Schüler F. K. ACHARD, der im Jahre 1786 auf seinem

[1] TH. SABALITSCHKA: Pharm. Ztg. 1921, **66**, 178.

[2] E. O. v. LIPPMANN: Ber. Deutsch. Chem. Ges. 1921, **54**, 3111; **C.** 1922, I, 359.

[3] L. LHEUREUX: Bull. Assoc. Chimistes Sucr. Dist. (Ind. agric. France Colonies) 1932, **49**, 452; **C.** 1933, I, 2009.

[4] A. KIESEL: Zeitschr. physiol. Chem. 1922, **120**, 85; **C.** 1922, III, 732.

[5] E. H. DUCLOUX: Revista Fac. Ciencias quim., La Plata 1928, **5**, I, 73; **C.** 1929, I, 663.

[6] Literatur: E. O. v. LIPPMANN: Geschichte des Zuckers, seiner Darstellung und Verwendung seit den ältesten Zeiten bis zum Beginn der Rübenzuckerfabrikation. Ein Beitrag zur Kulturgeschichte. Leipzig 1890.

[7] Deutung früherer hebräischer Ausdrücke im Talmud als „Rohrzucker" ist nach J. Löw (Chem.-Ztg. 1927, **51**, 15) irrig.

Gute Kaulsdorf bei Berlin Versuche zum Anbau zuckerreicher Rüben unternahm und 1801 die erste Rübenzuckerfabrik in Cunern in Schlesien einrichtete, kann als der Begründer der Rübenzuckerindustrie angesehen werden, die dann durch Einführung der Saturation mit Kohlensäure von SCHATTEN und MICHAELIS (1840), von Vakuumkochapparaten (um 1850), Erfindung der Diffusion von ROBERT (1864) und andere Verbesserungen bald zu einer solchen Blüte gelangte, daß Deutschland aus einem Einfuhrland für Rohrzucker zu einem wichtigen Ausfuhrland für Rübenzucker wurde. Das Bestreben, den Zucker aus der Rübe möglichst restlos zu gewinnen, führte zu Entzuckerungsverfahren für die Melasse. So wurde die erste Strontianentzuckerungsanlage 1871 in Dessau eingerichtet, nachdem im Jahre vorher in Westfalen ausgedehnte Strontianitlager entdeckt waren.

Tabelle 2. Weltzuckererzeugung[2].

Jahr	Rübenzucker Tonnen	Rohrzucker Tonnen	Insgesamt Tonnen	Rohrzucker, bezogen auf die Gesamterzeugung %
1912/13	8 934 900	9 514 600	18 449 500	51,6
1913/14	8 989 900	10 147 000	19 136 900	53,0
1930/31	11 924 600	16 431 400	28 356 000	57,9
1931/32	8 741 800	16 709 800	25 451 600	65,7
1932/33	7 881 800	14 970 400	22 852 200	65,5
1933/34	8 972 800	14 916 400	23 889 200	58,3
1934/35	9 762 000	14 729 000	24 491 000	60,8
1935/36[3]	10 311 000	16 149 000	26 460 000	61,1

Hauptsächlich in den Jahren nach dem Weltkrieg ist wieder die Gewinnung des Zuckers aus Zuckerrohr, besonders in Ostasien und Mittelamerika, durch rationellere Anbau- und Verarbeitungsmethoden soweit vervollkommnet worden, daß heute auf dem Weltmarkt der Rohrzucker den Rübenzucker im Wettbewerb überflügelt hat, wie obenstehende Zahlen[1] (Tabelle 2) für die Welternte an Zucker andeuten.

Während des Weltkrieges und der nächsten Jahre darauf stieg der Anteil der Rohrzuckererzeugung auf noch höhere Werte, nämlich

für 1915/16 auf 64%		für 1919/20 auf 78%	
„ 1917/18 „ 71%		„ 1920/21 „ 71%	

Für das Jahr 1934/35 entfielen auf die Haupterzeugungsländer für Zucker in Tonnen Rübenzucker bzw. Rohrzucker:

Tabelle 3. Weltzuckererzeugung.

Land	Rübenzucker	Land	Rohrzucker
Deutsches Reich	1 672 616	Britisch-Indien	3 155 000
Rußland (UdSSR.)	1 460 000	Cuba	2 578 100
Frankreich	1 222 800	Japan und Formosa	1 138 500
Vereinigte Staaten von Amerika	1 168 500	Hawai	894 600
Großbritannien	694 000	Brasilien	774 700
Tschechoslovakei	636 200	Puerto Rico	708 300
Polen	447 200	Australischer Bund	650 600
Spanien	349 000	Philippinen	627 900
Italien	340 500	Java	562 600
Belgien	267 600	Dominik. Republik und Haiti	467 000
Schweden	271 700	Peru	396 200
Niederlande	239 200	Argentinien	378 700
Österreich	223 200	Natal	325 400
Ungarn	119 700	Mexiko	261 000
Rumänien	107 500	China	250 000
Irischer Freistaat	93 000	Vereinigte Staaten	239 800
Jugoslavien	90 000	Mauritius	178 900

[1] Nach Statistisches Jahrbuch für das Deutsche Reich 1936.
[2] Statistisches Jahrbuch für das Deutsche Reich 1936. [3] Vorläufige Ergebnisse.

Tabelle 4. Zuckergewinnung in Deutschland.

Betriebe	1913/14	1930/31	1934/35
Rübenzuckerfabriken	341	233	210
Zuckerraffinerien	32	22	20
Melasseentzuckerungsanstalten	5	1	1
In Zuckerfabriken:			
Gewonnene Menge Rohzucker . . . Tonnen	2 420 885	1 717 906	1 025 543
Gewonnene Menge Verbrauchszucker ,,	469 511	936 529	781 182
In Zuckerraffinerien und Melasseentzuckerungsanstalten:			
Gewonne Menge Rohzucker . . . . Tonnen	3 513	1 292	1 895
Gewonnene Menge Verbrauchszucker ,,	1 434 602	942 906	707 449
Gesamtzuckergewinnung . . . . ,,	2 715 870	2 547 451	1 672 616
Rohzuckergewinnung aus 1 dz Rüben . . . kg	16.03	16,05	16,47

In Deutschland wird der Zuckerverbrauch praktisch vollständig durch die eigene Erzeugung gedeckt, wie nach H. J. METZDORF[1] folgende Zahlen andeuten:

Tabelle 5. Verbrauch an Zucker in Deutschland.

Jahr	1000 Tonnen	kg je Kopf	Anteil der inländischen Erzeugung %	Jahr	1000 Tonnen	kg je Kopf	Anteil der inländischen Erzeugung %
1928	1480	23,3	97	1933	1295	19,9	100
1929	1495	23,4	113	1934	1401	21,4	99
1930	1562	24,3	118	1935	1447	21,7	99
1931	1363	21,1	125	1936	1511	22,5	101
1932	1314	20,2	104				

3. Gewinnung des Rübenzuckers.

Daß man die Ausbeute an Zucker aus der Rübe von etwa 4,5 kg zu ACHARDS Zeiten auf heute 16 kg Zucker und darüber erhöhen konnte, ist hauptsächlich durch zwei Maßnahmen erreicht worden: Durch die zielbewußte Verbesserung des wichtigsten Rohstoffes, nämlich der Zuckerrübe durch Züchtungs- und Kulturverfahren einerseits und durch verbesserte Arbeitsverfahren bei der Aufarbeitung der Rübe und der Abscheidung des Zuckers andererseits. Man geht wohl nicht fehl, wenn man den Hauptanteil des Fortschrittes der Züchtung hochprozentiger Zuckerrüben beimißt. Es erscheint daher angebracht, zunächst auf den Anbau und die Zusammensetzung der Zuckerrübe näher einzugehen.

a) Anbau und Zusammensetzung der Zuckerrübe.

Die Zuckerrübe ist eine durch besondere Kultur aus der Runkelrübe (Beta vulgaris seu maritima) hervorgegangene zuckerreiche Varietät, eine zweijährige Pflanze, die im ersten Lebensjahre in ihrer Wurzel Reservestoffe aufspeichert. um sie dann im zweiten Jahre zur Samenbildung zu verbrauchen. Wie manche anderen besonders hoch gezüchteten Nutzpflanzen stellt die Zuckerrübe an Boden, Klima, Pflege und Schädlingsbekämpfung hohe Anforderungen.

Verbreitete Zuckerrübensorten sind: Die Knauersche Imperial- und Elektoralrübe, die Kleinwanzlebener, die von Bestehorn, Vilmorin und die weiße schlesische Rübe, deren Spielarten Zuckerunterschiede bis zu 3% in der Rübe aufweisen. Ein besonderer Erfolg ist nach E. GUNDERMANN[2]

[1] H. J. METZDORF: Zeitschr. Volksernährung 1937, **12**, 99.
[2] E. GUNDERMANN: Chem.-Ztg. 1936, **60**, 353.

die Züchtung der E-Rübe, die 14% höheren Rübenertrag und 10% höheren Zuckerertrag als andere Sorten liefert. Im übrigen pflegt man für eine bestimmte Anbaugegend eine den klimatischen und Bodenverhältnissen angepaßte Sorte auszuwählen[1].

Die Zuckerrübe liebt einen tiefgründigen warm gelegenen Boden von mittlerer wasserhaltender Kraft und nach der ersten Entwicklungszeit ein sonniges warmes Wetter mit abwechselnden Niederschlägen. Bei kühler und regnerischer Witterung ist die Bildung und Ablagerung des Zuckers natürlich verringert, die Rübe enthält dann mehr Nichtzuckerstoffe und zeigt einen niedrigeren Reinheitsquotienten. Unterschiede, welche im Zuckergehalt der Rübe je nach Boden, Klima und Witterung bedingt sind, können bis zu 4% Zucker und mehr betragen. Die Gedeihlichkeit des Zuckerrübenbaues hört im allgemeinen mit dem 53.—54. Grade nördlicher Breite auf. In Deutschland liegen die wichtigeren Erzeugungsgebiete der Zuckerrüben (und damit auch die Zuckerfabriken, weil der hohe Wassergehalt der Rüben weite Transportwege verhindert) in Schlesien, Mitteldeutschland, Braunschweig und Südhannover.

Abb. 2. Zuckerrübe.
DIPPES verbesserte Kleinwanzlebener Zuckerrübe. (Nach MUSPRATTS Chemie, Bd. 10.)

Die Zuckerrübe stellt an die Bodenbearbeitung größte Anforderungen und ist für eine starke Düngung besonders dankbar. Die Bodenbearbeitung beginnt nach Aberntung der Vorfrucht mit dem Schälen des Ackers, worauf im Herbste die Tiefackerung folgt. Die Bearbeitung im Frühjahr besteht nur in einem Ebnen des Bodens.

Für die **Düngung** ist frische Stallmistdüngung ungeeignet, von größtem Einfluß die Anwendung künstlicher Düngemittel. Eine einseitige oder übermäßige Stickstoffdüngung ist zu verwerfen, weil sie reifeverzögernd wirkt und den Zuckergehalt der Rübe herabsetzt. Stickstoffmangel führt zwar zu zuckerreichen Rüben, aber im verringerten Ertrage. Bei Kalimangel stockt im August und September das Wachstum und der Zuckergehalt der Rübe bleibt niedrig, wenn auch oft mit starkem Blattwuchs verbunden. Überdüngung mit Kali ist schädlich. Phosphorsäuremangel wird seltener beobachtet, weil die meisten zum Zuckerrübenbau verwendeten Böden ausreichende Mengen Phosphorsäure enthalten. Überdüngung damit ist aber unschädlich oder sogar nützlich. Vorteilhaft zur Erzielung gut verwertbarer Rüben ist es, wenn bei genügendem Vorrat an Kali und Phosphorsäure am Schlusse des Wachstums schwacher Stickstoffmangel auftritt, den man an dem Gelbwerden der Blätter vor dem Vertrocknen erkennt. Man düngt 1 ha mit 20—75 kg (im Mittel 50 kg) Stickstoff, mit 40—90 kg (im Mittel 60 kg) löslicher Phosphorsäure oder mit 100 bis 120 kg Thomasmehlphosphorsäure und 50—120 kg (im Mittel 80 kg) Kali. Auch eine Kalkdüngung bzw. Mergelung (2000—4000 kg Mergel auf 1 ha) ist von günstigem Einfluß auf Güte und Ertrag der Zuckerrübe.

---

[1] Über die Zusammensetzung verschiedener Zuckerrübensorten und ihre Bewertung vgl. auch J. PÁZLER: Zeitschr. Ver. Deutsch. Zuckerind. 1934, **58** (15) 129, 137; **C.** **1934**, I, 2207. — Über eine konduktometrische Methode zur Unterscheidung der Zuckerrübe von Halbzucker- und Futterrübe: V. STEHLIK, K. SANDERA u. M. SANDEROVÁ: Zeitschr. Zuckerind. čechoslovak. Rep. 1934, **59**, 25; **C.** **1934**, II, 4031.

Rübenkrankheiten. Zahlreich sind die Krankheiten, denen die Zuckerrübe durch pflanzliche und tierische Parasiten ausgesetzt ist. Neben solchen, die bei Pflanzen allgemein auftreten, sind für die Zuckerrübe eigenartig: Gelbfleckigkeit der Rübenblätter, bakteriose Gummosis oder Bakteriose, die durch Bakterien, Herz- und Trockenfäule sowie Wurzelbrand, die durch einen Pilz (Phoma Betae FRANK u. a.) hervorgerufen werden. Pilze sind weiter die Ursache von Blattfleckenkrankheiten, Blattbräune und Wurzelbrand. Wurzelfäule wird durch Rhizoctonia Betae KÜHN hervorgerufen, nimmt ihren Ausgang vom Ansatz der Blattstiele, schwärzt diese, greift dann auf Krone und Wurzel über und bewirkt schließlich völlige Verrottung des Rübenkopfes.

Von tierischen Feinden ist die Rübennematode Heterodora Schachtii SCHMIDT besonders gefährlich, weil zahlreiche Bekämpfungsmittel sich gegen sie als fruchtlos erwiesen haben. Man sucht vor allem eine Verschleppung des Parasiten zu verhindern. Verseuchte Felder lassen sich durch starke Düngung mit Kalk oder langjährige Unterbrechung des Rübenbaues durch Anbau von Pflanzen, die den Nematoden nicht als Nahrung dienen (Kartoffeln, Zichorien oder Erbsen) verbessern. Die Rübenmüdigkeit, d. h. die Eigenschaft des Bodens, der längere Zeit mit Rüben bebaut worden ist, in seinem Zuckerrübenertrage mehr oder weniger ganz zu versagen, wird auf starke Infektion mit Rübennematoden zurückgeführt.

Größe der Rübe. Für die Zuckerrübe gilt wie für die Runkelrübe die Regel, daß kleinere Rüben der gleichen Spielart einen zuckerreicheren Saft liefern als große Rübenkörper. Von einer guten Zuckerrübe verlangt man in landwirtschaftlicher Hinsicht:

a) Möglichst hohen Zuckergehalt bei mittelgutem Ernteertrag.

b) Regelmäßige, kegel- und birnförmige Gestalt mit möglichst wenig Seitenwurzeln und geringen Vertiefungen, die eine Reinigung erschweren.

c) Dichtes und weißes Fleisch; sie lassen sich bei hohem Zuckergehalt leicht verarbeiten.

d) Möglichst kleinen, nur wenig aus der Erde hervorragenden Kopf, weil der oberirdische grüne Teil der Zuckerrübe viel zuckerärmer ist als der unterirdische Teil und daher vor der Verarbeitung abgeschnitten wird.

e) Mittleres Gewicht einer Rübe, das etwa $^1/_2$—$^3/_4$ kg nicht übersteigen soll, bei einem Ertrage von 280—300 dz für 1 ha.

Da in den aus der Erde gehobenen Rüben die Zellentätigkeit unter Verbrauch an Zucker weitergeht, müssen die geernteten Rüben bis zu ihrer Verarbeitung geschützt gegen hohe Temperaturen, aber auch gegen Frost, aufbewahrt werden, was in sog. Mieten oder Erdgruben erfolgt. Trotzdem gehen aber hierbei noch 0,5—2,0% Zucker durch Veratmung verloren, weshalb man bemüht ist, die Zuckerrüben nach der Ernte so schnell wie möglich zu verarbeiten.

Zusammensetzung der Zuckerrübe. Für die Zuckergewinnung unterscheidet man den unlöslichen Teil der Rübe, das Mark, von dem löslichen, dem Saft. Im Durchschnitt findet man etwa folgende Verteilung:

Tabelle 6.

In 100 Teilen Rübe			In 100 Teilen Saft			
Mark		Saft %	Wasser %	Zucker %	Nichtzuckerstoffe	
Trockensubstanz %	Gebundenes Wasser %				organische %	unorganische %
4,7	5,0	90,7	82,0	15,5	1,8	0,7

Das Rübenmark besteht im wesentlichen aus Cellulose und Pektinverbindungen, begleitet von unlöslichen Proteinstoffen, Mineralstoffen und sehr kleinen Mengen Fett.

Im Safte ist der wichtigste Inhaltsstoff der Zucker, dessen Konzentration über den Rübenkörper aber nicht gleichmäßig verteilt ist.

Der höchste Zuckergehalt liegt nach V. STEHLIK[1] gewöhnlich im Schwerpunkte, wo die Rübe bei ausreichender Belieferung mit Zucker aus den Blättern weder in die Dicke noch

[1] V. STEHLIK: Zeitschr. Zuckerind. čechoslovak. Rep. 1923, **47**, 465; **C.** 1923, IV, 773.

in die Länge allzu stark wächst. Der niedrigste Zuckergehalt befindet sich nach STEHLIK um den Hohlraum des Kopfes herum unter dem Vegetationskegel und dort, wo die Gefäßbündel der jüngsten Blätter in den Kopf eintreten. Im Rübenhalse ist der niedrigste Zuckergehalt unter der Epidermis, der höchste im Teile zwischen dem 2. und 7. Gefäßbündelringe.

Die **Bildung der Kohlenhydrate** in der Zuckerrübe geht nach H. COLIN[1] wie folgt vor sich:

Im Rübenblatt führt die Kohlensäureassimilation bis zur Bildung von Saccharose neben Invertzucker. Untersuchungen von J. BURKARD und C. NEUBERG[2] ergaben den sicheren Nachweis für das Auftreten von Hexosemonophosphat (Glucose- und Fructosephosphat) in den Blättern der Zuckerrübe, womit die Saccharosebildung durch Phosphorylierung in der Rübenblattzelle erwiesen ist. Bei der Wanderung des Zuckers nach der Wurzel wird die Saccharose *invertiert*, wodurch der osmotische Druck in den Gefäßen erhöht und der Säfteverlauf gesteigert wird. In der Rübenwurzel vereinigen sich dann wieder Glucose und Fructose zu Saccharose, ein Vorgang, über dessen Einzelheiten kaum etwas bekannt ist. Bemerkenswert ist die plötzliche *Umwandlung des Inverzuckers in Saccharose in Höhe des Rübenhalses.* Die Blattstiele enthalten am Grunde fast ausschließlich wieder Saccharose; eine genügend ausgebreitete Zwischenschicht, in der man den Übergang des Invertzuckers in Saccharose wahrnehmen kann, ist aber nicht bekannt. Ähnlich liegen auch die Verhältnisse bei der *Inulinbildung* bei Topinambur und Zichorie.

Als bei der Zuckergewinnung störende Bestandteile sind die Begleitstoffe der Saccharose im Rübensaft anzusehen. Die Zusammensetzung dieser „*Nichtzuckerstoffe*" ist außerordentlich mannigfaltig. Doch sind einige von ihnen von besonderer Bedeutung:

Von *Zuckerarten* finden sich im Rübensaft neben etwa 0,2% Invertzucker 0,03 bis 0,10% Raffinose, die sich bei gewissen Verarbeitungsverfahren (vgl. S. 397) in Zuckererzeugnissen anreichern kann.

Von **Stickstoffverbindungen** ist das *Betain* (vgl. Bd. I, S. 254) wichtig, das in Zuckerrüben zu 0,1—0,25% vorkommt, sich in den Füllmassen zu 0,23—1,10% anreichert und in den Fabrikmelassen mit 1,7—2,8% die hauptsächlichste Stickstoffverbindung bildet. Junge Rüben sind reicher an Betain als reife Rüben; mit dem fortschreitenden Wachstum nimmt der Betaingehalt in dem Maße ab, in dem der Zuckergehalt zunimmt. An sonstigen Stickstoffverbindungen sind im Rübensaft Asparagin, Glutaminsäure, Leucin, l-Phenylalanin, Tyrosin, Xanthinstoffe, Carnin, l-Histidin, d-Arginin, d-Lysin, l-Cystin, Guanidin, Allantoin, Vernin u. a. gefunden worden[3]. Daneben enthält Zuckerrübensaft nach ZÖLLNER 0,324—0,926% Salpeter. Nur etwa 40—50% des Gesamtstickstoffs der Zuckerrüben liegen in Form von Reinprotein vor.

Von stickstofffreien Bestandteilen des Rübensaftes sind an *Pflanzensäuren* Oxalsäure, Äpfelsäure, Citronensäure, Gerbsäure, in geringerer Menge auch Glucolsäure, Glyoxylsäure, Malonsäure, Bernsteinsäure, Adipinsäure, Tricarballylsäure und Aconitsäure gefunden worden. *Pektinstoffe* (vgl. Bd. II, S. 947) gehen in reichlicherer Menge beim Erhitzen der Rübe in Lösung. Das starke Schäumen von Rübensäften ist auf einen Gehalt an *Saponin* zurückzuführen. Der *Rübenfarbstoff* (Rhodogen) ist im Zellsaft farblos, nimmt aber an der Luft eine rötliche, später schwarze Färbung an. An *aromatischen Bestandteilen* findet man im Rübensaft sehr kleine Mengen Brenzcatechin, Coniferin und Vanillin.

Die Zusammensetzung der Zuckerrübenasche ist nach J. KÖNIG im Mittel von 179 Analysen:

Tabelle 7.

Reinasche der Trockensubstanz %	Kali %	Natron %	Kalk %	Magnesia %	Eisenoxyd %	Phosphorsäure %	Schwefelsäure %	Kieselsäure %	Chlor %
3,83	53,13	8,92	6,08	7,86	1,14	12,18	4,20	2,98	4,81

[1] H. COLIN: Bull. Assoc. Chimistes Sucr. Dist. 1921, **38**, 331; **C.** 1921, III, 1288.
[2] J. BURKARD u. C. NEUBERG: Biochem. Zeitschr. 1934, **270**, 229; **Z.** 1937, **74**, 100.
[3] Vgl. E. O. v. LIPPMANN: Ber. Deutsch. Chem. Ges. 1924, **57**, 256—258; **Z.** 1926, **51**, 171.

Dabei wurden beträchtliche, offenbar durch Wachstums- und Düngungseinflüsse bedingte Schwankungen gefunden, nämlich für

Tabelle 8.

Reinasche der Trockensubstanz %	Kali %	Kalk %	Phosphorsäure %
2,5—6,6	26,9—78,1	1,6—17,8	3,4—27,1

Die Nichtzuckerstoffe im Rübensaft verhindern im Fabrikationsgange die Auskrystallisation eines entsprechenden Teiles des Zuckers. Eine möglichst weitgehende Entfernung dieser Stoffe bildet daher einen wichtigen Teil des Zuckergewinnungsvorganges. Als Ausdruck für diese Reinigung der Rübensäfte hat man den Reinheitsquotienten eingeführt. Dieser gibt den Gehalt der Trockensubstanz eines Saftes oder auch einer anderen Substanz an Zucker an:

$$R = \frac{100\,Z}{T}.$$

Der Reinheitsquotient muß beim Zuckerherstellungsvorgang immer weiter ansteigen. Neben der Menge der Verunreinigungen ist allerdings die Art derselben von größter Bedeutung, da sich die verschiedenen Nichtzuckerstoffe gradmäßig sehr verschieden verhalten.

Neben dem Reinheitsquotienten ist in Frankreich noch der Salzquotient als Verhältnis von Zucker : Asche im Rübensaft gebräuchlich.

b) Verarbeitung der Zuckerrübe auf Rohzucker.

Die technische Gewinnung des Zuckers aus der Zuckerrübe erfolgt „campagnemäßig" in den Monaten Oktober bis Dezember in täglichen Mengen von 500 bis 2000 Tonnen in Rohzuckerfabriken, die in der Nähe der Rübenanbaugebiete liegen. Von je 1 ha Boden erhält man im Durchschnitt etwa 47 dz Zucker, entsprechend 285 dz Rüben.

Bei der Verarbeitung der Rüben auf Rohzucker lassen sich folgende Hauptabschnitte unterscheiden: 1. Vorbehandlungen. — 2. Gewinnung des Rübensaftes. — 3. Reinigung des Saftes. — 4. Eindampfung des Saftes und Krystallisation des Rohzuckers.

Die **Vorbehandlung** der Rüben besteht im wesentlichen in einer Verbindung des Rübentransportes mit einer Reinigung von den äußerlich anhaftenden Erdteilchen. In der um das Jahr 1880 von RIEDINGER erfundenen Rübenschwemme schafft strömendes Wasser in einer schmalen Rinne die von Faserwurzeln, Rübenköpfen und faulen Stellen befreiten Rüben an die Verarbeitungsstelle und nimmt gleichzeitig die Hauptmenge anhaftender Erd- und Schmutzteilchen fort. Hierbei etwa noch haften bleibende Reste beseitigt eine besondere Rübenwäsche. Dann bringen Rübenelevatoren die Rüben über Wägevorrichtungen in die oberen Stockwerke der Zuckerfabrik.

Gewinnung des Rübensaftes. Die älteren Verfahren mit Rübenpressen arbeiteten mit sehr schlechter Ausbeute, etwas besser war das Macerationsverfahren von SCHÜTZENBACH (1853), das dann aber durch das Diffusionsverfahren von ROBERT (1864) verdrängt wurde. Dieses Diffusionsverfahren setzte sich dermaßen durch, daß um 1890/91 von 401 Zuckerfabriken 398 danach arbeiteten. Erst in neuerer Zeit steht im Zusammenhang mit einer veränderten Wirtschaftslage ein weiteres Verfahren, das Brühverfahren von STEFFEN (vgl. S. 394) mit dem Diffusionsverfahren in ernsthaftem Wettbewerb.

Das Diffusionsverfahren beruht auf Membrandiffusion oder Osmose, wobei die Zellwände der zerkleinerten Rüben selbst die Membran bilden. Die praktische Ausführung des Verfahrens besteht darin, daß die Rübenschnitzel nacheinander mit immer schwächerer Zuckerlösung und schließlich mit reinem Wasser ausgelaugt werden. Diese Voraussetzung für den Erfolg ist zunächst eine hinreichende Zerkleinerung der Rüben, die in den Schnitzelmaschinen erfolgt,

Maschinen, in denen die Rüben durch hobelähnlich wirkende rotierende Messer in etwa 2—3 mm dicke und 4—7 mm breite Späne zerlegt werden. Eine weitere Voraussetzung für den Osmosevorgang ist die Abtötung des Protoplasmas der Rübenzellen, wozu man die Diffusionstemperatur auf 80—86° hält. Die Diffusion der Schnitzel wird in sog. Diffuseuren vorgenommen. Es sind dies zylinderförmige, stehende Behälter von 60—100 hl Inhalt, die batterieförmig gewöhnlich zu 10 bis 16 Stück so angeordnet sind, daß durch geeignete Rohrverbindungen ein völliger Kreislauf der Säfte möglich ist (vgl. Abb. 3). Der Vorgang wird so geleitet, daß im Gegenstrom die frischen Schnitzel zuerst mit dem zuckerreichsten Saft, die fast ausgelaugten mit reinem Wasser

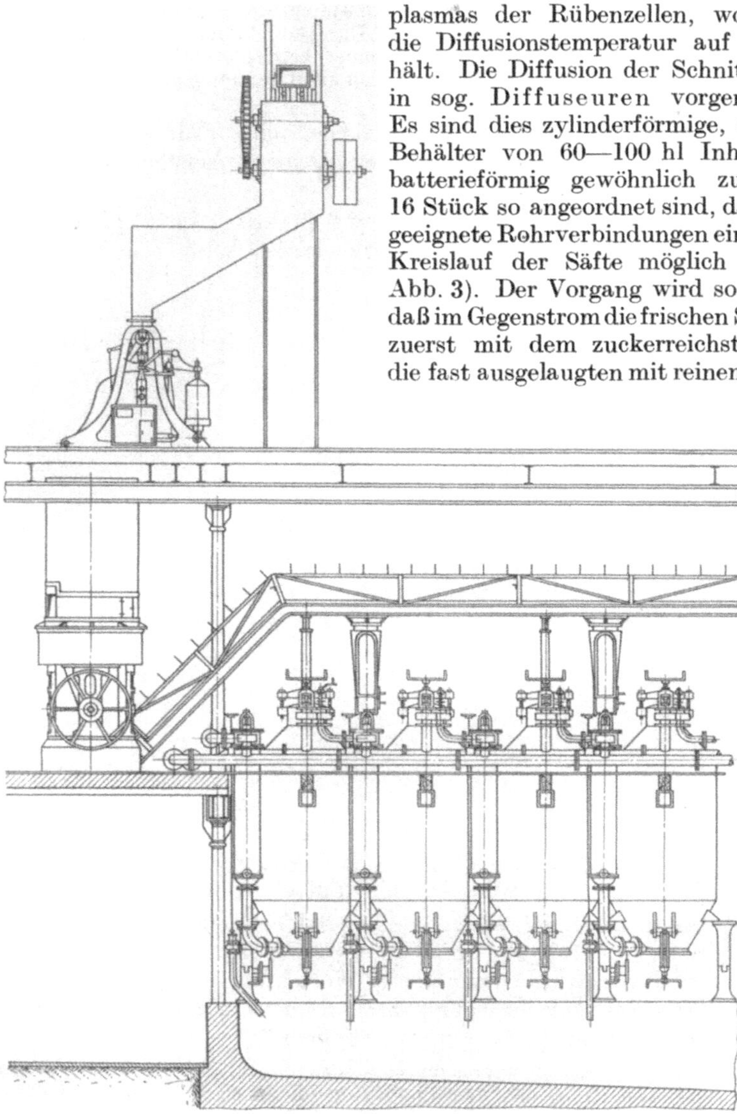

Abb. 3. Diffusionsbatterie. (Braunschweigische Maschinenbau-Anstalt Braunschweig.)

behandelt werden. Die Zunahme des Zuckergehaltes in den einzelnen Diffuseuren wurde nach Stolle wie folgt gefunden:

Diffuseur	1	2	3	4	5	6	7	8	9	10
Zuckergehalt des Saftes .	13,02	11,57	9,39	6,89	3,95	1,98	1,26	0,79	0,51	0,24

Eine noch stärkere Entzuckerung der Schnitzel etwa unter 0,2% ist nicht nur unwirtschaftlich, sondern verschlechtert auch die Beschaffenheit der Säfte in unerträglichem Maße.

Ein kontinuierliches Diffusionsverfahren wurde von BERGÉ eingeführt. Nach E. VRANCKEN[1] besteht dabei das Diffusionsgefäß aus einer waagerecht gelagerten rotierenden Eisentrommel, an deren einem Ende die Schnitzel eingeführt und durch eine Schraube nach dem anderen Ende, wo das Frischwasser eintritt, geschafft werden. Die Schnitzel werden nach kurzem Abbrühen auf 78° kontinuierlich eingeführt und die Temperatur durch Dampfeinblasen auf 78° gehalten. Die Durchschnittsdauer für den Durchgang der Schnitzel durch die Trommel (Diffusionsdauer) beträgt etwa 70—75 Minuten. Bei einem Zuckerverlust von nur 0,25% der Rübe werden gesunde, wenig gefärbte Säfte von erhöhter Reinheit erhalten.

Die ausgelaugten Rübenschnitzel dienen nach Haltbarmachung als Viehfutter. An Stelle des Einsäuerns werden sie heute meistens getrocknet und als Trockenschnitzel verwertet.

Während das Diffusionsverfahren eine praktisch erschöpfende Ausziehung des Zuckers aus dem Rübengewebe gewährleistet, kann es in Zeiten wirtschaft-

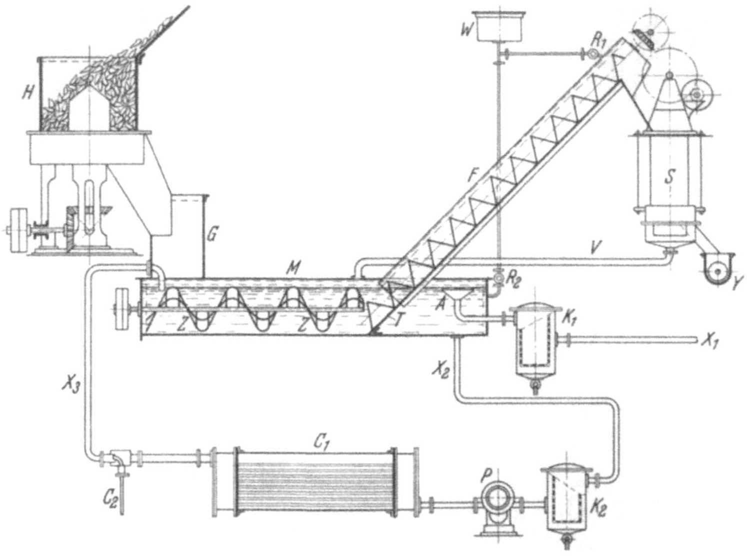

Abb. 4. Brühverfahren von STEFFEN. (Nach MUSPRATTS Chemie.)

licher Absatzstockungen erwünscht sein, auf einfachere Weise und mit geringerem Aufwand — wenn auch auf Kosten einer vollständigen Zuckerausbeute — zu arbeiten. Ein solches vereinfachtes Verfahren, das sich entsprechend der heutigen Wirtschaftslage in einer ganzen Reihe von Zuckerfabriken eingeführt hat, ist das Brühverfahren von C. STEFFEN[2].

Auch bei diesem Verfahren (vgl. Abb. 4) werden die Rüben in der Schnitzelmaschine (*H*) zerkleinert und fallen dann durch den Rumpf *G* in den Brühtrog (*M*) in 85—90° heißen Rohsaft, worin sie durch eine Schnecke (*Z*) weiter bewegt werden. Infolge der plötzlichen Temperaturerhöhung öffnen sich die Zellen der Schnitzel, ihr flüssiger Inhalt mischt sich mit dem Brühsaft und das geronnene Eiweiß bleibt in den Zellen zurück. Die kurze Dauer der Erwärmung läßt ein Aufquellen des Markes nicht zu und die Schnitzel werden lederartig zähe. Durch eine weitere Schnecke (*F*) gehen die Schnitzel schräg nach oben in Schnitzelpressen (*S*), nachdem ein Teil des anhaftenden Saftes bereits durch ein durchlochtes Blech unterhalb der Schnecke *F* abgetropft und in den Brühtrog zurückgelaufen ist. Aus den Pressen läuft der Saft durch das Rohr *V* in den Brühtrog zurück und die Schnitzel fallen durch ein weites Rohr in eine Vorrichtung (*Y*), von wo sie in die Trocknerei gelangen. Am Boden des Brühtroges durch ein Rohr X_2 wird der Saft mittels der Kreiselpumpe *P* durch den Pülpefänger K_2 hindurch abgezogen und kann durch den Röhrenvorwärmer C_1 und

[1] E. VRANCKEN: Sucrerie belge 1934, **53**, 141, 161, 181; **C.** 1934, II, 1216.
[2] C. STEFFEN: D. R. P. Nr. 149 593.

durch das Rohr X_3 in den Brühtrog zurückgedrängt werden. C_2 ist ein besonderer Dampfinjektor. Der Saftüberschuß im Brühtrog läuft durch den Überlauf A, den Pülpefänger K_1 und das Rohr X_1 ständig nach den Meßgefäßen und weiter zu den Scheidepfannen ab. In dem Gefäß W mit den beiden Rohren R_1 und R_2 sammeln sich die Absüßwässer von den Schlammpressen (vgl. unten!), die nach Bedarf zur Verdünnung des ablaufenden Saftes dienen, damit dieser nicht konzentrierter als der in den Rüben enthaltene wird.

Die Bedienung des Apparates besteht in der Hauptsache nur in der Regelung von Temperatur und Konzentration der Säfte, wozu ein Arbeiter genügt.

Das Brühverfahren zerlegt die Zuckerrübe in etwa 70—75% Saft und 25—30% Schnitzel. Die Preßrückstände, die sofort getrocknet werden müssen, enthalten etwa 30% Trockenmasse, davon 10% Zucker. Sie bilden als Zuckerschnitzel ein vorzügliches Futtermittel.

Dem Nachteile, daß ein Teil des Zuckers in den Schnitzeln bleibt, stehen bei dem STEFFENschen Verfahren im Vergleich zum Diffusionsverfahren folgende Vorteile gegenüber: Große Einfachheit und Kostenersparung, höhere Zuckerkonzentration des Saftes, weniger Betriebsstörungen, Beseitigung der Abwässerschwierigkeiten, höhere Leistung der Trockenanlage wegen des verhältnismäßig niedrigeren Wassergehaltes der Preßschnitzel, höherer Futterwert der Zuckerschnitzel.

Um erhöhte Zuckerausbeute mit den Vorteilen des Brühverfahrens zu verbinden, sind einige Fabriken so eingerichtet, daß das Brühverfahren in Verbindung mit einer Diffusion ausgeführt werden kann. Dabei werden dann die abfallenden Zuckerschnitzel noch dem Diffusionsverfahren unterworfen.

Der nach dem Diffusionsverfahren erhaltene Rohsaft enthält etwa 13—15%, der nach dem STEFFENschen Verfahren 15—17% Zucker.

Reinigung des Rübensaftes. Der rohe Rübensaft aus der Diffusionsanlage ist eine trübe, dunkelgraue bis schwarze Flüssigkeit, die trübe durch das Filter läuft. Zur Reinigung wird der Rübensaft nun zunächst mit Kalk (2—3% des Rübengewichtes) bis zur alkalischen Reaktion behandelt, wodurch die meisten organischen Säuren und Phosphate im Saft als unlösliche Kalksalze ausfallen; man nennt diese schon den alten Ägyptern bekannte Behandlung Scheidung des Saftes, und zwar nasse Scheidung, wenn sie mit Kalkmilch, trockene Scheidung, wenn sie mit festem gebrannten Kalk unter starkem Mischen ausgeführt wird. Bei der Scheidung geht ein Teil des Zuckers in lösliches Calciumsaccharat über. Anschließend wird der überschüssige Kalk, auch der aus dem gebildeten Saccharat, durch Einleiten von Kohlendioxyd als Calciumcarbonat ausgefällt, ein Vorgang, den man Saturation nennt. Diese Kohlensäuresaturation wurde zuerst von BARRUEL (1811) vorgeschlagen. Vielfach wird neben Kohlendioxyd auch Schwefeldioxyd zur Kalkabscheidung mit verwendet. Damit bei dieser Saturation auch vorhandene Kolloide (Proteinstoffe, Pektinstoffe, Farbstoffe u. a.) möglichst weitgehend ausflocken, ist es erwünscht, die Saturation bis nahe an den isoelektrischen Punkt dieser Kolloide zu bringen, ohne aber durch saure Reaktion Inversionsverluste hervorzurufen. Nach F. TÖDT[1] entsteht bei $p_H = 6{,}8$ noch kein Verlust, ein geringer erst bei $p_H = 6{,}5$—$6{,}6$. Zur genauen Einstellung der günstigsten Reaktion läßt man der Hauptsaturation gewöhnlich auch eine oder zwei Nachsaturationen folgen. Der gebildete Kalkschlamm wird in Filterpressen abgeschieden (Entschlammung oder Pressung) und kann als Düngemittel Verwendung finden.

Durch Scheidung und erste Saturation werden auf 100 Teile Zucker 1,07 bis 1,17 Teile anorganischer und 4,25 Teile organischer Nichtzucker entfernt, davon $^9/_{10}$ in der Scheidesaturation, $^1/_{10}$ in der zweiten Saturation, während die dritte Saturation zur Regelung der Alkalität dient. Der Invertzucker wird

[1] F. TÖDT: Zeitschr. Ver. Deutsch. Zuckerind. 1926, **63**, 494; **Z.** 1928, **55**, 190.

völlig unter Bildung von Säuren zersetzt, der Rübenfarbstoff restlos entfernt (J. BRZEK)[1].

Auch dieses Verfahren der Saftreinigung mit Kalk hat im Laufe der Jahre verschiedene Abänderungen und Verbesserungen erfahren.

So werden nach P. BAUD[2] bei dem neuen Verfahren von TEATINI (1932) dem Rohsaft auf 1 Liter zunächst 2 g Calciumoxyd, dann 0,1 g flüssiges Schwefeldioxyd zugefügt, worauf Ausflockung eintritt. Das erkaltete Filtrat wird darauf mit gasförmigem Schwefeldioxyd neutralisiert, und die letzten Spuren Kalk werden mit Natriumcarbonat ausgeschieden. Vorteile der Verfahren sind neben großer Kalkersparnis geringere Verdünnung und Ausfällung störender Kolloide im isoelektrischen Gebiet derselben von p_H = 10,5—10,8.

Eindampfung des Saftes und Krystallisation des Rohzuckers. Der in einer Ausbeute von 125% des Rübengewichts erhaltene gereinigte Saft, auch Dünn- oder Grünsaft genannt, mit einem Zuckergehalt von etwa 11,5%, wird nun zunächst zu Dicksaft eingekocht. Dieser Vorgang, Verdampfung genannt, erfolgt meist in mehrstufigen hintereinander geschalteten, zuerst von E. C. HOWARD eingeführten Vakuumverdampfapparaten (vgl. Abb. 5), derart, daß der aus dem ersten Apparat entwickelte Dampf den zweiten heizt, der daraus entwickelte den dritten usw. Meist sind 4 solcher Kocher zu einer Mehrkörperanlage miteinander verbunden. Der Dicksaft wird nochmals durch Dekantieren gereinigt und dann in einem weiteren Vakuumkocher bis zur Ausscheidung von Zuckerkrystallen eingedickt („auf Korn verkocht"). Der dabei entstehende Krystallbrei heißt Füllmasse, der darin enthaltene Sirup Grünsirup. Sie wird aus dem Vakuumkessel in die warme Füllstube abgelassen, in eisernen Kästen aufgefangen und hierin der Krystallisation überlassen. Nach 12—24 Stunden ist die Masse fest geworden und wird dann nach Mischen mit etwas dünnerem Sirup (Maischen) zentrifugiert, um die Krystalle vom Sirup zu trennen. Die hierbei zuerst erhaltenen Krystalle, die bereits die Hauptmenge des erhaltenen Zuckers bilden, heißen „erstes Produkt". Die Mutterlaugen liefern das „zweite Produkt" und „dritte Produkt" als sog. „Nachprodukte". Die schließlich übrig bleibende Mutterlauge, ein schwarzbrauner dicker Sirup, ist die Melasse, in der sich die löslichen Begleitstoffe des Zuckers aus der Rübe und die löslichen Zusätze stark angereichert haben.

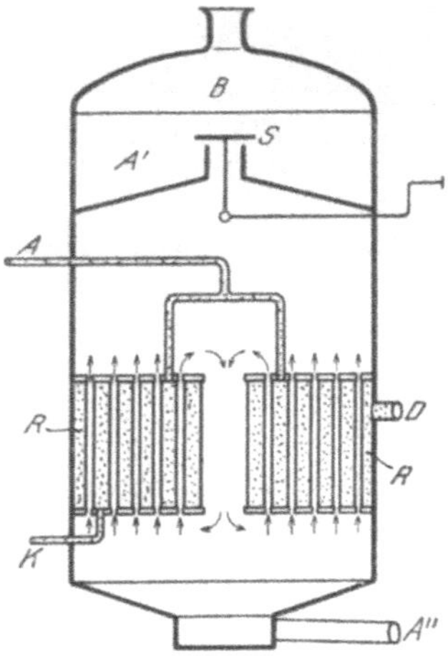

Abb. 5. Verdampfapparat. *D* Dampfzuleitung, *K* Kondenswasserableitung, *A* Ableitung der im Dampf enthaltenen Gase, *A'* Brüdenraum, *A''* Ableitung des Dicksaftes, *B* Deckel, *S* Apparat zum Abscheiden des Schaumes, *K* Heizröhren. (Nach STROHECKER.)

Die früher übliche Einkochung bis zu einem durchsichtigen Sirup („Blankkochen"), der dann, in Zuckerformen eingegossen, zu einem Gemisch von Krystallen und Sirup erstarrte, ist heute bei Zuckersäften nicht mehr gebräuchlich. Nur für Kandisherstellung bestimmte Zuckerlösungen werden heute noch blank gekocht.

Die Trennung der Zuckerkrystalle vom Sirup erfolgt in Zentrifugen. Doch bleiben die Krystalle dabei mit einer dünnen Melasseschicht überzogen, die ihnen einen etwas widerlichen Geruch und Geschmack verleiht. Sie bilden den Rohzucker, der etwa 95—97% Saccharose neben 1,0—1,2% organischem Nichtzucker, 0,8—1,0% Asche und 1,5—1,8% Wasser enthält. Die Ausbeute aus 100 kg Rüben mit 17% Zuckergehalt beträgt an 96%igem Rohzucker etwa 14 kg, an 92%igem Nachprodukt 1—2 kg und an Melasse 2 kg.

[1] J. BRZEK: Zeitschr. Zuckerind. čechoslovak. Rep. 1932, **56** (13), 557; **C.** 1932, II, 2119.
[2] P. BAUD: La Nature 1935, I, 69; **C.** 1935, I, 1785.

Für die Abscheidung des Zuckers aus Melasse, die heute hauptsächlich als Futtermittel Verwendung findet, hatte früher die Strontianentzuckerung eine gewisse Bedeutung erlangt. Bei dieser wird in die 3—4fach verdünnte Melasse bei Siedetemperatur so viel Strontiumhydroxyd eingetragen, bis die Lösung daran fast gesättigt ist (auf 1 Mol. Zucker 3 Mol. Strontiumhydroxyd). Das ausgefallene Distrontiumsaccharat wird durch kaltes Wasser in schwerlösliches Strontiumhydroxyd und lösliches Monostrontiumsaccharat zerlegt, das dann der Saturation mit Kohlendioxyd unterworfen und wie Reinsaft auf Korn verkocht wird. Eine hierbei schließlich abfallende Melasse (Strontianmelasse, Hildesheimer Sirup) ist ärmer an Betain und widerlich schmeckenden Stoffen als gewöhnliche Rübenmelasse und wird daher auch als Zusatz zu eingedicktem Rübensaft als Speisesirup (vgl. S. 429) verwertet. Derartige Strontianmelasse ist nach J. GROSSFELD und W. SUTTHOFF[1] außer durch ihren höheren Aschegehalt (etwa 7—8%) besonders durch erhöhten Gehalt an Raffinose und an Resten von Strontiumverbindungen in der Asche gekennzeichnet (vgl. S. 432—433).

c) Raffination des Rohzuckers.

Die Umwandlung des durch anhaftenden Sirup noch gelb gefärbten und klebrig-feuchten Rohzuckers, Eigenschaften, die ihn neben seinem unreinen Geschmack für den Gebrauch zur Speisensüßung wenig geeignet machen, in Reinzucker erfolgt, sofern nicht die Zuckerfabrik direkt auf Weißzucker hin arbeitet, was seltener der Fall ist (vgl. unten), in besonderen Fabriken, den Raffinerien. Das von ihnen erzeugte reine Produkt ist die Raffinade. Zum Zwecke der Reinigung wird der Rohzucker dabei mit Sirupen von steigender Reinheit abgewaschen oder „gedeckt" und dann abgeschleudert. Hierzu dienen besondere Waschzentrifugen. Durch die Einführung des Schleuderverfahrens ist die früher fast eine Woche beanspruchende Herstellung der Zuckerkuchen und Zuckerbrote in einer Stunde ausführbar geworden. Die verwendeten Waschlösungen (Zuckerlösungen) heißen Deckkläre. Auch eine Behandlung mit Dampf, wodurch die äußere Schicht der Rohzuckerkrystalle abschmilzt, ist in Gebrauch.

Nach J. F. BOGTSTRA[2] stellt sich das Gleichgewicht zwischen Sirupfilm und Waschflüssigkeit anfangs sehr rasch, dann aber immer langsamer ein, so daß man durch Decken allein nicht zu ganz reinem Zucker gelangt. Zur weiteren Reinigung wird deshalb der so vorbehandelte Zucker dann zu einer 60—65%igen Lösung, der „Kochkläre" gelöst und diese einer Entfärbung durch Knochen- oder Blutkohle, heute vielfach auch durch sog. aktive Pflanzenkohle, Entfärbungskohle, unterworfen. Der so erzielte gereinigte Sirup wird wieder im Vakuum auf Korn verkocht. Auch eine Reinigung des Zuckers durch wiederholte Behandlung mit Kalk in Verbindung mit Schwefeldioxyd, Kohlendioxyd oder Phosphorsäure zur Darstellung von Weißzucker ist üblich.

Der erste Sirup, der bei der Zuckerraffination abfällt, wird ebenfalls „Grünsirup" genannt, ist aber viel reiner als der von der Rohzuckerfüllmasse abgeschleuderte. Er liefert nach Verkochung auf Korn den sog. „gelben Farin" für Bäckereien und Konditoreien. Aus ihm gewinnt man ferner durch Abdecken in der Zentrifuge den „weißen Farin".

Je nach der Fabrikationsmethode kann man nach A. ROOSEBOOM[3] 3 Hauptgruppen von Weißzucker unterscheiden:

1. Wirkliche Raffinaden. Zucker, erhalten durch Auflösen und Filtrieren von Rohzucker bei anschließender Behandlung mit Kohle und Umkrystallisation. Das Verfahren liefert den reinsten und weißesten Zucker.

2. Fabrikweißzucker. Direkt aus dem Rübensaft nach mechanischen und chemischen Reinigungsverfahren stets unter Anwendung von Kalk gewonnener Zucker ohne weitere Wiederauflösung und ohne Behandlung mit Kohle. Reinheit und weiße Farbe dieser Art Zucker sind naturgemäß geringer als bei Raffinaden.

[1] J. GROSSFELD u. W. SUTTHOFF: Z. 1914, 27, 183.
[2] J. F. BOGTSTRA: Arch. Suikerind. Nederl.-Indie 1934, 265.
[3] A. ROOSEBOOM: Chem. Weekbl. 1934, 31, 650.

3. Semiraffinaden. Erhalten durch Verbindung des gebräuchlichen Saftreinigungsverfahrens und völlige oder teilweise Behandlung mit aktiver Kohle oder völlige oder teilweise Umkrystallisation. Dieses Verfahren wird viel bei Rübenzuckerfabriken angewendet, die direkt auf Weißzucker verarbeiten. Gewöhnlich werden dabei Kochungen von geringerer Reinheit wieder aufgeschmolzen, so daß das Endprodukt dann aus Sirup von ziemlicher Reinheit erhalten wird, wenn auch nicht von so hoher Reinheit wie bei Raffinade.

Besser ist nach O. SPENGLER und K. ZABLINSKY[1] eine Einteilung in Raffinaden, Krystallzucker und Melis. Doch stehen auch hierfür endgültige Begriffsbestimmungen noch nicht fest.

Nicht selten, wenn auch in immer mehr abnehmendem Maße, wird dem noch leicht gelb gefärbten Zucker vor dem Kochen ein blauer Farbstoff zugesetzt, so daß er, da Gelb und Blau Komplementärfarben sind, dem Auge weiß erscheint. Dieses Bläuen des Zuckers wurde früher meist mit Ultramarinblau (50 g auf 1000 dz Füllmasse), heute wird es nach B. BLOCK[2] mehr mit Indanthrenblau vorgenommen.

Je nach Art des Verbrauches unterscheidet man den Verbrauchszucker im Handel noch vielfach in Raffinade und Melis, ohne daß sich dafür bestimmte Unterscheidungsmerkmale angeben lassen. Folgende Formen und Bezeichnungen sind nach V. GERLACH[3] am handelsüblichsten:

I. Harte Zucker, bei welchen die einzelnen Krystalle zu größeren Stücken zusammengefügt sind. Man unterscheidet dabei:

1. Brotzucker (Hutzucker), der nach Korn und Aussehen bewertet wird.

2. Plattenzucker, so benannt nach der Form, der ebenso wie Brotzucker bewertet wird.

3. Würfelzucker, obwohl meist nicht in Würfeln, sondern in Form rechteckiger oder quadratischer Täfelchen im Verkehr. Annähernd würfelförmig geformte Stücke gehen im Handel als Cubes. Die Bewertung erfolgt ebenso wie bei Brot- und Plattenzucker.

4. Zucker in unregelmäßigen Stücken (Knoppern, Crushed, Pilé), bewertet nach Art der Herstellung, dem Korn und dem Aussehen.

II. Krystallzucker. Lose, deutlich ausgebildete Zuckerkrystalle, nach Farbe und Körnung bewertet, Krystallzucker von mittlerer Körnung wird häufig mit dem englischen Worte Granulated bezeichnet. Kastorzucker ist ein Krystallzucker von besonders gleichmäßig feiner Körnung.

III. Gemahlene Zucker (gemahlene Raffinade, gemahlener Melis, abgesiebte Knoppern) werden nach Art des Mahlstoffes, der Siebung und nach ihrem Aussehen bewertet.

IV. Farin (raffinierter Farin, Kandisfarin). Zucker in gelblich braunen Einzelkrystallen, welcher entweder gemahlen oder ungemahlen in den Handel kommt und nach Farbe, Geschmack und Trockenheit bewertet wird.

V. Kandis. Raffinierter Zucker in besonders großen Krystallen. Man unterscheidet weißen, gelben und braunen Kandis.

Zur Herstellung von Brotzucker wird die im Vakuum bei möglichst niedriger Temperatur auf Korn gekochte Masse in Pfannen auf fast 90° erwärmt, wobei sich die kleinen Krystalle lösen, in die Hutformen gegossen und ganz allmählich durch Abkühlen erstarren gelassen. Darauf öffnet man die Form unten an der Spitze, deckt mit Sirup, schleudert ab und trocknet endgültig im Vakuum.

Plattenzucker entsteht durch Abschleudern der Füllmasse in rechteckigen Behältern. Zur Herstellung von Würfelzucker wird zu Platten oder Stäben gepreßte oder zersägte Masse in sog. Knipsmaschinen zerkleinert. Krystallzucker erhält man durch langsames Kochen bei niedriger Temperatur und geringem Druck, Zentrifugieren, Decken und Trocknen. Zur Vermeidung eines Zusammenbackens bleiben die gewaschenen Körner beim Trocknen in zylindrischen rotierenden Trockentrommeln, sog. Granulatoren, in ständiger Bewegung. Die Herstellung von Kandiszucker in großen Krystallen beruht darauf, daß man blank gekochte Füllmasse in Krystallisiergefäßen allmählich erkalten läßt. Früher wurden als Ansatzstellen für diese Krystalle Baumwoll-

[1] O. SPENGLER u. K. ZABLINSKY: Zeitschr. Wirtschaftsgr. Zuckerind. 1937, **87**, 461.
[2] B. BLOCK: Zeitschr. Ver. Deutsch. Zuckerind. 1925, **50**, 1245; **Z.** 1930, **59**, 539.
[3] V. GERLACH: Deutsches Nahrungsmittelbuch. Heidelberg 1922.

fäden durch die Lösung gezogen, während man heute durch besondere Leitung des Krystallisationsvorganges (Krystallisation in Bewegung) auch Krystalle ohne Fäden erhält. Zur Darstellung von braunem Kandis färbt man die Masse vorher mit Caramel. Kandis aus Rübenzucker schmeckt rein süß, nicht aromatisch wie Kandis aus Rohrzucker, wird aber zuweilen mit Rohrzuckermelasse (vgl. S. 431) aromatisiert.

Die Ausbeute an Raffiniererzeugnissen beträgt im Durchschnitt aus 100 kg Rohzucker von 95—97% Reinheit (Polarisation) 88—92 kg weißen Verbrauchszucker und 5—8 kg Melasse.

Die Zusammensetzung des Gebrauchszuckers aus Rüben (vgl. auch S. 406) ist nach J. König:

Tabelle 9.

Gehalt	Wasser %	Saccharose %	Organischer Nichtzucker %	Sulfatasche %	Carbonatasche %
Mittlerer. . . .	0,06	99,73	0,15	0,05	0,04
Schwankungen .	0,02—0,50	98,05—99,90	0,02—0,35	0,01—1,39	0,01—1,35

F. Strohmer[1] hat Proben von sämtlichen in Österreich-Ungarn erzeugten und dort handelsüblichen Sand- und Krystallzuckersorten mit folgendem Ergebnis untersucht:

Tabelle 10.

Direkte Polarisation %	Wasser %	Asche %	Organischer Nichtzucker %	Aschenrendement %	Kupferreduktion nach Herzfeld mg
99,10—99,95	0,01—0,69	0,01—0,10	0,02—0,29	99,00—99,90	18—59

H. C. S. de Whalley[2] erhielt aus einem raffinierten Weißzucker aus Rüben

Saccharose . .	99,956%	Wasser. . . .	0,020%
Invertzucker .	0,006%	Sonstige organische Stoffe	0,012%
Asche	0,006%		

Die größten Verunreinigungen entfallen durchweg auf den gemahlenen Zucker, besonders auf Farin.

Die Zusammensetzung der Asche von Rohrzucker und braunen Kandiszucker haben Albu und Neuberg[3] wie folgt angegeben:

Tabelle 11.

Zucker	Asche %	K_2O %	Na_2O %	CaO %	MgO %	Fe_2O_3 %	P_2O_5 %	SO_3 %	SiO_2 %	Cl %
Rohrzucker. .	0,97—1,55	46,88	10,12	4,51	0,26	0,28	0,25	7,41	0,36	6,01
Kandiszucker.	1,30	24,50	8,19	14,67	10,72	6,55	—	10,85	13,59	13,20

4. Gewinnung des Zuckers aus Zuckerrohr.

Das Zuckerrohr (Saccharum officinarum L.), von dem der Rohrzucker seinen Namen erhalten hat, gehört zur Familie der Rispengräser. Es bildet hohe dicke Schäfte mit ausgebreiteten Blütenrispen und in lange Seidenhaare gehüllten Ähren. Man kennt und züchtet grüne, gelbe, rote, blaue, violette, schwarze und gestreifte Arten[4]. Das Zuckerrohr, das einen lockeren, durch-

[1] F. Strohmer: Österr.-ungar. Zeitschr. Zuckerind. u. Landw. 1903, **32**, 548; **Z.** 1904, **7**, 699. [2] H. C. S. de Whalley: Journ. Soc. chem. Ind. 1937, **56**, 569.

[3] Albu u. Neuberg: Landw. Vers.-Stationen **54**, 117.

[4] Farbige Abbildungen von Stengelstücken verschiedener Arten gibt N. Deerr: Cane Sugar. London 1921.

lüfteten, mäßig feuchten Boden, aber ein feuchtes warmes Klima liebt, gedeiht in der tropischen und subtropischen Zone mit einer mittleren Jahrestemperatur von 24—25°. Über die einzelnen Anbaugebiete vgl. S. 387.

Da die Vermehrung des Zuckerrohrs seit Jahrhunderten fast ausschließlich vegetativ durch Stecklinge erfolgt, ist es anfällig gegen zahlreiche Krankheiten und Parasiten. Heute ist man daher bemüht, aus Samen durch geeignete Kreuzungen widerstandsfähigere und zugleich ertragreichere Sorten zu züchten, die dann aber auch wieder durch Stecklinge vermehrt werden. Der Wurzelstock ist sehr ausdauernd und treibt bis 20 und mehr Jahre hindurch immer neue Halme (Stengel), die, durch Internodien gegliedert, eine Höhe von 2—6, ja bis 9 m bei einem Durchmesser von 3—7 cm erreichen. Das Durchschnittsgewicht eines Rohrstengels beträgt 3 kg. Ein Steckling treibt bis zu 25 und mehr Stengel, deren Wachstum je nach der Lage 9—20 Monate beträgt; in Java wird im Jahre nur einmal geschnitten, in Cuba, Jamaika und Guadeloupe 6—7mal. 1 ha liefert an Zuckerrohr 20—900 dz, an Zucker 61—132 dz.

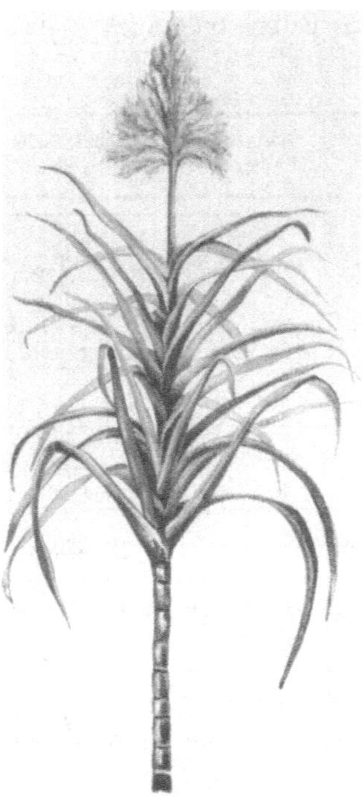

Abb. 6. Zuckerrohr. Saccharum officinarum L. Etwa $^1/_{25}$ nat. Größe. (Nach MUSPRATTs Chemie.)

Die Zusammensetzung einzelner Zuckerrohre schwankt nach N. DEERR etwa in folgenden Grenzen:

Tabelle 12.

Wasser %	Rohrzucker %	Reduzierender Zucker %	Mark (Faser) %	Asche %	Organischer Nichtzucker %
69—75	7—20	0—2	8—17	0,3—0,8	0,5—1,0

Der mittlere Zuckergehalt wurde für die Hawai-Inseln 1908—1915 zu 14,18, für die Maui-Insel zu 15,49% gefunden. Die Mittelzahlen für Java 1906 bis 1912 betrugen 12,50%, auf einzelnen Pflanzungen zwischen 10—15%. Für die Jahre 1914 war der mittlere Zuckergehalt nach Angabe von 151 Mühlen auf Cuba zu 12,98, von 34 Fabriken auf Mauritius für 1914 zu 13,36% festgestellt.

L. GIRAUD[1] stellte Untersuchungen über die Bildung des Zuckers im Zuckerrohr an und gelangte zu folgenden mittleren Zahlenergebnissen:

Tabelle 13.

Datum	Mittleres Rohrgewicht	Auf je 1 Blatt		In % des Rohres	
		Saccharose	Saccharose + Glucose	Saccharose	Saccharose + Glucose
	kg	g	g	%	%
6. Mai	2,680	6,2	7,2	8,1	9,4
8. Juni	2,357	5,9	6,7	9,73	10,9
7. Juli	2,783	8,7	9,3	11,54	12,26
7. August	2,756	8,7	8,9	13,23	13,64
8. September . .	3,010	9,5	9,68	14,0	14,26

Die Menge des von einem Blatt gebildeten Zuckers hängt vom Boden, den klimatischen Verhältnissen und der Art des Rohres sowie des Wachstums ab: sie schwankt zwischen 3—17 g.

Bei Rohr erster Ernte von etwa 20 Monaten und bei Rohr zweiter Ernte von etwa 12 Monaten war bereits 4 Monate vor der Ernte die Hauptmenge

[1] L. GIRAUD: Bull. Assoc. Chimistes Sucr. Dist. 1921, 38, 486; C. 1922, I, 142.

(60—80%) des Zuckers gebildet und teilweise als Glucose in den Geweben aufgespeichert. Beim reifen Rohr ist aber der Glucosegehalt fast völlig verschwunden.

Beim Zuckerrohr selbst ist der Zuckergehalt in den Zwischengliedern um etwa 3—4% höher als in den Stengelknoten. Der Reinheitsquotient des Zuckerrohrsaftes wird zwischen 85—95% gefunden. Der Zuckerrohrsaft ist also von Natur reiner als Zuckerrübensaft und damit leichter auf Zucker zu verarbeiten.

Nach F. V. DEOMANO[1] ist im jungen Rohr die Zuckerverteilung im Gegensatz zum älteren, ausgewachsenen ungleichmäßig, nimmt gegen die Spitze zu ab und nach unten hin zu. Anorganische Stoffe sammeln sich hauptsächlich in den Blättern und Samen an, mit Ausnahme des Eisens.

Über die Aschenzusammensetzung des Zuckerrohrs, die mehr von der Bodenzusammensetzung als von der Art abhängig ist, vgl. H. PELLET und CH. FRIBOURG[2]. Natrium wird aber nach H. C. PRINSEN GEERLIGS[3] und PELLET[4] selbst aus natronreichem Boden nur wenig aufgenommen. Sehr eingehend wurden die Aschenbestandteile des Zuckerrohrs von Java von P. HONIG[5] untersucht und die Ergebnisse in zahlreichen Tabellen niedergelegt.

Beim Aufbewahren von Zuckerrohr bei einer Temperatur unter 18° geht seine Farbe von grün in gelb über, wobei gleichzeitig eine Art Nachreifung eintritt. So fand J. C. QUEVEDO[6]:

Tabelle 14.

Zuckerrohr	Im Saft Grade Brix	Saccharose %	Glucose %	Scheinbare Reinheit %	Gewichtsverlust des Rohres in %
Frisches. .	17,48	14,11	0,80	80,72	—
Gelagertes.	19,10	16,32	0,53	85,45	7,16

Zuckerrohrsaft hat normalerweise nach CH. H. G. SPRANKLING[7] etwa die Zusammensetzung

Tabelle 15.

Spez. Gewicht bei 17,5°	Trockensubstanz g im Liter	Saccharose g im Liter	Glucose g im Liter	Nichtzucker g im Liter
1,0738	241,0	227,9	4,05	9,1

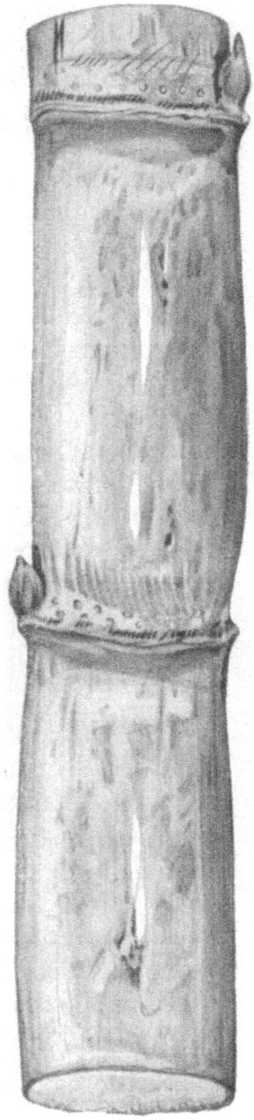

Abb. 7. Zuckerrohr. Stengelstück. Etwa 1/2 nat. Größe. (Nach N. DEERR.)

Bei der Verarbeitung des Zuckerrohrs auf Rohrzucker lassen sich ähnlich wie bei der Rübe als Behandlungsstufen Saftgewinnung, Saftreinigung und Safteinkochung bis zur Krystallisation unterscheiden.

Für die Saftgewinnung ist auch heute noch vielfach ein Zerquetschen des Rohrs in Walzenmühlen in Gebrauch, das ziemlichen Kraftaufwand erfordert

[1] F. V. DEOMANO: Philippine Agriculturist 1931, **20**, 139; **C.** 1931, II, 3053.
[2] H. PELLET u. CH. FRIBOURG: Bull. Assoc. Chimistes Sucr. Dist. 1905, **22**, 908; **Z.** 1906, **11**, 467.
[3] H. C. PRINSEN GEERLIGS: Medeeleelingen van het Proefstation v. Suikerriet in West-Java „Kagok" te Pekalongan 1904, Nr. 76; **C.** 1905, I, 897.
[4] PELLET: Bull. Assoc. Chimistes Sucr. Dist. 1905, **22**, 1049; **Z.** 1906, **11**, 467.
[5] P. HONIG: Arch. Suikerind. Nederl.-Indie 1934, 435.
[6] J. C. QUEVEDO: Sugar 1922, **24**, 487; **C.** 1923, II, 195.
[7] CH. H. G. SPRANKLING: Journ. Soc. chem. Ind. 1903, **22**, 78; **Z.** 1904, **7**, 303.

und einige Prozent Zucker in den Rückständen (Bagasse[1]), die gewöhnlich als Heizmaterial dienen, zurückläßt. An seiner Stelle gewinnt das Diffusionsverfahren, bei dem das Rohr zunächst in Schneidemaschinen zerschnitten wird, an Verbreitung.

Zur Reinigung des Rohrsaftes, der durch aus Brenzcatechinderivaten entstandene Farbstoffe[2] eine dunkle Farbe besitzt, diente früher und teilweise auch heute noch ein Klärverfahren, die Defekation. Bei diesem wird der Rohrsaft mit Kalk (0,2—0,5%) nahezu neutralisiert, dann auf 190° F (= 88° C) erhitzt, darauf absetzen gelassen und dekantiert. Der geklärte Saft liefert dann nach raschem Einkochen einen Rohrzucker von 96%. Man nennt dieses Verfahren auch Dekoktionsverfahren. Zur Klärung werden u. a. Phosphate, die mit Kalk einen voluminösen Niederschlag liefern, und zur Bleichung Schweflige Säure verwendet. Man gelangt damit zu weißen und gelben Plantagenverbrauchszuckern.

Der Scheidung und Saturation bei der Rübe entspricht bei der Zuckerrohrverarbeitung das Carbonationsverfahren und das Sulftitationsverfahren. Bei ersterem wird der Rohrsaft mit Kalk im Überschuß versetzt und dann Kohlendioxyd eingeleitet. Beim Sulfitationsverfahren wird der Kalküberschuß mit Schwefeldioxyd, häufig zusammen mit Kohlendioxyd gefällt. Die durch Schwefeldioxyd bezweckte Bleichwirkung wird auch bei Zuckerrohrsaft vielfach durch Bleichung mit aktiver Pflanzenkohle ergänzt.

Die weitere Behandlung des gereinigten Zuckerrohrsaftes entspricht im wesentlichen der Behandlung bei der Verkochung von Rübensaft. Der Rohzucker aus Zuckerrohr führt die Bezeichnung Muskovade (Muscovado) oder Cassonade.

5. Untersuchung von Handelszucker.

Die Untersuchung von Handelszucker erfolgt im allgemeinen nach den in Band II, S. 845 u. f. beschriebenen Verfahren.

a) Saccharose. Für die Saccharosebestimmung dient in erster Linie die Polarisation (vgl. Bd. II, S. 883). Zur Nachprüfung, ob die dabei erhaltenen Drehungswerte wirklich von Saccharose herrühren, pflegt man die Zuckerlösung zu invertieren und die Saccharose aus der Polarisationsabnahme oder genauer aus der Invertzuckerzunahme durch die Inversion gewichts- oder maßanalytisch zu bestimmen. Vgl. die Zollvorschrift S. 409.

TH. V. FELLENBERG[3] macht darauf aufmerksam, daß die Saccharosebestimmung in hochwertigen Zuckerprodukten ungenau ist, weil die Versuchsfehler übermäßig groß sind, und empfiehlt ihre indirekte Ermittlung.

b) Invertzucker. Für Bestimmung kleiner Mengen Invertzucker in Handelszucker hat G. BRUHNS[4] eine Vorschrift angegeben, die in Bd. II, S. 869 ausführlich wiedergegeben ist. Nach O. SPENGLER und F. TÖDT[5] ist die Störung der Saccharose bei der Invertzuckerbestimmung katalytischer Natur und wird durch Eisensalze stark beeinflußt. Sie läßt sich durch Zusatz von sekundärem Natriumphosphat zur FEHLINGschen Lösung wesentlich verringern.

Nach der Zollvorschrift[6] richtet sich die gewichtsanalytische Bestimmung des Invertzuckers nach dem Gehalt an Saccharose, worüber man sich erst durch eine Vorprüfung näheren Aufschluß verschaffen muß. Vgl. S. 409.

---

[1] Ursprüngliche Bezeichnung für Olivenpreßrückstände in der Provence.
[2] M. A. SCHNELLER: Zeitschr. Ver. Deutsch. Zuckerind. 1919, **56**, 320; **Z.** 1920, **40**, 286.
[3] TH. V. FELLENBERG: Mitt. Lebensmittelunters. Hygiene 1915, **6**, 197; **Z.** 1916, **32**, 364.
[4] G. BRUHNS: Chem.-Ztg. 1918, **22**, 301; Zentralbl. Zuckerind. 1920, **27**, 621, 664, 767.
[5] O. SPENGLER u. F. TÖDT: Zeitschr. Wirtschaftsgr. Zuckerind. 1935, **85**, 113; **Z.** 1937, **74**, 249.
[6] Zuckersteuergesetz nebst Ausführungsbestimmungen und Verordnung über Vergütung der Zuckersteuer, herausgeg. im Reichsfinanzministerium. Berlin 1930.

Eine neue Vorschrift zur Bestimmung kleiner Mengen Invertzucker neben Saccharose unter Verwendung sodaalkalischer Kupferlösung geben O. SPENGLER, F. TÖDT und M. SCHEUER[1] an.

An weiteren Vorschlägen vgl. H. WINTER[2], A. SCHOLVIEN[3], BUISSON und MÜLLER[4], J. BANG[5] und L. RADLBERGER[6].

c) Raffinose. Prüfung auf Raffinose neben Saccharose kann praktisch für Zuckerfabrikerzeugnisse von Bedeutung werden. Raffinose $C_{18}H_{32}O_{16} \cdot 5\,H_2O$ beeinflußt die Krystallisation des Rohrzuckers in der Weise, daß nadelförmige Krystalle entstehen. Schon bei 3% Raffinose beginnt diese Erscheinung und wird bei 5% deutlich. Unter Umständen kann der Raffinosegehalt zur Erkennung von aus Melasse gewonnenem Zucker benutzt werden. Da die Raffinose weiterhin starke Rechtsdrehung (1,852mal stärker als Saccharose) zeigt, aber keinen süßen Geschmack besitzt, ist sie als Süßungsmittel wertlos. Die Prüfung auf Raffinose erfolgt durch Polarisation vor und nach der Inversion nach A. HERZFELD und J. DAMMÜLLER[7] wie folgt:

a) Bei weniger als 2% Invertzucker: Das halbe Normalgewicht (13,024 g) von raffinosehaltigen Zuckerprodukten wird im 100 ccm-Kolben in 75 ccm Wasser gelöst und mit 5 ccm konz. Salzsäure (mit 38,8% HCl) $7^1/_2$—10 Minuten auf 67—70° erwärmt. Nach dem Abkühlen, Auffüllen zur Marke und Klären mit durch Salzsäure ausgewaschener Knochen- oder Blutkohle wird die Beobachtung bei 20° ausgeführt. Zur Berechnung des Ergebnisses dienen folgende beiden Formeln:

$$Z\ (= \text{Saccharose}) = \frac{0{,}5124\ P - I}{0{,}839} \quad \text{und} \quad R\ (\text{Raffinoseanhydrid}) = \frac{P - Z}{1{,}852}\,.$$

Hierin bedeuten

P = direkte Polarisation,

I = Polarisation nach der Inversion für das ganze Normalgewicht unter Beachtung des Vorzeichens[8].

Beispiel. Polarisiert ein Nachprodukt vor der Inversion + 94,5, nach der Inversion — 13,8, so berechnet sich also der Gehalt an Saccharose:

$$Z = \frac{0{,}5124 \cdot 94{,}5 + 2 \cdot 13{,}8}{0{,}839} = \frac{76{,}02}{0{,}839} = 90{,}6\,\%,$$

Raffinose:
$$R = \frac{94{,}5 - 90{,}6}{1{,}852} = 2{,}1\,\%.$$

b) Bei einem Gehalte von 2% Invertzucker und darüber muß an die Stelle der direkten Polarisation P die Bestimmung des Gesamtzuckers in dem invertierten Ablauf mittels FEHLINGscher Lösung treten.

Nachdem die Prozente Brix ermittelt worden sind, bestimmt man den Gehalt des Ablaufs an Zucker Z, indem man die Menge des aus der FEHLINGschen Lösung abgeschiedenen Kupfers (Cu) und die Inversionspolarisation (I), bezogen auf das ganze Normalgewicht in folgende Formel einsetzt:

$$Z = \frac{582{,}98 \cdot Cu - I \cdot F_2}{0{,}9491 \cdot F_1 + 0{,}3266 \cdot F_2}\,,$$

worin F_1 bzw. F_2 die Reduktionsfaktoren der invertierten Saccharose bzw. Raffinose bedeuten. Unter der Voraussetzung, daß nur Saccharose, Invertzucker und Raffinose vorhanden sind, wurden nachstehend diese Werte für die hauptsächlich in Betracht kommenden Kupfermengen 0,120—0,230 g berechnet und die Formel durch Einsetzung der berechneten Werte vereinfacht. Für

---

[1] O. SPENGLER, F. TÖDT u. M. SCHEUER: Zeitschr. Wirtschaftsgr. Zuckerind. 1936, **86**, 130, 322.

[2] H. WINTER: Die deutsche Zuckerindustrie, S. 202. 1909.

[3] A. SCHOLVIEN: Die deutsche Zuckerindustrie, S. 204. 1909.

[4] BUISSON u. MÜLLER: Die deutsche Zuckerindustrie, S. 521. 1909.

[5] J. BANG: Eine Methode zur Invertzuckerbestimmung. Berlin 1909.

[6] L. RADLBERGER: Österr.-ungar. Zeitschr. Zuckerind. u. Landw. 1911, **40**, 6. Heft.

[7] A. HERZFELD u. J. DAMMÜLLER: Zeitschr. Deutsch. Ver. Rübenzuckerind. 1889, 722, 742; 1890.

[8] Da das Vorzeichen meistens negativ ist, muß also der Betrag der Linksdrehung dann addiert werden.

Cu = 120 mg ist $Z = 247{,}0 \cdot Cu - 0{,}608\,I$	Cu = 180 mg ist $Z = 249{,}2 \cdot Cu - 0{,}604\,I$
Cu = 130 mg „ $Z = 247{,}4 \cdot Cu - 0{,}607\,I$	Cu = 190 mg „ $Z = 249{,}7 \cdot Cu - 0{,}604\,I$
Cu = 140 mg „ $Z = 247{,}7 \cdot Cu - 0{,}606\,I$	Cu = 200 mg „ $Z = 250{,}0 \cdot Cu - 0{,}604\,I$
Cu = 150 mg „ $Z = 248{,}1 \cdot Cu - 0{,}605\,I$	Cu = 210 mg „ $Z = 250{,}4 \cdot Cu - 0{,}605\,I$
Cu = 160 mg „ $Z = 248{,}4 \cdot Cu - 0{,}607\,I$	Cu = 220 mg „ $Z = 251{,}2 \cdot Cu - 0{,}606\,I$
Cu = 170 mg „ $Z = 248{,}7 \cdot Cu - 0{,}604\,I$	Cu = 230 mg „ $Z = 251{,}7 \cdot Cu - 0{,}607\,I$

Da die Reduktionsfaktoren sich nur sehr langsam ändern, so genügt die vorstehende Berechnung von 10 zu 10 mg Kupfer.

Den Gehalt an Raffinosehydrat findet man nach der Formel:

$$R = (1{,}054 \cdot I + 0{,}344 \cdot Z)\,1{,}178.$$

Beispiel. Der Ablauf habe eine Inversionspolarisation von $I = -8{,}5^0$ und eine Menge Kupfer — nach der Inversion und bezogen auf 0,1625 g Ablauf — Cu = 0,184 g ergeben, dann ist aus der Tabelle für Cu = 180 mg der Wert:

$$Z = 249{,}2\,Cu - 0{,}604\,I = 249{,}2 \cdot 0{,}184 - 0{,}604 \cdot (-8{,}5) = 51{,}0\%,$$
$$R = (-1{,}054 \cdot 8{,}5 + 0{,}344 \cdot 51{,}0)\,1{,}178 = 10{,}1\%.$$

Die vorstehende Berechnung umfaßt auch die bereits invertierte, als Invertzucker vorliegende Saccharose. Um die eigentliche, nicht invertierte, Saccharose zu finden, ist der vorhandene Invertzucker für sich zu bestimmen, mit dem Faktor 0,95 auf Saccharose umzurechnen und von dem für Z erhaltenen Wert abzuziehen.

Von weiteren Vorschlägen zur Raffinosebestimmung vgl. J. W. GUNNING[1] und R. OFNER[2] (Trennung durch Lösen der Raffinose in Methylalkohol), R. CREYDT[3] (Überführung in Schleimsäure), C. NEUBERG und MARX[4] (Hydrolyse mit Emulsin), A. HERZFELD[5] (Naphthoresorcinreaktion nach TOLLENS), F. STROHMER[6], L. GRZYBOWSKI[7] und I. VOGELBORG[8].

Über die Prüfung auf Raffinose durch Nachweis der Galaktose vgl. auch Bd. II, S. 859.

d) Bestimmung der Farbe. Zur Bestimmung der Farbe des Rohzuckers und anderer zuckerhaltiger Erzeugnisse dient allgemein das STAMMERsche Farbenmaß, dessen Beschreibung den Apparaten beigegeben wird.

Für die Ermittlung des Farbgrades als Maß für die Reinheit von Gebrauchszucker bedient man sich

α) der Beobachtung nach dem Augenmaß. Hierzu werden vom Institut für Zuckerindustrie 10 Farbtypen verwendet (O. SPENGLER und K. ZABLINSKY[9]) wobei aber der Einfluß der Krystallgröße nicht ausgeschaltet ist. Um diesen Einfluß zu beseitigen, rühren SPENGLER und ZABLINSKY bei der sog. Konditorprobe 5 g des gepulverten Zuckers in einer Porzellanschale mit 1 ccm Wasser mit Hilfe eines Glasstabes zu einer homogenen Masse an, gießen den Brei auf ein weißes Pappkärtchen aus und erhalten so ein rundes Zuckerplätzchen, das nach 24 Stunden, nachdem die Masse etwas eingetrocknet ist mit einem aus der Typenskala erhaltenen Plätzchen verglichen wird.

β) Um die hierbei noch mitwirkenden individuellen Einflüsse ganz zu beseitigen, verwenden SPENGLER und ZABLINSKY das trichromatische Spektralcolorimeter[10] von LANDT[11], mit dem sowohl die relative Farbe als auch die Trübung ermittelt wird, indem man die Zuckerlösung vor und nach Filtration mißt. Als gut brauchbar erwies sich eine Konzentration von 125 g Zucker zu 250 ccm Wasser.

[1] J. W. GUNNING: Zeitschr. analyt. Chem. 1889, **28**, 45.
[2] R. OFNER: **Z.** 1908, **16**, 180.
[3] R. CREYDT: Zeitschr. analyt. Chem. 1894, **33**, 255. Dazu J. HERZFELD: Zeitschr. analyt. Chem. 1894, **33**, 256; Zeitschr. Rübenzuckerind. **40**, 265.
[4] C. NEUBERG u. MARX: Biochem. Zeitschr. 1907, **3**, 519.
[5] A. HERZFELD: Zeitschr. Ver. Deutsch. Zuckerind. 1910 (N. F.) **47**, 1204.
[6] F. STROHMER: Österr.-ungar. Zeitschr. Zuckerind. u. Landw. 1911, **40**, Heft 3 u. 6.
[7] L. GRZYBOWSKI: Zeitschr. Ver. Deutsch. Zuckerind. 1903, **28**, 1929; **Z.** 1904, **8**, 511.
[8] J. VOGELBORG: **Z.** 1905, **9**, 294; **10**, 175.
[9] O. SPENGLER u. K. ZABLINSKY: Zeitschr. Wirtschaftsgr. Zuckerind. 1937, **87**, 461.
[10] Zu beziehen von Schmidt & Haensch.
[11] Vgl. E. LANDT u. H. HIRSCHMÜLLER: Zeitschr. Wirtschaftsgr. Zuckerind. Techn. T. 1937, **87**, 449.

e) Alkalität. An Stelle des älteren etwas umständlichen Verfahrens[1] empfiehlt es sich, die Reaktion des in Leitfähigkeitswasser gelösten Zuckers nach den in Bd. II, S. 136 angegebenen Methoden zu ermitteln und als p_H auszudrücken.

f) Reinheit bzw. Rendement oder Ausbeute. Die „organischen Nichtzuckerstoffe" erhält man, wenn man Wasser, Zucker und Asche eines Erzeugnisses addiert und die Summe von 100 abzieht. — Über Bestimmung der Reinheit oder des Reinheitsgrades vgl. S. 409. — Unter Ausbeute, Rendement oder Raffinationswert versteht man die Zahl, welche angibt, wieviel an krystallisierbarem Zucker bei dem Raffinationsvorgang gewinnbar, „auszubringen" ist.

Zur Bestimmung der Ausbeute löst man 20—30 g Rohzucker in Wasser, filtriert, bringt das Filtrat auf 200 ccm, verdampft die Hälfte davon und verascht in einer flachen Platinschale. Nach praktischen Erfahrungen, wenn auch nicht auf wissenschaftlicher Grundlage, nimmt man nun allgemein an, daß 1 Gewichtsteil dieser Salze 5 Gewichtsteile Saccharose am Krystallisieren verhindert und der Melasse zuführt.

Beispiel. Ein Rohzucker enthalte 95% Zucker und 1,26% lösliche Salze. Dann verhindern letztere $1{,}26 \times 5 = 6{,}30\%$ Zucker am Krystallisieren und das Rendement beträgt $95{,}0—6{,}3 = 88{,}7\%$.

Auch der Invertzucker gilt als ausbeutevermindernd; man pflegt daher im Ausfuhrhandel ebenfalls den gefundenen Gehalt an Invertzucker mit 5 malzunehmen und vom Polarisationsbetrage abzuziehen.

g) Zur **Aschenbestimmung** werden 3—5 g Zucker in einer geräumigen Platinschale zunächst verkohlt, dann die Kohle mit Wasser ausgezogen und hierauf nach Bd. II, S. 1210 weiter verfahren. Vgl. auch F. W. Zerban und L. Sattler[2]. — Bei reinen Zuckersorten wird vielfach auch die sog. Sulfatasche in der Weise ermittelt, daß man die abgewogene Menge Zucker vorsichtig mit konz. Schwefelsäure durchfeuchtet, dann verascht. Diese Art der Veraschung verläuft leichter als ohne Zusatz. Da in der Sulfatasche Chlor und Kohlensäure durch Schwefelsäure ersetzt sind, pflegt man vom Gewicht dieser Asche $^1/_{10}$ abzuziehen. Für eine Untersuchung auf etwaige mineralische Beimengungen zum Zucker ist die Sulfatasche weniger geeignet.

Nach R. Valdez und F. Camps-Campins[3] kann die Sulfatasche je nach Veraschungsdauer und Temperatur abweichende Werte liefern. Valdez und Camps-Campins geben eine verbesserte Vorschrift dafür an.

Über Aschenbestimmung durch Leitfähigkeitsmessung vgl. Sattler und Zerban[4], O. Spengler und K. Zablinsky[5] und S. 407.

h) Zur Prüfung auf **organische Säuren** in Zuckersäften empfiehlt P. A. Yoder[6] ihre vorherige Abtrennung durch Perforation und gibt dafür einen Untersuchungsgang an.

S. Byall und J. A. Ambler[7] weisen auf Vorkommen von Phosphor (Phosphaten, Lecithin, Nucleinsäuren) in den Zuckersäften und damit unter Umständen in unreinem Weißzucker hin. Für die Bestimmung von Sulfat, Sulfit und Aldehydsulfit in Weißzucker, die durch die Fabrikation hineingelangen können, geben die gleichen Untersucher[8] Arbeitsvorschriften an, erwähnen aber auch jodabsorbierende Verbindungen (Polyphenole, Tannine), welche bei der Jodtitration Sulfit vortäuschen können. Schließlich beschreibt Ambler[9] die Bestimmung von labilgebundenem organischen Schwefel, der von Cystin als Abbauprodukt des Zuckerrübenproteins stammt.

---

[1] Vgl. Zeitschr. Ver. Deutsch. Zuckerind. 1901, 381; 1902, 115.
[2] F. W. Zerban u. L. Sattler: Ind. engin. Chem., analyt. Ed. 1931, **3**, 41.
[3] R. Valdez u. F. Camps-Campins: Ind. engin. chem. 1937, **9**, 35.
[4] L. Sattler u. F. W. Zerban: Ind. engin. Chem. analyt. Ed. 1931, **3**, 38; **Z.** 1937, **74**, 100.
[5] O. Spengler u. K. Zablinsky: Zeitschr. Wirtschaftsgr. Zuckerind., Techn. T. 1937, **87**, 461.
[6] P. A. Yoder: Journ. ind. engin. Chem. 1911, **3**, 640; **Z.** 1913, **25**, 406.
[7] S. Byall u. J. A. Ambler: Ind. engin. Chem., analyt. Ed. 1931, **3**, 136.
[8] J. A. Ambler, J. B. Snider u. S. Byall: Ind. engin. Chem., analyt. Ed. 1931, **3**, 399.
[9] J. A. Ambler: Ind. engin. Chem., analyt. Ed. 1931, **3**, 341.

6. Überwachung des Verkehrs mit Zucker.

Der Verbrauchszucker muß sich klar und ohne deutliche Trübung in Wasser lösen; dabei muß 1 Teil Zucker mit $^1/_2$ Teil Wasser einen klaren, nicht merklich gefärbten Sirup bilden, der sich mit Alkohol klar mischen läßt. Der Zucker soll geruchlos und ohne Beigeschmack sein.

Bei Handelszucker ist indes die richtige Bezeichnung der einzelnen Zuckersorten von weit größerer Bedeutung als eine etwaige Verfälschung mit minderwertigen Fremdstoffen.

a) Unterscheidung von Rüben- und Rohrzucker. Obwohl die in den Zuckerrüben und im Zuckerrohr vorhandene Saccharose chemisch dieselbe ist, so besitzen doch die aus beiden Rohstoffen hergestellten Zuckererzeugnisse, vielleicht außer den reinsten Raffinaden, nicht selten ungleiche Eigenschaften, wenn auch nur geringeren Grades.

Zur Unterscheidung von Rübenzucker und Rohrzucker wird angegeben, daß indigoschwefelsaures Kalium (Indigocarmin) beim Erwärmen mit konzentrierten Lösungen von Rübenzucker bei einer Temperatur, bei welcher dieser noch nicht die zum Erstarren nötige Konsistenz hat, infolge vorhandener Spuren von Nitraten entfärbt wird, bei Zuckerrohrzucker dagegen nicht. — Besser als diese, leicht durch Zufälligkeiten beeinflußte, Prüfung dürfte ein Vorschlag von H. PELLET[1] sein, der sich allerdings nur auf Rohzucker erstreckt, der bei Gewinnung aus Rüben mit einem unangenehmen Geruch und Geschmack behaftet ist, bei Gewinnung am Zuckerrohr aber angenehm riecht und schmeckt. PELLET schlägt vor, den Proteingehalt hierfür zu benutzen, der bei beiden Sorten wie folgt schwankt:

Tabelle 16.

Protein	Rohzucker aus Zuckerrohr		Rohzucker aus Zuckerrüben	
	Gewöhnliche Sorten	Geringe Sorten[2]	Gewöhnliche Sorten	Geringe Sorten
Albuminoide. . .	0,39—0,71	1,02—1,14	0,85—1,35	1,77—2,31

Unter „Albuminoiden" ist hier die gesamte Stickstoffsubstanz einschließlich der Nitrate verstanden. Mit zunehmender Reinheit der Zuckersorten wird diese Unterscheidungsmöglichkeit immer geringer werden; doch ist dann auch die Unterscheidung selbst von abnehmender Bedeutung.

b) Unterscheidung von Reinzuckererzeugnissen. Als erste Prüfung bei der Kontrolle von Reinzucker wird gewöhnlich der Zuckergehalt durch Polarisation (vgl. S. 402) ermittelt, wobei mindestens 99% Saccharose erhalten werden sollen.

Ein weiteres gutes Unterscheidungsmittel ist der Aschengehalt der Zuckerarten, den A. BEYTHIEN und L. WATERS[3] 1905 wie folgt feststellten:

Tabelle 17.

Nr.	Herkunft	Nähere Angaben	Asche %	Alkalität in N.-Lauge für 100 g ccm	Nr.	Herkunft	Nähere Angaben	Asche %	Alkalität in N.-Lauge für 100 g ccm
1	Gutschdorf	Raffinade I	0,007	0,03	6	Langelütze	Lompen	0,014	0,09
2	Halle	Patent-	0,010	0,16	7	Jauer	Lompen I	0,020	0,18
3	Klettendorf	Würfel	0,011	0,06	8	,,	Lompen II	0,030	0,26
4	Holland	,,	0,012	0,04	9	Gutschdorf	Lompen	0,030	0,21
5	,,	Raffinade	0,014	0,05	10	Alten	Raffinade	0,030	0,30

Die Asche Nr. 8 enthielt 32,74% Schwefelsäure (SO_3), die von Nr. 10 an K_2O 28,96, CaO 21,70, MgO 1,45, P_2O_5 0,93, SO_3 12,40, Cl 0,37, CO_2 22,86, Sand 13,33%.

[1] H. PELLET: La Industria azucarera Hispano-americana 1915, 1—10; Z. 1922, 43, 360.
[2] Von Santo, Domingo und Cuba.
[3] A. BEYTHIEN u. L. WATERS: Z. 1905, 10, 729.

Wesentlich kleinere Aschengehalte fand 1926 H. LUNDÉN[1] durch Anwendung der elektrometrischen Aschenbestimmung, die auch bei sehr reinen Produkten noch ausführbar ist:

Tabelle 18.

	Feinste Raffinade %	Raffinade mittlerer Güte %	Melis I %	Melis II %	Weißzucker %
Asche . . .	0,001	0,002—0,003	0,005—0,008	0,025	0,25 und mehr

Hierin dürften allerdings auch die Fortschritte in der Zuckerfabrikation in der Zwischenzeit zum Ausdruck kommen.

O. SPENGLER und K. ZABLINSKY[2] untersuchten 554 Proben deutscher Verbrauchszuckersorten auf Gehalt an Asche, äußerlich erkennbare Farbe, Farbe beim Anfeuchten mit Wasser (Konditorprobe) sowie die Lösung auf Trübung und Farbe mit dem Spektralcolorimeter von E. LANDT[3]. Aus ihren Ergebnissen berechnen sich folgende Mittelwerte und Schwankungen:

Tabelle 19.

Art des Verbrauchszuckers	Zahl der Proben	Asche elektrometrisch	Farbtype[4]	Farbtype[4] Konditorprobe	Spektralcolorimetrische Messung: unfiltriert	relative Farbe	Trübung
Raffinaden	227	**0,0055** (0,0000—0,0550)	**8,7** (5,5—10,0)	**8,6** (5,4—10,0)	**0,217** (0,082—1,450)	**0,129** (0,079—0,855)	**0,088** (0,000—0,566)
Krystallzucker	187	**0,0121** (0,0000—0,0441)	**6,7** (4,6— 9,6)	**6,5** (4,7—10,0)	**0,256** (0,086—0,695)	**0,177** (0,082—0,298)	**0,079** (0,000—0,301)
Melis	91	**0,0137** (0,0036—0,0425)	**7,0** (4,7— 9,5)	**6,3** (4,7— 9,3)	**0,309** (0,127—0,920)	**0,194** (0,109—0,320)	**0,115** (0,009—0,673)
Raffinadepuder	25	**0,0042** (0,0005—0,0132)	**9,7** (8,6—10,0)	**8,6** (6,0—10,0)	**0,279** (0,137—0,607)	**0,170** (0,111—0,241)	**0,105** (0,014—0,440)
Krystallpuder	14	**0,0105** (0,0055—0,0130)	**9,2** (7,7—10,0)	**6,0** (4,8— 7,4)	**0,321** (0,212—0,382)	**0,229** (0,166—0,278)	**0,092** (0,034—0,195)
Melispuder	10	**0,0157** (0,0061—0,0315)	**8,7** (7,8— 9,6)	**5,7** (5,4— 6,6)	**0,411** (0,211—1,300)	**0,235** (0,185—0,330)	**0,176** (0,026—0,970)

Über die Untersuchungsmethoden vgl. S. 402.

Nach H. BUSE[5], der auch praktische Angaben für Einstellung des Meßapparates, Herstellung von destilliertem Wasser mit geringstem Aschengehalt, Fehlergrenzen usw. gibt, haben heute wirkliche Raffinaden einen Aschengehalt unter 0,005, Meliszucker dagegen über 0,02%. Doch sind endgültige Festsetzungen darüber bisher (1937) noch nicht getroffen.

Im übrigen sind die einzelnen Zuckersorten nach Aussehen, Größe und Form der Krystalle, Geruch und Geschmack, Klarheit der wäßrigen Lösung usw. zu beurteilen.

Über die Erkennung von aus Melasseentzuckerung gewonnenen Zuckererzeugnissen an ihrem Gehalt an Raffinose vgl. S. 403. Bei Zucker aus der Strontianentzuckerung der Melasse wird sich auch Strontium in der Zuckerasche nachweisen lassen. Die Prüfung darauf erfolgt am besten spektroskopisch. Vgl. S. 433.

---

[1] H. LUNDÉN: Zeitschr. Ver. Deutsch. Zuckerind. 1926, **63**, 510; **Z.** 1928, **55**, **194**.

[2] O. SPENGLER u. K. ZABLINSKY: Zeitschr. Wirtschaftsgr. Zuckerind., Techn. T. **1937**, **87**, 461.

[3] Vgl. E. SANDT u. H. HIRSCHMÜLLER: Zeitschr. Wirtschaftsgr. Zuckerind., Techn. T. 1937, **87**, 449.

[4] Farbtypen des Instituts für Zuckerindustrie in Berlin.

[5] H. BUSE: Zentralbl. Zuckerind. 1937, **45**, 246.

c) Prüfung auf Verdorbenheit. Zucker kann bei Gegenwart von Feuchtigkeit verderben.

So ist nach W. L. OWEN[1] der auf allen Stufen der Zuckerherstellung sich findende sog. Kartoffelbacillus, Bacillus vulgatus, der sich durch große Hitzebeständigkeit seiner Sporen auszeichnet, befähigt, Saccharoselösung über Glucose und Fructose (Bildung von Invertzucker) zu Laevan, einer Art Gummiharz, zu zersetzen. Auch Zersetzung von feucht gewordenem Zucker durch Schimmelpilze oder Hefen kommt in Frage. So stellten J. VONDRAK und F. NEUWIRTH[2] bei feucht gewordenem Krystallzucker Invertzucker fest, dessen Entstehung auf die Tätigkeit von Penicillium, Aspergillus und Torula zurückzuführen war. Innerhalb von 2 Monaten wurden durch Reinkulturen dieser Pilze 3,05—5,20% Invertzucker gebildet. — Über Selbstentzündung von Rohrzucker durch Kleinwesen vgl. A. SCHÖNE[3].

Häufiger als derartige Zersetzungen durch Kleinwesen ist eine Wertverminderung oder ein Verderben von Verbrauchszucker durch zufällige Verunreinigungen verschiedener Art wie Sand, Mehl, Stärke, die sich beim Auflösen als Trübung zu erkennen geben und mikroskopisch leicht erkannt werden können.

Zur quantitativen Bestimmung löst man eine gewogene Menge Zucker in Wasser, filtriert durch einen gewogenen Filtertiegel, trocknet und wägt den Trockenrückstand, indem man gegebenenfalls noch den Gehalt an Asche ermittelt. Lösliche Beimischungen wie Kochsalz, wird man bereits am Geschmack erkennen und dann genauer durch die chemische Analyse feststellen.

Ebenso ist durch tierische Parasiten, Mäusekot, Fliegenreste und Fliegenschmutz verunreinigter Zucker zu beanstanden.

Eine besondere Art von Verunreinigungen bilden Chemikalienrückstände aus der Zuckergewinnung. Von diesen ist Schwefeldioxyd das am häufigsten verwendete Bleichmittel. Seine Menge im Zucker beschränkt das englische Lebensmittelgesetz[4] auf höchstens 0,007%. Doch ergaben Untersuchungen von 39 deutschen Zuckerproben von O. SPENGLER und C. BRENDEL[5], daß bei keiner diese Höchstgrenze erreicht wurde, auch nicht bei solchen, die aus stark geschwefelten Säften stammten. Vgl. auch F. SOLDNER[6].

In den Tropen wird zur Haltbarmachung von Zuckerlösungen während der Verarbeitung nach P. A. YODER und W. G. TAGGART[7] vielfach Formaldehyd verwendet, von dem sehr kleine Mengen zurückbleiben können. Allerdings wandern diese fast völlig in die Melasse, so daß YODER und TAGGERT im Zucker selbst nur noch 0,00033% zugesetzten Formaldehyd fanden.

Das Vorkommen nachweisbarer Mengen von Schwermetallen wie Blei, Zinn oder von Barium in Zucker ist zu beanstanden.

d) Verfälschungen von Zucker durch Beimischung von Gips, Kreide, Ton, Schwerspat, Mehl oder Stärke sind sehr selten, weil sie auch vom einfachen Verbraucher leicht erkannt werden.

Zusatz von künstlichen Süßstoffen wie Saccharin oder Dulcin, ist ebenfalls eine selten vorkommende Verfälschung.

Der Zusatz von blauen Farbstoffen wie Ultramarin oder Indanthrenblau bedeutet an sich Vortäuschung einer besseren Beschaffenheit, wird jedoch stillschweigend geduldet. Hierbei ist zu beachten, daß Ultramarin durch Säuren Schwefelwasserstoff abspalten und damit mit solchem Zucker gesüßte Speisen oder Getränke im Geschmack verschlechtern kann.

Zum Nachweis des Ultramarins dient der beim Stehen von Zuckerlösungen sich bildende Bodensatz. In diesem ist Ultramarin glühbeständig, wird aber durch einen Tropfen verdünnte Salzsäure sofort entfärbt. Organische Farbstoffe werden durch Glühen zersetzt.

---

[1] W. L. OWEN: Journ. ind. engin. Chem. 1911, **33**, 481; **Z.** 1913, **25**, 405.
[2] J. VONDRAK u. F. NEUWIRTH: Chim. et Ind. 1931, **25**, Sonder-Nr. 3, 782; **Z.** 1937, **73**, 101.
[3] A. SCHÖNE: Deutsch. Zuckerind. 1932, **57**, 896, 916.
[4] Statutary Rules and Order 1925, Nr. 775, Public Health, England.
[5] O. SPENGLER u. C. BRENDEL: Zeitschr. Ver. Deutsch. Zuckerind. 1927, **64**, 167; **Z.** 1932, **63**, 473.
[6] F. SOLDNER: Deutsch. Zuckerind. 1931, **56**, 1011; **C.** 1932, I, 460.
[7] P. A. YODER u. W. G. TAGGART: **Z.** 1910, **20**, 208.

Anhang.

Anleitung zur Untersuchung von Rübenzuckerabläufen, Rübensäften, anderen Rübenzuckerlösungen und Mischungen dieser Erzeugnisse, einschließlich der ganz oder teilweise invertierten, sowie von Stärkezucker[1].

A. Anleitung für die Zollämter und die Lehranstalten für Zollbeamte.

I. Allgemeine Vorschrift. Bei der Untersuchung einer Zuckerlösung auf ihren Reinheitsgrad (Zuckergehalt in der Trockenmasse) wird von einer Lösung ausgegangen, die aus gleichen Gewichtsteilen der zu untersuchenden Zuckerlösung und destillierten Wassers bereitet wird (Lösung 1 + 1).

Zu diesem Zwecke werden in einem tarierten ERLENMEYERschen Kolben von 700 bis 800 ccm Raumgehalt 200—250 g Zuckerlösung gegeben und auf 0,1 g ausgewogen. Alsdann wägt man unter zweckmäßiger Verwendung eines Meßzylinders oder einer Pipette die gleiche Gewichtsmenge Wasser hinzu, verschließt mit einem Stopfen und schüttelt so lange, bis eine völlig gleichartige Mischung entsteht.

II. Besondere Vorschrift. a) Prüfung auf Invertzuckergehalt. In eine tarierte Porzellanschale werden 20 g Lösung (1 + 1) eingewogen und 50 ccm Wasser und 50 ccm FEHLINGsche Lösung[2] gegeben. Die Schale wird auf einem Drahtnetz zum Sieden erhitzt und 2 Minuten im Sieden erhalten. Alsdann läßt man den etwa entstandenen Niederschlag sich absetzen.

Zeigt die Randzone der Flüssigkeit eine deutlich blaue oder grünblaue Farbe, so enthält der Zuckerablauf weniger als 2% Invertzucker. Erscheint die Randzone gelbgrün oder bräunlich oder bestehen in dieser Hinsicht Zweifel, so werden etwa 10 ccm Flüssigkeit durch ein kleines, angefeuchtetes Filter aus dickerem oder aus zwei Lagen gewöhnlichen Filtrierpapiers in ein Probierrohr filtriert. Etwa 5 ccm Filtrat werden in einem anderen Probierrohr mit etwa 5 ccm Essigsäure und 2 oder 3 Tropfen einer Lösung von gelbem Blutlaugensalz (Ferrocyankalium) versetzt. Eine hierbei auftretende, durch die Bildung von Ferrocyankupfer bedingte deutliche Rotbraunfärbung zeigt einen Überschuß von Kupferlösung an; im Zweifelsfalle ist der Inhalt des Probierrohres durch ein kleines, angefeuchtetes Filter zu filtrieren, wobei das gebildete rotbraune Ferrocyankupfer auf dem Filter zurückbleibt.

Ergibt der durch die blaue oder grünblaue Farbe des Schaleninhalts oder durch die Bildung des Ferrocyankupfers nachgewiesene Überschuß an Kupferlösung, daß der Zuckerablauf weniger als 2% Invertzucker enthält, so ist nach der Vorschrift unter b weiter zu untersuchen.

Im anderen Falle ist die Untersuchung des Zuckerablaufs der zuständigen Technischen Prüfungs- und Lehranstalt zu übertragen.

b) Ermittlung des Reinheitsgrades. 1. Gehalt an Trockenstoff (Prozente Brix). Die Lösung (1 + 1) wird unter Vermeidung lästiger Schaumbildung in einen geeigneten Glaszylinder gegeben, indem man die Flüssigkeit die Wandung entlang laufen läßt. Durch Einsenken der BRIX-Spindel werden der scheinbare Gehalt an Trockenstoff und der Wärmegrad festgestellt, aus denen mittels der nachstehenden Tafel der wahre Gehalt an Trockenstoff ermittelt wird, in gleicher Weise, wie es bei der Ermittlung der wahren Weingeiststärke geschieht. Aus dem wahren Gehalte der Lösung (1 + 1) an Trockenstoff ergibt sich der Gehalt der Zuckerlösung an Trockenstoff durch Vervielfältigung mit 2.

2. Gehalt an Zucker. 26 g Lösung (1 + 1) werden in einem tarierten Becherglase abgewogen und unter Nachspülen mit 3 × 20 ccm Wasser in einen Meßkolben von 100 ccm Raumgehalt übergeführt. Darauf gibt man in den Kolben 5 ccm Bleiessig und schwenkt mehrmals um. Erscheint die Flüssigkeit über dem Niederschlag sehr dunkel, so sind weitere 5 ccm Bleiessig zuzusetzen. Ein unnötiger Überschuß an Bleiessig ist tunlichst zu vermeiden. Der Kolben wird nunmehr mit Wasser bis zur Marke aufgefüllt, verschlossen kräftig geschüttelt und durch ein trockenes Faltenfilter in einen trockenen Kolben filtriert. Ist das Filtrat ausnahmsweise noch nicht klar, so wird es auf das Filter zurückgegossen. Das blanke Filtrat wird ohne Zeitverlust in ein Polarisationsrohr von 200 mm Länge übergeführt und im Saccharimeter polarisiert. Ist die Lösung zu dunkel, so ist die Polarisation im 100 mm-Rohr zu versuchen. Die bei Anwendung eines 200 mm-Rohres mit 2 und bei Anwendung eines 100 mm-Rohres mit 4 vervielfältigten Polarisationsgrade ergeben den Zuckergehalt der Zuckerlösung.

---

[1] Zuckersteuergesetz nebst Ausführungsbestimmungen und Verordnung über Vergütung der Zuckersteuer, herausgeg. im Reichsfinanzministerium. Berlin 1930.

[2] Die FEHLINGsche Lösung bereitet man, indem man einerseits 34,6 g krystallisiertes Kupfersulfat (Kupfervitriol) und andererseits 173 g Kaliumnatriumtartrat (Seignettesalz) + 50 g Natriumhydroxyd zu je 500 ccm löst. 25 ccm Kupfervitriollösung und 25 ccm alkalische Seignettesalzlösung werden erst unmittelbar vor dem Gebrauch zusammengegossen.

Tabelle 20. Ermittlung der berichtigten Prozente Brix

Prozente

Abgelesene Prozente	Wärmegrade									
	10	11	12	13	14	15	16	17	18	19
	Berichtigte Prozente Brix zu nebenstehenden abgelesenen Prozenten und obigen Wärmegraden									
20,0	19,5	19,5	19,6	19,6	19,7	19,7	19,8	19,8	19,9	19,9
2	19,7	19,7	19,8	19,8	19,9	19,9	20,0	20,0	20,1	20,1
4	19,9	19,9	20,0	20,0	20,1	20,1	20,2	20,2	20,3	20,3
6	20,1	20,1	20,2	20,2	20,3	20,3	20,4	20,4	20,5	20,5
8	20,3	20,3	20,4	20,4	20,5	20,5	20,6	20,6	20,7	20,7
21,0	20,5	20,5	20,6	20,6	20,7	20,7	20,8	20,8	20,9	20,9
2	20,7	20,7	20,8	20,8	20,9	20,9	21,0	21,0	21,1	21,1
4	20,9	20,9	21,0	21,0	21,1	21,1	21,2	21,2	21,3	21,3
6	21,1	21,1	21,2	21,2	21,3	21,3	21,4	21,4	21,5	21,5
8	21,3	21,3	21,4	21,4	21,5	21,5	21,6	21,6	21,7	21,7
22,0	21,5	21,5	21,6	21,6	21,7	21,7	21,8	21,8	21,9	21,9
2	21,7	21,7	21,8	21,8	21,9	21,9	22,0	22,0	22,1	22,1
4	21,9	21,9	22,0	22,0	22,1	22,1	22,2	22,2	22,3	22,3
6	22,1	22,1	22,2	22,2	22,3	22,3	22,4	22,4	22,5	22,5
8	22,3	22,3	22,4	22,4	22,5	22,5	22,6	22,6	22,7	22,7
23,0	22,5	22,5	22,6	22,6	22,7	22,7	22,8	22,8	22,9	22,9
2	22,7	22,7	22,8	22,8	22,9	22,9	23,0	23,0	23,1	23,1
4	22,9	22,9	23,0	23,0	23,1	23,1	23,2	23,2	23,3	23,3
6	23,1	23,1	23,2	23,2	23,3	23,3	23,4	23,4	23,5	23,5
8	23,3	23,3	23,4	23,4	23,5	23,5	23,6	23,6	23,7	23,7
24,0	23,5	23,5	23,6	23,6	23,7	23,7	23,8	23,8	23,9	23,9
2	23,6	23,7	23,7	23,8	23,8	23,9	24,0	24,0	24,1	24,1
4	23,8	23,9	23,9	24,0	24,0	24,1	24,2	24,2	24,3	24,3
6	24,0	24,1	24,1	24,2	24,2	24,3	24,4	24,4	24,5	24,5
8	24,2	24,3	24,3	24,4	24,4	24,5	24,6	24,6	24,7	24,7
25,0	24,4	24,5	24,5	24,6	24,6	24,7.	24,8	24,8	24,9	24,9
2	24,6	24,7	24,7	24,8	24,8	24,9	25,0	25,0	25,1	25,1
4	24,8	24,9	24,9	25,0	25,0	25,1	25,2	25,2	25,3	25,3
6	25,0	25,1	25,1	25,2	25,2	25,3	25,4	25,4	25,5	25,5
8	25,2	25,3	25,3	25,4	25,4	25,5	25,6	25,6	25,7	25,7
26,0	25,4	25,5	25,5	25,6	25,6	25,7	25,8	25,8	25,9	25,9
2	25,6	25,7	25,7	25,8	25,8	25,9	26,0	26,0	26,1	26,1
4	25,8	25,9	25,9	26,0	26,0	26,1	26,2	26,2	26,3	26,3
6	26,0	26,1	26,1	26,2	26,2	26,3	26,4	26,4	26,5	26,5
8	26,2	26,3	26,3	26,4	26,4	26,5	26,6	26,6	26,7	26,7
27,0	26,4	26,5	26,5	26,6	26,6	26,7	26,8	26,8	26,9	26,9
2	26,6	26,7	26,7	26,8	26,8	26,9	27,0	27,0	27,1	27,1
4	26,8	26,9	26,9	27,0	27,0	27,1	27,2	27,2	27,3	27,3
6	27,0	27,1	27,1	27,2	27,2	27,3	27,4	27,4	27,5	27,5
8	27,2	27,3	27,3	27,4	27,4	27,5	27,6	27,6	27,7	27,7
28,0	27,4	27,5	27,5	27,6	27,6	27,7	27,7	27,8	27,9	27,9
2	27,6	27,7	27,7	27,8	27,8	27,9	27,9	28,0	28,1	28,1
4	27,8	27,9	27,9	28,0	28,0	28,1	28,1	28,2	28,3	28,3
6	28,0	28,1	28,1	28,2	28,2	28,3	28,3	28,4	28,5	28,5
8	28,2	28,3	28,3	28,4	28,4	28,5	28,5	28,6	28,7	28,7
29,0	28,4	28,5	28,5	28,6	28,6	28,7	28,7	28,8	28,9	28,9
2	28,6	28,7	28,7	28,8	28,8	28,9	28,9	29,0	29,1	29,1
4	28,8	28,9	28,9	29,0	29,0	29,1	29,1	29,2	29,3	29,3
6	29,0	29,1	29,1	29,2	29,2	29,3	29,3	29,4	29,5	29,5
8	29,2	29,3	29,3	29,4	29,4	29,5	29,5	29,6	29,7	29,7

aus den abgelesenen Prozenten und Wärmegraden.

20,0—29,8.

Abgelesene Prozente	Wärmegrade									
	20	21	22	23	24	25	26	27	28	29
	Berichtigte Prozente Brix zu nebenstehenden abgelesenen Prozenten und obigen Wärmegraden									
20,0	20,0	20,1	20,1	20,2	20,3	20,4	20,4	20,5	20,5	20,6
2	20,2	20,3	20,3	20,4	20,5	20,5	20,6	20,7	20,7	20,8
4	20,4	20,5	20,5	20,6	20,7	20,7	20,8	20,9	20,9	21,0
6	20,6	20,7	20,7	20,8	20,9	20,9	21,0	21,1	21,1	21,2
8	20,8	20,9	20,9	21,0	21,1	21,1	21,2	21,3	21,3	21,4
21,0	21,0	21,1	21,1	21,2	21,3	21,3	21,4	21,5	21,5	21,6
2	21,2	21,3	21,3	21,4	21,5	21,5	21,6	21,7	21,7	21,8
4	21,4	21,5	21,5	21,6	21,7	21,7	21,8	21,9	21,9	22,0
6	21,6	21,7	21,7	21,8	21,9	21,9	22,0	22,1	22,1	22,2
8	21,8	21,9	21,9	22,0	22,1	22,1	22,2	22,3	22,3	22,4
22,0	22,0	22,1	22,1	22,2	22,3	22,3	22,4	22,5	22,5	22,6
2	22,2	22,3	22,3	22,4	22,5	22,5	22,6	22,7	22,7	22,8
4	22,4	22,5	22,5	22,6	22,7	22,7	22,8	22,9	22,9	23,0
6	22,6	22,7	22,7	22,8	22,9	22,9	23,0	23,1	23,1	23,2
8	22,8	22,9	22,9	23,0	23,1	23,1	23,2	23,3	23,3	23,4
23,0	23,0	23,1	23,1	23,2	23,3	23,3	23,4	23,5	23,6	23,6
2	23,2	23,3	23,3	23,4	23,5	23,5	23,6	23,7	23,8	23,8
4	23,4	23,5	23,5	23,6	23,7	23,7	23,8	23,9	24,0	24,0
6	23,6	23,7	23,7	23,8	23,9	23,9	24,0	24,1	24,2	24,2
8	23,8	23,9	23,9	24,0	24,1	24,1	24,2	24,3	24,4	24,4
24,0	24,0	24,1	24,1	24,2	24,3	24,3	24,4	24,5	24,6	24,6
2	24,2	24,3	24,3	24,4	24,5	24,5	24,6	24,7	24,8	24,8
4	24,4	24,5	24,5	24,6	24,7	24,7	24,8	24,9	25,0	25,0
6	24,6	24,7	24,7	24,8	24,9	24,9	25,0	25,1	25,2	25,2
8	24,8	24,9	24,9	25,0	25,1	25,1	25,2	25,3	25,4	25,4
25,0	25,0	25,1	25,1	25,2	25,3	25,3	25,4	25,5	25,6	25,6
2	25,2	25,3	25,3	25,4	25,5	25,5	25,6	25,7	25,8	25,8
4	25,4	25,5	25,5	25,6	25,7	25,7	25,8	25,9	26,0	26,0
6	25,6	25,7	25,7	25,8	25,9	25,9	26,0	26,1	26,2	26,2
8	25,8	25,9	25,9	26,0	26,1	26,1	26,2	26,3	26,4	26,4
26,0	26,0	26,1	26,1	26,2	26,3	26,3	26,4	26,5	26,6	26,6
2	26,2	26,3	26,3	26,4	26,5	26,5	26,6	26,7	26,8	26,8
4	26,4	26,5	26,5	26,6	26,7	26,7	26,8	26,9	27,0	27,0
6	26,6	26,7	26,7	26,8	26,9	26,9	27,0	27,1	27,2	27,2
8	26,8	26,9	26,9	27,0	27,1	27,1	27,2	27,3	27,4	27,4
27,0	27,0	27,1	27,1	27,2	27,3	27,3	27,4	27,5	27,6	27,6
2	27,2	27,3	27,3	27,4	27,5	27,5	27,6	27,7	27,8	27,8
4	27,4	27,5	27,5	27,6	27,7	27,7	27,8	27,9	28,0	28,0
6	27,6	27,7	27,7	27,8	27,9	27,9	28,0	28,1	28,2	28,2
8	27,8	27,9	27,9	28,0	28,1	28,1	28,2	28,3	28,4	28,4
28,0	28,0	28,1	28,1	28,2	28,3	28,3	28,4	28,5	28,6	28,7
2	28,2	28,3	28,3	28,4	28,5	28,5	28,6	28,7	28,8	28,9
4	28,4	28,5	28,5	28,6	28,7	28,7	28,8	28,9	29,0	29,1
6	28,6	28,7	28,7	28,8	28,9	28,9	29,0	29,1	29,2	29,3
8	28,8	28,9	28,9	29,0	29,1	29,1	29,2	29,3	29,4	29,5
29,0	29,0	29,1	29,1	29,2	29,3	29,3	29,4	29,5	29,6	29,7
2	29,2	29,3	29,3	29,4	29,5	29,5	29,6	29,7	29,8	29,9
4	29,4	29,5	29,5	29,6	29,7	29,7	29,8	29,9	30,0	30,1
6	29,6	29,7	29,7	29,8	29,9	29,9	30,0	30,1	30,2	30,3
8	29,8	29,9	29,9	30,0	30,1	30,1	30,2	30,3	30,4	30,5

Tabelle 20

Prozente

Abgelesene Prozente	Wärmegrade									
	10	11	12	13	14	15	16	17	18	19
	Berichtigte Prozente Brix zu nebenstehenden abgelesenen Prozenten und obigen Wärmegraden									
30,0	29,4	29,5	29,5	29,6	29,6	29,7	29,7	29,8	29,9	29,9
2	29,6	29,7	29,7	29,8	29,8	29,9	29,9	30,0	30,1	30,1
4	29,8	29,9	29,9	30,0	30,0	30,1	30,1	30,2	30,3	30,3
6	30,0	30,1	30,1	30,2	30,2	30,3	30,3	30,4	30,5	30,5
8	30,2	30,3	30,3	30,4	30,4	30,5	30,5	30,6	30,7	30,7
31,0	30,4	30,4	30,5	30,6	30,6	30,7	30,7	30,8	30,9	30,9
2	30,6	30,6	30,7	30,8	30,8	30,9	30,9	31,0	31,1	31,1
4	30,8	30,8	30,9	31,0	31,0	31,1	31,1	31,2	31,3	31,3
6	31,0	31,0	31,1	31,2	31,2	31,3	31,3	31,4	31,5	31,5
8	31,2	31,2	31,3	31,4	31,4	31,5	31,5	31,6	31,7	31,7
32,0	31,4	31,4	31,5	31,6	31,6	31,7	31,7	31,8	31,9	31,9
2	31,6	31,6	31,7	31,8	31,8	31,9	31,9	32,0	32,1	31,1
4	31,8	31,8	31,9	32,0	32,0	32,1	32,1	32,2	32,3	32,3
6	32,0	32,0	32,1	32,2	32,2	32,3	32,3	32,4	32,5	32,5
8	32,2	32,2	32,3	32,4	32,4	32,5	32,5	32,6	32,7	32,7
33,0	32,4	32,4	32,5	32,6	32,6	32,7	32,7	32,8	32,9	32,9
2	32,6	32,6	32,7	32,8	32,8	32,9	32,9	33,0	33,1	33,1
4	32,8	32,8	32,9	33,0	33,0	33,1	33,1	33,2	33,3	33,3
6	33,0	33,0	33,1	33,2	33,2	33,3	33,3	33,4	33,5	33,5
8	33,2	33,2	33,3	33,4	33,4	33,5	33,5	33,6	33,7	33,7
34,0	33,4	33,4	33,5	33,5	33,6	33,7	33,7	33,8	33,9	33,9
2	33,6	33,6	33,7	33,7	33,8	33,9	33,9	34,0	34,1	34,1
4	33,8	33,8	33,9	33,9	34,0	34,1	34,1	34,2	34,3	34,3
6	34,0	34,0	34,1	34,1	34,2	34,3	34,3	34,4	34,5	34,5
8	34,2	34,2	34,3	34,3	34,4	34,5	34,5	34,6	34,7	34,7
35,0	34,4	34,4	34,5	34,5	34,6	34,7	34,7	34,8	34,9	34,9
2	34,6	34,6	34,7	34,7	34,8	34,9	34,9	35,0	35,1	35,1
4	34,8	34,8	34,9	34,9	35,0	35,1	35,1	35,2	35,3	35,3
6	35,0	35,0	35,1	35,1	35,2	35,3	35,5	35,4	35,5	35,5
8	35,2	35,2	35,3	35,3	35,4	35,5	35,5	35,6	35,7	35,7
36,0	35,4	35,4	35,5	35,5	35,6	35,7	35,7	35,8	35,9	35,9
2	35,6	35,6	35,7	35,7	35,8	35,9	35,9	36,0	36,1	36,1
4	35,8	35,8	35,9	35,9	36,0	36,1	36,1	36,2	36,3	36,3
6	36,0	36,0	36,1	36,1	36,2	36,3	36,3	36,4	36,5	36,5
8	36,2	36,2	36,3	36,3	36,4	36,5	36,5	36,6	36,7	36,7
37,0	36,4	36,4	36,5	36,5	36,6	36,7	36,7	36,8	36,9	36,9
2	36,5	36,6	36,7	36,7	36,8	36,9	36,9	37,0	37,1	37,1
4	36,7	36,8	36,9	36,9	37,0	37,1	37,1	37,2	37,3	37,3
6	36,9	37,0	37,1	37,1	37,2	37,3	37,3	37,4	37,5	37,5
8	37,1	37,2	37,3	37,3	37,4	37,5	37,5	37,6	37,7	37,7
38,0	37,3	37,4	37,5	37,5	37,6	37,7	37,7	37,8	37,9	37,9
2	37,5	37,6	37,7	37,7	37,8	37,9	37,9	38,0	38,1	38,1
4	37,7	37,8	37,9	37,9	38,0	38,1	38,1	38,2	38,3	38,3
6	37,9	38,0	38,1	38,1	38,2	38,3	38,3	38,4	38,5	38,5
8	38,1	38,2	38,3	38,3	38,4	38,5	38,5	38,6	38,7	38,7
39,0	38,3	38,4	38,5	38,5	38,6	38,7	38,7	38,8	38,9	38,9
2	38,5	38,6	38,7	38,7	38,8	38,9	38,9	39,0	39,1	39,1
4	38,7	38,8	38,9	38,9	39,0	39,1	39,1	39,2	39,3	39,3
6	38,9	39,0	39,1	39,1	39,2	39,3	39,3	39,4	39,5	39,5
8	39,1	39,2	39,3	39,3	39,4	39,5	39,5	39,6	39,7	39,7

(Fortsetzung).

30,0—39,8.

Ab-gelesene Prozente	Wärmegrade									
	20	21	22	23	24	25	26	27	28	29
	Berichtigte Prozente Brix zu nebenstehenden abgelesenen Prozenten und obigen Wärmegraden									
30,0	30,0	30,1	30,1	30,2	30,3	30,3	30,4	30,5	30,6	30,7
2	30,2	30,3	30,3	30,4	30,5	30,5	30,6	30,7	30,8	30,9
4	30,4	30,5	30,5	30,6	30,7	30,7	30,8	30,9	31,0	31,1
6	30,6	30,7	30,7	30,8	30,9	30,9	31,0	31,1	31,2	31,3
8	30,8	30,9	30,9	31,0	31,1	31,1	31,2	31,3	31,4	31,5
31,0	31,0	31,1	31,1	31,2	31,3	31,3	31,4	31,5	31,6	31,6
2	31,2	31,3	31,3	31,4	31,5	31,5	31,6	31,7	31,8	31,9
4	31,4	31,5	31,5	31,6	31,7	31,7	31,8	31,9	32,0	32,1
6	31,6	31,7	31,7	31,8	31,9	31,9	32,0	32,1	32,2	32,3
8	31,8	31,9	31,9	32,0	32,1	32,1	32,2	32,3	32,4	32,5
32,0	32,0	32,1	32,1	32,2	32,3	32,3	32,4	32,5	32,6	32,7
2	32,2	32,3	32,3	32,4	32,5	32,6	32,6	32,7	32,8	32,9
4	32,4	32,5	32,5	32,6	32,7	32,8	32,8	32,9	33,0	33,1
6	32,6	32,7	32,7	32,8	32,9	33,0	33,0	33,1	33,2	33,3
8	32,8	32,9	32,9	33,0	33,1	33,2	33,2	33,3	33,4	33,5
33,0	33,0	33,1	33,1	33,2	33,3	33,4	33,4	33,5	33,6	33,7
2	33,2	33,3	33,3	33,4	33,5	33,6	33,6	33,7	33,8	33,9
4	33,4	33,5	33,5	33,6	33,7	33,8	33,8	33,9	34,0	34,1
6	33,6	33,7	33,7	33,8	33,9	34,0	34,0	34,1	34,2	34,3
8	33,8	33,9	33,9	34,0	34,1	34,2	34,2	34,3	34,4	34,5
34,0	34,0	34,1	34,1	34,2	34,3	34,4	34,4	34,5	34,6	34,7
2	34,2	34,3	34,3	34,4	34,5	34,6	34,6	34,7	34,8	34,9
4	34,4	34,5	34,5	34,6	34,7	34,8	34,8	34,9	35,0	35,1
6	34,6	34,7	34,7	34,8	34,9	35,0	35,0	35,1	35,2	35,3
8	34,8	34,9	34,9	35,0	35,1	35,2	35,2	35,3	35,4	35,5
35,0	35,0	35,1	35,1	35,2	35,3	35,4	35,4	35,5	35,6	35,7
2	35,2	35,3	35,3	35,4	35,5	35,6	35,6	35,7	35,8	35,9
4	35,4	35,5	35,5	35,6	35,7	35,8	35,8	35,9	36,0	36,1
6	35,6	35,7	35,7	35,8	35,9	36,0	36,0	36,1	36,2	36,3
8	35,8	35,7	35,9	36,0	36,1	36,2	36,2	36,3	36,4	36,5
36,0	36,0	36,1	36,1	36,2	36,3	36,4	36,4	36,5	36,6	36,7
2	36,2	36,3	36,3	36,4	36,5	36,6	36,6	36,7	36,8	36,9
4	36,4	36,5	36,5	36,6	36,7	36,8	36,8	36,9	37,0	37,1
6	36,6	36,7	36,7	36,8	36,9	37,0	37,0	37,1	37,2	37,3
8	36,8	36,9	36,9	37,0	37,1	37,2	37,2	37,3	37,4	37,5
37,0	37,0	37,1	37,1	37,2	37,3	37,4	37,4	37,5	37,6	37,7
2	37,2	37,3	37,3	37,4	37,5	37,6	37,6	37,7	37,8	37,9
4	37,4	37,5	37,5	37,6	37,7	37,8	37,8	37,9	38,0	38,1
6	37,6	37,7	37,7	37,8	37,9	38,0	38,0	38,1	38,2	38,3
8	37,8	37,9	37,9	38,0	38,1	38,2	38,2	38,3	38,4	38,5
38,0	38,0	38,1	38,1	38,2	38,3	38,4	38,5	38,5	38,6	38,7
2	38,2	38,3	38,3	38,4	38,5	38,6	38,7	38,7	38,8	38,9
4	38,4	38,5	38,5	38,6	38,7	38,8	38,9	38,9	39,0	39,1
6	38,6	38,7	38,7	38,8	38,9	39,0	39,1	39,1	39,2	39,2
8	38,8	38,9	38,9	39,0	39,1	39,2	39,3	39,3	39,4	39,5
39,0	39,0	39,1	39,1	39,2	39,3	39,4	39,5	39,5	39,6	39,7
2	39,2	39,3	39,3	39,4	39,5	39,6	39,7	39,7	39,8	39,9
4	39,4	39,5	39,5	39,6	39,7	39,8	39,9	39,9	40,0	40,1
6	39,6	39,7	39,7	39,8	39,9	40,0	40,1	40,1	40,2	40,3
8	39,8	39,9	39,9	40,0	40,1	40,2	40,3	40,3	40,4	40,5

Tabelle 20

Prozente

Ab-gelesene Prozente	Wärmegrade									
	10	11	12	13	14	15	16	17	18	19
	Berichtigte Prozente Brix zu nebenstehenden abgelesenen Prozenten und obigen Wärmegraden									
40,0	39,3	39,4	39,5	39,5	39,6	39,7	39,7	39,8	39,9	39,9
2	39,5	39,6	39,7	39,7	39,8	39,9	39,9	40,0	40,1	40,1
4	39,7	39,8	39,9	39,9	40,0	40,1	40,1	40,2	40,3	40,3
6	39,9	40,0	40,1	40,1	40,2	40,3	40,3	40,4	40,5	40,5
8	40,1	40,2	40,3	40,3	40,4	40,5	40,5	40,6	40,7	40,7
41,0	40,3	40,4	40,5	40,5	40,6	40,7	40,7	40,8	40,9	40,9
2	40,5	40,6	40,7	40,7	40,8	40,9	40,9	41,0	41,1	41,1
4	40,7	40,8	40,9	40,9	41,0	41,1	41,1	41,2	41,3	41,3
6	40,9	41,0	41,0	41,1	41,2	41,3	41,3	41,4	41,5	41,5
8	41,1	41,2	41,2	41,3	41,4	41,5	41,5	41,6	41,7	41,7
42,0	41,3	41,4	41,4	41,5	41,6	41,7	41,7	41,8	41,9	41,9
2	41,5	41,6	41,6	41,7	41,8	41,9	41,9	42,0	42,1	42,1
4	41,7	41,8	41,8	41,9	42,0	42,1	42,1	42,2	42,3	42,3
6	41,9	42,0	42,0	42,1	42,2	42,3	42,3	42,4	42,5	42,5
8	42,1	42,2	42,2	42,3	42,4	42,5	42,5	42,6	42,7	42,7
43,0	42,3	42,4	42,4	42,5	42,6	42,7	42,7	42,8	42,9	42,9
2	42,5	42,6	42,6	42,7	42,8	42,9	42,9	43,0	43,1	43,1
4	42,7	42,8	42,8	42,9	43,0	43,1	43,1	43,2	43,3	43,3
6	42,9	43,0	43,0	43,1	43,2	43,3	43,3	43,4	43,5	43,5
8	43,1	43,2	43,2	43,3	43,4	43,5	43,5	43,6	43,7	43,7
44,0	43,3	43,4	43,4	43,5	43,6	43,7	43,7	43,8	43,9	43,9
2	43,5	43,6	43,6	43,7	43,8	43,9	43,9	44,0	44,1	44,1
4	43,7	43,8	43,8	43,9	44,0	44,1	44,1	44,2	44,3	44,3
6	43,9	44,0	44,0	44,1	44,2	44,3	44,3	44,4	44,5	44,5
8	44,1	44,2	44,2	44,3	44,4	44,5	44,5	44,6	44,7	44,7
45,0	44,3	44,4	44,4	44,5	44,6	44,7	44,7	44,8	44,9	44,9
2	44,5	44,6	44,6	44,7	44,8	44,8	44,9	45,0	45,1	45,1
4	44,7	44,8	44,8	44,9	45,0	45,0	45,1	45,2	45,3	45,3
6	44,9	45,0	45,0	45,1	45,2	45,2	45,3	45,4	45,5	45,5
8	45,1	45,2	45,2	45,3	45,4	45,4	45,5	45,6	45,7	45,7
46,0	45,3	45,4	45,4	45,5	45,6	45,6	45,7	45,8	45,9	45,9
2	45,5	45,6	45,6	45,7	45,8	45,8	45,9	46,0	46,1	46,1
4	45,7	45,8	45,8	45,9	46,0	46,0	46,1	46,2	46,3	46,3
6	45,9	46,0	46,0	46,1	46,2	46,2	46,3	46,4	46,5	46,5
8	46,1	46,2	46,2	46,3	46,4	46,4	46,5	46,6	46,7	46,7
47,0	46,3	46,4	46,4	46,5	46,6	46,6	46,7	46,8	46,9	46,9
2	46,5	46,6	46,6	46,7	46,8	46,8	46,9	47,0	47,1	47,1
4	46,7	46,8	46,8	46,9	47,0	47,0	47,1	47,2	47,3	47,3
6	46,9	47,0	47,0	47,1	47,2	47,2	47,3	47,4	47,5	47,5
8	47,1	47,2	47,2	47,3	47,4	47,4	47,5	47,6	47,7	47,7
48,0	47,3	47,4	47,4	47,5	47,6	47,6	47,7	47,8	47,9	47,9
2	47,5	47,6	47,6	47,7	47,8	47,8	47,9	48,0	48,1	48,1
4	47,7	47,8	47,8	47,9	48,0	48,0	48,1	48,2	48,3	48,3
6	47,9	48,0	48,0	48,1	48,2	48,2	48,3	48,4	48,5	48,5
8	48,1	48,2	48,2	48,3	48,4	48,4	48,5	48,6	48,7	48,7
49,0	48,3	48,4	48,4	48,5	48,6	48,6	48,7	48,8	48,9	48,9
2	48,5	48,6	48,6	48,7	48,8	48,8	48,9	49,0	49,1	49,1
4	48,7	48,8	48,8	48,9	49,0	49,0	49,1	49,2	49,3	49,3
6	48,9	49,0	49,0	49,1	49,2	49,2	49,3	49,4	49,5	49,5
8	49,1	49,2	49,2	49,3	49,4	49,4	49,5	49,6	49,7	49,7
50,0	49,3	49,4	49,4	49,5	49,6	49,6	49,7	49,8	49,9	49,9

(Fortsetzung).

44,0—50,0.

Abgelesene Prozente	Wärmegrade									
	20	21	22	23	24	25	26	27	28	29
	Berichtigte Prozente Brix zu nebenstehenden abgelesenen Prozenten und obigen Wärmegraden									
40,0	40,0	40,1	40,1	40,2	40,3	40,4	40,5	40,5	40,6	40,7
2	40,2	40,3	40,3	40,4	40,5	40,6	40,7	40,7	40,8	40,9
4	40,4	40,5	40,5	40,6	40,7	40,8	40,9	40,9	41,0	41,1
6	40,6	40,7	40,7	40,8	40,9	41,0	41,1	41,1	41,2	41,3
8	40,8	40,9	40,9	41,0	41,1	41,2	41,3	41,3	41,4	41,5
41,0	41,0	41,1	41,1	41,2	41,3	41,4	41,5	41,5	41,6	41,7
2	41,2	41,3	41,3	41,4	41,5	41,6	41,7	41,7	41,8	41,9
4	41,4	41,5	41,5	41,6	41,7	41,8	41,9	41,9	42,0	42,1
6	41,6	41,7	41,7	41,8	41,9	42,0	42,1	42,1	42,2	42,3
8	41,8	41,9	41,9	42,0	42,1	42,2	42,3	42,3	42,4	42,5
42,0	42,0	42,1	42,1	42,2	42,3	42,4	42,5	42,5	42,6	42,7
2	42,2	42,3	42,3	42,4	42,5	42,6	42,7	42,7	42,8	42,9
4	42,4	42,5	42,5	42,6	42,7	42,8	42,9	42,9	43,0	43,1
6	42,6	42,7	42,7	42,8	42,9	43,0	43,1	43,1	43,2	43,3
8	42,8	42,9	42,9	43,0	43,1	43,2	43,3	43,3	43,4	43,5
43,0	43,0	43,1	43,1	43,2	43,3	43,4	43,5	43,5	43,6	43,7
2	43,2	43,3	43,3	43,4	43,5	43,6	43,7	43,7	43,8	43,9
4	43,4	43,5	43,5	43,6	43,7	43,8	43,9	43,9	44,0	44,1
6	43,6	43,7	43,7	43,8	43,9	44,0	44,1	44,1	44,2	44,3
8	43,8	43,9	43,9	44,0	44,1	44,2	44,3	44,3	44,4	44,5
44,0	44,0	44,1	44,1	44,2	44,3	44,4	44,5	44,5	44,6	44,7
2	44,2	44,3	44,3	44,4	44,5	44,6	44,7	44,7	44,8	44,9
4	44,4	44,5	44,5	44,6	44,7	44,8	44,9	44,9	45,0	45,1
6	44,6	44,7	44,7	44,8	44,9	45,0	45,1	45,1	45,2	45,3
8	44,8	44,9	44,9	45,0	45,1	45,2	45,3	45,3	45,4	45,5
45,0	45,0	45,1	45,1	45,2	45,3	45,4	45,5	45,5	45,6	45,7
2	45,2	45,3	45,3	45,4	45,5	45,6	45,7	45,7	45,8	45,9
4	45,4	45,5	45,5	45,6	45,7	45,8	45,9	45,9	46,0	46,1
6	45,6	45,7	45,7	45,8	45,9	46,0	46,1	46,1	46,2	46,3
8	45,8	45,9	45,9	46,0	46,1	46,2	46,3	46,3	46,4	46,5
46,0	46,0	46,1	46,1	46,2	46,3	46,4	46,5	46,5	46,6	46,7
2	46,2	46,3	46,3	46,4	46,5	46,6	46,7	46,7	46,8	46,9
4	46,4	46,5	46,5	46,6	46,7	46,8	46,9	46,9	47,0	47,1
6	46,6	46,7	46,7	46,8	46,9	47,0	47,1	47,1	47,2	47,3
8	46,8	46,9	46,9	47,0	47,1	47,2	47,3	47,3	47,4	47,5
47,0	47,0	47,1	47,1	47,2	47,3	47,4	47,5	47,5	47,6	47,7
2	47,2	47,3	47,3	47,4	47,5	47,6	47,7	47,7	47,8	47,9
4	47,4	47,5	47,5	47,6	47,7	47,8	47,9	47,9	48,0	48,1
6	47,6	47,7	47,7	47,8	47,9	48,0	48,1	48,1	48,2	48,3
8	47,8	47,9	47,9	48,0	48,1	48,2	48,3	48,3	48,4	48,5
48,0	48,0	48,1	48,1	48,2	48,3	48,4	48,5	48,5	48,6	48,7
2	48,2	48,3	48,3	48,4	48,5	48,6	48,7	48,7	48,8	48,9
4	48,4	48,5	48,5	48,6	48,7	48,8	48,9	48,9	49,0	49,1
6	48,6	48,7	48,7	48,8	48,9	49,0	49,1	49,1	49,2	49,3
8	48,8	48,9	48,9	49,0	49,1	49,2	49,3	49,3	49,4	49,5
49,0	49,0	49,1	49,1	49,2	49,3	49,4	49,5	49,5	49,6	49,7
2	49,2	49,3	49,3	49,4	49,5	49,6	49,7	49,7	49,8	49,9
4	49,4	49,5	49,5	49,6	49,7	49,8	49,9	49,9	50,0	50,1
6	49,6	49,7	49,7	49,8	49,9	50,0	50,1	50,1	50,2	50,3
8	49,8	49,9	49,9	50,0	50,1	50,2	50,3	50,3	50,4	50,5
50,0	50,0	50,1	50,1	50,2	50,3	50,4	50,5	50,5	50,6	50,7

Bietet das Klären besondere Schwierigkeiten oder ist die geklärte Flüssigkeit so dunkel, daß eine scharfe Einstellung nicht möglich ist, dann ist die Ermittlung des Zuckergehaltes einer Technischen Prüfungs- und Lehranstalt zu übertragen.

Bei den polarimetrischen Bestimmungen zu ist beachten:

1. Durch Einlegen eines mit destilliertem Wasser gefüllten Polarisationsrohres ist bei jeder Versuchsreihe zu prüfen, ob der Nullpunkt richtig eingestellt ist; bei kleinen Abweichungen ist der Unterschied zuzuzählen oder abzuziehen. Liegt z. B. der ermittelte Nullpunkt bei + 0,2, so ist von den ermittelten Polarisationsgraden 0,2 abzuziehen.

2. Luftbläschen sind bei nicht an einem Ende erweiterten Röhren sorgsam zu vermeiden.

3. Die Schraubenkapseln an den Polarisationsröhren dürfen nicht fest angezogen werden, weil die Deckgläschen sonst optisch aktiv werden; es genügt, daß das Deckgläschen mittels des Gummiringes in fester Lage gehalten wird.

4. Scharfe Einstellung der Trennungslinie ist Haupterfordernis.

5. Es sind bei jeder Probe vier Bestimmungen auszuführen, und von diesen ist das Mittel zu nehmen; weichen sie um mehr als 0,3° voneinander ab, so sind sechs Bestimmungen auszuführen.

3. Berechnung des Reinheitsgrades. Bezeichnet man den Gehalt an Trockenstoff mit T und den Gehalt an Zucker mit P, so ist der Reinheitsgrad $R = \frac{100\,P}{T}$. Bruchteile sind auf Zehntel abzurunden.

Beispiel. 223 g Zuckerablauf sind mit 223 g Wasser verdünnt worden. Die BRIX-Spindel zeigte 35,2% bei 21° C; nach der Tafel ist der wahre Gehalt an Trockenstoff 35,3, mithin der Gehalt des Zuckerablaufs an Trockenstoff $2 \times 35{,}3 = 70{,}6\%$. Die Polarisation der Lösung (1 + 1) im 200 mm-Rohr betrug 25,2°, mithin die Polarisation des Zuckerablaufs $2 \times 25{,}2 = 50{,}4°$. Hiernach berechnet sich der Reinheitsgrad auf $\frac{100 \cdot 50{,}4}{70{,}6} = 71{,}39$ oder abgerundet auf 71,4%.

B. Richtlinien für die Chemiker. I. Für die Untersuchung von Rübenzuckererzeugnissen: 1. Die Bestimmung des Gehaltes an Trockenstoff erfolgt mittels Dichtefläschchens bei 15° C unter Benutzung der „Tafel zur Ermittlung des Zuckergehalts wäßriger Zuckerlösungen aus der Dichte bei 15° C" von K. WINDISCH.

2. Ist Invertzucker nicht zugegen, so ist, sofern nicht die gewichtsanalytische Zuckerbestimmung gefordert ist, nach der Anleitung für die Zollämter zu verfahren.

3. Ist Invertzucker in beachtenswerter Menge zugegen, so ist der Invertzucker und der Rohrzucker gewichtsanalytisch zu bestimmen. Der Reinheitsgrad wird berechnet, indem an die Stelle des Polarisationswertes die Summe von Rohr- und Invertzucker gesetzt wird.

II. Für die Untersuchung von Stärkezucker: 1. Die Bestimmung des Gehaltes an Trockenstoff erfolgt durch Austrocknen bei 100—105° bis zur Gewichtskonstanz, bei flüssigen Erzeugnissen in der unter I, 1 für Rübenzuckererzeugnisse angegebenen Weise.

2. Die Bestimmung des Dextrosewertes erfolgt auf gewichtsanalytischem Wege nach ALLIHN. Auf etwa vorhandene Maltose oder reduzierende Dextrine wird dabei keine Rücksicht genommen. Nur bei Erzeugnissen, die praktisch dextrinfrei sind, ist auch die polarimetrische Messung zulässig. Als Reinheitsgrad gilt der Gehalt an Trockenmasse der Dextrose.

3. Die Bestimmung des Kochsalzgehaltes der Abläufe der Stärkezuckerherstellung geschieht in der Asche.

II. Stärkesirup und Stärkezucker.

Wie die Saccharose ist auch die Glucose, der Traubenzucker, im Pflanzenreiche, im Gegensatz zu jener aber auch im Tierreiche, weit verbreitet. Abgesehen davon, daß das Saccharosemolekül zur Hälfte aus Glucose besteht, findet man sie in den verschiedensten pflanzlichen Organen, wo dieser Zucker als Enderzeugnis der Photosynthese an die Stellen wandert, an denen entweder Zellwandbestandteile wie Cellulose und Hemicellulosen aufgebaut oder Energiemengen in Form von Stärke oder Saccharose gespeichert werden sollen. Im Gegensatz zur Saccharose ist somit die Glucose an sich kein Speicherstoff in den Pflanzen. Man findet sie in größerer Konzentration in Pflanzenteilen nur dort, wo sie aus anderen höhermolekularen Kohlehydraten durch sekundäre Vorgänge, z. B. aus Saccharose durch Inversion entstanden ist. Da bei dieser Inversion aber die Saccharose nur zur Hälfte sich in Glucose, die andere Hälfte in Fructose umwandelt, muß auch hier der Glucosegehalt unter dieser Grenze bleiben. Auch im tierischen Organismus spielt die Glucose die Rolle eines Energieüberträgers und findet sich auch dort nur in geringen Konzentrationen. Bei einer Kohlenhydratspeicherung wird hier die Glucose zu Glykogen kondensiert und z. B. in der Leber abgelagert.

1. Darstellung und Verwendung des Stärkezuckers.

Wegen dieser geringen Konzentration der Glucose in ihrem natürlichen Vorkommen geht man zu ihrer Darstellung zweckmäßig von ihren Kondensationsprodukten aus.

Für kleine Mengen reiner Glucose ist am einfachsten die Darstellung aus Rohrzucker, wofür F. SOXHLET[1] folgende Vorschrift angegeben hat: 1,5 Liter 90%iger Alkohol werden mit 60 ccm konz. Salzsäure versetzt, im Wasserbade auf 45—50° erwärmt, dann 500 g möglichst fein gepulverter Rohrzucker in kleinen Anteilen zugegeben und unter öfterem Umschütteln auf derselben Temperatur erhalten, bis der Zucker gelöst ist. Nachdem die, wenn nötig filtrierte, Flüssigkeit erkaltet ist, trägt man eine kleine Menge (etwa 0,5 g) wasserfreien Traubenzucker ein und läßt das Gemisch bei Zimmertemperatur mehrere Tage stehen. Die Krystallisation wird durch öfteres Umrühren beschleunigt. Die Glucose scheidet sich dabei in feinen, farblosen Krystallen ab, welche schließlich abgesogen und mit absolutem Alkohol gewaschen werden. Zur völligen Reinigung werden die Krystalle in sehr wenig heißem Wasser gelöst und solange in der Wärme absoluter Alkohol zugesetzt, bis die Lösung sich trübt. Beim Erkalten und öfteren Umrühren scheidet sich der Zucker bald in Krystallen ab. — Es ist klar, daß dieses Verfahren, das wasserfreie Glucose liefert, sich nur für präparative Zwecke im Kleinen eignet.

Im technischen Maßstabe wird Glucose nur aus Stärke dargestellt.

Dieses Verfahren geht auf eine Erfindung des deutschen Chemikers KIRCHHOFF zurück, der im Jahre 1811 in St. Petersburg bei Versuchen über Herstellung eines Klebstoffes fand, daß Stärke durch Einwirkung von verdünnter Schwefelsäure in einen süßschmeckenden Sirup überging. Schon bald wurde diese Erfindung in der Fachliteratur bekannt[2]. Aber noch bis zum Jahre 1874 hielt man Glucose für den gleichen Stoff wie die ebenfalls aus Stärke durch Enzyme darstellbare Maltose, obwohl LOWITZ bereits 1792 die Verschiedenheit des Zuckers aus Honig und Traubensaft von Rohrzucker bekannt war.

Heute werden Stärkesirup, technischer und reiner Stärkezucker fast ausschließlich aus Kartoffel- und Maisstärke im großen gewonnen. Die Bezeichnung Traubenzucker für käufliche Glucose ist also nur insofern berechtigt, als reine Glucose mit der aus Trauben chemisch übereinstimmt. Im Hinblick auf die Rohstoffe ist für das käufliche Erzeugnis die Benennung Stärkezucker oder Glucose vorzuziehen.

Die Hauptverwendungsgebiete für Stärkezucker und Stärkesirup liegen in der Herstellung von Zuckerwaren, Bonbons und Caramellen. Hierbei wird besonders geschätzt, daß die Süßkraft weniger auffällig als bei Rohrzucker ist und bei Stärkezucker nur etwa $^1/_2$, bei Stärkesirup etwa $^1/_4$ der Süßkraft des Rohrzuckers beträgt (vgl. S. 382); dadurch entsteht in den Zuckerwaren eine gewünschte Milderung des etwas aufdringlich süßen Geschmacks der Saccharose. In der Spirituosenindustrie wird nach C. LUCKOW[3] der Stärkesirup oft verwendet, um die Ware sämiger zu machen ohne den süßen Geschmack zu erhöhen. Daneben zeigt Stärkesirup die Eigenschaft, eine Auskrystallisation des Zuckers zu hemmen, wobei das vorhandene Dextrin als Schutzstoff wirkt. — Andererseits sind es aber auch gerade diese Eigenschaften,

---

[1] F. SOXHLET: Nach E. FISCHER: Anleitung zur Darstellung organischer Präparate. Braunschweig 1908.

[2] Zuerst scheint L. GALL (Anleitung für den Landmann zur Sirup- und Zuckerbereitung aus Kartoffeln mittels gewöhnlicher Branntweinbrennereigeräte, Trier 1825) die Traubenzuckerdarstellung aus Stärke beschrieben zu haben.

[3] C. LUCKOW: Destillateur u. Likörfabr. 1934, **47**, 136.

die verursacht haben, daß Stärkesirup vielfach als Streckungs- und Verfälschungsmittel von Fruchtzubereitungen und anderen Lebensmitteln gedient hat. Dabei wird durch die Zähflüssigkeit des Stärkesirups bei der Sinnenprüfung ein höherer Extraktgehalt vorgetäuscht als durch Rübenzucker.

Nach Messungen von J. KÖNIG im Viscosimeter von ENGLER und im Konsistenzmesser nach WEISS entsprechen hierbei in etwa 0,5%iger Lösung etwa 46 Gewichtsteile Stärkesirup oder 49 Gewichtsteile Stärkezucker 54 Gewichtsteilen Rübenzucker. In stärkeren Konzentrationen steigt die Zähigkeit des Stärkesirups stark an. An Nährwert kann man den Stärkesirup nahezu einer der Trockensubstanzmenge entsprechenden Rohrzuckermenge gleichsetzen.

Bei der Verwendung von Stärkezucker als diätetisches Stärkungsmittel ist nach O. MÜHLBROCK[1] neben seiner geringeren Süßigkeit, die eine Aufnahme konzentrierterer Lösungen ermöglicht, seine schnelle Resorbierbarkeit wertvoll. Weiter setzen Traubenzuckerlösungen eine zu starke Salzsäurebildung im Magen herab. Bei bestimmten Lebererkrankungen begünstigt Glucose Glykogenbildung und Entstehung von Glucuronsäure als Entgiftungsmittel für Blutgifte. Einspritzen hypertonischer Traubenzuckerlösung ins Blut bei krankhaften Flüssigkeitsansammlungen im Körper führt zur Entwässerung der Gewebe. Traubenzucker als Wundstreupulver hat gegenüber Saccharose den Vorzug des höheren osmotischen Druckes und der direkten Resorption, während Rohrzucker im Körpergewebe als Fremdstoff erscheint.

Bei der Verwendung von Glucose zur Herstellung von Frucht- und Gemüseerzeugnissen weisen C. R. FELLERS, J. MILLER und TH. ONSDORFF[2] darauf hin, daß Präserven, Jams und Gelees wegen des höheren Siedepunktes von Glucoselösungen im Vergleich zu Saccharoselösungen nicht durch Erhitzen angefertigt werden dürfen, weil sonst Überhitzung eintritt. Im übrigen schädigt Glucose allein oder in Mischung mit Saccharose nicht das Gelieren des Pektins und ist ohne Einfluß auf die Ausbeute.

Über Herstellung von synthetischer Cellulose mit Hilfe von Acetobacter xylinus und Textilfasern aus Glucose vgl. H. HIBBERT und J. BARSHA[3].

Die Bedeutung der Stärkezuckerherstellung für die deutsche Volkswirtschaft erhellt aus folgenden Zahlen:

Tabelle 21. Gewinnung von Stärkezucker in Deutschland[4].

Jahr	Zahl der Stärkezucker-fabriken	Gewonnene Mengen in Tonnen			
		Stärkezucker in fester Form	Stärkezucker-sirup	Zuckerfarbe	Stärkezucker-abläufe
1913/14	24	11 343	65 463	4681	—
1930/31	12	4 540	40 638	2126	1354
1932/33	14	6 444	37 427	1305	2031
1934/35	21	10 228	47 523	1498	4386

2. Technische Herstellung von Stärkesirup und Stärkezucker aus Stärke.

Als Ausgangsmaterial dient fast allgemein Kartoffel- oder Maisstärke. Nur vereinzelt geht man auch von Reis- oder Arrowrootstärke aus. Nach PAROW[5] ist die Kartoffelstärke zur Sirupherstellung vorzuziehen, weil sie reiner ist, während Maisstärke immer noch größere Mengen Fett und Rohprotein enthält und der Sirup daraus bei der Zuckerbäckerprobe (vgl. unten) und bei den Kochungen zu einer leichten Gelbfärbung neigt.

Beim heute meist gebräuchlichen Hochdruckverfahren bringt man in stehenden, innen verbleiten Kesseln, sog. Konvertern die verdünnte Schwefel- oder Salzsäure durch Direktdampf zum Sieden und läßt durch einen Zulaufhahn

[1] O. MÜHLBROCK: Zeitschr. Spiritusind. 1937, **60**, 213.
[2] C. R. FELLERS, J. MILLER u. TH. ONSDORFF: Ind. engin. Chem. 1937, **29**, 946.
[3] H. HIBBERT u. J. BARSHA: Journ. Amer. Chem. Soc. 1931, **53**, 3907; C. 1932, I, 86.
[4] Statistisches Jahrbuch für das Deutsche Reich 1936.
[5] E. PAROW: Zeitschr. Spiritusind. 1925, **48**, 388; Z. 1929, **58**, 655.

ohne Unterbrechung des Kochens die etwa 20%ige Aufschwemmung von Schlammstärke zufließen. Dann verschließt man das Druckgefäß und erhitzt 10—15 Minuten auf 3 Atmosphären, wobei man ständig Proben zieht und in diesen mit Hilfe der Jodreaktion den Fortgang der Hydrolyse prüft. Nach beendigter Kochung werden die entwickelten übelriechenden Gase abgeblasen und im Dünnsaft die Säure neutralisiert, und zwar Schwefelsäure mit Kreide, Salzsäure mit Soda. Bei dieser Neutralisation läßt man einen kleinen Säurerest, entsprechend etwa 0,02—0,05% H_2SO_4, zurück, der zur Lagerbeständigkeit des Sirups, nämlich zur Vermeidung einer Vergilbung nötig ist. Diese zurückbleibende Säure besteht nach SAARE im wesentlichen aus sauren Phosphaten, die sich durch Umsetzung aus den in der Stärke vorhandenen natürlichen Phosphaten gebildet haben. Der beim Schwefelsäureverfahren sich allmählich beim Eindampfen abscheidende Gips bedingt mehrere Filtrationen, wogegen bei Verwendung von Salzsäure Natriumchlorid als lösliches Salz, wenn auch in geschmacklich bedeutungsloser Menge, im Sirup zurückbleibt. Um dessen Menge so niedrig wie möglich zu halten, arbeitet man heute beim Hochdruckverfahren mit stark verdünnter Salzsäure, nämlich bezogen auf Feuchtstärke mit 0,12—0,20% (PAROW) konz. Salzsäure, entsprechend etwa 0,05—0,08% HCl. — In Holland wird auch Oxalsäure zur Stärkeverzuckerung verwendet. Den Wirkungsgrad verschiedener Säuren und verschiedener Konzentrationen von Salzsäure, gemessen an der Abnahme der Lichtdrehung, zeigen die beiden folgenden Diagramme (S. 420).

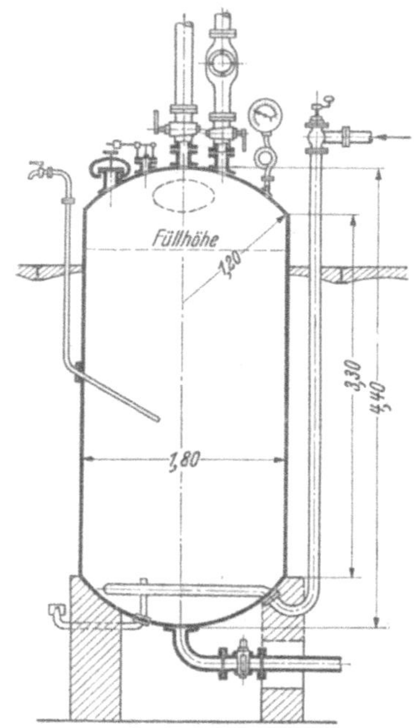

Abb. 8. Kochgefäß für die Stärkesirupfabrikation. (Nach PREUSS.)

Der etwa 25%ige (15° Bé) Dünnsaft geht nun zwecks Entfernung von fremden Farb-, Geschmacks- und Riechstoffen durch mit kornfeiner Entfärbungskohle beschickte, hintereinander geschaltete Eisenzylinder, die gleichzeitig als Filter wirken. Dann wird in Vakuumverdampfungsapparaten von ähnlicher Art wie die Kocher für Rübenzucker (S. 396) auf etwa 58% (32° Bé) eingedampft, der im Falle des Schwefelsäureverfahrens jetzt praktisch völlig abgeschiedene Gips in Filterpressen entfernt und nun wieder im Vakuum auf die endgültige Stärke von 42—44° Bé eingedampft. Beim sog. Bonbonsirup, der auch Capillärsirup genannt wird, weil er sich zu Fäden ausziehen läßt, erfolgt die Eindickung auf 44—45° Bé. Über Handelsbezeichnungen vgl. S. 427.

Da Stärkesirup sich wegen seiner zähen Konsistenz schlecht abmessen und auch nur in besonderen, schlecht zu entleerenden Behältern verschicken läßt, wird nach einem von der Stärkefabrik in Kyritz eingeführten Verfahren durch Zerstäubungstrocknung eine sog. Trockenglucose (Destose, Dryose) aus Stärkesirup erhalten. Sie bildet nach eigenen Untersuchungen ein reines, leichtes, schneeweißes, hygroskopisches Pulver, das aus etwa 50% Dextrin (Amylose), 30% Maltose und 20% Glucose besteht[1]. Das Pulver ist leicht löslich in Wasser und Branntwein, der Geschmack nur $^1/_5$ so süß wie Rohrzucker. Vgl. auch S. 428.

Zur Herstellung von Stärkezucker wird die Hydrolyse so weit vorgetrieben, daß auch das anfangs entstehende Dextrin möglichst weitgehend verzuckert

[1] Vgl. Brennerei-Ztg. 1936, **53**, 106.

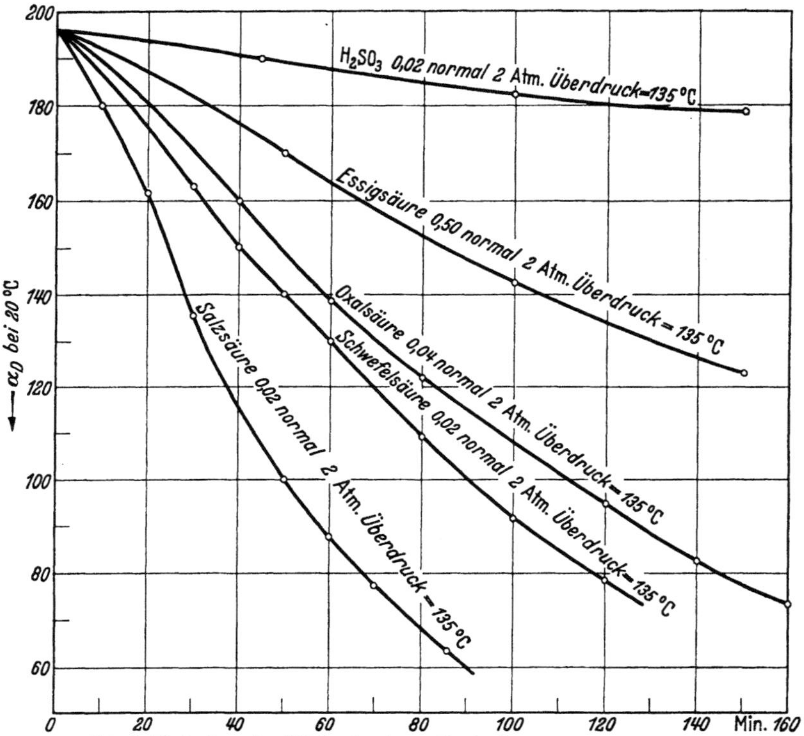

Abb. 9. Hydrolyse der Stärke durch verdünnte Säuren. (Nach PREUSS.)

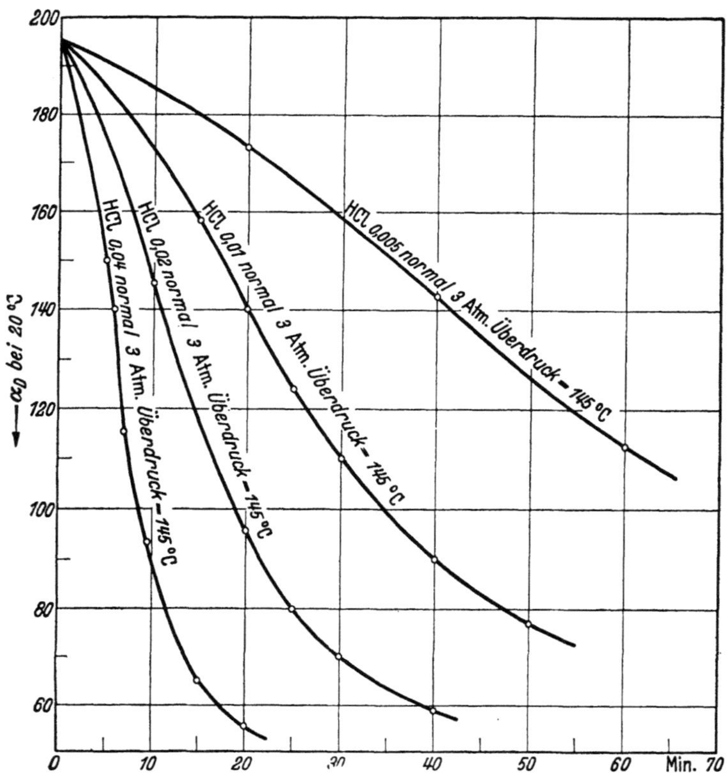

Abb. 10. Hydrolyse der Stärke durch verdünnte Salzsäure. (Nach PREUSS.)

ist. Man erkennt dies daran, daß in einer Probe mit starkem Alkohol keine Dextrine mehr ausgefällt werden. Nach der im übrigen ähnlichen Behandlung wie bei der Stärkesirupherstellung wird der Dicksaft schließlich entweder zu Kistenzucker oder zu reiner Glucose verarbeitet. Den Kistenzucker erhält man durch blankes Einkochen auf 44° Bé und Ausgießen in Kisten von 25 bis 50 kg Inhalt, vorteilhaft unter Impfung mit reinen Glucosekrystallen (sog. Saat, bestehend aus Schabeteilchen von reinem Stärkezucker). Dieser Kistenzucker wird dann entweder in Form von Blöcken oder dünnen Blättchen oder von muschelartigen Stücken (Chips), die aus den Blöcken herausgeschält sind, gehandelt.

Um technisch reinen Stärkezucker darzustellen, wird der Dicksaft auf Korn gekocht, die Füllmasse erstarren gelassen und dann die Mutterlauge, hier „Hydrol" genannt, in Zuckerzentrifugen von den Krystallen abgeschleudert. Das so abfallende Hydrol wird als Futtermittel verwendet.

Wasserfreie Glucose. Krystallographische Vorteile gegenüber der gewöhnlichen α-Glucose bei der Gewinnung reiner Dextrose bietet nach W. B. Newkirk[1] die Gewinnung von wasserfreier Glucose, in Amerika auch Anhydrous sugar genannt. Nach dem Verfahren von A. Behr verfährt man wie folgt:

Die Stärkemilch von 10° Bé wird mit 0,2% Salzsäure (HCl, bezogen auf Trockenstärke) bei 3 Atmosphären bis zum Reinheitsquotienten von mindestens 92 verzuckert. Die weitere Behandlung ist die gleiche wie sonst, bis auf die Krystallisation. Hierzu wird in der auf 41,5° Bé (heiß gewogen) eingedickten Lösung durch Impfen mit $^1/_{100}$% absolut reinen Anhydridkrystallen die Krystallisation eingeleitet. — Dieser Saatzucker wird vor Beginn der Fabrikation durch Auskrystallisieren aus Methanol gewonnen und auf Freisein von Hydratkrystallen von Glucose unter dem Mikroskop geprüft. — Die Krystallisation geht in besonderen Kisten von Trapezoidform (Höhe 16 cm, obere Maße 32 × 21, untere 32 × 16 cm) vor sich. Dann wird abgeschleudert und zweimal mit reiner Zuckerlösung abgedeckt.

3. Eigenschaften und Zusammensetzung.

Stärkesirup (Kartoffelsirup, Maissirup) bildet eine vollkommen klare, wasserhelle, stark lichtbrechende und farblose, zähe Flüssigkeit. Die helle Farbe zeigt Verwendung guter Stärke an, da sich aus minderwertiger Stärke kein heller Sirup gewinnen läßt.

Die Zusammensetzung von normalen Stärkesirupen des Handels fand A. Rössing[2] wie folgt:

Tabelle 22.

Stärkesirup 22 Proben	Im Stärkesirup			In der Trockensubstanz		
	Wasser %	Zucker als Glucose %	Dextrin %	Asche %	Zucker als Glucose %	Dextrin %
Mittelwert . . .	16,0	35,7	47,9	0,29	42,6	57,0
Schwankungen .	14,7—17,5	28,2—46,2	43,5—55,4	0,15—0,62	—	—

Für 42- und 44grädige Stärkesirupe aus deutschen Fabriken berechnen sich nach Untersuchungsergebnissen von A. Beythien und P. Simmich[3]:

[1] W. B. Newkirk: Ind. engin. Chem. 1936, 28, 760.
[2] A. Rössing: Chem.-Ztg. 1905, 29, 867.
[3] A. Beythien u. P. Simmich: Z. 1910, 20, 245.

Tabelle 23.

Bezeichnung der Proben	Zahl der Analysen	Zusammensetzung	Spez. Gewicht bei 20°/4°	Extrakt %	Polarisation der Lösung 1 : 10 im 200-mm-Rohr vor der Inversion Grade	nach der Inversion Grade	Zucker als Glucose %	Spezifische Drehung des invertierten Extraktes Grade
		Mittel	1,0302	83,0	+ 21,07	+ 21,00	40,4	+ 126,5
42°	31	Schwankungen	1,0292 bis 1,0312	80,4 bis 82,9	+ 18,82 bis + 23,29	+ 18,82 bis + 23,37	32,76 bis 49,08	—
		Mittel	1,0312	85,6	+ 21,68	+ 21,63	43,1	+ 126,3
44°	13	Schwankungen	1,0304 bis 1,0317	83,5 bis 86,9	+ 19,72 bis + 24,05	+ 19,72 bis + 24,05	38,20 bis 49,70	—

BEYTHIEN und SIMMICH rechneten auch von HERZFELD[1] ermittelte Werte für die Inversionspolarisation (26 g Sirup in 100 ccm in VENTZKE-Graden) auf die spezifische Drehung des Extraktes um und fanden für deutsche und amerikanische Sirupe folgende Mittelwerte:

Tabelle 24.

Art der Sirupe	Extraktgehalt (Grade Brix) %	Inversionspolarisation nach HERZFELD Grade	Spezifische Drehung des Extraktes Grade
Deutsche Sirupe, 10 Proben	80,3	+ 154,8	+ 128,8
Amerikanische Sirupe, 6 Proben	81,3	+ 168,9	+ 138,7
Alle Proben	80,7	+ 160,1	+ 132,5

Die geringere Reinheit von Maisstärkesirup gegenüber Kartoffelstärkesirup folgt aus von E. PAROW[2] mitgeteilten Analysen von STIRNUS und BERGER:

Tabelle 25.

Bezeichnung	Wasser %	Protein %	Fett %	Zucker als Glucose %	Dextrin %	Säuregrade (ccm N. in 100 g)	Asche in der Trockensubstanz %
Deutscher Maisstärkesirup 42° Bé	19,83	0,28	0,28	47,70	45,37	0,08	0,27
Deutscher Maisstärkesirup 44° Bé	16,50	0,24	0,22	46,86	46,29	0,19	0,20
Deutscher Kartoffelstärkesirup 44° Bé	15,32	0,09	0,06	41,00	54,40	0,18	0,53

Weitere Analysen von 6 Proben Stärkesirup nach dem Jodverfahren im Vergleich mit dem FEHLINGschen wurden von A. BEHRE, A. DÜRING und H. EHRECKE[3] ausgeführt.

Bei diesen älteren Untersuchungen ist der gesamte reduzierende Zucker als Glucose berechnet. Aber schon E. v. RAUMER[4] hat aus Gärversuchen geschlossen, daß ein untersuchter Stärkesirup mindestens 13% Maltose enthielt. Nach neueren Methoden, so durch Bestimmung der Glucose für sich mit BARFOEDs Reagens, z. B. nach der Vorschrift von G. STEINHOFF[5], erhält man

[1] HERZFELD: Zeitsch. Ver. Deutsch. Zuckerind. 1907 (N. F.), **44**, 611.
[2] E. PAROW: Zeitschr. Spiritusind. 1922, **45**, 229; **C.** 1922, IV, 1090.
[3] A. BEHRE, A. DÜRING u. H. EHRECKE: **Z.** 1921, **42**, 242. Vgl. S. 424.
[4] E. v. RAUMER: **Z.** 1905, **9**, 705.
[5] G. STEINHOFF: Vgl. Bd. II, S. 900.

einen genaueren Einblick in den Gehalt des Stärkesirups an Glucose und Maltose. So fand STEINHOFF in 25 Proben Stärkesirup:

Tabelle 26.

Angabe	Trockensubstanz %	Glucose %	Maltose %	Dextrin %	In der Trockensubstanz Glucose %	Maltose %	Dextrin %
Mittelwert	82,3	15,8	27,5	33,6	19,2	33,4	40,8
Schwankungen . .	79,8—84,4	12,0—21,3	21,8—39,8	28,1—38,8	—	—	—

Für je 5 Maissirupe je nach Verzuckerungsgrad erhielten A. P. BRYANT und R. C. JONES[1] folgende Zusammensetzung:

Tabelle 27.

Bestandteil in % der gesamten Kohlenhydrate	Sirupe mit niedriger Verzuckerung		Sirupe mit mittlerer Verzuckerung		Sirupe mit hoher Verzuckerung	
	Mittel	Schwankungen	Mittel	Schwankungen	Mittel	Schwankungen
Reduzierender Zucker (als Glucose)	**32,9**	30,1—35,7	**44,4**	42,1—45,9	**52,3**	52,1—52,4
Dextrin (Rest)	**67,1**	64,3—69,9	**55,6**	54,1—57,9	**47,7**	47,6—47,9
Maltose	**28,0**	21,8—37,4	**31,9**	25,1—35,4	**23,6**	7,6—36,5
Glucose	**7,8**	(0) —12,7	**17,5**	15,2—21,6	**29,5**	23,8—38,9
Dextrin (bestimmt) . . .	**64,2**	60,3—67,3	**50,6**	49,0—53,3	**46,9**	39,7—53,5
Glucose/Maltose	**1:3,2**	—	**1:1,9**	—	**1:0,8**	—
Spezifische Drehung, ursprünglich.	**157°**	153—162°	**140°**	135—148°	**126°**	125—128°
Desgl. des Unvergärbaren.	**169°**	141—182°	**154°**	125—166°	**150°**	138—159°

Mit zunehmender Hydrolyse sehen wir also, wie zu erwarten, ein Ansteigen der Menge des gesamten reduzierenden Zuckers, eine Abnahme des Dextrins und der Drehung der gesamten und unvergärbaren Trockenmasse. Von den einzelnen Zuckerarten steigt die Glucose immer weiter an, während die Maltose zwar zunächst ansteigt, dann aber durch eigene Hydrolyse wieder abnimmt.

Nach A. P. SCHULZ und W. HÖNSCH[2] ist die Lagerbeständigkeit des Sirups, insbesondere sein Klarbleiben durch hohen Gehalt an krystallisationsverhindernden Dextrinen (Amylosen), die Hygroskopizität durch Maltose bedingt. Für den eigentlichen Glucosegehalt liefern die früheren Analysen jedenfalls eine ganz irrige Vorstellung und der Hauptbestandteil des Zuckers im Stärkesirup ist das Disaccharid Maltose oder vielleicht ein Gemisch von Isomeren derselben. Zur Bestimmung der Glucose und Maltose nebeneinander wurden bei den Versuchen der Reduktionswert gegen FEHLINGsche Lösung und die vergärbare Zuckermenge (mit Bäckerhefe) ermittelt und daraus nach näherer Angabe die Zuckerarten berechnet.

Das Bestreben, Stärkesirup mit möglichst hohem Gehalt an Dextrin und niedrigem an reduzierenden Zucker herzustellen, kommt auch in einer erhöhten spezifischen Drehung des Extraktes gegenüber den älteren Stärkesirupen des Handels zum Ausdruck. Ein Beispiel dafür liefern eigene

[1] A. P. BRYANT u. R. C. JONES: Ind. engin. Chem. 1933, 25, 98.
[2] A. P. SCHULZ u. W. HÖNSCH: Chem.-Ztg. 1934, 58, 671.

Untersuchungen von deutschen Stärkesirupproben aus Kartoffeln aus dem Jahre 1932/33:

Tabelle 28.

Bezeichnung	Angabe	Zahl der Proben	Extrakt nach der Zuckertabelle %	Zucker als Glucose %	Freie Säure gegen Phenolphthalein (berechnet als H_2SO_4) %	Desgl. gegen Methylrot in ccm N für 100 g	p_H	SO_2 %	Polarisation nach Inversion: 1 : 10 im 200 mm-Rohr Grade	Polarisation nach Inversion: Spezifische Drehung des Extraktes Grade
43° Capillärsirup	Mittel	5	80,1	32,4	0,063	0,33	5,1	0,016	+23,47	+146,5
	Schwankungen		79,0 bis 82,5	29,8 bis 36,2	0,049 bis 0,079	0,20 bis 0,50	5,0 bis 5,4	0,012 bis 0,025	+21,74 bis +24,88	+145,6 bis +151,3
45° Bonbonsirup	Mittel	6	83,4	33,5	0,060	0,24	5,2	0,019	+24,40	+146,3
	Schwankungen		83,1 bis 83,9	32,0 bis 36,1	0,056 bis 0,068	0,15 bis 0,30	5,3 bis 5,5	0,014 bis 0,028	+22,56 bis +24,97	+141,4 bis +149,5
Sog. Destose . .		1		—	—	—	—	—	+29,81	+149,8

Der Aschengehalt betrug bei einer Probe 43er Capillärsirup 0,17, bei einer Probe 45er Bonbonsirup 0,15%.

Ein schwer vergärbares FEHLINGsche und KNAPsche Lösung reduzierendes Disaccharid haben C. SCHMITT und A. COBENZL[1] durch Alkoholfällung der bei der Gärung zurückbleibenden Stoffe dargestellt und Gallisin genannt. C. SCHEIBLER und H. MITTERMAIER[2] geben dem Gallisin nach der Analyse des Osazons die Formel $C_{12}H_{22}O_{11}$ und sehen in ihm nicht etwa eine Übergangsstufe der Stärke zu Glucose, sondern umgekehrt ein Reversionsprodukt aus Glucose durch Einwirkung der Säure, ähnlich oder gleich der Isomaltose, die E. FISCHER durch Kondensation mit Säuren erhielt. J. GATTERBAUER[3] spricht das Gallisin, das er Glucosin nennt, ebenfalls als durch Reversion aus Glucose entstandenes Isomeres der Maltose an. Es ist nach GATTERBAUER amorph, an der Luft zu einem Sirup zerfließlich und wird von Bierpreßhefe sehr langsam vergoren. Mit Hefemaltase und Emulsin, auch durch Mineralsäuren, läßt es sich zu Glucose aufspalten. Das Phenylosazon, von krystallinischem Aussehen, war leicht löslich in heißem Wasser und Alkohol und zeigte den Schmelzpunkt 97—100°, das p-Nitrophenylosazon, ein zinnoberrotes amorphes Pulver, den Schmelzpunkt 240°; mit Natronlauge übergossen färbte es sich blau. — M. HÖNIG[4] zerlegte die Stärkesirupdextrine in einen in Alkohol löslichen und unlöslichen Anteil, von denen letzterer aus einem Gemisch von Erythro- und Achroodextrin besteht. Dieses Achroodextrin ist nach HÖNIG wahrscheinlich ein Reversionserzeugnis, also wohl mit oben genanntem Gallisin oder Glucosin identisch.

Tabelle 29.

Wasser	Zucker als Glucose	Dextrin (unvergärbare Stoffe)	Asche	In der Trockensubstanz: Zucker als Glucose	In der Trockensubstanz: Dextrin
16,27	68,25	14,91	0,57	81,52	17,81

Technischer Stärkezucker enthält nach 52 älteren Analysen nebenstehende Bestandteile (Tabelle 29).

A. BEHRE, A. DÜRING und H. EHRECKE[5] finden unter Bestimmung des Zuckers als Glucose nach dem Jodverfahren, dessen überlegene Zuverlässigkeit gegenüber dem FEHLINGschen Verfahren sie an Versuchen zeigen, an 3 Proben technischem Stärkezucker:

[1] C. SCHMITT u. A. COBENZL: Ber. Deutsch. Chem. Ges. 1884, **16**, 1000.
[2] C. SCHEIBLER u. H. MITTERMAIER: Ber. Deutsch. Chem. Ges. 1891, **24**, 301.
[3] J. GATTERBAUER: **Z.** 1911, **22**, 265.
[4] M. HÖNIG: **Z.** 1902, **5**, 641.
[5] A. BEHRE, A. DÜRING, H. EHRECKE: **Z.** 1821, **42**, 242.

Tabelle 30.

Nähere Angaben	Wasser %	Glucose direkt %	Glucose nach Clerget-Inversion %	Glucose nach 2½ stündiger Hydrolyse %	Dextrin berechnet %	Zucker und dextrinfreier Trockenrückstand %	Spezifische Drehung der Trockensubstanz vor der Inversion	Spezifische Drehung der Trockensubstanz nach der Inversion
Stärkezucker aus Kartoffeln, schwach gelblich, fest. .	11,44	71,07	71,59	86,45	13,84	3,60	62,08	59,25
Desgl., weiß	16,10	71,11	71,39	83,50	10,90	1,61	67,04	65,47
Stärkezucker aus Mais, weiß	16,10	71,13	71,69	83,19	10,35	1,84	70,14	65,47
Mittelwert	14,55	71,10	71,58	84,31	11,70	2,35	66,42	63,40

Daß auch technischer Stärkezucker noch erhebliche Mengen Maltose enthält, haben die erwähnten Untersuchungen von G. STEINHOFF (vgl. S. 422) gezeigt, der in 3 Proben als Mittelwerte fand:

Tabelle 31.

Angaben	Trockensubstanz %	Glucose %	Maltose %	Dextrin %	In der Trockensubstanz: Glucose %	Maltose %	Dextrin %
Mittel.	86,4	68,3	7,6	10,2	79,1	8,8	11,8
Schwankungen. .	82,1—89,8				—	—	—

Nach E. PAROW[1] wird technischer Stärkezucker je nach dem Gehalt an reduzierendem Zucker, berechnet als Glucose, auch als 70- und 80grädiger Stärkezucker gehandelt. Er fand in solchen Produkten, ferner in technisch reiner Glucose (sog. Anhydrous sugar (vgl. S. 421) folgende Bestandteile:

Tabelle 32.

Bezeichnung	Trockensubstanz %	Glucose %	Dextrin %	Asche %	In der Trockensubstanz Glucose %	Dextrin %
70er Stärkezucker	80,3	70,2	9,3	0,8	87,4	11,6
80er Stärkezucker	88,8	79,9	8,0	0,9	90,0	9,0
Anhydrous sugar	96,0	94,6	0,7	0,7	98,5	0,7

4. Untersuchung.

a) Probenahme. Stärkesirup ist vor der Probenahme sorgfältig durchzumischen, was durch Anwärmen in einem verschlossenen Gefäß erleichtert wird. Von festem Stärkezucker werden von größeren Stücken möglichst viele kleinere Stückchen genommen, dann zerkleinert (geraspelt) und gemischt.

b) Wasser oder Trockensubstanz. Man stellt eine Lösung etwa in der Verdünnung 1 : 5 oder 1 : 10 her, ermittelt darin nach Bd. II S. 837 das Spez. Gewicht bei 20°/4°, liest aus der Tabelle Bd. II, S. 1676 den dazugehörigen Zuckergehalt ab und rechnet der Verdünnung entsprechend auf die ursprüngliche Substanz um. Für eine direkte Dichtebestimmung von Stärkesirup drücken A. P. SCHULZ und G. STEINHOFF[2] den in eine Pipette gesogenen Sirup bis zu etwa ¾ Füllung in ein gewogenes Pyknometergläschen von besonderer Form, schleudern in einer

[1] E. PAROW: Zeitschr. Spiritusind. 1913.
[2] A. P. SCHULZ u. G. STEINHOFF: Zeitschr. Spiritusind. 1931, **54**, 198.

Zentrifuge 3 Minuten zur Entfernung der Luftblasen und ermitteln das Sirupgewicht G. Dann ist

Sirupvolumen (V) = Wasserwert des Pyknometers — Wasserzusatz

$$D^{20}/_{20} = \frac{G}{V}\;;\; D^{20}/_{4} = \frac{G}{V} \times 0{,}99823.$$

Die Grädigkeit eines Sirups wird meist noch in alten Graden Baumé ausgedrückt. Zur raschen Umrechnung auf den Extraktgehalt und die Dichte bei 15°/4° (BRIX-Grade) kann folgende Hilfstabelle dienen:

Bé-Grade	42	43	44	45	46
Extrakt in %	79,9	81,5	83,6	85,7	87,9
Spez. Gewicht	1,407	1,421	1,435	1,450	1,465

Die neuen BAUMÉ-Grade liegen um etwa 0,8—0,9° höher.

Statt der Berechnung der Trockensubstanzbestimmung aus der Dichte findet die Anwendung besonderer Refraktometer (Zuckerrefraktometer) für den Zweck immer mehr Eingang. Nach A. P. SCHULZ und W. HÖNSCH[1] sind die refraktometrisch gefundenen Werte als richtiger anzusehen. Die Differenz zwischen der scheinbaren Trockensubstanz aus der Dichte und der wahren nimmt nach SCHULZ und HÖNSCH mit fallendem Gehalt an Amylosen ab und strebt bei hohem Glucosegehalt dem Endwert 0,5—0,6% zu, während die refraktometrischen Werte dann gleich den gewichtsanalytischen sind. Für normalen Sirup mit 35—50% Amylosen beträgt die Abweichung der Trockensubstanz aus der Dichte 1,2—1,4, nach dem Refraktometer etwa 0,8%.

Eine direkte Trocknung mit einem Verteilungsmittel (Sand, Bimsstein) liefert bei Stärkesirup nur dann richtige Ergebnisse, wenn im Vakuum ausgetrocknet wird.

c) Kohlenhydrate. Die Prüfung darauf erfolgt nach Bd. II, S. 835. Besondere praktische Bedeutung haben dabei die Bestimmung des reduzierenden Zuckers, berechnet als Glucose, nach S. 860, des Dextrins nach S. 900, der vergärbaren Stoffe nach S. 904, der Drehung des Stärkesirups nach der Inversion und der spezifischen Drehung nach der Inversion, berechnet auf den Trockensubstanzgehalt (spezifische Drehung des invertierten Extraktes), weil diese im Verein mit dem Zuckergehalt ein Maß für den Abbaugrad des Sirups oder Stärkezuckers liefert.

In besonderen Fällen kann die Bestimmung der Glucose neben Maltose nach Bd. II, S. 900 von Bedeutung sein.

Über die Unterscheidung der Dextrine in Erythro- und Achroodextrin mit 87%igem Alkohol oder Bariumhydroxyd vgl. M. HÖNIG[2] und A. RÖSSING[3].

d) Asche wird in 5—10 g Stärkesirup oder Stärkezucker nach Bd. II, S. 1209 ermittelt.

e) Säuregehalt. 50 g Sirup werden in 50 g Wasser gelöst und die Lösung mit 0,1 N.-Natronlauge gegen Phenolphthalein als Indicator titriert. Das Ergebnis pflegt man auf Schwefelsäure (H_2SO_4) umzurechnen, obwohl Stärkesirup keine freie Mineralsäure mehr enthalten soll. Richtiger ist daher eine Angabe in ccm Normallauge für 100 g Sirup, zweckmäßig unter Verwendung von Methylrot als Titrationsindicator. Das beste Bild von dem Säuregrad eines Stärkesirups liefert aber der p_H-Wert als Ausdruck für die Wasserstoffionenkonzentration.

f) Gebrauchswert (Zuckerbäckerprobe, Konfektionstest) für Bonbonsirup: Der Sirup wird schnell unter Umrühren auf 145° erhitzt und auf eine Marmorplatte oder auf weißes Papier ausgegossen, die erstarrte Masse soll farblos oder höchstens zart gelb gefärbt sein. Bräunt sie sich oder wird sie trübe, so gilt sie

---

[1] A. P. SCHULZ u. W. HÖNSCH: Chem.-Ztg. 1934, 58, 671.
[2] M. HÖNIG: Z. 1902, 5, 641. [3] A. RÖSSING: Z. 1903, 6, 1120.

als minderwertig. Der Gebrauchswert wird um so höher geschätzt, je höher die Temperatur ist, die die Masse verträgt, ohne sich zu färben.

Ein Bonbon darf auch nach längerem Stehen an der Luft nur ganz schwach kleben.

g) Zähflüssigkeit nach Bd. II, S. 17.

5. Überwachung des Verkehrs mit Stärkesirup und Stärkezucker.

a) Die Hauptvereinigung der deutschen Kartoffelwirtschaft in Berlin gibt für Stärkesirup und Stärkezucker folgende Gütevorschriften und Richtlinien[1]:

Gütevorschriften. 1. Bonbonsirup von 45° Bé und 46° Bé soll in Geruch und Geschmack neutral ohne fremden Beigeschmack und Geruch sein. Das Aussehen ist blank und farblos. Das Spez. Gewicht beträgt bei 45er Bonbonsirup 1,44 und bei 46er Bonbonsirup 1,454.

2. Capillärsirup von 43° Bé soll in Geruch und Geschmack neutral ohne fremden Beigeschmack und Geruch sein. Das Aussehen ist blank und farblos. Das Spez. Gewicht ist 1,41.

3. 43er halbweißer Sirup soll in Geruch und Geschmack neutral ohne fremden Beigeschmack und Geruch sein. Das Aussehen ist gelblich, aber blank. Das Spez. Gewicht beträgt 1,41.

4. Stärkezucker (Traubenzucker), geraspelt oder gegossen, soll in Geruch und Geschmack neutral ohne fremden Beigeschmack und Geruch sein. Die Farbe ist weiß bis schwach gelblich.

Tabelle 32. Richtlinien.

Anforderungen an	Bonbonsirup 45° Bé und 46° Bé	Capillärsirup 43° Bé	43er halbweißer Sirup	Stärkezucker (Traubenzucker) geraspelt und gegossen
Geruch und Geschmack	Neutral ohne fremden Beigeschmack und Geruch			
Aussehen	blank und farblos	blank und farblos	gelblich aber blank	weiß bis schwach gelblich
Grädigkeit	45° Bé und 46° neue Bé	43° neue Bé	43° neue Bé	
Spez. Gewicht	bei 45° Bé 1,44 bei 46° Bé 1,454 beides bei 17,5° C	1,41 bei 17,5° C	1,41 bei 17,5° C	
Reduktionswert in der Substanz, berechnet als Glucose	32—36%	32—45%	32—45%	65—75%
Schweflige Säure	bis 15 mg-%	bis 15 mg-%	bis 15 mg-%	bis 12 mg-%
Säuregehalt	100 g Sirup oder Stärkezucker dürfen höchstens 1,6 ccm N.-NaOH zur Neutralisation gegen Phenolphthalein als Indicator verbrauchen			

Über zollamtliche Untersuchung von Stärkezucker vgl. S. 409.

III. Sonstige Zucker- und Siruparten.

Außer dem reinen Zucker aus Zuckerrüben oder Zuckerrohr und Stärkezucker sind noch eine Reihe von Süßungsmitteln in Gebrauch, die aus mehr oder weniger reinen Zuckerlösungen bestehen. Ein Teil derselben hat diätetische, ein anderer Teil nur für bestimmte Gegenden Bedeutung.

Aus einigen der unten zu besprechenden Zuckersirupe besonderer Herkunft hat man mit Erfolg reine Saccharose, aber bisher nur in kleinem Maßstabe, dargestellt. Anschließend sei hier ein Erzeugnis besprochen, das Caramel, das zwar aus Zucker gewonnen, aber seinen süßen Geschmack völlig eingebüßt hat und nur mehr als Färbemittel oder als Bitterstoff (Kaffee-Ersatz) verwendet wird.

[1] Verkündungsblatt des Reichsnährstandes 1935, Nr. 84.

1. Sirupe aus Rüben und Rohrzucker.

In Deutschland werden große Mengen eingedickter Zuckerrübensaft als „echter Rübensirup", auch Rübenkraut (Rübenkreude), in Schlesien auch lediglich Saft genannt, als beliebter Brotaufstrich an Stelle von Marmelade und Obstmus verwendet.

Nach statistischen Angaben betrug die Gewinnung von derartigem Rübensaft in Deutschland[1]

Jahr	1930/31	1931/32	1932/33	1933/34	1934/35	1935/36
Zahl der Betriebe	141	177	177	187	197	193
Rübensäfte (Tonnen)	9713	22 572	23 194	28 748	34 934	25 390

Das Rübenkraut verdankt seine Beliebtheit, zumal bei der minderbemittelten Bevölkerung, nicht zuletzt seinem niedrigen Preise in Verbindung mit einem beachtlichen Wohlgeschmack.

Rübenkraut ist seiner Natur nach der eingedickte Saft der Zuckerrübe ohne Zusätze, aber auch ohne Entzug eines Teiles seines natürlichen Zuckergehaltes. Zur Herstellung werden die sorgfältig gewaschenen Rüben gebrüht oder gedämpft, dann ausgepreßt und der Saft eingedampft. Wenn auch die Hauptmenge des Rübenkrautes des Handels im Großbetriebe gewonnen ist, wobei zur Saftgewinnung ähnliche Methoden wie in der Zuckerindustrie in Anwendung kommen, so wird doch vielfach noch in Bauernwirtschaften und Haushaltungen echter Rübensirup aus Zuckerrüben bereitet. — Statt aus Zuckerrüben wird auch aus Möhren (Daucus carota) ein ähnlicher Sirup, das Möhrenkraut, gewonnen.

Als Rübenkrautsorten werden unterschieden[2]:

I. Rübenkraut (Rübensaft) nicht raffiniert, der im Preßverfahren aus gekochten bzw. gedämpften Zuckerrüben gewonnene, eingedickte Saft.

II. Rübenkraut (Rübensaft) raffiniert oder doppelt raffiniert, das unter I. genannte Erzeugnis, das auf mechanischem Wege ohne Gebrauch von Chemikalien durch eine oder mehrmalige Filtration gereinigt ist.

Die Zusammensetzung des Rübenkrautes des Handels hat sich gegen früher infolge veränderter Herstellungsweise etwas verändert. Durch das heute übliche Dämpfen unter Druck wird ein Teil der Rübenmarkbestandteile gelöst und dadurch nicht nur die Menge des Nichtzuckerrestes vermehrt, sondern auch eine etwas stärkere Rechtsdrehung nach der Inversion gefunden, die Anwesenheit von Stärkezucker vortäuschen kann. W. FRESENIUS und L. GRÜNHUT haben in einem derartig hergestellten Rübenkraut 5,51% Pentosane und 2,04% Galaktose gefunden.

Nach neueren Untersuchungen war die allgemeine mittlere Zusammensetzung von Rübenkraut:

Tabelle 34.

Bezeichnung	Wasser %	In der Trockensubstanz: Saccharose %	Invertzucker %	Nichtzucker %	Stickstoff %	Freie Säure (Äpfelsäure) %	Asche %	Phosphorsäure (P_2O_5) %
Rübenkraut, 10 Proben, Untersuchung der Kaiserl. technischen Untersuchungsstelle in Berlin	18,78	47,74	42,22	16,12	0,47	1,16	2,73	0,357
Rübenkraut, 13 Proben um 1913	21,16	33,56	48,04	14,64	0,63	1,07	2,69	0,247
Möhrenkraut, 10 Proben, Untersuchung der Kgl. Gärtnerlehranstalt in Dahlem	13,63	25,15	44,94	—	—	0,53	3,26	0,317

[1] Statistisches Jahrbuch für das Deutsche Reich 1936.

[2] Normativbestimmungen der Deutschen Gartenbauwirtschaft vom 8. September 1938. Gesetze u. Verordn. 1938, Bd. 30.

G. HEUSSER und C. HASSLER[1] fanden in 7, W. SUTTHOFF und J. GROSSFELD[2] in 3 Proben Rübenkraut:

Tabelle 35.

Rübenkraut	Wasser %	Trockensubstanz %	Polarisation 1 : 10 im 200-mm-Rohr vor der Inversion Kreisgrade	Polarisation 1 : 10 im 200-mm-Rohr nach der Inversion Kreisgrade	Spezifische Drehung des Zuckers nach der Inversion Kreisgrade	Alkalität der Asche von 100 g Substanz in N.-Lauge ccm
7 Proben, Mittel	21,5	78,5	+ 2,59	— 2,22	— 15,5	31,38
3 Proben, Mittel	21,3	78,7	+ 2,89	— 2,21	— 16,7	20,7
Schwankungen der 10 Proben	19,3 bis 23,9	76,1 bis 80,7	+ 1,00 bis + 4,16	— 2,14 bis — 3,00	— 14,04 bis — 18,82	19,6 bis 35,5

Weiter in der Trockensubstanz:

Tabelle 36.

Rübenkraut	Saccharose %	Invertzucker %	Pentosane %	Stickstoff %	Freie Säure (Äpfelsäure) %	Asche %	P_2O_5 %	K_2O %	MgO %	CaO %	P_2O_5 in % der Asche %
7 Proben, Mittel	40,10	42,61	6,60	0,719	0,826	2,71	0,262	0,999	—	—	9,73
3 Proben, Mittel	25,75	56,88	8,69	0,546	—	2,30	0,242	1,018	0,293	0,249	10,79
Schwankungen, 10 Proben	8,47 bis 51,82	33,03 bis 73,26	3,69 bis 9,09	0,516 bis 0,871	0,464 bis 1,520	2,05 bis 3,41	0,200 bis 0,311	0,817 bis 1,188	0,263 bis 0,337	0,104 bis 0,456	7,27 bis 15,17

Demgegenüber enthielten Melassen in der Trockensubstanz:

Tabelle 37.

Art der Melasse	Zahl der Proben	Saccharose %	Invertzucker %	Pentosane %	Stickstoff %	Asche %	P_2O_5 %	K_2O	P_2O_5 in % der Asche	Reaktion	Untersucht von
Rübenzuckermelassen	2	61,69 bis 69,91	0,32 bis 1,52	0,67 bis 0,73	2,220 bis 3,040	9,94 bis 11,68	0,0299 bis 0,0349	5,30 bis 5,82	0,21 bis 0,25	alkalisch bis neutral	HEUSER und HASSLER
Strontianmelasse	1	67,76	0,72	0,31	0,578	9,28	0,0208	2,25	0,22	alkalisch	
Rübenmelassen	5	59,61 bis 63,34	0	1,35 bis 1,94	1,717 bis 2,691	10,67 bis 11,92	0,025 bis 0,075	4,033 bis 5,937	0,22 bis 0,68	neutral bis alkalisch	SUTTHOFF und GROSSFELD
Strontianmelassen	2	63,92 bis 68,87	Spuren	1,86 bis 1,95	0,434 bis 0,471	8,52 bis 9,12	0	2,120 bis 2,086	0	neutral bis alkalisch	

Neben echtem Rübensirup befinden sich große Mengen Speisesirupe im Handel, die in der Hauptsache aus Rübensaft unter Zumischung von Entzuckerungsabläufen aus dem Strontianverfahren (Strontianmelasse) bestehen. Auch Stärkesirup, sei es für sich, sei es in Mischung mit den vorgenannten Stoffen, kommt als Speisesirup in den Verkehr. Speisesirupe mit so hohem Gehalt an Strontianmelasse, daß sie wegen ihres salzigen Geschmackes unmittelbar nicht mehr genießbar sind, werden zur Herstellung billigster Zuckerwaren verwendet.

[1] G. HEUSER u. C. HASSLER: Z. 1914, 27, 177.
[2] W. SUTTHOFF u. J. GROSSFELD: Z. 1914, 27, 183.

Von derartigen Speisesirupen des Handels haben J. GROSSFELD und H. R. KANITZ[1] in 17 Proben im Vergleich zu 4 Proben reinem Rübenkraut folgende Werte für die Hauptbestandteile erhalten:

Tabelle 38.

Gegenstand	In der natürlichen Substanz			In der Trockensubstanz				
	Trockensubstanz (Extrakt) %	Asche %	Spezifische Leitfähigkeit der Lösung 1 : 10 bei 20° (mal 10^{-4})	Gesamtzucker als Invertzucker %	Saccharose %	Stickstoff %	Basenstickstoff %	Asche %
17 sog. Rübensirupe[2]								
Niedrigst . . .	81,3	3,09	48,2	69,5	48,2	0,289	0,086	3,80
Höchst	86,5	6,05	76,8	83,8	67,6	0,579	0,252	7,87
4 Rübenkraute								
Niedrigst . . .	78,1	1,80	18,8	80,2	44,1	0,446	0,105	2,31
Höchst	82,5	2,08	31,6	90,6	55,5	0,594	0,161	2,52

Über die Zusammensetzung eines Raffinadesirups mit 10,4, eines Handelssirups mit 5,2% Asche in der Trockenmasse gegenüber 2,21% bei Rübensaft und 0,07% bei einem Sirup für Brauereizwecke berichten KAPPELLER und A. GOTTFRIED[3].

Über die Zusammensetzung der bei der Rübenzuckerherstellung abfallenden Melassen hat A. HERZFELD[4] folgende Zahlen ermittelt, denen wir zum Vergleich die Untersuchungsergebnisse von 2 Strontianmelassen[5] von W. SUTTHOFF und J. GROSSFELD[6] anfügen:

Tabelle 39.

Bestandteil	Melassen aus 36 Rohrzuckerfabriken %	Melassen aus 20 Weißzuckerfabriken	Melassen aus 11 Raffinerien	2 Strontianmelassen
Trockensubstanz (Brixgrade), %	74,6—79,6	73,2—80,2	73,4—78,8	78,3—81,5
Mittel	76,9	77,4	76,3	79,9
Zuckergehalt durch Polarisation	47,0—53,4	47,7—53,5	46,9—52,1	69,0—73,9
Polarisation nach der Inversion	— 13,05 bis — 15,25	— 12,30 bis — 15,65	— 12,60 bis — 15,10	+ 0,60 bis + 0,90[7]
Asche	8,65—11,80	8,52—11,78	9,00—12,08	6,67— 7,43
Zuckergehalt nach der Raffinoseformel, %	45,03—50,41	45,34—51,00	44,20—49,31	40,87—44,12
Raffinosegehalt nach der Raffinoseformel, % . . .	1,06— 2,28	0,28— 3,39	1,24— 2,37	15,24—15,94
Reaktion (Alkalität), berechnet als $CuSO_4$, % . . .	0,03— 0,38	0,02— 0,23	0,01— 0,14	0 — 0,05
Gesamtstickstoff	1,29— 1,88	1,28— 1,67	1,19— 1,55	0,35— 0,37
Stickstoff in % des organischen Nichtzuckers . . .	10,16—13,35	9,19—13,03	9,99—12,00	—
Stickstoff in % des gesamten Nichtzuckers	6,27— 8,29	5,47— 8,39	6,15— 7,16	—
Mittelwerte.	7,53	6,86	6,83	—

[1] J. GROSSFELD u. H. R. KANITZ: **Z.** 1936, **71**, 181.
[2] Die Bezeichnung „Rübensirup" kommt nach den neuen Normativbestimmungen (S. 434) diesen Speisesirupen nicht mehr zu.
[3] KAPPELLER u. A. GOTTFRIED: Ber. Nahrungsmittelunters.-Amt Magdeburg 1914, 14—15; **Z.** 1915, **30**, 339.
[4] A. HERZFELD: Zeitschr. Ver. Deutsch. Zuckerind. 1925, **75**, 951; **Z.** 1926, **51**, 171.
[5] Eine Strontianmelasse und ein sog. „Hildesheimer Sirup", aus Strontianmelasse bestehend. [6] W. SUTTHOFF u. J. GROSSFELD: **Z.** 1914, **27**, 183. [7] Nach Umrechnung.

Auch in der Farbtiefe, der Wasserstoffionenkonzentration und der Oberflächenspannung wurden zwischen Rohzucker-, Weißzucker- und Raffineriemelasse keine nennenswerten Unterschiede gefunden.

Während also die drei erstgenannten Melassen weitgehende Ähnlichkeit miteinander zeigen, ist die Strontianmelasse durch höheren Raffinose- und niedrigeren Stickstoffgehalt ausgezeichnet.

Vor allem der hohe Gehalt an Stickstoffverbindungen und Salzen erteilt den Melassen aus Rohzucker-, Weißzuckerfabriken und Raffinerien einen abstoßenden Geruch und widerlich kratzenden salzigen Geschmack und macht sie dadurch für die menschliche Ernährung ungeeignet. Bei der Strontianmelasse ist der kratzende Geschmack wesentlich verringert, ein salziger Geschmack aber noch erhalten, so daß auch die Strontianmelasse für eine Speisesirupherstellung nur in Form eines Zusatzes zu hochwertigeren Abläufen oder zu Rübensaft in Frage kommt.

Über die Menge Schweflige Säure, die bei Mittelsaftschwefelung als Sulfit in die Melasse gelangen kann, vgl. K. SOLON[1].

Stickstoffverteilung in Rübenmelasse. E. PARISI[2] fand in der Rübenmelasse Lysin, Arginin, Histidin, Tyrosin, Leucin und Betain. Von 2,11% Gesamtstickstoff waren N in Form von

Tabelle 40.

Protein %	Ammoniak %	Amid %	Nitrat %	Basen %	Monoaminosäuren %	Amine %
0,11	0,02	0,04	0,10	0,57	0,95	0,45

W. L. DAVIES und H. C. DOWDEN[3] fanden folgende N-Verteilung in 11 Melasseproben (Tabelle 41):

Tabelle 41.

Gesamt-N %	Rein-protein-N %	Gelöster N %	Betain-N %
1,730	0,24	1,693	0,650

Der mittlere Betaingehalt der Melassen war 5,4%, wobei der Betain-N mit im Mittel 38% zwischen 32,4—43,4% des gelösten N variierte. Der Gehalt der Melasse an Trimethylamin war sehr gering. Über die verschiedenen Arten von Stickstoff in der Melasse vgl. auch E. v. HEYDEN[4].

Anders verhält es sich mit Zuckerrohrmelassen, die gegenüber Rübenmelassen durch einen angenehmen Geruch und Geschmack ausgezeichnet sind:

Tabelle 42. Zusammensetzung von Rohrzuckermelassen[5].

Bestandteil	8 Java-Melassen	2 Java-Carbonationsmelassen	10 Hawaimelassen
Brixgrade	79,2—91,2	81,8—83,2	81,4—93,9
Trockensubstanz in %	74,0—85,3	76,7—77,6	79,6—86,0
Polarisation	25,6—32,8	28,6—33,8	23,5—35,5
Zucker in %	32,3—37,2	28,1—34,1	30,4—49,3
Reduzierter Zucker in %	16,1—29,4	15,4—25,0	5,9—26,8
Organischer Nichtzucker in %	9,9—16,8	17,0—18,0	—
Gummi in %	1,1— 4,0	0,6— 0,6	—
Asche in %	7,6—11,4	7,4— 9,0	6,7—11,8
Unlösliche Asche in %	1,2— 1,9	2,3— 3,9	—

[1] K. SOLON: Zentralbl. Zuckerind. 1931, **39**, 493; C. 1931, II, 1504.

[2] E. PARISI: Ann. Chim. analyt. appl. 1925, **15**, 2153; Z. 1930, **59**, 539. Vgl. auch E. PARISI u. A. CORAZZA: Ann. Chim. analyt. appl. 1926, **16**, 224; C. 1926, II, 1344.

[3] W. L. DAVIES u. H. C. DOWDEN: Journ. Soc. chem. Ind., Chem. Ind. 1936, **55**, Trans. 175.

[4] E. v. HEYDEN: Zeitschr. Ver. Deutsch. Zuckerind. 1933, **58**, 657, 673; C. 1933, II, 2203.

[5] Die Analysen der Javamelassen sind von GEERLICHS, die der Hawaimelassen von PECK und DEERR. — Nach DEERR: Cane Sugar.

Tabelle 42. Zusammensetzung von Rohrzuckermelassen (Fortsetzung).

Bestandteil	8 Java-Melassen	2 Java-Carbonationsmelassen	10 Hawaimelassen
Lösliche Asche in %	5,1— 9,8	5,1— 5,3	—
Kalk in %	0,1— 0,7	1,2— 2,1	—
Kali in %	3,1— 6,0	2,5— 3,3	—
Schwefelsäure in %	0,3— 1,3	0,3— 0,4	—
Chlor in %	0,3— 0,8	0,2— 0,6	0,8— 3,0
Stickstoff in %	—	—	0,2— 0,6
Absolute Reinheit	38,6—44,3	36,1—44,5	36,8—47,9
100 Polarisation/Brixgrade	29,7—40,0	34,9—40,6	27,7—43,6

W. LOHR[1] unterscheidet an genießbaren Rohrzuckermelassen:

Tabelle 43.

Bestandteil	Offenkesselmelasse %	Zentrifugalmelassen		
		Nr. 1 %	Nr. 2 %	Nr. 3 %
Mit Zucker	68—70	60—66	56—60	52—55
Asche	1— 2	4— 5	5— 7	9—12

Von den wertvolleren Sorten Rohrmelassen werden nach LOHR jährlich 60% der Welterzeugung für Backwaren als Aromazusatz verwendet. Diese Melassen sind wegen ihrer Farb-, Süß- und wasserhaltenden Kraft geschätzt. Durch die neueren Verfahren der Rohrzuckergewinnung durch Anwendung von Vakuumkochern und Zentrifugen gehen indes wertvolle Aromastoffe der Säfte verloren, ebenso durch Kalkbehandlung.

Die Aromastoffe der Rohrmelasse versuchten S. TAKEI und T. IMAKI[2] wie folgt zu isolieren: Ätherische Auszüge von Rohrmelasse gaben zunächst beim Ausschütteln mit Natriumbicarbonatlösung Essigsäure, Buttersäure und Benzoesäure ab. Aus der Lösung, deren Rückstand den charakteristischen Geruch der Melasse zeigte, ließ sich der Hauptaromastoff mit verdünnter Natronlauge entziehen, wobei aber noch andere Riechstoffe zurückblieben. — Der gleiche charakteristische Aromastoff ist auch in Rübenmelasse enthalten, aber von einem anderen begleitet, dessen Geruch Ähnlichkeit mit den Riechstoffen der Rettichblätter besitzt.

Untersuchung von Rüben- und Rohrzuckersirupen. Prüfung auf Basenstickstoff nach W. SUTHOFF und J. GROSSFELD[3]. Der Basenstickstoff, dessen hauptsächlichster Bestandteil bei Rübensäften und Rübenmelassen durch Betain gebildet wird, ist der nach Ausfällung der Kolloide mit Tannin und Bleiessig im Filtrat mit Phosphorwolframsäure fällbare Stickstoff. Zur Bestimmung empfiehlt sich folgende Vorschrift:

30 g Sirup werden in 150 ccm Wasser gelöst, in einen 300-ccm-Kolben gespült, dann mit 30 ccm 10%iger Tanninlösung, nach Umschütteln mit 30 ccm Bleiessig[4] versetzt und nach nochmaligem Umschütteln mit gesättigter Natriumsulfatlösung aufgefüllt und durch ein trockenes Faltenfilter filtriert. Vom Filtrat gibt man 100 ccm in einen KJELDAHL-Kolben versetzt mit 100 ccm einer Lösung, die in 1 Liter 100 g Natriumwolframat, 60 g Natriumphosphat und 80 ccm konz. Schwefelsäure enthält. Dann läßt man 48 Stunden stehen. Nun wird durch ein kleines Papierfilter abfiltriert, der Niederschlag mit 5%iger Schwefelsäure ausgewaschen und anschließend das Filter in den KJELDAHL-Kolben zurückgebracht und nun mitsamt Niederschlag nach KJELDAHL verbrannt. Der gefundene Stickstoff bildet den Basenstickstoff von 10 g Sirup.

Bei Anwendung der Halbmikro-KJELDAHL-Bestimmung sind nur 10 ccm Filtrat erforderlich, die dann mit 10 ccm des Phosphorwolframsäurereagens ausgefällt werden (GROSSFELD und KANITZ[5]).

[1] W. LOHR: Food Industries 1936, 8, 115.
[2] S. TAKEI u. T. IMAKI: Bull. Inst. physic. chem. Res. (Abstr.) Tokyo 1936, 15, 6; C. 1936, I, 4820. [3] W. SUTTHOFF u. J. GROSSFELD: Z. 1914, 27, 183.
[4] Nach A. M. MALKOW (Chimitscheskii Z. B. 1931, 4, 728; C. 1932, I, 2520) und anderen werden mit Bleiacetat auch vergärbare Zucker aus Melasse niedergeschlagen.
[5] J. GROSSFELD u. H. R. KANITZ: Z. 1936, 71, 181.

Zur Bestimmung des Betains fällten W. L. DAVIES und H. C. DOWDEN[1] zunächst mit Phosphorwolframsäure aus und trennten es dann von den anderen Stickstoffverbindungen mit dem Carbamatreagens von NEUBERG[2]. J. W. BLOOD und H. T. CRANFIELD[3] fanden, daß man Betain ziemlich genau als Perjodid nach W. ROMAN[4] bestimmen kann und geben eine Arbeitsvorschrift dafür an. Störungen durch Zucker schalten sie durch Behandeln der konzentrierten Lösung mit Schwefelsäure aus, wodurch der Zucker verkohlt. Man zieht dann die Kohle mit Wasser aus und bestimmt im Auszuge das Betain.

Die Aschenbestimmung geschieht vorteilhaft durch Leitfähigkeitsmessung. Vgl. auch E. SAILLARD und R. SAUNIER[5], sowie L. SATTLER und F. W. ZERBAN[6]:

Prüfung auf Strontium (Strontianmelasse). Diese Prüfung erfolgt am einfachsten spektroskopisch in der mit Salzsäure angefeuchteten Asche. Meistens ist vorhandenes Strontium bereits an der roten Flammenfärbung zu erkennen. Nicht selten sind aber in Strontianmelasse die Strontiumgehalte noch so erheblich, daß sie sich in der Asche ermitteln lassen. So fanden SUTTHOFF und GROSSFELD[7] in zwei Strontianmelassen 1,427 und 0,047% SrO.

Überwachung des Verkehrs mit Rübensirup und Speisesirup. Unter Rübenkraut oder Rübensirup ist nur eingedickter reiner Rübensaft zu verstehen. Vgl. oben S. 428.

A. Herstellungsvorschriften[8].

1. Beschaffenheit der Zuckerrüben[9].

Für Zuckerrübenkraut dürfen nur gesunde, vollwertige Zuckerrüben verwendet werden. Die Verwendung anderer Rübensorten, insbesondere Lanker- oder Runkelrüben, ist unstatthaft.

2. Rübenkraut darf bei seiner Herstellung keiner chemischen Behandlung unterzogen werden. Als Filtrationsmittel sind zulässig: Filtrationskohle, gemahlene Braunkohle, Knochenkohle, Kieselguhr, Kies- und Asbestfilter.

3. Der durch Pressen gewonnene Rübensaft muß bis zu einer Schwere (Konsistenz) von mindestens 43° Baumé (bei 20° gemessen) eingedickt werden.

4. Dem Rübenkraut dürfen fremde Bestandteile irgendwelcher Art, insbesondere Melasse, Speisesirup, Ablaufsirup, Stärkezucker sowie Aromastoffe nicht zugesetzt werden.

B. Verpackungsvorschriften[8].

Als handelsübliche Verpackungsgefäße für Rübenkraut (Rübensaft) gelten Holzfässer, Blecheimer und Pappbecher. Die Gefäße müssen so beschaffen sein, daß die Erzeugnisse hierdurch keine Wertverminderung erfahren.

Für Blechpackungen dürfen lediglich Blecheimer mit einem Füllinhalt von 13 kg verwendet werden (Fruchteimer Nr. 3 DIN 2041).

Für Pappackungen sind Pappbecher mit einem Füllinhalt von 500 g zulässig.

---

[1] W. L. DAVIES u. H. C. DOWDEN: Journ. Soc. chem. Ind., Chem. a. Ind. 1936, **55**, Trans. 175.

[2] C. NEUBERG u. J. KERB: Biochem. Zeitschr. 1912, **40**, 498; dieses Handbuch Bd. II, S. 615.

[3] J. W. BLOOD u. H. T. CRANFIELD: Analyst 1936, **61**, 829.

[4] W. ROMAN: Biochem. Zeitschr. 1930, **219**, 218. — Das gleiche Verfahren wird von F. E. NOTTBOHM und F. MAYER zur Bestimmung von Cholin und Trigonellin verwendet. Vgl. **Z.** 1931, **61**, 202; 1932, **63**, 176.

[5] E. SAILARD u. R. SAUNIER: Compt. rend. Acad. Sciences 1933, **196**, 2026; **Z.** 1937, **74**, 250.

[6] L. SATTLER u. F. W. ZERBAN: Ind. engin. Chem., analyt. Ed. 1931, **3**, 38; **Z.** 1937, **74**, 100. [7] W. SUTTHOFF u. J. GROSSFELD: **Z.** 1914, **27**, 183.

[8] Nach den Normativbestimmungen der Hauptvereinigung der Deutschen Gartenbauwirtschaft vom 8. September 1938. Gesetze u. Verordn. 1938, Bd. 30.

[9] Wenn es aus volkswirtschaftlichen Gründen erforderlich ist, kann der Vorsitzende der Hauptvereinigung bestimmen, ob und welche Mengen Trockenrüben bzw. vollwertige getrocknete Rübenschnitzel zur Verarbeitung herangezogen werden können.

C. Kennzeichnungsvorschriften[1].

1. Rübenkraut unterliegt den Vorschriften der Lebensmittel-Kennzeichnungsverordnung vom 8. Mai 1935.

2. Als handelsübliche Bezeichnung muß gemäß der Herstellung die unter I oder II (S. 428) angegebene Sortenbezeichnung wortgetreu verwendet werden. Die Angabe „nicht raffiniert, raffiniert oder doppelt raffiniert" muß dabei in mindestens halb so großen Buchstaben wie die Bezeichnung „Rübenkraut" (Rübensaft) angebracht werden.

3. Als gleichsinnige Bezeichnung für Rübenkraut (Rübensaft) gelten Zuckerrübenkraut (Zuckerrübensaft, Rübenkreude bzw. Zuckerrübenkreude), Rübensirup (bzw. Zuckerrübensirup).

Zur kurzen Prüfung auf Melasse eignet sich neben der Geschmacksprüfung die Bestimmung der Asche, die den Wert von 3% der Trockensubstanz nicht übersteigt (vgl. S. 428—430). Nach SUTTHOFF und GROSSFELD[2] ist weiter charakteristisch für An- oder Abwesenheit von Rüben- oder Raffinationsmelasse: Gehalt an Phosphorsäure im Verhältnis zu Gesamtasche (HEUSER und HASSLER) an Pentosen sowie an Basenstickstoff; von Strontianmelasse: Sehr niedriger Phosphorsäuregehalt der Asche, Strontiumnachweis und erhöhte Rechtsdrehung (bzw. verringerte Linksdrehung) des invertierten Zuckers.

Vorläufige Richtlinien für Speisesirupe von PRAUSE, KOBERT und THEOPOLD[3] haben folgenden Wortlaut:

Als Bestandteile von Speisesirup kommen in Frage:

1. Zuckersirupe und Zuckerabläufe, und zwar a) Zuckerrohrzuckerabläufe, b) Dicksäfte, c) Zuckersirup und Invertzuckersirup, d) Kandisabläufe, e) Entzuckerungsabläufe (Strontianverfahren), f) Abläufe, die bei der Reinigung (Raffination) von Zucker abfallen.

Nicht zulässig sind Rohzuckermelasse von der Rübenzuckerherstellung und Restabläufe von der Stärkezuckerherstellung (Hydrol).

Die vorgenannten Zuckersirupe und Zuckerabläufe müssen mindestens 80% Trockenmasse und mindestens 85% Gesamtzucker in der Trockenmasse enthalten, bestimmt als Invertzucker (Inversion nach Zollvorschrift). Berechnet auf Trockenmasse darf der Aschegehalt 7%, der N-Gehalt 0,5% nicht übersteigen.

2. Stärkesirup, der den Richtlinien der Hauptvereinigung der deutschen Kartoffelwirtschaft für die Beurteilung von Stärkesirup entspricht (vgl. S. 427).

3. Rübenkraut (Zuckerrübenkraut), das den Normativbestimmungen der Hauptvereinigung der deutschen Gartenbauwirtschaft entspricht (vgl. oben!).

Als Speisesirup dürfen in den Verkehr gebracht werden

a) die zu 1 genannten Zuckersirupe und Zuckerabläufe,

b) Stärkesirup wie zu 2,

c) Mischungen der zu 1 genannten Zuckersirupe und Zuckerabläufe mit Stärkesirup oder mit Rübenkraut oder mit beiden.

Diese Mischungen müssen mindestens zu $^1/_3$ aus Zuckersirupen oder Zuckerabläufen (wie zu 1) und dürfen höchstens zu $^1/_3$ aus Zuckerrübenkraut bestehen.

Der Zusatz von Farbstoffen außer etwas Caramel, die Aromatisierung in jeder Form, der Zusatz anderer Stoffe als der zu 1, 2 und 3 genannten oder das Inverkehrbringen anderer Erzeugnisse als Speisesirup ist auch bei Kenntlichmachung verboten.

Die Bezeichnung ist „Speisesirup".

Auf den Zusatz von Rübenkraut darf hingewiesen werden mit den Worten „Speisesirup mit Rübenkraut", „Speisesirup mit Kreude" oder „Speisesirup mit Rübensaft".

Andere Bezeichnungen, auch Phantasiebezeichnungen mit Ausnahme von nicht irreführenden Markenangaben sind nicht zulässig (z. B. Tafelsirup). Backsirupe und Sirupe für Konditoreien und ähnliche Zwecke müssen den vorstehenden, an Speisesirup gestellten Anforderungen entsprechen.

Als unzulässig ist ferner ein Zusatz von Raffineriemelasse anzusehen; dieser stimmt in der Zusammensetzung mit Fabrikmelasse überein (vgl. S. 430).

Zur Unterscheidung von Rohrzucker- und Rübenzuckermelasse kann nach H. PELLET[4] die Höhe der Stickstoffsubstanz, die bei Rübenmelassen

[1] Nach den Normativbestimmungen der Hauptvereinigung der Deutschen Gartenbauwirtschaft vom 8. September 1938. Gesetze u. Verordn. 1938, Bd. 30.

[2] W. SUTTHOFF u. J. GROSSFELD: Z. 1914, **27**, 183.

[3] PRAUSE, KOBERT und THEOPOLD: Mitt. Ver. Deutsch. Lebensm.-Chemiker 1936, Nr. 4, 40.

[4] H. PELLET: Bull. Assoc. Chimistes Sucr. Dist. 1916, **33**, 169; Z. 1922, **43**, 360.

9,50—10,5%, bei Rohrmelassen nur 3,0–4,5% beträgt, verwendet werden. Weitere chemische Anhaltspunkte ergeben sich aus den S. 429—432 angegebenen Analysen. G. GÉRARD[1] fand, daß eine 4—20%ige Lösung von Rohrmelasse in destilliertem Wasser auf Filtrierpapierstreifen im ultravioletten Licht braun bis gelbbraun, die von Rübenmelasse graublau bis graugrün lumineszierte; eine Mischung beider war grau mit gelbem Reflex.

Die Bewertung verschiedener Sorten Rohrmelassen erfolgt besser durch Farbe, Geschmack, Konsistenz und Aussehen als durch chemische Analyse (LOHR[2]).

Übermäßige, geschmacklich bemerkbare, Gehalte an Schwefliger Säure in Rübensirup sind zu beanstanden.

2. Invertzuckersirup.

Unter Invertzucker ist das durch Inversion von reiner Saccharose entstandene Gemisch von Glucose und Fructose zu verstehen, unter Invertzuckersirup ein technisch hergestelltes Inversionserzeugnis, welches neben Glucose und Fructose noch wechselnde Mengen unzersetzter Saccharose enthält. Zur Inversion werden meist verdünnte Mineralsäuren verwendet, weil hiervon bereits kleine Mengen (30—60 g Schwefelsäure auf 100 kg Zucker) ausreichen. Auch Salzsäure ist für den Zweck in Gebrauch, ebenso organische Säuren wie Weinsäure, auch Kohlensäure unter Druck.

Bei dieser technischen Saccharoseinversion entstehen, worauf zuerst G. BRUHNS[3] hingewiesen hat, durch Wasserentziehung aus der Monose Fructose, vielleicht auch aus Glucose mehr oder weniger bedeutende Mengen Kondensationsprodukte (Lävulosin, Glucosin) von der Formel $(C_6H_{10}O_5)n$, wobei *n* kaum über 2—3 hinausgeht.

Nach weiteren Angaben von BRUHNS[4] tritt Oxymethylfurfurol erst bei ziemlich starker Inversion auf, die bereits in einer Geschmacksverschlechterung zum Ausdruck kommt. BRUHNS empfiehlt daher eine Teilinversion auf 25—30% Restsaccharose.

Vielfach erstrebt man auch Gemische von Invertzucker mit Saccharose, weil diese den Vorzug haben, weniger leicht auszukrystallisieren.

Eine Herstellungsvorschrift[5] für derartige „flüssige Raffinade" lautet z. B.: 33 Liter Wasser und 100 kg feinste Krystallraffinade werden mit 50 g 25%iger Salzsäure (gelöst in 200 ccm Wasser) unter fortwährendem Rühren erwärmt. Sobald 80° erreicht sind, hält man 2 Stunden darauf. Nach Umfüllung wird mit 15 g wasserfreiem Natriumcarbonat, gelöst in 50 ccm heißem Wasser, neutralisiert, schließlich werden noch 53 kg reine Krystallraffinade und soviel Wasser zugefügt, bis 75 oder 80% Gesamtzuckergehalt vorhanden sind. Die so erhaltene Ausbeute beträgt 199 kg an 80%iger flüssiger Raffinade. Von anderen Säuren wären statt der 50 g 25%iger Salzsäure zu verwenden: Phosphorsäure (25%ig), 250, Wein- oder Citronensäure 150, 80%ige Milchsäure 250 g. Doch wird mit diesen eine weniger vollständige Inversion erreicht. — Der genannte Sirup soll insbesondere bei der Likörherstellung verwendet werden.

Reine Invertzuckerlösungen unterscheiden sich von Rohrzuckerlösungen durch auf etwa 85% (SALE und SKINNER[6]) verminderte Süßkraft und eine viel geringere Viscosität. Die Dichte der Lösung ist nur unwesentlich verändert. CH. FRIBOURG[7] gibt an, daß zur Bereitung einer Lösung von derselben Dichte wie eine Lösung von 10 g Saccharose nötig sind: 10,10 g Glucose, 9,96 g Fructose, 9,95 g Invertzucker und 9,90 g Maltose.

Die Zusammensetzung von Invertzuckersirup wurde im Mittel von 13 Analysen wie folgt gefunden (s. Tabelle 44):

[1] G. GÉRARD: Ann. Falsif. 1932, 25, 212. [2] W. LOHR: Food Industries 1936, 8, 115.
[3] G. BRUHNS: Zeitschr. angew. Chem. 1922, 35, 9, 61.
[4] G. BRUHNS: Zentralbl. Zuckerind. 1934, 42, 842.
[5] Deutsch. Dest.-Ztg. 1934, 55, 423.
[6] J. W. SALE u. W. W. SKINNER: Journ. Ind. engin. Chem. 1922, 14, 522; C. 1922, IV, 640.
[7] CH. FRIBOURG: Z. 1908, 15, 99.

Invertzuckersirup wird sehr vielseitig in der Herstellung von Lebensmitteln verwendet, so bei der von Wein und süßen Getränken, Zuckerwaren und besonders zur Herstellung von Kunsthonig (Mischungen von Invertzuckersirup mit etwas echtem Honig, oder Aromastoffen). Vgl. bei Kunsthonig, S. 338.

Tabelle 44.

Wasser und Nichtzucker %	Saccharose %	Invertzucker %	Asche %	In der Trockensubstanz	
				Saccharose %	Invertzucker %
28,84	23,19	47,83	0,14	32,58	67,21

Zur Untersuchung des Invertzuckersirups bestimmt man nach Vornahme der Sinnenprüfung die Dichte seiner Lösung und berechnet daraus den Gehalt an Trockensubstanz, weiter den Gehalt an reduzierendem Zucker sowie die Polarisation vor und nach der Inversion nach den in Bd. II, S. 837, 844, 861 und 890 angegebenen Methoden.

Invertzuckersirup muß dickflüssig, farblos oder höchstens gelblich gefärbt sein, angenehm (nicht brenzlich) riechen und rein süß (nicht sauer oder bitter) schmecken. Die Reaktion sei leicht sauer gegen Lackmus-, aber nicht gegen Kongopapier. Der Gehalt an freier Säure, berechnet als Weinsäure, darf 0,2%, die Asche 0,4%, der Gehalt an fremden Bestandteilen 1,0% nicht überschreiten. Kupfer, Zinn und Eisen dürfen nicht vorhanden sein, ebensowenig ein Gehalt an Dextrinen.

3. Fruchtzucker und Fruchtzuckersirup.

Die Fructose unterscheidet sich als Süßungsmittel von dem Rohrzucker durch weit größere Löslichkeit und in physiologischer Hinsicht durch geringere Schädlichkeit beim Stoffwechsel von Zuckerkranken.

C. F. Cori[1] hat von durch Fütterung zugeführter Fructose in der Leber 30% als Glykogen wiedergefunden, von Glucose nur 14—18%. F. Bertram[2] erhielt bei Fructosezufuhr einen geringeren Blutzuckeranstieg als mit Glucose. Nach R. C. Corley[3] hat bei experimenteller Leberschädigung perorale Zufuhr von 7 g Fructose für 1 kg Körpergewicht nur eine geringe Erhöhung des Blutzuckers zur Folge. Nach H. Kosterlitz[4] werden nach Verfütterung an pankreaslose Hunde erhebliche Mengen Fructose[5] in Glykogen umgewandelt und in der Leber abgelagert, dagegen von Glucose nur unwesentliche Mengen.

An Süßkraft ist die Fructose der Saccharose etwas, aber nur wenig überlegen. So hat Th. Paul[6] ihren Süßungsgrad zu 105% gefunden; O. Spengler und A. Traegel[7] erhielten dafür 108% im Vergleich zu Saccharose.

Zur technischen Gewinnung von Fructose geht man entweder von reinem Inulin aus, das dann der Hydrolyse unterworfen wird, oder man scheidet aus durch Hydrolyse verzuckerten inulinhaltigen Pflanzensäften die Fructose als Kalkverbindung ab. Die Hydrolyse des Inulins verläuft wesentlich schneller als die der Stärke, nach Eichinger und Mitarbeitern[8] vorteilhaft bei $p_H = 1,5$.

[1] C. F. Cori: Proceed. Soc. exper. Biol. a. Med. 1926, **23**, 459; **C.** 1927, I, 313.
[2] F. Bertram: Zeitschr. ges. exper. Med. 1929, **64**, 295; **C.** 1929, II, 63.
[3] R. C. Corley: Proceed. Soc. exper. Biol. a. Med. 1928, **26**, 182; **C.** 1930, I, 1328.
[4] H. Kosterlitz: Naunyn-Schmiedebergs Arch. exper. Path. u. Pharm. 1933, **173**, 159—172; **C.** 1934, I, 1214.
[5] Ebenso d-Sorbit (Sionon). [6] Th. Paul: Chem.-Ztg. 1921, **45**, 705. Vgl. S. 382.
[7] O. Spengler u. A. Traegel: Zeitschr. Ver. Deutsch. Zuckerind. 1927, **64**, 1; **Z.** 1932, **63**, 471.
[8] J. W. Eichinger jr., J. H. McGlumphy, J. H. Buchanan u. R. M. Hixon: Ind. Chem. 1932, **24**, 41; **Z.** 1937, **73**, 381. Vgl. auch Eichinger: Jowa State Coll. 1931, **5**, 331; **C.** 1931, II, 2796. Ferner J. H. McGlumphy: Jowa State Coll. J. Sci. 1931, **5**, 343; **C.** 1931, II, 2796 und F. A. Dykins u. D. T. Englis: Ind. Chem. 1933, **25**, 1165; **C.** 1934, I, 623.

Bereits die CLERGET-Inversion genügt für die Aufspaltung (C. J. KRUISHEER[1]). Als Rohstoffe kommen bei uns vorwiegend Zichorien-, Topinambur- (Jerusalemartischocken-) und Dahlienknollen in Frage[2].

Über die Hydrolyse des Inulins in den Säften der Zichorie und des Topinamburs durch Säuren, Berechnung der Konstanten für die Inversionsgeschwindigkeit, abhängig von Temperatur, Zeit und Säuregrad, und erforderliche Säuremenge für 99,9%ige Verzuckerung vgl. auch P. K. BOBKOW[3].

Nach einem Patent von A. DANIEL[4] werden die schädlichen Nichtinulinstoffe durch alkalische Zusätze teils ausgefällt, teils in eine unschädliche Form übergeführt. In einer Fabrik in Welsleben bei Magdeburg werden, wie B. HOCHE[5] berichtet, nach diesem Verfahren die Zichorienwurzeln ähnlich wie bei der Rübenverarbeitung auf Rübenzucker in die Fabrik geschwemmt, geschnitzelt und in der Diffusionsbatterie bei 75—80° ausgelaugt. Der Rohsaft mit 12—14% Trockensubstanz wird mit 0,8—1% Kalk geschieden, bei etwa 0,01% Kalk saturiert, das Filtrat auf 30% Trockensubstanz eingedampft, saturiert, bis nahe an den Neutralpunkt geschwefelt, nochmals filtriert, auf 40% Trockensubstanz konzentriert und daraus das Inulin durch Krystallisation gewonnen. Die Inulinausbeute betrug 2—4%. Aus dem erhaltenen Inulin wurde die Fructose durch Aufschließen mit 0,1%iger Salzsäure bei 90—97° während $1^1/_4$—$1^1/_2$ Stunden dargestellt. Die erhaltene Lösung wurde nahezu mit Natronlauge neutralisiert und lieferte nach Eindampfen im Vakuum einen honigähnlichen, goldgelben, angenehm rein und außerordentlich süß schmeckenden Fructosesirup von reichlich 80° Brix mit niedrigem Aschengehalt. Bei Eindickung auf 86° oder noch besser auf 91,2° ließ sich der Sirup in einen krystallinischen Brei verwandeln und daraus durch Trockenschleudern Fructose in weißen Krystallen erhalten.

Nach einem amerikanischen Verfahren von R. F. JACKSON, C. G. SILSBEE und M. J. PROFFITT[6] geht man von Dahliensaft aus, läßt das Inulin auskrystallisieren und fällt aus der Mutterlauge nach Hydrolyse die Fructose als Kalkverbindung. Die Genannten empfehlen als Ausgangsstoff Topinamburknollen (Helianthus tuberosus), die bei einem Trockensubstanzgehalt von im Mittel 18,24% an gesamtem reduzierenden Zucker 14,64%, an Fructose 11,18% enthielten. Auch U. HEUBAUM[7] verarbeitet Topinamburknollen, unterwirft aber den Saft vor der Hydrolyse einer elektrodialytischen Behandlung, wobei ein starkes Ausflocken von Kolloiden, bedingt durch Einstellung der Reaktion auf deren isoelektrischen Punkt eintritt. Der saure Saft wird dann durch Erhitzen unter Druck bei 110—125° hydrolysiert und liefert nach Neutralisation und Behandlung mit Kohle durch Eindampfen im Vakuum den Fructosesirup.

Zur Gewinnung des Saftes aus Topinamburknollen kann eine Diffusionsbatterie Verwendung finden (M. J. PROFITT, J. A. BOGAN und R. F. JACKSON[8]).

Ein Verfahren zur Herstellung von Inulin, das durch T. S. HARDING[9] weiter ausgebaut wurde, beschreibt auch J. J. WILLAMAN[10]. Auch Rohrzucker kann nach HARDING[11] durch Inversion mit Invertase und Auskrystallisation der Glucose auf Fructose verarbeitet werden.

Überwachung des Verkehrs mit Fructosesirup. Da Fructosesirup heute noch höher im Preise steht, wird an seiner Stelle bisweilen gewöhnlicher Invertzucker untergeschoben. Die Täuschung ist leicht durch Polarisation

---

[1] C. J. KRUISHEER: Chem. Weekbl. 1933, **30**, 154.

[2] Auch zur Alkoholgewinnung werden inulinhaltige Pflanzenstoffe verwendet, so von T. ASAI (Bull. agric. chem. Soc. Japan 1937, **13**, 28, 35), Topinambur. Hierbei wird ebenfalls durch Erhitzen mit Säuren verzuckert.

[3] P. K. BOBKOW: Zeitschr. Spiritusind. 1936, **59**, 239.

[4] A. DANIEL: DRP. 313986; **C.** 1919, IV, 665.

[5] Nach B. HOCHE: Zeitschr. Ver. Deutsch. Zuckerind. 1926, **63**, 821; **Z.** 1928, **55**, 195.

[6] R. F. JACKSON, C. G. SILSBEE u. M. J. PROFITT: Sugar 1926, **28**, 170; **C.** 1930, **59**, 539. [7] U. HEUBAUM: Zbl. Zuckerind. 1933, **41**, 860; **C.** 1934, I, 1403.

[8] M. J. PROFITT, J. A. BOGAN u. R. F. JACKSON: Journ. Res. nat. Bur. Standards 1937, **19**, 263. [9] T. S. HARDING: Sugar 1923, **25**, 636; **C.** 1924, I, 2746.

[10] J. J. WILLAMAN: Journ. Biol. Chem. 1922, **51**, 275; **C.** 1922, III, 38.

[11] T. S. HARDING: Journ. Amer. Chem. Soc. 1922, **44**, 1765; **C.** 1823, I, 46.

oder Glucosenachweis und Glucosebestimmung nach Bd. II, S. 840 zu erkennen. Hierbei ist allerdings zu berücksichtigen, daß Inulin bei der CLERGET-Inversion neben Fructose etwa 10% Glucose liefert (C. I. KRUISHEER[1]).

4. Malzsirup und Malzextrakt.

Malzextrakte finden außer zur Bierbereitung (vgl. Bd. VII, S. 53) Verwendung in der Textilindustrie für Schlichte und Appreturzubereitung aus Stärke sowie zum Entschlichten, dann aber in der Lebensmittelindustrie. Hier bestehen wieder zwei Anwendungsarten, nämlich als Backhilfsmittel und als eigentliches Nährmittel.

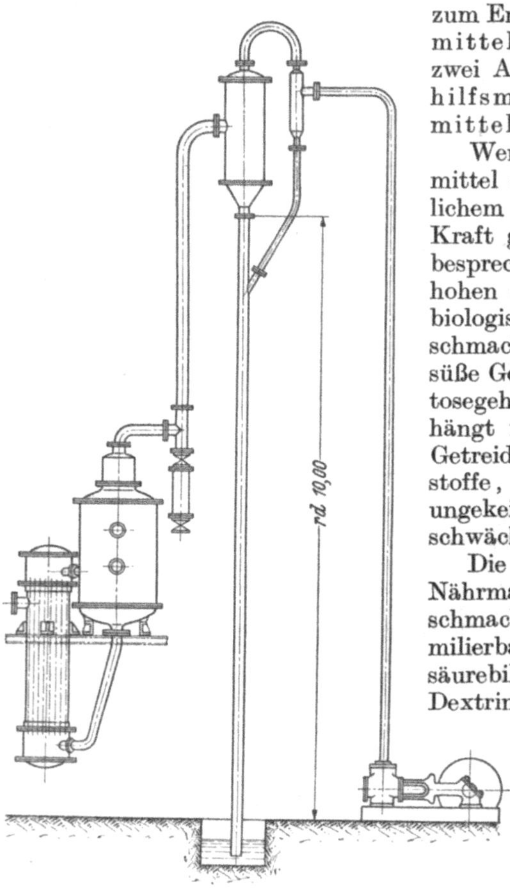

Abb. 11. Verdampfanlage für Malzextrakt. (Nach WEICHHERZ.)

Wenn für die Verwendung als Backhilfsmittel ein hoher Gehalt an Maltose, an löslichem Stickstoff und eine hohe diastatische Kraft gefordert werden, so muß der hier zu besprechende Extrakt für Nährmittel einen hohen calorischen Nährwert, verbunden mit biologischer Wertigkeit, aufweisen und in Geschmack und Aroma hochwertig sein. Der süße Geschmack ist vor allem durch den Maltosegehalt bedingt. Der würzige Geschmack hängt mit der Verwendung von gekeimtem Getreide zusammen und wird durch Zusatzstoffe, erhalten durch Verzuckerung von ungekeimtem Getreide oder von Stärke, geschwächt.

Die wichtigsten Wertbestandteile von Nährmalzextrakt sind also neben den Geschmacks- und Würzstoffen die leichtassimilierbaren, den Darm nicht reizenden (nicht säurebildenden) Kohlenhydrate Maltose und Dextrin neben erheblichen Mengen Protein und ein Gehalt an Enzymen, insbesondere an Diastase und Proteasen.

Malzsirup wird gewonnen, indem man Gerstenmalz mit Wasser einmaischt, die Maische bei 55—60° abpreßt und den Auszug im Vakuum eindampft. Bei stärkerer Trocknung bis zur festen Konsistenz entsteht das trockene Malzextrakt; in Sprühtrocknern kann Malzextrakt in Pulverform erhalten werden. Eine Verdampfanlage mit Schnellumlaufverdampfer mit außen liegendem Röhrenheizkörper mit Gegenstromkondensation und Trockenluftpumpe zeigt Abb. 11.

Der Hauptbestandteil des Malzsirups ist der Malzzucker, die Maltose, die durch verdünnte Säuren sowie durch das Hefeenzym Maltase in 2 Moleküle Glucose gespalten wird. In reiner Form findet der in Wasser leicht lösliche Malzzucker praktisch keine Verwendung. Für diätetische Zwecke ist der Gehalt des Malzauszuges an Amylase (Diastase) besonders geschätzt. Auch bildet Maltose unter gleichen Bedingungen bei der Verdauung weniger Säure als andere Zuckerarten und reizt dadurch die Verdauungsorgane weniger.

[1] C. I. KRUISHEER: Chem. Weekbl. 1933, 30, 154.

Die Zusammensetzung von Malzextrakten des Handels war nach Untersuchungen von M. MANSFELD[1], W. J. SYKES und C. A. MITCHELL[2] und der Fabrik von I. D. RIEDEL[3]:

Tabelle 45.

Bezeichnung		Trokkensubstanz %	Zucker als Maltose %	Dextrin %	Stickstoffsubstanz (N × 6,25) %	Nicht reduzierende N-freie Stoffe %	Asche %	Deren Alkalität ccm	P_2O_5 %	Säuregrad Normalsäure für 100 g ccm	Spezifische Drehung der Trockensubstanz Grad
Malzextrakte, Sirupe (22 Proben)	Mittel	80,22	57,33	9,22	5,06	19,86	1,78	2,1	0,67	10,4	+ 103,1
	Niedrigst	75,57	45,60	7,21	2,63	11,40	1,04	0,5	0,40	5,0	+ 38,1
	Höchst	83,75	66,60	11,80	14,06[4]	27,25	3,90	6,3	1,15[4]	20,0	+ 126,4
Malzextrakt, trocken (2 Proben)	Mittel	97,92	67,44	13,42	6,12	24,91	1,67	2,5	—	15,0	+ 120,0
	Niedrigst	97,71	64,08	12,84	5,40	20,53	1,63	1,0	—	12,0	+ 119,4
	Höchst	98,13	70,80	13,99	6,85	29,29	1,70	4,0	—	18,0	+ 120,6

M. HAMBURGER[5] fand in einer größeren Reihe von Versuchen:

Tabelle 46.

Gegenstand		Trockensubstanz %	Zucker als Maltose %	Sonstige Kohlenhydrate (als Dextrin) %	Stickstoffsubstanz %	Ätherextrakt %	Asche %	P_2O_5 %
Flüssige Extrakte	Natürliche Substanz	68,50 bis 72,60	48,12 bis 51,87	12,23 bis 15,07	4,38 bis 6,75	0,19 bis 0,22	1,09 bis 1,18	0,55 bis 0,61
	Trockensubstanz. .	—	70,25 bis 71,45	17,86 bis 20,74	6,03 bis 9,85	0,28 bis 0,32	1,50 bis 1,72	0,77 bis 0,88
Feste Extrakte		97,50 bis 98,25	71,92 bis 74,18	13,25 bis 17,03	5,40 bis 9,85	0,30 bis 0,31	1,33 bis 2,18	0,67 bis 1,11

In den letzten Jahren erhielt H. JESSER[6] für Malzextrakt folgende Zusammensetzung:

Tabelle 47.

Bezeichnung	Extrakt nach WINDISCH %	Proteinstoffe	Asche %	Phosphorsäure (P_2O_5) %	Mikroskopisch
Malzextrakt.	78,55	5,01	1,30	0,575	Keine fremde Stärke (keine Kartoffel- oder Maisstärke)
,, ...	78,15	4,05	1,26	0,577	
,, rein.	75,30	4,05	1,10	0,523	
,, garantiert rein. .	77,25	5,05	1,17	0,540	
,, ...	81,15	5,50	1,44	0,686	
Malzextraktpulver		6,02	1,67	0,759	
Malzextrakt (100%)	80,35	3,79	0,97	0,452	Kartoffelstärke vorhanden
,, gelbes Etikett . .	80,73	3,40	0,76	0,369	
,, violettes Etikett .	82,20	2,95	0,75	0,364	
,, 50%	77,75	2,01	0,70	0,303	

[1] M. MANSFELD: Wochenschr. Brauerei 1900, **17**, 333 und Bericht über die Tätigkeit der Untersuchungsanstalt für Nahrungs- und Genußmittel des allgemeinen österreichischen Apothekervereins 1898/99, S. 2.
[2] W. J. SYKES u. C. A. MITCHELL: Analyst 1901, **26**, 227; **Z.** 1902, **5**, 377.
[3] RIEDELS Berichte 1914, 33; **Z.** 1917, **33**, 312. [4] Sog. „Diastase".
[5] M. HAMBURGER: Med. Blätter 1906, **29**, 322. [6] H. JESSER: Chem.-Ztg. 1932, **56**, 662.

Die Tabelle 47 zeigt, daß neben echten Malzextrakten aus Gerste auch unter Zusatz von Kartoffelstärke hergestellte Erzeugnisse im Verkehr sind, daß diese sich aber durch geringeren Gehalt an Protein, Asche und Phosphorsäure unterscheiden.

Außerdem fanden SYKES und MITCHELL im Malzextrakt an Proteosenstickstoff 0,10–0,19, durch Phosphorwolframsäure fällbaren Stickstoff 0,10—0,21, Ammoniak 0,02—0,09%.

Tabelle 48.

Gegenstand	Verflüssigungsdauer der Stärke Minuten	Gebildete Maltosemenge in 30 Minuten mg
Flüssiges Malzextrakt.	1,5—3	672—1040
Festes Malzextrakt . .	1,5—2	855—1220

Die diastatische Kraft von gutem Malzextrakt ist beträchtlich. So fand HAMBURGER für Einwirkung von 1 g Malzextrakt auf 2,5 g verkleisterte Stärke bei 37° (Tabelle 48).

Bei hoher Herstellungstemperatur wird indes die Diastase im Malzextrakt leicht geschädigt. Daher findet man die diastatische Kraft von Malzextrakten des Handels sehr verschieden.

D. SCHENK[1] ermittelte an 50 Proben 670—20300 Pollakeinheiten[2]. Nach J. WEICHHERZ[3] hat je nach Verwendungszweck des Malzextraktes als Nährmittel, für Back- oder Textilzwecke an je 2 Proben an diastatischer Kraft gefunden:

Tabelle 49.

Gegenstand	Nährextrakte	Backextrakte	Textilextrakte
Diastatische Kraft (Einheiten). .	200—220	4200—5400	7500—11 500

Weichherz fordert für Backextrakte 3500—5500, für Textilextrakte normal 7000—9000, extra stark 11000—12000 Einheiten. Für Nährzwecke eignen sich diese niedrig (bis 45°) gedarrten Malze wegen ihres faden, grünen Geschmackes weniger. Je höher die Darrtemperatur, um so aromatischer wird das Malz.

Die diastatische Kraft des Hafermalzes ist wesentlich niedriger als die des Gerstenmalzes, sie beträgt nach älteren Angaben nur 14% der des letzteren. Neuere Versuche von W. KILP[4] bestätigen dies:

Gerstenmalz zeigte nach 10 Tagen eine diastatische Kraft von 455, die nach 15 Tagen auf 500 stieg, um nach 20 Tagen auf 438 zurückzugehen. — Hafermalz dagegen hatte nach 10 Tagen eine diastatische Kraft von 34, die nach 15 Tagen auf 61, nach 20 Tagen auf 79 stieg. Bezogen auf Gerstenmalz sind dies 7,5, 12,2 und 18,0%. Allerdings handelt es sich hierbei um die Verzuckerungskraft allein. Die Verflüssigungskraft des Hafermalzes gilt als höher als die des Gerstenmalzes. Versuche von KILP hierüber ergaben indes schwankende Werte.

A. R. LING und TH. RENDEL[5] halten auch die Glucose für einen normalen Bestandteil des Malzextraktes, da sie in 9 Proben bekannten Ursprunges neben 23,0—34,2% Maltose 12,5—22,0% Glucose fanden.

Bei der Aufbewahrung von Malzextrakt werden nach Versuchen von H. T. GRABER[6] die hochmolekularen Verbindungen darin wie Dextrine, Zucker und Proteine nicht nennenswert verändert; dagegen steigt mit der Dauer der Aufbewahrung der Gehalt an Säure (Milchsäure), die das Auftreten der dunklen Farbe und sauren Geschmack verursacht. Nach 8 Monaten nimmt auch die diastatische Kraft des Malzextraktes ab, was GRABER ebenfalls auf die gebildete Säure zurückführt.

[1] D. SCHENK: Chem.-Ztg. 1927, **51**, 814. [2] Vgl. S. 441.
[3] J. WEICHHERZ: Die Malzextrakte. Berlin 1928.
[4] W. KILP: Zeitschr. Spiritusind. 1931, **54**, 149; **Z.** 1936, **72**, 97.
[5] A. R. LING u. TH. RENDEL: Analyst 1904, **29**, 243; **Z.** 1905, **9**, 440.
[6] H. T. GRABER: Journ. Ind. engin. Chem. 1914, **6**, 403; **Z.** 1917, **33**, 190.

Über Milch-Malzextrakte hat K. DIETRICH[1] berichtet. Es handelt sich dabei um Gemische von Milch mit gewöhnlichem Malzextrakt. So berechnet DIETRICH für eine solche Zubereitung ein Mischungsverhältnis von 70 Tln. gewöhnlichem Malzextrakt mit 250 Tln. Milch, die dann nach Eindicken 100 Tle. Milchmalzextrakt ergeben.

Derartige Milchmalzextrakte enthielten:

Tabelle 50.

Trocken-substanz %	Zucker als Maltose und Milchzucker %	Dextrin %	Fett %	Stickstoff-substanz %	Freie Säure als Milchsäure %	Asche %	P_2O_5 %
76,18 bis 94,54	49,4 bis 57,5	7,01 bis 12,12	4,9 bis 5,2	5,75 bis 7,56	0,52 bis 0,62	1,96 bis 2,66	0,54 bis 0,77

Über Malzmehle und Malzextrakte für die Bäckerei vgl. auch J. LEMMERZAHL[2].

Untersuchung von Malzextrakt. Die Untersuchung erfolgt im allgemeinen nach den in Bd. II angegebenen Methoden.

Nach Vornahme der Sinnenprüfung auf Aussehen, Konsistenz, Geruch und Geschmack ermittelt man:

Trockensubstanz indirekt aus der Dichte der Lösung nach Bd. II, S. 837.

Maltose nach Bd. II, S. 863, 871 und 900.

Stickstoffsubstanz nach KJELDAHL mit dem Faktor $N \times 6{,}25$.

Stickstofffreie nicht direkt reduzierende Extraktstoffe durch Berechnung = 100 — (Maltose + Stickstoffsubstanz), ausgedrückt in % der Trockensubstanz.

Polarisation nach Bd. II, S. 876.

Dextrin durch Hydrolyse nach Bd. II, S. 900.

Asche nach Bd. II, S. 1209, nach H. JESSER[3] zweckmäßig unter Zusatz von Magnesiumacetat nach Bd. II, S. 1220.

Phosphorsäure nach JESSER in der mit Magnesiumacetat hergestellten Asche. Bei direkter Veraschung geht Phosphorsäure verloren.

Säuregrad. 10 g Malzextrakt werden in 250 ccm Wasser gelöst und die Lösung mit 0,1 N.-Lauge gegen Phenolphthalein titriert. Die verbrauchte Menge davon gibt den Säuregrad an.

Diastase. Unter diastatischer Kraft in Pollakeinheiten versteht man heute wohl allgemein die Maltosemenge in g, die von 1000 g Substanz in $^1/_2$ Stunde erzeugt wird.

Bestimmung der diastatischen Kraft nach EGLOFFSTEIN (A. POLLAK). Man bereitet zuerst eine 2%ige Lösung des zu untersuchenden Extraktes und 300 ccm eines 3%igen Arrowrootstärkekleisters. Dazu reibt man in einer Reibschale 9 g Stärke (mit 10 bis 15% Wasser) mit wenig Wasser zu einer fein verteilten Stärkemilch an. Inzwischen bringt man 250 ccm Wasser zum Kochen und schüttet die Stärkemilch unter gutem Umrühren in das kochende Wasser. Man hält die Temperatur noch $^1/_2$ Stunde bei 100°, sodann gibt man den Kleister in einen 300-ccm-Meßkolben, spült mit Wasser nach und füllt dann auf 300 ccm auf.

a) Vorprüfung. Man gibt in ein 100-ccm-Meßkölbchen 50 ccm Kleister und erwärmt im Wasserbad auf etwa 40°, sodann fügt man 10 ccm des 2%igen Extraktes hinzu, notiert die Zeit und hält die Temperatur des Kolbeninhaltes konstant bei 37,6°. Durch den Einfluß der Diastase verflüssigt sich bald der Kleister im Kölbchen, worauf man beginnt, mit Jodlösung einen herausgenommenen Tropfen zu prüfen. Verschwindet dabei oder bei einer weiteren Probe die Blaufärbung, so berechnet man die Zeit, die vom Beginn der Verzuckerung bis zu ihrem Ende verlaufen ist. Diese Zeit in Minuten gibt die Anzahl Kubikzentimeter

[1] K. DIETRICH: Helfenberger Annalen 1902, **15**, 162; **Z.** 1904, **7**, 160; 8, 750.

[2] J. LEMMERZAHL: Zeitschr. ges. Getreide-, Mühlen- u. Bäckereiwesen 1936, **23**, 58—64; **C.** 1936, II, 2044.

[3] H. JESSER: Chem.-Ztg. 1932, **56**, 662.

der 2%igen Extraktlösung an, welche man zu 250 ccm Kleister hinzufügen muß, um bei der Hauptverzuckerung richtige Mengenverhältnisse zu erhalten.

b) Verzuckerung. Zur eigentlichen Bestimmung füllt man in einen 300-ccm-Kolben die übriggebliebenen 250 ccm Stärkekleister und erwärmt im Wasserbade auf 39—40°. Die durch die Vorprüfung gefundene Anzahl Kubikzentimeter der 2%igen Extraktlösung wird zum Kleister zugefügt, und man hält die Temperatur für 30 Minuten bei 37,6° im Wasserbade. Man beobachtet inzwischen das Fortschreiten der Verflüssigung. Nach genau 30 Minuten unterbricht man die Einwirkung der Diastase durch Zugabe von 3 ccm einer 10%igen Kalilauge. Nach dem Abkühlen auf Zimmertemperatur füllt man auf 300 ccm auf. Sollte die durch die Vorprüfung gefundene Anzahl der zuzufügenden Kubikzentimeter mehr als 50 betragen, so muß man weniger als 250 ccm Kleister oder besser eine konzentriertere Extraktlösung verwenden.

In der erhaltenen Lösung des verzuckerten Kleisters wird dann mit FEHLINGscher Lösung der Zucker als Maltose bestimmt und vom Ergebnis der entsprechende Maltosegehalt der Extraktlösung in Abzug gebracht.

Über Messung der Malzamylase vgl. auch Bd. II, S. 734. Für praktische Zwecke wird die von C. J. LINTNER[1] abgeänderte Methode von KJELDAHL empfohlen. Vgl. auch Bd. VII, S. 120.

Überwachung des Verkehrs mit Malzextrakt. Malzextrakt darf nur aus Malz hergestellt werden und soll deutliche Mengen aktiver Diastase enthalten. Gröbere Verfälschungen sind Zusatz fremder Zuckerarten (Glucose, Rohr- und Rübenzucker) sowie von Stärkesirup. Auch ein durch Vermälzung fremder Stärke (Kartoffelstärke, Maisstärke) mit Malzauszug erhaltenes Erzeugnis ist nicht mehr als Malzextrakt anzusprechen.

An weiteren und besonderen Anforderungen sind folgende[2] zu nennen:

Geruch und Geschmack angenehm würzig, nicht auffallend süß und besonders nicht caramelartig (angebranntes Malzextrakt, Zusatz von Melasse).

Konsistenz bei flüssigen Malzextrakten dick und zähflüssig.

Trockensubstanz bei konzentriertem Malzextrakt etwa 80%, bei Malzsuppenextrakt etwa 75—80, bei trockenem Malzextrakt etwa 98%.

Maltose als der Hauptbestandteil von Malzextrakt, mindestens 55%. Dagegen Gehalt an Dextrin bei flüssigem Malzextrakt höchstens 12%, bei trockenem höchstens 15%.

Stickstoffsubstanz bei flüssigen Zubereitungen etwa 3—6%.

Stickstofffreie, nicht direkt reduzierende Extraktstoffe 8,2 bis 23% der Trockensubstanz. — Dieser Bestandteil ist wichtig zur Erkennung fremder Zusätze wie von Rohr- oder Rübenzuckermelasse, Glucose und Stärkesirup.

Säuregrad für Malzextrakt nicht über 10, für Malzsuppenextrakt als Kindernährmittel 3—6.

Asche 1,0—1,5%.

Phosphorsäure (P_2O_5) mindestens 0,5%.

Diastase muß in deutlichen Mengen vorhanden sein. Gutes Malzextrakt hat nach I. D. Riedel A.-G.[3] einen Diastasegehalt von etwa 400 POLLAK-Einheiten.

Hefesirup (*N*-Sirup). Diese malzextraktähnliche Zubereitung wurde nach E. JALOWETZ[4] dadurch hergestellt, daß hochkonzentrierte Zuckerlösungen mit Brauereihefe invertiert, dann in den Sirup gut gewaschene dickbreiige Brauereihefe bei 40° eingerührt, 4 Stunden auf 53—54° erwärmt und dann zu Sirup eingedampft wurde. Das Erzeugnis zeigte Aussehen und Geschmack eines Malzextraktes und hatte einen Proteingehalt von 2,4% und mehr.

---

[1] C. J. LINTNER u. CHR. WIRTH: Zeitschr. ges. Brauwesen 1908, **31**, 421; **Z.** 1909, **17**, 337.
[2] Vgl. Riedels Berichte 1914, 33; **Z.** 1917, **33**, 312.
[3] I. D. Riedel A.-G.: Riedels Berichte 1914, 33; **Z.** 1917, **33**, 312.
[4] E. JALOWETZ: Chem. Ztg. 1916, **40**, 893.

5. Milchzucker.

Milchzucker wurde bereits in Bd. III, S. 426 (vgl. auch ebendort S. 61) kurz behandelt.

Einen schematischen Querschnitt durch eine Rohmilchzuckeranlage zeigt Abb. 12.

Arbeitsgang. Die Molke sammelt sich im Behälter 5 und wird nach Bedarf mit der von der Dampfkraftanlage (1 und 2) betriebenen Pumpe 4 in die Gefäße 6, 7, 8 zur Eiweißabscheidung gepumpt, von wo sie über die Filterpresse 9 nach dem Bassin 10, welches zur Aufbewahrung der filtrierten Molke dient, gelangt. Die doppelstufige Verdampfstation 11 und 12 mit der Luftpumpe 13, dem Kondensator 14 und der Wasserhaltungspumpe 3 nimmt dann das Filtrat auf und verdampft es zur gewünschten Konzentration.

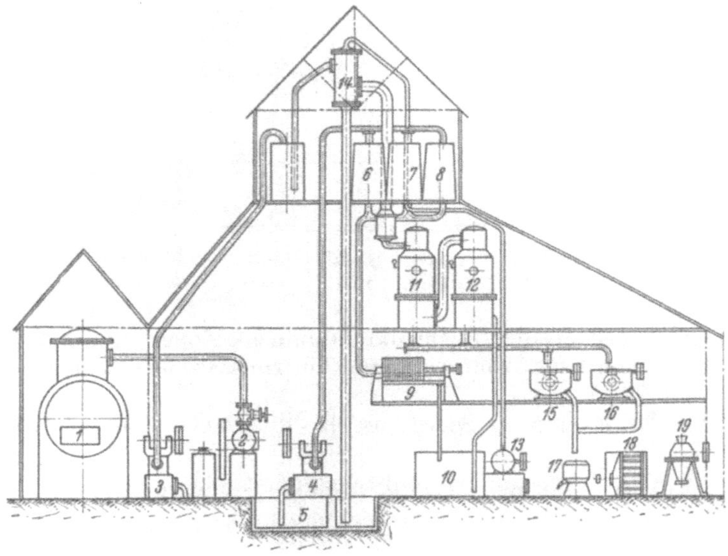

Abb. 12. Schema einer Anlage für Rohmilchzucker. (Nach UNGNADE.) Erklärung im Text.

Nach der Eindickung läßt man den dicken Krystallbrei in die Maischen 15 und 16 ab, wo die Krystallisation vor sich geht. Auf der Zentrifuge 17 soll die Trennung des Zuckers von der Melasse vorgenommen werden. Ein Tank zur Aufbewahrung der Melasse wurde wegen der Übersichtlichkeit der Zeichnung nicht mit aufgeführt, läßt sich aber zwanglos in die Anlage einreihen.

Die Trocknung geschieht im Trockenschrank 18, in welchem auch das anfallende Molkeneiweiß nach der Zerkleinerung durch einen Fleischwolf Aufnahme finden kann.

Die Vermahlung geschieht auf der Mühle 19.

Einen Fortschritt in der Gewinnung des Milchzuckers bedeutet nach H. BLIN[1] das Verfahren von DEVOS und DEPASSE, bei dem die Molke in einem 2-Körperverdampfer konzentriert wird, wobei die Eiweißstoffe ausflocken und durch Filtrieren beseitigt werden. Das Filtrat wird dann nach Zugabe von Neutralisierungsmitteln mit Kieselguhr geklärt, zur Krystallisation eingedampft und wie üblich weiter verarbeitet. J. KATŌ[2] unterwirft Magermilch in der Mittelkammer eines 3-Kammerdialysators der Dialyse bei 100 Volt und 1 Ampère; dabei wandern die Basen in den Kathoden-, die Anionen in den Anodenraum und das p_H der Milch sinkt allmählich, bis beim isoelektrischen Punkt das Casein sehr aschenarm ausfällt. Das Filtrat, eine konzentrierte Mutterlauge von Lactose mit sehr wenig Salzen, wird zur Krystallisation eingedampft und liefert fast chemisch reine Lactose.

Für rohen Milchzucker gibt als Durchschnitt zahlreicher Untersuchungen UNGNADE folgende 2 Analysen an:

[1] H. BLIN: Nature, Paris 1935, II, 124; C. 1935, II, 3022.
[2] J. KATŌ: Journ. Soc. chem. Ind. Japan (Suppl.) **36**, 158 B.

Tabelle 51.

Milchzucker %	Milchsäure %	Wasser %	Gesamtstickstoff %	Albumin %	Asche %
78,12	0,72	2,65	0,38	2,39	2,70
92,70	0,54	1,85	0,43	2,70	2,14

Milchzuckeranhydrid. Um die Löslichkeit und Süßkraft des Milchzuckers zu erhöhen, stellt man daraus nach H. W. AVIS[1] in technischem Maßstabe sein Anhydrid, die β-Lactose, durch Erhitzen auf 93° her, die wegen ihres günstigen Einflusses auf die Darmflora als diätetisches Mittel verwendet wird (F. M. GREENLEAF[2]). Die Löslichkeit derselben beträgt dann bei 5° 30,8%. Bei der Verdauung wandelt sich die β-Lactose wieder in α-Lactose um. — W. MOHR und J. WELLM[3] fanden, daß Milchzucker bei 87° bei einer Luftfeuchtigkeit von 3 g im Kubikmeter abwärts, bei 100° zwischen 8—14 g im Kubikmeter, sein Krystallwasser unter Bildung eines stark hygroskopischen Anhydrids verliert. Bei Eindampfen von Milchzuckerlösungen dagegen bei 70 und 90° in dünner Schicht entsteht nicht hygroskopisches Lactoseanhydrid, ein Milchzuckerglas, das auch nach dem DEBYE-SCHERRER-Diagramm amorpher Natur ist.

Tabelle 52.

Lactose	Kohlenstoff %	Wasserstoff %	Sauerstoff %	Krystallwasser %
Krystallwasserhaltig .	39,98	6,16	48,86	5,00
Wasserfrei	42,08	6,48	51,44	0,00

Über physikalisch-chemische Eigenschaften der Lactose vgl. ferner B. L. HERRINGTON[4].

Der Unterschied in der Elementarzusammensetzung von krystallwasserhaltiger und wasserfreier Lactose kommt in vorstehenden Zahlen zum Ausdruck (Tabelle 52).

Über den Nachweis von Saccharose in Milchzucker vgl. M. WAGENAAR[5].

6. Ahornzucker und sonstige Zuckerarten.

a) Ahornzuckergewinnung in Kanada.

Das einzige Land, in dem Ahornsirup und Ahornzucker in wirtschaftlich erheblichem Maße gewonnen werden, ist Kanada[6]. Ausführliche Angaben darüber stammen von J. B. SPENCER[7] sowie G. GARDNER und L. BOURGOIN[8]; vgl. auch E. J. THOMAS[9] und eine Literaturübersicht bis 1634 zurück von H. A. SCHUETTE und S. C. SCHUETTE[10].

Hiernach wird die von den Ureinwohnern übernommene Ahornzuckergewinnung besonders in weiten Gebieten von Quebec, weniger umfangreich in Ontario, geübt. Quebec setzt jährlich etwa 14300000 lb, Ontario 5000000 lb[11]

[1] H. W. AVIS: Food Manufacture 1933, **8**, 424.
[2] F. M. GREENLEAF: Food Industries 1933, **5**, 304.
[3] W. MOHR u. J. WELLM: Milchwirtsch. Forschg. 1935, **17**, 109.
[4] B. L. HERRINGTON: Journ. Dairy Sci. 1934, **17**, 501, 533, 595.
[5] M. WAGENAAR: Pharm. Weekbl. 1933, **70**, 1029; 1934, **71**, 281; **Z.** 1936, **71**, 109; 1937, **73**, 381.
[6] In Deutschland hat J. v. LIEBIG, der eine notorische Abneigung gegen die Rübenzuckerfabrikation besaß, Versuche angestellt, um aus dem Saft verschiedener Ahornarten Zucker zu gewinnen. Vgl. M. SPETER: Deutsch. Zuckerind. 1934, **59**, 572; **C.** 1934, II, 2161.
[7] J. B. SPENCER: The Maple Sugar Industry in Canada. Besondere Schrift im Auftrage des kanadischen Ministers für Landwirtschaft, 3. Aufl. Ottawa 1923. — Deutsche Übersetzung der 1. Aufl. von A. VOSS: Mitt. Deutsch. Dendrolog. Ges. 1914, 54. — Vgl. auch Pharm. Zentralh. 1917, **58**, 605.
[8] G. GARDNER und L. BOURGOIN: La Science Moderne 1925, **2**, 147; **C.** 1925, I, 2190.
[9] E. J. THOMAS: Food Manufacture 1937, **12**, 171.
[10] H. A. SCHUETTE u. S. C. SCHUETTE: Transactions Wisconsin Acad. of Sciences Arts and Letters 1935, **29**, 209. [11] 1 lb (pound) = 453,6 g.

um. Die Zahl der Zuckerahornfarmer schätzt man auf etwa 55000 mit einer jährlichen Erzeugung von etwa 2 Millionen Dollar (1913).

Der Ahornbaum (Acer saccharum MARSHALL), dem auch unser Klima gut zusagen würde, ist ein hervorragend schöner Baum, der sich besonders für Parkanlagen und als Alleebaum eignet. Sein Holz besitzt eine schöne Maserung. In Kanada zieht man ihn vor allem in gemischten Hainen; ein kleiner Ahornhain enthält z. B. auf 1 Acre (= 40 Ar) 50—100 zuckerliefernde Bäume, große Haine bis zu mehreren Tausend.

Die Zuckersaftgewinnung erfolgt gewöhnlich im März und dauert selten über den 1. April hinaus. Der Baum wird dabei mit einem $^3/_8$-, $^7/_{16}$- oder $^1/_2$-zölligen Drillbohrer an einer, bei einem großen Baum auch an zwei Stellen, etwa 1 m vom Erdboden entfernt, so angebohrt, daß das 5 cm tiefe Loch schwach abwärts gerichtet ist. In das Loch werden Saftröhrchen, vorzugsweise aus Zinn gesteckt, die so stark sind, daß sie den Auffangeimer tragen können. Der Saft wird zur Vermeidung von Gärungen eingesammelt, sobald etwa 2 Quarts[1] Saft ausgeflossen sind, mindestens aber täglich einmal. Aus den Einzeleimern wird der Saft in einem Faß von etwa 75—100 Gallonen[2] zusammengegossen, das dann auf einem hölzernen Schlittengerüst nach dem Zuckerhause geschafft wird.

Dieser frische Saft enthält nur etwa 3% Zucker[3] und wird deshalb im Zuckerhause über Holzfeuer in flachen Pfannen eingedickt. Vielleicht kann die Zuckerkonzentration im Ahornsaft aber, wie E. HARDT[4] hofft, durch geeignete Zuchtmaßnahmen gesteigert werden. Bei dieser Einkochung fällt ein Teil der Mineralstoffe als sog. „Zuckersand" aus und setzt sich größtenteils am Boden ab. Restliche Trübungen sucht man bisweilen durch Klärmittel wie Eiweiß, Milch, Natriumbicarbonat zu entfernen. Wichtig ist die rechtzeitige Beendigung des Kochens, weil nicht genügend eingedickter Sirup leicht durch Sauerwerden verdirbt, zu stark konzentrierter aber zu Krystallisationen beim Lagern neigt.

Abgezogenen Sirup läßt der Zuckerbauer (sugar maker) in Zinngefäßen von 25 Gallonen[2] zunächst sich abkühlen und absetzen, dann erst aus einem 3 oder 4 Zoll über dem Boden befindlichen Hahn in die Marktkanne abfließen.

Zur Zuckerbereitung wird der klare Sirup in einer Pfanne auf einem Kamin oder Ofen bis zum körnigen Zustande eingedampft. Dann läßt man ihn langsam abkühlen, bis er anfängt dick zu werden. Für weichen Tonnenzucker ist weniger langes Kochen nötig. In den Handel kommt der Ahornzucker gewöhnlich in Form harter Blocks, aber auch als sog. Körnerzucker („stirred sugar"), ferner als feines Pulver.

Sirup von guter Beschaffenheit und der richtigen Dichte hält sich bei kühler Aufbewahrung von einer Erntezeit bis zur anderen. Ahornzucker zieht in feuchter Luft leicht Wasser an und muß daher trocken gelagert werden.

Ahornsirup besitzt eine gelbbraune Farbe, angenehm süßen, leicht caramelartigen Geschmack mit einem besonderen Aroma, das seinen Wert bedingt. Die Konsistenz ist trotz des hohen Gehaltes an Zucker ziemlich dünnflüssig.

Die Zusammensetzung des Ahornsirups ergibt sich aus Analysenergebnissen von J. F. SNELL und J. M. SCOTT[5] von 126 einwandfrei gewonnenen Proben Ahornsirup:

---

[1] 1 Quart = $^1/_4$ Gallone = 1,136 Liter. [2] 1 Gallone = 4,5436 Liter.

[3] Der frische Saft von anderen Ahornarten (Acer platanoides und Acer Pseudoplatanus) enthält bedeutend weniger Zucker, so nach J. BRODIL (Věstník Českoslov. Akad. Zemědělské 1934, **10**, 258; C. 1934, II, 2237) 13,0 g Saccharose im Liter neben 0,19 g Protein, 0,36 g Mineralstoffe und 0,08 g Äpfelsäure und an Enzymen besonders Diastase und Katalase.

[4] E. HARDT: Ind. engin. Chem. 1928, **20**, 381; C. 1928, II, 2297.

[5] J. F. SNELL u. J. M. SCOTT: Journ. Ind. engin. Chem. 1914, **6**, 216; Z. 1916, **32**, 364.

Tabelle 53.

Angabe	Trocken-substanz %	Äpfel-säure %	Asche Gesamt %	Asche lösliche %	Asche unlös-liche %	Verhältnis löslich zu unlösliche Asche	Leit-fähigkeit bei 15°	Bleizahl kana-dische	Bleizahl nach WINTON
Mittelwert. . .	**65,76**	**0,75**	**0,88**	**0,48**	**0,40**	**1,20**	**147**	**3,48**	**2,30**
Niedrigst . . .	55,12	0,38	0,61	0,30	0,16	0,55	112	1,74	1,41
Höchst	69,58	1,46	1,58	0,77	1,92	3,61	230	7,50	4,09

Über die Zusammensetzung der Zuckerarten im Ahornsirup gibt eine Untersuchung von J. GROSSFELD und R. PAYFER[1] Auskunft, die fanden:

Tabelle 54.

Dichte der Lösung 1 : 5 bei 20°/4°	1,0475
Extrakt	64,15%
Freie Säure (Äpfelsäure)	0,34%
Asche	0,706%
Alkalität der Asche von 100 g	10,9 ccm N.-Lauge
Polarisation der Lösung 1 : 10 im 200-mm-Rohr vor der Inversion	+7,19°
Polarisation der Lösung 1 : 10 im 200-mm-Rohr nach der Inversion	—2,68°
Spezifische Drehung des invertierten Extraktes	20,9°
Gesamtzucker mit FEHLINGscher Lösung nach Inversion als Invertzucker	65,3%
Saccharose aus der Drehungsdifferenz	56,0%
Entsprechend Invertzucker	59,0%
Glucose (jodometrisch) nach Inversion	36,0%
Fructose nach Inversion	29,3%
Glucoseüberschuß	6,7%
Dextrine (mit Alkohol)	nicht nachweisbar

Hiernach besteht die Trockensubstanz des Ahornsirups zum weitaus größten Teil aus Zuckerarten. Den Hauptteil derselben bildet Saccharose, den Rest in der Hauptsache Glucose oder eine andere Aldose. Zieht man die erhaltene Menge Saccharose + Glucose, ferner die freie Säure und die Asche vom Gesamtextrakt ab, so bleiben nur 0,4% für Invertzucker übrig, also eine verschwindend kleine Menge.

In Ahornzucker fand BUISSON[2] (Tabelle 55):

Tabelle 55.

Trocken-substanz %	Saccharose %	Reduzierender Zucker %	Lösliche Asche %	Unlösliche Asche %
91,25	85,40	5,09	0,75	0,01

Die freie Säure des Ahornsaftes ist nach CH. E. SANDO und H. H. BARTLET[3] in der Hauptsache Äpfelsäure, zum Teil an Calcium gebunden. Beim Eindampfen des Saftes scheidet sich rohes Calciummalat als sandiger Stoff, sog. „Zuckersand" aus, in dem W. H. WARREN[4] folgende Zusammensetzung fand:

Tabelle 56.

Wasser %	Äpfel-säure %	Invert-zucker %	Sac-charose %	Äther-auszug %	Kohlen-dioxyd %	Organische Verun-reinigung %	SiO_2 %	P_2O_5 %	Fe_2O_3 %	CaO %	MgO %	Nicht be-stimmt %
2,60	51,48	2,31	3,46	0,37	0,66	2,35	4,74	0,05	0,39	17,16	0,03	11,40

[1] J. GROSSFELD u. R. PAYFER: Z. 1937, **74**, 31.
[2] BUISSON: Bull. Assoc. Chimistes Sucr. Dist. 1904, **22**, 483; Z. 1905, **10**, 496.
[3] CH. E. SANDO u. H. H. BARTLET: Journ. agricult. Res. 1924, **22**, 221; C. 1925, I, 98.
[4] W. H. WARREN: Journ. Amer. Chem. Soc. 1911, **33**, 1205; Z. 1912, **23**, 541.

J. F. SNELL und A. G. LOCHHEAD[1] fanden 60—80% Calciummalat und 6—18,5% Kieselsäure.

Dieser Zuckersand bildet einen geeigneten Rohstoff zur technischen Herstellung von Äpfelsäure. Ein Verfahren dazu beschreibt SNELL[2].

Neben Äpfelsäure konnte E. K. NELSON[3] im Zuckersand noch Ameisensäure, Essigsäure, Fumarsäure, Bernsteinsäure und Citronensäure, in Spuren d-Weinsäure und Tricarballylsäure nachweisen, ferner geringe Mengen einer unbekannten Säure.

Der Aromastoff des Ahornsirup ist nach NELSON[4] ein unbeständiger phenolartiger Stoff, der mit einem krystallinischen Aldehyd vom Schmelzpunkt 74—76 und ähnlichem Geruch und Eigenschaften wie Vanillin verbunden ist. Daneben können noch kleine Mengen anderer aldehydartiger Stoffe vorhanden sein. J. RISI und E. BOIS[5] geben verschiedene Farbreaktionen für den in Äther löslichen Aromastoff an. G. H. FINDLAY und SNELL[6] bestätigen die Beobachtung von SKAZIN[7], daß das Ahornsiruparoma im ursprünglichen Saft nicht vorhanden sei, sondern sich erst beim Erhitzen auf 100—104° bildet. Es gelang ihnen aber nicht, aus dem Stoff einen Einzelbestandteil zu isolieren, aus dem sich das Ahornaroma entwickeln ließ.

Untersuchung von Ahornsirup und Ahornzucker. Außer der üblichen Bestimmung von Zuckerarten, freier Säure, Äpfelsäure, Asche und Alkalität dient zur Prüfung von Ahornsirup und Ahornzucker die Bestimmung der Bleizahl. Hierfür bestehen nach SNELL[8] zwei Vorschriften:

α) Kanadische Bleizahl. 5 g des trockenen Zuckers oder die entsprechende Menge Sirup werden in Wasser gelöst und auf ein Volumen von 20 ccm gebracht. Man fügt 2 ccm Bleisubacetatlösung[9] hinzu und schüttelt tüchtig um. Nach zweistündigem Stehen filtriert man den Niederschlag durch einen GOOCH-Tiegel ab, wäscht mit heißem Wasser nach, trocknet und wägt. Das Gewicht des trockenen Niederschlags, mal 20, ergibt die Bleizahl.

β) Bleizahl nach WINTON: 25 g des trockenen Zuckers oder die entsprechende Menge des Sirups werden in einem 100-ccm-Kolben mit etwas Wasser gelöst; man setzt 25 ccm der Standardbleilösung[10] hinzu, schüttelt tüchtig um und füllt auf 100 ccm auf. Nach dreistündigem Stehen filtriert man, 10 ccm des klaren Filtrats bringt man in ein Becherglas von 250 ccm Inhalt und fügt 40 ccm Wasser und 1 ccm konz. Schwefelsäure hinzu. Man schüttelt und versetzt mit 100 ccm 95%igem Alkohol. Man läßt über Nacht stehen, filtriert durch einen gewogenen GOOCH-Tiegel, wäscht mit 95%igem Alkohol nach, glüht und wägt. Die erhaltene Bleisulfatmenge zieht man von der eines blinden Versuches ab und multipliziert die Differenz mit 27,325, wodurch man die Bleizahl nach WINTON erhält. — Für den blinden Versuch gibt man 25 ccm der Standardbleilösung in einen 100-ccm-Kolben, setzt einige Tropfen Essigsäure hinzu und bringt auf 100 ccm. In 10 ccm davon bestimmt man das Blei wie oben.

Überwachung des Verkehrs mit Ahornsirup und Ahornzucker. Ahornsirup und Ahornzucker kommen vielfach verfälscht in den Handel. Das Hauptverfälschungsmittel ist Rohrzucker. Wertbestimmend für die Ahornprodukte sind aber im wesentlichen die Aromastoffe. In Kanada gelten nach SNELL[11] folgende Normen:

Ahornsirup soll nicht mehr als 35%, Ahornzucker nicht mehr als 10% Wasser enthalten.

Bezogen auf Trockensubstanz soll die Asche mindestens 0,6%, davon mindestens 0,12% unlöslich in Wasser, betragen.

---

[1] J. F. SNELL u. A. G. LOCHHEAD: Journ. Ind. engin. Chem. 1914, **6**, 301; **Z.** 1916, **32**, 365.

[2] J. F. SNELL: Journ. Soc. chem. Ind. 1925, **44**, 140—141; **C.** 1925, I, 2669.

[3] E. K. NELSON: Journ. Amer. chem. Soc. 1928, **50**, 2028; **C.** 1928, II, 902.

[4] E. K. NELSON: Journ. Amer. chem. Soc. 1928, **50**, 2009; **C.** 1928, II, 902.

[5] J. RISI u. E. BOIS: Naturaliste canad. 1933, **60** (34) 181; **C.** 1933, II, 3021.

[6] G. H. FINDLAY u. J. F. SNELL: Canad. Journ. Res. 1925, **13**, Sect. B 269; **C.** 1936, II, 2396. [7] SKAZIN: Diss. McGill Univ. 1930. Nach FINDLAY und SNELL.

[8] J. F. SNELL: Journ. Soc. chem. Ind. 1914, **33**, 507; **Z.** 1917, **33**, 510.

[9] 430 g Bleiacetat werden $^1/_2$ Stunde mit 130 g Bleiglätte und 100 ccm Wasser gekocht. Die Mischung läßt man absetzen und verdünnt die über dem Bodensatz stehende Flüssigkeit bis zur Dichte 1,26. — SNELL, SKAZIN, ATKINSON u. FINDLAY empfehlen bei 650—670° aktivierte Bleiglätte zu verwenden.

[10] 1. Vol. Bleisubacetatlösung + 4 Vol. Wasser, dann klar filtriert.

[11] J. F. SNELL: Journ. Soc. chem. Ind. 1914, **33**, 507; **Z.** 1917, **33**, 510.

Die Trockensubstanz soll nicht unter 0,3% Äpfelsäure aufweisen. Die Bleizahl muß nach dem kanadischen Verfahren mindestens 1,7, nach dem von WINTON 1,2, betragen.

J. HORTVET[1] fand folgende Aschengehalte:

Tabelle 57.

	Ahornsirup Asche %	Ahornzucker Asche %
Mittel . . .	**1,02** (0,76—1,53)	0,99 (0,72—1,45)

HORTVET gibt weiter eine besondere Ausführungsform der Prüfung mit Bleilösung an und macht auf den Wert der Bestimmung der Äpfelsäure aufmerksam, die bei reinem Ahornsirup zu 0,84—1,28, bei reinem Ahornzucker zu 0,98—1,67% vorhanden ist.

Schwierig ist der analytische Nachweis eines Zusatzes von Rohzucker aus Zuckerrohr, für den P. RIOU und J. DELORME[2] an 22 Proben die Bleizahlen zwischen 1,38—12,45 fanden. Bei nur 5 der Proben lag die Zahl über, bei nur 6 unter den Grenzen für Ahornzucker (1,75—7,50). Hier versagt die Bleizahl also völlig. Ein Unterschied besteht nach RIOU und DELORME[3] im Gehalt an Mangan, von dem roher Rohrzucker nur 0—0,4, Ahornzucker aber 1,0—12,5 g für je 100 kg Zucker (1,6—17,7 g für 1 kg Asche) enthält. Wegen dieses Mangangehaltes ist daher, wie schon HORTVET bekannt war, die grüne Farbe der Ahornzuckerasche kennzeichnend.

Am konstantesten von allen chemischen Kennzahlen für Ahornsäfte ist nach SNELL, L. SKAZIN, H. J. ATKINSON und G. H. FINDLAY[4] die elektrische Leitfähigkeit von Lösungen mit 25% Trockenmasse.

Durch Verwendung von Zink- und Bleigeräten bei der Gewinnung und Verarbeitung von Ahornsaft können diese Metalle aufgenommen werden. J. L. PERLMAN[5] fand in 30 Proben Ahornsirup 0,13—21,2 mg Blei, PERLMAN und J. E. MENSCHING[6] 8,1—422,2 mg Zink für 1 kg Sirup, also bei einem Teil der Proben unzulässige Mengen.

Reine Kunstprodukte als Ersatz für alte Ahornprodukte werden nach RISI und BOIS[7] durch Mischen von gewöhnlichem Zuckersirup mit Essenzen oder Konzentraten wie „true maple concentrate" bereitet. Ein ähnliches Produkt gewinnt man durch Maceration von Foenum-graecum-Samen mit alkoholischer Zuckerlösung. Über sog. Pfannkuchensirupe als Ersatzsirupe für Ahornsirup vgl. CL. H. CAMPBELL[8].

b) Maiszucker.

Versuche über Zuckergewinnung aus Mais[9] sind verschiedentlich angestellt worden, haben aber bisher keine technische Bedeutung erlangt.

Nach PH. DE VILMORIN und F. LEVALLOIS[10] ergaben Versuche an 20 verschiedenen Maisarten bei verschiedener Reifestufe folgende Zuckergehalte:

Tabelle 58.

Datum	Herkunft	Saccharose %	Reduzierender Zucker	Polarisation
2. August . . .	Antibes	0,2 — 0,6	0,8 —1,8	0 bis 0° 22'
21. August . . .	Verrières	0,97— 2,1	2,97—4,28	—0,36° bis + 1° 17'
26. September .	Verrières	4,6 —10	2 —4	+ 3 ° bis + 12°
14. Oktober . .	Antibes	3,47— 7,9	—	+ 4,8 ° bis + 8° 7'
6. Oktober . .	Verrières	3,22— 8,4	3,9 —4,75	+ 3,6 ° bis + 9° 8'

[1] J. HORTVET: Journ. Amer. Chem. Soc. 1904, **26**, 1523; **Z.** 1905, **10**, 495.
[2] P. RIOU u. J. DELORME: Compt. rend. 1936, **202**, 1941.
[3] P. RIOU u. J. DELORME: Compt. rend. 1935, **200**, 1132; **C.** 1935, I, 3610.
[4] J. F. SNELL, L. SKAZIN, H. J. ATKINSON u. G. H. FINDLAY: Canad. Journ. Res. 1932, **7**, 106; **C.** 1933, I, 1211.
[5] J. L. PERLMAN: Journ. Assoc. official agricult. Chemists 1937, **20**, 622.
[6] J. L. PERLMAN u. J. E. MENSCHING: Journ. Assoc. official. agricult. Chemitts 1937, **20**, 627. [7] J. RISI u. E. BOIS: Naturaliste canad. 1933, **60** ([3]4), 181; **C.** 1933, II, 3021.
[8] CL. H. CAMPBELL: Canning Age 1937, **18**, 57.
[9] Vgl. MUSPRATT: Chemie, Bd. 10, S. 467. 1922.
[10] PH. DE VILMORIN u. E. LEVALLOIS: Bull. Soc. chim. France 1913, [4] **13**, 294; **Z.** 1917, **33**, 63.

Durch Kastrierung wird der Zuckergehalt des Mais erhöht. Mais mit süßen Körnern enthält auch im Zellsaft meist mehr Zucker als gewöhnlicher Mais (vgl. S. 384).

Für eine Probe Maiszucker fand H. PELLET[1] folgende Zusammensetzung: Trockensubstanz 97,50, Saccharose 88,42, Glucose 3,07, organischer Nichtzucker 4,54, Asche 1,47%.

Saccharosegehalt der Trockensubstanz 90,86%.

c) Hirsezucker.

Vor der Ausbreitung der Rübenzuckergewinnung besaß der Hirsezucker in den Vereinigten Staaten von Nordamerika vorübergehend eine gewisse Bedeutung. Die Halme der Hirse (Sorghum saccharatum Pers.) enthalten zur Zeit der Samenreife im Mittel etwa 12% Saccharose, also fast soviel wie Zuckerrohr. Schwieriger ist jedoch die Gewinnung des Hirsezuckers, teils auch wegen des ziemlich hohen Gehaltes der Halme an freier Säure. Heute wird Zuckerhirse daher weniger auf Zucker selbst als auf Sorghumsirup verarbeitet.

Für einen Hirsezucker gibt H. PELLET[1] folgende Zusammensetzung an: Trockensubstanz 98,29, Saccharose 93,05, Organischer Nichtzucker 4,55%.

Davon Glucose 0,41, Asche 0,68%.

Die Herstellung von Sorghumsirup ist nach J. WILLAMAN[2] erst wirtschaftlich geworden durch Bau einer Maschine, die selbsttätig das Sorghumrohr von den Blättern befreit und in geeignete Stücke zerschneidet. Der hohe Säuregehalt des Rohsaftes erteilt dem Sirup einen scharfen Geruch und Geschmack, der durch geeignete Behandlung mit Kalk gemildert wird. Doch erfordert die übliche Aufhellung des Saftes mit Pflanzenkohle immerhin einen gewissen Säuregehalt. O. SHEETS und A. F. SULZBY[3] ermittelten von 8 Proben den Säuregrad

für Sorghumsaft zu $p_H = 4{,}96$
für Zuckerrohrsaft zu $p_H = 5{,}23$

Hiernach wäre der Unterschied im Säuregehalt allerdings nur gering.

d) Sojabohnensirup.

Als gewerbliches Nebenprodukt bei der Ausziehung von Sojabohnen mit Alkohol zur Fettgewinnung wird ein Sojabohnensirup von verwickelter Zusammensetzung gewonnen. Y. IWASA[4] fand in einer Probe: Wasser 17,43, Protein 5,20, Fett 2,28, Kohlenhydrate 70,09, Asche 5,00%.

Von den Kohlenhydraten waren direkt reduzierend (als Glucose) 2,82, nach Inversion reduzierend (als Invertzucker) 41,73, sonstige 25,50%. Im einzelnen wurden nachgewiesen durch Farbreaktion: Pentose, Methylpentose, Hexosen und Glucuronsäuren, als Hydrazon: Galaktose, Rhamnose und Arabinose. Wahrscheinlich entstehen die Zuckerarten durch Hydrolyse von Saccharose, Stachyose und Saponin.

e) Johannisbrotzucker.

Das Johannisbrot, Ceratonia siliqua L., das in seinen Ursprungsländern vorwiegend als Futtermittel für Schweine verwendet wird, enthält nach R. DE NOTER[5] neben 19,62% Glucose 21,46% Saccharose, wobei allerdings der niedrige Wassergehalt von etwa 15% zu beachten ist. Bezogen auf Trockensubstanz ist der Zuckergehalt von Zuckerrohr und Zuckerrübe bedeutend höher. Hiermit hängt auch zusammen, daß der Reinheitsgrad des Johannisbrotzuckers sehr

[1] H. PELLET: Zentralbl. Agrik.-Chem. 1880, **9**, 79.
[2] J. WILLAMAN: Sugar 1922, **24**, 83; C. 1922, II, 1032.
[3] O. SHEETS u. A. F. SULZBY: Journ. Home Econ. 1934, **26**, 431.
[4] Y. IWASA: Bull. Agric. Japan 1937, **13**, 24.
[5] R. DE NOTER: Nature La 1934, II, 181; C. 1934, II, 2914.

Tabelle 59.

Saccharose %	Melasse %	Samen %	Futtermittelrückstände %
16	25	8	34

gering ist. Zur Gewinnung der Saccharose gibt nach J. V. Sánches[1] das Strontianverfahren die besten Ausbeuten.

G. Oddo[2] beschreibt eine kleintechnische Anlage für Johannisbrotzucker mit einer Leistung von 2000 kg Rohmaterial für den Tag. Die Ausbeute betrug etwa (Tabelle 59).

f) Palmzucker.

Von Palmenarten wird eine ganze Reihe zur Zuckergewinnung verwendet.

So enthielt ein aus einer Arengaart Gomutus saccharifera Labill erhaltener Zucker nach P. Horsin-Déon[3]:

Wasser 1,86, Saccharose 87,97, organische Nichtsaccharose 9,65, davon Glucose 3,07, Asche 0,50, Saccharose in der Trockensubstanz 90,86%.

Tabelle 60.

Zucker aus	Trockensubstanz %	Saccharose %	Reduzierender Zucker %	Asche %
Cocos nucifera. . . .	91,97	74,95	1,99	4,73
Borassus flabelliformis	90,85	79,12	2,40	3,20

Über die Zusammensetzung von zwei indischen Rohzuckern aus Palmen berichtet Em. Bourquelot[4]. Die Rohzucker stellten Brote von brauner Farbe im Gewicht von 0,5 bis 1 kg dar. Die eine Probe war aus Cocosnußmilch, die andere aus dem Safte von Borassus flabelliformis hergestellt (Tabelle 60).

Auch der einheimische malayische Zucker (Pula Malacca) stammt nach H. Lowe und A. Houlbrooke[5] von der Cocospalme. Es sind dunkelbraune, körnige, zylindrische Stücke vom mittleren Gewicht 13,5 g von der Zusammensetzung:

Trockensubstanz 93,93, Saccharose 88,22, Glucose 3,29, Asche[6] 2,92%.

Nach H. D. Gibbs[7] enthält der Saft aus der Buripalme (Corypha elata Roseburgh) bei 17,0% Trockenmasse 16,0% Saccharose. Die Eingeborenen auf den Philippinen gewinnen aus diesem Saft einen Zucker, für den Gibbs beistehende Zusammensetzung fand.

Tabelle 61.

Trockensubstanz %	Saccharose %	Invertzucker %	Stickstoffsubstanz %	Asche %
91,09	78,50	8,89	1,48	2,23

Zucker aus der Nipapalme. Hierüber berichten L. Cavel[8] und A. H. Wels und G. A. Perkins[9]. Die Früchte der Nipapalme (Palma fructificans) werden zur Zeit der Reifung von dem Stiel abgetrennt, wobei man den Stiel so lang wie möglich läßt. Am Ende des Stieles wird ein Holzgefäß von etwa $^1/_2$ Liter Inhalt befestigt, das sich 1—2mal am Tag mit dem ausquellenden Safte füllt. Eine Palme liefert im Mittel 35—40 Liter Saft, der etwa 15% Saccharose enthält. In Manila wird der Saft der Nipapalme in Vakuumkochern nach Reinigung mit Kalk und Kohlensäure auf krystallisierten Zucker verarbeitet.

g) Dattelhonig

wird im Innern von Algerien aus einer Dattelart Gharz gewonnen. Der aus den reifen gesammelten Früchten im Sonnenlichte ausfließende Saft wird gesammelt und bildet dann

[1] J. V. Sánches: An. Soc. españ. Fisica Quim. 1934, **32**, 165; C. 1934, II, 2918.
[2] G. Oddo: Ann. Chim. analyt. appl. 1936, **26**, 3; C. 1936, II, 1075.
[3] Horsin-Déon: Chem. Zentralbl. 1879, 770.
[4] Em. Bourquelot: Journ. Pharm. Chim. 1904 [6], **20**, 193; Z. 1905, **10**, 174.
[5] H. Lowe u. A. Houlbrooke: Analyst 1923, **48**, 114; C. 1923, IV, 295.
[6] Eine eingehendere Aschenanalyse befindet sich im Original und Referat.
[7] H. D. Gibbs: The Philippine Journ. Jcience 1911, **6**, 147; Z. 1912, **23**, 410.
[8] L. Cavel: Rév. générale de Chim. pures appl. 1913, **16**, 17; C. 1913, I, 1149.
[9] A. H. Wels u. G. A. Perkins: Philippine Journ. Science 1922, **20**, 45; C. 1922, IV, 801.

den Dattelhonig, dessen Trockenmasse im wesentlichen aus Invertzucker neben wenig Pektinstoffen und Aschenbestandteilen besteht. F. Raynaud[1] gibt beistehende Zusammensetzung an.

Tabelle 62.

Wasser %	Gesamt-Zucker %	Glucose %	Fructose %	Pektinstoffe %	Mineralstoffe %
28,0	67,1	36,1	31,0	3,2	1,7

h) Honigtau.

Von diesen pflanzlichen Sekreten haben nur die sog. Mannaarten Bedeutung. Sie bilden den mehr oder weniger eingetrockneten süßen Saft, der entweder durch Einschnitte in manche Bäume ausfließt oder durch Insektenstiche auf den Blättern sich ansammelt. Man benennt die Mannaarten meist nach den Pflanzen, von denen sie stammen oder nach den Herkunftsländern. Der Zusammensetzung nach unterscheidet man[1]:

α) Hexobiosenmanna: Alhagimanna, Californisches Manna, Eichenmanna.

β) Hexotriosenmanna: Eucalyptusmanna, Lärchenmanna (hauptsächlich Melezitose).

γ) Mannitmanna: Eschenmanna (von Fraxinus ornus, als „Manna" offizinell), australische Manna.

Ohne größere Bedeutung sind Dulcit enthaltendes Madagaskarmanna, Pinit enthaltendes Californisches Manna und Mannaarten mit Gehalt an höheren Polyosen wie Manna von der Mannaflechte.

i) Sonstige Zuckerarten.

Nach einer Angabe von C. S. Hudson[2] kommen Zuckerarten von geringerer Bedeutung als die im vorstehenden behandelten in folgenden Rohstoffen vor und können daraus gewonnen werden:

Tabelle 63.

Zuckerart	Rohstoff	Zuckerart	Rohstoff
Raffinose	Baumwollsaatmehl (8%)	Rhamnose. . . .	Rinde der Färbereiche (Oncocus tinctoria)
Mannose.	Steinnuß (Phytelephas macrocarpa; reichliche Menge)	Mannoketoheptose	Avocadobirne (Persea) gratissima)
Trehalose	Selaginella lepidophila (2%)	Sedeheptose . . .	Fetthenne (Sedum spectabile)
Galaktose	Milchzucker, Larix occidentalis	Xylose	Hülsen der Baumwollsamen, Maiskolben (10%) durch Hydrolyse
Arabinose	Rübenmark		

Xylose erhält C. Antoniani[3] durch Erhitzen gemahlener Maisspindeln mit 0,1%iger Salpetersäure bei 2 Atm. Das entfärbte Filtrat wird im Vakuum, zuletzt über Phosphorpentoxyd, konzentriert. Die ausgeschiedene Xylose wird mit Alkohol gewaschen und aus Wasser umkrystallisiert. Die Ausbeute beträgt etwa 12—16%. E. Pljuschkin[4] gewinnt aus Sonnenblumenhülsen Xylose in einer Ausbeute von 16% der Hülsen.

7. Zucker-Couleur.

Zuckerlösungen, in erster Linie die von Fructose, dann aber auch von Glucose und Saccharose sind gegen Hitzeeinwirkung sehr empfindlich. So verfolgte J. E. Duschsky[5] das Verhalten von Saccharoselösungen beim Erhitzen und gibt folgende zusammenfassende Tabelle darüber an:

1 Vgl. J. v. Wiesner: Die Rohstoffe des Pflanzenreiches, 4. Aufl., Bd. 2, S. 2060. 1928.

2 C. S. Hudson: Journ. Ind. engin. Chem. 1918, **10**, 176; **C.** 1918, II, 827.

3 C. Antoniani: Atti Accad. naz. Lincei VI 1934, **19**, 599; **Z.** 1937, **74**, 447.

4 E. Pljuschkin: Masloboino-chirowoje Djelo (russ.) 1934, **10**, Nr. 7, 36; **Z.** 1937, **74**, 447.

5 J. E. Duschsky: Zeitschr. Ver. Deutsch. Zuckerind. 1911, **48**, 581, 855, 989; **Z.** 1912, **24**, 520, 521.

Tabelle 64. Zuckerverluste auf 100 g Zucker in 1 Stunde.

Temperatur °C	Konzentration der Lösung					
	50%	55%	60%	65%	70%	75%
80	0,026	0,026	0,023	0,020	0,017	0,017
100	0,051	0,071	0,035	0,035	0,035	0,051
110	0,0878	0,1003	0,1003	1,003	0,078	0,1003
115	0,1504	0,1837	0,1337	0,1337	0,1837	0,1673
120	0,3009	0,3009	0,2508	0,2508	0,2237	0,2006
125	0,7021	0,6519	0,7021	0,6018	0,6018	0,7021
130	1,3039	1,2537	1,3039	1,2036	1,1033	1,0531
135	2,1063	1,9057	1,7051	1,6549	1,8556	1,7051

Wesentlich stärkere Zersetzungen treten bei höherem Erhitzen unter Abspaltung von Wasser auf.

So verliert Saccharose nach M. CUNNINGHAM und C. DORÉE[1] bei 170—180° 2 Moleküle Wasser und bildet Caramelan $C_{12}H_{18}O_9$ oder $C_{24}H_{36}O_{18}$, einen dreiwertigen Alkohol, der ein Tetraacetat vom Schmelzpunkt 108°, ein Tetrabenzoat vom Schmelzpunkt 105° liefert. Da sich mit Phenylhydrazin und Semicarbazid Derivate bilden, muß auch eine Keto- oder Aldehydgruppe im Molekül vorliegen. Konzentrierte, nicht oxydierende Säuren führen Caramelan unter weiterer Wasserabspaltung in Caramelin $C_{24}H_{26}O_{13}$ über, schwächere unter Hydrolyse und Wasserabspaltungen in Glucose, Methylfurfurol und Huminsäure. Bei der Oxydation wird Caramelan in mehr komplexe Stoffe übergeführt und dabei fast stets ein C-Atom des C_{24}-Körpers fortgeschafft. Als einfaches Erzeugnis wurde dabei Acetaldehyd gefunden.

A. PICTET und N. ADRIANOFF[2] fanden, daß durch Erhitzen von Rohrzucker auf 185 bis 190° bei 10—15 mm Druck Wasser abgespalten wird und nacheinander

Isosaccharosan $C_{12}H_{20}O_{10}$,
Caramelan $C_{24}H_{36}O_{18}$ (vgl. oben!) und
Caramelen $C_{36}H_{50}O_{25}$

entstehen. Von diesen ist Isosaccharosan ein sehr hygroskopisches amorphes weißes Pulver von bitterem Geschmack, Schmelzpunkt 94—94,5° $[\alpha]_D^{22} = +64°$, das nach PICTET und u. STRICKER[3] bereits bei 40° FEHLINGsche Lösung reduziert, allerdings nur halb soviel wie Glucose. Das ausgesprochen bitter schmeckende Caramelan ist ein hellgelbes weniger hygroskopisches, amorphes Pulver vom Schmelzpunkt 144—145°, $[\alpha]_D = +80°$. Noch bitterer schmeckt das braune, nicht hygroskopische Caramelen vom Schmelzpunkt 204 bis 205°, wenig löslich in Wasser, sonst unlöslich, $[\alpha]_D^{23} = +65{,}4°$.

Vgl. auch J. B. SHUMAKER und J. H. BUCHANAN[4], ferner über das Verhalten der Caramelisationskolloide A. JOSZT und S. MOLIŃSKI[5].

C. J. KRUISHEER[6] hält die Ansichten von PICTET für die Erklärung der Caramelisation für unhaltbar. Das Isosaccharosan ist nach KRUISHEER eine Mischung verschiedener Stoffe und enthält wahrscheinlich Laevulosin und Glucosin, das Vorliegen von Caramelan und Caramelen sei nicht erwiesen. Nach KRUISHEER entstehen beim Rösten von Inulin neben unzersetzt bleibender Fructose Laevulosin, ein Dehydrationsprodukt der Fructose, und beträchtliche Mengen (bis 2%) Hydroxymethylfurfurol, sehr wenig Furfurol. Vgl. auch J. DHONT[7], der in Rohrzuckercaramel noch 5—6% Saccharose fand.

Nach G. v. ELBE[8] sind Caramelan, Caramelen, Caramelin Gemische aus einer dunkelbraunen Huminsubstanz (I) und zwei farblosen Verbindungen II und III. I hat die Eigenschaft eines lyophoben Kolloids, das durch II und III in kolloider Verteilung gehalten wird und nach Abtrennung irreversibel ausflockt. Zur Abtrennung wird Caramel mit Methanol verrührt, worauf die obere Phase des Gemisches hauptsächlich II und III enthält, die untere I. Dasselbe wird mit der unteren Phase wiederholt. Sobald I halbfest geworden ist, wird es im Soxhletapparat mit Methanol und dann weiter mit Wasser ausgezogen. II und III lassen sich mit Hilfe von Propylalkohol trennen, in dem III praktisch unlöslich ist.

Für die drei Verbindungen wurden folgende Zusammensetzung und Eigenschaften ermittelt:

---

[1] M. CUNNINGHAM u. C. DORÉE: Zeitschr. Ver. Deutsch. Zuckerind. 1918 [N. F.] **55**, 1—21; **Z.** 1921, **41**, 86.
[2] A. PICTET u. N. ADRIANOFF: Helv. chim. Acta 1924, **7**, 703; **C.** 1924, II, 1176.
[3] A. PICTET u. P. STRICKER: Helv. chim. Acta 1924, **7**, 708; **C.** 1924, II, 1176.
[4] J. B. SHUMAKER u. J. H. BUCHANAN: Journ. State Coll. J. Sci. 1932, **6**, 367; **Z.** 1937, **73**, 382.
[5] A. JOSZT u. S. MOLIŃSKI: Kolloid-Beih. 1935, **42**, 367; **Z.** 1937, **74**, 250.
[6] C. J. KRUISHEER: Chem. Weekbl. 1933, **30**, 154; vgl. **Z.** 1933, **65**, 289.
[7] J. DHONT: Chem. Weekbl. 1937, **34**, 522.
[8] G. v. ELBE: Journ. Amer. Chem. Soc. 1936, **58**, 600; **C.** 1936, II, 2378.

Tabelle 65.

Verbindung	C %	H %	$[\alpha]_D^{25}$ Grad	Farbe	Geschmack	Wasseranziehung	Molekulargewicht (in Brenzkatechin)
I	62,0	4,9	—	dunkelbraun	—	—	—
II	43,9	6,54	+ 24,5	farblos	bitter und schwach brennend	äußerst hygroskopisch	210—270
III	44,9	6,34	+ 63	farblos	süß	weniger hygroskopisch als II	160—164

II ist ferner leichtlöslich in Methanol, löslich in Pyridin, Eisessig, Alkohol (bei 25° 3,0%), normalem Propylalkohol (bei 25° 2,4%), schwerlöslich in Aceton, unlöslich in Äther und Kohlenwasserstoffen. Es zersetzt sich oberhalb 95°, reduziert FEHLINGsche Lösung und liefert mit Phenylhydrazin ein öliges Produkt und Glucosazon.

III ist weniger löslich, so bei 25° in Methanol 4,7%, Alkohol 0,026, Propylalkohol 0,0005%. Es reduziert FEHLINGsche Lösung und gibt dieselben Farbreaktionen wie Fructose. Nicht III selbst, sondern seine Hydrolysenprodukte liefern mit Phenylhydrazin ein Öl und Glucosazon.

Untersuchungen von A. SCHWEIZER[1] haben neuerdings ergeben, daß der Caramelfarbstoff zu den Huminstoffen gehört. Man kann dieses Zuckerhumin nach GELIS mit Bleiacetat fällen und aus dem Niederschlag mit verdünnter Salpetersäure als dunkelbraunen flockigen Stoff abscheiden. Dem Aufbau nach entspricht das Zuckerhumin den Formeln

$$(C_{12}H_{10}O_5)\,x \text{ und } (C_{12}H_{18}O_4)\,y.$$

Es ist wie die echten Kohlenhydrate aus Pyrankernen aufgebaut. Eine direkte Extraktion von Caramel mit Alkohol ergab, daß Caramel aus Isosaccharosan und Humin besteht, in wechselndem Verhältnis, abhängig von Zeitdauer und Temperatur bei der Caramelisierung; sogar das unter 25% Wasserverlust entstandene Caramel enthält noch stets bedeutende Mengen Isosaccharosan. Das in Wasser unlösliche Humin geht in Mischung mit Isosaccharosan in Lösung. Oberhalb eines Wasserverlustes von etwa 14% nimmt die Huminmenge so zu, daß sich nicht mehr alles löst.

Verbindungen wie Caramelan und Caramelen bestehen nach SCHWEIZER in Wirklichkeit nicht und Caramelin ist unreines Humin.

Frisch hergestellter Caramel enthält nach G. SANGIORGI[2] stets neben Furfurol auch Formaldehyd, der sich allmählich zu Ameisensäure oxydiert. So fand er in Handelscaramel an Furfurol 0,01, Aceton 0,206, Ameisensäure 0,164 und Essigsäure 1,070 g in 100ccm. Die Bildung von Ameisensäure selbst bei der Caramelisation hat ST. G. SIMPSON[3] verfolgt und gefunden, daß sie unter 160° kaum stattfindet, über 160° steigt die Menge der gebildeten Ameisensäure porportional der Höhe und Dauer der Erhitzung.

In der Technik dient Caramel in Form von sog. Zucker-Couleur als gesundheitlich unbedenklicher Farbstoff. Die Herstellung erfolgte früher aus Rohrzucker, z. B. durch 5—10stündiges Erhitzen auf 125°, (J. J. HARZEWINKEL[4]) heute meist aus dextrinarmem aber nicht dextrinfreiem[5] Stärkezucker, und zwar aus einem durch Hydrolyse mit 1,0—1,2% Schwefelsäure, bezogen auf Feuchtstärke, gewonnenen Stärkezucker, weil Verwendung von Salzsäure trübende Biercouleur liefert. Der Stärkezucker wird in eisernen Kesseln unter Rühren langsam erhitzt, worauf bei etwa 150° langsam die Braunfärbung einsetzt und allmählich zunimmt. Man erhitzt bei höchstens 200° und prüft die Färbung durch Hineinstecken eines Glasstabes, den man dann in heißes Wasser taucht. Das Produkt soll nach Erkalten sofort erstarren, einen spröden Bruch zeigen und bitter schmecken.

A. DANIEL[6] fand keinen wesentlichen Unterschied im Endprodukt, ob das Caramel aus Stärkezucker oder Rübenzucker gewonnen war. Die Polarisation

[1] A. SCHWEIZER: Tijd Alg. 1937, **33**, 17.
[2] G. SANGIORGI: Giorn. Farmac. Chim. 1913, **62**, 256; **Z.** 1917, **33**, 61.
[3] ST. G. SIMPSON: Journ. Ind. engin. Chem. 1923, **15**, 1054; **Z.** 1926, **51**, 381.
[4] J. J. HARZEWINKEL: Meddeelingen Proefstation Java-Suikerind. 1910, 197; **Z.** 1912, **24**, 247.
[5] Das Dextrin wirkt schützend gegen eine zu starke Zersetzung des Stärkezuckers.
[6] A. DANIEL: Chem.-Ztg. 1911, **35**, 1373.

war in beiden Fällen vor und nach der Inversion praktisch die gleiche. Der Reduktionswert betrug an Kupferoxydul:

Tabelle 66.

Stärkecouleur (4 Proben)		Rüben- oder Invertzucker-couleur (4 Proben)	
vor Inversion mg	nach Inversion mg	vor Inversion mg	nach Inversion mg
31,4—56,6	50,1—71,8	48,8—88,5	72,9—92,8

Zur Erzielung einer dunkleren Farbe wird Zucker-Couleur öfter mit Alkalien (Soda, Natriumbicarbonat, Ammoncarbonat, Ammoniak, Ammoniumtartrat) behandelt[1].

So sind die Produkte Dekfa und Kulex der Deutschen Couleurfabrik in Berlin-Neukölln durch Behandeln mit Ammoniak erhalten. Aus Dekfa, einem dicken, schwarzen, in Wasser und verdünntem Alkohol löslichen Sirup isolierte H. SIMMICH[2] ein Caramelan, das 2 Moleküle Ammoniak addiert hatte von der Formel $C_{24}H_{36}O_{18} \cdot 2\,NH_3$. Aus Kulex, bestehend aus rundlichen schwarzen, schwach bitteren Körnern, die in kaltem Wasser und Alkohol mäßig löslich, in Alkalien leichtlöslich waren, erhielt er ein Produkt $C_{24}H_{28}(CH_2)O_{15}$, das also einem durch 2 Aminogruppen substituierten Caramelin entsprechen würde.

Überschüssige Zusätze an Ammoniak oder Natriumcarbonat bei der Caramelherstellung können nach DANIEL leicht ein Unlöslichwerden, z. B. in Bier, zur Folge haben.

Man unterscheidet im Handel folgende Sorten Caramel[3]:

1. **Bier-Couleur** muß, dem Bier während des Brauvorganges oder auch dem fertigen Erzeugnis in der nötigen Menge zugesetzt, eine blanke braune Färbung erteilen. Die Farbkraft gilt als normal, wenn 0,5 g Couleur zum Liter gelöst die gleiche Farbstärke hervorrufen wie 200 ccm 0,01 N.-Jodlösung auf ein Liter, bzw. wenn 100 g Couleurtrockensubstanz etwa 5300 ccm 0,1 N.-Jodlösung entsprechen. 3 Analysen von Bier-Couleur ergaben folgende Zusammensetzung[4]:

Tabelle 67.

Wasser %	Glucose %	Dextrin %	Asche %	Grädigkeit ° Bé (alte)	Farbkraft bei 10000facher Verdünnung 1/100 N.-Jodlösung in ccm
26,20—30,72	11,56—15,08	32,66—42,54	0,64—2,50	37,08—39,30	2,5—3,0

Die Proben waren leicht löslich in kaltem Wasser, der Geschmack bei einer Probe stark sauer, bei den anderen normal.

2. **Rum-Couleur.** Von dieser unterscheidet man wieder

a) 75%ige Rum-Couleur, die mit 75 vol.-%igem Spiritus in der Kälte noch keine Trübung ergibt,

b) 80%ige Rum-Couleur, die mit 80 vol.-%igem Spiritus auch nach längerem Stehen noch keine Trübung bewirkt.

Die Herstellung der Rum-Couleur erfolgt unter Zusatz von z. B. 2,5 kg kryst. Soda in 5 Liter Wasser, auf 200 kg Stärkezucker mit geringem Dextringehalt.

Gute Rum-Couleur muß frei sein von kohligen Rückständen und in der Farbtiefe von 100 g Extrakt bei 75%iger Couleur, etwa 6500 bei 80%iger, etwa 5000 ccm 0,1 N.-Jodlösung entsprechen.

[1] Vgl. P. CARLES: **Z.** 1913, **25**, 407.
[2] H. SIMMICH: Zeitschr. Ver. Deutsch. Zuckrind. 1926, **63**, 1; **Z.** 1927, **54**, 492.
[3] Vgl. E. PREUSS: Die Fabrikation des Stärkezuckers. Leipzig 1925.
[4] MUSPRATTS Chemie, Ergänzungs-Bd. IV, 2, S. 940.

3. Raffinade-Couleur (Rumcouleur 90%ig). Diese Couleur dient zum Färben stärkster Spirituosen und darf daher auch 90%igen Alkohol nicht trüben. Ihre Darstellung ist auch aus Rübenzucker nur möglich, wenn der geschmolzenen Zuckermasse vor Beginn der Caramelisierung eine gewisse Menge (13 kg auf 50 kg Raffinade) Glycerin zugesetzt wird.

Couleur für die Likörfabrikation stellt M. KOTLJARENKO[1] nach folgender Vorschrift her: 80 kg Sandzucker werden mit 150 Liter Wasser und 50 g Weinsäure zuerst bei 120°, dann bei 180° unter Rühren erhitzt und dann auf 20% Gehalt mit Wasser verdünnt. Die Lösung zeigt dann bei 20° 38—40° Bé. — Das beste Produkt wird aus Raffinade mit Zusatz von Glycerin (5—25%) erhalten. Es gibt mit 90%igem Alkohol und Schwefelsäure keinen Niederschlag und zeigt die größte Färbekraft.

4. Caramel in fester Form. Dieses Erzeugnis findet vielfach als Hauptbestandteil besserer Kaffeesurrogate Verwendung. Die Herstellung ist die gleiche wie bei 75%iger Rum-Couleur, nur daß die Caramelisierung bis nahe an die Kohlebildung durchgeführt wird.

Die Farbkraft soll für 100 g Extrakt mindestens 6600 ccm 0,1 N.-Jodlösung betragen.

Da Caramele leichtverdauliche Kohlenhydrate enthalten, die nach E. GRAFE auch dem Diabetiker zuträglich sind, kommt nach VAUBEL[2] für diesen Zwecke eine besondere Zubereitung, die Caramose, von E. Merck, Darmstadt, in den Handel. Das Reduktionsvermögen, berechnet als Traubenzucker, liegt bei gut löslichen Caramelsorten nach VAUBEL zwischen 14—52%. Die Löslichkeit geht damit parallel.

Untersuchung von Zucker-Couleur. Bestimmung der Farbkraft. In Deutschland wird die Farbkraft der Couleur für Bier, Wein, Rum und Essig gewöhnlich so bestimmt, daß man einen bestimmten Verdünnungsgrad herstellt und mit 0,1 oder 0,01 N.-Jodlösung vergleicht. Man entnimmt der verdünnten Caramellösung eine bestimmte Menge und vergleicht mit Wasser in gleichem Volumen, dem man soviel der Jodlösung zufließen läßt, bis der gleiche Farbton erreicht ist.

In anderen Ländern, so in England, wird die Farbkraft mit dem STAMMERschen Farbmaß ermittelt. Dieses Farbmaß besteht aus einer Vergleichsröhre von unveränderlicher Länge und von bestimmtem Farbton und einer die zu prüfende Flüssigkeit enthaltenden Röhre von veränderlicher Länge. Die Maßzahl der Höhe der Flüssigkeitssäule bei Farbengleichheit in 100 dividiert, ist nach STAMMER der zahlenmäßige Ausdruck für die Farbkraft der Couleur. W. EKHARD[3] hat diese Farbmaße mit 0,1 N.-Jodlösung verglichen und die Ergebnisse in Tabellen niedergelegt.

Teerfarbstoffe in Zucker-Couleur lassen sich mit der Wollfadenprobe nachweisen, da Zucker-Couleur Wollfäden nur in stärkerer Konzentration anfärbt, bei der Umfärbung im Gegensatz zu Teerfarbstoffen aber nicht wieder aufgenommen wird.

L. v. NOEL[4] empfiehlt hierbei Weinsäure als Fixierungsmittel (statt Kaliumbisulfat). Nach EKHARD[5] waren aber nur größere Mengen (0,5% und mehr) eines Teerfarbstoffes auf diese Weise nachweisbar, ebenso auf spektroskopischem Wege.

Bei der polarimetrischen Prüfung eignet sich nach J. KARAS[6] zur Klärung und Entfärbung am besten Behandlung mit Tannin und Bleiessig. Vgl. Bd. II, S. 881.

Über weitere Reaktionen von Caramel vgl. Bd. II, S. 1188.

---

[1] M. KOTLJARENKO: Branntwein-Ind. (russ.) 1937, **14**, Nr. 1, 22; C. 1937, II, 1684.
[2] VAUBEL: Zeitschr. öffentl. Chem. 1921, **27**, 245; **Z.** 1922, **44**, 224.
[3] W. EKHARD: Zeitschr. Spiritusind. 1923, **46**, 223; **Z.** 1926, **51**, 381.
[4] L. v. NOEL: Pharm. Zentralh. 1926, **67**, 33.
[5] W. EKHARD: Zeitschr. Spiritusind. 1925, 48, 828; **Z.** 1930, **59**, 540.
[6] J. KARAS: **Z.** 1913, **25**, 559.

B. Zuckerwaren.

I. Zuckerwaren allgemein (Bedeutung, Begriff und allgemeine Anforderungen).

Bedeutung der Zuckerwaren. Begriff[1]. Unter Zuckerwaren (Konditorwaren, Kanditen) versteht man eine große Reihe von süßschmeckenden Nahrungs- und Genußmitteln, deren Hauptbestandteil der Zucker ist. Neben Zucker enthalten sie noch Zutaten verschiedenster Art, mit denen sie zerkleinert, gemischt, geformt, verziert, gebacken und sonst behandelt werden. Eine scharfe Abgrenzung und Einteilung der zahlreichen Waren, die oft nach Art und Menge der Bestandteile von Ort zu Ort variieren, ist außerordentlich schwierig. Doch kann man von den Zuckerbackwaren (vgl. S. 249), die mit Mehl in wesentlichen Mengen verbacken werden, und von den Schokoladen die Zuckerwaren im engeren Sinne abgrenzen, welche hauptsächlich nur aus Zucker mit geringen aromatisierenden, färbenden, würzigen oder sonst angenehm schmeckenden oder die Konsistenz beeinflussenden Zusätzen hergestellt werden. Der Zucker wird vielfach durch Stärkesirup, Stärkezucker, Invertzucker ersetzt. Oft erhalten diese Erzeugnisse Fruchtbestandteile, Samen, Kerne, Kakao, Stärkesirup, Pflanzengummi, auch Milchbestandteile, Malz, Honig, Likör und andere Zutaten. Das deutsche Nahrungsmittelbuch gibt folgende Begriffsbestimmung:

„Zuckerwaren (im engeren Sinne) sind Waren, die aus Zucker jeglicher Art allein oder mit mannigfaltigen Zusätzen von anderen zu Nahrungs- und Genußzwecken dienenden Stoffen (Stärkezucker, Stärkesirup, Milch, Sahne, Eiern, Honig, Fetten, Kakao, Schokolade, Früchten, Marmeladen, Gelees, Fruchtsäften, Gewürzen, Malzextrakt, Mandeln, Nüssen, Samen, Tragant, Gummiarabicum, Gelatine, Agar-Agar usw.) sowie von Farb- oder Geschmacksstoffen hergestellt sind. Alle diese Zuckerwaren haben das miteinander gemeinsam, daß Zucker (Saccharose) einer ihrer wesentlichen Bestandteile ist."

Über die Geschichte der Zuckerwaren vgl. KITTEL[2].

Bei sehr vielen Zuckerwaren ist Färbung mit unschädlichen, wenn auch künstlichen, Farbstoffen allgemein üblich, weiter Zusatz von Geschmacksstoffen durch natürliche oder künstliche Essenzen oder Tinkturen, die ätherische Öle, Fruchtäther, Cumarin, Vanillin u. a. enthalten können, ferner Zugabe von organischen Säuren. Zuckerwaren, die mit Frucht- oder sonstigen Geschmacksnamen bezeichnet sind, enthalten in der Regel nicht die natürlichen Früchte, natürliche Fruchtessenzen oder sonstige natürliche Geschmacksstoffe, weil diese bei der Herstellung (hohe Hitzegrade) nicht ausreichen würden, sondern zum mindesten künstlich verstärkt werden müssen.

Soweit von dieser Regel Ausnahmen gemacht werden müssen, ist dies bei den einzelnen Zuckerwaren im folgenden Teil hervorgehoben.

Unzulässig ist Verwendung aller Stoffe, die nicht einen Gebrauchswert als Nahrungs- oder Genußmittel haben oder die nicht zu Färbungs- oder zu Geschmackszwecken dienen. Hierhin gehören Füllstoffe, insbesondere Mineralstoffe wie Talkum (außer Spuren, die bei der Verarbeitung des Zuckers zurückbleiben), Calciumcarbonat, Schwerspat, Gips, Kaolin und andere. Zusatz von künstlichen Süßstoffen (Saccharin, Dulcin u. dgl.) wird durch das Süßstoffgesetz (S. 918) geregelt.

Schweflige Säure gelangt durch Verwendung von geschwefeltem Stärkesirup in die Zuckerwaren. Ihre Menge darf nicht so erheblich sein, daß sie im Geschmack erkennbar wird.

---

[1] Vgl. Deutsche Nahrungsm.-Rundschau 1926, 212. Ferner H. FINCKE: Z. 1929, 58, 201.

[2] KITTEL: Festschrift zur Eröffnung des Verwaltungsgebäudes der Würzburger Vereinigung am 3. Mai 1922. (nach HÄRTEL).

H. WITTE[1] fand in Bonbons nur Spuren davon, nämlich 0,4—0,5 mg-%. Nach H. KREIS[2] ist es nicht möglich, aus Stärkesirup mit Schwefliger Säure sulfitfreie Bonbons zu erhalten.

Umhüllungen dürfen nicht mit gesundheitsschädlichen Farben versehen sein, Zinnfolien nicht mehr als 1% Blei enthalten. An deren Stelle sind heute in Deutschland fast ausschließlich Aluminiumfolien in Gebrauch.

Für alle Zuckerwaren gelten nach F. HÄRTEL[3] folgende Leitsätze:

1. Zusatz von Mineralstoffen, die nur zur Beschwerung dienen, wie z. B. Talcum, Calciumcarbonat, Schwerspat, Gips usw. ist unzulässig.
2. Zusatz von künstlichen Süßstoffen ist an sich unzulässig bis auf Ausnahmen, die das Süßstoffgesetz vorsieht.
3. Verwendung von Nitrobenzol zur Aromatisierung von Zuckerwaren ist verboten.
4. Im Hinblick auf die gesundheitlichen Gefahren sind Zuckerwaren, die im Innern scharfkantige Holz-, Metall- oder Glasteile enthalten, vom Verkehr auszuschließen.
5. Zum Färben von Zuckerwaren dürfen gesundheitsschädliche Farbstoffe nicht verwendet werden.
6. Gegen das Färben von Zuckerwaren ist im allgemeinen nichts einzuwenden, sofern durch die künstliche Färbung nicht ein höherer Gehalt an bestimmten, für die Zuckerware charakteristischen Stoffen vorgetäuscht werden soll. Bei Zusätzen von Essenzen oder künstlichen Aromen müssen die betreffenden Zuckerwaren als „mit Geschmack" z. B. „mit Himbeergeschmack" bezeichnet werden.
7. Zuckerwaren, die nach einem bestimmten Stoff benannt sind, wie z. B. Milchbonbons, Schokoladenbonbons, Honigbonbons usw., müssen diese Stoffe auch in entsprechender Menge enthalten.
8. Zuckerwaren, die nach ihrer Bezeichnung die Verwendung von Spirituosen als Geschmackszusatz erwarten lassen, müssen auch wirklich unter Verwendung dieser alkoholischen Zusätze bereitet sein.

Physiologischer Wert der Zuckerwaren. Gegenüber der verbreiteten Ansicht über Zucker und Zuckerwaren als entbehrliche Leckerei, als überflüssiges Genußmittel betont A. BEYTHIEN[4] ihre Bedeutung als außerordentlich wertvolles Nahrungsmittel, das restlos im Organismus ausgenutzt wird, und als Kraft- und Wärmespender. Auch die oft vertretene Behauptung, daß Zucker Karies begünstigend wirke, ist nach H. FINCKE[5] bisher keineswegs erwiesen.

II. Besondere Arten von Zuckerwaren.

Im Handel werden folgende hauptsächlich gebräuchlichen Zuckerwaren und Süßwaren unterschieden[6]:

1. Caramelbonbons. Diese unter verschiedenen Namen (Drops, Rocks, Berlingots, Boltjen, Gutsl, Zuckerl, gefüllte Bonbons usw.) in den Verkehr kommenden hauptsächlichen Sorten von Zuckerwaren, werden hergestellt durch Verkochen von aufgelöstem Zucker, regelmäßig mit Stärkesirup oder Invertzucker, sowie unter Zusatz von Geschmacks- und Farbstoffen, in offenen oder unter Vakuum stehenden Kesseln.

Im einzelnen sind hier folgende Anforderungen zu stellen:

a) Fruchtbonbons haben Zusätze von Fruchtessenzen, künstlichen Fruchtsäften oder ätherischen Ölen. Hustenbonbons haben Zusätze von Frucht- oder Pflanzensäften (z. B. von Eibischwurzeln, Malzextrakt usw.) oder von alkoholischen Auszügen aus Pflanzenteilen, von ätherischen Ölen, Menthol, Eukalyptus, Lakritzen usw.

b) Malzbonbons oder Malzextraktbonbons müssen bei der Fabrikation einen Zusatz von mindestens 5% Malzextrakt oder 4% Malzextraktpulver erhalten. Honigbonbons müssen bei der Fabrikation einen Zusatz von mindestens 5% natürlichem Bienenhonig erhalten; Caramelbonbons, die diesen Herstellungsvorschriften nicht entsprechen, dürfen

---

[1] H. WITTE: Z. 1912, **24**, 463. [2] H. KREIS: Z. 1913, **26**, 675. [3] F. HÄRTEL: Z. 1931, **62**, 242. [4] BEYTHIEN: Deutsch. Nahrungsm.-Rundschau 1932, 113.

[5] H. FINCKE: Schulzahnpflege. Beilage zu Zahnärztliche Mitteilungen 1933, **21**, Nr. 21.

[6] In der Hauptsache nach einer Sortentafel vom Bund Deutscher Nahrungsmittelfabrikanten und -händler, vgl. Deutsch. Nahrungsm.-Rundschau 1926, 213. Dort auch weitere Einzelheiten und Unterteilungen.

nicht als Malz- bzw. Honigbonbons oder unter ähnlichen Bezeichnungen in Verkehr gebracht werden. (Als ähnliche Bezeichnung für Malzbonbons gilt im Verkehr auch die Aufschrift oder Bezeichnung „B. M.", die in Hersteller-, Händler- und Verbraucherkreisen als Abkürzung für die Worte „Bayerisch Malz" gilt. Als ähnliche Bezeichnung für Honigbonbons gilt auch das Bild einer Biene, auf die Bonbons aufgeprägt oder auf dem Einwickelpapier.) Vgl. hierzu F. HÄRTEL[1].

Klebrigkeit bei Honigbonbons überwindet E. F. PHILIPS[2] durch Mitverwendung von Milchzucker.

c) Bonbons mit Säure enthalten Weinsäure, Citronensäure, Milchsäure oder Essigsäure.

d) Gefüllte Bonbons sind Caramelbonbons mit Füllungen von Früchten, Marmeladen, Mandeln, Kernen, Likören usw. — Mohnbonbons sind entweder mit Mohnsamen überzogen (Nauten) oder mit Mohnsamen gemischt. — Cocosnußbonbons (Manna) sind Caramelbonbons, deren Masse mit geraspelter Cocosnuß gemischt ist. — Kakaobonbons sind Caramelbonbons mit Zusatz von Kakaomasse oder Kakaopulver; der Gehalt an Kakaobestandteilen soll wenigstens 5% betragen. — Kaffeebonbons (auch Hopjes) sind Caramelbonbons mit Zusatz von Kaffeeextrakt, mit oder ohne Milch- oder Sahnezusatz.

e) Milchbonbons müssen unter Verwendung von Vollmilch in frischer oder kondensierter Form (auch Trockenmilchpulver) hergestellt sein und müssen mindestens $2^1/_2$% Milchfett enthalten. Sahne- oder Rahmbonbons müssen in gleicher Weise hergestellt sein, aber mindestens 4% Milchfett enthalten. (Eine Fehlergrenze bis zu $^1/_2$% Milchfett ist im Einzelfalle bei Milch- und Sahnebonbons wegen der auch bei Kondens- und Trockenmilch üblichen Fehlergrenzen zugelassen.) Der Geschmacksverbesserung wegen kann sowohl bei Milch- wie bei Sahne- oder Rahmbonbons jeweils über die oben bezeichneten Milchfette hinaus Milchfett (auch Butterfett) oder anderes Fett, ferner Magermilch (auch in kondensierter Form oder als Magermilchpulver) zugesetzt werden. — Auch die Füllung von Milchcremewaffeln muß mindestens 2,5%, die von Sahnewaffeln 4% Milchfett enthalten (F. HÄRTEL[3]).

Über Zusammensetzung von Milch- und Rahmzuckerwaren vgl. Untersuchungen des Nahrungsmitteluntersuchungsamtes in Frankfurt a. O.[4], über Herstellung und Entstehung der Begriffsbestimmungen H. FINCKE[5] und F. HÄRETL[6].

f) Fruchtzucker- oder Blockzuckerwaren sind aus aufgelöstem Traubenzucker mit Zusätzen von Geschmacksstoffen und Farben hergestellte Erzeugnisse.

2. Konservekonfekt oder Fondants. Konservekonfekt (auch Konserve) ist eine Zuckerware aus aufgelöstem, dann bis zu einem gewissen Grade eingedicktem Zucker unter Verwendung von Geschmacksstoffen und Farben, Gewürzen, auch Pflanzenstoffen u. dgl. in Formen, Platten (Morsellen) oder Plätzchen (Raffinadeküchel) gegossen.

Fondants sind schmelzende, auf der Zunge leicht zergehende Zuckerwaren, die in Formen gegossen und kandiert oder mit Zucker übergossen sind. Dessertfondants (Dessertbonbons) enthalten eine Füllung von Mandeln, Nüssen, Kernen, Likören, Früchten, Marmeladen od. dgl.

Fondantmasse ist eine schmelzende, auf der Zunge leicht zergehende Masse von Zucker und Sirup, Geschmacks- und Farbstoffen.

Über die Herstellung von Fondant vgl. M. ST. CARRIK[7], über sog. Zuckerbutter B. FISCHER[8], über Manillacreme KRZIZAN[9].

3. Komprimate sind aus gepreßtem Staubzucker hergestellte Zuckerwaren, regelmäßig in pastillenähnlicher Form; sie haben, abgesehen von geringen Mengen an Bindemitteln, sowie von Zusätzen von medizinischen oder Geschmacksstoffen, ausschließlich aus Zucker zu bestehen. Zusätze von Mineralstoffen, wie Talkum, kohlensaurer Kalk u. dgl. sind als Fälschungen zu betrachten. — Pfefferminzkomprimate erhalten einen Zusatz von Pfefferminzöl, der den Geschmack zu bestimmen hat; eine Vorschrift über die Menge

[1] F. HÄRTEL: Z. 1930, **60**, 170. [2] E. F. PHILIPS: Fodd Ind. 1935, **7**, 61; Z. 1937, **74**, 251. [3] F. HÄRTEL: Deutsch. Lebensm.-Rundschau 1937, 115. [4] Jahresbericht 1913, 40; Z. 1915, **29**, 93. [5] H. FINCKE: Z. 1929, **58**, 201. [6] F. HÄRTEL: Z. 1930, **60**, 170; 1931, **62**, 242.

[7] M. ST. CARRIK: Journ. physik. Chem. 1919, **23**, 589; C. 1921, IV, 969.

[8] B. FISCHER: Jahresber. Unters.-Amt Breslau 1901/02; Z. 1903, **6**, 1121.

[9] KRZIZAN: Zeitschr. öffentl. Chem. 1909, **15**, 33; Z. 1910, **19**, 111.

des Zusatzes von Pfefferminzöl ist mit Rücksicht auf die verschiedene Ausgiebigkeit der einzelnen Sorten nicht möglich.

4. **Türkischer Honig** wird hergestellt aus Zucker, Honig, Stärkezucker, Stärkesirup, Schaum von Eiweiß, Gelatine od. dgl., sowie mit oder ohne Zusätzen von Mandeln, Kernen ,Nüssen usw. Bestimmte Vorschriften lassen sich hierfür ebensowenig aufstellen, wie für die verwandten Zuckerwarensorten „Lokum", „Orientalisches Nugat" usw. Über Halva und Lokum vgl. auch PETKOFF[1] und J. M. SILBER[2], A. ZLATAROFF[3], A. HEIDUSCHKA und P. ZYWNER[4], über Unschädlichkeit saponinhaltiger Schaummittel A. LODE[5].

5. **Agarwaren** mit Fruchtgeschmack sind aus Zucker und Stärkesirup mit Zusatz von Agar-Agar (als Geliermittel) hergestellte Zuckerwaren mit Zusätzen von Geschmacksstoffen und Farben; häufig sind sie künstliche Nachahmungen von Früchten, aber nur der Form nach. — Fruchtpasten, Fruchtgeleewaren und Marmeladenfrüchte werden hergestellt aus Obstgelee oder Marmelade, ohne oder mit Zusatz von Geliermitteln.

6. **Weiche Schaumzuckerwaren** (Baisers) werden aus Zucker, Sirup, Eiweiß, Speisegelatine oder Agar hergestellt, in weichem Zustand mit Waffelunterlage und entweder mit Zuckerguß oder mit Schokolade (sog. „Negerküsse" oder „Mohrenköpfe") versehen.

7. **Harte Schaumzuckerwaren** werden in gleicher Weise wie weiche Schaumzuckerwaren, jedoch durch Trocknen in harter Form hergestellt und vielfach mit Malereien, Spritzarbeit und Zierrat aller Art versehen. — Verwandt mit den Schaumzuckerwaren sind die Gummischaumwaren; diese haben mit Gummiarabicum oder ähnlichen Stoffen nichts zu tun, sind vielmehr nur elastische Schaumzuckerwaren (in Form von Schlangen u. dgl.).

Über Zusammensetzung eines Schaumpulvers für Konditoreizwecke vgl. A. BEYTHIEN und H. HEMPEL[6].

8. **Gummipastillen** sowie Gummibonbons sind aus Zucker, Stärkesirup und Gummiarabicum mit Zusätzen von anderen Nahrungs- und Genußmittelstoffen, Drogen u. dgl. hergestellte, in Puder oder Formen gegossene und getrocknete Waren, mit oder ohne Zuckerüberzug (Kandierung). — Gelatine- und Leimzuckerwaren gehören nicht zu den Gummipastillen oder Gummibonbons, sind vielmehr zu bezeichnen.

9. **Marzipan-, Persipan- und Nugatwaren.** a) Marzipanrohmasse ist ausschließlich ein Gemenge von feuchtgeriebenen Mandeln mit Zucker. Der Feuchtigkeitsgehalt darf nicht über 17%, der Zusatz von Zucker nicht über 35% der fertigen Rohmarzipanmasse betragen; der Fettgehalt muß mindestens 28% betragen. — Als Verfälschung von Rohmarzipanmasse gilt demnach ein Zusatz jeder Art, insbesondere von Haselnüssen, Walnüssen, Erdnüssen, Cocosnüssen, Cashew-, Pistazienkernen, Pfirsich- oder Aprikosenkernen, Pinienkernen, Sojabohnen, Mehl und Stärkemehl enthaltenden Naturprodukten und Kompositionen sowie Glycerin und Stärkesirup.

b) Nußmassen sind Rohmassen, die aus Haselnüssen und Zucker im Verhältnis der Rohmarzipanmassen bestehen. — Mandelnußmassen sind Rohmassen, die aus Mandeln und Haselnüssen sowie Zucker im Verhältnis der Rohmarzipanmassen bestehen. — Alle Zusätze anderer Art zu Nuß- oder Mandelnußmasse gelten als Verfälschung.

[1] PETKOFF: Zeitschr. öffentl. Chem. 1908, **14**, 206; **Z.** 1909, **18**, 483.
[2] J. M. SILBER: Charkower med. Journ.; **Z.** 1908, **16**, 412.
[3] A. ZLATAROFF: **Z.** 1917, **33**, 107.
[4] A. HEIDUSCHKA u. P. ZYWNER: **Z.** 1923, **45**, 61. [5] A. LODE: **Z.** 1929, **58**, 311.
[6] A. BEYTHIEN u. H. HEMPEL: Pharm. Zentralh. 1915, **56**, 261; **Z.** 1915, **30**, 339.

c) Rohpersipanmasse (auch Backmasse genannt) ist ein Gemenge von entbitterten feuchtgeriebenen Aprikosen- oder Pfirsichkernen mit Zucker. Zusatz von Mandeln ist zulässig. Der Feuchtigkeitsgehalt darf nicht über 20%, der Zusatz von Zucker nicht über 35% der fertigen Masse betragen. Rohpersipanmasse ist genau zu kennzeichnen (durch Aufschrift auf der Verpackung); zur Kennzeichnung ist ferner ein deklarationsfreier Zusatz von $^1/_2$% Kartoffelstärke, der jedoch in das Gewicht des Zuckers gelegt werden muß, vorgeschrieben.

d) Nugatmassen sind Rohmassen, die unter Verwendung von Haselnüssen (Nußnugatmasse) oder von gerösteten Mandeln (Mandelnugatmasse) mit oder ohne Zusatz von Kakaobestandteilen hergestellt sind. Der Zuckerzusatz darf nicht mehr als die Hälfte der fertigen Rohmasse betragen.

e) Marzipanwaren (angewirktes Marzipan) müssen bestehen aus 1 Teil der festgesetzten Rohmarzipanmasse mit Zusatz bis zu 1 Teil Zucker. Zur Frischerhaltung kann bis zu 3,5% Stärkesirup hinzugesetzt werden; der Zusatz des Stärkesirups ist dann aber in die Gewichtsmenge des Zuckerzusatzes zu legen. Die Verwendung von Schokoladeüberzug, Zuckerguß, Früchten und sonstigen Stoffen bei angewirktem Marzipan hat hierbei außer Rechnung zu bleiben.

f) Persipanwaren müssen bestehen aus 1 Teil der festgesetzten Rohpersipanmasse mit Zusatz bis zu $1^1/_2$ Teilen Zucker. Die übrigen Bestimmungen für Marzipanwaren gelten auch für Persipanwaren. Persipanwaren sind genau zu kennzeichnen (durch Aufschriften auf den Verpackungen der Waren oder beim offenen Verkauf durch Schilder mit genauen Angaben).

Vgl. hierzu auch O. Keller[1], P. Buttenberg[2].

Als „Zucker“ im Sinne vorstehender Bestimmungen ist Rohr- oder Rübenzucker zu verstehen. Doch findet man heute in den Marzipanzubereitungen des Handels vielfach Zusätze eines Invertinpräparates (Convertit, Invertin), durch das ein kleiner Teil der Saccharose zu Invertzucker invertiert wird; dessen höhere wasserbindende Kraft verhindert eine vorzeitige Austrocknung der Ware, so daß sie länger weich bleibt. Anscheinend genügt hierzu bereits eine ganz geringe Menge Invertzucker. — Vgl. auch F. Härtel[3]. Nach O. Spengler und R. Weidenhagen[4] beschränkt sich die Invertasewirkung auf den gelösten Zucker ohne den festen Zucker anzugreifen.

Geschichte des Marzipans[5]. Das Bekanntwerden des Marzipans hängt mit der Ausbreitung der arabischen Kultur im Mittelalter eng zusammen. Der Begriff Marzipan tauchte kurz vor 1300 auf und breitete sich dann rasch aus. Der Name stammt wahrscheinlich von dem arabischen mauṯabān (Benennung für eine Münze = $^1/_{10}$ der Münzeinheit, später für ein Hohlmaß, eine Schachtel oder deren Inhalt), ein Wort, das bei den Italienern in Marzapane überging. — Die Ableitung von Marci panis = Brot des Marcus (Schutzheiliger von Venedig oder sagenhafter Klosterkoch Marcus) ist weniger wahrscheinlich.

Das Bekanntwerden des Marzipans in Deutschland haben wir hauptsächlich Venedig zu verdanken, das daher auch vielfach irrtümlich als Erfindungsort des Marzipans angesehen wurde. Der besondere Ruf des Lübecker und Königsberger Marzipans besteht erst seit Ende des 18. oder Anfang des 19. Jahrhunderts.

Als Marzipanersatzstoff ist in einem Werk des Jahres 1573 auch „Persici panes, Phersichbrot“ genannt. Die heutige Bezeichnung „Persipan“ stammt von J. B. Kittel, der den Namen 1922 als Warenzeichen eintragen ließ und dann für die Industrie freigab.

Ältere Angaben über Zusammensetzung von Handelsmarzipanmassen wurden von F. Filsinger[6] und P. Soltsien[7], von Marzipanwaren, Mandeln und Aprikosenkernen von F. Härtel und P. Hase[8], neuere über Marzipan, Marzipanersatzstoffe und Mandeln von H. Fincke[9] sowie J. Pritzker und R. Jungkunz[10] gemacht.

---

[1] O. Keller: Z. 1926, **52**, 151; 1927, **54**, 78.

[2] P. Buttenberg: Z. 1926, **52**, 153; 1927, **54**, 84. [3] F. Härtel: Z. 1931, **62**, 253.

[4] O. Spengler u. R. Weidenhagen: Zeitschr. Ver. Deutsch. Zuckerind. 1934, **84**, 218; Z. 1937, **74**, 250.

[5] Literatur: H. Fincke: Z. 1927, **53**, 100—126; 1928, **56**, 335—340; Deutsch. Lebensm.-Rundschau 1936, 228.

[6] F. Filsinger: Zeitschr. öffentl. Chem. 1897, **3**, 443.

[7] P. Soltsien: Zeitschr. öffentl. Chem. 1897, **3**, 495.

[8] F. Härtel u. P. Hase: Pharm. Zentralbl. 1907, **48**, 1029; Z. 1908, **16**, 602.

[9] H. Fincke: Z. 1926, **52**, 423. [10] J. Pritzker u. R. Jungkunz: Z. 1929, **57**, 58.

10. Gebrannte Mandeln bestehen aus rohen oder gerösteten Mandeln und caramelisiertem Zucker mit Gewürz- oder Geschmacksstoffzusätzen wie Vanillin u. dgl. Das Verhältnis von Zucker zu Mandeln darf im Durchschnitt einer größeren Menge nicht mehr als etwa 4 : 1 betragen. — Für gebrannte Haselnüsse gelten die gleichen Bestimmungen hinsichtlich des Zusatzes von caramelisiertem Zucker zu rohen oder gerösteten Haselnüssen.

Nach H. FINCKE[1] wurden mit Zucker überzogene gebrannte Mandeln schon um das Jahr 1000 zuerst erwähnt.

11. Krokant ist ein Erzeugnis aus Mandeln oder Nüssen (Hasel- oder Walnüssen) mit caramelisiertem Zucker. Bei Verwendung anderer Bestandteile, z. B. von Erd- oder Cocosnüssen u. dgl., muß Bezeichnung (Deklaration) erfolgen.

12. Cocosflocken bestehen aus frischer, nicht entölter, geraspelter Cocosnuß und Fondantmasse, Zusätze von Stärkemehl sind nicht zulässig. Der Anteil von geraspelter Cocosnuß muß mindestens $^1/_4$ des Gesamtgewichtes betragen.

13. Pralinen[2]. Pralinen sind Konfekte in der bekannten charakteristischen Form (nicht in Tafeln, Riegeln, Torten, Broten, Stangen u. dgl.) mit Überzug von Kakao oder Schokoladenmasse. Die Füllung (der Corpus) muß den Festsetzungen für Zuckerwaren, der Überzug jenen für Kakaoerzeugnisse oder Schokoladen entsprechen. Den überzogenen Pralinen gleichzustellen sind die Erzeugnisse in ähnlicher Form aus Gemengen von Kernen wie Mandeln, Haselnüssen u. dgl. mit Kakao- und Schokolademassen.

Man unterscheidet Cremepralinen und Dessertpralinen:

a) Cremepralinen sind Pralinen, deren Füllungen aus Creme bestehen. Unter Creme versteht man bei der Pralinenherstellung eine aus gekochtem und tabliertem Zucker unter Beimengung von Sirup sowie von Geschmacks- und Farbstoffen hergestellte Füllmasse; dieser Füllmasse können auch Fette zugesetzt werden.

b) Dessertpralinen sind Pralinen mit zuckerhaltiger Füllung (oder Gemengen) von Früchten, Obstmus, Fruchtmark, Marmeladen, Gelees, Mandeln, Nüssen, Marzipan, Persipan, Sahne, Säften, Likören u. dgl.

c) Sahnepralinen[3]. Die Füllung von Sahnepralinen darf nur Milchfett und kein anderes Fett enthalten. Die Füllmasse muß mindestens 5,50% Milchfett enthalten.

d) Sahnecremepralinen[3]. Bei Sahnecremepralinen ist ein Zusatz von anderem Fett zugelassen. Der Gehalt der Cremefüllung an Milchfett muß aber mindestens 4% betragen. Die Ware muß auf den Rechnungen und Auslageschildern ausdrücklich als „Sahnecremepralinen" bezeichnet sein.

e) Sahnekugeln[3]. Sahnekugeln sind gleichbedeutend mit Sahnepralinen. Die Füllung der Sahnekugeln darf kein Fremdfett enthalten. Der Milchfettgehalt muß mindestens 5,5% betragen.

f) Trüffelmassen sind schokoladenartige Zubereitungen von besonderer Güte, die neben Kakaomasse, Zucker, Kakaobutter und vielfach auch Butter solche Geschmacksstoffe enthalten, die ihnen einen besonderen Charakter als Genußmittel verleihen (wie Rum u. dgl.).

g) Trüffeln (Konfekttrüffeln) sind aus Trüffelmassen hergestellte Zubereitungen, die in ihrer Form an Trüffelpilze erinnern.

h) Sahnetrüffeln[3]. Sahnetrüffeln bestehen aus Trüffelmasse mit einem Zusatz von Sahnebestandteilen. Der Milchfettgehalt der Trüffelmasse muß mindestens 5,5% betragen. Bei Sahnetrüffeln, die mit Kuvertüre überzogen sind, muß die Füllung den Anforderungen für Sahnetrüffeln entsprechen. Die Kuvertüre bleibt bei der Begutachtung außer Betracht, selbst dann, wenn sie äußerlich mit sog. Schokoladestreuseln bedeckt ist.

i) Buttertrüffeln[3]. Zunächst müssen Buttertrüffeln den Anforderungen für reine Trüffelmasse entsprechen. Die Trüffelmasse muß aber mindestens 6% Butterfett enthalten.

Als Fälschungen sind zu betrachten insbesondere Zusätze von Streckmitteln aller Art (Mehl, Stärkesirup u. dgl.), von Fetten anderer Arten und Farbstoffen.

Die für Schokolade geltenden Vorschriften hinsichtlich des Verhältnisses von Kakaomasse und Zucker finden hier keine Anwendung.

Anmerkung. Nach diesen Verkehrsbestimmungen ist für die mit anderen Stoffen, z. B. mit Pflanzenfetten hergestellte Ware ähnlicher Art, die Bezeichnung „Trüffeln"

[1] H. FINCKE Z. 1927, **53**, 100.
[2] Vgl. HÄRTEL: Nach Mitt. Ver. Deutsch. Lebensmittelchemiker 1936, 28.
[3] Vgl. auch HÄRTEL: Deutsch. Lebensm.-Rundschau 1937, 115.

verboten. Zur Herstellung von Trüffeln selbst dürfen nur Schokoladestreusel bzw. Trüffelstreusel, die den Bestimmungen für Schokolade entsprechen, Verwendung finden.

Erzeugnisse ähnlicher Art, die den Bestimmungen für Trüffeln nicht entsprechen, dürfen daher nicht unter der Bezeichnung „Trüffel" oder unter einer ähnlichen Bezeichnung in den Verkehr gebracht werden, sondern müssen in der Bezeichnung schon zum Ausdruck bringen, daß es sich hier um andere Erzeugnisse handelt. Bezeichnungen wie „Streuselkugeln", „Rumkugeln" u. dgl. sind regelmäßig für diese Art von Erzeugnissen gebräuchlich und als ausreichend anzusehen. Rumkugeln müssen jedoch mit echtem Rum hergestellt sein; wird Rumaroma oder Rumessenz verwendet, dann müssen die Erzeugnisse entsprechend als „mit Rumgeschmack" bezeichnet werden[1].

14. Dragees sind mit Zucker oder mit Zuckerlösung unter Zusätzen von Stärkesirup, Stärkezucker sowie sonstigen Nahrungs- und Genußmittelstoffen, auch Heilmitteln, ferner mit Geschmacksstoffen, Farben usw. entweder ohne Einlagen aufgezogene oder mit Einlagen in gleicher Weise hergestellte Zuckerwaren. Die Einlagen sind entweder flüssige oder feste Kerne aus Zucker, Traubenzucker, Gummiarabicum, Gelatine, Konserve, Agar-Agar usw. oder vegetabilische Kerne und Samen, z. B. Haselnüsse, sonstige zu Nahrungs-, Genuß- und Heilmitteln geeignete Kerne und Samen, wie Wurmsamen u. dgl. Der Zusatz von Mehl ist nicht gestattet: jedoch sind bei Dragees mit Einlagen geringe Spuren von Stärkemehl, die bei der nötigen Verarbeitung der Einlagen zurückbleiben, unbeanstandbar.

a) Milchdragees sowie Sahne- oder Rahmdragees müssen ebenso wie die Milchbonbons und Sahne- oder Rahmbonbons die festgesetzten Mengen von Milchfett enthalten, jedoch jeweils nur im ungefähren Durchschnitt auf Kern und Decke berechnet.

b) Silber- oder Golddragees müssen, wenn sie ausdrücklich so bestellt und bezeichnet sind, mit Silber bzw. Gold überzogen sein. Die Verwendung von Aluminium ist zulässig, doch darf dann nicht die ausdrückliche Bezeichnung „Silber" gewählt werden. Die Verwendung von kupferhaltigen Bronzen zu „Golddragees" ist unzulässig.

c) Sansibarnüsse (Dragee-Haselnüsse) sind Haselnüsse mit einem Zuckerüberzug.

d) „Nonpareille" und „Liebesperlen" dürfen nur aus Zucker ohne irgendwelchen fremden Kern, hergestellt werden; die Verwendung von Sago, Grieß, Mohnsamen u. dgl. als Kern für diese Sorten ist zulässig. Bei Nonpareille ist aus technischen Gründen eine Abdeckung mit Stärkemehl gestattet, jedoch darf der Zusatz von Stärkemehl nicht mehr als 10% des Gesamtgewichts der Ware betragen.

Lakritzen und Lakritzwaren (aller Art) werden unter Verwendung von Süßholzsaft und, je nach dem Zweck, verschiedenen Zusätzen wie Süßholzpulver, Zucker, Sirup, Stärke, Mehl, Anispulver, Gummiarabicum usw. in Form von Stangen, Stängelchen, Röhren, Riemen, Bändern, auch von Figuren, z. B. Mutzpfeifen, Kautabak u. dgl. hergestellt. Lakritzen und Lakritzwaren müssen Süßholzsaft enthalten, und zwar bei den billigsten Sorten (Spielartikeln) mindestens 5%. Die sonstigen Zusätze dürfen nur aus Nahrungs- und Genußmitteln, sowie aus für den Genuß gebräuchlichen Drogen bestehen. Mineralische Zusätze sind verboten.

Süßholzsaft (Succus liquiritiae) muß rein und ohne Zusätze sein. Über die Eigenschaften und die Verwendung von Succus liquiritiae in der Pharmazie bestimmt das Deutsche Arzneibuch, 6. Ausgabe.

Über Zusammensetzung von Lakritzbonbons vgl. auch A. AUGUET[2], über Bestandteile der Süßholzwurzel und des Süßholzextraktes P. A. HOUSEMAN[3].

P. RASENAK[4] erhielt aus Süßholzwurzel über das saure Ammonsalz Glycyrrhizinsäure in krystallinischem Zustand (undurchsichtige weiße Prismen und auch Blättchen), wenn die Darstellung des Salzes ganz auf kaltem Wege erfolgte. Glycyrrhizinsäure $C_{44}H_{60}O_{18}$[5] quillt in kaltem Wasser auf und gibt mit warmem Wasser schleimige, nur schwach süß schmeckende Lösungen oder Gallerten. Vgl. hierzu auch Bd. I, S. 498. — Süßholz enthält neben der glucosidartigen[6] Glycyrrhizinsäure noch reichliche Mengen Saccharose, die seinen süßen Geschmack verstärken. Über ein neuartiges Disaccharid als Zuckeranteil des Glycyrrhizins vgl. W. Voss und J. PFIRSCHKE[7].

---

[1] Kazett 1936, 32. [2] A. AUGUET: Ann. Falsif. 1909, **10**, 387; **Z.** 1911, **21**, 118.

[3] P. A. HOUSEMAN: Amer. Journ. Pharmac. 1912, **84**, 531; **Z.** 1917, **33**, 63.

[4] P. RASENAK: Arb. kaiserl. Gesundh.-Amt 1908, **28**, 420; **Z.** 1908, **16**, 413.

[5] A. TSCHIRCH und H. CEDERBERG (Arch. Pharm. 1907, **245**, 97) hatten $C_{44}H_{64}O_{19}$ angegeben. [6] Nach TSCHIRCH und CEDERBERG, vgl. vorige Anmerkung; nach diesen ist sie kein echtes Glucosid (Zuckeräther).

[7] M. VOSS u. J. PFIRSCHKE: Ber. Deutsch. Chem. Ges. 1937, **70**, 132; **Z.** 1937, **74**, 100.

Wesentlich verschieden vom Glycyrrhizin ist nach RASENAK ein Süßstoff, der in der in Paraguay wachsenden Pflanze Eupatorium Rebaudianum, besonders in den Blättern, enthalten ist. Der Süßstoff ließ sich aus Methylalkohol in weißen Nadeln erhalten. Er löst sich leicht in Wasser, Alkohol und Amylalkohol, schwer in Methylalkohol und Aceton, nur spurenweise in Äther und Benzol. Bis 180° bleibt er beständig, färbt sich dann und schmilzt unter Zersetzung bei 200—210°. Die Formel wurde zu $C_{42}H_{72}O_{21}$ ermittelt. Da sich durch Hydrolyse Glucose abspalten ließ, scheint es sich um ein echtes Glucosid zu handeln.

15. Kandierte Früchte sind mit Zucker überzogene und von diesen durchdrungene Früchte und andere Pflanzenteile, wobei der Zucker zur Konservierung dient. Der Zuckerüberzug umhüllt die Früchte entweder als dünne, glasige, gleichförmige Schicht (glasierte Früchte) oder in Form einer mehr oder weniger starken Kruste von Zuckerkrystallen (kandierte Früchte). Bei der Glasierung der Früchte ist ein Zusatz von Stärkesirup üblich.

Hierzu gehören auch Citronat und Orangeat. Eingehende Untersuchungen über die Zusammensetzung von 21 Proben Citronat haben F. HÄRTEL und A. KIRCHNER[1] ausgeführt und gefunden:

Tabelle 68.

Angabe	Unlösliche Teile	Löslicher Extrakt	Saccharose	Stärkesirup (wasserhaltig)	Freie Säure als Citronensäure	Mineralstoffe gesamte	Mineralstoffe NaCl	Alkalität ccm N.-Säure lösliche	Alkalität ccm N.-Säure unlösliche	Alkalität ccm N.-Säure gesamte	Alkalitätszahl für NaCl-freie Asche
Mittel	4,033	73,81	35,69	22,00	0,92	0,804	0,284	2,54	1,85	4,39	8,44
Schwankungen	2,896 bis 6,072	60,83 bis 80,36	14,30 bis 50,03	11,52 bis 30,86	0,043 bis 0,201						

Zwei weitere, von HÄRTEL[2] später untersuchte, aus Italien stammende Proben waren stärkesirupfrei.

16. Alkoholhaltige Konfitüren. Nach A. RÖHRIG[3] enthielten alkoholhaltige Konfitüren an Alkohol:

Tabelle 69.

Rumbohnen Gew.-%	Kognakbohnen Gew.-%	Arrakwürfel Gew.-%	Arrakfondant Gew.-%	Likörhimbeeren Gew.-%	Zuckererdbeeren Gew.-%	Rocks Gew.-%	Drops Gew.-%
10,2	8,5—10,8	7,2	2,35	2,35	1,85	1,05	1,8

Auch A. FORSTER[4] untersuchte 15 derartige Konfektwaren bzw. Pralinen, die mit feineren Branntweinen, Burgunder und Punsch gefüllt waren, und fand (Tabelle 70):

Tabelle 70.

Preise für 1 kg RM	Alkohol in 1 kg g	Alkohol in 1 Stück (Bohne) g
3,20—9,20	2,0—52,0	0,007—0,297

H. WITTE[5] stellte für den Alkoholgehalt von Likörbohnenkonfekt folgendes fest:

10 Stück wogen	Gramm	43	50	38	—	52	59	—
10 ,, enthielten Alkohol .	,,	0,59	0,83	1,74	1,92	3,05	4,30	5,10
17,5 g Alkohol (= 1/2 Liter Bier) waren enthalten in rund	Stück	255	210	100	90	55	40	35
	Gramm	1094	1050	380	—	286	286	—

Von dem alkoholreichsten Konfekt müßte man, um den Alkoholgehalt (8,0 g) in einem Glase Weinbrand (20 ccm) zu sich zu nehmen, 154 g, von dem

[1] F. HÄRTEL u. A. KIRCHNER: Z. 1911, **22**, 350. [2] F. HÄRTEL: Z. 1918, **35**, 442.
[3] A. RÖHRIG: Z. 1908, **16**, 412. [4] A. FORSTER: Zeitschr. öffentl. Chem. 1909, **15**, 243.
[5] H. WITTE: Chem.-Ztg. 1910, **34**, 815.

geringhaltigsten Konfekt (Vanillelikörbohnen) sogar 400 g verzehren. Wenn auch diese Mengen an sich gering sind, so ist doch zu beachten, daß Kinder durch Naschen von Likörbohnen vorzeitig zum Genuß alkoholischer Getränke verleitet werden können.

Über eine in Japan aus Reis und Malz hergestellte Zuckerware Midzu-Ame vgl. Y. FURUKAWA[1], F. H. STORER und G. W. ROLFE[2] sowie O. v. CZADEK[3].

Über Zuckerwaren aus Indien berichtet J. E. QU. BOSZ[4].

III. Süßspeisen.

Unter Süßspeisen kann man Speiseeis und Puddings zusammenfassen.

1. Speiseeis (Gefrorenes).

Der Begriff Speiseeis ist in der Verordnung über Speiseeis vom 15. Juli 1933[5] (vgl. S. 903) festgelegt, ebenso der Speiseeissorten, von denen unterschieden werden:

1. Cremeeis (Eiercremeeis), 2. Fruchteis, 3. Rahmeis (Sahneeis), 4. Milchspeiseeis, 5. Eiscreme, 6. Einfacheiscreme, 7. Kunstspeiseeis.

Als Halberzeugnisse für Speiseeis werden nach der gleichen Verordnung verwendet:

1. Speiseeiskonserven, 2. Speiseeispulver.

Über die dieser Verordnung zugrunde liegenden Beratungen vgl. A. GRONOVER und R. TIEMANN[6], P. BUTTENBERG[7], H. KRUSPE[8], W. MOHR[9].

Über Speiseeis im Straßenhandel vgl. auch G. HEUSER[10].

Studien über die Textur von Gefrorenem vgl. A. C. DAHLBERG und C. J. MARQUARDT[11].

Die wichtigste Sorte Speiseeis ist das Rahmeis, das in Amerika die Bezeichnung Eiscreme, trägt.

Rahmeis (Eiscreme). Nach der Verordnung über Speiseeis (vgl. S. 903) wird Rahmeis definiert:

„Speiseeis, das aus technisch reinem weißen Verbrauchszucker (Saccharose) und Schlagsahne sowie natürlichen Geschmacks- und Geruchsstoffen, zuweilen auch unter Verwendung von Ei sowie einer geringen Menge Stärkemehl, Tragant oder Obstpektin hergestellt ist; Rahmeis enthält mindestens 60 Hundertteile Schlagsahne; zuweilen werden zur Erzielung eines besonderen Geschmacks frisches Obstfruchtfleisch oder Obsterzeugnisse zugesetzt; Fürst-Pückler-Eis ist ein Rahmeis besonderer Art."

O. RAHN[12] gibt für Rahmeis nach amerikanischer Art (Eiscreme[13]). folgende Definition:

„Rahmeis ist ein gefrorenes Erzeugnis, das in der Hauptsache aus Rahm, Milch, Zucker und irgendwelchen Aromastoffen besteht und durch starkes Rühren kurz vor und während des Frierens locker und schaumig gemacht ist."

Rahmeis wurde zuerst in Italien hergestellt, im Jahre 1550 in Frankreich eingeführt, dann 200 Jahre später in England bekannt und gelangte von dort nach Nordamerika, wo Fussel 1851 die erste Eiscremegroßhandlung gründete. Um die Jahrhundertwende setzte eine besonders lebhafte Entwicklung der Eiscremeindustrie in den Vereinigten Staaten ein mit dem Ergebnis, daß 1925 dort 4742 Eiscremefabriken, davon $^1/_3$ Großbetriebe

---

[1] Y. FURUKAWA: Bull. Bussey Institution 1904, **3**, 95; **Z.** 1906, **11**, 168.

[2] F. H. STORER u. G. W. ROLFE: Bull. Bussey Institution 1904, **3**, 80; Chem.-Ztg. 1905, **29**, 31.

[3] O. v. CZADEK: Zeitschr. landw. Versuchswesen in Österreich 1906, **9**, 891.

[4] J. E. QU. BOSZ: **Z.** 1910, **19**, 747. [5] RGBl. 1933, I, 510.

[6] A. GRONOVER u. R. TIEMANN: **Z.** 1927, **54**, 183; 1928, **56**, 119.

[7] P. BUTTENBERG: **Z.** 1927, **54**, 186; 1928, **56**, 110; 1929, **58**, 144.

[8] H. KRUSPE: **Z.** 1927, **54**, 191. [9] W. MOHR: **Z.** 1928, **56**, 120. [10] G. HEUSER: **Z.** 1928, **55**, 393. [11] A. C. DAHLBERG u. J. C. MARQUARDT: Milchw. Forsch. 1926, **3**, 1—2.

[12] O. RAHN: Molkerei-Ztg. (Hildesheim) 1924, **38**, 1681.

[13] Vgl. auch W. MOHR: Anm. 9.

bestanden, die mehr als 1,2 Milliarden Liter Eiscreme erzeugten. Über weitere Angaben vgl. F. Rasmussen[1].

Rahmeis muß von gutem Geschmack und vollmundig sein, auf der Zunge leicht schmelzen, aber bei Zimmerwärme seine Form behalten. Sein Gefrierpunkt liegt bei etwa 1,5—2° unter Null.

Für die Zusammensetzung von amerikanischem Rahmeis geben O. Rahn und P. F. Sharp[2] an (Tabelle 71):

Tabelle 71.

Wasser %	Fett %	Fettfreie Milchtrockenmasse %	Zuckerzusatz %
60—70	8—16	6—13	10—18

Nach dem Fettgehalt geordnet ist die Zusammensetzung normaler Rahmeissorten in Prozent nach Rahn etwa folgende:

Fett	8,0	9,0	10,0	12,0	16,0	18,0
Wasser	67,0	65,0	65,0	65,0	62,0	60,0
Fettfreie Milchtrockenmasse	11,5	12,5	10,5	8,5	7,5	7,5
Zucker	13,0	13,0	14,0	14,0	14,0	14,0
Gelatine	0,5	0,5	0,5	0,5	0,5	0,5

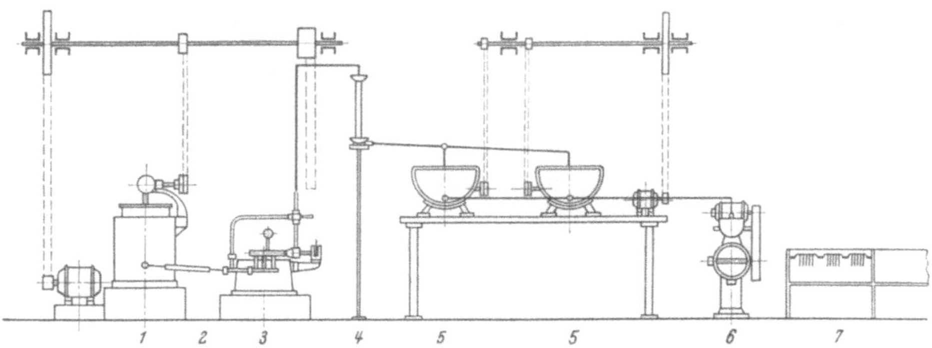

Abb. 13. Schema einer Rahmeisanlage nach Wilh. G. Schröder Nfl., Lübeck.

N. James[3] fand in 28 Handelsproben von Eiscreme an:

Tabelle 72.

Fett %	Gesamttrockenmasse %	Bakterienzahl
12,0—18,4	32,72—41,71	2500—670 000

Wegen seines hohen Gehaltes an Fett und auch an fettlöslichen Vitaminen ist Rahmeis ein hochwertiges Nahrungsmittel. Vgl. auch R. A. Dutcher[4].

Als Grundstoffe zur Eiscremeherstellung werden verwendet: Rahm, Milch, Kondensmilch, Milchpulver, Butter, Rohrzucker, gegebenenfalls Stärkesirup und Glucose, als Festigungsmittel statt Gelatine auch Tragant oder Eier neuerdings Pflanzengummis, so das aus Seetang hergestellte Versteifungsmittel Natriumalginat (Dariloid). Vgl. V. C. Stebnitz und H. H. Sommer[5].

Als Zusätze zu Eiscreme kommen Geschmacksstoffe verschiedener Art, insbesondere aber Fruchtbestandteile, Nüsse, Gewürze (Vanille), Schokolade und Eidotter in Frage. L. J. Hynes[6] nennt als Aromazusätze Vanille-, Erdbeer-, Himbeer-, Citronen-, Orangen-, Pistacien-, Mandel- und Pfefferminzaroma.

[1] F. Rasmussen: Lait 1930, **10**, 113.
[2] O. Rahn u. P. F. Sharp: Physik der Milchwirtschaft. Berlin 1928.
[3] N. James: Scient. agriculture 1929, **9**, 448; **C.** 1929, I, 2252.
[4] R. A. Dutcher: Ice Cream Trade Journ. 1929, **25**, 81 (November).
[5] V. C. Stebnitz u. H. H. Sommer: Ice Cream Rev. 1938, **21**, 36.
[6] L. J. Hynes: Food. Manufacture 1936, **11**, 96.

Die Herstellung von Eiscreme geht in folgender Weise vor sich (vgl. Abb. 13).

Der Rahm wird unter allmählichem Zusatz von Magermilchpulver und etwas Gelatine in einem Rührwerk (1) gemischt, zuerst auf 45° und dann unter allmählichem Zusatz von Zucker auf 65° erhitzt und zur Pasteurisierung 30 Minuten auf dieser Temperatur gehalten. Nun geht die Mischung durch ein Sieb (2) in eine unter etwa 150 Atmosphären Druck stehende Homogenisiermaschine (3), wird darauf in einem Kühler (4) bei 4—5° gekühlt und bleibt dann im Reifer (5) meist 48 Stunden zum „Reifen" oder „Altern" stehen. Nunmehr wird die Mischung mit den Geschmacks- und Aromastoffen aromatisiert und gelangt dann in den Gefrierer (6), wo sie gleichzeitig zu Schaum geschlagen und zum Gefrieren gebracht wird. Die entstandene breiig-zähflüssige Masse wird dann in Formen (7) gegossen und im Härteraum bei — 24° gehalten, wo sie in 24 Stunden so fest wird, daß man sie mit einem Messer zerschneiden kann. Nun lagert das Rahmeis bis zum Versand bei — 5°. Die beste Serviertemperatur für Eiscreme ist nach J. H. FRANDSEN, J. H. BROCKSCHMIDT und M. J. MACK[1] 16—20° F (= —6,7 bis —8,9° C).

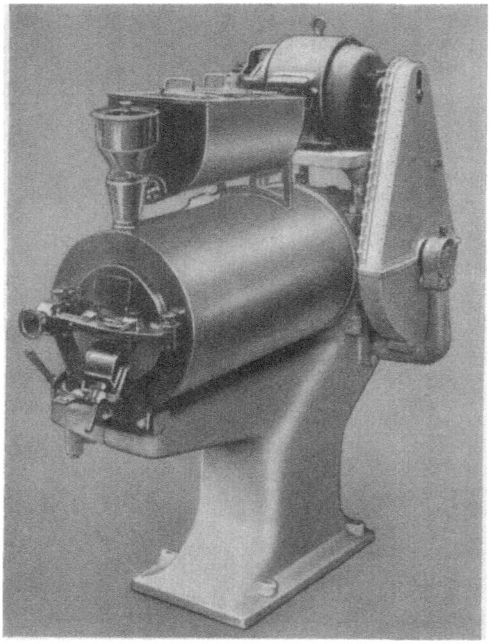

Abb. 14. Gefriermaschine nach Wilh. G. Schröder, Nfl., Lübeck.

Als Normalmischung für Eiscreme empfiehlt RAHN folgende:

Tabelle 73.

Rahm mit 17,3% Fett kg	Magermilchpulver kg	Zucker kg	Gelatine kg	Insgesamt kg
81,7	5,0	13,0	0,3	100

Die Einzelstufen dieser Herstellung von Eiscreme sind in bezug auf ihre Wirkung und Zweckmäßigkeit außerordentlich eingehend durchgeprüft worden. Bezüglich der älteren Arbeiten dieser Art sei auf das genannte Buch von RAHN und SHARP verwiesen. Weitere neuere Untersuchungen haben unter anderem folgendes ergeben:

Zusammensetzung der Mischung. Der Einfluß der Art der Mischung auf die Struktur äußert sich nach W. H. E. REID und M. W. HALES[2] dahin, daß Erhöhung von Fettgehalt, fettfreier Trockenmasse, Zucker und Gelatine eine grobe Textur auf eine feinkrystallinische und physikalisch gleichmäßige bringt. Andererseits kann aber durch zu hohe Trockensubstanz eine krümelige Struktur entstehen, die M. J. MACK[3] durch stufenweise Homogenisierung und Erhöhung des Zuckergehaltes überwindet. Ein weiterer Nachteil von zu hohem Gehalt an Milchtrockensubstanz besteht in der Abscheidung von Milchzuckerkrystallen, die das Rahmeis „sandig" im Geschmack machen. Nach REID[4] liegt die kritische Grenze dafür bei etwa 7% Milchzucker oder 12% Milchtrockenmasse. Viele Vorschläge sind gemacht diese Störung des Milchzuckers, z. B. durch vorherige Abscheidung, zu beheben und in Patenten niedergelegt, vgl. A. C. DAHLBERG[5]. Von E. W. BIRD, H. W. SADLER und C. A. IVERSON[6] wird Ersatz des Magermilchpulvers durch Natriumcaseinatsol empfohlen.

[1] J. H. FRANDSEN, J. H. BROCKSCHMIDT u. M. J. MACK: Milk Plant Monthly 1934, **23**, Nr. 3, 71. [2] W. H. E. REID u. M. W. HALES: Agric. Exp. Stat. Columbia Missouri Res. Bull. 1934, **215**.

[3] M. J. MACK: Journ. Dairy Sci. 1934, **17**, 781.

[4] W. H. E. REID: Ice Cream Trade Journ. 1930, **26**, 60 (Januar).

[5] A. C. DAHLBERG: Ice Cream Trade Journ. 1935, **31**, Nr. 1, 30.

[6] E. W. BIRD, H. W. SADLER u. C. A. IVERSON: Agric. Exp. Stat Jowa State Coll. Agric. mechan. Arts Res. Bull. 1935, **187**.

Statt kondensierter Milch setzt P. S. LUCAS[1] Trinkmilch zu und dickt dann das Gemisch selbst im Vakuum ein.

Für Herstellung von Eiscreme mit hohem Fettgehalt geben J. H. FRANDSEN, J. H. BROCKSCHMIDT und M. J. MACK[2] nähere Anweisungen. Plastischer Rahm, d. i. ein durch Zentrifugalkraft auf über 80% Fett gebrachter Rahm, eignet sich nach C. R. FOSKETT und M. J. MACK[3] als Zusatz zu Rahmeis weniger gut als gefrorener Rahm oder Süßrahm, aber besser als Butter.

Statt eines Zusatzes von Rohrzucker empfehlen W. MOHR[4] und P. H. TRACY[5] Mischungen mit Maiszucker, die sich durch eine weniger auffällige Süße auszeichnen. Hartwerden von Wassereis (bedingt durch Saccharosekrystallisation) vermeidet man nach S. L. TUCKEY[6] durch Erhöhung des Schwellungsgrades, nicht durch Erhöhung des Zuckergehaltes.

Der Zusatz der Stabilisierungsmittel (in Amerika auch Fillers genannt) bezweckt nach TUCKEY[6] vor allem das Ablaufen des ungefrorenen Sirups aus den Eisdesserts zu verhindern. Weiter verhindert besonders Gelatine Entstehung größerer Eiskrystalle beim Aufbewahren des fertigen Rahmeis. Statt Gelatine, deren optimale Konzentration 0,394% beträgt und von der verschiedene Handelsprodukte eine recht verschiedene Brauchbarkeit zeigten (MOHR[4], CARPENTER, DAHLBERG und HENING[7]), werden vielfach Pflanzengummis für den Zweck benutzt (W. J. CAULFIELD und W. H. MARTIN[8], I. A. GOULD und P. S. LUCAS[9], P. H. TRACY[10], vgl. auch oben, S. 465). Über Wirkung bestimmter Salze auf die physikalischen Eigenschaften von Eiscreme vgl. J. C. HENING und A. C. DAHLBERG[11], über Eiscremepulver T. I. WOODS[12].

Bei Rahmeis mit Eidotterzusatz ist die langsame Zunahme der Schwellung nach F. C. BUTTON[13] durch Eieröl und Lecithin, die erhöhte Schlagbarkeit durch Eidotterproteine bedingt. Der Zusatz von Eidotter, am besten in Form von frischem Eigelb, soll aber 5% nicht übersteigen. C. C. WALTS und C. D. DAHLE[14] verbessern durch Zusatz von 0,5% Trockeneidotter zu Butter-Magermilchpulvermischungen die Schlagbarkeit, weniger ausgseprochen bei Rahm und Magermilchpulver, und führen die Wirkung auf das Lecithinalbumin zurück. Sojabohnenlecithin erwies sich als schädlich.

In Schokoladeneiscreme wird nach S. L. TUCKEY, P. H. TRACY und H. A. RUEHE[15] die Schlagbarkeit durch alle fettfreien Bestandteile des Kakaopulvers herabgesetzt. Nur hochwertige Kakaosorten sind geeignet.

Verarbeitung der Mischung. E. L. REICHERT[16] fand, daß verlängerte Pasteurisierungsdauer (60 statt 30 Minuten) und Erhöhung der Temperatur schwellungsverringernd wirken. Erhöhung der Homogenisierungstemperatur kann Fett und Gelatine sparen helfen (A. LEIGHTON, A. LEVITON und O. E. WILLIAMS[17]), wobei die Viscosität als Kriterium dient. J. C. HENING[18] prüfte den Einfluß mehrstufiger Homogenisierung auf Eiscrememischungen im Vergleich zur Wirkung der Kolloidmühle.

Die Zweckmäßigkeit des Alters oder Reifens einer Mischung ist umstritten. G. D. TURNBOW und K. W. NIELSON[19] führen die durch Altern bewirkte Verbesserung der Qualität auf Veränderung der Proteine zurück. RAHN[20] weist auf die Bedeutung des Alterns für das allmähliche Festwerden der Fetteilchen hin. N. E. OLSON[21] hält die Alterung für unnötig und wegen der Aromaverluste dabei sogar für unerwünscht und gibt eine Arbeits-

[1] P. S. LUCAS: Ice Cream Trade Journ. 1937, **33**, Nr. 9, 20.
[2] J. H. FRANDSEN, J. H. BROCKSCHMIDT u. M. J. MACK: Milk Plant Monthly 1934, **23**, Nr. 3, 71. [3] C. R. FOSKETT u. M. J. MACK: Ice Cream Trade Journ. 1933, **29**, Nr. 9, 20; Fodd Industrie 1934, **6**, 156.
[4] W. MOHR: Landw. Jahrb. 1928, **68**, Erg.-Bd. I, 189; C. 1929, I, 315.
[5] P. H. TRACY: Ice Cream Trade Journ. 1936, **32**, Nr. 2, 30.
[6] S. L. TUCKEY: Ice Cream Trade Journ. 1932, **28**, Nr. 7, 45.
[7] D. C. CARPENTER, A. C. DAHLBERG u. J. C. HENING: Ind. engin. Chem. 1928, **20**, 397.
[8] W. J CAULFIELD W. H. MARTIN: Journ. Dairy Sci. 1933, **16**, 265.
[9] I. A. GOULD u. P. S. LUCAS: Journ. Dairy Sci. 1935, **18**, 307.
[10] P. H. TRACY: Ice Cream Trade Journ. 1936, **32**, Nr. 3, 31.
[11] J. C. HENING u. A. C. DAHLBERG: Journ. Dairy Sci. 1929, **12**, 129.
[12] T. J. WOODS: Food. Manufacture 1934, **9**, 201.
[13] F. C. BUTTON: Ice Cream Trade Journ. 1929, **25**, 83 (November).
[14] C. C. WALTS u. C. D. DAHLE: Journ. agric. Res. 1933, **47**, 967.
[15] S. L. TUCKEY, P. H. TRACY u. H. A. RUEHE: Ice Trade Journ. 1932, **28**, Nr. 8, 39.
[16] E. L. REICHERT: Ice Cream Trade Journ. 1931, **27**, 35 (Februar).
[17] A. LEIGHTON, A. LEVITON u. O. E. WILLIAMS: Journ. Dairy Sci. 1934, **17**, 639.
[18] J. C. HENING: Journ. Dairy Sci. 1936, **19**, 707.
[19] G. D. TURNBOW u. K. W. NIELSON: Ind. engin. Chem. 1928, **20**, 376; C. 1928, I, 3125.
[20] O. RAHN: Molkerei-Ztg. (Hildesheim) 1924, **38**, 1681.
[21] N. E. OLSON: Ice Cream Trade Journ. 1929, **25**, 78 (November).

vorschrift ohne Alterung an. Auch J. HENING[1] hält eine Verbesserung durch Alterung nicht für so weitgehend, daß man sie praktisch empfehlen kann. Über Alterungsvorgänge bei Eiscreme vgl. auch W. S. MUELLER[2]; MUELLER und J. H. FRANDSEN[3] ermittelten. daß die Wirkung der Gelatine durch höhere Reifungstemperatur (4 Stunden bei 68° F) erhöht wird, was in Verbesserung von Konsistenz und Struktur, Erhöhung des Schmelzwiderstandes und besserer Schlagbarkeit gegenüber einer bei 38° gereiften Mischung zum Ausdruck kam. Zu niedrige Temperatur kann sogar geronnenes Aussehen bewirken. Über den Einfluß der Temperatur auf die Grundviscosität von Eiscreme vgl. auch A. LEIGHTON und O. E. WILLIAMS[4].

Eine Schnellhärtung von Eiscreme erzielte A. H. BAYER[5] durch Temperaturerniedrigung und Luftzirkulation im Härtungsraum. Das Verfahren führte aber zu Eiscreme von schuppiger und spießiger Struktur. Schnelles Gefrieren dagegen liefert nach S. F. SCISM[6] kleine Eiskrystalle, die wieder zu fester Konsistenz, Feinstruktur, verbunden mit besserem und vollerem Geschmack führen. W. J. CAUFIELD, C. K. OTIS u. W. H. MARTIN[7] empfehlen eine Gefriertemperatur von 24,0—25,5° F. Über Faktoren beim Festwerden von Eiscreme vgl. ferner P. H. TRACY und C. Y. MCCOWN[8], über die Beziehung zwischen Temperatur und Schwellung beim Schlagen der Mischung A. LEIGHTON und A. LEVITON[9].

Über Verhütungsmaßnahmen gegen Eiscremeverunreinigung, besonders gegen bakterielle Infektion in modernen Anlagen berichtet L. H. LAMPITT[10].

Haltbarkeit von Speiseeis. Fertiges Speiseeis hält sich nach Fertigstellung einige Wochen brauchbar. S. F. SCISM[11] fand bei Vanilleeis und Schokoladeneis nach 6, bei Erdbeereis nach 4 Wochen die ersten Güteabnahmen. Dann stellte sich zuerst Verschlechterung von Konsistenz und Struktur, darauf Beigeschmack ein, der dann immer mehr zunahm. Zusätze von Hafermehl in Menge von 0,25 bis 0,50% verhindern die Entstehung von Geschmacksfehlern beim Lagern von Eiscreme (W. S. MUELLER und M. J. MACK[12]).

Hafermehl hat daneben noch stabilisierende Wirkung und ermöglicht Verringerung des Gelatinezusatzes.

Sherbet ist ein ohne Rahm bereitetes, aus Obstsaft oder Milch bestehendes Speiseeis, dem man noch Eiweiß oder Gelatine als Kolloid, außerdem nur noch Zucker-, Aroma- und Farbstoffe zusetzt.

Über die Untersuchung von Rahmeis vgl. S. 476.

2. Puddings.

Unter Puddings versteht man Zubereitungen aus Zucker mit Eiern oder Fruchtsäften unter Zusatz von Geliermitteln wie Maisstärke und Gelatine, meist unter Färbung mit künstlichen Farbstoffen. Kartoffelstärke, die an sich Puddings mit kleisterartiger Konsistenz liefert, kann durch geeignete thermische Vorbehandlung für Puddingherstellung brauchbar gemacht werden.

Sog. Puddingpulver des Handels sind meist mit Gewürzaroma (Vanille. Zimt), Mandel versehene, mit roten oder gelben Anilinfarbstoffen vermischte Stärkepulver. Sie bieten bei der Puddingbereitung den Vorteil, daß sie durch einfaches Abrühren mit Milch oder heißem Wasser und darauffolgendes Kochen den genußfertigen Pudding liefern.

---

1 J. HENING: Bull. New York State agricult Exper. State 1930, Techn. Bull. Nr. **161**.
2 W. S. MUELLER: Ind. engin. Chem. 1933, **25**, 707.
3 W. S. MUELLER u. J. H. FRANDSEN: Agric. Exp. Stat. Amherst, Massachusetts 1933, Bull. **302**.
4 A. LEIGHTON u. O. E. WILLIAMS: Journ. physik. Chem. 1927, **31**, 1663; **C.** 1928, I, 310.
5 A. H. BAYER: Ice Cream Trade Journ. 1932, **28**, Nr. 1, 43.
6 S. F. SCISM: Milk Plant Monthly 1933, **22**, Nr. 2, 73.
7 W. J. CAUFIELD, C. K. OTIS u. W. H. MARTIN: Journ. Dairy Sci. 1937, **20**, 645.
8 P. H. TRACY u. C. Y. MCCOWN: Journ. Dairy Sci. 1934, **17**, 47.
9 A. LEIGHTON u. A. LEVITON: Journ. Dairy Sci. 1937, **20**, 371.
10 L. H. LAMPITT: Food Manufacture 1934, **9**, 284.
11 S. F. SCISM: Ice Cream Trade Journ. 1934, **40**, Nr. 3, 31.
12 W. S. MUELLER u. J. M. MACK: Ice Cream Trade Journ. 1937, **33**, Nr. 10, 24.

IV. Untersuchung von Zuckerwaren.

Die Untersuchung von Zuckerwaren kann sich entsprechend ihrer vielseitigen Zusammensetzung und je nach der Fragestellung sehr verschiedenartig gestalten.

1. Allgemeine Untersuchungsverfahren.

Bei Anwendung der in Bd. II beschriebenen Verfahren ist für Zuckerwaren folgendes besonders zu beachten:

a) Wasser. Eine genaue Wasserbestimmung durch direktes Trocknen ist nur bei Anwendung des Vakuums ausführbar. Als einfacher empfiehlt sich in der Regel die Feststellung des Extraktgehaltes aus der Dichte der Lösung von 50 oder 100 g in 500 ccm bei 20^0 unter Benutzung der Extrakttabelle von J. GROSSFELD (Bd. II, S. 1676). Bei fetthaltigen Zuckerwaren kann der hierbei störende Einfluß des Fettes, wie bei Marzipan (S. 472) beschrieben, ausgeschaltet werden. Bei dieser Arbeitsweise werden auch ätherische Öle abgeschieden und stören dann nicht mehr.

b) Stickstoffverbindungen. Die Bestimmung des Stickstoffs erfolgt nach KJELDAHL (vgl. Bd. II, S. 606) und kann zur Prüfung eines Milch- oder Eigehaltes dienlich sein. Das Milchprotein wird dabei als $N \times 6,37$, Eiprotein wie gewöhnlich als $N \times 6,25$ berechnet.

Für den Nachweis von Gelatine in Zuckerwaren, z. B. in Rahmeis, fanden C. S. FERGUSON und PH. A. RACICOT[1], daß das heute in den Vereinigten Staaten amtliche Verfahren von STOKES[2] beruhend auf Trübung des nach Ausfällung mit Mercurinitrat erhaltenen Serums bei Pikrinsäurezusatz sich an Sicherheit und Empfindlichkeit einem von M. B. JACOBS und L. JAFFE[3] sowie einem anderen von RICHARDSON-TARASSUK[4] überlegen erwies. Noch 0,5% Gelatine waren scharf nachweisbar. Ein polarimetrisches Verfahren haben R. E. REMINGTON und L. H. MCROBERTS[5] angegeben. TH. V. FELLENBERG[6] fällt zunächst mit Kupfersulfat aus, dann die Gelatine im Filtrat mit Phosphormolybdänsäure. In diesem Niederschlag bestimmt er die Stickstoffsubstanz nach KJELDAHL und zieht 1% für mitgefälltes Milchprotein ab. Ein auf Viscositätsmessung beruhendes Verfahren hat E. LETZIG[7] beschrieben.

c) Fett. Bei milch- und eihaltigen Zuckerwaren liegt das Fett in emulgierter Form vor und kann daher mit Fettlösungsmitteln unmittelbar nicht quantitativ entzogen werden. Dazu ist wie bei Milch und Ei selbst vorherige Beseitigung der lyophilen im Solzustande erforderlichen Kolloide notwendig, sei es durch Erhöhung ihres Dispersionszustandes durch Alkali (Ammoniak) bei gleichzeitiger Zugabe von Alkohol zwecks Senkung der Oberflächenspannung, sei es durch Verringerung der Dispersion durch Koagulation.

α) Ammoniakverfahren von ROESE-GOTTLIEB in Anwendung auf die verdünnte Lösung der Zuckerware. Vgl. bei Milch Bd. III, S. 128. Mit diesem Verfahren werden etwa vorhandene Fettsäuren aus hydrolysiertem Fett nicht mit erfaßt, was in manchen Fällen zu niedrige Werte bedingen kann. Andererseits wird ein Teil des Lecithins mit gewogen.

---

[1] C. S. FERGUSON u. PH. A. RACICOT: Journ. Assoc. official. agricult. Chemists 1936, **29**, 476.
[2] STOCKES: Vgl. Methods of Analysis, S. 274. Washington 1935.
[3] M. B. JACOBS u. L. JAFFE: Ind. engin. Chem., analyt. Ed. 1932, **4**, 418.
[4] RICHARDSON-TARASSUK: Chem. Zentralblatt 1934, II, 1863.
[5] R. E. REMINGTON u. L. H. ROBERTS: Ind. engin. Chem. 1927, **19**, 267.
[6] TH. V. FELLENBERG: Mitt. Lebensmittelunters. Hygiene 1934, **25**, 246.
[7] E. LETZIG: **Z.** 1934, **68**, 301.

G. GAHRTZ[1] löst 20—25 g Bonbonmasse in 40 ccm Wasser, gibt 8 ccm 25%ige Ammoniaklösung zu, hält $^1/_4$ Minute im Sieden, kühlt ab und schüttelt dreimal mit je 40 ccm Alkohol, 100 ccm Äther und 100 ccm Petroläther aus. Nach einer Arbeitsvorschrift von H. BARSCH[2] kann auch Trichloräthylen verwendet werden.

β) Koagulation mit Metallsalzen. Für dieses Verfahren eignet sich nach J. KUHLMANN und J. GROSSFELD[3] besonders Kupfersulfat bei Gegenwart von Kupferhydroxyd[4] in folgender Ausführungsform:

100 g Bonbons werden in etwa 400 ccm heißem Wasser in einem Becherglase gelöst und nach Abkühlung unter Umrühren mit 25 ccm FEHLINGscher Kupfersulfatlösung und dann mit 25 ccm $^1/_4$ N.-Natronlauge versetzt. Man läßt 5 Minuten stehen und filtriert durch ein entsprechend großes fettfreies Filter und wäscht mit Wasser nach. Vorteilhaft ist es, das Filter vorher mit etwa 20 g grießförmigem Bimssteinpulver zu beschicken. Nun trocknet man in einem Trockenschrank bei etwa 105—110°, zerreibt den Rückstand auf dem Filter, bringt das Ganze in einen passenden Extraktionsapparat und zieht in üblicher Weise das Fett mit Äther (oder einem anderen Fettlösungsmittel), mit dem man vorher Becherglas und Trichter ausgespült hat, aus. Über eine Ausführungsform des Verfahrens mit Trichloräthylen vgl. J. GROSSFELD[5].

Das erhaltene Fett dient dann zur Prüfung auf Butterfett und dessen Ersatzfette, zweckmäßig durch Bestimmung der Halbmikrobuttersäurezahl[6], der Gesamtzahl der niederen Fettsäuren, der Restzahl[6] und durch Prüfung auf Isoölsäure[7].

Das Verfahren wurde von H. FINCKE[8], ferner von W. HARTMANN[9] nachgeprüft. K. BRAUNSDORF[10] empfiehlt die Fettbestimmung nach diesem Verfahren auch für Marzipan und Persipanwaren sowie für Cremeeis.

γ) Salzsäureverfahren von C. J. KONING und W. C. MOOIJ[11]. Bei diesem Verfahren werden außer dem Fett etwa vorhandene freie und in Phosphatiden gebundene Fettsäuren mit bestimmt. Nach vergleichenden Untersuchungen von W. STOLDT[12] ist das Verfahren in Anwendung auf Speiseeis im übrigen genauer und bequemer als das Kupferverfahren. STOLDT empfiehlt folgende Ausführungsform:

Etwa 25 g Speiseeis (genau gewogen) werden im Becherglas von 250 ccm Fassungsvermögen nach Zusatz von etwas zerkleinertem Bimsstein mit 20 ccm Wasser und 30 ccm Salzsäure (1,125) unter Umrühren bis zum Aufhören des Schäumens erhitzt. Nach Bedecken mit einem Uhrglas wird bei kleiner Flamme noch etwa 20 Minuten gekocht, darauf mit heißem Wasser auf ein angefeuchtetes Filter gespült. Nach gründlichem Auswaschen in heißem Wasser wird das Filter mit dem Fett zusammengefaltet, getrocknet und 2 Stunden lang im SOXHLET-Apparat mit Äther extrahiert. Das auf diese Weise gewonnene Fett wird für die Wägung 1 Stunde im Trockenschrank bei 105° getrocknet.

Das Fett kann dann zur Prüfung auf Butterfettgehalt (wie oben) verwendet werden.

G. GAHRTZ[13] empfiehlt das Verfahren von KONING und MOOY für Milch- und Sahnebonbons.

---

[1] G. GAHRTZ: Pharm. Zentralh. 1927, **68**, 177. [2] H. BARSCH: Chem.-Ztg. 1928, **52**, 659.

[3] J. KUHLMANN u. J. GROSSFELD: **Z.** 1925, **50**, 348.

[4] Nach vorläufigen Versuchen lassen sich auch andere Metallsalze verwenden. So hat Zinksulfat den Vorteil, daß es die Oxydation der Fette weniger beschleunigt als Kupfersalz.

[5] J. GROSSFELD: **Z.** 1925, **49**, 329. [6] J. GROSSFELD: **Z.** 1932, **64**, 433; 1935, **70**, 459; 1938, **76**, 340. [7] J. GROSSFELD u. J. PETER: **Z.** 1934, **68**, 345.

[8] H. FINCKE: **Z.** 1926, **51**, 357.

[9] W. HARTMANN: Pharm. Zentralh. 1928, **69**, 337; **Z.** 1931, **61**, 362.

[10] K. BRAUNSDORF: **Z.** 1931, **61**, 494; 1936, **71**, 160.

[11] C. J. KONING u. W. C. MOOIJ: Pharm. Weekbl. 1916, **53**, 25.

[12] W. STOLDT: **Z.** 1937, **73**, 329. [13] G. GAHRTZ: Pharm. Zentralh. 1931, **61**, 363.

Nach eigenen neueren Beobachtungen kann die Kochung auch mit stärker verdünnter (2—3%iger) Salzsäure vorgenommen werden. Selbst einfaches Ansäuern genügt. Man entfernt dann nach der Kochung die eine glatte Filtration störenden Kolloide durch Behandlung mit je 2 ccm Kaliumferrocyanid und Zinkacetat unter jedesmaligem Umschütteln, nach Bd. II, S. 881, filtriert und verfährt wie oben weiter.

Für eine einfache Fettbestimmung z. B. in Eiscreme, ohne Untersuchung des Fettes eignet sich nach W. MOHR[1] auch das von FUNKE abgeänderte GERBER-Verfahren (vgl. Bd. III, S. 129) bei zweimaligem Zentrifugieren.

d) Ätherische Öle und Essenzen. Wegen der großen Flüchtigkeit, teilweise auch wegen der Zersetzlichkeit einiger dieser Stoffe, ist ihre Bestimmung nur angenähert möglich, noch weniger ihre quantitative Trennung. In der Regel destilliert man die flüchtigen Öle im Dampfstrom ab und schüttelt sie aus dem mit Kochsalz gesättigten Destillat mit Pentan aus. Arbeitsverfahren hierfür haben E. SPAETH[2], F. HÄRTEL und E. WITT[3], R. REICH[4], M. KLASSERT[5] und ein kryoskopisches Verfahren E. BECKMANN[6] angegeben. Hierüber wie über die Trennung und Prüfung auf Einzelbestandteile der ätherischen Öle und Essenzen vgl. Bd. IV.

Über Prüfung auf Nitrobenzol vgl. Bd. II, S. 1219, auf Blausäure ebendort, S. 1287.

e) Zucker, Dextrin, Stärke. Als Zuckerarten findet man in Zuckerwaren Saccharose, Invertzucker, Lactose, Glucose und Maltose, daneben Dextrine als Bestandteil von zugesetztem Stärkesirup, ferner gegebenenfalls Stärke und Pflanzengummi. Die Prüfung auf diese Kohlenhydrate erfolgt im allgemeinen nach den in Bd. II, S. 835 angegebenen Methoden.

Die Prüfung auf Stärke geschieht mit Jodlösung, ihre quantitative Bestimmung am einfachsten polarimetrisch nach J. GROSSFELD[7]. Vgl. Bd. II, S. 921 und diesen Bd. S. 476.

Wenn die Zuckerware an Zuckerarten nur Saccharose, Invertzucker und Stärkesirup enthält, kann die Bestimmung des Stärkesirups nach A. JUCKENACK und R. PASTERNACK[8] erfolgen. Hierzu ermittelt man

1. den Gehalt an Extrakt in Prozent der Substanz aus dem Spez. Gewicht der Lösung von 10 g in 100 ccm $= E$,

2. die Polarisation dieser Lösung 1 : 10 nach der Inversion im 200-mm-Rohr $= P_n$.

Dann ist in einfacherer Berechnung (A. RINCK[9], J. GROSSFELD[10]) als nach JUCKENACK und PASTERNACK:

Stärkesirup mit 18% Wasser) $= 3{,}92\ P_n + 0{,}169\ E$,
Stärkesiruptrockenmasse $= 3{,}21\ P_n + 0{,}138\ E$.

Über die Ableitung dieser Formeln vgl. an genannter Stelle.

Die Stärkesirupbestimmung nach JUCKENACK ist nicht anwendbar bei Gegenwart sonstiger rechtsdrehender Zuckerarten (Lactose, Maltose). Bei Honigzuckerwaren wird die Abweichung durch Honigdextrin für geringe Honigzusätze im allgemeinen nur klein sein.

f) Organische Säuren. Als solche kommen vorwiegend Milchsäure, Weinsäure, auch Äpfelsäure aus Fruchtzusätzen, in Frage. Über ihren Nachweis und ihre Bestimmung vgl. Bd. II, S. 1072.

---

[1] W. MOHR: Land. Jahrb. 1928, **68**, Erg.-Bd. I, 189; **C.** 1929, I, 315.
[2] E. SPAETH: Pharm. Zentralh. 1908, **45**, Nr. 27.
[3] F. HÄRTEL u. E. WITT: **Z.** 1907, **14**, 571.
[4] R. REICH: **Z.** 1908, **16**, 497. [5] M. KLASSERT: **Z.** 1909, **17**, 131.
[6] E. BECKMANN: Arch. Pharm. 1907, **245**, 211; **Z.** 1908, **15**, 742.
[7] J. GROSSFELD: Vgl. Bd. II, S. 921.
[8] A. JUCKENACK u. A. PASTERNACK: **Z.** 1904, 8, 10.
[9] A. RINCK: **Z.** 1921, **42**, 372. [10] J. GROSSFELD: **Z.** 1934, **68**, 515.

g) Mineralstoffe. Zuckerwaren enthalten durchweg nur wenig, nicht über 1—2% Trockensubstanz, an Asche und größere Mengen wecken den Verdacht auf Beschwerungsmittel. Ihr Nachweis erfolgt durch systematische Analyse nach Bd. II, S. 1209. — Besonders zu achten ist auf etwaige Schwermetalle (Blei, Kupfer, Zink, Zinn, Arsen, Antimon) nach Bd. II, S. 1380.

h) Farbstoffe. Als Farbstoffe kommen außer Caramel vorwiegend Teerfarbstoffe in Frage, auf die nach Bd. II, S. 1178 geprüft wird.

Eine besondere Prüfung auf Pikrinsäure geben M. FRANCOIS und L. SEGUIN[1] an.

i) Konservierungsmittel. Man prüft nach Bd. II vorwiegend auf Schweflige Säure (S. 1253), die von zugesetztem Stärkesirup herrühren kann, Borsäure (S. 1264), Formaldehyd (S. 1035), Ameisensäure (S. 1075), Benzoesäure (S. 1125), Salicylsäure (S. 1135).

k) Künstliche Süßstoffe. Wenn auch bei Zuckerwaren wegen der hohen — vielfach unerwünscht hohen — Süßkraft des Rohrzuckers ein Zusatz künstlicher Süßstoffe im allgemeinen sinnlos ist, kommen doch hin und wieder Zuckerwaren mit Zusatz von Saccharin oder Dulcin vor. Ihr Nachweis erfolgt in dem mit Äther-Petroläther erhaltenen Auszuge aus der wäßrigen Lösung der Zuckerware. Bei dieser Ausschüttelung ist zu beachten, daß Saccharin als Säure nur aus deutlich saurer Lösung, Dulcin am besten aus neutraler Lösung entzogen wird. Man prüft dann die Auszüge nach Aufnehmen in wenig Wasser zunächst auf etwaigen süßen Geschmack. Ist dieser nicht wahrnehmbar, so kann man auf Abwesenheit der künstlichen Süßstoffe schließen. Ist ein deutlich süßer Geschmack wahrzunehmen, so ist die ausgezogene Substanz dann weiter zu prüfen; vgl. Bd. VII S. 331 und diesen Bd. S. 487 und 494.

Zur Abtrennung von Saccharin und Dulcin von anderen Begleitstoffen kann man sich nach O. ANT-WUORINEN[2] auch des Umstandes bedienen, daß diese Süßstoffe aus wäßriger Lösung quantitativ durch Knochenkohle adsorbiert werden, von der man sie dann durch Ausziehen mit Alkohol wieder abtrennen kann.

2. Besondere Untersuchungsverfahren für einzelne Zuckerwaren.

a) Marzipan-, Persipan- und Nußzuckerwaren. Die Prüfung erstreckt sich im allgemeinen auf Gehalt an Trockenmasse, Kerntrockenmasse, Art derselben, Beimischung von Stärkemehl, Zuckerzusatz, Stärkesirupzusatz, Konservierungsmittel und bei mit Schokolade überzogenen Erzeugnissen auf etwaigen Gehalt dieses Überzuges an Fremdfetten.

Ein ausführlicher Untersuchungsgang hierfür wurde von J. GROSSFELD[3] beschrieben.

Die Untersuchung beginnt mit der Prüfung der äußeren Beschaffenheit, wobei besonders auf weiche, schmierige Konsistenz (zu hohen Wassergehalt), sinnfällige Verunreinigungen, bei mit Kuvertüre überzogenen Waren auf auffällig weiche (Zusatz von Cocos- oder Hartfett) oder harte (Schokoladenersatzmassen) Konsistenz derselben zu achten ist.

Der Wassergehalt ist im Verdachtsfalle in der frischen, gut durchgemischten Substanz durch Trocknen bei 105° nach Verreiben mit Sand oder Bimsstein zu bestimmen.

Anschließend wird die Geruchs- und Geschmacksprüfung vorgenommen. Nach einiger Übung lassen sich dabei Persipanwaren an dem durch das Auslaugen mit Wasser beim Entbittern der Kerne verursachten leeren Geschmack sowie an dem zwecks Aromatisierung zugesetzten Benzaldehyd von Marzipan unterscheiden.

---

[1] M. FRANCOIS u. L. SEGUIN: Ann. Falsif. 1930, **23**, 481.
[2] O. ANT-WUORINEN: **Z. 1935, 70, 389.**
[3] J. GROSSFELD: Deutsch. Nahrungsm.-Rundschau 1930, 137; vgl. **Z.** 1931, **61**, 485.

Darauf empfiehlt es sich mikroskopisch in Jodjodkaliumlösung auf etwa vorhandene Stärke und Art derselben zu prüfen.

Zur Untersuchung der Überzugsmasse auf Fremdfette (Cocosfett, gehärtete Öle) kann man die ganzen Marzipanzubereitungen, z. B. sog. Ostereier, mit Petroläther in einem weithalsigen Schütteltrichter abwaschen, die Waschflüssigkeit durch einen Kapseltrichter (vgl. Bd. II, S. 841) filtrieren und das Destillat abdestillieren. Das dann zurückbleibende Fett, das mit nur wenig Mandelöl bzw. Aprikosenöl von der Oberfläche der Waren vermischt ist, wird dann auf Cocosfett (Gesamtzahl der niederen Fettsäuren) und etwaigen Gehalt an Isoölsäure geprüft. — Eine andere Art der Fettgewinnung aus der Überzugsmasse besteht darin, daß man die Probe auf etwa 40° erwärmt, den dann weich gewordenen Überzug mit fettfreier Watte abwischt und die Watte im Extraktionsapparat mit Petroläther oder Äther auszieht.

Nun wird die Substanz zwecks Haltbarmachung bei etwa 70—80° getrocknet, zerkleinert und das erhaltene Pulver der folgenden Untersuchung unterworfen.

α) Kerntrockenmasse und Art derselben. Mit der Feststellung des Mandelgehaltes in Marzipan hat sich eingehender zuerst H. FINCKE[1] befaßt und zur Berechnung aus Fett- oder Aschegehalt folgende Formeln angegeben:

I Mandeltrockenmasse (Mindestwert) = 1,67 × Fett
II Mandeltrockenmasse (Mittelwert) = 34 × Asche
IIa Mandeltrockenmasse (Mindestwert) = 40 × Asche

In gewisser Annäherung kann die Formel I auch für Persipan verwendet werden, weil der Fettgehalt der Aprikosenkerne in ähnlicher Höhe liegt wie bei Mandeln.

Die Fettbestimmung erfolgt nach dem Kupfersulfatverfahren, vgl. S. 470 oder nach dem Salzsäureverfahren (ebendort), für das H. MOHLER und H. BENZ[2] eine besondere Ausführungsweise angeben. Beide Methoden liefern die gleichen Ergebnisse.

Die Art der Kernsubstanz ergibt sich zunächst durch Prüfung des mit Petroläther ausgezogenen Fettes.

Prüfung auf Aprikosenkernöl (Persipan). Nach Untersuchung von J. PRITZKER und R. JUNGKUNZ[3] sind folgende Prüfungen zur Unterscheidung von Mandel- und Aprikosenkernöl brauchbar:

Tabelle 74.

Öl	Salpetersäure-reaktion	Reaktion nach KREIS	BELLIERsche Reaktion
Mandelöl	Keine Färbung	Keine oder schwache Färbung	Ganz schwache Färbung
Aprikosenöl	Orangefärbung	Starke Fuchsinfärbung	Starke Violettfärbung

Auch das Fett der Samenschale der Mandel gab nach PRITZKER und JUNGKUNZ[4] weder die Reaktion nach KREIS noch nach BELLIER.

Die Ausführung der beiden erstgenannten Prüfungen geschieht zweckmäßig wie folgt. Bezüglich der Reaktion nach BELLIER vgl. Bd. IV.

Salpetersäurereaktion[5]. Gleiche Raummengen Öl und Salpetersäure von der Dichte 1,4 werden durchgeschüttelt und dann auf die auftretende Färbung geprüft. Deutliche Orangefärbung zeigt Aprikosenöl an.

Reaktion nach KREIS. Gleiche Raummengen Öl, frisch bereitete 0,1%ige ätherische Phloroglucinlösung und Salpetersäure vom Spez. Gewicht 1,4, werden

[1] H. FINCKE: Z. 1926, 52, 423.
[2] H. MOHLER u. H. BENZ: Mitt. Lebensmittelunters. Hygiene 1934, 25, 47.
[3] J. PRITZKER u. R. JUNGKUNZ: Z. 1927, 54, 233. [4] J. PRITZKER u. R. JUNGKUNZ: Z. 1929, 57, 85. [5] Vgl. Schweizer Lebensmittelbuch 1917, S. 43.

durch Schütteln gemischt. Bei Aprikosenöl tritt eine deutlich kirschrote Färbung auf.

P. BUTTENBERG[1] führt die Reaktion nach KREIS mit wenigen Tropfen Öl aus, doch bietet diese Abänderung nach PRITZKER und JUNGKUNZ keine Vorteile, außer wenn nur wenig Substanz vorhanden ist.

Nach eigenen Erfahrungen hat sich die vorstehende Salpetersäurereaktion zum Nachweise erheblicher Persipanzusätze zu Marzipan gut bewährt. Ihr Nachteil ist, daß einerseits reines Mandelöl bisweilen kleine Mengen Aprikosenöl (10—15%) vortäuschen kann, andererseits auch Aprikosenkernöl in dieser Menge und höher dem Nachweis entgehen kann. — Auch die Reaktion von KREIS, die letzten Endes eine Abänderung der Salpetersäurereaktion darstellt, leistet in dieser Hinsicht nicht mehr. Vgl. auch FENDLER, FRANK und STÜBER[2]. Die vielfach empfohlene Reaktion nach BIEBER[3] ist nach KREIS[4] eine wenig zweckmäßig abgeänderte Salpetersäurereaktion.

Eine Verschärfung der Salpetersäurereaktion haben H. MOHLER und H. BENZ[5] angegeben. Vgl. Bd. IV.

Für Pfirsichkernöl verlaufen vorstehende Reaktionen negativ. Dieses Öl verhält sich wie Mandelöl. Entgegenstehende Literaturangaben beruhen darauf, daß Aprikosenkerne im Handel irrtümlich als Pfirsichkerne bezeichnet werden.

Über eine Emulsionsprobe auf Aprikosenöl vgl. G. N. GRIENLING[6].

Da in Deutschland zur Kennzeichnung von Persipan Zusatz von Kartoffelstärke vorgeschrieben ist, empfiehlt sich zunächst die mikroskopische Untersuchung in Jodlösung.

Dabei geben sich auch andere Kerne wie Piniensamen (R. RACINE[7]), Erdnuß-, Haselnuß- und Anacardiensamen (C. GRIEBEL[8]), ferner Sapucaja-, Pecan- und Zirbelnuß (C. GRIEBEL[9]) zu erkennen. Über Nachweis von Mahagoninuß (Anacardium occidentale L.), auch indische Mandel, Kernol oder Acajounuß genannt, vgl. auch SCHENK[10] und W. THEOPOLD[11], ferner W. HOEPFNER und H. BURMEISTER[12]. Typisch für das Cashewkernöl ist die tiefblaue Reaktion nach BELLIER, die dann in Violett übergeht. Die Samen enthalten in der Schale Cardol, einen bitterschmeckenden giftigen, blasenziehend wirkenden Stoff. Bei normaler Handelsware (Cashewkerne) ist die Schale jedoch entfernt, so daß die Möglichkeit einer Vergiftung in der Regel ausgeschlossen ist.

β) Zucker und Stärkesirup. Auch für die Berechnung des Gehaltes von Marzipanwaren an Saccharosegehalt und Saccharosezusatz sowie an Stärkesirupzusatz unter Berücksichtigung der Volumenänderungen durch die unlöslichen Bestandteile hat H. FINCKE[13] ein grundlegendes Verfahren angegeben, das von J. GROSSFELD[14] abgeändert und mathematisch begründet worden ist:

20 g getrocknetes Marzipan- oder Persipanpulver werden in einem 200-ccm-Meßkolben mit etwa 150 ccm Wasser von 70—80° übergossen und bis zur Lösung des Zuckers stehen gelassen, zweckmäßig über Nacht. Eine höhere Wassertemperatur ist wegen der Gefahr, daß etwa vorhandene Stärke verkleistert und löslich wird (GROSSFELD[15]), zu vermeiden. Die entstandene milchähnliche Flüssigkeit klärt man nach C. CARREZ[16] mit je 5 ccm Kaliumferrocyanid- und Zinkacetatlösung, füllt zur Marke auf und filtriert. Das Filtrat, das mit Jod-

---

[1] P. BUTTENBERG: Z. 1926, 52, 160. [2] FENDLER, FRANK u. STÜBER: Z. 1910, 19, 371.
[3] BIEBER: Zeitschr. analyt. Chem. 1878, 17, 264. Vgl. Bd. IV. [4] KREIS: Verh. naturforsch. Ges. Basel 1903, 15, 237. [5] H. MOHLER u. H. BENZ: Zeitschr. analyt. Chem. 1933, 94, 184. [6] G. N. GRIENLING: Analyst 1935, 60, 63. [7] R. RACINE: Z. 1910, 19, 344. [8] C. GRIEBEL: Z. 1927, 54, 477. [9] C. GRIEBEL: Z. 1928, 55, 236.
[10] SCHENK: Z. 1911, 22, 749. [11] W. THEOPOLD: Z. 1910, 19, 88.
[12] H. HOEPFNER u. H. BURMEISTER: Zeitschr. öffentl. Chem. 1913, 19, 185.
[13] H. FINCKE: Z. 1926, 52, 423. — FINCKE klärt die Lösung mit Bleiessig.
[14] J. GROSSFELD: Deutsch. Nahrungsm.-Rundschau 1930, 137.
[15] J. GROSSFELD: Deutsch. Nahrungsm.-Rundschau 1935, 41.
[16] C. CARREZ: Vgl. Bd. II, S. 884.

lösung keine Blaufärbung (gelöste Stärke) aufweisen[1] darf, dient zu folgenden Prüfungen:

1. Dextrin mit Alkohol nach GROSSFELD und HOLLATZ, vgl. Bd. II, S. 910. Zweckmäßig wird dabei die entstehende Trübung mit der von 0,39 g Stärkesirup in 100 ccm bei Marzipan (0,54 g bei Persipan) verglichen, um eines zu hohen Stärkesirupzusatzes verdächtige Proben zu erkennen. Bleibt die Lösung klar, so ist Stärkesirup nicht vorhanden. Tritt eine stärkere Trübung auf als bei der Vergleichslösung, so erfolgt die weitere Prüfung durch

2. Polarisation vor und nach der Inversion nach Bd. II, S. 875. Die erhaltenen Werte (P_v bzw. P_n) werden auf 10 g Substanz und 200 mm Schichtdicke berechnet. Aus den Ergebnissen erhält man Saccharose und Stärkesirup nach den Formeln

$$\text{Saccharose} = 5{,}67\, F_k\, (P_v - P_n)$$
$$\text{Stärkesirup} = F_k\, (0{,}98\, P_v + 3{,}02\, P_n - 0{,}8).$$

Der in diesen Formeln enthaltene, durch das Volumen des Unlöslichen bedingte Korrekturfaktor F_k kann aus dem Fettgehalt oder auch aus dem scheinbaren (ohne Berücksichtigung von F_k) Gehalt an Saccharose und Stärkesiruptrockenmasse berechnet werden, wie von GROSSFELD und SCHNETKA[2] gezeigt worden ist. Für praktische Zwecke genügt meistens auch F_k, je nach Art der Ware bzw. nach ihrer mittleren Zusammensetzung einzusetzen, so bei Tabelle 75.

Tabelle 75.

Faktor	Marzipanmasse	Backmasse	Marzipanwaren	Persipanwaren
$F_k =$	0,954	0,955	0,979	0,984

Eine Tabelle auf Grund dieser Formeln wurde von M. SCHNETKA berechnet[3]; sie gestattet die unmittelbare Ablesung des Saccharose- und Stärkesirupgehaltes aus der Polarisation vor und nach der Inversion.

γ) Invertzucker. Die vorstehende Berechnung nach 2 ist nicht anwendbar, wenn die Probe Invertzucker enthält. Vielfach wird heute der Marzipanware als Weichhaltungsmittel Invertin („Convertit", „Invertinpräparat Merck") zugesetzt, vgl. auch F. HÄRTEL[4], das zwar in der Ware nur geringe Mengen Zucker invertiert, größere aber nach Lösen in Wasser wie bei unserer Untersuchungslösung.

Zur Erkennung etwa vorhandenen Invertzuckers empfiehlt sich nach eigenen Versuchen[5] die Prüfung auf Fructose nach STANLEY-BENEDICT (vgl. Bd. II, S. 852), indem man 2 ccm des obigen geklärten Filtrates mit 5 ccm des Reagens 30 Minuten auf 37—40° erwärmt. Eine Trübung oder Ausscheidung von Kupferoxydul zeigt Fructose und damit Invertzucker an.

Ist Invertzucker vorhanden, so ermittelt man das spezifische Gewicht des geklärten Filtrats unter Abzug des Einflusses der Klärmittel[6], den man durch einen Blindversuch mit den Reagenzien erhält, und die Polarisation nach Inversion P_n. Aus beiden Werten kann man dann durch Rechnung die ursprüngliche Polarisation P_v finden, wie an genannter Stelle gezeigt worden ist. Aus P_v und P_n läßt sich wie oben unter 2 der Gehalt an Zucker und Stärkesirup berechnen oder aus der erwähnten Tabelle ablesen.

---

[1] Etwa gelöste Stärke kann auch nachträglich durch Behandlung mit Tannin und Bleiessig (vgl. Bd. II, S. 921) abgeschieden werden und so eine Polarisation ermöglicht werden. Vgl. J. GROSSFELD: Deutsch. Nahrungsm.-Rundschau 1935, 41.

[2] J. GROSSFELD u. M. SCHNETKA: Z. 1931, 61, 485.

[3] Zu beziehen von Dipl.-Ing. H. SEIWERT, Essen (Ruhr), Richard-Wagner-Str. 60. Preis 4 RM. [4] F. HÄRTEL: Z. 1931, 62, 253. [5] J. GROSSFELD: Z. 1934, 68, 514.

[6] Im Original ist die durch Klärmittel bewirkte Dichteerhöhung irrtümlich zu 0,0015 bis 0,0017 angegeben. In Wirklichkeit ist dieselbe höher und wird zweckmäßig von Fall zu Fall ermittelt, wobei die Dichte des Wassers bei 20° zu 0,9982 (nicht 1,0000) einzusetzen ist.

δ) Glycerin. Zur Prüfung auf dieses Weichhaltungsmittel oxydieren H. Mohler und H. Benz[1] das nach dem Kalkverfahren isolierte Glycerin mit Bromwasser zu Dioxyaceton und prüfen darauf mit β-Naphthol, wobei noch 1% Glycerin eine gelbgrüne Färbung mit gleicher Fluorescenz liefert. H. Kluge[2] zieht das Glycerin zusammen mit dem Fett mit Aceton aus, entfernt das Fett durch Petroläther und stellt mit dem Rückstand die Acroleinprobe (Bd. IV) an. Die Bestimmung des Glycerins nimmt Kluge nach Zeisel und Fanto in dem Acetonauszuge vor und konnte so noch 0,1% Glycerinzusatz einwandfrei nachweisen.

ε) Stärke. Wenn die mikroskopische Prüfung bei Marzipan Stärke oder bei Persipan auffällig hohe Stärkegehalte ergeben hat, wird die Stärke quantitativ, am einfachsten polarimetrisch ermittelt. Hierbei ist bei Anwendung des Verfahrens von Grossfeld (Bd. II, S. 921) für den Gehalt der Mandel an schwach rechtsdrehenden Hemicellulosen (A. Gronover und E. Wohnlich[3]) sowie für den Einfluß des Unlöslichen auf das Volumen beim Auffüllen der Polarisationsflüssigkeit eine Korrektur einzusetzen. Aus diesem Grunde werden für den Gehalt an Stärke in Prozent folgende korrigierten Berechnungsformeln[4] benutzt:

Für Backmassen (Marzipanmassen) Stärke $= (B - A - 0{,}18) \times 5{,}28$.

Für Persipanwaren (Marzipanwaren): Stärke $= (B - A - 0{,}09) \times 5{,}36$.

(A = Drehungswinkel der Lösung 1 : 10, 200-mm-Rohr nach Abscheidung der Stärke, B = Gesamtdrehung einschließlich der Stärke.)

b) Speiseeis. Zur Prüfung des Milchbestandteils erfolgt die Untersuchung des Speiseeises nach den bei Kondensmilch (Bd. III, S. 222) beschriebenen Methoden. Für Bestimmung des Fettgehaltes ist aber eine gewisse Substanzzunahme durch Kondenswasser aus der Luft bei der Herstellung und nachher zu berücksichtigen (Johnson und Ormond[5]).

Für die Fettbestimmung selbst kocht W. Stoldt[6] 25 g Speiseeis nach Zusatz von etwas Bimssteinpulver mit 20 ccm Wasser und 30 ccm 25%iger Salzsäure 20 Minuten, filtriert und zieht den Rückstand auf dem Filter nach Trocknen mit Äther aus. Das erhaltene Fett dient zur Bestimmung der Buttersäurezahl (vgl. Bd. IV). — Auch die S. 470 beschriebenen Methoden sind zur Fettabscheidung geeignet.

Die Prüfung auf Gelatine wurde bereits S. 469 behandelt. Über den Nachweis von Verdickungsmitteln allgemein vgl. auch F. Letzig[7], über Nachweis von Karyagummi, Tragant und Agar-Agar J. D. Wildman[8].

Zur Ermittlung des Eigehaltes bestimmen A. Gronover und P. Lederle[9] die Lecithinphosphorsäure in dem mit wasserfreiem Natriumsulfat bis zur Staubfeinheit verriebenen Pulver. Auch das Verfahren von J. Grossfeld und G. Walter[10] hat sich nach Versuchen in unserer Anstalt als geeignet erwiesen und kann in der Ausführungsform von Grossfeld und J. Peter[11] auch bei der Erkennung verdorbener Eisubstanz nützliche Dienste leisten.

Zum schnellen Nachweis von künstlichem Farbstoff säuert Stoldt[12] 5—10 ccm der Eismasse nach Zugabe der gleichen bis doppelten Menge Alkohol

---

[1] H. Mohler u. H. Benz: Mitt. Lebensmittelunters. Hygiene 1934, **25**, 47.

[2] H. Kluge: **Z.** 1937, **73**, 34. [3] A. Gronover u. E. Wohnlich: **Z.** 1927, **53**, 252.

[4] Vgl. J. Grossfeld: **Z.** 1927, **52**, 156; Anleitung zur Untersuchung der Lebensmittel, S. 238. Berlin 1927.

[5] J. J. Johnson u. J. I. Ormond: Journ. Dairy Sci. 1937, **20**, 159. [6] W. Stoldt: **Z.** 1937, **73**, 329. [7] F. Letzig: **Z.** 1934, **68**, 301, 1936. [8] J. D. Wildman: Journ. Agricult. prat. 1935, **18**, 637. [9] A. Gronover u. P. Lederle: **Z.** 1929, **58**, 448.

[10] J. Grossfeld u. G. Walter: **Z.** 1934, **68**, 270. Vgl. J. Grossfeld: Handbuch der Eierkunde, S. 346.

[11] J. Grossfeld u. J. Peter: **Z.** 1935, **69**, 16. — J. Grossfeld: Handbuch der Eierkunde, S. 333. [12] W. Stoldt: **Z.** 1937, **73**, 729.

mit konzentrierter Salzsäure stark an. Bei Abwesenheit von künstlichem Farbstoff tritt dann keine Farbänderung ein.

Künstliche Farbstoffe können durch bakteriologische Vorgänge in Milchspeiseeis entfärbt vorliegen. Um sie dennoch zu erkennen, haben K. BROHM und R. FROHWEIN [1] eine besondere Methode angegeben.

Für die zur Erkennung unsauberer Speiseeisherstellung hervorragend wichtige bakteriologische Analyse sei auf Bd. III, S. 429 verwiesen.

c) Likörkonfekt. Zur Bestimmung des Alkoholgehaltes versetzt man in einem Destillationskolben etwa 25 g mit 50 ccm Wasser und destilliert in ein 25-ccm-Pyknometer, worauf man in üblicher Weise im Destillat den Alkoholgehalt aus dem Spez. Gewicht ermittelt.

Auf die Art des verwendeten Branntweins kann ebenfalls durch eingehendere Untersuchung des Destillates aus einer größeren Menge des Likörkonfektes nach den für Branntwein üblichen Methoden geprüft werden (vgl. Bd. VII).

d) Malzbonbons. Für die Prüfung auf Malzextrakt benutzt H. JESSER [2] als Anhaltspunkt den Gehalt an Phosphorsäure (P_2O_5) in der mit Magnesiumacetat (vgl. Bd. II, S. 1220) bereiteten Asche.

e) Lakritzen. A. AUGUET [3] fand in Lakritzenbonbons 50—55% Gummiarabicum, 40—45% Saccharose oder Stärkesirup und 5% Lakritzensaft, gemischt mit etwas Kienruß. Einen ausführlichen Untersuchungsgang für Süßholzsaft gibt F. TELLE [4] an. Er bestimmt dabei den Gehalt an Feuchtigkeit, das in Ammoniak Unlösliche, dessen Aschengehalt, das in 70%-igem Alkohol Unlösliche, die Stickstoffsubstanz nach KJELDAHL, schließlich Glycyrrhizin, Zucker und Gummi. — Die Bestimmung des Glycyrrhizins erfolgt durch Ausfällen mit Salzsäure nach näherer Angabe. Eine verbesserte Vorschrift zur Bestimmung des Glycyrrhizins in Bonbons und Lakritzen gibt E. DURIER [5]:

20 g zerkleinerte Bonbons werden mit 50 ccm 10%-igem Ammoniak 10—15 Stunden ausgelaugt, die Lösung mit 150 ccm 95—96%-igem Alkohol in kleinen Anteilen versetzt und nach 5 Stunden vom ausgeschiedenen Gummi abfiltriert. Die Lösung wird dann zur Trockne verdampft, mit 50 ccm Wasser aufgenommen und 1 ccm Ammoniak (22° Bé) zugegeben. Nach 30 Minuten wird mit 2 ccm Salzsäure unter Rühren gefällt, nach 24 Stunden filtriert und mit 25 ccm Wasser nachgewaschen. Dann trocknet man etwa 30 Minuten bei 95—100°, löst die Fällung in 10%-igem Ammoniak, verdampft zur Trockne und wägt nach 6stündigem Trocknen bei 95—100°, worauf man zum gefundenen Wert 23 mg addiert. Von Lakritzen löst man 2 g in 10 ccm 10%-igem Ammoniak, zentrifugiert, gießt vom Niederschlage in eine Porzellanschale ab und wiederholt diese Behandlung noch dreimal. Die gesammelten Auszüge werden wie oben weiter behandelt.

Auch die Kupferverbindung der Glycyrrhizinsäure ist in Wasser unlöslich und zur quantitativen Bestimmung geeignet. Eine Arbeitsvorschrift dafür gibt U. LEHMANN [6].

f) Saponinzuckerwaren. Zum Nachweise des Saponins ist nach J. RÜHLE [7] das hämolytische Verfahren am zuverlässigsten, besonders auch zur Unterscheidung von Glycyrrhizin. Für eine qualitative Prüfung auf Saponin in Halwa genügt es nach A. LODE [8], eine etwa 10—20%-ige Lösung der Zuckerware in physiologischer Kochsalzlösung herzustellen und zu 5 ccm dieser Lösung einen Tropfen Blutkörperchenaufschwemmung einzutragen. Der Eintritt oder Nichteintritt der Hämolyse wird dann zunächst nach 1—2 Stunden, weiter nach 18—20 Stunden beurteilt.

Zur Herstellung der Blutaufschwemmung wird das Blut aus der Halsschlagader eben geschlachteter Rinder (200—300 ccm) unmittelbar in eine 1,5 Liter fassende sterile dickwandige ERLENMEYER-Flasche gelassen, in der sich sterile Glas- und Porzellanperlen befinden. Durch kräftiges 10—15 Minuten langes Schütteln damit wird das Blut

[1] K. BROHM u. R. FROHWEIN: Z. 1937, **73**, 430. [2] H. JESSER: Chem.-Ztg. 1932. **56**, 662. [3] A. AUGUET: Z. 1911, **21**, 117; **22**, 177. [4] F. TELLE: Ann. Falsif. 1911. **4**, 3; Z. 1913, **25**, 407. [5] E. DURIER: Ann. Falsif. 1913, **6**, 252. [6] U. LEHMANN: Deutsch. Apoth.-Ztg. 1934, **49**, 1425; Z. 1937, **74**, 448. [7] J. RÜHLE: Z. 1912, **23**, 566. [8] A. LODE: Z. 1929, **58**, 311.

defibriniert. Nun werden Anteile von 10—15 ccm davon durch sterile Watte filtriert, mit der gleichen Menge physiologischer (0,85%-ig) Kochsalzlösung vermischt und scharf zentrifugiert. Das überstehende Serum wird abgesogen, durch 10—20% der Kochsalzlösung ersetzt, wieder zentrifugiert und diese Behandlung noch 2—3mal wiederholt. Auf diese Weise erhält man die praktisch serumfreien Erythrocyten in einer so dichten Aufschwemmung, daß ein Tropfen auf 5 ccm der auf Hämolyse zu prüfenden Flüssigkeit gut ausreicht.

Auch für eine quantitative Schätzung des Saponingehaltes gibt LODE eine Arbeitsvorschrift an.

Vgl. auch L. KOFLER, R. FISCHER und H. NEWESELY[1].

Gegen das hämolytische Verfahren wenden L. ROSENTHALER und H. SCHELLHAAS[2] ein, daß nicht alle Saponine des Handels hämolytische Eigenschaften besitzen. Sie hydrolysieren daher die Saponine mit verdünnten Säuren auf dem Wasserbade, wodurch Zwischenprodukte zwischen Saponin und Aglucon entstehen, die sie Prosapogenine nennen, und die noch Zuckerreste enthalten. Das Prosapogenin gibt mit konz. Schwefelsäure eine zunächst orangerote Färbung, die langsam in kirschrot und schließlich in violett übergeht. Glycyrrhizin gibt diese Reaktion nicht. Bezüglich der Einzelheiten der Versuchsanstellung muß auf das Original verwiesen werden.

V. Überwachung des Verkehrs mit Zuckerwaren.

1. Zuckerwaren müssen nach Beschaffenheit und Zusammensetzung den dafür aufgestellten Begriffsbestimmungen entsprechen. Besonders gilt dies für den Mindestgehalt an wertvollen Bestandteilen Milch, Rahm, Eidotter, Honig, Malzextrakt, Kernsubstanz bei Marzipan-, Persipan- und Nußzuckerwaren. Da meistens Zucker und Stärkesirup die am wenigsten wertvollen Bestandteile bilden, ist ihre Menge, ebenso wie dies des Wassers nach oben hin zu begrenzen.

Für einige Mandel- und Nußzuckerwaren können die Grenzzahlen der folgenden Tabelle von Nutzen sein. Über weitere Einzelheiten für Marzipan und Persipan vgl. J. GROSSFELD[3].

Tabelle 76. Normale Zusammensetzung von Mandel- und Nußzuckerwaren (Grenzzahlen).

Bestandteil oder Kennzahl	Marzipanrohmasse	Backmasse (Persipanrohmasse)	Marzipanwaren	Persipanwaren	Nußmassen	Mandelnußmassen	Nugatmassen	Mandelnugat
Wasser	17,0	20,0	9,1	8,9	17,0	17,0	15	15
Trockensubstanz	83,0	80,0	90,9	91,1	83,0	83,0	85	85
In der Trockensubstanz:								
Kerntrockenmasse	57,8	56,2	26,4	19,8	57,8	57,8	41,2	41,2
Fett	34,7	33,7	15,9	11,9	34,7	34,7	24,7	24,7
Asche	1,7	—	0,8	—	1,7	1,7	1,2	1,2
Korrekturfaktor für das Unlösliche F_k	0,954	0,955	0,979	0,984	0,954	0,954	0,967	0,967
Bei Abwesenheit von Stärkesirup:								
Saccharose	45,1	46,6	75,1	81,4	45,1	45,1	59,2	59,2
Polarisation 1:10, 200 mm (Kreisgrade) vor Inversion	+6,3	+6,5	+10,2	+11,0	+6,3	+6,3	+7,9	+7,9
Polarisation 1:10, 200 mm (Kreisgrade) nach Inversion	—2,0	—2,1	—3,3	—3,6	—2,0	—2,0	—2,4	—2,4

[1] L. KOFLER, R. FISCHER u. H. NEWESELY: Arch. Pharm. 1929, **267**, 685.

[2] L. ROSENTHALER u. H. SCHELLHAAS: Z. 1913, **25**, 154.

[3] J. GROSSFELD: Deutsch. Nahrungsm.-Rundschau 1930, 137. — J. GROSSFELD u. M. SCHNETKA: Z. 1931, **61**, 485.

Tabelle 77. Bei Anwesenheit von Stärkesirup.

Gegenstand	Saccharose	Stärkesirup-		Polarisation 1 : 10, 200-mm-Rohr	
		Trockenmasse	mit 18% Wasser	vor der Inversion	nach der Inversion
	%	%	%	Kreisgrade	Kreisgrade
Marzipanwaren	71,8	3,2	3,9	+ 10,8	—2,2
Persipanwaren	76,7	4,5	5,5	+ 11,8	—2,0

Bemerkungen: Zur Berechnung wurde die Zusammensetzung (Fett- und Zuckergehalt) der Rohstoffe (Mandeln, Aprikosenkerne, Haselnußkerne, Kakaobestandteile) gleichgesetzt. Der Zuckergehalt der trockenen Kerne wurde mit 1% angenommen, der Fettgehalt mit 60%, der Aschengehalt mit 2,9% (FINCKE). Für Makronenmasse wurden auf je 500 g Masse 100 g Eiweiß (Eiklar), entsprechend 14 g Trockeneiweiß gerechnet.

2. Von Stickstoffverbindungen ist bei Cremeeis, Fruchteis und Rahmeis ein Gelatinezusatz bis zu 0,6% zulässig[1], bei den anderen Zuckerwaren, soweit die Begriffsbestimmungen ihn zulassen.

3. Bei Milch- und Rahmcaramellen wird neben der vorgeschriebenen Menge Milchfett vielfach ein Fremdfett, z. B. Cocosfett zugesetzt, weil die Bonbons dadurch im Geschmack angenehmer werden, ihre Härte gemildert und ein Ankleben an die Zähne vermieden wird (F. HÄRTEL[2]).

4. Stärkesirup bildet einen wesentlichen Bestandteil der meisten Zuckerwaren und ist daher, sofern seine Menge nicht durch besondere Bestimmung bei einzelnen Zuckerwaren begrenzt ist, nicht zu beanstanden.

Die Verwendung von Invertinpräparaten zur Weichhaltung von Marzipan- und Persipanwaren kann geduldet werden, weil Verhinderung der Austrocknung dadurch hintangehalten und die Zusammensetzung nicht wesentlich verändert wird. Dagegen gilt ein Glycerinzusatz als Weichmachungsmittel zu Marzipan und Persipan als unstatthaft, ebenso ein Zusatz von Mehl oder Kartoffelstärke zu Marzipan und ein übermäßiger Zusatz an letzterer zu Persipan.

5. Künstliche Süßstoffe sind bei Zuckerwaren eine Verfälschung.

6. Die Mineralstoffe sollen bei Zuckerwaren 1% der Trockensubstanz nicht überschreiten. Zusatz von Gips, Kreide, Ton, Talk oder Schwerspat ist als Verfälschung anzusehen.

7. Schaummittel, z. B. Seifenwurzelauszüge, sind bei türkischem Honig oder Halwa ein normaler Bestandteil. Die Gesundheitsschädlichkeit des Seifenwurzelsaponins wird entgegen früheren Annahmen von L. KOFLER[3] in Abrede gestellt.

8. Von Aromastoffen sind Nitrobenzol oder blausäurehaltiges Bittermandelöl, weil gesundheitsschädlich, unzulässig.

9. Gesundheitsschädliche Farbstoffe sind auch für Zuckerwaren verboten. — Durch übermäßigen Farbstoffzusatz kann Ungenießbarwerden und damit Verdorbenheit der Zuckerware eintreten. Übermäßiger Farbstoffgehalt kann auch Verfärbungen von Lippen und Zunge beim Genuß bewirken.

10. Von Schimmel befallene oder durchsetzte Zuckerwaren sind verdorben.

11. Zur direkten Umhüllung von Zuckerwaren darf keine Makulatur oder ein abfärbendes Papier verwendet werden. Weder die Substanz der Zuckerwaren noch die Umhüllungen dürfen Metalle (Antimon, Arsen, Barium, Blei, Cadmium, Chrom, Kupfer, Quecksilber, Uran, Zink, Zinn) enthalten, ausgenommen sind für die Umhüllungen die in § 2 des Farbengesetzes vom 5. Juli 1887 aufgeführten Verbindungen.

[1] Rundschreiben des Reichsministers des Innern vom 17. Oktober 1934; Ges. u. Verordnungen 1935, **27**, 17.

[2] F. HÄRTEL: Z. 1930, **60**, 170. [3] L. KOFLER: Die Saponine. Wien 1927.

12. Konservierungsmittel sind bei Zuckerwaren im allgemeinen Fremdstoffe und — abgesehen von besonderen Fällen — zu beanstanden. Gehalte an Schwefliger Säure dürfen den für den Stärkesirupanteil geltenden Betrag (vgl. S. 427) nicht übersteigen.

Anhang.

Anweisung zur chemischen Untersuchung von Zuckerwaren und zuckerhaltigen Waren auf ihren Gehalt an Rübenzucker und Stärkezucker (Stärkesirup[1]).

A. Vorbereitung der Proben für die Untersuchung.

Zu § 1 A. Bei Zuckerwaren wird das $^1/_2$ Normalgewicht (= 13,00 g) in einem Becherglase in etwa 70 ccm kaltem Wasser gelöst und die Lösung in einen 100-ccm-Meßkolben übergeführt. Bei Zuckerwaren, die in Wasser unlösliche Bestandteile (wie Fett, Eiweiß, Stärke) in beachtenswerter Menge enthalten, ist zur Feststellung des von den wasserunlöslichen Anteilen eingenommenen Raumes außerdem das $^1/_2$ N.-G. in etwa 170 ccm zu lösen und die Lösung in einen 200-ccm-Meßkolben überzuführen.

Bei Gummibonbons wird das $^1/_1$ N.-G. (= 26,00 g) in einem Becherglase in etwa 150 ccm Wasser gelöst und in einen 200-ccm-Meßkolben übergeführt. Dieser wird unter Nachspülen des Becherglases zur Marke aufgefüllt. Nach dem Durchmischen wird die Lösung in ein Pulverglas von $^1/_2$ Liter Raumgehalt übergeführt und mit genau 200 ccm verdünntem Bleiessig versetzt. Der Grad der Verdünnung des Bleiessigs richtet sich nach dem Gummigehalt der Pastillen und ist zweckmäßig durch einen Vorversuch festzustellen. Der Bleiessig muß im Überschuß vorhanden sein. Die mit Bleiessig versetzte Zuckerlösung wird 2 Minuten kräftig geschüttelt, nach kurzem Stehen durch ein trockenes Faltenfilter filtriert, mit wasserfreier Soda entbleit und durch ein trockenes gehärtetes Faltenfilter filtriert. 100 ccm der Lösung entsprechen dem $^1/_4$ N.-G. (6,5 g).

Zu § 1 B. Bei Schokolade und Schokoladewaren ist nach den in der Verordnung über Vergütung des Kakaozolls gegebenen Vorschriften zu verfahren.

Zu § 1 C 1. Bei Früchten, die in Zuckerlösung eingemacht sind, ist das Rohgewicht der Probe (Umschließung + Inhalt) festzustellen und darauf der Inhalt in einen mit Siebplatte versehenen Trichter zu geben, die abfließende Zuckerlösung in einem gewogenen Becherglase aufzufangen, die der Wandung der Umschließung anhaftende Zuckerlösung mit Wasser dazuzuspülen und schließlich die leere Umschließung zu wägen.

Der Unterschied zwischen dem Rohgewicht der Probe und dem Gewichte der leeren Umschließung gibt die Menge der zur Untersuchung gelangenden eigentlichen Probe an.

Die auf dem Trichter befindlichen Früchte sind durch Abspülen mit wenig warmem Wasser von der ihnen noch anhaftenden Zuckerlösung möglichst vollständig zu befreien, erforderlichenfalls zu entsteinen und in einem Mörser zu einem gleichmäßigen Brei zu zerdrücken. Den Fruchtbrei übergießt man mit warmem Wasser (etwa $^1/_5$ der angewendeten Probe), gießt nach etwa einer halben Stunde die Flüssigkeit durch den bereits benutzten Trichter unter Bespülen der Trichterwand ab und wiederholt das Auslaugen der Früchte mit warmem Wasser noch zweimal. Alsdann preßt man die Früchte scharf aus, gibt die erhaltene Flüssigkeit zu dem Inhalt des Becherglases, spült auch die den benutzten Geräten noch anhängende Zuckerlösung dazu und bringt schließlich den Inhalt des Becherglases durch Zugabe von Wasser auf das fünffache Gewicht der verwendeten Probemenge.

65 g dieser Flüssigkeit enthalten dann den Zucker von 13 g Probe, entsprechen also dem $^1/_2$ N.-G. der Probe.

Zu § 1 C 2. Bei Marmeladen ist ähnlich wie bei Früchten, die in Zuckerlösung eingemacht sind, zu verfahren.

Zu § 1 D und E. Eine besondere Vorbereitung der Proben ist nicht erforderlich.

Zu § 1 F. Das $^1/_2$ N.-G. (= 13,00 g) des fein geriebenen Backwerks wird fünfmal mit je 50 ccm Branntwein (50 Raumteile Weingeist vom Hundert) je $^1/_2$ Stunde bei etwa 20° C ausgezogen. Die Auszüge werden filtriert und auf etwa 50 ccm eingedampft.

Zu § 1 G (Eisenzucker). Bei Ferrum oxydatum saccharatum ist das $^1/_8$ N.-G. (= 3,25 g) in einem 100-ccm-Meßkolben in 50 ccm Wasser zu lösen und mit 5 ccm Salzsäure (D = 1,19) bei 67—70° C 5 Minuten lang zu invertieren. Nach Zusatz von 5 ccm Natriumacetatlösung (10%) und 10 ccm Natriumphosphatlösung (10%) wird die freie Säure mit Natronlauge (10%) nicht völlig neutralisiert. Zu diesem Zwecke ist es vorteilhaft, den Wirkungswert der Lauge gegen die zugesetzte Säuremenge gesondert festzustellen und die um 2—3 ccm verminderte Laugemenge zuzusetzen. Die Lösung wird bei 20° C auf die Marke eingestellt, durch ein trockenes Faltenfilter filtriert und polarisiert. 50 ccm der polarisierten Lösung

---

[1] Zuckersteuergesetz nebst Ausführungsbestimmungen und Verordnung über Vergütung der Zuckersteuer, herausgeg. im Reichsfinanzministerium. Berlin 1930 (vgl. S. 409).

(= 1,625 g) werden zu 250 ccm verdünnt und 25 ccm der verdünnten Lösung (= 0,1625 g) mit 50 ccm FEHLINGscher Lösung 2 Minuten lang gekocht und nach Ba 2 weiter behandelt.

Bei Ferrum carbonicum saccharatum ist eine besondere Vorbereitung der Proben nicht erforderlich. Die Untersuchung erfolgt nach Ba 1.

Zu § 1 H, I, K und L. Eine besondere Vorbereitung der Proben ist nicht erforderlich.

Zu § 1 M. Das $^1/_2$ N.-G. (= 13,00 g) wird sowohl in einem 100-ccm-Meßkolben als auch in einem 200-ccm-Meßkolben mit 10 ccm Weingeist durchfeuchtet und mit 50 bzw. 150 ccm Wasser (40—50° C) allmählich unter Umschwenken versetzt. Darauf setzt man je 15 ccm Bleiessig und nach sorgfältigem Durchmischen 10 ccm einer kalt gesättigten Lösung von Dinatriumphosphat hinzu, füllt bei 20° C zur Marke auf, schüttelt gut durch und filtriert durch ein trockenes Faltenfilter.

B. Chemische Untersuchung.

a) Rübenzuckerhaltige, stärkezuckerfreie Waren. 1. Rübenzucker, invertzuckerfrei. Sofern nicht unter A ein anderes Verfahren vorgeschrieben ist, sind 13 g Probe (= dem $^1/_2$ N.-G.) in einem 100-ccm-Meßkolben in 80 ccm Wasser unter häufigem Umschwenken zu lösen, die erhaltene Flüssigkeit ist mit 5 ccm Bleiessig zu versetzen, gut durchzuschütteln, zur Marke aufzufüllen und dann durch ein trockenes Faltenfilter von 15 ccm Durchmesser zu filtrieren. Das bleihaltige Filtrat versetzt man mit so viel wasserfreiem Natriumcarbonat, daß sich die Flüssigkeit gegen Lakmuspapier gerade deutlich alkalisch verhält. Darauf filtriert man durch ein trockenes gehärtetes Faltenfilter und polarisiert das Filtrat, das völlig klar sein muß, im 200-mm-Rohr im amtlich vorgeschriebenen Saccharimeter.

Durch Verdoppelung des erhaltenen Polarisationswertes erhält man die Polarisation vor der Inversion für das $^1/_1$ N.-G. der Probe (= P).

Alsdann sind 50 ccm der polarisierten Flüssigkeit (= $^1/_4$ N.-G. der Probe) in einen 100-ccm-Meßkolben zu geben und mit 6 ccm Salzsäure (Dichte 1,19) und 25 ccm Wasser zu versetzen. Durch Eintauchen des Kolbens in ein Wasserbad von etwa 70° wird der Kolbeninhalt in längstens 5 Minuten auf 67—70° gebracht, zwischen diesen Wärmegraden genau 5 Minuten lang — unter häufigem Umschwenken des Kolbens — erhalten (invertiert), dann schnell auf etwa 20° abgekühlt, mit Natronlauge (10%) bis fast zur Marke versetzt, bei 20° auf 100 ccm aufgefüllt und — nach sorgfältigem Mischen — im 200-mm-Rohr im Saccharimeter bei genau 20° polarisiert.

Durch Vervielfältigen des erhaltenen Polarisationswertes mit 4 erhält man die Polarisation nach der Inversion für das $^1/_1$ N.-G. der Probe (= I).

Aus den Polarisationswerten P und I ergibt sich der Zuckergehalt (Z) der untersuchten Probe nach der vereinfachten CLERGETschen Formel:

$$Z = (P - I) \cdot 0{,}7538$$ [1].

Enthält die Ware wasserunlösliche Stoffe (wie Fett, Eiweiß, Stärke) in beachtenswerter Menge, so sind zwei Lösungen in der zuvor angegebenen Weise zur unmittelbaren Polarisation vorzubereiten, nämlich eine Lösung von 13 g Probe (= dem $^1/_2$ N.-G.) zu 100 ccm und eine Lösung von 13 g Probe (= $^1/_2$ N.-G.) zu 200 ccm.

Bezeichnet man den bei der Polarisation der ersten Lösung (13 g Probe : 100 ccm) erhaltenen Wert mit a und den Polarisationswert der zweiten Lösung (13 g Probe : 200 ccm) mit b, so erhält man den für die gekürzte CLERGETsche Formel nötigen Wert von P nach der Formel:

$$P = \frac{2ab}{a - b}$$ [1].

Andererseits erhält man den Wert für I aus der Formel:

$$I = \frac{4ib}{a - b}$$ [1].

i ist der Wert der Polarisation nach der Inversion, der erhalten wird, wenn man 50 ccm von der zur Polarisation vor der Inversion vorbereiteten Lösung von 13 g Probe (= $^1/_2$ N.-G.) : 100 ccm in der oben angegebenen Weise invertiert, zu 100 ccm auffüllt und die so erhaltene invertierte Lösung von 6,5 g Probe (= $^1/_4$ N.-G.) : 100 ccm im 200-mm-Rohr im Saccharimeter polarisiert.

Ist Z wesentlich größer als P und I wesentlich größer als $P/3$ oder ist Z wesentlich kleiner als P und I wesentlich kleiner als $P/3$, so kann die Ware im ersten Falle Invertzucker, im zweiten Falle Stärkezucker (Stärkesirup) und auch noch Invertzucker enthalten.

In beiden Fällen sind 5 ccm von der zur unmittelbaren Polarisation vorbereiteten Lösung von 13 g Probe : 100 ccm mit 45 ccm Wasser und 50 ccm FEHLINGscher Lösung zu versetzen.

---

[1] Die Formel ist in der zu der Verordnung über Vergütung des Kakaozolls gehörigen „Anweisung zur Untersuchung von Kakaowaren“ abgeleitet.

Die Mischung ist dann 2 Minuten lang zu kochen. Fällt dabei Kupferoxydul in beachtenswerter Menge aus, so ist der Rübenzucker entweder nach dem unter Ba2 („Rübenzucker, invertzuckerhaltig") angegebenen Verfahren oder nach der unter Bb2 („Rübenzucker, invertzuckerhaltig + Stärkesirup") angegebenen Vorschrift zu bestimmen.

2. Rübenzucker, invertzuckerhaltig. Bei Marmeladen, Säften von Früchten, künstlichem Honig oder wenn aus den Beziehungen der Polarisationen (s. unter Ba1) auf einen erheblichen Gehalt an Invertzucker zu schließen ist, ist der Gehalt an vergütungsfähigem Rübenzucker gewichtsanalytisch mittels FEHLINGscher Lösung zu bestimmen. Dies geschieht in folgender Weise:

13 g Probe (= $^1/_2$ N.-G.) oder die nach „A. Vorbereitung der Proben für die Untersuchung" in Betracht kommenden Flüssigkeiten sind in einem 100-ccm-Meßkolben zu etwa 75 ccm zu lösen, die Lösung ist mit 5 ccm Salzsäure (Dichte 1,19) zu versetzen, in der unter B 1 angegebenen Weise zu invertieren, nach dem Abkühlen auf etwa 20° mit Natronlauge (10%) bis fast zur Marke zu versetzen und bei 20° auf 100 ccm aufzufüllen.

25 ccm dieser Lösung (= 3,25 g Probe) sind dann auf 500 ccm zu verdünnen.

Von der verdünnten Lösung werden 25 ccm (= 0,1625 g Probe) mit 25 ccm Wasser und 50 ccm FEHLINGscher Lösung versetzt und alsdann genau 2 Minuten lang gekocht. Nach Ablauf der Kochzeit werden etwa 150 ccm Wasser zugefügt. Das ausgeschiedene Kupferoxydul wird in ein mit Asbest beschicktes, gewogenes ALLIHNsches Rohr gebracht, mit siedendem Wasser alkalifrei gewaschen, darauf nacheinander dreimal mit wenig Alkohol und dreimal mit Äther gewaschen und schließlich im Trockenschrank getrocknet.

Nunmehr ist das Kupferoxydul entweder durch Glühen im Luftstrome in Kupferoxyd oder durch Reduzieren im Wasserstoffstrome in metallisches Kupfer überzuführen.

Aus der Menge des erhaltenen Kupferoxyds bzw. Kupfers ergibt sich der Gehalt an vergütungsfähigem Rübenzucker unmittelbar aus der angeschlossenen Tabelle 78 (S. 483).

Zur Prüfung darauf, ob die Ware nicht auch noch Stärkezucker (Stärkesirup) enthält, ist die bereits benutzte, invertierte Lösung von 13 g Probe (= $^1/_2$ N.-G.) : 100 ccm im 200-mm-Rohr im Saccharimeter zu polarisieren. Beträgt die auf das $^1/_1$ N.-G. bezogene Inversionspolarisation des gewichtsanalytisch festgestellten und auf Rübenzucker berechneten Gesamtzuckers weniger als —28 Saccharimetergrade, so ist Anwesenheit von Stärkezucker (Stärkesirup) anzunehmen.

Der Gehalt an vergütungsfähigem Rübenzucker ist dann nach Bb2 zu ermitteln.

Beispiel. Der gewichtsanalytisch bestimmte und als Rübenzucker berechnete Gesamtzucker betrage 63,8% und die Inversionspolarisation einer Lösung von 13 g Probe (= $^1/_2$ N.-G.) : 100 ccm betrage —10,3 Saccharimetergrade.

Dann ist die auf das $^1/_1$ N.-G. bezogene Inversionspolarisation des gewichtsanalytisch festgestellten und auf Rübenzucker berechneten Gesamtzuckers:

$$\frac{100 \cdot 2 \cdot (-10{,}3)}{63{,}8} = -32{,}3^{\circ}.$$

b) Rübenzucker- und stärkezuckerhaltige Waren. 1. Rübenzucker, invertzuckerfrei + Stärkesirup. Rübenzucker. Der Gehalt der invertzuckerfreien Waren auf Rübenzucker ergibt sich aus dem Unterschiede der auf das $^1/_1$ N.-G. bezogenen Polarisation vor und nach der Inversion (s. unter Ba1).

Die Aufspaltung, die das im Stärkesirup enthaltene Dextrin bei der Inversion erfährt, ist so gering, daß ihr Einfluß auf die polarimetrische Bestimmung des Rübenzuckers unberücksichtigt zu lassen ist.

Stärkesirup. Der Stärkesirup — Stärkezucker kommt für die vergütungsfähigen Zuckerwaren und zuckerhaltigen Waren überhaupt nicht in Frage — ist kein einheitlicher Stoff, sondern ein Erzeugnis, das rund zu 20 Gewichtsteilen vom Hundert aus Wasser und zu je 40 Gewichtsteilen vom Hundert aus Dextrose (Stärkezucker, Traubenzucker) und Dextrin besteht. Infolgedessen werden bei jedem Verfahren die ermittelten Werte nur Annäherungswerte darstellen. Der einfachste Weg, den Gehalt an Stärkesirup bei Abwesenheit von Invertzucker zu bestimmen, ist die Ermittlung des Gehalts an unmittelbar reduzierendem Zucker, dessen Wert durch Vervielfältigung mit $^5/_2$ den annähernden Gehalt an Stärkesirup ergibt.

Bleibt sowohl der so ermittelte Stärkesirupgehalt wie auch der Rübenzuckergehalt unter dem angemeldeten Gehalt erheblich zurück, dann ist im Hinblick auf die Möglichkeit, daß der Rübenzucker teilweise invertiert ist, das nachstehende Verfahren (Bb2) anzuwenden.

2. Rübenzucker (invertzuckerhaltig) + Stärkesirup. Der Gehalt an Rübenzucker, einschließlich des Invertzuckers und an Stärkesirup wird in der Weise ermittelt, daß der Gesamtzucker (Rübenzucker + Invertzucker + Dextrose [des Stärkesirups]) gewichtsanalytisch und der Stärkesirup aus der spezifischen Drehung des Trockenstoffes[1]

[1] Z. 1904, 8, 10. — Über die einfachere Berechnung des Stärkesirups vgl. S. 471.

Tabelle 78. Gewichtsanalytische Bestimmung des Gehalts an Rohr- (Rüben-) Zucker, bei Anwendung von 0,1625 g Probe.

Kupfer mg	Kupferoxyd mg	Rohrzucker %	Kupfer mg	Kupferoxyd mg	Rohrzucker %	Kupfer mg	Kupferoxyd mg	Rohrzucker %
30	37,6	9,35	90	112,6	27,45	150	187,7	46,15
31	38,8	9,65	91	113,9	27,69	151	189,1	46,40
32	40,1	9,94	92	115,2	28,00	152	190,2	46,77
33	41,3	10,23	93	116,4	28,31	153	191,5	47,08
34	42,6	10,52	94	117,7	28,62	154	192,7	47,32
35	43,8	10,82	95	118,9	28,92	155	194,0	47,69
36	45,1	11,05	96	120,2	29,23	156	195,2	48,00
37	46,3	11,34	97	121,4	29,54	157	196,5	48,37
38	47,6	11,63	98	122,7	29,85	158	197,7	48,62
39	48,8	11,93	99	123,9	30,15	159	199,0	48,98
40	50,1	12,22	100	125,2	30,46	160	200,3	49,29
41	51,3	12,51	101	126,4	30,83	161	201,5	49,60
42	52,6	12,80	102	127,7	31,08	162	202,8	49,91
43	53,8	13,10	103	128,9	31,38	163	204,0	50,22
44	55,1	13,39	104	130,2	31,75	164	205,3	50,58
45	56,3	13,68	105	131,4	32,06	165	206,6	50,83
46	57,6	13,97	106	132,7	32,31	166	207,8	51,20
47	58,8	14,26	107	133,9	32,68	167	209,0	51,51
48	60,1	14,56	108	135,2	33,05	168	210,3	51,82
49	61,3	14,85	109	136,4	33,29	169	211,5	52,12
50	62,6	15,14	110	137,7	33,60	170	212,8	52,43
51	63,8	15,43	111	138,9	33,91	171	214,0	52,80
52	65,1	15,73	112	140,2	34,22	172	215,3	53,11
53	66,3	16,02	113	141,4	34,58	173	216,5	53,42
54	67,6	16,31	114	142,7	34,83	174	217,8	53,72
55	68,9	16,60	115	143,9	35,14	175	219,0	54,03
56	70,1	16,84	116	145,2	35,51	176	220,3	54,34
57	71,3	17,13	117	146,4	35,75	177	221,5	54,65
58	72,6	17,42	118	147,7	36,06	178	222,8	55,01
59	73,9	17,71	119	148,9	36,43	179	224,0	55,32
60	75,1	18,01	120	150,2	36,74	180	225,3	55,63
61	76,4	18,30	121	151,4	36,98	181	226,5	55,94
62	77,6	18,59	122	152,7	37,35	182	227,8	56,25
63	78,9	18,88	123	153,9	37,66	183	229,0	56,62
64	80,1	19,17	124	155,2	37,97	184	230,3	56,86
65	81,4	19,46	125	156,4	38,28	185	231,5	57,17
66	82,6	19,76	126	157,7	38,58	186	232,8	57,54
67	83,9	20,05	127	158,9	38,99	187	234,1	57,85
68	85,1	20,34	128	160,2	39,20	188	235,3	58,15
69	86,4	20,64	129	161,4	39,51	189	236,5	58,52
70	87,6	20,93	130	162,7	39,82	190	237,8	58,83
71	88,9	21,22	131	164,0	40,18	191	239,0	59,14
72	90,1	21,51	132	165,2	40,43	192	240,3	59,45
73	91,4	21,81	133	166,5	40,74	193	241,6	59,82
74	92,6	22,10	134	167,7	41,11	194	242,8	60,18
75	93,9	22,39	135	169,0	41,42	195	244,1	60,43
76	95,1	22,58	136	170,2	41,66	196	245,3	60,80
77	96,4	22,98	137	171,5	42,03	197	246,6	61,17
78	97,6	23,27	138	172,7	42,34	198	247,8	61,42
79	98,9	23,57	139	174,0	42,65	199	249,1	61,78
80	100,1	23,88	140	175,2	42,95	200	250,3	62,15
81	101,4	24,12	141	176,5	43,26	201	251,6	62,46
82	102,6	24,43	142	177,7	43,57	202	252,8	62,77
83	103,9	24,74	143	179,0	43,88	203	254,1	63,08
84	105,1	25,05	144	180,2	44,18	204	255,3	63,45
85	106,4	25,35	145	181,5	44,49	205	256,6	63,75
86	107,6	25,66	146	182,7	44,86	206	257,8	64,06
87	108,9	25,97	147	184,0	45,11	207	259,1	64,43
88	110,2	26,28	148	185,2	45,48	208	260,3	64,80
89	111,4	26,52	149	186,5	45,78	209	261,6	65,05

Tabelle 78. (Fortsetzung).

Kupfer mg	Kupferoxyd mg	Rohrzucker %	Kupfer mg	Kupferoxyd mg	Rohrzucker %	Kupfer mg	Kupferoxyd mg	Rohrzucker %
210	262,8	65,42	245	306,6	77,05	280	350,4	88,80
211	264,1	65,78	246	307,9	77,35	281	351,7	89,15
212	265,3	66,03	247	309,1	77,72	282	352,9	89,51
213	266,6	66,40	248	310,4	78,03	283	354,2	89,85
214	267,8	66,70	249	311,6	78,40	284	355,4	90,21
215	269,1	67,08	250	312,9	78,71	285	356,7	90,56
216	270,3	67,38	251	314,1	79,02	286	358,0	90,91
217	271,6	67,69	252	315,4	79,38	287	359,2	91,26
218	272,8	68,06	253	316,6	79,69	288	360,4	91,59
219	274,1	68,37	254	317,9	80,06	289	361,7	91,90
220	275,3	68,68	255	319,1	80,37	290	363,0	92,25
221	276,6	69,05	256	320,4	80,74	291	364,2	92,60
222	277,8	69,42	257	321,6	81,05	292	365,5	92,95
223	279,1	69,66	258	322,9	81,35	293	366,7	93,30
224	280,4	70,03	259	324,2	81,72	294	368,0	93,65
225	281,6	70,40	260	325,4	82,09	295	369,2	94,01
226	282,9	70,71	261	326,7	82,40	296	370,5	94,36
227	284,1	71,02	262	327,9	82,71	297	371,7	94,71
228	285,4	71,38	263	329,2	83,08	298	373,0	95,06
229	286,6	71,69	264	330,4	83,45	299	374,2	95,41
230	287,9	72,00	265	331,6	83,69	300	375,5	95,76
231	289,1	72,37	266	332,9	84,06	301	376,7	96,11
232	290,4	72,68	267	334,2	84,42	302	378,0	96,46
233	291,6	73,05	268	335,4	84,71	303	379,2	96,81
234	292,9	73,35	269	336,7	85,06	304	380,5	97,16
235	294,1	73,66	270	337,9	85,41	305	381,7	97,51
236	295,4	74,03	271	339,2	85,76	306	383,0	97,81
237	296,6	74,34	272	340,4	86,06	307	384,2	98,16
238	297,9	74,71	273	341,7	86,41	308	385,5	98,51
239	299,1	75,02	274	342,9	86,76	309	386,7	98,86
240	300,4	75,38	275	344,2	87,11	310	388,0	99,21
241	301,6	75,69	276	345,4	87,40	311	389,2	99,56
242	302,9	76,00	277	346,7	87,75	312	390,5	99,91
243	304,1	76,37	278	347,9	88,10	313	391,7	100,26
244	305,4	76,68	279	349,2	88,45	314	393,0	100,61

bestimmt wird, und daß die in dem ermittelten Stärkesirup enthaltene Dextrose von dem Gesamtzucker abgezogen wird.

Der Trockenstoffgehalt (T) wird zweckmäßig aus der Dichte unter Benutzung der Zucker- (Extrakt-) Tafel von KARL WINDISCH ermittelt.

Zur Bestimmung der spezifischen Drehung des invertierten Trockenstoffes $[\alpha]_D^{20}$, d. i. der Drehung von 100 g invertiertem Trockenstoff, zu 100 ccm gelöst, im 100-mm-Rohr in Kreisgraden, sind 13 g Probe (= $^1/_2$ N.-G.) oder die unter „A. Vorbereitung der Proben für die Untersuchung" aufgeführten Flüssigkeiten in einem 100-ccm-Meßkolben zu etwa 75 ccm zu lösen, die Lösung ist mit 5 ccm Salzsäure (Dichte 1,19) zu versetzen, in der unter B1 angegebenenen Weise zu invertieren, nach dem Abkühlen auf etwa 20° mit Natronlauge (10%) bis fast zur Marke zu versetzen, bei 20° C auf 100 ccm aufzufüllen und — nach sorgfältigem Mischen — im 200-mm-Rohr im Saccharimeter bei genau 20° zu polarisieren.

Aus diesen für 13 g bei Anwendung eines 200 mm-Rohres festgestellten Saccharimetergraden (A) berechnet sich die spezifische Drehung für 100 g Probe durch ihre Vervielfältigung mit $\frac{100 \cdot 0{,}3469}{13 \cdot 2} = 1{,}334$ und aus dem so gefundenen Wert die spezifische Drehung des Trockenstoffes (T) durch Vervielfältigung mit $100/T$; mithin ist die spezifische Drehung des Trockenstoffes $[\alpha]_D^{20} = \frac{1{,}334\,A \cdot 100}{T} = \frac{133{,}4\,A}{T}$. Der dieser spezifischen Drehung entsprechende Gehalt des Trockenstoffes an Stärkesirup wird aus der beifolgenden Tabelle 79 entnommen, und der Gehalt der Warenprobe an Stärkesirup ergibt sich durch Vervielfältigung dieses Wertes mit $T/100$.

Der Gehalt an Rübenzucker wird in der invertierten Lösung des $^1/_2$ N.-G. : 100 ccm festgestellt, indem 25 ccm (= 3,25 g Probe) zu 500 ccm verdünnt und in der unter Ba2

Tabelle 79. Bestimmung des Gehalts an Stärkesirup aus der spezifischen Drehung.

$[\alpha]_D^{20}$	Stärkesirup	$[\alpha]_D^{20}$	Stärkesirup	$[\alpha]_D^{20}$	Stärkesirup	$[\alpha]_D^{20}$	Stärkesirup
—21,5	0,0	+ 11	25,5	+ 44	51,3	+ 77	77,2
—21	0,4	+ 12	26,3	+ 45	52,1	+ 78	78,0
—20	1,2	+ 13	27,1	+ 46	52,9	+ 79	78,8
—19	2,0	+ 14	27,8	+ 47	53,7	+ 80	79,6
—18	2,8	+ 15	28,6	+ 48	54,5	+ 81	80,3
—17	3,5	+ 16	29,4	+ 49	55,2	+ 82	81,1
—16	4,3	+ 17	30,2	+ 50	56,0	+ 83	81,9
—15	5,1	+ 18	31,0	+ 51	56,8	+ 84	82,7
—14	5,9	+ 19	31,7	+ 52	57,6	+ 85	83,5
—13	6,7	+ 20	32,5	+ 53	58,4	+ 86	84,2
—12	7,4	+ 21	33,3	+ 54	59,2	+ 87	85,0
—11	8,2	+ 22	34,1	+ 55	60,0	+ 88	85,8
—10	9,0	+ 23	34,9	+ 56	60,7	+ 89	86,6
— 9	9,8	+ 24	35,6	+ 57	61,5	+ 90	87,4
— 8	10,6	+ 25	36,4	+ 58	62,3	+ 91	88,2
— 7	11,4	+ 26	37,2	+ 59	63,1	+ 92	89,0
— 6	12,2	+ 27	38,0	+ 60	63,9	+ 93	89,7
— 5	12,9	+ 28	38,8	+ 61	64,7	+ 94	90,5
— 4	13,7	+ 29	39,6	+ 62	65,5	+ 95	91,3
— 3	14,5	+ 30	40,4	+ 63	66,2	+ 96	92,1
— 2	15,3	+ 31	41,1	+ 64	67,0	+ 97	92,9
— 1	16,1	+ 32	41,9	+ 65	67,8	+ 98	93,7
± 0	16,9	+ 33	42,7	+ 66	68,6	+ 99	94,4
+ 1	17,6	+ 34	43,5	+ 67	69,4	+ 100	95,2
+ 2	18,5	+ 35	44,3	+ 68	70,1	+ 101	96,0
+ 3	19,2	+ 36	45,1	+ 69	70,9	+ 102	96,8
+ 4	20,0	+ 37	45,9	+ 70	71,7	+ 103	97,6
+ 5	20,8	+ 38	46,6	+ 71	72,5	+ 104	98,4
+ 6	21,6	+ 39	47,4	+ 72	73,3	+ 105	99,2
+ 7	22,3	+ 40	48,2	+ 73	74,1	+ 106	99,9
+ 8	23,1	+ 41	49,0	+ 74	74,8		
+ 9	23,9	+ 42	49,8	+ 75	75,6		
+ 10	24,7	+ 43	50,6	+ 76	76,4		

angegebenen Weise weiterbehandelt werden. Da der aus der Tabelle zu entnehmende Gesamtzucker auch die Dextrose des Stärkesirups einschließt, ist dieselbe, berechnet als Rübenzucker, von dem ermittelten Gesamtzucker abzuziehen. Der Dextrosegehalt ist mit 2/5 des Stärkesirupgehalts, bei einem mittleren Dextrosegehalt des letzteren von 40%, in Rechnung zu stellen und mit 0,95 zu vervielfältigen. Bezeichnet man den als Rübenzucker berechneten Gesamtzucker mit (G) und den in der Probe ermittelten Stärkesirup mit (S), so ist der Gehalt an vergütungsfähigem Rübenzucker $Z = G - \frac{40 \cdot S \cdot 0{,}95}{100}$ oder $Z = G - 0{,}38 \cdot S$.

Beispiel. In einem Fruchtsirup wurden ermittelt:

1. Trockenstoff (T) = 66,7%.
2. Inversionspolarisation des $^1/_2$ N.-G.: 100 ccm im 200-mm-Rohr (A) = + 16,2° (Saccharimeter) und
3. Gesamtzucker (G), berechnet als Rübenzucker = 52,6%.

Aus diesen Werten berechnet sich die spezifische Drehung $[\alpha]_D^{20}$ zu $\frac{133{,}4 \cdot (+16{,}2)}{66{,}7} = +32{,}4^0$, die nach der Tabelle 79 einem Stärkesirupgehalt des Trockenstoffes von 42,2% und einem Stärkesirupgehalt der Warenprobe von $\frac{42{,}2 \cdot 66{,}7}{100} = 28{,}15\%$ entspricht. Aus diesem Stärkesirupgehalt und dem zu 52,6% ermittelten Gesamtzucker ergibt sich der Gehalt an Rübenzucker, einschließlich des invertierten, zu $52{,}6 - 0{,}38 \times 28{,}15 = 52{,}6 - 10{,}7 = 41{,}9\%$.

Bei der schwankenden Zusammensetzung des Stärkesirups sind die so ermittelten Werte nur Annäherungswerte. Soll der Gehalt an tatsächlich vorhandenem Rübenzucker, also ausschließlich des invertierten, besonders festgestellt werden, so ist derselbe nach Ba l zu bestimmen.

c) **Stärkezuckerhaltige, rübenzuckerfreie Waren.** Bei stärkezucker- (stärkesirup-) haltigen, rübenzuckerfreien Waren ist der Gehalt an Stärkesirup — die Nichtverwendung von Dextrinen und anderen optisch aktiven Stoffen vorausgesetzt — aus dem Verhältnis der unmittelbaren Polarisation der stärkesiruphaltigen Ware und derjenigen des verwendeten Stärkesirups zu ermitteln.

C. Künstliche Süßstoffe.

Unter künstlichen Süßstoffen versteht man natürlich nicht vorkommende Stoffe, die mit Zucker den süßen Geschmack (in vielfach verstärktem Maße) gemeinsam haben.

Im Gegensatz hierzu sind also natürlich vorkommende, wenn auch nicht zuckerartige Verbindungen mit süßem Geschmack wie Glycerin, Glykokoll, Sorbit, Mannit, Glycyrrhizin u. a. ebenso wie die Zuckerarten natürliche Süßstoffe.

Süß schmeckende künstlich dargestellte Verbindungen kennt man eine ganze Anzahl, wie Orthoamidobenzoesäure, Orthonitrobenzoesäure, aethylierten Phenylharnstoff, Dimethylharnstoff, Nitrogyruvinureid, Amidocampher u. a. Aber nur zwei haben bisher eine praktische Bedeutung erlangt, nämlich Saccharin und Dulcin, weil bei diesen die Süßkraft eine so große ist, daß dagegen der im Gegensatz zu den natürlichen Süßstoffen fehlende Nährwert, selbst unerwünschte physiologische Wirkungen (beim Dulcin), zurücktreten.

I. Saccharin.

Das von C. FAHLBERG[1] um 1878 entdeckte Saccharin[2] oder Benzoesäuresulfinid ist das Anhydrid der Orthosulfaminobenzoesäure und besitzt folgende Struktur

$$C_6H_4{<}{}^{CO}_{SO_2}{>}NH.$$

Durch Behandeln mit Alkalien geht es leicht in das Alkalisalz der Orthosulfamidobenzoesäure über und kann daraus umgekehrt wieder mit konzentrierter Schwefelsäure als wasserentziehendem Mittel gewonnen werden:

$$C_6H_4{<}{}^{CO\cdot OH}_{SO_2\cdot NH_2} \rightleftarrows C_6H_4{<}{}^{CO}_{SO_2}{>}NH + H_2O.$$

Die technische Darstellung des Saccharins erfolgt nach Angaben von KLAGES[3] wie folgt:

Aus Toluol wird durch Einwirkung von Chlorsulfonsäure ein Gemisch etwa gleicher Mengen Ortho- und Paratoluolsulfochlorid erhalten:

$$C_6H_5\cdot CH_3 + Cl\cdot SO_2\cdot OH = H_2O + C_6H_4{\overset{\diagup CH_3}{}}{-}SO_2\cdot Cl.$$

Die Paraverbindung ist krystallisiert und läßt sich von dem öligen Orthotoluolsulfochlorid durch Abschleudern und Ausfrieren bis auf einen Rest von etwa 20% abtrennen.

Das technische Orthotoluolsulfochlorid wird mit Ammoniak im Autoklaven zum sog. Rohamid umgesetzt:

$$C_6H_4{\overset{\diagup CH_3}{}}{-}SO_2Cl + 2\,NH_3 = C_6H_4{<}{}^{CH_3}_{SO_2\cdot NH_2} + NH_4Cl.$$

Dieses Rohamid wird durch fraktionierte Fällung aus Natronlauge und Umkrystallisation aus Alkohol gereinigt. Das etwa 96%ige Reinamid wird nun in Natronlauge gelöst und

[1] Die Priorität der Entdeckung wurde FAHLBERG von F. WITTIG und I. REMSEN bestritten. — Jedenfalls hat aber FAHLBERG als erster den Süßstoff fabrikmäßig hergestellt.

[2] Der Name „Saccharin" wurde bereits früher einer chemischen Verbindung $C_6H_{10}O_5$ beigelegt, die durch Kochen von Invertzucker mit Kalkmilch erhalten wird, mit dem obigen Saccharin aber nichts als den Namen gemeinsam hat.

[3] KLAGES: Künstliche Süßstoffe. MUSPRATTS Chemie, Erg.-Bd. IV, 2, S. 1448. Braunschweig 1922. — Dort auch ausführliches Literaturverzeichnis über Saccharin.

mit Kaliumpermanganat unter Vermeidung eines Überschusses daran bei mäßiger Temperatur unter Rühren oxydiert. Diese Behandlung bedarf sorgfältiger Überwachung, weil sonst leicht störende Geschmacksstoffe (Orthosulfamidobenzoesäure, Bitterstoffe u. a.) entstehen. Aus der klaren alkalischen, nach Abnutschen des Branntweins erhaltenen Lösung wird durch verdünnte Mineralsäure das Saccharin in 96—98%iger Reinheit ausgefällt. Zur Darstellung von noch reinerem Saccharin krystallisiert man sein Natriumsalz, das sog. Krystallsaccharin, wiederholt um und scheidet schließlich das Saccharin mit verdünnten Mineralsäuren ab.

1. Chemische Eigenschaften des Saccharins.

Saccharin krystallisiert aus Wasser in farblosen monoklinen Blättchen, aus Äther in hexagonalen Täfelchen. Gewöhnlich kommt es als feines krystallinisches geruchloses Pulver von außerordentlich süßem Geschmack in den Handel. Seine Löslichkeit in verschiedenen Lösungsmitteln wurde wie folgt gefunden:

Tabelle 80.

Wasser		Alkohol	Äther	Benzol kalt	Essigäther	Fette Öle
kalt	heiß					
1:335	1:28	1:30	1:100	1:1900	1:20	etwa 1:1000

Das Spez. Gewicht der Handelssaccharine ist je nach Art der Herstellung sehr verschieden.

Reines Benzoesäuresulfinid schmilzt bei 225,0° (korr. 228,5°), Handelsware meist bei 220—222°. Beim Erhitzen einer Probe auf dem Platinblech tritt der Geruch nach bitteren Mandeln auf. Gute Saccharinmarken enthalten nur 0,06% Asche.

Das Saccharin ist eine ziemlich starke Säure, in der der Imidwasserstoff durch Metalle, Kohlenwasserstoffreste und Alkaloide ersetzbar ist. Die entstehenden Verbindungen schmecken ebenfalls meist stark süß. Die Dissoziationskonstante des Saccharins wurde von I. M. Kolthoff[1] ermittelt:

In Wasser . . . . $K = 2,5 \times 10^{-2}$
In Alkohol . . . . $K = 1,2 \times 10^{-6}$

Hiernach ist das Saccharin in Wasser stärker dissoziiert als z. B. die 1. Stufe der Phosphorsäure oder die 2. Stufe der Schwefelsäure. Demgegenüber fand Kolthoff die Dissoziationskonstante des Parabenzoesäuresulfamids wesentlich kleiner, nämlich zu $K = 3,05 \times 10^{-4}$.

2. Chemische Reaktionen des Saccharins.

a) Schwefelnachweis. Saccharin liefert bei der Schmelze mit Kaliumhydroxyd und Salpeter Kaliumsulfat, nachweisbar als Bariumsulfat, beim Erhitzen mit Natrium oder Magnesium Natrium- bzw. Magnesiumsulfid, nachweisbar mit Nitroprussidnatrium.

b) Salicylsäurereaktion. Durch Alkalischmelze bildet sich aus Saccharin Salicylat. Nach F. Wirthle[2] erhitzt man hierzu den mit Natronlauge erhaltenen Eindampfungsrückstand 15 Minuten bei 210—220° im Luftbade. — Bei gleichzeitiger Anwesenheit von Salicylsäure neben Saccharin ist diese Reaktion natürlich nicht brauchbar. Man fällt in diesem Falle zunächst die Salicylsäure mit Bromwasser, entbromt das Filtrat durch Einleiten von Luft und schüttelt mit Äther aus.

---

[1] I. M. Kolthoff: Rec. Trav. chim. Pays-Bas 1925, 44, 629; C. 1925, II, 2073.
[2] F. Wirthle: Chem.-Ztg. 1900, 24, 1053; 1901, 25, 816.

Weitere Reaktionen auf Saccharin wurden von E. RIEGLER[1] (Farbreaktion mit Paradiazonitranilin), BÖRNSTEIN[2] (Erhitzen mit Resorcin und Schwefelsäure — vgl. unten S. 495), D. LINDO[3] (Farbreaktion mit Salpetersäure), D. VITALI[4] (Phenol- und Ammoniakbildung mit Erhitzen mit Calciumhydroxyd) und anderen angegeben.

Eine analytisch wichtige Eigenschaft des Saccharins, die besonders zu seiner Reinigung von fremden Begleitstoffen verwertet wird, ist seine Beständigkeit gegen kalte Kaliumpermanganatlösung (G. JÖRGENSEN[5]).

Mikrochemisch lassen sich nach M. WAGENAAR[6] aus Saccharin durch Sublimieren, Niederschlagen aus der Alkaliverbindung und mit Schwermetallsalzen auch mit Jodkaliumjodid charakteristische Krystalle erhalten, die zur Identifizierung dienen können. Von diesen werden die mit Kupfer und Pyridin gebildeten Komplexe von J. J. L. ZWIKKER[7] eingehender beschrieben.

Über Prüfung von Saccharin neben Dulcin vgl. auch S. 495.

Von den Salzen des Saccharins ist das Natriumsalz

$$C_6H_4{<}{}^{CO}_{SO_2}{>}N\cdot Na + 2\,H_2O$$

am wichtigsten. Es löst sich leicht in Wasser und läßt sich daraus in rhomboedrischen Krystallen krystallisieren. Seine Handelsbezeichnung ist Krystallsaccharin mit 75,9% Benzoesäuresulfinidgehalt.

Neben diesen reinen Verbindungen kommt Saccharin in Mischung mit Natriumbicarbonat in Tablettenform in den Handel. Bringt man diese Tabletten mit einem Getränk in Berührung, so entwickelt das saure Saccharin unter Bildung von Natriumsaccharinat aus dem Bicarbonat Kohlendioxyd und durch die entstehende Bewegung löst sich das Natriumsalz dann besonders leicht. Durch längere unsachgemäße Aufbewahrung findet aber eine Abbindung des Saccharins durch Natriumbicarbonat in der Tablette statt, wodurch dann das Aufbrausen und die leichte Löslichkeit verlorengehen (O. BEYER[8], H. KREIS[9]).

Bei der Herstellung dieser Tabletten ist es nach BEYER[10] aus dem gleichen Grunde vorteilhaft, die Bestandteile Saccharin und Bicarbonat gut vorzutrocknen.

J. KÖNIG[11] fand in 2 Sorten solcher Saccharinzubereitungen mit Natriumbicarbonat an Wasser 0,65—0,70, Saccharin-Natrium 40,38—79,76, Natriumbicarbonat 16,75—57,39, Parasulfamidobenzoesäure 2,15—2,57%. Eine weitere Probe enthielt neben 19,69% Saccharinatrium und 44,54% Natriumbicarbonat 34,88% Milchzucker.

3. Physiologisches Verhalten[12].

Die auffälligste Eigenschaft des Saccharins ist sein Süßungsvermögen. Doch entspricht sein Geschmack nicht ganz dem des Rohrzuckers. Besonders Tiere mit feinem Geschmacksempfinden wie Hunde und Insekten vermögen deutlich zwischen Saccharin- und Zuckergeschmack zu unterscheiden. Beim Menschen ist dieses Unterscheidungsvermögen wesentlich verringert und kann bei Mitverwendung von Dulcin (vgl. S. 496) als Süßungsmittel als praktisch ausgelöscht gelten.

TH. PAUL[13] ließ 5 gleichsüße (isodulce) Teeproben, davon 3 mit künstlichem Süßstoff, 2 mit Zucker gesüßt, von 22 Versuchspersonen verkosten. Dabei wurde nur in 6 Fällen

[1] E. RIEGLER: Pharm. Zentralh. 1900, **41**, 563; **Z.** 1901, **4**, 314.
[2] BÖRNSTEIN: Vgl. G. PARMEGGIANI: Zeitschr. analyt. Chem. 1888, **27**, 165. — BEYTHIEN: Handbuch der Nahrungsmitteluntersuchung, Bd. I, S. 628.
[3] D. LINDO: Chem. News 1888, **58**, 51, 155.
[4] D. VITALI: L'Orosi **14**, 109. — BEYTHIEN: Handbuch der Nahrungsmitteluntersuchung, Bd. I, S. 628. [5] G. JÖRGENSEN: Ann. Falsif. 1909, **2**, 58.
[6] M. WAGENAAR: Pharm. Weekbl. 1932, **69**, 614; **Z.** 1935, **69**, 613.
[7] J. J. L. ZWIKKER: Pharm. Weekbl. 1933, **70**, 551; **Z.** 1936, **71**, 591. Vgl. auch C. ZIJP: Pharm. Weekbl. 1934, **71**, 858; **Z.** 1937, **74**, 251 und ZWIKKER: Pharm. Weekbl. 1934, **71**, 864; **Z.** 1937, **74**, 252.
[8] O. BEYER: Chem.-Ztg. 1919, **43**, 751. [9] H. KREIS: Ber. Lebensmittelkontrolle Basel-Stadt 1919, 21; **Z.** 1921, **41**, 87. [10] O. BEYER: Chem.-Ztg. 1920, **44**, 437. [11] J. KÖNIG: **Z.** 1901, **4**, 448. [12] Vgl. auch Bd. I, S. 1047. [13] TH. PAUL: **Z.** 1922, **43**, 137.

richtige Beurteilung erhalten. — Auf die Frage, welche Probe am angenehmsten süß schmeckte, lauteten von 21 Urteilen 15 Urteile auf Zucker, 6 Urteile auf Süßstoff.

In älteren Mitteilungen findet man die Angabe, daß 1 g reines Saccharin die Süßkraft von 550 g Rohrzucker, 1 g Saccharinnatrium die von 450 g Rohrzucker besitze. Wie unten gemeinsam mit Dulcin (vgl. S. 496) näher ausgeführt wird, trifft dieses Verhältnis aber nur für eine bestimmte Konzentration, nämlich etwa einer 3%igen Zuckerlösung entsprechend zu.

4. Hydrolyse des Saccharins.

Beim Erhitzen von Saccharin in Gegenwart von Säuren wird es allmählich in o-sulfobenzoesaures Ammonium umgelagert, wie sich nach K. TÄUFEL und J. NATON[1] mit Hilfe der Ultraviolettspektroskopie verfolgen läßt. Eine Lösung von freiem Saccharin wird hierbei wegen der sauren Reaktion viel schneller umgesetzt als von Saccharinnatrium. So fanden TÄUFEL und NATON bei verschiedenen Temperaturen im Einschmelzrohr nach 2 Stunden an saurem o-sulfobenzoesaurem Ammonium bzw. an Natrium-ammonium-o-sulfobenzoat:

Tabelle 81.

Süßstoff	Nicht erhitzt %	100° %	125° %	150° %	200° %	230° %	250° %
Saccharin	0,5	3,4	12,5	60,2	85,8	—	94,3
Saccharin-Natrium . . .	0	0	—	2,74	4,95	6,05	—

Der beobachteten chemischen Änderung ging die Abnahme des süßen Geschmacks der Lösungen parallel.

Über die Frage einer Schädlichkeit oder Unschädlichkeit des Saccharins für den menschlichen Organismus sind zahlreiche Versuche[2] ausgeführt worden, die aber zu ganz widersprechenden Ergebnissen geführt haben. Soweit es sich um ältere Versuche handelt, mögen die Widersprüche sich teilweise durch die Individualität der Versuchspersonen, teils auch dadurch erklären, daß das freie Saccharin als ziemlich starke, wenn auch schwerlösliche Säure sich natürlich anders verhalten muß als das neutrale, wenn auch leichtlösliche Saccharinnatrium, das Krystallsaccharin.

Nach G. JOACHIMOGLU[3] ist Saccharin für normale Menschen ein vollkommen harmloser Körper, von dem man auch bei kranken Menschen ungünstige Wirkungen nicht beobachtet hat. R. O. NEUMANN[4] fand auch bei Einnahme der 100fachen Menge des normalen Höchstgebrauchs an Saccharin keine Schädigung. Bis zu 3 g reinem Saccharin täglich war überhaupt keine Wirkung auf die Verdauungsfermente nachzuweisen. Ebenso trat keine Nierenreizung ein. C. SCHWARZ und E. BÜCHLMANN[5] erklären die vielfach beschriebene stark hemmende Wirkung des Saccharins auf die Wirkung der Speicheldiastase durch die saure oder alkalische Reaktion der angewendeten Lösungen, weil die Speicheldiastase nur zwischen $p_H = 6{,}0$—$6{,}8$ wirksam ist. An sich bewirkten weder Krystallose noch reines Saccharin, auch nicht Parasaccharin, eine Hemmung der diastatischen Wirkung des Speichels. Versuche von M. DOBREFF[6] ergaben, daß der chronische Genuß von Saccharin in den beim Verbrauch üblichen Mengen die Magensekretion nicht vermindert und die Magendrüsen nicht schädigt. Weitere Versuche von SCHWARZ und V. ZELINGER[7] zeigten, daß Krystallose, Saccharin und Parasaccharin auch in starken, praktisch nicht mehr in Frage kommenden Konzentrationen bis zur Löslichkeitsgrenze ohne Einfluß auf die Pepsin- und Trypsinver-

---

[1] K. TÄUFEL u. J. NATON: Zeitschr. angew. Chem. 1926, **39**, 224. Vgl. TÄUFEL, C. WAGNER u. W. PREIS: Zeitschr. Elektrochem. 1928, 281.

[2] Vgl. J. KÖNIG: Chemie, Bd. II, S. 1005. Berlin 1904.

[3] G. JOACHIMOGLU: Zeitschr. ärztl. Fortbildung 1917, **14**, Nr. 9; **Z.** 1922, **44**, 368.

[4] R. O. NEUMANN: Arch. Hygiene 1926, **96**, 265.

[5] C. SCHWARZ u. E. BÜCHLMANN: Fermentforschung 1923, **7**, 282; **Z.** 1927, **53**, 405.

[6] M. DOBREFF: Arch. Hygiene 1925, **95**, 320; **Z.** 1929, **57**, 374.

[7] C. SCHWARZ u. V. ZELINGER: Fermentforschung 1923, **7**, 301; **Z.** 1927, **54**, 493.

dauung sind. Auf den Blutzucker wirkte Saccharin nach Versuchen von F. FISCHLER und A. SCHRÖTER[1] entgegen Angaben von G. SYLLABA[2] praktisch nicht ein.

Trotz dieser Unschädlichkeit darf aber nicht übersehen werden, daß Saccharin und Saccharinnatrium nicht in den Stoffwechsel eintreten, sondern unverändert im Harn wieder abgeschieden werden. Saccharin ist also kein Nährstoff wie der Zucker, sondern ist als Arzneimittel, als Versüßungsmittel zum Ersatz des Zuckers aufzufassen, wenn dessen Anwendung aus Krankheitsgründen (Diabetes, Fettleibigkeit u. a.) nicht angezeigt ist. Eine Verdrängung des Zuckerverbrauchs durch übermäßige Anwendung con Saccharin und anderen künstlichen Süßstoffen würde also nicht nur zu großen Täuschungen und Übervorteilungen des Verbrauchers führen, sondern auch eine Entziehung wichtiger Nährstoffe bedeuten.

5. Untersuchung des Saccharins.

a) Reinheit. KLAGES empfiehlt folgende Prüfung:

1. Saccharin soll rein weiß, fein krystallinisch und geruchlos sein.
2. Der Schmelzpunkt liegt bei etwa 222° unkorr., korr. 228,5°.
3. Löslichkeit im Wasser beträgt 1 : 335.
4. Die Lösung muß klar sein, der Geschmack rein süß. In Sodalösung muß sich Saccharin ohne Trübung und ohne Rückstand (unverändertes Amid) lösen.
5. Die Lösung in konzentrierter Schwefelsäure soll farblos oder nur ganz schwach gelblich sein.
6. Mit Wasser und Magnesia darf beim Erwärmen kein Ammoniak entwickelt werden (Ammoniumsalze).
7. Der Aschengehalt darf höchstens 0,1%, der Wassergehalt 0,6% betragen.
8. Der Gehalt an Reinsaccharin, berechnet aus dem Stickstoffgehalt, soll 96—98% betragen.

b) Saccharin. Der Gehalt an Reinsaccharin kann bei Abwesenheit anderer Stickstoffverbindungen aus dem nach KJELDAHL gefundenen Stickstoff oder dem durch Kali-Salpeterschmelze gefundenen Schwefel erfolgen. Hierbei entsprechen

Tabelle 82.

Saccharin $C_7H_5O_3NS$ Molekular-Gewicht	Stickstoff		Schwefel		
	Gehalt %	Umrechnungsfaktor	Gehalt %	Umrechnungsfaktor für S	Desgl. für $BaSO_4$
183,11	7,65	13,07	17,51	5,71	0,784

Verhältnis Schwefel : Stickstoff = 2,29 : 1.

Im Saccharinnatrium bestimmt man den Natriumgehalt durch Veraschen mit Schwefelsäure und berechnet aus dem gefundenen Natriumsulfat (bei Abwesenheit fremder Natriumverbindungen) das Saccharinnatrium $C_7H_4O_3NaNS$ mit dem Faktor 1,444.

Bei Gegenwart anderer Stickstoff- und Schwefelverbindungen liefern, wie O. BEYER[3] festgestellt hat, nur 2 Methoden zur Bestimmung des Saccharins brauchbare Werte, nämlich die des Reichsgesundheitsamtes[4] und das von H. DROOP RICHMOND und CH. A. HILL[5]:

1. Methode des Reichsgesundheitsamtes. a) Bestimmung des Saccharinstickstoffs: 0,5—0,7 g (unter Umständen auch mehr) Saccharin werden mit 20 ccm einer 20%-igen reinen Schwefelsäure 2 Stunden am Steigrohr zu gelindem Sieden erhitzt. Nach dem Erkalten wird die Flüssigkeit mit 200 ccm dest. Wasser, sowie mit etwa 25 ccm Natronlauge (33%-ig, stickstofffrei) in geringem Überschuß versetzt (Lackmus als Indicator),

[1] F. FISCHLER u. A. SCHRÖTER: Deutsch. med. Wochenschr. 1935, 1354.
[2] G. SYLLABA: Guys Hosp. Rep. 1930, **80**, 230. — Nach FISCHER und SCHRÖTER.
[3] O. BEYER: Chem.-Ztg. 1919, **43**, 537. [4] Vgl. Z. 1903, **6**, 861.
[5] H. DROOP RICHMOND u. CH. A. HILL: Journ. Soc. Chem. Ind. 1918, **37**, T. 246.

das hierdurch entbundene Ammoniak überdestilliert und in 50—100 ccm $^1/_{10}$ N.-Schwefelsäure aufgefangen. Aus der gefundenen Menge Stickstoff ergibt sich durch Multiplikation mit 13,07[1], die Menge des Sulfinids in der untersuchten Probe, insofern ursprünglich Ammonsalze abwesend sind. b) Bestimmung etwa anwesender Ammonsalze (mit Magnesia). Die qualitative Analyse ergibt Anhaltspunkte: Gibt man zur Substanz Magnesia usta und Wasser und erhitzt das Gemisch (man kann auch reinste Natronlauge allein nehmen), so darf sich kein Geruch nach Ammoniak entwickeln (Kontrolle mit NESSLERs Reagens). Ist das Vorhandensein von Ammonsalzen in der ursprünglichen Saccharinmischung erkannt worden, so muß vom Gesamtstickstoff die für die Ammonsalze separat bestimmte Menge Stickstoff in Abzug gebracht werden[2].

2. Methode von H. DROOP RICHMOND und C. A. HILL, 1918 (Englische Methode). Alkali-Säureaufschließungsmethode: Saccharin wird beim Erwärmen mit Laugen zunächst zu Ortho-Sulfaminobenzoesäure hydrolysiert:

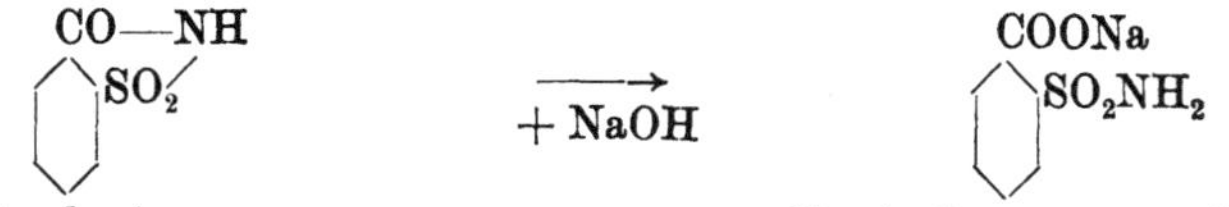

Saccharin o-sulfaminobenzoesaures Natrium

Beim Erhitzen mit Salzsäure führt die Hydrolyse weiter zu o-sulfobenzoesaurem Ammonium und schließlich zu o-Sulfobenzoesäure und Chlorammonium:

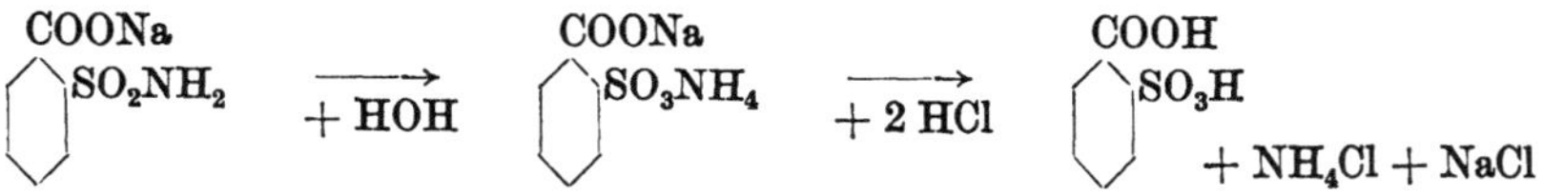

Aus Chlorammonium wird mit überschüssiger Natronlauge Ammoniak entwickelt, das man in Säure auffängt und titriert. Aus dem gefundenen Stickstoff berechnet man den Sulfinidgehalt:

$$NH_4Cl + NaOH = NH_3 + NaCl + H_2O.$$

Behufs Durchführung der Methode werden 0,6104 g Saccharin mit 10 ccm reiner 7,5 N.-Natronlauge in einem Kölbchen oder Reagensglas während 2 Minuten unter Umschwenken gekocht, ohne zu stark einzudampfen. Hierauf setzt man, nachdem man festgestellt hat, daß der süße Geschmack verschwunden ist, 15 ccm 10 N.-Salzsäure (chemisch rein) hinzu und kocht die Flüssigkeit unter Zuhilfenahme eines Rückflußkühlers weitere 50 Minuten unter häufigem Umschütteln. Alsdann kühlt man die Lösung ab, fügt 75 ccm kaltes destilliertes Wasser zu und läßt einen Luftstrom durch den oberen Teil des Kölbchens durchblasen, um die überstehenden Säuredämpfe zu beseitigen. Nach Zusatz von 15 ccm 7,5 N.-reinster Natronlauge und Siedesteinchen wird der Kolben sofort an einen wirksamen Kühler angeschlossen, der in eine zweckmäßige Absorptionsflasche, beschickt mit 20 ccm $^1/_5$ N.-Salzsäure (chemisch rein) mündet. Die Erhitzung geschieht zunächst mit kleiner Flamme, um die Luft langsam durch die Titersäure auszutreiben. Nachher wird stärker gekocht und etwa 70 ccm überdestilliert. Hat man sich durch Prüfung eines Kondensationstropfens mit NESSLERs Reagens überzeugt, daß kein Ammoniak mehr übergeht, so wird die Vorlage sorgfältig abgenommen, etwas Methylorange als Indicator zugefügt und mit $^1/_{10}$ N.-KOH zurücktitriert. Die Anzahl der durch das Ammoniak neutralisierten Kubikzentimeter $^1/_{10}$ N.-Salzsäure, mal 3, ist gleich Prozent Sulfinid.

Beispiel. Bestimmung von Krystallose (frisch).
Angewandte Substanz: 0,6104 g;
in der Vorlage = 20 ccm $^1/_5$ N.-HCl entsprechend 40 ccm $^1/_{10}$ N.-KOH;
zum Zurücktitrieren verwendet = 14,9 ccm $^1/_{10}$ N.-KOH;
durch das NH_3 verbraucht 40,0—14,9 = 25,1 ccm $^1/_{10}$ N.-HCl;
25,1 × 3 = 75,3% Sulfinid. Süßkraft = Prozent Sulfinid × 5,5 = 414fach (theoretisch 418fach).

Vergleicht man die Methode des Reichsgesundheitsamtes mit der englischen Alkali-Säuremethode, so läßt sich aus den Ergebnissen erkennen, daß beide Methoden zur Bestimmung des eigentlichen Sulfinidgehaltes ungefähr gleich gut sind; bezüglich der Raschheit der Durchführung ist aber die letztere der ersteren wesentlich überlegen, denn sie beansprucht nur etwa $^1/_3$ der zur Zersetzung erforderlichen Zeit.

[1] Im Original: 13,045. [2] Vgl. auch HEFELMANN: Pharm. Ztg. 1906, 41, 369.

Bestimmung des Saccharins in Mischungen von Reinsaccharin und Parasäure.

Saccharin in der Mischung .	100%	98%	96%	95%	93%	92%	90%	85%	80%
Gef. nach:									
1. Reichsgesundheitsamt.	99,9	98,5	96,2	94,7	93,2	92,4	90,1	84,8	79,5
2. Englische Methode . .	—	98,1	95,1	95,4	93,0	91,8	90,1	85,5	80,2

Der Mittelwert aus je zwei nach oben genannten Methoden durchgeführten Bestimmungen dürfte der Wirklichkeit am nächsten kommen.

3. Parasulfaminobenzoesäure. Zur Unterscheidung der Paraverbindung vom Saccharin[1] kann man die Eigenschaft seines Imidstickstoffs durch Kochen mit verdünnter Säure in Ammoniak überzugehen benutzen.

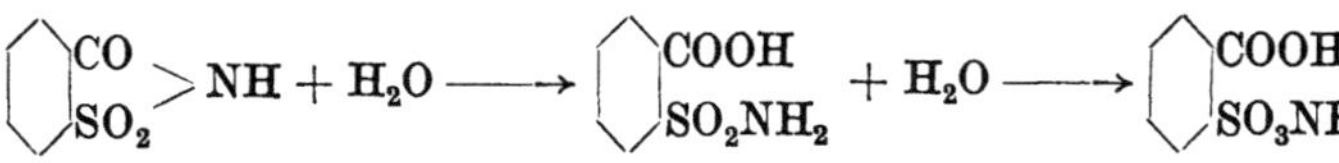

Zu diesem Zweck kocht man nach Bestimmung des Gesamtstickstoffs nach E. EMMED REID[2] etwa 1 g Süßstoff 2 Stunden lang mit 50 ccm Salzsäure (120 ccm konz. Salzsäure zu 1 Liter verdünnt) am Rückflußkühler, verdampft die Lösung bis zu etwa 10 ccm, verdünnt mit Wasser und destilliert das gebildete Ammoniak wie üblich in titrierte Säure. Der gefundene Stickstoff, mal 13,07, ergibt die Menge Saccharin. Durch Abziehung dieser Stickstoffmenge von Gesamtstickstoff erhält man den Stickstoff der Paraverbindung und daraus mit dem Faktor 14,36 die Menge Parasulfaminobenzoesäure $C_6H_4{<}{}^{COOH}_{SO_2 \cdot NH_2}$.

Die Bestimmung der Parasäure nach der Methode des Reichsgesundheitsamtes geschieht wie folgt:

1 g Saccharin (feinst gepulvert) wird mit 10 ccm Salzsäure, D. 1,124 = 24—25%-ig und 10 ccm dest. Wasser am Rückflußkühler 1—2 Stunden unter zeitweisem Umschütteln erhitzt. Die klare (unter Umständen filtrierte) Lösung wird hierauf auf dem Wasserbade völlig eingedampft, der Rückstand mit etwa 10 ccm heißem Wasser aufgenommen und mindestens 12 Stunden stehen gelassen (Temperatur unter 10°). Die Parasäure scheidet sich dabei in glänzenden Blättchen ab, wird abfiltriert und mit wenig kaltem Wasser nachgewaschen, im Dampftrockenschrank gut getrocknet und gewogen. Eine Schmelzpunktbestimmung (280°) ist unerläßlich.

Bestimmung des Sulfinidrückstandes beim Ausschütteln mit Äther. 1—2 g Saccharin werden etwa 4mal mit getrocknetem Äther ausgeschüttelt, filtriert und der nach dem Verdunsten des Äthers und Trocknen im Dampftrockenschrank erhaltene Rückstand gewogen (Schmelzpunkt bestimmt). Die Methode gibt für die Bestimmung von Saccharin allein recht gute Resultate (meist Differenzen von 0,5—1,0%).

Hierzu bemerkt BEYER, daß die Prüfung mit der angegebenen Einwaage von 1 g Substanz ungenau ist. Er empfiehlt 5—10 g zu verwenden und die entsprechend erhöhte Menge Salzsäure. Dabei bleibt die Erhitzungsdauer aber die gleiche.

R. HEFELMANN[3] wandelt Saccharin mit 70—73%-iger Schwefelsäure in o-sulfobenzoesaures Ammonium um und filtriert von der unverändert bleibenden Parasäure ab. Doch soll nach REID auch diese dabei etwas hydrolysiert werden.

I. M. KOLTHOFF[4] benutzt als Vorprobe auf Paraverbindung zunächst den Schmelzpunkt, der bei reinem Saccharin 228,5° (korr.) beträgt (vgl. S. 490). Jedes Prozent Paraverbindung ergibt eine Senkung von ungefähr 1°. — Zum direkten Nachweis löst er 0,25 g Saccharin mit 0,2 g Natriumacetat in 3 ccm Wasser unter Erwärmen, bis die Flüssigkeit klar ist, und fügt dann 5 Tropfen Essigsäure zu. Wenn sich dann nach 1 Tag Krystalle abgeschieden haben, sind mehr als 2% Parasaccharin vorhanden. Auch Saccharinnatrium kann ebenso geprüft werden, wobei aber dann Natriumacetatzusatz überflüssig ist. — Weiter fand KOLTHOFF, daß nach Neutralisierung der Carboxylgruppe in Parasaccharin die Sulfamidgruppe noch schwach saure Eigenschaften besitzt und mit Nitramin als Indicator angenähert titriert werden kann. Zu dem Zweck titriert er zunächst in der Wärme mit Methoxyrot 3[5] auf farblos und nach Erkalten mit Nitraminölsung, bis die Farbe mit einer Vergleichslösung in 0,006 N.-Natronlauge übereinstimmte.

---

[1] Die Prüfung ist auszuführen, wenn ein Schmelzpunkt unter 220° gefunden wurde, oder qualitativ Parasäure festgestellt wurde. [2] E. EMMED REID: Z. 1899, 2, 886.

[3] R. HEFELMANN: Pharm. Zentralh. 1894, **35**, 107. Vgl. auch Pharm. Ztg. 1906, **41**, 369.

[4] I. M. KOLTHOFF: Pharm. Weekbl. 1925, **62**, 548.

[5] Methoxyrot 3 hat etwa gleiches Umschlagsintervall wie Methylorange und ist in saurer Lösung rot, in alkalischer farblos. Vgl. I. M. KOLTHOFF: Journ. Amer. Chem. Soc. 1927, **49**, 1218; C. 1927, II, 1492.

O. Beyer[1] verwendet zur Gehaltsbestimmung von Handelssaccharin (Saccharin-Parasaccharingemischen) die abgeänderte Glücksmannsche Formel nach Titration gegen Phenolphthalein unter bestimmten Voraussetzungen. Zur Umwandlung von 1 g Saccharin in das entsprechende Sulfamidoalkalibenzoat werden nämlich 54,56, von 1 g Parasaccharin 49,67 ccm 0,1 N.-Kalilauge verbraucht; hieraus ergibt sich der Prozentgehalt an Saccharin, wenn c die zur Neutralisation nötigen Kubikzentimeter 0,1 N.-Lauge, G die angewendete Substanzmenge sind:

$$\text{Saccharin} = \frac{2{,}01256\,c - 100\,G}{0{,}09868\,G}\,\%,$$

$$\text{Parasaccharin} = 100 - \frac{2{,}01256\,c - 100\,G}{0{,}09868\,G}.$$

II. Dulcin.

Dulcin (oder Sucrol) ist der von J. Berlinerblau[2] durch Behandeln von salzsaurem Aminophenetol (Aminophenoläthyläther) mit Kaliumcyanat erhaltene Süßstoff Paraphenetolcarbamid:

$$CO<\substack{NH_2\\ NH\cdot C_6H_4\cdot O\cdot C_2H_5}$$

Statt dieses unwirtschaftlichen Verfahrens stellte Berlinerblau[3] das Paraphenetolcarbamid durch Kondensation von 1 Mol Phosgen mit 2 Mol p-Phenetidin und Behandeln des Produktes mit Ammoniak her, nach folgenden Reaktionen:

$$\text{I}\quad 2\,C_6H_4<\substack{O\cdot C_2H_5\\ NH_2} + COCl_2 = C_6H_4<\substack{OC_2H_5\\ NH—COCl} + C_6H_4<\substack{OC_2H_5\\ NH_2\cdot HCl},$$

$$\text{II}\quad C_6H_4<\substack{O\cdot C_2H_5\\ NH—COCl} + 2\,NH_3 = C_6H_4<\substack{O\cdot C_2H_5\\ NH—CO—NH_2} + NH_4Cl.$$

In ähnlicher Weise, aber unter anderen Versuchsbedingungen erhielt Thoms[4] Di-p-phenetolcarbamid $CO<\substack{NH\cdot C_6H_4\cdot O\cdot C_2H_5\\ NH\cdot C_6H_4\cdot O\cdot C_2H_5}$, einen geschmacklosen Körper. Erhitzt man dieses Di-p-phenetolcarbamid mit Harnstoff im Autoklaven auf 150—160°, so geht es nach Thoms und Riedel[5] in p-Phenetolcarbamid über:

$$CO<\substack{NH—C_6H_4—O\cdot C_2H_5\\ NH—C_6H_4—O\cdot C_2H_5} + CO<\substack{NH_2\\ NH_2} = 2\,CO<\substack{NH—C_6H_4—O\cdot C_2H_5\\ NH_2}.$$

Im Großbetriebe wird salzsaures p-Phenetidin mit Harnstoff im Überschuß einige Stunden im Autoklaven auf 150—160° erhitzt. Das Rohprodukt wird aus Wasser und Alkohol umkrystallisiert und das zurückbleibende, nicht umgesetzte Di-p-phenetolcarbamid erneut mit Harnstoff behandelt.

Nach weiteren Arbeiten von Thoms[6] läßt sich Di-p-phenetolcarbamid auch mit Ammoniumcarbonat, carbaminsaurem Ammonium oder Ammoniak in Dulcin überführen.

Bei Verwendung von Paraanisidin $C_6H_4<\substack{O\cdot CH_3\\ NH_2}$ statt Paraphenetidin erhält man das ebenfalls süß schmeckende Paraanisolcarbamid. Die dem p-Phenetolcarbamid entsprechende Schwefelverbindung $C_6H_4<\substack{O\cdot C_2H_5\\ NH—CS—NH_2}$ schmeckt dagegen sehr bitter. Beim Entschwefeln mit Bleicarbonat oder Bleioxyd geht sie in Dulcin über.

1. Chemische Eigenschaften des Dulcins.

Dulcin krystallisiert in farblosen Nadeln vom Schmelzpunkt 173—174°. Die Handelsware bildet ein weißes krystallinisches Pulver mit glänzendem Schimmer.

Weniger reine Handelssorten schmelzen etwa bei 160°, bedingt durch Verunreinigungen (Di-p-phenetolcarbamid u. a.), die sich durch Krystallisieren schwer entfernen lassen.

---

1 O. Beyer: Chem.-Ztg. 1920, **44**, 437; 1931, **55**, 509. 2 Berlinerblau: Journ. prakt. Chem. 1884 (2), **30**, 97. 3 Berlinerblau: DRP. 63485 der I. D. Riedel A. G. übertragen. 4 Thoms: Ber. Deutsch. pharm. Ges. 1893, **3**, 133. 5 Thoms u. Riedel: DRP. 73083. 6 Thoms: Ber. Deutsch. pharm. Ges. 1893, **3**, 138.

Je 1 g Dulcin löst sich:

In Wasser von 8—10° in 800 Tln.		In Alkohol bei gewöhnlicher Temperatur	
„ „ „ 15—18° „ 700 „		von der Stärke. . . . . . . 90% in 25 Tln.	
„ „ „ 100° „ 50 „		Dgl. . . . . 45% „ 80 „	

Nach NEUMANN-WENDER[1] lösen 100 Tle. Wasser von:

20°	30°	40°	50°	60°	70°	80°	
0,160	0,216	0,380	0,480	0,520	0,600	0,650	Teile Dulcin.

Die Löslichkeit in Alkohol steigt sehr rasch mit der Temperatur und ist z. B. bei 70%-igem Alkohol von 70° 1 : 2,7. Von anderen Lösungsmitteln löst sich Dulcin in Äther, Benzol, Chloroform und Tetrachlorkohlenstoff nur wenig, in anderen bei Zimmertemperatur etwa wie folgt (Tabelle 83):

Tabelle 83.

Aceton	Glycerin	Essigester
1:8	1:460 bis 480	1:120

Die Löslichkeit in fetten Ölen wurde von C. BECHERT[2] zwischen 1 : 237—1 : 822 gefunden, je nach Gehalt an freien Fettsäuren. Der basische Charakter des Dulcins als eines Harnstoffderivates kommt nämlich in einer erhöhten Löslichkeit in Säuren zum Ausdruck. So ist Dulcin in Salzsäure und Schwefelsäure leicht löslich. Weiter lösen je 100 Tle. wäßrige

Ameisensäure	von 85% Gehalt	64	Tle. Dulcin
Essigsäure	„ 96% „	36	„ „
Milchsäure	„ 74% „	6	„ „
Citronensäure	„ 57% „	1,4	„ „
Weinsäure	„ 58% „	0,8	„ „

Die Schwerlöslichkeit des Dulcins in Wasser steht seiner Verwendbarkeit etwas entgegen.

Bei schnellem Erhitzen von Dulcin auf 180° tritt keine Zersetzung ein, bei 190°, mehr bei 200° entsteht unter anderem Di-p-phenetolcarbamid, das sich unter Umständen auch schon bei längerem Kochen wäßriger Lösungen bilden kann (THOMS[3]). Wenn auch diese Zersetzung unter praktischen Verhältnissen als vernachlässigbar klein anzunehmen ist, so empfehlen K. TÄUFEL, C. WAGNER und H. DÜNNWALD[4] doch den Süßstoff den Lebensmitteln erst nach dem Erhitzen zuzugeben. Bei gewöhnlicher Temperatur halten sich wäßrige Lösungen von Dulcin monatelang unverändert.

Bei Erhitzen mit starken Alkalien entwickelt Dulcin Ammoniak.

2. Besondere Reaktionen des Dulcins.

Farbreaktion nach A. JORISSEN[5]. Eine kleine Menge des Dulcins wird in etwa 5 ccm Wasser suspendiert, in ein Prozellanschälchen gebracht und mit 7—8 Tropfen einer neutralen Mercurinitratlösung übergossen. Man erhitzt dann $^1/_4$ Stunde auf dem siedenden Wasserbad. Bei Vorhandensein von Dulcin entsteht eine schwache Violettfärbung, welche auf Zusatz von etwas Bleisuperoxyd an Stärke zunimmt.

VL. STANEK und P. PAVLAS[6] lösen den Süßstoff in 1 ccm Wasser, fügen 3 Tropfen JORISSENS Reagens zu, erhitzen 3 Minuten im Wasserbad und versetzen mit 2 Tropfen Ceriacetatlösung, worauf bei Gegenwart von Dulcin Violettfärbung entsteht. Die rasch verschwindende Färbung kann durch Zusatz von 1—3 Tropfen Benzylalkohol fixiert und dadurch die Empfindlichkeit des Nachweises wesentlich erhöht werden. Etwas weniger empfindlich ist die Oxydation mit Benzoylperoxyd statt mit Ceriacetat: Man gibt in ein Reagensrohr 5—10 mg Benzoylperoxyd, darauf einige Tropfen Benzylalkohol und setzt

[1] NEUMANN-WENDER: Zeitschr. Nahrungsmittelunters. Hygiene und Warenkunde 1893, 7, 237. [2] C. BECHERT: Apoth.-Ztg. 1894, 9, 951.

[3] THOMS: Ber. Deutsch. pharm. Ges. 1893, 3, 208.

[4] K. TÄUFEL, C. WAGNER u. H. DÜNNWALD: Zeitschr. Elektrochem. 1928, Nr. 3, 115; Z. 1931, 61, 363.

[5] A. JORISSEN: Journ. de pharm. de Liège 1896, Nr. 2; Hilgers Vierteljahrsschr. 1896, 11, 221. [6] VL. STANEK u. P. PAVLAS: Mikrochemie 1935, 17 (N. F.), 22.

1—2 ccm der zu prüfenden Süßstofflösung hinzu. Nun versetzt man mit 2—3 Tropfen von JORISSENS Reagens und erhitzt im Wasserbade. Bei Gegenwart von Dulcin wird der Benzylalkohol amethystfarbig. Noch 0,05 mg reines Dulcin gibt die Färbung. — Weiter gibt Dulcin nach STANEK und PAVLAS mit Kaliumnitrat in Eisessig erwärmt starke Gelbfärbung, eine Reaktion, die auch mit Vanillin, Phenol, Salicylsäure, Eiweißstoffen und Tyrosin, nicht mit Saccharin, Menthol, Benzoesäure und Acetylsalicylsäure eintritt.

Weniger empfindlich sind folgende zwei Reaktionen[1]: Mit 2 Tropfen Phenol und konz. Schwefelsäure im Reagensglase kurze Zeit erwärmt, liefern einige Körnchen Dulcin eine bräunlichrote, sirupartige Flüssigkeit. Setzt man dazu einige Kubikzentimeter Wasser und schichtet auf die erkaltete Mischung vorsichtig etwas Ammoniak, so entsteht an der Berührungsfläche eine blaue oder veilchenblaue Zone (MOPURGO). — Nach NEUMANN-WENDER gibt Dulcin im Porzellanschälchen, mit einigen Tropfen rauchender Salpetersäure versetzt, unter heftiger Reaktion einen schön orangegelben Körper. Auf dem Wasserbade getrocknet und mit 2 Tropfen Phenol und 2 Tropfen konz. Schwefelsäure versetzt, nimmt letztere eine blutrote Färbung an, die längere Zeit bestehen bleibt.

Von größerem Wert sind wieder folgende Prüfungen nach neueren Angaben:

Reaktion mit Xanthydrol. Dulcin gibt durch Kupplung mit Xanthydrol nach FOSSE[2] Xanthylphenetolharnstoff (Xanthyldulcin):

$$CO\begin{matrix}\diagup NH_2 \\ \diagdown NH\cdot C_6H_4OC_2H_5\end{matrix} + OH\cdot CH\begin{matrix}\diagup C_6H_4 \\ \diagdown C_6H_4\end{matrix}\!\!>O \longrightarrow CO\begin{matrix}\diagup NH{-}CH\begin{matrix}\diagup C_6H_4 \\ \diagdown C_6H_4\end{matrix}\!\!>O \\ \diagdown NH\cdot C_6H_4OC_2H_5\end{matrix} + H_2O$$

Das Produkt ist farblos und krystallisiert aus Aceton in kleinen feinen Nädelchen. In kaltem und heißem Wasser, in Alkohol, Methanol, Chloroform, Äther, Essigäther, Petroläther und Benzol ist es schwerlöslich, dagegen leicht in heißem Amylalkohol, heißem Aceton und heißem Toluol. Der Schmelzpunkt liegt bei 246°. — G. REIF[3] gründet hierauf eine Methode zum Nachweis und zur Bestimmung des Dulcins.

Reaktion von H. J. VLEZENBEEK[4]. Die Reaktion ist eine Erweiterung der Reaktion von BÖRNSTEIN (vgl. S. 488) und L. EKKERT[5] auf Phenacetin und seine Derivate. Mit dieser Prüfung gelingt es noch leicht, 1% Dulcin neben Saccharin nachzuweisen:

100 mg Süßstoff werden mit der gleichen Menge Resorcin und 1 ccm Schwefelsäure im Reagensrohr von 9 mm Durchmesser und 8 cm Länge 1,5—2 Minuten auf 180° erhitzt, dann in 5 ccm Wasser ausgegossen und abgekühlt. Darauf wird unter Kühlen mit Natronlauge alkalisch gemacht. Die entstandene Flüssigkeit ist bei durchfallendem Licht orangerot mit stark grüner Fluorescenz (von Saccharin). Nach Zusatz von Jodtinktur oder Cuprisulfatlösung wird die Flüssigkeit bei Gegenwart von Dulcin im durchfallenden Licht charakteristisch rotviolett und zeigt bei gleichzeitigem Vorliegen von Saccharin grüne Fluorescenz. Nach N. SCHOORL[6] beruht die Reaktion auf Bildung von Resorufin, das dann durch Oxydation mit Jod oder Cuprisulfat in Resazurin übergeht:

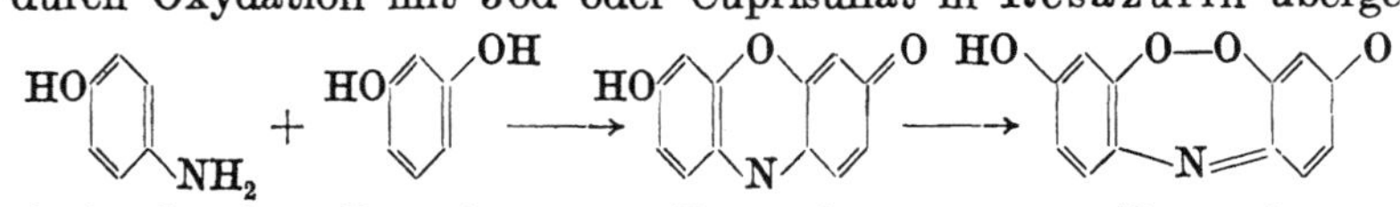

p.-Aminophenol Resorcin Resorutin ⟶ Resazurin

$C_6H_7ON + C_6H_6O_2 - 6\,H \longrightarrow C_{12}H_7O_3N \quad + O \quad C_{12}H_7O_4N$

Mikrochemische Reaktionen des Dulcins nach G. DENIGÈS und E. TOURROU[7]. Löst man wenige Körnchen Dulcin in einem Tropfen Salpetersäure von der Dichte 1,39 und verdünnt mit einem Tropfen Wasser, so fallen aus der Lösung orange- oder ziegelrote

[1] MUSPRATTS Techn. Chemie, 4. Aufl., Bd. IX, S. 484. 1912.

[2] FOSSE: Compt. rend. 1913, **157**, 948. [3] G. REIF: Z. 1924, **47**, 238.

[4] H. J. VLEZENBEEK: Pharm. Weekbl. 1937, **74**, 127.

[5] L. EKKERT: Pharm. Zentralhalle 1928, **69**, 98; C. 1928, I, 1558.

[6] N. SCHOORL: Pharm. Weekbl. 1937, **74**, 211.

[7] G. DENIGÈS u. E. TOURROU: Compt. rend. Acad. Sciences 1921, **173**, 1184; C. 1922, IV, 326.

Krystalle von p-Äthoxynitrophenylharnstoff $C_9H_{11}N_3O_5$, löslich in konz. Salpetersäure und Chloroform aus, die mikroskopisch an der charakteristischen harnsäureähnlichen Struktur erkennbar sind. — Die gleiche Verbindung entsteht auch durch Einwirkung verdünnter Salpetersäure auf Dulcin.

3. Physiologisches Verhalten[1].

Die Süßkraft des Dulcins ist geringer als die des Saccharins; sie wird in älteren Angaben als die 200fache des Rohrzuckers hingestellt. Der Geschmack ist aber zuckerähnlicher als der des Saccharins. Nach NEUMANN-WENDER meiden jedoch Insekten das Dulcin ebenso beharrlich wie Saccharin. Der menschliche Geschmack vermag den süßen Geschmack des Dulcins kaum von dem des Zuckers zu unterscheiden (vgl. auch S. 488).

Nach TH. PAUL[2] ist der Süßungsgrad des Saccharins und Dulcins stark von der Konzentration abhängig. Diese Beziehung wurde von K. TÄUFEL und B. KLEMM[3] eingehender untersucht und folgendes Ergebnis für Saccharinnatrium und Dulcin erhalten:

Tabelle 84. Süßungsgrad von Saccharin und Dulcin bei verschiedenen Konzentrationen.

Vergleichskonzentration g Zucker in 1 l	Saccharin-Natrium			Dulcin		
	Süßungsgrad SG.	Molekularer Süßungsgrad MSG.	Süßungseinheit SE.	Süßungsgrad SG.	Molekularer Süßungsgrad MSG.	Süßungseinheit SE.
20	556	392	1,80	385	203	2,60
30	492	347	2,03	263	138	3,80
40	417	294	2,40	154	81	6,49
50	352	248	2,84	109	57	9,18
60	294	207	3,40	91	48	10,9
70	256	181	3,91	81	43	12,3
80	223	157	4,48	67	40	13,2
90	203	143	4,93	71	37	14,1
100	189	133	5,29	69	36	14,5

Süßungsgrad von Süßstoffgemischen.

Versetzt man eine Zuckerlösung mit Saccharin oder Dulcin, so addiert sich, wie PAUL gefunden hat, der süße Geschmack der letzteren zu dem des Zuckers. Ebenso ist der Süßungsgrad einer Lösung, die zugleich Saccharin und Dulcin enthält, annähernd gleich der Summe der Süßungsgrade der Einzelbestandteile. Da aber die Süßkraft (der Süßungsgrad) gemäß vorstehender Tabelle mit der Verdünnung stark anwächst, ist die Folge hiervon, daß sich der Süßungsgrad des Saccharins durch Zusatz des weniger süß schmeckenden Dulcins unverhältnismäßig stark erhöhen läßt. So wird z. B. der Süßungsgrad einer Lösung von 280 mg Saccharin in 1 Liter Wasser durch weiteres Auflösen von nur 120 mg Dulcin so gesteigert, wie einem Gehalt von 535 mg Saccharin entspricht.

Diese Steigerung des Süßungsgrades des Saccharins durch Zusatz von Dulcin erreicht bei einem bestimmten Mischungsverhältnis, dem „ausgezeichneten Gemisch" ein Maximum. Aus dieser Mischung ist gleichsam ein neuer Süßstoff entstanden, den PAUL als Süßstoffpaarling bezeichnet. Entsprechend den vorstehenden Ausführungen ist die Süßungseinheit von Süßstoffpaarlingen wesentlich geringer als bei Verwendung der einzelnen Süßstoffe.

---

[1] Vgl. auch Bd. I, S. 1048. [2] TH. PAUL: Z. 1922, 43, 137.
[3] K. TÄUFEL u. B. KLEMM: Z. 1925, 50, 264.

F. AUERBACH[1] hat die Ergebnisse von PAUL rechnerisch weiter ausgewertet und unter anderem für den Süßungsgrad folgende Gleichungen entwickelt:

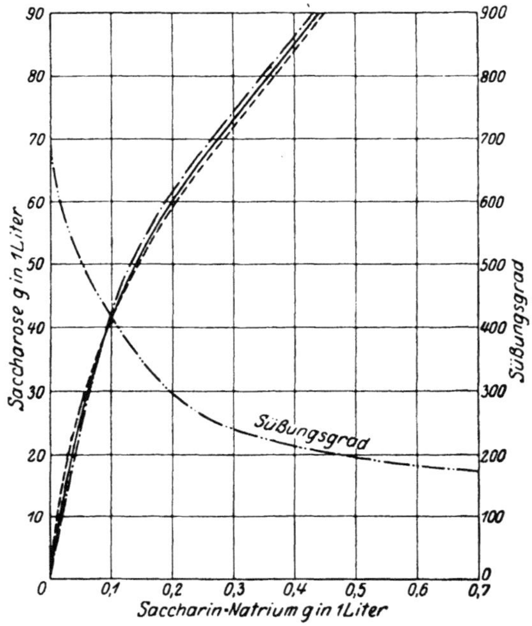

Abb. 15. Die Abhängigkeit der Intensität des süßen Geschmackes und des Süßungsgrades des Saccharin-Natriums von seiner Konzentration. Erläuterung: – – – Intensität des süßen Geschmackes der Saccharin-Natriumlösung bei Vergleich einer Zuckerlösung bestimmter Konzentration mit einer Reihe variabler Saccharin-Natriumlösungen. –·–·– Intensität des süßen Geschmackes der Saccharin-Natriumlösung bei Vergleich einer Saccharin-Natriumlösung bestimmter Konzentration mit einer Reihe variabler Zuckerlösungen. —— Mittelwertskurve. –··–··– Süßungsgrad. (Nach TÄUFEL und KLEMM.)

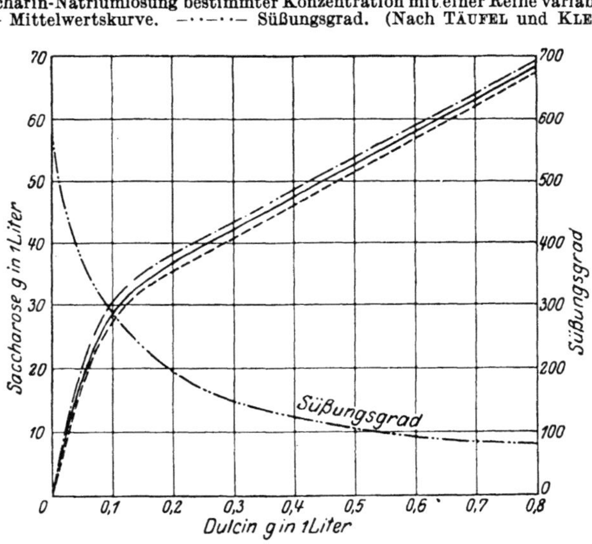

Abb. 16. Die Abhängigkeit der Intensität des süßen Geschmackes und des Süßungsgrades des Dulcins von seiner Konzentration. Erläuterung: – – – Intensität des süßen Geschmackes der Dulcinlösung bei Vergleich einer Zuckerlösung bestimmter Konzentration mit einer Reihe variabler Dulcinlösungen. –·–·– Intensität des süßen Geschmackes der Dulcinlösung bei Vergleich einer Dulcinlösung bestimmter Konzentration mit einer Reihe variabler Zuckerlösungen. —— Mittelwertskurve. –··–··– Süßungsgrad. (Nach TÄUFEL und KLEMM.)

Süßungsgrad von Saccharinnatrium . . $y/x = 117 + 38/x\,(1 - e^{-15x})$.
Süßungsgrad von Dulcin . . . . $y/x = 50 + 27/x\,(1 - e^{-20x})$.

[1] F. AUERBACH: Naturwiss. 1922, 10, 710. — Nach TÄUFEL und KLEMM.

Ein Mittel zur Berechnung der „ausgezeichneten Gemische“ gibt folgende Gleichung, über deren Ableitung auf das Original verwiesen wird.

$$e^{-20x}\ \text{Dulcin} = 1{,}056\ e^{-15x}\ \text{Sacch.} + 0{,}124.$$

Nach dieser Gleichung sind die folgenden Werte berechnet:

Tabelle 85.

Vergleichs-Zuckerlösung	Isodulce Lösungen von		Süßstoffpaarling		
	Saccharin-Natrium	Dulcin	Saccharin-Natrium	Dulcin	Summe
g in 1 l	mg in 1 l	mg in 1 l	mg in 1 l	mg in 1 l	mg in 1 l
20	36	52	—	—	—
30	61	114	—	—	—
40	96	260	63	30	93
50	142	460	81	41	122
60	204	660	102	52	154
70	273	860	131	65	196
80	359	1060	170	79	249
90	444	1260	220	90	310
100	530	1460	289	99	388

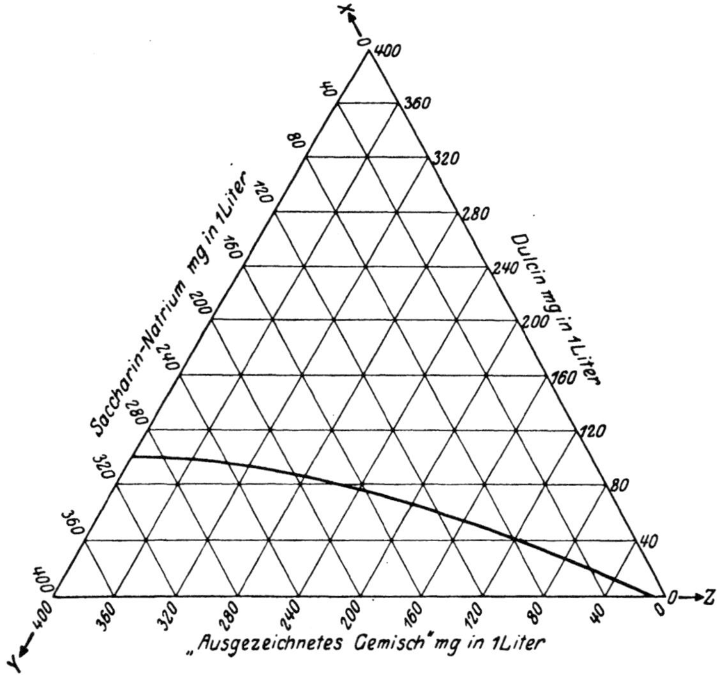

Abb. 17. Isodulce Lösungen von Saccharin-Natrium und von Dulcin. Erläuterung: Die Kurven 3—10 veranschaulichen die Zusammensetzung von Gemischen aus Saccharin-Natrium und Dulcin, die mit 3—10%-igen Zuckerlösungen isodulz sind. Die Scheitelpunkte der Kurven geben die Zusammensetzung der „ausgezeichneten Gemische“ an. (Nach TÄUFEL und KLEMM.)

Die graphische Darstellung der „ausgezeichneten Gemische“ in ihrer Beziehung zur Konzentration der isodulcen Zuckerlösung wird in Abb. 18 gezeigt, in ihrer Beziehung zu den Einzelmengen an Saccharinnatrium und Dulcin in vorstehender Abb. 17.

Über die sonstige physiologische Wirkung des Dulcins vgl. Bd. I, S. 1048. E. W. TASCHENBERG[1] fand die antipyretischen Wirkungen so gering, daß gegen die Anwendung des Dulcins als Süßstoff keine Bedenken bestehen.

4. Überwachung des Verkehrs mit Dulcin.

KLAGES[2] empfiehlt folgende besondere Prüfungen für Dulcin:

0,1 g Dulcin werden in 3 ccm Weingeist gelöst und mit 3 ccm Wasser versetzt; erhitzt man hierauf mit einigen Tropfen 0,1 N.-Jodlösung, so darf keine Rotfärbung eintreten (Paraphenetidin). Die Lösung von 0,2 g Dulcin in 5 ccm Weingeist darf von Schwefelwasserstoffwasser, auch nach Zusatz von Ammoniakflüssigkeit, nicht verändert werden (Schwermetallsalze).

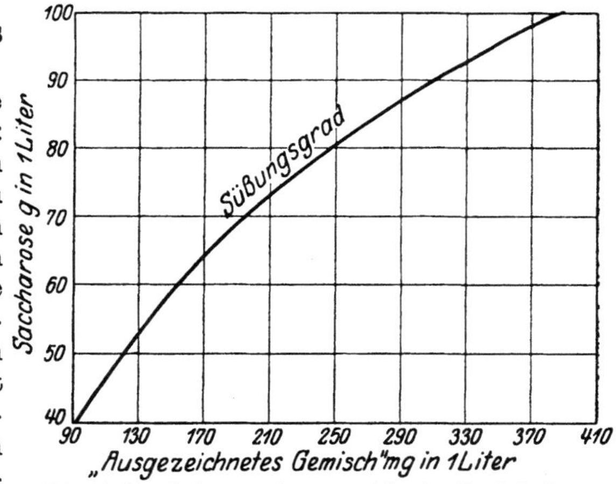

Abb. 18. Der Süßungsgrad „ausgezeichneter Gemische", gemessen durch die Konzentration der isodulcen Zuckerlösung. Erläuterung: Die Werte für das „ausgezeichnete Gemisch" sind berechnet aus der Gleichung: e^{-20x} Dulcin = 0,156 e^{-15x} Saccharin + 0,124. (Nach TÄUFEL und KLEMM.)

0,2 g Dulcin werden mit 10 ccm Wasser zum Sieden erhitzt, dann abgekühlt und filtriert; die Flüssigkeit reagiere neutral (Alkalien, Säuren) und gebe nach Zusatz einiger Tropfen Salpetersäure mit Silbernitratlösung höchstens schwache Opalescenz.

In einem Kolben werden 0,5 g Dulcin in 200 ccm kochendes Wasser eingetragen und umgeschüttelt; es soll eine vollkommen klare Lösung entstehen.

0,5 g Dulcin sollen sich in 5 ccm Weingeist beim Erwärmen völlig klar und farblos lösen.

0,2 g Dulcin sollen sich beim Schütteln mit 2 ccm Schwefelsäure mit höchstens schwach gelblicher Färbung lösen (organische Verunreinigungen).

Dulcin darf beim Verbrennen höchstens 0,1% Rückstand hinterlassen.

Weiter können der Schmelzpunkt des Dulcins von 173° und die S. 494 beschriebenen Reaktionen zu seiner Identifizierung dienen.

Dulcin enthält 15,55% Stickstoff. Der Faktor zur Berechnung aus dem Stickstoffgehalt beträgt daher 6,43.

III. Sonstige künstliche Süßstoffe.

Von Harnstoff leiten sich noch die Süßstoffe ab:

1. Asymmetrischer Dimethylharnstoff: $CO\genfrac{}{}{0pt}{}{\diagup N(CH_3)_2}{\diagdown NH_2}$.

2. Nitropyruvinureid: $CO\genfrac{}{}{0pt}{}{\diagup N:CH_2(NO_2)}{\diagdown NH \cdot CO}$ (mit Bindung zwischen CO und CH_2).

Beide haben keine praktische Bedeutung erlangt.

Ein Süßstoff von anderem Aufbau ist das Glucin, nämlich das Natriumsalz der Di- und Trisulfosäuren des aus Diaminoazobenzol (Chrysoidin) und Benzaldehyd gewonnenen Triazins

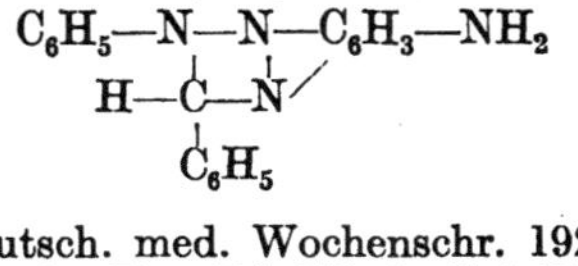

[1] E. W. TASCHENBERG: Deutsch. med. Wochenschr. 1922, 48, 695.
[2] KLAGES: MUSPRATTS Chemie, Erg.-Bd. IV, 2, S. 1462.

welches in umständlicher Weise gereinigt und in die Sulfosäure übergeführt wird. Der süße Geschmack wird durch die Amino- und Sulfogruppe bedingt. Das Glucin bildet ein hellbräunliches Pulver, das sich in heißem Wasser leicht löst. In Äther und Chloroform ist es unlöslich. Beim Erhitzen auf 250° tritt Zersetzung ohne Schmelzen ein. Die Süßkraft soll 300mal größer als die des Rohrzuckers sein.

Auch das Glucin hat bisher keine Handelsbedeutung erlangt.

Eine sehr hohe Süßkraft, die sogar die des Saccharins noch übertreffen soll, besitzt nach H. Gilman und J. B. Dickey[1] das bereits von Fenton und Robinson (1909) dargestellte syn-5-Benzyl-2-furfuraldoxim, das nach Versuch 690mal süßer war als Zucker.

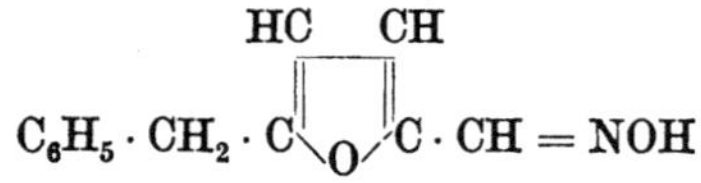

Die entsprechende Antiform dieses Oxims erwies sich als 100mal süßer als Zucker, während die syn- und anti-Oxime des 5-Oxymethyl-2-furfuraldehyds vollkommen geschmacklos waren.

Buch-Literatur.

Rohr- und Rübenzucker.

Blücher-Lange: Auskunftsbuch für die chemische Industrie. Berlin u. Leipzig 1931. — C. A. Browne: Handbook of Sugar Analysis. New York 1913. — H. Classen: Zuckerfabrikation. Magdeburg 1930. — N. Deerr: Cane Sugar. London 1921. (Mit vollständiger Literaturübersicht, auch ältere Schriften.) — R. Frühling: Anleitung zur Untersuchung der Produkte, Nebenprodukte und Hilfssubstanzen der Zuckerindustrie, bearb. von A. Rössing. Braunschweig 1916. — W. Gredinger: Die Raffination des Zuckers. Wien 1909. — L. Jones u. F. J. Scard: The Manufacture of Cane Sugar. London 1921. — Kempski: Die Zuckerrohrkultur unter besonderer Berücksichtigung der Verhältnisse in Niederländisch-Indien. Berlin 1924. — F. Kryz: Technik der Rohsaftgewinnung. Wien u. Leipzig 1930. — F. Langen: Die Arbeitsweise der Zuckerraffinerien. Magdeburg 1916. — E. O. v. Lippmann: Geschichte des Zuckers, seiner Darstellung und Verwendung. Leipzig 1890. — Die Chemie der Zuckerarten. Braunschweig 1904. — Muspratts Chemie, Bd. X u. Erg.-Bd. IV, 2, bearb. von F. Stolle: Zucker. Braunschweig 1922. — H. C. Prinsen-Geerligs: On Cane Sugar and the Process of its Manufacture in Java. Manchester 1909. — Practical White Sugar Manufacture. London 1915. — Zuckerrohr. Hamburg 1925. — A. Rümpler: Ausführliches Handbuch der Zuckerfabrikation. Braunschweig 1906. — A. Schander: Stohmanns Handbuch der Zuckerfabrikation. Berlin 1912. — C. Wohryzek: Chemie der Zuckerindustrie. Berlin 1928. — S. Ziegler: Die Zuckerproduktion der Welt und ihre Statistik. Brünn 1912.

Stärkesirup und Stärkezucker.

E. Preuss: Die Fabrikation des Stärkezuckers. Leipzig 1925. — H. Wichelhaus: Der Stärkezucker. Leipzig 1913.

Malzextrakt.

J. Weichherz: Die Malzextrakte. Berlin 1928.

Milchzucker.

O. Ungnade: Milchzucker. Seine Fabrikation und Verwendung. Hildesheim 1926.

Rahmeis.

L. Eberlein: Die neueren Milchindustrien. Dresden u. Leipzig 1937. — W. Fleischmann: Lehrbuch der Milchwirtschaft, bearb. von H. Weigmann. Berlin 1932. — C. Knoch: Handbuch der neuzeitlichen Milchverwertung. Berlin 1930. — B. Lichtenberger: Die Milchindustrie in USA. Hildesheim 1926. — O. Rahn u. P. S. Sharp: Physik der Milchwirtschaft. Berlin 1928.

Künstliche Süßstoffe.

O. Beyer: Über die Kontrolle und Herstellung von Saccharin. Zürich 1918. — Handbuch der Saccharinfabrikation. Zürich 1923. — Muspratts Techn. Chemie, 4. Aufl., Bd. IX u. Erg.-Bd. IV, 2, S. 1462. 1912.

[1] H. Gilman u. J. B. Dickey: Journ. Amer. Chem. Soc. 1930, **52**, 2010; C. 1930, II, 1078.

Obst und Obsterzeugnisse.

Von

Professor Dr. A. Beythien-Dresden.

Mit 6 Abbildungen.

Erster Teil.

Obst und Obstdauerwaren.

Unter der Bezeichnung Obst faßt man eine große Zahl von Früchten und Scheinfrüchten zusammen, die wegen ihres saftigen Fleisches und ihres Gehaltes an Zucker, organischen Säuren und Aromastoffen sowohl roh als auch in den verschiedensten Zubereitungsformen genossen werden. Im Gegensatz zu der früher weit verbreiteten Ansicht, daß sie im Hinblick auf ihren hohen Wassergehalt und dadurch bedingten geringen calorischen Wert nur als Genußmittel, eine Art Luxusspeise für den Tisch der begüterten Kreise anzusehen seien, betrachtet die moderne Ernährungslehre das Obst als Träger von Vitaminen und organischen Mineralsalzen wegen seiner günstigen diätetischen Wirkung auf die Verdauung, den Mineralstoffwechsel und das Allgemeinbefinden als echte, unentbehrliche Nahrungsmittel, deren Verbrauch mit allen Mitteln gefördert werden muß. Diesen Zwecken dienen die Bestrebungen zur Ausdehnung des heimischen Anbaues, zur Züchtung edlerer Sorten und zur Überführung in eine haltbare Form. Während die letzteren in dem Abschnitt „Obstdauerwaren“ S. 560f. zu besprechen sein werden, sollen die allgemeinen Fragen der Begriffsbestimmung, der Obstarten und des Obstanbaues in dem Abschnitt I behandelt werden.

A. Frisches Obst.

Begriffsbestimmung. Die Frage „Was ist Obst“ könnte müßig erscheinen, da sie sich in den meisten Fällen ohne weiteres aus dem Sprachgebrauch beantworten läßt. Sie hat aber doch eine praktische Bedeutung, weil die Grenzen zwischen den Begriffen „Obst“ und „Gemüse“ oder „Obst“ und „Wildfrüchte“ verschieden gezogen werden, und doch gewisse Gesetze eine scharfe Trennung erfordern. So werden in der Verordnung über Obsterzeugnisse (§ 6 und Begründung zu § 2)[1] Hagebutten und Holunderbeeren nicht zum Obst gerechnet, auch die Anwendung des Zolltarifs macht eine präzise Begriffsbestimmung erforderlich.

In botanischer Hinsicht sind die handelsüblich als „Obst“ bezeichneten Naturerzeugnisse entweder Früchte und Fruchtstände oder auch Teile derselben, ferner fleischige Fruchtschalen, Samen, Blütenböden, Blütenblätter, Deckblätter oder ganze Blütenstände.

Man kann aber nicht, wie es bisweilen geschieht, sagen: Alle Früchte gehören zum Obst, alle eßbaren Wurzeln, Stengel, Blätter zum Gemüse, denn dann

[1] Vgl. Beitrag Holthöfer in diesem Bande.

wären die allgemein zu den Gemüsen gerechneten Gurken, Kürbisse und Tomaten als Obst anzusprechen. Auch kann man den Begriff „Obst“ nicht, wie vorgeschlagen, auf Früchte von Bäumen und Sträuchern beschränken, weil dann ein typisches Obst wie die Erdbeere ausscheiden würde.

Ganz annehmbar erscheint ein in der Zeitschrift „die Konserven-Industrie“[1] gemachter Vorschlag:

„Die Früchte der mehrjährigen kultivierten Pflanzen (Stauden und Holzgewächse) gehören zum Obst, die Früchte der einjährig kultivierten Pflanzen sind dem Gemüse zuzurechnen.“

Dabei ist zu berücksichtigen, daß das Wort „Frucht“ nicht im botanischen, sondern im landläufigen Sinne gebraucht wird und auch die Scheinfrüchte umschließt, und daß nur die im rohen Zustande genießbaren Früchte dazu gehören, nicht aber Eicheln, Rübenknäuel, Steinnüsse. Hinsichtlich einiger Früchte wie Weißdornfrüchte, Elsbeeren, Ebereschen, Hagebutten, Holunderbeeren werden die Meinungen auseinandergehen.

Nach der Art der Abstammung pflegt man folgende Obstarten zu unterscheiden: Kern-, Stein-, Beeren- und Schalenobst, bisweilen auch noch die Unterabteilungen Kapsel-, Kelch-, Kürbis- und Schotenfrüchte. Vielfach ist es auch üblich, einen Teil der aus wärmeren Gegenden stammenden Obstarten verschiedener der vorgenannten Abteilungen zu der Gruppe der „Südfrüchte“ zusammenzufassen.

Zum Kernobst, das von einer mit dem Kelche gekrönten Scheinfrucht gebildet wird, gehören anerkanntermaßen Apfel, Birne, Quitte und Mispel, nach dem erwähnten Vorschlage außerdem Weißdornfrüchte, Hagebutten, Elsbeeren (Sorbus torminalis CRANTZ), Speierling (Sorbus domestica L.), Ebereschen (Sorbus aucuparia L.),.

Zum Steinobst (echte Steinfrüchte) rechnet man Pfirsiche, Nektarinen, Aprikosen, Kirschen, Pflaumen aller Art, wie Mirabellen, Reineclauden, Zwetschen, nach dem vorstehend erwähnten Vorschlage auch Schlehen (also alle Prunusarten mit genießbaren Früchten) und die zu den Cornaceen gehörige Kornelius-, Kornelkirsche (Cornus mas L.). Botanisch gehören dazu noch die meist zu den Südfrüchten gestellten Tahitiäpfel, Mangopflaumen, Kakipflaumen, Lotuspflaumen, Icacopflaumen, Mombinpflaumen, Datteln und Oliven.

Beerenobst umfaßt die echten Beeren: Weintrauben, Johannis-, Stachel- und Moosbeeren (Heidel- und Preißelbeeren), bei denen das fleischige Fruchtgewebe (Pericarpium) die Beere bildet; ferner die beerenähnlichen zusammengesetzten Früchte der Himbeeren, Maulbeeren, Brombeeren, und die Scheinfrüchte der Erdbeeren und Feigen. Außerdem stellt die „Deutsche Konservenindustrie“ noch dazu die echten Beeren: Longanbeeren oder Litschipflaumen (Nephelium, Euphoria), Japanische Weinbeeren, Berberitzen, Mahonien, Holunderbeeren und die falschen Beeren (Beerenzapfen) des Wacholders. Der allgemeine Sprachgebrauch wird die letzteren allerdings kaum als Obst anerkennen. Zum Schalenobst, dessen Schalen ungenießbar sind und von dem nur die Kerne genossen werden, gehören Haselnüsse und alle eßbaren Früchte von Corylusarten, Walnüsse, sowie die meist zu den Südfrüchten gerechneten Kastanien, Mandeln und Paranüsse. Als kapselartige Früchte sind Bananen- und Affenbrotbaumfrüchte zu erwähnen, während die botanisch zu ihnen gehörigen Melonen, Gurken und Kürbisse bei uns als Gemüse angesprochen werden.

Zu den Südfrüchten rechnet man unter Einbeziehung einiger vorstehend schon genannter, vor allem die Citrusfrüchte (Orangen, Apfelsinen, Mandarinen, Pomeranzen, Bergamotten, Citronen, Limonen, Grape fruits), Bananen, Ananas, Oliven, Datteln, Feigen, Paranüsse, Edelmelonen, Cocosnüsse, Kastanien,

[1] Konserven-Ind. 1933, **20**, 588.

Mandeln, Johannisbrot, Erdnüsse; ferner Kakipflaumen (Kakifeigen, chinesische Quitte) von Diospyros kaki L., Lotuspflaumen oder -birnen (Italienische Dattelpflaume) von Diospyros lotus L., Icacopflaumen (Goldpflaumen, Cocospflaumen) von Chrysobalanus icaco L., Mombinpflaumen von Spondias Mombin L., Mangopflaumen von Mangifera indica L., Granatäpfel von Punica granatum L., Ostindische Rosenäpfel von Jambosa-Arten, Tahitiäpfel von Spondias dulcis FORST. und cytherea, Abacate- oder Avogatobirnen (Alligatorbirnen) von Persea gratissima GAERTNER, Tamarinden, das Mark der Hülsenfrucht Tamarindus indica L., Guajave von Psidium pyriferum L. oder quayava, Opuntienfrüchte (Indische Feigen) von Opuntia ficus indica, Brotbaumfrüchte von Artocarpus-Arten, Affenbrotbaumfrüchte von Adansonia digitata L.

Bei einigen der vorgenannten Früchte werden, wie schon gesagt, die Ansichten über ihre Zugehörigkeit zum Obste auseinandergehen, im großen und ganzen erscheint die Zusammenstellung aber wohl geeignet, als Grundlage der Beurteilung zu dienen.

I. Der Anbau des Obstes.

Geschichte. Das Obst wird, abgesehen von gewissen im Walde wild wachsenden Beeren und den Früchten einiger tropischer Bäume, meist in Gartenkultur oder in besonderen Anlagen gezüchtet, und diese Kultur ist uralt. Schon die alten Syrer und Phönizier verstanden sich auf die Veredelung und trieben Obstbau, der von den Griechen und Römern vervollkommnet und von letzteren auch nach Deutschland verpflanzt wurde. Als älteste von unseren germanischen Vorfahren benutzte Wildfrüchte nennt MORIZ HEYNE[1] neben der minder wichtigen Kornelkirsche und der Hasel, die noch im Mittelalter mehr als eine Art Naschwerk zum Zeitvertreib aufgeknackt wurde, den Apfel und die Schlehe, doch scheinen diese kaum roh, sondern in Form eines Saftes oder Trankes genossen worden zu sein. Die Wertschätzung des Obstes als Nahrungsmittel beginnt erst nach der Einwirkung römischer Kultur, wofür besonders die sprachlichen Zeugnisse reden, denn mit Ausnahme von Apfel und Nuß sind die Namen aller Obstarten aus dem Lateinischen überliefert. Die einzige Apfelsorte, die aus dem Mittelalter auf unsere Tage gekommen ist, scheint der Borsdorfer zu sein, der von den Cisterzienser-Mönchen des Klosters Pforte in dem Klostergute Borsendorf bei Dornburg a. S. gezogen wurde. Vom 9. Jahrhundert an wurden infolge des Einflusses Karls des Großen allgemein Obstgärten angelegt und durch Mönche, vor allem die Benediktiner, ständig vervollkommnet.

Klima. In bezug auf die Südfrüchte und die nur in den Tropen wachsenden Obstarten werden S. 521 einige Angaben gemacht werden. Für unsere Verhältnisse Mitteleuropas unterscheidet man im allgemeinen vier Hauptgegenden:

1. Die Weingegend, in der alle unsere Obstarten freistehend und im Winter ungedeckt gedeihen.

2. Die Weizengegend, in der die schwerreifenden Früchte bessere Lagen beanspruchen und Pfirsiche im Winter gedeckt werden müssen.

3. Die Korngegend der Äpfel, Birnen, Kirschen und Pflaumen, in der Wein nur an Südmauern, Pfirsiche nur am Spalier, Aprikosen in sehr geschützter Lage an Hochstämmen, Maronen nur in warmer Lage an Anhöhen gedeihen, Wein, Pfirsiche und Aprikosen im Winter gedeckt werden müssen.

4. Die Hafergegend des Beerenobstes außer Wein und Maulbeere, in der vom Kernobst nur die härteren Sorten in besseren Lagen fortkommen.

Der Obstbau ist ein wichtiger Zweig der heimischen Landwirtschaft. Zwar wird die Ernte oft durch harte Winter, Spätfröste, Nässe zur Zeit der Blüte, naßkalte Sommer, Hagelschlag, tierische und pflanzliche Schädlinge in Frage

[1] M. HEYNE: Das Deutsche Nahrungswesen, S. 76. Leipzig: S. Hirzel 1901.

gestellt, aber im Durchschnitt ist der Ertrag bei Geschick und Fleiß, guter Pflege und Auswahl passender Sorten doch sehr groß, und in Deutschland bemühen sich daher zahlreiche Vereine und Lehranstalten um die Ausdehnung des Obstbaus. Gerade unser gemäßigtes Klima ist zur Züchtung feinen aromatischen Tafelobstes außerordentlich geeignet, während die Früchte in den Tropen leicht an Geschmack verlieren. Selbst das in großen Mengen eingeführte kalifornische Obst steht, abgesehen von seinem schönen gleichmäßigen Aussehen an Güte weit nach, doch ist durch Wahl geeigneter Böden, Beschränkung der Sortenzahl, Sortierung und sorgfältige Lagerung noch eine weitere Besserung anzustreben.

Die vorzüglichsten **Lagen** befinden sich zwischen dem Anbaugebiete des Weinstocks und des Ölbaums, und zwar verlangen sie im Norden mehr Sonne und Schutz gegen rauhe Winde, im Süden mehr Beschattung. Insofern sind alle gegen Süden, Westen und Osten sanft abfallenden Flächen, zumal wenn sie im Norden und Osten vom Wasser begrenzt sind, günstig, auch gehören Inseln, falls sie nicht überschwemmt werden oder unter Grundwasser leiden, zu den besten Obstlagen; hingegen sind Gegenden, die Nachtfrösten ausgesetzt sind, insbesondere tiefe Täler und Schluchten ungeeignet.

Der **Boden** soll vor allem tiefgründig und nicht zu trocken sein. Sehr geeignet ist ein nicht zu flachkrumiger lehmiger Sandboden, aber auch lockeres steiniges Geröll, besonders von Kalkstein, einem zu tonigen oder humosen Boden vorzuziehen, während Moor- und Torfboden zu verwerfen ist. Zu feuchter Boden kann durch Drainage, magerer durch tiefes Rigolen und Mischen mit Kompost, Bauschutt, Mergel und Dung verbessert werden.

Gute Pflege erfordert regelmäßiges und sorgfältiges Beschneiden der Bäume zur Beseitigung übermäßig wuchernder Triebe, Düngung mit Stallmist oder Jauche im Frühling zur Stärkung des Holzes oder mit Phosphorsäure und Kali im August zur Vermehrung des Fruchtansatzes, regelmäßiges Hacken des Bodens, gute Befestigung junger Stämme durch Baumbänder, Fernhaltung von Schädlingen (Apfelblütenstecher) durch Fangringe aus Blech, Leim, Holzwolle mit Pergamentpapier, Wellpappe u. dgl., durch Einpudern mit Schwefelblüte oder Arsenverbindungen, Bespritzen mit Quassiaseifenlauge.

Die **Auswahl geeigneter Obstsorten** ist für den Absatz von größter Bedeutung. Es geht nicht an, daß die deutschen Obstzüchter aus Liebhaberei Hunderte von verschiedenen Sorten Äpfel züchten, mit denen Handel und Industrie nichts anfangen können. Vielmehr muß dahin gestrebt werden, daß wenige ertragreiche und haltbare Sorten von gutem Aussehen angebaut werden, und daß der Obstbau überhaupt mehr als bisher nach kaufmännischen Grundsätzen erfolgt. Die dahin seit Anfang dieses Jahrhunderts gerichteten Bestrebungen haben bereits zu beachtlichen Erfolgen geführt und durch bessere Berücksichtigung der klimatischen und der Bodenverhältnisse eine bessere Verzinsung der Anlagen ermöglicht. Einige Angaben über die für unsere Gegend geeigneten Obstarten finden sich im nächsten Abschnitt auf S. 508. Nach den beachtenswerten Ausführungen von BRUNO HEMPEL[1] wird es bei Beachtung dieser Grundsätze gelingen, abgesehen von den Pfirsichen und Aprikosen, die nicht den inländischen Bedarf decken, und den bei uns nicht gedeihenden Südfrüchten, auch zur Herstellung von Halbfabrikaten (Pulpe) ausreichende Mengen gut geeigneter Stachelbeeren, Erdbeeren, Johannisbeeren, Äpfel, Pflaumen und Kirschen zu erzeugen. Bei Erdbeeren müßten allerdings nicht zu große Früchte gezogen werden. Bei Himbeeren kann auf die Einfuhr zur Zeit noch nicht ganz verzichtet werden, wenigstens bei Gartenhimbeeren, deren vermehrter Anbau daher angestrebt werden sollte.

[1] B. HEMPEL: Konserven-Ind. 1933, **20**, 103.

Der **Ernte** muß besondere Sorgfalt gewidmet werden. Abgesehen von vereinzelten Obstarten, die, wie Stachelbeeren und Walnüsse zum Einmachen unreif gepflückt werden, ist die richtige Erntezeit nach dem Eintritt der Reife, die man meist an der intensiveren Färbung, der Bildung von Zucker und Aroma, dem Weichwerden des Fruchtfleisches, sowie bei Kernobst besonders dem Braun- oder Schwarzwerden der Kerne erkennt, auszuwählen. Im allgemeinen pflegt man in dieser Hinsicht Sommer-, Herbst- und Winterobst zu unterscheiden.

Sommerobst reift früh, hat nur geringe Haltbarkeit und muß daher bald verbraucht werden. Zu ihm rechnet man alle Beerenfrüchte sowie die bis Ende September am Baume reifenden Kern- und Steinobstsorten.

Herbstobst zeitigt von Anfang Oktober bis Mitte November und bedarf zur Erlangung völliger Gebrauchsfähigkeit einer kurzen Lagerung nach dem Pflücken.

Winterobst, das man bis zum Eintreten der ersten Nachtfröste am Baume hängen läßt, reift erst nach längerem Lagern von Mitte November bis Anfang des Frühjahres.

Nach Eintritt völliger Reife fallen die Früchte ab und werden dadurch beschädigt. Die Ernte muß daher schon einige Zeit vorher erfolgen. Vor allem gilt dies von weichen Früchten, wie Erdbeeren, während man Weintrauben vollreif oder gar überreif werden läßt. Zum Rohessen bestimmte Pflaumen werden, wie auch Kirschen, fast reif, Zwetschen für Dörrobst und Pflaumenmus hingegen hochreif geerntet, Äpfel und Birnen erst, wenn sich der Stiel leicht von der Frucht lösen läßt.

Vom praktischen Standpunkte unterscheidet man nach Luckau in Pillnitz drei Reifezustände: die Baumreife, die Pflückreife und die Eßreife.

Baumreif ist die Frucht, wenn sie abfällt, weil sich zwischen Fruchtstiel und Fruchtholz eine korkähnliche Schicht bildet, die eine freiwillige Ablösung der Frucht zur Folge hat.

Der Zustand der Pflückreife ist für die rechtzeitige Ernte wichtiger, leider aber nicht immer untrüglich feststehend und gleichmäßig für alle Früchte. In Amerika bedient man sich zu ihrer Feststellung besonderer Apparate, die den Festigkeitsgrad des Fruchtfleisches messen, aber noch nicht einwandfrei durchdacht sind. Die Pflückreife liegt kurz vor der Baumreife, wenn die Ablösungsschicht sich gerade zu bilden beginnt und die Frucht durch leichtes Abheben oder Drehen ohne Verletzung von Stiel oder Fruchtholz abgetrennt werden kann. Beschädigung des Fruchtholzes bedeutet Verminderung des Blütenansatzes in den folgenden Jahren.

Die Eßreife entwickelt sich beim Lagern.

Es muß dringend davor gewarnt werden, Winterobst zu zeitig vom Baum zu nehmen, nur weil jeden Tag einige Früchte abfallen, denn dies sind meist notreife Früchte, die eine Lagerung doch nicht überdauern und am besten zur schöneren Entwicklung der guten Früchte ausgepflückt werden sollten.

Herbstobst pflückt man in den Morgenstunden, weil die Früchte dann saftreich und kühl sind, Winterobst nur bei trockenem Wetter, damit kein Tau auf ihnen liegt.

Eine sorgsame Obsternte ist nur möglich, wenn gute Leitern zur Verfügung stehen, deren Art und Größe den Baumformen entspricht, auch macht ein Obstpflücker sich schnell bezahlt, denn die besten Früchte sitzen meist dort, wohin man von der Leiter nicht reichen kann.

Auf alle Fälle muß die Ernte unter möglichster Schonung der Früchte und Bäume erfolgen. Schlagen mit Stangen ist zu verwerfen, Schütteln nur bei Wirtschaftsobst und nach Unterlegen von reinem Stroh unter die Bäume zulässig. Alles Tafelobst muß sorgsam Stück für Stück mit der Hand gepflückt werden.

Sorgfältige **Sortierung** ist zur Verlängerung der Haltbarkeit und zur Erzielung besserer Verkaufspreise unerläßlich. In erster Linie werden alle wurmstichigen, angestoßenen oder sonst schadhaften Früchte ausgeschieden und zweckmäßig nicht verkauft, sondern im eigenen Betrieb verwertet. Das übrige

Wirtschaftsobst trennt man in der Regel in zwei Qualitäten. Das Tafelobst sortiert man meist, je nach der Größe und der Schönheit des Aussehens in drei Qualitäten (Ia, I und II).

Als Beispiel einer derartigen Sortierung sei die Qualitätsvorschrift des Main-Taunuskreises für Erdbeeren angeführt, nach der das Mindestgewicht betragen muß für:

Deutsche Evern	Ia	18 g
	I	12 g
	II	8 g
Sieger, Laxtons Nobbe, Oberschlesier	Ia	20 g
	I	15 g
	II	10 g
Leopoldshall, Madame Moutot	Ia	30 g
	I	18 g
	II	12 g

Die Früchte müssen fest, versandreif gepflückt, sauber, trocken, gesund, frei von Schnecken- oder Insektenfraß, Fäulnisstellen und Schimmel sein und noch Kelch und Stiel aufweisen. Als Verpackung sind 2,5 kg-Spankörbe oder 5 kg-Holzkisten zu verwenden.

Unsortierte Erdbeeren aller Sorten müssen mindestens 10 g wiegen und im übrigen den gleichen Bedingungen entsprechen.

Der **Lagerung** des Obstes, soweit es eine solche verträgt und nicht sofort verbraucht werden muß, ist die größte Sorgfalt zu widmen, da es durch diese vielfach erst die nötige Reife erlangt und überdies bis zum Zeitpunkte günstiger Verwertungsmöglichkeit aufbewahrt werden kann. Für die Aufbewahrung sind luftige trockene Räume mit möglichst gleichmäßiger Temperatur von 8° zu wählen, und zwar verwendet man an Stelle der früher üblichen Obsthorden mit Lattenböden, deren scharfe Kanten Druckstellen hervorrufen können, besser glatte Bretterböden, auf die das Obst in einer Schicht, so daß die einzelnen Früchte sich nicht berühren, gelegt wird. Dabei trennt man zweckmäßig rauhschalige Sorten von den stärkere Lüftung verlangenden glattschaligen Früchten. Beim Fehlen geeigneter Lagerräume ist auch wohl Einwickeln in Papier oder Einpacken in Torfmull[1], das Einschrumpfung und Berührung mit schadhaften Exemplaren verhindert, empfohlen worden. Neuerdings wendet man wohl auch noch tiefere Temperaturen von 0,5—2°, oder auch etwas unter 0° an, wodurch Birnen bis Weihnachten erhalten werden können.

Nach einem Berichte der Dresdener Kühlhallen[2] vom Jahre 1933 haben diese 1500 dz Äpfel 5 Monate bei —0,5° gelagert. Dabei trat ein Gewichtsverlust von 3% ein, doch stieg der Verkaufspreis für den Zentner auf 21 RM. gegenüber dem Einkaufspreis von 9 RM., so daß auch bei Anrechnung der Lagergebühr von 0,35 RM. je Ztr. ein erheblicher Gewinn heraussprang.

Der **Versand** muß so erfolgen, daß die Früchte unbeschädigt am Bestimmungsorte ankommen. Zu dem Zwecke wickelt man besseres Tafelobst einzeln in Seidenpapier und verpackt es dann mit Hilfe reiner geruchloser Holzwolle (nicht Heu oder Stroh!) sauber in Kisten, Fässer oder Kartons. Auch Wirtschaftsobst, das sich längere Zeit halten soll, muß mit Holzwolle sorgsam verpackt werden, und nur das Mostobst kann ohne weiteres in Säcken versandt werden.

Bei Innehaltung aller genannten Vorsichtsmaßregeln wird es nach Ansicht berufener Sachkenner wahrscheinlich gelingen, den Bedarf an den bei uns gedeihenden Obstsorten sowohl für den Markthandel wie auch für die Konserven-Industrie im Inland zu decken, die Einfuhr entbehrlich und den einheimischen Obstbau lohnend zu machen.

Künstliche Schnellreifung. Die empfindlichen Obstsorten, namentlich die aus tropischen oder doch südlichen Gegenden stammenden, wie Bananen und

[1] Umschau 1935, **39**, 1025. [2] Konserven-Ind. 1933, **20**, 298.

Citrusfrüchte vertragen in baumreifem Zustande nicht den weiten Transport und müssen daher unreif geerntet und am Bestimmungsorte einem Reifungsvorgange unterzogen werden. Nach einer lesenswerten Abhandlung von OSKAR BAUER[1] sind in Nordamerika auf diesem Gebiete bereits sehr gute Erfolge erzielt worden, die auch zur Einführung der dort bewährten Arbeitsmethoden in Deutschland geführt haben.

Neben der schon seit längerer Zeit üblichen Erhöhung der Temperatur, die lediglich eine Beschleunigung der natürlichen Reifung und der normalerweise dabei verlaufenden Veränderungen der Konsistenz, des Aromas, der Farbe und des Zuckergehaltes bewirkt, wendet man neuerdings die Behandlung mit ungesättigten Kohlenwasserstoffen, wie Äthylen, Propylen, Butylen, Acetylen an, von denen aber nur das Äthylen praktische Bedeutung erlangt hat. Gegen die Äthylenbegasung erhobene Bedenken erscheinen nach O. BAUER nicht begründet, weil das Gas in sehr großer Verdünnung von 1 Liter auf 1 cbm Raum zur Anwendung gelangt und später durch gründliche Lüftung restlos wieder entfernt wird. Fraglich ist es aber, ob bei dieser künstlichen Reifung nicht nur lediglich die Farbe des Chlorophylls zugunsten der Reifungsfarbe (Xanthophyll, Lycopin usw.) der betreffenden Frucht, z. B. gelb bei Banane, Birne und Apfel, rot bei der Tomate beeinflußt wird, sondern auch die inneren Umwandlungen der Stärke in Zucker, die Ausbildung des Aromas, der Rückgang von Säure und Gerbstoffen, der enzymatische Abbau des Pektins und das damit verbundene Weich- und Saftigwerden eintritt. In dieser Hinsicht zeigen die einzelnen Obstarten wesentliche Unterschiede.

Am günstigsten scheinen die Verhältnisse bei den Bananen zu liegen, bei denen die Behandlung nach Versuchen von H. S. WOLFE[2] nicht nur die gelbe Farbe hervorruft, sondern in gleichem Maße auch die Zuckerbildung beschleunigt, so daß die künstlich gereiften den normal nachgereiften an Wohlgeschmack nicht nachstehen. Die Zeitersparnis beträgt bis zum Gelbwerden der Spitze 40—70%, bis zum Gelbwerden der ganzen Frucht 17—25%.

Bei Citrusfrüchten setzt die gewünschte Färbung der Schalen etwa 14 Tage früher ein, als ohne die Behandlung, doch sollen nach E. M. CHACE[3] u. a. künstlich gereifte Apfelsinen erheblich saurer sein, so daß man hier von einer vorgetäuschten Reifung sprechen könnte. Bei Citronen soll das nach Ansicht BAUERs nichts schaden, weil es bei diesen, die in Italien auch grün gehandelt werden, nur auf die Säure ankomme, es fragt sich aber doch, ob man in Deutschland nicht auf das ätherische Öl Wert legt.

Japanische Dattelpflaumen erfahren nach W. B. DAVIS und C. G. CHURCH[4] eine ungünstige Veränderung insofern, als das Fruchtfleisch weich wird und die Haltbarkeit leidet. Vielleicht ist das neuerdings beobachtete leichtere Verderben der Apfelsinen auch auf die Behandlung mit Äthylen zurückzuführen. Bei Nüssen wird die Lockerung der Zellwände nach amerikanischem Patent zur Erleichterung des Schälens ausgenutzt.

II. Obstarten.

Es ist vielfach üblich, die Obstarten in die vier Hauptgruppen: Kernobst, Steinobst, Beerenobst und Schalenobst zu unterscheiden und als besondere fünfte Gruppe die sog. Südfrüchte hinzuzurechnen.

---

[1] O. BAUER: Deutsch. Lebensm.-Rundschau 1936, 138.

[2] H. S. WOLFE: Effect of Ethylene on the ripening of Bananas. Botanical Gazette 1931, **92**, 337.

[3] E. M. CHACE: Amer. Journ. publ. Health Nations Health 1934, **24**, 1152.

[4] W. B. DAVIS u. C. G. CHURCH: Journ. agricult. Res. 1931, **42**, 168.

1. Kernobst.

Die hierher gehörenden Äpfel, Birnen, Quitten und Mispeln, die sämtlich von Rosaceen stammen, sind, rein botanisch genommen, als „Scheinfrüchte" anzusehen, die im Inneren des fleischig gewordenen Blütenbodens in fünf pergamentartig ausgekleideten Fächern die eigentlichen Früchte, die sog. Kerne oder Samen, enthalten.

a) Der Apfel.

Der Apfel bildet die wichtigste Obstart nicht nur Deutschlands und Europas, sondern aller Länder in gemäßigten Zonen und wird hier, besonders auch in Kalifornien, in ständig steigendem Maße angebaut.

Die zahlreichen kultivierten Apfelsorten werden von E. LUCAS[1] in folgende 15 Klassen eingeordnet:

1. Calvillen, große, unregelmäßig gebaute Früchte mit aus der Kelcheinsenkung hervortretenden Rippen, meist offenem Kerngehäuse, ziemlich grobem, bald mürbe und weich werdendem, aromatischem Fleische und fettiger Schale.

2. Schlotteräpfel, große, verschieden geformte (walzenförmige oder rundlich zugespitzte) Früchte mit großem offenem Kerngehäuse, ziemlich grobem, wenig aromatischem, aber säuerlich oder süßlich schmeckendem Fleische und derber, nicht fettiger Schale.

3. Gülderlinge, mittelgroße, um den Kelch meist gerippte, plattrund zugespitzte oder länglich kegelförmige Früchte mit offenem Kerngehäuse, feinkörnig-festem, aromatischem und säuerlich oder süß schmeckendem Fleische, sowie grünlichgelber, glatter Schale.

Zu dieser Gruppe gehören die Winteräpfel: gelber Richard, gelbe Bellefleur, Gold-Gülderling, London-Pepping, süßer Holaart, Champagner-Reinette, Boikenapfel.

4. Rosenäpfel, große, regelmäßig (rundlich) geformte, oft gerippte Früchte, mit geschlossenem Kerngehäuse, sehr lockerem, schwammigem, unter der Schale oft gerötetem, süßlich-aromatischem Fleische und feiner, glatter, bereifterSchale.

Als wichtigste Vertreter sind zu nennen die Sommeräpfel: weißer und roter Astrachan, pfirsichroter Sommerapfel, virginischer Rosenapfel und Charlamowsky; die Herbstäpfel: Cludius Herbstapfel, Danziger Kantapfel; die Winteräpfel: Morgenduftapfel, purpurroter Cousinot.

5. Taubenäpfel (Pigeons), meist kleine, regelmäßig (walzig oder länglich-kugelig) geformte Früchte, mit offenem oder geschlossenem Kerngehäuse, feinkörnigem, saftigem, weißem und aromatischem Fleische sowie leicht bereifter Schale.

Hierhin gehören die Winteräpfel: weißer und roter Winter-Taubenapfel, Schieblers Taubenapfel, Alantapfel, Roter Jungfernapfel, Rosmarinapfel.

6. Pfundäpfel (Ramboure), meist sehr große, unregelmäßig (glattrund oder hochgebaut-kugelig) geformte, flach gerippte Früchte mit oft ungleichen Hälften, offenem oder geschlossenem Kerngehäuse, grobkörnig-lockerem, kaum aromatischem, süßsäuerlichem Fleische und derber, glänzender, nie fettiger Schale.

Als geschätzter Tafelapfel ist hier anzuführen Kaiser Alexander; von gutem Wirtschaftsobst gehören in diese Gruppe: geflammter Kardinal (Pleißner Rambour), Hausmütterchen, Gloria mundi, Lütticher Rambour.

7. Rambour-Reinetten, wie alle folgenden Reinetten (8—12) von feinkörnigem, ziemlich festem, meist etwas knackendem, spezifisch schwerem Fleische von vorherrschend gelber Farbe und aromatisch, weinsäuerlichem Geschmack. Die Rambour-Reinetten sind recht große, einfarbige Früchte von unregelmäßiger Gestalt und derber, durch rostartige Flecken gerauhter Schale.

---

[1] LEUNIS: Synopsis der Pflanzenkunde. Hannover: Hahnsche Buchhandlung.

Zu ihnen gehören die edlen Winteräpfel: Canada- oder Pariser Rambour-Reinette, Edelreinette, Gays Reinette, Goldzeugapfel, Diels englische Reinette.

8. **Einfarbige oder Wachsreinetten,** kleine oder mittelgroße, regelmäßig (plattrund oder länglich) gebaute Früchte ohne Röte, Erhabenheiten und Rippen mit gelblichem Fleische und glatter, oft etwas rostspuriger Schale.

Hierhin rechnet man die Sommeräpfel: Gelber Lavendelpepping, goldgelbe Sommer-Reinette; und die Winteräpfel: Gaesdonker Reinette; Deutscher Goldpepping, Landsberger und Ananas-Reinette.

9. **Borsdorfer Reinetten,** ziemlich kleine, mehr rundliche, selbst platte Äpfel mit feinem, festem, eigenartig schmeckendem Fleische, meist geschlossenem Kerngehäuse und gelber, an der Sonnenseite geröteter, glatter Schale, die selten Rostanflug zeigt, oft aber mit Warzen bedeckt ist.

Die meist zu den Winteräpfeln gehörenden Sorten umschließen die Edelborsdorfer und Zwiebelborsdorfer sowie Glanzreinette.

10. **Rote Reinetten,** mittelgroße, selten gerippte Früchte von regelmäßiger Reinettenform, mit feinkörnigem, gelblichem, anfangs festem und knackendem, später etwas mürbem Fleische und glänzend-glatter, meist rostfreier Schale von grünlich- oder blaßgelber Grundfarbe und auf der Sonnenseite oder auch ganz mit prächtiger Röte gedeckt.

Als hauptsächlichste Sorten seien erwähnt die Sommeräpfel: Sommerparmäne und die scharlachrote Parmäne; die Winteräpfel: Baumanns, Culars, Karmeliter, Muskat- und rötliche Reinette, sowie die Winter- und Staatenparmäne.

11. **Graue Reinetten,** regelmäßig kugelig, plattrund oder länglich geformte Früchte mit in der Regel geschlossenem Kerngehäuse, feinkörnigem, gelblichem Fleische von charakteristischem, bisweilen auch an Fenchel erinnerndem (Fencheläpfel) Reinettengeschmack und durch zahlreiche Rostflecken gerauhter und grauer Schale.

Hierhin gehören von Herbstäpfeln: graue Herbstreinetten und Balloks Pepping; von Winteräpfeln: englische Spitalreinette, graue französische Reinette, Osnabrücker Reinette, Parkers Pepping, Carpentier, Mostapfel.

12. **Goldreinetten,** mittelgroße, zuweilen sogar ziemlich große Früchte von regelmäßiger Form, feinkörnigem, ziemlich festem, gelbem Fleische und goldgelber, an der Sonnenseite entweder ganz oder in Streifen und Flammen geröteter, mit Rostpunkten bedeckter Schale.

Die meist als Winteräpfel anzusprechenden Sorten umschließen die Winter-Goldparmäne, Goldreinette von Blenheim, Orleans-Reinette, große Kasseler Reinette, Ribston-Pepping, Königlicher Kurzstiel.

13. **Streiflinge,** verschieden gestaltete Äpfel mit fadem, selten säuerlichem, weißem Fleische und gestreifter Schale.

Die nicht besonders wertvollen, mehr als Wirtschafts- oder Mostäpfel benutzten Streiflinge umfassen den Luikenapfel, braunen und weißen Matapfel, großen Bohnapfel, roten Eisenapfel.

14. **Spitzäpfel,** Früchte, die im unteren Drittel am breitesten, nach der Stieleinsenkung hingegen abgerundet, daher abgestumpft kegelförmig sind, mit nicht gestreifter Schale.

Die einzelnen Sorten: Königin Luisen-Apfel, Königsfleiner, Müllers Spitzapfel zählen zum Wirtschaftsobst.

15. **Plattäpfel** von sehr plattkugeliger, oben und unten fast flacher Gestalt, ziemlich festem, grobkörnigem, fade oder höchstens säuerlich schmeckendem, nie aromatischem Fleische und glatter, oft schön gefärbter, aber nicht gestreifter Schale.

Auch hier gehören die wichtigsten Sorten: Hawthornden, Golden Noble, gelber Edelapfel, gelber Winter-Stettiner, rote Stettiner, Winter-Citronenapfel, grüner Fürstenapfel, Balullenapfel nur zum Wirtschaftsobst.

Hinsichtlich der Eignung der einzelnen Sorten für die wichtigsten Verwendungszwecke als Tafelobst, Dörrobst, Most-, Marmeladen- und Musobst sei auf das Buch von KOCHS und KNAUTH verwiesen.

b) Birnen.

Birnen, die Früchte bzw. Scheinfrüchte von Pirus communis werden wegen ihrer geringen Haltbarkeit und ihres niedrigen Säuregehaltes für die meisten Zwecke, insbesondere die technische Verwendung weniger geschätzt, bilden aber immerhin ein wertvolles Tafelobst und werden auch in großem Umfange von der Konservenindustrie zu Kompottfrüchten verarbeitet. Die mehr als 700 Sorten, die man, wie bei den Äpfeln, meist als Sommerbirnen, Herbstbirnen und Winterbirnen oder auch nach der Verwendung als Mostbirnen, Kochbirnen, Tafelbirnen unterscheidet, lassen sich nach LUCAS in folgende 15 Gruppen einteilen.

1. **Butterbirnen** von abgestutzter Kegelform, d. h. gegen den Stiel verjüngt zugespitzt und meist länger als breit, mit schmelzendem Fleische und glatter, höckerfreier Schale.

Dazu gehören als Sommerbirne: gute graue Sommerbutterbirne; als Herbstbirne: weiße Herbst-, holzfarbige, Lenzener und Chairgeans Butterbirne, Esperens Herrenbirne, Colomas Herbstbirne, köstliche von Charneu; als Winterbirne: Diels Butterbirne, Winter-Dechantsbirne und Liegels Winter-Butterbirne.

2. **Halbbutterbirnen,** von den vorigen nur durch ein halbschmelzendes Fleisch unterschieden.

Sommer: grüne Magdalene; Herbst: doppelte Philippsbirne; Winter; Jaminette.

3. **Bergamotten,** von glatter oder rundlicher apfelähnlicher Gestalt, mit oft eingesenktem Stiel und schmelzendem Fleische.

Die drei wichtigsten Sorten: rote Bergamotte, rote Dechantsbirne, Hellmanns Melonenbirne sind Herbstbirnen.

4. **Halbbergamotten,** von der Gestalt der Bergamotten, aber mit halbschmelzendem Fleische.

Sommer: Große Sommerbergamotte; Herbst: Neu Crassanne.

5. **Grüne Langbirnen,** in die Länge gezogen, nach dem Stiele zu sich verschmälernd, mindestens um $^1/_4$ länger als breit, mit ganz oder halbschmelzendem Fleische und grüner, auch in der Reife höchstens gelbgrüner, wenig berosteter Schale.

Sommer: Sparbirne, grüne Tafelbirne; Herbst: Schwesterbirne; Winter: Pastorenbirne, Graf Canal.

6. **Flaschenbirnen (Calebasses),** den vorigen ähnlich geformte, aber am Grunde abgerundete Früchte, mit ganz oder halbschmelzendem Fleische und grünlichgelber oder reingelber, oft mit zimtfarbigem Roste überzogener Schale.

Sommer: Holländische Feigenbirne; Herbst: Marie Louise, Boscs Flaschenbirne.

7. **Apothekerbirnen** von rundlicher oder länglicher, beuliger oder höckeriger Form mit ganz oder halbschmelzendem Fleische von eigentümlich aromatischem Geschmack.

Sommer: Williams Christbirne; Herbst: Herzogin von Angoulême, Napoleons und Grumkower Butterbirne; Winter: Hardenponts und Sixs Butterbirne.

8. **Rostbirnen oder Rousseletten,** von den Flaschenbirnen ähnlicher, aber kürzerer und kleinerer Gestalt, mehr oder weniger schmelzendem Fleische mit zimtartigem Geschmack und, besonders auf der Sonnenseite, braunrot berosteter Schale.

Sommer: Stuttgarter Gaishirtel; Herbst: gute Louise von Avranche, Forellenbirne.

9. **Muskatellerbirnen,** von kleiner, etwas in die Länge gezogener Gestalt, mit sehr weichem, aber nichtschmelzendem, eigentümlich nach Muskatellertrauben riechendem Fleische und glatter, verschieden gefärbter Schale.

Die wichtigsten Sorten: kleine, frühe braunrote und kleine lange Muskateller gehören zu den wenig haltbaren Sommerbirnen.

10. **Schmalzbirnen,** von in die Länge gezogener Gestalt mit ganz oder halbschmelzendem, wenig aromatischem Fleische.

Sommer: Römische Schmalzbirne; Herbst: Andenken an den Kongreß.

11. **Gewürzbirnen,** alle kleineren länglichen oder rundlichen Birnen mit schmelzendem oder halbschmelzendem Fleische.

Sommer: Leipziger Rettigbirne, Hannoversche Jakobsbirne; Herbst: Volkmarser.

12. **Längliche Kochbirnen,** alle Birnen von hartem, rübenartigem Fleische, die sich nicht zum Rohessen eignen, sondern gekocht werden müssen, von länglich-birnenförmiger Gestalt und süßlich fadem, nicht herbem Geschmack.

Sommer: Bunte Birne; Herbst: Kamperverus; Winter: Baronsbirne, schöne Angewine.

13. **Rundliche Kochbirnen,** von den vorigen nur durch die rundliche Gestalt (ebenso breit oder breiter als hoch) unterschieden.

Sommer: Kuhfuß; Herbst: Wittenberger Glocke.

14. **Längliche Weinbirnen,** Kochbirnen mit hartem, rübenartigem Fleische, aber von herbem, adstringierendem Geschmack.

Meist Herbst- oder Winterbirnen zur Obstweinbereitung: Knausbirne, späte Grünbirne, Hohenheimer Mostbirne, Träubles Birne, Weilersche Mostbirne, Wildling von Einsiedeln, Harigelsbirne, Langstielerin, Süllbirne.

15. **Rundliche Weinbirnen,** wie die vorigen, aber meist breiter, seltener ebenso breit als hoch.

Palmischbirne, welsche Bratbirne, Champagner Bratbirne, Schweizer Wasserbirne, normännische Ciderbirne, welsche Berglerbirne, große und kleine Rummelterbirne, großer und kleiner Katzenkopf.

Von den Birnen eignen sich die großen schönen Exemplare der ersten Gruppen besonders als Tafelobst, zur Obstweinbereitung besonders die eigentlichen, säurereicheren Weinbirnen (14, 15), zu Einlegezwecken die Butterbirnen (1) und Bergamotten (3), ferner Pastorenbirnen (5), Williams Christbirnen (7), gute Louise (8) usw. Zur Herstellung von Dörrobst sind nicht die rein süßen und zugleich sehr saftigen, sondern mehr die herbsüßen vorzuziehen.

Weiteres siehe bei KOCHS und KNAUTH.

c) Quitten.

Quitten, die Scheinfrüchte von Cydonia vulgaris, unterscheiden sich von den vorgenannten Kernobstarten durch den blattartigen, nach der Blütezeit sich vergrößernden und die Frucht krönenden Kelchzipfel, die vielsamigen Fächer der Frucht, die knorplig-holzige Beschaffenheit des das Kerngehäuse umgebenden Fruchtfleisches und die aus schleimhaltigen Zellen bestehende Schale der Samen. Die citronen- bis goldgelben, filzigen Früchte sind apfel- oder birnenförmig, meist stark gerippt und am Scheitel tief eingezogen. Das harte Fleisch von adstringierendem, süßlichem oder säuerlichem Geschmack und etwas an Ananas erinnerndem Geruche wird nicht roh genossen, aber zur Herstellung von Dessertfrüchten, Gelees, Marmeladen und Kompotts benutzt.

Nach der Form unterscheidet man Apfel- und Birnenquitten.

Die glatten Früchte des rotblühenden Japanischen Quittenbaumes (Cydonia japonica PERS.) werden bei uns nicht reif, im Heimatlande aber zu Gelees, Konfekt und Likör verarbeitet.

d) Mispeln.

Mispeln, die Scheinfrüchte von Mespilus germanica L., sind etwa walnußgroß, von kugeliger bis kreiselförmiger Gestalt und an der oberen Seite zu einer Scheibe abgestumpft. Die anfangs grüne, später rötlichbraune derbe Haut umschließt das harte, nach längerem Lagern oder nach Nachtfrösten teigig und aromatisch werdende Fleisch, das im Gemische mit sauren Früchten wie Schlehen, Berberitzen, Mahonien beschränkte Anwendung zur Herstellung von Marmeladen findet.

e) Hagebutten.

Hagebutten, die aus dem fleischigen, am Saume eingeschnürten Blütenboden verschiedener Rosenarten (Rosa canina, Rosa rugosa REGELIANA, Rosa pomifera) bestehenden Scheinfrüchte haben eine eiförmige Gestalt, eine scharlachrote Farbe und angenehmen säuerlich-aromatischen Geschmack. Das sorgfältig von den die Innenwand überziehenden Haaren befreite harte Fruchtfleisch wird, besonders in Süddeutschland, zu dem vortrefflichen Muse (Hägenmark) oder zu Marmelade verarbeitet und liefert auch ausgezeichnete Suppen und weinähnliche Getränke. Die harten Früchte (Kerne) finden als Tee-Ersatz Verwendung.

Hinsichtlich der übrigen, bisweilen zum Kernobst gerechneten Wildfrüchte: Weißdornfrüchte (Crataegus oxyacantha L.), Elsbeeren (Sorbus torminalis CRANTZ), Speierling (Sorbus domestica L.), Eberesche (Sorbus aucuparia L.), sei auf die botanische Spezialliteratur verwiesen. Ihre erhöhte Verwendung zur Herstellung von Marmeladen und anderen Obsterzeugnissen wird neuerdings angestrebt, die Zulässigkeit erscheint aber zweifelhaft.

2. Steinobst.

Zum Steinobst rechnet man diejenigen echten Steinfrüchte, d. h. einsamige Schließfrüchte, deren die Samen umschließender, mehr oder weniger harter Kern eine fleischige eßbare Hülle besitzt, während solche ohne eßbare Hülle (Mandeln, Walnüsse) als Schalenobst bezeichnet werden. Als wichtigste Vertreter sind Pflaumen aller Arten, Kirschen, Aprikosen und Pfirsiche anzuführen.

a) Pflaumen.

Pflaumen, die Früchte verschiedener Prunusarten, insbesondere von Prunus domestica L. (Zwetsche), Prunus insititia L. (Kriechen- oder Haferpflaume, Spilling), Prunus cerasifera EHRH. (Kirschpflaume, Mirabelle), Prunus italica BORKH. (Reineclauden). Bisweilen zählt man noch die Schlehe (Prunus spinosa L.) zum Steinobst. Auch gehört hierher die oben erwähnte Kornelkirsche (Cornus mas L.). Zwischen Pflaumen und Zwetschen ist keine feste Grenze zu ziehen, da sie durch Kreuzung vielfach ineinander übergegangen sind, doch bezeichnet man meist die Arten mit länglichrunden Früchten, zusammengedrückten Steinen und nicht wolligen Baumtrieben als Zwetschen, die mit rundlichen Früchten, gewölbten Steinen und stark wolligen Trieben als Pflaumen.

Man unterscheidet die zahlreichen Sorten nach E. LUCAS in folgende zehn Familien:

1. **Kleine Damascener** (Rundpflaumen), runde Früchte von gleicher Länge und Breite, mit weichem, saftigem Fleische, die als Tafelobst, nicht aber zum Trocknen geeignet sind.

2. **Längliche Damascener** (kleine Ovalpflaumen), von den vorigen nur durch die längliche Form unterschieden.

3. Eierpflaumen mit großen und sehr großen, eiförmigen, nach dem Stiele zu verjüngten Früchten, meist goldgelbem, seltener rotem, weichem Fleische, nur als Tafelobst verwendbar.

4. Edelpflaumen, Reineclauden, runde oder rundliche Früchte von grüner Farbe und ziemlich dichtem, edel süß schmeckendem Fleische, werden als Einlegeobst verwendet.

5. Wachspflaumen, Mirabellen, kleine runde oder rundliche gelbe Früchte mit festem, sehr süßem Fleische, eignen sich zum Dörren und Einmachen.

6. Zwetschen, nach dem Stiel- und Stempelpunkte zu verjüngte, längliche Früchte von dunkelvioletter bis schwarzblauer Farbe, mit festem, süßem Fleische und nicht saurer Schale, werden sowohl zu Dörrobst und Pflaumenmus als auch zu Kompottfrüchten verarbeitet.

7. Halbzwetschen, ovale, nach oben und unten gleichmäßig abgerundete, blaue Früchte mit festem, zwetschenartigem Fleische, sind zum Dörren geeignet.

8. Dattelzwetschen, sehr lange, elliptische Früchte mit mehr pflaumen- als zwetschenartigem Fleische eignen sich zum Dörren.

Man teilt die Zwetschen auch wohl in die Untergruppen der „wahren Zwetschen" mit kahlen Sommertrieben (Hauszwetsche, Wangenheims Frühzwetsche, Nienburger Zierpflaume) und der „damascenerartigen Zwetsche" mit weichhaarigen Trieben (Zuckerzwetsche, Frankfurter und Biondeks Frühzwetsche) ein.

9. Haferpflaumen, runde als Tafelobst nicht brauchbare Früchte.

10. Spillinge, längliche, als Tafelobst nicht brauchbare Früchte.

Die botanisch zu den Pflaumen gehörige Schlehe, die blauschwarze Frucht des Schwarzdorns (Prunus spinosa), eignet sich wegen ihres herben Geschmacks nicht zum Genuß als Obst, findet aber beschränkte Verwendung als Zusatz zu Obstwein und zur Herstellung von Branntwein.

Jede dieser Familien wird von Lucas je nach der Farbe und der Löslichkeit des Fleisches noch in mehrere Untergruppen geteilt.

Als besonders wertvolle Sorten für Tafel- und Wirtschaftsobst werden bezeichnet: Königspflaumen, Metzer und Nancyer Mirabellen, Reineclauden, Kirkes Pflaume, gelbe Herrenpflaume, Königin Victoria, Wangenheims Frühzwetsche, Anna Späth. Die Zwetsche findet ausgedehnte Anwendung zur Herstellung von Branntwein (Slibowitz), Pflaumenmus (Powidl) und Dörrobst, besonders in Böhmen, den Balkanländern und Kalifornien.

b) Kirschen.

Kirschen, die Steinfrüchte verschiedener Arten des Kirschbaumes: Prunus avium L. (Süßkirsche), Prunus cerasus L. (Sauerkirsche), Prunus chamaecerasus Jacquin (Zwergkirsche), die in der Regel in die Hauptgruppen der Süßkirschen und der Sauerkirschen, beide mit mehreren Untergruppen eingeteilt werden.

E. Lucas trifft folgende Einteilung:

1. Schwarze Herzkirschen, mit färbendem Safte, schwarzer Haut und weichem Fleische.

2. Schwarze Knorpelkirschen mit färbendem Safte, schwarzer Haut und härtlichem Fleische.

Hedelfinger Riesenkirsche, Grolls schwarze Kirsche, Gubener schwarze Kirsche.

3. Bunte Herzkirschen mit nichtfärbendem Safte, bunter Haut und weichem Fleische.

Eltonkirsche, Winklers weiße Herzkirsche, Lucienkirsche, runde marmorierte Süßkirsche.

4. Bunte Knorpelkirschen mit nichtfärbendem Safte, bunter Haut und härtlichem Fleische.

Büttners späte rote Kirsche, große Prinzessinkirsche.

5. Gelbe Herzkirschen mit nichtfärbendem Safte, gelber Haut und weichem Fleische.

6. Gelbe Knorpelkirschen mit nichtfärbendem Safte, gelber Haut und härtlichem Fleische.

Dönissens gelbe Kirsche.

Die Gruppen 1—6 umfassen die Süßkirschen.

7. Süßweichseln, mit färbendem Safte und dunkler Haut.

Rote Maikirsche, rote Muskateller, Folgerkirsche, spanische Frühkirsche.

8. Glaskirschen, mit nichtfärbendem Safte, heller Haut und härtlichem Fleische.

Doppelte Glaskirsche, Königin Hortensia, Großer Gobet.

Die Gruppen 7 und 8 umfassen die Baumweichseln.

9. Weichseln mit färbendem Safte und dunkler Haut.

Große lange Lotkirsche, Ostheimer Weichsel, süße Frühweichsel, von der Natt.

10. Amarellen (Ammern), mit färbendem Safte und heller Haut.

Königliche Amarelle, späte Amarelle.

Die Gruppen 9 und 10 umfassen die Strauchweichseln.

11. Halbkirschen oder Bastard-Süßkirschen, Wuchs nach Art des Süßkirschbaumes, Frucht weichselartig.

12. Halbweichseln oder Bastard-Sauerkirschen, Wuchs nach Art des Sauerkirschbaumes, Frucht süßkirschenartig.

11 und 12 werden als Bastardkirschen zusammengefaßt, von einigen Autoren aber auch in die ersten 10 Gruppen eingeordnet.

Die vorstehenden 12 Gruppen werden je nach der rundlichen, eiförmigen oder länglichovalen Gestalt des Steines wieder in mehrere Ordnungen eingeteilt.

Als Kompottfrüchte benutzt man hauptsächlich die Diemitzer- und Königs-Amarelle, die Schattenmorelle (Lotkirsche), Ostheimer Weichseln, Eltonkirsche, Esperns, Schmehls, Eckhoffs, Dönissens, Büttners, Schneiders u. a. Knorpelkirschen, sowie einige Herzkirschen, zur Fruchtsaftbereitung vorwiegend Sauerkirschen wie Ostheimer Weichseln und Schattenmorellen, für Marmeladen und Süßmoste auch andere gute Sorten.

c) Aprikosen.

Aprikosen sind die Steinfrüchte des Aprikosenbaumes (Prunus armeniaca L.), der aus seiner Heimat in Zentralasien zur Zeit Alexanders des Großen nach Rom gebracht wurde. Aus der von Plinius den Früchten beigelegten Bezeichnung mala praecocia (früh) soll durch Umwandlung über das spanische albericoque und das französische abricot der Name Aprikose entstanden sein. Die auch als Marillen bezeichneten Früchte von kugel- oder eirunder, am Grunde eingedrückter Form, zeigen eine seitliche Furche, eine rauhe bis samtartige Haut und einen runzeligen, auf der Kante ringsum gefurchten und auf der mit besonders breiter Furche versehenen Seite scharf gestielten Stein. Die kurz gestielte Frucht ist meist orangegelb, auf der Sonnenseite rot angelaufen, das Fleisch mehr oder weniger gelblich und saftig, in der Überreife oft mehlig und geschmacklos, weshalb man die Früchte nicht zu lange am Baum hängen, sondern lieber auf dem Lager nachreifen läßt.

Als wichtigste Gruppen werden unterschieden:

1. Mandelaprikosen (Aprikosen der Provence), kugelförmige Früchte mit wenig wertvollem Fleisch, aber süßem Kern, der als Mandelersatz Verwendung findet.

2. Albergen (Muskateller Aprikosen), kleine, früh reifende Früchte.

3. Echte Aprikosen, großfrüchtige, spät reifende Aprikosen ohne gerötete Seiten.

4. Italienische Aprikosen[1] mit glatter, glänzender Oberhaut.

Zum Anbau werden besonders empfohlen: Aprikose von Nancy, Breda, Tours, große Zuckeraprikose, wahre große Frühaprikose, Luizets Aprikose, Ambrosia Aprikose, Ruhm von Pourtalès, Andenken an Robertsau, Moorperle.

d) Pfirsiche (Pfirsche, Pfirsing).

Pfirsiche (Pfirsche, Pfirsing), die Steinfrüchte des in Persien heimischen Pfirsichbaumes (Prunus persica STOCKES), der im Altertum nach Griechenland und Italien und dann über das ganze wärmere Europa verbreitet wurde, reifen in Deutschland nur in den milderen Strichen, in Süddeutschland noch an freistehenden Bäumen, in Mitteldeutschland meist als Spalierobst an Wänden gezogen. Jetzt werden Pfirsiche auch in Kalifornien in großem Maßstabe angebaut. Die große, meist rundliche, nicht aufspringende Frucht zeigt eine von oben nach unten verlaufende Furche und an einem Ende eine Vertiefung, aus welcher der kurze Stiel heraustritt. Das saftige Fleisch ist meist weiß, doch gibt es auch rotfleischige „Blutpfirsiche“ (Sanguinoles, Cardinals) und gelbfleischige „Aprikosenpfirsiche“ (Apricotées, Alberges) sowie gelbfleischige „Nektarinen“ (Prünellen, Brugnoles). Der Stein ist unregelmäßig tief gefurcht mit punktförmigen Gruben und enthält einen bitteren oder süßen Kern (Mandelersatz). Die Oberhaut ist meist rauh, sammetartig behaart, bei den Nektarinen glatt, die Farbe gelblich mit roter oder violetter Sonnenseite oder auch ganz violett („Violettes“). Je nachdem das Fleisch sich vom Steine löst und nach der Art der Oberfläche unterscheidet man folgende 4 Gruppen:

1. Echte Pfirsiche (Pêches) mit samtartigem Überzug und vom Fleische nicht ablösbarem Stein.

2. Härtlinge oder Nager (Pavies) mit glatter Oberfläche und leicht lösbarem Stein.

3. Nektarinen mit glatter Oberfläche und nicht lösbarem Stein.

4. Brügnolen (Brugnons, Violettes), wie Nektarinen, aber von violetter Farbe.

Als besonders wertvolle Sorten („Edelpfirsiche“) werden Proskauer Pfirsich und Königin der Obstgärten bezeichnet.

Über die zu den Steinfrüchten gehörenden ausländischen Obstarten werden im Abschnitte: Südfrüchte noch einige Angaben angefügt werden.

3. Beerenobst.

Zum sog. Beerenobst rechnet man neben den echten Beerenfrüchten (Weintrauben, Johannis-, Stachel-, Moos-, Heidel- und Preißelbeeren) auch die beerenähnlichen zusammengesetzten Früchte der Himbeeren, Brombeeren, Maulbeeren und die Scheinfrüchte der Erdbeeren.

a) Weinbeeren.

Weinbeeren, die echten Beerenfrüchte der edlen Weinrebe (Vitis vinifera L.), die seit den ältesten Zeiten angebaut wird, so daß ihre eigentliche Heimat nicht genau bekannt ist. Während man sie früher nach dem Kaukasus (Mingrelien) verlegte, wird neuerdings anscheinend angenommen, daß alle in den verschiedenen Ländern gezogenen Sorten von einheimischen Reben abstammen. Sicher ist die beste rheinische Rebe, der Riesling, durch Veredlung aus einer jetzt noch am Oberrhein vorkommenden wilden Pflanze entstanden. Manche Reben

[1] Handelssorten siehe Allg. deutsch. Konserven-Ztg. 1933, 20, 352.

lassen sich selbst auf mäßige Entfernungen nicht verpflanzen, während andererseits die aus Spanien und Südfrankreich eingeführten Gutedel und Muskateller bei uns gut fortkommen und auch die Verpflanzung portugiesischer Reben nach den Canaren und Azoren sowie dem Kaplande gelungen ist. Hingegen ist die in Kalifornien gezogene Rebe eine veredelte Spielart der dort heimischen Rebe Vitis Labrusca L. (Fuchstraube). Von den zahlreichen anderen Arten der Gattung Vitis werden Vitis aestivalis (Sommerrebe) und Vitis rotundifolia (Büffelrebe) in Nord- bis Mittelamerika, hauptsächlich zur Gewinnung von Tafeltrauben angebaut.

Nach Deutschland ist der Weinbau, Moriz Heyne zufolge, schon sehr frühzeitig, etwa im ersten Jahrhundert unserer Zeitrechnung eingeführt worden und über die Mosel und den Rhein allmählich immer weiter nach dem Osten und Norden vorgedrungen, so um 773 nach Höxter, 973 zur Werra, Saale und Unstrut, später nach Ober- und Niedersachsen, Schlesien, der Altmark usw. Manche Weinberge sind später in klimatisch ungünstigen Gegenden aufgegeben worden, doch macht sich seit einigen Jahren, besonders im Elbetal bei Dresden das Bestreben geltend, sie wieder zu bepflanzen. Um eine Unterscheidung der zahlreichen Sorten, nach einigen Angaben 1000 oder 2000, nach anderen 350, zu ermöglichen, haben Babo und Metzger folgendes System vorgeschlagen:

A. Rundbeerige (0,6—1,5 cm Durchmesser).
- a) Großbeerige (1,2—1,5 cm Durchmesser).
  1. Trollinger (eine Traube oft 1,2—1,5 kg schwer); 2. Alicante; 3. Spanier.
- b) Mittelgroßbeerige (1,1—1,2 cm Durchmesser).
  4. Gutedel; 5. Tokayer; 6. Elben oder Alben; 7. Muskateller; 8. Gänsfüßler; 9. Sylvaner.
- c) Kleinbeerige (0,6—1,1 cm Durchmesser).
  10. Korinthe; 11. Burgunder; 12. Riesling (die edelste deutsche Rebe).

B. Langbeerige (Längsdurchmesser 0,8—2,5 cm).
- a) Großbeerige (1,2—2,2 cm lang, 0,8—1,5 cm breit).
  13. Damascener; 14. Orleans.
- b) Mittelgroßbeerige (1,1—1,5 cm lang, 0,6—0,8 cm breit).
  15. Veltliner; 16. Hängling.
- c) Kleinbeerige (0,7—1,1 cm lang, 0,6—0,8 cm breit).
  17. Kleinedel; 18. Kläwner (von Chiavenna); 19. Traminer.

Fast alle Weinbeeren, mit Ausnahme der Färbertraube (Tinto, Pontak), auch die roten und blauen, liefern beim Auspressen einen farblosen Saft, während der Farbstoff erst nach dem Vergären auf den Trestern aus den Schalen gelöst wird. Die Weinbeeren dienen in erster Linie zur Herstellung des Weines, neuerdings auch in zunehmendem Maße des alkoholfreien Traubensüßmostes (s. S. 680). Ein anderer Teil wird durch Trocknen in Rosinen oder Korinthen (Vitis vinifera apyrena) übergeführt oder als Tafelobst verbraucht.

b) Johannisbeeren.

Johannisbeeren, die echten Beeren verschiedener Spielarten des Johannisbeerstrauches Ribes rubrum L., stammen aus Skandinavien und sind durch Anbau über ganz Europa und Nordamerika verbreitet. Sie werden in der Regel nach der Farbe in dunkelrote, rosenrote, fleischfarbige, weiße und gestreifte eingeteilt und finden als Frischobst, sowie zur Herstellung von Johannisbeer-Marmelade, Johannisbeersaft und -sirup, Johannisbeergelee und Johannisbeerwein ausgedehnte Anwendung.

Eine besondere Abart, die schwarze Johannisbeere oder Gichtbeere (Ribes nigrum L.) wird wegen ihres, auch den Blättern anhaftenden, eigentümlichen wanzenartigen Geruchs in geringer Menge den roten Beeren zugesetzt, um das Aroma des Saftes oder Weines zu verstärken.

c) Stachelbeeren.

Stachelbeeren, die echten Beeren des Stachelbeerstrauches (Ribes grossularia L.), haben eine länglich eiförmige bis kugelrunde Gestalt, eine Länge von 1—4 cm und eine meist lederartig zähe Haut, die kahl oder mit Borsten besetzt ist. Nach der Farbe unterscheidet man rote, gelbe, weiße und grüne Sorten. Die Stachelbeeren werden im unreifen Zustande, mit Zucker eingekocht, als Kompott und zur Konservenherstellung, im reifen Zustande als Tafelobst und zur Obstwein- bzw. Süßmostbereitung benutzt.

Zur Herstellung von Dosenkonserven eignen sich besonders folgende glattfrüchtige Sorten. Rote: May Duke (sowie die behaarte Rote Triumphbeere); Grüne: Lady Delamere, Grüne Flaschenbeere; Weiße: Weiße Triumphbeere, Weiße Volltragende; Gelbe: Triumphant, Macherauchs Sämling. Zum Keltern wird auch noch Hönigs Früheste empfohlen.

d) Preißelbeeren.

Preißelbeeren, auch Krons-, Grau- oder Steinbeeren genannt, sind die echten Beeren des in der gemäßigten und kalten Zone sowie in höheren Tropenlagen wild wachsenden niedrigen Strauches Vaccinium vitis idaea L. Die zu endständigen Trauben angeordneten erbsengroßen Beeren enthalten in 4—5 Fächern zahlreiche Samen, haben ein im reifen Zustande scharlachrotes Fleisch von angenehm säuerlichem Geschmack und werden hauptsächlich als Kompottfrucht verarbeitet.

Die nahe verwandte Moosbeere (Vaccinium oxycoccus L.), die vielfach von Schweden eingeführt wird, gilt als weniger wertvoll und ihre Beimischung zu Preißelbeeren als unzulässig. Neuerdings wird auch die großfrüchtige amerikanische Art (Vaccinium macrocarpum Ait.) zum Anbau empfohlen.

e) Heidelbeeren.

Heidelbeeren, auch Schwarzbeeren, Blaubeeren, Bickbeeren, Besinge genannt, die echten Beeren des in höhergelegenen Wäldern wildwachsenden, niedrigen Heidelbeerstrauches (Vaccinium Myrtillus L.) haben eine der Preißelbeere ähnliche Form, aber blauschwarze bereifte Schale. Wegen ihres weniger herben, süßsäuerlichen Geschmacks können sie auch roh genossen werden, dienen aber meist zur Herstellung von Kompott, Heidelbeerwein, sowie zum Färben (Verfälschen) von Rotwein. Getrocknete Heidelbeeren bilden als Baccae Myrtillorum ein Volksheilmittel gegen Durchfälle und Ruhr, als welches sie früher in Frankreich, Rußland, Rumänien und der Levante sogar für den Armeebedarf benutzt und aus Deutschland bezogen wurden. Namentlich das Erzgebirge, Fichtelgebirge, der Thüringer Wald und der Harz liefern große Mengen Heidelbeeren, zu denen noch eine Einfuhr aus Böhmen und Holland hinzutritt.

f) Himbeeren.

Himbeeren sind die aus zahlreichen steinfruchtartigen Einzelfrüchtchen zusammengesetzten Sammelfrüchte des wild wachsenden, auch angebauten Himbeerstrauches (Rubus idaeus L.). Die etwa 1,5 cm langen Früchte lösen sich leicht von dem kegelförmigen Blütenboden ab und zeigen infolgedessen eine Höhlung; die in der Hauptsache rote Farbe schwankt zwischen weiß und rosa bis schwarzrot. Das angenehm süßsäuerlich schmeckende Fleisch hat ein feines Aroma, das bei den Waldhimbeeren besonders kräftig entwickelt ist. Neben den geschätzten Waldbeeren gibt es zahlreiche Kulturformen, darunter auch solche, die im Herbst zum zweiten Male Früchte tragen (remontierende).

Himbeeren werden besonders im Erzgebirge, Riesengebirge und Harz gesammelt, aber wegen der steigenden Nachfrage auch aus Holland, Böhmen, Ungarn eingeführt. Sie dienen zur Herstellung von Himbeersaft, -sirup, -gelee, -marmelade und Süßmosten.

Von den Kulturformen werden in erster Linie Falstaff, Marlborough, Knevetts Riesenhimbeere, Hornet (Harzjuwel), Beamforth, Preußen, Siedling, Winklers Sämling, rote Antwerpener und Türks rote empfohlen.

g) Brombeeren.

Brombeeren, die Sammelfrüchte des in Wäldern wild wachsenden, neuerdings auch angebauten Brombeerstrauches (Rubus fructicosus L., Rubus caesius L.), unterscheiden sich von den ähnlich gebauten Himbeeren durch die fehlende Behaarung, die blauschwarze Färbung, das schwächere Aroma sowie besonders dadurch, daß die Früchte sich nicht vom Blütenboden lösen, sondern angewachsen sind. Zum Anbau wird von den mehr als 35 im Leunis angeführten Arten besonders die aus Nordamerika eingeführte zottige Brombeere (Rubus villosus Ait.) mit ihren durch Kreuzung mit Rubus canadensis entstandenen Mischformen benutzt. Die Brombeere dient hauptsächlich zur Herstellung von Saft, Obstwein und Likör, weniger von Marmeladen.

Als besonders geschätzte Kulturformen werden Kittatinny, Lawton, Lucretia, Dorchester, Wilsons early, Missouri-Mammut, Drystal White und Sandbrombeere genannt[1].

h) Erdbeeren.

Erdbeeren sind die Scheinfrüchte der ausdauernden Erdbeerstaude (Fragaria vesca L.) und der verwandten Arten: F. elatior Ehrh., F. virginiana Ehrh., F. collina Ehrh., F. grandiflora Ehrh., F. chilensis Molin. Die Scheinfrüchte werden von dem fleischig verdickten Blütenboden gebildet, der die eigentlichen kleinen Trockenfrüchtchen (Achänen) umschließt. Die ursprünglich wild wachsende Pflanze ist erst seit dem 16. Jahrhundert in den Gartenbau eingeführt worden. Nach botanischen Gesichtspunkten unterscheidet man folgende 6 Arten:

1. **Gemeine oder Walderdbeere (Fragaria vesca L.)** mit kleinen kugeligen oder kegelförmigen, scharlachroten Früchten. Aus ihr ist wahrscheinlich durch Kultur die fälschlich Alpenerdbeere genannte Monatserdbeere (Fragaria semperflorens Heyne) entstanden, die das ganze Jahr hindurch blüht und größere, aber weniger aromatische Früchte trägt.

2. **Hochstenglige oder gemeine Gartenerdbeere,** auch Moschuserdbeere genannt (Fragaria elatior Ehrh.), die in Mitteleuropa verbreitet ist, mit ziemlich großen, spitzen und stumpfkantigen, moschusartig schmeckenden Früchten. Sie ist die Stammpflanze der Vierlander Erdbeere.

3. **Virginianische, Scharlach- oder Himbeererdbeere** (Fragaria virginiana Ehrh.), die in Nordamerika heimische, Mitte des 17. Jahrhunderts nach Europa eingeführte vortreffliche Art mit großen, kugeligen, tiefgrubigen, scharlachroten Früchten.

4. **Harte oder Hügelerdbeere,** auch Bresling oder Presterling genannt (Fragaria collina Ehrh.) mit meist weißlichen, nicht leicht abfallenden Früchten von härterer Konsistenz („Knackerdbeere") wächst auf Waldbergen Deutschlands, hat aber für den Anbau keine Bedeutung.

5. **Großblumige oder Ananaserdbeere** (Fragaria grandiflora Ehrh.), eine aus Surinam stammende, in Gärten und Gewächshäusern gezogene Art mit großen

[1] Die besonders in England angebaute Loganbeere, eine frostempfindliche Kreuzung zwischen Himbeere und Brombeere mit ziemlich großen, aber nur schwach aromatischen Früchten wird bei uns wenig geschätzt.

blaß- oder scharlachroten, verschieden unregelmäßig geformten, oft fast gelappten Früchten von Ananasgeschmack.

6. Riesen- oder Chileerdbeere (Fragaria chilensis MOLIN.), die 1712 nach Frankreich eingeführt wurde, mit sehr großen, bisweilen bis hühnereigroßen Früchten.

Die Erdbeeren werden frisch genossen oder zu Kompottfrüchten, Saft, Gelee, Marmelade, Obstwein, Süßmost verarbeitet und in großen Mengen, besonders aus Holland in Form von Pulp eingeführt.

Als für Konserven besonders geeignete Sorten werden genannt: Sieger, Königin Luise, Jucunda, Hohenzollern, Hansa, Oberschlesien, Madame Moutot, Laxtons noble, Wunder von Köthen, Garteninspektor Koch, Admiral Brown, Meteor.

4. Schalenobst.

Als Schalenobst faßt man die Steinfrüchte einiger Pflanzen zusammen, die verschiedenen botanischen Familien angehören und vor allem das gemeinsam haben, daß nur die in einer ungenießbaren harten Schale liegenden Samenkerne verzehrt werden.

a) Walnüsse.

Walnüsse, die einsamigen Steinfrüchte des Walnußbaumes (Juglans regia L.), der in südlichen Gegenden Asiens heimisch ist und in wärmeren, zum Teil, an geschützten Lagen, auch nördlichen Ländern kultiviert wird, sind von einer fleischig-lederartigen, jung grünen, später schwarz werdenden Schale umgeben, in der die steinharte, zweiklappige Kernschale einen zweilappigen, wulstigen, wohlschmeckenden Kern umschließt.

Durch lange Kultur sind verschiedene Abarten entstanden, so die sehr dickschalige Steinnuß, aus der man den Kern schwer herausbekommt, daher auch Grübelnuß genannt, die Pferdenuß von mehr als doppelter Größe und weniger wohlschmeckendem Kern, die dünnschalige, leicht zerbrechliche Johannisnuß, deren Träger erst um Johannis ausschlägt, und die Blutnuß mit teilweise blutrotem Kern.

Die unreifen grünen, noch weichen Walnüsse werden mit der Außenschale in Zucker und Gewürz zu einer herbsüßen Konfitüre eingelegt und dienen auch zur Herstellung eines Likörs. Die Kerne werden roh gegessen und in der Konditorei sowie zur Pressung des Nußöls benutzt.

b) Haselnüsse.

Haselnüsse, die echten Nüsse des Haselnußstrauchs oder der Hasel, einer auf der ganzen nördlichen Erdhälfte verbreiteten Gehölzart, die in folgende Hauptarten eingeteilt wird:

1. Gemeine Haselnuß (Corylus avellana L.), die schon im römischen Altertum geschätzt wurde und meist wild wächst, hat eine unregelmäßig gelappte Fruchthülle, die kürzer oder nur wenig länger als die Nuß ist, und eine weißliche Kernhaut.

2. Südhasel (Corylus tubulosa WILLD.), die in Mitteleuropa gegen Kälte empfindlich und daher geschützt anzupflanzen ist. Zu ihr gehören die Lamberts-, Langbart- oder Zellernüsse (Corylus maxima MILL.), die in einem über der Frucht zusammengezogenen und von der Einschnürung ab spitz zulaufenden Fruchtbecher sitzen. Ihre Kernhaut ist meist rot.

3. Baumhasel, Dicknuß, Türkische Nuß (Corylus colurna L.) aus dem Kaukasus oder Himalaya. Die breit-rundlichen Nüsse werden von einem lederartigen, tiefgeschlitzten, kurz behaarten Fruchtbecher eingeschlossen, dessen lange, lanzettförmige Abschnitte von parallelen Längsnerven gestreift sind.

Die Haselnüsse finden als Dessertobst, ferner in der Konditorei und Zuckerwarenfabrikation und zur Ölgewinnung Verwendung.

c) Paranüsse.

Paranüsse sind die 3,5—4,5 cm langen Fruchtkerne des zu den Myrtaceen gehörenden Juvianußbaums (Bertholletia excelsa Humboldt), eines über 30 m hohen Baumes, der in den Wäldern am Orinoko wild wächst und in ganz Südamerika kultiviert wird. Die Samen liegen ursprünglich zu 6—8 in der hartschaligen kopfgroßen Frucht und haben infolge ihrer gedrängten Lage eine dreiseitige Form mit zwei ebenen und einer gewölbten Fläche erhalten. Ihre holzige oder vielmehr lederartige braune, rauhe und quergerunzelte Schale umschließt einen Kern mit rostbrauner Oberhaut und dichtem, weißem, süß und ölig schmeckendem Fleisch.

Die auch als Brasilianische, Stein-, Juvia- oder Rahmnüsse, sowie Amazonenmandeln, Brasilianische oder Maranhonkastanien bezeichneten Kerne werden wie die Wal- und Haselnüsse verwertet.

d) Hickorynüsse.

Hickorynüsse, die echten Steinfrüchte des der Walnuß nahe verwandten, in Louisiana heimischen Hickory- oder Pekannußbaums (Carya olivaeformis oder alba Nuttal), werden wie die ganz ähnlichen Walnüsse benutzt.

e) Kastanien (Maronen).

Kastanien (Maronen) sind die süßlich-mehligen Schließfrüchte des edlen oder echten Kastanienbaumes (Castanea vesca Gaertn.), der aus dem wärmeren Asien stammt, aber seit alten Zeiten in Südeuropa heimisch ist. Die Früchte stecken einzeln oder zu zweien, seltener dreien in einer mit spitzen Dornen besetzten Becherhülle, die später vierklappig auseinandergeht und den Inhalt ausfallen läßt, werden aber schon früher gesammelt oder mit Stangen abgeschlagen, von den Hüllen durch Dreschen getrennt und an der Sonne getrocknet, zuweilen auch zur Zerstörung der Keimkraft abgebrüht. Die fettreichen, wohlschmeckenden Früchte werden roh oder geröstet, bei uns mehr als Dessertobst, im Süden, auch gekocht, als Volksnahrungsmittel genossen.

f) Mandeln.

Mandeln, die Kerne aus der echten Steinfrucht des Mandelbaums (Amygdalus communis L.), die in einer hartfleischigen, aufspringenden Fruchtschale die von der Steinschale umhüllten Samen enthält. Botanisch unterscheidet man meist die drei Arten: Bittermandel (Amygdalus var. amara), Süßmandel (Amygdalus var. dulcis), Krach- oder Knackmandel (Amygdalus var. fragilis), von denen die beiden ersteren ausgekernt, die letzteren in der leicht zerbrechlichen Schale in den Handel kommen. Die bitteren und süßen Mandeln sind in der Regel weder am Aussehen der Bäume, noch an der Form der Samen zu erkennen, unterscheiden sich aber durch den stark bitteren Geschmack der bitteren Mandeln, der durch ihren 2,4—5% betragenden Gehalt an Amygdalin hervorgerufen wird. Die süßen Mandeln (besonders die Krachmandeln) finden als Dessertfrucht sowie in der Bäckerei und Konditorei Anwendung und dienen außerdem zur Herstellung von Marzipan und anderen Zuckerwaren, Mandelöl und Mandelmilch. Die bitteren Mandeln werden in kleinen Mengen zur Hebung des Geschmacks als Zusatz zu Kuchen sowie zur Gewinnung des Öles, des Bittermandelöles und des Bittermandelwassers benutzt.

Die beste Handelsware kommt aus Malaga, danach aus Majorca, Alicante und Valencia in Spanien. Krachmandeln stammen aus Malaga. Frankreich liefert süße und bittere Provencermandeln von kürzerer, dickerer Form und mittlerer Güte (Ambrosiamandeln, Abalan), ferner Comtachemandeln, Languedocmandeln, Molarissen, Mollisse oder Sottole. Italien führt über Bari, Palermo und Messina die drei Sorten: Bischellia (Ia), Andrea (II) und Bari aus, ferner von Sizilien noch Avola (Ia), Masculi (II), Palma und Girgenti. Die berberischen Barbanisse werden wenig geschätzt, und auch die marokkanischen Mogadormandeln enthalten oft viel bittere Mandeln.

5. Kapselartige Früchte.

Von den hierhin gerechneten Früchten seien nur die Bananen besprochen, da die Gurken, Kürbisse, Melonen in der Regel als Gemüse angesprochen werden.

Bananen sind die Kapselfrüchte verschiedener Arten der Gattung Pisang (Musa paradisiaca L., sapientum L. und chinensis). Die in den ganzen Tropen verbreiteten und auch angebauten Pflanzen treiben aus ihren stets neu aufsprossenden Stämmen alljährlich im Durchschnitt 50—75 kg Früchte, die, oft bis zu 200, an einem gemeinschaftlichen Stiele (Fruchtkolben) hängen und mit diesem, in Schnelldampfern aufgehängt, versandt werden. Die Einzelfrüchte sind meist 10—15 cm lang, sichelförmig gekrümmt, zeigen drei stark hervortretende und drei schwächere Kanten und haben eine anfangs grüne, später gelb und braunfleckig werdende dicke Schale und ein mehliges süßes Fleisch, das einen deutlichen Geruch und Geschmack nach Essigsäureamylester besitzt. Die Bananen werden frisch und getrocknet als Tafelobst, unreif getrocknet auch zur Herstellung von Bananenstärke (Bananenmehl) benutzt. Der diätetische und Nährwert der Bananen wird meist überschätzt und steht bei Berücksichtigung des Preises und des hohen Abfallverlustes unserem heimischen Obste nach.

6. Südfrüchte.

Aus der ungeheuren, ständig wachsenden Zahl der sog. Südfrüchte seien hier, soweit sie nicht schon vorstehend berücksichtigt worden sind, nur die Citronen, Orangen, Ananas, Datteln und Feigen besprochen, während hinsichtlich der übrigen auf die Zusammenstellung S. 503 verwiesen werden muß.

a) Citronen (Limonen).

Citronen (Limonen) sind die Früchte des zu den Aurantieae gehörenden Citronenbaumes Citrus medica L., der aus Indien oder Medien stammend im ganzen Süden: Portugal, Spanien, Italien, den griechischen Inseln, Nordafrika und Südfrankreich, neuerdings auch Westindien angebaut wird und zahlreiche Spielarten gebildet hat. Von diesen sind besonders hervorzuheben:

1. **Echte Citrone** oder Cedrate (Citrus medica L.) mit ellipsoidisch geformten, meist höckerig-warzigen, gelben Früchten mit säuerlichem Safte.

2. **Limonen** oder Sauercitronen (Citrus limonum Risso) mit glatteren, dünnschaligen und sehr sauren Früchten.

3. **Limetten** oder Süßcitronen (Citrus limetta Risso) mit fast kugeligen Früchten von süßem, fadem oder bitterlichem Geschmack.

4. **Citronatcitronen** (Citrus medica macrocarpa) mit sehr großen, bis zu mehr als 2 kg schweren Früchten, deren dicke, schwammige Rinde zu Citronat verarbeitet wird.

5. **Bergamottencitronen,** Bergamotten (Citrus bergamea Risso) mit niedergedrückten, birnenförmigen oder wulstigen, an der Spitze genabelten, mittelgroßen Früchten mit glatter, dünner, blaßgelblicher Schale.

Die eigentlichen Citronen des Handels von Citrus limonum werden meist noch in folgende Untergruppen unterschieden:

Bignetten von Citrus l. Bignetta, kugelige Früchte mit stumpfen, zitzenförmigen Enden, dünner, ziemlich glatter, gelblicher Schale und saftreichem, sehr saurem Fleische, die den Transport am besten vertragen.

Perettenlimone von Citrus l. Peretta, birnenförmige Früchte mit blaßgelber, dünner, sehr aromatischer Schale.

Ponzien von Citrus l. Ponzinum, große, umgekehrt eiförmige, unten gerippte Früchte mit dicker Schale und schwach saurem Fleische.

Gerinnelte Limone von Citrus l. striata mit mehr oder weniger tief gefurchten Früchten mit dünner gelblicher Schale.

Gemeine Limone mit schwefelgelber dünner Schale und saurem Fleische.

Nach Mitteilung von W. LESKE[1] in Cossebaude und Messina liefert jeder der in Gartenkultur gezogenen Bäume vier Ernten, und zwar eine im Winter, drei im Sommer. Der Winterschnitt, der im November erfolgt, mit Nachernten bis in den Mai, ergibt die gehaltreichsten und haltbarsten „Edelcitronen". Die Sommerfrüchte zerfallen in die weißlichgelben Bianchelli-Citronen (Hauptschnitt April bis Mai, Nachernten bis Juli), die mehr grünlichen Verdellicitronen (Hauptschnitt Juli-August, Nachernten bis Oktober) und die kleinen rundlichen Bastardcitronen (Hauptschnitt September, Nachernten bis Dezember). Der Hauptschnitt, für den man die Früchte mit besonders reiner und glatter Schale auswählt, dient fast nur für die Ausfuhr. Diese Früchte werden der größeren Haltbarkeit wegen und weil sie auf der Fahrt noch nachreifen, grün von den Bäumen genommen und zum Versand, meist mit Papier umwickelt, in Kisten zu 400—700 Stück regelmäßig eingeschichtet. Für den Wintertransport in kälteren Gegenden packt man eine größere Zahl Kisten in Fässer und stopft die Zwischenräume mit warmhaltenden Stoffen aus. Die Citronen sind in trockenen kühlen Kellern zu lagern und häufiger durchzusehen, damit alle angegangenen und fleckig gewordenen Exemplare sogleich entfernt werden können. Zweckmäßig ist es unter Umständen auch, die Früchte einzeln, so daß sie sich nicht berühren können, in Kochsalz einzubetten, nachdem vorher die Anheftungsstelle des Stiels mit Paraffin überzogen worden ist.

Die Citronen (Limonen) werden in großen Mengen für die Zwecke des Haushalts, der Küche und der Konditoreien, zur Herstellung von Limonaden, Punsch usw. verbraucht. Der Industrie dienen sie zur Gewinnung von Citronensaft, Citronenmost, Citronade und Citronenöl. Die nicht zur Ausfuhr geeigneten Früchte werden an Ort und Stelle auf Citronensäure, Calciumcitrat und Citronenöl verarbeitet.

Die bitter schmeckenden Früchte des Pomeranzenbaumes (Citrus aurantium var. amara L.) dienen zur Herstellung von Pomeranzenöl, Likören (Curaçao) und Zuckerwaren.

b) Apfelsinen (Orangen Pomesinen, süße Pomeranzen, Sinaäpfel).

Apfelsinen (Orangen, Pomesinen, süße Pomeranzen, Sinaäpfel) sind die Früchte des Orangenbaumes (Citrus aurantium RISSO, Citrus sinensis PERS.), eines in China heimischen Baumes, dessen Kultur sich jetzt über zahlreiche warme Länder, besonders Italien, Spanien, Portugal, die Azoren, Westindien, das Kapland, Kalifornien usw. verbreitet hat.

Als verbreitete Formen werden angeführt:

[1] W. LESKE: Mercks Warenlexikon, 6. Aufl. Leipzig 1919.

1. **Citrus aurantium asperma** mit kleinen runden und glatten, kernlosen Früchten, mit rotem Fruchtfleisch, die schon lange vor der gelben Färbung der Schale genießbar sind.

2. **Citrus aur. balearica,** die kugelrunden, sehr süßen Apfelsinen von Mallorca und Minorca.

3. **Citrus aur. duplex** mit glatten, fast kegelförmigen Früchten.

4. **Citrus aur. genuensis,** Genueser Orange, mit kugelrunden, dunkelgelben, mittelgroßen Früchten.

5. **Citrus aur. hierochuntica,** die Jericho-Orange, mit kugelrunden Früchten, gelber Schale und rotem, sehr süßem Mark.

6. **Citrus aur. limoniformis,** mit länglichen bis birnenförmigen Früchten, dünner dunkelgelber Schale und gelbem Fleische.

7. **Citrus aur. nicensis** mit dicker gelber Schale und süßem Fleische.

8. **Citrus aur. melitensis,** mit rötlichgelber Schale und blutrotem Fleische, daher auch Blutorange genannt.

Die meist kugelrunden, oft etwas abgeplatteten Früchte sind von einer hell- bis orangegelben Schale umgeben, die das wohlriechende ätherische Orangenöl enthält. Darunter folgt eine weiße schwammige Schicht, die Pulpa, aus der ein weißer, krystallisierbarer Bitterstoff, das Hesperidin, abgeschieden worden ist, und schließlich das saftige Fruchtfleisch, das seinen säuerlich süßen Geschmack einem Gehalte an rund 1% Citronensäure und 5—6% Zucker verdankt. Mit zunehmender Reife wächst der Zuckergehalt und der süße Geschmack. Als Zeichen der Güte gilt dünne Schale und hohes Gewicht, doch gibt es auch eine sehr geschätzte kleine Sorte mit gelbroter Schale, die Mandarinen-Orangen (Citrus deliciosa Fenore) aus Cochinchina.

Die Orangen werden als Tafelobst, sowie zur Herstellung von Fruchtsaft (Orangeade) und, besonders in England, von Marmelade benutzt.

c) Pampelmusen (Pompelmusen, Agrumen).

Pampelmusen (Pompelmusen, Agrumen) sind die sehr großen Früchte von Citrus decumana L., die als Frischobst verbraucht werden.

d) Ananas.

Ananas, die aus zahlreichen, mit der Achse des Blütenstandes und unter einander verwachsenen Einzelfrüchten (Beeren) bestehende Scheinfrucht der Bromeliacee Ananassa sativa Lindl. oder Bromelia ananas L., die, im tropischen Amerika heimisch, dort und in anderen Tropenländern Asiens und Afrikas auf Feldern angebaut und auch bei uns in Treibhäusern gezogen wird. Als wichtigste Arten unterscheidet man: Königinananas mit kleinen, eirunden, innen weißen Früchten, Zuckerhutananas mit kegelförmigen Früchten von gelbem Fleische; Königsananas mit pyramidenförmigen Früchten von hellgrünem Fleische, Cayenneananas mit großen Früchten und glatten und stachligen Blättern; die violette und die bronzefarbige Jamaicaananas mit glatten Blättern; die gerippte Ananas (nervosa maxima); die Providenceananas u. a.

Die bis zu 4 kg schwer werdenden, mit einem Blätterschopfe gekrönten goldgelben Früchte werden wegen ihres wundervollen Aromas als Tafelobst, als Bowlenfrucht und zur Herstellung von Zucker- und Konditoreiwaren hoch geschätzt und sowohl im frischen Zustande als auch in Scheiben geschnitten (Sliced pines) oder geschnitzelt in Zucker eingemacht (in Brasilien Macachis genannt) besonders von Singapore sowie neuerdings Hawai aus versandt.

e) Datteln.

Datteln, die Steinfrüchte oder Beeren der Dattelpalme (Phoenix dactylifera L.), die in trockenen Ländern zwischen dem 19. und 35. Grade nördlicher Breite, besonders in Nordafrika mit Ägypten, Arabien, Syrien und Persien gedeiht und durch Kultur selbst in der Wüste weit verbreitet ist. Die bis 20 m hohe Palme, die vom 30.—100. Jahre reiche Ernten liefert, bringt oft 15 bis 20 Traubenbüschel hervor, deren jedes mehrere hundert Früchte enthalten kann. Bevor die Datteln im August völlig reif (teigig) werden und abfallen, pflückt man sie, benutzt die halbreifen zum sofortigen Genuß und läßt die unreifen auf Palmblättern an der Sonne nachreifen. Die walzenförmigen, pflaumengroßen Früchte enthalten in gelber bis rotbrauner Fruchthaut ein süßes klebriges Fleisch und einen 2,5—3 cm langen, länglichrunden Samen (Kern). Sie bilden die wichtigste Nahrung der Eingeborenen, halten sich aber wegen des Angriffs durch Milben und andere Parasiten nicht lange und müssen daher zur Verproviantierung der Karawanen und zur Ausfuhr nach Europa sorgfältig getrocknet werden. Besonders beliebt sind die großen braunroten ägyptischen (Alexandriner) Datteln, die tunesischen Königsdatteln und die arabischen Adschedatteln, während die kleineren hellgelben Berberdatteln aus Tunis weniger geschätzt werden. Die auf den indischen Bazaren verkauften Datteln von Phoenix acaulis, humilis und silvestris stehen den afrikanischen weit nach. Die Einfuhr erfolgt über Triest, Venedig, Marseille und London meist in Kisten, Fässern oder Matten von 50 kg Bruttogewicht, diejenige der feineren Sorten mehr in Schachteln.

f) Feigen.

Feigen sind die Scheinfrüchte des seit uralten Zeiten in den Mittelmeerländern angebauten Feigenbaumes (Ficus carica L.), der zu den Moraceen gehört und in den Tropen gegen 100 Verwandte hat. Aus den in den Blattwinkeln versteckten Blüten des nur mäßig hohen Baumes entwickeln sich die Scheinfrüchte, die aus dem fleischig gewordenen Blütenboden bestehen und im Innern die zahlreichen kleinen gelben Früchte, fälschlich Samen genannt, bergen. Die Feigen sind im Jugendzustande grün und mit einem scharf schmeckenden Milchsafte erfüllt, werden aber später bräunlich-violett, saftig und süß und erreichen eine Länge bis zu 7 cm bei 4,5 cm Dicke. Obwohl der Baum ständig einzelne Früchte trägt, unterscheidet man doch zwei Haupttriebe, zu denen man die im Juni reifenden Sommerfeigen und die allein zum Versand geeigneten Herbstfeigen erntet. Die letzteren werden an schattigen Orten so ausgebreitet, daß sie sich nicht berühren, auch wohl neuerdings mit Ofenwärme getrocknet. Der dabei entstehende weißliche Überzug von auskrystallisierendem Fruchtzucker wird bisweilen durch Bestäuben mit Kastanienmehl nachgemacht. Als wertvollste gelten die großen, süßen Smyrnafeigen in runden mit Lorbeerblättern ausgelegten runden Schachteln. Die kleinen griechischen, dickschaligen kommen als Kranzfeigen, italienische in Körbe eingelegt (Korbfeigen), Triester (Dalmatiner) in Fässern zu uns. Die feineren Sorten werden als Dessertobst, die geringeren zur Herstellung von Feigenkaffee, Feigenwein usw. benutzt.

III. Chemische Zusammensetzung des Obstes.

Abgesehen von den sog. Schalenfrüchten sind alle Obstarten, besonders diejenigen des saftigen Kern-, Beeren- und Steinobstes sowie der Südfrüchte durch einen hohen Wassergehalt ausgezeichnet, neben dem vorwiegend Zucker, organische Säuren und Pektinstoffe, sowie etwas Eiweiß, Gummi, Schleim und geringe Mengen der für den diätetischen und Genußwert besonders wichtigen Mineralsalze, Aromastoffe, Enzyme und Vitamine vorhanden sind. Die vor dem Genusse in der Regel entfernten Steine und die Schalen enthalten außerdem wechselnde Mengen von Cellulose, Pentosanen und Cutin, die Kerne höhere Mengen von Eiweiß und Fett, sowie bisweilen Amygdalin. Zu den einzelnen Bestandteilen möge folgendes angeführt werden.

1. Wasser.

Der Wassergehalt der frischen saftigen Obstarten schwankt innerhalb weiter Grenzen, zwischen 70 und 90%, liegt aber meist näher an 80% als an den äußeren Grenzwerten. Die zum Schalenobst gerechneten Samenkerne der Nüsse und Mandeln enthalten demgegenüber im frischen baumreifen Zustande nur 20—30%, im getrockneten Zustande, wie sie meist in den Handel kommen, 5—10% Wasser.

2. Stickstoffsubstanz.

Der meist nur recht geringe Gehalt an Stickstoffsubstanz (0,44—1,91% der frischen, 2,5—8,0% der Trockenmasse) entfällt nach den Untersuchungen von K. WINDISCH und BOEHM[1] im Gegensatze zu der früheren Annahme, nur zum kleinen Teile (0—0,007% N) auf koagulierbares Eiweiß. Auch der Gehalt an Reineiweiß nach STUTZER (0,004—0,013% N), sowie an alkoholfällbarem Stickstoff (0,008—0,018% N) ist nur gering. Dafür ist der Gehalt an Amidstickstoff und an Ammoniakstickstoff, besonders in den Traubensäften verhältnismäßig hoch (von 0,085—0,148% Gesamt-N 0,013—0,018% Amid-N und 0,015—0,022% Ammoniak-N). Den Traubensäften ähneln die schwarzen Johannisbeeren, während die Heidelbeeren und Preißelbeeren nur 0,002% Amidstickstoff und 0,002—0,003% Ammoniakstickstoff enthalten.

Im Gegensatz zu diesen Angaben, die sich allerdings auf Obstsäfte beziehen, fand K. SUZEN[2] den Gehalt an Reineiweiß zu 32—99% des Gesamtstickstoffs, und nach anderen Autoren soll das Reineiweiß etwa zur Hälfte aus Albumin bestehen. Von SMITH[3] wurde in der Orange ein Protein entdeckt, das in Wasser, Salzlösungen und Alkohol unlöslich, in verdünnter Natronlauge aber löslich ist und aus dieser Lösung bei $p_H = 4,7$ durch Essigsäure gefällt wird. Nach CASIMIR FUNK[4] sind im Citronensaft drei besondere Stickstoffverbindungen vorhanden, von denen je eine zur Purin-, Pyrimidin- und Cholingruppe gehört. Der Gehalt an Purinstickstoff wird zu 0,05 mg (Weintraube) bis 1,63 mg (Kastanie) in 100 g angegeben.

Die höchsten Gehalte an Gesamtstickstoff weisen die Beerenfrüchte (0,10 bis 0,33%), geringere die Steinobstsorten (0,07—0,21%), die niedrigsten die Kernobstfrüchte (0,03—0,13%) auf.

Eine Sonderstellung nehmen naturgemäß die Schalenfrüchte ein, die als Samen neben viel Fett auch erhebliche Mengen Stickstoffsubstanz (15—20% in Nüssen, 22—35% in Mandeln) hauptsächlich in Form von Aleuron enthalten.

3. Fett.

In dem Fruchtfleische der saftigen Obstfrüchte sind nur geringe Spuren ätherlöslicher Stoffe vorhanden, die überdies der Hauptsache nach zu den wachs- oder harzartigen Körpern, in geringerem Maße auch zu den Phosphatiden gehören. Nach Untersuchungen von B. REWALD und A. SCHWIEGER[5] enthalten Äpfel im Fruchtfleische 0,0092%, in der Schale 0,0011%, Birnen 0,0120 bzw.

[1] K. WINDISCH u. BOEHM: Z. 1904, 8, 347. [2] K. SUZEN: Diss. Frankfurt a. M. 1924.
[3] SMITH: Journ. Biol. Chem. 1925, **63**, 71; C. 1925, **96**, 2223.
[4] CASIMIR FUNK: Biochem. Journ. 1913, **7**, 81; C. 1913, **2**, 1155.
[5] B. REWALD u. A. SCHWIEGER: Biochem. Zeitschr. 1933, **257**, 289; Z. 1936, **71**, 370.

0,0300%, Pflaumen 0,017 (0,066)%, Pfirsiche 0,030 (0,040)% Phosphatide. Erheblich ist der Gehalt in den Kernen und beträgt z. B. bei Pflaumenkernen 0,41%, bei Pfirsichkernen 0,21%.

Im Gegensatz zu dem geringen Fettgehalt der saftigen Obstfrüchte (0,10 bis 0,35% des Fruchtfleisches, 0,50—1,60% der Schalen) enthalten die Kerne und die Schalenfrüchte zum Teil erhebliche Mengen charakteristischer Fette (Pflaumenkerne 33,65%, Pfirsichkerne 26,08%, Kastanien 7%, Mandeln und Nüsse 53—67%). Die Kennzahlen der letzteren sind im Bd. IV, angegeben worden.

4. Zucker.

Zucker bildet den Hauptbestandteil der Trockensubstanz in den meisten saftigen Früchten. Der Gehalt an Gesamtzucker schwankt innerhalb weiter Grenzen, die von der Art des Obstes, dem Reifungsgrade, dem Klima und zahlreichen anderen, auf S. 503 f. besprochenen Umständen bestimmt werden. In den bis jetzt veröffentlichten Analysen sind folgende Grenzwerte aufgeführt: Weintrauben 9,28—18,63 (Mittel 14,36%); andere Beerenfrüchte 2,85—14,11%; Steinobst 2,79—13,87%; Kernobst 7,22—17,39%.

Der größte Teil des Gesamtzuckers entfällt auf reduzierende Zuckerarten (Monosen), die in einigen Obstarten im Verhältnis des Invertzuckers (1 Mol. Glucose : 1 Mol. Fructose) vorhanden sind, während in den Äpfeln und Birnen in der Regel die Fructose, in den Steinobstfrüchten hingegen meist die Glucose überwiegt.

Saccharose tritt zwar in den meisten Früchten zurück und ist bisweilen auch gar nicht vorhanden, erreicht aber bei einigen Sorten wohl eine beträchtliche Höhe. Während der Saccharosegehalt bei den meisten Beerenfrüchten, mit Ausnahme der schwarzen Johannisbeere (2,5%), meist gering ist und unter 1% liegt (0—0,83%), kann er bei Äpfeln eine beträchtliche Höhe (1—6%) erreichen und bei Steinobst, besonders Aprikosen (1,39—5,36%) und Pfirsichen (4,97—7,19%) den Hauptteil des Gesamtzuckers ausmachen. Der Saccharosegehalt der Äpfel ist beim Nachweise eines Zuckerzusatzes zu Apfelsüßmost wohl zu beachten. Ananas enthält zur Reifezeit nur Saccharose (12—15%).

5. Pektine.

Mit dem Namen Pektin bezeichnet man eine Reihe im Pflanzenreiche weit verbreiteter Stoffe schleimartiger Natur, die unter bestimmten Voraussetzungen die Fähigkeit haben, Gallerten zu bilden, und die in der Natur vor allem als Bestandteile der Zellwände die Bestimmung zu haben scheinen, die Zellen miteinander zu verkitten. Die Pektinstoffe spielen eine wichtige Rolle bei der Herstellung von Marmeladen, Gelees und anderen Obsterzeugnissen und werden hierfür in steigendem Maße fabrikmäßig gewonnen. Von den chemischen Eigenschaften, die in Bd. I, S. 456 und Bd. II, S. 947 des Handbuchs besprochen worden sind, sei hier nur angeführt, daß sie Galakturonsäure und Methoxylgruppen enthalten und Calciumsalze bilden, weil hierauf die später mitgeteilten Methoden zur quantitativen Bestimmung des Pektins beruhen.

Von neueren Arbeiten über die Struktur der Pektinstoffe seien hier nur diejenigen von M. H. Carré[1] und von F. Ehrlich[2] erwähnt. Der erstere unterscheidet: 1. Pektosen, die in unlöslicher Form neben Cellulose in den Zellwänden vorhanden sind; 2. Pektin, eine in Wasser lösliche, beim Reifen aus den Pektosen entstehende Verbindung mit 8 Methylestergruppen; 3. Pektinige Säure, die bei Überreife aus Pektosen und Pektin entsteht; 4. Pektinin, durch Abspaltung von Methoxylgruppen aus Pektin und Pektiniger Säure. Unter der Mitwirkung von Enzymen (Pektinase) nehmen während der Reife die löslichen Pektinstoffe zu, während bei der Überreife Spaltung und Abnahme auftritt.

[1] M. H. Carré: Ann. of Botany 1925, **39**, 811; Z. 1930, **60**, 349.

[2] F. Ehrlich: Zeitschr. angew. Chem. 1927, **40**, 1305; Z. 1930, **60**, 349. — Biochem. Zeitschr. 1932, **251**, 204; Z. 1936, **71**, 454.

F. EHRLICH bezeichnet als Hauptbestandteile des Pektinmoleküls die d-Galakturonsäure (Tetragalakturonsäure = Pektolase), daneben Arabinose, Methylalkohol, Galaktose, Xylose, Essigsäure. Das durch Auskochen mit Wasser erhältliche Pektin („Hydropektin") ist schon ein Abbauprodukt und enthält Arabinose, sowie Ca-Mg-Salze der Pektinsäure.

Hinsichtlich des Gehaltes der einzelnen Obstarten an Pektinstoffen liegen nur wenige Angaben vor, die noch dazu stark auseinandergehen. Während J. KÖNIG (Bd. I, S. 820f.) auf Grund älterer Analysen folgende Mittelwerte angibt: Äpfel 3,18%, Birnen 3,79%, Süßkirschen 1,70%, Zwetschen 4,19%, Johannisbeeren 1,47%, Stachelbeeren 1,13% und Himbeeren 1,45%, fanden K. WINDISCH und BOEHM[1] in 100 ccm Fruchtsaft von schwarzen Johannisbeeren 0,657, Stachelbeeren 0,652, Pfirsichen 0,445, roten Johannisbeeren 0,436, Heidelbeeren 0,429, Preißelbeeren 0,388, Morellen 0,332, Quitten 0,332, Maulbeeren 0,242, Schlehen 0,201, Mispeln 0,189, Weintrauben 0,152—0,116[2], Sauerkirschen 0,09 g.

A. BEYTHIEN[3] gibt den Pektingehalt der Erdbeeren zu 0,59—0,70, Mittel 0,63%, denjenigen der Himbeeren zu 1,20—1,36, Mittel 1,29% an.

Die wechselnden Befunde dürften, abgesehen von der früheren unzulänglichen Methodik, auf die geringe Haltbarkeit der Pektinstoffe, die durch längere Lagerung, besonders in der Wärme, und beim Vergären zerstört werden oder doch die ihren Nachweis ermöglichenden Eigenschaften verlieren, zurückzuführen sein.

Zur technischen Gewinnung der in der Obstverwertungsindustrie viel benutzten Pektinpräparate geht man in Deutschland meist von Apfeltrestern aus, deren wäßrige Auszüge im Vakuum eingedickt werden, während in Amerika nach einer Mitteilung von W. WEGENER[4] Citrustrockenpektin auf kostspieligem Wege durch Fällung mit Alkohol hergestellt wird. Durch ein neues Reinigungs-, Extraktions- und Konzentrationsverfahren ist es WEGENER angeblich gelungen, aus Citrusabfällen haltbares, gelierkräftiges Pektin zu erhalten, von dem schon 600 g für 100 kg Marmelade genügen.

Nach A. G. NORMAN[5] hat das lösliche Pektin, wie es im Citronensafte vorkommt, einen Methoxylgehalt von 11,48%, entsprechend einer tetramethoxylierten, also praktisch völlig veresterten Pektinsäure.

H. v. LOESECKE[6] endlich erhielt aus Bananenschalen ein Präparat mit 78,2% Pektin, als Calciumpektat, und einer Methoxylzahl 8,2%, aber von geringer Gelierkraft.

Nach A. MEHLITZ[7] scheint die Calciumpektatmenge im alkoholgefällten Trockenpektin für die Asbtammung des Pektins kennzeichnend zu sein. Apfelpektin lieferte z. B. 60—70%, Citruspektin hingegen 90—95% Calciumpektat.

Essigsäure ist nur im Rübenpektin (11—12%) und im Flachspektin (8,6%), nicht aber im Citronen-, Apfel- und Tomatenpektin nachgewiesen worden.

Bei Rübenpektin soll das Pektin mit Araban, bei Citruspektin mit Cellulose bzw. Hemicellulose verbunden sein.

6. Andere Kohlenhydrate.

Die unreifen Obstfrüchte enthalten in der Regel Stärke, die aber mit fortschreitender Reife abnimmt und schließlich meist ganz verschwindet. Entgegen der herrschenden Auffassung hat C. GRIEBEL[8] in reifen Haselnüssen neben Aleuron regelmäßig sehr kleine Stärkekörner aufgefunden.

[1] K. WINDISCH u. BOEHM: Z. 1904, 8, 347.

[2] G. MARSH u. G. A. PITTMAN: Fruit Products Journ. Amer. Vinegar Ind. 1930, **9**, 187, fanden 0,087—0,279 g Pektin.

[3] A. BEYTHIEN: Z. 1903, **6**, 114; 1904, **8**, 547.

[4] W. WEGENER: Chem.-Ztg. 1931, **55**, 473.

[5] A. G. NORMAN: Biochem. Journ. 1928, **22**, 749; Z. 1934, **67**, 344.

[6] H. v. LOESECKE: Fruit Products Journ. Amer. Vinegar Ind. **8**, Nr. 6.

[7] A. MEHLITZ: Konserven-Ind. 1930, **17**, 624; Z. 1936, **71**, 371.

[8] C. GRIEBEL: Z. 1927, **54**, 477.

Cellulose und Pentosane sind als Bestandteile der Zellwände sowohl im Fruchtmark, wie vor allem in den Schalen, Steinen und Kernen regelmäßig vorhanden. Der Gehalt an Rohfaser, durch den sie im allgemeinen ausgedrückt werden, zeigt je nach der Art und Beschaffenheit der Früchte große Abweichungen und ist bei den meist mit den Kernen analysierten Beerenfrüchten höher als bei den von Kernen und Steinen befreiten Obstarten. Er beträgt nach E. HOTTER[1] bei Johannisbeeren 3,12—4,57%, bei Stachelbeeren 2,06—3,46%, bei Erdbeeren 3,46—4,55%, bei Himbeeren 3,44—9,38%, bei Brombeeren 3,60—4,31%, bei Heidelbeeren 1,29—3,42%, bei Preißelbeeren 1,49—2,14%, bei Kirschen 0,23 bis 0,37%, bei Aprikosen 0,65—0,92%, bei Pfirsichen 0,80—1,02%, bei Pflaumen 0,42—0,76%, bei Äpfeln 0,86—1,87%, bei Birnen 1,30—4,13%.

Einige weitere Analysen sind in der Tabelle am Ende dieses Abschnittes mitgeteilt. Die Cellulose des Obstes ist im Gegensatze zu vielen anderen Pflanzencellulosen nach RUBNER größtenteils verdaulich.

Sorbit, der bekannte zweiatomige Alkohol mit sechsgliedriger Kohlenstoffkette (Hexit), $CH_2 \cdot OH \cdot (CH \cdot OH)_4 \cdot CH_2 \cdot OH$, der zuerst von BOUSSINGAULT aus Vogelbeeren abgeschieden wurde, bildet einen regelmäßigen Bestandteil zahlreicher Obstfrüchte, namentlich der Pomaceen (Äpfel, Birnen, Mispeln) sowie der aus diesen hergestellten Obstweine. Der Sorbitgehalt der Obstweine ist von BARAGIOLA zu 2,5—9,3 g, von F. v. FELLENBERG zu 2,8—13,1 g in 1 Liter geschätzt worden. Da Sorbit nach allen bisherigen Untersuchungen im Traubensafte nicht vorkommt, hat J. WERDER[2] auf ihn sein ausgezeichnetes Verfahren zum Nachweis von Obstwein in Wein aufgebaut. Ob dasselbe auch für die Untersuchung von Marmeladen und ähnlichen Obsterzeugnissen herangezogen werden kann, bedarf noch weiterer Feststellung, ist aber wahrscheinlich schon jetzt zu bejahen.

Nachdem bereits von C. F. MUTTELET[3] nachgewiesen worden war, daß außer den Pomaceenfrüchten auch Kirschen Sorbit enthalten (0,29% in Kirschsaft), daß hingegen Johannisbeeren und Erdbeeren sorbitfrei sind, hat G. REIF[4] eine große Zahl von Obstarten mit Hilfe seiner später beschriebenen Methode (S. 607) auf Sorbit untersucht. Als sorbitfrei bezeichnet er: Weintrauben, Johannisbeeren, Preißelbeeren, Stachelbeeren, Erdbeeren, Apfelsinen, Mandarinen, Citronen, Bananen, Ananas, Feigen und Hagebutten (sowie Rhabarber, Tomaten und Möhren), als sorbithaltig Äpfel (0,4—1,6%, berechnet als Benzalsorbit), Birnen (0,8—6,0% Benzalsorbit), Quitten (1,2—1,9% Benzalsorbit), Kirschen (3,7—7,5% Benzalsorbit), Mirabellen, Reineclauden, Pflaumen (2,5—3,0%), Pfirsiche (1,0%), Aprikosen (0,72—0,80%). Auch Rosinen, Korinthen und Datteln enthalten Sorbit. Die großen Schwankungen der Werte, die sich auf Obstsäfte beziehen, werden durch den Reifungsgrad bedingt.

7. Säuren.

Von organischen Säuren sind vorwiegend Äpfelsäure, Citronensäure und Weinsäure neben geringen Mengen einiger anderer Säuren vorhanden, von denen einige Autoren noch hin und wieder Bernsteinsäure, Milchsäure, Oxalsäure, Essigsäure, Chinasäure, Salicylsäure, Benzoesäure und Gerbsäure angegeben haben.

Äpfelsäure bildet die einzige oder doch weit überwiegende Säure der Äpfel und herrscht neben der Citronensäure auch in den Kirschen, Pflaumen und Aprikosen, neben Weinsäure in den Weintrauben vor. Keine Äpfelsäure

[1] E. HOTTER: Mitt. landw. chem. Vers.-Station Graz 1906.
[2] J. WERDER: Z. 1929, **58**, 123.
[3] C. F. MUTTELET: Ann. Falsif. 1930, **23**, 602; Z. 1936, **71**, 372.
[4] G. REIF: Z. 1934, **68**, 179.

soll nach KURZ und ADAM[1] in Pfirsichen, Erdbeeren, Holunderbeeren, Johannisbeeren, Preißelbeeren, Himbeeren enthalten sein, doch stehen dem einige neuere Befunde entgegen.

Citronensäure ist neben Äpfelsäure die vorherrschende Säure der Heidelbeeren, Preißelbeeren, Moosbeeren, Himbeeren, Erdbeeren, Brombeeren, neben Essigsäure der Feigen. Granatäpfel sollen nach NELSON nur Citronensäure enthalten. Geringe Mengen finden sich meist auch in den Weintrauben.

Weinsäure findet sich neben Äpfelsäure in den Weintrauben, und zwar nach Angaben von NELSON[2] in Menge von etwa 40% der Gesamtsäure, während F. SEILER[3] den Anteil der Weinsäure in frischen 1932er Traubenmosten von der Mosel zu 36,7—83,3% der Gesamtsäure bestimmte. Nahezu ausschließlich aus Weinsäure (96,7%) besteht der Säuregehalt der Tamarinden. Hinsichtlich der übrigen Obstarten gehen die Angaben auseinander. Während C. F. MUTTELET[4] Johannisbeeren, Himbeeren, Cassis (schwarze Johannisbeeren), Heidelbeeren, Erdbeeren, Äpfel, Birnen, Reineclauden, Pflaumen, Zwetschen, Aprikosen und Pfirsiche als frei von Weinsäure bezeichnet, gibt K. WINDISCH[5] in einigen Beerenfrüchten geringe Mengen Weinsäure (rote Johannisbeeren 0,041 g, Stachelbeeren 0,041 g, Preißelbeeren 0,056 g, für 100 ccm Most) an.

Zu berücksichtigen ist, daß der Gehalt an den drei Säuren infolge des besonders bei der Gärung eintretenden Säureabbaues eine Abnahme erfährt. Er beruht neben der Ausscheidung des Weinsteins nach WINDISCH-SCHMIDT[6] u. a. hauptsächlich auf dem Zerfall der Äpfelsäure in Kohlensäure und Milchsäure und tritt daher hauptsächlich bei Trauben- und Kernobstsaft, weniger bei Beerenmosten auf. Daneben wird allerdings auch eine Zerlegung der Citronensäure in Essigsäure, Kohlensäure und Alkohol beobachtet.

Tabelle 1. Gehalt des Obstes an organischen Säuren.

Obstart	l-Äpfelsäure %	Citronensäure %	d-Weinsäure %
Äpfel I	100	0	0
Äpfel II	69,6	25,0	0
Birnen	33,3	66,7	0
Kirschen	83,3	1,4	0
Aprikosen	71,4	28,6	0
Weintrauben	60,0	Spur	40,0
Moosbeeren	20,0	80,0	0
Heidelbeeren I	18,7	72,4	0
Heidelbeeren II	6,2	93,8	0
Erdbeeren	10,0	90,0	0
Longanbeeren	4,0	96,0	0
Himbeeren	3,0	97,0	0
Preißelbeeren	0	97,2	2,8
Stachelbeeren	0	97,9	2,1
Rote Johannisbeeren	0	98,4	1,6
Granatäpfel	0	100,0	0
Feigen	Spur	93,0	0
Ananas	13,0	87,0	0
Citronen	wenig	viel	—
(Tamarinden	2,34	0,04	96,67)

Der Gesamtsäuregehalt der Obstfrüchte wird in einer Tabelle am Ende dieses Abschnittes (S. 539) angeführt werden. Für die Verteilung der wichtigsten drei organischen Säuren auf je 100 g Gesamtsäure lassen sich den Analysen von C. K. NELSON[7], H. FRANZEN[8] und F. HELWERT, K. KAISER[9] u. a. vorstehende Werte entnehmen (Tabelle 1).

[1] KURZ u. ADAM: Zeitschr. allg. österr. Apoth.-Verein 1906, **44**, Nr. 18; **Z.** 1906, **12**, 670. Vgl. KRZIZAN: Zeitschr. öffentl. Chem. 1906, **12**, 342; **Z.** 1906, **11**, 207. — J. KÖNIG: Chemie der menschlichen Nahrungs- und Genußmittel, Nachtrag B zu Bd. I, S. 485.

[2] NELSON: Journ. Amer. Chem. Soc. 1925, **47**, 1177; **Z.** 1926, **51**, 243.

[3] F. SEILER: **Z.** 1933, **66**, 609.

[4] C. F. MUTTELET: Ann. Falsif. 1924, **17**, 454; **Z.** 1931, **61**, 231.

[5] K. WINDISCH: **Z.** 1904, **8**, 347. [6] WINDISCH-SCHMIDT: **Z.** 1909, **17**, 584.

[7] C. K. NELSON: Journ. Amer. Chem. Soc. 1924, **46**, 506; 1925, **47**, 1177; 1927, **49**, 1300; 1928, **50**, 2012; **Z.** 1925, **49**, 391; 1926, **51**, 243; 1929, **58**, 655; 1931, **63**, 234.

[8] H. FRANZEN u. F. HELWERT: Zeitschr. physiol. Chem. 1922, **122**, 46; 1923, **127**, 14; **Z.** 1924, **48**, 462. [9] K. KAISER: Chem.-Ztg. 1924, **48**, 700; **Z.** 1925, **49**, 391.

Bei denjenigen Analysen, die nicht die Summe von 100 ergeben, sind noch geringe Mengen der folgenden organischen Säuren zugegen:

Bernsteinsäure ist von NELSON in Äpfeln (4,22% der Gesamtsäure), Kirschen (4,7%), Heidelbeeren (4,87%), Tamarinden (0,16%), Milchsäure in Äpfeln (1,18%), Kirschen (9,3%), Heidelbeeren (0,81%), Tamarinden (0,007%) bestimmt worden. Auch findet sie sich regelmäßig als Zerfallsprodukt der Äpfelsäure im Wein.

Oxalsäure soll in Menge von 1,2% in Heidelbeeren sowie spurenweise in Kirschen (0,1%), Tamarinden (0,02%) und Äpfeln (0,001% der Gesamtsäure), eine nicht näher charakterisierte ungesättigte Säure in Kirschen (1,25%), Heidelbeeren (0,40%), Tamarinden (0,75%) und Äpfeln (Spur) vorkommen.

Der auffallende Befund NELSONs, daß in 100 g Feigen 0,026 g, in faulenden Feigen 0,056 g Essigsäure vorhanden war, ist vielleicht auf Zersetzung zurückzuführen.

Chinasäure, die schon 1924 von KAISER in Heidelbeeren (2,68% der Gesamtsäure) aufgefunden worden war, soll nach neueren Untersuchungen von A. LEBEDOW und E. LINDQUIST[1] etwa die Hälfte der Gesamtsäure der Moosbeere ausmachen.

Für den Nachweis von Konservierungsmitteln ist von Bedeutung, daß Salicylsäure und Benzoesäure natürliche Bestandteile von Obstarten sind.

Salicylsäure ist von WINDISCH[2], UTZ[3], TRAPHAGEN und BURKE[4] in Johannisbeeren (0,57 mg in 1 kg), Kirschen (0,4 mg), Pflaumen (0,28 mg), Weintrauben (0,32 mg), Himbeeren, Erdbeeren, Brombeeren, Aprikosen, Pfirsichen, Äpfeln, Apfelsinen, Benzoesäure in Heidelbeeren und Preißelbeeren (0,09 bis 0,22%), von C. GRIEBEL[5] auch in Moosbeeren (0,02—0,06%), teilweise in glucosidischer Bindung (Vacciniin) entdeckt worden.

Spurenweise findet sich Ameisensäure in Himbeeren und Blausäure in den Samen der Kern- und Steinfrüchte.

8. Gerbstoff.

Wie es scheint, enthalten alle Obstarten Gerbstoffe, doch liegen über deren Zusammensetzung und Menge, abgesehen von den näher studierten Verhältnissen der Weintrauben und des Weines nur wenige Untersuchungen vor. Von K. WINDISCH und SCHMIDT[6] sind in 100 ccm Obstsäften folgende Mengen Gerbstoff bestimmt worden:

Rote Himbeeren	0,075—0,104 g	Preißelbeeren	0,108—0,366 g
Schwarze Himbeeren	0,141 g	Brombeeren	0,126 g
Rote Johannisbeeren	0,058—0,130 g	Maulbeeren	0,073—0,116 g
Schwarze Johannisbeeren	0,119—0,142 g	Pfirsiche	0,122 g
Sauerkirschen	0,133—0,228 g	Äpfel	0,073—0,302 g
Süße Kirschen	0,088 g	Birnen	0,054—0,252 g
Erdbeeren	0,127—0,133 g	Quitten	0,126—0,462 g
Heidelbeeren	0,093—0,203 g	Mispeln	0,293—0,872 g
Stachelbeeren	0,020—0,092 g	Pflaumen	0,052—0,200 g

Der Gerbstoff findet sich als kondensierte Verbindung der Katechingruppe besonders reichlich in einigen Pomaceenfrüchten, wie Quitten, Mispeln, Speierlingen, in Form besonderer Zellen „Gerbstoffidioblasten“ und geht später beim Teigigwerden unter Mitwirkung von Acetaldehyd in eine unlösliche Form

[1] A. LEBEDOW u. E. LINDQUIST: Z. 1933, **65**, 476. [2] WINDISCH: Z. 1903, **61**, 452.
[3] UTZ: Österr. Chem.-Ztg. 1903, **6**, 385; Z. 1905, **9**, 48.
[4] TRAPHAGEN u. BURKE: The canned and dried Fruit Packer 1904; Pharm. Zentralh. 1904, **45**, 892.
[5] C. GRIEBEL: Z. 1910, **19**, 241. [6] K. WINDISCH u. SCHMIDT: Z. 1909, **17**, 584.

(„Inclusen") über. Die näheren Verhältnisse dieser Umwandlung sind im Abschnitt: „Veränderungen während des Nachreifens" auf S. 540 besprochen worden.

Nach der Zusammenstellung von C. WEHMER, W. THIES und M. HADDERS[1] ist von Gallotanninen das Vacciniin (6-Monobenzoyl-glucose) $C_{13}H_{16}O_7$ in Preißelbeeren, Kran- und Moosbeeren nachgewiesen worden; als Spaltprodukt von Ellagengerbstoffen die Ellagsäure (Tetraoxy-diphenyl-dimethylolid) $C_{14}H_6O_8$ in der Samenschale der Walnuß und der Fruchtschale des Granatapfels; Protocatechusäure (3,4-Dioxybenzoesäure) als Tanninderivat in den Beerenschalen der Weintraube und Gallussäure (Trioxybenzoesäure) neben Ellagsäure in den Walnußschalen.

9. Aromastoffe.

Der Geruch und Geschmack der Obstfrüchte beruht auf der Anwesenheit ätherischer Öle und verschiedener Ester, von denen namentlich die Methyl-, Äthyl-, Amyl- und Isoamylester mehrerer organischer Säuren festgestellt worden sind. In der Ananas ist Buttersäureäthylester, in der Banane Isovaleriansäure-Isoamylester, im Citronensafte Äthylcitronensäure $(C_6H_7O_7 \cdot C_2H_5)$ nachgewiesen worden.

In Pfirsichen fanden F. B. POWER und V. K. CHESMUT[2] neben vorherrschenden Linaloolestern der Ameisen-, Essig-, Valerian- und Caprylsäure erhebliche Gehalte an Acetaldehyd, ferner geringe Mengen eines höhermolekularen Aldehyds und eines ätherischen Öls (0,0007%), das beim Abkühlen Kryställchen eines bei 52° schmelzenden Paraffinkohlenwasserstoffs abschied und einen überaus starken aromatischen Geruch nach Pfirsichen besaß. Blausäure und Benzaldehyd, die regelmäßigen Bestandteile der Pfirsichkerne, fanden sich im Fruchtfleische nicht vor.

In Apfelsinensaft sind nach J. A. HALL und C. P. WILSON[3] mehrere vom Schalenaroma verschiedene Riechstoffe enthalten, und zwar von in Wasser leicht löslichen Acetaldehyd, Aceton und Ester des Äthylakohols und der Ameisensäure, von in Wasser wenig löslichen Ameisensäure-, Essigsäure- und Caprylsäureester des Olefinalkohols $(C_{10}H_{18}O)$, des Isoamylalkohols und des Phenyläthylalkohols, daneben Spuren von Geraniol und Terpineol.

Citronenschalenöl besteht nach WALLACH[4] zu etwa 90% aus Kohlenwasserstoffen (d-Limonen, Phellandren, l-Camphen), einem Sesquiterpen und etwas Pinen, und enthält daneben noch etwa 7% Aldehyde (Citral, Citronellal, Octyl- und Nonylalkohol) sowie geringe Mengen Methylheptenon, Terpineol, Linalylacetat, Geranylacetat und Citropten (Citronencampher).

Orangenschalenöl enthält nach WALLACH[5] neben mindestens 90% d-Limonen $(C_{10}H_{16})$ Citral und Citronellal, hingegen kein Pinen. Nach PARRY[6] und SCHIMMEL u. Co.[7] ist auch Anthranilsäuremethylester zugegen. Den letzteren Methylester der o-Aminobenzoesäure $(C_6H_4 \cdot NH_2 \cdot COOCH_3)$ erhielt POWER[8] auch aus Trauben- und anderen Obstsäften.

[1] C. WEHMER, W. THIES u. M. HADDERS: Handbuch der Pflanzenanalyse von G. KLEIN. S. 408 u. 410. Wien: Julius Springer 1932.
[2] F. B. POWER u. V. K. CHESMUT: Journ. Amer. Chem. Soc. 1921, **43**, 1725.
[3] J. A. HALL u. C. P. WILSON: Journ. Amer. Chem. Soc. 1925, **47**, 2575; **Z.** 1924, **47**, 473; 1926, **52**, 413.
[4] WALLACH: Liebigs Ann. 1885; Ber. Schimmel u. Co., Oktober 1897.
[5] WALLACH: Liebigs Ann. 1884. [6] PARRY: Chemist and Druggist 1900.
[7] SCHIMMEL u. Co.: Bericht April 1900.
[8] POWER: Journ. Amer. Chem. Soc. 1921, **43**, 377.

Aus Apfelschalen isolierte THOMAE[1] einen krystallinischen, leicht schmelzenden Körper, der stark nach Äpfeln roch, sowie ein wachsartiges, bei 170—180° übergehendes weißes Sublimat von Blütengeruch.

In Citrusfrüchten fand GRIEBEL[2] krystallinische Ausscheidungen des Glucosides Hesperidin ($C_{50}H_{60}O_{27}$), HARDY[3] das mit Kaffeegerbsäure nicht identische Phlobotannin, das die beim Aufbewahren oder Neutralisieren eintretende Dunkelfärbung verursacht.

Nach einer anscheinend umfassenden Übersicht von C. WEHMER, W. THIES und M. HADDERS[4] sind bislang folgende chemische Verbindungen als Bestandteile des Aromas von Obstfrüchten nachgewiesen worden:

a) Kohlenwasserstoffe.

α) Unbenannte Paraffine vom Schmelzpunkt 43—45° im Himbeeröl aus Früchten und vom Schmelzpunkt 52° im Pfirsichöl aus Fruchtfleisch (572) (vgl. Anmerkung 4).

β) Ungesättigte aliphatische Kohlenwasserstoffe. Octylen C_8H_{16} im Citronenöl der Fruchtschale und im Bergamottenöl des Fruchtfleisches (573).

γ) Aromatische Kohlenwasserstoffe. p-Cymol $C_{10}H_{14}$ im Citronenschalenöl (575)

δ) Acyclische Kohlenwasserstoffe (Terpene) $C_{10}H_{16}$: γ-Terpinen und β-Phellandren im Citronenschalenöl (577, 578). Terpinolen im Apfelsinenschalenöl (580); d-Limonen und Dipenten im Fruchtschalenöl von Citronen, süßen Orangen (auch im Fruchtfleisch), bitteren Pomeranzen und Pampelmusen (580, 584); l-α- und l-β-Pinen sowie l-Camphen im Citronen- und Bergamottenschalenöl (591, 595, 598).

ε) Sesquiterpene $C_{15}H_{24}$. Limonen (Brissabolen) und Cadinen im Citronen- und Bergamottenschalenöl (602, 603).

b) Alkohole.

α) Aliphatische Alkohole, gesättigte. Methylalkohol als Ester (besonders der Salicylsäure) in ätherischen Ölen des Apfel- und Pfirsichfleisches (246); Äthylakohol als Ester im Apfelfleischöl (247); n-Amylalkohol im ätherischen Öle der Apfelschale und des Apfel- und Apfelsinenfleisches (248);

β) Ungesättigte aliphatische Alkohole. Geraniol $C_{10}H_{18}O$ in Apfel- und Citronenschalen sowie in Apfelsinensaft (614); Nerol im Himbeer- und Citronenschalenöl (616); Linalool im Fruchtfleisch von Pfirsich, in Schalen und Fruchtfleisch von Citronen, Mandarinen, Pompelmusen (617).

γ) Monocyclische (aromatische) Alkohole. Terpineol $C_{10}H_{18}O$ im ätherischen Öl der Citronen- und Apfelsinenschale und des Apfelsinenfleisches (621); Dihydrocuminalkohol (Perillaalkohol) $C_{10}H_{16}O$ im Bergamottenöl der Früchte (624).

c) Aldehyde.

α) Aliphatische gesättigte Aldehyde. Acetaldehyd in Früchten der Äpfel, Speierlinge, Elsbeeren, Mispeln, Pfirsiche und im Apfelsinensaft (287); Octylaldehyd (Caprylaldehyd) im Citronenschalenöl (289); Nonylaldehyd (Pelargonaldehyd) im Schalenöl der Citronen und Mandarinen (289); n-Decylaldehyd (Caprinaldehyd) in den Schalen der Pomeranzen, Apfelsinen und Mandarinen (289).

β) Terpenaldehyde. Citral $C_{10}H_{16}O$ im ätherischen Schalenöl der Äpfel, Citronen, Apfelsinen und Mandarinen (639).

γ) Aromatische Aldehyde. Benzaldehyd als glucosidisches Spaltprodukt in den Samen der Mandeln, Kirschen, Pflaumen (291); o-Oxybenzaldehyd (Salicylaldehyd) im Saft von Kirschen, wohl sekundär (293).

δ) Äther von Oxyaldehyden. Anisaldehyd (p-Methoxybenzaldehyd) im ätherischen Öle der Himbeerfrüchte (294); Vanillin in Hagebuttenkernen (294).

ε) Heterocyclische Aldehyde. Furfurol in den Schalen der Äpfel, Steinzellen der Birnen und dem Fleische des Pfirsichs, wahrscheinlich sekundär aus β-Cellulose (295).

---

[1] THOMAE: Journ. prakt. Chem. 1913, **87**, 142; **Z.** 1915, **29**, 103.

[2] GRIEBEL: **Z.** 1923, **45**, 238.

[3] HARDY: Chem. Zentralbl. 1925, **96**, I, 2120.

[4] C. WEHMER, W. THIES u. M. HADDERS: Handbuch der Pflanzenanalyse von G. KLEIN. Wien: Julius Springer 1932. Die eingeklammerten Zahlen geben die Seitenzahlen der Pflanzenanalyse an.

d) Ketone.

Aceton im ätherischen Öl aus Apfelsinensaft (297); Methylheptenon $C_8H_{14}O$ im Citronenschalenöl (643); β-Iron $C_{13}H_{20}O$ im Himbeeröl der reifen Früchte (647).

e) Monocarbonsäuren.

Ameisensäure als Amylester im ätherischen Öl der Apfel-, Himbeeren- und Sauerkirschenfrüchte und der Mandelsamen; als Linalylester im Pfirsichfruchtöl, sowie Apfelsinen- und Citronenfruchtfleisch (496); n-Buttersäure als Ester in Apfelsinenschalen (500); n-Valeriansäure als Amylester im Apfel, als Linalylester im Pfirsich (503).

Von Lactonen wird noch Bergapten $C_{12}H_8O_4$ als Bestandteil der Bergamottenfrüchte angeführt.

10. Mineralstoffe.

Die Mineralstoffe des Obstes, namentlich des Fruchtfleisches, bestehen zu etwa der Hälfte aus Kaliumoxyd, während Natrium meist nur in geringer, selten 10% der Reinasche erreichender Menge vorhanden ist. In den Kernen tritt das Kalium zurück und macht einem höheren Gehalte an Calciumoxyd Platz. Im übrigen ist der Calciumgehalt nicht besonders hoch (in 100 g Trockensubstanz bei Kernobst 66—95 mg, bei Steinobst 123—166 mg, bei

Tabelle 2. Zusammensetzung der Mineralstoffe des Obstes.

Obstart	Asche i. Tr. %	K_2O %	Na_2O %	CaO %	MgO %	Fe_2O_3 %	P_2O_5 %	SiO_2 %	SO_3 %	Cl %
Äpfel	1,44	51,58	3,87	4,22	3,71	1,18	10,42	1,08	2,49	—
Birnen	1,97	54,69	8,52	7,98	5,22	1,04	15,20	1,49	5,69	—
Quitten[1]	0,47	50,78	4,63	3,97	3,64	0,34	12,53	0,56	7,04	0,31
Mispeln[1]	0,87	47,82	2,90	8,59	3,73	0,68	9,22	1,18	3,80	0,40
Ebereschen[1]	0,72	48,37	3,74	9,00	4,07	0,30	10,61	0,57	4,01	0,88
Speierlinge[1]	0,60	51,92	7,83	11,79	4,01	1,20	6,66	1,49	4,09	—
Hagebutten[1]	3,03	25,53	2,40	26,78	7,73	0,33	9,37	0,67	3,66	0,30
Pflaumen	2,34	48,54	9,05	11,47	3,58	2,54	16,01	3,15	3,23	0,38
Kirschen	2,20	51,85	2,19	7,47	5,46	1,98	13,97	1,04	5,09	1,35
Aprikosen[1]	0,61	55,35	2,34	2,60	2,57	0,55	9,21	1,14	3,98	0,45
Pfirsiche[1]	0,55	53,62	4,02	2,84	3,14	0,76	13,73	0,94	3,14	0,51
Weinbeeren[2]	3,95	52,99	3,68	6,91	3,29	1,19	21,27	3,57	5,00	1,82
Erdbeeren	3,40	49,24	4,71	12,33	6,40	2,89	13,06	6,05	3,15	1,69
Johannisbeeren	4,03	40,73	3,93	9,70	6,30	0,76	17,00	2,53	6,43	0,83
Stachelbeeren	3,39	38,65	9,92	12,20	5,85	4,56	19,68	2,58	5,89	0,75
Himbeeren[1]	0,58	38,14	3,42	10,77	7,86	0,49	19,60	0,84	4,56	0,57
Brombeeren[1]	0,49	36,27	1,99	12,49	10,42	0,44	14,30	0,73	5,66	0,44
Preißelbeeren[1]	0,26	40,92	3,54	9,46	6,63	1,84	14,69	1,98	8,03	0,60
Heidelbeeren	2,87	57,11	5,16	7,96	6,11	1,12	17,38	0,89	3,11	0,62
Maulbeeren[1]	0,89	39,42	1,82	5,68	5,68	0,62	11,01	4,44	3,36	0,60
Apfelsinen	2,73	47,09	2,84	22,81	5,72	1,36	12,63	1,28	5,14	0,81
Citronen	3,22	45,23	2,73	30,24	5,15	0,77	13,62	0,75	3,08	0,48
Feigen	2,92	55,83	2,38	10,90	5,60	2,19	12,76	4,31	3,91	2,05
Bananen[3]	3,44	56,84	5,39	1,48	5,47	0,11	8,75	2,19	2,94	14,71
Ananas[1]	0,66	68,40	1,20	3,20	1,00	0,40	8,00	5,60	2,60	8,60
Walnußkerne	2,13	31,11	2,25	8,59	13,03	1,32	43,70	—	—	—
Mandeln	4,90	27,95	0,23	8,81	17,66	0,55	43,63	—	0,37	—
Kastanien	2,38	56,69	7,12	3,87	7,47	0,14	18,12	1,54	3,85	0,52

[1] Die mit [1] gekennzeichneten Analysen beziehen sich auf Rohasche, die übrigen auf Reinasche.

[2] Vgl. G. PITMAN: Fruit Products Journ. Amer. Vinegar Ind. 1930, **9**, 147; **Z.** 1934, **68**, 441.

[3] Rohasche nach W. H. EDDY u. M. KALVAGG: Münch. med. Wochenschr. 1928, **78**, 1148; **Z.** 1932, **64**, 411.

Weintrauben 60 mg) und erreicht nur bei Citrusfrüchten einen nennenswerten Betrag (500—600 mg-% i. T.). Noch mehr tritt der Gehalt an Magnesium (verhältnismäßig am höchsten in den Brombeeren) und an Eisen zurück.

Nach A. MOUNXYRAT[1] liegt der Eisengehalt von 100 g Trockensubstanz zwischen 1,2 mg bei Kirschen, rund 2 mg bei Kernobst und 4—6 mg bei Beerenobst (Walderdbeeren 8,1—9,3 mg).

Regelmäßig ist auch ein kleiner Mangangehalt (0,2—0,8% der Asche) vorhanden.

Von anorganischen Säuren enthält die Obstasche vorwiegend Phosphorsäure sowie meist mehrere Prozente Schwefelsäure und Kieselsäure, während der Chlorgehalt mit Ausnahme der Ananas und Bananen (über 10% der Asche) unter 1% oder wenig darüber liegt.

Da der Basengehalt den Gehalt an Säuren erheblich übersteigt, reagiert die Asche alkalisch und die Alkalitätszahl nach BUTTENBERG liegt in der Regel über 10.

Ein ungefähres Urteil über die quantitative Zusammensetzung der Asche möge vorstehende Zusammenstellung (Tabelle 2) nach J. KÖNIG[2] und einigen anderen Autoren bieten.

Besondere Bedeutung kommt der Bestimmung der einzelnen Mineralstoffe bei der Beurteilung der wichtigsten Rohsäfte des Handels, des Himbeersaftes und des Citronensaftes zu, weshalb bei diesen die gefundenen Niedrigst- und Höchstwerte angeführt seien.

Für Himbeersäfte ermittelten A. BEYTHIEN und L. WATERS[3], für Citronensaft OLIVERI und GUERRIERI[4] folgende Zusammensetzung der Reinasche:

Tabelle 3. Mineralstoffe des Himbeer- und Citronensaftes.

Mineralstoffe	Himbeersaft %	Citronensaft %
Kaliumoxyd (K_2O) . .	43,21—49,75	58,2—60,9
Natriumoxyd (Na_2O) .	2,79— 5,24	4,8
Calciumoxyd (CaO) . .	5,87—10,07	13,0—17,8
Magnesiumoxyd (MgO)	4,04— 7,73	4,3— 7,8
Eisenoxyd (Fe_2O_3) . .	0,40— 0,63	0,6— 1,3
Aluminiumoxyd (Al_2O_3)	—	2,5— 3,3
Phosphorsäure (P_2O_5) .	2,85—12,16	8,2—10,9
Schwefelsäure (SO_3) .	3,26— 6,01	2,6— 3,4
Kieselsäure (SiO_2) . .	0,80— 1,18	2,0— 2,9
Chlor (Cl)	1,21— 1,95	0,5— 2,2

Bemerkenswert ist, daß alle Obstfrüchte Borsäure enthalten: So fand z. B. A. HEBEBRAND[5] in je 1 Liter Apfelsinensaft 4 mg, Citronensaft 6 mg, Stachelbeersaft 10 mg B_2O_3; E. HOTTER[6] in Äpfeln 0,13—0,58%, in Mispeln 0,29%, in Feigen 0,06% der Asche; K. WINDISCH in Zwetschensaft 0,27%, in Reineclaudensaft 0,21%, in Kirschsaft 0,34% der Asche; A. H. ALLEN in 1 Liter Apfelmost 11—17 mg. J. F. DUNN und Mitarbeiter[7] ermittelten in Orangenschalen 5—33 mg-%, in Orangenfruchtfleisch 2—8 mg-%; A. H. ALLEN und A. R. TANKARD[8] in Äpfeln 9—13 mg-% (in Apfelwein 4—17 mg-%), Granatäpfeln 5 mg-%, Quitten 16 mg-%, Birnen 7—16 mg-%, Weintrauben 4 mg-% B_2O_3.

[1] A. MOUNXYRAT: Compt. rend. Soc. Biol. 1907, **144**, 1067; **Z.** 1909, **17**, 273.

[2] J. KÖNIG: Chemie der menschlichen Nahrungs- und Genußmittel, Bd. II, S. 959 und Nachtrag zu Bd. I, B, S. 398.

[3] A. BEYTHIEN u. L. WATERS: **Z.** 1905, **10**, 728.

[4] OLIVERI u. GUERRIERI: Staz. sperim. agrar. Ital. 1895, **25**, 287.

[5] A. HEBEBRAND: **Z.** 1902, **5**, 1044.

[6] E. HOTTER: Zeitschr. Nahrungsm.-Unters. Hyg. u. Warenkunde 1895, **9**, 1.

[7] J. F. DUNN u. Mitarbeiter: Analyst 1929, **54**, 28; **Z.** 1932, **64**, 412.

[8] A. H. ALLEN u. A. R. TANKARD: Analyst 1904, **29**, 301; **Z.** 1905, **9**, 302.

Nach neueren Analysen von A. SCOTT DODD[1] sind enthalten in 100 g Trockensubstanz Milligramm Borsäure (B_2O_3) bei

	mg		mg
Korinthen	11—17	Kirschen	18—24
Rosinen	11—25	Pflaumen	4
Johannisbeeren	30—37	Birnen	11
Stachelbeeren	28	Äpfeln	80
Preißelbeeren	35—55	Mandeln	15
Aprikosen	29—30	Datteln	8
Pfirsichen	28—30	Feigen	8

Auch Fluor ist mehrfach in Obstsäften, besonders Trauben und Wein aufgefunden worden. F. LESPERRE[2] stellte in Trauben aus Malaga und Kleinasien Spuren von Fluor fest. F. SCHAFFER[3], A. KICKTON und BENECKE[4] konnten in einer großen Zahl ausländischer Weine kleine Mengen von Fluor als natürlichen Bestandteil nachweisen, während K. WINDISCH[5] sowie TREADWELL und KOCH[6] der Nachweis nicht gelang. Mit der weiteren Verbreitung des Fluors, auch in anderen Obstfrüchten, muß aber doch wohl gerechnet werden.

11. Enzyme.

In den frischen Obstfrüchten sind stets Enzyme, und zwar wahrscheinlich Enzyme sämtlicher Gruppen, als Erzeugnisse der lebenden Zelle enthalten.

So fand TALLARICO[7] bei seinen an Bananen angestellten Versuchen sowohl Katalase, Invertase, Amylase, Tyrosinase und proteolytische Enzyme, deren in den unreifen Früchten geringe Menge mit der Reife anwuchs und nach vollendeter Reife bis zum völligen Verschwinden wieder abnahm.

Obwohl ihre Wirkung im einzelnen noch nicht völlig klargestellt ist, wird wohl allgemein angenommen, daß sie bei der Reifung der Früchte und bei den während der Nachreife und Lagerung eintretenden Umsetzungen eine wichtige Rolle spielen. Wie im Abschnitte „Veränderungen" (S. 539f.) näher auseinandergesetzt werden wird, scheint die Umwandlung der Stärke unreifer Früchte in Zucker durch Amylase, diejenige des Rohrzuckers in Hexose durch Invertin bewirkt zu werden. In gekeimten Johannisbrotsamen soll ein Kohlenhydrate spaltendes Enzym Caroubinase aufgefunden worden sein. Die von GRIEBEL (s. S. 541) aufgeklärte Entstehung der verschiedenen Pektinstoffe beruht auf der Einwirkung von Pektase oder Pektinase auf die Intercellularsubstanz der Pflanzenzellen, zu denen das Enzym von den auf der Oberhaut angesiedelten Bakterien gelangt. Die von der Hefe gelieferte Zymase vermag Zucker in Alkohol und Kohlensäure zu zerlegen.

Vor allem sind Oxydasen, Peroxydasen und Katalasen an den braunen und schwarzen Verfärbungen der frischen Schnittflächen und Säfte von Obstfrüchten beteiligt.

Nach Untersuchungen von G. AZON[8] enthalten die Früchte der Citrusarten Oxydasen, und zwar unreife Mandarinen Oxydase, Peroxydase und Katalase, unreife Citronen viel Peroxydase und Katalase, aber wenig Oxydase, bittere und süße Orangen viel Peroxydase, neben wenig Katalase und sehr wenig Oxydase. Die Oxydasen finden sich hauptsächlich in den das Fruchtfleisch umgebenden Geweben der Schale. In den ersten Entwicklungsstadien

[1] A. SCOTT DODD: Analyst 1929, **54**, 15; Z. 1932, **64**, 412.
[2] F. LESPERRE: Bull. Soc. chim. Belg. 1909, **23**, 82.
[3] F. SCHAFFER: Z. 1903, **6**, 1015.
[4] A. KICKTON u. BENECKE: Z. 1900, **3**, 193. [5] K. WINDISCH: Z. 1901, **4**, 961.
[6] TREADWELL u. KOCH: Zeitschr. analyt. Chem. 1904, **43**, 469.
[7] TALLARICO: Arch. Farmacol. sperim. 1908, **7**, 27; Z. 1910, **20**, 95.
[8] G. AZON: Riv. Ital. Essenze Profumi 1926, 8, 87; Z. 1931, **61**, 232.

der Früchte sind die Oxydasen reichlich vorhanden, nehmen dann ab und verschwinden, und zwar zuerst im Innern der Frucht; wobei die Katalase die Peroxydase überdauert. Die Schale der reifen Citronen enthält wieder die Oxydase. In unreif gepflückten, an der Luft trocken aufbewahrten Früchten verschwinden die Oxydasen, zuletzt die Katalase, um in schimmelig oder schwarz gewordenen Früchten wieder zu erscheinen. Die Schwärzung ist eine Wirkung der Oxydasen. Die Katalase erweist sich weniger widerstandsfähig als die Oxydase und Peroxydase. Im Preßsafte der Schalen kann man noch nach Monaten, auch nach dem Trocknen bei 100° Peroxydase nachweisen, die gegen Essigsäure und Calciumchlorid teilweise beständig ist. Der Preßsaft der weißen Schalenteile wird an der Luft schnell braun und trübe und nimmt Pfefferminzgeschmack an. Die Oxydasen sind beteiligt bei der Entstehung der Citronensäure aus einer Methylverbindung, bei der Bildung des Citronenöles und des gelben Farbstoffs aus dem anfänglich grünen Pigment.

Auch BEHRENS ist der Meinung, daß die Braunfärbung der Schnittflächen durch ein Enzym, das den Farbstoff aus einer glucosidischen Verbindung in Freiheit setzt, verursacht wird.

Von Enzymen mit spezifischer Wirkung ist das Emulsin der Mandeln zu erwähnen, durch das Amygdalin in Glucose, Benzaldehyd und Blausäure gespalten wird.

Bei der bisweilen beobachteten Spontanklärung frisch gekelterter Moste handelt es sich nach A. MEHLITZ[1] um eine Art Autolyse durch safteigene Enzyme, die eine Abnahme der Trübung, der Viscosität und des Pektingehaltes verursachen und demnach zu den Pektasen gehören. Die hauptsächlich wirksame Pektolase findet sich besonders in den auf S. 692 besprochenen „Filtrationsenzymen", die als Züchtungen von Aspergillus- oder Penicilliumarten auf Mais oder Reis anzusprechen sind und in Form von Enzympräparaten (z. B. Bayer N der I. G. Farbenindustrie) technische Anwendung finden. Als Ursache von Pektolasehemmung erkannten A. MEHLITZ und H. MAASS[2] die Anwesenheit von Gerbstoffen.

Eine dem Papain verwandte Proteinase, das Bromelin, soll in der Ananas aufgefunden worden sein, und auch der im Apfelsinensaft aufgefundene verdauungsbefördernde Stoff, ein trimethyliertes Derivat der „Peptic Säure", wird nach F. W. NORRIS[3] durch eine Protease aus der Zellwand gebildet.

Schließlich ist GRIEBEL der Ansicht, daß bei der Aldehydbildung teigiger Früchte eine Carboxylase mitwirkt.

12. Vitamine.

Eine große Zahl der Obstarten ist durch einen hohen Gehalt an Vitaminen ausgezeichnet und daher für die menschliche Ernährung besonders wertvoll. Von den drei wichtigsten Vertretern der Vitamine tritt das Vitamin B gegenüber den beiden anderen A und C mehr oder weniger zurück, und auch diese beiden sind in den verschiedenen Obstarten in überaus wechselnder Menge vorhanden.

Vitamin A ist nach den Angaben von SCHEUNERT (Bd. I des Handbuchs) besonders reichlich in Brombeeren, Heidelbeeren, Ananas, Apfelsinen und Kirschen, und zwar dunklen Kirschen enthalten, wie überhaupt der Gehalt an Vitamin A mit starker Färbung der Früchte zusammenzuhängen scheint. Reichliche Mengen finden sich auch in Himbeeren und roten Johannisbeeren.

[1] A. MEHLITZ: Z. 1934, **68**, 91.
[2] A. MEHLITZ u. H. MAASS: Biochem. Zeitschr. 1935, **276**, 86.
[3] F. W. NORRIS: Biochem. Journ. 1926, **20**, II, 993; Z. 1931, **61**, 233.

Als gut wird bezeichnet der Gehalt der Holunder- und Stachelbeeren (aber nur in Schalen und Kernen), der blauen Pflaumen und der Reineclauden; als gering derjenige der Erdbeeren, Aprikosen, Pfirsiche, roten Pflaumen, hellen Kirschen, des Johannisbrotes und (etwas besser) der Bananen; als sehr gering bis fehlend derjenige der weißen Johannisbeeren, Weintrauben, Äpfel, Birnen, Citronen und des Schalenobstes.

Vitamin B findet sich in den frischen Obstarten nur in Spuren oder höchstens in geringer Menge, verhältnismäßig am meisten in Ananas, Brombeeren und Heidelbeeren, während der Gehalt für Walnüsse als recht gut, für Haselnüsse und Mandeln als gut bezeichnet wird.

Vitamin C ist in vielen Obstarten in reichlicher Menge enthalten, vor allem, abgesehen von den extrem vitaminreichen schwarzen Johannisbeeren[1], in den Citrusfrüchten (Orangen, Citronen, Pampelmusen) und in den Erdbeeren. Völlig oder nahezu vitaminfrei sind Heidelbeeren, Weintrauben, Aprikosen, Pfirsiche und Moosbeeren.

Vitamin D ist in Obstfrüchten überhaupt nicht, Vitamin E nur in Bananen und Orangen in nicht erheblicher Menge aufgefunden worden.

Wenn man nach dem Vorschlage SCHEUNERTs die Vitamingehalte in 5 Stufen: reich, gut, gering, sehr gering, fehlend einteilt, und weiter die Stufe reich mit I, gut mit II, gering mit III, sehr gering mit IV, fehlend mit V bezeichnet, so ergibt sich nebenstehende Übersicht (Tabelle 4).

Tabelle 4. Vitamingehalt der Obstfrüchte.

Obstart	Vitamin A	Vitamin B	Vitamin C
Brombeeren	I	II—III	II
Erdbeeren	III	IV	I
Heidelbeeren	I	IV	IV—V
Himbeeren	I	III—IV	II
Holunderbeeren	II	II—III	?
Johannisbeeren, rote	I	III—IV	II
weiße	IV—V	?	II
schwarze	?	?	I
Stachelbeeren	II	IV	II
Weinbeeren	IV—V	IV	V
Äpfel	IV	IV	III—IV
Birnen	IV	IV	IV
Aprikosen	III	III	IV—V
Pfirsiche	III	III	IV—V
Pflaumen, blaue	II		
„ rote	III	III	IV
Reineclauden	II		
Kirschen, schwarze	I—II	III	III—IV
„ helle	III		
Ananas	I	II	II
Apfelsinen	I—II	III—IV	I
Citronen	IV—V	III—IV	I
Bananen	II—III	III—IV	III
Pampelmusen	IV	III—IV	I
Johannisbrot	III	?	V
Walnüsse	IV	I	?
Haselnüsse	IV	II	?
Mandeln	IV	II	?
Kastanien	IV	III	?

Hierzu ist noch zu bemerken, daß das Vitamin A bei den Holunder-, Stachel- und Weinbeeren fast ganz an die Schalen und Kerne gebunden ist, so daß die Holundersuppe, der Stachelbeersaft und der Traubenwein als praktisch vitaminfrei anzusprechen sind.

In etwas anderer Weise ordnet F. V. v. HAHN[2] auf Grund der von ihm als Maß des Gehaltes an Vitamin C aufgestellten „Meerschweincheneinheit" (M.E.) die Obstfrüchte in folgende Reihe ein:

Extrem vitaminreich (mehr als 120 M.E.): Erdbeeren, Apfelsinen, Citronen.

Vitaminreich (120—50 M.E.): Stachelbeeren, Himbeeren, Hagebutten.

Vitaminhaltig (50—30 M.E.): Rote Johannisbeeren, Mandarinen.

[1] B. A. LAWROW, B. J. JANOWSKAJA u. N. JARUSSAWA: **Z.** 1932, **63**, 498.

[2] F. V. v. HAHN: **Z.** 1931, **61**, 369.

Vitaminarm (30—12 M.E.): Äpfel (frisch geerntet), Sauerkirschen, Reineclauden, Pflaumen, Zwetschen, Bananen, Ananas, Holunderbeeren (gekocht), Herzkirschen, Pfirsiche.

Vitaminfrei (unter 12 M.E.): Bickbeeren, Kronsbeeren (gekocht), Äpfel (gealtert), Birnen, Quitten, Weinbeeren, Trockenobst.

Hohe Gehalte an Vitamin C fand v. HAHN[1] weiter in Vogelbeeren (200 M.E.) und in Hagebutten (100 M.E.), selbst nach 2jähriger Aufbewahrung. Auch TILLMANS und P. HIRSCH[2] gelang es, aus Hagebutten einen krystallisierten Körper von den Eigenschaften der Ascorbinsäure (Hexuronsäure) abzuscheiden, von dem 0,5 mg je Tier und Tag zur Verhinderung des Meerschweinchenskorbuts ausreichten.

Nach H. J. JUSATZ[3] sollen Feigen reichliche Mengen Vitamin A und mäßige Mengen Vitamin B_1 und B_2 enthalten, Datteln aber praktisch vitaminfrei sein.

Hinsichtlich der Bananen erhielten W. H. EDDY und M. KELLVAGG[4] günstigere als die oben angeführten Ergebnisse. Sie bezeichnen die Bananen als eine vorzügliche Quelle für Vitamin A und C, und als eine gute Quelle für Vitamin B, während die Vitamine D und E fehlen.

Die Haltbarkeit der Vitamine wird von den Autoren verschieden eingeschätzt. Nach Untersuchungen von E. M. DELF[5] behalten ganze Orangen und Citronen unverändert ihren Vitamingehalt, solange das Gewebe am Leben bleibt. Der später eintretende Rückgang wird hauptsächlich durch die Einwirkung von Oxydasen verursacht, während das Erhitzen ganz allgemein als wenig schädlich angesehen wird. Aus diesem Grunde sind die gegen Sauerstoff weniger empfindlichen Vitamine A und B nicht so gefährdet als Vitamin C und in der Regel noch nach Jahren ungeschwächt vorhanden. Zum Schutze des leichter oxydierbaren Vitamins C empfiehlt R. SUCHARIPA[6] rasches Auspressen der Früchte, Auffangen der Säfte in kleinen geschlossenen Behältern, Vermeidung der Filtration, sofortige Sterilisation unter Kohlensäure, Verwendung möglichst saurer Früchte, Zusatz von höchstens 35% Zucker, dunkle und kühle Lagerung. Alle Sachverständigen stimmen darin überein, daß durch die von den modernen Fabriken ausgeübte schonende Erhitzung in geschlossenen Dosen eine Schädigung des Vitamingehaltes überhaupt nicht herbeigeführt wird; die in dieser Hinsicht von den Rohköstlern gegen den Genuß von Obstkonserven gerichteten Angriffe sind daher als völlig unbegründet zu bezeichnen.

13. Quantitative Zusammensetzung der Obstfrüchte.

Trotz der außerordentlich großen Schwankungen der Zusammensetzung seien doch zur Gewährung eines ungefähren Überblicks die aus zahlreichen Analysen abgeleiteten Mittelwerte nach J. KÖNIG[7] mitgeteilt. Die Angaben beziehen sich bei Kernobst auf das von Stielen und Kerngehäuse, bei Steinobst auf das von Stielen und Steinen, bei Beerenobst auf das von den Stielen und bei den Südfrüchten auf das von den Schalen und Kernen befreite Fruchtfleisch. Die Werte für unlösliche Stoffe, Stickstoffsubstanz und Tannin sind der Veröffentlichung von E. HOTTER[8] entnommen.

---

[1] v. HAHN: Z. 1933, **66**, 261; 1934, **68**, 395. [2] TILLMANS u. P. HIRSCH: Z. 1933, **65**, 145.

[3] H. J. JUSATZ: Zeitschr. Volksernährung 1936, **10**, 278; durch Umschau 1936, **40**, 897.

[4] W. H. EDDY u. M. KELLVAGG: Wien. med. Wochenschr. 1928, **78**, 1144; Z. 1932, **64**, 411.

[5] E. M. DELF: Biochem. Journ. 1925, **19**, 141; Z. 1930, **59**, 341.

[6] R. SUCHARIPA: Konserven-Ind. 1925, **12**, 621. Vgl. E. F. KOHMANN: Fruit Products Journ. and Amer. Vinegar Ind. **5**, Nr. 8, 20; Z. 1930, **60**, 349.

[7] J. KÖNIG: Chemie der menschlichen Nahrungs- und Genußmittel, Bd. I und II; Nahrung und Ernährung des Menschen, S. 191.

[8] E. HOTTER: Chemische Zusammensetzung steirischer Obstfrüchte. Graz 1906.

Tabelle 5. Zusammensetzung frischer Obstfrüchte.

Obstart	Wasser %	Unlösliche Stoffe %	Protein %	Invertzucker %	Saccharose %	Säure[1] %	Tannin %	Rohfaser %	Asche %
Äpfel	83,85	3,03	0,40	8,35	1,60	0,65	0,07	1,32	0,41
Birnen	82,75	5,13	0,36	9,03	1,28	0,27	0,03	2,58	0,35
Quitten	81,90	6,42	0,60	6,68	0,64	0,93	0,07	1,86	0,58
Mispeln	73,15	10,43	0,77	10,66	0,14	1,15	0,05	2,85	0,76
Hagebutten[2]	25,47	—	2,99	16,09	3,28	—	—	9,87	4,64
Ebereschen	75,43	8,11	1,17	7,99	0,51	1,63	0,23	3,19	0,80
Speierling	69,38	13,53	0,66	12,51	1,12	0,63	0,03	3,39	0,64
Pflaumen	80,37	2,35	1,01	7,51	1,77	0,95	0,07	0,53	0,51
Reineclauden	81,88	2,77	0,55	6,47	3,64	1,25	0,17	0,63	0,60
Mirabellen	80,68	2,04	0,79	6,42	3,14	0,88	0,15	0,74	0,53
Kirschen, süße	81,68	2,31	1,21	10,12	0,57	0,68	0,10	0,33	0,49
„ saure	84,55	2,08	0,78	8,43	0,25	1,80	0,18	0,27	0,50
Aprikosen	85,21	2,46	0,86	3,13	3,63	1,27	0,07	0,80	0,67
Pfirsiche	82,70	3,02	1,21	3,51	4,25	0,81	0,10	0,95	0,58
Weinbeeren	79,12	—	0,69	14,96	—	0,77	—	1,23	0,48
Johannisbeeren	83,80	7,15	0,51	5,04	0,24	2,35	0,21	4,03	0,66
Stachelbeeren	85,45	4,65	0,47	5,55	0,48	1,90	0,09	2,70	0,49
Preißelbeeren	83,60	4,09	0,12	8,20	0,53	1,98	0,25	1,80	0,26
Heidelbeeren	83,64	3,90	0,78	5,42	0,22	0,85	0,22	2,33	0,37
Himbeeren	83,95	9,05	1,36	4,51	0,22	1,64	0,26	5,65	0,58
Brombeeren	84,94	6,20	1,31	5,54	0,47	0,86	0,29	3,97	0,50
Erdbeeren	85,41	7,44	0,59	5,13	0,70	1,84	0,41	4,00	0,74
Apfelsinen	84,26	2,22[3]	1,08	5,88	2,54	1,35	—	0,45	0,48
Citronen	82,64	—	0,74	3,01	2,97	5,30	—	2,24	0,56
Ananas	83,95	1,52	0,42	3,53	7,47	0,67	—	0,42	0,52
Bananen	73,76	3,35[4]	1,40	10,78	8,88	0,38	—	0,80	0,80
Feigen	78,93	—	1,35	15,55	—	—	—	1,50	0,71
Granatäpfel	79,29	—	1,17	11,01	0,65	0,77	—	2,79	0,53
				Fett:	Extraktstoffe:				
Walnüsse	7,18	—	16,74	58,47	12,99	—	—	2,97	1,65
Haselnüsse	7,11	—	17,41	62,60	7,22	—	—	3,17	2,49
Paranüsse	5,94	—	8,88	67,00	12,44	—	—	4,06	1,81
Kastanien	7,22	—	10,76	7,22	69,29	—	—	2,84	2,67
Mandeln	6,27	—	21,40	53,16	13,22	—	—	3,65	2,30
Johannisbrot	15,36	—	3,65	1,12	69,04	—	—	6,35	2,48

14. Einflüsse auf die Zusammensetzung.

Die äußere Beschaffenheit und die chemische Zusammensetzung der Obstfrüchte unterliegt von ihrer ersten Anlage in der Blüte bis zum Verbrauche mannigfaltigen Veränderungen, an denen neben klimatischen und Witterungsverhältnissen namentlich der Vorgang des Reifens und Nachreifens, ferner Art und Temperatur der Lagerung, pflanzliche und tierische Schädlinge u. a. m. beteiligt sind. Einige der wichtigsten dieser Einflüsse mögen nachstehend kurz besprochen werden.

a) Veränderungen während des Reifens.

Im unreifen Zustande enthält das Obst Stärkemehl, das mit fortschreitender Reife allmählich vollständig verschwindet, während der Zuckergehalt zunimmt und der saure Geschmack gemildert wird. In welcher Weise und aus welchen Bestandteilen der Zucker entsteht, ist noch nicht völlig klar gestellt. Die ursprüngliche Annahme, daß er der Säure entstamme, kann nach den von

[1] Als Äpfelsäure berechnet. [2] Halbtrocken.
[3] Nach Fr. Härtel u. Sölling: Z. 1910, **20**, 19. [4] R. Reich: Z. 1911, **22**, 208.

KULISCH an Äpfeln, von C. NEUBAUER[1] an Weintrauben angestellten Versuchen nicht aufrechterhalten werden, da mit dem Reifen eine Zunahme aller Bestandteile, auch der Säure, verbunden ist. Auch die Cellulose scheidet als Grundstoff für die Zuckerbildung aus, und man wird daher wohl der Ansicht NEUBAUERS zustimmen müssen, daß der Zucker durch irgendeine Funktion der entwickelten Beerenzellen als ein unmittelbares Lebenserzeugnis gebildet wird. Dafür spricht auch der Umstand, daß keinerlei Zuckerbildung auf Kosten vorhandener Stoffe stattfindet, wenn während des Reifens der Saftzufluß, etwa infolge einer Verletzung des Stieles gestört ist. Bei Kernobst kann Zucker möglicherweise aus der stets vorhandenen Stärke entstehen, da diese bei zunehmendem Zuckergehalt nahezu völlig verschwindet; in der Hauptsache wird aber auch hier mit E. MACH und PORTELE[2] anzunehmen sein, daß eine Vermehrung der einzelnen Bestandteile nicht durch Umwandlung vorhandener, sondern durch beständigen Hinzutritt neuer Stoffe aus den wachsenden Organen der Pflanze so lange fortdauert, als die Früchte überhaupt im Zusammenhange mit der Mutterpflanze stehen.

Hinsichtlich der Art des vorhandenen Zuckers glaubte man früher, daß Glucose und Fructose erst infolge einer Inversion von Saccharose durch die organischen Säuren gebildet werde. Diese Ansicht steht aber zu der Tatsache in Widerspruch, daß in den Weinbeeren zunächst nur Glucose vorhanden ist, und daß überdies Früchte mit sehr hohem Säuregehalte (Citronen, Aprikosen) verhältnismäßig mehr Saccharose enthalten als säureärmere Früchte. Es scheint also auch hier, daß die drei Zuckerarten, da in den Früchten selbst keine Assimilation stattfindet, mit dem Saftstrom einwandern.

Der Gesamtstickstoffgehalt nimmt nach Versuchen, die F. SCURTI und G. DE PLATO[3] an Orangen anstellten, mit fortschreitender Reifung beständig ab. Der Rückgang betrifft aber nur den Proteinstickstoff, während der auf Asparagin und Glutamin entfallende Reststickstoff dauernd konstant bleibt. Der Gehalt an Säuren (Citronen- und Äpfelsäure) zeigt während des Reifungsvorganges zunächst ein regelmäßiges Anwachsen, um nach einer bestimmten Periode wieder abzunehmen.

An den Reifungsvorgängen sind nach an Bananen angestellten Versuchen von TALLARICO[4] Enzyme der verschiedensten Art: Katalase, Invertase, Amylase, Tyrosinase und proteolytische Fermente beteiligt. Der Enzymgehalt ist in den unreifen Früchten nur gering, wächst mit der Reife und verschwindet nach vollendeter Reife.

Weitere Einzelheiten finden sich im Nachtrag B zu Bd. I von J. KÖNIGS Chemie der menschlichen Nahrungs- und Genußmittel, S. 393f.

b) Veränderungen während des Nachreifens.

Die bei der Lagerung baumreifer Früchte, dem sog. Nachreifen, meist beobachtete Zunahme des süßen Geschmacks beruht nicht, wie früher angenommen wurde, auf der Neubildung von Zucker auf Kosten anderer Bestandteile des Obstes, insbesondere des Dextrins, der Säuren, der Pektinstoffe oder der Cellulose, sondern vielmehr nach den Untersuchungen von MACH und PORTELE[5] lediglich auf einer Abnahme an Säure und Rohfaser gegenüber einer geringeren Verminderung des Zuckergehaltes. Bei Kernobst

[1] C. NEUBAUER: Landw. Vers.-Stationen 1869, **11**, 416.
[2] E. MACH u. PORTELE: Die Weinlaube 1878, Nr. 18f.; 1879, 207.
[3] F. SCURTI u. G. DE PLATO: Staz. sperim. agrar. Ital. 1908, **41**, 415; **Z.** 1910, **20**, 653.
[4] TALLARICO: Arch. Farmacol. sperim. 1908, **7**, 27; **Z.** 1910, **20**, 95.
[5] MACH u. PORTELE: Landw. Vers.-Stationen 1892, **41**, 288.

tritt dazu noch die Inversion der Saccharose und die Umwandlung der dabei entstehenden Glucose in die süßer schmeckende Fructose. Bei Versuchen von BEREND entfielen auf 100 Teile Gesamtzucker in frischen Äpfeln 7 Teile, in nachgereiften Äpfeln hingegen nur 3,4 Teile Säure. Durch R. OTTO[1] wurde festgestellt, daß beim Nachreifen von Kasseler Reinetten der Stärkegehalt von 3,99 auf 0 und die Saccharose von 3,27 auf 1,51 g in 100 ccm Saft abnahm, der Stickstoffgehalt hingegen von 0,997 auf 1,542% der Trockensubstanz anwuchs.

Der etwas andere Verlauf der sog. Edelfäule wird im späteren Abschnitte bei der Einwirkung von Mikroorganismen besprochen werden.

Besondere Erscheinungen treten noch auf bei der Nachreife, dem „Teigigwerden" gewisser Rosaceenfrüchte, bei denen C. GRIEBEL[2] die Entstehung des Pektins näher studiert hat. Nach TSCHIRCH und ROSENBERG entsteht das Fruchtpektin aus der Intercellularsubstanz, der sog. primären Membran oder Mittellamelle durch einen hydrolytischen Vorgang („Pektinmetamorphose") aus der Muttersubstanz, dem Protopektin (der „Pektose" FREMYS). GRIEBEL zeigte nun, daß bei den baumreifen Früchten des Speierlings (Sorbus domestica), die noch hart und wegen des hohen Gerbstoffgehaltes ungenießbar sind, keine Quellung der Mittellamelle zu beobachten ist. Sobald die Früchte bei der Nachreife weich geworden, aber noch ungenießbar sind, treten über den Intercellularen, wahrscheinlich infolge von Fermentwirkung, Kugeln von Pektinschleim auf, die als Zwischenprodukt zwischen dem Protopektin und dem im Preßsafte überreifer Früchte enthaltenen gelösten Pektin anzusprechen sind. Nach vorherigem Erhitzen der Früchte auf 60° bleibt die Schleimbildung aus, ein Zeichen, daß es sich um einen Vorgang der lebenden Zelle (Fermentwirkung) handelt.

Das Verschwinden des herben Geschmacks beim Nachreifen teigig werdender Früchte, wie Speierlinge, Mispeln, Elsebeeren, Ebereschen und anderer gerbstoffreicher, nicht teigig werdender Früchte, wie Persimonen, Datteln, Bananen, Schlehen, beruht nicht auf einer Oxydation des Gerbstoffs zu Phlobaphen, sondern wird durch das Auftreten von Acetaldehyd bedingt.

Seine diesbezüglichen Beobachtungen faßt GRIEBEL[3] folgendermaßen zusammen:

Eine Reihe eßbarer Obstarten enthält im Mesokarp zahlreiche Zellen, deren Saft sehr reich an Gerbstoff ist, sog. Gerbstoffidioblasten. Aus diesem Grunde schmecken sie im unreifen und auch noch im baumreifen Zustande mehr oder weniger stark herb. Erst bei der Nachreife oder dem Teigigwerden verschwindet der herbe Geschmack, und die Früchte werden genießbar, indem der Gerbstoff in unlösliche Form übergeht. Bei den teigig werdenden Früchten ist dieser Vorgang mit einem plötzlichen Absterben der Gerbstoffzellen verbunden. Er äußert sich in der Weise, daß der Inhalt ihres Saftraumes zusammen mit dem umgebenden Plasmaschlauche unter Kontraktion zu einer kompakten Masse („Inklusen") erstarrt, wobei eine Lösung der nicht mitgerinnenden Stoffe ausgepreßt wird. Gleichzeitig erfolgt durch Pektolyse ein Zerfall des Fruchtfleisches in einzelne Zellen, die sich durch Oxydasewirkung bräunen. Die Ursache der Inklusenbildung und des plötzlichen Zelltodes ist in einer vermehrten Entstehung von Acetaldehyd zu suchen. Die Erscheinung kann auch durch Behandlung der Früchte mit Aldehyden, nicht aber mit Äther, Chloroform, Aceton hervorgerufen werden, unterbleibt aber, wenn das Zellplasma durch Erhitzen auf 60° oder durch Narkotisieren abgetötet war. Wodurch

[1] R. OTTO: **Z.** 1902, **5**, 467.
[2] C. GRIEBEL: **Z.** 1925, **49**, 90. Vgl. M. H. HALLER: Journ. agricult. Res. 1929, **39**, 739.
[3] GRIEBEL: **Z.** 1925, **49**, 94; vgl. **Z.** 1919, **37**, 97; 1924, **48**, 218.

die plötzliche Aldehydbildung hervorgerufen wird, ist noch nicht bekannt, jedenfalls nicht durch anaerobe Zellatmung. Möglicherweise hängt sie damit zusammen, daß die Carboxylase ihre Wirksamkeit behält, während die anderen Fermente versagen.

c) Veränderungen während des Lagerns.

Auch bei sorgfältigster Behandlung und Aufbewahrung in Kühlräumen treten in den Obstfrüchten gewisse Veränderungen ein. Nach Versuchen von H. BECKER[1] nimmt bei Birnen, Äpfeln, Zwetschen und Pfirsichen der Gehalt an Trockensubstanz infolge der Abgabe von Wasser zu. Die Äpfelsäure geht im Kernobst etwas, in Zwetschen um $^1/_3$, die Citronensäure in Pfirsichen um $^2/_3$ zurück. Gleichzeitig steigt der Gehalt an flüchtigen Säuren und Aromastoffen. Alle vier Obstarten enthielten Saccharose, deren Menge infolge von Inversion ständig abnahm. Der Genußwert stieg mit Ausnahme der Pfirsiche, die fade und trocken wurden. Das Lagern sollte daher bei Pflaumen und Pfirsichen 4 Wochen nicht überschreiten, während bei Äpfeln und Birnen 64—70 Tage als ausreichend anzusehen sind.

Als recht zweckmäßig ist nach J. R. NELLER[2] bei Äpfeln das Abreiben und Einölen anzusehen, das die Wasserverdunstung verhindert und die Früchte glatt und fest erhält. Hingegen hat sich das Eintauchen in 2%ige Salzsäure als wirkungslos und die Behandlung mit 2%iger Natronlauge sogar wegen Erhöhung des Gewichtsverlustes als nachteilig erwiesen.

Die in Nordamerika bisweilen beobachtete und als Sclad bezeichnete Obstkrankheit soll nach KOCHS[3] durch Einwickeln der Früchte in ein mit 15% Mineralöl getränktes Papier verhindert werden können, wahrscheinlich, weil dieses den beim Lagern entstehenden Überschuß an Fruchtäthern bindet.

Nach Beobachtungen von A. M. EMMET[4] zeigen sich bei der Aufbewahrung von Birnen und Äpfeln unter verschiedenen Temperaturen von 12, 5, 4 und 1° erhebliche Abweichungen in der Art der Reifung. Diese verläuft bei 12° wesentlich schneller (innerhalb von 12 Tagen) als bei niederen Temperaturen unter Entwicklung löslichen Pektins, als der Hauptursache des Weichwerdens, und dem Auftreten beträchtlicher Mengen Sorbit im Safte. Nach überschrittener Reifung nimmt die Viscosität schneller ab, als dem Pektingehalte entspricht.

KIDD und WEST[5] stellten fest, daß bei Abwesenheit von Sauerstoff und Kohlensäure die Reifungsvorgänge bei Birnen zum Stillstand kommen. Der Geschmack erleidet zwar innerhalb mehrerer Monate keine Einbuße, die Früchte sind aber weniger saftig und aromatisch als reife.

Das Nachdunkeln von Trauben und Traubensirupen ist nach P. H. RICHERT[6] ein verwickelter Vorgang, bei dem die Oxydation durch den Luftsauerstoff nur von untergeordneter Bedeutung ist. Größeren Einfluß haben die Proteine und ihre Zersetzungsprodukte sowie die Wasserstoffionenkonzentration und vor allem die Temperatur. Stärkste Dunkelfärbung tritt in der Nähe des Neutralisationspunktes ein, auch wirken schon Temperaturen über 32°, noch mehr solche von 100 oder 150° schädlich.

Vitamin A und B werden durch das Lagern kaum gefährdet und sind in der Regel noch nach Jahren unverändert vorhanden, hingegen ist das Vitamin C wegen seiner Empfindlichkeit gegen Oxydasen weniger beständig. Es bleibt aber in ganzen Orangen und Citronen, solange das Gewebe am Leben bleibt,

---

1 H. BECKER: Zeitschr. öffentl. Chem. 1917, **23**, 66; **Z.** 1918, **35**, 493.
2 J. R. NELLER: Journ. agricult. Res. **36**, 426; **Z.** 1932, **63**, 237.
3 KOCHS: Landw. Jahrb. 1927, **66**, Erg.-Bd. I, 420; **Z.** 1931, **61**, 233.
4 A. M. EMMETT: Anals of Botany **43**, 269; **Z.** 1934, **67**, 345.
5 KIDD u. WEST: Nature **123**, 315; **Z.** 1934, **67**, 343.
6 P. H. RICHERT: Fruit Products Journ. Amer. Vinegar Ind. 1930, **9**, 149.

erhalten, und auch mehrere Sorten Äpfel behielten bei Versuchen von G. KRAUSS[1] ihren Vitamingehalt, solange sie genießbar waren, d. h. bei einer Lagerungstemperatur von 5—8°, und zwar die Gravensteiner bis ungefähr Dezember, die Bohnäpfel ein Jahr, die Goldparmänen bis Mai.

d) Veränderungen durch Mikroorganismen.

An den mit Ausnahme der „Edelfäule" von Weinbeeren meist als Obstkrankheiten bezeichneten Erscheinungen sind in erster Linie Pilze der verschiedensten Gattungen beteiligt. Auf deren Wachstum sind hauptsächlich folgende Krankheiten zurückzuführen:

α) Schorf wird durch eine Reihe von Fusicladiumpilzen hervorgerufen, deren mikroskopisch kleine Fruktifikationsorgane entweder dunkle Conidien oder in das Fruchtfleisch eingesenkte langhalsige Perithezien sind. Die letzteren, die man früher als besondere Gattung ansah, werden als Venturia, die Conidien hingegen als Fusicladium bezeichnet. Die bekanntesten sog. Schorfpilze Fusicladium dendriticum auf Äpfeln, Fusicladium pirinum auf Birnen erzeugen auf den Früchten anfangs schwarzgrüne, später korkfarbige, schwarz umrandete Flecken, sowie größere oder kleinere Risse (Abb. 1). Ähnlich verhält sich Fusicladium cerasi auf Kirschen, namentlich Schattenmorellen, Ostheimer Weichseln usw. Die von der Krankheit befallenen Früchte verkümmern, fallen leicht ab und faulen schnell. Auch die Blätter und Zweige werden schwer geschädigt. Als Gegenmittel ist Bespritzen mit Kupferkalkbrühe empfohlen worden.

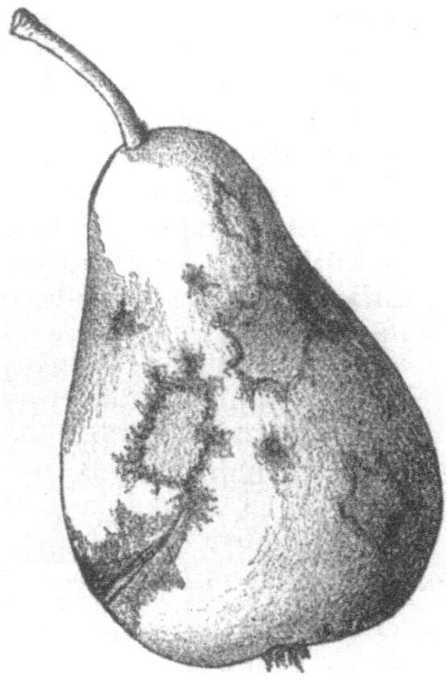

Abb. 1. Fleckige, gerissene Birnenfrucht (Fusicladium-Schorf).

Nach Untersuchungen von WALTER A. DE LONG[2] ist die Asche der vom Schorf befallenen Äpfel sehr arm an Kalk, und er empfiehlt daher zur Bekämpfung der Krankheit systematische Zufuhr von Kalk, allenfalls unter Zusatz von Borsäure.

β) Moniliaschimmel wird durch verschiedene Moniliaarten, z. B. M. fructigena auf Kernobst, M. cydoniae auf Quitten, Monilia laxa auf Aprikosen und M. cinerea auf anderem Steinobst hervorgerufen. Die eigentlich als Sklerotiniaarten anzusprechenden Wucherungen, deren Conidienformen als Monilia bezeichnet werden, bilden auf den Früchten halbkugelige, weiße oder graue Sporenhäufchen, bisweilen in ringförmiger Anordnung (s. Abb. 63 und 64 im Beitrag GRIEBEL, S. 730), die sich mit braunen Fäulnisstellen (Grindfäule) umgeben, oder auch die ganze Oberfläche in eine lederartige schwarze Masse (Schwarzfäule) verwandeln. Gefährlicher noch als das Verderben der Früchte ist das durch die Pilze verursachte Absterben der Blüten und Triebe. Die Bekämpfung der Krankheit kann nicht durch das hier wirkungslose Bespritzen mit Kupferkalkbrühe, sondern nur durch Abschneiden und Verbrennen aller kranken Triebe und Früchte, auch der am Boden liegenden erfolgen.

γ) Rostkrankheiten werden durch verschiedene zu der Gattung Uredineae gehörige Rostpilze in Form rostroter Flecke oder Streifen, die aus orangerotem, leicht abstäubendem Sporenpulver bestehen, hervorgerufen.

---

[1] G. KRAUSS: Z. 1934, 68, 377.
[2] WALTER A. DE LONG: Plant Physiology 1936, 11, 453; Umschau 1936, 40, 876.

Der Gitterrost der Birnen besteht aus den Aecidien des auf dem Sadebaum sein Mycel bildenden Gymnosporangium sabinae und wird durch Ausrottung der Sadebäume bekämpft.

Der Säulenrost der Johannisbeeren bildet auf der Unterseite der Blätter kleine gelbe staubige Pusteln, die als die Uredo- oder Teleutosporen eines heteröcischen Rostpilzes, Cronartium ribicola, anzusprechen sind. Die Aecidien erzeugen an den Weymouthskiefern den Blasenrost, weshalb diese Bäume möglichst ferngehalten werden müssen.

Der Becherrost der Stachelbeeren ist die Aecidiengeneration mehrerer Pucciniaarten, die auch wohl als Aecidium grossulariae bezeichnet wird.

δ) Echter Meltau, der von verschiedenen Erysipheenarten hervorgerufen wird, breitet sich auf der Oberfläche von Blättern und Früchten aus, auf der das Mycel mit den Conidien mehligweiße, später wieder verschwindende Überzüge bildet. Durch Eindringen besonderer Saugorgane (Haustorien) in die Oberhautzellen der Wirtspflanzen werden diese getötet. An Fortpflanzungsorganen entwickeln die Pilze kettenförmig angeordnete Conidien (s. Abb. 67 und 69 im Beitrag GRIEBEL, S. 732), sowie Ascosporen, die als kleine schwarze Punkte erscheinen, langsam wachsen und zur Überwinterung dienen.

Als wichtigste Arten des Meltaues seien angeführt: der Rebenmeltau oder Äscherich (Oidium Tuckeri), der Kernobstmeltau (Podosphaera leucotricha), der einheimische Stachelbeermeltau (Microsphaera grossulariae) und der besonders gefährliche amerikanische Stachelbeermeltau (Sphaerotheca mors uvae), dessen dicke Polster sich bald grau bis dunkelbraun färben (s. Abb. 68 im Beitrag GRIEBEL, S. 732). Zur Bekämpfung des Meltaus wird Bestäubung mit Schwefelpulver empfohlen, die aber durch Verbrennen des abfallenden Laubes unterstützt werden muß.

ε) Falscher Meltau, die gefürchtete Blattfallkrankheit der Reben, wird durch Peronospora viticola in Form eines weißlichen Schimmelbelags hervorgerufen und vernichtet nicht nur die Blätter, sondern auch die Beeren (Lederbeerenkrankheit). Zur Bekämpfung ist eine mehrmalige Bespritzung mit Kupferpräparaten behördlich vorgeschrieben.

ζ) Fleckenkrankheit (Schwarzfleckigkeit) der Walnüsse, die sowohl die Blätter als auch die Früchte befällt, wird durch den Pilz Marssoniana juglandis hervorgerufen. Dieser bildet auf der Blattunterseite Sporenbehälter, von denen ausgehend sich die Krankheit den ganzen Sommer über weiterverbreitet. Im Herbst entwickeln sich in diesen Blättern Dauersporen, die für die Überwinterung bestimmt sind, im Frühjahr reifen und das Auftreten der Krankheit veranlassen. Die Bekämpfung kann zunächst dadurch erfolgen, daß man die abgefallenen Blätter restlos sammelt und verbrennt oder sehr tief eingräbt. Hauptsächlich empfiehlt sich aber als vorbeugende Bekämpfungsmaßnahme im nächsten Jahre von Mitte Juni bis Ende Juli eine zweimalige Bespritzung der Bäume mit einer 1—1$^1/_2$%igen Kupferkalkbrühe.

η) Fäulnis des Obstes wird nach J. BEHRENS[1] durch zahlreiche Pilzarten, namentlich Penicillium glaucum, Mucor stolonifer, Botrytis vulgaris und cinerea, Oidium fructigenum (Monilia fructigena), Fusarium, Gloeosporium u. a. hervorgerufen. Die Pilze erzeugen beim Wachsen auf Früchten und Fruchtsäften Gifte, die auf pflanzliche Zellen tödlich wirken können, sowie verschiedenartige Enzyme und geben dadurch zu mannigfachen Veränderungen der chemischen Zusammensetzung Anlaß. Das Erweichen des Fruchtfleisches beruht auf dem durch die giftigen Stoffwechselprodukte bedingten Absterben der Zellen, unterstützt durch die Auflösung der Intercellularsubstanz. Die Bestandteile

[1] J. BEHRENS: Zentralbl. Bakteriol. 1898, **4**, II, 514; **Z.** 1899, **2**, 929. Vgl. C. P. HARLEY: Journ. agricult. Res. 1929, **39**, 483: Entstehung von Acetaldehyd bei der Fäulnis.

der Früchte werden durch die einzelnen Pilze in verschiedenem Maße zerstört. So verzehrt Oidium fructigenum in Äpfeln die Säure und andere Extraktstoffe schneller als den Zucker. Der Gerbstoff nimmt in allen faulenden Früchten ab, wird aber nicht von den Pilzen verzehrt, sondern in Form unlöslicher Inklusen abgeschieden. Von Botrytis vulgaris wird die Weinsäure rascher als die Äpfelsäure und diese wieder rascher als die Citronensäure angegriffen. Penicillium glaucum greift zuerst die Äpfelsäure, später die Weinsäure und zuletzt die Citronensäure an, vermag aber auch selbst Citronensäure zu bilden. Das vielfach auf Oxydasenwirkung zurückgeführte Braunwerden des Kernobstes beruht nach BEHRENS auf einer Oxydation des Gerbstoffs und seiner Verbindung mit dem Eiweiß zu einer lederartigen braunen Verbindung. Möglicherweise wird der Farbstoff aber durch ein emulsionsartiges Enzym aus einer glucosidischen Verbindung in Freiheit gesetzt. Botrytis, Penicillium und Oidium sind gegen gelöste und noch mehr gegen unlösliche Kupferverbindungen sehr beständig, die Bekämpfung der Fäulnis mit Kupferbrühen verspricht daher wenig Erfolg.

Die sog. Edelfäule der Weinbeeren, die nach MÜLLER-THURGAU[1] durch Botrytis cinerea verursacht wird, hat im Gegensatze zu den vorstehenden erwünschte Veränderungen zur Folge. Wenn man, wie im Rheingau und der Haardt, in bevorzugten Lagen die Trauben nach erfolgter Vollreife noch eine Weile am Stock hängen läßt, siedelt sich der Pilz auf den Beeren an, dringt in die letzteren ein und bringt die erst gelb, dann braun werdende Haut zum Absterben. Der Pilz lebt auf Kosten des Traubensaftes, verzehrt aber schneller die Säure und die Stickstoffsubstanz als den Zucker und bewirkt daher, unterstützt durch Wasserverdunstung bei sonnigem Wetter, eine Erhöhung der Zuckerkonzentration. Die Edelfäule erreicht Mitte oder Ende November ihren Höhepunkt und muß je nach den Witterungsverhältnissen früher oder später durch die Lese unterbrochen werden.

e) Veränderungen durch tierische Schädlinge.

Die Larven und Raupen zahlreicher Insekten, besonders Schmetterlinge, aber auch Fliegen und Mücken, sowie vereinzelte Käfer, vermögen dem Obstbau schweren Schaden zuzufügen, sei es durch Vernichtung der Blätter, durch Anstechen der Blüten oder durch Eindringen in die Frucht selbst. Von den besonders gefährlichen seien genannt:

Der Ringelspinner (Gastropacha [Malacoroma] neustria), der im Spätsommer die Eier an die Zweige der Bäume legt, und dessen Raupen das Laub fressen;

der Schwammspinner (Ocneria [Lymantria] dispar), dessen in gleicher Weise abgelegte Eier am wirksamsten durch Befeuchten mit Petroleum abgetötet werden;

der Große Frostspanner (Hibernia defoliaria) und der Kleine Frostspanner (Cheimatobia brumata), die durch Anlegen von Leimringen bekämpft werden;

der Stachelbeerspanner (Abraxas grossulariata), zu dessen Vernichtung die unter den Sträuchern liegende Blattdecke gesammelt und verbrannt werden muß;

der Lastträger oder Aprikosenspanner (Orgyia antiqua) und der

Apfelwickler (Carpocapsa [Cydia] pomonella), der die unreifen Früchte an der Blume mit Eiern belegt, von wo die Räupchen in das Kerngehäuse eindringen und dort als sog. Apfelmaden das Fruchtfleisch fressen.

---

[1] MÜLLER-THURGAU: Landw. Jahrb. 1888, **17**, 83. Vgl. L. GRÜNHUT: Die Chemie des Weines in Sammlung chemisch-technischer Vorträge II. Stuttgart: Ferdinand Enke 1897.

Von den zu der Familie der Rüsselkäfer gehörenden Blütenstechern sind besonders schädlich: der Apfelblütenstecher oder Brenner (Anthonomus pomorum) und der Birnenstecher (A. piri), die ihre Eier in die Blüten legen, wo die auskriechenden Larven den Fruchtknoten zerstören.

Außer den genannten Insekten fressen auch gewisse Blattwespen oder Sägewespen das Laub und die Früchte an.

Die zur Bekämpfung der Schädlinge am Baum geeigneten Mittel (Raupenfallen, Leimringe, Bespritzen mit Kupferbrühe, Bestäuben mit Arsenpräparaten) sind bereits im Abschnitte: „Anbau des Obstes" besprochen worden. Von neueren Mitteln ist noch die Vergasung der Lagerräume mit Blausäure zu erwähnen, die bei der für Schutzzwecke ausreichenden Konzentration von 0,5 Vol.-% nach FERD. BERAN[1] unschädlich sein soll, bei höherer Konzentration von 1 Vol.-% aber das Kernobst stark schädigt.

Die 14 Tage nach der Begasung mit Zyklon-B im Großbetriebe untersuchten Äpfel waren blausäurefrei. Im Laboratorium mit reiner Blausäure behandelte Äpfel enthielten 1 Stunde nach der Begasung in 1 kg 9,7 mg Cyanwasserstoff, nach 2—3 Stunden aber nur noch weniger als 1 mg und nach 24 Stunden keine Spur mehr davon.

Weitere Versuche mit Blausäure und mit Bromessigsäuremethylester ergaben bei den angewandten Konzentrationen von 12 g bzw. 0,2 g auf 1 cbm und bei den praktisch in Betracht kommenden Einwirkungszeiten bis zu 2 Stunden keine Schädigung der Früchte, vielmehr war eine solche erst nach 3—6stündiger Einwirkung bemerkbar. Sehr schädlich erwies sich aber das Gemisch beider Stoffe, weil der Bromessigsäureester durch Steigerung der Atmungsintensität der Früchte eine erhöhte Blausäureaufnahme bewirkt. Diese tritt aber erst nach Ablauf von etwa 30 Minuten ein.

IV. Nährwert des frischen Obstes.

Während das Obst hinsichtlich seines Nährwertes früher meist zu ungünstig und mehr als eine Leckerei, als ein reines Genußmittel beurteilt wurde, scheint jetzt, besonders durch die Propaganda der Rohköstler eine gewisse Überschätzung eingetreten zu sein. Es muß daher immer wieder hervorgehoben werden, daß der rein calorische Wert des Obstes zu gering ist, um damit allein den Nährstoffbedarf des Menschen zu decken, daß es aber wegen seiner vortrefflichen diätetischen Eigenschaften, insbesondere seines Gehaltes an lebenswichtigen Vitaminen und Mineralstoffen eine unentbehrliche Beigabe zur täglichen Kost bildet. Bei der Berechnung des calorischen Wertes ist vor allem zu berücksichtigen, daß nur ein Teil der eingekauften Ware dem Organismus zugeführt wird, während erhebliche Teile derselben als Abfall in Verlust geraten Für den Gehalt an Kernen, Steinen und Schalen lassen sich etwa folgende Werte angeben:

Äpfel	0,1—0,4%	Aprikosen	3,6%
Birnen	0,4%	Johannisbeeren	4,5%
Zwetschen	3,1—4,2%	Stachelbeeren	2,5%
Reineclauden	3,1%	Apfelsinen	29,0%
Mirabellen	5,8%	Citronen	40,8%
Kirschen	3,2—5,5%	Bananen	30—33%
Pfirsiche	4,6—6,8%		

Besonders groß ist der Abfall bei den Südfrüchten, so daß sich bei ihnen der Preis der Calorien oder die Preiswerteinheit meist erheblich höher stellt, als bei den einheimischen Obstarten.

[1] FERDINAND BERAN: Z. 1933, **66**, 317; 1935, **69**, 170.

Hinzu kommt, daß der calorische Wert des reinen Fruchtfleisches bei den saftigen Früchten nur recht gering ist, und daß er in der Hauptsache durch Kohlenhydrate bedingt wird, während die Fett- und Eiweißstoffe völlig zurücktreten. Auch ist die Ausnutzung des Obstes infolge der großen Verluste von Nährstoffen im Kote sehr ungünstig, wie aus folgenden Feststellungen von RUBNER und THOMAS[1] ersichtlich wird.

Tabelle 6. Nährstoffverluste bei Obst.

Obstart	Prozentische Verluste an				
	Trockenmasse %	Stärke %	Cellulose %	Stickstoff %	Wärmewert %
Äpfel	9	—	22	65—100	12
Erdbeeren	21	—	40	92	33
Bananen, reif	8	—	—	54	9
„ halbreif	22	97	—	41	22
„ überreif	9	17	—	82	11

Auf diese Weise errechnet sich für den ausnutzbaren Wärmewert nur ein im Verhältnisse zu den übrigen Lebensmitteln geringer Betrag. In der nachstehenden Zusammenstellung beziehen sich die Angaben von J. KÖNIG auf 1 kg Fruchtfleisch, diejenigen von KESTNER und KNIPPING[1] auf 1 kg des eingekauften, von den Abfällen noch nicht befreiten Obstes.

Tabelle 7. Ausnutzung des Obstes.

Obstart	Verwertbarer Wärmewert nach	
	KÖNIG Calorien	KESTNER-KNIPPING Calorien
Äpfel, Birnen	565—570	400
Pflaumen, Kirschen	575—720	400—500
Aprikosen, Pfirsiche	520—610	350
Weinbeeren	760	610
Beerenobst	410—540	200—210
Ananas, Orangen, Citronen	575—595	260
Bananen	810—970	500—600

Durchaus abweichend von den saftigen Früchten verhalten sich die im weiteren Sinne ebenfalls zum Obst („Schalenobst") gerechneten Nüsse, Mandeln und Kastanien. Diese enthalten alle erheblich weniger Wasser, im baumreifen Zustande etwa 20—30%, als Handelsware sogar nur 6—7%, und dementsprechend große Mengen der calorischen Nährstoffe. Besonders auffallend ist ihr überaus hoher Fettgehalt, der bei Mandeln und Nüssen 53—67% beträgt, neben 17—21% Eiweiß und 10—13% Kohlenhydraten, so daß der ausnutzbare Wärmewert der von den Schalen befreiten frischen Kerne bei den süßen Mandeln 5520—6000, bei den Nüssen sogar 5820—6650 Calorien entspricht. Auch die Kastanien (Maronen), die zwar nur wenig Fett (7,2%) und auch weniger Stickstoffsubstanz (10,8%), dafür aber umso mehr Stärke (69%) enthalten, weisen immerhin noch einen Energievorrat von 3300—3500 ausnutzbaren Calorien auf und sind insofern den konzentrierten Nahrungsmitteln tierischen und pflanzlichen Ursprungs: Fetten, Fleisch und Käse, Getreide- und Leguminosenmehlen an die Seite zu stellen.

Bei den eigentlichen Obstfrüchten, dem Kern-, Stein- und Beerenobst, ist aber der calorische Nährwert, auch wenn durch Kochen zu Kompott, Obstmus

[1] Nach KESTNER-KNIPPING, Ernährung des Menschen, S. 120.

und Dosenkonserven die Verdaulichkeit und damit die Ausnutzung erhöht wird, unzureichend.

Ganz anders stellt sich aber die diätetische Bedeutung des Obstes, die auf seinem Gehalte an lebenswichtigen unentbehrlichen Bestandteilen, besonders den Mineralstoffen und Vitaminen, beruht und einem Mangel an diesen in zahlreichen anderen Nahrungsmitteln und in der üblichen Kostmischung weiter Volkskreise entgegenwirkt.

Die Mineralstoffe des Obstes zeichnen sich zunächst dadurch aus, daß bei ihnen, im Gegensatze zu den tierischen Nahrungsmitteln und den Samenfrüchten, ein gewisser Überschuß an Basen vorhanden ist, dem einige Physiologen einen günstigen Einfluß auf den menschlichen Organismus zuschreiben. Wichtig ist weiter ihr verhältnismäßig hoher Gehalt an Kalium und Phosphorsäure sowie besonders an Calcium, denn schon in 1 kg frischen Obstes mit 1,2—2,6 g Calciumoxyd ist der von ALBU-NEUBERG zu 1,5—1,3 g geschätzte Tagesbedarf des erwachsenen Menschen enthalten, während von reiner Fleischnahrung zur Deckung etwa die 9—10fache Menge verzehrt werden müßte. Als Träger des Eisens kommt dem Obste allerdings nicht die gleiche Bedeutung wie den grünen Gemüsen zu, aber es ist trotzdem als wichtige Mineralstoffquelle nicht nur Genußmittel, sondern ein wirkliches Nahrungsmittel.

Geradezu unentbehrlich werden die Obstfrüchte als die Träger von Vitaminen, die in den tierischen und unsachgemäß zubereiteten pflanzlichen Nahrungsmitteln oft fehlen. Das Vitamin A, das vor allem im Lebertran und den grünen Gemüsen vorkommt, findet sich auch in manchen Obstarten, besonders Brombeeren, Heidelbeeren und dunklen Kirschen in beachtlichen Mengen. Es ist zwar gegen Alkalien und langdauerndes Erhitzen, besonders bei Luftzutritt, recht empfindlich, wird aber durch das im Haushalte übliche Kochen und das Sterilisieren nach SCHEUNERT nicht entscheidend beeinflußt und auch beim Trocknen nicht zerstört. Vitamin B, das für deutsche Verhältnisse nur von geringer Bedeutung ist, kommt in den saftigen Obstfrüchten nur spurenweise oder höchstens in geringer Menge vor, verhältnismäßig am meisten in Ananas, Brombeeren und Heidelbeeren, während der Gehalt für Walnüsse als recht gut, für Haselnüsse und Mandeln als gut bezeichnet wird. Vitamin C, das wichtige Vorbeugungs- und Heilmittel gegen Skorbut bildet einen wesentlichen Bestandteil der meisten Obstarten, wie im Abschnitt: Zusammensetzung des Obstes auf S. 524f. näher auseinandergesetzt worden ist. Für die Zubereitung der Speisen muß wohl beachtet werden, daß es bei den Beerenfrüchten fast ganz an die Schalen und Kerne gebunden ist, und daß infolgedessen Holundersuppe und Stachelbeersaft, wie übrigens auch der Traubenwein praktisch vitaminfrei sind. Zusammenfassend sei also nochmals wiederholt, daß die Obstfrüchte Träger der Vitamine und Mineralsalze, also unentbehrliche Nährstoffe, und daher nicht nur als Genußmittel, sondern als wertvolle Nahrungsmittel einzuschätzen sind.

Als dritter Punkt ist nun aber auch noch eben dieser sinnfällige Genußwert des Obstes hervorzuheben, der für die Appetitlichkeit, Schmackhaftigkeit, Bekömmlichkeit und damit den Nährwert selbst von Bedeutung ist. In erster Linie wirkt es durch sein schönes Aussehen und seinen Gehalt an Aroma- und Geschmacksstoffen (Säuren, Gerbstoff) anregend auf die Eßlust und dadurch auf die Tätigkeit der Verdauungsdrüsen und die Absonderung ihrer Fermente. Eine für das Wohlbehagen des Menschen wesentliche Funktion erfüllen die Obstfrüchte aber auch durch ihren verhältnismäßig hohen Gehalt an Cellulose, der bei den entsteinten Pflaumen, Kirschen, Aprikosen 0,27—0,89%, beim Kernobst 1,3—3,0% beträgt, bei Brombeeren und Erdbeeren bis auf 4% und bei Himbeeren sogar bis auf 5,6% ansteigt. Diese zarte Cellulose (20—30% der

Trockensubstanz) ist zwar nicht, wie früher angenommen wurde, für den Menschen völlig unverdaulich, aber doch schwer verdaulich. Sie übt auf den meist trägen Darm der Leute mit sitzender Lebensweise einen Reiz aus und bewirkt eine lebhaftere Peristaltik. — Alles in allem spielt das Obst eine wichtige Rolle bei der Ernährung und sein Verbrauch sollte tunlichst gesteigert werden.

V. Chemische Untersuchung des Obstes.

Je nach dem angestrebten Zwecke wird man das Untersuchungsmaterial für die Analyse in verschiedenartiger Weise vorbereiten. Soll beispielsweise die Zusammensetzung eines bestimmten Erntegewichtes für die Flächeneinheit oder eine beschränkte Zahl von Obstbäumen zur Aufklärung züchterischer oder anderer landwirtschaftlicher Fragen (Anbau, Düngung) ermittelt werden, so ist selbstverständlich die ganze Frucht, wie sie geerntet wird, zu den einzelnen Bestimmungen heranzuziehen, während für die Zwecke der Ernährungsphysiologie und der praktischen Verwendung des Obstes in Haushalt und Industrie nur die eßbaren Teile herangezogen werden. Da der letzteren Aufgabe die größere Bedeutung zukommt, sei nachstehend zuerst die Abtrennung der ungenießbaren Abfälle von dem Fruchtfleische und die weitere Untersuchung des letzteren besprochen. Hinsichtlich der Abfälle wird es im allgemeinen genügen, deren Menge im feuchten und trockenen Zustande zu ermitteln und im Bedarfsfalle den einen oder anderen Bestandteil zu bestimmen.

a) Abtrennung und Bestimmung der Abfälle.

Da von dem Obst nur das Fruchtfleisch, nicht aber die Steine und (mit Ausnahme der Beerenfrüchte) Kerne, sowie beim Schalenobst und den Südfrüchten die Schalen genossen werden, müssen diese Abfälle vor der weiteren Untersuchung entfernt und für sich bestimmt werden.

Zu diesem Zwecke trennt man beim Steinobst die Stiele und durch Aufschneiden oder Aufbrechen die Steine, bei Aprikosen und Pfirsichen wohl auch die meist nicht mitgegessene Haut ab, wägt alles zusammen und berechnet das Fruchtfleisch aus der Differenz.

Vom Kernobst entfernt man die Stiele und den vertrockneten Kelch, bisweilen auch wohl durch möglichst dünnes Schälen die Schale, zerschneidet dann die Frucht und entnimmt die Kerne sowie vorsichtig ihr Gehäuse. Die Menge des Fruchtfleisches ergibt sich wie oben aus der Differenz.

Beerenobst wird nur von den Stielen und Kämmen befreit, indem man die Beeren einzeln vorsichtig abpflückt, unter Vermeidung von Saftverlusten in ein untergestelltes Gefäß fallen läßt und wägt.

Schalenobst wird von der Schale und bisweilen auch von der den Kern umhüllenden Samenhaut befreit.

Südfrüchte befreit man von den Schalen und bei den Citrusfrüchten auch, durch vorsichtiges Aufschneiden, unter Vermeidung von Saftverlusten von den Kernen.

Die weitere chemische Untersuchung beschränkt sich meist auf das Fruchtfleisch.

b) Vorbereitung der Probe.

Zur Erlangung zuverlässiger Befunde ist die Herstellung einer guten Durchschnittsprobe unerläßlich. Diese erfolgt bei den einzelnen Obstarten in verschiedener Weise. Bei Steinobst schickt man zweckmäßig das von den Steinen befreite Fruchtfleisch durch eine Fleischhackmaschine und entnimmt dem gleichmäßigen Brei die zur Analyse erforderlichen Mengen, und zwar wegen der leichten Veränderlichkeit des Materials so schnell als möglich. Kernobst kann nach Entfernung der Abfälle entweder wie oben mit der Fleischhackmaschine oder mit der Reibe zu einem gleichmäßigen Brei verarbeitet werden, wie sich auch die Reibe am besten zur Zerkleinerung der Nüsse, Mandeln, Kastanien usw. eignet. Das Beerenobst wird zunächst in einer Reibschale leicht zerdrückt, der Saft durch ein doppeltes Leinen- oder Flanelltuch oder auf einem feinmaschigen Siebe durchgeseiht, bzw. durchgequetscht, die hinterbleibende feste Masse gut ausgepreßt und gewogen. Die Saftmenge ergibt sich aus der Differenz.

Da bei diesem Verfahren noch geringe Mengen Fruchtfleisch und Saft an dem Preßrückstande verbleiben, haben PFEIFFER und EINECKE[1] vorgeschlagen, in dem Safte und in den getrockneten Trestern den Zuckergehalt zu bestimmen und, unter der Voraussetzung, daß die Schalen und Kerne keinen Zucker enthalten, den Zuckergehalt der trockenen Trester auf Saft umzurechnen und letzteren von dem Trestergehalte abzuziehen.

Die Differenz ergibt den eigentlichen Schalen- und Kerngehalt. Zieht man diese Menge von dem Gewichte der gesamten verarbeiteten Substanz ab, so erhält man die eigentliche Saftmenge und kann hieraus schließlich den prozentischen Saftgehalt der Beeren berechnen.

Beispiel der Berechnung. Angenommen

1. Gewicht der abgebeerten Früchte: 2259 g.
2. Gewicht der frischen Trester: 303 g.
3. Gewicht der trockenen Trester: 84 g.
4. Zuckergehalt des Saftes: 10,8188% Invertzucker.
5. Wassergehalt der getrockneten Trester: 50 g = 0,8075 g.
6. Volumen der getrockneten Trester: 50 g gebrauchen zum Auffüllen auf 500 ccm = 465,375 g Wasser.
7. Zuckergehalt der getrockneten Trester: 1,3514 g enthalten 0,0756 g Invertzucker.

Daraus ergibt sich folgendes:

1. Da 50 g der getrockneten Trester, die noch 0,8075 g Feuchtigkeit enthalten, zum Auffüllen auf 500 ccm 465,375 g Wasser gebrauchen, so sind die löslichen Stoffe der Trester in 465,375 + 0,8075 = 466,1825 g Flüssigkeit enthalten.
2. Da 1,3514 g trockene Trester 0,0756 g Invertzucker enthalten, kommen auf die insgesamt hinterbliebenen 84 g trockene Trester 4,699 g Invertzucker.
3. Der Saft enthält 10,8188% Invertzucker, folglich entsprechen die in 84 g trockenen Trestern enthaltenen 4,699 g Invertzucker 43,4336 g Saft.
4. Die gleiche Menge ist in den 303 g frischer Trester enthalten und muß von diesen abgezogen werden, wonach für fruchtfleischfreie Trester 259,5664 g hinterbleiben.

Subtrahiert man diese von dem Gewicht der abgebeerten Früchte (2259 g), so ergibt sich die Ausbeute an Saft zu 1999,4336 g, d. h. auf 100 g Beeren kommen 88,51 g Saft und 11,49 g Trester.

Die Analyse hat sich vor allem auf folgende Bestimmungen zu erstrecken: Wasser, in Wasser lösliche und unlösliche Stoffe, Stickstoff unter Umständen für die verschiedenen Stickstoffverbindungen getrennt, in Ausnahmefällen Fett und andere ätherlösliche Bestandteile (Phosphatide), Zucker (Glucose, Fructose, Saccharose), Pektinstoffe, Sorbit, Rohfaser, organische Säuren (Weinsäure, Äpfelsäure, Citronensäure, Bernsteinsäure, bei gewissen Beerenfrüchten auch Benzoesäure und Salicylsäure), Gerbstoff, Asche sowie deren Alkalität und quantitative Zusammensetzung, Nachweis von Enzymen und Vitaminen.

Unerläßliche Voraussetzung für die Erlangung zuverlässiger Vergleichswerte ist die Herstellung einer sorgfältig gemischten Durchschnittsprobe und die möglichst schnelle Verarbeitung des leicht zersetzlichen Materials.

c) Wasser (Trockensubstanz).

Zur direkten Bestimmung kann man die festeren Früchte (besonders Kernobst), wie in Bd. II, 2, S. 552 und Bd. III, S. 35 näher beschrieben ist, in dünne Scheiben oder Streifen schneiden, diese auf einen gewogenen Metalldraht aufreihen und dann nach Feststellung des Gesamtgewichtes, für einige Tage in einen auf 50—60° erwärmten Trockenschrank bringen. Nach dieser

[1] PFEIFFER u. EINECKE: Landw. Vers.-Stationen 1897, 48, 131.

Vortrocknung läßt man die Substanz $^1/_2$ Tag an der Luft liegen, damit sie wieder die Luftfeuchtigkeit aufnimmt, zerkleinert sie nach dem Wägen in der Schrotmühle oder dem Mörser und trocknet bei 100—110° zu Ende.

Bei den Beeren- und anderen stark saftigen Früchten, zweckmäßig wohl bei allen Früchten, verwendet man eine abgewogene Menge des nach b hergestellten Obstbreies und trocknet diesen, mit oder ohne Zusatz von Sand, bei 100 bis 105° im Luftbad (nach P. KULISCH[1] 8 Stunden; nach A. EINECKE[2] nur 3—4 Stunden), am besten wohl nach ED. HOTTER[3] im Vakuum bei 95—98°.

Zur Zeit bevorzugt man die indirekte Methode, indem man, wie unter Marmelade (S. 600) beschrieben, den Extraktgehalt der wäßrigen Lösung und die unlöslichen Stoffe bestimmt.

d) Unlösliche Stoffe[4].

25 g der gut gemischten Probe werden in einem Becherglase mit 200 ccm Wasser sorgfältig verrührt, darauf zum Sieden erhitzt und in einen 250 ccm-Kolben übergeführt. Nach dem Abkühlen füllt man zur Marke auf, filtriert und benutzt das Filtrat zur Bestimmung der löslichen Bestandteile. Nachdem die Flüssigkeit abgelaufen ist, setzt man den Trichter auf einen leeren Kolben, bringt den unlöslichen Rückstand quantitativ auf ein glattes Filter und wäscht mit siedendem Wasser bis zum Verschwinden der sauren Reaktion aus. Schließlich spritzt man den Filterinhalt in eine gewogene Schale, dampft ein und trocknet bis zur Gewichtskonstanz.

Der Rückstand kann unter Umständen zur Bestimmung der Rohfaser sowie des Stickstoffs und des Aschengehaltes der unlöslichen Stoffe benutzt werden.

Der Fehler, der durch das geringe Volumen des Unlöslichen (etwa 1—2 ccm) bedingt wird, ist, wie auch H. KOBER[5] hervorgehoben hat, belanglos und wird durch die wesentlich vereinfachte Arbeitsweise aufgewogen. Ohne Einfluß auf das Resultat ist weiter, ob man im Wassertrockenschranke oder bei 100—105° im Lufttrockenschranke trocknet.

Da aber bei dem Erhitzen der wäßrigen Lösung das Albumin unlöslich ausgeschieden wird, empfiehlt es sich für die genauen Bestimmungen, den Fruchtbrei erst mit kaltem Wasser auszuziehen.

e) Stickstoff.

Zur Bestimmung des Gesamtstickstoffs verbrennt man eine abgewogene Menge (5 g) des Fruchtbreies nach KJELDAHL, doch kann man auch, um die Verarbeitung einer größeren Substanzmenge zu ermöglichen, nach dem Vorschlage von P. KULISCH zunächst den sterilisierten Brei mit einer Spur reiner Hefe versetzen und den getrockneten Vergärungsrückstand kjeldahlisieren. Der Stickstoffgehalt der Hefe ist dann in Abzug zu bringen.

In manchen Fällen wird man den Stickstoffgehalt der wäßerigen Lösung und des Ungelösten gesondert bestimmen. Die nur ausnahmsweise erforderliche Abtrennung und gesonderte Ermittelung von koagulierbarem Eiweiß, Aminosäuren und Aminen erfolgt nach den in Bd. II, 2, S. 602f. mitgeteilten Methoden (vgl. auch Abschnitt Fruchtsäfte S. 635).

f) Fett.

Im Hinblick auf den sehr geringen Fettgehalt der saftigen Obstfrüchte beschränkt man sich bei diesen in der Regel auf die Bestimmung des Äther-

---

[1] P. KULISCH: Zeitschr. angew. Chem. 1894, **7**, 148.
[2] A. EINECKE: Landw. Vers.-Stationen 1897, **48**, 131.
[3] ED. HOTTER: Zeitschr. landw. Versuchswesen Österreich 1906, **9**, 747.
[4] BEYTHIEN u. SIMMICH: **Z.** 1910, **20**, 268. — HÄRTEL u. SÖLLING: **Z.** 1911, **21**, 168.
[5] H. KOBER: Zeitschr. öffentl. Chem. 1906, **12**, 393.

extraktes („Rohfett“), der allerdings auch die Wachse, Harze, Lipoide, ätherischen Öle, Phosphatide usw. umfaßt.

Nur für die Untersuchung der fettreichen Kerne des Schalen- und Steinobstes ist eine besondere Vorbehandlung erforderlich. Von diesen füllt man 5 g der feingeriebenen Masse in die Extraktionshülse, setzt diese in ein Porzellanschälchen, trocknet 1—2 Stunden bei 90—100° und zieht dann im Soxhlet 3—4 Stunden mit Äther aus. Etwa in das Schälchen eingedrungenes Fett wird mit Äther in das Extraktionskölbchen gespült. Die entfettete Masse nimmt man schließlich aus der Hülse heraus, zerkleinert sorgfältig und extrahiert nochmals in der gleichen Patrone. Unter Umständen empfiehlt es sich, die zerquetschte Masse vorher mit der vierfachen Menge Sand zu verreiben.

g) Phosphatide.

Nach dem Vorschlag von B. REWALD und A. SCHWIEGER[1] extrahiert man die Durchschnittsprobe der wasserreichen Früchte zunächst mit einer Alkohol-Benzolmischung (20:80), dampft den Auszug zum Sirup ein, löst zur Entfernung mitgelöster Kohlenhydrate in warmem Wasser und zieht 10mal mit Äther aus. In dem Eindampfrückstand (phosphatidhaltiges Gesamtfett) wird der Phosphorgehalt bestimmt und durch Multiplikation mit 25,05 auf Palmitooleolecithin (Eierlecithin) umgerechnet. Verschiedene Kern- und Steinfrüchte enthielten in dem Fruchtfleisch 0,0092—0,0300% Phosphatide (0,11—0,37% Gesamtfett), in den Schalen 0,0111—0,066% Phosphatide (0,54—1,57% Gesamtfett) und in den Kernen von Pflaumen und Pfirsichen 0,21—0,41% Phosphatide (26,08—33,65% Gesamtfett).

Zur Bestimmung der wasserlöslichen Obstbestandteile benutzt man aliquote Teile der nach d erhaltenen Lösung 1:10.

h) Zucker.

α) Direkt reduzierender Zucker. Nach dem Ausfalle der Extraktbestimmung verdünnt man die Grundlösung (1:10) so weit, daß 100 ccm nicht mehr als 1 g gelöste Stoffe enthalten. In der Regel wird man sie jedoch, da der Zuckergehalt der meisten Früchte selten mehr als 10% beträgt, direkt benutzen können. 100 ccm der annähernd 1%igen Lösung werden in einem 100/110 ccm-Kölbchen mit Bleiessig bis zur oberen Marke versetzt und nach dem Umschütteln durch ein trockenes Filter filtriert. 90 ccm des Filtrats versetzt man zur Abscheidung des überschüssigen Bleies mit Natriumsulfat oder besser festem Dinatriumphosphat, füllt nach völliger Auflösung des letzteren zur Marke auf, schüttelt um, filriert und benutzt 25 ccm der klaren Lösung (A) zur Bestimmung des reduzierenden Zuckers nach der Vorschrift von ALLIHN.

Zur getrennten Bestimmung der Glucose und Fructose kann man sich einer der in Bd. II, 2, S. 890 angegebenen Methoden bedienen.

β) Gesamtzucker. Bei Gegenwart von Saccharose bringt man 40 ccm der nach α erhaltenen Lösung A in ein 50 ccm-Kölbchen, neutralisiert mit Salzsäure, setzt dann noch 2,5 ccm konz. Salzsäure (1,19) hinzu und erhitzt mit eingesenktem Thermometer genau 5 Minuten auf 68—70°. Nach sofortigem Abkühlen unter der Wasserleitung wird neutralisiert und zur Marke aufgefüllt. 25 ccm der Lösung dienen wie unter α zur Bestimmung des Invertzuckers.

i) Pektin.

Zum qualitativen Nachweise bedient man sich des von C. GRIEBEL[2] aus den Idioblasten gewisser Rosaceenfrüchte (Speierling, Elsbeere, Schlehe, Cornel-

[1] B. REWALD u. A. SCHWIEGER: Biochem. Ztg. 1933, **257**, 289; **Z.** 1936, **71**, 370.
[2] C. GRIEBEL: **Z.** 1932, **63**, 291.

kirsche) gewonnenen Reagenses, dessen Herstellung und Anwendung in Bd. II, 2, S. 950 beschrieben worden ist.

Zur quantitativen Bestimmung werden 100 ccm der nach d erhaltenen Grundlösung in einem 400 ccm fassenden Becherglase mit 100 ccm etwa 0,1 N.-Natronlauge und nach dem Stehen über Nacht mit 50 ccm N.-Essigsäure sowie 50 ccm einer etwa molaren Calciumchloridlösung versetzt. Die weitere Behandlung erfolgt nach der in Bd. II, 2, S. 591 beschriebenen Methode von C. GRIEBEL und F. WEISS[1]. Das Ergebnis wird als Calciumpektat berechnet.

Außerdem kann der Pektingehalt auch aus der Methoxylbestimmung (Bd. II, 2, S. 952) und der Galakturonsäure (Bd. II, 2, S. 955) abgeleitet werden.

k) Stärke.

Die mit kaltem Wasser völlig von löslichen Stoffen befreite Obstmasse kann mit dem Mikroskope, unter Umständen nach Zusatz von Jodlösung auf Stärkekörner geprüft werden. Die nur ausnahmsweise (z. B. in unreifen Bananen) erforderliche quantitative Bestimmung erfolgt in üblicher Weise nach einer der in Bd. II, 2, S. 913 angeführten Methoden.

l) Sorbit.

Sorbit, der einen regelmäßigen Bestandteil des Kern- und Steinobstes bildet, in den Beerenfrüchten aber gar nicht oder nur spurenweise vorkommt, kann nach dem Verfahren von WERDER (Bd. II, 2, S. 965) in dem Fruchtbrei oder in dem abgepreßten Safte bestimmt werden, doch ist bei den zuckerreicheren Obstsorten vorherige Vergärung erforderlich. Zur sicheren Ausschaltung störender Obstbestandteile, insbesondere, außer dem Zucker, der Dextrine, des Pektins und der natürlichen Farbstoffe empfiehlt sich die Anwendung der im Abschnitte Marmeladen (S. 607) beschriebenen Arbeitsweise von G. REIF[2].

m) Rohfaser und Pentosane.

Diese hauptsächlich in den Kernen und Beerenhäuten enthaltenen Stoffe werden nach den üblichen Methoden entweder in der Substanz direkt oder in dem ausgewaschenen Rückstande bestimmt.

Für die Rohfaser empfiehlt sich im allgemeinen die Anwendung des WEENDER Verfahrens (Bd. II, 2, S. 940), weil nach diesem fast alle in der Literatur verzeichneten Werte ermittelt worden sind. Will man eine pentosanfreie Rohfaser haben, so wird das Verfahren von J. KÖNIG (Bd. II, 2, S. 941), oder zur Erlangung ligninfreier Cellulose die Methode von K. KÜRSCHNER und A. HANAK (Bd. II, 2, S. 943) vorzuziehen sein.

Pentosane werden mit Hilfe des Barbitursäureverfahrens von B. PETER, H. THALER und K. TÄUFEL (Bd. II, 2, S. 930) bestimmt, das die Fehlerquellen der klassischen Phlorogluzinmethode von B. TOLLENS ausschaltet.

n) Gesamtsäure.

Zur acidimetrischen Bestimmung titriert man 50 ccm der Grundlösung (1:10) mit 0,1 N.-Natronlauge gegen Phenolphthalein oder Thymolblau (nicht alkaliempfindliche Indicatoren wie Dimethylgelb). Die Zahl der verbrauchten Kubikzentimeter wird durch Multiplikation mit 0,075 auf Weinsäure (bei Weintrauben) oder mit 0,064 auf Citronensäure (bei den übrigen Beeren-

---

[1] C. GRIEBEL u. F. WEISS: **Z.** 1927, **54**, 175; 1929, **58**, 197.
[2] G. REIF: **Z.** 1934, **68**, 179; 1933, **66**, 408.

sowie den Citrusfrüchten) oder mit 0,067 auf Äpfelsäure (bei Stein- und Kernobst) umgerechnet. Auch bei Aprikosen und Pfirsichen empfiehlt es sich, obwohl die Art der Säureverteilung hier noch nicht völlig sichergestellt ist, den Faktor 0,067 für Äpfelsäure zu verwenden. Flüchtige Säuren sind nur ausnahmsweise in anscheinend nicht mehr ganz unzersetzten Früchten (Feigen) beobachtet worden und brauchen daher meist nicht beachtet zu werden. Zu ihrer Bestimmung destilliert man 50 g des Fruchtbreies nach der üblichen Methode der Weinvorschrift im Wasserdampfstrome, neutralisiert das Destillat mit 0,1 N.-Lauge gegen Phenolphthalein und rechnet die Zahl der verbrauchten Kubikzentimeter durch Multiplikation mit 0,012 auf Essigsäure um.

o) Nachweis und Bestimmung der einzelnen Säuren.

In den wäßrigen Auszügen des frischen Obstes finden sich von organischen Säuren vorwiegend nur Weinsäure, Citronensäure und Äpfelsäure, unter Umständen auch geringe Mengen Bernsteinsäure, Oxalsäure und Milchsäure, deren Nachweis und Bestimmung nach den in Bd. II, 2, S. 1075f. angegebenen Methoden geführt werden kann.

Zur Abscheidung der in einigen Obstsorten (besonders Heidelbeeren und Preißelbeeren) enthaltenen Benzoesäure und Salicylsäure schüttelt man den Preßsaft oder den wäßrigen Auszug mit Äther oder anderen geeigneten Lösungsmitteln aus und verfährt im übrigen nach den in Handbuch Bd. II, 2, S. 1126 und 1135 angeführten Vorschriften. Blausäure, die einen regelmäßigen Bestandteil der bitteren Mandeln und der Steinobstkerne bildet, wird wie in Rangoonbohnen qualitativ mit Hilfe von Guajac-Kupfervitriolpapier[1] oder mittels Natriumpikratpapier nach W. KOENIG[2] oder auch Benzidinpapier nach P. BUTTENBERG und H. WEISS[3] nachgewiesen.

Die qualitative Bestimmung erfolgt durch Titration des in Natronlauge aufgefangenen Destillates nach Zusatz von Kaliumjodid mit 0,05 N.-Silbernitratlösung oder nach einer anderen der in Bd. II, 2, S. 1291 mitgeteilten Methoden.

p) Acetaldehyd.

Für den qualitativen Nachweis des in teigig werdenden Früchten (Speierlinge usw.) vielfach auftretenden Acetaldehyds hat C. GRIEBEL[4] eine ausgezeichnete mikrochemische Methode ausgearbeitet, die im Handbuche Bd. II, 2, S. 1026 beschrieben worden ist.

q) Gerbstoffe.

Gerbstoffe, die einen wesentlichen Bestandteil vieler Obstarten bilden, deren nähere Zusammensetzung aber noch nicht aufgeklärt ist, werden nach der amtlichen Weinvorschrift oder nach der Hautpulvermethode von NEUBAUER-LÖWENTHAL-SCHROEDER bestimmt (vgl. Bd. II, 2, S. 1174).

r) Asche und Alkalität.

Zur Bestimmung der Gesamtasche verwendet man 30 g des Obstbreies, zur Ermittelung der Asche des in Wasser löslichen Anteils 300 ccm der Grundlösung, dampft zur Trockne und verbrennt unter den bekannten Vorsichtsmaßregeln, besonders Fernhaltung der Verbrennungsprodukte des Leuchtgases, Ausziehen der Kohle mit Wasser usw. Da die Asche sehr hygroskopisch ist, muß bei

[1] A. BEYTHIEN u. H. HEMPEL: Pharm. Zentralh. 1920, **57**, 27.
[2] W. KOENIG: Chem.-Ztg. 1920, **44**, 405.
[3] P. BUTTENBERG u. H. WEISS: **Z.** 1924, **48**, 107. [4] C. GRIEBEL: **Z.** 1924, **47**, 438.

aufgesetzten Gewichten sehr schnell gewogen werden, womöglich unter Benutzung einer Wägekapsel.

Zur Bestimmung der Alkalität versetzt man die Asche mit 25—30 ccm 0,1 N.-Schwefelsäure, vertreibt die Kohlensäure durch 5—10 Minuten langes schwaches Kochen bei aufgelegtem Uhrglase, filtriert in ein Becherglas und titriert den Säureüberschuß mit 0,1 N.-Natronlauge (Phenolphthalein) zurück. Das Resultat wird in Kubikzentimetern Normallauge für 100 g Obst angegeben.

Die unter Umständen erforderliche Bestimmung der sog. wahren Alkalität erfolgt nach den Methoden von K. Farnsteiner oder J. Tillmans und A. Bohrmann im Handbuche Bd. II, 2, S. 1216, 1217.

Die Bestimmung der einzelnen Mineralstoffe, von denen besonders Kalium, Natrium, Calcium, Magnesium und Phosphorsäure, unter Umständen auch Eisen, Aluminium, Mangan, Schwefelsäure, Chlor und Kieselsäure zu berücksichtigen sind, kann nach dem in Bd. II, 2, S. 1223 mitgeteilten allgemeinen Analysengange ausgeführt werden, diejenige der in manchen Obstsorten enthaltenen Borsäure nach Bd. II, 2, S. 1264.

s) Enzyme und Vitamine.

Hinsichtlich des Nachweises und der Bestimmung von Enzymen und Vitaminen muß auf Bd. II, 2, S. 705 und 1469 verwiesen werden.

VI. Überwachung des Verkehrs.

Im Hinblick auf die hohe gesundheitliche Bedeutung des frischen Obstes und vor allem auf den Umstand, daß es in weiten Kreisen der Bevölkerung vorwiegend roh genossen wird, ist seiner hygienischen Beschaffenheit besondere Beachtung zu widmen und mit allen möglichen Mitteln dafür zu sorgen, daß verdorbene und verfälschte Waren vom Verkehr ferngehalten werden. Diese Aufgabe erscheint gerade bei manchen der oft wenig haltbaren Obstsorten um so wichtiger, als diese vielfach im Umherziehen (Hausierhandel) oder auf offenen Straßenständen feilgehalten werden und den schädlichen Einflüssen durch Temperatur, Regen, Staub und Schmutz in besonders hohem Grade ausgesetzt sind.

Da zur Zeit in Deutschland ein Sondergesetz für frisches Obst noch nicht erlassen worden ist, muß sich die amtliche Überwachung auf das Lebensmittelgesetz stützen, das den Vertrieb nachgemachter, verfälschter oder verdorbener Lebensmittel ohne ausreichende Kenntlichmachung sowie die Anwendung irreführender Bezeichnungen verbietet und somit die Bekämpfung der gröbsten Übelstände ermöglicht.

Für gewisse Grenzfälle, wie den Verkauf unreifen Obstes, die Bezeichnung geringerer Sorten als Tafelobst u. dgl., reicht es aber bei der schwankenden Rechtsprechung nicht immer aus und ist daher vielfach durch örtliche Polizeiverordnungen, die z. B. die Kenntlichmachung unreifen oder Fallobstes vorschreiben, ergänzt worden, doch bleibt eine zusammenfassende einheitliche Reichsverordnung dringend erwünscht.

Als hauptsächlichste Beanstandungsgründe seien erwähnt:

a) Unterschiebung oder Beimischung fremder Obstsorten und geringerer Handelsklassen; b) Behandlung mit Öl; c) künstliche Färbung; d) Eintauchen in konservierende Lösungen; e) Begasung mit schädlichen Gasen; f) Verdorbenheit.

Zu ihrem Nachweise sind folgende Verfahren anzuwenden.

a) Prüfung auf fremde Obstsorten.

Durch sorgfältige äußere Besichtigung wird es den Sachverständigen, zu denen auch besonders vorgebildete Kontrollbeamte gerechnet werden können, mit Hilfe der bekannten Eigenschaften der Form und Farbe, des Geruchs und Geschmacks unschwer gelingen, die Identität einer Obstart zu ermitteln. Auch die bisweilen beobachtete Beimischung von Vogelbeeren oder Moosbeeren zu Preißelbeeren kann an dem charakteristischen Aussehen leicht erkannt oder, in Zweifelsfällen, mikroskopisch nachgewiesen werden, während zur Unterscheidung bitterer von süßen Mandeln schon der Geschmack zu Hilfe gezogen werden muß. Zur Entscheidung der Frage, ob der auf Feigen befindliche weiße Beschlag durch auskrystallisierten Zucker, durch Bestäuben mit Mehl oder durch Ansiedlung von Milben hervorgerufen wird, ist die Prüfung unter dem Mikroskope unerläßlich.

Die Beimischung fremder minderwertiger Früchte (Vogelbeeren oder Moosbeeren zu Preißelbeeren) hat als Verfälschung zu gelten, doch sind gerichtliche Urteile noch nicht bekannt geworden. Hinsichtlich der Beurteilung von Feigen und Schalenobst (Kernen) sei auf den Abschnitt Trockenobst verwiesen.

Es empfiehlt sich, bei der äußeren Besichtigung auch auf unreifes Obst, sowie Verdorbenheit durch Verschimmeln, Fäulnis, Obstkrankheiten, Schmutz, Milben, Maden und andere tierische Parasiten, und schließlich auf Gärung und Wasserzusatz, deren kennzeichnende Merkmale in den folgenden Abschnitten besprochen werden, zu achten.

b) Behandlung mit Öl.

In Händlerkreisen ist bisweilen üblich, Äpfeln durch Behandlung mit geringen Mengen Öl ein glänzendes Aussehen zu verleihen. Zum Nachweise dieses Verfahrens kann das Fett durch kurzes Eintauchen der Früchte in Äther abgelöst und nach dem Verjagen des Lösungsmittels gewogen werden, doch ist zur Vermeidung von Irrtümern zu beachten, daß gewisse Obstsorten von Natur aus einen glänzenden Wachsüberzug besitzen, daher sollte möglichst mit Hilfe der Kennzahlen die Art des Fettes bestimmt werden.

Hinsichtlich der Beurteilung des Ölüberzuges gehen die Ansichten einstweilen noch auseinander. Liegt ein an sich minderwertiges Obst vor, so kann darin unter Umständen die Vortäuschung einer besseren Beschaffenheit, d. h. das Tatbestandsmerkmal der Verfälschung erblickt werden; gerichtliche Entscheidungen über diese Frage sind noch nicht ergangen.

c) Künstliche Färbung.

Die von den Käufern mehrfach vermutete Verwandlung gewöhnlicher Apfelsinen in Blutapfelsinen durch Einspritzung von Farbstofflösungen (Fuchsin) hat sich bei praktischen, von Pum und Micko[1] angestellten und von uns später bestätigten Versuchen als technisch unausführbar herausgestellt, indem die injizierte Fuchsinlösung nur das saftlose, mit Luft erfüllte schwammige Gewebe färbte und da, wo sie mit dem Fruchtfleische in Berührung kam, nur eine oberflächliche, als künstlich leicht erkennbare Färbung hervorrief. Auch die in der Tagespresse mehrfach aufgestellte Behauptung, daß Zwetschen an der Oberfläche blau gefärbt würden, ist als irrig erkannt worden.

Die Untersuchungsämter können daher bei Ausübung der regelmäßigen amtlichen Überwachung ruhig von der Prüfung auf künstliche Färbung absehen; sollte eine solche trotzdem im Einzelfalle erforderlich werden, so sind dazu die im Abschnitte Marmeladen mitgeteilten Methoden anzuwenden.

---

[1] Pum u. Micko: **Z.** 1900, **3**, 729.

d) Prüfung auf Konservierungsmittel.

Ob die Angaben der Fachpresse über die Behandlung des Obstes mit Konservierungsmitteln, z. B. durch Eintauchen in wäßrige Lösungen von Schwefliger Säure oder Bisulfiten, Ameisensäure, Benzoesäure, die für die Erhaltung der in der Obstdauerwaren-Industrie benutzten Ausgangsmaterialien und Halbfabrikate in begrenztem Umfange als zulässig gilt, auch für das in den Kleinhandel gebrachte frische Obst zutreffen, muß für deutsche Verhältnisse wohl bezweifelt werden. Noch mehr gilt dies für die Anwendung solcher Konservierungsmittel, die nach der Verordnung über Obsterzeugnisse schon jetzt verboten sind, wie Salicylsäure, Borsäure und Formaldehyd, auch wenn durch sie gewisse technische Vorteile erzielt werden.

So sollen sich nach Versuchen von G. SALOMON[1] Kirschen, Pfirsiche, Trauben, Birnen und Äpfel durch 10—60 Minuten langes Eintauchen in 3%ige Formaldehydlösung haltbar machen lassen, doch tritt der Formaldehyd dabei in das Fruchtfleisch ein.

Der Nachweis dieser als unzulässig anzusehenden Manipulation wird in der Regel geführt werden können, sei es mit den im Abschnitte Fruchtsäfte, sei es mit den in Bd II, 2, angegebenen Methoden, und zwar Schweflige Säure S. 1253, Ameisensäure S. 1075, Benzoesäure S. 1125, Salicylsäure S. 1135, Borsäure S. 1265, Formaldehyd S. 1036.

Zu berücksichtigen ist allerdings der natürliche Gehalt einiger Obstarten an Benzoesäure, Salicylsäure und Borsäure, der unter Umständen eine quantitative Bestimmung erforderlich macht. Erschwert wird der Nachweis, wenn die Konservierungsmittel durch nachträgliches Waschen größtenteils entfernt worden sind.

Die Beurteilung geschwefelter Nüsse, Mandeln usw. wird unter Trockenobst besprochen werden.

e) Prüfung auf Begasungsmittel.

Zur Abtötung pflanzlicher oder tierischer Schädlinge werden die Obstfrüchte bisweilen der Einwirkung schädlicher Gase, besonders von Blausäure oder Bromessigsäuremethylester ausgesetzt, während eine Schnellreifung durch Begasung mit Äthylenoxyd erzielt werden soll. Der chemische Nachweis einer solchen Behandlung wird nur in Ausnahmefällen gelingen, weil die Gase in sehr großer Verdünnung (Blausäure 0,5 Vol.-%, Bromessigsäuremethylester 0,02 Vol.-%, Äthylenoxyd 0,1 Vol.-%) zur Anwendung kommen und im normalen Betriebe durch lang dauernde Lüftung praktisch so gut wie ganz wieder entfernt werden.

Etwa zurückgebliebene Spuren Blausäure können mit den auf S. 554 angegebenen Reagenzien (Guajac-Kupfervitriol-, Natriumpikrat-, Benzidinpapier) erkannt werden, während man zum Nachweise des Bromessigsäuremethylesters den Bromgehalt, zum Nachweise des Äthylenoxyds das Verhalten gegen Jod heranziehen wird.

Bei hinreichender Lüftung ist die zur Schädlingsbekämpfung erfolgte Begasung mit Blausäure oder Bromessigsäuremethylester nicht zu beanstanden; hingegen muß bei nachgewiesener Begasung mit Äthylenoxyd geprüft werden, ob dadurch eine tatsächliche Nachreifung oder nur der täuschende Anschein einer solchen erfolgt ist. In letzterem Falle würde das Tatbestandsmerkmal der Verfälschung gegeben sein.

Die Behandlung mit Schwefelkohlenstoff, der mittels der Xanthogensäurereaktion erkannt werden kann, ist, wenn sie zur Verdeckung schlechten Geruchs erfolgte, als Verfälschung zu beurteilen.

---

[1] G. SALOMON: Giorn. Farmac. Chim. 1907, **56**, 280; **Z.** 1909, **18**, 688.

f) Prüfung auf Wasserzusatz.

Bei den unzerteilt im Kleinhandel feilgehaltenen Obstfrüchten kommt ein Wasserzusatz nicht in Frage, weil er den Käufern ohne weiteres auffallen würde. Er ist aber bei gewissen für die industrielle Weiterverarbeitung bestimmten Beerenfrüchten, besonders bei angegorenen und matschig gewordenen Himbeeren in Fässern schon beobachtet worden. Selbstverständlich ist die Beigabe dieses wertlosen Stoffes eine grobe Verfälschung. Der Nachweis erfolgt mit Hilfe der im Abschnitte Fruchtsäfte angegebenen Methoden, besonders der Bestimmung von Asche und Alkalität und des Vergleichs mit den Werten der Fruchtsaftstatistik.

g) Metalle.

Durch die zur Schädlingsbekämpfung neuerdings angewandten Spritzverfahren können Verbindungen der Schwermetalle, besonders des Arsens, Bleies und Kupfers an das Obst gelangen und unter Umständen zu gesundheitlichen Bedenken Anlaß geben. Da die schädlichen Stoffe sich nur auf der Oberfläche der bespritzten Früchte befinden, aber nicht in das Innere eindringen, genügt es nach K. LENDRICH und FR. MAYER[1], sie durch Abwaschen mit Salpetersäure in Lösung zu bringen.

Die zu untersuchenden Äpfel, Birnen oder vorher von den Kämmen abgedrehten Weinbeeren werden in Bechergläsern zur Verhinderung des Auftriebs in geeigneter Weise beschwert und mit so viel 5%iger Salpetersäure von 40—50° übergossen, daß sie davon eben bedeckt sind. Nach 2 Stunden gießt man die Säure ab, wäscht in gleicher Weise 10 Minuten mit 1%iger Salpetersäure nach, verdampft die vereinigten Flüssigkeiten auf dem Wasserbade zu 20 ccm ein und füllt auf 30 oder 50 ccm auf. Die Hälfte der Lösung wird in einem Erlenmeyer mit 5 ccm konz. Schwefelsäure bis zur völligen Austreibung der Salpetersäure gekocht, mit Wasser auf 25 ccm verdünnt und zur Bestimmung des Arsens nach MARSH benutzt. Die andere Hälfte wird mit wenigen Tropfen konz. Schwefelsäure abgedampft, mit Ammoniak neutralisiert und etwa ausgeschiedenes Bleisulfat durch 20%ige Ammonacetatlösung wieder aufgelöst. In der auf ein bestimmtes Volum gebrachten essigsauren Lösung werden Blei und Kupfer zweckmäßig nach WINKLER in der Weise bestimmt, daß man zunächst das Kupfer elektrolytisch abscheidet, wobei wegen des etwa vorhandenen Arsens die Spannung nicht über 1,9 Volt hinausgehen darf und die Lösung während der Abscheidung des Kupfers auf 70—80° gehalten werden muß. Die kupferfreie Lösung dient zur Titration des Bleies.

Die bei der Untersuchung von Apfelschalen, Most, Jungwein usw. erforderliche Zerstörung der organischen Substanz wird in üblicher Weise mit Salpeter-Schwefelsäure ausgeführt.

Um für Wein mit kleineren als den jetzt erforderlichen großen Mengen ($^1/_2$—1 Liter) auskommen zu können, haben C. VON DER HEIDE und R. HENNIG[2] einige neue, meist colorimetrische Methoden ausgearbeitet. Zur Bestimmung des Arsens werden die organischen Stoffe mit Wasserstoffsuperoxyd und Salpetersäure, dann mit Schwefelsäure zerstört. Das mit Schwefelwasserstoff gefällte Arsensulfid wird in Kaliumarsenat übergeführt, mit Molybdänblaulösung versetzt und nach ZINZADSE colorimetriert. Das Kupfer wird als Sulfid gefällt, dieses in Salpetersäure gelöst und nach SCHACHKELDJAM mit Natriumsalicylat, Ammoniak und Benzidin colorimetriert. Zink wird nur gewichtsanalytisch bestimmt, weil bei ihm die gelbe Farbe des Zinkoxyds in der Hitze die Reinheit verbürgt. Die Einzelheiten der Methode sind der Originalabhandlung zu entnehmen.

Gegenüber der Ansicht, daß derartiges Obst unter allen Umständen als gesundheitsschädlich beanstandet werden müsse, sei hervorgehoben, daß die bislang

[1] K. LENDRICH u. FR. MAYER: **Z.** 1927, **54**, 137; 1926, **52**, 441.

[2] C. VON DER HEIDE u. R. HENNIG: **Z.** 1933, **66**, 341. — Vgl. J. BURKARD u. B. WULFORST: **Z.** 1935, **70**, 308.

beobachteten Gehalte an Schwermetallen sich meist innerhalb mäßiger Mengen bewegen. Dabei ist noch zu berücksichtigen, daß auch Obst von unbehandelten Bäumen Arsen und Blei enthalten kann.

K. MEIER[1] fand in Äpfeln von nicht bespritzten Bäumen je Kilogramm 0,1—0,8 mg As und 0—1,4 mg Pb, bei einmaliger Bespritzung mit Kalkarsenat 0,1—2,6 mg As und 0,5 bis 2,3 mg Pb, bei zweimaliger Bespritzung mit Kalkarsenat 0,8—5,5 mg As und 0—4,0 mg Pb und bei einmaliger Bespritzung mit Bleiarsenat 0,1—2,1 mg As und 0—6,1 mg Pb.

Nach H. E. COX[2] enthielten nach der Bespritzung mit Bleiarsenat in je 1 kg die ganzen Früchte 7—24 mg, die Schalen 33—100 mg, das Fruchtfleisch 1,3—3,3 mg As, während im Innern meist kein Arsen vorhanden war. Zur Blütezeit bespritzte Äpfel enthielten in 1 kg 4,5 mg und auch im Kerngehäuse 0,75 mg As, ein Zeichen, daß das Arsen durch den Regen nicht völlig abgespült wird.

LENDRICH und MAYER[3] bestimmten in je 1 kg amerikanischer Äpfel 0—10 mg As_2O_3, 0—8,9 mg Pb und 0,87 mg Cu, in 1 kg deutscher Weintrauben 0—10 mg As_2O_3, 0—6 mg Pb und 1—40 mg Cu, während Äpfel aus Canada und Australien fast immer frei von Schwermetallen waren.

Demgegenüber berichtete FRANK T. SHUTT[4], daß die bespritzten Äpfel meist arsenfrei waren und nur in Ausnahmefällen Spuren davon enthielten, und daß die geäußerten Bedenken als übertrieben anzusehen seien.

Bei dieser Sachlage erscheint ein völliges Verbot bespritzten Obstes, das übrigens schon aus Rücksicht auf die Schädlingsbekämpfung undurchführbar sein dürfte, auch vom gesundheitlichen Standpunkte nicht erforderlich. Immerhin muß aber auf eine möglichste Herabminderung dieser gefährlichen Stoffe hingewirkt werden, und man wird auf alle Fälle zumindest der Forderung von C. VON DER HEIDE und HENNIGS[5] beipflichten, daß mit Arsen bespritzte Trauben auf keinen Fall zu Süßmost verarbeitet (noch weniger als Tafelobst verkauft) werden dürfen. Bei Äpfeln soll nach Untersuchungen von DONALD E. K. FREAR und H. N. WORTHLY[6] kurzes Eintauchen in 2%ige oder, bei 38°, in 1%ige Salzsäure zur Entfernung der giftigen Metalle genügen. Besondere Vorsicht erscheint gegenüber den eingeführten Apfelschalen zur Herstellung gewisser Geleesorten am Platze. Im übrigen ist bis zu der unerläßlichen gesetzlichen Regelung der Angelegenheit zu beachten, daß bei höheren Gehalten an den genannten Stoffen Gesundheitsschädlichkeit in Frage kommt. Wegen weiterer Einzelheiten sei auf die Arbeit von LENDRICH und MAYER verwiesen.

h) Prüfung auf Verdorbenheit.

Schon bei der äußerlichen Durchmusterung hat der sachkundige Überwachungsbeamte auf die schon oben erwähnten äußerlichen Veränderungen (Schmutz, Schimmel, Maden usw.), zu achten. Ganz besonders aber wird er sein Augenmerk auf unbestellbare Post- oder Bahnsendungen richten, wie sie bei Versteigerungen vielfach in die Hände von Straßenhändlern und Hausierern gelangen, und sich dabei nicht durch das verlockende Aussehen der oberen Schicht täuschen lassen, da sich unter dieser, besonders bei Kistchen oder Körben mit Weintrauben oder anderen Beeren, häufig eine zum menschlichen Genuß ungeeignete matschige, verfaulte oder verschimmelte Masse verbirgt.

Während in der Regel die Besichtigung zur Feststellung der Verdorbenheitsmerkmale ausreicht, kann zur Identifizierung besonderer Krankheitserreger die mikroskopische Untersuchung oder zur Erkennung des Grades einer etwaigen

---

[1] K. MEIER: Jahresbericht der eidgenössischen Vers.-Anstalt Wädenswil 1924—1928, S. 510; Z. 1932, **63**, 238.

[2] H. E. COX: Analyst 1926, **51**, 172; Z. 1932, **63**, 238.

[3] LENDRICH u. MAYER: Z. 1927, **54**, 137.

[4] FRANK T. SHUTT: Analyst 1926, **51**, 291; Z. 1932, **63**, 238.

[5] C. VON DER HEIDE u. HENNIGS: Z. 1933, **66**, 321.

[6] DONALD E. H. FREAR u. H. N. WORTHLY: Journ. agricult. Res. 1936, **51**, 61; Umschau 1936, **40**, 916.

Gärung die Bestimmung des Alkohols und der freien flüchtigen Säuren erforderlich werden.

Unreifes Obst erkennt man, abgesehen von dem sauren oder widerlich herben Geschmack, an der hellen Farbe der Obstkerne (Äpfel) oder beim Steinobst daran, daß das Fruchtfleisch sich nicht vom Stein löst.

Daß in vorstehender Weise nachteilig verändertes Obst als verdorben zu beanstanden ist, geht aus der ständigen Rechtsprechung klar hervor.

So hat das Landgericht Elberfeld am 21. März 1912 (Oberlandesgericht Düsseldorf am 10. Juni 1912)[1] Pflaumen, die zu 60—80% mit Maden behaftet waren, als verdorben beurteilt und den Einwand, daß die Früchte noch zu Koch- und Destillationszwecken geeignet gewesen seien, als unbeachtlich verworfen.

Das Landgericht Leipzig verurteilte am 27. August 1914[1] den Verkäufer verdorbener (fauler) Kirschen auf Grund von § 367 Ziffer 7 St.G.

Das Tatbestandsmerkmal der Verdorbenheit setzt einen erheblichen Grad der Abweichung voraus, und der verständige Lebensmittelchemiker wird daher im Kleinhandel einen nicht erheblichen Prozentsatz an verdorbenen Früchten als unvermeidliche Verunreinigung noch zulassen.

Unreifes Obst ist, wenn es als Tafelobst oder ohne nähere Angabe des Verwendungszwecks feilgehalten wird, als verdorben anzusehen. Es kann aber, wenn es, wie z. B. unreife Stachelbeeren, zur Herstellung von Kompott besonders geschätzt wird, oder, wie unreife Äpfel, zur Bereitung von Apfelmus noch geeignet ist, unter deutlicher Kenntlichmachung unbedenklich in den Verkehr gebracht werden.

Hochtrabende Bezeichnungen für geringwertige Obstsorten können nach § 4, Ziff. 3 des Lebensmittelgesetzes als irreführend beurteilt werden, sind aber auch schon früher nach altem Rechte beanstandet worden.

So hat z. B. das Landgericht I Berlin am 20. April 1917 (Kammergericht am 10. Juli 1917)[2] entschieden, daß unter der Bezeichnung Tafeläpfel nur gepflückte, sortierte und in feste Behälter verpackte, nicht aber ausgelesene kleine, angestoßene, wurmstichige Äpfel feilgehalten werden dürfen.

In Gärung befindliches Obst ist für die Verhältnisse des Kleinhandels als verdorben anzusehen, kann aber für industrielle Zwecke unbeanstandet in den Verkehr gebracht werden, da es für die Herstellung gewisser Rohsäfte (Himbeersaft, Citronensaft) sowieso vergoren wird.

Hochgradig verdorbenes oder gar gesundheitsschädliches Obst muß beschlagnahmt oder vernichtet werden, während bei geringeren Abweichungen, die nur die Verwendung als Frischobst ausschließen, Freigabe zur Viehfütterung oder zur technischen Verarbeitung (Spiritus-, Essigfabrikation) erfolgen kann.

B. Obstdauerwaren.

Veranlaßt durch die geringe Haltbarkeit der meisten Obstfrüchte und die Unmöglichkeit, die großen zur Zeit der Reife geernteten Mengen in frischem Zustande zu verbrauchen, hat die Menschheit schon frühzeitig gelernt, den Überfluß des Sommers oder begünstigter Klimate für die Tage des Mangels in eine dauernd brauchbare Form (Obstdauerwaren) überzuführen oder zur Herstellung von Lebensmitteln besonderer Eigenart (Obsterzeugnisse) zu benutzen. Beruhend auf den uralten Erfahrungen der Haushaltungen, in denen diese Verarbeitung vielfach noch heute ausgeübt wird, ist sie später an Kleinbetriebe übergegangen und bildet heute auch die Aufgabe einer segensreich wirkenden Großindustrie.

---

[1] Veröff. Reichsgesundh.-Amt, Beil.: Auszüge aus gerichtl. Entsch. 1917, **9**, 579.
[2] Gesetze u. Verordn. 1918, **10**, 255.

Die Mittel, deren sich die Haushaltungen und Fabriken bedienen, sind dieselben, die bei der Konservierung leicht verderblicher Lebensmittel ganz allgemein angewandt werden: Wasserentziehung durch Trocknen oder Einkochen mit oder ohne Zusatz von Zucker und Konservierungsmitteln, Sterilisieren in luftdicht verschlossenen Gefäßen und schließlich Herstellung vergorener Getränke, die durch ihren Gehalt an Alkohol vor weiteren Veränderungen geschützt sind. Sieht man von den letzteren, den Weinen, weinähnlichen Getränken und Obstbranntweinen, die in besonderen Abschnitten behandelt werden, sowie den im 2. Teile (S. 584f.) zu besprechenden „Obsterzeugnissen", wie den Marmeladen und Musen, dem Obstkraut und Obstgelee, den Obstsäften und -sirupen, den Süßmosten und den Obstgetränken ab, so verbleiben als die beiden Hauptgruppen der eigentlichen Obstdauerwaren: das Trockenobst (Dörrobst) und die Kompottfrüchte.

I. Trockenobst (Dörrobst).

1. Herstellung.

Das Trocknen des Obstes, wahrscheinlich die älteste Art der Haltbarmachung, bezweckt die Herabsetzung des Wassergehaltes auf eine Grenze, bei der die Bakterien nicht mehr wachsen können, so daß ihre zersetzende Wirkung verhindert wird. Die ursprüngliche, einfachste Form der Trocknung durch Auslegen der kleineren oder durch Aufhängen der zerschnittenen größeren Früchte an der Luft ist auf die südlichen Länder mit natürlicher Sonnenwärme beschränkt und wird dort noch heute ausgeübt, während bei uns und in allen gemäßigten Gegenden eine künstliche Wärmezufuhr erforderlich wird.

Als bekannteste Vertreter an der Luft getrockneter Früchte sind neben den Datteln und Feigen vor allem die getrockneten Weinbeeren (Korinthen, Rosinen, Sultaninen) anzuführen, zu deren Herstellung man in Spanien und Griechenland, Kleinasien, der Provence und neuerdings in Kalifornien die Trauben nach vollendeter Reife noch einige Zeit mit eingeknickten Stielen an den Stöcken beläßt, dann nach dem Abschneiden rasch in kochendes Wasser oder auch wohl in Pottasche oder Kochsalzlösung mit aufschwimmender dünner Ölschicht taucht und an der Sonne zu Ende trocknet. — Zu ihnen gehören auch die Prünellen (Brünellen), die ursprünglich im Departement Lot et Garonne aus Perdrignon- und Katharinenpflaumen gewonnen wurden, während jetzt hauptsächlich Zwetschen aus Südtirol, bei Görz, im Isonzo- und Wippachtale, (Görzer Prünellen, Amoli Gorziani) in dieser Form zum Verkehr gelangen. Die vor voller Reife geernteten Früchte werden geschält, geschwefelt und dann so lange der Sonnenwärme ausgesetzt, bis sie durch Drücken mit der Hand entsteint und flach gepreßt werden können, und dann zu Ende getrocknet. — Seit längerer Zeit kommt auch aus Kalifornien an der Sonne getrocknetes Obst (Aprikosen, Pfirsiche, Birnen, Äpfel) in den Handel.

In weniger begünstigten Gegenden ist die Zufuhr künstlich erzeugter Wärme erforderlich. Dazu bediente man sich lange Zeit einfacher Herde oder Backöfen, deren hohe Temperatur von über 100° eine wesentliche Veränderung, namentlich eine dunkle Färbung des Obstes hervorrief. Obwohl das so gewonnene „Backobst" aus Pflaumen, Äpfeln und Birnen auch heute noch wegen seiner Eigenart Liebhaber findet und für gewisse Spezialgerichte, wie „Schlesisches Himmelreich" bevorzugt wird, hat doch die Konkurrenz des schöner aussehenden kalifornischen Dörrobstes zur Einführung vollendeterer Trocknungsapparate geführt, die unter Anwendung eines warmen Luftstromes, bisweilen auch des Vakuums bei wesentlich niedrigerer Temperatur von 60—65° arbeiten.

Die verschiedenen Systeme der Trocknungsapparaturen lassen sich nach Sergers Taschenbuch in folgende 4 Gruppen einteilen:

a) Kanaltrockner bestehen aus langen gemauerten Gängen, die mit Gas oder Dampf so beheizt werden, daß die Temperatur am Eingange am höchsten, am Ende am niedrigsten ist. Das nasse Obst kommt also mit der heißesten Luft, deren gute Zirkulation durch einen kräftigen Ventilator bewirkt wird, in Berührung. Es befindet sich auf Horden, die übereinander in Gestellen oder auf Schienen beweglichen Wagen angeordnet sind.

b) Flächentrockner, bei denen ein erwärmter Luftstrom durch die ausgebreitete Schicht des Trocknungsgutes hindurchgeblasen wird, bestehen aus unter sich gleichen Elementen, die transportabel sind und zu größeren Sätzen vereinigt werden können.

c) Schranktrockner arbeiten unter Verwendung fortwährend wechselnder Mengen Frischluft und ununterbrochener Zirkulation der im Schranke erwärmten Frischluft. Die durch eine Heizung vorgewärmte Außenluft wird mit Hilfe eines Ventilators durch einen regulierbaren Eintrittsapparat in einen Saugraum eingesaugt, nimmt dann den Weg nach einem Druckraume und verbreitet sich über den eigentlichen Trockenraum.

d) Vakuumtrockner bestehen aus einem dampfgeheizten Kessel, in dem das Trocknungsgut auf flachen Kästen ausgebreitet wird, worauf nach dem Auspumpen der Luft die Trocknung bei niedriger Temperatur unter Schonung der empfindlichen Aromastoffe und Vitamine vor sich geht.

Für die Erzielung einwandfreier Erzeugnisse ist die Sortenwahl von ausschlaggebender Bedeutung. Das Kernobst muß völlig reif sein und sich gut schälen lassen. Saure Sorten liefern ein zwar nicht sehr ansehnliches, aber wohlschmeckendes Produkt, während süßes Obst zähe und lederartig kocht. Steinobstfrüchte, namentlich Pflaumen und Zwetschen sollen möglichst reif, fast überreif verarbeitet werden. Wichtig ist auch die sorgfältige Vorbehandlung, die völlige Entfernung fauliger und wurmstichiger Früchte oder ihrer beschädigten Teile und die gründliche Reinigung von Schmutz, Pilzen und Bakterien durch besondere Waschmaschinen. Im übrigen ist die Weiterbehandlung bei den einzelnen Obstarten verschieden.

Äpfel werden mit Hilfe besonderer Maschinen geschält, durch Anbohren vom Kerngehäuse befreit und dann sogleich in Stücke (Bohräpfel, Apfelschnitte) oder gleichmäßige 5—7 mm dicke Scheiben (Ringäpfel) zerschnitten. Um das bei der Berührung mit Luft eintretende Verfärben zu verhindern, setzt man die auf Horden ausgebreiteten Schnitte in Schränken der Einwirkung von durch Verbrennen von Schwefel erzeugter Schwefliger Säure aus oder taucht sie für kurze Zeit in eine 2%ige Lösung von Calciumbisulfit ein. Als einfacher und besser empfehlen J. Kochs und A. Knauth Einlegen in eine sehr verdünnte wäßrige Lösung von Citronensäure und Kochsalz, die unter Vermeidung der wenig beliebten Schwefligen Säure ebenso wirksam wie diese ist. Die Horden werden dann in den Trockenapparat gebracht und hier so lange belassen, bis die Scheiben beim Zerreißen kein saftiges Fleisch mehr zeigen. 100 kg Äpfel ergeben etwa 10—12 kg Trockenobst. Das früher in Amerika geübte Bestreuen mit Zinkoxyd ist jetzt aufgegeben worden.

Birnen werden geschält, je nach der Größe ganz gelassen oder in 4—8 Teile zerschnitten, von Kelch und Kerngehäuse befreit und dann getrocknet. Vorher setzt man sie, auf Horden ausgebreitet, vielfach einer Erhitzung in Wasserdampf aus, wodurch nicht nur größere Zartheit, sondern auch ein beliebtes, durchscheinendes Aussehen erzielt wird. Aus 100 kg Obst erhält man etwa 13—16 kg Trockenware. Als Hutzeln oder Klötzen bezeichnet man in Süddeutschland unzerteilt und ungeschält getrocknete Birnen.

Quitten werden in gleicher Weise verarbeitet.

Kirschen, von denen die schwarzen Sorten besonders geeignet sind, trocknen langsam und geben nur bei langsamer Trocknung ein gutes, gleichmäßiges Erzeugnis, doch läßt sich die Dauer abkürzen, wenn man die Früchte vorher welken läßt. Die Ausbeute beträgt 25—28%.

Pflaumen (Zwetschen), die noch jetzt aus Serbien und Bosnien, in primitiver Weise getrocknet, als „Backpflaumen" in den Handel gelangen, werden in zunehmendem Maße nach den moderneren Methoden behandelt, indem man sie entstielt, mit der Spitze nach unten, auf die Horden bringt oder auch wohl vorher in besonderen Öfen vorwärmt oder noch besser dämpft. Nach einer anderen Methode werden die in 3 Größen sortierten Früchte zur Entfernung ihres Wachsüberzuges $^1/_2$ Minute in heißer 0,7%iger Pottaschelösung gebrüht, mit kaltem Wasser gespült und dann getrocknet. Denselben Erfolg der schnelleren Trocknung, der durch dieses sog. Dippen[1] erzielt wird, ergibt auch das Anritzen der Schale vermittels besonderer Maschinen. Die Ausbeute beträgt etwa 30—32%.

Zur Erzielung eines schönen, glänzend schwarzen Aussehens und größerer Haltbarkeit pflegt man auch wohl die Pflaumen nach dem Trocknen in einem geschlossenen Apparate 10—12 Minuten bei 80—85° zu dämpfen. Durch dieses sog. Etuvieren, das wohl auch nach dem Einfüllen des Trockenobstes in die Dosen oder Schachteln wiederholt wird, soll das einen weißen Überzug hervorrufende Auskrystallisieren von Glucose verhindert werden. Ob die angeblich beobachtete Behandlung von Trockenpflaumen mit Glycerin tatsächlich ausgeübt wird, erscheint zweifelhaft.

Aprikosen und Pfirsiche können mit oder ohne Haut getrocknet werden. Zur Erleichterung des Enthäutens taucht man die Früchte einige Sekunden in heißes und darauf in kaltes Wasser, worauf sich die Haut leicht abziehen läßt, halbiert und entsteint die Früchte und legt sie dann mit der gewölbten Seite nach oben auf die Horden. Das Trocknen, namentlich der enthäuteten Früchte, muß bei möglichst niedriger Temperatur erfolgen. Die Ausbeute beträgt 10—12%.

Hagebutten werden entweder für die Markbereitung unzerteilt oder bei den großfrüchtigen Sorten: Rosa rugosa Regeliana und pomifera halbiert und von Haaren und Kernen befreit getrocknet.

Für die zweckmäßigste Trocknungstemperatur und für die Ausbeute macht SERGER nebenstehende Angaben (Tabelle 8).

Tabelle 8. Trocknungstemperaturen für Obst.

Obstart	Trocknungstemperatur °C	Mittlerer Wassergehalt des Frischobstes %	Mittlerer Wassergehalt des Dörrobstes %	Ausbeute %
Äpfel, ungeschält	85—90	85	31	10—12
Birnen, ungeschält	80—85	83	29	13—16
Mirabellen, mit Stein	80—90	80	49	26—30
Zwetschen, mit Stein	70—95	78	28	28—32
Reineclauden, mit Stein	70—90	82	28	28—32
Aprikosen, ohne Stein	60—80	84	32	10—12
Pfirsiche, ohne Stein	60—80	81	32	10—12
Kirschen, mit Stein	70—90	80	50	25—26
Heidelbeeren	70—75	81	9	16—17

Von untergeordneter Bedeutung sind weiter die Mispeln, die vor der Vollreife als ganze oder halbierte Früchte getrocknet werden.

Beerenobst ist, abgesehen von den schon eingangs erwähnten Weintrauben (Rosinen, Korinthen), wegen seiner weichen Beschaffenheit und seines überaus hohen Saftgehaltes im reifen Zustande zum Trocknen meist ungeeignet. Nur die Heidelbeere läßt sich hierzu ganz gut verwenden und bildet in getrocknetem Zustande auch jetzt noch (früher erheblich mehr in Frankreich)

[1] Vgl. Konserven-Ind. 1931, **20**, 4.

einen Gegenstand des Handels. Von unreifen Beerenfrüchten sind lediglich Stachelbeeren getrocknet und dadurch im Geschmacke verbessert worden.

Auch Schalenobst wird in vereinzelten Fällen bei höchstens 70° auf Darren getrocknet.

Zur Erlangung einer brauchbaren Handelsware ist vor allem dafür zu sorgen, daß die Temperatur beim Trocknen nicht zu hoch steigt, da sonst der Geschmack leidet und das Obst unansehnlich und brüchig wird. Andererseits muß der Wassergehalt so weit heruntergedrückt werden, daß kein Schimmelbefall eintritt. Um weitere Schädigungen durch Mikroorganismen zu verhüten, ist der sorgsamen Verpackung und Lagerung besondere Beachtung zu schenken. So werden Datteln über Triest, Venedig, Marseille oder London meist in Kisten, Fässern oder Matten von etwa 50 kg Bruttogewicht, feinere Sorten mehr in Schachteln eingeführt; Görzer Prünellen kommen in Holzkisten von $^1/_4$—25 kg, vorwiegend von $12^1/_2$ kg zum Versand; Feigen werden als die geschätzte Smyrnasorte in runde, mit Lorbeerblättern ausgelegte Schachteln („Trommeln"), Tiroler in Lorbeer- und Rosmarinblätter, Italiener in Körbe („Korbfeigen"), Dalmatiner in Fässer verpackt, die dickschaligen und widerstandsfähigen Griechen auf Bastschnüre gereiht (Kranzfeigen) in den Handel gebracht.

2. Zusammensetzung des Trockenobstes.

Mit dem Trocknen des Obstes sind im allgemeinen bei schonender Behandlung keine Veränderungen der eigentlichen calorischen Nährstoffe verbunden. Der Gehalt an Stickstoffsubstanz, Fett, Kohlenhydraten, organischen Säuren, Rohfaser und Mineralstoffen steigt daher im Verhältnis zu der Abnahme des Wassergehaltes von etwa 75—85% auf 25—40% bis zu etwa dem $2^1/_2$—5fachen Gehalte im frischen Ausgangsmaterial. Demgegenüber sind aber Verluste an den leicht flüchtigen und empfindlichen Obstbestandteilen unvermeidlich,

Tabelle 9. Mittlere Zusammensetzung des Trockenobstes.

Obstart	Wasser %	Protein %	Fett %	Invertzucker %	Saccharose %	Säure %	N-freie Extraktstoffe %	Rohfaser und Kerne %	Asche %
Äpfel (5 Analysen)	32,03	1,35	1,94	40,88	3,90	3,51	9,38	6,10	1,38
Birnen (10 Analysen)	28,89	2,18	0,35	42,17	4,99	0,81	29,66	6,87	1,66
Pflaumen (60 Analysen)	28,51	2,26	0,37	40,02	0,19	1,59	10,98	—	1,84
Prünellen (2 Analysen)	29,75	1,73	0,49	44,35	—	3,28	—	1,20	2,00
Kirschen (1 Analyse)	49,88	2,07	0,30	31,22	—	—	14,29	0,61	1,63
Aprikosen (8 Analysen)	30,32	4,48	0,40	29,30	17,96	4,80	—	4,40	3,62
Pfirsiche (1 Analyse)	27,00	3,00	0,81	52,90		—	—	3,08	3,47
Rosinen (45 Analysen)	24,62	2,38	0,59	59,35	—	1,16	3,38	7,05	1,67
Korinthen (11 Analysen)	25,81	1,27	1,22	61,85	—	1,52	5,94	2,35	1,83
Heidelbeeren (1 Analyse)	9,14	—	—	20,13	—	7,02	—	—	2,48
Bananen, reife (9 Analysen)	20,71	4,00	0,51	59,85	2,33	1,27	—	1,45	2,73
Bananen, unreife (7 Analysen)	15,71	4,06	0,57	2,15	Stärke 72,28	—	—	2,14	2,46
Feigen (14 Analysen)	27,23	3,41	1,33	53,58	—	0,73	5,29	6,66	2,61
Datteln (4 Analysen)	18,51	1,89	0,60	47,16	—	1,26	24,99	3,76	1,83
Walnüsse	7,18	16,74	58,47	—	—	—	12,99	2,97	1,65
Haselnüsse	7,11	17,41	62,60	—	—	—	7,22	3,17	2,49
Paranüsse	5,94	8,88	67,00	—	—	—	12,44	4,06	1,81
Kastanien	7,22	10,76	7,22	—	—	—	69,29	2,84	2,67
Mandeln	6,27	21,40	53,16	—	Sacchar.	—	—	3,64	2,32
Johannisbrot (9 Analysen)	11,28	5,96	0,52	16,92	20,00	—	34,81	9,24	2,12

insbesondere leiden die Aromastoffe, die Enzyme werden zerstört und der Geschmack ändert sich. Hinsichtlich der Vitamine hebt SCHEUNERT die große Beständigkeit des Vitamins A hervor, auch das Vitamin B, das in den saftigen Obstfrüchten stark zurücktritt, bleibt in dem Schalenobst ziemlich vollständig erhalten, so daß sein Gehalt in trockenen Walnußkernen als sehr gut, in Mandeln und Haselnüssen als gut bezeichnet werden kann. Das Vitamin C aber wird wegen seiner geringen Widerstandsfähigkeit gegen Oxydation stark geschädigt und ist im Trockenobst, auch in Nüssen und Mandeln kaum noch vorhanden.

Selbstverständlich hängt die Zusammensetzung des Trockenobstes, abgesehen von der Höhe des Wasserverlustes, von derjenigen des frischen Obstes ab und unterliegt wie diese großen Schwankungen, so daß die vorstehenden der Literatur entnommenen Durchschnittswerte nur zur Gewinnung eines ungefähren Überblicks dienen können. Sie sind dem I. Bande von I. KÖNIGs Chemie der menschlichen Nahrungs- und Genußmittel, sowie dem dazu erschienenen Nachtrag B, S. 383f. entnommen.

Um einen gewissen Anhalt für die Schwankungen der Zusammensetzung zu gewähren, seien für einzelne Obstarten noch folgende Mindest- und Höchstwerte angefügt:

Pflaumen: Wasser 23,32—43,99%, Protein 1,65—3,39%, Fett 0,38—0,42%, Invertzucker 30,83—54,88%, Säure 0,28—2,78%, Asche 1,35—2,69%.

Daß diese Schwankungen nicht allein durch den Grad der Trocknung, sondern auch durch die in den einzelnen Jahren herrschenden Witterungsverhältnisse bedingt werden, geht aus folgender vergleichender Übersicht hervor.

Wasser:	1902 (25,14—27,92) Mittel 26,25%; 1904 (23,32—32,81) Mittel 29,89%; 1905 (34,12—43,99) Mittel 37,05%.
Protein:	1904 (1,65—2,55) Mittel 2,01%; 1905 (1,66—3,39) Mittel 2,54%.
Invertzucker:	1902 (30,83—38,25) Mittel 34,11%; 1904 (39,42—54,88) Mittel 46,06%; 1905 (33,33—50,52) 39,31%.
Säure:	1902 (0,94—2,78) Mittel 2,08%; 1904 (0,56—2,50) Mittel 1,15%; 1905 (0,28 bis 2,63) Mittel 1,62%.
Asche:	1902 (1,65—2,35) Mittel 1,94%; 1905 (1,44—2,69) Mittel 1,97%.

In bezug auf einzelne Bestandteile des Trockenobstes ist noch zu bemerken, daß von den untersuchten Pflaumenproben 32 mit den Steinen getrocknet waren und 8,6—19,2, im Mittel 12,7% Steine enthielten.

An Kohlenhydraten überwiegt in den aus saftigen Obstarten hergestellten Trockenerzeugnissen der reduzierende Zucker (Invertzucker bzw. Glucose), während in dem an sich zuckerarmen Schalenobst die Saccharose vorherrscht (Mandeln[1]: 0,09—0,12% Invertzucker und 2,94—2,97% Saccharose; Kastanien: 1,02—2,42% Glucose und 9,17% Saccharose). Johannisbrot enthält 10,28 bis 26,04, im Mittel 16,92% Glucose und 8,20—29,40, im Mittel 20,00% Saccharose. Der Pektingehalt der trockenen Feigen wird zu 2,43—3,73, Mittel 3,08% angegeben.

Stärke bildet einen wesentlichen Bestandteil der Kastanien (16,11—17,65%) und des Johannisbrots (26,95—51,07, Mittel 34,81%). Hingegen enthalten die Bananen nur im unreifen Zustande erhebliche Mengen Stärke (66,28—74,64, Mittel 72,28%), während in getrockneten reifen Bananen nur 3,43—9,03, Mittel 5,39% bestimmt worden sind.

3. Untersuchung des Trockenobstes.

Wie beim frischen Obste (vgl. S. 549) muß sich auch beim Trockenobste die Vorbereitung des Untersuchungsmaterials nach der durch die Analyse zu

[1] C. VALLÉE: Journ. Pharm. et Chim. 1903, 17, 272.

beantwortenden Frage richten. Da es im allgemeinen wohl auf die Zusammensetzung des genießbaren Anteils, des Fruchtfleisches, ankommen wird, muß man etwa vorhandene Stiele und Steine vorher mechanisch abtrennen und für sich wägen, während die Kerne des Kernobstes und des Beerenobstes, die in der Regel mit verzehrt werden, bei der Hauptmasse verbleiben. Falls der Gesamtgehalt der Probe an gewissen Stoffen ermittelt werden soll, kann man die Steine für sich getrennt analysieren und die erlangten Befunde auf das ganze Gewicht umrechnen.

Von dem rein abgetrennten Fruchtfleisch stellt man sich eine Durchschnittsprobe her, indem man die einzelnen Stücke mit dem Messer oder der Schere zerschneidet und nach guter Mischung aliquote Teile für die folgenden Bestimmungen abwägt.

a) Wasser. 5—10 g der Durchschnittsprobe werden bei 105° bis zur Gewichtsbeständigkeit getrocknet.

b) Stickstoffsubstanz. In 2—5 g Substanz wird der Stickstoffgehalt nach Kjeldahl bestimmt und durch Multiplikation mit 6,25 auf Stickstoffsubstanz umgerechnet.

c) Fett. 8—10 g (von den fettreichen Kernen des Schalen- oder Steinobstes 5 g) der sorgfältig getrockneten Substanz werden für sich oder mit Sand gemischt in der für frisches Obst beschriebenen Weise (S. 552) mit Äther extrahiert und wenn nötig nach dem ebenfalls dort angegebenen Verfahren zur Bestimmung der Phosphatide benutzt.

d) Stärke. Die nur selten auszuführende Bestimmung erfolgt zweckmäßig in einer abgewogenen Substanzmenge, die vorher mit kaltem Wasser von löslichen Bestandteilen oder (bei Schalenfrüchten) mit Äther vom Fett befreit worden ist, nach einer der in Bd. II, 2, S. 913f. beschriebenen Methoden.

e) Rohfaser. Wie beim Frischobste angegeben, behandelt man 5 g der nötigenfalls entfetteten Substanz oder des nach g erhaltenen ausgewaschenen Rückstandes nach dem Weender-Verfahren.

Pentosane werden in der ebenso vorbehandelten Probe nach der Barbitursäuremethode ermittelt.

f) Asche. 5—10 g werden unter den auf S. 554 angegebenen Vorsichtsmaßregeln verbrannt.

Zur Bestimmung der übrigen Bestandteile verwendet man die durch Auskochen mit Wasser hergestellte Lösung.

g) Unlösliche Stoffe. 25 g der Durchschnittsprobe werden mit Wasser gekocht und dann nach der im Abschnitte Marmeladen angegebenen Methode weiterbehandelt.

Die auf 250 ccm aufgefüllte Lösung dient zur Bestimmung des Gesamtzuckers, der organischen Säuren, des Pektins, Sorbits, der Gerbstoffe und der übrigen löslichen Bestandteile. Falls eine Trennung des direkt reduzierenden Zuckers von der Saccharose erforderlich ist, muß dazu der Kaltwasserauszug benutzt werden, weil bei längerem Kochen eine teilweise Inversion der Saccharose eintreten kann.

Die Bestimmung der im Trockenobste des Handels bisweilen auftretenden Fremdstoffe: Konservierungsmittel, Schwermetalle usw. wird im nächsten Abschnitte (Überwachung des Verkehrs) besprochen werden.

4. Überwachung des Verkehrs.

Da besondere gesetzliche Vorschriften über Trockenobst fehlen, muß zum Schutze der Verbraucher das Lebensmittelgesetz herangezogen und geprüft werden, ob die im Handel befindliche Ware dem Begriffe der normalen Beschaffenheit entspricht. Dies bietet im allgemeinen keine Schwierigkeiten, denn, wie schon bei der Herstellung angegeben, versteht man unter Trockenobst das durch natürliche Sonnenwärme oder künstliche Darrvorrichtungen seiner Feuchtigkeit teilweise beraubte und dadurch haltbar gemachte Obst, insbesondere Äpfel, Birnen, Zwetschen, Prünellen, Aprikosen, Pfirsiche, Rosinen, Korinthen usw., im weiteren Sinne auch die Samenkerne von Nüssen, Mandeln und Kastanien. Als wichtigste Abweichungen von der normalen Beschaffenheit kommen in Betracht:

a) Beimischung fremder Obstarten.
b) Mangelhafte Trocknung und Wasserzusatz.
c) Behandlung mit Schwermetallen.
d) Konservierungsmittel.
e) Verdorbenheit.

a) Prüfung auf fremde Obstarten.

Die Beimischung fremder Obstarten, die als Verfälschung, oder die völlige Unterschiebung fremder Obstarten, die wegen irreführender Bezeichnung zu beanstanden ist, wird bei den eigentlichen Obstfrüchten wegen des den Käufern wohl bekannten Aussehens kaum vorkommen, ist aber bei den Samenkernen, besonders im zerkleinerten Zustande schon mehrfach beobachtet worden.

So berichtet A. BEYTHIEN[1] über eine Verfälschung von Mandeln durch Aprikosenkerne und von Aprikosenkernen durch Erdnüsse.

Der Nachweis fremder Früchte kann mit Hilfe der botanischen Merkmale durch äußere Besichtigung erfolgen und durch mikroskopische Untersuchung, bei den Samenkernen auch durch Ermittelung der chemischen Zusammensetzung unterstützt werden.

b) Prüfung auf mangelhafte Trocknung und Wasserzusatz.

Die Bestimmung der Feuchtigkeit erfolgt, wie auf S. 566 beschrieben.

α) Der Wassergehalt muß so weit herabgesetzt werden, daß die Haltbarkeit der Ware gewährleistet wird, doch lassen sich bestimmte Angaben über den höchstzulässigen Feuchtigkeitsgehalt kaum machen. In Amerika ist zwar die Höchstgrenze für Äpfel zu 24%, für entsteinte Aprikosen zu 26% und für entsteinte Pflaumen zu 25% gesetzlich festgelegt, und I. KÖNIG bezeichnet 30% als die äußerste Grenze, es erscheint aber nach den vorliegenden Analysen zweifelhaft, ob eine Überschreitung dieser Zahlen als Verfälschung gelten kann.

β) Anders steht es mit der Erhöhung des Wassergehaltes durch Einweichen und Waschen, das sog. „Auffrischen", das bis jetzt hauptsächlich bei Nüssen und Feigen beobachtet worden ist.

Walnüsse werden nach C. BAUMANN[2], E. DINSLAGE[3] u. a. für mehrere Tage in Wasser gelegt und nehmen dabei so viel Feuchtigkeit auf, daß eine Gewichtszunahme von etwa 50% und eine Erhöhung des Wassergehaltes eintritt. Während der Wassergehalt lufttrockener Nüsse etwa 10—13% beträgt, steigt er durch das Einweichen auf 33—45% Die Hauptzunahme entfällt dabei nach DINSLAGE auf die Kerne (von 3,8 auf 38,6%), in geringerem Maße auf die Schalen (von 11,9 auf 36,0%). Da ähnlich hohe Wassergehalte (35,08% im Kern, 65,53% in der Schale, 53,15% in der Gesamtmasse) auch bei frisch vom Baum gepflückten Nüssen vorkommen, muß zur Beurteilung das Aussehen der Kerne und besonders der Schalenhälften, die nach dem Wässern nur lose aufeinanderhaften, berücksichtigt werden.

Das Wässern der Nüsse ist wegen der Gewichtsvermehrung und der Verleihung des täuschenden Anscheins der Frische als Verfälschung zu beanstanden, doch scheinen gerichtliche Entscheidungen hierüber noch nicht ergangen zu sein.

---

[1] A. BEYTHIEN: Bericht Dresden 1929, S. 9; Pharm. Zentralh. 1930, **71**, Nr. 29.

[2] C. BAUMANN: Bericht Recklinghausen 1912, S. 9; 1913, S. 11; **Z.** 1914, **28**, 38; 1915, **29**, 453.

[3] E. DINSLAGE: **Z.** 1930, **60**, 210.

Feigen werden nach Mitteilung von BEYTHIEN[1] 24 Stunden in Wasser eingeweicht und dann abgetupft. Hierbei tritt eine Gewichtszunahme von 25—35% ein, während gleichzeitig lösliche Inhaltsstoffe, besonders Zucker, in Verlust geraten. Ohne eine Säuberung oder ein kurzes Abwaschen verschmutzter Feigen verhindern zu wollen, muß doch eine derartige Beschwerung als unzulässig bezeichnet werden. Das Amtsgericht Dresden hat daher in seiner Entscheidung vom 4. Mai 1929[1] „frische Smyrnafeigen", die aus trockenen Kranzfeigen durch Einweichen und Dämpfen hergestellt worden waren, als verfälscht beurteilt.

Die Schweizer. Lebensmittelverordnung vom 23. 2. 26 bestimmt in Artikel 132[2]: „das Auffrischen von gedörrten Früchten und Gemüsen durch Behandlung mit Wasserdampf und nachfolgendes Trocknen ist nur unter ausdrücklicher Angabe dieser Behandlungsart (aufgefrischt, etuviert) gestattet.

Das Beschweren von gedörrten Früchten mit Wasser ist verboten". Da hierbei nicht nur Wasser eintritt, sondern auch wertvolle lösliche Bestandteile, besonders Zucker und Säuren, ausgelaugt werden, dürfte eine ähnliche Vorschrift auch bei einer gesetzlichen Regelung in Deutschland ins Auge zu fassen sein.

c) Prüfung auf Metalle.

Das aus mit Schädlingsmitteln bespritztem frischen Obste hergestellte Trockenobst kann, wenn es nicht sehr sorgfältig geschält worden ist, wie die mit der Schale getrockneten Pflaumen, Kirschen und Beerenfrüchte, Verbindungen der Metalle, besonders des Zinks, Bleies, Kupfers und Arsens enthalten, die in größeren Mengen zu gesundheitlichen Bedenken Anlaß geben können.

Der Nachweis und die Bestimmung der Metalle ist nach den für frisches Obst (S. 558) gegebenen Anweisungen zu führen. Auch können die hier gegebenen Richtlinien für die Beurteilung herangezogen werden. Aus volkswirtschaftlichen Gründen wird man bei sehr geringer Verunreinigung (Spuren) von einer Beanstandung absehen, während bei höheren Gehalten an Metallen § 3 des Lebensmittelgesetzes in Frage kommen kann, falls der medizinische Sachverständige die Ware als gesundheitsschädlich bezeichnet. Vielleicht wird bei einer späteren gesetzlichen Regelung nach dem Muster der Verordnung über Obsterzeugnisse jeder Gehalt an Arsen, Blei und Zink oder an technisch vermeidbaren Mengen Antimon und Kupfer verboten werden.

Im Verlaufe der amtlichen Lebensmittelkontrolle wird die Prüfung auf diese selten anzutreffenden Metalle nur in Ausnahmefällen erforderlich sein.

Größere praktische Bedeutung hat die Bestimmung des Zinks, das früher in Form des Oxydes ganz allgemein zur Bleichung des amerikanischen Dörrobstes, besonders der Ringäpfel benutzt wurde, und auch jetzt noch häufig in Obsterzeugnissen (Marmeladen), die in Zinkgefäßen (Wasserbäder der Weckapparate) gekocht worden sind, auftritt. Speziell für Dörrobst sind folgende Methoden ausgearbeitet.

Bestimmung des Zinks nach L. JANKE[3]: 50—100 g der in feine Stückchen zerschnittenen Ringäpfel werden 3 Stunden lang bei 120° getrocknet und darauf zu einem groben Pulver zerrieben. Einen, 50 g der ursprünglichen Substanz entsprechenden, Teil des Pulvers vermischt man in einer Platinschale mit einem Gemenge von 25 ccm Salpetersäure (Spez. Gewicht 1,31) und 10 ccm konzentrierter Schwefelsäure. Nach Beendigung der stürmischen Reaktion wird bei kaum beginnender Rotglut mit aufgelegtem Deckel verascht, die Asche mit wenig Salpetersäure eingedampft, darauf mit Wasser aufgenommen und filtriert. Aus dem mit Natriumcarbonat genau neutralisierten Filtrate fällt man durch Zusatz von Natriumacetat und Essigsäure die alkalischen Erden, sowie

[1] Bericht Dresden 1929, S. 9; Pharm. Zentralh. 1930, 71, Nr. 29.
[2] Reichsgesundh.-Bl. 1927, 2, 119. [3] L. JANKE: Chem.-Ztg. 1896, 20, 800.

Eisen, Phosphorsäure usw. und schließlich nach dem Abfiltrieren des Niederschlages das Zink durch Schwefelwasserstoff. Zur völligen Reinigung des Schwefelzinks wird dasselbe nochmals aufgelöst und von neuem gefällt.

Sehr bequem und hinreichend genau ist auch folgende Methode, bei der keine Verluste an Zink zu befürchten sind:

Man trocknet und verascht 50 g Ringäpfel vorsichtig in einer geräumigen Platinschale, zieht die Asche mit Salzsäure aus und brennt die hinterbleibende Kohle völlig weiß. Die mit der Asche wieder vereinigte salzsaure Lösung wird zur völligen Oxydation der organischen Stoffe in einer Porzellanschale mit etwas Kaliumchlorat erhitzt und nach Entfernung des Chlors mit Ammoniak gefällt. Der abfiltrierte Niederschlag von Eisen und Tonerde wird in Salzsäure gelöst, nach Zusatz von einem Tropfen Eisenchlorid nochmals mit Ammoniak gefällt und die abfiltrierte Lösung mit dem Hauptfiltrate vereinigt. In die mit Essigsäure angesäuerte Lösung leitet man Schwefelwasserstoff ein, löst das abfiltrierte Schwefelzink in Salzsäure, fällt mit kohlensaurem Natrium und wägt als Zinkoxyd.

Man kann die organische Substanz auch nach Fresenius-Babo direkt mit Salzsäure und Kaliumchlorat zerstören, aus dem eingedampften und wieder mit Wasser aufgenommenen Filtrate das Zink durch Ammoniak und Ammoniumsulfid fällen und dann in bekannter Weise mit Natriumcarbonat und -acetat vom Eisen trennen. Diese Methode ist aber wesentlich umständlicher als die beiden vorigen und bietet keine besonderen Vorteile.

Die Auffindung von Zink nach einer der vorstehenden Methoden ist im allgemeinen als Beweis dafür anzusehen, daß das Trockenobst direkt mit Zinkoxyd versetzt, oder doch auf Netzen aus Zinkdraht oder verzinktem Eisendraht getrocknet worden ist, doch kann unter Umständen, da Zink spurenweise von Natur in vielen Vegetabilien enthalten ist, eine quantitative Bestimmung erforderlich sein.

Die früher vielfach, besonders bei amerikanischen Ringäpfeln vorgenommene Behandlung mit Zinkoxyd ist, weil sie die Verleihung einer weißen Farbe und damit die Vortäuschung einer besseren Beschaffenheit bezweckte, als Verfälschung beurteilt oder auch auf Grund des absoluten Verbotes zinkhaltiger Farben im Farbengesetze vom 5. 7. 87 beanstandet worden und dürfte zur Zeit kaum noch vorkommen.

d) Prüfung auf Konservierungsmittel.

Von Konservierungsmitteln spielt, abgesehen von der später zu besprechenden Begasung, beim Trockenobste nur die Schweflige Säure eine gewisse Rolle, die bei der, ursprünglich besonders in Kalifornien übliche Behandlung mit den Dämpfen verbrennenden Schwefels in die Ware hineingelangt Sie findet sich hier zum Teil in freier Form, zum Teil aber auch in Verbindung mit dem reduzierenden Zucker des Obstes als „glucoseschweflige Säure“, die von den Pharmakologen früher als verhältnismäßig harmlos angesehen wurde. Obwohl durch die Untersuchungen von W. Kerp[1] nachgewiesen worden ist, daß die glucoseschweflige Säure bei der Behandlung mit Wasser, also auch im menschlichen Organismus hydrolytisch gespalten wird und sonach wie freie Schweflige Säure wirkt, empfiehlt es sich doch, neben der gesamtschwefligen Säure auch die glucoseschweflige Säure zu bestimmen.

Zu diesem Zwecke sind für Trockenobst folgende Methoden besonders zu empfehlen:

α) Nachweis der Schwefligen Säure. Nach dem Vorschlage von A. Beythien und P. Bohrisch[2] übergießt man 20 g des zerschnittenen Trockenobstes in einem Erlenmeyer mit Wasser, verschließt den Kolben mit einem geschlitzten

---

[1] W. Kerp: Arb. kaiserl. Gesundh.-Amt 1904, **21**, 141, 156, 180, 272; **Z.** 1904, 8, 53.
[2] A. Beythien u. P. Bohrisch: **Z.** 1902, **5**, 401.

Korkstopfen, in dessen Spalt ein mit frisch bereiteter Kaliumjodat-Stärkelösung befeuchteter Papierstreifen eingeklemmt ist, und erwärmt auf dem Wasserbade. Bei Gegenwart von Schwefliger Säure nimmt das Papier eine blaue Färbung an.

Versetzt man den Kolbeninhalt mit Zink und Salzsäure und nimmt statt des Kaliumjodat-Stärkepapiers einen mit Bleiacetat getränkten Papierstreifen, so entsteht infolge Bildung von Schwefelwasserstoff Braun- bis Schwarzfärbung.

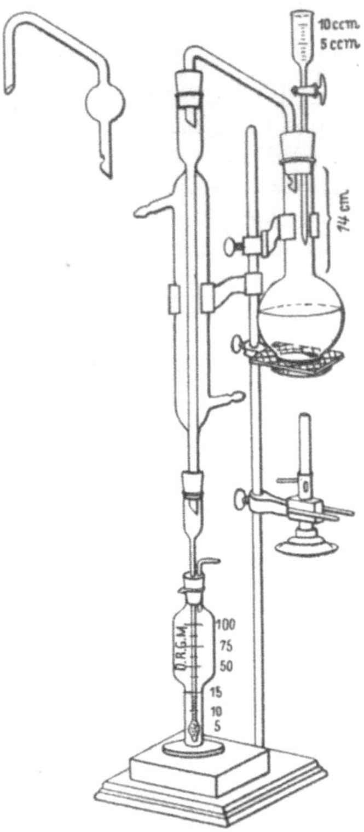

Abb. 2. Apparat zum Benzidin-Verfahren nach ROTHENFUSSER.

β) Die quantitative Bestimmung der gesamtschwefligen Säure erfolgt durch Destillation der mit Phosphorsäure angesäuerten Substanz im Kohlensäurestrome nach einer der in Bd. II, 2, S. 1255 beschriebenen Methoden. Ein für Trockenobst besonders geeignetes Verfahren ist das folgende:

Benzidin-Verfahren nach ROTHENFUSSER[1]. Man bringt 20 g Dörrobst in einen 500 ccm-Destillierkolben, dessen doppelt durchbohrter Stopfen einen Hahntrichter und ein Gasableitungsrohr trägt, gibt 300 ccm Wasser und $^1/_2$ Kaffeelöffel feines Bimssteinpulver hinzu und verbindet mit dem senkrecht absteigenden Kühler wie bei dem in Abb. 2 abgebildeten Apparate. Das untere Ende des Kühlers führt in eine kleine Vorlage von 100 ccm Inhalt und 15 ccm Meßbereich, in die man je 5 ccm filtrierte Benzidinlösung (5 g in 100 ccm Alkohol von 96% gelöst) und 30%ige Essigsäure und nach dem Mischen beider 5 ccm Wasserstoffsuperoxyd (3%) gebracht hat. Nach dem Zusammensetzen des Apparates läßt man aus dem Hahntrichter 5—10 ccm 20%ige Phosphorsäure einfließen und erwärmt zum Kochen. Tritt nach dem Überdestillieren von einigen Kubikzentimetern keine Fällung ein, so wird der Versuch abgebrochen, weil Schweflige Säure nicht zugegen ist. Scheiden sich aber seidenartig flimmernde Krystallblättchen (schon bei 1 mg SO_2) ab, so ist der Beweis erbracht, und man destilliert zur quantitativen Bestimmung 75 ccm ab, saugt nach 5 Minuten den Niederschlag durch einen Gooch- oder Glasfilter-Tiegel, wäscht 2—3mal mit je 5 ccm Wasser, trocknet $^1/_2$ Stunde bei 105° und wägt. Das Gewicht mal 0,234 ergibt die Schweflige Säure SO_2.

γ) Die freie, nicht in organischer Bindung vorhandene, Schweflige Säure bestimmt man nach W. FRESENIUS und L. GRÜNHUT[2] in folgender Weise: 50 g des feinzerteilten Dörrobstes werden in einem Meßkolben von 500 ccm Inhalt mit 400 ccm ausgekochtem, kaltem, destilliertem Wasser $^1/_2$ Stunde lang in der Schüttelmaschine geschüttelt, darauf mit ebensolchem Wasser zur Marke aufgefüllt, gemischt und durch ein trockenes Faltenfilter abfiltriert. 100 ccm des schwach gefärbten, meist trüben Filtrates werden nach Zusatz von etwas Stärkekleister mit einer Jodjodkaliumlösung, die 1 g Jod im Liter enthält, titriert, bis die entstehende Blaufärbung nach 4—5maligem Umschwenken nicht mehr verschwindet und mindestens $^1/_2$ Minute anhält.

---

[1] ROTHENFUSSER: Z. 1929, **58**, 98.
[2] W. FRESENIUS u. L. GRÜNHUT: Zeitschr. analyt. Chem. 1903, **42**, 34.

δ) Die organisch gebundene Schweflige Säure ergibt sich durch Subtraktion der freien von der gesamtschwefligen Säure.

Die für die freie Schweflige Säure erlangten Werte sind nicht absolut richtig, sondern geben nur einen gewissen Anhalt, weil nach KERP[1] die Verbindung der Schwefligen Säure mit den organischen Stoffen (Hexosen) eine Spaltung erleidet, deren Grad von der Dauer der Ausschüttelung und der Aufbewahrung der Lösung, sowie ferner von der Menge und der Temperatur des benutzten Wassers abhängt. Aus den Befunden kann demnach nur auf den Zustand geschlossen werden, in dem sich die wäßrigen Lösungen zur Zeit der Titration befinden.

Die Deutung der chemischen Befunde hat die Lebensmittelchemiker seit mehr als 30 Jahren beschäftigt und noch heute keine befriedigende Lösung gefunden.

Als BEYTHIEN[2] zuerst im Jahre 1904 auf Veranlassung von HILGER dem Verein deutscher Nahrungsmittelchemiker über diese Frage berichtete, vertrat er die Auffassung, daß die Bleichung die Vortäuschung einer besseren Beschaffenheit und somit eine Verfälschung darstelle und überdies nach der damals allgemein herrschenden Meinung der Mediziner gesundheitsschädlich sein könne. Erklärte doch schon im Jahre 1899 das Hamburger Medizinalkollegium auf Grund einer Angabe von B. FISCHER Trockenobst mit mehr als 0,125% SO_2 für gesundheitsschädlich, und die Wissenschaftliche Deputation für das Medizinalwesen in Preußen bezeichnete sogar noch geringere Gehalte von 0,08—0,10% als schädlich und die Festsetzung einer Grenzzahl überhaupt als untunlich. Wenn trotzdem etwas Ernstliches gegen dieses Dörrobst niemals unternommen wurde, so lag das daran, daß sich im Laufe der Zeit die Ansichten der Pharmakologen über die Gesundheitsschädlichkeit der Schwefligen Säure änderten, und man letzterer nicht mehr eine spezifische Giftwirkung, sondern nur noch eine allgemeine Säurewirkung zuschrieb. Damit entfiel aber die wissenschaftliche Grundlage für die bislang beobachtete Praxis der Untersuchungsämter, Dörrobst mit mehr als 0,125% SO_2 zu beanstanden, denn die allein noch übrigbleibende Vortäuschung einer besseren Beschaffenheit kann sowohl durch Gehalte von weniger als 0,10% wie von mehr als 0,125% bewirkt werden. Die Annahme, daß ein Trockenobst um so heller und schöner aussehe, je mehr Schweflige Säure es enthält, ist von BEYTHIEN[3] als ebenso unbegründet erwiesen worden, wie die weitere Ansicht, daß mit stärkerer Schwefelung ein höherer Wassergehalt verbunden sei; damit entfällt die Möglichkeit einer Beanstandung auf Grund des Lebensmittelgesetzes überhaupt.

Wenn also, wie es erwünscht ist, einer Überschwefelung entgegengewirkt werden soll, so kann das nur durch die gesetzliche Festlegung einer Höchstgrenze geschehen, die dann aber für die jeweils an den Käufer abgegebene kleinste Menge gelten müßte, also im Großhandel für den Inhalt einer Kiste, im Einzelhandel für die Pfund- oder Halbpfundpackung. Dem Kleinhändler würde bei der ungleichmäßigen Verteilung der Schwefligen Säure[4] die Pflicht erwachsen, die Auswägung erst nach gründlicher Durchmischung des ganzen Kisteninhaltes vorzunehmen.

Wahrscheinlich wird in der bevorstehenden Verordnung über Konservierungsmittel eine Höchstgrenze wesentlich über 0,125% (vielleicht 0,150—0,200%) festgesetzt und überdies die Kenntlichmachung vorgeschrieben werden.

Dem Chemiker erwachsen aus allen diesen Umständen eine ganze Reihe von Schwierigkeiten. Einerseits muß er die schon oben hervorgehobene und später von H. LÜHRIG[5] bestätigte Tatsache berücksichtigen, daß die einzelnen Partien einer Packung ganz verschiedene Gehalte an Schwefliger Säure aufweisen können. Er muß daher eine größere Substanzmenge von mindestens 200 g aus verschiedenen Stellen des Vorrats entnehmen oder gar den ganzen Inhalt einer Kiste auspacken und durchmischen. Andererseits wird er zu beachten haben, daß die Schwefelung nicht nur zur Bleichung allein, sondern auch zur Erreichung eines an sich erlaubten technischen Zweckes erfolgt, nämlich um eine noch bei höherem Wassergehalte haltbare Ware zu erzielen und gleichzeitig ein stärkeres Nachdunkeln zu vermeiden.

Etwas anders steht es mit den Schalenfrüchten (Walnüsse, Krachmandeln), bei denen eine technische Notwendigkeit nicht anerkannt wird. Sie

---

[1] KERP: Arb. kaiserl. Gesundh.-Amt 1907. [2] Siehe Fußnote 2 S. 569.
[3] BEYTHIEN: Konserven-Ind. 1932, **19**, 611. [4] A. BEYTHIEN: Z. 1904, 8, 36.
[5] H. LÜHRIG: Pharm. Zentralh. 1908, **49**, 851.

sind daher bei Anwesenheit von Schwefliger Säure in der Regel als verfälscht beurteilt worden, aber die Gerichte haben sich dieser Auffassung nicht immer angeschlossen. Nach dem Urteile des Landgerichts I Berlin vom 8. Mai 1915[1] sind geschwefelte Nüsse (in den Schalen 0,052%, in den Kernen 0,019% SO_2) nicht als verfälscht anzusehen, weil es weiße Nüsse nicht gebe und sonach nicht der Anschein einer besseren Beschaffenheit hervorgerufen werde.

Für den Fall, daß in der neuen Verordnung über Konservierungsmittel eine Höchstgrenze für Schweflige Säure vorgeschrieben werden sollte, ist zu berücksichtigen, daß Schale und Kern verschiedene Gehalte aufweisen können, daß also die letzteren getrennt untersucht werden müssen.

Als Unterabteilung der Konservierung kann noch die Behandlung des Trockenobstes in den Lagerräumen mit parasitenschädlichen Gasen angesehen werden. Die Prüfung auf die hauptsächlich in Betracht kommenden Begasungsmittel (Blausäure, Äthylenoxyd, Bromessigsäuremethylester) kann nach den für frisches Obst (S. 557) mitgeteilten Gesichtspunkten erfolgen. Wie dort angegeben, ist die Begasung, wenn das Mittel durch hinreichende Lüftung wieder entfernt worden ist, nicht zu beanstanden.

Wenn sich die Angabe von G. MARSH und W. V. CRUESS[2] bestätigen sollte, daß schlecht schmeckende Mandeln mit Schwefelkohlenstoff begast werden, so müßte das als eine typische Verfälschung beurteilt werden. Zum Nachweise etwa zurückgebliebener Spuren Schwefelkohlenstoff destilliert man 200 g Substanz mit Wasserdampf, fängt in alkoholischer Kalilauge auf und verfährt weiter in üblicher Weise nach dem Kupferxanthatverfahren.

Von weiteren Verfälschungen wird bisweilen noch die Befeuchtung von Backpflaumen mit Glycerin zur Verleihung eines schöneren Aussehens und die teilweise Entölung von Schalenobst erwähnt. Die erstere würde durch die Glycerinbestimmung, die letztere an der Erniedrigung des Ätherextraktes erkannt werden.

e) Prüfung auf Verdorbenheit.

Die wichtigsten Merkmale der Verdorbenheit, wie Vorhandensein von Milben, Motten, Käfern, Maden und Schimmelpilzen werden bei der sorgfältigen Durchmusterung, die in Zweifelsfällen noch durch die mikroskopische Untersuchung ergänzt werden kann, entdeckt. Etwaige Essiggärung wird durch Bestimmung der flüchtigen Säuren nachgewiesen, während Ranzigkeit von Nüssen und Mandeln an der Erhöhung des Säuregrades des mit Äther extrahierten Fettes zu erkennen ist. In Übereinstimmung mit den Vorschriften der Verordnung über Obsterzeugnisse, die auf den Grundsätzen des allgemeinen Lebensmittelrechts beruhen, haben auch Erzeugnisse, die fremdartig oder ekelerregend riechen oder schmecken, oder wegen unappetitlicher Herkunft oder Zubereitung geeignet sind, Widerwillen und Ekel zu erregen, als verdorben zu gelten.

II. Kompottfrüchte in Dosen und Gläsern.

Neben den in luftdicht verschlossenen Dosen und Gläsern eingemachten Kompottfrüchten, die von der Industrie wie auch von den Haushaltungen in großem Umfange hergestellt werden und in den Normativbestimmungen der deutschen Gartenbauwirtschaft die Bezeichnung „Obstkonserven" schlechthin führen, sollen in diesem Abschnitte auch einige verwandte Erzeugnisse, wie Rumfrüchte, Essigfrüchte und Früchte in Dickzucker besprochen werden.

[1] Gesetze u. Verordn. 1915, 7, 317.

[2] G. MARSH u. W. V. CRUESS: Fruit Products Journ. Amer. Vinegar Ind. 8, Nr. 6; Z. 1934, 67, 346.

1. Herstellung der Kompottfrüchte.

Zur Herstellung der durch Sterilisation in geschlossenen Gefäßen haltbar gemachten Früchte kann nur fehlerfreies, gut entwickeltes, nicht durch Transport, längere Lagerung oder sonstwie beschädigtes Obst herangezogen werden; die Fabrikanten sichern sich daher meist durch Verträge mit möglichst nahe gelegenen Erzeugern die regelmäßige und frühzeitige Lieferung der für den Tagesbedarf erforderlichen Zufuhren. Hauptsächlich werden Aprikosen, Pfirsiche, Zwetschen, Mirabellen, Kirschen, Birnen, Erdbeeren und Stachelbeeren, außerdem auch Reineclauden, Quitten, Heidelbeeren und Preißelbeeren, sowie in geringerer Menge Johannisbeeren, Himbeeren usw. zu Kompottfrüchten verarbeitet.

Die vorbereitenden Handlungen, wie das Sortieren, das Putzen, Schälen oder Abziehen der Haut, Entsteinen und Waschen erfolgen in der vorstehend beschriebenen Weise. Hinzu tritt das Sticheln, sowie, in gewissen Fällen, das Blanchieren und Färben.

Das Sticheln soll das Platzen der mit der Schale konservierten Früchte verhindern, einen schnellen Ausgleich des Zuckergehaltes der Frucht und der Aufgußflüssigkeit ermöglichen, um damit das Zusammenfallen (Schrumpfen) der Früchte zu vermeiden und eine volle runde Form zu erzielen. Das Sticheln kann auch durch Anritzen oder durch kreuzweise Einschnitte am Kelch oder Stiel ersetzt werden.

Das Blanchieren oder Vorkochen, das bei der Herstellung der Gemüsekonserven eine große Rolle spielt und bezweckt, das Einfüllen in die Gefäße zu erleichtern, sollte bei den Früchten zur Vermeidung von Aroma- und Zuckerverlusten, wenn irgend möglich vermieden oder möglichst schonend vorgenommen werden. Beim Blanchieren erfolgt meist der Farbezusatz.

An Stelle des Blanchierens findet vielfach eine Vorbehandlung mit Zucker statt, weil bei der Einfüllung der rohen weichfleischigen Stachelbeeren, Erdbeeren, Kirschen, Mirabellen in die Dosen durch das folgende Erhitzen vielfach ein Schrumpfen eintritt und der Doseninhalt schwimmt. Zur Vermeidung dieses Schönheitsfehlers übergießt man die Früchte in flachen Gefäßen mit einer lauwarmen Zuckerlösung von 15° Bé, ersetzt diese nach 24 Stunden durch eine stärkere lauwarme Zuckerlösung von 18—20° Bé und kann nun die Früchte nach weiteren 24 Stunden in die Gläser bringen. Auf einfachere Weise erreicht man das Ziel durch 2—3 Minuten langes Eintauchen der Früchte in eine 30%ige eventuell gefärbte 80° heiße Zuckerlösung.

Die so vorbereiteten Früchte werden dann in vernierte Blechdosen oder in Gläser eingefüllt und mit der bei der Vorbehandlung zurückbleibenden, entsprechend verdünnten Zuckerlösung (Kompottfrüchte) oder mit Wasser (Dunstfrüchte) übergossen. Der Zuckergehalt des Aufgusses richtet sich nach dem Eigenzuckergehalte der Rohware und der gewünschten Süße. 125 g Zucker für die $^1/_1$-Normaldose ergeben meist nur schwach gesüßtes Kompott. Bei gefärbten Früchten wird dem Aufguß Farbstoff, bei gebleichten Citronensäure zugesetzt.

Hinsichtlich des für eine handelsübliche Ware zu erwartenden Zuckergehaltes sei auf die vom Schutzverband der Deutschen Konservenindustrie für 1933 aufgestellten Normativbestimmungen[1] verwiesen und hier nur noch eine Übersicht über die zur Herstellung einer $^1/_1$ Normaldose erforderliche Menge Frischobst angefügt:

---

[1] Konserventechnisches Taschenbuch von SERGER und HEMPEL. Braunschweig 1933.

Äpfel, halbe Frucht	1100 g	Mirabellen	900 g
Apfelmus	1050 g	Reineclauden	950 g
Birnen, ganze Frucht	1100 g	Aprikosen, ganze Frucht	700 g
„ halbe Frucht	1100 g	„ halbe Frucht	1000 g
Quitten	1100 g	Pfirsiche, ganze Frucht	950 g
Süßkirschen, mit Stein	850 g	„ halbe Frucht	1200 g
„ ohne Stein	1000 g	Erdbeeren	1000 g
Sauerkirschen, mit Stein	850 g	Johannisbeeren	900 g
„ ohne Stein	1100 g	Stachelbeeren	700 g
Pflaumen, mit Stein	750 g	Heidelbeeren	750 g
„ ohne Stein	1000 g	Himbeeren	860 g
„ halbe Frucht	1000 g	Kürbis, Melonen	1100 g

Neben diesen Kalkulationssätzen, die noch den durch Schälen, Entsteinen usw. eintretenden Abfall einschließen, sind noch folgende Mindestgewichte für die Füllung vereinbart: 500 g für Äpfel, Ananas, Himbeeren; 550 g für Aprikosen (ganze), Birnen (ganze), Erdbeeren, Heidelbeeren, Johannisbeeren, Stachelbeeren, Kirschen ohne Stein, Pfirsiche (ganze), Trauben; 600 g für halbe Aprikosen, Pfirsiche, Birnen, ferner Kirschen mit Stein, Mirabellen, Reineclauden, Zwetschen, Quitten, Nüsse, gemischte Früchte, Kürbisse und Melonen; 800 g für Obstmark (auch Apfelmark); 850 g für Apfelmus.

Die Mindestgewichte sind zur Vermeidung von Beanstandungen möglichst niedrig gehalten. Die Dosen müssen aber auf alle Fälle „ordnungsmäßig gefüllt“ sein, d. h. sie dürfen als Aufguß nicht mehr Flüssigkeit enthalten, als technisch unbedingt erforderlich ist.

Tabelle 10. Sterilisationszeiten (in Minuten).

Obstart	Dosengröße			
	1/2	1/1	2/1	5/1
Ananas, ganze Frucht	—	25	—	—
„ Scheiben oder Würfel	16	25	28	—
Äpfel, in Stücken	15	20	25	—
Apfelmus, gesüßt	15	20	25	40
Apfelmark	15	20	25	40
Aprikosen, ganze	15	20	25	—
„ halbe	16	22	28	—
Birnen, ganze	16—20	20—25	28—35	45—60
„ halbe	16	22	28	45
Erdbeeren	15	18	25	—
Fruchtmark	15	18	25	40
Gemischte Früchte	15	20	25	—
Heidelbeeren	16	20	28	—
Himbeeren	15	18	25	—
Johannisbeeren	15	18	25	—
Kirschen, mit Stein	16	22	28	—
„ ohne Stein	16	22	28	—
Mandeln, grün	16	22	28	—
Mirabellen	16	22	28	45
Nüsse, schwarz	20	25	35	50
Pfirsiche, ganze	15	20	25	—
„ halbe	16	22	28	—
Pflaumen, ganze	16	22	28	45
„ halbe	18	22	32	50
Preißelbeeren	16	20	28	45
Reineclauden	16	22	28	45
Stachelbeeren	15	18	25	40

Nach ordnungsmäßiger Füllung und Verschließung der Dosen und Gläser erfolgt die Sterilisation, für die man sich der Autoklaven, besonderer Sterilisierschränke oder meist offener Wasserbäder bedient. Die Erhitzung muß so geführt werden, daß unter möglichster Schonung der empfindlichen Obstbestandteile völlige Vernichtung der Mikroorganismen erfolgt. Bei Verwendung offener Wasserbäder stellt man die Dosen oder Gläser in den mit kaltem Wasser gefüllten Kessel, erhitzt langsam zur Siedetemperatur und erhält auf dieser die erforderliche Zeit. Zur Erzielung von Temperaturen über 100^0 wird dem Wasser Kochsalz oder Chlorcalcium zugesetzt und durch ständigen Ersatz des verdampfenden Wassers für gleichbleibende Konzentration gesorgt.

Durch Dampf von 100° allein sterilisiert man in Dunstschränken, durch die der Dampf von unten nach oben hindurchstreicht.

Über die bei 100° erforderlichen Sterilisationszeiten in Minuten, die nach der Art des Obstes und der Größe der Dosen verschieden zu bemessen sind, macht SERGER vorstehende Angaben (Tabelle 10).

Für einige besonders wichtige Arten von Kompottfrüchten seien noch folgende Angaben angefügt:

Stachelbeeren[1] werden hauptsächlich in unreifem Zustande in Form nicht zu großer grüner, haarloser Früchte von 10—15 mm Durchmesser, nach 2 oder 3 Größen sortiert verarbeitet. Die mit der Hand oder maschinell entstielten, entkelchten und gestichelten Beeren werden für naturelle Ware in vernierte Dosen stramm gepackt, mit einer Zuckerlösung von 23° Bé aufgefüllt und nach dem Verschließen der Dosen sterilisiert. Zur Herstellung gegrünter Ware, zu der sich nur grüne Stachelbeeren eignen, werden diese nach dem Putzen in einem gut verzinnten Siebe etwa 5 Minuten im Blanchierkessel in eine auf 75° erhitzte Lösung von 40 g Kupfersulfat und 20 g Kaliumbisulfat in 100 Liter Wasser eingetaucht, dann in fließendem Wasser gründlich gewässert, eingefüllt und sterilisiert.

Erdbeeren, bei denen die Auswahl der richtigen Sorte von großer Bedeutung ist, werden nach Entfernung der Stiele direkt in vernierte Dosen oder in Gläser gefüllt und mit Zuckerlösung von 23—24° Bé übergossen. Nach dem Stehen über Nacht gleicht man den durch das Zusammenfallen der Beeren entstandenen Raum durch Zufüllen weiterer Früchte aus, verschließt und sterilisiert. Zur Rotfärbung läßt man die Beeren in heißer gefärbter Zuckerlösung ziehen oder benutzt gleich zum Auffüllen gefärbte Zuckerlösung.

Um den Erdbeeren für einen längeren Transport die Form zu erhalten, härtet man sie neuerdings für die Fabrikation von Kompottfrüchten und Konfitüren vielfach durch einen Zusatz von Calciumbisulfit[2], von dem 70—90 g, nach HÄRTEL aber schon 35—50 g auf 100 kg Obst ausreichen sollen. Ob diese Behandlung für Konfitüren zulässig ist, erscheint nach dem Wortlaut der Verordnung über Obsterzeugnisse zweifelhaft. Bei Kompottfrüchten stehen keine Bedenken entgegen.

Kirschen werden entstielt und entsteint und in der Regel gefärbt, weil mit Ausnahme der ganz dunklen die meisten Sorten mißfarbige Erzeugnisse ergeben. Zu diesem Zwecke übergießt man die Kirschen im Blanchierkessel mit soviel Wasser, daß dieses 10 cm über dem Obste steht, gibt etwa 10 g Kirschrot auf 50 Liter Flüssigkeit hinzu, erwärmt durch Anstellen des Dampfes langsam auf 60°, erhält 15 Minuten auf dieser Temperatur und läßt die Masse dann in Holzbottichen oder Steingutgefäßen 12—15 Stunden unter öfterem Umrühren stehen. Die Früchte werden dann in die Dosen gepackt, mit schwach rot gefärbter Zuckerlösung von 20—24° Bé übergossen und nach dem Verschließen sterilisiert. Da die volle Durchfärbung erst nach 3—4 Wochen beendet ist, muß die Ware solange vom Versand zurückgehalten werden. Durch diese Behandlung läßt sich nur bei weißfleischigen Kirschen eine gleichmäßige Rotfärbung erzielen.

Birnen werden in ihrem natürlichen Aussehen oder auch rot gefärbt konserviert. Die geschälten, halbierten, vom Kerngehäuse befreiten Früchte gelangen zur Weißkonservierung, für die sich nur besondere, nicht verfärbende Sorten eignen, sofort in eine 0,5%ige Alaunlösung, werden dann gut gespült, mit einer Lösung von 10 g Citronensäure in 30 Liter Wasser blanchiert, bis sie beim Anstechen von der Nadel fallen, und nach dem Abschrecken in kaltem Wasser nicht zu stramm in vernierte Dosen oder in Gläser gepackt. Nach dem Auffüllen mit Zuckerlösung von 20° Bé wird sterilisiert. Bei weichkochenden Früchten unterbleibt das Blanchieren. Zur Herstellung roter Birnen werden die wie oben vorbehandelten Früchte statt mit Citronensäure mit einer Lösung von 20 g

[1] Konserven-Ind. 1933, 20, 241. [2] Konserven-Ind. 1933, 20, 388.

Farbstoff (Birnenrot) in 50 Liter Wasser bei 80—90° blanchiert, bis sie (nach etwa 30 Minuten) gleichmäßig rot erscheinen, dann abgespült, in vernierten Dosen mit einer schwach gefärbten Zuckerlösung von 20° Bé aufgefüllt und sterilisiert.

Pflaumen (Zwetschen) werden, mittelreif, halbiert, entsteint, in vernierte Dosen gepackt, mit kalter Zuckerlösung von 20° Bé aufgefüllt und sterilisiert. Zur Konservierung ganzer Früchte mit Stein läßt man diese 20—30 Minuten in Wasser von 50—60° ziehen oder füllt sie gleich roh ein und verfährt weiter wie oben; die Sterilisationszeit muß aber je nach der Größe der Früchte 2—3 Minuten länger dauern.

Auch Aprikosen finden als ganze ungeschälte, nicht entsteinte oder als halbe, entsteinte Frucht, geschält oder nicht geschält, Verwendung, während Pfirsiche wohl nur geschält, ganz oder halbiert und dann entsteint, sterilisiert werden.

Neben dieser verbreitetsten Form der Sterilisation werden noch durch Behandlung mit Alkohol, Essig oder Dickzucker besondere Arten von Kompottfrüchten hergestellt.

Rumfrüchte oder Rumtopf nennt man eine wohl ausschließlich auf die Haushaltungen beschränkte Form der Obstkonservierung, bei der man die Früchte nach Sorten getrennt oder auch wohl gemischt, wie die Jahreszeit sie liefert, roh, nur durch Schälen oder Zerteilen vorbereitet in Gläser oder Töpfe mit verdünntem Rum einlegt und wohl auch mehr oder weniger Zucker hinzugibt. An Stelle des Rums werden auch wohl andere Spirituosen wie Arrak, Weinbrand, Kornbranntwein sowie Verschnitte derselben mit Feinsprit genommen. Nach dem Kochbuche von Davidis-Holle rechnet man auf 1 kg Obst $^1/_2$ Liter Cognac und 1 kg feinen Zucker. Der Alkoholgehalt des Branntweins soll zweckmäßig nicht mehr als 20% betragen, weil die Früchte sonst hart und unansehnlich werden. Die Zubereitungsform findet hauptsächlich für Beeren- und Steinobst Anwendung.

Essigfrüchte werden, hauptsächlich aus Zwetschen und Birnen, in der Weise hergestellt, daß man die zugeputzten Früchte vorkocht und dann in eine durch Aufkochen von 2 Liter Weinessig mit 1 kg Zucker und Gewürz (Zimt, Nelken) bereitete Lösung einlegt. Auch diese Kompottform wird fast ausschließlich in den Haushaltungen zubereitet.

Früchte in Dickzucker sind demgegenüber hauptsächlich Erzeugnisse der Industrie, da ihre Herstellung besondere Fachkenntnisse erfordert. Die Haltbarmachung erfolgt ohne Sterilisation durch Einlegen in konzentriertere Zuckerlösungen, in denen Bakterien nicht mehr zu wachsen vermögen. Die auserlesenen Früchte werden entweder, wie bei Erdbeeren, roh oder vorgekocht mit einer Zuckerlösung von 23—24° Bé übergossen, die im Verlaufe von 8 bis 20 Tagen unter allmählicher Verstärkung der Konzentration um 2—3° Bé auf 38° Bé, entsprechend einer Lösung von 1 kg Zucker in 1 Liter Wasser, gebracht wird. Zur Verhinderung des Auskrystallisierens und zur Erzielung größerer Geschmeidigkeit und Transparenz wird der Zuckerlösung, sobald sie die Konzentration von 28° Bé erreicht hat, etwas Stärkesirup zugesetzt. Die so erlangten Früchte, sog. Belegobst werden in Früchtepfannen, Steingutbehältern oder Eimern, größere Mengen, besonders von Citronat (Cedrat, Succade), das sind die Schalen von Citrus medica macrocarpa, in besonderen Bottichen aufbewahrt. Nach hinreichend (etwa 5—6 Wochen) langer Lagerung in der konz. Zuckerlösung bilden sie das Ausgangsmaterial für die folgenden Zubereitungen:

Glasierte Früchte werden in der Weise hergestellt, daß man die herausgenommenen Belegfrüchte abtropfen läßt, kurz mit heißem Wasser wäscht, dann in einer mit etwas Gummi arabicum versetzten Zuckerlösung von 4° tabliert und schließlich bei 30—35° nachtrocknet.

Kandierte Früchte erhält man durch Übergießen der getrockneten Belegfrüchte mit einer Zuckerlösung von 36° Bé (heiß gewogen), 10stündiges Erwärmen im Trockenschranke und, nach Ablaufen der Zuckerlösung, langsames Trocknen in sog. Kandierkästen.

Krystallisierte Früchte entstehen, wenn man die getrockneten Belegfrüchte in Krystallzucker eintaucht, dann zur Erzielung eines glänzend durchsichtigen Überzuges kurze Zeit über Wasserdampf hält und schnell nachtrocknet. Unerläßliche Voraussetzung für die Erlangung haltbarer Kompottfrüchte ist die **sorgfältige Verschließung** der Dosen und deren ständige Überwachung im laufenden Betriebe. Zu der Prüfung auf völlige Dichtigkeit sind für die Fabrikpraxis geeignete Apparate konstruiert worden, mit deren Hilfe man in die unter Wasser getauchten Dosen Druckluft einpreßt, wobei sich etwaige Undichtigkeiten durch das Auftreten von Luftblasen zu erkennen geben. Demgegenüber empfiehlt H. SERGER, die Dosen in eine auf 60° erwärmte Fluoresceinlösung (0,5%) einzutauchen und dann zu evakuieren. Die Dose wird dann mit Wasser ausgespült und im konzentrierten Lichtkegel einer Bogenlampe auf fluorescierende Stoffe untersucht. Bei Auftreten von Fluorescenz ist die Dose undicht.

2. Zusammensetzung der Kompottfrüchte.

Die Kompottfrüchte enthalten außer den Bestandteilen des zu ihrer Herstellung benutzten Obstes noch den je nach der Art der Ware zugesetzten Zucker, Essig oder Spiritus und zeigen demnach außerordentlich wechselnde Zusammensetzung. Analysen von Rum- und Essigfrüchten sind in der Literatur überhaupt nicht, solche von „Obstkonserven" nur in sehr beschränkter Zahl zu finden.

L. S. MUNSON und L. M. TOLMAN[1] haben 44 Proben Ananas, M. GRESHOFF[2] und Mitarbeiter je eine Probe Ananas, Pfirsiche und Aprikosen, A. JUCKENACK und H. PRAUSE[3] 6 Proben Preißelbeeren untersucht.

Tabelle 11. Zusammensetzung von Kompottfrüchten.

Obstart		Wasser %	Unlösliche Stoffe %	Löslicher Extrakt %	Invertzucker %	Saccharose %	Zuckerfreier Extrakt %	Säure %	Asche %	Alkalität ccm N
				Protein						
Ananas, Singapore[1] (21 Proben)	Minimum	73,16	0,92	0,39	7,05	4,34	—	0,27	0,21	2,36
	Maximum	81,55	1,67	0,57	13,73	16,48	—	0,74	0,36	4,09
	Mittel	78,97	1,17	0,46	9,61	7,88	8,47	0,45	0,28	3,26
A. Straits Settlements[1] (10 Proben)	Minimum	75,72	0,91	0,39	17,70	4,70	—	0,29	0,22	2,00
	Maximum	82,68	1,27	0,57	15,18	10,65	—	0,55	0,32	4,70
	Mittel	78,96	1,08	0,47	10,51	7,54	1,91	0,44	0,26	3,26
Ananas, Bahama[1] (11 Proben)	Minimum	73,21	0,88	0,20	5,55	0,53	—	0,37	0,20	2,88
	Maximum	91,46	2,51	0,46	12,84	9,05	—	2,00	0,39	5,62
	Mittel	85,87	1,39	0,34	7,96	2,78	2,00	0,95	0,30	4,41
Ananas ohne Zucker[1] . . .		86,77	1,47	0,44	7,12	3,96	0,68	1,64	0,39	5,65
„ mit Zucker		81,83	1,44	0,41	11,63	5,14	—	0,54	0,48	7,00
Java-Ananas[2]		78,60	1,10	0,62	9,50		10,80	—	0,30	4,35
Pfirsiche[2]		83,58	0,88	0,31	8,59		6,95	—	0,30	4,35
Aprikosen[2]		76,90	0,66	0,83	19,70		2,70	—	0,51	7,39
				lösl. E.						
Preißelbeeren[3] (6 Proben)	Minimum	44,44	2,90	31,20	27,10		4,10	1,19	0,21	2,73
	Maximum	65,90	3,95	51,70	35,65		5,50	1,81	0,31	3,25
	Mittel	56,73	3,45	39,98	32,18		4,82	1,52	0,26	2,88

[1] L. S. MUNSON u. L. M. TOLMAN: Zeitschr. Ver. Deutsch. Zuckerind. 1903, **40**, 642; Z. 1903, **6**, 1122.

[2] M. GRESHOFF u. Mitarbeiter: Untersuchungen aus dem Kolonialmuseum in Harlem Bd. VII, S. 351; Bd. IX, S. 1401; Z. 1907, **13**, 453; 1909, **18**, 483.

[3] A. JUCKENACK u. H. PRAUSE: Z. 1904, **8**, 26.

Außerdem wurde noch der Gehalt an Rohfaser in einer Probe Ananas zu 1,10%, in den Pfirsichen zu 0,88%, in den Aprikosen zu 0,66%, der Gehalt an Rohfett bzw. zu 0,33, 0,22 und 0,18% ermittelt.

Die spezifische Drehung des invertierten Extraktes lag bei den von Juckenack und Prause untersuchten Preißelbeeren zwischen — 12,6 und — 19,1.

3. Untersuchung der Kompottfrüchte.

Die Probenahme bietet bei den breiigen marmeladenartigen Zubereitungen, wie eingekochten Preißelbeeren und Heidelbeeren, die infolge ihrer Herstellungsweise meist schon dem Durchschnitt einer größeren Menge entsprechen, keine Schwierigkeiten und kann nach sorgfältigem Durchrühren unter Zerquetschen etwa nicht zerkochter Beeren erfolgen. Für die Untersuchung sind die unter Marmeladen und Musen besprochenen Methoden anzuwenden.

Die eigentlichen Kompottfrüchte (Dunstobst, Rum- und Essigfrüchte), bei denen die ganzen Früchte oder doch deutlich unterscheidbare Obststücke von einer Flüssigkeit umgeben sind, bringt man auf ein Sieb, läßt den Saft oder die Zuckerlösung möglichst abtropfen und bestimmt das Gewicht des flüssigen und des festen Anteils. Der letztere wird, wenn er noch Stiele oder Steine enthält, von diesen getrennt und dann durch Zerreiben im Mörser in einen gleichmäßigen Brei verwandelt.

Zur Analyse kann man entweder den flüssigen und den zerkleinerten festen Anteil getrennt verwenden oder aber auch beide im Verhältnis, wie sie in der ursprünglichen Probe vorhanden waren, vermischen und von dem Gemische die zur Untersuchung erforderlichen Mengen abwägen. Die Bestimmung der einzelnen Bestandteile erfolgt nach den in den Abschnitten Frisches Obst und Marmeladen angegebenen Methoden.

4. Überwachung des Verkehrs.

Soweit die Kompottfrüchte eine breiig-stückige Beschaffenheit besitzen, wie die meisten aus Beeren- oder Scheinfrüchten, insbesondere Heidelbeeren und Preißelbeeren, hergestellten Erzeugnisse müssen sie sinngemäß als Marmeladen oder Konfitüren angesehen werden.

Das geht für Heidelbeerkompott unter anderem aus dem Urteile des Landgerichts Koblenz vom 4. Januar 1911 (Oberlandesgericht Köln am 10. März 1911)[1] hervor. Gegenüber dem Einwande des Angeklagten, daß Kompottfrüchte den Heidelberger Beschlüssen (über Marmeladen, Verfasser)[2] deshalb nicht unterständen, weil sie unzerkleinert seien, hob das Gericht hervor, daß sie dann den Konfitüren glichen, und daß überhaupt keinerlei differenzierende Momente weder in der Anschauung des Verbrauchers noch auch etwa technischer Natur bei den Kompotten vorlägen.

Auch Preißelbeerkompott ist von den Gerichten durchweg z. B. vom Landgericht I Berlin am 12. April 1907[3], vom Landgericht Elberfeld am 21. Juni 1913[4] und vom Landgericht Dresden am 2. Mai 1914[5] wie Marmelade beurteilt worden.

Auf diese Erzeugnisse sind daher die später zu besprechenden Vorschriften der Verordnung über Konfitüren und Marmeladen anzuwenden.

Bei ganzen Kompottfrüchten aus Steinobst (Kirschen, Pflaumen, Aprikosen, Pfirsichen) oder Kernobst (Birnen) sowie auch den nicht zerkochenden Stachelbeeren wird man aber andere, und zwar bis zu einer etwaigen gesetzlichen Regelung, weniger scharfe Anforderungen stellen müssen.

In erster Linie gilt bei diesen der Zusatz von Stärkesirup (trotz der älteren Entscheidung des Oberlandesgerichts Köln vom 10. März 1911) sowie von organischen Säuren als zulässig. Bezüglich der künstlichen Färbung

---

[1] Auszüge 1917, **9**, 455; Gesetze u. Verordn. 1911, **3**, 459. [2] Z. 1909, **18**, 54.
[3] Auszüge 1912, **8**, 579. [4] Gesetze u. Verordn. 1914, **6**, 386. [5] Auszüge 1917, **9**, 468.

wird von Fall zu Fall zu prüfen sein, ob durch sie nicht eine mangelhafte Beschaffenheit verdeckt oder eine andere Ware vorgetäuscht werden soll. Bei Erdbeeren, die erfahrungsgemäß beim Kochen ihre Farbe verlieren, oder bei Birnen, deren meist auffallend rote Färbung von den Käufern ohne weiteres als künstlich erkannt wird, wäre hiernach von einer Beanstandung abzusehen, bei hellen Kirschen, die durch den Farbstoff das Aussehen von roten erlangt haben, aber eine Kennzeichnung zu fordern.

Die Grünfärbung von Reineclauden mit Kupfersalzen (Reverdissage), die nach dem Farbengesetze verboten ist, aber meist stillschweigend geduldet wird, soll nach der in Vorbereitung befindlichen Farbenverordnung mit gewissen Einschränkungen erlaubt werden. Bis die Verordnung in Kraft tritt, empfiehlt es sich, der Beurteilung den Preuß. Ministerialerlaß vom 30. Januar 1928[1] über Gemüsekonserven zugrunde zu legen. Nach diesem soll keine Beanstandung erfolgen, wenn der Kupfergehalt nicht mehr als 0,01% beträgt, und die Kennzeichnung „gegrünt" angebracht ist. Konserven mit weniger als 0,001% Cu sind als nicht gegrünt zu beurteilen.

Hinsichtlich des Gehaltes an Metallen gilt das bei Trockenobst Gesagte. Man wird also Arsen, Blei und Zink vollständig, Antimon und Kupfer in mehr als den technisch vermeidbaren Mengen ausschließen. Größere Mengen Zink, die bisweilen durch die Verwendung von Zinktöpfen (Wasserbäder der Weckapparate) in die Konserven hineingelangen, lassen die Ware wegen des dadurch hervorgerufenen widerlichen Metallgeschmacks als verdorben erscheinen.

Eine mildere Beurteilung erfährt in der Regel das Zinn, dessen Übertritt aus den verzinnten Konservendosen nicht völlig verhindert werden kann. Nach dem Gutachten der Wissenschaftlichen Deputation für das Medizinalwesen[2] werden 10—15 mg Zinn oft, bei Spargel sogar 40 mg und bei Spinat bis 50 mg Zinn in 100 g beobachtet, ohne daß Gesundheitsstörungen eintreten. Neben vorstehenden, aus dem Lebensmittelgesetze abgeleiteten Gesichtspunkten können für die Überwachung des Verkehrs unter Umständen noch die sog. Normativbestimmungen für Obstkonserven Berücksichtigung finden, die am 8. September 1938 von der Hauptvereinigung der deutschen Gartenbauwirtschaft als Anordnung Nr. 15/38 erlassen worden sind. Diese Normativbestimmungen gehen erheblich über das Lebensmittelgesetz und zum Teil auch die Verordnung über Obsterzeugnisse hinaus und enthalten unter anderen völlige Verbote für Konservierungsmittel, Stärkesirup (abgesehen von Preißelbeeren), Aromastoffe, Obstpektin und andere Gelierstoffe, Mineralstoffe oder sonstige Fremdstoffe.

Als erlaubt werden lediglich bezeichnet: frische, saubere, gesunde Früchte, reiner weißer Verbrauchszucker (bei Preißelbeeren auch Stärkesirup), Farben unter der Deklaration „gefärbt", Kupfersalz zur Grünung, Essig für Essigfrüchte, 0,3% Citronen-, Milch- oder Weinsäure.

Es ist zwar fraglich, ob diese für die Hauptvereinigung der Deutschen Gartenbauwirtschaft bindenden Bestimmungen auch für die amtliche Überwachung des Verkehrs maßgebend sind, zum mindesten soweit sie den Grundsätzen des Lebensmittelgesetzes widersprechen. Aus praktischen Gründen sollen sie aber nachstehend mit berücksichtigt werden. Hiernach würde bei der Überwachung auf folgende hauptsächlichste Verfälschungen und sonstige Abweichungen von der normalen Beschaffenheit zu achten sein.

---

[1] Gesetze u. Verordn. 1928, **20**, 12.

[2] Vierteljahrsschr. gerichtl. Med. u. öffentl. Sanitätsw. 1914 [3], **48**, 1; Gesetze u. Verordn. 1914, **6**, 369.

a) Beimischung oder Unterschiebung fremder Obstsorten;
b) Verwendung unzulässiger Aufgußflüssigkeiten;
c) Anwesenheit von Schwermetallen;
d) Zusatz von Konservierungsmitteln;
e) Zusatz von Stärkesirup;
f) Zusatz von Aromastoffen;
g) Künstliche Färbung;
h) Zusatz von Gelierungsmitteln;
i) Zusatz von Mineralstoffen;
k) Zusatz von organischen Säuren;
l) Verdorbenheit.

Über den Nachweis der einzelnen Arten von Abweichungen lassen sich folgende Angaben machen:

a) Prüfung auf fremde Obstsorten.

Die einzelnen Obstarten sind durch ihre botanischen Merkmale hinreichend charakterisiert, so daß fremde Beimischungen in der Regel schon bei äußerlicher Besichtigung erkannt werden. Nur bei den mehr zu den Marmeladen zu rechnenden Konserven aus Heidelbeeren und Preißelbeeren wird unter Umständen die mikroskopische Untersuchung mit heranzuziehen sein.

Dabei ist auf einige andere Abweichungen zu achten, die von den insofern als Handelsgebrauch anzusehenden Normativbestimmungen verboten werden. Himbeeren und Erdbeeren müssen vom Kelch, Johannisbeeren vom Stiel, Stachelbeeren vom Kelch und Stiel befreit sein. Stachelbeeren dürfen, abgesehen von vereinzelten mißfarbigen und geschrumpften, nur pralle unreife Früchte enthalten.

Alle Steinobstfrüchte sind von den Stielen, Pfirsiche auch von den Schalen zu befreien. Sie können mit den Steinen oder entsteint konserviert werden, müssen die entsprechende Bezeichnung tragen und im letzteren Falle („entsteint") praktisch steinfrei sein. Dunkle Flecken dürfen bei Mirabellen extra, Reineclauden, Pfirsichen und Aprikosen nur vereinzelt vorkommen, harte und grüne (unreife) Früchte in Pfirsichen praktisch nicht enthalten sein. Bei Aprikosen ist die Verwendung vorkonservierter Rohware nicht gestattet.

Kernobstfrüchte müssen geschält, Quitten, Apfelschnitte und Birnen „halbe Frucht", außerdem von Stiel und Kerngehäuse befreit sein.

Bei stärkeren Abweichungen von diesen Grundsätzen kann Verfälschung oder irreführende Bezeichnung in Frage kommen.

b) Prüfung der Aufgußflüssigkeit.

Abgesehen von den als „Dunstfrüchte" gekennzeichneten Erzeugnissen, muß die Aufgußflüssigkeit aus einer reinen Zuckerlösung bestehen und eine bestimmte Konzentration aufweisen.

Diese soll entsprechen bei:

Erdbeeren 10° Bé, Erdbeeren vorbehandelt 14° Bé; Johannisbeeren 13° Bé; Himbeeren 12° Bé; Stachelbeeren und Heidelbeeren 11° Bé;

Kirschen 12° Bé; helle und dunkle Sauerkirschen 14° Bé; Pflaumen extra 12° Bé; Pflaumen mit Stein 9° Bé; Mirabellen extra 12° Bé; Mirabellen 10° Bé; Reineclauden 14° Bé, Pfirsiche 13° Bé; Aprikosen extra 14° Bé; Aprikosen halbe Frucht 12° Bé.

Birnen extra 11° Bé; Birnen 10° Bé; Quitten 12° Bé; Äpfel in Stücken oder Schnitten 10° Bé.

Die Bestimmung der Konzentration kann auf aräometrischem Wege mit Hilfe der Baumé- oder der Brixspindel oder pyknometrisch erfolgen, wobei zu berücksichtigen ist, daß 10° Bé (17,8% Zucker) 18° Brix oder dem Spezifischen Gewichte 1,0731, 12 ° Bé (21,3% Zucker) 21,5° Brix oder dem spezifischen Gewichte 1,0891, 14° Bé (24,9% Zucker) 25° Brix oder dem Spezifischen Gewichte 1,1056 entsprechen[1].

[1] J. GROSSFELD: Tabellen in Bd. II, 2, S. 1664 dieses Handbuchs.

Bei größeren Abweichungen von diesen Normalwerten kann Verfälschung oder irreführende Bezeichnung in Frage kommen, während bei geringen Fehlbeträgen von einer Beanstandung auf Grund des Lebensmittelgesetzes kaum ein Erfolg zu erwarten steht.

c) Prüfung auf Metalle.

Hinsichtlich der Bestimmung der Metalle, insbesondere des Arsens, Bleies, Antimons und Kupfers sowie des Zinks sei auf die Abschnitte Frischobst und Trockenobst verwiesen.

In Übereinstimmung mit der schon seit längerer Zeit von den Untersuchungsämtern geübten Praxis bezeichnen auch die Normativbestimmungen die Grünung von Stachelbeeren und Reineclauden mit Kupfersalz als zulässig, wenn die Kenntlichmachung „gegrünt" angebracht wird. Der Kupfergehalt darf aber nach dem Preuß. Ministerialerlaß auch bei Erfüllung dieser Voraussetzung nicht mehr als 0,01% betragen.

d) Prüfung auf Konservierungsmittel.

Während bislang für Obsterzeugnisse geringe Zusätze von Schwefliger Säure, Ameisensäure und Benzoesäure stillschweigend geduldet wurden und auch in dem Entwurf zu einer Verordnung über Konservierungsmittel die Zulassung der gleichen Stoffe sowie des Estergemisches für Obstpülpe und Obstmark in Aussicht genommen wird, enthalten die Normativbestimmungen ein völliges Verbot aller Konservierungsmittel.

Auf alle Fälle ist daher eine Prüfung auf Konservierungsmittel erforderlich. Sie kann nach den in den Abschnitten Frischobst, Trockenobst und Marmelade gegebenen Anweisungen erfolgen.

Ein völliges Verbot würde zur Folge haben, daß zur Herstellung von Kompottfrüchten, im Gegensatze zu den Marmeladen, frisch erhaltenes Obst nicht Verwendung finden darf, und daß dieser Erfolg von den Normativbestimmungen tatsächlich angestrebt wird, geht aus der Angabe unter 12 des Verzeichnisses hervor, daß Aprikosen zur Zeit der Ernte aus frischer, nicht vorkonservierter Rohware hergestellt werden müssen. Ob diese Forderung schon jetzt auf Grund des Lebensmittelgesetzes verwirklicht werden kann, erscheint zweifelhaft, da dieses bei ausreichender Kenntlichmachung eine Beanstandung nicht zuläßt. Sollte sie gesetzlich festgelegt werden, so brauchte die Lebensmittelkontrolle dagegen keinen Widerspruch zu erheben, denn wenn auch die aus vorkonservierten spanischen Aprikosen hergestellten Erzeugnisse recht gute Beschaffenheit aufwiesen, handelt es sich doch mehr um eine wirtschaftliche Frage, die nach den Wünschen der Fabrikanten geregelt werden kann.

e) Prüfung auf Stärkesirup.

Im Gegensatze zu der Verordnung über Obsterzeugnisse, die für Einfruchtmarmeladen 5% Stärkesirup ohne Kenntlichmachung und bis zu 12% unter Kenntlichmachung zuläßt, verwerfen die Normativbestimmungen für alle Kompottfrüchte (außer Preißelbeeren) uneingeschränkt jeden Zusatz von Stärkesirup.

Es ist also zum mindesten der qualitative Nachweis oder, wenn man sich auf die Verordnung stützen will, die quantitative Bestimmung auszuführen. Die hierfür anzuwendenden Methoden sind im Abschnitt Marmeladen (S. 618) beschrieben worden.

Die Gründe, die den Vorsitzenden der deutschen Gartenbauwirtschaft zu dem völligen Verbote geführt haben, sind nicht bekannt geworden, sie können aber nach dem derzeitigen Stande der Wissenschaft kaum als sehr schwerwiegend angesehen werden. Der langjährige Kampf der Lebensmittelchemiker gegen die uneingeschränkte Verwendung des Stärkesirups zu Obsterzeugnissen stützte sich vorwiegend auf die Tatsache, daß der zähklebrige Sirup den Marmeladen eine größere Festigkeit verleiht und sonach einen höheren Eindickungsgrad und einen höheren Obstgehalt vortäuscht. Beides trifft für die Kompottfrüchte nicht zu, da bei diesen die Menge des vorhandenen Obstes von den Verbrauchern ohne weiteres erkannt werden kann. Hinzu kommt, daß die geringere Süßigkeit des Stärkesirups vielfach als technischer Vorzug angesehen wird und nach der Verordnung zu Marmeladen Stärkesirup in gewissen Grenzen zugesetzt werden darf. Der amtliche Lebensmittelchemiker wird also Bedenken tragen, den Zusatz von Stärkesirup im Rahmen der Marmeladenvorschrift als Verfälschung zu beurteilen und eine gesetzliche Regelung für wünschenswert und erforderlich halten.

f) Prüfung auf zugesetzte Aromastoffe.

Da für alle in der Verordnung über Obsterzeugnisse behandelten Warengruppen der Zusatz von Aromastoffen verboten ist, erscheint es zweckmäßig und sachlich begründet, daß sie auch in den Normativbestimmungen für Kompottfrüchte ausgeschlossen werden. Vom Standpunkte des Lebensmittelgesetzes ist der Zusatz als Verfälschung zu beurteilen, weil er den Anschein einer besseren Beschaffenheit vorzutäuschen vermag.

Der chemische Nachweis wird allerdings nach den näheren Angaben im Abschnitt Marmeladen unter Umständen große Schwierigkeiten verursachen oder auch ganz mißlingen.

g) Prüfung auf künstliche Färbung.

Nach Anlage 5 A Ziff. 6 der Normativbestimmungen dürfen Obstkonserven unschädliche Farbstoffe enthalten. Der Zusatz muß aber nach C_3 durch das Wort „gefärbt" gekennzeichnet werden.

Der Nachweis der Färbung erfolgt nach den Vorschriften im Abschnitt Marmeladen (S. 627).

h) Prüfung auf Gelierungsmittel.

Außer den für alle in der Verordnung über Obsterzeugnisse aufgeführten Warengruppen verbotenen Gelierungsmitteln: Agar-Agar und Gelatine soll nach den „Normativbestimmungen" für Kompottfrüchte (auch Preißelbeeren) die Verwendung der für Marmeladen und Obstgelees erlaubten Pektinpräparate verboten sein. Abgesehen von den Heidelbeeren und Preißelbeeren, bei denen ein offensichtlicher Widerspruch gegen die Verordnung vorliegt, kann man ein solches Verbot wohl als erwünscht und zweckmäßig bezeichnen, da bei den Kompottfrüchten kein Bedürfnis für Gelierungsmittel besteht. Solange ein Verbot aber noch nicht im Wege der Gesetzgebung erlassen worden ist, besteht für die Organe der öffentlichen Gesundheitspflege keine Möglichkeit zum Einschreiten auf Grund des Lebensmittelgesetzes, wenn der Zusatz deklariert wird.

Die Methoden zum Nachweise der Gelierungsmittel, auch des Pektins, sind im Abschnitt Marmeladen (S. 624) angegeben worden.

i) Prüfung auf Mineralstoffzusätze.

Das in den Normativbestimmungen für Kompottfrüchte erlassene Verbot des Mineralstoffzusatzes ist anscheinend unbesehen aus der Verordnung über

Obsterzeugnisse übernommen worden, aber offenbar ohne Kenntnis der Gründe, die es dort wünschenswert machten. Bei der Untersuchung von Marmeladen, Obstsäften u. dgl. bietet die Bestimmung der Mineralstoffe eine wesentliche Grundlage für die Ableitung des Gehaltes an Früchten, und ein Zusatz von Mineralstoffen (besonders Alkaliverbindungen) ist nicht nur geeignet, sondern sogar nachweislich zu dem Zwecke erfolgt (vgl. über Citronensaft), den Analytiker zu täuschen. Nur um dagegen geschützt zu sein, haben die dem Reichsgesundheitsrate angehörenden Chemiker ein Verbot des Mineralstoffzusatzes angestrebt und erreicht.

Für Kompottfrüchte fällt dieser Zweck fort und das Verbot ist daher überflüssig, ja es erscheint sogar geeignet, die Arbeit der Industrie erheblich zu stören, weil es gewisse bislang als gewerbegerecht und als üblich angesehene Fabrikationsformen unmöglich macht. Vor allem gilt dies für das Härten der Erdbeeren mit Calciumbisulfit und das Bleichen der Birnen mit Alaunlösung, über die alles Erforderliche schon bei der Besprechung der Herstellung gesagt worden ist. Im Hinblick auf die sehr geringen Mengen der bei den Früchten verbleibenden fremden Mineralstoffe (vom Calciumbisulfit etwa 0,05%, vom Alaun unwägbare Spuren) wird der Vertreter der Lebensmittelüberwachung Bedenken tragen, darin eine Verfälschung zu erblicken, und daher von einer Beanstandung absehen.

Hinsichtlich des Nachweises vgl. Marmeladen, S. 628.

k) Prüfung auf Zusatz organischer Säuren.

Sowohl nach der Verordnung über Obsterzeugnisse wie nach den Normativbestimmungen ist der Zusatz geringer begrenzter Mengen organischer Säuren zur Hebung des Geschmacks, besonders bei säurearmen Früchten erlaubt, während aber die Verordnung nur Weinsäure und Milchsäure zuläßt, wird in den Normativbestimmungen auch die Citronensäure als erlaubt bezeichnet. Dieser Erweiterung kann vom Standpunkte des Lebensmittelchemikers aus zugestimmt werden. Die Ausschaltung der Citronensäure bei den übrigen Obsterzeugnissen erfolgte nämlich, wie diejenige der Mineralstoffe, lediglich aus analytischen Gründen, weil der Gehalt an Fruchtsäuren (Äpfelsäure, Citronensäure) einen Maßstab für die Obsteinwaage bietet. Dieser Grund fällt aber bei den Kompottfrüchten fort.

Daß die Höhe des Säurezusatzes in den Normativbestimmungen auf 0,3%, statt wie in der Verordnung bei Marmeladen auf 0,5% begrenzt wird, erscheint im Hinblick auf den höheren Obstgehalt der Kompottfrüchte zweckmäßig.

Für den Nachweis und die hier immer erforderliche quantitative Bestimmung der einzelnen organischen Säuren können die im Abschnitte Marmeladen angeführten Methoden herangezogen werden.

l) Prüfung auf Verdorbenheit.

Bei der Untersuchung der in Blechdosen eingeschlossenen Kompottfrüchte ist in erster Linie auf etwaiges Aufgetriebensein („Bombage") der Dosen zu achten und, falls diese vorliegt, deren Ursache zu ergründen. Zu dem Zwecke prüft man die beim Anstechen entweichenden Gase auf ihren Geruch, sowie auf das Vorhandensein von Kohlensäure und Wasserstoff. Während Kohlensäure auf Zersetzung durch Bakterien oder Hefen zurückzuführen ist, deutet Wasserstoff eine durch Einwirkung der Säure auf die Blechwand verursachte sog. chemische Bombage an[1], die ebenso wie die durch Quellung und zu stramme Packung bewirkte Bombage unbedenklich erscheint.

[1] Vgl. W. D. BIGELOW: Analyst 1927, **52**, 638; **Z.** 1932, **63**, 239.

Die in Gläsern sterilisierten Kompottfrüchte, besonders solche der Haushaltungen, zeigen bei mangelhaftem Gummiverschluß bisweilen oberflächliche Pilzwucherungen, die als solche unter dem Mikroskope leicht identifiziert werden. Derartige Konserven können nach dem Abheben der oberen Schicht durch nochmaliges Erhitzen wieder gebrauchsfähig gemacht werden, während bei zinkhaltigen nichts anderes als Wegwerfen übrigbleibt.

Hinsichtlich der übrigen in diesem Abschnitte behandelten Erzeugnisse seien für die Überwachung noch folgende Fingerzeige gegeben:

Rumfrüchte, Weinbrandfrüchte sind, soweit sie in den Verkehr gebracht werden, auf den Alkoholgehalt und die Anwesenheit des namengebenden Edelbranntweins zu prüfen. Der Alkoholgehalt soll nicht mehr als 20% betragen, andererseits aber doch so hoch sein, daß er eine konservierende Wirkung ausübt. Die Verwendung von Edelbranntweinverschnitten ist nicht zu beanstanden.

Früchte in Dickzucker (Citronat), glasierte, kandierte und krystallisierte Früchte werden wie Marmeladen untersucht. Ein Zusatz von Stärkesirup ist bei ihnen als üblich und gewerbegerecht anzusehen.

Zweiter Teil.

Obsterzeugnisse.

Wie schon in der Einleitung zu den Obstdauerwaren angedeutet wurde, ist auch die schon frühzeitig von der Menschheit ausgeübte Herstellung der Obsterzeugnisse auf den Wunsch zurückzuführen, die während des Sommers und Herbstes in reicher Fülle anfallenden Früchte für die Tage des Mangels in eine haltbare Form zu bringen und vor dem Verderben zu schützen. Abweichend von dem Trockenobst und den Kompottfrüchten, die dabei im großen und ganzen ihre äußere Beschaffenheit behalten, geht diese bei den Obsterzeugnissen weitgehend verloren, sei es, daß sie aus breiartig zerkleinertem Fruchtfleisch, sei es, daß sie aus dem Preßsafte des Obstes hergestellt werden. Hiernach lassen sich die Obsterzeugnisse, zu denen Marmeladen und Muse, Obstkraut und Obstgelee, Obstsäfte und Obstsirupe, Süßmoste und Obstgetränke gerechnet werden, in 2 Gruppen einteilen, nämlich in die aus Fruchtfleisch mit oder ohne Zuckerzusatz hergestellten Marmeladen und Muse und in die aus dem Obstpreßsafte ebenfalls mit oder ohne Zuckerzusatz hergestellten Erzeugnisse: Obstkraut, Obstgelee, Obstsäfte, Obstsirupe, Süßmoste und Obstgetränke. Bevor für jede einzelne dieser zahlreichen Gruppen die näheren Angaben über Herstellung, Untersuchung, Zusammensetzung und Überwachung gemacht werden, seien einleitende Bemerkungen vorausgeschickt, um einen Überblick über den hohen ernährungsphysiologischen Wert der Obstdauerwaren und Obsterzeugnisse, weiter aber auch über den Umfang der sich mit ihrer Herstellung beschäftigenden Industrie und deren Einfluß auf Landwirtschaft, landwirtschaftliche Nebenbetriebe und den Arbeitsmarkt zu geben.

Die Bedeutung der Obsterzeugnisse für Ernährung und Volkswirtschaft.

Hinsichtlich der Beurteilung des Nährwertes der Obstdauerwaren und Obsterzeugnisse gilt im großen und ganzen das für das frische Obst Gesagte, doch sind dabei, je nach der Art der Herstellung, einige Ergänzungen, aber auch Einschränkungen zu machen.

Was zunächst den calorischen Nährwert betrifft, so unterscheidet sich das Trockenobst von den frischen Früchten nur durch den geringeren Wassergehalt, enthält hingegen alle übrigen Bestandteile, besonders die eigentlichen Nährstoffe in konzentrierter Form. Obstfrüchte werden bis auf einen Wassergehalt von etwa 25—30%, in einigen Fällen (Kirschen) auch nur auf einen solchen von 45—50% eingetrocknet, so daß ihr rein calorischer Nährwert und ihr Mineralstoffgehalt der 4—6fachen Menge frischen Obstes entspricht. Da man aber im Haushalte das Trockenobst mit Wasser einweicht und kocht, so erhält man in der fertigen Speise denselben Energievorrat wie im frischen Obst. Obstmus, insbesondere Pflaumenmus, das nach alter Väter Sitte lediglich durch Einkochen frischer Pflaumen auf etwa $^1/_3$ des Gewichtes hergestellt worden ist, hat den 3fachen calorischen Nährwert wie das Ausgangsmaterial. Nimmt man, wie heute bei der fabrikmäßigen Herstellung meist geschieht, neben eingeweichten Trockenpflaumen auch noch Zucker hinzu; so entstehen Erzeugnisse, die in der Zusammensetzung den Marmeladen nahekommen und deren erhöhten Nährstoffgehalt aufweisen. Bei dem für Einfruchterzeugnisse auf 35% begrenzten Höchstwassergehalte entspricht der calorische Nährwert etwa 2700 Calorien, bei den unter Verwendung erhöhter Pektinzusätze hergestellten und infolgedessen recht wäßrigen „gemischten Marmeladen" mit 42% Wasser allerdings nur etwa 2400 Calorien. Immerhin sind die Muse und Marmeladen, die meist in unverdünnter Form als Brotaufstrich verzehrt werden, zu den konzentrierteren Nahrungsmitteln zu rechnen. Bei den durch Auspressen der frischen Früchte gewonnenen Obstsäften sind die beiden Gruppen der Rohsäfte und der Süßmoste zu unterscheiden. Die Rohsäfte, von denen nur der Citronensaft in den Kleinhandel kommt, haben durch den vorhergehenden Gärungsprozeß, abgesehen von den Salzen, fast alle Nährstoffe, insbesondere den Zucker verloren und demzufolge keinen eigentlichen calorischen Nährwert. Ganz anders die Süßmoste, die als unvergorene geklärte Preßsäfte sämtliche löslichen Nährstoffe des frischen Obstes enthalten und daher wie letzteres einen calorischen Wert von 300—700 Calorien aufweisen. Die aus ihnen durch Eindampfen auf etwa $^1/_7$ hergestellten Obstdicksäfte enthalten alle Nährstoffe in der dem Eindickungsgrade entsprechenden Menge, so daß ihr calorischer Wert von 2400—2800 Calorien etwa demjenigen der 7fachen Menge Obst oder Süßmost gleichkommt. Sie werden aber nur nach vorheriger Verdünnung zu Obstgetränken oder Limonaden genossen. Bei den mit Zucker eingekochten Obstsäften, den Obstsirupen und Obstgelees wird der Nährwert fast ausschließlich durch den hohen Zuckergehalt bedingt. Er beträgt bei den meist 67% Zucker enthaltenden Sirupen rund 3000 Calorien, und ähnliche Werte wiesen auch die früher bis zu 25—30% Wasser eingekochten Obstgelees auf, während bei dem jetzt zulässigen hohen Wassergehalte von 42% nur noch 2200—2300 Calorien vorhanden sind.

Im Gegensatze zu dem calorischen Nährwerte der Obsterzeugnisse, der besonders durch den Zuckerzusatz erhöht wird, hängt der diätetische Wert, soweit der Gehalt an Mineralstoffen, Säuren, Aromastoffen usw. in Betracht kommt, von der Menge des in ihnen vorhandenen Ausgangsmaterials ab. Er ist bei dem getrockneten Obste erhöht, bei den Rohsäften und Süßmosten ebenso hoch wie bei den frischen Rohstoffen, bei den gezuckerten Waren, den Marmeladen, den Obstsirupen und Gelees um so weit erniedrigt, wie dem Grade der Verdünnung entspricht. Wenn man also beispielsweise 50 kg Fruchtmark, 60 kg Zucker und 8 kg Pektinlösung zu 100 kg einkocht, so enthält die fertige Marmelade etwa ein Drittel der Bestandteile des rohen Obstes, eine neumodische „gemischte Marmelade" aus 25 kg Obst, 55 kg Zucker, 8 kg Pektin und 12 kg Stärkesirup aber nur ein Viertel derselben.

Auch der Vitamingehalt hängt von dem Gehalte der Dauerwaren an Obstbestandteilen ab, doch ist weiter zu berücksichtigen, daß die recht empfindlichen Vitamine auch durch die Art der Behandlung eine Veränderung und Verringerung erleiden können. Neben den schon zu Anfang besprochenen ganz allgemein schädlichen Einflüssen sind bei der Herstellung der Obsterzeugnisse noch einige besondere Gesichtspunkte zu beachten, die im Abschnitte Frischobst (S. 538f.) Erwähnung gefunden haben. Nach allen vorliegenden Erfahrungen werden die Vitamine durch das Einkochen von Obstsirupen und Marmeladen im offenen Kessel infolge gleichzeitiger Einwirkung von Hitze und Sauerstoff geschädigt; je niedriger aber die Temperatur und je kürzer die Erhitzungsdauer, um so geringer ist der Verlust. Beim Eindampfen der Dicksäfte im Vakuum bei Temperaturen von 34—40° bleiben die Vitamine so gut wie völlig erhalten. Dies gilt auch für im Vakuum hergestellte Süßmoste. Auch durch das übliche Sterilisieren des Obstes in geschlossenen Dosen wird der Vitamingehalt nach Scheunert, Remy und Sherman u. a. nur wenig beeinträchtigt und, wenn wirklich einmal eine Herabsetzung um 10—20% eintritt, so bezeichnen sie das als praktisch belanglos. Das Trockenobst soll nach F. V. v. Hahn, im Gegensatze zu dem Trockengemüse, vitaminfrei sein.

Alles in allem sind die Obsterzeugnisse gleich den frischen Obstfrüchten als wertvolle Nahrungsmittel besonders diätetischer Art anzusprechen. Ihre mannigfachen Formen ermöglichen es, Abwechslung in den Speisezettel zu bringen und die dringend erwünschte Steigerung des Obstverbrauches herbeizuführen.

Damit sind zugleich erhebliche Vorteile für unsere Volkswirtschaft verbunden, indem die Industrie der Obsterzeugnisse nicht nur den einheimischen Obstzüchtern den Absatz ihrer Ernten erleichtert und bessere Preise gewährleistet, sondern zugleich zur Ausdehnung des Obstbaus und zur Verbesserung seiner Methoden veranlaßt.

Der Anteil der von der Industrie verarbeiteten Obstmengen an der einheimischen Gesamternte ist zwar nicht besonders groß, gewinnt aber dadurch an Bedeutung, daß die Fabriken gerade zur Zeit des stärksten Angebotes die leichter verderblichen Obstarten dem Handel entnehmen und zweckmäßiger Verwertung zuführen.

Für die Obsterzeugung Deutschlands im letzten Friedensjahr 1913 hat Paul Eltzbacher[1] auf Grund der amtlichen Obstbaumzählung vom Jahre 1900 unter Einrechnung eines auf 17% geschätzten Zuwachses nähere Angaben gemacht, die in nachstehender Übersicht durch die Ergebnisse der Obstbaumzählung vom Jahre 1933[2] ergänzt worden sind. Dabei habe ich als mittleren Ertrag eines Baumes mangels neuerer Feststellungen die Eltzbacherschen Zahlen von 1913 auch für das Jahr 1933 übernommen.

Von den im Jahre 1933 gezählten Obstbäumen entfallen 76893200, das ist etwa die Hälfte, auf Preußen, doch wird im Verhältnis zur Anbaufläche der Obstbau in Süd- und Mitteldeutschland weit intensiver betrieben[2]. So finden sich auf 100 ha in Württemberg 963, Baden 769, Anhalt 683, Schaumburg-Lippe 646, Sachsen 636, Hessen 628, Pfalz 594 Obstbäume, während als geringste Dichten in Oldenburg 187, Holstein 178, Oberschlesien 177, Mecklenburg 131, Pommern 124 und in der Grenzmark gar nur 103 zu verzeichnen sind. Der Reichsdurchschnitt wird zu 331 auf 100 ha angegeben. Gegenüber dem Jahre 1913 ist bei der letzten Zählung ein bedauerlicher Rückgang in der Zahl der Obstbäume um rund 21% eingetreten, doch beruht das lediglich auf den Folgen der langen Frostperiode des kalten Winters 1928/29. Für das zunehmende Interesse

[1] Paul Eltzbacher: Die deutsche Volksernährung und der englische Aushungerungsplan. Braunschweig: Friedr. Vieweg u. Sohn 1915.
[2] Konserven-Ind. 1933, 20, 621.

Tabelle 12. Obstertrag in den Jahren 1913 und 1933[1].

Obstart	Zahl der Obstbäume		Ertrag je Baum	Gesamtertrag in 1000 Tonnen	
	1913	1933	kg	1913	1933[2]
Äpfel	61 229 000	70 000 000	18	1102,1	1260,0
Birnen	29 386 000	26 300 000	16	470,2	420,8
Pflaumen	81 240 000	36 500 000	3	243,7	109,5
Süßkirschen } Sauerkirschen }	25 211 000	9 600 000	9	226,9	86,4
		9 000 000			81,0
Sonstiges Obst	?	—	—	500,0	500,0
Aprikosen, Pfirsiche	?	2 550 000	—	—	—
Walnuß	?	1 480 000	—	—	—
Zusammen	197 066 000	155 430 000		2542,9	2457,7

der Landwirtschaft am Obstbau spricht demgegenüber die Tatsache, daß von den rund 155 Millionen Stämmen neben 115 Millionen voll ertragsfähigen auch 40 Millionen heranwachsende waren, und daß allein im Jahre 1933 40000 neugepflanzte Obstbäume hinzukamen. Um diesen Fortschritt noch deutlicher zu veranschaulichen, seien auch die Ergebnisse der Reichsstatistik für das Jahr 1935[3] angefügt, die zugleich darüber Aufschluß gewähren, in welchem Verhältnisse das geerntete Obst zum Selbstverbrauche im Haushalte des Erzeugers sowie zum Verkaufe als Eßobst (Tafelobst) und als Verwertungsobst (Most-, Brenn-, Marmeladen-, Konservenobst usw.) dient. Bei einem Vergleich mit den Angaben der Vorjahre ist zu berücksichtigen, daß die folgende Übersicht sich nur auf die voll ertragsfähigen Bäume bezieht.

Tabelle 13. Obstertrag im Jahre 1935.

Obstart	Zahl der ertragsfähigen Bäume	Obstertrag		Davon verbraucht		
		je Baum kg	gesamt in 1000 Tonnen	im Haushalt des Erzeugers %	zum Verkauf als Eßobst %	zum Verkauf als Verwertungsobst %
Äpfel	53 431 499	16,5	875,4	48,8	26,5	24,7
Birnen	21 803 157	19,0	418,2	53,8	24,7	21,5
Pflaumen, Zwetschen	28 421 806	11,0	307,2	42,4	37,5	20,0
Mirabellen, Reineclauden	1 410 233	10,5	14,7	41,1	34,8	24,1
Süßkirschen	6 724 621	6,5	42,2	32,4	58,2	9,4
Sauerkirschen	8 173 869	5,5	45,8	50,4	27,5	22,1
Aprikosen	251 495	3,5	0,9	49,6	41,3	9,1
Pfirsiche	1 971 705	6,0	11,4	36,0	53,1	10,9
Walnüsse	1 141 167	5,5	6,3	65,9	30,8	3,6

Die Gesamtzahl der ertragsfähigen Bäume ist von 115 Millionen im Jahre 1933 auf über 123 Millionen im Jahre 1935 angestiegen[4]. Die ganze Ernte an Obst belief sich auf 1722100 Tonnen, von denen rund 407000 Tonnen der industriellen Verwertung zugeführt wurden.

Trotz der erheblichen Eigenerzeugung reichte sie nicht zur Deckung des Bedarfs, sondern mußte durch eine erhebliche Einfuhr ergänzt werden. Der Einfuhrüberschuß an Obst stellte sich für das Jahr 1913 nach Abrechnung der zur Weinbereitung und Viehfütterung bestimmten Trauben, Abfälle u. dgl. folgendermaßen (Tabelle 14).

[1] Siehe Fußnote 1 S. 586.

[2] 1934: Äpfel 1565, Birnen 732, Pflaumen 447, Süßkirschen 143, Sauerkirschen 76, Aprikosen 3,34, Pfirsiche 32, Walnüsse 19,6.

[3] Reichsanzeiger vom 23. September 1935, S. 4 und vom 4. Dezember 1935, I. Beilage.

[4] Die Gesamtzahl 175 Millionen.

Tabelle 14. Obsteinfuhr und Ausfuhr.

Bezeichnung	Einfuhr Tonnen	Ausfuhr Tonnen	Einfuhr-überschuß Tonnen
Äpfel	318 690	2 195	316 495
Birnen, Quitten	48 528	2 431	46 097
Zwetschen	27 920	9 947	17 973
Kirschen, Weichseln	9 015	859	8 156
Sonstiges frisches Obst	92 110	3 486	88 624
Getrocknetes Obst	53 227	2 266	50 961
Südfrüchte, Fruchtschalen	296 426	1 958	204 468
Frucht- und Pflanzensäfte	2 008	90	1 918
Zusammen	847 924	23 232	824 692

Alles in allem war also der Jahresverbrauch an Obst in der Vorkriegszeit zu etwa 3,37 Millionen Tonnen anzunehmen, von denen rund 30% dem Auslande entstammten.

In der Zeit nach dem Kriege ist die Einfuhr zwar beträchtlich zurückgegangen, belief sich aber mehrere Jahre immerhin noch auf etwa 200000 t (davon 50000 t Dörrobst vorwiegend aus den Vereinigten Staaten) im Werte von etwa 40 Millionen Mark, und eine weitere Einschränkung erscheint daher dringend erwünscht. Auch bei den sog. Südfrüchten, die in unserem Klima nicht gedeihen, insbesondere den Apfelsinen und Citronen, die wegen ihres hohen Vitamingehaltes nicht völlig zu entbehren sind, wäre die übermäßige Einfuhrsteigerung während der letzten Jahre nicht unbedingt nötig gewesen. Sicher könnte aber der Bedarf an den einheimischen Obstarten weit mehr als bisher aus eigener Erzeugung gedeckt werden.

Mit Recht bezeichnet es BRUNO HEMPEL[1] als wenig erfreulich, daß im Rheinlande das Apfelkraut nur zu $^1/_6$ aus deutschem Obste hergestellt wird, selbst wenn sich dieses billiger stellt als die ausländischen Trockenäpfel und Abfälle, daß weiter Pflaumenmus meist aus eingeführten Trockenpflaumen, und zwar der Ausschußware, hergestellt wird, während deutsches Frischobst nicht abgesetzt werden kann, und daß auch Obstsäfte vielfach aus eingeführten Rohsäften, Brauselimonaden gar zu $^9/_{10}$ aus Südfruchtextrakten erzeugt werden. Dazu verwenden die deutschen Betriebe für Marmeladen und Gelees große Mengen ausländischer Pülpe, obwohl nach HEMPEL[2] der Bedarf an Stachelbeeren, Erdbeeren, Johannisbeeren, Himbeeren, Kirschen, Pflaumen und Äpfeln recht gut im Inlande gedeckt und nur an Pfirsichen und Aprikosen eine gewisse Zufuhr gebilligt werden könnte.

Immerhin ist die Fabrikation von Obsterzeugnissen auch für den deutschen Obstbau und für die deutsche Volkswirtschaft von hervorragender Bedeutung, wie aus folgenden mir von Dr. HUGO BÖTTGER am 7. April 1934 privatim gemachten Angaben hervorgeht. Nach seiner Schätzung umfaßt der Reichsverband der deutschen Obst- und Gemüse-Verwertungsindustrie etwa 400 Gemüsekonservenfabriken, 479 Obstkonservenfabriken (Hauptartikel: Kompottfrüchte, Obstsäfte, Gelees, Obstkraut) und 417 Marmeladenfabriken (Hauptartikel: Marmeladen, Gelees, Fruchtsäfte, Obstkraut usw.). Außerdem bestehen gemischte Betriebe der drei Hauptverwertungsarten, ferner zahlreiche Fruchtpasten-, Süßmost- und Obstweinhersteller, auch sind den Obstkonservenfabriken vielfach Fruchtsaftpressereien angegliedert.

Die Menge der allein für die Marmeladenfabrikation hergestellten Pülpe belief sich im Jahre 1931 auf 47600 Tonnen (1934: 62000, 1935: 108000 t), die Zahl der fertiggestellten $^1/_1$ Normaldosen Kompottfrüchte auf 25,5 Millionen, entsprechend rund 20000 t Frischobst[3]. Davon entfielen in 1000 $^1/_1$ Normaldosen auf:

---

[1] BRUNO HEMFEL: Konserven-Ind. 1933, **20**, 149.
[2] HEMPEL: Konserven-Ind. 1933, **20**, 161.
[3] Konserven-Ind. 1933, **20**, 517.

Aprikosen	155	Pfirsiche	455
Erdbeeren	3235	Gemischte Früchte	98
Stachelbeeren	295	Äpfel in Stücken	53
Kirschen	1813	Apfelmus	5591
Heidelbeeren	491	Apfelmark in Dosen	2758
Birnen	1410	Fruchtmark in Dosen	543
Pflaumen	4753	Preißelbeeren in Dosen	610
Mirabellen	761	Dunstobst	1880
Reineclauden	511	Verschiedenes	79

Berücksichtigt man weiter, daß für die Obsterzeugnisse erhebliche Mengen Zucker, Konservendosen und andere Materialien gebraucht werden, so erscheint es erklärlich, daß der Gesamtumsatz von 2583 Erzeugern buchhalterisch mit rund 194,5 Millionen Mark angegeben wird.

Eine überaus lebhafte Entwicklung zeigt die Herstellung der Süßmoste, die innerhalb weniger Jahre von kleinsten Anfängen zu einer beträchtlichen Industrie heranwuchs, so daß man bis zum Mai 1935 nach Josef Wregg[1] im deutschen Reiche bereits 947 zugelassene gewerbliche Süßmostbetriebe zählte.

Die Erzeugung betrug

im Jahre	1926 . . .	2,5 Millionen Liter
„ „	1931 . . .	16 „ „
„ „	1933 . . .	21 „ „
„ „	1934 . . .	30 „ „

und dürfte im Jahre 1935 auf 70 Millionen Liter, in dem kurzen Zeitraum von 9 Jahren auf fast das 30fache gestiegen sein.

Von diesem Süßmost sind 85% Apfelsaft und 12% Traubensaft, während der Rest sich auf andere Früchte verteilt. Zu den 947 gewerblichen Betrieben kommen noch die bäuerlichen und die Kleingartenbetriebe hinzu, die nach Mehlitz 8—10 Millionen Liter Süßmost erzeugen.

Über die einzelnen Gruppen der Obsterzeugnisse lassen sich auf Grund der historischen Entwicklung und des derzeitigen Standes der modernen Industrie folgende Angaben machen.

I. Muse, Marmeladen, Konfitüren, Jams.

Den verschiedenen Gliedern dieser Gruppe ist das eine gemeinsam, daß sie im Gegensatze zu den später zu besprechenden Obsterzeugnissen nicht nur den Saft, sondern das Fruchtfleisch mit oder ohne Zuckerzusatz enthalten.

1. Herstellung der Muse, Marmeladen, Jams, Konfitüren.

Der älteste Vertreter dieser Gruppe, deren charakteristisches Merkmal die breiige oder breiig-stückige Beschaffenheit und die streichfähige Konsistenz ist, dürfte das Pflaumenmus sein, bei dem die Haltbarkeit durch Einkochen des Fruchtbreies bis zur Vernichtung der Mikroorganismen und Verhinderung weiteren Wachstums erreicht wird, während die Marmeladenfabrikation bei geringerer Einkochung durch Zusatz großer Zuckermengen den gleichen Erfolg erzielt.

Während die Haushaltungen, denen diese Zubereitungsform entstammt, immer vom frischen Obste ausgehen, und auch die Industrie ursprünglich so verfuhr, ist die letztere neuerdings mehr und mehr zur Verarbeitung von konserviertem Obst oder von sog. Halbfabrikaten übergegangen, deren Verwendung erhebliche wirtschaftliche Vorteile gewährleistet. In erster Linie macht sie den Fabrikanten unabhängig von dem wechselnden Ausfall der Obsternten, die ihm in schlechten Jahren die Beschaffung des erforderlichen Rohmaterials

[1] Josef Wregg: Umschau 1936, 40, 513.

erschwert oder unmöglich macht, bei reichen Erträgen aber den Zwang einer überhasteten Saisonarbeit auferlegt, während die Verwendung der Halbfabrikate die gleichmäßige Verteilung auf das ganze Jahr ermöglicht. Bei stockendem Absatz brauchen auch nicht durch sofortige Verkochung zu Marmelade vorzeitig die großen Beträge für den Zuckerankauf festgelegt zu werden. Für den Obstbau hat die Herstellung von Halbfabrikaten im Inlande den Vorteil, daß die deutsche Industrie von dem Bezuge ausländischer Rohstoffe unabhängiger wird; die Ansicht, daß sie auf jede Weise gefördert und zweckmäßig in besonderen Betrieben vorgenommen werden sollte, scheint daher ständig an Boden zu gewinnen.

a) Die Halbfabrikate.

Die Halbfabrikate, von denen die Obstpülpe oder das Obstpulp neben den Obstbestandteilen in breiig-stückiger Form auch unzerteilte Früchte und große Fruchtstücke, Obstmark hingegen nur mehr oder weniger fein zerteiltes frisches Obst enthält, können bei normalem Betriebe unmittelbar aus dem frischen Obste hergestellt werden, doch wird bei sehr reichlicher Anlieferung, namentlich von Äpfeln, Birnen, Zwetschen eine Vorkonservierung zweckmäßiger sein.

Die Rohkonservierung erfolgt in der Weise, daß man die gewaschenen Früchte in saubere, vorher ausgeschwefelte Fässer oder gemauerte und imprägnierte Behälter aus Zement oder Beton einfüllt und mit einer konservierenden Flüssigkeit übergießt. Als solche kommen zur Zeit in Betracht: eine Mischung von 1—2 Liter wäßriger 5—6%iger Schwefliger Säure mit 100 Liter Wasser oder eine Lösung von 250—350 g Natriumbisulfit in 100 Liter Wasser unter Zusatz von 250—700 g 25%iger Salzsäure oder endlich eine 1%ige Lösung von Natriumpyrosulfit. Hinsichtlich der Art und Menge der anzuwendenden Chemikalien wird die Verordnung über Konservierungsmittel nähere Vorschriften bringen. Zur Zeit gilt die Verwendung der Schwefligen Säure, die beim späteren Verkochen zu Marmelade nahezu restlos entweicht, als zulässig und das so behandelte Obst als frisches Obst im Sinne der Verordnung über Obsterzeugnisse.

Pülpe wird in der Weise hergestellt, daß man die lediglich gewaschenen Früchte in Kippfässer mit eingesetztem Siebboden füllt und dann durch Einlassen von Dampf weich dämpft. Statt dessen werden auch noch gewöhnliche Vorkochkessel oder neuerdings geschlossene Dampfapparate angewandt. Die Pülpe enthält demnach noch die Stengel, Schalen, Kerngehäuse, Kerne, Steine usw., während diese bei dem Mark entfernt sind.

Zur Haltbarmachung wird das passierte siedend heiße Mark in gut gesäuberte große Blechdosen, Aluminiumbehälter, Glasballons u. dgl. gefüllt, luftdicht abgeschlossen und im Wasserbade sterilisiert. Einfacher noch ist das BAUMERsche Verfahren, bei dem man die kochend heiße Masse aus dem Kessel direkt in die Behälter füllt und diese nach Verschließung mit dem Bügelverschluß auf den Kopf stellt, so daß die miteingeschlossene Luft durch die heiße Masse nach oben steigt und dadurch sterilisiert wird. Für Orangen- und Citronenpulp wird Einfüllen der kochend heißen Masse in ein ausgeschwefeltes Eichenholzfaß empfohlen, dessen mit Formalinwatte beschickter durchbohrter Spund nur den Zutritt keimfreier Luft gestattet[1].

Schließlich benutzt man auch zur Konservierung der Pülpe oder des Marks chemische Mittel, nämlich auf 100 kg entweder 100—200 g Benzoesäure, 250 bis 300 g 50%iger Ameisensäure oder 2—3 Liter 6—8%iger Schwefliger Säure.

Säurearmes Mark erhält außer dem Zusatze von Konservierungsmitteln noch einen solchen von etwa 0,75% Weinsäure. Auch wird Mark aus Trockenobst

[1] Braunschw. Konserven-Ztg. 1933, Nr. 4, 4.

hergestellt, darf dann aber nicht zur Herstellung von Marmelade, mit Ausnahme der Aprikosenmarmelade, und auch für Pflaumenmus nur unter Kenntlichmachung benutzt werden. Während Obstpulp im allgemeinen nur als Zwischenprodukt der Industrie Verwendung findet, kann das durch Siebe getriebene („passierte") Fruchtmark, das als Halbfabrikat besonders das Ausgangsmaterial für Marmeladen bildet, auch als Fertigerzeugnis, z. B. für Speiseeis gehandelt werden. Es wird zu diesem Zwecke in den verkaufsfertigen Dosen sterilisiert.

In gewissem Sinne kann auch das Hagebuttenmark zum Obstmark gerechnet werden, obwohl die Hagebutten nach der Begründung zu der Verordnung über Obsterzeugnisse nicht als Obstfrüchte anzusehen sind. Da das Hagebuttenmark aber in vielen Gegenden Süddeutschlands, insbesondere Württembergs, neuerdings vielfach fabrikmäßig hergestellt und den Hausfrauen zur Bereitung von Hagebuttenmarmelade im Kleinhandel angeboten wird, erscheint es zweckmäßig, die etwas abweichende Art seiner Herstellung an dieser Stelle zu besprechen. Nach den Schilderungen von O. MEZGER und K. FUCHS[1] sowie später von H. JESSER und H. RÖMERSPERGER[2] werden die Hagebutten, auch Rosenäpfel, Hägen oder Hiften genannt, halbiert und von den Kernchen und den Haaren befreit, da die letzteren beim Passieren des Markes durch das Sieb hindurchgehen und später beim Genuß der Marmeladen Kratzen im Halse hervorrufen sollen. Die halbierten und geputzten Früchte werden mit etwas Wasser (seltener auch wohl mit Wein) durchfeuchtet, und zwar verwendet man üblicherweise auf 3 Liter Hagebutten $^1/_2$ Liter Flüssigkeit oder, dem Gewichte von 1 Liter Hagebutten gleich 438 g entsprechend, auf 1 kg Hagebutten 380 g. Nach etwa 4—6tägigem Stehen an einem kühlen Orte, wobei infolge von Gärung etwas Alkohol und kleinere oder größere Mengen flüchtiger Säure entstehen, wird die weichgewordene Masse durch ein feines Haarsieb hindurchgedrückt. Die in ihrem Gefüge kaum veränderten Hautteile bleiben dabei zurück und werden verworfen. Auf diese Weise haben die vorgenannten Verfasser eine größere Anzahl Proben Hagebuttenmark selbst hergestellt und nebst anderen dem Wochenmarkte entnommenen Handelsproben der chemischen Untersuchung unterzogen. Nach den im nächsten Abschnitt (S. 599) mitgeteilten Befunden halten JESSER und RÖMERSPERGER es für wahrscheinlich, daß die im Kleinhandel angekauften Proben zwar in der beschriebenen Weise, aber vielfach unter Verwendung zu großer Flüssigkeitsmengen hergestellt worden waren. Auch fügen sie hinzu, daß es vielfach üblich und zulässig ist, die Hagebutten vor dem Ansatz zu kochen. Als bislang beobachtete Verfälschungen erwähnen sie neben übermäßiger Wässerung den Zusatz von Tomatenmark, Vogelbeeren und gelben Rüben. Zur Bekämpfung der letzteren sind schon jetzt die Vorschriften des Lebensmittelgesetzes ausreichend, um aber auch im übrigen eine gute Beschaffenheit zu gewährleisten, empfehlen die Verf., das Hagebuttenmark in die Verordnung über Obsterzeugnisse einzubeziehen und einen Höchstwassergehalt von 82% sowie völlige Entkernung vorzuschreiben.

Ob die letztere Forderung auch auf die Entfernung der Haare ausgedehnt werden muß, erscheint fraglich, da nach Angabe erfahrener Hausfrauen die Haare beim Passieren des Markes an den Hautteilen haften und auf dem Siebe verbleiben. Ich selbst kann bestätigen, daß aus nicht vorher geputzten Früchten bereitete Hagebuttensuppe keine Spur von Haaren enthielt. Man könnte daher, wie es schon jetzt in den Haushaltungen geschieht, der Industrie diese überaus unangenehme und zeitraubende Arbeit ersparen.

Als ein Zwischenerzeugnis zwischen Obstmark und Marmelade ist noch das Apfelmus zu erwähnen, das ohne Eindickung in Dosen gefüllt wird. Es soll nach Handelsbrauch von breiiger, nicht suppiger Beschaffenheit sein und eine

---

[1] O. MEZGER u. K. FUCHS: Z. 1908, **16**, 390.
[2] H. JESSER u. H. RÖMERSPERGER: Pharm. Zentralh. 1936, **77**, 19.

helle, nicht braune Farbe zeigen. Die beiden Sorten extra und tafelfertig unterscheiden sich durch die Güte des verarbeiteten Obstes und die Höhe des Zuckerzusatzes (90 g bzw. 70 g je Dose).

Apfelmus. Dieser wichtigste Vertreter des schwach gesüßten, nicht eingedickten Fruchtmarks wird aus frisch gepflückten, weißfleischigen Äpfeln von säuerlichem aromatischem Geruch hergestellt, mit etwa 10% Zucker versetzt und in vernierten Dosen bei höchstens 100° sterilisiert, da bei höheren Temperaturen Rotfärbung eintritt. Längere Zeit chemisch vorkonserviertes Obst ist hierfür nicht verwendbar. Für den Gehalt an Wasser und Zucker sind bislang bindende Vorschriften nicht gegeben, doch sollen nach den „Normativbestimmungen" für die $^1/_1$ Normaldose mit 850 ccm Inhalt 1050 g Frischobst oder mindestens 800 g Apfelmark und 90 g Zucker bei Apfelmus, tafelfertig, extra, 70 g Zucker bei Apfelmus tafelfertig genommen werden.

Im Gegensatze zu dem Apfelmus ist Pflaumenmus eingedicktes Fruchtmark, ohne oder mit Zuckerzusatz, auch aus Trockenfrüchten hergestellt.

b) Pflaumenmus (Powidl).

Entsprechend der ursprünglich in den Haushaltungen geübten Zubereitung muß Pflaumenmus schlechthin, ohne weitere Kennzeichnung auch jetzt aus frischen Pflaumen oder dem Mark frischer Pflaumen und, abgesehen von einer nur unter Kennzeichnung erlaubten Verwendung von Gewürzen ohne jeden Zusatz hergestellt werden. Die frischen entsteinten Früchte werden in offenen Kesseln auf freiem Feuer unter ständigem Rühren im eigenen Safte bis zur dickbreiigen Konsistenz eingekocht oder aber nach dem neuerdings von den Fabriken geübten Verfahren wohl auch vorher passiert und dann eingekocht. Die Eindickung muß bis zu der für eine genügende Haltbarkeit erforderlichen dickbreiigen Konsistenz, d. h. bis zu etwa $^1/_3$ des Rohgewichtes und jedenfalls nach der Verordnung über Obsterzeugnisse so weit getrieben werden, daß der Wassergehalt des fertigen Muses 47% nicht übersteigt.

Der bei Verwendung zu saurer Pflaumen unter Umständen erforderliche und unter Deklaration in Menge von höchstens 30% erlaubte Zuckerzusatz erfolgt während des Einkochens.

Zur Herstellung des unter der Bezeichnung „Pflaumenmus aus Trockenpflaumen" ebenfalls erlaubten Erzeugnisses läßt man[1] getrocknete, am besten kalifornische Pflaumen über Nacht in Quellern mit Dampfschlange und Siebboden, mit Wasser bedeckt, stehen, kocht leicht oder dämpft eine Stunde lang, passiert und kocht, nach Befinden unter Zusatz von Zuckerlösung, 2—$2^1/_2$ Stunden im Vakuum ein. Zu 100 kg Mus verwendet man etwa 120 kg Trockenpflaumen und setzt außerdem 200 g 80%ige Milchsäure und 150 g einer Mischung von 300 g Zimt, je 100 g Cardamomen und Sternanis, je 50 g Nelken, Ingwer und Macis und 300 g Citronenschalen hinzu. Das Eindicken muß auch hier bis zu einem Wassergehalte von höchstens 47% fortgesetzt werden. Im übrigen können auch andere Gewürzmischungen und höhere Mengen Milch- oder Weinsäure genommen werden, doch darf der Gehalt an letzterer im Fertigprodukt 0,5% nicht übersteigen.

Die übrigen Glieder dieser Gruppe, das aus frischen und getrockneten Pflaumen bestehende Mus, sowie das problematische „Gemischte Mus", zu dem noch eine weitere Obstart, ferner Entzuckerungsabläufe und Rübenkraut genommen werden dürfen, werden im Prinzipe nach demselben Verfahren hergestellt. Hinsichtlich der einzelnen gesetzlichen Vorschriften über ihre Zusammensetzung sei auf den Abschnitt „Überwachung" (S. 611) verwiesen und hier nur angeführt, daß für alle Erzeugnisse die Verwendung ordnungsmäßig konservierten Obstmarks zulässig, diejenige von Stärkesirup aber verboten ist.

[1] Konserven-Ind. 1933, 20, 83. Vgl. E. JACOBSEN: Braunschw. Konserven-Ztg. 1935, Nr. 48; 1936, Nr. 14.

c) Marmeladen, Obstkonfitüren (Jams).

Marmeladen, Obstkonfitüren (Jams) sind Erzeugnisse, die, zum Unterschiede vom Pflaumenmus, durch Einkochen von Obst mit erheblichen Zuckerzusätzen bis zur dickbreiigen, streichfähigen Konsistenz hergestellt werden. Sie unterscheiden sich wesentlich dadurch, daß die Obstkonfitüren (Jams) aus dem unzerteilten oder in Stücke geschnittenen Fruchtfleisch oder der Pülpe einer einzigen Obstart gewonnen werden und in der Regel noch Obststücke erkennen lassen, während die Marmeladen aus dem Fruchtfleische, der Pülpe oder dem Marke (auch passiertem) einer oder mehrerer Obstarten gewonnen werden und keine Obststücke zu enthalten brauchen.

Zur Herstellung der Marmeladen ging man ursprünglich von dem frischen Obste aus, dessen Gehalt an gelierenden Pektinstoffen die erwünschte schlierige Beschaffenheit hervorruft, und nahm auf 2 Teile Frucht etwa 1 Teil Zucker, die nach dem Verkochen etwa 2 Teile Marmelade ergaben. Je reicher an Pektinstoffen das Obst ist, um so mehr kann der das Aroma beeinträchtigende Kochprozeß abgekürzt werden. Aus diesem Grunde ist die Verarbeitung der frischen, besonders pektinreichen Früchte unmittelbar während der Erntezeit für die Erlangung vollwertiger Erzeugnisse am vorteilhaftesten. Bei der aus volkswirtschaftlichen Gründen neuerdings bevorzugten Verwendung von Halbfabrikaten, die infolge von Gärung oder längerer Lagerung an Gelierkraft einbüßen, bietet der Zusatz pektinreicher Stoffe die Möglichkeit, diesen Mangel auszugleichen. Als solche verwandten die Fabriken anfangs sog. Geliersäfte, während ihnen neuerdings von einer besonderen Industrie pektinreichere Präparate geliefert werden.

Obstgeliersäfte sind Zubereitungen, die aus frischen Früchten einer einzigen pektinreichen Obstart (besonders Äpfeln oder Stachelbeeren) durch Behandeln mit Wasser hergestellt werden. Sie sollen nach der Verordnung über Obsterzeugnisse höchstens 2% Pektinstoff (berechnet als Calciumpektat) und höchstens 15% Trockenmasse enthalten.

Obstpektine, die als Pektinextrakt oder als Trockenpektin in den Verkehr gelangen, sind aus Obstrückständen (Apfelschalen, Orangen- oder Citronenpulp) hergestellte flüssige oder pulverförmige, meist etwas Wein- oder Milchsäure enthaltende Zubereitungen. Flüssiges Obstpektin soll in 3 cm hoher Schicht durchscheinend sein und mindestens 2,5% Pektinstoff (berechnet als Calciumpektat) sowie in der Trockenmasse mindestens 25% Pektin enthalten, pulverförmiges Pektin in 10%iger wäßriger Lösung den gleichen Bedingungen entsprechen.

Die auf hoher Stufe stehende Fabrikation der Pektinpräparate geht, abgesehen von Orangen- und Citronenabfällen, hauptsächlich von den Apfeltrestern der Obstwein- und Süßmostbereitung aus, die völlig frei von Birnen sowie unvergoren sein und schnell verarbeitet werden müssen. Zur Erlangung des erforderlichen, möglichst frischen Materials unterhält die deutsche Pektinindustrie in der Apfelweingegend, namentlich um Frankfurt, eigene Trocknungsanlagen, und auch einige Apfelweinkeltereien gehen dazu über, ihre Trester selbst zu trocknen. Zur Erzielung möglichst hoher Ausbeuten empfiehlt MEHLITZ[1], einen bestimmten, nicht zu hohen Säuregrad, am besten $p_H = 3{,}1$ innezuhalten und daher die Preßlinge mit 0,001—0,1 N.-Weinsäurelösung auszuziehen. Als Beurteilungsnorm schlägt er die „Pektinwertziffer", d. h. den Prozentgehalt des Extraktes an Pektin vor.

Die Einführung der Pektinpräparate in die Fabrikation hat zweifellos der Marmeladenindustrie große Vorteile gebracht. Sie ermöglicht, die Kochzeit wesentlich zu verkürzen, die Fruchtbestandteile in Farbe, Aroma und Genußwert gut zu erhalten, dabei Erzeugnisse von fester Konsistenz, schönem Glanz und hoher Transparenz zu erzielen. Ihre Verwendung birgt aber auch hohe Gefahren in sich, da sie, in größerer Menge angewandt, zur Herabsetzung der Obsteinwaage führt. Gelingt es doch mit ausreichenden Pektinzusätzen aus Zucker, Wasser und Säure allein, ohne jede Verwendung von Obst, marmeladen- und geleeartige Erzeugnisse von hinreichender Konsistenz herzustellen. Auf Wunsch der eine unlautere Konkurrenz befürchtenden Industriellen hat daher BEYTHIEN[2] in Übereinstimmung mit GRIEBEL empfohlen, den in dem Verordnungsentwurf zu 0,3% für Marmeladen und zu 0,5% für Gelees begrenzten

[1] MEHLITZ: Konserven-Ind. 1925, **12**, 73. [2] BEYTHIEN: Konserven-Ind. 1932, **19**, 468

Pektingehalt auf 0,2 bzw. 0,4% herabzusetzen. Wenn statt dessen die endgültige Verordnung den zulässigen Pektinzusatz für „Gemischte Marmeladen" sogar auf 0,5% heraufsetzt, so hat die Lebensmittelkontrolle sich damit abzufinden. Den Fabrikanten, die Wert auf die Erhaltung ihrer Kundschaft legen, muß aber dringend geraten werden, nicht bis zu dieser Grenze zu gehen.

Die praktische Herstellung der Marmeladen beginnt mit der schon früher geschilderten Vorbehandlung des Obstes, von dem hauptsächlich Äpfel, Birnen, Kirschen, Pflaumen, Aprikosen, die meisten Beerenfrüchte, sowie Apfelsinen und Citronen in Frage kommen. Außerdem ist die Verarbeitung von Hagebutten, die nach der Verordnung über Obsterzeugnisse nicht zum Obst gehören, zulässig, nicht aber diejenige von Holunderbeeren und anderen nicht als Obst anzusprechenden Pflanzenteilen. Das Kernobst muß entkernt, das Steinobst entsteint sein, Citrusfrüchte werden nach englischem Vorbilde mit der ganzen Schale oder doch einem Teile der Schale verarbeitet. Als Versüßungsmittel darf nur technisch reiner weißer Verbrauchszucker, nicht aber ungereinigter gelber oder gar Rohzucker genommen werden. Zulässig ist weiter die Verwendung von höchstens 5% Stärkesirup für Konfitüren und Einfruchtmarmeladen und von 12% Stärkesirup für Mehrfrucht- und gemischte Marmeladen ohne Deklaration.

Das vorher weichgekochte und eventuell passierte Obst oder gleich das fertige Obstmark oder Obstpulp wird in flachen, doppelwandigen, offenen Kupferkesseln zunächst angekocht und dann mit der erforderlichen Menge reinem weißem Zucker versetzt.

Die Menge des Zuckers ist je nach der Art des Obstes, der Preislage und der erwarteten Ausbeute verschieden zu bemessen. Während man früher zur Erlangung einer Marmelade mit einem Gehalte an zugesetztem Zucker von 50% etwa 100 kg Mark und 50 kg Zucker zu 100 kg einkochte, sind jetzt für mindestens 45 kg Fruchtfleisch bis zu 55 kg Zucker (auf 100 also 122 kg Zucker), ja für Mehrfruchtmarmeladen und gemischte Marmeladen für mindestens 25 kg Fruchtfleisch sogar bis zu 55 kg (auf 100 also 220 kg Zucker) erlaubt.

Alsdann gibt man, soweit dies erwünscht und erlaubt ist, Stärkesirup hinzu und kocht unter dauerndem Rühren bei flotter Verdampfung möglichst schnell fertig. Zur Herstellung von Mehrfruchtmarmeladen, deren einzelne Bestandteile verschieden lange Kochdauer beanspruchen, setzt man wohl auch die Früchte nacheinander, die zarteren zuletzt, hinzu. Bei Verwendung von Geliersäften oder Pektinextrakt wird erst das Obst-Zuckergemisch aufgekocht und dann nach Beigabe des Gelierstoffs noch kurze Zeit weiter erhitzt.

Die Dauer des Kochens wird durch zwei Umstände bedingt, nämlich die Vorschrift der dickbreiigen, streichfähigen Konsistenz und die Festsetzung eines Höchstwassergehaltes von 35% für die Einfruchterzeugnisse und von 42% für die Mehrfrucht- und gemischten Marmeladen. Zur Erfüllung dieser Bedingungen, die an die Erfahrung und die Geschicklichkeit des Kochers hohe Anforderungen stellen, bedient sich dieser einer Reihe von Merkmalen und praktischer Handgriffe, die in der Regel zu verblüffend genauen Ergebnissen führen. Neben der Form der Blasen und der Art des Ablaufens von der Kelle („Lappenprobe") beachtet dieser die Temperatur der Masse, die Zeitdauer des Kochens oder das Gewicht des Fertigproduktes („Kochen auf Zeit oder Gewicht"), bestimmt neuerdings wohl auch mit Hilfe einfacher Apparate das Spezifische Gewicht oder den Wassergehalt der Marmelade (Refraktometer). Einige hierfür geeignete Methoden werden im Abschnitte: Untersuchung (S. 600) angegeben werden.

Neben den offenen Kesseln bedient man sich neuerdings zum Einkochen auch der Vakuumapparate, die bei Anwendung eines Dampfes von 9 Atmosphären und einer Luftverdünnung von 57 mm Quecksilbersäule das Obst nur einer Anfangstemperatur von 65° und einer Endtemperatur von 35° aussetzen.

Die Ansichten über die Vorteile des einen oder anderen Verfahrens scheinen noch recht auseinanderzugehen. Während einige Fabrikanten ganz allgemein den Vakuumapparaten den Vorzug geben, weil wegen der kürzeren Kochzeit und der niedrigeren Temperatur Aroma und Farbe weniger leiden, spricht sich die Firma Wachs und Flößner in Dresden aus folgenden Gründen zugunsten der offenen Kessel aus:

1. wird bei diesen, die ja meist unter angemessen hohem Dampfdruck gehalten werden, die Kochzeit wesentlich herabgesetzt. Dieses ermöglicht nun wieder eine wesentlich bessere Erhaltung des Fruchtaromas und gleichzeitig eine geringere Beeinträchtigung in bezug auf Farbe und Konsistenz;

2. lassen sich die Probenahmen während der Kochungen besser und schneller durchführen als beim Vakuumkessel;

3. ist im offenen Kessel eine wesentlich bessere Schonung der Fruchtstücke gewährleistet, zumal das zeitweilig notwendige Umrühren während des Kochens durch den Kocher vorsichtiger ausgeübt werden kann, als dies maschinell im Vakuum erfolgt.

Demgegenüber empfiehlt sich die Verwendung von Vakuumkesseln besonders zur Herstellung gewöhnlicher Marmeladen, weil bei diesen die Erhaltung von Fruchtstücken wegfällt und die in ihnen mögliche Verarbeitung großer Mengen eine Verbilligung der Ware mit sich bringt. Auch für Pflaumenmus sind sie besonders geeignet.

Konfitüren werden im großen und ganzen in gleicher Weise hergestellt, doch darf bei ihnen nicht, wie die älteren Rezepte noch angeben, ein Teil des Obstes in Form von passiertem Mark, sondern nur als unzerteiltes oder in Stücke geschnittenes Obstfruchtfleisch oder als Obstpülpe verarbeitet werden. Das Einkochen ist so vorsichtig zu leiten, daß in dem Fertigerzeugnisse in der Regel noch Obststücke erkennbar sind. Wenn diese Forderung auch bei leicht zerkochenden Früchten wie Himbeeren nicht immer erfüllbar ist, so müssen doch zum mindesten die unzerteilten, nicht passierten Beeren verarbeitet werden. Die Verwendung von Trockenobst ist nur für „Aprikosenmarmelade aus getrockneten Aprikosen" erlaubt, der Zusatz weiterer Konservierungsmittel als der in den Halbfabrikaten bereits enthaltenen verboten. Der Farbstoff ist am Ende des Kochprozesses in wäßriger Lösung zuzusetzen.

Die fertigen Marmeladen und Konfitüren werden noch warm mit einer Temperatur von 70—80° in die Versandgefäße, d. h. Blecheimer oder Holzkübel oder bei den besseren Fabrikaten in Konservengläser mit Schraubendeckel, in Porzellan- oder Metalldosen verschiedener Form mit oder ohne Gummidichtung abgefüllt. Dann stellt man diese für einen Tag offen in einen trockenen luftigen Raum, bedeckt die Oberfläche mit einem fest aufgestrichenen Blättchen von Pergamentpapier oder Cellophan und verschließt die Gefäße.

Um ein ungefähres Urteil über die Art der Herstellung zu geben, seien einige Fabrikationsbeispiele für die Einwaage nach SERGER angefügt:

Tabelle 15. Obsteinwaage.

Bezeichnung	Frucht kg	Zucker kg	Pektinextrakt kg	Stärkesirup kg
A. „Reine" Konfitüren und Marmeladen				
a) aus pektinarmen Früchten[1]	100	50	—	—
b) aus pektinreichen Früchten[2]	75—80	50	—	—
B. Konfitüren				
a) aus pektinarmen Früchten	45	55	7	—
b) aus pektinarmen Früchten	45	51	7	5
c) aus pektinreichen Früchten	45	55	5—6	—
d) aus pektinreichen Früchten	45	51	5—6	5
e) mit 12% Stärkesirup	45	45	5—7	12
C. Marmeladen				
a) aus pektinarmen Früchten	45	45	7	—
b) aus pektinarmen Früchten	45	51	7	5
c) aus pektinreichen Früchten	45	55	5—6	—
d) aus pektinreichen Früchten	45	51	5—6	5
e) mit 12% Stärkesirup	45	45	5—7	12

[1] Himbeeren, Erdbeeren, Pflaumen ausgereift usw.
[2] Johannisbeeren, Stachelbeeren, Äpfel usw.

Bezüglich einiger Rezepte für Mehrfruchtmarmeladen sei auf das Buch von SEBGER verwiesen.

2. Zusammensetzung der Muse, Marmeladen, Jams, Konfitüren.

Beim **Pflaumenmus** besteht die Normalware aus dem ohne Zuckerzusatz bis auf etwa $^1/_3$ seines Gewichtes eingekochten Fruchtfleische frischer Pflaumen (Zwetschen). Es enthält demnach alle Bestandteile des Ausgangsmaterials in der dem Eindickungsgrade entsprechenden Menge. Die Zusammensetzung läßt sich daher aus derjenigen des Ausgangsmaterials berechnen. In nachstehender Tabelle sind neben den Analysen mehrerer von verschiedenen Autoren selbst hergestellter Pflaumenmusproben auch die für Frischpflaumen mittlerer Zusammensetzung und für solche mit höchstem Wassergehalte berechneten Werte zusammengestellt.

Tabelle 16. Zusammensetzung von Pflaumenmus.

Bezeichnung		Wasser %	Unlösliche Stoffe %	Löslicher Extrakt %	Gesamtzucker %	Zuckerfreier Extrakt %	Säure als Äpfelsäure %	Asche %	Alkalität ccm N.	Stickstoff (N) %	Rohfaser %
Serbisches Pflaumenmus (Pekmes[1])	Minimum	33,93	4,47	51,70	32,40	9,39	0,98	1,44	16,0	0,114	1,34
	Maximum	43,83	4,07	61,60	41,84	29,42	2,02	2,11	24,9	0,269	2,33
	Mittel	40,14	4,25	55,61	37,44	16,27	1,42	1,68	19,4	0,197	1,67
Bosnisches Pflaumenmus (Povidl[2])	Minimum	31,87	3,29	—	33,52	12,12	1,20	1,66	17,1	—	—
	Maximum	43,82	7,97	—	40,57	25,47	2,16	2,37	25,9	—	—
	Mittel	39,61	4,89	—	36,62	18,17	1,85	1,90	20,3	—	—
Selbst hergestellt von R. WOY[3]	Minimum	44,92	3,87	37,29	25,08	12,21	1,49	1,28	14,9	—	—
	Maximum	58,84	4,80	50,32	34,53	16,32	1,94	1,53	15,5	—	—
	Mittel	50,14	4,48	45,39	30,62	14,77	1,67	1,44	15,2	—	—
Selbst hergestellt[4], rein .		45,58	4,82	49,60	33,72	15,88	1,72	1,49	13,4	—	—
Desgl. mit 20% Birnen .		49,80	4,65	45,55	31,58	13,97	1,55	1,24	13,0	—	—
Desgl. mit 20% Zuckerrüben		46,12	6,27	47,61	33,96	13,65	1,39	1,50	15,4	—	—
Berechnet	Mittel	41,10	7,05	51,84	28,12	24,00	2,85	1,53	—	0,486	1,59
	Maximum	48,00	8,01	43,99	25,91	18,54	2,10	1,42	—	0,312	1,68

Zu der Tabelle ist noch zu bemerken, daß der Wassergehalt von Pflaumenmus nach der Verordnung über Obsterzeugnisse nicht mehr als 47% betragen darf, die älteren Analysen müßten also zu Vergleichszwecken auf diesen Wert umgerechnet werden.

Den Gehalt an Pentosanen hat BRUNETTI zu höchstens 3,19% und zu mindestens 1,99%, im Mittel zu 2,46% bestimmt. Der Gehalt an Saccharose, der rechnerisch 5,3—8,9% betragen könnte, wird durchweg zu 0 angegeben.

Einige von A. HERZFELD[5] mitgeteilte Analysen englischer Erzeugnisse mußten hier unberücksichtigt bleiben, weil sie sich nach dem hohen Gehalte an Saccharose (6—31%) und dem niedrigen Aschengehalte (0,14—0,42%) offensichtlich auf gezuckerte marmeladenartige Jams beziehen.

Marmeladen (Konfitüren, Jams) werden zum Unterschiede von dem Pflaumenmus durch Einkochen des Fruchtfleisches mit erheblichen Zuckermengen hergestellt und enthalten daher neben dem zugesetzten Zucker bzw. dessen

[1] W. BRUNETTI: Z. 1911, 22, 408; 1913, 25, 494.
[2] E. HOTTER: Zeitschr. landw. Vers.-Stationen Österr. 1904, 7, 689.
[3] R. WOY: Zeitschr. öffentl. Chem. 1902, 8, 270; Z. 1904, 7, 307.
[4] H. LÜHRIG u. O. BÜRGER: Pharm. Zentralh. 1909, 50, 105.
[5] A. HERZFELD: Zeitschr. Ver. Deutsch. Zuckerind. 1903, 40, 405; Z. 1903, 6, 1123.

Tabelle 17. Zusammensetzung von Marmeladen.

Obstart		Wasser %	Unlösliche Stoffe %	Löslicher Extrakt %	Gesamtzucker %	Zuckerfreier Extrakt %	Säure %	Asche %	Alkalität ccmN.	Wasserlösliche P_2O_5 %	Spezifische Drehung des invertierten Extrakts
Apfel	Minimum	33,46	1,39	41,10	32,36	5,15	0,42	0,17	2,40	—	—20,0
	Maximum	60,45	2,64	72,05	70,20	8,74	1,02	0,43	4,10	—	—23,3
	Mittel	44,34	2,03	57,04	54,01	6,01	0,72	0,30	3,17	—	—21,5
Quitten	Minimum	42,46	3,28	44,98	41,01	3,97	0,66	0,30	3,20	—	—
	Maximum	52,12	5,41	51,95	46,32	5,53	0,80	0,51	4,67	—	—
	Mittel	47,06	4,00	49,08	44,33	4,75	0,71	0,39	3,94	—	—15,9
Hagebutten	Minimum	35,58	1,37	53,95	46,83	4,57	0,48	0,54	6,54	—	—
	Maximum	43,05	2,52	62,12	57,08	7,15	0,72	0,69	7,16	—	—
	Mittel	40,41	2,06	57,91	52,40	5,45	0,59	0,60	5,51	—	—
Reineclauden	Minimum	16,96	1,11	48,20	40,04	3,55	0,46	0,24	1,17	—	—15,6
	Maximum	54,48	4,78	81,93	80,60	8,16	1,34	0,65	4,72	—	—15,9
	Mittel	33,61	2,42	65,52	60,93	6,12	0,77	0,44	2,95	0,04	—15,8
Pflaumen	Minimum	24,88	1,21	71,55	57,00	—	0,67	0,23	2,80	—	—
	Maximum	27,20	1,47	73,91	70,74	—	0,86	0,69	3,20	—	—
	Mittel	26,19	1,33	72,55	61,48	4,09	0,75	0,37	3,00	—	—19,2
Kirschen	Minimum	17,52	1,45	54,30	44,74	3,97	0,66	0,34	3,93	—	—15,1
	Maximum	45,70	4,48	79,00	72,69	10,79	1,98	0,82	8,30	—	—20,2
	Mittel	28,68	2,92	69,91	59,62	7,76	1,17	0,69	6,12	—	—17,7
Aprikosen	Minimum	18,44	0,59	59,30	53,72	—	0,40	0,23	2,00	—	—14,3
	Maximum	39,80	2,01	80,66	72,39	—	1,96	1,47	8,60	—	—21,1
	Mittel	21,21	1,20	77,59	69,92	7,67	0,88	0,46	4,60	0,01	—18,1
Pfirsiche	Minimum	22,92	1,18	49,50	42,35	4,04	0,52	0,32	2,28	—	—13,6
	Maximum	36,44	7,42	75,00	70,15	7,56	1,08	0,92	7,20	—	—18,1
	Mittel	30,73	3,72	66,71	60,21	6,50	0,83	0,49	6,16	0,06	—16,2
Stachelbeeren	Minimum	19,37	0,37	57,98	52,14	3,48	0,90	0,20	2,44	0,02	—16,4
	Maximum	39,18	3,40	80,40	72,50	12,64	3,72	1,17	2,80	0,02	—20,1
	Mittel	25,94	1,57	73,31	64,24	9,07	1,54	0,45	2,58	0,02	—18,6
Johannisbeeren	Minimum	20,04	0,65	58,55	49,50	4,35	0,96	0,29	2,85	0,02	—15,9
	Maximum	45,03	6,27	77,60	69,35	9,30	2,82	0,72	5,27	0,05	—20,6
	Mittel	24,81	2,51	72,68	60,12	12,56	1,65	0,48	3,67	0,04	—18,5
Preißelbeeren	Minimum	44,44	1,92	31,20	28,53	4,10	0,84	0,19	2,32	—	—12,6
	Maximum	65,90	5,65	67,30	61,77	7,96	1,81	0,31	3,20	—	—18,2
	Mittel	55,14	3,53	44,80	41,50	5,75	1,42	0,25	2,83	—	—15,8
Himbeeren (deutsche)	Minimum	14,74	2,37	49,44	47,35	1,49	0,78	0,24	2,42	0,01	—15,6
	Maximum	43,64	12,33	81,70	73,41	8,24	2,00	0,56	6,10	0,10	—20,2
	Mittel	26,13	6,28	68,10	63,69	4,41	1,20	0,41	4,36	0,05	—17,9
Himbeeren (ausländische)	Minimum	16,88	2,21	68,70	57,00	3,14	0,63	0,28	2,16	—	—11,5
	Maximum	35,79	5,58	79,35	77,25	10,50	1,49	0,56	4,80	—	—21,2
	Mittel	27,27	5,12	67,61	63,88	3,73	1,15	0,41	4,13	—	—17,9
Erdbeeren	Minimum	17,70	1,27	39,20	48,54	3,12	0,52	0,24	2,28	0,05	—13,5
	Maximum	62,43	6,33	81,40	71,60	10,90	1,22	0,76	6,80	0,05	—21,0
	Mittel	29,26	2,33	68,14	62,82	5,32	0,80	0,45	3,30	0,05	—17,7
Brombeeren	Minimum	16,34	5,43	69,60	59,20	5,51	0,40	0,31	—	—	—
	Maximum	24,80	7,62	73,23	72,72	7,92	1,56	0,60	—	—	—
	Mittel	20,57	6,53	72,90	62,93	6,72	1,03	0,46	4,15	0,03	—18,5
Maulbeeren	(Mittel)	24,63	1,74	79,62	71,44	8,18	0,58	1,05	—	—	—
Orangen	Minimum	15,45	0,30	66,00	51,00	1,44	0,13	0,15	1,04	—	—15,2
	Maximum	36,03	3,69	83,34	67,87	8,56	1,51	0,41	3,92	—	—21,0
	Mittel	26,39	1,59	72,02	66,76	5,26	0,72	0,25	2,54	—	—18,1
Citronen	Minimum	—	—	—	—	—	—	—	—	—	—
	Maximum	—	—	—	—	—	—	—	—	—	—
	Mittel	38,03	0,80	—	59,16	—	0,45	0,22	—	—	—
Ananas	Minimum	24,45	—	—	64,80	—	0,28	0,22	—	—	—
	Maximum	29,96	—	—	71,20	—	0,64	0,35	—	—	—
	Mittel	27,21	1,78	74,15	67,15	7,00	0,46	0,27	—	—	—

Umwandlungsprodukten alle Bestandteile des frischen Obstes in der einerseits durch den Zuckerzusatz erniedrigten, andererseits den Grad der Eindickung erhöhten Menge.

Der Wassergehalt darf nach der Verordnung über Obsterzeugnisse bei Konfitüren und Einfruchtmarmeladen 35%, bei gemischten Marmeladen 42% nicht übersteigen.

Der Gehalt an unlöslichen Stoffen wird wesentlich dadurch bedingt, ob die Früchte in passiertem oder unpassiertem Zustande eingekocht worden sind.

Die Zusammensetzung unterliegt großen Schwankungen. Zur Gewährung eines ungefähren Urteils seien aber doch die Mindest-, Höchst- und Mittelwerte aus den zahlreichen Analysen mitgeteilt, die sich im Nachtrag B. zu J. KÖNIGS Chemie der menschlichen Nahrungs- und Genußmittel Bd. I verzeichnet finden.

Hinsichtlich einer Reihe ausländischer Marmeladen von Aprikosen, Himbeeren, Erdbeeren und Orangen sei noch auf die Abhandlung von F. HÄRTEL und KIRCHNER[1] verwiesen.

Gewissermaßen als konzentrierte Marmeladen können die sog. Fruchtpasten oder Marmeladenfrüchte angesehen werden, die durch sachgemäßes Einkochen von Fruchtmark (auch wohl unter Zusatz von Fruchtsaft) und Zucker bis zur festen schneid- oder preßbaren Konsistenz hergestellt werden, während für die ähnlich zusammengesetzten „Geleefrüchte" an Stelle des Fruchtmarks nur Fruchtsaft Anwendung findet. Zu den letzteren ist auch der aus Quittensaft und Zucker in Österreich hergestellte „Quittenkäse"[2] zu rechnen.

Für die Zusammensetzung der auch wohl als Russische, Bayerische und Französische Pasten bezeichneten Marmeladenfrüchte geben F. HÄRTEL und SÖLLING[3] folgende Werte an:

Tabelle 18. Zusammensetzung von Fruchtpasten.

Obstart		Wasser %	Unlösliche Stoffe %	Wasserlöslicher Extrakt %	Gesamtzucker %	Zuckerfreier Extrakt %	Säure %	Asche %	Alkalität ccm N.	Spezifische Drehung des invert. Extrakts
Apfelpasten		19,15	1,22	79,63	76,52	3,11	0,82	0,21	2,63	—20,2
		21,66	1,18	77,16	75,29	1,87	0,68	0,17	1,90	—24,1
		14,56	1,70	83,74	81,20	2,54	0,64	0,23	2,27	—22,7
		17,81	1,19	82,00	79,30	2,70	0,70	0,21	2,50	—18,6
Aprikosenpasten	Minimum	12,07	0,18	77,27	77,14	0,90	0,14	0,10	1,10	—17,5
	Maximum	21,51	1,22	87,05	86,10	4,21	1,21	0,42	5,30	—20,7
	Mittel	16,45	0,84	82,70	81,66	1,04	0,77	0,30	3,54	—18,9
Himbeerpaste		16,82	1,68	68,10	63,69	4,41	1,20	0,41	4,36	—
Erdbeerpaste		18,46	0,66	80,88	77,22	3,66	0,67	0,21	2,40	—
Fruchtpaste		14,00	0,10	84,90	83,43	1,47	0,63	0,25	2,65	—
Russische Pasten		12,65	1,10	86,85	82,96	3,89	0,59	0,28	3,45	—
		17,91	1,00	81,09	79,74	1,35	0,68	0,21	2,30	—
		18,72	1,03	80,25	78,09	2,16	0,48	0,18	2,44	—
		—	1,12	85,60	83,61	1,99	0,57	0,24	2,70	—
Quittenkäse	Minimum	12,29	2,11	71,00	57,43	—	0,39	0,33	—	—
	Maximum	26,58	4,24	83,90	74,63	—	1,00	0,66	—	—
	Mittel	19,66	2,92	77,46	70,29	7,17	0,69	0,46	—	—

Als Anhang seien noch folgende Analysen von Orangen-, Aprikosen- und Himbeerenmark[4] sowie mehrerer (31) Proben von H. JESSER und H. RÖMERSPERGER[5] selbst hergestelltes Hagebuttenmark angeführt, die ein Urteil über die Zusammensetzung dieses wichtigen Halbfabrikates gewähren.

---

[1] F. HÄRTEL u. KIRCHNER: **Z.** 1913, **25**, 94.
[2] E. HOTTER: Zeitschr. landw. Versuchsw. Österr. 1904, **7**, 689.
[3] F. HÄRTEL u. SÖLLING: **Z.** 1910, **20**, 708; 1912, **24**, 605. [4] **Z.** 1910, **20**, 19.
[5] H. JESSER u. H. RÖMERSPERGER: Pharm. Zentralh. 1936, **77**, 19.

Tabelle 19. Zusammensetzung von Obstmark.

Obstart		Wasser %	Unlösliche Stoffe %	Wasserlöslicher Extrakt %	Gesamtzucker %	Zuckerfreier Extrakt %	Säure %	Stickstoff %	Asche %	Alkalität ccm N.	Rohfaser %
Orangen	Minimum	84,63	2,09	11,07	4,25	3,51	6,73	0,01	0,44	4,45	—
	Maximum	86,67	2,43	12,94	9,20	7,08	3,95	0,12	0,51	6,12	—
	Mittel	85,61	2,22	12,17	7,40	4,77	1,60	0,08	0,48	5,23	—
Aprikosen	Minimum	83,22	1,36	9,70	7,71	2,68	1,20	0,04	0,54	6,00	—
	Maximum	88,32	2,25	14,86	9,90	4,98	2,31	0,09	0,72	8,40	—
	Mittel	85,67	1,81	12,52	8,21	4,30	1,57	0,05	0,58	6,89	—
Himbeeren	Minimum	79,85	6,13	3,16	0,06	2,32	1,09	0,03	0.34	2,55	—
	Maximum	89,74	15,84	8,19	4,93	3,87	1,64	0,12	0,52	5,25	—
	Mittel	84,60	10,44	4,96	1,51	3,45	1,35	0,07	0,43	3,65	—
Hagebutten (selbst hergestellt)	Minimum	76,55	3,67	13,20	0,55	10,90	1,20	—	0,99	11,10	1,66
	Maximum	82.32	6,04	18,10	6,33	15,90	2,70	—	1,46	18,70	3,26
	Mittel	79,08	4,90	15,36	1,91	13,45	1,93	—	1,02	15,50	2,21
Hagebutten (aus dem Handel)	Minimum	84,09	2,82	6,30	0,94	6,60	0,60	—	0,26	2,00	—
	Maximum	90,04	5,19	12,10	0,98	8,30	1,50	—	1,15	16,20	—
	Mittel	87,48	3,63	9,00	0,95	8,05	1,07	—	0,77	10,3	—

Die Angaben für Asche und Alkalität des Hagebuttenmarkes beziehen sich auf den wasserlöslichen Anteil. Im unlöslichen Anteil fand JESSER bei selbst hergestelltem Mark 0,33—0,62, Mittel 0,43% Asche und 6,5—11,7, Mittel 8,4 ccm Alkalität, bei Hagebuttenmark des Handels 0,16—0,57, Mittel 0,27% Asche und 3,8—8,6, Mittel 4,63 ccm Alkalität.

3. Untersuchung der Muse, Marmeladen, Jams, Konfitüren.

In diesem Abschnitte werden zunächst nur diejenigen Methoden besprochen werden, mit deren Hilfe die Zusammensetzung der lediglich aus Obst und Rohrzucker hergestellten Erzeugnisse (die allein auf die Bezeichnung „rein“ oder „naturrein“ Anspruch haben) abgeleitet werden kann.

Die Probenahme bietet bei den breiigen oder breiig-stückigen Obsterzeugnissen, die infolge ihrer Herstellungsweise meist schon dem Durchschnitt einer größeren Menge entsprechen, keine Schwierigkeiten. Muse und Marmeladen aus passierten Früchten werden durch sorgfältiges Umrühren, Konfitüren und Marmeladen mit noch erkennbaren ganzen Früchten oder größeren Fruchtstücken nach vorherigem Zerquetschen der letzteren mit dem Pistill gemischt.

Die Untersuchung erfolgt zweckmäßig nach dem von A. BEYTHIEN und P. SIMMICH[1] ausgearbeiteten Analysengange, nach dem man zunächst zur Bestimmung des Gehaltes an unlöslichen Stoffen eine gewogene Menge mit Wasser kocht und dann mit dem Rückstande und der Lösung weiter, wie nachstehend beschrieben, verfährt.

a) Unlösliche Stoffe (U).

25 g der gut gemischten Probe werden in einem Becherglase mit 200 ccm Wasser sorgfältig verrührt, darauf zum Sieden erhitzt und in einen 250-ccm-Kolben übergeführt. Nach dem Abkühlen füllt man zur Marke auf, filtriert und benutzt das Filtrat zur Bestimmung der löslichen Bestandteile. Nachdem die Flüssigkeit abgelaufen ist, setzt man den Trichter auf einen leeren Kolben, bringt den unlöslichen Rückstand quantitativ auf ein glattes Filter und wäscht

[1] A. BEYTHIEN u. P. SIMMICH: Z. 1910, **20**, 268.

mit siedendem Wasser bis zum Verschwinden der sauren Reaktion aus. Schließlich spritzt man den Filterinhalt in eine gewogene Schale, dampft ein und trocknet bis zur Gewichtskonstanz.

Der Rückstand kann unter Umständen zur Bestimmung der Rohfaser sowie des Stickstoffs und des Aschengehaltes der unlöslichen Stoffe benutzt werden.

Für die übrigen Bestimmungen stellt man eine sog. Grundlösung her, indem man 100 g der Durchschnittsprobe wie oben mit Wasser zum Sieden erhitzt, in einen 1000-ccm-Kolben überführt, nach dem Abkühlen zur Marke auffüllt und filtriert.

b) Das Spezifische Gewicht der Lösung 1 : 10.

Das Spezifische Gewicht der Lösung 1 : 10 bestimmt man in einem enghalsigen REISCHAUERschen Pyknometer bei 15° und entnimmt den zugehörigen Extraktgehalt der Zuckertabelle von K. WINDISCH. Durch Multiplikation mit 10 erhält man den prozentischen Extraktgehalt (Ed) der Marmelade.

c) Extraktrest.

Extraktrest nennt man im allgemeinen den nach Abzug gewisser Bestandteile vom Gesamtextrakt verbleibenden Überschuß und erläutert diesen Begriff wohl noch näher durch adjektivische Zusätze, wie „Säurefreier", „Aschefreier" oder besonders „Zuckerfreier Extraktrest". Der letztere wird entweder durch Subtraktion des als Invertzucker berechneten Gesamtzuckers oder der Summe des direkt reduzierenden Zuckers und der Saccharose ermittelt.

d) Wasser.

Zur exakten Bestimmung des Wassergehaltes kann wegen der beim Eintrocknen der wäßrigen Lösung mit Sand eintretenden Inversion und Zersetzung des Zuckers nur die indirekte Methode angewandt werden, nach der man die Summe des Unlöslichen und des Extraktes (Ed) von 100 abzieht.

$$W = 100 - (U + Ed).$$

Daneben kommen für die Fabrikpraxis noch folgende Arbeitsweisen in Betracht.

Betriebskontrolle des Wassergehaltes bei der Marmeladenkochung. Da aus der Festsetzung von Höchstgrenzen für den Wassergehalt von Marmeladen und Musen dem Fabrikanten die Pflicht einer dauernden Überwachung der Kochungen erwächst und hierfür die empirischen Merkmale (Lappenprobe, Gelierprobe) nicht mehr ausreichen, so sind mehrere Vorschläge für eine einfache Ausführung der Wasserbestimmung gemacht worden.

α) Bestimmung des Raumgewichtes nach BERG und SCHMECHEL[1]. Man füllt ein etwa 1/4 Liter fassendes Blechgefäß von der Form eines Milchmaßes, dessen Inhalt durch Auswägen mit Wasser bei 75°, 80°, 85° und 90° bestimmt worden ist, mit der heißen dickflüssigen Marmeladenmasse so weit, daß eine kleine Haube übersteht, bestimmt dann die Temperatur und entfernt nach kurzem Aufstoßen und Rütteln die überstehende Masse mit dem Streichbrett. Das äußerlich gesäuberte Gefäß wird gewogen und das Spezifische Gewicht berechnet. Sei z. B. die Tara 86,0 g, das Gewicht des bei 75° gefüllten Gefäßes 409 g und der Wasserwert bei 75° 245,0 g, so dividiert man das Gewicht der Marmelade 409 — 86 = 323 durch 245 und erhält die Dichte 1,3184. Diese entspricht nach der Tabelle von WINDISCH einem Extraktgehalte von 64,75 oder einem Wassergehalte von 35,25%. Die Verfasser sind mit Recht der Meinung, daß man den Fabrikanten die Ausführung dieser einfachen Bestimmung wohl zumuten kann.

β) Berechnung der Trockensubstanz aus den Einzelbestandteilen. Nach H. WUCHERER[2] kann man für die Trockensubstanz der wichtigsten Rohmaterialien folgende Durchschnittswerte annehmen: Zucker 99—100%; Stärkesirup von 43° 82%; Pektinlösung 10%; Mark von geschälten Äpfeln 11—12%; Mark von ungeschälten Äpfeln 12—13%;

---

[1] BERG u. SCHMECHEL: Z. 1932, **64**, 154.

[2] H. WUCHERER: Jahrbuch 1932 der Einkaufsgesellschaft der deutschen Konservenindustrie m. b. H., Berlin-Braunschweig-Mainz.

gewaschene, gut abgetropfte mittelgroße Gartenerdbeeren ohne Kelche 13—14%; holländische Erdbeerpülpe (Gesamtfaßinhalt) 7,5—8,5%; spanische Aprikosen aus Dosen 10—11%; Waldhimbeeren 14—15%; Johannisbeeren ohne Kämme 16—17%; Zwetschenmark 19 bis 20%; Pomosin 10%. Unter Zugrundelegung eines mittleren Trockensubstanzgehaltes der gesamten Obsteinwaage von 11% gibt WUCHERER für einige gangbare Mischungen folgende Berechnungsbeispiele an:

Rezept Nr. 1.

5,0	Teile	Obstpülpe	(11% Trockensubstanz)	= 0,55	Teile Trockensubstanz
5,75	„	Zucker	(98% „)	= 5,635	„ „
0,75	„	Pektinlösung	(10% „)	= 0,075	„ „
0,50	„	Stärkelösung	(82% „)	= 0,410	„ „
10	„	Ausbeute		6,67	„ „
			entsprechend	33,3%	Wasser

Rezept Nr. 2.

5,0	Teile	Obstpülpe	(11% Trockensubstanz)	= 0,55	Teile Trockensubstanz
5,125	„	Zucker	(98% „)	= 5,022	„ „
0,75	„	Pektinlösung	(10% „)	= 0,075	„ „
1,20	„	Stärkesirup	(82% „)	= 0,984	„ „
10	„	Ausbeute		6,631	„ Ausbeute
			entsprechend	33,7%	Wasser

γ) Refraktometrische Prüfung. Als einfach zu handhabendes Instrument ist für die Betriebskontrolle neuerdings das Zeißsche Refraktometer für die Zuckerindustrie empfohlen und auch in größeren Fabriken mehrfach eingeführt worden. Es ermöglicht, in kurzer Zeit durch eine einfache Ablesung den Extraktgehalt und damit indirekt den Wassergehalt zu bestimmen. Da der hohe Preis von 400 RM die Anschaffung des Instruments erschwert, macht F. LÖWE[1] darauf aufmerksam, daß auch das in den Laboratorien meist vorhandene Butterrefraktometer benutzt werden kann. Störend wirkt nur bisweilen die dunkle Färbung der Probe oder hoher Gehalt an festen Stoffen, die den Durchtritt des Lichtes erschweren, doch kann letzterer Übelstand dadurch beseitigt werden, daß man das Mus durch ein auf die Prismenfläche gelegtes feines Drahtnetz streicht. Von den nachstehenden beiden Tabellen 20 gibt die erste den zu jedem ganzen Prozent Wasser gehörenden Skalenteil an, während Tabelle II die Grenzwerte 47, 42 und 35% je $\pm$ 1% und von 0,2 zu 0,2% abgestuft enthält, also diejenigen Konzentrationen, bei denen eine genauere Messung als auf $\pm$ 1% Wasser erwünscht ist.

Tabelle 20. Umrechnung der Skalenteile des Butterrefraktometers in den scheinbaren Wassergehalt von Marmeladen, Obstgelee usw.

I.						II.					
Skalenteile	Wasser %	Skalenteile	Wasser %	Skalenteile	Wasser %	Skalenteile	Wasser %	Skalenteile	Wasser %	Skalenteile	Wasser %
—2,3	50	25,6	40	58,7	30	2,7	48,0	16,4	43,0	38,3	36,0
+0,2	49	28,7	39	62,3	29	3,3	47,8	17,0	42,8	38,9	35,8
2,7	48	32,9	38	66,1	28	3,8	47,6	17,6	42,6	39,6	35,6
5,3	47	35,1	37	70,1	27	4,4	47,4	18,2	42,4	40,2	35,4
7,9	46	38,3	36	74,2	26	4,9	47,2	18,8	42,2	40,9	35,2
10,6	45	41,5	35	78,4	25	5,3	47,0	19,4	42,0	41,5	35,0
13,4	44	44,8	34	82,7	24	5,8	46,8	20,0	41,8	42,2	34,8
16,4	43	48,2	33	87,2	23	6,4	46,6	20,6	41,6	42,8	34,6
19,4	42	51,7	32	91,8	22	6,9	46,4	21,2	41,4	43,5	34,4
22,5	41	55,2	31	96,4	21	7,4	46,2	21,8	41,2	44,2	34,2
25,6	40	58,7	30	101,1	20	7,9	46,0	22,5	41,0	44,8	34,0

Von dem Ergebnisse, das allerdings durch Dextrin gestört wird, ist der Gehalt an ungelösten Stoffen in Abzug zu bringen.

Zur Ausschaltung der mit der Destillationsmethode verbundenen Fehlerquelle, die wahrscheinlich auf der bei höherer Temperatur eintretenden Zuckerzersetzung beruht, haben BERG und SCHMECHEL[2] empfohlen, auf den Boden des

[1] F. LÖWE: Z. 1933, 65, 583. Vgl. D. SCHENK: Chem.-Ztg. 1933, 57, 234.
[2] BERG u. SCHMECHEL: Z. 1931, 62, 575.

Destillationskolbens 10 g Calciumcarbonat zu bringen, dann 20 g Marmelade einzuwägen, mit 10—15 ccm Tetrachloräthan gut durchzuschütteln und nach Ergänzung des Tetrachloräthans auf 60 ccm in bekannter Weise zu destillieren.

Nach den auf Veranlassung des Reichsgesundheitsamtes von 6 Untersuchungsämtern ausgeführten Analysen von 37 Marmeladen- und 12 Geleeproben, die von 6 angesehenen Fabriken im Beisein der beteiligten Chemiker hergestellt worden waren, kann die Destillationsmethode nicht empfohlen werden, weil das Haftenbleiben von Wassertropfen an der Glaswand unvermeidliche Fehler hervorruft. Hingegen gibt die indirekte Bestimmung aus dem Spezifischen Gewichte der nicht invertierten Lösung 1 : 10 unter Berücksichtigung des Unlöslichen hinreichend genaue Werte.

Das Spez. Gewicht der invertierten Lösung kann deswegen nicht herangezogen werden, weil infolge der absorbierenden Wirkung der Tierkohle oder gewisser Zersetzungen durch die Salzsäure zu niedrige Extraktgehalte und dementsprechend um 1—2,6% zu hohe Wassergehalte gefunden werden.

Bei allen Methoden, die auf der Untersuchung des löslichen Anteils beruhen, also auch bei der refraktometrischen, muß neben dem Extraktgehalte auch das Unlösliche von 100 abgezogen werden. Wennschon dieser Fehler durch die von einigen Fachgenossen als überflüssig bezeichnete Vorsichtsmaßregel ausgeschaltet werden kann und bisweilen nur gering ist, außerdem weil er zu Lasten der Fabrikanten geht, bei der Betriebskontrolle nicht zu einem ungenügenden Eindampfen Anlaß gibt, darf er doch bei exakten Untersuchungen nicht vernachlässigt werden, da sonst unberechtigte Beanstandungen eintreten können.

Ein Urteil über die Größe des möglichen Fehlers gewährt folgende von BEYTHIEN[1] veröffentlichte Zusammenstellung über den Gehalt von 236 Obsterzeugnissen an ungelösten Stoffen.

Tabelle 21. Gehalt an unlöslichen Stoffen.

Bezeichnung	Schwankungen %	Mittel %	Bezeichnung	Schwankungen %	Mittel %
Ananaskonfitüre	0,9—2,6	1,9	Johannisbeermarmelade	0,6—2,7	1,0
Aprikosenkonfitüre	0,8—1,5	1,2	Johannisbeer-Apfelmarmelade	2,0—2,4	2,2
Aprikosen-Frischobstmarmelade	0,7	0,7	Kirschkonfitüre	1,2—5,6	2,2
Aprikosen-Trockenobstmarmelade	1,3—1,9	1,5	Kirsch-Apfelmarmelade	0,9	0,9
Erdbeerkonfitüre	1,6—3,3	2,3	Orangenkonfitüre	1,1—1,3	1,2
Erdbeermarmelade	0,7—2,7	1,8	Orangenmarmelade	0,8—1,4	1,1
Erdbeer-Apfelmarmelade	2,3—2,8	2,6	Pfirsichkonfitüre	0,8—2,0	1,2
Gemischte Marmelade	1,7—2,5	2,0	Pflaumenmus, frisch	2,0—4,0	3,0
Heidelbeerkompott	3,0—3,7	3,4	„ gesüßt	2,8	2,8
Himbeerkonfitüre	4,7—6,4	5,6	„ Trockenobst	1,2—2,8	2.3
Himbeermarmelade	0,6—1,2	0,9	Preißelbeerkompott	2,5—3,5	3,0
Himbeer-Apfelmarmelade	3,7	3,7	Stachelbeerkonfitüre	2,0—3,0	2,6
Himbeer-Johannisbeermarmelade	5,3	5,3	Tafelmarmelade	0,7—1,7	1,1
Johannisbeerkonfitüre	1,7—4,4	3,1	Vierfruchtmarmelade	0,7—2,3	1,5
			Zwetschenkonfitüre	0,8—3,4	1,7

Wie hieraus ersichtlich, erreicht der Gehalt an unlöslichen Stoffen bei den Beerenkonfitüren und bei den Marmeladen aus unpassierten Früchten oft eine beträchtliche Höhe und kann bis zu 6,4% ansteigen. Zur Kontrolle der indirekten Bestimmung kann das von AUERBACH-BORRIES[2] für Honig ausgearbeitete Verfahren herangezogen werden, bei dem man die Lösung von Tontellerstückchen

[1] A. BEYTHIEN: Konserven-Ind. 1931, 18, 605.
[2] AUERBACH u. BORRIES: Z. 1924, 47, 172.

aufsaugen läßt und in einer LIEBIGschen Ente unter Überleiten eines trockenen Luftstromes bei 65° trocknet.

Seitdem durch die Verordnung über Obsterzeugnisse für eine Reihe von Obsterzeugnissen Höchstgrenzen für den Wassergehalt (35% für Konfitüren, Einfruchtmarmeladen, Obstkraut und gemischtes Kraut, 42% für Mehrfrucht- und gemischte Marmeladen, sowie Gelees, 47% für verschiedene Arten von Pflaumenmus und für gemischtes Mus) festgesetzt worden sind, und die von industrieller Seite beantragte Zulassung einer Fehlergrenze von 1—2% bei der Beratung des Entwurfes im Reichsgesundheitsamte, auch mit Zustimmung der übrigen Industrievertreter, abgelehnt worden ist[1], hat die Wasserbestimmung erhöhte Bedeutung gewonnen. Der von den beteiligten Wirtschaftskreisen geäußerte Wunsch nach bindender Vorschrift eines einheitlichen Untersuchungsverfahrens hat insofern eine teilweise Erfüllung gefunden, als der Preußische Minister des Inneren in seinem Runderlaß vom 18. Juni 1934[2] empfiehlt, vorbehaltlich einer späteren gesetzlichen Regelung ausschließlich das Verfahren von BEYTHIEN und SIMMICH, das zu Anfang dieses Abschnittes eingehend beschrieben worden ist, anzuwenden. Damit dürften abweichende Befunde verschiedener Analytiker endgültig ausgeschlossen sein.

Die Methode hat aber nach einer neueren Veröffentlichung von BEYTHIEN[3] doch einen grundsätzlichen Fehler, der zwar bislang für die Zwecke der Lebensmittelkontrolle ohne besondere Bedeutung war, immerhin nach gesetzlicher Festlegung eines Höchstwassergehaltes beseitigt werden sollte. Er wird dadurch verursacht, daß beim Auflösen und Auffüllen von 100 g Marmelade in einem 1-l-Meßkolben das Volumen der Lösung nicht demjenigen des Meßkolbens entspricht, sondern um das Volumen des Ungelösten verringert ist. Um das letztere zu erfahren, braucht man nur das Gewicht der unlöslichen Stoffe, das ja sowieso bestimmt werden muß[4], durch ihr Spezifisches Gewicht (Su) zu dividieren und erhält sonach das Volumen der Lösung zu $(1000 - U/Su)$ ccm. Wenn also nach dem Spezifischen Gewichte der filtrierten Lösung 100 ccm derselben e g Extrakt enthalten, so enthält die ganze Lösung $E = e/100\,(1000 - U/Su)$ g Extrakt. Durch mehrere Analysen hat PANNWITZ das Spezifische Gewicht des Ungelösten zu 1,5—1,4—1,3 und 1,2 ermittelt, so daß der Durchschnitt zu 1,35% eingesetzt werden kann; die Rechnung gestaltet sich dann folgendermaßen:

Beispiel der Berechnung. Angenommen, das Spezifische Gewicht der filtrierten Grundlösung (100 g Marmelade zu 1 Liter) sei 1,0218, entsprechend $e = 5{,}64$ g nach WINDISCH, der Gehalt an unlöslichen Stoffen $U = 6{,}4\%$. Dann ist der wahre Extraktgehalt der Marmelade

$$E = \frac{5{,}64}{100}\left(1000 - \frac{6{,}4}{1{,}35}\right) = 56{,}13\,\%.$$

Addiert man dazu das Ungelöste $U = 6{,}4$, so ergibt sich der Wassergehalt zu

$$W = 100 - (56{,}13 + 6{,}4) = 37{,}47\,\%.$$

Die Abweichung von dem nach der ursprünglichen Methode gefundenen Werte beträgt also 0,27%; bei dem in der Regel nur 2—3% betragenden Gehalte an ungelösten Stoffen erniedrigt sich der Fehler und kann daher meist vernachlässigt werden, um so mehr, als er den Herstellern zugute kommt.

[1] Anmerkung zu § 7 Nr. 3 der Verordnung von Dr. FÖRSTER. Berlin W 9: R. v. Deckers Verlag, G. Schenck.

[2] III a II 2097; Anlage 1 zu den Mitt. Ver. Deutsch. Lebensm.-Chem. 1934, Nr. 4, 23.

[3] BEYTHIEN: Zeitschr. analyt. Chem. 1934, **99**, 391.

[4] Neuerdings ist mir von Fachgenossen mitgeteilt worden, daß die Bestimmung des Unlöslichen oft recht zeitraubend ist, weil die Filtration der Grundlösung zu langsam verläuft. Zur Vermeidung dieses Übelstandes empfiehlt es sich, in solchen Fällen 25 g Marmelade gesondert abzuwägen, mit beliebigen, erheblich größeren Wassermengen im Becherglase zu kochen, das Ungelöste auf gewogenem Filter zu sammeln und unter Verwerfung des Filtrates zur Wägung zu bringen.

e) Stickstoff.

Obwohl der Stickstoffgehalt der Muse und Marmeladen für die Beurteilung im allgemeinen unwesentlich ist, kann seine Bestimmung in besonderen Fällen zur Abrundung des Analysenbildes von Interesse sein. Man muß zu dem Zwecke, wegen der Anwesenheit unlöslicher Stoffe eine abgewogene Durchschnittsprobe (5 g) des Breies nach KJELDAHL verbrennen oder wie auf S. 551 für frisches Obst beschrieben, verfahren.

f) Freie Gesamtsäure.

Man titriert 10 ccm Saft nach vorhergehender Verdünnung mit Wasser mit 0,5 N.-Lauge gegen Phenolphthalein und berechnet aus der Zahl der verbrauchten Kubikzentimeter durch Multiplikation mit 0,32 den Gehalt an Säure als wasserfreie Citronensäure ($C_6H_8O_7$).

An Stelle dieser für die meisten Beeren und Südfrüchte (Citronen) üblichen Berechnung wählt man für Traubensaft den Faktor der Weinsäure ($C_4H_6O_6$) 0,375, für Kernobst und Steinobst hingegen den Faktor der Äpfelsäure ($C_4H_6O_5$) 0,335.

g) Flüchtige Säuren.

50 ccm Saft werden nach der amtlichen Weinvorschrift im Wasserdampfstrome destilliert. Das Destillat wird mit 0,1 N.-Lauge gegen Phenolphthalein neutralisiert und die Zahl der verbrauchten Kubikzentimeter durch Multiplikation mit 0,012 auf Essigsäure umgerechnet.

h) Freie nichtflüchtige Säuren.

Die nach g bestimmte Essigsäure wird je nach der Art des Obstsaftes durch Multiplikation mit 1,067 auf Citronensäure oder mit 1,25 auf Weinsäure oder mit 1,117 auf Äpfelsäure umgerechnet und das Produkt von der freien Gesamtsäure abgezogen.

i) Nachweis der einzelnen organischen Säuren.

Als normale Bestandteile finden sich in Musen und Marmeladen von organischen Säuren hauptsächlich Citronensäure und Äpfelsäure, die dem Obste entstammen, und daneben als erlaubte Zusätze Weinsäure und Milchsäure. Hinsichtlich ihrer qualitativen Reaktionen und ihrer quantitativen Bestimmung sei im allgemeinen auf Bd. II, 2 verwiesen und hier nur das neue Verfahren von K. TÄUFEL und K. SCHOIERER[1] zur Bestimmung der Citronensäure und ein für Obsterzeugnisse besonders geeignetes Verfahren zur Weinsäurebestimmung angeführt.

α) **Citronensäure.** Von der Grundlösung 1:10 werden 10 ccm mit 0,5 g gepulvertem Zinkcarbonat und 0,2 g gepulvertem Wismutsubnitrat zum beginnenden Sieden erhitzt. Dann stellt man den Kolben 5 Minuten auf ein siedendes Wasserbad, läßt während dieser Zeit schnell 5 ccm einer Wismutnitrat-Mannitlösung (48,4 g kryst. Wismutnitrat, 18,2 g Mannit, 420 ccm Wasser) zutropfen und stellt zur schnellen Abkühlung in ein Gefäß mit kaltem Wasser. Nach $^1/_4$ Stunde wird filtriert, 2mal mit je 10 ccm kaltem, etwa 0,1%igem Wismut-Mannitreagens ausgewaschen und das Filter in den zur Fällung benutzten Kolben gebracht. Zur Zerlegung des Niederschlages setzt man genau 9 ccm Phosphorsäure (20 vol.-%ig), 5 ccm Essigsäure (25%ig) sowie 15—20 ccm Wasser hinzu, erhitzt bis nahe zum Sieden und filtriert durch ein Faltenfilter, wobei

[1] K. TÄUFEL u. K. SCHOIERER: Z. 1936, 71, 297.

mindestens 4mal mit 10 ccm heißem Wasser, dem jedesmal einige Tropfen des oben genannten Gemisches von Phosphor- und Essigsäure (9:5) zugefügt sind, ausgewaschen wird. Zu der die freie Citronensäure enthaltenden Lösung gibt man zur Erzielung der optimalen Wasserstoffionenkonzentration 5 ccm Kalilauge (10%ig) sowie nötigenfalls noch 10 ccm Phosphatpuffer von $p_H = 1,9$ (49,03 g 100%ige Phosphorsäure und 68,08 g KH_2PO_4 nach SOERENSEN in Wasser zu 1 Liter gelöst) hinzu und bringt die Lösung in den Destillationskolben des nebenstehend abgebildeten Apparates (Abb. 3). Falls der Kolben nicht bis zur Hälfte gefüllt ist, wird soweit mit Wasser ergänzt. Nunmehr beschickt man die Vorlage (*o*) mit 10 ccm Wasser und das Zutropfgefäß (*b*) mit einer 0,05%igen Kaliumpermanganatlösung und beginnt mit der Erhitzung. Nach eingetretenem Sieden wird langsam (je Sekunde höchstens 1 Tropfen) Permanganat zugetropft, wobei die Flüssigkeit dauernd kräftig sieden muß, bis Braunfärbung eintritt, und dann nach Schließen des Hahnes (*c*) noch $^1/_4$ Stunde weiterdestilliert. Nunmehr schließt man den Dreiwegehahn (*h*), entfernt die Flamme und spült den Kühler mit etwas Wasser aus. Zu dem Destillat gibt man 5 ccm einer 1—2%igen Permanganatlösung und 5 ccm Schwefelsäure (10%ig), schwenkt vorsichtig um und läßt das Gefäß 20—25 Minuten gut verschlossen stehen. Hiernach fügt man zur Beseitigung des überschüssigen Permanganats einige Kubikzentimeter gesättigte Ferrosulfatlösung hinzu, bis die Flüssigkeit hellgelb und klar geworden ist, und schließt nach Beigabe einiger Siedesteinchen diesen Kolben, der bisher als Vorlage gedient hat, als Destillationskolben an die Apparatur an. In das neue Vorlagegefäß kommen jetzt 20 ccm Kalilauge (10%ig). Man destilliert $^1/_2$ Stunde, versetzt das alkalische Destillat tropfenweise unter dauerndem Schwenken mit einer ausreichenden Menge 0,1 N.-Jodlösung (bei weniger als 50 mg Citronensäure besser 0,05 N.-Lösung) und läßt bis zur völligen Umsetzung des Acetons zu Jodoform stehen, d. h. bei größeren Mengen $^1/_2$—1 Stunde, bei kleineren 2—3 Stunden. Schließlich säuert man mit 20 ccm Schwefelsäure (20%ig) an und titriert das ausgeschiedene Jod mit 0,1 (bzw. 0,05) N.-Thiosulfatlösung nach Zugabe von 2 ccm Stärkelösung zurück.

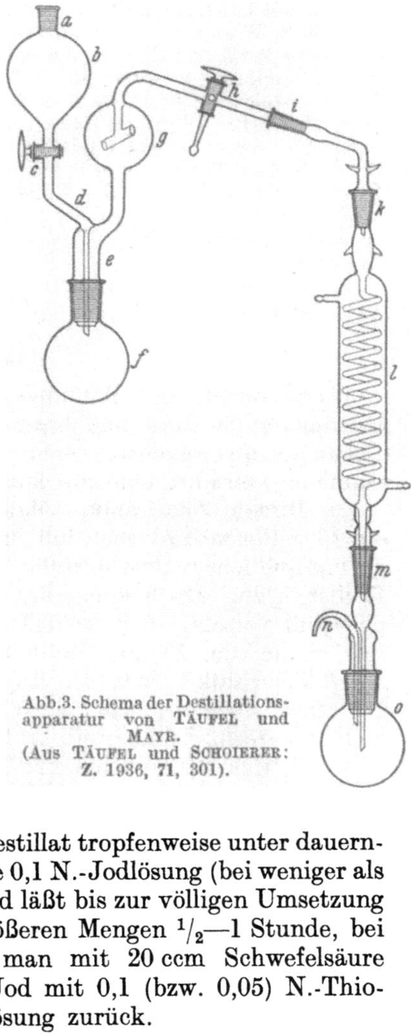

Abb. 3. Schema der Destillationsapparatur von TÄUFEL und MAYR. (Aus TÄUFEL und SCHOIERER: Z. 1936, 71, 301).

Berechnung. Von der verbrauchten Menge Kubikzentimeter Jodlösung zieht man den Verbrauch eines mit den gleichen Reagenzienmengen (Kalilauge, Schwefelsäure usw.) angestellten blinden Versuches ab. 1 ccm der 0,1 N.-Jodlösung entspricht 3,5 mg Citronensäure mit 1 Molekül Krystallwasser.

Das Verfahren liefert nach den bisherigen Versuchen der Verfasser für Mengen von 5—120 mg Citronensäure gleichbleibend richtige Ergebnisse, während bei dem Pentabromacetonverfahren in der Arbeitsweise von O. REICHARD nach Angaben von H. SOMMER bzw. A. HEIDUSCHKA und H. SOMMER[1] mit erheblichen Fehlbeträgen, bis zu 11%, zu rechnen sein soll.

[1] H. SOMMER bezw. A. HEIDUSCHKA u. H. SOMMER: Pharm. Zentralhalle 1935, 76, 593.

β) **Weinsäure.** Zur Prüfung auf Weinsäure und zu deren annähernder quantitativer Bestimmung kann man folgendes von E. SPAETH[1] für Citronensaft ausgearbeitetes Verfahren anwenden. Man versetzt 50 ccm der Lösung 1 : 5 mit 50 ccm Alkohol und 5—10 ccm Bleiessig. Der auf dem Filter gesammelte Niederschlag wird mit verdünntem Alkohol ausgewaschen und mit heißem Wasser in einen ERLENMEYER-Kolben gespült, der in einem doppeltdurchbohrten Korkstopfen ein bis auf den Boden reichendes Gaszuleitungsrohr und ein mit der unteren Korkfläche abschneidendes Gasableitungsrohr trägt. Man gibt etwas groben Sand in den Kolben, schüttelt damit zur Zerteilung der Bleifällung und leitet Schwefelwasserstoff ein. Den überschüssigen Schwefelwasserstoff entfernt man sofort wieder durch einen kräftigen Luftstrom, filtriert vom ausgeschiedenen Bleisulfid ab und wäscht mit heißem Wasser aus. Das auf 10 ccm eingeengte Filtrat wird mit N.-Kalilauge neutralisiert und mit 2,5 ccm Eisessig, 2 ccm 20%iger Kaliumacetatlösung und 40 ccm 20—25%iger Chlorkaliumlösung versetzt. Durch Reiben mit dem Glasstabe leitet man die Abscheidung des Weinsteins ein, setzt dann noch 50 ccm 96%igen Alkohol zu, rührt kräftig um und filtriert nach 12—18 Stunden durch ein Papier- oder Asbestfilter ab. Becherglas und Filterrückstand werden zweimal mit 50%igem und dann mit absolutem Alkohol gewaschen. Der in heißem Wasser gelöste Weinstein wird schließlich mit $^1/_2$ N.-Natronlauge titriert. 1 ccm $^1/_2$ N.-Lauge = 0,075 g Weinsäure.

Die genaue quantitative Bestimmung erfolgt nach der amtlichen Anweisung zur chemischen Untersuchung des Weines[2] oder einer der im Bd. II, 2, S. 1111 des Handbuchs angegebenen Methoden.

γ) **Milchsäure** wird ebenfalls nach der Weinvorschrift nachgewiesen und bestimmt. Vgl. Handbuch Bd. II, 2, S. 1100.

k) Polarisation.

Die Kenntnis des Drehungsvermögens ist schon aus dem Grunde für die Beurteilung der Muse und Marmeladen unerläßlich, weil sie ein Urteil über den Gehalt an unveränderter, nicht invertierter Saccharose gewährt. Zu ihrer Bestimmung verfährt man zweckmäßig folgendermaßen.

α) **Direkte Polarisation.** Man bringt 100 ccm der Grundlösung (1:10) in ein 100/110-ccm-Kölbchen füllt mit Bleiessig zur oberen Marke auf und filtriert nach gründlichem Umschütteln. 90 ccm des Filtrates werden in einem 100-ccm-Kölbchen zur Abscheidung des überschüssigen Bleies mit festem Dinatriumphosphat versetzt, nach völliger Auflösung des letzteren zur Marke aufgefüllt, filtriert und im 200-mm-Rohre mit Kühlmantel bei 20° polarisiert (Lösung A).

β) **Polarisation nach der Inversion.** 80 ccm der Lösung A werden in einem 100-ccm-Kölbchen genau neutralisiert (bei Verwendung von Soda wegen der Kohlensäureentwicklung mit großer Vorsicht!), dann mit 5 ccm konz. Salzsäure (Spez. Gewicht 1,19) nach der Zollvorschrift 5 Minuten bei eingesenktem Thermometer auf 68—70° erhitzt, nach sofortigem Abkühlen bei 15° zur Marke aufgefüllt und im 200-mm-Rohre mit Kühlmantel bei 20° polarisiert (Lösung B).

Die Drehung wird in Winkelgraden angegeben und zu dem Zwecke der in Saccharimetern mit Zuckerskala abgelesene Wert durch Multiplikation mit 0,346 auf Winkelgrade umgerechnet.

l) Zucker.

Für die Beurteilung der Muse und Marmeladen kommt hauptsächlich die Bestimmung des direkt reduzierenden Zuckers, des Gesamtzuckers und der Saccharose in Betracht, weshalb diese hier allein besprochen, hinsichtlich der Trennung der einzelnen Zuckerarten, insbesondere der Glucose und Fructose aber auf den Allgemeinen Teil, Bd. II, 2 verwiesen sei.

α) **Direkt reduzierender Zucker.** Man verdünnt einen Teil der zur direkten Polarisation nach k α benutzten Lösung A nach dem Ausfalle der Extraktbestimmung so weit, daß 100 ccm nicht mehr als 1 g Extrakt enthalten. 25 ccm dieser

[1] E. SPAETH: **Z. 1901, 4, 537.**

[2] Vgl. B. G. HARTMANN u. F. HILLIG: Journ. Assoc. official. agricult. Chemists 1930, **13**, 103; **Z. 1934, 68, 443.**

Lösung dienen zur Bestimmung des Reduktionsvermögens nach ALLIHN. Das Resultat wird als Invertzucker angegeben.

β) **Gesamtzucker.** Die nach k β invertierte Lösung wird ebenfalls so weit verdünnt, daß 100 ccm nicht mehr als 1 g Extrakt enthalten und dann wie oben zur Bestimmung des Invertzuckers nach dem Verfahren von ALLIHN benutzt.

γ) **Saccharose.** Entgegen der früher mehrfach vertretenen Auffassung, daß der zugesetzte Zucker beim Einkochen der Marmelade gänzlich oder doch größtenteils invertiert werde, können erhebliche Anteile desselben unverändert vorhanden sein. Annähernd erfährt man den Saccharosegehalt (R) nach der CLERGET-Formel $R = \frac{100\,(P-J)}{C-0{,}5\,t}$, in der P die direkte, S die Inversionspolarisation der Lösung des Normalgewichtes (26,0 g) zu 100, t die Beobachtungstemperatur und C eine zwischen 141,85 und 142,66 liegende Zahl bedeutet, die von der Konzentration der Lösung abhängt. Die für Saccharimetergrade des Halbschattenapparates von SCHMIDT und HAENSCH berechnete Formel nimmt für Winkelgrade und die Temperatur 20 nach TUCHSCHMIDT die einfachere Form: $R = \frac{26\,(P-J)}{45,64}$ an.

Genauere Werte ergeben sich durch Multiplikation der Differenz des direkt reduzierenden vom Gesamtzucker mit 0,95.

m) Sorbit.

Zur Ausschaltung gewisser Obstbestandteile und größerer Saccharosezusätze, die das WERDERsche Verfahren (Bd. II, 2, S. 965) stören, hat G. REIF[1] folgenden Analysengang ausgearbeitet: 15—25 g Einfruchtmarmeladen oder 30 g Mehrfruchtmarmeladen oder 50—75 g Obstkonfitüren oder 25 g Pflaumenmus werden mit der 5—10fachen Menge Wasser 1—2 Stunden auf dem siedenden Wasserbade erwärmt und nach dem Abkühlen bei 25—27° der Gärung unterworfen. Nach beendeter Gärung, die bis zu 8 Tage dauern kann, filtriert man an der Saugpumpe durch Theorit Nr. 5 (in Wasser aufgeschwemmten Asbest), erhitzt das Filtrat, falls es stark gefärbt ist, mit 7 g, bei schwacher Färbung mit 3 g Carbo animalis pro analysi (Merck oder D.A.B. 6) 2—3 Minuten zum schwachen Sieden und filtriert durch Asbest (Theorit Nr. 5) oder besser durch eine SEITZsche Klärschicht.

Das möglichst klare Filtrat wird unter vermindertem Druck bei 50—60° zum Sirup eingedampft und der etwa hinterbleibende zähflüssige Rückstand 2—3mal mit mindestens je 30 ccm Äthyl- oder Methylalkohol durch Erhitzen über der Flamme ausgezogen. Ist der Destillationsrückstand stark zuckerhaltig oder enthält er dem Obsterzeugnis entstammende Farbstoffe, so muß zum Ausziehen möglichst wasserfreier Alkohol genommen werden. Nach völligem Erkalten filtriert man die Auszüge durch ein trockenes Filter und dampft bei vermindertem Druck vorsichtig unter möglichst gelindem Erhitzen zum Sirup ein, der in der Regel farblos oder schwach gelb gefärbt ist. Sollte sich beim Eindampfen Caramel gebildet haben, so muß der dadurch braun gefärbte Sirup nochmals in Wasser gelöst und mit einer kleinen Menge Kohle behandelt werden.

Zu dem Destillationsrückstande gibt man 1 ccm (oder bei dickflüssiger Beschaffenheit, durch Anwesenheit von Milchsäure oder etwas Zucker bedingt, besser 1,2 ccm) Schwefelsäure (1:1) und, je nach dem mutmaßlichen Sorbitgehalte, 0,1 bis höchstens 0,2 ccm Benzaldehyd hinzu und mischt wie üblich durch starkes Schütteln (bei kleinen Sorbitmengen mindestens 15 Minuten) unter

[1] G. REIF: Z. 1934, **68**, 179; 1933, **66**, 408. Vgl. FR. TUTIN: Biochem. Journ. **19**, 416; Z. 1931, **61**, 238.

Zugabe von Glaskugeln. Bei Anwesenheit sehr kleiner Sorbitmengen ist es vorteilhaft, nach der Zugabe von Schwefelsäure und Benzaldehyd mit einer unwägbaren Spur kryst. Benzalsorbit zu impfen.

Nach 12stündigem Stehen im Kühlschrank nimmt man mit 100 ccm kaltem Wasser auf, filtriert nach 1 Stunde durch einen GOOCH-Tiegel, in dem sich eine gehärtete Papierfiltereinlage befindet, oder bei etwas größeren Mengen durch einen Glasfrittetiegel 1 G 2, wägt den Niederschlag von Benzalsorbit und identifiziert ihn durch die Überführung in Hexaacetylsorbit oder die Farbenreaktion mit Aceton.

Das Verfahren ermöglicht die Beseitigung des Zuckers durch Gärung, der Dextrine und Pektinstoffe durch wasserfreien Alkohol, der natürlichen Farbstoffe, die durch Kohle nicht absorbiert werden, mittels Alkohol und des Dulcins[1] durch Kohle. Es ist vorteilhaft, nicht zu große Substanzmengen der Untersuchung zu unterwerfen, da die Prüfung kleiner Mengen zu besseren Ausbeuten an Benzalsorbit führt. Die Umrechnung des letzteren auf Sorbit ist nicht zulässig, da das Kondensationsprodukt ein Gemisch von Mono-, Di- oder Tribenzalsorbit darstellt. Die Menge des Benzalsorbits betrug bei Apfelmarmelade 0,60—0,73%, bei Quittenmarmelade 1,52—1,84%, bei Aprikosenmarmelade 0,32—0,37%, bei Kirschenmarmelade 2,04%, bei Pflaumenmarmelade 2,20 bis 2,40%, bei Pflaumenmus 0,76—0,80%.

Ein ähnliches Verfahren ist auch von C. F. MUTTELET[2] empfohlen worden.

n) Pektin.

α) **Qualitativer Nachweis.** Ein vorläufiges Urteil über die Anwesenheit von Pektin in Obsterzeugnissen erhält man, wenn man die nicht zu verdünnte wäßrige Lösung mit absolutem Alkohol überschichtet, wobei an der Berührungszone ein weißer Ring entsteht. Zum sicheren Nachweise benutzt man das vortreffliche Reagens von C. GRIEBEL aus harten Speierlingen, dessen Herstellung und Anwendung in Bd. II, 2, S. 950 genau angegeben worden ist.

β) **Quantitative Bestimmung.** Hinsichtlich der zahlreichen Methoden, die auf der Ermittelung des Methoxylgehaltes und der Galakturonsäure beruhen, sei auf Bd. II, 2, S. 952f. verwiesen und hier nur die zur Zeit noch als maßgebend anzusehende Fällung als Calciumpektat nach C. GRIEBEL und F. WEISS[3] angeführt:

1. Man löst 25 g Mus oder Marmelade in warmem Wasser, filtriert durch ein Faltenfilter in einen 500-ccm-Meßkolben, wäscht aus und füllt auf. 100 ccm Filtrat versetzt man in einem Becherglase mit 100 ccm etwa 0,1 N.-Natronlauge bis zur deutlich alkalischen Reaktion, rührt um und läßt über Nacht stehen. Dann fügt man 50 ccm N.-Essigsäure und nach 5 Minuten 50 ccm einer etwa molaren Calciumchloridlösung hinzu, läßt nach dem Umrühren 1 Stunde stehen, kocht etwa 1 Minute unter Verteilen der Ausscheidung, filtriert siedend heiß durch ein gewogenes Filter, wäscht bis zum Verschwinden der Chlorreaktion mit heißem Wasser, trocknet 8 Stunden bei 100^0 und nach dem Wägen weiter, bis der Gewichtsverlust innerhalb 2 Stunden höchstens 0,5 mg beträgt. Das Gewicht der Fällung mal 20 ergibt den Prozentgehalt an Pektin, berechnet als Calciumpektat.

Von zähflüssigen Pektinpräparaten des Handels genügt 1 g, von pulverförmigen 0,1 g Substanz.

---

[1] G. REIF: **Z.** 1933, **66**, 408. Vgl. J. KOCHS: Braunschw. Konserven.-Ztg. 1930, Nr. 20, 5; **Z.** 1936, **71**, 373.
[2] C. F. MUTTELET: Ann. Falsif. 1930, **23**, 602; **Z.** 1936, **71**, 372.
[3] C. GRIEBEL u. F. WEISS: **Z.** 1927, **54**, 175; 1929, **58**, 197.

Von flüssigen Pektinpräparaten des Handels verdünnt man 1 g in einem 400 ccm-Becherglase mit 20 ccm Wasser, filtriert nötigenfalls, wäscht mit Wasser nach, gibt 100 ccm 0,1 N.-Natronlauge hinzu und verfährt weiter wie oben.

Von pulverförmigen Präparaten verwendet man 0,1 g. Gegen alle vorstehend besprochenen Methoden ist der Einwand erhoben, daß die nach ihnen ermittelte Pektinmenge kein zutreffendes Urteil über das Geliervermögen gewähre. Insbesondere gilt dies nach den neueren Arbeiten von PH. B. MYERS und G. L. BAKER[1] von dem Methoxylgehalte, daneben aber auch, einer zusammenfassenden Veröffentlichung von H. ECKART[2] zufolge, von der Calciumpektatmethode. Zur Erklärung dieser Tatsache verweist ECKART, als neuestes Ergebnis der Konstitutionsforschung auf die Entdeckung der Gel-Pektolsäure ($C_{24}H_{32}O_{24}$)[3], die wie auch die Pektolsäure ($C_{24}H_{34}O_{25}$) eine 4 basische Säure mit 4 freien Carboxylen des d-Galakturonsäuremoleküls ist, diese aber zum Unterschiede von der Pektolsäure nicht aneinandergekettet, sondern im symmetrischen Aufbau zu einem Ringe geschlossen enthält. Vielleicht ist dieser Aufbau die Ursache der Gelierfähigkeit, und der Fehler der Calciumpektatmethode beruht darauf, daß bei ihr auch die nicht gelierfähige Pektolsäure und Pektolaktonsäure gefällt werden. Man hat daher einige physikalische Methoden empfohlen, die auf der Ermittelung der Viscosität bei einem bestimmten p_H oder der Elastizität bzw. Zerreißfestigkeit von Zuckergelees aus dem Pektinpräparat beruhen.

2. Verfahren von H. LÜERS und K. LOCHMÜLLER. Auf Grund des nach der Calciumpektatmethode bestimmten Pektingehaltes (p%) berechnet man die zur Herstellung des Gelees erforderliche Menge Pektinpräparat nach der Gleichung $x = 70/p$, vermischt diese mit 100 ccm Zuckerlösung (60 g Zucker in 100 ccm, $D_4^{20} = 1,224$) und 0,2 g Weinsäure und destilliert aus einem Apparate von genau vorgeschriebenen Maßen mit Hilfe eines auf 150° eingestellten Paraffinbades genau 38 ccm in möglichst genau 15 Minuten ab. Die heiße Masse wird sofort und möglichst vollständig in den Versuchsbecher des Pektinometers (zu beziehen von der Firma F. und M. Lautenschläger, München, Lindwurmstraße 30/31) abgelassen und die Zerreißfestigkeit nach der im Bd. II, 2, S. 957 dieses Handbuches beschriebenen Arbeitsweise bestimmt.

3. Verfahren von H. ECKART[4]. Die Zähigkeit flüssiger Pektinextrakte wird mit dem Universalviscosimeter nach F. HÖPPLER bestimmt, das auf der Kugelfallmethode beruht und von Gebr. Haake, Chem. Fabrik Medingen bei Dresden bezogen werden kann. Die zur Viscositätsmessung benutzten Faktoren sind elementare Bestandteile der Mechanik und mathematisch genau definiert, nämlich ein aus Normalglas hergestellter Hohlzylinder, dessen lichte Weite auf 0,001 mm genau ist, und korrosionsfeste Metallkugeln (oder Glaskugeln), deren Durchmesser auf wenige zehntausendstel Millimeter genau ist. Das auf S. 610 abgebildete Fallrohr (Abb. 4) ist von einem Wasserbad mit Thermometer (zwischen 19 und 21° in 0,01° geteilt) umgeben und trägt 2 Marken. Mittels eines Chronometers wird gemessen, welche Zeit die Kugel zum Durchlaufen der zwischen den Marken befindlichen Fallstrecke in dem mit der Versuchsflüssigkeit gefüllten Rohre gebraucht. Durch einfache Multiplikation der gefundenen Fallzeit mit dem aus der beigegebenen Tabelle ersichtlichen Faktor erhält man die absolute Zähigkeit der Flüssigkeit in Centipoise. Dem Instrumente sind 4 Kugeln verschiedener Größe beigegeben, mit denen ein Zähigkeitsmeßbereich von 0,6 bis über 100000 Centipoise überdeckt wird.

---

[1] PH. B. MYERS u. G. L. BAKER: Delaware Agric. Exp. Stat. Bull. 1934, Techn. 15/187.
[2] H. ECKART: Z. 1936, 71, 428.
[3] F. EHRLICH: Über das Pektinproblem. Festschrift zur Feier des 25jährigen Bestehens der T. H. Breslau. Juni 1935. [4] H. ECKART: Z. 1936, 71, 433.

Für industrielle Betriebe wird noch folgende Methode empfohlen:

4. Praktischer Gelierversuch. Zur Feststellung des Gebrauchswertes von Pektinpräparaten stellt man nach SUCHARIPA[1] eine wäßrige Lösung von 75% Zucker und 1% Weinsäure her und vermischt 80 g derselben mit 20 ccm der 5%igen Lösung des zu untersuchenden Präparates, so daß die Mischung 1% Pektin, 60% Zucker und 0,8% Weinsäure enthält. Nach 2—3 Stunden bildet sich, falls ein genügend methoxyliertes Pektin vorliegt, wenigstens eine schwache Gallerte, aus hoch methoxyliertem Pektin sogar ein ziemlich steifes Gel.

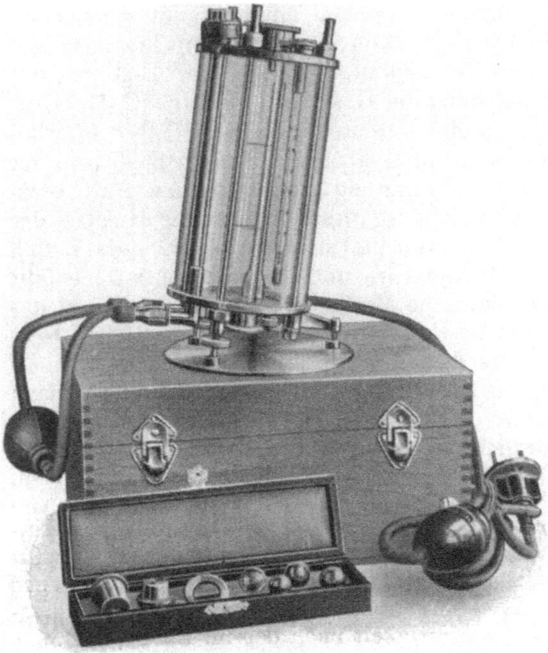

Abb. 4. Universalviscosimeter nach HÖPPLER. (Aus TÄUFEL und SCHOIERER: Z. 1936, 71, 433.)

Auf Grund der Beobachtung, daß durch eine bestimmte Konzentration an Alkohol das neutrale Pektin in den gleichen Quellungszustand wie bei der Herstellung von Gelee durch eine bestimmte Zuckerkonzentration versetzt wird, empfiehlt ein ungenannter Verfasser[2] folgende einfache Prüfungsmethode: 60 ccm Pektinlösung werden in graduierten Reagensgläsern mit 20 ccm 95%igem Alkohol vermischt und dann in schmelzendes Eis gestellt. Nach ungefähr einer Stunde ist der Inhalt bei guten Proben zu einer Stange geliert, die in einem festen Stück aus dem Rohre gleitet. Bei schlechteren Proben ist der Inhalt des Glases stückig oder klumpig, bei sehr minderwertigen Proben breiig oder flüssig. Bei säurefreien, wäßrigen Lösungen von Trockenpektin müssen 0,8—1,0% Wein- oder Milchsäure zugesetzt werden.

C. R. FALLAND und FR. P. GRIFFITHS[3] empfehlen, die Gelierfähigkeit nach 24stündigem Aufbewahren der Gelees im verschlossenen Gefäße mit dem BLOOM-Gelometer bei 20—23° zu messen.

Nachweis von Stärke in Pektinpräparaten. Für diese nach der Verordnung über Obsterzeugnisse erforderliche Prüfung erwärmt man nach ECKART und DIEM[4] 10 g Substanz auf dem Wasserbade 10 Minuten mit 80 ccm einer neutralen Lösung von 1 Teil wasserfreiem Calciumchlorid in 2 Teilen Wasser, spült mit der gleichen heißen Calciumchloridlösung in ein 100-ccm-Meßkölbchen, füllt auf und filtriert. In gleicher Weise stellt man eine Vergleichslösung von 0,1 g Kartoffelstärke zu 100 ccm her, füllt beide in Zentrifugierröhrchen und schleudert nach Zusatz von Jodjodkaliumlösung aus. Aus dem Volumen des Sediments ergibt sich der Stärkegehalt.

o) Gerbstoff.

Die nur ausnahmsweise erforderliche Bestimmung kann nach dem bekannten, in Bd. II, 2 besprochenen Verfahren von NEUBAUER-LÖWENTHAL ausgeführt werden.

---

1 SUCHARIPA: Die Pektinstoffe, S. 133. Braunschweig: Dr. Serger u. Hempel.
2 Chem.-Ztg. 1933, 57, 256.
3 C. R. FALLAND u. FR. P. GRIFFITHS: Ind. engin. Chem. 1928, 20, 857; Z. 1933, 65, 255.
4 ECKART u. DIEM: Z. 1929, 58, 183.

p) Rohfaser und Pentosane.

Rohfaser und Pentosane sind nach den bekannten auf S. 553 beschriebenen Methoden mit der Substanz direkt oder besser mit dem in Wasser unlöslichen ausgewaschenen Rückstande zu bestimmen.

q) Asche und Alkalität.

Man verwendet zweckmäßig 30 g der gut gemischten Durchschnittsprobe oder auch wohl 300 ccm der wäßrigen Grundlösung 1:10, dampft zur Trockne und verbrennt unter den zur Abhaltung schwefelhaltiger Verbrennungsgase gebotenen Vorsichtsmaßregeln. Die Asche muß wegen ihrer stark hygroskopischen Eigenschaften sehr schnell bei aufgesetzten Gewichten oder besser nach Einschließung der Platinschale in eine Wägekapsel gewogen werden.

Alkalität. Die Asche wird mit 25—30 ccm 0,1 N.-Schwefelsäure (nicht mit Salzsäure wegen des Mangangehaltes mancher Aschen) bis zur Vertreibung der Kohlensäure 5—10 Minuten bei aufgelegtem Uhrglase schwach gekocht, und die in ein Becherglas abfiltrierte Lösung mit 0,1 N.-Lauge gegen Phenolphthalein zurücktitriert. Das Resultat gibt man in Kubikzentimetern Normallauge für 100 g Substanz an.

Hinsichtlich der für Obsterzeugnisse wenig wichtigen „wahren Alkalität" sei auf die Vorschriften von K. FARNSTEINER[1] und J. TILLMANS[2] verwiesen.

Die vollständige Aschenanalyse, die für die Aufklärung von Verfälschungen bisweilen gute Dienste leistet, insbesondere die Bestimmung der Phosphorsäure erfolgt nach den in Bd. II, 2, S. 1223 beschriebenen Methoden.

4. Überwachung des Verkehrs.

Der Verkehr mit Musen und Marmeladen wird durch die Verordnung über Obsterzeugnisse vom 15. Juli 1933[3] erschöpfend geregelt. Da diese im Beitrag HOLTHÖFER nebst amtlicher Begründung im Wortlaut abgedruckt und erläutert wird, seien hier nur diejenigen Punkte hervorgehoben, die für die Untersuchung auf etwaige Verstöße beachtet werden müssen.

Wie für sämtliche, in der Verordnung aufgeführten Obsterzeugnisse gelten auch für Muse und Marmeladen die allgemeinen Vorschriften, nämlich:

§§ 4 und 10. Verbote zum Schutze der Gesundheit.
Es ist inbesondere verboten:

1. die in §§ 2, 3, 9 bezeichneten Erzeugnisse so herzustellen, daß sie Arsen, Blei oder Zink oder mehr als die technisch nicht vermeidbaren Mengen Antimon oder Kupfer enthalten;

2. solche Erzeugnisse anzubieten, zum Verkaufe vorrätig zu halten, feilzuhalten, zu verkaufen oder sonst in den Verkehr zu bringen.

§ 5. Als verdorben sind insbesondere anzusehen und auch bei Kenntlichmachung vom Verkehr ausgeschlossen:

1. Obstkonfitüren und Marmeladen, die verschimmelt oder stark verunreinigt sind oder fremdartig oder ekelerregend riechen oder schmecken;

2. aus verdorbenen Früchten oder verdorbener Obstpülpe oder verdorbenem Obstmark oder anderen verdorbenen Rohstoffen zubereitete Obstkonfitüren und Marmeladen, unbeschadet der Unterdrückung einer leichten Gärung der verwendeten Früchte durch Erhitzen;

3. und 4. Obstkonfitüren und Marmeladen, die in starke alkoholische oder saure Gärung übergegangen oder angebrannt sind.

Für Pflaumenmus wird in § 11 außerdem noch der Befall mit Milben als Merkmal der Verdorbenheit angeführt.

Die Aufzählung der gesundheitsschädlichen Stoffe ist nicht erschöpfend, sondern umfaßt nur die für die Praxis wichtigsten Fälle. Ein Gehalt an

---

[1] K. FARNSTEINER: Z. 1907, 13, 305. [2] J. TILLMANS: Z. 1921, 41, 1.
[3] Reichsgesetzblatt I, S. 145; Reichsgesundh.-Bl. 1933, 8, 581.

Blausäure, Strychnin, Sublimat oder anderen Giften verstößt gegen § 3 des Lebensmittelgesetzes.

Eingehende Vorschriften über die stoffliche Beschaffenheit der Marmeladen, Muse und der zu ihrer Herstellung dienenden Halbfabrikate finden sich in den §§ 2—14 der Verordnung. Sie gehen von der in § 22 der amtlichen „Begründung" näher erläuterten Voraussetzung aus, daß als „rein" oder „echt" nur solche Erzeugnisse anzusehen sind, die lediglich aus Obstfrüchten und technisch reinem weißen Verbrauchszucker bestehen, also keinen Zusatz von Wein- oder Milchsäure, Konservierungsmitteln, Farbe, Pektin, Stärkesirup erhalten haben, und stellen im übrigen neben völligen Verboten einiger Zusätze für andere die Pflicht der Kenntlichmachung oder auch Höchstgrenzen fest.

Völlig verboten ist die Verwendung von

1. Obstrückständen, d. h. den beim vollständigen oder teilweisen Auspressen oder Auslaugen oder bei der Destillation von Obstfrüchten hinterbleibenden Rückständen (Trestern);

2. „Anderen Pflanzenteilen", d. h. von nicht zum Obste gerechneten Stoffen, wie Rhabarber, Kürbis, Gurke, Tomate, Mohrrübe, Holunderbeeren, mit alleiniger Ausnahme der Hagebutten zur Herstellung von Hagebutten-(Hägen-)Mark und -Marmelade (§ 6) und von Rübenkraut bei „Gemischtem Mus" (§ 9, Ziff. 3);

3. Aromastoffen, mit der unter § 7, Ziff. 2 für Konfitüren und Marmeladen zugelassenen Ausnahme;

4. Mineralstoffen;

5. Agar-Agar, Gelatine und anderen nicht im Obste enthaltenen Gelierstoffen;

6. Citronensäure und anderen organischen Säuren außer Weinsäure und Milchsäure.

Teilweise verboten, d. h. sobald gewisse Höchstgrenzen überschritten werden, oder keine Deklaration erfolgt, sind weiter:

7. Trockenobst; 8. Weinsäure und Milchsäure; 9. Stärkesirup; 10. Obstpektin; 11. Farbstoffe.

Weiter ist noch für die einzelnen Arten der Marmeladen und Pflaumenmuse ein Höchstgehalt an Wasser und eine bestimmte Einwaage an Obst und Zucker vorgeschrieben.

Nach vorstehenden Angaben hat sich die Überwachung des Verkehrs zur Feststellung von Verfälschungen und verbotswidrigen Handlungen vornehmlich auf folgende Punkte zu erstrecken.

a) Prüfung auf zu hohen Wassergehalt.

Der Wassergehalt der Muse und Marmeladen, der einen Maßstab für den Grad der Einkochung bildet, aber selbstredend auch in hohem Maße von der Einwaage an Obst und Zucker abhängt, kann nach den im vorigen Abschnitte (S. 600) mitgeteilten Methoden ermittelt werden. Für amtliche Untersuchungen, die als Grundlage einer Beanstandung dienen sollen, ist vom Innenministerium, zur Erzielung vergleichbarer Werte, die Anwendung des Verfahrens von Beythien und Simmich empfohlen worden. Die einzelnen Obsterzeugnisse dürfen folgende Wassergehalte nicht überschreiten:

Obstkonfitüren und Einfruchtmarmeladen . . .	35%
Gemischte Marmeladen	42%
Pflaumenmus und gemischtes Mus	47%

Eine Fehlergrenze ist nicht nachgelassen worden. Es empfiehlt sich aber, bei geringen Überschreitungen Kontrollanalysen auszuführen.

b) Prüfung auf die Einwaage von Obst und Zucker.

Nach der Verordnung über Obsterzeugnisse muß die zur Einkochung benutzte Obstmenge mindestens betragen: bei Konfitüren und Einfruchtmarmeladen 45 Teile auf 55 Teile Zucker (bei solchen aus Citrusfrüchten 30 Teile auf 70 Teile Zucker); bei Mehrfruchtmarmeladen 25 Teile auf 55 Teile Zucker.

Gesüßtes Pflaumenmus darf nicht mehr als 30% zugesetzten Zucker enthalten.

Zur Gewinnung eines Urteils über die Höhe der Obsteinwaage ist immer eine möglichst vollständige Analyse heranzuziehen, doch bietet auch dann die Lösung der Aufgabe oft unüberwindliche Schwierigkeiten.

Die Zusammensetzung der in normaler Weise lediglich aus Obst und Zucker hergestellten Marmeladen hängt einerseits ab von der Menge und der Beschaffenheit des als Ausgangsmaterial benutzten Fruchtmarks, ferner von der Höhe des Zuckerzusatzes und dem Grade der Einkochung. Die durch letztere bedingten Verschiedenheiten eliminiert man zweckmäßig durch Umrechnung aller Werte auf wasserfreie Substanz und hat dann die Möglichkeit, durch Vergleich mit der Analyse selbst hergestellter echter Marmeladen oder mit deren berechneter Zusammensetzung aus dem Gehalte an charakteristischen Bestandteilen: zuckerfreies Extrakt, Asche und Alkalität, Phosphorsäure, Stickstoff, Pektinstoffe, Säure und unlösliche Stoffe, einen Schluß auf das Verhältnis von ursprünglich angewandter Fruchtmasse und zugesetztem Zucker zu ziehen. Allerdings, wie sich später zeigen wird, einen recht unsicheren Schluß.

Bei dem Fehlen von Analysen selbst hergestellter Marmeladen ist man in der Regel darauf angewiesen, zum Vergleiche die theoretisch berechnete Zusammensetzung reiner Marmeladen zugrunde zu legen, wie dies zuerst von Beythien[1] und später von Beythien und Simmich[2] versucht worden ist. Um aus der bekannten Analyse eines Fruchtmarkes die Zusammensetzung einer aus gleichen Teilen Fruchtmark und Zucker hergestellten Marmelade zu berechnen, verfährt man in folgender Weise:

Wenn 50 Tle. Fruchtmark mit einem Wassergehalte von a% und 50 Tle. Rohrzucker eingekochtwerden unter der Voraussetzung, daß hierbei der ganze Zucker invertiert wird, also 52,63 Tle. Invertzucker liefert, so beträgt der Trockensubstanzgehalt der Mischung: $\frac{100-a}{2} + 52{,}63$.

Bezeichne ich nun den prozentischen Gehalt des Fruchtmarkes an irgendeinem charakteristischen Bestandteile, z. B. Asche oder Säure, mit b%, so enthalten die 50 Tle. der angewandten Fruchtmasse davon $\frac{b}{2}$ g. Diese $\frac{b}{2}$ g sind auch in der Trockensubstanz der Marmelade, d. h. in $\frac{100-a}{2} + 52{,}63$ enthalten;

$$100 \text{ g Trockensubstanz enthalten also } \frac{\frac{b}{2} \times 100}{\frac{100-a}{a} + 52{,}63} = \frac{100\,b}{205{,}26 - a}\,\%.$$

Hiernach ergibt sich der Gehalt der Marmeladentrockensubstanz an allen Obstbestandteilen, auch an dem der Fruchtmasse entstammenden Invertzucker, während der Gesamtzuckergehalt sich nach folgendem Ansatze berechnet:

$$\frac{100-a}{2} + 52{,}63 \text{ g Trockensubstanz enthalten } \frac{b}{2} + 52{,}63 \text{ g Gesamtzucker;}$$

$$100 \text{ g Trockensubstanz enthalten demnach } \frac{\left(\frac{b}{2} + 52{,}63\right)100}{\frac{100-a}{2} + 52{,}63} \text{ g} = \frac{100\,(b + 105{,}26)}{205{,}26 - a}\,\%.$$

[1] Beythien: Z. 1903, **6**, 1095. [2] Beythien u. Simmich: Z. 1910, **20**, 241.

Indem BEYTHIEN und SIMMICH diese Art der Berechnung für die von HOTTER[1], BAIER und HASSE, HÄRTEL und BEYTHIEN veröffentlichten Analysen verschiedener Obstsorten durchführten, gewannen sie ein Bild von der Zusammensetzung der aus gleichen Teilen Frucht und Zucker hergestellten Marmeladen. Die Tabellen beziehen sich auf Himbeeren, Johannisbeeren, Stachelbeeren, Erdbeeren, Brombeeren, japanische Weinbeeren, Heidelbeeren, Sumpfheidelbeeren, Preißelbeeren, Maulbeeren, Holunderbeeren, Aprikosen, Pfirsiche, Zwetschen, Reineclauden, Pflaumen, Schlehen, Kornelkirschen, Kirschen, Weichselkirschen, Hagebutten, Äpfel und Birnen. An dieser Stelle seien nur die Zahlen für die hauptsächlichsten Handelsmarmeladen: Himbeeren, Johannisbeeren, Erdbeeren, Preißelbeeren, Aprikosen, Zwetschen, Pflaumen, Kirschen und Äpfel, mitgeteilt, während bezüglich der anderen auf das Original[2] verwiesen werden muß.

Tabelle 22. Zusammensetzung von Marmeladen.

	Unlösliche Stoffe %	Lösliches Extrakt %	Gesamtzucker (Invert) %	Zuckerfreies Extrakt %	Säure ccm N.-Lauge	Stickstoffsubstanz %	Pektin %	Rohfaser %	Tannin %	Asche %	Alkalität ccm N.-Lauge	Phosphorsäure (P_2O_5) %
						Himbeeren						
Maximum	15,31	96,61	92,81	5,77	25,6	0,75	1,10	6,93	0,25	0,601	5,81	0,093
Minimum	3,39	84,69	82,19	2,07	13,6	0,35	0,93	2,91	0,17	0,276	2,87	0,046
Mittel	**7,61**	**92,37**	**89,07**	**3,30**	**20,3**	**0,58**	**1,03**	**5,62**	**0,21**	**0,440**	**4,38**	**0,071**
						Johannisbeeren (rote)						
Maximum	6,03	95,31	92,10	4,38	36,6	0,90	0,17	4,13	0,10	0,495	5,57	0,048
Minimum	4,69	93,07	90,52	2,05	21,6	0,42	0,10	3,02	0,07	0,362	3,38	0,026
Mittel	**5,39**	**94,62**	**91,27**	**3,35**	**30,5**	**0,55**	**0,14**	**3,73**	**0,09**	**0,424**	**4,37**	**0,038**
						Erdbeeren (Wald)						
Maximum	7,74	94,38	90,93	5,22	27,2	1,32	0,56	4,31	0,39	0,589	4,91	0,060
Minimum	5,62	92,26	87,71	2,08	14,5	0,72	0,51	2,85	0,29	0,439	4,74	0,038
Mittel	**6,69**	**93,31**	**90,00**	**3,31**	**19,2**	**1,04**	**0,54**	**3,51**	**0,33**	**0,514**	**4,83**	**0,049**
						Preißelbeeren						
Maximum	3,52	97,02	94,16	5,14	25,5	0,72	—	1,73	0,27	0,245	—	0,032
Minimum	2,98	96,48	91,38	2,14	21,7	0,47	—	1,22	0,14	0,188	—	0,026
Mittel	**3,34**	**96,66**	**93,00**	**3,66**	**24,1**	**0,57**	—	**1,47**	**0,21**	**0,211**	—	**0,029**
						Aprikosen						
Maximum	2,61	98,18	94,90	5,21	27,5	1,11	—	0,75	0,08	0,701	—	0,064
Minimum	1,82	97,39	92,62	2,53	9,4	0,69	—	0,56	0,05	0,494	—	0,045
Mittel	**2,23**	**97,78**	**93,98**	**3,80**	**15,5**	**0,86**	—	**0,67**	**0,06**	**0,559**	—	**0,052**
						Zwetschen						
Maximum	2,66	98,45	93,48	5,55	12,7	0,57	—	0,58	0,07	0,437	—	0,045
Minimum	1,55	97,34	91,79	4,86	5,2	0,48	—	0,35	0,04	0,331	—	0,031
Mittel	**1,91**	**98,09**	**92,94**	**5,15**	**8,5**	**0,54**	—	**0,47**	**0,05**	**0,390**	—	**0,039**
						Pflaumen						
Maximum	2,44	98,62	94,38	8,75	20,7	0,66	—	0,48	0,16	0,500	—	0,049
Minimum	1,38	97,56	89,02	4,24	7,3	0,39	—	0,37	0,06	0,315	—	0,031
Mittel	**1,84**	**98,16**	**91,96**	**6,20**	**14,2**	**0,49**	—	**0,44**	**0,10**	**0,412**	—	**0,037**
						Kirschen						
Maximum	2,08	98,28	94,73	4,77	9,8	0,79	—	0,30	0,12	0,491	—	0,054
Minimum	1,72	97,92	93,39	3,55	4,8	0,55	—	0,19	0,04	0,347	—	0,037
Mittel	**1,88**	**98,13**	**93,95**	**4,18**	**7,2**	**0,68**	—	**0,27**	**0,08**	**0,401**	—	**0,047**
						Äpfel						
Maximum	4,54	98,76	95,54	4,22	11,5	0,46	—	1,49	0,12	0,399	—	0,048
Minimum	1,24	95,46	91,92	2,28	3,1	0,17	—	0,66	0,02	0,160	—	0,023
Mittel	**2,44**	**97,56**	**94,40**	**3,16**	**7,2**	**0,30**	—	**1,01**	**0,05**	**0,265**	—	**0,033**

[1] Die chemische Zusammensetzung steirischer Obstfrüchte. HOTTER: Zeitschr. landw. Versuchsw. Österr. 1906, **9**, 747. [2] **Z.** 1910, **20**, 261.

Wie ersichtlich, bietet es außerordentliche Schwierigkeiten, selbst bei Marmeladen aus einer einzigen bekannten Fruchtart ein Urteil über die Menge des beim Einkochen benutzten Obstes und Zuckers zu gewinnen. Wenn statt des Verhältnisses 50 Teile Obst auf 50 Teile Zucker ein solches von nur 40 Teile Obst auf 60 Teile Zucker gewählt wird, so erfahren alle für den Obstgehalt charakteristischen Werte (zuckerfreies Extrakt, unlösliche Stoffe, Säure, Stickstoff usw.) erst eine Erniedrigung von 29%, während die Zusammensetzung der Marmeladen mit konstantem Zuckergehalte weit größeren natürlichen Schwankungen unterliegt. Erst bei erheblicher Unterschreitung der Minima wird man daher auf die Verwendung zu geringer Obstmengen schließen können.

Nahezu unmöglich ist es, den Obstgehalt abzuleiten, wenn Stärkesirup vorhanden ist, weil dann die Bestimmung des wichtigen zuckerfreien Extraktes illusorisch wird, und wenn ein Gemisch verschiedener Früchte vorliegt. Schließlich ist auch noch zu beachten, daß beim Einkochen von Obst mit Zucker chemische Veränderungen einzutreten scheinen (teilweise Lösung des Zellgewebes, Zerstörung der Fructose u. dgl.), und daß daher die Zusammensetzung der Marmelade von der theoretisch berechneten abweicht.

c) Prüfung auf fremde Obstarten und Obstrückstände.

Die Muse und Marmeladen dürfen nur die aus ihrer Bezeichnung ersichtlichen Obstarten, hingegen keine anderen, nicht zum Obst zu rechnende Pflanzenteile enthalten. Die ausschlaggebende Bedeutung für die Beantwortung der Frage, ob dieser Vorschrift Genüge geleistet wird, kommt der mikroskopischen Prüfung zu, die nur in einzelnen Fällen durch die chemische Untersuchung zu ergänzen ist.

Zur Beantwortung der Frage, welche Fruchtart Verwendung gefunden hat, kann die chemische Analyse nur in beschränktem Maße herangezogen werden. Besonders charakteristisch für das Vorhandensein von Beerenfrüchten ist ihr hoher Gehalt an unlöslichen Stoffen, während das Kernobst sich durch verhältnismäßig geringen Säuregehalt auszeichnet. Unter Umständen kann auch der Nachweis und die quantitative Bestimmung der Äpfelsäure von Bedeutung werden, weil diese in den Himbeeren, Johannisbeeren und Erdbeeren nicht vorkommt. Einen gewissen Anhalt, wenigstens bei Marmeladen aus einer einzigen Fruchtart, bieten noch am ersten die BAIERschen Verhältniszahlen. Nach Untersuchungen von E. BAIER und P. HASSE[1] ist einerseits das Verhältnis des zuckerfreien Extraktes zu dem Unlöslichen $\frac{e-z}{u}$ und andererseits das Verhältnis des Ungelösten zu der Alkalität u/a für die einzelnen Fruchtarten charakteristisch und verhältnismäßig geringen Schwankungen unterworfen. Die größten Unterschiede zeigen die Beerenfrüchte, die große Mengen unlöslicher Stoffe bei ziemlich niedrigem Gehalte an zuckerfreiem Extrakt aufweisen, und die Kirschen oder Pflaumen, die wenig unlösliche Stoffe, aber viel zuckerfreien Extrakt enthalten.

BAIER und HASSE fanden bei den wichtigeren Marmeladenfrüchten nebenstehende Werte für ihre Verhältniszahlen.

	I. $\frac{e-z}{u}$	II. $\frac{u}{a}$
Himbeeren	0,38—0,57	1,05—1,86
Johannisbeeren	0,53—0,67	1,15—1,63
Blaubeeren	0,77	1,41—1,88
Erdbeeren	0,83—1,25	0,50—0,58
Kirschen	2,00—5,30	0,17—0,62
Pflaumen	1,00—2,30	0,39—0,64
Äpfel	0,90	0,67
Birnen	0,94	0,98

Die Schwankungen sind allerdings durch die Untersuchungen anderer Autoren etwas erweitert worden. So fand BEYTHIEN[2] für Himbeeren I. 0,24—0,36,

[1] E. BAIER u. P. HASSE: Z. 1907, **13**, 675; 1908, **15**, 140. [2] BEYTHIEN: Z. 1903, **6**, 1095.

II. 1,44—1,56; für Johannisbeeren I. 0,41—0,83, II. 1,08—1,68; für Erdbeeren I. 1,08—1,15, II. 0,62—0,69. OHLIG[1] gibt folgende Werte an: Himbeeren I. 0,53 bis 0,78, II. 1,15—1,51; Erdbeeren I. 1,09, II. —; Steinobst I. 1,81—2,33, II. 0,24 bis 0,36; Reineclauden I. 3,14, II. —; Äpfel, Birnen I. 1,26—1,28, II. 0,89—0,94. Immerhin erscheinen die Unterschiede zwischen den Beerenfrüchten und dem Steinobst doch recht bedeutend und zu einer Charakterisierung der aus diesen Fruchtarten hergestellten Marmeladen wohl geeignet.

Zum Nachweise eines größeren Apfelzusatzes soll nach C. F. MUTTELET[2] auch das Verhältnis der Glucose zur Fructose herangezogen werden können, da in den meisten Obstarten der Gehalt an Glucose denjenigen an Fructose übersteigt, während die Äpfel, wie schon aus der stark negativen spez. Drehung des invertierten Extraktes von — 35 bis — 45 hervorgeht, einen Überschuß an Fructose aufweisen.

Für einige Obstarten fand MUTTELET folgende Werte:

Tabelle 23. Verteilung der Zuckerarten.

Obstart	Saccharose %	Fructose %	Glucose %	Glucose-überschuß %
Orangen	2,35—5,30	1,56—4,30	1,66—4,85	0,04—0,35
Mandarinen	7,00—7,26	1,25—1,54	1,68—1,75	0,14—0,50
Pampelmusen	3,18	1,52	1,62	0,10
Kirschen	0,10—0,30	3,60—5,00	4,30—6,50	0,70—1,50
Erdbeeren	0,10—0,35	1,90—3,10	2,00—3,30	0,10—0,20
Tomaten-Erdbeeren	2,50	2,10	2,10	0

Der Überschuß an Glucose wird durch Zusatz von Äpfeln verringert oder gar in einen Fructoseüberschuß verwandelt.

Auch aus dem Gehalte an Citronensäure glaubt MUTTELET bei gewissen Obstsorten einen größeren Apfelzusatz ableiten zu können. Aus Gemischen gleicher Teile Äpfel und einer anderen Obstart bei 36%iger Obsteinwaage von ihm selbst hergestellte Marmeladen enthielten bei Verwendung von schwarzen Johannisbeeren (Cassis) 0,54%, von roten Johannisbeeren 0,36%, von Himbeeren 0,27% und von Erdbeeren 0,18% Citronensäure.

Möglicherweise läßt sich auch ein etwaiger Gehalt an Sorbit zum Nachweise von Äpfeln verwerten, da HANS FRIEDR. SCHOLZ[3] in Johannisbeeren und Himbeeren, abweichend von den Angaben COHNS, GROSSFELDS u. a. keinen Sorbit vorfand.

Von Zusätzen fremder Stoffe kommt demjenigen von Trestern, d. h. von ganz oder teilweise ihres Saftes beraubten Früchten besondere Bedeutung zu. Ihr Nachweis hat sich in erster Linie auf den Gehalt an unlöslichen Stoffen zu stützen, bietet aber immer eine Reihe außerordentlicher Schwierigkeiten dar, die hauptsächlich in den natürlichen Schwankungen der Zusammensetzung des Obstes begründet sind. Einen gewissen Anhalt gewährt die auf S. 602 gegebene Übersicht über den Gehalt von Handelsmarmeladen an unlöslichen Stoffen. Wenn man aber zur Ausschaltung des wechselnden Grades der Einkochung und des a priori unbekannten Zuckerzusatzes alle Werte für unlösliche Stoffe und für Rohfaser auf zuckerfreie Trockensubstanz umrechnet, so erhält man bei unverfälschten Marmeladen derartige Abweichungen, z. B. bei Himbeermarmelade 40,9—82,8%, daß der Nachweis eines Tresterzusatzes kaum durchführbar

[1] OHLIG: **Z.** 1910, **19**, 568. Weitere Analysen von HÄRTEL u. MÜLLER: **Z.** 1909, **17**, 668.
[2] C. F. MUTTELET: Ann. Falsif. 1926, **19**, 530; 1927, **20**, 208, 535; **Z.** 1932, **63**, 239; **64**, 412.
[3] HANS FRIEDR. SCHOLZ: Inaug.-Diss. Frankfurt a. M. 1931.

erscheint. Nähere Angaben hierüber finden sich in der Abhandlung von A. BEYTHIEN und P. SIMMICH[1].

d) Prüfung auf Trockenobst.

Konfitüren, Marmeladen und Pflaumenmus müssen normalerweise aus frischem oder frischerhaltenem Obste hergestellt sein. Die Verarbeitung von Trockenobst ist für Konfitüren und Marmeladen, mit alleiniger Ausnahme von Aprikosenmarmelade, auch unter Kenntlichmachung verboten. Die aus Trockenobst bereitete Aprikosenmarmelade darf nur unter der Bezeichnung „Aprikosenmarmelade aus getrockneten Aprikosen" in den Verkehr gebracht werden.

Nicht zutreffend ist, wie ich in der Fachpresse[2] mehrfach auseinandergesetzt habe, die in den Kreisen der Industrie und auch bei einigen Fachgenossen vertretene Ansicht, daß für Marmeladen nur passiertes Obst zulässig sei, daß also in der „Aprikosenmarmelade aus getrockneten Aprikosen" keinerlei Fruchtstücke mehr enthalten sein dürfen. Die Vorschrift, daß das Obstfleisch entkernt oder entsteint sein muß, bezieht sich nach der „Begründung" zu § 2 Abs. 1, 2 nur auf Kern- und Schalenobst, nicht aber auf Beerenobst, das mit den Kernen, unpassiert, allgemein, z. B. zu Himbeermarmelade verarbeitet wird.

Für Pflaumenmus ist die Verwendung nur dann gestattet, wenn das Erzeugnis als „Pflaumenmus aus Trockenpflaumen" deutlich gekennzeichnet wird.

Der Nachweis von Trockenobst ist für die eigentlichen Konfitüren und Marmeladen kaum auf chemischem Wege zu erbringen, wenngleich bei Zusatz geschwefelten Dörrobstes ein Gehalt an Schwefliger Säure bei niedriger Alkalitätszahl gewisse Anhaltspunkte zu liefern vermag. Bei stärkesirupfreien Erzeugnissen sehen F. HÄRTEL und SÖLLING[3] einen Zusatz von Trockenobst als ziemlich sicher an, wenn die Alkalitätszahl unter 10 liegt, und wenn die 10%ige wäßrige Lösung mit Salzsäure und Bariumchlorid sofort einen Niederschlag gibt.

Der Nachweis kann unter Umständen verschärft werden, wenn es gelingt, unzerkochte Fruchtstücke zu isolieren und für sich zu untersuchen.

Zur Prüfung von Pflaumenmus auf Trockenobst haben G. KAPPELLER, G. PRANGE und W. REIDEMEISTER[4] folgende Reaktionen empfohlen:

α) Fällung mit Bleiessig. Versetzt man eine filtrierte 10%ige Lösung von Pflaumenmus mit dem zehnten Teile Bleiessig, so gibt Mus aus frischen Pflaumen einen weißlichgrünen bis apfelgrünen Niederschlag, der bei Mus aus konservierter Pülpe etwas dunkler ausfällt. Mus aus Trockenpflaumen gibt bei gleicher Behandlung einen braunen Niederschlag, während Gemische aus Frisch- und Trockenpflaumen Farbenübergänge von Grün nach Braun zeigen.

β) Verhalten gegen verdünnte Schwefelsäure. Wäßrige Muslösungen (1 : 10) zeigen je nach dem Ausgangsmaterial Farbenunterschiede, indem der Auszug aus frischem Mark oft einen Stich ins Rötliche aufweist, während derjenige aus Trockenpflaumen stets gelblich bis braun ist. Diese Farbenunterschiede treten deutlicher hervor bei Zusatz von 1 ccm 25%iger Schwefelsäure zu 10 ccm Filtrat, wobei die Lösung des Muses aus Frischpflaumen stärker rot wird, während diejenige eines Muses aus Trockenpflaumen unverändert bleibt.

γ) Der Säuregehalt in 100 g des zuckerfreien Extraktes entspricht bei Mus aus frischen Pflaumen 8,5—16,0 g, bei Mus aus Trockenpflaumen selten mehr als 7 g Äpfelsäure.

---

[1] A. BEYTHIEN u. P. SIMMICH: **Z.** 1910, **20**, 259.
[2] A. BEYTHIEN: Braunschw. Konserven-Ztg. 1936, Nr. 4, 1.
[3] F. HÄRTEL u. SÖLLING: **Z.** 1910, **20**, 168.
[4] G. KAPPELLER, G. PRANGE u. W. REIDEMEISTER: **Z.** 1930, **59**, 191.

δ) Unter dem Mikroskope zeigt sich der Inhalt der Markzellen von Frischpflaumen rund, lappig oder langgestreckt und von teilweise deutlicher Körnung. Die Zellwand ist prall und ohne wesentliche Schrumpfung. Das Mark von Trockenpflaumen enthält Gebilde von gedrehter Form und starker Pigmentierung, die an Skelete oder geringelte Cocons erinnern. Die Körnung fehlt meist, die Zellwand ist stark geschrumpft.

ε) Milben, die sich bei längerem Erwärmen von 25 g Mus mit 150—250 ccm Wasser an der Oberfläche ansammeln, deuten auf die Mitverwendung von Trockenpflaumen.

Die unter α, β und δ besprochenen Bestimmungen ermöglichen nebeneinander auch mit genügender Genauigkeit die Feststellung des Mengenverhältnisses von frischen und trockenen Pflaumen.

Die von P. RUDOLPH und BARSCH[1] empfohlenen Reaktionen sind nach G. KAPPELLER und W. REIDEMEISTER[2] nicht zum Nachweise von Trockenpflaumen geeignet. Die mit fuchsinschwefliger Säure eintretende Färbung rührt nicht nur von dem Gehalte an Trocken- oder Frischpflaumen her, sondern wird von dem Eisengehalte stark beeinflußt. Ein ganz aus Frischpflaumen bestehendes Mus gab zunächst nur eine gelbbraune, also für Trockenpflaumen sprechende Färbung und erst nach fünftägiger Aufbewahrung in eiserner Schale die rotbraune Farbe, die von RUDOLPH und BARSCH als charakteristisch für Frischpflaumen angesehen, in Wahrheit aber durch das Eisen verursacht wird. Die Reaktion mit Natronlauge liefert etwas hellere, aber sonst den vorigen ganz ähnliche Färbungen und ist nicht besser als diese zu bewerten, und auch gegen Jodlösung zeigen Frischpflaumen und Trockenpflaumen ein völlig wechselndes Verhalten, indem bald die einen, bald die anderen mehr Jod binden. Die Verfahren können daher nicht zum Nachweise von Trockenpflaumen, ja nicht einmal zur Unterscheidung derselben von Frischpflaumen dienen.

e) Prüfung auf Stärkesirup.

Zusatz von Stärkesirup wurde früher von den Vertretern der Lebensmittelkontrolle als Verfälschung beurteilt, weil er, besonders in größerer Menge, wegen seiner zähklebrigen Konsistenz den Erzeugnissen den täuschenden Anschein eines höheren Obstgehaltes verleiht. Es wurde daher in den mit Zustimmung der Industriellen ausgearbeiteten sog. Heidelberger Beschlüssen der Grundsatz aufgestellt, daß jeder Zusatz von Stärkesirup kenntlich gemacht werden müsse, und zwar bei Mengen bis zu 25% durch die Angabe: „mit Stärkesirup", bei höheren Mengen durch die Bezeichnung „Kunstmarmelade". Diese Beschlüsse sind von den Gerichten lange Jahre als maßgebend anerkannt worden.

Im Hinblick auf den Umstand, daß geringe Zusätze das Aussehen und den Geschmack der Marmeladen verbessern, sind in der Verordnung über Obsterzeugnisse einige Milderungen eingetreten. Insbesondere ist für Konfitüren und Einfruchtmarmeladen der Zusatz von höchstens 5% Stärkesirup ohne Deklaration, derjenige von höchstens 12% unter Angabe „mit Stärkesirup", für Mehrfrucht- und Gemischte Marmeladen von 12% ohne Deklaration erlaubt. Zusätze über 12% sind verboten. Pflaumenmus darf überhaupt keinen Stärkesirupzusatz erhalten.

α) **Qualitativer Nachweis.** Nach dem Verfahren von FIEHE[3] kocht man die nötigenfalls filtrierte Lösung von 10 g Substanz in 10 g Wasser zur Abscheidung der organischen Kalksalze mit 5 Tropfen 10%iger Ammoniumoxalatlösung auf, kocht darauf nochmals mit Tierkohle auf und filtriert. 2 ccm des klaren Filtrates werden mit 2 Tropfen Salzsäure (1,19) und 20 ccm 94%igem Alkohol versetzt, worauf in stärkesiruphaltigen Erzeugnissen Trübung entsteht.

Meist genügt auch die einfachere Vorprobe, daß man zu 100 ccm absolutem Alkohol 30 ccm der Grundlösung 1 : 10 hinzufließen läßt. Hierbei gibt Stärkesirup eine milchige Trübung, reiner Fruchtsirup hingegen höchstens vereinzelte Flocken von Pektin.

---

[1] P. RUDOLPH u. BARSCH: Z. 1931, **62**, 581.

[2] G. KAPPELLER u. W. REIDEMEISTER: Z. 1932, **64**, 558. [3] FIEHE: Z. 1909, **18**, 31.

Die Fällung nach BECKMANN[1] mit Bariumhydroxyd und Methylalkohol bietet keine Vorzüge.

β) **Die quantitative Bestimmung** erfolgt nach dem Verfahren von A. JUCKENACK und PASTERNACK[2] durch Ermittelung der spezifischen Drehung des invertierten Extraktes.

Die genannten Autoren gingen bei Ausarbeitung ihrer Methode von der Annahme aus, daß in den reinen Fruchtsäften die Fructose und Glucose in gleicher Menge enthalten sind, und daß daher nach der Inversion keine andere Zuckerart als Invertzucker vorhanden ist. Da nun weiter die Trockensubstanz (der Extrakt) der Fruchtsirupe nur sehr geringe Mengen von zuckerfreien Extraktivstoffen enthält, so muß die spezifische Drehung des invertierten Extraktes (d. h. die Drehung einer 100%igen Lösung im 100-mm-Rohr) derjenigen des Invertzuckers bei 20^0 (— 21,5 Winkelgrade) entsprechen. Indem sie andererseits für die Trockensubstanz des Stärkesirups eine mittlere spezifische Drehung von $+ 134{,}1^0$ annahmen, waren sie in der Lage, eine Tabelle auszuarbeiten, welche den der beobachteten spezifischen Drehung entsprechenden Gehalt an Stärkesirup abzuleiten gestattet. Es war ein überaus glücklicher Gedanke JUCKENACKs, die spezifische Drehung des invertierten Extraktes zugrunde zu legen, weil hierdurch einerseits die quantitative Bestimmung des Gesamtzuckers überflüssig gemacht und andererseits der wechselnde Gehalt an Invertzucker und Saccharose ausgeschaltet wurde. Das vortreffliche Verfahren hat in kurzer Zeit alle anderen verdrängt und ist durch Vereinbarung der Lebensmittelchemiker und Fabrikanten zum maßgebenden gemacht worden.

Die wissenschaftliche Grundlage, auf der die JUCKENACKsche Tabelle berechnet worden ist, hat BEYTHIEN[3] folgendermaßen entwickelt: Die spezifische Drehung eines Gemisches zweier Stoffe von verschiedenem Drehungsvermögen ist eine Funktion der spezifischen Drehung ihrer Einzelbestandteile, und man kann daher sowohl aus dem Prozentgehalte der Komponenten die spezifische Drehung der Mischung, als auch umgekehrt aus der spezifischen Drehung den Gehalt an den Bestandteilen ableiten. Die einfachste geometrische Darstellung dieser Gesetzmäßigkeit stellt die gerade Linie dar von der Gleichung

$$y = a x + b; \quad x = \frac{y - b}{a}.$$

Hierin bedeutet die Ordinate y die spezifische Drehung und die Abszisse x den Prozentgehalt der Mischung an dem stärker rechtsdrehenden Anteile, a ist die Tangente des Winkels (α) zwischen der Geraden und der Abszissenachse, b der Abstand zwischen dem Nullpunkte des Systems und dem Schnittpunkte der Geraden mit der Ordinatenachse. Bezeichnet man nun die spezifische Drehung des stärker drehenden Bestandteils mit d_1 und diejenige des schwächer drehenden mit d_2, so nehmen die Gleichungen nach der von BEYTHIEN und HENNICKE[4] gegebenen Ableitung folgende Form an:

$$y = \frac{d_1 - d_2}{100} \cdot x + d_2; \quad x = \frac{100}{d_1 - d_2} (y - d_2).$$

Habe ich also die spezifische Drehung einer Mischung (D) bestimmt, so brauche ich den Wert D nur für y einzusetzen, um den Prozentgehalt des stärker drehenden Bestandteils zu finden:

$$x = \frac{100}{d_1 - d_2} (D - d_2).$$

Im konkreten Falle der Fruchtsirupe ist $d_1 = + 134{,}1$ (Stärkesirup); $d_2 = - 21{,}5$ (Invertzucker), also

$$x = \frac{100}{134{,}1 + 21{,}5} (D + 21{,}5) = \frac{100}{155{,}6} (D + 21{,}5).$$

Für reinen Stärkesirup wird $D = + 134{,}1$ und $x = 100$, für reinen Invertzucker wird $D = - 21{,}5$ und $x = 0$.

[1] BECKMANN: Zeitschr. analyt. Chem. 1896, **25**, 263; **Z.** 1901, **4**, 1065.

[2] A. JUCKENACK u. PASTERNACK: **Z.** 1904, **8**, 10. [3] BEYTHIEN: **Z.** 1911, **21**, 275.

[4] BEYTHIEN u. HENNICKE: Beiträge zur quantitativen Analyse organischer Gemische mit Hilfe des Refraktometers. Pharm. Zentralh. 1907, **48**, 1005.

Setze ich nun in die Gleichung nacheinander für D alle Werte von $-21{,}5$ bis $+134{,}1$ ein, so erhalte ich die Tabelle auf S. 621, die den jeder spezifischen Drehung entsprechenden Gehalt an wasserfreiem und wasserhaltigem Stärkesirup sofort abzulesen gestattet.

Die zur Ableitung der spezifischen Drehung des invertierten Extraktes erforderlichen analytischen Werte müssen unter genauer Innehaltung der von A. JUCKENACK gegebenen Vorschrift in folgender Weise ermittelt werden.

1. Spezifisches Gewicht der invertierten Lösung. 80 ccm der Grundlösung 1 : 10, entsprechend 8 g Substanz, werden in einem 100-ccm-Meßkölbchen mit einer Messerspitze gereinigter Tierkohle (aschenfrei) versetzt und nach Zugabe von 5 ccm konzentrierter Salzsäure (Spez. Gewicht 1,19) genau 5 Minuten lang mit eingesenktem Thermometer auf 68 bis 70° erwärmt, dann rasch unter der Wasserleitung abgekühlt und auf 100 ccm aufgefüllt. Man bestimmt nun im Pyknometer das Spezifische Gewicht einerseits der invertierten Lösung, andererseits einer Lösung von 5 ccm der benutzten Salzsäure zu 100 ccm und subtrahiert letzteren Wert von dem ersteren. Durch Addition von 1 zu der Differenz erhält man das Spezifische Gewicht der salzsäurefreien Lösung (Si).

2. Extraktgehalt der invertierten Marmelade. Man entnimmt der Zuckertabelle von K. WINDISCH den Si entsprechenden Wert und erhält durch Multiplikation mit 12,5 den Extraktgehalt der invertierten Marmelade (Ei).

Es sei z. B.:

das Spez. Gewicht der invertierten Lösung 8 : 100 einschließlich der Salzsäure	1,0318
das Spez. Gewicht der Lösung von 5 ccm Salzsäure: 100	1,0100
das Spez. Gewicht der salzsäurefreien invertierten Lösung (Si) also	1,0218
so ist der Extraktgehalt der invertierten Lösung 8 : 100	5,64 g
der Extraktgehalt der invertierten Marmelade (Ei)	70,50%

3. Polarisation der invertierten Lösung (Pi). Die wie oben invertierte Lösung 8 : 100 wird in einem mit Kühlmantel versehenen 200-mm-Rohre bei genau 20° polarisiert.

Die praktische Bestimmung gestaltet sich nun einfach so, daß man aus dem Spezifischen Gewichte (Ziff. 1), dem Extraktgehalte (Ziff. 2) und der Polarisation der invertierten Lösung nach Ziff. 3 die spezifische Drehung des invertierten Extraktes berechnet und der nachstehenden Tabelle den entsprechenden Stärkesirupgehalt entnimmt.

Folgendes konkrete Beispiel möge die Art der Berechnung näher veranschaulichen:

Es sei das Spez. Gewicht der invertierten Lösung 8 : 100 = 1,0218, entsprechend 5,64 g Extrakt in 100 ccm; die Polarisation der gleichen Lösung im 200-mm-Rohre = + 3,65°. Dann drehen 5,64 g Extrakt im 100-mm-Rohre = + 1,825°

$$100 \text{ g Extrakt im 100-mm-Rohre} = + \frac{1{,}825 \times 100}{5{,}64} = + 32{,}36^0.$$

Dieser spezifischen Drehung entsprechen nach der Tabelle 42,22 % wasserhaltigen Stärkesirups. In 100 g Extrakt sind also 42,22 g, d. h. in 70,5 g Extrakt oder in 100 g Marmelade $42{,}22 \times 0{,}705 = 29{,}77\%$ Stärkesirup.

Mehrfache Nachprüfungen durch zahlreiche Fachgenossen, insbesondere H. MATTHES und MÜLLER[1], P. HASSE[2], A. BEYTHIEN und P. SIMMICH[3], GRÜNHUT[4] u. a. haben die praktische Brauchbarkeit der Methode ergeben. Insbesondere ist es nach den Arbeiten der letzteren, im Gegensatze zu der von BEYTHIEN als irrig erwiesenen Annahme ROBERT KAYSERS[5] berechtigt, die mittlere spezifische Drehung des Stärkesirups zu + 134,1 einzusetzen, und auch die Schwankungen der spezifischen Drehung reiner Fruchtsäfte sind im allgemeinen ohne wesentlichen Einfluß auf das Resultat.

Ausnahmen bilden aber das Apfelkraut und seine Surrogate und das Pflaumenmus, soweit diese als Normalware ohne Zuckerzusatz hergestellt

[1] H. MATTHES u. MÜLLER: Z. 1906, **11**, 75.
[2] P. HASSE: Pharm. Ztg. 1906, **51**, 815.
[3] A. BEYTHIEN u. P. SIMMICH: Z. 1910, **20**, 268.
[4] GRÜNHUT: Zeitschr. analyt. Chem. 1910, **49**, 745.
[5] ROBERT KAYSER: Zeitschr. öffentl. Chem. 1909, **15**, 390.

Tabelle 24. Von JUCKENACK, in der Vereinfachung von BEYTHIEN und SIMMICH, zur Bestimmung des Stärkesirups.

$[\alpha]_D$ des invertierten Extraktes	Stärkesirup		$[\alpha]_D$ des invertierten Extraktes	Stärkesirup		$[\alpha]_D$ des invertierten Extraktes	Stärkesirup		$[\alpha]_D$ des invertierten Extraktes	Stärkesirup	
	mit 18% Wasser %	wasserfrei %		mit 18% Wasser %	wasserfrei %		mit 18% Wasser %	wasserfrei %		mit 18% Wasser %	wasserfrei %
—21,5	0,0	0,0	+18	31,0	25,4	+58	62,3	51,1	+98	93,7	76,8
—21	0,4	0,3	+19	31,7	26,0	+59	63,1	51,7	+99	94,4	77,4
—20	1,2	1,0	+20	32,5	26,7	+60	63,9	52,4	+100	95,2	78,1
—19	2,0	1,6	+21	33,3	27,3	+61	64,7	53,0	+101	96,0	78,7
—18	2,8	2,3	+22	34,1	27,9	+62	65,5	53,7	+102	96,8	79,4
—17	3,5	2,9	+23	34,9	28,6	+63	66,2	54,3	+103	97,6	80,0
—16	4,3	3,5	+24	35,6	29,2	+64	67,0	55,0	+104	98,4	80,7
—15	5,1	4,2	+25	36,4	29,9	+65	67,8	55,6	+105	99,2	81,3
—14	5,9	4,8	+26	37,2	30,5	+66	68,6	56,2	+106	99,9	81,9
—13	6,7	5,5	+27	38,0	31,2	+67	69,4	56,9	+107	100,7	82,6
—12	7,4	6,1	+28	38,8	31,8	+68	70,1	57,5	+108	101,5	83,2
—11	8,2	6,8	+29	39,6	32,4	+69	70,9	58,2	+109	102,3	83,9
—10	9,0	7,4	+30	40,4	33,1	+70	71,7	58,8	+110	103,1	84,5
— 9	9,8	8,0	+31	41,1	33,7	+71	72,5	59,4	+111	103,8	85,1
— 8	10,6	8,7	+32	41,9	34,4	+72	73,3	60,1	+112	104,6	85,8
— 7	11,4	9,3	+33	42,7	35,0	+73	74,1	60,7	+113	105,4	86,4
— 6	12,2	10,0	+34	43,5	35,7	+74	74,8	61,4	+114	106,2	87,1
— 5	12,9	10,6	+35	44,3	36,3	+75	75,6	62,0	+115	107,0	87,7
— 4	13,7	11,3	+36	45,1	37,0	+76	76,4	62,6	+116	107,8	88,4
— 3	14,5	11,9	+37	45,9	37,6	+77	77,2	63,3	+117	108,6	89,0
— 2	15,3	12,5	+38	46,6	38,2	+78	78,0	63,9	+118	109,3	89,7
— 1	16,1	13,2	+39	47,4	38,9	+79	78,8	64,6	+119	110,1	90,3
± 0	16,9	13,8	+40	48,2	39,5	+80	79,6	65,2	+120	110,9	90,9
+ 1	17,6	14,5	+41	49,0	40,2	+81	80,3	65,9	+121	111,7	91,6
+ 2	18,5	15,1	+42	49,8	40,8	+82	81,1	66,5	+122	112,5	92,2
+ 3	19,2	15,8	+43	50,6	41,5	+83	81,9	67,2	+123	113,3	92,9
+ 4	20,0	16,4	+44	51,3	42,1	+84	82,7	67,8	+124	114,0	93,5
+ 5	20,8	17,0	+45	52,1	42,7	+85	83,5	68,4	+125	114,8	94,2
+ 6	21,6	17,7	+46	52,9	43,4	+86	84,2	69,1	+126	115,6	94,8
+ 7	22,3	18,3	+47	53,7	44,0	+87	85,0	69,7	+127	116,4	95,4
+ 8	23,1	19,0	+48	54,5	44,7	+88	85,8	70,4	+128	117,2	96,1
+ 9	23,9	19,6	+49	55,2	45,3	+89	86,6	71,0	+129	118,0	96,7
+10	24,7	20,3	+50	56,0	46,0	+90	87,4	71,7	+130	118,7	97,3
+11	25,5	20,9	+51	56,8	46,6	+91	88,2	72,3	+131	119,5	98,0
+12	26,3	21,5	+52	57,6	47,2	+92	89,0	72,9	+132	120,3	98,7
+13	27,1	22,2	+53	58,4	47,9	+93	89,7	73,6	+133	121,1	99,3
+14	27,8	22,8	+54	59,2	48,5	+94	90,5	74,2	+134	121,9	99,9
+15	28,6	23,5	+55	60,0	49,2	+95	91,3	74,9	+134,1	122,0	100,0
+16	29,4	24,1	+56	60,7	49,8	+96	92,1	75,5			
+17	30,2	24,7	+57	61,5	50,5	+97	92,9	76,2			

werden, weil bei diesen der Extraktgehalt des Obstes entscheidend ins Gewicht fällt.

Im Apfelkraut ohne Zusatz von Saccharose überwiegt die Fructose bedeutend, und die spezifische Drehung des invertierten Extraktes beträgt dementsprechend zwischen —35 und —45, im Durchschnitt —40. Hier berechnet man den Gehalt des Extraktes an wasserfreiem Stärkesirup aus der spezifischen Drehung des invertierten Extraktes D

$$\text{zu } x = \frac{100}{174,1}(D + 40).$$

Beispiel der Berechnung. Ein Apfelkraut enthalte 70% invertierten Extrakt mit der spezifischen Drehung $D = +61,97^0$, dann ist $x = 58,57\%$; 100 g Extrakt enthalten demnach 58,57 g, 70 g Extrakt oder 100 g Apfelkraut $58,57 \times 0,7 = 41\%$ wasserfreien oder 50% wasserhaltigen Stärkesirup.

Für Rübenkraut beträgt die spezifische Drehung — 17 bis — 19 und weicht demnach so wenig von derjenigen des Invertzuckers (— 21,5) ab, daß die Tabelle von JUCKENACK ohne weiteres angewandt werden kann.

Pflaumenmus besteht normalerweise lediglich aus dem eingedickten Fruchtmark. Da nun die spezifische Drehung der invertierten Trockensubstanz des Pflaumenmarkes nicht — 21,5, sondern nahezu Null beträgt, so kann die Bestimmung des Stärkesirups nicht nach der JUCKENACKschen Tabelle erfolgen; ebensowenig ist es zulässig, von der ermittelten spezifischen Drehung den Wert 21,5 zu subtrahieren und die der Differenz entsprechende Zahl der JUCKENACKschen Tabelle zu entnehmen. Man muß vielmehr nach A. BEYTHIEN[1] auf die vorstehend (S. 619) abgeleitete allgemeine Gleichung $x = \frac{100}{d_1 - d_2}(D - d_2)$ zurückgreifen, in der d_1 die spezifische Drehung des stärker drehenden, d_2 diejenigen des schwächer drehenden Bestandteils und D diejenige der Mischung darstellt. Setzt man für d_1 die spezifische Drehung des Stärkesirups $= + 134{,}1$; für d_2 die spezifische Drehung des invertierten Pflaumenextraktes ± 0, so nimmt die Gleichung folgende Form an:

$$x = \frac{100}{134{,}1} \cdot D.$$

Beispiel der Berechnung. Die spezifische Drehung des invertierten Extraktes einer Pflaumenmusprobe sei $D = + 73{,}85^0$; dann ist der Gehalt dieses Extraktes an wasserfreiem Stärkesirup $x = \frac{100}{134{,}1} \cdot 73{,}85 = 55{,}97\%$, entsprechend 67,15% wasserhaltigem Stärkesirup mit 18% Wasser. Angenommen, das Pflaumenmus enthalte 74,45% Extrakt.
In 100 g Extrakt sind enthalten: 67,15% Stärkesirup.
In 74,45 g Extrakt oder in 100 g Pflaumenmus sind enthalten:

$$\frac{67{,}15 \times 74{,}45}{100} = 50\% \text{ Stärkesirup (wasserhaltig).}$$

Zur Unterstützung der nach vorstehenden Verfahren gewonnenen Ergebnisse kann man noch folgendes Verfahren der Dextrinbestimmung von J. GROSSFELD und HOLLATZ[2] heranziehen:

50 ccm einer Lösung von 20 g Substanz in Wasser zu 100 ccm werden mit 5 ccm Bleiessig versetzt. Von der abfiltrierten Flüssigkeit vermischt man 30 ccm mit 5 ccm Kaliumferrocyanidlösung (150 g krystallisiertes Salz in 1 Liter) und filtriert nach 15 Minuten durch ein Kieselgurfilter, gibt zu 25 ccm des klaren Filtrates 2 Tropfen Essigsäure und 5 ccm Zinkacetatlösung (230 g krystallisiertes Salz in 1 Liter) und filtriert abermals. Versetzt man nun 5 ccm des Filtrats mit 0,5 ccm Salzsäure (1,19) und 50 ccm 95%igem Alkohol, so entsteht bei Anwesenheit von Dextrin eine milchige Trübung. Man läßt sie 2 Tage absitzen, gießt die Flüssigkeit von dem zähen Bodensatze ab, spült mit Alkohol nach, trocknet 1 Stunde bei 110° und wägt. Durch Division mit 0,4 kann der Dextringehalt auf Stärkesirup umgerechnet werden.

Alles in allem genommen läßt sich wohl angeben, daß bei Innehaltung der angegebenen Vorsichtsmaßregeln die Bestimmung des Stärkesirups mit für die Praxis hinreichender Genauigkeit möglich ist; auch wenn man berücksichtigt, daß zu der schwankenden Drehung des im Handel befindlichen Stärkesirups und dem wechselnden Verhältnis von Glucose und Fructose in den Früchten noch der nicht unbeträchtliche Gehalt der letzteren an löslichem Nichtzucker und die mit dem Einkochen verbundenen Veränderungen hinzutreten.

Den ersteren Fehler kann man nach dem Vorschlage von P. HASSE[3] sowie von A. BEYTHIEN und P. SIMMICH[4] teilweise dadurch ausschalten, daß man von dem Extraktgehalte der invertierten Marmelade den Gehalt der gleichen Marmeladensorte an Nichtzucker abzieht und aus dem verbleibenden Reste die spezifische Drehung berechnet. Für Marmeladen, die aus gleichen Teilen Obst

[1] A. BEYTHIEN: Z. 1911, **21**, 271. [2] J. GROSSFELD u. HOLLATZ: Z. 1930, **59**, 216.
[3] P. HASSE: Pharm. Ztg. 1906, **51**, 815. [4] A. BEYTHIEN u. P. SIMMICH: Z. 1910, **20**, 256.

und Zucker eingekocht sind, können, auf Trockensubstanz bezogen, etwa folgende Durchschnittswerte angesetzt werden:

Himbeeren 3,30%, Johannisbeeren 3,35%, Walderdbeeren 3,31%, Gartenerdbeeren 2,94%, Aprikosen 3,80%, Pfirsiche 4,59%, Zwetschen 5,15%, Pflaumen 6,20%, Kirschen 4,18%, Äpfel 3,16% Nichtzucker.

Beträgt also z. B. der Extraktgehalt einer invertierten Himbeermarmelade, auf Trockensubstanz berechnet, 92,32% und die mit seiner Hilfe berechnete Drehung — 20,7, so ist die wahre spezifische Drehung $\frac{-20{,}7 \times 92{,}32}{92{,}32 - 3{,}30} = -21{,}5$.

Der Einfluß des Kochens auf die Zusammensetzung der Marmeladen, insbesondere die mit Überhitzung verbundene Zerstörung von Invertzucker ist noch nicht genügend klargestellt. Hinsichtlich der eingehenden Besprechung dieser Fehlerquellen muß auf die angeführten Originalarbeiten verwiesen werden.

Immerhin wird man zu berücksichtigen haben, daß die Methode mit gewissen Schwankungen belastet ist, wenngleich der Fehler nach der wohlbegründeten Auffassung GRÜNHUTS 10% des gefundenen Wertes nicht erreicht. Nach dem Runderlaß des Preußischen Innenministers vom 18. Juni 1934[1] soll aber sogar erst dann Beanstandung ausgesprochen werden, wenn der analytisch gefundene Gehalt an Stärkesirup die gesetzliche Höchstgrenze um mehr als 3% übersteigt (8 statt 5, 15 statt 12%).

In welcher Form die nach der Verordnung zulässige Menge Stärkesirup zugesetzt wird, ob für sich allein oder im Gemisch mit Saccharose ist dem Ermessen des Fabrikanten überlassen. Insbesondere können Abläufe von der Herstellung der Früchte in Dickzucker, z. B. Citronatabläufen, gegen deren Verwendung anfangs Bedenken erhoben wurden, nicht beanstandet werden. Wie A. BEYTHIEN[2] in der Fachpresse des Näheren begründet hat, sollte die in § 2 der Verordnung aufgestellte Vorschrift, daß zu Marmeladen „technisch reiner weißer Verbrauchszucker (Saccharose)“ verarbeitet werden muß, lediglich den mangelhaft gereinigten, klebrigen, nach Melasse schmeckenden Rohzucker (rohen Zucker) ausschließen. Zur Herstellung des Citronats wird aber notorisch reiner weißer Verbrauchszucker verarbeitet, und daß der Ablauf daneben noch Stärkesirup enthält, ist völlig belanglos, weil auch dieser ein erlaubter Bestandteil der Marmeladen ist. Kein Fabrikant ist aber gezwungen, die erlaubten Bestandteile einzeln zuzusetzen, sondern berechtigt, sie auch in Form der Mischung zu verwenden.

Diese Auffassung hat inzwischen allgemeine Anerkennung gefunden.

f) Prüfung auf Pektinzusatz.

Aus den auf S. 593 angeführten technischen Gründen ist bei der Herstellung der Konfitüren und Marmeladen (nicht aber von Pflaumenmus) der Zusatz von Pektin in Form des Obstgeliersaftes oder von Pektinpräparaten, die bestimmten, in § 3 (3,4) aufgestellten Vorschriften entsprechen müssen, gestattet.

Für den Pektingehalt werden folgende Grenzwerte festgesetzt:

Flüssiges Obstpektin mindestens 2,5% Pektinstoff (oder 25% der Trockenmasse);

Pulverförmiges Obstpektin muß in 10%iger wäßriger Lösung den gleichen Bedingungen entsprechen;

Obstgeliersäfte höchstens 2% Pektinstoff und höchstens 25% Trockenmasse.

Der Zusatz ist so zu bemessen, daß Konfitüren und Einfruchtmarmeladen nicht mehr als 0,3%, Mehrfrucht- und Gemischte Marmeladen nicht mehr als

[1] III a II 2097/34 (M.Bl.i.V. Nr. 26, Sp. 874).

[2] A. BEYTHIEN: Deutsch. Lebensm.-Rundschau 1934, 67.

0,5% zugesetzten Pektinstoff im Fertigerzeugnis enthalten. Der Pektinstoff muß immer als Calciumpektat berechnet werden.

Hinsichtlich des qualitativen Nachweises und der quantitativen Bestimmung sei auf die S. 608 beschriebenen Methoden verwiesen. Für amtliche Untersuchungen ist die Fällung als Calciumpektat nach C. GRIEBEL zu bevorzugen, da diese in der „Begründung" zu § 7, Nr. 7 als geeignet bezeichnet wird.

Für die Ermittlung der zugesetzten Pektinmenge muß von dem Gesamtgehalte das in dem verarbeiteten Obst enthaltene abgezogen werden, über dessen Menge zuverlässige Angaben nicht vorliegen. Nach den S. 526 mitgeteilten Analysen sind in schwarzen Johannisbeeren, Stachelbeeren und Erdbeeren 0,6—0,7%, in Himbeeren 1,2—1,4%, in Pfirsichen, roten Johannisbeeren, Heidelbeeren 0,43—0,45%, in Preißelbeeren, Morellen, Quitten 0,33—0,39%, in Sauerkirschen 0,09% Pektin enthalten, so daß in der fertigen Marmelade etwa $^1/_3$—$^1/_2$ dieser Werte vorhanden sein würde. Bei Verarbeitung von Halbfabrikaten ist aber mit viel geringeren Gehalten zu rechnen.

g) Prüfung auf nicht im Obste enthaltene Geliermittel.

Nach § 7 Ziff. 6 der Verordnung über Obsterzeugnisse sind Obstkonfitüren und Marmeladen, bei deren Herstellung nicht im Obste enthaltene Gelierstoffe verwendet worden sind, als verfälscht anzusehen und auch bei Kenntlichmachung vom Verkehr ausgeschlossen. Das gleiche Verbot gilt nach § 13 Ziff. 12 für Pflaumenmus und für Gemischtes Mus.

Nach den seither in der Praxis gemachten Erfahrungen kommen als verbotene Geliermittel hauptsächlich Gelatine, Agar und, ausnahmsweise Tragant in Betracht.

α) Nachweis von Gelatine. Man zieht entweder nach A. BÖMER[1] den Stickstoffgehalt der Alkoholfällung heran; oder man versetzt die heiß bereitete Lösung mit 10%iger Kaliumbichromatlösung im Überschusse, kocht auf und gibt nach sofortigem Abkühlen 2 bis höchstens 3 Tropfen konzentrierter Schwefelsäure hinzu, worauf bei Gegenwart von Gelatine ein weißer, feinflockiger Niederschlag entsteht, der sich rasch zusammenballt[2]; oder endlich man benutzt die Eigenschaft der Gelatine, beim Eindampfen mit Formaldehyd eine in Wasser unlösliche Substanz zu liefern[3].

β) Nachweis von Gelatine neben Gelose (Agar-Agar)[4]: 20 g Fruchtgelee werden mit 100 ccm 90%igem Alkohol gefällt. Der Niederschlag wird dekantiert und in zwei Teile geteilt. Den einen löst man in Wasser und prüft mit Tanninlösung und mit Pikrinsäurelösung, die bei Gegenwart von Gelatine Niederschläge geben. Der andere Teil wird mit Calciumoxyd erhitzt. Gelatine entwickelt Ammoniak. Falls Gelatine zugegen ist, wird der durch Alkohol erzeugte Niederschlag in kochendem Wasser gelöst, mit Kalkwasser alkalisch gemacht, 2—3 Minuten gekocht und durch feine Leinwand filtriert. Das mit Oxalsäure neutralisierte Filtrat engt man auf dem Wasserbade ein, versetzt mit Formaldehyd und dampft zur Trockne. Der mit Wasser einige Minuten gekochte Rückstand wird durch einen Heißwassertrichter filtriert, das Filtrat auf 7—8 ccm eingedampft und in ein Reagensglas gegossen. Bei Gegenwart von Gelose entsteht nach dem Abkühlen eine steife Gallerte. Ist keine Gelatine vorhanden, so fällt die Behandlung mit Formaldehyd fort.

---

[1] A. BÖMER: Chem.-Ztg. 1895, **19**, 552.
[2] HENZOLD: Zeitschr. öffentl. Chem. 1900, **6**, 292.
[3] BECKMANN: Forschungsber. 1896, **3**, 324. Vgl. auch TRILLAT: Compt. rend. 1898, **127**, 724. [4] A. DESMOULIÈRES: Rép. Pharm. 1902, **14**, 337; **Z.** 1903, **6**, 763.

γ) Für weniger gut gereinigtes Agar-Agar kommt auch der Vorschlag von MARPMANN[1] in Frage, der die Substanz mit 5%iger Schwefelsäure und einigen Krystallen von Kaliumpermanganat kocht und das Sediment mit Hilfe des Mikroskops auf die charakteristischen Kieselpanzer von Diatomeen untersucht.

HÄRTEL und SÖLLING[2] erhitzen 30 g der zu untersuchenden Marmelade mit 270 g heißem Wasser unter beständigem Umrühren zum Kochen, erhalten 2—3 Minuten im Kochen und filtrieren sofort siedend heiß. Nach dem Erkalten entsteht bei Gegenwart von Agar-Agar innerhalb 24 Stunden ein feinflockiger Bodensatz, der sich beim Reiben zwischen den Fingern als Agar zu erkennen gibt und beim Erwärmen zu einem dünnen Häutchen eintrocknet. Wenn größere Mengen zugegen sind, wäscht man die Ausscheidung mit kaltem Wasser, erhitzt sie darauf mit wenig Wasser im siedenden Wasserbade und läßt erkalten. Bei Anwesenheit von 0,1% Agar-Agar entsteht eine feste Gallerte nach Art eines bakteriologischen Nährbodens.

δ) Nachweis von Tragant. Nach dem von P. WELMANS[3] für Schokolade ausgearbeiteten Verfahren, das wohl auch für Marmeladen und Fruchteis angewandt werden kann, verreibt man die eingetrocknete Substanz mit so viel verdünnter Schwefelsäure, als zur Bildung eines dicken Breies erforderlich ist, setzt dann 10 Tropfen Jodjodkaliumlösung hinzu, mischt nochmals andauernd und beobachtet nach Zusatz von etwas Glycerin in ganz dünner Schicht bei 160facher Vergrößerung. Bei Anwesenheit von Tragant ist das Gesichtsfeld von teils kugeligen, teils unregelmäßig geformten blauen Punkten erfüllt, auch treten vielfach die großen, der Kartoffelstärke ähnlichen Zellen des Tragants auf.

F. FILSINGER[4] reibt die Substanz mit Wasser an, gießt nach 24 Stunden vom Bodensatze ab und durchmustert letzteren mit der Lupe. Dabei treten die Tragantteilchen in Form farbloser, sagoähnlicher Kügelchen, die an der Luft zu kleinen gelblichen Schüppchen eintrocknen und auf Zusatz von Jod die kleinen Stärkekörner erkennen lassen, zutage.

Die von A. und M. DOMINIKIEWICZ[5] empfohlene viscosimetrische und refraktometrische Prüfung hat durch die Zulassung des Stärkesirups und Pektins ihre praktische Bedeutung verloren.

h) Prüfung auf zugesetzte organische Säuren.

Zum Ausgleiche eines natürlichen Mangels an Säure, der einen faden Geschmack bedingt, ist es erlaubt, den Konfitüren und Marmeladen sowie dem Pflaumenmus einen geringen Zusatz von Weinsäure oder Milchsäure zu geben, während andere Säuren, besonders Citronensäure verboten sind.

Die Beschränkung auf Weinsäure und Milchsäure ist aus dem Grunde erfolgt, daß diese normalerweise in den Marmeladen und Musen nicht vorkommen, die Ausschließung der Citronensäure, Äpfelsäure usw., weil diese für die Ableitung des Obstgehaltes von Bedeutung sind.

Die Höhe des Zusatzes ist dahin begrenzt, daß im Fertigerzeugnis nicht mehr als 0,5% zugesetzte Wein- oder Milchsäure enthalten sein dürfen.

Auch für Obstpektin ist ein „geringer Zusatz von Wein- oder Milchsäure" ohne zahlenmäßige Begrenzung gestattet.

Der Nachweis und die Bestimmung der Weinsäure und Milchsäure kann nach den Angaben auf S. 606 erfolgen. Erhebliche Überschreitung der Grenze von 0,5% ist als Beanstandungsgrund anzusehen. Auch darf Obstpektin nicht so viel

[1] MARPMANN: Pharm. Zentralh. 1897, 38, 138.
[2] HÄRTEL u. SÖLLING: Z. 1910, 20, 168.
[3] P. WELMANS: Zeitschr. öffentl. Chem. 1900, 6, 480; Z. 1901, 4, 401.
[4] F. FILSINGER: Zeitschr. öffentl. Chem. 1903, 9, 9.
[5] A. DOMINIKIEWICZ: Z. 1905, 10, 740.

von diesen Säuren enthalten, daß die mit ihm hergestellte Marmelade mehr als 0,5% davon enthält.

Zum Nachweise eines Zusatzes von Citronensäure muß der natürliche Säuregehalt des Obstes berücksichtigt werden. Man wird also den in der Tabelle über die Zusammensetzung der Marmeladen auf S. 597 verzeichneten Säuregehalt in Abzug bringen und dabei die Angaben auf S. 528 über die natürlichen Schwankungen berücksichtigen.

i) Prüfung auf zugesetzte Aromastoffe.

Zu Konfitüren und Marmeladen dürfen nach § 7 Ziff. 2 künstliche Aromastoffe überhaupt nicht und natürliche Aromastoffe nur insoweit zugesetzt werden, als sie den Erzeugnissen beim Einkochen entweichen und mit Hilfe besonderer Kondensationsvorrichtungen wieder gewonnen werden.

Da bei Pflaumen eine Wiedergewinnung der unbeträchtlichen Aromastoffe praktisch nicht in Betracht kommt, ist für Pflaumenmus und Gemischtes Mus nach § 13 Ziff. 4 jeder Zusatz von Aromastoffen verboten. Von dem Verbote sind aber Gewürze (z. B. Gewürznelken) ausgenommen, doch muß der Zusatz durch die Angabe „gewürzt" kenntlich gemacht werden.

Gewürze sind auf mikroskopischem Wege nachzuweisen. Zur Prüfung auf künstliche Aromastoffe können die im Abschnitte Limonaden und Brauselimonaden mitgeteilten Methoden herangezogen werden, während der Nachweis natürlicher Aromastoffe, bei der Unmöglichkeit einer quantitativen Bestimmung nur dann gelingen wird, wenn ein der betreffenden Marmeladensorte fremder Aromastoff einer anderen Obstart zugesetzt worden ist.

k) Prüfung auf zugesetzte Mineralstoffe.

Der Zusatz von Mineralstoffen ist sowohl für Konfitüren und Marmeladen (§ 7 Ziff. 5) als auch für Pflaumenmus (§ 13 Ziff. 11) verboten.

Dieses Verbot bezweckt hauptsächlich, eine Störung der analytischen Befunde, soweit sie für die Ableitung des Obstgehaltes wichtig sind, zu verhindern. Es erstreckt sich aber nach der „Begründung" nicht auf die geringen Mengen Mineralstoffe, die mit den Ausgangsmaterialien (konservierter Obstpülpe bzw. bei Gemischtem Mus Rübenkraut oder Speisesirup) in das Erzeugnis hineingelangen.

Die Frage der Konservierung soll noch durch eine besondere Verordnung geregelt werden. Nach dem bereits vorliegenden Entwurfe ist aber wohl jetzt schon damit zu rechnen, daß von basenhaltigen Stoffen für Obstpülpe und Obstmark lediglich 0,18% Natriumbenzoat oder 0,435% Kaliumpyrosulfit erlaubt sein werden.

Ob der von einem Teile der Industriellen als notwendig bezeichnete Zusatz von Calciumsulfit, der hiernach verboten sein würde, in der endgültigen Fassung der Konservierungsmittelverordnung noch zugelassen werden wird, bleibt abzuwarten. Meiner mehrfach zum Ausdruck gebrachten Ansicht nach könnte man ihn für gewisse Zwecke, z. B. zum Härten von Erdbeeren für Konfitüren unter der Voraussetzung gestatten, daß dafür der Zusatz an Natriumbenzoat oder Kaliumpyrosulfit entsprechend herabgesetzt wird. Die nachzulassende Menge braucht nur gering zu sein, da nach HÄRTEL schon Zusätze ausreichen, durch die nicht mehr als 7—10 mg-% in die Fertigware hineingelangen.

Zum chemischen Nachweise eines Mineralstoffzusatzes ist neben der Bestimmung des Aschengehaltes und der Alkalität die volle Aschenanalyse erforderlich, auch müssen die in den Absätzen: Frisches Obst und Fruchtsäfte angeführten natürlichen Schwankungen berücksichtigt werden. Ein sicheres Urteil wird sich aber in den meisten Fällen kaum gewinnen lassen.

l) Prüfung auf Konservierungsmittel.

Da in den Begriffsbestimmungen der Verordnung ein Zusatz chemischer Konservierungsmittel zu Marmeladen und Pflaumenmus nicht als zulässig bezeichnet wird, muß er als verboten betrachtet werden. Anders steht es aber mit dem zur Herstellung der Obsterzeugnisse bestimmten Frischobst, sowie den Halbfabrikaten: Obstpülpe und Obstmark, die nach der „Begründung" zu § 3, Absatz 1, 2 der Verordnung einer Haltbarmachung bedürfen. Inwieweit zu diesem Zwecke chemische Konservierungsmittel zuzulassen sind, soll in einer besonderen Verordnung geregelt werden.

Nach dem bereits 1932 veröffentlichten Entwurfe zu dieser Verordnung ist die Zulassung von 0,150% Benzoesäure oder 0,180% Natriumbenzoat oder 0,250% Ameisensäure oder 0,125% Schwefliger Säure oder 0,435% Kaliumpyrosulfit oder 0,09% Ester in Aussicht genommen.

In dem fertigen Obsterzeugnisse dürfen nur diejenigen Mengen der erlaubten Konservierungsmittel enthalten sein, die der Verdünnung durch den Zuckerzusatz und andererseits der Konzentration durch das Einkochen (soweit dabei nicht flüchtige Konservierungsmittel, wie Ameisensäure und Schweflige Säure entweichen) entsprechen.

Außerdem soll es erlaubt sein, wäßrige oder alkoholische Lösungen von Benzoesäure, Natriumbenzoat, Ameisensäure oder Estern zum Benetzen von Pergamentpapier zu benutzen, das zum Bedecken der Oberfläche des fertigen Erzeugnisses in dem Lieferungsgefäße dient.

Hinsichtlich des Nachweises und der quantitativen Bestimmung der Konservierungsmittel sei auf den Abschnitt: Fruchtsäfte (S. 649) verwiesen.

m) Prüfung auf Farbstoffe.

Künstliche Färbung ist bei Pflaumenmus und Gemischtem Mus uneingeschränkt verboten, bei Marmeladen nur unter Kenntlichmachung gestattet. Die Kenntlichmachung muß durch den Aufdruck „gefärbt" erfolgen. Hingegen sind die früher oft angetroffenen Deklarationen, wie „Hergestellt mit Konditorrot, wo Farbe verlangt wird" oder „Rote Fruchtsorten werden aus Appetitlichkeitsgründen mit etwas Konditorrot geschönt", ja selbst die Angabe „leicht gefärbt" unzulässig.

Der Nachweis fremder Farbstoffe erfolgt nach den im Abschnitte Fruchtsäfte mitgeteilten Methoden.

n) Prüfung auf Metalle.

Wie schon einleitend bemerkt wurde, dürfen Marmeladen und Muse Arsen, Blei oder Zink gar nicht, Antimon oder Kupfer nur in technisch nicht vermeidbaren Mengen enthalten.

Damit wird die Verwendung arsen-, blei- oder zinkhaltiger, also auch mit Blei gelöteter oder verzinkter Gefäße und Gerätschaften völlig ausgeschlossen, während die beim Einkochen in emaillierten oder Kupferkesseln in die Ware eintretenden Spuren von Antimon und Kupfer nicht zu beanstanden sind. Der Höchstgehalt an Kupfer soll 20 mg in 1 kg nicht übersteigen.

Die Aufzählung der schädlichen Metalle ist nach der „Begründung" zu § 4 nicht erschöpfend, vielmehr sind nur die für die Praxis wichtigsten Fälle angeführt. Andere giftige Metallverbindungen von Quecksilber, Uran, Chromsäure usw. sind nach § 3 des Lebensmittelgesetzes zu beurteilen.

Der chemische Nachweis der verbotenen Metalle erfolgt nach den Regeln der analytischen Chemie, doch können für Arsen, Blei und Kupfer die im Abschnitte:

Frisches Obst (S. 558), für Zink die im Abschnitte: Trockenobst (S. 568) mitgeteilten Methoden angewandt werden. Für Zink, das spurenweise einen natürlichen Bestandteil fast aller Obstfrüchte bildet, sowie für Antimon und Kupfer muß der Nachweis durch die quantitative Bestimmung ergänzt werden.

o) Prüfung auf Verdorbenheit.

Das Tatbestandsmerkmal der Verdorbenheit besteht nach den Grundsätzen des allgemeinen Lebensmittelrechts auch bei den Obsterzeugnissen, in der „Veränderung der ursprünglichen oder normalen Beschaffenheit zum Schlechteren mit der Folge verminderter Tauglichkeit und Verwertbarkeit zu einem bestimmten Zwecke".

Unter Heraushebung der praktisch bedeutungsvollsten Fälle verbietet die Verordnung in § 5 insbesondere das Inverkehrbringen von Marmeladen, die verschimmelt oder stark verunreinigt sind oder fremdartig oder ekelerregend riechen oder schmecken, ferner solcher, die in starke alkoholische oder saure Gärung übergegangen oder angebrannt sind. Für Pflaumenmus kommt als Beanstandungsgrund noch Milbenbefall hinzu.

Auch aus verdorbenen Früchten oder anderen verdorbenen Rohstoffen hergestellte Marmeladen und Muse haben selbst als verdorben zu gelten.

Die Prüfung hat sich hiernach in erster Linie auf die gründliche Durchmusterung der Probe und die Feststellung des Geruchs und Geschmacks zu erstrecken. Bei der Auffindung von Schimmelpilzen, die durch mikroskopische Untersuchung gestützt werden kann, ist zu berücksichtigen, daß nur starker Schimmelbefall, nicht das Auftreten vereinzelter Schimmelkolonien als Anzeichen der Verdorbenheit angesehen werden soll.

Durch die Worte „stark verunreinigt" kommt zum Ausdruck, daß geringe Mengen fremder Beimengungen, z. B. einzelne Kelchblättchen von Erdbeeren oder Stielchen von Johannisbeeren nicht darunter fallen, hingegen ist an unappetitliche Stoffe, wie tote Insekten und deren Larven, ein schärferer Maßstab zu legen.

Zur Ermittelung einer etwaigen Gärung, sei es einer alkoholischen oder sauren (Essigsäure- oder Milchsäure-) Gärung ist die Bestimmung des Alkohols oder der flüchtigen Säure sowie die mikroskopische Untersuchung auf Hefezellen und Säurebakterien heranzuziehen. Eine „starke Gärung", die allein beanstandet werden soll, liegt jedenfalls dann vor, wenn sie den Geruch oder Geschmack unangenehm beeinflußt und den Genußwert beeinträchtigt.

p) Sonstige Prüfungen.

Abgesehen von den vorstehend besprochenen ausdrücklichen Verboten enthält die Verordnung über Obsterzeugnisse noch eine Reihe von Bestimmungen, durch die gewisse Stoffe ausgeschlossen werden, und die bei der Überwachung beachtet werden müssen.

Nach § 8 Ziff. 1 liegt eine irreführende Bezeichnung, Angabe oder Aufmachung vor, wenn Erzeugnisse als Obstkonfitüren oder Marmeladen oder als bestimmte Obstkonfitüren- oder Marmeladensorten oder mit einer das Wort Obstkonfitüre oder Marmelade enthaltenden Wortverbindung oder mit einem gleichsinnigen Ausdruck bezeichnet werden, ohne den Begriffsbestimmungen (§ 2) zu entsprechen. Die gleiche Vorschrift gilt nach § 14 (bzw. § 9) auch für Pflaumenmus.

Hiernach würden für Marmeladen sämtliche Zusätze außer Obst, weißem Verbrauchszucker, Pektin, Stärkesirup, Wein- oder Milchsäure, Farbstoffen und Konservierungsmitteln verboten sein. Für Pflaumenmus sind außerdem noch Pektin, Stärkesirup und Farbstoffe, für Pflaumenmus schlechthin sogar Zusätze von Zucker unzulässig.

Nach der „Begründung" zu § 8 Nr. 1 soll es jedoch nicht verboten sein, einer Obstkonfitüre oder Marmelade Stoffe zuzusetzen, durch die keine Verschlechterung des Erzeugnisses herbeigeführt wird, wie z. B. der Zusatz von Vollmilch, aber nur unter Kenntlichmachung.

Aus der Zahl der in Betracht kommenden Verstöße seien noch einige der wichtigeren angeführt.

α) Glycerinzusatz. Zur Verhinderung des Auskrystallisierens werden bisweilen geringe Mengen Glycerin zugesetzt, die nicht nur als unerlaubter Zuckerersatz anzusehen sind, sondern auch den für die Ableitung der Obsteinwaage wichtigen zuckerfreien Extrakt beeinflussen. Die Bestimmung erfolgt nach dem Kalk- oder Jodidverfahren oder nach einer der anderen in Bd. II 2 besprochenen Methoden. Es empfiehlt sich aber nach K. Farnsteiner, von dem erhaltenen Werte 0,3 g abzuziehen und nur die übersteigende Menge als Glycerin anzugeben.

Ob Glycerin für Diabetikermarmeladen unter ähnlichen Vorsichtsmaßregeln, wie nachstehend für Süßstoff angegeben, erlaubt werden wird, bleibt abzuwarten.

β) Süßstoffe sind zwar nach dem Wortlaute der Verordnung grundsätzlich verboten, es soll aber nach den „Anmerkungen" zu § 2 Abs. 1, 2 erlaubt sein, bei den für Zuckerkranke bestimmten Erzeugnissen den Zucker durch Süßstoff unter der vorgeschriebenen Kenntlichmachung zu ersetzen. Doch empfiehlt es sich — im Hinblick auf den Wortlaut des § 8,1 der Verordnung, um allfällige Beanstandungen auszuschließen, derartige Erzeugnisse nicht als „Konfitüre (Marmelade), mit künstlichem Süßstoff zubereitet", sondern nur als beispielsweise „Eingekochte Himbeeren oder Erdbeeren usw. mit künstlichem Süßstoff zubereitet" zu bezeichnen.

Der Nachweis und die Bestimmung erfolgt nach den in Bd. II 2 mitgeteilten Methoden.

γ) Saccharosezusatz ist nur für Pflaumenmus schlechthin, also ohne nähere Angabe verboten, für „Pflaumenmus gesüßt" und „Pflaumenmus aus Trockenpflaumen" sowie „Gemischtes Mus" unter der Voraussetzung erlaubt, daß in der Fertigware nicht mehr als 30% zugesetzter Zucker enthalten sind.

Der Zusatz von Rohrzucker kann dann mit Sicherheit nachgewiesen werden, wenn die Saccharose noch nicht invertiert ist, weil sie nach Brunetti[1] normalerweise im Pflaumenmus nicht vorkommt. Wie aber H. Lührig und O. Bürger[2] gezeigt haben, wird die zugesetzte Saccharose, abweichend von der Marmelade, beim Pflaumenmus wegen des stärkeren Einkochens, in der Regel invertiert, und ihre Entdeckung kann dann nur mit Hilfe der spezifischen Drehung des invertierten Extraktes (S. 619) erfolgen. Da diese bei reinem Pflaumenmus praktisch Null ist, läßt sich aus einer etwaigen Linksdrehung der Saccharosezusatz annähernd berechnen.

Obstpektin und Obstgeliersäfte dürfen grundsätzlich nicht unter Verwendung von Saccharose hergestellt werden, doch ist es nach dem Runderlaß des Reichsinnenministers vom 21. Dezember 1934[3] erlaubt, Mischungen von Trockenpektin mit reinem weißen Verbrauchszucker (Saccharose) oder mit reinem Stärkezucker (Dextrose) unter Deklaration dieser Zusätze zur Herstellung von Obsterzeugnissen im Haushalte zu vertreiben.

Von anderen Versüßungsmitteln darf nur, und zwar lediglich für „Gemischtes Mus", Rübenkraut (Zuckerrübensaft) oder Speisesirup aus Entzuckerungsabläufen Verwendung finden. Für deren Nachweis werden im Abschnitte Obstkraut (S. 672) einige Hinweise gegeben.

Auch soweit reiner weißer Verbrauchszucker zugesetzt worden ist, kann in dem Hinweis auf diesen Zusatz unter Umständen eine irreführende Bezeichnung erblickt werden.

---

[1] Brunetti: **Z.** 1911, **22**, 408.

[2] H. Lührig u. O. Bürger: Pharm. Zentralh. 1909, **50**, 105; **Z.** 1910, **20**, 96.

[3] Reichsgesundh.-Bl. 1935, **10**, 64.

So wird z. B. die Angabe „mit Krystallzucker“ für stärkesiruphaltige Marmeladen nicht als zulässig anzusehen sein, denn, da Zucker normaler Bestandteil jeder Marmelade ist, kann sie die Erwartung hervorrufen, daß ausschließlich Zucker Verwendung gefunden hat. Die Bezeichnung „Preißelbeeren mit 50% Zucker eingekocht“ ist dann irreführend, wenn nur 40% Zucker vorhanden sind.

δ) Apfelzusatz. Hinsichtlich des Zusatzes von Äpfeln oder Birnen ist zu beachten, daß Mehrfrucht- oder Gemischte Marmeladen nach § 2 (3) der Verordnung nicht mehr als 50% der Obsteinwaage an Äpfeln oder Birnen oder an beiden Früchten zusammen enthalten dürfen.

Die Überwachung dieser Vorschrift wird in der Praxis große Schwierigkeiten bieten, da die chemischen Methoden meist versagen, und die mikroskopische Untersuchung nur recht unsichere Schlüsse gestattet. Das charakteristische Kennzeichen des Apfelsaftes (vgl. den Abschnitt Obstkraut S. 672), die starke Linksdrehung des invertierten Extraktes von — 35 bis — 45, im Durchschnitt — 40 wird durch Anwesenheit von Saccharose und noch mehr von Stärkesirup verwischt.

Zur Anreicherung der für die mikroskopische Untersuchung besonders charakteristischen Fensterzellen und Haare hat PATRIDGE[1] empfohlen, 10 g Marmelade mit 100 ccm Wasser von 60—70^0 aufzuschlämmen, durch Gaze von 20 Maschen zu seihen, die Flüssigkeit zu zentrifugieren und das Sediment für sich unter dem Mikroskope zu prüfen.

Hinsichtlich der Form, in der Äpfel und Birnen zur Herstellung von Marmeladen benutzt werden müssen, sind nach dem Inkrafttreten der Verordnung einige Zweifel aufgetaucht[2].

Apfelmark ist ein zulässiges Ausgangsmaterial und die Bezeichnung „Erdbeermarmelade unter Verwendung von Apfelmark“ für ein 30% Äpfel enthaltendes Erzeugnis nach dem Wortlaute der Verordnung kaum zu beanstanden. Da es aber in der „Begründung“ zu § 2 Nr. 2, 3 heißt: „Mehrfruchtmarmeladen werden im allgemeinen nach der Zahl der verwendeten Obstarten als Zweifrucht-, Dreifrucht- oder Vierfruchtmarmeladen bezeichnet. Bei Mehrfruchtmarmeladen müssen die verwendeten Obstarten angegeben werden“, empfiehlt es sich, für das vorliegende Erzeugnis Bezeichnungen, wie „Zweifruchtmarmelade, Erdbeer und Apfel“ oder „Erdbeer-Apfelmarmelade“ zu wählen.

Entgegen mehrfach geäußerten Befürchtungen ist die Bezeichnung „Frischobstmarmelade“ für ein aus Apfelmark (oder ganz allgemein für ein aus Obstmark oder Obstpülpe) hergestelltes Erzeugnis als zulässig zu erachten, denn in der „Begründung“ zu § 2 Abs. 1, 2 wird ausdrücklich gesagt: „Dem frischen Obstfruchtfleisch gleichgestellt ist auch frisch erhaltenes Obst. Unter frisch erhaltenem Obst ist das haltbar gemachte Halberzeugnis, also Obstpülpe und Obstmark zu verstehen.“

Apfelmus kann unbedenklich zur Herstellung von Marmelade benutzt werden, wenn dadurch das Verhältnis des Obstanteils zum Zucker nicht unter 45 : 55 (bzw. bei Mehrfruchtmarmeladen unter 25 : 55) herabgedrückt und der Wassergehalt nicht über 35 bzw. 42% erhöht wird.

Apfelsaft bzw. allgemeiner gesagt Obstsaft kann nach dem Wortlaute der Verordnung selbst nicht als erlaubter Zusatz anerkannt werden, da die Begriffsbestimmungen in § 2 nur Obstfruchtfleisch als normales Ausgangsmaterial anführen. Die Bezeichnung Apfelmarmelade mit Apfelsaft“ oder „Apfelmarmelade mit 5% Himbeersaft“ oder ähnliche würde daher zu beanstanden sein. Hält man aber die „Begründung“ zu § 8 Nr. 1 für maßgebend, so könnte die obige Bezeichnung geduldet werden, denn hier heißt es: „Es soll jedoch nicht verboten sein, einer Obstkonfitüre oder Marmelade Stoffe zuzusetzen, durch die keine Verschlechterung des Erzeugnisses herbeigeführt wird, wie z. B. der Zusatz von Vollmilch, vorausgesetzt, daß der Verbraucher durch die Art der Bezeichnung ausreichend über die Beschaffenheit des Erzeugnisses unterrichtet wird.

ε) Stärkezusatz ist unter allen Umständen als eine grobe Verfälschung zu verwerfen. Sein Nachweis erfolgt durch mikroskopische Untersuchung, zweckmäßig unter Verwendung des nach dem Anreicherungsverfahren von PATRIDGE hergestellten Sediments, seine quantitative Bestimmung nach einer der in Bd. II 2 mitgeteilten Methoden.

---

[1] PATRIDGE: Analyst 1926, **51**, 346; Z. 1932, **63**, 232.
[2] A. BEYTHIEN: Konserven-Ind. 1932, **19**, 642.

Zur Prüfung der Pektinpräparate auf einen hier ausdrücklich verbotenen Stärkegehalt kann das auf S. 610 angegebene Verfahren von ECKART und DIEM herangezogen werden.

II. Obstsäfte.

Obstsäfte oder, wie sie früher meist genannt wurden, Fruchtsäfte sind nach der rein sprachlichen Ableitung ihrer Bezeichnung die in den Zellen der Obstfrüchte enthaltenen Flüssigkeiten, die durch Auspressen der Früchte, bisweilen nach vorausgehender Gärung gewonnen werden. Die frühere Gepflogenheit, auch die mit größeren Mengen Zucker eingekochten Obstsäfte als Obstsaft schlechthin, z. B. als Himbeersaft, in den Verkehr zu bringen, ist durch die neue Verordnung über Obsterzeugnisse, in der die Bezeichnung als „Obstsirup" ausdrücklich vorgeschrieben wird, beseitigt worden, und für eine besondere Gruppe haltbar gemachter Obstsäfte hat sich im Handel und Verkehr der Name „Süßmost" eingebürgert. Es sollen daher an dieser Stelle nur die Obstsäfte im engeren Sinne, die Obstsirupe und Süßmoste aber in späteren Abschnitten behandelt werden.

1. Herstellung der Obstsäfte.

Die vielfach auch wohl mit den Namen Rohsaft- oder Muttersaft bezeichneten Erzeugnisse, von denen eigentlich nur der Citronensaft an die Verbraucher abgegeben wird, während die anderen, insbesondere der Himbeer-, Johannisbeer-, Kirschsaft usw. Halbfabrikate für die industrielle Weiterverarbeitung zu Obstsirupen, Likören usw. sind, werden durch Pressung der frischen oder, unter Umständen, vergorenen Früchte, hergestellt. Soweit die Früchte, besonders Beerenfrüchte, bereits auf dem Bahntransport in beginnende Gärung übergegangen sind, läßt man diese Gärung meist sich vollenden. Himbeeren, zum Teil auch Heidelbeeren, versetzt man wohl immer absichtlich in Gärung und unterstützt diese durch Zusatz von etwa 2% Zucker und etwas Hefe, weil dadurch die trübenden Eiweißstoffe abgeschieden werden und das Ausziehen der Aromastoffe sowie, infolge der Lockerung des Zellgewebes, die Saftausbeute verbessert wird. Allerdings muß während der bei 15—20° C etwa 2—5 Tage dauernden Gärung durch mehrfaches Umrühren für eine gleichmäßige Mischung gesorgt werden, weil sonst Essigsäure entstehen und die Farbe sich verschlechtern kann. Die Sammelbottiche sind zweckmäßig mit einem Siebboden aus Jutegewebe überzogen, der vor der Pressung das Ablassen des freiwillig ausfließenden Saftes gestattet.

Das so vergorene oder auch das frische, vorher in Obstmühlen (Abb. 5) gemahlene Obst — Kern- und Steinobst nach Entfernung der Stiele und Steine — kommt dann unter die Pressen verschiedener Konstruktion. Kleinere Betriebe kommen auch heute noch mit einfachen Handpressen (Spindeln-, Schrauben- oder Differentialhebelpressen) aus, während größere Fabriken sich meist hydraulischer Pressen bedienen (Abb. 6). Der Obstbrei wird, in Preßtücher aus Jutegewebe eingeschlagen, in höchstens 50 cm hoher Schicht in den Preßkorb, das sog. Biet, eingelegt, der, viereckig oder rund, meist aus Holz, seltener aus emailliertem Blech besteht, alsdann dem Drucke der Presse ausgesetzt und der abfließende Saft in untergestellten Behältern aufgefangen.

Bei Citronen und Apfelsinen ist eine vorherige Entfernung der Kerne, die beim Pressen dem Safte einen bitteren Geschmack verleihen, erforderlich. Zur Saftgewinnung bedient man sich daher bei ihnen rotierender Holzkegel, die nach Art der in den Haushaltungen benutzten Citronenpressen mit Längsrippen versehen sind, und auf die man die mittels einer besonderen Maschine halbierten Früchte mit der Hand aufdrückt. Den abfließenden Citronensaft läßt man vielfach noch freiwillig vergären.

Abb. 5. Obstmühle für Riemenbetrieb. (Kleemanns Vereinigte Fabriken in Obertürkheim.)

Die Preßsäfte, soweit sie nicht wie der Citronenmost oder die Süßmoste zum unmittelbaren Genusse, sondern, als Halbfabrikate, zur weiteren industriellen Verarbeitung bestimmt sind, werden in der Regel zur Abscheidung von Trubstoffen dem Absitzen in Lagerfässern überlassen, überdies aber wegen ihrer geringen Haltbarkeit konserviert. Als chemische Konservierungsmittel dürfen neben dem für Kirschmuttersaft erlaubten und für Citronensaft früher gesetzlich vorgeschriebenen Alkohol nur Schweflige Säure und Sulfite, Ameisensäure oder Benzoesäure in genau festgelegter Menge, hingegen unter keinen Umständen Flußsäure oder Salicylsäure angewandt werden. Zur Haltbarmachung gilt ein Zusatz von 0,15% Benzoesäure, 0,25% Ameisensäure (bei Kirschsaft 0,4%) oder 15% Alkohol als ausreichend, aber auch als die äußerste

Abb. 6. Obstpresse (Kleemanns Vereinigte Fabriken in Obertürkheim.)

Grenze. Nach dem Entwurfe einer Verordnung über Konservierungsmittel wird beabsichtigt, für Fruchtmuttersäfte zur Weiterverarbeitung höchstens 0,18%

Benzoesaures Natrium oder 0,25% Ameisensäure oder 0,125% Schweflige Säure oder 0,435% Kaliumpyrosulfit oder 0,090% Ester, für die leichter verderblichen Kirsch-, Orangen- und Citronensäfte von Ameisensäure sogar 0,4% zuzulassen. Hingegen soll für Obstsaft zum unmittelbaren Genuß, also auch für dazu bestimmten Citronensaft nur der Zusatz von höchstens 0,0125% Schwefliger Säure oder 0,045% Kaliumpyrosulfit erlaubt sein. Bis zum endgültigen Erlasse der Verordnung werden die Fabrikanten diese Werte zur Grundlage ihrer Herstellung machen können.

2. Zusammensetzung der Obstsäfte.

Die Zusammensetzung der Rohsäfte richtet sich nach derjenigen des zu ihrer Herstellung benutzten Obstes, unterscheidet sich von letzterer aber durch das Fehlen der unlöslichen Zellwände und anderen Elemente. Mit dem unvergorenen Preßsaft, dessen Zusammensetzung im Abschnitte Süßmoste angegeben werden wird, können sie nicht ohne weiteres verglichen werden, weil durch die Gärung nicht nur der Zuckergehalt eine Verringerung erfährt, sondern auch andere Bestandteile beeinflußt und neue Gärungsprodukte gebildet werden. Außer den durch die Fabrikationsweise bedingten Abweichungen sind auch die von Klima, Jahrgang, Sorte usw. verursachten natürlichen Schwankungen zu berücksichtigen.

Von den Obstsäften im Sinne der Roh- oder Muttersäfte unterlag früher der für den unmittelbaren Genuß allein in Betracht kommende Citronensaft besonders zahlreichen und raffinierten Verfälschungen, während bei den übrigen als Halbfabrikate benutzten Rohsäften (Himbeersaft, Johannisbeersaft, Kirschsaft) im wesentlichen nur Wasserzusatz in Form der sog. Nachpresse in Frage kam.

Für die Beurteilung des Citronensaftes ist es daher unbedingt erforderlich, die ausführliche Analyse einer größeren Anzahl verbürgt reiner Erzeugnisse heranzuziehen, die sich nicht nur auf die landläufigen Bestimmungen des Gesamtzuckers und der Gesamtsäure, der Asche und ihrer Alkalität, den Stickstoff und die Phosphorsäure beschränken darf, sondern auch auf den Extraktrest nach FARNSTEINERs Additionsmethode und den „totalen Extraktrest" erstrecken muß. Bei den übrigen Rohsäften (Halbfabrikaten) wird demgegenüber die Angabe der Durchschnittswerte und der Schwankungen genügen.

a) Citronensaft.

Durch Analyse selbstgepreßter Citronensäfte der Jahre 1904 und 1905 erhielten BEYTHIEN, BOHRISCH und HEMPEL[1] folgende Werte für je 100 ccm (Tabelle 25).

Zur Gewinnung der Säfte waren die von der Schale und der Pulpa befreiten Früchte kräftig abgepreßt worden. Die durch ein leinenes Tuch kolierte Flüssigkeit wurde nach beendeter Gärung mit 10 Vol.-% Alkohol versetzt und nach dem Absitzen klar filtriert. Die Analysenwerte beziehen sich auf alkoholfreien Saft.

Citronensäfte des Jahres 1906 sind dann weiter noch von LÜHRIG[2] sowie von KÜTTNER und ULRICH[3] untersucht worden. Zieht man diese

[1] BEYTHIEN, BOHRISCH u. HEMPEL: Z. 1905, 9, 449; 1906, 11, 651.
[2] LÜHRIG: Z. 1906, 11, 440.
[3] KÜTTNER u. ULRICH: Zeitschr. öffentl. Chem. 1906, 12, 202; Z. 1907, 13, 93. Vgl. FARNSTEINER: Z. 1903, 6, 1. — JUCKENACK, BÜTTNER, PRAUSE: Z. 1906, 12, 738. — DEVIN: Z. 1908, 16, 604.

Tabelle 25. Zusammensetzung von Citronensäften.

Bezeichnung	Gesamtcitronensäure wasserfrei	Gesamtzucker als Invertzucker	Asche	Alkalität ccm N.	Stickstoff	Phosphorsäure	Extrakt		Totaler Extraktrest
							direkt	nach der Additionsmethode	
	g	g	g		g	g	g	g	g
1904									
Verdelli	6,600	1,500	0,421	5,040	0,067	0,028	8,774	9,423	0,743
,,	6,660	1,490	0,416	5,200	0,067	0,026	8,782	9,459	0,720
Syracusa	6,990	1,630	0,477	5,660	0,052	0,029	9,470	10,164	0,838
,,	7,710	1,490	0,508	5,800	0,056	0,027	10,007	10,652	0,751
,,	6,430	1,840	0,413	5,140	0,045	0,030	8,804	9,662	0,808
,,	6,570	0,060	0,413	4,990	0,038	0,029	7,635	7,839	0,629
,,	6,960	1,340	0,406	5,350	0,048	0,020	9,415	9,726	0,842
,,	6,820	1,680	0,417	5,850	0,047	0,021	9,199	9,767	0,655
,,	7,070	0,050	0,402	5,390	0,046	0,021	8,167	8,316	0,614
Catania	7,240	1,290	0,505	5,820	0,054	0,020	9,164	9,971	0,742
,,	7,550	0,054	0,535	6,580	0,046	0,021	9,139	9,667	0,823
Malaga	6,950	1,820	0,563	7,230	0,059	0,020	10,014	10,740	0,966
,,	6,630	0,011	0,566	7,380	0,049	0,019	8,228	8,294	0,841
,,	6,600	2,550	0,576	7,340	0,073	0,031	10,164	10,886	0,915
,,	6,680	0,080	0,598	7,470	0,062	0,028	8,452	8,607	1,000
Messina	6,850	1,470	0,491	6,280	0,049	0,029	9,149	9,719	0,699
,,	7,000	0,040	0,457	5,690	0,041	0,028	8,128	8,361	0,966
1905						Glycerin			
Neapel-Insel	5,039	0,190	0,397	6,203	0,035	0,129	6,619	6,448	0,616
Syracusa	6,388	0,222	0,518	5,682	0,051	0,109	8,348	8,445	1,128
,,	5,872	0,111	0,475	5,574	0,036	0,151	7,404	7,235	0,556
Messina	6,278	0,240	0,564	5,354	0,048	0,108	8,088	7,899	0,639
,,	6,420	0,110	0,521	5,839	0,034	0,104	8,050	7,770	0,548
Sorrento	4,899	0,034	0,412	5,866	0,029	0,071	6,011	5,931	0,391
,,	4,874	0,033	0,409	6,084	0,027	0,057	5,994	5,803	0,311
Neapel-Garten	7,010	0,097	0,447	6,295	0,049	0,113	7,011	6,923	0,576
,,	4,700	0,033	0,424	5,484	0,055	—	6,183	6,212	0,605

Analysen zusammen, so erhält man für die Schwankungen und die Mittelwerte folgendes Bild:

Tabelle 26. Zusammensetzung von Citronensäften.

Bestandteile	1904 BEYTHIEN	1905 BEYTHIEN	1906	
			LÜHRIG	KÜTTNER-ULRICH
	g	g	g	g
Gesamtcitronensäure	6,600—7,710	4,700—7,019	6,910—8,110	4,704—7,616
Mittel . . .	**6,900**	**5,717**	**7,586**	**6,058**
Invertzucker	0,010—2,550	0,033—0,240	0,922—2,489	—
Mittel . . .	—	**0,119**	**1,572**	—
Asche	0,402—0,598	0,397—0,546	0,321—0,387	0,222—0,485
Mittel . . .	**0,480**	**0,463**	**0,364**	**0,330**
Alkalität	4,990—7,470	5,354—6,259	4,370—5,500	2,950—5,200
Mittel . . .	**6,012**	**5,820**	**4,990**	**3,748**
Stickstoff	0,038—0,073	0,027—0,057	0,052—0,067	0,072—0,098
Mittel . . .	**0,053**	**0,040**	**0,059**	**0,085**
Phosphorsäure . . .	0,019—0,031	—	0,021—0,026	0,022—0,067
Mittel . . .	**0,025**	—	**0,023**	**0,041**
Extrakt, direkt . . .	7,635—10,164	5,994—8,348	9,494—10,829	—
Mittel . . .	**8,982**	**7,078**	**10,181**	—
Extrakt (Addition) .	7,839—10,886	5,803—8,445	9,910—11,051	6,924—11,308
Mittel . . .	**9,485**	**6,963**	**10,430**	**8,922**
Glycerin	—	0,057—0,151	0,113—0,418	—
Mittel . . .	—	**0,105**	**0,200**	—
Totaler Extraktrest .	0,614—1,000	0,311—1,128	0,330—1,310	0,281—2,025
Mittel . . .	**0,779**	**0,597**	**0,550**	**1,047**

b) Andere Obstsäfte (Rohsäfte).

Hinsichtlich der qualitativen Zusammensetzung kann im großen und ganzen auf das bei Frischobst (S. 524) Gesagte verwiesen werden.

Die Stickstoffsubstanz, die wegen der Entfernung der unlöslichen Stoffe, insbesondere der Kerne erheblich niedriger als in den ganzen Früchten ist, besteht nach K. Windisch und Boehm[1] nur zum sehr geringen Teile (0 bis 7 mg-% N.) aus koagulierbarem Eiweiß und aus Reineiweiß (4—13 mg-% N.), während erheblichere Mengen in Form von Ammoniak- und Amidstickstoff vorhanden sind.

Von den Kohlenhydraten wird im Verlaufe der Gärung etwa vorhandene Saccharose invertiert und das Pektin größtenteils zerstört, während Sorbit praktisch unverändert bleibt.

Der Gehalt an organischen Säuren erleidet durch den sog. Säureabbau eine Abnahme, weil Äpfelsäure in Kohlensäure und Milchsäure zerfällt und bisweilen auch in Essigsäure übergeht.

Der Vitamingehalt ist wegen der Einwirkung von Enzymen meist geringer als im Fruchtfleisch und den Süßmosten.

Die quantitativen Untersuchungen haben sich meist auf die für den Nachweis eines Wasserzusatzes besonders wichtigen Bestimmungen der Asche

Tabelle 27. Zusammensetzung von Rohsäften (Mittelwerte).

Obstart	Alkohol	Extrakt	Invertzucker	Zuckerfreier Extrakt	Milchsäure	Säure als Äpfelsäure[2]		Gerbstoff	Stickstoff	Asche	Alkalität
						Gesamt	Nichtflücht.				
	g	g	g	g	g	g	g	g	g	g	ccm N.
Himbeeren, rote	2,93	3,33	0,08	3,31	0,118	1,09	0,97	—	0,036	0,423	5,10
Johannisbeeren,											
rote	2,97	3,34	0,17	3,33	0,127	2,49	1,35	0,066	0,035	0,441	4,59
weiße	3,53	3,27	0,23	3,16	0,114	1,39	1,27	—	0,032	0,451	4,62
schwarze	3,78	4,84	0,08	4,76	0,086	2,49	2,39	—	0,038	0,571	6,00
Sauerkirschen	4,56	4,94	0,13	4,81	0,240	0,76	0,63	0,228	0,049	0,491	4,65
Süßkirschen	5,48	4,20	0,06	4,14	0,110	0,57	0,47	—	0,044	0,453	4,64
Erdbeeren	2,23	2,21	0,06	2,16	0,103	0,59	0,47	—	0,023	0,367	4,54
Heidelbeeren	2,59	2,74	0,20	2,54	0,082	0,85	0,73	—	0,019	0,233	2,60
Stachelbeeren	3,27	2,55	0,14	2,42	0,127	0,89	0,72	—	0,030	0,407	4,13
Preißelbeeren	3,16	3,74	0,40	3,44	0,103	1,67	1,61	0,124	0,012	0,313	3,43
Brombeeren	2,79	2,70	0,25	2,45	0,107	0,83	0,74	—	0,032	0,397	4,40
Aprikosen	3,55	3,13	0,09	3,05	0,147	0,66	0,54	—	0,040	0,486	5,35
Pfirsiche	3,25	2,88	0,04	2,84	0,151	0,75	0,64	—	0,035	0,447	5,25
Mirabellen	5,87	4,31	0,16	4,15	0,124	0,46	0,33	—	0,042	0,625	6,90
Äpfel	6,36	3,63	0,10	3,54	0,149	0,67	0,58	0,121	0,027	0,492	4,50
Birnen	4,68	3,29	0,11	3,18	0,158	0,51	0,41	0,093	0,021	0,339	3,17
Quitten	3,37	4,05	0,14	3,96	0,153	2,06	1,94	0,139	0,029	0,453	4,35
Mispeln	4,54	4,07	0,12	3,96	0,145	1,00	0,89	0,330	0,028	0,466	4,40
Himbeeren,											
schwarze	3,77	2,94	0,05	2,89	0,121	0,87	0,73	—	0,038	0,541	6,10
weiße	3,15	3,38	0,10	3,28	0,099	1,21	1,07	—	0,035	0,471	5,60

und ihrer Alkalität beschränkt, doch sind in der Literatur auch zahlreiche Analysen von frischen und vergorenen Preßsäften mitgeteilt worden, die einen Einblick in die mit der Gärung verbundenen Veränderungen gewähren. Von diesen seien in vorstehender Tabelle zuerst die als besonders

[1] K. Windisch u. Boehm: Z. 1904, 8, 347.

[2] Für Beerenobstsäfte ist die Säure als Citronensäure berechnet.

zuverlässig anzusehenden Befunde von K. WINDISCH und PH. SCHMIDT[1] zusammengestellt, die an selbst hergestellten vergorenen Rohsäften gewonnen worden sind.

Der Gehalt an flüchtigen Säuren liegt in der Regel zwischen 0,05 und 0,20 g, steigt in vereinzelten Fällen aber auch über 0,20 bis 0,28 g an. Saccharose ist in den Säften nach dem Vergären nicht mehr enthalten. Die Zahlen geben Gramme in 100 ccm an.

Für einige der wichtigsten Säfte (Beeren- und Kirschsäfte) seien noch folgende Niedrigst- und Höchstwerte angeführt:

Tabelle 28. Zusammensetzung von Rohsäften (Schwankungen).

Obstart	Jahrgang	Zuckerfreier Extrakt		Gesamtsäure		Nichtflüchtige Säure		Asche		Alkalität ccm N.	
		Mindest	Höchst	Mindest	Höchst	Mindest	Höchst	Mindest	Höchst	Mindest	Höchst
Himbeeren, rote	1902—1904	2,66	3,18	0,85	0,96	0,64	0,81	0,428	0,497	5,2	5,6
„	1905	3,28	4,20	0,80	1,17	0,68	1,05	0,377	0,525	4,8	6,4
„	1906	2,64	2,80	0,93	1,48	0,82	1,36	0,312	0,458	3,9	5,4
„	1907	2,23	2,40	1,14	1,36	1,00	1,22	0,360	0,374	4,3	4,7
schwarze . . .	1904—1906	2,50	3,62	0,75	0,97	0,70	0,90	0,463	0,631	5,6	6,8
Johannisbeeren, rote	1900—1903	3,03	3,80	0,97	2,12	0,89	2,05	0,362	0,567	3,8	6,0
„	1904	2,86	3,04	0,91	1,76	0,61	1,47	0,497	0,537	5,1	5,7
„	1905	2,94	4,27	1,02	1,83	0,89	1,74	0,400	0,565	4,1	5,7
„	1906	2,97	3,91	1,26	1,92	1,21	1,79	0,427	0,513	4,2	5,2
„	1907	2,00	2,42	1,05	1,06	0,94	0,96	0,362	0,376	3,7	3,8
weiße	1904—1907	1,98	3,83	0,79	1,63	0,68	1,58	0,271	0,581	2,9	6,0
schwarze . . .	1902—1907	3,09	6,58	2,18	3,10	2,12	3,03	0,562	0,609	5,6	6,3
Erdbeeren . . .	1904	2,61	2,78	0,51	0,51	0,41	0,45	0,502	0,502	5,1	5,4
„ . . .	1905	1,92	3,22	0,49	0,67	0,40	0,57	0,352	0,562	4,3	6,3
„ . . .	1906	1,58	2,07	0,48	0,72	0,26	0,63	0,295	0,458	3,3	4,7
Heidelbeeren . .	1898—1907	2,27	2,88	0,56	1,12	0,31	0,91	0,199	0,304	2,3	3,3
Stachelbeeren .	1902—1904	2,33	2,86	0,53	1,25	0,38	1,02	0,345	0,538	3,7	5,7
„ .	1905	2,23	2,88	0,63	1,07	0,53	0,95	0,405	0,536	3,9	5,5
„ .	1906	1,88	2,79	0,70	1,01	0,56	0,89	0,296	0,551	2,9	5,5
Preißelbeeren . .	1903—1905	3,21	3,46	1,37	1,79	1,28	1,74	0,259	0,335	2,8	3,7
Brombeeren . .	1904—1905	2,33	2,56	0,56	1,09	0,46	1,03	0,362	0,432	4,2	4,6
Sauerkirschen .	1902—1904	4,74	6,78	0,56	0,85	0,49	0,76	0,483	0,659	4,8	6,8
„ .	1905—1906	2,83	4,33	0,70	1,12	0,59	1,01	0,371	0,409	3,8	4,2
Süßkirschen . .	1904	3,87	7,18	0,45	0,53	0,38	0,44	0,447	0,524	4,6	5,3
„ . .	1905	3,58	5,49	0,46	0,75	0,36	0,65	0,372	0,553	3,9	5,6
„ . .	1906	3,04	4,81	0,44	0,64	0,32	0,46	0,422	0,486	4,3	4,9
„ . .	1907	3,22	2,95	0,43	0,45	0,34	0,37	0,343	0,412	3,6	4,3

Bei der Bedeutung der quantitativen Zusammensetzung der Rohsäfte für die Beurteilung einer etwaigen Verfälschung empfiehlt es sich noch, das größere, an Tausenden von Proben gewonnene Analysenmaterial, das in dem Nachtrag B zu J. KÖNIGS Chemie der menschlichen Nahrungsmittel auf S. 408f. zusammengetragen ist, mit heranziehen. In der Tabelle 29 sind zunächst

[1] K. WINDISCH u. PH. SCHMIDT: **Z.** 1909, **17**, 606.

die Mittel-, Höchst- und Mindestwerte, in der anschließenden Tabelle 30 die Mittelwerte der einzelnen Jahrgänge für einige der wichtigsten Obstarten angegeben.

Tabelle 29. Zusammensetzung von Rohsäften.

Obstart		Alkohol	Extrakt	Invertzucker	Zuckerfreier Extrakt	Säure			Stickstoff	Asche	Alkalität
						Gesamt	Flüchtig	Milchsäure			
		g	g	g	g	g	g	g	g	g	ccm N.
Himbeere	Minimum	0,11	1,92	0	1,52	0,71	0	0,06	0,013	0,286	3,3
	Maximum	6,06	9,25	0,98	6,00	4,38	2,03	0,27	0,073	1,474	10,6
	Mittel	2,36	4,53	0,30	3,61	1,77	0,29	0,14	0,046	0,615	6,0
Johannisbeere	Minimum	0,42	2,01	0	—	0,26	0,01	0,03	0,015	0,263	2,9
	Maximum	5,13	16,68	13,98	—	5,42	1,27	0,21	0,078	1,030	11,5
	Mittel	2,48	7,09	2,39	—	2,20	0,10	0,12	0,042	0,547	5,7
Erdbeere	Minimum	0,41	1,65	0	1,58	0,48	0,01	0,06	0,018	0,257	3,4
	Maximum	3,97	9,83	2,21	5,86	2,69	0,52	0,17	0,056	0,889	11,4
	Mittel	2,12	3,27	0,25	2,51	1,09	0,12	0,11	0,029	0,468	5,3
Brombeere	Minimum	0	2,44	0,11	—	0,56	0,05	0,07	0,019	0,381	5,0
	Maximum	3,33	11,13	0,54	—	1,60	0,26	0,15	0,064	0,555	7,8
	Mittel	1,62	5,26	0,31	—	1,12	0,14	0,11	0,043	0,473	6,2
Stachelbeere	Minimum	1,01	0,87	0	1,87	0,53	0,04	0,07	0,013	0,258	2,5
	Maximum	4,47	4,37	0,57	4,34	3,91	1,34	0,23	0,074	0,597	6,3
	Mittel	2,86	3,17	0,14	2,94	1,53	0,19	0,14	0,038	0,418	4,2
Preißelbeere	Minimum	2,73	3,54	0,18	—	1,37	0,05	0,07	0,089	0,259	2,8
	Maximum	3,21	4,27	0,58	—	1,79	0,23	0,15	0,190	0,354	4,0
	Mittel	3,06	3,93	0,36	—	1,67	0,11	0,11	0,152	0,325	3,5
Heidelbeere	Minimum	0,11	2,38	0,01	—	0,56	0,02	0,04	0,009	0,199	2,3
	Maximum	3,69	13,62	5,57	—	3,10	1,04	0,12	0,040	0,485	4,8
	Mittel	2,00	5,73	0,60	—	1,04	0,23	0,08	0,022	0,283	3,2
Kirsche	Minimum	0,10	2,99	0	2,22	0,21	0,02	0,04	0,029	0,194	3,4
	Maximum	7,19	32,31	9,16	10,95	2,58	1,74	0,35	0,112	0,916	9,6
	Mittel	3,14	6,82	0,64	5,04	0,72	0,16	0,17	0,056	0,571	5,6
Mirabelle (Mittel)		5,76	4,50	0,15	4,35	0,47	0,12	0,14	0,058	0,646	6,9
Aprikose	Minimum	2,88	3,06	0,01	3,03	0,61	0,11	0,11	0,034	0,476	5,3
	Maximum	4,12	3,32	0,16	3,23	0,73	0,13	0,19	0,069	0,524	5,4
	Mittel	3,33	3,19	0,09	3,10	0,68	0,12	0,15	0,040	0,499	5,4
Pfirsich	Minimum	2,76	2,74	0,04	2,70	0,68	0,10	0,11	0,033	0,393	4,2
	Maximum	3,73	3,01	0,04	2,97	0,82	0,12	0,19	0,060	0,518	5,4
	Mittel	3,38	2,90	0,04	2,86	0,77	0,11	0,15	0,043	0,471	4,9
Birne	Minimum	4,00	3,21	0,13	3,08	0,46	0,07	0,12	0,019	0,326	3,1
	Maximum	5,29	3,51	0,14	3,37	0,67	0,11	0,19	0,049	0,368	3,4
	Mittel	4,66	3,37	0,11	3,26	0,53	0,10	0,16	0,033	0,349	3,3
Quitte	Minimum	2,60	3,93	0,13	3,79	0,81	0,10	0,15	0,028	0,373	3,7
	Maximum	4,08	4,37	0,14	4,23	3,30	0,13	0,18	0,062	0,564	5,3
	Mittel	3,36	4,13	0,14	4,04	2,06	0,12	0,16	0,042	0,468	4,5
Mispel	Minimum	4,25	3,45	0,11	3,34	0,95	0,09	0,12	0,022	0,437	4,1
	Maximum	4,73	4,95	0,14	4,81	1,07	0,11	0,21	0,055	0,523	5,0
	Mittel	4,51	4,23	0,13	4,09	1,00	0,10	0,17	0,038	0,480	4,6
Orange	Minimum	4,29	2,94	0,09	1,43	1,09	—	—	0,035	0,420	5,6
	Maximum	5,08	3,69	0,38	1,82	1,84	—	—	0,053	0,503	6,3
	Mittel	4,61	3,34	0,19	1,54	1,39	—	—	0,044	0,451	6,0

Tabelle 30. Zusammensetzung von Rohsäften verschiedener Jahrgänge.

Obstart	Jahrgang	Alkohol g	Extrakt g	Invertzucker g	Zuckerfreier Extrakt g	Säure Gesamt g	Säure Flüchtig g	Säure Milchsäure g	Stickstoff g	Asche g	Alkalität ccm N.
Himbeere	1904	3,69	5,02	—	—	1,71	0,18	—	—	0,607	7,2
	1905	2,75	4,12	0,28	3,59	1,63	0,11	0,11	0,054	0,455	5,7
	1906	2,28	4,24	0,32	3,68	1,84	0,13	0,13	0,046	0,500	5,8
	1907	2,26	4,25	0,06	2,57	1,79	0,28	—	0,052	0,561	5,8
	1908	1,92	4,33	1,45	—	1,61	0,07	—	—	0,510	6,0
	1909	1,53	3,76	0,41	—	1,94	0,11	—	—	0,569	6,7
	1910	2,25	4,42	0,26	3,34	1,82	0,19	—	0,044	0,486	5,7
	1911	1,42	6,20	0,44	4,93	2,39	0,62	—	—	0,648	7,4
	1913	2,60	3,69	0,18	—	1,63	0,21	—	—	0,501	5,5
Johannisbeere	1904	3,72	5,12	0,28	4,84	2,08	0,18	0,17	0,048	0,608	6,5
	1905	2,68	6,06	0,15	5,91	2,00	0,12	0,09	0,043	0,521	5,4
	1906	2,48	5,26	0,15	5,11	2,43	0,13	0,17	0,046	0,543	6,1
	1907/08	2,11	5,24	0,19	5,05	2,04	—	—	—	0,525	6,0
	1909	2,06	5,58	0,62	4,96	2,23	—	—	—	0,542	5,9
	1910	2,38	4,05	0,31	3,74	2,36	0,07	—	—	0,554	5,3
	1911	1,81	4,14	0,14	4,00	2,67	0,05	—	—	0,613	6,7
Erdbeere	1905	2,14	2,61	0,12	2,49	0,59	0,10	0,09	—	0,466	5,1
	1906	1,93	3,29	0,31	1,98	0,77	0,13	0,13	—	0,392	4,3
	1907	2,05	3,09	0,22	2,87	1,30	0,03	—	—	0,471	5,6
	1908	2,18	4,91	—	—	1,06	—	—	—	0,579	6,0
	1909	2,22	2,65	0,34	2,31	1,49	0,15	—	—	0,446	5,1
	1911	1,72	3,86	0,75	3,11	1,25	0,11	—	—	0,434	5,1
Stachelbeere	1905	3,58	2,88	0,07	2,81	0,91	0,11	0,11	0,049	0,471	4,7
	1906	3,21	2,84	0,06	2,40	1,06	0,14	0,12	0,030	0,367	3,9
	1907	2,17	3,53	0,04	2,05	1,73	0,17	0,18	0,047	0,417	4,3
	1909	2,42	3,08	0,12	3,66	1,96	0,06	0,17	0,044	0,365	3,6
Kirsche	1905	5,04	5,40	0,22	4,76	0,63	0,08	0,13	0,050	0,518	5,1
	1906	2,99	9,01	0,08	4,19	0,87	0,14	0,17	0,073	0,523	5,6
	1907	3,17	8,27	0,05	2,75	0,74	0,14	0,10	0,053	0,491	5,3
	1908	3,13	6,01	0,40	5,61	1,20	—	—	—	0,572	5,8
	1909	2,94	4,72	0,57	4,17	1,11	0,08	0,11	0,061	0,482	5,3

Wegen der außerordentlichen Wichtigkeit der quantitativen Zusammensetzung der Asche für die Beurteilung der Obstsäfte hat A. Beythien[1] eine Reihe von Analysen ausgeführt und folgende Mittelwerte gefunden:

Tabelle 31. Zusammensetzung von Rohsaftaschen.

Obstart	K_2O %	Na_2O %	CaO %	MgO %	$(Fe,Al)_2O_3$ %	SiO_2 %	P_2O_5 %	SO_3 %	Cl %	CO_2 %
Himbeeren 1904 Minimum	43,21	—	5,87	4,04	1,48	0,26	2,85	3,26	1,21	—
Himbeeren 1904 Maximum	49,75	—	10,07	7,73	5,79	0,90	12,16	6,01	1,95	—
Himbeeren 1904 Mittel	46,44	—	7,54	5,43	3,48	0,59	5,74	4,52	1,41	—
Desgl. 1905 (Mittel)	49,59	1,10	8,34	5,35	0,83	0,44	7,21	2,74	1,14	27,64
Citronensaft	46,93	2,52	8,71	4,45	2,57	0,91	5,32	2,00	0,96	28,78
Apfelsinensaft	49,61	2,29	6,95	4,26	1,42	—	5,66	2,69	1,12	29,73
Kirschsaft	50,26	5,10	5,20	2,92	3,47	1,05	8,15	1,58	0,43	26,60
Johannisbeersaft	52,95		4,03	3,45	1,40	0,58	10,64	1,46	0,22	24,50
Erdbeersaft	42,50		12,05	4,10	0,69	0,63	8,56	1,00	0,31	27,05

Für den besonders wichtigen Gehalt an Phosphorsäure sind von anderen Autoren noch folgende Werte angegeben worden: Himbeeren 4,81—8,26%, Johannisbeeren 6,07—8,12%, Erdbeeren 7,65—13,80%, Preißelbeeren 5,85% der Asche.

[1] A. Beythien: Z. 1905, **10**, 339. — A. Beythien u. L. Waters: Z. 1905, **10**, 726.

3. Untersuchung der Obstsäfte.

Zur Erlangung einer gleichmäßigen Durchschnittsprobe wird der Inhalt offener Gefäße durch Umrühren, derjenige von Fässern durch Rollen gemischt, und dann unter Beachtung der in Band III, S. 29 gegebenen Vorschriften eine für sämtliche Bestimmungen ausreichende Menge, wenn möglich 1 Liter, entnommen. Von verkaufsfertig abgefülltem Citronensaft wird der Inhalt mehrerer Flaschen zusammengegossen. Für die Untersuchung bedient man sich zweckmäßig des folgenden Ganges, der in seinen Grundzügen auf den Vorschlägen von K. Farnsteiner[1] beruht.

a) Spezifisches Gewicht des Saftes (S) wird mit Hilfe eines enghalsigen Reischauerschen Pyknometers bei 15° bestimmt.

b) Spezifisches Gewicht des entgeisteten Saftes (S_E). Bei Anwesenheit von Alkohol, also bei den meisten Rohsäften, wird das zu a benutzte Pyknometer in eine Porzellanschale entleert, der Saft bis auf etwa $^1/_4$ eingedampft und in das Pyknometer zurückgebracht. Nach dem Abkühlen füllt man zur Marke auf und wägt. Bei höherem Gehalte an flüchtigen Säuren muß das Abdampfen unter Zusatz von Wasser mehrmals wiederholt werden.

c) Alkohol. 50 ccm Saft werden nach Zusatz von 50 ccm Wasser in ein geeichtes Pyknometer abdestilliert. Aus dem Spez. Gewichte des Destillates ergibt sich der Alkoholgehalt nach der Tabelle von Windisch. Für die meisten Fälle genügt es, das Spez. Gewicht des Destillates nach der Formel $1+S-S_E$ zu berechnen und der Tabelle von Windisch den zugehörigen Wert zu entnehmen (s. Abschnitt „Wein").

d) Freie Gesamtsäure. Man titriert 10 ccm Saft nach vorhergehender Verdünnung mit Wasser mit $^1/_2$ N.-Lauge gegen Phenolphthalein und berechnet aus der Zahl der verbrauchten Kubikzentimeter durch Multiplikation mit 0,32 den Gehalt an Säure als wasserfreie Citronensäure ($C_6H_8O_7$). Zum Nachweise und zur Bestimmung etwa vorhandener Weinsäure verfährt man nach dem auf S. 606 angegebenen Verfahren.

e) Flüchtige Säuren. 50 ccm Saft werden nach der amtlichen Weinvorschrift im Wasserdampfstrome destilliert. Das Destillat wird mit $^1/_{10}$ N.-Lauge gegen Phenolphthalein neutralisiert und die Zahl der verbrauchten Kubikzentimeter durch Multiplikation mit 0,012 auf Essigsäure umgerechnet.

f) Freie Citronensäure. Durch Multiplikation mit 1,067 wird die Essigsäure auf Citronensäure umgerechnet und das Produkt von der freien Gesamtsäure subtrahiert. Die Differenz gibt die freie Citronensäure an.

g) Citronensäure in Form von Estern. In älteren alkoholhaltigen Säften befindet sich ein Teil der Säure in Verbindung mit Alkohol als Citronensäureäthylester, der sich der direkten Titration entzieht. Zu seiner Bestimmung werden 10 ccm Saft in einem Kölbchen mit so viel $^1/_2$ N.-Lauge versetzt, daß 10 ccm Lauge mehr, als bei der direkten Titration nach Buchstabe d verbraucht wurden, zugegen sind. Nach 2stündiger Einwirkung im dicht verschlossenen Kölbchen bei Zimmertemperatur titriert man den Überschuß an Lauge mit $^1/_2$ N.-Salzsäure gegen Phenolphthalein zurück und erfährt durch Multiplikation der Differenz des Alkaliverbrauchs nach Buchstabe g und d mit 0,32 die Menge der veresterten Citronensäure.

h) Die Gesamtcitronensäure ergibt sich als Summe der freien Citronensäure (Buchstabe f) und der an Alkohol gebundenen Citronensäure (Buchstabe g).

i) Der in Form des Esters an Citronensäure gebundene Alkohol wird durch Multiplikation der veresterten Citronensäure mit 0,719 berechnet.

[1] K. Farnsteiner: Z. 1903, **6**, 1; 1904, **8**, 593.

k) Korrigiertes Spez. Gewicht. Da der Ableitung des totalen Extraktrestes (s. S. 658) das Spez. Gewicht des völlig alkoholfreien Saftes zugrunde gelegt wird, muß für den an Citronensäure gebundenen Alkohol noch eine Korrektur angebracht werden. Zu diesem Zwecke entnimmt man das dem letzteren (Buchstabe i) entsprechende Spez. Gewicht (S_A) der Tabelle von Windisch und subtrahiert es von dem um 1 vermehrten Spez. Gewichte des entgeisteten Saftes (S_E nach Buchstabe b). S_E (korrigiert) $= 1 + S_E - S_A$.

l) Extrakt. Bei Abwesenheit von Alkohol entnimmt man der Zuckertabelle von Windisch die dem nach Buchstabe a bestimmten Spez. Gewichte des Saftes (S) entsprechende Zahl, während man bei Anwesenheit von Alkohol das korrigierte Spez. Gewicht S_E (korrigiert) nach Buchstabe k zugrunde legt.

Das genauere Verfahren der Extraktbestimmung nach der sog. Additionsmethode, das nur zum Nachweise der Verfälschung von Citronensaft praktische Anwendung findet, wird im nächsten Abschnitte: „Überwachung des Verkehrs" besprochen werden.

m) Asche und Alkalität. Man verdampft 50 ccm Saft zur Trockne, verbrennt den Rückstand unter Fernhaltung schwefelhaltiger Verbrennungsgase, verascht die mit Wasser ausgezogene Kohle bei nicht zu hoher Temperatur und wägt schnell bei aufgesetzten Gewichten.

Zur Bestimmung der Alkalität versetzt man die Asche mit 25—30 ccm $^1/_{10}$ N.-Schwefelsäure, vertreibt die Kohlensäure durch 10 Minuten langes Kochen bei aufgelegtem Uhrglase, filtriert und titriert mit $^1/_{10}$ N.-Lauge gegen Phenolphthalein zurück. Das Resultat wird in Kubikzentimetern Normallauge für 100 ccm Saft angegeben.

Die „wahre Alkalität" wird nach dem in Band II_2 beschriebenen Verfahren von Farnsteiner oder Tillmans bestimmt.

n) Citronensäure in Form von Salzen. Das citronensaure Alkali geht beim Veraschen in Alkalicarbonat über und kann sonach aus der Alkalität berechnet werden. Jeder Kubikzentimeter Normallauge entspricht 0,069 g Kaliumcarbonat oder 0,102 g Kaliumcitrat. Durch Multiplikation der Differenz 0,102—0,069 = 0,033 mit der Alkalität erfährt man also die Menge der an Alkali gebundenen Citronensäure und durch ihre Addition zu der Asche die Summe der Mineralstoffe + gebundener Citronensäure.

o) Stickstoff. 50 ccm des Fruchtsaftes werden nach Zusatz von etwas verdünnter Schwefelsäure in einem Schottschen Kolben bis fast zur Trockne verdampft und darauf in üblicher Weise kjeldahlisiert.

p) Gesamtzucker. Um etwa zugesetzte Saccharose zu invertieren, erhitzt man 50 ccm Saft in einer bedeckten Porzellanschale $^1/_2$ Stunde auf dem Wasserbade und dampft darauf zur Entfernung des Alkohols auf $^1/_3$ ein. Bei Säften mit höherem Gehalte an flüchtigen Säuren, die meist flüchtige, Fehlingsche Lösung reduzierende Aldehyde enthalten, ist ein mehrmaliges Eindampfen nach Zusatz von Wasser erforderlich. Der Rückstand wird in ein Maßkölbchen gespült und so weit verdünnt, daß die Lösung etwa (höchstens) 1% Zucker enthält. Annähernd erfährt man die anzuwendende Verdünnung, wenn man von dem aus S_E (korrigiert) abgeleiteten Extraktgehalte die Citronensäure abzieht. Ist die Differenz 1, so wählt man ein 50 ccm-Kölbchen, ist sie 2, so nimmt man ein 100 ccm-Kölbchen usw. In dem Maßkölbchen neutralisiert man den Saft mit Natronlauge gegen Phenolphthalein, füllt auf und verwendet 25 ccm zur Invertzuckerbestimmung nach Allihn.

Diese für Citronensaft geeignete Methode muß für andere Obstsäfte, die, wie Himbeersaft, zu wenig Säure, dafür aber störende Farbstoffe enthalten, in folgender Weise abgeändert werden: 100 ccm Saft werden zur Entfernung von Alkohol auf $^1/_3$ eingedampft, darauf in ein 110-ccm-Kölbchen gebracht, nach Zusatz von 10 ccm Bleiessig zur Marke aufgefüllt und filtriert. 90 ccm des Filtrates füllt man in einem 100-ccm-Kölbchen mit Natriumsulfatlösung zur Marke auf, schüttelt um und filtriert. 80 ccm der Lösung werden in einem 100-ccm-Kölbchen mit 2 ccm konzentrierter Salzsäure $^1/_2$ Stunde auf 67—70° erhitzt, nach dem Abkühlen neutralisiert und zur Marke aufgefüllt. 25 ccm der Lösung, die höchstens 0,25 g Zucker enthalten dürfen, dienen zur Bestimmung des Invertzuckers nach ALLIHN.

q) Pektin. Zur quantitativen Bestimmung der Pektinstoffe kann man irgendeine der im Abschnitt Marmeladen beschriebenen Methoden heranziehen, am zweckmäßigsten wohl, da es nicht auf die Ermittelung der Gelierkraft ankommt, die Calciumpektatmethode von C. GRIEBEL. Im allgemeinen wird auf die Bestimmung verzichtet werden können, weil die Rohsäfte nur geringe Mengen Pektin enthalten. Immerhin ist der beim Überschichten mit absolutem Alkohol entstehende weiße Ring ein Kennzeichen für natürlichen Citronensaft.

r) Ausgiebigkeitsprüfung. Um ein Urteil über den Wert von Himbeersaft zu ermöglichen, haben H. DILLER[1] und später auch H. WÜSTENFELD und C. LUCKOW[2] im Anschluß an die von letzteren schon früher vorgeschlagene Qualitätsprobe von Edelbranntweinen[3] empfohlen, durch allmählich gesteigerten Wasserzusatz und Kosten der Mischungen festzustellen, bei welcher Verdünnung Geruch und Geschmack nach Himbeer verschwinden. Das in Kubikzentimetern ausgedrückte Volum, zu dem 1 ccm Saft bis zur unteren Geschmacksschwelle verdünnt werden muß, bezeichnen die Verf. als die Ausgiebigkeit. Sie beträgt für normale Himbeerrohsäfte nach WÜSTENFELD 250—667, nach DILLER 130 bis 180 und schwankt sonach innerhalb recht weiter Grenzen. Dieser Umstand und noch mehr die Tatsache, daß sie selbst für die Ausgiebigkeit normaler Himbeersäfte 10—30mal so hohe Werte wie DILLER fanden, veranlaßten ALBERTI und ROSSMANN[3], vor einer Überschätzung der Methode zu warnen, die doch zu sehr von subjektiven Momenten beeinflußt werde. Zum mindesten bezeichnen sie es als notwendig, bei den Kostproben von der stärksten Verdünnung zur schwächeren fortzuschreiten und dazwischen Reinwasserproben einzuschalten.

4. Überwachung des Verkehrs.

Die amtliche Lebensmittelkontrolle hat darauf zu achten, daß die Obstsäfte den Vorschriften der Verordnung über Obsterzeugnisse entsprechen.

Nach der in § 15 aufgestellten Begriffsbestimmung sind: „Obstsäfte (Fruchtsäfte, Fruchtrohsäfte, Fruchtmuttersäfte) Zubereitungen, die durch Pressen von frischem oder vergorenem Obst einer Obstart mit oder ohne nachfolgende Filtration hergestellt sind. Obstsäfte aus Citrusfrüchten erhalten meist einen geringen Zusatz von Schalenaroma."

Nur für ein als „gespriteter Kirschsaft" bezeichnetes Erzeugnis ist ein Alkoholzusatz von 15 Vol.-% erlaubt, doch darf der Gesamtalkohol dadurch nicht auf mehr als 18 Vol.-% erhöht werden.

Die allgemeinen Verbote gesundheitsschädlicher Metalle und verdorbener Erzeugnisse stimmen im allgemeinen mit den für Marmeladen erlassenen überein und können nach den dort mitgeteilten Maßregeln überwacht werden. Abweichend von Marmeladen ist eine Vergärung zulässig.

Völlig verboten ist die Verwendung von:

1. Obstrückständen, Trockenobst und anderen nicht zum Obste gerechneten Stoffen, wie Rhabarber, Kürbis, Gurke, Mohrrübe, Holunderbeere;

Doch dürfen die Säfte aus anderen Pflanzenteilen unter deutlicher Angabe des Ausgangsmaterials, z. B. als Rhabarbersaft, Mohrrübensaft usw. in den Verkehr gebracht werden;

[1] H. DILLER: Deutsch. Nahrungsm.-Rundschau 1929, 177.
[2] H. WÜSTENFELD u. C. LUCKOW: Z. 1931, 61, 341; Mitt. Abt. Trinkbranntweine und Liköre, Berlin 1930, 20, 49. [3] ALBERTI u. ROSSMANN: Z. 1934, 67, 180.

2. frisch erhaltenem Obst und eingedicktem Obstsaft;
3. Wasser und Nachpresse;
4. Mineralstoffen;
5. Aromastoffen, abgesehen von dem Zusatz des Schalenaromas bei Säften aus Citrusfrüchten;
6. Säuren;
7. Farbstoffen, auch in Form von Säften anderer Obstsorten.

Die Herstellung von Nachmachungen, d. h. von Erzeugnissen, die nach Aussehen, Geruch und Geschmack einem Obstsaft ähnlich sind, aus anderen als den oben erwähnten Stoffen ist nach § 20 der Verordnung nur dann zulässig, wenn diese als Kunsterzeugnisse, z. B. als „künstlicher Citronensaft", kenntlich gemacht in den Verkehr gebracht werden.

Zur Überwachung der in der Verordnung aufgestellten Vorschriften sind hauptsächlich folgende Prüfungen erforderlich.

a) Prüfung auf Obstrückstände u. dgl.

Der Nachweis von Obstrückständen oder Trestern, d. h. den bei vollständigem oder teilweisem Auspressen, Auslaugen oder Destillieren von Obstfrüchten hinterbleibenden Rückständen kann nicht, wie bei den Marmeladen aus der Erhöhung des Gehaltes an unlöslichen Stoffen, insbesondere an Rohfaser, sondern nur aus der Erniedrigung der löslichen Bestandteile abgeleitet werden. Er ist insofern identisch mit dem später zu besprechenden Nachweise eines Wasserzusatzes.

Verarbeitung von Trockenobst und von nicht zum Obste gehörenden Pflanzenteilen wird sich hauptsächlich bei der Prüfung des Geruchs und Geschmacks, sowie der Ausgiebigkeitsprüfung (S. 641) offenbaren, doch kann der Nachweis durch die bei Marmelade gemachten Angaben, sowie die Prüfung auf Oxalsäure bei Rhabarber usw. unterstützt werden.

Zur Prüfung auf fremde Obstsäfte, die bei den als „Einfruchterzeugnisse" anzusehenden Rohsäften verboten sind, können unter Umständen die unter g beschriebenen Farbstoffreaktionen herangezogen werden. Als Anzeichen eines Zusatzes von Apfelsaft zu Beerensäften ist in vielen Fällen ein erhöhter Sorbitgehalt zu bewerten.

b) Prüfung auf frisch erhaltenes Obst.

Im Gegensatze zu den Marmeladen ist bei den Obstsäften Obstpülpe und Obstmark nach der amtlichen Begründung zu § 15 nicht als frisches Obst anzusehen, und das aus ihnen gewonnene Erzeugnis darf nicht als Obstsaft in den Verkehr gebracht werden. Der chemische Nachweis wird in der Regel wohl nur nach der negativen Seite hin erbracht werden können, indem bei Abwesenheit aller Konservierungsmittel auf frisches Obst zu schließen ist. Hingegen erscheint der umgekehrte Schluß nicht berechtigt, da ein beschränkter Zusatz von Konservierungsmitteln zu Rohsäften, wie weiter unten gezeigt werden wird, als zulässig gilt.

Die Verwendung verdünnter Obstdicksäfte läßt sich unter Umständen mit Hilfe der Reaktion auf Salpetersäure erkennen, wenn zu der Verdünnung unreines Wasser benutzt worden ist.

c) Prüfung auf Zusatz von Wasser und Nachpresse.

Die Verdünnung mit Nachpresse oder Wasser bewirkt eine Erniedrigung der charakteristischen Inhaltsstoffe, insbesondere der Asche, der Alkalität und der Säure unter die bei normalen Obstsäften beobachteten Grenzwerte, die aus der Zusammenstellung von Analysen auf S. 634 und aus den Erläuterungen am Ende dieses Abschnittes zu ersehen sind.

Um ein vorläufiges Urteil über diese Veränderungen zu geben, seien hier noch einige Analysen von mit Nachpresse verfälschten Säften aus dem Nachtrag B zu J. KÖNIGS Chemie der menschlichen Nahrungsmittel angeführt:

Alkohol	0,46 —14,70	Mittel 6,30
Extrakt	0,90 — 5,30	„ 2,02
Invertzucker	0 — 2,74	„ 0,78
Asche	0,126— 0,338	„ 0,273
Alkalität	1,4 — 4,7	„ 2,9
Phosphorsäure (P_2O_5) . .	0 — 0,034	„ 0,016

Zum Nachweise unreinen, salpetersäurehaltigen Wassers kann unter Umständen die Diphenylaminreaktion herangezogen werden, doch soll dazu nach R. COHN[1] eine besondere Behandlung erforderlich sein, weil bei Verwendung des mit Tierkohle oder Bleiessig entfärbten Saftes oder der Asche störende Nebenfärbungen auftreten. Man macht daher 75 ccm Saft mit Natronlauge schwach alkalisch und dampft auf dem Wasserbade bis fast zur Trockne ein. Der Rückstand wird mit 50 ccm Alkohol übergossen und mehrere Minuten auf 40^0 erwärmt, wobei der Alkohol den Salpeter aufnimmt, während die organischen Extraktivstoffe größtenteils ungelöst bleiben. Die abgegossene Lösung wird eingedampft, wenn sie dunkel ist, eventuell nochmals mit Alkohol gefällt, und der Rest in 10 ccm Wasser gelöst. Nunmehr überschichtet man Diphenylaminschwefelsäure mit 1—2 ccm destilliertem Wasser und darauf mit der zu prüfenden Lösung und stellt zur Erhöhung der Empfindlichkeit in kaltes Wasser. Reine Himbeer-, Kirsch- und Johannisbeersäfte geben keine Reaktion. Hingegen versagt das Verfahren bei Heidelbeersaft, weil dieser einen glucosidartigen Körper enthält, der mit Schwefelsäure allein blau wird. Diese Reaktion ist von PLAHL zum Nachweise von Heidelbeersaft in Himbeersaft verwandt worden (s. Farbstoff Buchstabe g S. 649). Um bei Gegenwart von Heidelbeersaft andere Fruchtsäfte auf Salpetersäure zu prüfen, versetzt man die oben erhaltene wäßrige Lösung mit Nitron und Essigsäure, wie beim Salpeternachweise in Band II_2, S. 652—660 näher beschrieben worden ist.

Demgegenüber verwenden J. TILLMANS und A. SPLITTGERBER[2] folgendes einfachere Verfahren: 10 g Obstsaft werden in einer kleinen Schale mit 0,2 ccm gesättigter Kochsalzlösung (unbedingt notwendig) und einem kleinen Löffel Tierkohle unter Umrühren auf dem Wasserbade bis fast zur Trockne verdampft. Den Rückstand füllt man nach Zusatz von 1 ccm Eisessig mit doppelt destilliertem Wasser auf 10 ccm auf, läßt die Lösung in einem Röhrchen absitzen und prüft in bekannter Weise colorimetrisch mit Diphenylamin (0,085 g Diphenylamin in konzentrierter Schwefelsäure zu 1 Liter gelöst).

Zur Vermeidung von Irrtümern heben die Veifasser aber hervor, daß auch natürliche Rohsäfte bisweilen Spuren Salpetersäure enthalten können. Während alle Obstsäfte des Jahrgangs 1911, mit Ausnahme der Erdbeer- und Brombeersäfte, frei von Nitraten waren, wurden in vergorenen Rohsäften des Jahres 1912 folgende Mengen N_2O_5 (Milligramm in 1 Liter) gefunden: Himbeeren 0,25—1,00; Erdbeeren 0,25—2,75 (1911: 1,5 mg); Johannisbeeren 0,3—0,4; Heidelbeeren 0,25; Stachelbeeren 0—0,25; Brombeeren 0,5 (1911: 1,0 mg).

Gegenüber dem Einwande R. COHNS[3], daß er niemals in reinen Säften Salpetersäure angetroffen habe, bestätigten J. TILLMANS und A. SPLITTGERBER[4] späterhin nochmals ihre Befunde und fanden darin auch die Zustimmung von KRETZSCHMAR[5]. Eine gewisse Vorsicht erscheint daher am Platze.

---

[1] R. COHN: Zeitschr. öffentl. Chem. 1911, **17**, 361.
[2] J. TILLMANS u. A. SPLITTGERBER: Z. 1913, **25**, 417.
[3] R. COHN: Zeitschr. öffentl. Chem. 1913, **19**, 323; Z. 1914, **27**, 410; 1915, **29**, 101.
[4] J. TILLMANS u. A. SPLITTGERBER: Zeitschr. öffentl. Chem. 1914, **20**, 90; Z. 1915, **30**, 471. [5] KRETZSCHMAR: Zeitschr. öffentl. Chem. 1914, **20**, 173; Z. 1915, **30**, 472.

d) Prüfung auf zugesetzte Mineralstoffe.

Nur in Ausnahmefällen wird es gelingen, aus dem Gehalte an Asche und ihrer Alkalität sichere Schlüsse zu ziehen. Vielmehr ist dazu immer die quantitative Analyse der Asche erforderlich. Nähere Angaben finden sich in der Besprechung am Ende dieses Abschnittes.

e) Prüfung auf zugesetzte Aromastoffe.

Den auf S. 531 gemachten Ausführungen seien noch folgende Ergänzungen angefügt. Nach der auf Veranlassung von F. TILLMANS ausgeführten Dissertation von FRIEDALUISE HAMANN[1] sind an dem durch Vakuumdestillation isolierbaren Aroma des Himbeer- und Johannisbeersaftes Säuren, Aldehyde und Ester beteiligt. Obwohl qualitative Unterschiede nicht festgestellt werden konnten, glaubt Verfasserin doch, daß möglicherweise quantitative Verschiedenheiten bestehen. Als Maßstab der letzteren wird die sog. „Kennzahl" eingeführt, in der das Verhältnis der freien, nicht flüchtigen Säuren zu den Aromastoffen zum Ausdruck kommt.

α) Zur Bestimmung der Säurezahl werden 100 ccm Muttersaft wiederholt unter Zusatz von Wasser bis zur Verjagung der flüchtigen Säure eingedampft und die hinterbleibenden nichtflüchtigen Säuren mit Normalnatronlauge unter Tüpfeln gegen Lackmuspapier neutralisiert. Die verbrauchten Kubikzentimeter ergeben die Säurezahl (S).

β) Die Aromastoffe werden durch Vakuumdestillation in einer vollkommenen Glasapparatur mit Tangentialkühlkugel abgeschieden. Zu diesem Zwecke neutralisiert man 200 ccm Saft oder 600 g Sirup mit 10 g Calciumcarbonat und destilliert bei 40—50° Wasserbadtemperatur und 12 mm Druck unter ständiger Kühlung der Tangentialkugel mittels einer Kältemischung in $1^1/_2$ Stunden 100 ccm über. Diese dienen zur Bestimmung der Ester- und der Chloraminzahl.

γ) Esterzahl. 50 ccm Destillat werden gegen Phenolphthalein neutralisiert, darauf mit 10 ccm 0,1 N.-Natronlauge versetzt und nach dem Stehen über Nacht mit 0,1 N.-Salzsäure zurücktitriert. Aus der Zahl der verbrauchten Kubikzentimeter ergibt sich die Esterzahl (a).

δ) Chloraminzahl. Man gibt zu 25 ccm des Destillats in einer Flasche mit eingeschliffenem Glasstopfen 2 ccm 20%iger Essigsäure und genau 20 ccm 0,01 N.-Chloraminlösung Heyden, läßt im verschlossenen Kolben 20 Minuten vor Sonnenlicht geschützt einwirken, setzt dann 2 ccm verdünnter Schwefelsäure und einige Kubikzentimeter Jodkaliumlösung zu und titriert nach 5 Minuten mit 0,01 N.-Thiosulfat zurück. Die um den blinden Versuch verringerte Zahl der verbrauchten Kubikzentimeter ergibt die Chloraminzahl (b).

Dann ergibt sich die Kennzahl: $K = \frac{S}{2a + 4b}$.

Auf diese Weise wurden für Himbeersäfte Kennzahlen von 2,0—4,4, für Johannisbeersaft solche von 10,0—29,0, für Kirschsaft von 1,5—1,7 und für Brombeersaft von 3,9—4,2 gefunden. Für die entsprechenden Sirupe lagen die Werte innerhalb folgender Grenzen: Himbeer 2,1—4,1; Johannisbeer 10,0—23,5; Kirsch 2,1—2,3; Brombeer 4,0—4,3.

Die auf Grund einer Kennzahl von 10,0 ausgesprochene Beanstandung eines Himbeersirups wegen Zusatzes von Johannisbeersaft wurde von dem Hersteller als berechtigt anerkannt.

ε) Künstliche (synthetische) Fruchtäther, die besonders bei den Brauselimonaden zu berücksichtigen sind, weist man nach dem Schweizerischen

[1] FRIEDALUISE HAMANN: Inaug.-Diss. Frankfurt a. M. 1931.

Lebensmittelbuche in der Weise nach, daß man den Inhalt einer frisch geöffneten Flasche der Destillation unterwirft. Hierbei gehen die künstlichen Riechstoffe mit den ersten 5—10 ccm vollständig über, während die natürlichen Aromastoffe dem Rückstande weit länger erhalten bleiben. Besonders bei Beginn der Kohlensäureentwicklung tritt der Unterschied im Geruche natürlicher Fruchtsaftgetränke und künstlich aromatisierter Falsifikate deutlich hervor. Der Zusatz natürlicher Fruchtdestillate kann auf diese Weise allerdings nicht erkannt werden. Zur Verschärfung des Nachweises ist empfohlen worden, die Äther entweder direkt oder nach vorheriger Destillation zu verseifen und dann bei der Destillation im Wasserdampfstrome auf das Auftreten von Amylalkohol zu prüfen.

Die Methode des Schweizerischen Lebensmittelbuches ist nach A. LANDOLT[1] nicht recht zuverlässig, sondern leidet an zwei prinzipiellen Fehlern. Einerseits wird nicht gesagt, wie der Nachweis des Amylalkohols geführt werden soll. Die in der Regel angewandte Geruchsprobe ist zwar ziemlich scharf, aber doch zu sehr von subjektiven Einflüssen abhängig. KREIS[2] hat daher vorgeschlagen, das durch Verseifung der Essenzen erhaltene und auf 30 Vol.-% Alkohol gebrachte Destillat nach KOMAROWSKY zu prüfen. Hierbei stellte sich aber als zweite Fehlerquelle heraus, daß auch die natürlichen Essenzen höhere Alkohole enthalten, und zwar, auf je 100 Esterzahl berechnet, in größerer Menge als die künstlichen Fruchtäther. Daß nach dem üblichen Verfahren lediglich bei Gegenwart der künstlichen Aromastoffe Amylalkohol wahrgenommen wird, liegt allein an ihrer größeren Konzentration.

Zur Unterscheidung beider Arten von Aromastoffen ist es erforderlich, die Natur der höheren Alkohole und der mit ihnen veresterten Säuren zu ermitteln, da die Kunstprodukte ausnahmslos Amylalkohol, die natürlichen Essenzen hingegen dem Normalbutylalkohol und dem Isopropylalkohol nahestehende Alkohole enthalten. Beim Zusammenbringen der Destillate oder der durch Verseifung abgeschiedenen Alkohole mit Salicylaldehyd und Schwefelsäure geben die Naturprodukte gelbliche bis rötlich-gelbstichige, die Kunstprodukte hingegen sofort intensive rot-blaustichige Färbungen wie der Amylalkohol. Weitere Unterschiede erhofft Verfasser von der Extraktion mit Chloroform und nachfolgender Behandlung mit Chromsäure nach MARQUARDT.

Neben den Alkoholen identifiziert man die Säure, indem man die Essenz verseift, alkalisch abdestilliert und den Rückstand nach dem Ansäuern mit Schwefelsäure der Destillation im Wasserdampfstrome unterwirft. Das Destillat wird mit 0,1 N.-Barytlauge genau neutralisiert, dann eingeengt und mit so viel titrierter Schwefelsäure versetzt, als $^1/_5$ der Barytlauge entspricht. Destilliert man jetzt, so geht nur ein Teil der flüchtigen Säuren über, und bei mehrfacher Wiederholung dieser fraktionierten Neutralisation und Destillation kann eine ziemlich weitgehende Trennung der einzelnen Säuren erzielt werden. Die Einzelheiten dieses von DUCLAUX ausgearbeiteten Verfahrens sind im Originale nachzulesen.

LANDOLT fand in einer künstlichen Erdbeeressenz Valerian-, Butter- und Essigsäure, in natürlichen Fruchtessenzen hingegen nur Propionsäure und Essigsäure.

f) Prüfung auf zugesetzte Säuren.

Zum Unterschiede von den übrigen Obsterzeugnissen ist bei den Rohsäften der Zusatz von Säuren grundsätzlich, auch unter Kenntlichmachung verboten. Ob ein solcher Zusatz stattgefunden hat, wird sich aus der Bestimmung des Gesamtsäuregehaltes nur bei starker Überschreitung der für unverfälschte Säfte der gleichen Herkunft erkennen lassen, während die quantitative Bestimmung der einzelnen Säuren eher ein Urteil ermöglicht. Am ehesten verraten sich Mineralsäuren (Phosphorsäure) durch die Überhöhung der normalen Werte. Größere Mengen Weinsäure, die in den gebräuchlichen Rohsäften des Handels nicht vorkommt, deuten auf absichtlichen Zusatz, während ein solcher bei Milchsäure, die als Produkt der Gärung in vielen Rohsäften enthalten ist, erst dann anzunehmen ist, wenn eine Überschreitung der mittleren Gehalte festgestellt wird. Zur Verwertung der Gehalte an Äpfelsäure und Citronensäure muß man die Analysen selbst hergestellter Säfte (S. 634) heranziehen und auch die Angaben auf S. 528 berücksichtigen.

[1] A. LANDOLT: Chem.-Ztg. 1911, **35**, 677. — WERDER u. LANDOLT: Mitt. Schweizer. Ges.-A. 1911, **2**, 329; Z. 1912, **23**, 472. [2] KREIS: Chem.-Ztg. 1907, **31**, 999.

g) Prüfung auf zugesetzte Farbstoffe.

Für Obstsäfte ist jede Färbung, auch durch Säfte anderer Obstsorten verboten. Für den Nachweis einer künstlichen Färbung, sei es durch Teerfarbstoffe oder durch fremde Pflanzenfarben, hat E. Spaeth[1] einen ausgezeichneten Arbeitsgang geschaffen, der noch heute anerkannt wird, und auf den im folgenden Bezug genommen werden soll. Obwohl ursprünglich für Himbeersaft bestimmt, kann das Verfahren doch auch zur Untersuchung der übrigen roten Fruchtsäfte und, soweit es sich um Teerfarben handelt, ganz allgemein benutzt werden.

α) **Teerfarbstoffe.** Zur Vorprüfung empfiehlt es sich, den Fruchtsaft zunächst direkt, darauf nach Zusatz von Schwefelsäure und schließlich, nachdem er alkalisch gemacht worden ist, mit Amylalkohol auszuschütteln. Hierbei werden die Teerfarbstoffe gelöst, während die in Betracht kommenden Fruchtsäfte keinen Farbstoff an den Amylalkohol abgeben. Ein sicherer Nachweis für die Anwesenheit von Teerfarben ist damit jedoch nicht erbracht, weil auch gewisse fremde Pflanzenfarbstoffe in den Amylalkohol übergehen.

So färbt Heidelbeere den Amylalkohol direkt rotviolett, nach dem Ansäuern gelbrot; Malve direkt rötlichviolett, in saurer Lösung schön rot; Klatschrose direkt schwach, aus saurer Lösung deutlich rot; Orseille und Persio sowohl direkt als auch sauer oder alkalisch schön rot bis rotviolett; Cochenille direkt und aus saurer Lösung schön rot bis gelbrot. Aus saurer Lösung geht auch der Weinfarbstoff in den Amylalkohol, doch färbt er sich auf Zusatz von Ammoniak zu der Ausschüttelung grün, während Teerfarbstoffe hierbei unverändert bleiben.

Eine andere Probe wird mit $^1/_3$ ihres Volumens Bleiessig gelinde erwärmt und nach dem Umschütteln filtriert. Die hierbei in Lösung gegangenen basischen Teerfarbstoffe können von etwa nicht mitgefällten Pflanzenfarben durch Ausschütteln mit Amylalkohol getrennt werden. Aus alkalischer Lösung werden von diesem Rosanilin, Oxyazofarbstoffe und Diazofarbstoffe aufgenommen.

Zum sicheren Nachweise dienen die Quecksilberoxydprobe nach P. Cazeneuve[2], die Capillaranalyse von F. Goppelsröder[3] und die Wollprobe von N. Arata[4]. Hinsichtlich der praktischen Ausführung dieser Proben sei auf den Allgemeinen Teil Bd. II² (S. 1178) und auf den Abschnitt: Fleisch (Bd. III S. 755) verwiesen und hier nur noch hervorgehoben, daß zur sicheren Unterscheidung der Teerfarben von einigen Pflanzenfarben die Umfärbung vorzunehmen ist, bei der man den Farbstoff von der Wolle mit Ammoniak löst und in der mit Salzsäure angesäuerten Lösung nochmals einen Wollfaden kocht. Mit Ausnahme der Orseille, die leicht auf andere Weise nachweisbar ist, gibt kein Pflanzenfarbstoff eine zweite Färbung. Kunstprodukten, die aus farblosen Flüssigkeiten und Teerfarben hergestellt sind, kann man durch wiederholte Behandlung mit erneuerten Wollemengen den ganzen Farbstoff entziehen. Die Identifizierung eines nachgewiesenen Teerfarbstoffs kann nach den im Abschnitte Bedarfsgegenstände, sowie in Bd. II², S. 1189 beschriebenen Methoden erfolgen.

β) **Pflanzenfarbstoffe.** Zur Färbung von Fruchtsäften werden besonders die Farbstoffe der Malven, roten Rüben, Kermesbeeren, Klatschrosen, sowie Orseille und Cochenille benutzt. Für Himbeersaft kommen außerdem noch die Säfte von Kirschen, Heidelbeeren, Brombeeren und Holunderbeeren in Betracht[5]. Sicher nachweisbar sind die zuerst genannten sechs Farbstoffe, und in der

[1] E. Spaeth: Z. 1899, **2**, 633. [2] P. Cazeneuve: Compt. rend. 1886, **102**, 52.
[3] F. Goppelsröder: Poggd. Ann. **115**, 487; Zeitschr. analyt. Chem. 1862, **1**, 378. — Die Capillaranalyse. Basel 1901. — Vgl. R. Kayser: Chem.-Ztg. 1891, **15**, 1054.
[4] N. Arata: Zeitschr. analyt. Chem. 1889, **28**, 639.
[5] A. Beythien u. H. Hempel: Über die zum Färben von Nahrungs- und Genußmitteln benutzten Farbstoffe. Farben-Ztg. 1909, **15**, Nr. 8.

Regel wird man auch entscheiden können, ob einem Himbeersafte irgendeiner der angeführten fremden Fruchtsäfte zugesetzt worden ist. Hingegen ist die Unterscheidung der letzteren nicht immer möglich. Mit dem auf das 3—4fache verdünnten Safte stellt man folgende Reaktionen an:

Je 10 ccm werden mit 15%iger Ätzkali- und Ammoniaklösung sowie mit 10%iger Natriumcarbonatlösung versetzt. Verschwindet beim Umschütteln die rote Farbe gar nicht, oder bleibt eine bräunlichrote oder violette bis violettrote Färbung bestehen, so liegt kein reiner Saft vor. Lassen alle drei genannten Reagenzien die rote Farbe unverändert, so können außer Teerfarben Persio, Cochenille, Fernambuk, Campeche und Alkanna vorhanden sein; bringt hingegen Kalilauge und 10%ige Ammoniaklösung eine Gelbfärbung hervor, während Natriumcarbonat die rote Farbe bestehen läßt, so kommen Phytolacca und rote Rüben in Frage.

Weitere 10—20 ccm des verdünnten Saftes werden vorsichtig mit Bleiessig oder einer Anschüttelung von Bleihydroxyd in Wasser versetzt, bis keine Fällung mehr eintritt, und darauf die entstandenen Färbungen des Niederschlages und der filtrierten Flüssigkeit mit derjenigen von Himbeersaft verglichen. Die Säfte der Brombeeren, Heidelbeeren und Holunderbeeren geben eine viel dunklere blaugrüne Fällung als Himbeersaft, dessen Niederschlag graubläulich ist. Das Filtrat ist bei ihnen mehr grünlich, bei Himbeersaft fast hellgrau. Malvensaft gibt einen prächtig grünen Niederschlag und ist daran auch in Mischungen verhältnismäßig leicht zu erkennen. Rötliche Färbung des Filtrates und des Niederschlages deuten auf Teerfarbstoffe sowie auf Persio, Cochenille, Alkanna und Fernambuk hin. Kermesbeeren machen sich durch einen rotbraunen, rote Rüben durch einen orangegelben Niederschlag bemerkbar, doch wird die Farbe bei Anwesenheit geringer Mengen verdeckt.

Quecksilberchloridprobe. Erhitzt man 10 ccm des verdünnten Saftes mit 1—2 ccm einer 10%igen Quecksilberchloridlösung, so werden alle Pflanzensäfte außer Persio und Alkanna entfärbt. Außer diesen bleiben auch die Teerfarben und Cochenille unverändert.

Beim Erwärmen mit Natriumphosphatlösung werden außer den vorstehend angeführten: Persio, Alkanna, Teerfarben und Cochenille auch Kermesbeeren und rote Rüben nicht entfärbt.

Sehr charakteristisch ist das Verhalten zu essigsaurer Tonerde und Natriumcarbonat. Gibt man zu 10—20 ccm des verdünnten Saftes einige Kubikzentimeter essigsaurer Tonerdelösung (Spez. Gewicht 1,045) und nach dem Umschütteln vorsichtig 10%ige Natriumcarbonatlösung, so entsteht bei Himbeersaft eine graue Fällung, während Persio, Kermes, rote Rüben eine prächtige, violettrote bis rubinrote und Malven eine schöne blaugrüne Färbung hervorrufen. Etwa vorhandene Teerfarben, die ebenfalls Färbungen veranlassen, können durch Ausfärben erkannt werden.

Tonerdeprobe. Schüttelt man 20—40 ccm des verdünnten Saftes mit einigen Kubikzentimetern Tonerdehydratmischung (aus Alaunlösung mit geringem Ammoniaküberschusse gefällt und durch Auswaschen mit Wasser vom Ammoniak befreit) und zentrifugiert, so sind die Niederschläge von Himbeer-, Kirsch- und Johannisbeersaft fast weiß und geben mit verdünnter Essigsäure oder Salzsäure kaum eine rote Färbung. Heidelbeeren, Malven, Brombeeren, Klatschrosen, Holunderbeeren, Cochenille, Phytolacca und rote Rüben geben bläulichgraue bis rötliche Niederschläge, und nach Zusatz von Säure tritt starke Färbung auf. Da Malven, Cochenille, Phytolacca und rote Rüben durch besondere Reaktionen erkannt werden können, läßt sich auf diese Weise die Anwesenheit von Heidelbeeren, Holunderbeeren und Klatschrosen nachweisen.

Die Proben mit Kalk und Magnesia sind nicht besonders charakteristisch. Immerhin zeigen Kermesbeeren, rote Rüben, Persio, Cochenille, Alkanna und Fernambuk gewisse Farbenveränderung. Malvensaft wird durch Magnesia schön grün gefärbt.

Ammoniakalaun gibt mit dem Farbstoff der Malve, besonders beim Erhitzen, eine außerordentlich charakteristische tiefblaue Färbung, welche auch im Wein noch deutlich hervortritt und einen violetten Ton hervorruft, wenn $^1/_8$ des Farbstoffes der Malve entstammt; Holunder, Attich und Heidelbeeren verhalten sich ähnlich.

Eisenvitriol ruft in Malvenabkochung unter Abscheidung eines Niederschlages eine stark blauviolette Färbung hervor. Nach dem Filtrieren ist der Niederschlag indigoblau, das Filtrat blauviolett gefärbt. Auch in Mischung mit Himbeersaft tritt der Unterschied noch deutlich hervor. Das Verhalten der übrigen Pflanzensäfte ist weniger charakteristisch.

Durch Säuren werden Campeche- und Fernambukholz gelb gefärbt, Persio wird etwas heller und Phytolacca rubinrot gefärbt. Alle übrigen Farben bleiben unverändert.

Die Tabelle, in der SPAETH alle vorstehenden Reaktionen zusammengestellt hat, ist im Abschnitte „Bedarfsgegenstände — Farben“ abgedruckt.

Ausschüttelung mit Amylalkohol. Schüttelt man, wie bei „Teerfarben“ angegeben ist, den Saft einmal direkt, dann nach dem Übersättigen mit Schwefelsäure, Kalilauge, Ammoniak oder Bleiessig mit Amylalkohol aus, so gehen neben den Teerfarben auch Persio, Cochenille, Alkanna sowie geringe Mengen Heidelbeer-, Malven-, Campeche- und Fernambukfarbstoff direkt in Lösung. Aus saurer Lösung werden neben sauren Teerfarben Persio, Cochenille, Alkanna, Heidelbeer-, Malven-, Campeche- und Fernambukfarbstoff aufgelöst, aus alkalischer Alkannin, Persio und Malve.

Alkannin ist leicht daran zu erkennen, daß es aus seiner schön blauen ammoniakalischen Lösung von Äther, Essigäther und Chloroform mit roter Farbe aufgenommen wird; Persio wird von Essigäther mit rotgelber Farbe direkt und aus saurer Lösung aufgenommen und unterscheidet sich dadurch von dem ihm ähnlichen Farbstoff der Malven und dem Rosanilin. Heidelbeeren, Malven, Persio, Cochenille, Alkannin, Campeche- und Fernambukholz sind überdies durch die in der Tabelle angeführten Reaktionen zu trennen. Persio und Cochenille können auch erkannt werden, wenn man den Amylalkoholauszug verdunstet und die Lösung des Rückstandes capillaranalytisch untersucht.

Für Phytolacca endlich ist charakteristisch die von HILGER und MAI[1] angegebene Reaktion gegen Jodlösung. Läßt man die Fruchtsäfte (Wein) längere Zeit mit Jodjodkaliumlösung stehen und versetzt dann mit Natriumthiosulfat, so werden sie, besonders Wein und Heidelbeersaft, entfärbt, während Phytolacca unverändert bleibt.

Heidelbeerfarbstoff (Myrtillidin, Monomethylester) gibt die weiter unten besprochene Reaktion von PLAHL. Zur Unterscheidung von dem Rotweinfarbstoff (Oenidin, Dimethylester) empfiehlt W. DIEMAIR[2], die Flüssigkeit durch kurzes Kochen mit Weinkohle (Entfärbungskohle E. Merck) zu entfärben und das Filtrat mit konzentrierter Salzsäure aufzukochen. Dabei zeigt Rotwein das Wiederauftreten einer ganz schwach gelblichen bzw. gelblich-rosaen Färbung, während die Filtrate bei Anwesenheit von Heidelbeerwein über die Stufen Blau-Grünblau-Blauviolett nach Gelbbraun umschlagen.

An der PLAHLschen Reaktion (Blaufärbung) sind nach W. DIEMAIR und G. LIX[3] außer dem Myrtillin auch noch Phlorogluzin, Protocatechusäure, Formaldehyd und Metallionen (Fe, Cu) beteiligt.

---

[1] HILGER u. MAI: Forschungsber. 1895, 2, 342.
[2] W. DIEMAIR: Chem.-Ztg. 1932, 56, 246.
[3] W. DIEMAIR u. G. LIX: Z. 1933, 66, 540.

Zu dem für die Praxis besonders wichtigen Nachweise des Heidelbeer- und Kirschfarbstoffs in Himbeersaft sind noch folgende Vorschläge gemacht worden:

Heidelbeerfarbstoff[1]. Man dampft die schwach alkalisch gemachte Flüssigkeit auf die Hälfte ihres Volumens ein, füllt nach dem Abkühlen wieder zum ursprünglichen Volumen auf und fällt mit Bleiessig. Die abfiltrierte Lösung wird mit Natriumsulfat entbleit und das Filtrat vom Bleisulfat nach Zusatz des halben Volumens verdünnter Salzsäure im Wasserbade erhitzt. Bei Anwesenheit von Heidelbeerfarbstoff färbt sich die Flüssigkeit blau. Die Reaktion tritt nur bei völlig vergorenen Fruchtsäften ein.

Kirschsaft im Himbeersaft[2]. Einen gewissen Anhalt erhält man, wenn man 1—2 ccm Himbeersirup bis zur Blaßrotfärbung mit Zuckerlösung verdünnt und darauf mit Natronlauge oder Ammoniak überschichtet. Bei Anwesenheit von nur 1% Kirschsaft soll sich an der Berührungszone ein blaßgrüner Ring zeigen.

Zuverlässiger ist das Verfahren, das auf dem Blausäuregehalte des Kirschsaftes beruht[3]. Man destilliert von 50—100 ccm Fruchtsaft oder Fruchtsirup einige Kubikzentimeter ab und fängt sie in einer Mischung von stark verdünnter Kupfersulfatlösung (1:10000) mit einigen Tropfen Guajakharzlösung und etwas Alkohol auf. Bei Gegenwart von 5% Kirschsaft tritt eine Blaufärbung auf, ja nach JUCKENACK und PASTERNACK[4] sollen sogar noch 3% nachzuweisen sein.

Johannisbeer- und Himbeersaft lassen sich nach TILLMANS und SCHOLZ[5] durch die Untersuchung ihrer Farbstoffe nicht unterscheiden.

Citronensäfte des Handels zeigen bisweilen eine auffallend gelbe Farbe, die auf einen Gehalt an Ferricitrat zurückzuführen ist und durch die Eisenreaktion aufgeklärt werden kann.

h) Prüfung auf Konservierungsmittel.

Die Frage der Konservierung wird in der Verordnung über Obsterzeugnisse nicht behandelt und muß daher auf Grund des Lebensmittelgesetzes beurteilt werden. Nach den seitherigen Erfahrungen ist für die Rohsäfte ein Zusatz von Konservierungsmitteln nicht völlig zu entbehren, man wird aber bis zur bevorstehenden Regelung durch eine besondere Verordnung zum mindesten folgenden Beschluß der Freien Vereinigung deutscher Nahrungsmittelchemiker[6] beachten:

„Der Zusatz von Konservierungsmitteln ist nur in soweit gestattet, als ihre Gesundheitsunschädlichkeit selbst bei dauerndem Genusse feststeht. Der Zusatz ist in jedem Falle nach Art und vorhandener Menge deutlich zu deklarieren."

Als Konservierungsmittel sind in früheren Zeiten für Rohsäfte alle möglichen Stoffe benutzt worden, so neben dem allgemein angewandten Alkohol, besonders Salicylsäure, Fluorwasserstoffsäure („Frut"), Benzoesäure, Schweflige Säure, Ameisensäure („Alacet", „Fruktol", „Werderol"), ja nach H. LÜHRIG[7] sogar Brenzcatechin. Ein Tempol genanntes Erzeugnis erwies sich als ein Gemisch von Ameisensäure, Salicylsäure, Borsäure, Glycerin und Kochsalz. Neuerdings sind noch Parachlorbenzoesäure und die Ester der Paraoxybenzoesäure hinzugetreten.

Von den genannten Stoffen sind Salicylsäure und Flußsäure ohne weiteres als gesundheitsschädlich auszuschließen. Die Angabe, daß die überaus giftige

---

[1] W. PLAHL: Z. 1907, 13, 1; 1908, 15, 262.
[2] KAUPITZ: Pharm. Zentralh. 1900, 41, 665.
[3] O. LANGKOPFF: Pharm. Zentralh. 1900, 41, 421.
[4] A. JUCKENACK u. R. PASTERNACK: Z. 1904, 8, 10.
[5] HANS FRIEDR. SCHOLZ: Inaug.-Diss. Frankfurt a. M. 1931.
[6] Z. 1906, 12, 34. [7] H. LÜHRIG: Bericht Chemnitz 1904; Z. 1904, 8, 256.

Flußsäure durch Zusatz von Kalk entfernt werden könne, ist von A. BEYTHIEN[1] als unrichtig erwiesen worden.

Nach dem Entwurfe einer Verordnung über Konservierungsmittel sollen in Zukunft für Rohsäfte nur folgende Mittel unter Kenntlichmachung zugelassen werden: Benzoesaures Natrium (bis 0,18%), Ameisensäure (bis 0,25%), Schweflige Säure (bis 0,125%), Kaliumpyrosulfit (bis 0,435%), Ester (bis 0,09%). Für Kirschsäfte aller Art sowie für Orangensaft und Citronensaft wird ein höherer Zusatz von Ameisensäure (bis 0,4%), für „gespriteten Kirschsaft", aber nur für diesen, ein Zusatz von 15 Vol.-% Alkohol erlaubt werden. Es empfiehlt sich für die Fabrikanten, schon jetzt diesen Entwurf zu beachten.

Die chemische Untersuchung wird sich vornehmlich auf folgende Konservierungsmittel erstrecken:

1. Schweflige Säure. Der qualitative Nachweis und die quantitative Bestimmung erfolgt nach den im Abschnitte Trockenobst auf S. 569 angegebenen Methoden.

2. Benzoesäure kann aus den Obsterzeugnissen mit Äther ausgeschüttelt und dann nach den im Bd. II/2, S. 1126f. sowie Bd. III, S. 752 mitgeteilten Methoden identifiziert und erforderlichenfalls quantitativ bestimmt werden.

Sehr empfehlenswert ist auch das von A. NESTLER[2] vorgeschlagene Sublimationsverfahren, das er in gleicher Weise auch zur Abscheidung des Coffeins aus den Teeblättern anwandte:

Man bringt die zu prüfende Substanz direkt oder ihren Ätherauszug auf ein Uhrglas von 7 cm Durchmesser und 1 mm Dicke und bedeckt letzteres mit einer 1,5 mm dicken Glasplatte von 10 cm Durchmesser, die auf der Oberseite eine größere Menge Wasser genau über dem Objekte und darum im Kreise angeordnet einige kleinere Wassertropfen trägt. Das Uhrglas wird mit einer $^3/_4$ cm hohen Mikroflamme, deren Spitze 12 cm vom Drahtnetze entfernt ist, vorsichtig erwärmt, wobei die Benzoesäure in Form zierlicher Gruppen von rosettenförmig angeordneten, sehr dünnen und daher öfters schön farbigen Blättchen sublimiert. Neben den Blättchen, deren freie Enden meist einspringende Winkel zeigen, finden sich auch Einzelkrystalle in Prismenform. Fügt man zu dem Sublimate etwas $^1/_{10}$ N.-Natronlauge und danach verdünnte Salzsäure oder Salpetersäure, so scheidet sich die Benzoesäure in charakteristischen, zweigartigen Aggregaten oder langgestreckten Krystallfedern ab.

Bei gleichzeitiger Anwesenheit von Salicylsäure schüttelt man 50—60 ccm der Lösung nach Zusatz von etwas Eisenchlorid und Salzsäure mit 40—50 ccm Äther aus und teilt die mit Wasser gewaschene Lösung in zwei Teile. Die eine Hälfte dient zum Nachweise der Salicylsäure; die andere wird mit 25 ccm alkoholischer Natriumbicarbonatlösung geschüttelt und die abgehobene Lösung des Natriumbenzoates eingedampft. Der Rückstand wird in einem Reagensglase mit 2 ccm reiner konzentrierter Schwefelsäure und 0,2 ccm Salpetersäure vorsichtig bis zum Auftreten weißer Dämpfe erhitzt, dann nach dem Abkühlen mit 5—6 ccm Wasser und so lange mit gesättigter Natriumsulfitlösung versetzt, bis keine gelben Dämpfe mehr entweichen. Die abgekühlte Lösung wird mit Ammoniak überschichtet. Bei Gegenwart von Benzoesäure entsteht infolge der Bildung von metadinitro- und amidobenzoesaurem Ammonium Braunfärbung (MOHLERsche Reaktion). Bei der Deutung der Befunde ist zu berücksichtigen, daß einige Beerenfrüchte von Natur geringe Mengen Benzoesäure enthalten. So fanden MACH und PORTELE[3] in Preißel-

[1] A. BEYTHIEN: Pharm. Zentralh. 1916, **57**, 461.
[2] A. NESTLER: Ber. Deutsch. bot. Ges. 1909, **27**, 63; **Z.** 1909, **18**, 690.
[3] MACH u. PORTELE: Landw. Vers.-Stationen 1891, **38**, 39.

beersaft 0,067—0,086% und A. BEHRE, FR. GROSSE und G. SCHMIDT[1], ebenfalls in Preißelbeersaft 0,049—0,112% Benzoesäure.

3. Parachlorbenzoesäure. Die von GROSSFELD abgeänderte MOHLERsche Reaktion kann nach Versuchen von F. WEISS[2] nicht ohne weiteres zum Nachweise von p-Chlorbenzoesäure neben Benzoesäure dienen, wohl aber, wenn sie in folgender Weise als Ringreaktion ausgebildet wird: 2—3 mg der durch Wasserdampfdestillation oder durch ein Ausschüttelungsverfahren abgetrennten Säure werden in einem Reagensglase mit 0,25 ccm konz. Schwefelsäure und einigen Kryställchen Kaliumnitrat 20 Minuten im siedenden Wasserbade erwärmt. Dann gibt man je 20 ccm Wasser und Ammoniakflüssigkeit unter Umschwenken hinzu und schichtet 1 ccm einer Lösung von 2 g Hydroxylaminhydrat in 100 ccm Wasser vorsichtig darüber, so daß keine Durchmischung stattfindet. Je nach der Menge p-Chlorbenzoesäure entsteht innerhalb weniger Minuten eine grüne Farbzone, während Benzoesäure allein einen orangeroten Ring gibt.

Zur annähernden quantitativen Trennung der beiden Säuren kann die geringe Löslichkeit der p-Chlorbenzoesäure (1 g in 5200 g Wasser von 20°) dienen, indem man die Substanz mit Wasser behandelt oder mehrmals aus Wasser umkrystallisiert. Das auf der Chlorbestimmung beruhende Verfahren von C. VON DER HEIDE und R. FÖLLEN[3] ist im Handbuche, Bd. II, 2, S. 1134, besprochen worden.

4. Paraoxybenzoesäureester. Im Jahre 1924 entdeckte TH. SABALITSCHKA, daß vor den bis dahin als Konservierungsmittel benutzten carbocyclischen Säuren (Salicylsäure, Benzoesäure, Chlorbenzoesäure usw.), deren Alkoholester gewisse Vorzüge besitzen, da sie einerseits unabhängig von der neutralen, sauren oder alkalischen Reaktion des Mediums sind und da gleichzeitig durch Einführung der Alkylgruppen die Desinfektionskraft der Säuren erhöht wird. Nach Erteilung des Patentes D.R.P. 438588 an die Nährmittelfabrik Julius Penner A.G. und Dr. THEODOR SABALITSCHKA hat zunächst der Paraoxybenzoesäuremethylester unter verschiedenen Fabriknamen (Nipagin, Solbrol usw.) Eingang in die Industrie der Obsterzeugnisse gefunden, bis später an seine Stelle die Äthyl- und Propylester traten, denen eine stärkere gärungshindernde Wirkung und geringere Gesundheitsschädigung nachgerühmt wird. Auch diese Präparate werden für sich oder in Gemischen, zum Teil untereinander oder mit ihren Natriumverbindungen, als Nipakombin, Nipasol, Solbrol in den Handel gebracht.

Nach den Angaben in der Literatur ist Nipagin M reiner Paraoxybenzoesäuremethylester (Schmelzpunkt 126—127°), Nipakombin L eine Kombination höher molekularer Ester der Paraoxybenzoesäure, Nipasol M der Propylester der Paraoxybenzoesäure, Solbrol M der Methylester, Solbrol A der Äthylester, Solbrol P der Propylester, Solbrol Z der Benzylester der Paraoxybenzoesäure. Daneben finden sich Nipasolnatrium und unter dem Namen Nipagin Gemische von 28,3% des Paraoxybenzoesäuremethylesters mit 45,8% seiner Natriumverbindung und 6,8% paraoxybenzoesäurem Natrium.

Nach dem Entwurfe zu einer Verordnung über Konservierungsmittel sollen die Äthyl- und Propylester der Paraoxybenzoesäure, auch in Form der Natriumverbindungen und in Mischungen untereinander für gewisse Obsterzeugnisse — Obstsäfte, Obstpülpe, Obstmark, flüssiges Obstpektin, Obstgeliersäfte in Menge von höchstens 0,09%, für Limonaden und Obstbrauselimonaden in Menge von höchstens 0,05% — zugelassen werden.

Zur Prüfung auf die Ester werden 50 ccm der wäßrigen Lösung nach dem Vorschlage von F. WEISS[4] wiederholt mit Äther-Petroläther (1 + 1) ausgeschüttelt, die vereinigten Auszüge bei möglichst niedriger Temperatur eingedunstet und, wie folgt, weiter behandelt.

a) Nachweis der Alkohole. Zu dem Rückstande gibt man 2 ccm 10%ige Lauge und 4 ccm Wasser, schließt das Kölbchen mit einem zweimal senkrecht gebogenen Glasröhrchen an einen kurzen, senkrecht stehenden Kühler an und

---

[1] A. BEHRE, FR. GROSSE u. G. SCHMIDT: Z. 1908, **16**, 736.
[2] F. WEISS: Z. 1934, **67**, 84.
[3] C. VON DER HEIDE u. R. FÖLLEN: Z. 1927, **53**, 487.
[4] F. WEISS: Z. 1930, **59**, 472; 1928, **55**, 24.

erhält 1 Stunde im schwachen Sieden. Danach werden 4 ccm in eine eisgekühlte Vorlage überdestilliert und 2 ccm des Destillates nach Zusatz von 4—5 Tropfen 50%iger Chromsäurelösung in folgender Weise mit Hilfe der GRIEBELschen Mikrobechermethode geprüft:

Mikrobechermethode[1]. Ein kleines Becherchen von 0,5—1 ccm Fassungsvermögen und plangeschliffenem Rande, das die mit Chromsäure versetzte Substanz enthält, wird mit einem Deckgläschen bedeckt, das durch Reiben zwischen den Fingern leicht eingefettet ist und an der Unterseite mit einem 2 mm großen Tropfen einer Lösung von p-Nitrophenylhydrazinchlorid in verdünnter Essigsäure beschickt ist. Man erhitzt nun auf einem schwach geheizten Wasserbade, läßt nach dem Auftreten krystallinischer Ausscheidungen oder von Wassertröpfchen an dem Deckglase erkalten und untersucht bei schwacher Vergrößerung. Der gleiche Versuch wird mit o- und m-Nitrophenylhydrazin angestellt. Hierbei liefert dem Äthylalkohol entstammender Acetaldehyd mit allen 3 Reagenzien charakteristische gelbe Krystallnadeln, während Propylaldehyd (aus dem Propylester) nur mit p-Nitrophenylhydrazin weniger gut ausgebildete Krystalle gibt. Aus Methylester entstandener Formaldehyd reagiert hierbei gar nicht und ist nach einer der üblichen anderen Methoden nachzuweisen.

(Aceton reagiert nur mit der m- und p-Verbindung, Acrolein mit der o- und p-Verbindung, aber unter Entstehung anders geformter und gefärbter Krystalle. Das Mikrobecherverfahren kann auch zum Nachweise anderer Stoffe herangezogen werden: Chloralhydrat durch Reduktion mit nascierendem Wasserstoff zu Acetaldehyd; Glycerin durch Überführung in Acrolein mit Kaliumbisulfat; Milchsäure durch Oxydation mit Permanganat zu Acetaldehyd; Äpfelsäure ebenso; Citronensäure durch Oxydation mit Permanganat zu Aceton.)

b) Nachweis der Paraoxybenzoesäure. Den Destillationsrückstand von a äthert man aus und dampft ein. Wenn er aus p-Oxybenzoesäure besteht, schmilzt er bei 215°, gibt mit MILLONS Reagens Rotfärbung, mit Kupfersulfat und etwas Ammoniak ein in Wasser und Alkohol schwer lösliches Kupfersalz, mit Eisenchlorid keine Reaktion.

Durch gleichzeitige Anwesenheit von Benzoesäure, Salicylsäure, o- und p-Chlorbenzoesäure wird der Nachweis der Alkohole nicht gestört, während die Abtrennung der p-Oxybenzoesäure selbst mit Hilfe ihrer Schwerlöslichkeit in Tetrachlorkohlenstoff oder ihrer geringeren Flüchtigkeit im Wasserdampfstrome, in besonderen Fällen auch als Kupfersalz bewirkt werden kann. Vanillin, das etwas Methylalkohol abzuspalten vermag, läßt sich durch Erwärmen der wäßrigen Lösung mit Semioxamacid und mehrfaches Ausschütteln mit Äther entfernen.

Hinsichtlich weiterer Methoden des Nachweises und der Bestimmung sei auf Bd. II, 2, S. 1131 verwiesen.

5. Ameisensäure. α) Qualitativer Nachweis. Zur Isolierung der flüchtigen Säuren versetzt man 100 g des Fruchtsaftes mit der vierfachen Menge Wasser, säuert mit Weinsäure an und destilliert etwa 500 ccm im Wasserdampfstrome ab. Das Destillat wird in Natronlauge aufgefangen, bis auf etwa 10 ccm eingedampft und nach dem Filtrieren mit überschüssiger Bariumhydroxydlösung versetzt. Die von der ausgeschiedenen Fällung abfiltrierte Flüssigkeit wird durch Zusatz von Schwefelsäure vom Barium befreit und abermals filtriert. Die Lösung scheidet beim Kochen mit Quecksilberchloridlösung einen weißen Niederschlag von Quecksilberchlorür aus[2]. Beim Erwärmen mit ammoniakalischer

[1] C. GRIEBEL u. F. WEISS: Z. 1924, **47**, 438; 1924, **48**, 218; 1928, **56**, 158.
[2] FR. CRONER u. SELIGMANN: Zeitschr. Hygiene 1907, **56**, 387.

Silbernitratlösung entsteht eine Abscheidung von dunklem, pulverförmigem Silber und beim Erwärmen mit Quecksilberoxyd ein Quecksilberspiegel.

Dampft man einen Teil des Destillates unter Zusatz von Ammoniak ein und versetzt mit einigen Tropfen Eisenchlorid, so entsteht sowohl bei Anwesenheit von Ameisensäure als auch von Essigsäure eine rote Färbung. Schüttelt man aber jetzt mit 96%igem Alkohol, so tritt nur bei Gegenwart von Ameisensäure, nicht aber von Essigsäure ein rotbrauner Niederschlag auf. Bei zu großem Gehalt an Essigsäure versetzt man das Destillat mit 5 ccm N.-Natronlauge und dampft auf 15 ccm ein, wobei sich die Essigsäure verflüchtigt, die Ameisensäure aber gebunden wird[1].

Mit konzentrierter Schwefelsäure entwickeln Formiate oder freie Ameisensäure Kohlenoxyd, das mit Hilfe von Palladiumchlorürpapier (Schwärzung) oder Blut erkannt werden kann.

Enzio Comanducci[2] erwärmt 5 ccm der Substanz gelinde mit 15 Tropfen einer 50%igen Natriumbisulfitlösung, wobei Ameisensäure eine gelbrote Färbung hervorruft, während Formaldehyd, Methylalkohol, Glycerin, Essigsäure ohne Einfluß sind.

Besonders charakteristisch ist nach Behrens[3] die Form des Blei- und des Cerosalzes. Dampft man das saure Destillat mit höchstens 0,05 g Bleioxyd zur Trockne, so hinterbleiben lebhaft glänzende Nadeln von Bleiformiat. Zur Darstellung des Cerosalzes dampft man das Destillat zunächst mit 0,02—0,05 g Zinkoxyd zur Trockne, entfernt zu große Mengen Zinkacetat durch Ausziehen mit warmem Alkohol, löst den Rückstand in Wasser, filtriert und dampft nochmals ein. Ein Körnchen des Rückstandes wird in einem Tropfen Wasser gelöst und mit einem Körnchen Ceronitrat verrührt, worauf man nach $^1/_4$—$^1/_2$ Stunde unter dem Mikroskope bei 200—300facher Vergrößerung Pentagondodekaeder und radialstrahlige Scheibchen von Ceroformiat erblickt.

β) Quantitative Bestimmung nach Fincke[4]. 100 ccm des Fruchtsaftes, die nicht mehr als 25 g Zucker enthalten dürfen, werden in einem 500 ccm fassenden Kolben mit 0,5 g Weinsäure versetzt und darauf der Destillation im Wasserdampfstrome unterzogen. Durch Regulierung der Flamme ist dafür zu sorgen, daß das Volumen im Destillierkolben möglichst unverändert bleibt, und daß keine Caramelisierung eintritt. Ein gut wirkender Destillationsaufsatz muß jedes Überreißen von Flüssigkeit verhindern. An den Destillationskolben ist ein gleich großer Kolben angeschlossen, in dem sich in 100 ccm Wasser aufgeschwemmt so viel Calciumcarbonat befindet, daß es die zur Neutralisation der flüchtigen Säuren erforderliche Menge um 2 g überschreitet. Zur Einleitung des Dampfes benutzt man ein unten zugeschmolzenes Rohr, das dicht über dem unteren Ende 4 in einer Horizontalebene angeordnete gebogene Röhren mit feiner Öffnung trägt. Auch der Inhalt des zweiten Kolbens, der durch einen gut wirkenden Destillationsaufsatz mit dem Liebigschen Kühler verbunden ist, wird durch eine kleine Flamme in der Weise erhitzt, daß das Volum unverändert bleibt. Zum völligen Abtreiben der Ameisensäure sind 1000—1500 ccm Destillat erforderlich. In dem Calciumcarbonat enthaltenden Kolben bleiben alle Säuren, die stärker als Kohlensäure sind, (Ameisensäure, Essigsäure usw.) zurück, während Aldehyde und sonstige störende Stoffe durchgehen. Der Inhalt des zweiten Kolbens wird nun abfiltriert, das Calciumcarbonat mit heißem Wasser gut ausgewaschen und das Filtrat (das sog. „Kalkfiltrat") so weit eingedampft, daß das Volum bei Anwesenheit von

---

[1] Smith: Journ. Amer. Chem. Soc. 1907, **29**, 1236. Vgl. Serger: Chem.-Ztg. 1911, **35**, 1151. [2] Enzio Comanducci: Zeitschr. analyt. Chem. 1906, **45**, 515.

[3] Behrens: Anleitung zur mikroskopischen Analyse der organischen Verbindungen, Heft 4. [4] Fincke: Z. 1911, **21**, 1; 1911, **22**, 88; 1913, **25**, 386.

höchstens 100 mg Ameisensäure 50—100 ccm, bei höherem Gehalte an Ameisensäure 100—300 ccm beträgt. Die Lösung kann zur gewichtsanalytischen oder maßanalytischen Bestimmung benutzt werden.

Zur gewichtsanalytischen Bestimmung versetzt man sie in einem ERLENMEYER-Kolben mit 3—5 g Natriumacetat, 2 g Natriumchlorid und einem mindestens das 15fache der Ameisensäuremenge betragenden Gewicht Quecksilberchlorid[1] und stellt den Kolben nach Aufsetzen eines 30—40 cm langen Kühlrohres 2 Stunden lang bis an den Hals in ein siedendes Wasserbad. Das ausgeschiedene Quecksilberchlorür wird in einem mit Asbest beschickten Goochtiegel abgesaugt und zunächst mit warmem Wasser, darauf mit Alkohol und zuletzt mit Äther ausgewaschen. Der $^3/_4$—1 Stunde im Wassertrockenschranke getrocknete Tiegel wird nach dem Erkalten gewogen. Zur Verhinderung von Gewichtsschwankungen empfiehlt es sich, ihn in eine Wägekapsel einzuschließen. 1 g Hg_2Cl_2 = 0,09771 g Ameisensäure.

Zur maßanalytischen Bestimmung[2] bringt man das auf ein kleines Volumen eingedampfte Kalkfiltrat mit 3 g Natriumacetat in ein langhalsiges Meßkölbchen von 100 ccm Inhalt und fügt von einer Sublimatlösung (genau 58,87 g $HgCl_2$ + 15 g NaCl zu 1 Liter; 1 ccm = 5,0 mg Ameisensäure) so viel hinzu, als dem vermuteten Ameisensäuregehalte zuzüglich 30—50 mg entspricht. Das Kölbchen, das nicht ganz gefüllt sein darf, wird für 2 Stunden bis an den Hals in ein siedendes Wasserbad gestellt, nach dem Abkühlen zur Marke aufgefüllt und der Inhalt durch ein trockenes Filter gegossen unter Verwerfung der zuerst durchlaufenden Flüssigkeit. Das Filtrat füllt man in eine Bürette und titriert damit 2 ccm einer 1,25 normalen Jodkaliumlösung (20,7 g KJ zu 100 ccm) — unter Vermeidung einer Verdünnung durch Spülwasser — bis zum ersten Auftreten einer rötlichen Trübung.

Die Umsetzung erfolgt nach den Gleichungen:

$$HgCl_2 + 4\,KJ = HgJ_2 . 2\,KJ + 2\,KCl$$
$$HgJ_2 \cdot 2\,KJ + HgCl_2 = 2\,HgJ_2 + 2\,KCl,$$

d. h. es entsteht zunächst das lösliche farblose Doppelsalz: $HgJ_2 \cdot 2\,KJ$, und erst wenn kein Jodkalium zur Bildung dieses Doppelsalzes mehr verfügbar ist, eine bleibende Fällung von rotem Quecksilberjodid. Die Ausscheidung tritt jedoch etwas früher ein, als theoretisch zu erwarten steht, und zur Ausschaltung dieser Fehlerquelle, die nur von der Konzentration abhängt, muß daher eine Korrektur angebracht werden.

Sind v ccm des Filtrates verbraucht worden, so entnimmt man der folgenden Tabelle den Faktor f, mit dem v multipliziert werden muß, um die dem angewandten Jodkalium äquivalente Menge $HgCl_2$-Lösung zu finden:

v	f	v	f	v	f	v	f
20	1,036	35	1,052	50	1,069	65	1,084
25	1,042	40	1,058	55	1,074	70	1,090
30	1,047	45	1,063	60	1,079	75	1,095

Die Jodkaliumlösung muß frei von Brom und Chlor sein, was durch Titration einer gewogenen Menge des Salzes mit Silbernitratlösung festgestellt wird. Auch die Titerstellung der Jodkaliumlösung erfolgt mit Hilfe von $^1/_{10}$ N.-Silbernitratlösung. Wurden davon n ccm für die 2 ccm Jodkaliumlösung verbraucht, so ist das Ameisensäureäquivalent der letzteren = $n \times 0{,}0125 \times 46{,}015$ mg.

Die Berechnung der Analyse gestaltet sich in folgender Weise: Sind v ccm des Filtrates verbraucht, so ist das Produkt $f \cdot v$ den 2 ccm Kaliumjodid äquivalent. Bedeutet j die den 2 ccm Jodkaliumlösung entsprechende Ameisen-

[1] In Form der wäßrigen Lösung von 100 g $HgCl_2$ und 30 g NaCl zu 1 Liter.
[2] FR. AUERBACH u. W. PLÜDDEMANN: Arb. kaiserl. Gesundh.-Amt 1906, **30**, 178.

säuremenge, so entspricht die in den ganzen 100 ccm Lösung enthaltene Menge Quecksilberchlorid $\frac{j \times 100}{f \cdot v}$ mg Ameisensäure. Bezeichnet man schließlich mit h das in Milligramm ausgedrückte Äquivalent der vorgelegten Quecksilberchloridlösung, so sind in der untersuchten Probe $h - \frac{j \cdot 100}{f \cdot v}$ mg Ameisensäure enthalten.

Zur Erlangung richtiger Werte ist nach FINCKE die Beachtung folgender Punkte von Wichtigkeit: Da Ameisensäure schwerer flüchtig ist, als meist angenommen wird, muß mindestens 500 ccm Destillat übergetrieben werden. Zum Ansäuern darf nur eine organische Säure (z. B. Weinsäure) genommen werden, da anorganische Säuren den Zucker unter Bildung von Ameisensäure zersetzen können. Aus dem gleichen Grunde muß ein zu hoher Zuckergehalt, sowie eine Verringerung des Flüssigkeitsvolums bei der Destillation und eine zu starke Erhitzung (Caramelisation) vermieden werden. Durch einen geeigneten Destillationsaufsatz ist dafür zu sorgen, daß kein Zucker, der ebenfalls Quecksilberchlorid reduziert, überspritzt. Die durch Aldehyde bewirkten Fehler werden durch die Zwischenschaltung der Calciumcarbonatanschlämmung beseitigt, die aber nicht durch Alkali ersetzt werden darf, weil dieses Aldehydharze zurückhalten und andererseits Formaldehyd zu Ameisensäure oxydieren kann.

Eine Abänderung des Verfahrens ist nur nötig bei Gegenwart von Schwefliger Säure, die reduzierend wirkt, und von Salicylsäure, die ein unlösliches Doppelsalz bildet.

Bei Gegenwart von Schwefliger Säure versetzt man das auf etwa 100 ccm eingedampfte „Kalkfiltrat" mit 1 ccm N.-Natronlauge und 5 ccm 3%igem Wasserstoffsuperoxyd, und läßt 4 Stunden stehen, wobei die Schweflige Säure völlig oxydiert wird, die Ameisensäure aber unverändert bleibt. Den Überschuß an Wasserstoffsuperoxyd entfernt man durch etwas frisch gefälltes Quecksilberoxyd in solchem Überschusse, daß der Bodensatz nach dem Aufhören der Gasentwicklung noch teilweise rot erscheint, filtriert, wäscht gut aus und bestimmt die Ameisensäure wie oben.

Wenn Salicylsäure zugegen ist, so gibt man zu der Lösung vor dem Erhitzen mit Quecksilberchlorid 2 g Kochsalz hinzu, wodurch das Ausfallen des Doppelsalzes verhindert wird.

Das Verfahren von FINCKE wird zur Zeit als maßgebend anerkannt, soll aber nach GEZA VON SZELENYI[1] oft etwas zu niedrige Ergebnisse liefern, weil die zugesetzte Quecksilberchloridmenge nicht immer ausreicht und auf das 100fache der zu erwartenden Ameisensäure erhöht werden müßte. Verf. hat daher folgende beiden Schnellmethoden empfohlen.

γ) Bromessigmethode. Das nach Vorschrift FINCKEs erhaltene Destillat von 10—30 ccm Fruchtsaft oder 30 g Fruchtsirup wird filtriert und die klare Lösung des Calciumformiats auf 50—100 ccm eingedampft. Man bringt die Substanz in eine 300 ccm fassende Glasstöpselflasche, gibt 5 ccm 10%iger Natriumacetatlösung und 15 oder 20 ccm 0,1 N.-Bromessigsäure hinzu und läßt die verschlossene Flasche $^1/_2$ Stunde stehen. Alsdann werden die Proben mit 5 ccm 10%-iger Jodkaliumlösung versetzt und mit 0,1 N.-Thiosulfatlösung titriert. Die Differenz zwischen angewandter Bromessigsäure und verbrauchter Thiosulfatlösung ergibt, mit 2,3 multipliziert, die Milligramm Ameisensäure. In einem blinden Versuche ist der Titer der Bromessigsäure gegen die Thiosulfatlösung einzustellen.

δ) Permanganatmethode. Das Destillat, das noch die Calciumcarbonatanschlämmung enthalten darf und 200—300 ccm beträgt, wird in einem 500-ccm-Erlenmeyer mit 10 ccm 10%iger Natriumcarbonatlösung aufgekocht. Dann läßt man schnell 20 ccm 0,1 N.-Permanganatlösung zufließen, mischt gut durch, gibt nach einer Minute 1—2 ccm 10%iger Zinksulfatlösung hinzu, rührt gut um und titriert den Permanganatüberschuß mit 0,1 N.-arseniger Säure zurück.

Die Bromessigsäuremethode gibt bei Fruchtsäften und -sirupen einwandfreie Resultate, die Permanganatmethode hingegen nur bei Fruchtsäften, während sie bei Fruchtsirupen lediglich zur orientierenden Bestimmung dient.

Eine gasvolumetrische Makro- und Mikrobestimmung hat A. HANAK[2] ausgearbeitet.

[1] GEZA VON SZELENYI: Z. 1932, **63**, 534.
[2] A. HANAK: Z. 1930, **60**, 403. Vgl. RÖHRIG: Z. 1910, **19**, 1.

Auf einige ältere Oxydationsmethoden von A. Sieben[1] (Kaliumpermanganat), E. Rupp[2] (Brom und Natronlauge), Joseph[3] (Bromwasser), A. Béhal[4] (Jodsäure), F. Freyer[5] (Kaliumbichromat) und Macnair[6] (Kaliumbichromat und konzentrierte Schwefelsäure) kann nur verwiesen werden, ebenso auf das von Th. Merl[7], A. Röhrig[8] u. a. empfohlene und modifizierte Verfahren von M. Weger[9], bei dem die Ameisensäure mit konzentrierter Schwefelsäure in Wasser und Kohlenoxyd zerlegt und das letztere im Eudiometer oder Azotometer gemessen wird.

Von Vorläufern der Quecksilberchloridmethode, die von Fincke bereits berücksichtigt worden sind, seien noch erwähnt die Arbeiten von Pates und Ruyssen[10], Scala[11], Coutelle[12], A. Leys[13], Auerbach und Plüddemann[14], Denigès[15], H. Franzen und G. Greve[16].

6. Salicylsäure. α) Qualitativer Nachweis. 50 ccm des schwach alkalisch gemachten Fruchtsaftes werden zur Entfernung etwa vorhandenen Alkohols auf dem Wasserbade erhitzt, darauf mit Phosphorsäure angesäuert und mit einer Mischung von 3 Teilen niedrig siedendem, frisch destilliertem Petroläther und 2 Teilen Chloroform mehrmals ausgeschüttelt[17]. Die vereinigten Auszüge werden filtriert und nach dem Auswaschen des Filters mit der Petrolätherchloroformmischung zu einem bestimmten Volum (etwa 100 ccm) aufgefüllt. 20 ccm der Lösung schüttelt man mit 2—3 ccm Wasser und 1—2 Tropfen Eisenchlorid- oder verdünnter Eisenalaunlösung (1:100), worauf die wäßrige Schicht bei Gegenwart von Salicylsäure die bekannte violette Farbe annimmt; oder man dampft einen aliquoten Teil (20 ccm) bei niedriger Temperatur zur Trockne und versetzt den in Wasser aufgenommenen Rückstand mit Millons Reagens. Rotfärbung deutet auf Salicylsäure.

Wenn man statt des Spaethschen Gemisches Äther zum Ausschütteln verwendet, geht leicht Gerbsäure in Lösung und stört die Farbenreaktion. Sie muß in solchen Fällen dadurch unschädlich gemacht werden, daß man den Fruchtsaft nach W. L. Dubois[18] mit Ammoniak und Kalkwasser versetzt und das Filtrat von dem Niederschlage nach dem Ansäuern mit Salzsäure mit Äther ausschüttelt. Oder man fällt nach dem Vorschlage von Harvy und Mummery[19] zunächst mit 15—20 ccm Bleiessig und 25 ccm N.-Natronlauge, setzt dann 15—20 ccm N.-Salzsäure hinzu, filtriert und schüttelt das mit Salzsäure angesäuerte Filtrat mit Äther aus. Zur Ausschaltung der Gerbsäure ist später von Schmitz-Dumont[20], sowie von der Heide und Jacob[21] Ausschüttelung mit Chloroform, von Cattini[22] diejenige mit Toluol empfohlen worden. Allen Verfahren ist dasjenige von Spaeth vorzuziehen. Weitere Reaktionen siehe Bd. II, 2, S. 1136.

β) Quantitative Bestimmung. Da viele Früchte, besonders Himbeeren, von Natur aus Salicylsäure enthalten, muß zum exakten Nachweise eines Zusatzes die quantitative Bestimmung ausgeführt werden.

---

1 A. Sieben: Monatsh. Chem. 1894, **14**, 746; Zeitschr. analyt. Chem. 1894, **33**, 471.
2 E. Rupp: Zeitschr. analyt. Chem. 1906, **45**, 256, 535.
3 Joseph: Journ. Soc. chem. Ind. 1910, **29**, 1189; **Z.** 1912, **23**, 226.
4 A. Béhal: Ann. Chim. Phys. **26**, 411; Zeitschr. analyt. Chem. 1903, **42**, 535.
5 F. Freyer: Chem.-Ztg. 1895, **19**, 1184.
6 Macnair: Zeitschr. analyt. Chem. 1888, **27**, 398.
7 Th. Merl: **Z.** 1908, **16**, 385. 8 A. Röhrig: **Z.** 1910, **19**, 1.
9 M. Weger: Zeitschr. analyt. Chem. 1903, **42**, 427.
10 Pates u. Ruyssen: Zeitschr. analyt. Chem. 1877, **16**, 250.
11 Scala: Zeitschr. analyt. Chem. 1892, **31**, 346.
12 Coutelle: Journ. prakt. Chem. 1906, **73**, 67.
13 A. Leys: Bull. Soc. Chim. 1898, **19**, 472.
14 Auerbach u. Plüddemann: Arb. kaiserl. Gesundh.-Amt 1909, **30**, 178.
15 Denigès: Zeitschr. analyt. Chem. 1910, **49**, 123.
16 H. Franzen u. G. Greve: Journ. prakt. Chem. 1909, **80**, 368.
17 E. Spaeth: **Z.** 1901, **4**, 925.
18 W. L. Dubois: Journ. Amer. Chem. Soc. 1906, **28**, 1616; **Z.** 1907, **13**, 656.
19 Harvy u. Mummery: Analyst 1905, **30**, 127; **Z.** 1906, **11**, 483.
20 Schmitz-Dumont: Zeitschr. öffentl. Chem. 1903, **9**, 21.
21 von der Heide u. Jacob: **Z.** 1910, **19**, 137.
22 Cattini: Boll. chim. farmac. 1910, **49**, 641. Vgl. H. Serger: Chem.-Ztg. 1911, **35**, 1167.

In der Regel wird hierfür das colorimetrische Verfahren ausreichen, nach dem man den oben erhaltenen Rückstand mit verdünntem Alkohol aufnimmt, die nicht mehr als 2 mg Salicylsäure enthaltende Lösung mit einigen Tropfen Eisenoxydammonalaunlösung (1%) versetzt und die entstehende Färbung mit derjenigen einer Lösung von bekanntem Gehalte (1 mg Salicylsäure in 500 ccm) vergleicht.

Zur direkten Wägung der Salicylsäure kann man auch das im Abschnitte Fleisch (Bd. III, S. 753) besprochene Verfahren von SPAETH sowie für noch genauere Bestimmungen das von FRESENIUS-GRÜNHUT[1] abgeänderte FREYERsche[2] Verfahren oder die Methode von TH. v. FELLENBERG[3] anwenden.

Bei Anwesenheit von Saccharin gibt die Methode nach Untersuchungen von G. BONAMARTINI[4] keine sicheren Resultate. Man kann sie aber in diesem Falle mit dem Saccharinnachweise verbinden, indem man zunächst die Salicylsäure durch Brom ausfällt, dann aus dem Filtrate das überschüssige Brom durch Erwärmen entfernt und nach dem Ansäuern mit Schwefelsäure das Saccharin mit Ätherpetroläther ausschüttelt. Der beim Eindunsten hinterbleibende Rückstand wird auf Saccharin geprüft.

Methoden, die auf dem Abdestillieren der Salicylsäure beruhen, sind von H. PELLET[5] und von CASSAL[6] mitgeteilt worden. Der letztere und ebenso VIERHOUT[7] titriert die abgeschiedene und gereinigte Salicylsäure mit 0,1 N.-Lauge, während CATTINI[8] die neutralisierte Lösung eindampft und verascht, die Asche darauf in Natriumchlorid überführt und das Chlor titriert. HEINTZ und LIMPRICH[9] haben noch ein einfaches colorimetrisches Verfahren angegeben. Vgl. weiter Bd. II, 2, S. 1137.

7. Fluorwasserstoffsäure. Der qualitative Nachweis dieser gefährlichen Substanz, die früher vielfach zur Konservierung von Rohsäften benutzt wurde, erfolgt mit Hilfe der Glasätzprobe nach der im Abschnitte Fleisch, Bd. III, 746 sowie Bd. II, 2, 1246 beschriebenen amtlichen Vorschrift. Zur Abscheidung der Flußsäure aus den Obsterzeugnissen kann man diese nach der von BLAREZ modifizierten VANDAMSschen Methode[10] mit einigen Tropfen 20%iger Natriumacetatlösung und 10 ccm 10%iger Bariumacetatlösung auf 200 ccm Fruchtsaft in der Kälte ausfällen und den nach 12 Stunden abfiltrierten Niederschlag zu der Ätzprobe verwenden. Es genügt auch, den Fruchtsaft mit Kalkmilch stark alkalisch zu machen, den abfiltrierten Niederschlag zu veraschen und wie oben weiter zu behandeln.

Die quantitative Bestimmung erfolgt nach der maßanalytischen Methode von GREEF-NOETZEL[11], die in Bd. II, 2, S. 1247 beschrieben ist.

i) Prüfung auf Kunsterzeugnisse.

Ein Urteil darüber, ob ein natürlicher Citronensaft oder eine einfache Citronensäurelösung vorliegt, gewährt neben der unter 3 q (S. 641) erwähnten Überschichtung mit Alkohol (Pektin) die Ammoniakprobe. Versetzt man nämlich natürlichen Citronensaft mit Ammoniak in geringem Überschusse, so wird er meist dunkelbraun, während Kunstprodukte farblos bleiben.

---

1 FRESENIUS-GRÜNHUT: Zeitschr. analyt. Chem. 1899, **38**, 299.
2 FREYER: Chem.-Ztg. 1896, **20**, 820. 3 TH. v. FELLENBERG: Z. 1910, **20**, 63.
4 G. BONAMARTINI: Rev. intern. Falsif. 1906, **19**, 39; Z. 1907, **14**, 302.
5 H. PELLET: Ann. Chim. analyt. appl. 1901, **6**, 364; Z. 1902, **5**, 684.
6 CASSAL: Chem. News **101**, 289; Zeitschr. analyt. Chem. 1913, **52**, 497.
7 VIERHOUT: Z. 1911, **21**, 664.
8 CATTINI: Boll. chim. farmac. 1910, **49**, 641. Vgl. H. SERGER: Chem.-Ztg. 1911, **35**, 1167.
9 HEINTZ u. LIMPRICH: Z. 1913, **25**, 704.
10 VANDAMS: Bull. Soc. Pharmac., Bordeaux 1904. Vgl. KICKTON u. BEHNKE: Z. 1910, **20**, 193. — SARTORI: Chem.-Ztg. 1912, **36**, 229.
11 GREEF-NOETZEL: Z. 1925, **49**, 31.

Wertvolleren Aufschluß über die Anwesenheit von natürlichem Preßsaft gewähren folgende 3 von TILLMANS und seinen Schülern ausgearbeiteten Methoden:

α) Formoltitration[1]. Man neutralisiert 10 ccm Saft zunächst mit starker, dann mit titrierter Lauge zum Phenolphthaleinumschlag, setzt darauf 10 ccm einer 40%igen Formalinlösung, die ebenfalls zur ganz schwachen Rosafärbung neutralisiert war, hinzu und titriert zu Ende. Der Verbrauch ist bei Kunstprodukten Null, bei natürlichen Säften 2,1—2,6 ccm 0,1 N.-Lauge für 10 ccm, bei sehr alten Säften sogar bis zu 6,15 ccm.

β) Reduktionsvermögen[2]. Neutralisiert man 10 ccm Saft mit Natronlauge gegen Lackmus (Tüpfeln), macht mit wenig Säure wieder schwach sauer und setzt dann einige Tropfen einer Lösung von 0,1345 g 2,6-Dichlorophenolindophenol in 100 ccm Phosphatpufferlösung der Stufe 7 hinzu (62 ccm $^1/_{15}$ Mol. $Na_2HPO_4 + 2H_2O$ und 38 ccm $^1/_{15}$ Mol. KH_2PO_4), so bleibt künstlicher Saft dauernd blau, während natürlicher Saft entfärbt wird und bis zum Wiederauftreten der Färbung etwa 17 ccm der Farblösung verbraucht.

γ) Chloraminwert nach TILLMANS und HOLLATZ[3]. Zur Ausführung der Bestimmung gebraucht man eine Auflösung von 0,1 g Tolidin in 25 ccm Alkohol, die mit Wasser zu 100 ccm aufgefüllt wird, und eine 0,1 N.-Chloraminlösung (14,082 g in 1 Liter). Zur Einstellung versetzt man 20 ccm der letzteren mit 0,5 g Jodkalium und 10 ccm verdünnter Schwefelsäure und titriert das freie Jod mit 0,1 N.-Thiosulfat (Stärke) zurück.

1 ccm Citronensaft versetzt man mit steigenden Mengen (1—10 ccm) 0,01 N.-Chloraminlösung, gibt nach $^1/_2$ Stunde 5 Tropfen der Tolidinlösung hinzu und beobachtet, bei welcher Menge Umschlag nach Rot eintritt. Bei stark gefärbten Säften kann man auch einen Überschuß an Chloramin verwenden und die nicht verbrauchte Menge nach Zusatz von Jodkalium, verdünnter Schwefelsäure und Stärke mit Thiosulfat zurücktitrieren. Echte Citronensäfte (und Orangensäfte) verbrauchen für 1 ccm 8—10 ccm 0,01 N.-Chloraminlösung, Kunstprodukte nur 0,7—1,5 ccm. Das Verhältnis des in Kubikzentimetern N.-Säure ausgedrückten Säuregehalts zum Chloraminwert beträgt bei echtem Citronensaft etwa 1:10, bei Orangensaft etwa 1:40.

Als maßgebende Kennziffer ist aber auf alle Fälle der sog. totale Extraktrest zu ermitteln.

δ) Totaler Extraktrest. Für die Beurteilung des Citronensaftes hat K. FARNSTEINER[4] den Begriff des „Totalen Extraktrestes" eingeführt, das heißt der nach Abzug aller analytisch bestimmbaren Stoffe, insbesondere der Säure, des Zuckers, der Mineralstoffe und des Glycerins von der Gesamtmenge der nichtflüchtigen gelösten Stoffe erhaltenen Differenz. Ihre Ermittelung setzt also in erster Linie die exakte Bestimmung des Extraktes voraus.

Wie FARNSTEINER zeigte, kann das direkte Eindampfen des Citronensaftes und das Trocknen des Rückstandes keine richtigen Werte ergeben, weil einerseits der Zucker Zersetzungen erleidet und weil andererseits die Citronensäure Wasser zurückhält, ohne jedoch in die Formel $C_6H_8O_7 + H_2O$ überzugehen. Es ist daher erforderlich, den Extraktgehalt auf indirektem Wege mit Hilfe des Spezifischen Gewichtes der entgeisteten Flüssigkeit zu bestimmen. Die von WINDISCH entworfene Zuckertabelle, die für Wein und zuckerreiche Obstsäfte und -sirupe allgemeine Anwendung findet, ist aber für Citronensaft nicht brauchbar, weil dessen Trockensubstanz zu 60—75% aus Citronensäure besteht, das Spez. Gewicht

[1] J. TILLMANS u. KIESGEN: Z. 1927, 53, 132.
[2] J. TILLMANS, P. HIRSCH u. E. REINSHAGEN: Z. 1928, 56, 272; 1927, 54, 42.
[3] J. TILLMANS u. G. HOLLATZ: Z. 1929, 57, 489.
[4] K. FARNSTEINER: Z. 1903, 6, 1.

wäßriger Citronensäurelösungen aber von demjenigen wäßriger Zuckerlösungen stark abweicht.

FARNSTEINER hat daher auf Grund der ursprünglichen Formel von E. TABARIÉ[1], deren Bedeutung von FRESENIUS und GRÜNHUT[2] einer eingehenden kritischen Würdigung unterzogen worden ist, folgende Tabelle berechnet, die für die Werte von $S = 1{,}019$ bis $S = 1{,}114$ Geltung hat und auf der Gleichung $C = (S - 1)\ 236{,}6 + [(S - 1)\ 100]^2 \,.\, 0{,}007413$ beruht. Hierin bedeutet: C Gramme $C_6H_7O_8$ in 100 ccm $\left(\frac{15^0}{4^0}\right)$; $S\ 15^0$: Spez. Gewicht der Lösung bei 15^0, bezogen auf Wasser von 15^0.

$S\frac{15^0}{15^0}$	C	$S\frac{15^0}{15^0}$	C	$S\frac{15^0}{15^0}$	C	$S\frac{15^0}{15^0}$	C
1,020	4,762	1,030	7,165	1,040	9,582	1,050	12,015
21	5,001	31	7,406	41	9,825	51	12,259
22	5,241	32	7,647	42	10,068	52	12,503
23	5,481	33	7,888	43	10,311	53	12,748
24	5,721	34	8,130	44	10,554	54	12,992
25	5,961	35	8,372	45	10,797	55	13,237
26	6,202	36	8,614	46	11,040	56	13,482
27	6,442	37	8,856	47	11,284	57	13,727
28	6,683	38	9,098	48	11,528	58	13,972
29	6,924	39	9,340	49	11,771	59	14,217

Diese Tabelle führt nur bei gewöhnlichen Citronensäften, deren Trockensubstanz größtenteils aus Citronensäure besteht, zum Ziel; sie versagt jedoch bei solchen Erzeugnissen, die einen Zusatz von Zucker erhalten haben, wie er früher vielfach in Höhe von 8—10% gemacht wurde. Bei diesen muß daher das sog. Additionsverfahren von FARNSTEINER[3] herangezogen werden, das die Spez. Gewichte sämtlicher analytisch erfaßbaren Einzelbestandteile nach folgendem Gedankengange berücksichtigt:

Die Angabe, das Spez. Gewicht einer wäßrigen Lösung sei 1,0325, besagt, daß 1 ccm der Lösung 32,5 mg mehr wiegt als 1 ccm Wasser. Dieser Gewichtsüberschuß $a = (S - 1)\ 1000$ wird von sämtlichen gelösten Stoffen beeinflußt und kann nach den sorgfältigen Versuchen FARNSTEINERs für praktische Verhältnisse mit hinreichender Genauigkeit als die Summe der entsprechenden einzelnen Überschüsse angesehen werden, so daß $a = a_1 + a_2 + a_3 + \ldots + a_n$.

Für die Zwecke der Fruchtsaftanalyse berechnet man daher die Werte von a_1 bis a_4 für die Gesamtcitronensäure (a_c), den Gesamtzucker (a_z), das Kaliumcitrat ($a_m + {}_c$) und das Glycerin (a_g), addiert alle Zahlen und subtrahiert die Summe von a_ε, d. h. (S_E (corrig) — 1) 1000. Die Differenz a_e ist auf Rechnung der nicht bestimmbaren Extraktstoffe, des sog. totalen Extraktrestes (e) zu setzen, der als Invertzucker angegeben wird.

Die praktische Bestimmung gestaltet sich nun unter Benutzung der von FARNSTEINER an selbst hergestellten Lösungen abgeleiteten Konstanten folgendermaßen: a_c der Wert für die Gesamtcitronensäure, richtiger die Summe der freien und der veresterten Citronensäure (s. 3 h) wird für kleinere Gehalte durch Multiplikation der Gesamtcitronensäure mit 4,27 berechnet, für genauere Analysen der folgenden Tabelle entnommen:

[1] E. TABARIÉ: Poggendorffs Ann. Phys. Chem. 1830, 20, 625.
[3] FRESENIUS u. GRÜNHUT: Zeitschr. analyt. Chem. 1912, 51, 23.
[3] FARNSTEINER: Z. 1904, 8, 593.

Tabelle 32. Ermittelung des Wertes *ac*.

g $C_6H_8O_7$ in 100 ccm	Zehntelgramme									
	0,0	0,1	0,2	0,3	0,4	0,5	0,6	0,7	0,8	0,9
1	4,22	4,64	5,06	5,48	5,91	6,33	6,75	7,17	7,59	8,02
2	8,44	8,86	9,27	9,69	10,11	10,53	10,95	11,37	11,79	12,21
3	12,63	13,05	13,46	13,88	14,30	14,72	15,14	15,56	15,98	16,40
4	16,82	17,23	17,65	18,07	18,49	18,91	19,32	19,74	20,16	20,57
5	20,99	21,41	21,82	22,24	22,66	23,07	23,49	23,91	24,32	24,74
6	25,16	25,57	25,99	26,41	26,83	27,24	27,66	28,07	28,49	28,90
7	29,32	29,73	30,14	30,56	30,97	31,39	31,80	32,22	32,63	33,05
8	33,46	33,88	34,29	34,70	35,12	35,53	35,94	36,35	36,77	37,18
9	37,59	38,01	38,42	38,83	39,25	39,66	40,07	40,49	40,90	41,31
10	41,72	42,13	42,54	42,95	43,37	43,78	44,19	44,60	45,01	45,42
11	45,84	46,25	46,66	47,06	47,47	47,88	48,29	48,70	49,11	49,52
12	49,93	50,34	50,75	51,16	51,57	51,98	52,39	52,80	53,21	53,62
13	54,03	54,44	54,85	55,26	55,66	56,07	56,48	56,89	57,30	57,71
14	58,11	58,52	58,93	—	—	—	—	—	—	—

a_z, den Wert für den Gesamtzucker (s. 3 p) entnimmt man der amtlichen Zuckertabelle;

a_{m+c}, der Wert für Kaliumcitrat wird erhalten, indem man die Summe der Asche und an diese gebundenen Citronensäure (s. 3 n) mit 7 multipliziert;

a_g, der Wert für Glycerin ergibt sich durch Multiplikation des Glyceringehaltes (s. S. 629) mit 2,39. Falls man zu der Bestimmung des Glycerins die mangelhafte Methode der Weinvorschrift, die auch bei völlig unvergorenen Säften bis zu 0,3% scheinbares Glycerin liefert, benutzt hat, muß man von dem gefundenen Rohglycerin 0,3 abziehen und die Differenz mit 2,39 multiplizieren. Bei dem genaueren Verfahren von BENEDIKT-ZSIGMONDY und der Jodmethylmethode fällt diese Korrektur fort.

Beispiel der Berechnung. Als konkretes Beispiel für die Art der Berechnung sei folgende im Dresdener Untersuchungsamte ausgeführte Analyse eines Citronensaftes angefügt:

1.	Spez. Gewicht des Saftes	1,04164
2.	Spez. Gewicht des entgeisteten Saftes	1,04344
3.	Alkohol	0,960 g
4.	Freie Gesamtsäure als Citronensäure	5,160 g
5.	Flüchtige Säuren als Citronensäure	0,152 g
6.	Freie Citronensäure	5,008 g
7.	Citronensäure in Form von Estern	0,102 g
8.	Gesamtcitronensäure	5,110 g
9.	Alkohol in Form von Citronensäureester (0,102 × 0,719) (entsprechendes Spez. Gewicht 0,99986)	0,073 g
10.	Korrigiertes Spez. Gewicht (1,04344—0,99986) + 1	1,04358
11.	Asche	0,356 g
	Alkalität	3,960 ccm
12.	Mineralstoffe + gebundene Citronensäure (0,356 + 3,960 × 0,033)	0,487 g
13.	Gesamtzucker	3,955 g
16.	Glycerin	0,465 g
23.	Totaler Extraktrest:	
	a_c (Gesamtcitronensäure nach FARNSTEINERS Tabelle)	21,454
	a_z (Gesamtzucker nach der Tabelle von WINDISCH)	15,317
	a_{m+c} (Asche + gebundene Citronensäure) × 7	3,409
	a_g (Glycerin — 0,3) × 2,39	0,394
	$a_c + a_z + a_{m+c} + a_g$	= 40,574

Nach dem korrigierten Spez. Gewichte (s. 3 k) ist $a_s = 43{,}580$, a_e demnach 43,580 — 40,574 = 3,006.

Der entsprechende Wert für den totalen Extraktrest ergibt sich aus der amtlichen Zuckertabelle zu: $a = 0{,}77$.

Im Hinblick auf den Umstand, daß die Citronensäfte bisweilen zum Zwecke der Konservierung mit beträchtlichen Mengen Alkohol versetzt werden, erscheint es zweckmäßig, alle analytischen Werte auf alkoholfreien Saft zu berechnen.

Analysen nachgemachter Citronensäfte sind von K. FARNSTEINER[1] sowie A. BEYTHIEN und P. BOHRISCH[2] veröffentlicht worden.

k) Beurteilung auf Grund der chemischen Analyse.

Im Hinblick auf die schwankende Zusammensetzung der Obstsäfte seien noch einige allgemeine Angaben über die Deutung der Analyse angefügt. Von den Fruchtsäften gelangt, abgesehen von den Süßmosten und den Obstgetränken, fast nur der Citronensaft zum direkten Konsum, während die übrigen Rohsäfte von Himbeeren, Erdbeeren, Kirschen usw. meist Halbfabrikate der Industrie sind und zur Herstellung der Fruchtsirupe dienen. Es erscheint zweckmäßig, zunächst die letzteren und anschließend die anderen Gruppen zu besprechen.

a) Rohsäfte. Als wertvolles Kennzeichen eines natürlichen Fruchtsaftes gilt in erster Linie der Gehalt an Asche und deren Alkalität, die zuerst von E. SPAETH[3] zur Grundlage der Beurteilung empfohlen worden sind und ohne weiteres die Erkennung ungeschickt hergestellter Kunstprodukte ermöglichen.

In der Regel beträgt der Aschengehalt reiner Himbeersäfte 0,5—0,6 g und die Alkalität der Asche 5—7 ccm N.-Lauge, wenngleich wohl zu beachten ist, daß durch den Einfluß klimatischer Verhältnisse, durch Witterung, Düngung, Bodenbeschaffenheit und Art der Pflanzen ziemlich beträchtliche Abweichungen nach oben und unten herbeigeführt werden können. Um hierdurch bedingte Irrtümer so weit als möglich auszuschalten, hat die Zeitschrift für Untersuchung der Lebensmittel eine Fruchtsaftstatistik ins Leben gerufen, die alle von den Fachgenossen an selbst gepreßten Säften gewonnenen Analysenbefunde vereinigt und nach Jahrgängen zusammenstellt. Allerdings ist gegen dieses Verfahren der Einwand erhoben worden, daß die in Laboratoriumsversuchen an verhältnismäßig kleinen Beerenmengen erlangten Werte nicht dem Durchschnitte der Handelsware entsprechen[4], aber trotzdem bildet diese Fruchtstatistik eine brauchbare Grundlage der Beurteilung, weil für letztere unter Umständen die extremen Höchst- und Niedrigstwerte mit berücksichtigt werden müssen, wennschon man für die Handelserzeugnisse, bei denen sich die durch Standort und Klima bedingten Unterschiede mehr oder weniger ausgleichen, besser die Durchschnittszahlen zugrunde legen wird.

Auf alle Fälle muß aber nach den Erfahrungen von WINDISCH und SCHMIDT berücksichtigt werden, daß bei der Herstellung von Fruchtsäften im Laboratorium nach der Vorschrift des deutschen Arzneibuches sehr leicht Zersetzungen eintreten, und daß, neben bedeutenden Alkoholverlusten durch Eintrocknen, besonders die Gefahr der Essiggärung sehr groß ist. Zur Vermeidung des Essigstichs empfiehlt es sich daher, die gemahlene Fruchtmaische nicht in ein offenes Becherglas, sondern in eine Flasche zu bringen, und diese mit einem Gärverschluß zu versehen, der mit Wasser beschickt ist. Bei größeren Versuchen ist es noch besser, einen durchlochten Senkboden zu verwenden, der die Maische stets unter der Flüssigkeitsoberfläche hält.

Nach den Ergebnissen dieser Fruchtsaftstatistik[5] sind in den Jahren 1905—1912 für Himbeersaft folgende Durchschnittswerte ermittelt worden: Asche: 0,395—0,761%; Alkalität: 4,40—9,27 ccm; Alkalitätszahl, das ist Verhältnis von Alkalität zu Asche: 9,20—13,30.

---

[1] K. FARNSTEINER: Z. 1903, **6**, 20.

[2] A. BEYTHIEN u. P. BOHRISCH: Z. 1905, **9**, 450. [3] E. SPAETH: Z. 1901, **4**, 97.

[4] H. LÜHRIG: Z. 1905, **10**, 721; Pharm. Zentralh. 1907, **48**, 841.

[5] Z. 1905, **10**, 713; 1906, **12**, 721; 1908, **15**, 129; 1910, **19**, 159; 1910, **20**, 751; 1911, **22**, 733; 1912, **25**, 204.

Neben dieser Statistik hat auch der Bund der Deutschen Fruchtsaftindustriellen dauernd Himbeer- und Sauerkirschmuttersäfte der verschiedensten Herkunft durch seine Analysenkommission untersuchen lassen und auf Grund der erlangten Befunde Mindestwerte festgesetzt, die von der Handelsware nicht unterschritten werden dürfen. Diese Werte, die den amtlichen Untersuchungsanstalten regelmäßig zugestellt werden, betrugen für:

Himbeersaft:	1932 . . .	0,425%	Asche	bei	12facher	Alkalität
	1933 . . .	0,440%	„	„	$11^1/_2$facher	„
Sauerkirschsaft:	1932 . . .	0,560%	„	„	$12^1/_2$facher	„
	1933 . . .	0,650%	„	„	11facher	„

Hinsichtlich der Säfte anderer Beerenfrüchte (besonders der Johannisbeeren und Erdbeeren), bei denen ganz ähnliche Verhältnisse obwalten, sei auf die Fruchtsaftstatistik verwiesen.

Im allgemeinen zeigen die durch Verarbeitung großer Obstmengen hergestellten Erzeugnisse der Großindustrie eine bemerkenswerte Konstanz der Zusammensetzung, weil sich bei ihnen die Unterschiede der Einzelproben mehr oder weniger ausgleichen. Man wird daher eine übermäßige Erniedrigung der Aschengehalte und der Alkalität als Beweis für einen Wasserzusatz ansehen können, falls nicht etwa durch besondere Erörterungen dargetan werden sollte, daß es sich um große Mengen von unter ganz abnormen Verhältnissen gewachsenen Früchten handelt. In erster Linie kommen als solche abnorme Verhältnisse reichliche Stickstoffdüngung, verbunden mit Berieselung in Betracht, wodurch bei üppigem Wachstum stark wasserhaltige, aber dafür natürlich gehaltarme Früchte erzeugt werden.

Hingegen ist die von den Produzenten mehrfach gebrauchte Ausrede, daß die Fruchtsäfte aus beregneten Früchten hergestellt worden seien, für den Nachweis erheblicher Wasserzusätze ohne Bedeutung, da selbst völlige Benetzung durch Untertauchen der Früchte in Wasser nach den Untersuchungen von BEYTHIEN[1], LÜHRIG[2] u. a. eine Verdünnung von höchstens 10% verursacht.

Auch der Einwand, daß durch den Zusatz von 15—16% Alkohol, wie er bisweilen zum Zwecke der Konservierung erfolgt, ein Teil der Mineralstoffe ausgefällt würde, ist durch BEYTHIEN[3] als unrichtig nachgewiesen worden. Die Verminderung der Asche und der Alkalität steht vielmehr durchaus im Verhältnis zu der Menge des zugesetzten Alkohols und wird durch die Umrechnung auf alkoholfreie Substanz ausgeschaltet.

Zu falschen Schlußfolgerungen führt natürlich die Bestimmung der Asche, wenn, wie es zur Täuschung der Chemiker bisweilen vorkommt, fremde Mineralstoffe hinzugesetzt werden, und zur Vermeidung von Irrtümern ist daher unter Umständen die quantitative Analyse der Asche heranzuziehen. Gröbere Täuschungen werden allerdings bereits durch Berücksichtigung der Alkalitätszahl nach BUTTENBERG[4] vermieden, die bei normalen Fruchtsäften nahe bei 10 liegt, durch Zusätze von Alkalien und kohlensauren Alkalien hingegen erhöht und durch Zusätze von Mineralsäuren und sauren Salzen erniedrigt wird. Geschicktere, auf chemischer Grundlage ausgeführte Zusätze wird man vielfach an der Hand der quantitativen Bestimmung aller Aschenbestandteile nachweisen können. Als Beispiel für die Zusammensetzung der Himbeerasche seien folgende, von BEYTHIEN[5] ermittelten Werte, die mit den Analysen anderer Autoren befriedigend übereinstimmen, angeführt:

Kaliumoxyd (K_2O)	43,21—49,75%	Phosphorsäure (P_2O_5) . . .	2,85—12,16%
Calciumoxyd (CaO) . . .	5,87—10,07%	Schwefelsäure (SO_3)	3,26— 6,01%
Magnesia (MgO)	4,04— 7,73%	Chlor (Cl)	1,21— 1,95%

[1] BEYTHIEN: Z. 1904, 8, 544. [2] LÜHRIG: Z. 1904, 8, 662.
[3] BEYTHIEN: Z. 1903, 6, 1905. [4] BUTTENBERG: Z. 1905, 10, 141.
[5] BEYTHIEN: Z. 1905, 10, 728.

Erhebliche Abweichungen von diesen Werten, besonders höhere Gehalte an Magnesia, wie sie z. B. von FARNSTEINER in Höhe von 20% aufgefunden wurden, oder an Natrium, Schwefelsäure und Chlor deuten ohne weiteres auf Zusätze fremder Mineralstoffe hin.

Zum Schluß erlangt man einen gewissen Anhalt für die künstliche Erhöhung des Aschengehaltes auch durch das Verhältnis zwischen der Alkalität und dem zuckerfreien Extrakte, das nach LUDWIG[1] innerhalb gewisser Grenzen ziemlich konstant sein soll. Nach LUDWIG beträgt dieser von ihm als Verhältniszahl bezeichnete Wert bei reinen Himbeersäften im Mittel 0,63 mit Abweichungen von 0,50—0,76. Allerdings haben spätere Untersuchungen anderer Autoren wesentlich größere Schwankungen ergeben — so fanden E. BAIER[2] und seine Mitarbeiter 0,60—1,00, F. SCHWARZ und O. WEBER[3] 0,55—0,82 — aber man wird doch in der Regel 0,5 als äußerste Grenze ansehen können. Durch einen Zusatz von Wasser allein wird das Verhältnis nicht verändert, wohl aber durch einen gleichzeitigen Zusatz von Mineralstoffen. Sobald also die LUDWIGsche Verhältniszahl wesentlich unter 0,5 sinkt, wird man im allgemeinen auf einen Zusatz von Mineralstoffen zu schließen haben und daraus unter Umständen eine Verdünnung mit Wasser ableiten können. Vor einer Überschätzung der Verhältniszahl muß jedoch gewarnt werden, weil sie im Hinblick auf ihre erheblichen Schwankungen (von 0,5—1,0) bei natürlichen Himbeersäften nur verhältnismäßig hohe Zusätze von mindestens 30% Wasser anzudeuten vermag.

Von großer Bedeutung für die Beurteilung der Rohsäfte ist der allen Natursäften eigentümliche Gehalt an Stickstoff, obwohl nähere Angaben über die Menge dieses charakteristischen Bestandteils in der Literatur ziemlich spärlich vertreten sind. Die von WINDISCH und seinen Mitarbeitern bestimmten Werte sind auf S. 635 angeführt worden.

Berücksichtigung verdient die von WINDISCH erkannte Tatsache, daß der Stickstoffgehalt bei der Gärung beträchtlich abnimmt, indem die eiweißähnlichen Stickstoffverbindungen zum Teil unlöslich abgeschieden, zum Teil abgebaut werden, während die niederen Stickstoffverbindungen, vor allem Ammoniak, Amide und Amidosäuren der Hefe als Nahrung dienen. Alle diese Umstände lassen es ratsam erscheinen, den Gehalt an Stickstoff mit größter Vorsicht zu verwerten und erst erhebliche Unterschreitungen der beobachteten Mindestwerte als Anzeichen einer Verdünnung oder Nachahmung zu betrachten.

Zur Vermeidung einer Täuschung durch künstlich, etwa in Form von Gelatine, zugesetzten Stickstoff empfiehlt es sich, in Zweifelsfällen eine Trennung der Stickstoffsubstanzen nach WINDISCH vorzunehmen. Der Gehalt an durch Alkohol fällbaren Stickstoffsubstanzen darf nur sehr gering sein und 10—15 mg N in 100 ccm nicht überschreiten.

In ähnlicher Weise wie die Stickstoffsubstanzen sind auch die Pektinstoffe ein charakteristisches Merkmal zur Unterscheidung natürlicher Fruchtsäfte von den Kunstprodukten, das allerdings bei Mischungen sehr an Bedeutung verliert, weil über die Mengenverhältnisse erst geringe Erfahrungen vorliegen. Nach WINDISCH enthält der Saft von Weintrauben 0,116—0,152%, Mispeln 0,189%, Schlehen 0,201%, Quitten 0,332%, Pfirsichen 0,445%, Morellen 0,335%, Sauerkirschen 0,090%, Preißelbeeren 0,338%, Heidelbeeren 0,429%, Maulbeeren 0,242%, Stachelbeeren 0,652%, schwarzen Johannisbeeren 0,657%, roten Johannisbeeren 0,436% Pektin.

Aus dem absoluten Gehalte an freien Säuren wird man erst bei ganz erheblicher Unterschreitung der normalen Werte auf einen Zusatz von Wasser schließen können, weil derselbe einerseits großen natürlichen Schwankungen

[1] LUDWIG: Z. 1906, 11, 216. [2] E. BAIER: Z. 1908, 15, 140.
[3] F. SCHWARZ u. O. WEBER: Z. 1907, 13, 345; 1908, 15, 147.

unterliegt und andererseits mit längerer Aufbewahrung einen Rückgang erleiden kann. Der Säuregehalt selbstgepreßter Himbeersäfte des Jahres 1908 entsprach z. B. nach Analysen von LÜHRIG, BOHRISCH und HEPNER[1] einem Verbrauche von 18,5—38,0, im Mittel 24,1 ccm N.-Lauge für 100 ccm, während BEHRE, GROSSE und SCHMIDT[2] 19,50—55,82, im Mittel 33,59 ccm fanden. Für das Jahr 1909 gaben BEHRE, SCHMIDT und FRERICHS[3] einen Verbrauch von 19,88 bis 44,63, im Mittel 31,71 ccm an, und FISCHER[4] fand für stark mit Jauche gedüngte holländische Beeren 26,4—26,9, im Mittel 26,7 ccm N.-Lauge.

Noch niedrigere Werte sind in früheren Jahren mehrfach beobachtet worden, die niedrigsten im Jahre 1905 von HEFELMANN[5] (15,1—28,90; Mittel 23,30 ccm N.-Lauge) und von MORSCHÖCK[6] (16,75—28,30; Mittel 19,98 ccm), doch steht die Reinheit dieser aus WERDER stammenden Säfte nicht sicher fest.

Hinsichtlich der übrigen Säfte sei auf die Fruchtsaftstatistik[7] verwiesen.

Zu diesen natürlichen Schwankungen tritt nun noch der Säurerückgang hinzu, dessen Verlauf durch WINDISCH-SCHMIDT[8] klargestellt worden ist. Er beruht auf einer Zerlegung der Citronensäure in Essigsäure, Kohlensäure und Alkohol und auf dem Zerfalle der Äpfelsäure in Kohlensäure und Milchsäure und kann eine nicht unwesentliche Verringerung des Säuregehaltes zur Folge haben. Immerhin wird man bei normalen, unverdorbenen Himbeersäften, Säuregehalte, die 20 ccm N.-Lauge entsprechen, als Minimum anzusehen haben und geringere Zahlen als Anzeichen einer Wässerung betrachten. Ein sicherer Beweis ist damit allerdings nicht gegeben.

Um so wichtiger ist dafür der Nachweis und die Trennung der einzelnen nichtflüchtigen organischen Säuren, weil sie die Auffindung von Säurezusätzen ermöglicht. Im Gegensatze zu der früheren Annahme geht aus den Untersuchungen von R. KUNZ[9] und seinen Mitarbeitern sowie von KRZIZAN[10] und verschiedenen anderen Autoren hervor, daß Himbeeren, Brombeeren, Holunderbeeren, Johannisbeeren und Pfirsiche fast nur Citronensäure, aber entweder gar keine oder doch höchstens sehr geringe Mengen Äpfelsäure enthalten. In Heidelbeeren, Preißelbeeren, Erdbeeren, Ananas, Stachelbeeren und Aprikosen fanden W. NACKEN[11], E. MACH und K. PORTELE[12], R. KUNZ und W. PLAHL[9] sowie GUNNER JÖRGENSEN[13] Citronensäure und Äpfelsäure in wechselnden Mengen nebeneinander, und in Kirschen und Pflaumen sowie im Kernobst scheint nur Äpfelsäure, aber keine Citronensäure vorzukommen. Weinsäure ist in keiner der genannten Fruchtsorten enthalten. Infolge von Zersetzungserscheinungen können Milchsäure und flüchtige Säuren vorhanden sein.

Über den Gerbstoffgehalt der natürlichen Fruchtsäfte liegen nur wenige Erfahrungen vor. Die vereinzelten von WINDISCH ermittelten Werte sind auf S. 635 angeführt worden. Aus seinen Untersuchungen geht hervor, daß der Gerbstoffgehalt bei der Gärung und Lagerung erheblich abnimmt und nur in untergeordnetem Maße zur Beurteilung herangezogen werden kann.

Sehr charakteristisch für die natürlichen Fruchtsäfte ist ihr Gehalt an zuckerfreiem Extrakt, der in der Regel eine beträchtliche Höhe erreicht. Bei seiner Bestimmung sind die unter „Marmeladen" angegebenen Vorsichtsmaßregeln zu beachten, d. h. man muß entweder den Extraktgehalt der invertierten Lösung bestimmen und davon den Gesamtzucker subtrahieren oder den Gehalt an Invertzucker und Saccharose getrennt bestimmen. Der Gehalt an zuckerfreiem Extrakt liegt bei den meisten Fruchtsäften zwischen 2 und 6%, bei Erdbeeren allerdings nur zwischen 1,6 und 4%, und steigt bei Kirschen und Mirabellen bis auf 8 und 9%. Nähere Angaben finden sich auf S. 635.

---

[1] LÜHRIG, BOHRISCH u. HEPNER: Pharm. Zentralh. 1908, **49**, 869.
[2] BEHRE, GROSSE u. SCHMIDT: **Z.** 1908, **16**, 734.
[3] BEHRE, SCHMIDT u. FRERICHS: **Z.** 1910, **19**, 159. [4] FISCHER: **Z.** 1910, **19**, 161.
[5] HEFELMANN: Zeitschr. öffentl. Chem. 1905, **11**, 261. [6] MORSCHÖCK: **Z.** 1905, **10**, 716.
[8] WINDISCH-SCHMIDT: **Z.** 1909, **17**, 584. [7] Siehe Fußnote 4, S. 661.
[9] R. KUNZ: Zeitschr. allg. österr. Apoth.-Vereins 1905, **43**, 749; 1906, **44**, Nr. 18; **Z.** 1906, **12**, 670. [10] KRZIZAN: Zeitschr. öffentl. Chem. 1906, **12**, 342.
[11] W. NACKEN: Forschungsber. 1895, **2**, 350.
[12] E. MACH u. K. PORTELE: Landw. Vers.-Stationen 1890, **38**, 69.
[13] GUNNER JÖRGENSEN: **Z.** 1907, **13**, 241. Vgl. auch R. KAYSER: Zeitschr. öffentl. Chem. 1906, **12**, 156. — HEMPEL-FRIEDRICH: **Z.** 1906, **12**, 725. — AUERBACH u. BODLÄNDER: **Z.** 1923, **46**, 204.

Der zuckerfreie Extrakt wird durch die Gärung im allgemeinen verringert, jedoch sind die auf der Maische vergorenen Säfte meist reicher an diesen Stoffen. Mit der Lagerung sind Extraktverluste nur dann verbunden, wenn die Säfte von Krankheiten befallen werden. Zusätze von Alkohol verringern den Extraktgehalt nicht. In der Regel wird, trotz aller Schwankungen im einzelnen, der zuckerfreie Extrakt unverdorbener Himbeersäfte nicht unter 3% sinken.

Zur Unterstützung eines Verdachtes auf Wasserzusatz kann unter Umständen noch die Reaktion auf Salpetersäure herangezogen werden.

Der Nachweis der Konservierungsmittel kann nach den angegebenen Methoden mit Sicherheit geführt werden. Zu beachten ist aber, daß in verschiedenen Fruchtsäften (Himbeeren, Erdbeeren, Trauben) ein natürlicher Salicylsäuregehalt gefunden wurde, und daß andere Borsäure oder, wie besonders die Preißelbeeren, Benzoesäure enthalten. Man wird daher vorsichtshalber eine quantitative Bestimmung ausführen. Unter dieser Vorsichtsmaßregel erscheint eine Täuschung völlig ausgeschlossen, weil der natürliche Gehalt stets sehr gering ist und bei Salicylsäure meist unter 1—2 mg in 1 Liter, also jedenfalls viel weniger als die zur wirksamen Konservierung erforderliche Menge beträgt. So fanden WINDISCH[1] und HEFELMANN[2] 0,10—0,25 mg Salicylsäure, v. LIPPMANN[3] und HEBEBRAND[4] 0,4—7 mg Borsäure, während Benzoesäure[5] in Brombeeren bis zu 6 mg und in Preißelbeeren sogar bis zu 22 mg für 100 g gefunden wurde.

Beim Nachweise einer künstlichen Färbung erscheint eine gewisse Vorsicht am Platze, weil nach P. KULISCH[6] natürliche Apfelsäfte gelbe Farbstoffe enthalten, die sich leicht auf Wolle fixieren und wiederholt umfärben lassen. Auch für Aprikosen hat BEYTHIEN ähnliche Beobachtungen mitgeteilt.

b) **Citronensaft** besteht aus dem Preßsafte frischer, geschälter, reifer Früchte, der nach eventueller Vergärung des Zuckers in geeigneter Weise geklärt und konserviert wird. Der zur Konservierung früher vielfach gemachte Zusatz von 10—15% Alkohol verändert die Zusammensetzung, und es ist daher notwendig, zur Erlangung vergleichbarer Werte die Analyse auf alkoholfreie Substanz umzurechnen.

Nach E. FRISCH[7] besitzt Citronensaft, frisch gepreßt, eine grünlich gelbe Farbe, die beim Lagern nachdunkelt und mehr und mehr ins Bräunliche hinüberspielt. Sein eigenartiges Fruchtaroma hat fast keinerlei Ähnlichkeit mit dem Aroma der Schalen; auch der Geschmack ist charakteristisch und kann bei einiger Übung nicht mit dem von Citronensäurelösung verwechselt werden.

Ein vorläufiges Urteil darüber, ob eine einfache Citronensäurelösung vorliegt, gewährt neben der unter Ziff. 3 q (S, 641) erwähnten Überschichtung mit Alkohol (Pektin) besonders die Ammoniakprobe. Versetzt man nämlich natürliche Citronensäfte mit Ammoniak in geringem Überschusse, so werden sie dunkelbraun, während Kunstprodukte farblos bleiben.

Zusatz von Wasser hat natürlich eine Erniedrigung aller analytischen Werte zur Folge, ohne aber bei den außerordentlichen Schwankungen in der Zusammensetzung des Naturproduktes jedesmal bemerkbar zu werden.

In erster Linie sind diese Schwankungen bei dem Gehalte an Citronensäure viel zu groß, als daß daraus sichere Schlüsse auf eine Verdünnung gezogen werden könnten, und zwar um so weniger, als meist nicht Wasser allein, sondern eine wäßrige Auflösung krystallisierter Citronensäure hinzugesetzt wird. Nach den Analysen von FARNSTEINER[8], BEYTHIEN und BOHRISCH[9], BORNTRAEGER[10],

[1] WINDISCH: Z. 1902, 5, 653; 1903, 6, 447.
[2] HEFELMANN: Zeitschr. öffentl. Chem. 1897, 3, 171.
[3] v. LIPPMANN: Chem.-Ztg. 1902, 26, 465. [4] HEBEBRAND: Z. 1903, 5, 1044.
[5] K. B. LEHMANN: Chem.-Ztg. 1908, 32, 949. — BEHRE, GROSSE, SCHMIDT: Z. 1908, 16, 736. — NESTLER: Z. 1909, 18, 690. — GRIEBEL: Z. 1910, 19, 241.
[6] P. KULISCH: Bericht Colmar 1904—1906, S. 79.
[7] E. FRISCH: Arch. Pharm. 1908, 246, 472. [8] FARNSTEINER: Z. 1903, 6, 1.
[9] BEYTHIEN u. BOHRISCH: Z. 1905, 9, 454; 1906, 11, 654.
[10] BORNTRAEGER: Z. 1898, 1, 225.

Spaeth[1], Sendtner[2], Schaffer[3], Lührig[4], Juckenack, Büttner und Prause[5], Küttner und Ulrich[6] und Devin[7] liegt der Gesamtsäuregehalt, als Citronensäure berechnet, zwischen 4,29 und 8,50%. Er schwankt besonders in den einzelnen Jahrgängen und war z. B. im Jahre 1906 wesentlich niedriger als im Jahre 1905. Man wird sich daher wohl auf die Angabe beschränken müssen, daß Werte unter 5 und über 8% zu den Seltenheiten gehören. Die von Küttner und Ulrich mitgeteilten zahlreichen niedrigeren Säuregehalte bis zu 1,7% herunter müssen für die Beurteilung außer Betracht bleiben, weil sie nicht von selbst gepreßten und überdies von offenbar verdorbenen Säften gewonnen wurden.

Flüchtige Säuren werden in normalen Citronensäften gar nicht oder doch nur in verschwindend geringer Menge von weniger als 0,05% vorgefunden, wenngleich ein Teil der Citronensäure unter Umständen durch eine besondere Art von Gärung in Essigsäure übergeführt werden kann, deren Gehalt dann bisweilen auf 1% und mehr ansteigt. Doch sind solche Säfte als verdorben zu beurteilen. Als äußerste Grenze der Genußfähigkeit wird man nach dem Vorschlage von Beythien einen Essigsäuregehalt von 0,3% ansehen. Zu beachten ist, daß wegen der neuerdings üblichen Konservierung mit Ameisensäure eine quantitative Bestimmung der letzteren erforderlich werden kann. Außerdem ist bei alkoholhaltigen Säften zu berücksichtigen, daß nach den Untersuchungen von Farnsteiner ein Teil der Citronensäure in esterartige Bindung übergeht und sich der direkten Titration entzieht. Die Menge der durch Verseifung besonders zu ermittelnden veresterten Citronensäure kann nach Beythien schon innerhalb einer 14tägigen Aufbewahrung auf 0,16%, im ganzen sogar bis auf 0,5% ansteigen.

Der Gehalt an Asche beträgt nach den mitgeteilten Literaturangaben 0,321—0,649%, die Alkalität 3,80—7,59 ccm, doch unterliegen auch diese Werte je nach den Jahrgängen beträchtlichen Schwankungen. In vereinzelten Fällen sind sogar Aschengehalte unter 0,3% und Alkalitäten unter 3 ccm gefunden worden. Über den künstlichen Zusatz von Mineralstoffen, besonders die von Farnsteiner festgestellte Beimischung von Magnesia wird in der Regel die quantitative Aschenanalyse Aufschluß geben. Nach einer Untersuchung des Genannten sowie nach 3 Analysen von Oliveri und Guerrieri[8] besitzt die Reinasche (das ist kohlensäurefreie Asche) des Citronensaftes folgende Zusammensetzung:

K_2O	58,2—60,9%	Al_2O_3	2,5— 3,3%
Na_2O	4,8%	SiO_2	2,1— 2,9%
CaO	13,0—17,8%	SO_3	2,6— 3,4%
MgO	4,3— 7,8%	Cl	0,5— 2,2%
Fe_2O_3	0,6— 1,3%	P_2O_5	8,2—10,9%

Zucker enthalten die natürlichen Citronensäfte des Handels, die meist vergoren sind, entweder gar nicht oder nur in Spuren, unvergorene Preßsäfte hingegen in Menge von 1—2,5%. Höhere Gehalte, wie sie in einigen verfälschten Säften bis zu 8 und 10% angetroffen werden, sind auf nachträglichen Zusatz zurückzuführen. In analytischer Hinsicht ist zu berücksichtigen, daß die Zuckerbestimmung in stark essigstichigen Säften falsche, d. h. zu hohe Resultate ergeben kann; nach Annahme Farnsteiners, weil infolge der Essiggärung aldehydartige, flüchtige Zersetzungsprodukte entstehen, die Fehlingsche Lösung reduzieren. Aus diesem Grunde ist in der angegebenen Methode mehrfaches Eindampfen des Saftes empfohlen worden.

[1] Spaeth: Z. 1901, 4, 529. [2] Sendtner: Z. 1901, 4, 1135.
[3] Schaffer: Bericht Bern 1904, S. 7. [4] Lührig: Z. 1906, 11, 445.
[5] Juckenack, Büttner u. Prause: Z. 1906, 12, 738.
[6] Küttner u. Ulrich: Zeitschr. öffentl. Chem. 1906, 12, 202. [7] Devin: Z. 1908, 16, 604.
[8] Oliveri u. Guerrieri: Staz. sperim. agrar. ital. 1895, 25, 287.

Besonders wertvoll für die Beurteilung der Unverfälschtheit von Citronensäften ist ihr Stickstoffgehalt, der 0,03—0,09% beträgt und im allgemeinen nicht unter 0,025% heruntergeht. FARNSTEINER fand 0,055—0,093; BEYTHIEN für 1904er Säfte 0,038—0,067; für 1905er Säfte 0,025—0,050; LÜHRIG 0,055—0,066, und KÜTTNER und ULRICH geben 0,072—0,098 an. Den von einem Fabrikanten erhobenen Einwand, daß die Stickstoffsubstanz durch Kochen mit Tierkohle entfernt werde, hat BEYTHIEN[1] widerlegt und gleichzeitig bewiesen, daß auch Eindampfen des Saftes und nachheriges Fällen mit Alkohol lediglich die Salze, nicht aber den Stickstoff beseitigt.

In bezug auf den Gehalt an Pektinstoffen liegen noch keine hinreichenden Erfahrungen vor, doch müssen echte Säfte die qualitative Pektinreaktion in deutlicher Weise zeigen.

Unvergorene und vergorene natürliche Citronensäfte liefern bei dem Verfahren der Weinanalyse geringe Rückstände, die möglicherweise zum Teil aus Glycerin bestehen. Ihre Menge ist meist gering, zwischen 0 und 0,2%, in einem Falle allerdings hat LÜHRIG 0,4% gefunden. Jedenfalls deuten höhere Gehalte auf absichtlichen Zusatz hin, durch den höhere Extraktreste vorgetäuscht werden sollen. Bei Anwendung der mitgeteilten exakteren Methoden fällt jeder Irrtum fort.

Von ausschlaggebender Bedeutung für die Beurteilung des Citronensaftes ist der nach dem Additionsverfahren FARNSTEINERs bestimmte totale Extraktrest. Gewiß unterliegt auch er den durch die erwähnten Umstände bedingten Schwankungen, aber immerhin bietet seine künstliche Nachahmung den Fälschern die größten Schwierigkeiten. Für den totalen Extraktrest ermittelten FARNSTEINER und BEYTHIEN Werte von 0,525—1,018; LÜHRIG 0,33—1,31, im Mittel 0,55; JUCKENACK 0,44—0,583, im Mittel 0,534; KÜTTNER und ULRICH 0,666—2,871; DEVIN 0,654—1,49, im Mittel 1,04. In je einem Falle fanden die letzteren sowie auch BEYTHIEN sogar nur 0,28, doch dürfte diese Zahl als Ausnahmefall anzusehen und ebenso wie die unwahrscheinlichen, sehr hohen Befunde von KÜTTNER und ULRICH für die Praxis belanglos sein. In der Regel wird man 0,5% als Durchschnitt und wesentlich geringere Werte als Anzeichen einer Verfälschung oder Nachmachung ansehen können. Etwa zur Vortäuschung höherer Extraktreste gemachte Zusätze von Glycerin, Dextrin od. dgl. sind natürlich nach dem üblichen Analysengange unschwer zu entdecken, und auch der Nachweis völliger Kunstprodukte aus Wasser, Citronensäure, Zucker, Mineralstoffen und Stickstoffsubstanz wird nach dem angeführten Verfahren in der Regel erbracht werden können.

An Erzeugnisse, die als Kunstprodukte deutlich kenntlich gemacht werden, z. B. als künstlicher Citronensaft, lassen sich nach § 20 der Verordnung keine besonderen Anforderungen stellen.

III. Obstkraut (Apfelkraut).

Dem Namen Obstkraut schlechthin ohne weitere Angaben entspricht lediglich ein Erzeugnis, das durch Eindicken von Preßsaft frischer Obstfrüchte gewonnen wird. Unter besonderer, später zu besprechender Kenntlichmachung darf auch Zucker zugesetzt sowie ein Auszug aus Trockenobst, Schalen und Nachpresse mit verarbeitet werden.

1. Herstellung des Obstkrautes.

Obstkraut, nach seinen beiden Hauptvertretern auch als Apfelkraut oder Birnenkraut sowie fälschlich auch wohl als Apfelgelee bezeichnet, ist in seiner ursprünglichen Form, die in der neuen Verordnung über Obsterzeugnisse wieder

[1] BEYTHIEN: Z. 1906, 11, 103.

anerkannt worden ist, eine Zubereitung aus frischen Äpfeln oder Birnen ohne jeden Zusatz, insbesondere ohne Zuckerzusatz.

Zu seiner Herstellung werden die in geeigneter Weise vorbereiteten Früchte, namentlich die am Niederrhein angepflanzten oder auch aus Holland eingeführten Süßäpfel mit Wasser angesetzt und weichgekocht. Der durch Pressen (neuerdings meist hydraulisches Pressen) der in Tücher eingeschlagenen Früchte von den Trestern getrennte Auszug, gelangt zunächst in große Behälter, dann durch Pumpen in flache Kessel mit Rührwerk, in denen er mit direkter Feuerung bis zu einer zähflüssigen, extraktartigen Konsistenz und einem Wassergehalte von höchstens 35% eingedampft wird. Für die Erkennung des richtigen Endpunktes gilt das unter Marmeladen Gesagte.

In gleicher Weise wird auch Apfel-Birnenkraut aus Äpfeln und Birnen hergestellt, doch ist hier wie bei den nunmehr zu besprechenden Erzeugnissen eine Reihe von Abweichungen in bezug auf den Zusatz von Zucker und die Verwendung von Trockenäpfeln, Apfelschalen und Apfelnachpresse erlaubt. Von Trockenäpfeln und Apfelschalen wird durch Auskochen mit Wasser ein Auszug hergestellt und im übrigen wie oben weiter verarbeitet.

Apfelkraut gesüßt darf unter Verwendung von so viel technisch reinem weißen Verbrauchszucker hergestellt werden, daß der Gehalt an zugesetztem Zucker im Fertigprodukt nicht mehr als 25% und auch bei Anbringung der Deklaration „mit mehr als 25% Zucker" nicht mehr als 40% betragen darf. Weiter ist die Verwendung von Birnen sowie eines Auszuges aus Trockenäpfeln, Apfelschalen und Apfelnachpresse erlaubt. Der Zusatz von Birnen darf aber nicht 20% der Obsteinwaage überschreiten und ist bei gleichzeitiger Verwendung von Zucker in diesen einzurechnen.

Wenn Trockenäpfel, Schalen und Nachpresse mit verarbeitet werden, muß mindestens 10% der Obsteinwaage auf frisches Obst entfallen.

Apfel-Birnenkraut wird in gleicher Weise aus Äpfeln und Birnen, in beliebigen Verhältnissen gemischt, aber ohne Zusatz von Zucker hergestellt. Die Verwendung von Trockenäpfeln, Schalen und Nachpresse ist unter denselben Bedingungen wie oben erlaubt.

Gemischtes Kraut kann unter Mitverwendung von frischen Äpfeln und Birnen oder auch ohne solche lediglich aus getrockneten Äpfeln oder Birnen oder den Schalen und der Nachpresse dieser Früchte, auch unter Verwendung von Zucker hergestellt werden. Neben oder an Stelle von Zucker ist die Verwendung von Rübenkraut, Speisesirup aus Entzuckerungsabläufen und Stärkesirup erlaubt mit der alleinigen Einschränkung, daß im Fertigprodukt auf je 1 Teil Rübenkraut oder Speisesirup aus Entzuckerungsabläufen oder beider zusammen mindestens 1 Teil Obstkraut entfällt.

Rübenkraut wird aus der wäßrigen Auskochung von Zuckerrüben in gleicher Weise wie das Obstkraut durch Eindicken hergestellt. Doch dampft man im Rheinland und in Westfalen, wo das gemischte Kraut ein billiges Volksnahrungsmittel bildet, meist die Auszüge aus den Obstabfällen und den Rüben gleich zusammen ein.

Von geringerer Bedeutung sind noch das durch Eindampfen von Möhren- bzw. Malzauszug gewonnene Möhrenkraut und Malzkraut.

2. Zusammensetzung des Obstkrautes.

Das reine Apfel- oder Birnenkraut enthält sämtliche Bestandteile der unvergorenen Obstsäfte in der durch die Eindickung erhöhten Menge. Saccharose ist demnach in ihnen nur in zurücktretendem Maße enthalten, während die mit Zucker hergestellten Erzeugnisse sich meist durch einen höheren Gehalt an nicht invertierter Saccharose auszeichnen. In Rübenkraut überwiegt bei weitem die Saccharose, in Malzkraut ist vorwiegend Maltose enthalten.

Ein Urteil über die quantitative Zusammensetzung gewährt folgende Tabelle, die sich auf Analysen von J. König und M. Wesener[1], A. Juckenack und H. Prause[2], W. Sutthoff und J. Grossfeld[3], G. Heuser und Hassler[4] u. a. stützen.

Tabelle 33. Zusammensetzung von Obstkraut usw.

Bezeichnung		Wasser %	Invertzucker %	Saccharose %	Zuckerfreier Extrakt %	Pentosane %	Säure als Äpfelsäure %	Tannin %	Stickstoff %	Asche %	Phosphorsäure %
Apfelkraut	Minimum	18,82	35,84	2,17	19,56	2,41	1,35	0,30	0,053	1,670	0,070
	Maximum	50,50	58,80	5,24	26,65	2,41	2,89	0,81	0,141	2,140	0,153
	Mittel	30,91	46,53	3,45	23,18	2,41	1,85	0,55	0,088	1,848	0,118
Birnenkraut (Mittel)		22,90	45,28	5,78	26,03	1,83	0,65	0,42	0,082	1,45	0,115
Heidelbeerkraut . .		42,83	38,02	0	19,15	—	4,25	0,93	0,132	1,53	0,075
Rübenkraut	Minimum	19,30	6,69	31,24	—	5,59	0,37	0,37	0,399	1,59	0,160
	Maximum	23,40	33,78	58,36	—	7,01	0,95	0,37	0,699	2,67	0,240
	Mittel	21,30	28,65	43,11	6,94	6,24	0,64	0,37	0,532	2,02	0,195
Möhrenkraut		31,19	52,08	16,33	—	—	—	—	0,612	8,36	0,622
Malzkraut		24,50	65,85	—	9,65	—	—	—	0,453	1,37	0,720
Melasse	Minimum	19,30	0,25	47,11	—	0,52	—	—	1,365	7,68	0,014
	Maximum	22,70	1,18	54,04	—	1,53	—	—	2,355	9,31	0,060
	Mittel	21,26	0,72	49,60	28,42	1,19	—	—	1,792	8,80	0,031
Strontianmelasse	Minimum	18,50	0	50,05	—	0,24	—	—	0,355	6,67	0,016
	Maximum	23,40	0	56,13	—	1,59	—	—	0,393	7,43	0,016
	Mittel	21,20	0	52,68	26,12	1,09	—	—	0,370	7,07	0,016

Neben den angeführten Werten kommt besonders noch der sog. Extraktrest = 100 — (Zucker + Säure + Asche) und die quantitative Zusammensetzung der Asche in Betracht. Für letztere lassen sich nebenstehende Mittelwerte angeben.

Tabelle 34. Zusammensetzung der Asche.

Bezeichnung	Asche %	K_2O %	CaO %	MgO %	P_2O_5 %
Apfelkraut . . .	1,85	50,28	4,16	3,62	6,46
Birnenkraut . . .	1,45	53,52	8,32	5,06	7,88
Rübenkraut . . .	2,02	40,11	10,68	12,89	9,64
Möhrenkraut . .	8,36	33,72	4,57	18,51	7,44
Malzkraut	1,37	16,02	7,81	16,80	52,65
Melasse	8,80	47,69	5,88	4,52	0,35
Strontianmelasse .	7,07	24,00	14,28	4,20	0,08

Der Gehalt an den einzelnen Bestandteilen unterliegt großen Schwankungen, z. B. K_2O im Rübenkraut 32,35—47,00%, in Melasse 33,85—58,55%; CaO im Rübenkraut 4,94—19,58%, in Melasse 1,82—8,16%, in Strontianmelasse 6,14—22,43%; P_2O_5 in Rübenkraut 7,26—15,77%, in Melasse 0,21—0,68%. Strontianmelasse enthält als charakteristischen Bestandteil SrO in Menge von 0,48—16,75% der Asche.

3. Untersuchung des Obstkrautes und der verwandten Erzeugnisse.

Von den normalen Bestandteilen des Obstkrautes und der verwandten Erzeugnisse kommen hauptsächlich die folgenden für eine quantitative Bestimmung in Betracht: Wasser bzw. Extrakt, Stickstoffsubstanz, Gesamtsäure sowie unter Umständen Trennung der einzelnen organischen Säuren, direkt reduzierender Zucker, Gesamtzucker und Saccharose, Sorbit, Pektin, Gerbstoff,

[1] J. König u. M. Wesener: Zeitschr. analyt. Chem. 1889, **28**, 404.
[2] A. Juckenack u. H. Prause: **Z.** 1904, **8**, 32.
[3] W. Sutthoff u. J. Grossfeld: **Z.** 1914, **27**, 183.
[4] G. Heuser u. Hassler: **Z.** 1914, **27**, 172.

Asche, Alkalität und Aschenanalyse. Die Untersuchung erfolgt nach den in den Abschnitten Marmelade und Obstsäfte besprochenen Methoden, indem man von der gut durchgerührten Masse entweder die für die einzelnen Bestimmungen erforderlichen Mengen abwägt oder durch Auflösung von 50 g Substanz in Wasser (ohne Filtration) eine Grundlösung herstellt und aliquote Teile derselben verwendet.

Malzkraut ist hauptsächlich durch die Anwesenheit von Maltose charakterisiert, deren Bestimmung nach den von J. Grossfeld in Bd. II/2, S. 900 besprochenen Methoden ausgeführt werden kann.

Rübenkraut enthält als normalen Bestandteil Betain, dessen Nachweis in folgender Weise zu führen ist.

Betainbestimmung. Mit Hilfe des Verfahrens von E. Schulze[1] haben W. Sutthoff und J. Grossfeld[2], abweichend von J. König und Wesener, nachgewiesen, daß die Basen der Melasse und des Rübenkrautes zu rund $^2/_3$ aus Betain bestehen, und daß man sich daher mit der Bestimmung des gesamten Basenstickstoffs begnügen kann. Für diese geben sie folgende Vorschrift:

30 g Kraut oder Melasse werden in 150 ccm Wasser gelöst, mit 30 ccm 10%iger Tanninlösung, dann mit 30 ccm Bleiessig versetzt, nach gehörigem Umschütteln mit gesättigter Natriumsulfatlösung auf 300 ccm aufgefüllt und filtriert. 100 ccm des klaren Filtrates versetzt man in einem Becherglase mit einer Lösung, die in 2 Liter 200 g Natriumwolframat, 120 g Dinatriumphosphat und 100 ccm konzentrierte Schwefelsäure enthält, läßt 48 Stunden bedeckt stehen, filtriert und wäscht den Niederschlag mit 5%iger Schwefelsäure aus. Filter nebst Inhalt wird in üblicher Weise kjeldahlisiert, doch muß die Lösung zur völligen Zersetzung des schwer verbrennbaren Betains nach dem Weißwerden noch mindestens eine Stunde lang erhitzt werden. Der Stickstoff kann als Betainstickstoff angegeben oder durch Multiplikation mit 8,357 auf Betain umgerechnet werden. Die Verfasser fanden den Gehalt an Basenstickstoff in der Trockensubstanz von gewöhnlicher Melasse zu 0,912%, Strontianmelasse zu 0,211%, von Rübenkraut zu 0,129%, von Apfelkraut zu 0,107% und von Birnenkraut zu 0,023%.

4. Überwachung des Verkehrs.

Die Verordnung über Obsterzeugnisse stellt folgende Begriffsbestimmungen und Vorschriften auf:

a) Obstkraut sind nach § 24 (1) Zubereitungen, die aus frischen Äpfeln oder Birnen durch Dämpfen oder Kochen, Abpressen und Eindampfen des gewonnenen Auszuges oder aus Apfel- oder Birnensaft durch Eindampfen ohne oder mit Verwendung von technisch reinem weißem Verbrauchszucker (Saccharose) hergestellt werden. Bei den nachstehend unter β und δ aufgeführten Untergruppen ist auch die Verwendung von getrockneten Äpfeln, Apfelschalen und Apfelnachpresse gestattet.

Als Obstkrautsorten werden unterschieden:

α) Apfelkraut. Die aus frischen Äpfeln ohne jeden Zusatz hergestellte Zubereitung;

β) Apfelkraut gesüßt. Die aus Äpfeln unter Verwendung von technisch reinem weißem Verbrauchszucker oder einer geringen Menge Birnen hergestellte Zubereitung;

γ) Birnenkraut. Die aus frischen Birnen ohne jeden Zusatz hergestellte Zubereitung;

δ) Apfel-Birnenkraut. Die aus Äpfeln und Birnen oder durch Vermischen von Apfelkraut und Birnenkraut hergestellte Zubereitung.

Dazu tritt noch als besondere Gruppe:

b) Gemischtes Kraut: Obstkrautähnliche Zubereitungen, die unter Verwendung von frischen oder getrockneten Äpfeln (bzw. Birnen), Schalen oder

[1] E. Schulze: Ber. Deutsch. Chem. Ges. 1893, **26**, 2152; Landw. Vers.-Stationen 1895, **46**, 27; 1904, **59**, 344.

[2] W. Sutthoff u. J. Grossfeld: Z. 1914, **27**, 177, 183.

Nachpresse von Äpfeln (Birnen), Rübenkraut (Zuckerrübensaft) oder Speisesirup aus Entzuckerungsabläufen mit oder ohne Verwendung von technisch reinem weißem Zucker oder Stärkesirup hergestellt sind. Im Fertigerzeugnis muß mindestens 1 Teil Obstkraut auf 1 Teil Rübenkraut oder auf 1 Teil Speisesirup oder eines Gemisches beider entfallen.

Hiermit ist die lange strittige Streitfrage zugunsten der von mir vertretenen Auffassung[1] dahin entschieden worden, daß als Apfel- oder Birnenkraut schlechthin bezeichnete Erzeugnisse aus dem ohne jeden Zusatz eingedickten wäßrigen Auszuge frischer Früchte bestehen müssen.

Die allgemeinen Verbote zum Schutze der Gesundheit sowie die Merkmale der Verdorbenheit stimmen mit denjenigen für Marmeladen überein.

Ohne besondere Kennzeichnung erlaubt ist: 1. Bei „Apfelkraut gesüßt" der Zusatz von Saccharose bis zum Höchstgehalt von 25% im Fertigerzeugnis und von Birnen bis zum Gehalt von höchstens 20% im Fertigprodukt.

2. Bei „Gemischtes Kraut" Verwendung von Trockenobst, Schalen und Nachpresse von Äpfeln und Birnen, Rübenkraut, Speisesirup aus Entzuckerungsabläufen, Saccharose, Stärkesirup. Im Fertigerzeugnis muß mindestens 1 Teil Obstkraut auf 1 Teil Rübenkraut oder 1 Teil Speisesirup oder eines Gemisches beider entfallen. Die Obsteinwaage muß zu mindestens 10% aus Frischobst bestehen.

Wenn zu „Apfelkraut gesüßt" gleichzeitig Zucker und Birnen verarbeitet werden, sind diese Zusätze so zu bemessen, daß sie zusammen die zulässige Höchstgrenze nicht überschreiten, also bei Verwendung von 10% Birnen nur noch 12,5% Zucker.

Unter Kenntlichmachung erlaubt ist: Bei „Apfelkraut gesüßt"

1. Zusatz von 25—40% Zucker unter der Kennzeichnung „mit mehr als 25% Zucker".

Bei „Apfelkraut gesüßt" oder bei „Apfel-Birnenkraut".

2. Verwendung von Trockenäpfeln, Apfelschalen, Apfelnachpresse unter der Kennzeichnung „aus Trockenäpfeln", „aus Apfelschalen" oder „mit Nachpresse". Die Obsteinwaage muß mindestens 10% Frischobst enthalten.

Auch unter Kenntlichmachung verboten ist: Bei allen vorstehend genannten Erzeugnissen

1. Verwendung von Mineralstoffen;
2. Verwendung von Agar, Gelatine oder anderen nicht im Obste enthaltenen Gelierstoffen;
3. Verwendung von Farb- und Aromastoffen;
4. Verwendung von Obstrückständen;
5. Wassergehalt über 35%.

Bei Obstkraut: 6. Zusatz von Stärkesirup, außer bei „Gemischtem Kraut".

Bei „Apfelkraut gesüßt": 7. Zusatz von mehr als 40 Teilen Zucker auf 100 Teile Apfelkraut;

8. Verwendung von mehr als 20% Birnen.

Bei gemischtem Kraut: a) Verwendung von weniger als 1 Teil Obstkraut auf 1 Teil Rübenkraut oder Speisesirup oder ein Gemisch beider.

Hinsichtlich der Kennzeichnung bestimmt § 29 noch, daß bei Anbringung von Phantasienamen auch die vorstehend mitgeteilte Bezeichnung der entsprechenden Sorte Obstkraut oder Gemischtes Kraut vorhanden sein muß. In der Bezeichnung oder Umhüllung darf weder durch Wort noch Bild auf die Anwesenheit von Frischobst bei nicht ausschließlich aus solchem hergestelltem Obstkraut und von Obst überhaupt bei „Gemischtem Kraut" hingewiesen werden.

Neuer Brotaufstrich. Abweichend von den Vorschriften der Verordnung ist durch den Runderlaß des Reichsinnenministers vom 9. Oktober 1934[2] bei „Gemischtem Kraut"

[1] Beythien: Deutsch. Nahrungsm.-Rundschau 1926, S. 19.
[2] Reichsgesundh.-Bl. 1934, **9**, 942.

der Zusatz von Himbeeraroma, Farbstoffen, Milch, Magermilch und Molke unter der Voraussetzung erlaubt worden, daß er in entsprechender Weise, z. B. als „Gemischtes Kraut mit Molke und Himbeeraroma, gefärbt" kenntlich gemacht wird, und daß die Zusätze von Milch oder Molke in nennenswerter Höhe erfolgen.

Über Rübenkraut, Möhrenkraut und Malzkraut sind keine besonderen Vorschriften erlassen worden. Auf sie können sinngemäß diejenigen für Obstkraut angewandt werden. Die amtliche Überwachung des Verkehrs mit den vorstehend besprochenen Erzeugnissen: Obstkraut und Gemischtes Kraut in seinen verschiedenen Formen, Rübenkraut, Möhrenkraut, Malzkraut hat demnach zur Verhinderung von Verfälschungen und sonstigen Verstößen gegen die gesetzlichen Vorschriften folgende Prüfungen ins Auge zu fassen:

a) Prüfung auf zu hohen Wassergehalt;
b) Prüfung auf zu hohen Zuckerzusatz;
c) Prüfung auf Trockenobst, Schalen, Nachpresse;
d) Prüfung auf Stärkesirup;
e) Prüfung auf Gelatine, Agar, Tragant;
f) Prüfung auf zugesetzte Mineralstoffe;
g) Prüfung auf Schwermetalle;
h) Prüfung auf Verdorbenheit;
i) Prüfung auf zugesetzte Aromastoffe;
k) Prüfung auf Konservierungsmittel;
l) Prüfung auf Farbstoffe.

Die unter a—h genannten Prüfungen werden nach den im Abschnitt Marmelade gemachten Angaben, die übrigen Prüfungen wie bei Obstsäften beschrieben vorgenommen.

Hinsichtlich des Gehaltes an Metallen ist hier für Kupfer eine etwas höhere Grenze von 0,004% festgesetzt worden.

Der Zusatz von Konservierungsmitteln soll nach dem Entwurfe zu einer neuen Verordnung gänzlich verboten werden, so daß nur die den Ausgangsmaterialien entstammenden kleinen Mengen vorhanden sein dürfen.

Von weiteren Verfälschungen kommen noch Zusätze von Rübenkraut, Möhrenkraut und Malzkraut in Betracht. Auch ist auf Speisesirup aus Entzuckerungsabläufen zu achten. Rübenkraut ist durch seinen Gehalt an Betain, Sirup aus Entzuckerungsabläufen durch Strontium gekennzeichnet. Im übrigen lassen sich noch folgende allgemeine Richtlinien für die Beurteilung geben.

Für die Unterscheidung der vorstehenden vier Erzeugnisse und für den Nachweis von Vermischungen untereinander stehen sonach vor allem das optische Verhalten und die verschiedene Verteilung der Zuckerarten zur Verfügung.

Reines Obstkraut enthält neben sehr geringen Mengen Saccharose fast nur Invertzucker in Menge von durchschnittlich 53%, während im Rübenkraut die Saccharose weit überwiegt. Das Möhrenkraut steht zwischen beiden in der Mitte, und das Malzkraut weicht wegen seines Gehaltes an Maltose völlig ab.

In Übereinstimmung damit steht die starke Linksdrehung des Obstkrautes von durchschnittlich -4^0 und die starke Rechtsdrehung des Rübenkrautes, die KÖNIG und WESENER[1] zu $+4^0 25'$ bis $6^0 40'$ fanden, während STUTZER sogar $+6$ bis $+9^0$ angibt. Zusatz von Rübenkraut und Möhrenkraut offenbart sich also in einer Zunahme der Saccharose und gleichzeitigen Verschiebung der Polarisation von links nach rechts, die besonders deutlich bei Zusatz von Malzkraut in Erscheinung tritt.

Weitere charakteristische Unterscheidungsmerkmale bieten der Säuregehalt, der im Obstkraut höher als in den übrigen Erzeugnissen ist, und der weit niedrigere Stickstoffgehalt des Obstkrautes. Außerdem enthält das Obstkraut (und das Malzkraut) weit weniger Asche (1,92%) als das Rübenkraut (2,80%) und das Möhrenkraut (8,85%), und die Asche ist ärmer an Phosphorsäure, Kali und besonders Magnesia.

[1] KÖNIG u. WESENER: Zeitschr. angew. Chem. 1888, 1, 700.

Nach König und Wesener erhält man übrigens auch beim Erhitzen mit Kalilauge einen gewissen Anhalt für einen Zusatz fremder Stoffe, weil Rübenkraut hierbei einen unangenehm ammoniakalischen und schwachen Trimethylamingeruch, Obstkraut hingegen einen angenehmen obstartigen Geruch gibt. Betain konnten die Autoren im Rübenkraute nicht auffinden (s. aber die Arbeit von Sutthoff und Grossfeld S. 670). Kyll[1] gibt als weiteres Unterscheidungsmerkmal an, daß Obstkraut beim Herausziehen eines eingetauchten Glasstabes keinen, Rübenkraut dagegen einen langen Faden hält, und daß eine filtrierte Lösung 1 : 100 auf Zusatz von Salzsäure bei Obstkraut klar bleibt, bei Rübenkraut hingegen einen flockigen Niederschlag von organischen Stoffen liefert. Die Beobachtung selbst ist zwar bestätigt worden, jedoch scheint Kylls Annahme, daß nach seiner Methode noch 5—10% Rübenkraut erkannt werden können, zu optimistisch.

Beimischung von Rohrzucker wird sich nicht immer durch eine Erhöhung des Saccharosegehaltes offenbaren, da mit dem Einkochen der sauren Lösung vielfach eine Inversion verbunden ist. In solchen Fällen kann man den Zusatz lediglich an der Erniedrigung des Gehaltes an Stickstoff, Asche, Säure und Nichtzucker erkennen.

Wertvolle Anhaltspunkte gewährt noch die quantitative Zusammensetzung der Asche (S. 669), die im Kraut meist reich an Kalium, Calcium und Phosphorsäure ist, während Melasse bei hohem Gehalte an Kalium und Calcium wenig Phosphorsäure enthält und Strontianmelasse durch das Vorkommen von Strontium charakterisiert wird.

Die bei der Bestimmung des Stärkesirups zu beachtenden Vorsichtsmaßregeln sind des näheren auf S. 621 besprochen worden.

Die durch Auskochen von getrockneten Abfällen der amerikanischen Ringäpfelindustrie (Cores and Skins) gewonnenen Erzeugnisse zeigen nach Loock[2] einen weit geringeren Zuckergehalt neben erhöhtem Nichtzucker. Während reines Apfelkraut 55,7% Gesamtzucker und 5,2% Nichtzucker enthielt, fand er in Erzeugnissen aus Abfällen nur 34,88—41,27% Gesamtzucker, aber 8,56—16,28% Nichtzucker. Zur Ausschaltung des schwankenden Wassergehaltes wird man die analytischen Befunde zweckmäßig auf Trockensubstanz umrechnen. Unter Umständen kann auch der Nachweis von Schwefliger Säure als Hinweis auf Dörrobst angesehen werden, doch ist hierbei zu berücksichtigen, daß auch in Schwefliger Säure aufbewahrte frische Äpfel oder Pülpen verarbeitet sein können.

Für den Nachweis von Rübenkraut hat die mikroskopische Untersuchung nach Feder[3] entscheidende Bedeutung. Löst man 40 g Kraut in 400 ccm heißem Wasser und beobachtet den nach einiger Zeit abgesetzten und mit heißem Wasser dekantierten Bodensatz, so zeigen sich bei Anwesenheit von Rüben die charakteristischen Treppen- und Leitergefäße. Steinzellen weisen auf Birnenkraut hin.

Auch soll sich ein Zusatz von 10—20% Rübenkraut nach Litterscheid[4] durch Luminescenz zu erkennen geben.

Melasse unterscheidet sich von Obst- und Rübenkraut, abgesehen von den schon bekanntgegebenen Merkmalen durch stark alkalische Reaktion. Bei der Polarisation ist stets auf Raffinose Rücksicht zu nehmen.

IV. Obstsirupe und Obstgelees.

Die in diesem Abschnitte zu besprechenden Obsterzeugnisse werden abweichend von den Musen und Marmeladen nicht aus dem Fleische hergestellt, sondern aus dem Safte von Obstfrüchten, und zwar zum Unterschiede von dem Obstkraut immer unter Verwendung erheblicher Mengen reinen weißen

[1] Kyll: Chem.-Ztg. 1889, **13**, 66. [2] Loock: Zeitschr. öffentl. Chem. 1899, **5**, 359.
[3] Feder: Z. 1922, **43**, 200. [4] Litterscheid: Z. 1928, **55**, 175.

Verbrauchszuckers. Obstsirupe und Obstgelees sind Einfruchterzeugnisse, dürfen also nur den Saft einer einzigen Obstart enthalten, nicht aber, mit Ausnahme einer Sorte Himbeersirup aus Mischungen mehrerer Säfte bestehen. Sie unterscheiden sich vor allem durch die Konsistenz, die bei den Obstsirupen dickflüssig, bei den Obstgelees, wegen des Pektingehaltes, gallertig, streichfähig ist.

1. Herstellung der Obstsirupe und Obstgelees.

a) Obstsirupe.

Die, mit Ausnahme des bisweilen trübe verarbeiteten Citronensaftes (Citronenmostes), meist klar abgezogenen oder filtrierten Rohsäfte, vor allem von Himbeeren, Kirschen, Johannisbeeren, Erdbeeren, seltener von Äpfeln, Birnen, Citronen, Orangen werden in offenen Kupferkesseln mit Doppelwandung, Dampfheizung und Rührvorrichtung bis zum Kochen erhitzt und dann mit der abgewogenen Menge reinem weißen Verbrauchszucker (Saccharose) versetzt. Auf 35—40 kg Saft rechnet man 65—60 kg Zucker und erhitzt unter fortwährendem Rühren nur noch so lange, bis der Zucker gelöst ist. Der beim Kochen entstehende Schaum wird abgeschöpft, der Saft aus dem kippbaren oder mit Ablaßhahn versehenen Kessel abgelassen und, eventuell nach vorheriger Filtration, mit kaltem Wasser schnell abgekühlt. Bei Verwendung von Kochkesseln mit helmartigem Aufsatz, die eine Kondensation und Rückleitung der alkoholhaltigen Dämpfe ermöglichen, können Verluste an Aromastoffen verhindert werden. In Vakuumapparaten genügt zur Auflösung des Zuckers schon eine Temperatur von 40—50°, die später zur Koagulation des Albumins auf 56—65° zu steigern ist.

Noch aromatischere Obstsirupe sollen nach dem „Verfahren auf kaltem Wege“, dem „BARBUCAND- und Granulator-Verfahren“ entstehen, bei dem man den Rohsaft unmittelbar von der Kelter über Krystallzucker laufen läßt, bis er die erforderliche Konzentration erreicht hat. Auf diese Weise soll auch das lästige Auskrystallisieren des Zuckers verhindert werden können, das früher irrtümlich auf die hohe Konzentration zurückgeführt wurde, wahrscheinlich aber durch die bei zu langem Kochen eintretende Inversion und Glucosebildung verursacht wird. Bei Vermeidung langer Kochdauer und zu starker Abkühlung der Obstsirupe unter 5° tritt die Krystallisation nicht ein. Der zu ihrer Verhütung empfohlene Zusatz von Stärkesirup ist daher nicht nur überflüssig, sondern geradezu verboten.

Erlaubt ist zur Geschmacksverbesserung ein Zusatz von höchstens 0,3%, oder unter Deklaration von 1% Weinsäure oder Milchsäure.

b) Obstgelees.

Die technische Herstellung erfolgt im großen und ganzen wie die des Obstkrautes, aber unter Zusatz größerer Zuckermengen und weniger starker Eindickung. Das in üblicher Weise gewaschene frische Obst oder die Pülpe einer unvermischten Obstart wird entweder unmittelbar oder nach dem Kochen mit Wasser ausgepreßt, die erhaltene Flüssigkeit mit etwa der Hälfte ihres Gewichtes sowie nötigenfalls mit etwas Pektinextrakt bis zur Gelierprobe und zu einem Wassergehalte von höchstens 42% eingekocht, abgeschäumt und noch heiß abgefüllt. Zur Erlangung einwandfreien Gelees ist nach den Untersuchungen von LÜERS und LOCHMÜLLER, MEHLITZ[1] u. a. das p_H-Optimum von 2,8—3,0

[1] MEHLITZ: Konserven-Ind. 1925, **12**, 73. Vgl. G. WENDELMUTH: Kolloidchem. Beihefte 1924, **19**, 115; Z. 1926, **52**, 419.

anzustreben und für einen Zuckergehalt von mindestens 50% zu sorgen. Andererseits wird einer zu weitgehenden Streckung durch die Begrenzung des Wassergehaltes zu höchstens 42% und des Zuckergehaltes zu höchstens 70% entgegengewirkt. Andere Geliermittel als Obstpektin, und zwar nicht nur Agar, Gelatine u. a. im Obste nicht enthaltene Stoffe, sondern, abgesehen von dem gesondert zu besprechenden Apfelgelee, auch von Stärkesirup und Geliersäften aus anderen Obstarten sind ebenso wie auch Aromastoffe verboten. Zulässig ist hingegen der Zusatz von höchstens 0,5% Wein- oder Milchsäure und, unter Deklaration, von Farbstoffen, die vor dem Einkochen zugesetzt werden. Im Rahmen dieser Vorschriften ist dem Fabrikanten die Wahl des richtigen Verhältnisses von Obstsaft und Zucker freigestellt. Es seien daher nur als Beispiele einige von reellen Erzeugern benutzte Arbeitsvorschriften, die brauchbare Gelees ergeben, angefügt.

Stachelbeergelee[1]. Zu der ohne Verwendung von Geliermitteln durchführbaren Herstellung werden 100 kg Beeren mit 50 Litern Wasser kurze Zeit gekocht, abgeseiht und dann 80—90 kg der Flüssigkeit mit 60 kg Zucker auf 100—110 kg eingedickt. Ob die in dem Rezepte empfohlene Konservierung der Auskochung mit Benzoesäure oder Schwefliger Säure zulässig ist, wird erst in der Verordnung über Konservierungsmittel entschieden werden.

Gelee aus pektinarmen Säften (Erdbeeren, Himbeeren usw.) soll aus 40 Tln. Obstsaft, 60 Tln. Zucker und etwa 14 Tln. Pektinextrakt hergestellt werden, während für die gleiche Mischung pektinreicher Früchte (Johannisbeeren, Äpfel usw.) 10—12% Pektinextrakt ausreicht.

Apfelgelee nimmt insofern eine Ausnahmestellung ein, als es zur Herstellung billiger Erzeugnisse des Massenverbrauchs unter besonders vorgeschriebener Kennzeichnung einige fremde Zusätze erhalten darf. Insbesondere ist hier die Mitverarbeitung von Trockenäpfeln, Apfelschalen und -nachpresse erlaubt, wenn die Bezeichnung: „Apfelgelee aus Trockenobst, Apfelschalen, Nachpresse" angebracht wird und die Obsteinwaage mindestens 10% Frischobstextrakt enthält. Diese Erzeugnisse dürfen auch einen Zusatz von höchstens 12% Stärkesirup und, damit sie überhaupt nach etwas schmecken, von natürlichem Himbeeraroma erhalten. Der letztere Zusatz darf aber auf der Etikette nicht bekanntgegeben werden, während die hier gleichfalls erlaubte Verwendung eines anderen Obstsaftes in Menge von höchstens 10% des Fertigproduktes gekennzeichnet werden muß.

2. Zusammensetzung der Obstsirupe und Obstgelees.

a) Obstsirupe sind mit Rohrzucker (13:7) eingekochte Rohsäfte und enthalten demnach alle Bestandteile der letzteren in dem gleichen Verhältnisse,

Tabelle 35. Zusammensetzung der Obstsirupe.

Bezeichnung	Alkohol g	Extrakt g	Invertzucker g	Saccharose g	Gesamtzucker als Invert.	Gesamtsäure g	Flüchtige Säure g	Asche g	Alkalität ccm N.	P_2O_5 g
Erdbeersaft	1,57	4,52	—	—	1,04	1,30	—	0,442	5,53	0,031
Erdbeersirup	0,54	68,37	—	—	67,77	0,35	—	0,160	2,03	0,010
Himbeersaft	2,28	4,60	—	—	0,48	1,54	—	0,522	5,35	0,042
Himbeersirup	0,67	68,46	—	—	66,74	0,52	—	0,204	0,20	0,013
Himbeersirup Minimum	—	56,85	3,73	9,08	54,90	0,40	0,009	0,135	1,40	0,004
Himbeersirup Maximum	—	75,29	58,56	62,09	73,40	1,28	0,173	0,400	4,32	0,022
Himbeersirup Mittel	—	68,72	21,05	44,48	67,07	0,61	0,036	0,207	2,31	0,011
Kirschsirup Minimum	—	55,61	—	—	—	0,46	—	0,155	1,49	0,021
Kirschsirup Maximum	—	77,02	—	—	—	0,70	—	0,434	2,85	0,033
Kirschsirup Mittel	—	68,93	—	—	—	0,59	—	0,242	2,20	0,025

[1] Konserven-Ind. 1933, 20, 241.

aber entsprechender Verdünnung. Um diese Tatsache zu erhärten, wird es genügen, nach Analysen von A. Juckenack, Büttner und Prause[1] die Zusammensetzung von Himbeer- und Erdbeersäften und den daraus hergestellten Sirupen anzugeben. Außerdem sind in vorstehende Tabelle noch die Mindest-, Höchst- und Mittelwerte einer größeren Zahl selbst hergestellter Himbeersirupe und Kirschsirupe aufgenommen.

Für Johannisbeersirupe wurden folgende Werte ermittelt: Extrakt 58,97—69,37, Mittel 66,56; Gesamtsäure 0,70—1,09, Mittel 0,87; Asche 0,168 bis 0,366, Mittel 0,244; Alkalität 1,68—3,40, Mittel 2,24; für Erdbeersirup: Extrakt 63,51—70,48, Mittel 67,99; Gesamtsäure 0,32—0,63, Mittel 0,43; Asche 0,141—0,628, Mittel 0,216; die anderen Sirupe können, abgesehen von dem Saccharosegehalt, aus den Rohsaftanalysen berechnet werden.

b) Obstgelees wurden früher aus dem Safte frischer pektinreicher Früchte hergestellt, während man jetzt vermittels der Pektinpräparate auch pektinarme Früchte, Pülpe und Mark zu Gelees verarbeitet. Nach dem Nachtrag B zu J. Königs Chemie der menschlichen Nahrungsmittel lassen sich folgende Analysenwerte angeben:

Tabelle 36. Zusammensetzung des Obstgelees.

Bezeichnung		Wasser %	Extrakt %	Invertzucker %	Saccharose %	Zuckerfreier Extrakt %	Gesamtsäure %	Stickstoff %	Tannin %	Asche %	P_2O_5 %
Apfelgelee	Minimum	18,17	60,06	26,98	11,80	3,65	0,43	0,028	0,099	0,16	0,010
	Maximum	39,94	81,83	51,20	34,96	16,33	2,34	0,052	0,780	2,59	0,160
	Mittel	29,93	70,07	42,34	22,63	9,78	1,33	0,045	0,434	2,45	0,045
Birnengelee	Minimum	23,97	65,54	24,27	5,04	—	0,87	—	0,299	1,13	0,164
	Maximum	34,46	76,03	30,75	33,34	—	2,64	—	0,532	1,91	0,285
	Mittel	29,22	70,78	27,51	29,18	14,09	1,76	0,057	0,416	1,52	0,225
Quittengelee	Minimum	16,57	69,61	40,20	6,00	5,55	0,40	0,062	0,135	0,32	0,027
	Maximum	30,39	83,43	54,14	26,45	6,48	1,54	0,065	0,400	0,75	0,055
	Mittel	23,58	76,42	49,34	18,62	6,02	0,79	0,064	0,231	0,57	0,037
Kirschengelee . . .		35,68	64,32	51,11	4,20	9,51	0,62	—	0,266	—	—
Aprikosengelee	Minimum	20,14	76,87	38,11	10,82	0,97	0,64	0,036	0,160	0,34	0,030
	Maximum	23,13	79,86	56,31	39,73	8,40	0,66	—	0,299	—	—
	Mittel	21,64	78,36	47,21	25,28	4,69	0,65	0,036	0,230	0,34	0,030
Johannisbeergelee	Minimum	14,60	70,75	19,24	6,38	3,20	0,86	0,033	0,150	0,23	0,021
	Maximum	29,25	85,40	69,50	50,16	14,83	6,00	0,120	0,217	1,83	0,229
	Mittel	20,67	79,33	39,04	30,75	7,72	2,61	0,063	0,190	0,82	0,081
Heidelbeergelee	Minimum	18,97	70,57	28,80	3,72	8,49	1,57	0,031	0,230	0,40	0,013
	Maximum	29,43	81,03	69,06	42,47	16,62	6,31	0,118	0,450	2,06	0,260
	Mittel	23,76	76,24	47,71	26,01	11,87	3,06	0,070	0,312	0,87	0,068
Erdbeergelee		30,98	69,02	29,68	27,98	9,81	0,41	—	0,266	—	—
Himbeergelee	Minimum	10,07	72,41	25,73	4,17	2,45	0,45	—	0,140	0,21	0,029
	Maximum	27,59	89,93	74,50	53,12	11,44	2,39	—	0,260	0,52	0,037
	Mittel	19,48	80,52	49,66	22,75	6,28	1,68	—	0,185	0,38	0,032
Brombeergelee	Minimum	31,41	60,48	25,55	13,60	7,83	0,45	0,024	0,361	0,28	0,018
	Maximum	39,52	68,59	53,50	36,48	9,22	1,83	0,138	0,794	0,97	0,080
	Mittel	33,31	66,69	36,55	26,51	8,53	1,00	0,081	0,578	0,44	0,045
Stachelbeergelee	Minimum	17,50	71,19	42,50	8,90	5,12	0,80	0,030	0,099	0,21	0,023
	Maximum	28,81	82,50	62,68	18,22	6,03	2,27	—	0,150	0,28	—
	Mittel	23,16	76,84	50,94	13,87	5,58	1,54	0,030	0,120	0,52	0,023

[1] A. Juckenack, Büttner, Prause: Z. 1906, 12, 736.

Die spezifische Drehung des invertierten Extraktes beträgt nach A. JUCKENACK und H. PRAUSE bei reinen und mit Zucker hergestellten Gelees —20,8 bis —23,3.

3. Untersuchung der Obstsirupe und -gelees.

Die Bestimmung der wichtigsten normalen Bestandteile: Wasser, Extrakt, Säure, Asche, Alkalität, Stickstoff, Gesamtzucker, Saccharose usw. erfolgt mit abgewogenen Mengen der Durchschnittsprobe oder mit aliquoten Teilen der Grundlösung 1:10 nach den in den vorigen Abschnitten besprochenen Methoden.

4. Überwachung des Verkehrs.

Die amtliche Lebensmittelkontrolle hat folgende Vorschriften der Verordnung über Obsterzeugnisse zu beachten:

a) Obstsirupe. Die Obstsirupe dürfen nur aus vorstehenden Bestimmungen entsprechenden Obstsäften und reinem weißem Verbrauchszucker hergestellt werden.

Darüber hinaus gelten noch folgende Zugeständnisse und Verschärfungen.

Ohne Kenntlichmachung erlaubt ist: 1. Ersatz des beim Aufkochen verdampften Wassers. 2. Zusatz der beim Einkochen entwichenen, mit Hilfe von Kondensationsvorrichtungen wiedergewonnenen Aromastoffe zu demselben Erzeugnis. 3. Zusatz von höchstens 0,3% Weinsäure oder Milchsäure, auf das Fertigerzeugnis berechnet.

Unter Kenntlichmachung erlaubt ist: 1. Zusatz von mehr als 0,3% bis höchstens 1% Weinsäure oder Milchsäure. 2. Herstellung von Himbeersirup aus einem Gemische von 9 Teilen Himbeersaft mit höchstens 1 Teil Kirschsaft (unter der Bezeichnung: „Himbeersirup mit Zusatz von Kirschsaft").

Auch unter Kenntlichmachung verboten ist: 1. Zusatz von Wasser, abgesehen von dem Ersatz des beim Aufkochen verdampften Wassers. 2. Herstellung von Mischungen verschiedener Obstsirupe (abgesehen von „Limonadensirupen"). 3. Zusatz von Farbstoffen. 4. Zusatz von Aromastoffen, abgesehen von den beim Einkochen entweichenden und wiedergewonnenen, sowie dem Schalenaroma aus Citrusfrüchten bei Sirupen. 5. Verwendung anderer Süßstoffe als technisch reiner weißer Verbrauchszucker, insbesondere gelber Zucker (ungereinigter oder Rohzucker), Stärkezucker und Stärkesirup). 6. Zuckergehalt von mehr als 68% (Saccharose + Invertzucker). 7. Zusatz von mehr als 1% Milchsäure oder Weinsäure, sowie jeder Zusatz anderer Säuren. 8. Zusatz von Mineralstoffen.

Obstsirupe dürfen nicht mehr, wie bisher vielfach üblich als Säfte, z. B. „Himbeersaft", bezeichnet werden. Bei Verwendung von Phantasienamen muß daneben zugleich die Angabe der entsprechenden Obstsirupsorte vorhanden sein.

Die Frage der Konservierung wird erst in der Verordnung über Konservierungsmittel geregelt werden, und zwar nach dem vorliegenden Entwurfe wahrscheinlich in der Weise, daß in Obstsirupen an Konservierungsmitteln nur so viel enthalten sein darf, als dem verarbeiteten Obstsafte entstammt, jeder weitere Zusatz aber verboten wird.

Für die Lebensmittelkontrolle kommen hiernach hauptsächlich folgende Prüfungen in Betracht:

1. Prüfung auf Zusatz von Wasser und Nachpresse;
2. Prüfung auf fremde Obstsäfte und -sirupe;
3. Prüfung auf zu hohen Zuckergehalt;
4. Prüfung auf Stärkesirup;
5. Prüfung auf zugesetzte Mineralstoffe;
6. Prüfung auf zugesetzte Säuren;
7. Prüfung auf Metalle;
8. Prüfung auf Verdorbenheit;
9. Prüfung auf zugesetzte Aromastoffe;
10. Prüfung auf Konservierungsmittel;
11. Prüfung auf Farbstoffe.

Zur Ausführung der erforderlichen Prüfungen können die in den Abschnitten Marmelade und Obstsäfte angeführten Methoden, zur Deutung der erlangten analytischen Befunde die dort gemachten näheren Ausführungen herangezogen werden. Für den besonders wichtigen Nachweis von Wasser und Nachpresse sind noch folgende praktische Erfahrungen zu berücksichtigen:

Der Aschengehalt normaler Himbeersirupe beträgt in der Regel 0,18 bis 0,20%, die entsprechende Alkalität 1,8—2,0 ccm; doch können durch die unter „Fruchtsäfte" angeführten Gründe in Ausnahmefällen auch niedrigere Werte veranlaßt werden. Bei geringen Abweichungen ist daher immer die Fruchtsaftstatistik heranzuziehen.

Der Säuregehalt unterliegt besonders großen Schwankungen und kann daher nur mit großer Vorsicht für die Beurteilung verwertet werden, um so mehr als, wie bei „Fruchtsaft" näher besprochen, auch mit einem teilweisen Rückgange der Säure zu rechnen ist. Immerhin wird man nach den seitherigen Erfahrungen annehmen können, daß zur Neutralisation von 100 g Himbeersirup nicht weniger als 5 ccm N.-Lauge erforderlich sind. Ein etwaiger Zusatz von Milchsäure oder Weinsäure, der in Höhe von 0,3% bzw. unter Deklaration von 1% erlaubt ist, muß dabei berücksichtigt werden.

b) Obstgelees sind nach § 23 der Verordnung aus dem Safte oder dem wäßrigen Auszuge von frischen Früchten oder der Pülpe einer Obstart und technisch reinem weißem Verbrauchszucker (Saccharose) durch Einkochen hergestellte gallertige, streichfähige Zubereitungen. Obstgelee wird auch unter Verwendung einer geringen Menge Obstpektin, Weinsäure oder Milchsäure hergestellt, enthält mindestens 50 und höchstens 70% Zucker und wird mit dem Namen der verwendeten Obstart bezeichnet.

Als Obstgeleesorten werden insbesondere unterschieden: Apfel-, Quitten-, Johannisbeergelee. Dem Apfelgelee wird bisweilen der Saft einer anderen Obstart zugesetzt, auch wird es unter Verwendung von getrockneten Äpfeln, Apfelschalen und Apfelnachpresse hergestellt.

Die „Begründung" führt hierzu an, daß neben frischen auch frischerhaltene, d. h. eingepülpte Früchte verarbeitet werden dürfen. Zur Herstellung des gleichfalls zugelassenen, durch Kochen von Obst mit Wasser gewonnenen „Geliersaftes" dürfen im allgemeinen nicht mehr als 100 Teile Wasser auf 100 Teile Obst genommen werden.

Grundsätzlich verboten ist die Herstellung von Kunstgelee, d. h. von obstgeleeartigen Erzeugnissen, die aus Obstpektin, Wasser und Zucker, auch unter Mitverwendung von Fruchtsäuren, Aroma- und Farbstoffen hergestellt sind. Die allgemeinen Verbote gesundheitsschädlicher und verdorbener Gelees sind die gleichen, wie die im Abschnitte Marmeladen angeführten.

Im übrigen gelten für die Beurteilung, abgesehen von den als „Apfelgelee aus Trockenäpfeln", „Apfelgelee aus Apfelschalen" oder „Apfel-Nachpressegelee" bezeichneten Erzeugnisse, die am Schlusse gesondert besprochen werden, folgende Grundsätze:

Ohne Kennzeichnung erlaubt ist: 1. Zusatz von Obstpektin bis zu 0,5% berechnet als Calciumpektat und bezogen auf das Fertigerzeugnis. 2. Zusatz von höchstens 0,5% Weinsäure oder Milchsäure (bezogen auf das Fertigerzeugnis).

Unter Kenntlichmachung erlaubt ist: Verwendung von Farbstoffen unter der Kennzeichnung „gefärbt".

Auch unter Kenntlichmachung verboten ist: 1. Verwendung von Mineralstoffen. 2. Verwendung von Agar, Gelatine oder anderen nicht im Obste enthaltenen Gelierstoffen. 3. Verwendung von getrocknetem Obst, Apfelschalen oder Nachpresse (Ausnahme s. unten!). 4. Verwendung von Stärkesirup (Ausnahme s. unten!). 5. Verwendung von Obstrückständen. 6. Wassergehalt über 42%. 7. Verwendung von mehr als 0,5% Pektin. 8. Verwendung von mehr als 0,5% Weinsäure oder Milchsäure. 9. Verwendung anderer als der beim Einkochen entwichenen und wiedergewonnenen Aromastoffe, die aber nur demselben Erzeugnis wieder zugesetzt werden dürfen. 10. Zusatz des Saftes einer anderen Obstart. 11. Herstellung von Kunstgelee.

Das im Konditoreigewerbe benutzte Schneide- oder Kunstgelee aus gefärbter und aromatisierter Gelatine fällt nach der „Begründung" nicht unter die Verordnung.

Für Erzeugnisse, die als „Apfelgelee aus Trockenäpfeln", „Apfelnachpressegelee" oder „Apfelgelee aus Apfelschalen" deutlich gekennzeichnet werden, sind folgende Ausnahmen von vorstehenden Bestimmungen zugelassen:

1. Erlaubt ist die Verwendung von Trockenäpfeln, Apfelschalen oder Apfelnachpresse unter der Voraussetzung, daß mindestens 10% des Obstanteils der Einwaage auf frisches Obst entfallen.

2. Verwendung von höchstens 12% Stärkesirup bezogen auf das Fertigerzeugnis. Der Stärkesirup muß aber auf die zulässige Zuckermenge angerechnet werden.

Die Angabe in der Begründung zu § 28, Ziff. 5, daß Stärkesirupgehalte über 5% kenntlich gemacht werden müssen, ist irrtümlich aus dem Verordnungsentwurf übernommen worden und trifft jetzt nicht mehr zu.

3. Zusatz des Saftes einer anderen Obstart bis zur Menge von 10% des Fertigerzeugnisses und unter der Kenntlichmachung „mit Zusatz des betreffenden Saftes einer anderen Obstart".

Dieses Zugeständnis gilt auch für Apfelgelee aus Frischobst.

4. Zusatz von natürlichem Himbeeraroma unter der Kennzeichnung „mit Himbeeraroma".

Verboten ist der gleichzeitige Zusatz von Himbeeraroma und einem anderen Obstsaft.

Für die Überwachung des Verkehrs sind hiernach die gleichen Grundsätze wie bei Marmeladen und Obstsirupen zu beachten. Als wichtigste Arten der Verfälschung kommen Zusatz von Nachpresse, Agar, Gelatine und Aromastoffen, zu hoher Wassergehalt, Verwendung zu großer Mengen von Pektinstoffen und Säuren, sowie bei Apfelnachpressegelee u. dgl. von Stärkesirup in Betracht. Der Nachweis kann mit Hilfe der in den früheren Abschnitten beschriebenen Methoden erfolgen.

Hinsichtlich der Beurteilung sei nochmals darauf hingewiesen, daß Obstgelees grundsätzlich Einfruchterzeugnisse sind und daher, abgesehen vom Apfelnachpressegelee usw. keinen fremden Obstsaft enthalten dürfen. Die Herstellung von Kunstgelees ist überhaupt verboten.

V. Alkoholfreie Obstsaftgetränke.

Von den sog. „Alkoholfreien Getränken" gehören die „alkoholfreien Biere" nicht in den Rahmen dieser Besprechung, während die „alkoholfreien Obstsäfte" oder „Süßmoste", die „Obstdicksäfte" und die sog. „Obstgetränke" typische Obsterzeugnisse sind und auch die Limonaden und, soweit sie Obstsaft enthalten, die Brauselimonaden zu diesen gerechnet werden können.

1. Herstellung der alkoholfreien Obstsaftgetränke.

a) Süßmoste[1].

Süßmoste, auch wohl als alkoholfreier Obstmost, alkoholfreier Obstsaft u.ä. bezeichnet, bilden die edelste Gruppe der alkoholfreien Getränke, die bei den Verbrauchern ständig an Beliebtheit gewinnt und von einer hochstehenden Industrie, namentlich seit den letzten 15 Jahren in zunehmendem Umfange hergestellt wird. Ihr Ursprung ist aber wesentlich älter und, nachdem frühere Versuche von A PRATO[2] wieder in Vergessenheit geraten waren, im wesentlichen einer Anregung von MÜLLER-THURGAU in Wädenswil zu verdanken, der zuerst 1895, später in dem Werke: Die Herstellung unvergorener und alkoholfreier Obst- und Traubenweine[3] ein Verfahren bekanntgab, um Obst- und Traubensaft in unvergorenem Zustande durch Pasteurisation haltbar zu machen. Die in späterer Zeit auftretenden minderwertigen, verfälschten, ja völlig nachgemachten Erzeugnisse veranlaßten den Verein Deutscher Lebensmittelchemiker im Jahre 1907 nach dem Referate von BEYTHIEN[4] bestimmte Leitsätze für ihre Beurteilung aufzustellen, die zwar die gröbsten Auswüchse beseitigten, sich aber doch auf die Dauer als unzulänglich erwiesen. Die Gegner des Alkoholgenusses stellten, namentlich durch die Ergebnisse der Vitaminforschung veranlaßt, immer höhere Anforderungen an diese Erzeugnisse, und die Hersteller, nach H. POLZER[5] im Jahre 1930 etwa 10 größere und etwa 80 Mittelbetriebe mit einer Jahreserzeugung von 10—12 Millionen Liter (1926: 2,5 Millionen, 1935: 40 Millionen Liter), sahen sich genötigt, diesem Umstande Rechnung zu tragen. Der neu gegründete Verband der Deutschen Süßmostkeltereien E. V., Sitz Dresden, stellte wesentlich verschärfte Beurteilungsgrundsätze auf, die vom Bunde Deutscher Nahrungsmittelfabrikanten und -händler auf seiner Sitzung am 28. Oktober 1931 in Berlin unter Zustimmung von Vertretern des Reichsgesundheitsamtes, einiger Länderregierungen und der Lebensmittelkontrolle in ihren Grundzügen anerkannt wurden. Im Auftrage des Vereins Deutscher Lebensmittelchemiker von A. BEYTHIEN[6] unter Benutzung eines Entwurfes des Reichsgesundheitsamtes ausgearbeitete Leitsätze fanden auf den Hauptversammlungen in Bremen am 8. Mai 1932 und in Eisenach am 22. Mai 1933 die Zustimmung des Vereins und werden wahrscheinlich die Grundlage einer Reichsverordnung über Obstsüßmoste bilden[7].

Als wesentlicher Inhalt dieser Leitsätze ist die Begriffsbestimmung voranzustellen.

„Obstsüßmoste sind zum unmittelbaren Genusse bestimmte, praktisch alkoholfreie Getränke, die durch Pressen von unvergorenem frischem Obst mit oder ohne Filtration hergestellt werden.“ Traubensüßmost und Kernobstsüßmost dürfen, abgesehen von der erlaubten Kellerbehandlung keinen fremden Zusatz erhalten, während bei Beerensüßmost und Kirschsüßmost zur Trinkfertigmachung ein Zusatz von Wasser und Zucker, jedoch nur in der

[1] A. BEYTHIEN: Über alkoholfreie Getränke. Abhandlungen der Naturwissenschaftlichen Gesellschaft Isis 1906, II, S. 70; **Z.** 1908, **15**, 546. — A. MEHLITZ: Süßmost. Braunschweig: Dr. Serger und Hempel 1931.

[2] ANTONIO DAL PIAZ: Konservierung von Traubenmost. Wien: Hartleben 1902.

[3] MÜLLER-THURGAU, FRAUENFELD: 7. Aufl. Huber & Co. 1905.

[4] BEYTHIEN: **Z.** 1907, **14**, 26.

[5] H. POLZER: Gärungslose Früchteverwertung 1932, **3**, 82.

[6] A. BEYTHIEN: **Z.** 1932, **64**, 103; 1933, **66**, 116.

[7] Die während der Drucklegung als Anordnung Nr. 15/38 der Hauptvereinigung der deutschen Gartenbauwirtschaft am 8. September 1938 erschienen „Normativbestimmungen für Obstsüßmoste, Obstdicksäfte und Obstgetränke“, die in mehreren Punkten abweichen, sind im Beitrag HOLTHÖFER besprochen worden.

technisch unbedingt erforderlichen Menge erlaubt ist. Die näheren Einzelheiten der zulässigen Kellerbehandlung werden weiter unten erörtert werden.

Für die Herstellung guter Süßmoste ist nach dem Buche von MEHLITZ, dem die folgenden Ausführungen zum Teil entnommen worden sind, die richtige Auswahl des Obstes von größter Bedeutung. In erster Linie muß der Hersteller, dessen Bestreben auf die Schaffung gleichmäßiger Süßmosttypen zu richten sein wird, der Beschaffung einheitlichen Obstes, besonders bei den Mostäpfeln seine Beachtung schenken. Weiter darf nur gesundes und reifes, nicht aber Fallobst oder sonst beschädigtes Obst verarbeitet werden; ein Auslesen aller fauligen, schimmeligen oder verunreinigten Früchte am laufenden Band ist daher unerläßlich. Von Äpfeln eignen sich nur solche, die roh eßbar, saftig, von angenehmem Aroma und säuerlichem Geschmack und nicht überreif sind[1].

Birnen werden, mit Ausnahme einzelner Sorten, bislang kaum zur Herstellung reiner Süßmoste herangezogen, eignen sich aber, in nicht zu großer Menge zum Verschnitt von Apfelmosten.

Weintrauben sind außerordentlich empfindlich und gehen bei der üblichen Art der Lese oft schon auf dem Transporte in Gärung über. Es empfiehlt sich daher, die besonders geeigneten frühreifen Trauben (September) in der kühleren Tageszeit zu lesen und schnell zu verarbeiten. Mit Schädlingsmitteln (Arsen, Blei, Kupfer, Nicotin) behandelte Trauben sollten nicht zu Süßmosten verarbeitet werden, da die Entfernung der Metalle nicht immer mit Sicherheit gelingt; zum mindesten müssen nach VON DER HEIDE mit Arsen bespritzte Trauben ausgeschaltet werden[2].

Vom Steinobst kommen für gewerbliche Zwecke nur Süß- und Sauerkirschen in Betracht, von denen namentlich die letzteren einen vorzüglichen aromatischen Süßmost liefern, während die Süßkirschen der Erhöhung ihres Säuregehaltes durch Sauerkirschen oder Johannisbeeren bedürfen. Da die Stiele dem Moste einen bitteren Geschmack verleihen, werden die Kirschen zweckmäßig ohne Stiele vom Baume gepflückt oder im Großbetriebe mit Maschinen entstielt.

Beerenobst findet vielfache Verwendung: Erdbeeren sollen reif, aber nicht überreif, am frühen Morgen gepflückt werden und frei von grünen und sandigen Stellen, sowie von Stielen und Kelchen befreit sein. Mittelgroße und kleine Beeren, besonders Walderdbeeren ergeben die feinsten Säfte. Himbeeren gelangen ohne Stiele, Kelche und Fruchtböden zur sofortigen Pressung. Bei den Johannisbeeren, von denen namentlich die roten Sorten, in geringer Menge als Verschnittbeeren zur Erzielung eines muskatartigen Geschmacks und einer kräftigeren Farbe auch die schwarzen Johannisbeeren, verarbeitet werden, lohnt sich das Entrappen meist nicht. Stachelbeeren werden in Form kleinfrüchtiger, grüner, gelber oder weißer, nicht aber roter Beeren bevorzugt. Heidelbeeren dürfen sehr reif, aber nicht überreif sein und beim Transport nicht zu hoch geschichtet werden.

Hinsichtlich der sehr wichtigen Sortenwahl muß auf die eingehenden Ausführungen in dem Buche von MEHLITZ verwiesen werden.

Waschen des Obstes ist bei Kernobst, und zwar bei Großbetrieben in besonderen Waschmaschinen allgemein üblich, sollte aber bei Himbeeren, Erdbeeren und Brombeeren ganz unterbleiben und bei den widerstandsfähigen Sorten von Beerenobst sowie bei Steinobst nur im Notfalle und dann schonend erfolgen.

Das Mahlen des Obstes erfolgt mit Hilfe besonderer Obstmühlen (vgl. Abb. 5 auf S. 632). Wegen des ungünstigen Einflusses eiserner Teile auf Farbe und Geschmack des Saftes empfiehlt MEHLITZ für Kernobst die Mühle „Igel“ der Firma Kaltenbach in Lörrach, bei der das Obst mittelst einer Holzwalze, die Nirosta-Stahlstifte trägt, gespalten und geraspelt wird, während für Stein- und Beerenobst Mühlen nach Art der sog. Traubenpressen mit ineinandergreifenden geriffelten Kegelwalzen bevorzugt werden. Die Walzen werden so eingestellt, daß sie bei Beerenobst die Kerne und Kämme nicht zerquetschen, bei Kirschen aber die Steine zerdrücken, weil hierdurch der Saft an Aroma gewinnt.

[1] S. Fußnote 7, S. 680.

[2] Nach dem neuen Verfahren der „Rotschönung“ kann das Arsen mit Eisenoxyd (Prestal) entfernt werden. Vgl. W. PETRI: Vorratspflege 1938, 1, 318.

Als Pressen kommen neben den älteren Systemen in den modernen Betrieben wohl nur noch hydraulische Pressen von der auf S. 632 abgebildeten Form zur Anwendung. Für Trauben- und Beerenmost soll sich besonders die hydraulische „Packpresse“ eignen. Beim Kernobst sieht man von der Verwendung von Preßtüchern meist ab und läßt dafür den Saft durch vorgelegte Haarsiebe in die Sammelbottiche laufen. Hingegen muß Stein- und Beerenobst in Preßtücher eingeschlagen werden.

Die Diffusions- und Extraktionsmethoden, namentlich die neuerdings empfohlene „Dampfentsaftung“ kommen für die Herstellung von Süßmosten nicht in Betracht.

Die Saftausbeute hängt von der Beschaffenheit des Obstes, der Art des Mahlens und dem System der Presse ab und schwankt daher innerhalb weiter Grenzen. Als ungefähre Menge des aus 100 kg Obst bei einmaliger Pressung erhaltenen Saftes rechnet man für:

Äpfel	60—75 Liter	Himbeeren	70—80 Liter
Birnen	65—75 „	Johannisbeeren	65—85 „
Kirschen	60—70 „	Stachelbeeren	70—85 „
Trauben	65—80 „	Brombeeren	75—90 „
Erdbeeren	70—85 „	Heidelbeeren	80—90 „

Durch die meist übliche Wiederholung des Pressens nach vorheriger Auflockerung der Trester kann die Ausbeute noch um etwa 5 Liter erhöht werden. Die vor dem Pasteurisieren unerläßliche Klärung der Säfte kann wegen ihrer leichten Zersetzlichkeit nur in Ausnahmefällen und selbst dann nur bei gleichzeitiger Kaltlagerung unter 0^0 durch freiwilliges Absitzenlassen der Trubstoffe ausgeführt und durch Zusatz sog. Scheidsäfte aus gerbstoffreichen Birnen unterstützt werden. In der Regel verdient die Vorklärung durch Schönungsmittel den Vorzug. Als auch für Süßmoste erlaubt werden von den im Weingesetze angeführten Stoffen nur Gelatine, Tannin, Eiereiweiß, Spanische Erde, Agar, mechanisch wirkende Filterdichtungsstoffe (Asbest, Cellulose u. dgl.), ausgewaschene Holzkohle und gereinigte Knochenkohle angesehen, während die von MEHLITZ, VON DER HEIDE u. a. befürwortete Blauschönung nach den bisherigen Beratungen ausgeschlossen werden soll[1]. Praktische Bedeutung hat aber nach MEHLITZ zur Zeit nur die Gelatine-Tanninschönung, doch scheint nach M. RÜDIGER[2] auch Agar geeignet zu sein. Als Vorbehandlung, ja unter Umständen als Ersatz des Schönens, gewissermaßen eine Art beschleunigter Selbstklärung empfiehlt MEHLITZ das Ausschleudern in Zentrifugen.

Die Filtration der vorgeklärten Säfte ist auf alle Fälle wünschenswert, für die spätere Anwendung des E.K.-Filters, das absolute Klarheit erfordert, sogar unerläßlich. Zu der Filtration werden vorwiegend mit geeigneten Stoffen (Asbest usw.) beschickte Filterpressen benutzt, deren mit der Flüssigkeit in Berührung kommende Teile aus verzinnter oder versilberter Bronze, Holz, Porzellan, Glas u. dgl., keinesfalls aber aus Eisen bestehen und die zur Verwendung von Verfärbungen unter Luftabschluß arbeiten.

Für Fälle, in denen auf diese Weise keine krystallklaren Säfte erhalten werden, empfiehlt MEHLITZ die Anwendung seiner „Filtrationsenzyme“[3], die durch Züchtung von Aspergillus oryzae hergestellt und unter verschiedenen Namen: Protozyme, Polyzyme, Clarase usw. gehandelt werden.

Nur bei länger gelagerten Süßmosten kann endlich zur Geruchs- und Geschmacksverbesserung noch eine Kohlebehandlung angeschlossen werden.

[1] Nach dem neueren Runderlaß des R.u.Pr.M.d.I. vom 11. Oktober 1935 (Deutsch. Nahrungsm.-Rundschau 1935, S. 167) soll die Blauschönung für Traubensüßmost erlaubt sein. [2] M. RÜDIGER: **Z.** 1932, **64**, 77.

[3] Ein Verfahren zur Bestimmung der pektolytischen Kraft solcher Filtrationsenzyme ist unter 3 a auf S. 692 angegeben worden.

Die Haltbarmachung der Süßmoste erfolgt entweder auf warmem Wege durch Pasteurisieren und Sterilisieren, oder auf kaltem Wege durch Entkeimungsfiltration.

Die Pasteurisierung unterscheidet man in eine Vorpasteurisierung zur Lagerung der Süßmoste in großen Gebinden, wie Lagerfässer von 10—30 hl, Tanks bis 50 hl, Korbflaschen usw., und eine Nachpasteurisierung der abgefüllten Flaschen. Für ersteren Zweck haben sich die Durchlaufapparate als am besten erwiesen, da in ihnen bei ausreichender Temperatur (75°) die Erhitzungsdauer auf die kürzeste Zeit beschränkt werden kann. Die Besprechung der verschiedenen Apparatsysteme (FROMMEs Apparat, Pasteurisierapparat Velox von SEITZ, BAUMANNs Flächenerhitzer „Sonnenborn B. M. 2") siehe MEHLITZ. Nach dem Durchlaufe gelangt der Süßmost entweder heiß oder, besser, gekühlt in die sterilen Lagerbehälter. Falls das Abfüllen von hier nicht durch ein E.K.-Filter nach dem Kombinationsverfahren „BAUMANN-SEITZ" erfolgt, müssen die verschlossenen Flaschen im Wasserbade bei 60—65°, in einigen Fällen bei höchstens 70° nachpasteurisiert werden.

Nach dem Kaltverfahren mit Hilfe des E.K.-Filters schickt man den schnell geschönten, krystallblank filtrierten Saft, spätestens 24 Stunden nach der Kelterung durch E.K.-Filter, lagert ihn unter peinlichst aseptischer Arbeitsweise in Fässern von 10—25 hl steril ein und läßt ihn hier unter Tiefkühlung, bisweilen auch unter Kohlensäuredruck und dauernder biologischer Überwachung nachreifen. Die Abfüllung auf Flaschen erfolgt durch das SEITZ-Filter.

Konservierungsmittel dürfen, mit Ausnahme geringer Mengen Schwefliger Säure, zur Haltbarmachung nicht angewandt werden.

Nach dem schon vor dem Kriege bekannten, aber früher kaum angewandten Kohlensäuredruckverfahren des Schweizers BÖHI kann die Haltbarmachung der Süßmoste, also die Verhinderung der Gärung auch lediglich durch Kohlensäurezusatz bewirkt werden, weil erfahrungsgemäß keine Alkoholbildung eintritt, wenn in dem Safte 1,5% Kohlensäure unter Druck gelöst sind. Einer Mitteilung von JOSEF WREGG[1] zufolge kann der Süßmost nach entsprechender Klärung ohne weiteres unter Imprägnierung mit der angegebenen Kohlensäuremenge unter 8 atü Druck in die Lagertanks gebracht werden. Es muß jedoch nach wie vor die spätere Abfüllung auf Flaschen unter Pasteurisierung oder mit Entkeimungsfilter erfolgen.

Dem naheliegenden Wunsche, das BÖHI-Verfahren für den Transport bzw. den offenen Ausschank zu verwerten und alle komplizierten Vorrichtungen und Maschinen beim Abfüllen zu vermeiden, soll eine neue Erfindung, das Baldusausschankverfahren entsprechen, dem der Gedanke zugrunde liegt, den Zustand der Säfte im Lagerkeller, nämlich den Kohlensäuredruck, auch während des Transportes aufrechtzuerhalten. Zu diesem Zwecke wird einfach unter den Drucktank ein zweiter Tank (Drucktransportfaß, das nicht steril zu sein braucht) gestellt und mit der erforderlichen Menge Kohlensäure gesättigt. Die Säfte werden ohne Entspannung, unter Umständen mit Einschaltung eines Filters zur Klärung, unmittelbar auf die kleinen Spezialdrucktransporttanks bzw. Fässer abgefüllt. Der Ausschank erfolgt dann unter Verwendung eines Entspannungsgefäßes zur Vermeidung von Schaumbildung, und es ist dazu nur erforderlich, das Faß nach der Füllung an den Ort des Verbrauches zu bringen. Alsdann kann ohne weiteres eine glasweise Entnahme des kohlensäurefreien, gänzlich entspannten Süßmostes erfolgen. In gleicher Weise läßt sich der Süßmost in einem Drucktransportfaß auf einem Wagen nach Art der Verkaufswagen für Eis, Limonaden u. dgl. transportieren und auf Sportplätzen zum Ausschank bringen und auch in Gastwirtschaften auf dem Ausschankbüfett

[1] JOSEF WREGG: Umschau in Wissenschaft u. Technik 1936, 40, 515.

etwa in gleicher Art wie Bier in Gläser füllen. Verf. nimmt an, daß durch den Fortfall der Flaschenfüllung eine wesentliche Verbilligung und damit eine Steigerung des Absatzes zu erzielen ist.

Das Verfahren ermöglicht auch, unter Verwendung einer entsprechend konstruierten Druckflasche, den Saft kohlensäurehaltig, d. h. prickelnd und perlend zum Ausschank zu bringen und damit einen schon mehrfach gemachten Vorschlag zu verwirklichen. Die bekannte, schon früher von MEZGER und SCHREMPF[1] sowie von POLZER[2] hervorgehobene Tatsache, daß der unverdünnte Süßmost trotz völliger Harmonie des Geschmacks vielen Verbrauchern widersteht, weil der hohe Zuckergehalt von 45—50 Oechslegraden dem Gaumen auf die Dauer widersteht, hat dazu geführt, daß in die Leitsätze des Vereins Deutscher Lebensmittelchemiker eine neue Gruppe alkoholfreier Getränke, die später zu besprechenden sog. Obstgetränke (S. 686) aufgenommen wurden, die „süffiger" sind, und daß auch von einer Dresdener Mineralwasserfabrik in der Reklame für ihre Erzeugnisse empfohlen wurde, neben einem Glase Süßmost jedesmal eine Flasche kohlensaures Wasser zu bestellen. Zur Verwirklichung dieses Gedankens hat die Hauptvereinigung der deutschen Gartenbau- und Weinbauwirtschaft in ihrer Anordnung vom 13. Juli 1936[3] bestimmt, daß die Flaschen mit Traubensüßmost den Aufdruck „Ein Zusatz von frischem Trinkwasser oder kohlensaurem Tafelwasser erhöht den Genuß" tragen müssen, und daß die in Flaschen abgegebene Verdünnung von Traubensaft mit höchstens der gleichen Menge kohlensaurem Wasser als „Traubensaft-Schorle, alkoholfrei" zu bezeichnen ist. Vom Standpunkte der Industrie und auch mancher Verbraucher erscheint es zweckmäßiger, daß man die unverdünnten Süßmoste von vornherein mit Kohlensäure imprägniert und in ein perlendes, schäumendes oder sprudelndes Getränk verwandelt.

Dieser Gedanke ist nicht neu. Schon vor 25—30 Jahren brachten die Jungbrunnenkelterei von C. Jung in Lorch, die Rheinische Weinkelterei von Gebr. Wagner in Sonneberg-Wiesbaden u. a. mit Kohlensäure gesättigte „alkoholfreie Weine" in den Verkehr[4], und neuerdings haben J. KOCHS und SCHIEFERDECKER[5] über Versuche zur Herstellung sprudelnder Erfrischungsgetränke aus unvergorenem Apfelsaft berichtet. Sie benutzten dazu eine von der Firma Alisch & Co. in Berlin zur Verfügung gestellte NOLLsche Imprägnieranlage, waren aber der Meinung, daß dazu auch jede Mineralwasserimprägniereinrichtung geeignet sei. Wichtig ist, daß der Süßmost beim Abfüllen in Flaschen kommt, die schon vorher unter gleichen Druck gestellt sind wie die mit Kohlensäure versetzte Flüssigkeit, da der Saft nur bei völligem Druckausgleich ohne Schäumen einfließt. Hingegen braucht die Imprägnierung selbst nicht bei hohem Druck zu erfolgen, weil Apfelsäfte die Kohlensäure gut aufnehmen.

Zu der besonders wichtigen Entkeimung der Säfte können zwei Wege eingeschlagen werden. Entweder schaltet man ein E.-K.-Filter vor die Imprägnierungspumpe, die bei hinreichend kräftiger Wirkung den Saft durch das Filter saugt, worauf er nach dem Versprühen in einem kohlensäurehaltigen Raume in den Sammelbehälter gedrückt wird und von hier zum Abfüllen durch sterilisiertes Filter auf die keimfrei gemachten Flaschen kommt.

Nach dem anderen Verfahren wird der Saft in gleicher Weise wie Mineralwasser mit Kohlensäure imprägniert, auf Kronenkorkflaschen abgefüllt und dann in diesen pasteurisiert. Der mit Kohlensäure gesättigte Saft verträgt das Pasteurisieren recht gut und bleibt auch sprudelnd, doch empfiehlt es sich, zur Vermeidung von Bruch nicht über 70° zu erhitzen. In der Regel scheinen sogar 62° zur Haltbarmachung auszureichen. Um die nachträgliche Ausscheidung von Trübstoffen zu vermeiden, sollten zum Imprägnieren nur sterile und gut abgelagerte Säfte genommen werden.

---

[1] MEZGER u. SCHREMPF: Mineralwasserfabrikant 1932, **36**, 881.
[2] POLZER: Gärungslose Früchteverwertung 1932, **3**, 82.
[3] Reichsgesundh.-Bl. 1936, **11**, 705.
[4] A. BEYTHIEN: Abhandlungen der Naturwissenschaftlichen Gesellschaft Isis, Dresden 1906, S. 70. [5] J. KOCHS: Allg. Deutsch. Konserven-Ztg. 1933, **20**, 207.

Noch etwas weiter scheint die Herstellung mit Kohlensäure gesättigter Apfelsäfte in den Vereinigten Staaten vorgeschritten zu sein. Nach einer Mitteilung in der Allgemeinen Deutschen Konservenzeitung „Die Konserven-Industrie“[1] hat die amerikanische Regierung schon im Jahre 1931 einen besonderen Fonds zu Versuchen mit Nebenprodukten von Obst und Gemüse zur Verfügung gestellt, der von den Forschern in erster Linie dazu benutzt wurde, den Apfelsaft etwas mundgerechter für den Verbraucher zu gestalten. Die Landwirtschaftliche Versuchsstation von New York bezeichnete besonders die handelsmäßige Fabrikation von mit Kohlensäure imprägniertem Apfelsaft als wichtige Verwertungsmöglichkeit der Industrie und stellte in Übereinstimmung mit J. Kochs und Schieferdecker fest, daß schon durch Pasteurisierung bei 70° völlige Keimfreiheit erzielt wird. Das Erzeugnis ist von vortrefflicher Beschaffenheit, beim Öffnen der Flaschen und Servieren des kohlensäurehaltigen Saftes braust er eine Zeitlang wie Bier, Sekt oder ähnliche Getränke auf und regt dadurch zum Genuß an. Die Zuführung der Kohlensäure wird als hervorragendes Mittel bezeichnet, um den Geschmack des Apfelsaftes zur Geltung zu bringen und ein zusagendes Getränk zu schaffen.

Schließlich findet sich auch noch in der Umschau eine Mitteilung von Ohler[2] daß man nach einem neuartigen Verfahren den Süßmost unter Kohlensäuredruck in großen Behältern aus Stahl mit einer beständigen, gegen Fruchtsäuren unangreifbaren Innenauskleidung einlagert. Der Keltersaft wird frisch in die Druckgefäße eingeleitet, der daran befindliche Entlüftungshahn geschlossen und sofort Kohlensäure aus einer Kohlensäureerzeugungsanlage oder aus Stahlflaschen in gewissen Zeitabständen eingedrückt. Nach kurzer Zeit ist völlige Sättigung des Saftes mit Kohlensäure erreicht und damit nicht nur größere Haltbarkeit, sondern auch Verbesserung des Geschmacks gewährleistet. Für den Süßmost-Kleinfabrikanten ist zwar die Durchführung dieses Verfahrens nicht ohne weiteres möglich, er zieht daraus aber wieder die Bestätigung der Lehre, daß der Süßmost durch Kohlensäure eine hervorragende Geschmacksverbesserung erfährt; durch die von Kochs angedeutete Verwendung der für die Mineralwasserfabriken geeigneten Apparatur oder das von Wregg besprochene Böhi- und Baldusausschankverfahren ist es möglich, dem Publikum ein mundendes Getränk zu erzeugen und den Absatz des Süßmostes zu steigern.

Weshalb die führenden deutschen Süßmostkeltereien diesen Vorschlägen gegenüber einstweilen noch Zurückhaltung üben, ist nicht recht ersichtlich. Zwar wird mir mitgeteilt, daß die mit Kohlensäure imprägnierten Apfelsäfte einen bitteren Geschmack annehmen sollen, aber ich glaube, daß sich das wohl verhindern lassen wird.

Gesetzliche Hindernisse gegen eine derartige Herstellungsweise bestehen zur Zeit jedenfalls nicht und sind auch kaum von der in Vorbereitung befindlichen Verordnung über Süßmoste zu erwarten, falls eine einwandfreie Bezeichnung etwa als Schaumsüßmost gewählt wird. Die vor einiger Zeit an mich gerichtete Anfrage, ob bei diesen Erzeugnissen Zusätze, wie Ananasauszüge u. dgl. in Gestalt einer bei Schaumwein zulässigen Dosage gemacht werden dürfen, mußte zwar verneint werden, da nach C 6 der Eisenacher Beschlüsse die Verwendung fremder Aromastoffe zu verwerfen ist. Gegen die Herstellung von Schaumsüßmost aus vorschriftsmäßigen Süßmosten und reiner Kohlensäure bestehen aber keinerlei Bedenken. Sie kann vielmehr nur dringend empfohlen werden.

---

[1] Konserven-Ind. 1933, **20**, 384.
[2] Ohler: Umschau in Wissenschaft u. Technik 1934, **38**, 924.

b) Obstdicksäfte.

Neben den vorstehend besprochenen Methoden wendet man zur Haltbarmachung der Obstsäfte das Eindampfen bis zu einem Extraktgehalte von 60 bis 65% an, bei dem jedes Wachstum von Bakterien und Hefen unmöglich wird. Zur möglichsten Schonung der empfindlichen Bestandteile erfolgt die Konzentration in Vakuumapparaten bei Temperaturen von höchstens 40°, bei denen eine Schädigung der Vitamine nicht zu befürchten ist. Der wie unter a geschönte, separierte oder blank filtrierte Most, der nicht unter 10% Zucker enthalten und eine Wasserstoffionenkonzentration von $p_H = 3{,}3$—$3{,}4$ aufweisen sollte, wird in den bereits unter Vakuum stehenden Verdampfkörper (Schnellumlaufverdampfer) bis zur Hälfte eingesogen und dann durch Anstellen des Dampfes vorsichtig unter dauernder Bewegung auf die erforderliche Temperatur erhitzt. Durch fortdauerndes Nachsaugen von Most erhält man die Flüssigkeitsmenge auf der ursprünglichen Höhe, bis eine dem Hahne entnommene Probe die einer Konzentration auf $^1/_6$—$^1/_7$ entsprechende Dichte aufweist.

Die Obstdicksäfte werden aus Trauben- und Kernobstsüßmost ohne jeden Zusatz hergestellt, während bei Beeren- und Kirschsäften dem auf mindestens $^1/_3$ eingedickten Safte soviel Zucker zugesetzt werden darf, wie dem ursprünglichen Süßmoste entspricht. Der Gesamtzuckergehalt der Beeren und Kirschdicksäfte soll mindestens 62 und höchstens 68% betragen[1].

c) Obstgetränke.

Obstgetränke oder gleichsinnig bezeichnete Erzeugnisse (z. B. Apfelgetränk, Apfeltrank, Apfeltrunk) werden schon seit längerer Zeit durch Verdünnung von Obstdicksäften mit Wasser hergestellt. Nach anfänglichem Widerstreben hat der Verein Deutscher Lebensmittelchemiker im Hinblick auf die volkswirtschaftliche Bedeutung der Dicksäfte diesem Verfahren unter der Voraussetzung zugestimmt, daß der Extraktgehalt der Getränke mindestens 40° Oechsle entsprechen soll. Das gleiche Zugeständnis ist ähnlichen Erzeugnissen gemacht worden, die durch Verdünnung von Süßmosten mit Wasser hergestellt werden, doch soll für diese eine Verdünnung auf 35° Oechsle erlaubt sein, dafür aber die Bezeichnung „Obstgetränk aus Süßmost und Wasser“ gefordert werden.

Weitere Einzelheiten der an Süßmost usw. zu stellenden Anforderungen werden im Abschnitte „Überwachung“ besprochen werden.

d) Limonaden und Brauselimonaden.

Mit dem Worte Limonade[2], das sich von „Limone“ ableitet, bezeichnete man ursprünglich ein aus Citronensaft, Zucker und Wasser hergestelltes Getränk. Es wird noch heutzutage unter der Bezeichnung Citronenlimonade oder „Citrone naturell“ in Gastwirtschaften verabfolgt. Im Laufe der Zeit wurden an Stelle des Citronensaftes auch wohl andere Fruchtsäfte oder deren Sirupe, besonders diejenigen der Himbeere herangezogen, so daß sich die Bezeichnung „Limonade“ ganz allgemein für Mischungen von Wasser mit Obstsirup oder mit Obstsaft und Zucker einbürgerte. Die Limonaden, die in der Regel unmittelbar vor dem Verbrauche in Haushaltungen oder Gastwirtschaften hergestellt werden, bilden nicht einen Gegenstand des Groß- oder Kleinhandels, wohl aber ihre Ausgangsmaterialien und Grundstoffe. Als solche kommen neben den Obstsirupen, die nur den Saft einer einzigen Obstart enthalten, auch sog. Limonadensirupe

---

[1] Vgl. C. FIEDLER: Boll. R. Staz. Industria Essenze Deriv. Agrumi 1929, 4, 61; Z. 1934, 68, 443.

[2] A. BEYTHIEN: Z. 1906, 12, 35.

in Betracht, die durch Mischung mehrerer Obstsirupsorten oder wäßriger Lösungen von Obstdicksäften hergestellt werden. Als ihre wichtigsten Vertreter, die seit einigen Jahren in steigendem Maße in den Kleinhandel kommen, sind Limonadensirupe aus Citrusfrüchten, insbesondere Citronadesirupe, Orangeadesirup und Blutorangeadesirup anzuführen. Von diesen wird Citronadesirup aus reinem Citronensaft und Zucker, Orangeade unter Verwendung von mindestens 1 Teil Orangensaft auf höchstens 1 Teil Citronensaft, Blutorangeade aus Blutorangensaft hergestellt. Unter Kenntlichmachung kann an Stelle von Orangen- oder Blutorangensaft auch eingedickter Saft dieser Früchte genommen werden, auch ist bei den Limonadensirupen aus Citrusfrüchten und den daraus bereiteten Limonaden ein Zusatz des entsprechenden Schalenaromas erlaubt. Andere Zusätze, insbesondere Stärkesirup, Schaummittel, Mineralsäuren und Farbstoffe sind nicht gestattet.

Im übrigen verläuft die Fabrikation etwa in folgender Weise: In die sauber gereinigten Flaschen, die meist $^1/_3$ Liter fassen und mit Kugelventil- oder Patentverschluß versehen sind oder mit Korkstopfen verschlossen werden, bringt man mit einer automatisch wirkenden Füllvorrichtung die erforderliche Menge Limonaden- oder Brauselimonadensirup, die so zu bemessen ist, daß die fertige Brauselimonade mindestens 7% Zucker enthält, setzt sie dann in die Füll- und Verkorkungsmaschine ein und läßt das nicht mit Salzen versetzte destillierte Wasser, das bei 4—5 Atmosphären mit Kohlensäure imprägniert ist, unter dem gleichen Drucke einfließen. Das früher übliche Verfahren, den Brauselimonadensirup in den Mischungszylinder einzuführen, wird jetzt kaum noch angewandt.

Die sofort verkorkten und verdrahteten oder bei Verwendung von Siphons, Patent- oder Kugelflaschen in geeigneter Weise verschlossenen Flaschen werden im kühlen Lagerraum liegend aufbewahrt und schließlich für den Versand mit den vorgeschriebenen Etiketten versehen.

Brauselimonaden, die, in Flaschen abgefüllt, einen wichtigen Handelsgegenstand bilden, entsprechen den vorstehenden Begriffsbestimmungen, werden aber mit Kohlensäure hergestellt. Wenn sie nicht als Obstbrauselimonade (z. B. Himbeerbrauselimonade), sondern als „Brauselimonade mit Himbeergeschmack“ oder als „künstliche Brauselimonade“ bezeichnet werden, können an Stelle von Obstsäften, Obstsirupen oder Limonadensirupen als Ausgangsmaterialien auch Essenzen oder Brauselimonadengrundstoffe Verwendung finden. Für die Beurteilung der mit natürlichen Essenzen hergestellten Erzeugnisse sind die in Anordnung Nr. 15/38 der Hauptvereinigung der deutschen Gartenbauwirtschaft am 8. September 1938 erlassenen „Normativbestimmungen für Brauselimonaden mit Geschmacksstoffen (Essenzlimonaden)“ maßgebend.

Als besondere Arten von Brauselimonaden seien schließlich noch die Sole- und Molkenbrauselimonaden erwähnt, bei denen der Zusatz der namengebenden Stoffe gleichzeitig mit dem Sirup erfolgt.

Molkenbrauselimonade erhält einen Zusatz von Molken oder eingedickten Molken in nicht näher begrenzter Menge und muß als „Brauselimonade unter Zusatz von Molken“ oder „eingedickten Molken“ bezeichnet werden.

Solebrauselimonade muß in 1 Liter mindestens 1 g Solesalz enthalten und die Kennzeichnung „unter Zusatz von X-er Sole“ tragen.

Limonaden, Brauselimonaden und künstliche Brauselimonaden, bei denen in Wort oder Bild auf Mineralwasser oder ein bestimmtes Mineralwasser hingewiesen wird, müssen an Stelle von Wasser oder destilliertem Wasser lediglich aus Mineralwasser der angegebenen Bezeichnung hergestellt sein. Hinsichtlich der übrigen zu beachtenden Vorschriften sei auf den Abschnitt „Überwachung“ verwiesen.

2. Zusammensetzung der alkoholfreien Obstsaftgetränke.

a) Süßmoste.

Im Hinblick auf die verhältnismäßige Jugend der modernen Süßmostindustrie erscheint es verständlich, daß Analysen der neuerdings in den Verkehr gebrachten Erzeugnisse erst in geringer Zahl vorliegen. Da die Trauben- und Kernobstsüßmoste aber ungegorene Obstsäfte sein sollen und die Kirsch- und Beerensüßmoste solche wenigstens als vorherrschenden Bestandteil enthalten, so können zu ihrer Beurteilung in erster Linie die in dem Nachtrag B zur Chemie der menschlichen Nahrungsmittel von J. KÖNIG zusammengestellten Analysen reiner unvergorener Preßsäfte von K. WINDISCH und PH. SCHMIDT[1], MÜLLER[2], BEYTHIEN[3], OTTO und TOLMACZ, OTTO und KOHN, C. A. BROWNE u. a. dienen. Außer diesen sind in die nachstehende Tabelle des Vergleichs halber noch die Analysen einiger Dörräpfelauszüge von A. JUCKENACK, G. BÜTTNER und H. PRAUSE[4] aufgenommen worden.

Tabelle 37. Zusammensetzung der Obstsäfte.

Obstart		Extrakt g	Invertzucker g	Saccharose g	Zuckerfreier Extrakt g	Freie Säure[5] g	Stickstoff g	Gerbstoff g	Asche g	Alkalität ccm N.
Apfel	Minimum	10,50	5,54	0,46	2,58	0,13	0,049	0,207	0,205	3,5
	Maximum	21,43	15,55	5,48	7,11	1,98	0,056	0,207	0,570	4,4
	Mittel	16,44	10,05	3,16	3,81	0,98	0,052	0,207	0,402	4,1
Trockenapfel	Minimum	6,77	5,00	—	1,89	0,27	—	—	0,140	1,4
	Maximum	14,09	11,47	—	2,82	0,67	—	—	0,342	3,6
	Mittel	10,03	7,86	—	2,42	0,49	—	—	0,253	2,5
Birnen	Minimum	12,22	7,07	0	3,20	0,09	0,038	0,199	0,256	2,5
	Maximum	21,08	15,50	3,08	8,29	0,90	0,050	—	0,594	5,5
	Mittel	17,58	11,65	1,29	4,90	0,55	0,044	0,199	0,458	4,1
Mispel	Minimum	13,31	2,74	2,47	4,36	0,60	0,039	—	0,458	4,3
	Maximum	15,35	10,12	4,94	5,23	1,75	0,065	—	0,513	4,8
	Mittel	14,33	4,31	3,90	4,80	1,15	0,052	0,799	0,406	4,6
Quitten	Minimum	10,11	4,66	—	4,40	0,91	0,049	—	0,388	3,0
	Maximum	14,88	9,42	—	5,46	3,62	0,063	—	0,558	5,2
	Mittel	12,81	7,61	0,85	4,35	1,94	0,056	0,365	0,474	4,3
Sauerkirschen	Minimum	8,23	4,68	0,28	2,78	0,29	0,051	—	0,350	3,5
	Maximum	23,96	14,58	9,12	9,40	1,92	0,133	—	0,873	8,5
	Mittel	16,16	10,08	3,28	5,88	1,06	0,061	0,141	0,537	5,6
Süßkirschen (Mittel) . . .		17,46	11,07	0,21	6,12	0,64	0,077	0,088	0,485	4,9
Reineclauden (Mittel) . . .		13,30	9,10	0,52	4,20	0,18	—	—	0,628	3,8
Pflaumen	Minimum	12,49	4,30	0	4,38	0,94	0,04	—	0,336	3,1
	Maximum	18,65	7,80	7,86	6,02	1,59	—	—	0,586	5,7
	Mittel	15,80	6,75	5,28	5,03	1,23	0,04	—	0,482	4,6
Zwetschen	Minimum	14,58	3,83	3,53	5,08	0,48	—	—	0,470	4,2
	Maximum	17,05	5,45	8,07	7,90	1,70	—	—	0,627	5,3
	Mittel	16,36	4,66	5,40	6,40	1,11	—	—	0,526	4,8

[1] K. WINDISCH u. PH. SCHMIDT: **Z.** 1909, **17**, 606.
[2] MÜLLER: Chem.-Ztg. 1911, **35**, 695.
[3] A. BEYTHIEN: Abhandlungen der Naturwissenschaftlichen Gesellschaft Isis, Dresden 1906, Heft 2, S. 70.
[4] A. JUCKENACK, G. BÜTTNER, H. PRAUSE: **Z.** 1906, **12**, 738.
[5] Die Säure ist beim Beerenobst als Citronensäure, beim Steinobst und Kernobst als Äpfelsäure berechnet.

Tabelle 37 (Fortsetzung).

Obstart		Extrakt	Invertzucker	Saccharose	Zuckerfreier Extrakt	Freie Säure [1]	Stickstoff	Gerbstoff	Asche	Alkalität
		g	g	g	g	g	g	g	g	ccm N.
Mirabellen	Minimum	16,20	7,12	—	5,89	0,22	0,112	—	0,390	4,2
	Maximum	26,44	10,86	—	9,08	1,41	0,132	—	0,654	6,6
	Mittel	20,09	8,41	4,20	7,59	0,88	0,122	—	0,519	5,8
Pfirsich	Minimum	9,70	3,06	—	3,77	0,94	0,064	0,122	0,390	4,3
	Maximum	12,17	3,80	—	3,78	1,01	0,067	—	0,512	5,3
	Mittel	10,65	3,43	3,45	3,78	0,98	0,066	0,122	0,440	4,8
Aprikosen	Minimum	10,11	3,77	—	3,40	0,82	0,074	0,106	0,497	5,4
	Maximum	13,06	9,76	—	4,41	1,02	0,088	—	0,634	6,7
	Mittel	12,08	5,91	3,41	3,90	0,90	0,077	0,116	0,549	5,8
Erdbeeren	Minimum	5,92	3,03	0,24	2,20	0,58	0,029	0,130	0,310	3,4
	Maximum	12,40	7,75	—	4,22	1,12	0,059	—	0,606	6,4
	Mittel	7,86	4,62	0,24	2,93	0,83	0,043	0,130	0,425	4,7
Himbeeren (rote)	Minimum	4,84	0,59	—	—	1,11	0,029	0,104	0,120	1,0
	Maximum	20,94	12,09	—	—	3,03	0,082	—	0,750	7,9
	Mittel	9,13	5,63	—	3,50	1,67	0,056	0,104	0,505	5,5
Himbeeren, weiße (Mittel)		10,48	6,37	—	4,11	1,45	0,063	0,100	0,492	5,8
Johannisbeeren (rote)	Minimum	8,27	2,45	0,11	—	1,31	0,032	0,091	0,303	2,8
	Maximum	17,51	14,44	—	—	4,12	0,098	—	0,838	7,3
	Mittel	11,84	7,43	0,11	4,30	2,22	0,063	0,091	0,498	5,1
Johannisbeeren, weiße (Mittel)		12,14	7,52	—	4,62	1,90	0,059	0,119	0,483	5,0
Brombeeren	Minimum	8,14	4,92	0,27	3,22	0,65	0,043	0,126	0,398	4,3
	Maximum	11,81	7,25	—	4,56	2,05	0,069	—	0,490	5,4
	Mittel	9,94	5,67	0,27	4,00	1,40	0,054	0,126	0,422	4,8
Stachelbeeren	Minimum	9,26	5,72	0,29	2,45	0,82	0,025	0,079	0,295	3,2
	Maximum	14,69	8,61	—	5,56	1,68	0,078	—	0,594	6,0
	Mittel	11,46	6,60	0,29	4,57	1,15	0,054	0,079	0,456	4,4
Preißelbeeren	Minimum	9,88	4,22	0,36	4,20	1,44	0,017	0,189	0,250	3,0
	Maximum	14,72	9,92	—	4,80	2,24	0,027	—	0,420	5,4
	Mittel	12,14	7,14	0,36	4,64	1,96	0,021	0,189	0,309	3,9
Heidelbeeren	Minimum	7,06	3,92	0,18	—	0,85	0,011	0,203	0,228	2,1
	Maximum	13,68	8,93	—	—	1,51	0,049	—	0,390	4,4
	Mittel	9,57	5,95	0,18	3,40	1,03	0,035	0,203	0,272	3,0
Moosbeeren	Minimum	6,78	2,18	0,23	4,60	3,08	0,290	—	0,210	2,8
	Maximum	10,00	4,93	—	6,58	3,48	—	—	0,320	4,6
	Mittel	9,03	3,70	0,23	5,10	3,28	0,290	—	0,269	3,7
Kranbeeren (Mittel) . . .		9,08	4,20	—	4,88	2,90	—	—	0,277	3,4
Rauschbeeren (Mittel) . .		10,27	8,20	—	2,07	1,00	0,014	—	0,189	1,9
Orangen	Minimum	10,45	7,65	2,09	1,52	0,82	0,064	—	0,380	4,5
	Maximum	13,83	9,74	3,62	1,84	1,84	0,109	—	0,558	7,2
	Mittel	11,62	8,50	—	1,67	1,37	0,081	—	0,462	5,8
Ananas	Minimum	7,08	2,34	0	2,07	0,58	0,055	—	0,350	3,2
	Maximum	16,28	11,73	9,20	4,08	1,82	0,097	—	0,670	7,0
	Mittel	13,52	5,48	5,39	3,33	0,77	0,072	—	0,488	5,8

Alkoholfreie Getränke aus Traubensaft sind bislang in zwei verschiedenen Formen in den Verkehr gebracht worden, nämlich einerseits unvergorene pasteurisierte Traubensäfte, andererseits aus Weinen durch Entfernung des Alkohols

[1] Siehe Fußnote 5, S. 688.

und nachfolgenden Zusatz von Zucker hergestellte Getränke („alkoholfreier Wein"). Aus der verhältnismäßig geringen Zahl der Analysen, die sich auf verbürgt oder doch höchstwahrscheinlich unverfälschte Erzeugnisse beziehen, seien folgende mitgeteilt:

Tabelle 38. Zusammensetzung alkoholfreier Weine.

Bezeichnung	Spezifisches Gewicht	Extrakt g	Invertzucker g	Saccharose g	Zuckerfreier Extrakt g	Säure als Weinsäure g	Asche g
Pasteurisierter Traubensaft[1]	1,0601	15,96	12,32	0,19	3,45	0,795	0,263
Weiß[2]	1,0709	19,38	16,20	0	3,18	1,035	0,296
Burgunder	1,0650	22,66	20,06	0	2,60	1,065	0,264
Rießling	1,0355	17,60	15,20	0	2,40	0,828	0,211
Tokayer	1,0599	20,42	17,96	0	2,44	0,855	0,206
Liebfrauenmilch	1,0804	22,59	19,38	0	3,21	0,936	0,269
Alkoholfreie Weine:							
Lorcher	1,0402	11,15	7,21	0,35	3,55	0,668	0,145
Lorcher Pfaffenwies	1,0445	11,89	7,93	0,19	3,77	0,638	0,156
Lorcher Rotwein	1,0405	10,85	2,42	4,49	3,94	0,536	0,178

Die aus pasteurisierten Traubensäften hergestellten Getränke haben naturgemäß nicht das erst bei der Gärung entstehende Bukett, während dieses in den durch Entgeisten von Wein gewonnenen Erzeugnissen enthalten ist.

b) Obstdicksäfte.

Diese durch Eindampfen von Obstsäften im Vakuum erhaltenen Erzeugnisse zeigen die Zusammensetzung der entsprechenden Süßmoste in konzentrierter Form, d. h. sie sind bei Trauben- und Kernobstdicksäften dem Ausgangsmaterial, entsprechend dem Grade der Eindampfung wesensgleich, während bei den Beeren- und Kirschendicksäften durch den erlaubten Zuckerzusatz eine Abweichung herbeigeführt wird[3].

Neben älteren von A. RÖHRIG[4] veröffentlichten Analysen von Himbeere, Erdbeere, Aprikose, Ananas, Quitte und Citrone seien nachstehend zwei im Jahre 1933 im Chemischen Untersuchungsamte der Stadt Dresden ausgeführte Analysen von Apfeldicksaft mitgeteilt.

Tabelle 39. Zusammensetzung von Obstdicksäften.

Bezeichnung	Spezifisches Gewicht des Dicksaftes	Spezifisches Gewicht der Lösung 1:10	Extrakt indirekt g	Invertzucker g	Saccharose g	Zuckerfreier Extrakt g	Säure als Äpfelsäure g	Asche g
Succorubid	1,2376	—	50,8	—	—	—	17,8	5,51
Fragarid	1,3596	—	71,3	—	—	—	11,8	3,71
Aprikose	1,3163	—	64,4	—	—	—	15,2	7,43
Ananas	1,3426	—	68,6	—	—	—	9,1	3,23
Quitte	1,3518	—	69,8	—	—	—	8,1	2,20
Citrone	1,3593	—	63,0	—	—	—	50,0	3,15
Apfeldicksaft	—	1,0284	73,40	54,78	5,39	13,23	4,16	1,75
„	—	1,0245	63,30	40,70	12,10	10,50	3,84	1,64

[1] FR. MÜLLER: Chem.-Ztg. 1911, **35**, 695. [2] R. OTTO u. S. KOHN: **Z.** 1906, **11**, 136.

[3] Nach den neuen „Normativbestimmungen" (S. 697) ist auch bei Beeren- und Kirschendicksäften ein Zusatz von Zucker nicht mehr erlaubt.

[4] A. RÖHRIG: Pharm. Zentralh. 1910, **51**, 285; **Z.** 1908, **15**, 148; 1911, **21**, 628.

Die aus den Süßmosten bzw. den Dicksäften durch Zusatz von Wasser hergestellten „Obstgetränke“ müssen unter Berücksichtigung der Verdünnung die quantitative Zusammensetzung des Ausgangsmaterials aufweisen. Zu beachten ist der erhebliche Gehalt der Kernobstdicksäfte an Saccharose, die anscheinend bei dem schonenden Eindampfen der Preßsäfte nicht invertiert wird.

c) Limonaden und Brauselimonaden.

Limonaden und Brauselimonaden sind Verdünnungen von Obstsäften und Obstsirupen mit Wasser. Von Angaben über ihre quantitative Zusammensetzung kann daher abgesehen werden. Für einige bekanntere zur Herstellung künstlicher Brauselimonaden benutzter Brauselimonadensirupe sind in der Literatur folgende Befunde mitgeteilt worden.

Tabelle 40. Zusammensetzung von Brauselimonadensirupen.

Nr.	Bezeichnung	Spezifisches Gewicht	Alkohol g	Extrakt indirekt g	Invertzucker g	Saccharose g	Zuckerfreier Extrakt g	Säure als Weinsäure g	Asche g
1	Vierländer Punsch.	1,2442	0,37	64,89	—	—	—	—	—
2	Hansatrunk . . .	1,2764	1,44	74,31	—	—	—	1,284	0,07
3	Holstentrunk . . .	1,2516	1,39	67,45	—	—	—	1,388	0,08
4	Bilz-Limetta . . .	—	—	59,57	31,20	23,23	5,14	1,080	0,08
5	„	1,2743	0	57,00	70,56	2,38	—	1,512	0,08
6	„	1,2714	0,96	76,00	—	—	—	1,550	0,03
7	Agathon	1,3069	0	63,00	24,53	44,25	—	0,450	0,11
8	Limetta	1,2670	1,05	58,65	35,65	19,02	3,98	1,180	0,05
9	Orangencider . . .	1,3010	1,66	64,40	55,71	2,29	6,40	1,490	0,03

Die Analysen zu 1, 2, 3 und 4 entstammen dem V. Berichte des Hygienischen Instituts in Hamburg vom Jahre 1903/04, S. 71; diejenige zu 5 und 7 der Veröffentlichung von OTTO und TOLMACZ[1], die Analyse zu 6 dem Jahresberichte des Chemischen Untersuchungsamtes der Stadt Dresden 1904, S. 29; diejenigen zu 8 und 9 sind der Pharmazeutischen Zeitung 1903, **48**, 700 entnommen.

3. Untersuchung der alkoholfreien Obstsaftgetränke.

Als wesentlichste Bestandteile aller Erzeugnisse dieser Gruppe sind zu erwähnen: Gesamtextrakt, Invertzucker, Saccharose, unter Umständen auch Sorbit, ferner organische Säuren, Stickstoff, Gerbstoff, Asche und deren Alkalität.

Zu der Untersuchung kann man bei den kohlensäurefreien Erzeugnissen entweder die Substanz direkt oder nach vorheriger Verdünnung auf das Zehnfache verwenden, während man kohlensäurehaltige Getränke (Brauselimonaden, schäumende Süßmoste) vorher durch Schütteln der schwach erwärmten Flüssigkeit und nachfolgende Filtration von der Kohlensäure befreit und dann die für den Fruchtsaftgehalt maßgebenden Bestimmungen ausführt.

Die zu diesem Zwecke anzuwendenden Methoden sind bereits in den vorhergehenden Abschnitten so ausführlich besprochen worden, daß darauf verwiesen werden kann. Es sei daher an dieser Stelle nur noch ein Verfahren zur Bestimmung der pektolytischen Kraft von Filtrationsenzymen angeführt, die neuerdings nach dem Vorschlage von A. MEHLITZ[2] in zunehmendem Maße zur Klärung von Süßmosten industrielle Anwendung finden, und weiterhin eine Reihe von Methoden, die bei der Untersuchung von Brauselimonaden und

[1] OTTO u. TOLMACZ: Z. 1905, **9**, 272.
[2] A. MEHLITZ: Z. 1934, **68**, 91; 1935, **70**, 180; Biochem. Zeitschr. 1935, **276**, 66, 86.

Kunstbrauselimonaden zum Nachweise von Schaummitteln, wie Saponin, Glycyrrhizin usw. empfohlen worden sind.

a) Bestimmung der pektolytischen Kraft von Filtrationsenzymen.

Für die Ermittelung des Wirkungswertes von Filtrationsenzymen geben A. MEHLITZ und H. MAASS[1] folgende Arbeitsvorschrift: 200 ccm einer 1,7—2,3 g/100 ccm Calciumpektat liefernden Pektinlösung mit einem p_H von 3,6 werden in einer 250-ccm-Flasche mit eingeschliffenem Stopfen mit genau 1,00 g Enzympräparat 5 Minuten geschüttelt und 15 Stunden in einem Thermostaten bei 37—38° fermentiert. Unter kurzem Abheben des Stopfens setzt man dann sofort 10 ccm 40 vol.-%ige Formaldehydlösung (Merck 4002) hinzu, kühlt ab und filtriert durch ein Faltenfilter. 25 ccm des Filtrates werden in einem 250-ccm-Meßkolben mit 80° warmem Wasser unter drehender und quirlender Bewegung bis zum Kolbenhals versetzt, abgekühlt, zur Marke aufgefüllt und umgeschüttelt.

Zur Bestimmung des Calciumpektats versetzt man 10 ccm dieser Lösung in einem 400-ccm-Becherglase (Jena, breite Form) mit 80 ccm Wasser und dann mit 10 ccm N.-Natronlauge, läßt 7 Stunden bedeckt stehen, gibt dann je 50 ccm N.-Essigsäure und 2 N.-Calciumchloridlösung hinzu, kocht 3 Minuten und filtriert durch ein gewogenes Filter (Schleicher & Schüll Nr. 589, 11 cm Durchmesser). Nach dem Auswaschen mit heißem Wasser bis zum Aufhören der Chlorreaktion trocknet man das Filter mindestens 6 Stunden bei 105°. Das Niederschlagsgewicht mal 1,05 entspricht dem Restpektin. Durch Subtraktion desselben von dem Calciumpektatwert in 10 ccm der unfermentierten Analysenlösung erhält man die Menge des abgebauten Pektins. Letzteres mal 5 ergibt die pektolytische Kraft in Einheiten nach MEHLITZ.

b) Schaummittel.

Zur Abscheidung der hauptsächlich benutzten Stoffe Saponin und Glycyrrhizin sind folgende Methoden vorgeschlagen worden.

α) **Methode von BRUNNER-RÜHLE**[2, 3]. 100 ccm der zu prüfenden Flüssigkeit werden mit Magnesiumcarbonat neutralisiert, darauf mit 20 g Ammoniumsulfat versetzt und mit etwa 9 g Phenolum liquefactum im Scheidetrichter wiederholt ausgeschüttelt. Nach dem Ablassen der wäßrigen Schicht wird die Phenollösung mit etwa 50 ccm Wasser, 100 ccm Äther und, wenn nötig, zur Verminderung der Emulsionsbildung mit etwa 4 ccm Alkohol geschüttelt. Sobald nach 12—24 Stunden hinreichende Trennung der Schichten eingetreten ist und die Emulsionsschicht sich auf ein 1—2 mm dünnes Häutchen vermindert hat, läßt man die wäßrige Schicht ab und dunstet sie ein. Der im Exsiccator getrocknete Rückstand wird entweder unmittelbar oder nach vorhergehender Reinigung mit Aceton den charakteristischen Reaktionen unterzogen. Bei dextrinhaltigen Flüssigkeiten dampft man zunächst 100 ccm bis auf 20 ccm ein, fällt sofort mit 150 ccm 96%igem Alkohol, erhitzt nach ½stündigem Erwärmen auf dem Wasserbade bis zum Sieden und filtriert sofort. Das klare Filtrat wird nach Zusatz von Wasser völlig entgeistet und der Rückstand auf 100 ccm aufgefüllt und wie oben weiter behandelt.

In einfacherer Weise kann man das Saponin auch konzentrieren[4], indem man durch die neutralisierte Flüssigkeit Luft bläst und den über den Rand des vollgefüllten Zylinders fließenden Schaum sammelt.

Verreibt man einen Teil des Verdampfungsrückstandes mit konzentrierter Schwefelsäure, so tritt bei Anwesenheit von Saponin nach 5 Minuten am Rande des Tropfens eine Rotfärbung auf, die unter Zunahme der Intensität in Purpurrot und Rotviolett übergeht und nach der Mitte zu vorschreitet. Mit FRÖHDES Reagens gibt Saponin nach ¼ Stunde einen sofort im ganzen Tropfen entstehenden blauvioletten Ton, der allmählich in Grün und Grau übergeht. Schichtet man in Chloralhydrat gelöstes Saponin auf konzentrierte Schwefel-

[1] A. MEHLITZ u. H. MAASS: **Z.** 1935, **70**, 180.
[2] BRUNNER: **Z.** 1902, **5**, 1197. [3] RÜHLE: **Z.** 1908, **16**, 165.
[4] E. MÜLLER u. HÖSSLI: Mitt. Lebensmittelunters. Hygiene 1917, 8, 113; **Z.** 1921, **41**, 37.

säure, so entsteht eine zuerst gelbe, dann purpurrote, zuletzt malvenviolett werdende Zone[1].

Das Verfahren von BRUNNER wird unter anderem auch vom Schweizerischen Lebensmittelbuche und in dem „Lehrbuche der gerichtlichen Chemie" von G. BAUMERT an erster Stelle erwähnt. Auch A. BEHRE[2] hat es als brauchbar befunden. Fraglich erscheint nur, ob es zur sicheren Trennung vom Glycyrrhizin, das ähnliche Reaktionen gibt, geeignet ist.

Die Methode von VAMVAKAS[3], der die aufgekochte saponinhaltige Flüssigkeit mit Bleiessig fällt, darauf den Niederschlag entbleit und die vom Bleisulfid abfiltrierte Flüssigkeit mit NESSLERs Reagens prüft, ist nach BEHRE unbrauchbar, weil die nie entfernbaren Spuren Zucker das Reagens in gleicher Weise wie Saponin selbst reduzieren.

Auch das Verfahren von FREHSE, der den beim Eindampfen der Flüssigkeit hinterbleibenden Rückstand mit Essigäther auszieht, ist unbrauchbar, weil Saponin sich in Essigäther gar nicht löst.

In einer ausführlichen Abhandlung bezeichnet J. RÜHLE[4] die Reaktion von VAMVAKAS ebenfalls als ungeeignet zum Nachweise des Saponins und besonders zur Unterscheidung von Glycyrrhizin. Von Farbenreaktionen prüfte er das Verhalten gegen konzentrierte Schwefelsäure und gegen FRÖHDEs Reagens, ferner nach DRAGENDORFF[5] gegen α-Naphthol und konzentrierte Schwefelsäure, sowie gegen Thymol und Schwefelsäure und schließlich auch die BRUNNER-PETTENKOFERsche Reaktion gegen Ochsengalle und konzentrierte Schwefelsäure. Es ergab sich, daß die Reaktionen bei reinem Untersuchungsmaterial eine Unterscheidung des Glycyrrhizins und Saponins ermöglichen, daß sie aber bei den aus zuckerhaltigen Flüssigkeiten abgeschiedenen Schaummitteln meist versagen.

Die beiden Stoffe unterscheiden sich aber durch die den Saponinen eigentümliche hämolytische Wirkung, d. h. durch ihre Eigenschaft, das Hämoglobin aus den in einer Flüssigkeit suspendierten roten Blutkörperchen herauszuziehen und in Lösung überzuführen. Um diese Erscheinung für den Nachweis des Saponins zu verwerten, müssen alle Substanzen ferngehalten werden, die selbst eine Auflösung des Hämoglobins hervorrufen, wie Säuren, Alkalien, Alkohol, Äther u. dgl.; auch müssen alle Flüssigkeiten isotonisch sein, und hohe Temperaturen vermieden werden. Für die Ausführung des Verfahrens sind von RUSCONI[6], GADAMER[7] u. a. Vorschriften mitgeteilt. Die auf Grund der letzteren ausgearbeitete Methode von RÜHLE[4] sei hier angeführt.

β) Nachweis des Saponins mittels der Hämolyse. Zu der Bestimmung werden folgende Lösungen benutzt:

1. Physiologische Kochsalzlösung (9:1000), die zu allen Auflösungen und Verdünnungen dient. (Lösung I.) 2. Verdünnung von defibriniertem Blut in Lösung 1:100. (II.) Zu ihrer Herstellung füllt man frisches Rinderblut in ein vorher sterilisiertes und mit etwa 20 Glasperlen von 5—7 mm Durchmesser beschicktes Pulverglas von 0,5 Liter Inhalt und schüttelt heftig, bis das Fibrin sich als zusammenhängende Masse ausscheidet. 3. Eine der Konzentration von Lösung II entsprechende Aufschwemmung der Blutkörperchen in Lösung I (Lösung III). Sie wird erhalten, indem man 100 ccm der Lösung II zentrifugiert, das cholesterinhaltige Serum abgießt und mit Lösung I zum ursprünglichen Volum wieder auffüllt. Diese Lösung ist infolge der Entfernung des Cholesterins von erhöhter Wirksamkeit und findet Anwendung bei Gegenwart sehr geringer Saponinmengen. 4. Lösung des auf Saponin zu prüfenden Rückstandes in der physiologischen Kochsalzlösung.

Zur Ausführung der Reaktion versetzt man je 1 ccm der Lösung II oder nach Umständen der Lösung III in kleinen, etwa 10 ccm fassenden Reagensgläsern nebeneinander mit 1, 2 und 3 ccm der zu prüfenden Lösung, schüttelt um und beobachtet nach der Aufstellung in einem Reagensglasgestelle. Tritt Klärung ein, ist also die hämolytische Wirkung erwiesen, so versetzt man 10 ccm

[1] Chem.-Ztg. 1900, **24**, 76. [2] A. BEHRE: **Z.** 1911, **22**, 498.
[3] VAMVAKAS: **Z.** 1907, **13**, 271. [4] J. RÜHLE: **Z.** 1912, **23**, 566.
[5] DRAGENDORFF: Gerichtlich-chemische Ermittelung von Giften, 4. Aufl., S. 443. Göttingen. [6] RUSCONI: Vgl. SORMANI: **Z.** 1912, **23**, 561.
[7] GADAMER: Lehrbuch der chemischen Toxikologie. Göttingen.

der eine hämolytische Wirkung entfaltenden Lösung mit Cholesterin in ätherischer Lösung, schüttelt heftig, erwärmt einige Stunden auf 36° und prüft nach Entfernung des Äthers wie vorhin, ob hämolytische Wirkung weiterhin bemerkbar ist oder nicht. Wird hierdurch die hämolytische Wirkung aufgehoben, so ist der Beweis für die Gegenwart von Saponin als erbracht anzusehen.

Auf 5 Teile Saponin ist 1 Teil Cholesterin zu verwenden.

Bei Gegenwart von nur wenig Saponin oder bei Verunreinigung des Saponins mit anderen, Trübung verursachenden Stoffen bringt man einen Tropfen der Lösung II oder III unter das Mikroskop und stellt bei 300facher Vergrößerung nahe am Rande des Deckglases so ein, daß die Blutkörperchen scharf sichtbar sind. Läßt man jetzt an dem eingestellten Rande einen Tropfen der zu prüfenden Lösungen zufließen, so beobachtet man bei nur spurenhafter Anwesenheit von Saponin, wie die Blutkörperchen erst quellen, dann stark lichtbrechend werden und darauf gleichsam erlöschen und aus dem Gesichtsfelde verschwinden. Zur Kontrolle empfiehlt es sich, Versuche mit physiologischer Kochsalzlösung allein sowie mit selbst bereiteten Saponinlösungen anzustellen. Das Verfahren ermöglicht sowohl in den Rückständen der BRUNNERschen Ausschüttelung als auch neben größeren Mengen Glycyrrhizin den Nachweis des Saponins.

γ) Verfahren von L. ROSENTHALER und H. SCHELLHAAS[1]. Die zu untersuchende Flüssigkeit wird mit soviel Salzsäure versetzt, daß sie davon 2,5% enthält. Von dem bei Anwesenheit von Glycyrrhizin entstehenden Niederschlage wird abfiltriert und das Filtrat oder, beim Ausbleiben einer Fällung, die Flüssigkeit direkt auf dem Dampfbade erhitzt, bis die Hydrolyse des Glucosides beendigt ist und die Flüssigkeit nicht mehr schäumt. Man läßt etwas erkalten und schüttelt, ohne zu filtrieren, die noch warme Flüssigkeit mit dem halben Volumen Essigäther aus, wobei man eine etwa eintretende Emulsion durch Zusatz von etwas Alkohol aufhebt. Die klare Essigätherlösung wird nochmals mit je 5 bis 10 ccm Wasser bis zum Aufhören der Chlorreaktion gewaschen und nach etwaiger Entfärbung mit Tierkohle zur Trockne gebracht. Ein Teil des Rückstandes wird in etwas Sodalösung aufgelöst und nach Zusatz von Wasser geschüttelt, worauf bei Anwesenheit von Saponin starkes Schäumen auftritt. Ein anderer Teil wird mit konzentrierter Schwefelsäure behandelt. Das vom Verfasser Pro-Sapogenin genannte Produkt der Hydrolyse gibt hierbei eine orangerote Färbung, die langsam in Kirschrot und schließlich (bei kleinen Mengen oft erst nach Stunden) in Violett übergeht.

Das Pro-Sapogenin löst sich sehr schwer in Wasser, wenig in Chloroform, hingegen gut in Äthyl- und Methylalkohol und, zum Unterschied vom Saponin, in Essigäther. Die Reaktion ermöglicht den Nachweis von Saponin neben Glycyrrhizin, und zwar selbst in solchen Fällen, in denen keine Hämolyse zu beobachten ist.

Bei gewissen Störungen, z. B. bei Bier, erhitzt man zunächst mit dem gleichen Volumen 95%igem Alkohol, filtriert und verfährt nach Entfernung des Alkohols wie oben, oder man dampft die Flüssigkeit ein, zieht den Rückstand heiß mit 70%igem Alkohol aus und unterwirft das entgeistete Filtrat der Hydrolyse.

Neben den anerkannten Methoden von RÜHLE und ROSENTHALER kommt noch in Betracht folgender

δ) Nachweis mittels der Capillaranalyse. Läßt man Saponinlösungen in Capillarstreifen aufsaugen, so häufen sich zwar die Saponine im oberen Teile des Streifens an, daneben aber auch Zucker, Säuren, Glycerin und andere Stoffe, die den Nachweis durch Hämolyse stören. Zum Abfangen des Saponins träufeln KOFLER, FISCHER und NEWESELY[2] auf den Filtrierpapierstreifen, 3 cm vom unteren Ende entfernt, eine 1%ige Cholesterinlösung und bilden so eine Schranke, die das Saponin nicht überschreitet. Nach beendeter Capillarisation wird der

[1] L. ROSENTHALER u. H. SCHELLHAAS: Z. 1913, 25, 154.
[2] KOFLER, FISCHER, NEWESELY: Arch. Pharm. 1929, 685.

noch feuchte Streifen mit Wasser gewaschen, wobei nur die unlösliche Cholesterinverbindung des Saponins zurückbleibt, darauf getrocknet und 2 Stunden am Rückflußkühler mit etwas Xylol gekocht. Der Papierstreifen mit dem jetzt vom Cholesterin befreiten Saponin wird in Blutgelatine eingelegt oder nach dem oben beschriebenen Verfahren der Hydrolyse unterworfen.

4. Überwachung des Verkehrs.

Bei dem Fehlen gesetzlicher Vorschriften muß die amtliche Lebensmittelkontrolle folgende Gesichtspunkte beachten.

a) Süßmoste, Dicksäfte, Obstgetränke.

Für die Beurteilung dieser Erzeugnisse sind in mehrjährigen Beratungen vom Verein Deutscher Lebensmittelchemiker und den industriellen Organisationen unter Mitwirkung und Zustimmung von Vertretern des Reichsgesundheitsamtes nach dem Referate von A. Beythien[1] Leitsätze ausgearbeitet worden, die dazu bestimmt waren, der Regierung als Grundlage für eine gesetzliche Regelung zu dienen. Obwohl sie zur Zeit noch nicht durch den Erlaß einer Verordnung Rechtskraft erlangt haben, können sie doch als Ansicht der maßgebenden Kreise zur Ableitung des Begriffes der normalen Beschaffenheit herangezogen werden und seien daher in ihrer endgültigen Fassung angeführt:

Leitsätze für die Beurteilung von Obstsüßmosten und Obstdicksäften.

A. Normale Beschaffenheit.

I. Obstsüßmoste sind zum unmittelbaren Genusse bestimmte, praktisch alkoholfreie Getränke, die durch Pressen von unvergorenem, frischem Obst mit oder ohne nachfolgende Filtration oder Pasteurisation hergestellt werden und in einigen, nachstehend verzeichneten Fällen auch einen Zusatz von Zucker und Wasser erhalten.

Als praktisch „alkoholfrei" gelten Erzeugnisse mit höchstens 0,5 Gew.-% Alkohol.

Nach der Art des Ausgangsmaterials werden unterschieden:

1. Traubensüßmost (alkoholfreier Traubenmost), alkoholfreier Traubensüßmost, süßer Traubensaft, alkoholfreier Traubensaft, der unvergorene Saft frischer Weintrauben. Er darf keinen Zusatz von Wasser und Zucker erhalten, unterliegt aber im übrigen den Vorschriften des Weingesetzes.

2. Kernobstsüßmost, der mit dem Namen der Obstart (Apfelsüßmost, süßer Apfelsaft, Birnensüßmost, süßer Birnensaft) bezeichnete Saft von Kernobst.

3. Beerensüßmost, Kirschsüßmost, der mit dem Namen der Obstart (z. B. Johannisbeersüßmost, süßer Johannisbeermost, Kirschsüßmost) bezeichnete Saft von Beerenobst oder Kirschen, der durch Zusatz von technisch reinem, weißem Verbrauchszucker (Saccharose) und Wasser trinkfertig gemacht worden ist. Der Zusatz von Zucker und Wasser ist auf diejenige Menge zu beschränken, die technisch erforderlich ist, um einem Mangel an Zucker und einem Übermaß an Säure abzuhelfen.

4. Gemischte Süßmoste (Verschnitte), mit dem Namen aller vorhandenen Obstarten (z. B. Apfel-Erdbeer-Johannisbeersüßmost) bezeichnete Mischungen von Kernobst-, Beeren- oder Kirschsüßmosten, deren Gehalt an zugesetztem Zucker und Wasser nicht höher sein darf, als dem Anteil an Beeren- oder Kirschsüßmost entspricht.

Mischungen von Traubensüßmost und anderen Süßmosten sind unzulässig.

II. Obstdicksäfte sind mit dem Namen der verarbeiteten Obstart bezeichnete dickflüssige Zubereitungen, die aus dem unvergorenen Safte von frischem Obst durch Eindampfen im Vakuum ohne weitere Behandlung hergestellt werden und in einigen, nachstehend angegebenen Fällen auch einen Zusatz von Zucker erhalten.

Nach der Art des Ausgangsmaterials werden unterschieden:

1. Traubendicksaft, der eingedickte ungegorene Saft frischer Weintrauben ohne jeden Zusatz.

2. Kernobstdicksaft, der eingedickte unvergorene Saft frischen Kernobstes ohne jeden Zusatz.

---

[1] A. Beythien: Z. 1933, **66**, 101; 1932, **64**, 88; 1907, **14**, 26; Konserven-Ind. 1931, **18**, 467; Deutsch. Brau-Ind. 1933, **58**, 470.

3. Beeren- und Kirschdicksaft, der mit technisch reinem weißem Verbrauchszucker versetzte unvergorene, bis auf mindestens $^1/_3$ des Volumens eingedickte Saft frischen Beerenobstes oder frischer Kirschen. Der Zuckerzusatz darf nicht höher sein als in den entsprechenden Süßmosten. Der Gesamtzuckergehalt darf nicht weniger als 62 und nicht mehr als 68% betragen.

4. Dicksaft aus Citrusfrüchten, der eingedickte unvergorene Saft frischer Citrusfrüchte. Geringer Zusatz des Schalenaromas ist erlaubt.

III. Obstgetränke oder gleichsinnig bezeichnete Erzeugnisse (z. B. Apfelgetränk, Apfeltrank, Apfeltrunk) werden durch Verdünnung von Obstsüßmosten oder Obstdicksäften mit Wasser hergestellt.

1. Aus Obstsüßmost durch Verdünnung mit Wasser bis zu einem Extraktgehalte von mindestens 35° Oechsle hergestellte Erzeugnisse sind als „Obstgetränk aus Süßmost und Wasser" zu bezeichnen.

2. Aus Obstdicksaft durch Verdünnung mit Wasser bis zu einem Extraktgehalte von mindestens 40° Oechsle hergestellte Erzeugnisse sind als „Obstgetränk aus Dicksaft" zu bezeichnen.

B. Ohne Kennzeichnung erlaubte Kellerbehandlung.

Die Kellerbehandlung der Traubensüßmoste richtet sich nach den Ausführungsbestimmungen zum Weingesetze.

Für die Kellerbehandlung der anderen Süßmoste und der Dicksäfte ist gestattet:

1. Das Schwefeln mittels folgender Verfahren, sofern hierbei nur kleine Mengen von Schwefliger Säure oder Schwefelsäure in die Flüssigkeit gelangen:

a) Verbrennen von Schwefel oder Schwefelschnitten mit Ausnahme von gewürzhaltigem Schwefel.

b) Verwendung reiner gasförmiger Schwefliger Säure.

c) Verwendung von Lösungen reiner gasförmiger Schwefliger Säure in destilliertem Wasser, die mindestens 5% Schwefeldioxyd enthalten.

d) Verwendung von technisch reinem Kaliumpyrosulfit, auch in Tablettenform.

2. Die Verwendung reiner gasförmiger und verdichteter Kohlensäure, sofern hierbei nur kleine Mengen des Gases in die Flüssigkeit gelangen.

3. Die Klärung (Schönung) mittels nachgenannter technisch reiner Stoffe:

a) Gelatine, b) Tannin, c) Eiereiweiß, d) Spanische Erde, e) Agar-Agar, f) Filtrationsenzyme und g) mechanisch wirkender Filterdichtungsstoffe (Asbest, Cellulose u. dgl.).

4. Die Verwendung von ausgewaschener Holzkohle oder gereinigter Knochenkohle, soweit sie zum Klären (Schönen) oder zur Beseitigung von Fehlern oder Krankheiten erforderlich ist.

C. Auch unter Kennzeichnung unzulässige Stoffe.

Alle in den Abschnitten A und B nicht genannten Stoffe haben als unzulässig zu gelten, also insbesondere:

1. Obstrückstände, Nachpresse, Dörrobstauszüge.
2. Mineralstoffe, abgesehen von der Ausnahme unter B 1 d.
3. Klärmittel, abgesehen von den in B 3 genannten.
4. Farbstoffe.
5. Säuren, abgesehen von der in B 1 und 2 gemachten Ausnahme für Schweflige Säure und Kohlensäure.
6. Aromastoffe, abgesehen von den beim Einkochen der Obstdicksäfte entweichenden und wieder aufgefangenen Aromastoffen, wenn diese demselben Erzeugnis zugesetzt werden, ferner abgesehen von der Ausnahme unter A 4.
7. Obstdicksäfte für Obstsüßmoste.
8. Zucker für Trauben- und Kernobstsüßmoste sowie Trauben- und Kernobstdicksäfte und Dicksäfte aus Citrusfrüchten.
9. Andere Zuckerarten als technisch reiner, weißer Verbrauchszucker.

D. Art der Kennzeichnung.

1. Alle Obstsüßmoste und -dicksäfte müssen mit dem Namen der verwendeten Frucht, gemischte Obstsüßmoste mit dem Namen aller verwendeten Früchte bezeichnet werden.
2. Auch bei Verwendung von Phantasienamen muß in unmittelbarem Zusammenhange damit die Artenbezeichnung (z. B. Apfelsüßmost, Traubendicksaft) angebracht werden.
3. Bezeichnungen, wie alkoholfreier Wein, alkoholfreier Obstwein sind unzulässig.
4. Bezeichnungen wie rein, naturrein u. dgl. sind nur für diejenigen Erzeugnisse zulässig, die keinen Zusatz von Wasser oder Zucker erhalten haben.
5. Bezeichnungen wie flüssiges Obst, flüssige Frucht sind unzulässig.

Hinsichtlich der Verwendung von Konservierungsmitteln sind keine Vorschriften in die Leitsätze aufgenommen worden, da diese Frage in der Verordnung über Konservierungsmittel geregelt werden soll. Alle Beteiligten waren sich aber in der Überzeugung einig, daß diese, abgesehen von der auch im Weingesetze erlaubten Kellerbehandlung mit Schwefliger Säure, verboten werden müssen, und nach dem bereits veröffentlichten Entwurfe ist nicht zu bezweifeln, daß die Verordnung dieses Verbot aussprechen wird.

Um den von puristischer Seite geäußerten Bedenken Rechnung zu tragen, soll die Behandlung mit Schwefliger Säure noch durch die Vorschrift beschränkt werden, daß dabei „nur geringe Mengen" Schwefliger Säure in die Flüssigkeit gelangen dürfen, auch scheint nach dem Entwurfe zu der Verordnung über Konservierungsmittel die Absicht zu bestehen, den Gehalt auf höchstens 0,0125% SO_2 entsprechend 0,045% Kaliumpyrosulfit zu begrenzen. Der Gefahr, daß durch die vorgesehene Deklarationspflicht die Absatzfähigkeit der Süßmoste leiden und daß ihnen die Bezeichnung „naturrein" angesprochen werden könnte, soll nach der Erklärung des Direktors im Reichsgesundheitsamte Dr. KÖPKE[1] durch eine Vorschrift begegnet werden, daß die kleinen zur Sterilisierung der Filter, Gefäße, Korken usw. nötigen Mengen Schwefliger Säure nicht als Konservierungsmittel im Sinne der Verordnung anzusehen sind.

Soweit die Vorschriften sich auf Traubensüßmost beziehen, stehen sie im Einklang mit dem Weingesetze und sind daher rechtsgültig.

Hingegen muß der Beurteilung der übrigen oben genannten Erzeugnisse einstweilen noch das Lebensmittelgesetz zugrunde gelegt werden, nach dem diejenigen Stoffe, deren Verbot angestrebt wird, zur Zeit nur beanstandet werden können, wenn sie ohne ausreichende Kenntlichmachung zugesetzt werden. Das gilt insbesondere von dem Zusatze von Konservierungsmitteln, soweit sie nicht wie die Flußsäure, gesundheitsschädlich sind, ferner von Nachpresse, Farb- und Aromastoffen, Säuren u. dgl., aber auch von der Blauschönung.

Die seitherige Rechtsprechung bietet in dieser Hinsicht nur wenig Handhaben zum strafrechtlichen Einschreiten. So ist der Zusatz übermäßiger Wassermengen in den Urteilen des Landgerichts Glogau vom 2. Juli 1906 (Oberlandesgericht Breslau am 15. August 1906[2]), ferner des Landgerichts Chemnitz vom 2. Oktober 1911 (Oberlandesgericht Dresden am 13. Dezember 1911[3]) und des Amtsgerichts Dresden vom 7. Dezember 1911[4] als Verfälschung bezeichnet worden.

Aus Dörrobst hergestellte Getränke haben keinen Anspruch auf die Bezeichnung Fruchtsaft, insbesondere Apfelsaft, wie in Bezug auf das bekannte Pomril vom Reichsgericht am 22. Juni 1906[5] entschieden worden ist. Gleichsinnige Urteile sind vom Landgericht Köln am 2. September 1907 (Oberlandesgericht Köln am 7. Dezember 1907[6] und vom Kammergericht Berlin am 28. Oktober 1907 (Reichsgericht am 26. November 1908[7]) gefällt worden.

Die „Normativbestimmungen" vom 8. September 1938 bringen in Anlage 9 folgende wichtigsten Abänderungen und Ergänzungen zu vorstehenden Leitsätzen:

Beeren- und Kirschdicksaft darf nicht mit Zuckerzusatz hergestellt werden. Die Begrenzung für den Gesamtzuckergehalt ist gestrichen.

„Obstgetränke" dürfen nur aus Kernobstsaft (mindestens 33° Oechsle) oder Kernobstdicksaft (mindestens 38° Oechsle) hergestellt werden. Sie sind zu bezeichnen als „Apfelgetränk verdünnt aus Apfelsaft" bzw. „aus Apfeldicksaft".

---

[1] KÖPKE: **Z.** 1933, **66**, 114. [2] Gesetze u. Verordn. 1910, **2**, 504.
[3] Gesetze u. Verordn. 1912, **4**, 246; 1914, **6**, 134.
[4] Jahresber. Dresden 1911, S. 16; Pharm. Zentralh. 1912, **53**, 400.
[5] Pharm. Ztg. 1906, **51**, 676. [6] Gesetze u. Verordn. 1910, **2**, 508.
[7] Auszüge 1912, **8**, 578.

Durch das Schwefeln dürfen nicht mehr als 80 mg Schwefeldioxyd in 1 Liter Saft gelangen.

Die Lösung der Schwefligen Säure darf in Trinkwasser erfolgen, aber nicht mehr als 2% Schwefeldioxyd enthalten.

Als Klärmittel ist gestrichen Eiereiweiß, dafür gestattet die Verwendung von Hausenblase, weißer Tonerde und 5% Scheidemost.

Phantasienamen sind, abgesehen von den Obstgetränken, unzulässig.

Als unzulässige Bezeichnungen werden noch angefügt: „Edelobstmost", „Frischmost", „Rohmost" und „Edelsaft".

Zur Schaffung klarer Verhältnisse erscheint die baldige gesetzliche Regelung erwünscht.

b) Limonaden und Brauselimonaden.

Nach Jahrzehnte langen Vorarbeiten, die bis 1900 zurückreichen und von A. BEYTHIEN eingehend besprochen worden sind, hat der Genannte in den Jahren 1931 und 1932 Beurteilungsgrundsätze ausgearbeitet[1], die vom Verein Deutscher Lebensmittelchemiker angenommen worden sind und auch die Grundlage zu dem Entwurf einer Verordnung über Limonaden und Brauselimonaden gebildet haben. Nach diesen sollten grundsätzlich die beiden Hauptgruppen der Brauselimonaden (bzw. Obstbrauselimonaden) und der Kunstbrauselimonaden (mit Aromastoffen) unterschieden werden. Für die letzteren, soweit sie mit Hilfe natürlicher Essenzen hergestellt sind, hat die Hauptvereinigung der deutschen Gartenbauwirtschaft in der Anordnung Nr. 15/38 vom 8. September 1938, Anlage 10 „Normativbestimmungen für Brauselimonaden mit Geschmacksstoffen (Essenzlimonaden)" aufgestellt.

Buch-Literatur.

K. v. BUCHKA: Das Lebensmittelgewerbe, Bd. 2. Leipzig: Akademische Verlagsgesellschaft 1914. — MORIZ HEYNE: Das deutsche Nahrungswesen. Leipzig: S. Hirzel 1901. — O. KESTNER u. H. W. KNIPPING: Die Ernährung des Menschen. Berlin: Julius Springer 1924. — J. KOCHS u. A. KNAUTH: Die industrielle Obst- und Gemüseverwertung. Berlin: Paul Rüters 1919. — J. KÖNIG: Chemie der menschlichen Nahrungs- und Genußmittel, 4. Aufl. Berlin: Julius Springer, Bd. I 1904; Bd. II 1904; Bd. III 1910—1918. — J. KÖNIG: Nahrung und Ernährung des Menschen. Berlin: Julius Springer 1926. — E. LIPPOLD: Obstkonserven, Fruchtsäfte, Marmeladen. Leipzig: Max Jänecke 1914. — MERCKs Warenlexikon, 6. Aufl., bearb. von BEYTHIEN u. DRESSLER. Leipzig: G. A. Gloeckner 1919. — KONRAD ZU PUTLITZ: u. LOTHAR MEYER: Landlexikon. Stuttgart: Deutsche Verlagsanstalt 1913. — SERGER u. HEMPEL: Konserventechnisches Taschenbuch. Braunschweig: Dr. Serger u. Hempel 1933.

[1] A. BEYTHIEN: **Z.** 1931, **62**, 221; 1932, **64**, 66.

Die mikroskopische Untersuchung der Obstfrüchte und Obstzubereitungen; Obstkrankheiten.

Von

Professor Dr. C. Griebel-Berlin.

Mit 70 Abbildungen.

I. Allgemeine Methodik der Untersuchung von Obstzubereitungen.

Die aus Obst hergestellten Zubereitungen (Pulpe, Muse, Konfitüren, Marmeladen, Gelees, kandierte Früchte) werden je nach ihrem Charakter bei der Untersuchung verschieden behandelt. Während es aus Gelees oft überhaupt nicht möglich ist zellige Elemente zu erhalten, so daß dann die mikroskopische Prüfung über ihre Bestandteile nichts auszusagen vermag, ist die Feststellung der Fruchtart bei Konfitüren ziemlich leicht, weil diese Erzeugnisse unzerkleinerte oder nur wenig zerkleinerte Fruchtstücke enthalten. Das gleiche gilt für kandierte Früchte, aus denen man in der üblichen Weise Dünnschnitte herstellt, die man sowohl in konzentrierter Zuckerlösung wie auch in Wasser untersucht. Schwierigkeiten bereiten dagegen nicht selten die marmeladenähnlichen Zubereitungen, wenn sie aus einer Mehrzahl von Früchten hergestellt sind. Die Beschaffenheit solcher Erzeugnisse ist allerdings verschieden, je nachdem sie fabrikmäßig oder im Kleinbetrieb gewonnen wurden. In Erzeugnissen des Kleinbetriebes, die in altherkömmlicher Weise bereitet wurden, sind alle Zellelemente der betreffenden Früchte mit Ausnahme von größeren Steinkernen auffindbar, was die Identifizierung natürlich sehr erleichtert. Die im Großbetrieb erzeugten Produkte enthalten dagegen größere Zellverbände und unverletzte kleinere Kerne überhaupt nicht, weil das Fruchtmaterial durch Passiermaschinen gegangen ist. Man fertigt von solchen Zubereitungen zunächst unmittelbar Präparate an, indem man die dickbreiige Masse zwischen Objektträger und Deckglas breit drückt. Durch die konzentrierte Zuckerlösung wird eine sehr gute Aufhellung bewirkt. Um eine bessere Übersicht über alle vorhandenen Zellelemente zu bekommen, ist es erforderlich, außerdem eine Anreicherung der Gewebeteilchen vorzunehmen.

Zu dem Zweck werden etwa 20 g Marmelade od. dgl. in rund 100 g warmem Wasser verteilt bzw. gelöst, worauf man die Mischung auf ein nicht zu dichtes Gewebe (Müllergaze od. dgl.) bringt und die zurückbleibenden zelligen Bestandteile solange mit warmem Wasser nachwäscht, bis dieses klar abläuft. Aus der Färbung der zurückbleibenden Fruchtteilchen lassen sich im allgemeinen deswegen keine Schlüsse ziehen, weil in den allermeisten Fällen eine Auffärbung des Fruchtmaterials stattgefunden hat, so daß namentlich bei gemischten Marmeladen fast alle Teilchen gleichmäßig gefärbt erscheinen. Die Rückstände werden sowohl in Wasser wie auch in Chloralhydratlösung untersucht, wobei von Reagenzien zunächst Jod Verwendung findet, um etwa vorhandene Stärke zu erkennen, außerdem Phloroglucinsalzsäure, um verholzte Elemente festzustellen.

Werden bei Zusatz von Jod mehr oder weniger zahlreiche, große blau gefärbte Zellen aufgefunden, so beweist dies mit ziemlicher Sicherheit die Anwesenheit von Apfel; denn lediglich in den Äpfeln kommen größere Mengen von Stärke vor. W. OETKER[1] fand bei der Nachprüfung aller in Betracht kommenden Rohstoffe diese Tatsache bestätigt. Außer bei Apfel und Birne konnte er auch in unreifen Früchten (Tomate, Kürbis) und anderen nicht ausgewachsenen Pflanzenteilen (Rhabarberstielen, Steckrüben, Möhren) wesentliche Mengen von Stärke nachweisen, die aber in allen Fällen bei zunehmender Reife verschwand. Spuren von Stärke wurden gefunden bei Pflaume, Pfirsich, Himbeere, Hagebutte und den Chenopodiaceen.

Von verholzten Elementen, die in den mit Phloroglucinsalzsäure hergestellten Präparaten durch die mehr oder weniger starke Rotfärbung erkannt werden, kommen in Betracht Steinzellen, Fasern und Gefäße. Steinzellnester sind besonders für die Birne charakteristisch, diese finden sich auch bei der Quitte. Gruppen von Steinzellen, die zuweilen denen der Birne ähnlich sehen, kommen nach OETKER auch an bestimmten Teilen des Apfels vor, doch treten sie mengenmäßig vollständig zurück. Das gleiche gilt für einzeln liegende Steinzellen aus dem Fruchtfleisch und den Gefäßbündeln des Apfels. Aufgefundene Steinzellverbände können weiter auch abgesprengte Teilchen von Steinschalen der Pflaume und Kirsche sein. Schließlich enthalten auch die Kerne verschiedener Beerensorten Steinzellschichten. Faserartige Elemente finden sich im Endokarp der Apfelfrüchte, außerdem in den Gefäßbündeln verschiedener Früchte. Sie sind jedoch nicht immer verholzt, was auch von den Gefäßen selbst gilt. Obwohl die Ausbildung der Gefäßbündel für die Diagnose wichtige Anhaltspunkte liefern kann, reichen diese doch für die Kennzeichnung einer bestimmten Fruchtart allein nicht aus, wohl aber lassen sich bestimmte Verfälschungsmittel (Rüben, Kürbis, Rhabarber) an den Größenverhältnissen der Gefäße erkennen. Durch sehr weite Spiralgefäße (bis 60 μ und darüber) sind nur Kürbis (Gurke) und Rhabarber ausgezeichnet, die sich durch die Ligninreaktion unterscheiden lassen. Kürbis hat verholzte, Rhabarber stets unverholzte Gefäße.

Sind charakteristische Zellelemente im Sediment aus einer Marmelade nicht auffindbar, so kann man nach I. KOCHS versuchen, durch Färbung der Fruchtmarkzellen Anhaltspunkte zu gewinnen. Die hierbei von I. KOCHS[2] erhaltenen Befunde sind von W. REIDEMEISTER[3] in einer Tabelle übersichtlich zusammengestellt. Nach W. OETKER[1] liefern solche Färbungen allerdings keine zuverlässigen Ergebnisse, wie auch die von KOCHS angegebenen Zellmaße nach OETKER durchweg zu niedrig sind.

Eine mengenmäßige Feststellung der verwendeten pflanzlichen Rohstoffe ist bisher mit annähernder Genauigkeit im allgemeinen nicht möglich.

II. Die Mikroskopie der einzelnen Obstarten und Wildfrüchte.

Im Folgenden sollen neben den für die Herstellung von Obsterzeugnissen im großen Verwendung findenden Fruchtarten auch die bei uns zu Genußzwecken dienenden wilden und eingeführten Früchte erwähnt werden, soweit sie in Zubereitungen irgendwelcher Art gelegentlich in Erscheinung treten können.

---

[1] W. OETKER: Beiträge zur mikroskopischen Diagnostik von Marmeladen. Diss. Hamburg 1929.
[2] I. KOCHS: Ber. Deutsch. pharm. Ges. 1916, **26**, 221.
[3] W. REIDEMEISTER: Z. 1927, **53**, 86.

1. Apfel (Pirus malus L. — Rosaceae). Die Apfelfrüchte sind durch ein mehr oder weniger zähes Endokarp ausgezeichnet. Beim Apfel enthält jedes der 5 Fruchtfächer 2 braune, flach eiförmige Samen.

Die stark cuticularisierte Oberhaut der Fruchtwand (Abb. 1) besteht aus derbwandigen, in der Fläche polygonalen Zellen (15—50 μ), die nicht selten durch dünnere Wände in Tochterzellen geteilt (gefenstert) sind. Die dickeren Wände sind häufig ungleichmäßig knotig verdickt oder geperlt. In der Nähe des Kelchrestes finden sich in geringer Menge lange, einzellige, weitlumige und dünnwandige Haare, die zum Teil eigenartig hin und her gewunden sind (Abb. 2) und bandförmig erscheinen. Das Fruchtfleisch ist in den äußeren Lagen kleinzellig und kollenchymatisch verdickt; nach innen zu wird es großzellig. Im vollreifen Zustand zerfällt es beim Zerdrücken zwischen Objektträgern in rundliche bis sackförmige Zellen (Länge bis 75 μ und darüber). Die Apfelzellen enthalten bis kurz vor der Baumreife erhebliche Mengen kleinkörniger Stärke (5—14 μ), die häufig traubenförmig angeordnet ist. Die Körner sind zum Teil aus mehreren zusammengesetzt. Einzelne Apfelsorten (besonders Kochäpfel) enthalten auch nach der Reife noch beträchtliche Stärkemengen. Zum Unterschied von der Birne und Quitte ist das Fruchtfleisch des Apfels nicht mit Steinzellnestern durchsetzt. Nur ganz vereinzelt finden sich im Fruchtfleisch polyedrische bis 75 μ große oder gestreckte bis 180 μ lange, auch zu mehreren liegende Steinzellen, solche von 30—45 μ Durchmesser häufiger in der Nähe der aus dem Stiel in die Frucht eintretenden Gefäßbündel. In der Kelchgegend kommen in geringer Menge insodiametrische 30—45 μ große Steinzellen in Haufen beisammenliegend vor, so daß sie mit Birnensteinzellen verwechselt werden können (Oetker). Auch in den Gefäßbündeln selbst beobachtet man gelegentlich einzelne gestreckte Steinzellen. Die Leitbündel enthalten hauptsächlich Spiralgefäße, nur nach dem Stiel zu überwiegen Netz- und Tüpfelgefäße (Oetker). Die Gefäße (8—15 μ) sind schwach verholzt. In den Leitbündeln finden sich auch stets einzelne Fasern, die recht verschieden ausgebildet sein können. Zumeist sind sie nicht verholzt, langgestreckt und wenig getüpfelt, seltener sind kürzere mehr knorrige Formen, die mehr oder weniger verholzt sind. Das Endokarp — die das Kernhaus bildende pergamentartige Membran — besteht aus mehreren Lagen dickwandiger Fasern, die sich in verschiedener Richtung kreuzen (Abb. 3). An der Außenseite sind Krystallkammerzellen mit Oxalateinzelkrystallen aufgelagert.

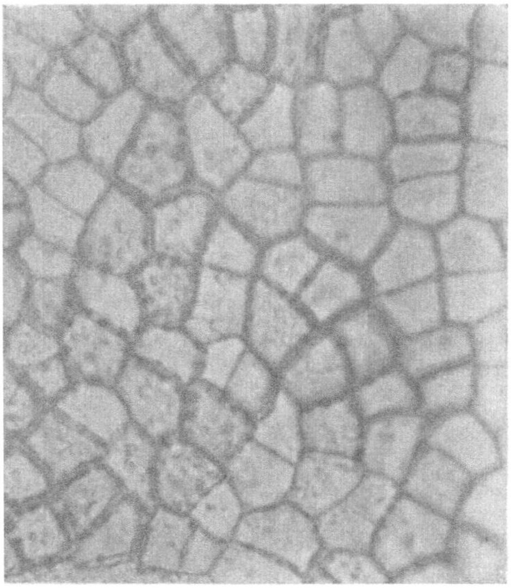

Abb. 1. Oberhaut des Apfels. 1 : 240. (Phot. C. Griebel.)

Die Oberhautzellen der Samenschale sind, von der Fläche gesehen, in der Längsrichtung des Samens gestreckt. An Querschnitten erkennt man, daß sie an der Außenseite durch Verschleimung verdickt sind. Darunter folgen 6 oder mehr Lagen stark verdickter, ebenfalls in der Längsrichtung des Kernes gestreckter Fasern. Der innerste Teil der Samenschale besteht aus dünnwandigen Zellen. Das Endosperm wird aus einer mehrreihigen Aleuronschicht gebildet.

Das Gewebe des Keimlings setzt sich aus kleinen, in den Kotyledonen palisadenartig angeordneten Zellen zusammen, die Fett und Aleuron enthalten.

Apfelmark enthält zumeist noch mehr oder weniger zahlreiche, mit verquollener Stärke angefüllte Zellen. Nach W. OETKER fanden sich sogar in dem aus Koch- und Saueräpfeln verschiedenster Herkunft in den OETKER-Werken hergestellten Apfelmark stets Stärkezellen in beträchtlicher Menge. Es mag dies damit zusammenhängen, daß die im Herbst in großer Menge anfallenden Äpfel für die Pulpbereitung zum Teil frühzeitig geerntet werden. Immerhin findet man auch nicht selten Erzeugnisse, die praktisch frei von stärkehaltigen Zellen sind. Daher kann aus dem Fehlen von Stärkezellen niemals auf die Abwesenheit von Apfel in marmeladenartigen Zubereitungen geschlossen werden.

Der mikroskopische Nachweis von Apfelmark stützt sich weiter auf die Teilchen der Fruchtschale, die jedoch in passierten Erzeugnissen gewöhnlich nur in sehr geringen Mengen vorhanden sind. Größere Oberhautteilchen rollen sich an den Rändern meist etwas ein. In geringer Menge finden sich die langen meist gewundenen Haare, Zellverbände aus den hypodermatischen Schichten, die besonders nach Jodzusatz infolge Dunkelfärbung des Zellinhaltes die zum Teil aus pektinartigen Stoffen bestehenden starken Wandverdickungen erkennen lassen. Hierbei tritt gewöhnlich auch die durch Tüpfel unterbrochene Mittellamelle in Form kurzer Stäbchen hervor, die bei hoher Einstellung hell, bei tiefer dunkel erscheinen (Abb. 4).

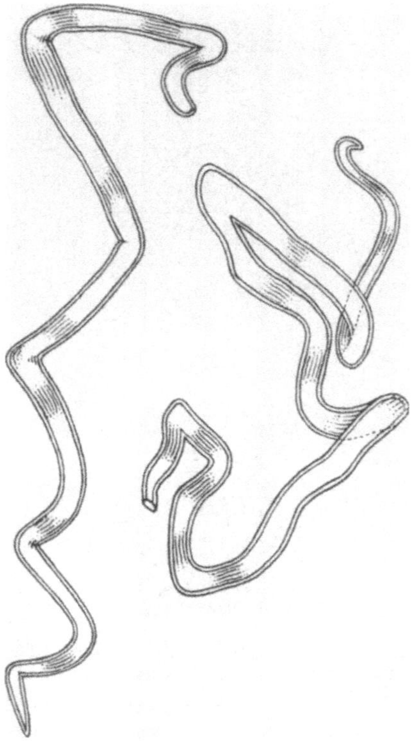

Abb. 2. Apfelhaare, aus der Nähe des Kelchrestes stammend. 1 : 240. (C. GRIEBEL.)

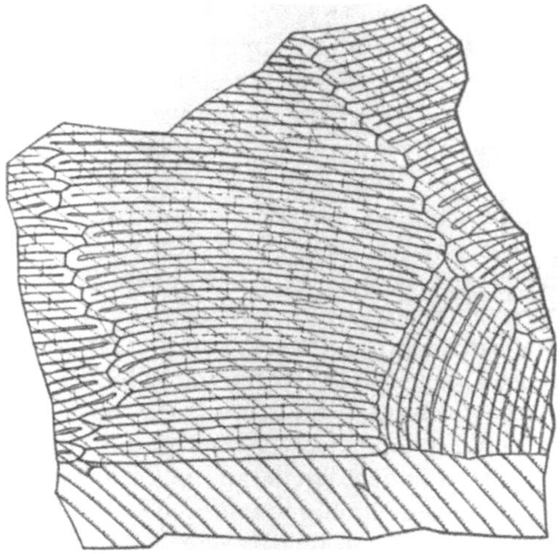

Abb. 3. Innere Faserschichten des Apfelendokarps in der Flächenansicht. 1 : 200. (G. GASSNER.)

Weitere Merkmale sind: Fasern und Krystallkammerzellen des Kerngehäuses, das spärliche Vorkommen isoliert oder zu wenigen zusammenliegender, mehr oder minder stark verdickter Steinzellen — Nester von Steinzellen finden sich zum Unterschied von Birne und Quitte nur ganz vereinzelt — sowie schmaler verholzter, zuweilen ziemlich reichlich getüpfelter Fasern. Schließlich sind die nicht in allen Produkten auffindbaren Teilchen der Samenschale mit gestreckten Oberhautzellen zu erwähnen und aus dem Kotyledonargewebe stammende, palisadenartige, aleuronreiche Zellen, die meist zu mehreren, vorwiegend zu zweien zusammenliegen (Abb. 5) und die sich schon bei leichter künstlicher Färbung des Apfelmarkes, ebenso wie die sklerotischen Elemente, durch mehr oder weniger starke Rotfärbung von den übrigen Zellen abheben, weil sie den Farbstoff speichern. In der Regel hebt sich ihre Membran hell von dem gefärbten Zellinhalt ab.

Zur leichteren Erkennung der Apfelmarkzellen in Marmelade führt W. PARTRIDGE[1] eine Anreicherung durch, die aber nur bei dem Vorhandensein stärkehaltiger Zellen Erfolg verspricht.

2. Birne. Die Kulturformen der Birne sind von Pirus communis L. (Rosaceae) und anderen wilden

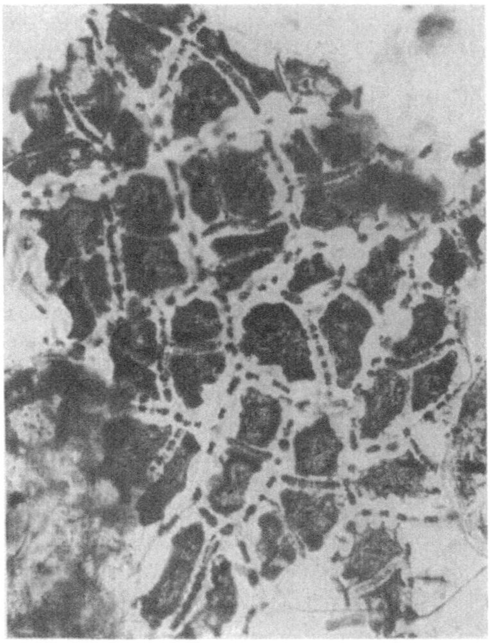

Abb. 4. Apfelmark. Zellverband aus den äußersten Mesokarpschichten nach Jodzusatz. 1 : 220. (C. GRIEBEL.)

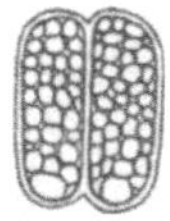

Abb. 5. Zellen aus dem Keimlingsgewebe des Apfels. 1 : 300. (C. GRIEBEL.)

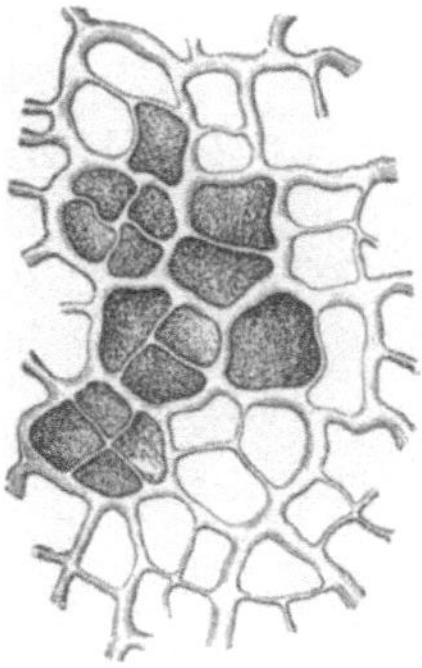

Abb. 6. Oberhaut der Birne. (J. MOELLER.)

Arten abzuleiten. Der Bau ist im allgemeinen der gleiche wie beim Apfel. Die Oberhaut hat eine dicke Cuticula; bei rauhschaligen Birnen ist die Epidermis teilweise von Korkbildungen unterbrochen. Die bei der Birne besonders deutlich ausgeprägten „Fensterzellen“ (Abb. 6) sind oft kleiner als beim Apfel. In der Kelchzone kommen bis 250 μ lange, dickwandige Haare vor. Das Fruchtfleisch enthält bei der Reife nur noch spärliche Mengen Stärke. Seine mehr oder minder grießige Beschaffenheit rührt von den zahlreichen großen und kleineren Steinzellnestern her, um die das dünnwandige Parenchym strahlig angeordnet ist (Abb. 7). Die Steinzellnester sind oft über millimetergroß und namentlich um das Kerngehäuse gehäuft. Die einzelnen Steinzellen (selten über 25 μ) sind farblos, ihre Wände geschichtet und von verzweigten Porenkanälen durchzogen; in Lauge werden sie gelb. Die Gefäße sind wie beim Apfel vorwiegend Spiralgefäße, doch kommen auch Netz- und Tüpfelgefäße vor. Der Durchmesser beträgt nach OETKER bis 20 μ. Die in der Nähe der Gefäße vorkommenden Fasern und Steinzellen gleichen denen des Apfels. Das Kernhaus besteht aus breiteren und weniger dickwandigen

[1] W. PARTRIDGE: Analyst 1926, **51**, 346; **Z.** 1932, **63**, 239.

Elementen als beim Apfel. Die Oberhautzellen der Samenschale sind in der Fläche fast isodiametrisch-polygonal und daher ohne weiteres von denen des Apfels zu unterscheiden. Auf Querschnitten erscheinen sie prismatisch, gegen 50 μ hoch.

Für Birnenmark sind insbesondere die zahlreichen Steinzellnester charakteristisch (auch bei der Quitte vorhanden). Bemerkenswert ist außerdem der Gerbstoffgehalt der Mesokarpzellen, der zwar bei Edelsorten nur gering ist, bei Kochbirnen aber so erheblich sein kann, daß der Inhalt mancher Zellen einen kompakten Einschlußkörper (Inkluse) bildet. Solche Einschlußkörper, die sich mit Eisenchlorid grünbraun färben, finden sich daher nicht selten in Marmeladen.

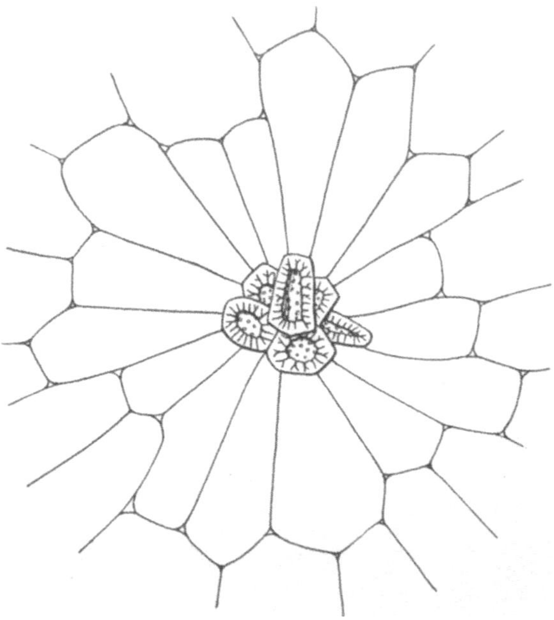

Abb. 7. Kleine Steinzellgruppe aus dem Fruchtfleisch der Birne. 1 : 100. (C. Griebel.)

Getrocknete Birnen finden als Backobst Verwendung und dienen auch zur Herstellung von Kaffee-Ersatz (vgl. Bd. VI).

3. Quitte. Von der Quitte (Cydonia vulgaris Pers. — Rosaceae) gibt es Varietäten mit apfelförmigen und mit birnförmigen Früchten. Von den Früchten der Gattung Pirus unterscheidet sich die Quittenfrucht hauptsächlich dadurch, daß jedes der 5 Fruchtfächer 6—15 Samen (in 2 Reihen) enthält. Die histologischen Unterschiede sind nur geringfügig.

Die Epidermiszellen der Fruchtwand sind weniger deutlich gefenstert als bei der Birne. Zwischen den Zellen finden sich Haarnarben, zum Teil auch noch die einzelligen, stark gekrümmten Haare. Im Parenchym kommt spärlich kleinkörnige Stärke vor. Die Steinzellgruppen des Fruchtfleisches sind oft sehr umfangreich und lösen sich leicht aus dem Parenchym. Die Gefäße ähneln denen der Birne. Die Oberhautzellen der Samenschale sind prismatisch, aber bedeutend höher als bei der Birne (oft über 100 μ). Ihre Membran ist stark verschleimt, so daß bei Wasserzutritt der Schleim sofort herausquillt.

Die Quitte findet hauptsächlich zur Herstellung von Gelee Verwendung, weniger zu Marmeladen. In Quittenmark enthaltenden Marmeladen findet man neben den großen Steinzellnestern die Epidermisteilchen mit Haarnarben und einzelne gekrümmte Haare, die denen der Himbeere (s. dort) ähnlich sehen. Bei Verwendung geschälter Früchte fehlen auch diese Merkmale.

Die Früchte der japanischen Quitte (Chaenomeles japonica [Thunb.] Lindl.), die bei uns häufig als Zierstrauch angepflanzt wird, finden nur gelegentlich im Haushalt als Marmeladenfrucht Verwendung. Die Fruchtoberhaut trägt keine Haare, ihre Zellen sind dickwandig, meist gefenstert. Das Mesokarp enthält nur unmittelbar unter der Schale und in der Nähe des Kernhauses Steinzellen. Die Testaepidermiszellen lassen bei Wasserzusatz keinen Schleim austreten.

4. Speierling[1]. Die bis 20 g schweren apfel- oder birnförmigen, oft rötlich punktierten Früchte von Pirus (Sorbus) domestica (L.) Smith (Rosaceae), Speierlinge, auch Sorben, in Österreich Arschützen genannt, werden im teigigen Zustand als Obst genossen (namentlich in Italien). Als Marmeladenfrucht kommen sie bei uns wegen der geringen Verbreitung des Baumes kaum in Betracht. Doch finden sie im baumreifen (nichtteigigen) Zustand bei

[1] Vgl. C. Griebel: Zur Anatomie einheimischer Früchte. **Z.** 1917, **34**, 231.

der Apfelweinbereitung als würzender Zusatz Verwendung, der zugleich eine bessere Klärung pektinreicher Preßsäfte herbeiführt. Bemerkenswert ist, daß der gerbstoffreiche Inhalt der Mesokarpzellen beim Teigigwerden der Früchte unter Kontraktion zu einem festen Einschlußkörper (Inkluse) erstarrt. Die hierbei in allen Zellen entstehenden Einschlüsse sind gelblich, später braun und färben sich mit Eisenchlorid olivgrün bis grünbraun, mit Vanillinsalzsäure leuchtend rot.

5. Elsebeere[1]. Man versteht hierunter die lederbraune punktierte Frucht von Pirus (Sorbus) torminalis EHRH., die wie der Speierling wegen ihres hohen Gerbstoffgehaltes erst im teigigen Zustand genießbar wird. Die Schale der bis 1,5 cm langen Frucht ist auf der Außenseite von braunen, verkorkten Zellen bedeckt und außerdem mit mehr oder minder dicht stehenden Korkwarzen besetzt. Im Mesokarp finden sich zahlreiche kleinere Steinzellnester. Nach dem Teigigwerden enthält jede Mesokarpzelle, wie bei der vorigen Art, einen Einschlußkörper.

6. Vogelbeeren[1] sind die Früchte von Pirus (Sorbus) aucuparia GÄRTN., der häufigsten Ebereschenart. Mit Ausnahme der großfrüchtigen süßen Kulturformen (z. B. var. moravica) schmecken sie bitterlich und müssen daher, falls sie zu obstartigen Erzeugnissen verarbeitet werden sollen, zunächst durch eintägiges Liegenlassen in Essigwasser entbittert werden. — Getrocknete Vogelbeeren sind nicht selten in Teezubereitungen enthalten. Im gemahlenen Zustand kommen sie als Geheimmittel unter verschiedenen Namen in den Handel. Entsprechend appretiert wurden sie auch als Verfälschung von getrockneten Heidelbeeren beobachtet (GRIEBEL). Die kugeligen, meist dreifächerigen Beeren sind bis 8 mm groß, ihre hellbraunen Samen (Abb. 8a) 3,5—5 mm lang und 1,5—2 mm breit. Die Oberhautzellen der Fruchtschale sind wenig, aber ziemlich unregelmäßig verdickt, 20—30 μ groß. Das Mesokarp setzt sich aus rundlichen bis sackförmigen Zellen zusammen, die gelbrote Chromatophoren (Carotin), aber keine erheblichen Gerbstoffmengen und daher keine Einschlußkörper enthalten. Schwach verdickte, poröse Zellen sind vereinzelt im ganzen Mesokarp vorhanden. Das Kernhaus wird aus einem Gewebe gebildet, das von zahlreichen Sklereiden mit wenig gebogenen Wänden durchsetzt ist und reichlich Oxalatkrystalle enthält. An der Innenseite des Kernhauses finden sich vereinzelt einzellige, oft mehrfach gewundene Haare mit stark verdickten Wänden, ähnlich denen der Weißdornfrucht (vgl. Bd. VI, S. 98). Die Oberhaut der Samenschale (Abb. 8b) besteht aus regelmäßigen, in der Flächenansicht polygonalen, im Querschnitt kurz prismatischen Zellen (25—45 μ), die von geschichtetem Schleim erfüllt sind. Bei tiefer Einstellung erkennt man in jeder Zelle 1—2 etwa wurmförmige Gebilde, die die verkorkte Innenlamelle der fast bis zum Schwinden des Lumens ausgebreiteten Schleimmembran darstellen.

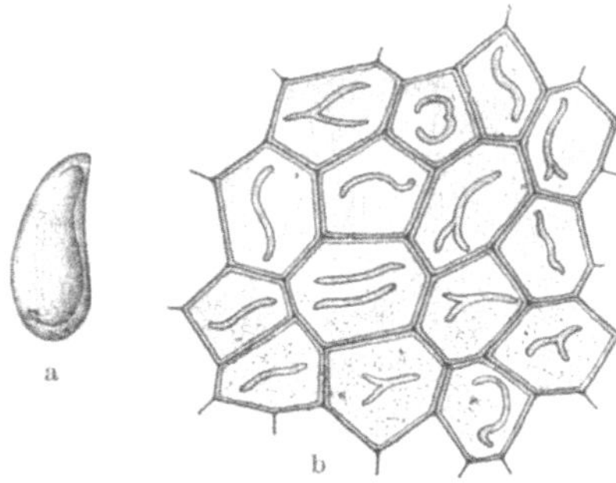

Abb. 8a und b. Vogelbeere. a Same (1 : 4), b Epidermis der Samenschale in der Flächenansicht (1 : 280). (C. GRIEBEL.)

7. Mispel[1]. Die Mispel (Mespilus germanica L.) wird in Deutschland nur in geringem Umfang kultiviert. Die etwa walnußgroßen, lederfarbigen Früchte sind durch einen breiten, vertieften Scheitel ausgezeichnet, der von dem großen fünfzipfeligen Kelch umgeben ist. Sie besitzen fünf große einsamige Steinkerne. Die Früchte sind (wie Speierlinge und Elsebeeren) wegen ihres Gerbstoffreichtums erst im überreifen (teigigen) Zustand als Obst genießbar und finden zuweilen auch bei der Herstellung von Marmeladen Verwendung. Die Fruchtschale ist auf der Außenseite, wie bei der Elsebeere, von braunen verkorkten Zellen bedeckt. Unter den äußeren dünnwandigen Korkschichten liegen mehrere Reihen von Zellen, deren Außenseite hufeisenförmig verdickt ist. Auch Korkwarzen (Lenticellen) sind vorhanden. Das bei der Baumreife grünlichweiße, feste und trockene Fruchtfleisch zerfällt beim Teigigwerden unter Braunfärbung. Hierbei entstehen in fast allen Zellen gerbstoffreiche Einschlußkörper (Inklusen), die jedoch nicht so kompakt wie bei den Pirusarten, sondern ziemlich dünn und faltig verbogen sind (Abb. 9), sich gegen Reagenzien aber wie die Pirusinklusen verhalten.

8. Pflaume (Zwetsche). Die in zahlreichen Spielarten kultivierten Pflaumen stammen größtenteils von Prunus domestica L. Man bezeichnet die Formen mit länglichrunden Früchten und seitlich zusammengedrückten Steinen im allgemeinen als Zwetschen, solche mit rundlichen Früchten und gewölbten Steinen als Pflaumen. Beide Hauptformen sind aber durch Kreuzungen

[1] Vgl. C. GRIEBEL: Zit. S. 704.

verbunden, so daß sich eine scharfe Grenze nicht ziehen läßt. Mikroskopische Verschiedenheiten bestehen nicht.

Die Oberhaut der Frucht ist kahl. Ihre Zellen lassen in der Flächenansicht die Teilung der Mutterzellen durch dünnere Wände (Fensterung) erkennen (Abb. 10). Sie enthalten allein den die Färbung der Frucht verursachenden Farbstoff. Die Mesokarpzellen sind dünnwandig, doch kommen vereinzelt ziemlich große sklerosierte Zellen vor. In den Leitbündeln überwiegen mehr oder weniger verholzte Netz- und Tüpfelgefäße (bis 30 μ Durchmesser), Spiralgefäße sind in der Minderzahl. Namentlich in der Stielgegend enthalten die Gefäßbündel lange glatte Fasern, die denen des Apfels ähneln. In Begleitung der Leitbündel finden sich häufig in Reihen angeordnete Oxalatdrusen (15—25 μ). Das Endokarp bildet eine dicke, den Samen einschließende Steinschale. Die Samen (vgl. Bd. IV) finden zuweilen als Mandelersatz Verwendung.

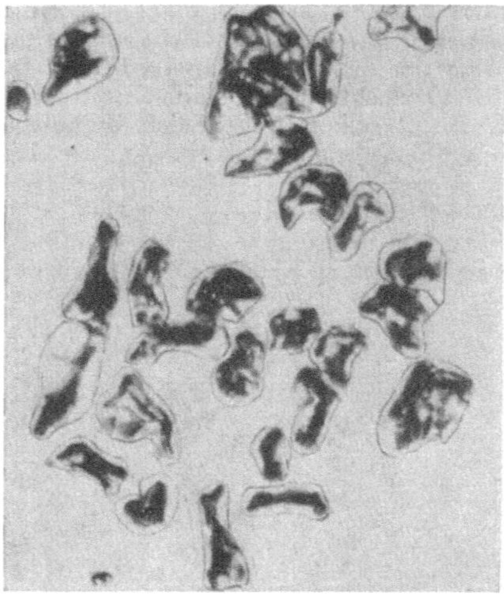

Abb. 9. Mesokarpzellen der teigigen Mispel nach Eisenchloridzusatz, die Einschlußkörper zeigend. 1 : 80. (Phot. C. GRIEBEL.)

Im Pflaumenmus des Handels, das durchweg aus Zwetschen gewonnen wird, beobachtet man stets die charakteristischen Oberhautteilchen, desgleichen die kräftigen Leitbündel mit ihren Elementen, von denen besonders die begleitenden Oxalatdrusen auffallen. Fast regelmäßig kommen auch kleine Bruchstücke der Steine vor, die jedoch meist nicht mit Steinzellnestern der Birne zu verwechseln sind. Nach G. KAPELLER, G. PRANGE und W. REIDEMEISTER[1] läßt sich die Verwendung von getrockneten Früchten bei der Herstellung des Muses an der Form des Inhalts der Mesokarpzellen nachweisen. Die Genannten beschreiben die in Betracht kommenden Unterschiede folgendermaßen:

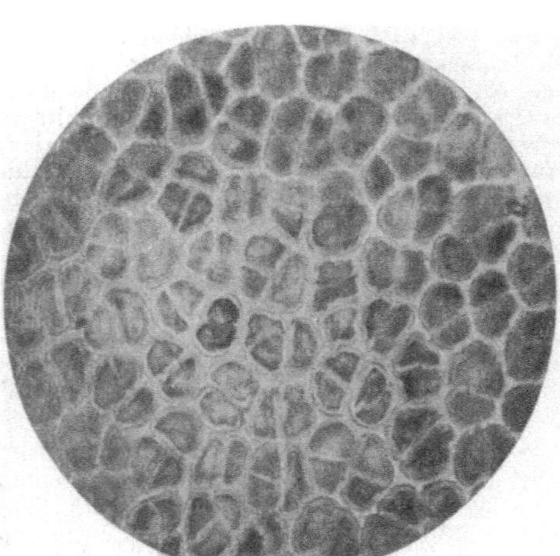

Abb. 10. Oberhaut der Pflaume. 1 : 200. (W. REIDEMEISTER.)

„Der Inhalt der Markzellen ist bei Frischpflaumen rund-lappig oder langgestreckt und zeigt teilweise deutliche Körnung. Ferner ist die Zellwand prall oder ohne wesentliche Schrumpfung (Abb. 11). Das Mark von Trockenpflaumen zeigt Gebilde, die eine gedrehte oder gewundene Form aufweisen, die sich durch eine starke Pigmentierung auszeichnen und an Skelete oder geringelte Kokons erinnern (Abb. 12). Die Körnung fehlt oder ist nur schwach angedeutet. Die Zellwand ist fast immer stark geschrumpft. Diese Zellformen sind allerdings nicht immer scharf ausgebildet, sie liegen vielfach in Haufen zusammen; sie sind aber charakteristisch für Trockenpflaumen. Daneben kommen selbstverständlich auch Übergänge zu den normalen Zellformen wie bei Frischpflaumen vor.

Auch die Prüfung auf Milben führt zum Nachweis von Trockenpflaumen, natürlich nur soweit, als die Rohware davon befallen war. Ihr Nachweis erfolgt am besten durch

[1] Z. 1930, 59, 193.

längeres Erwärmen einer Mischung von etwa 25 g Mus mit 150—250 ccm Wasser auf dem Wasserbad, wobei sich die Milben auf der Oberfläche ansammeln."

Mirabellen und Reineclauden, die durch Kultur entstandene Varietäten der Haferschlehe (Prunus insititia L.) darstellen, sind mikroskopisch von den übrigen Pflaumen nicht verschieden.

9. Schlehe. Die bis 12 mm großen kugeligen, schwarzblauen Steinfrüchte des Schlehstrauches oder Schwarzdorns (Prunus spinosa L. — Rosaceae) werden wegen ihres herben

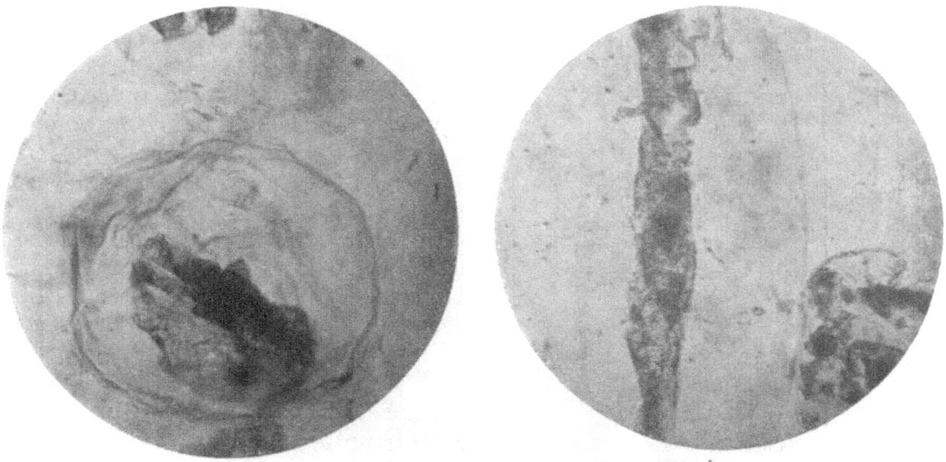

a b

Abb. 11a und b. Mark aus Frischpflaumen. (Phot. REIDEMEISTER.)

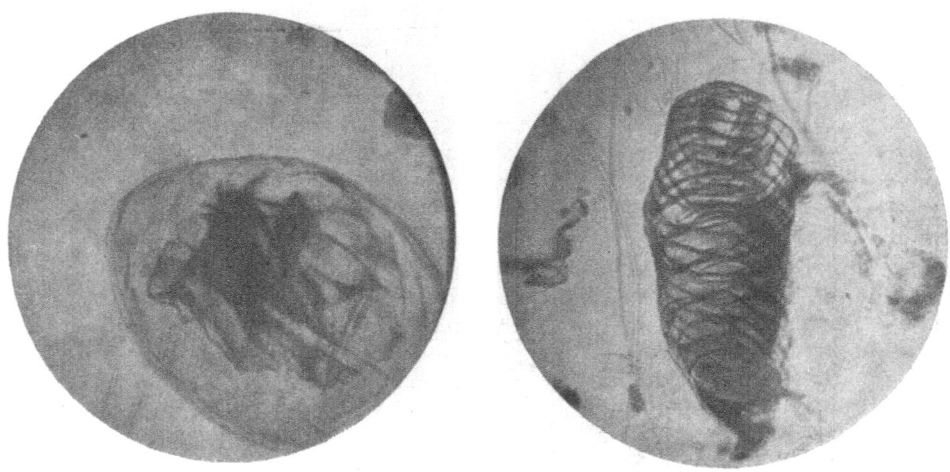

a b

Abb. 12a und b. Mark aus Trockenpflaumen. Skeletform und Kokonform. (Phot. REIDEMEISTER.)

Geschmackes erst bei der Überreife oder durch Frost genießbar. In anatomischer Hinsicht ist die Schlehe nur wenig von den Pflaumen verschieden, jedoch enthalten sämtliche Mesokarpzellen ziemlich viel Gerbstoff, der bei der Überreife zunächst als zähflüssiges Gel und dann als Inkluse abgeschieden wird. Die Früchte dienen hauptsächlich zur Herstellung von Schlehenwein und Schlehensaft. In getrocknetem Zustande finden sie in manchen Gegenden als Beimengung zum Backobst Verwendung.

10. Pfirsich. Der aus China stammende Pfirsichbaum (Prunus persica [L.] SIB. et ZUCC.) ist durch samtartig behaarte Früchte mit großem tiefgefurchtem, sehr hartem Stein ausgezeichnet.

Die Fruchtoberhaut (Abb. 13) setzt sich aus ziemlich kleinen, fast geradwandigen Zellen zusammen, deren Cuticula zum Teil leicht gestreift ist. Sie trägt Spaltöffnungen, die die umgebenden Zellen an Größe übertreffen und außerdem einzellige Haare von sehr verschiedener oft 1 mm überschreitender Länge. Die geraden oder leicht gewellten, meist spitz endenden Haare sind in der Mitte 10—25 μ breit und zwischen den Oberhautzellen mit verengter Basis eingefügt. Die Wandverdickung ist oft breiter als das Lumen, das am optischen Querschnitt der Haare bräunlich erscheint. Die Mesokarpzellen sind nur in den äußeren Schichten etwas kollenchymatisch ausgebildet, sonst dünnwandig. Nur in der Stielgegend der Frucht kommen sklerotische Zellen vor, die aber dünnwandiger sind als beim Kernobst. In den Leitbündeln beobachtet man fast nur Netz- und Tüpfelgefäße (bis 20 μ), selten Spiroiden. In Begleitung der Gefäßbündel finden sich vielfach reihenförmig angeordnete Oxalatdrusen. Kleine dünnwandige Fasern kommen sehr selten vor. Die als „Nectarine" bezeichnete Abart des Pfirsichs hat kahle Früchte, die aber im übrigen keine mikroskopischen Unterschiede aufweisen. Da die aus Pfirsichen hergestellten Zubereitungen gewöhnlich aus geschälten Früchten gewonnen werden, findet man die charakteristischen einzelligen Haare oft nur sehr spärlich oder auch gar nicht auf. Die Samenkerne des Pfirsichs werden zuweilen an Stelle von Mandeln verwendet (vgl. Bd. IV).

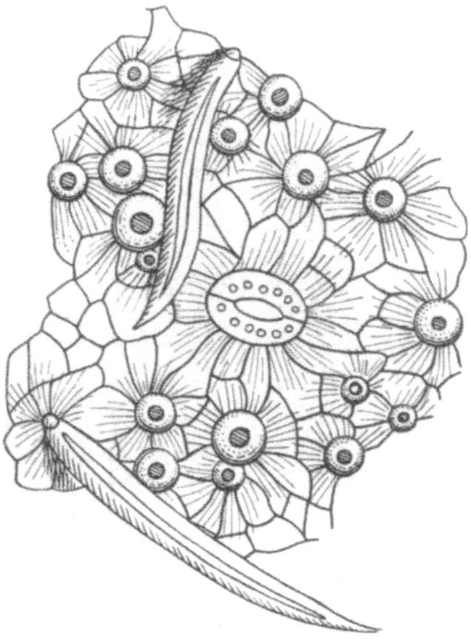

Abb. 13. Oberhaut des Pfirsichs. Die Doppelkreise sind optische Durchschnitte aufrecht stehender Haare. 1 : 240. (C. GRIEBEL.)

11. Aprikose. Die Frucht des Aprikosenbaumes (Prunus armeniaca L.) unterscheidet sich von der Pfirsichfrucht hauptsächlich durch den flachen, scharf gekielten, fast glatten Stein. Die Oberhaut und das Fruchtfleisch sind in mikroskopischer Hinsicht vom Pfirsich nicht wesentlich verschieden. Die kräftigen Leitbündel enthalten überwiegend Netz- und Tüpfelgefäße, doch sind Spiroiden häufiger als beim Pfirsich. Die Gefäße sind oft ziemlich lang, verholzt. Fasern und Steizellen fehlen. Die Aprikosen werden vor der Verarbeitung zu Pulp oft geschält. Oberhautteilchen finden sich dann nur spärlich. Die flachen herzförmigen Samen der Aprikose (Bd. IV) dienen als Mandelersatz.

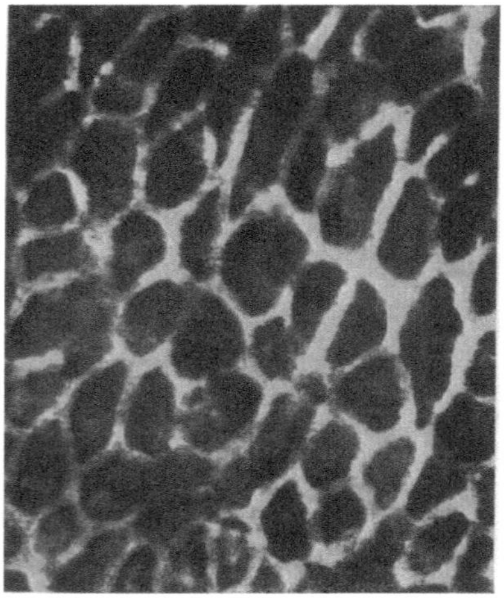

Abb. 14. Oberhaut der Kirsche. 1 : 220. (Phot. C. GRIEBEL.)

12. Kirsche. Die Steinfrüchte der Süßkirche (Prunus avium L.) und Sauerkirsche (Prunus cerasus L.) zeigen mikroskopisch keine wesentlichen Unterschiede. Die Oberhautzellen der Frucht (Abb. 14) sind durch ungleichmäßig dicke helle Wände ausgezeichnet. Ihre Größe beträgt bis 100 μ, selten unter

35 μ. Am kleinsten sind sie in der Nähe der Stomata, die durch große Schließzellen ausgezeichnet sind. Zum Unterschied von der Pflaume ist außerdem eine Teilung in Tochterzellen meist nicht erkennbar. Die Mesokarpzellen sind dünnwandig; in der Stielgegend finden sich hin und wieder 30—45 μ große weitlumige, schwach sklerosierte Zellen. Die Leitbündel enthalten mehr oder weniger verholzte bis 15 μ weite Gefäße, unter denen die Spiroiden vorherrschen, während Tüpfelgefäße selten sind; Fasern fehlen. In der Nähe der Leitbündel finden sich reihenförmig angeordnete Oxalatkrystalle. Die Steinschale der Kerne (das Endokarp) enthält außen ziemlich weitlumige Steinzellen, nach innen zu folgen faserartige Elemente. Die Epidermis der Samenschale läßt wie bei der Mandel und Pflaume zahlreiche sklerosierte Zellen erkennen.

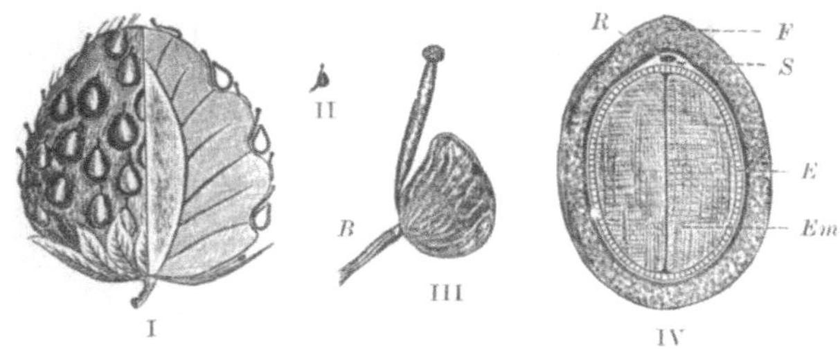

Abb. 15. Erdbeere. I Sammelfrucht. II Nüßchen, nat. Gr. III Nüßchen mit Stiel und Griffel, 8fach vergr. IV Nüßchen im Querschnitt: *F* Fruchtschale, *S* Samenschale, *R* Raphe, *E* Nährgewebe, *Em* Embryo. (A. L. WINTON.)

13. Erdbeeren. Die meisten Kulturformen stammen von Fragaria chilensis EHRH. und deren Kreuzungen mit der nordamerikanischen Fragaria virginiana MILL. Als Obst finden außerdem unsere heimischen Wildformen Fr. vesca L.,

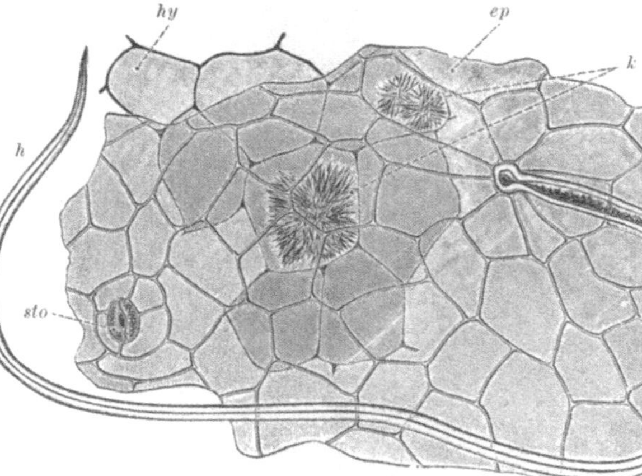

Abb. 16. Außenschichten der Erdbeere in der Flächenansicht. *ep* Oberhaut mit einer Spaltöffnung *sto* und einem Haar *h*, *hy* Parenchym mit Krystallaggregaten *k*. (A. L. WINTON.)

Fr. collina EHRH. und Fr. elatior EHRH. Verwendung. In histologischer Hinsicht bestehen keine Unterschiede. Der fleischig-saftige Teil der Erdbeerfrucht ist aus dem Blütenboden hervorgegangen, während die in das Fleisch eingesenkten „Kerne" in Wirklichkeit die als Nüßchen ausgebildeten Früchte der Erdbeere darstellen. Zwischen der innersten markartig entwickelten Schicht der Erdbeere und der sehr saftigen Rindenschicht verlaufen die Leitbündel, von denen Äste zu den einzelnen Früchtchen abzweigen (Abb. 15 I).

Die Oberhaut des Fruchtbodens (Abb. 16 *ep*) zeigt in der Fläche große polygonale, fast isodiametrische Zellen. Sie ist von Spaltöffnungen (*sto*) durchsetzt und trägt spärlich bis über 1 mm lange einzellige, dickwandige Haare, deren Lumen nur im unteren Teil erweitert ist. Das Fruchtfleisch besteht aus dünnwandigen Zellen; nur in der Stielgegend kommen in der Nähe der Leitbündel mehr oder weniger rechteckige, wenig sklerosierte getüpfelte Zellen vor. Dort finden sich auch vereinzelte Tüpfelgefäße, während die Bündel im übrigen schwach verholzte, bis 12 μ weite Spiroiden enthalten. Die in das Fruchtfleisch eingesenkten Nüßchen sind etwa 1 mm lang, oval, zugespitzt und tragen noch den etwa 2 mm langen Griffel (Abb. 15 II und III). Der Griffel ist am Grunde

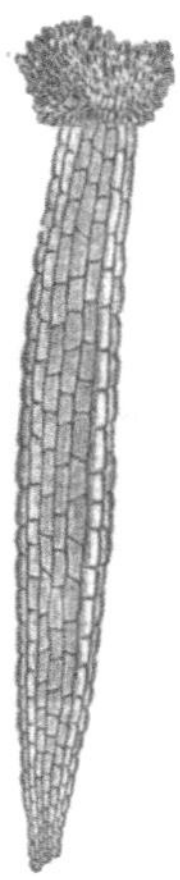

Abb. 17.

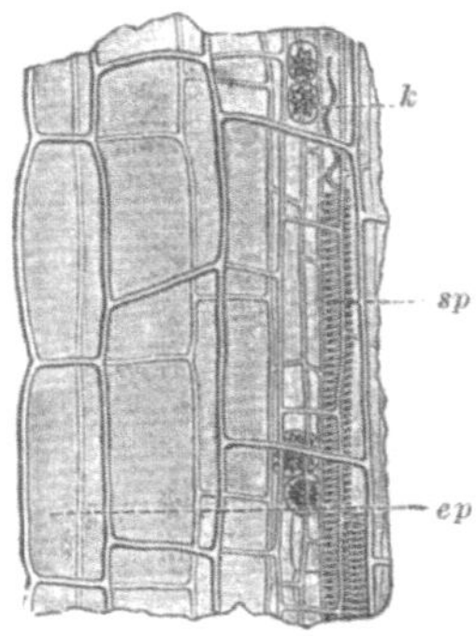

Abb. 18.

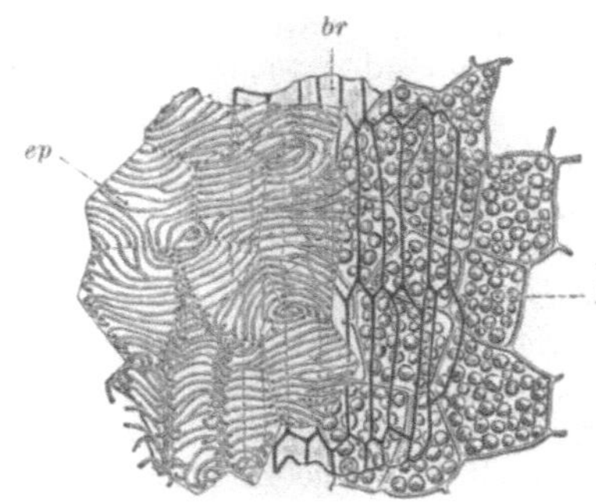

Abb. 19.

Abb. 17. Erdbeergriffel, 30fach vergr. (A. L. WINTON.)

Abb. 18. Erdbeergriffel in der Flächenansicht, 300fach vergr. *ep* Oberhaut, *sp* Spiralgefäße, *k* Krystalldrusen. (A. L. WINTON.)

Abb. 19. Samenschale und Nährgewebe der Erdbeere in der Flächenansicht. *ep* Oberhaut, *br* braune Schicht, *E* Nährgewebe. (A. L. WINTON.)

verschmälert (Abb. 17) und verjüngt sich etwas gegen die Narbe zu. Seine Oberhaut ist auffallend großzellig (Breite der Zellen etwa 40 μ, Länge 100 bis 150 μ). Die im Griffel verlaufenden Leitbündel mit Spiralgefäßen sind von Krystallkammerzellen mit Oxalatdrusen begleitet (Abb. 18). Die Fruchtwand der Nüßchen wird hauptsächlich von einer Faserplatte gebildet, deren stark verdickte Elemente größtenteils in der Längsrichtung der Frucht, innen aber rechtwinklig dazu verlaufen. Außen trägt die Faserplatte eine Krystallschicht. Die Samenschale zeigt in der Flächenansicht (Abb. 19) zartwandige Oberhautzellen mit spiraligen Verdickungen, unter denen gestreckte braune Zellen liegen. Nährgewebe und Keimling sind ohne besondere Merkmale. Für den Nachweis der Erdbeere in Zubereitungen kommen als kennzeichnende Elemente in Betracht: Teilchen der Epidermis mit den spärlich vorhandenen langen, dickwandigen Haaren, die Griffel und die Früchtchen.

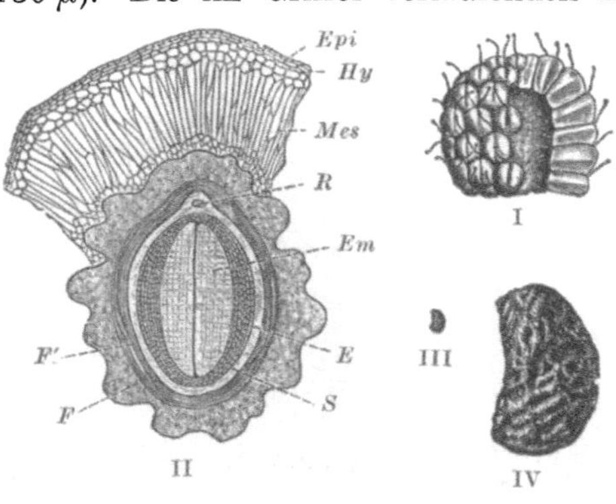

Abb. 20. Himbeere. I Sammelfrucht in nat. Gr. II Durchschnitt eines Früchtchens, 30fach vergr.; *Epi* Oberhaut, *Hy* Hypoderm, *Mes* Fruchtfleisch, *F* und *F'* Steinschale; *S* Samenschale, *R* Raphe, *E* Nährgewebe, *Em* Embryo. III Stein in nat. Gr. IV Stein, 8fach vergr. (A. L. WINTON.)

14. Himbeere. Die bei uns wild vorkommende Himbeere (Rubus idaeus L. — Rosaceae) wird auch in verschiedenen Varietäten, darunter gelbweiß-früchtigen Formen, kultiviert, die sich in mikroskopischer Hinsicht nicht unterscheiden. Aus jeder Blüte entwickelt sich eine größere Anzahl von kleinen Steinfrüchtchen, die sich nach der Reife im Zusammenhang vom gemeinsamen Fruchtboden abheben. Die Himbeere ist daher eine Sammelfrucht. Die Früchtchen (Abb. 20 I) sind an ihrer Außenseite behaart und tragen an der Spitze den etwa 4 mm langen Griffel. An Querschnitten (Abb. 20 II) erkennt man, daß der innere Teil des Fruchtfleisches (Endokarp) als Steinschale ausgebildet ist, die den Samen einschließt. Die von Spaltöffnungen durchsetzte Oberhaut (Abb. 21) zeigt in der Flächenansicht polygonale Zellen, zwischen denen sich an der Außenseite der Früchtchen zahlreiche bis 0,7 mm lange, einzellige, dünnwandige, schlaffe und vielfach gekrümmte Haare vorfinden. Nur einzelne Haare sind steif und dickwandig (ähnlich wie bei der Erdbeere). Die die Haare umgebenden Epidermiszellen sind oft rosettenförmig angeordnet. Das Fruchtfleisch besteht größtenteils aus radial gestellten, dünnwandigen Zellen. Es enthält namentlich in der Nähe der Griffelbasis Oxalatdrusen. Sklerenchymatische Elemente fehlen.

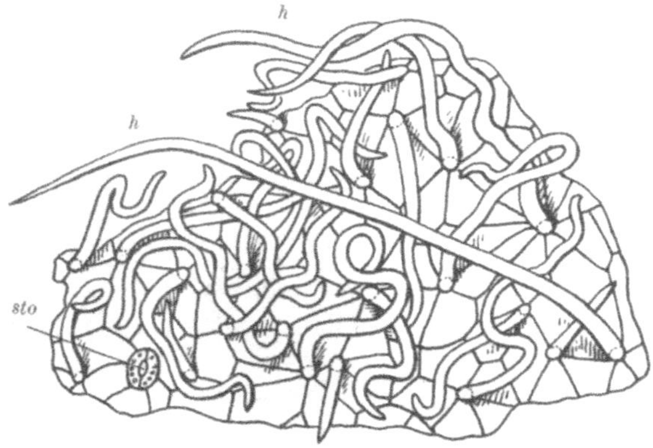

Abb. 21. Oberhaut der Himbeere in der Flächenansicht mit Haaren *h* und Spaltöffnungen *sto*. (Nach A. L. WINTON.).

Der Griffel (Abb. 22) ist am Grunde verbreitert und behaart, auf der Oberfläche gestreift. Seine Oberhaut ist kleinzellig. In Begleitung der Leitbündel finden sich kleine Zellen mit Oxalatdrusen (Abb. 23), die nach der Aufhellung mit Lauge sichtbar werden. Die Steinkerne (Abb. 20 III und IV) erscheinen infolge der verschiedenen Dicke des Endokarps tief gerunzelt. Die höckerige Steinschale (Abb. 20 II) ist aus zwei sich rechtwinklig kreuzenden Faserschichten aufgebaut. Für den Nachweis der Himbeere in Zubereitungen sind einerseits die Steinkerne kennzeichnend, die aber bei passierter Ware oft vollständig beseitigt sind, andererseits die Griffel mit verbreiterter, von Haaren besetzter Basis (Unterschied vom Erdbeergriffel) und insbesondere die Epidermisteilchen mit den dünnwandigen gewundenen Haaren.

15. Brombeere. Die Brombeere (Rubus caesius L. und zahlreiche nahe verwandte Arten) wächst in Europa wild, wird aber nicht selten auch kultiviert. Von den Himbeeren unterscheiden sich die Brombeeren, die sich sämtlich sehr ähnlich sind, durch folgende Merkmale: Die Früchte sind — mit Ausnahme der amerikanischen Art Rubus villosus ALT. — kahl. Die Früchtchen sind dem Blütenboden angewachsen und trennen sich daher beim Pflücken nicht von diesem. Die Steinkerne (Abb. 24) sind größer und breiter als bei der Himbeere. Die Griffel (Abb. 25) sind nur 2 mm lang, an der Basis nicht verbreitert und nicht behaart. Die Oberhautzellen der Frucht (Abb. 26) sind gestreckt und kreuzen sich mit den darunter liegenden Parenchymschichten. Für den Nachweis von Brombeeren in Zubereitungen sind die Steinkerne, die Griffel und die Form der Epidermiszellen kennzeichnend. Für lediglich aus Brombeeren bereitete Erzeugnisse ist außerdem das Fehlen der Haare und das Vorkommen von Leitbündeln aus dem Fruchtboden charakteristisch.

16. Hagebutte. Als Hagebutten bezeichnet man die Scheinfrüchte der wilden Rosen, die nach Beseitigung der „Kerne“ (Früchtchen) zur Herstellung von Mus (Hägen- oder Hiftenmus) Verwendung finden. Die Scheinfrüchte oder auch die nach Entfernung des fleischigen Teiles gewonnenen Früchtchen dienen außerdem zur Herstellung von Kaffee-Ersatz (vgl. Bd. VI S. 92), die letzteren auch zur Bereitung von Tee (das Getränk hat einen vanilleartigen Geruch). Die Hagebutten werden aus dem fleischig gewordenen, länglich-eirunden, außen glänzend roten, innen krugförmig vertieften und von steifen Haaren ausgekleideten Blütenboden gebildet, der die steinharten einsamigen Schließfrüchte (Nüßchen) einschließt. Die Oberhautzellen der Scheinfrucht sind ungleichmäßig dickwandig und häufig gefenstert. Das gelbrote Fruchtfleisch besteht aus rundlichen oder nur wenig gestreckten Zellen, die sämtlich Carotin enthalten. Die innere, aus derbwandigen Zellen zusammengesetzte Oberhaut des Fruchtbodens läßt neben zahlreichen Haarnarben auch Spaltöffnungen erkennen. Sie trägt charakteristische einzellige, dickwandige, starre Haare, in die die Früchtchen eingebettet sind. Die Haare (Abb. 27) sind am Grunde verschmälert und erscheinen daher oft beiderseits scharf zugespitzt. Ihre Länge beträgt bis 2 mm, ihre Breite 30—45 μ. Die Leitbündel sind kräftig entwickelt und meist von unverholzten Fasern scheidenartig umhüllt. Die gelblichen Früchtchen sind 3—4 mm lang, etwa 2 mm breit, an den seitlichen

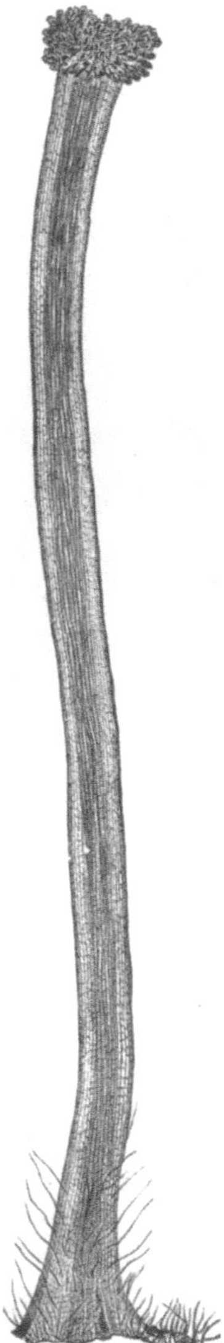

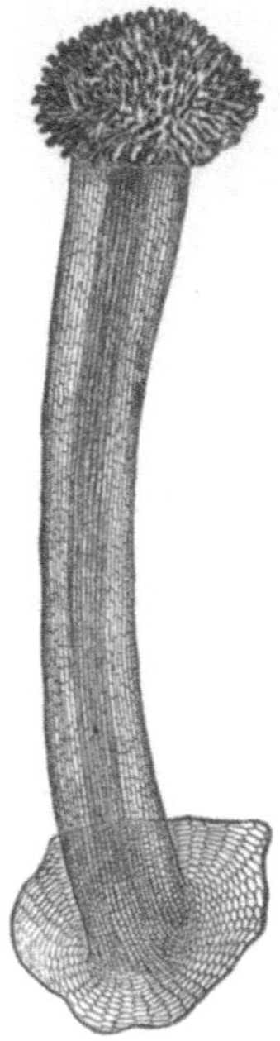

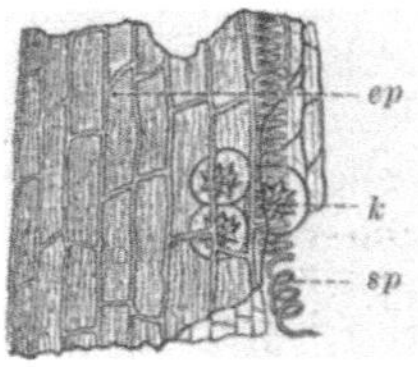

Abb. 23.

Abb. 24.

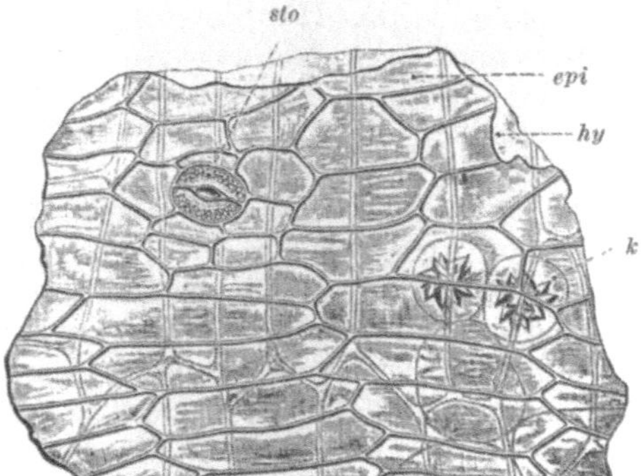

Abb. 22. Abb. 25. Abb. 26.

Abb. 22. Himbeergriffel, etwa 50fach vergr. (A. L. Winton.)

Abb. 23. Himbeergriffel bei 300facher Vergr. *ep* Oberhaut, *sp* Spiralgefäße, *k* Krystalldrusen. (A. L. Winton.)

Abb. 24. Brombeerkerne in nat. Gr. und 8fach vergr. (A. L. Winton.)

Abb. 25. Brombeergriffel, 30fach vergr. (A. L. Winton.)

Abb. 26. Oberhaut der Brombeere in der Flächenansicht. *epi* Oberhaut mit der Spaltöffnung *sto*, *hy* Fruchtfleisch mit Krystalldrusen *k*. (A. L. Winton.)

Berührungsflächen abgeplattet. Die Steinschale (vgl. Bd. VI S. 92) ist 0,3 bis 0,4 mm dick.

17. Kornelkirsche. Die Früchte der Kornelkirsche, Herlitze oder Dürrlitze (Cornus mas L. — Cornaceae), in Wien „Dirndln" genannt, werden nach Eintritt der Überreife roh genossen, eingemacht, auch zu Marmeladen verarbeitet. Die länglichrunden bis 20 mm langen kirschroten Früchte enthalten einen fast walzenförmigen, von runden Hohlräumen durchsetzten zweifächerigen Steinkern (über die Verwendung zu Kaffee-Ersatz vgl. Bd. VI, S. 102). Die Fruchtoberhaut (Abb. 28) besteht aus starkwandigen, in der Fläche polygonalen, stark cuticularisierten Zellen (25 bis 50 μ), zwischen denen sich vereinzelte Spaltöffnungen und Haarnarben vorfinden. Die Mittellamelle der Oberhautzellen erscheint perlschnurartig verdickt, verursacht durch poröse, an Querschnitten zapfenförmig erscheinende Cuticulareinlagerungen. Das aus derbwandigen, im inneren Teil radial gestreckten Zellen bestehende Mesokarp enthält zahlreiche Gerbstoffzellen, die zu größeren oder kleineren Gruppen vereinigt

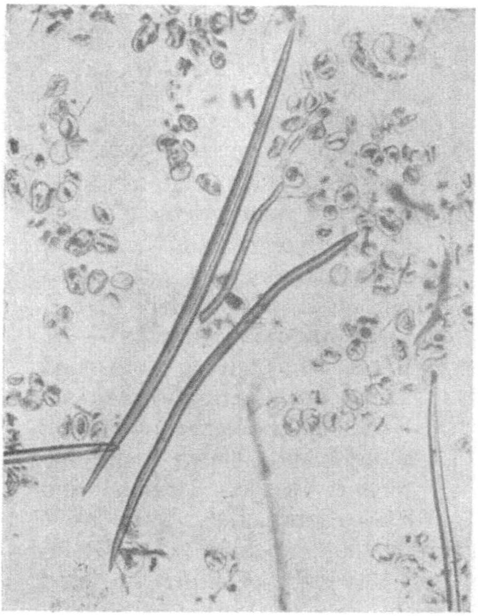

Abb. 27. Hagebuttenmark. Parenchymzellen und Haare des Fruchtbodens. 1 : 40. (Phot. C. Griebel.)

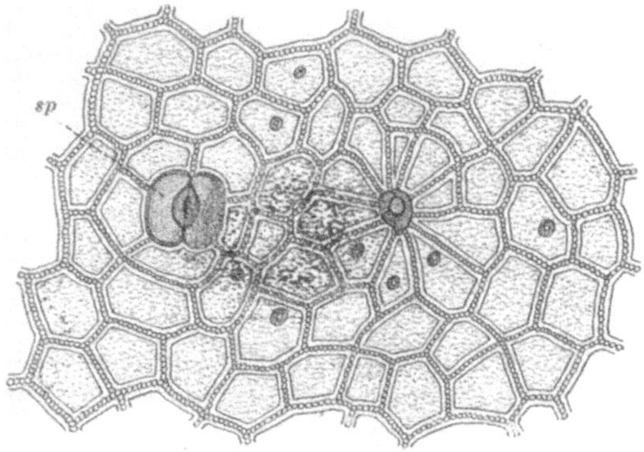

Abb. 28. Oberhaut der Kornelkirsche. 1 : 200. *sp* Spaltöffnung. (C. Griebel.)

sind. Nur diese Zellen enthalten zugleich den die reife Frucht färbenden roten Zellsaft. Bei der Überreife geht der Inhalt jeder Gerbstoffzelle zunächst in ein zähflüssiges Gel und dann in einen Einschlußkörper (Inkluse) über. Mit Eisenchlorid färbt sich der Inhalt blauschwarz, mit Kalilauge tiefblau. Das ganze Mesokarp enthält ziemlich reichlich Oxalatdrusen, namentlich in Begleitung der an Netzgefäßen reichen Leitbündel. Für die Erkennung der Kornelkirsche in Zubereitungen sind hauptsächlich die Epidermisteilchen von Wichtigkeit, deren Zellen die Cuticulareinlagerungen in den Radialwänden erkennen lassen, außerdem größere Zellkomplexe aus dem Mesokarp, die sich auf Zusatz von Lauge blau bis blauschwarz färben, während kleinere Zellverbände infolge Auslaugung meist nicht mehr deutlich reagieren.

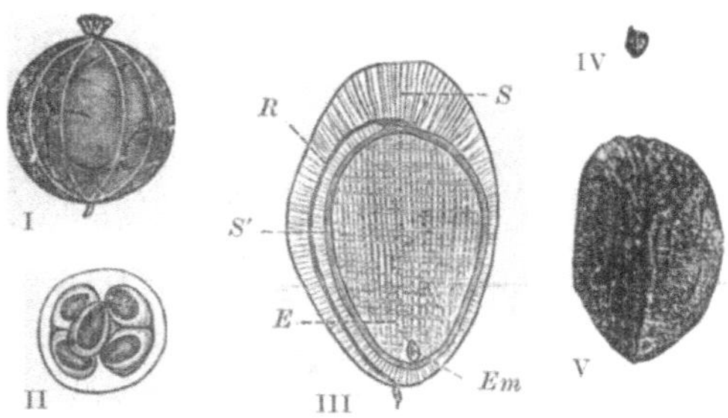

Abb. 29. Rote Johannisbeere. I Frucht in nat. Gr. II Querschnitt derselben. III Längsschnitt des Samens, 8fach vergr.; *S* gallertige Oberhaut, *S'* innere Samenhaut, *R* Raphe, *E* Nährgewebe, *Em* Embryo. IV vom Schleim befreiter Same in nat. Gr. V Derselbe, 8fach vergr. (A. L. Winton.)

18. Johannisbeere. Gartenformen von Ribes rubrum L. (Saxifragaceae) werden mit roten und gelben Früchten gezogen. Die kugeligen Beeren sind von den Resten der Blüte gekrönt. Der Griffel ist bis 2,5 mm lang, an der Spitze gabelförmig geteilt und behaart. Durch die Oberhaut der Frucht hindurch erkennt man 10 meridianartig verlaufende Leitbündelstränge (Abb. 29 I). Die auf einer oder mehreren Seiten durch gegenseitige Berührung abgeflachten Samen, deren Zahl bis zu 8 beträgt, sind außen von einer gallertartigen Hülle umgeben, die durch die Schleimepidermis der Samenschale gebildet wird und durch die die rötlichbraunen 4—5 mm langen und 3—4 mm breiten, harten Samen hindurch sichtbar sind. Die Oberhautzellen des Perikarps (Abb. 30) erscheinen in der Flächenansicht polygonal, ungleichmäßig verdickt, getüpfelt, nicht selten abgeteilt. Spaltöffnungen sind ziemlich selten. Das Mesokarp ist ein lückenreiches Parenchymgewebe, dessen Großzellen bis 500 μ (meist 200—250 μ) messen. Zwischen den Großzellen liegen in geringer Menge viel kleinere Zellen. In den äußeren Schichten (Hypoderm) sind die Zellen ziemlich dickwandig. Sehr kleine Oxalatdrusen finden sich im Mesokarp reichlich vor. Die Leitbündel enthalten überwiegend Ring- und Spiralgefäße (meist 12—15, selten 20 μ), wenig Netz- und Treppengefäße und werden von einzelnen oder gruppenweise zusammenliegenden Fasern begleitet. In der Kelch- und Stielgegend sind sogar Faserscheiden ausgebildet, die häufig auch Steinzellverbände enthalten. Die Steinzellen, die auch entfernt von den Leitbündeln im Fruchtfleisch auftreten, sind vorwiegend rechteckig bis stabförmig. Das Endokarp (Abb. 31) wird aus faserartig gestalteten sklerosierten und getüpfelten verholzten Zellen gebildet, die gruppenweise gleichgerichtet sind, wodurch ein parkettartiges Aussehen entsteht. Ihre Länge beträgt bis 500 μ, meist zwischen 120 bis 200 μ.

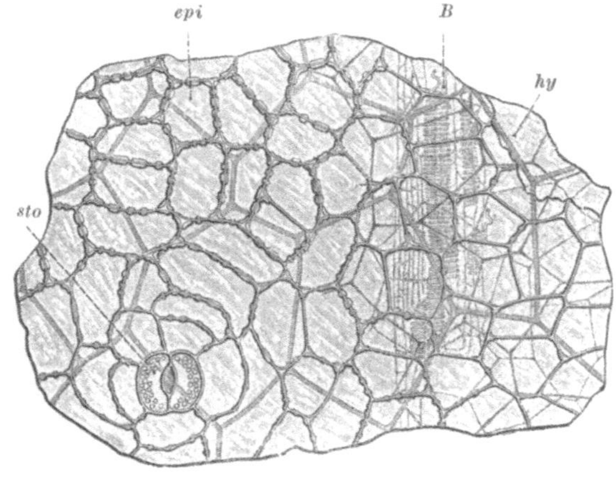

Abb. 30. Außenschichten der roten Johannisbeere in der Flächenansicht. *epi* Oberhaut mit Spaltöffnung *sto*, *hy* Fruchtfleisch mit dem Leitbündel *B*. (A. L. Winton.)

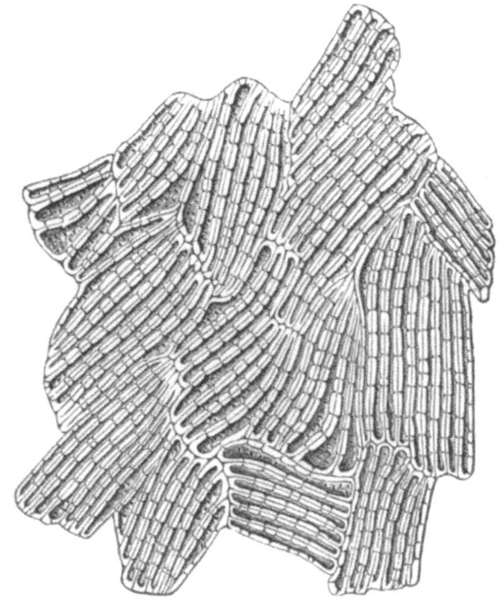

Abb. 31. Innere Oberhaut (Endokarp) der Johannisbeere. (A. L. Winton.)

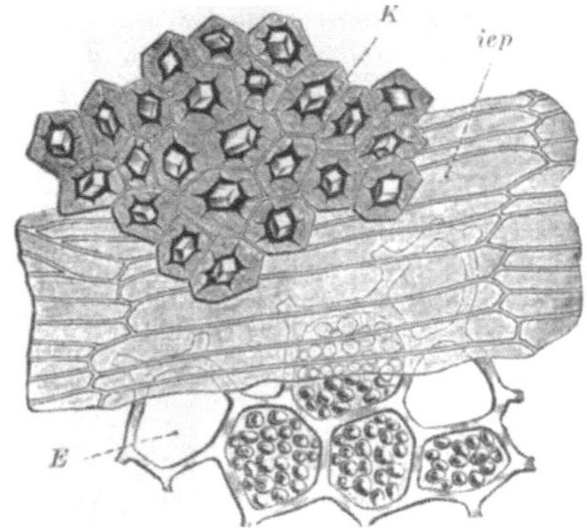

Abb. 32. Krystallschicht *K*, innere Oberhaut *iep* und Endosperm *E* der Johannisbeere. (A. L. Winton.)

Die Schleimepidermis der Samenschale besteht aus dünnwandigen, oft über 500 μ hohen bis 100 μ breiten Zellen. Unter ihr liegt eine Parenchymschicht und eine einfache Krystallschicht (innere Epidermis) aus dickwandigen Zellen (Durchmesser meist 15—18 μ), die je einen großen Oxalatkrystall enthalten. In der Flächenansicht (Abb. 32) erscheinen diese Zellen polygonal, sehr stark verdickt, dunkelbraun. Mit der aus gestreckten braunen Zellen bestehenden inneren Oberhaut der Samenschale (*iep*) ist das Endosperm verwachsen, das im wesentlichen aus einer breiten Aleuronschicht (*E*) besteht, deren Zellen an den Ecken verdickt sind.

Bei der schwarzen Johannisbeere oder Wanzenbeere (Ribes nigrum L.) sind die Griffel bis 3 mm lang, nur zwischen den Narben gespalten und unbehaart. Die 2,5—3 mm großen Samen sind schwarzbraun. Die Wandverdickungen der Fruchtoberhaut, die bei Ribes rubrum mitunter fehlen, sind bei der schwarzen Johannisbeere sehr gleichmäßig perlschnurförmig ausgeprägt (Abb. 33*a*). Außerdem finden sich schildförmige bis 0,2 mm große Öldrüsen auf der Epidermis (*b*), denen die Frucht ihren eigenartigen Geruch verdankt. In der Kelchgegend kommen einzellige, dünnwandige gekrümmte Haare vor (bis 600 μ), die aber meist abgebrochen sind. Das sklerosierte Endokarp ist durch einzelne nichtsklerosierte Zellgruppen unterbrochen (POHL). Die Gefäßbündel weisen Faserscheiden auf.

In Zubereitungen läßt sich die Johannisbeere leicht durch das parkettierte Endokarp, außerdem durch die Krystallschicht der Samenschale nachweisen, sofern die Samen nicht durch Passieren entfernt sind. Die Sichtbarmachung der Krystallschicht gelingt leicht durch Erwärmen der Samen mit Lauge und Abschaben der Oberfläche. Bei den schwarzen Johannisbeeren kommen noch die Öldrüsen und Kelchhaare hinzu.

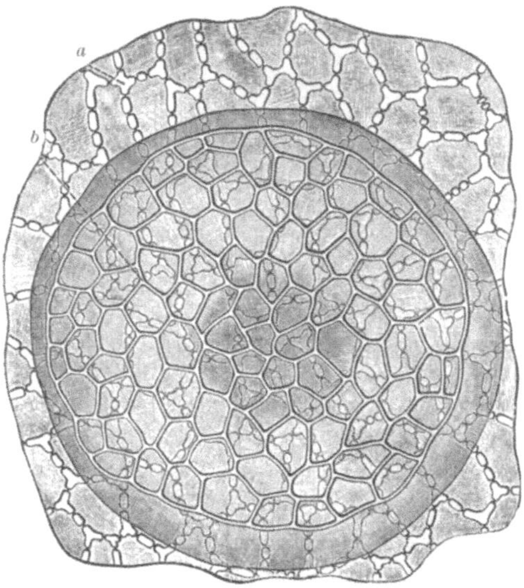

Abb. 33. Oberhaut der schwarzen Johannisbeere mit einer Drüse. (A. L. WINTON.)

Abb. 34. Same der Stachelbeere ohne Gallerthülle, 8fach vergr. (A. L. WINTON.)

19. Stachelbeere. In Europa wird vorwiegend Ribes grossularia L., in Amerika Ribes oxyacanthoides L. kultiviert. Die Früchte beider Arten zeigen in mikroskopischer Hinsicht keine Unterschiede, wenn man davon absieht, daß die meisten Gartenformen von Ribes grossularia mit Borsten besetzte Früchte tragen, während die Früchte von Ribes oxyacanthoides unbehaart sind. Die Stachelbeere ist von der Johannisbeere im Bau nur wenig verschieden. Die Blütenreste sind länger (bis 6 mm) und die Schale ist dicker als bei jener. Die Samen (Abb. 34) sind etwa 3 mm groß, braun, länglichrund. Die Blütenteile, besonders der Kelchschlund und die Griffelbasis, tragen einzellige, dünnwandige Härchen (Abb. 35), die bis 1 mm und darüber lang sind. Der Griffel wird etwa 5 mm lang und ist tief gespalten. Die Stacheln oder Borsten (Abb. 36) unserer heimischen Stachelbeere sind über 1 mm lange, vielzellige, stumpf oder kopfig endende Auswüchse, an deren Bildung auch subepidermale Gewebe beteiligt sind (sog. Emergenzen). Die Epidermis weist ebenso wie das Hypoderm stellenweise einzelne sklerosierte und getüpfelte, aber kaum verholzte Zellen auf. Die Großzellen des Mesokarps messen bis 850 μ (meist 350—450 μ). Die

Schleimepidermis der Samenschale ist bei Ribes grossularia am stärksten entwickelt, steht aber nur noch lose mit den Samen in Verbindung. Sie bildet eine durchsichtige, gelatinöse Hülle aus radial gestreckten, in der Aufsicht regelmäßig polygonalen (meist sechseckigen) Zellen von wabenähnlicher Anordnung. Die Radialwände sind häufig gewellt oder zackig (bei Ribes rubrum und nigrum sind die Testaepidermiszellen bedeutend fester mit den Samen verbunden, bei Ribes nigrum sind sie braun und fast undurchsichtig). Bruchstücke der Samen von Ribes sind mikroskopisch nicht zu unterscheiden.

20. Preißelbeere. Die Preißelbeere oder Kronsbeere (Vaccinium vitis Idaea L. — Ericaceae) kommt bei uns, namentlich in Gebirgsgegenden, in

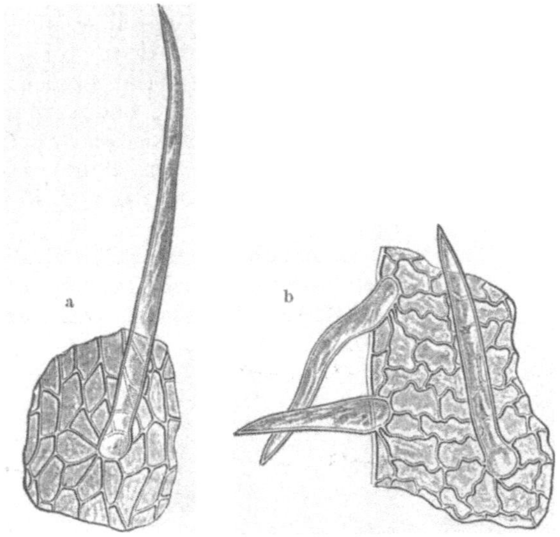

Abb. 35 a und b. Oberhaut verschiedener Teile des Kelchrandes der Stachelbeere. (A. L. WINTON.)

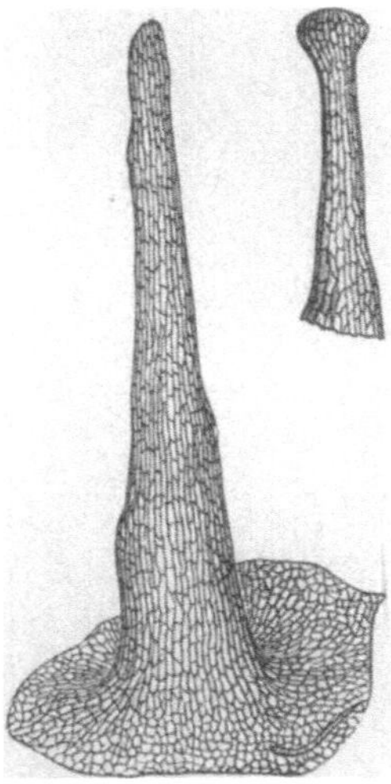

Abb. 36. Emergenzen der Stachelbeere. (A. L. WINTON.)

großen Mengen vor. Sie wird auch aus anderen Ländern eingeführt und dient vorwiegend zur Herstellung von Kompott und Gelee, seltener findet man sie in Mehrfruchtmarmeladen. Die 4—9 mm großen Früchte tragen am Scheitel 4 nach innen geschlagene Kelchzipfel und enthalten in jedem der 4 Fruchtfächer mehrere gelbe bis braune, kurzgeschnäbelte Samen (Abb. 37a) von 1,2 bis 1,7 mm Länge und 0,6—1 mm Breite. Die Kelchzipfel tragen bis 100 μ lange, oft als Drüsenzotten ausgebildete Emergenzen und außerdem kürzere, gewöhnlich 20—30, selten 60 μ lange, einzellige, dickwandige Haare mit warziger Oberfläche[1]. Die Fruchtoberhaut ist kleinzellig (im Mittel 30 μ) und umschließt ein aus großen, dünnwandigen Zellen bestehendes Fruchtparenchym, das innen von einem großzelligen Endokarp abgeschlossen wird. Die Leitbündel sind sehr dünn, stellenweise von Sklerenchymfasern begleitet. Sehr selten kommen im Mesokarp vereinzelte Sklereiden vor. Die Endokarpzellen (Abb. 38) sind nicht sklerosiert, gestreckt, im Umriß wellig-buchtig, ihre Wände unregelmäßig getüpfelt. Spaltöffnungen sind ziemlich spärlich vorhanden. Die Oberhautzellen der Testa (Abb. 39) sind in der Längsrichtung des Samens gestreckt, meist 150—250 μ lang und 30—75 μ breit und bilden ein leistenartig vorspringendes Netzwerk. An Querschnitten (Abb. 40) erkennt man, daß sie an der Innenseite hufeisenförmig verdickt, ihre Seiten- und Innenwände von

[1] W. OETKER: Diss. Hamburg 1929, S. 35.

zahlreichen Tüpfeln durchzogen sind. Diese sind rund, oval oder spaltenförmig. Die Sklerosierung der Innenwände und der Seitenwände ist gleich stark entwickelt (Unterschied von Moosbeere); Höhe der Testaepidermiszellen 30—50 μ. In der Regel tragen alle Wände, zuweilen auch nur die Außenwand, dicke, deutlich geschichtete, durch Chlorzinkjod blau werdende Schleimauflagerungen, die nicht selten die ganzen Zellen erfüllen. Die innere Testa besteht aus braunwandigem,

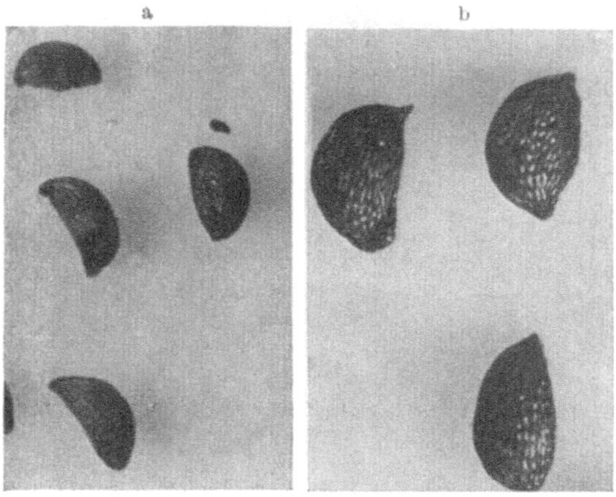

Abb. 37 a und b. Preißelbeersamen (a) und Moosbeersamen (b). 1 : 8. (Phot. C. GRIEBEL.)

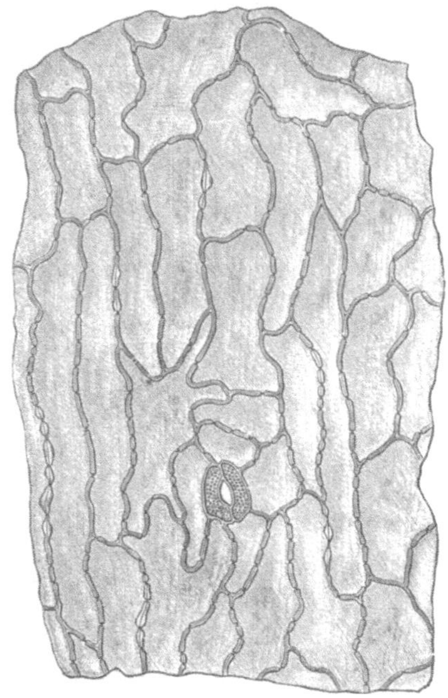

Abb. 38. Innere Fruchthaut (Endokarp) der Preißelbeere. (A. L. WINTON.)

kollabiertem Parenchym, das mit dem kleinzelligen, fett- und eiweißreichen Endosperm verwachsen ist, in dessen Mitte der walzenförmige Keimling liegt. Über die Unterscheidung von Preißelbeere und Moosbeere in Zubereitungen siehe unter Moosbeere.

21. Moosbeere. Die in sumpfigen und torfigen Gegenden vorkommende Moosbeere (Vaccinium oxycoccos L.) wird vielfach anstatt der Preißelbeere genossen und hat bei uns auch wiederholt zur Verfälschung des Preißelbeerkompotts gedient[1]. Die Früchte sind meist dunkelrot, kugeligeiförmig oder birnförmig, selten

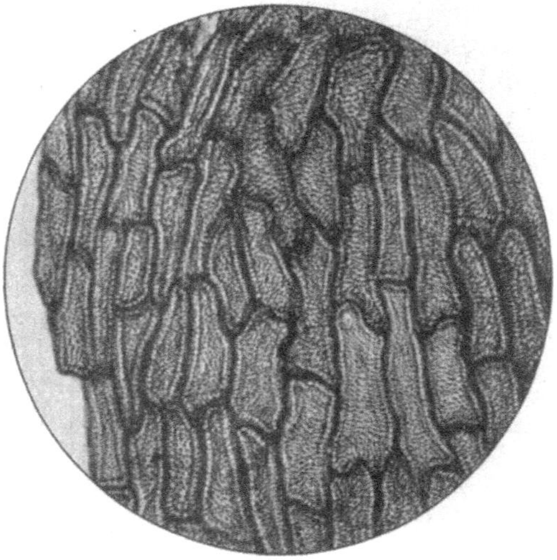

Abb. 39. Samenoberhaut der Preißelbeere in der Flächenansicht. 1 : 100. (Phot. C. GRIEBEL.)

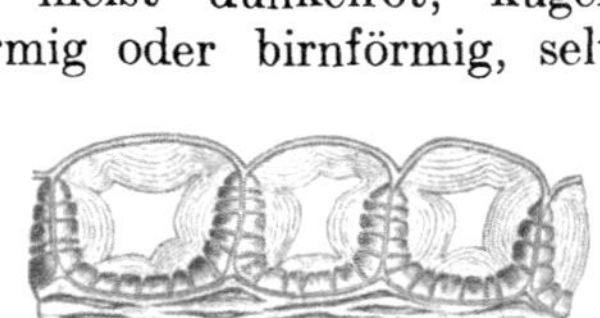

Abb. 40. Samenoberhaut der Preißelbeere im Querschnitt. (A. L. WINTON.)

über 12 mm groß und tragen am Scheitel, vom Kelch umschlossen, häufig noch den dünnen, die Frucht weit überragenden, bis 6 mm langen Griffel, an

[1] C. GRIEBEL: Z. 1909, 17, 65.

der Basis seltener den bis 5 cm langen Fruchtstiel. Die Samen (Abb. 37b) sind größer und gedrungener als bei der Preißelbeere, gelb bis dunkelrotbraun, ihre Oberfläche netzig-grubig. Ihre Länge beträgt 1,5—2,8 mm, ihre Breite 1—1,7 mm. Die Kelchzipfel tragen bis 250 μ lange, dünnwandige, einzellige, meist gerade, warzige Haare, die besonders an der Spitze dicht zusammenstehen[1]. Das Perikarp ist ebenso gebaut wie bei der Preißelbeere, nur

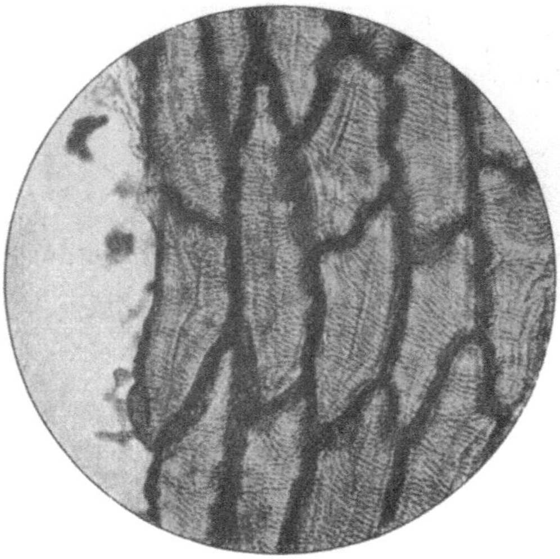

Abb. 41. Samenoberhaut der Moosbeere in der Flächenansicht. 1 : 100. (Phot. C. GRIEBEL.)

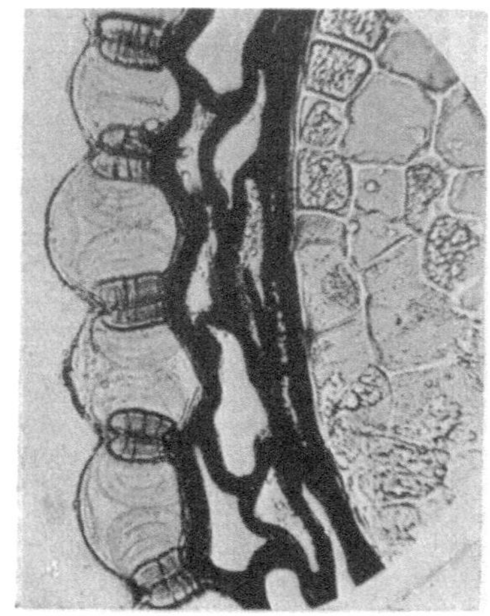

Abb. 42. Querschnitt durch den Rand des Moosbeersamens. 1 : 200. (Phot. C. GRIEBEL.)

sind die Zellmaße durchweg größer. Sklereiden fehlen vollständig. Die Testaepidermiszellen sind größer als bei der Preißelbeere, meist 200—300, selten bis 500 μ lang, 90—150 μ breit. Die Tüpfel sind größtenteils spaltenförmig (Abb. 41). An Querschnitten (Abb. 42) treten die stark verdickten Radialwände der bis 120 μ hohen Zellen säulenartig hervor, da die Innenwand nur wenig sklerosiert ist (Unterschied von Preißelbeere). Besonders die Radialwände

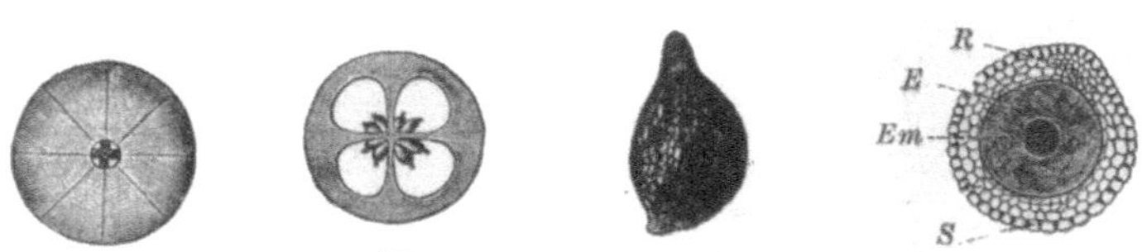

Abb. 43. Amerikanische Moosbeere. I Frucht von oben. II Querschnitt derselben. III Same, 8fach vergr. IV Querschnitt des Samens; *S* Samenschale; *R* Raphe; *E* Nährgewebe; *Em* Embryo. (A. L. WINTON.)

tragen dicke, schön geschichtete Schleimauflagerungen, meist sind auch die dünnen Außenwände mit einer Schleimschicht versehen. Die innere Testa ist braun und besteht aus zwei, teilweise drei Lagen weitlumiger, etwas poröser und einigen Lagen völlig zusammengefallener Zellen.

Die amerikanische oder großfrüchtige Moosbeere, Cranberry oder Kranbeere (Vaccinium macrocarpum AIT.), die in Nordamerika heimisch ist, wird in verschiedenen Staaten der Union auch im größeren Maßstabe kultiviert. In Europa ist sie nur an wenigen Stellen verwildert. In kleineren Mengen kommt sie aber bei uns gelegentlich frisch auf den Markt, und eingemachte Cranberries sind bei Preißelbeermangel auch schon als „schwedische Preißelbeeren“ verkauft worden.

[1] W. OETKER: Dissertation Hamburg 1929, S. 35.

Die bis 15 mm großen Früchte (Abb. 43) sind unserer einheimischen Moosbeere im Bau sehr ähnlich. Die Kelchzipfel tragen meist einzellige, bisweilen verzweigte, dickwandige, häufig gekrümmte, bis 220 μ lange Haare mit warziger

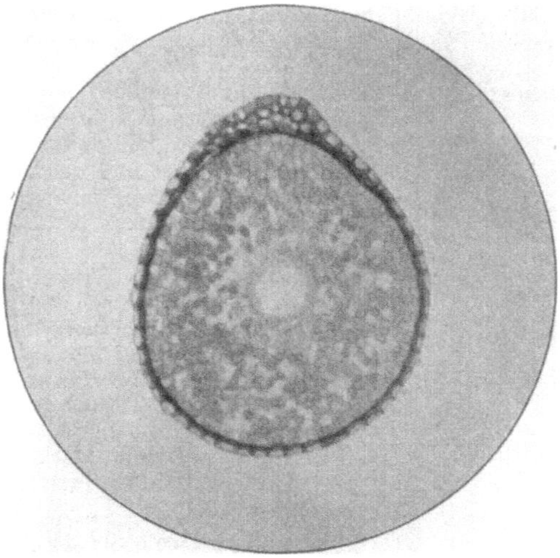

Abb. 44. Preißelbeersame im Querschnitt. 1 : 45. (Phot. C. GRIEBEL.)

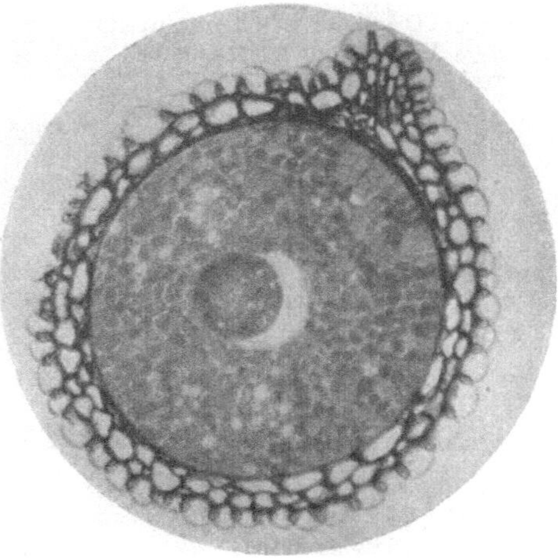

Abb. 45. Moosbeersame im Querschnitt. 1 : 45. (Phot. C. GRIEBEL.)

Oberfläche (OETKER). Die Samen (Abb. 43 III) sind noch gedrungener als bei Vaccinium oxycoccos. Sie unterscheiden sich von diesen durch die dickere Testa, die im inneren Teil nur wenig zusammengedrückte Zellen aufweist (Abb. 46), weil das Nährgewebe weniger stark entwickelt ist.

Bei der Untersuchung von Preißelbeerkompott und ähnlichen Zubereitungen schlämmt man zunächst die Samen ab, liest die größten aus und stellt an der breitesten Stelle Querschnitte her. Es läßt sich dann in der Regel leicht feststellen, welche von den 3 Arten vorhanden ist. Die Preißelbeere (Abb. 44) hat eine sehr dünne Samenschale, die außer der Epidermis nur kollabierte Zellen

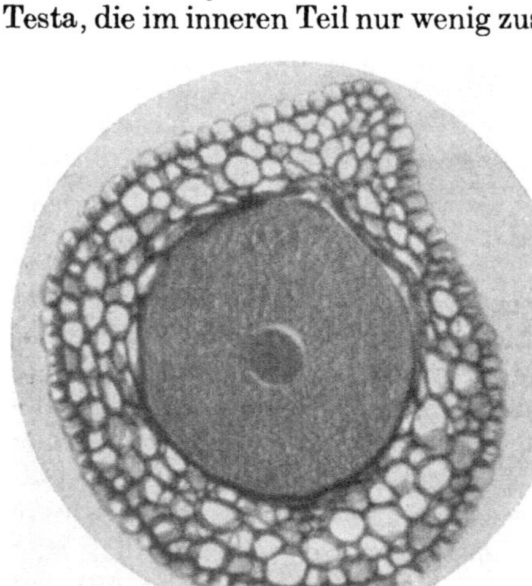

Abb. 46. Samenquerschnitt der amerikanischen Moosbeere. 1 : 45. (Phot. C. GRIEBEL.)

Abb. 47 a und b. Steinkern (a) und Same (b) der Bärentraube, letzterer mit dem haubenartigen Arillargebilde. (H. SOLEREDER.)

erkennen läßt. Bei unserer einheimischen Moosbeere (Abb. 45) beträgt die Dicke der Samenschale, die unter der Epidermis 2 oder 3 Reihen weitlumiger Zellen enthält, meist weniger als die Hälfte der radialen Dicke des Nährgewebes, während die Testaepidermis bei der amerikanischen Moosbeere (Abb. 46) fast die radiale Dicke des Nährgewebes erreicht, weil unter der Epidermis 3—4 Lagen weitlumiger Zellen liegen.

Hier müssen auch noch die Früchte der Bärentraube[1] und des Schneeballs[2] Erwähnung finden, die während des Krieges als Verfälschungen von eingemachten Preißelbeeren beobachtet wurden.

Die Frucht der Bärentraube (Arctostaphylos uva ursi SPRENG. — Ericaceae) ist eine 7—9 mm große Steinbeere, die im mehligen Fruchtfleisch fünf abgeflachte dreikantige, bis 4,5 mm lange, Steinkerne (Abb. 47a) enthält. Kennzeichnend sind die Oberhautzellen der Testa (Abb. 48b und c_1—c_4). Sie sind gewöhnlich in der Längsrichtung des Samens gestreckt und an den Seitenwänden, zum Teil auch an der Innenwand durch eine eigenartige Verdickung ausgezeichnet. Die Epidermiszellen des Arillus (a) sind ziemlich klein, im Umriß polygonal, an der Innenwand und den Seitenwänden sklerosiert und reich getüpfelt. In Zubereitungen sind die Bärentraubenfrüchte an den Steinkernen und Samen leicht kenntlich. Frische Früchte, die schon durch den an der Basis der Frucht befindlichen Kelch auffallen — die Preißelbeere trägt die Kelchreste am Scheitel — sind in letzter Zeit in einer süddeutschen Stadt auf dem Markt als „Tiroler Preißelbeeren" verkauft worden.

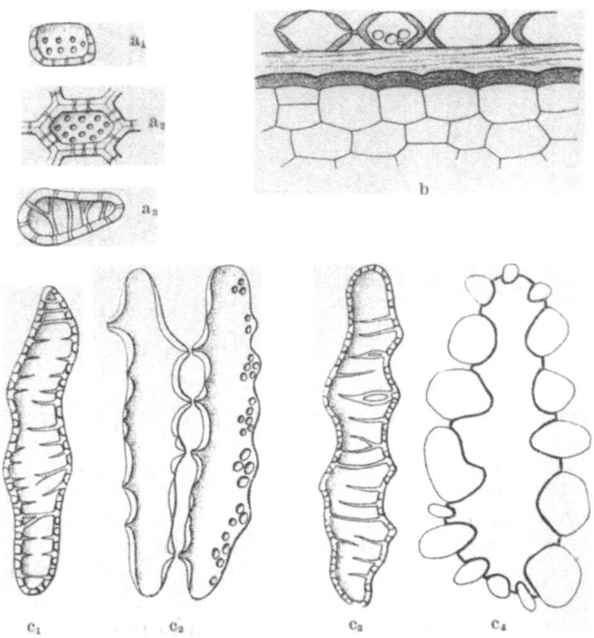

Abb. 48a—c. Bärentraube. a Epidermiszellen des Arillus im Querschnitt (a_1) und in der Fläche (a_2 und a_3), b Querschnitt durch Samenschale und Nährgewebe, c_1—c_4 Samenepidermiszellen von reifen und unreifen Samen. (H. SOLEREDER.)

Der Schneeball (Viburnum opulus L. — Caprifoliaceae) hat einsamige, durchschnittlich 7,5 mm große Steinfrüchte, die im nicht völlig reifen Zustande dunkelrot, reif fast völlig schwarz sind. Sie enthalten je einen großen weißgelben, abgeflachten und in der Mitte etwas gekielten, schwach herzförmigen Stein. Wesentliche Mengen von Schneeballfrüchten machen sich im Preißelbeerkompott schon durch den bitteren Geschmack unangenehm bemerkbar.

22. Heidelbeere. Die Früchte der bei uns weit verbreiteten Heidel- oder Blaubeere (Vaccinium myrtillus L. — Ericaceae) werden roh und zubereitet genossen. Getrocknet finden sie auch als Heilmittel Verwendung. Die im Mittel 8 mm großen, blauschwarzen Beeren tragen am etwas abgeflachten Scheitel einen schmalen Kelchsaum, dessen Zipfel zum Unterschied von den übrigen hier beschriebenen Vacciniumarten verwachsen sind und keine Haarbildungen aufweisen. Der Hauptunterschied der Heidelbeere von Preißelbeere und Moosbeere besteht im Vorkommen vereinzelter oder gruppenweise zusammenliegender schwach verdickter bis 90 μ großer Steinzellen im Mesokarp (Abb. 49) und in der Ausbildung des Endokarps, dessen in Form, Größe und Verdickungsgrad sehr variierende Zellen gruppenweise sklerosiert und verholzt sind (Abb. 50). Ihre Länge beträgt bis 140, ihre Breite bis 45 μ. Zwischen den Sklereiden kommen Spaltöffnungen von 30—45 μ Durchmesser vor, deren Schließzellen ebenfalls verholzt sind. Die hellbraunen, auf der Oberfläche fein genetzten Samen sind nur etwa 1 mm breit, meist 1—1,2, seltener bis 1,5 mm lang. Die Epidermiszellen der Testa (Abb. 51) werden bis 240 μ lang, bis 80 μ breit und bis 60 μ hoch. Die Schleimschichten sind sehr dünn.

[1] Vgl. SOLEREDER: Z. 1916, **31**, 352. [2] Vgl. ROTHE: Z. 1917, **33**, 166.

Ebenso wie die Heidelbeeren werden in manchen Gegenden die ganz ähnlichen Früchte der Sumpfheidelbeere, Rausch- oder Trunkelbeere (Vaccinium uliginosum L.) genossen, die jedoch im Verdacht stehen, zuweilen gesundheitsschädlich zu wirken. Zum Unterschied von der gewöhnlichen Heidelbeere sind bei der Sumpfheidelbeere die Kelchzipfel nicht verwachsen und außerdem durch zahlreiche feine, warzige, papillöse Vorwölbungen ausgezeichnet[1]. Die im Mesokarp vorkommenden Sklereiden sind seltener, aber größer (bis 125 μ) als bei Vaccinium myrtillus. Auch die Endokarpzellen (Abb. 52) sind größer und weitlumiger als bei Vaccinium myrtillus, die Seitenwände mehr gebogen, ihre Verdickung weniger derb. Die Samen sind etwas größer als bei der Heidelbeere (1,3—1,7, seltener bis 2 mm).

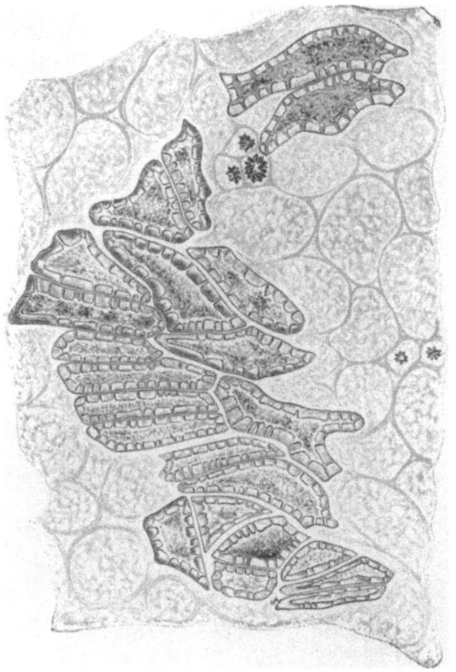

Abb. 49.
Fruchtfleisch der Heidelbeere. (R. MÜLLER.)

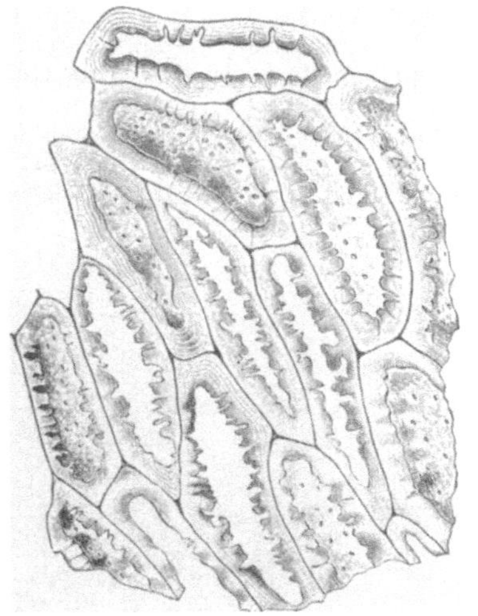

Abb. 50.
Endokarp der Heidelbeere. (R. MÜLLER.)

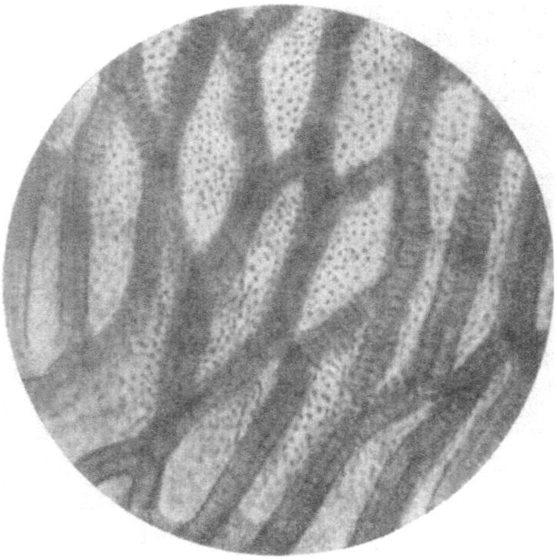

Abb. 51. Epidermis der Samenschale der Heidelbeere. 1:200. (W. REIDEMEISTER.)

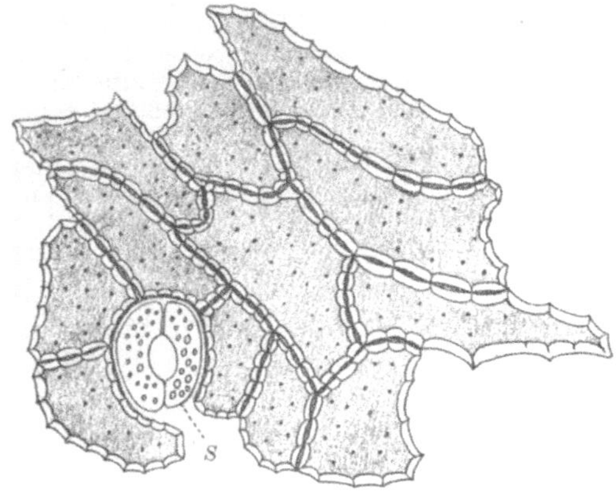

Abb. 52. Endokarp der Sumpfheidelbeere. *S* Spaltöffnung. 1:200. (C. GRIEBEL.)

Die Testaepidermiszellen sind durchgängig größer, aber niedriger als bei V. myrtillus (im allgemeinen nicht höher als 30 μ), etwas wellig, besonders an den Enden verbogen, nicht selten

[1] OETKER: l. c.

gabelig. Die Schleimschichten sind bedeutend stärker entwickelt, am mächtigsten an der Außenwand.

23. Hollunderbeere. Zu Genußzwecken dienen im allgemeinen nur die kugeligen Früchte der schwarzen Hollunderbeere (Sambucus nigra L. — Caprifoliaceae), und zwar hauptsächlich zur Bereitung von Mus und zur Herstellung von Suppen u. dgl. Sie sind 5—6 mm groß, glänzend schwarz, gewöhnlich dreisteinig. Es handelt sich also um eine Steinbeere. Kennzeichnend ist die Fruchtoberhaut und das in eine Steinschale umgewandelte Endokarp. Die Fruchtoberhaut besteht aus ziemlich großen, etwas gestreckten, tafelförmigen Zellen, die in der Flächenansicht durch fast parallel verlaufende Cuticularfalten eine derbe Querstreifung erkennen lassen (Abb. 53 a). Die radialen Wände der Epidermiszellen weisen reichliche Tüpfelung auf, wodurch sie bei stärkerer Vergrößerung ein sehr charakteristisches Aussehen bieten. Spaltöffnungen finden sich nur vereinzelt. Die braunen Steine sind 3—4 mm lang und 1,5—2 mm breit, abgeflacht, nicht ausgesprochen dreikantig, gewöhnlich an einer Seite zugespitzt. Ihre Oberfläche ist runzelig und höckerig. An Querschnitten (Abb. 53 b) erkennt man unter einer Reihe zartwandiger kleiner Zellen eine palisadenartige Schicht stark verdickter Sklereiden, die untereinander so verzahnt sind, daß ihre Abgrenzung nicht ohne weiteres sichtbar ist. Entsprechend verzweigt ist auch das spaltenförmige Lumen. Erst nach der Maceration läßt sich die Form dieser Zellen genau erkennen.

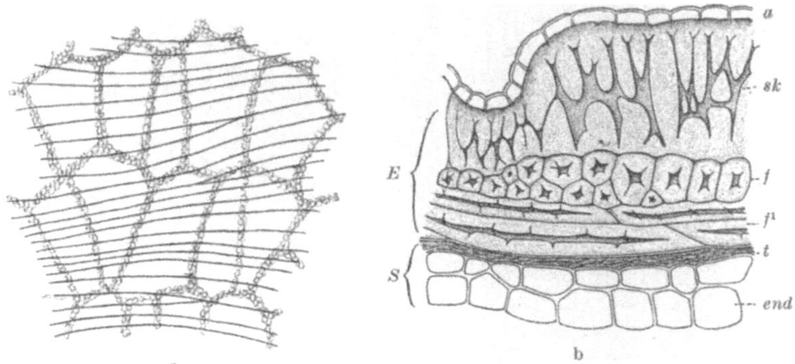

Abb. 53 a und b. Holunderbeere. a Oberhaut (mit Cuticularfalten) in der Flächenansicht (1 : 90); b Steinkern im Querschnitt (1 : 200); *E* Endokarp, *S* Same, *a* Außenschicht, *sk* Sklereiden mit verzweigtem Lumen, *f* und f^1 rechtwinklig gekreuzte Fasern, *t* Samenschale, *end* Endosperm. (C. Griebel.)

Im Westen Deutschlands sind an Stelle der gewöhnlichen Hollunderbeeren auch die sehr ähnlichen frischen Früchte des nur etwa meterhohen staudenförmigen Zwerghollunders oder Attichs (Sambucus Ebulus L.), die früher medizinische Verwendung fanden und zuweilen brechenerregend wirken, gelegentlich in den Marktverkehr gelangt. Auch in einer südwestdeutschen Stadt als „Brombeeren" verkaufte zermuste Früchte erwiesen sich als Attichbeeren (Griebel). Die Früchte beider Hollunderarten zeigen nur geringe Verschiedenheiten. Fruchtfleisch und Preßsaft enthalten bei S. Ebulus reichlich Fetttropfen, während bei S. nigra solche nur vereinzelt vorkommen. Dabei ist der Saft bei S. Ebulus blaustichig-purpurn, bei S. nigra schön purpurrot gefärbt. Die Steine sind bei S. Ebulus meist gerundet dreikantig, an beiden Enden verschmälert, leicht zugespitzt. Die Runzelung der Oberfläche ist regelmäßiger, so daß letztere fast grubig erscheint. — Über Traubenhollundermarmelade hat Greger[1] berichtet.

24. Weintraube. Die Früchte des Weinstocks (Vitis vinifera L. — Vitaceae) dienen hauptsächlich der Weinbereitung. Außerdem werden sie aber auch frisch und im getrockneten Zustand (Rosinen, Korinthen, Sultaninen, Zibeben) sowie in Form von Zubereitungen genossen. Die saftige Beere enthält in jedem der beiden Fruchtfächer gewöhnlich zwei, oft nur einen, bei manchen Kulturformen überhaupt keinen Samen. Die Fruchtoberhaut besteht aus derbwandigen, in der Fläche polygonalen Zellen (vgl. Bd. VI, S. 94, Abb. 45a). Das aus ziemlich großen zarten Zellen gebildete Mesokarp enthält nadelförmige Krystalle (Raphiden) und Leitbündel, die von Krystallkammerzellen begleitet sind. Der Bau der Samen wurde bereits in Bd. VI S. 95 eingehend beschrieben. Zubereitungen aus Weinbeeren enthalten — mit Ausnahme von Gelee — stets Epikarpteilchen

[1] Greger: Z. 1921, 42, 383.

und aus dem Mesokarp stammende Raphiden. Zuweilen findet man auch die charakteristisch gestalteten Kerne. In getrockneten Weinbeeren beobachtet man oft Zuckerkrystalle.

25. Orange. Für die Herstellung von Fruchtdauerwaren kommt in erster Linie die bittere Orange oder Pomeranze (Citrus aurantium L. subsp. amara L. — Rutaceae) in Betracht, die oft neben der süßen Orange oder Apfelsine (Citrus aurantium L. subsp. sinensis GALL.) Verwendung findet. Unmittelbar genossen werden außer der Apfelsine die Früchte verschiedener anderer Citrusarten, wie die Mandarine (Citrus nobilis Loureiro) und die Pompelmuse oder Grape fruit (Citrus decumana L.). Aus der dicken Schale der Zitronat- oder Cedratzitrone (Citrus medica subsp. genuina ENGLER) — der Praktiker spricht von Cedernfrüchten — wird durch Einkochen mit Zucker das Zitronat bereitet. Aus Pomeranzenschalen macht man in gleicher Weise Orangeat.

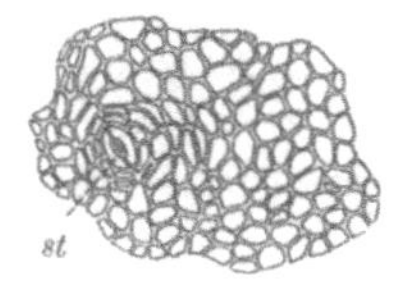

Abb. 54. Citrus aurantium. Epidermis der Fruchtschale in der Fläche. (TSCHIRCH.)

Die Unterscheidung der Früchte der einzelnen Citrusarten ist mit Hilfe des Mikroskops kaum möglich, da sie im Bau weitgehende Übereinstimmung zeigen. Die Orangenfrucht ist eine 6—12fächerige Beere. Die Anzahl der Samen schwankt. Es gibt sogar kernlose Varietäten. Die außen orangenfarbige, warzig-runzelige, innen weiße, schwammige Schale enthält zahlreiche mit ätherischem Öl gefüllte Sekretbehälter, die schon mit freiem Auge sichtbar sind. Die in der Fläche scharf polygonalen, ziemlich kleinen (Abb. 54) zartwandigen Oberhautzellen (20—25 μ) enthalten gelbe Farbstoffkörper. Spaltöffnungen sind ziemlich häufig. In das unter der Epidermis liegende kollenchymatisch ausgebildete Fruchtwandparenchym (Abb. 55*a*) sind die Ölbehälter (*seb*) eingesenkt. Das Gewebe enthält neben monoklinen Oxalatkrystallen reichlich Hesperidin, das sich mit Alkalien gelb färbt. Der innere weiße, schwammige Teil der Schale (*i*) besteht aus Sternparenchym. Die die einzelnen keilförmigen Fruchtfächer umhüllende, zähe, durchscheinende Haut ist das Endokarp. Es besteht aus mehreren Schichten langgestreckter Zellen, die zuweilen sklerosiert und von schiefen Poren durchsetzt sind. Dem Endokarp sitzen an vielen Stellen in Reihen oder Gruppen angeordnete Krystallkammerzellen mit monoklinen Oxalatkrystallen auf (Abb. 56). Namentlich bei saftarmen Früchten findet man auf dem Endokarp auch krystallinische Hesperidinausscheidungen, die dem unbewaffneten Auge als kleine weiße Stippchen erscheinen. Das saftige, vom häutigen Endokarp umschlossene Gewebe, das die keilförmigen Fruchtfächer erfüllt, besteht aus vielzelligen, keulenförmigen Gebilden, die in Wirklichkeit Auswüchse der Fruchtwand darstellen, und neben kleinen gelben Farbstoffkörpern auch Oxalatkrystalle erkennen lassen. Die Leitbündel enthalten mehr oder weniger verholzte Spiral- und Tüpfelgefäße (bis 15 μ); sklerosierte Elemente fehlen.

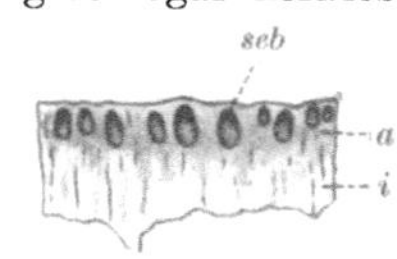

Abb. 55. Citrus aurantium. Querschnitt durch die Randschicht der Fruchtschale. *seb* Ölbehälter. (Lupenbild nach TSCHIRCH.)

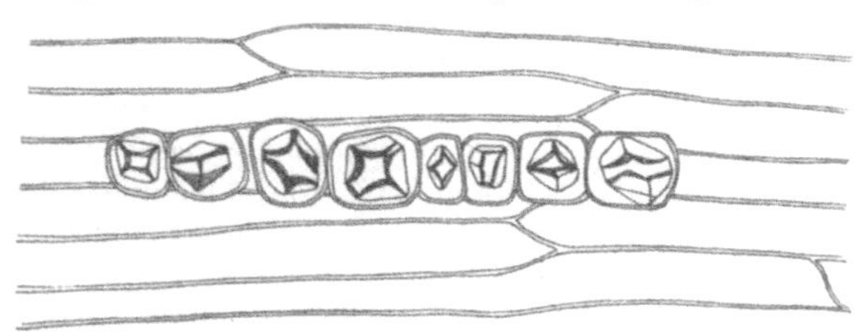
Abb. 56. Citrus aurantium. Zellschicht aus dem Endokarp mit aufliegenden Krystallkammerzellen. 1 : 350. (C. GRIEBEL.)

In marmeladeähnlichen Zubereitungen aus Orangen findet man gewöhnlich Schnitzel oder kleine Teilchen der Fruchtwand, die zuweilen Epidermis und Sekretbehälter erkennen lassen. Oft sind auch nur die sternförmig verzweigten Zellen des schwammigen Gewebes, häufig außerdem größere oder kleinere Teilchen des häutigen Endokarps auffindbar, denen zumeist auch die charakteristischen Oxalatzellen aufgelagert sind.

Das wie bei der Orange ausgebildete Endokarp der Zitrone (Citrus Limonum Risso) findet man in manchen Zitronensirupen, die aus ungeklärten Zitronenpreßsäften bereitet wurden.

Zitronat und Orangeat lassen an Schnitten die Elemente der äußeren Fruchtwand, insbesondere die charakteristischen Oxalatkrystalle erkennen. Endokarpteilchen fehlen. Orangeat wird neuerdings auch aus Apfelsinenschalen bereitet[1].

26. Banane. Als Banane bezeichnet man die Frucht des in der warmen Zone in zahlreichen Formen kultivierten Pisang (Musa sapientum L. — Musaceae). Die im unreifen Zustand zu uns kommenden Fruchtstände werden einer künstlichen Nachreifung unterworfen, die sich äußerlich durch Gelbfärbung zu erkennen gibt. Hierbei entstehen die charakteristischen Aromastoffe (darunter Amylacetat) und die ursprünglich in großer Menge vorhandene Stärke wird in Zucker übergeführt. Ausgereifte Bananen kommen auch im geschälten und getrockneten Zustande (Bananenfeigen) in den Handel. Über Bananenmehl vgl. S. 133.

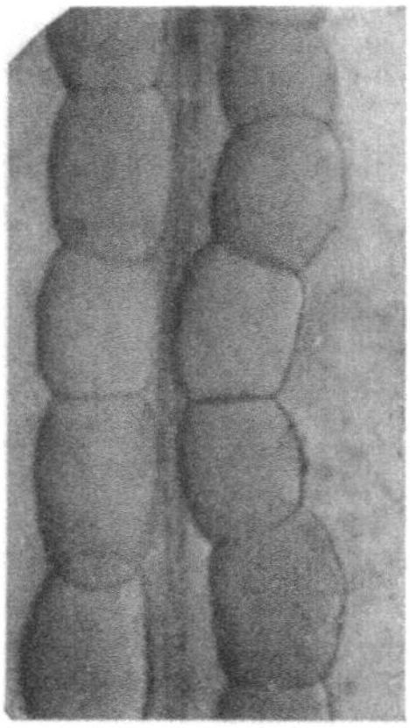

Abb. 57. Spiralgefäß aus Bananenmark mit den begleitenden, vielgliedrigen Grobstoffschläuchen. 1:50. (Phot. C. GRIEBEL.)

Die aus dem Epikarp und dem äußeren Mesokarp bestehende Schale der Bananenfrucht wird der Länge nach von zahlreichen Leitbündeln durchzogen, die von vielgliedrigen Milchsaftschläuchen begleitet sind[2]. Das faserige Gewebe der „Schale" geht allmählich in das Mark (inneres Mesokarp) über. Die an der Grenze beider sowie im äußeren Teil des Marks verlaufenden engen Spiralgefäße sind von mächtigen Gerbstoffschläuchen (Abb. 57) aus 100—500 μ langen Gliedern begleitet. Bei der reifenden Frucht enthalten sämtliche Glieder ein zähes Gel, das sich bei der Überreife unter geringer Kontraktion in gelbliche bis rotbraune Einschlußkörper (Inklusen) verwandelt. Der Inhalt der Gerbstoffzellen färbt sich mit Eisenchlorid zunächst bläulich, dann grünbraun, mit Vanillinsalzsäure himbeerrot. Das aus dünnwandigem Parenchym bestehende Mark ist vor der vollständigen Reife von charakteristischen Stärkekörnern (vgl. S. 132) erfüllt. Vereinzelt finden sich Zellen mit Oxalatraphiden.

In Erzeugnissen, die unter Verwendung von Bananenmark hergestellt sind, beobachtet man stets die kennzeichnenden tonnenförmigen Glieder der Gerbstoffschläuche, deren brauner Inhalt gewöhnlich nur wenig geschrumpft ist. Diese Gerbstoffeinschlüsse passieren übrigens fast unverändert den Verdauungskanal und sind bei Faecesuntersuchungen auch schon irrtümlich für Eiweißkörper gehalten worden.

Tomate, siehe unter Abschnitt Gemüse.

27. Feige. Der als Feige bezeichnete Fruchtstand des im Mittelmeergebiet heimischen Feigenbaumes (Ficus carica — Moraceae) kommt bei uns nur in geringen Mengen frisch, in größeren Mengen dagegen getrocknet auf den Markt. Von getrockneten Feigen stammende Teilchen findet man zuweilen in Gebäcken, häufig aber in pastenartigen Zubereitungen, die als Lebensmittel oder Heilmittel in den Verkehr kommen. Über die histologischen Verhältnisse vgl. Bd. VI, S. 83. Feigen enthaltende Zubereitungen sind durch die kleinen gelben Früchtchen, die sog. „Kerne" gut gekennzeichnet. Außerdem findet man stets die großen Milchsaftschläuche, die körnige Massen von Kautschuk enthalten, seltener Epidermisteilchen mit den einzelligen Haaren und bis 25 μ weite Spiral- und Netzgefäße; Oxalatdrusen kommen meist nur vereinzelt vor.

28. Ananas. Die Fruchtstände der aus dem tropischen Amerika stammenden und in verschiedenen Gegenden der warmen Zone kultivierten Ananas (Ananas sativus LINDL. — Bromeliaceae) werden bei uns frisch und in Konservenform eingeführt. Die Ananas ist eine Scheinfrucht, nämlich ein ährenförmiger Fruchtstand, dessen Achse, Beerenfrüchte und Deckblätter fleischig geworden und miteinander verwachsen sind. Die Achse des Fruchtstandes endet in einem Schopf grüner Blätter. Die Außenseite des Fruchtstandes ist im reifen Zustande rötlich- bis bräunlichgelb und zeigt von je einem Deckblatt geschützte große eckige Felder mit warzen- oder höckerartigen Vorwölbungen, die den einzelnen Beeren entsprechen, aus deren Kelchblättern sie hervorgegangen sind. Das gelbliche sehr saftige Frucht-

[1] Vgl. C. GRIEBEL: **Z. 1937, 73, 353.** [2] Vgl. C. GRIEBEL: **Z. 1924, 48, 221.**

fleisch ist zucker- und säurereich; Samen sind in der Handelsware meist nicht entwickelt. Bei den Ananaskonserven, die meist als solche zur Einfuhr gelangen, ist die nicht genießbare zähe Hülle und der faserige Innenteil des Fruchtstandes bis auf kleine Reste entfernt.

Das Exokarp der Beeren, das zum Teil aus den Kelchblättern gebildet wird, zeigt kleine stark verdickte Epidermiszellen, die häufig einen Kieselkörper enthalten. Das Exokarp geht dann durch mehrere Schichten von Steinzellen allmählich in das Fruchtfleisch über, das sich aus dünnwandigen, aber meist mit großen runden oder ovalen Tüpfeln versehenen Zellen zusammensetzt, in denen sich häufig einzeln oder gebündelt, durchschnittlich 60, aber auch bis 100 μ lange Raphiden vorfinden. Die Leitbündel bestehen größtenteils aus weitlumigen bis 30 μ breiten und bis über 1 mm langen Fasern und enthalten bis 25 (50) μ weite Spiralgefäße. Die unverholzten fest zusammenhängenden Fasern zeigen längliche, schräg stehende Tüpfel. Das Fruchtfleisch wird nach innen durch eine mehrreihige Schicht in der Aufsicht mehr oder weniger gestreckter und unregelmäßig getüpfelter und eine Reihe schmaler (20 μ), langgestreckter dünnwandiger Zellen (Endokarp), abgeschlossen[1]. In Zubereitungen, die mit Ananaskonserven hergestellt sind, findet man stets Mesokarpzellen mit großen Oxalatraphiden und die Elemente der Leitbündel (weitlumige Bastfasern und Spiralgefäße). Gelegentlich finden sich auch Teilchen der Oberhaut und Steinzellen.

29. Maulbeere. Die Maulbeeren (Morus nigra L., M. Alba L. — Moraceae) sind etwa 2 cm große, gelbliche bis schwarzrote Scheinfrüchte, die aus einem ährenförmigen Blütenstand hervorgegangen sind. Die Innenseite der fleischigen Perigone trägt kurze kegelförmige, über der Basis umgebogene Haare, deren retortenförmig erweiterter in die Epidermis eingesenkter Fußteil häufig einen Cystolithen enthält. Das saftige Gewebe enthält namentlich in Begleitung der Leitbündel Oxalatdrusen und Einzelkrystalle. Die Epidermis der dünnen Samenschale besteht aus wellig-buchtigen, durch feine Poren punktierten Zellen. In Zubereitungen ist der große, gekrümmte und auf der Oberfläche behaarte Griffel das am meisten auffallende Element.

30. Melone. Zu den Obstfrüchten sind auch die Melonen zu rechnen, da sie vorwiegend im frischen Zustande genossen werden. Auf den Markt kommen bei uns die Zuckermelone (Cucumis melo L.) und die Wassermelone oder Arbuse (Citrullus vulgaris SCHRAD. — Cucurbitaceae).

Bei der Zuckermelone sind die Oberhautzellen außen derart verdickt, daß ihr Lumen auf Querschnitten dreieckig oder flaschenförmig, je nach der tieferen oder höheren Einstellung sehr weit bis punktförmig erscheint. Unter der Epidermis beobachtet man an vielen Stellen zartzelligen Kork. Im Fruchtfleisch finden sich in geringem Abstand von der Oberhaut wenig verdickte poröse Zellen, die eine auf großen Strecken unterbrochene, nicht scharf abgegrenzte Schicht bilden. Im übrigen sind die Mesokarpzellen dünnwandig. Die Leitbündel enthalten ganz überwiegend bis 45 μ weite verholzte Spiralgefäße; Netzgefäße sind selten. Bei der Wassermelone, die durch rotes, sehr saftiges süßes Fruchtfleisch und meist glänzend schwarze Samen ausgezeichnet ist, sind die Oberhautzellen der Fruchtwand breiter als hoch, an Außen- und Seitenwand nur mäßig verdickt. Die auch hier in geringer Entfernung unter der Epidermis vorkommenden verdickten porösen Zellen bilden eine kaum unterbrochene Schicht. Im übrigen zeigt das Fruchtfleisch keine Unterschiede gegenüber der vorhergehenden Art. Beim Schälen der Früchte wird mit der Oberhaut meist auch die sehr nahe darunter liegende Schicht verdickter Zellen entfernt, so daß man in Zubereitungen beide unter Umständen überhaupt nicht auffindet.

Anhang. Eine Reihe von tropischen Früchten fand seinerzeit bei der Herstellung des „Lucutate" genannten Verjüngungsmittels Verwendung, jedoch erst nachdem festgestellt worden war, daß das ursprüngliche Erzeugnis lediglich aus dem Mark einheimischer Früchte unter Zusatz von Tamarindenmus und Röhrenmannamus gewonnen worden war. Die vom Hersteller nachträglich aus Indien bezogenen Früchte waren der Durian (Durio zibethinus L. — Bombacaceae), dessen Arillus genossen wird und angeblich als Aphrodisiacum wirkt, die Dattelpflaume (Diospyros lotus — Ebenaceae), die Mangofrucht (Mangifera indica L. — Anacardiaceae), die aus Zentralamerika stammende Sapote oder Sapotilla (Achras Sapota L. — Sapotaceae), Papaya, die Frucht des Melonenbaumes (Carica Papaya L. — Caricaceae) und eine als Nillu oder Salpamisri bezeichnete Zwiebel einer Aliumart[2].

[1] Vgl. W. OETKER: **Z.** 1930, **59**, 132.

[2] Vgl. C. GRIEBEL: Über den mikroskopischen Bau einiger tropischen Früchte und ihren Nachweis in marmeladenartigen Zubereitungen. **Z.** 1928, **55**, 89. — Zum mikroskopischen Nachweis von Durian und Nilluzwiebel. **Z.** 1928, **55**, 453.

III. Nicht zum Obst gehörige pflanzliche Verfälschungs- und Streckungsmittel von Obstzubereitungen.

1. Kürbis. Der Kürbis (Cucurbita pepo L., C. maxima DUCH., C. moschata DUCH. — Cucurbitaceae) wird bei uns in zahlreichen Formen kultiviert und zu Genußzwecken mit Zucker und Essig konserviert. Außerdem dient das Fruchtfleisch zuweilen zur Verfälschung von Marmeladen und ähnlichen Obstzubereitungen. Die Oberhaut der Fruchtwand besteht aus gelblichen Palisadenzellen, die bis 50 μ hoch und bis 25 μ breit sind. Das Fruchtwandparenchym ist durchweg aus dünnwandigen Zellen gebildet. Die Leitbündel enthalten bis 60 μ weite, fast immer verholzte Spiralgefäße mit 1—4 Spiralbändern. Über den Bau der Samen vgl. Bd. IV. Der Nachweis von Kürbis in Marmeladen wird durch die weiten Spiralgefäße ermöglicht, die zum Unterschied von denen des Rhabarbers stets verholzt sind. Epidermisteilchen fehlen zumeist, weil die Schale vor der Verarbeitung der Früchte in der Regel entfernt wird.

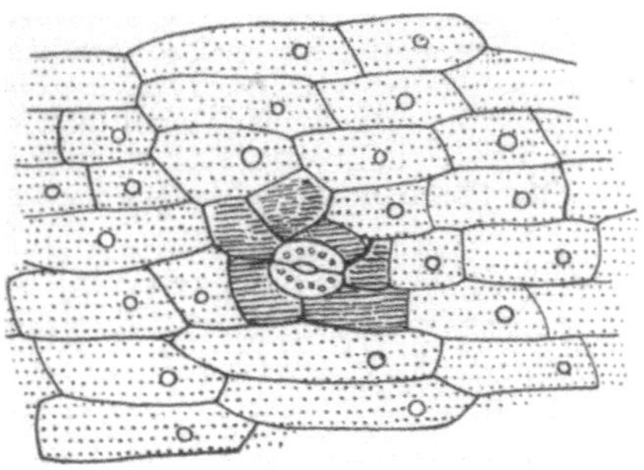

Abb. 58. Epidermis des Rhabarberblattstieles. 1 : 100. (C. GRIEBEL.)

2. Rhabarber. Die jungen saftigen Blattstiele von Rheum rhaponticum (Polygonaceae) finden ausgedehnte Verwendung zur Herstellung von Kompott und werden gelegentlich auch zu Marmeladen mit verarbeitet. Die Epidermis besteht aus etwas gestreckten, zum Teil rechteckigen, leicht papillös vorgewölbten Zellen mit gestreifter Cuticula (Abb. 58) und enthält vereinzelte, meist von 6 Zellen umgebene Spaltöffnungen, deren Nachbarzellen oft durch roten Zellsaft gefärbt sind. Die hypodermatischen Schichten sind faserartig gestreckt und kollenchymatisch verdickt. Das Grundgewebe besteht aus zum Teil achsial gestreckten Zellen, die oft in Reihen angeordnet sind, und große reichgegliederte Oxalatdrusen (bis 75 μ) enthalten. In den Leitbündeln finden sich weite Spiralgefäße (bis 80 μ), die nicht verholzt sind (Unterschied von Kürbis). Netzgefäße sind selten. Diese Gefäße sind neben den großen Oxalatdrusen das für den Nachweis von Rhabarber wichtigste Merkmal.

3. Rüben. Alle Rübenarten sind durch weite Gefäße ausgezeichnet, die bei Obstzubereitungen kaum übersehen werden können.

a) Möhren (vgl. Bd. VI, S. 82, Abb. 20) enthalten ganz überwiegend Netzgefäße (bis 50 μ) mit sehr engstehenden Verdickungsleisten. Spiralgefäße sind selten. Beide Formen sind mehr oder weniger verholzt.

b) Runkelrübe, Zuckerrübe und rote Rübe (sämtlich Formen von Beta vulgaris L.) enthalten durchweg verholzte Netzgefäße (meist 40 μ, vereinzelt 80 μ), deren Verdickungsleisten teilweise ein sehr weitmaschiges Netz bilden (vgl. Bd. VI, S. 81, Abb. 18). Die durch ihre Dicke auffallenden Leitbündel sind von schwach verdickten kaum verholzten Fasern mit schiefen Spaltentüpfeln begleitet. Alle zu Beta gehörenden Formen sind außerdem an den Krystallsandzellen zu erkennen (vgl. Bd. VI, S. 82, Abb. 19).

c) Kohlrübe oder Steckrübe (Brassica napus L. var. napobrassica L.) hat 45—60 μ weite verholzte, ziemlich langgliedrige Gefäße mit runden oder spaltenförmigen Tüpfeln. In der Nähe der stärkeren Leitbündel finden sich mehr oder weniger verholzte, weitlumige Fasern von spindelförmiger oder auch knorriger Beschaffenheit (vgl. Abschnitt Gemüse). Bemerkt sei, daß junge Rübenwurzeln bei allen Arten kleinkörnige Stärke enthalten.

4. Pflanzliche Verdickungsmittel. a) Agar. Agar-Agar ist eine strukturlose, aus verschiedenen Florideen gewonnene Algengallerte, die sich in Zubereitungen mitunter durch die in geringer Menge vorhandenen Diatomeen nachweisen läßt. Weil besonders auffallend, kommen für den Nachweis hauptsächlich die im Agar fast stets vorhandenen Arachnoidiscusschalen (Abb. 59) in Betracht.

Nach Vorschlag von MARPMANN kocht man eine Probe des auf Agar zu prüfenden Fruchtgelees od. dgl. mit 5%iger Schwefelsäure, fügt dann einige Krystalle von Kaliumpermanganat hinzu und läßt absitzen. Im Sediment befinden sich dann die aus Kieselsäure bestehenden Diatomeenpanzer. Da manche Agarsorten infolge besserer Reinigung aber nur noch sehr wenig Diatomeen enthalten, ist der Nachweis dieses Geliermittels oft nur auf chemisch-physikalischem Wege möglich.

In Marmeladen, die mit Agar hergestellt sind, findet man beim vorsichtigen Verteilen in Wasser zuweilen auch Gallertklümpchen von verschiedener Größe und froschlaichartiger Konsistenz, die sich auf Zusatz von Jodjodkali tief rotbraun färben, weil sie ein für die Florideen charakteristisches Kohlenhydrat, die sog. Florideenstärke — von TSCHIRCH als Amylodextrin angesprochen — enthalten. Werden diese Klümpchen nach dem Abspülen mit Wasser in einem Reagensglas bis zur Verkohlung erhitzt, so darf nur der für Kohlenhydrate charakteristische Caramelgeruch, nicht aber Geruch nach verbranntem Horn auftreten, was auf Gelatine schließen lassen würde, die sich mit Jod ebenfalls rotbraun färbt. Färben sich die Gallertklümpchen mit Jodjodkali nicht auffallend, so handelt es sich um sog. indischen Tragant (vgl. unter b).

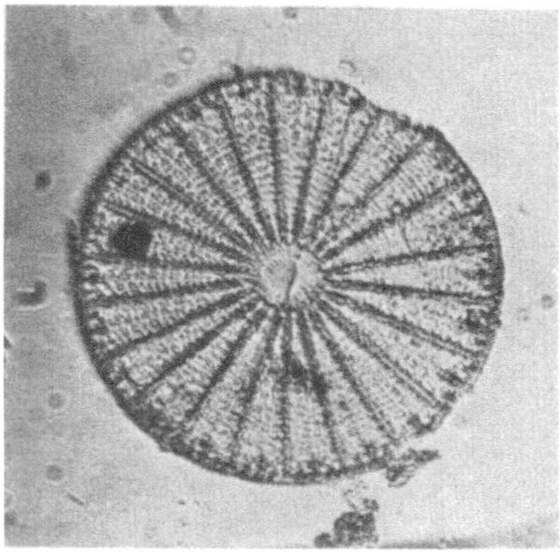

Abb. 59. Arachnoidiscus aus Agar-Agar. 1 : 280. (Phot. C. GRIEBEL.)

b) Tragant. In neuerer Zeit sind zur Herstellung von Marmeladen oder Gelees bestimmte Gelierpulver in den Handel gebracht worden, die neben Zucker und Fruchtsäuren hauptsächlich Tragantpulver mit oder ohne Stärkezusatz enthielten. Tragantpulver bildet unter dem Mikroskop amorph erscheinende Bruchstücke von verschleimten Zellhäuten, die in der Regel einzelne oder zu Gruppen vereinigte Stärkekörner (6—10 μ) einschließen. Die zu den Gelierpulvern verwendeten Tragantsorten waren aber zum Teil völlig stärkefrei und erinnerten in ihrem Verhalten zum Teil an Sterkuliagummi (indischen Tragant), ohne mit diesem übereinzustimmen. In den damit hergestellten Marmeladen fielen bei der mikroskopischen Prüfung schollige, nur wenig verquollene Massen auf, die sich mit Jodjodkali nicht auffällig färbten. Beim Vorhandensein von Sterkuliagummi, sog. indischem Tragant, in Marmeladen lieferten diese beim vorsichtigen Abschlämmen mit Wasser kleine gallertige froschlaichartige Klümpchen, die sich mit Jod nicht färbten (Unterschied von Agar-Agar und Gelatine). Diese Klümpchen sind fast strukturlos.

c) Johannisbrotkernmehl oder Karobengummi ist ein aus geschälten Johannisbrotsamen hergestelltes Produkt, das praktisch aus dem gemahlenen und in besonderer Weise aufgeschlossenen Endosperm des Johannisbrotes (Ceratonia siliqua L.) besteht und zur Bereitung von Gelierpulvern für Marmeladen sowie als Verdickungsmittel für verschiedene andere Lebensmittel (z. B. Mayonnaisen, puddingpulverartige Zubereitungen u. dgl.) Verwendung gefunden hat. In Marmeladen (auch in anderen Lebensmitteln) läßt sich Karobengummi unmittelbar, leichter nach Zusatz von Jodjodkalium erkennen. Man sieht dann die schmalen Lumina der verquollenen Endospermzellen durch die Gelbfärbung der in ihnen enthaltenen Eiweißstoffe deutlich hervortreten, während die verschleimte Zellwand ungefärbt bleibt (Abb. 60)[1].

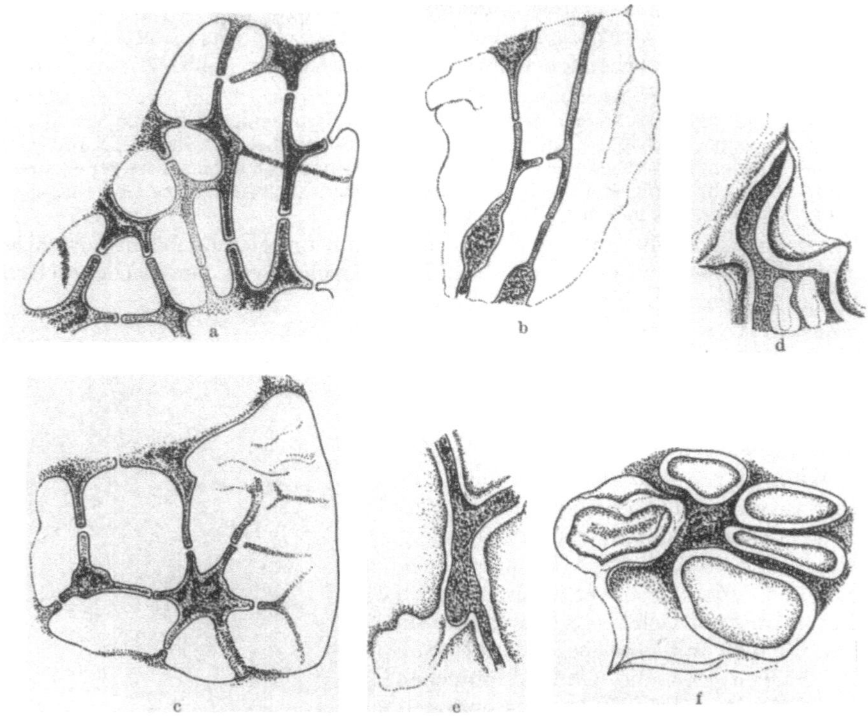

Abb. 60a–f. Schleimendosperm von Ceratonia siliqua L. a, b, c Teilchen aus einer mit „Gelierpulver" bereiteten Marmelade; d, e, f Pulverteilchen eines aus vorbehandeltem Endosperm hergestellten Präparates, bei denen nur noch die äußersten Schichten der Schleimmembranverdickungen unverändert erscheinen. Vergr. 1 : 200.

d) Carrageen oder irländisches Moos besteht aus dem gebleichten und getrockneten Thallus zweiter Rotalgen (Chondrus crispus und Gigartina mamillosa). Carrageenpulver

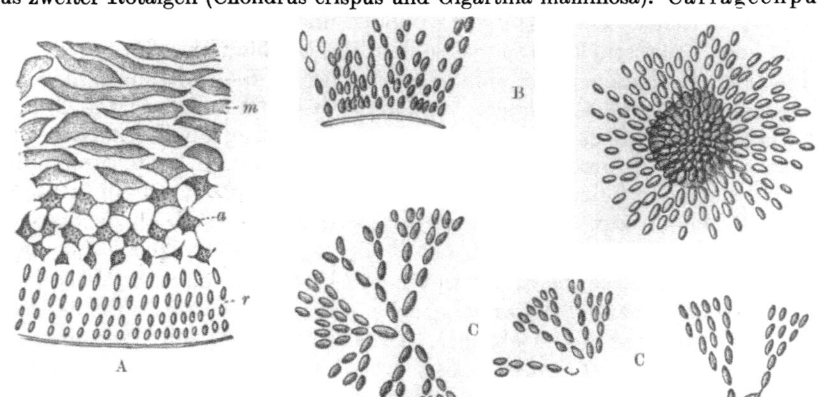

Abb. 61A–C. Carrageengallerte. A Einem Längsschnitt entsprechendes Thallusbruchstück, *r* Rindenschicht, *a* Zellen mit unregelmäßigem, oft amöbenförmigen Lumen an der Grenze von Rinden- und Markschicht, B Teilchen der Rindenschicht, C baumartige Zellverzweigungen aus der Rindenschicht. 1 : 200. (C. Griebel.)

wird gelegentlich in diätetischen Nährmitteln und ähnlichen Zubereitungen beobachtet und hat auch schon als Verdickungsmittel für marmeladenähnliche Zubereitungen

[1] Vgl. C. Griebel: **Z. 1919, 38, 136.**

Verwendung gefunden. An Querschnitten des Carrageenthallus erkennt man deutlich eine Rindenschicht und eine Markschicht. Die Rindenschicht (Abb. 61 A, *r*) setzt sich aus 4—6 Reihen kleiner rundlicher Zellen mit sehr engem, in den inneren Lagen allmählich weiter werdendem, meist ovalem Lumen zusammen. Die hierauf folgenden Zellagen, die zur Markschicht überleiten, haben ein Lumen, das in seiner Form an Amöben erinnert (A, *a*). Die eigentliche Markschicht wird aus vorwiegend länglichen Zellen (A, *m*) gebildet. Da die in Wasser stark quellenden Zellwände keine Schichtung zeigen, sind sie vollständig durchsichtig und im ungefärbten Präparat nicht erkennbar.

In Zubereitungen, die mit Hilfe von Carrageen hergestellt sind, findet man die leicht kenntlichen Bruchstücke des Thallus. Da sich die Rindenschicht leicht von der Markschicht ablöst, trifft man zahlreiche Teilchen der ersteren an, die durch die in radialen Reihen angeordneten englumigen Zellen auffallen (B). Häufig finden sich auch scheinbar baumartige Verzweigungen, die aus den Zellen der Rindenschicht gebildet sind (C). An größeren Bruchstücken des Thallus erkennt man auch die Markschicht (A, *m*).

IV. Obstkrankheiten.

Eine Anzahl Obstkrankheiten vermögen den Wert der Früchte als Lebensmittel oft erheblich zu vermindern, zuweilen auch ganz zu zerstören. Die Kenntnis der wichtigsten Obstkrankheiten ist daher erforderlich, zumal da erkrankte Früchte nicht selten zur Beurteilung vorgelegt werden. Ganz überwiegend handelt es sich hierbei um einen Befall durch parasitische oder saprophytische Pilze. Man findet solche auch bei der Untersuchung von Obstzubereitungen, die aus erkrankten oder nachträglich von Schimmel befallenen Früchten hergestellt waren.

1. Krankheiten des Kernobstes.

1. Apfel- und Birnenschorf. Diese auch „Fusicladiumschorf" genannte Krankheit wird durch Pilze der Ascomycetengattung Venturia erzeugt, deren Conidienform — beim Apfel Fusciladium dendriticum Fckl., bei der Birne Fusciladium pirinum Fckl. — rundliche körnige Flecke von graubrauner Farbe an den Früchten verursacht, die oft ihre ganze Oberfläche bedecken (Abb. 62). Auf diesen Flecken bilden sich die braunen Conidienträger mit ein- bis zweizelligen, bräunlichen, verkehrt birnenförmigen Sporen. Die stärker befallenen Früchte, die oft nur als Mostobst oder als Schweinefutter verwendbar sind, bleiben gewöhnlich klein und verkümmern. Die Birnen werden meist steinhart und rissig. Vom Schorf befallene Früchte faulen leicht, schmecken oft bitter und sollen auch gelegentlich Verdauungsstörungen hervorrufen. Die Schlauchfrüchte der beiden Arten — Venturia inaequalis Aderh. und Venturia pirina Aderh. — entwickeln sich auf abgestorbenen Blättern im Frühling.

Abb. 62. Von Fusicladium dendriticum befallene Apfel. (Aus Hager-Tobler: Das Mikroskop, 13. Aufl.)

2. Moniliafäule wird zumeist durch Monilia fructigena Pers., die Conidienform des Schlauchpilzes Sclerotinia fructigena Schroet. hervorgerufen. Besonders in feuchteren Jahren werden schon die halbreifen Früchte ergriffen, an denen sich die Schale und das Fleisch von der Infektionsstelle ausgehend bräunt. Auf der Oberfläche erscheinen dann die Conidienlager in Form kleiner gelblicher Polster, an denen die Moniliasporen in großer Menge erzeugt werden (Abb. 63). An größeren Früchten treten diese Polster in konzentrischen durch Tages- und Nachtwachstum bedingten Ringen auf (Abb. 64). Das Fleisch wird etwas erweicht, oft aber auch lederartig verändert. Allmählich schrumpfen die faulen

Früchte ein und bleiben oft als Mumien am Baum hängen, um im Frühjahr erneut Sporenpolster zu bilden. Auf den dann abfallenden mumifizierten Früchten entsteht im folgenden Frühjahr die Sclerotiniaform in Gestalt kleiner hutpilzähnlicher Gebilde, in denen sich die Schlauchsporen entwickeln. Bei besonders derbschaligen Äpfeln treten die Conidien nicht auf die Oberfläche hervor und es entsteht dann die sog. Schwarzfäule der Äpfel, bei der die Schale der befallenen Früchte glänzend schwarz wird.

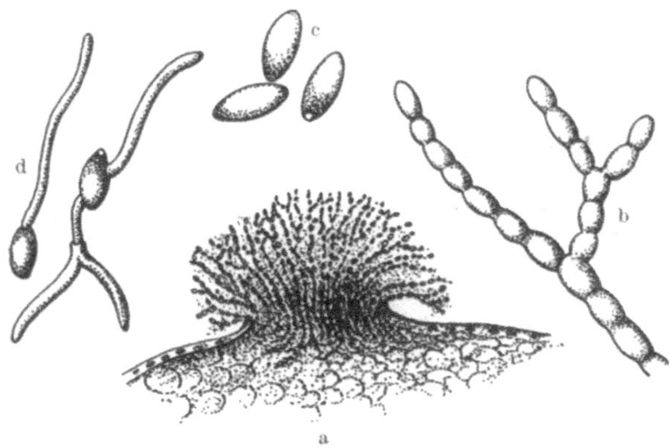

Abb. 63 a—d. a Moniliapolster im Querschnitt (etwa 20fach); b Mycelast in Conidien zerfallend (300fach); c Conidien (etwa 450fach); d keimende Conidien (300fach vergr.). (Nach ADERHOLD.)

3. Die Fusariumfäule oder Kernhausfäule (Abb. 65), hervorgerufen durch Fusarium putrefaciens OSTERW., beginnt häufig schon am Baum und entsteht dadurch, daß der Pilz vom Kelch her eindringt, worauf sich das Mycel zunächst in den Hohlräumen des Fruchtgehäuses ausbreitet, indem es lockere Polster bildet. Von da dringt es in das Fruchtfleisch vor, das unter Braunfärbung zerstört wird und hierbei bitteren Geschmack annimmt. Die Schale durchbricht der Pilz nur selten. Von der Fusariumfäule befallene Äpfel machen den Eindruck gesunder Früchte, während beim Durchschneiden das faule Kernhaus zutage tritt. Man erkennt den oben genannten Pilz an den für die Gattung Fusarium charakteristischen sichelförmigen Sporen.

4. Bei der **Graufäule,** einer Lagerfäule, die durch Botrytis cinerea PERS. hervorgerufen wird, findet man lediglich am Kelch häufig einen grauen Pilzflaum mit zahlreichen Sporen, während der Pilz an der Schalenoberfläche gewöhnlich nicht in Erscheinung tritt. Der

Abb. 64. Birne mit ringförmig angeordneten Polstern von Monilia fructigena. (Aus A. OSTERWALDER: Krankheiten der Obstbäume.)

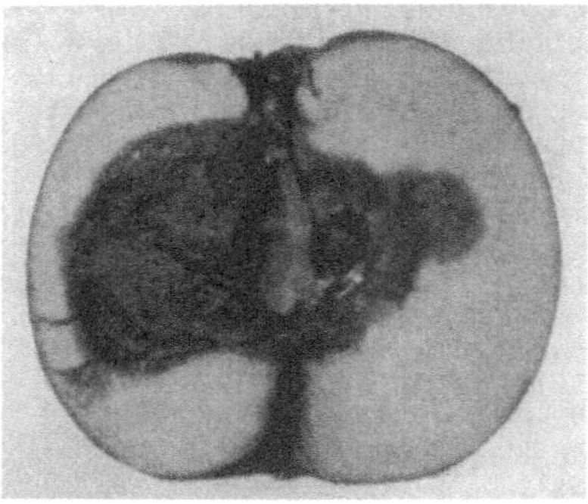

Abb. 65. Kernhausfauler Apfel. (Aus A. OSTERWALDER: Krankheiten der Obstbäume.)

Kelch ist gewöhnlich auch die Infektionsstelle, von der aus die Braunfärbung und Vermorschung des Fruchtfleisches erfolgt.

5. Die **Grünfäule** wird durch Penicillium glaucum LINK hervorgerufen, das hierbei seine grünlichen Sporenhäufchen auf den von der Fäulnis befallenen Stellen außen auf der Schale ausbildet. Das Fruchtfleisch wird durch den Pilz hellbraun glasig verändert.

Auch andere Schimmelpilze wie Mucor racemosus FRES., Mucor stolonifer EHRENBERG, Mucor piriformis FISCH. können bei Kernobst als Fäulniserreger auftreten.

6. Bitterfäule. a) Gloeosporium fructigenum BERK. verursacht braune, sich vergrößernde Flecke mit kleinen braunschwarzen Pusteln, die sich mit gleichfarbenem bis rotbraunem

Sporenschleim überziehen. Die auf einzelligen Trägern gebildeten Conidien sind länglich, oft etwas gekrümmt. Das Fruchtfleisch wird gebräunt und nimmt bitteren Geschmack an.

b) Trichothecium roseum Lk. und Cephalothecium roseum Cda., zwei einander ähnliche Pilze, verursachen rosenrote Schimmelpolster und rufen beide ebenfalls Bitterfäule hervor. Bei Trichothecium enthalten die Schimmelpolster 1—3 zellige, wenig verästelte Conidienträger mit zweizelligen, unregelmäßig birnförmigen oder ovalen, in der Mitte schwach eingeschnürten Conidien. Cephalothecium, das sich gern auf Schorfflecken ansiedelt, bildet einfache, einzellige Conidienträger, an deren Spitze die eiförmigen, mit einer Querwand versehenen Conidien köpfchenförmig zusammenstehen. Trichothecium und Cephalothecium sind nicht selten Begleiter anderer Fäulnisarten.

7. Braunfäule wird durch Cylindrocarpon mali verursacht. Auf den braunen Faulflecken entwickelt sich ein weißer Pilzflaum mit Pusteln von Sporen. — Bei der noch wenig bekannten Phomafäule erkennt man auf den braunen Faulstellen schwärzliche, oft ringförmig angeordnete dunkle Stellen, die durch die Schale hindurchscheinen. Da der Pilz die Schale nur selten durchbricht, besteht für die übrigen Früchte keine Ansteckungsgefahr. Die Sphaeropsisfäule, die ebenfalls noch nicht näher studiert ist, ist daran zu erkennen, daß auf der ganzen Oberfläche der dunkelbraunen Faulstellen zahlreiche, kleine schwarze Pusteln hervorbrechen, die die Sporen des Pilzes enthalten.

Will man eine Fäulnisart näher studieren, so bringt man die befallene Frucht unter einen kleinen Glassturz. Es genügt im allgemeinen schon ein darüber gestülptes Wasserglas. In dem hierbei entstehenden feuchten Luftraum entwickeln dann die Pilze auf der Schale Fruchtorgane, die die Bestimmung ermöglichen.

2. Krankheiten des Steinobstes.

a) Zwetschen, Pflaumen. 1. Die Narren- oder Taschenkrankheit der Zwetschen (Abb. 66) wird durch Exoascus [Taphrina] pruni Fuck. verursacht. Es handelt sich hierbei

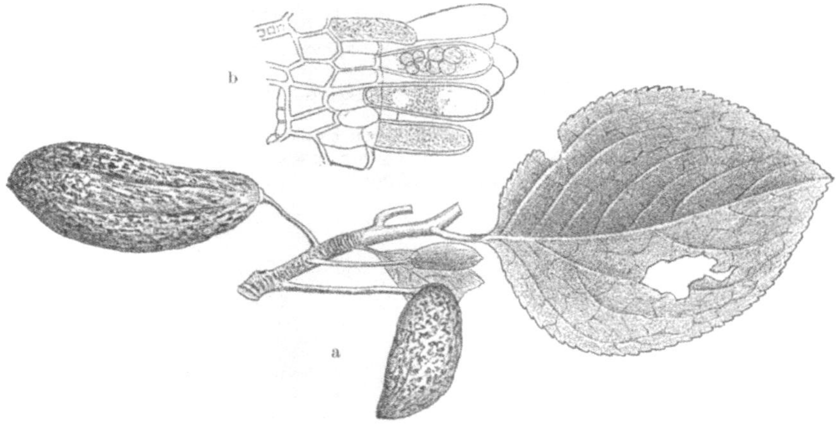

Abb. 66 a und b. Exoascus pruni. a Zweige von Prunus domestica mit befallenen, krankhaft veränderten Früchten. b Querschnitt durch die Außenschicht mit durchgebrochenen Schläuchen. (Aus Hager-Tobler: Das Mikroskop, 13. Aufl.)

um Mißbildungen der Früchte (Narren-, Taschen- oder Hungerzwetschen), wobei langgestreckte, zuerst gelbgrün, dann bräunlich oder braun werdende Gebilde von lederiger Beschaffenheit und runzliger Oberfläche entstehen, die ganz unbrauchbar sind. An Stelle des Kernes enthalten sie einen Hohlraum. Auf der Oberfläche bildet sich ein feiner flaumiger oder pulveriger Überzug, der aus den über die Fruchtschale hervorragenden Sporenschläuchen des Pilzes (Abb. 66 b) besteht.

2. Die Moniliakrankheit der Pflaumen und Zwetschen wird durch Monilia cinerea Bon., die Conidienform des Schlauchpilzes Sclerotinia cinerea Schroet. hervorgerufen. Auf den großen Faulflecken entstehen graue Pusteln. Die Conidienlager sind jedoch nicht — wie beim Kernobst — in konzentrischen Ringen angeordnet, sondern unregelmäßig verteilt. Mumifizierung der Früchte, wie beim Kernobst, tritt auch hier ein. Auch Monilia fructigena Pers. mit ockergelben Conidienpolstern kommt an Pflaumen vor.

Die oben genannten, am Kenrobst Bitterfäule hervorrufenden Pilze Gloeosporium fructigenum Berk und Trichothecium roseum Lk. treten ebenfalls an Pflaumen auf.

3. Die sog. Pflaumenmade ist die etwa 1 cm große Raupe des Pflaumenwicklers (Grapholitha funebrana).

b) Aprikosen, Pfirsiche. 1. Wie bei den Pflaumen tritt die Moniliakrankheit auch bei Aprikosen und Pfirsichen auf. Hier kommt aber außer Sclerotinia (Monilia) cinerea SCHROET. auch noch Sclerotinia (Monilia) laxa ADERH. u. RUHL. vor, die die Früchte auch zum Teil mumifizieren.

2. Noch nicht ausgereifte Pfirsichfrüchte werden nicht selten vom Mehltau (Sphaerotheca pannosa LÉV.) befallen, wodurch zunächst mehlige Flecke entstehen, die aber bald bräunlich werden, weil sich das Fruchtfleisch unter ihnen verfärbt.

3. Rußflecke des Pfirsichs werden durch den auf Kirschblättern die Rußflecke und an den Kirschen den Schorf erzeugenden Pilz Venturia (Fusicladium) cerasi ADERH. hervorgerufen. Es entsteht auf den Früchten ein rußiger Anflug in Form einzelner oder zusammenhängender dunkelbrauner Flecke. Die Früchte reißen gewöhnlich auf, weil der Befall schon eintritt, bevor sie ausgewachsen sind, da die befallenen Schalenteile nicht weiter wachsen.

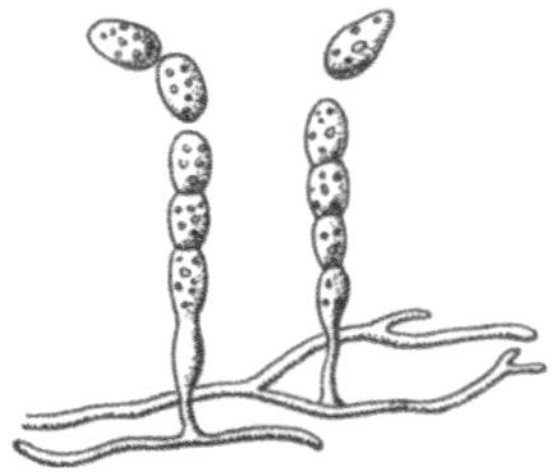

Abb. 67. Sommersporen des amerikanischen Mehltaupilzes. Zwei Sporenketten, deren letzte Glieder abgefallen sind.

Abb. 68. Stachelbeertrieb und -früchte vom amerikanischen Mehltaupilz befallen. (Aus A. OSTERWALDER: Krankheiten der Obstbäume.)

c) Kirschen. 1. Schorf der Kirschen wird durch Venturia (Fusicladium) cerasi ADERH. verursacht. An den Früchten entsteht zunächst ein brauner Anflug, der weiterhin zum Aufplatzen und Einschrumpfen der Früchte führt.

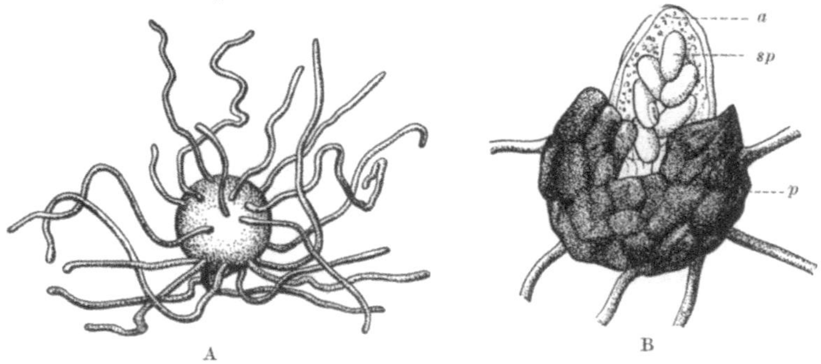

Abb. 69 A und B. Zwei überwinternde Fruchtkörper des amerikanischen Mehltaupilzes. A Schwächer vergrößert als B. Bei B ist das Fruchtgehäuse *p* geplatzt, wobei der einzige Ascus (*a*) mit den Sporen (*sp*) heraustritt.

2. Moniliafäule der Kirschen wird durch Sclerotinia (Monilia) cinerea SCHROET. hervorgerufen, die auch die Moniliafäule der Pflaumen verursacht. Unreif befallene Früchte werden mumifiziert.

3. Die Kirschenmade ist die Made der Kirschenfliege (Rhagoletis cerasi FB.), die sich nach dem Ausschlüpfen von der meist in der Nähe des Stieles befindlichen Eiablagestelle bis zum Kern durchfrißt, wobei das am Kern befindliche Fleisch in eine braune faulige Masse übergeht.

3. Krankheiten der Stachelbeeren.

1. Der amerikanische Stachelbeermehltau (Sphaerotheca mors uvae BERK.), dessen Sommersporen Abb. 67 zeigt, verursacht auf der Außenhaut der Früchte (Abb. 68) anfangs weiße, bald braune und lederig werdende Häute, die sich von den Beeren abziehen lassen.

Die Früchte bleiben hierdurch im Wachstum zurück, platzen häufig oder fallen auch ab. Der Pilz ist an den schwarzen Perithecien, die nur einen achtsporigen Ascus enthalten und an den braunen, am Ende nicht verzweigten Anhängseln der Perithecien leicht zu erkennen (Abb. 69).

2. **Der Becherrost** der Stachelbeere wird durch Puccinia Pringsheimiana (Puccinia caricis RAB.) hervorgerufen. Es handelt sich hierbei um rotgelbe, an Blättern und Früchten auftretende Flecke, die zunächst glatt sind, dann aber aufplatzen und ein gelbes Sporenpulver abgeben. Dies sind die Aecidiosporen des Pilzes, während die beiden anderen Generationen (Uredo- und Teleutosporen) auf verschiedenen Carexarten vorkommen.

4. Krankheiten der Weintrauben.

Weinbeeren erleiden tiefgreifende nachteilige Veränderungen durch den echten Mehltau (Äscherich) Oidium Tuckeri BERK., die Conidienform des Schlauchpilzes Uncinula necator BURR. und den aus Amerika eingeschleppten falschen Mehltau Peronospora viticola de BY.

1. Beim echten Mehltau entstehen zunächst mehlig-weiße Überzüge, die dann eine schmutzig-weiße oder bräunliche Oberfläche hinterlassen. Die Beeren bleiben sehr klein, hart und sauer oder platzen, wenn feuchte Witterung eintritt, und faulen später bald. Die eiförmigen Conidien entwickeln sich auf den kurzen Trägern einzeln oder in kurzen Ketten zu 2—3 übereinander stehend (Abb. 70).

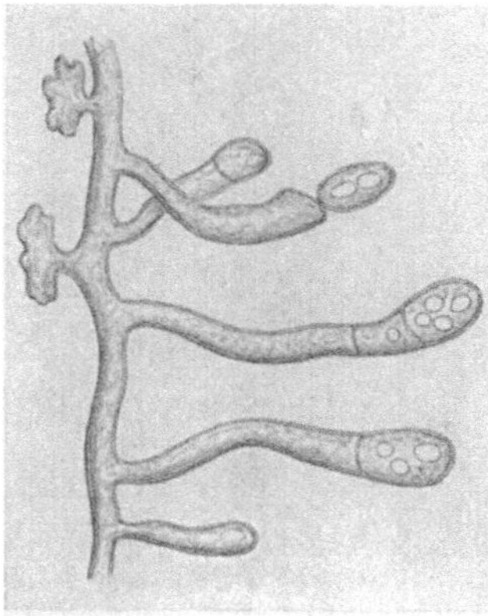

Abb. 70. Echter Mehltau des Weinstockes. An dem querliegenden Mycelaste sind 5 Conidienträger in verschiedenen Entwicklungsstadien zu sehen. (Aus HAGER-TOBLER: Das Mikroskop, 13. Aufl.)

2. Bei einer Erkrankung durch den falschen Mehltau entsteht ebenfalls zunächst ein weißer Schimmelbelag. Die Beeren bleiben meist klein, werden bleigrau und fallen leicht ab oder trocknen allmählich unter Runzelbildung ein (Lederbeerenkrankheit). An den baumartig verzweigten Conidienträgern, die aus den Spaltöffnungen der Blätter hervorbrechen, entwickeln sich eiförmige Conidien. In den befallenen Blättern und Früchten treten außerdem zahlreiche Eisporen (Oosporen) mit glatter, bräunlicher Haut auf (Überwinterungsform).

Nicht als Krankheit wird die sog. Edelfäule angesehen, die an überreifen Trauben durch Botrytis cinerea PERS. hervorgerufen wird.

3. Fraßbeschädigungen erzeugen an Weinbeeren die Raupen verschiedener Schmetterlinge. Für Deutschland ist der Hauptschädling Clysia ambiguella HÜBNER, der einbindige Traubenwickler, dessen Räupchen der ersten Generation (Heuwurm) die Blütenteile zerfressen, während die Räupchen der zweiten Generation (Sauerwurm) sich in die unreifen Weinbeeren einfressen, wodurch diese in Fäulnis übergehen oder verwelken.

Gemüse und Gemüsedauerwaren.

Von

Dr. O. Windhausen, Münster i. W.

Mit 1 Abbildung.

Gemüse.

A. Allgemeiner Teil.

I. Begriff, Einteilung, Chemischer Aufbau, Wasser, Stickstoffsubstanz, Mineralbestandteile, Zusammensetzung, Vitamine, Verdaulichkeit, Einfluß der Düngung.

Unter Gemüse versteht man Teile von Pflanzen, wie Wurzeln, Knollen, Zwiebeln, Blätter, Blattstengel, Blüten und Früchte, ausgenommen Obst und Cerealien, die dem Menschen im rohen, gekochten oder konservierten Zustande als Nahrung dienen.

Je nach Art der Pflanzenteile kann man die Gemüse daher einteilen in Wurzel-, Blatt-, Stengel-, Sproß-, Blüten-, Frucht- und Samengemüse.

Bei der Mannigfaltigkeit der verschiedenen Pflanzenteile, die als Gemüse genossen werden, kann der chemische Aufbau und damit ihr Wert als Nahrungsmittel kein einheitlicher sein, sondern muß naturgemäß von der Art der Pflanze bzw. des Pflanzenteils im weitesten Maße abhängig sein. So ist es durchaus verständlich, daß die grünen Blattgemüse wie Spinat, die Kohlarten usw. ernährungsphysiologisch wertvoller sind als die Wurzelgewächse wie Kartoffeln und Rüben. Alle für das Leben der Pflanze wichtigen Vorgänge spielen sich in den grünen Blättern, dem Stoffwechselorgan der Pflanze ab. Sie nehmen die Sonnenenergie auf und assimilieren die Kohlensäure. Bezüglich ihres Gehaltes an Eiweiß, Mineralstoffen, Vitaminen und Fermenten müssen sie daher besonders günstige Verhältnisse aufweisen und stellen, da sie dem menschlichen Organismus die lebensnotwendigen Stoffe in bester Qualität zuführen, die wertvollste Nahrung dar. Nicht so günstig schneiden die Wurzelgemüse ab. Ihre Aufgabe ist es in erster Linie, der Pflanze als Reservespeicher zu dienen. Lebensvorgänge kommen in ihnen nur in geringem Umfang vor und sind bedeutungslos. Sie enthalten Eiweiß, Mineralstoffe, Vitamine nicht in gleicher Vollständigkeit und in so günstigen Mengenverhältnissen wie es bei den grünen Blättern der Fall ist.

Der Wassergehalt aller Gemüsesorten ist sehr hoch. Im Durchschnitt beträgt er 80—95%. Er schwankt jedoch sehr nach der Erntezeit.

Stickstoffhaltige Substanzen sind in einer Menge von 2—5% enthalten, eine Ausnahme machen lediglich die grünen Erbsen, die einen Gehalt bis zu 7% aufweisen können. Die Stickstoffsubstanz besteht zu $^1/_5$—$^2/_3$ aus Nichtproteinen, wie Aminosäuren, Aminosäureamiden u. a. Stickstoffverbindungen. C. Böhmer fand z. B. in der Trockensubstanz der Gemüse 1,91—5,57% Gesamtstickstoff und in Prozenten des letzteren Stickstoff in Form von

Protein %	Aminosäure %	Amino-säureamiden %	Ammoniak %
35,3—82,2	11,1—1,0	50,0—0,6	0,2—0,5

Die in den Pflanzen vorkommenden Eiweißstoffe sind meistens Globuline. Sie unterscheiden sich von den tierischen Globulinen, außer durch ihr verschiedenes Verhalten beim Aussalzen, durch ihre Löslichkeit und ihr Verhalten gegenüber Säuren und Basen, insbesondere durch ihre schwere Koagulierbarkeit. Der Teil der Globuline, der in Alkalien löslich ist, wird auch als Pflanzencasein bezeichnet. Die Globuline stellen wertvolle Reservestoffe für die Pflanze und wichtige Rohstoffe für den Menschen dar. In den Samen der Leguminosen finden sich hauptsächlich Globuline, deren Menge so groß ist, daß die Leguminosen als Rohstofflieferanten für Eiweiß eine große Rolle spielen. Albumine sind in der Pflanze mehr in der lebenstätigen Zelle enthalten. Der Kochschaum der Gemüse besteht aus Albumin, Leucosin.

Die Nichtproteine sind, falls eine gewisse Menge vollwertiges Eiweiß vorhanden ist, den Eiweißstoffen gleich zu stellen und werden infolge ihrer Wasserlöslichkeit vom Organismus gut ausgenützt.

Kohlenhydrate kommen in einer Gesamtmenge von etwa 4—12% vor und bestehen hauptsächlich aus Zucker, begleitet von Dextrin und manchmal auch von Stärke, ferner aus Cellulose und Pektinstoffen.

Fette sind nur in geringen Mengen enthalten. Durch Zusammenschmelzen mit Kalihydrat in der Trockensubstanz konnte M. RUBNER Mercaptan ($CH_3 . HS$) feststellen und zwar Gesamtmercaptan 0,230—0,895%, Methylmercaptan 0,074 bis 0,286%.

Aber nicht nur beim Zusammenschmelzen mit Kali oder bei der trockenen Destillation, sondern auch beim Kochen, ja schon beim Trocknen unter 100° spalten viele Gemüse neben Schwefelwasserstoff Mercaptan ab und verursachen beim Kochen dadurch den schlechten Geruch, z. B. Wirsing, Blumenkohl, Teltower Rübchen, Rosenkohl, Rotkohl. Dagegen liefern Rüben beim Kochen Schwefelwasserstoff, aber kein Mercaptan.

Viele Gemüse zeichnen sich noch durch besondere gewürzhaft riechende und schmeckende Stoffe aus. Im Spargel finden wir Asparagin, im Knoblauch Knoblauchöl (Schwefelallyl $(C_3H_5)_2S$), in den Rettichen, Radieschen, Zwiebeln, Meerrettich das Senföl ($C_3H_5 . NCS$ und $C_4H_9 . NCS$), im Gartensauerampfer und in Rhabarberschößlingen saures oxalsaures Calcium und Äpfelsäure, im Lattich und Kopfsalat citronensaures Kalium usw. Diese Gewürzstoffe erhöhen den Geschmack der Nahrung und bringen Abwechselung in dieselbe.

Tabelle 1.

Nähere Angaben	Wasser %	Asche %	Phosphorsäure %	Eisen %
Endivien	92,03	0,9686	0,1007	0,03188
Kopfsalat[1]	91,91	1,2885	0,1274	0,05493
Winterkohl	83,10	1,6002	0,2040	0,05526
Spinat[1]	91,93	1,6547	0,1356	0,03591
Grüne Bohnen	86,25	0,8878	0,1467	0,01457
Gelbe Bohnen (Wachsbohnen)	86,25	0,5013	0,1229	0,00660
Kohlrabi { Kopf	87,24	0,9077	0,1365	0,00625
Kohlrabi { Blätter	81,56	1,9008	0,1907	0,06988
Sellerie { Kopf	86,59	0,9869	0,2235	0,01689
Sellerie { Blätter	85,28	1,8853	0,1724	0,03950
Weißkraut	92,12	0,5534	0,0673	0,00299
Rotkraut	90,55	0,6107	0,0656	0,00198
Möhren	86,84	0,7567	0,1003	0,01302
Blumenkohl	88,18	0,7620	0,1376	0,00357
Wirsingkohl	86,72	0,8366	0,1000	0,00756
Rettich	86,33	0,9473	0,1058	0,00410
Zwiebeln	85,82	0,4764	0,1063	0,00389
Rote Rüben	82,85	0,8643	0,1502	0,00875
Kartoffeln { Magnum bonum	79,60	0,7628	0,0959	0,01999
Kartoffeln { (rotschalig)	78,30	1,0678	0,1629	0,01129

[1] Ein Teil des Eisens geht beim Kochen in das Waschwasser über, so beim Spinat etwa 23%, beim Kopfsalat, der eisenreicher ist als Spinat, etwa 42%.

Recht hoch ist zum Teil der Gehalt an Mineralbestandteilen, im Durchschnitt 1—2%, wobei der Gehalt an alkalischen Salzen namentlich Kali überwiegt. Diese Salze sind für die Ernährung von großer Bedeutung, da sie dem Blut und den Säften die für den Stoffwechsel nötige alkalische Reaktion geben. Des weiteren sind die Mineralstoffe reich an leicht assimilierbarem Eisen, Kalk und an Phosphorsäure, die sämtlich als Bausteine der lebenden Substanz notwendig sind. E. HAENSEL[1] gibt für die Gemüsesorten folgende Werte für Wasser, Asche, Phosphorsäure und Eisenoxyd (Tabelle 1).

Weitere Ausführung über die allgemeine Verteilung der Mineralstoffe bei den Vegetabilien siehe ds. Handb. Bd. I, S. 1218.

Will man den Wert eines Gemüses richtig einschätzen, so sind auch die Abfallstoffe in Rechnung zu bringen. Es muß zunächst festgestellt werden, wieviel Hundertteile des Rohgemüses tatsächlich zum menschlichen Genuß kommen. In diesem Teil kann man dann erst die Nährbestandteile ermitteln. Nach M. v. SCHLEINITZ[2] zeigt der eßbare Anteil von Gemüsen die folgende Zusammensetzung (Tabellen 2 und 3).

Vitamine. Über den Gehalt der einzelnen Gemüsearten an Vitaminen ist bereits ausführlich in ds. Handb. Bd. I, S. 768 berichtet worden, worauf verwiesen wird.

Verdaulichkeit. Die Nährstoffe der Gemüse sind in Zellen fest eingeschlossen, die ihren Abbau und ihre Resorption erschweren. Die Verdaulichkeit der Gemüse ist daher in erster Linie von der Dicke der Zellmembran abhängig. Demgemäß sind die zarten, frischen Blattgemüse und die jungen Triebe leichter verdaulich als die Wurzel- und Stengelgemüse, die reich an Holzfasern sind. Die Zellmembran der pflanzlichen Nahrungsmittel sowie die speziellen Untersuchungen über die Verdaulichkeit der vegetabilischen Nahrungsmittel sind in ds. Handb. Bd. I, S. 1170 ausführlich beschrieben.

K. EIMER[3] hat Untersuchungen über den Einfluß des Kochens auf die Verdaulichkeit der pflanzlichen Nahrungsmittel ausgeführt, und zwar durch Untersuchungen am Menschen. Eine vorwiegend pflanzliche Nahrung wurde zusammengestellt, die sowohl roh wie gekocht genossen wurde. Während der Rohkostperiode wie auch während der Kochkostperiode befand sich die Versuchsperson stets im Stickstoffgleichgewicht. Es darf daher angenommen werden, daß bei einer Ernährung mit demselben Nahrungsmittel von gleichem Eiweiß- und Caloriengehalt das Eiweiß im rohen Zustand ebenso gut ausgenutzt wird, wie nach der Zubereitung durch Kochen. Die Kochkost zeigte nur eine 1,5% bessere Ausnutzung als die Rohkost. Daraus kann unmöglich auf eine wesentlich schlechtere Assimilierbarkeit der Rohkost geschlossen werden. Rückschlüsse auf die Wirkung roher und gekochter pflanzlicher Kost, insbesondere rohen und gekochten Eiweißes auf den intermediären Stoffwechsel können noch nicht gezogen werden. Verdaulichkeit und Ausnutzung ist zunächst nicht wesentlich verschieden. Der Zweck des Kochens ist nach Ansicht des Verfassers wohl nicht der, die Speisen der Verdauung und Assimilierung zu erschließen, sondern lediglich der, sie schmackhafter zu machen.

Über Vorkommen und Bedeutung der Enzyme siehe ds. Handb. Bd. I, S. 681.

Die Zubereitung der Gemüse, der Einfluß des Kochens, Verluste an Nährstoffen und Vitaminen bei der Zubereitung sind ausführlich in ds. Handb. Bd. I, S. 1271 bearbeitet, worauf hiermit verwiesen wird.

Bei der starken Verwendung von Kunstdünger wird häufig die Behauptung aufgestellt, daß die mit Kunstdünger gezogenen Gemüse hinsichtlich ihrer physiologischen Wirkung bei fortgesetztem Genuß dem ohne künstlichen Dünger gezogenen Gemüse nachstehen. Vergleichende Versuche von SCHEUNERT[4] stellen jedoch eindeutig fest, daß durch langandauernde Fütterung von künstlich gedüngten Gemüsen irgendwelche Schädigungen der Versuchstiere (Ratten) nicht eintreten.

---

[1] E. HAENSEL: Biochem. Zeitschr. 1919, **16**, 9—19.
[2] M. v. SCHLEINITZ: Z. 1919, **37**, 141—143.
[3] K. EIMER: Med. Klin. 1936, Nr. 16, 539.
[4] SCHEUNERT: Zeitschr. angew. Chem. 1935, **48**, 42—46.

Tabelle 2. Zusammensetzung des eßbaren Anteils von Gemüsen.

Gemüseart	In der frischen Substanz							In der Trockensubstanz					
	Wasser %	Stickstoffsubstanz %	Reineiweiß %	Fett %	Rohfaser %	Stickstofffreie Extraktstoffe %	Asche %	Stickstoffsubstanz %	Reineiweiß %	Fett %	Rohfaser %	Stickstofffreie Extraktstoffe %	Asche %
Spargel, Mittel von 3 Sorten	95,34	1,64	1,00	0,11	0,63	1,74	0,54	35,15	21,49	2,39	13,58	37,40	11,48
Rhabarber { geschälte Stengel	94,74	0,69	0,33	0,10	0,58	3,01	0,88	13,04	6,32	1,95	10,99	57,34	16,68
Rhabarber { ungeschälte Stengel	94,07	0,74	0,40	0,11	0,84	3,30	0,94	12,45	6,76	1,87	14,12	55,79	15,77
Rhabarber { Blattspreite	88,54	3,99	3,43	0,71	1,04	4,35	1,37	34,85	29,94	6,20	9,05	37,99	11,91
Kopfsalat, Mittel von 2 Sorten	95,43	1,43	1,10	0,24	0,54	1,59	0,77	31,33	24,11	5,35	11,90	34,56	16,86
Oberkohlrabi, Mittel von 2 Sorten	92,77	2,02	1,03	0,14	0,64	3,57	0,86	27,85	14,21	1,95	8,87	49,40	11,93
Spinat, Blätter	93,34	2,28	2,10	0,27	0,50	1,74	1,87	34,23	31,47	4,05	7,55	26,15	28,62
Mangold { Blätter	91,86	2,50	2,19	0,42	0,75	2,83	1,63	30,76	26,92	5,21	9,20	34,78	20,05
Mangold { Stiele	95,01	0,82	0,53	0,10	0,78	2,42	0,87	16,45	10,56	2,00	15,58	48,48	17,49
Dicke Bohnen	79,50	6,48	4,86	0,43	2,91	9,75	0,93	31,60	23,69	2,09	14,21	47,50	4,54
Grüne Erbsen	77,27	6,75	4,14	0,42	2,06	12,58	0,92	29,70	18,22	1,86	9,05	55,33	4,06
Grüne Bohnen, Mittel von 3 Sorten	89,35	2,51	1,65	0,24	1,11	6,06	0,73	23,57	15,48	2,24	10,43	56,90	6,86
Wachsbohnen, Hinrich's Riesen	92,61	1,77	1,02	0,16	0,99	3,85	0,61	23,97	13,84	2,22	13,43	52,11	8,27
Gurken (Mittel von 2 Sorten) { geschält	97,66	0,55	0,39	0,17	0,30	0,89	0,43	23,69	16,86	7,37	12,96	37,56	18,42
Gurken (Mittel von 2 Sorten) { ungeschält	97,32	0,64	0,47	0,16	0,43	0,96	0,49	23,88	17,54	5,96	16,05	35,83	18,28
Zwiebeln { eßbare Zwiebel	89,16	1,10	0,64	0,12	0,71	8,44	0,48	10,12	5,89	1,08	6,52	77,83	4,45
Zwiebeln { Blätter	92,45	1,34	1,11	0,29	0,94	3,95	1,03	17,77	14,73	3,87	12,50	52,18	13,68
Sellerie	90,54	1,34	1,09	0,27	1,01	5,87	0,97	14,17	11,49	2,88	10,68	62,06	10,21
Mohrrüben Mittel von 3 frühen Sorten	89,62	0,90	0,74	0,31	0,93	7,45	0,79	8,69	7,12	3,02	8,92	71,81	7,56
Mohrrüben, Mittel von 3 späten Sorten	89,45	1,15	0,76	0,28	1,10	7,17	0,85	11,13	7,29	2,69	10,67	67,30	8,21
Rote Rüben	91,72	1,12	0,83	0,05	0,88	5,46	0,77	13,49	10,03	0,67	10,62	65,90	9,32
Steckrüben, Mittel von 2 Sorten	94,16	0,77	0,58	0,11	0,65	3,85	0,46	12,98	9,79	1,89	11,00	66,42	7,71
Blumenkohl	90,68	3,11	1,70	0,40	1,15	3,73	0,93	33,34	18,28	4,27	12,29	40,07	10,03
Wirsing, Mittel von 2 Sorten	92,11	2,01	1,23	0,18	0,82	4,03	0,75	26,81	16,24	2,34	10,53	50,58	9,75
Rotkohl, Mittel von 2 Sorten	93,10	1,50	0,88	0,15	0,80	3,79	0,66	22,43	13,17	2,26	11,88	53,69	9,74
Weißkohl, Mittel von 2 Sorten	94,11	1,20	0,65	0,13	0,69	3,29	0,58	21,00	12,57	2,33	11,82	54,93	9,93
Rosenkohl, Aigburth	83,62	5,75	3,16	0,47	1,33	7,10	1,73	35,08	19,26	2,87	8,14	43,34	10,57
Grünkohl, Lerchenzungen	80,97	5,80	3,39	0,88	1,85	8,95	1,55	30,48	17,83	4,63	9,71	47,05	8,13

Tabelle 2 (Fortsetzung). Zusammensetzung des Küchenabfalls von Gemüsen.

Gemüseart	In der frischen Substanz							In der Trockensubstanz					
	Wasser %	Stickstoffsubstanz %	Reineiweiß %	Fett %	Rohfaser %	Stickstofffreie Extraktstoffe %	Asche %	Stickstoffsubstanz %	Reineiweiß %	Fett %	Rohfaser %	Stickstofffreie Extraktstoffe %	Asche %
Spargelschalen, Mittel von 3 Sorten	92,06	1,81	1,31	0,14	1,49	3,55	0,95	22,77	16,44	1,77	18,77	44,71	11,98
Rhabarber { Stengelabfall	91,05	1,00	0,69	0,15	1,90	4,67	1,23	11,14	7,74	1,70	21,22	52,33	13,71
Rhabarber { Blattrippen	92,13	1,18	0,84	0,16	1,28	3,98	1,27	14,98	10,72	2,01	16,23	50,61	16,17
Kopfsalat, Mittel von 2 Sorten	94,09	1,36	1,02	0,27	0,67	2,27	1,35	22,94	17,24	4,59	11,26	38,37	22,84
Oberkohlrabi, Schalen, Mittel von 2 Sorten	87,38	2,65	1,62	0,26	2,06	6,16	1,49	21,11	12,76	2,03	16,33	48,77	11,76
Spinat, Stiele	95,72	1,30	0,80	0,07	0,53	0,93	1,45	30,39	18,68	1,55	12,41	21,79	33,86
Dicke Bohnen, Hülsen	88,64	6,48	4,86	0,43	2,91	9,75	0,93	17,53	12,36	1,08	18,53	55,71	7,15
Grüne Erbsen, Hülsen	82,43	2,20	1,25	0,24	2,76	11,84	0,90	12,53	7,09	1,36	15,68	65,32	5,11
Grüne Bohnen, Mittel von 4 Sorten	88,05	1,85	1,26	0,02	2,62	6,56	0,90	15,46	10,50	0,17	21,95	54,93	7,49
Gurken, Schalen, Mittel von 2 Sorten	96,03	0,99	0,75	0,14	0,91	1,22	0,71	24,84	18,92	3,47	22,84	31,05	17,81
Sellerie	87,07	1,73	1,48	0,36	1,52	7,02	2,30	13,34	11,44	2,79	11,77	54,31	17,79
Mohrrüben, Kraut, Mittel von 9 Sorten	87,66	1,68	1,35	0,37	1,35	7,11	1,37	13,32	10,76	2,71	11,04	57,97	11,10
Rote Rüben	85,33	2,16	1,69	0,13	1,60	8,30	2,48	14,69	11,52	0,89	10,89	56,62	16,91
Steckrüben, Schalen, Mittel von 2 Sorten	89,21	1,83	1,33	0,17	1,56	6,16	1,07	17,33	12,61	1,56	14,44	56,67	10,00
Blumenkohl	90,68	1,71	0,91	0,22	1,68	4,63	1,22	18,07	9,66	2,35	17,75	48,92	12,91
Wirsing, Blätter und Rippen, Mittel von 2 Sorten	90,64	2,01	1,31	0,24	1,26	4,64	1,21	21,75	14,21	2,58	13,56	48,94	13,17
Rotkohl, Blätter und Rippen, Mittel von 2 Sorten	90,70	2,11	1,15	0,23	1,25	4,79	0,96	22,43	12,61	2,52	13,76	50,84	10,41
Weißkohl, Blätter und Rippen, Mittel von 2 Sorten	94,17	1,11	0,77	0,15	0,90	3,93	0,76	19,40	12,50	2,51	15,56	49,29	13,24
Rosenkohl	81,80	4,71	2,87	0,55	1,87	8,44	2,63	25,87	15,78	3,00	10,25	46,41	14,47
Grünkohl { Rippen	82,46	2,81	1,46	0,33	1,85	11,04	1,51	16,03	8,30	1,87	10,57	62,92	8,61
Grünkohl { Blattabfall	81,53	2,80	1,62	0,69	2,26	10,25	2,46	15,17	8,75	3,75	12,23	55,52	13,33

Tabelle 3. 1 kg marktfertiges Gemüse liefert Eßbares in Gramm.

Gemüseart	Frische Substanz	Trockensubstanz	Organische Substanz	Stickstoffsubstanz	Reineiweiß	Fett	Rohfaser	Stickstofffreie Extraktstoffe	Asche
Spargel, Mittel von 3 Sorten	671,6	31,28	27,65	11,02	6,72	0,74	4,23	11,66	3,63
Rhabarber { geschälte Stengel	782,8	41,18	34,31	5,37	2,60	0,80	4,53	23,61	6,87
Rhabarber { ungeschälte Stengel	1000,0	59,34	49,98	7,39	4,01	1,11	8,38	33,11	9,36
Kopfsalat, Mittel von 2 Sorten	539,0	24,63	20,48	7,72	5,94	1,32	2,93	8,51	4,15
Oberkohlrabi, Mittel von 4 Sorten	591,2	42,75	42,67	11,95	6,09	0,83	3,79	21,11	5,08
Spinat { Blätter und Stiele	1000,0	60,00	42,52	20,10	17,44	2,15	5,09	15,19	17,47
Spinat { Blätter	730,7	48,68	35,03	16,66	15,32	1,97	3,68	12,73	13,60
Mangold { Blätter	497,5	40,50	32,40	12,50	10,90	2,10	3,70	14,10	8,10
Mangold { Stiele	499,3	24,90	20,50	4,10	2,60	0,50	3,90	12,00	4,40
Dicke Bohnen	356,6	73,10	69,80	23,10	17,30	1,50	10,40	34,80	3,30
Grüne Erbsen	377,2	85,70	82,20	25,50	15,60	1,60	7,70	47,40	3,50
Grüne Bohnen, Mittel von 3 Sorten	960,0	102,21	95,20	24,10	15,83	2,29	10,66	58,17	7,01
Wachsbohnen, Hinrichs Riesen	959,1	70,88	65,02	16,99	9,81	1,57	9,52	36,94	5,86
Gurken { geschält } Mittel von 2 Sorten	772,6	18,08	14,75	4,28	3,05	1,33	2,34	1,80	3,33
Gurken { ungeschält } Mittel von 2 Sorten	1000,0	26,79	21,91	6,44	4,69	1,63	4,33	9,51	4,88
Zwiebeln { eßbare Zwiebeln	617,2	66,90	63,94	6,78	3,95	0,74	4,38	52,04	2,96
Zwiebeln { eßbare Blätter	299,6	22,62	19,53	4,02	3,33	0,87	2,82	11,82	3,09
Sellerie	626,1	59,23	53,18	8,39	6,81	1,71	6,33	36,75	6,05
Mohrrüben { Mittel von 3 frühen Sorten	481,2	50,25	46,45	4,36	3,57	1,47	4,47	36,15	3,80
Mohrrüben { Mittel von 3 späten Sorten	735,2	77,90	71,45	8,42	5,59	2,10	7,92	53,01	6,34
Rote Rüben	789,4	36,35	59,27	2,82	6,56	0,44	6,94	43,07	6,08
Steckrüben { frische Sorte	726,4	39,15	36,61	3,90	2,96	0,63	4,15	27,93	2,54
Steckrüben { Hamburger Markt	819,3	51,45	46,85	8,23	6,18	1,11	5,86	31,65	4,60
Blumenkohl	619,8	57,77	51,98	19,26	10,56	2,47	7,10	23,15	5,79
Wirsing { Eisenkopf	630,9	42,08	37,35	14,07	8,20	1,20	4,54	17,54	4,73
Wirsing { gelber Holländer	809,5	72,05	66,09	14,49	9,35	1,32	7,44	42,84	5,96
Rotkohl { Holländer	680,5	40,08	35,45	10,96	6,47	1,29	5,51	17,69	4,63
Rotkohl { Westfalia	897,6	70,91	65,22	12,38	7,27	0,95	7,05	44,84	5,69
Weißkohl { Enkhuisen	750,0	36,83	32,93	9,45	4,28	1,13	4,73	17,62	3,90
Weißkohl { Poppenburger	789,6	54,25	49,26	8,89	5,71	0,88	5,89	33,60	4,99
Rosenkohl, Aigburth	885,8	145,10	129,76	50,90	27,95	4,16	11,81	62,89	15,34
Grünkohl, Lerchenzungen	396,4	75,44	69,31	22,99	13,45	3,49	7,33	35,50	6,13

II. Untersuchung allgemeiner Bestandteile.

Für die Untersuchung der Gemüse verwendet man nur die Teile, welche durch küchengemäße Reinigung und Behandlung für die menschliche Ernährung geeignet sind. Zweckmäßig wird jedoch zunächst das Gesamtgewicht der Rohmasse bestimmt, dann erst die Zerlegung vorgenommen, wobei man die Gewichte der eßbaren Anteile und der Abfälle feststellt. Stimmt die Summe dieser Gewichte infolge Wasserverdunstung oder Versprengung von Teilen nicht mit dem Gesamtgewicht der Rohmasse überein, so verteilt man die Differenz sinngemäß auf die einzelnen Anteile und im Verhältnis ihrer Gewichte und verarbeitet den eßbaren Anteil für sich in der in ds. Handb. Bd. II, S. 551 angegebenen Weise.

Wenn auch die Abfälle untersucht werden sollen, werden sie wie der eßbare Anteil behandelt.

Es ist vor allem darauf zu achten, daß gute Durchschnittsmuster der zu untersuchenden Analysen, also große, mittlere und kleine, bzw. jüngere und ältere Exemplare im Verhältnis des ganzen Vorrats ausgesucht werden.

Die allgemeinen Bestandteile werden wie üblich bestimmt.

1. Wasser. Die Zubereitung für die Wasserbestimmung, die Vor- und Nachtrocknung ist ausführlich in ds. Handb. Bd. II, S. 551 beschrieben.

ST. V. HAYDIN[1] bestimmt den Wassergehalt in Gemüsen wie F. HOFFMANN in Getreide, Mehl usw. Er bringt 20 g fein zerkleinertes Gemüse in einen aus feinmaschigem Kupferdraht, mit Deckel und Henkel versehenen Zylinder (von etwa 5 cm Durchmesser und 4 cm Höhe), setzt diesen in einen kupfernen Destillierkolben, in den er vorher 200 ccm Paraffinöl (Paraffinum liquidum D. A. B. VI) gefüllt hat, benetzt alsdann die Substanz mit 20 ccm Terpentinöl, setzt nach Erhitzung auf 180^0 nochmals 20 ccm Terpentinöl zu, erhitzt auf 200^0 und erhält 5 Minuten bei dieser Temperatur, nach welcher Zeit die Abtreibung des Wassers beendet ist. Man nimmt die in $^1/_{10}$ ccm eingeteilte Vorlage ab, rotiert zwischen den Handflächen und liest die Menge Wasser ab. Den Drahtkorb hebt man nach Abkühlen mittels einer Zange aus dem Destilliergefäß, entleert, reinigt ihn und kann ihn zu einer neuen Bestimmung weiter benutzen, nachdem man das Paraffinöl nach jeder Bestimmung um 10 ccm ergänzt.

2. Stickstoffsubstanz. Der Stickstoff wird meistens in 1—2 g der vorgetrockneten lufttrockenen Substanz nach KJELDAHL (Handb. Bd. II, S. 175) bestimmt. In einzelnen Fällen, wenn sich die Substanz im frischem Zustand genügend zerkleinern läßt, kann man auch 100—200 g der zerkleinerten Masse in KJELDAHL-Schwefelsäure lösen, die Lösung auf ein bestimmtes Volumen (etwa 200 ccm) bringen und hiervon 20 ccm zur weiteren vollständigen Verbrennung verwenden. Hierzu setzt man noch weitere 10 ccm Schwefelsäure sowie einen Tropfen Quecksilber zu, erhitzt anfänglich mit ganz kleiner Flamme und steigert die Temperatur erst, wenn das Wasser verdampft ist. Im übrigen wird wie üblich verfahren.

Da die Gemüse durchweg viel Amide, d. h. Nichtproteine enthalten, so ist auch eine Bestimmung des Reinproteins und der Amide erwünscht. Diese lassen sich durchweg nur in der lufttrockenen Substanz bestimmen, man verfährt alsdann nach ds. Handb. Bd. II, S. 607f. und 617f. Stärkemehlreiche Wurzelgewächse oder Gemüse werden durch das Vortrocknen sehr hart und geben selbst in fein gepulvertem Zustande durch die übliche Behandlung mit Wasser nicht alle Amide an letzteres ab. Behandelt man sie aber längere Zeit mit heißem oder kochendem Wasser, so liefern sie einen kaum filtrierbaren Niederschlag. Bei diesem verfährt man nach KELLNER zweckmäßig in der Weise, daß man in einem $^1/_2$-Liter-Kolben 10 g Substanz mit etwa 200 ccm Wasser aufkocht, 6 Stunden unter öfterem Umschütteln bis zum Erkalten stehen läßt und darauf mit Alkohol auf 500 ccm auffüllt, durchschüttelt und filtriert. 100 ccm werden nach Abdestillieren des Alkohols nach BARNSTEIN mit Kupfersulfat und Natronlauge versetzt; im Filtrat wird der Nichtproteinstickstoff nach ds. Handb. Bd. II, S. 576 (α), bestimmt.

3. Fett bzw. Ätherauszug. 10 g der lufttrockenen Substanz werden wie üblich nach ds. Handb. Bd. II, S. 826 ausgezogen. Sind die gemahlenen Stoffe von harter, hornartiger Beschaffenheit, so werden sie vorher entweder mit Wasser ausgezogen oder man schließt sie wie bei Käse nach ds. Handb. Bd. III, S. 394 mit Salzsäure auf.

4. Zucker, Dextrin, Stärke. 10 g der zerriebenen Masse werden in einem $^1/_2$ Liter-Kolben längere Zeit mit etwa 400 ccm kaltem Wasser geschüttelt, die Flüssigkeit auf 500 ccm aufgefüllt, durchgemischt und durch ein trockenes Filter filtriert. 100 ccm des Filtrats werden fast bis zum Sieden erhitzt und beim etwaigen Entstehen eines Niederschlages von Albumin nochmals filtriert. Das Filtrat oder die klar gebliebene Flüssigkeit wird zur Sirupdicke eingedampft, mit 10 ccm Wasser aufgenommen und mit 100 ccm 95%igem Alkohol zwecks

[1] ST. V. HAYDIN: Z. 1913, 25, 158.

Abscheidung der Dextrine versetzt. Zucker und Dextrine werden dann nach ds. Handb. Bd. II, S. 910 für sich getrennt bestimmt, die Stärke wird nach ds. Handb. Bd. II, S. 913f ermittelt.

5. Pentosane vgl. ds. Handb. Bd. II, S. 928.

6. Rohfaser siehe ds. Handb. Bd. II, S. 936.

7. Mineralstoffe siehe ds. Handb. Bd. II, S. 1208.

B. Spezieller Teil.

I. Wurzelgemüse.

1. Kartoffeln.

Kartoffeln sind die am Ende der unterirdischen Ausläufer (Stolonen) der Pflanze Solanum tuberosum L. entstehenden stärkereichen Knollen.

Die Pflanze stammt aus den Hochgebirgen Südamerikas und diente den Einwohnern von Chile und Peru schon im Altertum als Nahrungsmittel. Nach der Eroberung Chiles und Perus durch die Spanier 1525—1543 wurde der Kartoffel die Welt erschlossen. Gegen Ende des 16. Jahrhunderts kam sie nach Europa und erst im Anfang des 17. Jahrhunderts nach Deutschland.

Beschaffenheit. Die von der eßbaren kultivierten Kartoffel angebauten Spielarten sind sehr mannigfaltig. Man kann dieselben sowohl aus Samen wie aus Knollen ziehen. Letzteres ist das übliche Verfahren. Hinsichtlich Größe, Gestalt, Oberflächenbeschaffenheit und Farbe zeigen die einzelnen Kartoffelsorten große Verschiedenheit. Nach der Gestalt kann man unterscheiden nierenförmige, langovale (Magnum bonum), rundovale (Imperator) und runde (Industrie) Kartoffeln. Die Form der Knolle ist in erster Linie von den Vegetationsbedingungen abhängig und variiert stark.

Die Schale der Kartoffelknolle besteht aus Oberhaut (Epidermis) und der eigentlichen Rinde. Durch die Schale wird die Kartoffel vor zu hoher Wasserverdunstung geschützt. Außerdem werden pilzliche und kleinere tierische Schädlinge ferngehalten. Bei der Reife platzt die Oberhaut und blättert ab. Die Rinde besteht aus dem Korkkambium und dem unter diesem liegenden parenchymatischen Baste. Korkwärzchen rufen die Rauheit der Schale hervor. Diese soll nach einigen Autoren in Zusammenhang mit dem Gehalt an Stärke stehen. So soll eine rauhe Schale auf einen höheren, eine feine glatte auf einen niederen Stärkegehalt hinweisen.

Die Farbe der Schale kann in zwei Komponenten zerlegt werden, in die Farbe der Korkschicht der Rinde und in die Farbe einer unter ihr liegenden Zellschicht mit größeren stärkeärmeren Zellen. Man kann so unterscheiden weißschalige, rotschalige und blauschalige Knollen. Die Schalenfarbe ist ein Merkmal der Sorte. Die Ausprägung der Farbe schwankt jedoch nach dem Standort. Die lebhaftesten Farben zeigen die auf Sandboden gezogenen Kartoffeln, während die auf schwerem Boden gewachsenen Kartoffeln die blassesten Farben aufweisen. Auch auf Moorböden können kräftige Färbungen erzeugt werden. Beim Lagern der Kartoffeln wird die Farbe matter.

Die Farbe des Fleisches ist meistens weiß, doch gibt es auch ausgeprägte gelbfleischige Sorten. Die weißgelbe Farbe schlägt je nach Jahrgang und Standort bald in weiß, bald in gelblich um. Mitunter treten auch ganz charakteristische Färbungen auf. Im Laufe einiger Stunden verfärben bei verschiedenen Sorten frische Schnittflächen, so daß das Fleisch an diesen Stellen mißfarbig wird. Am bekanntesten ist das Rot- bzw. Schwarzwerden der Schnittflächen, das auf einer Tyrosin-Tyrosinasewirkung beruht. Diese Eigentümlichkeit ist eine charakteristische Eigenschaft. Sehr schnell verfärben sich unter anderen Deodara, Parnassia, Laurus, Citrus, wenig verfärbend ist Centifolia, Gratiola, Arnim usw.

Nach den Beobachtungen von Jan Wlodek und Kazimierz Strzemienski[1] übt Nährstoff-, insbesondere Kalimangel einen Einfluß auf das Rotwerden aus. An Kalimangel

[1] Jan Wlodek u. Kazimierz, Strzemienski: Roczniki Nauk Polniczych I Lesnych 1930, **23**, 367—412; C. 1930, II, 578.

leidende Kartoffelknollen röten sich beim Durchschneiden schneller und stärker als Volldüngungskartoffeln. Der Unterschied im Rotwerden ist so groß, daß man die Kalimangelknollen daran sogar mit Sicherheit erkennen kann.

Nach der Reifezeit und nach der Art der Verwendung unterscheidet man 1. Frühkartoffeln und 2. Spätkartoffeln, bei letzteren wieder mittelspäte und späte.

Bei den Frühkartoffeln wird Qualität und möglichst frühe Erntezeit verlangt. Die Erntemenge muß zurücktreten. Frühkartoffeln, die stets Speisekartoffeln sein sollen, verlangen guten, wüchsigen, warmen Kartoffelboden und die entsprechenden schnellwüchsigen Kartoffeln. Reife im Juni, spätestens Mitte Juli.

Mittelspäte und späte Kartoffeln reifen im August und September bzw. im Oktober.

Nach der Art der Verwendung unterscheidet man Speisekartoffeln, Futterkartoffeln und Fabrikkartoffeln.

Die Speisekartoffeln müssen gut sortiert sein und in der ganzen Lieferung einen gleichen Knollentyp aufweisen. Außerdem soll die Speisekartoffel wenig Abfall geben und flache Augen haben. Bei Speisekartoffeln kann man zwischen Salzkartoffeln und Salatkartoffeln unterscheiden. Erstere können mehlig, letztere sollen festfleischig sein.

Für die Fabrikkartoffel ist der Stärkegehalt maßgebend. Er darf nicht unter 14% betragen.

Als Futterkartoffeln kommen alle Kartoffeln in Frage, die nicht als Speise- bzw. Industriekartoffeln zu verwerten sind.

Zusammensetzung. Die Zusammensetzung der Kartoffeln schwankt vorwiegend im Wasser- und Stärkegehalt. Die anderen Bestandteile sind keinen wesentlichen Schwankungen unterworfen.

Wasser. Der Wassergehalt liegt in der Regel zwischen 72—75%. In regenreichen Jahren und auf feuchten Böden kann er bis auf 80% steigen, auf Moorböden erreicht er oft 84%. Während auf das Mark etwa 73—74% Wasser entfallen, kommen auf die Rindenschicht 78—80%.

Stickstoffsubstanz. Die Stickstoffsubstanz schwankt zwischen 1,2—3,2% und besteht zu 50—60% aus Proteinen (Albumin, dem Globulin „Tuberin" und Spuren von Pepton) und 50—40% Nichtproteinen. Unter letzteren sind nachgewiesen: Asparagin bis 0,32%, Glutaminsäure, Leucin, Tyrosin, Xanthin (0,0034—0,0037%), Guanin, Hypoxanthin, Arginin, in kleinen Mengen Hystidin und Lysin. Der Puringehalt gekeimter Knollen ist wesentlich höher als der ungekeimter. In der Mitte stehen die Keimlinge, von denen die älteren reicher an Xanthin sind. Des weiteren findet sich in der Kartoffel das stickstoffhaltige Glykosid Solanin. Das Solanin ist in der Schale der Kartoffel abgelagert und nimmt von außen nach innen zu ab. Vorwiegend ist es in den ersten 10 Zellen des Speichergewebes abgelagert. In den Schößlingen findet es sich im ganzen Querschnitt. Die Bildung des Solanins vollzieht sich an Arten intensivsten Stoffwechsels z. B. im Wundschorf. Bei einzelnen Kartoffeln zeigt sich dann im Innern eine leicht grünliche Verfärbung. Mit der Schale gekochte Kartoffeln behalten ihr ganzes Solanin, geschälte Kartoffeln enthalten nach dem Kochen nur noch Spuren.

Das Solanin ist ein Glykosid, welches durch verdünnte Säuren in die Zucker — Galaktose, Glucose, Rhamnose — und Solanidin zerfällt. Es ist in den Kartoffeln wahrscheinlich an Säuren gebunden und geht mit in den Preßsaft über. Die chemische Konstitution des Solanins ist noch nicht bekannt und die Bruttoformel wird verschieden angegeben.

Nach HEIDUSCHKA und SIEGER ist die Formel für Solanin $C_{52}H_{91}NO_{18}$. Auch die Formel des Solanidins ist noch nicht endgültig sichergestellt. H. DIETERLE und K. SCHAFFNIT[1]

---

[1] H. DIETERLE u. K. SCHAFFNIT: Arch. Pharm. 1932, **270**, 550—551; **Z.** 1936, **71**, 476.

geben als Formel $C_{26}H_{41}ON$ an. Solanin krystallisiert in weißen, bitter schmeckenden Nadeln. In Wasser und Äther ist es sehr wenig löslich, leichter in siedendem Alkohol. Der Schmelzpunkt liegt bei 244°, der des Solanidins bei 207°.

Aus den Mutterlaugen des aus Kartoffelkeimen hergestellten Solanidins konnten H. DIETERLE und K. SCHAFFNIT[1] durch zahlreiche fraktionierte Krystallisationen aus Essigester, 96%igem und absolutem Alkohol ein neues Alkaloid in feinen Nadeln mit dem Schmelzpunkt 172° erhalten, für das der Name Solanthren vorgeschlagen wird. Die Summenformel wurde zu $C_{26}H_{41}N$, also um ein Sauerstoff ärmer als Solanidin gefunden. Bei Prüfung der wäßrigen Lösung des Solanthrens im Katzenauge trat keine mydriatische oder myotische Veränderung ein. Über die Giftwirkung des Solanins siehe ds. Handb. Bd. I, S. 1114.

Besonderen Einfluß auf die Bildung des Solanins scheint die Art der Lagerung auszuüben. Schon GRIEBEL, BÖMER und MATTIS weisen darauf hin, daß bei Belichtung der an sich schon hohe Solaningehalt noch erheblich vermehrt wurde. H. ZETTEL[2] konnte feststellen, daß von Kartoffeln, die auf dem gleichen Acker geerntet und im gleichen Keller lagerten, Gesundheitsschädigungen nur nach Genuß solcher Kartoffeln beobachtet wurden, die in der Nähe des Fensters gelagert hatten. Die im Dunkeln gelagerten Kartoffeln hatten bei jeder Form der Zubereitung nie zu Vergiftungserscheinungen geführt. Über Solaninvergiftungen aus dem Jahre 1936 berichten W. UNVERRICHT und H. ZETTEL[3]. Nach WEIL und SCHNELL[4] soll das Solanin durch Bacterium solaniferum colorabile gebildet werden. Impft man solaninfreies Kartoffelwasser mit dem genannten Bakterium, so lassen sich schon nach 2 Monaten erhebliche Mengen Solanin nachweisen. WILLIMOTT ist der Ansicht, daß zwei von den in den dunklen Flecken alter Kartoffeln lebende Bakterien Solanin erzeugen können.

Fett. Der Fettgehalt der Kartoffeln ist verschwindend gering, er beträgt etwa 0,1—0,3% und enthält 10,9% unverseifbare Bestandteile.

Stickstofffreie Extraktstoffe bzw. Kohlenhydrate. Der wichtigste Bestandteil derselben (68—80%) ist die Stärke, die sich als Stärkemehl in den Zellen der Knollen eingelagert findet. Der Stärkegehalt der Kartoffeln schwankt in weiten Grenzen und liegt nach den meisten Angaben zwischen 12—21%. Bei den einzelnen Sorten weist der Stärkegehalt in den verschiedenen Jahren große Schwankungen auf, die unter Umständen recht erheblich sein können. Schwankungen von 14,2—140% sind schon beobachtet worden. Der Stärkegehalt der Kartoffeln kann durch die Düngung beeinflußt werden. Durch Kalkdüngung konnten die Knollenerträge in Verbindung mit deutlich erhöhtem Stärkegehalt vergrößert werden[5]. Neben Stärke sind noch kleine Mengen von Zucker (0,07 bis 1,5%), Gummi und Dextrin (0,2—1,6%) und an Pentosanen (0,75—1,0%) ermittelt worden. Die im Mittel gefundenen stickstoffreien Extraktstoffe von rund 21% würden hiernach etwa bestehen aus:

Tabelle 4.

Für die natürliche Substanz					Für die Trockensubstanz				
Zucker %	Dextrin Gummi %	Stärke %	Sonstige stickstofffreie Extraktstoffe %	Pentosane %	Zucker %	Dextrin Gummi %	Stärke %	Sonstige stickstofffreie Extraktstoffe %	Pentosane %
0,33	0,64	17,27	1,84	0,92	1,35	2,61	70,04	7,51	3,75

Mark. Der Markgehalt beträgt 3—4%, der Rohfasergehalt 0,5—1,5%.

Mineralstoffe. Die Mineralstoffe (Asche), 0,5—1,5%, bestehen zu fast $^2/_3$ aus Kali. Nach C. GRIEBEL und A. MIERMEISTER[6] setzt sich die Asche bei ungeschälten und geschälten Kartoffeln wie folgt zusammen (Tab. 5).

[1] H. DIETERLE u. K. SCHAFFNIT: Arch. Pharm. 1932, **270**, 550—551; 1936, **Z. 71**, 476.
[2] H. ZETTEL: Ernährung 1937, **2**, 71.
[3] W. UNVERRICHT u. H. ZETTEL: Ernährung 1937, **2**, 70, 71.
[4] WEIL u. SCHNELL: **Z.** 1900, **3**, 702; 1901, **4**, 377.
[5] Zeitschr. Spiritusind. 1928, **51**, 259, 366.
[6] C. GRIEBEL u. A. MIERMEISTER: **Z.** 1926, **52**, 458.

Tabelle 5.

	Ungeschälte Kartoffeln %	Geschälte Kartoffeln %
Gesamtmineralstoffe (sandfrei)	0,856	0,960
Kaliumoxyd (K_2O)	0,455	0,489
Calciumoxyd (CaO)	0,015	0,013
Magnesiumoxyd (MgO)	0,014	0,016
Chlor (Cl)	0,031	0,056
Schwefelsäure (SO_3)	0,078	0,091
Phosphorsäure (P_2O_5)	0,088	0,081

Beim Garkochen der Kartoffeln treten starke Verluste an Mineralstoffen ein. (S. ds. Handb. Bd. I, S. 1273.)

Über Verdaulichkeit und Ausnutzung der Kartoffeln siehe ds. Handb. Bd. I, S. 1178.

Einfluß der chemischen Zusammensetzung der Kartoffeln auf ihre küchentechnische Verarbeitung. Der Geschmack der Kartoffeln ist in erster Linie abhängig vom Stärkegehalt. Sie schmeckt im allgemeinen um so besser, je niedriger der Stärkegehalt und je höher der Gehalt an Stickstoffsubstanz ist. Eine zahlenmäßige Beziehung zwischen dem Gehalt an Stärke und an Stickstoffsubstanz konnte jedoch nach den Versuchen von B. v. GÖZSY und G. MÉSZÀROS[1] nicht festgestellt werden. Es wurden Schwankungen ermittelt, die vielleicht von der Art der Stickstoffsubstanz abhängen. Die Sorte „Wahltmann", die den höchsten Stärke- und den niedrigsten Gehalt an Stickstoffsubstanz besitzt, weist den schlechtesten Geschmack auf und verdirbt am schnellsten.

Zwischen dem Zerkochen und der chemischen Zusammensetzung besteht keine Beziehung. Vielmehr können auch bei ein und derselben Sorte Unterschiede vorkommen, je nachdem es sich um gereinigte oder ungereinigte Kartoffeln handelt. Wird die Sorte „Kipfler" in der Schale gekocht, so steht sie etwa an vierter, wird sie dagegen im gereinigten Zustande gekocht, so steht sie an sechster Stelle. Auch zwischen der chemischen Zusammensetzung und der Fettaufnahme besteht kein Zusammenhang.

Lagerung. Nach Abtrennung von den unterirdischen Trieben bei der Reife hören die Umsetzungen in den Kartoffelknollen nicht auf, sondern nehmen vielmehr beim Aufbewahren mit Hilfe von Enzymen mehr oder weniger stark ihren Fortgang. Aus der Stärke bildet sich fortgesetzt Zucker, der seinerseits veratmet wird. Die auf diese Weise eintretenden Stärkeverluste können bei warmer und feuchter Aufbewahrung recht erheblich sein. Hauptbedingung ist daher, die Lagerräume trocken, kühl und gut lüftbar zu halten. Für Entweichen der eingebrachten sowie auch der sich während der Lagerung entwickelnden Feuchtigkeit muß gesorgt werden. Zweckmäßig werden die Kartoffeln auf Lattenrosten gelagert, in Abteilungen von 1—2 m Breite zwischen denen etwa 1 m Raum bleibt. Die größte Sicherheit der Kartoffellagerung bietet ein Keller mit einer Temperatur von + 2 bis + 6° C. Lagern Kartoffeln längere Zeit bei 0°, so findet erhöhte Zuckerbildung statt. Da der Zucker nicht so schnell veratmet werden kann, werden die Knollen süß. Sinkt dagegen die Temperatur schnell unter 0°, etwa auf — 3°, so erfrieren die Kartoffeln, werden aber nicht süß. Süß gewordene Kartoffeln können ihren Geschmack wieder verlieren, wenn man sie einige Zeit bei 20—30° aufbewahrt. Ein Teil des Zuckers wird veratmet, ein anderer Teil wieder in Stärke zurückverwandelt.

In Großbetrieben werden die Kartoffeln vielfach in Mieten eingelagert. Hierbei müssen die Bodenverhältnisse berücksichtigt werden. Am besten eignet sich lehmiger Sand und sandiger Lehm. Die Dicke der Eindeckung einer Miete wird durch die zu erwartenden Kältegrade bestimmt. Eine doppelte Decke von 15 cm Stroh und 10 m Erde und 10 cm Stroh, 15 cm Erde würde einem Frost von — 20° trotzen. Die Temperatur im Innern der Miete darf + 8° C keinesfalls überschreiten. Eine Temperatur von 10—12° zeigt schon beginnende Fäule. Am besten ist eine Temperatur von + 3 bis 5° C. Die Anwendung eines Kartoffelmietenthermometers bietet sichersten Schutz gegen Fäulnis. Die zur Einlagerung bestimmten Kartoffeln müssen vollständig ausgereift, völlig abgetrocknet und richtig durchkühlt sein. Angefaulte und beschädigte Knollen sind vor dem Einlagern auszusuchen. Die Schüttungen dürfen 1 m nicht übersteigen. Am Boden — waagerecht — und an den Wänden sowie innerhalb der Schüttungen — senkrecht — sind ausreichende Lüftungskanäle (Lattenroste) anzulegen.

Veränderungen bei der Lagerung. Während der Winterlagerung gehen wertvolle Stoffe in der Kartoffel zugrunde, so Eiweiß und besonders Kohlenhydrate, und zwar nicht gleichmäßig, so daß deren Verhältnis zueinander sich ändert.

Nach R. G. STRASH und T. J. MJATZELSKI[2] nimmt die Kartoffel bei der Winterlagerung zum Schutze vor Beschädigung an Acidität zu. Diese Zunahme dauert bis zum Frühjahr, zu welchem Zeitpunkt die Alkalisierung und Beschädigung der Knollen beginnt. Stickstoff,

[1] B. v. GÖSZY u. G. MÉSZÀROS: **Z.** 1931, **61**, 174.

[2] R. G. STRASH u. T. J. MJATZELSKI: Ann. Weißruss. Staatl. Akad. Land- u. Forstwirtsch. Gory-Gorki 1930, **11**, 63—73; **C.** 1932, I, 3123.

Rohfaser und Feuchtigkeit zeigen keinen Zusammenhang mit der Lagerungsdauer, während der Stärkegehalt von der Lagerung abhängt.

W. KIRSCH und H. JANTZEN[1] konnten bei der Lagerung von Kartoffeln in Mieten und Kellern keine wesentlichen Unterschiede in den Lagerungsverlusten bei etwa gleichen Temperaturen feststellen. Bis April betrugen die Verluste 14,8 bzw. 11,2, bis September 54,7 bzw. 53,1%.

Der Vitamingehalt der Kartoffeln geht beim Lagern stark zurück. Nach B. J. JANONOWSKAJA[2] büßen die Kartoffeln bei der Überwinterung etwa $^1/_4$ ihres antiskorbutischen Vitamins ein.

Nach Versuchen von TH. LALIN und G. GÖTHLIN[3] enthält die gekochte, im August neu geerntete Kartoffel etwa dreimal so viel C-Vitamin als die überwinterte derselben Sorte.

Einfluß der Düngung auf die Kartoffel. Kalk- und Kalidüngungen sind nach H. WAGNER[4] für den Stoffwechsel der Kartoffelpflanze von großer Bedeutung. Die Kalkzufuhr sorgt für die Anreicherung und Weiterleitung von Zucker, während Kali die Bildung der Polysaccharide beeinflußt. Damit scheint der Beweis erbracht zu sein, daß die Düngung mit Kali auf die Stärke- und Cellulosebildung und die Darreichung von Kalk mehr auf die Zuckerbildung einwirkt.

Krankheiten der Kartoffel. Die Kartoffeln sind vielen Erkrankungen ausgesetzt, von denen folgende die wichtigsten sind: 1. Krebs. Er besteht aus mißfarbenen blumenkohlartigen Geschwülsten, die durch den Pilz Chrysophlyctis endobiotica SCHILLE hervorgerufen werden. 2. Schorf, Grind. Als solchen bezeichnet man die fehlerhafte Ausbildung der Kartoffelschale. Mechanische oder durch Bakterien und Oosporaarten entstandene Risse kommen vor. 3. Fäulnis. Man unterscheidet Naßfäule, hervorgerufen durch Bakterien (Bact. phytophthorum APP., Bact. atrosepticus von HALL u. a.) und Trockenfäule, die durch Pilze (z. B. Phythopthorafäule durch Phytophthora infestans, Fusariumfäule, Rhizoctoniafäule durch Vertreter dieser Pilze) verursacht wird. Geringere Bedeutung hat anscheinend der Fäulniserreger Stysanus stemonitis. 4. Ringkrankheit wird einerseits verursacht durch Bact. spedonicum Sp. und K., weißer Ring, andererseits durch Pilze (Fusarien, Verticillium alboatrum B. und R. u. a.), brauner oder sonst verfärbter Ring. Die Ursachen der Schwarzfleckigkeit sind noch nicht geklärt. 5. Mosaikkrankheit. Auf den Blättern bilden sich gelbe oder gelbliche Flecken. Die Blätter sind gewellt, gebogen oder runzelig. Die Krankheit wird durch Knollen übertragen und ist eine Viruskrankheit.

GG. SCHWEIZER[5] ist der Ansicht, daß das in den Kartoffelknollen vorkommende Xanthin in ursächlichem Zusammenhang mit der gelben Mosaikkrankheit der Kartoffel steht, denn es gelang ihm, aus den Kartoffelknollen ein Enzym zu isolieren, das farblose Lösungen von Adenin, Guanin, Hypoxanthin und Xanthin in gelbes Alloxan überführt. 6. Blattrollkrankheit. Die Blattrollkrankheit beruht auf dem Abbau der Lebenskraft von Staude und Knolle. Dieser Abbau kann so weit gehen, daß die Keimkraft fast erlischt und der Ertrag so gering wird, daß sich der Anbau nicht mehr lohnt. Nach F. MERKENSCHLAGER (Biologische Reichsanstalt) muß dieser Abbau auf eine Störung des Gleichgewichtes zwischen den Einflüssen von Boden und Klima zurückgeführt werden. Dieses Gleichgewicht wird bestimmt durch Wasser, Salze und Biokolloide. Ist die Wasserbilanz der Kartoffel in trockenem Klima und auf ungeeignetem Boden gestört, so leidet die Ableitung der Kohlenhydrate und die Stärke bleibt unverzuckert liegen.

Untersuchung der Kartoffel. 1. Bestimmung des Solanins. Die älteren Verfahren von SCHMIEDEBERG und G. MEYER[6] liefern keine befriedigenden Ergebnisse. BÖMER und MATTIS schlagen daher folgende Methode vor: 200 bis 300 g gereinigte Kartoffeln werden auf einer Kartoffelreibe zerrieben und letztere mit 250 ccm Wasser abgespült. Nach $^1/_2$stündigem Stehen unter öfterem Umrühren preßt man mit einer Saftpresse aus. Der Rückstand wird noch dreimal mit 250 ccm Wasser, denen 0,5 ccm 90%ige Essigsäure zugesetzt werden, $^1/_2$ Stunde digeriert und wieder abgepreßt. Die mit Ammoniak schwach alkalisch gemachte Preßflüssigkeit wird in einer Porzellanschale mit 10 g Kieselgur

---

[1] W. KIRSCH u. H. JANTZEN: Bied. Zentralbl. agrik. Chem., Abt. B, Tierernährung 1932, **4**, 240—248; C. 1932, II, 458.

[2] B. J. JANONOWSKAJA: Problem. Nutrit. (Russ. Woprossy Pitanija) 1933, **2**, Nr. 6, 69 bis 73 (Moskau, Inst. f. Volksernährung, Vitaminabtl.); C. 1934, II, 2545.

[3] TH. LALIN u. G. GÖTHLIN: Z. 1937, **73**, 43—47.

[4] H. WAGNER: Zeitschr. Pflanzenhyg. 1933, Tl. A, 30, 232.

[5] GG. SCHWEIZER: Arb. biol. Reichsanst. Land- u. Forstwirtsch. 1926, **15**, 1—18; C. 1927, I, 908.

[6] SCHMIEDEBERG u. G. MEYER: Arch. exp. Pathol. Pharmakol. 1895, **36**, 361.

zur Trockne verdampft und der dabei entstehende braune Rand ständig herabgespült, so daß zum Schluß die ganze Trockenmasse mit Kieselgur vermischt ist. Der Rückstand wird zu einem feinen Pulver verrieben, mit siedendem 90%igem Alkohol im Soxhletapparat 5 Stunden lang und nach nochmaligem Verreiben des Pulvers weitere 5 Stunden ausgezogen, oder durch 3—4maliges Auskochen am Rückflußkühler mit je 100—125 ccm Alkohol. Darauf wird der Alkohol — in letzterem Falle nach heißem Abfiltrieren vom Kieselgur — abdestilliert, der Rückstand in 50—100 ccm mit 3—5 Tropfen Essigsäure versetztem Wasser gelöst, die Lösung mit Ammoniak schwach alkalisch gemacht und $^1/_2$ Stunde auf dem siedenden Wasserbade erwärmt. Die ausgeschiedenen Flocken von Solanin werden abfiltriert in 2,5%igem Ammoniak gewaschen und in 25 ccm warmem Alkohol gelöst. Von der filtrierten Lösung wird der Alkohol abdestilliert, der Rückstand mit 50—100 ccm schwach essigsaurem Wasser aufgenommen, das Solanin mit Ammoniak gefällt, abfiltriert, bei 100—105° getrocknet und gewogen. Zu dem Resultat werden 2,75 mg oder bei doppelter Fällung mit 200 ccm Flüssigkeit 5,50 mg addiert.

Nach H. VALENTIN[1] kann die Genauigkeit des Verfahrens noch erhöht werden, wenn statt 10 Stunden die Extraktionsdauer auf 24 Stunden verlängert und in dieser Zeit das Material dreimal von neuem verrieben wird. Das isolierte Solanin kann mit Hilfe einer Reihe Farbreaktionen identifiziert werden.

Der in einer kleinen weißen Porzellanschale befindliche Solaninrückstand wird nach B. ALBERTI[2] mit 1 Tropfen Eisessig verrieben, wobei er sofort in Lösung geht. Dazu fügt man 1—2 Tropfen konzentrierte Schwefelsäure und danach 1 Tropfen 1%ige Formaldehydlösung oder 1 Tropfen möglichst genau 0,5%ige Wasserstoffsuperoxydlösung. Man erhält alsbald eine kirschrote bis purpurrote Färbung, die sich bei einigem Stehen etwas vertieft und lange beständig ist. Nach diesem Verfahren lassen sich noch 0,005 mg Solanin deutlich nachweisen. Mit 0,0025 mg ist die Reaktion noch eben erkennbar.

Nach S. G. WILLIMOTT[3] erstarrt eine Auflösung des Solanins in heißem Äthyl- oder Amylalkohol beim Abkühlen zu Gallerte.

Mit Selenschwefelsäure (0,3 g krystallisiertes Natriumselenat, 8 ccm Wasser + 6 ccm konzentrierte Schwefelsäure) entsteht eine himbeerrote Färbung, die durch schwaches Erwärmen vertieft wird. Diese beiden Reaktionen sind sehr charakteristisch.

Fröhdes Reagenz (Natriummolybdat in Schwefelsäure) zeigt zuerst rötlich-gelbe, dann kirschrote, tiefviolette, schließlich rotbraune Färbung.

Vanadinschwefelsäure (0,1 g Ammoniumvanadat in 100 ccm konzentrierte Schwefelsäure) gibt orange-gelbe, dann rote, schließlich violette Färbung.

Alkoholische Schwefelsäure (9 ccm absoluter Alkohol + 6 ccm konzentrierte Schwefelsäure) zeigt erst rosa, dann rote Färbung; Erwärmung vertieft die Farbe.

Konzentrierte Salpetersäure: hellbraun bis rot.

Antimontrichlorid in reinem trockenem Chloroform: tiefrot.

2. Unterscheidung der verschiedenen Kartoffelsorten auf chemischem Wege. Nach T. P. MCJNTOSH[4] gründet sich der Nachweis auf das unterschiedliche Verhalten der einzelnen Kartoffelsorten gegenüber gewissen Reagenzien. Die folgenden Verfahren sind vorgeschlagen:

1. Nachweis mit Alkali. Man taucht Kartoffelscheiben einige Sekunden lang in Kalilauge und breitet sie in einer Porzellanschale aus. Bei Gegenwart von Flavonen entwickeln sich schwach gelbe bis tiefgelbe Farbtöne, wobei für jede Varietät eine bestimmte Farbe charakteristisch ist. Wichtig ist auch für die Beurteilung, ob ein und dieselbe Art auf saurem oder alkalischem Boden gewachsen ist, oder ob sich die Pflanze in Blüte oder in verschiedenen Stadien der Reife befindet.

2. Nachweis mit Benzidin. Nach dem Befeuchten mit einigen Tropfen einer 0,5%igen mit Spiritus dilutus hergestellten Benzidinlösung werden die Kartoffelscheiben, die frei

---

[1] H. VALENTIN: Pharm. Zentralh. 1933, **74**, 611—614.

[2] B. ALBERTI: Z. 1932, **64**, 260.

[3] S. G. WILLIMOTT: Analyst 1933, **58**, 431—438.

[4] T. P. MCJNTOSH: Scottish Agric. 1928, **11**, 304; Pharm. Journ. 1929, **123**, Nr. 3429 Pharm. Zentralh. 1930, **71**, 215.

von Augen und kranken Stellen sind, eine Stunde lang bei 40° getrocknet. Es entstehen Farben vom hellbraun bis zum tiefen rotbraun, wobei jeder Farbton nur ein und derselben Art eigen ist.

3. Nachweis mit Tyrosin. Man schneidet aus der Mitte der Längsachse der Kartoffel mit einem sauberen Messer diagonale Scheiben heraus und rauht die Oberfläche mit einem Silberdraht auf, um mehr Gewebe frei zu legen. Darauf legt man die Scheiben 30 Sekunden lang in eine Lösung von Na_2CO_3 ($p_H = 8{,}3$) und dämpft 30 Minuten lang bei 37° in feuchter Wärme. Es entwickeln sich für jede Art charakteristische Schattierungen von schwärzlich bis tiefschwarz.

4. Tyrosinase gibt auf der Oberfläche von Kartoffelscheiben Rotfärbung. Eine 1 : 500 starke Parakresollösung wird auf die Schnittfläche der Scheibe aufgetragen. Die roten Farbtöne entstehen beim Erwärmen auf 40° nach 15 Minuten.

3. Chemischer Nachweis der Blattrollkrankheit. Zum Nachweis dieser Krankheit vor dem Auspflanzen äußerlich einwandfreier Knollen sind zwei Verfahren vorgeschlagen worden, von denen das elektrometrische Verfahren sicher ist. Für die Praxis muß es jedoch noch vereinfacht werden.

1. Das Verfahren beruht auf der Annahme, daß im gesunden Pflanzenkörper die Oxydations- und Reduktionsvorgänge in einem bestimmten Verhältnis zueinander stehen. Wird dieses Verhältnis gestört, so ist die Pflanze krank. Das Verhältnis von Oxydation und Reduktion kann elektrometrisch nach H. Wartenberg und A. Hey[1] mittels des Trénel-Apparates festgestellt werden, wozu zwei Halbelemente gebildet und zu einem vollen Element vereinigt werden. Das eine Halbelement ist eine Kalomelelektrode, das andere besteht aus dem Brei der Kartoffelknolle, die auf einer Glasscheibe zerrieben wird. Der Brei wird durch Umrühren mit einem Glasstabe von aller Luft befreit (der Schaum wird abgeschöpft) und mit doppelt destilliertem Wasser verrührt. In diesen Preßsaft wird eine Platinelektrode eingesenkt, die mit dem Glas durch Bleiglas verbunden werden muß, damit genügender Schluß vorhanden ist. Diese Elektrode muß bei jedem Gebrauch mit Schwefelsäure gereinigt und alsdann mit destilliertem Wasser abgespült werden. Beide Halbelemente werden durch eine Chlorkaliumbrücke zu einem Vollelement verbunden. Verbindet man nun die beiden Platinelektroden mit einem elektrometrischen Meßapparat, so zeigt das Kartoffelhalbelement ganz verschiedene elektromotorische Kräfte an, je nachdem die Kartoffeln gesunder oder kranker Herkunft sind. Die Spannung stellt sich erst nach einiger Zeit ein und nimmt dann einen festen Wert an, und zwar ist das Kartoffelhalbelement gegenüber dem Kalomelhalbelement stets negativ. Dieses Redoxpotential kennzeichnet den Gesundheitszustand der Kartoffel. Bis — 180 Millivolt sind die Kartoffeln gesund. Unter — 200 Millivolt bringen sie schon im ersten Nachbau kranke Stauden hervor. Zwischen — 180 und — 200 Millivolt liegt ein kritischer Bereich, innerhalb dessen die Knollen zum Abbau neigen.

2. Kupferprobe nach H. Bechhold und F. Erbe[2]. Das Verfahren besteht darin, daß man ein blankes etwa 1 cm breites Kupferblech mindestens bis in die Mitte der Knolle einstößt. Die Knollen werden dann 8 Stunden lang im Thermostaten bei 37° und darauf noch 16 Stunden bei Zimmertemperatur gelagert. Durchschneidet man sie dann senkrecht zum Kupferblech, so zeigt sich auf der Schnittfläche eine scharf begrenzte Verfärbung des Fleisches. Bei gesunden Kartoffeln entsteht ein ausgebreiteter Hof, der sich schnell dunkelbraun bis schwarz färbt, bei Abbaukartoffeln dagegen nur ein ganz schmaler Streifen, der meist grau oder grün gefärbt ist. Bechhold und Mitarbeiter haben diese Probe bisher an verschiedenen Sorten und etwa 580 Knollen ausgeführt. Mit wenigen Ausnahmen konnte Übereinstimmung mit den Ergebnissen der Pflanzversuche festgestellt werden.

Das ursächliche Moment ist eine Schädigung des Kartoffelgewebes. Durch das Einstechen des Bleches wird das Zellengewebe geschädigt. Es erfolgt bei der gesunden Knolle Melaninbildung, bei der abgebauten Knolle bleibt sie aus. Das Kupfer wirkt im Schwärzungsbereich als Katalysator. Das normalerweise in den Knollen vorhandene Kalium wird dabei durch den Eintritt von Kupfer verdrängt.

Neuerdings haben Th. Marx und F. Merkenschläger[3] mit Erfolg versucht, den Nachbauwert von Kartoffelknollen mit der Analysenquarzlampe festzustellen, wobei nur das wirksame Ultraviolett durchgefiltert wird. Auch dieses Verfahren, daß die Leuchtfarben des Fleisches zur Diagnose benutzt, erscheint aussichtsreich, bedarf aber noch weiterer Durcharbeitung.

---

[1] H. Wartenberg u. A. Hey: Zeitschr. angew. Chem. 1933, **46**, 551; 1934, **47**, 26.
[2] H. Bechold u. F. Erbe: Zeitschr. angew. Chem. 1933, **46**, 551; 1934, **47**, 26.
[3] Th. Marx u. F. Merkenchsläger: Zeitschr. angew. Chem. 1933, **46**, 551; 1934, **47**, 26.

2. Topinambur.

Die Topinambur Helianthus tuberosus L., auch Erdbirne, Erdapfel, Erdartischocke, Pferdekartoffel, Judenkartoffel oder Jerusalemartischocke genannt, ist ein zu den Kompositen gehörendes Wurzelgewächs und ist wie die Kartoffel aus Amerika zu uns herübergekommen. In Nordamerika wurde sie noch wildwachsend vorgefunden, doch wurde ihre Kultur bereits von den Indianern im Gebiete der Vereinigten Staaten und von Kanada betrieben. Von Nordamerika verbreitete sich ihre Kultur über England nach Frankreich und Deutschland. In der Zeit vom 30jährigen Kriege bis zur Einführung der Kartoffel wurde die Topinambur vor allem in England als Nahrungsmittel verwendet. Die Pflanze besitzt einen 2,5—3,8 m hohen Stengel und gelbe, der Sonnenblume ähnliche Blütenköpfe von 8—10 cm Durchmesser. Da die Kürze unseres Sommers jedoch niemals zur Reife ihrer Fruchtkerne ausreicht, erfolgt die Vermehrung durch Ausläufer, die an ihren Enden ähnlich wie bei der Kartoffel knollenförmig verdickt sind. Diese Knollen sind eiförmig, birnförmig oder spindelförmig, werden bis 5 cm lang und sind rotviolett gefärbt. Als perennierende Pflanze kann die Topinambur mehrere Jahre hindurch mindestens 3 Jahre angebaut werden, und zwar eignet sich ihre Kultur auf flachgründigem losen Schotter-, Kies- und Sandboden mit Erfolg. Auf schweren Böden gedeiht die Pflanze weniger gut. Topinambur ist also für leichte trockene Böden eine wertvolle Kulturpflanze. Da die Knollen dem stärksten Froste Trotz bieten, ist es nicht notwendig, sie bei der Reife im November in Kellern oder Mieten aufzubewahren. Vielmehr läßt man sie im Boden ruhen und holt sie nach Bedarf im Nachwinter und zeitigen Frühjahr aus der Erde heraus. Je länger die Knolle im Boden bleibt, desto besser wird sie an Ertrag und Güte. Der Ertrag an Knollen kommt in besseren Böden dem der Kartoffel gleich.

Die mittlere Zusammensetzung beträgt nach KÖNIG:

Tabelle 6.

Wasser	79,12%	Kohlenhydrate	16,40%
Trockensubstanz	20,88%	Rohfaser	1,25%
Stickstoffsubstanz	1,89%	Asche	1,16%
Fett	0,18%		

In Prozenten der Asche wurden gefunden: Kali (K_2O) 47,77%, Natron (Na_2O) 10,16%, Kalk (CaO) 3,28%, Magnesia (MgO) 2,93%, Eisenoxyd (Fe_2O_3) 3,74%, Phosphorsäure (P_2O_5) 14,00%, Schwefelsäure (SO_3) 4,91%, Chlor (Cl) 3,87% und Kieselsäure (Si_2) 10,03%.

R. VADAS[1] fand in den Knollen:

Tabelle 7.

Wasser	78,0 %	Stickstofffreie Extraktstoffe	16,9 %
Trockensubstanz	22,0 %	Rohfaser	1,48%
Rohprotein	2,33%	Asche	1,05%
Rohfett	0,24%		

In Italien unterscheidet man zwischen Topinambur und Helianthiknollen. Helianthi ist die ebenfalls in Nordamerika heimische großblättrige Sonnenblume Helianthus macrophyllus WILLD. Die Helianthiknollen unterscheiden sich schon in der Form von der Topinambur. Sie sind lang und spindelförmig.

Nach A. MAZZARONI[2] ist die Zusammensetzung von Topinambur und Helianthi folgende (Tabelle 8).

---

[1] R. VADAS: Chem.-Ztg. 1934, 249.

[2] A. MAZZARONI: Staz. sperim. agrar. Ital. 1910, **43**, 660; Z. 1912, **23**, 476.

Tabelle 8.

	Wasser %	Kohlenhydrate in der frischen Knolle %	Kohlenhydrate in der Trockensubstanz %
Topinambur	83,33	10,34	64,62
Helianthi	75,20	14,08	56,32

An Roh- und verdaulichen Nährstoffen wurden in der frischen Knolle festgestellt in Prozent:

Tabelle 9.

Bestandteile	Topinambur		Helianthi	
	Rohnährstoffe	verdauliche Nährstoffe	Rohnährstoffe	verdauliche Nährstoffe
Stickstoffverbindungen	1,38	1,10	2,93	2,34
Fett	0,29	0,17	0,36	0,22
Stickstofffreie Extraktstoffe	12,01	11,76	16,92	16,56
Rohfaser	1,69	1,01	2,83	1,69
Mineralstoffe	1,10	—	1,76	—

Das Eiweißverhältnis beträgt bei Topinambur 1:11,06, bei Helianthi 1 :7,3, der Stärkewert 13,77 bzw. 20,27. Die Nährstoffeinheiten berechnen sich auf 9940 bzw. 20192. Der Anbau von Helianthi ist daher dem von Topinambur vorzuziehen.

Der wichtigste Bestandteil der Topinamburknolle ist das Inulin, das oft bis zu 16% in derselben vorkommen kann. Wahrscheinlich wird es durch die polymerisierende Wirkung des Enzyms Inulase aus den bei der Assimilation gewonnenen Zuckerarten gebildet. Es entsteht in den Knollen oder in den unteren Teilen der Stengel und wird in den Knollen aufgespeichert. Neben dem Inulin findet man noch eine Reihe Begleitstoffe ähnlicher Eigenschaften und Zusammensetzungen, die sich von dem Inulin lediglich durch den Polymerisationsgrad des Inulinelementarkörpers unterscheiden. Neben d-Fruktose finden sich nach CH. TANRET[1] noch folgende Kohlenhydrate in Topinambur: Inulin, Pseudoinulin, Inulenin, Helianthenin und Synanthrin. Das Lävulin hält TANRET für ein Gemisch von Saccharose und Synanthrin oder richtiger Synanthran.

Inulin, Lävulin und Fructose der Topinamburknollen stehen nach TOLLENS und DIECK[2] in demselben Verhältnis zueinander wie Stärke, Dextrin und Glucose. Im Herbst herausgenommene Knollen enthalten nach BEHREND nur Spuren bis 0,66%, im Frühjahr gewonnene 0,35—1,35% direkt reduzierende Kohlenhydrate.

Der Pentosangehalt schwankt zwischen 0,77 und 1,39%.

E. SCHULZE[3] konnte außer Asparagin und Arginin auch Betain in der Topinamburknolle nachweisen. Aus 25 kg frischen Knollen wurden etwa 2 g salzsaures Betain erhalten.

Der Geschmack der Topinambur ist eigenartig süßlich. Sie wird daher nicht gern als Gemüse genossen. Die Verwendung in der Küche ist im wesentlichen dieselbe wie bei der Kartoffel. Man wäscht die Knollen mit lauwarmem Wasser ab und kocht sie mit etwas Salz und Essig nicht ganz gar. Auch zu Salat können sie verwendet werden. Nach der Fertigstellung muß sie jedoch längere Zeit stehen, um richtig durchzuziehen, wodurch sie an Wohlgeschmack gewinnt. Besonders vortrefflich aber sind die Topinamburknollen als Zutat zu Fleischbrühsuppen.

In der Hauptsache verwendet man die Topinambur als Viehfutter, und zwar sowohl die Knollen wie auch das Kraut.

Infolge ihres hohen Gehaltes an Kohlenhydraten eignet sich Topinambur sehr gut zur Gewinnung von Äthylalkohol. Die alkoholische Gärung des Polysaccharids Inulin ist biologisch weit einfacher als die stärkehaltiger Stoffe.

Die durch Abdestillieren der Topinamburmaische gewonnene Schlempe ist für Fütterungszwecke gut brauchbar und erreicht an Qualität den Wert der Kartoffelschlempe. Auf 100 kg Topinambur kommt eine Ausbeute von etwa 8—8,5 Liter absoluten Alkohols.

[1] CH. TANRET: Bull. Soc. chim. 1893, **9**, 200.
[2] TOLLENS u. DIECK: KÖNIG, Chemie der Nahrungs- u. Genußmittel 1920, Bd. II, 432.
[3] E. SCHULZE: Zeitschr. physiol. Chem. 1910, **65**, 293.

Topinambur wird heute stellenweise stark angebaut. In Deutschland finden wir sie hauptsächlich in der süddeutschen Rheinebene, in Mittelbaden, in der Pfalz und im anschließenden Unterelsaß, weniger in Norddeutschland. Auch in Österreich und Frankreich wird Topinambur kultiviert.

3. Batate.

Die Batate oder Igname, Ipomaea batatas Lam. oder Convolvulus batatas L. ist eine außerordentlich wichtige Nahrungspflanze der tropischen und subtropischen Gebiete und dient dort vielfach als Ersatz für Kartoffeln. In Amerika ist die Batate unter dem Namen Sweet potatoes eine beliebte Konserve. Sie gedeiht auf Böden, die sonst wenig erträglich sind und liefert dort hohe Ernten. Von Amerika aus hat sich die Kultur über den ganzen Tropengürtel verbreitet. In den ehemals deutschen Kolonien wird die Batate häufig kultiviert, sie wird dort „Viagi“ genannt.

Versuche, die Batate in Deutschland anzubauen, sind fehlgeschlagen und dürften aus klimatischen Gründen auch nicht ratsam sein, noch nicht einmal in der warmen Südostecke des Oberrheingebietes. Dagegen hat sich die Pflanze in Italien auf dem Lebensmittelmarkt eingeführt und wird als ausgesprochenes Feingemüse in den Delikateßläden angeboten. Es werden hauptsächlich zwei Sorten angebaut, von denen die eine ziemlich große und rundliche gelbe Knollen, die andere längliche und leicht rosa gefärbte Knollen bildet.

Die Knollen der Batate sind spindelförmig und haben ein Durchschnittsgewicht von 1,5 kg. Gewisse Spielarten können Knollen bis zu 5 kg liefern.

Die Zusammensetzung der Batate gleicht der der Kartoffel. Der Wassergehalt beträgt etwa 71,7%, Stickstoffsubstanz 1,57%, Fett 0,50%, stickstofffreie Extraktstoffe 24,13%, Rohfaser 0,97%, Asche 1,19% in der ursprünglichen Substanz.

Die chemische Zusammensetzung von 28 Proben Sweet potatoes der Philippineninsel war nach S. D. LABAYEN[1] die folgende:

Tabelle 10.

Spez. Gewicht	Wasser	Protein	Stärke	Dextrin	Saccharose	Glykose	Rohfaser	Asche
0,99 bis 1,16	63,08 bis 77,99	0,25 bis 2,44	10,11 bis 25,91	2,21 bis 5,56	0,53 bis 2,42	0,21 bis 0,98	0,46 bis 1,18	0,42 bis 2,04

Der Gehalt an Stärke schwankt von 3,5—24,5%, der an Zucker von 0,33 bis 8,42%. Der letztere verleiht den Bataten meist einen süßen, an erfrorene Kartoffeln erinnernden Geschmack. Nach Versuchen von H. HASSELBRING und L. A. HAWKINS[2] scheint die Kohlenhydratumwandlung in gelagerten Bataten derart vorzugehen, daß Stärke zunächst in reduzierenden Zucker übergeht und sich aus diesem Saccharose bildet. Der Umfang dieser Umwandlungen entspricht im allgemeinen der VAN'T HOFFschen Temperaturregel für chemische Reaktionen. Bei höheren Temperaturen verläuft die Umwandlung zunächst schnell, wird aber bald langsamer und nähert sich einem Endpunkt. Bei niederen Temperaturen verlaufen die Umwandlungen langsamer und können, da der Endpunkt sich geändert hat, zu größeren Anreicherungen von Zucker führen. Die Tätigkeit der Stengel verhindert eine Zunahme des Zuckergehaltes, daher beginnt die Umwandlung in der Knolle erst nach Abschneiden der Stengel, selbst wenn die Knollen im Boden bleiben.

Monosaccharide werden rasch veratmet. Die Saccharose dagegen ist verhältnismäßig beständig und scheint, wenn sie einmal in den Knollen gebildet

[1] S. D. LABAYEN: Philippine Agriculturist a. Forester 1914, Vol. III, S. 79, 80; Jahresber. Agrikulturchem. 1914, 251.

[2] H. HASSELBRING u. L. A. HAWKINS: Journ. agricult. Res. 1915, 5, 543—560; Z. 1920, **39**, 62—63.

ist, nicht der Atmung zu verfallen, für die Stärke und andere Kohlenhydrate im Überfluß vorhanden sind. Die Größe der Atmung ist von dem Gehalt an reduzierendem Zucker abhängig.

K. MIJAKE[1] fand in den Knollen der süßen Kartoffel sowohl reduzierenden Zucker, Glykose und Fructose, als auch Saccharose. Pentosen, Galaktose oder Mannose sowie Maltose konnten nicht nachgewiesen werden. Infolge ihres hohen Gehaltes an Stärke wird die Batate ähnlich wie die Kartoffel auf Stärke verarbeitet. Als Handelsgegenstand spielt jedoch die Batatenstärke eine untergeordnete Rolle.

4. Japanknollen.

Japanknollen, japanische Kartoffeln, Japanartischocke ist die am Ende unterirdischer Ausläufer entstehende Knolle der in Japan heimischen Gemüsepflanze Stachys Sieboldi Miqu., die zur Familie der Labiaten gehört. Die spindelförmigen Knollen sind 6—7 cm lang, 2 cm dick und korkzieherartig gewunden, von weißem oder gelblichweißem Äußeren. An einer Pflanze sollen bis zu 330 Knollen geerntet werden. Der Geschmack ist angenehm. Die Knollen dienen daher als Gemüse und sind ihrer leichten Verdaulichkeit wegen als Kost vor allem für Magenleidende geeignet. In Frankreich werden sie unter dem Namen Crosues du Japon angebaut und in den Handel gebracht. Auch in Deutschland sind Anbauversuche gemacht worden. Die Pflanzzeit ist Ende April. Angeblich kommt jeder Boden zum Anbau in Frage. Die Knollen werden in Reihen mit 30 cm Zwischenraum und in diesen in einem Abstand von 45 cm gepflanzt, wobei man eine große und zwei kleinere Knollen in 10 cm tiefe Löcher legt. Anfang November können sie geerntet werden. Die Knollen können unter Sand im Keller oder im Freien mit Laub bedeckt aufbewahrt werden.

Die Stickstoffsubstanz besteht nach v. PLANTA in Prozenten des Gesamtstickstoffs aus 40% Proteinen, 54,2% Amiden und 5,8% Nuclein.

SRTOHMER und STIFT geben noch größere Mengen Nichtproteine an, nämlich in Prozenten des Gesamtstickstoffs:

Tabelle 11.

Protein %	Aminosäureamide %	Aminosäuren %	Ammoniak %	Nuclein %	Unbekannt %
19,01	42,96	12,26	7,84	8,13	5,80

Unter den Amidverbindungen konnte v. PLANTA Glutamin und Tyrosin sowie eine organische Base nachweisen, welche in ihren Eigenschaften dem Betain gleicht und welche E. SCHULZE Stachydrin nennt.

Im frischen Zustande enthalten die Knollen 14% Stachyose und in der Trockensubstanz 60—70% dieses Tetrasaccharids.

Die Stachyose gewinnt man nach E. SCHULZE und v. PLANTA[2] in der Weise, daß man den Saft der Knollen erst mit Bleiessig, dann mit Mercurinitrat fällt, filtriert, aus dem Filtrat Blei und Quecksilber mit Schwefelwasserstoff entfernt, das Filtrat nach Verjagung des Schwefelwasserstoffs mit Ammoniak neutralisiert, einengt und die Stachyose mit Alkohol ausfällt. Der sirupartige Niederschlag wird in Wasser gelöst, die Lösung durch Fällung mit Phosphorwolframsäure gereinigt, filtriert, das Filtrat durch Barythydrat von überschüssiger Phosphorwolframsäure, durch Kohlensäure von überschüssigem Baryt befreit, das Filtrat eingedampft und mit Alkohol behandelt. Die Stachyose krystallisiert nach einiger Zeit aus; $[\alpha]_D$ beträgt für das Hydrat $+ 133,5^0$. TANRET[3] benutzt die Eigenschaft vieler Kohlenhydrate, durch alkalische Basen mit Alkohol gefällt zu werden, zur Gewinnung der Stachyose.

[1] K. MIJAKE: Journ. Coll. Agric., Tohoku Imperial University, Japan 1911, 4, 243; Z. 1917, 33, 179.

[2] E. SCHULZE u. v. PLANTN: Ber. Deutsch Chem. Ges. 1890, 23, 1692; 1891, 24, 2705; Landw. Vers.-Stationen 1892, 40, 277; 1893, 41, 123.

[3] TANRET: Bull. Soc. Chim. 1902, 27, 948; 1903, 29, 888.

Die Knollen enthalten durchschnittlich 76—80% Wasser, die Trockensubstanz besteht zu etwa 77% aus stickstofffreien Extraktstoffen und 13% Stickstoffsubstanzen.

5. Kerbelrübe.

Von der Kerbelrübe (auch Kälberkropf, Knollenknobel, Rimperlimping genannt) kommen zwei Spielarten, die gemeine oder deutsche Chaerophyllum bulbosum L. und die sibirische Kerbelrübe Ch. Prescotii D. C. vor, deren Wurzeln in einigen Gegenden, ähnlich wie Kartoffeln, im geschmorten Zustande besonders zu Kohl und Spinat gegessen werden. Die sibirische Kerbelrübe ist die ertragreichere und kann wie Schwarzwurzeln und Pastinak verwendet werden, während die gemeine Kerbelrübe die Mitte zwischen Kastanien und Kartoffeln hält. Die Kerbelrübe gedeiht am besten in sandigem Lehm, kann aber an jedem schattigen Ort gebaut werden, wo sonst kein Gemüse gedeiht. Sie kann erst Ende Oktober gegessen werden, vorher hat sie einen unangenehmen Geschmack.

Von der Stickstoffsubstanz der gemeinen Kerbelrübe sind rund 70% Reinprotein und 30% Amide. Ihr Stärkegehalt beträgt 19,81% oder 57,07% in der Trockensubstanz.

6. Zucker-, Eierkartoffel und sonstige seltenere Wurzelgewächse.

Unter den weniger verbreiteten Wurzelgewächsen seien genannt: Die Zuckerkartoffel Colocasia antiquorum Schott, die Eierkartoffel Solanum melongena L., Bambusschößlinge Bambusa puerula, Conophallus Konjak und Distel Arctium lappa, die vorwiegend in Japan unter dem Namen Satoimo, Nasumi, Takenoko, Konyaku bzw. Gobo als Nahrungsmittel dienen.

Die Zuckerkartoffel verdankt ihren Namen nicht etwa einem süßen Geschmack, denn ihr Zuckergehalt ist nicht höher als der anderer Wurzelgewächse. Sie wird in Japan feldmäßig angebaut und wie Bambusschößlinge behandelt.

Aus der Wurzel von Conophallus Konjak bereitet man in Japan eine gelatinöse, zähe Speise, indem man die geschälten, zerschnittenen, getrockneten und gepulverten Knollen mit heißem Wasser zu einem Teig anrührt, darauf mit Kalkmilch (oder mit dem in Wasser löslichen Teil von Holzasche) versetzt und erwärmt; hierdurch wird der Teig zu einer zähen Masse, aus welcher man die Lauge zum Teil auspreßt.

Die Zusammensetzung ist nach KÖNIG folgende:

Tabelle 12. Rohnährstoffe.

Nähere Angaben	Wasser %	Stickstoff-substanz %	Glykose %	Saccharose %	Dextrin %	Asche %
Zuckerkartoffeln	82,52	1,78	0,14	14,04	0,64	0,88
Eierkartoffeln	93,24	1,08	0,09	3,94	1,15	0,50
Bambusschößlinge	91,58	2,38	0,16	3,88	1,05	0,95
Conophallus Konjak	91,76	1,03	0,08	6,47	0,30	0,36

7. Rübenarten.

Hierzu zählen: **a) Rote Beete**. Salatrübe oder Rote Beete ist die fleischige Wurzel von Beta vulgaris L. var. rubra L. (Beta vulgaris cruenta Alef.), Familie der Chenopodiaceen. Gleich der Zuckerrübe ist sie eine Abart der Runkelrübe (Beta vulgaris) mit fleischiger, dickspindeliger, möhrenförmiger dunkelblutroter Wurzel. Der Geruch der rohen Wurzel ist eigentümlich, nicht angenehm. Der Geschmack ist süß, jedoch nur gekocht angenehm. Die rote Farbe der Rübe wird durch Wachstumsbedingungen beeinflußt. Bei derselben Sorte können daher in verschiedenen Jahren verschiedene Farben auftreten. Bei

Verletzungen „bluten" die Rüben und verlieren ihren Farbstoff. Über Art und Zusammensetzung des Farbstoffes siehe ds. Handb. Bd. I, S. 619.

Zusammensetzung (vgl. hierzu auch Tabelle von v. SCHLEINITZ S. 737 bis 739). Die roten Rüben enthalten nach LAMPRECHT[1] im Mittel etwa 13,8% Trockensubstanz, bei den einzelnen Stämmen einer Sorte ergeben sich erhebliche Schwankungen. Als Zucker (6,79—9,4%) ist fast ausschließlich Saccharose vorhanden. Die Zunahme des Zuckergehaltes geht mit der Trockensubstanz, die im Mittel zu 57,7% aus Zucker besteht, parallel. Der restliche Teil der Trockensubstanz setzt sich im Mittel zusammen aus 8,04% Rohprotein, 6,02% Rohfaser, 7,75% Asche, 0,23% Petrolätherextrakt und 20,26% stickstofffreien Extraktstoffen. Zwischen Trockensubstanz und Haltbarkeit besteht positive Korrelation. Die Sorten mit dem niedrigsten Gehalt an Trockensubstanz zeigen die geringste, die mit dem höchsten Gehalt die beste Haltbarkeit.

b) Weiße Rüben. Wasserrübe, Stoppel- oder Halmrübe ist die rübenförmige Wurzel von Brassica rapa L. var. rapifera, Familie der Cruciferen. Die sehr große, fleischig verdickte, rübenartige Wurzel hat je nach der Spielart kugelige oder kreiselförmige, auch spindelförmige Gestalt und ist in ihrem oberen Teil weißlich-gelb, rot oder rotviolett gefärbt. Das Fleisch ist weißlich und hat einen etwas rettichartigen Geruch und süßlich milden Geschmack. Die Rübe wird im Norden und in Höhenlagen feldmäßig angebaut und zumeist als Viehfutter verwendet. Eine eigenartige kleine Sorte ist die Teltower Rübe, nach der Stadt Teltow in Brandenburg benannt.

Zusammensetzung. Der Wassergehalt ist mit 93—95% sehr hoch. Die Trockensubstanz besteht durchschnittlich aus 65,5% stickstofffreien Extraktstoffen, 12% Stickstoffsubstanz, 2% Fett, 12% Rohfaser und 8,5% Asche.

c) Kohlrübe. Steckrübe, Krautrübe, Unterkohlrabi, Schwedische Turnips oder Wruke ist die rübenförmige Wurzel von Brassica rapus var. napobrassica Mill., einer Kulturform des Rapses. Sie ist eine 1 bis mehrere Kilogramm schwere abgeplattet kugelige, an der Oberfläche weißliche bis braunrötliche, innen weiße Rübenart. Das Fleisch ist bei Speisesorten meistens gelb. Der Geschmack ist milde, süßlich. Sie dient hauptsächlich als Viehfutter, wird aber in Zeiten der Not auch als Gemüse gegessen.

Zusammensetzung (vgl. Tabelle von v. SCHLEINITZ S. 737—739). Nach LAMPRECHT schwankt der Gehalt an Trockensubstanz zwischen 9,52 und 11,15%. Die Trockensubstanz besteht durchschnittlich zu 49,2% aus Zucker (davon 47,8% direkt reduzierender Zucker), 14,6% Rohprotein, 9,90% Rohfaser, 6,77% Asche, 0,895% Petrolätherextrakt und 18,64% stickstofffreien Extraktstoffen.

d) Möhren. Gelbe Rüben, Mohrrüben, auch Karotten genannt, sind die fleischigen Wurzeln von Daucus carota L., Familie der Umbelliferen. Sie sind wildwachsend ein häufiges Unkraut. Durch Kultur sind zahlreiche in Form, Farbe und Größe verschiedenen Spielarten entstanden. Sie werden als Nahrungsmittel, aber auch als Viehfutter besonders für Pferde verwandt. Die Wurzel ist lang kegelförmig, allmählich zugespitzt, von weißer, bald gelber, oder rötlicher Farbe. Der Geschmack ist süß und angenehm (s. ds. Handb. Bd. I, S. 570).

Zusammensetzung (vgl. Tabelle von v. SCHLEINITZ S. 737—739). Nach LAMPRECHT ist die Zusammensetzung des frischen Materials wie folgt: Trockensubstanz 11,89%, Gesamtzuckergehalt 5,50%, FEHLING direkt reduzierender Zucker 3,00%, Rohprotein 1,17%, Rohfaser 1,03%, Asche 0,95%, Petrolätherextrakt 0,112%, stickstofffreie Extraktstoffe 3,13%. Der Gehalt an Invertzucker steht mit der Haltbarkeit der Möhre in besonderer Beziehung. Je größer der Anteil des Invertzuckers am Gesamtzuckergehalt ist, desto schlechter ist die Haltbarkeit.

[1] H. LAMPRECHT: Chemische Zusammensetzung und biologische Eigenschaften von Sorten und Stämmen einiger Gemüsearten. Malmö 1925.

Möhren enthalten geringe Mengen eines ätherischen Öles. Y. ASAHINA und T. TSUKAMOTO[1] haben bei einer Sorte mit kurzer kegelförmiger Wurzel untersucht a) das Öl aus den Früchten, b) das Öl aus Früchten mit Stielen und c) das Öl aus den Stielen allein. Die Kennzahlen waren: Spez. Gewicht a) 0,9088, b) 0,9270, c) 9584; spezifische Drehung $[\alpha\,^{22}_{D}]$: a) — 5,98°, b) + 1,04°, c) + 5,6°; Säurezahl: a) 0, b) 2,86, c) 24,91; Verseifungszahl: a) 74,08, b) 69,69, c) 65,97.

Die vermizide Eigenschaft der Möhren ist nach den Versuchen von A. K. GILANSCHAH[2] auf das in der Wurzel enthaltene, durch Petroläther extrahierbare ätherische Öl zurückzuführen. W. GRAFF und H. MAGISTRIS[3] haben aus den Wurzeln ein Diaminomonophosphatid isoliert und unter dessen Spaltungsprodukten Palmitinsäure, Ölsäure, Cholin, Glycerinphosphorsäure und Kohlenhydrate nachgewiesen.

B. BLEYER und W. DIEMAIR[4] gewannen aus der Mohrrübe ein Phosphatid, dessen Spaltprodukte für ein Monoaminophosphatid vom Typus eines Palmityloleyllecithins sprechen.

Getrocknete Mohrrüben enthalten nach N. JARUSSOWA[5] praktisch kein Vitamin C.

8. Rettig.

Rettig oder Rettich, Radieschen sind die fleischigen Pfahlwurzeln einschließlich des untersten Stengelgliedes von Raphanus sativa L. var. niger und Raphanus sativus L. var radicula Pers., Familie der Cruciferen. Als wildwachsende Pflanze ist der Rettig unbekannt. Die wahrscheinlichen Stammpflanzen sind der vorderasiatische Rettig Raphanus rostratus DC. und der mittelmeerländische Meerstrandrettig Raphanus maritimus. Rettig ist selten einjährig, meistens zweijährig. Nach der Reifezeit und Entwicklungsdauer unterscheidet man Winterrettig, Sommerrettig, Herbstrettig, Mai- oder Halbrettig.

In Form und Farbe sind die Rettige sehr verschieden. Es gibt spindelig- bis kugelig geformte, schwarze, weiße und rote Formen von Walnuß- bis Faustgröße in allen Abstufungen. Der Geschmack ist bald brennend scharf, bald milde süßlich. Ihren scharfen Geschmack verdanken sie dem Gehalt an ätherischen Senfölen.

Das Rettigöl[6] besteht aus zwei Senfölen, dem Allylsenföl und einem als Butylcrotonylsenfölsulfid erkannten Senfölderivat der Formel

$$S\begin{cases} CH{=}CH{-}CH_2{-}CH_2{-}N{=}C{=}S \\ CH_2{-}CH_2{-}CH_2{-}CH_3 \end{cases}$$

Das von MOREIGNE beschriebene schwefelhaltige ätherische Öl Raphanol konnten HEIDUSCHKA und ZWERGAL nicht nachweisen.

Zusammensetzung. Die mittlere durchschnittliche Zusammensetzung von Rettig und Radieschen ist die folgende[7]:

Tabelle 13.

	In der ursprünglichen Substanz							In der Trockensubstanz		
	Wasser %	Stickstoffsubstanz %	Fett %	Zucker %	Sonstige stickstofffreie Extraktstoffe %	Rohfaser %	Asche %	Stickstoffsubstanz %	Stickstofffreie Extraktstoffe %	Stickstoff %
Rettig . .	86,92	1,92	0,11	1,53	6,90	1,55	1,07	14,46	64,48	2,31
Radieschen	93,34	1,23	0,15	0,88	2,91	0,75	0,74	18,79	56,27	3,01

[1] Y. ASAHINA u. T. TSUKAMOTO: Journ. Pharm. Soc. Japan 1925, Nr. 525, 1—4; Z. 1930, 59, 652.
[2] A. K. GILANSCHAH: Pharmakol. Inst. Univ. Würzburg 1930.
[3] GRAFE u. W. H. MAGISTRIS: Zeitschr. wiss. Biol., Abt. 3, Planta, Arch. wiss. Botanik 1926, 2, 429—437; Z. 1930, 60, 558.
[4] B. BLEYER u. W. DIEMAIR: Biochem. Zeitschr. 1931, 235, 243—258; Z. 1935, 70, 436.
[5] N. JARUSSOWA: Z. 1934, 68, 393.
[6] HEIDUSCHKA u. ZWERGAL: Journ. prakt. Chem. 1931, 132, 201—208.
[7] KÖNIG: Bd. I, S. 779.

An Pentosanen fand C. WITTMANN[1] im schwarzen Rettig 0,88 und im Radieschen 0,57%. Rettig enthält sehr wenig oder gar kein Vitamin A, dagegen reichlich Vitamin B. Infolge seines Gehaltes an Senföl kann Rettig wie auch Meerrettich zu Vergiftungen führen.

9. Meerrettich.

Der Meerrettich, Cochlearia armoracia L., auch Kren oder Krenwurzel genannt, gehört zur Familie der Cruciferen und wird in Deutschland besonders in der Bamberger Gegend und im Spreewald in großen Mengen seines scharfschmeckenden Wurzelstockes wegen angebaut. Vielfach wird er auch halb verwildert an Gartenzäunen, Gräben, großen Wasserläufen u. dgl. gefunden. Der Wurzelstock bildet walzenförmige oder spindelförmige mitunter etwas gerundete kantige Stöcke, die bis 50 cm lang und armdick werden können. Die Wurzelstöcke sind von Querwarzen besetzt, äußerlich von bräunlich-gelber Farbe, im Innern dagegen weiß. Der Geschmack ist beißend scharf, ebenso der Geruch, der zu Tränen reizt. Geruch und Geschmack werden durch den Gehalt an verschiedenen Senfölen bedingt. Durch Kultur gelingt es, auch mittlere Sorten zu erzeugen, wie z. B. bei der „Nürnberger" Kulturform.

Der Meerrettich gedeiht besonders gut auf gründigem, humosen, lockerem, feuchten Lehmboden mit Sandeinmengung in freier und sonniger Lage. Auf schwerem, nassen Boden wächst er zwar gut, liefert aber unschmackhafte, scharf beißende und bittere, meist auch holzige Wurzeln.

Zusammensetzung. Der Wassergehalt beträgt durchschnittlich 76,7%, die Stickstoffsubstanz 2,75%, Fett 0,35%, Zucker nur Spuren, stickstoffreie Extraktstoffe 15,9%, Rohfaser 2,78%, Asche 1,53% und Phosphorsäure 0,199%.

Nach den Untersuchungen von W. FRIESE[2] schwanken die Wasser- und Trockensubstanzgehalte frischer Meerrettichwurzeln je nach den Sorten in weiten Grenzen.

Tabelle 14. Frische Wurzelstöcke von Meerrettich.

Bestandteile	Bayrischer Meerrettich kultiviert	Ödlands-meerrettich kultiviert	Elbstrand-meerrettich wild	Handelsmeerrettich I kultiviert 1923	Handelsmeerrettich II kultiviert 1924
Wasser . . . . %	57,02	71,27	78,57	77,39	76,12
Trockensubstanz . . . . %	42,98	28,73	21,43	22,61	23,88
Asche . . . . %	2,57	1,30	2,19	2,12	2,36
Alkalität der Asche . . ccm	7,75	6,05	8,52	9,34	7,98
Schwefelsäure (SO_4) . . %	0,70	0,44	0,39	0,33	0,39
Schweflige Säure (SO_2) . %	0,013	0,019	0,021	0,010	0,014
Chlornatrium (NaCl) . . %	0,033	0,013	0,027	0,029	0,030
Säuregrad . . . . ccm	4,52	4,88	5,26	4,80	4,96

Zerlegt man die Wurzelstöcke in innere und äußere Teile, so enthalten die letzteren stets mehr Trockensubstanz als die ersteren. Die Aschengehalte dagegen sind annähernd gleich.

Tabelle 15. Wurzelstöcke von Meerrettich, innere und äußere Partien getrennt.

Bestandteile	Ödlandsmeerrettich kultiviert		Elbufermeerrettich wild		Handelsmeerrettich I kultiviert	
	innen	außen	innen	außen	innen	außen
Wasser . . . . %	72,79	68,03	79,30	76,44	78,79	74,68
Trockensubstanz . . . %	27,21	31,97	20,70	23,56	21,21	25,32
Asche . . . . %	1,18	1,59	2,11	2,38	2,09	2,30
Alkalität der Asche. . ccm	5,95	6,10	8,16	9,03	8,10	12,30
Schwefelsäure (SO_4) . %	0,44	0,44	0,39	0,39	0,33	0,33
Schweflige Säure (SO_2) %	0,018	0,020	0,020	0,024	0,008	0,012
Chlornatrium (NaCl) . %	0,013	0,013	0,026	0,028	0,024	0,035
Säuregrad . . . . . . ccm	4,82	5,16	5,18	5,36	4,76	4,84

[1] C. WITTMANN: Zeitschr. landw. Versuchsw. Österr. 1901, 4, 131.
[2] W. FRIESE: Z. 1925, 49, 196.

Die Aschenanalyse ergab folgende Werte:

Tabelle 16. Aschenanalysen verschiedener Meerrettichsorten.

Bestandteile	Bayrischer Meerrettich kultiviert %	Ödlands-meerrettich kultiviert %	Elbstrand-meerrettich wild %	Handelsmeerrettich kultiviert I 1923 %	Handelsmeerrettich kultiviert II 1924 %	Nach KÖNIG %
Kaliumoxyd (K_2O) . . .	31,62	30,99	29,44	29,67	30,00	30,76
Natriumoxyd (Na_2O) . .	10,14	8,84	12,00	16,17	11,14	3,96
Calciumoxyd (CaO) . .	11,52	9,24	9,70	7,49	8,42	8,23
Magnesiumoxyd (MgO) .	2,13	3,09	2,66	3,25	2,22	2,91
Eisenoxyd (Fe_2O_3) . . .	0,10	0,09	0,09	0,08	0,08	1,94
Aluminiumoxyd (Al_2O_3) .	0,29	0,19	0,26	0,18	0,14	—
Manganoxyd (Mn_2O_3) . .	0,10	0,09	0,09	0,08	0,08	—
Phosphorsäure (P_2O_5) . .	9,51	8,01	6,42	5,56	8,41	7,75
Schwefelsäure (SO_3) . .	23,59	27,48	26,76	29,86	27,77	30,79
Chlor (Cl)	0,78	0,90	0,88	0,81	0,85	0,94
Kieselsäure (SiO_2) . . .	9,78	10,55	10,26	6,40	9,86	12,72

K. AMBERGER und K. HEPP[1] fanden bis zu 9,4% Zucker und entgegen den Angaben von FRIESE SO_2-Werte von nur 0,0049—0,0094% der Trockenmasse. Anscheinend handelt es sich um durch Jod oxydierte Spuren aus Senföl.

Meerrettich enthält das schwefelhaltige Glykosid Sinigrin, aus welchem durch Einwirkung des auf bestimmte Zellen beschränkten Enzyms Myrosin das Allylsenföl (C_3H_5CNS) abgespalten wird.

HEIDUSCHKA und ZWERGAL[2] konnten durch Fraktionieren des aus Meerrettich durch Wasserdampfdestillation erhaltenen und mit Äther extrahierten Öles folgende Verbindungen nachweisen: 1. Allylsenföl, C_4H_5NS Hauptbestandteil Kp 150°; Allylthioharnstoff, Schmelzpunkt 74°. 2. Phenyläthylsenföl C_9H_9NS etwa $^1/_5$—$^1/_4$ der Gesamtmenge, Kp. 140—142° (Phenyläthylthioharnstoff Schmelzpunkt 132°). 3. Phenylpropylsenföl $C_{10}H_{11}NS$ in sehr geringer Menge.

Das Meerrettichöl stellt demnach ein Gemisch von einem aliphatischen und zwei aromatischen Senfölen dar.

Senfölbestimmung nach O. NOETZEL[3]. Zur Senfölbestimmung wurde nach der für diesen Zweck folgendermaßen abgeänderten Vorschrift des Deutschen Arzneibuches gearbeitet: 50 ccm Saft werden in einem 500 ccm Rundkolben mit Wasserdampf destilliert. Eine direkte Destillation ist wegen des starken Schäumens nicht zu empfehlen. Das Destillat wird in einem 150-ccm-Maßkölbchen aufgefangen, in dem sich 10%iger Ammoniak und 10 ccm 96%iger Alkohol befinden. Das Kühlrohr wird zweckmäßig wegen der großen Flüchtigkeit des Senföls mit einem gebogenen Glasrohr verbunden, das in die Flüssigkeit der Vorlage eintaucht. Nach dem Abdestillieren von etwa 120 ccm werden 10 ccm 0,1 N.-Silbernitratlösung zugesetzt, 1 Stunde auf dem Wasserbad erhitzt und nach dem Abkühlen bis zur Marke aufgefüllt. Dann wird von dem ausgeschiedenen Schwefelsilber abfiltriert. In 75 ccm Filtrat wird das noch in Lösung befindliche Silbernitrat nach Ansäuern mit Salpetersäure und nach Zusatz von 1 ccm Eisenalaun als Indikator mit 0,1 N.-Rhodanlösung zurücktitriert. 1 ccm 0,1 N.-Silbernitratlösung entspricht 4,95 mg Allylsenföl.

10. Pastinak.

Pastinak ist die möhrenähnliche, außen gelblich bis bräunliche, innen weißlich fleischige Pfahlwurzel von Pastinaca sativa L. var. edulis DC., Familie der Umbelliferen. Der Geruch ist angenehm aromatisch, der Geschmack süßlich und etwas gewürzhaft. Die Erntezeit ist im Oktober. Das durchschnittliche Gewicht einer Knolle beträgt etwa 500—1500 g.

Die Pastinake wird feldmäßig meist als Nachfrucht nach Gerste besonders in Dänemark, Nordfrankreich, Holland und Belgien angebaut. Nur besondere Arten werden als Gemüse

[1] K. AMBERGER u. K. HEPP: Z. 1927, 54, 435.
[2] HEIDUSCHKA u. ZWERGAL: Journ. prakt. Chem. 1931, 32, 201—208.
[3] O. NOETZEL: Pharm. Zentralh. 1935, 76, 223.

benutzt, während die gewöhnlichen Sorten meistens als Futter für Pferde und Mastochsen dienen. Stellenweise wird Pastinak auch zum Einmachen mit Weinessig, Zimt, Nelken und Zucker verwendet.

Zusammensetzung. Nach LAMPRECHT zeigt Pastinak in Prozenten des frischen Materials folgende Zusammensetzung: Trockensubstanz 19,3—20,9%, Gesamtzucker 7,49—7,79%, Rohprotein 2,16—2,18%, Rohfaser 1,27—1,48%, Asche 1,15—1,20%, Petrolätherextrakt 0,34%, stickstofffreie Extraktstoffe 7,27—7,89%, oder in Prozenten der Trockensubstanz: Gesamtzucker 37,3%, davon 9,18% direkt reduzierende Zucker, Rohprotein 10,4—11,18%, Rohfaser 6,57—7,09%, Asche 5,75—5,95%, Petrolätherextrakt 1,64%, stickstofffreie Extraktstoffe 37,6—37,79%.

A. J. W. HORNBY[1] bestimmte den Pektingehalt der Pastinaken. Der Gehalt an Methylpektat in der Schale und der Pastinakwurzel beträgt etwa 15,5%, der des Fleisches 11,76%. Die Pastinaken enthalten 1% Stärke.

11. Schwarzwurzel.

Schwarzwurzel ist die frische Hauptwurzel von Scorzonera hispanica R. aus der Familie der Compositen. Die außen dunkelrotbraune, innen weiße Wurzel enthält reichlich Milchsaft, sie hat eine walzenförmige bis fast zylindrische Gestalt und wird 20—30 cm lang und etwa 2—3 cm dick. Die Rinde beträgt etwa $^1/_5$—$^1/_6$ des zentralen feinstrahligen Holzkörpers, der etwa $^3/_4$ des Gesamtdurchmessers einnimmt. Der Geschmack ist anfangs süßlich, dann rasch etwas herber und bitter. Ist auch die Schwarzwurzel des reichlichen Holzfasergehaltes (2,3%) wegen schwer verdaulich, so ist sie ihres Wohlgeschmackes wegen doch sehr geschätzt.

Zusammensetzung. Der Wassergehalt beträgt etwa 80%. Die Trockensubstanz besteht zu 75% aus stickstofffreien Extraktstoffen, davon 11% Zucker, 6% Stickstoffsubstanz, 2% Fett, 12% Rohfaser und 5% Asche. Die stickstofffreien Extraktstoffe enthalten Inulin, die Stickstoffsubstanz Asparagin. Schwarzwurzeln dürfen nicht gebrochen werden, da sie infolge Ausfließens des Milchsaftes an Wohlgeschmack einbüßen. In Schwarzwurzeln ist das Alkaloid Trigonellin $C_7H_7NO_2$ nachgewiesen worden.

12. Sellerie.

Sellerie ist die fleischige Wurzel des Knollensellerie Apium graveolens L. var. rapaceum (MILLER) DC. und gehört zur Familie der Umbelliferen. Die Pflanze ist zweijährig und wird sowohl der knollenförmig verdickten Wurzel als auch der Blätter und Blattstiele wegen als Knollen-, Schnitt-, Bleich- oder Rippensellerie kultiviert. Alle drei Formen besitzen infolge ihres Gehaltes an ätherischen Ölen einen charakteristischen Geruch und Geschmack.

Der Knollensellerie besteht aus Knollen von Faustgröße und darüber, von bräunlich-weißer bis brauner Farbe, die zuweilen rot geadert sind; im unteren Teile zweigen zahlreiche braune kleine Nebenwurzeln ab. Der Geschmack ist etwas scharf und süßlich, der Geruch eigentümlich würzig. Die Sellerieknolle soll sich weder faserig noch zähe noch holzig schneiden lassen, keine rostfarbenen Flecken besitzen oder hohl sein.

Zusammensetzung. Über Zusammensetzung, eßbarer Anteil und Abfall siehe Tabelle von v. SCHLEINITZ S. 737—739.

Der Gehalt an Trockensubstanz schwankt nach LAMPRECHT[2] zwischen 11,54 und 14,72%. Einem höheren Gehalt an Trockensubstanz entspricht ein höherer

[1] A. J. W. HORNBY: Journ. Soc. chem. Ind. 1920, **39**, 246; C. 1920, III, 801.
[2] LAMPRECHT: Chemische Zusammensetzung und biologische Eigenschaften von Sorten und Stämmen einiger Gemüsearten. 1925.

Gehalt an Zucker. Etwa 35,8% des Gesamtzuckers ist Invertzucker. Die Trokkensubstanz besteht im Mittel zu 6,87% aus Invertzucker.

Der Rohproteingehalt beträgt 1,88—2,34% der frischen Wurzelknollen. Zwischen Rohproteingehalt und anderen chemischen Bestandteilen oder biologischen Eigenschaften besteht keine Beziehung. Einem höheren Gehalt an Trokkensubstanz entspricht im allgemeinen ein höherer Rohfasergehalt (1,04—1,39%).

Die Unterschiede in den Ergebnissen von v. SCHLEINITZ und H. LAMPRECHT sind in erster Linie darauf zurückzuführen, daß LAMPRECHT im Gegensatz zu v. SCHLEINITZ stets die Wurzelknolle nach Entfernung der Seitenwurzeln untersucht hat.

Vitamine. Sellerie enthält Vitamin A, B und C. Äthylenbegasung hat bei Sellerie keine Verminderung des Gehaltes an Vitamin B zur Folge[1].

Bleichsellerie, Apium graveolens L. var. dulce Miller. Unter Bleichsellerie versteht man die fleischigen, durch Zusammenbinden und Zudecken mit Erde oder sonstwie gebleichten Stiele der Blätter. Sie werden etwa 50 cm lang und 3—4 cm dick. Die Kultur wird besonders stark in England betrieben. Die Anzucht der Pflanzen ist die gleiche wie beim Knollensellerie, verlangt aber große Sachkenntnis und Erfahrung.

Das Bleichen kann durchgeführt werden durch allmähliches Zuschütten der Gräben, durch Überstülpen von Tonröhren von 8—10 cm Durchmesser oder von oben aufgeschnittenen Flaschenstrohhülsen die mit starkem Packpapier umwickelt sind. Um Fäulnis zu verhüten, ist das Laub vor dem Bleichen zu trocknen. Beim Zudecken mit Erde muß man darauf achten, daß dasselbe nur kurz bis unter die Blätter erfolgt, und innerhalb 2—3 Wochen etwa 2—3mal wiederholt wird. Das Bleichen nimmt 5—6 Wochen in Anspruch und muß vorgenommen werden, ehe die Herzblätter durchzuwachsen beginnen.

Schnittsellerie sind die Blätter von Apium graveolens L. und zwar vom Knollensellerie wie auch vom besonders gezogenen Schnittsellerie Apium graveolens L. var. secalinum Alef. Die grundständigen dunkelgrünen glänzenden Blätter sind fiederteilig, dreilappig oder dreischnittig, ungleich tief eingeschnitten, gezähnt mit meist längeren zugespitzten Zähnen. Selleriekraut dient als Suppengewürz und zum Bratenaufputz.

II. Blattgemüse.

Unter Blattgemüse versteht man die Blätter und Knospen zahlreicher Pflanzen, zu denen neben Salat und Spinat in erster Linie die verschiedenen Kohlarten gehören.

1. Kohl.

Kohl sind die durch Kultur hochentwickelten Spielarten aus der Spezies Brassica oleracea L., Familie der Cruziferen. Als Genußpflanzen sind hauptsächlich folgende Arten bekannt:

a) Weißkohl.

Weißkohl sind die Blätterköpfe der Kohlvarietät Brassica oleracea var. capitata L. f. alba D. C. Die glatten, weißlichen, etwas fleischigen Blätter sind zu einem kugeligen oder plattrunden Kopfe fest zusammengeschlossen. Das Mittelgewicht pro Kopf schwankt je nach den verschiedenen Sorten zwischen 1,42 und 3,85 kg. Der Geschmack ist etwas süßlich und kohlartig.

Zusammensetzung (vgl. Tabelle von v. SCHLEINITZ S. 737—739).

Nach LAMPRECHT[2] schwankt die Trockensubstanz je nach der Sorte von 5,64—9,89%, dagegen bewegen sich die Werte für die verschiedenen Stämme innerhalb derselben ziemlich engen Grenzen.

[1] M. F. BABB: Science 1928, 68, 231; C. 1929, II, 1358.

[2] H. LAMPRECHT: Chemische Zusammensetzung und biologische Eigenschaften von Sorten und Stämmen einiger Gemüsearten. Malmö 1925.

Der Gesamtzuckergehalt der Weißkrautsorten liegt zwischen 3,1—4,4%. Die Zunahme des Zuckergehaltes geht mit der Trockensubstanz parallel, ist aber der Zunahme der Trockensubstanz nicht proportional. Man kann daher Sorten mit niedriger Trockensubstanz von solchen mit hoher Trockensubstanz auch im getrockneten Zustande durch Bestimmung des Zuckergehaltes unterscheiden.

Der Gehalt an FEHLINGsche Lösung direkt reduzierendem Zucker schwankt zwischen 2,8 und 4%. Wahrscheinlich beeinflussen Erntezeit und die vor derselben herrschende Temperatur den Gehalt an Invertzucker im Verhältnis zum Gesamtzucker.

Die Schwankungen im Gehalt an Rohprotein sind sehr unregelmäßig und liegen bei den verschiedenen Sorten zwischen 0,98 und 2,74%.

Die Werte für Rohfaser liegen zwischen 0,51 und 0,84% und verteilen sich ähnlich wie die für die Trockensubstanz auf eine für die Sorten charakteristische Weise.

Der Aschegehalt wechselt zwischen 0,47 und 0,77%. Die Verteilung des Aschegehaltes auf die verschiedenen Sorten ist der des Rohfasergehaltes ähnlich. Sorten mit niedrigem Gehalt an Trockensubstanz enthalten 0,47—0,55% Asche, solche mit mittlerem Gehalt 0,55—0,65% und solche mit hohem Gehalt an Trockensubstanz 0,60—0,77%. Auch die Zunahme des Aschegehaltes bleibt hinter der Zunahme der Trockensubstanz etwas zurück.

Der Fettgehalt schwankt zwischen 0,053 und 0,112% und ist einer Steigerung der Trockensubstanz im allgemeinen proportional.

Die Reife der verschiedenen Sorten nimmt mit zunehmender Trockensubstanz ab. Je früher eine Sorte reift, desto geringer ist der Trockensubstanzgehalt. Jedoch verläuft diese Erscheinung nicht parallel. Es gibt einzelne Sorten, die früher reifen, als der Trockensubstanz entsprechen würde und umgekehrt. Die Haltbarkeit, das ist die Eignung der Sorten zur Winterverwahrung, ist dem Gehalt an Trockensubstanz proportional. Allgemein läßt sich feststellen, daß von Sorten, die ungefähr gleichzeitig reifen, jene die größte Haltbarkeit besitzen, die den höchsten Gehalt an Trockensubstanz aufweisen.

Die Gerüstsubstanz der Blätter des Weißkohls enthält nach den Feststellungen von H. PRINGSHEIM, K. WEINREB und E. KASTEN[1] nur zu einem geringen Teil Cellulose, sie besteht vielmehr aus einem Polysaccharid oder Polysaccharidgemisch von großer Resistenz gegen hydrolytische Agentien.

Der mittlere Jodgehalt des Weißkohles betrug in kropfärmeren Gebieten nach J. F. MCCLENDON und C. E. HOLDRIDGE[2] 174 γ/kg. Der Gehalt an wasserlöslichem CaO schwankte nach W. H. PETERSON und C. B. PETERSON[3] zwischen 0,038 und 0,053% mit einem Mittel von 0,046%. Hiervon waren rund 60% in Wasser löslich. Junge Pflanzen hatten den höchsten Gehalt an wasserlöslichem CaO; der Gehalt nimmt mit fortschreitender Reife ab. Die entsprechenden Zahlen für P_2O_5 waren 0,023—0,036%, im Mittel 0,028%. Die Wasserlöslichkeit betrug 61%; auch diese nimmt mit fortschreitender Reife ab.

b) Rotkraut.

Rotkraut, Brassica oleracea var, capitata rubra D. C. unterscheidet sich vom Weißkraut nur in wenigen Eigenschaften.

Die rotviolette Farbe des Rotkohls wird durch die Anwesenheit von Anthocyan bedingt. Der Farbstoff tritt in den Epidermiszellen und den darunter liegenden 2—3 Zellreihen auf, ist löslich in Wasser, verdünnten Säuren, verdünntem Alkali, verdünntem Aceton und Eisessig. Bei neutraler Reaktion[4] zeigt der Farbstoff eine Blaufärbung, bei saurer dagegen

[1] H. PRINGSHEIM, K. WEINREB u. E. KASTEN: Ber. Deutsch. Chem. Ges. 1928, **61**, 2025—2028; 1929, **62**, 831.

[2] J. F. MCCLENDON u. C. E. HOLDRIDGE: Biochem. Journ. 1935, **29**, 272—274; C. 1935, II, 873.

[3] W. H. PETERSON u. C. B. PETERSON: Journ. agricult. Res. **33**, 695—699; C. 1927, I, 2916.

[4] H. WILLSTAEDT: Biochem. Zeitschr. 1931, **242**, 303—305.

eine violette bis rote und bei alkalischer Reaktion eine grüne bis gelbe Färbung. In stark alkalischer Lösung scheint der Farbstoff zerstört zu werden. Die Isolierung gelingt durch Fällen mit Bleiessig, Wiederfreimachen des Farbstoffes mit Salzsäure, Eindampfen und Fällen aus der Lösung in methylalkoholischer Salzsäure mit wäßriger Salzsäure. Die Substanz ist blauschwarz und mikrokrystallinisch.

Das Mittelgewicht der Köpfe ist niedriger als beim Weißkraut. Nach H. LAMPRECHT beträgt das Mittelgewicht pro Kopf 1,39 kg gegenüber einem Mittelgewicht von 2,42 kg beim Weißkraut. Der Vitamin-A-Gehalt des Weiß- und Rotkrauts ist gering. Dagegen ist der Vitamin-C-Gehalt groß. N. JARUSSOWA[1] gibt den Vitamin-C-Gehalt des Kohles mit 270—322 C-Vitamin-Einheiten in 1 kg an. Es wurde kein merkbarer Unterschied zwischen der antiskorbutischen Wirksamkeit des frischen und des gelagerten Kohles festgestellt. Der unter bestimmten Bedingungen gekochte Kohl — 1 Teil feingeschnittener Kohl in 2 Teile kochendes Wasser eingetragen und das während des Kochens verdunstende Wasser ersetzt — behält nach dem Kochen durchschnittlich 80% seines anfänglichen Gehaltes an Vitamin-C. Nähere Ausführungen siehe ds. Handb. Bd. I, S. 806 und 947.

c) Wirsing.

Wirsing, Savoyer Kohl sind die Blätterköpfe der Kohlvarietät Brassica oleracea L. var. sabauda L. Die Blätter, die mehr oder minder blasig, kraus und trübgrün aussehen, sind am Rande in der Regel etwas eingeschnitten, fein gekräuselt und schließen sich zu einem dichten runden oder plattrunden Kopfe zusammen. Der Geschmack ist stark kohlartig. Beim Kochen entwickelt sich ein charakteristischer, aber wenig ansprechender Geruch.

Zusammensetzung. Die Zusammensetzung siehe Tabelle von v. SCHLEINITZ S. 737—739.

Nach LAMPRECHT schwankt der Gehalt an Trockensubstanz zwischen 7,88 und 12,43%. Wirsing ist zuckerärmer als Weißkraut. Zwischen Trockensubstanz und Gesamtzuckergehalt bestehen andere Verhältnisse als beim Weißkraut. Eine sichere positive Korrelation ist nicht vorhanden.

Der Gehalt an Rohprotein wechselt zwischen 1,86 und 3,57%. Im allgemeinen entspricht einem höheren Gehalt an Trockensubstanz auch ein höherer Proteingehalt. Jedoch besteht wie beim Weißkraut keine Proportionalität. Bezüglich des Rohfaser- und Aschegehaltes gelten die gleichen Verhältnisse wie beim Weißkraut. Dagegen besteht keine Beziehung zwischen Reife und Trockensubstanz. Anders verhält es sich mit der Winterfestigkeit. Zwischen Trockensubstanz und Winterfestigkeit bestehen Beziehungen. Die kältewiderstandsfähigeren Sorten haben also hohen Trockensubstanz-, Rohprotein-, Rohfaser-, Asche- und Restgehalt. Die Variation der Winterfestigkeit ist beim Wirsing eine erheblich geringere als beim Weißkraut. Der schlechtesten Kälteresistenz beim Wirsing entspricht eine gute beim Weißkraut.

d) Rosenkohl.

Rosenkohl oder Sprossenkohl, Brüsseler Kohl, Brassica oleracea L. var. gemmifera D. C. hat einen stark in die Höhe geschossenen Stengel von etwa 30—60 cm Länge, der dicht mit walnußgroßen rosenartigen Seitenknospen besetzt ist. Die fleischig verdickten Röschen bestehen aus einer großen Anzahl von dicht übereinander liegenden Blättchen. Diese gewölbten, blasig aufgetriebenen, hellgelb bis olivengrün gefärbten Blättchen zeigen einen leicht gewellten Blattrand. Der Geschmack ähnelt dem des Wirsings.

Zusammensetzung. Die chemische Zusammensetzung des Rosenkohls weicht nach H. LAMPRECHT erheblich von der der anderen Kohlarten ab. Der

[1] N. JARUSSOWA: Z. 1925, **69**, 375—381.

Gehalt an Trockensubstanz ist durchweg höher und beträgt im Mittelwert 13,56%. Der Gesamtzuckergehalt beträgt durchschnittlich etwa 20% der Trockensubstanz. Invertzucker ist dementsprechend in geringerer Menge vorhanden, im Mittel 10,2% der Trockensubstanz. Der Gesamtzucker besteht ungefähr zur Hälfte aus Invertzucker. Der Rohproteingehalt ist 3—5mal so hoch wie der von Weißkraut. Auch der Fettgehalt ist wesentlich höher als bei den anderen Kohlarten. Der Gehalt an Rohfaser, Asche, stickstofffreien Extraktstoffen weicht nicht wesentlich von den anderen Varietäten ab.

e) Winterkohl.

Winterkohl oder krauser Grünkohl, Brassica oleracea L. var. acephala D. C. Die genießbaren Blätter dieser Kohlart schließen nicht zu einem Kopf zusammen. Sie zeichnen sich auch im zerkleinerten Zustande durch ihre mehr oder weniger krause Blattfläche aus und enthalten reichlich Chlorophyll. Der Blattrand ist buchtig gekerbt oder tief fiederteilig. Die Pflanze verträgt Kälte und ist erst nach den eingetretenen Spätherbstfrösten genießbar. Der Geschmack ist kräftig, kohlartig.

Zusammensetzung. Die Werte für die Trockensubstanz schwanken nach H. Lamprecht zwischen 15,55% und 20,38%, die des Gesamtzuckers zwischen 1,34 und 2,56%. Im allgemeinen nimmt der Zuckergehalt mit steigender Trockensubstanz zu. Der Rohproteingehalt entspricht etwa dem des Rosenkohls; er beträgt ungefähr das 3—6fache desjenigen von Weißkraut; dasselbe gilt für den Fettgehalt, Winterkohl enthält in der frischen Substanz etwa 9mal und in der Trockensubstanz etwa 5mal soviel Fett wie Weißkraut. Der Asche- und Rohfasergehalt ist bedeutend höher als bei den übrigen Kohlarten.

2. Spinat.

Spinat besteht aus den Blättern von Spinacia oleracea L., Familie der Chenopodiaceae, einer aus dem Osten stammenden Pflanze. Die Blätter sind kahl, glatt, glänzend grün und kommen während des ganzen Jahres, am meisten aber im Herbst und Frühjahr auf den Markt. Infolge seines hohen Gehaltes an anorganischen Stoffen (organisch gebundenes Eisen), Vitaminen, Proteinen und Chlorophyll zählt der Spinat zu den geschätztesten Gemüsen. Beim Spinat können sowohl die Blätter als auch die Blattstiele mit der Blattfläche verzehrt werden. Werden die Stiele nicht verwertet, so gehen nach v. Schleinitz[1] 26,5% als Abfall verloren. Das Abtrennen der Stiele ist daher nicht zweckmäßig. Die Blätter enthalten 7,6% Rohfaser, die ganze Pflanze 8,5%, also kaum ein Prozent mehr. Auch der Reineiweißgehalt sinkt bei Verwendung von Blatt und Stielen nur um 2,5%.

Zusammensetzung (siehe v. Schleinitz S. 737—739).

Der Stickstoff verteilt sich auf Reineiweiß und Aminosubstanzen wie folgt:

Reineiweiß	86,57%
Aminosubstanzen	13,43%

Für die Mineralbestandteile auf frischen Spinat berechnet gibt A. Miermeister[2] folgende Werte an:

Tabelle 17.

Gesamtmineralstoffe (sandfrei)	1,493%	Eisenoxyd (Fe_2O_3)	0,004%
Kaliumoxyd (K_2O)	0,681%	Chlor (Cl)	0,053%
Natriumoxyd (Na_2O)	0,167%	Schwefelsäure (SO_3)	0,051%
Calciumoxyd (CaO)	0,162%	Phosphorsäure (P_2O_5)	0,120%
Magnesiumoxyd (MgO)	0,071%		

[1] v. Schleinitz: Landw. Jahrb. 1919, 52, 173. [2] A. Miermeister: Z. 1929, 57, 326.

Spinat zeichnet sich vor allem durch seinen Eisengehalt aus und trägt dadurch als Gemüse erheblich dazu bei, den täglichen Eisengehalt des menschlichen Körpers zu decken, denn nach A. LICHTIN[1] liefern 100 g Spinat etwa 5 mg Eisen. (Der tägliche Bedarf an Eisen beträgt etwa 15 mg.)

Nach Untersuchungen von HAENSEL[2] dagegen enthält Spinat nicht mehr Eisen als andere Gemüse. Er fand für die Trockensubstanz von Winterkohl 0,0557%, von Kopfsalat 0,054% und von Spinat 0,036% Eisen. H. SERGER[3] gibt als Eisenwert im Mittel 0,10% an, wovon der größte Teil an Chlorophyll gebunden ist und mit verdünntem Alkohol ausgezogen werden kann.

V. CZADEK[4] hat durch Düngung mit Ferrihydroxyd (2%) bei Versuchen in Töpfen den Gehalt an Eisen von 0,03% in der Trockensubstanz bei ungedüngtem Spinat auf 0,23% bei gedüngtem Spinat erhöht. Im allgemeinen dürfte der Eisengehalt des Bodens hinreichend sein, um die Pflanze genügend zu versorgen.

Infolge seines Ca-Gehaltes kann der Spinat nach L. MCLAUGHLIN[5] in der gemischten Kost Milch und andere Ca-reiche Stoffe ersetzen. Spinat enthält noch nach dem Kochen etwa 0,7% Ca.

Spinat gehört zu den Pflanzen, die Saponin enthalten. Nach O. DAFERT[6] zeigen Stengel und Samen der Pflanze keine, die Blätter nur sehr geringe hämolytische Wirkung. Verhältnismäßig saponinreich sind dagegen die Wurzeln. Der Saponingehalt der Wurzeln ändert sich während der Vegetationsperiode. (Über die Gewinnung des Saponins aus Spinat s. ds. Handb. Bd. I, S. 509.)

Mikrochemischer Nachweis des Saponins im Spinat nach A. NIETHAMMER[7]. Der Nachweis kann mit Hilfe der Mikrosublimationsmethode unter Verwendung des KLEIN-WERNERschen Sublimationsapparates (s. ds. Handb. Bd. II, S. 1148) und weiterhin durch Fällung mit Brom und Bromkali erbracht werden (schwert- und kreuzförmige Krystalle).

L. KOFLER[8] nimmt an, daß die hohe Bewertung des Spinates als Nahrungsmittel nicht allein durch den großen Gehalt an Mineralsubstanzen, Vitaminen, Chlorophyll usw. gegeben ist, sondern daß hier in erster Linie der Gehalt an Saponin eine Rolle spielt. Seine Untersuchungen haben ergeben, daß die hämolytische Wirkung der Spinatblätter stark ist. Die aus 150 g frischem Spinat erhaltenen Saponine entfalten ungefähr die gleich starke resorptionsfördernde Wirkung wie 0,12 g Saponinum pur. alb. Merck. Das Spinatsaponin wirkt anregend auf die Tätigkeit der Verdauungsdrüsen und der Darmbewegung, so daß hierin wohl der Grund für die Beliebtheit des Spinats als Gemüse zu suchen ist.

E. K. NELSON und H. H. MOTHERN[9] fanden in frischem Spinat aus Washington 0,31% Oxalsäure und geringe Mengen Citronen- und Äpfelsäure.

J. H. SPEER, E. C. WISE und M. C. HART[10] haben die Zusammensetzung des Spinatfettes untersucht. Als Säuren der Glyceride konnten neben Palmitin- und Stearinsäure noch etwa 3% Cerotinsäure nachgewiesen werden. Die flüchtigen Säuren setzten sich aus 12,7% Linolen-, 34,7% Linol- und 26,3% Ölsäure zusammen. Flüchtige Fettsäuren waren nur in Spuren vorhanden. Über das Unverseifbare im Spinatfett siehe F. W. HEYL, E. C. WISE und J. H. SPEER[11].

A. BICKEL[12] gewann aus Spinat ein neues Secretin, eines der am allerstärksten auf Magen und Pankreas excitosekretorisch wirkenden Mittel. In Lösung geht es nur nach langem Kochen, leichter dagegen bei der Hydrolyse mit Salzsäure. Diesem von BICKEL aus dem Spinat dargestellten Secretin — durch Pikrinsäure von etwa vorhandenem Histamin befreit — fehlt nach H. KALK und K. NISSEN[13] die blutdrucksenkende und uteruserregende Wirkung. Trotz gewisser Unterschiede in Bezug auf Nebenwirkungen und Wirkungsdauer

---

[1] A. LICHTIN: Amer. Journ. Pharmac. **96**, 361—364; C. 1924, II, 1291.
[2] HAENSEL: Biochem. Zeitschr. 1909, **16**, 9.
[3] H. SERGER: Z. 1907, **13**, 711. [4] V. CZADEK: Z. 1904, **8**, 441.
[5] L. MCLAUGHLIN: Journ. Biol. Chem. 1927, **74**, 455—462; C. 1928, I, 220.
[6] O. DAFERT: Z. 1930, **60**, 408. [7] A. NIETHAMMER: Z. 1931, **61**, 221.
[8] L. KOFLER: Wien. Klin. Wochenschr. 1931, Nr. 26; Pharm. Zentralh. 1931, **72**, 761.
[9] E. K. NELSON u. H. H. MOTHERN: Journ. Amer. Chem. Soc. 1931, **53**, 1909—1912; C. 1931, II, 70.
[10] J. H. SPEER, E. C. WISE u. M. C. HART: Journ. Biol. Chem. **82**, 105—110; C. 1929, II, 898.
[11] F. W. HEYL, E. C. WISE u. J. H. SPEER: Journ. Biol. Chem. **82**, 111—116; C. 1929, II, 898.
[12] A. BICKEL: Berl. Klin. Wochenschr. **54**, 74—76; Jahresbericht für Agrikulturchemie 1917, S. 128.
[13] H. KALK u. K. NISSEN: Arch. Verdgskrkh. 1931, **49**, 129—143; Z. 1937, **73**, 205.

besteht kein grundsätzlicher Unterschied in der Wirkung gegenüber dem Histamin. Auf die feinsten Gefäße wirkt es im Grunde wie das Histamin, nur schwächer. Bei intracutaner Injektion erzeugt das Secretin Hautquaddeln in der Art des Histamins. Das Spinatsecretin ist sehr beständig. Untersuchungen von DOBREFF[1] ergaben, daß selbst durch 8jähriges Lagern das Secretin nicht vollständig zerstört wird, sondern nur eine leichte Abschwächung erleidet.

Vitamingehalt. Über den Vitamingehalt siehe ds. Handb. Bd. I, S. 805 und 947. Spinat gehört zu unseren vitaminreichsten Gemüsen. Nach H. BLACK KIFER und H. E. MUNSELL[2] sind die Vitamine A und B in gleichen Mengen im Spinat enthalten, hingegen wechselt der Gehalt an Vitamin C. Ein eindeutiger Zusammenhang zwischen Farbe, äußerer Beschaffenheit und Vitamingehalt war nicht festzustellen. Das Vorkommen der Faktoren B_1 und B_2 geht nach den Untersuchungen von M. H. ROSCOE[3] mit der Grünfärbung der Blätter parallel. Im allgemeinen ist mehr B_1 als B_2 vorhanden. Beim Kochen von Spinat geht mehr als die Hälfte beider Faktoren in das Kochwasser über. Bezüglich des Vitamin-A-Gehaltes steht der Spinat nach E. F. KOHMAN[4] allen andern Nahrungsmitteln mit Ausnahme des Lebertrans zum mindesten gleich. Weder durch Kochen noch durch Konservieren wird der Vitamin-A-Gehalt geschädigt. Vitamin B ist im Spinat nicht in großen Mengen vorhanden. Durch Konservieren erfährt dieses keine Abnahme. Der Vitamin-C-Gehalt des Spinats wird durch das Kochen nicht zerstört, vielmehr ist der konservierte Spinat ebenso reich daran wie Organgensaft und reicher als Tomatensaft. Dieser Vitamingehalt steht zwar hinter dem des frischen Spinats zurück, jedoch tritt nur in den ersten 17 Minuten der Sterilisation Verlust ein, der auch durch weiteres 50 Minuten langes Erhitzen nicht erhöht wird. Eine Blanchierdauer von mehr als 2 Minuten ist ungünstig und zu vermeiden. Gegenüber dem küchenmäßig gekochten Spinat wies der konservierte einen 5—10mal so großen Gehalt an Vitamin C auf.

Durch ausgedehnte Untersuchungen am Meerschweinchenskorbut konnten F. v. HAHN und J. GÖRBING[5] feststellen, daß Kalkzustand und Düngung eines Bodens von weitgehendem Einfluß auf den Vitamingehalt des Spinats sind. So weist Spinat nur einen ausgesprochen geringen Vitamingehalt auf, wenn ein durch Kalkung auf den neutralen Zustand gebrachter Boden nicht mit Kali, Phosphorsäure oder Stickstoff gedüngt wird. Der höchste Vitamingehalt dagegen konnte bei ausgesprochener Gründüngung erreicht werden. Bei einseitiger Erhöhung eines Bestandteiles — Kali oder Phosphorsäure oder Stickstoff — wird der Gehalt an Vitamin C vermindert. Bei Überdüngung mit Phosphorsäure ist die Verminderung verhältnismäßig am geringsten, bei Überdüngung mit Stickstoff dagegen am stärksten bemerkbar.

Gewichtsverluste beim Lagern. Bei dem Transport und der Lagerung von Spinat im Eisenbahnwagen bzw. im Verkaufsraum erleidet der Spinat erhebliche Gewichtsverluste[6]. Am ersten Tag belief sich der Gewichtsschwund beim Bahntransport auf 15%, am 2. Tage auf 30%, am 3. Tage auf 37% und am 4. Tage auf 46%. Bei Lagerung in geschlossenen Verkaufsräumen betrugen die Verluste entsprechend 18, 31, 49 und 60%. Durch zweistündiges Wässern der gewelkten Pflanzen nahm das Gewicht wieder um 30% zu. Hinsichtlich der Wässerung ist zu bemerken, daß Spinat nicht übermäßig mit Wasser behandelt werden darf, da hierdurch nicht nur das Gewicht vermehrt, sondern auch der Zustand besonderer Frische oder besserer Beschaffenheit vorgetäuscht werden kann.

---

[1] DOBREFF: Deutsch. Med. Wochenschr. **50**, 950.
[2] H. BLACK KIFER u. H. E. MUNSELL: Journ. Agricult. Res. 1932, **44**, 767—771; C. 1932, II, 2074.
[3] M. H. ROSCOE: Biochem. Journ. 1930, **24**, 1754—1763; C. 1931, II, 264.
[4] E. F. KOHMAN: Research Laboratory, National Canners Association. Pharm. Zentralh. 1925, **66**, 251.
[5] F. v. HAHN u. J. GÖRBING: Z. 1933, **65**, 601.
[6] N. NICOLAISEN: Die Gartenbauwirtschaft 1931, **47**, Nr. 48; Konserven-Ind. 1932, **19**, 474.

3. Mangold.

Mangold oder Mangoldblätter sind die Blätter verschiedener Sorten einer Kulturvarietät der Runkelrübe Beta vulgaris L. nämlich von Beta vulgaris L. var. cicla L., Familie der Chenopodiaceae-Cyclolobeae-Beteae. Die gestielten eiförmig oder eiförmig-länglichen Blätter werden wie Spinat zubereitet und gehören zu den Spinatersatzstoffen. Nur die jüngeren Blätter werden als Gemüse verwendet. Die Blattstiele und Blattrippen werden ähnlich wie Spargel gekocht und verzehrt, jedoch ohne vorher geschält zu werden. Mangoldblätter sind ohne Geruch und ohne charakteristischen Beigeschmack kaum süßlich.

Zusammensetzung (siehe Tabelle von v. SCHLEINITZ S. 737—739).

Aus der Analyse der Mangoldblätter geht hervor, daß diese als vollwertiger Ersatz für Spinat angesehen werden können. Der Stickstoffsubstanz- und Reineiweißgehalt ist nur um 2% niedriger als derjenige von Spinat. Auch der Rohfasergehalt ist nicht wesentlich höher. Die eßbaren Mangoldstiele sind anders zusammengesetzt als die Blätter. Nach A. V. CAMPBELL[1] enthielten Mangoldblätter zu verschiedenen Tageszeiten folgende Mengen Kohlehydrate:

Tabelle 18.

Zeit (nachmittags)	6 Uhr	8 Uhr	10 Uhr	12 Uhr	2 Uhr	4 Uhr	6 Uhr	8 Uhr	10 Uhr	12 Uhr	2 Uhr	4 Uhr
Trockensubstanz	4,04	3,56	3,62	3,30	3,78	3,63	3,70	4,35	4,12	4,26	4,52	3,84
Invertzucker . .	4,67	3,58	3,98	3,92	3,81	2,64	4,70	4,43	3,44	4,33	3,57	4,65
Saccharose . . .	2,20	1,46	1,23	1,47	0,68	0,45	0,79	0,63	1,72	1,76	1,92	2,20
Maltose	0,48	0,46	0,79	1,57	2,23	2,40	1,37	1,32	0,95	0,88	0,97	0,53
Stärke	8,60	8,95	9,30	9,95	7,36	6,44	5,31	4,86	5,90	6,80	8,66	9,24
Summe	15,95	14,45	15,30	16,91	14,08	11,93	12,17	11,24	12,01	13,77	15,12	16,62
Invertzucker . .	1,87	1,52	1,59	1,57	1,52	1,03	1,88	1,77	1,37	1,73	1,43	1,86
Saccharose . . .	0,92	0,61	0,52	0,62	0,23	0,19	0,33	0,26	2,72	0,74	0,81	0,92
Maltose	0,20	0,19	0,33	0,66	0,93	1,01	0,57	0,55	0,39	0,37	0,40	0,22
Stärke	3,82	3,98	4,14	4,41	3,26	2,86	2,36	2,16	2,62	3,02	3,85	4,11
Summe	6,81	6,30	6,78	7,26	5,94	5,09	5,14	4,74	5,10	5,86	6,49	7,11

Je nach den Tageszeiten sind die Schwankungen recht erheblich.

III. Salate.

Von den Salatkräutern gibt es viele Spielarten. Man unterscheidet:

1. Familie der Kompositen.

a) Kopfsalat, Lactuca sativa var. capitata L. Die frischen Blätter schließen sich kopfähnlich zusammen. Die Pflanze ist einjährig. Zwei weitere Varietäten derselben sind der Lattichsalat oder Pflücksalat: Lactuca sativa var. aurescens = var. acephala Alef. und der Schnittsalat oder Stecksalat Lactuca sativa var. secalina Alef.

Beim Kopfsalat sind die äußeren Blätter gewölbt, hellgrün oder braun bis rotbraun gefleckt, die inneren Blätter dagegen gelblich zart. Die Nervatur ist stark ausgeprägt. Zu beiden Seiten des kielartigen Mittelnerves zweigen viele stark vorspringende Seitennerven ab.

Beim Pflücksalat pflückt man, wie schon der Name sagt, vom weiterwachsenden Stengel die vielgestaltig geformten Blätter ab.

Die Blätter des Schnittsalates bilden keinen Kopf, sondern nur ein lockeres Büschel.

[1] J. KÖNIG: Chemie der menschlichen Nahrungs- und Genußmittel, Nachtrag zu Bd. I, B. 309.

Zusammensetzung (siehe Tabelle von v. SCHLEINITZ S. 737—739). Den erfrischenden Geschmack verdanken die Blätter ihrem Gehalt an organischen Säuren, die als saure Salze vorliegen. DYMONT[1] will angeblich im Extrakt des Lattichsalates, ein dem Hyoscyamin ähnliches mydriatisches, die Pupillen erweiterndes Alkaloid gefunden haben.

Nach W. DAHLEN besteht der Kopfsalat aus 67,8% zarten Blatteilen und 32,2% Blattrippen.

b) Endiviensalat oder gekrauster Salat sind die frischen Blätter von Cichorium Endivia L. Sie kommen in den beiden Varietäten Var. latifolia, Breitblätterige Endivie oder Escariol und Var. cripsa, Krausblätterige Endivie vor. Die Blätter haben einen etwas bitteren Geschmack. Der Wassergehalt beträgt etwa 94%, die Konsistenz ist also härter als beim Kopfsalat.

Die in den Herbst- und Wintermonaten auf den Markt kommenden Köpfe sind meist durch entsprechende Vorbehandlung gebleicht.

c) Cichoriensalat. Unter Cichoriensalat versteht man die Blattrosetten der verschiedenen Varietäten von Cichorie. Als Salat kommt besonders die Sorte Cichorium intybus L. foliosum, auch Chicorée genannt, in Frage. Je nach Kultur und Sorte ist der Geschmack leicht bitter bis ganz milde und erinnert an den Geschmack des Löwenzahnsalates.

2. Familie der Valerianaceen.

Feldsalat, Rapunzel oder Vögerlsalat sind die kleinen spatelförmigen, zu einer Rosette vereinigten grundständigen Blätter von Valerianella lucusta olitoria (L.) Moench = Fedia olitoria Vahl. Der Geschmack ist angenehm schwach bitterlich.

3. Familie der Cruciferen.

a) Die Garten- oder Tellerkresse ist das frische Kraut von Lepidium sativum L. Als Salat werden nur die jungen etwa 6—10 cm hohen Pflanzen genossen, die nur Keimblätter oder Blätter jüngster Entwicklungsstadien tragen. Die Pflanze ist einjährig und stammt aus den östlichen Mittelmeerländern. Die Blätter enthalten das Glykosid Glykotropäolin als Kaliumsalz und das Enzym Myrosin, das aus dem ersteren Benzylsenföl abspaltet. Benzylsenföl ist auch der Hauptbestandteil des Kressenöles[2].

b) Die **Brunnenkresse,** Nasturtium officinale R. Br. ist das frische Kraut einer wildwachsenden überall verbreiteten Pflanze. Beim Zerreiben ist der Geruch scharf kresseartig, der Geschmack ist bitterscharf und appetitanregend. Die Brunnenkresse enthält das Glykosid Glykonasturtiim in Form des Kaliumsalzes, aus welchem durch Einwirkung eines glykosidspaltenden Enzyms das Phenyläthylsenföl abgespalten wird, das den Hauptbestandteil des Brunnenkressenöles darstellt[3].

c) Löffelkraut sind die frischen Blätter von Cochlearia officinalis L. Familie der Cruciferen. Die Pflanze wächst hauptsächlich an den Meeresküsten der nördlichen Länder, aber auch im Binnenlande, besonders auf salzhaltigem Boden. Beim Zerreiben tritt ein scharfer rettichartiger Geruch auf. Der Geschmack ist stark kresseartig. Das Kraut enthält das schwefelhaltige Glykosid Glykocochlearin, sowie das Enzym Myrosin, durch dessen Einwirkung aus dem ersteren d-Butylsenföl abgespaltet wird vielleicht neben etwas d-Limonen. Das Butylsenföl bildet den Hauptbestandteil des Löffelkrautöles. Löffelkraut wurde im Mittelalter als Heilmittel vornehmlich gegen Skorbut verwendet.

d) Salatkräuter. Zuweilen werden noch einige wildwachsende Unkräuter als Salatpflanzen benutzt. Hierzu gehören: 1. Die Blätter vom Löwenzahn,

[1] DYMONT: WEHMER, Pflanzenstoffe, S. 792.
[2] WEHMER: Die Pflanzenstoffe, S. 247. [3] WEHMER: Die Pflanzenstoffe, S. 260.

Leontodon taraxaeum. — 2. Nesselblätter und Stengel, Urtica dioica. — 3. Blätter vom Wegebreit, Plantago major. — 4. Gemüseportulak, Portulaca oleracea. — 5. Weißer Gänsefuß, Chenopodium album.

Bezüglich des Vitamingehaltes von Salat wird auf ds. Handb. Bd. I, S. 806 und 947 verwiesen.

IV. Stengel- und Sproßgemüse.

Unter Stengel- und Sproßgemüse versteht man die durch Zucht fleischig und dick gewordenen Stengel oder oberirdischen Stengelknollen verschiedener Pflanzen.

1. Kohlrabi.

Kohlrabi, Kohlkopfrabi, Oberkohlrabi, Oberkohlrübe, Brassica oleracea L. var. gongylodes L., hat zu fleischigen, kugeligen, faustgroßen Knollen verdickte Stengel und wird mitunter fälschlich als Kohlrübe bezeichnet. Die Knolle trägt einige langgestielte grüne oder violette Blätter, die zum großen Teil bei der Zubereitung entfernt werden. Die Herzblätter sind am Rande gebuchtet, am Grunde tief gespalten und haben eine glatte Blattfläche vonhellgrüner bis hellgelber Farbe und zeichnen sich durch große Zartheit aus. In der Regel werden sie mitgegessen. Die Knolle selbst ist außen grünlich weiß bis violett gefärbt. Der Geruch des Kohlrabi ist schwach kohlähnlich, der Geschmack ebenso, dazu etwas süßlich. Kohlrabi gelangt frisch als blaue oder grüne Spielart oder als Konserven meist in Scheiben geschnitten in den Handel.

Zusammensetzung. Oberkohlrabi hat nach J. KOCHS[1] folgende Zusammensetzung:

Tabelle 19.

Wasser %	Stickstoff %	Reineiweiß %	Fett %	Stickstofffreie Extraktstoffe %	Rohfaser %	Asche %	In der Trockensubstanz: Stickstoffsubstanz %	Stickstofffreie Extraktstoffe %	Rohfaser %
92,77	2,02	1,03	0,14	3,57	0,64	0,86	27,97	49,38	8,89

Küchenabfall und Zusammensetzung des eßbaren Anteils siehe v. SCHLEINITZ Tabelle S. 737—739, Mineralbestandteile siehe E. HAENSEL Tabelle S. 735.

2. Spargel.

Spargel sind die aus den ästigen weit hinkriechenden Wurzelstöcken aufrecht treibenden jungen Stengelsprosse von Asparagus officinalis L., Familie der Liliaceen. Die Stengelsprossen haben, solange sie im Dunkel der Erde geborgen sind, ein bleiches, chlorophylloses Aussehen. Die aus der Erdkruste hervorgebrochenen Schößlinge sind grün und hart. Am oberen Teil sind sie von kleinen schuppenförmigen niederen Blättern bedeckt. Der Spargel wächst an den Meeresküsten in lockerem sandigen, aber feuchten salzhaltigem Boden wild. Für die Kultur des Spargels ist ein Boden ähnlicher Art besonders günstig. Er bedarf jedoch einer starken Düngung. Die Hauptdüngung erfolgt bei der Spargelkultur unmittelbar nach der Ernte. Der Boden wird recht locker gehalten und mit Stallmist durchsetzt.

[1] J. KOCHS: Jahresbericht für Agrikulturchemie 1918, S. 153.

In Deutschland wurde der Spargel erst um die Mitte des 16. Jahrhunderts am Niederrhein angebaut. Ein Jahrhundert später fand er auch in Norddeutschland Eingang. Heute ist die Spargelkultur in Deutschland sehr entwickelt, namentlich in der Gegend von Erfurt, Braunschweig und Berlin, wo der Spargel auf großen Plantagen gezüchtet wird. Man hat zwei Spielarten in Kultur, den weißen Spargel mit weißen Sprossen und den grünen Spargel mit lichtgrünen Sprossen. Ein Sproß wiegt ungefähr 15—60 g. Auf $^1/_2$ kg sollen nicht mehr als 30 Sprossen kommen, so daß das Einzelgewicht etwa 17 g beträgt. Zum Genuß wird der Spargel geschält. Der marktfertige Spargel liefert etwa $^1/_3$ Schalen und $^2/_3$ eßbaren Anteil. Siehe Tabelle v. SCHLEINITZ S. 737—739.

Spargel ist geruchlos, der Geschmack schwach süßlich. Die Spargelköpfe gehören nach M. RUBNER[1] zu den proteinreichen Gemüsen, stehen über den Steinpilzen aber unter dem Wert des Spinates. Sie übertreffen diesen aber an nutzbaren Calorien. Die Stiele und der ganze Spargel kommen in ihrem Proteingehalt etwa dem Wirsing oder den Mohrrüben gleich, besitzen aber einen größeren Verbrennungswert.

Zusammensetzung. Die einzelnen Teile des Spargels sind sehr verschiedenartig zusammengesetzt. Nach M. RUBNER[1] sind in der Trockensubstanz enthalten:

Tabelle 20.

	Köpfe %	Stiele %	Ganzer Spargel %
Asche	8,08	4,90	5,23
Organische Substanz	91,92	95,10	94,77
Pentosen	8,65	8,74	8,73
Rohprotein	36,53	21,94	23,44
Reinprotein	27,66	9,85	11,27
Cellulose	7,52	10,03	9,77
Zellmembran	24,21	21,00	21,32
Fett	4,04	2,12	2,31
Verbrennungswärme (kg-Cal)	431,80	435,10	431,80

Die Zellmembran enthält nach

Tabelle 21.

	Köpfen %	Stielen %
Cellulose	31,08	47,76
Pentosane	17,95	16,40
Lignine usw.	50,97	35,84

Nach P. POUZOLS[2] enthält der frische Spargel im Durchschnitt 93,51% Wasser, 1,57% Stickstoffsubstanz, 0,13% Fett, 0,91% Zellstoff, 0,35% Zucker, 2,92% Kohlenhydrate und 0,6% Mineralstoffe. Die Stickstoffsubstanz besteht etwa zur Hälfte aus Asparagin. Die Asche setzt sich hauptsächlich aus Phosphaten und Kalisalzen zusammen. Die Aschenanalyse ergab folgende Werte in Hundertteilen:

Tabelle 22.

Kohlenstoff	14,42	Kupfer	0,05
Silicium	18,34	Zink	0,03
Calciumsalze	23,66	Metallische Phosphorverbindungen	2,43
Kalisalze	19,14	Schwefel und Schwefelverbindungen	1,33
Natronsalze	19,45	Chlor	0,90
Magnesiumverbindungen	6,60	Brom- und Jodverbindungen	0,07
Eisen und Eisenoxyde	0,94	Verschiedene	0,54

Die Zusammensetzung wird von Sorte, Boden, Kulturbedingungen und Erntezeit beeinflußt.

Zur Untersuchung zerlegt P. POUZOLS 20 cm lange Spargelstücke in 3 Teile und zwar Spitze (6 cm lang), Mittelstück (8 cm lang) und Ende (6 cm lang). Die Analyse der einzelnen Teile ergab folgende Werte (Tabelle 23).

---

[1] M. RUBNER: Berl. klin. Wochenschr. 1916, **53**, 657—658; **Z.** 1919, **38**, 235.
[2] P. POUZOLS: Konserven-Ind. 1926, **13**, 224.

Tabelle 23.

	Spitze %	Mittelstück %	Ende %	Durchschnitt %
Wasser	92,50	93,26	93,06	92,49
Trockensubstanz	7,50	6,74	6,94	7,06
Stickstoffsubstanz	1,31	1,63	1,52	1,49
Zucker	0,21	0,40	0,43	0,34
Fett	Spuren	0,15	0,12	0,13
Kohlenhydrate	4,50	3,20	3,34	3,68
Cellulose	0,66	0,96	1,14	0,92
Mineralstoffe	0,82	0,40	0,39	0,54
100 Teile Asche enthalten:				
Silicium	10,07	19,68	25,27	
Kaliumsalze	24,63	19,44	14,25	
Natriumsalze	14,47	19,20	24,98	
Eisenoxyd	1,01	0,95	0,86	
Phosphorverbindungen	2,58	2,44	2,27	
Schwefelverbindungen	0,86	1,40	1,13	

Die Spitzen zeichnen sich hiernach durch großen Reichtum an Kohlenhydraten und Mineralstoffen aus, sind aber arm an Cellulose, Stickstoffsubstanzen, Zucker und Fett. Daraus erklärt sich ihre Schmackhaftigkeit, aber auch ihr geringer Nährwert. Die mittleren Teile sind verhältnismäßig reich an Stickstoffsubstanz, Fett, Zucker und Cellulose, arm dagegen an Extrakt- und Mineralstoffen. Ihr Nährwert ist deshalb größer, ihre Konsistenz fester, ihre Schmackhaftigkeit aber geringer als bei den Spitzen. Infolge des hohen Siliciumgehaltes sind die unteren Teile der Spargelstangen zäher als die Spitzen und müssen daher länger gekocht werden. Die Spitzen sind infolge ihres großen Gehaltes an Kali- und Phosphorverbindungen am wohlschmeckendsten, infolge des höheren Gehaltes an Schwefelverbindungen neigen die mittleren und unteren Teile leichter zum Schwarzwerden.

Tabelle 24.

	Schale %	Fleisch %
Wasser	84,35	92,94
Trockensubstanz	15,65	7,06
Gesamtstickstoff	0,96	1,49
Zucker	0,48	0,34
Fett	0,12	0,13
Kohlenhydrate	3,10	3,68
Cellulose	6,31	0,92
Mineralstoffe	4,06	0,54
Die Aschenuntersuchung ergab folgende Werte:		
Silicium	27,02	18,34
Calciumsalze	25,12	23,66
Kalisalze	6,40	19,14
Eisen und Eisenoxyd	2,30	0,94
Phosphorverbindungen	1,03	2,43
Schwefel und Schwefelverbindungen	3,64	1,33

Die Spargelschalen unterscheiden sich in ihrer chemischen Zusammensetzung merklich von der des Fleisches (Tabelle 24).

Die Schale hat nur sehr geringen Nährwert und ist wenig schmackhaft. Infolge ihres hohen Gehaltes an Schwefel- und Eisenverbindungen neigt sie leichter zum Schwarz- und Braunwerden als das Fleisch. Zur Verfärbung trägt ferner auch der an und für sich niedrige Gehalt an Tannin (0,006% im Fleisch, 0,012% in der Schale) bei. Das Tannin des Spargels ist chemisch mehr der Gerb- als der Gallussäure verwandt und verfärbt sich unter der Wirkung des Sonnenlichtes braun. Spargel muß daher dunkel versandt und verbreitet werden.

Das in allen Teilen des Spargels reichlich vorhandene Asparagin kann als Amid der Asparaginsäure betrachtet werden. Das Asparagin ist ein ziemlich unbeständiger Körper; der bei gewissen Gärungen des Spargels auftretende unangenehme Geruch beruht auf Zersetzung des Asparagins. In der äußersten Spitze sowie in den Schalen enthält der Spargel etwas Chlorophyll. Da die färbende Wirkung unter dem Einfluß des Lichtes hervortritt, empfiehlt es sich, bei der Konservenherstellung den Spargel sofort nach der Anlieferung in einem dunklen Raume zu verarbeiten.

Nach B. TOLENS und E. BUSOLT[1] bildet sich im Spargelsaft beim Stehen infolge der „Mannitgärung“ unter dem Einfluß von Enzymen oder Organismen Mannit. Aus 1350 ccm Saft konnten 6,2 mg Mannit gewonnen werden. Frischer oder sterilisierter Spargelsaft liefert keinen Mannit.

E. WINTERSTEIN und P. HUBER[2] haben eingehende Untersuchungen über die Zusammensetzung der Stickstoffsubstanz des Spargels ausgeführt. Der Spargel wurde durch Zerhacken, Pressen und Auswaschen in Saft und Preßrückstand (Fasermasse) getrennt und beides einzeln untersucht. Hierbei wurde aus 1 kg Spargel 2 Liter Saft mit 1,6470 g Trockensubstanz in 100 ccm = 3,294 g für 100 g ursprünglichen Spargel und 25, 795 g bei 100° getrocknetem Faserrückstand erhalten. An einzelnen Stickstoffverbindungen und Kohlenhydraten wurden gefunden:

Tabelle 25.

1. Saft:

Gesamtstickstoff	0,1695%
Stickstoff im koagulierbaren Eiweiß (Albumin)	0,0174%
Gesamteiweißstickstoff	0,0247%
Basenstickstoff	0,0223%
Ammoniakstickstoff	0,0092%
Asparaginstickstoff	0,0102%
Kohlenhydrateglykose	0,874%
Organische Substanz	2,878%
Asche	0,0416%

2. Trockensubstanz (Faserrückstand):

Gesamtstickstoff	3,84%
Rohfaser	16,41%
Fett	4,06%
Pentosane	6,99%
Asche	9,16%

Zur Bestimmung der einzelnen Stickstoffbestandteile wurden 50 bzw. 100 ccm des Saftes auf Gesamtstickstoff, auf Albumin durch Kochen des mit Essigsäure angesäuerten Saftes, auf Reinprotein siehe ds. Handb. Bd. II, S. 607, auf Basenstickstoff im Filtrat der Reinproteinbestimmung durch Ansäuern und Fällen mit Phosphorwolframsäure untersucht. Asparagin wurde in folgender Weise isoliert und bestimmt: 100 ccm Saft werden mit Bleiessig versetzt, der Niederschlag filtriert und ausgewaschen. Das Filtrat wird mit Merkurinitrat versetzt und die entstandene Fällung mit Schwefelwasserstoff zersetzt. Das Filtrat vom Quecksilbersulfidniederschlag wird mit Ammoniumcarbonat neutralisiert und bei gelinder Wärme auf dem Wasserbad eingeengt. Das nach dem Erkalten bald auskrystallisierte Asparagin wird nach dem Absaugen der Mutterlauge und Waschen mit einigen Tropfen Wasser getrocknet und gewogen.

Veränderung des Spargels beim Aufbewahren. Beim Liegen an der Luft färbt sich der Spargel rot und schrumpft ein. Zur Frischerhaltung wird der Spargel daher im Dunkeln aufbewahrt und in Wasser gelegt. Infolge der Tätigkeit der lebenden Zellen erleidet der Spargel nach G. KRUMBHOLZ[3] beim Einlegen in Wasser keine sehr großen Nährstoffverluste (diese betragen etwa 4%). Durch Aufnahme von Wasser nimmt der Spargel in einem Tage um etwa 10% zu. Das Wasser dringt nicht nur durch die Schnittfläche, sondern durch die ganze Oberfläche auf osmotischem Wege ein. Spargel ist im Wasser Zersetzungsvorgängen ausgesetzt, für Konservierungszwecke ist deshalb gewässerter Spargel vollkommen ungeeignet. Wird der Spargel in einem kühlen Zimmer aufbewahrt, so erleidet er nach K. WINDISCH und PH. SCHMIDT[4] vom ersten bis zum sechsten Tage einen Verlust von 3,5—23,1%, beim Aufbewahren im Eisschrank dagegen in der gleichen Zeit nur einen Verlust von 1,4 bis 9,7% Wasser. Zu gleichen Ergebnissen gelangt auch R. SCHULZ[5], ferner auch HAUPT[6]. Am vorteilhaftesten wird der Spargel für einige Tage in bedeckten Schalen über feuchtem Sand in kühlen Räumen (13°) aufbewahrt[7].

Vitamingehalt siehe ds. Handb. Bd. I, S. 807 und 954. Nach J. W. CHRIST und M. DYN[8] enthält frischer, frisch gekochter oder gebackener Spargel genügend Vitamin A, dagegen nicht frisch gebleichter Spargel. Der Nährstoffgehalt des gebleichten Spargels kann durch Kochen im offenen Kessel ein

[1] B. TOLENS u. E. BUSOLT: Journ. Landwirtsch. 1911, 59, 429; 1912, 60, 493.
[2] E. WINTERSTEIN u. P. HUBER: Z. 1904, 7, 721.
[3] G. KRUMPHOLZ: Konserven-Ind. 1927, 14, 329.
[4] K. WINDISCH u. PH. SCHMIDT: Z. 1904, 8, 352. [5] R. SCHULZ: Z. 1906, 11, 535.
[6] HAUPT: Z. 1906, 12, 673. [7] SCHULZ: Z. 1906, 11, 535.
[8] J. W. CRIST u. M. DYN: Journ. Biol. Chem. 81, 525—532; C. 1929, II, 313.

wenig erhöht werden, jedoch bleibt das Produkt immerhin hinter dem grünen, ebenso gekochten Spargel erheblich zurück.

Zu den Spargelschädlingen gehören in erster Linie die Spargelkäfer, von denen besonders zwei sehr gefährlich sind, das blaugrüne, gelb und rotgefleckte Spargelhähnchen und der gelbrote, auf den Flügeldecken schwarz gepunkte Spargelkäfer. Ein weiterer Schädling ist die Spargelfliege. Die von ihr befallenen Spargelkulturen erkennt man an den krankhaften Verkrümmungen der Stengel und dem schwächlichen Aussehen der Pflanzen.

3. Rhabarber.

Die Blattrippen (Stiele) von dem zu den Polygonaceen gehörigen, dem Ampfer nahestehenden Rhabarber, Rheum officinale Baill. oder sonstigen Rhabarberarten dienen vielfach als Gemüse oder zur Kompott- und Marmeladebereitung. Das Rhabarberblatt liefert 47,0—50,0% Blattfläche und 53,0—50,0% Stiele (Stengel); 100 g Stengel geben beim Schälen rund 78% eßbaren Anteil und 22% Abfall.

Zusammensetzung (vgl. auch Tabelle von v. SCHLEINITZ S. 737—739). H. VAGELER fand in der Trockensubstanz der Rhabarberstiele 0,336%, in der der Blätter 0,293% Phosphor in Form von Phosphatiden.

Von der Trockensubstanz 5,48% waren 3,08%, oder in Prozenten derselben, 56,21% in Wasser löslich; Oxalsäure wurde in der frischen Substanz zu 0,78% bzw. in der Trockensubstanz zu 14,23% gefunden (siehe auch ds. Handb. Bd. I, S. 1065). Die Stengel und Blattstiele der Rhabarberpflanze enthalten nach N. CASTORO auch Äpfelsäure.

Nach CULPEPPER und H. H. MOON[1] ist in jungen Stielen die Trockenmasse sehr hoch. Bei stärkerem Längenwachstum geht sie etwas zurück, steigt in der Zeit der größten photosynthetischen Aktivität an und zeigt bei alten Stengeln wieder geringere Werte. Im allgemeinen schwankt der Wert für die Trockenmasse sehr wenig. Die titrierbare Gesamtsäure ist fast immer gleich, im Juli und Oktober ist sie jedoch sehr hoch, im April, Mai und Juni niedrig. Der Gesamtstickstoff ist in jungen Pflanzen hoch, sinkt aber mit dem Alter, ebenso verhält sich der Aminostickstoff, der Nitratstickstoff steigt dagegen mit dem Alter an. Der Gehalt an Zucker und der durch Säure hydrolysierbaren Polysaccharide ist gering. Wichtig ist weiterhin der Pektingehalt für die Kochqualität. Wegen des hohen Säure- und Nitratgehaltes läßt sich Rhabarber nicht in Zinndosen aufbewahren.

V. Blütengemüse.

Unter Blütengemüse versteht man die durch Veredlung fleischig gewordenen Blütenstände der folgenden Kulturpflanzen:

1. Blumenkohl.

Blumenkohl oder Karfiol stammt von einer Kulturform der Kohlvarietät Brassica oleracea L. var. botrytis L. Familie der Cruciferen und gehört zu unseren feinsten Gemüsen. Der Blumenkohl besteht aus dem fleischig gewordenen bis kopfgroßen gelblich-weißen verzweigten Blütenstand, der von einigen grünen großen Blättern umgeben ist. Der charakteristische Geschmack erinnert schwach an Wirsingkohl.

Zusammensetzung (vgl. auch Tabelle von v. SCHLEINITZ S. 737—739). Die Zusammensetzung des Blumenkohls wechselt sehr, da das Klima von bedeutendem Einfluß ist. Das Gewicht des einzelnen Kopfes beträgt 300—630 g.

Die Analyse des eßbaren Anteiles des Blumenkohlkopfes auf Proteine ergab nach M. C. MCKEN und A. H. SMITH[2], daß ungefähr 68% des Stickstoffs in Wasser oder verdünnten Salzlösungen löslich sind, daß 12% in Wasser unlöslich sind, sich aber in verdünnten Alkali lösen, daß 16% des Stickstoffs sowohl in

[1] CULPEPPER u. H. H. MOON: Journ. agricult. Res. **46**, 387—402; 1933, **Z.** 1937, **73**, 301.
[2] M. C. MCKEN u. A. H. SMITH: Journ. Biol. Chem. 1926, **70**, 272—284; **Z.** 1930, **60**, 556.

Wasser als auch in verdünnten Alkali löslich sind. In der vereinigten Lösung von Preßsaft und wäßrigem Auszug wurden über 8% des Gesamtstickstoffes als Ammoniakstickstoff, 19% als freier Aminostickstoff, 5% als Amidstickstoff, 11% als Stickstoff in wirklich isolierten Eiweißverbindungen gefunden.

Anbau. Der Blumenkohl stellt an den Boden und an das Klima ziemlich hohe Ansprüche. Er ist deshalb für den feldmäßigen Anbau im großen in Deutschland nur wenig geeignet. Böden in gutem Kulturzustande sind für den Anbau zu empfehlen, wobei möglichst nährstoffreiche und gut gedüngte sandige Lehmböden vorzuziehen sind. Da Blumenkohl gegen Frost sehr empfindlich ist, darf er nicht zu früh gepflanzt werden. Die besten Kulturen für Blumenkohl findet man in Holland, von wo er nach Deutschland eingeführt wird. Um die Köpfe vor Sonnenlicht zu schützen und vor allem schön weiß zu erhalten, bricht man die Mittelrippen der umgebenden Blätter und legt sie über den Blumenkohl.

Krankheiten. Blumenkohl wird von allen Krankheiten befallen, die die Kulturpflanzen heimsuchen.

1. Die Kohlhernie, Plasmodiophora brassicae. Diese Krankheit, die auch Finger- oder Knotenkrankheit genannt wird, bedingt vor allem anormale Köpfe, die namentlich in der Hitze verdorren. Zur Vorbeugung ist es zweckmäßig, den Boden stark zu kalken. Sind die Pflanzen sehr stark verseucht, so ist eine vollständige Bodenbearbeitung durchzuführen und mehrere Jahre von der Anpflanzung sämtlicher Kohlarten abzusehen.

2. Der falsche Mehltau, Peronospora parasitica. Der Pilz entwickelt sich besonders bei feuchtem Wetter. Die Unterseite der Blätter ist mit einem weißlich-grauen Überzug bedeckt, während die Oberseite später braune Flecken bekommt. Zur Bekämpfung werden die befallenen Teile sofort entfernt und verbrannt.

3. Der echte Mehltau, Erysiphe communis. Auf beiden Blattseiten bilden sich weißliche Überzüge. Zur Bekämpfung werden zweckmäßig die befallenen Teile ebenfalls entfernt und verbrannt.

4. Die Schwarzfäule. Pseudomonas campestris. Wurzel und Stengel werden braun und schwarz und sterben ab. Die befallenen Teile sind sofort zu verbrennen.

2. Artischocke.

Artischocken sind die faustgroßen, noch nicht entfalteten, aus dem fleischigen Blütenboden und den dicken schuppigen Hüllblättern bestehenden Blütenkörbchen von Cynara scolymus L. (Familie der Compositen), die einen Durchmesser bis zu 12 cm besitzen. Die Pflanze ist mehrjährig, in Nordafrika heimisch und wird vielfach in Südeuropa kultiviert. Die Farbe ist schmutziggrün bis bräunlich. Bei der Marktware dürfen die blauen Blüten noch nicht entwickelt sein, da diese Artischocken an Zartheit sehr einbüßen. Die Form ist rund, oval oder zugespitzt. Im rohen Zustand sind die Artischocken geruchlos und fast ohne Geschmack. Sie stellen ein feines, ziemlich leicht verdauliches Luxusgemüse dar, das mannigfaltig zubereitet wird. Sie kommen entweder in ganzen Köpfen im rohen Zustande in den Handel oder in scheibenförmigen Böden als Konserven. Nur der Blütenboden und die größeren Hüllblättern werden genossen, während die kleinen, meist violetten Deckschuppen sowie die Blüten verworfen werden.

Zusammensetzung nach C. H. Jones und B. O. White[1]: Die Artischocken enthalten in der natürlichen Substanz 79,59% Wasser, 2,12% Stickstoffsubstanz, 0,08% Fett, 0,70% reduzierenden Zucker, 12,05% Saccharose, 1,92% Inulin, 0,74% Rohfaser und 1,51% Asche. In der Trockensubstanz: 13,89% Stickstoffsubstanz, 0,40% Fett, 3,43% reduzierender Zucker, 59,04% Saccharose, 9,41% Inulin, 3,63% Rohfaser und 7,40% Asche. Das Inulin kann durch Ausfällen mit 60%igem Alkohol erhalten werden.

VI. Samen und Fruchtgemüse.

Unter Samengemüse versteht man die unreifen Hülsenfrüchte, bei denen entweder die fleischige Fruchtwand einschließlich der eiweißreichen jungen Samen oder die letzteren nur für sich verwendet werden. Hierher gehören Erbsen, Bohnen und Linsen.

[1] König: Nachtrag zu Bd. I, S. 301. 1923.

1. Erbsen.

Grüne Erbsen sind die unreifen Samen mehrerer Spielarten der Gartenerbse Pisum sativum L. Familie der Papilionaceae-Vicieae. Die Verwendung unreifer grüner Erbsen als Nahrungsmittel ist noch verhältnismäßig jungen Datums. Erst um die Wende des 17. zum 18. Jahrhundert wurden grüne unreife Erbsen als beliebtes Nahrungsmittel in Frankreich genossen. In den Briefen der bekannten Liselotte von der Pfalz wird erzählt, daß man bei Hof allgemein von dem Vergnügen spräche, frische grüne Erbsen gegessen zu haben.

Zusammensetzung, eßbarer Anteil und Küchenabfall siehe Tabelle von v. SCHLEINITZ S. 737—739.

Nach dem Pflücken erleiden die Erbsen in der Zusammensetzung Veränderungen. Z. J. KERTÉSZ[1] stellte fest, daß der Zuckergehalt der gelesenen und gepahlten Erbsen während des Aufbewahrens rasch abnimmt. Diese Abnahme ist auf intramolekulare Atmung zurückzuführen. Mit dem Austrocknen der Erbsen hört jegliche biochemische Tätigkeit auf. Frisch gepflückte Erbsen erleiden beim Aufbewahren in Toluolwasser eine Abnahme des Gehaltes an Rohrzucker, Stärke und Eiweißstickstoff, während der Gehalt an Invertzucker und Nichteiweißstoffen anwächst. Werden die Erbsen unmittelbar nach der Lese 24 Stunden bei -20^0 aufbewahrt, so sind die Veränderungen erheblich geringer als bei Zimmertemperatur, aber immerhin noch bedeutend.

Zuckererbsen enthalten im Anfangsstadium der Reife bis zu 30% Saccharose. Mit fortschreitender Entwicklung nimmt der Gehalt ab. H. FRERICHS und G. RODENBERG[2] fanden für mehrere Proben Zuckererbsen im Mittel:

Tabelle 26.

		Klein %	Mittelgroß %	Groß %
Wasser im frischen Zustande		85,24	82,25	79,68
In der Trockensubstanz	Protein	29,76	32,22	28,61
	Zucker	22,21	15,16	12,71

Vergleiche auch Z. J. KERTÉSZ[3].

Nach C. F. MUTTELET[4] vermindert sich mit der Reife der Gehalt an Rohcellulose, und zwar fällt er von 11,3% bei den unreifen Erbsen bis auf 7,4% bei den völlig reifen, trockenen Erbsen. Der Gehalt an gesamter hydrolysierbarer Substanz steigt von 34,0 auf 47,5%, während der Gehalt an stickstoffhaltigen Stoffen von 36,4 auf 30,5% fällt. Die unlöslichen hydrolysierbaren Substanzen wie Stärke, Hemicellulosen, sowie die unlöslichen stickstoffhaltigen Stoffe nehmen mit der Reife zu, die ersten von 27,3 auf 43,4%, die letzteren von 16,1 auf 20,2%. Dagegen vermindert sich der Gehalt an löslicher hydrolysierbarer Substanz, Polysacchariden und Zucker und an löslichen stickstoffhaltigen Stoffen bis zur Reife, und zwar bei den ersteren von 6,7 auf 4,1%, bei den letzteren von 20,3 auf 10,3%. Auf Grund dieser Tatsachen lassen sich verschiedene Verhältniszahlen aufstellen, die als Faktoren der Reife bezeichnet werden. Sie sind praktisch unabhängig von der Art der Untersuchung der Erbsen. Folgende drei Verhältniszahlen wurden festgestellt:

$$\frac{\text{unlösliche hydrolysierbare Stoffe}}{\text{lösliche hydrolysierbare Stoffe}} \text{ oder } \frac{\text{Stärke}}{\text{Zucker}} \text{ ferner:}$$

$$\frac{\text{unlösliche N-haltige Stoffe}}{\text{lösliche N-haltige Stoffe}} \text{ oder } \frac{\text{unlöslich N}}{\text{löslich N}} \text{ ferner: } \frac{\text{Stärke}}{\text{Cellulose}}.$$

[1] Z. J. KERTÉSZ: Mezögazdasági-Kutatások 1930, **3**, 450—455; C. 1931, I, 1535 und Plant Physiology 1930, **3**, 399—412; C. 1931, I, 2776.

[2] H. FRERICHS u. G. RODENBERG: Arch. Pharm. 1905, **243**, 675.

[3] Z. J. KERTÉSZ: Bull. New-York State agric. Exp. State Bull. 1933, Nr. 622; C. 1933, II, 2071.

[4] C. F. MUTTELET: Ann. Falsif. **18**, 5—12; C. 1925, I, 2120.

Die erste Verhältniszahl stieg von 4,1 auf 10,6, die zweite von 0,8 auf 2,0 und die dritte von 2,7 auf 5,8. Das Produkt der drei Verhältniszahlen bezeichnet MUTTELET als den Index der Reife. Er stieg bei voller Reife von 8,9 auf 123,0.

Vitamingehalt. Grüne Erbsen sind nach W. H. EDDY, E. F. KOHMAN und V. CARLSSON[1] reich an Vitamin A, B und C, während Vitamin D fehlt. Mit fortschreitender Reife nehmen Vitamin A und C ab, während Vitamin B ansteigt. Kleine Erbsen sind reicher an Vitamin A und C und ärmer an Vitamin B als große. Die Vitamine A und B bleiben beim Kochen unbeeinflußt, während der Gehalt an C zurückgeht. Infolge der Einwirkungen von Sauerstoff ist der Verlust beim offenen Kochen größer als im geschlossenen Gefäß. Mit anderen Vitaminquellen verglichen, beträgt der Vitamin-A-Gehalt der grünen Erbsen etwa die Hälfte des Gehaltes von Butter, dagegen sind die Erbsen reicher an Vitamin B als Milch, Orangen und Tomaten, während der Vitamin-C-Gehalt mit dem der beiden letzten gleichläuft. Weitere Angaben siehe ds. Handb. Bd. 1, S. 806 und 950.

2. Grüne Bohnen.

Grüne Bohnen oder Schnittbohnen sind die noch ganz jungen unreifen Hülsen verschiedener Bohnensorten, insbesondere der gemeinen Bohne oder Gartenbohne Phaseolus vulgaris L. Die gewöhnlichen grünen Bohnen haben fleischige, gerade, sichel-, walzenförmige oder perlschnurartige Hülsen. Bei den Wachsbohnen sind die Hülsen grünlich bis gelbweiß. Im Inneren befinden sich Querfächer mit den länglich gebogenen bzw. nierenförmigen Samen. Die Hülse zeigt an den Stellen, an denen die Samen sitzen, in der Regel Ausbuchtungen, die bei den Perlbohnen besonders stark sind. Die an niedrigen Stauden gewachsenen Sorten werden als Krup- oder Buschbohnen bezeichnet, während die hochwachsenden Stangenbohnen heißen.

Über Zusammensetzung, eßbaren Anteil und Küchenabfall siehe Tabelle von v. SCHLEINITZ, S. 737—739.

Nach C. WEHMER[2] enthalten die Früchte Inosit zu etwa 0,75%, das in den unreifen Hülsen als Phaseomannit enthalten war, und 1,16% Saccharose. Die Fruchtschale enthält in den ersten Entwicklungsstadien vor Reife der Samen Asparagin, Arginin, Tyrosin, Leucin, Lysin, Cholin, Trigonellin, Allantoin, Nucleinbasen und andere Stoffe, die sämtlich beim Reifen in den Samen wandern. In letzteren finden sich des weiteren Phaseolin (ein krystallinisches Globulin zu etwa 20%), Proteose, Phaselin, Cholesterin, Lecithin, p-Galakto-Araban (p-Galaktan, früheres p-Galaktin), lösliche Kohlenhydrate, Saccharose, ein Schleimsäure lieferndes, nicht reduzierendes Kohlenhydrat, Hämagglutininphasin, Dextrin, Citronensäure, Pentosane, raffinoseähnliches Trisaccharid.

Die Asche der reifen Samenbohne enthält nach WOLFF[3] 27—46% P_2O_5 und 5—12% CaO.

Im Saft der grünen Bohnen konnte R. FOSSE[4] Allantoinsäure nachweisen.

S. TAKAGI[5] ermittelte in Bohnen Borsäure in einer Menge von etwa 0,005 g je 100 g. Weiße Bohnen enthalten als giftigen Bestandteil Phasin. Nach dem Genuß der rohen Bohnen sind vielfach Vergiftungsfälle beobachtet worden. Nach O. LÜNING und W. BARTELS[6] rufen jedoch regulär gekochte weiße Bohnen beim Menschen keinerlei Störungen hervor, die auf Phasinwirkung zurückzuführen wären.
Siehe auch ds. Handb. Bd. I, S. 1126.

[1] W. H. EDDY, E. F. KOHMAN u. V. CARLSSON: Ind. engin. Chem. **17**, 69.
[2] C. WEHMER: Pflanzenstoffe, S. 366.
[3] WOLFF: In WEHMER: Pflanzenstoffe, S. 366.
[4] R. FOSSE: Compt. rend. Acad. Sci. 1926, **183**, 1114—1116; C. 1927, I, 1173.
[5] S. TAKAGI: Journ. Pharm. Soc. Japan 1926, Nr. 529, 27; C. 1926, I, 3553.
[6] O. LÜNING u. W. BARTELS: Z. 1926, **51**, 220—228.

3. Puffbohnen.

Puffbohnen, Vicia faba, Familie der Viciaceae, sind die unreifen Samen der sog. Saubohne, die in vielen Spielarten kultiviert wird. Die Hülsen sind je nach der Sorte dünn, stielrund, 3—4samig oder dickfleischig aufgedrungen, die Samen eiförmig-länglich oder allseits abgerundet. Der Geschmack ist etwas süßlich, bohnenartig.

Zusammensetzung, eßbarer Anteil, Küchenabfall siehe Tabelle von v. SCHLEINITZ S. 737—739.

4. Gurken.

Gurken sind die unreifen Früchte der zahlreichen kultivierten Sorten von Cucumis sativus L., Familie der Cucurbitaceen. Die Heimat der Gurke ist Ostindien, die Kultur derselben ist uralt. Ihrer späteren Verwendung entsprechend wird sie in den verschiedensten Formen und Größen gezüchtet. Die Form der Gurke ist meistens länglich-walzenförmig, gerade oder gekrümmt. In den ersten Reifestadien sind die Gurken vielfach mit Warzen oder Höckern versehen, werden später in der Regel aber wieder glatt. Die Oberfläche ist grün bis grünlichgelb. Das sehr saftige Fleisch enthält bei vorgeschrittenem Reifegrade viele platt gedrückte, länglich-eiförmige Samen. Manche Sorten entwickeln auch samenlose Früchte. Der Geschmack der Gurken ist etwas süßlich-salzig, der Geruch erfrischend. Die Erntezeit ist Ende Juli bis August. Das durchschnittliche Gewicht einer Frucht beträgt 95—400 g.

Über Zusammensetzung, eßbaren Anteil und Küchenabfall siehe Tabelle von v. SCHLEINITZ S. 737—739.

Die Gurken enthalten bis 0,98% Glykose, 0,03—0,14% Saccharose und 0,11—0,98% fettes Öl. Gurken gehören zu den wasserreichsten Gemüsen. Der Wassergehalt schwankt von 95,4—96%, der Pentosengehalt beträgt 0,19% und der Aschegehalt 0,38—0,53%. Die Asche setzt sich zusammen aus 53,3% K_2O, 10,26% P_2O_5, 11,83% Cl, 7,6% CaO, 6,8% SO_3, 4,7% MgO, 3,58% Na_2O, 1,39% SiO_2, 0,42% Fe_2O_3.

Vitamine. Gurken enthalten wenig Vitamin A. Der Vitamin-C-Gehalt beträgt bei frischen Gurken nach N. JARUSSOWA[1] in 1 kg etwa 81—162 Vitamin-C-Einheiten. Eingemachte Salzgurken wie auch saure Gurken enthalten kein Vitamin C. Nach E. CASERIO[2] sind frische Gurken ärmer an Vitamin C als Citronensaft. Weitere Angaben siehe ds. Handb. Bd. I, S. 807 und 951.

5. Melonen.

Melonen sind die reifen Früchte von Cucumis Melo L., die in zahlreichen Spielarten feldmäßig und in Mistbeeten angepflanzt werden. Die Heimat der Melonen sind die Tropen der alten Welt. Die einzelnen Sorten der Melonen haben im Gegensatz zu den Gurken rundliche Früchte, die nach Aussehen, Aroma und Geschmack sehr mannigfaltig sind. Man unterscheidet: Warzenmelonen mit höckeriger und warziger Fruchtschale, die besonders viel in Italien angebaut werden, Netzmelonen mit netzig erhabener Oberfläche, glatte Melonen, ferner rot-, grün-, gelb- und weißfleischige Sorten. Die Erntezeit ist im Oktober. Das Gewicht einer Frucht beträgt durchschnittlich 580 g.

Zusammensetzung. Melonen enthalten etwa 1,14—2,60% Glykose; nach anderen Angaben finden sich im Saft der Früchte 3,75% Glykose und 5,34% Saccharose[3]. Das sehr süße und aromatische Fruchtfleisch enthält etwa 92 bis 96% Wasser, 1—2% Stickstoffsubstanz, 0,5—0,8% Fett, 0,27—2,6% Zucker, 0,3—1,5% sonstige N-freie Extraktstoffe, 1—1,3% Rohfaser und 0,3—0,6%

[1] N. JARUSSOWA: Z. 1934, 68, 391—403.
[2] E. CASERIO: Zeitschr. Vitaminforsch. 1935, 4, 173—177.
[3] WEHMER: Pflanzenstoffe, S. 753.

Asche. Nach J. KOCHS[1] enthält das Fruchtfleisch der Melonen 96,68% Wasser, 0,2496% Citronensäure und 5,084% Gesamtzucker (Saccharose).

6. Wassermelone oder Arbuse.

Wassermelone oder Arbuse ist die Frucht von Cucumis citrullus vulgaris L. Die Fruchtschale ist dunkelgrün, oft gefleckt oder gestreift. Das Fruchtfleisch ist rot, enthält schwarzen Samen und schmeckt süß und angenehm. In der Obstkonservenindustrie wird die Wassermelone als Einmachfrucht vielfach verwendet. Die Wassermelone stammt aus Südasien, sie wird auch in Westindien, Amerika, Afrika und Südeuropa kultiviert. In vielen Gegenden Afrikas bilden die hellgelben Früchte, namentlich während der Trockenzeit, die Hauptnahrung der Eingeborenen und ersetzen infolge ihres hohen Wassergehaltes gleichzeitig das Wasser. Im Saft der Frucht[2] sind etwa 8% Gesamtzucker enthalten und zwar vor allem Invertzucker und Rohrzucker. Der Zuckergehalt ist jedoch schwankend und unter anderen wohl vom Reifestadium abhängig. Nach andern Angaben finden sich in den Früchten 3,39% Glykose, 1,15% Saccharose[3].

Zusammensetzung. Nach KÖNIG Bd. I, S. 1496 ist die Gesamtzusammensetzung: 91,35% Wasser, 3,91% Invertzucker, 0,56% Ätherextrakt, 0,834% Gesamtstickstoff, 0,441% Proteinstoffe, 1,086% Rohfaser und 0,362% Asche.

7. Kürbis.

Kürbisse oder Speisekürbisse sind die unreifen Früchte verschiedener kultivierter Arten der Gattung Cucurbita, Familie der Cucurbitaceen, insbesondere Cucurbita pepo L. und Cucurbita maxima. Die Heimat ist wahrscheinlich der Orient, wo sie bereits im Altertum kultiviert wurden. Durch Kultur hat sich der Kürbis fast über die gesamte Welt verbreitet. Die Kürbisse sind von verschiedener Gestalt, sie werden bis 1 Zentner schwer. Das weiße oder gelbe Fleisch ist sehr saftig, 3—5fächerig und mit zahlreichen weißen eiförmigen plattgedrückten Samen durchsetzt. Das Fruchtfleisch, etwa 6,2—15,7% der Frucht, wird zum Genuß verwendet, wogegen der Samen, etwa 58,1—80,80% der Frucht, seines hohen Fettgehaltes wegen zur Ölgewinnung Verwendung findet. Aus geschälten Kürbiskernen können 20—30% Öl gewonnen werden, letzteres gehört zu den trocknenden Ölen, ist aber frisch bereitet auch als Speiseöl zu gebrauchen. Kürbisfleisch enthält im Mittel 1,34% Zucker. Nach A. ZAITSCHECK[4] wurden im Saft je nach der Sorte 4—8% Zucker und zwar hauptsächlich Glykose und Rohrzucker in wechselndem Verhältnis gefunden.

C. ULBRICHT[5] zerlegte die Kürbisfrucht in folgende Teile:

Tabelle 27.

	Frucht-schalen %	Frucht-fleisch %	Samen-gehäuse %	Ganze Samen %	Samen-schalen %	Samen-inneres %	In 100 Teilen Saft des Fruchtfleisches: Glykose %	Saccharose %	Gesamtzucker %
In Prozenten der Frucht:									
Teile	16,3	10,6	9,2	72,8	67,5	75,1	3,70	2,20	5,90
Gehalt in Prozenten der einzelnen Teile:									
Wasser	85,00	91,85	91,80	—	32,30	25,50	—	—	—
Protein	2,08	0,80	1,40	—	11,40	26,90	—	—	—
Fett	0,60	0,10	0,20	—	1,10	38,90	—	—	—
Rohfaser	3,70	0,95	0,85	—	43,00	1,33	—	—	—

[1] J. KOCHS: Angew. Botanik 1922, 4, 113—116; C. 1922, III, 1302.
[2] WEHMER: Pflanzenstoffe, S. 750. [3] W. G. BOORSMA: Z. 1906, 11, 533.
[4] A. ZAITSCHECK: Landw. Jahrb. 1906, 35, 246. [5] KÖNIG: Bd. II, S. 448.

Im Kürbisfruchtfleisch wurde von ZAITSCHECK 0,26%, im Kürbissamen 2,62% Pentosane gefunden.

Beim Flaschenkürbis Cucurbita lagenaria L. nehmen die Früchte durch die Kultur vielfach eine flaschenartige Form an. Die jungen Früchte werden gegessen, aus den ausgehölten Früchten werden Kalebassen, Näpfe und andere Geräte hergestellt. Die Früchte enthalten etwa 6% Zucker und sind in der Zusammensetzung den Kürbissen ähnlich.

Zu den Fruchtgemüsen zählen auch die unreifen Früchte verschiedener Arten und Sorten der Gattung Capsicum insbesondere von Capsicum annuum L. und Capsicum longum DC., die unter dem Namen Grüner Paprika als Gemüse verwendet werden.

8. Tomate.

Die Tomate, auch Paradies- oder Liebesapfel genannt, ist die Beerenfrucht von Solanum lycopersicum L. (Lycopersicum esculentum vulgare), einer einjährigen krautigen Pflanze, die zur Familie der Nachschattengewächse (Solanaceae-Solaneae) gehört. Die Heimat der Tomate ist Südamerika. In den Küstengebieten von Peru trifft man sie noch als wildwachsende Pflanze an. Von Amerika verbreitete sich der Anbau der Tomate über die Mittelmeerländer, namentlich Italien, Süd- und Mitteleuropa. Vor einigen Jahrzehnten in Deutschland noch nahezu unbekannt, ist sie heute zu einem der geschätztesten Gemüse geworden.

Die Früchte sind von Pflaumen- bis Äpfelgröße und darüber. Im Handel w erden kugelförmige oder plattkugelförmige, teils gefurchte, teils glatte Früchte von roter, gelber oder grüner Farbe angetroffen. Das Fleisch der Tomate ist sehr saftig und enthält zahlreiche kleine nierenförmige Samen, die in 2—3, bei den gerippten Sorten in zahlreichen Fächern gelagert sind. Vor der Reife sitzen die Samen dicht gedrängt auf der Placenta, von der sie sich bei der Reife ablösen und dann in dem schleimigen Saft des Fruchtinnern schwimmen. Bei überreifen Tomaten sind bisweilen im Innern der Früchte kleine weiße, etwa 1 cm lange, rundliche Gebilde beobachtet worden, die zum Teil als Würmer angesprochen worden sind[1]. Es handelt sich aber hier lediglich um Auskeimung der Samen im Innern der Früchte. Die Würmer sind nichts anderes als kleine Keimwürzelchen. Die Frucht besteht aus etwa 3,7% Haut, 10,9% Samen und 85,4% Fruchtfleisch. Sie liefert etwa 90,4—96,2% Saft. Die Zusammensetzung von ganzer Frucht, Mus und Saft beträgt nach KÖNIG[2]:

Tabelle 28.

Tomate	Wasser %	Protein %	Amide %	Fett %	Glucose %	Fructose %	Citronensäure %	Sonstige N-freie Extraktstoffe %	Rohfaser %	Asche %	Kochsalz %
Ganze Frucht	94,32	0,49	0,37	0,19	1,09	1,09	0,46	0,61	0,84	0,54	0,05
Mus	84,21	2,19		—	—	—	0,77	7,68	1,12	3,03	1,49
Saft	95,00	0,69		—	0,74	1,38	0,56	1,02	—	0,61	0,07

Hinsichtlich ihres Mineralstoffgehaltes steht die Tomate mit an erster Stelle und erreicht die Höhe der meisten Blatt-, Wurzel- und Stengelgemüse. Das Verhältnis der basischen zu den säurebildenden Mineralstoffen ist ein äußerst günstiges und beträgt etwa 75:25. Als besondere Bestandteile der Tomaten sind zu nennen: Glutaminsäure, die zu etwa 0,13% darin gefunden ist, Phosphatide, berechnet als Phosphor, 0,247% in der Trockensubstanz.

Nach M. A. KASSAB[3] beträgt der Pektingehalt kalifornischer Tomaten in Prozenten der Trockensubstanz 1,27—2,49. Er ist abhängig vom Reifezustand der Tomaten. Mit

[1] Jahresbericht des Instituts für angewandte Botanik 1930, S. 150. Hamburg 1931.

[2] J. KÖNIG: Chemie der Nahrungs- und Genußmittel, Bd. II, S. 449.

[3] M. A. KASSAB: Fruit Products Journ. Amer. Vinegar Ind. 1931, 11, 69—70; C. 1932, II, 463.

zunehmender Erntezeit sinkt der Gehalt. Bei der Reifung nimmt der Protopektingehalt stark ab, der Pektingehalt zu, um bei Überreife wieder abzunehmen. Im heißen Klima enthalten die Tomaten weniger Pektin als im kalten Klima. Bewässerung der Tomaten hat Pektinabnahme zur Folge.

Die organischen Säuren der Tomaten bestehen nach den Untersuchungen von A. BORNTRAEGER[1] aus Citronensäure und Äpfelsäure. Im Gegensatz zu den Angaben der Literatur konnten Oxalsäure, Wein-, Trauben-, Bernsteinsäure, Milchsäure und Glykolsäure nicht nachgewiesen werden. Nur bei ganz unreifen, harten Exemplaren von 7—12 g Gewicht, die niemals für den menschlichen Genuß dienen können, konnten geringe Mengen Oxalsäure, weniger als 0,0016%, festgestellt werden. In verdorbenen Konserven werden durch Einwirkung von Bakterien und gewissen, aber nicht allen Schimmelarten (Aspergillus niger), geringe Mengen Oxalsäure erzeugt. In erweichtem Zustande bildet sich auch Bernsteinsäure. Der Gehalt an Citronensäure nimmt bei der Reife ab. Er beträgt in 100 ccm Saft unreifer Tomaten 0,47—1,20 g, im Saft reifer Tomaten 0,36—0,88 g. Der Gehalt an Äpfelsäure nimmt beim Reifen vielfach auch ab; er beträgt im unreifen Zustande in 100 ccm Saft etwa 0,47—0,74 g, im reifen Zustande 0,41—0,62 g. Beim Weichwerden der Tomaten verschwinden Citronen- und Äpfelsäure. Die Acidität nimmt beim Reifen ab.

Nach K. WISS[2] ist gelegentlich wahrscheinlich Ameisensäure in Tomaten enthalten. Das Vorkommen von Ameisensäure ist abhängig vom Zustande bzw. von der Herkunft der Früchte. Auch ist es möglich, daß sich Ameisensäure während des Eindickens der Früchte bildet.

Als Nachtschattengewächs enthält die Tomate auch Solanin. J. KOCHS[3] fand in 1 kg grünen Tomaten 0,0404 g Solanin, in halbreifen 0,0525 g, in reifen 0,0766 g und in Tomatenmark 0,0406 g. Das meiste Solanin ist in den Schalen enthalten, Saft und Fruchtfleisch sind solaninärmer. Auch waren auf Sandboden gewachsene Tomaten solaninreicher als auf Humusboden gewachsene. Bei Vergiftungserscheinungen nach Tomatengenuß handelt es sich wohl nicht um Solanin, sondern wahrscheinlich um Infektionen der Früchte durch gesundheitsgefährliche Bakterien.

F. M. ALBAHARY[4] untersuchte die Tomate in drei verschiedenen Entwicklungsstufen, nämlich vor der Samenbildung, nach der Samenbildung und im reifen Zustande. Die Ergebnisse sind in der folgenden Tabelle wiedergegeben.

Tabelle 29.

Bestandteile	Frische Substanz			Trockensubstanz		
	unreif, vor der Samenbildung %	unreif, nach der Samenbildung %	reife Frucht %	unreif, vor der Samenbildung %	unreif, nach der Samenbildung %	reife Frucht %
Wasser	93,63	94,27	94,39	—	—	—
Proteinstickstoff	0,29	0,097	0,060	4,67	1,69	1,08
Nichtproteinstickstoff (Aminosäuren)	0,02	0,090	0,090	0,32	1,55	1,65
Albumine	0,18	0,040	0,038	2,85	0,70	0,69
Nucleine	0,12	0,060	0.024	1,83	1,05	0,36
Fett (Ätherauszug)	0,046	0,080	0,11	0,72	1,40	1,98
Alkoholauszug	1,42	3,76	4,48	22,29	65,79	80,00
Organische Säuren (nicht flüchtig)	0,116	0,58	0,42	1,83	10,40	7,65
Zucker vor der Hydrolyse	0,65	2,07	2,12	10,33	37,15	38,12
Zucker nach der Hydrolyse	0,29	1,14	1,60	4,24	24,65	28,77
Glykoside	0,05	0,09	0,07	0,82	1,55	1,29
Stärke	0,07	0,41	0,36	1,15	7,40	6,40
Cellulose	0,75	0,32	0,27	11,68	5,75	4,85
Asche { löslich in Wasser	0,15	0,45	0,38	2,36	8,20	6,70
Asche { unlöslich in Wasser	0,14	0,14	0,19	2,19	2,55	3,38

[1] A. BORNTRAEGER: Z. 1925, **50**, 273—300; Z. 1928, **55**, 113; 1932, **63**, 447.

[2] K. WISS: Wiss. Jahresber. über die Lebensmittelkontrolle im Kanton Aargau 1933, S. 12—13; Z. 1935, **69**, 515.

[3] J. KOCHS: Ber. der Gärtnereilehranstalt Dahlem 1913, S. 191; Jahresbericht für Agrikulturchemie 1914, S. 191.

[4] F. M. ALBAHARY: Compt. rend. Soc. Biol. 1908, **147**, 146. — KÖNIG: Nachtrag zu Bd. I, S. 397. 1923.

Beim Reifen scheinen demnach die Proteine eine Umsetzung zu erleiden, indem sie in amidartige Verbindungen zerfallen. Äther, Alkoholauszug und Zucker erfahren eine erhebliche Zunahme. Nichtflüchtige organische Säuren, Stärke und Mineralstoffe nehmen erst zu, um gegen Ende der Reife bis zu einer gewissen Grenze wieder abzunehmen. Die Cellulose nimmt mit dem Fortschreiten der Reife beständig ab.

Nach G. ISSOGLIO [1] bleibt der osmotische Druck der Zellflüssigkeit in den verschiedenen Reifestadien fast konstant, denn zugleich mit dem Ansteigen der im Zellsaft löslichen Substanzen (Zuckerarten, Säuren, anorganischen Salzen) steigt auch der Wassergehalt. Die elektrische Leitfähigkeit dagegen steigt zuerst bis zu einem Maximum und sinkt dann im gleichen Maße wie die Säuren, die teils durch basisch reagierende Substanzen, teils durch chemische Vorgänge neutralisiert werden. Im Anfang des Reifestadiums besteht zwischen Citronen- und Malonsäure ein Gleichgewicht. Mit fortschreitender Reife verschwindet die Malonsäure fast völlig, während der Gehalt an Citronensäure stark ansteigt. Durch Bestimmung der Dichte, der Leitfähigkeit, des p_H-Wertes und des kryoskopischen Verhaltens kann man feststellen, ob die verwendeten Früchte in einem geeigneten Reifestadium verarbeitet worden sind.

Farbstoff. Der Farbstoff der Tomate ist das Lycopin. Über Eigenschaften und Zusammensetzung des Lycopins siehe ds. Handb. Bd. I, S. 574. Die Bildung des Lycopins ist von der Temperatur abhängig.

Nach H. v. EULER, P. KARRER, E. v. KRAUS und O. WALKER [2] nehmen grüne Tomaten bei 20—21° die rote, durch Lycopin bedingte Farbe an, bei 30° werden sie goldgelb. Nachträglich auf 20° gebracht werden die Tomaten noch rot. Bei 37° tritt weder Gelb- noch Rotfärbung ein. Die gelben Früchte enthalten weiterhin neben Carotin und Xanthophyll noch einen gelben Farbstoff, vermutlich Flavon. Nach Ansicht der genannten Autoren wird das Lycopin enzymatisch gebildet, das Enzym ist thermolabil, da 30° offenbar für die Lycopinbildung eine zu hohe Temperatur ist. Das Licht scheint für die Synthese des Lycopins keine Rolle zu spielen.

Nach Untersuchungen von K. BRASS, A. BEYRODT und J. MATTAUSCH [3] über die Pigmente der gelben Tomate ist es wahrscheinlich, daß in den Schalen β-Carotin und im Mark vorwiegend β-Carotin und wenig Lycopin enthalten ist. In beiden Fruchtteilen kann auch Xanthophyll vorhanden sein.

Vitamine. Die Tomate ist eine der vitaminreichsten Früchte und damit unsere beste und billigste Vitaminquelle. Sie enthält die drei Vitamine A, B und C in reichlicher Menge, besonders dann, wenn sie an der Pflanze gereift ist (siehe auch ds. Handb. Bd. I, S. 807 und 945).

Nach R. CULTRERA [4] enthalten Tomaten noch nachweisbare Mengen von Vitamin D und A, mittlere Mengen von Vitamin B und reichlich Vitamin C. Der Saft der frischen Früchte erleidet bei der Gewinnung keine Vitaminabnahme. Auch setzt die Konzentration und Sterilisation nach den modernen Verfahren in den Konserven den Gehalt an Vitamin D, A und B nicht herab, während der Gehalt an Vitamin C etwas abgeschwächt wird. Vitamin G (B_2) ist nach R. G. DAGGS und A. G. EATON [5] in Tomaten nicht enthalten.

Der Gehalt an Vitamin A (A. F. MORGAN und L. L. W. SMITH [6]) ist in grünen Tomaten gering, nimmt aber in der reifenden Frucht stetig zu, und zwar entsprechend der Lycopinentwicklung. Man wird daher eine Schutzwirkung des Carotins und Lycopins auf die Vitamin-A-Produktion annehmen können, wenn die Pflanzen dem Sonnenlicht ausgesetzt sind.

Der Vitamin-C-Gehalt nimmt nach B. CLOW und A. L. MARLATT [7] mit der Reifung der Tomate zu. Reifen oder Rotwerden nach Entfernung der Tomaten vom Strauch beeinflußt die Vitamin-C-Entwicklung nicht. Reife, grüne, nach dem Kaltpackungsverfahren eingemachte Tomaten sind eine wirksamere Vitamin-C-Quelle, als rohe, reife, grüne Tomaten.

Beim Kochen wird nach E. E. KOHMAN [8] der Vitamin-A-Gehalt nicht zerstört, wohl aber bei der Filtration der Tomatenpülpe. Der Vitamin-B-Gehalt wird bei Vorgängen,

---

[1] G. ISSOGLIO: Industria chimica 1929, **6**, 1121—1125; **C.** 1930, II, 157.

[2] H. v. EULER, P. KARRER, E. v. KRAUS u. O. WALKER: Helv. chim. Acta 1932, **14**, 154—162.

[3] K. BRASS, A. BEYRODT u. J. MATTAUSCH: Naturwiss. 1937, 60—61; **Z.** 1937, **74**, 253.

[4] R. CULTRERA: Ind. ital. Conserve aliment. 1933, **8**, 53—72; **C.** 1933, I, 3809.

[5] R. G. DAGGS u. A. G. EATON: Science 1932, **75**, 222—223; **C.** 1932, I, 2345.

[6] A. F. MORGAN u. L. L. W. SMITH: Proceed. Soc. exp. Biol. med. 1928, **26**, 44—47; **C.** 1929, II, 3023.

[7] B. CLOW u. A. L. MARLATT: Journ. agricult. Res. 1930, **40**, 767—775; **C.** 1930, II, 1393.

[8] E. E. KOHMAN: Ind. engin. Chem. 1930, **22**, 1015—1017; **C.** 1931, I, 305.

bei denen die Früchte mit Luft in Berührung kommen, etwas vermindert. Vitamin C ist gegen Hitze beständig.

Doppelt und dreifach konzentrierte Pürees[1] weisen keinen höheren Vitamin-C-Gehalt auf als die gewöhnlichen Pürees. Der Vitamin-C-Gehalt der Pürees ist etwas geringer als der der frischen Tomaten, aber immerhin noch hoch genug, um sie als wertvolle Vitaminquellen erscheinen zu lassen. Natürlich gereifte Tomaten sind eine bessere Quelle für Vitamine als mit Äthylen behandelte[2].

Vor einigen Jahren wurde die Öffentlichkeit durch Mitteilungen in der Tagespresse beunruhigt, daß in dem Genfer Krebsforschungsinstitut von ASKANAZY und BELLOWS[3] Einspritzung von Tomatensaft bösartige Geschwülste erzeugt hätten. Die Frage der Tomatensarkome ist inzwischen wissenschaftlich geklärt worden. Nach M. BRANDT[4] liegt kein Grund vor, die Tomate als Volksnahrungsmittel abzulehnen. 43 Ratten und 5 Meerschweinchen wurden mit Tomatensaft monatelang injiziert. Ein positiver Fall von „Tomatensafttumor", der beobachtet wurde, kann ebenfalls nicht ohne weiteres auf Tomatensaft zurückgeführt werden. Injektionen mit Subtilisstämmen hatten ebenfalls keine tumorerregende Wirkung. D. FRANCESCHELLI[5] konnte weder biologisch noch pharmakologisch durch Tomaten krebsartige Wirkungen erzeugen. A. SCHEUNERT und M. SCHIEBLICH[6] konnten durch langandauernde Fütterungsversuche mit Tomaten keinerlei Anhaltspunkte für irgendwelche durch die Verabreichung der Tomaten hervorgerufene Schädigungen feststellen. Es liegen also keinerlei Beweise dafür vor, daß sie Verwendung gekochter oder roher Tomaten für die Volksernährung nachteilig ist.

Reifung der Tomaten durch Äthylenbegasung. KOCHS und G. SIEGEL[7] haben Versuche über die Nachreifung halbreifer Früchte durch Behandlung mit Äthylen ausgeführt. Bei grünen Früchten konnte bei einer Begasung eine Reifebeschleunigung von durchschnittlich 6—8 Tagen erzielt werden. Die Haltbarkeit der begasten Tomaten war gut. Klagen über schnelles Verderben wie bei Kühlware traten nicht ein. Die Tomaten dürfen jedoch nicht überreif verkauft werden, da Äthylen noch eine Reifenachwirkung zeitigt. Bei den begasten Tomaten wurde eine leuchtend rote Färbung erzielt. Der Geschmack war süßer, reiner und frischer und wurde meistens günstiger beurteilt, besonders von denen, die einen starken Tomatengeschmack nicht lieben. Die chemischen Untersuchungen auf Trockensubstanz, p_H-Zahl und Säuren haben keine wesentlichen Unterschiede zwischen begasten und unbegasten Tomaten innerhalb der einzelnen Sorten gezeigt. Ein Unterschied im Vitamingehalt der künstlich nachgereiften gegenüber den an der Pflanze gereiften Früchten konnte noch nicht festgestellt werden.

VII. Zwiebelgemüse.

Von den Zwiebeln werden sehr verschiedenartige Sorten angebaut. Von einigen werden nur die Blätter, von anderen nur die Knollen, von anderen wieder beide benutzt. Sie werden hauptsächlich zur Würzung von Speisen verwendet. Alle Zwiebelgemüse verdanken ihre würzenden Eigenschaften in erster Linie ihrem Gehalt an ätherischem Senföl.

Vitamine. Bezüglich des Vitamingehaltes wird auf ds. Handb. Bd. I, S. 801 und 953 verwiesen. Nach N. SCHEPILEWSKAJA[8] sind in 1 Liter Saft grüner Zwiebeln etwa 333 Vitamin-C-Einheiten vorhanden. Die grüne Zwiebel kann daher ihrer Aktivität nach in die Reihe der stark antiskorbutischen Mitteln gestellt werden. Im Saft der gewöhnlichen Zwiebel konnten N. E. SCHEPILEWSKAJA und P. L. ISUMRUDOWA[9] nur einen niedrigen Gehalt an Vitamin C feststellen. Bei längerem Aufbewahren findet eine gewisse Erniedrigung der antiskorbutischen Aktivität statt. 1 Liter Zwiebelsaft enthält ungefähr 67 antiskorbutische Einheiten. Der Vitamin-C-Gehalt der Zwiebel ist wahrscheinlich noch niedriger und beträgt etwa 40—50 Einheiten im Kilogramm.

[1] V. ASCHEHOUG: Tidsskr. Hermetikind 1934, **20**, 384—388; C. 1935, II, 76.
[2] D. B. JONES u. E. M. NELSON: Amer. Journ. publ. Health 1930, **20**, 387—394; Z. 1935, **69**, 517.
[3] ASKANAZY u. BELLOWS: Zeitschr. Krebsforsch. 1931, **34**, 348, 362; 1932, **36**, 128.
[4] M. BRANDT: Krebsforsch. 1933, **39**, 30—35.
[5] D. FRANCESCHELLI: Ind. ital Conserve aliment. 1933, 8, 78—79; C. 1933, I, 3466.
[6] A. SCHEUNERT u. M. SCHIEBLICH: Z. 1935, **69**, 127.
[7] KOCHS u. G. SIEGEL: Konserven-Ind. 1935, **22**, 83—85, 102—103.
[8] N. SCHEPILEWSKAJA: Z. 1934, **68**, 389.
[9] N. E. SCHEPILEWSKAJA u. P. L. ISUMRUDOWA: Z. 1935, **70**, 278.

N. JARUSSOWA und B. JANOWSKAJA[1] konnten in gelagertem Knoblauch praktisch kein Vitamin C feststellen.

Die fertig gekochten gewöhnlichen Zwiebeln und Porreezwiebeln in Gaben von 3,5 und 8 bzw. in Gaben von 1, 3 und 5 g angewendet, haben nach S. N. MATZKO[2] keine antiskorbutische Wirkung auf die Versuchstiere.

1. Küchenzwiebel.

Zwiebel oder Küchenzwiebel ist die einfache Zwiebel der kultivierten Zwiebelpflanze Allium cepa L., Familie der Liliaceen. Die Küchenzwiebel hat einen eigentümlich scharfen gewürzhaften Geschmack. Der Geruch ist scharf, flüchtig und reizt zu Tränen. Das durchschnittliche Gewicht beträgt etwa 45 g. Die Erntezeit ist Mitte Juli; vom April an gelangen ägyptische und italienische Zwiebeln zum Verkauf. Die Zwiebeln werden in Säcken versandt und in geputztem Zustande, d. h. nach Entfernung der abgetrockneten Blätter gehandelt.

G. ANDRÉ[3] hat die Entwicklung der Trockensubstanz und der Asche der Speisezwiebel in den verschiedenen Jahreszeiten untersucht. Die Ergebnisse sind in der folgenden Tabelle wiedergegeben.

Tabelle 30.

		Wasser %	Substanz frisch g	Substanz trocken g	Asche g
Anfangs (13. April) 100 Zwiebeln		88,28	1255	147,09	10,11
I. Stadium, 27. Mai	oberirdische	93,44	4808	315,50	40,73
	unterirdische	92,72	1750	127,50	17,43
II. Stadium, 24. Juni	oberirdische	93,11	12494	860,88	83,68
	unterirdische	90,30	4894	474,74	33,47
III. Stadium, 26. Juli (Blüte)	oberirdische	92,03	13356	1064,49	98,89
	unterirdische	89,17	5321	576,55	46,45
VI. Stadium, 3. September (Fruchtbildung)	oberirdische	91,11	11189	994,77	108,80
	unterirdische	89,74	5040	517,46	44,19

Der Wassergehalt der Zwiebel beträgt im Mittel 88%. Die Trockensubstanz besteht aus etwa 78,5% stickstofffreien Extraktstoffen (darunter etwa 16,5% Zucker), 11% Stickstoffsubstanzen (6,5% Reineiweiß), 1,5% Fett, 5% Rohfaser und 4% Asche. Das schwefelhaltige ätherische Öl (Zwiebelöl) besteht hauptsächlich aus Disulfiden und enthält Schwefelcyanallyl und Rhodanwasserstoffsäure kein Formaldehyd, Acetaldehyd und Arcolein[4].

2. Schalotte.

Schalotte, Eschlauch, Aschlauch, Allium ascalonicum L. ist eine Kulturform der Küchenzwiebel und stammt wahrscheinlich aus Vorderasien. Äußerlich ist diese Zwiebel dadurch gekennzeichnet, daß neben der schief-eiförmigen oder rundlichen Hauptzwiebel zahlreiche, kleinere, locker aneinander sitzende schief-eiförmige Nebenzwiebeln ausgebildet werden. Die Zwiebelchen sitzen insgesamt auf einem nach aufwärts gewölbten Zwiebelboden auf und sind von einer Hülle umgeben, die aus mehreren rötlichbraunen bis gelben Schuppen besteht. Die

---

[1] N. JARUSSOWA u. B. JANOWSKAJA: Z. 1934, 68, 394.
[2] S. N. MATZKO: Z. 1935, 70, 279.
[3] G. ANDRÉ: KÖNIG Chemie der menschlichen Nahrungs- und Genußmittel, Nachtrag zu Bd. I, S. 298.
[4] WEHMER: Pflanzenstoffe, S. 798.

einzelnen Zwiebelchen sind 1—1,5 cm lang und 0,5—2 cm dick. Geruch und chemische Zusammensetzung sind ähnlich wie bei der Küchenzwiebel, jedoch ist der Geschmack feiner. Sie werden deshalb für Saucen und Ragouts vorgezogen und in der Gemüsekonservenindustrie, insbesondere beim Einlegen der Gurken verwendet.

3. Winterzwiebel.

Winterzwiebel, Winterheckzwiebel, ewige Zwiebel, Allium fistulosum L. ist eine in Sibirien beheimatete Winterzwiebel, welche die Eigenschaft besitzt, winterhart zu sein. Die kleinen, länglich-eiförmigen Zwiebeln gehen ohne deutlichen Absatz in die grünen Blätter über. Die Zwiebel ist etwa 1,5—2,5 cm dick und außen von braunen trockenen Hüllen umgeben, im Innern ist sie weiß. Im Haushalt spielt die Zwiebel nur eine untergeordnete Rolle und wird im Frühjahr zuweilen als Ersatz für die Küchenzwiebel gehandelt. Als Würze für Suppen und Salate finden dagegen die Blätter, die sog. Zwiebelschlutten den ganzen Winter über Verwendung.

4. Perlzwiebel.

Perlzwiebel oder Perllauch, Sommerlauch, Allium ampeloprasum L. wird durch ein besonderes Kulturverfahren aus einer Kulturform des in Südeuropa heimischen Schwertlauchs gewonnen. Die Zwiebeln sind etwa haselnußgroß (0,8—2 cm hoch mit einem Durchmesser von 0,8—1,5 cm), die Form ist meistens eirund, fast kugelig, nach aufwärts zugespitzt und abwärts mit Würzelchen besetzt. Die Farbe ist silberweiß glänzend. Die äußersten Schalen sind sehr dünn, darauf folgt eine harte pergamentartige Schuppe, die den weißen, fleischigen Teil der Zwiebel umschließt. Geruch und Geschmack sind ähnlich der gewöhnlichen Zwiebel. Die Perlzwiebeln finden zum Einmachen im Haushalt und in den Konservenfabriken Verwendung und zwar vorwiegend als Gewürz für Gurken. Perlzwiebeln werden im Juli und August auf den Markt gebracht.

5. Knoblauch.

Knoblauch, Allium sativum L. ist eine aus zahlreichen Tochterzwiebeln zusammengesetzte Zwiebel von breiter Eiform. Die Pflanze stammt aus dem Orient, wird jetzt aber auch in Mittel- und Südeuropa kultiviert. Außen wird die Zwiebel von mehreren dünnen, glatten, weißen bis rötlichweißen Schuppen umgeben. Die Hauptzwiebel ist länglich zugespitzt und verschiedentlich auf einer oder mehreren Seiten abgeflacht. Die Tochterzwiebeln schließen dicht aneinander und sind von harten fast hornigen Hüllen eingeschlossen. Sie bestehen meistens nur aus einer, bisweilen auch aus zwei breiten fleischigen Schuppen und dem Hauptsproß. Die Zwiebel gelangen in Bündeln oder Zöpfen auf den Markt, werden als Zutat zur Bereitung mancher Speisen insbesondere bei der Herstellung von Würsten und Fleischspeisen verwendet oder auch roh als Heilmittel verzehrt.

Knoblauch besitzt einen eigentümlich scharf schleimig-süßlichen Geschmack. Der Geruch ist charakteristisch scharf. Der Gehalt an organisch gebundenem Schwefel beträgt im Knoblauch etwa 0,65%, der der Phosphorsäure etwa 0,452%. Im Knoblauchöl ist das Allylsulfid (Allyldi-, Allyltri- und Allyltetrasulfid), Propylallyldisulfid und Vinylsulfid enthalten. Der charakteristische Geruch und Geschmack des Knoblauchs ist auf das Vorhandensein von Tri- und Tetrasulfiden und eines noch schwefelreicheren Öles zurückzuführen, welche neben den in der Menge überwiegenden Disulfiden vorhanden sind. Der Sitz der Lauchöle befindet sich in der Epidermis, den Leitbündelscheiden, aber nicht in den Milchsaftschläuchen. Das Knoblauchöl scheint durch enzymatische Vorgänge freigemacht zu werden. Knoblauch ist während des ganzen Jahres erhältlich.

6. Rockambole.

Rockambole, Schlangenknoblauch oder Natternknoblauch, Allium sativum ophioscorodon, ist eine aus zahlreichen Tochterzwiebeln bestehende Varietät des Knoblauchs. Sie ist eine Luftzwiebel und besitzt als solche keine Wurzeln. Der Geschmack ist etwas feiner und weicht vom gewöhnlichen Knoblauch ab. Die Zwiebel, die nur selten gehandelt wird, wird ähnlich verwendet wie Knoblauch.

7. Porree.

Porree, Suppenlauch, Allium Porrum L. ist eine 2jährige Pflanze und wahrscheinlich eine Kulturform des in Südeuropa heimischen Schwertlauchs. Die Zwiebel ist rundlich, aber nicht stark aufgetrieben. Sie ist unten dicht mit zahlreichen weißlichen Wurzeln besetzt. Aus den flachen dichten Zwiebelkuchen entstehen zahlreiche nach innen schmaler werdende Blattscheiden, die sich zu einem Scheinstengel, dem Porreestengel, vereinigen. Die bis zu 20 cm langen Blattscheiden sind weiß, längsstreifig, die Blattspreiten sind breit, flach und von grüner Farbe. Geruch und Geschmack sind charakteristisch lauchartig. Der Scheinstengel findet als Gemüse vielfach Verwendung.

Zusammensetzung[1]. Die Zusammensetzung der Blätter ist folgende: Wasser 90—91,3%, Stickstoffsubstanz 1,8—2,37%, Fett 0,42—0,47%, stickstofffreie Extraktstoffe 3,7—4,5%, Rohfaser 1,1—1,5%, Asche 0,79—0,86%, Zucker 0,77, Phosphorsäure (P_2O_5) 0,681%, organisch gebundener Schwefel 0,056%.

Die Zusammensetzung der Zwiebel: Wasser 85—90%, Stickstoffsubstanz 2,7—3,4%, Fett 0,23—0,35%, stickstofffreie Extraktstoffe 4—8%, Rohfaser 1,1—1,8%. Asche 0,9—1,5%, Zucker bis 0,44%, Phosphorsäure (P_2O_5) 0,150 bis 0,196%, Schwefel in organischer Bindung 0,056—0,67%.

Bestimmung des Gehaltes an flüchtigen Schwefelverbindungen in Zwiebeln.

Nach H. PLATENIUS[2]: 500 g von in 0,5 cm dicke Stücke geschnittenen Zwiebeln werden in einem kurzhalsigen 2-Liter-Rundkolben mit 100 ccm konzentrierter Salzsäure und 250 ccm Wasser versetzt. Aus einem bis zum Flüssigkeitsrande reichenden Ölbad destilliert man durch einen schrägen Trichter in einen 1-Liter-Kolben als Vorlage, der 5 ccm Br_2 und 5 ccm Wasser enthält. Diese Vorlage ist mit einer zweiten Vorlage und diese mit einem Lauge enthaltenden Absorptionsgefäß verbunden. Das Ölbad wird auf 122—124° erhitzt. Man hält 3 Stunden auf dieser Temperatur, wobei etwa 200 ccm Destillat übergehen. Nach dem Abkühlen des 2 Liter-Kolbens gibt man 500 ccm Wasser und 300 g Natriumchlorid zu und neutralisiert unter Umschwenken mit 50%iger Natronlauge in 10-ccm-Anteilen. Nachdem man mit dem Kühler wieder verbunden hat, destilliert man bei einem 135—145° heißen Ölbad 800 ccm innerhalb einer Stunde über. Man spült den Kühler nach und läßt über Nacht verschlossen stehen. Dann dampft man auf 300 ccm ein und filtriert. Nach Zusatz von 10 ccm Br_2 erhitzt man zur Vertreibung des Bromüberschusses und versetzt noch heiß mit 10 ccm 10%iger Bariumchloridlösung. Man läßt 10 Minuten kochen und dann über Nacht stehen. Das gebildete Bariumsulfat wird abfiltriert.

VIII. Gewürzgemüse.

Unter Gewürzgemüsen versteht man junge Pflanzen oder Blätter vieler einheimischer Kulturgewächse. Sie enthalten ätherische Öle und werden als würzende, appetitanregende Zutaten zu Speisen verwendet. Zu ihnen gehören unter anderen der Sauerampfer, das Dillkraut, das Petersilienkraut, das Sellerie-kraut, der Schnittlauch, der Estragon und der Waldmeister.

---

[1] WEHMER: Pflanzenstoffe, S. 95.

[2] PLATENIUS: Journ. agricult. Res. 1935, 51, 847; C. 1936, I, 3597.

IX. Beurteilung der Gemüse.

Für die Beurteilung von Gemüsen sind Reichseinheitsvorschriften herausgegeben, die eine Beurteilung in erster Linie hinsichtlich äußerlich leicht erkennbarer Merkmale, wie Größe, Form, Färbung, Festigkeit vorsehen[1].

Die Art und Beschaffenheit der Wurzelgewächse und Gemüse bzw. deren Teile müssen ihrer Bezeichnung entsprechen. Die Unterschiebung von Ersatzpflanzen ohne Deklaration ist als Verfälschung anzusehen. Die Beimengung gesundheitsschädlicher Pflanzen ist verboten und strafbar.

Die Wurzelgewächse und Gemüse bzw. deren Teile dürfen nur im markt- und genußfähigen Zustande (der üblichen Entwicklungsstufe) feilgehalten und verkauft werden; sie müssen ein frisches Aussehen und natürliche Farbe besitzen, sie dürfen nicht welk, faulig oder schimmelig sein, sowie keinen Schmutz und Staub enthalten.

Mit Pflanzenkrankheiten behaftete Wurzelgewächse und Gemüse dürfen nicht in den Verkehr gebracht werden, wenn nicht ausdrücklich festgestellt ist, daß derartig befallene Pflanzen die Genußfähigkeit und Gesundheit des Menschen, nachdem sie der üblichen Zubereitung im Hause unterworfen sind, in keiner Weise mehr schaden.

An den Gewächsen dürfen Schnecken, Würmer, Maden und Insekten nicht haften oder von diesen angefressene Stellen in größerer Menge vorhanden sein.

Kartoffeln dürfen nicht ausgewachsen sein und auch keine abgerissenen Keimentwicklungen aufweisen.

Die chemische Untersuchung auf Nährwert kommt wohl nur für Verpflegungsanstalten in Betracht, oder wenn es sich um Feststellung der Verdorbenheit und einer äußeren Beschädigung, z. B. durch saure Rauchgase, giftigen bzw. schädlichen Hütten- oder Fabrikstaub, handelt.

Hierbei ist zu berücksichtigen, daß Gemüse, die fortgesetzt unter dem Einfluß von sauren Rauchgasen oder Metallsulfaten gewachsen sind, bei anhaltendem Genuß für Menschen (besonders für Kinder) ebensogut wie für Tiere schädlich auf die Knochenbildung wirken können.

Spargel, die in Wasser aufbewahrt werden, sind als verfälscht anzusehen. Zur Frischhaltung ist lediglich Aufbewahrung auf feuchtem Sand unter einer Glocke zulässig.

Gemüsedauerwaren.

Die meisten Gemüse sind im frischen Zustande nur beschränkte Zeit erhältlich. Man ist daher stets bestrebt gewesen, durch geeignete Konservierungsverfahren, die den Charakter der Gemüse nur wenig verändern, sie das ganze Jahr hindurch haltbar zu machen. Manche Gemüsearten, besonders die Wurzelgemüse und die Kohlarten, lassen sich in kühlen trockenen Räumen fast den ganzen Winter hindurch hinreichend frisch erhalten, da durch Kälte und durch geringere Feuchtigkeit die Atmung und die Wasserabgabe auf ein Minimum herabgedrückt und der Verfall hinausgeschoben wird.

1. Kühllagerung.

Mit der Vervollkommnung der Kältetechnik versuchte man sämtliche Gemüsesorten durch Kühllagern bzw. Einfrieren haltbar zu machen. Wenngleich das Problem der Kältetechnik für deutsche Verhältnisse noch nicht vollkommen

[1] Reichseinheitsvorschriften für Sortierung und Verpackung von Obst und Gemüse. Verlag: Reichs-Obst- und Gemüseverwertung G. m. b. H., Berlin W 35, Königin-Augusta-Str. 43. 1933.

gelöst ist, so wird diese Methode doch für die Zukunft sehr aussichtsreich sein. Nachstehend sind die bisherigen Ergebnisse über die Kühllagerung der verschiedenen Gemüsesorten wiedergegeben.

Nach M. W. TUCHSCHNEID[1] kann die Kältetechnik unter folgenden Bedingungen angewandt werden: Kartoffeln sind bei +3 bis 4° und 90% relativer Feuchtigkeit 6—9 Monate lang haltbar. Tiefere Temperaturen bewirken ein Süßwerden der Kartoffeln. Kohl eignet sich nur dann für eine Kaltlagerung, wenn die Köpfe fest, unbeschädigt und fleckenfrei sind; die äußeren Blätter dürfen nicht schlaff sein. Lagerungsversuche mit Weiß- und Rotkohl bei 0° bis —2° und 85% relativer Feuchtigkeit zeigten, daß Weißkohl sich bis zu 3 Monaten frisch erhielt, wobei nur die Deckblätter schlaff wurden, und zwar bei —2° weniger als bei 0°. Bei Rotkohl blieben nach 3 Monaten Farbe und Aroma unverändert. Nur der Geschmack war etwas süßlich geworden.

Umfangreiche Versuche über die Lagerung von Weiß- und Rotkohl sind von ROST im Königsberger Kühlhaus durchgeführt worden. Der Kohl wurde in Lattenkisten in luftgekühlten Räumen aufbewahrt. Die Belegung betrug 600—700 kg/qm. Die Räume wurden ab und zu ozonisiert. Weißkohl wurde bei 0 bis —1° gelagert und blieb bis zu 6 Monaten frisch. Nur die äußeren Blätter mußten entfernt werden, wobei der Verlust jedoch sehr gering war. Ein Teil des Kohls wurde zu Beginn der Lagerung in einen Raum von 4° gebracht, um die Abkühlung zu beschleunigen. Dabei traten jedoch starke Frostschäden auf, was eine starke Schimmelbildung zur Folge hatte. Rotkohl hielt sich 5 Monate lang frisch. Später begann auf den äußeren Blättern ein Wachstum von Schimmelpilzen. Rosenkohl kann in Körben oder Säcken bei —1° etwa 3 Wochen gelagert werden, bei Lagerung auf Gestellen in einer Schichthöhe von 5—10 cm ist die Haltbarkeit etwa doppelt so lang.

Zwiebeln werden in Säcken gelagert und sind bei 0 bis +2° 5—6 Monate haltbar; zur längeren Lagerung müssen sie gefroren werden. Bei —3° gefrorene und gelagerte Zwiebeln sind etwa 8 Monate lang haltbar; vor der Auslagerung müssen sie langsam innerhalb 6 Tagen aufgetaut werden.

SUTHERLAND empfiehlt, Zwiebeln bei —0,6° und anfangs bei 81%, später bei 76% relativer Feuchtigkeit zu lagern.

Rote Rüben, Möhren, Schnittkohl und Rüben werden bei 0 bis +1° gelagert. Für eine Dauerlagerung eignet sich nur fleckenfreie, trockne und nicht durchwachsene Ware. Die Luftfeuchtigkeit soll etwa 75—80% betragen.

Spargel hat sich bei den Versuchen von PLANK bei 0° und 96% relativer Feuchtigkeit am besten gehalten. Bei offener Lagerung ist er 12—14 Tage haltbar. Neuerdings wird Spargel fast ausschließlich in wasserdichter Cellophanpackung gelagert, wobei der Verlust an Wasser und Aromastoffen bedeutend geringer ist als bei offener Lagerung. Bei +0,5—1° sind die in Cellophan eingewickelten Spargelbündel bis zu 4 Wochen ohne Verluste haltbar. Die Temperatur darf jedoch nicht unter 0° sinken.

Die ersten Versuche über die Kaltlagerung von Tomaten sind von PLANK und SCHNEIDER durchgeführt worden. Dabei konnten reife Tomaten bei 0° bis +1° und 85% relativer Feuchtigkeit 4—5 Wochen gelagert werden. Bei höheren Temperaturen waren die Ergebnisse ungünstig. Der Gefrierpunkt von Tomaten liegt nach den Untersuchungen von HARVAY und WRIGHT zwischen —0,79 und —0,85°.

Nach SCHNEIDER und FRIEBE-SCUPIN werden Tomaten am vorteilhaftesten bei einer Temperatur von 0 bis +1° und 90% relativer Feuchtigkeit gelagert. Am besten halten sich vollreife Früchte. Bei 0° gelagerte Tomaten müssen

[1] M. W. TUCHSCHNEID: Die kältetechnologische Verarbeitung schnell verderblicher Lebensmittel, S. 422f. Kirchhain (N.-L.): Brücke-Verlag Kurt Schmersow 1936.

spätestens 3 Tage nach der Auslagerung verkauft werden, da sie sehr schnell verderben. Empfehlenswert ist das Einlagern der Tomaten in Torfmull, je unreifer sie sind, desto länger sind sie haltbar.

Melonen können bei $+1^0$ bis $2{,}2^0$ über 2 Monate gelagert werden. Für kurzfristige Lagerung genügt eine Temperatur von $+4^0$. Zur Erhöhung der Haltbarkeit werden die Melonen in Wachspapier gewickelt und auf Lattenrosten aufbewahrt.

Bei der Lagerung von Gemüse findet eine Umwandlung von Stärke in Zucker, Inversion von Saccharose, Veratmung von Zucker und Verdunstung von Wasser statt.

ZEREWITINOFF und SPIZYN untersuchten den Zuckergehalt von Kartoffeln, die bei verschiedener Temperatur gelagert wurden. Die Zuckerbildung aus Stärke erfolgt bei tiefen Temperaturen bedeutend schneller als die Veratmung. Infolgedessen findet eine Anhäufung von Zucker statt. Bei $+5^0$ sind beide Prozesse im Gleichgewicht. Bei höheren Temperaturen wird mehr Zucker veratmet als produziert. Kartoffeln können daher nicht bei allzu tiefen Temperaturen gelagert werden, jedoch zeigen die verschiedenen Sorten nicht gleiches Verhalten.

Bei einer Lagerungstemperatur von 0^0 wurden in der chemischen Zusammensetzung von Kartoffeln die nebenstehenden Veränderungen festgestellt (Werte in Prozent) (Tabelle 31).

Tabelle 31.

	Ursprüngliche Zusammensetzung	Lagerungszeit in Monaten		
		1,5	3	4,5
Wasser	73,70	72,64	71,38	69,84
Stärke	19,89	19,23	18,96	18,30
Glucose	0,61	1,23	1,46	2,10
Stickstoffhaltige Substanz	2,01	—	—	2,00
Zellstoff	0,64	—	—	0,62
Mineralbestandteile	0,78	—	—	0,78

Das Spez. Gewicht der Kartoffeln stieg in 4,5 Monaten von 1,111 auf 1,128 g/ccm. Beim Nachlagern in einem Raum von über 6^0 verschwindet der süßliche Geschmack der bei zu niedriger Temperatur gelagerten Kartoffeln. Die Atmungsgeschwindigkeit nimmt dabei zu und der Überschuß von Zucker wird veratmet.

Bei einer Lagerung bei 0^0 nahm bei Weißkohl die auf 100 g Trockensubstanz bezogene gesamte Zuckermenge von 60,2% auf 36,6% ab. Ein gleiches Verhalten zeigte Rotkohl.

Durch Regelung der Lagerungsbedingungen, Lagerung in künstlicher Atmosphäre (Gaslagerung) und durch Gefrieren können diese Veränderungen weitgehend vermieden werden.

J. KOCHS[1] berichtet über Kühllagerungsversuche in Gasatmosphäre. Treibhausgurken können durch Ozoneinwirkung bei $+2^0$ und gleichzeitiger Wachspapierumhüllung noch nach 14—21 Tagen zum Rohgenuß verwendet werden. Halbreife Tomaten halten sich 4—6 Wochen, wenn sie bei $+2^0$ und Ozoneinwirkung bei 85% relativer Feuchtigkeit in Torfmull oder Holzwolle eingelagert werden. Blumenkohl hielt sich durch Belegen der Köpfe mit Wachs- oder Pergamentpapier, in Verbindung mit der richtigen Temperatur von -1^0 und 80% relativer Feuchtigkeit unter Ozoneinwirkung 8 Wochen frisch. Freilandsalat kann ohne Einbuße von Geschmack und Aussehen 4—5 Wochen frisch erhalten werden, wenn er bei $+2$—3^0 unter Ozoneinwirkung bei 80—90% relativer Feuchtigkeit in Öl- oder Wachspapier fest verpackt gelagert wird. Beste Qualitäten Spargel lassen sich 3 Wochen frisch erhalten, wenn sie bei $+2^0$ und 90% relativer Feuchtigkeit unter Ozoneinwirkung in Ölpapier eingewickelt

[1] J. KOCHS: Angew. Botanik **15**, 262—289; **Z.** 1935, **69**, 274.

gelagert werden. Auch mit Äthylenbegasung werden Erfolge erzielt, während Äther und Formaldehyd ungeeignet waren.

Gefrieren der Gemüse. Gemüse wird vor dem Gefrieren blanchiert, danach ist eine Dauerlagerung bei einer Temperatur von —18° möglich. Das Einfrieren ist notwendig, um die Enzyme zu zerstören. Behandeln des Gemüses mit Citronensäure, Kochsalz oder Schwefliger Säure hat den gleichen Erfolg. Es treten jedoch hierbei Veränderungen im Geschmack und Aroma auf. Nicht blanchiertes Gemüse kann nur bei sehr tiefen Temperaturen — bis —30° und darunter — längere Zeit gelagert werden.

Gurken, bei —20° in Kisten gelagert und gefroren, konnten noch nach mehreren Monaten für die Herstellung von Gurkensalat verwendet werden. Gefrorenes Gemüse ist langsam aufzutauen.

Tabelle 32. Lagerungsbedingungen für Gemüse. (Nach Angaben des Bureau of Plants, USA.)

Bezeichnung	Temperatur von	Temperatur bis	Relative Feuchtigkeit	Mittlere Gefrier-temperatur	Haltbarkeit
Kartoffeln	+2	+10	85—90	—1,71	
Kohl	0	—0,5	90—95	—0,46	3—4 Monate
Blumenkohl	0	—0,5	85—90	—1,07	2—3 Wochen
Zwiebeln	0	—0,5	70—75	—1,06	5—6 Monate
Knoblauch, trocken	0	—0,5	70—75	—3,56	6—8 „
Radieschen, Rüben	0	—0,5	90—95	—	2—4 „
Mohrrüben	0	—0,5	90—95	—3,35	2—4 „
Sellerie	0	—0,5	90—95	—1,2	2—4 „
Rote Rüben	0	—0,5	90—95	—2,83	1—3 „
Grüne Bohnen	0	—0,5	85—90	—1,26	3—4 Wochen
Frische Erbsen	0	—0,5	85—90	—1,09	1—3 „
Spinat	0	—0,5	90—95	—0,77	7—10 Tage
Spargel	0	—0,5	85—90	—2,22	3—4 Wochen

Neben der Kühllagerung kommen für die Konservierung noch in Frage das Trocknen der Gemüse (Dörrgemüse), luftdichter Abschluß und Sterilisation (Gemüsekonserven im engeren Sinne) und das Einsäuern mit und ohne Salzzusatz.

Die erste Behandlung der Gemüse zum Zwecke der Haltbarmachung ist die vorherige Entfernung aller anhängenden oder beigemengten Schmutzteile, Staub, Erde, Sand, Steine, der tierischen Schädlinge usw. Dies geschieht meistens durch Waschen, jedoch bedarf es in der Regel eines öfteren Wechsels des Waschwassers bis die erforderliche peinliche Sauberkeit erzielt ist. In größeren Betrieben bedient man sich zu diesem Zwecke besonderer Waschmaschinen, namentlich für Blattgemüse. Es genügen aber schon einfache zylindrische Metallgefäße oder Holzbottiche, die mit Zulauf von kaltem und warmem Wasser, einem Ablaufhahn und meist auch herausnehmbarem Sieb versehen sind. Vor oder nach dem Waschen werden alle schlechten oder durch Tiere geschädigten sowie die nicht eßbaren Anteile entfernt, wobei die Eigenart der einzelnen Gemüsesorten zu berücksichtigen ist. (Z. B. Putzen bei Möhren, Schälen bei Spargel, Enthülsen bei Erbsen durch die „Löchtemaschine“ usw.) Dem Reinigen folgt bei den meisten Gemüsen noch die Zerkleinerung mit dem Handmesser oder Hobel oder mit besonders eingerichteten Schneidemaschinen.

2. Trocknen der Gemüse.

Für einige Gemüsesorten, z. B. die aromatischen Küchenkräuter, Zwiebel, Schalotten, Knoblauch usw. genügt einfaches Austrocknen an der Luft. Bei den meisten anderen muß künstliche Wärme angewendet werden. Durch den Dörrprozeß darf jedoch die Zartheit und der Geschmack der Gemüse nicht leiden. Es muß deshalb vorher das Gemüse abgebrüht oder gedämpft werden. Durch das Dämpfen quillt die Zellmembran auf, wodurch das Trocknen erleichtert und eine Verschrumpfung und Verhärtung der Pflanzenteile verhindert wird. Unabgebrühtes oder ungedämpftes Gemüse wird meist hart und strohig im Geschmack.

Das Dämpfen geschieht entweder in Kochtöpfen mit durchlöchertem Einsatz oder in großen Kesseln, in welche man Drahtkörbe mit den Gemüsen einhängt. Die Koch- und Dämpfzeit richtet sich nach der Art der Empfindlichkeit der Gemüse und ist daher sehr verschieden. Die durchschnittliche Dauer beträgt etwa 5—8 Minuten. Hierbei werden einzelne Gemüse auch gefärbt oder gebleicht wie bei Büchsengemüse (S. 789).

Das Trocknen wird im Kleinen in Herden und Backöfen, im Großen aber in besonderen Trockenapparaten vorgenommen, z. B. in der Wanderdarre, welche von Haus zu Haus gebracht werden kann, bei der die Luft an Heizrippenkörpern erwärmt und über die auf Horden verteilten Gemüse im Dörraum geleitet wird.

Bei dem Kanaltrockenverfahren werden die mit dem Gemüse belegten Horden zu je etwa 10 auf einem Wagen in einen etwa 10 m langen Kanal gebracht. Durch große Gebläse wird in diesen Kanälen, in denen eine Temperatur von 80—90° herrscht, ein starker Luftstrom erzeugt. Nach etwa 3 Stunden ist der Dörrprozeß vollendet. Auch Vakuumtrockenapparate werden mit Vorteil angewendet; bei diesen wird eine erhebliche Ersparnis von Heizmaterial und Zeit erzielt, auch ist Güte, Farbe und Aroma der Ware besser als beim Dörren mit heißer Luft. Erforderlich ist es, daß die mit Wasserdampf angereicherte Luft möglichst schnell abgeführt wird. Das Trocknen wird so lange fortgesetzt, bis der Wassergehalt im allgemeinen auf 14% heruntergegangen ist. Nach dem Erkalten werden die trockenen Gemüse entweder lose in Säcke bzw. Papierbeutel gefüllt, oder für den Seetransport oder längere Aufbewahrung in hydraulisch zusammengepreßten Blöcken in Blechgefäße verpackt. Für den Gebrauch werden die Dörrgemüse 3—6 Stunden in Wasser aufgeweicht und dann wie üblich unter Salzzugabe gekocht.

Man trocknet vor allem entfädete Schnittbohnen, Weißkraut, Rotkraut, Wirsing und Spinat, in Scheiben oder Schnitzel geschnittene Karotten, Zwiebel oder Sellerie, Küchenkräuter, Tomaten und Kartoffeln. Ein Gemenge aus Wirsing, Karotten, Zwiebeln, Lauch und Sellerie, dem Geschmack entsprechend gemischt, bildet unter dem Namen „Julienne" ein beliebtes Suppengemüse. Annähernde Temperatur und Ausbeute beim Trocknen gibt folgende Tabelle wieder[1].

Tabelle 33.

Gemüse oder Pilzart	Trockentemperatur °C	Mittlere Ausbeute der Frischmasse %	Mittlerer Wassergehalt der Frischware %	Mittlerer Wassergehalt des Trockengutes %
Weißkohl	70—80	5	92	10
Rotkohl	70—80	9,5	90	12
Wirsingkohl	65—80	6	86	14
Zwiebeln	70—80	11	86	—
Sellerieblätter	70—80	14	82	—
Sellerieknollen	75—90	9	84	19
Spinat	70—80	9,5	89	4
Steckrüben	30—90	7	87	9
Morcheln	55—60	8	89	19
Steinpilze	55—60	8,5	90	12
Petersilie	70—80	12	85	—
Kartoffeln	90—105	19	75	12

Zusammensetzung. Die Zusammensetzung der Dörrgemüse ist nach König folgende (Tabelle 34).

[1] H. Serger u. B. Hempel: Konserventechnisches Taschenbuch, S. 137. Braunschweig 1927.

Tabelle 34.

Nähere Bezeichnung	In der ursprünglichen Substanz						In der Trocken-stubsanz	
	Wasser %	Stick-stoff-sub-stanz %	Fett %	Stickstoff-freie Extrakt-stoffe %	Roh-faser %	Asche %	Stick-stoff-sub-stanz %	Stickstoff-freie Extrakt-stoffe %
Kohlrübe	9,67	13,25	1,58	58,14	10,11	7,25	14,66	64,36
Schnittbohnen	14,24	18,88	1,74	48,93	10,37	5,84	22,13	57,05
Lauch	17,19	16,07	2,83	64,49	10,66	8,76	19,41	77,90
Zwiebeln	26,88	10,02	0,72	55,05	4,24	3,09	13,70	75,25
Sellerie (Wurzeln)	12,80	12,85	2,17	55,06	8,73	8,39	14,74	63,15
Mohrrüben in Scheiben	14,58	9,27	1,50	61,40	7,93	5,32	10,85	71,79
Wirsingkohl	19,47	19,47	1,47	43,68	8,63	7,28	24,18	49,13
Blumenkohl	21,48	29,97	3,00	30,43	8,34	6,78	38,18	38,77
Winter-(Grün-)Kohl	9,76	22,53	4,29	45,55	8,48	9,39	24,97	50,46
Rosenkohl	17,05	28,11	2,64	36,44	8,91	6,35	33,88	43,81
Rotkohl	16,48	16,28	1,68	47,81	10,08	17,67	19,49	57,12
Weißkohl	11,80	15,76	1,44	51,83	11,14	8,03	17,87	58,87
Suppenkräuter (Julienne)	17,44	8,23	1,04	44,89	5,62	2,81	9,98	54,41

Die Zusammensetzung entspricht im allgemeinen der natürlicher Gemüse, allerdings ist infolge des vorherigen Abbrühens oder Dämpfens der Gehalt an löslichen Stoffen, an koagulierbarem Eiweiß und Mineralstoffen etwas geringer als bei Frischgemüse.

Zur Konservierung der Gemüse wird neuerdings auch Bestrahlung mit Röntgen- oder ultravioletten Strahlen und nachträgliches Behandeln mit fäulniswidrigen Stoffen vorgeschlagen.

Es werden auch pulvrige Gemische von Stoffen, die einen Feuchtigkeit absorbierenden und gleichzeitig bakterientötenden Stoff enthalten, verwendet. Man zerkleinert zu diesem Zwecke die Gemüse und zerstäubt die Gemische in Verbindung mit einem in ebenfalls zerstäubten Zustande befindlichen Trägerstoff (Mehl, Zucker u. dgl.) mittels erwärmter oder gekühlter Preßluft, Sauerstoff oder Kohlensäure.

3. Gemüse in Dosen und Gläsern.

Gemüsekonserven nach den Verfahren von APPERT, WECK u. a. Für das Gelingen dieser Verfahren ist die peinlichste Reinlichkeit sowohl bei den zu verarbeitenden Rohgemüsen als auch bei der Ausführung der Verfahren von besonderer Bedeutung. Die Rohware selbst muß in möglichst frischem Zustande unmittelbar nach der Ernte verarbeitet werden, denn nur dann befindet sie sich in einer Beschaffenheit, die eine erfolgreiche Konservierung sichert. Läßt sich bei reichlicher Anlieferung eine kurze Lagerung nicht umgehen, so muß dieselbe in kühlen, und vor allem trockenen, gut durchlüftbaren Räumen erfolgen. Des weiteren ist sorgfältigstes Waschen des Rohgemüses und richtige Art des Blanchierens (Vorkochens) unerläßlich. Durch das Waschen soll in erster Linie die Hauptmenge der schädlichen Bakterienarten entfernt werden, durch das Blanchieren soll die Sterilisation unterstützt und das Gemüse in eine solche Form gebracht werden, daß beim Sterilisieren ein stärkeres Einfallen und Schrumpfen verhindert wird. Blanchiertes Gemüse läßt sich besser in Dosen und Gläser füllen. Beim Blanchieren gehen jedoch nicht unerhebliche Mengen Nährstoffe in das Kochwasser über, die verloren gehen, falls das Blanchierwasser nicht zum Auffüllen der gepackten Dosen und Gläser verwendet wird.

Das Blanchieren wird im allgemeinen in offenen, aus Kupfer hergestellten, mit doppelten Wandungen versehenen Kesseln vorgenommen. Das Gemüse wird in Drahtkörben oder Behältern mit herausnehmbaren Siebböden in das kochende Wasserbad gebracht. Die Zeitdauer des Blanchierens richtet sich nach der Art und dem Reifegrad der Gemüse. Mit dem Vorkochen verbindet man bei grünen Blattgemüsen und grünen Erbsen meist auch das Grünfärben. Hierbei handelt es sich nicht um eine eigentliche Färbung, sondern um die Bildung einer Verbindung des Kupfers mit Phyllocyaninsäure. Die Möglichkeit der Grünung ist bei den einzelnen Gemüsesorten verschieden, der Unterschied besonders bei feinen und groben Erbsen sehr groß. Spinat würde ohne Grünung eine bräunliche Farbe annehmen und vom Verbraucher zurückgewiesen werden. Man verwendet zur Grünung auf 100 kg 15 g Kupfersulfat und 8 g Weinsäure. Bei Erbsen und Bohnen werden zu je 100 Liter des Blanchierwassers 25 g Kupfersulfat und 25 g Kaliumsulfat zugesetzt und dann das Vorkochen in üblicher Weise ausgeführt. Das Vorkochwasser kann 2—3mal zum Grünen verwendet werden, wenn ihm jedesmal 5 g Kupfersulfat und 5 g Kaliumsulfat erneut zugesetzt werden. Auf diesen Grünungsvorgang folgt gründliches Waschen. Die gegrünten Gemüse dürfen dem Tageslicht nicht längere Zeit ausgesetzt werden, weil dadurch die Färbung leidet.

Manche Gemüsearten wie Spargel, Schwarzwurzeln, Blumenkohl, Teltower Rübchen werden mit Schwefliger Säure gebleicht. Die Schweflige Säure wird aus Sulfiden mit Citronensäure im Blanchierwasser entwickelt. Bei Spargel, Blumenkohl und Teltower Rübchen setzt man zum Teil zu 100 Liter Blanchierwasser 30 g Citronensäure und 20 g Schwefligsaures Natron hinzu. Bei Sellerie und Kohlrabi bleicht man mit 1%iger Alaunlösung, Schwarzwurzeln legt man einige Zeit in Essigsäure, 1%ige Citronensäure oder in verdünnte Milch.

Die Beschaffenheit des Wassers ist bei manchen Gemüsearten nicht ohne Einfluß auf ihr Aussehen und ihren Geschmack. Große Mengen von Kalk, Magnesiumsalzen und Eisen vermögen die Qualität der Konserven zu beeinträchtigen. Magnesiumsalze von über 40 mg im Liter können beim Spargel bitteren Geschmack hervorrufen. Bei Gegenwart von Eisensalzen verlieren Schwarzwurzeln, Spargel und Blumenkohl die weiße Farbe.

Das nach dem Blanchieren abgekühlte Gemüse wird in Büchsen oder Gläser verpackt, mit schwachem Salzwasser aufgefüllt und zwecks Abtötung noch vorhandener Bakterien sterilisiert. Dies geschieht im Wasserbad bei 75—100° während 20—100 Minuten je nach der Gemüseart, oder besser im Autoklaven 7—20 Minuten bei 115—118°. Im ersteren Falle müssen alle Gemüsesorten nach 2—3 Tagen nochmals 20—30 Minuten sterilisiert werden. Im Autoklaven genügt eine einmalige Sterilisation. Das erstere Verfahren ist vorwiegend in Haushaltungen, das letztere in Fabrikbetrieben in Gebrauch. Die Blechdosen werden meistens mit besonderen Verschlußmaschinen nach dem Ein- und Zweihebelsystem verschlossen, indem man Deckel und Dosenkörper falzt. Der Falz wird vielfach noch durch Drahteinlage oder Gummiring luftdicht gemacht.

Bei der üblichen Verschlußweise ist es jedoch nicht völlig zu umgehen, daß ein geringer Luftraum zwischen Deckel und Inhalt entsteht. Dies wird begünstigt durch die Umdrehungen der Dosen und das Herausspritzen des Kochfüllwassers während des Verschließens der Dosen. Ferner enthalten alle Gemüse und Früchte in ihren Geweben Sauerstoff, der unmittelbar nach dem Erwärmen in Freiheit gesetzt wird und ebenfalls nachteilig wirkt. Zur Beseitigung dieser Übelstände hat sich auch in Deutschland seit einigen Jahren das Evakuieren und Exhaustieren eingebürgert.

Unter den Evakuiermaschinen nehmen die Apparaturen der Clemens und Vogl A. G. Braunschweig wohl den ersten Rang ein. Diese Maschinen evakuieren und verschließen in einem Arbeitsgang. Der Exhaustierapparat ist ein flacher, zum größten Teil abgedeckter eiserner Kasten, der durch Dampfschlangen geheizt wird. Ein Fließband dient zum Fortbewegen der Dosen; die Dosen durchqueren während einer Zeit bis zu 20 Minuten den Vorwärmkasten bei einer Temperatur von 75—90° und kommen sofort bei einer Temperatur von 50—70° unter die Verschlußmaschine. Durch diese Erwärmung erfolgt zunächst ein Freiwerden der in den Zellen enthaltenen Luft, außerdem erfährt die über der Oberfläche des Doseninhalts lagernde Luftschicht bei nicht überfüllten Dosen eine Ausdehnung, so daß nach dem Verschließen und Erkalten in den Dosen eine Luftverdünnung vorhanden und somit die gewünschte Verminderung des Sauerstoffs erzielt ist.

H. Serger und F. Fleischer[1] schlagen vor, die Sterilisationszeiten von Gemüsekonserven durch Zusatz von Milchsäure zu verkürzen. Durch diesen Zusatz sollen die Bedingungen für das Bakterienwachstum verschlechtert werden, so daß die Anwendung von Hitze ohne Gefährdung der Sterilität eingeschränkt werden kann. Der Geschmack wird bei einem Milchsäurezusatz bis zu 0,20% noch nicht merklich beeinflußt. Es soll schon

[1] H. Serger u. F. Fleischer: Obst- u. Gemüseverwertungsind. 1935, 22, 342.

ein Zusatz von 0,10—0,15% Milchsäure genügen, um die Sterilisation auf die halbe Zeit zu verkürzen.

E. NEHRING und F. BOTHE[1], die die Angaben von SERGER und FLEISCHER nachgeprüft haben, kommen zu den Ergebnissen, daß das Verfahren, durch Säurezusatz die Hitzebehandlung von Gemüsekonserven einzuschränken, für die Praxis völlig unbrauchbar ist. Der aus geschmacklichen Rücksichten zulässige Säurezusatz in Höhe von etwa 0,1% im Aufgußwasser wirkt nämlich so schwach und unberechenbar, daß sich die Konserven mit und ohne diesen Zusatz in ihrer Haltbarkeit kaum unterscheiden.

Die geschlossenen Dosen werden nach Beseitigung von etwa anhängendem Fett durch Benzin u. a. verniert, d. h. mit einem Kopalleinölfirnis bestrichen, an der Luft getrocknet und bei 100—130° im Lackierofen erhitzt.

Unter „gestovtem" Gemüse versteht man völlig zubereitete Gemüsekonserven, die für den alsbaldigen Genuß nur noch einer Erwärmung bedürfen.

a) Spargel. Zu den bekanntesten Dosengemüsen gehört Spargel. Er ist möglichst frisch und äußerst sorgfältig zu verarbeiten. Eine längere Lagerung des Spargels darf nicht erfolgen. Ist diese jedoch nicht zu umgehen, so muß sie luftig (in Körben) in kühlen Räumen erfolgen. Sollte der Frischezustand kein besondeıs hochwertiges Fertigfabrikat gewährleisten, so ist die Verarbeitung auf Salzspargel zweckmäßiger. Das soll aber nicht bedeuten, daß minderwertiger Spargel zu Salzspargel verarbeitet werden darf. Das Einwässern des Rohspargels kann in 2—3 Stunden durchgeführt sein, wobei für gute Sauberhaltung der Einwässerungsgefäße und für kühles frisches Wasser (Gefahr der Säuerung) gesorgt werden muß. Das Schälen des Rohspargels erfolgt von Hand, wobei das Messer mindestens einmal während der Kampagne auszuwechseln ist. Eckiges Schälen hat Schalenreste am Spargel zur Folge, was sich besonders nach dem Sterilisieren bemerkbar macht. Die Schälverluste betragen bei der I. Sorte 20—25%, bei der II. Sorte 25—30%, bei der III. Sorte 30—35% und bei der IV. Sorte noch mehr.

b) Grüne Erbsen. Nach dem Enthülsen (Löchten) mit besonderen Maschinen und Sortieren der Samen in Zylindersortiermaschinen — wobei die kleinsten Samen die feinste Ware ergeben — folgt das Blanchieren verbunden mit dem Grünfärben, das Einfüllen in Dosen, Begießen mit Salzwasser, Verschließen und Sterilisieren bei 110—120° während 12—20 Minuten je nach Größe der Dosen.

Andere beliebte Gemüsekonserven sind Blumenkohl, Spinat, Schwarzwurzeln und besonders Tomaten. Tomaten werden hauptsächlich zu Püree verarbeitet.

c) Tomaten. In Italien, dem hauptsächlichsten Lieferanten für Tomatenpüree, sind nur drei verschiedene Qualitäten von Tomatenmark zugelassen. Man unterscheidet:

α) Estratto di Pomodoro. Ein konzentriertes Tomatenmark mit einer wahren Trockensubstanz (Gesamttrockensubstanz weniger natürlichem Kochsalzgehalt) von mindestens 16%.

β) Estratto doppio di Pomodoro. Doppelt konzentriertes Tomatenmark mit einer wahren Trockensubstanz von mindestens 28%.

γ) Estratto triplo di Pomodoro. Dreifach konzentriertes Tomatenmark mit mindestens 36% wahrer Trockensubstanz.

Für die Herstellung von Tomatenpüree verwendet man zweckmäßig Züchtungen mit rotfarbigen voll ausgereiften Früchten. Bei Verwendung halbreifer oder unreifer Tomaten schmeckt das Püree leicht bitter. Außerdem ist die Farbe nicht befriedigend.

Die frischen Tomaten werden nun zur Herstellung des Pürees in Vorkochkesseln unter Rühren ohne jeden Wasserzusatz vollständig weichgekocht. Kupferkessel sind zu vermeiden, da sonst leicht ein bitterer Geschmack auftreten kann. Die weich gekochte Masse wird durch das feinste Sieb der Passiermaschine gegeben. Das so gewonnene Mark ist gewöhnlich zu dünn, so daß es je nach dem gewünschten Eindickungsgrad doppelt, drei- oder vierfach eingekocht wird. Zur Hebung des Geschmackes kann man dem Püree zerschnittene Zwiebeln und Frischmark hinzufügen. Stark saures Mark kann mit Zucker abgeschmeckt werden. Bitteres Püree wird mit Salz behandelt. Das noch heiße Produkt wird in vernierte Dosen gefüllt und sofort verschlossen.

Unter Tomatenketschup versteht man ein mit verschiedenen Zusätzen kräftig gewürztes Erzeugnis, das eine streichfähige Muskonsistenz aufweist. Tomatenketschup ist in Amerika und England sehr beliebt. Gebräuchliche Zutaten sind Essig, Salz, Zucker, Paprika, Cajennepfeffer, Zimt, Nelken, Selleriesamen, Ingwer, Muskatnuß, Zwiebel, Knoblauch usw.

Die Zusammensetzung der Dosengemüse richtet sich ganz nach dem Entwicklungszustand, in welchem das Gemüse geerntet worden ist, wobei allerdings berücksichtigt werden muß, daß ein Teil der Gemüsenährstoffe in die Einbettungsflüssigkeit übergeht, die meist nicht verwertet wird.

[1] E. NEHRING u. F. BOTHE: Z. 1935, 71, 44, 361.

Über die Benennung und Beschaffenheit der Dosenkonserven sind die nachstehenden Normativbestimmungen geschaffen worden.

Normativbestimmungen für Frischgemüsekonserven.

Allgemeine Beurteilungsgrundsätze.

1. Gemüsekonserven in luftdicht verschlossenen Behältnissen enthalten nur frische, saubere, gesunde Gemüse, denen keine wertbestimmenden Bestandteile über das technisch unvermeidbare Maß entzogen sind, unbeschadet eines Zusatzes von getrockneten Morcheln (Ziffer 33—37 des „Verzeichnisses").

2. Gemüsekonserven in luftdicht verschlossenen Behältnissen enthalten keine zugesetzten Konservierungsmittel, unbeschadet der Bestimmungen zu Ziffer 67 des „Verzeichnisses".

3. Gemüsekonserven in luftdicht verschlossenen Behältnissen enthalten keine chemischen Bleichmittel oder sonstige Chemikalien, unbeschadet der Bestimmungen zu Ziffer 5 und 6 der „Allgemeinen Beurteilungsgrundsätze".

4. Die Zusätze zu Gemüsekonserven in luftdicht verschlossenen Behältnissen bleiben ausschließlich auf die auch im Haushalt gebräuchlichen Stoffe tafelfertiger Gerichte wie Zucker, Speisesalz, Citronensäure, Weinsäure, Milchsäure, Essig und Gewürze beschränkt.

5. Gemüsekonserven in luftdicht verschlossenen Behältnissen dürfen nicht künstlich gefärbt werden, mit Ausnahme der Sorten Ziffer 60, 61 und 67 des „Verzeichnisses", bei Kenntlichmachung „gefärbt".

6. Gemüsekonserven in luftdicht verschlossenen Behältnissen können mit Kupfersalz gegrünt sein, bei Kenntlichmachung „gegrünt" (Ziffern des „Verzeichnisses": 19—24, 25—28, 33—37, 38, 39, 40, 42, 43, 44, 46, 47, 49, 50, 51, 54, 55).

7. Gemüsekonserven in luftdicht verschlossenen Behältnissen dürfen nur dann mit Phantasienamen bezeichnet werden, wenn sie gleichzeitig die den Sorten entsprechende Bezeichnung des „Verzeichnisses" tragen.

Verzeichnis der normierten Gemüsekonserven.

Die Bezeichnung der einzelnen Konserven, die in dem nachstehenden Verzeichnis durch Fettdruck hervorgehoben sind, müssen unverkürzt als Kennzeichnung auf dem Etikett angegeben werden.

1. **Riesenstangenspargel, Inhalt 10—16 Stangen je $^1/_1$ Dose.** 10—16 Stangen je $^1/_1$ Dose bei handelsüblicher Füllung, weiße geschlossene Köpfe, Stangenlänge 17 cm.

2. **Stangenspargel, extra stark, Inhalt 20—24 Stangen je $^1/_1$ Dose.** 20—24 Stangen je $^1/_1$ Dose bei gleichmäßiger Sortierung und handelsüblicher Füllung, weiße geschlossene Köpfe, Stangenlänge 17 cm.

3. **Stangenspargel, sehr stark, Inhalt 28—30 Stangen je $^1/_1$ Dose.** 28—30 Stangen je $^1/_1$ Dose bei gleichmäßiger Sortierung und handelsüblicher Füllung, weiße geschlossene Köpfe, Stangenlänge 17 cm.

4. **Stangenspargel, stark, Inhalt 34—38 Stangen je $^1/_1$ Dose.** 34—38 Stangen je $^1/_1$ Dose bei gleichmäßiger Sortierung und handelsüblicher Füllung, weiße geschlossene Köpfe (bläuliche und leicht aufgeblühte Köpfe können vorkommen), Stangenlänge 17 cm.

5. **Stangenspargel, mittelstark, Inhalt 42—48 Stangen je $^1/_1$ Dose.** 42—48 Stangen je $^1/_1$ Dose bei gleichmäßiger Sortierung und handelsüblicher Füllung, weiße geschlossene Köpfe (bläuliche und leicht aufgeblühte Köpfe können vorkommen), Stangenlänge 17 cm.

6. **Stangenspargel, 50/60er, Inhalt 50—60 Stangen je $^1/_1$ Dose.** 50—60 Stangen je $^1/_1$ Dose bei gleichmäßiger Sortierung und handelsüblicher Füllung, weiße geschlossene Köpfe (bläuliche und leicht aufgeblühte Köpfe können vorkommen), Stangenlänge 17 cm.

7. **Stangenspargel, dünn, Inhalt über 70 Stangen je $^1/_1$ Dose.** Über 70 Stangen je $^1/_1$ Dose bei gleichmäßiger Sortierung und handelsüblicher Füllung, weiße geschlossene Köpfe (bläuliche und leicht aufgeblühte Köpfe können vorkommen), Stangenlänge 17 cm.

8. **Brechspargel, extra stark.** Gebrochener oder geschnittener Spargel der ungefähren Stärke des Stangenspargels 10/24er, weiße geschlossene Köpfe. Hohle holzige Stücke dürfen nicht vorkommen, Stücklänge 6 cm, Kopfanteil mindestens 20% der Gesamtstückzahl an Köpfen und Stücken.

9. **Brechspargel, stark.** Gebrochener oder geschnittener Spargel der ungefähren Stärke des Stangenspargels 28/38er in möglichst gleichmäßiger Sortierung, Stücklänge 6 cm, Kopfanteil mindestens 20% der Gesamtstückzahl an Köpfen und Stücken. Holzige Stücke und grüne Köpfe dürfen nicht vorkommen, hohle Stücke dürfen vereinzelt vorkommen.

10. **Brechspargel, mittelstark.** Gebrochener oder geschnittener Spargel der ungefähren Stärke des Stangenspargels 42/48er in möglichst gleichmäßiger Sortierung, Stücklänge 6 cm, Kopfanteil mindestens 20% der Gesamtstückstahl an Köpfen und Stücken. Grüne Köpfe dürfen nicht vorkommen, holzige und hohle Stücke dürfen nur vereinzelt vorkommen.

11. Brechspargel, mittel II. Gebrochener oder geschnittener Spargel der ungefähren Stärke des Stangenspargels 50/60er in möglichst gleichmäßiger Sortierung, Stücklänge 6 cm, Kopfanteil mindestens 20% der Gesamtstückzahl an Köpfen und Stücken. Grüne Köpfe, holzige und hohle Stücke dürfen vereinzelt vorkommen.

12. Brechspargel, dünn. Gebrochener oder geschnittener Spargel der ungefähren Stärke des Stangenspargels dünn in möglichst gleichmäßiger Sortierung, Stücklänge 6 cm, Kopfanteil mindestens 20% der Gesamtstückzahl an Köpfen und Stücken. Grüne Köpfe, holzige und hohle Stücke gleich welcher Stärke dürfen in dieser Sorte enthalten sein.

13. Brechspargel, ohne Köpfe, lange Abschnitte, sind längere Abschnitte von etwa 3 cm an aufwärts, von einer Mindeststärke des Stangenspargels 34/38. Holzige und hohle Stücke dürfen vorkommen.

14. Spargelabschnitte sind kurze Abschnitte von 2 cm und darunter.

15. Spargelköpfe, weiß, sehr stark, stehend oder liegend. Weiße, geschlossene, nicht hohle Köpfe in Stärke des Stangenspargels 20/30 je $^1/_1$ Dose, Höchstlänge stehend 11 cm, liegend 7 cm.

16. Spargelköpfe, weiß, stark, stehend oder liegend. Weiße, geschlossene, nicht hohle Köpfe in Stärke des Stangenspargels 34/38 je $^1/_1$ Dose, Höchstlange stehend 11 cm, liegend 7 cm.

17. Spargelköpfe, grün, sehr stark. Grüne Köpfe in der Stärke eines Stangenspargels bis zu 38 Stangen je $^1/_1$ Dose (vgl. Ziffer 1—4 des „Verzeichnisses").

18. Spargelköpfe, grün, mittelstark. Grüne Köpfe in der Stärke eines Stangenspargels von 38—48 Stangen je $^1/_1$ Dose.

Beurteilungsgrundsätze: Sämtliche Spargelsorten müssen einwandfrei geschält sein, Stangen holziger und äußerlich minderwertiger Beschaffenheit dürfen für alle Stangenspargelsorten keine Verwendung finden. Stangenspargel, der ausschließlich aus Spargel mit blauen oder grünen Köpfen hergestellt wird, im übrigen den obigen Begriffsbestimmungen entspricht, darf unter der Kennzeichnung „Mit grünen Köpfen" bzw. „Mit blauen Köpfen" in den Verkehr gebracht werden.

19. Kaisererbsen oder junge Erbsen, extra fein. Durch $6^1/_2$ mm quadratische Sieblochung gesiebte Erbsen, mit klarem Dosenwasser.

20. Junge Erbsen, sehr fein. Durch 7 mm quadratische Sieblochung gesiebte Erbsen nach Absiebung der $6^1/_2$ mm Erbsen mit klarem Dosenwasser.

21. Junge Erbsen, fein. Durch $7^1/_2$ mm quadratische Siebung gesiebte Erbsen nach Absiebung der $6^1/_2$—7 mm Erbsen mit klarem Dosenwasser.

22. Junge Erbsen, mittelfein. Durch $8^1/_2$ mm quadratische Sieblochung gesiebte Erbsen nach Absiebung der $6^1/_2$—$7^1/_2$ mm Erbsen. Das Dosenwasser darf trübe, der Inhalt darf nicht geliert sein.

23. Junge Erbsen. Durch 9—$9^1/_2$ mm quadratische Sieblochung gesiebte Erbsen nach Absiebung der $6^1/_2$—$8^1/_2$ mm Erbsen. Das Dosenwasser darf trübe und der Inhalt geliert sein, aber keine feste Masse bilden.

24. Gemüseerbsen. Über $9^1/_2$ mm quadratische Sieblochung nach Absiebung der $6^1/_2$ bis $9^1/_2$ mm Erbsen anfallende Erbsen.

Beurteilungsgrundsätze: Die Erbsensiebungen müssen möglichst sortenrein, d. h. aus einer Rohwarensorte hergestellt sein. Das vereinzelte Auftreten sortenfremder Erbsen läßt sich nicht immer vermeiden. Ungesunde, gelbe Erbsen, Schalenteile, Ranken usw. sind auszulesen. Ihr vereinzeltes Vorkommen kann nicht immer vermieden werden.

25. Junge Erbsen, fein, mit jungen, kleinen Karotten, bestehen aus mindestens 50% „Jungen Erbsen, fein" (Ziffer 21) und aus „Jungen, kleinen Karotten" (Ziffer 30).

26. Junge Erbsen, mittelfein, mit jungen Karotten, bestehen aus mindestens 50% „Jungen Erbsen, mittelfein" (Ziffer 22) und aus ganzen „Jungen Karotten" (Ziffer 31).

27a. Junge Erbsen mit jungen Karotten bestehen aus mindestens 50% „Jungen Erbsen" (Ziffer 23) und „Jungen Karotten" (Ziffer 31).

27b. Junge Erbsen mit geschnittenen Karotten bestehen aus mindestens 50% „Jungen Erbsen" (Ziffer 23) und aus „Karotten geschnitten" (Ziffer 32).

28. Gemüseerbsen mit geschnittenen Karotten bestehen aus mindestens 50% „Gemüseerbsen" (Ziffer 24) und aus „Karotten geschnitten" (Ziffer 32).

Beurteilungsgrundsätze: Für die Beurteilung der verwendeten Gemüsesorten sind die für die Einzelgemüsesorten gegebenen Vorschriften des „Verzeichnisses" I sinngemäß anzuwenden.

29. Junge extra kleine Karotten sind ausgesucht kleine runde Karotten. Mindeststückzahl 150 je $^1/_1$ Dose bei gleichmäßiger Sortierung und handelsüblicher Füllung.

30. Junge kleine Karotten sind runde Karotten. Mindeststückzahl 75 je $^1/_1$ Dose bei gleichmäßiger Sortierung und handelsüblicher Füllung.

31. Junge Karotten sind größere runde Karotten. Mindeststückzahl 35 je $^1/_1$ Dose bei gleichmäßiger Sortierung und handelsüblicher Füllung.

32. Karotten, geschnitten, sind Nantaiser Karotten, gewürfelt oder in Streifen geschnitten.

Beurteilungsgrundsätze: Karotten müssen sauber geputzt sein.

33. Gemischtes Gemüse, sehr fein oder Leipziger Allerlei, sehr fein, besteht bei der Füllung aus mindestens 110—130 g „Brechspargel, extra stark" (Ziffer 8) oder „Brechspargel, stark" (Ziffer 9), mindestens 270 g „Jungen Erbsen, sehr fein" (Ziffer 20), 10—20 g Morcheln und „Jungen extra kleinen Karotten" (Ziffer 29).

34. Gemischtes Gemüse, fein oder Leipziger Allerlei, fein, besteht bei der Füllung aus mindestens 100—120 g „Brechspargel, mittelstark" (Ziffer 10), mindestens 260 g „Jungen Erbsen, fein" (Ziffer 21), 10—20 g Morcheln und „Jungen kleinen Karotten" (Ziffer 30).

35. Gemischtes Gemüse, mittelfein oder Leipziger Allerlei, mittelfein, besteht bei der Füllung aus mindestens 90—100 g „Brechspargel, mittelstark" (Ziffer 10) oder „Brechspargel mittel II" (Ziffer 11), mindestens 260 g „Jungen Erbsen, mittelfein" (Ziffer 22), 5—10 g „Morcheln" und „Jungen Karotten" (Ziffer 31).

36. Gemischtes Gemüse oder Leipziger Allerlei besteht bei der Füllung aus mindestens 75—85 g „Brechspargel ohne Köpfe, lange Abschnitte" (Ziffer 13) oder „Spargelabschnitten" (Ziffer 14), mindestens 260 g „Jungen Erbsen" (Ziffer 23), 5—10 g Morcheln und ganzen „Jungen Karotten" (Ziffer 31) oder „Karotten geschnitten" (Ziffer 32).

37. Gemischtes Gemüse V oder Leipziger Allerlei V besteht bei der Füllung aus mindestens 50 g „Spargelabschnitten" (Ziffer 14), mindestens 280 g „Gemüseerbsen" (Ziffer 24), 5—10 g Morcheln und „Karotten geschnitten" (Ziffer 32).

Beurteilungsgrundsätze: Für die Beurteilung der verwendeten Gemüsesorten sind die für die Einzelgemüsesorten gegebenen Vorschriften des „Verzeichnisses" sinngemäß anzuwenden; als Spargel ist auch frisch erhaltener zulässig.

38. Feinste Stangenschnittbohnen sind zarte an Stangen gewachsene, weißkernige Bohnen fadenfreier Züchtung, geschnitten.

39. Feinste Stangenbrechbohnen sind zarte an Stangen gewachsene sortenreine, weißkernige Bohnen fadenfreier Züchtung, in Stücken möglichst gleichmäßiger Länge.

40. Feinste Stangen-Perlbrechbohnen sind zarte an Stangen gewachsene sortenreine, weißkernige Perlbohnen fadenfreier Züchtung, ganze Schoten[1] oder Stücke von möglichst gleichmäßiger Länge.

41. Feinste Stangenwachsbrechbohnen sind zarte an Stangen gewachsene sortenreine, weißkernige Wachsbohnen fadenfreier Züchtung, ganze Schoten[1] oder Stücke möglichst gleichmäßiger Länge.

42. Junge Schnittbohnen I oder Feine junge Schnittbohnen sind zarte, sortenreine, bastfreie und von bastigen Fäden befreite weißkernige Krupbohnen fadenfreier Züchtung, geschnitten.

43. Junge Brechbohnen I oder Feine junge Brechbohnen sind zarte, sortenreine, weißkernige Krupbohnen fadenfreier Züchtung, ganze Schoten[1] oder Stücke möglichst gleichmäßiger Länge.

44. Junge Perlbrechbohnen I oder Feine junge Perlbrechbohnen sind zarte, sortenreine, weißkernige Krupbohnen (Perlbohnen) fadenfreier Züchtung, ganze Schoten[1] oder Stücke möglichst gleichmäßiger Länge.

45. Junge Wachsbrechbohnen I oder Feine junge Wachsbrechbohnen sind zarte, sortenreine, weißkernige Krupbohnen (Wachsbohnen) fadenfreier Züchtung, ganze Schoten[1] oder Stücke möglichst gleichmäßiger Länge.

46. Junge Schnittbohnen sind Krupbohnen, geschnitten.

47. Junge Brechbohnen sind Krupbohnen, ganze Schoten[1] oder Stücke möglichst gleichmäßiger Länge.

48. Junge Wachsbrechbohnen sind weißkernige Krupbohnen, ganze Schoten[1] oder Stücke möglichst gleichmäßiger Länge.

49. Prinzeßbohnen, extra fein, sind ausgesucht kleine, grüne, schlanke, ganze Bohnen mit kleinen, dünnen Kernen, frei von Fäden. Höchstlänge im konservierten Zustand 6 cm bei möglichst gleichmäßiger Sortierung.

50. Prinzeßbohnen, fein, sind die nach Aussortierung der Prinzeßbohnen extra fein anfallenden kleinen, grünen, schlanken, ganzen Bohnen, frei von Fäden, mit kleinen, dünnen Kernen. Höchstlänge im konservierten Zustande 8 cm bei möglichst gleichmäßiger Sortierung.

51. Prinzeßbohnen, mittelfein, sind die nach Aussortierung der Prinzeßbohnen extra fein und fein anfallenden größeren grünen, schlanken, ganzen Bohnen mit dünnen Kernen. Höchstlänge in konserviertem Zustand 9 cm.

Beurteilungsgrundsätze: Bohnen werden von Stiel, Blüte und, soweit möglich, von bastigen Fäden befreit. An der Schnittfläche von Stiel und Blüte verfärbte Bohnen deuten, wenn ihr Vorkommen nicht ganz vereinzelt bleibt, auf unsachgemäße Verarbeitung hin und stellen keine Normalware dar.

Als zarte Bohnen sind solche anzusehen, bei denen die Größe der Schoten[1], ihre Bastfreiheit und die schwache Kernausbildung auf ein zartes Reifestadium schließen lassen.

[1] Botanisch: Hülsen.

Da Bohnenernten besonders stark von den Witterungseinflüssen abhängig sind, können für stark anormale Ernten besondere Beurteilungsgrundsätze erlassen werden.

52. Junge große Bohnen I oder Feine junge große Bohnen sind die zarten, sortenreinen, kleinen, nur stellenweise oder nur braunen Kerne der sog. großen Bohnen (Puffbohnen, dicke Bohnen) möglichst gleichmäßiger Sortierung.

53. Junge große Bohnen sind die dickeren, sortenreinen, nur weißen oder nur braunen Kerne der sog. großen Bohnen (Puffbohnen, dicke Bohnen).

Beurteilungsgrundsätze: Das Vorkommen von braunen Kernen in weißen großen Bohnen hat ganz vereinzelt zu sein. Es sind nur gesunde Kerne zu verwenden.

54. Junger Spinat I, dick eingekocht, ist die breiige Spinatmasse, praktisch sandfrei, mit mindestens 7% Trockensubstanz.

55. Junger Spinat ist die breiige Spinatmasse, praktisch sandfrei, mit mindestens 5,5% Trockensubstanz.

Beurteilungsgrundsätze: Junger Spinat kann auch unter entsprechender Kenntlichmachung aus den grob zerteilten, praktisch sandfreien Spinatblättern bestehen.

Die Trockenmasse wird durch Trocknung über Bimsstein bei 110° bis zur Gewichtskonstanz bestimmt.

Praktisch sandfrei ist solcher Spinat, dessen Sandgehalt nicht störend empfunden wird bzw. dessen Gehalt an Salzsäureunlöslichem in der Asche 0,1% bezogen auf Originalsubstanz nicht überschreitet.

56. Junger Kohlrabi I, ganze Köpfe oder Feinster junger Kohlrabi, ganze Köpfe, sind kleine, zarte Knollen des Kohlrabis.

57. Junger Kohlrabi I in Scheiben oder Feinster junger Kohlrabi in Scheiben mit oder ohne Grün sind Scheiben zarter Knollen von heller Farbe, frei von holzigen Stellen. Junger Kohlrabi I kann bei der Kenntlichmachung „Mit Grün" auch zarte Kohlrabiblätter enthalten.

58. Junger Kohlrabi in Scheiben mit oder ohne Grün in Scheiben geschnittener Kohlrabi. Junger Kohlrabi in Scheiben kann bei Kenntlichmachung „Mit Grün" auch Blätter des Kohlrabis enthalten.

59. Tomatenpüree. Fein passierte, gesunde Tomaten, leicht eingekocht. Trockensubstanzgehalt mindestens 9%. Farbstoffzusatz unter Kenntlichmachung „Gefärbt" zulässig.

60. Tomatenmark. Fein passierte, gesunde Tomaten, eingedickt. Trockensubstanzgehalt mindestens 14,5%. Farbstoffzusatz unter Kenntlichmachung „Gefärbt" zulässig.

61. Tomaten, ganze Frucht. Kleine, gesunde, feste, vom Stiel befreite Früchte.

Beurteilungsgrundsätze: Die Trockenmasse wird durch Trocknung über Bimsstein bei 110° bis zur Gewichtskonstanz bestimmt.

62. Junge kleine Teltower Rübchen. Von Fehlstellen befreite, sauber geputzte, kleine Teltower Rübchen.

63. Junge Teltower Rübchen. Von Fehlstellen befreite, sauber geputzte Teltower Rübchen.

64. Schwarzwurzeln, stehend oder liegend, sind von der Schale befreite Schwarzwurzeln verschiedener Stärke. Die Länge der liegenden Stücke beträgt 5—7 cm, die Länge der stehenden 10,5 cm. Der Austritt von Stärke und das Zusammenkleben der Schwarzwurzeln ist eine Eigenart des Gemüses.

65. Sellerie in Scheiben ist in Scheiben geschnittener gesunder Sellerie von heller Farbe, frei von Rostflecken, Stockflecken und Schale.

66. Sellerie in Stücken ist gesunder Sellerie in kleineren Stücken, frei von Schalenteilen, praktisch frei von Rostflecken und Stockflecken.

67. Rote Bete oder Rote Rüben sind geputzte in Scheiben geschnittene rote Rüben. Farbstoffzusatz bei Kenntlichmachung „gefärbt" zulässig. Rote Rüben können in Behältnissen von 4500 ccm an Konservierungsmittel enthalten.

68. Rosenkohl oder Brüsseler Kohl. Die gesunden, geschlossenen, von schadhaften Blättern befreiten Köpfchen des Rosenkohls.

69. Wirsingkohl **70. Weißkohl** **71. Braunkohl oder Grünkohl**	von schadhaften oder verfärbten Blättern und von Strünken befreiter, in Stücke oder Blätter zerlegter, gesunder Wirsing-, Weiß- oder Braunkohl.

72. Blumenkohl. Die festen von schadhaften Stellen befreiten in Teile zerlegten Köpfe des Blumenkohls heller Färbung.

73. Rotkohl. Von schadhaften Blättern und von Strünken befreiter, geschnittener Rotkohl.

4. Einsäuern mit und ohne Salzzusatz.

Das Einsäuern mit und ohne Salzzusatz wird vorwiegend bei Weißkohl, Schnittbohnen, Gurken, Roten Rüben, Perlzwiebeln usw. angewandt. Die Gemüse werden zerschnitten und mit oder ohne Zusatz von Kochsalz und Gewürzen in ein Faß eingestampft bzw. eingelegt. Die eingestampfte Masse wird mit einem Tuch und einem durchlöcherten Brett bedeckt, das durch Steine oder durch eine Presse festgehalten wird. Das Kochsalz, etwa 4% vom Gewicht des Gemüses, wirkt wasserentziehend, wodurch das Gemüse seine Festigkeit verliert, gewisse Stoffe leicht in die Flüssigkeit übergehen und durch vorhandene Milchsäurebakterien Milchsäure gebildet wird. Die Milchsäure wirkt fäulnishemmend und dadurch konservierend.

a) Sauerkraut. Zur Herstellung fehlerfreien Sauerkrautes ist die Verarbeitung eines vorzüglichen Rohmaterials erforderlich. Grober grüner Kohl liefert ein ungleichmäßiges, fleckiges Erzeugnis, nicht völlig ausgereifter Kohl gibt ein grünes Produkt mit strengem Geruch und bitterem Geschmack. Um möglichst helles Sauerkraut zu erzielen, werden die angelieferten Köpfe auf Haufen gebracht und der Selbsterwärmung überlassen. Hierdurch werden die Köpfe weiß bis gelblich-weiß. Auch wird durch Verdunstung des in den Köpfen enthaltenen überschüssigen Wassers die Qualität und die Haltbarkeit des Sauerkrautes gefördert. Zur Verarbeitung werden die äußeren losen Blätter entfernt, die Strünke ausgebohrt und die Köpfe in der Kohlschneidemaschine fein gehobelt. Je feiner der Schnitt, desto besser ist das Sauerkraut. Alsdann wird das Material in große hölzerne Bottiche oder in säurebeständige Betonbehälter unter Zusatz von Salz eingestampft. In größeren Betrieben erfolgt der Salzzusatz automatisch durch besondere Salzstreuvorrichtungen. Kaliumverbindungen dürfen im Salz nicht enthalten sein. Auf 100 kg Kohl rechnet man 4—5 kg Salz. Auf den gefüllten Bottich wird ein reiner durchlochter Holzdeckel gelegt, mit großen Steinen beschwert oder aufgepreßt. Durch das Salz bildet sich bald Lake, der im Weißkohl enthaltene Zucker geht in die Flüssigkeit über und wird durch vorhandene Milchsäurebakterien vergoren. Nach 4—6 Wochen ist die Gärung beendet und die Ware konsumfähig. Bei zuckerarmen Kohlsorten besteht die Möglichkeit, daß zu wenig Milchsäure gebildet wird. Auch kann bei starker Hefetätigkeit im Anfang der Säuerung ein großer Teil des Zuckers zu Alkohol und Kohlensäure verbraucht werden, der dann für die Milchsäurebildung nicht mehr zur Verfügung steht. In solchen Fällen wird der Zuckergehalt der Kohlschnitzel durch Zusatz von Zucker, meistens 1%, erhöht. Ein Zusatz nach beendeter Gärung bringt keinen Erfolg, da meistens keine lebensfähigen Milchsäurebakterien mehr vorhanden sind. Es müssen dann solche zugesetzt werden.

Das bei der Sauerkrautherstellung erzeugte Gas besteht nach L. M. Preuss, W. H. Peterson und E. B. Fred[1] fast zu 100% aus Kohlendioxyd. Die Hauptgasmenge wird innerhalb 40—160 Stunden nach dem Einlegen des Krautes gebildet. Die Gasproduktion ist auf die Bakterientätigkeit und nicht auf das Hefewachstum oder auf Zellatmung zurückzuführen.

Bei der Sauerkrautgärung sind nach E. Konrad Hefen und ein dem Bact. coli ähnliches Bacterium brassicae acidae tätig, die in Symbiose wirken. Das Bakterium erzeugt die Milchsäure, die Hefe die aromatischen Stoffe. Ein durch das Bakterium allein gesäuertes Kraut besaß einen unangenehmen stinkenden Geruch.

W. Henneberg[2] hält ein Langstäbchen (Bacillus brassicae fermentatae) für den wirksamen Erreger der Sauerkrautgärung.

Wehmer[3] gewann aus Sauerkraut ein unbewegliches Stäbchen Bacterium brassicae, spricht aber auch den Hefen, besonders bei der Vorgärung eine bedeutende Rolle zu. In der Krautbrühe konnte er 1% Alkohol nachweisen. Die gebildete Säure ist vorwiegend Äthylenmilchsäure neben wenig Essig- und Buttersäure.

Nach Pederson[4] wirken als Erreger der Sauerkrautgärung gaserzeugende Kokken (Leuconostoc mesenteroides) und Stäbchen (Lactobacillus pentoacet) sowie nicht gaserzeugende Stäbchen (L. cucumeris und L. platarum) unter Bildung von Essigsäure, Alkohol, Mannit und Kohlendioxyd. Hierbei sind Gärtemperatur, genügende Flüssigkeit und Kochsalzgehalt von wesentlichem Einfluß.

L. cucumeris ändert die Krautflora unter Verschlechterung der Qualität. Leuconostoc leitet die erste Säurebildung ein, worauf die Lactobacillen die Gärung vollenden.

Die im Kohl vorhandenen Mikroorganismen sind nach den Versuchen von C. H. Knipper, W. H. Peterson, E. B. Fred und V. E. Vaughan[5] auf den Ausfall der Sauerkrautgärung von wesentlichem Einfluß. Sauerkraut aus gewaschenem Kohl konnte zu 84% als wohlschmeckend bezeichnet werden, wogegen bei Verarbeitung von ungewaschenem Kohl nur

---

[1] L. M. Preuss, W. H. Peterson u. E. B. Fred: **Z.** 1933, **65**, 596.
[2] W. Henneberg: Zeitschr. Spiritusind. 1903, **26**, 225.
[3] Wehmer: Zentralbl. Bakteriol. 1905, **14**, 682.
[4] Pederson: Bull. N. Y. State agricult. Exp. Stat. **1931**, Nr. 595; **C.** 1932, I, 598.
[5] C. H. Knipper, W. H. Peterson, E. B. Fred u. V. E. Vaughan: Ind. engin. Chem. 1932, **24**, 884—889; **Z.** 1937, **73**, 379.

19% diese Bewertung erreichten. Im Fabrikbetrieb stieg der Ertrag an Qualitätsware von 17 auf 50%. Durch die Kohlwäsche werden zahlreiche an der Oberfläche der Kohlköpfe haftende unerwünschte Mikroorganismen entfernt, wodurch den im Innern der Gewebe befindlichen günstig wirkenden Arten eine bessere Entwicklung ermöglicht wird.

Zusammensetzung. L. DÜCKER[1] gibt für die Zusammensetzung von Sauerkraut, gewonnen unter Zusatz von 2% Salz die folgenden Werte an: Wasser 89,6—91,5%, Zucker 0,09—0,77% (dessen Höhe von der Gärungsstärke und der Einlegedauer abhängt), titrierbare Säure berechnet als Milchsäure 1,44—1,93%, davon 0,28—0,42% Essigsäure und 0,29—0,61% Alkohol.

M. E. STARK[2] gibt folgende Werte für den Chloridgehalt von Sauerkraut an: Für den Saft Mittelwerte von 1,881 g für 100 ccm bzw. von 1,830 g für 100 g Saft, für festes Kraut 1,736 g für 100 g Substanz.

DILLER[3] gibt folgende Werte für Büchsensauerkraut und Trockensauerkraut an.

Tabelle 35. Büchsensauerkraut.

Wasser	91,0 %
Eiweiß	1,57%
Fett	0,09%
Kohlenhydrate	1,67%
Asche	1,33%
Kochsalzfreie Asche	0,54%
Rohfaser	0,91%
Flüchtige Säure I (Essigsäure)	0,11%
Nichtflüchtige Säure II (Milchsäure)	0,77%
Verhältnis I/II	0,14%
Alkohol	0,73%
Vitamin A	15,1 γ Carotin/100 g
Vitamin B_1	3,0 γ/100 g
Vitamin C	0,43 mg Ascorbinsäure/100 g

Tabelle 36. Trockensauerkraut.

	Trockensauerkraut (mit 11% Wasser)	Trockensauerkraut in Trockensubstanz	Frischsauerkraut in Trockensubstanz (nach FEDER)
Wasser	11,0 %	—	—
Eiweiß	16,81%	18,9 %	11,0 —18,2 %
Fett	0,26%	0,28%	3,0 — 3,5 %
Kohlenhydrate	Spuren	Spuren	—
Asche	14,95%	16,8 %	15,1 —33,7 %
Kochsalz	7,56%	8,5 %	8,6 —27,6 %
Kochsalzfreie Asche	7,39%	8,3 %	6,1 — 6,5 %
Rohfaser	56,9 %	64,0 %	—
Flüchtige Säure I	0,17%	0,19%	0,36— 1,1 %
Nichtflüchtige Säure II	12,3 %	13,0 %	5,9 —11,9 %
Verhältnis I/II	0,014%	0,016%	0,06— 0,09%
Alkohol	0,68%	0,76%	—
Vitamin A	6—12 γ Carotin/100 g	6,7—13,4 γ/100 g	150 γ/100 g
Vitamin B_1	170 γ Vitamin B_1 Chlorhydr./100 g	190 γ/100 g	50—300 γ/100 g
Vitamin C	8,3 mg Ascorbinsäure/100 g	9,3 mg/100 g	138 mg/100 g

In Sauerkohllaken konnte I. SKUJA[4] ein dem Spinatsekretin (S. 762) ähnliches Sekretin nachweisen. Dieses Sekretin ist im frischen Kohl nicht vorhanden. Es entsteht sehr wahrscheinlich während der Gärung.

[1] L. DÜCKER: Konserven-Ind. 1925, 12, 540.
[2] M. E. STARK: Journ. Lab. clin. Med. 12, 561—563; C. 1927, II, 181.
[3] DILLER: Vorratspflege und Lebensmittelforschung 1938, 1, 451.
[4] I. SKUJA: Skand. Arch. Physiol. 1932, 65, 84—91; C. 1933, I, 246.

Normativbestimmungen für Sauerkraut[1].

Als Arten werden unterschieden:

I. Sauerkraut (Sauerkohl). Sauerkraut (Sauerkohl) ist unter Verwendung von Speisesalz durch Milchsäuregärung haltbar gemachter, geschnittener Weißkohl.

II. Sauerkraut mit Weinzusatz (Weinsauerkraut, Weinkraut). Sauerkraut mit Weinzusatz (Weinsauerkraut, Weinkraut) ist Sauerkraut im Sinne der Ziffer I, das vor, während oder nach der Gärung einen Zusatz von Wein, der verkehrsfähig im Sinne des Weingesetzes ist, erhalten hat.

III. Sterilisiertes Sauerkraut. Sterilisiertes Sauerkraut ist Sauerkraut im Sinne der Ziffer I oder II, jedoch durch Sterilisation in luftdicht verschlossenen Behältnissen haltbar gemacht.

A. Herstellungsvorschriften. 1. Es dürfen nur gesunde, ausgereifte, feste, von den äußeren Blättern und Fehlstellen befreite Weißkohlköpfe verwendet werden. Geplatzte, aber sonst für Einschneidezwecke geeignete Ware ist verwendbar.

2. Die Verarbeitung der Rohware muß so vorgenommen werden, daß das Fertigerzeugnis von heller Farbe ist, einen langen und gleichmäßigen Schnitt, kernigen und sauren Geschmack sowie reinen und würzigen Geruch aufweist.

3. Für Sauerkraut mit Weinzusatz (Ziffer II) muß der Weinzusatz auf 50 kg Sauerkraut mindestens 1 Liter betragen.

4. Als Zusätze kommen in Frage:

a) Speisesalz in fester Form;

b) natürliche Gewürze und Kräuter, soweit üblich auch technisch reiner weißer Verbrauchszucker;

c) Wein im Sinne des Weingesetzes, vorbehaltlich C/1.

5. Nicht erlaubt ist der Zusatz von

a) Chemikalien jeglicher Art, insbesondere von künstlichen Bleichstoffen sowie von Konservierungsmitteln;

b) Essig aller Art sowie Milchsäure;

c) allen sonstigen Stoffen, die vorstehend unter A Ziffer 4 nicht ausdrücklich aufgeführt sind.

B. Verpackungsvorschriften. 1. Die Verpackung muß in Holzfässern, Holzkübeln, Blecheimern, Emailleeimern oder Blechdosen erfolgen.

2. Sofern für Sauerkraut gemäß Ziffer I—III eine Verpackung in Blechdosen in Frage kommt, müssen die Dosengrößen 1—5 des DIN-Blattes 2045 verwendet werden.

C. Kennzeichnungsvorschriften. 1. Sauerkraut, das einen Zusatz von Wein in einer Menge von wenigstens 1 Liter auf 50 kg Sauerkraut vor, während oder nach der Gärung erhalten hat, muß als „Sauerkraut mit Weinzusatz" (Weinsauerkraut, Weinkraut) bezeichnet werden.

2. Sauerkraut, das während der Gärung oder nach deren Abschluß in luftdicht verschlossenen Behältnissen durch Sterilisation haltbar gemacht worden ist, ist als „Sterilisiertes Sauerkraut" bzw. „Sterilisiertes Weinkraut" zu bezeichnen.

b) Eingesäuerte Bohnen. Ähnlich ist das Einsäuern von grünen Bohnen. Die grünen Hülsen der Bohnen werden von den Fäden befreit und entweder roh oder nach vorherigem Abbrühen mit kochendem Wasser unter Zugabe von Kochsalz wie bei Sauerkraut in Gefäße eingedrückt. Der Salzzusatz beträgt bei rohen Bohnen 10—12%, bei blanchierten jedoch nur 5—6%.

Nach Aderhold bewirkt vorwiegend eine dem Micrococcus pyogenes ähnliche Kokkenart und ein dem Bact. Güntheri ähnliches Langstäbchen die Säuerung. R. Weiss, der in eingesäuerten Bohnen 30 verschiedene Bakterien fand, hält nur den Bact. robustus für den Hauptbildner der Milchsäure. Wahrscheinlich wirken auch Hefen mit. Unter gleichzeitiger Gasbildung (Wehmer) entsteht neben Milchsäure Buttersäure und vielleicht auch Essigsäure. Zur Begünstigung der Milchsäuregärung wird Zusatz von etwa $^1/_2$% Stärkezucker und 1 Eßlöffel saurer abgerahmter Milch auf 100 kg Bohnen empfohlen.

c) Saure Gurken. In gleicher Weise verläuft ebenfalls die Säuerung beim Einlegen von Gurken. Die gründlich gewaschenen Gurken werden in Fässer mit Gewürzen wie Estragon, Dill, Lorbeerblätter u. a. eingelegt, zugedeckt und mit einer 4%igen Kochsalzlösung übergossen. Die Fässer müssen stets spundvoll gehalten, bei Verwendung offener Fässer müssen die Gurken beschwert werden. Bei einer Temperatur von 18° tritt die Gärung schon nach einigen Tagen ein und ist nach 6—8 Wochen beendet.

Die Bildung der Säure bei der Gärung erfolgt nach H. W. Vahlteich, C. H. Haurand und G. A. Perry[2] vorwiegend durch Lactobacillus cucumeris und Leuconostocarten.

---

[1] Anordnung Nr. 15/38 der Hauptvereinigung der deutschen Gartenbauwirtschaft vom 8. September 1938.

[2] H. W. Vahlteich, C. H. Haurand u. G. A. Perry: Food. Ind. 1935, 7, 334—336; C. 1935, II, 2594.

Schädliche Stämme werden durch 8% Salz oder bei $p_H = 4$ ohne Salz gehemmt. Beim Gurkeneinlegen ist es daher zweckmäßig, diesen Säure- bzw. Salzgrad nach Möglichkeit zu erreichen.

H. WÜSTENFELD und H. KREIPE[1] führen das Weichwerden der sauren Gurken auf Fremdorganismen zurück. Das Verderben beginnt mit der Zerstörung des Milchsäuregehaltes der Gurkenbrühe durch Kahmhefe. Als Schutzmittel gegen das Weichwerden kommen in erster Linie Reinigungsmaßnahmen, Spundvollhaltung der Fässer und Zusatz von 0,5—1% Zucker zur Salzlake in Frage.

Das Bitterwerden der Gurken ist die Folgeerscheinung einer Stoffwechselstörung, insbesondere der Störung des Wasserhaushaltes. Auch die Düngung scheint hier einen Einfluß auszuüben. Frischer Pferdemist ist zur Düngung nicht zu empfehlen.

Normativbestimmungen für Faßgurken (saure Gurken) I. Qualität.

I. Begriffsbestimmung. Faßgurken (saure Gurken, Dillgurken, Salzgurken) sind frische grüne, durch Milchsäuregärung haltbar gemachte Gurken.

II. Beurteilungsgrundsätze. a) Beschaffenheit der Faßgurken: Es dürfen nur frischgepflückte, saubere, gesunde, grüne, wohlgeformte, ganze Gurken verwendet werden. Die Gurken müssen unter Berücksichtigung des Ernteausfalls praktisch fleckenfrei sein. Halbe, hohle, beschädigte Gurken, sowie Krüppel-, Häkel- oder Knudelgurken dürfen nicht verwendet werden.

b) Ohne Kenntlichmachung erlaubte Zusätze: 1. Gewürze und Kräuter; 2. Speisesalz.

c) Auch bei Kenntlichmachung nicht erlaubte Zusätze:

1. Essig jeder Art (unter Essig sind die nach den jeweiligen gesetzlichen Bestimmungen zugelassenen Essigarten zu verstehen).
2. Konservierungsmittel jeglicher Art.
3. Chemikalien jeglicher Art, insbesondere künstliche Farbstoffe oder farberhaltende Chemikalien.
4. Süßstoff in jeglicher Form.
5. Alle sonstigen Stoffe, die vorstehend unter b) nicht ausdrücklich aufgeführt sind.

d) Essiggurken. Gurken werden vielfach auch in Esssig bzw. Weinessig eingemacht. Die kleinen gewaschenen Gurken werden mit Salz bestreut und mit heißem gewürzten Essig übergossen, oder es werden die Gurken in dem Essig auf 80—90° erhitzt. Nach dem Kochen gießt man den durch Verdunstung von Essigsäure und durch Wasseraufnahme verdünnten Essig ab und ersetzt ihn durch frischen.

Normativbestimmungen für sterilisierte Gurken[2].

Als Arten werden unterschieden:

I. Sterilisierte Delikateßgurken. Sterilisierte Delikateßgurken (Frischgurken, Delikateß-Frischgurken) sind frische, durch Erhitzen in luftdicht verschlossenen Behältnissen haltbar gemachte Gurken, von denen bei gleichmäßiger Sortierung höchstens 25 Stück auf 1 kg gehen. Die Aufgußflüssigkeit muß, unbeschadet der unter A III 2, a—c erlaubten Zusätze, Essig, natürliche Gewürze und Kräuter, sowie Zucker entsprechend den Ziffern A III 1, a—c enthalten.

II. Sterilisierte Gewürzgurken. Sterilisierte Gewürzgurken sind frische, durch Erhitzen in luftdicht verschlossenen Behältnissen haltbar gemachte Gurken, von denen bei gleichmäßiger Sortierung mehr als 25 Stück auf 1 kg gehen. Für die Aufgußflüssigkeit können die für Delikateßgurken gemäß A III erforderlichen und erlaubten Zusätze in beliebiger Zusammenstellung verwendet werden.

III. Sterilisierte Senfgurken. Sterilisierte Senfgurken sind ausgereifte, geschälte, vom Kerngehäuse befreite, in Stücke geschnittene Gurken, die nach geeigneter Vorbehandlung unter Verwendung von Essig — zuweilen auch von anderen Zusätzen gemäß A III — und insbesondere von Senfkörnern durch Erhitzen in luftdicht verschlossenen Behältnissen haltbar gemacht worden sind.

A. Herstellungsvorschriften. I. Beschaffenheit der Rohgurken: 1. Für sterilisierte Delikateßgurken und sterilisierte Gewürzgurken. Es dürfen nur frischgepflückte, feste, saubere, gesunde, grüne, wohlgeformte, unbeschädigte Gurken verwendet werden. Die Gurken müssen praktisch fleckenfrei sein. Krüppel-, Häkel- oder Knudelgurken dürfen nicht verwendet werden.

2. Für Senfgurken. Es dürfen nur gereifte, gesunde, vom Kerngehäuse und von Fehlstellen restlos befreite Gurken (Schälgurken) verwendet werden.

II. Sortierungsvorschriften für sterilisierte Delikateß- und sterilisierte Gewürzgurken: 1. Bei Verwendung von Gurkendosen Größe 6 (DIN 2013) — sog.

[1] H. WÜSTENFELD u. H. KREIPE: Deutsch. Essigind. 1933, **37**, 77—81.

[2] Anordnung Nr. 15/38 der Hauptvereinigung der deutschen Gartenbauwirtschaft vom 8. September 1938.

10-Liter-Dosen — dürfen nur die folgenden Sortierungen hergestellt werden: Stückzahl 20/25, 30/35, 40/45, 55/60, 75/80, 100/110, 120/130. Innerhalb der einzelnen Sortierungen müssen die Gurken unter sich hinsichtlich Form, Größe und Aussehen einheitlich sein. Die Herstellung anderer Sortierungen, insbesondere die Herstellung von sog. Konsumfrischgurken unsortiert, Frischgurken II. Wahl u. dgl. ist nicht statthaft.

2. Bei Verwendung von Gurkendosen Größe 5 (DIN 2013) — sog. 5-Liter-Dosen — und darunter sind vorerst besondere Sortierungen nicht vorgesehen, jedoch muß auch hier auf eine Gleichmäßigkeit der Gurken innerhalb der einzelnen Packungen Wert gelegt werden.

III. Zusätze. 1. Erforderliche Zusätze (für sterilisierte Delikateßgurken):

a) Essig (und zwar die nach den gesetztlichen Bestimmungen zugelassenen Essigarten, ausgenommen Essig mit Süßstoffzusatz),

b) natürliche Gewürze und Kräuter,

c) Zucker (technisch reiner weißer Verbrauchszucker, Saccharose).

2. Ohne Kenntlichmachung erlaubte Zusätze:

a) Speisesalz,

b) Essig-, Milch-, Wein- und Citronensäure,

c) Konservierungsmittel (soweit sie durch die gesetzlichen Bestimmungen zugelassen sind).

Alle unter III nicht erwähnten Zusätze sind auch bei Kenntlichmachung nicht erlaubt, insbesondere Chemikalien jeder Art, die der künstlichen Färbung oder der Farberhaltung dienen.

IV. Die Herstellung von Halbfabrikaten sterilisierter Gurken ist an besondere Vorschriften gebunden.

B. Verpackungsvorschriften. Die Verhältnisse müssen handelsüblich gefüllt sein[1] und dürfen nicht mehr Aufgußflüssigkeit enthalten, als technisch unvermeidbar ist.

C. Kennzeichnungsvorschriften. 1. Als handelsübliche Bezeichnung muß die unter I—III für die verschiedenen Arten von sterilisierten Gurken angegebene Artbezeichnung angewendet werden. Zusätzlich, jedoch im Gesamtbild des Dosenschildes hinter der Artbezeichnung zurücktretend, ist die Angabe von Qualitäts- und Herkunftsbezeichnungen bzw. der Hinweis auf eine besondere Art der Zubereitung statthaft, sofern für diese Angaben der einwandfreie Nachweis erbracht werden kann. Unzulässig ist die Verwendung von Phantasiebezeichnungen.

2. Die ungefähre Stückzahl der in den Behältnissen enthaltenen Delikateßgurken (bei 10-Liter-Dosen die Angabe der Sortierung nach A II 1) muß entweder auf dem Etikett der Packung oder auf der Packung selbst, bei Blechpackungen vorzugsweise durch Stanzzeichen angegeben werden. Eine Angabe lediglich der Länge der Gurken genügt nicht.

3. Weiterhin ist die Angabe des Namens und des Ortes der Niederlassung des Herstellers bzw. der Firma oder des Verteilers erforderlich. Sofern der Hersteller durch Aufdruck auf der Dose selbst nicht angegeben ist, muß auf Dosen der Größe 5 und 6 (DIN 2013) vom Hersteller eine besondere Kenn-Nummer auf Deckel und Boden deutlich leserlich und unverwischbar angebracht sein.

Mixed Pickles sind ein Gemenge von in Essig eingelegten kleinen Gurken, Stücke von Blumenkohl, Maiskolben, Zwiebeln und Gewürzen.

5. Fehlerhafte Beschaffenheit der Gemüsedauerwaren.

Die fehlerhafte Beschaffenheit kann verschiedene Ursachen haben:

1. Verwendung von befallenen, kranken, schlechten oder zu alten Rohstoffen.

2. Mangelhafte oder unrichtige Herstellung wie ungenügendes Trocknen, Anwendung eines unreinen bzw. mangelhaften Luftstromes bei Dörrgemüse, ungleichmäßige Durchwärmung der Büchsen im Autoklaven, die durch den sog. „kalten Druck“ hervorgerufen wird (dieser stellt sich ein, wenn im Autoklaven noch Gase vorhanden sind), undichter Verschluß, falsche Temperatur oder Manometerablesung, unrichtige Einsäuerung beim Einlegen in Essig.

3. Vorkommen von Schwermetallen, Blei, Zink, Zinn usw.

4. Verfärbung durch Sulfide oder Schwermetalle, Zinnsulfür. Die öfters zu beobachtende Marmorierung und vollständige Schwärzung der inneren Dosenwände ist nach den Untersuchungen von W. D. Bogatski, W. A. Biber und

[1] Für die Gurkendose Größe 6 (DIN 2013) — sog. 10-Liter-Dose) — muß das Füllgewicht mindestens 5800 g betragen. — Für die Füllung der anderen Dosengrößen werden Mindestmengen später festgelegt.

L. G. KISCHINEWSKAJA[1] zweifellos auf organische in den Nahrungsmitteln enthaltene Schwefelverbindungen zurückzuführen. Der Bleigehalt der Verzinnung ist für die Bildung der Flecken nicht maßgebend. Erwiesen ist vielmehr, daß das Entstehen der Flecken mit der ungenügenden Dicke der Verzinnung zusammenhängt. Die Flecken kann man sich als Sn-Fe-Sulfide oder als durch die dünne Schicht des Zinnsulfids durchscheinendes Eisensulfid vorstellen. Bei stark verzinnten Blechen fehlen demnach die dunklen Flecken ganz und die ganze Oberfläche ist mit einer goldgelben Zinnsulfidschicht bedeckt.

6. Verderben der Gemüsekonserven.

Das Verderben der Gemüse kann bei allen Gemüsedauerwaren vorkommen. Nach Genuß von Gemüsekonserven sind schon schwere Erkrankungen beobachtet worden.

Dörrgemüse mit einem Wassergehalt über 14% schimmelt leicht und fällt der Fäulnis anheim. Bombage tritt bei Dosengemüse vielfach auf und ist erkennbar an aufgetriebenen Boden und Deckel der Dose. Bombage entsteht infolge von Gasbildung. Als Gase sind vorwiegend Kohlensäure, Stickstoff und Wasserstoff festgestellt worden. Als Ursache der Zersetzung — es werden hauptsächlich Fett, Stärke, Rohrzucker, weniger die Stickstoffverbindungen zersetzt — sind viele und recht verschiedenartige Bakterien erkannt worden. Jedoch treten in demselben Gemüse aus verschiedenen Gegenden anscheinend gleiche Bakterien auf. In verdorbenen Bohnen wurde Bacillus clostridioides, in verdorbenen Erbsenkonserven Bacillus amylobacter angetroffen.

C. T. TOWNSEND[2] stellte als Erreger der Bombage 4 Gruppen von Organismen fest. 1. Fakultative Anaerobier: Wenig grampositive Kokken, die in bestimmten Fruchtsäften, nicht jedoch in künstlichen Nährböden Gas erzeugen. Sie sind nicht beweglich und bilden keine Sporen. Gegen Hitze sind sie wenig widerstandsfähig. 2. Fakultative Anaerobier: Wenig grampositive, nicht sporenbildende, bewegliche Kokken. Sie sind stark gasbildend und sehr wenig hitzebeständig. 3. Fakultative Anaerobier: Kurze, grampositive, bewegliche, sporenbildende Stäbchen. Sie sind sacharolytisch, erzeugen aber kein Gas. Sie sind hitzebeständig (16 Minuten bei 100°. 4. Obligate Anaerobier: Kurze bis lange grampositive Stäbchen mit ovalen endständigen Sporen. Sie sind starksacharolytisch und stark gasbildend. Die Hitzebeständigkeit beträgt 13 Minuten bei 100°. Ein durch die nichtsporenbildenden Formen 1 und 2 bedingtes Verderben deutet auf ungenügende Sterilisation oder beschädigten Doseninhalt.

In Dosengemüse, das giftig gewirkt hatte, wurde von ROLLY Bact. coli und Bact. paratyphi B gefunden.

7. Untersuchung der Gemüsedauerwaren.

Die chemische Untersuchung der Trockengemüse bedarf im allgemeinen keiner besonderen Vorbereitung, da ja nur der eßbare Teil getrocknet wird und Abfälle nicht vorhanden sind. Meistens müssen sie jedoch noch vorgetrocknet werden (s. ds. Handb. Bd. II, S. 551), da sie sich sonst nicht fein mahlen lassen.

Bei den Dosengemüsen wird durchweg nur der feste eßbare Anteil untersucht. Dieser wird dann, nachdem die Brühe abgegossen ist, gewogen und wie frisches Gemüse behandelt. Soll auch die Brühe untersucht werden, so wird das Gewicht derselben festgestellt und aliquote Teile zu den einzelnen Bestimmungen verwandt. Sollen fester Anteil und Flüssigkeit zusammen untersucht werden, so

[1] W. D. BOGATSKI, W. A. BIBER u. L. G. KISCHINEWSKAJA: **Z.** 1929, **58**, 506; vgl. hierzu auch Chem. Ztg. **1889**, 1258, 1523. — BEKURTS u. NEHRING: Apoth.-Ztg. **1890**, 17.
[2] C. T. TOWNSEND: Zentralbl. Bakteriol. II, 1929, **78**, 161—172; **Z.** 1934, **67**, **345**.

trocknet man den Inhalt eines Gefäßes zusammen ein, oder verwendet Teile desselben im Verhältnis der ermittelten Gesamtgewichte, mischt und verarbeitet diese zusammen. Zu diesem Zwecke bestimmt man erst das Gewicht des festen Anteils *(D)* und ebenso das Gewicht des flüssigen Inhalts *(M)*, darauf wägt man von dem ersteren *(D)* eine aliquote Menge g (etwa 50 g) und berechnet die zugehörige Menge Flüssigkeit nach der Gleichung

$$X = \frac{g \cdot M}{D}.$$

a) Bestimmung der Einzelbestandteile.

Bestimmung der einzelnen Bestandteile (Wasser, Stickstoff, Fett usw.) erfolgt sinngemäß wie bei den frischen Gemüsen.

Für die weiteren Untersuchungen sind folgende Methoden vereinbart worden:

α) **Freie Säure in der Konservenflüssigkeit.** 50 ccm der Flüssigkeit (Brühe) werden mit 0,1 N-Alkalilösung titriert. Der Sättigungspunkt wird durch Tüpfeln auf empfindlichem violetten Lakmuspapier festgestellt; dieser Punkt ist erreicht, wenn ein auf das trockene Lakmuspapier aufgesetzter Tropfen keine Rötung mehr hervorruft. Der Säuregehalt wird angegeben in Kubikzentimetern Normallauge für 100 ccm Brühe.

β) **Trockensubstanz.** Nach Feststellung des Bruttogewichtes wird die Dose geöffnet und auf einen großen Trichter mit Siebplatte entleert. Die nach 10 Minuten abgetropfte Brühe, sowie die leere Dose wird gewogen und so zugleich das Gewicht des festen Inhalts ermittelt.

25 g der Brühe werden in einer Platinweinschale auf dem Wasserbade eingedampft und dann bis zur Gewichtskonstanz im Weintrockenschrank bei 100° getrocknet.

Von der festen Substanz zerreibt man etwas zu einem feinen Brei, dampft 25 g davon in einer Platinweinschale ein und trocknet 4 Stunden im Weintrockenschrank.

γ) **Wasserlösliche Stoffe.** Da die Extraktivstoffe in der Brühe und in den festen Gemüsen gleichmäßig verteilt sind, genügt in der Regel die Bestimmung des Trockensubstanzgehaltes der Brühe.

Zu ihrer direkten Bestimmung zerreibt man bei Spargel 50 g der von der Brühe befreiten Stangen mit Wasser, füllt mit Wasser bis zum Gewicht von 250 g auf, erhitzt zum Sieden und erhält 5 Minuten darin. Nach Abkühlen wird das ursprüngliche Gewicht durch Zusatz von Wasser wieder hergestellt und die von neuem gemischte Masse filtriert. 100 g des Filtrates werden wie oben eingedampft und 4 Stunden lang getrocknet.

δ) **Asche.** Die nach vorstehenden Methoden erlangten Trockenrückstände der Brühe, des festen Anteils und der wäßrigen Auskochung werden vorsichtig verbrannt und unter Ausziehen der Kohle verascht. Von der Asche wird der gesondert bestimmte Kochsalzgehalt abgezogen.

b) Nachweis und Bestimmung von Schwermetallen.

α) **Bestimmung von Zinn und Blei nach Aage W. Owe**[1]. 40 g der Durchschnittsprobe werden im Kjeldahl-Kolben von 500 ccm Inhalt mit 100 ccm konzentrierter Salpetersäure bei Anwesenheit von Fett und viel Zucker nach dem Stehen über Nacht, sonst sofort mit 25 ccm konzentrierter Schwefelsäure in kleinen Portionen versetzt. Nach Aufhören des Schäumens erhitzt man zunächst vorsichtig, dann stärker bis zum Auftreten der weißen Dämpfe von Schwefeltrioxyd, setzt nach einiger Abkühlung 5 ccm konzentrierte Salpetersäure zu und

[1] Aage W. Owe: Z. 1926, 51, 214.

kocht wieder bis zum Auftreten weißer Dämpfe und wiederholt diese Behandlung so oft, bis der Kolbeninhalt vollständig klar und farblos geworden ist, worauf noch $^1/_2$ Stunde gekocht wird. Nach dem Abkühlen setzt man 25 ccm gesättigte Ammoniumoxalatlösung hinzu und kocht wieder bis zum Entweichen der weißen Dämpfe. Nach völliger Abkühlung wird der Kolbeninhalt in einen 300-ccm-ERLENMEYER-Kolben übergeführt, sorgfältig mit 60 ccm Wasser nachgespült und mit 25 ccm konzentrierter Salzsäure 1,19 versetzt. Den Kolben verschließt man mit einem 2fach durchbohrten Gummistopfen, durch dessen eine Bohrung ein eng ausgezogenes Zuleitungsrohr für Kohlensäure bis dicht an den Boden führt, während die andere ein 15—20 cm langes Glasrohr trägt, das oben weit und unten ganz eng ist, und einige Zentimeter unter dem Stopfen endet. Man setzt jetzt 0,4 g Aluminiumgries hinzu und leitet einen kräftigen Kohlensäurestrom durch den Kolben. Nach dem Aufhören der Wasserstoffentwicklung wird gelinde erhitzt, ohne zu kochen, bis das Aluminium gelöst ist, und nur das Zinn schwammförmig vorliegt. Dann löst man durch 5 Minuten langes Kochen auch das Zinn und leitet nach Abstellen der Flamme bis zum Erkalten Kohlensäure durch. Jetzt gibt man unter vorsichtigem Lüften des Stopfens 25 ccm 0,02 N-Jodlösung durch die Glasröhre unter Umschwenken hinzu, spült mit Wasser nach und titriert mit 0,02 N-Thiosulfat und Stärke zurück. In einem blinden Versuche wird die Jodlösung auf eine empirische Lösung von reinem Zinn in Salzsäure eingestellt. 1 ccm entspricht etwa 1,23 mg Zinn.

β) **Blei.** 40 g Substanz werden wie oben aufgeschlossen. Den Kolbeninhalt dampft man in einem kleinen Becherglase auf dem Sandbade bis etwa 5 ccm ein und setzt nach dem Abkühlen 10 ccm verdünnten Alkohol (1 Vol. Alkohol + 1 Vol. Wasser) unter Umrühren hinzu. Das Bleisulfat wird am nächsten Tage durch ein ALLIHNsches Röhrchen filtriert, mit wenig Alkohol gewaschen und dann in 30 ccm warmer, schwach essigsaurer Natriumacetatlösung (100 g im Liter) gelöst. Nach dem Auswaschen mit 20 ccm Wasser setzt man zu der Lösung 10 ccm 0,02 N-Kaliumdichromatlösung, filtriert nach $^1/_2$stündigem Stehen auf dem Wasserbade durch eine Allihnröhre und wäscht mit Wasser nach. Die Röhre wird auf einen 300-ccm-ERLENMEYER-Kolben gesetzt, der 70 ccm Wasser und 5 ccm Jodkaliumlösung (100 g im Liter) und 5 ccm Schwefelsäure 1,29 enthält. Durch die Filterröhre werden ohne Saugen 10 ccm Salzsäure (60 g im Liter) gegossen, das Filter mit Wasser nachgewaschen und das im Erlenmeyer freigewordene Jod mit 0,02 N-Thiosulfatlösung titriert. 1 ccm = 1,38 mg Blei.

γ) **Volumetrische Zinnbestimmung nach B. GLASSMANN und S. BARSUTZKAJA**[1]. Etwa 50 g des gut durchgemischten Inhalts einer Konservendose trocknet und verkohlt man in einem Tiegel, der tief in einem Metallbad aus Eisen- oder Kupferfeilspänen sitzt und verascht sodann mit starker Flamme, zuletzt unter Befeuchtung des abgekühlten Tiegelinhalts mit etwas Salpetersäure. Die Asche wird mit 30 ccm 1:2 verdünnter Salpetersäure ausgezogen und die Lösung filtriert, der Rückstand samt Filter abermals verascht, die Asche mit 1 g chemisch reinem Kaliumcyanid vermischt, bei dunkler Rotglut geschmolzen und 20 Minuten im Flusse erhalten. Nach dem Erkalten laugt man den Tiegelinhalt mit kleinen Mengen Wasser (insgesamt 150 ccm) aus, bringt die Zinnsuspension mit einer 5 ccm Pipette (mit Kautschukballon) auf ein Barytfilter, dieses nebst dem Zinn in einen 150 ccm Erlenmeyer mit Bunsenventil und setzt 25 ccm reine Salzsäure hinzu. Etwa am Boden des Tiegels haften gebliebene Zinnteilchen löst man in einigen Kubikzentimetern Salzsäure und vereinigt mit der Hauptlösung. Nunmehr erhitzt man zum Sieden, wobei das Zinn in Lösung geht, entfernt die Flamme und gibt 1 g chemisch reines Zink hinzu. Sobald das ausgeschiedene Zinn durch Erwärmen wieder in Lösung übergeführt worden ist, kühlt man unter

[1] GLASSMANN: Z. 1928, 56, 208—212.

Einleiten von Kohlensäure in kaltem Wasser, spült Gasleitungsrohr und Kolbenwandung mit 15 ccm Wasser ab und titriert mit einer Lösung von 0,982 g Kaliumbichromat in 1 Liter unter Zusatz von 2 Tropfen jodatfreier Kaliumjodidlösung (10 v. H.) und 2 ccm frischer Stärkelösung bis zur Blaufärbung. Der Titer der Bichromatlösung wird eingestellt, indem man 50 mg Zinn im gleichen Erlenmeyer in 15 ccm Salzsäure löst, im Kohlensäurestrom abkühlt und wie oben titriert. Die Dauer einer Analyse beträgt $5^1/_2$ Stunden.

δ) **Nachweis und Bestimmung des Kupfers.** Für den Nachweis von Kupfer, herrührend von einer Färbung mit Kupfersulfat sind folgende Verfahren vorgeschlagen.

$\alpha\alpha$) Kocht man die Kerne von grünen Dosenerbsen im Probierröhrchen 3 Minuten mit 10%iger Salzsäure, so färben sie sich nach A. NIKITIN[1] bei ungefärbten Erbsen braun bis schwärzlich, behalten dagegen bei mit Kupfersalz gefärbten Erbsen ihre anfängliche grüne Färbung bei, auch die Hülsen der letzteren bleiben hellgrün. Auf diese Weise sollen sich noch 0,025 g Kupfersalz auf 1 kg Erbsen — wenigstens bei den Hülsen — erkennen lassen.

$\beta\beta$) Nach G. RIESS[2] kann der Nachweis von Kupfer auch direkt in den Dauerwaren selbst nach Ansäuern mit Salzsäure durch blankes Eisen erfolgen; jedoch tritt die Kupferabscheidung durchweg erst nach 24 Stunden auf oder bleibt auch mitunter aus. RIESS verfuhr daher zum Nachweise von Kupfer in der Weise, daß er 50—100 g des Gemüses (Salzgurken) zerquetschte, in einer Platinschale mit etwas Wasser sowie etwa 10 ccm Salzsäure versetzte und durch die Mischung einen elektrischen Strom von 1 Ampère leitete. Die als Kathode benutzte Platinspirale wurde mit Wasser abgespült, darauf mit verdünnter Salpetersäure behandelt, die Lösung eingedampft, der Rückstand mit Wasser aufgenommen und das Kupfer mit Ferrocyankalium nachgewiesen. Quantitativ wurde das Kupfer in der Asche bestimmt. RIESS fand in je 1 kg Pfeffer- und Salzgurken 0,0085—0,0765 g, in 1 kg Erbsen (eine Probe) 0,049 g Kupfer (Cu).

$\gamma\gamma$) Nach dem Erlaß des Reichsministers des Innern vom 29. Oktober 1927 (II 7651 a) ist für die quantitative Bestimmung folgende amtliche Methode anzuwenden:

Bei Erbsen- und Bohnendauerwaren bringt man den Inhalt der Dosen auf einen Trichter mit Siebplatte und läßt die die Konserven umgebende Brühe gut abtropfen. Die zurückbleibenden Erbsen oder Bohnen werden auf dem Trichter mit Wasser nachgewaschen, durch Auflegen von Filtrierpapier von anhaftendem Wasser tunlichst befreit und dann gewogen.

Das so vorbereitete Gemüse wird in einer Reibschale zu einer möglichst gleichmäßigen Masse verrieben. Darauf werden je 50 g dieser Masse in einer Quarzschale im Muffelofen zunächst vorsichtig getrocknet und dann verascht. Der nach der Veraschung hinterbleibende Rückstand wird durch wiederholtes Abrauchen mit Salpetersäure und schwaches Glühen vollständig von Kohle befreit und danach unter Erwärmen auf dem Wasserbade mit 10 ccm 25%iger Salpetersäure aufgenommen. Die Lösung wird mit Wasser verdünnt, filtriert und auf ein Volumen von etwa 100 ccm gebracht. In dieser Lösung wird das Kupfer auf elektrolytischem Wege bestimmt.

Bei Spinatkonserven wird eine Trennung des festen von dem flüssigen Anteil nicht vorgenommen, der Doseninhalt wird vor der Probenahme nur gründlich durchmischt. Im übrigen wird, wie vorstehend angegeben, verfahren.

Das ermittelte Kupfergewicht ist mit 20 zu multiplizieren. Die so berechneten Werte beziehen sich auf 1 kg Dauerware, und zwar bei Erbsen und Bohnen auf die Konserven ohne Brühe, bei Spinat auf den gesamten Doseninhalt.

[1] A. NIKITIN: Z. 1900, **3**, 703.
[2] G. RIESS: Z. 1906, **12**, 365 nach Arb. kaiserl. Gesundh.-Amt 1907, **22**, 548.

Bei anderen in Betracht kommenden Gemüsedauerwaren, wie insbesondere Gurken, ist zur Ermittelung sinngemäß zu verfahren.

$\delta\delta$) H. SERGER und G. LÜCHOW[1] empfehlen für die Bestimmung des Kupfers drei colorimetrische Methoden, eine elektrolytische und eine gewichtsanalytische Methode.

1. Verfahren nach R. BIAZZO. Man verascht 5 g Substanz und nimmt die Asche in wenig Salzsäure vom Spez. Gewicht 1,1 auf, die Lösung wird auf dem Wasserbad eingeengt, wieder mit Wasser aufgenommen und mit Wasser zu einem Gesamtvolumen von 20 ccm gebracht. Man macht alkalisch, dann schwach essigsauer, setzt einige Tropfen Pyridin sowie Rhodankaliumlösung hinzu und schüttelt mit 15 ccm Chloroform die entstandene Verbindung

$$Cu\,(C_5H_5N)_2\,(CNS)_2,$$

die sich mit grüner Farbe löst, aus. Als Vergleichsstandardlösung verwendet man eine Lösung von 0,1964 mg Kupfersulfat im Liter.

2. Methode nach SERGER. 100 g Substanz werden innerhalb 20 Minuten in einer Quarzschale verascht. Die Asche wird handwarm mit 10 ccm Schwefelsäure (1 + 9) und nach dem Aufhören der Gasentwickelung mit 30 ccm Wasser versetzt. Man erwärmt 15 Minuten auf dem Wasserbad und filtriert nach dem Erkalten unter Nachwaschen mit 2mal je 25 ccm Wasser. Das auf 10 ccm eingedampfte Filtrat wird mit Ammoniak im Überschuß versetzt, in einen 100 ccm Zylinder filtriert und auf 100 ccm aufgefüllt. In einen zweiten Zylinder gibt man 15 ccm Ammoniak und 70 ccm Wasser. Man setzt nunmehr 0,5%ige Kupfersulfatlösung bis zur Farbgleichheit hinzu, füllt dann die Standardlösung auf 100 ccm auf und bringt durch weiteren Zusatz von 0,5%iger Kupfersulfatlösung die Flüssigkeit auf den gleichen Farbton. 1 ccm Kupferlösung = 0,000126 Cu.

3. Methode nach A. HANAK[2]. 10 g der in einer Mühle gemahlenen Substanz werden mit 20—30 g konz. Schwefelsäure gleichmäßig vermischt, zunächst vorsichtig verkohlt und, wenn nötig, nach mehrmaligem Auskochen der Kohle mit verdünnter Salpetersäure, verascht. Die mit dem Filtrate vereinigte Asche wird durch Erwärmen gelöst, mit überschüssigem Ammoniak und Ammoncarbonat versetzt, nach kurzem Erwärmen filtriert und mit heißem, stark verdünntem ammoncarbonathaltigem Ammoniak gewaschen. Die vereinigten Filtrate bringt man in einen Standzylinder und vergleicht die blaue Farbe colorimetrisch mit Ammoniak enthaltendem Wasser, dem man aus einer Bürette sehr verdünnte Kupfersulfatlösung (1 ccm = 2 mg Cu) zufließen läßt. Bei sehr geringem Kupfergehalt versetzt man die ammoniakalische Aschenlösung mit etwas Gummiarabikumlösung, säuert mit Essigsäure an, und tropft frisch bereitete Kaliumferrocyanidlösung hinzu. Die Farbe wird mit einer in gleicher Weise hergestellten Lösung von bekanntem Kupfergehalte verglichen.

4. Elektrolytische Kupferbestimmung nach J. W. SPRINGER[3]. 100 oder 150 g des guten Konservendurchschnittsmusters (bei Erbsen, Schnittbohnen usw. Flüssigkeit und Festes im vorhandenen Verhältnis genommen) werden in einer Reibschale zu einem gleichmäßigem Brei zerrieben und dieser in ein etwa 300—400 ccm fassendes Becherglas gespült. Man setzt 10 ccm Salpetersäure (1,4 Spez. Gewicht) hinzu, rührt gut durch und läßt einige Zeit auf dem Wasserbade stehen. Darauf wird die Probe mit Ammoniak schwach alkalisch gemacht — was man leicht daran erkennen kann, daß beim Alkalischwerden die Farbe vom reinen Grün nach Braungelb umschlägt — dann werden 20 ccm Schwefelsäure (1:1) hinzugesetzt. Man bringt mit heißem Wasser auf ein Volumen von etwa 300 ccm und elektrolysiert die 80—90° warme Flüssigkeit mittels Schnell-

---

[1] H. SERGER u. G. LÜCHOW: Chem.-Ztg. 1936, **60**, 762.
[2] A. HANAK: Z. 1930, **59**, 511. [3] J. W. SPRINGER: Z. 1929, **58**, 651.

elektrolyse, und zwar mit Rührer und Netzanordnung, wie sie von Springer in einem Beitrag zur elektrolytischen Zinkbestimmung[1] empfohlen wurde.

Als Anode wird eine Platinspirale und als Rührer ein einfach plattgedrückter und gebogener Glasstab verwendet. Die Anordnung beider zur Kathode ist am besten aus nachstehender Abbildung ersichtlich. Nach etwa 10—20 Minuten ist bei Anwendung eines Stromes von 4—5 Ampère die Abscheidung des Kupfers als sicher beendet anzunehmen. Ohne Stromunterbrechung wird die Elektrode abgewaschen. Mit einen kräftigen Wasserstrahl der Spritzflasche werden die letzten anhaftenden Gewebefasern der Konserve abgespritzt. Das Kupfer wird mit 10 ccm Salpetersäure (1,4 Spez. Gewicht) nochmals abgelöst, die Elektrode gut abgespült, ausgeglüht und gewogen. Die Kupferlösung wird wieder schwach ammoniakalisch gemacht. Dann werden 10 ccm Schwefelsäure (1:1) zugesetzt und mit Wasser auf 150 ccm gebracht. Die auf 80—90° erwärmte Lösung wird wieder mit einem Strom von 4—5 Ampere unter gleichen Bedingungen wie oben elektrolysiert. Nach dem Auswaschen und Abspülen wird die Elektrode noch mit dem Kupferbelag durch Alkohol und Äther gezogen, getrocknet und gewogen.

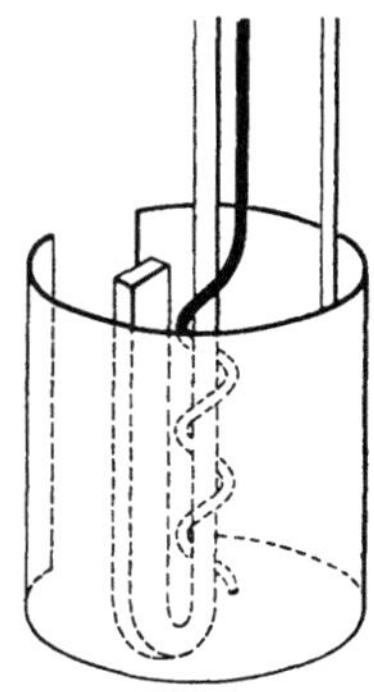

Abb. 1.

5. Gewichtsanalytische Bestimmung. 100—150 g Substanz werden unter Zusatz von Soda verascht. Die Asche wird mit Salpetersäure aufgenommen und heiß filtriert. Der Rückstand wird nochmals verascht und aufgenommen. Das Kupfer wird dann mittels H_2S gefällt, der Niederschlag nochmals nach der Filtration in Salpetersäure gelöst, die Fällung wiederholt. Das Kupfer wird dann als Sulfür oder Rhodanür bestimmt.

c) Nachweis der Konservierungsmittel.

Nach dem Vorschlage von Beythien wägt man im Verhältnisse des Gewichtes der festen und flüssigen Anteile insgesamt 100 g ab und stellt daraus durch Zerkleinern der festen Masse eine Durchschnittsprobe her.

30 g derselben werden mit Phosphorsäure angesäuert und mit 30 ccm einer Mischung von 3 Teilen niedrig siedendem Petroläther und 2 Teilen Chloroform 2mal ausgeschüttelt und aliquote Teile der mit Wasser gewaschenen Auszüge zur Prüfung auf Salicylsäure und Benzoesäure (siehe ds. Handb. Bd. II, S. 1125 und 1135) benutzt.

Der nach dem Ausschütteln hinterbliebene Rückstand wird mit überschüssiger Kalkmilch eingedampft und verascht. Die salzsaure Lösung der Asche wird mit Curcumapapier auf Borsäure geprüft (siehe ds. Handb. Bd. II, S. 1264).

Zum Nachweis der Schwefligen Säure behandelt man weitere 30 g wie im Handb. Bd. II, S. 1253a angegeben ist.

d) Analyse der Tomatenkonserven.

Über die Untersuchung von Tomatenkonserven sind in Deutschland nur vereinzelte Arbeiten erschienen. Dagegen sind in Italien amtliche Vorschriften für einen möglichst vollständigen Analysengang mitgeteilt. Unter Anlehnung an diese amtlichen italienischen Vorschriften, die in gemeinsamer Arbeit des Landwirtschaftsministeriums, des Ministeriums des Innern und des Finanzministeriums mit namhaften Vertretern der Fachwissenschaft ausgearbeitet und im Organo della Federazione nazionale della Conserve alimentari mitgeteilt sind, gibt C. Grimme[2] folgenden Analysengang:

---

[1] Zeitschr. analyt. Chem. 1925, 65. [2] Grimme: Pharm. Zentralh. 1932, **73**, 483—486.

α) **Äußere Eigenschaften.** Man prüft auf Aussehen, Konsistenz, Geruch und Geschmack und Färbung. Eine kleine Probe wird zwischen zwei Objektträgern zu einer homogenen Masse verrieben; Gegenwart, Anzahl und Größe von Pericarpstückchen sowie Verunreinigungen verschiedener Natur und Farbe können unter dem Mikroskop leicht erkannt werden.

β) **Bestimmung der Gesamttrockensubstanz.** In eine flache Porzellanschale von 8 cm Durchmesser gibt man einen Porzellanstab von 7 cm Länge, 25 g groben, gewaschenen und geglühten Quarzsand, trocknet und wägt das Ganze. Darauf fügt man 8 g Konserve hinzu, mischt gut durch, trocknet 4 Stunden lang im Wassertrockenschrank, wägt nach dem Erkalten und berechnet die Gesamttrockensubstanz auf 100 g Konserve. Ist die Konserve für eine exakte Mischung zu dick, so gibt man nach Feststellung des Gesamtgewichtes 3—5 ccm heißes Wasser hinzu, mischt gut durch, verdampft auf dem Wasserbade zur Trockne und trocknet 4 Stunden im Wassertrockenschrank.

Für die Bestimmung des Trockensubstanzgehaltes sind außerdem noch eine Reihe von Verfahren vorgeschlagen worden, die einmal auf der Feststellung des Spez. Gewichtes der ganzen Konserve oder des löslichen Anteils und Sonderbestimmung des unlöslichen Anteils beruhen, zum anderen auch auf der Bestimmung des Lichtbrechungsvermögens und der Bestimmung durch Überdestillieren mit hochsiedenden organischen Flüssigkeiten. Die Bestimmung der Trockensubstanz aus dem Spez. Gewicht liefert zu niedrige Werte und ist außerdem mit vielen Fehlerquellen behaftet. Bessere Aussicht auf Erfolg bietet das refraktometrische Verfahren. Nach K. TAXNER[1] hat sich hier das ZEISSsche Tomatenrefraktometer bewährt, wobei gut übereinstimmende Werte mit der direkten Eintrocknung erhalten werden. Zu seiner Anwendung gibt man 1—2 Löffel des Tomatenmarkes auf ein Tuch von nicht allzu dichtem Gewebe, preßt leicht auf, bringt 1—2 Tropfen des abfließenden Saftes auf die horizontal gehaltene Fläche des geöffneten Instruments, schließt den Deckel und hält das Instrument gegen das Licht. Die scharfe Trennungslinie zeigt auf der Skala den Trockensubstanzgehalt an. Da nach Herkunft und Jahrgang gewisse Schwankungen entstehen, empfiehlt es sich, das Instrument für eine bestimmte Gegend nachzujustieren.

Die von A. LEONHARD[2] vorgeschlagene Methode der Wasserbestimmung durch Destillation mit Xylol ist nach GRIMME nicht zu empfehlen, da die hohe Temperatur des siedenden Xylols bei dem hohen Säuregehalt der Konserven zur Zersetzung des Zuckers führt, wodurch zu hohe Wasserwerte erzielt werden. Am schnellsten und sichersten kommt man zum Ziele durch $^1/_4$stündige Destillation der mit Pottasche versetzten Probe mit Xylol. Die Bestimmung wird nach GRIMME[3] wie folgt ausgeführt. In einen 30-ccm-Erlenmeyer gibt man 10 g Tomatenmark und 2 g Pottasche (K_2CO_3) und mischt beide durch Verrühren mit einem geteilten und mit einem 5 cm langen Gummischlauch wieder verbundenem Glasstabe. Nach gründlicher Durchmischung löst man die Verbindung und beläßt den zur Mischung benutzten unteren Teil im Kolben, übergießt die Mischung mit 150 ccm Xylol und destilliert $^1/_4$ Stunde lang unter geeignetem Aufsatze im flotten Zuge. Nach beendigter Destillation läßt man mindestens $^1/_2$ Stunde lang stehen, bringt etwa in der Xylolschicht des Auffangapparates anhängende Wassertropfen mit einer Federfahne zur Wasserschicht und liest ab; ccm Wasser mal 10 = % Wasser im Tomatenmark.

γ) **Bestimmung von Chloriden und zugesetztem Kochsalz — wahre Trockensubstanz.** 10 g Konserven werden im Mörser mit wenig Wasser zu einem gleichmäßigen dünnen Brei verrieben, mit Wasser in einen 200 ccm Meßkolben übergespült und zur Marke aufgefüllt. Nach dem Umschütteln und kurzem Absitzen wird die Lösung filtriert. In 20 ccm des Filtrates (= 1 g Konserve) bestimmt man das gesamte Kochsalz nach VOLHARD unter Verwendung von gesättigter Eisenalaunlösung als Indicator, wobei man zweckmäßig einige Kubikzentimeter Äther zusetzt. Verbrauchte Kubikzentimeter $^1/_{10}$ N $AgNO_3$. 0,585 = Kochsalz in 100 g Konserve. Diese gefundene Kochsalzmenge umfaßt nicht nur das künstlich zugesetzte Kochsalz, sondern auch alles Chlor, welches ursprünglich in den Tomaten in Form verschiedener Chloride vorhanden ist. Der natürliche Kochsalzgehalt der Tomaten beträgt auf 6% Trockensubstanz rund 0,1%. Der Gehalt der Konserve an natürlich vorhandenem Kochsalz wird erhalten, indem

[1] K. TAXNER: Z. 1933, **65**, 220. [2] A. LEONHARD: Z. 1930, **60**, 189.
[3] GRIMME: Pharm. Zentralh. 1933, **74**, 642.

man den durch Division der Differenz Gesamttrockensubstanz-Gesamtkochsalz durch 5,9 erhaltenen Quotienten mit 0,1 multipliziert. Die wahre oder ursprüngliche Trockensubstanz ist somit die Differenz zwischen Gesamttrockensubstanz und der Summe des zugesetzten und natürlich vorhandenen Kochsalzes.

δ) Bestimmung des Zuckers — Reinheitsquotient. 40 g Tomatenkonserve werden nach Zusatz von 1—2 g Calciumcarbonat mit warmem Wasser verrührt, in einen 200 ccm Meßkolben übergespült und bis zu $^3/_4$ aufgefüllt. Nach Zusatz von 10 ccm Bleiessig und gründlichem Umschütteln wird der Bleiüberschuß durch Zugabe von 20 ccm gesättigter Natriumphosphatlösung entfernt und nach gutem Umschütteln etwa 5 Minuten stehen gelassen. Dann füllt man zur Marke auf, gibt für das Volumen des Niederschlages 3 ccm Wasser hinzu, schüttelt gut um und filtriert nach dem Absitzen. 50 ccm Filtrat werden im 100-ccm-Kolben durch 5 Minuten langes Erwärmen mit 5 ccm Salzsäure (1,10 Spez. Gewicht) auf 70° invertiert. Man kühlt schnell ab, neutralisiert mit Natron- oder Kalilauge, füllt auf und filtriert. Bei Produkten, die Saccharose, Invertzucker und etwa auch Glykose enthalten, polarisiert man vor und nach der Inversion und berechnet den Saccharosegehalt nach der CLERGETschen Formel:

$$S = \frac{26{,}048\,(P - P_1)}{142{,}66 - 0{,}5\,t}$$

wobei P und P_1 = dem Polarisationswerte vor und nach der Inversion bezogen auf 100 g Substanz in 100 ccm und t = die Temperatur bedeuten.

Außerdem bestimmt man den reduzierenden Zucker vor und nach der Inversion durch Titration mit FEHLINGscher Lösung und berechnet den ursprünglich vorhandenen reduzierenden Zucker (r) nach der Formel:

$$r = \frac{5{,}15\,n \times v}{a^1 \times g}$$

wobei n = Verdünnung der nicht invertierten Lösung von g = Gramm Substanz in v Kubikzentimeter und a die Anzahl Kubikzentimeter sind, welche nötig waren, um 10 ccm FEHLINGsche Lösung zu reduzieren.

Aus dem Resultate der Titration der invertierten Lösung berechnet man die Gesamtmenge reduzierenden Zuckers nach der Inversion nach der Formel:

$$r_1 - \frac{5{,}15\,n^1 \times v}{a^1 \times g}$$

Der Saccharosewert kann man kontrollieren nach der Formel:

$$S = 0{,}95\,(r^1 - r)$$

Der Nachweis von Glucose ist erbracht, wenn die Polarisation der invertierten Lösung stärker links ist, als sie sich aus dem Zuckergehalte errechnet. (Eine genaue Bestimmung der Menge des Zusatzes kann nur ausgeführt werden, wenn gleichzeitig der verwendete Stärkezucker untersucht werden kann, da ein Teil der Linksdrehung durch stets vorhandenes rechtsdrehendes Dextrin kompensiert wird.)

Der Reinheitsquotient gibt an, wieviel Zucker (berechnet als Invertzucker) in 100 Teilen der wahren Trockensubstanz vorhanden ist. Er wird bestimmt durch Multiplikation des Quotienten aus der Division Zuckerprozente durch Hundertteile wahre Trockensubstanz mit 100. Bei Konserven aus ganzen, reifen Tomaten soll der Reinheitsquotient nicht unter 5 liegen.

ε) Bestimmung der Gesamtsäure und der flüchtigen Säure. αα) Gesamtsäure. 20 ccm des Filtrates zur Chlorbestimmung werden mit $^1/_{10}$ N.-Kalilauge gegen Phenolphthalein titriert. Verbrauchte Kubikzentimeter Kalilauge mal 0,7 = g Citronensäure in 100 g Konserve.

ββ) Flüchtige Säure. 50 ccm des wäßrigen Extraktes (1:10) werden mit Wasserdampf wie bei Wein destilliert. Das Destillat wird mit $^1/_{10}$ N.-Kalilauge gegen Phenolphthalein titriert. Man berechnet als Essigsäure.

Gute Konserven sollen höchstens $^1/_{12}$ der wahren Trockensubstanz an Gesamtsäure, $^1/_{100}$ an flüchtiger Säure enthalten.

ζ) **Bestimmung der Asche.** 10 g Konserve trocknet man in gewogener Platinschale, den Rückstand verkohlt man vorsichtig über einem Pilzbrenner und glüht in der Muffel bei dunkler Rotglut.

Bei mit Kochsalz versetzten Konserven laugt man die Kohle mit Wasser aus, verascht das Ungelöste vollständig, dampft das Filtrat auf der Asche ab und glüht eben durch.

Die Differenz zwischen Gesamtasche und zugesetztem Kochsalz ergibt kochsalzfreie Asche.

η) **Bestimmung von künstlicher Färbung.** Teerfarbstoffe. αα) Saure Farbstoffe. 200 ccm Wasser werden schwach mit Ammoniak alkalisiert und mit 50 ccm Alkohol versetzt. Zu der Mischung gibt man 50 g der Konserve, kocht einige Minuten lang, läßt absitzen, gießt die Lösung klar ab, säuert mit Salzsäure an und färbt auf entfettete Wolle aus.

ββ) Basische Farbstoffe. 50 g Konserve werden mit 200 ccm ammoniakhaltigem Wasser in Gegenwart von entfetteter Wolle 3 Minuten lang gekocht. Man wäscht die Wolle stark unter fließendem Wasser aus. Eine kräftige Färbung zeigt basischen Farbstoff an. Zur weiteren Identifizierung erwärmt man die gefärbte Wolle mit 10 %iger Kalilauge auf dem Wasserbade bis zur Lösung. Nach dem Erkalten schüttelt man die braune Flüssigkeit mit Äther aus. In der eventuell filtrierten Ätherlösung beobachtet man die Färbung in alkalischer wie in saurer Lösung.

Cochenille. (Besonders beliebt bei Tomaten.) Man mischt gleiche Teile ausgeglühten Sand und Konserve, trocknet auf dem Wasserbade, pulvert den Trockenrückstand fein und durchfeuchtet ihn mit wenig konzentrierter Salzsäure. Nach 10 Minuten langem Stehen gibt man 2 Volumina Alkohol hinzu, schüttelt kräftig durch, läßt absitzen und filtriert ab. Das Filtrat verdünnt man mit dem 10fachen Volumen Wasser und schüttelt einen Teil mit einer Mischung von 1 Teil Amylalkohol und 9 Teilen Äther aus. Bei Gegenwart von Cochenille zeigt die Ätherschicht eine mehr oder weniger rote Färbung, welche auf Zusatz von Uranacetatlösung in Grün umschlägt.

ϑ) **Nachweis von Mehl und Stärke.** Man kocht die Konserve mit Wasser, filtriert die erhaltene Lösung noch warm ab und versetzt das Filtrat in der Kälte mit einigen Tropfen Jodjodkaliumlösung. Mehl und Stärke werden durch Blaufärbung angezeigt.

Beispiel zur Berechnung der wahren Trockensubstanz und eines Kochsalzzusatzes: Gesamttrockensubstanz $(a) = 32{,}0\%$; Gesamtkochsalz $(b) = 4{,}58\%$. Die Menge des natürlichen Kochsalzgehaltes (c) in der wahren Trockensubstanz von 100 g Konserve ist dann

$$c = \frac{(a - b) \times 0{,}10}{5{,}9} = \frac{(32{,}0 - 4{,}58) \times 0{,}10}{5{,}9} = 0{,}464$$

Die wahre Trockensubstanz (d) ist dann

$$d = (a - b) + c = 27{,}42 + 0{,}464 = 27{,}884.$$

Der Kochsalzzusatz (e) ist dann

$$e = (b - c) = 4{,}58 - 0{,}464 = 4{,}116.$$

Man kann den Wert der wahren Trockensubstanz auch berechnen durch Multiplikation der kochsalzfreien Trockensubstanz mit 1,0169. Hieraus ergeben sich folgende Berechnungen:

% kochsalzfreie Trockensubstanz .	32,0 — 4,58 = 24,42
% wahre Trockensubstanz . . .	27,42 × 1,0169 = 27,883
% Kochsalzzusatz	32,0 — 27,883 = 4,117.

e) Bestimmung von Glutaminsäure in Tomatenmark nach G. BUOGO [1].

Zur Bestimmung der Glutaminsäure werden 5—20 g Tomatenmark im Becherglas mit warmem Wasser gelöst und mit 0,1 N-Alkali neutralisiert, mit 10 ccm

[1] G. BUOGO: Ann. Chim. appl. analyt. 1934, 24, 79. Pharmaz.-Zentralhalle 1934, 553.

neutralisiertem Formalin versetzt und abermals mit 0,1 N-Alkali titriert. Der bei der letzten Titration gefundene Wert gibt die Glutaminsäure an, wobei 1 ccm 0,1 N-Lauge = 0,0147 Glutaminsäure ist. Bei unverfälschtem Tomatenmark beträgt der Wert an Glutaminsäure etwa 10% des Wertes für red. Zucker. Bei Verfälschung mit Karotten oder Kürbis steigt der Gehalt an Glutaminsäure auf 26—30% des Wertes für reduzierten Zucker.

f) Nachweis alter getrockneter Erbsen in Erbsenkonserven nach LÜNING und BEYER[1].

Man trennt die Erbsen von der Brühe, wässert dieselben 6 Stunden in destilliertem Wasser und läßt $^1/_2$ Stunde abtropfen. Darauf reibt man die Erbsen mit Sand und trocknet. Alte getrocknete Erbsen enthalten 72,7—77,6%, frische junge Erbsen 79—85,6% Wasser.

Die von C. F. MUTTELET (S. 772) und J. FROIDEVAUX[2] vorgeschlagenen Verfahren zur Ermittelung von getrockneten Erbsen in Erbsenkonserven haben sich nach den Untersuchungen von LÜNING und BEYER nicht bewährt.

g) Nachweis von Zucker in Erbsenkonserven nach SCHWARZ und RIECHEL[3].

200 g der durch ein Sieb von der Brühe getrennten Erbsen werden zerkleinert und darauf mit 90%igem Alkohol warm ausgezogen. Nach dem Abdampfen des Alkohols wird der neutralisierte Rückstand bis zur Sirupdicke eingetrocknet und durch Ausziehen mit 95%igem Alkohol die Dextrine gefällt. Dieselben werden abfiltriert, in Wasser gelöst und nochmals mit Alkohol in gleicher Weise abgeschieden. Die dextrinfreie Lösung wird nach dem Abdestillieren des Alkohols mit 20 ccm Bleiessig mit Wasser auf 200 ccm aufgefüllt und filtriert. 100 ccm des Filtrats werden mit 10 ccm Natriumphosphatlösung versetzt. Der Zucker wird durch Polarisation und nach der Inversion gewichtsanalytisch nach ALLIHN bestimmt.

In gleicher Weise wird die Brühe untersucht und das erlangte Resultat in beiden Fällen auf die Trockensubstanz berechnet.

h) Untersuchung von Sauerkraut, Gurken usw. nach E. FEDER[4].

Die Untersuchung erstreckt sich hauptsächlich auf die Bestimmung des Säure-, Salz- und Zuckergehaltes. Der Salzgehalt hat einen ausschlaggebenden Einfluß auf die Gärung, die Farbe und den Geschmack des Fertigproduktes, während die Säure einen Maßstab für die Gärung selbst bildet. Die direkte Titration der Säfte mit Silbernitrat und Kaliumchromat als Indicator liefert praktisch hinreichend genaue Werte. Es ist jedoch sehr schwierig, Durchschnittsmuster aus den Sauerkrautfässern zu entnehmen, da der Salzgehalt an den verschiedenen Stellen eines Fasses sehr schwanken kann. Um daher für den Salzgehalt genaue Werte zu erhalten, empfiehlt es sich, Salz und zerkleinerten Kohl zur Verarbeitung abzuwiegen. Etwa 50 g Sauerkraut werden 2mal mit je 80 ccm Wasser 1 Stunde lang in der Kälte, darauf 2mal mit der gleichen Wassermenge 20 Minuten lang bei siedender Temperatur behandelt. Nach dem Abpressen werden die vereinigten und filtrierten Auszüge auf 500 ccm aufgefüllt.

Der Säuregehalt wird durch Titration von 50 ccm der Lösung mit 0,25 N-Kalilauge und Tüpfeln auf Lackmuspapier ermittelt und in Prozenten Milchsäure berechnet.

Zur Bestimmung des Zuckers werden 400 ccm der Lösung eingedampft, der Rückstand unter Zusatz von überschüssigem Bleiessig auf 50 ccm aufgefüllt und filtriert. 25 ccm des Filtrates werden nach Zusatz von Natriumphosphat

---

[1] LÜNING u. BEYER: Z. 1929, 57, 76.
[2] J. FROIDEVAUX: Ann. Falsifications 1926, 19, 536.
[3] SCHWARZ u. RIECHEL: Z. 1904, 7, 550. [4] FEDER: Z. 1911, 22, 295.

wiederum auf 50 ccm aufgefüllt. Im Filtrat hiervon wird der Zucker in bekannter Weise bestimmt.

Zum Nachweis des neben oder anstelle von Zucker vorhandenen Mannits wird das Sauerkraut getrocknet und dann mit etwa 90%igem Alkohol am Rückflußkühler ausgekocht. Aus dem Auszuge scheiden sich Krystalle ab, welche durch mehrfaches Umkrystallisieren aus 90%igem Alkohol (unter Zusatz von etwas Tierkohle) gereinigt werden. Zur Identifizierung dient der Schmelzpunkt 166,5° ferner die Polarisation direkt, inaktiv nach Zusatz von 5% Borax stark rechts drehend und der durch 6stündiges Kochen mit der 5fachen Menge Essigsäureanhydrid am Rückflußkühler hergestellte Ester. Der Schmelzpunkt des erhaltenen Acetates beträgt 118,5, die Verseifungszahl 773.

8. Beurteilung der Gemüsekonserven.

Für die Beurteilung der Gemüsekonserven gelten die Normativbestimmungen S. 791.

Trockengemüse dürfen nicht über 12—14% Wasser enthalten, von Schimmel durchsetzte Trockengemüse sind zu beanstanden.

Die Einbettungsflüssigkeit von in Saft und Wasser eingelegtem Dosengemüse darf nicht sauer und trübe, besonders nicht bakterientrübe sein. Dosengemüse mit saurem oder trübem Inhalt sind stets bedenklich und sollen vom Verkehr ausgeschlossen werden. — Der scharfe Geruch bei manchen Gemüsen (Spargel, Erbsen) soll angeblich nicht durch Gärung oder Fäulnis, sondern durch Stickstoffdüngung bedingt sein.

Aufgeblähte (bombierte) Dosen sind ohne weiteres zu beanstanden, wie ebenso alle Dosendauerwaren, in denen sich Gasentwickelung oder sonstige Zeichen von Verdorbenheit zu erkennen geben. — Schwarzer Belag an den Wandungen von Metallbüchsen ist unbedenklich. Hat sich die Schwarzfärbung aber auf den Inhalt übertragen, so ist eine derartige Ware als verdorben zu bezeichnen.

Als Konservierungsmittel sind nur Kochsalz, Essig, Alkohol und Zucker zulässig.

Zum Einlegen in Essig dürfen nur Glasgefäße ohne Metallteile oder nur emmaillierte Metallgefäße verwendet werden.

Salzgurken, deren Brühe nicht mehr sauer, sondern neutral oder gar alkalisch reagiert, sind als verdorben anzusehen.

Blei und Zinn in Gemüsedauerwaren können nur von den Aufbereitungs- und Aufbewahrungsgefäßen herrühren. Von Blei werden allgemein die geringsten Mengen als gesundheitsschädlich angesehen.

Bezüglich des Zinns sagt der Codex alim. austr., daß Dosenkonserven, die mehr als 100 mg Zinn in 1 kg Konserve und andere Konserven dieser Art, die mehr als 10 mg Zinn in 1 kg Konserve enthalten, als „verdorben" beurteilt werden sollen.

Bezüglich Kupferung grüner Gemüse siehe ds. Handb. Bd. I, S. 1046. Durch Preußischen Erlaß vom 30. Januar 1928 sind 100 mg Kupfer bei Kenntlichmachung zugelassen. Konserven mit einem Kupfergehalt bis zu 10 mg gelten nicht als „gegrünt".

Dosenkonserven müssen aus einwandfreien frischen Gemüsen hergestellt werden. Die Verarbeitung trockener Erbsen zu „Leipziger Allerlei", „Gemischtem Gemüse" u. dgl. ist nach den Gutachten der Berliner und anderer Handelskammern[1], und dem Urteile des Amtsgerichts Berlin-Köpenik vom 10. April 1926[2] ferner des Landgerichts I Berlin vom 11. Oktober 1928 und des Kammergerichts vom 29. April 1929 als Verfälschung anzusehen.

Das Bleichen der Gemüse wird bei Gemüsearten, die an der Luft ihre natürliche weiße Farbe durch Oxydation einbüßen, (Spargel, Sellerie, Artischocken usw.)

[1] G. u. V. 1927, **19**, 51. Deutsche Nahrungsmittelrundschau 1927, S. 61.
[2] G. u. V. 1927, **19**, 72; 1929, **21**, 166, 170.

stillschweigend geduldet. Liegen jedoch Anzeichen vor, daß das Bleichen zu unlauteren Zwecken angewandt wird (Verdecken von Minderwertigkeit oder Verdorbenheit), so muß Beanstandung erfolgen. Da bei Dosenkonserven die Bleichmittel durch das Waschen entfernt werden, kommt eine Verschlechterung der Ware nicht in Frage.

Das Reichsgericht hat am 14. Februar 1930[1] einem Fabrikanten verboten, Gemüsekonserven aus oder mit getrockneten Erbsen in zylindrischen Blechdosen in den Handel zu bringen, wenn die Kennzeichnung dieses Zusatzes nicht ebenso groß wie die Überschrift ist. Die Verwendung sollte in den Ausführungsbestimmungen auch bei Kennzeichnung verboten werden.

„Leipziger Allerlei" und „Gemischtes Gemüse" bestehen nach einem Gutachten der Handelskammer Braunschweig vom 4. März 1929, der Industrie- und Handelskammer Berlin C 3684/32 (XII A 4) sowie des Konservenschutzverbandes vom 23. April 1925[2] aus Erbsen, Spargel, Karotten und Morcheln. Sind diese vier Bestandteile abgebildet und namentlich aufgeführt, so liegt beim Fehlen einzelner dieser Gemüse ein Verstoß gegen § 4 des Lebensmittelgesetzes vor. Verwendung von getrockenten Erbsen bei „Leipziger Allerlei" und „Gemischtem Gemüse" ist nach einem Gutachten der Industrie- und Handelskammer Berlin[3] selbst dann geeignet, das laufende Publikum zu täuschen, wenn auf dem Aufdruck ein Vermerk: „Hergestellt unter Verwendung von getrockneten Erbsen" enthalten ist. Es erscheint daher zum Schutze des kaufenden Publikums dringend erforderlich, daß die Angabe über die Verwendung von getrockneten Erbsen in einer auffälligen Form auf der Etikette angebracht wird, und daß sowohl die Bezeichnung „Leipziger Allerlei" als auch „Gemischtes Gemüse" hierbei überhaupt unterbleibt. Zweckmäßig würde die Deklaration lauten müssen: „Mischung von getrockneten Erbsen usw."

Nach einem Gutachten der Handelskammer in Braunschweig[4] liegt irreführende Bezeichnung vor, wenn unter der Bezeichnung „Gemischtes Gemüse" andere als handelsübliche Waren feilgehalten werden, auch dann, wenn der Wareninhalt darunter in kleiner, wenig auffälliger Schrift angegeben wird. Zur Frage des Sammeletiketts wird ausgeführt: Ein Sammeletikett (etwa für Gemüsekonserven mit einem Bilde, das alle Sorten Gemüse, die konserviert zu werden pflegen, darstellt) ist zulässig, wenn darunter in deutlicher Schrift der Inhalt der einzelnen Dose z. B. „Rotkohl" angegeben wird.

Die Verwendung von frischen oder getrockneten Morcheln zu Gemüsemischungen aller Art in luftdicht verschlossenen Behältnissen ist — ausgenommen die unter Nr. 33, 34 und 35 des Verzeichnisses der normierten Gemüsekonserven (Anordn. der W. V. der Deutschen Obst- und Gemüseverwertungsindustrie Nr. 45 vom 19. Juli 1934, genannten Gemüsemischungen — untersagt.

Zuckerzusatz zu einem von Natur nicht süßen Stoff muß gekennzeichnet sein, wenn dadurch der Eindruck natürlicher Süße vorgetäuscht wird.

Buch-Literatur.

Arb. hyg. Unters.-Stelle 1917, 8. Teil u. 1918, 9. Teil. Berlin: August Hirschwald. — J. BECKER-DILLINGEN: Handbuch des Hackfruchtbaues und Handelspflanzenbaues. Berlin: Paul Parey 1928. — RAGNAR BERG: Der Einfluß des Abbrühens auf den Nährwert unserer Gemüsekost. Dresden: Emil Pahl 1927. (Verlag für angewandte Lebenspflege.) — VON BUCHKA: Das Lebensmittelgewerbe. Akademische Verlags-Ges. Leipzig 1916. — Chemische Technologie der Neuzeit. Stuttgart: Ferdinand Enke 1933. — Enzyklopädie der technischen Chemie (ULLMANN), Bd. 6. — V. GRAFE: Handbuch der organischen Warenkunde. Stuttgart: Poeschel 1928. — KÖNIG: Bd. 1 u. Erg.-Bd. zu Bd. 1. — LAMPRECHT: Chemische Zusammensetzung und biologische Eigenschaften von Sorten und Stämmen einiger Gemüsearten. Malmö 1925. — Österreichisches Lebensmittelbuch. Wien: Julius Springer 1931. — H. SERGER u. HEMPEL: Konserventechnisches Taschenbuch, Braunschweig. — TUCHSCHNEID: Die kältetechnologische Verarbeitung schnell verderblicher Lebensmittel. Kurt Schmersow: Brücke-Verlag, Kirchhain N.-L. 1936. — WEHMER: Pflanzenstoffe. Jena: Gustav Fischer 1911. — WIESNER: Die Rohstoffe des Pflanzenreiches. Leipzig: Wilhelm Engelmann 1927. — W. ZIEGELMAYER: Unsere Lebensmittel und ihre Veränderungen. Dresden u. Leipzig: Theodor Steinkopff 1933.

[1] Deutsch. Nahrungsm.-Rundschau 1930, 64.
[2] Deutsche Nahrungsm.-Rundschau 1927, Nr. 11, 96.
[3] Deutsche Nahrungsm.-Rundschau 1927, Nr. 7 vom 7. April. [4] G. u. V. **21**, 84. 1929.

Pilze und Schwämme.

Von

Dr. O. Windhausen, Münster i. W.

Die Pilze und Schwämme sind chlorophyllfreie pflanzliche Organismen, die verhältnismäßig reich an Stickstoffsubstanzen sind. Aus diesem Grunde wurde ihnen anfänglich eine besonders hohe Bedeutung für die menschliche Ernährung zugeschrieben, ja sie wurden sogar als Fleischersatz angesehen. Die genaue Analyse hat gezeigt, daß den Pilzen nur ein geringerer Nährwert zukommt, und daß sie schwer verdaulich sind. Die stickstoffhaltigen Stoffe bestehen nämlich in der Hauptsache aus Proteinen (Chitin), also Stoffen von geringerem Nährwert. Trotz dieser Mängel stehen die Pilze den Gemüsen an ausnutzbaren Nährstoffen mindestens gleich und sind durch ihren Gehalt an Geschmacksstoffen als ein wertvolles Genußmittel zu betrachten. So gelten z. B. Champignon und Trüffel für die Zubereitung von Speisen und Soßen als besondere Feinkost. Auf Grund ihrer äußeren Merkmale kann man die Pilze wie folgt einteilen:

A. Einteilung der Pilze.

Nach dem Sitz des Sporenlagers unterscheidet man

I. Blätterpilze.

Die Sporen befinden sich auf der Unterseite des Hutes an Blättern.

a) Eßbare, unschädliche Arten.

1. Feldchampignon, Psalliota campestris L. Der Hut kommt fast kugelförmig aus der Erde, wird dann glockenförmig, zuletzt ausgebreitet, wie zerfließend. Die Farbe des 2—10 cm breiten Hutes ist weiß oder bräunlich, seidenglänzend, nicht schmierig. Die Oberhaut des Hutes ist leicht abziehbar. Das Fleisch ist weiß und läuft bei Verletzungen zuweilen rötlich oder bräunlich an, besitzt angenehm anis- und nußartigen Geschmack. Die an der Unterseite des Hutes befindlichen zarten, fächerartig angeordneten Blättchen sind anfangs hellfleischfarbig, später dunkelrosa bis schwärzlichbraun. Der weiße volle Stiel ist 2—8 cm lang und hat einen weißen häutigen Ring. Standort: in Wäldern, besonders Laubwäldern, auf Triften, Grasplätzen, Weideplätzen von Pferden und Schafen, unter Obstbäumen. Zeit: Juni bis Oktober. Wert: im Geschmack der beste Pilz. Sehr vielseitige Verwendbarkeit.

Von dem Feldchampignon etwas verschieden, aber stets mit blaßroten oder fleischfarbenen Blättchen sind folgende Unterarten: Acker- oder Schafchampignon Agaricus arvensis Schaeff., Wiesenchampignon Agaricus pratensis, Waldchampignon Agaricus sylvaticus, Kreidechampignon Agaricus cretaceus Schaeff., sämtlich mit hohlem Stiel.

2. Parasolschwamm, Schirmling, Schirmblätterpilz Lepiota procera Scop. Hut bis 20 cm Durchmesser, jung eiförmig, dann glockenförmig, zuletzt schirmähnlich und flach, hellgraubraun, mit vielen großen dunkelbraunen dachziegelförmigen Schuppen, in der Mitte mit dunkelbraunem Buckel. Stiel: hohl, schlank, walzenförmig, nach aufwärts etwas verdünnt, am Grunde knollig verdickt, 30 cm hoch, grau-weiß mit braunen Flecken, oben mit einem großen verschiebbaren, lederartigen Ring (Kennzeichen). Fleisch des Hutes: weiß, zart, von süßem Geschmack, später aber trocken und zäh. Standort: Laub- und

Nadelwälder, Grasplätze. Zeit: Juli bis Oktober. Wert: in jungem Zustande wohlschmeckend, im Alter geschmacklos, zäh.

3. **Hallimasch,** Buchenpilz, Honigblätterpilz, großer Stock- und Heckenschwamm Armillaria mellea VAHL. FR. Hut: 5—15 cm breit, fleischig, anfangs gewölbt, später ausgebreitet, honigfarben, mit vielen kleinen dunkleren angedrückten Haarbüscheln. Lamellen etwas am Stiele herablaufend, zunächst gelblichweiß, später bräunlich gefleckt. Stiel: 5—15 cm lang, am Grunde etwas verdickt, zäh, rötlichbraun und nach unten grünlichbraun. Der flockige Ring ist leicht zerreißbar. Standort: alte Baumstöcke und -wurzeln. Zeit: Spätsommer und Herbst. Wert: zubereitet ein wohlschmeckender Pilz. Zum Trocknen und Einmachen in Essig nicht geeignet, wohl aber zu Gemüsen und zum Sterilisieren.

4. **Stockschwamm** oder Stockschüppling Pholiota mutabilis SCHAEFF. Hut: 2—5 cm breit, anfangs gewölbt, später ausgebreitet und gebuckelt, lederartig bis zimtbraun, in der Mitte oft heller, fühlt sich fettig an. Fleisch: hellbräunlich, von obstartigem Geruch. Stiel: anfangs voll, später hohl, 2—5 cm lang, meist gekrümmt bis an den schwärzlichbraunen Ring mit feinen häutigen Schüppchen besetzt. Oft verschwindet der Ring. Standort: alte Laubholzstöcke, Stümpfe von Buchen und Erlen, in Büscheln dicht nebeneinander. Zeit: Mai bis November. Wert: vorzüglicher und gesunder Suppenpilz.

5. **Mehlschwamm,** Mousseron oder Pflaumenpilz Clitopilus prunulus (SCOP.) FR. Hut: 3—13 cm breit, anfangs gewölbt, später ausgebreitet, in der Mitte höckerig, am Rand nach unten gebogen, ältere Exemplare trichterförmig eingedrückt. Farbe: weiß oder grauweiß. Das Fleisch riecht nach frischem Mehl und ist weiß gefärbt. Blättchen teilweise am Stiel herablaufend, anfangs weiß, später fleischfarben angehaucht. Stiel: 3—6 cm lang, nach unten verdünnt, kurz, voll und von weißer Farbe, oft mit feinem, reinweißem Filz bekleidet. Standort: Wälder, moosige, grasige Stellen. Zeit: Sommer und Herbst. Wert: wohlschmeckender Speisepilz.

Mit „Mousseron" bezeichnet man auch den Obst-Maischwamm Tricholoma Pomonae Lz., den falschen Mousseron oder stark riechenden Maipilz Tricholoma graveolens (PERS.) FR., den Knoblauchpilz oder Küchenschwindling Marasmius scorodonius FR., der von Juni bis Oktober truppweise an Waldrändern, Rainen und auf Schafweiden wächst und seines knoblauchartigen Geruches wegen mit keinem anderen Pilz verwechselt werden kann. (Vorzüglicher Gewürzpilz); den Grünreizker oder echten Ritterling Tricholoma equestre (L.) FRIES, Fleisch: gelb, Hut: olivgelb, Stiel: schwefelgelb, in Nadelwäldern, auf sandigem Boden, im Spätherbst; den Hufritterling oder Hufmaischwamm Tricholoma gambosum FR. Hut: hufähnlich, gelblichweiß, im Alter verblassend und gefleckt. Fleisch: weiß, von angenehmem Geschmack. Stiel: voll, faserfleischig, am oberen Ende feinflockig, 3—8 cm hoch. Mai bis Juni auf Wiesen und Grasplätzen.

6. **Echter Reizker,** Blutreizker, Wacholdermilchling, Lactarius deliciosus (L.) FR. Hut: 3—15 cm breit, anfangs gewölbt, mit eingerolltem Rand, später in der Mitte eingesenkt, im Alter trichterförmig. Farbe: ziegelrot oder orange, meistens grünliche oder orangefarbige Zonen, bei feuchtem Wetter schmierig. Fleisch: rötlichgelb, von aromatischem Geruch und von schwach bitterem Wohlgeschmack. Bei Verletzungen orangeroter oder ziegelroter Milchsaft — Unterschied von allen Pilzen —, beim Eintrocknen grünlich werdend. Blättchen etwas herablaufend, blaß orange, etwas heller als der Hut, bei Druck grünlich. Stiel: 2—8 cm lang, orangefarbig, anfangs voll, später hohl. Standort: Nadelwälder, moosige Waldwiesen, zwischen Heidekraut und Wacholdergestrüpp. Zeit: Sommer und Herbst. Wert: sehr wertvoller Speisepilz, verliert beim Trocknen an Geruch und Geschmack.

7. **Nelkenschwindling** Marasmius caryophylleus SCHAEFF. Hut: 2—6 cm breit, anfangs kegelförmig, später ausgebreitet und gebuckelt. Oberfläche glatt, trocken, ledergelb oder hellbräunlich. Stiel: voll, knorpelartig hart, 12 cm hoch, gefärbt wie der Hut, mit feinem weißlichem Filz überzogen. Geruch: stark würzig, nelkenartig. Geschmack: angenehm. Standort: Wiesen, Feldwege, grasige Feldränder. Zeit: Mai bis zum Winter. Wert: zählt zu den feinsten Suppenpilzen.

b) Ungenießbare, giftige Pilze.

1. **Fliegenpilz** oder Fliegenschwamm Amanita muscaria (L.) PERS. Hut: erst stark gewölbt, dann flach, pomeranzenfarben bis feuerrot mit kleinen weißlichen Warzen bestreut, die durch Regen abgewaschen werden können. Blättchen und Stiel weiß, an letzterem unten eine mit der Knolle verwachsene Wulst. Fleisch: weiß.

2. **Knollenblätterschwamm,** Giftchampignon Amanita phall. FRIES. Gleicht in der Jugend dem Champignon Nr. 1. Hut: weiß, blauweiß, gelbgrün oder gelblich. Anfangs gewölbt, später ausgebreitet mit unregelmäßigen Schüben oder Warzen. Stiel: kahl, weiß, bis zur knolligen Basis hohl (Unterschied von Champignon). Fleisch: weiß, färbt sich nicht beim Bruch, stark giftig, Vergiftungserscheinungen nach 10—15 Stunden.

3. **Giftreizker** Lactarius torminosus (SCHAEFF.) FR. unterscheidet sich vom echten Reizker durch den weiß gefärbten Hutrand, durch weißliche bis rötliche Blättchen und durch den

weißen brennend scharfen Milchsaft. (Es gibt auch eßbare Pilze mit weißem Milchsaft wie der Brätling Lactarius volemus FRIES. und der Pfefferschwamm Lactarius piperatus SCOP.)

II. Faltenpilze oder Runzlinge.

Faltenpilze sind gestielte Schwämme und besitzen weder Schleier noch Ring. Auf der Unterseite des Hutes befindet sich das Sporenlager an strahlenförmig vom Stiel ausgehenden Falten.

a) Eßbare Art.

Pfifferling, Pfefferling, Eierpilz, Gelbling, Gelbmännchen Cantharellus cibarius FRIES. Hut: 2—8 cm breit, anfangs gewölbt, später ausgebreitet und in der Mitte trichterartig vertieft. Am Rand abwärts gebogen. Überall dottergelb gefärbt, fettig. Fleisch gelblich, Geruch angenehm, Geschmack pfefferartig. Stiel: 2—6 cm hoch, voll. Standort: Laub- und Nadelwälder. Zeit: Juni bis Oktober. Wert: vorzüglicher Speisepilz, für alle Zubereitungsarten verwendbar.

b) Giftige, ungenießbare Art.

Falscher Eierschwamm, Cantharellus aurantiacus WULF. Dem echten Eierschwamm ähnlich, im allgemeinen kleiner. Farbe: orangerot. Hut: fast flach, sammetartig, mit feinem Filz bedeckt. Stiel: dünn, Farbe des Hutes: am unteren Ende schwarz und hohl werdend. Fleisch blaßorange.

III. Röhrenpilze.

Die Röhrenpilze sind gestielte Hutschwämme. Das Sporenlager ist auf der Unterseite des Hutes in einer Röhrenschicht, die sich leicht abnehmen läßt. Zu den Röhrenpilzen gehören die vielen Boletusarten.

a) Eßbare, unschädliche Arten.

1. Steinpilz, Herrenpilz Boletus edulis (BULL.) FR. Hut: halbkugelig, später polsterförmig. Farbe: anfangs weißlich, weißlichgelb, später gelbbraun bis dunkelbraun. Röhrchen weiß, später gelblich, im Alter grünlich. Stiel: im Jugendzustand knollig verdickt, später walzenförmig gestreckt und durchweg weißfleischig, voll, blaßbraun, niemals rot, unten mit feinem weißem Adernetz (Kennzeichen!). Fleisch: weiß, nur unter der Oberhaut etwas gebräunt. Geruch: angenehm. Geschmack: nußartig. Standort: Laub- und Nadelwälder, besonders Kiefernwald, vorzugsweise Waldwiesen, grasige Waldränder. Zeit: Ende Mai bis zum Herbst. Wert: vorzüglicher Speisepilz, für alle Zubereitungsarten verwendbar.

Mit dem Steinpilz hat große Ähnlichkeit der schwammige und bitter schmeckende Gallenpilz Boletus feleus BULL., mit weißen Röhrchen, weißem Fleisch, das beim Zerbrechen rot anläuft. Stiel: grubig genetzt von grünlichgelblicher Farbe.

2. Kapuzinerpilz, Birkenpilz, Rauher Röhrling Boletus scaber BULL. Hut: dickfleischig, gewölbt, polsterartig, bis 12 cm breit, bei feuchtem Wetter schmierig, grau-orange, lehmfarbig, rot oder braunrot. Röhrchenschicht weiß, später weißgrau. Stiel: 3—18 cm lang, schlank, nach unten dicker werdend, flockig-schuppig, oft in der Mitte etwas bauchig. Fleisch: weiß, verändert sich nicht. Geschmack: angenehm, aber etwas weichlich. Standort: dichte Laubwaldungen und Gebüsche, bei Birken fast unfehlbar zu finden. Zeit: Spätsommer und Herbst. Wertvoller Suppen- und Gemüsepilz. Färbt sich beim Trocknen und Einmachen schwarz.

3. Ringpilz, Butterpilz Boletus luteus L. Hut: 4—12 cm breit, schmutzigbraun bis braungelb, bei feuchtem Wetter schmierig und schleimig, bei trockenem Wetter glänzend gelblich, gelbbraun oder dunkelgelbbraun. Oberhaut leicht abziehbar. Fleisch: weiß und unveränderlich. Röhrchen: sehr fein, schön blaßgelb, mit dem Stiel verwachsen, nicht mit dem Hutfleisch. Stiel: 10 cm hoch, zylindrisch, blaßgelb mit weißem, später bräunlichem Halsring. Geruch und Geschmack obstartig säuerlich. Standort: grasige Waldwege, Waldwiesen, Waldränder, junge Nadelwälder. Zeit: Sommer und Herbst. Wert: guter Speisepilz. Läßt sich nicht trocknen.

Ferner sind eßbar und den vorstehenden Sorten ähnlich: der Schmerling oder Körnchenröhrling B. granulatus L., der Kuhpilz B. bovinus L., der Sandpilz B. variegatus Sw., B. Bellini und die Ziegenlippe B. subtomentosus L., welch letztere an angefressenen Stellen oder unter der abgerissenen Oberhaut schön rot erscheint und einen rot angelaufenen Stiel hat.

4. Semmelpilz Polyporus confluens ALB. u. SCHW. Die Hüte dieses Pilzes sind stets miteinander innig verwachsen und bilden eine gestaltlose Masse von 12—18 cm, mitunter bis zu 25 cm Breite. Farbe: semmelgelb bis rotbraun. Oberfläche der Hüte kahl und glatt. Fleisch weiß und fest, etwas bitter schmeckend. Die Unterseite besteht aus ganz kurzen Röhrchen mit feinen nadelstichartigen Öffnungen. Stiel: kurz, dick, strunkartig, in den Hut übergehend, weiß. Wert: nur im jungen Zustand vorzüglich. Im Alter schmeckt der Pilz bitter, beim Kochen nimmt er eine hellrötliche Färbung an.

5. **Schafeuter** Polyporus ovinus SCHAEFF. Es besteht große Ähnlichkeit mit dem Semmelpilz. Hut: 10 cm breit, von blaßweißer oder graugelber Farbe. Oberfläche rissig und gegittert. Fleisch derb und weiß. Stiel: kurz, dick, weiß und voll. Standort: Nadelwälder. Zeit: Sommer bis zum Herbst. Wert: guter Speisepilz, vielseitig verwendbar.

6. **Leberpilz,** Rindszunge Fistulina hepatica FR. ist fleischrot, kaum gestielt, wächst an Laubbäumen, ist selten.

7. **Ziegenfuß,** Ziegenfußporling Polyporus Pes caprae PERS. Hut: unregelmäßig gerundet, wellig verbogen, öfters nierenförmig, hellbraun und dicht mit dunkelbraunen Schuppen besetzt. Fleisch weiß und brüchig. Röhrchen anfangs weiß, später gelblich, laufen am Stiel herab. Stiel: gelb und schmutzig braungelb. Standort: Nadelwälder. Zeit: August bis Oktober. Wert: guter Speisepilz.

b) Ungenießbare bzw. giftige Arten.

1. **Hexenpilz** Boletus luridus SCHAEFF. Im nassen Zustande schmierig, olivenbraun oder umbrafarben. Röhrchen: gelb, später grünlich, an den Mündungen orangerot. Stiel: mennigrot oder gelb, rotgenetzt, keulig bis säulig. Fleisch gelb, wird an der Luft sofort blau, im Alter rötet das Fleisch und bläut dann schwächer. Der Pilz soll nach dem Abbrühen genießbar sein. (Verdächtig!)

2. **Satanspilz** Boletus Satanas LENZ. Hut: kahl, weiß-grau, später bräunlich. Stiel: knollig, blutrot, oben gelb, genetzt. Fleisch weißlich bis weißlichgelb, langsam bläulich anlaufend, auch tiefgelbes Fleisch, welches sofort bläut. Standort: Laubwälder. Zeit: Juni bis September. Sehr giftig!

IV. Stachelpilze.

Das Fruchtfleisch bildet auf der Unterseite des Hutes stachelähnliche Gebilde, welche dicken Nadelspitzen gleichen und nicht hohl sind.

1. **Stoppelschwamm,** Semmelstachling Hydnum repandum L. Hut: flach gebuchtet, gelbweiß, unregelmäßig gebuckelt und gebogen. Stachel fleischfarben, leicht zerbrechlich. Stiel: kurz gedrungen, oft mit anderen verwachsen, am oberen Teil mit kleinen Stacheln besetzt. Farbe blaßgelb. Geruch und Geschmack milde, nußartig, leicht brennend. Fleisch gelblichweiß. Standort: Laub- und Nadelwälder. Zeit: Juni bis November. Wert: nur in der Jugend guter Speisepilz, im Alter bitter.

Nicht sehr häufig ist der Habicht-, Hirsch- oder Stachelschwamm Hydnum imbricatum L. Hut: schokoladebraun von dreieckigen Schuppen besetzt (in der Jugend wohlschmeckend). Der stinkende Stachelschwamm Hydnum squamosum SCHAEFF. unterscheidet sich von letzterem durch seinen widerlichen Geruch.

V. Korallenpilze.

Sie sind geweihartig verzweigt.

1. **Der Rote Hirschschwamm,** Hahnenkamm oder Ziegenbart Clavaria Botrytis PERS., ist bis 15 cm hoch und 20 cm breit mit vielen gelbroten, zerbrechlichen Ästen, deren Spitzen meist rot und einem Blumenkohlkopf ähnlich sind. Standort: sandiger Boden in Laub- und Nadelwäldern. Zeit: Herbst. Wert: eßbar, jedoch im Alter sehr bitter.

2. **Der Gelbe Hirschschwamm,** Bärentatze, Gelber Ziegenbart, Gelber Korallenpilz Clavaria flava SCHAEFF. besitzt einen weißlichgelben, knolligen, dicken, aufrechten Strunk, aus dem eine Anzahl walziger Äste, die sich wieder in mehrere kleine Zweige teilen, emporsteigen. Die kleinen Äste endigen in eine meist zweiteilige stumpfe Spitze. Höhe 5—12 cm. Fleisch des Strunkes weiß und dicht, das der Äste sehr brüchig. Geruch nicht unangenehm, Geschmack etwas bitterlich. Standort: Laub- und Nadelwälder. Zeit: Herbst. Wert: im jungen Zustand guter Speisepilz, im Alter bitter.

3. **Krauser Ziegenbart,** Krause Glucke Sparassis ramosa SCHAEFF. Die Fruchtträger bestehen aus zahlreichen, blattartig flachen, blaßgelben Ästen, die dicht gedrängt neben- und übereinanderstehen und zusammen eine Kugelform bilden. Sie Spitzen der blattartigen Äste sind gezähnt und ausgebuchtet. Er bildet oft riesige Köpfe und wird bis zu 15 Pfund schwer. Geruch äußerst würzig, morchelartig duftend. Geschmack nußartig. Standort: Kiefernwaldungen. Zeit: August bis Ende September. Wert: wertvoller Speisepilz.

VI. Morcheln.

Der Hut ist gefeldert, gerippt oder gelappt.

1. Speisemorchel Morchella esculenta PERS. Hut: rundlich-eiförmig, gelbbraun bis dunkelbraun. Durch Rippen in netzförmige, vertiefte Felder geteilt. Längsdurchschnitt 7—12 cm, Breite 5—8 cm. Fleisch brüchig, auf der Innenseite rein weiß, feinfilzig und kleiig, bei älteren Exemplaren leicht rosa angefärbt. Stiel: 4—10 cm hoch, weiß bis schmutzig-fleischrötlich, unregelmäßig längsstreifig oder flachgrubig. Standort: in lichten Wäldern und Gebüschen, Schluchten und Grasplätzen. Mehr auf lehmigem als auf sandigem Boden. Zeit: in der Ebene im April, im Gebirge Mai bis Anfang Juni. Wert: sehr beliebte Delikatesse.

Außerdem wird noch gegessen: die Spitzmorchel Morchella conica PERS. mit spitzerem, kegelförmigerem Hut und mehr länglicheren Feldern, die Käppchenmorchel Morchella Mitra LENZ und die Glockenmorchel Morchella patula PERS.

2. Die Speiselorchel, Frühlorchel oder Stockmorchel Helvella esculenta PERS. ist der Speisemorchel in Größe und Gestalt ähnlich, meist dunkelbraun gefärbt. Hut: sehr unregelmäßig, grubig und mit wellenartig verlaufenden dicken Falten überzogen. Stiel: faltig, dick, kurz, zusammengedrückt, anfangs markig und weiß, später hohl und grau. Standort: sandige Nadelwälder. Zeit: Frühling. Wert: im frischen Zustande giftig, daher besondere Vorbereitungen für den Genuß.

Die der Speiselorchel ähnliche Bischofsmütze Helvella infula SCHAEFF. und Herbstlorchel Helvella crispa FR. sind ebenfalls eßbar.

VII. Staubschwämme oder Kugelpilze.

Die Kugelpilze oder Stäublinge haben meist kugelförmige Fruchtkörper und sind ungestielt. Von diesen sind der Hasenstäubling, Staubschwamm Lycoperdon caelatum SCHAEFF., der bis kopfgroße Riesenstäubling Lycoperdon Bovista L., der gestielte mit Körnchen oder Warzen besetzte Flaschenstäubling Lycoperdon gemmatum BATSCH, der hühnereigroße Eierbovist Bovista nigrascens PERS. genießbar, solange das Fleisch noch weiß ist, jedoch nicht mehr, sobald dieses grünlich zu werden beginnt. Das Fleisch wird später braun und zerfällt schließlich zu Staub, welcher an der Spitze des Pilzes austritt.

Die schädlichen, einer Kartoffel ähnlichen Kartoffelboviste oder Härtlinge Scleroderma vulgare FR., Scleroderma auranticum BULL. und Scleroderma Bovista FR. werden mitunter in Scheiben geschnitten und zur Untermischung unter Trüffelfleisch verwendet, unterscheiden sich aber von diesen durch ihren weißen Rand und durch ihr blauschwarzes, nicht marmoriertes Fleisch.

VIII. Trüffeln.

Die Trüffeln sind knollenförmig und wachsen unter der Erde. Sie nehmen nach den Champignons für die menschliche Ernährung unter den Pilzen den ersten Platz ein. Je nach der Farbe des Fleisches unterscheidet man weiße und schwarze Trüffeln. Unter den weißen Trüffeln besitzen die italienische Trüffel Tuber magnatum PICO oder Tuber album BALB. oder Tartufo bianco und die schlesische oder deutsche weiße Trüffel Tuber album BULL. oder Chaeromyces maeandriformis VITT. einen geringen Wert; nur die weiße afrikanische Trüffel Tuber niveum DESF. oder Terfezia Leonis TUL. kommt der französischen Trüffel an Wert gleich. Unter den schwarzen Trüffeln ist sie die beste und teuerste.

1. Die französische Trüffel Tuber melanospermum VITT., Truffe violette ist walnuß- bis apfelgroß, schwarz mit vieleckigen Warzen und durch die rötlichen Spitzen der letzteren rötlich angehaucht. Fleisch: braunrot bis violettschwarz, mit schwarzen und weiß glänzenden Adern, deren Bänder gerötet sind. Geruch und Geschmack sehr aromatisch.

2. Die Wintertrüffel Tuber brumale VITT., Truffe d'hiver (die unreifen heißen Truffes caiettes, die reifen Truffes nègres) ist kugelförmig, ganz schwarz, mit großen rauhen Warzen. Fleisch: grauschwarz, von vielen dunklen und wenig weißen Adern durchzogen. Geruch stark, aber nicht so aromatisch wie bei der französischen Trüffel.

3. Die Sommertrüffel, deutsche schwarze Trüffel Tuber aestivum VITT., Tuber bohemicum Corda, Tuber nigrum ALL. oder Truffes de mai, Truffes blanches ist rundlich, unten faltig, schwarzbraun, mit großen vieleckigen, zugespitzten, feinstreifigen Warzen. Fleisch: weißlich, mit weißlichen und bräunlichen, gewundenen Adern.

Die Sommertrüffel ist unter den schwarzen Trüffeln die geringwertigste. Die Trüffel des Kaukasus, die Tubulane, sind nach CHATIN weniger mit den europäischen Trüffeln als mit den Tecfas in Algerien und den Kamés in Arabien verwandt. Sie reifen infolge der Winter- und Frühjahrsregen schon im Frühjahr. Die Tubulane sind unregelmäßig rund oder birnförmig, von Nußgröße. Das ziemlich gleichmäßige, dunkel gefärbte Fleisch enthält nach 2 Monaten nach der Ernte nur freie Sporen, kein Sporangium mehr.

Verwendung der Trüffeln: Die Trüffeln werden entweder frisch in locker geflochtenen Körben oder in Schweineschmalz eingelegt oder getrocknet oder gekocht und dann entweder in Olivenöl eingemacht oder in luftdicht verschlossenen Büchsen in den Handel gebracht.

B. Zusammensetzung der Pilze.

Die Zusammensetzung der Pilze und Schwämme weicht in manchen Bestandteilen von denen der Phanerogamenpflanzen ab und weist auch je nach Standort und Entwicklungsstufe große Unterschiede auf. Nach J. König[1] wurde folgende Zusammensetzung gefunden:

Tabelle 1.

Nähere Angaben	Rohnährstoffe						Ausnutzbare Nährstoffe			Calorien in 1 kg Substanz		Ausnutzbare Preiswerteinheiten in 1 kg	Reincalorien in 1 kg-Trokkensubstanz
	Wasser %	Stickstoffsubstanz %	Fett %	Kohlenhydrate %	Rohfaser %	Asche %	Stickstoffsubstanz %	Fett %	Kohlenhydrate %	rohe Cal.	reine Cal.		Cal.
Im frischen Zustande:													
Feldchampignon	89,70	4,88	0,20	3,57	0,83	0,82	3,27	0,12	2,39	386	257	124	2495
Eierschwamm	91,42	2,64	0,43	3,81	0,96	0,74	1,77	0,26	2,55	314	208	84	2424
Reizker	88,77	3,08	0,76	3,09	3,63	0,67	2,06	0,46	2,07	336	220	92	1963
Nelkenschwindling	83,37	6,83	0,67	6,06	1,52	1,55	4,58	0,40	4,06	619	410	186	2472
Sonstige Agaricusarten	88,77	3,04	0,35	5,90	1,04	0,90	2,04	0,21	3,95	408	271	105	2413
Steinpilz	87,13	5,39	0,40	5,12	1,01	0,95	3,61	0,24	3,43	490	326	147	2533
Butterpilz	92,63	1,48	0,27	3,95	1,22	0,45	0,99	0,16	2,65	251	166	54	2252
Boletus Bellini	91,76	1,35	0,41	4,83	1,00	0,65	0,90	0,25	3,23	293	194	64	2354
Sonstige Boletusarten	90,32	1,66	0,23	6,48	0,71	0,60	1,11	0,14	4,34	357	238	79	2459
Schafeuter	91,63	0,96	0,58	4,27	1,80	0,76	0,64	0,35	2,86	269	176	56	2103
Leberpilz	85,00	1,59	0,12	10,40	1,95	0,94	1,06	0,07	6,97	500	334	103	2227
Stoppelschwamm	92,68	1,79	0,34	3,47	1,03	0,69	1,20	0,20	2,32	253	167	63	2281
Roter Hirschschwamm	89,35	1,31	0,29	7,66	0,73	0,66	0,88	0,17	5,13	394	262	81	2460
Speisemorchel	89,95	3,28	0,43	4,50	0,84	1,01	2,19	0,26	3,02	371	246	101	2447
Spitzmorchel	90,00	3,38	0,15	4,63	0,87	0,97	2,26	0,09	3,10	355	236	101	2360
Speiselorchel	89,50	3,17	0,21	5,43	0,71	0,98	2,12	0,13	3,64	383	254	103	2419
Riesenstäubling	86,97	7,23	0,39	2,50	1,88	1,03	4,84	0,21	1,67	465	309	166	2364
Trüffel	77,06	7,57	0,51	6,58	6,36	1,92	5,07	0,31	4,41	658	438	246	1909
Im getrockneten Zustande:													
Feldchampignon	11,66	41,69	1,71	30,75	7,16	7,03	27,93	1,03	20,60	3307	2205	1064	2496
Steinpilz	12,81	36,66	2,70	34,51	6,87	6,45	24,56	1,62	23,12	3318	2206	1000	2530
Speisemorchel	19,04	28,48	1,93	37,42	5,50	7,63	19,08	1,16	25,07	2986	1988	846	2455
Speiselorchel	16,36	25,22	1,65	43,30	5,63	7,84	16,89	0,99	29,01	3046	2029	817	2426
Gelber Hirschschwamm	21,49	19,19	1,64	47,00	5,45	5,26	12,86	0,98	31,49	2915	1932	720	2461
Trüffel	4,35	33,89	2,01	24,88	27,07	7,80	22,71	1,21	16,67	2741	1824	872	1907

Lufttrockener Boletus edulis (10% Feuchtigkeit) hatte nach C. Reuter[2] folgende Zusammensetzung:

1. Ätherextrakt . 4,0 %
   - Fett . . . 3,2 %
   - Cholesterin 0,5 %
   - Lecithin im Äther und Alkoholextrakt 1,94%
2. Alkoholextrakt . . 12%
   - Trehalose . . 3%
   - Zucker, Lecithin, Basen, Aminosäuren, Purinkörper usw. 9%
3. Wasserextrakt . . 28%
   - Glykogen (Viscosin) . 5%
   - Zucker, Basen, Aminosäuren, Purinkörper, Asche usw. 23%
4. Rückstand . 46%
   - Protein . . . 30%
   - Amorphes Kohlenhydrat 10%
   - Chitin . . . 6%

[1] J. König: Chemie der Nahrungs und Genußmittel, Bd. II, S. 843—844. 1920.
[2] J. König: Nachtrag zu Bd. I, S. 332.

Pilze scheinen sich nach A. RATCLIFFE[1] qualitativ und quantitativ in ihrem Steringehalt zu unterscheiden. Im Gegensatz zu Cholesterin und Sitosterin zeigen die Pilzsterine die umgekehrte SALKOWSKIsche Reaktion (Schwefelsäureschicht rot, Chloroform völlig farblos). Sie geben eine positive BURCHARD-LIEBERMANNsche Reaktion und bilden schwerlösliche Verbindungen mit Digitonin. Aus dem Steinpilz konnten durch Extraktion mit Äther Krystalle vom Schmp. 164—165° gewonnen werden. Drehung $[\alpha]^{18}_{D}$ = —125,46° (Chloroform). Es wurden im einzelnen hergestellt: Acetat mit Schmp. 173° und $[\alpha]_D$ in Chloroform — 79,538; das Urethan mit Schmp. 183°. Die Mutterlaugen, aus denen das Ergosterin abgeschieden wurde, enthielten hauptsächlich Fettsäuren, gaben aber auffallenderweise die BURCHARD-LIEBERMANN-Reaktion. Ferner wurde daraus noch ein Stoff isoliert, der beim Erhitzen auf 146° trüb wird und bei 169° schmilzt. Dem Verhalten nach liegt „Spinasterin" vor (Acetat Schmp. 174—175°).

Nach M. SUMI[2] bewegt sich der Ergosteringehalt zahlreicher eßbarer Pilze zwischen 0,1 und 4,0%.

J. ZELLNER und Mitarbeiter[3] haben aus den verschiedenen höheren Pilzen durch Lösungsmittel verschiedenster Art die jeweils charakteristischen Bestandteile ermittelt. Betreffs Einzelheiten dieser sehr ausführlichen Untersuchungen muß hier auf das Original verwiesen werden.

W. FRIESE[4] hat die chemische Zusammensetzung der Sporen einiger höherer Pilze bestimmt. Der Wassergehalt lufttrockener Pilzsporen ist niedriger als der lufttrockener Pilze. Das gleiche gilt vom Mineralstoffgehalt. Die Eisen- und Mangangehalte der Aschen von Pilzsporen sind wesentlich höher als die von Pilzen. In der nachstehenden Tabelle sind die gefundenen Werte zusammengestellt:

Tabelle 2.

Pilzart	In der lufttrockenen Substanz						In der Trockensubstanz			
	Wasser %	Trokkensubstanz %	Asche %	Verbrennliche Substanz %	Eisen %	Mangan %	Asche %	Verbrennliche Substanz %	Eisen %	Mangan %
Baumritterling	4,25	95,75	2,63	93,12	0,032	0,004	2,70	97,30	0,034	0,004
Schuppiger Baumporling	6,27	93,73	2,27	91,46	0,030	0,002	2,42	97,58	0,032	0,002
Kartoffelbovist	13,25	86,75	2,62	84,13	0,024	0,002	3,02	96,98	0,028	0,002
Eierbovist	10,20	89,80	2,80	87,00	0,024	0,001	3,12	96,88	0,027	0,001
Speisemorchel	7,99	92,01	5,29	86,72	0,020	0,001	5,75	94,25	0,022	0,001
Fliegenpilz	2,37	97,63	1,51	96,12	0,054	0,002	1,55	98,45	0,055	0,002
Knollenblätterpilz	2,90	97,10	2,08	95,02	0,042	0,001	2,14	97,86	0,043	0,001
Perlpilz	3,04	96,96	1,86	95,10	0,040	0,002	1,92	98,08	0,041	0,002
Pantherpilz	3,19	96,81	1,91	94,90	0,036	0,001	1,97	98,03	0,037	0,001
Wiesenchampignon	4,00	96,00	3,00	92,10	0,048	0,003	3,13	96,87	0,050	0,003
Zuchtchampignon	4,22	95,78	3,14	92,64	0,033	0,002	3,28	96,72	0,034	0,002
Grünling	3,91	96,09	4,01	92,08	0,060	0,003	4,17	95,83	0,062	0,003
Orangeroter Becherling	4,82	95,18	3,99	91,19	0,048	0,002	4,19	95,81	0,050	0,002
Semmelporling	4,60	95,40	2,90	92,50	0,026	0,001	3,04	96,96	0,027	0,001
Pfefferröhrling	2,89	97,11	3,22	93,89	0,033	0,002	3,31	96,69	0,034	0,002
Mittel	5,19	94,81	2,99	91,82	0,037	0,002	3,05	96,95	0,038	0,002

Stickstoffsubstanzen. Vom Gesamtstickstoffgehalt (5,67% N) entfallen auf Protein 64,75%, Basen 14,79%, Aminosäuren 18,12%, Ammoniak 2,34%. Die allgemeine Verteilung des Stickstoffgehaltes der Pilze ist folgende:

Protein N %	Aminosäure N %	Säureamid N %	Ammoniak N %
62,88	6,10—13,8	11,70—12,57	0,18—2,34

[1] A. RATCLIFFE: Biochem. Journ. 1937, **31**, 240—243; **Z.** 1938, **75**, 285.
[2] M. SUMI: Chem. Zentralbl. 1933, I, 3584.
[3] J. ZELLNER: Monatsh. Chem. 1928, **50**, 193—200, 201—210; 1933, **62**, 214—219.
[4] W. FRIESE: **Z.** 1932, **63**, 72.

Der Roheiweißgehalt betrug bei:

Boletus edulis	41,15%	Polyporus ovinus.	11,96%
Psalliota campestris	43,57%	Cantharellus cibarius Fr.	25,80%
Helvella esculenta	30,13%	Trüffel (Tuber cibarium)	26,98%

Im Gegensatz zu den höheren Pflanzen besteht die Gerüst- oder Stützsubstanz der Pilze nicht aus Cellulose, sondern aus Chitin, dem charakteristischen Inhaltsstoff vieler Tiere. C. Th. Mörner[1] bestimmte in verschiedenen eßbaren Pilzen die in den verschiedenen Formen vorhandenen Stickstoffverbindungen und die Verdaulichkeit mit folgendem Ergebnisse für die Trockensubstanz:

Tabelle 3.

Nr.	Name des Pilzes	Verteilung des Stickstoffs: Gesamtstickstoff %	Proteinstickstoff %	Extraktivstickstoff %	Durch Pankreas verdaulicher Stickstoff %	Durch Magensaft verdaulicher Stickstoff %	Unverdaulicher Proteinstickstoff %	In Prozenten des Gesamtstickstoffs: Verdaulicher Proteinstickstoff im ganzen %	Unverdaulicher Proteinstickstoff %	Extraktivstickstoff %	In der Trockensubstanz: Verdauliche Proteinstoffe %	Unverdauliche Proteinstoffe %	Gesamtproteinstoffe %	Gesamtprotein[1]: verdaulichem Protein %
1	Agaricus procerus Scop., Hut	6,23	4,21	2,02	0,28	2,71	1,27	48,1	20,4	31,5	22,3	7,4	29,7	1:0,75
2	Agaricus campestris L., Hut.	7,38	4,89	2,49	0,35	3,29	1,17	49,3	16,0	34,7	19,2	16,7	35,9	1:0,53
3	Desgl., Fuß	6,02	4,04	1,98	0,10	2,78	1,09	47,8	18,0	34,2	18,7	8,0	26,7	1:0,70
4	Lactarius deliciosus. .	3,11	2,51	0,60	0,21	1,20	1,05	45,3	33,8	20,9	18,0	6,8	24,8	1:0,72
5	Lactarius torminosus Fr.	2,52	1,94	0,58	0,17	0,79	1,00	38,1	40,0	21,9	13,6	11,8	25,4	1:0,56
6	Cantharellus cibarius Fr.	2,69	2,29	0,40	0,08	0,71	1,46	29,3	54,6	16,1	13,2	4,0	17,2	1:0,77
7	Boletus edulis Bull., Hut.	3,87	2,73	1,14	0,16	1,94	0,65	54,5	16,9	28,6	11,2	4,3	15,5	1:0,71
8	Desgl., Fuß	3,30	2,35	0,95	0,14	1,62	0,67	53,3	20,3	26,4	10,5	5,3	15,8	1:0,65
9	Boletus scaber Fr., Hut	3,12	2,54	0,58	0,18	1,48	0,85	53,2	27,2	19,6	8,7	6,5	15,2	1:0,60
10	Desgl., Fuß	2,19	1,71	0,48	0,12	0,87	0,62	45,2	28,3	26,5	7,4	9,6	17,0	1:0,41
11	Boletus luteus L. . .	2,51	1,77	0,74	0,22	0,48	1,06	27,8	42,2	30,0	6,3	3,8	10,1	1:0,60
12	Polyporus ovinus Fr.	1,80	1,35	0,45	0,08	0,42	0,84	27,7	46,6	26,9	6,2	6,3	12,5	1:0,48
13	Hydnum imbricatum L.	2,55	1,59	0,96	0,08	0,77	0,76	33,3	29,8	36,9	5,3	5,0	10,3	1:0,50
14	Hydnum repandum L.	3,52	2,78	0,74	0,15	1,08	1,55	34,9	44,0	21,1	5,0	9,3	14,3	1:0,35
15	Sparassis crispa L. . .	1,18	0,97	0,21	0,09	0,37	0,40	42,9	37,4	19,7	4,3	6,8	11,1	1:0,36
16	Morchella esculenta L.	4,99	4,18	0,81	0,22	1,97	1,90	43,7	38,1	18,2	3,1	2,5	5,6	1:0,50
17	Lycoperdon Bovista Fr.	8,19	5,79	2,40	nicht bestimmt	3,13	2,70	38,2	22,5	29,3	3,1	5,2	8,3	1:0,37
	Mittel.	3,89	2,80	1,09	0,16	1,51	1,13	41,0	33,0	26,0	8,7	7,0	15,7	1:0,57

Fast in allen höheren Pilzen läßt sich Urease nachweisen. Wo sie nur in geringen Mengen vorhanden ist, oder wo sie ganz fehlt, findet sich in wechselnder Menge Harnstoff im Thallus.

N. N. Iwanoff[2] konnte in einigen Pilzen eine große Harnstoffanhäufung feststellen, und zwar kam etwa die Hälfte des gesamten Stickstoffs im Pilze dem Harnstoff zu. Die Harnstoffbildung verläuft in lebenden Pilzen und stellt einen wichtigen physiologischen Prozeß der Pflanze dar. Der in dem Lycoperdon sich anhäufende Harnstoff ist als eine Vorratsstickstoffsubstanz anzusehen, welche anderen Amiden grüner Pflanzen — Asparagin und Glutamin — analog ist. In Pflanzen- und Tierorganismen erscheint als Endprodukt des Eiweißstoffzerfalles das Ammoniak, welches bei der Oxydationssynthese in der Leber der Tiere in Harnstoff, aber bei grünen Pflanzen bei Kohlenhydratmangel in Amide — Asparagin und Glutamin — übergeht. Die Pilze kommen in dieser Hinsicht den Tieren näher,

[1] C. Th. Mörner: In J. Königs Chemie der Nahrungs- und Genußmittel, Bd. I, S. 818. 1903.

[2] N. N. Iwanoff: Z. physiol. Chem. 1927, **170**, 274—288; Biochem. Zeitschr. 1928, **192**, 36—40; 1924, **154**, 391.

weil bei ihnen aus Ammoniak Harnstoff bald als Vorratsprodukt (bei Lycoperdon), bald teilweise als Vorratsprodukt, bald als Abfallsprodukt (bei Champignon) synthetisiert wird.

Fett. Der Fettgehalt (Ätherauszug) der Trockensubstanz der Pilze schwankt zwischen 0,8—7,0%. Der der Trockensubstanz des Steinpilzes (5,15%) bestand aus 56% freien Fettsäuren und 44% Neutralfett.

Der Lecithingehalt der Trockensubstanz schwankt zwischen 0,080—1,64%. Beim Steinpilz wurden rund 2,0% gefunden.

W. Heinisch und J. Zellner[1] untersuchten das Fliegenpilzöl von Amanita muscaria. Es war von dünnflüssiger brauner Farbe mit geringer grünlicher Fluorescenz ($d_{15} = 0,9166$, $n_{D_{20}} = 1,460—1,470$, Schmp. 8—9°, Verseifungszahl 227, Säurezahl 177, Jodzahl 82). Außer Öl- und Palmitinsäure wurden Lecithin, etwas Buttersäureglycerid und Ergosterin gefunden. Auch das Fett von Lactarius vellereus und L. speratus und von Boletus luridus wurde untersucht.

Kohlenhydrate. Als besondere Kohlenhydrate finden sich Mannit und Trehalose. 2—3 Stunden nach dem Pflücken der Pilze wird die Trehalose durch die Trehalase zu Glucose hydrolysiert.

Mannit bildet sich nach Bourquelot beim Nachreifen oder Trocknen aus der Trehalose, während letztere aus einem den Dextrinen ähnlichen Kohlenhydrat der Gewebe als Grundsubstanz ihre Entstehung nimmt. Je nach der Entwicklung und der Art des Trocknens findet sich neben Mannit bald mehr bald weniger Trehalose, nämlich in der Trockensubstanz 0,5—10,0% Trehalose und dementsprechend 9,6—1,0% Mannit.

Als chlorophyllfreie Pflanzen können die Pilze und Schwämme keine Stärke enthalten, dagegen soll nach Hackenberger Inulin darin vorhanden sein.

Auch konnte Fr. Strohmer von den sonstigen Kohlenhydraten erhebliche Mengen, nämlich 24,64% der Trockensubstanz des Steinpilzes, durch Diastase in Zucker überführen. Pentosane wurden nur in untergeordneten Mengen, nämlich nur 1,0—2,0% in der Trockensubstanz, gefunden.

Mineralstoffe. Nach W. Friese[2] nehmen die Mineralstoffgehalte der Pilze auf Trockensubstanz berechnet bei den verschiedenen Arten während des Wachstums zu. Gleiche Pilzarten enthalten je nach ihrer Herkunft verschiedenartig zusammengesetzte Mineralstoffe. Neben anderen Faktoren besteht Abhängigkeit vom Bodenuntergrund der Fundstelle und von der Bewaldungsart. Die Einzelbestandteile der Pilzaschen verschiedener Pilzarten schwanken innerhalb recht erheblicher Grenzen. Der mineralstoffreichste Teil ist die Hutoberhaut. Die Stiele enthalten weniger Mineralstoffe. Mangan konnte in allen Pilzen festgestellt werden. Der Eisengehalt beträgt etwa das 10fache des Mangangehaltes.

Über **Pilzfarbstoffe** siehe ds. Handb. Bd. I, S. 596.

Vitamine. Nach A. Steidle[3] enthalten alle Pilze, wenn auch in wechselndem Grade B-Vitamin. A-Vitamin enthalten sie, wenn überhaupt, so nur in geringen Mengen. C-Vitamin scheint in den höheren Pilzen ganz zu fehlen. Gegenüber den anderen pflanzlichen Nahrungsmitteln zeichnen sich die Pilze durch ihren Gehalt an Vitamin D aus. Durch diese allgemeine Eigenschaft besitzen sie ernährungsphysiologisch erhebliche Bedeutung.

Nach A. Scheunert, M. Schieblich, J. Reschke[4] entspricht die Wirksamkeit von 1 g frischer Substanz bei Boletus edulis (Steinpilz) und Cantharellus cibarius (Pfifferling) 0,83, bei Helvella esculenta (Lorchel) 1,25 internationalen

---

[1] W. Heinisch u. J. Zellner: Monatsh. Chem. 1904, 537.

[2] W. Friese: **Z.** 1929, **57**, 604.

[3] A. Steidle: Zeitschr. Pilzkunde 1925, **4**, Heft 3/4; Biochem. Zeitschr. 1924, **151**, Heft 3/4.

[4] A. Scheunert, M. Schieblich, J. Reschke: Zeitschr. physiol. Chem. 1935, **235**, 91.

Tabelle 4. Zusammensetzung der Mineralstoffe verschiedener Pilzarten.

Bestandteile (Prozente der Asche)	Périgord-Trüffel	Champignon (Zuchtware)	Steinpilz	Pfifferling	Totentrompete	Grünling	Speisemorchel	Pfeffermilchling	Knollenblätterschwamm	Fliegenpilz	Mittelwerte
Kaliumoxyd (K_2O) . . .	55,17	43,94	48,52	46,63	48,43	43,98	51,68	47,21	47,70	50,21	48,35
Natriumoxyd (Na_2O) . .	0,72	2,31	2,29	3,57	2,11	0,71	1,22	6,42	2,51	1,68	2,35
Calciumoxyd (CaO) . .	2,35	1,32	3,26	0,09	0,31	0,20	1,62	0,78	0,55	1,27	1,18
Magnesiumoxyd (MgO) .	2,07	0,21	1,35	0,10	0,18	0,63	2,12	1,96	2,35	1,98	1,30
Eisenoxyd (Fe_2O_3) . . .	0,136	0,240	0,264	0,289	0,263	0,439	0,169	0,480	0,427	0,254	0,296
Manganoxyd (Mn_2O_3). .	0,018	0,019	0,022	0,053	0,088	0,019	0,065	—	0,050	0,049	0,038
Aluminiumoxyd (Al_2O_3).	1,37	2,31	1,44	1,83	0,16	1,90	1,20	2,00	2,58	2,86	1,79
Phosphorsäure (P_2O_5) .	25,84	24,25	22,99	22,16	22,92	20,09	33,40	31,20	20,87	24,10	24,78
Kieselsäure (SiO_2) . . .	2,60	8,23	5,68	9,46	8,05	12,99	1,60	3,20	6,41	8,00	6,62
Chlor (Cl)	2,12	9,22	4,56	10,62	11,38	9,28	1,00	1,98	7,64	5,80	6,35
Schwefelsäure (SO_3) . .	5,68	3,01	6,98	4,25	4,79	5,80	3,99	3,14	2,47	1,66	4,09

Vitamin-D-Einheiten. Agaricus Psalliota campestris L. (Feldchampignon) enthält viel weniger Vitamin D, und zwar im Dunkeln gewachsen 0,21, im Freien gewachsen 0,65 Einheiten. Dieser Gehalt an Vitamin D ist auch in den Konserven enthalten.

Der Vitamin-A-Gehalt ist nach A. SCHEUNERT und J. RESCHKE[1] bei Pfifferlingen sehr hoch (hoher Carotingehalt), während Maronenröhrling, Steinpilz und Grünling keinen, oder sehr geringen Vitamin-A-Gehalt aufweisen. Eine Einbuße an Vitamin A findet bei der Zubereitung der Pfifferlinge (Sterilisation) nicht statt.

Vitamin B (B_2) ist in allen Pilzen gleichmäßig und in geringen Mengen vorhanden.

Gifte. Die Giftwirkung der Pilze ist schon im Altertum bekannt gewesen. So nennt Plinius das Pilzgericht eine zweifelhafte Speise. Euripides verlor Frau und 3 Kinder durch Pilzgenuß. Ferner starben der römische Kaiser Tiberius, Papst Clemens VII. und Kaiser Karl VI. an Pilzvergiftung.

Die Frage der Giftigkeit der Pilze ist heute noch nicht restlos geklärt. Von einer großen Anzahl von Pilzen wird die Giftigkeit behauptet, bei relativ wenigen ist sie einwandfrei bewiesen. Für die Beurteilung der Giftigkeit spielt unter anderem oft die Art der Zubereitung eine Rolle. Auch ist die Empfindlichkeit gegen manche Pilzgifte sehr verschieden. Konstitution, Anspannung usw. spielen hierbei eine große Rolle.

So wird der äußerst giftige Fliegenpilz in Sibirien von Samojeden, Kamtschadalen, Tschuktschen u. a. ostasiatischen Nomaden als berauschendes Genußmittel verwandt. Wahrscheinlich ist jedoch nicht Muscarin, sondern eine atropinartig wirkende Substanz die Ursache des Rausches. Der wirksame Bestandteil des Pilzes geht offenbar unzersetzt durch den Urin ab, so daß dieser die Wirksamkeit des Pilzes bewahrt. Der Urin wird vielfach zum Zwecke der Berauschung getrunken, so daß sich 4—5 Personen nacheinander an demselben Pilzquantum zuerst direkt, dann indirekt berauschen können[2].

Auch die Anschauungen über die Giftigkeit des Birkenreizkers Lactarius torminosus wechseln sehr, teils wird er als eßbar, teils als giftig erklärt. In den östlichen Ländern und in Schweden soll dieser Pilz viel gegessen werden. Nach dem Pilzmerkblatt des Reichsgesundheitsamtes ist er unter bestimmten Voraussetzungen (Abkochen in Salzwasser, Weggießen des Kochwassers) genießbar.

Nach A. STEIDLE[3] bestehen vom wissenschaftlichen Standpunkte aus kaum grundsätzliche Unterschiede zwischen den als „giftig“ und den als „ungiftig“ geltenden Pilzen. Im

[1] A. SCHEUNERT u. J. RESCHKE: Dtsch. med. Wochenschr. 1931, **57**, 349—351.
[2] C. HARTWICH: Die menschlichen Genußmittel, S. 255.
[3] A. STEIDLE: Arch. f. exper. Pathol. u. Pharmakol. 1930, **151**, Heft 3/4; 1931, **159**, Heft 4. Verh. Deutsch. pharmakol. Ges. 1932; Verh. phys.-med. Ges. Würzburg, N. F. Bd. L, Heft V; Deutsch. med. Wochenschr. 1938, **64**, 232.

Giftreizker konnte STEIDLE außer verschiedenen Fermenten Cholin, Spuren von Muscarin und ein Krampfgift nachweisen. Vor allem enthielten frischer Pilzpreßsaft und wäßrige Auszüge aus getrockneten Reizkern ein tödliches Capillargift, welches erst nach einer Latenzzeit wirkt. Fast alle anderen, meist eßbaren Pilze, die untersucht wurden, entfalteten capillarschädliche Wirkungen. Das Capillargift der höheren Pilze wird beim Trocknen und Aufbewahren der Pilze nicht zerstört. Auch durch jahrelanges Lagern, auch durch Aufbewahren der Pilze unter Alkohol, wird das Gift nicht unwirksam. In einwandfrei getrockneten und aufbewahrten Pilzen können die Gefäß- und Capillargifte oft auch erst beim Lagern entstehen ferner auch wenn sie im unrichtigen Entwicklungsalter bzw. bei sehr feuchter Witterung gesammelt oder längere Zeit ungekocht oder ungetrocknet liegen gelassen werden.

Das Gift kommt zumindest in zwei verschiedenen Formen vor, einer labilen, hitzeempfindlichen und einer stabilen, kochbeständigen. Der hochmolekulare oder an Eiweiß gebundene Körper ist in organischen Lösungsmitteln unlöslich, wird leicht von Kohle und anorganischen Kolloiden adsorbiert. Gegen Einwirkungen von Säuren und Alkalien ist es empfindlich, dagegen zeigt es sich gegen Destillationsmittel und Verdauungsfermente im allgemeinen ziemlich widerstandsfähig. Den Giften in den Speisepilzen kommt in der Regel keine größere praktische Bedeutung zu, unter Umständen können sie aber zu Vergiftungen führen. Wahrscheinlich ist die Substanz in den Pilzen in einer besonderen Bindungsform vorhanden, durch die sie normalerweise nicht zur Wirkung gelangt.

Das gefährlichste Pilzgift ist das Muscarin, ein Dioxyäthyl-trimethylammoniumhydroxyd

$$\begin{array}{l} CH(OH)_2 \\ | \\ CH_2{-}N{\equiv}(CH_3)_3 \\ \quad\;\;\diagdown OH \end{array}$$

das vorwiegend im Fliegenschwamm Amanita muscaria FRIES, dann aber auch im Pantherschwamm Agaricus pantherinus, im Hexenpilz oder Löcherschwamm Boletus luridus vorkommt. Nach H. STEIDLE findet sich Muscarin auch beim Birkenreizker und beim grünlichen Knollenblätterschwamm. In eßbaren Pilzen, wie im Eierschwamm, kann Muscarin in Spuren vorhanden sein. Das Muscarin ist geruch- und geschmacklos, leicht löslich in Wasser und Alkohol, wenig löslich in Chloroform, unlöslich in Äther, an der Luft zerfließlich und von stark alkalischer Reaktion. Neben dem Muscarin ist noch ein atropinartig wirkender Körper und Cholin enthalten. Aus dem letzteren kann man durch Oxydation ein synthetisches Muscarin (Cholin-Muscarin) erhalten. Wahrscheinlich sind aber auch noch andere wirksame Substanzen vorhanden. Die wirksamen Substanzen des Knollenblätterschwammes sind zwei alkalische Stoffe, das Bulbosin und das Phalloidin, welche Lähmungen, Dyspnoe und Konvulsionen erzeugen, ferner das Phallin und ein giftiger Eiweißstoff. Die vielfach geäußerte Ansicht, daß der Fliegenpilz und Pantherpilz nach Entfernung der Oberhaut ohne Schaden gegessen werden können, ist nicht zutreffend. In den östlichen Ländern enthält der Fliegenschwamm mitunter überhaupt kein oder nur Spuren Muscarin, so daß er aus diesem Grunde vielleicht dort ohne Schaden verzehrt werden kann.

Als Lorchelgift wird die stickstofffreie, flüchtige, in Alkohol lösliche Helvellasäure ($C_{12}H_{20}O_7$) angegeben. Das Gift ist nicht in kaltem, wenig in warmem, aber leicht in heißem Wasser löslich, ist entweder flüchtig oder zersetzt sich beim Dörren, längerem Liegen sowie beim Eindampfen seiner Lösungen.

WELSMANN[1] nimmt neben der Helvellasäure noch ein zweites hitzebeständiges und im Wasser unlösliches Gift an.

D. AYE[2] konnte durch Wasserdampfdestillation aus frischen Lorcheln die Anwesenheit eines Alkaloids feststellen. Nach den Verbrennungsanalysen scheint es sich um ein flüssiges sauerstofffreies Alkaloid zu handeln. Wahrscheinlich ist dieses noch unerforschte Alkaloid der Träger der zeitweiligen Giftigkeit der Lorchel.

Nach G. REIF[3] befindet sich der Giftstoff sowohl im Hut als auch im Stiel der Lorchel und kann ihr durch heißes Wasser vollständig entzogen werden. Dagegen wird er durch Trocknen der Lorcheln nicht beseitigt. Beim Auspressen der Lorcheln geht er nicht in den Pilzsaft über, sondern verbleibt in den ausgepreßten Teilen.

[1] WELSMANN: Med. Klinik 1931, **27**, 809. [2] D. AYE: Arch. Pharm. 1933, **271**, 537.
[3] G. REIF: Arb. Reichsgesundh.-Amt 1935, **68**, H. 2.

Um die schädliche Wirkung dieses Pilzes zu vermeiden, ist es erforderlich, die zerkleinerten frischen Pilze in reichlich Wasser zum Kochen zu bringen und mindestens 5 Minuten im Kochen zu halten, das Kochwasser wegzuschütten und die Pilze auf einem Sieb abtropfen zu lassen. Jedoch ist es nicht ratsam, größere Mengen Lorcheln (pro Kopf $^1/_2$ kg) zu genießen. Ein gesammelter Überschuß wird zweckmäßig getrocknet.

C. Chemische Untersuchung.

Die Bestimmung der allgemeinen Bestandteile (Wasser, Stickstoffsubstanz, Fett, Rohfaser, Pentosane und Asche) erfolgt wie bei Gemüsen.

1. Erkennung einzelner Pilzarten durch chemische Reaktionen.

a) Reaktion auf Champignon nach M. Löwy[1]. Man unterschichtet den wäßrigen Auszug mit konzentrierter Schwefelsäure, Champignon gibt eine violette Zone, Knollenblätterschwamm eine gelbe, andere Pilze überhaupt keine Färbung. Setzt man zu dem wäßrigen oder alkoholischen Auszug von Champignon erst einige Tropfen konzentrierter Salzsäure und dann vorsichtig konzentrierte Schwefelsäure zu, so färbt sich die Lösung tiefblau. Diese Reaktion spricht für das Vorhandensein von Indican.

b) Reaktion nach Loele[2]. Behandelt man den Champignon mit einer Lösung von α-Naphthol in alkalischer Lösung, so erscheint schon nach ganz kurzer Zeit eine lebhaft gelbrote Färbung, die auch im wäßrigen Auszug hervorgerufen werden kann. Andere Pilze, namentlich Knollenblätterschwamm, geben eine violette Färbung. Es können so leicht geschälte Champignons von anderen geschälten Pilzen unterschieden werden.

c) Reaktion nach G. Reif und G. Borries[3]. 2 ccm des filtrierten Pilzauszuges werden mit 2 ccm einer unter Kühlung hergestellten Lösung von 0,1 g m-Nitrobenzaldehyd in 10 ccm einer Mischung von 8 ccm konzentrierter Schwefelsäure (1,84) und 2 ccm 30%iger Essigsäure vorsichtig unterschichtet und das Reagensglas hierauf 1 Minute im siedenden Wasserbad erwärmt. Nach 10 Minuten werden die entstandenen Farbringe beobachtet. Ein blinder Versuch mit Nitrobenzaldehyd, konzentrierter Schwefelsäure und Essigsäure ist ebenfalls auszuführen. Folgende charakteristische Färbungen werden erhalten: Beim grünen Knollenblätterschwamm ein breiter gelber Ring, dagegen das Fehlen eines grünen Ringes, beim Fliegenpilz ein kleiner gelber und ein schwacher grüner Ring, beim gelblichen Knollenblätterschwamm ein äußerst starker grünblauer Ring, beim Pantherpilz (besonders bei den Versuchen ohne Oberhaut des Hutes) ein deutlicher grünblauer Ring, beim Perlpilz eine braungrüne Färbung, bei den Täublingen braunrote Ringe, beim Feldchampignon eine starke dunkelgrünblaue Färbung. Beim Steinpilz starke Braunfärbung, der meist eine äußerst schwache Grünfärbung beigemischt war und schließlich beim Grünling lediglich eine braune Färbung.

d) Reaktion der Lorcheln nach G. Reif[4]. 10 g kleingeschnittene Teile der frischen Lorchel oder 1 g der getrockneten oder gepulverten Lorchel werden in einem 500 ccm fassenden Kolben mit 40 ccm Wasser, 10 ccm 10%iger Natronlauge und 5 g Natriumchlorid (DAB. 6) vermischt und nach Zugabe von

[1] M. Löwy: Chem.-Ztg. 1909, **33**, 1251. [2] Loele: Pharm. Zentralh. 1935, **76**, 85.
[3] G. Reif u. G. Borries: Biochem. Zeitschr. 1935, **277**, 329.
[4] G. Reif: **Z.** 1935, **69**, 589; 1936, **71**, 435; 1938, **78**, 30; in der letzten Arbeit ist die Abhängigkeit des Grades der Reaktionsfähigkeit getrockneter Lorcheln gegenüber den drei Reagenzien im Zusammenhang mit der Art der Trocknung besprochen. Verlust der Reaktionsfähigkeit tritt ein beim Trocknen in feuchter Luft, längerem Lagern an Luft (bis zu 8 Wochen) und Ausziehen mit Wasser.

einigen Glasperlen mit Hilfe eines Destillationsaufsatzes vorsichtig abdestilliert, bis 30 ccm übergegangen sind. Die Destillation muß durch Erhitzen mit kleiner Flamme vorgenommen werden, um allzu starkes Schäumen der Flüssigkeit zu vermeiden.

α) Prüfung mit Selenig-Schwefelsäure. Etwa 15 ccm des Destillates werden mit 15 Tropfen des Selenig-Schwefelsäurereagens, das aus einer Lösung von 0,5 g seleniger Säure in 100 g konzentrierter Schwefelsäure (1,84) bereitet worden war, versetzt und 15 Minuten auf dem siedenden Wasserbade erwärmt. Nach etwa 5 Minuten beginnt bei der Prüfung der Lorchel die Ausscheidung des roten Selens, während bei der Morchel diese unterbleibt.

β) Prüfung mit Phosphorwolfram- und Phosphormolybdänsäure. Etwa 3 bis 4 ccm des mit verdünnter Schwefelsäure neutralisierten Destillates (Prüfung mit Lackmuspapier) werden in einem Reagensglas auf 10 ccm verdünnt und dazu mit der Pipette zuerst 0,5 ccm 10%ige Salzsäure und dann 1 ccm des Reagens hinzugefügt.

Das Reagens wurde aus 3,00 g Natriumwolframat (Marke Kahlbaum zur Analyse), 2,00 g Natriumphosphat ($Na_2HPO_4 \cdot 12\,H_2O$ (Marke Kahlbaum zur Analyse), 0,05 g Molybdänsäure (Marke Kahlbaum zur Analyse) und 25 ccm Wasser bereitet. Dieses Gemisch wurde durch kuızes Erwärmen auf dem Wasserbade in Lösung gebracht, dann abgekühlt und mit konzentrierter Salpetersäure tropfenweise genau bis zur Neutralisation (Prüfung mit Lackmuspapier) versetzt. Das Reagens ist unbegrenzte Zeit haltbar.

Nach der Zugabe des Reagens zu dem verdünnten und mit 0,4 ccm 10%iger Salzsäure angesäuerten Pilzdestillat wird das Reagensglas auf der Flamme rasch bis zum beginnenden Sieden erhitzt und hierauf bei Zimmertemperatur stehen gelassen. Bei der Prüfung des Lorcheldestillates tritt Violettfärbung bereits während des Erhitzens oder sofort danach auf, während bei der des Morcheldestillates die Flüssigkeit farblos bleibt.

γ) Prüfung mit Fuchsinschwefliger Säure. In einem Reagensglas werden etwa 3 ccm des Pilzdestillates mit verdünnter Schwefelsäure neutralisiert (Prüfung mit Lackmuspapier), dann wird mit 1, 2 oder 3 Tropfen konzentrierter Schwefelsäure (1,84) (1 Tropfen = etwa 0,03 ccm) versetzt und gut durchgeschüttelt. Zu dieser Mischung werden etwa 0,5 ccm Fuchsinschweflige Säure gegeben und abermals geschüttelt. Beim Lorchelversuch färbt sich die Flüssigkeit nach mehrstündigem Stehen blauviolett, während sie beim Morchelversuch keine Färbung annimmt.

Herstellung der Fuchsinschwefligen Säure: 1 g Diamantfuchsin werden in 800 ccm Wasser, ferner 10 g Natriumbisulfit in 100 ccm Wasser gelöst; dann mischt man beide Lösungen, versetzt mit 15 g 25%iger Salzsäure und verdünnt auf 1 Liter.

2. Nachweis der Gifte.

a) Nachweis von Muscarin. Der Nachweis von Muscarin pflegt nach der ursprünglichen Vorschrift von SCHMIEDEBERG und KOPPE vorgenommen zu werden.

Die vorsichtig getrockneten Pilze werden gepulvert und mit starkem Alkohol ausgezogen. Den Verdampfungsrückstand des Auszuges nimmt man mit Wasser auf, entfernt das Fett durch Filtration und versetzt das Filtrat mit Bleiacetat und Ammoniak in geringem Überschuß. Das Filtrat von diesem Niederschlage befreit man mit Schwefelsäure von Blei und fällt unter Zusatz von verdünnter Schwefelsäure mit Quecksilberjodidjodkalium, welches keinen Überschuß von Jodkalium enthält. Da aber auch so das Muscarin beim ersten Behandeln nicht vollständig ausgefällt wird, macht man das Filtrat, nachdem der Niederschlag mit verdünnter Schwefelsäure ausgewaschen ist, mit Barytwasser schwach alkalisch, sättigt die Flüssigkeit mit Schwefelwasserstoff, filtriert den Niederschlag ab, entfernt aus dem Filtrat das Jod mit Bleiessig, filtriert, entfernt aus dem Filtrat hiervon das überschüssige Blei mit verdünnter Schwefelsäure, engt die Flüssigkeit ein und fällt nochmals mit Kaliumquecksilberjodid. Das ist tunlichst nochmals zu wiederholen. Die vereinigten Niederschläge werden mit Bariumhydroxyd gemischt, in Wasser suspendiert und durch Schwefelwasserstoff zersetzt, das Filtrat wird von Schwefelwasserstoff befreit, mit überschüssigem, schwefelsaurem Silber versetzt und mit Schwefelsäure angesäuert. Die nunmehr abfiltrierte, schwefelsaures Silber und schwefelsaures Muscarin enthaltende Flüssigkeit wird mit überschüssigem Bariumhydroxyd versetzt, das Filtrat genau mit Schwefelsäure neutralisiert und nach dem Filtrieren verdunstet, wobei das schwefelsaure Muscarin zunächst als eine sirupartige, dann krystallinisch erstarrende, sehr hygroskopische Masse zurückbleibt. Durch Zersetzung desselben mit Bariumhydroxyd kann daraus das freie Muscarin erhalten werden.

Man kann das Jod auch durch überschüssiges Chlorsilber entfernen, das Filtrat einengen, mit überschüssigem Platinchlorid versetzen und langsam verdunsten lassen, wobei das Muscarin als Muscarinplatinchlorid in kleinen oktaedrischen Krystallen abgeschieden wird.

Anmerkungen: Das neben dem Muscarin vorkommende Cholin bildet mit Platinchlorid tafelförmige Krystalle, die sich leicht von den oktaedrischen Krystallen trennen lassen. Durch fraktionierte Fällung mit Goldchlorid läßt sich zuerst das Cholingoldchlorid abscheiden, während aus der Mutterlauge das Muscaringoldchlorid gewonnen werden kann. Auch läßt sich die geringere Zerfließlichkeit des salzsauren Cholins gegenüber dem salzsauren Muscarin zur Trennung benutzen.

Andere wesentliche Unterschiede zwischen Cholin und Muscarin gibt es nicht; aus dem Grunde muß für den sicheren Nachweis des Muscarins der Tierversuch mit entscheiden. Das Muscarin verengt die Pupille und verlangsamt die Herztätigkeit, zeigt überhaupt ein dem Atropin gegensätzliches physiologisches Verhalten. Hierbei ist indes zu berücksichtigen, daß bei der Fäulnis von Proteinen Stoffe von muscarinähnlichen Wirkungen entstehen können.

b) Nachweis der Helvellasäure nach Aufrecht[1]. Verfasser arbeitet nach folgender Abänderung der Methode von Böhm und Külz, welche auf dem Nachweise der Helvellasäure beruht: Die zum Brei zerkleinerten Pilze werden bei etwa 60° rasch getrocknet, gepulvert und mit der fünffachen Menge 90 vol.-%igem Alkohol 20 Stunden digeriert. Das Filtrat wird auf das Gewicht des Pilzpulvers eingedickt, dann bei etwa 70° zur Extraktdicke abgedampft und mit absolutem Alkohol verrieben. Der flockige Niederschlag wird abfiltriert, das Filtrat abermals in gleicher Weise eingedickt und mit 30 ccm warmem Wasser aufgenommen. Das Filtrat wird mit Barytwasser in geringem Überschuß versetzt, überschüssiges Bariumhydroxyd mit Kohlendioxyd ausgefällt und abfiltriert. Mit verdünnter Schwefelsäure wird bis zur schwachsauren Reaktion versetzt und im Vakuum zur Sirupdicke eingeengt. Nunmehr wird mit absolutem Alkohol ausgefällt, filtriert, der Rückstand nach Lösen in wenig Wasser nochmals mit absolutem Alkohol gefällt, die vereinigten Filtrate werden auf dem Wasserbade bei 70° entalkalisiert; nach dem Erkalten fügt man 1—2 Tropfen Phosphorsäure hinzu, verdünnt mit wenig Wasser und schüttelt mit Äther aus. Der Ätherauszug wird verdunstet und im Vakuum über Schwefelsäure getrocknet. Der Rückstand bildet eine gelbe, sirupähnliche Flüssigkeit, welche in wäßriger Lösung Silberlösung reduziert, Fehlingsche Lösung erst nach dem Kochen mit verdünnter Schwefelsäure. Bleiacetat gibt einen in heißer Natronlauge löslichen Niederschlag. Die wäßrige Lösung der Helvellasäure hämolysiert Hammelblut bei 37°.

D. Beurteilung.

Feinste Morcheln sind aus frischen Morcheln hergestellt.

Steinpilze kommen geschält und in Stücken geschnitten in den Handel.

Kleine Pfifferlinge bestehen aus kleinen, ausgesuchten, ganzen Pilzen, Mittel-Pfifferlinge aus Pilzen normaler Größe, dürfen jedoch keine geschälten Pilze enthalten. Pfifferlinge bestehen aus großen Pilzen, die teilweise ganz oder geschnitten eingelegt werden. Die Nebenbezeichnung „groß“ fällt fort.

Champignon têtes oder Köpfe sind geschlossene Pilze von schöner regelmäßiger Form, die Stiele sind ziemlich dicht am unteren Rande des Kopfes abgeschnitten. Champignon extra oder extra fein sind geschlossene Pilze von regelmäßiger Form mit kurzen bis zu etwa 10 mm langen Stielen. Champignon premier choix oder sehr fein 1. Wahl sind leicht geöffnete Pilze (Lamellen sind nicht sichtbar) mit Stielen. Champignon choix oder mittelfein sind geöffnete Pilze mit zum Teil sichtbaren Lamellen mit Stielen, auch Köpfe ohne Stiele. Champignon de chouche oder Stücke sind vollständig geöffnete Pilze, Stiele und Stücke.

[1] Aufrecht: Chem.-Ztg. 1927, 51, 130.

Zusatz von Scheiben weißer Rüben, Kartoffelstücken, Stengeln von Teichrosen usw. ist als Verfälschung anzusehen. Dasselbe gilt von der Beimischung minderwertiger Sorten zu edleren.

Künstliche Färbung von Trüffeln mit Tannin und Eisensalzen ist ebenso wie künstliche Bleichung als Verfälschung anzusehen.

Als verdorben sind alle Pilze anzusehen, die faulig, verschmutzt, wurmstichig, von Insektenlarven oder Schnecken angefressen oder die verschimmelt sind. Da bei solchen Pilzen leicht giftige Zersetzungsprodukte entstehen können, sind diese unter allen Umständen vom Verkehr auszuschließen.

Auf Grund der Gefahren, die beim Pilzgenuß entstehen können, sind verschiedene örtliche Bestimmungen über den Verkauf von Pilzen erlassen worden. Die Stadt München hat eine Viktualienordnung erlassen, auf Grund derer eine Liste der marktfähigen Pilze aufgestellt worden ist. Der Verkauf von Pilzen, die nicht in der Liste aufgeführt sind, ist verboten.

Der vielfach beobachtete Übelstand, Trockenpilze mit minderwertigen oder gar wertlosen Lamellenpilzen zu vermischen, führte zum Erlaß der Sächsischen Ministerialverordnung über Dörrpilze vom 3. April 1930.

Die Erfahrungen der Lebensmittelkontrolle haben ergeben, daß als Dörrpilze auch Gemische mit völlig wertlosen ungenießbaren und sogar giftigen Pilzen in den Handel kommen. Es ist deshalb im Rahmen der amtlichen Lebensmittelkontrolle den Dörrpilzen besondere Beachtung zu schenken. Als eine zulässige Handelsware können nur solche Dörrpilze angesehen werden, die aus aromatischen, genießbaren Pilzsorten hergestellt sind. Als solche haben folgende zu gelten:

a) Röhrenpilze: Steinpilz (auch Herrenpilz genannt): Boletus edulis; das Rothäuptchen: Boletus rufus; der Birkenpilz: Boletus scaber; der Schusterpilz: Boletus luridus; der Maronenröhrling: Boletus badius; der Sandpilz: Boletus variegatus; die Ziegenlippe: Boletus subtomentosus; der Rotfußröhrling: Boletus chrysenteron; der Hohlfußröhrling: Boletus cavipes; der Butterpilz: Boletus luteus; der schöne Röhrling: Boletus elegans; der Schmeiling: Boletus granulatus; der Kuhpilz: Boletus bovinus; der Schafporling: Polyporus ovinus; der Semmelpilz: Boletus confluens; der Eichhase: Polyporus ramosissimus.

b) Stachelpilze: der Habichtpilz: Hydnum imbricatum; der Semmelstoppelpilz: Hydnum repandum.

c) Korallenpilze: die Krause Glucke: Sparasis crispa; Morcheln und Lorcheln: Morchella- und Helvellaarten; Trüffeln: Tuber- und Choiromycesarten.

d) Blätterpilze (Lamellenpilze): Der Pfifferling: Cantharellus cibarius; die Totentrompete: Craterellus cornucopioides; der Grünling: Tricholoma equestre; die Champignons: Schafchampignon: Psalliota arvensis; Wiesenchampignon: Psalliota campestris; Waldchampignon: Psalliota silvatica.

Gemische, bei denen andere, aromalose, minderwertige, ungenießbare oder giftige Pilze verwendet sind, sind auf Grund von §§ 3 und 4 des Lebensmittelgesetzes zu beanstanden.

Personen, die Dörrpilze herstellen oder in den Verkehr bringen, haben dies zur Vermeidung ihrer Bestrafung und der Beschlagnahme der minderwertigen oder gesundheitsschädlichen Ware besonders zu beachten (IB. B. 3. 4. 30 S. 27).

Gemäß Runderlaß des Ministeriums für Landwirtschaft, Domänen und Forsten vom 18. Juli 1928[1] betreffend Verbot des Sammelns von Waldbeeren und Pilzen in mit arsenhaltigen Mitteln bestäubten Wäldern ist das Sammeln von Pilzen bis 5 Wochen nach der Bestäubung verboten.

Gerichtliche Entscheidungen über Pilze sind nur in gringer Zahl ergangen. Nach einem Urteil des Landesgerichts Greifswald vom 15. Februar 1917[2] ist der Verkauf von Kartoffelbovisten als „Deutsche Trüffel" als Betrug — heute irreführende Bezeichnung — und Vergehen gegen §§ 12, 14 N. M. G. zu beanstanden.

Urteil des Landgerichts Breslau vom 15. November 1913 betreffend Verkauf verdorbener und gesundheitsschädlicher Steinpilze (G. u. V. 1917, 617).

Urteil des Landgerichts Mainz vom 8. Januar 1917 betreffend Verkauf des Knollenblätterschwammes als Champignon und hierdurch verursachte schwere Körperverletzung mehrerer Personen sowie Tötung eines Kindes (G. u. V. 1917, 651).

[1] G. u. V. 1929, **21**, 156. [2] Pharm.-Ztg. 1917, **62**, 543.

Mikroskopische Untersuchung der Gemüse, Salate, Küchenkräuter und Speisepilze; mykologische Untersuchung der Wurzelgewächse und Gemüse.

Von

Professor Dr. C. Griebel-Berlin.

Mit 36 Abbildungen.

Der Nachweis und die Erkennung von Gemüsen, Küchenkräutern u. dgl. hat dadurch an Bedeutung gewonnen, daß viele dieser Vegetabilien in neuerer Zeit vielfach auch im getrockneten Zustande in den Handel kommen und zerkleinert verschiedenartigen Zubereitungen wie Suppenwürfeln u. dgl. zugesetzt werden. Die Identifizierung solcher Beimengungen ist aber nur auf mikroskopischem Wege möglich.

I. Unterirdische Pflanzenteile (Wurzeln, Knollen, Zwiebeln, Sprosse).

a) Aus der Familie der Liliaceen.

1. Zwiebeln. Die Zwiebeln setzen sich zusammen aus fleischig angeschwollenen Blattbasen (Zwiebelschuppen) und dem scheibenförmigen Zwiebelkuchen, der eine reduzierte Sproßachse darstellt, die den kleinen Hauptsproß trägt. Der Kuchen und die äußeren trockenen Hüllen werden bei der Verarbeitung in der Regel entfernt und finden sich daher nur gelegentlich in Zubereitungen, die als Lebensmittel dienen sollen. Lediglich die Perlzwiebel wird im ganzen Zustand verwendet. Alle hier in Betracht kommenden Arten enthalten aus Schwefelverbindungen bestehende ätherische Öle.

Die äußeren trockenen und die inneren fleischigen Schalen der Zwiebel sind im Bau nur wenig verschieden. Die Epidermiszellen sind meist lang gestreckt, viereckig, bei einigen Arten auch keilförmig, bei den trockenen Schuppen meist etwas verdickt. Stomata finden sich nur auf der äußeren Epidermis und bei den trockenen Schalen nur sehr spärlich. Die Hypodermzellen sind quer zur Längsrichtung angeordnet, oft getüpfelt und erscheinen in der Aufsicht vorwiegend sechseckig. Bei der trockenen Schale enthalten sie prismatische Oxalatkrystalle. In den fleischigen Schalen finden sich nahe unter der Epidermis bei den meisten Arten unverzweigte Milchsaftschläuche (Hanstein-sche Schläuche), die einen körnigen, trüben Inhalt aufweisen. Das aus einem großzelligen Parenchym bestehende Mesophyll enthält die Leitbündel mit oft weiten Spiralgefäßen. Im Zwiebelkuchen ist das parenchymatische Grundgewebe von zahlreichen Leitbündeln mit Netz- und Spiralgefäßen durchzogen. Hier finden sich auch sklerosierte getüpfelte Zellen.

α) Die Sommerzwiebel oder Bolle (Allium cepa L.) wird in zahlreichen Formen kultiviert. Die trockenen Schalen sind gelb bis rotbraun und färben sich mit Lauge kanariengelb. Durch die in den Hypodermzellen vorhandenen Oxalatprismen (vgl. Bd. VI, S. 393, Abb. 52) sind sie vorzüglich gekennzeichnet. Die Krystalle liegen vorwiegend an einer Schmalseite der Zellen und kommen oft auch zu mehreren, häufig als Zwillinge vor. Auch das erste — selten das zweite und dritte — fleischige Blatt enthält gewöhnlich noch kleine, oft fast würfelförmige Krystalle. Die HANSTEINschen Schläuche sind ziemlich schmal. Die in einer Reihe angeordneten Leitbündel sind von größeren ölhaltigen Zellen umgeben.

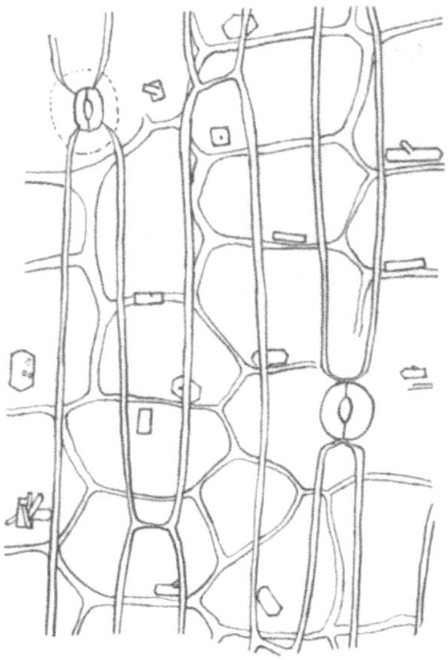

Abb. 1. Allium porrum L. Blattscheide in der Flächenansicht. 1 : 200. (W. DRUDE.)

β) Die Winterzwiebel (A. fistulosum L.) und die Schalotte (A. ascalonicum L.) sind in anatomischer Hinsicht der Sommerzwiebel sehr ähnlich. Die Schalotte setzt sich aus einer Haupt- und kleinen Nebenzwiebeln zusammen, die von einer gemeinsamen trockenen Hülle umgeben sind. Die in der Küche Verwendung findenden Zwiebelblätter sind unter III behandelt.

Zwiebelpulver kommt als Gewürz in den Handel und findet sich häufig in verschiedenartigen Zubereitungen. Es besteht hauptsächlich aus dem dünnwandigen Parenchym des Mesophylls mit Leitbündelbruchstücken. Teile der trockenen Schale mit den charakteristischen Krystallen finden sich nur selten. Bei Zusatz von Lauge treten Schalenteile durch Gelbfärbung deutlich hervor. Langgestreckte, verdickte und verholzte Zellen entstammen der Basis der trockenen Hülle.

γ) Perlzwiebel. Nach ASCHERSON und GRÄBNER ist die Stammpflanze der Perlzwiebel Allium ampeloprasum L. Vielfach findet sich in der Literatur aber auch die Angabe, es handele sich um die durch ein besonderes Kulturverfahren gewonnenen Zwiebelchen von A. sativum var. Ophioscorodon Don (Rockenbolle).

Die Perlzwiebeln sind bis haselnußgroß, weiß, etwas glänzend. Die Hypodermzellen der trockenen, sehr dünnen Schale enthalten meist mehrere Krystalle, in der Regel Zwillinge oder Drillinge. Perlzwiebeln finden im unzerkleinerten Zustand als Gewürz für Senfgurken, Mixedpickles u. dgl. Verwendung.

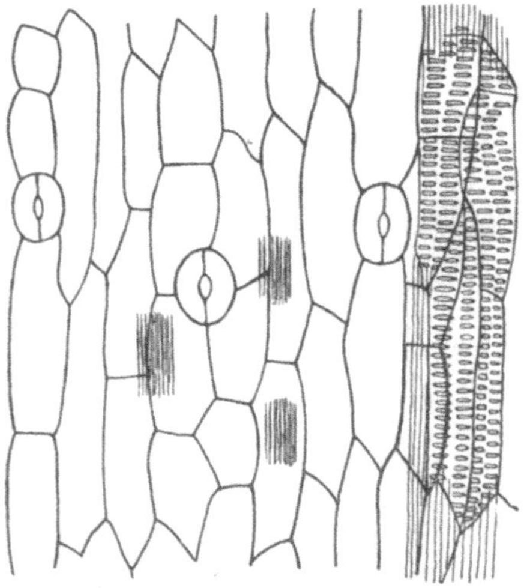

Abb. 2. Schuppenblatt des Spargelkopfes, innere Epidermis; im Mesophyll Raphiden, rechts Gefäßbündel mit Netztracheiden. 1 : 225. (C. GRIEBEL.)

δ) Knoblauch (Allium sativum L.), der vielfach als Würzmittel von Wurst- und anderen Fleischwaren, Soßen usw. Verwendung findet, hat eine zusammengesetzte, von mehreren trockenen weißlichen Hüllen umgebene Zwiebel. Die dem harten Zwiebelboden aufsitzenden und von eigenen Hüllen umgebenen Nebenzwiebeln (Zehen) schließen so dicht aneinander, daß sie durch gegenseitigen Druck etwas kantig werden.

Die trockenen weißlichen Hüllen sind im Hypoderm sehr reich an Krystallen, die im allgemeinen kürzer sind als bei A. cepa. Die Hypodermzellen sind stark verdickt und an den Enden abgerundet. Die Zehen sind von einer zähen Hülle überzogen, deren faserartige Epidermiszellen stark sklerosiert und getüpfelt sind. Das Hypoderm der fleischigen Blätter enthält keine Krystalle. HANSTEINsche Schläuche sind nach DRUDE nicht vorhanden. Die die Leitbündel umgebenden ölführenden Zellen sind im Vergleich zu den übrigen Mesophyllzellen ziemlich groß. Der stark verholzte Zwiebelkuchen besteht aus rundlichen bis gestreckten, verschieden stark sklerosierten getüpfelten Zellen. Da Reste dieses Bodens den Zehen fast stets anhaften, gelangen auf diese Weise auch leicht verholzte Zellen in die mit Knoblauch bereiteten Speisen.

In Knoblauchpulver, das als Gewürz, außerdem auch als Heilmittel zur Bereitung von Pillen, Tabletten, Bonbons u. dgl. dient, findet man zahlreiche, aus langgestreckten Sklerenchymfasern bestehende Teilchen, die aus der zähen Hülle stammen. Zuweilen haften diesen noch verdickte Hypodermzellen der trockenen Hülle mit Oxalatkrystallen an.

ε) Porree. Der Porree (A. porrum L.) hat eine schmale, längliche, aus etwas gewölbten Blattscheiden bestehende Zwiebel, die zusammen mit den Blättern (S. 833) als Gemüse oder Suppenkraut gebraucht wird. Die Blattscheiden haben sehr langgestreckte, viereckige Epidermiszellen, zwischen denen sich im oberen Teil Spaltöffnungen vorfinden. Die Hypodermzellen enthalten Oxalatkrystalle verschiedener Gestalt (Abb. 1). Die HANSTEINschen Schläuche sind sehr schmal und inhaltsarm. Der flache Zwiebelkuchen enthält neben Netz- und Spiralgefäßen rundliche, dickwandige, stark getüpfelte, aber unverholzte Zellen.

2. Spargel. Die fleischigen, unterirdischen Sprosse von Asparagus officinalis L. sind mit breit dreieckigen Niederblättern besetzt, die an der kegelförmigen Spitze des Sprosses dachziegelartig genähert sind. Die in der Flächenansicht schmalen und langgestreckten Epidermiszellen des Sprosses sind von einzelnen Spaltöffnungen unterbrochen. Die durch einen geschlossenen Ring wenig verdickter langer Fasern nach innen abgegrenzte schmale Rindenzone des Sprosses besteht aus dünnwandigen, achsial gestreckten Parenchymzellen, von denen einzelne Oxalatraphiden enthalten. Innerhalb des Faserringes liegen im ganzen Parenchym verteilt die Leitbündel mit netz- oder leiterförmig, vereinzelt auch spiralig verdickten Gefäßen. Die Schuppenblätter (Abb. 2) sind der Länge nach von parallelen Leitbündeln durchzogen. Stomata finden sich auf beiden Epidermen. Einzelne Mesophyllzellen enthalten Raphiden.

b) Aus der Familie der Umbelliferen.

Die hierher gehörigen Wurzelgemüse zeigen in histologischer Hinsicht so viele Übereinstimmungen, daß eine sichere Unterscheidung im stark zerkleinerten Zustand oft nicht möglich ist. Der von einem dünnwandigen Periderm bedeckte Rindenteil enthält unverholzte, faserartige Elemente und isolierte, in Radialreihen angeordnete schizogene Sekretschläuche, von denen die in der Nähe des Periderms befindlichen oft durch ihre Größe auffallen. Sie führen ätherisches Öl. Der Holzteil ist durch weite, netzartig verdickte Gefäße ausgezeichnet. In Rinde und Holzteil kommt in der Regel kleinkörnige Stärke in größerer oder geringerer Menge vor (Ausnahme Sellerie).

3. Sellerie. Die bis über faustgroßen Sellerieknollen (Apium graveolens L.) zeigen am Querschnitt eine schmale weiße Rinde und einen graubräunlichen, etwa viermal so breiten, strahlig gestreiften Holzkörper, der in das große weiße schwammige Mark übergeht. Die Rinde ist von großzelligem, dünnwandigem Kork bedeckt und enthält reichlich Sekretschläuche (bis 50 μ) mit rötlichgelbem, ätherischem Öl. Die Gefäße (20—40 μ) zeigen meist engmaschige Netzverdickungen, doch kommen daneben auch weitmaschige Gefäße vor, Rinden- und Holzparenchym sind frei von Stärke. Das Mark besteht aus einem lockeren, schwammigen Gewebe aus sehr zartwandigen Zellen (bis 100 μ).

4. Petersilienwurzel. Die von einer Varietät der Petersilie (Petroselinum sativum HOFFM.) stammenden rübenförmigen gelblichweißen oder bräunlichen, mit ringförmigen Streifen versehenen Wurzeln zeigen am Querschnitt eine fein gestreifte, gegen den Holzkörper bräunliche Rinde. Der weiße oder gelbliche Holzkörper ist ebenso wie die Rinde deutlich strahlig. In den äußeren Schichten der Rinde finden sich vereinzelt weitere Sekretgänge (45 μ), während ihre Breite im übrigen nur bis 25 μ erreicht. Die Netzgefäße sind engmaschig, 20—65 μ weit. Das gesamte Parenchym enthält kleinkörnige Stärke (bis 12 μ), die hauptsächlich aus Einzel- und Zwillingskörnern besteht. Aus 3—4 Teilkörnern zusammengesetzte Formen sind nur spärlich vorhanden. Die größeren Körner zeigen zumeist eine deutliche Kernhöhle.

5. Pastinak ist die durch Kultur fleischig gewordene Wurzel von Pastinaca sativa L. Sie ist möhrenförmig und der Petersilienwurzel in Form und Farbe sehr ähnlich. Auch in histologischer Hinsicht ist sie von dieser nur wenig verschieden. Als Unterscheidungsmerkmale gibt VOLGER[1] das Vorkommen großer Mengen von prosenchymähnlichen, etwas verdickten (5—6 μ), aber unverholzten Zellen (sog. Ersatzfasern) an, die bei der Petersilienwurzel nur auf die Rinde beschränkt sind, während sie beim Pastinak auch sehr zahlreich in Begleitung der Gefäße auftreten. Die engmaschigen Netzgefäße sind bis 60 μ, vereinzelt bis 90 μ weit. Das gesamte Parenchym enthält reichlich kleinkörnige Stärke, die häufig aus 2—5 und mehr Teilkörnern zusammengesetzt ist (Unterschied von Petersilienwurzel).

6. Kerbelrübe. Die von kultivierten Pflanzen von Chaerophyllum bulbosum L. stammende Wurzel ist rübenförmig oder mehr knollig, bis 10 cm lang und bis 5 cm dick, auf der Oberfläche grob querrunzelig mit quergestreckten Wurzelnarben besetzt. Auf dem

[1] VOLGER: Beiträge zur mikroskopischen Diagnostik der Gemüse. Diss. Hamburg 1934; Z. 1934, 67, 1.

Querschnitt erscheint die breite weiße Rindenschicht und der schmälere Zentralzylinder deutlich strahlig. Die Gefäße sind verhältnismäßig schmal (nach Volger 16—35 μ, nur im zentralen Teil der Wurzel bis 46 μ). Ihre Verdickungsleisten bilden ein sehr weitmaschiges Netz. Alle Parenchymzellen sind außerordentlich reich an Stärke, die der der Petersilienwurzel sehr ähnlich ist.

7. Mohrrübe. Möhre, gelbe Rübe, Karotte ist die durch Kultur fleischig gewordene Wurzel von Daucus carota L. Man bezeichnet die Formen mit spindel- oder walzenförmiger Wurzel als Mohrrüben, die kürzeren Formen mit rundlicher oder kreiselförmiger Wurzel als Karotten. Die in den Katalogen vielfach als „Nantaiser Karotte" bezeichnete Kulturform hat eine zwar am Ende etwas abgestumpfte, aber ausgesprochen walzenförmige, langgestreckte Wurzel. Sie ist daher keine Karotte, was sich auch an dem weniger feinen Geschmack zu erkennen gibt. Der Querschnitt zeigt einen hellen, strahligen Holzkörper und eine dunklere Rinde. Die Rinde ist von dünnwandigem Kork bedeckt, dessen meist gestreckte Zellen bis 75 μ lang werden. Die zartwandigen Rindenparenchymzellen (bis über 100 μ) enthalten durch Carotin gelbrot gefärbte Chromatophoren. Die nur ausnahmsweise über 50 μ (bis 75 μ) weiten, mehr oder weniger verholzten Gefäße zeigen engmaschige Netzverdickungen. Zuweilen finden sich Übergänge zu Spiral- und Treppengefäßen (vgl. Bd. VI, S. 82, Abb. 20). Sehr kleinkörnige Stärke (im Mittel 4—5 μ) kommt in sehr geringer Menge auch in ausgewachsenen Möhren vor, bei jüngeren Wurzeln in allen Parenchymzellen.

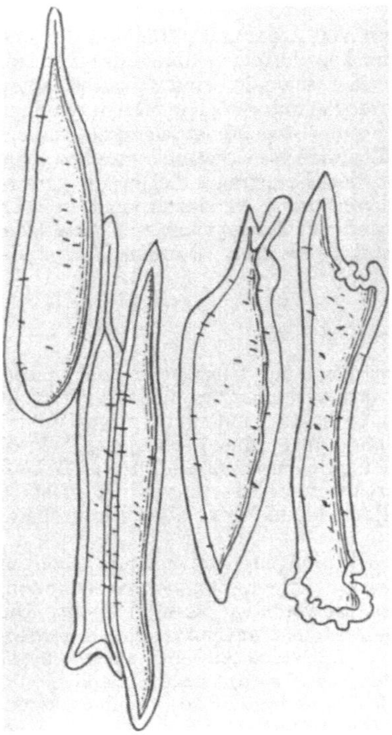

Abb. 3.
Faserartige Elemente aus dem Rindenteil der gelben Kohlrübe. 1 : 225. (C. Griebel.)

c) Aus der Familie der Chenopodiaceen.

8. Zuckerrübe, Rote Rübe (Rote Beete oder Salatrübe), Runkelrübe sind die Wurzeln verschiedener Kulturformen von Beta vulgaris L. Sie sind sämtlich durch süßen Geschmack (Saccharosegehalt) ausgezeichnet; die Rote Rübe enthält dunkelroten Zellsaft. Als diagnostisch wichtige Merkmale sind die im Parenchym vereinzelt vorkommenden, meist gestreckten Krystallsandzellen und die durch ein sehr weitmaschiges Netz von Verdickungsleisten ausgezeichneten, verholzten Gefäße zu bezeichnen (vgl. Bd. VI, S. 81, Abb. 18); gewöhnlich sind sie 40 μ, vereinzelt bis 80 μ weit. Die Leitbündel fallen außerdem durch ihre Dicke auf, weil sie von zahlreichen, wenig oder nicht verholzten Sklerenchymfasern begleitet sind, die teils lange und schmale, teils breite und mehr oder weniger buchtige oder knorrige Formen aufweisen.

d) Aus der Familie der Cruciferen.

9. Weiße Rübe. Die Wurzel der in zahlreichen Formen kultivierten Brassica campestris L. f. rapifera Metzg. führt Bezeichnungen wie Weiße Rübe, Stoppelrübe, Wasserrübe, Teltower Rübe usw. In der oberen Hälfte ist sie häufig rötlich oder violett angelaufen. Der Querschnitt läßt eine schmale, leicht ablösbare Rinde und einen fleischigen, strahligen Holzkörper erkennen. Die Korkzellen (15—30 μ) sind kleiner als bei den übrigen Rüben. Die dünnwandigen Parenchymzellen sind sehr groß (bis 500 μ) und enthalten oft in erheblicher Menge Proteinkörner, die sich mit Jod braun färben. Die Gefäße sind sehr kurzgliedrig und mit kleinmaschigen Netzverdickungen versehen (vgl. Bd. VI, S. 81, Abb. 17).

10. Kohlrübe, Steckrübe, Wrucke oder Erdkohlrabi heißt die knollige Wurzel von Brassica napus L. var. Napobrassica L. Sie ist im Innern meist gelblich gefärbt. Die Glieder der verholzten Gefäße sind ziemlich lang und dicht mit runden oder spaltenförmigen Tüpfeln versehen. Ihr Durchmesser liegt zwischen 45 und 60 μ. Die stärkeren Leitbündel sind oft von dünnwandigen, weitlumigen, bis 15 μ breiten Fasern begleitet. Häufig finden sich auch stark verdickte, mehr oder minder knorrige, am Ende zuweilen gegabelte Formen (Abb. 3).

11. Rettich ist die fast kugelige bis dickrübenförmige, außen schwarze, gelbe oder weiße Wurzel von Raphanus sativus L. f. niger D. C. Der Querschnitt zeigt eine schmale, vom Holzkörper leicht ablösbare Rinde. Durch die sich abwechselnden dunkleren Holz- und helleren Markstrahlen ist der Holzkörper im äußeren Teil dicht strahlig gestreift. Rinden- und Holzparenchym sind dünnwandig und enthalten kleinkörnige Stärke, zum Teil aus 2 bis 3 Teilkörnern zusammengesetzt. Der Holzteil enthält bis 40 μ weite Netzgefäße.

Als Radieschen bezeichnet man die außen meist rot gefärbten Wurzeln von Raphanus sativus L. f. radicula PERS. Bei den gefärbten Sorten liegen unter der Korkschicht einige Zellreihen mit rosarotem bis violettrotem Zellsaft. Das Grundparenchym enthält gewöhnlich keine Stärke.

12. Meerrettich oder Kren ist die fast walzenförmige, mehrköpfige Wurzel von Nasturtium armoracia (L.) F. SCHULTZ. Sie ist außen bräunlichgelb, innen weiß und zeigt im Querschnitt eine breite Rinde und innen einen ebenso breiten gelblichen Holzkörper, der ein breites Mark einschließt. Die von einer dünnen Korkschicht bedeckte primäre Rinde zeigt einzelne oder zu kleinen Gruppen vereinigte Steinzellen. Der Holzteil enthält bis 100 μ weite Netzgefäße, deren Glieder zum Teil breiter als lang sind. Das Parenchym enthält kleinkörnige Stärke. Einige Zellen sind stärkefrei und färben sich beim Erwärmen mit MILLONS Reagens rot (Myrosinzellen). Diese Myrosinzellen sind bei den Cruciferen weit verbreitet; jedoch gelingt ihr Nachweis in gekochten Gemüsen meist nicht mehr.

e) Aus der Familie der Compositen.

13. Schwarzwurzel. Die mehrköpfige, fast zylindrische Wurzel der bei uns vielfach kultivierten Scorzonera hispanica L. wird 20—30 cm lang und 2—3 cm dick. Sie ist außen schwarzbraun, an der Spitze mit Blattresten bedeckt. Beim Durchschneiden entquillt der schmalen Rinde ein gelblichweißer, rahmartiger Milchsaft. Das Periderm wird aus dunkelbraunen, gestreckten, fast rechteckigen Korkzellen gebildet. Die Rinde enthält zahlreiche, stark verzweigte Milchsaftschläuche (meist 15—25 μ Durchmesser) mit feinkörnigem, dunklem Inhalt, die in radialen Reihen angeordnet sind und mit den Siebröhren kleine Gruppen bilden. Im Holzteil finden sich verholzte Netzgefäße mit engstehenden Verdickungsleisten (Durchmesser nach VOLGER 25—60 μ, vereinzelt 70 μ). Als Reservestoff ist nur Inulin vorhanden. Das auffälligste Element der zubereiteten, vom dunklen Periderm befreiten Wurzel sind die reich verzweigten Milchsaftschläuche (Abb. 4). Schwarzwurzel ist gelegentlich an Stelle von Spargel im Leipziger Allerlei beobachtet worden. Im Bau der Schwarzwurzel ähnlich ist die namentlich in südlichen Ländern Verwendung findende Haferwurzel (Tragopogon porrifolius L.) und Goldwurzel (Scolymus hispanicus L.)[1].

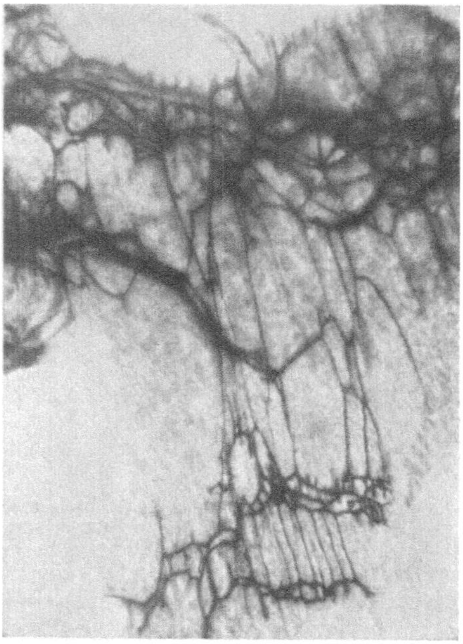

Abb. 4. Milchsaftschläuche der Schwarzwurzel. Quetschpräparat aus Gemüse. (Phot. C. GRIEBEL.)

14. Topinambur. Als Topinambur, Erdbirne, Erdschocke oder Jerusalemartischocke bezeichnet man die etwa birnförmigen Rhizomknollen der bei uns als Futtermittel und Lebensmittel häufig angebauten aus Nordamerika stammenden knolligen Sonnenblume (Helianthus tuberosus L.). Sie sind meist rötlichbraun, 4—7 cm dick, durch Blattscheiden quer geringelt. Das weiße Fleisch hat einen süßlichen Geschmack. Am Querschnitt erkennt man eine sehr schmale (bis 1 cm) Rinde, in der Milchsaftschläuche liegen. Das Periderm besteht aus einer mehrreihigen Schicht in der Aufsicht polygonaler Zellen, die aber nur stellenweise verkorkt sind. Die Zellen des Rindenparenchyms sind sehr regelmäßig quadratisch bis rechteckig, ganz vereinzelte sind etwas sklerosiert. Die in der Rinde reichlich vorhandenen Milchsaftschläuche mit gelbem bis rötlichgelbem Inhalt sind hauptsächlich in der Richtung der Achse gestreckt und zeigen etwas ausgebuchtete Wandungen (Abb. 5); auch der Zentralzylinder enthält kleinere Sekretschläuche. Innerhalb des Cambiumringes finden sich ziemlich enge Netzgefäße (12—35 μ); nach VOLGER kommen vereinzelt auch Netztracheiden von 55—70 μ vor. Das gesamte Parenchym ist sehr reich an Inulin. In Quetschpräparaten aus zubereiteten Knollen fallen die Sekretschläuche (c) mit ihrem gelbroten Inhalt, Teile des Rindengewebes aus sehr regelmäßigen Zellen (a),

[1] Vgl. H. VOLGER: Z. 1934, **67**, 18—21.

schmale Netzgefäße (d), vereinzelt auch weitere Netztracheiden von kurzer, fast viereckiger Form, auch dunkler gefärbte Teilchen des Periderms (b) auf.

Ebenso wie Topinambur finden die gelblichgrünen, spindelförmigen Helianthiknollen (Helianthus doronicoides TORR. und GRAY) Verwendung, die in histologischer Hinsicht nur geringe Unterschiede aufweisen, aber in Quetschpräparaten an den langgestreckten, verdickten und verholzten Bastfasern erkannt werden[1].

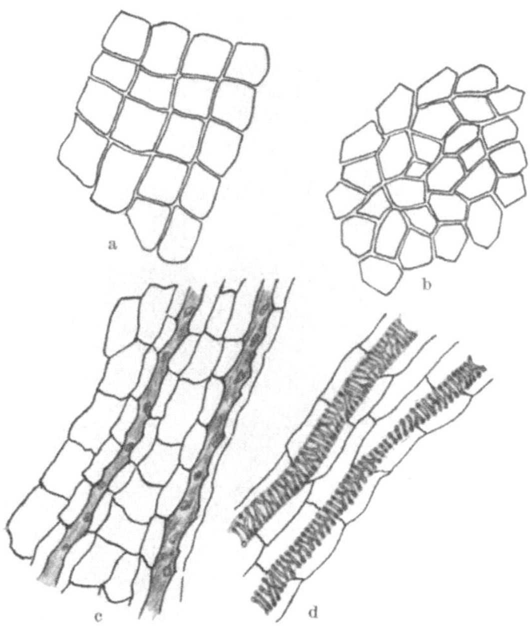

Abb. 5a—d. Helianthus tuberosus L. Quetschpräparat aus gekochtem Material. 1 : 75. a Parenchym, b Kork, c Sekretschläuche, d Gefäße. (H. VOLGER.)

f) Aus verschiedenen Pflanzenfamilien.

15. Kartoffel oder Erdapfel (Solanum tuberosum L. — Solanaceae). Die an unterirdischen Ausläufern entstehenden Knollen besitzen eine braune Schale aus großzelligem Kork (S. 253, Abb. 1a), dessen dünnwandige Zellen in der Aufsicht polygonal erscheinen. Das Grundgewebe besteht aus großzelligem, stärkereichem Pyrenchym, das nur in dem außerhalb der Gefäßbündelzone liegenden Teil — der Rindenschicht — einzelne schwach verdickte und getüpfelte Zellen (70—240 μ) aufweist (Abb. 6 u. 1d, S 253). Die Leitbündel enthalten Spiral-, Ring- und Netzgefäße. Einzelne kurzgliedrige Netztracheiden (S 253, Abb. 1c) sind bis 100 μ weit. Über die charakteristisch geformten Stärkekörner vgl. S. 128, über Kartoffelflocken und Walzmehl S. 253. Kartoffelpülpe ist das bei der Stärkegewinnung abfallende Produkt, das hauptsächlich als Futtermittel dient. Die Pülpe ist durch das dünnwandige, immer noch Stärke enthaltende Parenchym gekennzeichnet. Auch Fetzen des Korkgewebes sind reichlich vorhanden, während die Leitbündelelemente mehr zurücktreten.

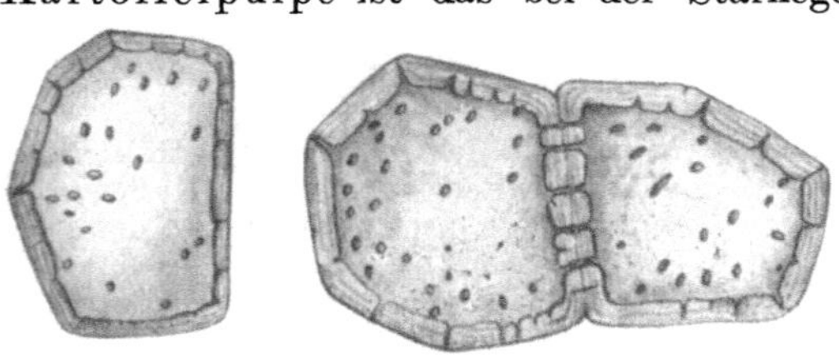

Abb. 6. Kartoffel, verdickte Zellen aus der Rindenschicht. Vergr. 1 : 150. (Nach C. GRIEBEL.)

16. Bataten oder süße Kartoffeln (Sweet potatoes) sind die Wurzelknollen von Batatas edulis CHOIS (Convolvulaceae), die in Mittelamerika heimisch ist, aber vielfach, unter anderem auch in Südeuropa, kultiviert wird. Die etwa walzen- oder spindelförmigen, süß schmeckenden Knollen dienen zur Gewinnung von Stärke und werden wie die Kartoffeln gegessen. Bei uns kommen sie zeitweilig auf den Markt. Das braune, mehrschichtige Periderm besteht aus dünnwandigem Kork. Die schmale, am Querschnitt erkennbare Rindenschicht enthält unverzweigte Milchsaftschläuche in reichlicher Menge. Seltener finden sich solche innerhalb des Cambiums im Grundgewebe. In der Nähe der Cambiumlinie liegen einzelne Gefäße. Alle übrigen Gefäße sind zu Gruppen verschiedener Größe vereinigt und etwa kreisförmig von sekundären Cambien umgeben. An Querschnitten sind die letzteren unregelmäßig über den Zentralzylinder verteilt. Die Gefäße (45—75 μ) sind verholzt und zeigen sehr breite, netzartige Verdickungsleisten. Fast alle Zellen des Parenchyms enthalten reichlich Stärke (vgl. S. 132). In der Nähe des Periderms enthalten außer-

[1] Vgl. H. VOLGER: **Z. 1934, 67, 34.**

dem zahlreiche — sonst nur einzelne — Zellen je eine ziemlich große Oxalatdruse. In Quetschpräparaten aus gekochtem Material findet man reichlich Oxalatdrusen, und zwar einzeln oder in Kammerzellen, aus einzelnen Gliedern bestehende Milchsaftschläuche, deren Inhalt zum Teil in Tropfenform ausgetreten ist, verholzte Netzgefäße mit breiten Verdickungsleisten und die rundlichen bis ovalen Zellen des Stärkeparenchyms, oft noch reihenförmig angeordnet.

17. Stachysknollen, Japanknollen oder Japankartoffeln werden die Rhizomknollen der aus Ostasien stammenden, in geringer Menge auch bei uns kultivierten Stachys Siboldii MIQUEL (Labiatae) genannt. Sie sind 2—8 cm lang, 1—2 cm dick, durch tiefe Einschnürungen gegliedert und tragen am Ende die nach aufwärts gebogene Knospe. Die Oberhaut besteht aus fast rechteckigen bis polygonalen Zellen und enthält sehr vereinzelte Spaltöffnungen. Die eine schmale Rindenschicht abgrenzenden Leitbündel sind verholzt und enthalten vorwiegend Netz-, auch Spiralgefäße (12—35 μ). Das gesamte Parenchym enthält als Reservestoff ein lösliches Kohlenhydrat (Stachyose). In den Herbstknollen soll sich auch Stärke vorfinden.

II. Blattgemüse, Salate und Küchenkräuter.

a) Aus der Familie der Liliaceen.

18. Laucharten. α) Schnittlauch (Allium schoenoprasum L.). Die Blätter sind etwa pfriemförmig, röhrig. Die äußere Epidermis zeigt in parallelen Reihen angeordnete, schmale langgestreckte Zellen, zwischen denen sich ziemlich zahlreiche Spaltöffnungen vorfinden[1]. Die Epidermiszellen der Innenseite sind annähernd rechteckig, viel größer als die der Außenseite. Das aus zwei Reihen Palisaden und einem lockeren Schwammparenchym gebildete Mesophyll ist der Länge nach parallel von Leitbündeln mit Spiralgefäßen durchzogen.

β) Zwiebelblätter oder Zwiebelschlutten (Allium fistulosum L.), die zum Würzen von Salaten und Suppen gebraucht werden, sind ebenfalls röhrig aufgeblasen. Die beiden Epidermen sind wie bei voriger Art ungleich[2], nur sind die Zellen größer, die Spaltöffnungen zahlreicher und gleichmäßiger verteilt. Auch im übrigen bestehen gegenüber der vorgenannten Art nur wenig Unterschiede.

γ) Porreeblätter (Allium porrum L.). Die Blätter sind flach, auf der Außenseite gekielt. Beide Epidermen sind fast gleich ausgebildet und enthalten reichlich Spaltöffnungen; Palisaden nur einreihig.

b) Aus der Familie der Polygonaceen.

19. Ampferarten. α) Sauerampfer. Als Sauerampfer Verwendung finden besonders die Blätter von Rumex acetosa L., hauptsächlich von kultivierten, aber auch von wilden Pflanzen. Epidermiszellen der Blattspreite[3] gerundet polygonal bis flachwellig, unterseits kleiner und stark gewellt. Stomata beiderseits vorhanden, von drei, selten von mehr Nebenzellen umgeben. In geringer Menge finden sich Drüsen mit vierteiligen Köpfen auf zwei niedrigen Stielzellen. Auf und in der Nähe der großen Nerven, besonders auf der Blattunterseite, kommen handschuhfingerförmige Papillen mit gestreifter Cuticula vor. Das Mesophyll aus einer Reihe kurzer Palisaden und rundlichen Schwammparenchymzellen enthält zahlreiche große Oxalatdrusen.

β) Gemüseampfer, Gartenampfer oder Englischer Spinat (Rumex patientia L.), der bei uns im Garten gezogen wird, hat große, scheidig gestielte Blätter. Die Papillen sind nur schwach entwickelt, die Drüsenköpfchen wie bei der vorigen Art ausgebildet. Im Mesophyll finden sich neben den großen Oxalatdrusen auch würfelförmige Krystalle[4].

20. Rhabarber (Rheum rhaponticum L.) ist eigentlich keine Gemüsepflanze. Gelegentlich haben die Blätter aber als Ersatz für Spinat Verwendung gefunden und wegen ihres hohen Oxalsäuregehaltes öfter zu Erkrankungen Veranlassung gegeben. Mikroskopisch sind sie sehr gut charakterisiert. Die Einzelheiten vgl. bei MÖLLER-GRIEBEL S. 416. Über die Verwendung der Blattstiele (vgl. S. 726).

c) Aus der Familie der Chenopodiaceen.

21. Spinat (Spinacia oleracea L.) wird in zwei Hauptformen (als Sommer- und Winterspinat) angebaut. Beim Winterspinat sind die Früchte mit hornartigen Stacheln versehen. Solche „dornige“ Früchte finden sich zuweilen in nicht unerheblicher Menge in der Marktware.

[1] Vgl. MÖLLER-GRIEBEL, Abb. 646. [2] Vgl. MÖLLER-GRIEBEL, Abb. 647.
[3] Vgl. MÖLLER-GRIEBEL, Abb. 649. [4] Vgl. MÖLLER-GRIEBEL, Abb. 650.

Die Blätter sind ganzrandig und nur in der Jugend mit Haargebilden versehen. Die Epidermiszellen der Oberseite sind in der Fläche polygonal, die Seitenwände wenig gebogen bis gebuchtet, auf der Unterseite stärker gebogen bis wellig gebuchtet. Stomata sind beiderseits reichlich vorhanden, von 3—5 Epidermiszellen umgeben, Bei ganz jungen Blättern finden sich unterseits, namentlich im basalen Teil, auch am Rande, mit mehrzelligem Stiel versehene Blasenhaare und einzelreihige Gliederhaare mit keulenartiger oder ovaler Endzelle. Das Mesophyll enthält bis 100 μ große Oxalatdrusen, zum Teil von sphäritischer Struktur, außerdem kurzprismatische rhombenförmige oder würfelförmige Einzelkrystalle[1]. Ganz junge Blätter sind zuweilen krystallfrei.

22. Mangold oder Rippenkohl (Beta vulgaris var. CICLA L.) wird der fleischigen Blattstiele und der jungen Blätter wegen als Gemüsepflanze angebaut. Die auf beiden Blattseiten fast gleiche Epidermis besteht aus polygonalen bis leicht buchtigen Zellen und enthält reichlich Stomata, die von normalen Epidermiszellen umgeben sind. Das Mesophyll enthält zahlreiche Krystallsandzellen. Der weißgelbe oder rot gefärbte fleischige, außen gerippte Blattstiel ist von zahlreichen mit Kollenchymbelägen versehenenen Leitbündeln durchzogen. Die Rippen des Stieles bestehen größtenteils aus faserartig gestreckten kollenchymatisch verdickten Zellen. Im Parenchym des Stieles finden sich ebenfalls zahlreiche Krystallsandzellen.

Von geringer Bedeutung sind Gartenmelde (Atriplex hortensis L.), Erdbeerspinat (Chenopodium virgatum JESSEN und Chenopodium capitatum ASCHERS.)[2] und Guter Heinrich (Chenopodium bonus Henericus L.)[2].

d) Aus der Familie der Cruciferen.

Die Cruciferenblätter enthalten kein Calciumoxalat, auch Drüsenhaare fehlen. Die bei einzelnen der hier beschriebenen Arten vorkommenden Deckhaare sind stets einzellig und dünnwandig. Die charakteristische Ausbildung des Spaltöffnungsapparates — die Stomata sind stets von 3 Nebenzellen umgeben, von denen eine etwas kleiner ist — zeigt sich besonders schön bei den Kohlarten. Die in der Familie der Cruciferen verbreiteten Myrosinzellen, die sich mit MILLONS Reagens rosa bis rot färben, sind für uns nur von geringer diagnostischer Bedeutung, weil die Reaktion bei zubereitetem Gemüse im allgemeinen versagt.

23. Kohl. Die bei uns als Gemüsepflanzen angebauten Kohlsorten sind Kulturformen von Brassica oleracea L. Die wichtigsten Formen, deren jede in zahlreichen Zuchtsorten existiert, sind folgende:

a) Var. capitata (Kopfkohl). Nach der Farbe unterscheidet man forma alba D. C., den Weißkohl (liefert das Sauerkraut), und forma rubra L., den Rotkohl (Rotkraut). Beide haben glatte Blätter.

b) Var. sabauda L., Wirsing, mit blasigrunzeligen oder krausen Blättern.

c) Var. acephala D. C., Grün- oder Braunkohl, mit krausen Blättchen, die nicht zu einem Kopf geschlossen sind.

d) Var. gemmifera D. C., Rosenkohl oder Sprossenkohl, mit kopfförmigen bis walnusgroßen Blattknospen in den Achseln der Stengelblätter.

e) Var. gongylodes L., Kohlrabi.

f) Var. botrytis, Blumenkohl oder Karfiol, von dem nur der durch Kultur fleischig gewordene Blütenstand Verwendung findet.

Bei allen Formen zeigen die Blätter in mikroskopischer Hinsicht weitgehende Übereinstimmung. Die beiden Epidermen bestehen aus in der Fläche polygonalen Zellen, deren Wände gerade oder gebogen sind. Die beiderseits vorhandenen Stomata sind ziemlich klein, mitunter fast kreisrund und stets von 3 Nebenzellen charakteristisch umgeben. Das Mesophyll ist beim Grünkohl deutlich in Palisaden- und Schwammparenchym gegliedert. Am dichtiesten und gleichmäßigsten verteilt stehen die Stomata beim Grünkohl (Abb. 7). Ähnlich ist die Ausbildung bei Rosenkohl und Kohlrabi. Spärlicher vorhanden und oft unregelmäßig angeordnet sind sie bei Wirsing, Weißkohl (Abb. 8) und Rotkohl[3]. Bei letzterem liegen öfter zwei Stomata dicht nebeneinander, zuweilen auch beim Weißkohl. Beim Wirsing sind die Spaltöffnungen nicht selten zu kleinen Gruppen vereinigt. Während das Mesophyll beim Grünkohl deutlich in Palisaden- und Schwammparenchym gegliedert ist, besteht es bei Wirsing, Weiß- und Rotkohl gewöhnlich aus fast gleichmäßigen, rundlich-polyedrischen Zellen. Bei den genannten Formen tritt namentlich die Mittelrippe auf der Blattunterseite stark hervor. Bei Wirsing gilt dies auch für die Seitenrippen und

---

[1] Vgl. MÖLLER-GRIEBEL, Abb. 655. [2] Vgl. MÖLLER-GRIEBEL, Abb. 656 u. 657.
[3] Vgl. auch MÖLLER-GRIEBEL, Abb. 659—661.

kleineren Nerven. Die Nerven enthalten kollaterale Leitbündel mit Spiralgefäßen. Bei den dickeren Rippen sind die Leitbündel zu kleinen Gruppen vereinigt. Beim Kohlrabi werden neben dem knollig verdickten Stengelgrund auch die jungen Blätter als Gemüse verwendet. In der Rindenschicht der Kohlrabiknollen kommen verdickte und verholzte getüpfelte Zellen vor, die zum Teil faserartig gestreckt sind. Die Gefäße (bis 70 μ) sind netzförmig oder spiralig verdickt; seltener ist strichförmige Tüpfelung. Das übrige Gewebe besteht aus dünnwandigem Parenchym, das nicht selten geringe Mengen kleinkörniger Stärke enthält. In holzigen Knollen finden sich mehr oder weniger zahlreiche verdickte und getüpfelte, langgestreckte Holzfasern, mitunter auch isodiametrische, schwach verholzte, poröse Sklereiden. Beim Blumenkohl handelt es sich um fleischig gewordene Blütenstände, die sich aus zartem, kleinzelligem Gewebe zusammensetzen, in dem Leitbündel mit Spiralgefäßen verlaufen.

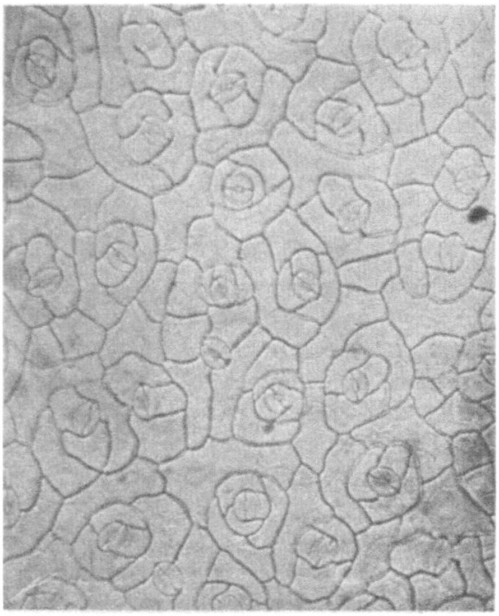

Abb. 7. Untere Epidermis des Grünkohlblattes. 1 : 160. (Phot. C. GRIEBEL.)

Chinakohl oder Pe Tsai (Brassica napus L. var. chinensis) wird zwar nicht in Deutschland angebaut, kommt aber seit einer Reihe von Jahren — zumeist aus Holland — auch bei uns auf den Markt. Er findet als Gemüse, vorwiegend aber als Salat Verwendung, weil er keinen ausgeprägten Kohlgeschmack hat. Die Blätter bilden einen etwa walzenförmig gestreckten, oben fast zusammenschließenden Kopf. Sie sind im oberen hellgrün bis gelblich gefärbten Teil, namentlich auf den Blattnerven der Unterseite, mit einzelnen kurzen Haaren besetzt. Der untere gelbliche Teil ist fleischig verdickt und deutlich gerippt. Die Epidermis zeigt besonders auf der Unterseite sehr unregelmäßig geformte Zellen. Sie trägt Stomata, die bei großen Blättern auf der Oberseite bisweilen zu Gruppen von 3—4 zusammenliegen. Die Haare sind einzellig, dünnwandig, unten abgerundet, oben spitz auslaufend. Die den Fuß der Haare umgebenden Epidermiszellen sind kranzförmig angeordnet und wölben sich häufig aus der Blattfläche heraus. Das Mesophyll zeigt eine schwache Differenzierung in Schwamm- und Palisadenparenchym. Die Rippen sind von kollateralen Leitbündeln durchzogen, die im Bau nicht von denen anderer Kohlarten verschieden sind[1].

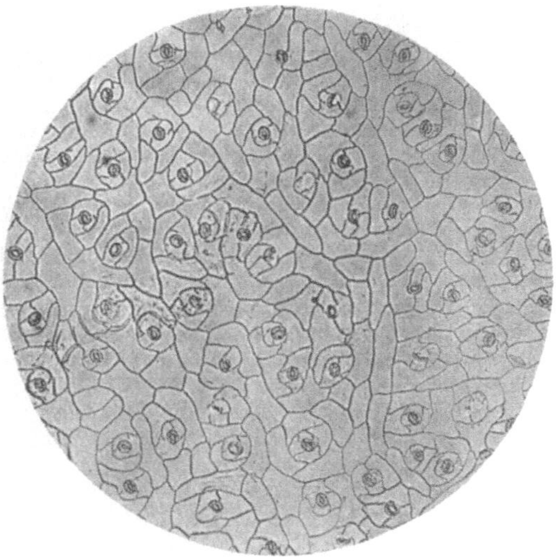

Abb. 8. Weißkohl, untere Epidermis. 1 : 75. (Phot. W. DRUDE.)

Speisereste aus zubereiteten Kohlsorten sind im allgemeinen leicht diagnostizierbar, schwieriger nach der Maceration im Magen, weil man oft nach unverletzten Epidermisteilchen suchen muß. In der Regel muß man zunächst eine Härtung des Materials durch Alkohol vornehmen. Rotkohl wird schon an der Färbung erkannt, Blumenkohl an der charakteristischen Form — meist auch bei kleinen Teilchen — mit Lupe oder Mikroskop. In Form von Sauerkraut ist Weißkohl an den schmalen Blattstreifen zu erkennen, sonst findet man, wie auch bei Wirsing, neben der Epidermis noch Teile der dicken Blattrippen auf. Grünkohl ist durch den Chlorophyllreichtum gekennzeichnet, Kohlrabi durch die Netzgefäße, die neben Spiralgefäßen in den Knollen vorkommen.

[1] Vgl. DRUDE: **Z. 1933, 65, 513.**

24. Gartenkresse (Lepidium sativum L.) wird vielfach als Salatpflanze angebaut. Verwendung finden nur die jungen, bis etwa 10 cm hohen Pflanzen. Die jungen fiederartig geteilten Blättchen zeigen meist linealische bis spatelförmige Abschnitte. Sie sind kahl oder am Rande mit kurzen Härchen besetzt. Die Blattabschnitte endigen in 1—2 zahn- oder dolchförmige einzellige Haare. Die Seitenwände der Epidermiszellen sind beiderseits wellig. Stomata, von 3 Epidermiszellen umgeben, finden sich auf beiden Blattseiten[1].

25. Brunnenkresse (Nasturtium officinale R. BR.) wird verschiedentlich als Salat-, auch als Gemüsepflanze kultiviert. Die Sprossen sind mit etwas fleischigen, unpaarig gefiederten Blättern besetzt, die Fiederblättchen breit-elliptisch bis eiförmig, stets kahl. Epidermiszellen beiderseits wellig-buchtig; Stomata auf beiden Epidermen vorhanden, von 3—4 Epidermiszellen umgeben. Das Mesophyll ist deutlich in Palisaden- und Schwammparenchym differenziert[1].

e) Aus der Familie der Umbelliferen.

Die Umbelliferenblätter weisen ebenso wie die der Cruciferen weder Drüsenhaare noch Oxalatkrystalle auf. Sie besitzen aber — nicht immer leicht auffindbare — schizogene Sekretgänge, die die Leitbündel begleiten.

26. Selleriekraut (Apium graveolens) findet als Suppengewürz Verwendung (über Knollensellerie vgl. S. 829). Die kahlen, dunkelgrünen, glänzenden Blätter sind fiederteilig und setzen sich aus gestielten, dreilappigen bis dreischnittigen Fiederstückchen mit fast rautenförmigen, ungleich eingeschnitten gesägten Zipfeln zusammen. Die Seitenwände der Epidermiszellen sind gewöhnlich stark wellig, selten gerade. Die meist von 3 (2—5) Epidermiszellen umgebenen Stomata sind auf der Unterseite etwa doppelt so zahlreich wie auf der Oberseite. Bei stärkerer Vergrößerung erkennt man zuweilen eine strahlig gegen den Spalt gerichtete Cuticularstreifung. Eine solche ist auch an den über den Nerven liegenden, gestreckten Epidermiszellen zu sehen.

Bleichsellerie (Apium graveolens L. v. dulce MILLER) besteht aus den durch Zudecken mit Erde gebleichten fleischigen Blattstielen, die roh und als Gemüse genossen werden. Sie sind im Querschnitt etwa nierenförmig, auf der Außenseite gerippt. Die Rippen zeigen starke Kollenchymbildung und darunter je ein kollaterales Leitbündel mit halbmondförmigem Siebteil. Das Grundgewebe besteht aus dünnwandigem Parenchym; verholzt sind lediglich die 20—45 μ weiten Netz- und Spiralgefäße.

27. Petersilie (Petroselinum sativum HOFFM.) wird sowohl der Blätter wie der Wurzel wegen (vgl. S. 829) in verschiedenen Formen kultiviert. Die gewöhnliche Petersilie hat flache, glänzende, dreifach fiederteilige Blätter mit etwa keilförmigen Abschnitten, deren Zipfel in eine kurze Stachelspitze endigen. Bei der „gefüllten" Petersilie sind die Blätter kraus, eine Form, die als Schnittpetersilie besonders zu empfehlen ist, weil dann Verwechslungen mit der giftigen Hundspetersilie (Aethusa cynapium) nicht möglich sind. Der 3—5kantige, oberseits rinnige Blattstiel enthält 3—5 kollaterale Leitbündel und in den Kanten Kollenchymbündel. Zwischen beiden sowie im Siebteil liegen Sekretschläuche. Die Epidermiszellen sind welligbuchtig, nur über den Nerven geradwandig und mit Cuticularstreifen versehen, oberseits über den stärkeren Nerven auch vielfach papillös vorgewölbt[2]. Die von 3—4 Zellen eingeschlossenen Stomata sind unterseits etwa dreimal zahlreicher als oberseits. Zu beiden Seiten der Mittelnerven sind weite Sekretgänge erkennbar.

Die giftige Hundspetersilie (Aethusa cynapium L.), die häufig auf Kulturland vorkommt und daher zuweilen mit der gewöhnlichen Petersilie verwechselt wird, ist im blühenden Zustand leicht als solche erkennbar, da sie sich durch die dreiblättrigen zurückgeschlagenen Hüllchen, die länger als die Döldchen sind, von der Petersilie unterscheidet, deren Hüllchen aus 6—8 kürzeren Blättchen bestehen. Der breit fünfeckige Blattstiel enthält 1—2 Gefäßbündel, deren Siebteil vom Holzteil fast vollständig umfaßt wird (Unterschied von Petersilie). Spaltöffnungen finden sich auf der Oberseite der Blätter nur spärlich, unterseits reichlich. Auf der Unterseite der Leitbündel ist ein weiter Sekretkanal erkennbar.

28. Kerbel. Der Gartenkerbel (Anthriscus cerefolium [L.] HOFFM.) wird bei uns als Suppenkraut angebaut. Die 3—4fach gefiederten, aus fiederspaltigen Abschnitten mit lanzettlichen Zipfeln zusammengesetzten Blätter sind unterseits wie die Blattstiele zerstreut behaart. Die aus wellig-buchtigen Zellen zusammengesetzte Epidermis trägt nur auf der Unterseite von 3—4 Zellen umgebene Spaltöffnungen. Am Rand der Blattabschnitte finden sich zumeist in der Nähe der Spitze ein-, selten zweizellige zahn- oder pfriemenartige, derbwandige Haargebilde[3], an der Spitze selbst 1—3 derartige Trichome, die häufig auch abgebrochen sind. Die Unterseite der Blattstielchen und stärkeren Nerven trägt einzelne, ziemlich lange, einzellige Haare.

[1] Vgl. GOTTSCHALDT: Z. 1934, **67**, 474f.
[2] Vgl. MÖLLER-GRIEBEL, Abb. 662. [3] Vgl. MÖLLER-GRIEBEL, Abb. 663.

29. Dill (Anethum graveolens L.) wird bei uns als Küchenkraut für Soßen und Salate sowie zum Einlegen der Salzgurken gebraucht. Der runde, hohle, fein längsstreifige Stengel trägt 3—4fach fiederteilige Blätter, die in linealisch-fiederförmige, kahle Zipfel aufgelöst sind. Die aus welligen Zellen bestehende Epidermis enthält beiderseits Stomata, die gewöhnlich von 2, weniger häufig von 3—4 Zellen umgeben sind. Auf der Unterseite jedes Leitbündels liegt ein weiter Sekretkanal.

30. Zwiebelfenchel oder Finocchiofenchel (Foeniculum vulgare MILLER, var. Azoricum [MILLER] THELLUNG), der als Gemüse oder roh als Salat genossen wird, kommt zu uns vorwiegend aus Italien. Verwendung finden nur die süßlich schmeckenden, über 5 mm dicken, saftigen, gerippten Scheiden der Grundblätter, die eine seitlich abgeflachte Zwiebel bilden. Die Epidermiszellen der Blattscheiden sind in der Aufsicht polygonal, die Wände erscheinen bei der äußeren Epidermisschicht fein, bei der inneren gröber geperlt. Die spärlich vorhandenen Stomata sind auf der Außenseite vorwiegend von 2, seltener von 3 Zellen, auf der Innenseite vorwiegend von 3 Zellen umgeben. Die in dem dünnwandigen Parenchym des Grundgewebes verlaufenden kollateralen Leitbündel enthalten überwiegend Spiral- (20—70 μ) und Treppengefäße (bis 45 μ), weniger häufig sind Ring- und Netzgefäße. Die Sekretkanäle führen gelben Inhalt. Zwischen dem Kollenchym jeder Rippe und dem Leitbündel liegt ein besonders stark entwickelter Sekretkanal[1].

f) Aus der Familie der Compositen.

31. Der Gartenlattich oder Lattichsalat (Lactuca sativa L.) wird in verschiedenen Spielarten angebaut, die in Form und Farbe der Blätter variieren, in anatomischer Hinsicht aber kaum Unterschiede aufweisen. Besonders verbreitet ist der Kopf- oder Häuptelsalat (var. capitata L.). Bei ausgewachsenen Blättern wird der äußerste Blattrand — ausgenommen an den Blattausstülpungen (Zähnchen) — aus mehreren Reihen gestreckter Epidermiszellen mit wenig gebogenen Wänden und meist knopfförmigen Erhebungen gebildet[2]. Weiter innen sind die Zellen beider Epidermen mehr oder weniger stark welligbuchtig. Die beiderseits häufigen Stomata sind meist von 4 Epidermiszellen umgeben. Während die Blätter älterer Pflanzen fast kahl sind, finden sich bei jüngeren auf beiden Seiten zwei hinfällige Haarformen, nämlich vielzellige Deckhaare, deren Glieder meist zerknittert oder ganz zusammengefallen sind, und Drüsenhaare mit 1—2zelligem Köpfchen und mehrzellreihiger Basis[3]. Bei einzelnen Formen kommen auf der Unterseite des Hauptnervs auch lange, zottenähnliche, am Grunde vielzellreihige Gebilde vor. Die Nerven werden an ihrer Unterseite von Milchsaftschläuchen begleitet, die durch ihren körnigen Inhalt auffallen, bei jungen Blättern aber auch im gebleichten Präparat nicht immer erkennbar sind. Stärkere Nerven weisen eine deutliche Parenchymscheide auf.

32. Zichorie. Namentlich die „Chicorée" genannte Kulturform der Zichorie (Cichorium intybus L.) findet im gebleichten Zustand als Gemüse und Salat Verwendung. Der Hauptsache nach besteht Chicorée aus den fleischigen Blattrippen, deren Epidermis sich aus länglichen, meist beiderseits spitz auslaufenden Zellen zusammensetzt und fast keine Stomata enthält. Die Epidermen der noch wenig entwickelten Blattspreite tragen von meist 4 Zellen umgebene Spaltöffnungen und vielzellige, aber einzellreihige Deckhaare sowie kurze Drüsenhaare mit mehrzelligem Köpfchen und ein- oder zweizellreihigem Stiel (die Blätter der Wurzelzichorie[4] sind in der Behaarung etwas abweichend). Die Blattnerven enthalten kollaterale Leitbündel mit Milchröhren[5].

33. Die Endivie (Cichorium endivia L.) wird in Formen mit ungeteilten (Escariol) bis fein geschlitzten und krausen Blättern als Salatpflanze angebaut. Mikroskopisch sind die einzelnen Kulturformen von denen der Zichorie nur wenig verschieden. Beim Escariol finden sich neben einzellreihigen Gliederhaaren beiderseits vereinzelte zottenähnliche Haare mit mehrzellreihiger Basis, die gewöhnlich in eine spitz verlaufende Zelle endigen. Auf der Unterseite kommen auch gleichartige, jedoch mit einem kleinen Köpfchen abschließende Haare vor. Auf dem Hauptnerv beobachtet man vielzellige Haarnarben. Bei den geschlitztund krausblättrigen Formen fehlen solche Haarnarben, die zottenähnlichen Haare und Köpfchenhaare sind kleiner, dagegen die einfachen Gliederhaare etwas größer[6].

34. Cardy sind die durch Lagerung im Keller gebleichten fleischigen Blattstiele und Blattrippen einer Form der Kardenartischocke (Cynara cardunculus L. subsp. cardunculus L.), die in den Mittelmeerländern kultiviert wird und als Gemüse auch bei uns Verwendung findet[7].

35. Artischocke. Von der Artischocke (Cynara scolymus L.) finden die noch nicht entfalteten Blütenköpfe als Gemüse Verwendung. Genießbar ist aber nur der fleischige

[1] Vgl. DRUDE: **Z.** 1933, **65**, 532. [2] Vgl. H. GOTTSCHALDT: **Z.** 1934, **67**, 467, Abb. 1.
[3] Vgl. MÖLLER-GRIEBEL, Abb. 679. [4] Vgl. MÖLLER-GRIEBEL, Abb. 683.
[5] Vgl. H. GOTTSCHALDT a. a. O. [6] Vgl. H. GOTTSCHALDT: **Z.** 1934, **67**, 469f.
[7] Über die Histologie vgl. bei W. DRUDE: **Z.** 1933, **65**, 534f.

Grund der Hüllblätter und der fleischige Blütenboden. Sowohl im basalen Teil der Hüllblätter wie auch im Blütenboden ist das dünnwandige Parenchym von Leitbündeln (mit engen Spiralgefäßen) durchzogen, die von Sekretschläuchen mit dunkelbraunem Inhalt begleitet sind[1].

Die in Frankreich in Konservenfabriken in den Handel kommenden Artischockenböden werden nach VILLERS und COLLIN bisweilen mit Topinambur oder Sellerie verfälscht.

g) Aus verschiedenen Pflanzenfamilien.

36. Rapünzchen, Feldsalat, Ackersalat oder Schafmäulchen (Valerianella olitoria [L.] MÖNCH — Valerianaceae). Verwendung finden die im Winter und ersten Frühling geernteten Blattrosetten der Wildform sowie die durch größere und fleischigere Blätter ausgezeichneten Gartenformen. Die länglich-spatelförmigen Blätter sind ganzrandig, namentlich im unteren Teil am Rande leicht gewimpert, die Epidermiszellen mehr oder weniger wellig. Stomata unterseits reichlicher vorhanden und oft in Gruppen von 2—4 zusammenstehend. Beide Epidermen tragen vereinzelte keulenförmige Drüsenhaare mit einzelligem Stiel und mehrzelligem, durch senkrechte und horizontale Scheidewände geteiltem Köpfchen. Oberseits[2] finden sich außerdem noch kurze kegelförmige, einzellige Deckhaare mit derber Wand und zum Teil gestreifter Cuticula. Noch größere derartige Deckhaare kommen am Rand des Blattgrundes und über dem Hauptnerv auf der Unterseite vor.

37. Boretsch oder Gurkenkraut (Borago officinalis L. — Boraginaceae) findet hauptsächlich als Zusatz zu verschiedenen Salaten Verwendung. Die etwas runzeligen Blätter sind beiderseits mit steifen, borstigen Haaren besetzt. Die starren Borstenhaare[3] sind oberseits einzellig, bis 2 μ lang, unterseits schlanker, zum Teil zweizellig. Der angeschwollene Fußteil der Haare enthält häufig einen Cystolithen, zuweilen auch der Schaft. Bei besonders großen Borsten beobachtet man auch in den umgebenden Epidermiszellen zystolithische Gebilde. Oxalat fehlt.

38. Portulak (Portulaca sativa HAW. — Portulacaceae) wird auch bei uns zuweilen als Salat oder Gemüsepflanze gezogen (Bürzelkohl). Die etwa spatelförmigen Blätter sind fleischig, unbehaart. Die auf beiden Epidermen reichlich vorhandenen Stomata sind von zwei zum Spalt parallelen Nebenzellen umschlossen, von denen meist eine etwas größer ist. Ein zweites Paar ähnlich gestalteter Zellen umgibt gewöhnlich den ganzen Spaltöffnungsapparat[4]. Das Mesophyll besteht größtenteils aus chlorophyllfreiem Wasserspeichergewebe. Nur die Leitbündel sind von chlorophyllhaltigem Parenchym umgeben, in dessen Nähe zahlreiche kleine Oxalatdrusen vorkommen.

39. Neuseeländer Spinat (Tetragonia expansa MURR. — Aizoaceae) wird in Mitteleuropa gelegentlich als Gemüsepflanze angebaut. Die fleischigen, etwa eirunden bis rautenförmigen Blätter erscheinen wie mit glitzernden Bläschen bedeckt. Die Epidermis[5] zeigt beiderseits zwei verschiedene Zellformen, nämlich kleinere, in den Umrissen etwa polygonale, zwischen denen sich viel größere, blasenartige Gebilde finden. Durch die letzteren (Wasserspeicher) kommt das eigenartige, winzige Tautröpfchen vortäuschende Aussehen der Blätter zustande. Stomata sind beiderseits reichlich vorhanden. Das Mesophyll enthält zahlreiche Oxalatdrusen.

Über Malabarspinat (Basella alba L. u. B. rubra L. — Basellaceae) vgl. H. GOTTSCHALDT[6].

Über „Frühlingskräuter" (Glechoma hederacea, Stellaria media, Ficaria ranunculoides, Anemone nemorosa, Ranunculus bulbosus, Oxalis acetosella) berichtete MOUCKA[7], über die Mikroskopie heimischer Gewürzpflanzen (I Bibernell) MÄCKEL[8].

III. Früchte und Teile von solchen.

40. Gurke. Die Früchte der Gurke (Cucumis sativa L. — Cucurbitaceae) finden meist im unreifen Zustand als Salat oder eingemacht als Pfeffer-, Essig-, Salz- oder Gewürzgurken, mehr oder weniger reif nach Entfernung der Samen auch zur Bereitung von Gemüse oder Senfgurken Verwendung. Sie enthalten in 3 zweiteiligen Fächern zahlreiche flache, weiße Samen, die an ganz jungen Exemplaren noch nicht ausgebildet sind. In mikroskopischer Hinsicht zeigt die Gurke folgende Unterschiede gegenüber dem Kürbis (S. 726). Das Fruchtfleisch besteht im äußeren Teil aus chlorophyllreichem Parenchym, das keine verdickten Elemente aufweist. Die Palisaden der Samenoberhaut sind fast vollständig verquollen. Die Samen enthalten eine zweireihige Sklereidenschicht, deren innere Lage fast quadratisch

---

[1] Siehe Fußnote 7 S. 837. [2] Vgl. MÖLLER-GRIEBEL, Abb. 689.
[3] Vgl. MÖLLER-GRIEBEL, Abb. 688. [4] Vgl. MÖLLER-GRIEBEL, Abb. 686 und 687.
[5] Vgl. MÖLLER-GRIEBEL, Abb. 685. [6] H. GOTTSCHALDT: **Z.** 1934, **67**, 504.
[7] MOUCKA: **Z.** 1936, **71**, 58; 1937, **74**, 412. [8] MÄCKEL: **Z.** 1936, **72**, 385.

geformte, viel größere und stärker verdickte Zellen aufweist. Das Sternparenchym besteht meist aus einer einfachen Zellenreihe.

Kürbis vgl. S. 726.

41. Tomate. Als Tomate, Liebesapfel oder Paradiesapfel wird die Frucht des aus Südamerika stammenden, bei uns jetzt überall angebauten Solanum lycopersicum L. — Solanaceae — bezeichnet. Die reifen Tomaten werden mit oder ohne Zutaten roh genossen und finden außerdem als Zusatz zu Suppen sowie zur Herstellung von Konserven (Mark oder Pasten) Verwendung. Unreife Früchte werden in Zucker und Essig eingemacht. Epidermis und Hyperderm, die zusammen die Schale bilden (Abb. 9), bestehen in der Aufsicht aus rundlich polygonalen Zellen, deren Wände mehr oder weniger getüpfelt, bei der Epidermis ausgesprochen gelb sind. Die Hypodermzellen sind größer. Das aus rundlichen Zellen gebildete Fruchtfleisch ist von Leitbündeln durchzogen, die verholzte Spiralgefäße enthalten (bis 30 μ). Das großzellige Gewebe der schwammigen Zentralplacenta enthält bei nicht ganz reifen Früchten häufig sehr viel kleinkörnige Stärke. Neben Spiralgefäßen finden sich in der Placenta auch Netzgefäße und sklerotische Elemente. Die eiförmig flachen, etwa 3 bis 4 mm langen Samen liegen in einer gallertigen Masse und erscheinen nach deren Entfernung von haarförmigen Gebilden besetzt. Diese über 0,5 mm langen Seidenhaare gehen aus den Seitenwänden der in der Aufsicht dicht welligen Epidermiszellen der Samenschale hervor (Abb. 10).

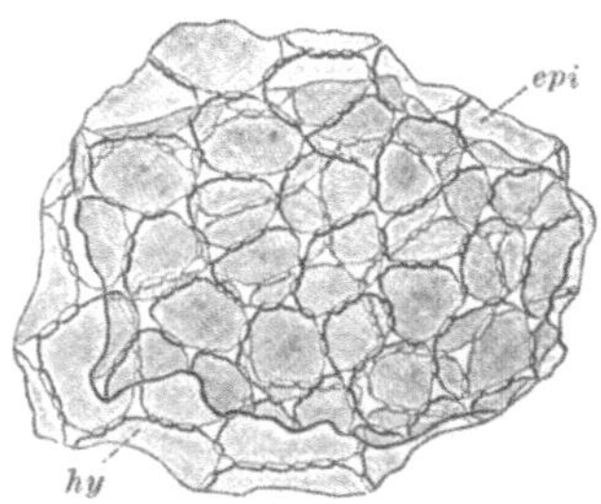

Abb. 9. Fruchtschale der Tomate. *epi* Oberhaut, *hy* Hypoderm. (A. L. WINTON.)

Abb. 10. Flächenschnitt durch die Samenoberhaut der Tomate, die haarförmigen Gebilde zeigend. 1 : 320. (W. DRUDE.)

In eingedicktem Tomatenmark und ähnlichen Zubereitungen beobachtet man bis zu 30 μ weite Spiral-, selten Netzgefäße, Teile der Fruchtoberhaut mit Hypoderm, Bruchstücke der Samenschale mit den stark gewundenen Epidermiszellen und den haarförmigen Fortsätzen der Zellwand. Bei Mitverarbeitung unreifer Früchte finden sich außerdem mehr oder weniger Stärkezellen mit verkleistertem Inhalt aus dem Placentargewebe. Eine Beimengung von Möhren gibt sich durch das Vorkommen weiter Netzgefäße (bis 50 μ, selten bis 75 μ) zu erkennen. Bei Verwendung ungeschälter Möhren findet sich auch Korkgewebe. Da Tomaten häufig von Pilzen befallen werden, beobachtet man im konservierten Mark sehr oft auch verzweigte Fäden von Schimmelpilzen und ähnlichen Pilzarten.

42. Die Eierfrucht oder Aubergine (Solanum melongena L. — Solanaceae) wird im gebackenen oder gerösteten Zustand genossen. Die gurken- oder eiförmige dunkelviolette bis weiße Beerenfrucht ist undeutlich vierfächerig. Die zahlreichen flachen, fast nierenförmigen Samen sind von einem schwammigen Gewebe umgeben[1].

43. Unreife Leguminosenfrüchte. Die unreifen Früchte der Gartenbohne und Feuerbohne werden als Gemüse oder Salat gegessen, die der Zuckererbse roh oder als Gemüse.

a) Gartenbohne (Phaseolus vulgaris L.) und Feuerbohne (Phaseolus multiflorus WILLD.).

Die Oberhaut der Fruchtwand (Hülse) besteht bei der Gartenbohne[2] aus derbwandigen, in der Aufsicht rundlich polygonalen, mit stark gestreifter Cuticula versehenen Zellen. Sie trägt ziemlich große, oft von schmalen gebogenen Nebenzellen eingeschlossene Stomata, kürzere gemshornförmig gebogene (bis 200 μ) und weniger häufig längere pfriemenförmige

[1] Vgl. im übrigen MÖLLER-GRIEBEL, S. 281 und W. DRUDE: **Z. 1933, 65**, 523.

[2] Vgl. MÖLLER-GRIEBEL, Abb. 152. — H. VOLGER: **Z. 1934, 67**, 5, Abb. 2 u. 3.

(bis 300, zuweilen 500 μ), oft über der Basis mit einer Querwand versehene Deckhaare, die beim Abbrechen eine Narbe mit zackigem Rand hinterlassen, und vereinzelt gedrungene, keulenförmige Drüsenhaare mit gekammerten Köpfchen. Das mehrreihige Hypoderm wird aus 1—3 Reihen spindelförmiger, derbwandiger Zellen gebildet, die bei der Reife faserartige Beschaffenheit annehmen und durch stark quellende Wände ausgezeichnet sind. Im inneren Mesokarp liegt eine mehrreihige, bei jungen Früchten noch wenig ausgeprägte Faserschicht, deren Zellen schräg zur Längsachse der Frucht und rechtwinklig zur Hypodermschicht verlaufen. Auf dieser Hartschicht liegen kleine, dünnwandige Krystallkammerzellen mit länglichen Einzelkrystallen (Abb. 11). Auch in den innersten Lagen des Mesokarps finden sich Einzelkrystalle, die aber zuweilen regellos verteilt sind. Ebenso sind die Bastfaserbeläge, die sich an der Bauchnaht und Rückennaht der Hülle befinden, außen von Krystallkammerzellen eingefaßt, deren Krystalle den bei der Erbse vorkommenden ähnlich sind. Die Mesokarpzellen enthalten häufig kleinkörnige Stärke mit zum Teil zusammengesetzten Körnern.

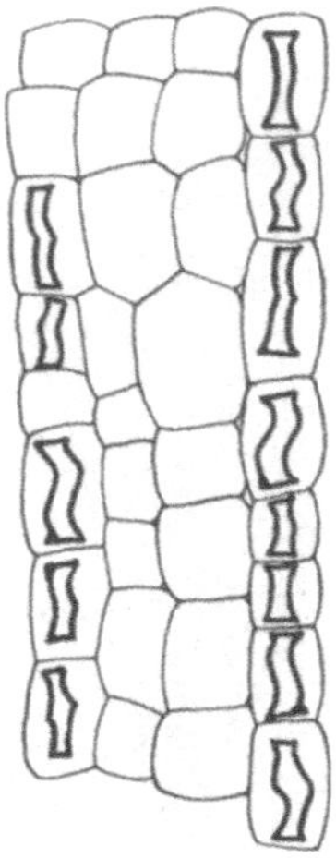

Abb. 11. Oxalatkrystalle aus dem inneren Mesokarp der Gartenbohne. 1 : 225. (C. Griebel.)

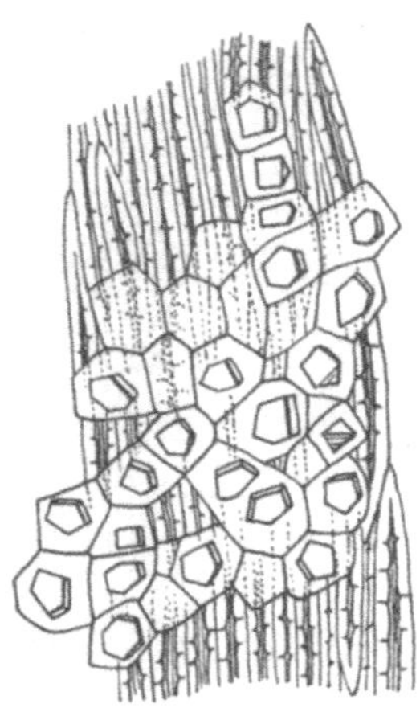

Abb. 12. Faserschicht der Erbsenhülse von Krystallzellgruppen bedeckt. 1 : 225. (C. Griebel.)

Bei der Feuerbohne sind die Pfriemenhaare viel zahlreicher und länger (bis zu 900 μ). Auch die gemshornförmigen Haare sind durchschnittlich länger (bis 370 μ), Drüsenhaare sehr zahlreich. In Begleitung der Gefäße auf der Bauch- und Rückennaht finden sich zahlreiche Gerbstoffschläuche mit gelbem Inhalt, die an jungen Früchten der Gartenbohne meist noch nicht sichtbar sind.

b) Gartenerbse (Pisum sativum L.). Genießbar sind besonders die jungen Hülsen der als „Zuckererbsen" bezeichneten Formen. Die Hülsen sind kahl. Die Oberhaut[1] besteht aus gestreckt polygonalen, oft derbwandigen Zellen, deren Cuticula mit feinen Wachskörnchen bedeckt ist. Die Stomata sind meist von drei gebogenen Nebenzellen umgeben. Wie bei allen Leguminosenhülsen befindet sich im inneren Teil des Mesokarps eine mehrreihige, aus mehr oder weniger stark verdickten Fasern bestehende Hartschicht, die von zahlreichen Einzelkrystallen in Kammerzellen bedeckt ist (Abb. 12). Die Endokarpzellen sind papillös vorgewölbt und stellenweise zu mehrgliedrigen, schlauchförmigen Haaren ausgewachsen (Unterschied von Bohne), die bisweilen ineinander verschlungene Knäuel bilden. Kleinkörnige Stärke enthält das Mesokarp meist in erheblicher Menge. Kennzeichnend für die Erbsenhülse in Zubereitungen sind besonders die zahlreichen rhomboederförmigen Oxalatkrystalle, die in Kammerzellen nicht nur an der Außenseite der Hartfaserschicht, sondern auch als Begleiter der Gefäßbündelstränge sowie der Bastfaserbeläge an Rücken- und Bauchnaht vorkommen.

IV. Botanisch-mikroskopische Untersuchung der Speisepilze.

Die im Sprachgebrauch als „Pilze" oder „Schwämme" bezeichneten Fruchtkörper höherer Pilze gehören zum größten Teil zu den Basidiomyceten, die ihre Sporen zu 2 oder 4 auf besonderen Trägerzellen, sog. Basidien (Abb. 15) bilden, zum kleineren Teil zu den Ascomyceten, bei denen die Sporen (meist 8) im Innern von rundlichen oder länglichen Schläuchen (Asci) gebildet werden (Abb. 17). Von den Basidiomyceten sind es wieder hauptsächlich zwei große Familien, die uns Speisepilze liefern und bei denen zugleich giftige Arten vorkommen, nämlich die Blätterpilze (Agaricaceae), deren Hut auf der Unterseite zahlreiche vom Sporenlager (Hymenium) überzogene Lamellen trägt und die Röhrenpilze (Polyporeae), deren Hutunterseite aus zahlreichen, vom

[1] Vgl. Möller-Griebel, Abb. 158.

Hymenium ausgekleideten Röhrchen besteht. Obwohl bei uns zahlreiche genießbare Arten von Hutpilzen vorkommen, gelangen doch nur verhältnismäßig wenige Pilzarten in den Marktverkehr, die außerdem je nach der Gegend verschieden sind. Zur Bestimmung von frischen Hutpilzen sind Spezialwerke mit guten Abbildungen[1] heranzuziehen, weil eine sichere Diagnose der Arten im engen Rahmen auch mit Hilfe des Mikroskops nicht möglich ist.

Die Pilze bestehen in allen Teilen aus einem mehr oder weniger dichten Flechtwerk zarter, schlauchartiger Zellfäden (Hyphen), zu denen im Fruchtlager (Hymenium) noch die Sporen kommen. Die Übereinstimmung im anatomischen Bau ist jedoch so groß, daß es auf mikroskopischem Wege oft nicht gelingt, giftige Arten von genießbaren zu unterscheiden. Im nachstehenden sollen nur wenige Arten behandelt werden, deren Erkennung auch im zerkleinerten Zustande praktische Bedeutung besitzt.

1. Basidiomyceten.

a) Blätterpilze (Agaricaceae).

α) **Champignon.** Bei allen Champignonarten sind die Lamellen in der Jugend grauweißlich, dann hellrosa, später schokoladebraun bis schwarzbraun. Der Stiel ist in der Mitte mit einem häutigen Ring versehen. Querschnitte durch die Lamellen zeigen in der Mitte eine Schicht verhältnismäßig breiter, in einer Richtung verlaufender Hyphen (Abb. 13), beiderseits von einer kleinzelligen Schicht umsäumt, aus der die Basidien und Paraphysen entspringen. Die Sporen sind elliptisch (Abb. 14), beim Feldchampignon oder Feldegerling (Psalliota campestris [L.] Fr.) und Schafchampignon (Psalliota arvensis [Schäff.] Fr.) im ausgewachsenen Zustand 8—9 μ lang, 6 μ breit, beim Waldchampignon (Psalliota sylvatica [Schäff.] Fr.) 6—7 μ lang, 3—4 μ breit. Ihre Membran ist braun, im jugendlichen Zustand hell.

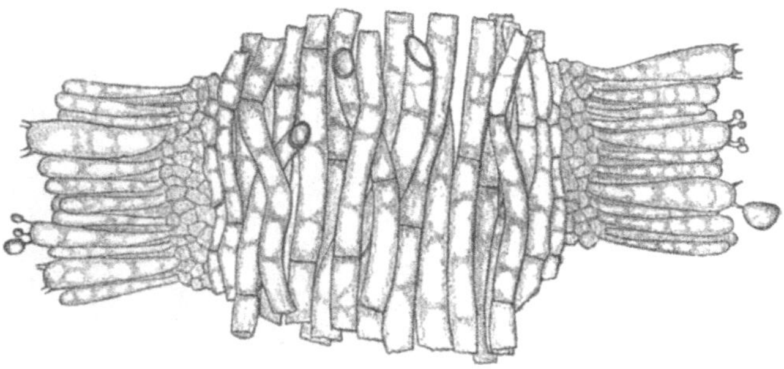

Abb. 13. Querschnitt durch eine Lamelle des Champignons, die Mittelschicht und das Hymenium mit den Basidien zeigend. Stark vergrößert. (Nach C. Mez.)

Schaf- und Waldchampignon finden sich ebenso wie der sehr giftige Knollenblätterpilz auch in Wäldern, wodurch die immer wieder vorkommenden und oft zu tödlichen Vergiftungen führenden Verwechslungen beider zu erklären sind, obwohl sich Champignon und Knollenblätterpilz nur im Jugendzustand ähneln.

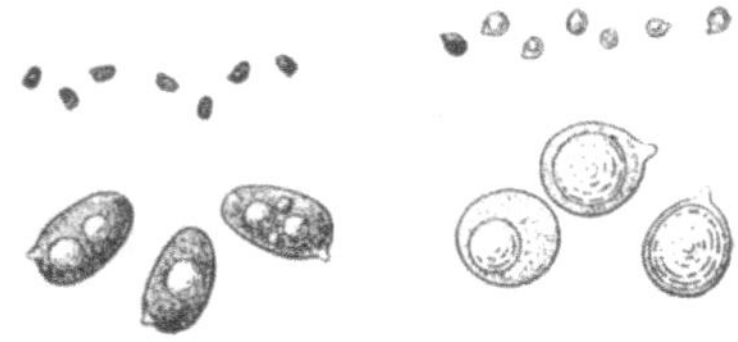

Abb. 14. Sporen des Champignons (links) und des Knollenblätterschwamms (rechts). Vergr. 200 und 1000fach. (G. Gassner.)

β) **Der Knollenblätterpilz** kommt in verschiedenen Formen vor, die zuweilen auch als eigene Arten angesehen werden. Die wichtigsten Varietäten sind der grüne (Amanita phalloides Fr.), der gelbliche (Amanita mappa Batsch.) und der weiße oder Frühlingsknollenblätterschwamm (Amanita verna Bull.). Der

[1] Edmund Michael: Führer für Pilzfreunde, 3 Bände. Zwickau 1901—1905. — Gramberg: Pilze der Heimat, 2 Bände. Leipzig 1913. — Rothmayr: Die Pilze des Waldes, 2 Bände. Luzern 1920. — Migula: Kryptogamenflora, Bd. III, Teil 1—3.

gefährlichste aller Giftpilze ist der grüne Knollenblätterpilz, der im ausgewachsenen Zustand eher mit grünen Täublingen als mit einem Champignon verwechselt werden kann. Er kommt besonders unter Eichen vor. Der etwas weniger giftige gelbliche Knollenblätterpilz findet sich vorwiegend in Nadelwäldern, kommt aber zuweilen in Gesellschaft von Champignons vor und kann daher leichter mit diesen verwechselt werden.

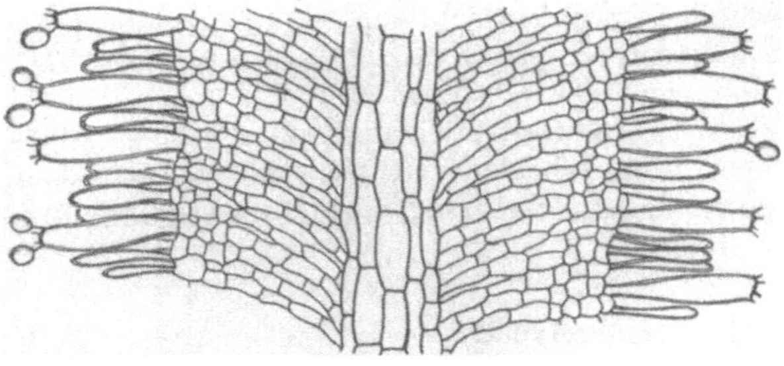

Abb. 15. Querschnitt durch eine Lamelle des Knollenblätterpilzes. (Nach C. MEZ.)

Der Stiel der Knollenblätterpilze ist am Grunde zu einer oft tief im Boden sitzenden Knolle verdickt, die von einer häutigen Scheide umgeben ist[1]. Diese Scheide bildet zusammen mit den auf dem Hut befindlichen — durch Regen aber abwaschbaren und daher mitunter fehlenden — flockigen Hautfetzen die Reste des im Jugendzustand den Pilz umgebenden Velum universale. Der am Stiel befindliche Ring ist der Rest des im Jugendzustand zwischen Hutrand und Stiel ausgespannten Velum partiale. Durch diesen doppelten Schleier, der bei allen Amanitaarten vorkommt, unterscheidet sich der Knollenblätterpilz vom Champignon und anderen Speisepilzen. Zum Unterschied vom Champignon bleiben außerdem die Lamellen beim Knollenblätterpilz im Alter stets weiß.

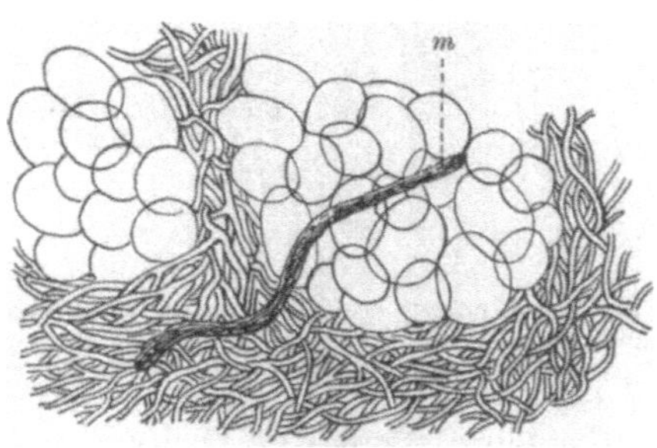

Abb. 16. Schnitt durch das Gewebe eines Milchlings (Lactarius). *m* Milchschaftschlauch. 1 : 240. (C. GRIEBEL.)

Querschnitte durch die in Alkohol gehärteten Lamellen zeigen, daß sich an die mittlere geradlinige Hyphenschicht beiderseits bogenförmig nach außen verlaufende Hyphen anschließen (Abb. 15). Die Sporen (Abb. 14) sind fast kugelig (8—10 μ lang), ihre Membran ist farblos.

Noch einige andere Amanitaarten gehören zu den Giftpilzen, nämlich der Fliegenpilz (Amanita muscaria [L.] PERS.), kenntlich an dem hochroten, mit weißen Warzen (durch Regen abwaschbar) besetzten Hut, weißem Fleisch und weißen Lamellen, während das Fleisch und die Lamellen des ihm ähnlichen genießbaren Kaiserlings (Amanita caesarea) gelb sind. Beim sehr giftigen Königsfliegenpilz (Amanita muscaria var. regalis) ist der Hut braun, desgleichen beim kleineren Pantherpilz (Amanita pantherina QUÉL.), dessen Hut mit ziemlich regelmäßig gestellten kleinen weißen Warzen bedeckt ist. Auch diese Amanitaarten weisen den gleichen Bau auf wie der Knollenblätterpilz, jedoch sind die Sporen elliptisch, beim Fliegenpilz 10—14 μ, beim Perlpilz 7—8 μ lang.

γ) **Milchlinge und Täublinge.** Zum Unterschied von allen anderen Blätterpilzen sind die Milchlinge und Täublinge, die niemals einen Ring besitzen, aus zwei verschiedenen Gewebeselementen aufgebaut. Neben den langgestreckten, dünnen, untereinander verflochtetenen Hyphen finden sich rosettenartige Gruppen von bedeutend weiteren Zellen, zwischen denen bei den Milchlingen außerdem Milchröhren auftreten (Abb. 16 und 20, 1). Bei den meisten Arten

[1] Auch der Schaf- und Waldchampignon sind übrigens am Grunde häufig etwas verdickt; beide besitzen aber niemals eine häutige Scheide.

der beiden Gattungen Lactarius (Milchling) und Russula (Täubling) sind außerdem die kugeligen bis ellipsoiden Sporen durch eine mit sehr kleinen zerstreuten Stacheln besetzte, farblose oder gelbliche Membran ausgezeichnet (Abb. 20, 3 und 4).

Von den Milchlingen sind mehrere Arten wegen ihres scharfen Geschmackes ungenießbar oder wenigstens erst nach dem Abkochen in Salzwasser genießbar, wenn das Kochwasser weggegossen wird. Insbesondere ist der Geschmack des Birkenreizkers (Lactarius torminosus), der einen Doppelgänger des echten Reizkers darstellt, brennend scharf.

Der echte Reizker (Lactarius deliciosus) hat gelbroten Milchsaft und rötlichgelbes, mild schmeckendes Fleisch, das sich an Druck- und Bruchstellen grün verfärbt, und ebensolche Lamellen. Der Birkenreizker ist am Hutrand zottig-faserig, hat weißen Milchsaft, weißliche Lamellen und helleres, auch an Wund- und Druckstellen sich nicht grün verfärbendes Fleisch.

Auch von den Täublingen sind eine Anzahl Arten wegen ihres brennend scharfen Geschmackes ungenießbar oder sogar giftig, wie z. B. der Speitäubling (Russula emetica), der zu den Arten mit rotem Hut zählt. Die eßbaren Täublinge erkennt man am milden Geschmack, daher ist stets eine Kostprobe erforderlich.

δ) Von Blätterpilzen sei noch der **ziegelrote Rißpilz** (Inocybe lateraria Ricken) genannt. Die im Jahre 1916 und späterhin vorgekommenen tödlichen Vergiftungen haben gezeigt, daß es sich um eine sehr giftige Art handelt, die allerdings nicht sehr häufig ist.

b) Röhrenpilze.

Der bekannteste Röhrenpilz und zugleich der geschätzteste Marktpilz ist der Steinpilz (Boletus edulis Bull.), dessen Hut auf der Unterseite eine leicht ablösbare engporige Röhrenschicht trägt. Die Röhren sind anfangs weiß, später gelb oder grüngelb. Das die Röhren innen auskleidende Hymenium besteht — wie bei allen hierher gehörigen Pilzen — aus radial angeordneten Basidien, an deren Spitze die spindelförmigen Sporen (Abb. 21) mit glatter, gelblicher oder bräunlicher Membran gebildet werden. Die dem Steinpilz nahestehenden Boletusarten (Birkenpilz, Rothäuptchen, Butterpilz, Ziegenlippe, Maronenpilz usw.) lassen sich mikroskopisch von diesem nicht unterscheiden.

Ein Doppelgänger des Steinpilzes ist der außerordentlich bitter schmeckende, aber ungiftige Gallenpilz (Boletus felleus Bull.), von dem schon ein einziges Exemplar das ganze Pilzgericht ungenießbar machen kann. Er hat weiße, später blaßrosafarbene Röhren, die sich im Alter beträchtlich erweitern. Die Sporen haben eine fast farblose Membran und enthalten im frischen Zustande rostrote Öltröpfchen.

Giftig ist der Satanspilz (Boletus satanas Lenz.), der an den blutroten Mündungen der gelben bis grünlichen Röhrchen und an dem bauchigen, mehr oder weniger carminroten, im oberen Teil mit orangeroter Netzzeichnung versehenen Stiel erkannt wird. Giftverdächtig sind außerdem zwei ebenfalls durch lebhafte Färbung ausgezeichnete Arten, der Dickfußröhrling (Boletus pachypus Fr.), der sehr bitter schmeckt, und der Wolfsröhrling (Boletus lupinus Fr.). Mikroskopisch sind diese Arten nicht von den genießbaren zu unterscheiden.

2. Ascomyceten (Schlauchpilze).

Von Speisepilzen gehören hierher hauptsächlich die Morcheln und Trüffeln.

a) Morcheln und Lorcheln.

Bei den zur Familie der Helvellaceen gehörenden Gattungen Morchella (Morchel) und Helvella (Lorchel) überzieht das Hymenium die Lappen oder Gruben des Fruchtlagers. Es besteht aus palisadenartig angeordneten Schläuchen (Abb. 17), die je 8 glatte, meist ellipsoidische Sporen enthalten.

Als Marktpilz kommt hauptsächlich die Lorchel (Helvella esculenta PERS. — Gyromitra esculenta FR.) in Betracht, die gewöhnlich als Frühlingsmorchel oder Stockmorchel bezeichnet wird. Ihr Genuß verursacht fast alljährlich mehr oder weniger heftige Gesundheitsschädigungen, die man auf den Gehalt an Helvellasäure zurückführt. Der Giftstoff läßt sich durch Weggießen des Kochwassers größtenteils beseitigen und verschwindet auch beim Trocknen der Lorcheln. Die Lorchel hat einen hohlen Stiel und einen mehr oder weniger lappigen, zum Teil hohlen, kaffeebraunen Hut. Die Sporen sind weiß (17—20 μ lang, 8—11 μ breit) und enthalten zwei kleine, farblose Öltröpfchen. Fast doppelt so lang sind die ellipsoidischen Sporen der Riesenlorchel (Helvella gigas KROMBH.).

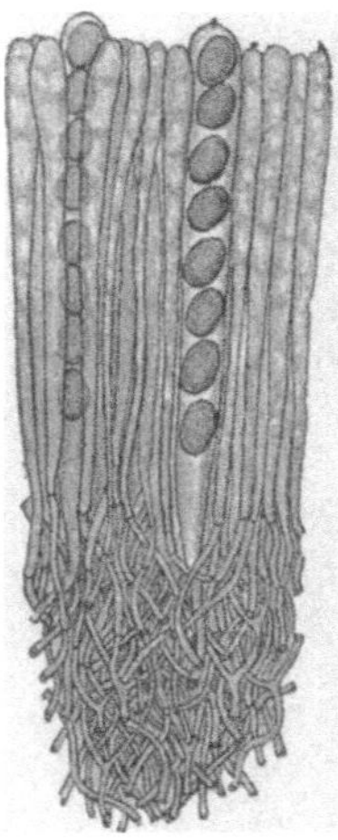

Abb. 17. Querschnitt durch das Hymenium der Lorchel. (Nach C. MEZ.)

Bei der eigentlichen Speisemorchel (Morchella esculenta [L.] PERS.), der Spitzmorchel (Morchella conica PERS.) und anderen als Speisepilze Verwendung findenden Arten ist der Hut durch Längs- und Querleisten in unregelmäßige, tiefe Zellen geteilt und dem hohlen Stiel in der ganzen Länge — bei einigen Arten nur teilweise — angewachsen. Die Sporen sind hellgelblich, etwa ebenso groß wie bei Helvella.

b) Trüffeln.

Eine Anzahl Schlauchpilze mit knollenförmigen unterirdischen Fruchtkörpern aus der Familie der Tuberaceen und Terfeziaceen werden als Trüffeln bezeichnet. Sie dienen zum Würzen von Speisen und zur Herstellung bestimmter Zubereitungen (z. B. Trüffelleberwurst). Bei den Tuberaceen zeigt ein Durchschnitt des Fruchtkörpers zahlreiche labyrinthartige Gänge, deren Wände vom Hymenium ausgekleidet sind. Dieses besteht aus einem Hyphengeflecht, in das die sporentragenden Schläuche (Asci) unregelmäßig eingelagert sind (Abb. 18 I und II). Die Asci enthalten 1—4 einzellige Sporen, deren Beschaffenheit die Unterscheidung der einzelnen Arten unter dem Mikroskop leicht ermöglicht.

α) Die französische oder Perigordtrüffel (Tuber brumale var. melanosporum VITT.) ist wegen ihres starken Aromas die wertvollste von allen. Sie kommt hauptsächlich in Südfrankreich vor, auch in Norditalien sowie im Elsaß und in Baden und findet sich meist unter Eichen. Die etwa kartoffelgroßen, oft unregelmäßig gestalteten schwarzen Fruchtkörper sind auf der Oberfläche dicht mit abgeflachten 2—3 mm großen Warzen besetzt. Das Fleisch ist schwarzviolett, durch zahlreiche helle labyrinthartig verlaufende Adern marmoriert. Die fast schwarzen Sporen sind elliptisch, bis 45 μ lang, dicht mit Stacheln besetzt (Abb. 18 I und 19 c u. d). Bei der weniger aromatischen Wintertrüffel (Tuber brunale VITT.), der Stammform der vorigen, sind die Sporen zuweilen etwas kleiner, braun.

β) Die deutsche oder Sommertrüffel (Tuber aestivum VITT. mit der Abart mesentericum VITT.), deren Verbreitungsgebiet weiter nördlich reicht, hat größere schwarze Warzen und bräunliches, durch weiße Adern marmoriertes Fleisch, das viel weniger aromatisch ist als bei voriger Art. Die Sporen sind elliptisch, bis 45 μ lang, hellbraun, weitmaschig genetzt (Abb. 19a u. b und 18 II). Die übrigen Arten der Gattung Tuber spielen als Speisepilze eine ganz untergeordnete Rolle.

Bei den Terfeziaceen (für uns kommen nur Choiromyces und Terfezia in Betracht) sind die Asci achtsporig.

γ) Die in Mitteleuropa vorkommende weiße Trüffel (Choiromyces maeandriformis VITT.) bildet kartoffelähnliche hellgelbbraune Knollen und hat zäheres, weißliches bis bräunliches, kaum geadertes, wenig aromatisches Fleisch. Die

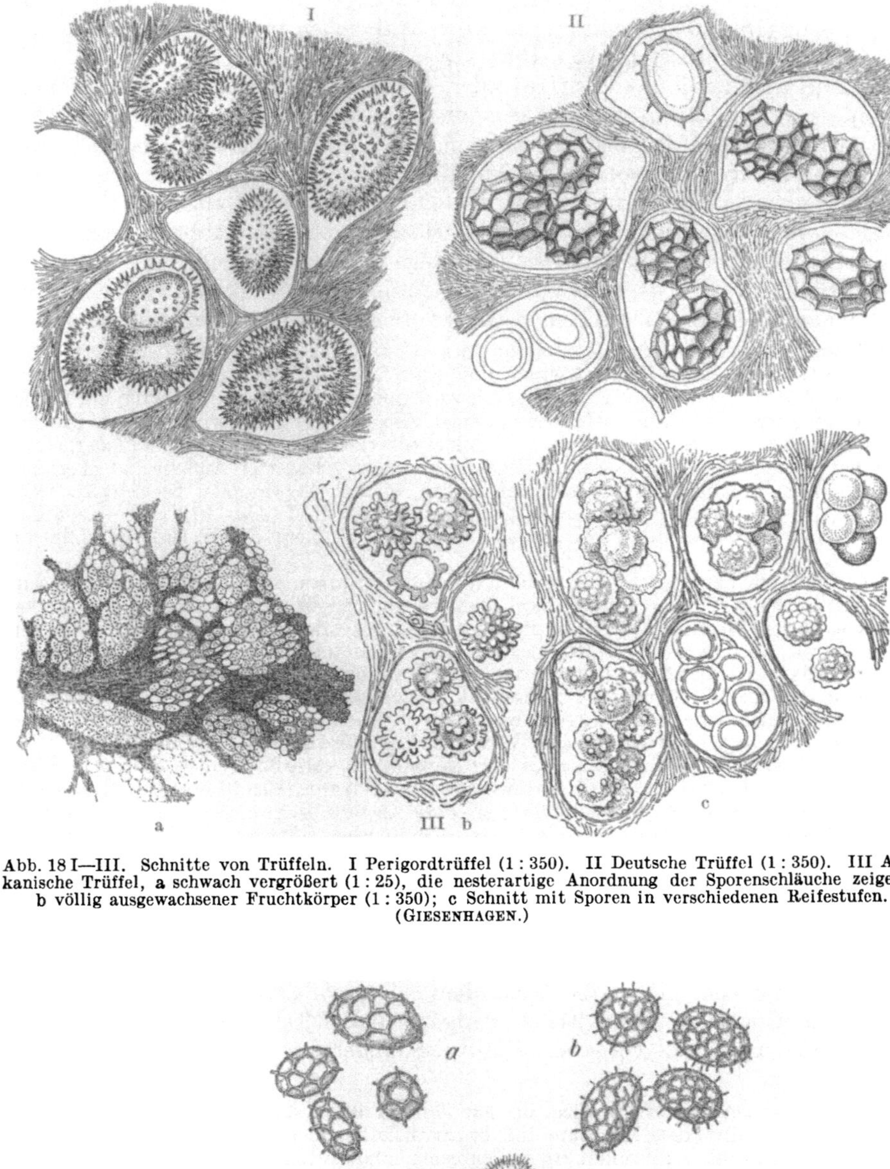

Abb. 18 I—III. Schnitte von Trüffeln. I Perigordtrüffel (1 : 350). II Deutsche Trüffel (1 : 350). III **Afrikanische** Trüffel, a schwach vergrößert (1 : 25), die nesterartige Anordnung der Sporenschläuche **zeigend**; b völlig ausgewachsener Fruchtkörper (1 : 350); c Schnitt mit Sporen in verschiedenen Reifestufen. (GIESENHAGEN.)

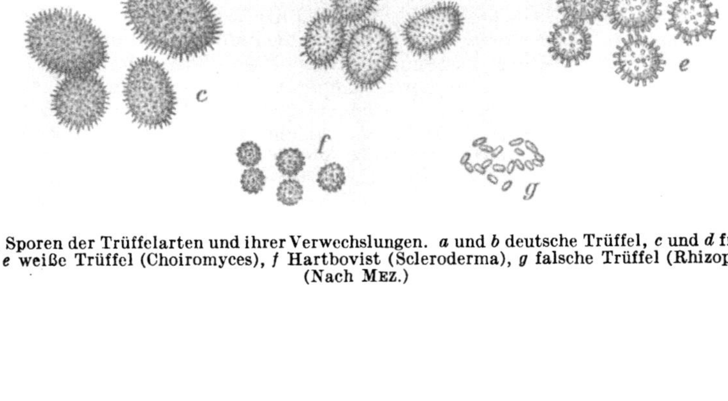

Abb. 19 a—g. Sporen der Trüffelarten und ihrer Verwechslungen. *a* und *b* deutsche Trüffel, *c* und *d* französische Trüffel, *e* weiße Trüffel (Choiromyces), *f* Hartbovist (Scleroderma), *g* falsche Trüffel (Rhizopogon). (Nach MEZ.)

ascusführenden Teile sind mäandrisch geschlängelte, dunkler gefärbte Bänder, an denen die keulenförmigen Asci palisadenartig angeordnet sind. Die Sporen sind kugelig (15—20 μ), hellbraun und mit zahlreichen ungleich langen, stachelartigen Stäbchen besetzt (Abb. 19e).

δ) Die afrikanische Trüffel oder Terfaz (Terfezia leonis Tul.) kommt besonders in Nordafrika vor und gelangt zu uns nur in getrocknetem Zustand in etwa $^1/_2$ cm dicke Scheiben geschnitten, von gelbbräunlicher Farbe. Die Asci sind zu nestartigen Gruppen vereinigt, die durch verzweigte sterile Adern voneinander getrennt sind (Abb. 18 IIIa). Die Sporen sind kugelig (16—20 μ), blaßgelb, mit abgestutzt kegelförmigen Höckern besetzt (Abb. 18 IIIb). Die Fruchtkörper der Handelsware sind allerdings meist nicht ausgereift, und daher ist die Skulptur der Sporenmembran gewöhnlich nur wenig entwickelt (IIIc). Bei jungen Exemplaren erscheinen die Sporen sogar fast oder ganz glatt.

ε) Verfälschungen und Verwechslungen frischer Trüffeln. Der Hart- oder Kartoffelbovist, auch Pomeranzenhärtling oder falsche Trüffel genannt (Scleroderma vulgare Hornem. — Sc. aurantiacum Bull.), wird gelegentlich auf den Märkten als Trüffel verkauft. Es handelt sich hierbei nicht um einen Ascomyceten, sondern um einen Basidiomyceten aus der Gruppe der Bauchpilze. Er bildet oberirdische knollige, etwa lederfarbige Fruchtkörper mit körniger 2—3 mm dicker, oft warzig gefelderter Außenwand (Peridie). Das Innere ist anfangs weiß, später schiefergrau, endlich schwarzblau bis schwarz. Die schwarzen Sporen sind kugelig, warzig stachelig, 8—12 μ groß (Abb. 19f). Der Kartoffelbovist gilt nur als verwendbar, solange das Fleisch noch weiß ist. Später ist er gesundheitsschädlich.

Gleichfalls zu den Bauchpilzen gehört die Schweinetrüffel (Rhizopogon rubescens Tul.) mit höchstens walnußgroßen Fruchtkörpern und länglich elliptischen 7—9 μ großen farblosen, glatten Sporen (Abb. 19g), die gelegentlich als Ersatz der echten Trüffel auf den Markt kommt, auch in mehreren Gegenden im gerösteten Zustand heiß gegessen wird, sowie der Erbsenstreuling (Pisolithus arenarius Alb. u. Schw.), der als Würzpilz gesammelt und besonders zur Wurstbereitung verwendet werden soll. Letzterer hat eigroße Fruchtkörper, die bei der Reife in erbsengroße Kammern zerfallen, die die kastanienbraunen, etwa 8 μ großen kugeligen, mit rundlichen Wärzchen besetzten Sporen enthalten.

Erwähnt sei schließlich noch die für den Menschen ungenießbare, den echten Trüffeln verwandte Hirschtrüffel, vom Volk gewöhnlich als Hirschbrunst bezeichnet, namentlich Elaphomyces cervinus (Pers.) Schröder, deren unterirdisch wachsender Fruchtkörper bei der Reife innen zu einer pulverförmigen Sporenmasse zerfällt. Da die Hirschbrunst als Aphrodisiacum gilt, begegnet man dem Sporenpulver gelegentlich in Speisen oder anderen Zubereitungen. Die Sporen sind kugelig (28—32 μ), undurchsichtig, schwarz; ihre Oberfläche erscheint uneben.

Trüffelkonserven. Konservierte Trüffeln kommen geschält und ungeschält im Handel vor. Nicht selten enthalten die Konserven verschiedene Trüffelarten nebeneinander. So bestanden z. B. als Perigordtrüffeln (Stücke) bezeichnete Konserven aus 3 Teilen Perigord- und 1 Teil Sommertrüffeln, eine andere Probe aus 1 Teil Perigord-, 7 Teilen Sommer- und 3 Teilen afrikanischen Trüffeln.

Mitunter werden aber auch Pilze, die gar keine Trüffeln sind, als solche ausgegeben. So fand Martha Brüllau[1] in Wurst Pilzbruchstücke, an denen zum Teil noch deutlich eine Röhrenschicht mit vereinzelten Sporen zu beobachten war. Aus der schwarzen Färbung der Teilchen schloß sie auf das Vorliegen von Tubiporus (Boletus) rufus Schaeff. (Rothäuptchen), weil sich dieser Pilz beim Kochen grauschwarz verfärbt.

Eine späterhin von C. Griebel[2] untersuchte, als „Allerfeinste schwarze Trüffeln“ bezeichnete Konserve, die aus etwa 1 cm großen, annähernd würfelförmigen Stücken von unnatürlich schwarzem Aussehen bestand, war aus einem Blätterpilz hergestellt und mit Teerfarbstoff gefärbt. Querschnitte sowie tangentiale und radiale Längsschnitte aus Stücken, die als Stielteilchen erkannt wurden, zeigten den Aufbau des Pilzkörpers aus zwei verschiedenen Zellelementen (normalen schlauchförmigen Hyphen und rosettenartig angeordneten rundlichen Zellen), daneben außerdem Milchsaftschläuche (Abb. 20). Die an den geringen Lamellenresten spärlich vorhandenen rundlichen, farblosen Sporen zeigten eine stachelige Membran. Es handelte sich daher um einen Pilz der Gattung Lactarius (Milchling). Trüffelbestandteile fehlten der Konserve vollständig.

[1] Martha Brüllau: Z. 1933, **65**, 645. [2] C. Griebel: Z. 1935, **69**, 252.

Bei der mikroskopischen Untersuchung von Pilzstücken aus Konserven oder aus Wurst u. dgl. ist es meist erforderlich, zunächst eine Härtung des Materials mit Alkohol vorzunehmen, um brauchbare Schnitte zu erhalten. Es sei noch erwähnt, daß nach den Beobachtungen von GIESSENHAGEN[1] die bei der Schälung der Trüffeln abfallende Rinde, die wenig oder gar keine Sporen enthält, zur Herstellung billigerer Ware verwendet wird. Das Fehlen der Sporen kann daher nicht immer als Beweis für die Abwesenheit von Trüffelteilchen gelten.

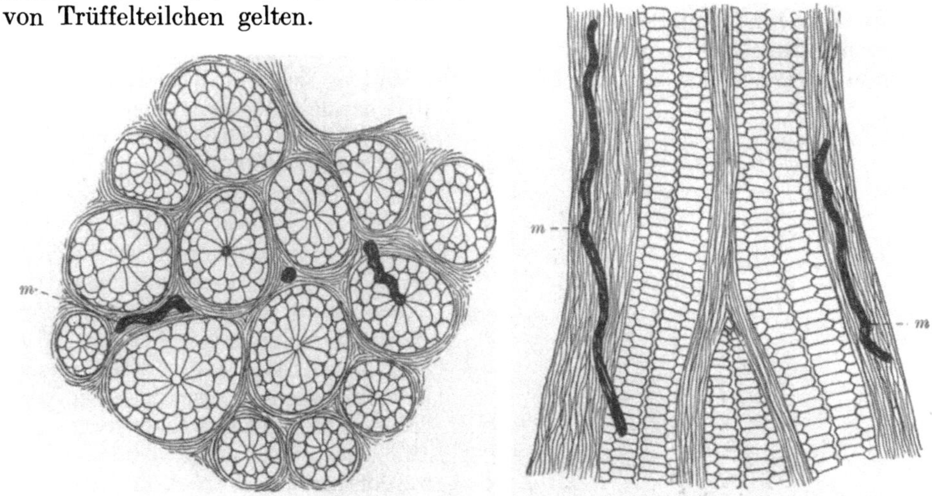

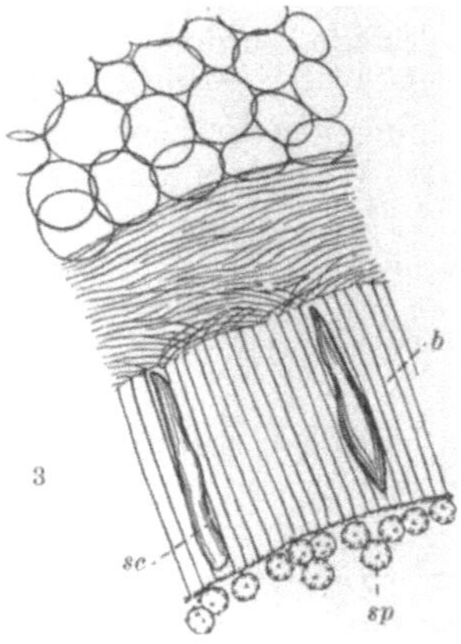

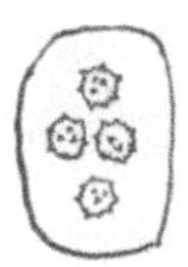

Abb. 201—4. Lactarius spec. 1 Querschnitt; 2 tangentialer Längsschnitt; 3 Querschnitt durch einen Hymenialteil, *b* Basidien, *sc* sklerosierte Zellen, *sp* Sporen; 4 Sporen. Vergr. bei 1 und 2 100fach, bei 3 und 4 350fach. (C. GRIEBEL.)

Getrocknete Pilze. Im Handel kommen hauptsächlich getrocknete Steinpilze, Champignons, Morcheln, Mousserons und gemischte Pilze vor. Die letzteren bestehen oft aus den verschiedensten Arten und können unter Umständen gesundheitsschädliche Sorten enthalten. Da die Hutstücke fast immer noch Teile des Hymeniums enthalten, lassen sie sich unschwer in solche von Blätterpilzen und Röhrenpilzen sondern, denn nur diese beiden Gruppen kommen bei gemischten Pilzen praktisch in Betracht. Unter den Röhrenpilzen gibt es zwar einige giftige Arten (Satanspilz und Dickfuß), jedoch sind diese im allgemeinen so selten, daß ihre Anwesenheit in gemischten Pilzen in wesentlicher

[1] GIESSENHAGEN: Z. 1911, 21, 641.

Menge wenig wahrscheinlich ist. Mikroskopisch lassen sie sich übrigens im getrockneten und zerkleinerten Zustande nicht sicher nachweisen, weil ihre Sporen von denen anderer Boletusarten nicht verschieden sind. Bei etwaigen Gesundheitsschädigungen hat sich daher die Prüfung in erster Linie auf die vorhandenen Blätterpilze zu erstrecken. Nun kann man zwar bei guten Lamellenquerschnitten am Bau der Mittelschicht (Trama) unter Berücksichtigung der Sporenform erkennen, ob die Teilchen einer Amanitaart entstammen (vgl. Abb. 15). Eine Unterscheidung der giftigen und ungiftigen Amanitaarten ist jedoch mikroskopisch nicht möglich. Gleichwohl besteht beim Auffinden von Amanitateilchen der begründete Verdacht, daß es sich um Knollenblätterpilz handelt, der auch im getrockneten Zustand seine Giftigkeit in der Regel nicht verliert. Von Bedeutung ist auch das Auffinden von Täublingen oder Milchlingen (vgl. oben). Auch bei diesen beiden Gattungen lassen sich die genießbaren von den schädlichen Arten (Speitäubling und Giftreizker) mikroskopisch nicht unterscheiden. Trotzdem besteht aber bei vorgekommenen Erkrankungen der dringende Verdacht, daß eine der giftigen Arten vorhanden ist, wobei allerdings berücksichtigt werden muß, daß trockene Pilze auch giftige Zersetzungsprodukte enthalten können, nämlich dann, wenn sie aus nicht mehr einwandfreiem Material hergestellt wurden.

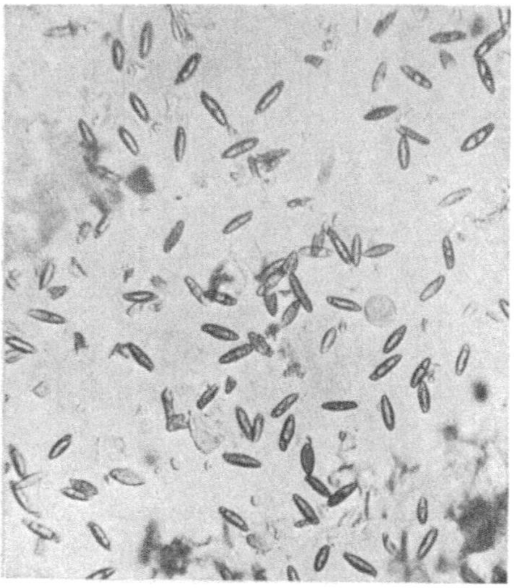
Abb. 21. Pilzpulver aus Boletusarten. 1 : 300. (Phot. C. Griebel.)

Bei der mikroskopischen Untersuchung von Trockenpilzen geht man in der Weise vor, daß man die ausgesonderten Teilchen zunächst in Wasser aufweicht und hierauf mit 70%igem Alkohol härtet. Aus dem so vorbereiteten Material stellt man dann dünne Schnitte her, wobei man die Lamellen rechtwinklig zur Schneide treffen muß. Ebenso verfährt man bei der Untersuchung von Pilzresten aus Magen- oder Darminhalt.

Verfälschungen von Trockenpilzen bestehen gewöhnlich darin, daß eine bestimmte Art zum Teil durch andere ersetzt wird (z. B. Champignon durch andere Blätterpilze oder Steinpilze). Von Giesenhagen wurde aber auch ein Zusatz ganz anderer Art, nämlich Seerosenwurzel beobachtet, die an dem luftreichen, maschenförmigen Gewebe und den reichlich vorhandenen Stärkekörnern kenntlich ist.

Pilzpulver. Durch Mahlen von getrockneten Pilzen gewinnt man Pilzpulver, das als Würzmittel in den Handel kommt. Bei der mikroskopischen Prüfung lassen sich nur aus der Form und Farbe der meist reichlich vorhandenen Sporen Rückschlüsse auf die etwa vorhandenen Arten ziehen, da unsere Hutpilze im übrigen keine hinreichend charakteristischen Zellelemente enthalten. Elliptische, mit brauner, glatter Membran versehene Sporen (bis 9 μ) deuten auf Champignons hin, größere (bis 17 μ) von spindelförmiger bis ellipsoider Gestalt (Abb. 21), mit gelblicher bis hellbrauner glatter Membran auf Boletusarten (Steinpilz, Birkenpilz, Ziegenlippe usw.). Täublinge und Milchlinge sind durch kugelige bis länglichrunde Sporen mit farbloser bis gelblicher, fein stacheliger Membran gekennzeichnet. Ellipsoide, an der einen Seite abgeflachte Sporen (bis 9 μ), die reichlich Öl enthalten, lassen auf Pfifferlinge schließen.

Wie bei allen Pilzuntersuchungen ist auch hier zu berücksichtigen, daß die in der Literatur angegebenen Größenverhältnisse sowie die Farbe der Sporen nur für ausgewachsene, mehr oder weniger ausgereifte Exemplare zutreffen.

V. Die mykologische Untersuchung der Wurzelgewächse und Gemüse.

Von Interesse sind hier besonders die Krankheiten der Kartoffelknollen, weil kranke Kartoffeln sehr häufig Gegenstand der Untersuchung sind. Geringere Bedeutung kommt den Erkrankungen der rübenförmigen Wurzeln sowie der Blatt- und Fruchtgemüse zu. Auch die Krankheiten der Zuckerrübe, die erhebliche wirtschaftliche Schädigungen verursachen können, sind hierbei berücksichtigt, obwohl die Zuckerrübe im allgemeinen nicht unmittelbar genossen wird.

1. Krankheiten der Kartoffelknollen[1]

sind größtenteils durch Pilze verursacht.

a) Äußere Erkrankungen.

1. Der Kartoffelkrebs. Von den Augen ausgehend bilden sich an den Knollen größere oder kleinere blumenkohlartige Geschwülste (Abb. 22), die anfangs weiß sind, aber bald

Abb. 22. Vom Kartoffelkrebs befallene Knolle. (Nach SCHNEIDER.)

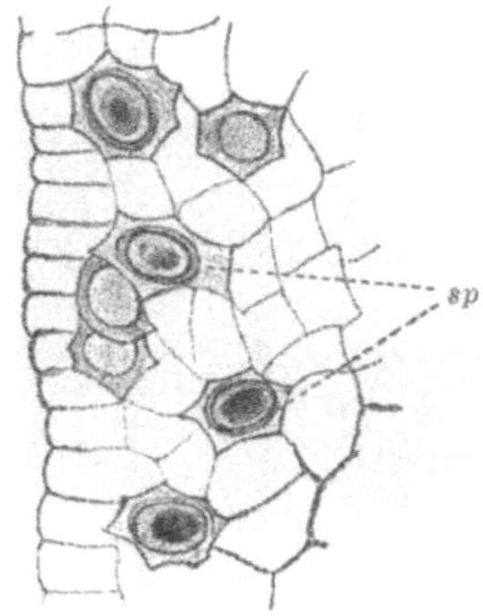

Abb. 23. Chrysophlyctis endobiotica. Schnitt durch den Randteil einer Geschwulst. *sp* Dauersporen. Etwa 100fach vergr.

braun bis schwärzlich werden und oft schon zur Zeit der Ernte vermorschen und faulen. Verursacht wird die Erkrankung durch den zu den Chytridiaceen gehörenden Pilz Chrysophlyctis (Synchytrium) endobiotica SCHILB., der keine Mycelfäden besitzt. Infektion erfolgt durch Schwärmsporen. Bei der mikroskopischen Untersuchung erkennt man in dem Gewebe frischer Wucherungen zwei verschiedene Formen von Fortpflanzungskörpern, nämlich dünnwandige Sommersporangien, die meist zu mehreren in einer Zelle liegen und dickwandige Dauersporangien (Dauercysten), die gewöhnlich nur in der Einzahl in der Wirtszelle entstehen (Abb. 23 *sp*). Die letzteren fallen durch ihre goldgelbe Färbung sofort auf. In beiden Cystenformen werden die winzig kleinen Schwärmsporen gebildet.

2. Schalenkrankheiten. Von den parasitären Schalenkrankheiten sind hauptsächlich die als Schorf bezeichneten Formen zu nennen. Hierbei entstehen flache, tiefe oder bucklige, rauhe Stellen von dunklerer Färbung, die von den Lenticellen ausgehend kleinere Flächen oder auch die ganze Oberfläche der Knollen in Mitleidenschaft ziehen. Ein Schnitt durch eine Schorfstelle zeigt mehrfache Lagen von Wundkork übereinander.

α) Der gewöhnliche Schorf wird durch Pilze der Gattung Actinomyces (Strahlenpilz) hervorgerufen. Im allgemeinen entstehen hierbei flache Vertiefungen mit etwas wulstigen Rändern. Man spricht von Tiefschorf, wenn die Schorfstellen in das Fleisch eingesenkt sind, von Flachschorf, wenn die schorfigen Stellen auf die Fläche der Schale beschränkt sind, von Buckelschorf, wenn die Korkwucherungen auf kleinen Erhöhungen stehen.

β) Der Pulver- oder bösartige Schorf wird durch den Schleimpilz Spongospora solani BR. verursacht. Hierbei treten zuerst kleine Erhöhungen unter der Schale auf. Diese durchbrechen dann die Schale und bilden kleine, dunkelbraun werdende Warzen, die allmählich eintrocknen und pulverig zerfallen. Im Innern der Zellen findet man Plasmodien,

[1] Vgl. O. APPEL: Kartoffelkrankheiten I u. II (1926 u. 1927).

die sich zu ei- oder kugelförmigen Dauerplasmodien umbilden. Da diese Schorfart häufiger bis in das Fleisch eindringt, schrumpfen stärker befallene Knollen zusammen und faulen auch, weil dann gewöhnlich noch Fäulnisorganismen hinzukommen.

γ) Die Pockenkrankheit bildet dunkel- bis schwarzbraune, unregelmäßig geformte Erhöhungen verschiedener Größe (Abb. 24), die nur oberflächlich aufgelagert sind, so daß sie sich ohne Verletzung der Schale mit dem Fingernagel abschieben lassen. Zuweilen können sich solche Pocken zu ganzen Krusten vereinigen. Es handelt sich bei diesen Gebilden um die Dauerform (Sclerotien) des Pilzes Hypochnus (Rhizoctonia) solani Prill u. Delacr., der das Absterben der jungen Triebe und eine Schädigung der unteren Stengelteile der Kartoffelpflanze hervorruft (vgl. auch bei Krätze).

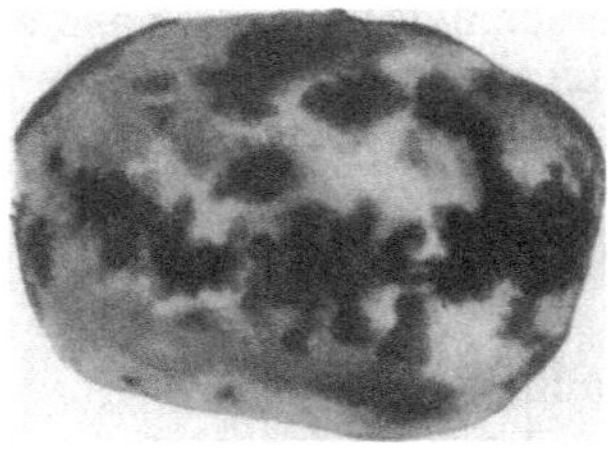

Abb. 24. Kartoffelknolle mit Rhizoctoniapocken. (Nach Riehm.)

b) Erkrankungen, die von außen beginnen und nach innen fortschreiten.

Hierher gehören die wichtigsten Fäulnisarten. Verursacht werden sie sowohl durch Fadenpilze wie durch Bakterien. Die Pilzfäulnis tritt in der Form der Trockenfäule, die Bakterienfäulnis in der Form der Naßfäule auf. Bei letzterer wird der Zellverband durch Auflösen der Mittellamelle sehr schnell gelockert und der Protoplast abgetötet, während die erstere langsamer verläuft,

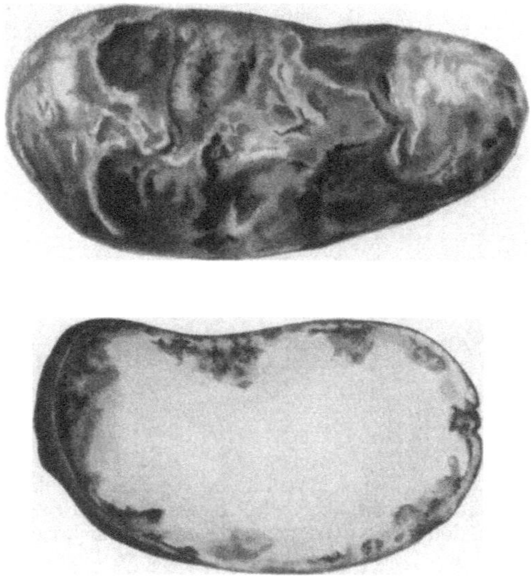

Abb. 25. Phytophthorafäule, unten durchschnittene Knolle. (Nach Appel.)

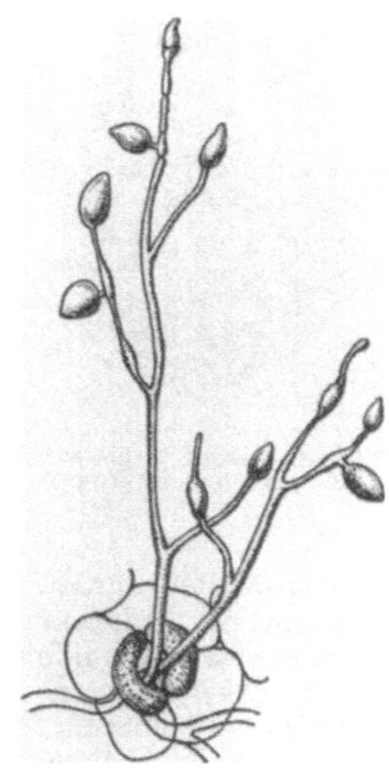

Abb. 26. Phytophthora infestans. Conidienträger etwa 175fach vergr. (Nach Sorauer.)

wobei die abgetöteten Teile der Knolle schrumpfen. Die wichtigsten Fäulnisformen sind folgende:

α) Die Knollen- oder Braunfäule (Phytophthorafäule) gehört mit zu den schwersten Schädigungen der Kartoffel (Abb. 25). Sie wird durch Phytophthora infestans de By. hervorgerufen, den gleichen Pilz, der das Absterben des Kartoffelkrautes verursacht. Äußerlich erkennt man die Erkrankung an kleineren oder größeren mißfarbigen, meist bleigrauen Flecken der Schale, die etwas eingesunken sind. Bei schwachem Befall zeigt sich unter den Flecken eine braune bis rostbraune Verfärbung des Gewebes, die nicht sehr tief in das Fleisch eindringt. Bei starkem Befall geht die Fäulnis bis ins Innere der Knollen. Zwischen den schlaffen Zellen wuchert das scheidewandlose Mycel des Pilzes. Die Stärke bleibt hierbei unverändert. Durchschneidet man eine Knolle an einer solchen Faulstelle und bringt sie in die feuchte Kammer, so entwickeln sich meist die charakteristischen Conidienträger des Pilzes (Abb. 26).

Auch bei geringem Befall bilden die betreffenden Stellen häufig Eingangspforten für andere Fäulniserreger. Es entsteht dann eine Mischfäule, die als Trockenfäule weiter verläuft, wenn sie durch Fadenpilze (hauptsächlich Fusarium) veranlaßt wird, als Naßfäule, wenn Bakterien eindringen.

β) Fusarium- oder Weißfäule (Abb. 27). Auf der Schale der Kartoffeln entstehen zunächst grau verfärbte, sich meist schnell vergrößernde Herde, die etwas eingesunken sind. Später erscheinen auf der Oberfläche Pilzfäden und an zahlreichen Stellen weiße Häufchen, die aus den Conidien des betreffenden Pilzes bestehen. Die Erreger der Krankheit sind verschiedene Arten der Gattung Fusarium, die man sofort an den an Conidien abgeschnürten sichelförmigen Sporen erkennt (Abb. 28). Diese Conidien kann man auch in der feuchten Kammer leicht zur Entwicklung bringen. Die erkrankten Zellen sind von septiertem Mycel durchwuchert, das die Zellwände zerstört, die Stärke aber nicht angreift. Beim Durchschneiden findet man unter der Schale braune Stellen, die sich in eine zunderartige Masse verwandeln. Beim weiteren Eindringen des Pilzes in das Innere schrumpft das Fleisch der Kartoffel, wobei sich häufig Spalten mit einem weißen oder rötlichen Flaum bilden. Hat die Fäule das ganze Fleisch zersetzt, so trocknen die Kartoffeln zu Mumien ein, die sich zwischen den Fingern zu einer pulverigen Masse zerreiben lassen. Die Fusariumfäule tritt häufig im Gefolge der Phytophthorafäule auf.

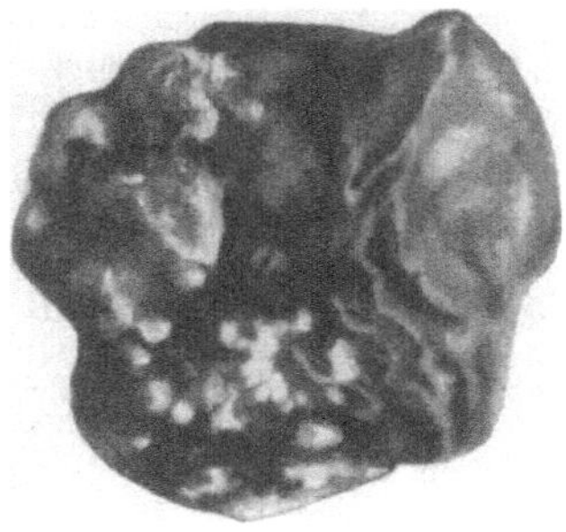

Abb. 27. Fusariumtrockenfäule. (Nach RIEHM.)

γ) Die Rhizoctoniafäule ist eine weniger häufig beobachtete Trockenfäule, verursacht durch Rhizoctonia solani KUHN, die an jungen Knollen zunächst braune, runzelige Flecke (sog. Runzelschorf) hervorbringt, die faulig werden können. Die in und zwischen den Zellen wachsenden Pilzfäden sollen die Stärke langsam lösen.

δ) Naßfäule. Die Naß- oder Breifäule der Kartoffeln ist deswegen eine der gefährlichsten Kartoffelerkrankungen, weil sie außerordentlich rasch verläuft und sehr leicht gesunde Knollen ansteckt. Als Erreger können verschiedene Bakterienarten auftreten, wie Bacillus solaniperda KRAMER, Bacterium phytophthorum APP., Bacterium xanthochlorum SCHUST., Bacterium solanisaprum HARR. Das Bild der Veränderung der Knollen ist bei allen Arten dasselbe und bereits oben als das der Naßfäule beschriebene. Das Fleisch verwandelt sich hierbei bald in eine jauchige, übelriechende Masse.

ε) Krätze nennt man solche Schädigungen, die durch Milben oder Älchen hervorgerufen werden. Beide Erscheinungen sind sehr ähnlich und kommen häufig zusammen vor. Man findet an einzelnen Stellen braune Flecke, an denen die Schale aufgesprungen erscheint. Beim Durchschneiden stärker befallener Knollen zeigen sich in das Fleisch hineingehende vermorschte Stellen, die bei trockener Witterung ein grobes Pulver enthalten, in dem sich tote oder lebende Milben oder Älchen befinden. Bei größerer Feuchtigkeit werden diese Stellen oft von Bakterien und Pilzen besiedelt. Besonders häufig wächst in den dann schwarz erscheinenden Rissen der Pilz der Pockenkrankheit (s. oben).

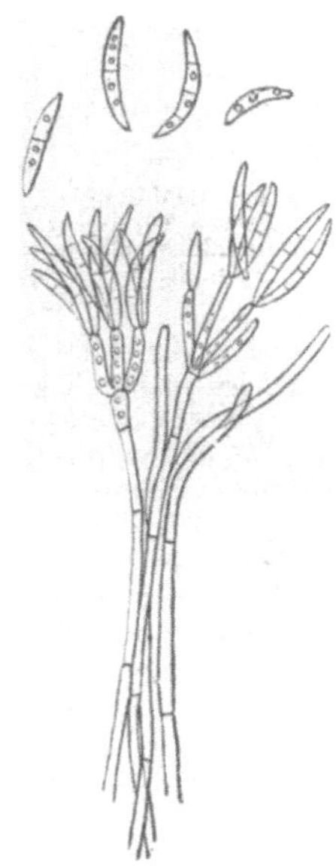

Abb. 28. Fusarium solani. Conidienträger mit Conidien. (Nach FRANK.)

c) Innenerkrankungen.

An innerlichen krankhaften Veränderungen der Kartoffelknollen, die sich äußerlich nicht verraten, kommen Fäulnisherde und Verfärbungen in Betracht. Diese Veränderungen beschränken sich teils auf den in einiger Entfernung unter der Schale liegenden Gefäßbündelring, teils erstrecken sie sich über die ganze Knolle. Die wichtigsten sind folgende:

α) Bakterienringfäule. Der Gefäßbündelring ist stellenweise oder ganz erweicht, die erweichten Teile sind nicht oder nur schwach gelb verfärbt. Ein mikroskopisches Präparat zeigt in der fauligen Masse zahllose, sehr kleine, nicht schwärmende Stäbchenbakterien. An dieses primäre Stadium der durch Bacterium sepedonicum SP. u. K. erzeugten Bakterienringfäule schließt sich später öfter Fusariumfäule an.

β) Pilzringfäule. Ein anderes Bild entsteht, wenn die Gefäßerkrankung durch Pilze (Verticillium alboatrum REINCKE und Fusarium) verursacht ist. Der Gefäßbündelring ist dann braun verfärbt, ohne daß das angrenzende Parenchym verändert wäre. Die Gefäßbündelstränge liegen als braune Fäden inmitten normalen Parenchyms. Die mikroskopische Untersuchung zeigt in den gebräunten Gefäßen Mycel. Man erhält am leichtesten brauchbare Präparate, wenn man durch einen Tangentialschnitt die Gefäße freilegt, sie mit zwei Nadeln möglichst frei von Parenchym herauspräpariert, zwischen zwei Objektträgern in Wasser leicht preßt und dann mit Glycerin aufhellt.

Soll die Pilzart bestimmt werden, so desinfiziert man nach Spieckermann die unter fließendem Wasser durch Bürsten gereinigten Knollen durch halbstündiges Einlegen in 1%ige Formaldehydlösung, wäscht mit sterilisiertem Wasser nach, schneidet mit einem abgebrannten Messer die Knolle etwa 1 cm unter dem Nabel quer durch, entnimmt mit einem anderen Messer Teile des Gefäßringes und legt sie auf schräg erstarrten Würzeagar in Röhrchen. Nach 3—4 Tagen wächst das Mycel aus den Gefäßen heraus und bildet bald charakteristische Conidienträger. Bisher sind in verpilzten Knollen Fusarien und Verticillium alboatrum B. u. R. (Abb. 29) gefunden worden. Solche Knollen stammen von Pflanzen, die an der Welkekrankheit gelitten haben. Ist der Gefäßbündelring und das angrenzende Parenchym braun verfärbt und vermorscht, so findet sich in den zerstörten Stellen Fusarium.

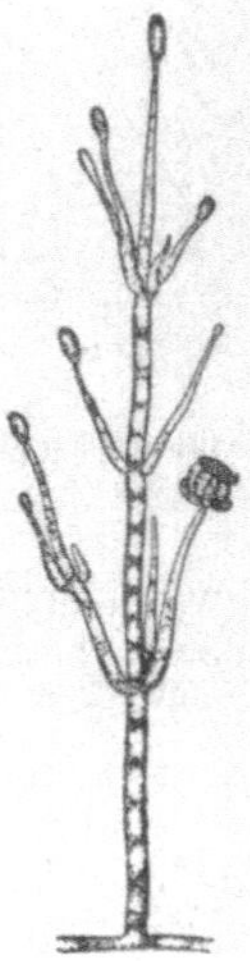

Abb. 29. Conidienträger von Verticillium alboatrum B. u. R.

In anderen Fällen findet man in den gebräunten Gefäßen kein Mycel, sondern nur einzelne Bakterien.

γ) Innenfäule. Die Innenfäule entsteht dadurch, daß vom Nabel der Kartoffel aus Fäulniserreger in das Innere eindringen und sich dort ausbreiten. Die Faulstelle ist daher von einem mehr oder weniger dicken, gesunden Mantel umgeben. Fast stets handelt es sich um eine Mischfäule, da den eigentlichen Erregern gewöhnlich noch saprophytische Organismen folgen. Je nach dem Vorherrschen der Bakterien oder Pilze ist die faulige Masse breiig und naß oder trocken, vermorschend. Innenfäule entsteht zuweilen auch aus hochgradiger Ringfäule.

δ) Eisenfleckigkeit. Zuweilen nur im Gefäßbündelring, meist aber regellos im Fleisch der Knolle sind braune bis rostrote Flecke vorhanden. Das mikroskopische Bild zeigt Verkorkung der Wand der betreffenden Zellkomplexe. Die Erscheinung wird als Eisen- oder Buntfleckigkeit bezeichnet. Sie ist nicht parasitären Ursprungs, sondern wird durch Bodenverhältnisse hervorgerufen.

ε) Pfropfenkrankheit. Beim Durchschneiden der Knolle findet man von der Schale ausgehende, kreisförmige braune Verfärbungen. Die hierdurch abgetrennten Gewebe fallen manchmal wie ein Pfropfen aus der Kartoffel heraus. Über die Ursache dieser Krankheit (in Holland Kringerigheid) ist nichts bekannt.

ζ) Graufleckigkeit. Gegen Ende des Winters treten im Fleisch schwarze Flecke auf. Auch über die Ursachen dieser auch als „Schwarzfleckigkeit“ bezeichneten Erscheinung ist nichts bekannt.

η) Löcher und Fraßgänge werden in den Kartoffelknollen durch verschiedene Bodeninsekten verursacht wie Drahtwürmer (Larven einiger Schnellkäfer), Erdraupen (Raupen der Saateule und anderer Arten der Gattung Agrotis) und Engerlinge. Gelegentlich treten auch Nematoden und Milben als Schädlinge auf (vgl. unter Krätze).

2. Krankheiten der Zucker- und Speiserüben.

Durch eine Reihe von Krankheiten wird der Wert der Rüben als Lebensmittel erheblich beeinträchtigt, weil sie hierdurch zuckerärmer werden und im Wachstum zurückbleiben oder bei der Lagerung Schädigungen erleiden. Besonders die Zuckerrüben sind einer Anzahl von Krankheiten ausgesetzt.

a) Schorfkrankheiten. Man unterscheidet hauptsächlich Gürtelschorf und Pustelschorf. Der Gürtelschorf wird anscheinend durch verschiedene Arten der Gattung Actinomyces verursacht. Die sehr dünnen Fäden des Pilzes dringen in die Oberfläche der Rüben ein und bringen die oberste Zellage zum Absterben. Hierdurch wird eine vermehrte Korkbildung eingeleitet, wobei die obere Schicht reißt. Der Gürtelschorf zerstört aber unter Umständen die Rübe bis tief ins Innere.

Der Pustelschorf (Abb. 30) erinnert im Aussehen an den Kartoffelschorf. Er bildet dunkel verfärbte Flecke in Form kleiner flacher Vertiefungen, die am Rande etwas erhöht sind. Der Erreger ist das Bacterium scabiegenum Busse et v. Faber.

b) Von Fäulniserkrankungen sind zu nennen Trockenfäule, Rübenschwanzfäule und Rotfäule. Bei eingelagerten Rüben kommt außerdem die Mietenfäule in Betracht.

α) Die Trockenfäule beginnt durch Vertrocknen der Herzblätter (Herzfäule). Die Erkrankung geht dann weiter auf den Rübenkopf über und erzeugt dort graue, später braune

Stellen, die etwas einsinken. Diese Flecken vergrößern sich allmählich und können zur Vernichtung des ganzen Rübenkörpers führen, indem sie ihn in eine morsche Masse verwandeln. In späteren Stadien der Krankheit findet man häufig das Mycel des Pilzes Phoma betae FRANK, dessen Pykniden (Abb. 31) auf der Oberfläche entstehen. Doch hat sich bisher mit diesem Pilz allein die Krankheit noch nicht erzeugen lassen, so daß anzunehmen ist, daß die eigentliche Ursache eine andere ist.

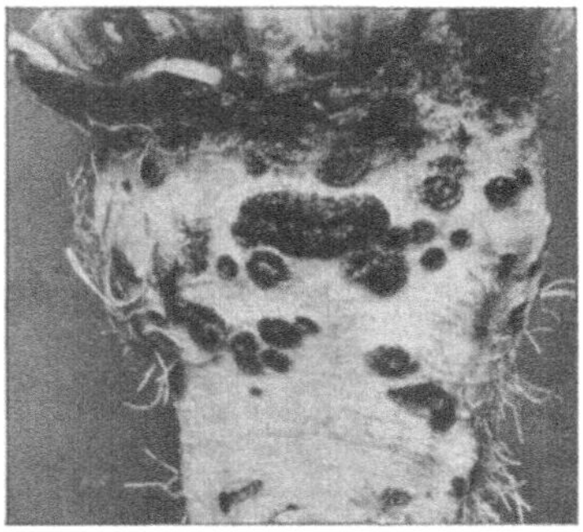

Abb. 30. Pustelschorf. (Nach v. FABER.)

β) Rübenschwanzfäule ist eine Bakterienkrankheit, die zunächst die Schwanzspitze befällt, wobei sich der untere Teil von der Spitze aus blaugrau, weiterhin schwärzlich verfärbt. Die Färbung zieht immer höher am Rübenkörper hinauf, wobei die Haut einschrumpft. Hierdurch wird ein großer Teil des Rübenkörpers vernichtet.

γ) Die Rotfäule, eine durch Rhizoctonia violacea TUL. verursachte Erkrankung, befällt ebenfalls zunächst die Rübenwurzeln. Das Mycel verbreitet sich dann allmählich über den Rübenkörper. Durch Sklerotienbildung entsteht außen ein rötlichvioletter krustenförmiger Überzug. Der Pilz dringt auch in die Tiefe ein und führt schließlich zu einer Fäulnis des Rübenkörpers.

δ) Mietenfäule. Unter ungünstigen Verhältnissen tritt auch bei der Lagerung an den Rübenköpfen Fäulnis ein. Man findet an den Köpfen ein weißes Pilzgeflecht, dazwischen unregelmäßig gestaltete, verschieden große, schwärzliche Körperchen, die Dauerorgane (Sklerotien) des Pilzes Sclerotinia Libertiana. Die befallenen Zellen erweichen und faulen. Aus den Sklerotien entstehen bei der Keimung Apothezien mit ovalen bis elliptischen Ascosporen.

c) Der Wurzelkropf bildet Auswüchse am oberen Teil des Rübenkörpers, die die Größe einer Kinderfaust erreichen. Verursacht werden diese Gebilde durch Bacterium tumefaciens SMITH et TOWNS.

d) Die Rübenmüdigkeit wird nicht durch einen Pilz, sondern durch das Rübenälchen (Heterodera Schachtii SCHMIDT) hervorgerufen. Die Pflanzen bleiben zurück und die äußeren Blätter verwelken. An der Rübe findet man, daß die kleinen Wurzeln übermäßig stark entwickelt sind. An den einzelnen Würzelchen sieht man kleine helle Körperchen, die wie kleine Sandkörner erscheinen. Es handelt sich hierbei um die weiblichen Tiere, die mit dem Vorderteil in der Rübenwurzel stecken, während der Hinterleib herausragt.

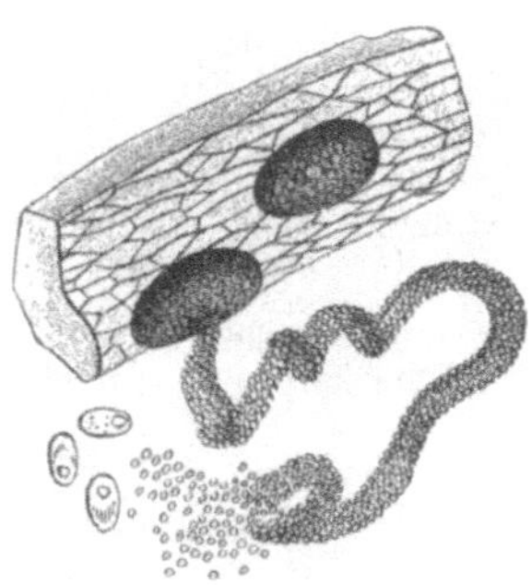

Abb. 31. Pykniden von Phoma betae. (Nach FRANK.)

Sclerotiniafäule tritt bei verschiedenen Speiserübensorten (Möhren, roten und weißen Rüben, Kohlrüben) und anderen den Winter über in den Keller oder in Mieten gelegten Wurzelgemüsen (Schwarzwurzel, Sellerie, Petersilie usw.) auf, wobei sich auf der Oberfläche unregelmäßig gestaltete braune Pilzkrusten (Sklerotien) bilden. Die Rüben selbst werden morsch und zeigen zuweilen auch mit weißen Pilzfäden erfüllte Höhlungen. Verursacht wird die Krankheit durch Sclerotinia Libertiana FCKL.

Die an Möhren und anderen Speiserüben auftretende Bakteriennaßfäule entspricht den gleichen Erscheinungen wie bei der Kartoffel (s. dort).

3. Krankheiten der Kohlarten.

Kohlhernie (Kropfkrankheit). An Kohlrüben, weißen Rüben, Kohlrabi und anderen Gartenkohlarten, auch an anderen in Kultur befindlichen und wilden Cruciferen erzeugt der Schleimpilz Plasmodiophora brassicae WOR. die Kohlhernie, knollenförmige Wurzelanschwellungen (Abb. 32) von oft erheblicher Größe (bis faustgroß).

Ein dünner Schnitt aus einer solchen Anschwellung zeigt bei starker Vergrößerung zahlreiche, durch ihre Größe auffallende Zellen, die dicht von winzigen, stark lichtbrechenden Kügelchen erfüllt sind (Abb. 33). Es handelt sich hierbei um die Sporen des oben genannten Pilzes. Aus diesen Sporen entstehen beim fauligen Zerfall der Geschwülste in feuchter Erde frei bewegliche Myxamöben, die in junge Kohlwurzeln eindringen, zunächst als Plasmodien im Plasma der Wirtspflanze leben und nach dem Heranwachsen sich wieder in Sporen aufteilen.

Mehltau. Die verschiedenen Kohlarten werden von einem Mehltau (Erysiphe communis FR.) befallen, der die Blätter mit weißlichen, staubigen Überzügen bedeckt. An besonderen Zweigen der Pilzfäden werden kettenförmig entstehende Sporen (Conidien) gebildet. Auf den befallenen Teilen sieht man außerdem kleine dunkle Pünktchen, die Perithecien, die

die Überwinterungsform des Pilzes darstellen. Sie enthalten mehrere Schläuche mit je 4—6 einzelligen, farblosen Sporen.

Adernschwärze (Schwarzfäule oder Braunfäule) des Kohlblattes ist eine Bakterienkrankheit, die durch Pseudomonas campestris (Pammel) Erw. F. Smith verursacht wird. Die Blätter zeigen eine Schwärzung der Nervatur, vergilben dann und sterben vorzeitig ab. Die schwarze Färbung der Nerven setzt sich auch in den Stengel und den Holzkörper der Wurzeln fort.

Asteromablattflecken. Braune Flecke an den Blättern der Kohlarten können durch verschiedene Pilze verursacht werden. Zu nennen ist

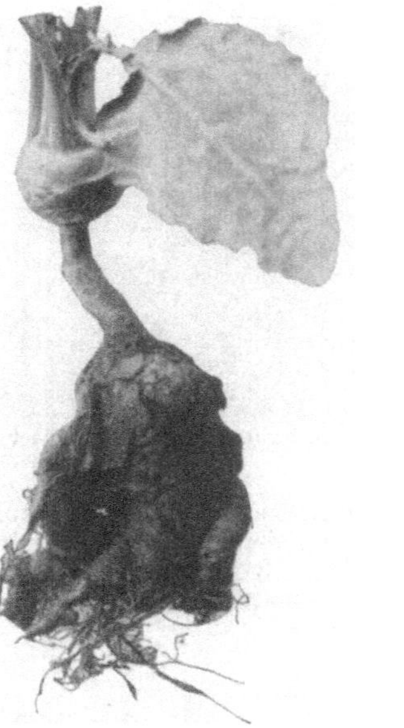

Abb. 32.
Von der Kohlhernie befallene Kohlrabipflanze.
(Aus Hager-Tobler, 13. Aufl.)

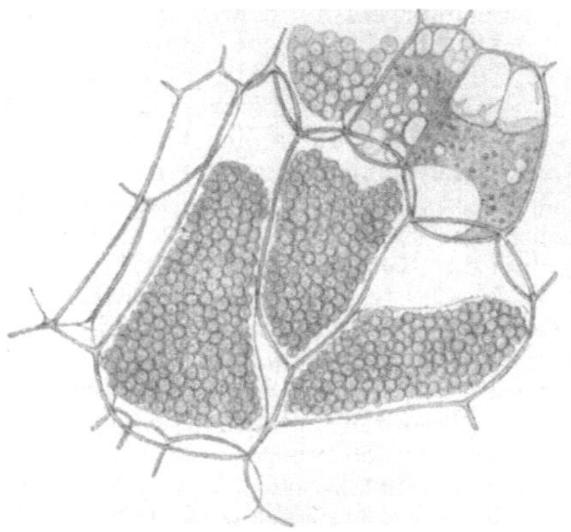

Abb. 33.
Sporen von Plasmodiophora brassicae. Vergr. 400fach.
(Nach Woronin.)

Asteroma brassicae Chev. und Polydesmus exitiosus Kühn. (Durch Einwirkung saurer Dämpfe aus Fabrikanlagen entstehen ebenfalls zuweilen braune Flecke verschiedener Ausdehnung.)

4. Krankheiten der Tomatenfrucht.

a) Der Erreger der Kraut- und Fruchtfäule der Tomate (Weichfäule) ist identisch mit dem Pilz der Kraut- und Knollenfäule der Kartoffel (Phytophthora infestans de By.). Schon die grünen Früchte zeigen häufig braune Flecke, die allmählich zum Abfaulen der ganzen Frucht führen. Das gleiche Bild zeigt sich bei späterem Befall, wenn die Frucht schon rot geworden ist.

b) Eine andere Fruchtfäule der Tomate wird durch Fusarium acumiatum Ell. et Ev. verursacht. Es handelt sich hier um eine Spitzenfäule, die meist am unteren Ende der hängenden Frucht beginnt. Auf der zunächst braunen Stelle des Befalls erscheint bald ein weißer Pilzbelag. Beim weiteren Übergreifen auf das Fruchtfleisch schrumpft die Frucht immer mehr ein und wird schließlich zur Mumie, die auf ihrer Oberfläche weiße Häufchen von Pilzmycel mit den charakteristischen Sichelsporen trägt.

c) Die Stiel- und Fruchtfäule (Schwarzfleckenkrankheit) wird durch Phoma destructiva Plowr. hervorgerufen. Die Erkrankung verbreitet sich hier vom Stiel aus allmählich über die Früchte. Die entstehenden großen schwarzen Flecke bedecken sich mit kleinen erhabenen Pünktchen, von denen aus die Fäulnis in das Fleisch eingreift.

d) Die Botrytisfäule, die in ihrem Anfangsstadium nicht an eine besondere Stelle der Frucht gebunden ist, ist daran kenntlich, daß auf der Oberfläche der befallenen Stellen ein graubrauner Schimmelrasen entsteht und daß das Fruchtfleisch sehr bald erweicht.

An geplatzten Früchten siedeln sich an den betreffenden Stellen noch verschiedene andere Schimmelarten an und zerstören von hier aus die Früchte. Solche Früchte zeigen meist bitteren Geschmack. Auch verschiedene Bakterienerkrankungen (Bakteriosen) der Tomatenfrucht sind beschrieben worden[1].

5. Krankheiten anderer Gemüsearten.

a) Bohnen.

α) **Brennfleckenkrankheit** der Bohnen. An Bohnenhülsen findet man besonders im Spätsommer häufig braune oder schwärzliche, etwas eingesunkene Flecke von kreisrunder

[1] Vgl. E. Wagner: Obst- u. Gemüseind. 1936, 614.

oder unregelmäßig länglicher Form (Abb. 34), die durch Gloeosporium Lindemuthianum SACC. et MANG. hervorgerufen werden. Auf den Flecken erscheinen die Sporenlager (Abb. 35) in Form von dichtstehenden, schmutzig weißen Pünktchen. Die Samen aus solchen befallenen Hülsen weisen häufig braune Flecke auf, die an Schnitten Pilzfäden im Gewebe der Samenschale und der Kotyledonen erkennen lassen.

β) Fettfleckenkrankheit der Bohnen. Auf den Hülsen von Buschbohnen treten dunkler grüne, wie von Fett durchtränkt aussehende

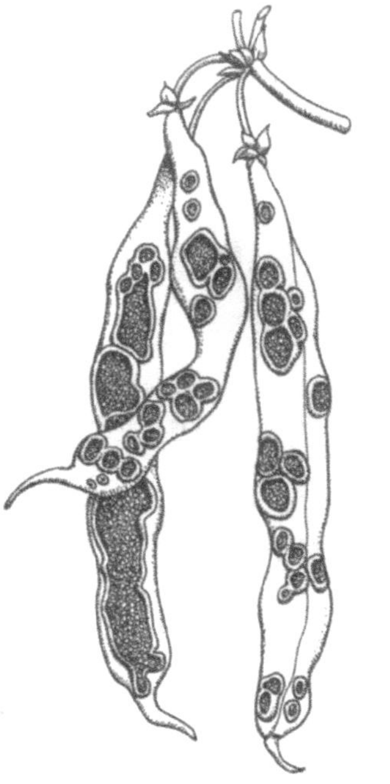

Abb. 34. Bohnen mit Brennflecken. (Nach FRANK.)

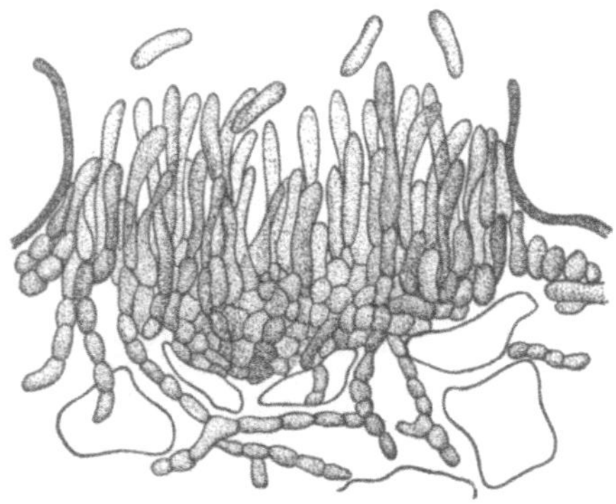

Abb. 35. Gloeosporium Lindemuthianum. Querschnitt durch ein Sporenlager. Vergr. etwa 250fach. (Nach FRANK.)

Flecke auf, die später entweder eintrocknen und grau werden oder erweichen und sich vertiefen, wobei sich die Epidermis loslöst. Der Erreger ist Bacillus Phaseoli WHETZ. Auch die Samen können befallen werden und sterben entweder frühzeitig ab oder bekommen mißfarbige Flecke.

b) Fleckenkrankheit der Erbsen.

An den Hülsen treten graubraune, oft dunkel umrandete Flecke auf, in denen man die Fruchtkörper des Pilzes Ascochyta pisi LIB. als feine schwarze Punkte erkennt. Die Sporen der Ascochyta sind zum Unterschied von den einzelligen Gloeosporiumsporen aus zwei Zellen zusammengesetzt und liegen nicht in offenen Lagern, sondern in schwarzbraunen Gehäusen (Pykniden, vgl. Abb. 156 S. 203). Erkrankte Samen zeigen mißfarbene, etwas geschrumpfte Flecke.

c) Zwiebeln.

Beim Rotz der Küchenzwiebeln bekommen die saftigen Zwiebelschalen und schließlich die ganzen Zwiebeln ein glasiges Aussehen; sie lassen sich leicht zerdrücken und gehen schließlich unter Entwicklung eines üblen Geruches in Fäulnis (Naßfäule) über. Die Krankheit, die meist erst beim Lagern in Erscheinung tritt, wird durch eine Form des Bacterium Coli MIG. hervorgerufen[1].

Das Verschimmeln der Zwiebeln in Lagerräumen wird durch Botrytis cinerea verursacht, die aschgraue Rasen mit zahlreichen traubig verzweigten Conidienträgern (Abb. 36) bildet.

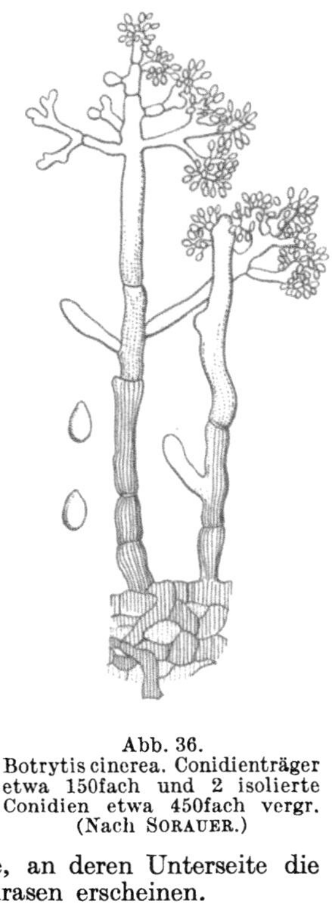

Abb. 36. Botrytis cinerea. Conidienträger etwa 150fach und 2 isolierte Conidien etwa 450fach vergr. (Nach SORAUER.)

d) Spinat.

Der falsche Mehltau des Spinats, hervorgerufen durch Peronospora spinaciae LAUBERT, bildet auf den Blättern ziemlich große bleiche, früh absterbende und faulende Flecke, an deren Unterseite die Conidienträger des Pilzes als schmutzig hellvioletter Schimmelrasen erscheinen.

[1] Vgl. auch WAGNER: Obst- u. Gemüseind. 1936, 614.

Deutsche Gesetzgebung.

(Nach dem Stande vom 31. Oktober 1938.)

Von

Oberlandesgerichtspräsident i. R. Dr. jur. Hugo Holthöfer-Berlin.

Das in dem Lande Österreich vorläufig noch von der Reichsgesetzgebung in Geltung belassene bisherige Recht ist zusammengestellt von Oberregierungsrat Professor Dr. Bames, der „Deutschen Gesetzgebung" als Anhang (S. 963) angegliedert. Über das in den sudetendeutschen Gebieten geltende Recht kann zur Zeit noch nichts Maßgebliches gesagt werden.

Literatur und Abkürzungen.

Amtl. Begr. oder Begr. .	Amtliche Begründung der jeweils behandelten VO.
Deutsche Justiz	Deutsche Justiz, amtliches Blatt der deutschen Rechtspflege, herausgegeben vom Reichsminister der Justiz (Jahr und Seite). Berlin: R. v. Deckers Verlag G. Schenk.
Deutsche Lebensmittel- (bis 1935 Nahrungsmittel-) Rundschau . .	Zeitschrift des Bundes Deutscher Lebensmittel-Fabrikanten und -Händler und der Wirtschaftsgruppe Lebensmittelindustrie (Jahrgang und Seite). Stuttgart: Wissenschaftl. Verlagsgesellschaft m. b. H.
Entw.	Entwurf.
Holthöfer-Juckenack .	Lebensmittelgesetz; erläutert von Dr. H. Holthöfer und Dr. A. Juckenack, 2. Aufl. Berlin: Carl Heymann 1933.
Holthöfer-Juckenack, Erg. 1936	Ergänzungsband zu dem vorigen Buch, 1936.
HV. GartenWi..	Hauptvereinigung der Deutschen Gartenbauwirtschaft.
HV. Getr.Wi.	Hauptvereinigung der Deutschen Getreidewirtschaft.
HV. Kart.Wi.	Hauptvereinigung der Deutschen Kartoffelwirtschaft.
HV. ZuckerWi.	Hauptvereinigung der Deutschen Zuckerwirtschaft.
JW.	Juristische Wochenschrift (Jahr und Seite). Leipzig: W. Moeser.
Kartei	Kartei des Reichsnährstandes, Teil I Ackerbauerzeugnisse (Loseblattsammlung). Berlin SW 68: Theodor Weichert, Abt. „Die Landware".
KG.	Kammergericht in Berlin.
LG.	Landgericht.
LMG.	Lebensmittelgesetz in der Fassung vom 17. Januar 1936. — „LMG. frühere Fassung" dasselbe in der Fassung vom 5. Juli 1928/31. Juli 1930.
Leb.mitt.kennz.VO. . .	Lebensmittelkennzeichnungs-VO. vom 8. Mai 1935 (s. S. 858).
Mehl und Brot	Wochenzeitschrift für Wissenschaft, Technik und Wirtschaft der Bäckerei. Berlin: Verlag Mehl und Brot.
Merres	Dr. Merres, Oberregierungsrat im Reichsgesundheitsamt; Kurzkommentare — je nach Zusammenhang — zur Speiseeis-VO. oder zur Leb.mitt.kennz.VO. Berlin: R. v. Deckers Verlag, G. Schenk.
MdI.	Reichs- und Preußischer Minister des Innern.
MiBl.iV.	Ministerialblatt des Reichs- und Preußischen Ministeriums des Innern. Berlin: Carl Heymann.
OLG.	Oberlandesgericht.
RErnMin.	Reichsminister für Ernährung und Landwirtschaft.
RG.	Reichsgericht.

RGSt.	Entscheidungen des Reichsgerichts in Strafsachen (Band und Seite), herausgegeben von Mitgliedern des Reichsgerichts und der Reichsanwaltschaft. Leipzig: jetzt Walter de Gruyter & Co.
RGBl.	Reichsgesetzblatt; RGBl. I = Reichsgesetzblatt Teil I, RGBl. II = Reichsgesetzblatt Teil II.
RGesundh.Bl.	Reichsgesundheitsblatt (Jahr und Seitenzahl), herausgegeben vom Reichsgesundheitsamt.
RMinBl.	Reichsministerialblatt.
RuPrMdI.	Reichs- und Preußischer Minister des Innern.
RNVBl.	Verkündungsblatt des Reichsnährstandes.
SCHRÖDER und LAMPRECHT	Kurzkommentar zur VO. über Teigwaren (s. S. 878). Berlin: R. v. Deckers Verlag, G. Schenk.
SCHNEIDEWIN oder STENGLEIN	M. STENGLEINS Kommentar zu den strafrechtlichen Nebengesetzen des Deutschen Reichs, 5. Aufl. Berlin: Liebmann 1928 bis 1931.
STENGLEIN Erg. 1933 . .	Ergänzungsband 1933 zum vorstehenden Werk.
StGB.	Reichsstrafgesetzbuch von 1871 in seiner heute geltenden Fassung.
StPO.	Strafprozeßordnung von 1877 in ihrer heute geltenden Fassung.
Urt.	Urteil.
VO.	Verordnung.
Z.	Zeitschrift für Untersuchung der Lebensmittel, herausgegeben im Verlag von Julius Springer in Berlin, angeführt nach Jahr, **Jahrgang** und Seitenzahl.
Z. Beil.	Beilage „Gesetze und Verordnungen sowie Gerichtsentscheidungen“ zu der vorstehenden Zeitschrift, angeführt nach Jahr, **Jahrgängen** der Beilage und Seitenzahl.

I. Allgemeines über den vorhandenen Rechtsstoff.

A. Sonderrecht des Reiches neben dem Lebensmittelgesetz.

1. Verhältnismäßig weitgehend ist der Verkehr mit Honig und Kunsthonig und Speiseeis durch reichsrechtliche VO.en auf Grund des § 5 LMG. geregelt. Die übrigen im vorliegenden Bande behandelten Lebensmittelgruppen sind nur bruchstückhaft Gegenstand reichsrechtlicher und somit allgemeinverbindlicher Sonderregelungen geworden. Das vorhandene Reichsrecht, soweit es lebensmittelrechtlich von Bedeutung ist, ist nachstehend jeweils bei der in Frage kommenden Lebensmittelgruppe, zumeist im Wortlaut, mitgeteilt. Bei den auf Grund des § 5 LMG. erlassenen Reichsverordnungen sind die amtlichen Begründungen als wertvollste Erkenntnisquelle für die Absichten des Gesetzgebers und für die Tragweite der VO.en mit abgedruckt. Außerdem werden, soweit es erforderlich erschien, in Gestalt von Anmerkungen weitere Erläuterungen gegeben.

2. Wo im Laufe eines Werdegangs einer VO. mehrfach amtliche Begründungen abgefaßt und der Öffentlichkeit zugänglich geworden sind, ist diejenige dem Abdruck zugrunde gelegt, die dem endgültigen Wortlaut der geltenden VO. am nächsten steht. Dabei ist jeweils klargestellt, welcher Quelle die mitgeteilte amtliche Begründung entnommen ist.

3. Grundsätzlich sind die VO.en, die von Reichs wegen nach § 5 LMG. erlassen sind, nicht mit eigenen Strafvorschriften ausgestattet. Als Ergänzungen und Ausgestaltungen des allgemeinen LMG. entnehmen diese VO.en ohne weiteres ihren Strafschutz aus den Strafvorschriften des LMG.

a) Diejenigen Vorschriften der VO.en, die als Vorschriften „zum Schutz der Gesundheit“ überschrieben sind, haben ihre rechtliche Grundlage in der Ermächtigung des § 5 Nr. 1 des LMG.; hierbei ist zu beachten, daß die verkürzte Neufassung des § 5 Nr. 1 in der Neubekanntmachung des LMG.

vom 17. Januar 1937 die Untergliederungen der bisherigen Nr. 1 des § 5 sachlich mit umfaßt. Zuwiderhandlungen gegen derartige, vorbeugend zur Hintanhaltung von Gesundheitsgefährdungen erlassene Vorschriften sind nach § 11 LMG. strafbar — ohne Rücksicht darauf, ob im Einzelfall eine Gesundheitsgefährdung wirklich eingetreten ist oder nicht.

Soweit solche vorbeugenden Sondervorschriften nicht bestehen, kommt für gesundheitsgefährdende Lebensmittel als Verbotvorschrift § 3 und als Strafvorschrift gleichfalls § 11 des LMG. in Frage. Zum gesetzlichen Tatbestand des § 3 gehört allerdings, daß der Genuß des betreffenden Lebensmittels im Einzelfall zur Beschädigung der menschlichen Gesundheit tatsächlich geeignet war.

b) Soweit die in den einzelnen VO.en enthaltenen „Beurteilungsgrundsätze" festlegen, unter welchen Umständen ein Lebensmittel ohne weiteres als „verfälscht, nachgemacht, verdorben, irreführend bezeichnet" zu gelten hat, stellen sie die in § 5 Nr. 4 der alten Fassung (= § 5 Nr. 5 der heutigen Fassung) des LMG. vorgesehene rechtssatzmäßige Ergänzung der Verbote des § 4 LMG. dar. Verstöße hiergegen sind ohne weiteres nach § 12 LMG. strafbar. Zu beachten ist, daß rechtssatzmäßige Festlegungen im Sinne der beiden letzten Sätze nur für die wichtigsten Fälle („inbesondere") getroffen sind und im übrigen, gegebenenfalls mit den unter B. erörterten Hilfsmitteln, nach den allgemeinen Vorschriften des LMG. zu beurteilen ist, was im Einzelfall erlaubt oder verboten ist.

4. Als Lebensmittel-Sonderrecht allgemeinerer Art findet auf einen großen Teil der im vorliegenden Bande behandelten Lebensmittel, sofern sie in Packungen oder Behältnissen an den Verbraucher abgegeben werden, die Lebensmittelkennzeichnungs-VO. Anwendung. Ihre in Bd. III S. 16f. des Handbuchs abgedruckte und kurz erläuterte Fassung vom 8. Mai 1935 (RGBl. I S. 590) ist seither noch geändert worden durch die VO.en vom 16. April und 20. Dezember 1937 (RGBl. I S. 456 bzw. S. 1391). Die ersterwähnte Änderung in § 2 Nr. 3 betrifft die Milcherzeugnisse. Durch die VO. vom 20. Dezember 1937 ist der Begriff der Normaldose unter Aufhebung des § 3 beseitigt und statt ihrer in § 2 Nr. 4 der Begriff der „genormten DIN-Pakkung" eingeführt worden.

Nach § 1 der Lebensmittelkennzeichnungs-VO sind, sofern sie in Packungen oder Behältnissen an den Verbraucher abgegeben werden, mit den in § 2 daselbst vorgeschriebenen Kennzeichnungen zu versehen:

Gemüsedauerwaren, einschließlich Trockengemüse;
Obstdauerwaren, einschließlich Trockenobst, Obstmus, Obstkraut, Obstkonfitüren, Marmelade, Obstsaft, Obstgelee, Obstsirup, Obstsüßmost, Obstdicksaft sowie Verdünnungen aus Obstsüßmost oder Obstdicksaft, ferner Traubensüßmost, Traubendicksaft sowie Verdünnungen aus Traubensüßmost oder Traubendicksaft;
Honig, Kunsthonig, Rübenkraut (Rübensaft);
diätetische Lebensmittel;
Puddingpulver, Backpulver;
Marzipan und Marzipanersatz;
Kaffee-Ersatzstoffe und Kaffee-Zusatzstoffe;
Teigwaren;
Zwieback, Keks, Biskuits, Waffeln, Lebkuchen;
Haferflocken, Hafergrütze, Hafermehl, Hafermark.

In ihrem § 2 verlangt die Lebensmittelkennzeichnungs-VO. unter anderem „die Angabe des Inhalts nach handelsüblicher Bezeichnung". Im Hinblick auf die in den Reichs-VO.en über einzelne Lebensmittel enthaltenen Begriffsbestimmungen und Bezeichnungen ist wissenswert, was die Leb.mitt.-kennz.VO. unter „handelsüblicher Bezeichnung" verstanden wissen will. Die bei Merres, Kurzkommentar zur Leb.mitt.kennz.VO. (Berlin: R. v. Deckers

Verlag, G. Schenk), S. 58 abgedruckte amtliche Begründung zu der VO. sagt zu § 2 Nr. 2:

„Unter der handelsüblichen Bezeichnung des Inhalts sind auch solche Bezeichnungen zu verstehen, die durch die inzwischen ergangenen Verordnungen über bestimmte Arten von Lebensmitteln vorgeschrieben worden sind. Es sei hier nur verwiesen auf die Vorschrift in § 5 Nr. 18 der Verordnung über Kaffee vom 10. Mai 1930 (RGBl. I S. 169), wonach eine bestimmte Mischung nur dann in den Verkehr gebracht werden darf, wenn sie als Kaffee-Ersatzmischung gekennzeichnet ist. Bemerkt sei aber, daß, abgesehen von Fällen dieser Art, die durch Verordnungen festgelegten Bezeichnungen für begriffsbestimmte Lebensmittel nicht als vorgeschriebene Bezeichnungen der den Begriffsbestimmungen entsprechenden Lebensmittel anzusehen sind. Vielmehr wird dort nur verlangt, daß die Lebensmittel, wenn sie so bezeichnet werden, den Begriffsbestimmungen entsprechen."

B. Vereinbarungen des Bundes Deutscher Lebensmittel-Fabrikanten und -Händler. Normativanordnungen des Reichsnährstandes. Sonstige Richtlinien und Leitsätze.

1. Soweit nicht das Reich durch Gesetze oder VO.en selbständiges Sonderrecht geschaffen oder das allgemeine LMG. rechtssatzmäßig ausgestaltet und erläutert hat, ist aus den Vorschriften des allgemeinen LMG. abzuleiten, was im Einzelfall Rechtens ist. Wo eine Regelung durch Rechtssatz fehlt, ist die berechtigte Verbrauchererwartung die Norm, von der aus zu beurteilen ist, ob im Einzelfall ein bestimmtes Lebensmittel verdorben, nachgemacht, verfälscht oder irreführend bezeichnet im Sinne des § 4 LMG. ist. Vgl. HOLTHÖFER „Verbrauchererwartung als Maßstab im Lebensmittelrecht" in Lebensmittel-Rundschau 1937, S. 76.

Bei Lebensmitteln, die im wesentlichen so genossen werden, wie sie aus der Natur gewonnen sind, ist die Beschaffenheit, die dem Lebensmittel von Natur innewohnt, das, was der Verbraucher von einer vollwertigen Ware erwartet. Bei Lebensmittelerzeugnissen, die eine mehr oder weniger weitgehende Bearbeitung, Verarbeitung, Mischung ihrer Grundstoffe durchgemacht haben, richtet sich die Verbraucherwartung nach der Verkehrsauffassung, die sich unter Berücksichtigung redlichen Handwerks-, Industrie- und Handelsbrauchs zu bilden pflegt.

2. Nach der Rechtsprechung (vgl. HOLTHÖFER-JUCKENACK S. 83) gelten die Vereinbarungen, die angesehene Vereinigungen von Herstellern und Händlern aus freien Stücken im Rahmen des geltenden Rechts über die Beschaffenheit von unter bestimmten Bezeichnungen dargebotenen Lebensmitteln getroffen haben, als das Mindestmaß dessen, was der Verbraucher von einer ehrlichen Ware dieser Art erwartet.

3. Folgerichtig muß dies in erhöhtem Maße gelten für die Normativanordnungen, welche die innerhalb des Reichsnährstandes gebildeten Zusammenschlüsse im Rahmen ihrer ihnen reichsrechtlich übertragenen marktordnenden Aufgaben erlassen haben. Denn diese Normativanordnungen sind verbindlich für sämtliche — ohne weiteres zu den Zusammenschlüssen gehörenden — Erzeuger, Hersteller, sowie Händler und können ihnen gegenüber von den Zusammenschlüssen durch Ordnungsstrafen und notfalls durch Inanspruchnahme obrigkeitlichen Zwangs durchgesetzt werden. Vgl. hierzu den Runderlaß vom 19. Oktober 1938 (MiBl.iV. S. 1730) „über die Mitwirkung der Polizei bei der Marktordnung". Soweit mithin solche Normativanordnungen bestehen, kann der Verbraucher im gewerblichen Verkehr füglich keine Ware erwarten, die diesen Normen widerspricht. Sie werden im Gegenteil weitgehend

die berechtigten Erwartungen des Verbrauchers bestimmen, obgleich er selbst ja außerhalb der Bindung und des Herrschaftsbereichs der Zusammenschlüsse steht. Damit aber wachsen die Normativanordnungen des Reichsnährstandes mit rechtssatzähnlicher Bedeutung in den Anwendungsbereich des § 4 LMG. hinein. Mit der Wirkung, daß Zuwiderhandlungen gegen solche Normativbestimmungen zugleich einen der Verbotstatbestände des § 4 LMG. ausmachen und Bestrafung aus § 12 LMG. nach sich ziehen können. Eine und dieselbe Verfehlung wird also nicht selten sowohl mit Ordnungsstrafe durch den Zusammenschluß als auch mit Kriminalstrafe durch die ordentlichen Gerichte geahndet werden können. Inwieweit beide Maßnahmen nebeneinander zulässig sind oder die eine hinter der andern zurücktreten muß, ist bisher nicht durch ausdrückliche Rechtsvorschriften geregelt. Die entscheidenden Gesichtspunkte sind von Rietzsch, „Ordnungsstrafrecht" in JW. 1938, S. 773f. und S. 1073f. herausgestellt. Siegert, „Zum allgemeinen Teil des Wirtschaftsstrafrechts" in JW. 1938 Nr. 40, S. 2516, vertritt in einigen Punkten abweichende Ansichten. Beide Arbeiten berücksichtigen weitgehend das vorhandene Schrifttum. Fingerzeige zur rechtlichen Beurteilung etwaiger Widersprüche zwischen Anordnungen des Reichsnährstandes und dem allgemein verbindlichen Reichsrecht finden sich in den Vorbemerkungen zur Süßstoff-VO. (S. 919).

So wichtig hiernach auch die Normativanordnungen der Zusammenschlüsse des Reichsnährstandes für die Anwendung des § 4 LMG. sind, so ist es weder möglich noch ratsam, sie in einem Werk der hier vorliegenden Art vollzählig und vollständig abzudrucken. Denn ihre Zahl ist sehr groß, und der für den Rechtsstoff in einem Werk der hier vorliegenden Art beanspruchbare Raum selbstverständlich beschränkt. Auch befindet sich der Bestand der Normativanordnungen in stetem Fluß, weil sie als marktordnende Regelungen den jeweiligen wechselnden Notwendigkeiten und Bedürfnissen durch mannigfache Änderungen angepaßt werden müssen. Deshalb werden die einschlägigen Normativanordnungen in der nachfolgenden Einzeldarstellung bei den einzelnen Lebensmittelgruppen je nach ihrer lebensmittelrechtlichen Tragweite berücksichtigt. Die wichtigeren Normativanordnungen werden entweder vollständig oder auszugsweise oder ihrem Inhalt nach mitgeteilt, oder es wird auf ihre Erwähnung an anderen Stellen des vorliegenden Bandes oder ihre sonstigen Fundstellen verwiesen.

4. Richtlinien, wie etwa die von Prause, Kobert und Theopold für Speisesirupe ausgearbeiteten (s. Grossfeld, oben S. 434), oder Leitsätze, wie sie Härtel (s. Grossfeld, oben S. 457) für Zuckerwaren zusammengestellt hat, binden den Richter nicht, wie Rechtssatzfestlegungen in VO.en nach § 5 LMG., sie haben auch nicht die rechtssatzähnliche Tragweite der Normativanordnungen des Reichsnährstandes. Sie werden aber über das chemische Laboratorium hinaus auch im Gerichtssaal ein wertvolles Hilfsmittel für die Bildung der Überzeugung des Richters darstellen, wenn und weil sie herausgearbeitet sind von fachkundigen Männern, die aus einer Fülle von praktischen Erfahrungen an Einzelfällen schöpfen, die auf Versorgung des Marktes mit ehrlicher Ware bedacht sind und unparteiisch die Möglichkeiten des Herstellers und Händlers und die Bedürfnisse des Verbrauchers berücksichtigen.

C. Beachtenswertes aus dem allgemeinen Recht.

1. Weil die im vorliegenden Bande behandelten Lebensmittel zugleich als Waren in Handel und Verkehr auftreten, sind bei der Wahl der Bezeichnungen und Angaben, unter denen sie vertrieben werden, außer den besonderen Vorschriften des Lebensmittelrechts auch Vorschriften des allgemeinen

Rechts zu beachten. In der Regel nämlich lassen die sonderrechtlich geregelten Bezeichnungen (vgl. oben I A 4 am Schluß) noch Raum für zusätzliche Bezeichnungen, Angaben oder besondere Ausstattungen. Neben Phantasienamen kommen hier Hinweise auf Beschaffenheit, Herstellungsart, Herkunft, Vertriebsfirmen usw. in Betracht. Über geographische Hinweise und ihre Verwässerung zu Gattungsbezeichnungen siehe in Anm. 1 zur Brotmarktordnung auf S. 873.

Bei der Wahl von Bezeichnungen usw. sind insbesondere die Verbote zu berücksichtigen, die in dem Gesetz gegen den unlauteren Wettbewerb und im Warenzeichengesetz (Neufassung vom 5. Mai 1936 im RGBl. II S. 134) enthalten und durch eine reichhaltige Rechtsprechung entwickelt sind. Die Grundgedanken dieser Gesetze sind weitgehend wesensgleich denen des § 4 Nr. 3 LMG. Siehe hierzu HOLTHÖFER-JUCKENACK, Erg. 1936, S. 63 „zu S. 115 Anm. 17b".

Auch wahre und klare Bezeichnungen sowie Ausstattungen, die an und für sich zulässig wären, können im Einzelfall dadurch unzulässig werden, daß sie fremde Patente oder Warenzeichen verletzen oder sonst den vom Recht geschützten gewerblichen Besitzstand eines andern beeinträchtigen (vgl. z. B. §§ 15, 24, 25, 30 des Warenzeichengesetzes).

2. Schließlich müssen Bezeichnungen, Angaben und sonstige Werbemaßnahmen sich im Rahmen dessen halten, was nach den Verlautbarungen des Werberats der deutschen Wirtschaft von einem ehrbaren und anständigen Gewerbetreibenden verlangt wird. Der Werberat hat in erster Linie die Aufgabe, von hoher Warte positiv und gestaltend auf einen lauteren Wettbewerb hinzuwirken, während die vorerwähnten gewerblichen Schutzgesetze dem durch unlauteren Wettbewerb Beeinträchtigten die Mittel des Rechts zur Abwehr zur Verfügung stellen. Näheres hierzu bei HOLTHÖFER-JUCKENACK, Erg. 1936, S. 53—55.

3. Gesetze und Verordnungen, welche die Lebensmittelwirtschaft, Erzeugung, Herstellung oder Vertrieb der im vorliegenden Band behandelten Lebensmittelgruppen unter landwirtschaftlichen, volkswirtschaftlichen oder sozialpolitischen Gesichtspunkten betreffen, fallen aus dem Rahmen der vorliegenden Arbeit, soweit sie nicht zugleich auch für die Beurteilung der Lebensmittel als Gegenstand des menschlichen Genusses von Bedeutung sind. So sind z. B. erwähnenswert die auch hygienische Vorschriften enthaltende VO. über Heimarbeit in der Gemüse- und Obstkonservenindustrie vom 14. Juni 1936, RGBl. I S. 506, und das völlige Verbot der Heimarbeit in der Süß-, Back- und Teigwarenindustrie durch die VO. vom 29. Juni 1927 (RGBl. I S. 137). Über die Bäckerei-VO. s. unten S. 876. Die zahlreichen VO.en betr. die Verwendung hochgiftiger Stoffe zur Schädlingsbekämpfung verringern die gesundheitlichen Gefahren, welche aus dem Genuß damit behandelten Obstes erwachsen können.

II. Sonderrechtsstoff für die einzelnen Lebensmittelgruppen.

A. Getreide — Mehle.

1. Das Reichsgesetz zur Ordnung der Getreidewirtschaft vom 27. Juni 1934 (RGBl. I S. 527) hat dem RErnMin. außerordentlich weitgehende Ermächtigungen erteilt, darunter Rechtssetzungsbefugnisse. § 5 ermächtigt den RErnMin., „Vorschriften über die Ausmahlung von Getreide und im Einvernehmen mit dem MdI. Vorschriften über die Herstellung von Backwaren zu erlassen". Erforderlichenfalls darf er hierbei gewisse gesetzliche Vorschriften

abändern (§ 6) und von bestehenden Gesetzen abweichen (§ 8). Zuwiderhandlungen gegen die von ihm erlassenen Vorschriften darf er mit hohen Strafen, in besonders schweren Fällen sogar mit Zuchthausstrafe, bedrohen (§ 7); ihre Durchsetzbarkeit kann er mit den Mitteln polizeilichen Zwangs sichern (§ 8).

Auf Grund dieses Reichsgesetzes und anderer grundlegender Vorschriften des Reichsrechts hat der RErnMin. unterm 10. Juli 1935 (RGBl. I S. 1006) die später mehrfach, zuletzt am 29. Juni und 7. Juli 1938 (RGBl. I S. 711 und S. 837) geänderte Getreide-VO. („VO. zur Ordnung der Getreidewirtschaft") erlassen. Diese VO. regelt in ihrem ersten Abschnitt den Zusammenschluß der deutschen Getreidewirtschaft zu Getreidewirtschaftsverbänden (§ 1), die ihrerseits zur „Hauptvereinigung der deutschen Getreide- und Futtermittelwirtschaft" (§ 2) — HV. Getr.Wi. — zusammengeschlossen werden. Ihre Satzungen in der Fassung vom 27. Juli 1937 finden sich im RNVBl. 1937 Nr. 52.

Mitglied der Getreidewirtschaftsverbände sind nach § 1 der Getreide-VO. ohne weiteres Betriebe, die Getreide oder Hülsenfrüchte erzeugen, die Erzeugnisse aus Getreide oder Hülsenfrüchten herstellen oder lagern, die Brot oder andere Backwaren herstellen, die Teigwaren herstellen, sowie die Betriebe, welche die vorgenannten Lebensmittel verteilen.

Die Roggen oder Weizen verarbeitenden Mühlen sind nach Maßgabe des § 4 der Getreide-VO. zur „Wirtschaftlichen Vereinigung der Roggen- und Weizenmühlen" zusammengeschlossen. Sie ist der HV. Getr.Wi. angeschlossen; ihre derzeit gültige Satzung vom 10. August 1936 ist im RNVBl. 1936 Nr. 75 veröffentlicht.

Die Reichsstelle für Getreide, Futtermittel und sonstige landwirtschaftliche Erzeugnisse ist eine Reichseinrichtung und steht nach § 1 Abs. 5 der Getreide-VO. außerhalb der zum Reichsnährstand gehörenden Zusammenschlüsse. Ihr ist die Aufgabe verblieben, das verfügbare Getreide zur Sicherung des Marktes durchzuschleusen und für den Ausgleich zwischen den verschiedenen Marktgebieten zu sorgen.

2. Auf Grund der Ermächtigungen, welche in den Abschnitten II bis IV der Getreide-VO. den Zusammenschlüssen der Getreidewirtschaft erteilt sind, hat die HV. Getr.Wi. eine umfangreiche Sammelanordnung erlassen, deren jetzt gültige Fassung unterm 1. Juli 1938 im RNVBl. 1938 Nr. 36 und 37 veröffentlicht ist. Wichtige Änderungen dieser Sammelanordnung sind enthalten in den Anordnungen der HV. Getr.Wi. vom 16. September 1938 (RNVBl. S. 470), betreffend Beimischung zu Mahlerzeugnissen aus Roggen und Weizen (vgl. S. 864) und vom 16. September 1938 (RNVBl. S. 470), betreffend Roggenmehltype 815 (vgl. S. 863).

a) Die Sammelanordnung, die in der „Kartei" in Gruppe 1 D und Gruppe 2 B auf dem laufenden gehalten wird, behandelt folgende Stoffgebiete in folgender Gliederung:

Abschnitt I: Getreide. Allgemeine Vorschriften. Kontingentierung und Ablieferung des Getreides. — Beschaffenheit des Getreides. — Verkauf und Verwendung des Getreides. — Andienungspflicht.

Sonderbestimmungen. Brotgetreide. — Futtergetreide. — Industriegetreide. — Braugetreide. — Erzeugnisse aus der Verarbeitung von Gerste und Hafer. — Kaffee-Ersatz- und Kaffee-Zusatzstoffe. — Buchweizen.

Abschnitt II: Mehl und sonstige Mühlenerzeugnisse. Mehlmarktordnung. (Ihre wichtigsten Vorschriften s. S. 863.) — Kleiemarktordnung.

Abschnitt III: Brot und Teigwaren. Brotmarktordnung. (Nachstehend abgedruckt S. 870.) — Ordnung des Marktes für Teigwaren.

Abschnitt IV: Futtermittel. Verteilerspannen für Futtermittel. — Verwendung von niedrigwertigen Futtermitteln. — Futterknochenschrot und Knochenfuttermehl. — Mischfuttermittel.

Abschnitt V: Hülsenfrüchte. Verkehr mit Futterhülsenfrüchten.

Abschnitt VI: Stroh und Heu. Verkehr mit Stroh. — Verkehr mit Heu.

Abschnitt VII: Allgemeine Bestimmungen. Buchführungsvorschriften. — Zulassung, Schließung, Erweiterung und Verlegung von Betrieben. — Rechtsbeihilfe.

Abschnitt VIII: Schlußbestimmungen. Sonderregelungen, Strafvorschriften, Inkrafttreten.

b) Hervorzuheben ist die Anlage 1 zu der Sammel-VO., welche „Bestimmungen über die Probenahme und Untersuchung von Kleberweizen“ enthält.

c) Lebensmittelrechtlich wichtig sind aus den Sonderbestimmungen des I. Abschnittes die unter Nr. 35, 36, 38 des Unterabschnittes „Erzeugnisse aus der Verarbeitung von Gerste und Hafer“ gegebenen Begriffsbestimmungen, Herstellungsvorschriften und Anordnungen über Kennzeichnung und Anpreisung von Hafernährmitteln und Gerstennährmitteln.

d) Die Mehlmarktordnung (Abschnitt II der Sammelanordnung) bestimmt unter Nr. 1 Abs. 1:

„Aus Roggen und Weizen einschließlich in- und ausländischem Hartweizen dürfen für Zwecke der menschlichen Ernährung oder für technische Zwecke nur solche Mahlerzeugnisse (Mehl, Grieß, Dunst, Backschrot) hergestellt und in den Verkehr gebracht werden, die den nachstehenden Herstellungsvorschriften entsprechen.“

Die Mahlerzeugnisse müssen bestimmten Typen entsprechen, die auf die Aschegehalte der Erzeugnisse abgestellt sind. (Über die Beziehungen des Ausmahlungsgrades zum Aschegehalt s. unter II D § 2 Anm. 6.)

Nach Nr. 2 der Mehlmarktordnung stellen die dort „bei den einzelnen Typen angegebenen Aschezahlen den mineralischen, d. h. unverbrennbaren Anteil des Mahlerzeugnisses dar. Die für die einzelnen Typen vorgeschriebenen Aschezahlen sind auf Trockensubstanz berechnet. Die Mühlen dürfen den zulässigen Mindestaschegehalt nicht unterschreiten, den zulässigen Höchstgehalt nicht überschreiten.“

Je nach dem Kontingent der Mühlen zugelassene „Höchstaschegehalte“ und „Mindestaschegehalte“ für die einzelnen Typen weisen gewisse Schwankungen um die „vorgeschriebene“ Aschezahl auf.

Die zugelassenen Mehltypen werden durch Zahlen bezeichnet, die sich ergeben, wenn man die vorgeschriebene Aschezahl, d. h. (nach dem Vorstehenden) den Aschehundertteil der betreffenden Mehltype, mit 1000 vervielfältigt. So wird z. B. die durch Anordnung der HV. Getr.Wi. vom 16. September 1938 (RNVBl. S. 470) neu zugelassene Roggenmehltype 815 deshalb als Type 815 bezeichnet, weil für sie ein Aschegehalt von 0,815 Hundertteilen im fertigen Mehl vorgeschrieben ist. Geduldet werden Abweichungen von diesem Aschegehalt, die je nach dem Kontingent der herstellenden Mühle derart abgestuft sind, daß der geringste zugelassene Aschegehalt auf 0,770 Hundertteile, der höchste auf 0,870 Hundertteile im Fertigerzeugnis begrenzt wird. Eine Übersicht der derzeit geltenden Mehltypen findet sich bei Täufel S. 54 und 55 des vorliegenden Bandes.

Die Begriffe und Unterscheidungsmerkmale von Weizendunst und Weizengrieß sind in Anlage 7 der Sammelanordnung vom 1. Juli 1938 festgelegt.

Aus der Mehlmarktordnung sind hervorzuheben: das unter ihrer Nr. 5 ausgesprochene Verbot der Vermischung von Roggenmehl mit Weizenmehl oder umgekehrt zum Zwecke des Verkaufs; die unter ihrer Nr. 7 daselbst enthaltenen Vorschriften über Kennzeichnung und Anpreisung von Mahlerzeugnissen (Mehl, Grieß, Dunst und Backschrot).

Dabei ist unter anderem festgelegt, daß Roggen- bzw. Weizenbackschrot nur dann als Roggenvollkornschrot bzw. Weizenvollkornschrot bezeichnet werden darf, wenn es aus gereinigtem Getreide hergestellt ist, dem höchstens 3% Eigenbestandteile bei der Reinigung und Verarbeitung entzogen sind; der Reinigungsabgang darf Keime nur im Rahmen des technisch unvermeidbaren Umfanges enthalten; das gesonderte Abziehen von Keimen ist bei der Herstellung von Vollkornschrot untersagt.

Bei Mahlerzeugnissen, denen nur 10% anerkannter inländischer Kleberweizen beigemischt ist, hat jeder Hinweis auf diese Beimischung zu unterbleiben; dagegen ist vorgeschrieben die Angabe der Beimischung von kleberreichem Auslandsweizen, ferner die

Beimischung von inländischem Kleberweizen dann, wenn die Beimischung inländischen Kleberweizens mehr als 20% beträgt.

Neben den vorgeschriebenen Mußbezeichnungen ist der Gebrauch von Phantasienamen nur unter einschränkenden Bedingungen gestattet.

An sonstigen Kennzeichnungen sind nur solche gestattet, welche unterscheidungsfähige Tatsachen über die Herstellungsart des Erzeugnisses hervorheben, wie z. B. „griffig", „glatt" usw. Verboten sind Angaben, welche lediglich Anpreisungen enthalten, ohne nach der Verkehrsauffassung die Herstellungsart der Ware zu kennzeichnen, wie z. B. „beste Qualität", „prima". Verboten sind ferner Hinweise auf die Backfähigkeit des Erzeugnisses oder die Qualität des verwendeten Rohstoffes.

Nr. 8 der Mehlmarktordnung unterwirft zum Zweck der Überwachung der Kontingentierungsvorschriften die von den Roggen- oder Weizenmühlen im Rahmen ihrer Kontingente hergestellten Mahlerzeugnisse einem besonderen Plombierungszwang.

Die Anlage 11 der Sammelanordnung schreibt einen Reichsmehlschlußschein für Verkäufe von Mühlenerzeugnissen vor.

Von besonderer praktischer Bedeutung ist der unter Nr. 6 der Mehlmarktordnung behandelte Beimischungszwang, der unter Berücksichtigung der Änderungen, die er durch die Anordnung der HV. Getr.Wi. vom 16. September 1938 (RNVBl. S. 470) erfahren hat, jetzt ab 1. Oktober 1938 — vorbehaltlich einiger Übergangsbestimmungen — folgendermaßen geregelt ist:

Mahlerzeugnisse aus Weizen, außer Grieß, dürfen bereits aus den Mühlen nur in den Verkehr gelangen, wenn sie dort mit einer Beimischung von 4% Kartoffelstärkemehl (bisher war die Beimischung von 7% Maisbackmehl den Mühlen zur Pflicht gemacht) versehen worden sind. Diese Bestimmung gilt entsprechend für Erzeugnisse aus Menggetreide bezüglich des darin enthaltenen Weizenanteils.

Die Weizengrieß verarbeitenden Betriebe haben dem von ihnen verarbeiteten Weizengrieß Kartoffelstärkemehl in Höhe von 4% der insgesamt verarbeiteten Weizengrießmenge beizumischen. (Bisher waren sie zum Bezug und zur Beimischung von 10% Maisgrieß verpflichtet.)

Alle Verarbeitungsbetriebe, die Mahlerzeugnisse aus Roggen zur Herstellung von Brot oder anderen Backwaren verwenden, sind jetzt verpflichtet, mindestens 2% aufgeschlossene Mehle (Kartoffelwalzmehl oder Quellmehl — gesäuert und ungesäuert — beizumischen. (Bisher mußten sie mindestens 3% Kartoffelstärkemehl und mindestens 3% aufgeschlossene Mehle beimischen.)

Diese Beimischungspflicht gilt jedoch nicht für Roggenbackschrot (Type 1800).

Über die backtechnisch günstigen Wirkungen einer Beimischung, die sich aus Kartoffelstärkemehl einerseits und Aufschlußmitteln andererseits zusammensetzt, verhält sich ein Aufsatz von Kühl: „Kartoffelstärkemehl-Kartoffelwalzmehl-Quellmehl" in „Mehl und Brot" 1937, Heft 45, S. 2.

Über Quellmehl vgl. nachstehend unter 3.

Der Bezug von Kartoffelwalzmehl und Kartoffelstärkemehl für die vorgeschriebene Beimischung ist geregelt durch die unter II B 4 erwähnte Anordnung der HV. Kart.Wi.

Das für alle geltende Reichsrecht des Brotgesetzes (s. S. 867) und der Teigwaren-VO. (s. S. 878) ist mit den die Mühlen und Verarbeitungsbetriebe (als Angehörige des betreffenden Zusammenschlusses) verpflichtenden Beimischungsanordnungen der HV. Getr.Wi. derart in Einklang gebracht worden, daß sich diese Anordnungen im Rahmen des allgemeinen Reichsrechts halten.

3. Unter G. der ziemlich umfangreichen Sammelanordnung der HV. Kart.Wi. betr. Bestimmungen über die Marktordnung in der Kartoffelwirtschaft vom 10. Oktober 1938 (RNVBl. S. 509) (s. unter II B 4) finden sich eingehende Vorschriften über Backhilfsmittel.

Die Verwendung von Reis, Mais und Getreide aller Art zu ihrer Herstellung für den Absatz im Inland ist grundsätzlich, unter dem Vorbehalt von Ausnahmegenehmigungen, verboten. Ausgenommen sind Backmalze, die aus Getreide hergestellt sind. Für die Verwendung von Sojabohnen gelten kontingentierende Beschränkungen.

Als Quellmehle im Sinne der Anordnung der HV. Getr.Wi. vom 1. Juli 1938 Abschn. II, 6, Abs. 2 (s. vorstehend unter II A 2d) werden unter II der Backhilfsmittelanordnungen umschrieben „solche mehlartigen Trockenerzeugnisse, die einen Mindestgehalt von 70% Stärke in der Trockensubstanz, und zwar in verkleisterter Form, aufweisen". Derartige Quellmehle unterliegen einem festgelegten Kennzeichnungszwang.

Backhilfsmittel bedürfen grundsätzlich einer besonderen Zulassung zum Verkehr durch die HV. Kart.Wi.

Unter G IV finden sich Vorschriften für die Herstellung und den Verkehr mit Backhilfsmitteln. Im Sinne dieser Vorschriften sind Backhilfsmittel „Stoffe oder Stoffgemische aus landwirtschaftlichen Erzeugnissen oder aus Erzeugnissen, die hieraus gewonnen sind und die sich durch besondere backtechnische Wirkung auszeichnen".

Triebmittel (Backhefe und Backpulver — s. unter 4) werden ausdrücklich aus dem Geltungsbereich der für Backhilfsmittel gegebenen Herstellungs- und Verkehrsvorschriften ausgeschieden. Als Backhilfsmittel, auf welche diese Vorschriften Anwendung finden, werden aufgezählt: diastasehaltige Mittel und sonstige Enzymträger, Quellmehle, Teigsäuerungsmittel, Stärkeabbauerzeugnisse (Monosen, Maltosen), backtechnische Milcherzeugnisse. Zubereitungen aus den vorgenannten Backhilfsmitteln, auch unter Verwendung von anderen Stoffen.

Die Anordnung bestimmt, welche Eigenschaften ein Backhilfsmittel aufweisen muß, regelt die Kennzeichnung von Backhilfsmitteln und gibt Vorschriften über Beanstandung, Probeentnahme und Untersuchung von Backhilfsmitteln.

4. Über Backpulver, Puddingpulver und Cremepulver bestimmt F der Sammelanordnung vom 10. Oktober 1938 (RNVBl. S. 509—516):

„(1) Bei der Herstellung von Puddingpulver und Cremepulver ist die Verwendung von nicht aufgeschlossener Stärke (Kartoffelstärkemehl, Roggenmehl, Weizenmehl, Weizengrieß, Weizendunst u. dgl.) untersagt.

(2) Bei der Herstellung von Backpulver ist die Verwendung von Erzeugnissen aus Roggen und Weizen untersagt.

(3) Bei der Verteilung von Backpulvern, Puddingpulvern und Cremepulvern ist die Bezeichnung der Verwendung von bestimmten Stärkeerzeugnissen (z. B. „Reiner Maispulver") untersagt."

Für Hefe sind die Vorschriften des § 116 des Branntweinmonopolgesetzes zu beachten (s. Bd. VII, S. 748 des Handbuches).

5. a) Inwieweit Färben, Ölen, Bleichen und Polieren von Getreide der verschiedensten Art (mit Einschluß von Hirse, Graupen, Reis) lebensmittelrechtlich als erlaubte Schönung oder als verbotene Verfälschung zu gelten hat, ist von Fall zu Fall nach den allgemeinen Grundsätzen (vgl. HOLTHÖFER-JUCKENACK, S. 92f.) zu beurteilen. Unterlagen über das Vorkommen, die Wirkung und den Nachweis solcher Behandlungsweisen finden sich im vorliegenden Bande bei TÄUFEL, „Getreide, Hülsenfrüchte und Mühlenerzeugnisse" in Abschnitt I D unter m bis p.

b) Ebenda unter III D 5 und 20 berichtet TÄUFEL über die Verfälschung von Mehlen durch Zusätze, die für die Ernährung wertlos sind oder gar die Gesundheit nachteilig beeinflussen können. Insbesondere wendet er sich (unter 20) gegen die „Unsitte" der Bleichung von Mehl durch chemische Mittel.

Es sind Bestrebungen im Gange, durch rechtsverbindliche Verbote in Zukunft einer solchen Behandlung von Getreideerzeugnissen entgegenzutreten. Zur Zeit fällt sie nach den allgemeinen Grundsätzen, die aus § 4 des LMG. abzuleiten sind, in den Bereich der Verfälschung, soweit die künstliche Aufhellung der Farbe eine niedrigere Ausmahlung, also eine im Verkehr höher bewertete Ware vortäuscht. Soweit die Bleichung Begleiterscheinung einer tatsächlichen Verbesserung des Mahlerzeugnisses sein kann (vgl. TÄUFEL a. a. O.), wird bei der rechtlichen Beurteilung einer bestimmten Ware auch dieser Umstand mitzuwürdigen sein. Gerichtsentscheidungen über diese Frage sind in der Öffentlichkeit ebensowenig bekannt geworden wie zu der Frage der seit jeher stillschweigend geduldeten Gelbfärbung von Butter.

Ausführungen zu der Gelbfärbung von Butter finden sich bei HOLTHÖFER-JUCKENACK, Erg. 1936, S. 41, denen hinzuzufügen ist, daß durch § 6 der Anordnung Nr. 28 der HV. Milch-Wi. vom 14. September 1938 (RNVBl. S. 465), betr. die Belieferung der Verbraucher mit ausgeformter einwandfreier Butter, „das Beimengen von Salz und Farbstoffen (Butterfarböle) durch Groß -und Kleinverteiler bei molkereimäßig hergestellter Butter verboten" ist.

In diesem Zusammenhang sei auch bemerkt, daß die Frage des Zusatzes von blauen Farbstoffen zu Zucker, soweit ersichtlich, die höchstrichterliche Rechtsprechung noch nicht beschäftigt hat. Vgl. hierzu GROSSFELD: Zucker und Zuckerwaren (unter 6d) im vorliegenden Band.

c) Den Fremdstoff Sand in Höhe von 1,46% (statt zu duldender 0,2%) in Buchweizenmehl beurteilt das LG. Elberfeld im Jahre 1934 als Verfälschung (Vgl. **Z.** Beil. 1938, **30**, 60).

6. Die Verordnung des Reichsernährungsministers über die Verwertung von Getreide zur Herstellung von Branntwein vom 26. Juni 1937 (RGBl. I S. 699) lautet in ihrem § 1, der durch die Änderungs-VO. vom 20. Juli 1938 (RGBl. I S. 909) neu gefaßt ist:

„(1) Getreide (Roggen, Weizen, Gerste, Hafer, Buchweizen, Hirse, Mais, Dari, Gemenge) und Erzeugnisse hieraus dürfen zur Herstellung von Branntwein nicht gekauft, erworben, verkauft, veräußert oder sonst in den Verkehr gebracht oder verwendet werden.

(2) Der Reichsminister für Ernährung und Landwirtschaft oder die von ihm bestimmten Stellen können zum Zwecke der Herstellung von Trinkbranntwein Ausnahmen von der Vorschrift des Abs. 1 zulassen.

(3) Die Vorschrift des Abs. 1 findet keine Anwendung auf Getreide, das nach Verarbeitung zu Malz zur Aufschließung von Maische aus im Abs. 1 nicht genannten Rohstoffen dient.“

§§ 2 und 3 der VO. enthalten Übergangsregelungen, § 4 droht Zuwiderhandelnden sehr empfindliche Strafen an, § 5 bestimmt das Außerkrafttreten der bisherigen VO. vom 27. November 1936 (RGBl. I S. 954) über die Verwendung von Roggen und Weizen zur Herstellung von Branntwein.

B. Kartoffeln

und Erzeugnisse aus Kartoffeln.

1. Aus dem allgemeinen Reichsrecht sind Vorschriften über Kartoffeln von unmittelbarer lebensmittelrechtlicher Bedeutung nicht anzuführen. Dagegen enthalten die Anordnungen der Zusammenschlüsse der Kartoffelwirtschaft Vorschriften, deren Kenntnis für den Lebensmittelchemiker von Bedeutung ist — nicht nur im Hinblick auf Kartoffelerzeugnisse als Brotstreckungsmittel.

Durch die VO. des RErn.Min. vom 18. April 1935 (RGBl. I S. 550) sind Kartoffelwirtschaftsverbände gebildet, die zur Hauptvereinigung der deutschen Kartoffelwirtschaft (HV. Kart.Wi.) zusammengeschlossen sind. Der Reichsbauernführer hat ihnen durch Anordnung vom 9. Mai 1935 Satzungen gegeben. Nach § 1 der vorerwähnten VO. vom 18. April 1935 gehören zu den Kartoffelwirtschaftsverbänden auch die Betriebe, die Kartoffelflocken sowie Trockenkartoffeln in jeder Form oder Kartoffelwalzmehl herstellen, desgleichen die Betriebe, die Stärke oder Stärkeveredelungserzeugnisse herstellen und die Reis be- oder verarbeiten und ferner die Betriebe, die mit den genannten Erzeugnissen, mit Ausnahme von Speisereis, Handel treiben.

Als Stärke- und Stärkeveredlungserzeugnisse i. S. der Zusammenschluß-VO. gelten auch Back- und Puddingpulver und Backhilfsmittel aus landwirtschaftlichen Erzeugnissen oder aus Erzeugnissen, die aus landwirtschaftlichen Erzeugnissen gewonnen sind (vgl. oben II A 4 und 5).

2. Im Rahmen der ihr in § 4 der VO. zugewiesenen Aufgaben hat die HV. Kart.Wi. durch Anordnung Nr. 8 vom 20. Juni 1935 weit ins einzelne gehende „Kartoffel-Geschäftsbedingungen für den Verkehr mit Kartoffeln“ erlassen, aus denen auf die im Abschnitt VII daselbst enthaltenen „Gütevorschriften für Speisekartoffeln“ und auf die in ihrem „Anhang“ enthaltenen „Richtlinien für die Begutachtung von Kartoffeln durch Sachverständige“ verwiesen sei.

3. Die Anordnung der HV. Kart.Wi. vom 18. September 1935 (RNVBl. S. 583) betrifft „Geschäftsbedingungen" für Feuchtstärke und enthält einschlägige Güte- und Verkehrsvorschriften.

Gleichartige Regelungen nebst Richtlinien für die Beurteilung gibt die HV. Kart.Wi. in ihrer Anordnung Nr. 33 vom 28. September 1935 (RNVBl. S. 602) — je gesondert — für 1. Kartoffelstärkemehl und Trockenkartoffelstärke, 2. Kartoffelsago (Deutscher Sago, Sago), 3. Stärkesirup und Stärkezucker (unter Hervorhebung von Bonbonsirup, Capillarsirup und 43er halbweißem Sirup), 4. Dextrin (unter Hervorhebung von Superior-Dextrin, Prima-Dextrin und Abfalldextrin als Gütebezeichnungen).

4. Die umfassende Anordnung der HV. Kart.Wi. vom 10. Oktober 1938, betr. Bestimmungen über die Marktordnung der Kartoffelwirtschaft (RNVBl. S. 509—518) hebt unter K I Abs. 2 alle bisherigen Anordnungen der HV. Kart.Wi., mit Ausnahme der vorstehend unter 2 und 3 erwähnten, auf.

Die Anordnung vom 10. Oktober 1938 behandelt in folgender Einteilung folgende Stoffgebiete:

A. Kartoffeln. (Lebensmittelrechtlich Hervorzuhebendes enthält dieser Abschnitt nicht.)

B. Kartoffelflocken, Kartoffelwalzmehl und Trockenkartoffeln. (Unter I Abs. 1 wird die Abgabe und Verwendung von Kartoffelflocken für die Herstellung von Weingeist verboten.)

C. Verkehr mit Kartoffelwalzmehl für die Beimischung zu Mahlerzeugnissen aus Roggen.

D. Stärke und Stärkeveredlungserzeugnisse.

E. Verkehr mit Kartoffelstärkemehl für die Beimischung zu Mahlerzeugnissen aus Weizen.

(Die Abschnitte C—E enthalten keinen Rechtsstoff, der lebensmittelrechtlich hervorzuheben wäre.)

F. Back-, Pudding- und Cremepulver. (Der Wortlaut ist abgedruckt oben unter II A 4.)

G. Backhilfsmittel. (Der Inhalt dieser Vorschriften, soweit er lebensmittelrechtlich von Bedeutung ist, ist oben unter II A 3 mitgeteilt.)

H. Erweiterung und Verlegung von Betrieben.

J. Schiedsgerichte.

K. Schlußbestimmungen, unter denen sich auch die Androhung von Ordnungsstrafen befindet.

C. Brot und Backwaren.

1. Brotgesetz mit Erläuterungen.

a) Das Brotgesetz, ursprünglich unterm 17. Juli 1930 (RGBl. I S. 299) von den damaligen Organen der ordentlichen Reichsgesetzgebung erlassen, hat seither zahlreiche Abänderungen erfahren. Aus ihnen sei das von der Reichsregierung unterm 3. Mai 1935 erlassene Reichsgesetz vom 3. Mai 1935 (RGBl. I S. 566) hervorgehoben, weil es in dem neugefaßten § 8 den RErnMin. „ermächtigt, die Vorschriften des Brotgesetzes aufzuheben oder zu ergänzen, soweit es die Bedürfnisse des Brotmarktes erfordern". So erklärt es sich, daß die späteren Abänderungen des Brotgesetzes im Verordnungswege durch den RErnMin. erlassen sind. Ihre bisher letzte vom 10. Oktober 1938 (RGBl. I S. 1394) hat den § 4a wieder gestrichen, der den Vertrieb von Brot erst am Tage nach seiner Herstellung zuließ.

b) Unter Berücksichtigung aller ergangenen Änderungen lautet

Das Brotgesetz

(in der zur Zeit [31. Oktober 1938] gültigen Fassung).

§ 1. Bei Brot[1] *und anderen Backwaren*[2] *ist ein Zusatz von Kartoffelstärkemehl, Kartoffeltrockenerzeugnissen, Trockenmagermilch und von Mahlerzeugnissen des Maises bis zu einer Gesamtmenge von 10 vom Hundert der verwendeten Mahlerzeugnisse des Roggens oder Weizens*[3] *ohne Kenntlichmachung*[3] *erlaubt*[3]. *Die*

Verwendung von Backhilfsmitteln oder frischer Magermilch wird durch diese Vorschrift nicht berührt[4][5].

§ 2. *(1) Brot*[1] *darf gewerbsmäßig*[6] *nur in bestimmten Gewichten hergestellt werden.*

(2) Das Gewicht des frischen[7] *Brotes, das aus 20 und mehr Hundertteilen Mahlerzeugnissen des Roggens*[8] *hergestellt ist, muß mindestens 750 Gramm betragen und durch 250 teilbar sein. Das Gewicht des frischen Brotes aller übrigen Art muß mindestens 500 Gramm betragen und durch 250 teilbar sein. Das Gewicht ist von dem Hersteller auf dem Brot für den Käufer leicht erkennbar anzugeben*[9].

(3) Ohne die vorgeschriebene Angabe (Abs. 2 Satz 3) darf Brot ungeteilt[10] *gewerbsmäßig nicht angeboten, feilgehalten, verkauft oder sonst in den Verkehr gebracht werden.*

(4) Die Vorschriften in den Absätzen 1 bis 3 gelten nicht für Brot bis zu 250 Gramm[11].

(5) Brot, insbesondere Vollkornbrot[13] *(Pumpernickel und dgl.), in*[10] *Packungen oder Behältnissen darf, sofern es in Scheiben geschnitten ist, gewerbsmäßig nur*[12] *in Mengen von 125, 250 und 500 Gramm und nur dann angeboten, feilgehalten, verkauft oder sonst in den Verkehr gebracht werden, wenn das Gewicht auf der Packung oder dem Behältnis für den Käufer leicht erkennbar*[9] *angegeben ist.*

§ 3. *(1) Die in den §§ 1 bis 4 der Verordnung zur Ordnung der Getreidewirtschaft vom 14. Juli 1934 (Reichsgesetzbl. I S. 629, 783), 16. Oktober 1934 (Reichsgesetzbl. I S. 999) genannten Zusammenschlüsse können mit Zustimmung des Reichsministers für Ernährung und Landwirtschaft nähere Bestimmungen über die nach § 2 Abs. 2 Satz 3 und Abs. 5 erforderliche Angabe treffen*[9] *und Richtlinien*[14] *über die Berücksichtigung von Fehlergrenzen bei der Gewichtsnachprüfung erlassen. Soweit solche Bestimmungen und Richtlinien erlassen werden, treten die Vorschriften der Verordnung über die Angabe des Brotgewichtes vom 16. Juli 1931 (Reichsgesetzbl. I S. 383) und die von den obersten Landesbehörden oder den von ihnen bestimmten Behörden erlassenen Richtlinien über die Berücksichtigung von Fehlergrenzen bei der Gewichtsnachprüfung von Brot außer Kraft.*

(2) Die Zusammenschlüsse können Ausnahmen von den Vorschriften des § 2 Abs. 5 zulassen.

§ 4. *Die Vorschriften des § 2 gelten auch für die Betriebe der Genossenschaften und ähnlicher Vereinigungen.*

Sie gelten nicht bei der Herstellung und dem Vertrieb von Brot, soweit es für den Verbrauch in Vollzugsanstalten der Justizverwaltung bestimmt ist[15]. *Der Reichsminister für Ernährung und Landwirtschaft kann weitere Ausnahmen zulassen.*

§ 5. *Mit Geldstrafe wird bestraft, wer vorsätzlich einer der Vorschriften des § 2, einer der auf Grund des § 3 Abs. 1 getroffenen Bestimmungen (oder der Vorschrift des § 4a)*[18] *zuwiderhandelt.*

Ist die Zuwiderhandlung fahrlässig begangen, so tritt Geldstrafe bis zu 150 RM ein.

§ 6. *Es ist verboten, Roggen oder Weizen, der durch Eosin oder in sonstiger Weise als ausschließlich zur Viehfütterung bestimmt gekennzeichnet ist, oder Mahlerzeugnisse solchen Roggens oder Weizens zu anderen Zwecken als zur Viehfütterung zu verwenden oder in den Verkehr zu bringen.*

Wer vorsätzlich einem der Verbote des Abs. 1 zuwiderhandelt, wird mit Gefängnis und mit Geldstrafe oder mit einer dieser Strafen bestraft.

Wer die Tat fahrlässig begeht, wird mit Gefängnis bis zu drei Monaten und mit Geldstrafe oder mit einer dieser Strafen bestraft.

Neben der Strafe können in den Fällen des Abs. 2 die Gegenstände eingezogen werden, auf die sich die strafbare Handlung bezieht, auch wenn sie dem Verurteilten nicht gehören.

§ 7. Die Vorschriften des Lebensmittelgesetzes vom 5. Juli 1927 (Reichsgesetzblatt I S. 134) bleiben vorbehaltlich der Vorschrift des § 1 unberührt[16].

§ 8. Der Reichsminister für Ernährung und Landwirtschaft wird ermächtigt, die Vorschriften dieses Gesetzes aufzuheben oder zu ergänzen, soweit es die Bedürfnisse des Brotmarktes erfordern.

§ 9[17]*. Der Reichsminister für Ernährung und Landwirtschaft wird ermächtigt, das Brotgesetz in der Fassung der Bekanntmachung vom 9. Juni 1931 (Reichsgesetzbl. I S. 335) und der späteren Änderungen und Ergänzungen im Reichsgesetzblatt neu bekanntzumachen und dabei Unstimmigkeiten*[18] *des Gesetztextes zu beseitigen sowie überholte Vorschriften wegzulassen.*

Anmerkungen zum Brotgesetz.

[1] Das Brotgesetz enthält nur bruchstückhaft in einzelnen Beziehungen Rechtssatzregelungen über den Verkehr mit Brot. Die §§ 2—4 beziehen sich nur auf Brot, während § 1 für alle Erzeugnisse des Backgewerbes gilt.

„Da eine gesetzliche Regelung des Begriffs Brot, namentlich in der Richtung einer Abgrenzung zu Kuchen, fehlt, ist die Entscheidung, „ob es sich im Einzelfalle um „Brot" i. S. des Brotgesetzes handelt, unter Berücksichtigung der Verkehrsauffassung zu treffen (vgl. KG. 24. November 1930 — 3 S 565/30 — im Gewerbe-Archiv Bd. 28, S. 429)." Weniger auf die äußere Form der Backware, als auf ihre Bestandteile ist dabei zu sehen. So: KG. 6. Oktober 1936 — 1 Ss 234/36 — in **Z.** Beil. 1937, **29**, 88.

„Diabetikerbrot" soll (nach RNVBl. 1935, 255) außerhalb der Regelungen des Brotgesetzes und der Brotmarktordnung bleiben.

[2] Für Teigwarenherstellung ist der Beimischungszwang besonders geregelt (vgl. oben unter II A 2d).

[3] An und für sich würden Zusätze von Fremdstoffen der im § 1 genannten Art eine Brotverfälschung darstellen, abgesehen von der durch Handwerksübung eingebürgerten und lebensmittelrechtlich nicht zu beanstandenden Verwendung von Backhilfsmitteln bis zu 3%. Über Backhilfsmittel siehe oben II A 3. Um nun die aus ernährungswirtschaftlichen Gründen zeitweise nötig gewordenen Beimischungen (vgl. oben II A 2d) ohne Verletzung des § 4 Nr. 1, 2 LMG. rechtlich zu ermöglichen, erlaubt § 1 des Brotgesetzes Beimischungen in nach Art und Menge begrenztem Umfang, ohne selbst einen Zwang hierzu aufzustellen. Die Befreiung von der Kenntlichmachung, die sonst im Hinblick auf § 4 Nr. 2 LMG. erfolgen müßte, bezweckt, dem Verbraucher das tägliche Brot, das ihm nach den Zeitverhältnissen geboten werden kann, nicht zu verleiden. Sie ist rechtlich tragbar, weil beim Bestehen eines Beimischungszwangs durch für Handel und Gewerbe bindende Reichsnährstandsanordnungen niemand im redlichen Verkehr Brot ohne entsprechende Beimischung erwarten kann.

[4] D. h. Backhilfsmittel bis zu dem in Anm. 3 Satz 1 als verkehrsüblich erwähnten Hundertsatz oder die Verwendung frischer Magermilch nach Ermessen des Bäckers bleiben außer dem in Satz 1 des § 1 Gestatteten zulässig.

[5] „Im Hinblick auf die derzeitige Wirtschaftslage" hat weiterhin der RMdI. „auf Grund des § 20 Abs. 2 Nr. 3 des LMG. unterm 18. Mai 1937 (MiBl.iV. S. 794 — vgl. auch **Z.** Beil. 1938, **30**, 15) bestimmt,

„daß bis auf weiteres die Bäckereien das in den eigenen Betrieben anfallende Altbrot zur Herstellung von Brot unter den folgenden Voraussetzungen wiederverwenden dürfen:

1. Die Verwendung von verschimmeltem, verschmutztem oder anderweitig verdorbenem Altbrot ist unzulässig.

2. Der Zusatz von einwandfreiem Altbrot darf nicht mehr als 3 vom Hundert des zur Brotherstellung verwendeten Mehles betragen.

3. Das zugesetzte Altbrot muß so fein in der Teigmasse verteilt werden (Verwendung von feingemahlenem oder in Wasser eingeweichtem und zu einem völlig gleichmäßigen Brei zerteiltem Altbrot), daß es im fertigen Brot mit bloßem Auge nicht zu erkennen ist."

An und für sich hat die Rechtsprechung den Zusatz von sachgemäß vorbehandeltem Altbrot zum Brotteig in verschiedenen Urteilen als im Widerspruch zu der Erwartung der Verbraucherschaft stehende verschlechternde Verfälschung des Brotes beurteilt. So RG. 22. Juni 1891 in JW. 1891, 452, OLG. Celle 3. August 1927 — Aktenzeichen S 197/27 —, OLG. Dresden 22. August 1933 in Reichsgesundh.Bl. 1934, 293.

[6] D. h. zum entgeltlichen Absatz im gewerblichen Verkehr, auch wenn Genossenschaften in Verkehr bringen. Vgl. HOLTHÖFER über den Begriff „gewerbsmäßig" im RGesundh.Bl. 1935, 633. Die Herstellung zum Haushaltsbedarf, auch in Anstaltshaushalten, fällt nicht unter die Gewichtsvorschriften.

Festes Brotgewicht bei gleitenden Preisen, wodurch eine Nachprüfung des Brotpreises erleichtert wird, ist der ursprüngliche, wesentliche Zweck des Brotgesetzes.

[7] Auch die Richtlinien des Preuß. Min. für Landwirtschaft, Domänen und Forsten vom 3. August 1931 über die Berücksichtigung von Fehlergrenzen bei der Gewichtsnachprüfung von Brot sind unter II Nr. 4 daselbst auf frisches Brot (vom Herstellungstage) abgestellt und regeln in ihren Nr. 5 und 6 die Gewichtsnachprüfung durch die polizeilichen Organe bei frischem Brot. Dessenungeachtet kann durch geeignete Sachverständige auch aus dem Mindergewicht älteren Brotes das fehlende Gewicht bei der Herstellung klargestellt werden und daraufhin gegebenenfalls Bestrafung erfolgen (OLG. Jena 4. März 1938 in JW. 1938, 1325).

[8] Also jedenfalls die Brotsorten, die unter I A a und b der Brotmarktordnung als Roggenschrotbrot und Roggenbrot bezeichnet werden; ferner die dort unter c und d bezeichneten Roggenmischbrote und auch Weizenmischbrote, weil bzw. soweit sie nach den Festsetzungen der örtlichen Getreidewirtschaftsverbände 20 oder mehr Hundertteile Roggenmehl enthalten.

[9] Siehe hierzu die in Abschnitt II der „Brotmarktordnung" enthaltenen „Kennzeichnungsvorschriften" der HV. Getr.Wi.

[10] Größere Teile oder Schnitten von im ungeteilten Zustand ordnungsmäßig gekennzeichnetem Brot ohne Kennzeichnung der Teile abzugeben, bleibt also dem Ladenverkäufer unverwehrt. Abs. 5 steht solchem Verkauf loser Schnitten nicht im Wege; denn seine besonderen Kennzeichnungsvorschriften gelten nur, wenn Brot in geschnittenem Zustand in „Packungen oder Behältnissen" (d. i. sog. Originalpackungen) gewerbsmäßig vertrieben wird. In diesem Sinne spricht sich auch HV. Getr.Wi. mit einer ausführlichen Begründung aus, die in Mehl und Brot 1936, Heft 2, S. 6 abgedruckt ist.

[11] Also z. B. nicht für Semmel, Schrippen, Knäckebrot.

[12] Grund der Vorschrift: der gleiche, wie der in Anm. 6 Satz 2 angegebene.

[13] Eine eindeutige Begriffsbestimmung für Vollkornbrot ist rechtssatzmäßig nicht festgelegt, erübrigt sich auch jedenfalls im vorliegenden Zusammenhang. Denn es ist ja alles in Scheiben geschnittene Brot, jediglich unter beispielsweiser Hervorhebung des Vollkornbrotes und einer besonders bekannten Unterart desselben, der Vorschrift des Abs. 5 unterworfen, wenn es in Packungen oder Behältnissen vertrieben wird (vgl. Anm. 10).

Über Vollkornschrot befinden sich in der Sammelordnung der HV. Getr.Wi. vom 1. Juli 1938 (vgl. S. 863) Bestimmungen. Mit dieser Maßgabe sei hingewiesen auf die Erörterungen über Schrot („das gereinigte und zerkleinerte Getreidekorn") und Vollkornbrot von Dr. KÜHL und Dr. NEUMANN in der Zeitschrift Mehl und Brot 1937, Heft 11, S. 1 und Heft 12, S. 4.

[14] Die von den obersten Landesbehörden in den meisten deutschen Ländern erlassenen Richtlinien (Beispiel in Anm. 7) sind bislang nicht durch solche der Zusammenschlüsse ersetzt. Zur Gewichtsnachprüfung sind die Polizeibehörden zuständig geblieben.

[15] Mit Rücksicht auf die Tagesportionen der Gefangenen.

[16] Also es gilt das LMG., soweit das Brotgesetz keine abweichenden Vorschriften enthält.

[17] § 9 hat durch die VO. über die Aufhebung des § 4a des Brotgesetzes vom 10. Oktober 1938 (RGBl. I S. 1394) seine heutige Fassung erhalten.

[18] Zu den zu beseitigenden Unstimmigkeiten wird auch die Beseitigung des — aufgehobenen — § 4a aus der Strafvorschrift des § 5 gehören.

2. Die Brotmarktordnung mit Erläuterungen.

Die Brotmarktordnung, vom Reichsnährstand erlassen, findet sich in der Anordnung Nr. 3 der HV. Getr.Wi., betr. Ordnung des Brotmarktes (Brotmarktordnung), vom 9. Mai 1935 (RNVBl. S. 255). Sie ist durch die Sammelanordnung der HV. Getr.Wi. vom 1. Juli 1938 (vgl. S. 862) mit einer nachstehend berücksichtigten Änderung ihrer Vorschriften unter VII in Kraft belassen worden.

Erläuternde Anmerkungen zur Brotmarktordnung finden sich auf S. 872f.

a) Wortlaut der Brotmarktordnung:

Auf Grund .... wird folgendes angeordnet:

Für die Ordnung des Marktes aller Brotsorten, die ganz oder überwiegend aus Roggen- oder Weizenmehlerzeugnissen oder ganz oder überwiegend aus Mahlerzeugnissen beider Getreidearten hergestellt sind und den Gewichtsbestimmungen des Brotgesetzes unterliegen, gelten folgende Vorschriften:

I. Festsetzung der Brotsorten[1]. Nur die nachstehend bezeichneten Sorten von Brot dürfen gewerbsmäßig hergestellt, angeboten, feilgehalten, verkauft oder sonst in den Verkehr gebracht werden.

A. Ortsübliches Brot. a) Roggen-Schrotbrot: Hierzu gehören alle aus Roggenschrot hergestellten Brotsorten; ein Zusatz bis zu 3% Weizen- oder Roggenmehl ist zulässig.

b) Roggenbrot: Hierzu gehören alle aus Roggenmehl hergestellten Brotsorten; ein Zusatz bis zu 3% Weizenmehl ist zulässig.

c) Roggenmischbrot: Hierzu gehören alle Brotsorten, die neben Mehl aus anderem Getreide (Weizen, Gerste) ...% * Roggenmehl enthalten.

d) Weizenmischbrot: Hierzu gehören alle Brotsorten, die neben Mehl aus anderem Getreide (Roggen, Gerste) ...% * Weizenmehl enthalten.

e) Weißbrot (Wasserware): Hierzu gehören alle aus Weizenmehl hergestellten Brotsorten, die ohne Zusatz von Eiern, Fett, Zucker, Rosinen und ähnlichen Zutaten hergestellt sind.

Ein Zusatz bis zu 3% Roggenmehl ist zulässig.

B. Spezialbrot[2]. Hierzu gehören a) alle Brotsorten, die 1. in einem besonders gestalteten Verfahren hergestellt werden;

2. aus Rohstoffen hergestellt werden, die einem besonderen Verarbeitungsprozeß unterworfen waren;

3. von dem Getreidewirtschaftsverband, in dessen Gebiet sie zum Verkauf gelangen, als Spezialbrote anerkannt sind;

b) Weißbrot, soweit es nicht unter A e fällt[2].

II. Kennzeichnungsvorschriften[3]. (1) Die in § 2 Abs. 3 Satz 3 des Brotgesetzes in der Fassung des Gesetzes zur Änderung des Brotgesetzes vom 3. Mai 1935 (RGBl. I S. 566) vorgeschriebene Gewichtsangabe ist bei dem ungeteilten Brot in Gramm oder Kilogramm auf der Oberseite der Kruste (Rinde) leicht erkennbar anzubringen. Die nach Ziffer I A dieser Marktordnung festgelegte Sortenbezeichnung muß auf dem ungeteilten Brot durch die Buchstaben S für Roggen-Schrotbrot, R für Roggenbrot, RM für Roggenmischbrot, WM für Weizenmischbrot, W für Weißbrot auf der Oberseite leicht erkennbar angebracht werden. Das Gewicht und die Sortenbezeichnung ist durch Eindrücken eines Stempels in die Oberfläche des Teiges oder durch feste Anbringung einer Papiermarke oder auf einer Banderole anzugeben. Die Anbringung einer Papiermarke oder Banderole unter Verwendung eines Klebemittels unmittelbar auf dem Brot ist unzulässig.

(2) Ist das Brot in einer Umhüllung verpackt, so muß die Angabe des Gewichts und der Sorte deutlich erkennbar auf dieser Umhüllung angebracht sein. In diesem Falle kann von einer Kennzeichnung nach Abs. 1 abgesehen werden.

(3) Bei Brot, das in Scheiben geschnitten und verpackt ist, muß die Angabe des Gewichts und die Bezeichnung der Sorte leicht erkennbar auf der Packung angegeben sein.

III. Preisfestsetzung. (1) Die Verkaufspreise (Kleinhandelspreise) für die in Ziffer I A bezeichneten Brotsorten werden in Zukunft mit Zustimmung des Reichs- und Preußischen Ministers für Ernährung und Landwirtschaft, des Reichskommissars für Preisüberwachung und des Vorsitzenden der Hauptvereinigung der Deutschen Getreidewirtschaft vom Getreidewirtschaftsverband festgesetzt.

(2) Die gegenwärtigen Preise für Brot dürfen ohne Zustimmung der in Abs. 1 genannten Stellen nicht erhöht werden. Das gilt auch, wenn ein einzelner Betrieb Brot bisher zu einem geringeren als bisher ortsüblichen Preis verkauft hat. Das GWV. kann mit Zustimmung der in Abs. 1 genannten Stellen eine Herabsetzung des Brotpreises untersagen, wenn durch bereits erfolgte Preisunterbietung erhebliche wirtschaftliche Schädigungen für das übrige Backgewerbe desselben Ortes oder Teile von ihm zu befürchten sind.

IV. Genehmigung zur Herstellung von Spezialbrot. (1) Die Herstellung der unter Ziff. I B a aufgeführten Spezialbrote bedarf der Genehmigung des Getreidewirtschaftsverbandes.

(2) Betriebe, die bereits Spezialbrote herstellen, haben binnen 6 Wochen nach Inkrafttreten dieser Anordnung die Genehmigung zur Herstellung dieser Spezialbrote zu beantragen. Werden die Anträge nicht fristgemäß eingereicht, so darf die Herstellung des Spezialbrotes nicht weiter fortgesetzt werden.

---

* Der Hundertsatz wird in den von den Getreidewirtschaftsverbänden zu erlassenden Anordnungen festgesetzt.

V. Preisnachlaß. (1) Beim Verkauf von Brot ist die Gewährung von Preisnachlässen und Sondervorteilen irgendwelcher Art, von den nachfolgenden Ausnahmen abgesehen, untersagt.

(2) Wiederverkäufern von ortsüblichem Brot (Ziffer A I), die wöchentlich mindestens 30 Brote im Gesamtgewicht von mindestens 40 kg verkaufen, jedoch mit Ausnahme der Gast- und Beherbergungsstätten, können Preisnachlässe bis zu 12% auf die ortsüblichen Verkaufspreise gewährt werden; waren bisher niedrigere Preisnachlässe üblich, so darf eine Erhöhung nicht vorgenommen werden. Wiederverkäufern von Spezialbroten (Ziffer I B und Schnittbrote) können höhere Preisnachlässe gewährt werden.

(3) Krankenhäusern, Arbeitsdienstlagern und ähnlichen Anstalten oder Einrichtungen können, falls ein schriftlicher Abnahmevertrag von mindestens einmonatiger Dauer besteht, Preisnachlässe bis zu 12% auf die ortsüblichen Preise gewährt werden.

(4) Streitigkeiten über das Bestehen der Voraussetzungen des Abs. 3 entscheidet der Getreidewirtschaftsverband.

VI. Sonderbestimmungen. Brot darf außer dem Hause nur bei vorheriger Bestellung geliefert werden.

VII. (1) Der Umtausch von Mahlerzeugnissen aus Getreide gegen Brot ist nur mit Erzeugern, Deputatempfängern oder Empfängern eines Leibgedinges für ihren eigenen Bedarf gestattet. Dasselbe gilt entsprechend auch für die Lohnverarbeitung.

Getreide darf von einem Bäcker nicht im Wege des Tausches oder einer Lohnverarbeitung erworben werden. In Vertretung oder im Auftrag eines Erzeugers oder Deputatempfängers kann jedoch von einem Bäcker die Beförderung des für den eigenen Wirtschaftsbedarf des Auftraggebers bestimmten Getreides zur Mühle zwecks Umtausches gegen Mahlerzeugnisse übernommen werden. Für die Übernahme der Beförderung gelten die Bestimmungen in Abschnitt 1 Ziffer 18 Abs. 2 (der Anordnung der HV. Getr.Wi. vom 1. Juli 1938. D. Bearb.).

(2) Sie Höhe der Umtauschsätze wird besonders festgesetzt werden.

VIII. (1) Altes Brot und Ausschußbrot darf nur mit einem Nachlaß von mindestens 30% des ortsüblichen Brotpreises verkauft werden.

(2) Die Rücknahme von altem und fehlerhaftem Brot ist unstatthaft. Die gesetzlichen Vorschriften über Wandlung und Minderung werden von dieser Anordnung nicht berührt.

IX. (1) Nachmehle dürfen für die Brotherstellung nicht verwendet werden.

(2) Als Nachmehle gelten alle Mehlsorten, die auf Grund der Typisierung der Wirtschaftlichen Vereinigung der Roggen- und Weizenmühlen als „nicht für menschliche Ernährung bestimmt" bezeichnet sind.

X. (1) Die Vorschriften dieser Anordnung gelten auch für die Betriebe der Genossenschaften und sonstigen Verbände.

(2) Die Bestimmung der Ziffer V Abs. 4 findet entsprechende Anwendung.

XI. Strafvorschriften[3]. (1) Mitglieder, die gegen eine Bestimmung dieser Anordnung verstoßen, können vom Vorsitzenden des Getreidewirtschaftsverbandes nach Anhörung des Verwaltungsrats in eine Ordnungsstrafe bis zu 1000 RM. für jeden einzelnen Fall der Zuwiderhandlung genommen werden.

(2) Gegen eine Straffestsetzung nach Abs. 1 ist die Anrufung des Schiedsgerichts binnen 2 Wochen nach Zugehen des Strafbescheides zulässig. Die Anrufung hat aufschiebende Wirkung.

XII. Schlußvorschriften. (1) Diese Anordnung tritt am 15. Juni 1935 in Kraft.

(2) (Enthält überholte Übergangsvorschriften.)

b) Anmerkungen zur Brotmarktordnung.

[1] Brotbezeichnungen. Während die Butterverordnung vom 20. Februar 1934 (die später Änderungen erfahren hat) — abgedruckt in Bd. III, S. 546 des Handbuchs — in ihrem § 8 jegliche Kennzeichnung von Butter, die nicht in der Butter-VO. vorgeschrieben oder zugelassen ist, verbietet, finden sich in der Brotmarktordnung solche Beschränkungen nicht. Neben den Kennzeichnungsvorschriften, die eine Kenntlichmachung des Gewichts und der Brotsorte (unter I und II) in bestimmter Art zur Pflicht machen, finden sich die Spielarten von Brot, deren Herstellung innerhalb der unter I der Brotmarktordnung zugelassenen Sorten möglich ist, unter einer unübersehbaren Fülle von Brotbezeichnungen im Verkehr. Einen Eindruck dieser vielfältigen Möglichkeiten vermittelt der Aufsatz von KAISER „Brotmarkt von heute" in der Lebensmittel-Rundschau 1938, 81. Darunter sind Herkunfts-, Gattungs- und Phantasiebezeichnungen vertreten. Ihre rechtliche Zulässigkeit wird negativ bestimmt durch die Verbote, die im Gesetz gegen den unlauteren Wettbewerb, im Warenzeichengesetz, in § 4 Nr. 3 LMG. enthalten und von einer reichhaltigen Rechtsprechung entwickelt sind, und positiv durch die eine wahre, klare und anständige Haltung im Werbewesen fordernden Maßnahmen des Werberats der deutschen Wirtschaft.

Bei geographischen Bestandteilen von Bezeichnungen ist zu beachten, daß solche in ihrer ursprünglichen und eigentlichen Bedeutung auf eine bestimmte örtliche Herkunft des Erzeugnisses hinweisen.

Wer entgegen diesem eigentlichen und ursprünglichen Sinn eine geographische Bezeichnung als Beschaffenheitsbezeichnung verwendet, wird im Streitfall in aller Regel überzeugend darzutun haben, daß in der Auffassung des Verkehrs sich ein dahingehender Bedeutungswandel durchgesetzt hat. Die neuzeitlichen Anschauungen in der Rechtsprechung (vgl. HOLTHÖFER-JUCKENACK S. 110) und in den Verlautbarungen des Werberats sind der Anerkennung eines solchen Bedeutungswandels nicht günstig. Sie neigen im Gegenteil dazu, geographische Bestandteile in Warenbezeichnungen wieder stärker als Berühmung der Herkunft aus dem betreffenden Orte, Land oder der betreffenden Gegend zu bewerten. Eine Hinzufügung von Worten, wie „echt", „Original-" usw., zu einer geographischen Bezeichnung zwingt zu einer Beurteilung im letztgedachten Sinne.

Die Bezeichnung „Bauernbrot" oder „Landbrot" ohne Zusätze, wie „echt", „Original" usw., gegenüber einer nicht weltfremden Großstadtbevölkerung, namentlich, wenn auf der Aufschrift eine „Brotfabrik" angegeben ist, läßt das LG. Breslau 4. März 1936 (in **Z.** Beil. 1938, **30**, 61) als Beschaffenheitsangabe für ein Roggenbrot gelten, das „anders geartet als gewöhnliches Bäckerbrot und jedenfalls ähnlich dem eigentlichen Land- oder Bauernbrot ist".

Die Bezeichnung „echtes" oder „Original-Paderborner Landbrot" verpflichtet nach dem Urteil des LG. Paderborn vom 3. Oktober 1935 (mitgeteilt in Mehl und Brot 1936 Nr. 2 S. 12) sowohl zur Lieferung eines Brotes von der besonderen Beschaffenheit eines Landbrotes als auch eines im Paderborner Lande gebackenen Brotes.

Die Bezeichnung eines Roggenmischbrotes als „Kasseler-Brot" wird, wo sie eingebürgert ist, als nicht mißverständliche Beschaffenheitsangabe (mit KIRCHNER in der Lebensmittelrundschau 1936, 70) geduldet werden können, insbesondere dann, wenn aus sonstigen Hinweisen hervorgeht, daß der Sitz der Herstellungsfirma oder der Ort der Herstellung nicht Kassel ist.

Friedrichsdorfer Zwieback wird von einer verbreiteten Meinung, auch vom „Verband der Warenzeicheninteressenten e. V." (vgl. Mehl und Brot 1938, Heft 7, S. 9), als zulässige Beschaffenheitsbezeichnung beansprucht, ohne daß eine Gerichtsentscheidung darüber beigebracht würde. Nach den Begriffsbestimmungen der Fachgruppe Süßwarenindustrie aus dem Jahre 1936 (vgl. S. 902) jedoch soll „Friedrichsdorfer Zwieback" als Herkunftsbezeichnung „einem aus Friedrichsdorf im Taunus oder seiner unmittelbaren Umgebung stammenden Erzeugnis" vorbehalten bleiben.

Wenn einer Backware tatsächlich durch ihre stoffliche Beschaffenheit oder sonst durch die Art ihrer Herstellung oder Behandlung diätetische Vorzüge verschafft sein sollten, die sie vor der gewöhnlichen Ware ihrer Art in nennenswertem und nachweisbarem Maße auszeichnen, so ist es nirgends verboten, diese ihre Bewertung mit bestimmenden Vorzüge in Bezeichnungen, Angaben und Werbeschriften wahrheitsgemäß zum Ausdruck zu bringen. Denn ein grundsätzliches Verbot — wie z. B. für Wein in Artikel 5 Abs. 2 der Ausführungs-VO. zum Weingesetz — besteht in dieser Beziehung für Backware nicht. Doch gilt das allgemeine Irreführungsverbot des § 4 Nr. 3. Deshalb sind Bezeichnungen, Angaben, Aufmachungen unzulässig, die beim Verbraucher den Eindruck erwecken, als habe eine Ware Eigenschaften oder Wirkungen auf den gesunden oder gar kranken Menschen, die sie in Wirklichkeit überhaupt nicht oder in geringerem Maße hat, als der Verbraucher nach den Bezeichnungen usw. annehmen kann. Auf meine eingehenden Ausführungen zu dieser Frage zu der Tafelwässer-VO. in Bd. VIII, 2 des Handbuchs sei verwiesen.

So ist z. B. nach einer Verlautbarung des Werberats (mitgeteilt in Mehl und Brot 1938, Heft 3, S. 10) der Zusatz „Kraft" bei Bezeichnung von Vollkornbrot nur dann erlaubt, wenn das betreffenden Brot sich vor sonstigen Vollkornbrotsorten durch besondere, über das normale Maß hinausgehende gesundheitsfördernde Eigenschaften auszeichnet.

Das Urteil des LG. III Berlin vom 18. November 1929 — III E 2 J 51728 (1. 29)/17 — hat unter Billigung des Reichsgerichts (Beschluß vom 18. September 1930 — 2 D 398/30 —) den Gebrauch der Bezeichnung „Vitama-Brot" für ein mit Calciumchloridzusatz bereitetes Brot als irreführend und in Tateinheit gegen § 4 Nr. 3 LMG. und § 4 des Unl.Wettb.Ges. verstoßend bestraft, weil dadurch dem Verbraucher ein besonderer, in Wirklichkeit nicht vorhandener Vitamingehalt vorgetäuscht werde.

[2] Spezialbrot. Soweit Brot auf Grund einer oder mehrerer der unter II B a, 1 bis 3 der Brotmarktordnung genannten Voraussetzungen als Spezialbrot in Frage kommen kann, bedarf seine Herstellung nach IV der Brotmarktordnung der Genehmigung des zuständigen Getr.Wi.-Verbandes. Wenn nicht die Genehmigung in Verbindung mit einer bestimmten Bezeichnung die Bezeichnungsfreiheit einschränkt, gelten auch für Spezialbrote die grundsätzlichen Ausführungen über Brotbezeichnungen in Anm. 1. Keiner Genehmigung bedarf die Herstellung einer Backware, die deshalb aus I A e der Brotmarktordnung herausfällt, weil sie, außer Weizenmehl als Grundstoff, Bestandteile enthält, die im allgemeinen (vgl. unter I A e) nicht zur Weißbrotherstellung, sondern mehr oder weniger zur Kuchenbereitung verwendet werden. Soweit ein solches Erzeugnis (man

denke etwa an die „Stuten“ im Wuppertal) nach der örtlichen Verkehrsanschauung trotzdem zum Brot gerechnet wird, fällt es unter die Spezialbrotgruppe I B b der Brotmarktordnung.

[3] Zuwiderhandlungen gegen die Vorschriften unter II der Brotmarktordnung über die Kennzeichnung des Gewichts sind auch kriminell strafbar aus § 5 des Brotgesetzes.

3. Die VO. gegen die Verwendung von Mineralölen im Lebensmittelverkehr vom 22. Januar 1938

enthält allgemeines Reichsrecht, das von dem RMdI. in Gemeinschaft mit dem RErnMin. auf Grund der Ermächtigungen des LMG. verordnet und im RGBl. I 1938, S. 45 veröffentlicht ist. Auf einem Teilgebiet hat der RMdI. das grundsätzliche Verbot dieser VO. bis auf weiteres durch eine Ausnahmegestattung gemäß § 20 Abs. 2 Nr. 3 LMG. mit seinem nachstehend unter b) mitgeteilten Runderlaß vom 13. September 1938 (MiBl.iV. Sp. 1571) durchbrochen.

a) Es lautet die

Verordnung gegen die Verwendung von Mineralölen im Lebensmittelverkehr.

(Vom 22. Januar 1938 RGBl. I S. 45.)

Auf Grund des § 5 Nr. 3, 5 und des § 20 des Lebensmittelgesetzes in der Fassung vom 17. Januar 1936 (Reichsgesetzbl. I S. 17) wird verordnet:

§ 1. Mit Mineralöl oder mineralölhaltigen Stoffen behandelte Lebensmittel sind als verfälscht anzusehen und auch unter Kenntlichmachung vom Verkehr ausgeschlossen.

§ 2. Mineralöle und mineralölhaltige Stoffe dürfen für die Verwendung bei der Herstellung von Lebensmitteln nicht hergestellt, angeboten, feilgehalten, verkauft oder sonst in den Verkehr gebracht werden.

§ 3. Diese Verordnung tritt am 1. Februar 1938 in Kraft.

Eigene Strafbestimmungen enthält diese VO. nicht. Zuwiderhandlungen gegen § 1 sind ohne weiteres strafbar gemäß § 4 Nr. 1, 2 (§ 5 Nr. 5), § 12 LMG. Zuwiderhandlungen gegen § 2, der seine Rechtsgrundlage in § 5 Nr. 3 LMG. findet, sind gleichfalls aus § 12 LMG. zu bestrafen.

b) Der Runderlaß des RMdI. vom 13. September 1938 (MiBl.iV. S. 1571) bestimmt mit Rechtssatzwirkung, daß abweichend von den Vorschriften der unter a) abgedruckten VO.

„bis auf weiteres reines Paraffinöl (Paraffinum liquidum), das den Anforderungen des Deutschen Arzneibuches 6. Ausg. entspricht, als Trennmittel bei der Herstellung von Dauerbackwaren und Bonbons sowie bei der Behandlung von getrockneten Weinbeeren, insbesondere Rosinen, Sultaninen und Korinthen, verwendet werden darf, unter der Bedingung, daß nur unerhebliche Mengen in das fertige Erzeugnis gelangen.“

4. Trennmittel.

Die Reichsstelle für Milcherzeugnisse, Öle und Fette als Überwachungsstelle hat zum Zweck der Fetterspamis die Anordnung Nr. 7, betr. **Verwendung von Trennölen im Brot- und Backgewerbe**, vom 17. Februar 1937 mit Wirkung ab 1. Juli 1937 erlassen und im Deutschen Reichsanzeiger Nr. 39 vom 17. Februar 1937 veröffentlicht. Da die den Gegenstand der Anordnung bildenden Trennölemulsionen nicht Butter oder Schweineschmalz zu ersetzen bestimmt sind, ist eine Ausnahmevorschrift i. S. der Bekanntmachung über fetthaltige Zubereitungen vom 26. Juni 1916 (RGBl. S. 589) nicht für erforderlich gehalten worden. Die Anordnung lautet:

„Auf Grund der Verordnung über den Warenverkehr vom 4. September 1934 (Reichsgesetzbl. I S. 816) in Verbindung mit der Verordnung über die Errichtung

von Überwachungsstellen vom 4. September 1934 (Deutscher Reichsanzeiger Nr. 209 vom 7. September 1934) wird folgendes angeordnet:

§ 1. Pflanzliche und tierische Öle und Fette aller Art dürfen im Brot- und Backgewerbe als Trennmittel und zum Einfetten von Backblechen nur in Form einer Emulsion verwendet werden, deren Öl- und Fettgehalt 35 Gewichtshundertteile nicht übersteigt.

§ 2. (1) Alle Betriebe, die gewerbsmäßig im Haupt- oder Nebenbetrieb pflanzliche oder tierische Öle und Fette zur Herstellung von Trenn-Emulsionen (§ 1) für das Brot- oder Backgewerbe verwenden, bedürfen der ausdrücklichen Verarbeitungsgenehmigung der Reichsstelle für Milcherzeugnisse, Öle und Fette als Überwachungsstelle, Berlin SW 68, Lindenstraße 28.

(2) In dem Antrag auf Erteilung der Verarbeitungsgenehmigung ist die Zusammensetzung des Erzeugnisses genau anzugeben.

(3) Die Genehmigung kann an Auflagen geknüpft und von Bedingungen abhängig gemacht werden.

§ 3 (enthält Buchführungs- und Auskunftsvorschriften).

§ 4. Vorsätzliche oder fahrlässige Zuwiderhandlungen gegen diese Anordnung, ebenso auch vorsätzliche oder fahrlässige Zuwiderhandlungen gegen eine Auflage oder Bedingung der Verarbeitungsgenehmigung gemäß § 2 dieser Anordnung fallen unter die Strafvorschriften der §§ 10, 12—15 der Verordnung über den Warenverkehr vom 4. September 1934.

§ 5 (regelt das Inkrafttreten)."

Ausführungen über die Bestandteile der Trennöle und ihre wirtschaftliche Bedeutung für das Backgewerbe und die Allgemeinheit finden sich in der Lebensmittel-Rundschau 1937, 44. Inwieweit sich in der Praxis bewährt hat, was man sich von den Trennemulsionen versprach, mögen die Fachleute verfechten.

5. Fettglasuren.

An Stelle von Schokoladeüberzugsmasse werden im Bäcker- und Konditorgewerbe vielfach schokoladebraune Glasurmassen verwendet, die entweder aus Mischungen von Kakaopulver, Zucker und Fremdfetten, meist Erdnußhartfett oder Cocosfett, bestehen oder aus Kakaopulver und gekochtem Zucker zusammengesetzt sind (Wasserglasur, Fondantmasse). Solche „zum Überziehen von Backwaren oder Konditoreierzeugnissen dienende Zubereitungen, die nach ihren sinnlich wahrnehmbaren Eigenschaften, insbesondere Aussehen, Geruch, Geschmack, mit Schokoladeüberzugsmasse verwechselbar sind, aber infolge der Mitverwendung von Fremdfetten den Begriffsbestimmungen des § 3 Abs. 11, 12 der Kakao-VO. nicht entsprechen", sind nach Abs. 1 § 8 der Kakao-VO. vom 15. Juli 1933 (RGBl. I S. 504) „als nachgemachte Schokoladeüberzugsmassen anzusehen; sie sind dann vom Verkehr ausgeschlossen, wenn sie nicht je nach der Art der verwendeten Fremdfette als «Erdnußfettglasur», «Cocosfettglasur» usw. kenntlich gemacht sind".

§ 8 Abs. 2 daselbst bestimmt weiter:

„Backwaren und Konditoreierzeugnisse, die mit solchen Zubereitungen überzogen sind, sind als nachgemacht oder verfälscht anzusehen und dann vom Verkehr ausgeschlossen, wenn sie nicht als «mit Erdnußfettglasur hergestellt», «mit Kokosfettglasur hergestellt» usw. kenntlich gemacht sind."

Hierzu bemerkt der RMdI. in seinem Runderlaß vom 18. März 1935 (MiBl.iV. S. 409):

„Bei dem gegenwärtigen Mangel an Erdnuß- und Kokosfett werden neuerdings auch gehärteter Waltran sowie Mischungen verschiedener Fette verwendet. Ich will keine Bedenken dagegen erheben, daß in solchen Fällen die Glasur als „Kunstspeisefettglasur" und die

damit hergestellten Erzeugnisse als „mit Kunstspeisefettglasur hergestellt" kenntlich gemacht werden." Es folgen dann Einzelheiten, wie diese Kenntlichmachung im Kleinverkauf in der erforderlichen zweifelsfreien Weise erfolgen kann.

Nach einem Bescheid des RMdI. vom 19. April 1938 auf eine Anfrage der Fachgruppe Süßwarenindustrie (mitgeteilt im RGesundh.Bl. 1938, 419) „sind unter Backwaren i. S. des § 8 Abs. 1 und 2 der Kakao-VO. nicht nur Frischgebäck (Torten und tortenähnliche Gebäcke, Mohrenköpfe u. dgl.), sondern auch Dauerbackwaren (wie z. B. Erzeugnisse der Keks-, Zwieback-, Makronen-, Lebkuchen-, Waffel- usw. Herstellung) zu verstehen".

Auch das OLG. Hamm hat im Urteil vom 9. Oktober 1937 (Z. Beil. 1938, **30**, 110) mit ausführlicher Begründung entschieden, daß auch „Hartgebäck (Dauerbackware)" unter die Vorschriften des § 8 der Kakao-VO. fällt.

Die praktische Bedeutung der Vorschriften des § 8 der Kakao-VO. für Dauerbackwaren ist zur Zeit dadurch herabgemindert, daß durch die Anordnung Nr. 66 des Vorsitzenden der Wirtschaftlichen Vereinigung der Süßwarenwirtschaft vom 20. Juli 1938 (RNVBl. S. 328) die Verarbeitung von Fettglasurmasse jeder Art mit Einschluß von Kakaofettglasurmassen für Dauerbackwaren mit sofortiger Wirkung verboten worden ist.

6. Backvormischungen.

Im vorliegenden Zusammenhang sei auch hingewiesen auf den RdErl. des RMdI. vom 26. Oktober 1935 (MiBl.iV. S. 1341) — inhaltlich mitgeteilt bei HOLTHÖFER-JUCKENACK, Erg. 1936, S. 95 — über sog. Backvormischungen und ihr rechtliches Verhältnis zu der Bekanntmachung über fetthaltige Zubereitungen vom 26. Juni 1916 (RGBl. S. 589). Die Fettsteuerfreiheit solcher Backvormischungen (aus Fetten, Zucker und nach Bedarf auch Backzutaten), soweit es sich um Vorräte eines nur zur Verwendung im eigenen Betrieb gelangenden Zwischenerzeugnisses für längstens eine Woche handelt, wird in Mehl und Brot 1937, Heft 23, S. 9 erörtert.

7. Die Kundmachung der Verwendung bestimmter Fettarten im Kleinhandel

ist vorgeschrieben in der VO. des RErn. Min. und des RMdI. vom 13. April 1933 (RGBl. I S. 201) in Verbindung mit der VO. vom 1. Mai 1933 (RGBl. I S. 259). Die seit dem 15. Mai 1933 in Kraft befindlichen §§ 1, 3 dieser VO. (ihr § 2 ist nicht in Kraft getreten) lauten:

§ 1. *(1) Werden in Gastwirtschaften, Schankwirtschaften oder Speisewirtschaften oder im Kleinhandel von Bäckern, Konditoren oder Verkäufern von frischen Back- und Konditorwaren Lebensmittel feilgehalten oder verkauft, die unter Verwendung von Margarine, Kunstspeisefett, gehärteten Speiseölen, Pflanzenfetten (Kokosnußfett u. ä.) oder gehärtetem Tran hergestellt oder zubereitet werden, so ist durch besonderen Aushang darauf hinzuweisen, welche der genannten Öle oder Fette verwendet werden. Der Aushang ist in genügender Zahl und so anzubringen, daß er für den Verbraucher deutlich sichtbar ist; auf ihm ist der Hinweis in deutscher Sprache und in leicht lesbarer schwarzer Schrift auf weißem Grund anzubringen. Gleiche Hinweise sind in deutscher Sprache und an einer in die Augen fallenden Stelle in deutlich sichtbarer, leicht lesbarer Schrift auf den Speisekarten, Preisschildern oder Preisverzeichnissen zu machen.*

(2) Die Vorschriften des Abs. 1 finden auf Dauerwaren keine Anwendung.

§ 3. *Wer einer Vorschrift der §§ 1, 2 vorsätzlich oder fahrlässig zuwiderhandelt, wird mit Geldstrafe bis zu zehntausend Reichsmark bestraft.*

8. Bäckereiverordnung.

Lebensmittelrechtlich von einiger Bedeutung ist auch die in der Preuß. Gesetzsammlung S. 110 für das Gebiet des Landes Preußen erlassene „Polizei-VO. über die Einrichtung und den Betrieb von Bäckereien und Konditoreien (Bäckereiverordnung)" vom 28. Oktober 1937.

Nach einem Erlaß des Reichs- und Preußischen Arbeitsministers vom 28. Oktober 1937 (Reichsarbeitsblatt III S. III 262 — auch abgedruckt im RGesundh.Bl. 1937, 821 —) soll sie für Preußen die auf Grund der Ministerialpolizei-VO. vom 10. Oktober 1906 bisher in den einzelnen Landesteilen erlassenen VO.en ersetzen und gleichlautend auch in den außerpreußischen Gebieten des Reichs in Kraft gesetzt werden. Der Runderlaß enthält auch einen Hinweis auf die Neuerungen, welche die jetzige Bäckerei-VO. bringt. Sie enthält nach einer Umschreibung der Betriebe, auf welche sie Anwendung finden will, Vorschriften über die Arbeits- und Lagerräume, fordert Wasch- und Umkleidegelegenheit für die im Betriebe Tätigen, gibt Betriebsvorschriften, in denen auf Reinlichkeit und gesundheitlich einwandfreie Beschaffenheit von Arbeitsräumen, Arbeitsgerät, von Arbeitspersonal und Vorräten hingewirkt wird, und schließt mit Durchführungsvorschriften (Aushang der Verordnung in den Betrieben, Ausnahmemöglichkeiten, Straf- und Erzwingungsvorschriften und Übergangsvorschriften).

9. Rechtsprechung, Leitsätze, Begriffsbestimmungen.

Aus der Rechtsprechung über Brot und Backwaren, soweit sie nicht im vorstehenden bereits mitberücksichtigt ist, sei hervorgehoben

das im RGesundh.Bl. 1934, 418 mitgeteilte Urt. des LG. Bielefeld vom 8. Dezember 1932 (vgl. auch OLG. Hamm 22. März 1933 in **Z.** Beil. 1936, **28**, 51). Dort wurden nicht kenntlich gemachte Zusätze von Benzoesäure zu Pumpernickel als Verfälschung beurteilt. Ein solcher Zusatz verhindere zwar die Schimmelpilzbildun,g aber nicht das Ranzigwerden des in diesem Vollkornbrot enthaltenen Fettes und nicht sein Austrocknen; das seien wertmindernde Eigenschaften, über deren Vorhandensein der Verbraucher durch Hintanhaltung der Schimmelpilzbildung getäuscht werde. Es wird dabei auch auf RGSt. **63**, 60f. (Urt. vom 26. Februar 1929) verwiesen. Die wichtigsten Sätze dieses (auch in **Z.** Beil. 1936, **28**, 64 abgedruckten) Urteils des RG. sind bei HOLTHÖFER-JUCKENACK § 4 Anm. 6a (S. 88) mitgeteilt.

Einen Zusatz von Borsäure in der Verbindung von Natriumperborat zum Mehl zur Verbesserung der Backfähigkeit beurteilt AG. Bonn (J 607/25) in einem in **Z.** Beil. 1926, **18**, 94 mitgeteilten Urteil bei dauernd, wenn auch jeweils nur in geringen Mengen erfolgendem Genuß als gesundheitsschädlich.

Über Milchbrötchen, sie unterscheidend von Mürbegebäck, verhält sich OLG. Naumburg 27. Oktober 1926 in **Z.** Beil. 1928, **20**, 72. Vgl. hierzu auch im vorliegenden Bande TÄUFEL, Backwaren unter A 4 letzter Satz.

Auseinandergehende ältere Gerichtsurteile über den Begriff des Butterkuchens, die nebst einer Stellungnahme JUCKENACKs dazu in **Z.** Beil. 1928, **20**, 74—76 mitgeteilt sind, sind mehr oder weniger überholt durch die **„Leitsätze für die Beurteilung von Butter- und Milchgebäck und von Nährzwieback“**, die der Verein Deutscher Nahrungsmittelchemiker in Koblenz im Jahre 1929 im Anschluß an die Fachberatungen des Bundes deutscher Nahrungsmittel-Fabrikanten und -Händler von 1926 (vgl. Nahrungsmittel-Rundschau 1926, Nr. 24) aufgestellt hat. Sie finden sich in **Z.** 1929, **58**, 185. Neuere Begriffsbestimmungen für Feinbackwaren dieser und anderer Art, welche von der Fachgruppe Süßwarenindustrie der Wirtschaftsgruppe Lebensmittelindustrie ausgehen, teilt TÄUFEL unter B seiner im vorliegenden Bande enthaltenen Darlegungen über „Backwaren“ mit.

Über die rechtliche Bedeutung derartiger Begriffsbestimmungen vgl. oben S. 859.

D. Teigwaren.

Die Teigwarenwirtschaft ist innerhalb des Reichsnährstandes in die Zusammenschlüsse der Getreidewirtschaft eingegliedert (vgl. S. 862). Ihre Anordnungen bringen für Teigwaren — über das im folgenden Erwähnte hinaus — kein Sonderrecht von unmittelbarer lebensmittelrechtlicher Bedeutung. Dies gilt auch von dem Kapitel „Ordnung des Marktes für Teigwaren“ in der oben II A 2 behandelten Sammelanordnung der HV. Getr.Wi. vom 1. Juli 1938.

Das für Teigwaren geltende Sonderrecht des Reichs findet sich in der Teigwaren-VO. und den dazu ergangenen Runderlassen des RMdI.

Vorbemerkung zu der Verordnung über Teigwaren vom 12. November 1934. Der im Jahre 1932 nebst einer amtlichen Begründung als Heft 14 der Entwürfe zu VO.en über Lebensmittel und Bedarfsgegenstände im Verlag von Julius Springer, Berlin, erschienene „Entwurf einer VO. über Teigwaren" hat mehrfache Änderungen erlitten, bis er in Gestalt der vom Reichsminister des Innern gemeinschaftlich mit dem Reichsminister für Ernährung und Landwirtschaft erlassenen VO. über Teigwaren vom 12. November 1934 (RGBl. I S. 1165) geltendes Recht wurde. Da mittlerweile die Mitwirkung des zuständigen Ausschusses des Reichstags (vgl. VO. des Reichspräsidenten vom 30. März 1933 — RGBl. I S. 147 —) und des Reichsrats (vgl. Ges. vom 14. Februar 1934 — RGBl. I S. 89 —) beim Erlaß von Verordnungen gemäß § 5 LMG. fortgefallen war, steht eine amtliche Begründung der Reichsregierung, wie sie bis dahin den Vorlagen an den Reichsrat beigegeben war, zu der endgültigen Fassung der VO. über Teigwaren in Gestalt einer Reichsratsdrucksache nicht zur Verfügung. Oberregierungsrat Dr. SCHRÖDER und Dr.-Ing. LAMPRECHT, beide im Reichsgesundheitsamt beschäftigt, waren in der Lage, in einem Kurzkommentar zu der VO. über Teigwaren (Berlin: R. v. Deckers Verlag, G. Schenk) die Begründung zu veröffentlichen, welche mit der bei der letzten Ressortberatung angenommenen Fassung des Entwurfs vom Reichsgesundheitsamt dem RMdI. vorgelegt worden ist. Aus ihr muß im folgenden verschiedentlich die amtliche Begründung des veröffentlichten Entwurfs ergänzt werden.

Die zu der VO. ergangenen Runderlasse des RMdI. vom 21. Dezember 1935 über den Eigehalt von Eierteigwaren, vom 26. Mai 1937 über die Bezeichnung „Mehlteigwaren" für Teigwaren aus Weizenmehl der Type 812, vom 8. März 1938 über Gestattung eines Zusatzes von Maisbackmehl oder Maisgrieß bis zu 10% ohne Kenntlichmachung sind bei § 1 Anm. 3 und 1a und 1b erwähnt. Über „Milcheiweißteigwaren" verhält sich der RdErl. des RMdI. vom 7. Oktober 1937, abgedruckt bei § 2 Anm. 7.

Verordnung über Teigwaren

(nebst amtl. Begr. und Anmerkungen).

Vom 12. November 1934.

Auf Grund des § 5 Nr. 4[1] des Lebensmittelgesetzes vom 5. Juli 1927 (Reichsgesetzbl. I S. 134) in der Fassung vom 31. Juli 1930 (Reichsgesetzbl. I S. 421) wird nach Anhörung des nach § 6 des Lebensmittelgesetzes verstärkten Reichsgesundheitsrats verordnet:

Amtl. Begr. zu der VO. im ganzen.

Allgemeine Vorbemerkung. Die auf Grund des § 5 Nr. 4 des Lebensmittelgesetzes ergehenden Verordnungen können naturgemäß dem Stande der Wissenschaft, Technik und Wirtschaft nur zur Zeit ihrer Verabschiedung entsprechen. Späterhin in Aufnahme kommende Stoffe, Verfahren und Gebräuche sind deshalb nach den allgemeinen Bestimmungen der §§ 3, 4 des LMG. zu beurteilen.

Anmerkungen zu den Einleitungsworten. [1] = § 5 Nr. 5 des LMG. in der Fassung vom 17. Januar 1936. Wegen der Strafbestimmungen s. oben I A 3.

Begriffsbestimmungen.

§ 1. *(1) Teigwaren sind kochfertige Erzeugnisse, die aus Weizengrieß oder Weizenmehl von nicht höherer Ausmahlung als 70 Hundertteile[1], mit oder ohne Verwendung von Ei, durch Einteigen ohne Anwendung eines Gärungs- oder Backverfahrens sowie durch Formen und Trocknen bei gewöhnlicher Temperatur oder bei mäßiger Wärme hergestellt werden. Den Teigen wird bisweilen auch Speisesalz (Steinsalz, Siedesalz) zugesetzt.*

(2) Es werden unterschieden: 1. je nach der Verwendung von Ei a) Eier-Teigwaren: Erzeugnisse, zu deren Herstellung auf 1 Kilogramm Weizengrieß oder Weizenmehl mindestens[3] 3 Hühnereier — frisch oder konserviert[2] — im Gewicht von durchschnittlich nicht weniger als je 45 Gramm oder 3 Hühnereidotter im Gewicht von durchschnittlich nicht weniger als je 16 Gramm oder entsprechende Gewichtsmengen von Eidauerwaren verwendet worden sind; an Stelle von Hühnereiern werden auch entsprechende Mengen von Enten- oder Gänseeiern verwendet;

b) eifreie Teigwaren: Erzeugnisse, zu deren Herstellung Ei nicht verwendet worden ist; als eifreie Teigwaren gelten auch Teigwaren, zu deren Herstellung Ei in geringerer als der für Eier-Teigwaren vorgeschriebenen Menge verwendet worden ist;

2. nach der Art des verwendeten Weizenrohstoffs a) Grieß-Teigwaren: Erzeugnisse, bei denen zur Herstellung des Teiges als Weizenrohstoff ausschließlich Weizengrieß[1b] (Weizendunst)[4] verwendet worden ist; Hartgrieß-Teigwaren[4]: Grieß-Teigwaren, bei denen zur Herstellung des Teiges als Weizenrohstoff ausschließlich Hartweizengrieß (Grieß aus triticum durum) verwendet worden ist;

b) Mehl-Teigwaren: Erzeugnisse, bei denen zur Herstellung des Teiges als Weizenrohstoff Mehl oder Mischungen von Mehl und Grieß[1] verwendet worden sind;

3. nach der äußeren Form z. B. Nudeln (Bandnudeln, Schnittnudeln, Fadennudeln), Spätzle, Makkaroni (Röhrennudeln), Spaghetti.

Amtl. Begründung zu § 1.

Zu Abs. 1. Unter dem Sammelnamen Teigwaren wird eine Anzahl Erzeugnisse zusammengefaßt, die unter verschiedenartigen Bezeichnungen, wie Nudeln (Bandnudeln, Schnittnudeln, Fadennudeln), Spätzle, Makkaroni (Röhrennudeln), Spaghetti, Vermicelli, Suppeneinlagen, Eiernudeln (Eier-Bandnudeln, Eier-Schnittnudeln, Eier-Fadennudeln, Eiergraupen, Eierreis, Eierschleifchen, Eierkörbchen, Eieraustern), Hartgrießnudeln, Eier-Hartgrießnudeln, in den Verkehr gebracht werden. Für die Zugehörigkeit eines Lebensmittels zu der Gruppe der Teigwaren ist der Umstand entscheidend, daß dieses Erzeugnis gemäß der Begriffsbestimmung in § 1 aus Weizengrieß oder Weizenmehl durch bloßes Einteigen, woran sich unmittelbar die Formgebung des Teiges und das Trocknen der Ware anschließen, gewonnen worden ist. Dadurch, daß der Teig weder einer Gärung noch einem Backverfahren unterworfen, sondern nur bei mäßiger Temperatur getrocknet wird, die eine Verkleisterung der Stärkekörner des Weizenmehls ausschließt, unterscheidet sich die Herstellung der Teigwaren grundsätzlich von derjenigen der Backwaren. Die Begrenzung der Ausmahlung auf höchstens 70 Hundertteile[1] für die zur Teigwarenherstellung bestimmten Weizengrieße und Weizenmehle ist in der den bisherigen Gepflogenheiten Rechnung tragenden Absicht erfolgt, die Verwendung eines praktisch kleiefreien Weizenrohstoffs sicherzustellen. Als kochfertig sind die Teigwaren in dem Sinne bezeichnet, daß eine besondere Vorbereitung vor dem Kochen, wie es z. B. bei den grünen Gemüsen als „Zuputzen" erforderlich ist, nicht in Frage kommt. Dagegen soll mit dem Ausdruck „kochfertig" nicht wie bei den „kochfertigen Suppen" gesagt sein, daß bei der küchenmäßigen Zubereitung der Teigwaren ein Zusatz von Fettstoffen, Fleischbrühe und dergleichen Zutaten, die zur Herstellung einer wohlschmeckenden Speise erforderlich sind, entbehrlich ist. Das gelegentliche Vorkommen von Speisesalz in Teigwaren ist meist darauf zurückzuführen, daß mittels Speisesalz haltbar gemachte Eidauerwaren zur Herstellung der Teigwaren verwendet worden sind. Auch gegen den unmittelbaren Zusatz von Speisesalz zu Teigwaren ist dann nichts einzuwenden, wenn die in § 4 Nr. 3 festgesetzte Grenze nicht überschritten wird.

Zu Abs. 2. Für die Einteilung der verschiedenen im Handel befindlichen Teigwarenarten ist einerseits der Gehalt an Ei, andererseits die Art der verwendeten Weizenrohstoffe und außerdem die Form der Erzeugnisse maßgebend.

Nr. 1. Ein Anspruch auf die Bezeichnung als Eier-Teigwaren ist grundsätzlich nur dann vorhanden, wenn auf 1 Kilogramm Grieß oder Mehl mindestens 3 Hühnereier (Volleier) im Gewicht von durchschnittlich nicht weniger als je 45 Gramm oder 3 Hühnereidotter[3] im Gewicht von durchschnittlich nicht weniger als je 16 Gramm verwendet worden sind. Die Gewichtsangabe für Volleier bezieht sich auf den Eiinhalt. Die angegebene Eimenge ist als die geringste zulässige Menge anzusehen, welche die Bezeichnung der Ware als Eier-Teigware rechtfertigt. Bei Verwendung von 5 Eiern darf auf einen hohen Eigehalt hingewiesen werden, während Waren mit geringerem Eigehalt mit solchen Hinweisen nicht versehen werden dürfen (vgl. § 5 Nr. 4). Ein Zwang zur Verwendung von Vollei bei der Herstellung von Eier-Teigwaren wird durch die Verordnung nicht ausgeübt. Ebenso ist es zulässig, zur Herstellung von Eier-Teigwaren an Stelle von frischen Eiern Kühlhauseier oder konservierte Eier[2] (Kalkeier) oder Eidauerwaren (Trockenei oder Trockeneigelb oder haltbar gemachtes flüssiges Ei oder Eigelb) in entsprechender Menge zu verwenden. Ferner steht es dem Hersteller von Eier-Teigwaren frei, an Stelle von Hühnereiern entsprechende Mengen von Enten- oder Gänseeiern, auch in Form von Kühlhauseiern, konservierten Eiern oder Eidauerwaren, zu verwenden.

Bei der Entscheidung der Frage, welcher Eigehalt in Teigwaren vorhanden ist, sind die von JUCKENACK *ermittelten Werte für den Lezithinphosphorsäuregehalt des Eies und Weizen-*

mehls der Berechnung zugrunde zu legen (vgl. Zeitschr. Unters. Nahrungs- u. Genußm. 1900, 3, 13). Gleichzeitig sind auch andere Verfahren, insbesondere die Ermittelung des Ätherextraktes sowie dessen Jodzahl und Refraktion für die Beurteilung heranzuziehen.

Ein ausdrückliches Verbot, Teigwaren mit einem geringeren Eigehalt als dem für Eier-Teigwaren festgesetzten Mindestgehalt herzustellen, besteht nicht. Erzeugnisse dieser Art dürfen indessen, wie sich aus § 1 Abs. 2 Nr. 1b und § 5 Nr. 2 ergibt, nur unter den für eifreie Teigwaren zugelassenen Bezeichnungen in den Verkehr gebracht werden, ohne Hinweis auf einen Eigehalt, da ein solcher Hinweis stets die Gefahr der Vortäuschung einer Eier-Teigware (§ 1 Abs. 2 Nr. 1a) in sich schließen würde.

Den Eier-Teigwaren steht die Gruppe der eifreien Teigwaren gegenüber. Zu dieser gehören auch solche eihaltigen Erzeugnisse, die den für Eier-Teigwaren festgesetzten Mindest-Eigehalt nicht erreichen. Die zur Gruppe der „eifreien Teigwaren" gehörigen Erzeugnisse brauchen nicht ausdrücklich als „eifrei" bezeichnet zu werden. Es genügt vielmehr die Bezeichnung als Teigwaren bzw. Nudeln, Makkaroni usw.

Nr. 2a. Zur Herstellung von Grieß-Teigwaren darf nur Weizengrieß[1b]*, nicht aber gleichzeitig Mehl als Weizenrohstoff verwendet werden. Als Weizengrieß im Sinne der Verordnung gelten auch die von der Müllerei als Dunst bezeichneten Mahlerzeugnisse feinerer Körnung, wie sie bei der Vermahlung von Weichweizen gewonnen werden*[4]*. Teigwaren, die gleichzeitig Hart- und Weichweizengrieß enthalten, dürfen auch dann nicht als Hartgrieß-Teigwaren in den Verkehr gebracht werden, wenn zu ihrer Herstellung Hartweizengrieß in überwiegender Menge verwendet worden ist. Durch die Bezeichnung einer Ware als Hartgrieß-Teigware wird dem Verbraucher Gewähr dafür gegeben, daß außer dem in dem Namen ausdrücklich hervorgehobenen Rohstoff kein anderes Erzeugnis der Weizenvermahlung, also weder Weichweizengrieß noch Weizenmehl, und zwar auch nicht teilweise, zur Herstellung der Ware verwendet worden ist. Erzeugnisse aus Weichweizengrieß oder aus Weich- und Hartweizengrieß dürfen als Grieß-Teigwaren bezeichnet werden.*

Aus den Begriffsbestimmungen für Eier-Teigwaren und für Hartweizengrieß-Teigwaren folgt ferner, daß z. B als Hartweizen-Eiermakkaroni in den Verkehr gebrachte Erzeugnisse im Eigehalt den für Eier-Teigwaren festgesetzten Mindestanforderungen entsprechen und außerdem als Weizenrohstoff ausschließlich Hartweizengrieß enthalten müssen.

b) Erzeugnisse aus Mehl und Grieß, deren Herstellung an sich nicht verboten ist, haben keinen Anspruch auf die Bezeichnung Grieß-Teigwaren.

Nr. 3. Hier sind die wichtigsten Teigwarensorten, wie man sie nach ihrer äußeren Form im Handel zu unterscheiden pflegt, aufgezählt, ohne daß damit eine erschöpfende Übersicht gegeben werden soll. Es sei darauf hingewiesen, daß als Eiergräupchen oder Eierreis in den Verkehr gebrachte Erzeugnisse den Anforderungen für Eier-Teigwaren entsprechen müssen. Die bisweilen vertretene Auffassung, wonach mit dieser Bezeichnung nur auf die dem Ei vergleichbare äußere Form der Ware hingewiesen werden soll, ist irrig.

Anmerkungen zu § 1.

[1] a) Nach der Sammelanordnung der HV. Getr.Wi. (Mehlmarktordnung unter Zahl 2) vom 1. Juli 1938 (s. oben II A 2d) dürfen zur Zeit aus Weizen, unbeschadet der Regelung für die Herstellung von Weichweizengrieß und Weizendunst und für Mahlerzeugnisse aus Hartweizen, nur Weizenmehl der Type 812 und Weizenbackschrot der Type 1700 hergestellt werden.

Dem trägt der Runderlaß des RMdI. vom 26. Mai 1937 (MiBl.iV. S. 900) Rechnung. Er lautet:

„Im Hinblick auf die derzeitige Wirtschaftslage bestimme ich, daß Teigwaren aus Weizenmehl Type 812 für die Dauer der Ermahlung dieser Type in Abweichung von den Vorschriften der VO. über Teigwaren vom 12. November 1934 als „Mehlteigwaren" in den Verkehr gebracht werden dürfen."

b) Nach der Anordnung der HV. Getr.Wi. vom 26. August 1937 (RNVBl. Nr. 61) und der unter a erwähnten Mehlmarktordnung (unter Zahl 6) mußten die Mühlenbetriebe bis zum 30. September 1938 dem Weizenmehl 7% Maisbackmehl, die Weizengrieß verarbeitenden Betriebe dem von ihnen verarbeiteten Weizengrieß 10% Maisgrieß beimischen.

Um die Einhaltung dieser Reichsnährstandsvorschriften ohne Verstoß gegen das Reichsrecht des § 1 Teigwaren-VO. zu ermöglichen, hat der RMdI. durch Runderlaß vom 8. März 1938 (MiBl.iV. S. 447) „gemäß § 20 Abs. 2 Nr. 3 LMG. bestimmt, daß

bis auf weiteres Teigwaren mit einem Zusatz von Maisbackmehl oder Maisgrieß bis zu insgesamt 10 vom Hundert hergestellt und in den Verkehr gebracht werden dürfen."

Seit dem 1. Oktober 1938 ist die Pflicht zur Beimischung von Maisbackmehl und Maisgrieß durch die Pflicht zur Beimischung von 4% Kartoffelstärkemehl ersetzt. Es ist zu erwarten, daß der Runderlaß des RMdI. vom 8. März 1938 mit dieser Änderung der Beimischungspflicht in Einklang gebracht wird.

[2] Nach § 3 Nr. 3 der Eier-VO. vom 17. März 1932 (RGBl. I S. 146) in der Fassung vom 17. Mai 1933 (RGBl. I S. 273) und der VO. vom 8. Juni 1934 (RGBl. I S. 479) sind „als konservierte Eier anzusehen Eier, die mit chemischen Mitteln (Kalk, Wasserglas usw.) oder auf andere Weise haltbar gemacht sind, soweit sie nicht nach Nr. 2 (des gleichen § 3) als Kühlhauseier anzusehen sind". Kühlhauseier, konservierte Eier, Schmutz-, Knick- und Brucheier, Eier mit Blutflecken oder Blutringen, Eier mit fleckiger Schale (Schimmel), verdorbene Eier (insbesondere rotfaule oder schwarzfaule Eier), angebrütete Eier, ferner Eier anderer Geflügelarten sowie Hühnereier von weniger als 45 g Gewicht dürfen nach der Eier-VO. nicht als Eier gesetzlicher Handelsklassen vertrieben werden. Als solche unterscheidet die VO. in Gütegruppe 1 („G 1") vollfrische Eier und in Gütegruppe 2 („G 2") frische Eier.

Angaben wie „aus täglich frisch aufgeschlagenen Eiern", „mit täglich aus der Schale aufgeschlagenen Eiern" sind, weil die Verwendung frischer Eier i. S. der Eier-VO. vortäuschend, unzulässig, wenn tatsächlich Kühlhauseier oder konservierte Eier verwendet oder mitverwendet sind (§ 4 Nr. 3 LMG.). Vgl. hierzu § 5 Nr. 3 der VO. und die Verlautbarung in der Deutschen Lebensmittel-Rundschau 1938, 203.

[3] Durch RdErl. vom 21. Dezember 1935 (MiBl.iV. 1936, S. 16) hat der RMdI. bestimmt:

„Mit Rücksicht auf die zur Zeit bestehenden wirtschaftlichen Schwierigkeiten will ich vorübergehend zulassen, daß bei der Herstellung von Eierteigwaren an Stelle der nach § 1 Abs. 2 Nr. 1 der VO. über Teigwaren vom 11. Dezember 1934 auf 1 kg Weizengrieß oder Weizenmehl zu verwendenden 3 Hühnereier nur $2^1/_2$ Hühnereier oder Hühnereidotter — frisch oder konserviert — verwendet werden."

[4] Begriffsmerkmale für Weizendunst und Hartweizengrieß befinden sich in der Anlage 7 zur Mehlmarktordnung der Sammelanordnung der HV. Getr.Wi. vom 1. Juli 1938 (vgl. oben I B 2d).

§ 2. Zu den Teigwaren gehören auch folgende Teigwaren besonderer Art[7]:

1. Milch-Teigwaren: Erzeugnisse, zu deren Herstellung auf 1 Kilogramm Weizenrohstoff eine mindestens 20 Gramm Milchtrockenmasse entsprechende Menge Milch oder Milchpulver[1] verwendet worden ist;

2. Gemüse- und Kräuter-Teigwaren: Erzeugnisse, die Gemüse oder Küchenkräuter in solcher Menge enthalten, daß sie den Geschmack bestimmen;

3. Kleber-Teigwaren: Erzeugnisse, bei deren Herstellung Weizenkleber[3] in einer Menge zugesetzt worden ist, daß der Gesamtgehalt des Erzeugnisses an Stickstoffsubstanz mindestens 25 Hundertteile beträgt;

4. Lezithin-Teigwaren: eifreie Erzeugnisse, zu deren Herstellung auf 1 Kilogramm Weizenrohstoff mindestens 4,5 Gramm Lezithin, auch in einer Mischung mit Fett, verwendet worden sind;

5. Vollkorn-Teigwaren: Erzeugnisse, bei denen zur Herstellung des Teiges als Weizenrohstoff ausschließlich Weizenvollkornmehl[5] verwendet worden ist;

6. Graumehl-Teigwaren: Erzeugnisse, bei denen zur Herstellung des Teiges als Weizenrohstoff ausschließlich Weizenmahlerzeugnisse von einem Ausmahlungsgrad von 80 bis 85 Hundertteilen verwendet worden sind;

7. Roggen-Teigwaren: Erzeugnisse, zu deren Herstellung als Mahlerzeugnis ausschließlich Roggenmehl von einer 75 Hundertteile nicht übersteigenden[6] Ausmahlung verwendet worden ist.

Amtl. Begründung zu § 2.

Bei den hier angeführten Teigwaren handelt es sich um Erzeugnisse, denen bisher keine größere Bedeutung für die Volksernährung zukommt, zumal sie erst seit neuerer Zeit in den Verkehr gebracht werden.

Zu Nr. 1. Für die Herstellung von Milch-Teigwaren sind grundsätzlich nur Milch und Milchpulver im Sinne der §§ 1, 2 der Ersten Verordnung zur Ausführung des Milchgesetzes vom 15. Mai 1931[1] (RGBl. I S. 150) zugelassen worden. Unzulängliche, die Bezeichnung

Milch-Teigwaren nicht rechtfertigende Milchmengen sind dadurch ausgeschlossen worden, daß auf 1 Kilogramm Weizenrohstoff eine mindestens 20 Gramm Milchtrockenmasse entsprechende Milchmenge verlangt wird. Diese Bedingung kann im vorliegenden Falle auch durch Verwendung entsprechender Mengen Magermilch oder Magermilchpulver[1] *und Sahne oder Sahnepulver*[1] *bzw. Butter erfüllt werden.*

Zu Nr. 2. Bei Gemüse- und Kräuter-Teigwaren ist davon abgesehen worden, einen zahlenmäßig festgelegten Mindestgehalt an den nach der Bezeichnung vorauszusetzenden besonderen Bestandteilen vorzuschreiben, da minderwertige Erzeugnisse schon dadurch vom Verkehr ausgeschlossen werden, daß bei diesen Arten von Teigwaren der Gehalt an Gemüsen oder Küchenkräutern den Geschmack bestimmen, d. h. geschmacklich deutlich wahrzunehmen sein muß. Es ist handelsüblich, Gemüse-Teigwaren unter Angabe der verwendeten Gemüseart in den Verkehr zu bringen, d. h. als Spinatnudeln, Tomatennudeln, Möhrennudeln usw. zu bezeichnen. Soweit es in manchen Gegenden üblich ist, Nudeln ohne derartige Zusätze als „Gemüsenudeln" zu bezeichnen, um zum Ausdruck zu bringen, daß sie bei der Mahlzeit die Stelle des Gemüses einnehmen sollen, wird dieser örtliche Gebrauch[2]*, durch den die Verbraucher in den betreffenden Gegenden nicht getäuscht werden, nicht zu beanstanden sein.*

Zu Nr. 3. Die Bezeichnung Kleber-Teigwaren[3] *ist solchen Erzeugnissen vorbehalten, die einen wesentlich höheren Gehalt an Klebereiweiß aufweisen, als er den verwendeten Weizenrohstoffen eigentümlich ist. Dem ist unter Berücksichtigung des wechselnden Eiweißgehalts der Weizenrohstoffe in der Weise entsprochen worden, daß für Kleber-Teigwaren 25 Hundertteile als Mindestmenge an Gesamtstickstoffsubstanz verlangt werden, das ist etwa die doppelte Menge der im Weizenmehl vorhandenen Stickstoffsubstanz. Die Menge der Stickstoffsubstanz ergibt sich aus der bei der* KJELDAHL-*Bestimmung gefundenen Menge Stickstoff durch Multiplikation mit 6,25.*

Zu Nr. 4. Bei den Lezithin-Teigwaren handelt es sich um eifreie Teigwaren besonderer Art, zu deren Herstellung außer den sonst für Teigwaren zugelassenen Rohstoffen Lezithin oder Gemische von Lezithin mit Fett verwendet werden, die aus lezithinhaltigen Rohstoffen — es kommen insbesondere solche pflanzlicher Natur, wie Sojabohnen, in Betracht — gewonnen worden sind. Die Bezeichnung Lezithin-Teigwaren kann nur dann als zulässig angesehen werden, wenn eine angemessene Menge, d. h. mindestens 0,45 Hundertteile reines Lezithin oder entsprechende Mengen der Mischung von Lezithin mit Fett zugesetzt worden sind.

Zu Nr. 5 und 6. Während bei der Herstellung von Teigwaren gemäß der allgemeinen Begriffsbestimmung in § 1 Abs. 1 grundsätzlich nur Weizenrohstoffe von nicht höherer Ausmahlung als 70 Hundertteile[4] *verwendet werden dürfen, soll von dieser Festsetzung für die sogenannten Vollkorn-Teigwaren und Graumehl-Teigwaren (vgl. Nr. 6) abgewichen werden dürfen. Zur Herstellung von Vollkorn-Teigwaren muß ausschließlich Weizenvollkornmehl verwendet werden. Weizenmahlerzeugnisse anderer Zusammensetzung — sei es, daß diese im Vergleich zu Vollkornmehl mehr Kleie oder mehr Anteile des Mehlkerns enthalten, als es dem natürlichen Verhältnis im Weizenkorn entspricht — dürfen demnach auch nicht teilweise zur Herstellung von Vollkorn-Teigwaren herangezogen werden. Als Weizenvollkornmehl sind auch Mahlerzeugnisse des Weizens von mehr oder weniger grießartiger Beschaffenheit anzusehen. Nudeln, die aus Vollkornmehl unter Zusatz von Spinat hergestellt sind, müssen als Spinat-Vollkornnudeln bezeichnet werden; der Name Spinat-Nudeln ist nur für Erzeugnisse aus Weizenrohstoffen von einer Ausmahlung von höchstens 70 Hundertteile zulässig.*

Zu Nr. 7. Die Herstellung von Teigwaren aus Roggenmehl war bisher nicht üblich, weil solche Erzeugnisse bei der küchenmäßigen Zubereitung eine unerwünschte breiige Beschaffenheit annahmen. Nachdem es neuerdings möglich ist, genügend kochfähige Teigwaren aus Roggenmehl herzustellen, liegt kein Grund vor, derartige Erzeugnisse vom Verkehr auszuschließen.

Soweit Roggen-Teigwaren unter Zusatz von Ei hergestellt werden, sind dafür die Grundsätze in § 1 Abs. 2 Nr. 1a, b, § 5 Nr. 2, 3, 4 maßgebend.

Mit den angeführten Teigwaren besonderer Art soll keine erschöpfende, die Herstellung weiterer derartiger Erzeugnisse ausschließende Aufzählung gegeben sein[7]*. Wenn neue Erzeugnisse dieser Art in Zukunft in den Verkehr gebracht werden, sind für ihre Beurteilung, soweit dafür die vorliegenden Vorschriften nicht anwendbar oder ausreichend sind, die allgemeinen Bestimmungen der §§ 3, 4 des Lebensmittelgesetzes vom 5. Juli 1927 maßgebend.*

Durch die Bezeichnung Teigwaren besonderer Art soll nicht etwa zum Ausdruck gebracht werden, daß diese Erzeugnisse eine besonders gute oder bessere Beschaffenheit als die übrigen Teigwaren besitzen.

Anmerkungen zu § 2.

[1] Die Begriffsbestimmungen für die hier genannten Milcherzeugnisse finden sich in § 2 der Ersten Ausführungs-VO. zum Milchgesetz vom 15. Mai 1931 (RGBl. I S. 150).

[2] Vgl. z. B. KG. in Berlin Urt. vom 29. April 1929 in Konserven-Industrie 1930, 314 (Nr. 20).

[3] Über Beschaffenheits- und Untersuchungsbestimmungen für Kleberweizen s. oben unter II B 2b.

[4] Vgl. aber § 1 Anm. 1.

[5] Über den Begriff Vollkornmehl finden sich Auseinandersetzungen von Dr. KÜHL und Dr. NAUMANN in der Zeitschrift Mehl und Brot 1937, Heft 11, S. 1 und Heft 12, S. 4.

[6] Die Roggenmehltype 1150 hat einen vorgeschriebenen Aschegehalt von 1,150. Wenn auch keine zwangsläufige Wechselbeziehung zwischen Mehlausbeute und Aschegehalt eines Mehles festzustellen ist, so lehrt doch die Erfahrung, daß eine bestimmte Type bei den verschiedenen Mühlen mit annähernd gleicher Mehlausbeute ausfällt. So ist bei Mehl der Type 1150 unter sonst gleichen Bedingungen im allgemeinen eine Mehlausbeute von ungefähr 80% beobachtet worden.

Eine Ausnahmevorschrift, ähnlich derjenigen, die in Anm. 1a bei § 1 für Weizenmehl mitgeteilt ist, hat der RMdI. für Roggenmehl im Hinblick auf § 2 Nr. 7 und § 4 Nr. 1 nicht erlassen. Sie kommt vorerst auch wohl nicht in Betracht, da jetzt auch eine Roggenmehltype 815 ab 1. Oktober 1938 wieder zugelassen ist.

[7] a) Über „Milcheiweißteigwaren" verhält sich der — auch in **Z.** Beil. 1938, **30**, 15 abgedruckte — RdErl. des RMdI. vom 7. Oktober 1937 (MiBl.iV. S. 1637). Er lautet:

„Auf Grund des § 20 Abs. 2 Nr. 3 des Lebensmittelges. in der Fass. vom 17. Januar 1936 (RGBl. I S. 17) bestimme ich, daß bis auf weiteres Milcheiweißteigwaren unter folgenden Bedingungen hergestellt und in den Verkehr gebracht werden dürfen:

1. Die bei der Herstellung des Milcheiweißes verwendeten Chemikalien (Salzsäure, Essigsäure, Natriumbikarbonat) müssen den Anforderungen des Deutschen Arzneibuchs, 6. Ausgabe, entsprechen.

2. Das verwendete Milcheiweiß muß mindestens 83 v. H. Eiweiß ($N \times 6{,}37$) in der Trockenmasse, höchstens 14 v. H. Wasser und höchstens 10,5 v. H. Mineralbestandteile (Asche) in der Trockenmasse und kein freies Alkali enthalten. Es muß mit der fünffachen Menge Wasser kalt verrührt nach etwa 5 Minuten eine klare, bindige, geruch- und geschmacklose Gallerte bilden.

3. Milcheiweißteigwaren müssen auf 1 kg Weizenrohstoff mindestens 40 g Nährkasein oder 80 g Trockenmagermilch enthalten. Sie dürfen nur unter der Bezeichnung „Milcheiweiß-Teigware", „Milcheiweiß-Nudeln", „Milcheiweiß-Makkaroni" usw. in den Verkehr gebracht werden.

4. Im übrigen sind die Vorschriften der VO. über Teigwaren vom 12. November 1934 (RGBl. I S. 1181) maßgebend. Dies gilt insbesondere für das Verbot übertreibender Angaben über besondere diätetische oder gesundheitliche Wirkungen."

b) Die versuchsweise Herstellung von Teigwaren unter Verwendung von Süßlupinenmehl und ihren Vertrieb hat der RMdI. gemäß § 20 Abs. 2 Nr. 1 LMG. durch Erlaß vom 21. 9. 1938 einigen Teigwarenherstellern widerruflich gestattet unter Bedingungen, die aus der auszugsweisen Mitteilung dieses Erlasses im RGesundh.Bl. 1938, 818 ersichtlich sind.

Grundsätze für die Beurteilung.

§ 3. *Als verdorben sind insbesondere anzusehen und auch bei Kenntlichmachung vom Verkehr ausgeschlossen Teigwaren, die*

1. unter Verwendung von verdorbenen oder stark verunreinigten Rohstoffen[1] *hergestellt sind;*

2. einen die Zahl 8 überschreitenden Säuregrad aufweisen, soweit nicht bei Teigwaren besonderer Art ein höherer Säuregrad durch die verwendeten Rohstoffe bedingt ist.

Amtl. Begründung zu § 3.

Zu Nr. 1. Das Verbot, Teigwaren aus verdorbenen oder stark verunreinigten Rohstoffen herzustellen, soll verhindern, daß z. B. Mehle, die infolge ungeeigneter Lagerung einen dumpfen, muffigen Geruch oder einen sauren und ranzigen Geschmack oder klumpige Beschaffenheit angenommen haben, auf Teigwaren verarbeitet werden. Ebenso sollen hierdurch Mehle aus nicht genügend von Ausreuterbestandteilen (Unkrautsamen), auch wenn diese nicht gesundheits-

schädlich sind, befreitem Weizen oder Mehle mit einem unzulässig hohen Sandgehalt ausgeschlossen werden.

Bei vereinzeltem Vorkommen von Schimmelpilzen, Milben, Maden, Mehlmotten oder sonstigen Lebewesen sind Teigwaren noch nicht als verdorben anzusehen.

Zu Nr. 2. Eine verdorbene Beschaffenheit von Teigwaren wird oftmals durch Erhöhung des Säuregrades angezeigt; daher war es erforderlich, einen oberen Grenzwert hierfür festzusetzen. Dem zugelassenen Wert 8 kommt indessen nicht etwa die Bedeutung zu, daß Teigwaren mit einem geringeren Säuregrad unter allen Umständen als unverdorben anzusehen sind. Für die Beurteilung dieser Frage sind vielmehr gleichzeitig Geruch und Geschmack maßgebend, so daß auch bei einem Säuregrad unter 8 unter Umständen Anlaß zur Beanstandung wegen Verdorbenheit gegeben sein kann. Bei Teigwaren besonderer Art (§ 2) kann ein höherer Säuregrad als 8 durch die Art des verwendeten Rohstoffs — z. B. Vollkornmehl bei Vollkorn-Teigwaren — oder durch die Art des Zusatzstoffs — z. B. Tomaten bei Tomatennudeln — bedingt sein, ohne daß diese Erzeugnisse verdorben zu sein brauchen.

Unter Säuregrad wird die Anzahl Kubikzentimeter Normallauge verstanden, die notwendig ist, um die in 100 Gramm der Ware vorhandene freie Säure zu neutralisieren. Da erfahrungsgemäß bei der Ermittelung des Säuregrades von Teigwaren der gefundene Wert in erheblichem Maße von dem Untersuchungsverfahren abhängig ist, sei ausdrücklich darauf hingewiesen, daß die nach dem Verfahren von Kreis-Arragon ermittelten Werte (vgl. Schweiz. Wochenschr. Chem. u. Pharm. 1900, **38**, *64; 1901, 39, 304) bei der Beurteilung zugrunde zu legen sind.*

Durch die Bestimmungen des § 3 wird grundsätzlich verboten, daß verdorbene Teigwaren als Lebensmittel in den Verkehr gebracht werden. Das braucht nicht unter allen Umständen zur Folge zu haben, daß verdorbene Teigwaren vernichtet werden müssen. Wieweit eine Verwendung als Futtermittel noch angängig erscheint, ist von Fall zu Fall auf Grund der Bestimmungen des Futtermittelgesetzes vom 22. Dezember 1926 (RGBl. I S. 525) zu beurteilen.

Anmerkung zu § 3.

[1] Inwieweit überhaupt Verdorbenheit der Rohstoffe auch das Fertigerzeugnis zum verdorbenen Lebensmittel zu machen geeignet ist, darüber enthält das auf Eier bezügliche Urteil des Reichsgerichts vom 30. Januar 1893 (RGSt. **23**, 409 auf S. 413 unter 4) Ausführungen.

§ 4. *Als verfälscht sind insbesondere anzusehen und, außer im Falle der Nr. 5, auch bei Kenntlichmachung vom Verkehr ausgeschlossen*[1]

1. Teigwaren, die Mahlerzeugnisse des Weizens von höherer Ausmahlung als 70 Hundertteile[2] *oder Mahlerzeugnisse des Roggens von höherer Ausmahlung als 75 Hundertteile enthalten*[3], *ausgenommen Vollkorn-Teigwaren (§ 2 Nr. 5) und Graumehl-Teigwaren (§ 2 Nr. 6);*

2. Teigwaren, die unter Verwendung von Ei-Ersatzmitteln[4], *insbesondere Gelatine, hergestellt worden sind, vorbehaltlich eines Zusatzes von Lezithin bei Lezithin-Teigwaren;*

3. Teigwaren, die mehr als 1 Hundertteil Natriumchlorid enthalten;

4. Teigwaren, die mehr als 13 Hundertteile Wasser enthalten;

5. eifreie Teigwaren, die künstlich gefärbt sind oder durch Zusatz von Lezithin[5] *eine gelbe Farbe erhalten haben, sofern nicht diese Erzeugnisse auf den Verpackungen und Umhüllungen deutlich als „gefärbt" kenntlich gemacht sind;*

6. Eier-Teigwaren, die künstlich gefärbt sind;

7. Eier-Teigwaren, die mit Lezithin versetzt sind.

Amtl. Begründung zu § 4.

Zu Nr. 1. Zur Herstellung von Teigwaren ist es üblich, Weizenmehl zu verwenden, das wesentliche Anteile von Kleie nicht enthält. Dies ist bei einer Ausmahlung bis zu 70 Hundertteile der Fall. Durch die Verwendung höher ausgemahlener Weizenmehle für Teigwaren wird die Ware verschlechtert und dadurch — ausgenommen bei Vollkorn-Teigwaren und Graumehl-Teigwaren (§ 2 Nr. 5, 6) — der Tatbestand der Verfälschung gegeben. Das gilt auch für Roggen-Teigwaren aus Roggenmehl von höherer Ausmahlung als 75 Hundertteile. Bei der Beurteilung des Ausmahlungsgrades der Mahlerzeugnisse sind deren Aschengehalte zugrunde zu legen. Diese sind bei gleicher Ausmahlung für Mahlerzeugnisse aus Weichweizen und Hartweizen verschieden, und zwar sind für die Ermittelung des Ausmahlungsgrades der Mahlerzeugnisse die Aschengehalte maßgebend, die von der Wirtschaftlichen Vereinigung der Roggen- und Weizenmühlen für die einzelnen zugelassenen Typen festgesetzt sind (vgl. die Bekanntmachungen vom 1. Mai 1934 — Reichsanzeiger Nr. 104 — und vom 7. August 1934 — Reichsanzeiger Nr. 183). Der Aschengehalt der Teigwaren hängt sowohl von den verwendeten Mahlerzeugnissen als auch von den sonstigen Rohstoffen (Eier, Milch, Gemüse usw.) ab, was bei der Beurteilung des Ausmahlungsgrades zu berücksichtigen ist. So wird z. B. der Aschengehalt einer Grieß- oder Mehl-Teigware durch Mitverwendung von Hartweizengrieß entsprechend erhöht.

Zu Nr. 3. Durch die Begrenzung des in Teigwaren zu duldenden Natriumchlorids auf höchstens 1 Hundertteil wird ein übermäßig hoher Gehalt an Speisesalz verhindert. Dieser Höchstwert trägt zugleich der Verwendung mit Speisesalz haltbar gemachter Eidauerwaren ausreichend Rechnung.

Zu Nr. 4. Für die Begrenzung des Wassergehalts auf 13 Hundertteile ist, abgesehen von dem allgemeinen Gesichtspunkt der Verfälschung, auch die Frage der ausreichenden Haltbarkeit, die von den Hausfrauen von den im Verkehr befindlichen Teigwaren erwartet wird, maßgebend gewesen. Dabei ist es gleichgültig, ob der zu hohe Wassergehalt durch nicht genügendes Trocknen der Ware bei der Herstellung oder durch nachträgliche Wasseraufnahme infolge ungeeigneter Lagerung verursacht worden ist.

Zu Nr. 5. Um eifreien Teigwaren ein gefälligeres Aussehen verleihen zu können, ist die Färbung unter der Voraussetzung zugelassen worden, daß eine Verwechslung mit Eier-Teigwaren durch ausreichende Kenntlichmachung ausgeschlossen wird. Dies wird dadurch erreicht, daß die Verpackungen und Umhüllungen der Ware mit dem Aufdruck „gefärbt" versehen sein müssen. Im Kleinhandel sind besondere Packungen (Originalpackungen), die eine Verteuerung der Ware zur Folge haben, nicht erforderlich, es genügt vielmehr, wenn auf den üblichen Tüten der Aufdruck „gefärbt" so angebracht wird, daß er dem Käufer deutlich sichtbar ist.

In neuerer Zeit kommen lezithinhaltige Erzeugnisse mit verhältnismäßig reichlichem Gehalt an Lezithin, die aus Sojabohnen gewonnen sind, in den Verkehr, Soweit diese Zubereitungen aus dem verwendeten Rohstoff stammende gelbe Farbstoffe (Karotin) enthalten, weisen die damit hergestellten Teigwaren eine deutlich gelbe Farbe auf. Eifreien Teigwaren wird dadurch das Aussehen von Eier-Teigwaren verliehen. Um das Vortäuschen von Eier-Teigwaren durch diese Zubereitungen zu verhindern, ist ihre Verwendung davon abhängig gemacht worden, daß die Verpackung und Umhüllung der Ware die Aufschrift „gefärbt" trägt.

Anmerkungen zu § 4.

1 Vgl. § 4 Nr. 2 letzter Halbsatz LMG.

2 Soweit die Ausnahmebestimmungen des RMdI. reichen, die bei § 1 Anm. 1 mitgeteilt sind, kommt Verfälschung nicht in Betracht.

3 Vgl. § 2 Anm. 6.

4 Solche gehören auch nicht in „eifreie" Teigwaren (§ 1 Abs. 2, 1b).

5 Lecithinteigwaren sind eifreie Erzeugnisse (§ 2 Nr. 4). In Eierteigwaren, die als solche vertrieben werden, bedeutet Lecithinzusatz eine Verfälschung (§ 4 Nr. 7), die sie ohne weiteres verkehrsunfähig macht. Soweit Teigwaren ohne Bezeichnungen oder Angaben vertreieben werden, die auf einen Eigehalt hindeuten, muß ein gelbfärbender Lecithinzusatz, wie jede künstliche Färbung, die an und für sich als Verfälschung einer Teigware zu beurteilen wäre, gemäß § 4 Nr. 2 LMG. „ausreichend" kenntlich gemacht werden. Als ausreichende Kenntlichmachung fordert § 4 Nr. 5 der Verordnung gemäß § 5 Nr. 5 LMG. die Bezeichnung „gefärbt".

§ 5. *Eine irreführende Bezeichnung, Angabe oder Aufmachung liegt insbesondere[1] vor,*

1. wenn Teigwaren mit einer Bezeichnung, Angabe oder Aufmachung versehen werden, durch die ihnen die gute Beschaffenheit der im Haushalt hergestellten Teigwaren zugeschrieben wird[2], sofern sie nicht mindestens 5 Eier (Vollei) auf 1 Kilogramm Weizengrieß oder Weizenmehl enthalten;

2. wenn Teigwaren, die nicht mindestens den für Eier-Teigwaren (§ 1 Abs. 2 Nr. 1a) vorgeschriebenen Eigehalt aufweisen, mit bildlichen Darstellungen von Eiern oder Vögeln[3] oder mit sonstigen Bezeichnungen, Aufmachungen oder Angaben[3] versehen werden, die auf einen Eigehalt hinweisen;

3. wenn Eier-Teigwaren mit einer Bezeichnung, Angabe, bildlichen Darstellung oder sonstigen Aufmachung versehen werden, die auf die Verwendung einer be-

stimmten Eisorte[4] *(wie Frischei, Kühlhausei, konserviertes Ei) oder eines bestimmten Ei-Erzeugnisses (wie Gefrierei, Trockenei, Vollei usw.) hinweist, sofern nicht ausschließlich die betreffende Eisorte oder das betreffende Ei-Erzeugnis verwendet worden ist;*

4. wenn Eier-Teigwaren, die unter Verwendung von weniger als 5 frischen Eiern, Kühlhauseiern oder konservierten Eiern oder einer entsprechenden Menge Eikonserven auf 1 Kilogramm Mehl oder Grieß hergestellt sind, mit einer Bezeichnung, Angabe oder Aufmachung versehen werden, die auf einen hohen Eigehalt hinweist[2]*;*

5. wenn Teigwaren entgegen den Tatsachen besondere diätetische oder gesundheitliche Wirkungen[5] *zugeschrieben werden;*

6. wenn Teigwaren in Umhüllungen verpackt werden, die ganz oder teilweise aus gelben durchsichtigen oder durchscheinenden Stoffen bestehen.

Anmerkungen zu § 5.

Ganz allgemein ist zunächst zu bemerken, daß auch solche Erzeugnisse, die nicht ausdrücklich als Teigwaren oder als eine der in §§ 1, 2 angeführten Teigwarenarten bezeichnet sind — z. B. Eierreis, Eiergräupchen oder Suppeneinlagen —, den allgemeinen Anforderungen für Teigwaren und gegebenenfalls auch den besonderen der betreffenden Teigwarenart entsprechen müssen. Werden Teigwaren mit Hinweisen auf die Verwendung einer bestimmten Rohstoffsorte in den Verkehr gebracht, so muß diese ausschließlich verwendet worden sein. Zum Beispiel müssen Erzeugnisse, die als „Makkaroni aus Taganrogg-Grieß" bezeichnet werden, ausschließlich aus dieser Grießsorte gewonnen sein. Makkaroni aus Mischungen von Taganrogg-Grieß und einer anderen Hartweizengrießsorte dürfen nicht als „Taganrogg-Grieß-Makkaroni" in den Verkehr gebracht werden, auch wenn der Gehalt an Taganrogg-Grieß überwiegt.

Nach entsprechenden Grundsätzen ist zu verfahren bei der Bezeichnung von Eier-Teigwaren, zu deren Herstellung gleichzeitig frische Eier und Kühlhauseier oder konservierte Eier verwendet worden sind.

Eine irreführende Bezeichnung liegt dagegen nicht vor, wenn für die Ernährung von Diabetikern bestimmte Erzeugnisse, die zwar der äußeren Form nach den Teigwaren gleichen, aber in der Zusammensetzung wegen ihrer Zweckbestimmung den Anforderungen des Entwurfs nicht entsprechen können, als Diabetiker-Teigwaren (Diabetiker-Nudeln usw.) bezeichnet werden.

Zu Nr. 2. Diese Bestimmung soll verhindern, daß die Verbraucher durch wörtliche oder bildliche Hinweise in den Glauben versetzt werden, daß Eier-Teigwaren angeboten werden, während es sich um eifreie Erzeugnisse handelt. Es ist demnach nicht zulässig, bei Teigwaren, die den Anforderungen für Eier-Teigwaren (§ 1 Abs. 2 Nr. 1a) nicht entsprechen, überhaupt auf einen Eigehalt hinzuweisen. Ebenso sollen auf den Umhüllungen von eifreien Teigwaren Abbildungen von Eiern oder Vögeln nicht angebracht werden dürfen. Ferner ist es nicht zulässig, für eifreie Teigwaren Wortverbindungen zu gebrauchen, in denen die Namen von Hühnerrassen enthalten sind, z. B. Cochinchina-Makkaroni, Brahmaputra-Nudeln. Auch Anpreisungen von Eier-Teigwaren auf den Verpackungen und Umhüllungen von „eifreien Teigwaren" sind als irreführend anzusehen.

Zu Nr. 3. Durch diese Bestimmung soll verhindert werden, daß Eier-Teigwaren unter unzutreffenden, insbesondere über die Art der verwendeten Eier oder Eidauerwaren täuschenden Bezeichnungen, Angaben oder Aufmachungen feilgehalten werden. Demgemäß ist ein Hinweis auf frische Eier dann unzulässig, wenn bei der Herstellung der Ware teilweise oder ausschließlich Kühlhauseier oder konservierte Eier oder Eidauerwaren verwendet worden sind. Ebenso sind Bezeichnungen, Angaben oder Aufmachungen, die auf den Gehalt einer Ware an frischen Eiern, Kühlhauseiern oder konservierten Eiern schließen lassen, dann nicht statthaft, wenn zu ihrer Herstellung teilweise oder ausschließlich Eidauerwaren verwendet wurden, vorbehaltlich der Abbildung von nicht aufgeschlagenen Eiern bei der Verwendung von Volleidauerwaren, da der Käufer aus der Abbildung von Eiern auf die Verwendung von Vollei, nicht aber von Eigelb schließt. Da Hinweise wie „hergestellt aus täglich frisch aufgeschlagenen Eiern" den Glauben erwecken können, daß frische Eier verwendet worden sind, ist eine derartige Angabe für Erzeugnisse aus Kühlhauseiern oder aus konservierten Eiern unzulässig. Abbildungen von aufgeschlagenen Eiern weisen auf die Verwendung von frischen Eiern, Kühlhauseiern oder konservierten Eiern hin und sind nur dann als zulässig anzusehen, wenn ausschließlich solche Eier, nicht aber Eidauerwaren verwendet worden sind. Ferner dürfen Hinweise auf einen Gehalt an Vollei dann nicht angebracht werden, wenn teilweise oder ausschließlich Eigelb zugesetzt worden ist.

Zu Nr. 4. Die Vorschrift in Nr. 4 beruht auf der grundsätzlichen Anschauung, daß ein Zusatz von nur 3 Eiern oder Eidottern auf 1 Kilogramm Grieß oder Mehl die Mindestmenge an Ei darstellt, welche die Bezeichnung der Ware als „Eier-Teigware" berechtigt erscheinen läßt. Auf einen hohen Eigehalt darf ausdrücklich erst bei einem Gehalt von 5 Eiern oder einer entsprechenden Menge Eidauerwaren auf 1 Kilogramm Weizenrohstoff hingewiesen werden.

Zu Nr. 5. Durch diese Bestimmung sollen Auswüchse einer unbefugten Reklame, wie z. B. die Bezeichnungen „Gesundheitsnudeln", „Medizinalnudeln", „Kraftnudeln", „Herkulesmakkaroni" und ähnliche Angaben oder bildliche Darstellungen für Teigwaren, die in gesundheitlicher Hinsicht keinerlei Vorzüge vor den sonst im Verkehr befindlichen Teigwaren besitzen, vielmehr lediglich als eine Handelsware von durchschnittlicher Beschaffenheit gelten können, unterdrückt werden. Es ist demnach unzulässig, Eiernudeln oder Graumehl-Teigwaren oder Vollkornnudeln als Kraftnudeln zu bezeichnen. Ferner ist es nicht statthaft, Klebernudeln mit dem Hinweis „nahrhaft wie Fleisch" oder mit ähnlichen übertreibenden Ankündigungen in den Verkehr zu bringen. Dagegen ist gegen Bezeichnungen wie Diabetikernudeln, sofern diese Erzeugnisse den zu stellenden besonderen Anforderungen entsprechen, nichts einzuwenden.

Zu Nr. 6. Um zu verhindern, daß bei eifreien Teigwaren ein nicht vorhandener Eigehalt oder bei Eier-Teigwaren ein höherer Eigehalt als der vorhandene mittelbar vorgetäuscht wird, war ein Verbot erforderlich, Teigwaren in Umhüllungen feilzuhalten, die ganz oder teilweise aus gelben durchsichtigen oder durchscheinenden Stoffen bestehen, wie z. B. gelbe Cellophanbeutel, gelbe Fenster in Pappkartons oder gelbes Pergaminpapier.

Anmerkungen zu § 5.

[1] Auch hier gibt die VO. nur Beispiele.

[2] In dem veröffentlichten Entwurf (vgl. S. 878) befand sich außer dem, was die heutige Nr. 2 des § 5 enthält, noch eine weitere Vorschrift, daß es schlechtweg als verbotene Irreführung gelten solle, „wenn im gewerblichen Verkehr Teigwaren mit einer Bezeichnung, Angabe oder Aufmachung versehen würden, die auf die Herstellung im Haushalt schließen lasse, z. B. Hausmachernudeln".

Eine solche Vorschrift findet sich nicht mehr in der geltenden Verordnung. Die amtliche Begründung zu dem geltenden Text des § 5 spricht sich über den Wegfall dieser ursprünglich vorgesehenen Bestimmung ebenso wenig aus, wie zu § 5 Nr. 1 überhaupt.

Schröder und Lamprecht (Kurzkommentar S. 28) treten der von manchen Seiten vertretenen Auffassung entgegen, wonach die Bezeichnung „Hausmachernudeln" nur auf die äußere Form der Ware (Bandform) hinweise. Sie verlangen auch von Erzeugnissen, die als „selbstgemachte" oder „Edel-Eier-Teigware" bezeichnet werden, die Beschaffenheit, die in § 5 Nr. 1 von Teigwaren gefordert wird, denen die gute Beschaffenheit der im Haushalt hergestellten Teigwaren zugeschrieben wird. Vgl. hierzu § 5 Nr. 4.

[3] Auch von männlichen Vögeln oder von solchen Vögeln, deren Eier als Lebensmittel im allgemeinen nicht in Betracht kommen. Denn auch die Verwendung der Namen solcher Vögel als Wortbestandteile der Warenbezeichnung ist zur Irreführung geeignet, z. B. Falkennudeln, Haushahn-Makkaroni.

[4] Vgl. § 1 Anm. 2 letzter Absatz.

[5] Vgl. Anm. 1 zur Brotmarktordnung oben S. 873.

***§ 6. Inkrafttreten.** Diese Verordnung tritt, mit Ausnahme des § 5 Nr. 2, am 1. April 1935 in Kraft. § 5 Nr. 2 tritt am 1. Oktober 1935 in Kraft.*

E. Honig und Kunsthonig.

1. Innerhalb des Reichsnährstandes gehören die Betriebe, die Honig erzeugen, bearbeiten, lagern oder verteilen, zu den Zusammenschlüssen der deutschen Eierwirtschaft. Sie haben nach § 4 der VO. über den Zusammenschluß der deutschen Eierwirtschaft vom 22. November 1935 (RGBl. I S. 1355) unter anderem auch die Aufgabe, „die Versorgung der Verbraucher mit Honig sicherzustellen". Zu diesem Zweck können sie nach § 4 Abs. 2 Nr. 4 auch Güteanforderungen für Honig vorschreiben.

2. Die Betriebe, die Kunsthonig herstellen oder vertreiben, gehören zu der „Wirtschaftlichen Vereinigung der Süßwarenindustrie". Vgl. unten II F 2a und b.

3. Gerichtsentscheidungen über ältere Streitfragen, die heute infolge eindeutiger Rechtssatzregelungen in den VO.en über Honig und Kunsthonig vom 21. März 1930 (s. nachstehend unter 6 und 7) keine Streitfragen mehr sind,

werden in den nachfolgenden Erläuterungen zu den VO.en nur noch ausnahmsweise erwähnt.

Eine Auswahl einschlägiger Gerichtsurteile bringt die im vorliegenden Band enthaltene Arbeit von Bartels auf ihrer letzten Seite.

4. Amtliche Begründungen waren den Entwürfen der Verordnungen über Honig und Kunsthonig in der Reichsratsdrucksache Nr. 99 der Tagung 1929 beigefügt. Gegenüber den Entwürfen weist die geltende Fassung der Verordnungen kleinere sachliche Änderungen auf, welche durch die ursprünglichen, später nicht umredigierten Begründungen nicht voll gedeckt werden. Auch ist die Aufteilung des Rechtsstoffs in Paragraphen in den Entwürfen der Verordnungen eine andere als in der geltenden Fassung der Verordnungen. So bildeten die heutigen §§ 2—4 der Honig-VO. im Entwurf und der auf ihre abgestellten Begründung einen einzigen § 2, der in drei Absätze eingeteilt war; das gleiche gilt von den heutigen §§ 3—5 der Kunsthonig-VO., deren Inhalt im Entwurf dieser VO. in einem einzigen § 3 zusammengefaßt war. Diese anderweitige Paragraphengliederung ist im Reichsrat angeregt worden. Zur Erhaltung der Übersicht werden im Folgenden die amtlichen Begründungen im Wortlaut der Reichsratsvorlage, aber unter den Paragraphen- und Absatzbezeichnungen der geltenden Fassung der Verordnungen mitgeteilt. Wegen der Teile der Verordnungen, die nachträglich eingefügt sind, enthalten die Anmerkungen das Wissenswerte.

5. Außer der Honig-VO. und der Kunsthonig-VO. enthalten reichsrechtlichen Sonderrechtsstoff über den Verkehr mit Honig und Kunsthonig folgende VO.en:

a) Die Lebensmittelkennzeichnungs-VO. vom 8. Mai 1935 (Vgl. oben S. 858.

b) Nach der VO. des Reichskommissars für Preisüberwachung vom 8. Juni 1933 (RGBl. I S. 363 — **Z.** Beil. 1933, **25**, 45) „über den Kleinverkauf von Bienenhonig" in Behältnissen oder vorbereiteten Packungen ist auf diesen — ausgenommen bei weniger als 50 g Inhalt (§ 3) — in näher bestimmter Beschriftung (§ 2) der Inhalt in Kilogramm oder Gramm, der Verkaufspreis dieser Menge ohne Verpackung, ferner der hiernach zu errechnende Preis je Pfund der Ware sowie der Preis des Behältnisses oder der Verpackung anzugeben (§ 1).

Zur Durchführung dieser VO., deren Wirkungsbereich übrigens durch die nachstehend unter c) abgedruckte VO. vom 22. Oktober 1935 stark beschnitten worden ist, hat der RMdI. folgenden Runderlaß vom 16. Juni 1934 (MiBl.IV. S. 872 — **Z.** Beil. 1934, **26**, 78) bekanntgegeben:

„(1) Gegen die Verordnung des Reichskommissars für Preisüberwachung über den Kleinverkauf von Bienenhonig vom 8. Juni 1933 (RGBl. I S. 363) wird in sehr großem Umfange verstoßen. Die vorgeschriebene Klebemarke wird zum Teil vom Großhandel nicht mitgeliefert, zum Teil wird sie den Sendungen lose beigefügt und dann von den Kaufleuten nicht ausgefüllt. Die Kleinverkaufspreise für den Honig werden von den Großfirmen meistenteils dem Belieben des Einzelhandels überlassen. Der kleine Kaufmann, der nur 1 bis 3 Gläser Honig im Laden hat, muß also selbst den Einzelpreis, Pfundpreis, Glaspreis usw. berechnen. Dies geschieht entweder gar nicht oder unrichtig oder unvollständig. Der Schutz des Publikums vor außergewöhnlichen Gewichtspackungen, die einen größeren Inhalt vortäuschen sollen, wird durch die vorgeschriebene Klebemarke, deren Inhalt ohnedies von der Hausfrau selten beachtet wird, nicht erreicht.

(2) Ich weise die Pol.-Behörden auf Grund des § 7 der VO. über die Befugnisse des Reichskommissars für Preisüberwachung vom 8. Dezember 1931 (RGBl. I S. 747) an, die Durchführung der gemäß § 3 a.a. O. allgemein vorgeschriebenen Maßnahmen im Einzelfalle durch polizeiliche Verfügung anzuordnen und erforderlichenfalls durch die den Pol.-Behörden zustehenden Zwangsmittel durchzusetzen."

c) Die VO. des RErnMin. vom 22. Oktober 1935 (RGBl. I S. 1253 — **Z.** Beil. 1935, **27**, 80) „über den Handel mit Bienenhonig" bestimmt in ihren §§ 1 und 2 folgendes:

§ 1. „Soweit Bienenhonig in Gläsern oder anderen Kleinverkaufspackungen mit einem Inhalt von mehr als 50 g bis zu 1000 g in Verkehr gebracht wird, dürfen die Gläser oder Packungen nur einen Inhalt von 1 kg, $^1/_2$ kg, $^1/_4$ kg oder $^1/_8$ kg haben.

§ 2. Die VO. vom 8. Juni 1933 (RGBl. I S. 363) findet keine Anwendung auf Gläser oder Packungen, welche den Vorschriften des § 1 entsprechen."

§ 3 ermächtigt zur Bestrafung von Zuwiderhandlungen mit Ordnungsstrafen bis zu 1000 RM. Neben diesen Strafvorschriften finden gemäß Abschnitt II der „Überleitungs-VO. zum Gesetz zur Durchführung des Vierjahresplans — Bestellung eines Reichskommissars für die Preisbildung" vom 26. November 1936 (RGBl. I S. 955) die §§ 4 und 6 des „Gesetzes zur Durchführung des Vierjahresplans" vom 29. Oktober 1936 (RGBl. I S. 927) „ergänzend Anwendung".

Vgl. hierzu RdErl. d. RMdI. vom 19. Oktober 1938 (MiBl.iV. S. 1730) über „Mitwirkung der Polizei bei der Marktordnung". Ferner Meeske in Deutsche Justiz 1937, 1579 und Rietzsch in JW. 1938, 1076 unter C.

d) Die vom Reichskommissar für Preisüberwachung erlassene VO. vom 4. Januar 1935 (RGBl. I S. 9 — **Z.** Beil. 1935, **27**, 20) „über den Handel mit Kunsthonig" gestattet demjenigen, der Kunsthonig in Packungen in Verkehr bringt, nur die Herstellung dieser Packungen mit einem Füllgewicht von 500 g oder dem Mehrfachen davon. Zuwiderhandlungen werden mit Ordnungsstrafe bis zu 1000 RM. bedroht. Das vorstehend unter c) Gesagte gilt auch hier.

6. Die Verordnung über Honig. (Nebst amtl. Begr. und Anmerkungen.) Vom 21. März 1930 (RGBl. I S. 101). *Auf Grund des § 5 Nr. 4*[1] *des Lebensmittelgesetzes vom 5. Juli 1927 (Reichsgesetzbl. I S. 134) wird nach Zustimmung des Reichsrats und nach Anhörung des zuständigen Ausschusses des Reichstags sowie des nach § 6 des Gesetzes verstärkten Reichsgesundheitsrats verordnet*[2]*:*

§ 1. Begriffsbestimmungen. *(1) Honig ist der süße Stoff, den die Bienen erzeugen, indem sie Nektariensäfte oder auch andere, an lebenden Pflanzenteilen sich vorfindende süße Säfte aufnehmen, durch körpereigene Stoffe bereichern, in ihrem Körper verändern, in Waben aufspeichern und dort reifen lassen.*

(2) Es wird unterschieden[3]*: 1. nach der pflanzlichen Herkunft*

a) Blütenhonig: Honig von Blüten (z. B. Akazien-, Esparsette-, Heide-, Klee-, Lindenhonig);

b) Honigtauhonig: Honig von anderen Pflanzenteilen (Blatt-, Tannen-, Fichtenhonig);

2. nach der geographischen Herkunft

a) deutscher Honig: Honig, der innerhalb des Deutschen Reichs gewonnen worden ist, es sei denn[4]*, daß die Bienen vorwiegend mit ausländischem Honig gefüttert worden sind (z. B. ostpreußischer Honig, Schwarzwaldhonig, Allgäuhonig);*

b) ausländischer Honig: Honig, der außerhalb des Deutschen Reichs gewonnen worden ist (z. B. ungarischer Honig, Havannahonig, Chilehonig, kalifornischer Honig);

3. nach der Art der Gewinnung

a) Scheibenhonig oder Wabenhonig: Honig, der sich noch in den von Bienen gebauten und verdeckelten, unbebrüten Waben (Jungfernwaben) befindet;

b) dunkler Scheibenhonig: Honig, der sich noch in den von Bienen gebauten, brutfreien, größtenteils verdeckelten, nur wenig bebrütet gewesenen, höchstens ein Jahr alten Waben befindet;

c) Schleuderhonig: mit der Schleuder aus den brutfreien Waben gewonnener Honig;

d) Tropfhonig, Laufhonig, Senkhonig, Leckhonig: aus den brutfreien, zerkleinerten Waben ohne weitere Einwirkung ausgeflossener Honig;

e) Preßhonig: aus den brutfreien Waben durch Pressen auf kaltem Wege gewonnener Honig;

f) Seimhonig: aus den brutfreien, nicht eingestampften oder eingestampften Waben durch gelindes Erwärmen und nachfolgendes Pressen gewonnener Honig;

4. nach dem Verwendungszweck

a) Speisehonig: vollwertiger, zum unmittelbaren Genuß durch Menschen bestimmter und geeigneter Honig;

b) Backhonig: nicht vollwertiger und deshalb nur als Zusatz zu Backwaren verwendbarer Honig.

(3) Blütenhonig bildet in frischem Zustand eine dickflüssige, durchscheinende Masse, die allmählich mehr oder weniger fest und kristallinisch wird. Seine Farbe wechselt zwischen weiß, hell- bis dunkelgelb, grünlichgelb und braun, Geruch und Geschmack sind eigenartig, süß und aromatisch, je nach der Herkunft und Gewinnung des Honigs. Die Blütenhonige enthalten neben Fermenten und Pollenkörnern im allgemeinen bis 22 Hundertteile Wasser, 70 bis 80 Hundertteile eines Gemisches von Glukose (Traubenzucker) und Fruktose (Fruchtzucker), bis zu

5 Hundertteilen Saccharose (Rüben- oder Rohrzucker), 3 Hundertteile und mehr zuckerfreien Trockenrückstand, darunter organische Säuren, entsprechend 1 bis 4 Säuregraden, 0,3 Hundertteile und mehr Stickstoffverbindungen, ferner dextrinartige Stoffe; sie liefern 0,1 bis 0,35 Hundertteile Asche.

(4) Honigtauhonige erstarren nur schwer; sie haben dunklere Farbe und gewürzhaften oder harzigen Geruch und Geschmack. Außer einem höheren Gehalt an dextrinartigen Stoffen weisen sie auch einen höheren Gehalt an Saccharose (Rüben- oder Rohrzucker) auf und liefern mehr Asche (0,4 bis 1,0 Hundertteile) als die Blütenhonige; sie enthalten im allgemeinen bis 22 Hundertteile Wasser, 60 bis 70 Hundertteile eines Gemisches von Glukose (Traubenzucker) und Fruktose (Fruchtzucker), 5 bis 10 Hundertteile Saccharose (Rüben- oder Rohrzucker).

Amtl. Begründung zu § 1.

Allgemeine Vorbemerkung. *Die auf Grund des § 5 Nr. 4 des Lebensmittelgesetzes ergehenden Verordnungen können naturgemäß dem Stande der Wissenschaft, Technik und Wirtschaft nur zur Zeit ihrer Verabschiedung vollkommen entsprechen. Späterhin in Aufnahme kommende Stoffe, Verfahren und Gebräuche sind deshalb nach den allgemeinen Bestimmungen in §§ 3, 4 des Lebensmittelgesetzes zu beurteilen.*

Zu § 1. *Abs. 1. Unter „Honig" ist nur Honig von Bienen zu verstehen; Honig und Bienenhonig sind somit gleichbedeutend. Als Bienen kommen nur Apisarten, und zwar im wesentlichen nur Apis mellifica (Honigbiene) in Betracht. Honigähnliche Erzeugnisse anderer Insekten, wie Wespen, Hummeln, Ameisen usw., sind kein Honig. Außer dem Honig erzeugen die Bienen auch Wachs; durch die Begriffsbestimmung, die den Honig als süßen Stoff bezeichnet, wird der Honig vom Wachs unterschieden, das, abgesehen von Spuren, nicht als Bestandteil des Honigs anzusehen ist.*

Der Honig ist als Erzeugnis der Bienen bezeichnet. Die Säfte, welche die Bienen aufnehmen, sind somit noch kein Honig, sondern werden erst von den Bienen zu Honig verarbeitet. Als Rohstoffe werden in erster Linie die Nektariensäfte, d. h. die in den Blüten zahlreicher Pflanzenarten sich vorfindenden süßen Säfte (Nektar) genannt, aus denen die Bienen den „Blütenhonig" bereiten. Außer Blütennektar kommen als Rohstoffe für die Honigerzeugung durch die Biene vorzugsweise in Betracht:

1. der Honigtau, der auf grünen Pflanzenteilen, insbesondere von Gehölzen, namentlich von Koniferen, zum Teil unter Mitwirkung von Blattläusen, abgesondert wird;

2. süße Säfte lebender Früchte, die gelegentlich von den Bienen eingetragen werden.

Säfte von verarbeiteten Früchten oder von Pflanzenteilen, z. B. von Zuckerrüben in Zuckerfabriken, also Obst- oder Zuckersäfte, gehören nicht zu den Rohstoffen für die Bereitung von Honig durch die Bienen.

Die von den Bienen aufgenommenen Säfte werden durch körpereigene Stoffe bereichert und im Körper der Tiere verändert; es ist festgestellt, daß die Säfte von Biene zu Biene weitergegeben und im Körper der Bienen mit Eiweißstoffen und Fermenten vermengt werden. Aber auch nach der ersten Aufspeicherung in den Waben ist der Saft noch kein fertiger reifer Honig; er wird vielmehr erst — unter Umständen wiederholt — umgetragen, dabei mit körpereigenen Stoffen mehr und mehr bereichert und gleichmäßig durchmischt, wodurch die fermentativen Vorgänge, z. B. die Invertierung des Rohrzuckers, gefördert werden; Hand in Hand mit dieser Reifung geht auch die Eindickung, begünstigt durch das Umtragen und durch die starke Luftströmung, die im Stock durch den Flügelschlag der Bienen erzeugt wird.

Abs. 2 Nr. 1. Die Aufzählung der verschiedenen Honigarten, die nach der pflanzlichen Herkunft zu unterscheiden sind, ist nicht erschöpfend. Dier hier genannten Arten sind lediglich als Beispiele aufgeführt. Da die Art der in- und ausländischen Blütenhonige in starkem Maße von der Blütentracht, die nach dem wechselnden Vorherrschen der Blütenarten in den einzelnen Jahren recht verschieden sein kann, abhängig ist, so werden manche Blütenhonige zeitweise überhaupt nicht in den Verkehr gebracht werden können. Die Bezeichnung des Honigs nach der Blütenart wird sich nach dem in der Tracht überwiegenden Anteil richten, der den Charakter des Honigs bestimmt. Ist das Überwiegen einer Blütenart in der Tracht nicht festzustellen, so handelt es sich schlechthin um „Blütenhonig". Als Blütenhonig schlechthin ist auch ein Verschnitt verschiedenartiger Blütenhonige zu bezeichnen.

Der „Honigtauhonig" kann pflanzlichen oder tierischen Ursprungs sein; auch kommt ein Gemisch von Honigen beider Ursprungsarten in Frage. Da die Bezeichnung „Koniferenhonig" für den Honig aus den süßen Säften, die sich auf den grünen Pflanzenteilen der Koniferen finden, nicht handelsüblich ist, wurde dafür die im Handel gebräuchliche Bezeichnung „Tannen- oder Fichtenhonig" gewählt.

Nr. 2. Auch die Aufzählung nach der geographischen Herkunft ist nicht erschöpfend. Außer den allgemeinen Bezeichnungen „deutscher Honig" und „ausländischer Honig" sind auch Bezeichnungen nach einzelnen Ländern oder Landesteilen zulässig. Ausländischer Honig, der in Deutschland gereinigt worden ist, darf nicht als deutscher Honig bezeichnet werden.

Nr. 3. Auch die Aufzählung nach der Art der Gewinnung gibt nur Beispiele. Für Bezeichnungen, die mit den aufgeführten gleichbedeutend sind, wie z. B. „geschleuderter Honig" oder „Zentrifugenhonig" statt „Schleuderhonig" gelten die Vorschriften entsprechend.

Beim „Scheibenhonig" bildet das Wachs der Waben nur die Umhüllung für den Honig, aber keinen Bestandteil des Honig selbst. Die Waben müssen von Bienen gebaut sein; Honig in Kunstwaben ist kein Scheibenhonig oder Wabenhonig. Waben, die auf künstlichen, aus Bienenwachs hergestellten schmalen Ansätzen durch die Biene gebaut sind, gelten jedoch nicht als Kunstwaben. Dagegen sind Waben, die mit Hilfe von ganzen künstlich hergestellten Mittelwänden gebaut sind, als Kunstwaben anzusehen. Die Waben müssen unbebrütete, verdeckelte, sogenannte Jungfernwaben sein, d. h. sie dürfen noch niemals Bienenbrut enthalten haben. Doch wird ein Scheibenhonig, der im übrigen allen Anforderungen entspricht, nicht deshalb zu beanstanden sein, weil vereinzelt nicht verdeckelte Zellen gefunden werden. Als Scheibenhonig gelten auch solche Honige, vor allem Heidehonige, die sich in nur wenig bebrütet gewesenen Waben befinden und wenige offene (unverdeckelte) Zellen aufweisen. Wenig bebrütet ist eine Wabe nur dann, wenn sie weniger als ein Jahr alt ist. Solcher Scheibenhonig erscheint beim Betrachten über einer hellen Unterlage infolge des dunklen Aussehens der bebrütet gewesenen Zellen dunkler als Scheibenhonig aus Jungfernwaben; der in ihnen befindliche Honig kann aber trotzdem die gleiche helle Farbe besitzen wie der Honig in Jungfernwaben. Dunkler Scheibenhonig ist demnach weniger wertvoll als Scheibenhonig in Jungfernwaben. Er ist deshalb als „dunkler Scheibenhonig" zu kennzeichnen, auch dann, wenn der Honig selbst eine hellere Farbe hat. Bei allen Honigsorten ist zu verlangen, daß der Honig keine Bienenbrut oder Rückstände davon enthält. Die Reihenfolge in der Aufzählung entspricht der im Verkehr herrschenden Auffassung von der Güte und dem Genußwert der einzelnen Honigsorten.

Da Schleuderhonig, Tropfhonig und Preßhonig aus den Waben gewonnen werden, ist es nicht zulässig, den aus Stampfhonig abgeschleuderten, abgesonderten oder abgepreßten Honig als Schleuderhonig, Tropfhonig oder Preßhonig zu bezeichnen. Preßhonig und Seimhonig, die nachträglich gereinigt sind, dürfen nicht als Schleuderhonig bezeichnet werden.

Durch Einstampfen nicht brutfreier Waben gewonnener Honig (Stampfhonig) entspricht wegen seines erheblichen Gehaltes an Wachs, Bienenbrut und Rückständen vom Bienenbrutgeschäft nicht der Begriffsbestimmung für Honig; er darf nur als Futterhonig für Bienen Verwendung finden (vgl. § 2 Abs. 1 Nr. 3). Die Begriffsbestimmung für Seimhonig gibt dem Imker jedoch die Möglichkeit, für die Gewinnung von Honig auch die zerstampften Waben oder Teile derselben zu benutzen, sobald sie brutfrei sind. Ein in Deutschland durch Verfüttern von ausländischem Honig, auch ausländischem Blütenhonig, an Bienen durch diese erzeugter Honig gilt weder als deutscher Honig noch als Blütenhonig; er darf lediglich als Honig bezeichnet werden.

Nr. 4. Durch die Bezeichnungen „Speisehonig" und „Backhonig" soll hinsichtlich des Genuß- und Gebrauchswertes zwischen dem zum unmittelbaren Genuß und dem nur zur küchenmäßigen Verwendung bestimmter Honig unterschieden werden. Die als Backhonig zugelassenen Erzeugnisse sind gegenüber dem Speisehonig geringwertiger.

Abs. 3, 4. Die Angaben über normale Beschaffenheit, Aussehen, Geruch, Geschmack und Zusammensetzung der Blütenhonige und der Honigtauhonige dienen zur Ergänzung der Begriffsbestimmung im Abs. 1.

Es ist bekannt, daß Blütenhonige zuweilen einen höheren Aschengehalt als 0,35 bis etwa 0,5 Hundertteile aufweisen. Im allgemeinen bewegen sich die Aschengehalte jedoch zwischen 0,1 und 0,35 Hundertteilen, Ein Blütenhonig von sonst einwandfreier Beschaffenheit, der etwas mehr Asche liefert, wird aus diesem Grunde nicht zu beanstanden sein. Die Worte „im allgemeinen" in Abs. 3 beziehen sich auch auf die Angaben über die Aschemengen.

Unter Säuregrad wird die Anzahl Kubikzentimeter Normallauge verstanden, die notwendig ist um die in 100 g des Lebensmittels vorhandene freie Säure zu neutralisieren.

Anmerkungen zu den Einleitungsworten und zu § 1.

[1] § 5 Nr. 4 des LMG. von 1927 entspricht dem § 5 Nr. 5 heutiger Fassung von 1936.

[2] Wegen der Strafbestimmungen siehe S. 857 unter I A 3.

[3] Die Verwendung der in den Begriffsbestimmungen des § 1 geregelten Bezeichnungen ist kein Muß. Soweit sie aber verwendet werden, dürfen sie nicht für Erzeugnisse verwendet werden, welche die für so bezeichnete Erzeugnisse nach den Begriffsbestimmungen erforderlichen Eigenschaften nicht besitzen. Vgl. § 4 Nr. 1—5 und oben I A 4 am Schluß.

Vorgeschrieben dagegen ist die Bezeichnung „Kunsthonig" für Zubereitungen der in § 3 Nr. 2 und 3 bezeichneten Art.

Über Kennzeichnungen, die sonst im Verkehr mit Honig und Kunsthonig vorgeschrieben sind, unterrichtet die Zusammenstellung auf S. 888 unter 5.

[4] Der Satzteil von „es sei denn" bis „gefüttert worden sind" befand sich noch nicht in dem dem Reichsrat vorgelegten Entwurf.

§ 2. Grundsätze für die Beurteilung. *Als verdorben sind insbesondere[2] anzusehen[1] und, in den Fällen der Nr. 1, 2, 3, 4 auch bei Kenntlichmachung, vom Verkehr ausgeschlossen:*

1. Honig[3], der, abgesehen von der in geringen Mengen stets vorhandenen natürlichen Säure, durch Essigsäuregärung, Milchsäuregärung oder auf ähnliche Weise sauer geworden ist, so daß der Säuregrad die Grenze von 4 Grad erheblich übersteigt;

2. Honig[3], der Brut enthält, verschimmelt oder stark verunreinigt ist oder ekelerregend riecht oder schmeckt;

3. aus verdorbenem Honig zubereiteter Honig, unbeschadet der Unterdrückung einer leichten Gärung durch Erhitzen;

4. durch Einstampfen der nicht brutfreien Waben gewonnene Erzeugnisse, auch ausgeschmolzen oder in Mischung mit Honig;

5. Honig, der in starke[4] Gärung übergegangen ist, unbeschadet seiner Verwendung als Backhonig, sofern er als solcher gekennzeichnet ist;

6. treibender Honig, der einen dem Honig nicht eigenen Geruch oder Geschmack angenommen hat, unbeschadet seiner Verwendung als Backhonig, sofern er als solcher gekennzeichnet ist;

7. Honig, der so stark erhitzt ist, daß die diastatischen Fermente stark geschwächt oder zerstört sind, oder der angebrannt (karamelisiert) ist, auch in Mischung mit Honig, unbeschadet seiner Verwendung als Backhonig, sofern er als solcher gekennzeichnet ist.

Amtl. Begründung zu § 2.

Auch die Grundsätze für die Beurteilung bieten keine erschöpfenden Angaben, sondern nur Beispiele.

Nr. 1 und 2. Nur der durch Essigsäuregärung, Milchsäuregärung oder auf ähnliche Weise stark sauer gewordene Honig ist als verdorben anzusehen; die in geringen Mengen stets vorhandene natürliche Säure des Honigs ist kein Kennzeichen von Verdorbenheit. Verunreinigungen durch einzelne Bienenteilchen, z. B. Chitinhaare und ähnliche unvermeidbare Fremdstoffe, gilt nicht als starke Verunreinigung. Ekelerregend ist z. B. starker Schimmelgeruch oder fauliger Geruch und Geschmack oder Petroleumgeruch und -geschmack, nicht aber ein Geruch oder Geschmack, der dem Honig etwa durch eine natürliche, aber nach der Auffassung des Verbrauchers honigfremde Blütentracht erteilt wird.

Nr. 3. Diese Vorschrift soll verhindern, daß verdorbener Honig mit gutem Honig verschnitten oder durch Abseimen oder auf andere Weise zu scheinbar einwandfreiem Honig gemacht wird. Da zur Unterdrückung einer leichten Gärung nur eine Erhitzung von kurzer Dauer vorgenommen zu werden braucht, werden die diastatischen Fermente, die für den Honig mit wertbestimmend sind, dabei nicht wesentlich geschwächt. Um eine starke Gärung zu beseitigen, bedarf es dagegen einer länger dauernden Erhitzung auf höhere Temperatur, wodurch meist eine Abtötung der Fermente herbeigeführt wird. Durch Messung der Kraft der diastatischen Fermente läßt sich nachweisen, ob es sich um einen Honig handelt, der nicht oder nur schwach oder stark gegoren hat. Zur Entscheidung darüber, ob eine starke oder eine leichte Gärung vorgelegen hat, bietet auch die Höhe des Säuregrades einen Anhaltspunkt. Eine durch kurzes Erhitzen beseitigte leichte Gärung des Honigs schließt seine Verwendung als Honig zum unmittelbaren Genuß nicht aus. Der Honig darf jedoch nicht unter Bezeichnung in den Verkehr gelangen, die auf eine besonders gute Beschaffenheit oder auf eine besonders sorgfältige Art der Gewinnung hindeuten.

Nr. 4. Wegen des Stampfhonigs vgl. die Bemerkungen zu § 1 Abs. 2 Nr. 3.

Nr. 5. Der in starker Gärung befindliche Honig darf nur unter Kennzeichnung als „Backhonig" in den Verkehr gebracht werden. Ein als Backhonig bezeichneter Honig braucht Fermente nicht mehr zu enthalten.

Nr. 6. Unter „Treiben" des Honigs versteht man nach den bisherigen Beobachtungen eine unter Blasen- und Schaumbildung vor sich gehende Erscheinung, die mit einer im Verhältnis zur Honigmenge und im Vergleich zur Gärung geringen Gasentwicklung ohne nachweisbare Veränderung der Honigbestandteile verbunden ist. Das Treiben ist nicht als eine alkoholische Gärung aufzufassen, da die nachgewiesene Kohlensäuremenge nur sehr gering ist. Ein treibender Honig ist nur dann als verdorben anzusehen, wenn er durch den Vorgang eine merkliche Veränderung im Geruch oder Geschmack, d. h. eine dem Honig nicht eigene Veränderung, erfahren hat. Treibender Honig, der geruchlich oder geschmacklich eine Veränderung aufweist, darf nur unter Kennzeichnung als Backhonig in den Verkehr gebracht werden.

Nr. 7. Die im Honig vorhandenen diastatischen Fermente werden erst bei längerer Erhitzung des Honigs auf höhere Temperaturen wesentlich geschwächt oder zerstört, wie sie bei der Gewinnung, Reinigung, Vermischung oder Verpackung des Honigs nicht erforderlich ist. Ist Honig, um z. B. eine starke Gärung zu unterdrücken, so stark erhitzt worden, daß er angebrannt ist, also einen Karamelgeschmack angenommen hat, so darf er, auch im Verschnitt mit Honig, nur unter Kennzeichnung als Backhonig in den Verkehr gebracht werden.

Anmerkungen zu § 2.

[1] Und damit den Verboten des § 4 LMG. und den Strafdrohungen des § 12 LMG. unterfallend.

[2] Es handelt sich auch hier um Beispiele, die nicht erschöpfend sind.

[3] Die heutigen Nrn. 1 und 2 waren im Entw. in einer Nr. 1 zusammengefaßt, in der die heutige Nr. 1 nur in den kurzen Worten „Honig, der stark sauer ist" in Erscheinung trat. Anträgen aus dem Reichsrat entsprechend ist die Umschreibung des „stark" sauer aus der amtl. Begr. des Entw. in den Text der VO. übernommen worden unter Hinzufügung des objektiven Säuregradmaßstabes.

[4] Ein Antrag im Reichsrat hatte es als wünschenswert bezeichnet, daß es den Nahrungsmittelchemikern gelingen möge, eine genaue Formulierung des Begriffs „starke Gärung" zu finden. Letzten Endes hat man es jedoch hier bei dem Auslegungshilfsmittel bewenden lassen, das von vorneherein die Begr. zu § 2 Nr. 3 an die Hand gab.

§ 3[1]. *Als nachgemacht oder verfälscht sind insbesondere*[2] *anzusehen und, in den Fällen der Nummern 1, 4, 5 auch bei Kenntlichmachung, vom Verkehr ausgeschlossen:*

1. durch Bienen aus Zucker oder zuckerhaltigen Zubereitungen gewonnene Erzeugnisse, auch in Mischung mit Honig;

2. honigähnliche Zubereitungen, deren Zuckergehalt nicht oder nur zum Teil dem Honig entstammt, sofern sie nicht als Kunsthonig gekennzeichnet sind und Oxymethylfurfurol[4] *enthalten*[3]*;*

3. Honig, dem Säuren, Alkalien, Farbstoffe, Aromastoffe oder sonstige fremde Stoffe unmittelbar oder mittelbar zugesetzt sind, sofern er nicht als Kunsthonig gekennzeichnet ist und Oxymethylfurfurol[5] *enthält*[4]*;*

4. Honig, dem unmittelbar oder mittelbar Wasser zugesetzt ist;

5. Honig, der mehr als 22 Hundertteile Wasser enthält, ausgenommen unverschnittener Heidehonig, der nicht mehr als 25 Hundertteile Wasser enthält.

Amtl. Begründung zu § 3.

Nr. 1. Diese Vorschrift betrifft den sogenannten „Zuckerfütterungshonig", der weder unverschnitten noch in Mischung mit Honig, auch nicht unter Kennzeichnung als Kunsthonig, in den Verkehr gelangen darf. Unter Zuckerfütterungshonig ist das Erzeugnis zu verstehen, das die Bienen aus Zucker, der ihnen vielfach als Winternahrung zugeführt wird, oder aus zuckerhaltigen Zubereitungen erzeugen und in den Waben ablagern. Unter zuckerhaltigen Zubereitungen sind z. B. Zuckersäfte, Bonbons, Fruchtsäfte, Marmeladen zu verstehen.

Nr. 2. Hier kommen insbesondere diejenigen Verfälschungen in Betracht, die auf eine Veränderung oder einen Ersatz des natürlichen Zuckergehalts des Honigs abzielen, z. B. die Verfälschung durch Invertzucker, Rüben- oder Rohrzucker, Stärkesirup. Diese Erzeugnisse dürfen also nicht als Honig, Speisehonig od. dgl., auch nicht mit Phantasienamen, sondern nur als „Kunsthonig" bezeichnet werden.

Nr. 3. Hierunter fallen insbesondere die gefärbten und aromatisierten Honige; auch sie dürfen nicht als Honig, Speisehonig o. dgl., sondern lediglich als „Kunsthonig" bezeichnet werden. Jeder Zusatz zu Honig, ob unmittelbar oder mittelbar auf dem Wege der Fütterung der Bienen, führt eine Verfälschung herbei und ergibt ein Kunstprodukt. Dabei ist besonders zu erwähnen, daß durch die Einbeziehung der Alkalien eine Verfälschung des Honigs durch die an Alkalien reiche Melasse ausgeschlossen werden soll.

Enthalten die hier und unter Nr. 2 aufgeführten Kunsterzeugnisse von ihrer Herstellung her kein Oxymethylfurfurol oder so geringe Mengen dieses Stoffes, daß der Ausfall der Fiehe-

schen Reaktion nicht mit Sicherheit auf Kunsthonig schließen läßt, so muß ihm Oxymethylfurfurol als solches oder in Form von Kunsthonig, der die Reaktion gibt, und zwar in solcher Menge zugesetzt werden, daß das fertige Erzeugnis sicher als „Kunsthonig“ nachgewiesen werden kann.

Konservierungsmittel sind deshalb nicht erwähnt, weil sie bei Honig nicht verwendet zu werden pflegen. Hieraus darf nicht gefolgert werden, daß die Verwendung von Konservierungsmitteln gestattet sei.

Nr. 4. Ein Wasserzusatz zu Honig kann auch mittelbar durch Handlungen erfolgen, durch die der Honig Wasser aufnimmt, indem er z. B. in nicht völlig getrockneten Gefäßen behandelt oder in besonders feuchten Räumen gelagert wird.

Nr. 5. Als Honig im Sinne der Begriffsbestimmungen gilt im allgemeinen nicht ein Erzeugnis mit einem Gehalt von mehr als 22 Hundertteilen Wasser. Da Heidehonig jedoch, der als solcher leicht erkennbar ist, im allgemeinen einen höheren Wassergehalt aufweist, so ist für ihn ein Gehalt bis zu 25 Hundertteilen zugelassen. Es gibt aber auch Honige, die über 22 und Heidehonige, die über 25 Hundertteile Wasser enthalten, ohne daß ihnen Wasser unmittelbar oder mittelbar zugesetzt ist. Solche Honige sind als unreifer Honig anzusehen und vom Verkehr ausgeschlossen.

Anmerkungen zu § 3.

[1] Der § 3 der VO., der im Wortlaut dem § 2 Abs. 2 des Entw. entspricht, wird durch die vorstehende Begr. des Entw. voll gedeckt.

[2] Auch § 3 gibt nur Beispiele, die den wichtigsten aus der Praxis bekannten Fällen entnommen sind.

[3] Im Runderlaß vom 9. Oktober 1934 (MiBl.iV. S. 1252c) weist der RMdI. in Gemeinschaft mit den sonst beteiligten Ministern darauf hin, daß Mischungen von Honig und Kunsthonig in den letzten Jahren in steigendem Maße dazu benutzt worden seien, um den Abnehmern Honig vorzutäuschen. Es heißt dort weiter: „Die Herstellung einer Mischung von Honig und Kunsthonig ist nach § 3 Nr. 2, 3 der VO. über Honig vom 21. März 1930 (RGBl. I S. 101) und § 1 Abs. 2 der VO. über Kunsthonig vom 21. März 1930 (RGBl. I S. 102) nicht verboten. Derartige Mischungen müssen jedoch als Kunsthonig kenntlich gemacht werden; außerdem muß im Falle einer Angabe über den Zusatz von Honig der Anteil an Honig in unmittelbarem Zusammenhang mit der vorgeschriebenen Bezeichnung „Kunsthonig“ mengenmäßig richtig angegeben werden (§ 5 Nr. 2, 4 der VO. über Kunsthonig).“

[4] Vgl. wegen der Bedeutung des Vorhandenseins von Oxymethylfurfurol die amtl. Begr. zu § 1 der Kunsthonig-VO.

§ 4. *Eine irreführende Bezeichnung, Angabe oder Aufmachung liegt, soweit nicht die Verordnung über Konsthonig vom 21. März 1930 (Reichsgesetzbl. I S. 102) anders bestimmt, insbesondere vor:*

1. wenn ein Erzeugnis, das den Begriffsbestimmungen für Honig (§ 1) nicht entspricht[2], als Honig oder als eine bestimmte Honigsorte oder mit einer das Wort Honig enthaltenden Wortbildung oder mit einem gleichsinnigen Ausdruck bezeichnet wird;

2. wenn Honig nach der pflanzlichen oder geographischen Herkunft oder nach der Art der Gewinnung oder nach dem Verwendungszweck entgegen den Begriffsbestimmungen im § 1 Abs. 2 Nr. 1 bis 4 bezeichnet wird;

3. wenn ein vorwiegend durch Fütterung von ausländischem Honig gewonnener Honig als deutscher Honig bezeichnet wird[3];

4. wenn ein Honig, der nicht vorwiegend aus Nektariensäften stammt, als Blütenhonig bezeichnet wird;

5. wenn ein Honig nach einer Blütenart bezeichnet wird, aus deren Nektariensäften er nicht vorwiegend stammt;

6. wenn im Verkehr mit ausländischem Honig, auch gemischt mit deutschem Honig, der Eindruck erweckt wird, daß es sich um deutschen Honig handelt[4];

7. wenn im Verkehr mit Honig entgegen den Tatsachen auf eine besonders gute Beschaffenheit oder eine besonders sorgfältige Gewinnung hingewiesen wird;

8. wenn einem bestimmten Honig eine besondere diätetische oder gesundheitliche Wirkung beigelegt wird.

Amtl. Begründung zu § 4.

Nr. 1. Zu den hier in Betracht kommenden Erzeugnissen, die den Begriffsbestimmungen für Honig nicht entsprechen, gehören insbesondere Kunsthonig, Mischungen[1] *von Kunsthonig mit Honig, Zuckerfütterungshonig und Stampfhonig. Ebenso dürfen natürlich auch andere künstliche Erzeugnisse, wie z. B. in Vollmilch gelöster Zucker, nicht mit einer das Wort „Honig" enthaltenden Wortbildung, etwa als Milchhonig, bezeichnet werden. Dagegen sind für Zubereitungen, die unter Verwendung von Honig hergestellt sind, Bezeichnungen, die das Wort Honig enthalten, z. B. Honigkuchen, Honigkaramellen, nicht unzulässig. Der zur Bereitung derartiger Erzeugnisse verwendete Honig muß jedoch den Begriffsbestimmungen für Backhonig entsprechen.*

Nr. 2. Die Vorschrift über die Verwendung von geographischen Herkunftsbezeichnungen schließt nicht aus, daß z. B. Honig aus Cuba, der im allgemeinen von Havanna aus zur Verschiffung gelangt, als Havannahonig, Honig aus Nevada auch als kalifornischer Honig bezeichnet wird.

Nr. 4, 5. Wegen der Bezeichnung der Blütenhonige vgl. die Bemerkungen zu § 1 Abs. 2 Nr. 1.

Nr. 6. Es ist beobachtet worden, daß ausländischer Honig von deutschen Versandgeschäften in den Verkehr gebracht wird, die sich etwa als „Imkerei und Honigversand" bezeichnen, auch einen Lehrer, Förster oder Pfarrer, welche Berufsstände sich in Deutschland mit Vorliebe der Bienenzucht widmen, als Firmeninhaber angeben. Auch kommt ausländischer Honig öfters in einer Aufmachung in den Handel, die mit Hilfe von Abbildungen deutscher Landschaften oder landschaftlicher Eigentümlichkeiten, z. B. eines Bienenstandes in der Heide, den Käufer über die Herkunft des Honigs täuscht. Dadurch wird der Eindruck erweckt, daß es sich um einen deutschen Honig handelt. Diesen den berechtigten Interessen der deutschen Verbraucher und der deutschen Bienenwirtschaft abträglichen Mißständen soll vorgebeugt werden. Dabei ist zu beachten, daß der Tatbestand einer irreführenden Bezeichnung, Angabe oder Aufmachung erfüllt sein kann, ohne daß eine Täuschungsabsicht besteht.

Nr. 7. Hier ist besonders an Bezeichnungen wie Edelhonig, Edelblütenhonig, Feinster Tafelhonig, Bester Zentrifugenhonig, Alpenblütenhonig usw. zu denken.

Nr. 8. Diese Vorschrift bezweckt, die Verwendung von Bezeichnungen, wie Gesundheitshonig, Medizinalhonig, Krafthonig, Nährhonig, wie auch entsprechende bildliche Darstellungen oder anpreisende Beschreibungen und Angaben zu unterbinden. Derartigen, vielfach üblichen Geschäftsgebräuchen fehlt die Berechtigung, da erfahrungsgemäß die einzelnen Honigsorten in ihrem Nährwert und ihrer gesundheitlichen Wirkung keine Unterschiede aufweisen, die eine solche Heraushebung rechtfertigen würden. Die allgemeine Angabe dagegen, daß Honig nahrhaft und bekömmlich sei, soll nicht beanstandet werden. Die arzneilichen, unter Verwendung von Honig hergestellten Zubereitungen, wie Fenchelhonig, Lebertranhonig, Spitzwegerichhonig, Mel depuratum des Deutschen Arzneibuchs, werden durch das Verbot nicht getroffen.

Anmerkungen zu § 4.

[1] Vgl. Anm. 3 zu § 3.

[2] Nr. 1 bezieht sich nur auf Erzeugnisse, die durch ihre Bezeichnung den Eindruck erwecken, Honig oder eine bestimmte Honigsorte zu sein, nicht auch auf Erzeugnisse der weiterverarbeitenden Industrie, die durch das Wort Honig enthaltende Wortbildungen (Honigkaramellen, Honigkuchen) nicht als Honig erscheinen wollen, sondern nur darauf hinweisen, daß zu ihrer Herstellung Honig verwendet ist. Das geht aus der Begr. zu Nr. 1 deutlich hervor, die insoweit nur beiläufig und allgemein den Grundsatz der Bezeichnungswahrheit einschärft.

[3] Nr. 3 findet sich noch nicht im Entw. Daher fehlt insoweit eine amtl. Begr.

[4] Ein Beispiel aus der Rechtsprechung (Urt. des RG. vom 28. April 1927) ist bei Holthöfer-Juckenack, Erg. 1936, S. 114, mitgeteilt. Auch nach dem Inkrafttreten der Honig-VO. hat sich der RMdI. genötigt gesehen, durch ein Rundschreiben vom 25. August 1934 (MiBl.iV. S. 1115, abgedruckt auch im RGesundh.Bl. 1934, 793) die mit der Überwachung des Lebensmittelverkehrs betrauten Behörden und Untersuchungsanstalten mit folgender Weisung versehen zu lassen:

(1) Nach Mitteilung des deutschen Imkerbundes häufen sich in letzter Zeit die Fälle, in denen Auslandshonig so auf den Markt gebracht wird, daß der Eindruck entsteht, es handele sich um deutschen Honig. Zum Schutze der deutschen Bienenzucht ist es erforderlich, der Honigkontrolle erhöhte Beachtung zu schenken, wobei die Herkunftsprüfung insbesondere auf die Pollenuntersuchung zu stützen ist.

(2) Nahrungsmitteluntersuchungsanstalten, die über die notwendigen besonderen Erfahrungen in der Untersuchung von Honig auf seine Herkunft nicht verfügen, wird anheimgegeben werden müssen, in Zweifelfällen die Hilfe einer geeigneten größeren Untersuchungsanstalt oder eines bienenkundlichen Instituts in Anspruch zu nehmen. Die Kostenfrage ist dabei unmittelbar zwischen den betr. Anstalten zu regeln."

§ 5. ***Inkrafttreten.*** *Diese Verordnung tritt am 1. Oktober 1930 in Kraft.*

7. Die Verordnung über Kunsthonig. Vom 21. März 1930 (RGBl. I S. 102). (Nebst amtl. Begr. und Anmerkungen.) *Auf Grund des § 5 Nr. 1a, b[1], Nr. 4[2] des Lebensmittelgesetzes vom 5. Juli 1927 (Reichsgesetzbl. I S. 134) wird nach Zustimmung[3] des Reichsrats und nach Anhörung[3] des zuständigen Ausschusses des Reichstags sowie des nach § 6 des Gesetzes verstärkten Reichsgesundheitsrats verordnet:*

§ 1. ***Begriffsbestimmung.*** *(1) Kunsthonig[4] sind aus mehr oder weniger stark invertierter Saccharose (Rüben- oder Rohrzucker) mit oder ohne Verwendung von Stärkezucker oder Stärkesirup hergestellte aromatisierte, meist künstlich gefärbte, in Aussehen, Geruch und Geschmack dem Honig ähnliche Erzeugnisse, die von ihrer Herstellung her organische Nichtzuckerstoffe, Mineralstoffe und Saccharose (Rüben- oder Rohrzucker) sowie stets Oxymethylfurfurol enthalten. Kunsthonig, der unter Verwendung von Stärkezucker oder Stärkesirup hergestellt ist, enthält auch die hieraus stammenden Dextrine.*

(2) Kunsthonig sind auch die im § 3 Nr. 2, 3 der Verordnung über Honig vom 21. März 1930 (Reichsgesetzbl. I S. 101) bezeichneten Erzeugnisse[4].

(3) Kunsthonig bildet je nach der Art seiner Herstellung eine feste oder dickflüssige Masse, deren Farbe zwischen weiß, hell- bis dunkelgelb und braungelb wechselt, Flüssiger Kunsthonig wird bei längerem Stehen häufig ganz oder teilweise kristallinisch.

Amtl. Begründung zur Einleitung und zu § 1.

Allgemeine Vorbemerkung. *Die auf Grund des § 5 Nr. 4 des Lebensmittelgesetzes ergehen den Verordnungen können naturgemäß dem Stande der Wissenschaft, Technik und Wirtschaft nur zur Zeit ihrer Verabschiedung vollkommen entsprechen. Späterhin in Aufnahme kommende Stoffe, Verfahren und Gebräuche sind deshalb nach den allgemeinen Bestimmungen in §§ 3, 4 des Lebensmittelgesetzes zu beurteilen.*

Zu § 1. *Abs. 1. Gegen die Bezeichnung „Kunsthonig" sind vielfach Einwendungen erhoben worden mit der Begründung, daß künstliche Erzeugnisse, die als Ersatz für Honig dienen, keinen Anspruch auf die Bezeichnung mit einer das Wort Honig enthaltenden Wortverbindung haben. In der Verwendung des Wortes „Kunsthonig" kann jedoch kein auf Täuschung gerichteter Mißbrauch erblickt werden, weil in der Bezeichnung deutlich zum Ausdruck kommt, daß es sich um künstliche Erzeugnisse handelt. Auch ist das Wort Kunsthonig im Laufe der Zeit zu einem handelsüblichen Begriff geworden und hat so allgemeine Verbreitung gefunden, daß die Verbraucher nicht im unklaren darüber sein können, daß es sich nicht um einen Honig handelt. So haben sich auch die Vertreter der Imkerei und des Honighandels gelegentlich der Beratungen des Reichsgesundheitsrats mit der Bezeichnung Kunsthonig für Erzeugnisse, die den in dieser Verordnung enthaltenen Bestimmungen entsprechen, abgefunden.*

Kunsthonig muß als Hauptbestandteil Invertzucker enthalten. Je nach der Art seiner Herstellung sind daneben jedoch immer mehr oder weniger große Mengen Rüben- oder Rohrzucker vorhanden. Rohrzucker und Rübenzucker sind einander vollkommen gleich; es wird hierunter sowohl der aus dem Zuckerrohr als auch der aus der Zuckerrübe gewonnene Zucker verstanden. Für Deutschland kommt so gut wie ausschließlich der Rüben- oder Rohrzucker in Betracht, der aus der Zuckerrübe gewonnen wird. Enthält der Kunsthonig von seiner Herstellung her kein Oxymethylfurfurol oder so geringe Mengen dieses Stoffes, daß der Ausfall der Fieheschen *Reaktion nicht mit Sicherheit auf Kunsthonig schließen läßt, so muß ihm Oxymethylfurfurol als solches oder in Form von Kunsthonig, der die Reaktion gibt, und zwar in solcher Menge zugesetzt werden, daß das fertige Erzeugnis sicher als Kunsthonig nachgewiesen werden kann. Für den Kunsthonig ist außerdem ein begrenzter Zusatz von Stärkezucker oder Stärkesirup gestattet. Solcher Kunsthonig enthält die hieraus stammenden Dextrine nur ihrer Art nach, nicht aber in dem gleichen Mengenverhältnis wie im Stärkezucker oder Stärkesirup.*

Abs. 2. Gemäß § 2 Abs. 2 Nr. 2, 3 der Verordnung über Honig gelten auch die honigähnlichen, d. h. in Aussehen, Geruch und Geschmack dem Honig ähnlichen Zubereitungen, deren Zuckergehalt nicht oder nur zum Teil dem Honig entstammt, also auch Verschnitte von Honig und Kunsthonig sowie Honig mit künstlichen Zusätzen als Kunsthonig, unterliegen somit auch den Grundsätzen für die Beurteilung von Kunsthonig im § 3 der vorliegenden Verordnung.

Abs. 3. Die Konsistenz des Kunsthonigs ist von seinem Gehalt an Rüben- oder Rohrzucker sowie an Stärkesirup abhängig; je höher der Gehalt hieran ist, um so weniger fest ist die Masse.

Anmerkungen zur Einleitung und zu § 1.

[1] Vgl. auch wegen der Strafbestimmungen, oben S. 857.
[2] Vgl. auch wegen der Strafbestimmungen, oben S. 858.
[3] Die Mitwirkung dieser Körperschaften war damals erforderlich.
[4] Kunsthonig muß als „Kunsthonig" bezeichnet werden (§ 5 Nr. 2, 3 der Kunsthonig-VO. und § 3 Nr. 2, 3 der Honig-VO.). Wegen der Zulässigkeit zusätzlicher sonstiger Bezeichnungen siehe oben I C 1 und die Anm. 1 zur Brotmarktordnung (S. 872).

§ 2. Verbote zum Schutze der Gesundheit[1]. *(1) Es ist verboten, bei der Herstellung*[2] *von Kunsthonig andere Säuren als Salzsäure, Schwefelsäure, Phosphorsäure, Kohlensäure, Ameisensäure, Milchsäure, Weinsäure und Zitronensäure zu verwenden; diese Säuren müssen chemisch rein sein.*

(2) Es ist verboten, dem Abs. 1 zuwider hergestellten Kunsthonig in den Verkehr zu bringen[2].

Amtl. Begründung zu § 2.

Für die Herstellung des Kunsthonigs sollen nur chemisch reine Säuren zugelassen werden, um zu verhüten, daß gesundheitsschädliche Stoffe in den Kunsthonig gelangen, wie z. B. Arsen bei Verwendung arsenhaltiger Säuren. Die Beschaffung der chemisch reinen Säuren bietet, wie Sachverständige bestätigt haben, keine Schwierigkeiten und verursacht keine Verteuerung des Erzeugnisses. Einer Vorschrift über die Gesundheitsunschädlichkeit der zum Färben des Kunsthonigs etwa verwendeten Farbstoffe bedarf es deshalb nicht, weil die Verwendung gesundheitsschädlicher Farben bei der Herstellung von Lebensmitteln bereits durch das Gesetz, betreffend die Verwendung gesundheitsschädlicher Farben bei der Herstellung von Nahrungsmitteln, Genußmitteln und Gebrauchsgegenständen, vom 5. Juli 1887 (Reichsgesetzbl. S. 277) verboten ist.

Anmerkungen zu § 2.

[1] Zuwiderhandlungen sind strafbar nach § 11 LMG., auch wenn eine tatsächliche Gefährdung der menschlichen Gesundheit nicht in Frage kommt.
[2] „Herstellung" mit der — später verwirklichten — Absicht „in den Verkehr zu bringen" kann für die strafrechtliche Betrachtung zu einer strafbaren Handlung verschmelzen. Vgl. hierzu Bd. VII des Handbuchs S. 535 (Anm. 1 zu § 6 der Wermutwein-VO.) und aus der neuesten Rechtsprechung RG. 14. Februar 1938 — 5 D 756/37 — in JW. 1938, 1323.

§ 3. Grundsätze für die Beurteilung. *Als verdorben sind insbesondere*[1] *anzusehen und, auch bei Kenntlichmachung, vom Verkehr ausgeschlossen:*

1. Kunsthonig, der, abgesehen von der in geringen Mengen stets vorhandenen Säure, durch Essigsäuregärung, Milchsäuregärung oder auf ähnliche Weise sauer geworden ist, so daß der Säuregrad die Grenze von 4 Grad erheblich übersteigt[2]*;*

2. Kunsthonig, der verschimmelt oder stark verunreinigt ist oder ekelerregend riecht oder schmeckt[2]*;*

3. aus verdorbenem Honig oder verdorbenem Kunsthonig zubereiteter Kunsthonig, unbeschadet der Unterdrückung einer leichten Gärung durch Erhitzen;

4. Kunsthonig, der in starke Gärung[3] *übergegangen ist.*

Amtl. Begründung zu § 3.

Die Grundsätze für die Beurteilung des Kunsthonigs bieten keine erschöpfende Aufzählung, sondern nur Beispiele.

Nr. 1 und 2. Saurer Kunsthonig ist nur dann verdorben, wenn er, etwa infolge von Essigsäuregärung, Milchsäuregärung usw., stark sauer geworden ist; die im Kunsthonig nach § 4 Nr. 3 zugelassene geringe Säuremenge ist dagegen kein Anzeichen von Verdorbenheit. Durch die Worte „stark verunreinigt" soll zum Ausdruck gebracht werden, daß geringe Mengen von Verunreinigungen nicht genügen, um den Honig als verdorben vom Verkehr auszuschließen. Unter „ekelerregend" ist z. B. starker Schimmelgeruch oder fauliger Geruch oder Geschmack zu verstehen. Der Geruch oder Geschmack eines Kunsthonigs, der ein Gemisch von Honig und Kunsthonig darstellt, ist nicht schon deshalb ohne weiteres ekelerregend, weil der Honig aus einer dem Verbraucher fremden Blütentracht gewonnen und das Gemisch deshalb von honigfremder Art ist.

Nr. 3. Diese Vorschrift soll insbesondere verhindern, daß verdorbener Kunsthonig oder verdorbener Honig mit gutem Kunsthonig verschnitten wird, wodurch sich die Verdorbenheit nicht beseitigen läßt. Hat nur eine leichte Gärung stattgefunden, zu deren Unterdrückung eine Erhitzung von kurzer Dauer genügt, so ist der Kunsthonig deshalb noch nicht als verdorben anzusehen; denn seine Qualität wird dadurch nicht wesentlich beeinträchtigt.

Nr. 4. Kunsthonig, der in starke Gärung übergegangen ist, gilt als verdorben, weil dadurch seine Zusammensetzung weitgehend verändert wird.

Anmerkungen zu § 3.

[1] § 3 enthält nur die wichtigsten Beispiele.

[2] Nr. 1 und 2 bildeten im Entw. eine einzige Nr. 1. Sie ist auf einen im Reichsrat gestellten Antrag hin aus den in Anm. 3 zu § 2 der Honig-VO. angeführten Gründen auch in der Kunsthonig-VO. wegen der Erweiterung der Fassung der heutigen Nr. 1 in zwei Nummern aufgeteilt worden.

[3] Auf die amtl. Begr. zu § 2 Nr. 3 der Honig-VO. in Verbindung mit Anm. 4 zu § 2 jener VO. sei zur Erläuterung des Begriffs „starke" Gärung verwiesen.

§ 4. *Als verfälscht sind insbesondere anzusehen und, auch bei Kenntlichmachung, vom Verkehr ausgeschlossen:*

1. Kunsthonig, der mehr als 22 Hundertteile Wasser enthält;

2. Kunsthonig, der mehr als 30 Hundertteile Saccharose (Rüben- oder Rohrzucker) enthält;

3. Kunsthonig, dessen Säuregrad die Zahl 4 übersteigt;

4. Kunsthonig, der mehr als 0,4 Hundertteile Asche liefert;

5. Kunsthonig, bei dessen Herstellung auf 100 Teile des fertigen Erzeugnisses mehr als 20 Teile Stärkezucker oder Stärkesirup oder mehr als 20 Teile von diesen beiden Erzeugnissen zusammen verwendet worden sind.

Amtl. Begründung zu § 4.

Zu Nr. 1 bis 5. Die Aufstellung von Grenzzahlen für den Wassergehalt, den Gehalt an Rüben- oder Rohrzucker, den Säuregrad, die Aschemenge, ferner den Gehalt an Stärkezucker oder Stärkesirup ist erforderlich, aber auch hinreichend für die Beurteilung der chemischen Zusammensetzung des Kunsthonigs.

Gleich wie beim Honig sollen Erzeugnisse mit einem höheren Wassergehalt als 22 Hundertteile vom Verkehr ausgeschlossen werden. Mit Rücksicht darauf, daß die Ähnlichkeit des Kunsthonigs mit dem Honig im wesentlichen durch seinen Gehalt an Invertzucker bedingt ist, kann höchstens ein Gehalt von 30 Hundertteilen Rüben- oder Rohrzucker im Kunsthonig zugestanden werden.

Durch die Begrenzung der Aschemenge, die der Kunsthonig liefern darf, soll die Verwendung von Rüben- oder Rohrzucker sowie von Stärkezucker oder Stärkesirup, die einem bestimmten Reinheitsgrad nicht entsprechen, ausgeschlossen werden. Andererseits soll durch die Begrenzung der Aschemenge und des Säuregrades auch die Verwendung zu großer Säuremengen bei der Inversion des Rüben- oder Rohrzuckers verhindert werden. Bei Anwendung zu großer Säuremengen würde die Neutralisation der Säure entsprechend größere Mengen Alkalien erfordern, wodurch sich die Aschemenge erhöhen würde, oder es würde andernfalls der Säuregrad die vorgeschriebene Grenze überschreiten. Unter Säuregrad wird die Anzahl Kubikzentimeter Normallauge verstanden, die notwendig ist, um die in 100 g des Lebensmittels vorhandene freie Säure zu neutralisieren.

Der an sich unbedenkliche Zusatz von Stärkesirup oder von beiden zusammen bis zu 20 Hundertteilen soll im Interesse der deutschen Stärkeindustrie zugelassen werden.

Konservierungsmittel sind deshalb nicht erwähnt, weil sie bei der Herstellung von Kunsthonig nicht verwendet zu werden pflegen. Hieraus darf nicht gefolgert werden, daß die Verwendung von Konservierungsmitteln gestattet sei.

§ 5. *Eine irreführende Bezeichnung, Angabe oder Aufmachung*[1] *liegt insbesondere*[1] *vor:*

1. wenn ein Erzeugnis, das der Begriffsbestimmung für Kunsthonig (§ 1) nicht entspricht, als Kunsthonig oder mit einem gleichsinnigen Ausdruck bezeichnet wird;

2. wenn ein Kunsthonig nicht durch die ungetrennte, aus Buchstaben von gleicher Größe bestehende Aufschrift „Kunsthonig" gekennzeichnet ist;

3. wenn die Bezeichnung eines Kunsthonigs das Wort „Honig" in anderer Verbindung als „Kunsthonig" enthält oder in anderer Weise auf die Art der Gewinnung von Honig oder auf die pflanzliche Herkunft von Honig hindeutet;

4. wenn ein Kunsthonig unter Zusatz von Honig hergestellt und mit einer Angabe über den Gehalt an Honig versehen ist, sofern nicht der Anteil an Honig in unmittelbarem Zusammenhang mit der in Nr. 2 vorgeschriebenen Bezeichnung „Kunsthonig" zahlenmäßig richtig angegeben ist[2]*;*

5. wenn im Verkehr mit Kunsthonig entgegen den Tatsachen auf eine besonders gute Beschaffenheit oder eine besonders sorgfältige Art der Herstellung hingewiesen wird;

6. wenn einem Kunsthonig eine besondere diätetische oder gesundheitliche Wirkung beigelegt wird;

7. wenn im Verkehr mit Kunsthonig durch Umhüllungen, Bezettelungen oder Anpreisungen in Wort oder Bild auf Bienen, bienenähnliche Insekten, Bienenzucht oder Honiggewinnung hingewiesen wird.

***§ 6. Inkrafttreten.** Diese Verordnung tritt am 1. Oktober 1930 in Kraft.*

Amtl. Begründung zu §§ 5 und 6.

***Zu § 5.** Nr. 1. Hier ist z. B. an Erzeugnisse gedacht, die ein honigähnliches Aroma nicht aufweisen.*

Nr. 2 bis 4. Die Schreibweise des Wortes „Kunsthonig" in zwei durch Bindestrich verbundenen Worten (Kunst-Honig) soll verboten sein, weil öfters zu beobachten war, daß die beiden Worte weit getrennt an verschiedenen Stellen der Aufschrift angebracht werden, auch daß das Wort „Kunst" in erheblich kleineren Buchstaben gedruckt wird als das Wort „Honig". Es ist deshalb zu fordern, daß Buchstaben von gleicher Größe in einer Reihe verwendet werden.

Auch Bezeichnungen wie „künstlicher Honig", „Schleuderkunsthonig", „Kunstschleuderhonig", „Blütenkunsthonig", „Heidekunsthonig" sind als irreführend anzusehen.

Nr. 5. Durch diese Vorschrift sollen Bezeichnungen wie „Edelkunsthonig" sowie Angaben, die besagen, daß es sich um eine nach der Herstellung oder Beschaffenheit besonders gute Ware handelt, für solche Erzeugnisse ausgeschlossen werden, die lediglich den an Kunsthonig zu stellenden Anforderungen genügen.

Nr. 6. Diese Vorschrift bezweckt, Bezeichnungen wie „Gesundheitskunsthonig", „Kraftkunsthonig", Nährkunsthonig" usw. wie auch entsprechende bildliche Darstellungen oder anpreisende Beschreibungen und Angaben zu unterbinden. Derartigen vielfach üblichen Geschäftsgebräuchen fehlt die Berechtigung, da erfahrungsgemäß dem Kunsthonig eine besondere gesundheitliche oder diätetische Wirkung nicht zukommt. Die allgemeine Angabe dagegen, daß Kunsthonig nahrhaft und bekömmlich sei, soll nicht beanstandet werden.

Nr. 7. Eine solche Vorschrift hat sich als dringend notwendig erwiesen, weil die Verbraucher besonders durch bildliche Darstellungen aus dem Gebiete der Bienenwirtschaft auf Packungen von Kunsthonig vielfach getäuscht worden sind.

***Zu § 6.** Die zugehörigen Strafvorschriften finden sich in §§ 12, 13 des Lebensmittelgesetzes*[3].

Anmerkungen zu § 5.

[1] Vgl. die Anm. 1 zu § 3.

[2] Mischungen von Honig und Kunsthonig sind an sich nicht verboten. Vgl. Anm. 3 zu § 3 der Honig-VO.

[3] Sie entsprechen den §§ 11, 12 der heutigen Fassung des LMG. Siehe oben I A 3.

F. Zucker und Zuckerwaren.

1. Zucker.

a) Das Reichsrecht enthält in dem Zuckersteuergesetz, dessen ab 1. Dezember 1938 geltende Neufassung vom 26. September 1938 im RGBl. I S. 1251 bekanntgemacht ist, Begriffsbestimmungen für Zucker. Hierbei ist allerdings zu beachten, daß diese Begriffsbestimmungen abgestellt sind auf die Besteuerungszwecke des Gesetzes. Immerhin können sie gelegentlich auch lebensmittelrechtlich von Interesse werden.

§ 1 des Zuckersteuergesetzes lautet:

*§ 1. **Steuergegenstand.** (1) Zucker (Rübenzucker, Stärkezucker und Zucker von der chemischen Zusammensetzung dieser Zuckerarten) unterliegt einer Abgabe (Zuckersteuer). Die Zuckersteuer ist Verbrauchsteuer im Sinne der Reichsabgabenordnung.*

(2) Als Rübenzucker gilt der aus Rüben gewonnene feste und flüssige Zucker, einschließlich der Rübensäfte, der Füllmassen und der Zuckerabläufe, und zwar ohne Rücksicht darauf, ob bei der Herstellung andere zuckerhaltige Stoffe oder Zucker mitverwendet worden sind.

(3) Als Stärkezucker gilt der aus Stärke gewonnene Sirup und feste Zucker, und zwar ohne Rücksicht darauf, ob bei der Herstellung andere zuckerhaltige Stoffe oder Zucker mitverwendet worden sind. Dem Stärkezucker wird im Sinne dieses Gesetzes der aus zellulosehaltigen Stoffen gewonnene Zucker gleichgestellt.

(4) Wo in diesem Gesetz von Zucker ohne nähere Bezeichnung die Rede ist, sind darunter sämtliche nach Abs. 1 bis 3 der Zuckersteuer unterliegende Erzeugnisse zu verstehen.

Aus der Fassung des vorstehenden Abs. 3 „als Stärkezucker gilt der aus Stärke gewonnene Sirup und feste Zucker“ hat das RG. 3. Dezember 1936 (**Z.** Beil. 1936, 28, 21) die Folgerung gezogen, daß der Gesetzgeber den Stärkesirup technisch als eine Unterart des Stärkezuckers, und zwar als Stärkezucker in flüssigem Zustand, beurteile. Neben anderen Erwägungen, die auf die stoffliche Beschaffenheit abgestellt sind, war dies mit entscheidend dafür, daß das RG. in dem erwähnten Urt. die Verwendung auch von Stärkesirup im Rahmen des § 10 Abs. 2 des Biersteuergesetzes und des § 3 Abs. 6 des Weingesetzes für zulässig erachtet, obgleich dort ausdrücklich nur von Stärkezucker die Rede ist.

Unter dem 7. Oktober 1938 hat der Reichsminister der Finanzen neue Durchführungsbestimmungen (DB.) zum Zuckserteuergesetz erlassen. Die VO., in welcher diese DB. enthalten sind, ist im RMinBl. 1938, 671—766, veröffentlicht und wird demnächst in Form eines Heftchens in Carl Heymanns Verlag in Berlin erscheinen.

Der § 7 der DB. macht die Steuerfreiheit und die Höhe der Besteuerung von Rübenzuckerabläufen, Rübensäften und anderen Rübenzuckerlösungen sowie von Stärkezuckerabläufen von dem Hundertsatz ihres Reinheitsgrades abhängig. Zur Ermittlung des hiernach entscheidenden Reinheitsgrades ist den DB. beigegeben (S. 682 des RMinBl.) eine „Anleitung zur Untersuchung von Rübenzuckerabläufen, Rübensäften, anderen Rübenzuckerlösungen und Mischungen dieser Erzeugnisse, einschließlich der ganz oder teilweise invertierten, und von Stärkezucker“.

Die Anleitung ist folgendermaßen gegliedert:

A. Anleitung für die Zollämter und die Zolltechnischen Prüfungsstellen.
- I. Allgemeine Vorschrift.
- II. Besondere Vorschrift.
  - a) Prüfung auf Invertzuckergehalt.
  - b) Ermittlung des Reinheitsgrades.
    1. Gehalt an Trockenstoff (Prozente Brix).
    2. Gehalt an Zucker.
    3. Berechnung des Reinheitsgrades.

B. Richtlinien für die Chemiker.

Die Zuckersteuerbefreiungsordnung (ZuckStBefrO.), als Anlage A zu § 19 der DB. den DB. beigegeben, läßt steuerfrei Zucker zur Herstellung von Pergamentpapier und Rübenzucker zur Herstellung von Seifen und von technischer Milchsäure unter der Voraussetzung seiner Vergällung. Eine Unteranlage 1 zu der ZuckStBefrO. enthält eine „Anweisung für die Prüfung der zur Vergällung von Zucker bestimmten Stoffe“. Rübenrohzucker zur Tierfütterung, ausgenommen der Bienen, soll steuerfrei bleiben, wenn er einen Ausbeutegrad von nicht mehr als 82 aufweist. Eine Unteranlage 2 zur ZuckStBefrO. gibt eine „Anweisung zur Feststellung des Ausbeutegrades von Rübenrohzucker“.

Die Bestimmungen über die Steuervergütung bei der Ausfuhr von Erzeugnissen, zu deren Herstellung versteuerter Zucker verwendet worden ist, sind in der Anlage B zu den DB., der Zuckersteuervergütungsordnung (ZuckStVO.), enthalten. Sie gibt ein Verzeichnis der Waren, für welche eine Steuervergütung gewährt wird, wenn die Waren mindestens 15% ihres Eigengewichtes an Rübenzucker oder mindestens 10% ihres Eigengewichtes an Stärkezucker enthalten. Die hierfür maßgebenden Untersuchungsvorschriften finden sich in der dem § 15 der ZuckStVO. beigegebenen „Anweisung zur chemischen Untersuchung von Zuckerwaren und zuckerhaltigen Waren auf ihren Gehalt an Rübenzucker und Stärkezucker“.

b) Innerhalb des **Reichsnährstandes** ist durch VO. vom 10. November 1934, ergänzt durch die VO. über die Bildung von Schiedsgerichten vom 26. Februar 1935 (RGBl. I S. 1173 bzw. 293) die Deutsche Zuckerwirtschaft unter der Hauptvereinigung der deutschen Zuckerwirtschaft zu Zuckerwirtschaftsverbänden zusammengeschlossen worden.

Die Grenzen ihres Geschäftsbereichs gegenüber demjenigen der Wirtschaftlichen Vereinigung der deutschen Süßwarenwirtschaft werden aus dem § 1 der vorerwähnten VO. deutlich. Er lautet:

„(1) Zur Regelung der Erzeugung, der Verwertung, des Absatzes sowie der Preise und Preisspannen von Zuckerrüben (Rüben), Zucker und sonstigen Erzeugnissen aus Zuckerrüben werden die Zuckerrübenanbauer (Rübenanbauer), die Zuckerfabriken und die Verteiler von Zucker und sonstigen Erzeugnissen aus Zuckerrüben zu Zuckerwirtschaftsverbänden (Wirtschaftsverbänden) zusammengeschlossen.

(2) Als Zucker im Sinne dieser Verordnung gilt der aus Rüben oder aus Melasse hergestellte Zucker, und zwar: Rohzuckerersterzeugnis, Rohzuckernacherzeugnis, Verbrauchszucker sowie flüssige Zucker, Abläufe — ausgenommen Melasse — und Sirupe mit Reinheitsgehalt von über 70°. Als sonstige Erzeugnisse aus Rüben im Sinne dieser Verordnung gelten alle aus Rüben hergestellten Erzeugnisse mit Ausnahme des von Zuckerrübensaftfabriken hergestellten Zuckerrübenkrautes (Zuckerrübensaft).

(3) Zuckerfabriken im Sinne dieser Verordnung sind die Rüben verarbeitenden Zuckerfabriken, die Zuckerraffinerien und die Melasseentzuckerungsanstalten.“

Anordnungen der HV. ZuckerWi. von unmittelbar lebensmittelrechtlicher Bedeutung sind nicht anzuführen. Dagegen enthält die Anordnung der HV. Kart.Wi. vom 28. September 1935 (RNVBl. S. 602) Beurteilungsrichtlinien für Stärkesirup, Stärkezucker, Dextrin. Vgl. oben S. 867. Die Anordnung der HV. GartenWi. über Rübenkraut (Rübensaft) vom 8. September 1938 ist unten S. 962 abgedruckt.

2. Zuckerwaren.

a) Die Betriebe, die gewerbsmäßig Süßwaren herstellen oder gewerbsmäßig mit Süßwaren oder Rohkakao handeln, sind durch die VO. des RErnMin. vom 7. und 19. Juni 1935 (RGBl. I S. 742 und 755) zur „Wirtschaftlichen Vereinigung der deutschen Süßwarenwirtschaft“ zusammengeschlossen.

Nach § 1 Abs. 2 dieser VO. „gelten als Süßwaren i. S. der VO. Kakaoerzeugnisse, Zuckerwaren und Dauerbackwaren“.

Kakaoerzeugnisse sind in Bd. VI des Handbuchs gesondert behandelt. Für Kunsthonig hat das Reich die S. 896 abgedruckte VO. erlassen. Gleichfalls von Reichs wegen ist der Verkehr mit Speiseeis durch die S. 904 abgedruckte VO. geregelt.

Eine Abgrenzung des Begriffes „Zuckerwaren“ versucht in Anlehnung an das deutsche Nahrungsmittelbuch Grossfeld auf S. 456 seiner im vorliegenden Bande enthaltenen Arbeit „Zucker und Zuckerwaren“. Jene Arbeit enthält auch für eine große Anzahl hierher gehöriger Waren Begriffsbestimmungen und Beschaffenheitserfordernisse, denen Vereinbarungen, Richtlinien oder Leitsätze der S. 859 unter I B 2 und 4 rechtlich gewürdigten Art zugrunde liegen.

b) Von den Anordnungen der Wirtschaftlichen Vereinigung der Süßwarenwirtschaft sind lebensmittelrechtlich von Bedeutung: Die Anordnung Nr. 45 vom 17. Juli 1937 (RNVBl. S. 327), deren Ziffer 1 durch die Anordnung vom 30. Juli 1938 (RNVBl. S. 328) bis auf weiteres außer Kraft gesetzt ist. Die Anordnung betrifft Schokolade- und Fettverarbeitung bei Dauerbackwaren. Dadurch wird die Herstellung schokoladegedeckter Lebkuchen u. dgl. eingeschränkt und unter anderem der höchstzulässige Fettgehalt fettreicher Dauerbackwaren (Mürbkeks, Weichkeks usw.) auf 25 kg bei 100 kg

Mehl begrenzt. Ferner kommt in Betracht die Anordnung Nr. 53 vom 13. September 1937 (RNVBl. S. 433), welche für Hart- und Weichkaramellen unterschiedlich festlegt, wieviel Hundertteile Stärkesirup auf 100 Gewichtseinheiten Verbrauchszucker verarbeitet werden dürfen.

Dabei werden dem Stärkezucker Dryose, Traubenzucker und sonstige Stärkezucker aller Art gleichgestellt.

Über Fettglasuren ist oben unter II C 5 das Erforderliche gesagt. Ein Runderlaß des RMdI. vom 25. Juli 1938 (MiBl.iV. S. 1278) gestattet gemäß § 20 Abs. 2 Nr. 3 LMG., also mit Rechtssatzwirkung, bis auf weiteres gewisse Abweichungen von der reichsrechtlichen Kakao-VO. vom 15. Juli 1938 (Bd. V S. 549 des Handbuchs).

Wegen des älteren Rechtsstoffs über Kakaoerzeugnisse sowie wegen der Kontingentierungsvorschriften, die für Zuckerwaren und Dauerbackwaren in Betracht kommen, mag im vorliegenden Zusammenhang ein Hinweis auf die erschöpfende Zusammenstellung im „Goldenen Buch des Süßwarengewerbes" genügen (Theobroma-Verlag in Berlin). Im Jahrgang 1936 dieses Buches sind auch (S. 124f.) abgedruckt die „Festsetzungen für Zuckerwaren und sonstige Süßwaren" aus dem „Deutschen Nahrungsmittelbuch" in der Gestaltung, die sie nach den endgültigen Beschlüssen der Fachberatungen des Bundes Deutscher Nahrungsmittel-Fabrikanten und -Händler vom 2. November 1926 und 17. bis 19. November 1929 erhalten haben.

Auf die Normung von einer Anzahl von Erzeugnissen der Feinbäckerei (darunter Nährzwieback, Friedrichsdorfer Zwieback, Milchcremfüllungen für Waffeln, Waffeln, Keks, Lebkuchen, Honigkuchen, Makronen) durch die Fachgruppe Süßwarenindustrie der Wirtschaftsgruppe Lebensmittelindustrie im Jahre 1936 geht Täufel unter B seiner im vorliegenden Band enthaltenen Arbeit über „Backwaren" ein. Vgl. oben unter II C 9.

c) Gerichtsentscheidungen von grundsätzlicher Bedeutung sind nur spärlich bekannt geworden.

Die Zeitungsankündigung „Marclapan-Pralinen", die aus Persipan (vgl. Grossfeld S. 459) und einem mit Haselnüssen versehenen Schokoladeüberzug hergestellt werden sollten, ohne daß es übrigens tatsächlich zu ihrer Fertigstellung und zum Verkauf gekommen war, hat RG. (8. Mai 1928 — in Z. Beil. 1928, **20**, 135) als fahrlässiges Angebot eines Lebensmittels unter irreführender Bezeichnung beurteilt, weil diese Ankündigung, für den Ankündigenden erkennbar, zur Verwechslung mit Marzipan führen konnte. Vgl. auch OLG. Hamburg 31. Oktober 1929 in Z. Beil. 1932, **24**, 11.

Der Verkauf von Suppenmakronen, hergestellt nicht lediglich aus Mandeln, Zucker und Eiweiß, sondern aus einem Gemisch von Pfirsich- und Aprikosenkernen, Zucker und Stärkemehl ohne Mandeln, ist vom KG. 19. April 1928 in Z. Beil. 1929, **21**, 24 als Verkauf eines nachgemachten, verfälschten und zugleich irreführend bezeichneten Lebensmittels angesehen worden.

Neuerdings hat RG. 5. Februar 1937 (Z. Beil. 1937, **29**, 125) dem § 4 Nr. 2 als Sondergesetz vor dem § 4 Nr. 3 LMG. den Vorrang zugebilligt, wenn mit Beziehung auf dieselbe Eigenschaft eines verfälschten Lebensmittels der Verkäufer sowohl eine ausreichende Kenntlichmachung i. S. des § 4 Nr. 2 unterlassen, als auch eine irreführende Bezeichnung i. S. des § 4 Nr. 3 gebraucht hat.

Persipan und verfälschtes Persipan bildet den Gegenstand von KG. 31. Januar 1928 in Z. Beil. 1928, **20**, 140.

Ein Aufsatz von Fincke in Z. 1926, **52**, 423 behandelt „Marzipan, Marzipanersatzstoffe und Mandeln".

Rumbohnen, namentlich wenn sie unter Angaben „mit Jamaica-Rum" oder „mit echtem Jamaica-Rum" vertrieben werden, müssen ausgesprochen nach Rum schmecken und unter ausreichender Verwendung des Rums, dessen sie sich berühmen, hergestellt sein. 0,4—0,8 Volumenhundertteile reichen hierzu jedenfalls nicht aus. (So KG. 20. September 1932 und 31. März 1933 in Z. Beil. 1936, **28**, 89 und 90.) Das gleiche gilt sinngemäß für Weinbrandpralinen.

Bei der lebensmittelrechtlichen Beurteilung von Zucker, Rohstoffen desselben und Zuckerwaren muß nach alledem in weitem Umfang auf das allgemeine Lebensmittelrecht (LMG. und Leb.mitt.kennz.VO.) zurückgegriffen werden, wobei die oben I B 1, 2, 4 erörterten Hilfsmittel für die Anwendung des LMG. auf den Einzelfall beachtlich sind.

G. Speiseeis.

1. a) Die Speiseeis-VO. ist allgemeines Reichsrecht, welches gemäß § 5 LMG. für dieses Sondergebiet das allgemeine Recht des LMG. ausgestaltet und rechtssatzmäßig klarstellt.

Soweit für den Verkehr mit Speiseeis Rechtsstoff in Frage kommt, der reichsrechtlich nicht oder nicht erschöpfend geregelt ist, bleibt das bestehende Recht der zum Reich gehörenden Länder in Kraft und kann neues Recht der Länder entstehen. Vgl. hierzu Holthöfer-Juckenack S. 116 und Holthöfer-Juckenack, Erg. 1936, S. 116.

Eine große Anzahl örtlich begrenzter Polizeiverordnungsvorschriften, welche die Beschaffenheit von Speiseeis regelten, ist somit durch die Speiseeis-VO. gegenstandslos geworden. In Kraft geblieben sind jedoch z. B. landesrechtliche Vorschriften, die sich auf Reinlichkeit von Personen und Sachen beziehen, die mit Speiseeis in Berührung kommen. Soweit Speiseeis in Konditoreien hergestellt und vertrieben wird, kommt z. B. für Preußen die Bäckerei-VO. in Frage, die inhaltlich gleich auch in den anderen Ländern des Reichs Landesrecht ist oder werden wird (vgl. S. 876).

Eine Pol.VO. in der Fassung vom 14. Juni 1938 für das Saarland (Amtsblatt 1938 S. 75/87 — mitgeteilt auch in **Z.** Beil. 1938, **30**, 103 —) läßt den Verkauf von Speiseeis an Jugendliche unter 14 Jahren zum Genuß auf der Stelle nur zu, wenn sie sich in Begleitung Erwachsener befinden.

Aus der älteren Rechtsprechung sei hingewiesen auf das in der Zeitschrift „Polizei" 1928, S. 106 mitgeteilte Urt. des KG. 20. Oktober 1926. Dort wird eine Pol.VO. als rechtsgültig beurteilt, die den Verkauf von Speiseeis und kalten Getränken an Jugendliche unter 14 Jahren und an als solche kenntliche Schüler auf öffentlichen Straßen und Plätzen verbietet und die weiterhin den Verkäufern vorschreibt, daß sie in bestimmter Entfernung von Schulgrundstücken und Spielplätzen zu gewissen Zeiten ihr Gewerbe überhaupt nicht ausüben dürfen.

Noch weiter geht OLG. Jena 23. September 1927 (Höchstrichterl. Rechtspr. 1928 Nr. 501). Dort wird eine Pol.VO. für rechtsgültig erklärt, durch die der Verkauf von Speiseeis auf Straßen und Plätzen überhaupt verboten wird.

b) Reichsrechtlich ist auf Grund des § 25 des Gaststättengesetzes vom 28. April 1930/3. Juli 1934 (RGBl. I S. 146 bzw. 567) durch die VO. des Reichswirtschaftsministers vom 16. Juli 1934 (RGBl. I S. 709) der Betrieb von Speiseeiswirtschaften bzw. Eisdielen von einer behördlichen Erlaubnis abhängig gemacht worden.

Hierzu ist die Preuß. Durchführungs-VO. vom 24. Mai 1935 (Ges.-S. S. 180) ergangen.

Für die Regelung der Polizeistunde für Speiseeiswirtschaften gelten in Preußen die VO. vom 8. Januar 1934 (Ges.-S. S. 47) und die VO. vom 13. Juli 1934 (Ges.-S. S. 337).

Anweisungen über die Handhabung der Polizeistundenregelung durch die ermächtigten Stellen, Erläuterungen über den Begriff der Speiseeiswirtschaften, Richtlinien für die Behandlung der Bedürfnisfrage bei Erteilung der Erlaubnis zum Betrieb von Speiseeiswirtschaften und über die dabei an die Räume zu stellenden Anforderungen finden sich in dem Runderlaß des RMdI. für Preußen vom 21. Januar 1935 (MiBl.iV. S. 120).

Ein Runderlaß der gleichen Stelle vom 14. Juli 1935 (MiBl.iV. S. 882) stellt klar, daß die Verabfolgung von Speiseeis mit Sahne die Anwendung der allgemeinen Polizeistunde für Speiseeiswirtschaften nicht ausschließe.

Ein weiterer Runderlaß vom 20. Oktober 1936 (RMiBl.iV. S. 1394 — abgedruckt auch in **Z.** Beil. 1937, **29**, 8) behandelt in begünstigender Richtung die Abgabe von Milchgetränken mit Kohlensäurezusatz in Speiseeiswirtschaften in Ansehung der Bejahung des Bedürfnisses und der Polizeistundenregelung. In einem Runderlaß vom gleichen Tage (veröffentlicht am gleichen Ort) wird die Abgabe von Speiseeis über die Straße auch außerhalb der allgemeinen Ladenschlußzeiten — in teilweiser Abänderung des vorerwähnten Runderlasses vom 21. Januar 1935 — bis zum Beginn der Polizeistunde für bedenkenfrei erklärt.

2. Die Speiseeisverordnung. a) Vorbemerkungen. I. Der Entw. einer Speiseeis-VO. nebst amtl. Begr. ist im Jahre 1931 als Heft 13 der in Julius Springers Verlag erschienenen Entw. zu VO.en über Lebensmittel und Bedarfsgegenstände veröffentlicht worden. Mit Rücksicht auf die an dem ursprünglichen Entw. vorgenommenen Änderungen ist als „amtl. Begr." nachstehend zugrunde gelegt die in der Reichsratsdrucksache Nr. 85 der Tagung 1932 enthaltene und im RGesundh.Bl. 1933 S. 581 abgedruckte amtl. Begr. Wo sie die endgültige Fassung der VO. nicht deckt, enthalten die Anmerkungen das Erforderliche. Hingewiesen sei auch auf den in R. v. Deckers Verlag, G. Schenk in Berlin W 9 erschienenen Kurzkommentar von MERRES, der die Unstimmigkeiten zwischen dem geltenden Text der VO. und der in der Reichsratsdrucksache enthaltenen Begr. erläutert.

II. Weiterhin hat MERRES in „Bemerkungen zur Speiseeis-VO. in der Deutschen Nahrungsmittel-Rundschau" 1934, S. 68, zu einigen Zweifelsfragen Stellung genommen, die von vornherein bei der Anwendung der Speiseeis-VO. in der Praxis auftauchten. So zu der Frage, wieviel Gramm Trockenei oder Trockeneigelb für Cremeis im Hinblick auf § 1 Abs. 2 Nr. 1 und § 6 Nr. 14 der VO. zur Verwendung gelangen müssen.

Ferner zum Begriff der Essenzen, zur Berechnung der 20% Obstfruchtfleisch in § 1 Abs. 2 Nr. 2. Als Benennung der minderen Speiseeissorten (Milchspeiseeis, Einfacheiscrem oder Kunstspeiseeis), wenn sie unter Mitverwendung von Kakao hergestellt sind, hält MERRES für zulässig die Angabe „mit Kakaogeschmack", aber für verboten aus dem Sinne des § 7 Nr. 6 heraus etwa „Schokoladen-Milchspeiseeis".

Schließlich erörtert er die rechtlichen Voraussetzungen und Bedingungen, unter denen ein Speiseeispulver als „Halberzeugnis für sämtliche Speiseeissorten" vertrieben werden könnte, im Hinblick auf § 2 Abs. 1, § 2 Abs. 2 Nr. 2 und § 3 Abs. 2 Nr. 4 der VO.

b) Wortlaut der Speiseeis-VO. nebst amtl. Begründung und Anmerkungen. Verordnung der Reichsmininister des Innern sowie für Ernährung und Landwirtschaft über Speiseeis. Vom 15. Juli 1933 (RGBl. I S. 510). *Auf Grund des § 5 Nr. 1a, b*[1], *Nr. 3a, b*[2], *Nr. 4*[3] *des Lebensmittelgesetzes*[1] *vom 5. Juli 1927 (Reichsgesetzbl. I S. 134) in der Fassung vom 31. Juli 1930 (Reichsgesetzbl. I S. 421) und der Verordnung des Reichspräsidenten zur Vereinfachung des Erlasses von Ausführungsvorschriften vom 30. März 1933 (Reichsgesetzbl. I S. 147) wird nach Zustimmung des Reichsrats und nach Anhörung des nach § 6 des Lebensmittelgesetzes verstärkten Reichsgesundheitsrats verordnet:*

Amtl. Begründung.

Allgemeine Vorbemerkung. *Die auf Grund des § 5 Nr. 4*[3] *des Lebensmittelgesetzes ergehenden Verordnungen können naturgemäß dem Stande der Wissenschaft, Technik und Wirtschaft nur zur Zeit ihrer Verabschiedung entsprechen. Späterhin in Aufnahme kommende Stoffe, Verfahren und Gebräuche sind daher nach den allgemeinen Bestimmungen in §§ 3, 4 des Lebensmittelgesetzes zu beurteilen*[4].

Anmerkungen zu den Einleitungsworten der VO.

[1] Vgl., auch wegen der Strafbestimmungen, oben I A 3.

[2] = § 5 Nr. 4 der heutigen Fassung des LMG. Zuwiderhandlungen gegen die rechtlich hierauf gestützten Vorschriften des § 3 der VO. sind strafbar nach § 12 LMG. heutiger Fassung.

[3] = § 5 Nr. 5 der heutigen Fassung des LMG. Zuwiderhandlungen sind strafbar nach § 12 LMG. heutiger Fassung.

[4] Vgl. oben I A 3.

§ 1. Begriffsbestimmungen. *(1) Speiseeis (Gefrorenes)*[5] *sind durch Gefrieren in einen starren Zustand gebrachte Zubereitungen, die, mit oder ohne Verwendung von Ei*[6] *(frische Eier, Kühlhauseier, Gefrierei, Eidotter oder Eiklar (Eiweiß) aus frischen Eiern oder aus Kühlhauseiern, Trockenei, Trockeneigelb),*

aus technisch reinem weißem Verbrauchszucker[1] *(Saccharose) und aus Milch oder Magermilch — auch in Form der eingedickten Erzeugnisse oder in Form von Milch- oder Magermilchpulver — oder Sahne (Rahm) oder Butter oder*

aus technisch reinem weißem Verbrauchszucker (Saccharose) und aus frischem Obstfruchtfleisch oder aus Obsterzeugnissen hergestellt sind.

Als Obsterzeugnisse werden verwendet: Obstmark und Obstsaft (Fruchtsaft) — auch in Form der eingedickten Erzeugnisse—, zuweilen auch Obstkonfitüren, Marmeladen, Obstgelees und Obstsirupe. Ferner werden Kaffee, Kakao, Schokolade, Vanille[7], *Nüsse, Mandeln, Aprikosenkerne, Pistazien und dergleichen — soweit technisch erforderlich auch in Form von Auszügen — sowie natürliche Fruchtessenzen*[9] *als natürliche Geschmack- und Geruchstoffe, außerdem Wasser (Trinkwasser*[2]*), sodann Stärkemehl, Tragant, Obstpektin oder Gelatine, Weinsäure oder Zitronensäure in geringer Menge verwendet.*

Zuweilen werden auch künstliche Geschmack- und Geruchstoffe, wie Vanillin, sowie künstliche Farbstoffe[3] *verwendet.*

(2) Als Speiseeissorten werden unterschieden:

1. Kremeis (Eierkremeis): Speiseeis, das aus technisch reinem weißem Verbrauchszucker (Saccharose), Milch — auch in Form von eingedickter Milch —, frischen Eiern[6]*, Kühlhauseiern, Gefrierei oder Eidotter aus frischen Eiern oder aus Kühlhauseiern, Trockenei*[8]*, Trockeneigelb*[8]*, natürlichen Geschmack- und Geruchstoffen (Abs. 1*[7]*), zuweilen auch unter Verwendung einer geringen Menge Stärkemehl, Tragant oder Obstpektin, hergestellt ist; bei Kremeis werden mindestens 270 Gramm Vollei oder 100 Gramm Eidotter auf 1 Liter Milch verwendet; bei Verwendung von eingedickter Milch wird eine dem Eindickungsgrad entsprechende Menge Wasser zugesetzt; zuweilen werden zur Erzielung eines besonderen Geschmacks frisches Obstfruchtfleisch oder Obsterzeugnisse (Abs. 1*[7]*) zugesetzt;*

2. Fruchteis: Speiseeis, das aus technisch reinem weißem Verbrauchszucker (Saccharose), Wasser und frischem Obstfruchtfleisch oder Obsterzeugnissen (Abs. 1) sowie natürlichen Geschmack- und Geruchstoffen (Abs. 1[7]*), zuweilen auch unter Verwendung von Ei (Abs. 1) sowie von Milch oder Magermilch — auch in Form der eingedickten Erzeugnisse oder in Form von Milch- oder Magermilchpulver —, einer geringen Menge Stärkemehl, Tragant oder Obstpektin, Weinsäure oder Zitronensäure oder Schalenaroma, hergestellt ist; zur Herstellung werden mindestens 20 Hundertteile*[10] *frisches Obstfruchtfleisch oder Obstmark oder Obstsaft oder eine hinsichtlich des Obstanteils entsprechende Menge der übrigen im Abs. 1 zugelassenen Obsterzeugnisse, bei Zitroneneis mindestens 10 Hundertteile Zitronenmark oder Zitronensaft verwendet;*

3. Rahmeis (Sahneeis): Speiseeis, das aus technisch reinem weißem Verbrauchszucker (Saccharose) und Schlagsahne sowie natürlichen Geschmack- und Geruchstoffen (Abs. 1[7]*), zuweilen auch unter Verwendung von Ei (Abs. 1) sowie einer geringen Menge Stärkemehl, Tragant oder Obstpektin, hergestellt ist; Rahmeis enthält mindestens 60 Hundertteile Schlagsahne; zuweilen werden zur Erzielung eines besonderen Geschmacks frisches Obstfruchtfleisch oder Obsterzeugnisse (Abs. 1) zugesetzt; Fürst-Pückler-Eis ist ein Rahmeis besonderer Art;*

4. Milchspeiseeis[5]*: Speiseeis, das aus technisch reinem weißem Verbrauchszucker (Saccharose) und Milch, eingedickter Milch oder Milchpulver sowie natürlichen Geschmack- und Geruchstoffen (Abs. 1*[7]*), Vanillin oder dem ihm entsprechenden Äthyläther, zuweilen auch unter Verwendung von Ei (Abs. 1) sowie einer geringen Menge Stärkemehl, Tragant, Obstpektin oder Gelatine, hergestellt ist; bei Verwendung von eingedickter Milch oder Milchpulver wird eine dem Eindickungsgrad entsprechende Menge Wasser zugesetzt; Milchspeiseeis enthält mindestens 70 Hundertteile Milch; zuweilen werden zur Erzielung eines besonderen Geschmacks frisches Obstfruchtfleisch oder Obsterzeugnisse (Abs. 1) zugesetzt;*

5. Eiskrem: Speiseeis, das auf besondere Art durch Pasteurisieren, Homogenisieren, Stehenlassen bei niedriger Temperatur und Gefrieren aus technisch reinem weißem Verbrauchszucker (Saccharose) und Milch oder Magermilch —

auch in Form der eingedickten Erzeugnisse oder in Form von Milch- oder Magermilchpulver — oder Sahne (Rahm) oder Butter sowie frischem Obstfruchtfleisch oder Obsterzeugnissen (Abs. 1) oder natürlichen Geschmack- oder Geruchstoffen (Abs. 1), gegebenenfalls Wasser, zuweilen auch unter Verwendung einer geringen Menge Stärkemehl, Tragant, Obstpektin oder Gelatine, hergestellt und zuweilen mit Schokolade-Überzugsmasse (Kuvertüre) oder auch einer anderen Glasur[4] überzogen ist; Fruchteiskrem enthält mindestens 8, sonstiger Eiskrem mindestens 10 Hundertteile Milchfett;

6. Einfacheiskrem[5]: Speiseeis, hergestellt wie Eiskrem (Nr. 5), jedoch mit einem geringeren Gehalt an Milchfett; Einfacheiskrem enthält mindestens 3 Hundertteile Milchfett; dem Einfacheiskrem wird auch Vanillin oder der ihm entsprechende Äthyläther zugesetzt;

7. Kunstspeiseeis[5]: Speiseeis, das nicht den Gehalt an Ei, frischem Obstfruchtfleisch oder Obsterzeugnissen, Schlagsahne oder Milch wie die unter Nr. 1 bis 6 aufgeführten Sorten aufweist; bei Kunstspeiseeis werden zuweilen auch künstliche Geschmack- und Geruchstoffe und künstliche Farbstoffe[3] verwendet.

Amtl. Begründung zu § 1.

Als Speiseeis sind bisher vielfach unter mannigfachen Bezeichnungen Erzeugnisse der verschiedenartigsten Zusammensetzung in den Verkehr gelangt, ohne daß der Käufer durch die Art der Bezeichnung einen sicheren Aufschluß über die wirkliche Zusammensetzung und den tatsächlichen Nähr- und Genußwert des Gebotenen bekam. Um diesem Zustande der Rechtsunsicherheit abzuhelfen, ist der Verkehr mit Speiseeis bereits in einzelnen Ländern des Deutschen Reichs durch Polizeiverordnungen geregelt worden. Dier hierin enthaltenen Vorschriften über die Anforderungen, die an die Zusammensetzung der verschiedenen Speiseeissorten zu stellen sind, weichen indessen zum Teil wesentlich voneinander ab. Es erscheint daher auch aus diesem Grunde erwünscht, baldigst eine für das ganze Deutsche Reich einheitliche Regelung des Verkehrs mit Speiseeis, soweit sie auf Grund der im § 5 des Lebensmittelgesetzes gegebenen Ermächtigung möglich ist, zu treffen.

Abs. 1. Unter den Allgemeinbegriff „Speiseeis“ fallen alle aus den hier genannten Stoffen durch Gefrieren hergestellten starren Zubereitungen, und zwar unabhängig davon, ob sie ausdrücklich als Eis bezeichnet werden, wie Kremeis, Fruchteis, Rahmeis, oder eine Bezeichnung besonderer Prägung haben wie der nach amerikanischem Vorbild hergestellte Eiskrem, der im übrigen durchaus den Charakter eines Speiseeises hat. Auch erscheint es nicht gerechtfertigt, diejenigen Erzeugnisse, die sich von Kremeis, Fruchteis und Rahmeis lediglich dadurch unterscheiden, daß sie teils einen geringeren Anteil an Ei, Frucht oder Sahne aufweisen, teils unter Verwendung von künstlichen Geschmack- und Geruchstoffen hergestellt oder künstlich gefärbt worden sind, wie die billigeren Sorten Milchspeiseeis, Einfacheiskrem, Kunstspeiseeis, als besondere — nicht unter den Begriff „Speiseeis“ schlechthin fallende — Gruppe aufzuführen. An Stelle des Wortes „Speiseeis“ wird in einzelnen Gegenden die Bezeichnung „Gefrorenes“ benutzt. Beide Worte sind inhaltlich und nach dem allgemeinen Sprachgebrauch als gleichbedeutend anzusehen. Sie können nicht zur Unterscheidung der einzelnen Speiseeissorten in bezug auf ihre Güte dienen, also nicht etwa dergestalt, daß die Bezeichnung „Speiseeis“ nur für die teuren und die Bezeichnung „Gefrorenes“ nur für die billigen Speiseeissorten gebraucht wird oder umgekehrt.

Von einer Festlegung des Begriffs „Halbgefrorenes“ ist abgesehen worden, da diese Bezeichnung sowohl für Rahmeis als auch für küchenmäßige Zubereitungen, die aus Speiseeis unter Zusatz von Schlagsahne hergestellt werden, Anwendung findet. Auch Konditorwaren, die aus Speiseeis unter Zusatz von Pumpernickel, Krokant und anderen Gebäcken hergestellt und unter Phantasienamen, wie „Götterspeise“ und dergleichen, in den Verkehr gebracht werden, sind küchenmäßige Zubereitungen. Ihre Herstellung soll durch die Begriffsbestimmung für Speiseeis nicht unterbunden werden. Zu berücksichtigen ist allerdings, daß zu ihrer Bereitung in der Regel hochwertige Speiseeissorten (Kremeis, Fruchteis, Rahmeis) verwendet werden und der Verbraucher dies auch voraussetzt. Es erscheint gleichwohl nicht erforderlich, für diese küchenmäßigen Zubereitungen besondere Begriffsbestimmungen aufzustellen; denn durch die Bestimmung im § 7 Nr. 4 ist ein Schutz vor Täuschung gewährleistet. Eisgetränke, wie Eiskaffee, Eisschokolade und dergleichen, sind keine starren Zubereitungen. Auf sie soll sich daher die Verordnung nicht beziehen.

Über die Art des Gefrierens sind keine Vorschriften getroffen. Es ist mithin gleichgültig, ob das Gefrieren durch eine äußerliche Kühlung mit einer Kältemischung aus Eis und Kochsalz oder mit fester Kohlensäure, dem sogenannten Trockeneis, erfolgt, oder ob hierzu die Speiseeis-

masse unmittelbar mit gepulverter fester Kohlensäure gemischt oder ob flüssige Kohlensäure aus einer Druckflasche unter plötzlicher Druckentspannung eingeleitet wird.

Die Aufzählung der zur Verwendung zugelassenen Obsterzeugnisse ist erschöpfend. Im allgemeinen werden frisches Obstfruchtfleisch oder Obstmark oder Obstsaft verwendet. Obsterzeugnisse, wie Obstkonfitüren, Marmeladen, Obstgelees und Obstsirupe, die ausnahmsweise an ihrer Stelle Verwendung finden, auszuschließen, erscheint jedoch nicht gerechtfertigt. Aus der erschöpfenden Aufzählung ergibt sich, daß andere Obsterzeugnisse als die aufgeführten, insbesondere Trockenobst, nicht zugelassen sein sollen. Süßmost ist als ein durch Pasteurisieren oder auf andere Weise haltbar gemachter unvergorener Obstsaft anzusehen. Dieses Obsterzeugnis ist daher, sofern es keinen Wasserzusatz erhalten hat, im Rahmen der vorliegenden Vordnung dem Obstsaft im Sinne der Verordnung über Obsterzeugnisse vom 15. 7. 1933 (Reichsgesetzbl. I S. 495) gleichzustellen. Obst ist, wiewohl es vielfach auch wegen seines Geschmacks und Geruchs verwendet wird, nicht unter den natürlichen Geschmack- und Geruchstoffen, sondern gesondert aufgeführt, da es auch, und zwar vor allem bei Fruchteis, als wertbestimmender Anteil in Erscheinung tritt.

Im allgemeinen kommen Hühnereier zur Verwendung, Enteneier dagegen nur gelegentlich. Eine solche gelegentliche Verwendung auszuschließen, besteht kein Bedürfnis[6]*. Durch den Eizusatz soll der Nähr- und Genußwert des Speiseeises erhöht werden. Dies läßt es erforderlich erscheinen, auch an die verwendeten Eier bestimmte Anforderungen zu stellen. Nur frische Eier zu verwenden, stößt indessen auf wirtschaftliche Schwierigkeiten. Gegen die Verarbeitung von Kühlhauseiern, Gefrierei und Trockenei bestehen keine Bedenken, hingegen ist dies der Fall bezüglich durch Kalk- oder Wasserglaslösung konservierter Eier, deren Zusatz daher ausgeschlossen wird. Die Zulassung von Eidotter allein in allen Fällen und von Eiklar allein in bestimmten Fällen ergibt sich aus der Erwägung, daß Eidotter der wertbestimmende Teil des Eies ist, der Zusatz von Eiklar aber in den Fällen, in denen ein Eizusatz überhaupt nicht vorgeschrieben ist, eine Verbesserung bedeutet.*

Die Aufzählung der natürlichen Geschmack- und Geruchstoffe ist nicht erschöpfend; es sind nur die wichtigsten aufgeführt, z. B. kommt auch Waldmeister in Betracht. Es ist oft technisch erforderlich, diese Stoffe auch in Form von Auszügen zu verarbeiten, so z. B. bei Kaffee oder bei Waldmeister. Als Auszüge gelten sowohl wässerige als auch alkoholische Auszüge. Als natürliche Fruchtessenzen sind alkoholische Auszüge und Destillate aus frischen oder abgepreßten Obstfrüchten anzusehen. Die Herstellung billiger Speiseeissorten bringt die Verwendung künstlicher Geschmack- und Geruchstoffe mit sich. Zu den künstlichen Geschmack- und Geruchstoffen sind vor allem die künstlichen Fruchtessenzen zu rechnen, ferner synthetisch oder auch auf andere Weise gewonnene Ersatzstoffe für natürliche Geschmack- und Geruchstoffe, wie z. B. Vanillin oder der ihm entsprechende Äthyläther (d. h. der Äthyläther des Protocatechualdehyds) an Stelle von Vanille, künstliches Bittermandelöl an Stelle von Mandeln, Cumarin an Stelle von Waldmeister.

Es ist häufig nicht möglich, ohne Verwendung von Bindemitteln eine allzu grobkristalline Beschaffenheit des Speiseeises zu verhindern und die gewünschte Konsistenz zu erzielen. Aus diesem Grunde sind Stärkemehl, Tragant, Obstpektin und Gelatine als Bindemittel, jedoch unter gewissen Einschränkungen, zugelassen (vgl. § 1 Abs. 2 Nr. 1 bis 7 und § 6 Nr. 8 bis 11). Über die Art des zu verwendenden Stärkemehls sind keine besonderen Angaben gemacht. Es ist daher freigestellt, Maisstärke, Weizenstärke oder auch eine andere Stärkeart zu verwenden.

Abs. 2. Die Aufzählung der Speiseeissorten ist erschöpfend. Vielfach werden verschiedene Speiseeissorten zusammen angerichtet, z. B. übereinandergeschichtet, und gelangen unter Phantasienamen, wie „Gemischte Eisbombe“ und dergleichen, in den Verkehr. Solche Speiseeiszusammenstellungen sind keine neuen Speiseeissorten, für die besondere Begriffsbestimmungen erforderlich wären. Es bedarf aber keiner weiteren Begründung, daß die zur Zusammenstellung verwendeten Speiseeissorten den Bestimmungen dieser Verordnung unterworden sind.

Nr. 1. Die Aufzählung der Speiseeissorten beginnt mit dem Kremeis (Eierkremeis), als dessen Hauptvertreter Vanilleeis[7] *und Schokoladeneis anzusehen sind. Es ist verkehrsüblich und wird auch vom Verbraucher vorausgesetzt, daß auf 1 l Milch mindestens 6 Eier oder 6 Eidotter zur Verwendung gelangen; mit Rücksicht auf die verschiedene Größe der Eier ist der Mindesteigehalt jedoch nicht nach der Stückzahl, sondern unter Berücksichtigung des durchschnittlichen Gewichts von Ei und Eidotter nach dem Gewicht festgesetzt worden. Die Mengenangaben von 270 g Vollei und 100 g Eidotter entsprechen etwa 6 Eiern oder 6 Eidottern mittleren Gewichts.*

Nr. 2. Bei Fruchteis ist das in diesem enthaltene Obst als bestimmend für den Geschmack und den Wert anzusehen; es ist daher ein Mindestgehalt von 20 Hundertteilen Obstfruchtfleisch oder Obstmark oder Obstsaft vorgeschrieben. Lediglich bei Zitroneneis beträgt der Mindestgehalt mit Rücksicht auf den großen Säuregehalt der Zitronen nur 10 Hundertteile. Hieraus ergibt sich, daß bei einem Fruchteis aus anderen Zitrusfrüchten, also z. B. Apfelsineneis, der normale Mindestobstgehalt von 20 Hundertteilen gefordert wird. Zur Verwendung kommt meist fein vermahlenes — sogenanntes passiertes — Obstmark, häufig auch frisches Obstfruchtfleisch oder Obstsaft. Im Falle der Verwendung von Obstkonfitüren, Marmeladen, Obstgelees und Obstsirupen ist zu fordern, daß der vorgeschriebene Mindestgehalt an Obst innegehalten wird. So wird man z. B. von einem Obstsirup mit etwa 65 Hundertteilen Zucker etwa die dreifache Menge nehmen müssen wie von dem entsprechenden Obstsaft, also 60 Hundertteile Obstsirup. Wiewohl Obst und seine Erzeugnisse geschmackgebend für das Fruchteis sind, werden dennoch vielfach Auszüge aus den Obstschalen mitverwendet, um den Geschmack abzurunden, insbesondere bei Ananaseis. Im Hinblick auf den vorgeschriebenen Mindestobstgehalt ist dies unbedenklich. Zur Erhöhung des Nährwertes und zur Verbesserung des Geschmacks werden an Stelle von Wasser auch Milch oder Magermilch zugesetzt. In diesem Falle neben Milch auch Magermilch zuzulassen, ist unbedenklich, da Fruchteis an und für sich ohne Milch hergestellt werden kann und mit dem Zusatz von Magermilch eine Nährwerterhöhung verbunden ist. Durch einen Zusatz von Eiklar soll eine größere Geschmeidigkeit erzielt werden.

Nr. 3. Neben dem Mindestgehalt an Schlagsahne noch eine Mindestfettgrenze festzusetzen, ist entbehrlich, da Schlagsahne nach § 2 Nr. 10 der Ersten Verordnung zur Ausführung des Milchgesetzes vom 15. Mai 1931 (Reichsgesetzbl. I S. 150) mindestens 28 Hundertteile Milchfett enthalten muß. Es wird daher bei der Verarbeitung von 60 Hundertteilen Schlagsahne im fertigen Rahmeis mit einem Milchfettgehalt von mindestens 17 Hundertteilen zu rechnen sein. Unter „Schlagsahne" ist nicht eingedickte Sahne zu verstehen.

Die Bezeichnung „Fürst Pückler-Eis" ist zwar eine Phantasiebezeichnung. Da sie jedoch bisher nur für Rahmeis, und zwar für eine Zusammenstellung mehrerer Schichten Rahmeis, die durch geeignete Zusätze, wie Obstmark, Eidotter oder Schokolade, verschieden gefärbt worden sind, gebräuchlich gewesen ist und der Verbraucher daher unter der genannten Bezeichnung nur ein Rahmeis erwartet, so ist die Bezeichnung „Fürst Pückler-Eis" ausdrücklich hierauf beschränkt worden. Damit soll jedoch nicht ausgeschlossen sein, etwa einen in entsprechender Weise zusammengestellten Eiskrem als „Eiskrem nach Fürst Pückler-Art" zu bezeichnen.

Nr. 4. Milchspeiseeis enthält als Hauptbestandteil Milch. Als Milch schlechthin darf auf Grund der Ersten Verordnung zur Ausführung des Milchgesetzes vom 15. Mai 1931 (Reichsgesetzbl. I S. 150) nur Kuhmilch bezeichnet werden, der nichts hinzugefügt und nichts entzogen ist. Die Bezeichnung „Milchspeiseeis" schließt daher die Verwendung von Magermilch oder kondensierter Magermilch aus, selbst bei Innehaltung des vorgeschriebenen Mindestgehalts von 70 Hundertteilen Milch. Ein Zusatz von Wasser ist nur insoweit zulässig, als er dazu dient, bei der Verarbeitung von kondensierter Milch oder von Milchpulver diese auf das ursprüngliche Volumen aufzufüllen.

Nr. 5. Da Eiskrem, der in den letzten Jahren mehr und mehr in den Verkehr gelangt ist, nach einem besondere Verfahren hergestellt wird und sich auch in seiner Beschaffenheit von dem durch gewöhnliches Gefrieren hergestellten Speiseeis unterscheidet, so war seine Aufnahme als besondere Speiseeissorte notwendig. Als Eiskrem wird daher nur ein Speiseeis zu bezeichnen sein, das genau auf die angegebene Art hergestellt ist, also vor dem Gefrieren sowohl pasteurisiert als auch homogenisiert und auch bei niedriger Temperatur stehengelassen ist. Durch diese letztgenannte Maßnahme, das sogenannte „Reifen", wird eine beträchtliche Volumenzunahme erreicht, die dazu dienen soll, dem darauf durch Gefrieren hergestellten Eiskrem die gewünschte Konsistenz zu geben. Da diese Herstellungsweise, die in Deutschland erst in den letzten Jahren Eingang gefunden hat, in Amerika bereits seit längerer Zeit üblich ist, so wird das so zubereitete Speiseeis vielfach als „Eiskrem nach amerikanischer Art" bezeichnet. Für Eiskrem ist ein Mindestgehalt an Milchfett vorgeschrieben, der bei Fruchteiskrem 8 Hundertteile, bei allem übrigen Eiskrem 10 Hundertteile beträgt. Es ist daher unbedenklich, auch die Verwendung von Magermilch zuzulassen; in diesem Falle muß durch eine entsprechend größere Menge Rahm oder Butter ein Ausgleich geschaffen werden.

Nr. 6. Auch Einfacheiskrem muß nach den für Eiskrem angegebenen Herstellungsverfahren zubereitet werden, jedoch ist für Einfacheiskrem, da er eine billigere Speiseeissorte darstellt als Eiskrem, ein geringerer Mindestgehalt an Milchfett vorgeschrieben als bei diesem. Sonst sind die gleichen Ausgangsstoffe zu verwenden, abgesehen von dem hier zugelassenen Zusatz von Vanillin und dem ihm entsprechenden Äthyläther.

Nr. 7. Diese Sorte soll die Möglichkeit geben, ein billiges Konsumeis herzustellen. Die Bezeichnung Kunstspeiseeis ist im Einvernehmen mit der Industrie getroffen worden, da für diese Sorte künstliche Geschmack- und Geruchstoffe und künstliche Farbstoffe zugelassen sind und ein Mindestgehalt für die wertbestimmenden und geschmackgebenden Stoffe nicht vorgeschrieben ist. Um eine allzu große Zahl von Speiseeissorten, die nur eine Verwirrung der Verbraucher und eine Erschwerung der Kontrolle zur Folge haben würde, zu vermeiden, sind dem Begriff Kunstspeiseeis auch die Erzeugnisse unterstellt, die ohne künstliche Zusätze hergestellt sind, aber den für die in Nr. 1 bis 6 genannten Speiseeissorten festgelegten Mindestanforderungen nicht genügen. Damit ist natürlich gefordert, daß ein Kremeis, das nur einen zu geringen Eigehalt hat, als Kunstspeiseeis zu bezeichnen ist, sofern es den an Milchspeiseeis gestellten Anforderungen genügt.

Anmerkungen zu § 1.

[1] Obwohl weder in der VO. selbst noch in der Begr. etwas über die Verwendung von Süßstoff für Diabetikereis gesagt ist, wird man das mit MERRES (S. 31) trotz des § 6 Nr. 3 zulassen müssen aus den in der Vorbemerkung zur Süßstoff-VO. (S. 919) erörterten Gründen. Soweit Milchzucker aus der Verwendung von Speiseeispulver im Rahmen des § 2 Abs. 2 Nr. 2 herrührt, muß er folgerichtig auch im Fertigerzeugnis geduldet werden.

[2] „Trinkwasser" — vgl. auch § 4 Nr. 2 der VO. — ist kein gesetzlich fest umschriebener Begriff. Gemeint ist Wasser, das weder durch seine stofflichen Bestandteile noch durch Geruch, Aussehen oder Geschmack oder durch die Widerwillen oder gar Ekel erregende Vorstellung von dem Ort oder der Art seiner Gewinnung (s. RG. 20. September 1933 in JW. 1933 S. 2594) als verdorben oder gar gesundheitsgefährlich nach § 4 Nr. 2, § 3 LMG. anzusehen ist.

[3] Die Verwendung künstlicher Farbstoffe ist hiernach zwar nicht grundsätzlich verboten, aber durch die Vorschrift des § 6 Nr. 7 praktisch stark eingeschränkt. Die in § 6 Nr. 7 zugelassenen Ausnahmen werden in der amtl. Begr. zu dieser Bestimmung ausführlich gerechtfertigt. Auch auf § 7 Nr. 8 der vorliegenden VO. und § 7 Nr. 4 sowie § 21 Nr. 7 der VO. über Obsterzeugnisse (S. 926) sei in diesem Zusammenhang verwiesen. Daß die Färbemittel gesundheitlich einwandfrei sein müssen und keinesfalls gegen das Farbengesetz vom 5. Juli 1887 (RGBl. S. 277) verstoßen dürfen, versteht sich von selbst. Im übrigen muß die an sich zulässige Färbung die bei HOLTHÖFER-JUCKENACK § 4 Anm. 7 II (S. 94) aufgezeigten Grenzen einhalten, darf also weder einen wirklich nicht vorhandenen Gehalt an wertvollen Bestandteilen vortäuschen noch eine Verdorbenheit oder sonstige Minderwertigkeit verdecken; wohl aber darf sie Schönheitsfehler ausgleichen.

[4] In der Reichsratsvorlage fehlten die Worte „oder auch einer anderen Glasur". Die Begr. spricht sich über die Glasuren nicht aus. Zu beachten sind dabei, weil Eiscreme als Konditoreierzeugnis zu gelten hat, § 3 Nr. 11 und 12 sowie § 8 (Fettglasuren) der gleichzeitig mit der Eis-VO. erlassenen VO. über Kakao und Kakaoerzeugnisse (RGBl. 1933, I S. 504). Über Inhalt und Tragweite des § 8 Kakao-VO. siehe oben unter II C 5 (Fettglasuren).

[5] Kunstspeiseeis, Milchspeiseeis und Einfacheiscreme dürfen nach § 6 Nr. 23 nicht schlechtweg als „Speiseeis" vertrieben werden. Diese Bezeichnung ohne Zusatz ist den Speiseeissorten vorbehalten, welche den Begriffsbestimmungen für Cremeeis, Fruchteis, Rahmeis oder Eiscreme in § 1 Abs. 2 Nr. 1, 2, 3 und 5 voll entsprechen. Vgl. hierzu auch die Vorschrift in § 7 Nr. 3 und 4 betr. Phantasienamen für Speiseeis. Ein Cremeeis, das nur einen zu geringen Eigehalt hat, darf sich z. B. wenn es den Begriffsbestimmungen für Milchspeiseeis genügt, „Milchspeiseeis" nennen; bleibt es auch hinter den Anforderungen des § 1 Abs. 2 Nr. 4 Eis-VO. zurück (etwa infolge künstlicher Färbung — s. die vorstehende Anm. 3), so bleibt ihm nur die Bezeichnung „Kunstspeiseeis" übrig (s. Begr. zu § 1 Nr. 7).

[6] Schon im RGesundh.Bl. 1934, Nr. 28, S. 601 findet sich eine Warnung vor der Verwendung von Enteneiern bei der Herstellung oder Zubereitung von Speiseeis unter Hinweis auf die dadurch möglichen Schädigungen der menschlichen Gesundheit (§ 3 Nr. 1a LMG.). Unter dem 24. Juli 1936 (RGBl. I S. 630) ist eine Reichsverordnung auf Grund des § 5 Nrn. 4, 6 LMG. ergangen. Diese VO. schreibt vor, daß Enteneier nur mit einer im Wortlaut festgelegten Kennzeichnung und einer gleichfalls im Wortlaut vorgeschriebenen Warnung vor ihrer Verwendung in rohem oder nur weichgekochtem Zustand vertrieben werden dürfen.

Ein RdErl. des RMdI. vom 3. Oktober 1938 (MiBl.iV. S. 1684 b) fordert unter Hinweis auf in letzter Zeit gehäufte Fälle von Erkrankungen durch Genuß unzureichend gekochter Enteneier die genaue Befolgung der vorerwähnten Vorschriften. Nicht ausdrücklich ist in diesen Vorschriften erwähnt aus Enteneiern gewonnenes „Enteneigelb", das als solches auf den Markt kommt. Es liegt aber nahe, aus dem Sinn und Zweck dieser Vorschriften ihresinngemäße Anwendbarkeit auch auf Enteneigelb zu folgern. Sollte Enteneigelb, das unter Nichtbeachtung der in Rede stehenden Vorsichtsmaßnahmen vertrieben worden ist, im Einzelfall Gesundheitsgefährdungen nach sich ziehen, so wird jedenfalls bei der Anwendung des § 3 LMG. das Unterlassen von Vorsichtsmaßnahmen zur Begründung eines strafrechtlichen Verschuldens (Fahrlässigkeit oder bedingter Vorsatz!) herangezogen werden können.

[7] Siehe § 6 Anm. 3 über die Zulässigkeit von Vanillin und Äthylvanillin statt Vanille unter bestimmten Bedingungen für die Zeit wirtschaftlicher Schwierigkeiten.

[8] Siehe hierzu MERRES in den oben S. 904 erwähnten „Bemerkungen".

[9] Über den Begriff „natürliche Fruchtessenzen" vgl. jetzt auch — neben MERRES (in den unter Anm. 8 erwähnten „Bemerkungen") — die Normativbestimmungen für Essenzlimonaden unten S. 952).

[10] Über die Berechnung der 20% siehe MERRES in den vorstehend in Anm. 8 erwähnten Bemerkungen.

§ 2. (1) Speiseeis wird auch unter Verwendung von Halberzeugnissen[1] *hergestellt.*

(2) Halberzeugnisse für Speiseeis sind Zubereitungen, die nicht zum unmittelbaren Genuß bestimmt und geeignet, sondern zur Weiterverarbeitung auf Speiseeis bestimmt sind. Es werden unterschieden:

1. Speiseeiskonserven: durch Erhitzen in luftdicht verschlossenen Behältnissen[2] *haltbar gemachte zähflüssige Zubereitungen aus technisch reinem weißem Verbrauchszucker (Saccharose) und frischem Obstfruchtfleisch oder Obsterzeugnissen (§ 1 Abs. 1) oder natürlichen Geschmack- und Geruchstoffen (§ 1 Abs. 1), zuweilen auch unter Verwendung von Vanillin oder dem ihm entsprechenden Äthyläther, mit oder ohne Verwendung von Ei (§ 1 Abs. 1), einer geringen Menge Stärkemehl, Tragant oder Obstpektin, Weinsäure oder Zitronensäure;*

2. Speiseeispulver[3]*: Mischungen aus technisch reinem weißem Verbrauchszucker (Saccharose) und Stärkemehl, Tragant, Obstpektin oder Gelatine, mit oder ohne Verwendung von natürlichen oder künstlichen Geschmack- oder Geruchstoffen, Weinsäure, Zitronensäure und Farbstoffen. Zuweilen wird an Stelle von Verbrauchszucker auch Milchzucker oder Magermilchpulver verwendet, auch wird zuweilen dem Speiseeispulver Ei (§ 1 Abs. 1) zugesetzt.*

Amtl. Begründung zu § 2.

Abs. 1. Zur Vereinfachung der Speiseeisbereitung finden neuerdings vielfach in Sonderbetrieben hergestellte Erzeugnisse Verwendung, in denen die zur Speiseeisbereitung erforderlichen Grund- und Zusatzstoffe bereits mehr oder minder im richtigen Mischungsverhältnis enthalten sind. Diese Halberzeugnisse brauchen nur noch mit Wasser oder mit Milch verdünnt sowie gegebenenfalls mit den noch fehlenden Stoffen gemischt zu werden und können sodann gefroren werden.

Abs. 2. Es gibt zwei Arten von Halberzeugnissen, nämlich einerseits durch Erhitzen in luftdicht verschlossenen Behältnissen haltbar gemachte Halberzeugnisse, die daher als Speiseeiskonserven bezeichnet werden, andererseits pulverförmige Mischungen, die als Speiseeispulver bezeichnet werden. Da der ursprüngliche Geschmackscharakter der verwendeten Rohstoffe bei der Herstellung der Speiseeiskonserven im wesentlichen erhalten bleibt, ist es unbedenklich, Speiseeiskonserven für die Herstellung aller Speiseeissorten zu verwenden. Speiseeispulver wird mit Rücksicht darauf, daß es die wesentlichen Bestandteile, die zur Herstellung eines hochwertigen Speiseeises erforderlich sind, nicht enthält, im allgemeinen nur zur Herstellung von Milchspeiseeis und Kunstspeiseeis verwendet. Es bedarf keiner besonderen Vorschrift, daß bei der Weiterverarbeitung der Halberzeugnisse zu Speiseeis die an die verschiedenen Speiseeissorten gestellten Anforderungen zu beachten sind. Es wird daher z. B. eine vanillinhaltige Speiseeiskonserve nur zur Herstellung von Milchspeiseeis oder Kunstspeiseeis, ein künstliche Farbstoffe enthaltendes Speiseeispulver nur zur Herstellung von Kunstspeiseeis benutzt werden dürfen.

Nr. 1. Speiseeiskonserven werden im allgemeinen nur durch Erhitzen in luftdicht verschlossenen Behältnissen haltbar gemacht. Da jedoch in vielen Fällen eine Temperatur von 65 Grad mit Rücksicht auf die sonst zu befürchtende Geschmacksbeeinträchtigung oder den Gehalt an Ei nicht überschritten werden darf, kann auf die gleichzeitige Verwendung von Konservierungsmitteln nicht immer verzichtet werden. Inwieweit Konservierungsmittel zugelassen werden sollen, wird in der Verordnung über Konservierungsmittel geregelt. Die Verwendung von Gelatine ist für Speiseeiskonserven nicht zugelassen, da sie für ihre Herstellung ungeeignet ist. Als luftdicht verschlossene Behältnisse dienen, wie schon der Name Speiseeiskonserven sagt, die im allgemeinen aus verzinntem Eisenblech hergestellten sogenannten Konservendosen. Blechdosen mit Falzdeckel, die sogenannten Patenteindruckdeckeldosen, bei denen der Deckel ohne Beschädigung von Dose oder Deckel abgenommen werden kann, sind nicht als luftdicht verschlossene Behälter anzusehen.

Nr. 2. Neben Speiseeispulver, das den gesamten zur Süßung des Speiseeises erforderlichen Verbrauchszucker enthält, wird auch sogenanntes konzentriertes Speiseeispulver hergestellt, das zur Ersparnis an Frachtkosten nur geringe Mengen Zucker enthält, so daß die Hauptmenge des Zuckers erst bei der Weiterverarbeitung zugesetzt werden muß. Da ein Gehalt an Verbrauchszucker bei einem konzentrierten Speiseeispulver, das zur Ausfuhr bestimmt ist, vielfach aus steuerlichen Gründen unerwünscht ist, wird zuweilen auch Milchzucker oder Magermilchpulver an Stelle von Verbrauchszucker verwendet. Ein Ersatz des Zuckers hinsichtlich seiner Süßkraft wird hierdurch nicht erreicht und ist auch nicht beabsichtigt. Auf die Verwendung von

Verbrauchszucker oder Milchzucker oder Magermilchpulver bei konzentriertem Speiseeispulver völlig zu verzichten, wird weder erforderlich noch zweckmäßig sein, da sonst ein zu schnelles Entweichen der Aromastoffe zu befürchten ist und das Speiseeispulver auch dem Weiterverarbeiter in bequem wägbarer Menge geboten werden muß, um zu vermeiden, daß bei ungenauem Abwiegen des Speiseeispulvers das Speiseeis eine unzulässige Zusammensetzung, wie etwa einen zu hohen Gehalt an Bindemitteln, aufweist. Abgesehen von dem hiernach erlaubten Magermilchpulver ist eine Verwendung von Milchpulver nicht zugelassen, da dieser Zusatz ein schnelles Verderben des Speiseeispulvers zur Folge haben kann.

Anmerkungen zu § 2.

[1] Auch Halberzeugnisse sind Lebensmittel i. S. des § 1 LMG. und den allgemeinen Vorschriften des LMG. und der dieses ergänzenden Gesetze (z. B. das Farbengesetzes vom 5. Juli 1887) und des Blei-Zinkgesetzes (vom 25. Juni 1887) hinsichtlich der verwendeten Aufbewahrungsgefäße und Packmaterialien unterworfen. Ausdrückliche Sondervorschriften enthält § 4 der vorliegenden VO. Über „Halberzeugnisse für sämtliche Speiseeissorten“ vgl. Merres, „Bemerkungen“ (vgl. oben S. 904).

[2] Sie dürfen nach § 3 Abs. 1 nur in luftdicht verschlossenen Behältnissen zur Abgabe an den Verbraucher in den Verkehr gebracht werden (s. Begr. zu § 3).

[3] Über den Begriff des Wortpaares „Behältnisse oder Packungen“ s. § 3 Anm. 3.

§ 3. Bestimmungen über Packung der Halberzeugnisse[1]. *(1) Zur Abgabe an den Verbraucher[2] dürfen Speiseeiskonserven nur in luftdicht verschlossenen Behältnissen, Speiseeispulver nur in Behältnissen oder Packungen[3] in den Verkehr gebracht[4] werden.*

(2) Auf den Packungen oder Behältnissen müssen in deutscher Sprache und an einer in die Augen fallenden Stelle in deutlich sichtbarer, leicht lesbarer Schrift angegeben sein:

1. der Name oder die Firma und der Ort der gewerblichen Hauptniederlassung dessen, der die Halberzeugnisse hergestellt hat;

2. der Inhalt nach seiner Art als Speiseeiskonserve oder Speiseeispulver und nach deutschem Gewicht;

3. die Speiseeissorte, zu deren Herstellung das betreffende Halberzeugnis bestimmt ist;

4. die zur Erzielung der angegebenen Speiseeissorte erforderlichen Zutaten nach deutschem Maß oder Gewicht.

Amtl. Begründung zu § 3.

Die Vorschriften über die Packung und Kenntlichmachung entsprechen den Wünschen des Gewerbes und liegen auch im Interesse der Verbraucher. Diese Vorschriften geben eine erhöhte Gewähr für die einwandfreie Beschaffenheit der Waren und erleichtern zugleich die Bereitung von Speiseeis von vorschriftsmäßiger Zusammensetzung. Als Verbraucher gelten außer denjenigen, die Speiseeis oder Halberzeugnisse zum persönlichen Genuß oder zur Verwendung im eigenen Haushalt beziehen, auch Gastwirte, Schankwirte, Konditoren und andere Gewerbetreibende, soweit sie diese Lebensmittel zur Verwendung innerhalb ihrer Betriebsstätte beziehen. Das Entsprechende gilt für Krankenhäuser, Heilanstalten, Erziehungsanstalten, Wohlfahrtsanstalten und ähnliche Einrichtungen. Die Verwendung von luftdichten Behältnissen für Speiseeiskonserven ergibt sich zwangsläufig aus der Begriffsbestimmung im § 2 Abs. 2 Nr. 1. Speiseeiskonserven sind zwar zur Herstellung sämtlicher Speiseeissorten zugelassen, jedoch wird eine unter Zusatz von Vanillin oder dem ihm entsprechenden Äthyläther hergestellte Speiseeiskonserve nur zur Herstellung von Milchspeiseis, Einfacheiskrem und Kunstspeiseeis Verwendung finden dürfen. Ebenso darf ein unter Zusatz von künstlichen Farbstoffen oder künstlichen Geschmack- und Geruchstoffen (außer Vanillin oder dem ihm entsprechenden Äthyläther) hergestelltes Speiseeispulver nur zur Herstellung von Kunstspeiseeis dienen. Daraus ergibt sich die Notwendigkeit der Vorschrift im Abs. 2 Nr. 3. Die Bestimmung, die zur Erzielung des gewünschten Speiseeises erforderlichen Zutaten nach deutschem Maß oder Gewicht anzugeben, ist zwingend; jedoch soll nicht ausgeschlossen sein, daneben noch weitere Angaben zu machen, z. B. darüber, in welchem Verhältnis diese Zutaten zu dem Rauminhalt der Konservendose stehen und dergleichen.

Anmerkungen zu § 3.

[1] Siehe Anm. 2 zu den Einleitungsworten der VO. wegen der Strafbestimmungen.

[2] Der in der Begr. zu § 3 näher umschriebene Begriff des Verbrauchers entspricht dem Verbraucherbegriff, wie er nach der Begr. zum Entw. einer Änderung der VO. über die äußere Kennzeichnung von Lebensmitteln (Deutsche Nahrungsmittelrundschau vom 6. Juni 1932, S. 81f.) in der neueren Lebensmittelgesetzgebung mehr und mehr herrschend geworden ist. § 2 des Milchgesetzes enthält diese Begriffsabgrenzung des Verbrauchers sogar im Gesetzestext.

[3] Nach der Begr. zu dem in der vorigen Anm. erwähnten VO.-Entw. soll das Wortpaar „Packungen und Behältnisse" nichts anderes besagen als der alte Begriff „Originalpackungen" — im Gegensatz zu Umhüllungen (Papierbeuteln, Tüten), die im Kleinhandel beim Auswiegen auf Vorrat oder zum Transport von Lasten vom Verbraucher Verwendung zu finden pflegen.

[4] Über „in Verkehr bringen" siehe Holthöfer-Juckenack § 3 Anm. 9.

§ 4. Verbote zum Schutze der Gesundheit. *(1) Es ist insbesondere verboten[1]:*

1. die in §§ 1, 2 genannten Erzeugnisse so herzustellen, daß sie Arsen, Blei oder Zink oder mehr als technisch nicht vermeidbare Mengen Antimon, Kadmium oder Kupfer enthalten;

2. zur Herstellung der in §§ 1, 2 genannten Erzeugnisse anderes Wasser als Trinkwasser[2] zu verwenden;

3. zur Herstellung der in §§ 1, 2 genannten Erzeugnisse Milch, Sahne oder Magermilch, die nicht pasteurisiert, sterilisiert oder abgekocht ist, zu verwenden;

4. Speiseeis so herzustellen, daß das zum Gefrieren der Speiseeismasse benutzte Eis mit dieser in unmittelbare Berührung kommt;

5. zur Herstellung von Speiseeis flüssige oder feste Kohlensäure, die nicht frei von gesundheitsschädlichen Stoffen ist, zu verwenden;

6. Speiseeis durch Vermischen von Speiseeismasse mit Kohlensäure so herzustellen, daß in dem fertigen Speiseeis noch unvergaste Kohlensäure enthalten ist.

(2) Es ist verboten, derartig hergestellte Erzeugnisse anzubieten, zum Verkaufe vorrätig zu halten, feilzuhalten, zu verkaufen oder sonst in den Verkehr zu bringen[3].

Amtl. Begründung zu § 4.

Die Verbote des § 4 dienen dem Schutze der Gesundheit. Damit ist indessen nicht gesagt, daß Erzeugnisse, deren Beschaffenheit diesen Vorschriften zuwiderläuft, unter allen Umständen gesundheitsschädlich sind. Andererseits ist die Aufzählung nicht erschöpfend, es sind nur die wichtigsten Fälle aufgeführt. Ergänzend gelten stets die Bestimmungen im § 3 Nr. 1a, b des Lebensmittelgesetzes.

Abs. 1 Nr. 1. Arsen- und bleihaltige Mittel werden zur Schädlingsbekämpfung in Obstgärten verwendet. Es besteht daher die Möglichkeit, daß die Früchte so behandelter Obstbäume geringe Mengen Arsen oder Blei enthalten, die mit diesen in das Speiseeis, namentlich das Fruchtspeiseeis, gelangen können. Diese Metalle dürfen unter keinen Umständen in den Erzeugnissen vorhanden sein. Weiter soll durch das Verbot die Verwendung von verzinkten Kesseln zur Speiseeisbereitung ausgeschlossen werden, da in diesem Falle nicht unerhebliche Mengen Zink gelöst werden können, insbesondere bei der Herstellung von Fruchteis. Da aber Zink in geringen Mengen in fast allen gebräuchlichen Lebensmitteln pflanzlichen und tierischen Ursprungs vorkommt, so ist mit der Möglichkeit zu rechnen, daß Spuren Zink aus den verwendeten Rohstoffen in das Speiseeis gelangen. Auch Antimon soll in Speiseeis und seinen Halberzeugnissen nicht enthalten sein. Indessen lassen sich Spuren von Antimon, die bei der Verwendung von emaillierten Gefäßen aus der Emaille in die Erzeugnisse gelangen, nicht immer vermeiden. Kadmium findet vielfach bei der Verzinnung von Metallgefäßen als Zwischenschicht Verwendung und kann durch Säuren in mehr oder minder erheblicher Menge in Lösung gebracht werden. Geringe Mengen Kupfer können in den zur Verarbeitung gelangenden Obsterzeugnissen, die häufig in kupfernen Kesseln eingekocht sind, enthalten sein und mit diesen in das Speiseeis gelangen.

Nr. 2 bis 4. Durch diese Bestimmungen soll der Möglichkeit einer Übertragung von Krankheiten durch Speiseeis vorgebeugt werden. Besondere Bedenken bestehen gegen den Gebrauch von roher Milch oder von Wasser, das nicht den Anforderungen entspricht, die an Trinkwasser gestellt werden müssen; es darf also nur Wasser verwendet werden, das entweder den öffentlichen Trinkwasserversorgungsanlagen (städtischen Wasserwerken usw.) oder solchen Brunnen entstammt, die unzweifelhaft als geeignet zur Trinkwasserentnahme gelten. Ebenso ist vorgeschrieben, daß die verwendete Milch erhitzt werden muß, damit etwa in dieser enthaltene pathogene Keime abgetötet werden. Das zur äußeren Kühlung benutzte Eis ist vielfach Natureis, das im Winter durch Abeisen von Flüssen oder Seen gewonnen wird; es darf daher nicht in die Speiseeismasse hineingelangen.

Nr. 5, 6. Die Verwendung der festen und flüssigen Kohlensäure (vgl. die Begründung zu § 1 Abs. 1) macht besondere Sicherheitsvorschriften notwendig.

Anmerkungen zu § 4.

[1] Strafbestimmungen siehe unter Anm. 1 zu den Eingangsworten der vorliegenden VO.

[2] Über Trinkwasser siehe Anm. 2 zu § 1 der VO.

[3] Über die Begriffe „anbieten", zum „Verkauf vorrätig halten", „feilhalten", „verkaufen", „in den Verkehr bringen" siehe HOLTHÖFER-JUCKENACK § 3 Anm. 9 und 10, S. 70—76.

§ 5. Grundsätze für die Beurteilung. *Als verdorben[1] sind insbesondere[2] anzusehen und auch bei Kenntlichmachung vom Verkehr ausgeschlossen:*

1. Speiseeis und Halberzeugnisse, die verunreinigt sind oder fremdartig oder ekelerregend riechen oder schmecken;

2. Speiseeis und Halberzeugnisse, zu deren Herstellung verdorbene Rohstoffe oder Zusatzstoffe verwendet worden sind;

3. Speiseeis, zu dessen Herstellung Speiseeis verwendet worden ist, das infolge unsachgemäßer Aufbewahrung geschmolzen ist;

4. Speiseeiskonserven, die sich in bombierten oder undichten Behältnissen befinden.

Gemeinsame amtl. Begründung zu §§ 5 bis 7.

Auch die Grundsätze für die Beurteilung bieten keine erschöpfende Aufzählung, sondern nur Beispiele. Soweit für einzelne Lebensmittel, die bei der Herstellung von Speiseeis und seinen Halberzeugnissen Verwendung finden, wie z. B. Milch, Schlagsahne, Kakao, Schokolade-Überzugsmasse, Obstsaft, Obstmark usw., besondere Bestimmungen durch Sondergesetze oder durch Verordnungen auf Grund des Lebensmittelgesetzes getroffen sind oder noch getroffen werden, sind diese zur Beurteilung mit heranzuziehen. Es müssen also z. B. Milch der Begriffsbestimmung in § 1, Schlagsahne derjenigen in § 2 Nr. 10 der Ersten Verordnung zur Ausführung des Milchgesetzes vom 15. Mai 1931 (Reichsgesetzbl. I S. 150) entsprechen. Die Verwendung von Konservierungsmitteln wird durch die Verordnung über Konservierungsmittel für Lebensmittel geregelt.

Amtl. Begründung zu § 5.

Nr. 3. Aufgetautes Speiseeis unterliegt leicht einer bakteriellen Zersetzung. Die Wiederverwendung von geschmolzenem Speiseeis muß daher im allgemeinen verboten werden. Es soll jedoch zulässig sein, ein Speiseeis, das am Herstellungstage nicht verbraucht und in einem geeigneten Kühlgefäß aufbewahrt worden ist, wiederzuverwenden, wobei ein vorübergehendes Auftauen des Speiseeises vielfach nicht zu umgehen ist, da anderenfalls beim Nachfrieren die Bildung von Klumpen und größeren Eiskristallen nicht verhindert werden kann. Diese Ausnahme soll aber nicht für ein Speiseeis gelten, das infolge unsachgemäßer Aufbewahrung geschmolzen ist.

Anmerkungen zu § 5.

[1] Verdorben i. S. des § 4 Nr. 2 LMG. (s. Anm. 3 zu den Einleitungsworten) ist ein Lebensmittel dann, wenn es schon bei der Entstehung oder Herstellung oder späterhin durch natürliche oder willkürliche Einflüsse nachteilige Veränderungen erleidet, die seine Brauchbarkeit als Lebensmittel wesentlich beeinträchtigen oder ausschließen (ERG. **49**, 351). Reichhaltige Kasuistik bei HOLTHÖFER-JUCKENACK § 4 Anm. 8 (S. 96f.).

[2] § 5 der VO. enthält nur die wichtigsten im Verkehr auftretenden Fälle verdorbenen Speiseeises.

Siehe im übrigen oben I A 3b auf S. 858.

§ 6. *Als nachgemacht[1] oder verfälscht[1] sind insbesondere[2] anzusehen und, außer im Falle der Nr. 23, auch bei Kenntlichmachung vom Verkehr ausgeschlossen:*

1. Speiseeis und Halberzeugnisse, zu deren Herstellung nicht der Milch entstammende Fette verwendet worden sind, unbeschadet des in den verwendeten natürlichen Geschmack- und Geruchstoffen (§ 1 Abs. 1) enthaltenen Fettes;

2. Speiseeis und Halberzeugnisse, zu deren Herstellung Stärkesirup verwendet worden ist;

3. Speiseeis und Halberzeugnisse, zu deren Herstellung andere Zuckerarten als technisch reiner weißer Verbrauchszucker (Saccharose) verwendet worden sind, unbeschadet der Verwendung von Milchzucker bei der Herstellung von Speiseeispulver;

4. Speiseeis und Halberzeugnisse, zu deren Herstellung Ei in anderer Form verwendet worden ist, als im § 1 Abs. 1 angegeben ist;

5. Kremeis, Fruchteis, Rahmeis und Eiskrem sowie Halberzeugnisse hierfür, zu deren Herstellung künstliche Geschmack- und Geruchstoffe verwendet worden sind[3]*;*

6. Milchspeiseeis und Einfacheiskrem sowie Halberzeugnisse hierfür, zu deren Herstellung künstliche Geschmack- und Geruchstoffe verwendet worden sind, unbeschadet der Verwendung von Vanillin oder dem ihm entsprechenden Äthyläther[3] *bei Berücksichtigung der Bestimmung im § 7 Nr. 5;*

7. Speiseeis und Halberzeugnisse, die, unbeschadet einer Auffärbung des verwendeten Obstmarks und der verwendeten Pistazien oder der Verwendung von Karamel als Geschmackstoff, künstlich gefärbt sind, ausgenommen Kunstspeiseeis nnd Speiseeispulver für Kunstspeiseeis;

8. Kremeis, Fruchteis und Rahmeis, zu deren Herstellung Gelatine verwendet worden ist[5]*;*

9. Speiseeis, bei dem der Zusatz von Stärkemehl 1 Hundertteil, von Tragant 0,6 Hundertteile, von Obstpektin 0,3 Hundertteile (berechnet als Kalziumpektat) übersteigt;

10. Milchspeiseeis, Eiskrem, Einfacheiskrem und Kunstspeiseeis, bei denen der Zusatz von Gelatine 0,6 Hundertteile übersteigt;

11. Speiseeis, zu dessen Herstellung mehr als eines der in Nr. 8 bis 10 zugelassenen Bindemittel verwendet worden ist[5]*;*

12. Speiseeis und Halberzeugnisse, bei deren Herstellung Neutralisationsmittel, insbesondere kohlensaures oder doppeltkohlensaures Natrium, verwendet worden sind;

13. Kremeis, Rahmeis und Milchspeiseeis, denen bei der Herstellung Wasser zugesetzt worden ist, jedoch unbeschadet des Zusatzes von Wasser bei Kremeis, das unter Verwendung von eingedickter Milch, und bei Milchspeiseeis, das unter Verwendung von eingedickter Milch oder Milchpulver zubereitet wird, in einer dem Eindickungsgrad entsprechenden Menge;

14. Kremeis, zu dessen Herstellung weniger als 270 Gramm Vollei oder 100 Gramm Eidotter auf 1 Liter Milch verwendet worden sind;

15. Kremeis, zu dessen Herstellung Magermilch, eingedickte Magermilch, Milchpulver oder Magermilchpulver verwendet worden ist;

16. Fruchteis, zu dessen Herstellung, unbeschadet der Bestimmung in Nr. 17, weniger als 20 Hundertteile von dem der Bezeichnung der Fruchteissorte entsprechenden frischen Obstfruchtfleisch oder eine geringere Menge Obsterzeugnisse verwendet worden sind, als im § 1 Abs. 2 Nr. 2 festgesetzt ist;

17. Zitroneneis, zu dessen Herstellung weniger als 10 Hundertteile Zitronenmark oder Zitronensaft verwendet worden sind;

18. Rahmeis, zu dessen Herstellung Milch oder andere Milcherzeugnisse als Schlagsahne verwendet worden sind;

19. Rahmeis, zu dessen Herstellung weniger als 60 Hundertteile Schlagsahne verwendet worden sind;

20. Milchspeiseeis, zu dessen Herstellung Magermilch, eingedickte Magermilch oder Magermilchpulver verwendet worden ist;

21. Milchspeiseeis, zu dessen Herstellung weniger als 70 Hundertteile Milch verwendet worden sind;

22. Fruchteiskrem, der weniger als 8, sonstiger Eiskrem, der weniger als 10, Einfacheiskrem, der weniger als 3 Hundertteile Milchfett enthält;

23. Speiseeis, das den Begriffsbestimmungen für Kremeis, Fruchteis, Rahmeis oder Eiskrem nicht entspricht, sofern es nicht je nach der Art seiner Herstellung und Zusammensetzung als Milchspeiseeis, Einfacheiskrem oder Kunstspeiseeis kenntlich gemacht ist[4].

24. Speiseeiskonserven, die Gelatine enthalten.

Amtl. Begründung zu § 6.

Nr. 1. Die verwendeten natürlichen Geschmack- und Geruchstoffe, wie z. B. Kakao oder Mandeln, enthalten gewisse Mengen Fett, die jedoch nicht als Zusatz von Fett anzusehen sind.

Nr. 2, 3. Die Verwendung von ungebleichtem Rohzucker oder von Maiszucker oder auch von Stärkesirup soll nicht zulässig sein. Bezüglich der Verwendung von Milchzucker bei Speiseeispulver vergleiche die Begründung zu § 2 Abs. 2 Nr. 2.

Nr. 4. Hiernach ist z. B. die Verwendung von Kalkei, Wasserglasei, von Ei, das durch Borsäure oder andere Konservierungsmittel haltbar gemacht worden ist, unzulässig.

Nr. 5, 6. Künstliche Geschmack- und Geruchstoffe sind nur bei Kunstspeiseeis und Speiseeispulver für Kunstspeiseeis zugelassen. Lediglich Vanillin und der ihm entsprechende Äthyläther dürfen auch bei Milchspeiseeis und Einfacheiskrem verwendet werden; falls hierbei auf Vanille hingewiesen wird, darf dies nur durch die Angabe „mit Vanillegeschmack" geschehen (vgl. § 7 Nr. 5).

Nr. 7. Da Obstmark bei der Verarbeitung und beim Gefrieren leicht unansehnlich wird und der natürliche Farbstoff hierbei bisweilen sogar zerstört wird, muß ein Auffärben des verwendeten Obstmarks gestattet werden; dasselbe gilt sinngemäß für Pistazien. Da auch bei Obstkonfitüren und Marmeladen vielfach eine Auffärbung des Obstes erfolgt, so muß auch eine infolge der Verwendung von gefärbter Marmelade bewirkte Färbung des Speiseeis als zulässig gelten. Auch ein Zusatz von Karamel, der zuweilen zur Erzielung eines besonderen Geschmacks erfolgt, soll nicht beanstandet werden. Der Zusatz von Karamel wird aber so groß sein müssen, daß er im fertigen Speiseeis deutlich zum Ausdruck kommt. Die Zulassung einer über dieses Maß hinausgehenden Färbung läßt sich aber nicht rechtfertigen; sie würde das Erzeugnis ebenso wie eine andere Färbung zu einem Kunstspeiseeis machen. Bei Kunstspeiseeis und Speiseeispulver für Kunstspeiseeis ist eine Färbung ohne jede Einschränkung gestattet, also auch eine solche mit einem eigelben Farbstoff. Eine Angabe der Färbung ist bei Kunstspeiseeis nicht erforderlich, weil die Bezeichnung Kunstspeiseeis als eine auch die künstliche Färbung wie auch die künstliche Aromatisierung deckende Kenntlichmachung anzusehen ist.

Nr. 8 bis 11. Als Bindemittel dürfen Stärkemehl, Tragant und Obstpektin bei sämtlichen Sorten Speiseeis benutzt werden, während der Zusatz von Gelatine auf Milchspeiseeis, Eiskrem, Einfacheiskrem und Kunstspeiseeis zu beschränken ist. Die getroffene Regelung entspricht dem bisherigen Brauch. Eine mengenmäßige Begrenzung der Zusätze ist notwendig; sie soll verhindern, daß ein Speiseeis seinen plastischen Zustand noch nach dem Schmelzen behält.

Nr. 12. Die Verwendung von Neutralisationsmitteln soll nicht gestattet sein, weil sie dazu dienen könnte, die Verarbeitung von sauer gewordener Sahne oder Milch zu ermöglichen oder einem Säuern dieser Stoffe entgegenzuwirken.

Nr. 13. Da für Rahmeis die Verwendung von Schlagsahne, für Kremeis und Milchspeiseeis diejenige von Milch vorgeschrieben ist, so ist ein Zusatz von Wasser bei diesen Speiseeissorten als Fälschung anzusehen. Indessen soll es zulässig sein, bei der Verwendung von eingedickter Milch, die für Kremeis und Milchspeiseeis erlaubt ist, und von Milchpulver, das für Milchspeiseeis erlaubt ist, eine dem Eindickungsgrad dieser Milcherzeugnisse entsprechende Menge Wasser zuzusetzen.

Nr. 14 bis 22. Diese Vorschriften ergeben sich aus den Begriffsbestimmungen für die verschiedenen Speiseeissorten. Soweit die Angaben über den Gehalt an einzelnen Stoffen in Hundertteilen erfolgen, sind hierunter Gewichtshundertteile zu verstehen.

Anmerkungen zu § 6.

[1] Im Sinne des § 4 LMG. und der dazugehörigen Strafvorschriften des § 12 LMG. (vgl. Anm. 3 zu den Eingangsworten der VO.).

[2] Auch § 6 gibt nur Beispiele, die nicht erschöpfend sind.

Merres S. 35 weist darauf hin, daß Zweifel aufgetaucht seien, ob dort, wo die VO. die Verwendung von Wasser gestattet, nämlich bei Fruchteis, es auch zulässig sei, anstatt

Wasser Magermilch oder eingedickte Magermilch zu verwenden. Er bejaht mit Recht diese Frage, weil dadurch eine Verbesserung der Erzeugnisse herbeigeführt werde, und beruft sich dabei auch auf § 1 Abs. 2 Nr. 2, wo es heißt: daß Fruchteis „zuweilen auch unter Verwendung von Milch oder Magermilch — auch in Form der eingedickten Erzeugnisse oder in Form von Milch- oder Magermilchpulvern —" hergestellt werde.

[3] Die Verwendung der künstlichen Geschmacksstoffe Vanillin und Äthylvanillin statt natürlicher Vanille bei der Herstellung von Speiseeis hatte der RMdI. in seinem Rundschreiben vom 26. Juli 1934 und seinem Runderlaß vom 20. November 1934 (MiBl.iV. S. 1467) für vorübergehend tragbar erklärt — trotz § 6 Nr. 5 der Speiseeis-VO. vom 13. Juli 1933 (RGBl. I S. 602) —, da auf die Einfuhr von Vanille aus wirtschaftlichen Gründen weitgehend verzichtet werden müsse.

Darüber hinaus hat er aus dem gleichen Grunde unterm 20. Mai 1935 (MiBl.iV. S. 708) eine einheitliche Regelung dieser Frage für den gesamten Lebensmittelverkehr als nötig bezeichnet und die mit der Überwachung des Lebensmittelverkehrs betrauten Behörden und Anstalten anweisen lassen, die Verwendung der genannten künstlichen Aromastoffe an Stelle von Vanille nicht zu beanstanden. Je nach der Art des verwendeten Aromastoffs müsse jedoch das Lebensmittel als „mit Vanillin" oder „mit Äthylvanillin hergestellt" oder ohne unterschiedliche Bezeichnung der beiden künstlichen Aromastoffe durch die Angabe „mit Vanille-Geschmack" oder „mit Vanille-Aroma" kenntlich gemacht werden. Bezeichnungen wie „Vanille-Speiseeis", „Vanille-Puddingpulver" usw. seien nur für Lebensmittel zulässig, die Vanille enthalten.

[4] Vgl. § 1 Anm. 5.

[5] Ein Runderlaß des RMdI. vom 7. November 1934 (MiBl.iV. 1934, 1346e) verhält sich über Gelatine in Speiseeis. Er lautet:

„(1) Die Verwendung von Gelatine als Bindemittel zur Herstellung von Kremeis, Fruchteis und Rahmeis ist nach § 6 Nr. 8 der VO. über Speiseeis vom 15. Juli 1933 (RGBl. I S. 510) verboten. Erlaubt sind außer Stärkemehl hingegen Tragant und Obstpektin (vgl. § 1 Abs. 2 der VO.). Bei den beiden letzteren Bindemitteln handelt es sich im wesentlichen um ausländische Erzeugnisse. Da bei der Herstellung von Lebensmitteln nach Möglichkeit auf deutsche Roh- und Zusatzstoffe zurückgegriffen werden muß, erscheint es wünschenswert, auch die Verwendung von Gelatine für die Zubereitung von Kremeis, Fruchteis und Rahmeis zuzulassen.

(2) Vorbehaltlich einer späteren gesetzlichen Regelung ersuche ich zunächst, die mit der Überwachung des Lebensmittelverkehrs betrauten Behörden und Untersuchungsanstalten alsbald mit der Weisung zu versehen, daß von einer Beanstandung von Kremeis, Fruchteis und Rahmeis, die unter Verwendung von Gelatine hergestellt sind, abzusehen ist, sofern der Zusatz von Gelatine 0,6 Hundertteile nicht übersteigt und im übrigen die Vorschriften des § 6 Nr. 11 der VO. über Speiseeis erfüllt sind."

Als Verdickungsmittel oder als Geliermittel in Obsterzeugnissen sind nach § 29a der VO. über Obsterzeugnisse seit dem 1. September 1938 nur noch Obstgeliersäfte und Obstpektin zugelassen.

§ 7. *Eine irreführende Bezeichnung, Angabe oder Aufmachung*[1] *liegt insbesondere*[1] *vor, wenn*

1. ein Erzeugnis als eine bestimmte Speiseeis- oder Halberzeugnissorte oder mit einem gleichsinnigen Ausdruck bezeichnet wird, ohne den Begriffsbestimmungen in §§ 1, 2 zu entsprechen;

2. ein Halberzeugnis als Halberzeugnis für eine bestimmte Speiseeissorte bezeichnet wird, aber zur Herstellung der betreffenden Speiseeissorte nach der angegebenen Gebrauchsanweisung (§ 3 Abs. 2 Nr. 3, 4) ungeeignet ist;

3. Speiseeis, das nicht den Begriffsbestimmungen für Kremeis, Fruchteis oder Rahmeis (§ 1 Abs. 2 Nr. 1 bis 3) entspricht, mit einem Phantasienamen bezeichnet wird, sofern es nicht zugleich die Bezeichnung der Speiseeissorte (§ 1 Abs. 2 Nr. 4 bis 7) trägt, aus der es besteht;

4. speiseeishaltige Zubereitungen, zu deren Herstellung andere Speiseeissorten als Kremeis, Fruchteis oder Rahmeis (§ 1 Abs. 2 Nr. 1 bis 3) verwendet worden sind, mit einem Phantasienamen bezeichnet werden, sofern sie nicht zugleich in der Bezeichnung eine Angabe über die verwendete Speiseeissorte enthalten;

5. Milchspeiseeis, Einfacheiskrem oder Kunstspeiseeis sowie Halberzeugnisse hierfür, zu deren Herstellung Vanillin oder der ihm entsprechende Äthyläther verwendet worden ist, in ihrer Bezeichnung ein Hinweis auf Vanille enthalten, unbeschadet der Angabe „mit Vanillegeschmack“[2];

6. Milchspeiseeis, Einfacheiskrem oder Kunstspeiseeis sowie Halberzeugnisse hierfür zu deren Herstellung Obst oder natürliche Fruchtessenzen verwendet worden sind, mit den Namen dieser Früchte[3] bezeichnet werden,. unbeschadet der Angabe „mit Frucht-, Himbeer- usw. Geschmack“;

7. Kunstspeiseeis, zu dessen Herstellung künstliche Geschmack- oder Geruchstoffe verwendet worden sind, in der Bezeichnung einen Hinweis auf Obstfrüchte oder dergleichen enthält, unbeschadet der Angabe „mit Frucht-, Himbeer- usw. Aroma“ und unbeschadet der Bestimmung in Nr. 5;

8. Speiseeispulver, zu deren Herstellung künstliche Geschmack- oder Geruchstoffe oder künstliche Farbstoffe verwendet worden sind, nicht als „Speiseeispulver für Kunstspeiseeis“ kenntlich gemacht sind, unbeschadet der Bestimmung in Nr. 5;

9. durch Umhüllungen, Bezettelungen oder Anpreisungen in Wort oder Bild auf eine den Tatsachen nicht entsprechende Beschaffenheit der Erzeugnisse hingewiesen wird;

10. Speiseeis oder seinen Halberzeugnissen im Einzelfall entgegen den Tatsachen eine besondere diätetische oder gesundheitliche Wirkung zugeschrieben wird.

Amtl. Begründung zu § 7.

Nr. 1, 2. Mit dem Namen einer bestimmten Speiseeissorte darf nur ein Speiseeis bezeichnet werden, das der betreffenden Begriffsbestimmung entspricht. Ebenso darf ein Halberzeugnis nur dann als Halberzeugnis für eine bestimmte Speiseeissorte bezeichnet werden, wenn das unter Berücksichtigung der Zubereitungsvorschrift daraus hergestellte Speiseeis den an seine Zusammensetzung gestellten Anforderungen entspricht.

Nr. 3. Es ist vielfach üblich, Speiseeis unter Phantasienamen, wie Eisbombe, Eisbecher u. dgl., in den Verkehr zu bringen. Dies soll an sich unbenommen sein, darf jedoch keine Irreführung der Verbraucher zur Folge haben. Es ist daher in allen Fällen, wo es sich nicht um Kremeis, Fruchteis oder Rahmeis oder um eine Zusammenstellung dieser Sorten handelt, eine Angabe der vorliegenden Speiseeissorte vorgeschrieben; es werden daher Bezeichnungen wie „Eiskrem-Bombe“, „Milchspeiseeis-Becher“ oder „Eisbecher, Milchspeiseeis“ u. dgl. zu wählen sein.

Nr. 4. Hier ist an küchenmäßige Zubereitungen von Speiseeis zu denken, wie etwa „Eisbecher mit ganzen Früchten“ oder die vielfach, besonders in Westfalen, unter Zusatz von Pumpernickel hergestellte sogenannte „Götterspeise“. Auch Zusätze von Krokant u. dgl. werden durch diese Bestimmung getroffen. Hinsichtlich der Verwendung von Phantasienamen gilt sinngemäß das zu Nr. 3 Ausgeführte.

Nr. 5. Vanillin und der ihm entsprechende Äthyläther sind zwar zu den künstlichen Geschmack- und Geruchstoffen zu rechnen, ihr Zusatz ist jedoch auch für Milchspeiseeis und Einfacheiskrem sowie ihre Halberzeugnisse zugelassen. Eine Kenntlichmachung ist nicht erforderlich; es darf indessen kein anderer Hinweis auf Vanille erfolgen als durch die Worte „mit Vanillegeschmack“.

Nr. 6. Bei Kremeis, Fruchteis, Rahmeis und Eiskrem soll die Angabe der Verwendung von Obst durch Bezeichnungen, wie „Himbeereis“, „Himbeer-Kremeis“ u. dgl., zulässig sein. Bei den weniger wertvollen Speiseeissorten, nämlich Milchspeiseeis, Einfacheiskrem und Kunstspeiseeis, ist jedoch auch bei Zusatz von Obst nur die Angabe „mit Frucht-, Himbeer- usw. Geschmack“ zulässig. Diese Vorschrift erscheint erforderlich, um der Gefahr eines unlauteren Wettbewerbs vorzubeugen; so würde z. B. die Angabe „Frucht-Milchspeiseeis“ bei dem Verbraucher den Eindruck erwecken können, daß ihm ein besonders wertvolles Fruchteis angeboten würde, während der tatsächliche Zusatz von Frucht zu Milchspeiseeis im allgemeinen nur gering sein wird.

Nr. 7. Ein Hinweis auf die Verwendung künstlicher Geschmack- und Geruchstoffe ist bei Kunstspeiseeis nicht vorgeschrieben. Soll jedoch ein solcher Hinweis erfolgen, so darf er nur durch die Angabe „mit Frucht-, Himbeer- usw. Aroma“ geschehen. Die Angabe „mit Frucht-, Himbeer- usw. Geschmack“ ist bei Kunstspeiseeis wie auch bei Milchspeiseeis und Einfach-

eiskrem nur zulässig, wenn bei der Herstellung dieser Sorten Obst oder natürliche Fruchtessenzen verwendet worden sind (vgl. Begründung zu Nr. 6). Bezüglich der Verwendung von Vanillin vgl. die Begründung zu Nr. 5.

Nr. 9. Durch diese Bestimmung soll z. B. die Abbildung von Früchten bei einem Speiseeis, das nur unter Verwendung von natürlichen Fruchtessenzen hergestellt worden ist, ausgeschlossen werden.

Nr. 10. Allgemeine Angaben, daß Speiseeis infolge Verwendung von Zucker, Milch, Sahne, Eiern o. dgl. Nährwerte enthält, sollen nicht beanstandet werden. Dagegen soll verhindert werden, daß einem bestimmten Erzeugnis, das sich von den Erzeugnissen gleicher Art nicht unterscheidet, besondere Vorzüge diätetischer oder gesundheitlicher Art beigelegt werden. Insbesondere sollen Bezeichnungen oder Angaben, wie „Medizinaleis", „Gesundheitseis", „Eis ist Medizin" oder „das Eis der Firma N ist Medizin" oder „Eis ist angezeigt bei Halserkrankungen", ausgeschlossen werden.

§ 8. Inkrafttreten. *Diese Verordnung tritt am 1. Oktober 1933 in Kraft.*

Amtl. Begründung zu § 8.

Die zugehörigen Strafbestimmungen finden sich in §§ 11, 12 des Lebensmittelgesetzes[4].

Anmerkungen zu §§ 7 und 8.

[1] Siehe — auch wegen der Strafbestimmungen — Anm. 3 zu den Einleitungsworten der VO.

[2] Siehe § 6 Anm. 3.

[3] Über die zulässige Bezeichnung bei Mitverwendung von „Kakao" vgl. Merres in seinen „Bemerkungen" (S. 904 unter II G 2a).

[4] Die Anführung der Paragraphen ist mit der heutigen Fassung des LMG. vom 17. Januar 1936 in Einklang gebracht.

H. Süßstoff.

Das Süßstoffgesetz vom 14. Juli 1926 (RGBl. I S. 409 mit Berichtigung S. 421) macht die Herstellung und die Einfuhr von Süßstoff von einer Erlaubnis der Reichsregierung abhängig und unterwirft der Süßstoffsteuer den Übergang von Süßstoff in den freien Verkehr, abgesehen von Süßstoff, der in kleinen Mengen zu wissenschaftlichen oder zu Probezwecken abgegeben wird. Benzoesäuresulfinid unterliegt einem geringeren Steuersatz als Dulcin. § 12 des Süßstoffgesetzes, welches im übrigen keine Begriffsbestimmung für Süßstoff enthält, überläßt der Reichsregierung den Erlaß der zu seiner Durchführung erforderlichen Bestimmungen mit folgenden ausdrücklichen Ermächtigungen:

„Dabei kann insbesondere verbindlich bestimmt werden, was im Sinne dieses Gesetzes als Süßstoff anzusehen ist. Ferner können der Absatz, der Betrieb und die Verwendung von Süßstoff Beschränkungen unterworfen und gegen Zuwiderhandlungen Gefängnisstrafe bis zu einem Jahre und Geldstrafe oder eine dieser Strafen oder Haft angedroht werden."

Die Durchführungsbestimmungen des Reichsfinanzministers vom 14. Juli 1926 (RMinBl. S. 825), abgeändert unterm 3. August 1933 (ebenda S. 401) lauten (im Auszug):

Auf Grund des § 12 des Süßstoffgesetzes vom 14. Juli 1926 (RGBl. I S. 409) wird mit Zustimmung des Reichsrats folgendes verordnet:

Zu § 1 des Gesetzes.

§ 1. Begriffsbestimmung. *(1) Süßstoff im Sinne des Gesetzes sind alle auf künstlichem Wege gewonnenen Stoffe, die als Süßmittel dienen können und eine höhere Süßkraft als Saccharose (reiner Rüben- oder Rohrzucker), aber nicht entsprechenden Nährwert besitzen.*

(2) Als Süßstoff gelten auch süßstoffhaltige Zubereitungen, die nicht zum unmittelbaren Genuß bestimmt sind, sondern nur als Mittel zur Süßung von Lebensmitteln dienen.

(3) Der Reichsminister der Finanzen kann bestimmen, ob und inwieweit die Vorschriften des Gesetzes auf Stoffe, die in einfacher Weise in Süßstoff umgewandelt werden können, Anwendung finden.

§ 2. Erlaubnis zur Herstellung. (Hier nicht mit abgedruckt.)

§ 3. Erlaubnis zur Einfuhr. (Hier nicht mit abgedruckt.)

Zu § 2 des Gesetzes.

§ 4. Abgabe von Süßstoff zu wissenschaftlichen oder zu Probezwecken. *Nach näherer Anordnung des Landesfinanzamts darf Süßstoff, ohne daß eine Steuerschuld entsteht, zu wissenschaftlichen Zwecken oder als Probe bis zu einer Jahreshöchstmenge von insgesamt 15 Kilogramm reiner Süßstoff für jeden Betrieb in den freien Verkehr gebracht werden.*

Zu § 8 des Gesetzes.

§ 21. Untersuchungen auf den Gehalt an reinem Süßstoff. *Die verschiedenen Formen des Süßstoffs sind von Zeit zu Zeit durch die Technische Prüfungs- und Lehranstalt auf ihren Gehalt an reinem Süßstoff zu untersuchen. Zu diesem Zwecke hat der Betriebsinhaber den Beamten des Steueraufsichtsdienstes auf ihr Verlangen und nach ihrer näheren Bestimmung Proben unentgeltlich gegen Empfangsbescheinigung zu übergeben.*

Verordnung über den Verkehr mit Süßstoff.

a) Vorbemerkungen.

Unmittelbar lebensmittelrechtliche Bedeutung hat die gleichfalls auf Grund des § 12 des Süßstoffgesetzes vom RMdI. in Gemeinschaft mit dem RErnMin. erlassene VO. über den Verkehr mit Süßstoff. Sie enthält in § 8 eigene Strafbestimmungen, die härter sind als diejenigen der §§ 4, 12 LMG. und nicht nur (wie §§ 4, 12 LMG.) den in Verkehr Bringenden (d. h. den Abgebenden), sondern auch (§ 2 der VO.) den zu gewerblichen Zwecken Beziehenden treffen, gleichviel ob er die tatsächliche Verfügung erlangt zur gewerblichen Verwendung oder zur Weiterveräußerung.

Die strafrechtliche Behandlung einer Tat, die zugleich die §§ 4, 8 der Süßstoff-VO. und die §§ 3—5, 11, 12 LMG. verletzt, behandelt Stenglein, Anm. 4 zu § 8 des Süßstoffgesetzes (S. 960).

Bemerkenswert sind auch seine Ausführungen ebenda zu § 5 der Süßstoff-VO. über den Begriff „diätetische Nährmittel" i. S. des § 5.

Ein mißlicher Zwiespalt besteht, solange § 5 Nr. 1—3 der allgemein geltendes Reichsrecht darstellenden Süßstoff-VO. gelten, während einschlägige Normativanordnungen der HV. GartenWi. die Verwendung von Süßstoff bei der Herstellung der in § 5 Nr. 1—3 der Süßstoff-VO. genannten Lebensmittel untersagen. Hinweise auf die rechtlichen Gesichtspunkte zur Lösung solchen Zwiespalts zwischen dem übergeordneten Reichsrecht und Rechtssetzungen innerstaatlicher Körperschaften enthält mein Aufsatz „Ausbau des Lebensmittelrechts" in Deutsche Nahrungsmittel-Rundschau 1935, 170 auf S. 172 unter C.

Von eingehenderen Rechtsausführungen zu dieser Frage kann hier abgesehen werden; denn es besteht Grund zu der Annahme, daß binnen kurzem im Wege der Reichsgesetzgebung in § 5 der Süßstoff-VO. die Nr. 3 (Mostrich) ganz und aus Nr. 1 jedenfalls die Limonaden gestrichen werden. — Auf ähnlichem Wege sind die Beimischungsvorschriften, die der Reichsnährstand für das Backgewerbe erlassen hatte, durch Änderung des § 1 des Brotgesetzes reichsrechtlich bedenkenfrei gemacht worden. Vgl. Anm. 3 zum Brotgesetz (oben S. 869).

Die Verwendung von Süßstoff für Lebensmittel, die zum Verbrauch durch Zuckerkranke bestimmt und ausdrücklich als solche bezeichnet sind, wird in § 5 Nr. 8 der Süßstoff-VO. für die gesundheitlichen Zwecke jenes Personenbereichs durch für alle geltendes Reichsrecht zugelassen ohne Beschränkung auf den bestimmten Sachbereich einzelner Lebensmittelgruppen. Deshalb gilt § 5 Nr. 8 der VO. auch dort, wo VO.en des Reichs über einzelne Lebensmittel insoweit keine ausdrückliche Gestattung enthalten. Vgl. z. B. Anm. 1 zu § 1 der Speiseeis-VO. (oben II G 2) und Anm. 8 zu Abschnitt I der VO. über Obsterzeugnisse (unten S. 932). § 5 Nr. 8 der VO. gilt auch gegenüber Normativanordnungen des Reichsnährstandes, welche für die Herstellung bestimmter Lebensmittelgruppen die Verwendung von Süßstoff verbieten. Denn sie wollen (vgl. VII der Rahmenanordnung zu den Normativbestimmungen vom 8. September 1938 unten II J 2 c I) und dürfen ja als Rechtsetzung einer innerstaatlichen Körperschaft nicht verbieten, was das Lebensmittelrecht des Reichs unter bestimmten Voraussetzungen für alle Lebensmittelgruppen ausdrücklich erlaubt.

b) Wortlaut der Verordnung über den Verkehr mit Süßstoff.

Vom 4. August 1926 (RGBl. I S. 467) in der Fassung der VO. vom 6. Juli 1928 (RGBl. I S. 196) und 30. September 1928 (RGBl. I S. 377.)

§ 1. *Süßstoff im Sinne dieser Verordnung sind alle Erzeugnisse, die auf Grund des § 12 Satz 2 des Süßstoffgesetzes von der Reichsregierung als Süßstoff bezeichnet werden (vergleiche § 1 der Durchführungsbestimmungen zum Süßstoffgesetze vom 24. Juli 1926, Reichsministerialbl. S. 825).*

§ 2. *Benzoesäuresulfinid darf für den Verbrauch im Inland nur in den für den Inlandsabsatz bestimmten, von der Reichsregierung genehmigten Fabrikpackungen abgegeben oder zur gewerblichen Verwendung oder Weiterveräußerung bezogen werden; diese Packungen müssen eine für den Käufer leicht erkennbare Aufschrift tragen, die in deutscher Sprache enthält:*

a) die Angabe des Inhalts nach deutschem Gewichte, bei Tabletten nach der Stückzahl,

b) eine Angabe darüber, welchen Mengen Zucker der Inhalt der Packung entspricht,

c) die Angabe „Von der Reichsregierung genehmigte Inlandspackung".

§ 3. *Dulcin darf im Einzelhandel nur von Apotheken abgegeben werden, und zwar in Mengen über ein Gramm nur auf ärztliche Anweisung.*

Die Abgabe darf nur in Fabrikpackungen erfolgen; diese müssen eine für den Käufer leicht erkennbare Aufschrift tragen, die in deutscher Sprache enthält:

a) die Angabe des Inhalts nach deutschem Gewichte,

b) eine Angabe darüber, welchen Mengen Zucker der Inhalt der Packung entspricht,

c) den Hinweis: „Zur strengen Beachtung! Dieser Süßstoff darf nur zur Süßung von Lebensmitteln in den hierzu erforderlichen Mengen verwendet werden. Für sich, in größeren Mengen genossen, kann er schädlich wirken."

Den gleichen Hinweis muß ein innerhalb der Packung liegender Zettel tragen.

§ 4. *Soweit nicht nach § 5 Ausnahmen zugelassen sind, ist es verboten*

a) Lebensmitteln (Nahrungsmitteln, Genußmitteln, Stärkungsmitteln, diätetischen Nährmitteln) und Arzneimitteln bei ihrer gewerblichen Herstellung Süßstoff zuzusetzen;

b) süßstoffhaltige Lebensmittel und Arzneimittel anzubieten, zum Verkaufe vorrätig zu halten, feilzuhalten, zu verkaufen oder sonst in den Verkehr zu bringen.

§ 5. *Benzoesäuresulfinid und Dulcin dürfen verwendet werden zur gewerblichen Herstellung von*

1. Limonaden und Kunstlimonaden mit und ohne Kohlensäure, alkoholfreien Kalt- und Heißgetränken sowie Grundstoffen hierzu,

2. Essig,

3. Mostrich (Senf),

4. obergärigem Einfachbier mit einem Stammwürzegehalt von nicht mehr als 4 vom Hundert,

5. Eßoblaten,

6. Kautabak und Kaugummi,

7. Röntgenkontrastmitteln,

8. Lebensmitteln, die zum Verbrauche durch Zuckerkranke bestimmt sind und ausdrücklich also solche bezeichnet werden,

9. Stärkungsmitteln, diätetischen Nährmitteln und Arzneimitteln, soweit dies bei Inkrafttreten dieser Verordnung zugelassen war oder von der Reichsregierung in Zukunft zugelassen wird.

***§ 6.** Bei der gewerbsmäßigen Herstellung der in § 5 bezeichneten Erzeugnisse mit Ausnahme der Arzneimittel darf nur so viel Dulcin verwendet werden, daß 1 Liter oder 1 Kilogramm des gebrauchsfertigen Erzeugnisses nicht mehr als 0,3 Gramm Dulcin enthält.*

***§ 7.** Die unter Verwendung von Süßstoff hergestellten Lebensmittel und Arzneimittel müssen, wenn sie in Packungen oder Umhüllungen an den Verbraucher abgegeben werden, die für den Verbraucher deutlich erkennbare, nicht verwischbare Aufschrift „Mit künstlichem Süßstoff zubereitet" tragen.*

Bei Stärkungsmitteln, diätetischen Nährmitteln und Arzneimitteln müssen die Art und die Menge des Süßstoffes, bei gleichzeitiger Verwendung von Zucker auch dessen Menge, sowohl auf den Packungen und Umhüllungen als auch in den Ankündigungen angegeben werden.

Arzneiliche Zubereitungen, die mehr als 0,3 Gramm Dulcin in 1 Liter oder 1 Kilogramm enthalten, dürfen nur auf ärztliche Anweisung abgegeben werden.

***§ 8.** Wer den vorstehenden Bestimmungen zuwiderhandelt, wird mit Gefängnis bis zu einem Jahre und mit Geldstrafe oder mit einer dieser Strafen oder mit Haft bestraft.*

J. Obst und Obsterzeugnisse.

1. Frisches sowie durch Trocknen haltbar gemachtes Obst und Gemüse.

a) Vom Reich sind keine Verordnungen zur näheren Ausgestaltung der allgemeinen Vorschriften der §§ 3 und 4 LMG. erlassen worden. Die Rechtsgrundsätze des LMG., die für die Anwendung dieser Vorschriften auf Naturerzeugnisse durch Rechtsprechung und Rechtswissenschaft entwickelt sind, ergeben sich aus den Ausführungen unter I B der vorliegenden Arbeit.

b) I. Bereits durch die VO. des RErnMin. vom 22. Juni 1934 (RGBl. I, S. 518) wurde der Reichsnährstand ermächtigt, zur Regelung des Absatzes von unbe- oder verarbeiteten Gartenbauerzeugnissen, unter anderen solchen des Obst- und Gemüsebaues, Sortierungs-, Kennzeichnungs-, Verpackungs- und Preisvorschriften zu erlassen und für Zuwiderhandlungen Ordnungsstrafe bis zu 10000 RM anzudrohen.

Eine gleichartige Ermächtigung des Reichsnährstandes zur Regelung des Absatzes der Hülsenfrüchte Erbsen, Bohnen und Linsen ohne Rücksicht auf ihren Verwendungszweck gibt die VO. des RErnMin. vom 10. August 1934 (RGBl. I S. 786).

Mit den erweiterten Aufgaben ihres § 4 hat die VO. über den Zusammenschluß der Deutschen Gartenbauwirtschaft vom 21. Oktober 1936 (RGBl. I S. 911) zu Gartenbauwirtschaftsverbänden unter der Hauptvereinigung für Gartenbauwirtschaft (= HV. GartenWi.) zusammengeschlossen unter anderem die Betriebe, die Gartenbauerzeugnisse anbauen und in den Verkehr bringen, darunter auch die Sammler von wildwachsenden Beerenfrüchten und Pilzen. Ferner die Betriebe, die Obst, einschließlich der Südfrüchte, wildwachsende Beerenfrüchte, Gemüse aller Art oder Pilze, gleichviel ob frisch oder vorbehandelt, gewerbsmäßig zu haltbaren Lebensmitteln verarbeiten; zu der Verarbeitergruppe gehören ferner die Betriebe, die gewerbsmäßig Zuckerrüben zu Rübenkraut (Rübensaft) verarbeiten, Limonaden, Brauselimonaden, Kunstbrauselimonaden herstellen oder abfüllen, Essige aus alkoholischen Lebensmittelstoffen, Malzauszügen oder anderen aus Feld- oder Gartenfrüchten gewonnenen Flüssigkeiten herstellen, Speisesenf oder verwandte Erzeugnisse, auch Halbfabrikate, aus Senfsaat, Senfmehl oder ähnlichen Stoffen herstellen. Schließlich die Betriebe, welche die vorgenannten Erzeugnisse verteilen oder ihren Kauf vermitteln.

Die Zusammenschlüsse sind befugt, ihren Anordnungen durch Verhängung von Ordnungsstrafen und Inanspruchnahme obrigkeitlichen Zwangs Nachdruck zu verleihen (§ 4 Abs. 1 Nr. 8 und § 7 der VO.). In schweren Fällen können sie sogar ihren Mitgliedern die Weiterführung des Betriebs dauernd oder auf Zeit untersagen.

II. Zu unterscheiden von diesen Zusammenschlüssen ist die den Weisungen des RErnMin. zu folgen verpflichtete Reichsstelle für Garten- und Weinbauerzeugnisse.

Ihre Ausgestaltung und ihr Wirkungskreis ergeben sich aus dem Gesetz vom 30. September 1936 (RGBl. I S. 854) und den Durchführungs-VO.en vom 30. September 1936 (RGBl. I S. 857) und vom 23. Januar, 4. März, 12. August, 22. Oktober 1937 (RGBl. I S. 27, 277, 900, 1138). Von den Beschränkungen des Gesetzes, das an sich auch die Inlandserzeugnisse ergreift, sind Inlandserzeugnisse bis auf weiteres ausgeschlossen mit Rücksicht auf die für sie durchgeführte Marktordnung. Die Einfuhr von Auslandserzeugnissen soll durch die Reichsstelle durchgeschleust und nach Menge und Preis vor den Schwankungen des Weltmarktes gesichert und dem Inlandsbedarf angepaßt werden. Daß diese Aufgabe einer Reichsstelle und nicht — wie im Bereich des inneren Marktes — einer Reichsnährstandsorganisation übertragen ist, hat seinen Grund darin, daß in ihrem Aufgabenkreis die Handelspolitik und mehr oder weniger auch die große Politik berücksichtigt werden muß.

III. Im Rahmen ihrer vorerwähnten Ermächtigungen haben die berufenen Stellen des Reichsnährstandes, zum Teil schon vor Bildung der Zusammenschlüsse der Gartenbauwirtschaft und vor dem Ersterscheinen des RNVBl.'s (vgl. RNVBl. 1935, 59) Reichseinheitsvorschriften für die Sortierung und Verpackung einer großen Anzahl von Obst- und Gemüseart en erlassen. Ihr im Jahre 1937 geltender Bestand ist zusammengefaßt in dem im Verlag von Appelhans u. Co. in Braunschweig erschienenen 35 Seiten starken Heftchen „Reichseinheitsvorschriften für die Sortierung und Verpackung von Obst und Gemüse".

„Die dort geregelten Güte- und Größesortierungen müssen durch Klebezettel oder Anhänger deutlich gekennzeichnet sein. Zu verwenden sind für Güteklasse I A weiße, für Güteklasse A rote, für Güteklasse B gelbe, für Güteklasse C blaue Klebezettel oder Anhänger, auf denen durch Ziffern die Güteklassen vermerkt werden.

Diesen Bestimmungen nicht entsprechendes Obst und Gemüse darf für den Frischverzehr nicht in den Verkehr gebracht werden."

Um ein Bild von dem Inhalt der Reichseinheitsvorschriften zu geben, folgt nachstehend ein Teil der Vorschriften über

„Reneklooden*.

1. Grün, hartreif. a) Güteklasse A (rot): Grün, hart, gleichmäßig trocken, frei von Krankheiten, Flecken und Fäulnis. Größter Durchmesser nicht unter 22 mm. Anlieferung: Flachsteige II (12,5 kg), Spankorb II (5 kg), Spankorb III (10 kg). Für Industrielieferung nach Vereinbarung.

b) Güteklasse B (gelb): Wie Güteklasse A, jedoch auch kleinere Früchte, bis zu 10%, reifere Früchte und kleine Fehler zulässig für den Absatz am Frischmarkt, ohne Fäulnis und Schmutz. Anlieferung wie bei Güteklasse A.

2. Reif. Hierunter ist nur eine Güteklasse A (rot) vorgesehen. Die Regelungen erfolgen nach ähnlichen Gesichtspunkten wie diejenigen unter 1."

---

* Diese Schreibweise ist dort verwendet.

Auch marktordnende Reichsnährstandsvorschriften der in Rede stehenden Art können unter lebensmittelrechtlichen Gesichtspunkten von Bedeutung werden, sofern sie die Erwartung des Abnehmers bestimmen (vgl. oben I B 1), dem etwa Obst oder Gemüse unter Namen oder Kennzeichnungen angeboten werden, die für Ware bestimmter Beschaffenheit in der vorbezeichneten Weise festgelegt sind. Die Lieferung einer Ware von geringerem Wert (etwa angefaulter oder nicht baumreif gepflückter Äpfel als Tafelobst) kann je nach der Art oder dem Anteil minderwertiger Bestandteile unter dem Gesichtspunkt der Verfälschung, der Verdorbenheit oder der irreführenden Bezeichnung den Verboten der Nr. 2 oder der Nr. 3 des § 4 LMG. unterfallen und nach § 12 LMG. strafbar sein.

Was bei den einzelnen Obst- und Gemüsearten zu einer vollwertigen, zu dem vorausgesetzten Gebrauch tauglichen Ware gehört und welche Umstände oder Eigenschaften sie zu einem gesundheitgefährdenden oder verdorbenen Lebensmittel i. S. der §§ 3, 4 LMG. zu machen geeignet sind, wird bei den einzelnen von Beythien und Windhausen im vorliegenden Band behandelten Lebensmittelgruppen mit erörtert. In jenem Zusammenhang sind auch Belege aus der vorhandenen Rechtsprechung zu finden.

Hingewiesen sei hier noch auf ein Urt. des OLG. Breslau vom 11. August 1937 (**Z.** Beil. 1938, **30**, 64), in dem Backobst mit starkem Milbenbefall als gesundheitsschädlich beurteilt wird. Trotzdem der Erwerber die Möglichkeit hatte, das Backobst vor dem Gebrauch zu waschen, wird dort der Verkäufer strafrechtlich verantwortlich gemacht, weil er immer damit rechnen müsse, daß es von den Käufern auch in rohem Zustand genossen werde.

2. Obsterzeugnisse.

a) Vorbemerkung.

I. Nur ein Teilgebiet der aus Obst herstellbaren Lebensmittel ist bislang Gegenstand einer allgemein verbindlichen Rechtsregelung des Reichs geworden.

Die nachstehend nebst ihrer amtl. Begr. und mit erläuternden Anmerkungen abgedruckte (S. 924) VO. über Obsterzeugnisse, die auf § 5 LMG. rechtlich gestützt ist, gibt Rechtssatzregelungen nur für Obstkonfitüren und Marmeladen, für Pflaumenmus und Gemischtes Mus, für Obstsäfte und Obstsirupe mit der Einschränkung des § 17, für Obstgelee und Obstkraut und enthält auch Vorschriften über einige Halberzeugnisse, wie Obstmark, Obstpülpe (§ 3 Abs. 1, 2), Pflaumenmark (§ 9 Abs. 4), ferner über Obstpektin und Obstgeliersäfte (§ 3 Abs. 3, 4) und ein Verbot der Herstellung und des Vertriebs sonstiger Verdickungs- und Geliermittel (§ 29a).

Die Vorschriften der VO. sind auf den gewerblichen Verkehr zugeschnitten. Jedenfalls sind die in der VO. aufgestellten „Grundsätze für die Beurteilung" für den Privathaushalt nicht bindend. (Vgl. indessen den neuen § 29a der VO. nebst Anm. 10 dazu.) Das ist aus dem Wortlaut, Sinn und Zweck des § 4 LMG. zu folgern, zu dessen rechtlicher Ausgestaltung die auf § 5 Nr. 5 gestützte VO. bestimmt ist. Die Tragweite der zum Schutz der Gesundheit erlassenen Verbote, zum mindesten die Verbote des § 3 LMG., reichen demgegenüber auch in den Verkehr innerhalb der Privathaushalte hinein. Vgl. hierzu meine allgemeinen Ausführungen in dem Aufsatz „Wer bringt in den Verkehr?" in Lebensmittel-Rundschau 1937, 177—180; der Inhalt dieses Aufsatzes ist auch in **Z.** Beil. 1938, 30, 95 mitgeteilt.

Die Regelungen in der VO. über Obsterzeugnisse gehen zwar nach einzelnen Richtungen hin weit in die Einzelheiten. Sie lassen gleichwohl noch mannigfach Raum für die Anwendung des allgemeinen LMG. So enthält sich die VO. bewußt einer klaren Regelung der Frage, inwieweit die Verwendung chemisch wirkender

Mittel bei der Gewinnung, Herstellung und Aufbewahrung der in der VO. behandelten Obsterzeugnisse und ihrer Vorerzeugnisse zulässig ist. Auf die seit Jahren erwartete VO. über Konservierungsmittel, in der diese Frage auch für Obsterzeugnisse im Rahmen einer allgemeinen Regelung für alle Lebensmittel entschieden werden soll, wird in der amtl. Begr. der VO. an zahlreichen Stellen hingewiesen. Vgl. z. B. Begr. zu § 3, Abs. 1, 2; zu § 7 Nr. 5; zu § 15 Abs. 1; zu § 21 Nrn. 3 und 6; zu § 22 Nr. 4; zu § 28 Nr. 1.

Nach dem Reichsrecht des Weingesetzes ist fernerhin zu beurteilen Traubensüßmost (Traubensaft zum sofortigen Genuß). Vgl. hierzu S. 458 Anm. 5 des Bandes VII des vorliegenden Handbuches.

II. Für weitere wichtigere Erzeugnisse aus Obst und Gemüse, welche die Lebensmittelindustrie auf den Markt bringt, hat die Hauptvereinigung der Deutschen Gartenbauwirtschaft (HV. GartenWi.) Normativbestimmungen erlassen, deren lebensmittelrechtliche Tragweite sich aus den Darlegungen unter I B 3 ergibt. Die wichtigsten dieser Normativbestimmungen (vgl. oben I B 3 Abs. 2) sind nachstehend unter c) mitgeteilt.

b) Die Verordnung über Obsterzeugnisse.

I. Die VO. über Obsterzeugnisse ist in vier Abschnitte eingeteilt, deren jeder zusammenfassend die aus den Abschnittsüberschriften ersichtliche Gruppe von Obsterzeugnissen behandelt. Dieser gesetzlichen Gruppierung folgend, werden nachstehend nicht zu jedem Paragraphen gesondert, sondern hinter dem Gesetzestext jedes Abschnittes der Teil der amtl. Begr., der sich auf diesen Abschnitt bezieht, und in gleicher Zusammenfassung die zu diesem Abschnitt erforderlichen erläuternden Anmerkungen gebracht.

Die Hefte 8—11 der in Julius Springers Verlag erschienenen „Entwürfe zu Verordnungen über Lebensmittel und Bedarfsgegenstände" gaben der Öffentlichkeit Kenntnis von den auf Grund der Verhandlungen im damals noch bestehenden Reichsgesundheitsrat festgelegten Entwürfen nebst ihrer Begründung. Die ursprünglich in Aussicht genommenen 4 Einzelverordnungen wurden schließlich in der in 4 Abschnitte gegliederten VO. über Obsterzeugnisse zusammengefaßt, deren Wortlaut auch sonst Änderungen gegenüber dem ursprünglichen Entw. aufweist.

Die „Amtliche Begründung", die der RMdI. am 5. Juli 1932 mit dem endgültigen Entw. der VO. vorgelegt hat, findet sich in der Drucksache Nr. 85 aus der Tagung 1932 des Reichsrats. Diese Begründung wird nachstehend als „amtliche Begründung" mitgeteilt; sie ist auch im RGesundh.Bl. 1933, 583 abgedruckt. Der im RGBl. I S. 495 veröffentlichte geltende Wortlaut der VO. weicht nur geringfügig von dem in der Drucksache Nr. 85 dem Reichsrat vorgelegten Entw. ab. Wo die amtl. Begr. infolge dieser Änderungen den geltenden Wortlaut nicht deckt, wird in den Anmerkungen die erforderliche Erläuterung gegeben.

Ein Kurzkommentar zu der VO. von Dr. Förster, Mitglied des Reichsgesundheitsamtes, ist 1933 in R. von Deckers Verlag, G. Schenk in Berlin W 9 erschienen und kann natürlich nur den damaligen Stand des Rechtsstoffs und der einschlägigen Verwaltungsanweisungen wiedergeben. § 29 a ist in die VO. erst durch die 2. VO. über Obsterzeugnisse vom 17. August 1938 (RGBl. I S. 1048) eingefügt.

II. Wortlaut, amtliche Begründung und Erläuterung der Verordnung der Reichsminister des Innern sowie für Ernährung und Landwirtschaft über Obsterzeugnisse. Vom 15. Juli 1933 (RGBl. I S. 495).

Auf Grund des § 5 Nr. 1a, b[2], Nr. 4[3] des Lebensmittelgesetzes vom 5. Juli 1927 (Reichsgesetzbl. I S. 134[2]) in der Fassung vom 31. Juli 1930 (Reichsgesetzbl. I S. 421[3]) und der Verordnung des Reichspräsidenten zur Vereinfachung des Erlasses von Ausführungsvorschriften vom 30. März 1933 (Reichsgesetzbl. I S. 147[1]) wird nach Zustimmung des Reichsrats und nach Anhörung des nach § 6 des Lebensmittelgesetzes verstärkten Reichsgesundheitsrats verordnet[1]:

§ 1. *Als Obsterzeugnisse im Sinne dieser Verordnung[4] gelten Obstkonfitüren, Marmeladen, Pflaumenmus, Obstsäfte, Obstsirupe, Obstgelee und Obstkraut.*

Abschnitt I: Obstkonfitüren und Marmeladen.

§ 2. Begriffsbestimmungen. *(1) Obstkonfitüren (Jams) sind aus einer Obstart[6] hergestellte dickbreiig-stückige, streichfähige Zubereitungen, die in der Regel im fertigen Erzeugnis Obststücke erkennen lassen. Sie werden durch Einkochen von unzerteiltem oder in Stücke geschnittenem frischem oder frisch erhaltenem, entkerntem oder entsteintem Obstfruchtfleisch oder von Obstpülpe einer Obstart und technisch reinem weißem Verbrauchszucker (Saccharose) hergestellt. Zur Einwage werden auf mindestens 45 Teile Obstfruchtfleisch höchstens 55 Teile Verbrauchszucker, bei Obstkonfitüren aus Zitrusfrüchten auf mindestens 30 Teile Obstfruchtfleisch höchstens 70 Teile Verbrauchszucker verwendet. Obstkonfitüren werden auch unter Verwendung von ungeschältem Obst, einer geringen Menge Obstpektin[5] oder Obstgeliersaft[9], Stärkesirup[8], Weinsäure oder Milchsäure[9] hergestellt. Sie werden mit dem Namen der verwendeten Obstart bezeichnet[10].*

(2) Marmeladen sind dickbreiige, streichfähige Zubereitungen, die durch Einkochen von frischem oder frisch erhaltenem[5], entkerntem oder entsteintem[7] Obstfruchtfleisch oder von Obstpülpe oder Obstmark und technisch reinem weißem Verbrauchszucker (Saccharose) hergestellt sind. Zur Einwaage werden bei Einfruchtmarmeladen auf mindestens 45, bei Mehrfruchtmarmeladen (Abs. 3 Nr. 2) und Gemischten Marmeladen (Abs. 3 Nr. 3) auf mindestens 25 Teile Obstfruchtfleisch höchstens 55 Teile Verbrauchszucker verwendet. Marmeladen werden auch unter Verwendung von ungeschältem Obst, einer geringen Menge Obstpektin[9] oder Obstgeliersaft[9], Stärkesirup[8], Weinsäure oder Milchsäure[9], Aprikosenmarmelade auch unter Verwendung von getrockneten Aprikosen[11] hergestellt.

(3) Als Marmeladensorten werden unterschieden:

1. Einfruchtmarmeladen: Marmeladen, die aus einer Obstart hergestellt sind; sie werden mit dem Namen dieser Obstart bezeichnet[12];

2. Mehrfruchtmarmeladen: Marmeladen, die aus 2 bis höchstens 4 verschiedenen Obstarten[5] hergestellt sind. Unter Verwendung von Äpfeln oder Birnen oder von beiden Früchten zusammen hergestellte Mehrfruchtmarmeladen enthalten vom Obstanteil der Einwaage höchstens 50 Hundertteile an Äpfeln oder Birnen oder an beiden Früchten zusammen. Mehrfruchtmarmeladen werden mit den Namen der verwendeten Obstarten bezeichnet[13];

3. Gemischte Marmeladen: Marmeladen, die aus verschiedenen — der Zahl nach nicht beschränkten — Obstarten[5] hergestellt sind. Unter Verwendung von Äpfeln oder Birnen oder von beiden Früchten zusammen hergestellte Gemischte Marmeladen enthalten vom Obstanteil der Einwaage höchstens 50 Hundertteile an Äpfeln oder Birnen oder an beiden Früchten zusammen[14].

§ 3. *(1) Obstpülpe ist ein nicht zum unmittelbaren Genuß geeignetes, aus frischem Obst hergestelltes Halberzeugnis, das neben Obstbestandteilen in breiigstückiger Form auch unzerteilte Früchte und große Fruchtstücke enthält.*

(2) Obstmark ist ein nicht zum unmittelbaren Genuß geeignetes Halberzeugnis aus mehr oder weniger fein zerteiltem frischem Obst.

(3) Obstpektin[28] sind aus Obstrückständen hergestellte flüssige oder pulverförmige Zubereitungen, meist mit einem geringen Zusatz von Weinsäure oder Milchsäure[23]. Flüssiges Obstpektin ist in 3 Zentimeter hoher Schicht durchscheinend und enthält mindestens 2,5 Hundertteile Pektinstoff (berechnet als Kalziumpektat); der Pektingehalt beträgt mindestens 25 Hundertteile der Trockenmasse. Pulverförmiges[25] Obstpektin entspricht in 10prozentiger wässeriger Lösung diesen Bedingungen. Obstpektin wird mit dem Namen der verwendeten Obstart bezeichnet.

(4) Obstgeliersäfte[28] sind Zubereitungen, die aus frischen Früchten einer pektinreichen Obstart durch Behandeln mit Wasser hergestellt werden. Obstgeliersäfte enthalten höchstens 2 Hundertteile Pektinstoff (berechnet als Kalziumpektat)

und höchstens 15 Hundertteile Trockenmasse. Obstgeliersäfte werden mit dem Namen der verwendeten Obstart bezeichnet, z. B. als Apfelgeliersaft, Stachelbeergeliersaft.

§ 4. Verbote zum Schutze der Gesundheit. *Es ist insbesondere verboten:*

1. die in §§ 2, 3 bezeichneten Erzeugnisse so herzustellen, daß sie Arsen, Blei oder Zink oder mehr als technisch nicht vermeidbare Mengen Antimon oder Kupfer enthalten;

2. solche Erzeugnisse anzubieten, zum Verkaufe vorrätig zu halten, feilzuhalten, zu verkaufen oder sonst in den Verkehr zu bringen.

§ 5. Grundsätze für die Beurteilung. *Als verdorben sind insbesondere anzusehen und auch bei Kenntlichmachung vom Verkehr ausgeschlossen:*

1. Obstkonfitüren und Marmeladen, die verschimmelt oder stark verunreinigt sind oder fremdartig oder ekelerregend riechen oder schmecken;

2. aus verdorbenen Früchten oder verdorbener Obstpülpe oder verdorbenem Obstmark oder anderen verdorbenen Rohstoffen zubereitete Obstkonfitüren und Marmeladen, unbeschadet der Unterdrückung einer leichten Gärung der verwendeten Früchte durch Erhitzen;

3. Obstkonfitüren und Marmeladen, die in starke alkoholische oder saure Gärung übergegangen sind;

4. Obstkonfitüren und Marmeladen, die angebrannt sind.

§ 6. *Als nachgemacht sind insbesondere[15] anzusehen und auch bei Kenntlichmachung vom Verkehr ausgeschlossen Erzeugnisse, die als Obstkonfitüren oder Marmeladen in den Verkehr gebracht werden oder die nach Aussehen, Konsistenz, Geruch und Geschmack einem dieser Erzeugnisse ähnlich sind, sofern sie ganz aus Obstrückständen oder ganz oder teilweise aus anderen Pflanzenteilen hergestellt sind, ausgenommen Hagebuttenmark und Hagebuttenmarmelade.*

§ 7. *Als verfälscht sind insbesondere[15] anzusehen und, außer in den Fällen der Nr. 4, 9, 12, 14, auch bei Kenntlichmachung vom Verkehr ausgeschlossen:*

1. Obstkonfitüren und Marmeladen, bei deren Herstellung Obstrückstände mitverwendet worden sind;

2. Obstkonfitüren und Marmeladen, bei deren Herstellung andere Aromastoffe verwendet worden sind als diejenigen, die beim Einkochen des Erzeugnisses entwichen, mit Hilfe von Kondensationsvorrichtungen wiedergewonnen und demselben Erzeugnis zugesetzt worden sind;

3. Obstkonfitüren und Einfruchtmarmeladen, die mehr als 35, Mehrfruchtmarmeladen und Gemischte Marmeladen, die mehr als 42 Hundertteile Wasser enthalten[17];

4. Obstkonfitüren und Marmeladen, bei deren Herstellung künstliche Farbstoffe verwendet worden sind, sofern sie nicht als „gefärbt" kenntlich gemacht sind[18,19];

5. Obstkonfitüren und Marmeladen, bei deren Herstellung Mineralstoffe verwendet worden sind;

6. Obstkonfitüren und Marmeladen, bei deren Herstellung Agar-Agar, Gelatine oder andere nicht im Obst enthaltene Gelierstoffe[20] verwendet worden sind;

7. Obstkonfitüren und Einfruchtmarmeladen, bei deren Herstellung Obstpektin oder Obstgeliersaft oder beide Erzeugnisse zusammen in einer Menge verwendet worden sind, die mehr als 0,3 Hundertteilen Pektinstoff (berechnet als Kalziumpektat und bezogen auf das Fertigerzeugnis) entspricht; Mehrfruchtmarmeladen und Gemischte Marmeladen, bei deren Herstellung Obstpektin oder Obstgeliersaft oder beide Erzeugnisse zusammen in einer Menge verwendet worden sind, die mehr als 0,5 Hundertteilen Pektinstoff (berechnet als Kalziumpektat und bezogen auf das Fertigerzeugnis) entspricht;

8. Obstkonfitüren und Marmeladen, die mehr als 0,5 Hundertteile zugesetzte Weinsäure oder Milchsäure enthalten;

9. Obstkonfitüren und Einfruchtmarmeladen[22], *bei deren Herstellung mehr als 5 Hundertteile Stärkesirup*[21] *verwendet worden sind, sofern nicht das Erzeugnis durch die Worte „mit Stärkesirup" kenntlich gemacht ist*[22]; *vorbehaltlich der Bestimmung in Nr. 10;*

10. Obstkonfitüren und Marmeladen, bei deren Herstellung mehr als 12 Hundertteile Stärkesirup verwendet worden sind;

11. Obstkonfitüren, die unter Verwendung von getrocknetem Obst hergestellt worden sind;

12. Marmeladen, die unter Verwendung von getrocknetem Obst hergestellt worden sind, ausgenommen Aprikosenmarmelade, sofern sie als „Aprikosenmarmelade aus getrockneten Aprikosen" kenntlich gemacht ist;

13. Mehrfruchtmarmeladen und Gemischte Marmeladen, bei deren Herstellung von Obstanteil der Einwaage mehr als 50 Hundertteile an Äpfeln oder Birnen oder an beiden Früchten zusammen verwendet worden sind;

14. aus mehreren Obstarten hergestellte Marmeladen, die der Begriffsbestimmung für Mehrfruchtmarmeladen nicht entsprechen, sofern sie nicht als „Gemischte Marmelade" kenntlich gemacht sind;

15. Obstpülpe und Obstmark, denen fremde Stoffe[24] *zugesetzt worden sind;*

16. Obstpektin, dessen Gehalt an Pektinstoff (berechnet als Kalziumpektat) weniger als 25 Hundertteile der Trockenmasse beträgt;

17. flüssiges Obstpektin und 10prozentige wässerige Lösungen von pulverförmigem Obstpektin, die weniger als 2,5 Hundertteile Pektinstoff (berechnet als Kalziumpektat) enthalten;

18. flüssiges Obstpektin und 10prozentige wässerige Lösungen von pulverförmigem Obstpektin, die zellige Elemente in makroskopisch wahrnehmbarer Menge enthalten oder in 3 Zentimeter hoher Schicht nicht durchscheinend sind;

19. Obstpektin, dem außer Weinsäure oder Milchsäure[23] *andere fremde Stoffe*[25], *insbesondere Mineralstoffe, zugesetzt worden sind;*

20. Obstgeliersäfte, die mehr als 2 Hundertteile Pektinstoff (berechnet als Kalziumpektat) oder mehr als 15 Hundertteile Trockenmasse enthalten;

21. Obstgeliersäfte, die zellige Elemente in makroskopisch wahrnehmbarer Menge enthalten;

22. Obstgeliersäfte, denen fremde Stoffe zugesetzt worden sind.

§ 8. *Eine irreführende Bezeichnung, Angabe oder Aufmachung liegt insbesondere*[16] *vor:*

1. wenn Erzeugnisse als Obstkonfitüren oder Marmeladen oder als bestimmte Obstkonfitüren- oder Marmeladensorten oder mit einer das Wort Obstkonfitüre oder Marmelade enthaltenden Wortbildung oder mit einem gleichsinnigen Ausdruck bezeichnet werden, ohne den Begriffsbestimmungen (§ 2) zu entsprechen;

2. wenn Obstkonfitüren oder Marmeladen mit Phantasienamen bezeichnet werden, sofern sie nicht zugleich die Bezeichnung der entsprechenden Obstkonfitüren- oder Marmeladesorte tragen;

3. wenn eine Obstkonfitüre oder Marmelade mit dem Namen einer bestimmten Obstart bezeichnet wird, aber nicht ausschließlich diese eine Obstart verwendet worden ist;

4. wenn bei einer Mehrfruchtmarmelade nicht sämtliche verwendeten Obstarten angegeben sind;

5. wenn Gemischte Marmeladen in ihrer Bezeichnung oder in sonstigen Angaben einen Hinweis auf bestimmte Obstarten enthalten;

6. wenn im Verkehr mit Obstkonfitüren und Marmeladen entgegen den Tatsachen auf eine besonders gute Beschaffenheit oder auf eine besondere sorgfältige Art der Herstellung hingewiesen wird;

7. wenn im Verkehr mit Obstkonfitüren und Marmeladen durch Umhüllungen, Bezettelungen oder Anpresungen in Wort oder Bild auf eine den Tatsachen nicht entsprechende Beschaffenheit, insbesondere im Verkehr mit Gemischten Marmeladen auf Obstarten oder im Verkehr mit Marmeladen aus Trockenaprikosen auf frische Früchte hingewiesen wird;

8. wenn einer Obstkonfitüre oder einer Marmelade entgegen den Tatsachen eine besondere diätetische Wirkung[27] *zugeschrieben wird.*

Amtl. Begründung.

(Reichsratsdrucksache Nr. 85 — Tagung 1932 — S. 11.)

Allgemeine Vorbemerkung. *Die auf Grund des § 5 Nr. 4 des Lebensmittelgesetzes ergehenden Verordnungen können naturgemäß dem Stande der Wissenschaft, Technik und Wirtschaft nur zur Zeit ihrer Verabschiedung entsprechen. Späterhin in Aufnahme kommende Stoffe, Verfahren und Gebräuche sind deshalb nach den allgemeinen Bestimmungen in §§ 3, 4 des Lebensmittelgesetzes zu beurteilen.*

Zu § 1. *Durch die Beschränkung auf die hier genannten Erzeugnisse wird die Herstellung anderer Obsterzeugnisse, wie Obstkompotte, Obstdicksäfte, Obstkonserven usw., nicht berührt. Diese Erzeugnisse bleiben einer Regelung außerhalb des Rahmens des vorliegenden Entwurfs vorbehalten.*

Zu Abschnitt I: Obstkonfitüren und Marmeladen.

Zu § 2. *Abs. 1, 2. Für die Zubereitung von Obstkonfitüren und Marmeladen werden Steinobst, Kernobst und Beerenobst verwendet. Das Obst muß ausgesucht, gut gereinigt und vollwertig sein. Als vollwertig gilt solches Obst, dem weder durch Auspressen noch auf anderem Wege Saft entzogen worden ist. Steinobst und Kernobst werden von den Steinen oder dem Kerngehäuse befreit und in der Regel in ungeschältem Zustand verarbeitet. Zitrusfrüchte werden im allgemeinen geschält; bei ihrer Verarbeitung werden Teile der Schale, zuweilen jedoch auch die ganze Schale mitverwendet. Die Obstkonfitüren sind wegen ihrer Eigenschaft als Einfruchterzeugnisse als besonders hochwertige Waren anzusehen. Im Fertigerzeugnis sollen im Gegensatz zu Marmeladen in der Regel Obststücke erkennbar sein. Durch die Worte „in der Regel" wird zum Ausdruck gebracht, daß diese Forderung nicht immer technisch durchführbar ist, da einige Früchte, wie z. B. Himbeeren, sehr leicht zerkochen. Dem „frischen Obstfruchtfleisch" gleichgestellt ist auch frischerhaltenes Obst. Unter „frischerhaltenem Obst" ist das haltbar gemachte Halberzeugnis, also Obstpülpe und Obstmark, zu verstehen. Die Verwendung von Trockenobst ist bei dem hochwertigsten Erzeugnis, den Obstkonfitüren, völlig ausgeschlossen. Bei Marmeladen soll lediglich die Verwendung getrockneter Aprikosen gestattet sein, weil die heimische Ernte nicht ausreicht, um den großen Bedarf an Aprikosen zu decken, so daß die Industrie auf die Einfuhr getrockneter Aprikosen angewiesen ist. Getrocknete Aprikosen dürfen jedoch nur zur Herstellung von Aprikosenmarmelade, die entsprechend kenntlich zu machen ist, verwendet werden (vgl. Begründung zu § 7 Nr. 12).*

Das Wort „Obstfruchtfleisch" soll Früchte, wie z. B. Holunderbeeren, ausschließen, da diese nicht unter den Begriff „Obst" fallen. Die Verwendung von mindestens 45 Hundertteilen Obstfruchtfleisch soll eine Gewähr für einen ausreichend hohen Fruchtanteil im Fertigerzeugnis bieten. Bei Obstkonfitüren aus Zitrusfrüchten wird der Zuckerzusatz mit Rücksicht auf den Gehalt der Früchte an Bitterstoffen höher bemessen, aber auf höchstens 70 Hundertteile begrenzt.

Bei der Berechnung der Einwage darf bei Steinobst nur das Gewicht der entsteinten, bei Kernobst nur das Gewicht der entkernten Früchte berücksichtigt werden.

Eine lediglich aus Obstfruchtfleisch und Zucker hergestellte Obstkonfitüre oder Marmelade ist als die Normalware anzusehen. Der Zusatz von Stärkesirup zu Obstkonfitüren und Marmeladen ist mit Rücksicht darauf zugelassen worden, daß die Sämigkeit der Erzeugnisse durch einen solchen Zusatz gefördert und das Auskristallisieren des Zuckers verzögert wird. Hierzu genügen schon geringe Mengen Stärkesirup. Jedoch darf der Stärkesirupzusatz nicht auf Kosten der verwendeten Früchte erfolgen, sondern es muß dafür eine entsprechende Zuckermenge in Abzug gebracht werden. Gegen die Verwendung von reinem Stärkezucker an Stelle von Stärkesirup ist an sich nichts einzuwenden, jedoch muß eine dem Wassergehalt des Sirups entsprechend geringere Menge Stärkezucker genommen werden.

Die Verwendung geringer Mengen von Obstpektin oder Obstgeliersaft, von Weinsäure oder Milchsäure ist allgemein zugelassen. Eine mengenmäßige Begrenzung erfolgt durch § 7 Nr. 7, 8. Die Verwendung von Obstpektin oder Obstgeliersaft hat sich vor allem bei solchen Obstfrüchten, die wenig Pektinstoffe enthalten, als zweckmäßig erwiesen, die Verwendung von Weinsäure oder Milchsäure besonders bei Erzeugnissen aus säurearmen Früchten; die Beschränkung auf Weinsäure und Milchsäure entspricht der Absicht, keine Säuren zuzulassen, die bereits in den Früchten enthalten sind. Die Verwendung von Zitronensäure ist daher ausgeschlossen.

Bezeichnungen, wie „rein", „echt" usw., sind nur bei Erzeugnissen zulässig, die die Normalware darstellen, demnach lediglich aus frischer Frucht und Zucker hergestellt sind, also weder Stärkesirup noch Obstpektin oder Obstgeliersaft noch Weinsäure oder Milchsäure noch Konservierungsmittel oder Farbstoffe enthalten.

Abs. 3, Nr. 1. Einfruchtmarmeladen unterscheiden sich von Obstkonfitüren allein dadurch, daß für ihre Herstellung mehr oder weniger fein zerteilte, sogenannte passierte Früchte verwendet werden[7].

Nr. 2, 3. Mehrfruchtmarmeladen werden im allgemeinen nach der Zahl der verwendeten Obstarten als Zweifrucht-, Dreifrucht- oder Vierfruchtmarmeladen bezeichnet. Bei Mehrfruchtmarmeladen müssen die verwendeten Obstarten angegeben werden, bei Gemischten Marmeladen soll jedoch eine Angabe von bestimmten Obstarten nicht zulässig sein. Zur Herstellung Gemischter Marmeladen werden im allgemeinen weniger wertvolle, jedoch an sich einwandfreie Früchte verwendet. Unter „Äpfeln" oder „Birnen", die bei Mehrfruchtmarmeladen und Gemischten Marmeladen zur Verwendung gelangen, ist das entkernte Fruchtfleisch dieser Obstarten zu verstehen.

Zu § 3. *Abs. 1, 2. Obstpülpe und Obstmark stellen nicht zum unmittelbaren Genuß geeignete Halberzeugnisse dar. Die Industrie ist, abgesehen davon, daß die Beschaffung der notwendigen Zuckermengen eine große wirtschaftliche Belastung darstellen würde, zur Zeit der Obsternte nicht in der Lage, alle anfallenden Früchte sofort zu verarbeiten. Sie ist daher darauf angewiesen, das Obst auch in der Zeit nach der Ernte auf die Fertigerzeugnisse zu verarbeiten. Um die großen Mengen vor dem Verderben zu schützen, bedarf es einer Haltbarmachung. Inwieweit zu diesem Zwecke Konservierungsmittel zuzulassen sind, soll demnächst in einer Verordnung über Konservierungsmittel geregelt werden.*

Abs. 3, 4. Flüssiges Obstpektin wird im allgemeinen aus Apfelpreßrückständen hergestellt, pulverförmiges Obstpektin meist aus dem „Balg", d. h. der inneren Fruchtwand reifer Zitronen, zuweilen auch aus Apfelpreßrückständen. Um eine übermäßige Streckung bei Verwendung flüssiger Pektine zu vermeiden, ist ein Mindestgehalt an Pektinstoff von 2,5 Hundertteilen (berechnet als Kalziumpektat) vorgesehen, wobei der Pektingehalt mindestens 25 Hundertteile der Trockenmasse betragen muß (vgl. auch Begründung zu § 7 Nr. 16 bis 22). Bezüglich des Verfahrens zur Bestimmung des Pektins vgl. die Begründung § 7 Nr. 7. Die für die Reinheitsprüfung von pulverförmigem Obstpektin notwendige 10prozentige wässerige Lösung läßt sich durch inniges Verreiben des Pektins mit der doppelten Menge Zucker, Auflösen in Wasser auf dem kochenden Wasserbade, darauffolgendes Abkühlen und Auffüllen zur Marke herstellen. Auch die Verwendung von Obstgeliersäften, die Auszüge aus Äpfeln oder anderem pektinreichen Obst darstellen, soll zugelassen sein. Auch an Obstgeliersäfte werden durch die Bestimmungen in § 7 Nr. 20 bis 22 besondere Anforderungen gestellt.

Zu § 4. *Die Verbote des § 4 dienen dem Schutze der Gesundheit. Damit ist indessen nicht gesagt, daß Erzeugnisse, deren Beschaffenheit diesen Vorschriften zuwiderläuft, unter allen Umständen gesundheitsschädlich sind. Andererseits ist die Aufzählung nicht erschöpfend, es sind nur die wichtigsten Fälle aufgeführt. Ergänzend gelten stets die Bestimmungen im § 3 Nr. 1a, b des Lebensmittelgesetzes.*

Arsen und Blei dürfen unter keinen Umständen in den Erzeugnissen enthalten sein. Arsen- und bleihaltige Mittel werden bisweilen zur Ungezieferbekämpfung in Obstgärten verwendet. Es besteht daher die Möglichkeit, daß die Früchte so behandelter Obstbäume geringe Mengen Arsen oder Blei enthalten. Weiter soll durch das Verbot die Verwendung verzinkter Kessel bei der Herstellung von Obstkonfitüren und Marmeladen ausgeschlossen werden. Das schließt nicht aus, daß in Obstkonfitüren und Marmeladen Spuren von Zink enthalten sein können, da Zink in geringen Mengen in fast allen gebräuchlichen Lebensmitteln pflanzlichen und tierischen Ursprungs als natürlicher Bestandteil vorkommt. Antimon soll in Obstkonfitüren und Marmeladen im allgemeinen nicht enthalten sein. Indessen sollen Spuren von Antimon, die bei der Verwendung von emaillierten Gefäßen aus der Emaille in die Erzeugnisse gelangen, nicht beanstandet werden. Unter „technisch nicht vermeidbaren Mengen Kupfer" sind die geringen Mengen Kupfer zu verstehen, die auf dem Herstellungswege, d. h. durch Verkochen in kupfernen Kesseln, in die Obstkonfitüren und Marmeladen gelangen können. Im allgemeinen wird man mit Mengen unter 20 Milligramm im Kilogramm zu rechnen haben. Mehr als 20 Milligramm im Kilogramm würden daher zu beanstanden sein.

Zu § 5. *Nr. 1. Unter „verschimmelt" ist ein starker Schimmelbefall zu verstehen; vereinzelt sich vorfindende Schimmelkolonien an der Oberfläche sind dagegen kein Anzeichen von Verdorbenheit. Durch die Worte „stark verunreinigt" kommt zum Ausdruck, daß geringe Mengen von Verunreinigungen, z. B. einzelne Kelchblättchen von Erdbeeren oder Stielchen von Johannisbeeren, nicht als Anzeichen von Verdorbenheit angesehen werden sollen.*

Nr. 2, 3. Verdorbenes Obstmark oder verdorbene Obstpülpe oder verdorbene Obstfrüchte dürfen nicht zur Herstellung von Obstkonfitüren und Marmeladen verwendet werden. Jedoch sind Erzeugnisse dieser Art, die in leichte Gärung übergegangen sind, nicht als verdorben anzusehen und können nach Beseitigung der Gärung durch kurzes Erhitzen unbedenklich verwendet werden. Dagegen sind in starke Gärung übergegangene Obstpülpe oder Obstmark nicht mehr verwendungsfähig. Ebenso macht eine starke Gärung Obstkonfitüren und Marmeladen zum Genuß untauglich. Solche Erzeugnisse sind daher vom Verkehr auszuschließen. Unter „saurer Gärung" ist sowohl die Essigsäure- als auch die Milchsäuregärung zu verstehen.

Zu § 6. *Hier sollen vornehmlich die Erzeugnisse getroffen werden, die ganz aus Obstrückständen oder ganz oder teilweise aus artfremden Pflanzenteilen, wie Mohrrüben, Rhabarber, Kürbis usw., hergestellt sind.*

„Obstrückstände", die sogenannten Trester, sind die Rückstände, die beim vollständigen Auspressen oder Auslaugen oder bei der Destillation von Obstfrüchten und Obstfruchtbestandteilen verbleiben; es sind jedoch auch nur teilweise abgepreßte oder teilweise ausgelaugte Obstfrüchte als Obstrückstände anzusehen und demnach zur Herstellung von Obstkonfitüren und Marmeladen verboten.

Der Begriff „ähnlich" wird durch Hinzufügen der Worte „nach Aussehen, Konsistenz, Geruch und Geschmack" ergänzt, wobei ähnlich gleichbedeutend mit verwechselbar sein soll. Hagebuttenmark und Hagebuttenmarmelade sind, obgleich Hagebutten gleichfalls keine Obstfrüchte sind, deshalb ausgenommen, weil sie in einigen Gegenden Süddeutschlands, wie in Württemberg, eine besondere Rolle spielen.

Zu § 7. *Nr. 1. Als verfälscht sind demnach Obstkonfitüren und Marmeladen anzusehen, wenn sie unter teilweiser Verwendung von Obstrückständen hergestellt sind.*

Nr. 2. Ein Teil der wertvollen natürlichen Aromastoffe geht beim Eindampfen der Erzeugnisse verloren. Soweit diese Stoffe durch geeignete Apparaturen wiedergewonnen werden, dürfen sie demselben Erzeugnis zugesetzt werden. Es soll aber nicht zugelassen sein, daß z. B. ein derartig gewonnenes Himbeeraroma einer beliebigen Himbeerkonfitüre zugesetzt wird; der Zusatz soll vielmehr nur auf das Erzeugnis, dem das Aroma entstammt, beschränkt bleiben. Andere Aromastoffe dürfen nicht verwendet werden; die Mitverarbeitung von Teilen der Schale, die einen großen Gehalt an ätherischen Ölen aufweist, bei Obstkonfitüren aus Zitrusfrüchten ist nicht als Zusatz von Aromastoffen anzusehen.

Nr. 3. Ein Höchstgehalt an Wasser ist mit Rücksicht darauf festgesetzt worden, daß eine genügende Einkochung des Erzeugnisses erfolgt. Dabei ist aber zu beachten, daß der Wassergehalt um so höher sein wird, je größer der Fruchtanteil der Einwaage gewesen ist.

Nr. 4. Infolge des Kochprozesses oder der Konservierung werden einige Konfitüren- und Marmeladensorten leicht unansehnlich. Um der Industrie die Möglichkeit zu geben, eine auch bezüglich der Farbe ansprechende Ware liefern zu können, ist Färbung mit künstlichen Farbstoffen unter Kenntlichmachung erlaubt.

Nr. 5. Nur der unmittelbare Zusatz von Mineralstoffen ist verboten; die geringen Mengen Mineralstoffe, die durch die Verwendung von Obstpülpe und Obstmark, die mit Konservierungsmitteln (vgl. die Begründung zu § 3 Abs. 1, 2) versetzt worden sind, in die Erzeugnisse gelangen, werden durch diese Bestimmung nicht getroffen.

Nr. 7. Die Gelierkraft der Früchte ist je nach Jahrgang und Sorte verschieden. Es ist daher gestattet, den Obstkonfitüren und Marmeladen Pektinstoffe zuzusetzen, wobei es unwesentlich ist, in welcher Form dieser Zusatz geschieht, vorausgesetzt, daß das verwendete Obstpektin oder der verwendete Obstgeliersaft den Vorschriften in § 3 Abs. 3, 4 und § 7 Nr. 16 bis 22 entspricht. Zur Bestimmung des Pektingehalts ist die von Mehlitz *(Zeitschr. techn. Biol. 1925,* **11**, *Heft 3) und* Griebel *(Zeitschr. Unters. Nahrungs- u. Genußm. 1925,* **49**, *355) nachgeprüfte Methode von* Carré *und* Haynes *geeignet.*

Nr. 8. Um eine Überschreitung der Höchstgrenze an Weinsäure oder Milchsäure zu vermeiden, ist die bei der Verwendung von Obstpektin mit diesem in die Obstkonfitüre oder Marmelade gelangende Menge Weinsäure oder Milchsäure zu berücksichtigen.

Nr. 9, 10. Stärkesirup darf hiernach[22] *in Mengen bis 5 Hundertteile ohne Kenntlichmachung, in Mengen bis 12 Hundertteile nur unter Kenntlichmachung verwendet werden. Ein Zusatz von mehr als 12 Hundertteilen ist verboten (vgl. hierzu auch die Begründung zu § 2 Abs. 1, 2).*

Nr. 12. Zur Herstellung von Aprikosenmarmeladen können ausschließlich getrocknete Aprikosen verwendet werden; solche Marmeladen müssen aber als „Aprikosenmarmelade aus getrockneten Aprikosen" kenntlich gemacht werden. Auch bei teilweiser Verwendung von frischen Aprikosen müssen die Marmeladen in gleicher Weise kenntlich gemacht werden; jedoch soll es in diesem Falle unbenommen bleiben, der Kenntlichmachung hinzuzufügen „unter Zusatz von frischen Aprikosen". Der Zusatz von getrockneten Aprikosen ist weder bei Mehrfruchtmarmeladen noch bei Gemischten Marmeladen zulässig.

Nr. 16 bis 22. Vgl. die Begründung zu § 3 Abs. 3, 4. Die an Obstpektin und Obstgeliersaft hinsichtlich der Reinheit gestellten Anforderungen sollen die Menge der mit ihnen in das Erzeugnis gelangenden Stoffe auf ein Mindestmaß beschränken. Zu diesem Zweck soll auch die Anwesenheit zelliger Elemente in makroskopisch wahrnehmbarer Menge ausgeschlossen sein. Hiernach wird z. B. ein Bodensatz von Stärkekörnern u. dgl. als unzulässig anzusehen sein.

Zu § 8. *Nr. 1. Die Bezeichnung „Obstkonfitüre" und „Marmelade" ist nur den Erzeugnissen vorbehalten, die den Begriffsbestimmungen (§ 2) entsprechen. Ähnliche Erzeugnisse aus Mohrrüben, Rhabarber, Kürbis usw. dürfen nicht als Obstkonfitüre oder schlechthin Konfitüre oder als Marmelade bezeichnet oder mit einem gleichsinnigen Ausdruck oder mit einer*

Bezeichnung versehen werden, die mit dem Wort Obstkonfitüre oder Marmelade verwechselbar ist (vgl. auch Begründung zu § 6).

Es soll jedoch nicht verboten sein, einer Obstkonfitüre oder Marmelade Stoffe zuzusetzen, durch die keine Verschlechterung des Erzeugnisses herbeigeführt wird, wie z. B. der Zusatz von Vollmilch, vorausgesetzt, daß der Verbraucher durch die Art der Bezeichnung ausreichend über die Beschaffenheit des Erzeugnisses unterrichtet wird.

Nr. 2. Durch die Vorschrift soll verhindert werden, daß Obstkonfitüren und Marmeladen lediglich mit einem Phantasienamen versehen werden, der den Käufer in Unkenntnis darüber läßt, was für Erzeugnisse er bekommt. Aus der Verpflichtung zur Benutzung der Worte Obstkonfitüre oder Marmelade folgt, daß die Erzeugnisse den Begriffsbestimmungen für Obstkonfitüren und Marmeladen entsprechen müssen.

Nr. 6. Durch diese Vorschrift sollen Angaben, die besagen, daß es sich um eine nach Herstellung oder Beschaffenheit besonders gute Ware handelt, für solche Erzeugnisse ausgeschlossen werden, die lediglich den an Obstkonfitüren und Marmeladen zu stellenden Anforderungen genügen.

Nr. 7. Abbildungen von frischen Früchten[26] *sind nur bei Obstkonfitüren und bei ausschließlich aus frischem Obst hergestellten Marmeladen erlaubt.*

Nr. 8. Hierdurch werden Bezeichnungen, wie „Gesundheitskonfitüre", „Kraftmarmelade" usw., wie auch entsprechende bildliche Darstellungen oder anpreisende Beschreibungen und Angaben verboten. Derartigen vielfach üblichen Geschäftsgebräuchen fehlt die Berechtigung, da erfahrungsgemäß die einzelnen Obstkonfitüren- und Marmeladensorten in ihrem Nährwert und ihrer gesundheitlichen Wirkung keine Unterschiede aufweisen, die eine solche Hervorhebung rechtfertigen. Die allgemeinen Angaben dagegen, daß die Obstkonfitüren und Marmeladen nahrhaft und bekömmlich sind, sollen nicht beanstandet werden.

Anmerkungen zu Abschnitt I (Einleitung und §§ 1 bis 8).

[1] Die VO. ist erlassen vom RMdI. gemeinsam mit dem REmMin.

[2] Die Nr. 1 des § 5 in der heutigen Fassung des LMG. vom 17. Januar 1936 deckt auch die früheren Untergliederungen des § 5 Nr. 1. Zuwiderhandlungen gegen die „zum Schutz der Gesundheit" in §§ 4, 10, 18, 25 der VO. enthaltenen Vorschriften sind mithin strafbar nach § 11 des LMG., ohne Rücksicht darauf, ob im Einzelfall tatsächlich eine Gesundheitsgefährdung, wie sie in § 3 LMG. vorausgesetzt wird, eingetreten ist.

[3] Die Nr. 4 des § 5 in der Fassung des LMG. von 1927—1930 ist in der jetzt geltenden Fassung zur Nr. 5 des § 5 geworden. Die gemäß § 5 Nr. 4 bzw. § 5 Nr. 5 festgelegten „Grundsätze für die Beurteilung" stellen eine rechtssatzmäßige Auslegung der in § 4 LMG. verwendeten Begriffe „nachgemacht, verfälscht, verdorben, irreführend bezeichnet" dar. Es gelten also, ohne daß dies besonders hervorgehoben zu werden brauchte, im Bereich der VO. über Obsterzeugnisse mit den Verboten des § 4 LMG. auch die dazu gehörigen Strafvorschriften des § 12 LMG.

[4] Andere Obsterzeugnisse, wie Trockenobst, Süßmoste, Limonaden (vgl. § 17 der VO.), werden von den Regelungen der VO. nicht betroffen. Wohl aber die in § 3 genannten Halberzeugnisse und Zubereitungen, die bei der Herstellung von Obsterzeugnissen als Grund- oder Hilfsstoffe von Bedeutung sind.

[5] Was unter frisch erhaltenem Obstfruchtfleisch zu verstehen ist, wird in Abs. 1 der amtl. Begr. zu § 2 Abs. 1, 2 der VO. erörtert.

[6] Eine formulierte Begriffsbestimmung für Obst enthält die VO. nicht. Die amtl. Begr. zu §§ 2, 6, § 8 Abs. 1, § 15 Abs. 2, § 20 erläutert ausschnittweise, auf Sinn und Zweck der einzelnen Vorschriften abgestellt, das Begriffsgebiet.

Auch § 2 der Brennereiordnung, abgedruckt Bd. VII S. 744 des Handbuchs, enthält nur auf die Zwecke des Branntweinmonopolgesetzes zugeschnittene Begriffsbestimmungen für Obst und Beeren.

[7] Marmeladen sollen grundsätzlich — im Gegensatz zu Konfitüren (Begr. zu § 2 Abs. 1, 2, Satz 6) — noch erkennbare Obststücke nicht enthalten; doch ist das Vorhandensein solcher nicht unter allen Umständen unzulässig. BEYTHIEN erinnert (unter 4d seiner Ausführungen über Muse, Marmeladen usw. im vorliegenden Bande) z. B. an Aprikosenmarmelade. Die Begr. zu § 2 Abs. 3 Nr. 1 ist in dieser Hinsicht mißverständlich, wenn man sie für sich allein liest; in Verbindung mit Satz 7 der Begr. zu Abs. 1, 2 kommt der richtige Sinn heraus. Man muß also die Schlußworte der Begr. zu § 2 Abs. 3 Nr. 1 so verstehen, als ob sie lauteten: „sogenannte passierte Früchte in der Regel verwendet werden". Aus der Begr. zu § 2 Abs. 3 Nr. 1 läßt sich auch nicht das Verlangen rechtfertigen, daß Beeren-Einfruchtmarmelade aus passiertem Beerenobst hergestellt werden müßte (z. B. Himbeermarmelade). Denn mit Recht will die amtl. Begr. zu § 2 Abs. 1, 2 in ihrem auf Konfitüren und Marmeladen gemünzten Satz 4 die Forderung der Entkernung und Entsteinung nur auf Kern- und Steinobst bezogen wissen.

[8] Inwieweit an Stelle von Saccharose Stärkesirup und reiner Stärkezucker verwendet werden darf, ergibt sich aus § 7 Nr. 9 und 10 in Verbindung mit Abs. 4 der Begr. zu § 2 Abs. 1, 2. Vgl. auch nachstehende Anm. 22.

Für Zuckerkranke darf auch Süßstoff aus den Gründen und unter den Bedingungen verwendet werden, die in der Vorbemerkung zur Süßstoff-VO. (II H 3a) erörtert sind.

[9] Vgl. § 7, Nr. 7, 8.

[10] Vgl. § 8, insbesondere unter Nr. 1 und 3.

[11] Vgl. § 8, insbesondere unter Nr. 7.

[12] Vgl. § 8 Nr. 3.

[13] Vgl. § 8 Nr. 4.

[14] Gemischte Marmeladen dürfen keinen Hinweis auf bestimmte Obstarten enthalten.

[15] Nur die wichtigsten Fälle dieser wertmindernden Eigenschaft sind in der VO. rechtssatzmäßig mit bindender Wirkung festgelegt. Sonst gelten die allgemeinen aus § 4 LMG. entwickelten Grundsätze.

[16] Das in Anm. 15 Gesagte gilt auch in Ansehung der irreführenden Bezeichnungen usw.

[17] Über die zur Bestimmung des Wassergehaltes anwendbaren Untersuchungsverfahren verhält sich ein Rundschreiben des RMdI. vom 18. Juni 1934 (MiBl.iV. S. 873). Es ist im RGesundh.Bl. 1934, 645 unter dem Datum des 25. Mai 1934 mitgeteilt.

[18] Die Farbstoffe müssen gesundheitlich einwandfrei sein. Vgl. im übrigen Anm. 3 zu § 1 der Speiseeis-VO. (S. 909).

Vorhandene Etikettierungen mit Aufschriften „leicht gefärbt“ oder „handelsüblich gefärbt“ waren nach dem Runderlaß des RMdI. vom 9. Mai 1935 (MiBl.iV. S. 671) bis 31. Dezember 1935 unbeanstandet zu lassen.

[19] Zur Behebung von Zweifeln über die Tragweite des § 7 Nr. 4 hat der RMdI. unterm 9. November 1934 (RMiBl.iV. S. 1542 — abgedruckt auch im RGesundh.Bl. S. 1033) in einem Rundschreiben ausgeführt:

„(2) Bei verpackter Ware wird sich die vorgeschriebene Kenntlichmachung in ausreichender Weise auf der Packung anbringen lassen. Wird die Ware lose an den Verbraucher abgegeben, so wird es im allgemeinen genügen, wenn ein Hinweis auf die Färbung auf einem an dem Vorratsgefäß, wohl meist einem Blecheimer, mit Klammern befestigten, dem Beschauer zugekehrten Pappschild in deutlicher Schrift angebracht wird. Daß auf den Farbstoffzusatz durch Anbringung eines Aushanges im Laden hingewiesen wird, erscheint nicht unbedingt notwendig. Es wird immer darauf ankommen, daß die Kenntlichmachung in einer Weise erfolgt, die eine Irreführung des Käufers ausschließt.“

Über den rechtlichen Charakter dieses Rundschreibens führt OLG. Stettin 22. Mai 1937 (Z. Beil. 1938, **30**, 91) aus, es enthalte keine zwingende Vorschrift, schon deshalb nicht, weil es keine gemäß §§ 5, 12 vom RMdI. und RErnMin. gemeinschaftlich erlassene VO. darstelle, sondern nur eine Richtlinie, die eine anderweitige Kennzeichnung nicht ausschließe, wenn sie zur Aufklärung des Verbrauchers i. S. des § 4 Nr. 2 LMG. ausreichend sei.

[20] Hierzu sagt der RMdI. im Runderlaß vom 25. Februar 1937 (MiBl.iV. S. 350):

„Obwohl in der VO. über Obsterzeugnisse vom 15. Juli 1933 (RGBl. I S. 495) nur Obstpektin und Obstgeliersäfte als Gelierstoffe zugelassen, andere Gelierstoffe wie Agar-Agar, Gelatine usw. aber gemäß § 7 Nr. 6 dieser VO. verboten sind, werden immer wieder derartige Stoffe enthaltende Zubereitungen in den Verkehr gebracht. Solche Stoffe sind nicht nur wertlos und zur Herstellung von Obstgelee und Marmelade ungeeignet, sondern ihre Verwendung hat häufig zur Folge, daß wertvolle Rohstoffe unverwendbar und somit vergeudet werden. Ich weise daher ausdrücklich darauf hin, daß Gelierstoffe für Obsterzeugnisse dem § 3 Abs. 3 und 4 der obenbezeichneten VO. entsprechen müssen.“

Die Herstellung und der Vertrieb anderer Gelierstoffe als Obstpektin und Obstgeliersäfte ist jetzt durch § 29a verboten.

[21] Auch über die Bestimmung des hier zugelassenen Stärkesirups spricht sich das in Anm 17 erwähnte Rundschreiben des RMdI. aus.

[22] Entgegen dem Reichsratsentwurf (vgl. Vorbemerkung vor der VO. über Obsterzeugnisse), auf den die vorstehend abgedruckte amtl. Begr. zu § 7 Nr. 9 und 10 abgestellt ist, verlangt die geltende VO. die Kenntlichmachung einer Verwendung von 5—12 Hundertteilen nur noch bei Einfruchterzeugnissen (Konfitüren, Einfruchtmarmelade). Die Verwendung von Stärkesirup bis 12% ist also bei Mehrfruchtmarmeladen und gemischten Marmeladen ohne Kenntlichmachung zulässig. Verkehrsunfähig sind nach wie vor alle Konfitüren und Marmeladen, die mehr als 12% Stärkesirup enthalten.

[23] Im Rundschreiben vom 31. Mai 1934 (MiBl.iV. S. 793 — auch RGesundh.Bl. S. 449) will der RMdI. „vorbehaltlich einer Änderung der VO. über Obsterzeugnisse einen Zusatz von Zitronensäure nicht beanstandet" wissen, „sofern er nur in geringer Menge erfolgt und kenntlich gemacht wird. Aus technischen Gründen bietet die Verwendung von Citronensäure an Stelle von Weinsäure oder Milchsäure erhebliche Vorteile."

[24] Wegen der Haltbarmachung vgl. die Begr. zu § 3 Abs. 1, 2 (Schlußsatz) und zu § 7 Nr. 5.

[25] Über die Duldung des Vertriebs von Mischungen aus Trockenpektin mit weißem Verbrauchszucker (Saccharose) oder mit reinem Stärkezucker (Dextrose) für die Verwendung im Haushalt verhalten sich zwei Runderlasse des RMdI.

Abs. 4 des Runderlasses vom 18. Juni 1934 (MiBl.iV. S. 875) lautet:

„(4) Für die Herstellung von Obsterzeugnissen im Haushalt wird neben flüssigem Obstpektin auch pulverförmiges Obstpektin (Trockenpektin) angeboten. Da reines Trockenpektin beim Auflösen zur Klumpenbildung neigt, hat es sich als zweckmäßig erwiesen, es mit der gleichen Menge technisch reinen weißen Verbrauchszuckers zu mischen. Da bei denjenigen Obsterzeugnissen, bei deren Herstellung Obstpektin verwendet werden darf, auch stets Zucker Verwendung findet, bestehen keine Bedenken gegen das Inverkehrbringen einer solchen Mischung, sofern die Beschriftung klar erkennen läßt, daß es sich bei dem Erzeugnis um eine Mischung von Obstpektin und Zucker, nicht aber um Obstpektin i. S. des § 3 Abs. 3 der VO. über Obsterzeugnisse handelt."

In Abs. 1 seines Runderlasses vom 21. Dezember 1934 (MiBl.iV. S. 1562) verweist der RMdI. auf den vorstehenden Runderlaß vom 18. Juni 1934 und bestimmt alsdann (in Abs. 2):

„(2) Wie von gewerblicher Seite dargelegt wird, hat sich diese Mischung in vielen Fällen nicht bewährt, da die in ihr enthaltene Weinsäure oder Zitronensäure bei feuchter Lagerung leicht eine Inversion der Saccharose bewirkt, die zu einer Verflüssigung des Inhalts der Packungen führt und ihn unbrauchbar macht. Es ist daher beantragt worden, auch Mischungen von Trockenpektin mit mehreren Teilen reinem Stärkezucker (Dextrose) in den Verkehr bringen zu dürfen, die den genannten Nachteil nicht aufweisen. Ein hiermit hergestelltes Obstgelee würde wegen seines — wenn auch geringen — Gehalts an Stärkezucker den Anforderungen der VO. über Obsterzeugnisse vom 15. Juli 1933 (RGBl. I S. 495, 796) nicht entsprechen (§ 28 Nr. 5). Es bestehen aber keine Bedenken gegen das Inverkehrbringen einer solchen Mischung, sofern diese lediglich zur Herstellung von Obsterzeugnissen im Haushalt, nicht aber zur gewerblichen Herstellung dieser Erzeugnisse dienen soll. Es ist jedoch in Übereinstimmung mit dem genannten RdErl. zu fordern, daß die gewählte Beschriftung klar erkennen läßt, daß eine Mischung aus Obstpektin und Stärkezucker vorliegt und ferner, daß das Erzeugnis nur zur Herstellung von Obsterzeugnissen im Haushalt bestimmt ist."

Zur rechtlichen Würdigung dieser beiden Runderlasse sei auf HOLTHÖFER-JUCKENACK, Erg. 1936, S. 41 hingewiesen. Dabei ist zu beachten, daß die beiden Erlasse die Verwendung von Obstpektin im Haushalt unberührt lassen (vgl. die Ausführungen auf S. 923 über die Tragweite der VO. über Obsterzeugnisse), sondern den Verkehr mit gewerblich hergestelltem und vertriebenem Obstpektin betreffen. Vgl. hierzu den Schlußsatz der Begr. zu § 23 Abs. 1, 2 und jetzt auch § 29a (S. 947).

[26] Über die Verwendung von sog. Sammeletiketten besagt der erste Absatz des nachfolgend abgedruckten Rundschreibens des RMdI. vom 11. Mai 1934 (MiBl.iV. S. 713 — mitgeteilt unter dem Datum des 6. April 1934 im RGesundh.Bl. S. 438):

„Aus den beteiligten Wirtschaftskreisen ist die Frage aufgeworfen worden, inwieweit im Verkehr mit Obstkonfitüren und Marmeladen die Verwendung von sog. Sammeletiketten (Etiketten, auf denen eine größere Anzahl der für die Herstellung von Obsterzeugnissen verwendbaren, jedoch im Einzelfalle tatsächlich nicht verarbeiteten Früchte abgebildet sind) als ein den Tatsachen nicht entsprechender Hinweis auf die Herstellungsweise oder Beschaffenheit und somit als irreführende Aufmachung i. S. des § 8 Nr. 7 der VO. über Obsterzeugnisse vom 15. Juli 1933 (RGBl. I S. 495) anzusehen sei. Die Gefahr einer

Irreführung besteht meines Erachtens nicht, wenn die dargestellten Früchte nur zur allgemeinen Ausschmückung, etwa in der Art einer Randverzierung, dienen. Treten dagegen die Fruchtbilder im Rahmen der gesamten Ausstattung stärker hervor, so werden sie als Hinweis auf Verwendung der abgebildeten Früchte zu gelten haben. Soweit der Inhalt der Bebilderung nicht entspricht, wird in solchen Fällen namentlich dann, wenn bei Mehrfruchtmarmeladen die vorgeschriebene Angabe der verwendeten Obstsorten nicht mehr genügend zur Geltung kommen sollte, die Gefahr der Irreführung gegeben sein.

Die nach § 23 Abs. 2 und § 24 Abs. 1 der Verordnung zulässige Verwendung von getrockneten Äpfeln, Apfelschalen und Apfelnachpresse bei der Herstellung von Apfelgelee, Apfelkraut gesüßt und Apfel-Birnenkraut ist nach § 28 Nr. 3 kenntlich zu machen. Seitens der Industrie ist darauf hingewiesen worden, daß bei gleichzeitiger Verwendung mehrerer der genannten Rohstoffe die zu ihrer Kenntlichmachung erforderlichen Angaben sehr umfangreich und daher leicht unübersichtlich werden. Für den Schutz der Verbraucher erscheint es ausreichend, wenn bei Verwendung von mehreren der genannten Zusätze jeweils lediglich der mindest wertvolle Rohstoff kenntlich gemacht wird, so daß die Angabe „mit Nachpresse“ („Apfel-Nachpresse-Gelee“) gleichzeitig einen Zusatz von Trockenäpfeln und Apfelschalen, die Angabe „aus Apfelschalen“ gleichzeitig einen Zusatz von Trockenäpfeln deckt.

Weiter ist von gewerblicher Seite darauf hingewiesen worden, daß die in § 28 Nr. 18 für Apfelkraut gesüßt, dem mehr als 25 Teile Zucker auf 100 Teile Apfelkraut zugesetzt sind, vorgeschriebene Kenntlichmachung „mit mehr als 25 Hundertteilen Zucker“ die irrtümliche Auslegung zulasse, daß das Fertigerzeugnis mehr als 25 Hundertteile zugesetzten Zucker enthalte. Es erscheint mir unbedenklich, zur Vermeidung dieser Unklarheit statt der genannten Angabe auch die Kenntlichmachung „mit Zusatz von mehr als 25 Teilen Zucker auf 100 Teile Apfelkraut“ zuzulassen.

Die Druckereien und Konservenfabriken besitzen noch erhebliche Bestände an Etiketten, die an Stelle der für Obstsirupe vorgeschriebenen Bezeichnung „Himbeersirup“, „Kirschsirup“, „Johannisbeersirup“ die bisher meist übliche Bezeichnung „Himbeersaft“, „Kirschsaft“, „Johannisbeersaft“ tragen und innerhalb der in meinem Rundschreiben vom 9. Oktober 1933 — II A 3015/29. 9. — gewährten Übergangsfrist nicht aufgebraucht werden konnten. Wirtschaftliche Rücksichten lassen es als erwünscht erscheinen, daß diese Bestände, die einen erheblichen Wert darstellen, nicht vernichtet werden müssen. Ich würde es deshalb für angängig halten, daß bis zum 30. September 1934 von Beanstandungen abgesehen wird, wenn Obstsirupe mit Etiketten versehen angetroffen werden, die neben der Bezeichnung „Himbeersaft“ usw. den zusätzlichen gut lesbaren Aufdruck „mit Zucker eingekocht“ oder „unter Zusatz von Zucker“ — eingedruckt oder mittels Gummistempel oder in sonstwie haltbarer Weise — angebracht tragen.

Ich ersuche ergebenst, die mit der Überwachung des Lebensmittelverkehrs betrauten Behörden und Untersuchungsanstalten alsbald mit entsprechender Weisung zu versehen. Für eine gefällige Mitteilung über das Veranlaßte wäre ich dankbar.

[27] Vgl. hierzu auch meine Ausführungen in den Anmerkungen zu § 11 der Tafelwässer-VO. Bd. VIII/2 des Handbuchs.

Abschnitt II. Pflaumenmus.

§ 9. Begriffsbestimmungen. *(1) Pflaumenmus (Zwetschenmus, Zwetschgenmus, Zwetschgengesälz[1]) sind dickbreiige, streichfähige Zubereitungen, die durch Einkochen des Pflaumenmarks aus frischen, auch getrockneten Pflaumen (Zwet-*

schen, Zwetschgen) oder aus einem Gemisch dieser beiden hergestellt sind. Pflaumenmus wird zuweilen unter Verwendung von technisch reinem weißem Verbrauchszucker (Saccharose) und einer geringen Menge Weinsäure oder Milchsäure[2] *hergestellt*[4].

(2) Als Pflaumenmussorten werden unterschieden:

1. Pflaumenmus: das Mus aus dem Pflaumenmark aus frischen Pflaumen;

2. Pflaumenmus gesüßt: das Mus aus dem Pflaumenmark aus frischen Pflaumen mit einem Zusatz von technisch reinem weißem Verbrauchszucker (Saccharose);

3. Pflaumenmus aus Trockenpflaumen: das Mus aus dem Pflaumenmark aus getrockneten Pflaumen, auch mit einem Zusatz von technisch reinem weißem Verbrauchszucker (Saccharose), Weinsäure oder Milchsäure;

4. Pflaumenmus aus Trockenpflaumen mit Zusatz von frischen Pflaumen: das Mus aus einem Gemisch des Pflaumenmarks aus frischen und getrockneten Pflaumen, das im Fertigerzeugnis mindestens 25 Hundertteile Mus aus frischen Pflaumen enthält und auch mit einem Zusatz von technisch reinem weißem Veıbrauchszucker (Saccharose), Weinsäure oder Milchsäure hergestellt wird.

(3) Gemischtes Mus sind pflaumenmusähnliche Zubereitungen aus einem Gemisch von Pflaumenmark aus frischen oder getrockneten Pflaumen mit Mark aus einem anderen frischen oder getrockneten Obst, die im Fertigerzeugnis mindestens 50 Hundertteile Mus aus frischen oder getrockneten Pflaumen enthalten und auch mit einem Zusatz von technisch reinem weißem Verbrauchszucker (Saccharose), Rübenkraut (Zuckerrübensaft[2]*) oder Speisesirup aus Entzuckerungsabläufen hergestellt werden.*

(4) Pflaumenmark ist ein nicht zum unmittelbaren Genuß bestimmtes Halberzeugnis aus mehr oder weniger fein zerteilten frischen Pflaumen oder eingeweichten getrockneten Pflaumen, auch in eingedicktem Zustande.

§ 10. Verbote zum Schutze der Gesundheit. *Es ist insbesondere verboten:*

1. die in § 9 bezeichneten Erzeugnisse so herzustellen, daß sie Arsen, Blei oder Zink oder mehr als technisch nicht vermeidbare Mengen Antimon oder Kupfer enthalten;

2. solche Erzeugnisse anzubieten, zum Verkaufe vorrätig zu halten, feilzuhalten, zu verkaufen oder sonst in den Verkehr zu bringen.

§ 11. Grundsätze für die Beurteilung. *Als verboten sind insbesondere anzusehen und auch bei Kenntlichmachung vom Verkehr ausgeschlossen:*

1. Pflaumenmus und Gemischtes Mus, die verschimmelt, stark verunreinigt oder mit Milben befallen sind oder fremdartig oder ekelerregend riechen oder schmecken;

2. aus verdorbenen Früchten oder verdorbenem Obstmark zubereitetes Pflaumenmus und Gemischtes Mus, unbeschadet der Unterdrückung einer leichten Gärung der verwendeten Früchte durch Erhitzen;

3. Pflaumenmus und Gemischtes Mus, die in starke alkoholische oder saure Gärung übergegangen sind;

4. Pflaumenmus und Gemischtes Mus, die angebrannt sind.

§ 12. *Als nachgemacht sind insbesondere anzusehen und auch bei Kenntlichmachung vom Verkehr ausgeschlossen Erzeugnisse, die als Pflaumenmus oder Gemischtes Mus in den Verkehr gebracht werden oder die nach Aussehen, Konsistenz, Geruch und Geschmack einem dieser Erzeugnisse ähnlich sind, sofern sie ganz aus Obstrückständen oder ganz oder teilweise aus anderen als den in dieser Verordnung zugelassenen Pflanzenteilen hergestellt sind.*

§ 13. *Als verfälscht sind insbesondere anzusehen und, außer in den Fällen der Nr. 14, 16, 18, auch bei Kenntlichmachung vom Verkehr ausgeschlossen:*

1. Pflaumenmus, bei dessen Herstellung anderes Obst als Pflaumen verwendet worden ist;

2. Pflaumenmus (§ 9 Abs. 2 Nr. 1), das nicht oder nicht ausschließlich aus dem Pflaumenmark (§ 9 Abs. 4) aus frischen Pflaumen hergestellt ist;

3. Pflaumenmus gesüßt, das nicht oder nicht ausschließlich aus dem Pflaumenmark (§ 9 Abs. 4) aus frischen Pflaumen und technisch reinem weißem Verbrauchszucker (Saccharose) hergestellt ist;

4. Pflaumenmus aus Trockenpflaumen mit Zusatz von frischen Pflaumen, das im Fertigerzeugnis weniger als 25 Hundertteile des Obstanteils an Mus aus frischen Pflaumen enthält;

5. Gemischtes Mus, das im Fertigerzeugnis weniger als 50 Hundertteile des Obstanteils an Pflaumenmus aus frischen oder getrockneten Pflaumen enthält;

6. Gemischtes Mus, bei dessen Herstellung außer Pflaumen mehr als ein weiteres Obst verwendet worden ist;

7. Pflaumenmus und Gemischtes Mus, bei deren Herstellung Obstrückstände mitverwendet worden sind;

8. Pflaumenmus und Gemischtes Mus, bei deren Herstellung Aromastoffe verwendet worden sind;

9. Pflaumenmus und Gemischtes Mus, die mehr als 47 Hundertteile Wasser enthalten[3]*;*

10. Pflaumenmus und Gemischtes Mus, bei deren Herstellung Farbstoffe verwendet worden sind;

11. Pflaumenmus und Gemischtes Mus, bei deren Herstellung Mineralstoffe verwendet worden sind;

12. Pflaumenmus und Gemischtes Mus, bei deren Herstellung Obstpektin, Agar-Agar, Gelatine oder andere Gelierstoffe verwendet worden sind;

13. Pflaumenmus und Gemischtes Mus, bei deren Herstellung Stärkesirup verwendet worden ist;

14. Pflaumenmus, bei dessen Herstellung technisch reiner weißer Verbrauchszucker (Saccharose) verwendet worden ist, sofern nicht das Erzeugnis durch die Worte „mit Zucker" oder „gesüßt" kenntlich gemacht ist, jedoch vorbehaltlich der Bestimmung in Nr. 15;

15. Pflaumenmus und Gemischtes Mus, die mehr als 30 Teile technisch reinen weißen Verbrauchszucker (Saccharose) in 100 Teilen Mus enthalten;

16. Gemisches Mus, bei dessen Herstellung Rübenkraut[2] *(Zuckerrübensaft) oder Speisesirup aus Entzuckerungsabläufen verwendet worden ist, sofern dieser Zusatz nicht kenntlich gemacht ist, vorbehaltlich der Bestimmung in Nr. 17;*

17. Gemischtes Mus, bei dessen Herstellung mehr als die Hälfte des Zuckers durch Rübenkraut (Zuckerrübensaft[2]*) oder Speisesirup aus Entzuckerungsabläufen ersetzt worden ist;*

18. Pflaumenmus und Gemischtes Mus, bei deren Herstellung Gewürze verwendet worden sind, sofern dieser Zusatz nicht durch das Wort „gewürzt" kenntlich gemacht ist;

19. Pflaumenmus aus Trockenpflaumen und Pflaumenmus aus Trockenpflaumen mit Zusatz von frischen Pflaumen, die mehr als 0,5 Hundertteile zugesetzte Weinsäure oder Milchsäure enthalten;

20. Pflaumenmark, dem fremde Stoffe zugesetzt worden sind.

§ 14. *Eine irreführende Bezeichnung, Angabe oder Aufmachung liegt insbesondere vor:*

1. wenn Erzeugnisse als Pflaumenmus oder als bestimmte Pflaumenmussorten oder als Gemischtes Mus oder mit einer die Worte Pflaumenmus oder Gemischtes Mus enthaltenden Wortbildung oder mit einem gleichsinnigen Ausdruck bezeichnet werden, ohne den Begriffsbestimmungen (§ 9) zu entsprechen;

2. wenn Pflaumenmus oder Gemischtes Mus mit Phantasienamen bezeichnet werden, sofern sie nicht zugleich die Bezeichnung der entsprechenden Sorte von Pflaumenmus oder Gemischtem Mus tragen;

3. wenn in der Bezeichnung von Gemischtem Mus der Name der verwendeten zweiten Obstart fehlt oder statt der verwendeten Obstart eine andere angegeben ist;

4. wenn im Verkehr mit Pflaumenmus oder Gemischtem Mus entgegen den Tatsachen auf eine besonders gute Beschaffenheit oder auf eine besonders sorgfältige Art der Herstellung hingewiesen wird;

5. wenn im Verkehr mit Pflaumenmus oder Gemischtem Mus durch Umhüllungen, Bezettelungen oder Anpreisungen in Wort oder Bild auf eine den Tatsachen nicht entsprechende Beschaffenheit der Erzeugnisse, insbesondere wenn im Verkehr mit Pflaumenmus, das nicht ausschließlich aus dem Mark frischer Pflaumen hergestellt ist, oder mit Gemischtem Mus auf frische Obstfrüchte hingewiesen wird;

6. wenn einem Pflaumenmus oder einem Gemischten Mus entgegen den Tatsachen eine besondere diätetische Wirkung zugeschrieben wird[5].

Amtl. Begründung zu Abschnitt II.

Zu § 9. *Abs. 1. Unter den Allgemeinbegriff Pflaumenmus fallen alle dickbreiigen, streichfähigen Zubereitungen, die aus dem Fruchtmark von Pflaumen hergestellt werden. Unter der allgemeinen Bezeichnung „Pflaumen" sind die Unterarten miterfaßt, also auch die Zwetsche (Zwetschge). Pflaumenmus wurde früher aus dem Mark frischer Pflaumen hergestellt. Der große Bedarf kann aber aus der heimischen Ernte nicht gedeckt werden. Es ist daher gestattet, auch getrocknete Pflaumen zu verwenden; bisweilen ist auch der Zusatz von Zucker sowie Weinsäure oder Milchsäure erforderlich.*

Abs. 2 Nr. 1, 2. Die Aufzählung der Pflaumenmussorten ist erschöpfend. Als Normalware gilt das aus frischen Pflaumen gewonnene Mus, also die in Nr. 1 und 2 genannten Sorten „Pflaumenmus" und „Pflaumenmus gesüßt". Wenn auch Pflaumenmus ursprünglich ohne Zusatz von Zucker hergestellt wurde, so ist doch bei der Verarbeitung von einheimischen frischen Pflaumen, die vielfach einen stark sauren Geschmack haben und zudem von der Industrie häufig in nicht völlig ausgereiftem Zustande verarbeitet werden müssen, ein Zuckerzusatz vielfach unentbehrlich. Er ist jedoch in jedem Falle kenntlich zu machen (vgl. § 13 Nr. 14, 15). Ein Zusatz von Weinsäure oder Milchsäure ist bei einem Pflaumenmus aus frischen Pflaumen mit Rücksicht auf den natürlichen Säuregehalt nicht erforderlich und daher verboten. Neben einheimischen Pflaumen können auch ausländische Verwendung finden, ebenso ist ein Vermischen von inländischem Pflaumenmus mit ausländischem ohne Kenntlichmachung zulässig, sofern beide Sorten im übrigen den Begriffsbestimmungen entsprechen. Durch die in den „Grundsätzen für die Beurteilung" für die in Nr. 1 genannte Sorte gewählte Fassung „Pflaumenmus (§ 9 Abs. 2 Nr. 1)" ist die Möglichkeit einer Verwechselung mit dem Allgemeinbegriff ausgeschaltet.

Nr. 3, 4. Bei Pflaumenmus, das ganz oder teilweise aus Trockenpflaumen hergestellt ist, ist ein geringer Zusatz von Weinsäure oder Milchsäure gestattet, da die vielfach verarbeiteten bosnischen oder kalifornischen Pflaumen sonst ein fade und ausdruckslos schmeckendes Mus liefern würden. Eine mengenmäßige Begrenzung erfolgt durch § 13 Nr. 19. Das Verhältnis von Frischfrucht zu Trockenfrucht wird auf das Fertigerzeugnis bezogen, da das aus Trockenpflaumen hergestellte Mark konzentrierter ist als das aus frischen Pflaumen; dem ersteren wird möglichst wenig Wasser zum Einweichen zugesetzt, um ein unnötiges Eindampfen zu vermeiden. Der Zusatz von Zucker ist gemäß den Vorschriften in § 13 Nr. 14 kenntlich zu machen.

Abs. 3. Gemischtes Mus ist ein Zweifruchterzeugnis, dessen Fruchtanteil mindestens zur Hälfte aus Pflaumenmus bestehen muß. Hierbei dürfen frische wie auch getrocknete Pflaumen Verwendung finden. Gemischtes Mus muß in der Bezeichnung eine Angabe über die verwendeten Obstarten tragen, z. B. „Gemischtes Mus aus Pflaumen und Äpfeln". Zum Süßen von Gemischtem Mus darf außer Zucker auch Rübenkraut oder Speisesirup aus Entzuckerungsabläufen verwendet werden. Es darf jedoch höchstens die Hälfte des Zuckers durch Rübenkraut oder Speisesirup aus Entzuckerungsabläufen ersetzt werden, außerdem ist die Verwendung kenntlich zu machen. Unter Rübenkraut ist eingedickter Zuckerrübensaft zu verstehen. Zuckerrübensaft kann daher auch unmittelbar Verwendung finden. Speisesirup aus Entzuckerungsabläufen wird bei der Entzuckerung der Rübenzuckermelasse als Nebenprodukt gewonnen. Eine derartige Zuckergewinnung erfolgt in Deutschland zur Zeit nur nach dem Strontianverfahren; es ist jedoch möglich, dieselbe auch auf andere Weise, besonders mit Hilfe von Baryt, durchzuführen. Der so gewonnene Speisesirup ist dem Rübenkraut etwa gleichwertig und auch in gesundheitlicher Hinsicht einwandfrei. Speisesirup, der bei der gewöhnlichen Rübenzuckerherstellung gewonnen wird, soll dagegen dem Gemischten Mus nicht zugesetzt werden dürfen, da er Stoffe enthält, welche den Geschmack des Erzeugnisses ungünstig beeinflussen würden.

Abs. 4. Pflaumenmark ist ein Obstmark (§ 3 Abs. 2) besonderer Art, zu dessen Herstellung auch getrocknete Pflaumen Verwendung finden dürfen. Pflaumenmark wird auch durch Eindicken haltbar gemacht (vgl. auch die Begründung zu § 3 Abs. 1, 2).

Zu § 10. *Vgl. die Begründung zu § 4.*

Zu § 11. *Nr. 1. Unter „verschimmelt" ist ein starker Schimmelbefall zu verstehen; vereinzelt sich vorfindende Schimmelfäden sind dagegen kein Anzeichen von Verdorbenheit. Durch die Worte „stark verunreinigt" kommt zum Ausdruck, daß geringe Mengen von Verunreinigungen, wie z. B. einzelne Pflaumenstiele oder Kernstückchen, nicht als Anzeichen von Verdorbenheit angesehen werden sollen. Ein Milbenbefall erfolgt bei Pflaumenmus besonders dann leicht, wenn die Oberfläche beim Stehen an der Luft eintrocknet.*

Nr. 2, 3. Hier gilt sinngemäß das zu § 5 Nr. 2, 3 Ausgeführte.

Nr. 4. Als angebrannt ist nur ein Erzeugnis anzusehen, das einen Brandgeschmack aufweist. Ein Ansetzen des Muses in den Kesseln beim Einkochen, das keine Beeinträchtigung des Geschmacks zur Folge hat, gilt nicht als Anzeichen einer Verdorbenheit.

Zu § 12. *Hier gilt sinngemäß das zu § 6 Ausgeführte.*

Zu § 13. *Nr. 2 bis 4. Die Vorschriften dieser Nummern ergeben sich aus den Begriffsbestimmungen in § 9 Abs. 2. Der Anteil an frischen Pflaumen wird auf das Fertigerzeugnis bezogen (vgl. auch die Begründung zu § 9 Abs. 2 Nr. 3, 4).*

Nr. 5. Auch hier ist aus den gleichen Gründen der Mindestgehalt an Pflaumen auf das Fertigerzeugnis berechnet festgesetzt worden.

Nr. 7. Als verfälscht sind demnach Pflaumenmus und Gemischtes Mus anzusehen, wenn sie unter teilweiser Verwendung von Obstrückständen hergestellt sind.

Nr. 8. Pflaumen enthalten keine nennenswerten Mengen Aromastoffe; eine Wiedergewinnung beim Eindampfen entwichener Aromastoffe kommt daher nicht in Betracht. Ein Zusatz anderer Aromastoffe ist unzulässig. Bezüglich des Zusatzes von Gewürzen vgl. die Begründung zu Nr. 18.

Nr. 9. Die Festsetzung eines Höchstgehalts an Wasser soll eine genügende Einkochung gewährleisten. Da jedoch der Wassergehalt von der Höhe des zur Verarbeitung gebrachten Obstanteils abhängig ist und bei der in § 9 Abs. 2 Nr. 1 genannten Sorte „Pflaumenmus" lediglich frisches Pflaumenmark eingedickt wird, also ein Zuckerzusatz nicht erfolgt, erscheint die verhältnismäßig hohe Grenze von 47 Hundertteilen als angemessen, aber auch in allen Fällen als ausreichend.

Nr. 11. Nur der unmittelbare Zusatz von Mineralstoffen ist verboten; die geringen Mengen Mineralstoffe, die durch die Verwendung von Pflaumenmark oder sonstigem Obstmark, die mit Konservierungsmitteln (vgl. die Begründung zu § 3 Abs. 1, 2) versetzt worden sind, in die Erzeugnisse gelangen, sollen durch diese Bestimmung nicht getroffen werden, ebensowenig diejenigen Mineralstoffe, die infolge der Verwendung von Rübenkraut oder Speisesirup aus Entzuckerungsabläufen in das Gemischte Mus gelangen.

Nr. 14 bis 17. Wenngleich die in § 9 Abs. 2 Nr. 1 genannte Sorte „Pflaumenmus" ohne die Verwendung von Zucker hergestellt wird, so ist ein Zuckerzusatz in vielen Fällen nicht zu entbehren (vgl. die Begründung zu § 9 Abs. 2 Nr. 1, 2). Im Höchstfalle dürfen in 100 Teilen fertigem Mus 30 Teile Zucker enthalten sein, eine Menge, die auch bei besonders sauren Pflaumen zur Süßung ausreicht. Eine Überschreitung dieser Grenze ist nicht zulässig, weil der Zucker keinesfalls zur Streckung dienen soll. Zur Unterscheidung von der ohne Zucker hergestellten Sorte „Pflaumenmus" (§ 9 Abs. 2 Nr. 1) ist die Verwendung von Zucker in jedem Falle kenntlich zu machen. Die Verwendung anderer Süßungsmittel ist verboten, lediglich bei Gemischtem Mus darf Rübenkraut (Zuckerrübensaft) oder Speisesirup aus Entzuckerungsabläufen zugesetzt werden. Es darf jedoch nicht mehr als die Hälfte des Zuckers hierdurch ersetzt werden; außerdem ist eine entsprechende Kenntlichmachung erforderlich.

Nr. 18. Die Verwendung von Gewürzen, wie z. B. Gewürznelken, die dem Pflaumenmus und Gemischten Mus in manchen Gegenden als Geschmacksstoffe zugesetzt werden, muß ausdrücklich kenntlich gemacht werden.

Nr. 19. Vgl. die Begründung zu § 9 Abs. 2 Nr. 3, 4. Die Begrenzung auf 0,5 Hundertteile ist die gleiche wie bei Obstkonfitüren und Marmeladen.

Zu § 14. *Nr. 1. Die Bezeichnungen „Pflaumenmus" und „Gemischtes Mus" sind nur den Erzeugnissen vorbehalten, die den Begriffsbestimmungen (§ 9) entsprechen. Hier gilt sinngemäß das zu Nr. 2 Ausgeführte.*

Nr. 3. Die Bezeichnung „Gemischtes Mus" allein reicht nicht zur Kenntlichmachung eines Erzeugnisses aus; es ist vielmehr notwendig, neben den verwendeten Obstarten auch die etwaige Verwendung von Rübenkraut (Zuckerrübensaft) oder von Speisesirup aus Entzuckerungsabläufen anzugeben.

Nr. 4. Hier gilt sinngemäß das zu § 8 Nr. 6 Ausgeführte.

Nr. 5. Abbildungen von frischen Früchten sind nur bei Pflaumenmus, das ausschließlich aus dem Mark frischer Pflaumen hergestellt ist, sowie bei Gemischtem Mus, das ausschließ-

lich aus frischen Obstfrüchten gewonnen ist, erlaubt. Bezeichnungen, wie „rein" oder „echt" usw., sind auf solche Erzeugnisse zu beschränken, die lediglich aus frischen Früchten, auch unter Zusatz von Zucker, hergestellt sind, aber keinen Zusatz von Weinsäure, Gewürz, Konservierungsmitteln oder dergleichen enthalten.

Nr. 6. Hier gilt sinngemäß das zu § 8 Nr. 8 Ausgeführte.

Anmerkungen zu Abschnitt II (§ 9 bis 14).

[1] Die in der Klammer hinter „Pflaumenmus" stehenden gleichbedeutenden Bezeichnungen finden sich noch nicht in dem dem Reichsrat vorgelegten Entw. Sie sind später mit Rücksicht auf den Sprachgebrauch im Süden und Südwesten des Reichs hinzugesetzt und deshalb wohl in § 14 Nr. 2 nicht als der Bezeichnung Pflaumenmus gleichwertig mitgenannt. Wird die Bezeichnung „Zwetschenlatwerge" gewählt, die mancherorts für Pflaumenmus gebräuchlich ist, so empfiehlt sich jedenfalls, um allfällig Beanstandungen vorzubeugen, die Mitverwendung der nach § 9 Abs. 2 zutreffenden gesetzlichen Bezeichnung.

[2] Über Rübenkraut siehe unten S. 962.

[3] Wegen der Wasserbestimmung gilt auch hier das in Anm. 17 zu Abschnitt I Gesagte.

[4] Inwieweit für ein Erzeugnis Angaben wie „rein", „echt" ohne Verletzung des Irreführungsverbots verwendet werden dürfen, dafür gibt die Begr. zu § 14 Nr. 5 Anhaltspunkte.

[5] Vgl. Anm. 27 zu Abschnitt I (S. 934).

Abschnitt III. Obstsäfte und Obstsirupe[1].

§ 15. Begriffsbestimmungen. *(1) Obstsäfte (Fruchtsäfte, Fruchtrohsäfte, Fruchtmuttersäfte*[4]*) sind Zubereitungen, die durch Pressen von frischem oder vergorenem Obst einer Obstart mit oder ohne nachfolgende Filtration hergestellt sind*[2]*. Obstsäfte aus Zitrusfrüchten enthalten meist einen geringen Zusatz von Schalenaroma. Obstsäfte werden mit dem Namen der verwendeten Obstart bezeichnet.*

(2) Als Obstsaftsorten werden insbesondere unterschieden: Kirsch-, Himbeer-, Johannisbeer-, Erdbeer-, Apfel-, Birnen-, Zitronen-, Orangensaft.

(3) Als Kirschsaftsorten (Kirschmuttersaftsorten) werden unterschieden:

1. Kirschsaft, dunkler Sauerkirschsaft (Sauerkirschmuttersaft): der Saft aus dunklen Sauerkirschen, ausgenommen Schattenmorellen;

2. Heller Sauerkirschsaft (heller Sauerkirschmuttersaft): der Saft aus hellen Sauerkirschen sowie aus Schattenmorellen;

3. Gespriteter Kirschsaft: mehr oder weniger vergorener dunkler Sauerkirschsaft mit einem Gehalt bis zu 18 Raumhundertteilen Alkohol, von denen bis zu 15 Raumhundertteile in Form von Sprit zugesetzt sind;

4. Süßkirschsaft (Süßkirschmuttersaft): der Saft aus Süßkirschen aller Art.

§ 16. *Obstsirupe (Fruchtsirupe) sind dickflüssige Zubereitungen, die durch Aufkochen des Obstsaftes aus einer Obstart mit technisch reinem weißem Verbrauchszucker (Saccharose) hergestellt sind. Obstsirupe werden zuweilen auch auf kaltem Wege durch unmittelbares Behandeln von frischem Obst oder Obstsäften mit Verbrauchszucker, zuweilen auch unter Verwendung einer geringen Menge Weinsäure oder Milchsäure, hergestellt. Obstsirupe enthalten höchstens 68 Hundertteile Zucker, Obstsirupe aus Zitrusfrüchten enthalten meist einen geringen Zusatz von Schalenaroma. Obstsirupe werden mit dem Namen der verwendeten Obstart bezeichnet*[5]*.*

§ 17. Ausnahmebestimmung[4]***.*** *Säfte aus frischem Obst, die zum unmittelbaren Genuß unter Bezeichnungen wie Most, Obstmost, Süßmost, alkoholfreier Obstsaft in den Verkehr gelangen, sowie eingedickte Säfte und unter Verwendung von eingedickten Säften hergestellte Sirupe gelten nicht als Obstsäfte oder Obstsirupe im Sinne dieser Verordnung.*

*§ **18. Verbote zum Schutze der Gesundheit.** Es ist insbesondere verboten:*

1. Obstsäfte und Obstsirupe so herzustellen, daß sie Arsen, Blei oder Zink oder mehr als technisch nicht vermeidbare Mengen Antimon oder Kupfer enthalten;

2. solche Obstsäfte und Obstsirupe anzubieten, zum Verkaufe vorrätig zu halten, feilzuhalten, zu verkaufen oder sonst in den Verkehr zu bringen.

*§ **19. Grundsätze für die Beurteilung.** Als verdorben sind insbesondere anzusehen und auch bei Kenntlichmachung vom Verkehr ausgeschlossen:*

1. Obstsäfte und Obstsirupe, die verschimmelt oder stark verunreinigt sind oder fremdartig oder ekelerregend riechen oder schmecken;

2. aus verdorbenen Früchten zubereitete Obstsäfte und Obstsirupe, unbeschadet der Unterdrückung einer leichten Gärung durch Erhitzen;

3. Obstsäfte, die in stark saure, Obstsirupe, die in starke alkoholische oder saure Gärung übergegangen sind;

4. Obstsirupe, die angebrannt sind.

*§ **20.** Als nachgemacht sind insbesondere anzusehen und auch bei Kenntlichmachung vom Verkehr ausgeschlossen Erzeugnisse, die als Obstsaft oder Obstsirup in den Verkehr gebracht werden oder nach Aussehen, Geruch und Geschmack einem dieser Erzeugnisse ähnlich sind, sofern sie ganz aus Obstrückständen oder ganz oder teilweise aus anderen als den in dieser Verordnung zugelassenen Stoffen hergestellt sind[3]. Ausgenommen sind die Säfte aus anderen Pflanzenteilen[3], sofern sie entsprechend bezeichnet sind, sowie Erzeugnisse aus anderen Stoffen, sofern sie als Kunsterzeugnisse kenntlich gemacht sind[3].*

*§ **21.** Als verfälscht sind insbesondere anzusehen und, außer in den Fällen der Nr. 11, 18, 20, auch bei Kenntlichmachung vom Verkehr ausgeschlossen:*

1. Obstsäfte und Obstsirupe, bei deren Herstellung Obstrückstände mitverwendet worden sind;

2. Obstsäfte und Obstsirupe, denen Wasser zugesetzt worden ist, unbeschadet des Ersatzes der beim Aufkochen verdampften Wassermenge bei Obstsirupen;

3. Obstsäfte und Obstsirupe, bei deren Herstellung Mineralstoffe verwendet worden sind;

4. Obstsäfte und Obstsirupe, bei deren Herstellung der Saft von mehr als einer Obstart verwendet worden ist, vorbehaltlich der Bestimmung in Nr. 20;

5. Obstsäfte, bei deren Herstellung Aromastoffe verwendet worden sind, unbeschadet der Verwendung von Schalenaroma bei Obstsäften aus Zitrusfrüchten (§ 15 Abs. 1);

6. Obstsäfte, denen Säuren zugesetzt worden sind;

7. Obstsäfte, bei deren Herstellung Farbstoffe, auch in Form von Säften anderer Obstsorten, oder sonstige fremde Stoffe verwendet worden sind;

8. Obstsäfte, die unter Verwendung von Auszügen aus getrocknetem Obst hergestellt sind;

9. Obstsäfte, die unter Verwendung von Nachpresse hergestellt sind;

10. Kirschsaft (§ 15 Abs. 3 Nr. 1), der nicht ausschließlich aus dunklen Sauerkirschen, ausgenommen Schattenmorellen, hergestellt ist;

11. Kirschsaft, der aus hellen Sauerkirschen oder Schattenmorellen hergestellt ist, sofern er nicht als „Heller Sauerkirschsaft" kenntlich gemacht ist;

12. Heller Sauerkirschsaft, der nicht ausschließlich aus hellen Sauerkirschen sowie Schattenmorellen hergestellt ist;

13. Süßkirschsaft, der nicht ausschließlich aus Süßkirschen hergestellt ist;

14. Kirschsäfte aller Art, bei deren Herstellung mehr als eine Kirschsaftsorte (§ 15 Abs. 3) verwendet worden ist;

15. Gespriteter Kirschsaft, sofern sein Alkoholgehalt 18 Raumhundertteile überschreitet;

16. Obstsirupe, bei deren Herstellung andere zuckerhaltige Erzeugnisse als technisch reiner weißer Verbrauchszucker (Saccharose) verwendet worden sind;

17. Obstsirupe, bei deren Herstellung andere Aromastoffe verwendet worden sind als diejenigen, die beim Einkochen entwichen, mit Hilfe von Kondensationsvorrichtungen wiedergewonnen und demselben Erzeugnis zugesetzt worden sind, unbeschadet der Verwendung von Schalenaroma bei Obstsirupen aus Zitrusfrüchten (§ 16);

18. Obstsirupe, die mehr als 0,3 Hundertteile zugesetzte Weinsäure oder Milchsäure enthalten, sofern nicht das Erzeugnis durch die Worte „mit Weinsäure“ oder „mit Milchsäure“ kenntlich gemacht ist, vorbehaltlich der Bestimmung in Nr. 19;

19. Obstsirupe, die mehr als 1 Hundertteil zugesetzte Weinsäure oder Milchsäure enthalten;

20. Obstsirupe, bei deren Herstellung Farbstoffe, auch in Form von Säften anderer Obstarten oder von Pflanzensäften, verwendet worden sind, unbeschadet der Herstellung von Himbeersirup aus höchstens 1 Teil Kirschsaft auf 9 Teile Himbeersaft, sofern das Erzeugnis als „Himbeersirup mit Zusatz von Kirschsaft“ kenntlich gemacht ist;

21. Obstsäfte und Obstsirupe, bei deren Herstellung eingedickter Obstsaft verwendet worden ist.

***§ 22.** Eine irreführende Bezeichnung, Angabe oder Aufmachung liegt insbesondere vor:*

1. wenn Erzeugnisse als Obstsäfte oder Obstsirupe oder als bestimmte Obstsaft- oder Obstsirupsorten oder mit einer die Worte Obstsaft oder Obstsirup enthaltenden Wortbildung oder mit einem gleichsinnigen Ausdruck bezeichnet werden, ohne den Begriffsbestimmungen (§§ 15, 16) zu entsprechen[5];

2. wenn Obstsäfte oder Obstsirupe mit Phantasienamen bezeichnet werden, sofern sie nicht zugleich die Bezeichnung der entsprechenden Obstsaft- oder Obstsirupsorte tragen;

3. wenn im Verkehr mit Obstsäften oder Obstsirupen entgegen den Tatsachen auf eine besonders gute Beschaffenheit oder auf eine besonders sorgfältige Art der Herstellung oder auf ein bestimmtes Herkunftsgebiet hingewiesen wird;

4. wenn im Verkehr mit Obstsäften oder Obstsirupen durch Umhüllungen, Bezettelungen oder Anpreisungen in Wort oder Bild auf eine den Tatsachen nicht entsprechende Beschaffenheit der Erzeugnisse hingewiesen wird;

5. wenn einem Obstsaft oder Obstsirup entgegen den Tatsachen eine besondere diätetische Wirkung zugeschrieben wird.

Amtl. Begründung zu Abschnitt III.

***Zu § 15.** Abs. 1. Obstsäfte sind nur solche Zubereitungen, die auf kaltem Wege durch Auspressen von frischem oder auch vergorenem Obst einer Obstart mit oder ohne nachfolgende Filtration hergestellt werden. Unter frischem Obst ist reifes, vollsaftiges Obst zu verstehen. Eine durch Auspressen von Obstpülpe oder Obstmark gewonnene Zubereitung sowie aus frischem oder gekochtem oder getrocknetem Obst durch Auslaugen mit Wasser hergestellte Auszüge gelten daher nicht als Obstsäfte. Nur ein durch Auspressen von frischen Obstfrüchten hergestellter Saft darf auch als Muttersaft bezeichnet werden. Obstsäfte sind Einfruchterzeugnisse, die mit dem Namen der Obstart, aus der sie hergestellt sind, bezeichnet werden; eine Vermischung verschiedener Obstsaftsorten ist daher unzulässig. Die Filtration der Obstsäfte bezweckt lediglich ein Zurückhalten der Gewebsteile, die Zusammensetzung des Saftes darf dadurch nicht geändert werden. Vielfach genügt zum Zwecke der Klärung auch ein einfaches Absitzenlassen und darauf folgendes Abziehen des Saftes. In manchen Fällen, wie z. B. für die Herstellung von Zitronensirup, wird ein ausgesprochen trüber Saft bevorzugt. Die Obstsäfte im Sinne der vorliegenden Verordnung dienen ausschließlich zur Weiterverarbeitung auf Sirupe, Liköre usw. (vgl. auch die Begründung zu Abs. 2 und zu § 17). Sie sind, namentlich soweit sie aus vergorenem Obst hergestellt sind, nicht zum unmittelbaren Genuß bestimmt und geeignet. Unter „Schalenaroma“ ist natürliches Aroma zu verstehen, das aus den Schalen von Zitrusfrüchten durch Ausziehen mit Alkohol, durch Pressen oder durch Destillation gewonnen wird. Ein auf anderem Wege gewonnenes Schalenaroma sowie ein isolierter Hauptbestandteil der Schalen, wie z. B. Citral, d-Limonen, gelten nicht als natürliches Schalenaroma. Inwieweit zum Zwecke der Haltbar-*

machung Konservierungsmittel zugelassen werden sollen, wird in der Verordnung über Konservierungsmittel für Lebensmittel geregelt.

Abs. 2. Die Aufzählung der Obstsaftsorten ist keineswegs erschöpfend, sondern umfaßt nur die handelsüblichen Sorten der Rohsäfte. Die zum unmittelbaren Genuß bestimmten Säfte, wie z. B. Traubensaft, die sogenannten Süßmoste, fallen nicht unter den Begriff Obstsäfte, ebensowenig Säfte aus anderen Pflanzenteilen als Obstfrüchten, z. B. Saft aus Mohrrüben, Rhabarber usw. Dies wird in § 17 der Verordnung noch ausdrücklich hervorgehoben.

Abs. 3 Nr. 1, 2. Bei der Aufzählung der Kirschsaftsorten wird zwischen Dunklem und Hellem Sauerkirschsaft unterschieden. „Kirschsaft" schlechthin ist Dunkler Sauerkirschsaft. Erst in letzter Zeit kommt Heller Sauerkirschsaft in den Handel, der jedoch im allgemeinen als weniger wertvoll gilt. Eine besondere Stellung nimmt die Schattenmorelle ein; sie ist an sich dunkel gefärbt, liefert aber einen hellen Saft. Von der Aufführung weiterer Kirschsorten, wie „Ammern", „Glaskirschen" usw., ist abgesehen worden, da die Bedeutung dieser Bezeichnungen in den verschiedenen Gegenden schwankt. Es wird daher nur der Sammelbegriff „dunkle und helle Sauerkirschen" angewandt.

Nr. 3. Zur Herstellung von Gespritetem Kirschsaft darf angegorener oder teilweise oder auch ganz vergorener Kirschsaft verwendet werden. Hierbei kann aus eigener Gärung ein Weingeistgehalt bis zu etwa 3 Raumhundertteilen gebildet sein. Der zum Spriten benutzte Weingeist ist Sprit von 95 bis 96 Raumhundertteilen Alkohol. Die Höchstgrenze von 18 Raumhundertteilen Alkohol soll verhindern, daß der Gespritete Kirschsaft die Grenze erreicht, die ihn zu einem Branntwein stempeln würde.

***Zu § 16.** Obstsirupe werden im allgemeinen aus Obstsäften unter Zusatz von Verbrauchszucker hergestellt. Die Lösung des Zuckers erfolgt in der Regel durch Aufkochen mit dem Saft, zuweilen jedoch durch Auflösung in dem Saft auf kaltem Wege, so z. B. bei Zitronen- und Orangensirup, deren Geschmack durch das Erhitzen beeinträchtigt würde. Die Herstellung „auf kaltem Wege" schließt ein leichtes Erwärmen auf höchstens 30° Celsius nicht aus. Ein direktes Behandeln von frischem Obst mit Verbrauchszucker ist ebenfalls zulässig. Obstsirupe sind gleichfalls Einfruchterzeugnisse, die mit dem Namen der verwendeten Obstfrucht bezeichnet werden. Das Vermischen von verschiedenen Obstsirupsorten ist nicht zulässig. Eine Ausnahme bildet nur der Himbeersirup, bei dem ein Zusatz von Kirschsaft gestattet ist; vgl. hierzu die Begründung zu § 21 Nr. 20. Die Menge des zugesetzten Zuckers beträgt etwa 65 Hundertteile des Fertigerzeugnisses, doch ist mit Rücksicht auf den vorhandenen natürlichen Zuckergehalt des Obstes ein Höchstgehalt von 68 Hundertteilen Zucker zulässig. Dabei ist unter „Zucker" die im Fertigerzeugnis nachgewiesene Gesamtzuckermenge (Saccharose und Invertzucker) zu verstehen. Die Verwendung von Wein- und Milchsäure hat sich bei säurearmen Erzeugnissen als notwendig erwiesen. Eine mengenmäßige Begrenzung erfolgt durch § 21 Nr. 18, 19. Für den Zusatz von Schalenaroma bei Obstsirupen aus Zitrusfrüchten gelten die Bemerkungen zu § 15 Abs. 1. Orangeade und Zitronade gelten nicht als Obstsirupe im Sinne dieser Verordnung. Der Verkehr mit diesen Erzeugnissen wird eine besondere Regelung erfahren.*

***Zu § 17.** Zum unmittelbaren Genuß bestimmte Getränke aus frischem Obst, wie beispielsweise Traubensaft, alkoholfreier Apfelsaft, der unter Zusatz von Weinsäure und Nachpresse hergestellt ist, werden von den Vorschriften der Verordnung nicht getroffen (vgl. auch die Begründung zu § 15 Abs. 2). Für sterilisierte Obstsäfte werden besondere Vorschriften im Rahmen einer Verordnung über alkoholfreie Getränke erlassen werden.*

***Zu § 18.** Vgl. die Begründung zu § 4.*

***Zu § 19.** Nr. 1. Unter „verschimmelt" ist ein starker Schimmelbefall zu verstehen; vereinzelt sich vorfindende Schimmelfäden sind dagegen kein Anzeichen von Verdorbenheit. Durch die Worte „stark verunreinigt" kommt zum Ausdruck, daß geringe Mengen von Verunreinigungen nicht als Anzeichen von Verdorbenheit angesehen werden sollen. Als „fremdartig" wird z. B. der phenolartige Geschmack anzusehen sein, den ein mit Benzoesäure konservierter Saft durch längeres Kochen annehmen kann.*

Nr. 2, 3. Hier gilt sinngemäß das zu § 5 Nr. 2, 3 Ausgeführte. Bei Obstsirupen gilt auch eine starke alkoholische Gärung als Zeichen von Verdorbenheit, dagegen können Obstsäfte auf Grund einer alkoholischen Gärung allein noch nicht als verdorben angesehen werden.

***Zu § 20.** Hier sollen vornehmlich die Erzeugnisse getroffen werden, die ganz aus Obstrückständen oder ganz oder teilweise aus artfremden Pflanzenteilen, wie Mohrrüben, Rhabarber usw., hergestellt sind. Obstrückstände, die sogenannten Trester, sind die Rückstände, die beim vollständigen Auspressen oder Auslaugen oder bei der Destillation von Obstfrüchten und Obstfruchtbestandteilen verbleiben. Es sind jedoch auch nur teilweise abgepreßte oder teilweise ausgelaugte Obstfrüchte als Obstrückstände anzusehen und demnach zur Herstellung von Obstsäften und Obstsirupen verboten. Der Begriff „ähnlich" wird durch Hinzufügen der Worte „nach Aussehen, Geruch und Geschmack" ergänzt, wobei ähnlich gleichbedeutend mit verwechselbar sein soll. Hierdurch soll jedoch die Herstellung von reinen Pflanzensäften, wie beispielsweise Rhabarbersaft, nicht verboten sein; diese Pflanzensäfte müssen jedoch wahrheitsgemäß kenntlich gemacht sein. Unter die Kunsterzeugnisse sind Kunstlimonadenessenzen zu rechnen, ebenso*

Erzeugnisse, die aus natürlichen Ausgangsstoffen, aber unter Abscheidung von einzelnen Bestandteilen, hergestellt sind, wie etwa eine wässerige Lösung von aus frischen Früchten gewonnener Zitronensäure mit einem Zusatz von natürlichem Schalenaroma. Auch die Herstellung solcher Erzeugnisse soll zugelassen sein, wenn sie ausdrücklich als Kunsterzeugnisse, z. B. als künstlicher Zitronensaft, kenntlich gemacht in den Verkehr gebracht werden.

Zu § 21. *Nr. 1. Als verfälscht sind demnach Obstsäfte und Obstsirupe anzusehen, wenn sie unter teilweiser Verwendung von Obstrückständen hergestellt sind.*

Nr. 2. Bei Obstsäften ist jeglicher Wasserzusatz verboten. Demnach ist es unzulässig, einen eingedickten Saft, dem ein Teil seines Wassergehalts durch Eindampfen entzogen ist, durch Auffüllen auf den ursprünglichen Raumgehalt wieder zu einem „Obstsaft" zu machen. Auch der Zusatz von Wasser zu Obstsirupen ist nur gestattet als Ersatz für die beim normalen Einkochen entwichene Wassermenge. Die Verwendung von eingedicktem Obstsaft zu Obstsäften und Obstsirupen ist außerdem in Nr. 21 ausdrücklich verboten (vgl. die Begründung hierzu).

Nr. 3. Dieses Verbot erwies sich als zweckmäßig, da ein größerer Aschegehalt einen höheren Fruchtanteil vorzutäuschen geeignet ist. Die geringen Mengen Mineralstoffe, die durch die Verwendung von Konservierungsmitteln, soweit diese durch die Bestimmungen der Verordnung über Konservierungsmittel zugelassen werden, in die Erzeugnisse gelangen, werden jedoch durch diese Vorschrift nicht betroffen. Ebenso soll die Benutzung von Asbestfiltern gestattet sein, durch die Spuren von Mineralstoffen in die Erzeugnisse gelangen können. Nur die unmittelbare Verwendung von Mineralstoffen ist unzulässig.

Nr. 4. Diese Bestimmung folgt aus der Begriffsbestimmung für Obstsäfte und Obstsirupe in §§ 15 und 16, wonach diese Erzeugnisse als Einfruchterzeugnisse zu gelten haben. Gemischte Erzeugnisse sind daher auch nicht unter Bezeichnungen wie „Verschnitt" oder unter Angabe des Mischungsverhältnisses zum Verkehr zugelassen. Einzig dem Himbeersirup darf Kirschsaft zugesetzt werden (vgl. hierzu die Begründung zu Nr. 20).

Nr. 5. Die Verwendung des natürlichen Schalenaromas (vgl. die Begründung zu § 15 Abs. 1) ist nur bei Obstsäften aus Zitrusfrüchten gestattet. Ein Zusatz anderer Aromastoffe darf nicht erfolgen.

Nr. 6. Durch die Bestimmung in Nr. 6 soll der Zusatz von Weinsäure oder Milchsäure zu Obstsäften verboten werden, dagegen fallen die geringen durch eine Verordnung über Konservierungsmittel etwa demnächst zuzulassenden Säuremengen nicht unter diese Vorschrift.

Nr. 7. Die Verwendung irgendwelcher Farbstoffe zu Obstsäften ist verboten.

Nr. 9. Die Verwendung von Nachpresse ist auch bei Kenntlichmachung verboten. Die sogenannte Nachpresse erhält man durch Auslaugen des nach dem Abpressen des Obstsaftes hinterbleibenden Rückstandes mit Wasser und erneutes Abpressen. Diese Nachpresse, die neben den wasserlöslichen Extraktivstoffen und Fruchtsäuren auch einen Teil der Pektinstoffe enthält, findet bei der Obstgelee- und Obstkrautherstellung Verwendung.

Nr. 16. Durch diese Vorschrift soll die Verwendung von gelbem Zucker sowie Kandiszucker, Stärkesirup und Zuckerrübensaft ausgeschlossen werden.

Nr. 17. Hier gilt sinngemäß das zu § 7 Nr. 2 Ausgeführte.

Nr. 20. Die Verwendung von Farbstoffen aller Art, auch in Form von Säften anderer Obstarten oder von Pflanzensäften, ist unzulässig. Eine Färbung ist lediglich bei Himbeersirup gestattet, um ihm eine ansprechende Farbe zu erhalten, und zwar ist es erlaubt, dem verwendeten Himbeersaft Kirschsaft zuzusetzen, jedoch nur unter Kenntlichmachung sowie in begrenzter Menge.

Nr. 21. Durch diese Bestimmung soll hervorgehoben werden, daß für die Herstellung von Obstsirupen lediglich frisches Obst und frische Obstsäfte zur Verwendung kommen dürfen, wobei unter „frischen Obstsäften" auch frischerhaltene Obstsäfte zu verstehen sind. Erzeugnisse, die aus eingedickten Obstsäften durch Auffüllen auf das ursprüngliche Volumen, gegebenenfalls unter Mitverwendung von Zucker, hergestellt sind, sind nicht mehr als Obstsäfte oder Obstsirupe anzusehen, da der ursprüngliche Charakter des Saftes durch das Eindampfen erhebliche Änderungen erfährt.

Zu § 22. *Nr. 1. Die Bezeichnungen „Obstsaft" und „Obstsirup" sind nur den Erzeugnissen vorbehalten, die den Begriffsbestimmungen (§§ 15, 16) entsprechen. Es wird daher nicht mehr zulässig sein, ein mit Zucker hergestelltes Erzeugnis unter der Bezeichnung „Obstsaft" in den Verkehr zu bringen, wie dies bisher besonders in Süddeutschland üblich war, also z. B. Himbeersaft statt Himbeersirup, Kirschsaft statt Kirschsirup usw. Schwierigkeiten, die sich anfangs daraus ergeben können, läßt sich dadurch begegnen, daß während einer gewissen Übergangszeit Bezeichnungen wie „Himbeersaft, Kirschsaft mit Zucker eingekocht" oder ähnliche nicht beanstandet werden.*

Nr. 2. Hier gilt sinngemäß das zu § 8 Nr. 2 Ausgeführte.

Nr. 3. Durch diese Vorschrift sollen Angaben die besagen, daß es sich um eine nach Herstellung oder Beschaffenheit besonders gute Ware handelt, für solche Erzeugnisse ausgeschlossen werden, die lediglich den an Obstsäfte oder Obstsirupe zu stellenden Anforderungen genügen. Als „Herkunftsgebiet" ist nur der Ort des Wachstums, nicht aber derjenige der Herstellung anzusehen. Bezeichnungen wie „rein" oder „echt" sind auf solche Erzeugnisse zu beschränken, die lediglich aus Früchten (Obstsäften) oder aus Früchten und technisch reinem Zucker (Obstsirupe) hergestellt sind, also keinen Zusatz von Weinsäure oder Milchsäure oder Konservierungsmitteln enthalten.

Nr. 4. Hiernach werden z. B. Obstsäfte, die durch Zusatz von Konservierungsmitteln oder durch Pasteurisieren oder Sterilisieren in ihrer ursprünglichen Zusammensetzung verändert sind, nicht als „natürlich" oder ähnlich bezeichnet werden können. Dagegen wird bei einem lediglich aus frischem, nicht konserviertem Obstsaft und Zucker hergestellten Obstsirup ein Hinweis wie etwa „hergestellt unter Verwendung von naturreinem Obstsaft" nicht zu beanstanden sein.

Nr. 5. Hier gilt sinngemäß das zu § 8 Nr. 8 Ausgeführte.

Anmerkungen zu Abschnitt III.

[1] Obstsäfte i. S. des § 15 (Anm. 3) und Obstsirupe sind im wesentlichen dadurch unterschieden, daß Obstsäfte grundsätzlich (s. Anm. 2) nichts als den aus einer Obstart ausgepreßten Saft enthalten dürfen, während Obstsirupe eine Zubereitung aus Obstsaft und Zucker darstellen.

[2] Obstpülpe, Obstmark (Begr. zu § 15 Abs. 1), Obstrückstände (§ 21 Nr. 1), Trockenobst (§ 21 Nr. 8), eingedickter Obstsaft (§ 15 Nr. 21) kommen also als zulässige Ausgangsstoffe für Obstsäfte i. S. des § 15 nicht in Betracht.

Die Verwendung von Farbstoffen, von Wasser auch in Form von Nachpresse, der Zusatz von Säuren und von Aromastoffen, abgesehen von dem Schalenaroma bei Citrusfruchtsäften, bedeuten eine Verfälschung, die den so behandelten Obstsaft verkehrsunfähig macht (§ 21 Nr. 7, 9, 6, 5). Die Frage der Zulässigkeit von Konservierungsmitteln hat die VO. bewußt offen gelassen (Begr. zu § 21 Nr. 3 und zu § 22 Nr. 4), um der erwarteten Generalregelung in einer Konservierungsmittel-VO. nicht vorzugreifen.

[3] Vgl. Anm. 6 zu Abschnitt I § 2.

[4] Obstsaft und Obstsirup werden im Nahrungsmittelgewerbe und auch im Privathaushalt als Grund- oder Hilfsstoffe zur Herstellung der verschiedenartigsten Getränke und sonstigen Lebensmittel verwendet. Die Bezeichnung „Fruchtrohsäfte" und „Fruchtmuttersäfte" kennzeichnet diese Bestimmung besser als das farblosere Wort „Obstsäfte", das im täglichen Sprachgebrauch auch zur Bezeichnung von Getränken aus Obstsaft verwendet wird. Nur jene zur Weiterverarbeitung dienenden Obstsäfte und Obstsirupe will Abschnitt III der VO. seinen Sonderregelungen unterworfen wissen.

Nach der Begriffsbestimmung in § 15 in Verbindung mit der Ausnahmebestimmung in § 17 und den amtl. Begr. zu §§ 15 und 17 sollen die Vorschriften des Abschnitts III nicht gelten für zum unmittelbaren Genuß (auch in haltbar gemachtem Zustand) bestimmte Getränke, die aus Säften von Obst bestehen oder unter ihrer Verwendung hergestellt sind. Bezeichnung und Beschaffenheit von Getränken der letztgenannten Art sind durch Normativanordnungen des zuständigen Zusammenschlusses des Reichsnährstandes (das ist jetzt die HV. GartenWi.) geregelt. Siehe unten S. 957. Traubensüßmost (alkoholfreier Traubensaft) unterliegt den reichsrechtlichen Vorschriften des Weingesetzes.

[5] Die nach dem vorletzten Absatz des Rundschreibens des RMdI. vom 11. Mai 1934 (vgl. Anm. 26 zu Abschnitt I) zu duldenden sonstigen Bezeichnungen sind durch Zeitablauf überholt.

Abschnitt IV: Obstgelee und Obstkraut[1].

***§ 23. Begriffsbestimmungen.** (1) Obstgelee sind aus dem Saft oder dem wässerigen Auszug von frischen Früchten oder der Pülpe einer*[3] *Obstart und technisch reinem weißem Verbrauchszucker (Saccharose*[4]*) durch Einkochen hergestellte gallertige, streichfähige Zubereitungen. Obstgelee wird auch unter Verwendung einer geringen Menge Obstpektin*[2]*, Weinsäure oder Milchsäure*[2] *hergstellt*[5]*. Obstgelee enthält mindestens 50 und höchstens 70 Hundertteile Zucker. Obstgelee wird mit dem Namen der verwendeten Obstart bezeichnet.*

(2) Als Obstgeleesorten werden insbesondere unterschieden: Apfel-, Quitten-, Johannisbeergelee. Dem Apfelgelee wird bisweilen[8] *der Saft einer anderen Obstart zugesetzt. Apfelgelee wird auch unter Verwendung von getrockneten Äpfeln, Apfelschalen und Apfel-Nachpresse hergestellt*[11]*.*

***§ 24.** (1) Obstkraut sind Zubereitungen, die aus frischen Äpfeln oder Birnen durch Dämpfen oder Kochen, Abpressen und Eindampfen des gewonnenen Auszuges oder aus Apfel- oder Birnensaft durch Eindampfen ohne oder mit Verwendung von technisch reinem weißem Verbrauchszucker (Saccharose) hergestellt werden*[6]*.*

Obstkraut wird in den Fällen des Abs. 2 Nr. 2, 4 auch unter Verwendung von getrockneten Äpfeln, Apfelschalen und Apfel-Nachpresse hergestellt.

(2) Als Obstkrautsorten werden unterschieden:

1. Apfelkraut: die aus frischen Äpfeln ohne jeden Zusatz hergestellte Zubereitung;

2. Apfelkraut gesüßt: die aus Äpfeln unter Verwendung von technisch reinem weißem Verbrauchszucker (Saccharose) oder von einer geringen Menge Birnen hergestellte Zubereitung;

3. Birnenkraut: die aus frischen Birnen ohne jeden Zusatz hergestellte Zubereitung;

4. Apfel-Birnenkraut: die aus Äpfeln und Birnen oder durch Vermischen von Apfelkraut und Birnenkraut hergestellte Zubereitung.

(3) Gemischtes Kraut[7] *sind obstkrautähnliche Zubereitungen, die unter Verwendung von frischen oder getrockneten Äpfeln, frischen oder getrockneten Birnen, Apfel- oder Birnenschalen, Apfel- oder Birnen-Nachpresse sowie Rübenkraut (Zuckerrübensaft) oder Speisesirup aus Entzuckerungsabläufen mit oder ohne Verwendung von technisch reinem weißem Verbrauchszucker (Saccharose) oder Stärkesirup hergestellt sind*[6]. *Gemischtes Kraut enthält im Fertigerzeugnis mindestens 1 Teil Obstkraut auf 1 Teil Rübenkraut oder auf 1 Teil Speisesirup aus Entzuckerungsabläufen oder auf 1 Teil dieser beiden zusammen.*

§ 25. Verbote zum Schutze der Gesundheit. *Es ist insbesondere verboten:*

1. die in §§ 23, 24 bezeichneten Erzeugnisse so herzustellen, daß sie Arsen, Blei oder Zink oder mehr als technisch nicht vermeidbare Mengen Antimon oder Kupfer enthalten;

2. solche Erzeugnisse anzubieten, zum Verkaufe vorrätig zu halten, feilzuhalten, zu verkaufen oder sonst in den Verkehr zu bringen.

§ 26. Grundsätze für die Beurteilung. *Als verdorben sind insbesondere anzusehen und auch bei Kenntlichmachung vom Verkehr ausgeschlossen:*

1. Obstgelee, Obstkraut und Gemischtes Kraut, die verschimmelt oder stark verunreinigt sind oder fremdartig oder ekelerregend riechen oder schmecken;

2. aus verdorbenen Früchten oder anderen verdorbenen Rohstoffen zubereitetes Obstgelee, Obstkraut und Gemischtes Kraut, unbeschadet der Unterdrückung einer leichten Gärung durch Erhitzen;

3. Obstgelee, Obstkraut und Gemischtes Kraut, die in starke alkoholische oder saure Gärung übergegangen sind;

4. Obstgelee, Obstkraut und Gemischtes Kraut, die angebrannt sind.

§ 27. *Als nachgemacht sind insbesondere anzusehen und auch bei Kenntlichmachung vom Verkehr ausgeschlossen:*

1. Erzeugnisse, die als Obstgelee, Obstkraut oder Gemischtes Kraut in den Verkehr gebracht werden oder nach Aussehen, Konsistenz, Geruch und Geschmack einem dieser Erzeugnisse ähnlich sind, sofern sie ganz aus Obstrückständen oder ganz oder teilweise aus anderen als den in dieser Verordnung zugelassenen Stoffen[8] *hergestellt sind. Ausgenommen ist das aus Zuckerrüben hergestellte Rübenkraut, sofern es entsprechend bezeichnet ist;*

2. obstgeleeähnliche Erzeugnisse, die aus Obstpektin, Wasser und Zucker, auch unter Mitverwendung von Fruchtsäuren, Aromastoffen und Farbstoffen, hergestellt sind.

§ 28. *Als verfälscht sind insbesondere anzusehen und, außer in den Fällen der Nr. 3, 9, 11, 12, 16, 18, auch bei Kenntlichmachung vom Verkehr ausgeschlossen:*

1. Obstgelee, Obstkraut und Gemischtes Kraut, bei deren Herstellung Mineralstoffe verwendet worden sind:

2. Obstgelee, Obstkraut und Gemischtes Kraut, bei deren Herstellung Agar-Agar, Gelatine oder andere nicht im Obst enthaltene Gelierstoffe verwendet worden sind;

3. Obstgelee und Obstkraut, bei deren Herstellung Auszüge aus getrockneten Äpfeln oder aus Apfelschalen oder Apfel-Nachpresse mitverwendet worden sind, ausgenommen Apfelgelee, Apfelkraut gesüßt und Apfel-Birnenkraut, sofern sie als „Apfelgelee aus Trockenäpfeln" oder als „Apfelgelee aus Apfelschalen" oder als „Apfel-Nachpresse-Gelee" oder als „Apfelkraut gesüßt (Apfel-Birnenkraut) aus Trockenäpfeln" oder als „Apfelkraut gesüßt (Apfel-Birnenkraut) aus Apfelschalen" oder als „Apfelkraut gesüßt (Apfel-Birnenkraut) mit Nachpresse" kenntlich gemacht sind[11], vorbehaltlich der Bestimmung in Nr. 4;

4. Apfelgelee, Apfelkraut gesüßt, Apfel-Birnenkraut und Gemischtes Kraut, die unter Verwendung von getrockneten Äpfeln, Apfelschalen oder Apfel-Nachpresse hergestellt sind, sofern sie weniger als 10 Hundertteile des Obstanteils der Einwaage an frischem Obst enthalten;

5. Obstgelee und Obstkraut, bei deren Herstellung Stärkesirup verwendet worden ist, ausgenommen Apfelgelee, das unter Verwendung von getrockneten Äpfeln, Apfelschalen oder Apfel-Nachpresse hergestellt ist[8], sofern sein Gehalt an Stärkesirup 12 Hundertteile nicht übersteigt;

6. Obstgelee, das mehr als 42 Hundertteile Wasser enthält;

7. Obstgelee, bei dessen Herstellung Obstpektin in einer Menge verwendet worden ist, die mehr als 0,5 Hundertteilen Pektinstoff (berechnet als Kalziumpektat und bezogen auf das Fertigerzeugnis) entspricht;

8. Obstgelee, das mehr als 0,5 Hundertteile zugesetzte Weinsäure oder Milchsäure enthält;

9. Obstgelee, bei dessen Herstellung Farbstoffe verwendet worden sind, sofern es nicht als „gefärbt" kenntlich gemacht ist;

10. Obstgelee, bei dessen Herstellung andere Aromastoffe verwendet worden sind als diejenigen, die beim Einkochen des Erzeugnisses entwichen, mit Hilfe von Kondensationsvorrichtungen wiedergewonnen und demselben Erzeugnis zugesetzt worden sind, vorbehaltlich der Bestimmung in Nr. 12;

11[8]. Obstgelee, dem Saft einer anderen Obstart zugesetzt ist, ausgenommen Apfelgelee oder Apfelgelee aus Trockenäpfeln oder Apfelgelee aus Apfelschalen oder Apfel-Nachpresse-Gelee, sofern die Menge des zugesetzten Obstsaftes 10 Hundertteile des Fertigerzeugnisses nicht übersteigt und der Zusatz zugleich kenntlich gemacht ist;

12. Apfelgelee aus Trockenäpfeln oder Apfelgelee aus Apfelschalen oder Apfel-Nachpresse-Gelee mit einem Zusatz von natürlichem Himbeeraroma, sofern der Zusatz nicht kenntlich gemacht ist;

13. Apfelgelee oder Apfelgelee aus Trockenäpfeln oder Apfelgelee aus Apfelschalen oder Apfel-Nachpresse-Gelee, sofern sie mehr als einen der in Nr. 11, 12 zugelassenen Zusätze enthalten;

14. Obstkraut und Gemischtes Kraut, die mehr als 35 Hundertteile Wasser enthalten;

15. Obstkraut und Gemischtes Kraut, bei deren Herstellung Farbstoffe oder Aromastoffe verwendet worden sind[7];

16. Obstkraut, dem Rübenkraut oder Speisesirup aus Entzuckerungsabläufen zugesetzt worden ist, sofern es nicht als „Gemischtes Kraut" kenntlich gemacht ist;

17. Apfelkraut (§ 24 Abs. 2 Nr. 1), bei dessen Herstellung technisch reiner weißer Verbrauchszucker (Saccharose) oder Birnen verwendet worden sind;

18. Apfelkraut gesüßt, dem mehr als 25 Teile technisch reiner weißer Verbrauchszucker (Saccharose) auf 100 Teile Apfelkraut zugesetzt sind, sofern nicht das Erzeugnis durch die Worte „mit mehr als 25 Hundertteilen Zucker" kenntlich gemacht ist[11], vorbehaltlich der Bestimmung in Nr. 19;

19. Apfelkraut gesüßt, dem mehr als 40 Teile technisch reiner weißer Verbrauchszucker (Saccharose) auf 100 Teile Apfelkraut zugesetzt sind;

20. Apfelkraut gesüßt, das aus einem Gemisch von Äpfeln und Birnen mit mehr als 20 Hundertteilen Birnen hergestellt worden ist;

21. Gemischtes Kraut, das im Fertigerzeugnis weniger als 1 Teil Obstkraut auf 1 Teil Rübenkraut oder auf 1 Teil Speisesirup aus Entzuckerungsabläufen oder auf 1 Teil dieser beiden zusammen enthält.

§ 29. *Eine irreführende Bezeichnung, Angabe oder Aufmachung liegt insbesondere vor:*

1. wenn Erzeugnisse als Obstgelee oder Obstkraut oder als bestimmte Obstgelee- oder Obstkrautsorten oder mit einer die Worte Obstgelee oder Obstkraut enthaltenden Wortbildung oder mit einem gleichsinnigen Ausdruck oder als Gemischtes Kraut bezeichnet werden, ohne den Begriffsbestimmungen (§§ 23, 24) zu entsprechen;

2. wenn Obstgelee oder Obstkraut mit Phantasienamen bezeichnet werden, sofern sie nicht zugleich die Bezeichnung der entsprechenden Obstgelee- oder Obstkrautsorte tragen;

3. wenn im Verkehr mit Obstgelee, Obstkraut oder Gemischtem Kraut entgegen den Tatsachen auf eine besonders gute Beschaffenheit oder auf eine besonders sorgfältige Art der Herstellung hingewiesen wird;

4. wenn im Verkehr mit Obstgelee, Obstkraut oder Gemischtem Kraut durch Umhüllungen, Bezettelungen oder Anpreisungen in Wort oder Bild auf eine den Tatsachen nicht entsprechende Beschaffenheit der Erzeugnisse, insbesondere wenn im Verkehr mit Gemischtem Kraut auf Obst[7] oder im Verkehr mit nicht ausschließlich aus frischem Obst hergestelltem Obstgelee oder Obstkraut auf frische Früchte hingewiesen wird;

5. wenn einem Obstgelee, Obstkraut oder Gemischtem Kraut entgegen den Tatsachen eine besondere diätetische Wirkung[9] zugeschrieben wird.

§ 29a[10]. *Es ist verboten, andere Erzeugnisse als Obstpektin (§ 3 Abs. 3) oder Obstgeliersäfte (§ 3 Abs. 4) zur Verwendung als Geliermittel oder Verdickungsmittel bei der Herstellung von Obsterzeugnissen herzustellen, anzubieten, feilzuhalten, zu verkaufen oder sonst in den Verkehr zu bringen, auch wenn die Verwendung nur für den eigenen Bedarf des Abnehmers erfolgen soll.*

§ 30. Inkrafttreten. *Diese Verordnung tritt am 1. Oktober 1933 in Kraft.*

Amtl. Begründung zu Abschnitt IV.

Obstgelee und Obstkraut.

Zu § 23. *Abs. 1, 2. Zur Herstellung von Obstgelee werden sowohl der Saft einer Obstart wie auch wässerige Auszüge von frischen oder frischerhaltenen, d. h. eingepülpten Obstfrüchten verwendet. Der „wässerige Auszug" wird auch als „Obstgeliersaft" bezeichnet; er wird durch Kochen von Obst mit Wasser gewonnen. Die Menge des wässerigen Auszugs darf im allgemeinen nicht mehr als 100 Teile aus 100 Teilen Obst betragen. Obstgelees sind Einfruchterzeugnisse. Sie werden mit dem Namen der verwendeten Obstart bezeichnet. Die Verwendung von geringen Mengen Obstpektin, Weinsäure oder Milchsäure ist allgemein zugelassen. Die Verwendung von Obstpektin hat sich vor allem bei Obstfrüchten mit wenig Gelierstoffen als zweckmäßig erwiesen, zumal früher zu diesem Zweck Apfelsaft zugesetzt wurde, wodurch fremde Fruchtbestandteile in erheblichem Maße in das Erzeugnis gelangten, so daß der Charakter als Einfruchterzeugnis verwischt wurde. Der Zusatz von Weinsäure oder Milchsäure dient zur Geschmacksverbesserung bei Obstgelee aus säurearmen Früchten. Durch die Fassung „Obstpektin, Weinsäure oder Milchsäure" soll die gleichzeitige Verwendung von Obstpektin und Weinsäure oder Milchsäure ermöglicht, aber auch die alleinige Verwendung von Obstpektin oder von Weinsäure oder Milchsäure nicht ausgeschlossen sein. Obstsaft, Obstpülpe und Obstpektin müssen den für sie aufgestellten Begriffsbestimmungen entsprechen.*

Die Angabe des Zuckergehalts bezieht sich im Gegensatz zu den Obstkonfitüren und Marmeladen auf das Fertigerzeugnis. Da infolge des ständig wechselnden natürlichen Gehalts an Fruchtsäure und Zucker die Gelierfähigkeit der verwendeten Säfte schwankt, würde die Festsetzung des Zuckerzusatzes unter Bezug auf die Einwaage technischen Schwierigkeiten begegnen. Unter „Zucker" ist die analytisch nachgewiesene Gesamtzuckermenge, also Saccharose, Glukose und Fruktose, zu verstehen.

Für Apfelgelee sind gewisse Abweichungen von der Normalbeschaffenheit zulässig, jedoch besteht für diese Abweichungen nach den Vorschriften des § 28 Nr. 3, 11, 12 in allen Fällen Kenntlichmachungspflicht. Da Apfelgelee in großem Umfange einen billigen Konsumartikel bildet, ist die Verwendung von Trockenäpfeln, von Apfelschalen und von Apfel-Nachpresse gestattet. Bei den Apfelschalen handelt es sich nicht lediglich um ein Abfallprodukt, sondern um ein Ausgangsmaterial, das wegen seines Gehalts an Gelier- und Aromastoffen für die Geleefabrikation von Bedeutung ist.

Zu § 24. *Abs. 1. Dieser Absatz enthält den Allgemeinbegriff für Obstkraut. Zur Herstellung dienen im allgemeinen frische Äpfel und Birnen sowie die Säfte dieser Früchte. Die Verwendung von Trockenäpfeln, Apfelschalen und Apfel-Nachpresse ist bei Apfelkraut gesüßt und bei Apfel-Birnenkraut gestattet (vgl. § 28 Nr. 3). Das in Konservendosen in sterilisiertem Zustande in den Handel gebrachte Apfelmark mit Zucker, sogenanntes „Apfelmus" ist als Kompott anzusehen und wird von den Vorschriften dieser Verordnung nicht getroffen.*

Abs. 2. Die hier vorgenommene Aufzählung der Obstkrautsorten ist erschöpfend.

Nr. 1. „Apfelkraut" ist die Normalware; zu ihrer Herstellung dürfen nur frische Äpfel verwendet werden. Irgendwelche Zusätze sind nicht zulässig.

Nr. 2. Der Ausdruck „gesüßt" deckt nicht nur die Verwendung von Zucker, sondern auch einen Zusatz von Birnen bis zu 20 Hundertteilen, der zur geschmacklichen Verbesserung, nicht aber zur Streckung dienen soll. Bei gleichzeitiger Verwendung von Zucker und Birnen sind diese Zusätze so zu bemessen, daß sie zusammen die zulässige Höchstgrenze nicht überschreiten. Einem Apfelkraut gesüßt z. B., das mit 10 Hundertteilen Birnen hergestellt ist, würden im Höchstfalle noch 12,5 Hundertteile Zucker, sofern es jedoch durch die Worte „mit mehr als 25 Hundertteilen Zucker" kenntlich gemacht ist, noch 27,5 Hundertteile Zucker zugesetzt werden dürfen. Die Begriffsbestimmung spricht nur von „Äpfeln", da neben den frischen Früchten auch Trockenäpfel, Apfelschalen und Apfel-Nachpresse unter Kenntlichmachung verwendet werden dürfen.

Nr. 3. Bei Birnenkraut ist infolge des natürlichen Zuckergehalts ein Zusatz von Verbrauchszucker nicht erforderlich. Nur frische Früchte dürfen verarbeitet werden.

Nr. 4. Das Mischungsverhältnis von Äpfeln und Birnen unterliegt keinen Beschränkungen. Für die Verwendung von Trockenäpfeln usw. gilt das zu Nr. 2 Ausgeführte.

Abs. 3. Gemischtes Kraut ist ein besonders im Rheinland und in Westfalen viel verwendetes Erzeugnis. Zu seiner Herstellung findet Obstkraut jeder Art, also auch das unter Verwendung von Trockenobst, Schalen und Nachpresse hergestellte, Verwendung, außerdem im allgemeinen Rübenkraut. Unter Rübenkraut ist eingedickter Zuckerrübensaft zu verstehen. Soweit nicht fertiges Rübenkraut und Obstkraut gemischt werden, dampft man daher im allgemeinen die Auszüge aus dem verwendeten Obst und den verwendeten Zuckerrüben zusammen ein. Statt Rübenkraut darf auch Speisesirup aus Entzuckerungsabläufen verwendet werden. Dieser wird bei der Entzuckerung der Rübenzuckermelasse als Nebenprodukt gewonnen. Eine derartige Zuckergewinnung erfolgt in Deutschland zur Zeit nur nach dem Strontianverfahren; es ist jedoch möglich, dieselbe auch auf andere Weise, besonders mit Hilfe von Baryt, durchzuführen. Der so gewonnene Speisesirup ist dem Rübenkraut etwa gleichwertig und auch in gesundheitlicher Hinsicht einwandfrei. Zum Süßen von Gemischtem Kraut ist auch der Zusatz von Stärkesirup zulässig. Die Bezeichnung „Gemischtes Kraut" deckt alle in ihm enthaltenen Bestandteile; eine Angabe der Verwendung von Rübenkraut, Stärkesirup usw. ist daher nicht erforderlich; unzulässig soll dagegen ein Hinweis auf Obst sein, da Gemischtes Kraut ja neben diesem erhebliche Mengen Rübenbestandteile enthält.

Zu § 25. *Hier gilt sinngemäß das zu § 4 Ausgeführte, jedoch mit dem Unterschied, daß bei Obstgelee, Obstkraut und Gemischtem Kraut mit einem Kupfergehalt bis zu 40 Milligramm im Kilogramm zu rechnen ist. Mehr als 40 Milligramm im Kilogramm würden daher zu beanstanden sein.*

Zu § 26. *Nr. 1. Vgl. die Begründung zu § 5 Nr. 1.*

Nr. 2, 3. Hier gilt sinngemäß das zu § 5 Nr. 2, 3 Ausgeführte.

Zu § 27. *Nr. 1. Hier sollen die Erzeugnisse getroffen werden, die ganz aus Obstrückständen oder ganz oder teilweise aus artfremden Pflanzenteilen, wie Mohrrüben, Rhabarber usw., hergestellt sind. Obstrückstände, die sogenannten Trester, sind die Rückstände, die beim vollständigen Auspressen oder Auslaugen oder bei der Destillation von Obstfrüchten und Obstfruchtbestandteilen verbleiben. Unter das Verbot fällt jedoch nicht die Verwendung von Apfel-Nachpresse, soweit sie nach § 28 Nr. 3 erlaubt ist. Der Begriff „ähnlich" wird durch Hinzufügen der Worte „nach Aussehen, Konsistenz, Geruch und Geschmack" ergänzt, wobei ähnlich gleichbedeutend mit verwechselbar sein soll. Zugelassen ist jedoch ein Gemisch von Obstkraut und Rübenkraut (§ 24 Abs. 3), sofern es lediglich als „Gemischtes Kraut" bezeichnet wird ohne einen Hinweis auf Obst. Auch Rübenkraut, das unter zutreffender Bezeichnung in den Verkehr gelangt, soll nicht verboten werden.*

Nr. 2. Durch diese Vorschrift soll verhindert werden, daß obstgeleeähnliche Erzeugnisse ohne Obstsäfte usw. hergestellt werden. Derartigen Kunsterzeugnissen, deren Herstellung mit

Hilfe von hochwertigem Obstpektin ohne große Schwierigkeiten möglich ist, fehlt jede Existenzberechtigung.

Zu § 28. *Nr. 1. Nur der unmittelbare Zusatz von Mineralstoffen ist verboten; die geringen Mengen Mineralstoffe, die durch Verwendung von Obstsaft oder Obstpülpe, die entsprechend den Bestimmungen in der Verordnung über Konservierungsmittel für Lebensmittel konserviert sind, in die Erzeugnisse gelangen, sollen durch diese Bestimmungen nicht getroffen werden, ebensowenig diejenigen Mineralstoffe, die infolge der Verwendung von Rübenkraut oder Speisesirup aus Entzuckerungsabläufen in das Gemischte Kraut gelangen.*

Nr. 2. Das im Konditoreigewerbe benutzte und aus gefärbter und aromatisierter Gelatine bestehende sogenannte Schneide- oder Kunstgelee ist nicht als Gelee im Sinne dieser Verordnung anzusehen.

Nr. 3, 4. Die Verwendung von Trockenobst und Nachpresse ist nur bei einigen Apfelerzeugnissen zulässig, und zwar bei Apfelgelee, bei Apfelkraut gesüßt und bei Apfel-Birnenkraut. Die Verwendung ist in jedem Falle kenntlich zu machen. „Nachpresse" erhält man durch Auslaugen des nach dem Abpressen des Obstsaftes hinterbleibenden Rückstandes mit Wasser und erneutes Abpressen. Die so gewonnene Nachpresse enthält neben den wasserlöslichen Extraktivstoffen und Fruchtsäuren auch einen Teil der Pektinstoffe.

Nr. 5. Im allgemeinen wird zum Süßen von Obstgelee und Obstkraut nur Zucker verwendet in den hierfür festgesetzten Höchstgrenzen (§ 23 Abs. 1 und § 28 Nr. 18, 19). Bei Apfelkraut gesüßt ist auch der Zusatz einer geringen Menge Birnen zur Süßung zulässig. Die Verwendung von Stärkesirup ist bei den hier genannten Apfelgeleesorten gestattet, jedoch nur bis zu einer Höchstmenge von 12 Hundertteilen im Fertigerzeugnis und unter Kenntlichmachung, wenn der Gehalt 5 Hundertteile übersteigt. Da der Stärkesirup nicht zur Streckung dienen soll, muß er auf die zulässige Zuckermenge angerechnet werden. Gegen die Verwendung von reinem Stärkezucker an Stelle von Stärkesirup ist an sich nichts einzuwenden; jedoch muß eine dem Wassergehalt des Sirups entsprechend geringere Menge Stärkezucker genommen werden. Außerdem darf Stärkesirup ohne Kenntlichmachung bei Gemischtem Kraut verwendet werden.

Nr. 6. Der Wassergehalt eines Obstgelees ist in starkem Maße von der Gelierfähigkeit der verarbeiteten Früchte abhängig. Außerdem wird er von dem Verhältnis zwischen Frucht und Zucker beeinflußt. Als besonders wertvoll gilt gerade ein Obstgelee, das wenig Zucker und dafür mehr Frucht enthält. Da ein zu starkes Eindampfen den Geschmack beeinträchtigt und daher nicht angebracht ist, liegt der Wassergehalt um so höher, je größer der Fruchtanteil der Einwaage gewesen ist. Eine Höchstgrenze von 42 Hundertteilen erscheint daher als angemessen, aber auch in allen Fällen als ausreichend.

Nr. 7. Die Gelierkraft der Obstfrüchte ist nicht nur bei den einzelnen Sorten verschieden, sondern schwankt auch nach Jahrgang und Herkunftsgebiet. Eine erhebliche Abnahme der Gelierfähigkeit erleiden viele Obstsaftsorten durch die Gärung und die Lagerung. Es ist daher gestattet, dem Obstgelee Obstpektin als Geliermittel zuzusetzen. Da Obstpektin schon in verhältnismäßig geringer Menge wirksam ist, ist es dem Apfelsaft, der früher als Geliermittel diente, erheblich überlegen. Die für Obstpektin in § 3 Abs. 3 festgelegten Begriffsbestimmungen dienen dazu, die auf diesem Wege in das Obstgelee gelangenden Stoffe auf ein Mindestmaß zu beschränken. Mit Rücksicht auf die bei längerer Lagerung abnehmende Wirksamkeit der Pektinpräparate ist die Grenzzahl für den Gehalt an Pektinstoff auf 0,5 Hundertteile (berechnet als Kalziumpektat) festgesetzt worden. Hinsichtlich der Bestimmung des Pektingehalts vgl. die Begründung zu § 7 Nr. 7.

Nr. 8. Um eine Überschreitung der Höchstgrenze zu vermeiden, ist die bei der Verwendung von Obstpektin mit diesem in das Obstgelee gelangende Menge Weinsäure oder Milchsäure zu berücksichtigen.

Nr. 9. Gelees aus solchen Halberzeugnissen, die infolge der Konservierung mit schwefliger Säure mißfarbig geworden sind, wie etwa Himbeergelee, bedürfen einer Auffärbung. Um eine Täuschung der Verbraucher zu vermeiden, ist eine entsprechende Kenntlichmachung vorgeschrieben.

Nr. 10. Ein Teil der wertvollen natürlichen Aromastoffe geht beim Eindampfen der Erzeugnisse verloren. Soweit sie durch geeignete Apparaturen wiedergewonnen werden, dürfen sie demselben Erzeugnis zugesetzt werden. Es soll aber dadurch nicht zugelassen werden, daß z. B. ein derartig gewonnenes Himbeeraroma einem beliebigen Himbeergelee zugesetzt wird; der Zusatz soll vielmehr nur auf das Erzeugnis, dem das Aroma entstammt, beschränkt bleiben. Andere Aromastoffe dürfen nicht verwendet werden; ausgenommen ist jedoch der Zusatz von natürlichem Himbeeraroma (Nr. 12), der bei Apfelgelee aus Trockenäpfeln, Apfelgelee aus Apfelschalen und Apfel-Nachpresse-Gelee zur Geschmacksverbesserung unter Kenntlichmachung gestattet ist.

Nr. 11 bis 13. Die in Nr. 11 bis 13 genannten Zusätze sollen zur Geschmacksverbesserung dienen. In Nr. 13 ist ausdrücklich festgesetzt, daß bei ein und demselben Obstgelee nur einer der in Nr. 11, 12 genannten Zusätze angewendet werden darf.

Nr. 14. Die Festsetzung eines Höchstwassergehalts für Obstkraut und Gemischtes Kraut ist zu dem Zwecke erfolgt, um ein genügendes Eindampfen zu gewährleisten. Die zugelassene

Grenze von 35 Hundertteilen Wasser wird bei einem normalen Obstkraut und Gemischten Kraut niemals überschritten.

Nr. 17 bis 19. Bei der Herstellung von Apfelkraut ist ein Zuckerzusatz, soweit die dafür erforderlichen Süßäpfel zur Verfügung stehen, nicht notwendig. Die Normalware „Apfelkraut" wird ohne Verwendung von Verbrauchszucker hergestellt, da der natürliche Zuckergehalt der verwendeten Äpfel einen solchen Zusatz entbehrlich macht. Da die Höhe des natürlichen Zuckergehalts der verwendeten Früchte von ihrer Güte abhängt, ist ein Zusatz von Verbrauchszucker in vielen Fällen nicht zu entbehren. Dieser ist auf höchstens 40 Hundertteile beschränkt; jedoch muß ein Apfelkraut, dem mehr als 25 Teile Verbrauchszucker auf 100 Teile Apfelkraut zugesetzt sind, nicht nur als „gesüßt" bezeichnet, sondern außerdem noch durch die Worte „mit mehr als 25 Hundertteilen Zucker" kenntlich gemacht werden. Mehr als 40 Teile Verbrauchszucker auf 100 Teile Apfelkraut dürfen auch unter Kenntlichmachung nicht zugesetzt werden.

Nr. 20. Ein Apfelkraut mit mehr als 20 Hundertteilen Birnen fällt unter die Begriffsbestimmung von Apfel-Birnenkraut.

***Zu § 29.** Nr. 1. Die Bezeichnung „Obstgelee", „Obstkraut" und „Gemischtes Kraut" sind nur den Erzeugnissen vorbehalten, die den Begriffsbestimmungen (§§ 23, 24) entsprechen.*

Nr. 2. Hier gilt sinngemäß das zu § 8 Nr. 2 Ausgeführte.

Nr. 3. Hier gilt sinngemäß das zu § 8 Nr. 6 Ausgeführte.

Nr. 4. Abbildungen von frischen Früchten sind nur bei ausschließlich aus frischem Obst hergestelltem Obstgelee und Obstkraut erlaubt. Bezeichnungen, wie „rein" oder „echt" usw. sind auf solche Erzeugnisse zu beschränken, die bei Obstgelee lediglich aus frischer Frucht und Zucker hergestellt sind, also weder Obstpektin noch Weinsäure, Milchsäure, Farbstoffe, Konservierungsmittel, Nachpresse oder Trockenobst enthalten. Ein Apfelkraut oder ein Birnenkraut darf nur dann als rein oder echt bezeichnet werden, wenn es lediglich aus frischen Äpfeln oder aus frischen Birnen hergestellt wurde. Bei Gemischtem Kraut ist jeder Hinweis auf Obst verboten.

Nr. 5. Hier gilt sinngemäß das zu § 8 Nr. 8 Ausgeführte.

***Zu § 30.** Die zugehörigen Strafbestimmungen finden sich in §§ 12, 13 des Lebensmittelgesetzes. [Sie entsprechen der §§ 11, 12 des LMG. heutiger Fassung. Der Bearb.].*

Anmerkungen zu Abschnitt IV (§§ 23 bis 29).

[1] In der Überschrift kommt nicht zum Ausdruck, daß Abschnitt IV auch Regelungen über „Gemischtes Kraut" enthält. In der Begriffsbestimmung in § 24 Abs. 3 wird es als „obstkrautähnliche Zubereitung" bezeichnet. Hinweise auf Obst in Wort oder Bild sind bei „Gemischtem Kraut" unzulässig, weil zur Irreführung über seine wirkliche Beschaffenheit geeignet (§ 29 Nr. 4 und die amtl. Begr. zu § 24 Abs. 3 und § 29 Nr. 4).

[2] Die Verwendung ist zulässig bis zu den aus § 28 Nr. 7 und 8 festgelegten Höchstgrenzen — und insoweit nicht kennzeichnungspflichtig. Darüber hinaus ist sie schlechtweg als Verfälschung verboten und macht das damit behandelte Erzeugnis verkehrsunfähig.

[3] Ausnahme in § 28 Nr. 11 unter Kennzeichnungspflicht.

[4] Stärkesirup ist nur zugelassen im Rahmen des § 28 Nr. 5. Seine Verwendung ist auf den Zuckeranteil anzurechnen und wird durch die in § 28 Nr. 3 vorgeschriebene Kenntlichmachung der in Betracht kommenden Erzeugnisse mit gedeckt.

[5] Zusatz von Farbstoff ist erlaubt, aber kennzeichnungspflichtig (§ 28 Nr. 9). Zusatz von natürlichem Himbeeraroma ist in den engen Grenzen des § 28 Nr. 12 unter Kennzeichnungspflicht gestattet (vgl. § 28 Nr. 10). Über die Zulässigkeit von Konservierungsmitteln schweigt die VO. Vgl. Begr. zu § 28 Nr. 1 und die Vorbemerkung oben S. 924.

[6] Farb- und Aromastoffe sind hier verboten (§ 28 Nr. 15). Ihre Verwendung schließt das Erzeugnis vom Verkehr aus. Siehe aber Anm. 7.

[7] Bemerkenswert ist folgender Runderlaß des RMdI. „über die Zulassung eines neuen Brotaufstrichs" vom 20. Oktober 1934 (MiBl.iV. S. 1359). Es sei jedoch darauf hingewiesen, daß die ab 1. November 1938 geltenden Normativbestimmungen der HV. GartenWi. über Rübenkraut den Zusatz von Aromastoffen zu Rübenkraut verbieten (s. S. 962):

„(1) Von gewerblicher Seite ist beantragt worden, die Herstellung obstkraut- oder obstgeleeähnlicher Erzeugnisse zuzulassen, bei deren Herstellung Rübenkraut (Zuckerrübensaft), Milch, Magermilch oder Molke sowie natürliches Himbeeraroma zugesetzt werden sollen. Derartige Erzeugnisse, deren Herstellung gegen § 27 Nr. 1 der VO. über Obsterzeugnisse vom 15. Juli 1933 (RGBl. I S. 495) verstößt, stehen in ihrer Zusammensetzung dem Gemischten Kraut (§ 24 Abs. 3) ziemlich nahe. Da ein Zusatz von Himbeeraroma bei Apfelgelee aus Trockenäpfeln, Apfelgelee aus Apfelschalen und Apfelnachpressegelee unter Kenntlichmachung zugelassen ist (§ 28 Nr. 12) und nach den von der Wirtschaftlichen Vereinigung der deutschen Obst- und Gemüseverwertungsindustrie erlassenen und für ihre Mitglieder verbindlichen „Normativbestimmungen für Rübenkraut (Zuckerrübenkraut)" auch bei Rübenkraut zulässig sein soll, erscheint es unbedenklich, wenn auch bei Gemischtem Kraut, abweichend von den bisherigen Bestimmungen, der Zusatz von natürlichem Himbeeraroma unter Kenntlichmachung geduldet wird. Hierbei ist allerdings in Übereinstimmung mit § 29 Nr. 4 der VO. zu fordern, daß, abgesehen von der Angabe „mit Himbeeraroma", jeder Hinweis auf Obst unterbleibt. Auch eine zur Erreichung eines gefälligen Aussehens geforderte Färbung wird für zulässig erachtet, sofern das Erzeugnis in gleicher Weise, wie es die VO. für Obstgelee vorschreibt (§ 28 Nr. 9), als „gefärbt" kenntlich gemacht wird. Da Milch, Magermilch und Molke die Konsistenz des Gemischten Krauts verbessern sollen und zudem eine gewisse Erhöhung des Nährwertes zur Folge haben, habe ich auch gegen ihre vorläufige Zulassung keine Bedenken, sofern die Zusätze in einer nennenswerten Höhe erfolgen und außerdem kenntlich gemacht werden.

(2) Bis zu einer entsprechenden Änderung der VO. über Obsterzeugnisse empfehle ich, bei Erzeugnissen der genannten Zusammensetzung, sofern sie als „Gemischtes Kraut" in den Verkehr gebracht werden und ihre Abweichungen von der üblichen Zusammensetzung entsprechend meinen Ausführungen durch die Angabe „mit Molke und Himbeeraroma, gefärbt" usw. deutlich sichtbar kenntlich gemacht sind, von einer Beanstandung abzusehen.

(3) Ich ersuche, die mit der Überwachung des Lebensmittelverkehrs betrauten öffentlichten Nahrungsmitteluntersuchungsanstalten alsbald mit entsprechender Weisung zu versehen."

[8] In dem in Julius Springers Verlag Heft 11 veröffentlichten Entw. war die Herstellung „eines Apfelgelees aus Trockenäpfeln, eines solchen aus Apfelschalen oder aus Nachpresse unter Verwendung von 25% ganzen Früchten oder Fruchtstücken einer anderen Obstart" nicht vorgesehen. Nachträglich ist ein derartiges Erzeugnis in § 23 Abs. 2, § 28 Nr. 5, § 28 Nr. 11 des Reichsratsentwurfs auf Betreiben gewerblicher Interessanten aufgenommen worden, dann aber wieder gestrichen worden, weil ein Bedürfnis nicht anerkannt werden konnte, zumal da unerwünschte Verwechslungen mit Obstkonfitüren durch seine Zulassung begünstigt worden wären. In der geltenden VO. über Obsterzeugnisse finden sich deshalb keine Regelungen mehr, die ein Erzeugnis der in Rede stehenden Art betreffen. Die nur hierauf bezügliche Nr. 11 des § 28 des Reichsratsentwurfs ist ganz gestrichen worden, und § 28 Nr. 11—21 der geltenden VO. enthalten jetzt das, was in den Nr. 12—22 des Reichsratsentwurfs stand. Die Numerierung der vorstehend abgedruckten amtl. Begr. ist von mir mit der Nummernfolge des geltenden Wortlauts der VO. zur Erhaltung der Übersichtlichkeit in Einklang gebracht. Der sachliche Inhalt der aus der Reichsratsvorlage abgedruckten amtl. Begr. wird durch die vorerwähnten Streichungen nicht in Mitleidenschaft gezogen.

[9] Vgl. Anm. 27 zu (Abschnitt I) § 8 Nr. 8 der VO.

[10] § 29a ist durch die Zweite VO. über Obsterzeugnisse vom 17. August 1938 (RGBl. I S. 1048) eingefügt und am 1. September 1938 in Kraft getreten. Dadurch, daß andere Gelier- und Verdickungsmittel außer Obstpektin und Obstgeliersäften aus dem Verkehr verbannt werden, wirkt sich praktisch das Verbot auch auf den Privathaushalt aus, ohne daß dabei der S. 923 unter Vorbem. 2 a I erwähnte Rechtsgrundsatz preisgegeben zu werden brauchte.

[11] Vgl. S. 934 Abs. 2 bzw. 3 des RdErl. in Anm. 26.

c) Normativbestimmungen des Reichsnährstandes.

I. In der am 1. November 1938 in Kraft getretenen Anordnung Nr. 15/38 der HV. GartenWi. vom 8. September 1938 (RNVB. S. 449) sind, je gesondert, zusammengefaßt Normativbestimmungen für sterilisierte Gurken, Sauerkraut, Obstkonserven in luftdicht verschlossenen Behältnissen, Brotaufstrichmittel aus Obst, Rübenkraut, weinähnliche Getränke, Obstsaftgetränke (die ja nicht Gegenstand reichsrechtlicher Regelungen in der VO. über Obsterzeugnisse — vgl. § 17 daselbst — sind), Brauselimonaden mit

Geschmacksstoffen (Essenzlimonaden), Speisesenf. Die spätere Eingliederung von Normativbestimmungen für Gemüsekonserven und Salzgurken ist vorbehalten.

Die Anordnung Nr. 15/38 vom 8. September schickt den Einzelanordnungen für die vorbezeichneten Lebensmittel allgemeine Rahmenbestimmungen (I bis XI) voraus, die für alle diese Einzelanordnungen gelten. Aus ihnen seien folgende Vorschriften hervorgehoben:

„II. Die Herstellung und das In-den-Verkehr-Bringen verwandter, in den Normativbestimmungen nicht erwähnter Erzeugnisse bedarf der vorherigen Zustimmung des Vorsitzenden der Hauptvereinigung der deutschen Gartenbauwirtschaft.

III. Das In-den-Verkehr-Bringen von aus Versuchen herrührenden Erzeugnissen, die den Normativbestimmungen nicht entsprechen, bedarf der vorherigen Zustimmung des Vorsitzenden der Hauptvereinigung der deutschen Gartenbauwirtschaft.

IV. Der Vorsitzende der Hauptvereinigung der deutschen Gartenbauwirtschaft kann anordnen, daß Erzeugnisse, die nach seinem Urteil als nicht vollwertige (abfallende) Qualitäten anzusprechen sind, nur unter den von ihm zu bestimmenden besonderen Auflagen in den Verkehr gebracht werden dürfen; ebenso kann er anordnen, daß derartige Erzeugnisse aus dem Verkehr zu ziehen sind.

V. Der Vorsitzende der Hauptvereinigung der deutschen Gartenbauwirtschaft kann die Verwendung besonderer Gütezeichen (Qualitätsmarken) anordnen.

VI. Die zur Durchführung dieser Anordnung notwendig werdenden Maßnahmen können in Ausführungsbestimmungen geregelt werden.

VII. Der Vorsitzende der Hauptvereinigung der deutschen Gartenbauwirtschaft kann zur Vermeidung unbilliger Härten Ausnahmen von den Bestimmungen dieser Anordnung zulassen.

VIII. Mitglieder der Gartenbauwirtschaftsverbände, die gegen die Bestimmungen dieser Anordnung verstoßen, können in Ordnungsstrafe genommen werden. Als Zuwiderhandlungen sind auch Maßnahmen anzusehen, die, ohne gegen den Wortlaut der erlassenen Bestimmungen zu verstoßen, eine Umgehung darstellen.

IX. (Enthält Übergangsbestimmungen.)

X. Die Vorschriften des Lebensmittelgesetzes in der Fassung der Bekanntmachung vom 17. Januar 1936 (RGBl. I S. 17) bleiben unberührt."

Unter XI. wird das Inkrafttreten zum 1. November 1938 bestimmt. Ferner wird eine große Zahl von früheren Anordnungen aufgezählt, die infolge der neuen Vorschriften außer Kraft treten.

II. Die Normativbestimmungen für Obstkonserven (Nr. 5 der Anordnung Nr. 15/38) bestimmen unter den Überschriften A bis C folgendes:

Normativbestimmungen für Obstkonserven (in luftdicht verschlossenen Behältnissen).

A. Herstellungsvorschriften. 1. Für Obstkonserven dürfen nur frische, saubere, gesunde Früchte verwendet werden, denen keine wertbestimmenden Bestandteile über das technisch unvermeidbare Maß hinaus entzogen sind.

2. Obstkonserven müssen den im Verzeichnis der normierten Obstkonserven aufgeführten Begriffsbestimmungen entsprechen.

3. Obstkonserven dürfen keine Frischerhaltungsmittel (Konservierungsmittel) und keine künstlichen oder natürlichen zugesetzten Aromastoffe enthalten.

4. Obstkonserven dürfen — vorbehaltlich Ziffer 6—8 — keine zugesetzten Mineralstoffe oder sonstigen Fremdstoffe enthalten, unbeschadet eines Zusatzes von Zitronen-, Milch- oder Weinsäure bis zu 0,3%, bezogen auf das Fertigerzeugnis; außerdem dürfen Obstkonserven mit Essig hergestellt werden (vgl. Ziffer 4 der Kennzeichnungsvorschriften).

5. Obstkonserven dürfen keinen Zusatz von Agar-Agar, Gelatine, Obstpektin oder anderen Gelierstoffen enthalten.

6. Obstkonserven dürfen unschädliche Farbstoffe (Lebensmittelfarben) enthalten (vgl. Ziffer 3 der Kennzeichnungsvorschriften).

7. Die Obstkonserven Ziffer 3 und 10 des Verzeichnisses können mit Kupfersalz gegrünt sein (vgl. Ziffer 3 der Kennzeichnungsvorschriften).

8. Obstkonserven dürfen als Süßungsmittel nur technisch reinen weißen Verbrauchszucker entsprechend der vorgeschriebenen Stärke des Saftes* enthalten, unbeschadet des Zusatzes von Stärkesirup bei Preißelbeeren (Ziffer 6 des Verzeichnisses).

9. Bei Dunstfrüchten ist jeglicher Zusatz von Zucker verboten; sie müssen im übrigen den Vorschriften des Verzeichnisses entsprechen (vgl. Ziffer 5 der Kennzeichnungsvorschriften).

* Die in den Begriffsbestimmungen festgelegten BAUMÉ- bzw. BRIX-Grade des Saftes beziehen sich auf den Zuckerfruchtsaft der fertigen Konserve, bei 20° C gemessen.

B. Verpackungsvorschriften. Für Obstkonserven sind die im DIN-Blatt 2011 unter Nr. 1—8 aufgeführten Dosen zugelassen. Die Dosen müssen handelsüblich gefüllt sein und dürfen nicht mehr Aufgußflüssigkeit enthalten, als technisch unvermeidbar ist (über die Einfüllgewichte bei Obstkonserven ergehen besondere Richtlinien).

C. Kennzeichnungsvorschriften. 1a) Als Kennzeichnung der einzelnen Konservensorten müssen die im Verzeichnis der normierten Obstkonserven durch Fettdruck hervorgehobenen Bezeichnungen wortgetreu Verwendung finden. Die einzelnen Worte der Sortenbezeichnungen müssen unter sich in gleicher Schriftgröße und in unmittelbarem Zusammenhang miteinander wiedergegeben werden.

1b) Weiterhin ist die Angabe des Namens sowie des Ortes der Niederlassung des Herstellers bzw. der Firma oder des Verteilers erforderlich. Wird in der Kennzeichnung der Hersteller nicht genannt, so muß dieser die Dose mit seiner Kenn-Nummer versehen. Die Kenn-Nummer wird jedem Herstellerbetrieb zugeteilt.

1c) Für die im Abschnitt B (Verpackungsvorschriften) zugelassenen Dosen gelten nachstehende Bezeichnungen als handelsüblich:

	Handelsübliche Bezeichnung
Nr. 1	$^1/_8$- (DIN-) Dose
„ 2	$^1/_4$- „ „
„ 3, 4	$^1/_2$- „ „
„ 5	$^1/_1$- „ „
„ 6	$1^1/_2$- „ „
„ 7	$^2/_1$- „ „
„ 8	$^5/_1$- „ „

2. Hinweise auf Herstellungsverfahren und Qualität sowie Herkunftsbezeichnungen müssen den Tatsachen entsprechen; ein Nachweis hierfür muß einwandfrei erbracht werden können. Die erforderliche Sortenbezeichnung (Ziffer 1a der Kennzeichnungsvorschriften) darf jedoch gegenüber derartigen Hinweisen nicht zurücktreten.

3. Obstkonserven, die gefärbt oder mit Kupfersalz gegrünt sind, müssen durch das Wort „gefärbt" bzw. „gegrünt" gekennzeichnet sein (vgl. Ziffer 6 und 7 der Herstellungsvorschriften).

4. Obstkonserven, die einen Zusatz von Essig enthalten, müssen durch den Zusatz „Essigfrüchte" oder „süß-sauer" gekennzeichnet sein (vgl. Ziffer 4 der Herstellungsvorschriften).

5. Obstkonserven, die ohne Zucker hergestellt sind, müssen durch das Wort „Dunstfrüchte" kenntlich gemacht werden (vgl. Ziffer 9 der Herstellungsvorschriften).

6. Fruchtmark, das einen Zuckerzusatz erhalten hat (Ziffer 18 des Verzeichnisses), muß mit dem Vermerk „gesüßt" bezeichnet werden.

7. Sämtliche Angaben der Kennzeichnung müssen in deutscher Sprache und leicht lesbarer Schrift auf den Packungen an einer in die Augen fallenden Stelle angebracht sein.

8. Verboten sind Bezeichnungen, Angaben und Aufmachungen, die einer bestimmten Konserve eine besondere diätetische oder gesundheitliche Wirkung beilegen.

9. Bei der Verwendung von Bildetiketten sind folgende Vorschriften zu beachten:

a) Bei Obstkonserven, die nur aus einer Rohware hergestellt werden, darf auf dem Etikett nur die Obstart abgebildet sein, die zur Herstellung der Konserve verwendet wurde. Jedoch ist die Verwendung von sog. Sammeletiketten dann zulässig, wenn die Abbildung so angeordnet und gestaltet und die Sortenbezeichnung gemäß Ziffer 1 der Kennzeichnungsvorschriften durch so auffälligen Druck in den Vordergrund gerückt ist, daß die Abbildung keinesfalls zu Irreführungen über den Inhalt der Konserve Veranlassung geben kann.

b) Bei gemischten Früchten dürfen auf den Etiketten nur diejenigen Obstarten abgebildet sein, die tatsächlich bei der Herstellung Verwendung gefunden haben.

Es folgt dann unter 20 Nummern ein „Verzeichnis der normierten Obstkonserven", aus dem, um eine Vorstellung von der Gestaltung des „Verzeichnisses zu geben, als Beispiele mitgeteilt seien Nr. 1 und 6:

„**Bezeichnung:**	**Begriffsbestimmung:**
1. **Erdbeeren**	ganze, gesunde, saubere, von Kelchen befreite, sortierte Erdbeeren, roh eingefüllt. Stärke des Saftes: 10° Bé = 1° Brix.
Erdbeeren, vorbehandelt	ganze, gesunde, saubere, von Kelchen befreite, sortierte Erdbeeren, mit Zucker oder Zuckerlösung vorbehandelt. Stärke des Saftes: 14° Bé = 25° Brix. Beurteilungsgrundsätze: Bei vorbehandelten Erdbeeren enthält die Dose beträchtlich mehr Fruchtmasse als bei roh eingefüllten. Vorbehandelte Früchte sind von festerer Beschaffenheit als roh gepackte. Bei roh gepackten Erdbeeren lassen sich vereinzelte zerfallene Früchte nicht immer vermeiden.

6. Preiselbeeren Beurteilungsgrundsätze: Preiselbeeren enthalten höchstens 45% zugesetzten Zucker im Fertigerzeugnis. Ein Zusatz von Stärkesirup ist ohne Kenntlichmachung bis zu 5%, bei Kenntlichmachung „mit Stärkesirup" bis zu 12% zulässig. Der Stärkesirupzusatz ist auf den Zucker anzurechnen. Preiselbeeren dürfen keine Fremdstoffe, insbesondere weder Geliermittel noch Apfelmark enthalten."

Nr. 3 des Verzeichnisses bezieht sich auf Stachelbeeren, Nr. 10 auf Reineclauden.

III. Die „Normativbestimmungen für Brotaufstrichmittel aus Obst — Konfitüren, Marmeladen, Pflaumenmus, Obstgelee, Obstkraut —" (Nr. 6 der Anordnung 15/38 vom 8. September 1938) lauten unter A und C folgendermaßen:

A. Herstellungsvorschriften. Die Herstellung vorgenannter Erzeugnisse richtet sich nach den Bestimmungen der VO. über Obsterzeugnisse vom 15. Juli 1933.

Für die Herstellung verbilligter Brotaufstrichmittel sind die hierfür erlassenen besonderen Bestimmungen maßgebend.

C. Kennzeichnungsvorschriften. Für die Kennzeichnung obsthaltiger Brotaufstrichmittel ist die VO. über Obsterzeugnisse vom 15. Juli 1933 in Verbindung mit der Leb.mitt.kennz.VO. vom 8. Mai 1935 maßgebend.

Bei der Kennzeichnung verbilligter Brotaufstrichmittel aus Obst sind die hierfür erlassenen besonderen Bestimmungen zu berücksichtigen.

Unter B werden Verpackungsvorschriften gegeben, also ein Stoffgebiet geregelt, mit dem sich die S. 923/924 unter a und b erwähnten Vorschriften des allgemeinen Reichsrechts überhaupt nicht befassen.

Die zur Zeit der Niederschrift der vorliegenden Ausführungen (Mitte Oktober 1938) noch geltenden besonderen Bestimmungen für die Herstellung und Kennzeichnung verbilligter Brotaufstrichmittel, die recht umfangreich sind, finden sich in der für das Wirtschaftsjahr vom 10. Dezember bis 31. Oktober geltenden Anordnung der HV. GartenWi. vom 8. Dezember 1937 (RNVBl. S. 580).

Abs. 1 unter Nr. VI (Herstellungsvorschriften) dieser Anordnung lautet:

„Die verbilligten Marmeladen, Gelees, Pflaumenmus- und Apfelkrautsorten müssen den Mindestvorschriften der VO. über Obsterzeugnisse vom 15. Juli 1933 (RGBl. I S. 495) und den nachfolgenden Sondervorschriften der HV. GartenWi. entsprechen. Sie müssen aus einwandfreien, frischen Früchten oder hieraus ordnungsgemäß hergestellten Pulpen oder Halbfabrikaten sowie anderen nach der VO. zugelassenen Rohstoffen, z. B. Trockenpflaumen bei Pflaumenmus, zubereitet sein. Sie müssen nach Aussehen, Geruch und Geschmack eine gute, handelsübliche Ware bilden."

An Kennzeichnungen wird neben den durch die Reichs-VO. über Obsterzeugnisse und die Leb.mitt.kennz.VO. (s. S. 858) vorgeschriebenen Kennzeichnungen unter anderem ein Zusatzetikett verlangt, das in vorgeschriebener Form z. B. für Himbeer-Apfelmarmelade die Angaben enthalten muß (VII Abs. 2a der Anordnung vom 8. Dezember 1937):

„Himbeer-Apfelmarmelade zur Abgabe an den Verbraucher. Kleinverkaufspreis 45 Rpf. je $^1/_2$ kg lose ausgewogen. Hauptvereinigung der deutschen Gartenbauwirtschaft, Berlin NW 40, Schlieffenufer 21."

IV. Die Vorschriften der §§ 15—22 der Reichs-VO. vom 15. Juli 1933 über Obsterzeugnisse für Obstsäfte und Obstsirupe wollen nur Regelungen für Fruchtmuttersäfte und Sirupe geben, die zur Weiterverarbeitung bestimmt sind (vgl. oben Anm. 4 zu § 15 jener VO.). Die vom Reichsrecht offengelassene Lücke einer lebensmittelrechtlichen Sonderregelung für zum unmittelbaren Genuß bestimmte praktisch alkoholfreie Getränke, die aus oder unter Verwendung von Obstbestandteilen hergestellt werden, wird weitgehend durch die nachfolgenden Normativbestimmungen der HV. GartenWi. ausgefüllt.

Es lauten die unter Nr. 9 der Anordnung 15/38 vom 8. September 1938 enthaltenen

Normativbestimmungen für Obstsüßmoste, Obstdicksäfte und Obstgetränke.

Verzeichnis der genormten Getränkesorten (Verzeichnis).

I. Obstsüßmoste sind zum unmittelbaren Genuß bestimmte, praktisch alkoholfreie Säfte, die durch Pressen von unvergorenem frischen Obst gewonnen, gemäß A II, a/b behandelt und haltbar gemacht sind und in den unter A II c, 2—4 genannten Fällen die dort erlaubten Zusätze enthalten können.

1. Obstsäfte (Obstmuttersäfte)*. a) Kernobstsäfte sind die mit dem Namen der betreffenden Obstart bezeichneten unvergorenen Säfte einer Kernobstart;

b) Beeren- und Kirsch- (Mutter-) Säfte sind die mit dem Namen der betreffenden Obstart bezeichneten unvergorenen Säfte von Kirschen bzw. von einer Beerenart.

2. Leicht gesüßte Beeren- oder Kirschsäfte sind Säfte aus frischem Beerenobst oder frischen Sauerkirschen mit einem Zusatz von 5, höchstens 20 Gewichtsteilen Zucker auf 100 Gewichtsteile Saft.

3. Beeren- oder Kirschsüßmoste sind Säfte aus Beeren oder Kirschen, die durch Zusatz von Wasser und Zucker gemäß A II c/3 trinkfertig gemacht sind.

4. Mischsüßmoste sind Mischungen einer beliebigen Anzahl der im Verzeichnis unter I, 1—3 genannten Obstsüßmoste untereinander.

II. Obstdicksäfte sind flüssige, auch in offenem Zustand haltbare Zubereitungen, die aus dem unvergorenen Saft von frischem Obst in geklärtem Zustande durch Eindampfen im Vakuum oder durch Einengung mittels Kälte ohne weitere Behandlung hergestellt werden.

III. Obstgetränke sind Verdünnungen von Kernobstsäften oder Kernobstdicksäften, die durch Versetzen des Süßmostes bzw. Dicksaftes oder Mischungen dieser beiden mit Wasser bzw. kohlensäurehaltigem Wasser nach Maßgabe der Bestimmungen unter A IV hergestellt sind.

Anmerkung: Obstgetränke, die über das unter A IV angegebene Maß hinaus verdünnt sind, gelten als „Obstlimonaden". Obstlimonaden sind weiterhin insbesondere Zubereitungen aus diesen Getränken bzw. aus stark verdünnten Obstsäften anderer Art mit Zucker, Wein- oder Milchsäure, sowie auch Kohlensäure; bei Verwendung von Citrussäften ist ein Zusatz von Schalenaroma statthaft.

A. Herstellungsvorschriften: I. Beschaffenheit des Obstes. Das für die vorstehenden, genormten Getränke verwendete Obst muß gesund, frisch, nicht angegoren und praktisch frei von Fäulnis und Schimmelbefall sein. Die Auswahl des Obstes hinsichtlich Eignung, Reife und Güte ist mit besonderer Sorgfalt vorzunehmen.

II. Herstellung von Obstsüßmosten. Die Behandlung des Saftes bei der Verarbeitung muß so erfolgen, daß wertbestimmende Bestandteile über das technisch unvermeidbare Maß hinaus nicht verändert oder entzogen werden.

Nach der Art der Behandlung wird als handelsüblich unterschieden: ungeklärter, trüber Saft; geklärter (blanker) Saft.

a) Kellerbehandlung. Im Rahmen der Kellerbehandlung ist gestattet: 1. die Klärung der Säfte mittels nachgenannter, technisch reiner Stoffe: Gelatine, Hausenblase, Tannin, Spanische Erde, weiße Tonerde, Agar-Agar, Filtrations-Enzyme; die Klärung mittels „Scheidmost" in Mengen bis zu 5 Raumhundertteilen, mechanisch wirkenden Filterstoffen (Asbest, Zellulose u. dgl.), sowie Klärung bzw. teilweise Klärung mit Hilfe einer Saftschleuder;

2. die Verwendung schwefliger Säure zur Entkeimung von Gebinden und Korken nach folgenden Verfahren, soweit dadurch nicht mehr als 80 mg schweflige Säure in den Liter Saft gelangen:

a) Verbrennen von Schwefel oder schwefelschnitten mit Ausnahme von gewürzhaltigem Schwefel,

b) Verwendung reiner gasförmiger schwefliger Säure,

c) Verwendung von Lösungen reiner gasförmiger schwefliger Säure in Trinkwasser, die höchstens 2% Schwefeldioxyd enthalten,

d) Verwendung von technisch reinem Kaliumpyrosulfit auch in Tablettenform;

3. die Verwendung von ausgewaschener Holzkohle oder gereinigter Knochenkohle, soweit sie zum Klären (Schönen) oder zur Beseitigung von Fehlern oder Krankheiten erforderlich ist.

b) Haltbarmachung des Saftes. Es dürfen nur „praktisch alkoholfreie" Säfte haltbar gemacht werden. Als „praktisch alkoholfrei" gelten Säfte, deren Alkoholgehalt 0,5 g in 100 ccm nicht überschreitet. In Gärung geratene Säfte, die durch Entzug von Alkohol praktisch alkoholfrei gemacht sind, dürfen nicht verwendet werden. Das Haltbarmachen kann nach folgenden Verfahren vorgenommen werden:

1. Pasteurisierung,
2. Entkeimung durch Filterung,
3. Einlagerung unter Verwendung von Kohlensäure (Kohlensäuredruckverfahren) für die Regel in Verbindung mit Verfahren 1 oder 2.

Die Verfahren unter 1 und 2 werden auch in Verbindung (kombiniert) angewendet.

c) Erlaubte Zusätze: 1. Obstsäfte. Zusätze jedweder Art sind hierfür verboten.

2. Leicht gesüßte Beeren- und Kirschsäfte. Zur Herstellung von leicht gesüßten Beeren- und Kirschsäften müssen auf 100 Gewichtsteile unverdünnten Obstsaft 5—20 Gewichtsteile technisch reinen, weißen Verbrauchszuckers (Saccharose) zugesetzt werden. Der Zucker darf nur im Obstsaft selbst gelöst werden.

* Für Obstsäfte, die für die Weiterverarbeitung zu Obstsirupen dienen, ist maßgebend: Verordnung über Obsterzeugnisse vom 15. Juli 1933 (Abschnitt III).

3. Beeren- und Kirschsüßmoste. Der Zusatz von Wasser und technisch reinem, weißen Verbrauchszucker ist unbedingt auf die Mengen zu beschränken, die technisch erforderlich sind, um einem Übermaß an Säure und einem Mangel an Fruchtzucker abzuhelfen. Diese Bestimmung gilt auch für Quittensüßmost.

4. Mischsüßmoste. Für die zur Mischung verwendeten Mengen an Beeren- und Kirschsäften ist ein Wasser- bzw. Zuckerzusatz im Höchstfall bis zu dem unter Ziffer 3 zugelassenen Maße gestattet.

d) Nicht erlaubte Zusätze: Alle unter A I und II a—c nicht genannten Stoffe dürfen nicht Verwendung finden, insbesondere:

1. Obstrückstände, Nachpresse (erzielt durch Wasserzusatz zum Preßgut), Trockenobstauszüge;
2. Mineralstoffe, abgesehen von der Ausnahme unter A II a;
3. Klärmittel, abgesehen von den in A II a 1 genannten;
4. Farbstoffe;
5. Säuren, abgesehen von der in A II a 2 und A II b 3 gemachten Ausnahme für schweflige und Kohlensäure;
6. chemische Konservierungsmittel;
7. Aromastoffe;
8. Obstdicksäfte als Zusatz zu Obstsüßmosten.

III. Herstellung von Dicksäften. Zur Gewinnung von Dicksäften müssen die gemäß A I und A II a/b hergestellten, geklärten Obstsäfte durch Eindampfen im Vakuum oder durch Einengung mittels Kälte so weit eingedickt werden, daß sie auch in offenem Zustande haltbar sind.

Zusätze jeglicher Art sind verboten.

IV. Obstgetränke sind durch Mischen eines Kernobstsaftes oder Kernobstdicksaftes oder einer Mischung aus diesen beiden mit Wasser oder kohlensäurehaltigem Wasser so herzustellen, daß sie mindestens 33°, im Höchstfalle 38° Oechsle aufweisen. Eine Rückverdünnung von Dicksaft lediglich bis zum Wassergehalt des Ursprungssaftes ist nicht zulässig.

B. Verpackungsvorschriften. 1. Als Verpackung, in der vorstehende Getränke zum Verkauf gelangen, sind Flaschen, Korbflaschen, Holzfässer oder geeignete Kleintanks sowie für Obstdicksäfte auch Blechkanister zu verwenden. Die Gebinde müssen so beschaffen sein, daß die Getränke hier durch keine Wertminderung erfahren.

2. Bei Verwendung neu hergestellter Flaschen sind die durch das Maß- und Gewichtsgesetz vom 13. Dezember 1935 vorgeschriebenen Maßgrößen zu beachten. Bei der Verwendung gebrauchter alter Flaschen gelten folgende Mindestinhalte als handelsüblich:

	Mindestinhalt
sogenannte 1-Liter-Flaschen	960 ccm
$^1/_1$-Flaschen	680 ccm
$^1/_2$-Flaschen	330 ccm
Kleinflaschen	200 ccm
$^3/_4$-Kronenkork-Flaschen (Vichyform)	710 ccm
$^3/_8$-Kronenkork-Flaschen (grün)	360 ccm

C. Kennzeichnungsvorschriften. I. Allgemeine Vorschriften. Die im Verzeichnis genannten Getränke unterliegen den Bestimmungen der Verordnung über die außere Kennzeichnung von Lebensmitteln vom 8. Mai 1935.

a) Die Inhaltsangabe ist üblicherweise nach Maß und nicht nach Gewicht vorzunehmen;

b) bei der erforderlichen Angabe des Namens oder der Firma des Herstellers bzw. eines Verteilers ist vorzugsweise der Name oder die Firma des Herstellers zu nennen;

c) für die handelsübliche Bezeichnung der im Verzeichnis genannten Getränke gilt folgendes:

1. Die einzelnen Getränkesorten sind in Verbindung mit dem Namen der bei der Herstellung verwendeten Obstart zu kennzeichnen (z. B. „Apfelsaft", „Kirschsüßmost", „leicht gesüßter Himbeersaft" u. dgl.)*;
2. Hinweise auf besondere Herstellungsverfahren sind zusätzlich gestattet, sofern sie den Tatsachen entsprechen.

II. Obstsäfte und Obstsüßmoste. 1. Bezeichnungen wie „Edelobstmost", „Frischmost", „Rohmost", „Edelsaft", „Alkoholfreier Obstwein" und gleichsinnige sind unzulässig. Es bleibt jedoch unbenommen, auf eine durch Obstwahl (Obstsorte, Sortenmischung, Reifegrad) bedingte besondere Geschmacksrichtung (z. B. herb, süß) des Getränkes hinzuweisen. Wird durch besondere Auswahl des Obstes in Verbindung mit sorgfältigster Verarbeitung und Behandlung eine das normale Maß erheblich überragende Güte des Getränkes erreicht, so können zusätzliche Qualitätsangaben verwendet werden.

* Die Kennzeichnung von im Lohnverfahren für den Hausverbrauch des Auftraggebers hergestellten Apfelsüßmost muß durch ein Flaschenschild erfolgen, das neben der Sortenbezeichnung und der Angabe des Namens des Herstellers deutlich sichtbar folgenden Hinweis enthalten muß: „Lohnware nur für den Hausbedarf, zum Handel nicht zugelassen."

2. Die Verwendung von Bezeichnungen wie „Flüssiges Obst“ und „Flüssige Frucht“[1] auf Flaschenschildern, Zusatzschildern und Umhüllungen von Flaschen sowie auf Rechnungen ist unzulässig.

3. Phantasiebezeichnungen sind unzulässig. Den Tatsachen entsprechende Bezeichnungen bezüglich der Herkunft des Obstes sind gestattet; die erforderliche Sortenbezeichnung darf jedoch durch derartige Hinweise nicht zurücktreten.

4. Mischsüßmoste müssen in ihrer Kennzeichnung die einzelnen Fruchtarten, die zur Vermischung verwandt werden, erkennen lassen (z. B. Apfel-Erdbeersüßmost). Jedoch sind Sammelbezeichnungen wie Dreifruchtsüßmost, Mehrfruchtsüßmost zulässig.

5. Obstsüßmoste, die einen durch Sinnenprüfung feststellbaren Gehalt an Kohlensäure aufweisen, müssen durch die Worte „mit Kohlensäure versetzt“ gekennzeichnet werden.

III. Dicksäfte. Obstdicksäfte müssen gleichfalls mit dem Namen der verwendeten Obstart bezeichnet werden. Bei Mischungen mehrerer Obstdicksaftsorten müssen die einzelnen, hierzu verwendeten Obstsorten benannt werden (z. B. „Apfeldicksaft“ bzw. „Eingedickter Apfelsaft“, „Apfel-Birnendicksaft“ u. dgl.).

IV. Obstgetränke. Obstsüßmostgetränke bzw. Obstdicksaftgetränke sind mit dem Namen der verwendeten Obstart („Apfelgetränk“ usw.) zu bezeichnen. In mindestens der halben Schriftgröße wie diese Bezeichnung ist darunter die verwendete Obstsüßmost- oder Obstdicksaftsorte und in unmittelbarem Zusammenhang sowie in gleicher Schriftgröße die Bezeichnung „verdünnt“ anzubringen (z. B. „Apfelgetränk, verdünnt aus Apfelsaft“ oder „Apfelgetränk, verdünnt aus Apfeldicksaft“).

Phantasienamen sind statthaft, wenn sie in unmittelbarem Zusammenhang mit der Bezeichnung „Obstgetränk“, „Apfelgetränk“ usw. und in gleicher Größe wie diese Bezeichnung angebracht werden.

Die Bezeichnung als „Apfelsaft-Schorle“ ist zulässig lediglich für Getränke, die aus Apfelsaft (nicht Apfeldicksaft) und kohlensäurehaltigem Wasser in der unter A IV angegebenen Verdünnung hergestellt sind.

Obstlimonaden. Eine eindeutige Kennzeichnung als „Obstlimonade“ bzw. „Obstbrauselimonade“ in Verbindung mit dem Namen der verwendeten Fruchtart ist erforderlich, sofern obsthaltige Getränke unter die in der Anmerkung zu III näher beschriebene Gruppe der Obstlimonaden fallen.

V. Die unter Nr. 8 der Anordnung (vom 8. September 1938) enthaltenen ausführlichen Normativbestimmungen für Obst- und Beerenweine, Hagebutten- und Rhabarberweine, also dem Weine ähnliche vergorene und deshalb alkoholhaltige Getränke, verweisen in erster Linie auf die einschlägigen Vorschriften des Weingesetzes (§ 10) und der dazu ergangenen Ausführungsbestimmungen (Art. 7) (vgl. Bd. VII, S. 488 des Handbuchs) und ergänzen diese Vorschriften des Weingesetzes durch Bestimmungen über Verschnitte, Verpackungsvorschriften, Kennzeichnungsvorschriften. Die Normativbestimmungen geben ferner ein „Verzeichnis der normierten weinähnlichen Getränke“, gegliedert in I Dessertweinähnliche Getränke und II Tischweinähnliche Getränke.

Einen Eindruck von der Gestaltung des „Verzeichnisses“ mag folgender Abdruck der Nr. 1 der dessertweinähnlichen Getränke vermitteln:

„Bezeichnung	Begriffsbestimmungen
1. a) **Johannisbeerdessertwein, rot**	mindestens 13 Raumhundertteile Alkohol = 103,1g im Liter.
b) **Johannisbeerdessertwein, weiß**	mindestens 7 g im Liter nichtflüchtige Säuren (berechnet als Weinsäure).
c) **Johannisbeerdessertwein, schwarz**	höchstens 1,8 g im Liter flüchtige Säuren (berechnet als Essigsäure).“

VI. Durch die unter Nr. 10 der Anordnung vom 8. September 1938 enthaltenen Normativbestimmungen für Brauselimonaden mit Geschmacksstoffen (Essenzlimonaden) schafft der Reichsnährstand marktordnende Klarheit für wichtige Erfrischungsgetränke, deren Regelung ursprünglich durch eine reichsrechtliche VO. gemäß § 5 LMG. in Aussicht genommen war. Denn schon vor Jahren war in Julius Springers Verlag der Entw. einer VO. über

[1] Anmerkung des Verfassers: Unter „flüssigem Obst“ stellt sich ein Großteil der Verbraucherschaft, jedenfalls heute noch, ein Erzeugnis vor, das von den wertvollen Bestandteilen des Obstes, wie es aus der Natur kommt, in verflüssigter Form mehr enthält als nur den Saft. Darum ist die Bezeichnung „flüssiges Obst“ für Erzeugnisse, die im wesentlichen nur den Saft des Obstes enthalten und noch dazu im größten Teil des Jahres pasteurisiert oder entkeimt, irreführend. Einer derartigen Irreführung (§ 4 Nr. 3 LMG.) will das Verbot unter C II 2 entgegenwirken.

Limonaden und Brauselimonaden als Heft 13 der „Entwürfe zu Verordnungen über Lebensmittel und Bedarfsgegenstände" veröffentlicht worden, ohne geltendes Recht geworden zu sein.

Es lauten die

Normativbestimmungen für Brauselimonaden mit Geschmacksstoffen* (Essenzlimonaden).

Brauselimonaden mit Geschmacksstoffen sind die aus Essenzen natürlicher Herkunft unter Verwendung von technisch reinem weißen Verbrauchszucker (Saccharose) sowie Wein-, Zitronen- oder Milchsäure mit kohlensäurehaltigem Wasser oder anderem Tafelwasser (Verordnung über Tafelwässer vom 12. November 1934) hergestellten, praktisch alkoholfreien (als praktisch alkoholfrei gelten Getränke, die höchstens 0,5 Gewichtshundertteile Alkohol enthalten) Getränke, welche die unter A III zugelassenen Zusätze enthalten dürfen.

A. Herstellungsvorschriften. I. Brauselimonaden mit Geschmacksstoffen müssen so hergestellt sein, daß 1. durch die verwendete Essenz der gekennzeichnete Geschmack hinreichend zum Ausdruck kommt;

2. der Zuckerzusatz (Gehalt an technisch reinem weißen Verbrauchszucker), bezogen auf das Fertigerzeugnis, mindestens 7% beträgt;

3. das verwendete Wasser ausreichend imprägniert ist;

4. eine Beeinflussung durch die Abfüllapparatur und sonstige Hilfsgeräte auf das technisch unvermeidbare Maß beschränkt bleibt.

Das zur Verwendung gelangende Wasser muß hygienisch einwandfrei sein. Die verwendete Wein-, Milch- bzw. Citronensäure muß den an die Reinheit dieser Säuren für Lebensmittelzwecke zu stellenden Ansprüchen genügen.

II. Beschaffenheit der Essenz. Es dürfen zur Herstellung von Brauselimonaden mit Geschmacksstoffen nur Essenzen natürlicher Herkunft (Limonadenessenzen) ohne jede künstliche Verstärkung verwendet werden.

Als Limonadenessenzen natürlicher Herkunft sind anzusehen:

1. die aus Obst oder Obstteilen — sowie daraus gewonnenen ätherischen Ölen (auch terpenfreien) — durch Destillation, Extraktion bzw. Auflösung hergestellten Zubereitungen;

2. die aus anderen geeigneten Pflanzenteilen, insbesondere Kräutern — auf gleiche Weise wie unter 1. angegebenen — hergestellten Zubereitungen bzw. Auszüge.

Die Essenzen der vorgenannten Art können auch untereinander gemischt verwendet werden.

Wird eine Limonadenessenz nach einer bestimmten Obstart benannt (z. B. Himbeeressenz, Apfelessenz, Zitronenessenz), so muß diese ausschließlich aus dieser Obstart (bzw. den entsprechenden Obstteilen, oder dem entsprechenden ätherischen Öl, oder aus Mischungen untereinander) hergestellt sein.

Essenzen aus anderen Pflanzen bzw. Pflanzenteilen, die nach diesen bezeichnet sind, müssen vorwiegend aus diesen Pflanzen bzw. Pflanzenteilen gewonnen sein.

III. Zusätze. Jegliche Zusätze, auch bei Kenntlichmachung, insbesondere der Zusatz von künstlichem Süßstoff, Stärkesirup, Stärkezucker, Schaummitteln, Mineralsäuren, Konservierungsmitteln, künstlichen Essenzen, Trübstoffen, sind verboten. Dies gilt nicht für die Verwendung unschädlicher Farbstoffe (Lebensmittelfarben) sowie Coffein, vorbehaltlich der Kennzeichnung nach C 5 und C 6.

IV. Die unter I—III genannten Bestimmungen gelten sinngemäß für die Herstellung der sog. Brauselimonadengrundstoffe bzw. Limonadensirupe mit Geschmacksstoffen.

B. Verpackungsvorschriften. 1. Brauselimonaden mit Geschmacksstoffen dürfen nur in Behältnissen in Verkehr gebracht werden, die so beschaffen und verschlossen sind, daß eine Beeinträchtigung und Wertminderung des Getränkes, insbesondere ein Verlust an Kohlensäure, nicht eintreten kann. Auf eine einwandfreie Säuberung der Behältnisse wird ausdrücklich hingewiesen.

2. Bei der Verwendung neu hergestellter Flaschen sind die durch das Maß- und Gewichtsgesetz vom 13. Dezember 1935 vorgeschriebenen Maßgrößen zu beachten.

C. Kennzeichnungsvorschriften. 1. Die Bezeichnung der Brauselimonaden muß sich nach der verwendeten Essenz richten, und zwar sind zu unterscheiden: a) Brauselimonaden mit Obst-, Frucht-Geschmack bzw. -Aroma, sofern die Essenz ausschließlich oder vorwiegend aus den unter A II, 1 genannten Ausgangsstoffen gewonnen ist;

b) Brauselimonaden mit Kräuter-Geschmack bzw. -Aroma, sofern die Essenz ausschließlich oder doch überwiegend aus den unter A II, 2 angegebenen Ausgangsstoffen hergestellt ist.

An Stelle der vorstehenden Sammelbezeichnungen kann der Name von Obst- und Fruchtarten oder die Bezeichnung für Pflanzenteile zur Kennzeichnung verwendet werden, sofern für die verwendete Essenz gemäß A II eine solche Bezeichnung zulässig ist.

* Für Essenzgetränke in Fässern gelten besondere Bestimmungen.

Die Worte „mit Fruchtgeschmack", „mit Kräutergeschmack" bzw. entsprechende Bezeichnungen sind in der gleichen Schriftart und Farbe wie das Wort „Brauselimonade" deutlich erkennbar anzubringen. Die Bezeichnung „Fruchtgeschmack" u. dgl. muß in mindestens halb so großen, höchstens gleich großen unter sich gleichen Buchstaben wie das Wort „Brauselimonade" erfolgen, wobei eine räumliche Trennung durch andere Angaben (einschließlich Abbildungen) in der Kennzeichnung nicht eintreten darf.

Mit Rücksicht auf die Verwendung von Essenzen ausschließlich natürlicher Herkunft bleibt es unbenommen, den Geschmack durch die Angabe „mit natürlichem Frucht- (Kräuter-, Himbeer- usw.) Geschmack" zu kennzeichnen, wobei das Wort „natürlich" nicht besonders hervortreten darf.

2. Sofern Brauselimonaden unter ausschließlicher Verwendung von Mineralwasser oder mineralarmem Wasser (VO. über Tafelwässer vom 12. November 1934) hergestellt sind, kann hierauf zusätzlich — im Druck nicht besonders hervortretend — hingewiesen werden durch die Angabe „hergestellt unter Verwendung von Xer Mineralwasser" (bzw. einer anderen für das verwendete Tafelwasser gesetzlich zulässigen Bezeichnung).

3. Phantasiebezeichnungen sind statthaft, sofern dabei die Sortenbezeichnung nach 1. deutlich erkennbar bleibt. Sie dürfen jedoch nicht den Namen einer Obstart wiedergeben. Wortverbindungen mit Bezeichnungen, die für andere Getränke gebräuchlich sind, insbesondere Sprudel, Sekt, Schorle, Most, Wein u. dgl. sind unzulässig, desgleichen auch Phantasienamen, die an solche Bezeichnungen anklingen. Eine Ortsbezeichnung darf als Teil eines Phantasienamens keine Anwendung finden, es sei denn, daß bei der Herstellung der Brauselimonade ausschließlich das durch die Ortsbezeichnung gekennzeichnete Mineralwasser verwendet wurde und daß diese Ortsbezeichnung ein Teil des Namens der handelsgerichtlich eingetragenen Firma des Herstellers oder patentamtlich für diese geschützt ist.

4. Ein bildlicher Hinweis auf Früchte oder Pflanzenteile, nach denen die Brauselimonade benannt ist, ist nur dann zulässig, wenn nicht der Eindruck erweckt wird, daß es sich um ein aus Obstsaft hergestelltes Getränk handelt.

5. Brauselimonaden, die Farbstoffe gemäß A III enthalten, müssen durch das Wort „gefärbt" gekennzeichnet werden, auch wenn der Farbstoff aus der verwendeten Essenz herrührt.

6. Die Kennzeichnung des Koffeingehaltes von koffeinhaltigen Getränken richtet sich nach der Verordnung für koffeinhaltige Erfrischungsgetränke vom 24. Januar 1938 (RGBl. I S. 691).

7. Auf den Flaschen ist neben der Sortenbezeichnung nach 1. deutlich erkennbar anzugeben der Name oder die Firma und der Ort der gewerblichen Hauptniederlassung des Herstellers (Abfüllers). Bringt ein anderer als der Hersteller die Erzeugnisse unter seinem Namen oder seiner Firma in den Verkehr, so kann anstatt des Herstelles dieser andere angegeben werden.

Die Angabe des Herstellers — nicht jedoch die Sortenbezeichnung — kann auch auf dem Flaschenverschluß erfolgen.

d) Die in den vorstehenden (VI) Normativbestimmungen für Brauselimonaden unter C Nr. 6 angeführte reichsrechtliche VO. lautet:

Verordnung über koffeinhaltige Erfrischungsgetränke

vom 24. Juni 1938 (RGBl. I S. 691). (Betrifft nicht das Land Österreich.)

Auf Grund des § 5 Nr. 5 und des § 20 des Lebensmittelgesetzes in der Fassung vom 17. Januar 1936 (Reichsgesetzbl. I S. 17) wird verordnet:

§ 1. (1) Werden Limonaden oder limonadenähnliche Erfrischungsgetränke, die Koffein enthalten, oder gebrauchsfertige koffeinhaltige Zubereitungen zur Herstellung solcher Getränke angeboten, zum Verkaufe vorrätig gehalten, feilgehalten, verkauft oder sonst in den Verkehr gebracht, so müssen sie eine Bezeichnung tragen, die in klarer und unzweideutiger Weise auf den Koffeingehalt hinweist. Auch die im gewerblichen Verkehr verwendeten Aufmachungen sowie alle der geschäftlichen Werbung dienenden Angaben dürfen keinen Zweifel über den Koffeingehalt zulassen.

(2) Alle Bezeichnungen, Angaben und Aufmachungen, die den Vorschriften des Abs. 1 nicht entsprechen, sind irreführend im Sinne des § 4 Nr. 3 des Lebensmittelgesetzes.

§ 2. Diese Verordnung tritt am 1. Oktober 1938 in Kraft.

Anmerkung zu der vorstehenden Verordnung.

Der weitgehende Hinweis auf Coffeingehalt ist nur für Limonaden und limonadenähnliche Erfrischungsgetränke, nicht auch für Kaffee-, Mate- und Kakaoaufgüsse vorgeschrieben.

e) In diesem Zusammenhang sei auch der Runderlaß des RMdI. vom 4. April 1938 (MiBl.iV. S. 644) erwähnt, der Milchgetränke mit Zusatz von Kohlensäure und Fruchtaroma betrifft. Er ist auf § 20 Abs. 2 Nr. 3 LMG. gestützt und hat somit Rechtssatzbedeutung. Der Runderlaß lautet:

„Im Hinblick auf die derzeitigen Schwierigkeiten der Versorgung mit Vollmilch genehmige ich auf Grund des § 20 Abs. 2 Nr. 3 des Lebensmittelges. in der Fass. vom 17. Januar 1936 (RGBl. I S. 17) bis auf weiteres, daß in Abweichung von § 11 Nr. 3 der Ersten Ausf.-VO. zum Milchges. vom 15. Mai 1931 (RGBl. I S. 150) ein Erfrischungsgetränk, das aus Vollmilch und entrahmter Frischmilch unter Zusatz von Kohlensäure und Fruchtaroma hergestellt worden ist, als „Milchsekt, alkoholfrei, unter Verwendung von entrahmter Frischmilch hergestellt" in den Verkehr gebracht wird. Die Bezeichnung „Milchsekt" ohne die zusätzlichen Angaben genügt nicht."

Die Anordnung Nr. 28 der HV. MilchWi. vom 26. Juni 1938 (RNVBl. S. 207) „Über Milchgetränke mit Kohlensäure- oder Fruchtaromazusatz" enthält keine lebensmittelrechtlich in Betracht kommenden Beschaffenheits- oder Bezeichnungsvorschriften, sondern macht lediglich die Herstellung solcher Erfrischungsgetränke von der Genehmigung der HV. MilchWi. abhängig.

K. Gemüse und Gemüseerzeugnisse.

1. a) Auf diesem Gebiet hat die Reichsgesetzgebung kein allgemein verbindliches Sonderrecht erlassen. In dem oben unter J 1 für frisches Obst und durch Trocknen haltbar gemachtes Obst Ausgeführten ist frisches und durch Trocknen haltbar gemachtes Gemüse mitberücksichtigt. Besonders hingewiesen sei auf die dort erwähnten, vom Reichsnährstand ausgehenden „Reichseinheitsvorschriften für Sortierung und Verpackung". Sie umfassen auch Gemüse.

b) Über die Grünung von Gemüsedauerwaren mittels Kupfersalzen verhält sich ein gemeinschaftlicher Runderlaß der preuß. Minister für Volkswohlfahrt, für Handel und Gewerbe und des Innern vom 30. Januar 1928, der im vollen Wortlaut abgedruckt ist bei Holthöfer-Juckenack, 2. Aufl., S. 270. Es heißt in diesem Runderlaß unter anderem:

Die Frage der Zulässigkeit begrenzter Mengen Kupfer in gegrünten Gemüsedauerwaren wird in einer Ausführungsbestimmung zum neuen Lebensmittelgesetz zu regeln sein. Da aber bis zu deren Erlaß noch einige Zeit vergehen dürfte, erscheint es, um unberechtigte Beanstandungen von gegrünten Gemüsedauerwaren zu vermeiden, erwünscht, schon jetzt, vorbehaltlich der endgültigen Regelung, den zuständigen Lebensmitteluntersuchungsanstalten nachstehende Richtlinien an die Hand zu geben:

1. Die Verwendung von Kupferverbindungen ist zur Grünerhaltung von Gemüsedauerwaren unter der Bedingung als zulässig anzusehen, daß diese Dauerwaren auf den Bezettelungen, in den Preislisten und in sonstigen im geschäftlichen Verkehr üblichen Angeboten als „mit Kupferverbindungen gegrünt" deutlich bezeichnet sind.

2. Die fertigen Dauerwaren dürfen — bei Erbsen und Bohnen nach Abtrennung der Brühe, bei Spinat einschließlich der Brühe — in 1 kg nicht mehr als 100 mg Kupfer (Cu) enthalten; jedoch soll eine Überschreitung dieser Grenze um höchstens 10 mg Kupfer (Cu) noch geduldet werden. Sind weniger als 10 mg Kupfer (Cu) in 1 kg der Ware gefunden worden, so ist die Ware nicht als mit Kupferverbindungen behandelt anzusehen.

Andere in Betracht kommende Gemüsedauerwaren, wie insbesondere Gurken, sind hinsichtlich ihres Kupfergehaltes sinngemäß zu behandeln.

3. Zur Ermittelung des Kupfergehaltes ist das in der Anlage beschriebene Untersuchungsverfahren anzuwenden.

Wir ersuchen ergebenst, die mit der Überwachung des Lebensmittelverkehrs beauftragten Behörden und Lebensmitteluntersuchungsanstalten gefälligst anzuweisen, bei der Untersuchung von Gemüsedauerwaren bis auf weiteres nach den vorstehenden Richtlinien zu verfahren.

2. Aus der Normensetzung des Reichsnährstandes für haltbar gemachte Gemüseerzeugnisse sind als lebensmittelrechtlich bedeutsam hervorzuheben:

a) Die Normativbestimmungen für sterilisierte Gurken, die unter Nr. 3 der Sammelanordnung der HV. GartenWi. (s. oben S. 951) unterm 8. September 1938 veröffentlicht sind. Sie sind hier nicht mitabgedruckt.

b) Die Normativbestimmungen für Sauerkraut, die unter Nr. 4 der vorerwähnten Sammelanordnung vom 8. September 1938 veröffentlicht und auf S. 797 des vorliegenden Bandes abgedruckt sind.

c) Für Salzgurken (Faßgurken) sind neue Normativbestimmungen in Vorbereitung, welche die vorläufig für sie offen gelassene Nr. 2 der vorerwähnten Sammelanordnung vom 8. September 1938 (RNVBl. S. 449) ausfüllen sollen. Bis zum Erlaß der neuen Normativbestimmungen gelten für „Salzgurken (saure Gurken, Dillgurken, sog. Faßgurken)" noch die bisherigen Normativbestimmungen, auf welche hier nicht näher eingegangen werden soll.

Windhausen bringt auf S. 798 einschlägige Normativbestimmungen.

d) Auch für Gemüsekonserven in luftdicht verschlossenen Behältnissen sind neue Normativbestimmungen in Vorbereitung. Sie sollen die für sie offengelassene Nr. 1 der Sammelanordnung vom 8. September 1938 (RNVBl. S. 449) ausfüllen und werden voraussichtlich auch Regelungen für eine Anzahl von Pilzkonserven bringen. Pilzkonserven sind nicht einbezogen in die Regelungen der jetzt noch geltenden Normativbestimmungen für Frischgemüsekonserven vom 19. Juli 1934. Sie sind bekanntgegeben in den „Mitteilungen der HV. GartenWi. für die Verwertungsindustrie Nr. 25 vom 4. Juli 1935" und abgedruckt auf S. 791 des vorliegenden Bandes nebst dem 73 Nummern umfassenden „Verzeichnis der normierten Gemüsekonserven".

Unter den Nrn. 33, 34, 35 dieses Verzeichnisses finden sich Regelungen für „Gemischtes Gemüse" oder „Leipziger Allerlei" „sehr fein" (Nr. 33) „fein" (Nr. 34), „mittelfein" (Nr. 35).

Die Anordnung Nr. 85 vom 25. Juni 1936 der HV. GartenWi. (RNVBl. S. 315) verbietet grundsätzlich die Verwendung von frischen oder getrockneten Morcheln zu Gemüsemischungen aller Art in luftdicht verschlossenen Behältnissen, ausgenommen bei Gemüsemischungen der unter Nr. 33, 34, 35 normierten Art. Gemüsemischungen, „in denen der übliche Zusatz an Morcheln fehlt", sind als „hergestellt ohne Morcheln" zu kennzeichnen.

Bei Herstellung von Mischgemüse unter Verwendung von Trockenerbsen in luftdicht verschlossenen Behältnissen ist durch die Anordnung der HV. GartenWi. vom 29. Juni 1935 (RNVBl. S. 435) die Kennzeichnung als „Haushaltsmischung" unter Mitangabe der Einwaage der einzelnen Bestandteile vorgeschrieben.

Ähnliche Anforderungen an klarstellende Kenntlichmachung finden sich in den bisher als maßgebend betrachteten einschlägigen Gutachten der Handelskammer Braunschweig (**Z.** Beil. 1929, **21**, 84) und des Konserven-Schutzverbandes vom 23. April 1925 (Nahrungsmittel-Rundschau 1927, 96).

L. Normativbestimmungen des Reichsnährstandes für Rübenkraut (Rübensaft) und Speisesenf (Mostrich).

1. In der Sammelanordnung der HV. GartenWi. vom 1. Juli 1938 (vgl. oben S. 951) sind unter Nr. 7 enthalten:

Normativbestimmungen für Rübenkraut (Rübensaft).

Als Rübenkrautsorten werden unterschieden:

I. Rübenkraut (Rübensaft) nicht raffiniert, der im Preßverfahren aus gekochten bzw. gedämpften Zuckerrüben gewonnene, eingedickte Saft;

II. Rübenkraut (Rübensaft) raffiniert oder doppelt raffiniert, das unter I genannte Erzeugnis, das auf mechanischem Wege ohne Gebrauch von Chemikalien durch eine oder mehrmalige Filtration gereinigt ist.

A. Herstellungsvorschriften. 1. Beschaffenheit der Zuckerrüben*.

Für Zuckerrübenkraut dürfen nur gesunde, vollwertige Zuckerrüben verwendet werden. Die Verwendung anderer Rübensorten, insbesondere Lanker- oder Runkelrüben, ist unstatthaft.

2. Rübenkraut darf bei seiner Herstellung keiner chemischen Behandlung unterzogen werden. Als Filtrationsmittel sind zulässig: Filtrationskohle, gemahlene Braunkohle, Knochenkohle, Kieselgur, Kies- und Asbestfilter.

3. Der durch Pressen gewonnene Rübensaft muß bis zu einer Schwere (Konsistenz) von mindestens 43° Baumé (bei 20° C gemessen) eingedickt werden.

4. Dem Rübenkraut dürfen fremde Bestandteile irgendwelcher Art, insbesondere Melasse, Speisesirup, Ablaufsirup, Stärkezucker sowie Aromastoffe nicht zugesetzt werden.

B. Verpackungsvorschriften. (Hier nicht mit abgedruckt.)

C. Kennzeichnungsvorschriften. 1. Rübenkraut im Sinne dieser Anordnung unterliegt den Vorschriften der Lebensmittel-Kennzeichnungsverordnung vom 8. Mai 1935.

2. Als handelsübliche Bezeichnung muß gemäß der Herstellung die unter I oder II angegebene Sortenbezeichnung wortgetreu verwendet werden. Die Angabe „nicht raffiniert, raffiniert oder doppelt raffiniert" muß dabei in mindestens halb so großen Buchstaben wie die Bezeichnung „Rübenkraut" (Rübensaft) angebracht werden.

3. Als gleichsinnige Bezeichnung für Rübenkraut (Rübensaft) gelten Zuckerrübenkraut (Zuckerrübensaft, Rübenkreude (bzw. Zuckerrübenkreude), Rübensirup (bzw. Zuckerrübensirup).

2. Unter Nr. 11 der Sammelanordnung vom 1. Juli 1938 (vgl. oben S. 951) sind erlassen folgende:

Normativbestimmungen für Speisesenf.

Speisesenf (Mostrich) ist eine aus entöltem oder nicht entöltem, braunem oder gelbem Senfsamen (oder Gemischen dieser Samen) unter Verwendung von verschiedenen Zusätzen, wie Essig, Speisesalz und den Geschmack verfeinernden Stoffen (Gewürze, Sardellen, feine Kräuter, Zuckerarten), hergestellte breiartige Zubereitung.

A. Herstellungsvorschriften. 1. Es darf nur ein einwandfreier, gereinigter Senfsamen, dem außer fettem Öl nichts entzogen sein darf, verarbeitet werden. Im übrigen ist bei der Herstellung der verschiedenen Senfsorten folgendes zu beachten:

Konsumware wird aus normalwertigen Saaten und Zutaten hergestellt. Im Gegensatz zur Qualitätsware dürfen Saaten geringerer Güte in beschränktem Umfang mit verwendet werden.

Qualitätsware wird aus erstklassigen Saaten hergestellt, wobei in der Regel der Anteil an Braunsaat überwiegt. Auf die Güte der erlaubten Zusätze und Gewürze ist besonderer Wert zu legen.

Bei der Herstellung von Weinsenf darf als Essig nur Weinessig (100%iger Weinessig) verwendet werden.

II. Erlaubte Zusätze: 1. die in der Begriffsbestimmung genannten Stoffe;

2. natürliche oder künstliche unschädliche Farbstoffe (Lebensmittelfarben) unter Kenntlichmachung, vgl. Ziffer 2 der Kennzeichnungsvorschriften;

3. Konservierungsmittel (soweit sie durch die gesetzlichen Bestimmungen zugelassen sind).

III. Verboten sind die unter II nicht erwähnten Zusätze, insbesondere

1. sog. Füllungen, wie Maismehl, Weizenmehl, Weizenkleie, Kartoffelmehl, Erbsenmehl, Sojamehl;

2. natürliches oder synthetisches Senföl;

3. künstliche Süßstoffe (Saccharin, Dulcin);

4. Essig mit künstlichem Süßstoff.

---

* Wenn es aus volkswirtschaftlichen Gründen erforderlich ist, kann der Vorsitzende der Hauptvereinigung bestimmen, ob und welche Mengen Trockenrüben bzw. vollwertige getrocknete Rübenschnitzel zur Verarbeitung herangezogen werden können.

B. Verpackungsvorschriften. Die Verpackung von Speisesenf muß so erfolgen, daß durch die Behältnisse eine Wertminderung des Inhalts nicht eintreten kann. Auf die Beachtung der gesetzlichen Bestimmungen über das Zugabewesen wird ausdrücklich hingewiesen.

Zugelassene Packungen. (Hier nicht mit abgedruckt.)

C. Kennzeichnungsvorschriften. 1. Die Bezeichnung der Erzeugnisse auf den Packungen muß erkennen lassen, welche Senfsorte nach A I der Herstellungsvorschriften vorliegt. Tafelsenf muß den Anforderungen an Qualitätsware entsprechen. Der Hinweis in Wort oder Bild auf eine den Tatsachen nicht entsprechende Güte ist unstatthaft.

Diese Vorschrift findet auch auf alle sonstigen Anpreisungen Anwendung.

2. Die Färbung nach Herstellungsvorschriften Ziffer II, 2 ist auf Rechnungen und Angeboten sowie auf den Kleinverkaufspackungen durch das Wort „gefärbt" deutlich kenntlich zu machen.

3. Die Bezeichnungen „rein", „naturrein" und gleichsinnige für Speisesenf sind verboten.

M. Pilze.

1. Rechtssatzregelungen von Reichs wegen fehlen. Von Zeit zu Zeit mahnt das Reichsgesundheitsamt (so im RGesundh.Bl. 1937, 225) zur Vorsicht beim Genuß der fälschlich vom Volksmund als Morchel bezeichneten Lorchel, Frühlingslorchel (Helvella oder Gyromitra esculenta). Fast alljährlich im Frühjahr hat der Genuß dieses Pilzes zahlreiche, in einzelnen Fällen sogar tödlich verlaufende Erkrankungen verursacht.

Unter Hinweis hierauf empfiehlt die erwähnte Verlautbarung, die zerkleinerten Pilze mit einer reichlichen Menge Wasser zum Kochen zu bringen, mindestens 5 Minuten am Kochen zu erhalten und dann das Kochwasser wegzuschütten. Es heißt dort weiter: „Größere Mengen als ein Pfund zubereiteter frischer Lorcheln sollten von einer Person bei einer Mahlzeit nicht genossen werden. Auch ist zu vermeiden, eine zweite Lorchelmahlzeit kurz nach der ersten einzunehmen. Getrocknete Lorcheln, wie sie auch im Handel erhältlich sind, haben ihre Giftigkeit verloren und bedürfen keiner besonderen Vorbehandlung (vgl. Pilzmerkblatt des Reichsgesundheitsamtes Berlin: Julius Springer 1928)."

Unter Hinweis auf das vorerwähnte Pilzmerkblatt empfiehlt das Reichsgesundheitsamt im RGesundh.Bl. 1937, 525 Vorsicht beim Sammeln von Pilzen.

Es wird dabei namentlich gewarnt „vor den gefährlichsten aller Giftpilze, den Knollenblätterschwämmen, von denen der grüne Knollenblätterschwamm (Amanita phalloides), der statt einiger eßbarer Täublingsarten oder statt des eßbaren Grünlings gesammelt werde, die meisten tödlichen Vergiftungen verursache". Ferner vor dem ziegelroten Rißpilz, der zuweilen mit dem Champignon verwechselt werde, und vor dem Pantherpilz, der statt des eßbaren Perlpilzes gesammelt werde.

2. Bereits oben unter II K 2 d ist darauf hingewiesen, daß die Normativbestimmungen über Gemüsekonserven, wie sie jetzt noch in Geltung sind, sich auf Pilzkonserven nicht erstrecken, daß aber voraussichtlich die bevorstehende Neufassung dieser Normativbestimmungen auch einige Pilzkonserven in ihre Regelungen miteinbeziehen wird. Mit Morcheln in Mischgemüse befaßt sich die oben unter II K 2 d erwähnte Anordnung der HV. GartenWi. vom 25. Juni 1936.

Anhang.

Österreichische Gesetze.

Zusammengestellt von

Oberregierungsrat Professor DR. E. BAMES-Berlin.

Durch die Eingliederung der Ostmark [Reichsgesetz vom 13. März 1938 (RGBl. I S. 237)] ist es erforderlich, die Lebensmittelgesetzgebung in Österreich mit der des Deutschen Reiches in Übereinstimmung zu bringen. Da bei der

Bearbeitung des vorliegenden Bandes die österreichischen Gesetze noch Geltung haben, sind sie der deutschen Gesetzgebung angegliedert worden.

Getreide, Hülsenfrüchte und Mühlenerzeugnisse. Die österreichischen Begriffsbestimmungen über diese Erzeugnisse sind den deutschen ziemlich ähnlich. Als Verfälschungen gelten Beimischung von Fremdstoffen, künstliches Bleichen, Behandeln mit nitrosen Gasen, das Schwefeln der Rollgerste (Min.-Verordnung vom 26. September 1907), Beschwerung mit Wasser, Behandeln von Reis mit Stärkezuckersirup (Glykose) sowie das Schönen von Reis mit Indigo, Ultramarin usw. ohne ausreichende Kenntlichmachung. Als gesundheitsschädlich ist anzusehen, stark ausgewachsenes oder brandiges Getreide, ein Besatz (Verunreinigung) über 0,5% oder ein Mutterkorngehalt von mehr als 0,1 Gewichtshundertteilen; desgleichen gilt ein Mehl, das nach der Blausäurebehandlung noch mehr als 20 mg Blausäure in 1 kg enthält, als gesundheitsschädlich. Übelriechendes (muffiges, dumpfiges), verschimmeltes, durch Parasiten oder deren Ausscheidungen verunreinigtes Getreide ist verdorben. Die vorstehenden Vorschriften gelten sinngemäß für Hülsenfrüchte; bei diesen ist ein Gehalt an Poliermitteln von 1% geduldet, Bleichung oder Grünung ist kenntlich zu machen.

Mehl und Mahlprodukte dürfen nicht ranzig sein, bitter schmecken, durch Brandsporen, Mehlwürmer, Milben, Käfer, Motten usw. verunreinigt sein, mehr als 0,12% Sand oder Staub enthalten. Beschwerungsmittel, Schönungsmittel, künstliche Färbung gelten als Verfälschung. Schlecht backfähige Mehle und Mehle, die über 15% Wasser enthalten, sind als minderwertig anzusehen.

Gesetze und Verordnungen. Lebensmittelgesetz vom 16. Januar 1896 (BGBl. Nr. 89 von 1897). Min.-Verordnung vom 13. Oktober 1897 (BGBl. Nr. 235) (Mühlsteine) in der Fassung vom 22. Juni 1906 (BGBl. Nr. 132) und vom 10. November 1928 (BGBl. Nr. 321). Min.-Verordnung vom 26. September 1907 (BGBl. Nr. 230). Min.-Verordnung vom 17. Juli 1906 (BGBl. Nr. 142).

Backwaren. Die gesetzlichen Bestimmungen über Backwaren unterscheiden sich nur wenig von denen des Deutschen Reiches. Bei Brot sind Zusätze von Fleischmehl, Fleischextrakt, Gersten-, Hafer-, Mais-, Reismehl, Kartoffelstärke, Kartoffelbrei, Leguminosen- und Karobenmehl, wenn sie ortsüblich oder deklariert sind, gestattet. Der Wassergehalt der Brote soll höchstens 42%, der Aschegehalt, nach Abzug des Kochsalzes, in der Trockensubstanz bei Weizenbrot und Zwieback höchstens 2, bei Roggenbrot und Roggenzwieback 2,5, bei Schrotbrot 3, bei Haferbrot 3,5 und bei Gerstenbrot 4,5% betragen.

Simonsbrot, Pumpernickel haben in Österreich vorläufig als Volksnahrungsmittel keine besondere Bedeutung (Angabe des Österreichischen Lebensmittelbuches).

Aluminiumverbindungen, Kupfervitriol, Zinksulfat und Seife zur Erhöhung der Backfähigkeit dürfen nicht verwendet werden. Brotfehler, Backfehler (Wasserstreifen, Mehlklumpen, Fadenziehendwerden, Risse) werden wie in Deutschland beurteilt.

Der Hinweis auf einen Vitamingehalt ist nur zulässig, wenn auf der Umhüllung oder durch Einpressen des betreffenden Vitamins eine Kennzeichnung angebracht ist und außerdem der „rigorose Nachweis" für den Vitamingehalt erbracht ist. Eine Berufung auf den von verschiedenen Forschern oder Laboratorien festgestellten Vitamingehalt genügt nicht, sondern nur ein von einem vom Bundesministerium von Fall zu Fall bestimmten wissenschaftlichen Institut erbrachter Nachweis*. Holzmehl, Talkum, Vaselinöl zum Bestreuen oder Einfetten von Backblechen und Formen ist verboten. Für Konditorwaren sind außerdem verboten arsenhaltiger Stärkezucker, giftige Farben oder Aroma-

* Vgl. Rderl. betr. Untersuchung vitaminhaltiger Nahrungsmittel vom 28. Juli 1928. RGesundh.Bl. 1929, 18.

stoffe (z. B. Nitrobenzol), bleihaltiges Hirschhornsalz, Mineralstoffe (wie Bariumsulfat, Talkum), organische Säuren. Künstliche Süßstoffe sind zulässig bei Kennzeichnung; Alkalicarbonate, fester oder flüssiger Stärkezucker, alle zulässigen Speisefette, unschädliche Farbstoffe dürfen verwendet werden (Verordnung vom 17. Juli 1906 (BGBl. Nr. 142).

Backpulver und Hefe. Backpulver können enthalten Natrium-, Kaliumcarbonat, Natriumbicarbonat, Ammoniumchlorid, saures Calcium oder Ammoniumphosphat, Weinsäure, Weinstein, Hirschhornsalz (nicht bleihaltiges!). Verboten sind Bisulfate, Bisulfite, Chlorkalium, Salzsäure, Alaun und andere Aluminiumsalze. Die Gasentwicklung für 0,5 kg Mehl muß mindestens 235 g Kohlensäure betragen, nach der Umsetzung dürfen nicht mehr als 0,4 g Natriumbicarbonat zurückbleiben. Als Trennungsmittel darf Mehl oder Stärke (nicht Kreide) zugesetzt werden. Saures Phosphat darf nicht mehr als 1% Calciumsulfat oder 3% Tricalciumphosphat entsprechen. Für Ammoniakbackpulver ist die Aufschrift „Nur für trockene Backwaren geeignet" anzubringen.

Die Bestimmungen über Hefe und Sauerteig entsprechen den deutschen Verhältnissen.

Verordnung, betreffend den Verkehr mit Hefe vom 10. August 1926: auf Grund des Lebensmittelgesetzes erlassen. Preßhefe und Bierhefegemische sowie Gemische von Preßhefe oder Bierhefe mit Stärke sind verboten. Trockenhefe mit anderen Stoffen darf nur als „Mischhefe" eventuell unter wahrheitsgemäßer Angabe der Zusammensetzung zum Verkehr zugelassen werden. Verordnung vom 18. Mai 1910* (BGBl. Nr. 104) wird aufgehoben.

Teigwaren. Die Vorschriften unterscheiden zwischen Teigwaren und Eierteigwaren. Teigwaren, die ohne Kenntlichmachung artfremde Zusätze erhalten haben, gelten als verfälscht. Künstliche Färbung gilt derzeit nicht als artfremder Zusatz. Eierteigwaren sollen 2 Eier zu je 50 g oder 32 g Eidotter enthalten, unter 88 g Eigehalt gelten sie als falsch bezeichnet. Die Mitverwendung von Kartoffel-, Reis-, Hülsenfruchtmehl, Mahlprodukten von Mais, Gewürzen, Fleischnährpräparaten muß gekennzeichnet sein. Verunreinigungen durch Insekten usw., im Geruch oder Geschmack stark veränderte Ware ist verdorben. Konservierungsmittel, auch solche, die durch Eikonserven in die Teigwaren gelangen, sind unzulässig.

Honig und Kunsthonig. Die Begriffsbestimmungen für Honig und Kunsthonig entsprechen denen des deutschen Gesetzes. Mischungen von Honig mit Honigersatzstoffen müssen als „Kunsthonig" bezeichnet werden. „Zuckerfütterungshonig" muß als solcher kenntlich gemacht sein. Ein Wassergehalt von über 22% sowie ein Aschegehalt von mehr als 0,5% (bei Honigtauhonig mehr als 1%) gilt als Verfälschung. Ebenso wird ein Rohrzuckergehalt von über 10% — ausgenommen bei Lärchen- und Vusperkrauthonig**, ein Gehalt von Konservierungsmitteln, Rübenabkochungen, Melasse, Dextrin, Tragant, Leim, Mehl, Stärke, Glycerin, künstlichen Süßstoffen usw. als Verfälschung angesehen. Das Färben von Honig ist verboten.

Kunsthonig. Aus aromatisiertem Rohrzucker, Stärkezucker und Invertzuckersirupen hergestellte Honigsurrogate müssen einen Mindestgehalt an Zucker von 78% haben. Gemische von organischen Säuren, Aroma und Farbstoffen, die mit Zucker und Wasser gemischt Kunsthonig ergeben, sind als „Kunsthonigpulver" zu bezeichnen, ein Zusatz künstlicher Süßstoffe ist kennzeichnungspflichtig. Auch für Kunsthonig sind Konservierungsmittel verboten.

Vgl. Min.-Verordnung vom 28. Oktober 1930 (BGBl. Nr. 315)*** Verkehr mit Honig und Kunsthonig; Änderung vom 24. Januar 1931 (BGBl. Nr. 38)†.

* Veröffentl. kaiserl. Gesundh.-Amt 1910, 675. ** Vusperkraut, Ziest, Stachys recta L.
*** Reichsgesundh.-Bl. 1931, 217. † Reichsgesundh.-Bl. 1931, 387.

Zucker und Zuckerwaren. Die Vorschriften über Zucker umfassen Rohr- und Rübenzucker, Invertzucker, Stärkezucker und Stärkezuckersirup, Maltosesirupe, Lactose und Farbzucker. Die Färbung des Konsumzuckers mit Teerfarbstoff oder Ultramarin ist gestattet; Zuckerarten, die mehr als 0,04 g Schweflige Säure in 1 kg, künstliche Süßstoffe oder Denaturierungsmittel enthalten, sind vom Verkehr ausgeschlossen, ausgenommen ist ein deutlich als „mit künstlichem Süßstoff versetzt" bezeichneter Zucker.

Zuckerwaren. Zu den Zuckerwaren gehören die als Konditorwaren bezeichneten Backwaren, daneben Speiseeis und Bonbons. Soweit Konditorwaren in Frage kommen, sind sie bereits im Abschnitt Backwaren berücksichtigt. Speiseeis, Gefrorenes* kennt man in Österreich in zwei Sorten als Milchgefrorenes und Obstgefrorenes. Für die erstgenannte Sorte gelten nur die allgemeinen Anforderungen des Lebensmittelgesetzes, bei der zweiten Sorte wird noch darauf hingewiesen, daß Ersatzmittel, wie Kartoffelstärke, ätherische Öle u. dgl. verboten sind. Als Cremes werden bezeichnet aus Zucker, Eiweiß, Fruchtsäften mit oder ohne Rahmzusatz, als Sulzen aus Zucker, Fruchtsäften und Gelatine hergestellte Erzeugnisse. Amerikanische Eiscreme soll 15% Butterfett, Eiscreme mit Fruchtzusatz nicht unter 8% Butterfett enthalten. Für Bonbons sind folgende Bestimmungen von Bedeutung: Malzbonbons müssen mindestens 5% Malzextrakt oder 4% Trockenmalzextrakt; Milchbonbons mindestens 2,5%, Obers- und Rahmbonbons 4% Milchfett; Honigbonbons mindestens 5% Honig enthalten. Likörbonbons können mit Likör (Spirituosen) oder mit aromatisierter Zuckerlösung gefüllt sein. Für Gummibonbons müssen 40% Gummi verwendet werden. Arzneibonbons dürfen nur in Apotheken verkauft werden. Orientalische Zuckerwaren (Ruschuk, Türkischer Honig, Nougat, Rachat-Locoum, Halva) dürfen kein Saponin oder saponinhaltige Stoffe aufweisen. Rohmarzipan darf nicht mehr als 35% Zucker und höchstens 17% Wasser enthalten. Der Gehalt an Mandelöl muß mindestens 28% betragen. Der Zusatz von Stärkezucker, Glycerin, Mehl, Stärke, Erdnüssen, entbitterten Aprikosen-, Pfirsich-, Pflaumenkernen, Walnuß-, Haselnußkernen, Cocosnuß, Pistazien, Sojabohnen u. dgl. ist nicht gestattet. Ausgewirkter Marzipan besteht aus gleichen Teilen Rohmarzipan und Zucker, dem höchstens 3,5% Stärkezuckersirup beigemischt werden darf. Ersatzmittel dürfen keine Bezeichnungen tragen, die das Wort Marzipan enthalten. Zuckerwaren dürfen mit unschädlichen Farbstoffen gefärbt sein, giftige Metallsalze und Saponine sind verboten.

Gesetze und Verordnungen. Neben dem Lebensmittelgesetz kommen folgende Vorschriften in Betracht: Min.-Verordnung vom 13. Oktober 1897 (BGBl. Nr. 235) in der Fassung vom 29. Juni 1906 (BGBl. Nr. 132); Verordnung vom 17. Juli 1906 (BGBl. Nr. 142), Änderung vom 10. November 1928 (BGBl. Nr. 321); Min.-Verordnung vom 12. April 1906 (BGBl. Nr. 83) (Rüben- und Stärkesirup); Min.-Verordnung vom 17. Juni 1921 (BGBl. Nr. 326) (Verwendung von Zucker).

Steuergesetze: Gesetz vom 20. Juni 1888 (BGBl. Nr. 27); Novelle vom 31. Januar 1903 (BGBl. Nr. 26); Verordnung vom 29. August 1903 (BGBl. Nr. 176) (Vollzugsvorschriften zum Zuckersteuergesetz); desgleichen 28. Dezember 1903 (BGBl. Nr. 269); desgleichen vom 24. August 1904 (BGBl. Nr. 98); vom 7. September 1904 (BGBl. Nr. 102); vom 23. Februar 1906 (BGBl. Nr. 41); vom 5. März 1906 (BGBl. Nr. 60); vom 22. Oktober 1906 (BGBl. Nr. 210);

---

* Für Gefrorenes dürfen nach dem RdErl. des Ministers für innere und kulturelle Angelegenheiten vom 18. Juli 1938 (**Z. 35**, 183) 1 Teil Stärkemehl, 0,6 Teile Tragant oder 0,3 Teile Obstpektin auf 100 Teile Gefrorenes verwendet werden.

Zuckersteuerverordnung vom 3. November 1922 (BGBl. Nr. 795); vom 19. Dezember 1922 (BGBl. Nr. 901); Gesetz vom 16. Juli 1930 (BGBl. Nr. 220); desgleichen vom 3. Oktober 1931 (BGBl. Nr. 294).

Künstliche Süßstoffe. In Österreich dürfen als Süßstoffe verwendet werden außer den in Deutschland erlaubten Saccharin und Dulcin auch Gluzin (aminotriazinsulfosaures Natrium). Süßstoffe müssen rein sein und dem angegebenen Süßungsgrad entsprechen. Verkauf nur in Apotheken. Abgabe von Süßstoff nur an Personen, die zum Bezuge berechtigt sind. Bei der gewerbsmäßigen Herstellung von Lebensmitteln sind Süßstoffe verboten. Neben dem Lebensmittelgesetz kommen in Frage das Bundesgesetz vom 24. Juli 1922 (BGBl. Nr. 496), desgleichen vom 26. Oktober 1922 (BGBl. Nr. 792); Min.-Verordnung vom 3. November 1922 (BGBl. Nr. 799). Verordnung: Änderung des Süßstoffgesetzes vom 22. Mai 1935 (BGBl. S. 723), Deutsches Handelsarchiv S. 3737 (RGesundh.Bl. 1936 S. 3). Bundesgesetz vom 22. Mai 1935 (BGBl. 1935S. 719), betreffend die Regelung des Verkehrs mit künstlichen Süßstoffen und die Erhöhung der Süßstoffsteuer (Süßstoffgesetz 1935) (RGesundh.Bl. 1935 S. 919).

Obst. Zum Obst zählen in Österreich auch die bei uns wenig oder überhaupt nicht in den Verkehr kommenden Mispeln, japanische Mispeln, Speierlinge, Vogelbeeren, Elsbeeren, Schlehen, Kornelkirschen, Maulbeeren, Sauerdornbeeren, Hagebutten, Holunderbeeren, Wacholderbeeren, weiter Melonen, Erdbeerbaumfrüchte, Oliven, Litschipflaumen, Ananaskirschen*, Pistazien, Piniolen, Erdnüsse, Paranüsse, Cocosnüsse, Johannisbrot, Kakifrucht, Zirbelnüsse.

Obst darf nicht unreif, verdorben sein; 5 Wochen vor der Ernte darf Obst nicht mit giftigen Pflanzenschutzmitteln gespritzt sein. Äpfel unterscheidet man als Sorte A Tafeläpfel, Wirtschaftsäpfel, Sorte B Kochäpfel, Sorte C Konserven- (Marmelade-) Äpfel, Sorte D Most- oder Preßäpfel. Bei Kastanien dürfen höchstens 10—20% ranzig sein. Nüsse dürfen nicht mehr als 20 mg Schweflige Säure auf 1 kg Kerne enthalten (bei mehr als 100 mg gelten sie als gesundheitsschädlich). Getrocknete Weinbeeren, die über 100 mg (Höchstgehalt 1250 mg) Schweflige Säure auf 1 kg enthalten, müssen als „zum Rohgenuß nicht geeignet" oder als „nur für Kochzwecke geeignet" bezeichnet werden. Sie sind bei 100—350 mg als verdorben, bei 350—1250 mg SO_2 als gesundheitsschädlich anzusehen. Bei Weintrauben ist anzugeben, ob sie von Direktträgern (Hybriden) stammen. Besondere Vorschriften betreffen das Packmaterial (Papier, Torfmull, Watte, Kork) und die Lagerräume. Das Etuvieren (Auffrischen) von Feigen ist ohne Kenntlichmachung verboten.

Dörrobst darf kein Blei, Arsen oder Zink enthalten, Kupfer darf höchstens in Menge von 55 mg auf 1 kg vorhanden sein. Künstliche Färbung sowie ein Wassergehalt von über 30% ist unzulässig. Für den Gehalt an Schwefliger Säure gelten dieselben Zahlen wie für getrocknete Weintrauben. Das Etuvieren von Pflaumen, Zwetschen (verhindert das Auskrystallisieren von Dextrose, das Weißwerden) ist zugelassen.

Marmeladen und Fruchtsäfte. Nicht weiter zerkleinerte Früchte werden, wenn nötig, mit etwas Wasserzusatz gekocht, das so gewonnene Erzeugnis heißt Pulpe, wird die Pulpe durch Siebe gestrichen (passiert), so erhält man Fruchtmark. Fruchtmark mit Zucker liefert Marmelade, Pulpe mit Zucker Jam. Die Fruchtbestandteile sollen etwa 50 Gewichtsteile auf 100 Gewichtsteile Gesamteinwaage betragen, so daß im Enderzeugnis der Zuckergehalt 50—65% beträgt. Neben Beerenobst werden Hagebutten, die Früchte wilder Rosen, auf Marmelade (Salse, Hetschepetsch-Marmelade) verarbeitet. Marmeladen aus Dörrobst oder mit Zusatz von Dörrobst sind zu kennzeichnen (Ausnahme

* Früchte von Physalis peruviana.

Aprikosenmarmelade). Stärkezuckersirup darf 12, höchstens 15% des Gesamtgewichts betragen, über 5—8% Stärkezuckersirupzusatz ist zu kennzeichnen. Geliersäfte oder Pektin dürfen zugesetzt werden, Färbung ist als Fälschung anzusehen, wenn sie den Zweck hat, geringe Qualität oder das Verdorbensein der Ware zu verdecken*. Gemischte Marmeladen sind als solche oder als Melangemarmeladen zu bezeichnen. Pflaumenmus („Powidl", „Lequar", „Lektuar") wird mit Kernen gekocht und nachher passiert. Auch Tomatenmus (Paradeismark) nach dem Grad der Eindickung als Paradeispuree, Paradeiskonzentrat, Paradeispaste bezeichnet, gesalzen und gewürzt, manchmal gefärbt wird unter den Marmeladen aufgeführt. Bei Tomatenmark ist Zuckerzusatz — weil nicht allerorts üblich — zu kennzeichnen. Quittenkäse ist eingekochtes, gelatiniertes, mit Zucker gesüßtes Quittenmark. Als Verfälschung gilt Zusatz billigerer Fruchtmuse von Tomaten-, Möhrenbrei, Obstrückständen ohne Kenntlichmachung. Agar-Agar, Gelatine, Stärke, Glycerin, künstliche Süßstoffe sind unter Deklaration zulässig. Benzoesäure ist als Konservierungsmittel zugelassen (50 g Benzoesäure oder 60 g Natriumbenzoat auf 100 kg). Metallverbindungen, die durch Kessel usw. in die Marmelade gelangen können, dürfen nicht vorhanden sein. Ausnahme Kupfer bis zu 55 mg auf 1 kg. Werden Riechstoffe (Vanillin, Ester, Essenzen) zugesetzt, so ist die Marmelade als „Kunstfruchtmus, Kunstmarmelade, Marmelade mit künstlichem Aroma" zu kennzeichnen. Für Obstgelees und Obstkraut, auch Kompott, Dunstobst gelten entsprechende Vorschriften.

Fruchtsäfte. Aus Rohfruchtsäften werden durch Zusatz von Zucker Fruchtsirupe hergestellt. Werden künstliche Essenzen (Fruchtdestillate oder künstliche Fruchtarten) verwendet — meist mit Zusätzen von Weinsäure, Citronensäure oder Milchsäure und Farbstoffen —, so sind die Erzeugnisse als „künstliche Fruchtsirupe" „Brauselimonadensirupe" zu bezeichnen. Anormal schmeckende oder riechende Fruchtsirupe, Hefe oder Bakterien enthaltende, mißfarbige Fruchtsirupe gelten als verdorben. Es wird unterschieden zwischen Orangensaft, Orangensirup und Orangeade. Der erstere wird aus dem Saft von Orangen hergestellt und kann als „Natur", „echt", „aus frischen Früchten" bezeichnet werden. Orangeade wird ein aus konzentrierten Orangenfruchtbestandteilen gewonnener Sirup genannt. Für die einzelnen Fruchtsäfte: Preißelbeer-, Erdbeer-, Johannisbeer-, Stachelbeer-, Heidelbeer-, Kirsch-, Weichsel-, Apfel-, Birnensaft sind im Österreichischen Lebensmittelbuch Extrakt-, Säuregehalte sowie Alkalitätszahlen angegeben, die dort nachgelesen werden mögen. Der Stärkezuckergehalt ist entsprechend den Marmeladen zu behandeln. Nachpressezusatz ist anzugeben. Rohfruchtsaft, der nicht sogleich mit Zucker verkocht wird, kann pasteurisiert oder mit 12—16 Gewichtsteilen 90%igem Alkohol oder mit Ameisensäure oder benzoesaurem Natron (0,1% Ameisensäure im Fertigerzeugnis, 70 g Benzoesäure oder 80 g benzoesaures Natron auf 100 kg Fertigware**) versetzt werden.

Künstliche Limonaden mit dem Aroma einer Frucht dürfen nur als „Limonade mit Fruchtaroma" bezeichnet werden. Mit künstlichen Fruchtsirupen hergestellte Limonaden dürfen mit dem Namen einer Frucht allein oder in Verbindung mit den Worten „Aroma" oder „Geschmack" (z. B. Himbeerbrauselimonade, Limonade mit Himbeergeschmack) bezeichnet werden, wenn sie Auszüge oder Destillate der betreffenden Früchte enthalten. Citronensäure, Weinsäure und Milchsäure dürfen Limonaden zugesetzt werden. Schaummittel (Saponine), künstliche Süßstoffe dürfen ohne Kennzeichnung nicht verwendet

* Vgl. Verordnung vom 17. Juli 1906 (BGBl. Nr. 142) über die Verwendung von Farben und gesundheitsschädlichen Stoffen bei Erzeugung von Lebensmitteln.

** Vgl. Erlaß vom 19. Oktober 1928. Reichsgesundh.-Bl. 1929, 18.

werden. Zusatz von Auszügen oder Destillaten von Früchten, Fruchtäthern usw. zu Rohfruchtsäften oder Fruchtsirupen ist verboten. Färbung ist mit Ausnahme der Rohfruchtsäfte gestattet. Unbeanstandet bleiben können 20 mg Kupfer auf 1 kg Fruchtsaft. Rohfruchtsäfte mit mehr als 0,3 g flüchtiger Säure, Fruchtsirupe mit mehr als 0,15 g in 100 ccm sind verdorben. Mit Kalk entsäuerte, durch Hefen, Pilzfäden und Bakterien verunreinigte Fruchtsäfte sind verdorben. Fruchtsäfte dürfen nicht mehr als 0,5 Vol.-% Alkohol enthalten, sofern sie nicht als „alkoholhaltig" bezeichnet sind.

Gesetze und Verordnungen. Lebensmittelgesetz vom 16. Januar 1896 (BGBl. 1897 Nr. 89), Min.-Verordnung vom 13. Oktober 1897 (BGBl. Nr. 235), Geschirre und Geräte zur Herstellung oder Aufbewahrung von Lebensmitteln. Min.-Verordnung vom 17. Juli 1906 (BGBl. Nr. 142), Verwendung von Farben für Lebensmittel. Abänderung durch Min.-Verordnung vom 10. November 1928 (BGBl. Nr. 321). Min.-Verordnung vom 4. Juni 1902 (BGBl. Nr. 113) (Verwendung von 55 mg Kupfer auf 1 kg Konserven).

Pilze. Von Pilzen sind nur einzelne Arten zum Marktverkehr zugelassen. Das Österreichische Lebensmittelbuch enthält eine ausführliche Beschreibung der Pilze. Das künstliche Bleichen der Pilze ist verboten. In geschnittenem oder getrocknetem Zustand dürfen nur Herrenpilz, Morchel, Trüffel und die Champignonarten, und zwar nach Arten gesondert, in den Verkehr kommen, das Feilhalten und Verkaufen von Pilzstielen allein ist nicht gestattet. Eingelegte Pilze sind wie Konserven zu behandeln. Künstliche Färbung von Pilzen ist nicht zulässig, auch Konservierungsmittel dürfen nicht zugesetzt werden. Vgl. die Min.-Verordnung vom 9. Juli 1921 (BGBl. Nr. 371 *).

Gemüse. Die Gemüsearten sind im Österreichischen Lebensmittelbuch beschrieben. Das Inverkehrbringen erfrorener, verfaulter, angefressener Gemüse ist verboten.

Dörrgemüse darf nicht künstlich gefärbt sein, in 1 kg nicht mehr als 55 mg Kupfer und nicht mehr als 100 mg Schweflige Säure enthalten.

* Veröffentl. kaiserl. Gesundh.-Amt 1921, 842.

Ausländische Lebensmittelgesetze.

Zusammengestellt von

Oberregierungsrat Professor **Dr. E. Bames** Berlin.

1. Belgien.

Getreide, Mehle und Brote sowie Backwaren sind in Belgien nach den Vorschriften des allgemeinen Lebensmittelrechtes zu beurteilen. Eigentliche Sondergesetze habe ich nicht gefunden. Dagegen ist eine auf Grund des Lebensmittelgesetzes vom 4. August 1890 und der Kgl. Verordnung vom 28. September 1891 erlassene Kgl. Verordnung über Teigwaren vom 1. März 1932 erlassen, die im Moniteur Belge Nr. 94 vom 3. April 1932 S. 1787 abgedruckt ist[1].

Teigwaren aus Weizengrieß und Weizenmehl und Wasser werden mit oder ohne Ei hergestellt. Werden Reis-, Maismehl oder Färbemittel verwendet, ist Kenntlichmachung dieser Stoffe erforderlich. Es genügt auch die Bezeichnung „italienische Teigwaren". Konservierungsmittel, giftige Stoffe, verdorbene (schimmelige) Teigwaren sind unzulässig. Eierteigwaren („aux oeufs") müssen mindestens 5% Eigelb enthalten. Deutliche Bezeichnung (5 mm Buchstabenhöhe) ist vorgeschrieben. Bei offenem Verkauf ist durch Tafeln mit Aufschriften von mindestens 1 cm Buchstabengröße dem Verkäufer erkennbar zu machen, welche Ware er erhält. Auch Geschäftspapiere müssen die wahre Bezeichnung enthalten. Irreführende Angaben oder Zeichen sind verboten. Auf Packungen über 200 g ist das Reingewicht anzugeben. Name und Firma des Herstellers müssen auf den Packungen deutlich sichtbar angebracht werden.

Die Kgl. Verordnung über die Regelung des Handels mit Zucker aller Art vom 7. November 1929 (Moniteur Belge Nr. 354 S. 5868)[2] schreibt vor:

Zucker soll mindestens 98,5% Saccharose und höchstens 0,2% Mineralstoffe enthalten. Eine minimale Menge Farbstoff zum Bläuen ist gestattet. Zuckersirup (einfacher Sirup) muß mindestens 60% Saccharose enthalten. Kandiszucker (Kandis) soll mindestens 96% Saccharose und höchstens 0,3% Mineralstoffe enthalten. Minimale Menge von pflanzlichen Fasern ist zulässig. Kassonade (Kassonadezucker) soll auf Trockenmasse berechnet mindestens 90% Saccharose und höchstens $2^1/_2$% Mineralstoffe enthalten. Melasse oder Melassesirup soll mindestens 40% als Invertzucker berechneten Zucker und höchstens 10% Mineralstoffe enthalten. 100 g Melasse oder Melassesirup sollen zur Neutralisation höchstens 8 ccm N-Alkali verbrauchen. Auf 1 kg Melasse oder Melassesirup dürfen höchstens 40 mg Gesamt-Schwefligsäureanhydrid vorhanden sein. Invertzucker darf höchstens 20% Saccharose, 25% Wasser und 0,5% Mineralstoffe enthalten. 100 g Invertzucker soll zur Neutralisation höchstens 8 ccm N-Alkali erfordern. Glucosezucker (Stärkezucker) soll mindestens 95% Glucose und höchstens 1% Mineralstoffe enthalten. Glucosemasse oder Masse (massé) soll höchstens 22% Wasser, mindestens 68% reduzierenden Zucker, höchstens 12% Dextrin und höchstens 1% Mineralstoffe enthalten.

---

[1] Deutsches Handelsarchiv 1932, 1230.

[2] Deutsches Handelsarchiv 1930, 1292; Reichsgesundh.-Bl. 1930, 584.

100 g sollen zur Neutralisation höchstens 8 ccm N-Alkali verbrauchen. Krystallglucose (Krystallsirup) soll höchstens 25% Wasser, mindestens 35% reduzierenden Zucker, höchstens 45% Dextrin und höchstens 0,80% Mineralstoffe enthalten. 100 g sollen zur Neutralisation höchstens 4 ccm N-Alkalilösung erfordern. Auf 1 kg Glucosemasse oder Krystallglucose dürfen nicht mehr als 40 mg Gesamt-Schwefligsäureanhydrid vorhanden sein.

Lactose soll mindestens 99% Lactose und höchstens 0,2% Mineralstoffe enthalten. Malzzucker, Maltose ist durch biologische Hydrolyse der Stärke gewonnen. Für alle Zuckerarten ist genaue Kennzeichnung erforderlich (Buchstabenhöhe 1 cm). Auch große Behälter müssen bezeichnet sein und Firmenangabe des Fabrikanten oder des Verkäufers tragen. Verboten sind Erzeugnisse, die Oxalsäure, Oxalsäureverbindungen, Arsenik, Baryum, Blei, Zink oder andere giftige Metalle enthalten, weiter in Gärung übergangene, von Schimmel befallene, Insekten oder antiseptische Stoffe enthaltende Erzeugnisse.

Ein Rundschreiben des Ministers des Innern und der Hygiene vom 12. Januar 1932[1] betrifft den zulässigen Kupfergehalt von Obsterzeugnissen, Gemüsen u. dgl.

Für Früchte und Gemüse ist vorerst ein Kupfergehalt von 100 mg Kupfer auf 1 kg des von der Flüssigkeit durch Abtropfen befreiten Erzeugnisses zulässig.

Die Kgl. Verordnung, betreffend Regelung des Handels mit Pflanzenbrei und Pflanzensäften, Eingemachtem, Gelees und Sirupen vom 10. November 1929 (Moniteur Belge Nr. 354 S. 5871)[2] enthält Begriffsbestimmungen für Fruchtsäfte, Pflanzensäfte, Brei (pulpe), Konserven von Früchten oder pflanzlichen Stoffen, Eingemachtes, Kompott, Marmeladen, Gelees von Früchten oder pflanzlichen Stoffen, Mus (pâtes) von Früchten oder pflanzlichen Stoffen, getrockneten oder gedörrten Früchten, eingezuckerten (confits) Früchten oder pflanzlichen Stoffen, Fruchtsirup oder Sirup von pflanzlichen Stoffen. Orgeadesirup ist eine Lösung von Zucker in einer Emulsion von süßen oder bitteren Mandeln mit oder ohne Zusatz von Orangenblütenwasser. Citronensirup (Limonensirup) ist eine Lösung von Citronensäure und Citronenessenz oder Citronenalkohol in einem Zuckersirup. Gummisirup ist eine Lösung von arabischem Gummi in Zuckersirup (Gehalt an H_2O-freiem arabischem Gummi mindestens 2%). Apfel-, Birnen-, Pflaumen- und Rübensirup sind durch Eindampfen von Säften oder Abkochungen mit oder ohne Zusatz von Zucker hergestellt. Extrakte für Fruchtsirupe werden durch Ausscheiden eines Teiles des Wassers von Fruchtsäften oder durch Eindicken von Abkochungen oder Auszügen von Früchten in Wasser mit oder ohne Zusatz von Äthylalkohol gewonnen. Zugelassen ist die Verwendung von höchstens 20% Äpfeln, Birnen, Johannisbeeren oder Säften daraus zu der Menge der verarbeiteten Früchte oder Fruchtsäfte bei der Herstellung von Eingemachtem, Kompott, Marmelade oder Gelee von Ananas, Sauerkirschen, Erdbeeren oder Himbeeren; Verwendung von Birnen bei der Herstellung von Apfelgelee oder -sirup; Beifügung von kleinen Mengen Kirschsaft zu Konserven, Eingemachtem, Gelee oder Sirup von Erdbeeren, Himbeeren oder Johannisbeeren, sowie zu Extrakten für Sirup aus diesen Früchten; Zusatz von Äthylalkohol zu Sirupen (3%). Stoffe, wie Glucose, Farbstoffe, Duftstoffe, Säuren, Geleebildner müssen als „mit Glucose versetzt“, „gefärbt“, „aromatisiert“, „gesäuert“, „gelatinisiert“ oder mit Angabe der entsprechenden Stoffe gekennzeichnet sein. Auch die Angabe „Phantasieware“ („de fantaisie“) kann verwendet werden. Angaben wie „rein“, „reine Frucht“, „reiner Saft“ usw. sind für solche Erzeugnisse verboten. Sind Frucht- oder Pflanzenbestandteile in Erzeugnissen nicht in

[1] Reichsgesundh.-Bl. 1933, 7.
[2] Deutsches Handelsarchiv 1930, 1293; Reichsgesundh. Bl. 1930, 632.

nennenswerter Menge vorhanden, so müssen sie als „Kunsterzeugnisse" bezeichnet werden. Hierzu gehören auch Orangeade-, Citronen-, Limonen- oder Gummisirupe, die keine merklichen Mengen entsprechender Grundstoffe enthalten. Konservierungsmittel für diese Erzeugnisse sind unzulässig. Ausgenommen sind Breie (pulpes), getrocknete und gedörrte Früchte, Fruchtkonserven und Konserven von pflanzlichen Stoffen, die nicht mehr als 500 mg Gesamtschwefligsäure enthalten. Künstliche Süßstoffe und künstliche Essenzen sind verboten, dergleichen Mineralsäuren und giftige Stoffe. Die Erzeugnisse müssen frei von Schimmel oder Insekten sein. Die Trockenmasse muß mindestens 60% betragen. Kennzeichnung muß klar und deutlich lesbar sein. Die Bezeichnung der vorherrschend verwendeten Frucht muß an erster Stelle angegeben sein. Wenn einer Konserve nur Zuckerlösung zugesetzt ist, so kann sie als „...sirup" unter Voransetzung der Frucht oder der Früchte bezeichnet werden, die verwendet worden sind. Die Bezeichnung „Apfelgelee oder Apfelsirup gemischt" ist bei einem Gehalt von unter 40% Rübengelee oder Rübensirup noch erlaubt. „Mischfrucht-Eingemachtes" oder „Mischfruchtgelee" darf aus einer Mischung verschiedener Früchte bestehen. Die Bezeichnungen sind auf den Behältern, bei offenem Verkauf auf einem Plakat anzugeben (Höhe der Buchstaben im ersten Fall 5 mm, im zweiten 1 cm). Die Angaben sind auch auf Rechnungen, Frachtbriefen usw. anzugeben. Bei Behältern von 400 g bis 10 kg ist das „Reingewicht: x Gramm (oder kg)" anzugeben, eine Fehlergrenze von höchstens 5% ist zulässig. Herstellerfirma oder Verkäufer sind anzugeben (Handelsregister).

Der Handel mit Limonaden und Kunsteis wird geregelt durch Kapitel III der Kgl. Verordnung über den Handel und Verkehr mit Tafel- und Mineralwässern, Limonade und Kunsteis vom 7. Mai 1936 (Moniteur Belge S. 3710)[1].

Limonaden bestehen aus Wasser, Zucker und unschädlichen sauer schmeckenden Würzstoffen. Zubereitungen mit Früchten (Kgl. Verordnung vom 10. November 1929; Reichsgesundh.-Bl. 1930 S. 632) gelten nicht als Limonaden. „Limonade" kann durch „Citronade", „Citrone" ersetzt werden, wenn Wasser, Zucker und aus Citronen stammende Stoffe verwendet worden sind. Vgl. „Orangeade", „Orange". Bezeichnung 3 mm hohe deutlich lesbare Buchstaben. Name des Herstellers oder Verkäufers, auch Handelsmarke (Registre de commerce) ist anzugeben. Angaben auch auf Rechnungen, Frachtbriefen. Grundstoffe müssen einwandfrei sein. Saponine, Mineralsäuren, Kohlenwasserstoff, Salpetersäure, Nitrite, SO_4H_2- oder H_2S-Verbindungen verboten. Fäulniserregende Stoffe, Verunreinigung, gärende, verschimmelte Stoffe, irreführende Bezeichnungen verboten.

2. Dänemark.

Dänemark hat bisher kein allgemeines Lebensmittelgesetz. Das Gesetz über die Untersuchung von Lebensmitteln, mit Ausführungsbestimmungen, vom 18. April 1910 gibt die Grundlage für zahlreiche Verordnungen.

Die Verordnung für Brot- und Kuchenbäckereien sowie für Konditorwaren vom 26. Februar 1910[2] handelt von den Arbeitsräumen und den in diesem Gewerbe tätigen Personen, die vor allem nicht an ansteckenden Krankheiten leiden dürfen.

Verordnung, betreffend die Aufhebung der Vorschriften für Surrogate vom 3. Dezember 1919[3] hat nur geringe Bedeutung.

Erlaß des Justizministers über die Beschaffenheit und Kennzeichnung von Honig vom 30. Mai 1928[4]. Honig ist nur das von Bienen stammende Erzeugnis,

[1] Deutsches Handelsarchiv 1936, 2689; Reichsgesundh.-Bl. 1937, 106.
[2] Veröffentl. kaiserl. Gesundh.-Amt 1911, 288.
[3] Veröffentl. kaiserl. Gesundh.-Amt 1920, 73.
[4] Reichsgesundh.-Bl. 1928, 715.

Farbstoffe, Konservierungsmittel, Zucker oder Wasser dürfen nicht zugesetzt werden. Besondere Bezeichnungen (wie Kleehonig, Lindenblütenhonig) müssen wahr sein. Die geographische Bezeichnung muß richtig angegeben sein. Unterschieden wird reifer aus Waben ausgeflossener Honig und ausgeschleuderter Honig. Der Wassergehalt darf 22 Hundertteile nicht übersteigen. Scheibenhonig muß aus brutfreien und unverdorbenen Waben mit verdeckelten Zellen stammen. Über 80⁰ erhitzter Honig ist als „erhitzter Honig" zu bezeichnen. Ausländischer Honig ist zu kennzeichnen. Vgl. Bekanntmachung vom 24. Juli 1925[1]. Vgl. weiter Reichsgesundh.-Bl. 1934 S. 375 (Irreführung durch Bezeichnungen oder Abbildungen).

Bekanntmachung über Herstellung, Einfuhr und Vertrieb von Sahnen- und Milcheis (Beschaffenheitsvorschriften) vom 10. Mai 1932[2] (Lovtidenden A. Nr. 29 vom 25. Mai 1932 S. 1015) auf Grund des Gesetzes Nr. 109 vom 31. März 1930[3] und der Ergänzung des Gesetzes vom 12. April 1911[4] über den Handel mit Butter und landwirtschaftlichen Erzeugnissen. Sahnen- und Milcheis darf nur Milchfett enthalten, bei mindestens 9% Milchfettgehalt kann Eis als Sahneneis bezeichnet werden. Überzug von Schokolade, Zucker od. dgl. wird nicht als Bestandteil des Speiseeises angesehen. Das Eis darf keine Beimischungen enthalten, die mit einem Sieb von 1 mm Maschenweite sich abscheiden lassen. Verkauf und Großhandel ist anmeldungspflichtig. Farbstoffe und Konservierungsmittel (außer Kochsalz) sind verboten. Ausländische Erzeugnisse sind als „Udenlansk" zu kennzeichnen oder müssen eine Angabe des Ursprungslandes tragen. Sie müssen aus pasteurisierter Milch hergestellt sein (Erhitzung auf mindestens 80⁰ C) und dürfen keine Paraphenylendiaminprobe ergeben. Ausländische Erzeugnisse dürfen nur in Verpackungen abgegeben werden. Kennzeichnung in dunkler Farbe auf hellem Grunde. Buchstabengröße auf Behältern über 1 Liter 15 mm, bei kleineren 10 mm hoch. Angaben auf Schildern 40 mm hohe Blockschrift. Geschmolzenes eingeführtes Milch- (Sahnen-) Eis darf nicht wieder gefroren werden. Besondere Vorschriften betreffen die Behältnisse und Umhüllungen (höchstens 1% Blei, keine schädlichen Metalle).

Verordnung des Justizministers vom 10. Juni 1913[5] verbietet die Färbung und chemische Konservierung von Lebensmitteln. Sie enthält aber verschiedene Ausnahmen, so sind gestattet:

Für Gerstengraupen	Zusatz von 30 mg freier und gebundener Schwefliger Säure in 100 g[6]
„ gedörrte Früchte	„ „ 125 mg „ „ „ „ „ „ 100 g
„ Fruchtkonserven	„ „ Alkohol unter Kennzeichnung
„ Fruchtsäfte	„ „ „ „ „ dazu Natriumbenzoat bis zu 200 mg in 100 g
„ Kunsthonig	„ „ 4 mg freier und gebundener Schwefliger Säure in 100 g
„ Zucker (Puderzucker, Farin, andere Zuckerarten sowie Sirup)	50 mg freie und gebundene Schweflige Säure in 100 g.

3. England.

Für Getreide, Mehl und Backwaren gelten in England außer den allgemeinen Vorschriften des Gesetzes, betreffend Verfälschung der Lebensmittel und Arzneimittel vom 3. August 1928[7] Bestimmungen, die mehr eine marktordnerische Bedeutung haben. Hierher gehört das Brotgesetz (Bread Acts

[1] Reichsgesundh.-Bl. 1926, 360.
[2] Reichsgesundh.-Bl. 1932, 718; Deutsches Handelsarchiv 1932, 1585.
[3] Reichsgesundh.-Bl. 1930, 720.
[4] Veröffentl. kaiserl. Gesundh.-Amt 1912, 571.
[5] Veröffentl. kaiserl. Gesundh.-Amt 1913, 1149.
[6] Solche Graupen müssen als „künstlich gebleichte Gerstengraupen" kenntlich gemacht sein.
[7] Vgl. Handbuch Bd. I, S. 1333.

Amendement Act) vom Jahre 1922, das auf alte Brotgesetze zurückgeht, die noch nicht außer Kraft gesetzt sind (Bread Acts von 1822 und 1836). Für die Herstellung von Brot sind hiernach zugelassen Weizen, Gerste, Roggen, Hafer, Buchweizen, indisches Korn, Bohnen, Erbsen, Reis, Kartoffeln, Salz, reines Wasser, Eier, Milch, Sauerteig, Hefe, Backhilfsmittel (Backpulver). Die Regierung ist ermächtigt, weitere Vorschriften, insbesondere über die Kenntlichmachung zu erlassen.

Das Gesetz zur Einführung von Standards vom Jahre 1928 soll für Getreide, Mehl, Gemüse, Obst Nationalmarken schaffen, die eine besondere Gewähr für die Güte dieser Lebensmittel bieten.

Ähnliche Ziele verfolgt das Gesetz über die Beschickung der Märkte mit landwirtschaftlichen Erzeugnissen vom Jahre 1931.

Die eingeführten Lebensmittel unterfallen dem Gesetz vom 15. Dezember 1926[1] (Honig, Dörrobst, Haferflocken). Auch die Verordnung über die gesundheitliche Kontrolle der eingeführten Lebensmittel vom 23. März 1927[2] ist zu erwähnen.

Gesundheitliche Maßnahmen enthält das Betriebsstättengesetz vom Jahre 1901, das für die Ausstattung von Bäckereien Mindestforderungen aufstellt und Vorschriften gibt für die Beschaffenheit des verwendeten Wassers, Kalkanstrich für die Wände der Herstellungsräume fordert und Schlaf- und Kellerräume bei dem Verkehr von Brot und anderen Backwaren verbietet. Das Gesetz über die öffentliche Gesundheitspflege vom Jahre 1875 ist 1890 und 1907 geändert worden. Es enthält Verbote von Konservierungsmitteln für Keks, Citronensaft und Marmeladen, jedenfalls für die letzteren sind später Erleichterungen eingetreten (s. unten) ebenso wie für die Verwendung von Farbstoffen für Lebensmittel. Vgl. hierzu die Verordnung des Gesundheitsministeriums, betreffend Verkauf und Einfuhr von Nahrungsmitteln, denen Erhaltungsmittel oder Farbstoffe zugesetzt sind (Abänderung der Vorschriften vom 4. August 1925[3] vom 10. Dezember 1926[4]). Nach dieser Verordnung sind erlaubt:

Für	Früchte und Fruchtmasse (nicht getrocknet): Jam, krystallisierte, glasierte oder eingelegte (cured) Früchte, Halbfabrikate	3000	Teile	Schweflige	Säure	auf	1	Million
,,	Kirschen	3000	,,	,,	,,	,,	1	,,
,,	Erdbeeren, Himbeeren	2000	,,	,,		,,	1	,,
,,	andere Früchte	1500	,,	,,	,,	,,	1	,,
,,	Jam, Marmelade und Fruchtgelee (ausschließlich aus Citronen und Orangen hergestellte Marmeladen)	40	,,	,,	,,	,,	1	,,
,,	krystallisierte, glasierte oder eingelegte Früchte (einschließlich kandierte Schalen)	100	,,	,,	,,	,,	1	,,
,,	Früchte und Fruchtmasse, gesüßte oder ungesüßte Fruchtsäfte	350	,,	,,	,,	,,	1	,, [5]
,,	getrocknete Früchte, Aprikosen, Pfirsiche, Nektarinen, Äpfel, Birnen	2000	,,	,,	,,	,,	1	,,
,,	Rosinen, Sultaninen	750	,,	,,	,,	,,	1	,,
,,	unvergorenen Traubensaft	2000	,,	,,	,,	,,	1	,,

Für Zucker ist in der vorstehenden Verordnung angegeben: Zucker und fester Trauben- (Stärke-) Zucker können 70 Teile Schwefelsäure auf 1 Million Teile enthalten, flüssiger Traubenzucker (Stärkesirup) 450 Teile. Das zugesetzte

[1] Deutsches Handelsarchiv 1927, 289. [2] Reichsgesundh.-Bl. 1929, 796.
[3] Veröffentl. kaiserl. Gesundh.-Amt 1925, 968.
[4] Reichsgesundh.-Bl. 1927, 454; Änderung vom 25. Juni 1927; Reichsgesundh.-Bl. 1928, 448.
[5] Oder 600 Teile Benzoesäure.

Konservierungsmittel ist nach Art und Menge anzugeben. Die Verordnung enthält außerdem eine Aufzählung von metallischen, pflanzlichen und Teerfarbstoffen, die für Lebensmittel verboten sind.

Für Gemüse kommt noch in Betracht, daß Gemüsekonserven (Erbsen und andere Gemüse) kein Kupfer enthalten dürfen. Verordnung des Gesundheitsministers von 1923[1]. Pickles und Saucen aus Früchten und Gemüsen dürfen 250 mg Benzoesäure enthalten; sind mehr als 600 mg vorhanden, so ist eine genaue Angabe erforderlich (Buchstabengröße ist vorgeschrieben).

4. Frankreich.

Teigwaren. Für Teigwaren gilt das Gesetz über die Herstellung von Teigwaren vom 3. Juli 1934[2] (Journ. officiel Nr. 158 vom 6. Juli 1934 S. 6787), das bestimmt, daß Teigwaren aus Hartweizengrieß hergestellt sein müssen.

Einige Kriegsgesetze über Mehl, Brotmehl, Ausmahlungsgrade für Mehl und Beimischungszwang für Mehl sind als unwichtig und überholt nicht aufgeführt.

Honig ist nur noch das reine Erzeugnis der Bienen. Wenn die Bienen mit Zucker oder anderen süßen Stoffen gefüttert worden sind, darf der Honig nur als Zuckerhonig in den Verkehr gebracht werden. Karamelisierter (erhitzter) Honig oder Honig, der mehr als 25 Hundertteile Wasser enthält, darf nicht als Honig bezeichnet werden; nur reiner, natürlicher Bienenhonig darf die Bezeichnung „Rein" oder eine „Ursprungsbezeichnung" tragen. Während die Verordnung des Präsidenten der Republik, betreffend den Verkehr mit Zuckerwaren, Honig, Konfitüren, Gelees, Marmeladen, Kakaowaren und Süßholzextrakt vom 19. Dezember 1910[3] für Gemische aus Honig und Zucker noch die Bezeichnung „Phantasiehonig" (miel de fantaisie) oder ähnliche Bezeichnungen duldete, ist nach dem Gesetz vom 15. Juli 1921[4] über die Anwendung der Bezeichnung „Honig" und die Bedingungen für den Verkauf dieses Erzeugnisses in Frankreich[5] nur noch die Bezeichnung „Kunsthonig" (miel artificiel) zugelassen. Im übrigen sind die Anforderungen an Honig im französischen Recht nicht besonders von den deutschen verschieden. Vorschriften für die chemische Untersuchung von Honig vgl. Veröffentlichungen des Kaiserl. Gesundheitsamts 1907 S. 1080.

Gesetz über Ursprungsbezeichnung von Honig vom 26. März 1931[6]. Ausländischer Honig muß bezeichnet sein[7].

Vorschriften über Kunsthonig sind enthalten in der Verordnung des Präsidenten der Republik, betreffend Verkehr mit Zuckerwaren, Honig, Konfitüren, Gelees, Marmeladen, Kakaowaren und Süßholzextrakt vom 19. Dezember 1910[8]. Nach dieser Verordnung muß Raffinadezucker 99,5 Hundertteile Saccharose enthalten. Weißer Krystallzucker (sucre blanc cristallisé) muß 98—99,5, gewöhnlicher Zucker (sucre de bas tirage, sucre roux) 85—98 Hundertteile Saccharose enthalten. Weitere Zuckerarten sind Rohzucker (cassonade) und Kandiszucker (candi maillettes). Invertzucker darf höchstens 20 Hundertteile nichtinvertierten Zucker, 25 Hundertteile Wasser, 0,5 Hundert-

[1] Veröffentl. kaiserl. Gesundh.-Amt 1925, 181.
[2] Deutsches Handelsarchiv 1935, 116; Reichsgesundh.-Bl. 1935, 272.
[3] Veröffentl. kaiserl. Gesundh.-Amt 1911, 594.
[4] Veröffentl. kaiserl. Gesundh.-Amt 1922, 304.
[5] Rundschreiben des Landwirtschaftsministers betreffend das Gesetz vom 21. Juli 1921. Veröffentl. kaiserl. Gesundh.-Amt 1922, 305.
[6] Reichsgesundh.-Bl. 1931, 438.
[7] Vgl. auch Verordnung, betreffend Ursprungsbezeichnungszwang für Butter, Früchte, Geflügeleier und Honig vom 4. August 1933; Reichsgesundh.-Bl. 1934, 78.
[8] Veröffentl. kaiserl. Gesundh.-Amt 1911, 594.

teile Mineralstoffe, 0,35 g Schwefelsäure enthalten. Zucker mit einem Mineralstoffgehalt von 12% ist vom Verkehr ausgeschlossen. Glucose soll nicht mehr als 25 Hundertteile Wasser, 15 Hundertteile Dextrin, 1,5 Hundertteile Mineralstoffe und 0,5 Hundertteile Schwefelsäure enthalten. Gesundheitsschädliche Stoffe dürfen nicht vorhanden sein. Krystallsirup (glucose cristal, sirop cristal) darf 25 Hunderteile Wasser, 45 Hundertteile Dextrin und 1 Hundertteil Mineralstoffe enthalten.

Alle in der Verordnung angegebenen Erzeugnisse dürfen mit Cochenille und Pflanzenfarbstoffen (ausgenommen Gummigutti und Aconitum Napelli), Zucker auch mit Ultramarin und Indanthrenblau gefärbt sein. Für die Grünfärbung grüner Früchte sind 100 mg Kupfer auf 1 kg Ware gestattet. Der Verkehr mit Obst und Gemüse ist geregelt durch die Verordnung des Präsidenten der Republik über Tomatenkonserven und über den Verkehr mit Obst und Gemüsen vom 15. September 1932 (Journ. officiel S. 10251)[1].

Tomatenkonserven müssen aus Lycopersicum esculentum unter Zusatz von Gewürzen, anderen würzenden Stoffen und Speisesalz hergestellt sein. Der Salzgehalt darf 5% nicht übersteigen. Tomatenpuree, Tomatenmark, Tomatensoße müssen 7%, halbeingedickte Tomatenkonserve (demi-réduite, mi-réduite) 10%, eingedickte oder konzentrierte Tomatenkonserve (réduite, concentrée) 15% und dreifach konzentrierte Tomatenkonserve (triple concentrée) 45% natriumchloridfreie Trockenmasse enthalten.

Obst- und Gemüsekonserven (ausgenommen Tomatenkonserven), die als „konzentriert" (concentrée), „eingedickt" (réduite) bezeichnet sind, müssen mindestens 15% Trockenmasse enthalten. „Extrakt" von Obst und Gemüse muß mindestens 30% Trockenmasse enthalten. Bezeichnungen, die über den Eindickungsgrad den Anschein einer Täuschung zulassen, sind verboten, dagegen können Angaben, wie ganze (entières), in Stücken (coupées), enthäutet (pelées), Tomatensaft (jus de tomates) verwendet werden. Ausländische Erzeugnisse müssen die Bezeichnungen in französischer Sprache tragen. Mit Wasser behandelte aufgefrischte Erzeugnisse (soumis au trempage) dürfen nicht als Frischgemüse verkauft werden.

Für Tomatenkonserven, Marmeladen, Gemüsekonserven gibt das Dekret vom 15. August 1937[2], Änderung des Dekrets vom 15. April 1912[3] weitere Vorschriften. Für saure Erzeugnisse sind Behältnisse mit bleihaltigem Schmelzüberzug (Email) verboten.

Der Verkehr mit künstlichen Süßstoffen ist geregelt durch das Rundschreiben des Landwirtschaftsministers an die Lebensmittelinspektoren, betreffend die Verwendung von Saccharin bei der Herstellung von Lebensmitteln vom 21. Oktober 1922[4], nach dem künstliche Süßstoffe nur für therapeutische Zwecke verwendet werden dürfen. Vgl. Gesetz vom 15. April 1911 (Veröffentlichungen des Kaiserl. Gesundheitsamts 1912 S. 130).

Limonaden und Brauselimonaden fallen unter die Bestimmungen des Rundschreibens des Landwirtschaftsministers an die Direktoren der Nahrungsmitteluntersuchungsämter vom 10. Mai 1911[5]. Limonaden müssen mit Zucker hergestellt sein. Saccharinzusatz ist verboten. Wird Glucose verwendet, so muß die Bezeichnung „Phantasie" oder „nach Art (à la...)" verwendet werden. Bei künstlicher Färbung ist gleichfalls eine der vorgenannten Bezeichnungen erforderlich. Citronen-, Orangenlimonade ist aus natürlichen Früchten hergestellt.

---

[1] Reichsgesundh.-Bl. 1933, 228.
[2] Deutsches Handelsarchiv 1937, 4640; Reichsgesundh.-Bl. 1938, 178.
[3] Vgl. Veröffentl. kaiserl. Gesundh.-Amt 1912, 878.
[4] Veröffentl. kaiserl. Gesundh.-Amt 1923, 531.
[5] Veröffentl. kaiserl. Gesundh.-Amt 1911, 1072.

Citronade, Orangeade sind die Sirupe aus diesen Früchten. Brauselimonaden erfordern ebenfalls eine Bezeichnung „arome artificiel“ (mit künstlichem Aroma), bei Vanillinzusatz muß eine entsprechende Angabe gemacht werden. Verbot von Phosphorsäure für Limonaden und Brauselimonaden vgl. Verordnung vom 3. Juli 1911; Veröffentlichungen des Kaiserl. Gesundheitsamts 1911 S. 400.

5. Italien.

Der Verkehr mit Getreide, Mehl, Brot und anderen Backwaren wird in Italien durch das Gesetz, betreffend die Gesundheitspflege und den öffentlichen Gesundheitsdienst vom 22. Dezember 1888[1] geregelt, das in Art. 42 allgemein das Inverkehrbringen von Lebensmitteln, die verdorben, infiziert, verfälscht oder in anderer Weise gesundheitswidrig und schädlich sind, verbietet. Besondere Vorschriften sind nur wenige bekannt geworden. So verbietet das Kgl. Dekretgesetz Nr. 368 vom 17. März 1932[2] die Behandlung des Mehles mit chemischen Stoffen, ebenso Stoffe, die die Farbe oder Zusammensetzung des Mehles verändern können. Für Teigwaren sowie für die weiter unten aufgeführten Obstdauerwaren kommt die Kgl. Verordnung betreffend die Verwendung von Farbstoffen bei Nahrungsmitteln und Gebrauchsgegenständen vom 30. Oktober 1924[3] in Betracht, die eine Liste von Farbstoffen aufzählt, die zur Färbung von Lebensmitteln Verwendung finden dürfen.

Zahlreiche Vorschriften sind erlassen über Dauerwaren pflanzlicher Herkunft[4]. Hierher gehören die Verordnung über die äußere Kennzeichnung von Dauerwaren pflanzlicher Herkunft vom 8. Februar 1923, vom 30. November 1924, vom 17. April 1925[5], vom 15. Oktober 1925[6], vom 1. Juli 1926[7]. Neueren Datums ist die Kgl. Verordnung zur Änderung der Vorschriften über Unterdrückung des Betrugs bei Herstellung und Vertrieb von Wein, Essig, Sirup, Konserven, Marmelade und Gelee vom 2. September 1932[8] (Gazz. Ufficiale Nr. 277 vom 30. September 1932), die eine Änderung der Verordnung vom 15. Oktober 1925 darstellt. Danach ist Saft (succo) oder Most (mosto) nach einer bestimmten Frucht ausschließlich die durch Auspressen erhaltene Flüssigkeit, ohne Konzentration. Sirup (sciroppo) ist die wäßrige Zuckerlösung. Sirup mit Angabe einer Frucht entsteht durch Mischung von Saft oder Most, konzentriert oder nichtkonzentriert, mit Zucker oder Zuckerlösung. Ebenso sind Pflanzensirupe aus Tinkturen oder Auszügen und Zucker hergestellt. Konserve (conserva), Marmelade (marmellata) und Gelee (gelatina) sind bestimmte Fruchterzeugnisse aus Mark und Saft der namengebenden Frucht mit oder ohne Zusatz von Zucker und durch Einkochen konzentriert. Falsche Bezeichnung ist verboten, Verwendung verschiedener Früchte muß aus der Bezeichnung zu ersehen sein. Ganz oder teilweise aus künstlichen Essenzen hergestellte Sirupe dürfen nicht in den Verkehr kommen. Zusatz von Glykose bis zu 25% des Zuckergehaltes ist unter der Kenntlichmachung „glykosehaltig“ (contenente glucosio) oder „glykosiert“ (sciroppo glucosato) zulässig. Unschädliche Farbstoffe sind zulässig[9],

---

[1] Vgl. Bd. I, S. 1338.
[2] Gazz. Uffic. Nr. 8 vom 12. Januar 1932; Reichsgesundh.-Bl. 1932, 502.
[3] Reichsgesundh.-Bl. 1926, 764.
[4] Vgl. auch Königl. Verordnung, betr. Ausfuhrmarke für Erzeugnisse des Gartenbaues, vom 20. Dezember 1937 (Gazz. Uffic. del Regno d'Italia 1938, 116); Deutsches Handelsarchiv 1938, 1911; Reichsgesundh.-Bl. 1938, 469.
[5] Reichsgesundh.-Bl. 1932, 834. [6] Reichsgesundh.-Bl. 1926, 914, 930.
[7] Reichsgesundh.-Bl. 1928, 93.
[8] Deutsches Handelsarchiv 1933, 58; Reichsgesundh.-Bl. 1933, 166. Vgl. Änderung vom 2. Juli 1936; Reichsgesundh.-Bl. 1938, 153 und vom 16. Juli 1936; Reichsgesundh.-Bl. 1938, 154.
[9] Vgl. Verordnung Nr. 1938 vom 30. Oktober 1934; Reichsgesundh.-Bl. 1926, 754.

müssen aber gekennzeichnet werden „mit gesundheitspolizeilich zugelassenen Farbstoffen gefärbt" (colorato con colori contentiti dalle disposizione sanitarie). Citronen- und Weinsäure darf zugesetzt werden. Für Ausfuhrerzeugnisse sind Konservierungsmittel, die im Einfuhrlande nicht verboten sind, zulässig.

Nach der Verordnung mit Gesetzeskraft zur Förderung des Wein- und Obstbaues: Bezeichnungs- und Beschaffenheitsvorschriften für Sirupe und Obstsäfte vom 6. Juli 1933[1] (Gazz. Uffiziale Nr. 82 vom 7. April 1934 S. 1838) sind die von einer Frucht abgeleiteten Phantasiebezeichnungen von Sirupen wie „aranciata" (Orangeade), „limonata" (Limonade), „succuva" (Traubensaft), „mostuva" (Traubenmost) u. ä. nur aus dem eingedickten oder nichteingedickten Saft dieser Frucht und aus Zucker herzustellen. Deutet der Name nicht auf eine Frucht hin, so muß die weitere Bezeichnung „Sirup aus..." lauten. Bei Sirupen aus Pflanzen oder Pflanzenteilen muß eine Angabe „Sirup mit dem Auszug aus..." vorhanden sein. Bezeichnungen wie „orzata", „bomba" (Bombe), „cocco" (Cocosnuß) sind Phantasiebezeichnungen, es ist also die weitere Bezeichnung „Sirup aus Mandelmilch" usw. erforderlich. Die für Sirupe verwendete Glykose muß 43° Baumé haben und 11% Dextrose im Fertigerzeugnis nicht überschreiten. Benzoesäure ist als Konservierungsmittel unzulässig. Die Angabe „durch Traubenzucker gesüßter Sirup" betrifft nicht Sirupe mit 50 oder mehr Prozent enthaltenden eingemachten Früchten.

Daneben gelten nach den früheren Verordnungen noch folgende Vorschriften: Fruchtsäfte und -konserven dürfen nur mit Ursprungsbezeichnung verkauft werden. Tierische oder pflanzliche Organismen dürfen nicht vorhanden sein. Geschmack und Geruch muß normal sein. Herstellung von Fruchtkonserven, Marmeladen, Gelee aus unreifen Früchten (auch von Tomatenkonserven) ist verboten. Der Zusatz von Agar-Agar, Pektin, Fischleim, Gelatine ist bis zu 6 Hundertteilen zulässig.

Die Herstellung von Dauerwaren pflanzlicher Herkunft ist anzeigepflichtig; die Räume und Rohstoffe sowie die Herstellungsverfahren müssen gesundheitlich einwandfrei sein. Künstliche Süßstoffe[2], Konservierungsmittel, schädliche Farben, Säuren und andere gesundheitsschädliche Stoffe dürfen nicht verwendet werden. Sofern Pflanzenteile im Nährwert nicht wesentlich verringert sind, dürfen sie für Konserven verwendet werden. Jährlich hat der Hersteller seine Erzeugnisse von einem staatlich anerkannten chemischen Untersuchungsamt untersuchen zu lassen. Die Bezeichnungen müssen Art, Menge der Hauptbestandteile, Gewicht des Inhalts, Name und Sitz des Herstellers sowie durch eine Angabe erkennen lassen, daß sie den geltenden Vorschriften entsprechend hergestellt sind. Geringere Ware, die aus im Nährwert herabgeminderten Rohstoffen besteht, ist als „Konserve II. Güte" zu bezeichnen. Weitere Vorschriften betreffen die Probeentnahme und Untersuchung. Es folgen Kennzeichnungsvorschriften für Tomatenmark (concentrato di pomodoro), einfaches, doppeltes und dreifaches Mark (Trockenmasse 16, 28 und 36%) und einige andere Konserven sowie Anweisung für die Fabriken, die solche Erzeugnisse herstellen.

Über die Herstellung, die Verpackung und den Vertrieb von kohlensauren Wässern und Fruchtlimonaden ist folgendes bestimmt: Aus kohlensaurem Wasser, Zucker, Fruchtsaft, aromatischen Essenzen und unschädlichen organischen Säuren hergestellte Getränke zählen zu den kohlensauren Wässern („acque gassose") und müssen mindestens 8% festen Rückstand enthalten. Verboten

[1] Deutsches Handelsarchiv 1934, 3180; Reichsgesundh.-Bl. 1934, 901.

[2] Die Verordnung über Saccharin vom 4. Februar 1917 (Reichsgesundh.-Bl. 1917, 541) hatte zollfreie Einfuhr von Saccharin gestattet.

sind: künstliche Süßstoffe, Gehalt von Kupfer, Blei und andere schädliche Metalle, Farben, die nicht durch Verordnung Nr. 1930 vom 30. Oktober 1924[1] zugelassen sind, Mineralsäuren, Glycerin, Stoffe, die Satz bilden können, schädliche Essenzen oder Stoffe, Schweflige Säure in größerer Menge als dem verwendeten Fruchtsaft entspricht. Wird der Name einer bestimmten Frucht zur Bezeichnung verwendet, so muß der entsprechende Fruchtsaft verwendet sein (künstlicher Farbstoff ist alsdann unzulässig), ist dies nicht der Fall, so kann das Erzeugnis als „aromatizzata...“ bezeichnet werden. Enthält Fruchtsaft Stärkesirup oder sind 10% der Saccharose durch Stärkesirup und Invertzucker ersetzt, so ist das Erzeugnis als „gassosa al glucosio“ zu bezeichnen. Der Name des Herstellers auf Flaschen und Syphons ist anzugeben.

6. Jugoslawien.

Mehl, Brot und andere Gebäcke. Zumeist im Verkehr sind Mehle aus Weizen, Roggen und Mais. Seltener im Verkehr findet man Gerste-, Hafer-, Reis-, Hirse-, Buchweizen-, Hülsenfruchtmehle. Die Mehle müssen bezeichnet sein als Weizenmehl 00 und 0: Backmehl; Nr. 2: Mehl zum Kochen; Nr. 4: Brotmehl 1. Sorte; Nr. 6: 2. Sorte; Nr. 7: 3. Sorte; Nr. 8: Futtermehl. Das Mischen ist nur unter Angabe der Bestandteile und des Mischverhältnisses gestattet. Mehle dürfen nicht sauer, ranzig, verdorben, madig, verunreinigt usw. sein, keine Mineralien, pflanzliche oder tierische Beimengungen (Tollgerste, Mutterkorn, Brand, Kornwürmer usw.) enthalten. Reis und Getreide darf mit unschädlichen Mineralstoffen (bis höchstens 0,2%) poliert sein. Die Färbung von Mehl und Gebäck ist verboten. Eigebäck muß 150 g Ei auf 1 kg enthalten. Hersteller oder Verkäufer muß auf der Umhüllung (Packung) angegeben sein.

Hefe muß frisch sein und darf keine Beimischungen, insbesondere keine Konservierungsmittel enthalten. Bierhefe darf nicht mit echter Hefe gemischt werden. Beschwerungsmittel sind verboten. Hefe darf nicht verdorben sein. Das Einwickeln von Hefe in Zeitungspapier ist verboten.

Konditorwaren, Lebkuchen, Zuckerwerk, verzuckertes Obst dürfen mit unschädlichen Farbstoffen gefärbt sein, Gewichtsbeschwerungsmittel und künstliche Süßstoffe dürfen nicht verwendet werden. Verdorbene (schimmelige, saure) Ware darf nicht in den Verkehr kommen. Die Bezeichnung „Honigkuchen“ darf für Zuckerware nicht gebraucht werden. Umhüllungen, Packungen müssen einwandfrei sein.

Honig muß reiner Bienenhonig sein. Honig von mit Zucker gefütterten Bienen muß entsprechend gekennzeichnet sein. Die Bezeichnung muß aus 20 mm hohen dunkelfarbigen Buchstaben auf hellem Grunde bestehen. „Ausländischer“ Honig ist zu kennzeichnen (Buchstabengröße mindestens 15 mm). Name des Ursprungslandes ist auch auf Rechnungen usw. anzugeben. Mischung von ausländischem und inländischem Honig ist verboten. Saurer, verdorbener Honig darf nicht in den Verkehr kommen. Der Kleinverkauf von geschmolzenem Honig ist verboten. Der Wassergehalt des Honigs darf 25% nicht übersteigen. Färbung von Honig sowie Beimischungen von Stärke, Stärkesirup oder Konservierungsmitteln sind verboten. Zuckerwaren, die honigähnlich sind, gelten als Kunsthonig.

Zucker kann Rohr- oder Rübenzucker sein, er darf keine anderen Beimischungen enthalten. Stärkezucker, Stärkesirup, Invertzucker dürfen weder Saccharin noch andere künstliche Süßstoffe und keine Beimischungen enthalten, die nicht bei der Gewinnung entstehen. Stärkezucker und Stärkesirup dürfen auf 100 g Zucker höchstens 40 mg Schweflige Säure aufweisen. Ist mehr

---

[1] Reichsgesundh.-Bl. 1926, 764.

Schweflige Säure vorhanden, so ist der Stärkezucker oder Stärkesirup unter Mengenangabe der Schwefligen Säure nur zur Weiterverarbeitung für Lebensmittel zugelassen. Zumischung von Schwefliger Säure zu Invertzucker ist verboten.

Süßstoff. Zur gewerblichen Herstellung von Lebensmitteln ist Süßstoff (alle chemischen Erzeugnisse, deren Süßkraft größer ist als die gleiche Menge Zucker, Saccharose) verboten. Ausgenommen sind Arzneien und diätetische Heilmittel, Lebensmittel, die in Krankenhäusern und Heilstätten für Kranke hergestellt werden. Ausnahmen kann das Ministerium für Sozialpolitik und Volksgesundheit zulassen. Verkauf von Süßstoffen ist auf Apotheken beschränkt. Für den Handel besteht Buchführungspflicht und besondere Aufsicht.

Süßstoffe sind insbesondere Saccharin, Sukrol, Dulcin und ähnliche Erzeugnisse. Die Bestimmungen regeln Verkehr, Verkaufspreise, Aufsicht und Strafen, außerdem geben sie Anleitungen zur Bestimmung der Süßkraft und der Feststellung von Süßstoffen.

Es besteht Einfuhrverbot für Süßstoffe, für mit Süßstoff gesüßte Speisen und Getränke, Verbot der Herstellung und Vertrieb solcher Erzeugnisse im Inland, Vertrieb künstlicher Süßstoffe.

Obst und Gemüse. Fauliges, schimmliges oder sonst verdorbenes Obst und Gemüse ist vom Verkehr ausgeschlossen. Unreifes Obst kann nur unter der Bezeichnung „Obst zum Kochen“ verkauft werden.

Pilze dürfen nicht welk, angefault, zerfressen oder von Insekten zerstochen sein.

Dörrobst darf nicht verbrannt, schimmlig oder sonst verdorben sein. Kochsalz und Zucker gelten als erlaubte Zusätze. Als Konservierungsmittel dürfen verwendet werden Alkohol, Öl, Essig, Gewürze, Kochsalz, Zucker und auf 1 kg 100 mg Salicylsäure. Künstliche Süßstoffe sind verboten.

Für Gemüse ist zum Grünen ein Kupfergehalt von 100 mg auf 1 kg Gesamtinhalt zulässig. Die Innenseite von Metalldosen für Gurken und Gemüse in Essig oder in Salzlake muß emailliert sein.

Marmeladen dürfen keine Stärke, keine Süßstoffe, keine künstlichen Obstester, auch keinerlei gesundheitsschädliche Stoffe, Farben, Konservierungs- oder künstliche Verdickungsmittel enthalten. Halbtrockene oder getrocknete Früchte sind nur unter genauer Kennzeichnung im Verkehr zulässig. Es ist verboten, verdorbene oder verunreinigte Ware, Mineralsäuren, künstliche Obstester, künstliche Süßstoffe, Konservierungsmittel bei der Herstellung von Obstsirupen, Limonaden und Sirupessenzen zu verwenden. Obstsirupe dürfen nur aus dem in der Bezeichnung angegebenen Obstsaft und Zucker bestehen. Grenadine, Ogreot dürfen außer Zucker nur die hierfür nötigen Stoffe enthalten. Für bestimmte Sirupe können unter Umständen statt Rüben- und Rohrzucker Stärkesirup, Stärke- und Invertzucker zugelassen werden. Obstsäfte, Essenzen für Sirupe und Limonaden dürfen keine gesundheitsschädlichen Mineral- oder organische Stoffe enthalten.

Gesetze und Verordnungen. Lebensmittelgesetz (Gesetz über die Herstellung und den Vertrieb von Nahrungs- und Genußmitteln vom 8. Februar 1930 (Službene Novine Nr. 36 vom 15. Februar 1930, Ziffer 64)[1], Erlaß zum Gesetz vom 3. Juni 1930, Ausführungsbestimmungen vom 23. Juni 1930[2]; Gesetz, betreffend Einfuhr, Vertrieb und Verwendung von künstlichen Süßstoffen vom 18. November 1930 (Službene Novine Nr. 271/XCIII vom 25. November 1930)[3]; Ausführungsbestimmungen zu vorstehendem Gesetz vom 23. März 1931

[1] Deutsches Handelsarchiv 1932, 1164; Reichsgesundh.-Bl. 1932, 530.

[2] Deutsches Handelsarchiv 1932, 1164, 1166; Reichsgesundh.-Bl. 1931, 244; 1932, 531.

[3] Deutsches Handelsarchiv 1931, 228; Reichsgesundh.-Bl. 1931, 297.

(Službene Novine Nr. 74/XXIII vom 2. April 1931)[1], Beschluß des Ministerrats betreffend Überwachungsbestimmungen für Einfuhr, Herstellung und Verwendung von künstlichen Süßstoffen zur Bekämpfung des Schleichhandels vom 21. Januar 1937[2].

7. Niederlande.

Mehl. Das Holländische Lebensmittelgesetz kennt folgende Mehlsorten: Mehl, Grießmehl, Grütze, Blütenmehl, Graumehl, gemischtes Mehl, gemälztes Mehl, dextriniertes Mehl, zubereitetes Mehl. Im allgemeinen werden die Mehle nach der Getreideart benannt, von der sie stammen (Weizenblütenmehl, Reis-, Buchweizenblütenmehl usw.). Grütze, Graupen stammen meist von Buchweizen, Hafer oder Gerste. Besonders bezeichnet werden die Stärkemehle, Maisstärkemehl oder Maizena, Kartoffelstärkemehl auch Kartoffelmehl; Arrowroot Marantastärke; Tapiokamehl, Manihotstärke, Kassawamehl, Kassawastärke. Zubereitetes Mehl (geprepareerde bloem) ist Mehl, dem Milchbestandteile und andere Nährstoffe zugemischt sind.

Für die einzelnen Mehle sind Höchstgehalte an Asche vorgeschrieben, für Mehl 2,2%, Buchweizenmehl 1,7%, Buchweizengraumehl 2,2%, Sago-, Tapiokastärke 0,6%, gemälztes Blütenmehl 1,5%. Als Backmehl bezeichnetes Mehl darf 3% Asche in der Trockenmasse enthalten. Der Sandgehalt von Buchweizenmehl soll 0,1%, von Buchweizengraumehl 0,2% nicht übersteigen. Der Wassergehalt darf höchstens 16,5% betragen.

Mehle dürfen keinen Schimmel, Gespinnste, Käfer, Motten oder Larven enthalten, keine Rost- oder Brandsporen, Mutterkorn usw. Geruch und Geschmack müssen normal sein; Konservierungsmittel, Metallverbindungen (Alaun usw.), Farbstoffe sind verboten. Futtermehle sind als „Viehfutter", „Hühnerfutter" zu bezeichnen. Weizenblütenmehl darf bis zu 10% Roggenmehl enthalten. Dem Weizenblütenmehl darf 0,2% Lecithin zugesetzt werden, erforderlich ist gleichmäßige Verteilung. Mehlbehandlungs- (Bleichungs-) Mittel dürfen verwendet werden, und zwar 20 g einer Mischung aus 1 Teil Benzoylsuperoxyd und 5 Teilen Calciumphosphat auf 100 kg Mehl oder 25 g einer Mischung aus gleichen Teilen Ammoniumpersulfat und Calciumsulfat auf 100 g Weizenblütenmehl.

Flocken werden aus Hafer (havermout, Hafermalz) und Gerste (gortmout, Grützmalz) hergestellt.

Sago ist aus Palmstärke, Tapioka ist aus Manihotstärke hergestellt. Aus Kartoffelmehl hergestellter Sago oder Tapioka muß als „Kartoffelsago", „Kartoffeltapioka" bezeichnet sein.

Puddingpulver, Soßenpulver, Cremepulver, Zuckerbäckerpulver werden mit Zucker, unschädlichen Säuren, Farb- und Aromastoffen (Kakao, Kaffee, Früchten) und unschädlichen Triebmitteln (3 g auf 100 g Ware) hergestellt. Konservierungsmittel und künstliche Süßstoffe dürfen nicht vorhanden sein.

Paniermehl ist ein grobkörniges Mehl, das durch Vermahlen eines aus geröstetem Weizenblütenmehl mit oder ohne Mischung mit Milchbestandteilen, Kochsalz, Hefe und unschädlichem Farbstoff hergestellten Erzeugnisses erhalten wird. Aschenhöchstgehalt (ohne Kochsalz) 1,5%.

Backmehl, selbstaufgehendes Mehl (zelfrijzend bakmeel) enthält 10 g Stärkemehl und 3 g Triebmittel auf 100 g.

Makkaroni, Vermicelli (Fadennudeln), Nouilles (Nudeln), Spaghetti müssen, wenn sie als Eierware in den Verkehr kommen, auf 1 kg 55 g Dotter oder eine 150 g Vollei entsprechende Menge getrocknetes Ei oder Dotterpulver

[1] Deutsches Handelsarchiv 1931, 1581; Reichsgesundh.-Bl. 1931, 626.
[2] Reichsgesundh.-Bl. 1937, 686.

enthalten. Verpackte Ware muß deutlich bezeichnet sein (bestimmte Buchstabengröße), unverpackte Ware muß mit Schildern versehen sein, deren Aufschrift aus Buchstaben von 2 cm Höhe und 2 mm Breite besteht. Zur Herstellung dieser Erzeugnisse darf auch Buchweizengraumehl verwendet werden.

Fadennudeln dürfen ausschließlich mit Eidotter und/oder Naphtholgelb (Kalium- oder Natriumsalz von 2,4 Dinitro-1-Naphthol-7-sulfosäure), und zwar 50 g auf 100 kg gefärbt werden. Aschegehalt für Teigwaren ohne Kochsalz 1,5%.

Für Ausfuhrware gelten diese Bestimmungen nicht.

Gesetze und Verordnungen. Ausführungsbestimmungen zu Artikel 14 und 15 des Warengesetzes über Mehl (Meelbesluit) vom 20. Juni 1924 (Staatsblad Nr. 313)[1], Änderung der Ausführungsbestimmungen vom 4. Juli 1925 (Staatsblad Nr. 316)[2], Kgl. Verordnung vom 23. Februar 1931[3], Kgl. Verordnung vom 5. September 1932[4], Kgl. Verordnung vom 13. Juni 1933 (Staatsblad Nr. 320)[5], Kgl. Verordnung vom 4. Juni 1935[6], Kgl. Verordnung vom 14. September 1935[7], Kgl. Verordnung vom 11. Februar 1938[8].

Brot. Das niederländische Lebensmittelgesetz unterscheidet gebeuteltes Brot (gebuild brood), Weizenbrot (tarwebrood), Weißbrot (wit [te] brood), Brötchen (stoet): Sorten, bei denen mit bloßem Auge Kleie nicht erkennbar ist. Bei ungebeuteltem (ongebuild brood), Weizenbrot (tarwebrood) grobe Sorte, Braunbrot (bruinbrood), Kommisbrot (commiesbrood), Bauernbrot (kropbrood), Grobbrot (grofbrood) oder durchgestochenem (doorstoken brood) ist die Kleie mit bloßem Auge wahrnehmbar. Weitere Sorten sind Roggenbrot, bei dem die Kleie nicht mit bloßem Auge erkennbar ist, Milchbrot, Rahm- oder Butterbrot (roombrot), Aleuronatbrot für Zuckerkranke und Kleinbrote unter 100 g Gewicht. Die Aschegehalte für Brote mit nicht erkennbarer Kleie sind 1%, für Milchbrote 1,5%, für Brote mit erkennbarer Kleie 2,2%, für Milchbrote mit erkennbarer Kleie 2,8%. Milchbrot muß aus einem Teig hergestellt sein, zu dem Milch mit höchstens 10% Wasser (auch eine entsprechende Menge Milchpulver und Wasser oder Magermilchpulver und Butter) verwendet wurde. Der Fettgehalt soll 3%, der Gehalt an wasserfreiem Milchzucker 2,4% (auf Trockenmasse der Krume gerechnet) betragen. Im Milchbrot müssen als Kennzeichen 4 cm hohe Buchstaben „M B" eingepreßt sein. Butterbrot, Rahmbrot muß mindestens 4,5% Fett enthalten; mit „R" bezeichnetes Rahmbrot mindestens 5,5%. Für die Butter sind besondere Zahlen (neue KIRSCHNER-Zahl, REICHERT-WOLLNY-Zahl, POLENSKE-Zahl) vorgeschrieben.

Brot muß normalen Geruch und Geschmack aufweisen. Tierische Verunreinigungen, Schimmel, Wasserstreifen dürfen nicht vorhanden sein. Der Säuregrad der Krume darf 4 nicht übersteigen. Bei Roggenbrot darf Kleie und Grieß nur an der Rinde vorhanden sein. Die Krume muß gar, die Rinde darf nicht verbrannt sein. Korinthenbrot muß 20% Korinthen und/oder Sukkade (Pomeranzenschalen), Zuckerbrot 30% Zucker enthalten. Zerschnittenes Brot darf nur in Packungen befördert, vorrätig gehalten oder abgegeben werden. Teig darf nicht mit den Füßen bearbeitet werden, Farbstoffe und Rohstoffe, die künstlichen Farbstoff enthalten sowie Konservierungsmittel sind unzulässig. Weitere Vorschriften betreffen die Aufbewahrungsräume, Geräte zur Herstellung und Beförderung sowie die Untersuchungsmethoden.

---

[1] Deutsches Handelsarchiv 1928, 3015; Reichsgesundh.-Bl. 1929, 21.
[2] Deutsches Handelsarchiv 1928, 3017; Reichsgesundh.-Bl. 1929, 23.
[3] Deutsches Handelsarchiv 1931, 1679; Reichsgesundh.-Bl. 1931, 639.
[4] Reichsgesundh.-Bl. 1933, 894. [5] Reichsgesundh.-Bl. 1934, 856.
[6] Reichsgesundh.-Bl. 1935, 317. [7] Reichsgesundh.-Bl. 1936, 599.
[8] Reichsgesundh.-Bl. 1938, 583.

Gesetze und Verordnungen. Neben dem Lebensmittelgesetz kommen in Betracht: Kgl. Verordnung vom 21. Dezember (1925 Staatsblad Nr. 478)[1], Kgl. Verordnung vom 3. Februar 1932[2], Kgl. Verordnung vom 31. Juli 1926[3], gilt auch für Zucker, Limonade, Mehl usw.

Zucker und Zuckerwaren. Zucker (Saccharose) ist Rohr- oder Rübenzucker (rieten beetwortelsuiker). Es werden unterschieden Kandis (mit 99% Zucker), farblose Sorten Superior, Melis Nr. 1 und 2, Perlmelis, grober Melis, gemahlener Melis, weiß gedrehter Melis (wit gedraide suiker), Brotzucker, Kandiszuckerstückchen (klontjsuiker), Zucker in Täfelchen (tablettensuiker), Abfallzucker, Chips usw. Diese Zuckersorten enthalten nur Spuren Asche, 0,05%, wenige Baumwollfasern, geringe Mengen unschädlichen blauen Farbstoff.

Brauner Kandiszucker enthält 96% Saccharose, 0,3% Asche, natürlichen Farbstoff, wenig Baumwollfasern.

Bastardzucker besteht aus Saccharose und Invertzucker, berechnet auf Saccharose 90% der Trockenmasse, Aschegehalt beträgt 2,5%. Artfremde Stoffe dürfen nicht vorhanden sein.

Kandissirup enthält mindestens 80% Extrakt, scheinbarer Reinheitsfaktor mindestens 80%, 1,5% Asche, keine Fremdstoffe.

Sirup (Zuckersirup) enthält 80% Extrakt, scheinbarer Reinheitsfaktor mindestens 73%, Asche 5%, keine Fremdstoffe.

Haushaltssirup enthält 80% Extrakt, Aschegehalt 5%, Saccharose und Invertzucker zusammen als Saccharose berechnet 30%, keine Fremdstoffe (Stärkemehlsirup ist erlaubt).

Küchensirup enthält 80% Extrakt, Asche 4%, Saccharose und Invertzucker 15%, sonst wie Haushaltssirup.

Bei den Siruparten soll Farbe, Geruch, Geschmack normal sein, Fremdstoffe sollen nicht vorhanden sein, der Schwefelsäuregehalt darf 40 mg in 1 kg nicht übersteigen.

Milchzucker, Lactose, mindestens 99%, Asche 0,1%, sonst wie Zucker.

Invertzuckersirup. Extrakt 75%, Asche 0,5, Säuregrad 7%. Saccharose höchstens 20%, keine anderen Zuckerarten als Saccharose, sonst wie Zucker.

Massé. Extrakt 80%, Asche 0,5%, Säuregrad höchstens 2,5, Glucose 65%, Dextrin 15%, in $^1/_2$ kg kein Arsen, sonst wie zuvor.

Stärkemehlsirup. Extrakt 80%, Asche 1%, Säuregrad 4, Glucose 35%, Dextrin höchstens 45%.

Melado (Melasse), Sirup mit einem Aschegehalt von 5 bis höchstens 7% wird bezeichnet als „Zoute stroop".

Für die Ausfuhr bestimmte Zuckersorten unterliegen nicht diesen Bestimmungen. Für die Untersuchung sind besondere Methoden angegeben.

Kgl. Verordnung, betreffend Ausführungsbestimmungen zu Nr. 14 und 15 des Warengesetzes über Zucker und Sirup, vom 6. März 1924 (Staatsblad Nr. 96)[4] Änderung der Verordnung vom 18. Mai 1934 (Staatsblad Nr. 96)[5].

Honig. Blütenhonig (bloemenhonig) und Wabenhonig, der noch in den Waben befindliche Honig, darf keine Brut, keine Bienen und höchstens geringe Menge Blütenstaub enthalten. Alle honigähnlichen Erzeugnisse, die nicht Honig sind, müssen als Kunsthonig bezeichnet werden. Wortverbindungen mit „Honig" dürfen nicht für Kunsthonig verwendet werden. Abbildungen sind bei Kunsthonig unzulässig. Honig muß mindestens 75% Trockenmasse enthalten, der

---

[1] Deutsches Handelsarchiv 1928, 3031; Reichsgesundh.-Bl. 1929, 23.
[2] Deutsches Handelsarchiv 1932, 1434; Reichsgesundh.-Bl. 1932, 597.
[3] Deutsches Handelsarchiv 1928, 3036; Reichsgesundh.-Bl. 1929, 34.
[4] Deutsches Handelsarchiv 1928, 1548; Reichsgesundh.-Bl. 1928, 493.
[5] Reichsgesundh.-Bl. 1935, 316, 958 (unbedeutende Änderung).

Höchstgehalt an Saccharose beträgt 5%. Oxymethylfurol, Konservierungsmittel, synthetische Süßstoffe, Stärkesirup, fremde Farbstoffe, Riechstoffe, Saccharose in größerer Menge (s. oben), Invertzucker, Traubenzucker und/oder Fruchtzucker sowie andere artfremde Stoffe sind bei Honig verboten. Angaben über bestimmte Verarbeitung müssen der Wahrheit entsprechen. Honig, dem diastatische Fermente fehlen, ist als „erhitzter Honig" zu bezeichnen.

Kunsthonig darf Honig, Glucose, Stärkezucker (massé), Stärkesirup und/oder invertierte Saccharose, unschädliche Farbstoffe, Riech- oder Geschmacksstoffe, Konservierungsmittel und synthetische Süßstoffe enthalten. Gehalt an Trockenmasse beträgt 75%, Aschegehalt höchstens 0,5%.

Honig und Kunsthonig dürfen weder muffig oder abnorm riechen oder schmecken, nicht schimmlig oder in Gärung befindlich sein, keine schädlichen Stoffe aufweisen oder einen Säuregrad von mehr als 5 ccm Normalsäure auf 100 g zeigen. Die Aufschriften müssen deutlich und unverwischbar sein (6 mm große, 1 mm dicke Buchstaben auf Packungen, 2 cm große, 2 mm dicke Buchstaben auf Schildern von größeren Gebinden).

Kgl. Verordnung betreffend Ausführungsbestimmungen zu Artikel 14 und 15 des Warengesetzes über Honig vom 7. August 1925 (Staatsblad Nr. 352)[1].

Speiseeis. Für Speiseeis (consumptieijs) ist vorgeschrieben, daß eine Storchsche Reaktion nicht auftreten darf. In 1 ccm Eis dürfen nicht mehr als 100000 züchtbare Mikroorganismen, in 0,1 ccm oder weniger keine züchtbaren Colibakterien vorhanden sein, schädliche Mikroorganismen oder andere schädliche Bestandteile dürfen nicht vorhanden sein; künstliche Süßstoffe sowie Konservierungsmittel sind unzulässig. Rahmeis muß mindestens 12% Milchfett enthalten. Die Bezeichnung muß deutlich lesbar sein (3 cm hohe Buchstaben in unverwischbarer Schrift). Packungen müssen eine Bezeichnung tragen, die aus 4 mm hohen Buchstaben besteht. Eine Bezeichnung oder Fabrikmarke, die den Hersteller erkennbar macht, muß vorhanden sein. Weitere Vorschriften betreffen die Herstellungsräume, Verkaufsstellen, Beförderung usw.

Besondere Verordnungen: Kgl. Verordnung (Ausführungsbestimmungen zum Warengesetz [Lebensmittelgesetz]) Artikel 14 und 15 vom 15. Juni 1929 (Staatsblad Nr. 321)[2]; Kgl. Verordnung vom 22. März 1930 (Staatsblad Nr. 107)[3]; Kgl. Verordnung vom 13. Juni 1931[4], Ausweise für die Abgabe; Kgl. Verordnung vom 15. Dezember 1932[5], Verpackung höchstens 500 g statt 100 g in het restaurant (im Speisehaus); Kgl. Verordnung vom 9. Mai 1934 (Staatsblad Nr. 240)[6]; Kgl. Verordnung vom 9. Mai 1935 (Staatsblad Nr. 244)[7], Überwachung der Betriebe, Anforderungen an Verkaufsstellen.

Obsterzeugnisse. Alle Obsterzeugnisse müssen deutlich bezeichnet sein (Buchstabengröße bei Packungen unter 2 Liter 6 mm hohe, 0,5 mm dicke Buchstaben, bei Packungen über 2 Liter und offen verkaufter Ware Buchstabengröße 2 cm hoch und 2 mm dick. Bezeichnungen müssen leicht leserlich und unverwischbar sein. Als einzelne Obsterzeugnisse werden unterschieden:

Fruchtjam (Fruchtmarmelade, Jam, Marmelade) besteht aus 1 Teil schalenfreien, entkernten oder entsteinten Früchten und 1,1 Teilen Rohr- oder Rübenzucker. Die Bezeichnung erfolgt nach der hauptsächlich verwendeten Fruchtart. In Ananas-, Kirschen-, Weichseljam dürfen 40%, in Erdbeer-,

[1] Veröffentl. kaiserl. Gesundh.-Amt 1920, 70; Reichsgesundh.-Bl. 1926 I, 43.
[2] Deutsches Handelsarchiv 1930, 534; Reichsgesundh.-Bl. 1930, 316.
[3] Deutsches Handelsarchiv 1930, 1615; Reichsgesundh.-Bl. 1930, 763.
[4] Deutsches Handelsarchiv 1931, 2170; Reichsgesundh.-Bl. 1931, 807.
[5] Deutsches Handelsarchiv 1933, 1834; Reichsgesundh.-Bl. 1933, 894.
[6] Deutsches Handelsarchiv 1935, 172.
[7] Deutsches Handelsarchiv 1935, 5313; Reichsgesundh.-Bl. 1936, 163.

Aprikosen-, Himbeer- und Pfirsichjam 25% durch Pflaumen-, Äpfel- oder Stachelbeermarmelade ersetzt sein. Der zulässige Wassergehalt beträgt 35%, Erdbeerjam darf leicht gefärbt werden. Orangenjam wird mit 1,5, Ananasjam mit 2 Teilen Zucker hergestellt. Erlaubt sind Zusätze von Citronensäure, Pektin, heller pektinhaltiger Fruchtsaft.

Haushaltsjam (huishoudjam) oder -marmelade. 1,5 Teile Zucker dürfen zum Teil durch Stärkesirup ersetzt sein. Orangenhaushaltsmarmelade darf 1,7 Teile, Ananashaushaltsjam 2,5 Zucker enthalten. Erlaubt ist der Zusatz von Citronensaft, Pektin, pektinhaltigem Fruchtsaft, Farbstoff.

Fruchtgelee (vruchtengelei) ist nach der verwendeten Fruchtart zu bezeichnen, wobei ein Zusatz von 25% anderen Früchten mitverwendet werden darf. Fruchtgelee kann mit Saccharose oder mit Invertzucker hergestellt sein. Der Wassergehalt darf nicht über 35% betragen. Im allgemeinen soll auf 1 Teil Frucht 1 Teil Zucker verwendet sein (Ausnahme Citronengelee 1,5 Teile). Erlaubte Zusätze wie bei Fruchtjam. Bei Haushaltsgelee (huishoudgelei) darf ein Teil des Zuckers durch Stärkesirup ersetzt sein. Früchte im Saft in Wasser, in Sirup dürfen mit 300 mg auf 1 kg Benzoesäure oder Salicylsäure konserviert sein; die Flüssigkeit darf höchstens 10% wasserfreien Stärkemehlsirup im Zucker enthalten.

Bowle weingeistfrei, aromatisierte Bowle weingeistfrei sind Bezeichnungen für Früchte in Wasser, aromatisierte Früchte in Saft.

Fruchtsaft, Süßmost oder Most (vruchtensap, zoete most, most) muß bei Verwendung von Zucker eine Gehaltsangabe und die Bezeichnung „gesüßt" aufweisen. Höchstgehalt an Zucker beträgt 20%, bei Citronensaft 45%. Beispiel: „Gesüßter Himbeersaft mit 10% Zucker"; „Süßer Apfelmost gesüßt mit 5% Zucker". Erlaubte Zusätze sind Alkohol bis zu $^1/_2$ ccm auf 100 ccm, Schweflige Säure bis 150 mg auf 1 Liter oder Benzoesäure oder Salicylsäure bis 400 mg auf 1 Liter; auch Verwendung von 50 mg Schweflige Säure und gleichzeitig 400 mg Benzoesäure oder Salicylsäure auf 1 Liter ist gestattet. Eine Erwärmung von Süßmost über 45^0 ist unzulässig. Süßer Birnenmost darf 0,3% Milch- oder Citronensäure enthalten. Gasförmige Kohlensäure kann zugesetzt werden.

Fruchtsirup kann 55% Zucker enthalten, der Fruchtsaftgehalt muß mindestens 30%, bei Ananassirup 20% betragen.

Apfelsirup (appelstroop) ist eingedickter Apfelsaft. Apfelkraut kann aus frischen oder getrockneten Äpfeln mit oder ohne Apfelschalen und mit Zuckerzusatz hergestellt werden. Bis zu 20% Birnensaft, Rübenzuckersaft, Stärkemehlsirup oder Gemisch beider letzteren darf enthalten sein, der Gehalt an wasserfreiem Stärkemehlsirup darf jedoch nicht 40% übersteigen. Die Bezeichnung muß alsdann Rheinisches Apfelkraut (rinsche appelsiroop) lauten. Für Haushaltsware muß Zucker 30%, Summe von Zucker und Stärkesirup im Höchstfall 65%, betragen. Obstpulpe, Fruchtpüree, Fruchtmus soll mindestens 15, höchstens 25% Zucker enthalten; Citronensaft oder Citronensäure, Fruchtauszug und etwas Pektin dürfen zugesetzt sein.

Birnenkraut (perensiroop) besteht aus eingedampftem Birnensaft und Zucker oder Rübensaft. Haushaltskraut kann Stärkesirup unter Kenntlichmachung und Mengenangabe enthalten („Haushaltskraut mit 20% Stärkesirup").

Puddingsoße ist ein dickflüssiges Erzeugnis aus Zuckerlösung, Citronensäure und unschädlichem Farbstoff, Essenz, Stärkemehlsirup, ganzen oder Teilen von Früchten, Fruchtsaft, Bindemittel. Der Zuckergehalt (auf Saccharose berechnet) muß 35% betragen. Auf 1 kg sind 250 mg Benzoesäure als Konservierungsmittel zugelassen. Die Bezeichnung „mit Früchten" oder „mit Fruchtsaft" darf nur verwendet werden, wenn auf 100 g mindestens 25 g Früchte oder Fruchtsaft angewendet wurden.

Fruchtsoße besteht aus unschädlich gefärbtem Fruchtsirup, der auf 100 g 0,3 g Agar-Agar enthalten darf.

Fruchtlimonadensirup (vruchtenlimonadensiroop oder vruchtenlimonadenstroop) besteht aus Fruchtsirup, Citronensaft oder Citronensäure und etwas Pektin. Auf 55% Zucker sind 30% Fruchtsaft, bei Ananas und Citronen mindestens 20% Fruchtsaft zu verwenden. Fruchtlimonade besteht aus Fruchtsaft oder Fruchtauszug, Citronensaft oder Citronensäure (mindestens 10% der zur Bezeichnung verwendeten Frucht) und 8—12% Zucker. Für Brauselimonade (Limonade gazeuse) ist der Zusatz von nicht hämolytisch wirkendem Saponin gestattet. Der Zuckergehalt muß 8% betragen. Als „pasteurisiert" oder „sterilisiert" bezeichnete Ware muß frei von Konservierungsmitteln sein. Die Verordnung von 1924 (s. unten) enthält noch Scherbett (Sorbet), einen auf 100 g 0,2 g Agar-Agar oder 0,2 g Pektin (als Ca-Pektat berechnet) enthaltenden Fruchtlimonadensirup; Limonadensirup, der an Stelle von Citronensäure auch Milchsäure enthalten kann; weingeistfreien Likör, d. i. mit Wasser verdünnten und mit 250 mg Salicylsäure oder Benzoesäure auf 1 kg versetzten Limonadensirup. Limonettesirup ist ein Limonadensirup mit durch Stärkemehlsirup teilweise ersetztem Zucker. Statt Citronen- oder Milchsäure kann hier Weinsäure verwendet werden, die natürliche Frucht kann durch künstliche Essenzen ersetzt sein. Zu Fruchtmus wird auch Tomatenpüree gerechnet, das je nach seiner Konsistenz als 3,4- oder 5fach konzentriert bezeichnet wird. Tomatenpüree darf gefärbt sein.

Allgemein ist noch zu bemerken: Jam, Fruchtgelee, Fruchtsirup, Apfel- und Birnenkraut, Rheinisches Kraut dürfen 50 mg Schweflige Säure auf 1 kg, Haushaltsjam, Haushaltsgelee, Früchte in Wasser, Sirup, Saft, Fruchtsoße, Obstpulpe, Fruchtpüree, Fruchtlimonadensirup, Scherbett, Limonadensirup dürfen 75 mg Schweflige Säure und bis zu 250 mg Benzoesäure enthalten. Fruchtsaft darf 150 mg Schweflige Säure oder höchstens 400 mg Benzoesäure auf 1 kg, Süßmost, Most 100 mg Schweflige Säure auf 1 Liter, Obstpulpe 1000 mg Schweflige Säure bis 1500 mg Benzoesäure auf 1 kg enthalten, sofern die Obstpulpe als „Halberzeugnis" oder „in unvermischtem Zustand untauglich zum Verbrauch", „enthält 1500 mg Benzoesäure bzw. 1000 mg SO_2 im Kilogramm" bezeichnet wird. Fruchtlimonade oder Limonade dürfen auf 1 Liter bis 50 mg Schweflige Säure oder bis 1,5 mg Silber enthalten.

Gesetze und Verordnungen. Kgl. Verordnung, betreffend Ausführungsbestimmungen zu Art. 14 und 15 des Warengesetzes[1] über Jam (Marmelade), Gelee, Sirupe, Fruchtsoßen, Limonaden u. dgl. vom 6. März 1924 (Staatsblad Nr. 97)[2]; Kgl. Verordnung über Ergänzung vom 31. Juli 1926[3]; Kgl. Verordnung über Änderung, vom 26. Juli 1932[4]; Kgl. Verordnung über Änderung vom 25. Oktober 1933[5], Kgl. Verordnung über Änderung vom 9. Juli 1936[6]; Kgl. Verordnung über Änderung, vom 13. August 1937[7]; Kgl. Verordnung über Änderung vom 22. Dezember 1937[8].

8. Norwegen.

Bisher[9] hatte Norwegen kein eigentliches Lebensmittelgesetz, erst am 19. Mai 1933[10] wurde das Gesetz, betreffend die Aufsicht über Nahrungsmittel usw., erlassen, das eine Sicherung für einwandfreie Lebensmittel gewährleisten

---

1 Veröffentl. kaiserl. Gesundh.-Amt 1920, 70.
2 Deutsches Handelsarchiv 1928, 1550; Reichsgesundh.-Bl. 1928, 430.
3 Reichsgesundh.-Bl. 1929, 34. 4 Reichsgesundh.-Bl. 1933, 894.
5 Reichsgesundh.-Bl. 1934, 856. 6 Reichsgesundh.-Bl. 1937, 319.
7 Reichsgesundh.-Bl. 1938, 327. 8 Reichsgesundh.-Bl. 1938, 327.
9 Vgl. Handbuch Bd. I, S. 1342. 10 Reichsgesundh.-Bl. 1933, 539.

soll. Es enthält Vorschriften über die an Lebensmittel allgemein zu stellenden Anforderungen, Verbote von irreführenden Angaben betreffend Ursprung, Beschaffenheit, Art, Menge und Zusammensetzung der Waren. Personen, die im Lebensmittelverkehr tätig sind, können vom Gesundheitsamt zur Anmeldung veranlaßt werden, wenn sie ihre Tätigkeit an einem festen Standort ausüben. Buchführungspflicht kann vorgeschrieben werden, Vorschriften über Gebrauchsgegenstände, über Trinkwasser können erlassen werden. Probenahme, Besichtigungen und Beschlagnahme gesundheitsschädlicher Lebensmittel sind vorgesehen. Die Sachverständigen unterliegen der Schweigepflicht wie im deutschen Gesetz. Strafgelder für die Übertretung des Gesetzes werden zugunsten der Staatskasse eingezogen. Die Vorschriften des Gesetzes gelten nicht für ausländische Ware und nicht für sog. Transitgut (Waren, die nur zur Durchfuhr bestimmt sind).

An Sondergesetzen kommen für die in Band V des Handbuches aufgeführten Lebensmittel in Betracht: Kgl. Entschließung über die Kennzeichnung von Hefe vom 16. Juni 1932[1] (Norsk Lovtidende Nr. 26 vom 21. Juni 1932).

Hefe ist nur zum Verkehr zugelassen, wenn jedes Packstück Angaben trägt, aus denen hervorgeht, ob norwegische oder ausländische Hefe vorliegt: „Norsk" für in Norwegen hergestellte, „Utenlandsk" für ausländische Hefe. Auch „Fabrikert in ..." in norwegischer oder in Norwegen leicht verständlicher Sprache ist zulässig. Buchstabengröße mindestens 20 mm hoch und 3 mm stark. Mengen unter 1 kg können ungekennzeichnet bleiben, wenn im Verkaufsladen ein Anschlag angebracht ist „Norsk Gjaer" oder „Tysk Gjaer" (ausländische Hefe) (Buchstabengröße 30 mm hoch, 4 mm dick).

Das Gesetz vom 17. Juni 1932, betreffend Güteüberwachung landwirtschaftlicher Erzeugnisse wird durch das Gesetz vom 16. Mai 1935[2] (Norsk Lovtidende Nr. 19 vom 20. Mai 1935 S. 468) abgeändert. Es umfaßt Kartoffelmehl und Kartoffeln, Honig, frische Früchte einschließlich Beeren, Gemüse und Wurzelgemüse, Saft, Dauerwaren von Obst und Gemüse, hat aber mehr marktordnerischen Wert.

Die Kgl. Entschließung betreffend Vorschriften über Beeren- und Fruchtsaft sowie Ersatzmittel für Saft vom 27. März 1936[3] (Norsk Lovtidende Nr. 13 vom 2. April 1936 S. 360) ist zu beachten; Beeren- und Fruchtsäfte sind aus Beeren, Früchten oder Rhabarber durch Auspressen hergestellt. Sie können einem Gärungsprozeß unterworfen oder durch Kochen hergestellt sein oder ohne Gärung und ohne Kochprozeß bereitet sein. Nachpresse zu verwenden ist verboten. Die Bezeichnung muß nach dem Ausgangsmaterial erfolgen. Der Wassergehalt des fertigen Saftes darf den des Rohsaftes höchstens um 15 Hundertteile übersteigen. Saft von anderen Früchten darf höchstens 5 Hundertteile betragen. Es ist gestattet, bis zu 2 g reine Weinsäure oder Citronensäure auf 1 Liter Fertigware zuzusetzen. Als Zucker darf nur Saccharose verwendet werden, Farbstoffe, Konservierungsmittel, andere Säuren als die vorgenannten dürfen nicht verwendet werden. Nach 2 Früchten oder Ausgangsstoffen bezeichneter Saft muß von jedem mindestens 40 g auf 100 g enthalten, darüber hinaus können 5 g Fremdsaft auf 100 g vorhanden sein. Abbildungen dürfen nur verwendet werden, wenn sie der Bezeichnung entsprechen. Für Saftmischungen „Gemischter Saft", „Haushaltssaft" dürfen 5 Hundertteile Rhabarbersaft zugesetzt werden. Für diese Sorte sind Abbildungen unzulässig. Rhabarbersaft muß als solcher bezeichnet werden. Auch er kann 5 Hundertteile anderen Saft enthalten. Abbildungen von Rhabarberpflanzen dürfen verwendet

---

[1] Deutsches Handelsarchiv 1932, 1627; Reichsgesundh.-Bl. 1932, 771.
[2] Deutsches Handelsarchiv 1935, 3917; Reichsgesundh.-Bl. 1936, 285.
[3] Deutsches Handelsarchiv 1937, 2767.

werden. Ungezuckerte Säfte sind als solche zu kennzeichnen. Werden bis 300 g Zucker auf 1 Liter Saft verwendet, so ist er als „leicht gesüßt" (lettsøtet) oder „leicht gezuckert" (lettsukret) zu bezeichnen, bei 300—600 g als „gezuckert" oder „gesüßt"; über 600—750 g als „stark gezuckert". Werden Natriumbenzoat, Paraoxybenzoesäureäthyl- oder -propylester, Mischungen dieser Ester oder Natriumverbindungen verwendet, so muß eine Kennzeichnung vorhanden sein „mit Zusatz eines genehmigten Konservierungsmittels hergestellt". Auf 1 Liter Fertigware dürfen einschließlich der etwa natürlich vorhandenen Benzoesäure 1,5 g oder 0,9 g Ester verwendet werden (Kennzeichnung mit 3 mm hohen Buchstaben). Ersatzmittel für Saft dürfen nicht als Saft bezeichnet werden. Fruchtgetränke, Auszüge, Cremes, die Ähnlichkeit mit Saft haben, dürfen keine irreführende Bezeichnung tragen. Abbildungen von Beeren, Früchten, Blüten dürfen nur angebracht werden, wenn tatsächlich Stoffe der abgebildeten Früchte oder Blüten verwendet sind. Citronen- oder Apfelsinenlimonade darf aus Wasser, Zucker, Citronen- oder Weinsäure mit Aromastoffen aus Schalen der Apfelsine oder Citrone (oder anderer Citrusfrüchte) hergestellt werden. Auch sie können wie oben konserviert werden. Abbildungen sind nicht erlaubt. Ersatzmittel, blausäure- und arsenfreie Fruchtsäuren dürfen verwendet werden. Auch Zusatz von Geschmacks- und Farbstoffen ist unter Kenntlichmachung zulässig. („Mit Zusatz von künstlichem Aroma" oder „künstlich gefärbt".) Bezeichnungen wie „echt", „prima", „natürlich" und ähnliche sowie Abbildungen sind verboten. Der Name und die Anschrift des Herstellers sind anzugeben. Die Hauptbezeichnung muß aus 6 mm großen Buchstaben bestehen. Ausländische Ware ist als solche zu kennzeichnen.

Auf Grund des Gesetzes vom 19. Mai 1933 wurden die Ausführungsbestimmungen zum Nahrungsmittelgesetz, betreffend Zusatz von Konservierungsmitteln und Farbstoffen zu kohlensäurehaltigen Erfrischungsgetränken, Pektinpräparaten, Eingemachten, Marmelade usw. vom März 1938[1] (Norsk Lovtidende Nr. 9 vom 10. März 1938 S. 300) erlassen.

Benzoesäure, Natriumbenzoat, Paraoxybenzoesäure, Äthyl- und Propylester, Mischungen dieser und Na-Verbindungen sind zulässig, und zwar 500 mg Benzoesäure auf 1 Liter, 300 mg Ester. Kennzeichnung „mit Zusatz eines genehmigten Konservierungsmittels". Erfrischungsgetränke aus zerquetschter Fruchtmasse (Pulpe) von Citrusfrüchten oder von Fruchtauszügen dürfen 35 mg freier und gebundener SO_2 im Liter enthalten, sofern kein anderes Konservierungsmittel zugesetzt ist. Auszug oder Fruchtmasse dürfen höchstens 100 mg freie und gebundene SO_2 in 100 g enthalten. Flüssige Pektinpräparate dürfen Benzoesäure, Natriumbenzoat oder SO_2 enthalten (Fertigerzeugnis höchstens 175 mg Benzoesäure auf 100 g — einschließlich der natürlich vorkommenden Benzoesäure — oder 50 mg freie und gebundene SO_2 auf 100 g). Bezeichnung wie oben angegeben. Für Fabriken kann Pektin flüssig bis 150 mg SO_2 auf 100 g enthalten. Pektin, das über 50 mg SO_2 enthält, muß bezeichnet sein „konserviert mit SO_2", Angabe der Menge auf 100 g Ware. Marmeladen, Eingemachtes wie Erfrischungsgetränke 150 mg Benzoesäure auf 100 g (einschließlich der natürlichen Benzoesäure) oder 90 mg Ester auf 100 g. Kennzeichnung wie oben. Wenn das Konservierungsmittel nur aus dem Pektin stammt, kann eine Kennzeichnung wegbleiben. Endgehalt mit natürlich vorkommender Benzoesäure höchstens 20 mg auf 100 g oder SO_2 10 mg : 100 g freie und gebundene SO_2. Marmelade aus Citrusfrüchten 10 mg : 100 g freie und gebundene SO_2. Bezeichnung „hergestellt aus konservierter Fruchtmasse". Fruchtmasse darf 100 mg zu 100 g SO_2 enthalten.

[1] Deutsches Handelsarchiv 1938, 2435; Reichsgesundh.-Bl. 1938, 628.

Eingemachte Beeren, kandierte Beeren und Früchte, Fruchtgelee oder ähnliche Erzeugnisse, die zur Ausschmückung von Speisen verwendet werden, können 50 mg freie und gebundene SO_2 enthalten, müssen aber deklariert sein wie oben. Farbstoffe sind unter Bezeichnung „künstlich gefärbt" zulässig.

9. Schweden.

In Schweden besteht kein allgemeines Lebensmittelgesetz. Die Vorschriften, die für die in Band V des Handbuches aufgeführten Lebensmittel in Betracht kommen, sind in verschiedenen Verordnungen enthalten, von denen zu nennen sind die Verordnung, betreffend das Verbot gewisser Anwendungen irreführender Bezeichnungen beim Handel mit Lebensmitteln, vom 29. Juni 1917[1], mit Änderung vom 14. Juni 1928[2]. Das Gesetz verlangt, daß Bezeichnungen wie Milch, Butter, Margarine, Schmalz, Mehl, Honig, Eier, Beeren und Fruchtsaft ausschließlich für diese Waren gebraucht werden, sobald aber die Beschaffenheit in irgendeiner Hinsicht von der der Normalware abweicht, gilt die Bezeichnung als irreführend. Für die Ursprungsbezeichnung sind maßgebend die Gesetze gegen die Einfuhr von Waren mit unrichtiger Ursprungsbezeichnung vom 4. Juni 1913; Änderung vom 16. Mai 1930 und gegen den Vertrieb solcher Waren vom 9. Oktober 1914; Änderung vom 16. Mai 1930.

Daneben ist von Wichtigkeit die Giftverordnung vom 7. Dezember 1906[3], die vielfach geändert wurde; besondere Beachtung verdienen die Änderungen vom 18. Juni 1926[4], 7. Oktober 1927[5], 26. April 1929[6], 29. Januar 1932. Die Giftverordnung gibt die Erlaubnis, bestimmte Farbstoffe für Konditorwaren zuzusetzen, während eine Anzahl anderer Farben und Konservierungsmittel verboten werden. Für Konfitüren, Marmeladen, Fruchtmark, Fruchtkompott, Gelees, Fruchtkonserven sind zugelassen auf 100 g der Ware 100 mg Benzoesäure oder Natriumbenzoat, für Honig, der durch Zerstören der Waben gewonnen ist, 10 mg der vorgenannten Konservierungsmittel, für Zuckersirup 200 mg, für Stärkesirup 500 mg auf 100 g Ware. Wenn die Menge der Konservierungsmittel die genannten Mengen nicht übersteigt, ist eine Kennzeichnung nicht erforderlich, andernfalls ist eine Kennzeichnung „konserviert mit Benzoesäure", „konserviert mit Natriumbenzoat" erforderlich. Für Gemüse dürfen 10 mg Kupfer auf 100 g Ware zum Grünen verwendet werden, über 2 mg muß aber eine deutliche Kenntlichmachung erfolgen.

Die Kgl. Verordnung über die Kennzeichnung von Gefäßen, die süße Erfrischungsgetränke enthalten, vom 10. Juni 1932 (Svensk Författningssamling Nr. 194/197 vom 16. Juni 1932)[7] verlangt Angaben des Saccharingehaltes, des Herstellers und der Art des Getränkes. Die Angabe hat zu lauten „Innehåller sackarin", worunter jeder Süßstoff verstanden wird.

10. Schweiz[8].

Für Getreide- und Hülsenfrüchte sowie die daraus hergestellten Mahlprodukte gelten im allgemeinen die gleichen Bestimmungen wie in Deutschland. Tierische, pflanzliche und mineralische Verunreinigungen durch von der Schädlingsbekämpfung herrührende Stoffe, Reste von Beizmitteln dürfen nicht vorhanden sein. Giftige Schädlingsbekämpfungsmittel dürfen nur mit Ge-

[1] Veröffentl. kaiserl. Gesundh.-Amt 1917, 605. [2] Reichsgesundh.-Bl. 1928, 687.
[3] Veröffentl. kaiserl. Gesundh.-Amt 1907, 662. [4] Reichsgesundh.-Bl. 1928, 508.
[5] Reichsgesundh.-Bl. 1928, 370. [6] Reichsgesundh.-Bl. 1929, 761.
[7] Reichsgesundh.-Bl. 1932, 622; Deutsches Handelsarchiv 1932, 1639.
[8] Die Übersendung der Verordnung über den Verkehr mit Lebensmitteln und Gebrauchsgegenständen verdanke ich Herrn Prof. Dr. WERDER (Bern).

nehmigung der zuständigen Lebensmitteluntersuchungsanstalten verwendet werden. Blausäurehaltige Bohnen sind zu kennzeichnen.

Von Mahlprodukten werden unterschieden Schrot, Flocken, Graupen, Grieße, Grütze, Dunste, Mehle und Stärkemehle. Weißmehl, Semmelmehl oder Auszugsmehl besteht aus den innersten hellsten Teilen des Weizenkorns, Backmehl oder Brotmehl ist das nahezu schalenfreie Erzeugnis nach Entfernung des Weißmehls. Vollmehl besteht aus dem Mehl des ganzen Mehlkörpers, Vollkornmehl aus dem ganzen Getreidekorn (die äußeren Schalenteile können mitvermahlen oder entfernt sein). Schrotmehl ist grobgemahlenes Vollkornmehl, Roggenmehl das ganz oder teilweise ausgemahlene Roggenkorn, Sojamehl entbittertes Mehl der Sojabohne.

Stärkemehle bestehen fast ausschließlich aus der Stärke von Weizen, Reis, Mais, Kartoffel, Sago, Tapioka usw., sie sind der Gattung entsprechend zu bezeichnen.

Bei Gemischen von Mahlprodukten sind die Bestandteile anzugeben (ausgenommen sind Mischungen von Weizenkorn- und Roggenmehl und geringe zur Erhöhung der Backfähigkeit dienende Zusätze (5%) von Mais-, Reis-, Bohnen- oder Malzmehl.

Das Bleichen von Mehl und die Behandlung von Mahlprodukten mit nitrosen Gasen, sauerstoffhaltigen Halogenverbindungen, Persulfaten und anderen sauerstoffabgebenden Stoffen, mit Chlor oder chlorabgebenden Stoffen oder mit Verbindungen mit ähnlicher Wirkung sind verboten.

Der Wassergehalt der Mahlprodukte darf nicht höher sein als 16%, Sojamehl muß mindestens 16% Sojaöl enthalten, Rückstände der Sojaölgewinnung dürfen nicht verwendet werden. Der Aschegehalt und Säuregrad der Mehle wird durch das Schweizerische Lebensmittelbuch geregelt.

Sago und Tapioka aus Kartoffelstärke sind als „Kartoffelsago“ und als „Kartoffeltapioka“ zu bezeichnen. Der Wassergehalt der Stärkemehle darf 15%, in Kartoffelstärke 18% nicht übersteigen. Der Aschegehalt soll nicht höher als 1% sein.

Paniermehl muß aus Backwerk hergestellt sein. Art. 129—140 des Lebensmittelgesetzes vom 26. Mai 1936[1].

Brot und Backwaren. Brot muß aus backfähigem Mehl hergestellt werden. Im allgemeinen ist Brot aus Weizenmehl hergestellt. Anderes Brot muß entsprechend gekennzeichnet sein (Roggen-, Mais-, Kartoffelbrot usw.), wenn außer dem üblichen Mehl noch andere Mehle verwendet wurden. Milchbrot muß mindestens so viel Milch als Wasser (oder eine entsprechende Menge Vollmilchpulver) enthalten. Magermilchbrot muß auf 100 kg Mehl 5 kg Magermilchpulver oder eine entsprechende Menge Magermilch enthalten. Die Bezeichnung muß „Magermilchbrot“ lauten. Als mineralische Zusätze kommen in Betracht für Brot Kochsalz, für gewisse Backwaren Backpulver. Von sonstigen Zusätzen sind gestattet die üblichen Fette, Malzextrakt, Malzmehl. Als Vorbeugungsmittel gegen das Fadenziehen werden reine Milchsäure, milchsäurehaltige Erzeugnisse, Essigsäure, Essig verwendet. Außer Broten unter 0,5 kg Gewicht sowie Spezialbroten (Semmelbrot, Milchbrot, Magermilchbrot, Grahambrot, Vollkornbrot, Früchtebrot, diätetisches Brot) nüssen alle Brote in Laiben von 0,5, 0,75, 1, 1,5, 2 kg usw. hergestellt werden. Brot muß ausgebacken und vollgewichtig sein. Den zulässigen Wassergehalt können die Kantone bestimmen. Brote dürfen nicht fade oder sauer schmecken; fadenziehendes, verschimmeltes Brot ist verdorben. Mindergewicht darf frisch höchstens 3%, altbacken höchstens 5% betragen.

[1] Reichsgesundh.-Bl. 1936, 810.

Die Kantone können über diese Vorschriften hinaus weitergehende Bestimmungen treffen. Brotausträger müssen Ausweiskarten der Ortsgesundheitsbehörden haben. Backwaren, deren Bezeichnung auf einen Eiergehalt hindeutet, müssen auf 1 kg Mehl 150 g Eierinhalt aufweisen. Backwaren, deren Bezeichnung auf einen Buttergehalt hindeutet, müssen ohne fremdes Fett, nur mit reiner Butter hergestellt sein. Dies gilt auch für Kuchenteig.

Es folgen Vorschriften über Räume für die Aufbewahrung, Herstellung und Verkauf von Brot und Mehl sowie für Geräte (Zinkmulden, auch Mulden aus verzinktem Eisenblech sind verboten).

Hausieren mit Brot und Backwaren ist erlaubt. Art. 141—151.

Preßhefe ist obergärige Hefe mit höchstens 75% Wassergehalt, sie muß einwandfrei sein, gute Triebkraft haben, frei von Stärke sein und darf keine Bierhefe enthalten. Bierhefe muß als solche gekennzeichnet sein. Art. 152.

Backpulver. Verwendet werden dürfen Ammoniumcarbonat, Ammoniumbicarbonat, Hirschhornsalz, Mischungen von Natriumbicarbonat mit sauren Phosphaten, sauren Pyrophosphaten, Weinstein, Weinsäure, Citronensäure. Mehl- und Stärkezusatz ist gestattet. Backpulver müssen feinpulverig und zweckmäßig zusammengesetzt sein. Verboten sind Aluminiumverbindungen, Kalium- oder Natriumcarbonat, Sulfate, Bisulfate, Sulfite, Oxalsäure, Seife, Ton, Gips, Kreide und andere als die oben genannten Phosphate. Auf 1 kg Mehl muß das Backpulver wenigstens 1500 ccm Kohlensäure entwickeln und nicht mehr als 4 g überschüssiges Natriumbicarbonat enthalten. Auf Packungen ist Firma oder bekannte Marke des Herstellers und Herstellungsdatum anzugeben. Bei Verpackungsmaterial ist auf hygroskopische und aggressive Eigenschaften des Backpulvers Rücksicht zu nehmen. Art. 153—158.

Pudding-, Cremepulver, Kuchenmehle und Kuchenmassen. Mischungen aus Mehl oder Stärke mit Eipulver, Trockenmilch, Kakao, Mandelmehl und Aromastoffen mit oder ohne Zusatz von Zucker, unschädlichen Verdickungsmitteln (Gelatine, Agar-Agar und Pektin) sind als Pudding- oder Cremepulver zu bezeichnen. Enthalten diese getrocknete Früchte oder Fruchtbestandteile Gewürze und Backpulver, so sind sie als Kuchenmehle und Kuchenmassen zu bezeichnen. Sie müssen aus unverdorbenen Rohstoffen bestehen und bei Beachtung der Gebrauchsanweisung die entsprechenden Erzeugnisse liefern. Ist aus der Bezeichnung auf einen Eigehalt zu schließen, so muß auf 1 kg der Inhalt von mindestens einer 150 g frischen Eiern entsprechenden Eimenge vorhanden sein; ist auf einen Milchzusatz zu schließen, so muß mindestens 10% Volltrockenmilch vorhanden sein. Bei einem Hinweis auf Gehalt an Früchten oder Fruchtbestandteilen müssen die Zusätze mindestens 15% betragen. Bei Bezeichnungen nach einer Frucht (z. B. Himbeer) oder z. B. Schokolade, dürfen keine künstlichen Aromastoffe oder Farbstoffe vorhanden sein. Sind solche Bezeichnungen nicht vorhanden (Schokolade, Ei usw.), so sind künstliche Farbstoffe oder Fruchtaroma zulässig. Abbildungen von Früchten usw. sind verboten. Künstlicher Süßstoff ist auf der Packung zu kennzeichnen. Art. 159—163.

Teigwaren sind aus reinem Weizenmehl herzustellen. Zusätze von Reis, Mais, Kartoffelstärke, Pflanzenlecithin oder Kochsalz sowie Behandlung mit Laugen sind verboten. Eierteigwaren müssen mindestens 150 g Frischei oder entsprechende Mengen Volleikonserven auf 1 kg Grieß enthalten. Der Kochsalzgehalt darf 2% nicht übersteigen. Fettzusatz ist zu kennzeichnen. Mit chemisch konserviertem Ei hergestellte Eierteigwaren dürfen nicht als

Frischeierteigwaren bezeichnet werden. Werden andere als Hühnereier verwendet, so ist Kennzeichnung erforderlich. Mit Vollmilch oder Vollmilchpulver hergestellte Teigwaren müssen auf 1 kg Grieß mindestens 20 g Trockenmilchmasse enthalten. Gemüseteigwaren sind zu kennzeichnen. Der Wassergehalt darf nicht höher als 13% sein, Säure nicht mehr als 6 ccm N-Lauge auf 100 g entsprechen. Auf Originalpackungen ist Firma des Herstellers oder Verkäufers oder behördlich bekanntgegebene Marke anzugeben. Art. 164—170.

Diätetische Nährmittel müssen aus besonders gehaltreichen Nährstoffen bestehen und durch Herstellungsweise und Zusammensetzung von normalen Lebensmitteln sich vorteilhaft unterscheiden. Bestandteile sind den einzelnen Anforderungen entsprechend zu verwenden, einzelne Hinweise müssen wahrheitsgemäß sein, künstliche Süßstoffe oder andere Ersatzmittel sind zu kennzeichnen. Firma des Herstellers oder Verkäufers ist auf der Packung anzugeben. Diabetikernahrung muß genaue Angaben des prozentualen Gehaltes an Wasser, Fett, Kohlenhydraten und Eiweißstoffen enthalten. Prozentgehalt an Kochsalz ist bei salzarmer oder salzfreier Ware anzugeben. Heilanpreisungen sind verboten. Stärkende und kräftigende Wirkung, Angabe ärztlicher Zeugnisse, Angabe „für Diabetiker" u. a. gelten nicht als Heilanpreisungen, im übrigen sind Anpreisungen nur nach Bewilligung durch das Eidgenössische Gesundheitsamt zulässig. Sind medikamentöse Zusätze vorhanden, so unterliegen die diätetischen Nährmittel den Vorschriften der kantonalen Heilmittelgesetzgebung. Art. 180—185.

Zuckerarten und künstliche Süßstoffe. Rohr- und Rübenzucker in seinen verschiedenen Formen sowie Kandiszucker müssen mindestens 98% Saccharose enthalten. Geringe Mengen von unschädlichen Bläuungsmitteln sind gestattet. Stärkezucker und Stärkesirup (Glucose) dürfen auf 1 kg bis zu 40 mg Schweflige Säure enthalten. Stärker geschwefelte Erzeugnisse dürfen nur zur weiteren Verarbeitung und unter deutlicher Angabe des Gehaltes an Schwefliger Säure zur Herstellung von Lebensmitteln abgegeben werden. Invertzucker darf keine Schweflige Säure enthalten, der Wassergehalt darf 35% nur bei Kennzeichnung übersteigen. Hausieren mit Zuckerarten ist gestattet. Als künstliche Süßstoffe dürfen in den Verkehr kommen: Saccharin, Dulcin, Glucin, Sucramine (Ammoniumsaccharinat) und Cristallose (Natriumsaccharinat). Bestandteile von Mischungen mit anderen Stoffen müssen gekennzeichnet werden. Tabletten, Pulver, Lösungen von Süßstoffen in Mischung mit anderen Stoffen müssen mindestens 20% des reinen Süßstoffes enthalten. Art. 232—238.

Konditorei- und Zuckerwaren. Für diese Erzeugnisse dürfen natürliche und künstliche Essenzen und künstliche Farbstoffe verwendet werden. Auch unschädliche organische Säuren (Weinsäure, Citronensäure) sind erlaubt. Konservierungsmittel, die mit Stärkezucker, Stärkesirup, Fruchtsäften, Gelees, Konfitüren in das Erzeugnis gelangen, sind zulässig; künstliche Süßstoffe, Nitrobenzol und blausäurehaltiges Bittermandelöl dürfen nicht vorhanden sein. Ist auf Honig oder Butter hingewiesen (z. B. Honiglebkuchen, Buttergebäck), so dürfen Ersatzmittel für Honig oder Butter nicht verwendet sein. Milchbonbons müssen mindestens 2,5%, Rahmbonbons mindestens 4% Milchfett, Malzbonbons 5% Malzextrakt oder 4% Malzextraktpulver enthalten. Dies gilt für alle Waren, die entsprechende Hinweise in der Bezeichnung enthalten. Nach Früchten benannte Konditoreiwaren müssen wesentliche Mengen der betreffenden Frucht enthalten. Bonbons und Zuckerwaren, die künstlich aromatisiert sind, dürfen keine Abbildungen von Früchten oder Pflanzenteilen tragen. Bezeichnungen „mit ... Aroma" (z. B. Himbeeraroma) sind zulässig. Ein Zusatz von 5% synthetischer Essenz als Verstärkung zu natürlicher Fruchtessenz ist bei der Herstellung von Bonbons zulässig. Bei alkoholhaltigen Bonbons, Pralinés, Zucker- und Schokoladeneiern ist der Alkoholzusatz anzugeben. Zuckerwaren dürfen nicht mit Holz-, Metall- oder Glasteilen versehen sein.

Für Marzipan ist Ersatz eines Teiles Zucker durch Invertzucker gestattet, 10% Stärkezucker dürfen vorhanden sein. Andere Kerne zuzusetzen als Mandeln, Zusatz von Mehl, Stärkemehl, Glycerin usw. ist verboten. Für Trüffelmassen, Trüffeln sind Streckungsmittel wie Stärkesirup, Mehl, Stärke, Fremdfett aller Art und Farbstoffe unzulässig. Art. 239—246.

Speiseeis. Es darf nur reines Trinkwasser verwendet werden. Zusatz von Mehl oder Stärke ist verboten, dagegen Zusatz von 0,6% Gelatine, Tragant oder Pektin erlaubt. Rahmeis (Rahmglace), Eis mit Hinweis auf Rahmgehalt muß mit pasteurisiertem, homogenisiertem Rahm hergestellt sein und mindestens 10% Milchfett enthalten, wenn das Eis mit Nüssen, Mandeln, Kakao, Schokolade hergestellt ist. Werden Früchte und Fruchtsäfte verwendet, so muß der Milchfettgehalt mindestens 8% betragen. Zusätze von Citronen- oder Weinsäure sowie von künstlichen Farbstoffen sind erlaubt (letztere nicht, wenn das Eis nach Kakao, Schokolade oder nach Eiern benannt ist). Die Kohlensäure muß rein sein und den Forderungen des Lebensmittelbuches entsprechen. Mit Trockeneis (fester Kohlensäure) hergestelltes Eis darf frühestens 15 Minuten nach Herstellung genossen werden und darf keine feste Kohlensäure mehr enthalten. Hausierhandel mit Konditorei- und Zuckerwaren sowie Eis ist gestattet. Art. 247, 248.

Honig und Kunsthonig. Honig ist nur der reine Bienenhonig. Ausländischer Honig muß als solcher bezeichnet sein oder die Angabe des Ursprungslandes tragen. Mischungen von ausländischem und Schweizer Honig gelten als Auslandshonig. Bei der Begutachtung von Honig muß eine Kostprobe durch besondere Kenner vorgenommen werden. Der Wassergehalt des Honigs darf 20% nicht übersteigen. Zuckerfütterungshonig und Mischungen mit solchem Honig sind zu kennzeichnen. Gärender, saurer, zu dünner oder ungenügend gereinigter Honig darf nur — nötigenfalls geklärt — als Backhonig in den Verkehr kommen. Stark erhitzter Honig, der Aroma oder seine Fermente verloren hat, ist als überhitzter Honig zu bezeichnen, dies gilt auch für Gemische mit überhitztem Honig. Wabenhonig darf keine Brut oder andere Verunreinigungen enthalten. Honigähnliche Erzeugnisse sind als Kunsthonig oder ihrer Art entsprechend als Tafelmelasse, Tafelsirup oder eingedickter Birnensaft usw. zu bezeichnen. Für solche Erzeugnisse ist ein Hinweis auf Honigzusatz oder Honig verboten. Bezeichnungen wie Tafel-, Schweizer-, Alpenhonig sind nur für reinen echten Honig zulässig. Bezeichnungen wie Birnenhonig, Apfelhonig, Feigenhonig usw. sind verboten.

Kunsthonig darf natürliche Aromastoffe und bis zu 40 mg Schweflige Säure auf 1 kg enthalten. Der Wassergehalt darf höchstens 20%, der Mineralstoffgehalt höchstens 0,4% betragen. Gärender oder saurer Kunsthonig ist verdorben. Die Bezeichnung ist leicht sichtbar mit 2 cm hohen dunklen Buchstaben auf hellem Grund anzugeben und muß „Kunsthonig“ lauten. Die Herstellung von Kunsthonig ist anzeigepflichtig. Mischungen von Stoffen zur Herstellung von Kunsthonig (Honigpulver) sind verboten. Art. 217—231.

Obst. Als „Obst“ gelten in der Schweiz auch Mispeln, Hagebutten, Kastanien, Nüsse, Erdnüsse, Johannisbrot, Mandeln, Oliven. Obst wird eingeteilt in Tafelobst, das zum Rohgenuß dient, in Wirtschafts- oder Kochobst, das zum Kochen, Einmachen und Dörren geeignet ist, in Lagerobst, das erst nach vorheriger Lagerung zum Rohgenuß oder zum Kochen sich eignet und in Fallobst (zum Teil unreifes, abgefallenes, beschädigtes Obst). Als Ausschußobst ist stellenweise angefaultes, stark schorfiges, aber zum Kochen und Dörren geeignetes Obst zu bezeichnen. Diese Bezeichnungen müssen für den Käufer deutlich erkennbar angegeben sein. Schimmliges, fauliges, madiges Obst ist verdorben und darf nicht zum unmittelbaren Genuß feilgeboten werden, es ist deutlich zu bezeichnen. Reste von Spritzmitteln (As, Cu, Pb, Nicotin) sind durch Reinigung möglichst zu entfernen. Geschwefelte Nüsse dürfen auf 1 kg Kerne höchstens 1 g Schweflige Säure enthalten. Eßkastanien dürfen höchstens zu 10% wurmstichig oder verdorben sein (Kennzeichnung erforderlich). Beschweren von Früchten mit Wasser ist verboten. Most- und Brennobst muß den handelsüblichen Anforderungen entsprechen. Ausländisches Obst (ausgenommen Südfrüchte) ist zu kennzeichnen. Pack- und Beförderungsmaterial muß sauber und zweckmäßig sein. Zeitungspapier darf nicht zum Einwickeln verwendet werden. Weitere Vorschriften über den Verkehr mit Obst können die kantonalen und örtlichen Gesundheitsbehörden aufstellen. Art. 186—195.

Gemüse muß sauber, einwandfrei und ohne Reste von giftigen Schädlingsbekämpfungsmitteln zum Verkehr kommen. Das Beschweren mit Wasser ist verboten. Art. 196—199.

Dörrobst, Gemüse- und Pilzkonserven. Für diese Erzeugnisse sind gemeinsame Vorschriften vorhanden. Die Ware soll unverdorben, frei von schädlichen oder ekelerregenden Stoffen sein (Spritzmittelreste, tierische Parasiten, Schimmel usw.). Das Auffrischen (Behandeln mit Wasserdampf und nachheriges Trocknen) ist nur unter Kenntlichmachung zulässig. Als Konservierungsmittel für Dörrobst ist Kochsalz und Schweflige Säure (2 g auf 1 kg), für Dörrgemüse nur Kochsalz erlaubt.

Pilze sind durch besondere Kenner (Pilzkontrolleure) zu begutachten und durch schriftliche Verkaufsbewilligung, die nur für höchstens 2 Tage gilt, freizugeben. Die Gesundheitsbehörden können über das Feilhalten von Pilzen Bestimmungen treffen.

Obst-, Gemüse- und Pilzkonserven dürfen außer Alkohol, Essig, Gewürzen, Kochsalz oder Zucker auf 1 kg Inhalt, in 1 Liter Flüssigkeit eingelegt, 1,5 g Natriumbenzoat unter Kenntlichmachung auf der Packung enthalten. Früchte, die zur Herstellung von Konserven (gezuckerten Früchten) dienen, dürfen mit Schwefliger Säure konserviert sein, aber im verarbeiteten Zustand dieses Konservierungsmittel nicht mehr enthalten. Bei küchenfertigen Spinatkonserven darf ein Mehlgehalt von 1% vorhanden sein. Konserven aus getrockneten Gemüsen oder aus getrockneten Früchten müssen die aus 2 cm hohen Buchstaben bestehende Aufschrift „aus getrockneten Früchten (Gemüsen) hergestellt“ tragen. Firma des Herstellers oder Verkäufers oder entsprechende Erkennungsmarke ist anzugeben. Obstkonserven dürfen künstlich gefärbt werden. Tomatenkonserven gelten als Gemüsekonserven und dürfen nicht gefärbt werden. Grüne Gemüsekonserven dürfen mit Kupfer gegrünt sein (100 mg auf 1 kg), sind jedoch als „gegrünt“ zu kennzeichnen. Bombierte Dosen sind unverkäuflich. Konserven, die unter 1 mg Arsen auf 1 kg abgetropfte Ware enthalten, gelten als arsenfrei. Metallbehältnisse für Gurken, Kapern u. a., Essig- oder Salzlakekonserven sind haltbar zu lackieren oder zu emaillieren. Hausieren mit Obst und Gemüsekonserven sowie mit Pilzen ist nicht gestattet. Art. 200—216.

Fruchtsäfte (ausgenommen Trauben- und Kernobstsaft), Fruchtsaftkonzentrate und Fruchtsirupe, Pektin, Gelees und Konfitüren.

Für Trauben- und Kernobstsaft gelten die Vorschriften der alkoholfreien Getränke (s. unten). Fruchtsäfte dürfen weder Wasser (auch nicht sog. Nachpresse) noch Zusätze von Säuren oder Aromastoffen enthalten. Auffärben mit Fruchtsäften anderer Art (bis 10%) ist gestattet. Als Konservierungsmittel sind erlaubt 1% Alkohol, 1,0 g Natriumbenzoat oder 2,5 g Ameisensäure oder 0,5 g Schweflige Säure (auch in Form von Kaliummetabisulfit) auf 1 kg. Fruchtkonzentrate sind durch Wasserentziehung eingedickte Fruchtsäfte. Sie dürfen die für die Ausgangsmaterialien zulässigen Konservierungsmittel enthalten, der Alkoholgehalt darf 0,5 Vol.-% nicht übersteigen. Eingedickter alkoholfreier ausländischer Obst- oder Traubensaft muß als „ausländisch" gekennzeichnet sein. Eingedickter alkoholfreier Obst- oder Traubensaft darf nicht zur Herstellung von alkoholfreiem oder alkoholhaltigem Obstwein oder Wein verwendet werden. Fruchtsirupe (Fruchtsäfte mit Zucker) dürfen nur so viel Konservierungsmittel enthalten, als dem verwendeten Fruchtsaft entspricht. Der Alkoholgehalt darf höchstens 20 ccm auf 1 kg, im Cassissirup 50 ccm auf 1 kg betragen. Abbildungen von Früchten sind gestattet. Citronen- und Orangensirup dürfen Schalenaroma enthalten und künstlich gefärbt sein. Sind Fruchtsäfte ganz oder teilweise durch Essenzen und organische Säuren ersetzt, so sind die Erzeugnisse als „Sirupe mit Fruchtaroma" zu bezeichnen. Bezeichnungen wie Grenadinesirup, Capillärsirup, Gummisirup, Limonadensirup, Citronelle in Verbindung mit „Sirup mit Citronen- oder Orangenaroma" sind zulässig. Als Essenzen gelten nur natürliche Fruchtessenzen; Zusätze von organischen Säuren wie Milchsäure, Weinsäure, Citronensäure sowie von Fruchtzucker, Stärkezucker oder Stärkesirup und von künstlichen Farbstoffen sind gestattet. Schweflige Säure, soweit sie nicht mehr beträgt als dem verwendeten Stärkezucker oder Stärkesirup entspricht, ist erlaubt; 20 ccm Alkohol auf 1 kg Sirup dürfen enthalten sein. Sirupe mit Fruchtaroma dürfen Abbildungen von Früchten oder anderen Pflanzenbestandteilen nicht tragen.

Pektin ist nach der Fruchtart zu bezeichnen. Pektin und pektinhaltige Erzeugnisse müssen Angaben des Wirkungswertes (Gelierkraft) tragen. Im Kleinverkauf genügt Gebrauchsanweisung. Als Konservierungsmittel sind zulässig höchstens 2 g Natriumbenzoat oder 1,7 g Benzoesäure oder 0,5 g Schweflige Säure auf 1 kg. Gehalt ist auf der Packung mengenmäßig anzugeben. Flüssiges Pektin und 5% Reinpektin enthaltende Lösung darf nicht trüb und nicht dunkelbraun gefärbt sein; beim Vermischen mit 3—4 Teilen 60%iger Zuckerlösung darf kein Beigeschmack (nach Dörrobst) zur Geltung kommen. Der Mineralstoffgehalt darf 12% des Pektingehaltes, der Proteingehalt 2% der Trockensubstanz nicht übersteigen. Verdickungsmittel (Agar, Gelatine, Tragant, Stärke) sind verboten. Außer Schwefliger Säure dürfen Mineralsäuren nicht vorhanden sein. Methylalkoholgehalt des mit Alkohol ausgefällten Pektins soll nicht unter 7% (als stärkefreies Pektin berechnet) betragen. In 100 g Trockensubstanz sind höchstens 40 mg Kupfer erlaubt.

Gelees von nichtgelierenden Früchten dürfen Zusätze von Apfelsaft oder Fruchtpektin enthalten.

Konfitüren dürfen ganz oder teilweise aus getrockneten Früchten (Dörrobst) hergestellt sein, sie sind entsprechend zu kennzeichnen (2 cm hohe Buchstaben). Abbildungen sind verboten. Aus Trestern dürfen Gelees und Konfitüren nicht hergestellt werden. Stärkemehl und Verdickungsmittel außer Apfelsaft und Fruchtpektin dürfen nicht zugesetzt werden. Auf 1 kg Konfitüren können bis 1 g Natriumbenzoat oder die entsprechende Menge Benzoesäure, 100 mg Ameisensäure oder 50 mg Schweflige Säure zugesetzt werden. Für Gelees gelten die für Fruchtsäfte und Fruchtsirupe angegebenen Mengen Konservierungsmittel. Konfitüren und Gelees dürfen künstlich gefärbt werden. Firma oder

Erkennungsmarke des Herstellers oder Verkäufers sind auf den Packungen anzugeben.

Alkoholfreie Getränke. Alkoholfreier Traubensaft ist unvergorener, unveränderter Saft frischer Trauben, der außer Kohlensäure keine anderen als die der üblichen Kellerbehandlung entstammenden Stoffe enthält. Zuckerzusatz ist verboten, Auffärben mit höchstens 5% natürlichen unschädlichen Fruchtsäften gestattet. Alkoholfreier Obstsaft, Süßmost ist in gleicher Weise wie Traubensaft hergestellt. Färbung mit Caramel ist erlaubt. Für gefärbte Erzeugnisse ist die Bezeichnung „naturrein", „natürlich" verboten. Ausländische Erzeugnisse müssen gekennzeichnet sein. Schimmelpilze, sprossende Hefe und Bakterien dürfen nicht vorhanden sein. 80 mg Schweflige Säure auf 1 Liter sind zulässig. Süßmost darf nach der Verordnung vom 13. September 1926 (Reichsgesundh.-Bl. 1926 S. 1044) 0,8 g Natriumbenzoat im Liter enthalten. Arsen, Blei, Zink dürfen in 200 ccm des Getränks nicht nachweisbar sein, der Kupfergehalt darf 10 mg im Liter nicht übersteigen. Kohlensäuregehalt muß gekennzeichnet sein („mit Kohlensäure", „kohlensäurehaltig"). Straßenverkauf zur Zeit der Obsternte ist gestattet. Verdünnter Trauben- oder Kernobstsaft muß 50% unvergorenen Saft enthalten. Als Verdünnungsmittel kann Mineralwasser, künstliches Mineralwasser oder Trinkwasser verwendet sein. Kohlensäure, Citronen-, Wein- oder Milchsäure, andere Fruchtsäfte, Fruchtsirupe, Pflanzenextrakte oder Pflanzensirupe, die keine Arzneimittelwirkung haben, dürfen zugesetzt werden. Die Getränke dürfen weder verdorben sein noch gesundheitsschädliche Metalle enthalten. Schweflige Säure (40 mg auf 1 Liter) ist zulässig. Der Alkoholgehalt darf höchstens 0,5 Vol.-% betragen. Der Zusatz natürlicher oder künstlicher Essenzen, ätherischer Öle, künstlicher Süßstoffe oder schaumbildender Mittel ist verboten. Bezeichnung „verdünnt" ist deutlich anzugeben, Abbildungen sind verboten. Wird Mineralwasser verwendet, so dürfen Analysenangaben oder Heilanpreisungen nicht gemacht werden. Im übrigen gelten die Vorschriften über Mineralwässer. Die vorgenannten Vorschriften gelten sinngemäß für Tafelgetränke mit Fruchtsaft oder Fruchtsirup, Limonaden (Brauselimonaden). Bei den letzteren ist der Zusatz künstlicher Süßstoffe unter Kenntlichmachung gestattet. Zusätze von Milch, Magermilch, Molken, Auszüge von Pflanzenteilen, Mate, Kolanüsse müssen Angaben über die verwendeten Grundstoffe tragen. Milch oder Magermilch muß pasteurisiert sein. Für Milch-, Magermilch-, Molkengetränke dürfen künstliche Süßstoffe nicht verwendet werden. Weitere Vorschriften betreffen die Bezeichnung an größeren Behältern, den Verkehr mit solchen Getränken in Wirtschaften und Verkaufsstellen.

Limonadenpulver, Limonadenbonbons und ähnliche Erzeugnisse dürfen nur verpackt in den Verkehr kommen und müssen sinngemäß den an Limonaden gestellten Anforderungen entsprechen. Abbildungen dürfen auf den Packungen und Anpreisungen nicht vorhanden sein. Firma des Herstellers oder Verkäufers ist anzugeben. Art. 280—290.

11. Spanien.

Mehl, Brot und Teigwaren. Mehl (harina) ohne weiteren Zusatz ist Weizenmehl. Der Gehalt an Fremdstoffen darf höchstens 1 Hundertteil betragen. Der Wassergehalt darf höchstens 10—16 Hundertteile, der Gehalt an trockenem Kleber (gluten seco) soll 8—15 Hundertteile, an feuchtem Kleber (gluten humedo) 28—36 Hundertteile, an Asche 1, an Cellulose höchstens 3 und an Säure höchstens 0,5 Hundertteile (berechnet als Schwefelsäure) betragen. Mehl darf weder tierische noch pflanzliche Verunreinigungen enthalten. Brot (pan) ist aus Weizenmehl, Hefe, Wasser und Salz hergestellt. Ist Mehl anderer Art oder sind Nährstoffe wie Milch, Eier, Zucker usw. verwendet, so soll dies durch besondere Bezeichnung erkennbar sein. Brot muß von normaler Beschaffenheit sein. Der Wassergehalt von sog. spanischem Brot darf 30 Hundertteile, der von sog. französischem Brot 35 Hunderteile nicht übersteigen. Die Asche mit Kochsalz soll 3 Hundertteile, der Säuregehalt (als Schwefelsäure berechnet) 0,25 Hundertteile betragen.

Teigwaren. Teigwaren sind aus Wasser und Grieß oder kleberreichem Weizenmehl herzustellen. Zusatz anderer Mehle und Farbstoff muß gekennzeichnet sein.

Honig (miel) ist nur der von Bienen erzeugte, aus Blüten und anderen Teilen von Pflanzen gesammelte Stoff. Der Höchstwassergehalt darf 20 Hundertteile nicht übersteigen, der Gehalt an Mineralstoffen darf höchstens 0,3—0,8, der an Saccharose 1—8, an Invertzucker 65—77, an Dextrinen 1,4—8, an Säure 0,04—0,18 Hundertteile (als Ameisensäure berechnet) betragen.

Zucker und Konditoreiwaren dürfen mit unschädlichen Farbstoffen gefärbt sein, sofern diese nicht das Eigelb ersetzen. Die Bezeichnung soll der Zusammensetzung entsprechen.

Zucker (Azúcar) ist Rüben- oder Rohrzucker (Saccharose), er muß 99,5 Hundertteile Saccharose enthalten, weißer Krystallzucker 98,5 Hundertteile, Zucker dritter Güte (terciados) wenigstens 65 Hundertteile.

Glucose besteht aus Traubenzucker und Dextrin und darf höchstens 0,5 Hundertteile organische oder mineralische Stoffe enthalten.

Invertzucker (azúcar invertido) ist das Gemenge aus Dextrose und Lävulose. Der Gehalt an Weinsäure oder Citronensäure darf 0,5% nicht überschreiten.

Sirup (jarabe) ist die aus Zucker (Saccharose) und Wasser, Fruchtsaft oder pflanzlichen Aufgüssen oder Abkochungen hergestellte Flüssigkeit. Schädliche Stoffe und schädliche Farbstoffe dürfen in künstlichen Sirupen nicht enthalten sein. Außerdem ist bei diesen die Bezeichnung „Phantasie“ oder „Nachahmung“ erforderlich.

Mit kohlensäurehaltigem Wasser versetzte Sirupe müssen hinsichtlich des Wassers mit bakteriologisch einwandfreiem Trinkwasser hergestellt sein. Schaumbildende Stoffe dürfen nicht zugesetzt werden.

Gefrorenes, Speiseeis (hielo alimenticio) muß einwandfrei sein und der Bezeichnung entsprechen.

Obst und Gemüsekonserven müssen mit frischen Früchten und Gemüsen hergestellt sein, Konservierungsmittelzusatz ist unzulässig. Zum Grünen (reverdecimiento) dürfen 100 mg Kupfer auf 1 kg fester Substanz angewendet werden.

Getrocknete Früchte und Gemüse sollen ihre natürliche Farbe haben und höchstens 12 Hundertteile Wasser enthalten.

Gesetze und Verordnungen. Kgl. Verordnung, betreffend die Verhütung der Verfälschung von Nahrungsmitteln vom 22. Dezember 1908[1] (Gaceta de Madrid S. 1182). Neufassung und Änderung vom 17. September 1920.

Kgl. Verordnung über Anforderung an Lebensmittel sowie an die zugehörigen Papiere, Geräte und Gefäße. Ergänzungen vom 26. April 1922[2] und 5. September 1922; 25. Januar und 7. August 1923[3].

[1] Veröffentl. kaiserl. Gesundh.-Amt 1911, 359.
[2] Veröffentl. kaiserl. Gesundh.-Amt 1923, 11.
[3] Veröffentl. kaiserl. Gesundh.-Amt 1925, 502.

12. Vereinigte Staaten von Amerika.

Als Getreidearten gelten Weizen, Mais, Reis, Hafer, Roggen, Buchweizen, Gerste, Mohrenhirse, Rispenhirse oder Spelzweizen. Für die Beschaffenheit der einzelnen Mehle sind folgende Bestimmungen aufgestellt. Es sollen enthalten: Maismehl (Kornmehl) höchstens 14% Wasser, mindestens 1,12% Stickstoff, höchstens 1,6% Asche; Hafermehl höchstens 12% Wasser, 1,5% Rohfaser, mindestens 2,24% Stickstoff, höchstens 2,2% Asche; Feinmehl (flour) höchstens 15% Wasser, mindestens 1% Stickstoff, 0,5% Rohfaser, höchstens 1% Asche; Klebermehl (glutenflour) höchstens 10% Wasser, mindestens 7,1% Stickstoff in Trockenmasse, höchstens 56% stickstofffreie Extraktivstoffe (Proteinfaktor 5,7), höchstens 44% Stärke (nach Diastaseverfahren bestimmt); Vorzugskleber (ground gluten) höchstens 10% Wasser, 14,2% Stickstoff in der Trockenmasse, höchstens 15% stickstofffreie Extraktivstoffe (Proteinfaktor 5,7), höchstens 5,5% Stärke (nach Diastaseverfahren bestimmt); Buchweizenmehl höchstens 12% Wasser, mindestens 1,28% Stickstoff, höchstens 1,75% Asche; Roggenmehl (rye flour) höchstens 13,5% Wasser, mindestens 1,36% Stickstoff, höchstens 1,25% Asche; gereinigtes Mittelmehl (purified middlings) höchstens 15% Wasser.

Als Brotarten werden unterschieden: Weizenbrot. 3% Weizenmehl können durch andere mehlartige Stoffe ersetzt sein. 1 Stunde nach dem Ausbacken darf Weizenbrot höchstens 38% Wasser enthalten. Milchbrot. Ein Drittel des verwendeten Wassers muß durch Vollmilch oder entsprechend gelöste Trockenmilch ersetzt sein. Wassergehalt wie zuvor. Roggenbrot besteht aus $^1/_3$ Roggen- und $^2/_3$ Weizenmehl. Wassergehalt wie zuvor. Rosinenbrot muß 3 Unzen Rosinen auf 1 Pfund der fertigen Backware, außerdem Zucker und Fett enthalten. Braunbrot, Bostonbraunbrot besteht aus Roggen- und Maismehl, mit oder ohne Weizenmehl, Weizenvollmehl, Roggenmehl und Zuckersirup; statt Hefe wird saure Milch verwendet.

Backpulver besteht aus Natriumbicarbonat und einem sauren Bestandteil (Weinsäure und deren saure Salze, saure Salze der Phosphorsäure, Aluminiumverbindungen, auch Gemische dieser Stoffe). Ein Zusatz von Stärke oder Mehl ist zulässig. Backpulver muß mindestens 12% wirksames Kohlensäuredioxyd entwickeln.

Teigwaren dürfen höchstens 13% Wasser enthalten, soweit der Eigelbgehalt (auch Trockenei oder Trockeneigelb in entsprechender Menge) unter 5,5% liegt, müssen sie als gewöhnliche Teigwaren bezeichnet sein. Eierteigwaren müssen mehr als 5,5% Eitrockenmasse (Vollei, Eigelb oder beides) enthalten. Wassernudeln gelten als gewöhnliche Teigwaren. Alle Teigwaren werden aus Hartweizengrieß und Weizengrieß oder aus Gemischen dieser mit oder ohne Salz hergestellt.

Honig darf höchstens 25 Hundertteile Wasser und 8 Hundertteile Rohrzucker enthalten und nicht mehr als 0,25 Hundertteile Asche hinterlassen. Wabenhonig ist der noch in den Waben befindliche Schleuderhonig, der aus unversehrten Waben geschleuderte Honig; durch Pressen der Waben gewonnener Honig ist als Preßhonig zu bezeichnen.

Zucker ist das aus Zuckerrohr, Zuckerrüben, Mohrenhirse, Ahorn sowie aus Palmen gewonnene Erzeugnis. Gekörnter, Hut-, Würfel-, gemahlener Pulverzucker muß mindestens 99,5 Hundertteile Saccharose enthalten. Massecuite, melada, Mushzucker werden durch Eindampfen gereinigter Zuckersäfte oder Zuckerlösungen zu halbfester oder fester Konsistenz gewonnen. Scheidet man aus diesen Erzeugnissen den krystallisierten Zucker ab, so bleibt Melasse übrig, die höchstens 25 Hundertteile Wasser enthalten und nicht mehr als 5 Hundertteile Asche liefern darf. Dieselben Bedingungen muß Raffinadesirup erfüllen. Sirup ist eingedampfter gereinigter Pflanzensaft. Zuckerrohrsirup darf höchstens

30 Hundertteile Wasser enthalten und nicht mehr als 2,5 Hundertteile Asche liefern. Dasselbe gilt für Mohrenhirsesirup, Ahornsirup darf höchstens 25 Hundertteile Wasser enthalten; das Gewicht einer Gallone (231 Kubikzoll) muß mindestens 11 Pfund betragen. Zuckersirup ist eine Auflösung von Zucker und enthält höchstens 35% Wasser. Stärkezucker enthält mindestens 95 Hundertteile Traubenzucker und darf nicht mehr als 0,8 Hundertteile Asche liefern. Krystallwasserhaltiger Stärkezucker, sog. Brauzucker, muß 70 Hundertteile Traubenzucker enthalten und darf nicht mehr als 0,8 Hundertteile Asche liefern, der 80 Hundertteile Traubenzucker enthaltende Vorzugszucker, „acme“ -Zucker darf höchstens 1,5 Hundertteile Asche enthalten. Glucose, Mischglucose, Konditorglucose darf höchstens 1 Hundertteil Asche liefern und soll eine Konzentration von 41 Baumé haben. Zuckerwerk darf weder Ton, Schwerspat, Talk, Chromgelb oder andere Mineralstoffe oder giftige Farben oder schädliche Bestandteile enthalten.

Speiseeis besteht aus Sahne, Zucker und Aromastoffen und muß mindestens 14 Hundertteile Milchfett enthalten. Fruchteiscrem besteht aus Zucker, Sahne und Früchten und muß mindestens 12 Hundertteile Milchfett enthalten. Nußeiscrem ist aus Sahne, Zucker, Nüssen (keine ranzigen!) hergestellt und muß mindestens 12 Hundertteile Milchfett enthalten.

Früchte und Gemüse. Frische Früchte und Gemüse unterliegen den allgemeinen Bestimmungen des Lebensmittelgesetzes, daneben gibt es Vorschriften über die Beaufsichtigung, Standardisierung und Verpackung landwirtschaftlicher Erzeugnisse. Citrusfrüchte (grape fruit, pomelo), reife Frucht soll auf 7 Teile lösliche Trockensubstanz höchstens 1 Teil krystallwasserfreie Citronensäure, die Pomeranze auf 8 Teile Trockensubstanz 1 Teil dieser Säure enthalten.

Trockenäpfel (evaporated apples) dürfen höchstens 24 Hundertteile Wasser enthalten. Trockenaprikosen (dried aprikots) 26 Hundertteile Wasser. Trockenbirnen (dried peaches) müssen entkernt sein, der Wassergehalt beträgt höchstens 26%. Trockenpflaumen (dried prunes) mit Steinen dürfen vor dem Verpacken mit siedendem Wasser oder Wasserdampf behandelt werden (Etuvieren). Das Enderzeugnis darf höchstens 25 Hundertteile Wasser enthalten.

Apfelbutter (apple butter) wird durch Einkochen des Fleisches mit Zucker und/oder Stärkesirup mit oder ohne Zusatz von Apfelsaft, gekochtem Apfelmost (boiled cider) gewonnen. Auf 5 g Apfelmark kommen 2 Teile Zucker oder Stärkesirup oder ein Gemisch von beiden. Würzung ist zulässig.

Bei getrockneten Früchten wird unterschieden nach sundried, natürlich an der Sonne und evaporated, künstlich getrockneten (auch dehydrated) Früchten. Außerdem kommen in Frage kühl gelagerte (cold-pack fruit) und Dosenfrüchte (canned fruits). Präserven, Fruchtpräserven, Jams, Fruchtjams sind durch Einkochen von kühlgelagerten oder Dosenfrüchten mit Zucker hergestellte Erzeugnisse. Auf 45 Pfund Früchte kommen 55 Pfund Zucker (Saccharose). Sind ganze Früchte vorhanden, so heißt das Erzeugnis Präserve, wenn nicht, Jam. Stärkezucker oder Maiszucker dürfen verwendet sein, wenn entsprechende Bezeichnung vorhanden ist. Fruchtbutter wird aus Fruchtsäften und Früchten durch Eindünsten mit oder ohne Zusatz von Zucker und Gewürz oder Essig hergestellt, Bezeichnung muß nach der Fruchtart erfolgen. Gelee, Fruchtgelee (Jelly, fruit jelly) ist eine durch Eindampfen erzielte Gallerte aus Fruchtsaft und Zucker, Stärke-, Maiszucker. Der Saft kann aus frischen, kalt gelagerten oder Büchsenfrüchten gewonnen sein. Genaue Angaben auf den Etiketten sind erforderlich. Citrusfruchtmarmelade darf auch Schalenteile enthalten. Mandelpaste wird aus gekochten Mandeln (mit wenig bitteren Mandeln), Zucker und Wasser hergestellt, der Wassergehalt des Enderzeugnisses darf 14% nicht überschreiten, der Zuckergehalt (Gesamtzucker) ist 40% (almond paste). Das aus Aprikosen-, Pfirsich-, Pflaumen- usw. Kernen hergestellte Erzeugnis muß ebensoviel Zucker und Wasser enthalten und als Kernel paste bezeichnet sein.

Gemüse. Für frische Gemüse gelten die gleichen Vorschriften wie in Deutschland. Besonderes ist nicht zu bemerken. Getrocknete Gemüse werden wie Trockenobst in sonnengetrocknete und evaporierte unterteilt und entsprechend bezeichnet. Dosen- oder Büchsengemüse ist pasteurisierte Ware. Die Sortierung ist ähnlich der deutschen. Pickles sind unreife Gurken, die mit Kochsalz, Essig und Gewürz haltbar gemacht sind. Metallverbindungen und schädliche Stoffe sind verboten. Zwiebel-, Rüben-, Bohnen-, Salz- und Süßpickles sind nicht durch Sonderbestimmungen geregelt. Sauerkraut darf nicht mehr als 2—3% Kochsalz enthalten. Der Mindestgehalt an Milchsäure muß nach der Gärung 1,5% betragen (Büchsensauerkraut mindestens 1%). Katchup, Walnuskatchup, Pilzkatchup haben keine besonderen Vorschriften.

Tomatenerzeugnisse. Tomatenmark, Tomatenbrei, Tomatenpaste (salsa di pomodoro), dicke Tomatenpaste, Dosentomatensaft und Tomatencatchup, Tomatenbreie müssen in Anlehnung an die italienischen Bestimmungen verschiedene Trockensubstanzgehalte aufweisen, und zwar 8,37, 22 und 33%. Tomatencatchup besteht aus Tomatenmark, Essig, Salz, Gewürz und anderen würzenden Stoffen, Zucker oder Dextrose oder Gemischen von beiden.

Gesetze und Verordnungen. Nahrungsmittel- und Arzneimittelgesetz vom 30. Juni 1906[1] in der Fassung der Gesetze vom 23. August 1912[2], 3. März 1913, 4. März 1913, 24. Juli 1929 und 18. Januar 1927 nebst Ausführungsbestimmungen vom 29. August 1927[3], Ergänzung des Nahrungsmittel- und Arzneimittelgesetzes vom 8. Juli 1930[4], Bekanntmachung des Landwirtschaftssekretärs über Begriffsbestimmungen und Festsetzungen für Lebensmittel vom 11. Mai 1932[5], Bekanntmachung des Landwirtschaftssekretärs über Begriffsbestimmungen und Festsetzungen für Lebensmittel vom 1. August 1933[6]. Verschiedene Gesetze, die sich mit Güteförderung und Standardisierung von landwirtschaftlichen Erzeugnissen befassen; vgl. Reichsgesundh.-Bl. 1933 S. 277.

---

[1] Veröffentl. kaiserl. Gesundh.-Amt 1906, 980.
[2] Veröffentl. kaiserl. Gesundh.-Amt 1913, 417.
[3] Reichsgesundh.-Bl. 1929, 155, 425, 444; Deutsches Handelsarchiv 1928, 3670.
[4] Reichsgesundh.-Bl. 1932, 888.
[5] Reichsgesundh.-Bl. 1932, 892.
[6] Reichsgesundh.-Bl. 1933, 973.

Sachverzeichnis.

GPSR Compliance

The European Union's (EU) General Product Safety Regulation (GPSR) is a set of rules that requires consumer products to be safe and our obligations to ensure this.

If you have any concerns about our products, you can contact us on ProductSafety@springernature.com

In case Publisher is established outside the EU, the EU authorized representative is:

Springer Nature Customer Service Center GmbH
Europaplatz 3
69115 Heidelberg, Germany

Batch number: 10683448

Printed by Printforce, the Netherlands